LE LIVRE

DE LA FERME

ET

DES MAISONS DE CAMPAGNE

LISTE DES COLLABORATEURS

C. ALIBERT, docteur en médecine, chevalier de la Légion d'honneur, propriétaire à Saint-Estèphe (Médoc).

E. ANDRÉ, architecte de jardins, jardinier principal de la ville de Paris, secrétaire de la Société impériale et centrale d'horticulture.

CHARLES BALTET, horticulteur à Troyes.

ERNEST BALTET, horticulteur à Troyes.

ÉM. BAUDEMENT, professeur de zootechnie au Conservatoire impérial des arts et métiers, membre de la Société impériale et centrale d'agriculture de France, chevalier de la Légion d'honneur.

LOUIS BIGOT.

VICTOR BORIE, rédacteur en chef de l'*Écho agricole*.

Docteur CANDÈZE, entomologiste.

CAUMONT-BRÉON, propriétaire-viticulteur.

J. CHERPIN, directeur de la *Revue des jardins et des champs*.

CLAVEL, docteur en médecine de la faculté de Paris.

E. DELARUE, chimiste.

TH. DELBETZ, ancien élève de l'Institut agricole de Grignon.

E. FISCHER, médecin-vétérinaire, cultivateur, ancien représentant du grand-duché de Luxembourg.

G. FOUQUET, professeur d'agriculture et sous-directeur de l'Institut agricole de Gembloux (Belgique).

H. HAMET, professeur d'apiculture au Luxembourg et au Jardin d'acclimatation, directeur de l'*Apiculteur*, secrétaire de la Société d'apiculture de Paris.

HÉRIOT, pharmacien, ancien interne des hôpitaux de Paris.

L. HERVÉ, écrivain agricole.

P. JOIGNEAUX.

P. J. KOLTZ, élève diplômé de l'Académie royale agricole et forestière de Hohenheim, garde-général des eaux et forêts, dans le grand-duché de Luxembourg.

ALEXIS LEPÈRE fils, horticulteur à Basedow (Mecklembourg-Schwerin), membre de la Société impériale et centrale d'horticulture de France.

LHÉRAULT-SALBOEUF, horticulteur à Argenteuil, membre de la Société impériale et centrale d'horticulture de France.

Comte de la LOYÈRE, propriétaire-viticulteur, président du Comité d'agriculture de l'arrondissement de Beaune.

MAGNE, directeur de l'École vétérinaire d'Alfort, membre de la Société impériale et centrale d'agriculture de France, de la Société impériale et centrale de médecine vétérinaire, etc., etc., chevalier de la Légion d'honneur.

H. MARÈS, membre du Conseil général et secrétaire de la Société d'agriculture de l'Hérault.

EM. PELLETIER, agriculteur et membre du Conseil général de l'Orne.

P. E. PERROT, agronome.

PONS-TANDE, agriculteur à Mirepoix (Ariége).

EUG. RENAULT, inspecteur-général des Écoles impériales vétérinaires, correspondant de l'Institut, membre de l'Académie impériale de médecine, de la Société impériale et centrale d'agriculture de France, président de la Société impériale et centrale de médecine vétérinaire, etc., etc., officier de la Légion d'honneur.

ROSE-CHARMEUX, horticulteur à Thomery, vice-président de la Société d'horticulture de Melun et Fontainebleau, membre de la Société impériale et centrale d'horticulture de France, chevalier de la Légion d'honneur.

A. SANSON, ex-chef de service à l'École impériale vétérinaire de Toulouse, rédacteur en chef de *la Culture*, secrétaire-adjoint de la Société impériale et centrale de médecine vétérinaire, etc., etc.

Baron de SÉLYS-LONGCHAMPS, membre de l'Académie des sciences de Belgique, sénateur.

Vicomte de VERGNETTE-LAMOTTE, ancien élève de l'École polytechnique.

CORBEIL. — TYP. ET STÉR. DE CRÉTÉ.

LE LIVRE

DE LA FERME

ET

DES MAISONS DE CAMPAGNE

PAR UNE RÉUNION

D'AGRONOMES, DE SAVANTS ET DE PRATICIENS

Sous la direction de

M. P. JOIGNEAUX

TOME PREMIER

PARIS

VICTOR·MASSON ET FILS

PLACE DE L'ÉCOLE DE MÉDECINE

Fd TANDOU ET Cie

78, RUE DES ÉCOLES

MDCCCLXV

TABLE ALPHABÉTIQUE DES MATIÈRES

FIN DE LA TABLE ALPHABÉTIQUE DES MATIÈRES.

LE LIVRE
DE LA FERME

ET

DES MAISONS DE CAMPAGNE

PREMIÈRE PARTIE

AGRICULTURE PROPREMENT DITE.

CHAPITRE PREMIER

DES QUALITÉS NÉCESSAIRES AU CULTIVATEUR ET A LA MÉNAGÈRE.

On a vu des hommes, nés et élevés dans les villes, rompre soudainement avec les habitudes de toute leur vie, aller aux champs, s'essayer aux rudes travaux de la ferme, et devenir, à la longue, de très-habiles cultivateurs. Nous connaissons de ces hommes-là, mais nous sommes forcé d'avouer qu'ils sont bien rares. Le nombre des citadins qui envient l'existence champêtre est assurément considérable, et nous le comprenons. Chez eux, pour la plupart du moins, ils manquent d'air, de soleil et d'espace ; et puis, quelle que soit leur position, ils subissent toutes sortes de sujétions désagréables. Ils ne s'appartiennent pas ; ils appartiennent à une clientèle quelconque, clientèle de malades pour le médecin, de plaideurs pour l'avocat et l'avoué, d'acheteurs pour le commerçant ; clientèle qu'il convient de ménager et de caresser. Les magistrats ne s'appartiennent pas davantage ; ils ont des devoirs à remplir à jours et heures fixes. Or, cela étant, il est bien naturel qu'ils exaltent la condition du cultivateur, de celui, bien entendu, qui n'est le vassal de personne, pas même du consommateur ; de celui qui n'a pas d'ordres à recevoir, pas d'heures marquées, pas de sourires à s'imposer, pas de fausses gentillesses à grimacer, pas de redevances en retard au profit du maître ou du prêteur. Celui-là a ses coudées franches, ses nuits pleines, le grand air en tout temps, le chant de l'alouette au réveil, les beaux paysages et les larges espaces.

Voilà le côté poétique de la situation, le seul qui frappe le regard et remue l'imagination des citadins. Il est séduisant sans doute, mais il est trompeur aussi, et il peut y avoir de l'inconvénient à laisser les gens sous le charme et sous le rêve.

Toute médaille a son revers, et la vie champêtre, si dorée et si fleurie aux yeux de l'inexpérience, a son revers aussi. Face à face du prestige qui passionne et égare, il convient d'exposer la réalité qui calme et donne à réfléchir. Nous ne pouvons pas, nous ne devons pas voir la campagne derrière un verre grossissant, à la manière de ces braves gens qui s'échappent de là ville une fois par semaine, pour venir y chercher le gazon vert, l'ombre sous les feuilles, les papillons bleus sur les fleurs, et les perdrix dans les éteules. Nous devons et voulons la voir en paysan, hiver comme été, vivante et morte, joyeuse et triste, douce et pénible, calme et tourmentée, rayonnante de promesses et écrasante de déceptions ; nous voulons la voir sous ses deux faces, c'est-à-dire complétement et sérieusement. Et, tout compte fait, nous nous disons que la vie des champs, même un peu déflorée, conservera encore assez d'attraits, et continuera de l'emporter sur celle des villes.

Avec un citadin, on peut faire de loin en loin un excellent cultivateur d'arbres fruitiers, un fleuriste hors ligne, un légumiste de premier ordre, un habile éleveur d'abeilles, de volaille et de lapins, conditions et industries fort honorables, après tout, et qui ont leurs agréments et leurs profits ; mais il devient presque toujours difficile de faire de ce citadin un homme de la grande culture, un fermier dans la rigueur du mot. Nous n'accordons pas le titre de cultivateur aux hommes qui occupent, dans les journaux et les livres, la place de leurs chefs de culture et de leurs jardiniers, et qui produisent plus souvent à perte qu'à bénéfice; nous n'entendons parler que de ceux qui savent diriger une exploitation par eux-mêmes, ou mettre leurs serviteurs à l'œuvre, sans donner procuration à un lieutenant quelconque.

Il faut à ces hommes plus que le goût des champs, plus que le feu sacré; il leur faut, avec cela, nombre de qualités que les gens du monde ne soupçonnent qu'en partie, et que le vulgaire des cultivateurs ne réunit point.

Si vous n'avez pas une bonne santé, allez à la campagne pour y chercher le repos, l'air pur et le lait chaud, non pour y chercher le travail. Un cultivateur qui n'est pas un peu solidement constitué ne dure guère; les jarrets, les bras et les poumons sont mis à rude épreuve; on ne va pas en terre labourée comme sur un chemin bien entretenu; on n'a pas ses aises par les journées brûlantes de l'été, et par les matinées froides de l'automne. Pour un orage qui menace ou une averse qui tombe, on ne quitte pas la besogne, on la continue comme si de rien n'était. On reçoit le soleil, on reçoit la pluie, on reçoit le grésil ou la grêle, et aussi longtemps que l'attelée se prolonge, il n'y a pas à reculer. La chemise tient à la peau, la blouse tient à la chemise; c'est égal; il n'y a pas lieu de se plaindre; nécessité fait loi.

La profession de cultivateur exige une grande activité. Au dire des maîtres, le temps est de l'argent; il convient donc de n'en point perdre. Il faut que le chef de la maison soit le premier debout et le dernier endormi. Le cultivateur qui ne fait pas tout par lui-même a nécessairement des serviteurs à ses ordres. Or, les hommes qui travaillent pour le compte d'autrui se ménagent autant qu'ils peuvent, et ne font pas les choses comme s'ils y étaient intéressés directement. Avec eux, par conséquent, la surveillance est de rigueur.

Le cultivateur doit avoir de l'ordre dans les idées et dans les travaux. Avant de prendre une exploitation, il doit savoir ce que vaut la terre, ce qu'elle produira et par où s'en iront les produits. Dans les opérations de fantaisie, on ne relève que de son goût particulier; mais dans les opérations sérieuses, on cherche le bénéfice net, et si telle culture qui ne nous plaît guère, nous donne plus de profit que telle autre culture qui nous plaît beaucoup, nous devons sacrifier la seconde à la première. — Longtemps d'avance, l'assolement sera combiné et arrêté; la veille au soir, les opérations du lendemain seront réglées de telle sorte que les cas d'empêchement soient prévus, et qu'à défaut d'un travail projeté, on puisse de suite se rejeter sur un autre. Les opérations faites sans ordre, sans prévoyance, au jour le jour, amènent l'hésitation, les fausses manœuvres et les pertes de temps.

Il faut se rendre un compte exact des dépenses et des recettes de chaque jour, les marquer sur un registre, les additionner tous les mois ou tous les quinze jours. Il faut aussi, au fur et à mesure de la rentrée des récoltes, se rendre compte, au moins très-approximativement, du poids des denrées, et savoir combien on a de gerbes au gerbier, de milliers de foin au fenil ou en meules, de kilos de grain battu au grenier, de kilos de racines en cave, au cellier ou en silos. Il n'y a que ce moyen d'éclairer la situation. Avons-nous besoin d'ajouter qu'il est important de rationner les bêtes de la ferme, selon qu'elles travaillent ou ne travaillent point, et afin de savoir si la masse des provisions répondra aux exigences de la consommation, s'il y a lieu d'en distraire une partie, s'il y a lieu de garder le tout, et même d'en acheter en temps opportun pour compléter l'approvisionnement.

Le cultivateur aime souvent la terre plus que de raison, tantôt pour elle-même, comme l'avare aime les écus, tantôt pour satisfaire sa vanité et acquérir de la considération de village qui se mesure aux biens que chacun possède sous le soleil. On cache l'argent, parce qu'on a peur des voleurs, mais n'était cette peur, on le montrerait, on le compterait devant tout le monde, afin de se faire valoir. Avec la terre, il n'y a pas de crainte à concevoir; ça se montre, parce qu'il ne saurait venir à la pensée de personne de mettre un champ dans sa poche ou de l'emporter sur ses épaules. On achète donc des champs, un peu pour les faire voir, et établir ce que l'on vaut; on en achète jusqu'à son dernier sou, même plus qu'on ne peut en payer argent sur table, et l'on s'arrange quelquefois encore de façon à donner à supposer qu'il reste à la maison, au fond de l'armoire, ou dans quelque coin bien secret, des sacs de vieux louis en réserve. Sous la blouse, comme dans toutes les conditions sociales, il existe un besoin de puérile distinction très-marqué. Le villageois qui a de la gêne appartient à la catégorie des petites gens, tandis que les villageois les plus riches en biens-fonds, ou paraissant l'être, sont les personnages de l'endroit. — Défiez-vous de cette vanité de grands enfants, car elle est grosse de mauvaises conséquences. Pour attirer l'attention et la considération, on entreprend plus de besogne qu'on n'en peut conduire; on ne garde pas de fonds de roulement; on mange ce qu'on a, en achetant à crédit de quoi s'arrondir; on dépense plus qu'on ne peut, afin de paraître sottement plus qu'on n'est; on emprunte pour masquer les embarras, au lieu de vendre de quoi s'en dégager; et, de peur de s'amoindrir aux yeux du préjugé, on ne se dessaisit de rien pour aider ses enfants.

Une des qualités les plus essentielles au cultivateur qui est obligé de recourir à la main-d'œuvre des journaliers et des serviteurs à gages, c'est le tact dans le commandement. Qui commande mal est mal servi, qui commande bien est bien servi. Il ne s'agit pas de s'imposer comme maître, et de dire : — Je paie, donc j'ai le droit d'exiger que les choses soient faites de telle ou telle manière; il s'agit de se faire accepter et de prouver sa supériorité. Or payez, au besoin, de votre personne, et établissez, ainsi, que vous savez exécuter ce que vous savez ordonner; sans quoi, les gens à votre service se gausseraient et riraient de vous. Distribuez vos travaux d'une façon intelligente; donnez à propos des ordres qui ne se contredisent point ; ne défaites pas d'une main ce que vous avez commencé de l'autre ; ne soyez jamais irrésolu ni tâtonneur ; ne soyez ni impérieux ni familier avec vos serviteurs, car ils ne tarderaient point à vous manquer de respect ; prenez garde aux injustices, n'injuriez pas, ne vous emportez pas, ne froissez pas ; ne blâmez point sur un simple soupçon ; n'accusez qu'avec la certitude de frapper juste ; soyez constamment digne dans vos observations et vos remontrances, lent à prendre une résolution extrême, mais ferme quand vous l'avez prise. Lorsque vous êtes satisfait, exprimez votre satisfaction ; votre blâme, à l'occasion, n'en aura que plus de poids. Ayez de bonnes paroles pour les hommes de bonne volonté, de bonnes raisons pour ceux qui se montrent rétifs, de bons soins pour ceux qui souffrent. C'est ainsi que vous établirez votre supériorité sous tous les rapports ; c'est ainsi que vous façonnerez des hommes dévoués, que vous les attacherez peu à peu à la ferme, que vous les amènerez à épouser vos intérêts, à se croire tout à fait de la maison, et à dire, en parlant de ce qui est à vous : « — Notre maison, nos champs, nos fruits, nos bêtes. » Ceci est l'affaire de longues années, non l'affaire d'un jour. N'établissez point de hiérarchie, de degrés parmi vos serviteurs ; ne souffrez pas que l'un commande à l'autre ; commandez à tous ; autant que possible même, abstenez-vous de déléguer à votre femme ou à vos enfants une trop large part de votre autorité, car les fermes où tout le monde commande ont mauvais renom. Il ne s'y forme jamais de bons serviteurs, et les meilleurs s'y gâtent.

Vous aurez de la peine à introduire ou plutôt à faire accepter les outils nouveaux et les méthodes nouvelles, car les hommes, surtout ceux d'un certain âge, se cramponnent opiniâtrément aux anciens usages, se moquent volontiers des novateurs et ne se soucient point de redevenir apprentis. Ne les brusquez pas, exprimez le désir d'essayer chez vous ce qui donne d'excellents résultats autre part ; exposez vos raisons ; ayez un peu l'air de consulter votre personnel, écoutez les objections avec bienveillance ; tâchez de les combattre victorieusement et de provoquer l'essai par la persuasion. Si vous y réussissez, tant mieux ; mais, dans le cas contraire, ne capitulez point, exigez et surveillez de près le travail, car, pour se donner raison, on l'exécutera le plus mal possible. Cherchez des hommes jeunes et qui n'aient pas de mauvais pli pour mettre en œuvre les moyens nouveaux.

De toutes parts, on s'accorde à reconnaître que les excellents serviteurs sont moins communs en ce temps-ci qu'au temps passé. La remarque est juste, mais il conviendrait de reconnaître que les excellents maîtres sont moins communs aussi. Si nous prenions la peine d'aller au fond des choses, nous verrions bien vite que les rapports de maître à serviteur ne sont plus aujourd'hui ce qu'ils étaient autrefois. Il y a cinquante ans et même moins, le domestique était réellement le compagnon du fermier. En général, ils n'étaient ni mieux élevés ni plus instruits l'un que l'autre ;

ils travaillaient ensemble du matin au soir, causaient de leurs affaires et se confiaient leurs secrets pendant les attelées, vivaient à la même table, mangeaient au même plat, buvaient à la même tasse et parlaient le même patois. Le domestique n'avait donc rien à envier, rien à jalouser. Or, où il n'y a point de distance fortement accusée, les rapports sont faciles, agréables, et pour peu que les caractères sympathisent, on s'attache vite l'un à l'autre et l'attachement dure. De nos jours, ce n'est plus cela ; la ligne de démarcation est bien tracée ; les points de contact disparaissent ; les maîtres ne se confondent plus avec les domestiques ; ils s'en éloignent de plus en plus par l'éducation, par l'instruction reçue dans les villes, par l'habit, la nourriture et les relations habituelles. De leur côté, les serviteurs ont plus de connaissances qu'au temps passé, moins d'humilité dans l'esprit, plus de souci de leur dignité d'homme, plus de susceptibilité, plus de tendance à sortir de leur infime condition, pour devenir, à leur tour, propriétaires d'un lopin de terre et s'appartenir. Il n'y a plus de compagnons ; il n'y a plus que des hommes qui payent pour se faire servir, et des hommes qui servent pour être payés. La familiarité n'est plus possible entre eux ; ils ne vivent plus ensemble ; il n'y a plus de raisons pour qu'ils s'attachent solidement et qu'ils finissent sous le même toit.

Il ne reste plus, à notre avis, qu'un moyen de souder les serviteurs à la ferme, c'est de les intéresser au succès de l'entreprise par une petite part dans les profits, et d'élever ainsi leur condition d'un degré. Ce faisant, le fermier trouvera des hommes de cœur pour auxiliaires ; sinon, il n'aura à son service que des individus inintelligents et remplis de défauts. L'amélioration que nous indiquons ne serait pas plus difficile à réaliser dans l'industrie agricole que dans l'industrie manufacturière et le commerce, où les maîtres habiles ne la négligent pas.

Nous aimons les innovations agricoles, mais nous conseillons au cultivateur de ne les aborder qu'avec une grande prudence, et de ne pas trop s'en rapporter, sur ce chapitre, aux éloges qu'on en fait dans certains livres et certaines publications. Il doit se tenir à égale distance de la routine et de la témérité. Ceux qui s'obstinent à ne point bouger sont tout aussi déraisonnables que ceux qui veulent aller trop vite en avant. Nous désirons le progrès graduel, incessant, mais par petites étapes ; nous le désirons parce que l'agriculture ne saurait être condamnée à l'immobilité quand tout se meut autour d'elle, et aussi parce que nous devons nécessairement élever nos ressources au niveau de nos besoins. Or, nos besoins ne sont plus ce qu'ils étaient jadis ; les gens se vêtent mieux, se nourrissent mieux, se logent mieux et sont plus désireux d'instruction qu'au temps passé. On dépense par conséquent plus, et, pour faire face à ces dépenses nouvelles, il faut, de toute nécessité, produire plus que ne produisaient nos pères, et employer dans ce but des moyens nouveaux.

Nous ne tirons pas des engrais tout le parti possible ; nous ne combinons pas toujours nos assolements d'une manière convenable; nous n'accordons pas une assez large place aux cultures fourragères; nous hésitons trop à remplacer nos vieux outils défectueux par les outils perfectionnés qui ont fait leurs preuves; nous ne voulons point proportionner l'étendue de nos cultures au volume des engrais dont nous disposons; nous ne comprenons pas assez l'importance du capital d'exploitation et du fonds de roulement; nous poussons trop loin l'ambition de la propriété; nous achetons trop aisément à crédit, comme si les échéances ne devaient jamais venir; nous dédaignons un peu trop les connaissances théoriques; nous nous tenons même rarement à la hauteur des connaissances pratiques de notre époque; nous ne savons rien de ce qui se passe hors de notre contrée, au delà d'un rayon de quelques kilomètres, tandis que nous aurions tous intérêt à faire ce que font les compagnons du devoir, à savoir ce qui se passe dans les pays renommés pour leur bonne agriculture. Voyager, c'est feuilleter et lire dans le livre de la nature. Les hommes qui ont voyagé et observé sont bien rarement les esclaves de la routine; c'est presque toujours à eux que nous sommes redevables des innovations utiles. Par cela même qu'ils ont beaucoup vu et souvent comparé les diverses méthodes, les divers outils entre eux, ils sont en position de juger du mérite propre à chacune d'elles et à chacun d'eux.

L'homme rompu aux détails de la pratique agricole convient mieux que tout autre à la direction d'une ferme; mais il conviendrait mieux encore si, à ces connaissances pratiques, il joignait les connaissances théoriques que l'on puise dans les écoles spéciales, dans les livres de choix et les publications consciencieuses. La vraie science ne nuit à personne et rend des services à tout le monde, aux cultivateurs principalement. Beaucoup s'en passent, sans doute, font néanmoins d'excellentes affaires aux champs et réalisent des bénéfices, quand des savants étrangers à la pratique s'y ruinent communément; mais ce n'est point une raison pour nier l'utilité de la science en agriculture et méconnaître la portée des services qu'elle peut nous rendre. La composition de l'air, la composition des terrains, la manière de vivre des plantes, les noms et les propriétés de ces plantes utiles ou nuisibles, la théorie du labourage et de la compression, la théorie du drainage, les applications de la chimie aux diverses industries rurales, les applications de la mécanique au perfectionnement de nos divers outils, la théorie des engrais, la zootechnie, l'entomologie, l'hygiène, etc., etc., nous intéressent évidemment. Nous ne pouvons faire un pas en avant ou de côté, sans que la science nous invite à l'interroger et nous pose problème sur problème. Seulement, ne confondons pas toujours la chose avec les hommes, la science avec ceux qui se disent savants, et défions-nous de l'assurance exagérée que les études spéciales donnent aux individus, surtout à ceux qui n'entendent rien aux choses de la pratique. La science pose des règles, mais ces règles sont subordonnées, dans l'application, à tant de considérations

imprévues qu'il faut bien se garder de les suivre à la lettre. Vous trouverez, par exemple, très-peu de bons mathématiciens qui soient aptes à diriger une exploitation rurale. C'est ce qui a fait dire à Mathieu de Dombasle : — « Les mathématiques pures ne donnent à l'homme qui s'y livre aucune habitude d'observer et d'étudier les faits matériels; aussi, je pense que les études de ce genre forment la plus mauvaise de toutes les préparations pour le succès dans une entreprise agricole. » M. de Dombasle n'entendait parler que des hommes spécialement adonnés aux mathématiques. Il aurait pu classer dans la même catégorie les hommes qui font de l'étude de la chimie leur occupation principale. Nous parierions que ceux mêmes qui nous ont rendu le plus de services et que nous estimons le plus ne seraient point à leur aise au milieu des travaux d'une ferme.

Si nous voulions un cultivateur parfait, les qualités que nous avons signalées ne suffiraient pas. Nous nous en tiendrons donc aux plus essentielles, et, dans le nombre, il en est une que nous serions au désespoir d'omettre; c'est celle qui caractérise l'homme de négoce, et que l'on désigne sous le nom d'entente des affaires ou d'esprit des affaires. Une ferme, qu'on veuille bien le remarquer, n'est pas seulement une fabrique de végétaux et d'animaux : c'est aussi une maison de commerce. Pour fabriquer, il s'agit d'acheter la matière première; et, quand on a fabriqué, il s'agit de vendre. Or, il n'est pas donné à tout le monde de savoir et bien acheter et bien vendre. Quantité de cultivateurs qui ont du bétail et des denrées disponibles, s'imaginent toujours ou que la baisse ne durera pas ou que la hausse continuera. S'ils ont, au contraire, du bétail ou des denrées à acheter, ils espèrent que la hausse s'arrêtera ou que la baisse ne s'arrêtera pas. Ceux-là n'entendent rien aux affaires.

Ne perdons donc pas de vue que pour mener à bien une exploitation, il ne faut pas être seulement un bon cultivateur, il faut de plus être quelque peu marchand, se faire renseigner le mieux possible sur l'état des récoltes dans son propre pays et à l'étranger, et se bien tenir au courant des mercuriales de tous les marchés importants.

De tout ce qui précède, il semble résulter qu'on naît cultivateur plutôt qu'on ne le devient, et que la pratique des choses, dès la jeunesse, en apprend plus que les meilleurs maîtres et les meilleurs livres.

Il y a du vrai dans la conclusion.

A présent, supposons qu'un chef d'exploitation soit très-heureusement doué des qualités essentielles à la réussite de l'entreprise, nous n'oserions pas encore répondre du succès. Sera-t-il bien secondé par sa femme ou sera-t-il mal secondé ? Voilà la question.

La fermière est l'âme de la maison; elle a besoin, elle aussi, de souplesse d'esprit, d'intelligence, d'activité, d'économie, d'esprit d'ordre, d'entente des affaires, de tact dans le commandement et de toutes les connaissances spéciales qui forment une ménagère accomplie. La basse-cour, la laiterie, la cuisine, la lingerie, le potager, la conservation de certains produits sont naturellement à sa charge. Or, il faut se l'avouer avec chagrin, nos cultivateurs ne trouvent pas aisément des femmes qui aient les connaissances voulues et soient à la hauteur de leur mission. Ils voudraient des ménagères d'une intelligence quelque peu cultivée, et qui, au besoin, ne fussent pas plus déplacées à la ville qu'à la campagne, en un mot, des travailleuses un peu femmes du monde, à l'occasion. Ce sont là deux qualités qui, assurément, ne s'excluent point, mais qu'il est rare de rencontrer réunies et que nous n'obtiendrons qu'avec des écoles spéciales. Nos écoles de village ne répondent pas aux exigences de la société moderne. Ce qu'on y enseigne est insuffisant, et l'éducation proprement dite y laisse trop à désirer. Aussi, les jeunes hommes qui ont passé au moins quelques mois d'hiver dans les villes ou quelques années dans nos écoles régionales d'agriculture, ne se soucient point de former des unions incompatibles ou ne s'y résignent qu'à la dernière extrémité. D'autre part, les filles de cultivateurs qui ont passé par les pensionnats des villes, où l'enseignement des frivolités l'emporte de beaucoup sur l'enseignement des choses utiles, ne rentrent au village qu'avec l'espoir d'être un jour recherchées par des citadins et de quitter pour toujours la ferme. Elles ont pris goût à la musique; on leur a parlé des douceurs de la ville, des charmes d'une vie qui s'écoule entre les fantaisies de la toilette et les lectures émouvantes; on leur a établi le parallèle entre les allures d'une société bourgeoise et les mœurs un peu rudes du village : on a fait miroiter devant elles la séduction des soirées, des concerts et des spectacles; on leur a appris les belles manières et les minauderies; enfin, on a ridiculisé les paysannes, et toutes veulent devenir de grandes demoiselles. Avons-nous besoin d'ajouter que leurs mères ne demandent pas mieux et s'enorgueillissent en songeant qu'un avocat, un avoué, un notaire, ou un médecin les demandera en mariage. Oui, les mères chassent leurs filles de la ferme, leur apprennent à rougir de leur origine, à maudire le travail des champs, qui est la source de toute vertu, à désirer l'oisiveté qui déflore la vie et l'emplit de dégoût. Les pères sont tout aussi déraisonnables à l'endroit des garçons. On leur a dit si souvent qu'*avec le latin et le grec on passait partout*, qu'ils l'ont cru, le croient et ne comprennent pas qu'un jeune homme, au sortir du collège, puisse revenir à la ferme. A leurs yeux, devenir fermier, quand on a fait des études quelconques, c'est descendre l'échelle des conditions humaines; tandis que déserter la ferme, c'est s'élever. Tous les jours, nous entendons débiter de semblables énormités; tous les jours, par suite d'un écart de jugement que nous ne nous expliquons pas de la part de gens plus vains que modestes, on nous dit : — Si nous voulions mettre nos garçons à la charrue, nous nous contenterions des leçons du maître d'école, au lieu de dépenser de l'argent gros comme eux pour leur apprendre un tas de choses dont personne de nous

autres n'a besoin pour conduire la charrue aux champs ou les bêtes à l'abreuvoir.

On chasse donc les jeunes hommes intelligents de la ferme, comme on en chasse les jeunes filles, et ce n'est que très-exceptionnellement que l'on confie ces jeunes hommes aux écoles d'agriculture qui comptent leurs élèves par douzaines, tandis que les facultés de médecine et de droit les comptent par milliers. Voilà la situation, telle que l'ignorance et les préjugés nous l'ont faite. Il est temps, grandement temps d'en sortir et de nous créer de véritables agriculteurs ainsi que des compagnes dignes d'eux, c'est-à-dire qui ne soient ni trop primitives ni trop demoiselles, qui n'entravent point leur marche, à tout propos, par inintelligence ou par mauvais vouloir! On aurait dû commencer par où l'on finira, ou tout au moins, on aurait dû ouvrir des écoles spéciales aux filles de nos villages, en même temps qu'on ouvrait les écoles régionales et les fermes modèles aux garçons. Ne nous lassons point de dire et de répéter que l'éducation des villes détourne nos jeunes filles des occupations de la ferme, et que la mauvaise éducation de village ne saurait les y attacher. La désertion des filles entraîne la désertion des hommes; l'antipathie des femmes du monde pour les usages modestes et la vie calme des champs s'oppose à la résidence des maris à la campagne et produit ce que l'on nomme l'*absentéisme*.

Mathieu de Dombasle a écrit avec raison : — « On ne peut se dissimuler que le retour aux habitudes de la campagne sera lent parmi nous; et il est facile de prévoir que le principal obstacle se trouvera dans l'éducation que reçoivent les femmes parmi les propriétaires qui jouissent de quelque aisance. Cette éducation est encore la suite de la tendance qui a porté jusqu'ici cette classe de la société vers la résidence des villes : si l'on habite encore la campagne, on forme du moins le désir de rendre sa fille digne de tenir une place dans la société des villes, parce qu'on croit lui faire monter ainsi un degré de l'échelle sociale. Souvent l'éducation d'une jeune personne est un motif pour une famille d'aller fixer sa résidence à la ville; et si des circonstances s'y opposent, on la place dans un pensionnat où elle sera façonnée au ton de la bonne société, c'est-à-dire à toutes les habitudes urbaines : des talents agréables, qui lui seront de la plus complète inutilité dès qu'elle sera épouse et mère, même si sa résidence se trouve fixée à la ville; des goûts et des habitudes qui tendent à la détourner à jamais de la vie rurale, voilà à peu près tout ce que recueille une jeune personne de son éducation, au lieu d'y avoir puisé les connaissances, les habitudes et les goûts qui pourraient lui faire trouver tant de charmes dans les soins de famille et de ménage, qui doivent remplir toute la vie de l'épouse d'un propriétaire qui habite la campagne. »

Ce qui était vrai, il y a une trentaine d'années, l'est encore aujourd'hui. On pourrait même affirmer que le mal a empiré et empire chaque jour. Tout le monde voit la plaie, tout le monde la signale, la touche du doigt et s'effraie de sa gravité, mais personne n'y apporte le remède. Nous en sommes toujours aux lamentations et aux discours.

Bien avant M. de Dombasle, en 1769, un homme qui ne tenait point à être connu, écrivait en tête du premier chapitre d'un bon livre : — « On pourrait dire des fermières ce que l'on dit des amis : *Rien n'est si commun que le nom, rien n'est si rare que la chose.* » Et il ajoutait qu'une fermière doit être pour son ménage et tout ce qui l'entoure un modèle de conduite, une compagne douce, prévenante, égale de caractère, ne procédant point par caprice, mais après mûre réflexion. Il la voulait exacte à faire les repas, prévoyante, économe sans lésinerie, parce que *grand train absorbe grand gain*; assez habile dans l'art des préparations culinaires, afin de n'être pas embarrassée à l'occasion, bonne mère et attentive à développer chez ses enfants le goût de la vie rurale, au moyen de certains petits profits; bonne maîtresse, sévère sur la conduite de ses domestiques, sans cesser d'être charitable ; circonspecte vis-à-vis d'eux, jamais trop familière. Il lui conseillait de commander avec fermeté, mais sans rudesse et toujours à propos, de ne jamais gourmander hors de saison, de prévenir les besoins de ses serviteurs, de les bien nourrir, de leur prodiguer tous les secours nécessaires en cas d'accidents ou de maladies, de les choisir dans le canton parmi les familles connues, de les payer exactement, de ne leur faire que de très-petites avances, de ne pas regarder de trop près quant aux gages, de leur passer quelques petits défauts, de ne point trop leur faire sentir qu'on tient à leurs services, parce que tout serviteur qui se croit nécessaire ne tarde pas à devenir intraitable.

Ceci vaut bien une leçon de piano, mais ce n'est pas tout. Il conseillait, en outre, à la fermière, de se vêtir selon sa condition, décemment et sans luxe, alors même que sa fortune lui permettrait ce luxe ; de s'en tenir aux meubles simples, quoique de bon goût, parce que l'argent mis dans le mobilier ne rapporte rien, parce que le mobilier considérable fait perdre trop de temps pour l'entretien, et, qu'en définitive, l'ostentation ne mène qu'à la ruine. Il lui conseillait encore et surtout la propreté, qualité si aimable et si utile à la campagne notamment, qualité qui témoigne de l'esprit d'ordre. Il lui recommandait beaucoup de soins à l'endroit de la lingerie, de tenir note exacte du linge mis sous clef et de celui délivré pour les besoins du service journalier, de le faire entretenir par ses filles plutôt que par des couturières étrangères, de s'approvisionner chaque année de quelques pièces de toile pour le linge de corps, de lit, de table, pour les sacs, etc. ; de bien tenir compte des recettes et des dépenses, et de se faire payer exactement, mais sans dureté.

Le même écrivain était d'avis que la maîtresse de maison fût levée la première et couchée la dernière ; qu'elle donnât ses ordres la veille pour le lendemain, qu'elle portât une attention toute particulière aux repas. — « Il ne faut pas, disait-il, que la fermière croie qu'il y ait de l'économie à ne donner que peu ou point de viande aux domestiques ; c'est une erreur. Outre que cette nourriture leur donne plus de forces, ils en sont plus tôt rassasiés et consomment moins de pain. » Il voulait que la ménagère connût bien la qualité des diverses sortes de farine et s'entendît à la fabrication du pain ; qu'elle sût saler et fumer les viandes de porc et de bœuf ; que les détails les plus minutieux sur la manipulation du lait, la fabrication du beurre et sa conservation, sur l'art de préparer les meilleurs fromages, sur l'art de gouverner les fruits au fruitier et d'en tirer parti ne lui fussent pas étrangers. Il appelait tout particulièrement l'attention de la ménagère sur les ressources si précieuses du potager. Selon lui, en outre, une fermière devait s'entendre au gouvernement de l'étable, savoir proportionner le nombre des vaches à la quantité de la nourriture disponible ; savoir les caractères qui indiquent les bonnes laitières ; savoir reconnaître l'âge, distribuer les vivres, soigner les veaux et les génisses, distinguer ceux qu'il convient de garder de ceux qu'il convient de vendre au boucher ; connaître les meilleures méthodes d'engraissement, les appliquer elle-même et ne point oublier le dicton flamand : — *l'œil de la fermière engraisse le veau.* Elle ne devra pas ignorer non plus les diverses manières d'engraisser les bœufs. Enfin, tout ce qui a rapport à la porcherie, à la volaille, devra lui être familier. Les principaux symptômes des maladies les plus communes aux animaux devront lui être indiqués en même temps que les premiers soins à administrer en attendant l'arrivée du vétérinaire.

Voilà les connaissances que l'on croyait, avec raison, indispensables à une bonne ménagère, il y aura cent ans bientôt. — Aujourd'hui, nous ne sommes guère plus exigeant, nous nous en contenterions très-bien. Donnez-nous une école où toutes ces connaissances pratiques soient enseignées et expliquées un peu scientifiquement, et nous ne serons plus en peine d'élever nos filles selon nos désirs, de les attacher à la vie rurale et de changer complètement le caractère de nos fermes.

Donnez-nous aussi, pour les heures de loisir, des livres bien pensés, bien écrits, romans et autres, qui ne s'écartent jamais des lois de la moralité la plus vulgaire, qui intéressent en améliorant, qui réjouissent l'esprit et le cœur, qui nous fassent aimer notre condition, qui nous éclairent, qui ne faussent point le jugement, et ne ressemblent en rien, en un mot, à ces publications regrettables qui empoisonnent chaque jour notre intérieur et ne corrompent pas seulement nos enfants. Nous ne voulons plus de ces écrits sortis de cerveaux malades ou gâtés, qui nous jettent dans une société de fantaisie et d'aventures, au milieu d'un monde où les passions malpropres s'agitent avec plus de succès que les sentiments respectables, où les mœurs de bohémiens ont le pas sur les mœurs des honnêtes gens, où l'on trouve une excuse à tous les vices, un côté séduisant à tous les crimes et un apaisement facile pour toutes les consciences troublées.

Si les personnes, auxquelles nous adressons ce livre, réunissaient au complet les qualités dont il a été question, la plus grande partie de notre travail deviendrait inutile. Nous avons voulu tout simplement jalonner la route de celles qui se proposent d'embrasser la carrière agricole, exposer en peu de mots les exigences et l'importance de notre grande industrie rurale, la dégager des mensonges séduisants dont on l'enveloppe, la présenter sous son véritable jour, au risque d'éteindre brusquement quelques feux de paille et de déchirer quelques illusions. Maintenant que la situation est assez éclairée, que les vocations de fantaisie vont s'évanouir, nous ne comptons plus que sur les caractères résolus, et nous leur disons : — avant d'acheter un domaine, de bâtir une ferme et de fabriquer des récoltes, il con-

vient d'avoir une idée nette des influences atmosphériques sur la végétation, de connaître au moins approximativement les propriétés des divers terrains qui peuvent être soumis à la culture, et de savoir comment l'on doit s'y prendre pour restituer à ces terrains les substances que leur enlèveront les plantes pour se nourrir. Après cela, nous préparerons nos outils, nous bâtirons dans les conditions les plus favorables à nos vues, nous défricherons, nous drainerons, nous combinerons nos assolements, et nous nous mettrons à la besogne.

P. JOIGNEAUX.

CHAPITRE II

MÉTÉOROLOGIE AGRICOLE.

Tout ce qui existe dans l'arrangement de l'univers a sa raison d'être ; l'homme seul fait, par moments, des choses inutiles ou nuisibles. Mais comme l'air, la chaleur, le froid, la neige, la glace, la lumière, l'eau, l'électricité, la grêle, les vents, etc., ne sont point des inventions de l'homme, nous devons nécessairement nous y intéresser, les étudier, nous demander quelles sont leurs influences dans les opérations de l'agriculture. Or, la science, encore toute nouvelle, qui s'en occupe particulièrement, porte le nom de *Météorologie agricole.* Cette science, appelée à nous rendre, quelque jour, d'importants services, n'est pas riche à cette heure ; cependant, même dans l'état d'imperfection où elle se trouve, les cultivateurs y puiseront d'utiles enseignements. — Nous les entretiendrons d'abord de l'air atmosphérique.

Air atmosphérique. — Dans nos campagnes, rien n'est plus connu que le nom, mais rien n'est moins connu que la chose. Tout le monde vous dira que l'air est pur ou malsain, vif ou doux, glacé ou tiède, empesté ou embaumé, que l'air est indispensable aux animaux et aux plantes, que, faute d'air, la vie s'en va et la lampe s'éteint ; mais la plupart des individus seraient bien en peine de répondre à cette question : — Qu'est-ce que l'air ?

Il s'agit donc de le leur apprendre en peu de mots. La terre, qui a la forme d'une boule, est enveloppée d'une couche de gaz qui n'a guère moins de 12 lieues d'épaisseur, au dire des uns, de 14 ou 15, au dire des autres. Un peu plus ou un peu moins, c'est l'affaire des savants, non la nôtre ; aussi n'avons-nous pas à chicaner sur le chiffre. Cette couche s'appelle *atmosphère,* et l'air qui la constitue est formé de deux gaz. L'un des deux se nomme *oxygène,* et l'autre se nomme *azote.*

Sur cent mètres cubes d'air atmosphérique, on

trouve à peu près vingt-un mètres de gaz oxygène et soixante-dix-neuf mètres de gaz azote, sans compter un peu d'acide carbonique, de la vapeur d'eau, des miasmes, des sels, de la matière terreuse, un peu d'ammoniaque et un peu d'acide azotique.

Nous entendons par *acide carbonique,* le gaz qui sort du charbon que l'on brûle, du four à chaux allumé, de la cuve où les raisins fermentent, de la cave où il y a du vin blanc nouveau, du cidre ou de la bière jeune, etc.

Nous entendons par *miasmes* les substances, malsaines d'ordinaire, qui sortent des marais ou des canaux qui se dessèchent, des terres neuves que l'on remue, des ateliers d'équarrissage, des fumiers en fermentation, des fosses bourrées de cadavres.

Nous entendons par *sels,* non-seulement le sel de cuisine, mais encore d'autres composés que la vapeur d'eau emporte de la mer ou d'ailleurs, comme la bulle de savon emporte avec elle un peu des sels de soude ou de potasse qui forment ce savon.

Nous entendons par *matières terreuses* cette fine poussière qui s'agite dans l'air, ainsi que vous pouvez le remarquer en faisant passer un rayon de soleil dans un appartement obscur.

Nous entendons par *ammoniaque* ce que tous nos villageois connaissent sous le nom d'alcali volatil.

Nous entendons, enfin, par *acide azotique* ce que nos cultivateurs appellent eau forte.

Quant à l'oxygène et à l'azote qui forment la presque totalité de l'atmosphère, nous vous dirons : ces deux gaz qui n'ont point de couleur, et que nous ne distinguons par conséquent pas, ne se ressemblent guère. Le premier, s'il était seul, nous ferait vivre trop vite, et, partant, mourir trop tôt ; le second, s'il était seul aussi, ne nous ferait pas vivre du tout. La nature a mis de l'azote dans son oxygène, comme nous mettons de l'eau dans notre vin pour ne pas nous enivrer. C'est du moins l'opinion de beaucoup de personnes.

Toutes ces choses que nous venons de citer, sont nécessaires à la vie des plantes. C'est la provision de vivres où les feuilles prennent ce dont elles ont besoin, comme les racines prennent, de leur côté, dans le sol, ce dont elles ont besoin aussi. Et la preuve de ceci, c'est que les chimistes qui analysent une plante, y retrouvent un peu de tout ce que l'air et le sol contiennent.

Les propriétés physiques de l'air ont une grande importance pour le cultivateur. Examinons donc quelques-unes de ces propriétés :

L'air est pesant ; c'est une affaire prouvée et qui n'a plus besoin de l'être à nouveau. Une colonne d'air de 12 lieues de hauteur pèse autant à base égale qu'une colonne d'eau de 10 mètres ou qu'une colonne de mercure (vif-argent), de $0^m,76$. C'est sur cette particularité du poids de l'air que repose la construction du baromètre.

Plus l'air est pur et lourd, plus il pèse sur la cuvette de mercure et plus celui-ci monte dans le vide ; plus l'air est léger, moins il y a de pression sur le mercure de la cuvette et plus il descend. Plus il y a de changements dans la masse de l'atmosphère, plus il y a de variations dans la marche du baromètre.

Nous nous servons de cet instrument pour connaître l'état du temps ; mais il ne faut pas s'y fier d'une manière absolue, bien que souvent il nous renseigne assez bien. Quand il se maintient haut, c'est signe de beau temps ; quand le mercure descend, c'est que l'air est rempli de vapeurs d'eau plus légères que lui ou que des courants d'air chaud se produisent quelque part dans l'atmosphère. Nous sommes donc autorisés à attendre de la pluie, des orages ou du vent.

L'air peut être chargé d'eau près de la terre et fort sec dans toutes les autres parties de l'atmosphère. Donc, alors même que le mercure a de la tendance à s'élever dans le baromètre, la pluie peut tomber. L'air peut être sec dans les parties les plus rapprochées de nous et mouillé partout ailleurs dans les régions élevées, en sorte que nous aurons le beau temps quand le baromètre l'indiquera pluvieux. Des courants supérieurs peuvent rompre la colonne d'air, l'empêcher de peser de tout son poids sur le mercure, et le baromètre baissera sans que la pluie soit à craindre. Voilà ce qui nous porte à accuser le baromètre de mentir assez souvent, quand tous les torts sont de notre côté. Cet instrument a été imaginé pour peser l'air et mesurer les hauteurs, non pour indiquer la pluie et le beau temps. Mais il n'en est pas moins vrai que, sous ce rapport, il nous donne encore très-souvent de bons avis.

Les baromètres, dont nous nous servons habituellement, sont de trois sortes : 1° Le baromètre à siphon, le plus répandu de tous dans les fermes, et qu'il est parfaitement inutile de décrire ; 2° le baromètre à cadran (*fig.* 1) qui ne diffère du précédent que par un léger flotteur placé sur le mercure et muni d'un fil très-fin passant sur une poulie et se terminant par un poids tout juste suffisant pour le tendre. Quand le mercure des-

cend dans la cuvette, le flotteur descend avec lui et la poulie qui tourne à cause de l'adhérence du fil, fait mouvoir une aiguille adaptée au cadran. Quand, au contraire, le mercure s'élève, le flotteur s'élève aussi, et le petit poids, agissant sur le fil, imprime à la poulie, et par conséquent à l'aiguille du cadran, un mouvement dans le sens opposé à celui de tout à l'heure. Ce baromètre de salon est un peu moins sensible que le premier à cause des frottements de la poulie ; néanmoins, il fonctionne d'une manière satisfaisante. 3° En dernier lieu, et depuis quelques années seulement, nous avons un baromètre métallique qui, pour nous, est préférable aux deux autres, parce qu'il est plus solide et qu'on peut, sans le déranger, le placer dans toutes les positions. Il se compose (*fig.* 2) d'un tube métallique, dans lequel il n'y a pas d'air,

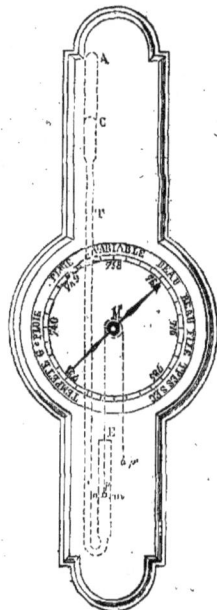

Fig. 1. — Baromètre à cadran.

Fig 2. — Baromètre métallique.

et dont les parois sont très-minces et très-élastiques. Les deux extrémités de ce tube, disposé en forme de cercle, s'articulent au moyen de deux petites bielles avec un levier qui se meut autour d'un axe passant par son milieu. Quand l'air pèse de tout son poids, le tube s'aplatit ; ses extrémités se rapprochent ; quand, au contraire, la pression de l'air va en diminuant, la section du tube s'ouvre et ses deux bouts s'écartent. Or, selon qu'il y a rapprochement ou écartement de ces extrémités, un mécanisme à engrenage communique les variations à l'aiguille du cadran qui marche tantôt dans un sens, tantôt dans le sens opposé.

Tout cultivateur doit avoir un baromètre à sa disposition et le consulter souvent en temps de semailles, de moisson et de fenaison. Alors même qu'il l'induirait en erreur de fois à autres, il n'en aura pas moins, dans la plupart des cas, l'occasion de s'en louer.

De même que la pesanteur de l'air atmosphérique nous fournit des indications précieuses, son élasticité et, partant, sa faculté de transmettre les sons, nous en fournit aussi une qui n'est point à dédaigner. De ce que les sons se transmettent mieux dans les liquides que dans les gaz, il suit que l'air chargé d'humidité opère la transmission beaucoup mieux que l'air sec. On entend mieux les cloches par un temps pluvieux que par un beau temps, et nos villageois le savent bien. Les poissons et les plongeurs passent avec raison aussi pour avoir l'oreille délicate.

L'air se dissout dans l'eau ; c'est une condition de vie pour les animaux aquatiques. C'est pour cela précisément aussi que l'eau aérée vaut mieux, dans nos arrosages, que l'eau privée d'air ; c'est pour cela que l'eau de rivière est préférable à l'eau de puits, que l'eau agitée est préférable à l'eau dormante, que l'eau qui a bouilli s'oppose à la germination des graines qui germent bien dans l'eau ordinaire. Dans certains cas, nous aurions donc intérêt à battre l'eau avant de nous en servir.

L'air, vu en masse, c'est-à-dire le ciel, est d'un bleu foncé, quand il est sec ; d'un bleu pâle, farineux, blanchâtre, quand il se remplit de vapeur d'eau. Cependant, quelquefois aussi, en plein été, quoique rempli de vapeur d'eau, il est d'une transparence rare et rapproche les objets comme une longue-vue. On explique la chose en disant que les couches d'air, chauffées partout également, sont en équilibre et qu'il ne s'y forme pas de ces courants chauds et froids qui nuisent à la transparence. Dans la Côte-d'Or, à l'époque des semailles, en septembre, quand nous découvrons très-distinctement le Jura et le Mont-Blanc, et alors même qu'il n'y a pas trace de nuages, nous nous attendons à une pluie très-prochaine.

Chaleur. — Sans chaleur, pas de vie ; c'est elle qui fait circuler la sève. Elle est en nous ; elle est dans l'arbre et le brin d'herbe ; elle est dans la graine aussi longtemps qu'elle peut germer et dans nos racines de conserve aussi longtemps qu'elles peuvent donner des tiges. En dehors de cette chaleur vitale qui nous est propre ainsi qu'aux végétaux, nous en recevons de la terre et du soleil. Parlons-en.

On a lieu de croire que, dans le principe, le globe était en feu, qu'il s'est refroidi peu à peu, à la longue, mais que le centre est encore, à cette heure, une immense fournaise qui transmet de la chaleur dans tous les sens. Ce qui nous porte à cette supposition, c'est qu'au fur et à mesure que l'on descend dans les mines ou que l'on fore des puits artésiens, on reconnaît que la chaleur va toujours en augmentant d'un degré par 30 mètres environ. Cette transmission du centre vers la circon-

férence échauffe la surface de la terre en tout temps, bien entendu, mais la chaleur obscure qui nous vient de la terre est d'autant plus sensible que la chaleur lumineuse du soleil vient s'y ajouter davantage. Pendant les nuits et pendant les hivers, la terre donne nécessairement plus qu'elle ne reçoit.

La chaleur de la terre ne passe pas aussi vite dans l'air que la chaleur du soleil. L'humidité, les nuages, la neige la gênent ou l'entravent au passage. Par un temps couvert ou par un brouillard de nuit, cette chaleur obscure ne s'en va pas aussi haut que par une nuit sereine. Mais quand rien ne l'arrête, quand le rayonnement se fait pour ainsi dire en toute liberté, la chaleur de la terre est perdue pour nous ; le milieu dans lequel nous sommes se refroidit vite, surtout si le soleil n'a pas encore eu le temps de réchauffer le sol, au printemps par exemple ; et ce refroidissement va jusqu'à la gelée blanche, jusqu'à la glace, désorganise les jeunes bourgeons et détruit les fleurs.

La lune rousse, dont on dit tant de mal, ne vaut ni moins ni plus que les autres lunes ; elle n'a qu'un tort, c'est de se montrer quand la végétation est en mouvement, et alors que la surface de la terre n'a pas encore suffisamment senti le soleil. Du moment que cette lune nous apparaît très-distinctement, c'est une preuve que l'air est pur et que rien, dans l'espace, ne s'oppose au passage de la chaleur nocturne. Un grand refroidissement est donc à prévoir. Si des nuages ou des brouillards s'interposaient entre elle et nous, nous n'aurions rien à craindre. C'est par conséquent à l'absence de nuages et de brouillards que l'on devrait s'en prendre, non à la présence de la lune. Ce qu'il y a de mieux à faire dans ce cas particulier, c'est d'établir des obstacles artificiels au rayonnement, à défaut d'obstacles naturels. Les Péruviens et certaines personnes qui n'habitent pas le Pérou, font la besogne des nuages, en brûlant de la paille mouillée ou des herbes vertes qui produisent une fumée abondante. Pendant les nuits sereines, cette fumée s'oppose au rayonnement de la chaleur terrestre vers les régions élevées ; au lever du soleil, cette même fumée arrête au passage la chaleur solaire et empêche la désorganisation des plantes qui ont souffert de la gelée pendant la nuit. On peut donc se servir de la fumée à deux fins : pendant une nuit claire pour empêcher la gelée, et dans les matinées du printemps pour ralentir le dégel.

Malheureusement, s'il fallait produire des nuages artificiels tout le temps que dure la lune rousse, il en coûterait cher, car on userait d'énormes quantités de paille mouillée ou d'herbes vertes ; on a donc recours à des moyens plus économiques et plus faciles. Nous nous servons de chaperons, d'abris, de paillassons, d'étoffes de toile, de feuilles sèches, de rameaux de genêt, etc.

La chaleur, d'où qu'elle vienne, chaleur de la terre, du soleil, des couches en fermentation, de l'eau chaude ou de la vapeur d'eau, est indispensable à la germination des graines, à la végétation des plantes et à la maturation des fruits. Elle met la sève en mouvement ; elle fait de l'hiver l'été sous nos bâches, dans nos serres, sous nos châssis vitrés. En plein air même, avec du fumier chaud derrière un mur, on avance de quinze jours environ la maturité des fruits d'espalier; et l'on assure que les cultivateurs de Berlin n'arrivent les premiers pour leurs cerises, qu'en arrosant les pieds des cerisiers avec de l'eau chaude.

Toutes les plantes, tous les arbres n'ont pas besoin, pour végéter, du même degré de chaleur. Il en faut moins à la mousse qu'à la mâche, moins à celle-ci qu'au haricot ou au maïs, moins aux pois qu'à la pomme de terre, moins au crambé qu'au pourpier.

Chaque plante a besoin, pour parcourir toutes les phases de son développement et mûrir ses graines à souhait, d'une somme de degrés de chaleur plus ou moins considérable. Quand le climat ne nous permet pas de l'obtenir, il faut renoncer à la culture de la plante. Si, par exemple, nous vivons sous un climat qui, d'avril en septembre, ne peut nous donner qu'une moyenne de 1200° de chaleur, nous ne commettrons pas la folie d'y cultiver le froment qui en veut près de 2000°. — Il résulte de cette observation que si nous connaissions parfaitement et la quantité de chaleur exigée par toutes les plantes cultivées et la quantité de chaleur que nous offrent les différents climats, nous ne demanderions jamais l'impossible à nos champs ou à nos jardins et n'introduirions jamais chez nous certaines plantes nouvelles incapables de s'y développer. Faute de savoir, on se livre fréquemment à des essais aventureux, et l'on n'a, pour toute récolte, que des déceptions.

Si la chaleur est l'âme de la végétation, elle en est parfois aussi le fléau. Ainsi, très-peu de plantes sont capables de résister, même momentanément, à une chaleur de 50°. C'est pourquoi l'on est obligé de donner aux couches élevées avec du fumier de cheval, de mulet ou d'âne le temps de jeter leur *coup de feu*, avant de les ensemencer. Dans les étés très-chauds, comme ceux de 1857, 1858 et 1859, quantité de récoltes ont beaucoup souffert dans les terrains légers, dans les climats doux et jusque sous les climats ordinairement humides et froids. La chaleur forte et prolongée vaporise l'eau des engrais qui, à l'état sec, ne sauraient nourrir les végétaux, et vaporise également leur eau de végétation, de sorte que les feuilles deviennent flasques et retombent pendant le jour. Les canaux par où circule la sève, ne recevant plus rien du sol, cessent de fonctionner, se resserrent; les tissus se durcissent, les plantes s'arrêtent dans leur développement et les graines se dessèchent au lieu de mûrir. Nous avons des arbres qui, à l'espalier, souffrent beaucoup d'une chaleur intense, et l'abricotier est du nombre. C'est pour l'en préserver qu'il est d'usage de masquer son tronc avec des planches, et ses principales branches avec un mastic de terre et de bouse de vache. Sans cette précaution, la sève, chauffée à l'excès, perd sa fluidité, s'épaissit, devient gommeuse et ne peut plus circuler dans ses canaux. Il n'est pas rare de voir les plus belles branches de nos abricotiers d'espalier, celles qui appellent le plus de sève, mourir tout à coup sous l'effet de la chaleur solaire, qui se produit en été de onze heures jusqu'à deux ou trois heures de l'après-midi.

La chaleur solaire n'agit pas avec une égale énergie sur tous les terrains indistinctement. Les terrains de couleur foncée, qui l'absorbent, s'échauffent plus vite et plus fortement que les terrains blancs ou grisâtres qui la réfléchissent en partie. C'est pour cela que les vêtements blancs ou de couleur claire sont les meilleurs pour la saison chaude. C'est pour cela aussi que les paysans suisses, impatients de se débarrasser de la neige au printemps, la recouvrent de terre noire afin qu'elle fonde plus vite.

De ce qui précède, il suit nécessairement que dans les terrains froids et sous les climats du nord, il est très-avantageux d'employer des engrais foncés en couleur et de rembrunir au plus vite la couche arable au moyen de fumures copieuses; il suit de là que les terres brunes dégèlent plus tôt que les terres blanches; il suit de là aussi qu'il est imprudent de dégarnir les terrains de montagnes, exposés à souffrir de la sécheresse, de la pierraille blanche ou grisâtre qui, dans certaines localités, les recouvre entièrement et protège les racines des récoltes contre l'ardeur du soleil. Mais par cela même que la couleur blanche réfléchit bien une partie des rayons lumineux, les végétaux à portée des rayons réfléchis sont énergiquement chauffés. Les côtières adossées aux murs en fournissent la preuve; aussi les réserve-t-on aux primeurs.

Dans les contrées du nord, où le soleil, en été, reste plus longtemps que chez nous au-dessus de l'horizon, et où par conséquent les nuits sont plus courtes, la terre a beaucoup plus de temps pour s'échauffer que pour se refroidir; aussi la végétation très-lente à se produire, en raison de la durée des hivers, marche avec une rapidité surprenante et ressaisit pour ainsi dire le temps perdu.

Par cela seul que la chaleur active la végétation, il arrive que les arbres d'espalier, à l'exposition du midi, donnent leurs feuilles et leurs fleurs avant que la terre soit convenablement échauffée; et, dans ce cas, les gelées tardives les maltraitent d'ordinaire. Ainsi, même dans le nord de la France, et, en Belgique, dans le Hainaut, la province de Namur et celle de Liége, il y a souvent profit à préférer, pour les espèces et variétés précoces, l'exposition du nord à celle du midi.

La chaleur solaire trop élevée n'est pas seulement nuisible aux végétaux, elle l'est encore aux opérations de la laiterie. La crème ne monte pas facilement en été et le battage du beurre n'est pas expéditif.

La chaleur vitale, comme la chaleur solaire, a ses inconvénients aussi. Les cultivateurs savent très-bien que les graines de navette et de colza, que les céréales au grenier, les pommes de terre, carottes, navets, betteraves, en cave ou en silos, sont sujets à s'échauffer. La température des tas étant élevée par la chaleur vitale, la fermentation s'ensuit. Il convient donc de la prévenir à propos, en chassant cette chaleur par des moyens d'aération dont nous aurons plus d'une fois l'occasion de vous entretenir. Il est inutile d'ajouter qu'une température élevée est nuisible aux fruits de nos conserves d'hiver, et que le fruitier s'accommode mieux de 5 ou 6° de chaleur que de 12 ou 15.

En dernier lieu, nous ferons observer qu'une température d'étable, avantageuse à l'engraissement, serait très-défavorable aux animaux d'élevage, et que, dans nos campagnes, cette question d'hygiène est très-négligée à l'endroit des vaches et des moutons.

Il convient donc, dans bien des cas, de savoir à quoi s'en tenir sur l'état de la température : or, à cet effet, nous nous servons du thermomètre et le déclarons de toute utilité dans nos fermes. Nous ne pouvons pas, nous ne devons pas nous en rapporter à nos sens, car ils nous tromperaient souvent.

La construction du thermomètre repose sur la propriété qu'ont les liquides d'augmenter de volume quand on les chauffe et de diminuer de volume quand on les refroidit. L'instrument se compose d'un tube de verre, d'un diamètre très-petit, terminé par un renflement qui contient du mercure ou de l'esprit-de-vin coloré en rouge. Ce tube est fixé à une planchette graduée. Dans le thermomètre centigrade, le zéro indique la température de la glace fondante, les degrés au-dessus de zéro indiquent l'échauffement de la température ; les degrés au-dessous indiquent son refroidissement : 100° au-dessus de zéro marquent la température de l'eau bouillante.

Dans le thermomètre de Réaumur, la température de l'eau bouillante est indiquée par 80° ; dans celui de Fahrenheit, dont se servent les Anglais, l'instrument marque 32° dans la glace fondante et 212° dans l'eau bouillante. Donc 10° centigrades équivalent à 8° Réaumur et à 18° Fahrenheit.

Froid. — Quand la température s'élève d'une manière sensible, nous disons qu'il fait chaud ; quand, au contraire, elle s'abaisse, nous disons qu'il fait froid. Que si, maintenant, vous nous demandiez où finit la chaleur et où commence le froid, nous vous répondrions que la ligne de démarcation ne sera pas établie de sitôt, et que le zéro des physiciens n'est qu'une limite de convention. Le Lapon, qui vit dans le pays des rennes et des ours blancs, ne sera point, là-dessus, de l'avis du nègre qui vit sous un soleil à cuire des œufs ; l'homme de la plaine et l'homme de la montagne élevée ne s'entendront point sur la limite ; enfin, il n'y aura pas non plus d'accord possible entre un individu gras et un individu maigre, entre un individu lymphatique et un individu sanguin. Nous avons des gens qui ouvrent la fenêtre pour se rafraîchir, pendant que d'autres grelottent et soufflent déjà dans leurs doigts. Quoi qu'il en soit, il est à peu près permis d'avancer que sous une température de + 8° centigrades, il ne fait pas encore chaud,

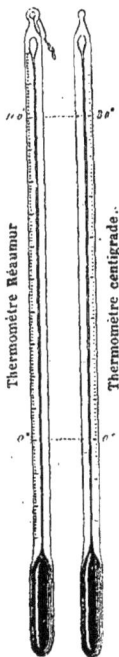

Fig. 3.

et qu'en descendant de là vers zéro, il fait déjà froid.

L'abaissement de température ralentit la circulation de la sève ; toutefois, il ne la ralentit pas également chez tous les végétaux sans distinction. S'il y a des plantes qui ne bougent plus à l'approche de l'hiver, en retour, il y en a d'autres qui continuent de pousser.

Nous distinguons deux sortes de froid : le froid sec et le froid humide. En agriculture, le premier nous donne de vives contrariétés, car, à la sortie de l'hiver, alors que la végétation se relance, il provoque une évaporation considérable. Le vent de bise ou du nord-est qui, en mars ou avril, souffle huit ou quinze jours durant et rougit l'extrémité des feuilles de nos céréales, est un froid sec qui prend l'eau des plantes en même temps que l'eau du terrain, et plus vite que ne la prendrait le plus beau soleil. Si les cultivateurs s'en plaignent, et avec raison, les ménagères qui font la lessive s'en félicitent, et avec raison aussi.

Ce froid desséchant, que nous désignons sous le nom de hâle, n'a pas seulement l'inconvénient de nuire aux céréales d'automne ; il a celui, en outre, d'empêcher la germination des graines, semées de bonne heure, de les découvrir dans les sols légers, et de les priver entièrement de leurs facultés germinatives. En terre schisteuse, chaque fois que nous nous sommes trop hâté de semer, il a fallu renouveler le semis, parce que la graine ne levait point ou que les jeunes plantes levées n'avaient pas la force de résister longtemps. Pour prévenir ces accidents, nous ne connaissons que trois bons procédés applicables aux sols légers : 1° l'emploi du rouleau qui maintient la fraîcheur dans la couche arable ; 2° l'usage des fumiers d'étable ou de porcherie en couverture sur les emblaves d'automne et de printemps, parce que ces fumiers, outre qu'ils ne se laissent pas dessécher aisément, ont le mérite de cacher la surface du terrain à l'air et au soleil, et par conséquent de prévenir l'évaporation ; 3° l'enfouissement de plantes vertes, à titre de fumure, parce que ces plantes vertes fournissent de l'humidité au fur et à mesure que le froid l'enlève.

Le froid sec de mars et d'avril est nuisible aux arbres en fleurs, attendu qu'il contrarie la marche de la sève au moment de la fécondation. Voilà pourquoi les amateurs de fruits entourent la tige de leurs arbres à mince écorce avec des cordons de paille et arrosent le pied avec de l'eau chaude. Les arbres, dont l'écorce est épaisse, et qui sont, par conséquent, mieux vêtus, ne doivent pas être aussi exposés aux effets du refroidissement, et nous nous demandons si l'usage qui, dans certaines contrées, consiste à enlever l'écorce morte, est absolument avantageux. C'est une simple question.

Le froid sec a le mérite de favoriser la conservation des substances végétales et animales.

Le froid humide est moins redoutable que le précédent, aussi longtemps, bien entendu, que la température se maintient au-dessus de zéro. Bosc lui attribue la propriété nuisible d'empêcher la fécondation des arbres en fleurs, mais nous n'oserions garantir l'exactitude de cette observation.

Neige. — Les couches supérieures de l'atmosphère étant ordinairement plus froides que les couches inférieures, il arrive que la neige tombe avant que nos baromètres soient descendus à zéro; seulement, elle ne dure point. Cette neige n'est autre chose que de la vapeur d'eau glacée dans l'air. Sous les climats humides et froids, où elle tombe en abondance, elle contrarie sérieusement les cultivateurs qu'elle tient, pour ainsi dire, bloqués chez eux; mais cet inconvénient disparaît devant les services qu'ils en reçoivent. Ce n'est point en raison de quelques substances fertilisantes, ramassées dans l'atmosphère, que nous tenons la neige en faveur, car l'engrais qu'elle nous donne, ne mérite pas le bruit qu'on en fait; nous aimons la neige, non pour elle-même, mais parce qu'elle est le manteau des récoltes hivernales, parce qu'elle les protége contre l'intensité du froid, en même temps qu'ils retient à leur profit une partie de la chaleur obscure de la terre. La température est toujours plus élevée sous la neige qu'au-dessus. — « On voit, a écrit Bosc, des plantes de Laponie ou du sommet des Alpes, geler tous les printemps dans les jardins de Paris, au grand étonnement de ceux qui ne savent pas qu'étant, dans leur pays natal, couvertes de neige pendant six mois de l'année, elles ne sont pas dans le cas d'éprouver les atteintes d'un grand froid, et que la chaleur du soleil y est déjà forte, lorsqu'elles se découvrent. » Pour notre compte, nous avons éprouvé cet étonnement sous le climat de l'Ardenne Belge, quand nous avons vu avec quel succès la neige nous conservait au potager des plantes qu'il nous était parfois bien difficile de sauver sous les climats de la Côte-d'Or et du département de la Seine.

Les cultivateurs des contrées tempérées, qui ont affaire à des terrains très-argileux, vous diront qu'il est plus avantageux de conserver les mottes aux champs, en saison de semailles, que de les rompre avec le rouleau ou la herse, et, à l'appui de leur dire, ils vous feront remarquer qu'entre les mottes, la neige se maintient au grand contentement des plantes, tandis que les coups de vent la chassent trop aisément des terrains divisés et unis.

De ce qu'il a été avancé par les hommes de théorie que la neige renferme un peu d'ammoniaque et d'acide azotique, qu'elle est, par conséquent, un engrais azoté, certains amateurs ont conclu qu'on se trouverait bien de former des amas de neige, en hiver, au pied des arbres fruitiers. Assez souvent, nous avons été invité à exprimer notre avis sur ce procédé, et c'est le cas de l'exprimer encore. Le voici donc en deux mots: — Aussi longtemps que la saison rigoureuse se maintient, les tas de neige assurent un adoucissement aux racines et au tronc des arbres, puisqu'ils s'opposent au rayonnement de la chaleur terrestre; mais il est à remarquer que ces tas de neige ne fondent pas vite à la sortie de l'hiver, qu'ils soustraient par conséquent le sol recouvert aux rayons déjà chauds du soleil, et, qu'en fondant, cette neige

refroidit les racines, tandis que la partie élevée des tiges et les branches se réjouissent, dans le jour, d'une température de 8, 10 et 12° centigrades, souvent plus. Or, ces contrastes ne peuvent avoir que de mauvais effets. C'est un moyen de retarder la végétation. S'il est utile d'amasser de la neige au pied des arbres, pendant les grands froids, il est utile aussi de les en débarrasser promptement à la sortie de l'hiver.

Gelée blanche et givre. — Après le coucher du soleil, au printemps et à l'automne, quand il n'y a pas de nuages au ciel, la terre envoie sa chaleur dans l'espace et se refroidit. Alors, la vapeur d'eau qui se trouve dans les couches basses de l'air, se refroidit en même temps, se condense, devient de la rosée, et cette rosée devient glace ou gelée blanche, dès que la température descend à zéro. La vapeur condensée se déposant toujours sur les corps les plus froids, la gelée blanche, qui n'est que de la rosée congelée, se forme d'abord sur le sol, continue sur les plantes, puis sur les pierres, et, en dernier lieu, sur les métaux.

Le givre provient également du refroidissement de la terre et de l'air humide environnant. La vapeur d'eau tombe en pluie fine, en bruine et se congèle sur les corps froids, sous forme de petites aiguilles.

Les plantes originaires des pays chauds, et introduites chez nous depuis des siècles, sont, pour la plupart, détruites par une gelée blanche, surtout si la gelée est suivie d'une journée de soleil. Au printemps, la pomme de terre qui nous vient des Cordillères; le maïs qui nous vient de l'Amérique méridionale; le sorgho et le haricot qui nous viennent de l'Inde; le melon qui nous vient de l'Asie; la tétragonie de la Nouvelle-Zélande; la tomate du Mexique, etc., ne résistent pas à cette gelée. Les plantes originaires du midi de l'Europe résistent un peu; les plantes indigènes la bravent ordinairement, attendu que Dieu a donné la robe et la toison selon le froid, pour nous servir d'un vieux dicton.

Les abris dont nous avons déjà parlé en vue de refouler la chaleur de la terre et d'empêcher le refroidissement, sont les seuls moyens à conseiller contre les gelées blanches.

Le givre, sinon partout, au moins dans beaucoup de localités du Nord, charge parfois tellement les branches d'arbres, qu'elles se déchirent à leur point d'attache sur les tiges. Ce qu'il y a de mieux à faire dans le cas particulier, c'est de secouer les branches de bas en haut, au moyen d'une fourche. En saisissant les jeunes arbres par la tige et les secouant vigoureusement, on amène d'ordinaire l'accident que l'on désire prévenir.

Gelée à glace. — Passons de la gelée blanche à une gelée plus intense, plus forte et souvent très-désastreuse. L'abaissement de la température au-dessous de zéro, est surtout dangereux quand il surprend la séve en marche ou qu'il se prolonge, sans interruption, pendant plusieurs semaines. Plus il y a de séve en mouvement, plus il y a d'eau dans les tissus végétaux, plus la congélation est meurtrière, car par cela même que l'eau se dilate pour former la glace, elle finit par déchirer ces tissus. Le bourgeon mouillé est plus maltraité que le bourgeon sec, le jeune bois plus que le vieux. Parmi les arbres transplantés à l'automne, ceux dont on a pris soin de raccourcir les branches sont moins exposés à souffrir de la gelée que ceux dont les branches restent entières. Celles-ci appellent plus énergiquement la séve que les premières et reprennent plus vite. Là est le danger. M. de Gasparin a observé ce fait sur des oliviers transplantés nouvellement.

Dans la grande culture, on redoute peu les fortes gelées de l'hiver, lorsque la terre est sèche; mais quand elle est mouillée, c'est une autre affaire. Elles sont véritablement désastreuses dans certaines localités, notamment dans les terres schisteuses, où les soulèvements ont lieu d'une manière déplorable.

Le froid intense commence par congeler les tissus végétaux, feuilles, écorces et tiges, qui perdent leur élasticité et deviennent cassantes. S'il persiste, il détermine des lésions graves, il déchire ces tissus. Des arbres qui résisteront pendant trois ou quatre jours à un froid de 20 à 24°, — nous le savons par expérience, — seront entamés par un froid de 14 ou 15° qui durera de dix à quinze jours. L'écorce désorganisée prend un aspect rugueux particulier, se détache de l'aubier, se fend longitudinalement, et l'aubier découvert prend une couleur brune un peu ardoisée, comme si la flamme y avait passé. Il est gelé; il est mort. Il ne reste plus qu'à enlever avec la serpette les parties de l'écorce soulevée, qu'à appliquer sur la plaie un mastic de terre et de bouse de vache (onguent de saint Fiacre des jardiniers), et à recouvrir d'un linge. Vers le mois de mai, on enlève l'emplâtre.

Les rameaux qui se développent tardivement et n'ont pas le temps de *s'aoûter*, de se mettre complétement à bois, avant l'hiver, sont désorganisés et noircis par les premières gelées.

Les effets du froid sur les végétaux ont été mieux observés que ceux de la chaleur. Philippe Miller rapporte que l'hiver de 1739 à 1740 causa un grand dommage aux chênes dans la plupart des cantons de l'Angleterre : — « Il pénétra, dit-il, les vaisseaux qui contiennent la séve, et, en gelant la liqueur qui y était renfermée, fit crever ces vaisseaux avec éclat, en produisant un bruit dont les forêts retentissaient et qui ressemblait à celui qu'on causerait en rompant des branches avec violence. »

La gelée occasionne habituellement plus de dégâts dans les terrains humides que dans les terrains secs; cependant, quand il s'agit d'une gelée très-forte qui atteint les racines, il arrive parfois que les plantes des terrains frais ne souffrent pas comme celles des terrains secs. M. de Gasparin attribue ce résultat à l'eau glacée qui rétablit les racines gelées.

Le froid a ses caprices; il épargne le panais en terre tandis qu'il détruit la carotte; il a des égards pour le topinambour; il désorganise très-vite une pomme de terre, oubliée sur le sol, tandis qu'une pomme de terre passe souvent l'hiver emprisonnée dans de la terre gelée. Le froid qui détruira,

au milieu des champs, des navets arrivés au dernier degré de leur développement, ne fera aucun mal à ces mêmes navets s'ils ne sont qu'à moitié développés. Des carottes de huit à neuf mois de végétation disparaissent sous les froids de l'hiver, tandis que des carottes semées en août résistent très-bien. Des ognons, gelés au grenier, se rétablissent d'eux-mêmes quand on ne les dérange pas, tandis qu'ils pourrissent si on les dérange.

Les dégâts occasionnés par la gelée sont principalement graves quand, à la suite d'une nuit froide, survient une journée chaude. Voilà pourquoi la fin de l'hiver est toujours plus à redouter pour nous que le commencement et le milieu de celui-ci. La chaleur qui amène le dégel produit sur les végétaux gelés le même effet que sur l'homme ou l'animal gelé; elle détermine la gangrène. Vous prendrez donc avec les végétaux les soins que les médecins prennent à notre égard. Vous éloignerez du foyer et soustrairez au soleil les arbres et plantes gelés; en un mot, vous retarderez, vous graduerez le dégel de votre mieux. Dans la grande culture, malheureusement, la chose n'est pas facile; on ne sait trop à quels moyens recourir, et, faute de mieux, on fabrique des nuages de fumée avec de la paille mouillée et de mauvaises herbes, afin d'empêcher les rayons du soleil d'arriver jusqu'aux plantes attaquées; mais le nombre de ceux qui usent du procédé est si restreint que, pour la France, on les compterait sur ses doigts. Dans la petite culture, on peut éparpiller sur les plantes glacées de la paille, du foin, des feuilles mortes, des paillassons, des toiles. Les cultivateurs d'arbres nains ou d'arbres palissés n'ont rien de mieux à faire que d'arroser ces arbres gelés avec de l'eau très-froide et de les bien abriter ensuite sous des toiles, des paillassons ou autres abris quelconques. S'agit-il d'arbres gelés durant un transport à de longues distances, il y a toujours avantage à frotter leurs racines avec de la neige ou à les tremper dans l'eau froide à leur arrivée, et, ensuite, à les placer dans un lieu frais et sombre, sous un hangar, ou bien encore à les enterrer tout entiers pendant quelques jours, avant de travailler à la transplantation. Ce dernier moyen est un des meilleurs que l'on puisse conseiller.

Quant aux fruits, racines et tubercules gelés, on recommande de les plonger dans l'eau froide, toujours en vue de retarder le dégel, et l'on assure qu'ils se rétablissent parfaitement.

Il va sans dire qu'il vaut mieux prévenir le mal que d'avoir à le guérir. Ainsi, avec les arbres en fleur ou dont les bourgeons se développent, les abris sont de rigueur au printemps. Quelques personnes se contentent d'engager entre les branches et le mur des pailles sèches de pois. Le préservatif n'est pas sans mérite, mais il est insuffisant. Nous lisons dans le *Journal d'agriculture du royaume des Pays-Bas* (t. III, année 1817) : — « Un moyen bien plus simple que les abris, consiste à arroser la fleur elle-même avec l'eau froide, immédiatement avant le coucher du soleil. Nous avons vu cette pratique employée avec succès sur des cerisiers au vent, dans des cantons où ces arbres très-multipliés donnent un produit très-avantageux. L'eau est transportée dans un tonneau sur les lieux où se trouvent ces arbres (vignes ou vergers); on la verse dans un baquet où l'on plonge de grands balais d'aulne ou, de bouleau qu'on secoue sur les arbres, ce qui produit une espèce de pluie artificielle. Un membre d'une société savante, cultivateur par goût, et surtout donnant les plus grands soins à ses arbres fruitiers, gémissait depuis longtemps de ce que les gelées tardives détruisaient ses plus belles espérances; il imagina d'employer le procédé que nous venons d'indiquer, et il ne fit d'abord l'expérience que sur un certain nombre de pêchers, en faisant attention que les fleurs surtout participassent à cet arrosement. Les pêchers ainsi arrosés furent les seuls qui ne souffrirent point des gelées de cette année, tandis que tous les autres pêchers voisins, et à la même exposition, furent entièrement brûlés. Cette opération peut être faite en très-peu de temps et de la manière la plus commode, avec les pompes dont on se sert dans plusieurs jardins pour arroser, et qui, étant portées sur deux roues, peuvent être placées de tous les côtés. Les petites pompes de fer-blanc, si portatives et si économiques, rempliraient le même but. »

Voilà un fait tiré d'une publication sérieuse et exposé hardiment. Nous ne pouvions le passer sous silence. Comment l'expliquer? L'eau interposée entre les espaces célestes et la terre, s'oppose-t-elle au rayonnement de la chaleur terrestre, et par conséquent au refroidissement? Nous ne savons, mais si nous avions la téméraire présomption de nier tout ce que nous ne comprenons pas, à quoi donc se réduirait le bagage de nos connaissances, pauvres petits êtres que nous sommes!

A la sortie de l'hiver ou au printemps, il est utile souvent de ne pas se laisser surprendre par la gelée. Or, nous avons des signes qui l'annoncent et que nous devons connaître.

L'élévation du mercure dans le baromètre, depuis l'automne jusqu'en mai, est un indice de la pureté de l'air et fait craindre la gelée. Les gambades des vaches, l'ardeur de la braise du foyer, les étincelles qui pétillent autour des marmites et des chaudières, lorsque la suie qui les recouvre s'enflamme, sont aussi des signes de froid. Les chats qui tournent le dos au feu, le passage des grues, oies, canards sauvages, corbeaux, allant du nord vers le midi, annoncent également un temps rigoureux.

Lumière. — N'oublions pas que nous écrivons ce livre en vue de rendre service aux habitants des campagnes. Nous aurions qualité pour traiter de la lumière avec tous les développements scientifiques que comporte le sujet, que nous nous garderions bien de le faire, car nous manquerions notre but. Nous en parlerons en cultivateur, non en physicien.

La lumière nous intéresse non-seulement parce qu'elle nous apporte de la chaleur, mais encore parce que ses rayons simplement lumineux nous sont indispensables et que ses rayons chimiques opèrent des réactions également indispensables. L'homme, les animaux, les végétaux ont besoin de la lumière. A vivre dans l'obscurité des mines,

dans le demi-jour des villes à rues étroites et à constructions hautement étagées, on ne se porte jamais aussi bien qu'à vivre en pleine lumière. Pas n'est besoin d'ajouter que les bêtes sont dans le même cas que l'homme. Le lait et le beurre des vaches qui ne sortent point de l'étable; la chair des animaux engraissés dans l'ombre, n'ont pas la saveur des produits provenant d'animaux élevés à la lumière. Les plantes privées de lumière n'ont point non plus la saveur des plantes éclairées, ce qui n'est pas toujours un mal aux yeux de la ménagère, mais ce qui n'en prouve pas moins l'efficacité de la lumière. Où la nature ne trouve pas son compte, nous trouvons quelquefois le nôtre. Ainsi, nous empêchons la lumière d'arriver au cœur de nos chicorées-endives; nous aidons les laitues romaines à se coiffer; nous recouvrons nos crambés soit avec une butte de terre, soit avec un cylindre en poterie; nous mettons nos grands céleris en jauge pour les faire jaunir, c'est-à-dire pour défaire la couleur verte que la lumière avait faite; nous empaillons nos cardons, ou nous les plaçons dans l'obscurité du cellier et de la cave, uniquement pour que le jour ne leur arrive plus, pour étioler les feuilles, pour les empêcher de prendre une saveur prononcée, ou bien encore pour diminuer cette saveur, quand elle existe, comme avec ces mêmes cardons que nous n'étiolons qu'après leur complet développement à la lumière.

On peut donc avancer que l'obscurité ne s'oppose pas seulement à la coloration et à l'accentuation de la saveur, mais que, dans certains cas, elle décolore et affadit des plantes d'abord colorées et très-sapides. L'asperge, qui ne voit pas la lumière, reste blanche, et, dans le Nord, on la veut toujours ainsi; en France, nous l'aimons encore autrement et la laissons pousser à la lumière, afin d'accroître sa saveur. Simple affaire de goût. Nous avons des plantes, telles que les choux-cabus, les laitues pommées, qui soustraient naturellement une forte partie de leurs feuilles à la lumière, et ce sont principalement ces feuilles que nous recherchons, à cause de leur délicatesse et de l'affaiblissement de leur saveur. Nous connaissons des personnes qui mangent en salade les rejets de navets et de betteraves, conservés en cave, et qui ne sauraient les manger s'ils avaient reçu la lumière de pleine terre. On ne peut donc pas rigoureusement dire des plantes, comme des animaux, que la lumière les améliore au point de vue gastronomique; mais il n'en est pas moins vrai qu'elle les améliore au point de vue de la nature, qu'elle les fortifie, qu'il n'y a pas de comparaison à établir, pour la force, entre une plante qui a vécu à la lumière et une plante qui a vécu dans l'obscurité.

Les plantes d'ailleurs, sans parler, en disent plus, sur ce sujet, que nous n'en disons avec nos mots et nos phrases. Vos pommes de terre qui germent en cave, s'allongent outre mesure et se tordent dans la direction des ouvertures; la racine qui pousse en silos, traîne sa tige sous terre, vers la fin de l'hiver, et cherche instinctivement, pour ainsi dire, à sortir du côté où le soleil se lève; l'arbre que vous placez en éventail contre un mur chaperonné, s'en détacherait s'il n'était palissé, et se pencherait en avant pour mieux éclairer ses parties ombrées; l'arbre des fourrés cherche constamment à passer sa tête au-dessus de celles de ses voisins; la fleur que vous cultivez sur une étagère d'appartement, s'incline toujours du côté de la fenêtre, non pour demander de la chaleur au soleil, qui n'a rien à lui donner en hiver, par exemple, mais pour lui demander de la lumière.

De toutes ces observations très-significatives, il résulte donc que si nous voulons des plantes vigoureuses, nous ne devons pas les semer trop serrées, et que celles qui *fondent* ou *nuilent* ont manqué de la lumière nécessaire à leur développement. Quand nous voulons des plantes chétives, délicates, fabriquées, comme le lin ou le chanvre, en vue d'obtenir de la filasse fine, nous n'avons qu'à les priver de lumière; mais, en retour, quand nous voulons de robustes céréales, une forte paille, du grain bien nourri, de bons semenceaux, la lumière ne doit pas être épargnée.

Sans la lumière, qui, en ceci, agit chimiquement, les plantes ne pourraient pas décomposer l'acide carbonique de l'air pour lui prendre le carbone qui fait leur charpente et nous donne le charbon. Voilà pourquoi il n'y a pas de plantes aussi pauvres en charbon que celles qui ont végété dans l'obscurité; voilà pourquoi les arbres de lisières, d'éclaircie ou de taillis fournissent plus de charbon que les arbres de l'intérieur des massifs.

On assure qu'une lumière très-vive est défavorable à la germination des graines et que les jardiniers ont intérêt à faire leurs semis au nord plutôt qu'à l'exposition du midi. Nous voulons bien le croire puisqu'on nous l'affirme; cependant, il nous semble que, dans le cas particulier, c'est plutôt au défaut d'humidité qu'à l'excès de lumière qu'il faut attribuer l'avantage de l'exposition ombrée sur l'exposition trop éclairée.

La lumière, enfin, contribue certainement à l'amélioration du sol par son intervention dans les réactions chimiques qui s'opèrent dans cet immense laboratoire. Il y a lieu de croire que de la terre labourée qui ne verrait pas la lumière, n'acquerrait point les propriétés d'une terre découverte et éclairée, alors même qu'on lui donnerait artificiellement autant de chaleur que si elle la recevait directement du soleil.

Eau. — Nous avons dit que, sans chaleur, il n'y avait pas de végétation; nous pouvons ajouter que, sans eau, il n'y en aurait pas davantage. Pour ce qui regarde les animaux, l'eau est également d'utilité absolue; ce qu'ils perdent par la transpiration, par les sécrétions liquides, doit leur être rendu nécessairement. L'air trop sec fait souffrir l'homme comme il fait souffrir la plante. Sans eau, les vivres de la terre, pas plus que les engrais fournis par le cultivateur, ne sauraient être dissous, c'est-à-dire fondus, comme nous disons vulgairement, et, ne l'étant point, ils ne sauraient arriver dans les organes des végétaux. C'est pour cela que, pendant les années très-sèches, les engrais ne s'usent guère, surtout les engrais pulvérulents du commerce, et que les récoltes n'en profitent guère ou point. Sans eau, les plantes qui

se flétrissent sous les vents secs et sous le soleil chaud, ne se rétabliraient pas et périraient vite. Les cas ont donc été prévus, et la nature a mis de l'eau dans l'air sous forme de vapeur.

Quand cette vapeur est dissoute, nous ne l'apercevons pas plus dans l'atmosphère que nous n'apercevons le sucre dans un verre d'eau sucrée; quand elle est à l'état vésiculaire, c'est-à-dire à l'état de toutes petites bulles, rapprochées les unes des autres par millions et milliards, nous voyons celles-ci dans l'air, comme nous y voyons les bulles de savon. Dans cet état, la vapeur d'eau forme des brouillards et des nuages.

Il est rare que l'air soit saturé de vapeur d'eau; le plus ordinairement, il n'en contient que la moitié de ce qu'il pourrait contenir au maximum, et, pendant les étés les plus secs ou par les hâles, il en garde environ le sixième, dans le voisinage de la terre s'entend, car à mesure que l'on s'élève, cette quantité de vapeur diminue.

Rien n'est plus facile que de démontrer la présence de la vapeur d'eau dans l'air, alors même que le ciel est pur et sans nuages. Prenez une carafe ou un verre; mettez-y de l'eau avec de la glace pour la refroidir; portez ensuite cette carafe ou ce verre d'eau glacée à l'air, et vous verrez la vapeur de l'atmosphère se condenser et se déposer à l'extérieur du vase, dont la transparence sera bientôt troublée. Si mieux vous aimez, exposez de la chaux vive à l'air, et vous remarquerez qu'elle s'y humecte vite, s'y fendille, se délite ou *fuse*, tant est grande sa faculté d'absorber l'eau. Quantité de substances s'emparent aisément de l'eau de l'air et s'y dissolvent. La potasse, la soude, les nitrates de chaux et de magnésie sont de ce nombre. Quand l'air est plein de vapeur, le sel de cuisine devient très-humide, à cause des sels de magnésie qu'il renferme. Les cordes de violon se tendent et se rompent; les cordes de chanvre et de lin se raccourcissent aussi d'une manière sensible; les cheveux subissent de même un mouvement de retrait et ne tiennent point frisés; les boiseries se gonflent; les portes et les fenêtres se ferment donc plus difficilement que par un temps sec; la suie des cheminées se charge d'humidité, s'alourdit, se détache et tombe au foyer; l'homme et les bêtes éprouvent de la fatigue, du malaise, parce que la dépense de forces à laquelle nous sommes faits, n'est plus en équilibre avec le poids réduit de la colonne d'air.

L'hygroscope en forme de capucin qui se découvre par le temps sec et se couvre par un temps humide; l'hygroscope qui nous représente un homme sur le seuil de sa porte quand il fait beau et rentrant chez lui quand la pluie menace, sont façonnés l'un et l'autre avec de la corde à boyau qui se raccourcit par l'humidité et s'allonge par la sécheresse. L'hygromètre de de Saussure est fait avec un cheveu.

Les habitants des campagnes ne s'en tiennent pas aux seules indications des substances hygrométriques. Ils ont par devers eux beaucoup de remarques assez généralement exactes et qui ne sont point à dédaigner. Ainsi, quand l'air est très-humide, les engelures, les cors aux pieds, les anciennes blessures font éprouver de la douleur;

les poules se becquètent les plumes, comme pour les lustrer, et se roulent dans la poussière, vraisemblablement afin de se débarrasser de la vermine qui les tourmente. Les oiseaux aquatiques se baignent, courent sur l'eau et battent des ailes; les crapauds et les grenouilles font plus de bruit que d'habitude, et les premiers sortent le soir en grand nombre; les grenouilles vertes ou rainettes, renfermées dans une bouteille, se tiennent au fond de cette bouteille; les taupes travaillent plus que de coutume; les limaces et les vers se montrent en quantité; le paon, la pie, le geai et le martin-pêcheur font entendre des cris désagréables; les brebis mangent plus goulûment qu'à l'ordinaire; les hirondelles rasent la terre; les lézards se cachent; les belettes regagnent leurs trous; les chats se fardent ou se débarbouillent; les poissons sautent hors de l'eau.

Si l'atmosphère est humide, des cercles blanchâtres et brumeux se voient autour de la lune et du soleil, parce que nous regardons ces astres à travers des vapeurs vésiculaires. L'atmosphère nous paraît lourde et étouffante, précisément parce qu'elle est plus légère que de coutume; les champignons poussent sur les fumiers et dans le terreau de nos jardins; les fosses d'aisances répandent des odeurs ammoniacales très-pénétrantes, qui font éprouver des picotements aux narines et aux yeux; l'eau des mares devient trouble, parce que les insectes s'y remuent, s'y agitent beaucoup; les brouillards du matin s'élèvent promptement, parce que les couches supérieures de l'air sont devenues légères; le vent du midi règne; les corps, que nous trouvons froids, tels que métaux, marbre et pierre polie, refroidissent l'eau de l'atmosphère, la condensent et se mouillent; le son des cloches, par un temps calme, arrive plus vite et plus distinctement à nos oreilles; les nuages masquent le soleil à son coucher; le ciel est très-rouge à l'orient avant le lever du soleil; le souci pluvial et le lin à grandes fleurs rouges n'ouvrent pas leurs corolles, tandis que la fleur de pimprenelle s'ouvre et que les tiges de trèfle, de pois, de haricots, de vesces se redressent. On s'attend encore à la pluie quand le temps est pommelé, quand on découvre l'arc-en-ciel.

La vapeur d'eau dissoute dans l'air, ou s'y trouvant à l'état vésiculaire ou visible, se condense, autrement dit se liquéfie par le refroidissement, tombe des nuages en pluie, ou tombe de l'espace en bruine, sans qu'il y ait le moindre nuage au ciel, ou se dépose en rosée.

D'autres fois, la vapeur d'eau qui se condense sur la terre très-refroidie, y forme une mince couche de glace, que nous appelons *verglas* et qui a, entre autres inconvénients, celui de déchirer les plantes au collet.

D'autres fois encore, quand la vapeur condensée en pluie traverse des couches d'air froid, elle y forme le grésil, les giboulées.

Électricité. — Il y a de l'électricité partout, dans l'air, dans la terre, dans les animaux, les végétaux, etc. D'ordinaire, on emploie le frottement pour la mettre en évidence. Frottez un morceau d'ambre sur de l'étoffe de laine, et ce morceau d'ambre acquerra la propriété d'attirer à lui les corps légers, comme des barbes de plume; frottez de la cire d'Espagne, et vous obtiendrez le même résultat; approchez ensuite de votre visage ce bâton de cire échauffé par le frottement, et il vous semblera sentir l'impression d'une toile d'araignée sur la peau. Frottez la peau d'un chat avec la paume de main, et votre main s'engourdira vite, et parfois même les poils du chat émettront des étincelles dans l'obscurité. Passez la main dans vos cheveux pendant quelques minutes, et vous éprouverez, quoique à un degré moindre, le même engourdissement. Voilà de l'électricité. Les vésicules de vapeur qui se frottent dans l'air, ainsi que les nuages qui se heurtent, qui se pressent, y développent également de l'électricité. Les éclairs représentent la lumière électrique; le tonnerre est une manifestation bruyante de l'électricité; la grêle, que nous redoutons tant aux heures d'orage, ne se forme que sous l'influence de l'électricité.

L'électricité, comme la chaleur, ne court pas également vite à travers tous les corps. D'aucuns la conduisent bien; d'autres moins bien; quelques-uns la conduisent mal. Nous avons intérêt à les distinguer et à les bien connaître. Les métaux sont les meilleurs conducteurs de l'électricité, et c'est pour cela que leur voisinage n'est pas très-rassurant en temps d'orage. Après eux, viennent le chanvre, le lin, le corps de l'homme et celui des bêtes, tous les liquides, excepté les huiles. L'air humide conduit bien l'électricité, tandis que l'air sec la conduit très-mal. Plus les corps sont élevés et rapprochés par conséquent d'un nuage orageux, plus ils ont de chance d'être atteints par la foudre; plus les objets sont pointus en même temps qu'élevés, plus l'électricité est attirée vers eux. La suie des cheminées passe aussi pour bien conduire le fluide électrique; l'air des cheminées chauffées jouit de la même propriété, à cause sans doute de la vapeur d'eau qui s'élève des combustibles.

Or, de toutes ces observations, il résulte ceci: — Les habitations élevées, à toit pointu, à girouettes terminées en fer de lance; les habitations renfermant beaucoup de métaux, soit à découvert, soit cachés, sont plus exposées à la foudre que les maisons n'offrant point ces conditions. Si les églises sont souvent foudroyées, c'est à cause de l'élévation et de la forme pointue des clochers; si les sonneurs qui, par ignorance, s'imaginent conjurer le danger en mettant les cloches en mouvement, sont souvent victimes de cette ignorance, c'est parce que la corde de chanvre conduit bien l'électricité. Si les arbres, les peupliers pyramidaux, par exemple, sont plus exposés aux coups de foudre que les autres arbres, c'est à cause de leur élévation et de leur forme pointue; s'il y a danger à s'abriter sous les arbres, en temps d'orage, c'est parce que le corps de l'homme est meilleur conducteur de l'électricité que le bois, et que cette électricité, attirée d'abord par l'arbre, le quitte pour se jeter sur l'homme, dès qu'il est à sa portée. Beaucoup de personnes croient que les arbres élevés protègent les maisons de ferme, et peut-être n'ont-elles pas tort; mais il est toujours prudent de se tenir à la maison quand ils attirent l'électricité sur eux. Dans les Ardennes, et autre part, on assure que les hêtres n'attirent point la foudre ; c'est une observation à vérifier. Si, en temps d'orage, on se tient près de la cheminée, on court plus de danger qu'en s'en éloignant, surtout si la cheminée est élevée, si l'on y brûle du bois vert, et si la suie est humide ainsi que l'air. Sur l'eau, on est plus exposé à la foudre que sur la terre. Enfin, quand on a parcouru le livre de M. Gavarret sur la *télégraphie électrique*, on reste épouvanté à la pensée des périls que présentent les chemins de fer, au moment des orages, et cependant, jusqu'à ce jour, les voyageurs n'ont pas eu à en souffrir.

Les mauvais conducteurs de l'électricité sont le soufre, le goudron, les résines, le verre, la rouille des métaux, la soie, la porcelaine, le charbon, pourvu qu'il n'ait pas été porté à une haute température, car la braise de boulanger est employée pour garnir le pied de la chaîne des paratonnerres. Le charbon des cornues à gaz est également un bon conducteur.

Quand la foudre tombe quelque part, elle s'attaque de préférence aux bons conducteurs, les parcourt rapidement, les brûle, s'ils sont minces, et aimante le fer ; quant aux mauvais conducteurs, elle les brise au point où elle les touche et les lance en éclats.

On se préserve des inconvénients de la foudre au moyen de paratonnerres imaginés par Franklin. Les pointes diminuent le danger et préservent les bâtiments.

On a cherché à se préserver de la grêle au moyen de perches fixées au milieu des champs, et terminées soit par de la paille, soit par des pointes en fer. Le succès n'a pas répondu à l'attente.

L'électricité peut décomposer l'eau, les sels, les alcalis, et cette décomposition opérée dans le grand laboratoire de la nature, est certainement utile à la végétation. Nous lui devons des résultats encore inexpliqués ; nous lui devons vraisemblablement la formation de l'acide nitrique et de l'ammoniaque dans l'air et dans la terre ; et beaucoup de savants se sont demandé si, en électrisant directement le sol ou les récoltes par les moyens artificiels à notre disposition, il ne serait pas possible d'obtenir des résultats inespérés. Nous n'y comptons guère.

Vents. — Supposons deux chambres séparées l'une de l'autre par une porte bien close. L'une de ces chambres est chauffée ; l'autre ne l'est pas. Si nous ouvrons la porte et si nous plaçons sur le seuil une chandelle ou une bougie allumée, la flamme s'inclinera vers la chambre chaude, et nous reconnaîtrons de suite, à ce signe, l'existence d'un courant d'air. L'air échauffé, occupant plus d'espace et étant plus léger que l'air de la chambre froide, s'y précipitera et prendra sa place. Si nous plaçons une chandelle ou une bougie devant un foyer, la flamme se dirigera vers la cheminée, parce que l'air froid l'y chassera en allant occuper la place de l'air chaud qui monte et s'en va constamment par le conduit. Il nous arrive souvent, lorsque nous sommes assis en face d'un

bon feu, de dire : *On brûle par devant, mais on gèle par derrière.* Cela prouve tout simplement qu'un courant d'air s'établit entre le foyer et l'appartement. Eh bien, ce qui, dans ces conditions, se passe en petit, se passe en grand à la surface de la terre. L'air, échauffé sur n'importe quel point du globe, s'élève en raison de sa dilatation et de sa légèreté, et l'air froid reprend sa place, s'échauffe à son tour et monte comme le précédent. C'est ainsi que s'établissent les courants d'air, auxquels on a donné le nom de *Vents*, comme s'établissent les courants d'eau dans un vase placé sur le feu. Les parties chauffées montent à la surface, tandis que les parties moins chaudes ou tout à fait froides descendent pour remonter à leur tour.

Les courants d'air se forment dans tous les sens et vont dans toutes les directions. Près de la surface du sol, les girouettes nous indiquent les directions ; à de grandes hauteurs dans l'espace, les nuages nous tiennent lieu de girouettes.

Les vents sont froids ou chauds, humides ou secs, selon qu'ils ont passé, avant d'arriver à nous, sur des montagnes refroidies, sur des mers ou des contrées mouillées ou sur des contrées sèches et brûlantes.

— « La vitesse du vent est très-variable, rapporte M. Soubeiran d'après nous ne savons plus quel observateur : un vent à peine sensible parcourt $0^m,5$ en une seconde, un vent modéré 2 mètres, un vent fort 10 mètres, le vent de tempête 22 mètres, l'ouragan 36 mètres, l'ouragan qui renverse les édifices 45 mètres. » Il ajoute, quant à la pression exercée par le vent sur les objets : « Cette pression sur une surface de un pied carré est, pour un vent à peine sensible, de 2 gram., pour un vent frais, de 35 à 60 gram. ; pour une forte brise, de 1400 gram. et plus ; pour une forte tempête, de près de 6000 gram. : elle dépasse quelquefois 22000 pour les ouragans. »

Les vents ont leurs avantages et leurs inconvénients. Ils purifient l'atmosphère en mélangeant les couches d'air et en chassant les vapeurs et les miasmes ; ils transportent les nuages dans les diverses directions et nous assurent les arrosements sur les divers points de la terre. Ils nous permettent de construire ces moulins à vent qui nous servent à moudre le grain, à fabriquer l'huile, à élever l'eau, etc. Ils fortifient les fibres des plantes ; ils favorisent la fécondation en transportant le pollen d'une fleur à l'autre chez les plantes dioïques. Mais aussi, par cela même que le vent fortifie les fibres végétales, il altère la qualité de la filasse de lin et de chanvre qui devient grossière dans toutes les contrées où règnent de grands vents ; il contrarie la culture du houblon en abattant les tuteurs ; il infeste les terres en disséminant outre mesure les graines ailées des mauvaises plantes, telles que les graines de chardon, de laiteron, de pissenlit ; il entraîne les sables mouvants et les balaie sur les emblaves ; il rompt les plantes à tige molle ; il arrête la végétation des plantes les plus robustes en desséchant le sol, en flétrissant les feuilles de ces plantes, en ébranlant par trop les racines. Le vent humide et chaud, très-favorable aux plantes fourragères, est très-nuisible en ce qu'il contrarie la fécondation par sa violence.

Rien que d'après les rapides données météorologiques que nous venons d'exposer, il est facile de s'expliquer les différences de situation au milieu desquelles opère le cultivateur, facile de comprendre que nous avons à compter avec les montagnes, avec les bois, avec la nature et la couleur du terrain, avec le voisinage des eaux, avec les vents dominants, etc. Ce sont ces distinctions qui constituent les climats si variés, souvent à de très-courtes distances.

P. JOIGNEAUX.

CHAPITRE III.

DES TERRAINS.

Maintenant que nous connaissons le milieu aérien dans lequel les plantes développent leurs tiges, arrivons à l'étude des *terrains*, qui sont le milieu dans lequel elles développent leurs racines. En terme de culture, les terrains constituent cette couche du sol, superficielle et variable dans son épaisseur, qu'attaquent, retournent et divisent nos charrues et nos divers instruments aratoires, pour la soumettre aux influences atmosphériques, à l'action des rayons solaires et la mélanger avec les engrais.

Nous ne nous occuperons pas ici du mode de formation du sol arable. Nous nous proposons seulement d'étudier les terrains dans leurs rapports immédiats avec la culture, c'est-à-dire au point de vue de leur constitution chimique et surtout de leurs propriétés physiques, double origine de leurs forces végétatives. Une classification géologique des sols arables est malheureusement impossible à cause de l'infinie variété du mélange de leurs éléments constituants. Néanmoins, et bien que nous ne puissions pas l'aborder dans ce livre, nous ne saurions trop recommander l'étude de la *Géologie agricole* aux agriculteurs qui ont le sage désir de s'instruire solidement de tout ce qui intéresse leur noble profession. Ils en retireront les plus utiles enseignements pour la connaissance du sol d'un domaine ou d'une contrée.

Les éléments, dont le mélange en proportions variées à l'infini constitue les sols arables, se divisent en quatre groupes principaux : le *sable*, l'*argile*, le *calcaire* et l'*humus* ou *terreau*.

A ces quatre éléments principaux, qui sont la base des terrains agricoles, il faut ajouter, en proportions relativement très-faibles et variant aussi à l'infini, de l'air et de l'eau, des phosphates et des carbonates de chaux et de magnésie, du nitrate et du sulfate de chaux ou plâtre, du carbonate, du phosphate et du nitrate d'ammoniaque, des carbonates et du nitrate de soude et de potasse, des silicates de potasse, etc., des oxydes de fer et de manganèse, etc., pour avoir une idée suffisamment exacte des principes constituants des sols arables fertiles. Mais, au point de vue de la division pratique générale des terrains, il faut s'en rapporter seulement aux quatre éléments ci-dessus : *Sable* (1),

argile, *calcaire* et *humus*, qui, mélangés en diverses proportions, et suivant que l'un ou l'autre prédomine, ont donné naissance aux quatre grandes classes naturelles des terrains agricoles, universellement adoptées dans la pratique : les *terrains sableux*, les *terrains argileux*, les *terrains calcaires*, et les *terrains humifères*.

Aucune de ces quatre grandes classes, dont les trois premières sont incomparablement les plus importantes par la quantité de leur masse, ne peut, à elle seule, constituer un sol arable susceptible de fertilité ; nous allons, cependant, étudier d'abord séparément les caractères du *sable*, de l'*argile*, du *calcaire* et de l'*humus*, afin de pouvoir les reconnaître dans les divers terrains sur lesquels opère le cultivateur et dont nous examinerons enfin les principaux groupes.

Sable. — Le sable est formé par des fragments d'une des substances les plus abondamment répandues dans l'écorce du globe terrestre, et que les géologues désignent par le nom de *quartz* (2). A l'état plus ou moins grossier et volumineux, les fragments de quartz prennent le nom de cailloux, de graviers, de galets quand ils ont été roulés par les eaux, et que leurs angles sont émoussés en sorte qu'ils ne présentent plus qu'une surface unie. A l'état de poussière impalpable, ils forment la base des terres sableuses ou siliceuses. Les terres arables prennent la dénomination caractéristique de *sableuses* ou *siliceuses* quand elles renferment environ 60 p. 100 de silice. Les eaux des

---

(1) Le mot *sable* s'emploie souvent d'une manière générale, pour désigner un certain état de division. Ainsi, on distingue en culture le *sable siliceux* et le *sable calcaire*. Mais toutes les fois que nous écrirons seulement le mot *sable* nous aurons en vue le *sable siliceux*, appelé aussi quelquefois *silice*, mais à tort, rigoureusement parlant. Le mot silice emporte avec lui une idée de pureté qui ne convient pas au mot *sable*.

(2) Les *pierres meulières* qui servent à faire les meules de nos moulins, et sont employées dans les constructions ; les *silex* avec lesquels on fait les pierres à fusil et les briquets ; les *grès*, qui fournissent les pavés de nos rues et les meules sur lesquelles on aiguise l'acier ; tous les sables qui entrent dans la composition des mortiers, des poteries, de tous les verres, depuis le verre à bouteille jusqu'au cristal ; les *jaspes*, employés dans la décoration ; les *tripolis*, qui, d'après les belles recherches de M. Ehrenberg, ne sont que des enveloppes d'infusoires, appelés *Diatomées* ou *Buccillariées*, tellement petites qu'il en faudrait une vingtaine de millions pour peser autant qu'une petite tête d'épingle, etc. Toutes ces substances ne sont que de la *silice* ou *quartz* mélangée de quelques matières étrangères, notamment d'alumine et d'oxyde de fer ou rouille.

sources et des rivières contiennent presque toutes de la silice, à l'état de silicates solubles, unie à la potasse ou à la soude, mais ces substances ne s'y rencontrent jamais qu'en très-minime proportion. Tous les organes des animaux et toutes les plantes renferment aussi de la silice; la paille de seigle, d'orge, d'avoine, de froment, les tiges et les feuilles de toutes les graminées en contiennent des proportions assez fortes; c'est à elle qu'elles doivent leur rigidité et leur brillant.

La silice se distingue en ce qu'à l'état de pureté, elle est infusible, inodore et sans saveur, et que, après avoir été desséchée et rougie au feu, elle est insoluble dans l'eau et dans les acides, à l'exception de l'acide fluorhydrique (1). On la sépare d'une terre quelconque par voie de lavage, comme on le verra plus loin. Le sable siliceux rend toujours la terre plus perméable et plus meublé; il facilite l'accès de l'air et l'écoulement des eaux, et, comme l'observe M. Boussingault, son effet utile est plus ou moins marqué, plus ou moins favorable, suivant qu'il s'y trouve en poudre fine, ou sous forme de sable grossier ou de gravier.

Argile. — L'argile dérive principalement de deux substances très-complexes dans leur composition, extrêmement abondantes aussi dans la croûte de notre planète, et désignées, en géologie, sous les noms de *feldspath* et de *mica*. Cette espèce de terre est, à l'état de pureté, une combinaison de silice, d'eau et d'alumine, dans laquelle cette dernière entre dans des proportions qui varient de 18 à 30 p. 100, pour 46 à 67 p. 100 de silice et 6 à 9 p. 100 d'eau (2). Mais l'argile qui fait la base des terres argileuses de nos cultures ne possède pas un tel degré de pureté; elle est intimement mélangée à des proportions variables de sable ou de silice libre, de chaux, de carbonate de chaux et de magnésie, d'oxyde de fer et de manganèse, de bitume, de matières organiques et de potasse, à l'état de silicate, dont la quantité peut s'élever jusqu'à 4 p. 100, d'après M. Mitscherlich. A l'état de pureté à peu près complète et en masse plus ou moins considérable, l'argile, qui est tout à fait infertile, forme à la surface de la terre des collines à pente très-douce, ou s'étend, dans la portion superficielle de l'écorce du globe, en couches plus ou moins épaisses sur lesquelles reposent les grandes nappes d'eau souterraines, qui descendent des plateaux élevés ou des montagnes, en s'infiltrant à travers les couches perméables, et que nous allons chercher, pour notre usage, en forant des puits artésiens.

Suivant leur degré de pureté, les argiles servent à fabriquer toutes sortes de poteries, depuis les plus communes jusqu'aux plus belles porcelaines; c'est avec elles qu'on fabrique les briques, les tuiles et les tuyaux de drainage. La *terre à foulon*, employée à enlever aux draps l'huile dont on se sert dans leur fabrication, la *pierre à détacher* sont des argiles. Les *ocres* sont des argiles riches en oxyde de fer; les *marnes*, si recherchées, et à juste titre, par le cultivateur, sont aussi des argiles dans lesquelles le *carbonate de chaux* ou *craie* mélangé atteint quelquefois de fortes proportions.

Les argiles se distinguent du sable en ce qu'elles forment avec l'eau une pâte liante et plastique, assez tenace pour se laisser allonger dans tous les sens et prendre ainsi toutes les formes. Mais, quand elles ont été calcinées, elles ne peuvent plus se délayer dans l'eau et faire pâte avec elle, et elles contractent même par la cuisson une telle dureté qu'elles étincellent comme les silex au choc du briquet. Ces terres sont grasses et onctueuses au toucher, elles se laissent polir par l'ongle, et les charrues les détachent en rubans longs et lisses. Elles sont insolubles dans l'eau, comme le sable, mais lorsqu'elles sont bien divisées et délayées dans ce liquide, elles y restent très-longtemps en suspension et le rendent trouble (3). Le fer, la chaux, la potasse, etc., que les argiles renferment, les rendent fusibles à une haute température. Ces terres peuvent absorber jusqu'à 70 p. 100 d'eau qu'elles retiennent avec une très-grande puissance. Cette affinité pour l'eau leur donne la propriété de *happer à la langue* quand elles sont sèches, c'est-à-dire de produire une certaine irritation sur les papilles nerveuses qui tapissent la surface et les bords de cet organe, en absorbant vivement l'humidité qui le recouvre.

Les argiles rendent les sols compactes; elles leur font retenir l'eau, et les rendent lents à se dessécher et à s'aérer après les pluies. Ces pluies les *battent*, c'est-à-dire tassent fortement leur surface et les rendent d'un accès difficile aux instruments, tandis que la propriété de se contracter sous l'influence de la chaleur et de la sécheresse (*retrait*) les fait se déchirer, se crevasser, lorsqu'un temps sec succède à quelques jours de fortes pluies. Tous ces phénomènes sont dus à l'alumine et leur intensité augmente ou diminue comme la proportion de celle-ci. Lorsqu'on dirige sur un morceau d'argile quelques bouffées d'expiration pour l'imprégner d'une chaleur humide, il s'en dégage une odeur particulière qu'on désigne par le nom d'*odeur terreuse*, et qui se fait sentir en été, dans les champs, après une petite pluie succédant à une période de chaleur.

Les terres sont dites argileuses quand elles renferment plus de 50 p. 100 d'argile.

Calcaire. — Le calcaire est formé essentiellement de deux éléments à l'état de combinaison chimique, l'acide carbonique et la chaux.

Tandis que la silice et l'argile, en concourant à former le sol arable, ne jouent, en quelque sorte, presque d'autre rôle que celui d'offrir un point d'appui aux racines des plantes, et de servir d'exci-

---

(1) Et si, quoique insoluble à l'état ordinaire, la silice se rencontre dans les organes des plantes et des animaux, c'est qu'elle y est parvenue entraînée par l'eau qui imprègne le sol, à la suite d'une de ces mystérieuses réactions chimiques dont la terre arable est sans cesse le théâtre.

(2) C'est la partie la plus tenace et la plus plastique de la terre arable.

(3) Tandis que le sable se précipite très-promptement au fond des vases dans lesquels on l'a agité au milieu de l'eau. Ce fait donne, comme nous le verrons plus loin, des moyens faciles de séparer le sable et l'argile contenus dans un sol qu'on veut examiner.

pient aux matières fertilisantes, le calcaire, tout en remplissant la même fonction mécanique, contribue dans une proportion très-importante à l'alimentation des végétaux que nous cultivons. Sa présence dans les terres de nos fermes est donc de première importance.

Le calcaire est très-abondamment répandu dans la masse solide de notre planète et il forme à sa surface d'imposantes chaînes de montagnes. Suivant les substances auxquelles il est mélangé et les conditions qui ont présidé à sa formation, il a produit les divers *marbres* qu'emploient la statuaire et l'architecture, l'*albâtre* dont l'ornementation tire un si grand parti, la *craie*, qui forme les plaines désolées de la Champagne pouilleuse, les *marnes calcaires*, qui sont une mine de richesse pour le cultivateur, quand elles sont sagement employées, les *pierres lithographiques* si précieuses pour le dessinateur, les *moellons* qui dans certaines localités servent seuls à faire les murailles de nos constructions, les diverses *pierres à chaux* si utiles à tant de points de vue, les *pierres de taille* dont l'architecture fait nos ponts, nos aqueducs et nos plus beaux monuments.

C'est à l'état d'extrême division que le calcaire ou carbonate de chaux se rencontre ordinairement dans la terre arable, mais il s'y trouve très-fréquemment sous la forme de sable grossier et même en fragments assez volumineux. A l'état de division impalpable, il est tout à fait impossible de le distinguer à l'œil nu d'avec les autres éléments terreux auxquels il est intimement uni. Comme la silice et l'argile, le calcaire est insoluble dans l'eau pure, mais il se dissout lentement dans l'eau chargée d'acide carbonique qui se rencontre toujours dans les sols en culture, et il forme alors ce qu'on appelle un *bicarbonate de chaux*; c'est sous cette forme qu'il se trouve dans l'eau des rivières et des sources et qu'il passe dans les organes des plantes. C'est le bicarbonate de chaux dissous dans l'eau qui, par l'évaporation de celle-ci, forme ces belles concrétions qui pendent à la voûte de certaines grottes; c'est aussi lui qui dans certaines fontaines dites *incrustantes* se dépose à la surface des objets qu'on y plonge et donne naissance à de très-curieuses pétrifications.

La présence du calcaire dans le sol arable se reconnaît en ce que si l'on verse quelques gouttes de fort vinaigre ou d'acide chlorhydrique (esprit de sel) sur cette terre humide, il se manifeste une effervescence, c'est-à-dire une espèce de bouillonnement. Nous dirons plus loin comment on accuse sa présence dans les eaux de sources et de rivières et comment on le sépare des autres composants de la terre de nos cultures.

Le rôle mécanique du calcaire dans le sol consiste à le maintenir meuble, à s'opposer au tassement des argiles sous les pluies. Mais il faut surtout ne pas oublier qu'il contribue à l'alimentation des plantes, principalement des trèfles, des luzernes et des sainfoins qui sont la base de nos prairies artificielles.

Une terre prend le nom de terre calcaire lorsque le carbonate de chaux entre pour plus de 50 p. 100 dans sa composition.

Humus. — L'humus est le résidu de la décomposition lente des végétaux. — Les plantes adventices, qui croissent spontanément dans nos champs et infestent quelquefois nos cultures, les tiges, les feuilles, les fleurs, les racines et tous les débris végétaux, que les récoltes laissent dans la couche arable ou à sa surface, concourent à le former. De même que la silice, l'argile et le calcaire, l'humus ne peut à lui seul former une terre apte à la culture, mais il est par son association avec ces éléments terreux une des sources les plus importantes de la fertilité du sol arable.

Il faut distinguer deux parties dans l'humus ou terreau, l'une qui est dans un état de décomposition avancée, l'autre qui est à peine désorganisée : la première seule exerce dans les sols une action fertilisante immédiate ; elle est de couleur noire, onctueuse au toucher et se dissout dans l'eau chargée de principes alcalins et ammoniacaux qui imprègne la terre de nos champs. Par l'action de l'air et de l'humidité, sous l'influence des labours qui augmentent et changent les surfaces de toutes les particules terreuses exposées au contact de l'atmosphère, la portion encore inerte du terreau entre à son tour en décomposition pour venir remplacer celle qui est passée dans les récoltes et qui se trouve avec elle exportée de nos champs. Il en résulte la nécessité d'entretenir d'humus les terres arables par les fumiers de ferme, les engrais végétaux, etc., afin de maintenir leur fertilité. On comprend facilement l'effet utile de l'humus, puisque, dérivant des plantes qui ont végété dans les terres de nos fermes, il contient nécessairement et leur restitue par sa décomposition les principes dont ces plantes ont besoin. Mais il est un autre point de vue de la nécessité de l'humus dans les sols arables, que nous croyons devoir indiquer. Cette substance, en se désorganisant complètement, produit d'abondantes quantités d'acide carbonique qui a la propriété de dissoudre les sels calcaires, surtout les phosphates de chaux, indispensables à la formation de toutes les graines et à la vie des plantes, et qui sont insolubles dans l'eau ordinaire. L'importance que la pratique agricole attache aux terres qui, bien constituées d'ailleurs, sont riches en humus, se trouve donc parfaitement justifiée par la raison, et nous pouvons, avec Bosc et à peu près tous les agronomes, considérer le terreau comme le principe véritablement actif de toutes les terres arables.

Le terreau doit à sa couleur noire la faculté d'absorber, en la condensant avec énergie, la chaleur dégagée par les rayons solaires, et il retient avec force environ le double de son poids de l'eau que les pluies versent à la terre; aussi sa proportion plus ou moins importante dans les sols de nos fermes exerce-t-elle une grande influence sur leurs propriétés physiques. C'est ainsi qu'il donne de la fraîcheur aux terres sèches et légères et qu'il diminue la compacité des terres fortes argileuses.

Lorsque la décomposition des végétaux s'accomplit au sein des eaux, il en résulte un produit particulier qui prend le nom de *tourbe*. — L'humus qui en provient est bien différent de l'humus qui se forme dans les terres arables, car il ne contient ni potasse ni phosphate de chaux, et il est plus acide. — Nous dirons, d'ailleurs, d'une manière générale, que les propriétés *douces* ou *acides* dont jouit le terreau, pour nous servir des expressions consacrées par la pratique, dépendent essentiellement des plantes qui lui ont donné naissance en se décomposant dans le sol. On comprendra sans peine que le terreau qui provient de la décomposition des plantes herbacées soit tout différent de celui que la chute annuelle des feuilles accumule à la surface des terrains couverts par des forêts de chênes ou d'essences résineuses. Ce dernier est le moins propre à la végétation des plantes qui forment la base de nos cultures.

D'après les proportions relatives suivant lesquelles sont mélangés les quatre éléments terreux, que nous venons d'examiner rapidement, on dit que les terres sont *sableuses, argileuses, calcaires, humifères*; et chacune de ces grandes divisions se subdivise elle-même, suivant qu'elle contient une plus ou moins grande quantité de l'élément terreux qui prédomine dans le mélange.

Dans la pratique, on ne fait guère que deux divisions principales pour les terres arables; ce sont les terres *fortes* et les terres *légères*. Cette distinction est surtout fondée sur la difficulté plus ou moins grande avec laquelle ces terres se laissent attaquer par la charrue. Les terres *fortes* sont celles où prédomine l'argile; les terres *légères* celles, au contraire, où prédomine le sable calcaire ou siliceux. Cette classification, aussi vieille que le travail de la terre, est la plus générale; elle est établie sur la prépondérance de l'un des deux éléments qui sont, on peut le dire, la base des terres cultivées, l'argile et le sable. Les terres où le calcaire ou l'humus l'emportent sur ces deux éléments ne constituent, en effet, que des étendues relativement fort restreintes, et toutes les terres cultivées contiennent des proportions plus ou moins grandes d'humus et de calcaire.

Depuis Thaër et Einhoff, un grand nombre d'auteurs se sont occupés de la classification des terres et ont dressé des tableaux destinés à présenter les principales variétés de sols auxquelles peuvent donner naissance les mélanges divers des quatre grands éléments terreux. Nous ne croyons pas à l'utilité de ces classifications qui varient suivant les auteurs et qui, en effet, ne peuvent, reposer sur aucun caractère sérieux. L'Échelle de Schwerz, qui s'appuie sur les travaux de Thaër, n'a pas plus de valeur agronomique et surtout ne repose pas sur des caractères génériques et spécifiques plus réels que la classification adoptée par M. de Gasparin. Nous ne nous arrêterons donc pas à ces divisions et subdivisions sans importance pratique; nous nous en tiendrons aux quatre grandes classes naturelles tracées par la nature même et acceptées par la pratique depuis qu'il y a un sol cultivable, un cultivateur et une charrue.

Terres sableuses. — Ces sortes de terres renferment au moins 60 p. 100 de sable siliceux pur ou mélangé de sable calcaire.

Les terrains de cette nature sont rudes au toucher et d'une culture facile en tout temps; les pluies ne les tassent jamais assez pour les rendre d'un accès difficile à l'air et aux instruments;

l'eau les délaye et les traverse sans former avec eux une pâte ductile et ils se ressuient rapidement. La fertilité de ces terres dépend, d'ailleurs, considérablement du climat sous lequel elles sont situées : dans les climats humides, par exemple, là où il pleut fréquemment et où jamais des hâles prolongés et de violentes insolations ne leur enlèvent presque toute leur humidité, elles sont susceptibles de donner des produits très-abondants en fourrages, en céréales et en racines. C'est ainsi que, en Angleterre, nous trouvons les excellentes terres à froment du Middlesex qui, d'après H. Davy, renferment 60 de sables siliceux et graviers, 24 d'argile, et 11 de calcaire ; les sols du Norfolk, si souvent cités pour leurs turneps et leur assolement quadriennal, et qui contiennent jusqu'à 89 de sable siliceux, 3 d'argile, 7 de calcaire ; ceux du Worcestershire, où se trouvent peut-être les champs les plus fertiles du Royaume-Uni, dosant 60 p. 100 de sable siliceux, 30 d'argile et 6 de calcaire ; ceux de la vallée de Téviot, réputés de très-bonne qualité pour toutes les cultures, et présentant à l'analyse, 83 p. 100 de sable siliceux, 14 d'argile et à peine 1 de calcaire, et ceux du célèbre comté de Kent, dont quelques-uns des plus renommés pour leurs excellentes houblonnières, sont formés de 66 p. 100 de sable siliceux, 9 d'argile, 13 de calcaire. Citons également une terre des environs de Lille, dans laquelle M. Berthier a trouvé 70 de sable siliceux, 15 d'argile, 2 de calcaire, et qui donnait d'excellents froments et de magnifiques récoltes de colza. Le meilleur sol que la Russie possède pour le froment et les pâturages, la célèbre terre noire de *Tchornoizem*, qui, vers les monts Ourals, couvre d'immenses étendues, n'est qu'un mélange de sable siliceux et de matières organiques donnant à l'analyse, d'après M. Payen, 6,95 de matières organiques, 11,40 d'alumine (un des éléments de l'argile) et 71,56 de silice.

Sous un climat sec et chaud, ces terres seraient stériles.

Ce qui prouve, en effet, l'influence heureuse de l'eau pour la fertilité des terres aussi chargées de l'élément siliceux que celles que nous venons de citer, c'est que, sous le soleil des tropiques et même de l'équateur, il suffit de donner à des terrains analogues les bienfaits de l'irrigation pour leur faire atteindre le plus haut degré de fécondité. C'est ainsi que des sols irrigués de la plus grande fertilité, pris au Sénégal, ont donné à Laugier, dont les analyses sont appréciées pour leur rigoureuse précision : sable siliceux et silice, 89 ; alumine, 3 ; matière organique, 4 ; calcaire, traces.

Mais il ne faut point oublier que les sols sablonneux sont toujours arides, quand on ne peut pas, dans les climats secs et même tempérés, leur procurer une indispensable fraîcheur par l'irrigation, et c'est malheureusement ce qui arrive dans le plus grand nombre des cas. Alors il ne faut pas attendre d'eux, si la proportion de sable est très-considérable, autre chose que de maigres récoltes de seigle, de sarrasin, de navets, de trèfle incarnat, et quelques légumes de printemps et d'automne.

D'autre part, lorsque, dans les climats pluvieux, les sols sableux reposent sur des sous-sols tout à fait imperméables, il peut en résulter de bien grandes difficultés pour leur mise en valeur. Quand ce sous-sol est de nature quartzeuse, comme l'*alios* des Landes, les terrains sont marécageux et de la plus extrême pauvreté. On ne peut les amener à la culture qu'en les assainissant et en les faisant passer par la période forestière et pastorale ; mais en les traitant convenablement, suivant leur situation, on peut en tirer, avec le temps et des engrais qui leur donnent de la cohésion, comme ceux de l'espèce bovine, de très-grands produits en prairies naturelles, surtout avec l'aide de l'irrigation et d'un climat chaud ; en pâturages, dans des climats humides et tempérés ; en plantes-racines et tuberculeuses, comme les navets et les pommes de terre ; en orge, en seigle et même en avoine.

Dans le voisinage des grands centres de consommation, quand on a de l'eau à sa disposition, les terrains sableux sont les plus convenables pour la culture jardinière, et ils sont, dans ces conditions, susceptibles d'un produit très-élevé.

Dans la grande culture, les terres sableuses ne demandent pas à être fréquemment remuées par la charrue ; il faut bien se garder d'y trop multiplier les façons, et l'instrument qui doit les visiter le plus fréquemment est le rouleau compresseur. La compression est favorable à ces terrains en ce qu'elle assure un point d'appui aux graines, et surtout parce qu'elle rétablit les conduits capillaires, par lesquels l'eau des couches profondes s'élève vers la surface, et parce qu'elle s'oppose à la dessiccation trop rapide de la couche arable, en temps de germination. C'est ce qui a fait dire que le roulage équivalait à un arrosage.

Lorsque, et cela se rencontre par malheur bien rarement, les sols sableux reposent sur un sous-sol argileux ou argilo-calcaire, c'est-à-dire marneux, on peut par des labours profonds, exécutés dans le but de mélanger les deux couches, arriver à les transformer complétement et à leur donner, toujours avec le secours des engrais d'étable, une très-grande fertilité, et créer le meilleur et le plus commode de tous les sols arables. Enfin, si l'on peut aisément se procurer de la marne à peu de distance des champs que l'on veut améliorer, ou dans ces champs eux-mêmes et à peu de profondeur, il faut en user largement. Mais il ne faut jamais oublier que ces travaux d'amélioration ne dispensent pas de l'engrais et ne valent au contraire que par lui, et bien tout calculer avant de les exécuter, car il est des situations où les terrains ainsi améliorés, ou pour mieux dire transformés, reviennent plus cher que l'acquisition des meilleures terres et ne paient jamais l'intérêt de la somme qu'ils ont absorbée ; ce qui constitue, en dernière analyse, une déplorable opération. Quand ils ont été marnés et bien fumés, les terrains sableux produisent d'abondantes récoltes de luzerne et de racines et peuvent, avec un climat convenable, devenir la base d'une culture progressive très-riche.

Lorsque les terres sableuses sont abondamment mélangées de cailloux d'au moins 3 centimètres de diamètre, elles prennent la dénomination de *caillouteuses*. — Ces cailloux sont souvent un grand obstacle aux cultures ordinaires, surtout à celle des racines ; suivant les conditions climatériques, on doit les planter en vignes, ou en bois, ou en faire des pâturages ou des prairies. Dans le voisinage des grandes villes, si on veut les consacrer à la culture légumière, il faut commencer par les défoncer et les passer à la claie.

Les terres sableuses prennent le nom de *graveleuses*, quand elles sont surtout formées par de petits cailloux, siliceux, calcaires ou schisteux, de la grosseur d'un haricot ou d'une noisette. Ces sortes de terres sont généralement tout à fait infertiles. Cependant, dans le Midi, on y fait quelquefois d'excellents vignobles, et dans les parties plus fraîches, comme sur les bords du Rhin, on en tire quelquefois parti, par l'irrigation, en les convertissant en prairies.

Lorsque les terres sableuses proviennent de la désagrégation du granit, elles sont appelées *granitiques*. Quand elles sont pauvres en feldspath, et que l'argile qui s'y trouve mélangée au sable est surtout *alumineuse et ferrugineuse*, elles sont d'une très-grande infertilité et ne conviennent qu'à quelques essences forestières, parmi lesquelles on doit se trouver très-heureux de voir le châtaignier réussir tant bien que mal. Mais lorsque l'élément feldspathique est abondant dans le sable argileux qui les forme, elles donnent dans les vallées de riches prairies, et sur les pentes d'assez bonnes récoltes de pommes de terre, de maïs, de sarrasin et de seigle. Le froment y vient mal ordinairement ainsi que l'avoine. Les espèces forestières, telles que les essences résineuses, le chêne et le châtaignier, y prospèrent parfaitement, et l'on y rencontre souvent de très-beaux vignobles donnant un vin très-généreux : tels sont l'Ermitage et plusieurs autres crus.

Parmi les terres sableuses, figurent encore les terres *volcaniques*, formées, comme leur nom l'indique, par les éruptions de volcans, la plupart éteints aujourd'hui. Ces terres n'occupent que des espaces très-restreints à la surface du globe. Leurs caractères physiques varient beaucoup. Tantôt ce sont des poussières noirâtres, d'autres fois de grossiers débris de *pierre ponce*, rougeâtres ou gris, mélangés de beaucoup de silice et d'un peu d'argile. Lorsque les débris volcaniques sont très-abondants, la vigne, dans le Midi et ailleurs, les pommes de terre et les pâturages sont les cultures les plus convenables. Les vins provenant de ces terrains sont d'une très-grande supériorité ; témoin celui de *Lachryma Christi*, et les pommes de terre y fournissent de fort belles récoltes et y sont d'une luxuriante végétation qui tient sans doute à la richesse importante de ces sols. Enfin, les plaines si fertiles de la Limagne d'Auvergne donnent une idée du degré de richesse que peuvent atteindre les terres *silico-argileuses*, mélangées de débris volcaniques, lorsqu'elles joignent à une bonne proportion de matières organiques en décomposition une fraîcheur suffisante sous un climat doux et tempéré.

Lorsque les terres sableuses sont très-fortement mélangées de débris végétaux, d'une décomposition extrêmement lente et difficile, comme ceux qui proviennent de la bruyère, des genêts, des fougères, des lichens, des feuilles de certains arbustes de la famille des rhododendrums, etc... elles forment ce qu'on appelle la *terre de bruyère*. Lorsque ces terres sont humides et manquent de profondeur, elles sont d'une culture très-difficile. On peut cependant, en les assainissant, et avec du fumier, y faire des prairies à base de graminées. Lorsqu'elles sont saines et même sèches, le mieux est de les semer en pins, et surtout en pins sylvestres, dans les climats froids, et quand la couche végétale est peu épaisse. Nous avons vu sur ces terres des récoltes passables de sarrasin, de seigle, de rutabagas, de topinambours, de haricots, de trèfle incarnat, et de spergule dans les parties fraîches. Mais nous croyons que les semis de pins, les prairies et les pâturages sont, suivant les conditions de fraîcheur et de climat, les cultures qui leur conviennent le mieux. Dans certaines circonstances, toutefois, la culture des légumes, des fleurs et des arbustes, dits de terre de bruyère, permet d'en tirer un grand parti; mais ce sont là des exceptions auxquelles nous n'avons pas à nous arrêter.

Quant aux sables quartzeux, amoncelés sous forme de montagnes par les vagues de l'Océan, et qui forment les dunes, l'expérience a démontré que le seul parti à prendre était d'y faire des semis de pins, en suivant la route tracée, pour ce travail, par Brémontier, en 1787.

Nous dirons, en résumé, que, dans les sols sableux, plus le sable siliceux se mélange d'argile feldspathique, surtout si l'on peut y introduire l'élément calcaire ou s'il s'y trouve naturellement, plus s'accroissent sa valeur agricole et sa fertilité; et que, dans cet état de constitution, ces terrains, que les agronomies anglais désignent sous le nom de *loams*, forment dans les climats tempérés et un peu humides, ou dans les climats chauds et à forte insolation avec une humidité suffisante, les meilleures terres arables et les plus faciles à travailler, c'est-à-dire celles qui nécessitent la moindre force mécanique, ce qui, en raison du haut prix de celle-ci dans à peu près toutes les situations, est d'une importance économique de premier ordre.

Terres argileuses. — On appelle argileuses les terres dans lesquelles prédomine l'argile. Ces terres proviennent, nous l'avons dit, de la désagrégation des roches feldspathiques. « C'est une espèce minérale dérivée qui ne date pas des premiers âges du monde, dit M. Malaguti, car elle peut se former, pour ainsi dire, sous nos yeux. » Supposez une roche alcaline, de la pegmatite, du granit, du porphyre, un feldspath quelconque sous l'influence de certains agents (surtout sous celle de l'eau et de l'acide carbonique) : cette roche se désagrégera, se décomposera; les éléments alcalins, comme la potasse, seront dissous et entraînés par les eaux avec une portion de silice, et le reste des éléments, avec un peu de potasse et de silice libres et combinées, resteront sous forme d'argile ou seront entraînés par les eaux pour aller former des dépôts, sous le nom de terres argileuses d'alluvion.

Ces terres renferment, à peu près toujours, des débris de feldspath non encore complétement dé-

composés, qui par une désagrégation très-lente leur cèdent peu à peu de l'élément alcalin. C'est là une des grandes causes de la richesse des terres argileuses. Elles sont plus ou moins colorées en brun, en jaune ou en rouge, suivant la proportion et le degré d'oxydation du fer qu'elles renferment. Les terres argileuses ont une propriété d'une grande importance dans leur culture, celle de condenser dans leurs pores une forte proportion d'ammoniaque et de ne le céder que très-difficilement à la végétation. Aussi ont-elles besoin d'être en quelque sorte saturées d'engrais pour être fertiles; elles en font un véritable fonds de réserve dont elles ne se dessaisissent que très-lentement, et ce n'est que lorsqu'il est constitué qu'elles laissent à la disposition des végétaux les vivres que le cultivateur leur confie. Elles sont de bonnes ménagères des principes fertilisants, gazeux ou solubles, qui dans toute autre terre se perdraient facilement par évaporation dans l'atmosphère ou seraient entraînés par les pluies. Aussi nulle terre n'est plus difficile, plus coûteuse à engraisser, comme l'on dit, à fertiliser que la terre argileuse, mais nulle aussi ne garde plus économiquement sa fertilité acquise, nulle n'est plus lente à l'épuisement complet. Les terres argileuses sont fort difficiles à travailler lorsqu'elles renferment très-peu de sable siliceux mélangé et qu'elles sont privées de calcaire. Leurs molécules ont entre elles une force de cohésion qui oppose aux instruments de labour une très-grande résistance; leur propriété de retenir l'eau et de faire avec elle un empâte ductile les rend tout à fait inabordables à la charrue par les temps de pluie, et si on a le malheur de les laisser se durcir sous l'influence des hâles et de la sécheresse, le soc ne peut plus les entamer. Le travail mécanique de ces terrains offre donc les plus sérieuses difficultés, et cependant nul n'a plus besoin qu'eux des labours. Sans ceux-ci, l'air ne les pénètre point, et sans l'intervention des agents atmosphériques, ils restent inertes.

Les labours qui leur conviennent le mieux sont ceux qui s'exécutent avant l'hiver. Il faut les remuer profondément et laisser leurs grosses mottes exposées à l'action alternative de la gelée et du dégel, action qui seule peut les diviser et les aérer convenablement. Mais souvent l'hiver n'a pas été convenablement entremêlé de fortes gelées et de dégels, et l'on est obligé d'avoir recours aux moyens mécaniques les plus énergiques pour diviser les grosses mottes, dures comme des pierres, que le premier labour a laissées sur les champs. C'est dans ce cas que les herses les plus puissantes et surtout les rouleaux à disques dentelés les plus énergiques, construits pour la première fois pour les argiles plastiques de l'Angleterre, rendent au cultivateur de ces terres les plus grands services, car, sans eux, il serait souvent obligé de briser à la main, avec des maillets, les mottes de ses terres argileuses, ainsi que nous l'avons vu faire plus d'une fois par de pauvres métayers. Il faut bien se garder d'ensemencer des terres argileuses détrempées, car les graines seraient enveloppées dans une pâte au sein de laquelle l'air ne pénétrerait pas; il n'y aurait pas de germination, et puis la terre se durcirait comme une brique et la racine ne pourrait la pénétrer de sa radicule et la percer de sa gemmule. Nulle terre n'est donc plus difficile à conserver en état, comme on dit en pratique, que les terres très-argileuses, nulle n'exige plus de force, de dépenses, et par conséquent de capital de la part du cultivateur, nulle aussi ne demande plus de vigilance et d'activité. Quand le moment de les labourer ou de les emblaver est favorable, il ne faut pas hésiter une minute, il faut tout quitter et s'y mettre, car avec ces terribles sols on n'est jamais sûr du lendemain.

Une petite pluie fine et tiède, au commencement du printemps et de l'automne, dispose particulièrement à fondre sous la dent de la herse les mottes des terres argileuses ; il ne faut pas laisser passer, sans en profiter, cette bonne occasion lorsqu'elle se présente, car rien n'est moins assuré que son retour. Enfin, il ne faut pas négliger sur ces terres les rigoles et les fossés d'écoulement. Souvent même il est tout à fait impossible d'en tirer parti sans avoir recours au drainage qui exerce sur ces sols une influence qui tient du merveilleux de la manière heureuse dont il modifie leurs mauvaises propriétés.

On corrige encore très-efficacement les défauts des terres argileuses en les mélangeant avec des sables grossiers, des marnes, de la chaux, des cendres, des plâtras de démolition. Ces sortes de terres réclament des engrais abondants, avons-nous dit ; nous ajouterons que ceux qui leur conviennent le mieux sont des fumiers pailleux, c'est-à-dire d'une décomposition peu avancée, qui les tiennent un peu soulevées et les rendent accessibles à l'action de l'atmosphère.

Les végétaux cultivés dans les terres argileuses arrivent plus tard à maturité et sont généralement d'un goût moins fin que ceux des terres meubles et siliceuses. Ces sortes de terrains sont particulièrement propres à la culture du froment et du trèfle ordinaire, mais à la condition toutefois de renfermer du calcaire. Lorsqu'ils n'en contiennent point du tout et qu'on ne peut pas facilement leur en donner, il convient de les boiser. Les pâturages que l'on y fait donnent des herbes peu succulentes ; il en est de même des prairies artificielles ; les légumes et les racines y manquent de saveur, les tubercules, et, en particulier, la pomme de terre, y sont aqueux, peu agréables au goût et manquent de fécule.

Tout ce que nous venons de dire s'applique aux terres argileuses en général, et spécialement à celles qui contiennent une excessive proportion d'argile, telles que les *terres fortes*, dans la véritable acception du mot, terres qui sont encore désignées sous les noms d'*eaux-bues* et d'*herbues*. Mais toutes n'ont pas les mêmes défauts au même degré. Ainsi, même à composition chimique semblable, toutes les terres argileuses ne se comportent pas de la même façon sous les grandes pluies. Il en est qui se tassent, qui font plancher beaucoup moins que d'autres, et cela sans qu'on puisse en donner une raison certaine. Nous pensons que ces terres dérivent d'un schiste qui se trouvait dans un état particulier et qu'elles renferment beaucoup de ces petites particules feldspathiques

dont nous avons déjà parlé, qui ne sont pas encore entièrement décomposées et qui jouent physiquement le rôle de gravier. Quoi qu'il en soit, nous mentionnons l'existence de ces argiles particulières parce qu'elle est d'observation assez fréquente en pratique.

Une faible proportion de fer est loin d'être défavorable dans les terres arables ; mais lorsque les argiles en sont très-fortement chargées, quand elles présentent une couleur jaunâtre foncée, elles sont tout à fait impropres à la culture.

Lorsque les argiles renferment une assez forte proportion de silice ou de sable libre, elles forment une variété de terres argileuses qu'on désigne en pratique sous les noms de terre *argilo-sableuse*, *boulbène*, etc., et qui, lorsqu'elles contiennent un peu de calcaire, sont propres à toutes les cultures de fourrages et de céréales. Elles sont encore difficiles à travailler, et présentent beaucoup de résistance aux instruments aratoires dont la marche nécessite l'application d'une grande force. Mais elles se tassent moins que les terres presque exclusivement argileuses sous l'action des fortes pluies, font moins pâte avec l'eau et présentent moins de fentes et de crevasses moins larges et moins profondes lorsqu'à une période d'humidité succède une période de grandes sécheresses.

Enfin, si la proportion de sable augmente encore, il en résulte des terres que, dans quelques localités, on appelle *terres franches*, qui par leur résistance aux instruments se rapprochent des terres sableuses contenant une assez notable quantité d'argile et que nous avons désignées sous le nom de *loam*. Ces terres donnent de bonnes récoltes de céréales, de fourrages légumineux, de racines, et admettent les plantes industrielles telles que le colza, la garance, le houblon, le tabac, etc. Ces terres renferment de 15 à 20 p. 100 de calcaire.

Lorsque l'argile diminue au profit du calcaire, on a des terres qui présentent au point de vue pratique beaucoup de ressemblance avec les *argiles sableuses* et avec les *terres franches*, au moins pour la facilité de la culture. Mais elles se prêtent mieux à la production des prairies artificielles légumineuses et principalement du sainfoin. Il importe de remarquer que, dans son mélange avec l'argile, l'élément calcaire se présente sous deux formes différentes, d'abord à l'état de sable, — c'est le cas des terres que nous venons de comparer aux argiles sableuses et aux terres franches, suivant la proportion de sable calcaire qu'elles renferment, — puis à l'état de poussière impalpable parfaitement unie et comme combinée à l'argile, de manière à former avec elle une masse homogène. Dans le premier cas, la terre est dite *argilo-calcaire* ; dans le second cas, elle porte le nom de *terre marneuse*, qui entraîne avec lui l'idée d'un état particulièrement intime du mélange d'argile et de calcaire.

Les *terres marneuses* retiennent l'eau autant que l'argile pure ; leur couleur blanche les rend très-froides et elles sont détestables à cultiver. La vigne y réussit assez bien dans le Midi. Le froment, les navets, les vesces y donnent quelquefois aussi d'assez bonnes récoltes ; mais dans les années froides et humides, leur produit est des plus médiocres. Les bois et les pâturages sont en général ce qui leur convient le mieux. Mais si les terres marneuses sont peu productives par elles-mêmes, elles sont très-propres à l'amélioration des terres argileuses et des terres sableuses, suivant les proportions de chaux et d'argile qu'elles renferment.

Terres calcaires. — Dans ces terres, l'élément calcaire prédomine sur chacun des autres éléments terreux. Elles ont le plus souvent une couleur blanchâtre qui s'oppose à l'absorption du calorique émis par les rayons solaires : aussi sont-elles lentes à se réchauffer au printemps et la végétation y est-elle tardive. Elles deviennent boueuses sous les pluies, mais elles se sèchent rapidement à cause de la facilité avec laquelle l'eau les traverse et se perd dans les fissures nombreuses du sous-sol calcaire qui les supporte habituellement.

Ces terres n'offrent pas de ténacité. Si on les laboure par des temps humides, elles forment des mottes qui se désagrègent rapidement à l'air et tombent en petits fragments que la plus légère pression écrase par les temps secs. La gelée les soulève, et quand le dégel arrive, la terre abandonne les racines en s'émiettant, et celles-ci restent à nu. Aussi les plantes souffrent-elles cruellement, sur ces terres, des alternatives de gelée et de dégel. Enfin, la propriété qu'elles ont, à cause de leur couleur blanche, de réfléchir les rayons et la chaleur solaires fait que durant l'été les parties aériennes des plantes y sont réellement brûlées. Pour toutes ces causes, les terres calcaires très-abondantes en carbonate de chaux sont peu productives. Les engrais s'y consument très-rapidement, et ce n'est qu'en les employant en de grandes quantités qu'on peut leur faire donner des produits satisfaisants en céréales et en fourrages. Heureusement pour les cultivateurs de ces terrains qu'une des meilleures légumineuses fourragères, le sainfoin, y donne avec des engrais d'excellents produits. Les parties les plus difficiles à cultiver, comme les versants des coteaux, doivent être semées en arbres verts, ou plantées en vernis du Japon, en merisier, en frêne, en noisetier, ou former des pâturages à moutons. Le noyer, le cerisier et la vigne y donnent aussi quelquefois de très-bons produits quand le climat s'y prête.

Enfin, lorsque le calcaire prédomine au point que la terre devienne *crayeuse*, comme celle de la Champagne-Pouilleuse, de la Touraine, de la haute Normandie, c'est le sous-sol qui décide de l'aptitude productive de ces terres. S'il est perméable, elles deviennent d'une terrible aridité : la vigne, les bois, les pâturages à moutons sont ce qui leur convient le mieux. Si, au contraire, le sous-sol est argileux et difficilement perméable et si le climat est un peu humide, elles peuvent, par les pâturages et les cultures fourragères, qui permettent d'y faire aisément du fumier, devenir très-fertiles. Ce qu'il importe de ne pas oublier, dans ces terrains, c'est le parti qu'on peut en tirer avec le sainfoin, et la lupuline ou minette, et les moutons, en dehors des cultures arbustives comme celle de la vigne.

Quelquefois, le calcaire présente une très-grande consistance. C'est le *calcaire tufeux*. — Lorsque sa superficie a été désagrégée et se trouve mélangée de sable et d'argile, il peut être cultivé et donner des sainfoins et de maigres céréales ; mais c'est surtout la vigne qu'il faut y planter quand le climat le permet. Ces sols ne se rencontrent d'ailleurs que sur de faibles étendues.

Terres humifères. — Ces terres se distinguent par la prodigieuse quantité de matières organiques qu'elles renferment et qui en sont l'élément le plus abondant. L'ensemble des terrains humifères est surtout constitué par les *tourbes*.

Les tourbes sont un terreau produit par la décomposition des plantes sous l'eau. Cette décomposition est loin toutefois d'avoir été complète, parce que le ferment qui l'avait commencée s'est épuisé en agissant ; et, pour tirer parti de ces terrains par la culture, il est nécessaire de leur donner de nouvelles matières fermentescibles par les engrais. Mais avant d'en entreprendre la culture, il faut la plupart du temps commencer par les assainir. Quand ce travail préliminaire a été bien fait, on peut, avec l'intervention des engrais d'étable très-divisés, et surtout avec l'aide de la chaux et des cendres, car les tourbes manquent absolument de principes alcalins, en tirer de bonnes récoltes de chanvre, d'orge, d'avoine, de houblon et même de garance. Mais ce sont là des cas exceptionnels. Ordinairement, le meilleur parti à en tirer est de les utiliser comme combustibles et de les convertir en prairies.

Dans le voisinage des grands centres de consommation, où l'on peut aisément se procurer de l'engrais, on y crée souvent de très-bonnes cultures maraîchères. Enfin, lorsque dans une propriété on n'a qu'une très-faible étendue de tourbe, on peut parfaitement la mélanger aux litières ou en former la base d'excellents composts.

Quant aux *terrains marécageux*, on comprend qu'il faut les assainir d'abord quand on veut les livrer à la culture ; et lorsque leur assainissement a été bien fait, on se guide, pour les cultiver, sur la nature du sol qui les forme, le climat et les relations commerciales de la localité. Souvent le mieux est d'y faire des oseraies et d'y planter des aulnes, mais quelquefois aussi ces terrains bien égouttés sont d'une très-grande fertilité.

Du sous-sol. — Dans l'appréciation d'une terre arable, il ne suffit pas d'étudier la couche superficielle ; l'examen de la couche sous-jacente ou du sous-sol est aussi d'une importance capitale. On comprend, en effet, que ce sous-sol, suivant qu'il est de même nature ou d'une nature différente du sol proprement dit, qu'il est perméable ou imperméable, peut augmenter ou corriger les qualités et les défauts de la couche arable qu'il supporte. Ainsi, une terre sableuse à sous-sol argileux ou argileux-calcaire, est placée dans une bonne condition d'amélioration ; une terre argileuse reposant sur un banc calcaire est aussi dans une situation des plus favorables. Nous n'avons pas besoin d'insister là-dessus. Nous dirons seulement que l'état du sous-sol doit être pris en très-sérieuse considération dans le fermage ou l'acquisition d'une propriété rurale.

De l'analyse des sols. — Lorsqu'un agriculteur désire connaître la composition chimique exacte d'un sol ou d'un engrais, ou d'une plante, il doit naturellement s'adresser à un chimiste de profession ; mais il peut parfaitement déterminer lui-même ce qu'il lui importe le plus de savoir au sujet de la constitution de ses terres, c'est-à-dire les proportions relatives de sable, d'argile et de calcaire, qui les forment, et cela avec une approximation très-suffisante en pratique. Nous allons faire connaître la méthode très-simple indiquée par M. Mazure pour atteindre ce but.

On place sur une table un support A, sur lequel

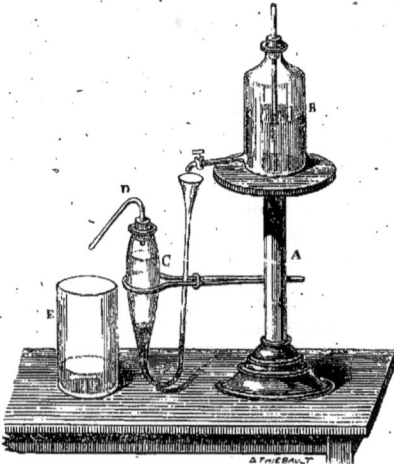

Fig. 4. — Appareil de M. Mazure.

on met un flacon B, dit flacon laveur, muni d'un robinet à sa base et bouché avec un bouchon de liége traversé par un tube en verre. Au-dessous du robinet on met un tube à entonnoir de 50 centimètres de longueur, relié par sa partie inférieure, à l'aide d'un tube en caoutchouc, à une allonge de cornue en verre C ; la partie supérieure de cette allonge est bouchée par un bouchon de liége que traverse un tube coudé D, placé au-dessus d'un bocal E, appuyé sur la table.

Pour faire l'analyse d'une terre avec cet appareil, que l'on peut acheter chez tous les verriers et fabricants d'ustensiles de laboratoire, on commence par dessécher de la terre dans un four dont on vient de retirer le pain ; on en pèse 100 grammes, puis on les broie, et on les introduit dans l'allonge. On remplit ensuite d'eau filtrée ou d'eau de pluie le flacon laveur B, et on ouvre le robinet. L'eau coulant dans le siphon formé par le tube à entonnoir et l'allonge, délaie et agite sans cesse la terre qui se trouve dans le renflement de l'allonge. Voici alors ce qui se passe : la silice insoluble et lourde reste au fond de l'allonge ; l'argile et le calcaire sont entraînés en suspension dans l'eau dans le bocal E. Au bout de quelque temps, l'eau qui sort de l'allonge

cesse d'être trouble et devient claire. Alors, on défait le siphon et on verse le contenu de l'allonge sur un double filtre en papier , qui retient la silice. On sèche le filtre et son contenu, et on pèse en dédoublant le filtre et en mettant celui qui ne contient pas la silice sur le plateau de la balance où se trouvent les poids, pour faire la tare de celui qui contient la silice.

On sait alors combien il entre de sable pour 100 dans la terre examinée.

L'argile et les sels de chaux ont été entraînés par l'eau et sont dans le bocal E. On y verse quelques gouttes d'acide chlorhydrique en agitant : un gaz se dégage, et l'eau mousse comme le champagne, s'il y a du calcaire dans le terrain. On verse de l'acide tant qu'il se forme de la mousse : l'argile seule reste en suspension dans le liquide. Quand il ne se produit plus de mousse, on verse sur un double filtre, on sèche et on pèse comme pour la silice. On a alors le poids de l'argile. Enfin, on ajoute ce poids à celui de la silice et on retranche la somme du poids total de 100 grammes ; la différence indique les sels de chaux contenus dans la terre examinée.

On peut sécher les filtres contenant l'argile et le sable, comme on a séché la terre, ou bien encore dans le four d'un poêle ou sur un fourneau au bain-marie.

Il est évident que cette analyse n'est pas absolument rigoureuse, mais elle est facile et suffit parfaitement à faire connaître au cultivateur les proportions de sable, d'argile et de calcaire qui composent son terrain ; et cela, de l'aveu de M. Boussingault lui-même, est parfaitement suffisant en pratique pour la connaissance d'une terre.   TH. DELBETZ.

De la connaissance des terrains par quelques végétaux. — Les plantes sauvages nous fournissent des indications précieuses sur la nature des terrains. En admettant même que ces indications ne soient pas toujours d'une exactitude absolue, il n'en est pas moins vrai qu'elles sont exactes le plus souvent, et, qu'à la rigueur, elles pourraient, la plupart du temps, servir de guide aux cultivateurs qui posséderaient quelques notions élémentaires de botanique.

Une supposition : — Vous arrivez de nous ne savons où ; vous tombez dans un pays que vous ne connaissez pas, que vous n'avez jamais vu. Vous tenez à connaître la nature du sol où vous êtes, sur un rayon de plusieurs kilomètres ; vous voudriez pouvoir vous dire : C'est le calcaire, ou le granit, ou le schiste, ou une alluvion argileuse, ou le sable, etc. Vous n'avez ni le temps de faire l'analyse chimique, ni les moyens de la faire ; vous questionnez les plantes, et en quelques minutes vous êtes aussi bien renseigné que les plus anciens du pays.

Si vous trouvez dans les champs l'adonide d'automne , autrement dit *goutte de sang* , le vélar odorant, qui ressemble assez à la giroflée des vieux murs ; le mélampyre des champs, que nous appelons *herbe rouge* (*fig.* 5), *rougeotte* et *queue de vache* ; la dauphinelle consoude, ou *pied-d'alouette sauvage*, si jolie avec ses fleurs d'un beau bleu, pendues une à une au bout de chaque rameau de la plante ; si, dans le bois voisin, vous apercevez le cornouiller mâle, celui qui nous donne des fruits

Fig. 5. — Herbe rouge (*Melampyrum arvense*).

d'un jaune rouge en forme d'olive ; si, sur la colline voisine, vous apercevez encore la germandrée

Fig. 7. — Digitale pourprée.

petit-chêne, que les médecins nous font prendre quelquefois en tisane ; l'anémone pulsatille, aux fleurs bleues printanières et presque aussi belle que l'anémone de nos jardins ; l'ellébore pied de

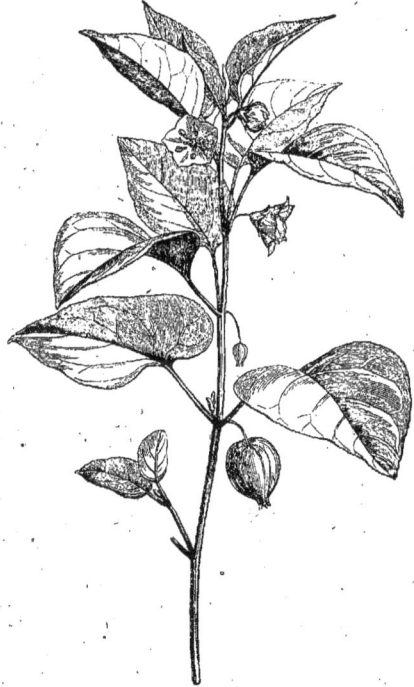

Fig. 6. — Alkékenge (*Physalis alkekengi*).

griffon qui fleurit en décembre ; les gentianes croi-

Fig. 8. — Myrtillier (*Vaccinium myrtillus*).

sette et d'Allemagne ; l'oseille à écussons, que nous

nommons *petite oseille blanche de montagne* ; si, enfin, avec tout cela, vous découvrez encore du buis

Si, au contraire, vous n'apercevez autour de

Fig. 9. — Pas d'âne (*Tussilago farfara*).

et de l'alkékenge (*fig.* 6) ou coqueret, dont les

Fig. 10. — Hièble (Sambucus ebulus).

fruits jaunes, servent à colorer le beurre, soyez sûr d'une chose, c'est que vous avez affaire à des terrains calcaires.

Fig. 11. — Populage (*Caltha palustris*).

vous que la renoncule blanche à feuilles d'aconit ;

Fig. 12. — Linaigrette (Eriophorum vaginatum.

le saule à cinq étamines, dont les feuilles sont plus

larges, plus vertes et plus luisantes que celles des autres saules; la digitale pourprée (*fig.* 7), l'arnique de montagne, le sureau à grappes et à beaux fruits rouges; le châtaignier et le framboisier; dites : voilà le granit.

Quand à côté du sureau à grappes, de la digitale pourprée et du framboisier, vous apercevez dans le bois une prodigieuse quantité de myrtilliers (*fig.* 8); quand, aussi, vous voyez parmi les récoltes une belle marguerite jaune que les botanistes appellent chrysanthème des moissons, et les paysans du Luxembourg belge *sizanie*; dites : voilà le schiste.

Lorsque tout autour de vous il n'y aura que tussilage, pas-d'âne (*fig.* 9), hièble (*fig.* 10), potentille rampante, potentille ansérine, tabouret ou thlaspi des champs, chicorée sauvage, ou bien encore cette gesse tubéreuse que nous nommons *anotte*, *arnotte*, *châtaigne de terre*, et qui donne de jolies fleurs rouges de la forme de celle des pois, il y a gros à parier que vous foulerez une terre argileuse.

Quant aux terrains marécageux, vous les distinguerez à plus de vingt-cinq pas de distance, rien qu'à voir le ménianthe trèfle-d'eau, le populage des marais (*fig.* 11) ou *gros bassin d'or*, le butome en ombelle ou *jonc fleuri*, la renoncule langue, le lycope d'Europe, la scorpione des marais ou myosotis, ou *plus je te vois plus je t'aime*.

Les terrains tourbeux ne sont pas plus difficiles à distinguer que les précédents. C'est là que poussent la linaigrette engaînée, ou *herbe à coton*, celle qui ne donne qu'une jolie mèche blanche sur chaque tige, et la linaigrette à feuilles étroites (*Eriophorum angustifolium*) (*fig.* 12); c'est là aussi que l'on rencontre l'airelle canneberge, qui se traîne dans la mousse, le rossolis intermédiaire, les sphaignes, ces mousses si douces employées pour les emballages délicats; le polytric commun, cette autre mousse avec laquelle on fait des brosses pour les fabricants de draps.

Lorsque, enfin, vous apercevez un terrain couvert de pensées sauvages, de petite oseille et de spergule, affirmez hardiment que ce terrain est sableux.

P. JOIGNEAUX.

CHAPITRE IV.

DES ENGRAIS.

Les premières plantes qui ont poussé sur le globe ont, à n'en point douter, trouvé, dans le sol et dans l'atmosphère, les substances nécessaires à leur développement. Le garde-manger avait été approvisionné à leur intention; la nature, en partageant le monde aux plantes qu'elle venait de créer, avait eu la prévoyance de préparer et d'assurer les vivres selon l'appétit et les goûts de celles-ci. C'est à ces vivres que nous donnons le nom d'engrais, où qu'ils soient et d'où qu'ils viennent.

La mère nourricière des végétaux ne donne rien sans espoir de retour; elle ne fait que des avances et compte sur la restitution. Une plante sauvage doit restituer tôt ou tard ce qu'elle emprunte au sol pour faire sa tige, son bois, ses feuilles, ses fruits. Ce qui est sorti de la terre est appelé à y retourner; en sorte que cette terre, au lieu de s'appauvrir, s'enrichit, puisqu'elle reprend non-seulement ce qu'elle a prêté, mais aussi ce que l'atmosphère a prêté de son côté. En un mot, la plante qui emprunte pour croître, rembourse capital et intérêt, en mourant et pourrissant sur place. Voilà pourquoi, d'année en année, les friches et les forêts enrichissent le sol; voilà pourquoi l'on boise et l'on gazonne les terrains pauvres pour les améliorer.

Mais du moment où nous enlevons au sol, pour notre usage ou pour celui de nos bêtes, les arbres ou les herbes qu'il produit naturellement, nous empêchons évidemment la restitution de ce qu'il a prêté; nous lui dérobons ce qui lui revient de droit, et si nous continuons d'agir ainsi pendant un certain nombre d'années, il arrive qu'à force de prendre et de ne rien rendre, nous épuisons les provisions. C'est ce que font la plupart des défricheurs de tous les pays. Aussi longtemps qu'une défriche porte des récoltes satisfaisantes, on les lui prend, sans le moins du monde songer à la fumer; on n'y songe que lorsqu'elle refuse le service, c'est-à-dire quand il est déjà trop tard, et, alors, on ne parvient à réparer le mal qu'à grand renfort de sacrifices. Les cultivateurs européens qui, les premiers, allèrent se fixer dans l'Amérique du Nord, sur les bords de l'Ohio, par exemple, y trouvèrent, à ce qu'on dit, outre les forêts séculaires, des herbages, séculaires aussi, s'élevant à hauteur d'homme, puis mourant, se décomposant et renaissant chaque année de leurs propres débris. Ils mirent le feu dans les forêts et dans les herbages mêlés de broussailles, afin d'en avoir plus tôt fini, d'y amener plus tôt la charrue et d'entreprendre une culture régulière. Les terrains qui, depuis le commencement du monde, avaient reçu en remboursement de leurs avances, le bois mort, les feuilles mortes, et les brins pourris de nous ne savons combien de générations d'arbres et d'herbes, étaient d'une richesse incroyable et semblaient inépuisables. Cependant, au bout d'un demi-siècle, et parfois en moins de temps, la fertilité baissa, et de nos jours, on rencontre en Amérique des contrées totalement épuisées, et, là-bas, comme ici, on reconnaît l'inconvénient des emprunts successifs qui ne sont pas suivis de restitution.

Donc, pour maintenir la fertilité d'un terrain, il faut absolument lui rendre une partie de ses récoltes ou quelque chose d'équivalent. Or, c'est précisément ce que fait le cultivateur qui fume ses champs, puisque le fumier qu'il y conduit a été fabriqué avec la paille des gerbes récoltées et avec les déjections des animaux qui ont mangé l'avoine, l'orge, le son de froment et les fourrages. Un cultivateur qui ne fume point ses prés, d'où il enlève plusieurs coupes tous les ans, les ruine, tandis que celui qui fait manger l'herbe sur place, les entretient au moyen des urines et des excréments qui restituent une bonne partie de ce que les bêtes mangent.

Pour faire les choses exactement comme les fait la nature, il faudrait rendre, par exemple, soit aux prés, soit aux champs, le fumier des vaches ou des bœufs qui vivent de l'herbe de ces prés ou des racines de ces champs; il faudrait rendre aux tréflières et luzernières le fumier des animaux qui vivent de fourrages artificiels; aux terres à céréales, celui des bêtes qui vivent d'avoine, d'orge, de seigle, de paille et de son, ainsi que les déjections de l'homme qui se nourrit de pain. Il conviendrait de même de restituer les tourteaux de chanvre et les boues de routoir aux chenevières; les tourteaux, pailles et siliques de navette et de colza aux champs qui ont porté ces plantes oléagineuses, ou bien, à défaut de ces tourteaux et de ces siliques, le fumier des bêtes qui s'en seraient nourries. Il conviendrait également de rendre aux vignes le marc de raisins, les lies de vin, les rinçures de futailles, la cendre des vieilles souches et celle des sarments. La drèche des brasseurs et le fumier des animaux qui s'en nourrissent, appartiennent aux champs qui ont fourni l'orge ou l'épeautre; les résidus des distilleries de seigle et les fumiers d'étables de distillateurs devraient retourner aux champs qui ont produit le seigle, comme les résidus de betteraves ou les fumiers obtenus par le moyen de ces résidus, comme les déchets des tubercules dans la fabrication de la fécule, devraient retourner aux champs qui ont produit les betteraves et les pommes de terre. La nature nous conseille encore de restituer aux houblonnières les cônes de houblon des brasseries; aux vergers les feuilles mortes, les marcs de pommes et de poires et les fruits gâtés; aux potagers, les déchets de légumes de nos halles et de nos cuisines. Ceci revient à dire que chaque plante porte avec elle et laisse après elle l'engrais qui lui convient le mieux. Or, c'est depuis longue date notre manière de voir, et nous savons un grand nombre de cultivateurs intelligents qui la partagent. Ce n'est point une raison cependant pour l'ériger en système absolu.

Dans l'état actuel des choses, et par cela même que nous avons dérangé plus ou moins les combinaisons de la nature, nous ne pouvons plus la copier rigoureusement, quel que soit le haut mérite du modèle. Contentons-nous de nous en écarter le moins possible et de ne jamais perdre de vue ses pratiques de chaque jour. Il est évident que nous ne pouvons pas, dans la plupart des cas, opérer en faveur du sol une restitution rigoureusement conforme à celle qui s'opère parmi les forêts et les friches du désert; mais du moment que les engrais, dont nous disposons, nous offrent les substances propres à réparer convenablement les pertes que le sol s'impose par la production des récoltes, ne nous plaignons point et tirons parti de ces engrais.

CLASSIFICATION DES ENGRAIS. — Nous ne connaissons pas une seule classification qui nous satisfasse pleinement, pas même celle que nous avons cru devoir adopter à diverses reprises. Les maîtres qui ont écrit avant nous, ont établi deux grandes divisions sous les dénominations d'*amendements* et d'*engrais proprement dit*. Mais, comme en y regardant de près, on reconnaît bien vite que la plupart des amendements fonctionnent à la manière des engrais, et que la plupart des engrais remplissent plus ou moins le rôle des amendements, on ne pouvait se contenter de cette classification défectueuse.

Un peu plus tard, les matières fertilisantes ont été partagées en *engrais végétaux*, *engrais animaux*, *engrais mixtes* et *engrais minéraux*. Mais du moment qu'il s'est agi de remplir les cadres et de mettre chaque substance à sa place, de sérieuses difficultés se sont élevées; les lignes de démarcation ne sont pas assez nettes; nous n'avons pas d'engrais complétement végétaux ni complétement animaux. Il nous suffit de mettre le feu à un tas de feuilles, à un tas de fumier, à des débris de cadavres pour les convertir en cendres qui sont un engrais minéral.

Les deux grandes divisions en *engrais organiques* et *engrais inorganiques*, dont nous nous sommes servi en diverses circonstances, ne valent pas mieux que les précédentes, puisqu'il n'y a pas d'engrais organique qui ne soit en même temps plus ou moins inorganique ou minéral, et qui ne doive la plupart de ses effets aux principes minéraux qu'il renferme. Mais alors même que nous maintiendrions cette division, elle ne répondrait pas à nos exigences et nous contrarierait à chaque pas.

Que faire donc dans la situation difficile où nous sommes? Nous allons tout simplement adopter, en attendant mieux, une classification très-vulgaire que désavoueront les hommes de science, mais qui aura peut-être le mérite de ne point jeter la confusion dans l'esprit des praticiens. Nous diviserons nos matières fertilisantes de la manière suivante :

1° Engrais provenant des végétaux;

2° Engrais provenant de l'homme et des animaux;

3° Engrais provenant des animaux et des végétaux;

4° Engrais provenant des minéraux;

5° Composts et engrais d'usines ou de fabriques.

ENGRAIS PROVENANT DES VÉGÉTAUX.

Cette première catégorie comprend les engrais verts, le goëmon, les tourteaux, les résidus des distilleries, brasseries, sucreries et féculeries, le marc des raisins, pommes, etc., les feuilles mortes, l'engrais Jauffret, la sciure de bois, le bois pourri, la tannée, la tourbe, les cendres de bois, les cendres de plantes marines, les cendres de tourbe et la suie.

Engrais verts. — Ils consistent en récoltes que

l'on enfouit dans le sol bien avant leur complet développement. Ce mode de fumure, le plus naturel de tous, date des temps les plus reculés et ne disparaîtra vraisemblablement jamais des pratiques agricoles. Les engrais verts sont applicables à tous les terrains, mais ils conviennent beaucoup mieux aux terrains secs et légers qu'aux terrains compactes et frais, mieux aux pays chauds qu'aux pays froids. Ils sont précieux surtout dans les localités d'un accès difficile ou impossible aux voitures. Nous avons à cultiver, par exemple, un coteau plus ou moins rapide ; nous ne pouvons y arriver que par des sentiers ou des chemins très-rudes ; nous devons par conséquent renoncer à l'emploi des fumiers de ferme et nous estimer heureux de pouvoir recourir aux engrais verts. Les végétaux dont on se sert en fumures vertes sont les regains de trèfle, le sarrasin, les navets, les vesces, les lupins jaune et blanc, les féveroles, la navette, le colza, le madia sativa et la spergule. On pourrait en employer beaucoup d'autres encore avec un égal succès. Les herbes en mélange sont préférables à celles que l'on enfouit isolément, parce que la richesse d'un engrais quelconque est toujours en raison de la diversité des substances qui le composent. Les Allemands, qui d'ordinaire enfouissent des mélanges de spergule et de navets, des mélanges de spergule et de colza ou de sarrasin et de colza, font donc, en ceci, acte d'intelligence, et l'exemple qu'ils nous donnent mérite un bon accueil. Plus les plantes destinées à être enfouies, croissent vite et se chargent de feuilles, mieux elles valent. Quand on veut les enfouir sur place, c'est-à-dire au lieu même où elles ont végété, il est d'usage de les coucher d'abord en faisant passer le rouleau sur la récolte ; cependant, on les fauche quelquefois afin de rendre le travail de la charrue plus facile.

Pour enfouir les engrais verts, il faut saisir le moment où les plantes sont en pleine floraison. Plus tôt, elles sont tendres, aqueuses et très-pauvres en matières fertilisantes ; plus tard, elles sont coriaces, d'une décomposition difficile et moins riches en sels alcalins qu'au moment de la floraison. C'est un fait acquis à la science et à la pratique. Le docteur Sacc l'a constaté un des premiers dans son livre de chimie ; les fabricants de potasse l'ont constaté depuis longtemps de leur côté dans la préparation du salin.

Les cultivateurs ne sont pas absolument tenus de semer les plantes à enfouir sur le champ qui doit recevoir la fumure verte. Rien n'empêche, au besoin, de les prendre dans le voisinage, de les récolter en temps convenable et de les transporter à destination, lorsque le transport ne présente pas des difficultés sérieuses et n'exige pas de grands frais. C'est ainsi que l'on procède avec les feuilles de carottes, de navets, de betteraves, de panais, avec les roseaux, avec les mauvaises herbes de rivière. Un agronome flamand, Van Aelbroeck, a consacré quelques lignes aux engrais verts que l'on retire de la Lys, de la Lière, des canaux de Bruges, du Sas-de-Gand, etc. — « Moins les eaux ont de profondeur, dit-il, et moins leur cours est rapide, plus il y pousse de ces herbes. Au printemps, les petits cultivateurs rassemblent avec beaucoup de soin

toutes ces herbes, qui se trouvent encore alors dans leur première verdeur ; ils s'en servent comme de fumier dans les terres sèches et légères, où ils plantent des pommes de terre. Ils estiment que cet engrais vaut autant pour cette production que tout autre fumier, principalement pendant les années de sécheresse. Mais après la récolte de ce premier fruit, toute la force et tout l'effet de l'engrais ont disparu.

« Voici, continue Van Aelbroeck, comment on rassemble ces plantes aquatiques et de quelle manière on en fait usage.

« Les herbes se fauchent dans l'eau ; on les y ramasse en des barquettes, et on les transporte sur le terrain qu'on vient de disposer pour la plantation des pommes de terre. Le sol a été préalablement coupé, au moyen d'un hoyau, en raies ou sillons de 4 pouces de profondeur, au fond desquels on jette ce fumier ; la pomme de terre qu'on veut planter est mise par-dessus ; quelquefois quand le sol est très-sec, la pomme de terre est placée sous le fumier, et, dans tous les cas, on la recouvre de terre à la houe ; lorsque enfin elle est en pousse et que la tige se trouve à un demi-pied au-dessus du sol, on lui donne alors un arrosage d'engrais liquide et on élève autour de chaque plante, au moyen du hoyau, une motte de terre semblable à une taupinière. Mais il faut observer qu'on doit enfouir ces herbes le plus promptement possible après qu'on les a rassemblées, et au plus tard dans les quarante-huit heures, sans quoi, elles se consomment et perdent toute leur force.

« Cet engrais, étant mis dans la terre, commence aussitôt à fermenter d'une manière incroyable, et réchauffe le sol au point que la pomme de terre ne tarde pas à germer. Tout cela se fait plus promptement et avec plus de force qu'au moyen de tout autre engrais. Ces herbes, d'ailleurs, entretiennent l'humidité du terrain et préviennent les grands dommages que la moindre sécheresse apporte aux pommes de terre, dans les terres légères. Je sais que bien des cultivateurs, dans les cantons où les terres sont fortes et de bonne qualité, font peu de cas de ce fumier ; mais je les invite à l'essayer dans un sol léger, et je suis persuadé qu'ils seront étonnés du résultat, surtout pendant les années de sécheresse. »

L'ajonc, le buis, le genêt et les rameaux de pin et de sapin jouent aussi un rôle de quelque importance parmi les engrais verts, mais, en raison de la dureté des tiges et des rameaux, il est nécessaire de les broyer préalablement, et, à cet effet, on les étend dans les cours de ferme et sur les chemins où les chevaux et les roues de voitures font la besogne en passant.

Dans le midi de la France, on ne sait pas assez tirer parti des engrais verts pour la grande culture ; on n'en fait de cas que pour les vignes. Dans les Hautes-Pyrénées, et sur quelques points seulement, on sème du lupin en septembre dans les terrains maigres, et vers le milieu de mai, lorsqu'il est bien en fleur, on le retourne par un coup de charrue. Parfois aussi, on enfouit de la même manière le trèfle commun et le trèfle incarnat ou farouche qui servent, ainsi que le lupin blanc, de fumure au maïs. Dans le département de Tarn-et-Garonne, on enterre le sainfoin parmi les vignobles; dans l'Isère, on trouve que les fumures vertes sont avantageuses au froment cultivé dans les terres sablonneuses. On y enfouit donc, au moins sur certains points, des vesces, du sarrasin que l'on roule d'abord, et du lupin que l'on fauche ou que l'on arrache à la main pour le déposer ensuite dans les raies ouvertes par la charrue. En Bretagne, et notamment dans le département des Côtes-du-Nord, on tire un excellent parti des genêts, des ajoncs et des fougères. Dans les terrains crayeux de la Champagne, où les engrais verts seraient si précieux, on les emploie à peine; cependant, quelques fermiers d'élite les ont utilisés de loin en loin et ont prouvé par des succès constants que l'on était en droit de fonder un grand espoir sur cette fumure trop négligée.

Dans ces derniers temps, les éloges ne tarissaient point à l'endroit du lupin jaune, et l'on a osé le mettre en parallèle avec la pomme de terre, quant à l'importance des services rendus. C'est aller un peu trop loin; mais il est de fait que la culture du lupin jaune est en voie de transformer les mauvaises terres de la Prusse. Ses tiges volumineuses et pleines d'eau, son feuillage abondant, la facilité avec laquelle il pousse sur les terrains siliceux les plus maigres, font du lupin un engrais vert très-recommandable.

En Belgique, les fumures vertes jouissent d'une médiocre faveur; cependant, il est certain qu'on se trouverait bien de leur emploi dans un grand nombre de localités et notamment dans la Famenne et sur les bords de la Meuse. Quelques cultivateurs de la Campine anversoise enfouissent de temps en temps une récolte de spergule, soit seule, soit avec du fumier par-dessus. Cette seconde méthode est, sans contredit, préférable à la première : elle nous rappelle la manière d'agir du fameux fermier Leroy qui, dans le département de la Moselle, parvint à relever une exploitation dépréciée et à s'enrichir en enfouissant des regains de trèfle, couchés d'abord avec le rouleau, puis recouverts de fumier d'étable. — Nous avons été témoin, dans le canton d'Érézée (province de Luxembourg), de forts beaux résultats obtenus en coteaux avec une fumure verte exclusivement pratiquée depuis quatre ou cinq ans et que le propriétaire se proposait de poursuivre encore. Mais dans la même province, les succès ne se soutiennent pas, et, sur certains points, on reproche aux fumures vertes de ne produire leur effet que la seconde année. Ce reproche nous paraît fondé et ne nous surprend pas. Il est évident que les engrais, quels qu'ils soient, ne se décomposent pas aussi vite sous les climats du nord et dans les terres froides que sous les climats doux et dans les terres légères. Or, comme ils ne produisent d'effets qu'en se décomposant, il est aisé de comprendre que, dans les Ardennes, par exemple, les effets en question doivent se produire plus tardivement que dans la banlieue de Paris, que dans le centre ou le midi de la France.

Les fumures vertes ne durent pas, ne se font pas sentir plus d'une année, assure-t-on. Cela est rigoureusement vrai sous les climats doux, dans les terrains légers, par des années sèches et avec des plantes dont les racines ne vont pas à de grandes profondeurs; mais l'assertion est inexacte dans les pays humides ou froids, dans les terrains frais, par des années pluvieuses et avec des végétaux à longues racines qui profitent assez longtemps des produits de la décomposition des engrais verts, tandis que les sels fertilisants descendent vite au-dessous des plantes à racines courtes et ne leur servent plus à rien. Ainsi, les fumures vertes, appliquées dans les mêmes conditions de terrain et de climat, mais à des végétaux d'espèces différentes, au froment et à la vigne, par exemple, ne dureront guère dans le premier cas et dureront beaucoup dans le second. A ce propos, nous nous rappelons fort bien que M. Lannes, de Moissac, déclara au Congrès des vignerons, tenu à Dijon, en 1845, que les effets du sainfoin, enfoui en vert, se faisaient sentir pendant 10, 15 et 25 ans même, dans les vignobles de Tarn-et-Garonne, et selon la qualité des terrains.

Les fumures vertes, assure-t-on encore, ne valent qu'une demi-fumure, faite avec le fumier de ferme ordinaire. Nous dirons que cette façon absolue d'établir la valeur des choses en agriculture n'est ni convenable ni sûre. Une fumure verte peut fort bien ne valoir qu'une demi-fumure ordinaire et moins dans certains cas, comme dans certains autres, elle peut valoir une fumure entière et parfois même deux fumures. Il est évident que dans une terre argileuse compacte, par un temps pluvieux, les engrais verts ne valent pas le quart, ni le demi-quart du fumier de cheval, tandis que dans un terrain calcaire, léger, par un temps de sécheresse, ces mêmes engrais verts feront merveille alors que le fumier de cheval produira plus de mal que de bien.

Les engrais verts rendent aux terrains un peu plus qu'ils ne leur ont emprunté. C'est quelque chose déjà; mais, à notre avis, leur principal mérite est d'assurer la fraîcheur du sol en tout temps, d'y entretenir une humidité constante et de prévenir les arrêts de végétation si communs dans les terres calcaires, sablonneuses, granitiques et schisteuses. Ces engrais verts ont un petit inconvénient, celui de donner naissance à des acides, en se décomposant, de rendre le sol un peu *aigre*, pour nous servir de l'expression consacrée. Les terres calcaires n'en souffrent pas, mais les sables, les schistes et les argiles pourraient s'en ressentir. Le moyen de les sauvegarder consiste à enterrer une faible dose de chaux ou de cendres de bois, ou bien encore un peu de fumier de vaches avec les herbes vertes en question.

Les engrais verts ont, enfin, un avantage particulier qui, à nos yeux, est d'un grand prix. Ils n'altèrent point la saveur des produits; ils n'ôtent rien à leur délicatesse.

Goëmon. — On donne ce nom aux algues ou plantes marines que l'on trouve collées aux rochers des côtes ou que les vagues jettent sur le rivage, et que les cultivateurs du littoral recherchent à titre d'engrais. Il rentre assurément dans la catégorie des engrais verts; cependant, comme par sa composition, il diffère sous beaucoup de rapports de ceux dont il a été parlé plus haut, nous avons cru devoir lui consacrer un chapitre spécial.

Le goëmon ou varech, comme on l'appelle encore, est moins estimé quand on le ramasse sur la grève que lorsqu'on le détache des rochers des côtes. Le premier, c'est-à-dire le *goëmon d'échouage*, n'est utilisé, assure-t-on, qu'après avoir servi de litière au bétail, tandis que le *goëmon de rocher*, récolté au moment de la marée basse, est enterré de suite. La théorie ne s'explique pas cette préférence, mais il suffit que la pratique la sanctionne pour que nous la croyions fondée.

On ne fait usage du goëmon, en France, que sur les côtes de la Normandie et de la Bretagne. Dans le département des Côtes-du-Nord, du côté de Penvenan et de la pointe de Talbert, on enfouit de suite les plantes marines qui donnent d'excellents résultats dans la culture du lin, du chanvre et de l'orge. On affirme qu'elles augmentent la quantité et la qualité de la filasse. En retour, on ne s'en soucie point dans la culture de l'avoine et du trèfle.

D'après M. Boussingault, il se fait un commerce assez considérable d'algues marines dans le département de la Manche, aux îles Chaussey et sur toute la côte comprise entre Genest et le cap la Hogue. Sur les côtes du Calvados, on se livre à la même industrie.

La récolte du goëmon n'est pas permise en tout temps, car les poissons y déposent leur frai, et il est convenable d'attendre l'éclosion des œufs, avant d'autoriser les cultivateurs à faire leur provision.

M. Hodges rapporte que les plantes marines ont été employées depuis longtemps par les fermiers des côtes d'Irlande et d'Écosse. Et il ajoute : — « Comme l'analyse démontre qu'elles contiennent tous les éléments exigés par nos récoltes, elles doivent contribuer à la fertilité de toute espèce de sols. Dans beaucoup de districts de l'Irlande, on n'emploie pas d'autres engrais que les herbes marines, et par leur secours on met la terre en état de produire chaque année les récoltes les plus épuisantes. On les emploie aussi beaucoup pour fumer les prairies, et on trouve qu'elles améliorent les qualités de l'herbe... Les herbes fraîches se placent aussi très-souvent dans les sillons avec les pommes de terre, et leur emploi produit une récolte abondante. On dit que les pommes de terre sont plus grosses que celles qu'on cultive avec l'engrais de basse-cour. Il est nécessaire d'empêcher le contact direct des herbes marines avec la plante qu'elles endommageraient. Appliquées sur les choux, elles leur communiquent une bonne saveur. On emploie ordinairement les herbes marines, à raison de 30,000 kilogr. par 40 ares. »

Nous pensons qu'il vaut mieux renouveler fréquemment les fumures au goëmon par petites doses, que d'en employer des quantités considérables en une seule fois, attendu que les engrais où le sel marin abonde ont l'inconvénient, lorsqu'on les emploie d'une manière irréfléchie, de rendre les terrains stériles pour un certain nombre d'années.

Le goëmon convient surtout aux terres humi-des. On l'emploie très-souvent dans la préparation des composts, soit en mélange avec des gazons, soit en mélange avec du fumier de ferme et du sable de mer.

Tourteaux. — On donne ce nom aux résidus des graines oléagineuses, dont on a extrait l'huile. Nous avons des tourteaux de colza, de navette, de lin, de chènevis, de pavot, de cameline, de madia, d'arachis, de noix, de faines, etc. Ces tourteaux, sinon en totalité, au moins en grande partie, constituent des engrais, dont nos cultivateurs du Midi font trop peu de cas, mais qui grandissent en réputation au fur et à mesure que l'on se rapproche du Nord et des climats humides. Nous constatons, avec les meilleurs praticiens, la puissance de ces engrais, mais nous ne nous chargeons pas de l'expliquer. Laissons la parole aux chimistes :

— « C'est dans la graine, dit M. Malaguti, que se réunit à l'époque de la maturité, la plus grande partie des principes azotés de la plante; et comme l'huile, de son côté, ne renferme pas sensiblement d'azote, il en résulte que ce principe réside en entier dans le tourteau qui, par cela même, est un excellent engrais. »

— « Ce n'est pas par l'huile qu'ils retiennent encore, de 7 à 9 p. 100 environ, écrit M. Girardin, que les tourteaux opèrent si bien comme engrais, mais en raison des principes azotés et des phosphates terreux qui abondent de préférence dans toutes les graines. Il y a plus : des faits montrent que plus les tourteaux gardent d'huile par suite d'une mauvaise pression, moins ils conviennent comme engrais, quand on les mêle aux graines destinées aux semailles : car l'huile mise en contact avec les semences empêche leur germination. »

Nous consulterions M. Payen, M. Boussingault et d'autres encore, que nous obtiendrions probablement la même explication. Cependant, il est à remarquer que, dans le cas particulier, la pratique n'est pas toujours d'accord avec la théorie. Ainsi, M. Girardin rapporte que dans un essai comparatif, le tourteau d'arachide qui renferme 8,33 d'azote p. 0/0 a été inférieur au tourteau de colza qui n'en renferme que 4,92 p. 0/0.

Les cultivateurs du nord de la France, du Hainaut, des Flandres belges et de l'Angleterre emploient une quantité très-importante de tourteaux, qu'ils divisent en *tourteaux froids* et *tourteaux chauds*, selon qu'ils produisent des effets plus ou moins énergiques. Ainsi, les tourteaux de pavot ou œillette, de cameline et de chènevis passent pour chauds, en raison de leur action rapide, mais de courte durée, tandis que les tourteaux de colza et de lin sont réputés froids, parce qu'ils accusent moins d'énergie et durent plus longtemps. Hâtons-nous d'ajouter que les tourteaux de lin, dont le prix est très-élevé, servent plus souvent à nourrir le bétail qu'à fumer les terres.

A nos yeux, les tourteaux sont plutôt un engrais auxiliaire qu'un engrais complet. Quand on les emploie seuls, c'est surtout au printemps, en vue de ranimer des céréales d'automne qui ont souffert des rigueurs de la saison, ou pour activer la végétation de plantes qui ont reçu déjà une fumure principale. Cependant, à la rigueur, les tourteaux seuls donneraient dans certains cas d'excellents résultats. Le mieux, néanmoins, c'est de s'en servir en mélange avec le purin, les urines et les matières fécales, comme font d'ordinaire les praticiens du nord de la France et de la Belgique. Dans ce pays, au rapport de notre estimable collaborateur M. Fouquet, on en met de 800 à 1,000 kilog. par hectare, mais pour certaines plantes, notamment le tabac et surtout les lins fins, les quantités s'élèvent à 1,200, 1,400 et même 1,600 kilogr. pour la même surface, concurremment avec des fumures abondantes d'engrais liquide. Dans le département du Nord, on emploie également de 1,200 à 1,500 kil. de tourteaux de colza par hectare. En Angleterre, on met de 3 à 6 hectolitres de tourteaux de navette par mesure de 40 ares, selon Hodges, tandis que d'après Schwerz on élève la dose à 21 hectolitres par hectare d'orge et jusqu'à 28 hectolitres par hectare de froment.

Les tourteaux, mélangés au purin et aux matières fécales, sont utilisés sans inconvénient, mais du moment qu'on les emploie seuls, c'est-à-dire moulus ou en poudre, il convient de ne pas répandre cet engrais en même temps que les graines dont il empêcherait la germination. Nous avons plusieurs exemples de cet accident. Duhamel, il y a de ceci un siècle, disait dans ses *Éléments d'agriculture* : — M. Van Eslande m'a écrit de Warwick que depuis quelques années on a reconnu que le marc des graines de lin, de colza, de chènevis, etc., dont on a exprimé l'huile, est un engrais excellent ; voici les deux manières de l'employer. La plus simple est de réduire ce marc en poudre avec des meules, ou à coups de fléau sur l'aire de la grange, et de répandre cette poudre sur le terrain, comme on sème le grain. Mais il faut que ce marc soit répandu 10 à 12 jours avant de semer le grain : sans cela, les graines qui s'envelopperaient de cette poudre avant qu'elle eût éprouvé l'action du soleil, ne germeraient point. — L'autre façon est de mettre le marc d'huile tremper dans de l'eau, de le voiturer et de le répandre sur le champ. En suivant cette méthode, on n'a point à craindre d'arrêter la germination des semences.

En 1824, M. Vilmorin expérimenta sur le trèfle incarnat avec plusieurs engrais pulvérulents, parmi lesquels se trouvait le tourteau de colza. Les engrais furent répandus immédiatement après la graine, et le trèfle leva partout, excepté sur la partie fumée avec le tourteau.

En 1844, M. de Gasparin répandit de la poudre de tourteaux sur des graines de betterave qui ne levèrent point. En 1847, dans la ferme des Quatre-Bornes, près de Châtillon-sur-Seine (Côte-d'Or), une partie de céréales de printemps fut semée avec de la poudre de tourteaux, et la levée n'eut pas lieu. Nous n'en finirions pas si nous voulions consigner ici tous les faits de cette nature. Les praticiens, d'ailleurs, savent à quoi s'en tenir sur ce point, car où que vous alliez, il est d'usage de répandre la poudre de tourteaux une quinzaine de jours avant la graine. Quelquefois, l'on enterre de suite cette poudre au moyen d'une herse légère ; d'autres fois, comme dans certaines localités des Flandres belges, on ne l'enterre

qu'au bout de 7 ou 8 jours, lorsqu'elle est toute moisie. Nous n'avons pas qualité pour nous prononcer entre les deux méthodes.

On attribue à l'huile qui reste dans les tourteaux les mauvais effets de cet engrais sur les semences. On suppose que l'huile en question soustrait les graines à l'influence de l'air et de l'humidité, sans lesquels la germination ne saurait se faire, et à l'appui de cette supposition, qui n'a rien d'invraisemblable, M. de Gasparin rapporte le fait suivant : — Un propriétaire provençal qui avait, sur son grenier, du froment terne, s'imagina de le faire remuer avec une pelle de bois légèrement huilée. Le froment, ainsi pelleté, se lustra, prit bonne mine et fut vendu pour semence. Malheureusement, la levée fut si défectueuse qu'un procès s'ensuivit et que le vendeur fut condamné à restituer à l'acheteur le prix des graines et à lui payer, en outre, des dommages-intérêts.

Mieux vaut répandre la poudre de tourteaux par un temps humide que par un temps sec. Quand, après l'avoir répandue, une pluie survient, on peut compter sur d'excellents résultats.

Les tourteaux conviennent mieux aux terrains légers et avides d'eau qu'aux terrains argileux. Cependant, il y a moyen encore de les utiliser dans les argiles lorsqu'on prend la précaution de leur adjoindre un peu de chaux, le sixième de leur volume environ. Lorsqu'on fait une addition de chaux à la poudre de tourteaux, dit Schwerz, il faut que le mélange ait lieu huit ou dix jours avant l'emploi, et que, pendant ce temps, il soit remué tous les jours.

Les tourteaux donnent de bons résultats dans la culture du froment et de l'orge, mais surtout dans celle des plantes oléagineuses, telles que navets, choux, pavots, lin, chanvre, etc.

Résidus de distilleries, brasseries, sucreries et féculeries. — Il est d'usage d'utiliser la plupart de ces résidus pour l'alimentation du bétail, et de les convertir par conséquent en engrais, en prenant une voie détournée ; toutefois, dans le cas où l'on aurait un excédant de pulpe ou de drèche, ou bien encore dans le cas où un degré de fermentation trop avancée les ferait rebuter, on pourrait les employer directement à fumer les terres légères et sèches. Seulement, avant de s'en servir, il serait d'une sage pratique de les mélanger avec de la chaux fusée ou des cendres de bois, afin de les désacidifier. A défaut de chaux et de cendres, on arriverait au même résultat en les arrosant de purin, d'eau de lessive, d'eau de savon, ou en les mêlant pendant quelques semaines aux fumiers de la ferme.

Les eaux de lavage des féculeries et les résidus de pommes de terre, improprement désignés sous le nom de *son*, ont été employés avec succès à Trappes, par M. Dailly, il y a une dizaine d'années. — « Nous avons vu chez M. Dailly, écrit M. Fouquet dans son *Traité des engrais et amendements*, une pièce de terre qui, ne recevant depuis plusieurs années, que les eaux de féculeries comme engrais, avait acquis un haut degré de fécondité.

« On ne pouvait plus y cultiver les céréales, car elles versaient constamment, mais toutes les planles potagères y réussissaient à merveille et donnaient de superbes produits. »·

De son côté, Schwerz, dont le nom fait autorité, et à juste titre, a écrit dans ses *Préceptes d'agriculture pratique* : — « Je connais des exemples de l'emploi immédiat des résidus de la fabrication d'eau-de-vie de pommes de terre. Un arpent qui avait déjà porté des pommes de terre deux années de suite, fut arrosé avec ces résidus étendus d'eau et planté une troisième fois en pommes de terre, et il produisit dans la proportion de 6,000 kil. sur 11 ares. Une pareille fumure doit convenir surtout à un sol léger et sablonneux. Mais, à cause des moineaux et des chenilles, qui sont très-avides des débris fermentés de la pomme de terre, il faut que cet engrais soit enfoui de suite. »

On assure que les cônes de houblon qui ont servi aux brasseurs, sont d'un bon effet sur les prés et les champs. Nous pouvons affirmer qu'ils conviennent tout spécialement aux houblonnières.

Les touraillons de brasseries, autrement dit les germes des céréales employées à la fabrication de la bière, fournissent un bon supplément d'engrais à l'orge et au froment. Mathieu de Dombasle l'employait, au printemps, dans la proportion de 30 à 40 hectolitres par hectare.

Marcs de raisins, de pommes et de poires. — On donne le nom de marcs aux résidus des fruits, dont on a exprimé le jus par une forte pression pour en faire, par exemple, du vin ou du cidre. Ces marcs, en bonne justice et en bonne culture, doivent retourner aux vignobles et aux vergers qui se sont appauvris pour les produire. Les cultivateurs n'admettent pas toujours ce principe, mais d'aucuns pourtant l'admettent parfois. Ainsi, dans les grands crus de la Côte-d'Or, le marc des raisins est rendu à la vigne, et souvent même, cette vigne ne reçoit pas d'autre engrais ; cette restitution toute naturelle, toute rationnelle, a l'immense mérite, à nos yeux, de sauvegarder la délicatesse des vins. Les cultivateurs d'Argenteuil assurent que le marc de raisin est précieux pour les figuiers.

Les marcs de pommes et de poires qui ont servi à la fabrication du cidre ordinaire et du poiré, restent très-souvent sans emploi. Cette perte est d'autant plus regrettable qu'ils constituent l'engrais naturel des vergers. On les rebute, nous le savons, parce qu'ils sont très-acides et que dans cet état, ils peuvent contrarier la végétation. La remarque est juste ; mais comme il est très-facile de détruire cette acidité, il nous paraît plus convenable de triompher de l'inconvénient que de reculer devant lui. Du moment que l'on voudra se donner la peine de mélanger les marcs de pommes et de poires ou avec de la chaux, ou avec des cendres de bois, ou avec des fumiers de ferme, on réussira certainement à corriger les défauts de cet engrais végétal. Ce conseil a été publié souvent, mais jusqu'à cette heure, il n'a été suivi que de loin en loin.

Selon nous, le meilleur mode d'emploi des marcs ainsi préparés, serait de les enterrer au pied des arbres par un léger labour, aussitôt après la chute des feuilles. Il ne serait pas nécessaire de les étendre sur une large surface, attendu que les racines des arbres sont pour ainsi dire des drains naturels qui conduisent les liquides entre terre et bois, jusqu'à leurs extrémités.

Les fruits pourris sont un engrais au même titre que les marcs. Au lieu de les jeter dans la rue ou sur les fumiers, ce qui est plus convenable, on devrait, quand le nombre en vaut la peine, les mettre à part, les écraser un peu, les saupoudrer de chaux ou de cendres de bois, les arroser de temps en temps avec de l'eau de fumier, et s'en servir dans le courant de l'hiver, pour fumer les arbres du jardin ou du verger. Là, au moins, ces fruits pourris seraient à leur véritable place.

Feuilles mortes. — Les parties vertes des végétaux forment assurément de plus riches engrais que les parties sèches ou mortes. Quand on peut récolter les fougères au moment de leur fructification, le myrtillier en pleine végétation, les roseaux bien vivants, on aurait tort de ne pas le faire. Quand on a sous la main des débris de légumes très-frais, on aurait tort également de ne pas les ajouter au compost du potager ; mais ce n'est point une raison pour dédaigner les débris morts qui, en fin de compte, ne sont pas sans valeur.

Commençons donc, vers la fin de l'automne, par ramasser avec soin les feuilles mortes qui nous appartiennent, et faisons-les pourrir en tas ou en fosse, en les arrosant de fois à autres avec des urines, des eaux de récurage ou des eaux grasses. En France, les connaisseurs savent bien que les feuilles pourries forment l'engrais par excellence des plantes délicates, et nous nous rappelons que Soutif, — un nom connu des horticulteurs parisiens, — l'affectionnait particulièrement pour ses fraisiers et ses treilles de chasselas. Dans le Westland, aux environs de La Haye, les jardiniers ont des composts de feuilles de dix-huit mois à deux ans, dont ils font le plus grand cas, et certes les jardiniers du Westland sont des modèles en Europe. Dans la Campine Belge, où les engrais sont préparés avec des soins merveilleux, les feuilles ou épingles de pins et de sapins sont très-recherchées. Dans tous les villages, et derrière chaque maison, vous verrez une fosse maçonnée ou planchéiée, ou garnie de claies, dans laquelle les feuilles mortes de toute nature vont se mêler au fumier de chèvres, aux matières fécales, aux eaux sales et aux eaux de lessive et de savon.

Dans des diverses localités, où l'enlèvement des feuilles des bois est permis ou toléré, les cultivateurs vont les ramasser avidement et en emplir des paillasses vides ou des chariots doublés de toiles. Ils en font litière aux bêtes ou bien ils mêlent ces feuilles au fumier, par couches alternatives, au moment de la mise en tas.

Les feuilles mortes n'ont pas, indistinctement, une même valeur ; celles du noyer sont considérées comme étant de mauvaise qualité, à cause de leur amertume très-caractérisée. Cependant, il y a lieu de supposer que si l'on avait la sagesse de les appliquer aux arbres qui les produisent, ceux-ci s'en trouveraient bien. Les feuilles de peuplier ne jouissent pas non plus d'une bonne réputation et passent pour être nuisibles aux prairies qu'elles recouvrent à l'automne. Sur ce point, tous les praticiens s'accordent. Donc, il y aurait pour eux double profit à les râteler, à les mettre en tas, à les transformer en composts en leur adjoignant le purin, la cendre ou la chaux. En même temps qu'ils délivreraient le gazon d'une couverture nuisible, ils créeraient un engrais convenable.

Si nous nous en rapportions à ceux de nos savants qui établissent la valeur des engrais d'après la quantité d'azote qu'ils renferment, nous dirions nécessairement que les feuilles de chêne valent un peu moins que les feuilles de hêtre, puisque les premières contiennent un peu moins d'azote que les secondes. Nous aimons mieux nous en rapporter aux praticiens qui soutiennent justement le contraire, et préfèrent de beaucoup les feuilles du chêne à celles du hêtre. Lorsque nous avons à nous prononcer entre les résultats du chimiste et les résultats du cultivateur, nous n'hésitons jamais.

On ne ramasse pas toujours les feuilles mortes, vers la fin de l'automne ; soit négligence, soit défaut de temps, certains cultivateurs ajournent souvent cette récolte à la sortie de l'hiver. En ceci, nous prenons la liberté de les blâmer, car il est de notoriété publique dans les villages voisins des forêts, que les feuilles enlevées de bonne heure font un engrais préférable à celui des feuilles qui ont passé l'hiver au bois. D'où vient cette différence ? L'explique qui pourra. Elle existe, et nous nous contentons de la constater ici. Cependant, nous pourrions rapporter, sans nous compromettre, que les uns attribuent l'appauvrissement des vieilles feuilles à un commencement de fermentation qui les priverait d'un peu d'azote, tandis que les autres l'attribuent à une perte de sels solubles qui s'en iraient dans le sol, comme s'en va la potasse du bois flotté ou du bois exposé longtemps à la pluie.

Les fumiers, auxquels on ajoute les feuilles mortes, conviennent à tous les terrains.

L'administration forestière est très-avare des feuilles mortes de ses bois et ne les laisse prendre que lorsqu'elle ne peut faire autrement. Il serait à désirer qu'elle pût concilier ses intérêts avec ceux du public, mais la chose ne nous paraît pas facile. On a dit que la restitution complète des feuilles n'était pas absolument nécessaire aux forêts et qu'il n'y aurait pas d'inconvénient sensible à leur dérober un quart ou un tiers de leurs dépouilles. On nous permettra de répondre que cette thèse n'est pas soutenable, que si elle conduit à une popularité facile, c'est toujours aux dépens de la vérité. Le feuillage mort est le fumier des bois, la nourriture des arbres ; la nature ne l'a point destiné aux champs. Les arbres ne se dépouillent pas de leurs feuilles uniquement pour restituer ce qu'ils ont emprunté au sol pendant le cours de leur végétation ; ils ont un second but, celui d'améliorer le terrain et de lui donner de la plus-value au profit du repeuplement. Plus il y aura de feuilles pourries, plus le sol s'enrichira, plus le fonds aura de valeur réelle, plus la végétation y deviendra rapide et luxuriante. Du moment donc que vous autorisez la soustraction des feuilles, vous autorisez l'appauvrissement du fonds ; du moment que vous empêchez celui-ci de gagner, vous le constituez en perte. Comment s'y prend-on parfois pour rendre productives des terres de dernier ordre ? On y plante des arbres verts qui, tous les ans, y fabriquent de l'humus avec leurs feuilles mortes, et au bout d'un quart de siècle ou d'un demi-siècle, on peut défricher et cultiver. Où rien ne poussait, tout poussera. En serait-il ainsi si les propriétaires de la sapinière détournaient ou laissaient détourner chaque année de leur destination le quart ou le tiers des feuilles ? Évidemment non.

Si nous savions seulement nous servir de nos yeux, nous verrions bien vite que la nature nous fait la leçon et que sa manière de cultiver est une critique permanente de la nôtre. Elle fournit aux terrains qu'elle occupe les provisions pour les plantes et la réserve pour le garde-manger. Les bons cultivateurs l'imitent ; mais combien sont-ils ? Pour un qui lui emboîte le pas, nous en comptons des milliers qui prennent le contre-pied de sa méthode et font pâtir du même coup les récoltes et le terrain.

Engrais Jauffret. — Un cultivateur provençal, du nom de Jauffret, a eu le mérite de perfectionner la fabrication d'un engrais, dont les pauvres gens des contrées mal cultivées connaissent tous parfaitement. Dans ces contrées, soit que vous alliez vers le nord, soit que vous descendiez vers le midi, il est d'usage de cultiver plus de terres qu'on n'en peut raisonnablement fumer ; au besoin donc, on remplace assez souvent le fumier des animaux, au moyen de mauvaises herbes, de rameaux de bruyères, de débris végétaux quelconques, que l'on entasse en un trou, près de la porte ou autre part, et que l'on arrose d'urines, d'eaux grasses, d'eau de savon, de purin, d'eaux de récurage. C'est là aussi qu'on jette la cendre, la suie, les débris de chaux ou de plâtre, les excréments de chevaux et de vaches ramassés sur les chemins, les balayures de la maison, les excréments humains, la paille pourrie des vieux toits, etc. Vous avez pu voir préparer cet engrais dans la Provence et sur certains points du Morvan, comme nous l'avons vu préparer dans l'Ardenne Belge. Eh bien, de là à l'engrais Jauffret, il n'y a pas loin ; mais si courte fût-elle, encore fallait-il franchir la distance, et se creuser un peu la tête à cet effet. Jauffret y songea et se mit à la besogne. Il réunit de mauvaises herbes de toutes les sortes, des roseaux, des ajoncs, des bruyères, de la paille, du foin gâté, tout ce qui lui tomba sous la main, et avec ces débris végétaux, il fit une meule, qu'il arrosa avec ce qu'il appelait sa lessive. Cette lessive, préparée tout à côté de la meule, pour la facilité de l'opération, se composait de :

100 kilogr. d'urine et de matières fécales, 25 kil. de suie, 200 kil. de plâtre pulvérisé, 30 kil. de chaux vive, 10 kil. de cendres de bois non lessivées ; 500 gr. de sel de cuisine, 320 gr. de salpêtre raffiné, et de 25 kil. de jus de fumier, provenant d'une précédente opération et que l'on pouvait remplacer à la rigueur par 25 kilogr. de

matières fécales fraîches. Ce dernier ingrédient, ajouté à la lessive, était désigné sous le nom de

Fig. 13. — Meule Jauffret.

levain d'engrais. Jauffret délayait le tout dans une fosse avec de l'eau, de façon à obtenir 10 hectolitres de lessive qui suffisaient pour changer en fumier artificiel 500 kilogr. de paille ou 1,000 kil. de débris végétaux, qui donnaient 2,000 kil. de fumier.

On arrosait abondamment et trois fois, à quelques jours d'intervalle. La meule s'échauffait par la fermentation, et au bout de cinq jours, elle fumait et répandait une bonne odeur de fumier ordinaire. Après le troisième arrosage, la chaleur s'élevait au milieu de la meule jusqu'à 75°. A partir du quinzième jour, quand les mauvaises herbes n'étaient pas très-coriaces, l'engrais était bon à employer; dans le cas contraire, il fallait attendre trois semaines ou un mois.

Jauffret ne s'en tint pas à cette unique recette; il en donna une seconde plus économique, applicable aux pailles et siliques de colza, mais relevant, comme la première, de l'empirisme, et n'ayant qu'un grand mérite, à nos yeux, celui de réunir une quantité de substances fertilisantes diverses, parmi lesquelles il s'en trouvait assez de fermentescibles. Avec de la bonne volonté et du temps qui ne serait peut-être pas tout à fait perdu, on varierait à l'infini les recettes du *levain* de Jauffret; mais on nous permettra de ne pas accorder à ce sujet plus d'importance qu'il n'en mérite. Le procédé de Jauffret ne convient pas aux pays bien cultivés, où l'on fabrique de meilleur engrais que le sien et à meilleur compte. Quant aux pays pauvres, les cultivateurs ont quelque chose de mieux à faire aussi que le fumier artificiel de Jauffret; c'est de cultiver peu et bien, de créer des fourrages, d'augmenter le chiffre des têtes de bétail, de nourrir plus à l'étable qu'au pâturage, de modifier leurs systèmes de culture au lieu de se moquer des nouveautés heureuses. Ils arriveront ainsi à fabriquer de l'engrais de première qualité. Voilà, en deux mots, la plus avantageuse des recettes.

Au lieu de préconiser celle-ci, on a exalté outre mesure le perfectionnement introduit par Jauffret dans l'art de faire pourrir les mauvaises herbes et la ramille; on a donné à sa découverte une portée qu'elle n'avait pas, on l'a enveloppé d'éloges, on lui a parlé de fortune, de récompense nationale, de tout ce qui pouvait lui troubler la tête; enfin, on l'a bercé d'espérances folles, on l'a étourdi de conseils ridicules, et on lui a préparé la mort la plus cruelle qui puisse frapper un homme. Jauffret, abreuvé de déceptions, est mort de chagrin, à la suite des insuccès qu'il essuya à Bordeaux.

Sciure de bois. — Que reste-t-il de la sciure que nous brûlons? Des cendres qui, de l'aveu de tout le monde, constituent un excellent engrais; donc la sciure contient de l'engrais. L'essentiel c'est de le mettre en état d'agir, et l'on y parvient en convertissant cette sciure en humus ou terreau. Il suffit, pour cela, de la jeter dans la fosse au purin et de l'y laisser pourrir. On arriverait au même résultat en arrosant les tas de sciure avec de l'eau de fumier et des urines, mais on y dépenserait plus de temps. — Quelques personnes pensent que le meilleur moyen de décomposer la sciure de bois consiste à en former litière aux animaux; mais on répond à ceci qu'elle a l'inconvénient d'attirer les puces et d'en favoriser la multiplication. La première fois que ce reproche étrange fut formulé en notre présence, nous partîmes d'un éclat de rire; cependant, nous revînmes un peu de notre scepticisme en nous rappelant que les ménagères font le même reproche aux copeaux des menuisiers et ébénistes. La chose est donc à vérifier.

Les cultivateurs n'ont pas à compter beaucoup sur la sciure de bois; cependant, par exception, nous avons des pays de forêts où le sciage des arbres sur place a produit des quantités très-importantes. Alors que les communications étaient difficiles, personne ne songeait à tirer parti de cette sciure, mais aujourd'hui que les routes en permettent le transport à des conditions raisonnables, on aurait peut-être tort de la dédaigner, et d'autant plus qu'elle est plus ou moins décomposée déjà, et qu'en la mélangeant avec de la chaux et des cendres de bois, ou qu'en l'arrosant avec de l'eau de chaux ou de l'eau de lessive, on obtiendrait en peu de jours un engrais d'assez bonne qualité. Nous l'avons employée dans le jardinage, dans la culture des fleurs et n'avons eu qu'à nous en louer.

Philippe Miller, il y a plus d'un siècle, recommandait l'emploi de la sciure fraîche dans les terres fortes, où, avançait-il, elle avait le double avantage de fumer et de diviser le sol. Il va sans dire qu'en rappelant cette recommandation, nous ne l'appuyons pas. Elle nous paraît fort hasardée.

Bois pourri. — Il arrive souvent que le bois des arbres avancés en âge se décompose sur pied et forme au cœur même de ces arbres un véritable terreau végétal. Les saules fournissent de nombreux exemples de cette décomposition; et vous avez pu remarquer que certaines plantes ne se déplaisaient point dans le bois décomposé ou pourri et y prenaient même un rapide développement. De cette remarque à l'application, il n'y avait qu'un pas. Lorsque ce terreau a été exposé au soleil pendant quelques semaines ou mélangé de suite avec un peu de cendres de bois ou de chaux qui lui enlèvent son acidité, plus rien n'empêche de l'utiliser, à titre d'engrais, dans la culture des fleurs de pleine terre. Ce bois pourri du cœur des arbres a peu d'importance aux yeux des praticiens et ne vaut ni plus ni moins que la vieille sciure des forêts, dont nous parlions tout à l'heure.

Tannée ou **vieux tan.** — Dans les localités où le combustible est cher, les tanneurs tirent parti de leur vieille écorce ou tannée en fabriquant des mottes à brûler; mais sur beaucoup de points, la tannée ne sert à rien et les tanneurs s'en débarrassent comme ils peuvent.

Philippe Miller, dont le nom fait encore autorité, est, à notre connaissance, le premier qui ait appelé l'attention des cultivateurs sur les propriétés fertilisantes de la tannée. Nous lisons dans la huitième édition de son *Dictionnaire des jardiniers et des cultivateurs:* — « L'écorce de chêne que les tanneurs rejettent après l'avoir employée à la préparation des cuirs, lorsqu'elle a été mise en monceaux et qu'elle est bien pourrie, forme un excellent engrais pour les terrains rudes, durs et froids; une seule voiture de cette matière forme un meilleur engrais, et dure plus longtemps que deux voitures de fumier; cependant, il est ordinaire de voir de gros tas de tan rester inutiles pendant plusieurs années dans quelques endroits de l'Angleterre, où d'autres espèces d'engrais sont fort rares, et qu'on est obligé de transporter d'une grande distance..... Après m'être servi de tan pour une couche, je l'ai employé comme engrais, en le répandant sur la terre, et j'ai observé que cette terre avait acquis un degré considérable d'amélioration. On répand ce tan sur la terre, un peu après la Saint-Michel, afin que les pluies de l'hiver puissent le faire pénétrer également partout; mais si on l'emploie au printemps, il brûle l'herbe et devient très-nuisible..... On a observé dans quelques endroits, où l'on s'est servi de cet engrais pour les jardins, que les plantes potagères qu'on y a semées y ont acquis un degré de perfection très-marqué; de manière qu'il est étonnant qu'on n'emploie pas à cet usage le tan qu'on rejette des tanneries partout où l'on peut s'en procurer. »

Schwerz n'accorde à la tannée que le mérite d'absorber les engrais et voudrait que l'on s'en servit après l'avoir arrosée d'eau de fumier, ou après l'avoir mélangée avec de la chaux ou avec des cendres de savonnerie qui hâtent sa décomposition. Dans ces conditions, il la trouve utile aux prairies.

Si Miller dit trop de bien de la tannée, Schwerz, en retour, n'en dit pas assez. Selon nous, la vérité est entre ces deux opinions. Pendant six ou sept années consécutives, nous nous sommes servi de la tannée, et voici ce que nous en savons: L'expérience nous a démontré que de la tannée de 25 à 30 ans d'âge est un excellent engrais pour le potager : mais où en serions-nous s'il nous fallait un quart de siècle pour la confection d'un engrais ! A diverses reprises, il nous est arrivé d'employer de l'écorce qui ne comptait pas plus de six

mois ou d'un an; seulement, nous avions soin ou de la mélanger à volume égal avec notre fumier d'étable, ou d'en former, à l'automne, de petits tas sur lesquels on versait, pendant l'hiver, des urines, des eaux de lessive et des eaux de savon. La tannée que l'on associe aux matières fécales, perd vite les propriétés nuisibles qu'elle doit au tannin, et marque bien sa place dans les prés et les champs où on la répand. C'est ainsi que nous l'avons vu employer avec un succès très-satisfaisant sur l'exploitation du pénitencier de Saint-Hubert. (Belgique.)

Chaque fois que nous avons eu des plantations d'arbres à faire au printemps, dans un terrain léger et sujet à souffrir de la sécheresse, nous avions soin d'asseoir nos arbres sur une brouettée de compost formé d'un tiers de bonne terre, d'un tiers de tannée et d'un tiers de fumier de vache complètement pourri. Nous n'avons eu qu'à nous féliciter du procédé.

Placée en litière sous les bêtes et recouverte de paille, la tannée se transforme en engrais au bout de cinq ou six semaines. Nous le savons par expérience et n'hésitons pas à conseiller ce procédé.

Tourbe. — La tourbe sert ordinairement de combustible; mais lorsqu'elle est très-abondante et de peu de valeur, on s'en sert aussi pour fumer les terres. Ses propriétés fertilisantes ne sont d'ailleurs contestées par personne. La mauvaise réputation qu'ont les tourbières parmi les cultivateurs ne tient qu'à deux causes : à l'eau stagnante et aux acides. Du moment que l'on a fait disparaître l'eau et les acides en question, la tourbe devient très-fertile et se suffit à elle-même durant plusieurs années. Avec des tranchées profondes et multipliées, il n'est pas difficile d'égoutter, d'assainir une tourbière : et aussitôt cette première opération terminée, il n'est pas difficile non plus de détruire l'acidité de la tourbe. On y réussit par un labourage profond en temps chaud et deux années de suite ou bien en levant la couche supérieure avec une houe, pour en faire de petits tas très-rapprochés. Par ces procédés, on favorise l'action de l'air chaud; la tourbe se désacidifie naturellement et devient terre arable au bout de dix-huit mois ou deux ans. Quand on ne se soucie point d'attendre, on écobue la tourbière assainie, autrement dit, on lève en été d'épaisses plaques de tourbe, on les laisse se dessécher au soleil, puis on en forme des monceaux auxquels on met le feu. Les cendres d'écobuage sont ensuite éparpillées le plus également possible et enterrées avec la charrue. Veut-on se dispenser de l'écobuage? On le peut en chaulant la tourbière, à raison de 100 à 150 hectolitres de chaux par hectare, et aussitôt après l'avoir labourée. — Il ne reste plus qu'à mélanger le mieux possible la chaux avec la terre par des hersages répétés.

Les meilleurs fermiers écossais et irlandais prennent de la tourbe ressuyée à l'air pendant six semaines ou deux mois et la mélangent avec du fumier de ferme, dans la proportion de 2,500 kil. pour 1,000 de fumier. C'est à lord Meadowbank qu'on doit l'idée de ce mélange.

Hodges conseille aussi de prendre de la tourbe

sèche et de l'arroser avec de l'eau de fumier pour la convertir vite en bon engrais. Le conseil est excellent. Schwerz l'a également donné, de son côté. — « Pour obtenir, dit-il, de cette utile substance tous les avantages qu'elle peut procurer, il faut que la tourbe, aussi divisée, rendue aussi pulvérulente que possible, soit amoncelée, et le monceau fréquemment arrosé avec du purin, de la lessive, de l'eau de savon ou tel autre dissolvant. Après six semaines ou deux mois, on retourne la masse et on y mêle de la chaux ou de la cendre. Quelque temps après qu'on a de nouveau retourné la masse on peut la regarder comme suffisamment désacidifiée et décomposée. Dans cet état, elle forme un excellent engrais à donner en couverture au printemps. »

Le célèbre agronome allemand recommande aussi et avec raison de placer la tourbe desséchée dans les cours de ferme et d'élever sur cette tourbe les tas de fumier. Elle reçoit ainsi de précieux égouts. Dès que le fumier est enlevé, on met la tourbe à part, on la divise pour la soumettre aux influences atmosphériques, et, au bout de quelques semaines on la mélange avec le cinquième de son volume de chaux, ou bien avec de la marne, mais à volume égal.

On peut enfin se servir de la tourbe sèche comme de litière, que l'on masque avec de la paille, et en quelques jours, cette litière est convertie en bon engrais.

La tourbe convient surtout aux terres légères, quelle que soit d'ailleurs la nature de ces terres.

Cendres de bois. — Les cendres qui proviennent de la combustion du bois contiennent nécessairement les substances minérales enlevées au sol, de leur vivant, par les arbres, arbustes ou arbrisseaux qui nous fournissent le bois à brûler. Nous y trouvons des sels de potasse et de soude, de la chaux, de la magnésie, de l'oxyde de fer, du soufre, du phosphore, de la silice, du chlore, etc. Par cela même que la composition des terrains est très-variable, celle des cendre doit l'être aussi et l'est en effet. Il est donc tout naturel qu'il y ait désaccord dans les chiffres entre les analyses chimiques faites sur diverses essences et sur des points différents. La cendre ne peut rendre en fin de compte, que ce que le bois a pris, et le bois ne peut prendre à un terrain que ce qui s'y trouve. Dans les cendres de bois des montagnes calcaires, par exemple, nous découvrirons de la chaux en quantité notable, tandis que dans les cendres de bois des contrées schisteuses, nous n'en découvrirons que des traces. Le vieux bois ne nous donne pas non plus les mêmes résultats que le jeune bois; celui qui a été mouillé par le flottage ou par l'eau des pluies, diffère très-sensiblement de celui qui n'a pas été mouillé, et les cendres du premier n'ont pas la valeur de celles du second. Mais dans la pratique, nous ne nous occupons guère de l'origine de cet engrais; quand celles de notre foyer ne suffisent point à nos besoins, nous nous en procurons de tous les côtés, sans nous demander de quels bois elles sortent, et ne souhaitons qu'une chose, c'est qu'elles ne soient point fre-

latées avec de la terre ou avec des cendres de tourbe qui ne les valent pas.

On n'utilise que bien rarement les cendres vives, dont le prix d'ailleurs serait très-élevé; on ne se sert que des cendres lessivées, connues sous le nom de *charrée*; et, chose étrange, au premier abord, celles-ci jouissent, au moins dans beaucoup de localités, de la réputation de produire plus d'effet que les premières. Cependant, les cendres vives sont riches en potasse, tandis que les cendres lessivées n'en contiennent plus guère, et, de l'aveu de tout le monde, la potasse est un précieux élément d'engrais. D'où vient donc que la cendre qui en contient le plus n'est pas la plus recherchée? On nous permettra de hasarder une explication. Les cendres de bois sont surtout employées dans les terres argileuses, désignées sous les noms de terres fortes, d'herbues, d'eaubues, de boulbènes, etc. Ces terres ne sont pas dépourvues de potasse, et, pour peu que l'engrais en contienne une faible dose, elles s'en contentent. En conséquence, la charrée leur suffit à ce point de vue; mais vous remarquerez que ces mêmes terres sont pauvres en substance calcaire et que la charrée qui, parfois, en contient une quantité importante, doit leur rendre un service que ne leur rendraient pas des cendres vives utilisées en de faibles proportions. En d'autres termes, les cultivateurs qui répandent une soixantaine d'hectolitres de cendres lessivées par hectare, fournissent à leur sol plus de chaux qu'ils n'en fourniraient en répandant de 20 à 30 hectolitres de cendres vives. D'après ce que nous avons vu dans les terrains argileux de la Côte-d'Or et de la Bresse, nous sommes porté à croire que les grands succès qu'ils obtiennent des cendres lessivées sont dus à la présence de la chaux autant ou plus peut-être qu'à celle de la potasse; et ce qui nous arrête à cette opinion, c'est que les cendres agissent d'autant mieux qu'on leur associe le fumier de ferme ou qu'on les applique à des terrains précédemment bien fumés. Lorsqu'on ramène ces cendres plusieurs fois de suite à la même place, les effets s'amoindrissent rapidement et l'on dit, en termes du métier, qu'*elles dégraissent trop le terrain*. Or, vous voudrez bien noter, en passant, que ces remarques et ce raisonnement ont lieu aussi à propos de l'emploi de la chaux. Les bons cultivateurs qui se servent de charrée ont la sage précaution de fumer alternativement avec cette charrée et avec l'engrais de ferme, ou, mieux encore, de fumer en même temps avec moitié charrée et moitié fumier. Puvis a constaté, dans une commune du département de l'Ain, où cette dernière méthode est admise, que les récoltes provenant du mélange étaient supérieures à celles que l'on obtenait soit avec le cendrage seul, soit avec le fumier de ferme répandu isolément.

Les observations qui précèdent concernent la charrée riche en chaux, comme celle dont se servent, par exemple, les cultivateurs bourguignons et bressans. Mais nous avons des contrées où les cendres de lessive ne contiennent que des traces de chaux et n'en produisent pas moins d'excellents effets. Dans les cas particulier, c'est la potasse surtout qui agit. Or, dans ces contrées il est à croire que les cendres vives, en proportion convenable, seraient bien supérieures à la charrée. Les bois qui produisent la cendre pauvre en chaux appartiennent aux terrains schisteux, sablonneux, granitiques, c'est-à-dire à des terrains légers, poreux, à des climats plus ou moins rudes et pluvieux. Les pluies lessivent fréquemment et promptement le sol qui a besoin de renouveler la potasse enlevée plus facilement que de nos terres fortes.

On a dit des cendres qu'elles produisent d'excellents résultats parce qu'elles divisent le sol ; cette explication donnée par les cultivateurs de terrains argileux, ne saurait être admise sans réserve, puisqu'elles accusent également des résultats dans les terrains très-divisés. Cependant, à la rigueur, on doit reconnaître que les sols compactes qui, à la suite d'un cendrage, ont porté de riches récoltes, sont d'un labourage plus facile qu'auparavant; mais ceci ne tient pas, comme on le croit encore généralement, à la division qui serait opérée dans les argiles par une couche presque insignifiante de matières poudreuses. La véritable cause, à notre avis, est celle-ci : — Par cela même que la charrée introduit dans les argiles un nouvel élément de fertilité, la chaux, les produits s'y portent mieux, s'y développent mieux. Or, plus une plante absorbe d'engrais pour se nourrir, plus elle prend d'eau, plus elle dessèche le terrain, et nous savons tous que moins une terre argileuse est mouillée, plus elle offre de facilité au travail de la charrue.

Les cendres de bois conviennent principalement aux terrains frais ou aux terres légères des climats humides ou brumeux. Elles n'agissent sur les terrains secs des climats doux que dans les années pluvieuses ou lorsqu'on les y enterre avec une récolte verte. Toutefois, il faut reconnaître que les sols trop mouillés leur sont défavorables et que les pluies battantes à la suite d'un cendrage, empêchent son effet de se produire. Cela tient à ce que, dans le premier cas, les racines des plantes ne fonctionnent point ou fonctionnent mal dans un sol trop mouillé, quelle que soit la qualité de l'engrais mis à leur disposition ; et à ce que, dans le second cas, les eaux pluviales emportent l'engrais avec elles, soit hors des champs, soit dans les couches profondes et hors de la portée des racines. Ceci revient à dire que les cendres doivent être répandues sur des terres assainies d'abord, et par un temps qui ne fasse craindre ni pluies battantes ni pluies prolongées.

M. Fouquet rapporte que dans les Flandres belges, on consomme beaucoup de cendres de bois pour la culture des terres sablonneuses, et cela avec un plein succès, mais, en même temps, il a soin de faire observer que ces terres sablonneuses retiennent une assez forte proportion d'eau, au moins pendant l'hiver, et que les cultivateurs sont obligés de leur appliquer les modes d'assainissement usités dans les terres argileuses.

Par cela même que les cendres contiennent des alcalis, chaux et potasse, elles sont précieuses pour l'amélioration des terrains acides, qu'elles désacidifient. A ce titre donc, on en conseille avec raison l'emploi dans les sols tourbeux, les défriches récentes, les prairies plus ou moins aigres.

Schwerz dit le plus grand bien des cendres non lessivées et de la charrée, et constate qu'une terre cendrée profite plus dans la suite des autres engrais que si elle ne l'avait pas été. Selon lui, la cendre des savonniers est la meilleure de toutes, parce qu'elle est chargée de calcaire et de substances animales incomplétement décomposées. Viennent ensuite la cendre des blanchisseries et celle des fabricants de potasse. L'effet de ces cendres se fait sentir pendant 8, 10 et 12 ans. Schwerz n'exagère pas; il reste même au-dessous de la vérité. On nous a montré dans l'Ardenne belge des parties de terrain qui ont reçu, il y a vingt-cinq ans, des résidus de la fabrication du salin, et qui se distinguent encore parfaitement des parties voisines qui ne reçurent pas de ces résidus.

On répand les cendres lessivées à raison de 40, 50, 80 et 100 hectolitres par hectare. Sur certains points de l'Allemagne, on va jusqu'à 150. L'opération se fait, soit au moment des semailles d'automne, soit à la sortie de l'hiver. En septembre, en octobre, on dispose ces cendres sur les champs par petits tas également distancés, que l'on éparpille ensuite à la pelle ; après cela, on sème la céréale et l'on enterre du même coup la graine et l'engrais, tantôt avec la herse, tantôt avec la charrue, lorsque le semis se fait sous raie. Au printemps, on répand les cendres sur les récoltes levées, sur les trèflières, sur les prairies naturelles.

Les cendres conviennent tout particulièrement aux céréales, aux fèves, colzas, navets, lentilles, maïs, trèfles, vesces, pommes de terre, topinambours, prairies naturelles et vignes ; et, pour ce qui regarde le potager, aux haricots, pois, épinards, tomates, artichauts, oignons, asperges et fraisiers.

Beaucoup de cultivateurs ont le tort, ceux-ci de jeter la charrée sur le fumier, ceux-là de l'exposer à découvert dans la cour. Dans le premier cas, on la transporte aux champs avec la partie de fumier qui en est chargée, et certaines places du terrain trop cendrées ne produisent rien; dans le second cas, l'eau des pluies appauvrit considérablement la charrée. Le mieux est donc de la conserver sous un hangar couvert et de la répartir le plus également possible, quand vient le moment de s'en servir.

Cendres noires. — Van Aelbroeck, dans son *Agriculture pratique* de la Flandre, nous dit : — « On emploie encore sur les terres légères une autre espèce de cendre, composée d'un mélange de cendres de bois, de tourbe, de l'ordure du grain, de la paille du colza, enfin de tout ce qui se brûle dans les *polders*, dans le nord de la Flandre et dans les environs de Nieuport. Ces cendres arrivent en bateaux par le canal de Bruges à Gand. On leur donne le nom de cendres noires, et on les emploie beaucoup pour les jeunes trèfles et les prairies. Elles ne sont pas chères. »

M. Fouquet qui, dans son *Traité des engrais et amendements*, désigne les cendres noires sous le nom de *cendres de pailles*, nous fournit des détails intéressants sur leur fabrication et leur emploi. — « Dans quelques localités des Flandres, dit-il, on prépare, en brûlant les déchets de paille, les menues pailles, les balles de céréales et les déchets du tarare, des cendres très-estimées. L'essentiel, dans cette préparation, consiste à diriger convenablement le feu, de manière à ce que la matière organique ne soit pas entièrement détruite, mais carbonisée. Ces déchets précités sont disposés sur le sol, en tas longs et étroits, afin de pouvoir diriger plus aisément la combustion. Celle-ci doit s'effectuer sans flammes, et quand on s'aperçoit que sur certains points de la masse, le feu agit trop vivement, on le modère en y projetant de l'eau. »

Les cendres noires sont préférées aux cendres de bois pour la culture du lin, parce qu'on peut les répandre sans inconvénient sur le sol peu de temps avant de semer la graine de cette plante textile, tandis qu'il n'en est pas de même avec les cendres de bois.

Il est à croire que la qualité des cendres noires tient à ce qu'elles sont préparées avec des plantes voisines de la mer, et contenant par conséquent du sel marin. Vraisemblablement, nos plantes de l'intérieur des terres ne donneraient pas les mêmes résultats, et ce que nous avons de mieux à faire avec celles-ci, quand il n'y a pas lieu de les utiliser d'une façon plus avantageuse, c'est de les brûler sur place et d'éparpiller les cendres sur le sol qui les a produites, comme nous faisons avec les fanes de pommes de terre, avec les mauvaises herbes de chenevière, etc., et comme font encore quelques cultivateurs des montagnes de Saône-et-Loire qui mettent le feu aux éteules après la moisson. Ce dernier procédé, qui date des temps les plus reculés, n'a pas seulement, à nos yeux, le mérite de rendre au sol sous forme de cendres, une partie de ce qu'il a fourni aux plantes ; il a celui, en outre, de détruire beaucoup d'insectes nuisibles et d'anéantir la faculté germinative d'un grand nombre de mauvaises graines, répandues parmi les éteules. L'écobuage, enfin, nous fournit les cendres des débris végétaux accumulés depuis un temps plus ou moins reculé sur le sol des landes.

Cendres de plantes marines. — Il en coûterait trop de transporter les plantes marines à une certaine distance du littoral ; on les brûle donc incomplétement, afin de les utiliser à l'état de cendres. Les cultivateurs les estiment beaucoup et les achètent sous le nom de *soude de varechs*. On en prépare des quantités considérables sur nos côtes de la Basse Normandie et dans le département des Côtes-du-Nord, où, d'après M. Girardin, on les emploie seules, à la dose de 25 à 30 hectolitres par hectare, et à raison de 1 fr. 50 c. à 2 fr. l'hectolitre. Le chimiste anglais Hodges rapporte que la soude de varech se vend ordinairement sur les côtes d'Ulster, 75 fr. les 1,000 kilog.

« Dans l'île de Noirmoutiers, » dit M. Girardin, « on mélange les cendres de varechs avec de la terre, du sable, de mauvais sels marins, des varechs frais, du fumier d'étable, des coquillages et toute espèce de débris organiques. On mouille les tas de temps en temps avec de l'eau salée ; on les remanie à cinq ou six reprises différentes ; alors le mélange ressemble à du terreau. On l'expédie ainsi dans toute la Bretagne sous le nom d'*engrais de Noirmoutiers*, de *cendres.* » On l'emploie, à l'époque des semailles de printemps, sur la plupart des récoltes, mais particulièrement sur le sarrasin, et à raison de 100 hectolitres par hectare.

Cendres de tourbe. — Dans les contrées où la tourbe est exploitée comme combustible, on fait plus ou moins de cas de ses cendres pour les besoins de l'agriculture. Leurs qualités dépendent de leur composition qui est extrêmement variable et subordonnée à la constitution géologique des localités. Les unes contiennent ou beaucoup de silice, ou beaucoup de chaux, ou beaucoup de plâtre ; les autres en contiennent fort peu ; celles-ci renferment de faibles doses de phosphates ou des sels de potasse et de soude ; celles-là n'en renferment que des traces insignifiantes ; la tourbe des marais de la vallée de la Somme ne ressemble pas à celle des environs de Soissons ; la tourbe des terrains schisteux n'est pas à comparer à celle de la Hollande, en sorte que leurs cendres ne sont pas à comparer non plus.

Les meilleures cendres de tourbe, entre toutes, sont incontestablement celles de la Hollande, appelées aussi *cendres de mer*. On attribue leur supériorité à la présence du sel marin.

Au dire de Schwerz et des praticiens les plus compétents, une cendre de bonne qualité doit être blanche ou grisâtre et ne donner qu'un poids de 50 kilog. par hectolitre. Plus elle pèse, moins elle vaut. La couleur blanche ou grisâtre accuse une quantité considérable de substance calcaire, tandis que la couleur rouge indique la prédominance de l'argile.

Les cultivateurs du nord de la France et des Flandres belges, ainsi que les cultivateurs hollandais, attachent une grande importance aux cendres de tourbe, et s'en servent dans la culture du trèfle, de la luzerne, du lin et des prairies naturelles. Les Luxembourgeois prônent leur efficacité sur les colzas, au moins dans la contrée ardennaise.

Les cendres de Hollande sont d'un prix élevé, mais les Flamands les considèrent comme indispensables aux trèfles, et disent que si l'individu qui achète des cendres les paie bien, l'individu qui n'en achète pas les paie deux fois. On les répand au printemps, à raison de 32 à 50 hectolitres par hectare. Les Hollandais seuls élèvent la dose jusqu'à 100 hectolitres et plus.

Suie. — Ce produit de la combustion du bois et de la houille est un engrais fort recherché. Cependant l'on ne s'en douterait pas toujours. Nous avons encore ici par les campagnes et même dans les petites villes des gens qui vous diront qu'avec les cinquante centimes, les soixante-quinze centimes et les francs même que demande le ramoneur, selon les endroits, on peut se procurer bœuf et bouillon, et qu'il y a par conséquent économie à mettre le feu à la cheminée, que c'est le meilleur mode de ramonage, que ça ne gratte pas le mortier, et qu'autrefois les anciens ne s'y prenaient jamais autrement. N'écoutez pas ces gens-là ; vous vous exposeriez, en les écoutant, à payer une belle et bonne amende, à mettre le feu dans la maison si la cheminée n'était pas solide, et à perdre la suie.

La suie est un riche engrais; mieux vaut en avoir peu que de n'en avoir point. Elle rembourse toujours et même au-delà les frais de ramonage. Si vous ne possédez ni champ, ni jardin, vendez-la; elle vaut, pour l'effet, presque le double des cendres de bois; si vous avez un jardin, ne la vendez pas, gardez-la dans un coin du grenier, de la cave ou du hangar, et, au printemps, vous la sèmerez sur vos oignons. Si vous avez un champ, si vous avez des prés, ce que nous vous souhaitons sincèrement, ne vendez pas la suie non plus, achetez-en au contraire, et autant que possible. Abondance de bien ne nuit pas.

Vous la répandrez à raison de 20, de 30 et même de 40 hectolitres à l'hectare, dans les terres un peu sèches, non point sur les argiles, et toujours par un temps calme et pluvieux. Vous en nourrirez l'herbe de vos prés, et la mousse s'en ira; vous en nourrirez les jeunes pousses de vos trèfles, et ils feront merveille; vous en sèmerez sur vos céréales d'automne et par-dessus la neige, puis, au moment de la récolte, vous nous en donnerez des nouvelles.

Suie de bois, suie de tourbe, suie de houille, toutes sont bonnes, et au dire même de plusieurs qui s'y connaissent, celle de houille qui passe dans certains pays pour ne rien valoir, serait la meilleure des trois.

Malheureusement, la suie ne nous arrive pas par bateaux comme le grain. N'en a pas qui veut, même en payant.

ENGRAIS PROVENANT DE L'HOMME ET DES ANIMAUX.

Cette seconde catégorie comprend : les excréments humains ou matières fécales, la colombine, la poulaitte, le guano, les excréments des moutons parqués, ceux du cheval, de la vache, le fumier des pauvres, les urines de l'homme et des animaux, le sang, la chair des bêtes mortes, la corne, les os, le noir animal, le sulfate d'ammoniaque, les marcs de colle, les poils, les chiffons et déchets de laine, la bourre de soie, les plumes, les poissons pourris, les larves de vers à soie, le suint, les eaux grasses, etc.

Nous tournons constamment dans un cercle et nous pouvons répéter ici ce que nous avons dit ailleurs. La terre produit les végétaux et les reprend morts et pourris sur une friche pour en reproduire d'autres. Si, au lieu d'avoir affaire à une friche, nous avons affaire à une terre cultivée à bras d'homme, les bêtes et les gens profitent de la récolte, la mangent ou l'emploient en litière; puis ils nous rendent en urine, excréments, fumier, ce qui doit retourner au sol qui leur a fourni leur nourriture. Tout animal, homme ou bête, si rien n'était perdu, pourrait fumer autant de terrain qu'il lui en faut pour produire les végétaux nécessaires à sa subsistance. La terre donne les végétaux; ces végétaux nourrissent les animaux ou font la chair que d'aucuns mangent, et ces animaux, après avoir rendu en fumier, au sol, une partie de ce que celui-ci leur a avancé, finissent par lui rendre le tout, chair, os, poils, plumes, cornes, sang et le reste. Il pousse là-dessus de nouvelles plantes qui donnent de nouvelles bêtes, et quand le tour du cercle est parcouru, nous recommençons la même promenade, et toujours, et sans discontinuer.

Précédemment, à l'occasion des engrais tirés du règne végétal, nous avons donné aux cultivateurs le conseil de restituer autant que possible ces engrais aux terrains qui les produisent. En ce qui regarde les engrais tirés du règne animal, nous maintenons nécessairement le principe, ce qui revient à dire, par exemple, que les déjections des bêtes qui ont mangé l'herbe seront mieux à leur place dans la prairie qu'autre part, et que les déjections de l'homme qui a vécu de pain, du pigeon ou de la poule qui a mangé le grain, seront mieux à leur place aussi parmi les champs que parmi les prés. En un mot, quand nous savons d'où sort l'engrais, nous savons où il doit retourner. S'il sort de différentes sources, nous l'emploierons sur différents sols et pour diverses récoltes; s'il vient d'une source unique, nous spécialiserons l'emploi. Voilà pour la théorie, et toutes les fois qu'on pourra se conformer à ses exigences, on se trouvera bien de le faire; mais, avec la pratique, il est des accommodements, et, dans bien des cas, nous sommes forcés de dévier de la règle. Et, en effet, comment sortirions-nous d'affaire dans la grande culture, si nous devions classer rigoureusement nos engrais d'après la nourriture donnée aux gens et aux bêtes? Ce seraient des distinctions à n'en plus finir. L'essentiel, c'est de s'écarter le moins possible de la règle, quand on ne peut pas la suivre toujours.

Arrivons maintenant à l'examen de chacun des engrais classés dans notre seconde catégorie :

Excréments humains ou **matières fécales.** — Il s'agit ici d'un des engrais les plus énergiques qu'on puisse rencontrer, et l'avidité avec laquelle on le recherche dans les pays de riche culture prouve que ses qualités sont connues et appréciées, sinon partout, au moins sur un grand nombre de points. Nous avons encore, en France surtout, de nombreuses populations qui reculent de dégoût, à la vue seule de cet engrais; mais nous espérons bien que la raison triomphera quelque jour des susceptibilités de l'odorat, et que l'on arrivera, par des transitions bien ménagées à vaincre une répugnance qui tourne au détriment de la richesse publique et privée. Nous ferons observer, en passant, que les contrées où les excréments humains sont en grande estime parmi les cultivateurs, sont précisément celles où règne la propreté la plus rigoureuse, tandis que les pays où l'homme croirait se déconsidérer en manipulant les produits des vidanges, sont justement ceux qui se distinguent par une malpropreté révoltante. Non-seulement, dans ces contrées, on recule devant la manipulation de la matière fécale, mais on jette de la défaveur sur les récoltes qu'elle produit. Cette susceptibilité est plus pardonnable que la première; néanmoins, il faut qu'elle cède devant des considérations d'ordre supérieur. D'ailleurs, en utilisant les matières fécales à petites doses ou en mélange avec d'autres engrais, il est facile d'en dissimuler l'influence, de sauvegarder convenablement la saveur des produits.

On utilise les matières fécales à l'état frais ou plutôt après les avoir laissées fermenter pendant trois ou quatre mois. Dans cet état, elles portent le nom d'*engrais flamand*, de *courte graisse* et quelquefois celui de *gadoue* qui, cependant, s'applique surtout à Paris aux boues des rues. On les utilise encore, après les avoir désinfectées par des moyens que nous ferons connaître. L'*engrais Salmon* ou *noir animalisé* est l'un des résultats de la désinfection des matières fécales. On les utilise aussi à l'état de *poudrette*, c'est-à-dire après les avoir desséchées et réduites à l'air pendant plusieurs années. On les utilise enfin à l'état de *composts*, c'est-à-dire mélangées avec des terres, des fumiers, des mauvaises herbes, etc.

Les matières fécales conviennent aux terres fortes comme aux terres légères; cependant il y a une distinction à établir. A l'état de poudrette, vous les réserverez aux terrains argileux; à l'état frais, vous les donnerez de préférence aux terrains légers. Les matières fécales sont très-énergiques, mais par cela même que leur influence est prompte et vive sur la végétation, elle ne dure guère. Ces matières donnent le coup de feu aux récoltes en vert, s'usent principalement à faire de l'herbe et n'ont plus assez de force quand vient le moment d'aider à faire le grain. C'est un de ces engrais qui ne laissent rien ou pas grand'chose derrière eux, qui donnent vite ce qu'ils ont à donner; et la poudrette en particulier est l'engrais par excellence des fermiers à fin de bail. Si elle donne de la plus-value au sol, celle-ci n'est guère sensible.

Par la raison que les matières fécales activent vigoureusement la végétation, elles communiquent aux plantes une saveur plus ou moins prononcée. Plus les tissus sont tendres, c'est-à-dire plus vite ils ont été formés, plus il y a eu d'engrais absorbé et plus la saveur est forte. Dans les contrées où les matières fécales sont employées à produire les plantes destinées à la nourriture de l'homme aussi bien qu'à celle des animaux, on vous soutiendra que nous sommes dans l'erreur, que nous cédons à un préjugé. N'en croyez rien; on ne saurait être bon juge dans sa propre cause. Pour bien apprécier l'influence des matières fécales sur les produits végétaux, il convient d'établir une comparaison entre ces produits et ceux d'une culture où les excréments humains ne sont pas employés. Mangez des asperges, des laitues, des épinards, des navets, des pois obtenus avec les excréments humains, et vous ne serez pas en peine de retrouver le cachet de cet engrais. Fumez ou prisez du tabac, nourri avec des matières fécales, vous n'aurez pas de peine non plus à en reconnaître l'influence; il en dit ce tabac est *fort*, *âcre*, *piquant*, qu'il manque de douceur. Dans la grande culture, cet engrais se trahit toujours plus ou moins dans la saveur des graines de céréales, puisque des cultivateurs exercés peuvent vous dire, en mâchant du grain : Celui-ci provient de la poudrette; celui-là, des fumiers ordinaires; dans la saveur des fourrages, puisque

de bons dégustateurs de lait distinguent parfaitement le lait des vaches nourries dans une prairie fumée avec les déjections humaines, de celui des vaches nourries autre part. Sur les plantes à saveur prononcée, telles que le chou, l'oignon, l'ail, l'échalotte, le poireau, qui se développent merveilleusement avec les matières fécales, l'influence de cet engrais ne se fait point sentir au préjudice de la qualité. On peut donc, sans inconvénient, le donner à ces plantes du potager. Dans la grande culture, on fera bien de le réserver aux plantes industrielles, à celles qui ne servent pas à la nourriture de l'homme et des animaux, à moins cependant qu'on ne modère les doses et qu'on n'emploie les matières fécales en mélange avec des fumiers ou des terres qui corrigent leur défaut.

Arrivons, si vous le permettez, aux divers modes d'emploi de l'engrais humain. Il est assez rare de voir utiliser les vidanges à l'état complètement frais, c'est-à-dire immédiatement après leur sortie des fosses. Cependant, cette pratique existe sur quelques points, notamment aux environs de Lyon. L'*Agriculture française* rapporte que, pendant l'hiver, les cultivateurs de Vaux, Villeurbanne, Bron, Meizieux, etc, dans le département de l'Isère, achètent les produits de latrines et en arrosent les champs de froment et de seigle, durcis par la gelée, à raison de 150 et 180 hectolitres par hectare. Alors, le tonneau de 3 hectolitres, rendu à 12 ou 15 kilomètres de Lyon, leur coûtait 3 ou 4 francs. Les mêmes cultivateurs répandent les vidanges, au printemps, sur les terrains destinés à être ensemencés quelques semaines plus tard en orge, chanvre ou plantés en pommes de terre. Par ce moyen, des sols maigres ont été transformés dans l'espace d'un demi-siècle, et des cantons d'une pauvreté extrême sont devenus très-riches.

Dans le midi de la France, on emploie les matières fécales dans la culture des raisins muscats, des oliviers et des figuiers.

Dans l'est, l'ouest et le centre, les vidanges ne sont utilisées que très-exceptionnellement par un petit nombre de cultivateurs d'élite, et beaucoup plus souvent encore à l'état de poudrette et d'engrais désinfecté qu'autrement. Il serait plus facile qu'autrefois, sans doute, d'y rencontrer des cultivateurs disposés à s'en servir, mais on ne trouverait ni journaliers ni domestiques disposés à manipuler les matières fraîches. En trouvât-on, le public jetterait du discrédit sur les produits, et la vente sur place aurait à en souffrir. Sous ce rapport, nous sommes loin d'être à la hauteur des Flamands, des Allemands, des Toscans, des Anglais même et des Chinois surtout. Notre département du Nord est le seul qui sache tirer avantageusement parti de l'engrais humain, sous le nom de *courte-graisse*. Cet engrais se trouve associé aux urines du bétail quand il est, par hasard, trop épais et qu'il devient nécessaire de le délayer; ou bien, quand il est trop clair, on l'épaissit en y jetant des tourteaux de colza et de pavot. La courte graisse, dans l'arrondissement de Lille, est versée dans des bassins en briques ou dans des fosses imperméables, et on y laisse fermenter avant de s'en servir. Il va sans dire que ces fosses et ces bassins, rapprochés de chaque exploitation, sont couverts avec soin. La courte-graisse est destinée principalement à la culture des plantes oléagineuses et du tabac. Les fabricants de sucre ne se soucient point de la voir employer sur les betteraves. — « On la répand, lisons-nous dans l'*Agriculture française*, avant ou après les semailles, souvent aussi après le repiquage. Dans le premier mode, peu de jours avant d'arroser le terrain, on donne un labour, on passe ensuite la herse et le rouleau à différentes reprises, afin que la terre soit bien meuble et bien nivelée, et l'on charrie ensuite l'engrais. A l'une des extrémités de la pièce se trouve une cuve d'un quart de mètre cube environ ; un carton (garçon de ferme) y verse un tonneau de courte-graisse ; un ouvrier répand alors le liquide à 7 mètres environ autour de lui, au moyen d'une poche en bois garnie d'une perche de 2 à 3 mètres de longueur. La cuve vidée, le carton la transporte plus loin, le tombereau avance alors de quelques pas ; on verse de nouveau la courte-graisse dans la cuve, on la répand comme il vient d'être dit, et l'on continue ainsi de suite l'opération, jusqu'à ce que l'on soit parvenu à l'extrémité de la pièce. Il est bon d'observer ici qu'aux environs de Lille tous les champs sont labourés en planches de 4 ou 5 mètres. Certains cultivateurs, peu de temps après que la surface du champ a été arrosée, font passer la herse pour recouvrir légèrement l'engrais ; mais la plupart regardent cette précaution comme superflue, les matières liquides étant promptement absorbées par une terre parfaitement ameublie.

« Aux environs de Lille, on emploie la courte-graisse dans la proportion de 130 à 160 tonneaux, contenant chacun 125 litres, par bonnier (1 hectare 41 ares 87 centiares).

« La méthode que l'on suit pour répandre la courte-graisse sur les plantes repiquées de colza ou de tabac, n'est pas la même à l'égard de l'une et de l'autre récolte. Pour le colza, on se contente de répandre l'engrais sous forme de pluie, au moment où la végétation s'apprête à partir, au printemps ; quant au tabac, un ouvrier fait, avec un plantoir, un trou près du pied de chaque plante ; un autre ouvrier y verse une cuillerée d'engrais sur laquelle il rabat un peu de terre avec son pied.

« Rien de plus énergique que la courte-graisse. Répandue avant les semailles, elle fait germer la graine dans l'espace de quelques jours ; jetée sur les plantes en végétation, elle les ranime, leur communique une grande vigueur et leur conserve de la fraîcheur même par les fortes sécheresses. Cette sorte de fumure n'agit que sur la récolte de l'année. »

Nous ferons observer à l'auteur des remarques qui précèdent, que la fraîcheur des plantes en temps de sécheresse n'est due à la courte-graisse qu'indirectement. C'est parce que les plantes ont poussé de longues racines qu'elles trouvent, dans les profondeurs du sol, l'humidité qui les soutient en temps chaud.

En Belgique, dans la Flandre et le Hainaut, l'emploi de la courte-graisse, ou courte fumure ou engrais Flamand, ne diffère de la méthode lilloise que par certains petits détails. Partout les déjections solides sont recueillies avec soin, et l'on ne se contente pas de ce que fournit le personnel de la ferme ; on achète encore des matières qui arrivent de loin par bateaux ; on va chercher à grands frais celles des villes les plus rapprochées, et à la rigueur, on ne recule pas devant une distance de 20 à 25 kilomètres. On se sert, à cet effet, de tonneaux, dont la capacité varie avec les localités, ou tout simplement de chariots doublés d'une toile à voiles. Ici, nous avons des tonneaux de 2 hectolitres environ, les mêmes que nous voyons sur les *beignots* ou chariots à engrais du

Fig. 14. — Beignot ou chariot à engrais.

nord de la France ; là, comme aux environs de Courtrai, nous avons des tonneaux de la contenance de 10 hectolitres et plus ; autre part, comme aux environs de Thourout (Flandre occidentale), les tonneaux sont supprimés, et l'on se sert de chariots ordinaires, et d'une toile à voiles qui forme bassin. On verse les matières fécales dans cette toile, dont on lie ensuite les bouts à une solide perche qui passe par le milieu du chariot et s'appuie fortement aux deux extrémités. Les ridelles sont matelassées avec de la paille, afin d'amortir les secousses imprimées par les cahots ; quelques poignées de paille enfin sont jetées à la surface de l'engrais plus ou moins liquide, afin d'empêcher les vagues qui, sans cette précaution, le jetteraient par-dessus les bords, durant le trajet. Cette méthode, encore peu répandue, a le double mérite de débarrasser le cultivateur du poids inutile des futailles, et de lui permettre de transporter des marchandises de la ferme à la ville, d'où il rapporte l'engrais.

Au retour des chariots, on verse la courte graisse dans des citernes maçonnées, ouvertes soit dans le proche voisinage de l'habitation, soit à l'extrémité des pièces de terre qui aboutissent à un chemin.

Ces citernes, dont nous donnons ici le modèle, (*fig.* 15) peuvent contenir, d'après M. Fouquet, de

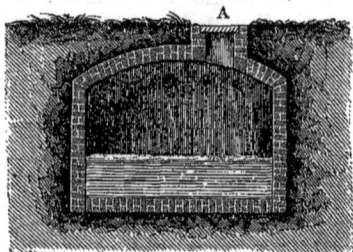

Fig. 15. — Citerne à engrais liquide de la Flandre.

2,000 à 3,000 hectolitres de matière et sont munies de deux ouvertures fermées par des volets. La plus large sert à introduire et à extraire l'engrais; l'autre, placée ordinairement du côté du nord, sert à donner de l'air et à favoriser la fermentation. Cette fermentation dure plusieurs mois et a pour but de rendre la courte-graisse plus active, plus promptement assimilable.

On la répand en automne, en hiver et au printemps, dans la proportion de 50 à 200 hectolitres par hectare, selon l'état de fertilité du terrain, selon qu'on veut donner une fumure complète ou simplement une fumure supplémentaire, selon que l'on a affaire à des récoltes industrielles très-exigeantes, ou à des récoltes qui se contentent de peu, selon enfin que l'engrais est très-puissant ou plus ou moins affaibli. Tantôt on l'emploie pure, tantôt on y ajoute de l'eau, du purin d'étable et des tourteaux.

En raison même de l'effet rapide des matières fécales, il convient de les appliquer au sol très-peu de jours avant les semailles et de les recouvrir de suite avec la herse. Quand on les applique à des récoltes levées, il faut choisir un temps couvert ou brumeux, et saisir autant que possible le moment où la reprise de végétation est sur le point de commencer.

Comme dans le nord de la France, on conduit la courte-graisse dans un tonneau, parmi les champs, et on en remplit un baquet vide, (fig. 16,

Fig. 16.

et 17) muni de crochets et transportable de distance en distance. Une fois le baquet rempli, on y

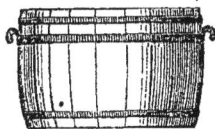

Fig. 17.

puise l'engrais avec une écope à long manche, au moyen de laquelle on le lance également à de grandes distances (fig. 18, 19, 2, 20 et 21.) Pour que la répartition soit bien uniforme, il faut nécessairement confier ce travail à des ouvriers exercés.

Dans certains cas, en temps de soleil, par exemple, l'épandage à l'écope aurait des inconvénients; l'engrais désorganiserait les feuilles des végétaux ou les salirait. Aussi, quand il s'agit de fumer du tabac ou des pommes de terre, on fait ruisseler l'engrais dans des rigoles, entre les lignes plantées, ou bien on le verse avec une cuillère dans un trou pratiqué au pied de chaque plante. M. Fouquet indique, en outre, une méthode qui nous était inconnue. — « Un homme, dit-il, porte l'engrais dans une espèce de hotte en bois, fixée sur le dos, maintenue par des courroies ou de

fortes bretelles, et munie d'un tuyau flexible à robinet, dont il peut diriger et modérer le jet à volonté. »

Dans la petite culture, on se sert, pour le transport des matières, d'une brouette chargée d'un baquet, ou bien encore de la brouette allemande (fig. 22) que nous figurons ici :

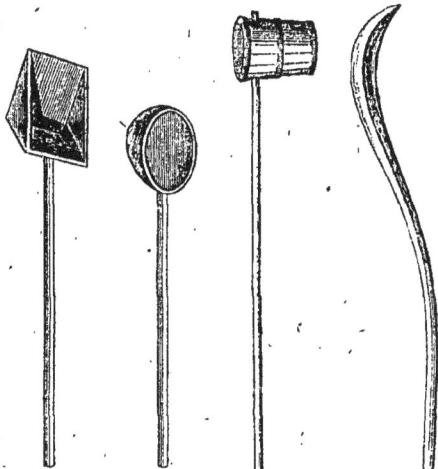

Fig. 18.   Fig. 19.   Fig. 20.   Fig. 21.

Il ne sera pas inutile de faire remarquer que,

Fig. 22.

dans la Flandre, la courte-graisse, bien que très-énergique et très-coûteuse, ne dispense pas de l'emploi du fumier de ferme. Voilà le secret des prodigieuses récoltes que l'on y obtient.

Schwerz rapporte que dans notre département des Alpes maritimes (ancien comté de Nice), chaque cultivateur entretient devant sa ferme une guérite pour engager les cavaliers qui passent à mettre pied à terre. Les Chinois vont plus loin encore, puisque, au dire de certains voyageurs, on nourrit les hommes pour avoir leurs excréments et qu'on leur fait toutes sortes de gracieusetés pour les retenir et les empêcher de les porter plus loin. En Chine, les matières fécales constituent la fumure principale, mais pour les employer, on les mêle avec de l'argile et l'on en forme des pains appelés taffo, pains que l'on vend dans toutes les villes de l'empire et que l'on pulvérise au moment de les répandre sur les récoltes. Il suit de l'usage presque exclusif de cet engrais qu'il n'y a point de mauvaises herbes parmi les champs.

Il résulte de l'analyse des matières fraiches, qu'elles contiennent du carbonate de soude, du sulfate de soude, du sel marin et des phosphates de chaux, d'ammoniaque et de magnésie. Il va sans dire que les proportions sont très-variables et qu'il existe de grandes différences de qualité entre les excréments humains. Tant vaut la nourriture de l'homme, tant valent ses déjections. Les vidanges des grands restaurants sont bien supérieures à celles des casernes, des hôpitaux et des prisons. Les vidanges allongées avec des eaux sales ne valent point les vidanges épaisses. Les cultivateurs le savent bien. — « C'est, au reste, dit Van Aelbroeck, un genre de connaissance très-commun chez les fermiers intelligents, que de savoir à quoi s'en tenir sur la qualité des vidanges, à ne les juger que d'après l'odeur et la couleur.

On nous assure que dans la Flandre et le Hainaut, les excréments solides et liquides d'un homme, par année, sont estimés 46 fr. environ.

Dans ces contrées, les jours choisis pour l'épandage de la courte-graisse sont véritablement des jours de fête, car les ouvriers reçoivent une haute paie, non pour les récompenser d'un travail répugnant, mais d'un travail assez rude. Personne ne songe à se plaindre des mauvaises odeurs qui infestent parfois l'atmosphère d'Anvers à Gand; quand, à pareille époque, il arrive à un étranger de trouver la distance un peu longue, même en chemin de fer ou de se tenir le nez dans un mouchoir parfumé, c'est à qui rira et se moquera. Cependant, soyons justes et reconnaissons qu'un voyage dans le pays de Waës, au mois d'avril ou vers la fin de mars, n'a pas tous les agréments qu'on pourrait désirer. Nous en savons quelque chose par expérience, et l'avouons tout naïvement, malgré notre amour profond pour l'agriculture et notre admiration pour les engrais. Donc, où l'habitude des choses n'est pas devenue une seconde nature, il nous semble tout naturel que l'on y regarde à deux fois avant de manier de main de maître l'engrais humain, et que l'on cherche divers moyens de le transformer de telle sorte que la vue et l'odorat ne soient plus contrariés.

La désinfection des vidanges, leur transformation en une matière qui ne répugne à personne, a son mérite sans doute, puisqu'elle fait admettre un tel engrais par ceux qui jusqu'alors l'avaient repoussé, et que la richesse publique y trouve son compte; mais elle a, en retour, l'inconvénient d'amoindrir l'énergie des vidanges en ralentissant soit leur décomposition, soit leur assimilation. Vous nous répondrez peut-être que ce que l'on perd en effet rapide, on le gagne en durée. Nous le croyons sans peine, mais les cultivateurs qui recherchent les matières fécales, préfèrent de beaucoup la rapidité de l'action à sa durée, et n'ont pas tort. Ce qu'ils veulent, avec les colzas et le tabac surtout, c'est le prompt développement de la feuille; ce qu'ils veulent, avec les céréales qui ont souffert des rigueurs de l'hiver, c'est un prompt rétablissement. Donc, en ceci, les produits désinfectés manquent le but. Notez, en outre, que tout en valant moins, sous ce rapport, que les produits non désinfectés, ils ont le désavantage de coûter beaucoup plus cher.

Maintenant que la distinction est suffisamment établie, parlons des diverses modifications que l'on a fait subir aux vidanges, afin de triompher du dégoût des populations. Nous commencerons par la *poudrette*. C'est de la matière fécale, débarrassée

de ses parties liquides, exposée à l'air pendant plusieurs années, dégagée de ses plus mauvaises odeurs et réduite à sa plus simple expression; en deux mots, voici comment on prépare la poudrette : de vastes bassins en maçonnerie ou en terre glaise et de peu de profondeur, au nombre de quatre ou cinq, sont disposés à la suite l'un de l'autre, en manière d'escalier, et communiquent entre eux par des ouvertures. On verse la matière fraîche dans le premier bassin ou bassin supérieur, puis, au bout de quelque temps, alors que la matière solide est allée au fond, on lève la vanne et la partie liquide se rend dans le second bassin, où les substances solides entraînées par l'eau se déposent à leur tour. Quand ce second bassin est rempli, on lève la vanne, et le liquide coule dans le troisième bassin pour y former un autre dépôt, et ainsi de suite jusqu'au quatrième ou cinquième bassin qui déverse sa partie liquide dans une rivière ou un puits perdu. Les matières épaisses, ainsi égouttées, sont enlevées avec des pelles de fer et placées sur une aire battue, légèrement inclinée et exposée à toutes les influences de l'air. Le soleil les dessèche, la pluie les mouille et entraîne des sels sur la pente du terrain; la fermentation s'active ou se ralentit selon l'état de l'atmosphère; les mauvaises odeurs s'exhalent peu à peu, et d'autant mieux qu'on manipule ces matières de temps à autre, qu'on les coupe, recoupe et les met sens dessus dessous. Cependant, malgré ces soins, il ne faut pas moins de trois ou quatre ans pour obtenir de la poudrette parfaite.

Dans ces derniers temps, on a proposé de substituer au procédé des bassins le procédé très-expéditif des bâtiments de graduation, dont nous n'avons pas à parler ici, parce que les projets ne sont pas des faits.

Il est évident que l'engrais humain, séparé des urines, lessivé par les pluies, maltraité de toutes les façons, a beaucoup perdu de sa richesse, lorsqu'il arrive à l'état de poudrette. Néanmoins, malgré ces pertes, il conserve encore une énergie remarquable et produit de bons effets dans les terrains argileux, à raison de 30 hectolitres par hectare. Mais il y a loin de son action à celle de la courte-graisse, et Schwerz n'a pas eu précisément tort de se moquer un peu de nous, en disant : — « La transformation d'une si précieuse substance en poudrette, à la manière des Parisiens, est un procédé dont l'utilité entrerait difficilement dans la tête d'un cultivateur allemand. Réduire à la capacité d'une tabatière un tombereau d'excréments, est d'un résultat trop puéril, à raison de la quantité de substances perdues, pour pouvoir se justifier ailleurs que dans des villes d'une étendue démesurée, et autrement que par l'impossibilité d'emmagasiner des masses trop considérables. Partout ailleurs un pareil procédé est à considérer comme le *nec-plus ultra* du gaspillage. »

Nous ne répondons pas à Schwerz, attendu qu'en agriculture on perd plus qu'on ne gagne à se constituer l'avocat d'une mauvaise cause.

Nous préférons le *taffo* à la *poudrette*, autrement dit le procédé chinois au procédé français. Il est certain qu'un mélange de vidanges fraîches et d'argile est plus riche en substances fertilisantes que de la matière lessivée et aux deux tiers usée par trois ou quatre ans de séjour à l'air. Nous le savons d'ailleurs par expérience. A Saint-Hubert (Belgique), nous avions l'habitude d'ouvrir un trou dans un tas de terre vierge, de nature argileuse, et d'y faire jeter les vidanges fraîches que l'on recouvrait aussitôt avec la terre en question, en une seule fois ou lit par lit. Au bout de quelques semaines, l'engrais avait pour ainsi dire disparu dans la terre et ne dégageait plus de mauvaise odeur. Nous n'avons eu qu'à nous féliciter de ce mélange. Alors même que la terre ne serait pas de nature argileuse, on arriverait à un résultat tout aussi complet. Oui ; mais ce procédé ne nous dispense pas du dégoût de l'extraction, et pour la plupart de nos cultivateurs, l'essentiel n'est pas de désinfecter les matières au sortir de la fosse, mais bien de les désinfecter avant l'extraction, sans quoi, dans un grand nombre de localités, on aurait de la peine à faire exécuter cette besogne.

Un industriel, M. Salmon, eut le premier l'idée de désinfecter les matières fécales dans la fosse même, au moyen d'une poudre charbonneuse. Quelque temps après, en 1834, un pharmacien de Meaux, M. Siret, voulut obtenir une désinfection plus complète et se servit, à cet effet, d'une poudre composée de charbon de bois, de couperose verte ou sulfate de fer, de sulfate de zinc et de plâtre. Le succès ne laissa rien à désirer et l'Institut décerna une récompense de 1,500 fr. à l'auteur de cette découverte. Avec 15 grammes de la poudre Siret, délayée dans un demi-litre d'eau, on peut chaque jour désinfecter les déjections d'une personne. Donc, une dose de 45 à 60 grammes par jour, valant moins de 5 centimes, suffirait à un ménage de trois à quatre personnes. Le procédé, malgré son mérite réel, ne s'est point vulgarisé, peut-être parce que l'introduction journalière du liquide désinfectant dans les fosses devenait une sujétion. On est donc revenu au procédé Salmon, après l'avoir modifié et amélioré. On a remplacé le poussier de charbon par des terres calcinées et des résidus de fabrique renfermant de l'acide sulfurique ou huile de vitriol, avec lesquels on brasse la matière fécale à sa sortie des fosses. Vers 1846 ou 1847, un essai de ce procédé eut lieu à Dijon sous nos yeux. En moins de cinq minutes, l'odeur des matières et leur consistance pâteuse disparurent, et l'on obtint une sorte de terre bien sèche, tout-à-fait inodore et que chacun pouvait employer sans répugnance. Voilà l'engrais connu sous le nom de *noir animalisé*, *engrais Salmon* et *engrais Baronnet*. On a dit que 15 hectolitres, à raison de 5 fr. l'hectolitre, suffisaient pour fumer un hectare ; c'est une grosse erreur. Il n'en faut pas moins de 30 à 40 hectol.

Tout en reconnaissant le mérite du procédé perfectionné, nous faisons observer qu'il a sur le procédé primitif de Salmon et sur celui de Siret un désavantage capital, celui de ne pas triompher du dégoût que provoque l'extraction des matières. S'il convient à des vidangeurs de profession, il ne saurait convenir à des cultiva-teurs ; nous adressons le même reproche au procédé de M. Corne. L'essentiel pour nous, c'est que l'opération se fasse dans les fosses. On y réussit par divers moyens que nous allons indiquer rapidement.

Vous pouvez acheter, en fabrique ou chez un pharmacien de la ville, de la couperose verte ou sulfate de fer, comme disent les chimistes. Si vous avez à désinfecter une centaine de litres de matières, par exemple, vous ferez dissoudre 2 ou 3 kilogr. de cette couperose dans de l'eau chaude, mais en vous servant d'une chaudière ou d'une marmite au rebut, attendu que la couperose est un poison. Aussitôt la dissolution faite, vous y jetterez quatre ou cinq poignées de chaux, autant de charbon de bois pilé, deux ou trois pelletées de suie ; vous verserez le tout dans la fosse, et vous remuerez avec un bâton. La mauvaise odeur disparaîtra comme par enchantement.

Vous pouvez encore adopter la recette de M. Girardin : — « Pour 3 hectolitres de matières stercorales, dit-il, on projette dans les latrines, en remuant avec un grand bâton, 12 kilog. de poussier de charbon, 1 kil. de plâtre cru et 1 kil. de couperose médiocre, réduits en poudre fine, et intimement mélangés à l'avance. Les matières peuvent être ensuite extraites sans qu'il se répande au dehors la moindre émanation désagréable. La dépense ne s'élève pas à 1 fr. 50, et la poudrette, qu'on obtient ainsi, a une efficacité bien supérieure à celle de la poudrette ordinaire et du noir animalisé du commerce. »

Rien qu'avec un mélange de poussier de charbon, ou de tourbe bien sèche, de sciure de bois, de tannée, de plâtre et de terre cuite, on obtiendrait la désinfection des fosses d'aisances. A défaut de tannée, on pourrait se servir de balles d'orge ou d'avoine. Suivant M. Schmitt, 133 litres de charbon de bois en poudre suffisent pour désinfecter 10 hectolitres de matières.

Enfin, avec 12 kil. de plâtre cuit et pulvérisé et 2 kil. de poussier de charbon, on désinfecte et l'on solidifie de suite l'engrais humain produit dans une année par un individu.

Colombine. — La colombine, dans la véritable acception du mot, ne comprend que les déjections du colombier, que les excréments de pigeons. Très-fréquemment, cependant, on comprend sous cette désignation les déjections de tous les oiseaux de basse-cour, ce qui est un tort, attendu qu'elles ne se valent pas indistinctement et qu'il y a une distinction à établir. Les excréments de pigeons sont supérieurs à ceux des poules et des dindons, et ceux des poules et des dindons sont bien préférables à ceux des oies et des canards. Cette différence paraît tenir aux divers modes d'alimentation. La nourriture des pigeons, qui se compose surtout de graines sèches et riches, fournit nécessairement un engrais moins aqueux, plus chaud, plus puissant que la nourriture des autres volatiles, dans laquelle il entre plus ou moins d'herbe.

La colombine possède, sur la plupart des autres engrais, l'avantage de n'être exposée ni au soleil ni à la pluie et de conserver, ainsi à couvert dans les pigeonniers, toute sa richesse et toute sa force. Il n'est pas un seul cultivateur qui méconnaisse son activité ; mais comme on ne peut se le procurer que par petites quantités, n'en a pas qui veut, et on ne l'applique d'habitude qu'à titre d'engrais auxiliaire, sur des cultures de printemps ou sur des récoltes qui ont pâti des rigueurs de l'hiver, afin de les relancer vigoureusement.

« Lorsqu'on a un colombier dans l'exploitation, écrit M. de Dombasle, on ne doit jamais mêler aux autres fumiers celui qu'on en retire ; on doit faire sécher la colombine, si elle n'est pas bien sèche lorsqu'on la recueille, la réduire ensuite en poudre au moyen du fléau ou de toute autre manière, et la répandre à la main sur les récoltes en végétation, ou au moment de la semaille, au mois de mars ou d'avril, sans l'enterrer ; de cette manière, elle produit bien plus d'effet qn'en la mêlant aux autres fumiers. »

— « La colombine, écrit de son côté M. Boussingault, est connue pour un engrais chaud, tellement actif qu'il faut en user avec prudence. Le fumier de pigeons convient à toutes les cultures. Les cultivateurs flamands (France) se procurent la colombine dans le département du Pas-de-Calais, où il existe de nombreux pigeonniers. On loue un pigeonnier à raison de 100 francs par an, pour la fiente de 600 à 650 pigeons ; c'est ordinairement la charge d'une voiture. Dans les environs de Lille, on emploie particulièrement cet engrais sur le lin et le tabac. Selon M. Cordier, la fiente de 700 à 800 pigeons suffirait pour fumer un hectare de terrain. On peut juger la valeur de la colombine par la forte proportion d'azote qu'elle renferme : celle de Bechelbronn en contient 8,33 pour 100. Ce résultat ne doit pas surprendre, quand on sait que la matière blanche qui se trouve mêlée à la fiente des oiseaux est de l'acide urique presque pur. »

Schwerz, dont l'autorité ne doit jamais être oubliée, conseille de faire litière aux pigeons et aux poules avec des balles de grains, de la sciure de bois, du sable, des chenevottes ou de la paille de lin, d'y recevoir les déjections de la volaille, d'enlever souvent ce fumier et de le conserver en lieu couvert jusqu'au moment de s'en servir. D'après lui, la colombine répandue avec la semence des céréales, produit sur les terrains humides, froids et tenaces, les plus grands effets qu'il soit possible d'obtenir d'un engrais quelconque. Il l'a appliquée avec beaucoup de succès sur le trèfle, en mélange avec de la cendre de houille. Il recommande de l'employer par un temps calme, un peu humide mais non mouillé. Sur ce point, d'ailleurs, tous les praticiens sont d'accord.

M. Fouquet nous dit que dans les Flandres belges, la colombine est surtout recherchée pour les plantes industrielles, telles que lin, colza, etc. ; quand on peut se la procurer en quantités suffisantes, on s'en sert de préférence pour les récoltes de lin, à la dose de 20 à 25 hectolitres par hectare. Sur les céréales en retard, on se contente d'une dose de 6 à 10 hectolitres.

Olivier de Serres, qui tenait la colombine en haute faveur, affirmait qu'elle convenait essentiellement aux vignes et qu'elle donnait de la qualité aux vins. M. le comte Odart lui attribue, au contraire, une influence fâcheuse et recommande de ne pas l'employer seule sur les vignes. Nous appelons donc sur ce point l'attention des vignerons de la Haute-Garonne qui l'appliquent communément au potager, au lin et à la vigne.

La colombine fraîche ne convient pas aux récoltes ; il faut de toute nécessité qu'elle soit desséchée et pulvérisée le mieux possible. Dans les temps de sécheresse soutenue, elle n'agit pas ou n'agit guère ; quand une pluie arrive quelques jours après l'épandage, l'effet est rapide et merveilleux ; mais par cela même que l'effet est rapide, il a peu de durée. Le plus souvent, on sème la colombine sans l'enterrer ; quelquefois cependant on la recouvre par un léger coup de herse. On perd beaucoup à trop la recouvrir.

Dans la culture potagère, la colombine rend de grands services. Voici, selon nous, la meilleure manière de s'en servir : On la pulvérise bien et l'on en jette quelques poignées dans l'arrosoir. On la délaye dans l'eau et l'on arrose avec le goulot le pied des plantes que l'on veut pousser. Elle précipite le développement de tous les légumes, mais son effet est surtout remarquable sur les plantes de la famille des cucurbitacées, telles que courges, pâtissons et concombres, et aussi sur les oignons.

Poulaitte ou **poulinée.** — C'est le nom que l'on donne aux déjections des poules et des dindons. La poulaitte ne vaut pas la colombine, mais elle s'en rapproche beaucoup. On doit s'en servir exactement de la même manière, sur les mêmes récoltes et dans les mêmes circonstances. Nous ajouterons qu'elle est très-favorable au chanvre, et, à ce propos, nos lecteurs se rappelleront que le chènevis fait assez souvent partie de la nourriture des poules. L'application de la poulaitte aux chenevières est donc une restitution normale.

Les excréments d'oies et de canards ne sont recueillis qu'accidentellement, parce que ces volatiles sont plus souvent hors de la ferme que dans l'intérieur. Quand on nettoie les loges, on doit jeter les déjections sur le fumier, ou dans l'eau des citernes. On les redoute beaucoup sur les prairies, parce qu'elles y tombent à l'état frais ; il en serait ainsi des déjections de pigeons et de poules, appliquées dans le même état. Donc, de ce que les excréments de canards et d'oies surtout font du mal à l'herbe, il ne faut pas conclure au rejet pur et simple de ces excréments. S'ils étaient desséchés, ils ne seraient pas à dédaigner.

Guano. — On nous permettra de ne point classer cet engrais parmi ceux du commerce. Si les hommes l'exploitent, le transportent et le vendent, il n'en est pas moins vrai qu'ils ne sont pour rien dans sa fabrication, à moins qu'ils n'y mettent de temps à autre la main pour le frauder. Ce sont les oiseaux de mer qui l'ont fait ; c'est une colombine, une poulaitte particulière, un amas d'excréments qui datent de plusieurs siècles et qui rendent aujourd'hui de signalés services à l'agriculture. Ces excréments sont-ils fossiles ou ne le sont-ils pas ? Peu nous importe, ceci n'est point notre affaire; l'essentiel c'est qu'ils fassent pousser de bonnes récoltes et ne coûtent pas trop cher, car en agriculture, nous cherchons le bénéfice net avant la gloire, et du moment que le prix de revient des fumures compromettrait le profit, nous en ferions peu de cas.

Il en est du guano comme de tous les engrais. Sa qualité est nécessairement subordonnée à la nourriture des oiseaux qui l'ont fourni et aux circonstances au milieu desquelles il s'est conservé jusqu'à ce jour. Les oiseaux de mer qui ont le mieux vécu ont fourni le meilleur guano; les climats sous lesquels il est tombé le moins de pluies sont ceux qui naturellement possèdent les dépôts de guano les moins lessivés et par conséquent les plus riches en sels solubles et les plus énergiques. On s'explique, d'après cela, les distinctions de valeur établies entre les différents guanos, selon les lieux de provenance.

Les principaux dépôts de guano se trouvent dans certaines îles de la mer du Sud, sur les côtes du Pérou et sur quelques points de la côte d'Afrique. M. de Humboldt qui avait été témoin des excellents résultats obtenus chez les Péruviens avec cet engrais, le signala de suite à l'attention des cultivateurs de la vieille Europe, dans les premières années de ce siècle, mais l'introduction se fit longtemps attendre. Il n'y a pas plus de quinze à vingt ans que nos cultivateurs connaissent cet engrais. Aujourd'hui, la consommation que l'on en fait est énorme; malheureusement, l'appât du gain et la fièvre de la concurrence ont amené la fraude et affaibli la confiance des cultivateurs. Il existe sans doute des moyens de distinguer le guano pur du guano falsifié, mais les praticiens ont bien rarement recours à ces moyens qui ne leur paraissent pas assez expéditifs. Leur grand tort, à nos yeux, c'est de courir au bon marché. A notre avis, quant à présent, les meilleurs guanos sont précisément ceux qui coûtent le plus cher. Nous consignons un fait, rien de plus, fait qu'il serait imprudent de convertir en règle invariable. Les cultivateurs n'ont ni le temps nécessaire, ni les connaissances voulues pour dépister les fraudeurs d'engrais; ce travail délicat incombe naturellement à l'administration, à titre de devoir. Là composition des guanos du Pérou et d'Ichaboë est connue; on peut donc les prendre pour types.

Les bons guanos contiennent surtout des phosphates terreux et des sels ammoniacaux, auxquels il faut ajouter des sels de soude, de potasse, du plâtre ou sulfate de chaux, de l'humus et de l'eau. Hodges nous dit que dans les contrées, comme le Pérou, où il pleut rarement, les parties solubles des excréments desséchés par la chaleur du soleil subsistent pendant des siècles et que les matières qui contiennent de l'azote, ne se changent pas en composés volatils, de sorte que l'odeur d'ammoniaque se fait à peine sentir dans les échantillons bien conservés de guano du Pérou, tandis que ceux qu'on apporte des endroits qui ne sont pas situés aussi favorablement pour leur conservation, ne contiennent presque plus de sels alcalins et répandent une forte odeur d'ammoniaque par la décomposition des matières azotées.

Le guano agit rapidement et dure peu. Il ne doit pas dispenser de l'emploi des fumiers ordinaires; les cultivateurs flamands ne l'ignorent pas et ne s'en servent qu'à titre d'engrais supplémentaire qu'ils sèment à raison de 300 ou 400 kilos par hectare, en automne, en hiver et surtout au printemps, parce que l'humidité de ces saisons favorise l'action de cet engrais pulvérulent. Quand on le répand sur une terre nue, on le recouvre de suite par un léger trait de herse, puis on ensemence; quand on le répand sur des récoltes levées, on se dispense de l'enterrer. M. Fouquet constate que dans les Flandres on applique le guano aux céréales d'automne et de printemps, aux betteraves, aux pommes de terre, au colza, aux jeunes trèfles; mais on l'évite dans la culture du lin, en terre légère surtout, parce qu'il altère là qualité de la filasse. Le guano est plus favorable au développement de la feuille qu'à celui de la graine.

Nous ajouterons que le guano produit d'excellents effets dans les champs de maïs et sur les prairies naturelles. Dans les Campines anversoise et limbourgeoise, où l'on crée d'immenses prairies, on l'a employé d'abord isolément sur les terres sablonneuses; mais on a remarqué qu'il ne faisait prospérer que la houque laineuse et la flouve odorante, tandis que toutes les autres graminées, ainsi que le trèfle et la lupuline, disparaissaient presque aussitôt levées. On l'a mélangé ensuite avec de la terre argileuse, et le succès a été complet. Ces faits, rapporte M. l'ingénieur Keelhoff, se sont produits sur deux prairies, l'une de 160 et l'autre de 80 hectares, où le guano avait été employé pour unique fumure; mais dès qu'il est accompagné d'un amendement argileux, ces phénomènes ne se présentent plus, et dès lors toutes les variétés de graines confiées au sol acquièrent la même vigueur.

Aujourd'hui, bien que le guano soit encore semé isolément dans beaucoup de localités, il est reconnu qu'il y a profit à l'utiliser en mélange avec d'autres substances. M. Huxtable, qui occupe un rang distingué parmi les agronomes anglais, a conseillé le mélange suivant quelques semaines avant les semailles: parties égales de guano, de sel marin et de plâtre. De bons fermiers anglais se contentent d'ajouter au guano des cendres de plantes marines; en Écosse, il est résulté d'essais comparatifs faits avec le plus grand soin que 10 000 à 14 000 kilogrammes de fumier de ferme mêlés avec 150 et jusqu'à 250 kilogrammes de guano donnaient une récolte plus considérable que 30 000 à 40 000 kilogrammes de fumier seul, et laissaient le terrain dans un état sinon plus, du moins aussi favorable pour les récoltes suivantes, avec moitié moins de dépenses pour l'engrais.

On peut se contenter de mélanger le guano avec trois ou quatre fois son volume de terre ordinaire bien divisée, ou avec un volume égal de cendres lessivées, ou avec du plâtre, ou avec du sel marin.

On a dit à ce propos que le principal mérite du plâtre et du sel marin consistait à retenir une partie des sels volatils du guano. Cette explication ne saurait nous satisfaire, puisque la charrée produit l'effet contraire, ce qui ne l'empêche pas de constituer avec le guano un excellent mélange. Nous croyons, nous, que dans certains cas, les substances ajoutées au guano en favorisent l'action par leurs propriétés hygrométriques, et que, dans d'autres cas, elles apportent leur contingent de matières fertilisantes à des guanos plus ou moins faibles.

Comme tous les engrais pulvérulents, le guano n'agit bien qu'à la condition de recevoir suffisamment d'eau pour s'y dissoudre ; les années d'extrême sécheresse lui sont donc défavorables.

Dans le jardinage, le guano pourrait rendre d'importants services ; mais, au lieu de l'utiliser à l'état sec et à de fortes doses, il faut le délayer dans l'eau de l'arrosoir, à raison d'une poignée d'engrais par chaque arrosoir, et renouveler l'opération tous les huit jours pendant les deux premiers mois de la végétation. Par ce procédé, on obtient de très-beaux résultats sur tous les légumes, notamment sur les courges, concombres, poireaux, navets et choux de toutes les sortes. Quand on ajoute à l'eau d'arrosage un peu de jus de fumier, dans lequel on a fait dissoudre un peu de sel de cuisine, les résultats deviennent encore plus remarquables ; dans la culture des ognons, nous mélangeons le guano avec de la suie et des cendres lessivées, et le répandons sur les planches, à la volée, au moment où la pluie commence à tomber, parce que nous ne pouvons pas nous servir du goulot de l'arrosoir dans ce cas particulier, comme nous le faisons avec les poireaux ou les choux.

Excréments des moutons parqués. — Le plus ordinairement, les déjections solides et liquides des animaux de la ferme sont reçues sur de la

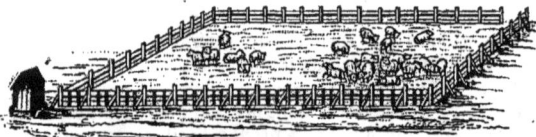

Fig. 23. — Parc à moutons, avec cabane du berger.

litière, dans les étables, écuries et bergeries, et forment, avec cette litière, nos fumiers de basse-cour. Cependant, dans beaucoup de cas, les déjections de ces animaux sont reçues sur le terrain même qu'elles sont destinées à fumer, ou recueillies sur les chemins que parcourt le bétail. C'est ce qui arrive dans les pays de pâturages où les vaches et les bœufs, par exemple, payent en excréments et urines l'herbe qu'ils consomment ; c'est ce qui arrive avec les moutons soumis au procédé connu sous le nom de *parcage*. Sur divers points de la France, et notamment dans un rayon assez rapproché de Paris, il est d'usage de parquer les troupeaux de moutons parmi les champs, quelque temps avant de les ensemencer. A cet effet, on les emprisonne, pendant la nuit, au moyen de clôtures mobiles. L'espace renfermé porte le nom de *parc* (*fig.* 23).

Les clôtures mobiles qui forment le parc sont de diverses sortes. Quand les loups ne sont pas à

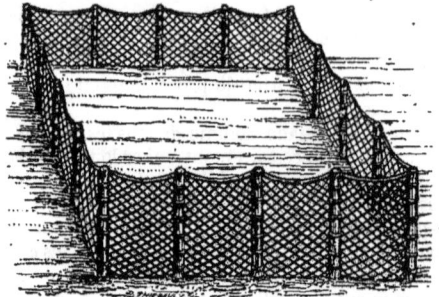

Fig. 24. — Parc en filets, du Midi.

craindre, on peut se contenter d'un grossier filet, à larges mailles, fixé à un certain nombre de pieux comme dans la figure 24. Quand, au contraire, les loups donnent de l'inquiétude, il convient d'établir des parcs solides, soit avec des claies d'osier ou de coudrier, comme on en voit dans le Nord

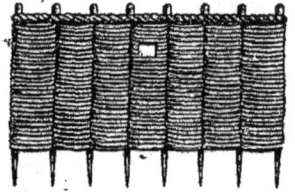

Fig. 25. — Claies en bois employées dans le Nord.

(*fig.* 25) ; ou mieux encore avec des palissades, soutenues par des crosses en bois blanc recourbé que l'on fixe à l'aide de chevilles en bois ou en fer (*fig.* 26). On donne à chaque claie ou morceau de palissade une hauteur de 1ᵐ,50 environ sur 2 ou 3 mètres de longueur, selon le poids de la charpente.

La plupart des auteurs qui ont traité du parcage, ont reproduit mot pour mot, ou à peu près, l'article de Tessier, inséré dans le *Dictionnaire* de Déterville. Il eût été difficile de puiser à meilleure source ; mais il eût été en même temps convenable de l'indiquer. C'est ce qui n'a pas été fait, et nous protestons contre cet oubli volontaire. Voici les passages les plus importants de l'article de Tessier : — « Avant de commencer à

Fig. 26. — Claies munies de crosses.

parquer une pièce de terre, on la laboure deux fois, afin de la mettre en état de recevoir les urines et la fiente des animaux.

« L'étendue d'un parc est proportionnée au nombre des bêtes qu'on y renferme, à leur taille et à leur espèce, à l'abondance de la nourriture qu'elles trouvent ; à la saison de l'année et enfin à la nature du sol à parquer.

« Plus le nombre des bêtes est considérable, plus on doit employer de claies ; il faut que les bêtes ne soient pas trop à l'aise dans le parc ; il faut aussi qu'elles n'y soient pas gênées.

« De grandes bêtes, telles que les flamandes, à nombre égal, exigent un plus grand parc que des berrichonnes, des solognotes, des bocagères.

« On observera que les brebis, dont la fiente n'est pas sèche, et qui urinent fréquemment, parquent mieux que les moutons ; la différence est de 1/26 ; leur enceinte, par conséquent, doit être un peu plus étendue. Les bergers connaissent bien cette différence ; ils savent qu'en général les brebis mangent davantage ; elles ont le ventre et les estomacs plus amples que les moutons. La constitution physique de ces derniers exige une attention particulière de la part du berger, quand il veut les faire passer d'un parc dans un autre. Les brebis, dès qu'on les fait lever, fientent et urinent ; les moutons sont plus longtemps à se vider. Il ne faut donc pas les presser d'en sortir, après les avoir fait lever, si le parc qu'ils quittent n'est pas suffisamment fumé.

« Lorsqu'on parque au printemps ou dans des pays remplis d'herbes aqueuses, les bêtes à laine rendent plus d'excréments ; alors on resserre moins leur parc.

« Enfin si le sol, sur lequel on parque, a précédemment été bien amendé, ou se trouve de bonne qualité, ou a été longtemps en repos, on parque moins fortement que dans les terrains maigres, ou qu'on n'a pas laissés reposer.

« Il y a plus d'avantage à parquer un grand troupeau qu'un petit. L'engrais du parcage est préférable à celui du fumier de bergerie.

« L'engrais du parcage est sensible les deux premières années. Le froment qu'on met d'abord dans le champ parqué, et le grain qui lui succède, viennent mieux que s'il était engraissé par tout autre fumier. Dans les pays de grande exploitation, les fermiers ne font pas parquer deux fois de suite la même terre, parce que, ne pouvant parquer qu'une petite partie de leur sol, ils veulent faire jouir tour à tour toutes leurs terres des mêmes avantages.

« On ne doit point entreprendre de parquer avant qu'il y ait aux champs une suffisante quantité de pâturage. La circonstance du parc augmente du double l'appétit des bêtes à laine. Selon le plus ou moins de ressources d'un pays, on a des raisons d'accélérer ou de retarder le parcage. »

Tout le monde n'est pas d'accord sur les avantages du parcage. Pour notre compte, nous le croyons avantageux toutes les fois que la litière manque, ou que les terres à fumer sont éloignées de la ferme, ou bien encore lorsqu'elles sont d'un accès difficile aux voitures. — M. Fouquet, d'accord en ceci avec la plupart des bons praticiens, pose en fait que 4 000 à 4 400 moutons convenablement nourris et pesant de 30 à 40 kilogrammes, peuvent fumer un hectare de terre dans l'espace d'une nuit, et que sur une semblable fumure, on peut espérer une très-belle récolte. — « Dans une ferme des environs de Paris, dont nous avons eu occasion de suivre la culture, dit-il, on employait 8 333 moutons, du poids de 35 kilogrammes en moyenne, au parcage d'un hectare. A l'époque du parcage, les animaux pâturaient sur des mélanges de vesces, de pois, de gesses, etc., et recevaient, par conséquent, une très-bonne nourriture. La fumure, évaluée à 15 000 kilogrammes du meilleur engrais de ferme, fournissait à deux bonnes récoltes, l'une de colza et l'autre de froment. — Chaque mouton parquait 12/10 de mètre carré en une nuit, c'est-à-dire que dans cet espace de temps, avec 100 moutons on parquait 120 mètres carrés. »

Mathieu de Dombasle trouve que le parcage est avantageux aux terres légères, attendu qu'elles ne sont pas seulement fumées, mais qu'elles sont, en outre, consolidées par le piétinement du troupeau. Cette appréciation du grand maître nous paraît un peu hasardée. Nous savons bien que le piétinement est favorable aux terres légères, et que les effets en restent marqués, même lorsque le sol piétiné a été rompu pour l'ensemencement, comme on est obligé de le faire après un parcage ; mais nous savons bien aussi que les excréments du parc conviennent surtout aux terrains compactes et frais qui, d'un autre côté, peuvent souffrir du piétinement. A notre avis, il ne faut pas se fier aux engrais d'un effet rapide, lorsque l'on a affaire à des sols légers et à des climats doux. Il suffit d'un printemps chaud pour empêcher l'effet de se produire. Nous pensons que le parcage devrait être appliqué surtout aux argiles sableuses.

Les récoltes qui viennent sur un parcage ont le mérite de n'être point salies par les mauvaises herbes. C'est à considérer.

Les colzas, navettes, navets, ainsi que l'avoine, réussissent bien sur les champs qui ont été parqués. Le froment y devient sujet à la verse, et sa farine laisse à désirer ; l'orge y prospère, mais les brasseurs ne se soucient pas d'en utiliser le grain.

On ne se contente pas d'établir des parcs sur des terres labourées à l'approche des semailles ; on parque aussi sur un vieux gazon ou sur des éteules de trèfle avant de les rompre ; on parque enfin sur des céréales de printemps, aussitôt la graine en terre et même après la levée. Dans ce dernier cas, les terrains légers doivent largement profiter de l'opération, car le piétinement sur semis entretient la fraîcheur dans le sol, facilite la levée, aide à la dissolution de l'engrais et lance vigoureusement la végétation.

Excréments du cheval ou **crottin de cheval.** — Dans la grande culture, le crottin de cheval n'est pas employé isolément, et, chose étrange, les cultivateurs de certaines contrées en font peu de cas et disent qu'il n'a point d'énergie. Où les chevaux urinent, parmi les champs, ajoutent-ils, les plantes prennent un développement extraordinaire et une couleur vert foncé, tandis que, où ils fientent, il n'y paraît point. Quel que soit notre respect pour les observations des praticiens, il nous en coûte de croire à l'exactitude parfaite de cette dernière. Nous voulons bien admettre que le crottin tombé sur les champs ou sur les pâturages n'a pas l'énergie de celui des écuries qui éponge nécessairement les urines et leur emprunte de la force, mais il n'en est pas moins vrai que le crottin seul a plus de valeur qu'on ne lui en accorde; et il n'est pas nécessaire d'ajouter que cette valeur est en raison de la qualité des aliments donnés aux animaux et de l'âge de ceux-ci. Le crottin des poulains est inférieur à celui des bêtes d'un âge mûr.

Les pauvres gens ramassent le crottin de cheval sur les routes et les chemins, et en tirent le meilleur parti possible sur leur petit coin de terre.

Nous avons connu et connaissons des amateurs de fleurs qui se louaient et se louent de l'emploi de cet engrais dans les terrains argileux ou frais. On s'en sert aussi pour produire les champignons.

Le crottin de cheval, quand il provient d'animaux qui mâchent imparfaitement l'avoine, renferme plus ou moins de graines inattaquées qui germent, salissent le sol et entraînent des sarclages. Voilà son principal inconvénient.

Excréments de vaches ou bouses de vaches. — Ces excréments sont plus recherchés que ceux du cheval; mais il est évident que les bouses recueillies isolément ne valent pas les bouses mêlées au fumier d'étable, car ces dernières sont toujours associées aux urines.

En France, dans le pays de Bray (Seine-Inférieure), on parque les vaches pour fumer les herbages. En moyenne, rapporte M. Girardin, 10 vaches peuvent parquer par jour 1 are 50 centiares de terrain. En Angleterre, où l'on fait pâturer des champs de navets, les bouses et les urines fument directement le sol. Autre part, toujours dans les pays de pâturage et d'embauges, les cultivateurs ont soin d'étendre le mieux possible les bouses que les vaches ou les bœufs y déposent par tas.

En Bretagne, où, à défaut de meilleur combustible, on brûle des quantités considérables de bouses desséchées, on emploie les cendres pour la culture du sarrasin, du trèfle et des prairies naturelles; les acheteurs ne les payent que le tiers du prix des cendres de bois.

Il y a dix ans, on pouvait, dans l'Ardenne belge, se procurer un tombereau de bouses de vaches pour 1 fr. 50 centimes, dont 50 centimes pour le pâtre qui ramassait les excréments dans les bruyères communales, et 1 fr. pour le transport. Quoique pauvre, en raison de la maigre nourriture des bêtes, cet engrais nous a rendu de bons services dans la préparation des composts et dans la culture des champignons.

Dans cette même Ardenne, où l'on perd cependant des quantités considérables d'engrais, on attache aux bouses de vaches fraîches une importance incroyable. Ainsi, à Saint-Hubert, par exemple, au moment du passage du troupeau communal, les ménagères, pauvres ou aisées, munies du balai de bouleau et de la pelle en fer, sont à l'affût des déjections solides, chacune devant sa porte. Les plus intrépides emboîtent le pas aux bêtes et ne donnent pas même aux bouses le temps de tomber sur le pavé; elles les reçoivent sur la pelle, et assez souvent dans les deux mains. Elles jettent ces bouses sur le tas de fumier, ou bien elles en forment un compost à part.

En Angleterre, dans les fermes où il existe des étables à claire voie, les déjections solides et liquides des vaches sont reçues dans des citernes et utilisées sans litière.

En Hollande, la bouse de vache est très-recherchée pour préparer les composts du potager.

Fumier des pauvres. — Sur quelques points des Flandres belges, on donne ce nom aux mélanges de bouses de vaches et de crottin de cheval, ramassés sur les grandes routes et mis en tas par de pauvres gens. Au dire des populations, ce fumier porte bonheur aux cultivateurs qui l'achètent et aux terres qui le reçoivent; nous ne savons rien de plus. Préjugé ou vérité, nous nous inclinons respectueusement.

Urine humaine. — De l'aveu de tous les savants et de tous les bons praticiens, l'urine humaine est un engrais très-énergique et excellent sous tous les rapports, parce qu'il est composé d'éléments bien variés et que la diversité des vivres est aussi avantageuse aux plantes qu'aux hommes et aux bêtes. On trouve dans l'urine une substance azotée que l'on nomme urée, des sulfates de potasse et de soude, des phosphates de soude, d'ammoniaque, de chaux et de magnésie, du chlorhydrate ou muriate d'ammoniaque, du chlorure de sodium ou sel marin, etc., etc., sans compter l'eau, bien entendu, qui entre dans la composition pour plus de 90 sur 100. Il est évident que les urines ne se valent pas toutes indistinctement, et que les plus riches ne sont ni celles des buveurs d'eau, ni celles des gens qui font maigre chère; plus l'alimentation est puissante et la boisson généreuse, plus l'urine a de prix. Ce n'est pas seulement la théorie qui le dit, c'est surtout la pratique qui le démontre. Il y a une-quinzaine d'années, alors que nous fabriquions des composts avec la plupart des substances fertilisantes, perdues dans la ville de Beaune (Côte-d'Or), nous avons pu juger de la différence de force qui existait entre l'urine recueillie chez les cabaretiers où l'on boit du vin et celle recueillie dans les cafés où l'on boit beaucoup de bière.

Dans les contrées, où l'on se sert des vidanges fraîches et de la courte-graisse, les urines des latrines sont nécessairement utilisées en même temps que les déjections solides, mais partout ailleurs elles sont perdues ou gaspillées. Il nous revient à la mémoire qu'en 1845, les eaux de fosses d'aisances faisaient le désespoir des vidangeurs dans le département de la Côte-d'Or, et qu'ils nous les amenaient à un kilomètre de la ville de Beaune, à raison de 10 centimes l'hectolitre. Il y a lieu de croire que nous aurions pu les obtenir à moitié prix et même gratuitement, car alors les gardes-champêtres surveillaient activement les vidangeurs et ne les ménageaient pas quand ils les surprenaient à vider leurs tonnes d'eaux-vannes, en pleine nuit, sur des terres nues ou emblavées, afin de s'en débarrasser au plus vite. Il va sans dire que les gardes-champêtres en question n'avaient pas tort, parce que le liquide, employé à folle dose sur des espaces restreints, stérilisait ou détruisait au lieu de féconder ; mais il était regrettable de voir perdre ainsi, depuis nous ne savons quelle date reculée, un engrais, dont on aurait pu tirer sans frais, un parti extrêmement avantageux.

Presque partout, les urines du personnel de nos fermes sont perdues, quand il serait si facile de les jeter chaque matin ou de les recevoir à toutes les heures du jour dans une tonne placée à l'un des angles de la cour ou autre part. A loisir, rien n'empêcherait d'en arroser des tas de mauvaise terre ou de boues de chemins. On a calculé qu'un homme fournissait, en moyenne, par année, 450 kilogrammes d'urine. Or, même en faisant une très-large part à ce qui s'en perd hors de la ferme, il n'en reste pas moins certain qu'un ménage de cinq ou six personnes n'aurait pas de peine à se créer avec de l'urine humaine, de la terre ou des boues, un compost qui remplacerait au besoin un tas de fumier valant plus d'une centaine de francs. Notez, en passant, qu'un compost ainsi préparé, agirait merveilleusement, en raison de sa richesse en phosphates, sur les froments, les colzas, les navets, les choux et les prairies naturelles fatiguées.

Il est à remarquer que l'urine fraîche ne vaut pas à beaucoup près, comme engrais, l'urine qui a fermenté et vieilli. Cependant, cette dernière est incontestablement moins riche que la précédente en azote. Dans le cas où l'on jugerait à propos de fumer les plantes avec l'urine seule, il serait prudent de l'étendre de trois ou quatre fois son volume d'eau ordinaire et de pratiquer l'arrosage par un temps couvert ou pluvieux.

Urine des animaux. — Où l'urine du bétail tombe, sur les pâturages et parmi les champs, les plantes poussent plus vigoureusement qu'autre part ; donc, l'urine du bétail est un engrais énergique. Cependant, elle ne vaut pas celle de l'homme. Le plus généralement, en France, l'urine des animaux est épongée par les litières et fait partie de nos fumiers de ferme ; mais, quelque abondante et absorbante que soit la litière, il faut reconnaître qu'elle ne prend pas tout, que des égouts en quantité notable descendent jusqu'au sol des étables et écuries, que la terre s'en imprègne en pure perte et qu'il y aurait toujours profit à recevoir cet excédant d'engrais liquide dans un réservoir quelconque. On pourrait, à la rigueur, et dans certains cas, s'en dispenser, en plaçant sous la litière une couche plus ou moins épaisse de terre meuble ou même de gazon, mais il n'est pas donné à tous les cultivateurs de mettre cette méthode en pratique.

Lorsque l'on nourrit beaucoup de vaches à l'étable, surtout avec des fourrages verts, des racines, des pulpes et de la drèche, l'urine devient tellement abondante que la meilleure litière ne suffirait pas à l'éponger, et alors il est absolument nécessaire d'ouvrir des réservoirs maçonnés ou *pissotières*, comme nous disons du côté de Lille, pour recevoir l'urine qui n'est point absorbée. — « Bien que, dit Schwerz, suivant les expé-

riences auxquelles je me suis livré, l'urine de vache ne contienne que 5 et l'urine de cheval que 6 pour 100 de substances fertilisantes solides, il ne faut pas en conclure que le reste n'a ni plus ni moins de force que l'eau ; car, à ce compte, une charge de fumier de cheval équivaudrait, quant à ses effets, à vingt charges égales d'urine de cheval, ce que n'admettrait certainement pas le cultivateur le moins expérimenté.

« Quelque cas que l'on fasse de la science de messieurs les chimistes, on ne peut pas toujours, dans la pratique, s'en reposer sur les résultats de leurs analyses. Pourquoi, par exemple, 100 livres de trèfle vert nourrissent-elles plus que les 22 livres de foin de trèfle qui restent après leur fanage ? Pourquoi les racines sont-elles plus nourrissantes au commencement de l'hiver qu'à la fin ? Les parties fluides évaporées contenaient donc aussi des substances nutritives convenables aux animaux ! Pourquoi n'admettrait-on pas qu'il en soit ainsi des engrais pour la végétation ? Pourquoi vouloir tout mesurer à la quantité de parties solides ? »

La puissance des urines d'animaux et les quantités émises sont subordonnées évidemment à la qualité et à la nature des aliments, ainsi qu'au poids des bêtes. M. Fouquet rapporte qu'un cheval du poids de 420 kilogrammes donne approximativement en 24 heures $4^k,5$; une vache de 600 kilogrammes, $12^k,5$; un mouton de 28 kilog., $0^k,5$; un porc de 60 kilogrammes, $3^k,5$.

Il est rare que les urines du bétail soient employées pures. Dans certaines étables anglaises, où les vaches ne reçoivent pas de litière et reposent sur des planchers à claire-voie, les excréments sont emportés dans les citernes à chaque lavage et se mêlent aux urines ; en Suisse, le lizier, reçu dans les purinières, se compose des urines et des bouses chassées par les eaux de lavage ; souvent même on y ajoute du sel commun brut, à raison d'un demi-kilogramme environ par hectolitre de liquide ; dans le département du Nord, les urines qui se rendent aux pissotières sont toujours chargées d'excréments solides, et l'on y ajoute parfois des tourteaux et des excréments humains ; en Belgique, les choses se passent de même ; souvent enfin, on jette dans les citernes des animaux morts qui s'y décomposent très-rapidement et augmentent l'énergie de l'engrais liquide. C'est ainsi, par exemple, que procède toujours notre collaborateur et ami M. E. Fischer.

Les cultivateurs du nord de la France font le plus grand cas des urines de la ferme, tandis que sur les autres points du pays, on ne leur accorde pas, à beaucoup près, l'importance qu'elles ont réellement. Cela tient à diverses causes que nous allons exposer en peu de mots. Dans le Nord, les industries agricoles ont pris un développement qu'elles n'ont pas ailleurs. Les brasseries fournissent la drèche en abondance ; les sucreries et les distilleries fournissent également une provision considérable de pulpe ; les terres, bien cultivées et favorisées par le climat, produisent beaucoup de fourrages artificiels et de racines. En somme donc, les cultivateurs disposent d'une nourriture plus souvent aqueuse que sèche et qui contribue à augmenter singulièrement l'émission des urines. En second lieu, et à l'exception de l'arrondissement d'Avesnes, qui se distingue des autres par la nourriture du bétail au pâturage, il est d'usage de tenir les animaux à l'étable ; enfin, le climat et la nature des terrains s'accommodent très-bien des engrais liquides. On voit, d'après cela, que toutes les circonstances commandent et que l'emploi des urines a plusieurs raisons d'être. Sur les autres points de la France, dans le Midi notamment, les industries auxiliaires de la ferme sont rares, et par conséquent les résidus aqueux rares aussi ; les racines ne prospèrent pas toujours ; les bêtes vivent sur les champs et les pâturages plus souvent qu'à l'étable ; les fourrages secs sont plus communs que les fourrages verts ; d'où il suit que les engrais liquides sont rares ; mais alors même qu'ils seraient abondants, la température élevée en contrarierait l'emploi par une trop rapide évaporation des parties liquides. Ces considérations expliquent donc parfaitement l'indifférence dont ils sont l'objet.

Il convient de remarquer, en outre, que les urines ne produisent de bons effets qu'à la condition d'être affaiblies d'abord par de l'eau ordinaire, à volume triple ou même à volume quadruple. Or, dans le nord de la France, en Belgique, en Angleterre et en Suisse, le lavage des étables remplit cette condition qui ne serait pas aisément remplie dans les pays chauds. Toutes les fois que l'on se sert des urines du bétail à l'état de pureté et par un temps sec, la désorganisation des végétaux arrosés est à craindre, si, bien entendu, le liquide tombe sur les feuilles. On dit alors qu'elles brûlent les plantes. Nous connaissons, pour notre part, beaucoup de cultivateurs qui proscrivent cet engrais, uniquement parce qu'un premier essai, mal fait, les a découragés.

Les urines du bétail ne sont jamais employées à l'état frais ; on voudrait les employer ainsi, d'ailleurs, qu'on ne le pourrait pas, car le temps nécessaire pour en recueillir une quantité convenable suffit à assurer leur fermentation. Ce n'est d'habitude qu'au bout de cinq semaines ou deux mois de séjour dans les citernes que les cultivateurs s'en servent sous les noms d'engrais liquide, de purin, de pureau, de puriau, de lizée, de lizier, etc., selon les contrées. Le plus ordinairement, on applique ces urines aux carottes, aux pommes de terre, au lin, aux céréales d'automne qui ont besoin d'être relancées à la sortie de l'hiver, aux pâtures et aux prairies naturelles et artificielles. On s'en servirait pour activer la végétation de toute autre récolte que l'on s'en trouverait assurément bien ; toutefois, il faut en être sobre à l'endroit des plantes cultivées pour leurs graines, car l'engrais liquide occasionne la verse. Réservez-le pour le développement des racines et des feuilles surtout.

Dans la culture jardinière, cet engrais est l'un des plus précieux que nous connaissons. On le répand au pied des légumes avec le goulot de l'arrosoir.

Dans la grande culture, on arrose par trois procédés différents, et l'on choisit autant que possible, pour cette opération, une journée calme, douce, humide, ou tout au moins un temps couvert ; les journées chaudes et le refroidissement marqué de la température contrarient l'action de cet engrais, parce que dans le premier cas, l'évaporation est très-prompte, tandis que dans le second la marche de la sève est trop ralentie. Le principal mérite de l'engrais liquide, c'est, on l'a dit avec raison, d'être de la *sève toute faite* ; mais que devient ce mérite du moment où la chaleur du soleil défait cette sève en lui prenant son eau, et du moment où la plante refroidie par l'atmosphère n'a plus la force de la pomper et de s'en nourrir ?

Lorsque les terres et plutôt les prairies d'une exploitation sont disposées de façon à pouvoir être arrosées directement depuis la ferme, on établit la prise de purin dans le voisinage de la citerne, et on le répartit, en temps opportun, au moyen de rigoles habilement distribuées. Ce procédé, qui rentre dans l'ordre des irrigations ordinaires, réalise une grande économie de main-d'œuvre ; malheureusement, il n'est pas applicable partout. Lorsque la pente n'existe point, on doit recourir à l'emploi des pompes foulantes et s'imposer des sacrifices plus ou moins lourds. Ce procédé, assez généralement connu sous le nom de système Chadwick ou Kennedy, a été fort préconisé en Angleterre. Nous l'avons vu appliquer sur une petite échelle dans la Campine anversoise, chez M. Jacquemyns. A cet effet, on avait ouvert un puisard destiné à recevoir le purin des étables, et au moyen d'une pompe que mettait en mouvement le manége de la machine à battre, et d'un tuyau en toile de 5 centimètres de diamètre, terminé par un bout de gutta-percha que l'on ajustait aux regards, au fur et à mesure des besoins, on procédait à l'arrosement d'une partie de pré formé dans le proche voisinage des bâtiments de l'exploitation. Certains cultivateurs anglais, qui ne font pas les choses à demi, ont étendu l'application du système Chadwick à des surfaces considérables. Les urines, chassées d'une vaste citerne par la pression de la pompe, s'en vont par des maîtres tuyaux en fonte ou en terre cuite, de 10 centimètres de diamètre au plus, et couchés à une profondeur telle qu'ils n'ont rien à craindre des gelées et du travail des outils aratoires. Des tuyaux d'un moindre calibre s'embranchent sur ceux-ci et permettent de conduire l'engrais sur les divers points du domaine, au moyen de clefs qui ouvrent et ferment les conduits à volonté. De loin en loin, tous les 100 ou 150 mètres, des tuyaux verticaux ou regards sont ajustés sur les précédents ; c'est à ces regards que l'on visse les conduits en toile ou en gutta-percha ; puis on donne un tour de clef et les urines sont réparties comme on répartit l'eau dans les jardins publics.

Ce procédé anglais, dont nous n'avons voulu donner qu'une idée, est très-coûteux quant aux frais de premier établissement. Il n'aura pas de succès chez nous, parce que la propriété y est très-divisée, et aussi parce que personne ne conseillera à nos cultivateurs de généraliser la fumure au purin, comme on a essayé de le faire chez nos voisins, où l'engouement avait pris des proportions telles que les fumiers solides étaient proscrits en quelque sorte de certaines exploitations et convertis en purin par les lavages à grandes eaux. Les Anglais ont vu d'abord, dans le purin, l'engrais principal de la ferme ; nous n'y voyons, nous, qu'un auxiliaire précieux, rien de plus, rien de moins. Leur erreur excuse l'énormité des sacrifices ; il y a lieu de croire, aujourd'hui, qu'ils y regarderaient à deux fois avant de se les imposer, l'expérience leur ayant appris beaucoup de choses qu'ils ignoraient au début.

Le procédé flamand, quoique très-ancien, est encore celui que nous préférons. Il consiste à arroser, au moyen d'un tonneau, les récoltes qui ont besoin d'engrais liquide.— «On l'emploie dans les Flandres belges, dit M. Fouquet, pour le lin, le tabac, le colza, les navets, les céréales, etc., etc. Le tabac engraissé avec le purin est plus doux, moins piquant que celui qui l'a été avec l'engrais flamand. Dans la culture des céréales, il faut l'employer avec prudence, attendu que cet engrais, et c'est ce qui le rend si précieux pour les prairies et les fourrages en général, favorise la production herbacée, sans donner à la paille toute la rigidité nécessaire pour bien se soutenir. Au reste, on s'en sert surtout alors comme supplément de fumure, et c'est, d'ailleurs, ainsi que l'engrais flamand, une destination qu'il reçoit fréquemment.

« On répand cet engrais au moment des semailles ou quelque temps avant ; on l'applique toutefois aussi sur les plantes en pleine végétation, au colza, aux betteraves, aux navets, etc. Il n'exerce pas sur les feuilles la même action que l'engrais flamand, mais on cherche cependant toujours à l'employer en temps pluvieux.

« On emploie cet engrais à la dose de 100, 200, 300 hectolitres et plus par hectare. « Au moment d'extraire le purin de la citerne, on le remue avec de longues perches, de manière à en mélanger les différentes parties et à mettre en suspension dans le liquide les matières qui se sont déposées. L'extraction s'effectue à l'aide d'une pompe ; on transporte l'engrais sur les champs au moyen d'un tonneau. » On se

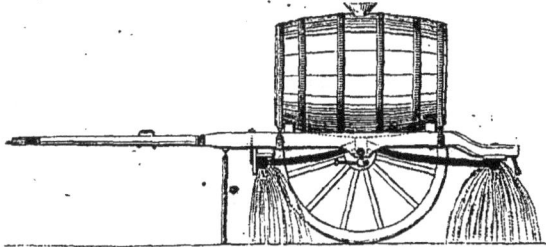

Fig. 27. Fig. 28.

sert ensuite du baquet portatif et de l'écope ou écuelle à long manche (fig. 27 et 28); ou bien encore, et principalement quand il s'agit d'arro-

ser des prairies, on s'arrange de manière que le tonneau de transport fonctionne directement à

Fig. 29 — Tonneau flamand pour les engrais liquides.

la façon d'un arrosoir, mais dans ce cas, lamarche de la voiture qui porte la futaille doit être bien régulière, sans quoi l'engrais serait distribué inégalement. Nous n'avons pas besoin d'ajouter que pour donner une fumure forte, il faut aller lentement, tandis qu'il faut presser le pas pour rendre la fumure faible.

La charrette braban-çonne, dont on se sert

Fig. 30. — Tonneau d'arrosement.

le plus ordinairement dans le nord de la France et en Belgique, ressemble beaucoup à celle de nos

Fig. 31. — Voiture d'arrosement pour les rues.

porteurs d'eau de Paris. Sur une surface plane et résistante, un bon cheval suffit pour le traîner avec le tonneau plein ; mais dans les terres labourées, deux chevaux ne sont pas de trop. Tantôt, l'engrais liquide tombe en dessous sur un bout de planche incliné et rejaillit de tous les côtés (fig. 29) ; tantôt un robinet le verse dans une caisse en bois criblée de trous (fig. 30) ; tantôt enfin, on adopte pour la répartition du liquide le système de voiture d'arrosement, dont nous nous servons pour les rues et places publiques des grandes villes (fig. 31).

Sur les terres billonnées, la distribution du purin, au moyen de charrettes à conduits troués, ne se fait jamais régulièrement, parce qu'il n'est pas possible de maintenir ces conduits dans une position constamment horizontale. En pareil cas, on doit donner la préférence au bout de planche, et, mieux encore, à l'épandage par l'écope ; malheureusement, la manœuvre de cette écuelle exige un long apprentissage, et la plupart de nos cultivateurs français ne sauraient pas s'en servir. Ils feront donc bien, pour le moment, de s'en tenir à la charrette brabançonne, dont la futaille ne porte ni robinet, ni conduit troué. Outre la bonde, ouverte à sa partie supérieure pour entonner le liquide, le tonneau à purin offre encore deux ouvertures, placées en regard l'une de l'autre, en dessus et en dessous et fermées par un long tampon qui traverse le tonneau de part en part. La manœuvre de ce tampon se fait à l'aide d'un cordeau que le conducteur tend ou lâche, selon qu'il veut ouvrir ou fermer.

Si l'effet du purin est rapide, il est court aussi et ne se fait pas sentir plus d'une année. On lui attribue cependant une durée de deux années et plus sur le gazon. Il disparaît moins vite dans une terre consistante, comme celle des pâtures, que dans une terre ameublie par des labourages profonds.

Sang. — Le sang est un engrais très-riche, très-énergique et d'assez longue durée. On aurait donc tort de le perdre, et cependant, on en perd plus qu'on ne pense dans les boucheries de campagne et les abattoirs de petites villes. Les cultivateurs de profession savent à quoi s'en tenir là-dessus, mais ils savent de même que, dans la plupart des cas, ils perdraient à recueillir cet engrais un temps que celui-ci ne payerait pas toujours. Mettons les choses au mieux, et supposons, si vous le voulez, qu'il soit aisé de s'entendre avec les bouchers et d'avoir à bon compte, de fois à autres, des futailles pleines de sang, la plus grosse difficulté restera encore à lever. Comment l'emploiera-t-on ? Le premier moyen consiste à bien mélanger le sang liquide ou en caillots avec de la terre, mais vous saurez que l'on a toutes les peines du monde à défendre les composts de cette nature contre les chiens et les loups. Le second moyen consiste à faire chauffer fortement de la terre au four et à la mélanger avec le sang, à raison de 3 ou 4 hectolitres de terre par hectolitre de liquide ; mais combien trouvera-t-on d'individus disposés à entreprendre ce travail ? Le troisième moyen, qui est du ressort de l'industrie, consiste à dessécher le sang, à le pulvériser et à le conserver en lieu sec jusqu'au moment de s'en servir. Ce moyen ne saurait donner de résultats avantageux dans une ferme, et les cultivateurs l'abandonnent aux marchands d'engrais qui expédient le sang desséché dans les colonies, pour la culture de la canne à sucre.

Tout bien compté, le sang ne doit donc pas être considéré comme pouvant offrir une grande ressource à l'agriculture. M. Girardin rapporte qu'à la ferme modèle de la Saulsaie, on compense l'insuffisance du fumier par du sang provenant des boucheries de Lyon, et que deux chevaux vont chercher tous les jours dans des caisses. Ce sang, ajoute-t-il, est reçu à son arrivée sur de la terre chauffée fortement dans un four. Un ouvrier broie et mélange le tout avec soin, après quoi, il le saupoudre de plâtre et de poussier de charbon de bois, pour fixer les gaz ammoniacaux produits par la décomposition du sang. Le compost

est répandu à raison de 30 hectolitres par hectare, soit en même temps que la semence, soit en couverture, après l'hiver, sur le froment d'automne. Il va sans dire que cette opération, facile à exécuter dans un grand établissement, ne présenterait pas à tous nos fermiers et dans toutes les contrées, les avantages que paraît en retirer le directeur de la ferme école de la Saulsaie.

Le sang convient principalement aux terres argileuses et froides ; toutefois, il est certain qu'il produirait de bons effets dans les terres légères si l'on avait la précaution de l'y répandre par un temps humide.

Chair des bêtes mortes. — Tout ce qui vient de la terre, avons-nous dit, doit retourner à la terre. A ce titre, nous aurions tort de ne point classer les cadavres d'animaux parmi nos engrais, et nous prenons la liberté de blâmer vertement ceux de nos cultivateurs qui négligent d'en tirer parti. Souvent, trop souvent même, les accidents et les maladies, nous enlèvent des chevaux, des vaches, des veaux, des porcs, des moutons ou de la volaille. Qu'en faisons-nous ?, nous jetons la volaille sur le fumier et l'abandonnons aux chiens ; nous enfouissons les veaux et les porcs au pied de quelque arbre maladif, sans même prendre la peine de les couper par morceaux ; nous dépouillons les grosses bêtes de leur peau et les conduisons quelque part au milieu des champs, afin qu'elles y deviennent la proie des chiens, des loups, ou des corbeaux. Les règlements de police nous ordonnent de les enfouir, mais nous passons presque toujours sur les règlements, à moins que les administrations y tiennent la main, ce qui est rare dans nos villages. Voilà ce que nous faisons ; reste à savoir ce que nous devrions faire.

Les hommes de théorie, qui ne se mettent presque jamais à la place des praticiens, nous donnent toutes sortes de conseils, en ce qui regarde le parti à tirer des cadavres d'animaux ; il ne manque qu'un détail à leurs recettes, c'est la facilité de les appliquer dans nos fermes. Nous n'avons pas toujours à notre disposition de la chaux vive, de l'eau de javelle, du plâtre ou de la couperose verte, et de la terre séchée au four. Pour obtenir quelque chose, demandons le moins possible. Pour notre compte, nous serions très-satisfait si nous pouvions décider le cultivateur à dépecer les cadavres et à former des composts en alternant les lits de débris avec des lits de terre ordinaire et de chaux vive. Au bout de six mois ou d'un an, on obtiendrait ainsi un fumier très-puissant que l'on affaiblirait au besoin avec un mélange de nouvelle terre. Malgré l'affirmation de Schwerz, nous ne croyons pas à une décomposition complète en quinze jours.

Il va sans dire qu'un compost de débris d'animaux, de terre et de chaux doit être protégé contre les chiens par des épines solidement fixées à sa circonférence.

Il va sans dire aussi qu'au bout de six mois ou d'un an, les os du compost ne seront pas détruits. On les mettra donc à part, en un tas, sur de la ramille sèche; on les brûlera, on les broiera avec un gros maillet en bois ou avec l'extrémité d'une bûche, et la cendre de ces os sera mêlée à la terre du compost. Voilà, quant à présent, ce que nous pouvons peut-être obtenir des cultivateurs, et encore nous nous gardons bien d'en répondre.

Avec la chair cuite, desséchée et pulvérisée, l'industrie prépare un bon engrais, mais il a l'inconvénient de fermenter vite quand on le conserve dans un lieu humide.

En ce qui regarde la coutume, enracinée dans nos villages, d'enfouir des animaux de petite taille au pied ou à proximité des arbres vieux ou maladifs, nous la condamnons de toutes nos forces, surtout dans les terrains compactes. Tant qu'il ne s'agit que de veaux mort nés, il n'y a pas grand mal à craindre, et souvent, même, la végétation se trouve relancée avantageusement par ce moyen ; mais quand nous avons affaire à des animaux déjà forts, leur décomposition provoque la pourriture des racines et tue promptement les arbres au lieu de les guérir.

Cornes, sabots, os, noir animal et marcs de colle. — Un cultivateur qui en serait réduit à compter sur les cornes de vaches ou de bœufs et sur les sabots de chevaux, serait fort à plaindre ; mais un cultivateur qui les aurait sous la main et ne s'en servirait pas, serait fort à blâmer. Rappelons-nous que si les fumiers de bouchers, de maréchaux ferrants, de fabricants de peignes ou de boutons en corne jouissent d'une bonne réputation, c'est parce qu'il y a du sang dans les premiers, des rognures de sabots dans les seconds, des déchets ou de la râpure de corne et d'os dans les troisièmes. La corne et les sabots ont le double mérite d'agir énergiquement sur les végétaux et de durer longtemps. Vous voudrez bien, à ce propos, ne point confondre l'énergie d'action qui n'exclut pas la durée avec la rapidité d'action qui l'exclut toujours. Un engrais d'une décomposition rapide, ou facile à dissoudre, se livre aux plantes aussitôt que la séve commence à circuler et s'use promptement, tandis qu'un engrais d'une décomposition lente comme la râpure de corne et les débris de sabots, ne produit fortement son effet et ne se livre généreusement que sous l'influence d'une température chaude et humide. Du moment que l'influence baisse, l'effet se ralentit. Un engrais facilement décomposable et très-soluble, s'use, pour ainsi dire, à toutes les températures, indépendamment de la marche de la végétation, pourvu qu'il pleuve ; tandis que les déchets de corne et de sabots résistent aux températures basses, aux froids et aux pluies et ne s'usent réellement que lorsque les circonstances atmosphériques favorisent le développement des plantes. Ils donnent beaucoup quand la végétation est active et exigeante ; ils ne donnent rien ou presque rien quand la séve circule lentement. Voilà, en deux mots, l'explication de leur énergie en temps utile et de leur longue durée. Cette explication ne vient pas de nous ; elle est de Bosc. Cet agronome attachait aux ongles de cochons et aux sabots de chevaux une importance que nous croyons très-exagérée. — « J'ai vu, dit-il, quatre ongles d'un cochon mis, pendant l'hiver, contre les racines d'un pêcher mourant, suffire pour le

rétablir mieux qu'une brouettée de terreau placée sur celles de son voisin qui était dans le même cas. On m'a cité les quatre sabots d'un cheval comme ayant animé la végétation d'un pommier en plein vent, de manière à lui faire porter pendant cinq à six ans, plus de fruits qu'il n'en avait jamais porté, et, à cette époque, un d'eux ayant été déterré, présenta assez de substance pour continuer encore le même effet pendant plusieurs années.

« Les vignerons de la ci-devant Bourgogne, ajoute-t-il, ont remarqué qu'un seul ongle de cochon augmentait la vigueur et la production d'un cep de vigne pendant cinq à six ans.

« Lorsqu'on veut employer la corne à l'engrais des terres à blé, à des prairies, il suffit qu'elle soit réduite en parcelles très-petites, et pour cela il faut préférer, à raison de l'économie, la râpure des fabricants de peignes ou les copeaux des tabletiers, et les répandre au milieu de l'hiver. Les effets sont prodigieux sur les prairies naturelles.

« Un grand procès a été intenté à un cultivateur du Valais, qui employait ce moyen sur une prairie sujette au parcours, sous prétexte que les parcelles de cornes faisaient mourir les vaches qui y paissaient. Les expériences qui ont été faites juridiquement à l'école vétérinaire de Lyon ont prouvé la fausseté de cette assertion, et ce cultivateur a eu gain de cause. »

Dans ses *Préceptes d'agriculture pratique*, Schwerz fait le plus grand éloge des parties cornées des animaux et conseille d'enterrer les sabots de chevaux dans les prairies à une certaine distance les uns des autres. Il ajoute que dans les contrées où il y a des tourneurs d'os et de corne et des peigniers, leurs déchets fournissent un engrais dont les effets surpassent tous les autres. — « Dans les campagnes, dit-il, les ouvriers mêlent ordinairement leurs déchets avec du fumier et les emploient à engraisser leurs pommes de terre. Les paysans qui connaissent les propriétés de cet engrais leur abandonnent volontiers la jouissance gratuite d'un champ pour une année, à la condition d'y cultiver ainsi des pommes de terre, sachant très-bien que les récoltes suivantes, pendant plusieurs années payeront largement le prix de la location. »

D'après ce qui précède, on est tenté de croire à l'exactitude parfaite d'une remarque d'Olivier de Serres en ce qui concerne l'heureuse influence des cornes de bélier dans la culture des asperges. Il nous dit, dans son vieux français, que l'affection naturelle des asperges pour les cornes de la *moutonnaille* est remarquable, qu'elles croissent gaiement près d'elles, ce qui a fait supposer par d'aucuns qu'elles procédaient immédiatement des cornes. C'est pour cela, continue-t-il, qu'il est d'usage de mettre au fond de la fosse un lit de corne que l'on recouvre de quatre doigts ou d'un demi pied de terre, sur laquelle on plante les asperges.

Par ce procédé, on obtiendrait du même coup la fumure par la décomposition des cornes et une sorte de drainage.

Les os des animaux forment un engrais justement recherché. Les Anglais, surtout, en emploient des quantités considérables. On assure qu'ils ont rendu leur fertilité première aux campagnes du

Cheshire et de quelques autres centres, campagnes épuisées par la perte des substances riches en phosphates. Les fermiers écossais en sont très-avides et les achètent à des prix élevés, parce qu'ils donnent d'excellents résultats dans la culture des navets ou turneps. En France, où cette culture est plus restreinte que chez nos voisins, l'emploi des os n'est pas aussi étendu, à beaucoup près.

Cet engrais se compose de phosphates de chaux et de magnésie, qui forment la partie terreuse ; de graisse et de gélatine qui forment la partie organique. Les uns ont dit que les os n'avaient une grande puissance qu'en raison de leurs phosphates ; les autres ont mis leur principal mérite au compte de l'azote des parties organiques. Nous serons moins exclusif et reconnaîtrons que tous les éléments ont leur utilité. Dans certains sols, déjà riches en terreau, mais pauvres en phosphate, les os bouillis et dégraissés produiront d'aussi bons effets et même des effets plus rapides que les os non dégraissés. Le contraire se produira dans certains autres sols, riches en phosphate, mais pauvres en débris organiques. Ici, vous n'aurez à compter que sur les os non dégraissés ; et l'action ne sera pas aussi prompte que dans le premier cas, parce que la décomposition des matières organiques sera retardée par la présence des corps gras, auxquels il faudra le temps de fondre au soleil et de se convertir en savon ammoniacal. Ainsi donc, tantôt le phosphate des os jouera le rôle important, tantôt ce sera l'azote du tissu cellulaire, selon la nature des terrains. En conséquence, le plus sûr moyen de ne pas se tromper, c'est d'employer les os de frais de préférence aux os qui ont servi à la préparation de la gélatine, et de préférence à ceux qui ont vieilli et se sont dégraissés à l'air.

Nous croyons à l'efficacité des os sur tous les terrains où la chaux manque, sur l'argile, le schiste, le granit, et nous conseillons d'appliquer principalement cet engrais à ceux de ces terrains qui servent d'ordinaire à la culture du froment, des navets et des fourrages. Plus nous fabriquons de froment et de laitage, plus nous enlevons de phosphate au sol et plus nous devons lui en rendre. Ainsi, les os sont de rigueur dans les contrées où les cultivateurs se livrent avant tout à la culture des céréales et à l'élevage des vaches laitières. Seulement, il ne faut pas les employer seuls, en fumure principale, parce que leur action serait de très-courte durée ; ils dégraisseraient le terrain, pour nous servir d'une expression consacrée. Il est toujours convenable d'associer les os aux fumiers de ferme, ou à des débris végétaux en voie de décomposition. L'acide carbonique qui se dégage des fumiers ou des débris végétaux en question, favorise la dissolution du phosphate des os, et le fait agir de suite. Dans le cas contraire, il reste insoluble et les récoltes n'en profitent point. Hodges, que l'on ne cite jamais, bien qu'il ait fait un des meilleurs livres de chimie agricole qui existent, a écrit les bonnes lignes que voici : — « L'opinion populaire et la pratique des fermiers les plus expérimentés ont désigné les os comme très-propres aux récoltes de turneps (navets). Comme le guano,

les os contiennent tous les éléments que les plantes exigent pour leur croissance ; mais leur analyse nous démontre que quelques-unes des matières inorganiques ne se trouvent pas en quantité suffisante pour que le fermier puisse s'y fier pendant plusieurs années, sans employer d'autres engrais. Quand le sol manque d'alcalis, et que vous y cultivez une récolte de turneps, dont 20 000 kilog. enlèvent par leurs racines et leurs fanes 150 kilog. de potasse et de soude, la fertilité sera sérieusement affaiblie, si vous n'employez pas d'autres engrais que des os. Il est donc à souhaiter que le fermier y ajoute, avec l'engrais de basse-cour, du sel commun, de la soude ou quelques autres engrais capables de fournir ces substances. »

L'emploi des os se pratique de diverses manières. Les uns les brûlent au foyer domestique et répandent la cendre d'os, mélangée par le fait avec la cendre des combustibles ordinaires ; les autres prennent de la ramille sèche, empilent les os sur cette ramille, les brûlent en plein air, les broient ensuite avec un large maillet en bois et jettent la cendre de ces os sur le fumier. Avec ces deux procédés, il n'y a pas de difficultés sérieuses à vaincre, mais on sacrifie entièrement les matières organiques pour ne conserver que le phosphate. Lorsqu'on ne se soucie point de faire un pareil sacrifice, on doit nécessairement concasser les os frais ou les pulvériser ou les désagréger à l'aide d'un acide. Souvent aussi, l'on se contente de mettre les os en tas, de les recouvrir de terre et de les laisser fermenter et s'échauffer jusqu'à ce qu'ils soient faciles à broyer ; ou bien encore, on les enfouit dans les fumiers en fermentation où ils ne tardent pas à se dissoudre complétement, ou bien encore on les jette dans la citerne au purin qui les dévore en quelques semaines ; ou bien enfin, on emploie les os à l'état de noir animal.

Pour broyer les os, on peut se servir d'un billot recouvert d'une plaque de fer taillée en pointe de diamant (fig. 32 et 33) et d'un large maillet doublé d'une plaque semblable (fig. 34). Ce procédé, applicable aux petites exploitations seulement, exige un travail pénible.

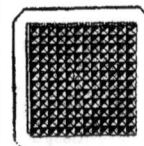

Fig. 32.— Billot à écraser les os.

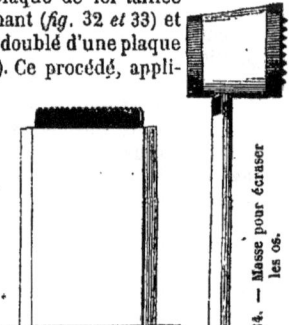

Fig. 33.— Plaque de fer à pointes de diamant qui surmonte le billot.

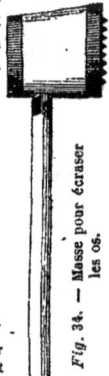

Fig. 34. — Masse pour écraser les os.

Dans le Puy-de-Dôme, à Thiers, où les déchets de manches de couteaux sont pulvérisés et vendus avantageusement à nos cultivateurs de l'Auvergne, on se sert, pour diviser les os, d'une râpe cylindrique en acier, dont les fortes dents sont taillées en hélice. Cette râpe est fixée à un arbre de couche, mis en mouvement par une roue hydraulique. Au-dessus de la râpe et au milieu d'une forte traverse en bois, fixée à deux montants, se

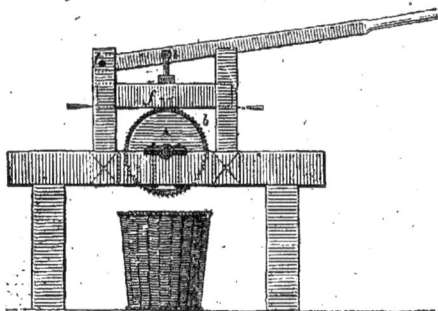

Fig. 35. — Moulin pour broyer les os, employé à Thiers.

trouve une ouverture doublée de tôle et faisant l'office de trémie. C'est dans cette ouverture que l'on verse les os, d'abord grossièrement concassés au marteau, ou les déchets de manches de couteaux ; puis, à l'aide d'un fouloir aussi doublé de tôle et d'un levier, on force ces fragments d'os à descendre sur la râpe qui les use aisément. La poudre est reçue dans un panier (*fig.* 35 *et* 36) au fur et à mesure qu'elle tombe.

Fig. 36. — Vue, à vol d'oiseau, de la râpe cylindrique.

En Angleterre, vers le commencement de ce siècle, on se contentait de broyer grossièrement les os sous la meule d'un moulin à huile. Nous savons même qu'aujourd'hui cette méthode existe encore sur beaucoup de points, mais on commence à lui préférer, et avec raison, dans les fermes importantes, le système des cylindres dentés qui fonctionnent à la manière de nos laminoirs. Une chaîne sans fin, munie d'augets, prend les os, les monte et les verse sur une toile tendue sur

Fig. 37. — Moulin écossais pour broyer les os.

deux rouleaux mobiles. Cette toile les conduit à son tour au milieu des cylindres supérieurs qui les divisent avec les dents de leurs anneaux et les abandonnent aux cylindres du dessous, dont les dents sont un peu plus serrées ; et de là, la poudre d'os tombe sur un crible mu par une manivelle, passe au travers si elle est assez fine, ou, dans le cas contraire, tombe entre une troisième paire de cylindres qui achève la division avec ses dents très-serrées et dégorge sur un autre crible qui tamise une grande partie de cette poudre et rejette la plus grossière dans un compartiment à part (*fig.* 37 *et* 38).

D'après M. Girardin,

Fig. 38. — vue à vol d'oiseau des cylindres supérieurs.

cette machine broie, par heure, environ 1500 kilogrammes d'os bruts. Ces os broyés sont divisés, pour la vente, en trois sortes. La première est la plus fine ; les plus gros fragments qu'on y trouve peuvent avoir la grosseur d'un pois ; elle se vend 11 à 12 francs l'hectolitre. La deuxième sorte, moins fine, présente des fragments gros comme des féveroles, et des morceaux longs de 3 à 5 centimètres. Le prix est de 9 à 11 francs l'hectolitre. La troisième sorte, broyée aussi grossièrement que la deuxième, ne contient que des fragments et point de poudre. Elle se vend de 7 à 9 francs l'hectolitre.

Il résulte de ces chiffres que plus l'engrais d'os est divisé, plus il a de valeur aux yeux des fermiers. Avec la poudre, l'épandage est plus régulier, la décomposition plus rapide et l'effet plus immédiat qu'avec les os en fragments. Il est évident, en retour, que si les os en fragments n'agissent pas vite, ils agissent plus longtemps que les os en poudre.

Schwerz, qui conseille de répandre la poudre d'os en couverture, après la levée des récoltes, dit qu'il en faut de quatre à six fois autant que de graines semées. Il ajoute que les fabricants de la principauté de Nassau indiquent 6 à 700 kilos comme quantité nécessaire pour la fumure d'un hectare.

Les difficultés que l'on éprouve à broyer et à pulvériser les os ; l'ennui de recourir aux billots, aux meules, aux bocards des moulins à foulon, aux râpes et aux cylindres, font que les cultivateurs renoncent presque partout à la préparation de cet engrais excellent, et l'abandonnent aux industriels qui se montrent exigeants quant aux prix et n'offrent pas toujours des garanties suffisantes de sincérité. On a donc cherché à mettre à la portée des fermiers un mode d'emploi facile et peu coûteux. Ce mode consiste à décomposer les os au moyen de l'acide sulfurique ou huile de vitriol. Liebig a, le premier, recommandé aux fermiers anglais de verser sur les os la moitié de leur poids d'acide sulfurique, mélangé avec trois ou quatre fois autant d'eau, et d'y ajouter encore partie égale d'eau au bout de quelque temps, à la veille d'enfouir le mélange dans le sol avec la charrue. L'état à demi liquide de cet engrais a rebuté les cultivateurs qui ont associé au mélange de la tourbe, de la terre desséchée ou de la sciure de bois. L'engrais que l'on nous vend sous les noms d'os dissous, d'os sulfatés, de phosphate et superphosphate de chaux, d'os vitriolisés, n'est autre chose que le produit de la réaction de l'acide sulfurique sur les os.

Hodges recommande aux cultivateurs la méthode de préparation que voici : Concassez les os le mieux possible, et pour 100 kilogrammes d'os, achetez en fabrique 50 kilogrammes d'acide. Arrosez les os avec une certaine quantité d'eau, environ 150 à 200 kilogrammes, et au bout d'une heure ou deux, versez l'acide lentement et prudemment, car il brûle les habits et la peau au moindre contact. Une effervescence se produira et il se formera un peu de plâtre, en même temps que du phosphate acide de chaux. Voilà, en deux mots, la fabrication du superphosphate de chaux, dont nous avons pu constater les excellents effets, en 1860, sur plusieurs hectares de rutabagas, appartenant à un de nos amis, M. Peterson, le seul qui, cette année-là, obtint un succès complet en Ardenne dans la culture de cette racine fourragère, parce qu'il avait eu, seul aussi, la bonne pensée de s'approvisionner d'os et de les traiter par l'acide sulfurique. C'est le meilleur moyen de rendre le phosphate très-soluble et d'en favoriser l'assimilation. Quelques auteurs attribuent l'honneur de la découverte au duc de Richmond, président de la Société royale d'agriculture d'Angleterre ; mais du moment qu'un écrivain anglais, digne de foi, en fait hommage à Liebig, nous le croyons sur parole. Sur ce point, il y a lieu de le supposer mieux renseigné que nos écrivains français.

Pendant que les os ne valaient pas plus de 8 à 9 francs les 100 kilogrammes, nous n'avons pas su en tirer parti pour l'agriculture, parce qu'alors on s'obstinait à douter de leurs propriétés fertilisantes ; aujourd'hui qu'on en doute moins et que beaucoup de fermiers intelligents ne demanderaient pas mieux que de les utiliser, les os valent deux et trois fois plus, selon les pays, en sorte que le prix du superphosphate n'est plus abordable. L'industrie, comme l'on dit vulgairement, nous a coupé l'herbe sous le pied. La leçon était méritée, et nous aurions mauvaise grâce à récriminer. Le cultivateur qui, de nos jours, achèterait des os pour fumer ses terres, payerait certainement sa fumure un prix exagéré ; mais lorsqu'il est démontré que le sacrifice est nécessaire pour rétablir, dans un terrain, l'équilibre rompu par la production, il faut y souscrire bon gré mal gré. Heureusement, nous n'en sommes pas réduits à cette dure extrémité, et, à défaut du phosphate des os, on en trouve autre part.

Les résidus liquides des fabriques de gélatine sont achetés avec empressement par les fermiers du Lancashire et du Cheshire, qui leur attribuent des propriétés fertilisantes assez prononcées.

Le noir animal des raffineries ou charbon d'os, doit, sinon toutes ses propriétés fertilisantes, au moins la plupart, au phosphate de chaux qu'il renferme. De l'aveu de tous ceux qui ont été témoins de ses effets, il a fait et fera merveille dans tous les terrains qui ne contenaient pas et ne contiendront pas de phosphate. On peut dire, sans crainte d'être taxé d'exagération, que le noir des raffineries a transformé la Bretagne. Aussi, sur un million d'hectolitres d'engrais pulvérulents qui sortent chaque année de la ville de Nantes pour aller par les champs ou par les friches, tantôt loin, tantôt près, les trois quarts sont du noir animal ou tout au moins quelque chose de noir que l'on nomme ainsi. Ce chiffre de vente, déjà si élevé, s'élèverait encore, si les cultivateurs y trouvaient toujours leur compte ; mais on les a trompés et on les trompe si souvent qu'il menace de baisser et baissera si l'on n'y prend garde. Autrefois, l'acheteur courait au marché de Nantes ; aujourd'hui, il n'y va déjà plus qu'au petit pas, mal décidé, par habitude, et s'il arrivait qu'il perdît toute confiance dans la loyauté du vendeur, il resterait chez lui et n'en bougerait plus. Prenons-y garde ; le Breton a une tête ; bon et facile, tant que sa foi dure, il devient rétif à ne pas s'en faire une idée, dès que sa foi s'en va.

Le plus recherché des engrais de l'Ouest, c'est encore le noir animal, sinon toujours pour ce qu'il vaut, au moins pour ce qu'il a valu, pour ses résultats dans les terres que l'on défriche ou qui ont été défrichées depuis peu. La découverte de cet engrais ne date pas de loin, et, si nous sommes bien informé, voici en deux mots l'histoire de cette découverte : — M. Ferdinand Favre, de Nantes, eut un jour l'occasion de remarquer que les parties de son jardin, très-rapprochées de ces résidus de raffineries, offraient une végétation plus riche, plus luxuriante que les autres parties. Il se dit alors que les résidus en question pourraient bien être un engrais, qu'il n'y aurait rien d'étonnant à cela, puisque c'était un mélange de charbon d'os, de chaux de défécation, de sang et d'impuretés enlevés au sirop par la clarification. Il en fit l'essai sur une terre, il l'enfouit à titre d'engrais, s'en trouva bien, en parla et en fit parler. Les spéculateurs se chargèrent du reste et y trouvèrent leur compte, en même temps que l'agriculture y trouva le sien. Le noir animal, perdu jusqu'alors, formait des masses si considérables qu'on ne songea point d'abord à le falsifier ; on était trop heureux de vendre à de belles conditions ce que l'on avait toujours considéré comme un embarras et une perte sèche.

A cette époque, des défrichements étaient entrepris sur une grande échelle dans nos départements de l'Ouest ; des essais de noir animal eurent lieu à cette occasion, firent merveille, et bientôt on ne jura plus que par lui, si bien que les provisions s'en allèrent vite, très-vite, et que les raffineries n'y suffirent plus. Les prix haussèrent nécessairement, et un moment vint où le noir qui avait servi aux raffineurs coûta plus cher que celui qui n'avait pas encore servi. On acheta donc du charbon d'os en fabrique, pour le mélanger avec l'autre. Les récoltes s'en ressentirent ; les cultivateurs revinrent l'année d'après moins contents que de coutume, mais enfin ils revinrent, et avec eux, de nouveaux acheteurs, des gens qui suivaient le flot. C'était à n'y plus tenir. Sur ces entrefaites, une idée passa par la tête des spéculateurs, une mauvaise idée, quelque chose de déloyal. Ils se rappelèrent qu'il existait dans les marais de Montoire, arrondissement de Savenay, une prodigieuse quantité de poussière de tourbe, qui passait pour n'être bonne à rien. Le cultivateur voulait du noir d'os, on allait lui vendre du noir de tourbe. L'essentiel dans cette affaire, c'était la couleur. Il paraît que l'on s'en trouva bien et que d'aucuns ne s'en trouvent pas mal encore, puisque, nous assure-t-on, les tourbières de Montoire vendent à peu près 600 000 hectolitres de poussière, année moyenne.

Les cultivateurs ne tardèrent pas à s'apercevoir que le noir qu'on leur vendait n'était plus le bon, le vrai noir d'autrefois. Ils jetèrent les hauts cris ; la police administrative prit les plaintes au sérieux, et il fut décidé que l'on réglementerait le commerce des engrais et qu'on forcerait les marchands à devenir honnêtes. Rien de mieux : mais comment s'y prendre, comment trouver la formule de l'engrais normal, à quels signes va-t-on le reconnaître ? On réunit les savants qui, tout de suite, formèrent deux petites chapelles : les uns voulaient qu'on s'en rapportât uniquement à l'azote, les autres à peu près uniquement au phosphate de chaux. Les partisans du phosphate de chaux eurent le dessus. On s'attacha donc à ce sel comme titre d'engrais ; mais bientôt, à tort ou à raison, méchamment ou en conscience, on fit courir le bruit que du moment où les essayeurs avaient constaté la présence de la chaux dans l'engrais, ils ne s'occupaient pas toujours d'y rechercher l'acide phosphorique. Le bruit arriva aux oreilles des spéculateurs qui sont plus fins que les savants. C'était une planche de salut pour la fraude ; elle s'y cramponna bien vite. On fit cuire de la chaux avec du coaltar ou goudron de houille, afin d'imiter le phosphate ; on y ajouta au plus 30 pour 100 de charbon animal, puis de la poussière de tourbe, et l'on eut de l'engrais au titre. En effet, la chaux coaltarée se dissout dans l'eau forte ou acide azotique comme le phosphate de chaux, sans produire d'effervescence, et les deux dissolutions précipitent l'une comme l'autre par l'oxalate d'ammoniaque. Les essayeurs, dit-on, s'y sont laissé prendre plus d'une fois.

M. Malaguti, professeur de chimie près la faculté des sciences de Rennes, n'hésite pas à reconnaître que le noir résidu des raffineries ne suffisant plus aux demandes de l'agriculture, les fraudeurs eurent beau jeu. Il reconnaît également que les instructions données aux vérificateurs d'engrais n'atteignirent pas complétement le but qu'on s'était proposé. — « Des noirs essayés d'après elles, et trouvés purs, dit-il, donnaient souvent de mauvais résultats ; d'autres, dans lesquels on avait cru reconnaître de la fraude, et dont pourtant on avait établi le degré relatif d'efficacité, ne répondaient pas, dans la pratique, aux prédictions de la science ; en un mot, si, à la suite de ces instructions, la défaveur n'augmenta pas, elle ne diminua

pas non plus assez pour tranquilliser les cultivateurs. M. Malaguti et M. Boussingault pensent que les vérificateurs n'avaient qu'un moyen d'atteindre le but, c'était de doser directement l'azote pour déterminer la valeur relative des noirs animaux en usage dans le commerce. Mais voici les marchands de noir frelaté qui jettent le masque et répondent que leur engrais est plus riche en azote que celui des raffineries. M. Malaguti ne nie point le fait, mais il réplique qu'il y a azote et azote, que celui du noir résidu est à l'état de sel ammoniacal et très-assimilable, tandis qu'on ne sait pas si l'azote des matières fécales, qui entre dans la composition des autres noirs, est ammoniacal et assimilable de la même manière.

Il n'y a de bien clair pour nous dans tout ceci que cette seule observation, à savoir : que le noir résidu des raffineries vaut mieux que les noirs d'une autre sorte, quand même ceux-ci renfermeraient plus d'azote.

L'appréciation de M. Bobierre, juge très-compétent en matière de noir, est la seule qui nous satisfasse. Il divise le noir d'os en deux catégories. L'une comprend le *noir résidu de raffinerie proprement dit*, matière riche en azote et en phosphate de chaux et contenant, dans une heureuse proportion, les principes les plus utiles aux plantes ; l'autre comprend le *noir animal*, substance le plus souvent grenue, ayant subi un grand nombre de revivifications, et dont l'emploi réussit spécialement dans le défrichement des landes. Le premier convient aux terres fatiguées par une longue culture, c'est-à-dire aux terres dégraissées et pauvres ; le second n'y réussit point, tandis qu'il réussit au contraire, à merveille, dans les landes ou bruyères chargées de débris végétaux, parce que ces débris en fermentation produisent de l'acide carbonique qui favorise la dissolution du phosphate de chaux.

— « Le noir agit-il par son azote ou par son acide phosphorique ? écrit M. Bobierre. Telle est la question qu'on s'est tout d'abord posée. Eh bien, disons-le : posée de cette manière, elle était insoluble. Aux environs de Paris, en effet, le noir animal *résidu de la clarification* agira, car il est azoté ; mais le *noir animal de Russie* n'y produira aucun résultat, et cependant ce dernier engrais fait merveille en Bretagne. Donc, c'est seulement l'action relative des différents noirs, sur les terrains silicéo-alumineux de l'Ouest qu'il faut s'attacher à interpréter pour avoir une théorie juste de la propriété fécondante de cette catégorie d'engrais.

« La version la plus généralement accréditée dans l'Ouest attribue uniquement au phosphate de chaux le pouvoir fertilisant des noirs, et cette croyance est tellement enracinée chez les commerçants et les agriculteurs, que le dosage seul du phosphate détermine presque toujours le prix de ces engrais. »

Les remarques de M. de Romanet s'accordent parfaitement avec cette version. Il constate que le noir appliqué à la dose de 4 hectolitres par hectare aux terres neuves ou de bruyère récemment défrichées, y donne de belles récoltes, tandis qu'à la même dose, il n'agit pour ainsi dire pas sur les vieilles terres. L'humus des terres neuves fournit de l'acide carbonique pour dissoudre le phosphate de chaux qui manque à ces terres, tandis que, dans le second cas, les vieilles terres n'ont plus besoin de phosphate, ou n'ont rien de ce qu'il faut pour le dissoudre ; M. de Romanet constate encore que, dans les terres neuves, les céréales fumées avec le noir animal peuvent donner plusieurs récoltes successives sans que le produit s'amoindrisse, circonstance qui plaide nécessairement en faveur du phosphate de chaux, indispensable à la formation des graines. Il constate, en outre, que dans ces mêmes terres neuves défrichées et non écobuées, on obtient de suite, avec le noir, des récoltes que l'on obtiendrait également avec le fumier d'étable seul, mais seulement au bout de trois ou quatre ans, circonstance qui tend à établir que le phosphate de chaux joue le principal rôle dans l'opération. M. de Romanet a remarqué aussi que les terres de défrichement, chaulées ou marnées en même temps qu'on y répand le noir ou peu de temps auparavant, n'accusent pas d'aussi bons résultats en récoltes de grains que dans les cas où le noir est seul appelé à intervenir. Cela étant, ne serait-on pas en droit de supposer que l'acide carbonique des débris végétaux en décomposition affaiblit son action en la partageant, et que si cet acide ne s'employait pas en partie à dissoudre la chaux où l'élément calcaire de la marne, il s'emploierait entièrement à dissoudre le phosphate du noir animal et en fournirait ainsi une quantité plus considérable aux récoltes. Enfin, le même observateur nous apprend que les parties de landes qui servent de passage aux animaux domestiques, aux oies, aux dindons, etc., sont les premières à produire de bonnes céréales quand on fume la lande défrichée avec du fumier de ferme, tandis qu'elles profitent moins que les autres parties d'une fumure au noir. Selon nous, la différence s'expliquerait ainsi : Sur le passage des animaux, la bruyère disparaît et ne donne par conséquent plus de détritus ; à sa place, l'herbe pousse et le bétail la broute. Voilà donc une source d'acide carbonique qui s'affaiblit ou se tarit avant le défrichement ; par conséquent, le phosphate du noir ne s'y dissoudra point en quantité aussi notable qu'ailleurs. Mais d'un autre côté, et en même temps que l'humus végétal s'use à produire de l'herbe fine sur les chemins où passent les bêtes, celles-ci y déposent de l'engrais, et la volaille notamment enrichit ces chemins de phosphates assimilables, dont la quantité est largement suffisante aux récoltes à l'époque du défrichement. Or, quand, après avoir pratiqué cette opération, on répand sur la terre du fumier d'étable qui ne contient que des traces de phosphate, les parties occupées autrefois par les chemins, ne souffrent pas de la disette et produisent de suite. Quand, au contraire, on fume avec le noir, les parties de bruyères profitent de leur humus en même temps que du phosphate, tandis que les autres n'ont plus d'humus au service de la récolte et n'ont pas besoin de phosphate. Ce qui leur manque, c'est l'engrais végétal ; elles sont relativement plus pauvres que la terre de bruyère.

Dans les campines belges, où l'humus manque, le noir des raffineries d'Anvers n'a pas eu de succès. Il en aurait eu peut-être dans les bruyères de l'Ardenne où l'on ne s'en est pas servi.

Les effets du noir animal pur, si marqués à l'époque des défrichements, diminuent peu à peu, et au bout de quelques années de culture, huit, dix ou douze ans, cet engrais n'agit plus, parce que les terrains assez riches en phosphate de chaux n'ont plus besoin d'en recevoir de nouvelles doses. Mais le noir résidu des raffineries agit toujours en vertu du sang dont il est imprégné.

On répand le noir au moment de recouvrir la semence avec la herse et dans la proportion de 4 ou 5 hectolitres seulement. On peut aussi l'humecter, y rouler les graines et semer ces graines pralinées. Dans le cas particulier, ce second procédé nous paraît tout aussi avantageux, si ce n'est plus, que le premier.

— « Les noirs d'os des résidus de raffinerie, dit M. Rohart, contiennent en moyenne 60 p. 100 de phosphate de chaux, et vers 1820, ils valaient 2 fr. l'hectolitre du poids de 95 kilogrammes ou 2 fr. 11 les 100 kilogrammes. Abstraction faite de la richesse en azote, nous avons ainsi le phosphate de chaux à raison de 3 fr. 52 les 100 kilogr. Les mêmes résidus ont été cotés à Nantes, en 1857, jusqu'à 24 francs l'hectolitre, soit 25 fr. 30 les 100 kilogrammes, contenant 60 kilogrammes de phosphate de chaux, dont le prix d'achat est alors de 42 fr. 20 les 100 kilogrammes au lieu de 3 fr. 52 que nous venons de trouver. En présence de pareils chiffres, on est forcé de se demander comment l'agriculture pourrait nous livrer ses produits sans augmentation de prix. »

Sulfate d'ammoniaque. — Toutes les fois que l'on répand du plâtre ou de la couperose verte (sulfate de fer), ou bien encore de l'acide sulfurique (huile de vitriol), sur des matières animales en fermentation, sur les fumiers, les matières fécales, les urines, les chairs en voie de pourriture, il se forme du sulfate d'ammoniaque. Toutes les fois aussi que l'on fabrique du noir animal et que l'on oblige les produits gazeux à passer par l'appareil de Woolf, on peut obtenir du sulfate d'ammoniaque en ajoutant de l'acide sulfurique à l'eau contenue dans les tonnes de l'appareil. Pour notre compte, nous en avons préparé ainsi des quantités importantes, et à diverses reprises, nous avons constaté l'énergie de cet engrais. L'essai le plus concluant fut celui-ci. — Nous recommandâmes un jour au commis de la fabrique d'arroser une planche de carottes avec une dissolution de sulfate d'ammoniaque, et le premier arrosoir fut répandu en notre présence. Sur ces entrefaites, une personne étrangère vint nous visiter et l'opération se trouva interrompue. Elle ne fut point reprise, et nous pûmes remarquer que la partie arrosée n'était pas à comparer pour la beauté des produits à la partie oubliée. Si nous avions douté de l'énergie de cet engrais, le doute eût été levé par ce résultat significatif. Malgré cela, il résulte d'expériences suivies, que son usage exclusif ne donnerait pas longtemps des résultats marqués. Comme la plupart des engrais liquides, il ne dispense pas des fumiers, et le mieux, c'est de s'en servir pour arroser des composts. C'est là un de ces engrais acci-dentels qui peuvent rendre de petits services de loin en loin, qu'il ne faut par conséquent pas trop dédaigner, mais sur lesquels il ne faut pas trop compter non plus.

Marcs de colle. — Les marcs ou déchets des fabriques de colle contiennent plus ou moins de matières animales, de poils, d'os, de chaux et de terre. Ils jouissent donc de propriétés fertilisantes. On les vend secs ou frais ; mais ceux qui sont frais doivent être préférés. En Angleterre, les cultivateurs les payent, à Belfast, environ 15 francs les 1 000 kilogrammes.

Poils. — Les poils d'animaux, la bourre, ont quelque valeur, mais ils se décomposent si lentement qu'il vaut mieux les jeter sur les composts en fermentation que de s'en servir isolément.

Chiffons et déchets de laine. — Qu'est-ce que la laine ? un produit animal. On a beau la laver, la teindre, la peigner, la filer, en faire des habits, des châles, de la flanelle ou des chaussettes, elle ne change point de nature, elle reste après ce qu'elle était avant. Or, du moment que c'est un produit animal, c'est un engrais aussi, et un des meilleurs, soit dit en passant. Nous avons vu que ce qui vient des bêtes, chair, sang, poils, cornes, sabots, ongles, est bon pour fumer la terre ; pourquoi donc, cela étant, la laine qui nous vient des moutons, ne serait-elle pas bonne au même titre ? Durant nous ne savons combien de siècles, les cultivateurs n'y ont point songé ; il ne leur est pas venu à l'esprit qu'avec des lambeaux de vieilles culottes et de vieux bas, on pouvait à la rigueur les passer de fumier ; ou bien il peut se faire que d'aucuns aient eu peur du ridicule et de la moquerie.

Il y a trente ou quarante ans, les marchands de loques qui parcouraient nos villages, uniquement pour le compte des papeteries, n'achetaient que les chiffons de toile et rebutaient ceux en laine, dont nos ménagères ne savaient que faire. A cette heure, on ne les rebute plus, on les recherche, au contraire, pour les livrer à l'agriculture et aux fabricants de bleu de Prusse.

Depuis quelle époque, la laine est-elle employée comme engrais. Sur ce point, nous confessons très-humblement notre ignorance. Olivier de Serres n'en dit mot ; Chomel n'en dit pas davantage ; les commentateurs du *Théâtre d'agriculture* se taisent également sur ce sujet ; l'abbé Rozier se contente de classer la laine parmi les engrais animaux et ne parle point de son application ; Van Aelbroeck, si nous avons bien lu, garde le même silence. Ce ne fut que vers 1819 ou 1820 que l'on commença à s'en occuper sérieusement. A cette époque, la société d'agriculture du département de la Seine honora d'un *accessit* sinon l'auteur de la découverte de ce nouvel engrais, au moins son importateur. Le *Journal d'agriculture* du royaume des Pays-Bas, qui signale la chose à notre attention, rapporte aussi que vers 1810, et même avant, on commençait en Belgique, à tirer parti de la laine au profit de l'agriculture. Voici ce que lui écrivait

à ce sujet, le 9 février 1820, M. Lesneucq, secrétaire de la régence de la ville de Lessines (Hainaut) :

— « Les engrais en usage dans notre canton étant les fumiers, les cendres de mer et la chaux, et les premiers étant insuffisants, et ne pouvant nous procurer les deux autres qu'à grands frais, à cause de l'éloignement, on a cherché longtemps à parer à ces inconvénients. Nous avons remarqué que les chiffons de laine, *haillons*, etc., que nous jetions autrefois dans les rues, pouvaient tenir lieu du meilleur engrais, que ces mêmes chiffons étaient les trésors les plus précieux que l'on pût découvrir en faveur de l'agriculture.

« Il est résulté des expériences faites, que ce nouvel engrais est le plus fort et le meilleur de tous nos engrais ; qu'il est propre à tous les sols, mais qu'il fait meilleur effet dans les terres fortes que dans les légères ; que les récoltes qui en proviennent ne se distinguent pas seulement par leur qualité, mais aussi par leur quantité ; qu'il est aussi de plus de durée ou que ses effets se prolongent beaucoup plus longtemps que ceux des meilleurs fumiers, et qu'enfin il y a économie dans son emploi.

« Une fumure de 2,800 kilogr., de ces chiffons, répandus sur un hectare, suffit pour cinq récoltes, et se fait en une seule fois, tandis que nous devons fumer deux fois pendant cet intervalle avec les meilleurs fumiers.

« On dépose ces chiffons dans un endroit creux : on les imprègne d'un peu d'eau et on les laisse ainsi fermenter pendant huit jours : ce temps suffit pour le commencement de la pourriture. Alors, on les éparpille, comme cela se pratique pour les fumiers ordinaires, sur la partie qu'on a intention de fumer. Avant de labourer, il est à observer qu'il convient de déchirer les grandes pièces pour en faciliter l'enfouissement.

« D'autres, et surtout lorsqu'on les emploie pour les pommes de terre, les font porter dans un panier pour les joncher dans le sillon, que trace le laboureur, tandis que deux autres personnes le suivent et plantent la pomme de terre sur ces chiffons. »

Voilà l'instruction la plus ancienne qui soit à notre connaissance, et nous la conservons comme un monument historique. La solidité du fond rachète les imperfections de la forme.

M. de Dombasle se servait de chiffons de laine pour fumer ses houblons et aussi pour fumer des céréales ; mais, dans ce dernier cas, il ne les employait pas seuls ; il les mêlait aux fumiers deux ou trois mois à l'avance. Avec quatre ou cinq voitures de fumier et 12 ou 1500 kilogrammes de chiffons, il formait un compost suffisant pour la fumure d'un hectare.

De nos jours, en Angleterre, on fait le plus grand cas de cette sorte d'engrais, principalement dans les localités où les houblonnières abondent. Ainsi, dit-on, les fermiers de Kent, de Sussex, d'Oxford et de Berkshire en consomment jusqu'à 20 millions de kilogrammes par année, à raison de 1500 à 1600 kilogrammes par hectare et au prix variable de 90 à 125 francs les 1000 kilogrammes. Ces mêmes fermiers répandent quelquefois aussi les chiffons sur les terres destinées au froment et à la pomme de terre, et ils assurent que leur effet est surtout remarquable dans les sols légers et calcaires. C'est aussi la manière de voir de Sinclair ; mais ce n'est point celle de M. Boussingault : — « Je n'ai pas remarqué qu'il en soit ainsi, écrivait-il en 1844. Dans le sol très-sec d'une vigne fumée par cette méthode, j'observe que les chiffons se décomposent très-lentement, et jusqu'à présent l'effet en a été très-peu sensible. » On pourrait répondre à M. Boussingault que, sous le climat de la Grande-Bretagne, on est toujours assuré de trouver, même dans les terrains légers, l'humidité nécessaire à la décomposition de la laine, tandis qu'il n'en est peut-être pas ainsi sous le climat où il a expérimenté.

Selon nous, les chiffons de laine sont applicables à tous les terrains légers des contrées brumeuses, pluvieuses ou rapprochées de la mer, tandis que sous les climats doux et secs, ils conviennent particulièrement aux argiles. Il va sans dire qu'accidentellement, par une année humide, ils produiraient des effets plus remarquables, dans les pays méridionaux mêmes, sur les terres légères que sur les terres fortes, mais l'exception n'est pas la règle.

Les chiffons ne conviennent pas à toutes les plantes au même degré. C'est l'engrais par excellence des houblons, des pommes de terre, des colzas, navettes, navets, choux, de toutes les crucifères, en un mot, et aussi des orangers.

Les chiffons se décomposent lentement et agissent en conséquence pendant quatre, cinq et six ans. Ce doit être un avantage pour la culture des végétaux qui vivent plusieurs années et dont les racines ne descendent pas à une grande profondeur, pour la culture des jeunes arbres en pépinière, par exemple, des arbres verts surtout ; mais c'est un inconvénient pour les végétaux à croissance rapide et de courte durée. Dans ce dernier cas, il ne faut point répandre les chiffons secs sur le sol, juste au moment des semailles ; il faut les enterrer au commencement du mois d'août pour les semailles d'automne, et au mois d'octobre pour les semailles du printemps. Dans l'intervalle, les chiffons s'humectent, fermentent, commencent à pourrir, et quand vient l'heure de semer, les graines profitent de suite de l'engrais. Dans le cas où l'on voudrait se dispenser d'enfouir les chiffons à l'avance, il suffirait de les jeter dans un trou, lit par lit, de saupoudrer chaque lit avec quelques poignées de cendre de bois, de tourbe ou de houille, et de répandre sur le tout de l'eau chaude ou tiède. Au bout de cinq ou six semaines, l'engrais sera bon à employer et il agira de suite.

Une seule fois, il nous est arrivé d'envelopper à demi nos plants de pommes de terre avec des loques sèches, et la récolte fut fort belle. Mais, à ce propos, vous voudrez bien noter en passant qu'avec les pommes de terre, la levée n'est pas aussi prompte qu'avec les céréales, et que la décomposition des loques a le temps nécessaire pour se produire.

M. Delonchamps, cultivateur dans le département de Seine-et-Marne, s'y prenait de la manière que voici pour fumer ses terres : Il mettait par hectare 3000 kilogrammes de chiffons, et trois ans plus tard 45 000 kilogrammes de fumier ; puis de la laine, puis du fumier, alternant ainsi tous les trois ans. Sa fumure en laine lui revenait alors à 180 francs, il estimait celle en fumier 315 francs. A la place de M. Delonchamps, nous eussions adopté de préférence le procédé de M. de Dombasle, qui consistait à mélanger les chiffons et le fumier et à s'en servir en même temps. En fait d'engrais, les mélanges sont toujours avantageux.

En Belgique, on se sert des chiffons de laine, principalement pour la culture des arbres fruitiers et des pommes de terre. En 1859, cet engrais coûtait, à Bruxelles, 6 francs les 100 kilogrammes et nous ajoutons qu'il n'était pas irréprochable.

Autant que possible, on doit bien diviser les chiffons de laine avant de s'en servir ; plus ils sont menus, mieux ils valent. Cependant, il y aurait peut-être une exception à établir à l'endroit des pommes de terre cultivées dans des sols d'une certaine consistance, attendu que les larges loques tiennent la terre soulevée et favorisent le développement des tubercules.

En Angleterre, on se sert, pour diviser les loques, de la machine à couper les turneps ; ailleurs, on emploie une lame de faulx que l'on fait jouer sur un billot. Ailleurs encore, lorsque l'on a eu soin de répandre les chiffons sur les champs plusieurs semaines et plusieurs mois avant de les enterrer, on fait passer sur ces champs des ouvriers qui déchirent avec la main les plus grosses loques, et d'autant plus facilement qu'alors elles commencent déjà à se décomposer. Nous avons fait en petit l'essai de deux cylindres armés de crocs en fer, et n'avons eu qu'à nous louer de l'essai. La laine déchirée nous paraît préférable à la laine coupée, en ce sens que la première présente moins d'obstacles à une répartition uniforme et agit plus vite que la seconde.

Bourre de soie et larves de vers à soie. — La soie, comme la laine est le produit d'un animal ; donc les déchets des établissements, où l'on travaille la soie, sont un engrais. On aurait tort de les perdre. Les larves et excréments des vers à soie sont également un engrais qui a, sur le précédent, l'avantage d'un effet plus rapide. Quant à l'emploi de l'un et de l'autre, nous dirons que ce qui vient du mûrier ou de l'ailante doit retourner au mûrier ou à l'ailante.

Plumes. — Les plumes, dont l'industrie ne tire pas parti et que l'on jette ordinairement sur les fumiers ou parmi les ordures, ont de la valeur comme engrais. Aussi, il est à remarquer que les fumiers des marchands de volailles qui, souvent, reçoivent de mauvaises plumes, sont d'excellente qualité. On peut employer directement les plumes en les enfouissant au pied des arbres qui souffrent.

Poissons pourris. — Sur toutes les côtes de la Bretagne, les débris de sardines, de harengs et de différents autres poissons de mer sont considérés comme un engrais très-énergique, et à juste titre. Stephens rapporte que sur la côte orientale de l'Écosse, dans les villages de pêcheurs, les fermiers ne négligent pas les déchets de poissons. Ils répandent une trentaine d'hectolitres de têtes et d'issues de morues et de merluches par mesure de 40 ares. Le prix de l'hectolitre est d'environ 1 franc 85 centimes. Ils conduisent de suite ces déchets sur les champs, les enterrent dans une tranchée profonde, les y laissent pourrir pendant deux ou trois mois, et les emploient ensuite en mélange avec la terre de la tranchée. Parfois on fume avec cet engrais les terres que l'on veut ensemencer en froment ; mais on se loue surtout de ses effets sur les navets. Dans ce dernier cas, on jette l'engrais à la pelle dans le sillon que la charrue recouvre au retour ; puis l'on répand la graine de navets au moyen d'un semoir à mains ou d'un semoir mécanique. L'engrais de poissons est très-riche en phosphates et en matières azotées.

Suint et eaux grasses. — L'eau dormante, dans laquelle on lave les moutons, acquiert incontestablement des propriétés fertilisantes, parce qu'elle se charge de suint. Les eaux de vaisselle ou eaux grasses, que l'on perd si souvent par la rigole des éviers, et qui, en se décomposant, répandent des odeurs si infectes, doivent être reçues sur de la terre souvent renouvelée. Elles fournissent ainsi un compost très-énergique.

ENGRAIS PROVENANT DES ANIMAUX ET DES VÉGÉTAUX.

Cette troisième catégorie comprend : les fumiers de mouton, de chèvre, de cheval, d'âne, de mulet, de vache, de porc, les eaux de fumier et le bouillon des jardiniers.

Ces engrais sont désignés par un grand nombre d'auteurs sous le nom d'*engrais mixtes*, qui nous paraît impropre, en ce sens que la qualification de mixtes s'applique tout aussi bien à la plupart des composts qu'aux fumiers de ferme.

Les fumiers de ferme sont divisés par les praticiens en deux classes. La première comprend les fumiers *chauds* ; la seconde, les fumiers *froids*.

Ils entendent par fumiers chauds ceux qui contiennent le moins d'eau et qui développent une chaleur intense par la fermentation. Ce sont les fumiers de mouton, de chèvre, de cheval, d'âne et de mulet. Ils entendent par fumiers froids, ceux qui contiennent le plus d'eau et développent beaucoup moins de chaleur que les précédents. Ce sont les fumiers de vache et de porc. Il va sans dire que le purin de basse-cour est dans le même cas.

Fumier de mouton. — Cet engrais est d'une grande énergie. S'il fermente lentement dans la bergerie, c'est à cause de la dureté des crottins, de la petite quantité des urines comparativement à la litière pailleuse, et aussi à cause du tassement qui est considérable ; mais aussitôt que l'on expose le fumier aux influences atmosphériques, ou qu'on l'arrose dans la bergerie, la fermentation se développe avec rapidité.

— « Le fumier de mouton, dit Schwerz, est sans contredit le plus substantiel de tous les fumiers d'étables. Moins chaud que le fumier de cheval,

son action se fait sentir plus longtemps dans la terre que celle du fumier de cheval, et moins longtemps que celle du fumier de bêtes à cornes. Son action n'excède pas deux années et ne se manifeste très-sensiblement que pendant la première. Comme le fumier de mouton reste ordinairement jusqu'au moment de son application, dans les étables, où il est fortement tassé par les pieds des moutons et où il reçoit peu d'humidité, il ne présente que peu de symptômes de fermentation. Il ne se mêle que très-difficilement et très-imparfaitement avec la litière ; de là, la nécessité de le laisser longtemps dans les étables et l'inconvénient de donner trop de litière. Le fumier de mouton est propre à tous les terrains, mais, en comparaison avec le fumier de bêtes à cornes, il est plus propre aux terrains argileux, lourds et froids. Il est préférable à tous les autres fumiers pour la navette et le colza. »

Van Aelbroeck considère le fumier de mouton comme étant le plus vigoureux de tous et comme précipitant la végétation plus que tout autre engrais. Il assure que, dans les terres humides et légères de la Flandre, six voitures de ce fumier en valent neuf de fumier de cheval ; aussi recommande-t-il de ne l'employer qu'avec modération et de s'abstenir dans les linières.

Notre collaborateur M. Fouquet constate que le fumier de mouton est très-profitable aux plantes oléagineuses, mais qu'il n'est guère estimé pour les betteraves qui, paraît-il, donnent moins de sucre que lorsqu'elles sont fumées avec l'engrais des bêtes bovines. Il ajoute que l'orge venue sur l'engrais de mouton est moins estimée des brasseurs parce qu'elle contient alors moins d'amidon et qu'elle germe avec irrégularité.

Nous dirons, à ce propos, que le froment produit dans les mêmes conditions, passe pour ne point valoir celui que l'on obtient avec le fumier de vache et de mouton. Des observateurs dignes de foi nous ont affirmé, en 1846, sur divers points du département de la Côte-d'Or, notamment à Genlis et à Vitteaux, que la farine d'un froment cultivé avec le fumier de mouton, fournissait une pâte d'une *levée* difficile, et que les pains s'aplatissaient et se fendillaient au four. Nous n'avons jamais eu l'occasion de vérifier l'exactitude de ces assertions que nous avons signalées pour la première fois, il y a quinze ans, et qui ont été reproduites par divers auteurs, à diverses reprises, mais toujours sans contrôle préalable.

Un mouton qui pâture ne fournit que de 400 à 500 kilog. de fumier par année.

Une fumure de 20 000 kil. par hectare est ordinairement suffisante, un mouton que l'on engraisse en fournit environ 800.

Fumier de chèvre. — Cet engrais se rapproche beaucoup du précédent par son énergie ; cependant il est moins riche, parce qu'il ne contient pas de mèches de laine. Dans certaines localités des Vosges, pour obtenir de beaux radis d'été et d'hiver, cultivés sous le nom de *raves*, il est d'usage de prendre des crottes de chèvre, de les trouer une à une avec un morceau de bois effilé, de placer une graine de radis dans chaque trou et de mettre ensuite les crottes dans la terre. Nous avons employé ce procédé et n'avons eu qu'à nous en louer. Il va sans dire qu'il n'est pas expéditif et qu'il ne convient réellement qu'à la culture potagère.

Fumier de cheval. — La valeur de cet engrais chaud n'est contestée par personne, mais elle n'est pas la même dans toutes les écuries; elle est subordonnée à la qualité de la nourriture, à la qualité de la litière et à l'exercice que prennent les animaux. Plus la nourriture et la litière sont riches, plus les chevaux travaillent, plus leur fumier a de puissance. Alors que le roulage était florissant et que le service des postes avait une importance capitale, le fumier des maîtres de poste et des aubergistes de grandes routes passait, à juste titre, pour le plus chaud de tous les fumiers; venait ensuite le fumier des bonnes fermes et, en dernier lieu, celui des cultivateurs peu soigneux ou pauvres. Nous ne pouvons pas oublier qu'en 1844 ou 1845, la fermentation produisit une chaleur telle dans un tas de fumier appartenant au maître de poste de Beaune (Côte-d'Or), qu'il s'enflamma spontanément sur tous les points et que les pompes à incendie ne purent se rendre maîtresses du feu. Parmi nos campagnes, même dans les meilleures fermes, des accidents de cette nature ne sont pas à craindre.

Consultez Mathieu de Dombasle, Schwerz, Van Aelbroeck, tous les maîtres en fait d'agriculture pratique, et tous vous diront que le fumier de cheval est un engrais sec, chaud, agissant vite, durant peu, et convenant surtout aux terrains argileux. Pour notre compte, nous n'acceptons pas cette opinion sans réserve. Nous avons écrit dans le *Dictionnaire d'agriculture pratique*, et nous répétons ici : — « Oui, le fumier de cheval convient aux terres argileuses et humides, mais il ne faut pas soutenir, comme on le fait journellement, qu'il ne convient pas aux terres légères sans distinction. Si vos terres légères appartiennent à des climats chauds et brûlants, vous avez raison; mais si elles appartiennent à des climats froids ou plus froids que chauds, à des climats brumeux ou exposés à des pluies fréquentes, vous avez tort. Nous ne connaissons pas de terres plus légères que les sables de la Campine et celles de la province de Luxembourg (Belgique), puisque les outils de labour entrent là-dedans comme si c'étaient des cendres. Est-ce à dire pour cela que le fumier de cheval ne saurait leur convenir? Gardez-vous de l'écrire jamais! Pour rester dans le vrai, on doit poser en fait que le fumier de cheval est bon pour tous les terrains qui ne sont pas exposés à souffrir des effets de la sécheresse, et pour toutes les plantes qui gagnent à pousser rapidement, au risque, bien entendu, de communiquer à certaines d'entre elles, comme à nos primeurs de jardin, une saveur qui n'est pas du goût de tout le monde. »

Dans le jardinage, où les arrosements ne font pas défaut, le fumier de cheval est, avec raison, très-recherché, à cause de sa rapidité d'action. Il ne sert pas seulement à la nourriture des légumes de pleine terre, il sert encore à former les couches et les réchauds.

Le mètre cube de fumier frais de cheval pèse environ 400 kilogrammes.

Le mètre cube de fumier consommé à demi pèse environ 550 kilogrammes en moyenne; le cheval qui reçoit, par jour, 2 kilogrammes et demi de litière, fournit par année de 8 à 9 000 kilog. de fumier.

Une fumure de 20 000 kilogrammes de fumier frais de cheval, par hectare, n'est point une fumure copieuse; quand on peut l'élever au chiffre de 30 à 35 000 kilogrammes, on ne s'en trouve que mieux.

Fumier d'âne et de mulet. — Ce fumier est tout aussi estimé que le précédent; quelquefois même, il l'est davantage. Ainsi, les anciens horticulteurs et beaucoup d'horticulteurs modernes le préfèrent pour les couches au fumier de cheval. Nous consignons ce fait purement et simplement.

Fumier de vache ou de bœuf. — Cet engrais, plus aqueux et moins fermentescible que les précédents, appartient à la catégorie des fumiers *froids*. Les agronomes et les cultivateurs s'accordent tous à en conseiller l'emploi sur les terrains secs et brûlants et le recommandent pour la culture de toutes les plantes avides d'eau ou aimant la fraîcheur. Sa qualité dépend nécessairement de celle de la nourriture des bêtes. Les vaches qui broutent de maigres pacages ou qui vivent de paille en hiver, ne fournissent pas un fumier comparable à celui des bêtes de trait et des bêtes soumises au régime de l'engraissement.

Cet engrais a l'immense mérite, à nos yeux surtout, lorsqu'il se trouve dans un état de décomposition avancée, de ne pas altérer la délicatesse des produits. C'est le seul des fumiers de ferme qui soit accepté, sans protestation, dans la culture des vignes fines.

— « Ce fumier, dit Schwerz, possède plusieurs propriétés particulièrement utiles : la première, de se maintenir longtemps dans le sol, ce qui compense bien la lenteur de son action; la seconde, d'être propre à tous les terrains et à toutes les cultures; la troisième, de se lier très-facilement, à cause de son état presque fluide, avec toute espèce de litière, propriété que n'ont pas les fumiers de cheval et de mouton; la quatrième, d'opérer une action toujours uniforme; la cinquième, la masse plus considérable de déjections, et la proportion plus forte d'engrais produit. Et, s'il est vrai qu'un animal ne peut rendre plus qu'il ne consomme, il est plus vrai encore que les déjections des bêtes à cornes permettent, à raison de leur fluidité, une addition plus considérable de litière que celles des moutons et des chevaux. »

La première qualité, dont parle Schwerz peut être contestée dans bien des cas. Si parfois il est avantageux d'avoir affaire à des engrais d'une action lente, le plus souvent, il y a profit à obtenir des effets rapides.

Le mètre cube de fumier de bœuf nourri pour la boucherie, et convenablement décomposé, pèse environ 800 kilogrammes.

Un bœuf de travail peut produire par année de 10 à 11 000 kilogrammes de fumier.

Une vache en stabulation donnera 12 ou 13 000 kilogrammes et plus, selon que l'on augmentera la litière. On dépasserait aisément les 20 000 avec beaucoup de nourriture fraîche et 5 kilogrammes de litière par jour. On l'emploie à raison de 35, 40 et même 50 000 kilogrammes à l'hectare.

Fumier de porc. — En général, cet engrais ne jouit pas d'une bonne réputation. Les uns le disent trop froid, les autres lui attribuent des propriétés nuisibles aux récoltes; quelques-uns lui reprochent de n'avoir pas de durée. Ces appréciations, plus ou moins fondées dans les pays où les porcs reçoivent une mauvaise nourriture, une nourriture très-aqueuse, ne sont pas exactes partout. Ainsi, les Anglais ne partagent point cette mauvaise opinion; Schwerz ne la partage pas non plus. — « Ma propre expérience, dit-il, m'a fait reconnaître que le fumier des porcs à l'engrais produit, pendant deux années, un effet plus grand dans les mêmes terres et sur les mêmes plantes que le fumier des vaches. »

On reproche avec raison à cet engrais d'introduire beaucoup de mauvaises herbes dans les récoltes; mais il n'en serait pas ainsi si l'on prenait la précaution de ne l'employer qu'après une longue fermentation.

En écrivant sur l'*Agriculture dans la Campine*, nous avons dit : — En Campine, les porcs ne sont pas les animaux les mieux nourris de la ferme. Il n'est donc pas étonnant que leur fumier soit considéré comme étant de médiocre qualité. Cependant, ceux qui nourrissent fortement élèvent des doutes à cet égard, et vont même jusqu'à affirmer le contraire. Ceci nous rappelle une conversation qui s'engagea à Hoogstraeten, entre deux habitants de cette commune; l'un contestait le mérite du fumier de porc; l'autre, un échevin de l'endroit, soutenait la thèse opposée, et disait : — Je n'emploie d'autre engrais que celui provenant des six ou huit porcs que je nourris continuellement, et cependant je ne connais pas de cultivateur dans la commune qui ait, à cette heure, une récolte sur pied meilleure que la mienne. — Le fait était exact ; il n'y avait pas à nier ; donc, dans ce cas particulier, la cause du fumier de cochon était gagnée.

On assure que cet engrais a une action très-marquée sur le développement du chanvre. Dans quelques contrées, on le prône pour les prairies naturelles ; le plus ordinairement, on ne l'emploie pas isolément, on le mêle aux autres fumiers de la ferme.

Le fumier de porc passe pour éloigner les taupes. C'est à vérifier.

Le poids du mètre cube de fumier de porc ne nous est pas connu. Nous savons seulement qu'un porc peut rendre environ de 800 à 1400 kilogr. d'engrais par an, et que l'hectare de terre n'en exige pas moins de 40 000 kilogrammes.

Eaux de fumier et bouillon des jardiniers. — Les eaux qui descendent des tas de fumier, en temps de pluie, et forment des mares infectes dans les cours de nos fermes, sont un engrais plus complexe et par conséquent meilleur que l'urine de bétail, recueillie isolément dans les citernes. Ces égouts, produits aux dépens des masses de nos fumiers doivent être conservés avec soin et utilisés sur les récoltes qu'il convient de développer rapidement. Un grand nombre de cultivateurs ne s'en servent que pour arroser les tas à l'époque des sécheresses et les laissent le plus ordinairement se perdre dans le sol par infiltration ou courir par les rues. Ce gaspillage d'un engrais précieux est bien regrettable ; c'est plus qu'une atteinte par ignorance à la richesse des particuliers, c'est une atteinte permanente à la richesse publique, en même temps qu'une infraction aux prescriptions hygiéniques. Chose étrange et digne de remarque ! tandis que les hommes de la grande culture, dans la plupart des contrées, dédaignent le purin de fumier, les hommes du jardinage le recherchent et en fabriquent au besoin pour rétablir ou relancer leurs plantes maladives ou endormies. Et, en effet, le *bouillon* des jardiniers n'est autre chose que de l'eau qui a séjourné pendant quelques semaines en tonne sur du fumier.

Quand nous disons aux cultivateurs : — Ces égouts de fumier de basse-cour, dont vous ne tirez aucun parti, constituent pourtant la quintessence de ce fumier ; ils répondent : — C'est possible, ça doit être, nous n'en disconvenons pas ; mais ils sont trop forts, trop brûlants ; ils tuent les végétaux au lieu de les faire vivre.

C'est, en effet, ce qui arrive souvent, faute de savoir s'en servir. Ce n'est pas quand il pleut que les cultivateurs songent à arroser, c'est quand il fait sec et chaud, et alors, l'eau de fumier se trouve très-réduite et presque à l'état de sirop. Or, dans cet état, elle est trop dense et ne saurait monter dans le corps des plantes. En outre, elle est chargée d'alcalis qui désorganisent les feuilles. Voulez-vous qu'elle fasse bon effet, affaiblissez-la, étendez-la avec quatre ou cinq fois son volume d'eau ordinaire, répandez-la, par un temps pluvieux ou couvert, sur des prairies naturelles ou artificielles, au départ de la végétation, et vous reconnaîtrez ensuite qu'elle ne brûle pas, mais qu'elle nourrit bien.

Litières. — La qualité des fumiers n'est pas seulement subordonnée à la nourriture que reçoivent les animaux et à leur état de santé ; elle dépend encore des litières qui reçoivent les déjections. Ces litières sont de diverses sortes et ne se valent pas indistinctement. Tantôt, elles consistent en substances terreuses, sur lesquelles on éparpille quelques poignées de paille, pour que la robe des bêtes ne se salisse point ; tantôt, elles consistent uniquement en pailles de céréales ; d'autres fois, ce sont des roseaux desséchés, des joncs, des fougères, des fourrages avariés, des feuilles mortes, de la mousse, de la bruyère, du genêt, etc.

Mieux elles absorbent les déjections liquides et mieux elles se lient aux excréments, plus elles valent. Les bons observateurs donnent la préférence aux pailles de froment, de seigle et d'avoine. Les substances ligneuses, coriaces, d'une décomposition difficile, comme la bruyère, sont mal notées et ne sont adoptées que dans les cas d'absolue nécessité ; la mousse ne figure qu'au dernier rang, parce que, en raison de sa nature, elle se décompose plus difficilement encore que la bruyère. Les pailles de colza et de navette ne conviennent qu'aux bergeries, parce que les moutons les broient à merveille sous leurs pieds ; les tiges de sarrasin ont mauvais renom ; les fourrages avariés épongent mal les liquides ; les roseaux ne sont guère estimés ; les joncs le sont encore moins ; les feuilles mortes ne sont point à dédaigner ; celles du chêne sont préférées à celles du hêtre ; celles que l'on ramasse à l'automne sont préférées à celles que l'on ramasse à la sortie de l'hiver. Enfin l'on s'accorde à dire quelque bien du genêt, dont on ne prend que les sommités au moment de la floraison, de l'airelle myrtille qui contient beaucoup de potasse, et de la fougère. Seulement, il convient de faner ces litières avant de s'en servir, sans quoi, elles n'absorbent pas les urines et fournissent un fumier très-pauvre.

Il résulte d'expériences, faites par M. Boussingault, qu'après vingt-quatre heures d'imbibition :

100 kil. de paille de froment ont retenu..	220 kil. d'eau.
— de paille d'orge...............	285 —
— de paille d'avoine.............	223 —
— de paille de colza.............	200 —
— de feuilles de chêne tombées....	162 —
— de bruyère.................	100 —
— de sable quartzeux..........	25 —
— de marne.................	40 —
— de terre végétale séchée à l'air..	50 —

Il s'ensuit que pour remplacer, à titre de litière, 100 kilogrammes de paille de froment, il faudrait :

77 kilogr.	de paille d'orge.
96 —	de paille d'avoine.
110 —	de paille de colza.
136 —	de feuilles de chêne.
220 —	de bruyère.
880 —	de sable.
550 —	de marne.
440 —	de terre végétale sèche.

Séjour des fumiers dans les étables et écuries. — Soit dit entre nous, et sans offenser la science qui nous a rendu et nous rendra de grands services, le plus habile cultivateur est celui qui sait produire les plus grosses masses de bon engrais au plus bas prix possible. Les petits tas de fumier mènent à rien, les gros mènent à tout ; c'est dans les gros tas que sont cachés nos secrets, c'est de là que sortent nos merveilles. Ce sont eux qui transforment les terres de mauvaise qualité en terres de premier ordre, qui font pousser deux épis où il n'en poussait qu'un, cuire deux pains où l'on n'en cuisait qu'un, qui chassent les disettes et en préviennent le retour. C'est à la fois le remède et le préservatif. Le fumier, c'est le succès, c'est la vie des champs, l'explication des bonnes récoltes, la providence des fermes. On ne saurait donc lui donner trop d'attention.

Sur ce point, n'en doutez pas, tous les cultivateurs seront de notre avis, tous sans exception ; et, cependant, nous avons des contrées où les fumiers séjournent plus que de raison sous les animaux, dans les étables et les écuries. En procédant de la sorte, en renouvelant à peine la litière, il est impossible de fabriquer des quantités considérables d'engrais. On en convient, mais on nous invite à remarquer que le fumier ainsi conservé se trouve à l'abri des eaux pluviales, d'une part, ce qui est un avantage incontestable, que, d'autre part, il reçoit plus de déjections liquides que les fumiers enlevés deux fois par semaine ou tous les huit jours. On ajoute, en troisième lieu, que la litière est constamment foulée, ce qui l'empêche de moisir, autrement dit, de *prendre le blanc.*

Il n'est pas absolument nécessaire de laisser le fumier sous les bêtes pour le soustraire aux eaux pluviales. On peut facilement l'abriter au moyen d'un hangar ou de paillassons mobiles. Quant aux déjections liquides qui passent pour enrichir d'autant plus le fumier qu'il en reçoit davantage, nous ferons observer qu'il y a des limites à toutes choses. L'éponge ne prend pas l'eau indéfiniment ; une fois bien gonflée et bien pleine, elle la refuse. Or, il en est de même pour la litière ; quand elle a pris tout ce qu'elle peut prendre, elle laisse aller le reste : tantôt, les urines surabondantes s'en vont dans les ruisseaux ; tantôt, elles s'infiltrent dans le sol ou dans les murs, et c'est autant de perdu. Vous mettriez tous les jours de fortes brassées de litière fraîche sur du fumier très-pourri, que vous n'arrêteriez pas au passage la meilleure partie des urines qui ruisselleraient parmi les brins de paille, d'ajonc, de genêt ou de bruyère, gagneraient les couches basses, puis le sol. Puisque la place est prise en dessous, que l'éponge est pleine, les déjections liquides ne sauraient plus s'y loger ; donc elles passent et se perdent.

Avec des écuries ou des étables, parfaitement pavées en pente légère, les infiltrations dans la terre ne sont pas à craindre ; les urines surabondantes s'en vont dans une rigole et de là jusqu'au puisard, d'où on les retire avec une pompe ou des seaux, pour arroser directement les récoltes ou fabriquer d'excellents composts.

Ceux qui ne sont pas assez riches pour faire les frais d'un puisard en pierres de taille, reliées avec du mortier hydraulique, peuvent fort bien se servir d'une tonne cerclée en fer, que l'on enfouit au fond de l'écurie ou de l'étable, et au-dessus de laquelle on place un large couvercle.

Si nous condamnons le séjour des fumiers sous les bêtes dans les étables et les écuries, quand il se prolonge des mois entiers, comme dans l'Ardenne, nous n'approuvons pas, croyez-le bien, la méthode qui consiste à enlever ces fumiers tous les jours ou au plus tard tous les deux ou trois jours. Nous reconnaissons que si, par cette méthode, on gagne sur le volume, on perd sur la qualité. Il est clair que la litière expédiée et renouvelée si fréquemment, n'a pas le temps de s'imprégner à point des déjections liquides.

En ce qui concerne la moisissure, le *blanc,* comme l'on dit, rappelez-vous qu'il suffit, pour l'éviter, de tasser les engrais avec soin, de les piétiner vigoureusement au sortir de l'étable ou de l'écurie. Quelle que soit cependant notre opinion sur le séjour prolongé des litières dans les étables, nous ne pouvons nous empêcher de constater que les fumiers formés de litières coriaces s'y décomposent mieux qu'autre part, et que les engrais exposés ainsi pendant longtemps à une température douce y deviennent de meilleure qualité qu'à l'air libre, ou sous un simple hangar. Cette amélioration des fumiers est-elle due à la formation des nitrates et du chlorure de sodium, ou à d'autres causes? Nous ne savons; mais qu'elle provienne de ceci ou de cela, l'essentiel pour nous, c'est de savoir que l'amélioration est un fait incontestable. Nous ajoutons que les étables *campinoises,* dites flamandes, où le fumier séjourne non sous les bêtes, mais derrière les bêtes, et où la litière est renouvelée souvent et abondamment, ont le mérite de donner la quantité et la qualité. Du moment où il nous serait démontré que l'hygiène n'a pas à se plaindre de ce système, et du moment aussi où l'excédant de purin serait reçu dans une citerne, nous n'hésiterions pas à le recommander de préférence à tout autre.

— « Il est certain, écrit M. Fouquet, dans son excellent *Traité des engrais et amendements,* que la conservation des fumiers dans les bâtiments présente de précieux avantages. Non-seulement, par ce moyen, on réalise sur les frais de main-d'œuvre une économie notable, non-seulement les fumiers ainsi préparés jouissent de propriétés supérieures à celles des fumiers traités par les procédés généralement usités, mais on obtient encore une quantité d'engrais plus élevée. »

Schwerz assure, de son côté, que quelles que soient les dispositions que l'on puisse prendre pour la préparation du fumier à ciel ouvert, les résultats ne sont et ne peuvent jamais être d'une qualité égale à celle des fumiers séjournant à l'étable. Notre vénérable M. de Dombasle ayant appris que, par ce procédé, chaque vache, nourrie à l'étable, pouvait produire dans l'année, de 32 500 à 39 000 kilogrammes, voulut en faire l'essai à Roville. — « J'ai fait disposer, écrivait-il, deux étables à la manière belge, l'une pour douze bœufs à l'engrais et l'autre pour douze vaches. Cette disposition consiste à pratiquer, en avant des bêtes, un passage pour leur donner la nourriture, et derrière elles un espace large et un peu enfoncé, dans lequel se rendent toutes les urines, et où l'on jette tous les jours le fumier qu'on enlève sous les bêtes (*fig.* 39). »

« L'expérience m'a démontré qu'il n'y a rien

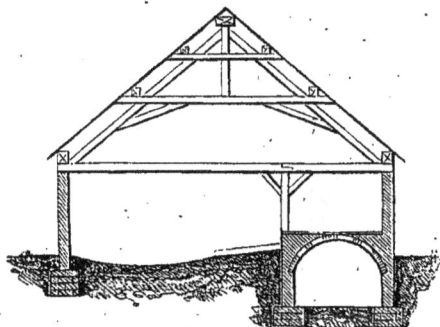

Fig. 39. — Coupe d'une étable belge.

d'exagéré dans la quantité de fumier qu'on peut obtenir dans les étables disposées ainsi, lorsqu'on

peut donner au bétail une grande abondance de litière. Si je suis resté au-dessous de cette quantité, je l'attribue uniquement à ce que le sol de mes étables n'étant pas cimenté, il se perd nécessairement une partie des urines par des infiltrations. Au reste, la quantité de fumier que j'ai recueillie dans les étables disposées de cette manière, a été constamment presque double de celle que me donnaient le même nombre de bêtes suivant la même nourriture, et placées dans une autre étable construite à la manière ordinaire, de sorte que le fumier s'y évacuait tous les deux jours; le fumier était aussi plus gras et de bien meilleure qualité dans la première. »

Un dernier mot sur ce sujet : gardons-nous bien de confondre la méthode des cultivateurs arriérés qui laissent leurs bêtes, chevaux et vaches, sur un fumier boueux pendant trois, quatre mois et plus, et qui épargnent la litière de leur mieux, avec cette méthode belge qui consiste à retirer le fumier de dessous les bêtes très-souvent pour le jeter en arrière dans l'excavation, méthode dans laquelle la litière neuve n'est point donnée avec parcimonie. Dans les étables flamandes la propreté règne et les pieds sont à sec; dans les étables ardennaises, la propreté fait défaut et l'on marche dans le purin et les bouses jusqu'à la cheville, et la quantité de l'engrais ne s'y obtient pas en même temps que la qualité.

Fumiers couverts. — Du séjour dans les étables au séjour dans les caves ou sous les hangars, il n'y a qu'un pas. Si la Belgique nous fait la leçon pour les fumiers conservés à l'étable, la France a lui fait à son tour pour les fumiers de caves. Le procédé dont nous allons vous entretenir est fort étrange et très-peu répandu.

Dans l'ancienne province de Poitou, aujourd'hui dans le département des Deux-Sèvres, se trouve la petite ville de Melle, que vous ne connaissez peut-être ni de vue ni de nom. Les chercheurs d'antiquités vous diront que ses environs sont assez riches en ruines romaines et en ruines celtiques; les maquignons vous diront, de leur côté, qu'aux foires de Melle, on rencontre les plus beaux mulets de l'Europe et qu'on se les arrache comme des raretés; mais on oubliera probablement de vous dire qu'au commencement de ce siècle, les cultivateurs de l'endroit jouissaient, à juste titre, de la réputation de fabriquer les meilleurs fumiers de la province, et qu'on les payait sans marchander le double du prix des autres. Cette réputation s'est-elle soutenue? nous l'ignorons et en doutons, car depuis l'invasion du choléra dans nos contrées, on a pris toutes sortes de mesures de salubrité qui améliorent la santé des gens, mais qui n'améliorent pas la qualité des engrais.

Il était d'usage à Melle, comme il est encore d'usage chez quelques bouchers d'une petite ville étrangère où nous avons passé plusieurs années, de mettre les fumiers en cave et de les y laisser fermenter pendant sept à huit mois avant de s'en servir. Or, c'était là tout le secret de la perfection de leurs engrais d'écurie et d'étable. N'ayant à souffrir ni des pluies, ni du soleil, ils devaient être nécessairement plus riches que ceux abandonnés en plein air à toutes les intempéries. Et puis, il s'y formait nécessairement aussi beaucoup de salpêtre. Or, parler de salpêtre en agriculture, c'est parler d'un sel qui se fait sentir où il passe, qui marque où il tombe.

Est-ce à dire, pour cela, qu'on doive forcément mettre les fumiers en cave pour les avoir de qualité supérieure. Non, assurément; les caves n'ont pas été faites à cette fin. Nous ne voulons, bien entendu, que constater une observation et en tirer les conséquences. Puisque les fumiers se perfectionnent en cave, il est à supposer qu'ils se perfectionneraient de même ou à peu près dans des fosses profondes et couvertes, et que le système des fosses couvertes serait préférable au tassement des engrais au-dessus du sol.

Dans des exploitations importantes et bien conduites, nous avons vu de ces trous à fumier, ouverts à proximité des étables et des écuries, et murés à chaux et à sable. Les cultivateurs nous ont dit qu'ils s'en trouvaient bien, mais nous croyons qu'ils s'en trouveraient beaucoup mieux, s'ils avaient soin de les couvrir de manière à les préserver des pluies et du soleil.

Les petits cultivateurs, aussi bien que les gros, peuvent aisément se donner cette amélioration. Il n'en coûte guère en pierres, chaux et main-d'œuvre pour murer et parer une fosse à fumier. Cependant, admettons, si vous le voulez, que cette construction soit encore au-dessus des ressources de quelques-uns; rien n'empêche de remplacer la pierre par de l'argile battue. Quant à la couverture, c'est une affaire de rien. Avec deux pieux terminés en fourche, plantés aux deux extrémités de la fosse, une longue perche en travers et des paillassons en gluis ou en roseaux, on pourrait fort bien tenir le fumier à l'ombre et le garantir contre les pluies.

Nous ferons remarquer, en passant, que si les fosses couvertes ont de l'importance à nos yeux, les fosses ouvertes offrent des inconvénients dont il sera question plus loin et qui ne nous permettent pas de les prôner. Nous ne voulons pas nous laisser emporter par la digression; il s'agit de fumiers couverts, restons dans notre sujet.

Ce n'est pas d'aujourd'hui que datent nos efforts à l'endroit de ce procédé; déjà, en 1847, nous écrivions ceci : — Les cultivateurs devraient abriter leurs engrais, et contre les chaleurs excessives, et contre les pluies trop abondantes, qui sont encore plus nuisibles, parce qu'elles délayent les fumiers et entraînent leurs sels vers les couches du dessous. Des hangars élevés et peu coûteux préviendraient ces pertes, déplorables pour l'agriculture. Il est fort heureux pour nos campagnes que les poules, friandes de larves et de petits vers, s'avisent d'aller chercher leur nourriture sur les tas de fumier, dont elles bouleversent la surface. Cela oblige les cultivateurs à couvrir les tas en question avec des fagots de saule ou d'épines. C'est le seul abri des engrais contre le soleil et la pluie.

Cependant, tous les cultivateurs savent comme nous que dans les années pluvieuses, les fumiers s'usent vite, aussi bien dans les cours de ferme que parmi les champs. Or, sachant cela, ils devraient

se dire naturellement que les abris sont de rigueur en bonne économie rurale. D'aucuns, dans le nombre, se le disent peut-être; mais la question d'argent se présente de suite : le fantôme entr'ouvre la porte et y passe la tête. Comment ferait-on des abris? A combien reviendraient-ils? Voilà la question. Ceux qui ont des écus en sac ne seraient pas en peine pour lever la difficulté. Avec quatre ou six piliers en maçonnerie, une charpente dessus et quelques milliers de tuiles ou d'ardoises, l'abri serait fait et durerait plus que la vie d'un homme. Mais pour ceux qui ne sont pas riches, c'est une autre affaire. Aussi ne leur demandons-nous pas plus qu'ils ne peuvent nous donner. Avec quelques arbres formant la fourche aux quatre coins du tas de fumier, de solides perches en travers, des bottes de paille à étendre sur les perches, on obtiendrait déjà de bons résultats; mais dans certaines localités, la dépense pourrait monter vite de 60 à 100 francs, trop lourdes sommes pour de très-petites bourses. Est-ce qu'il n'y aurait pas moyen de les tirer d'embarras à meilleur compte? Cherchons, puisqu'à force de chercher l'on trouve, au dire du proverbe.

Rien ne serait plus aisé, ce nous semble, que de préparer des abris en paille, à peu près semblables à ceux dont se servent les cantonniers de nos grandes routes, et de disposer ces abris en toit sur les tas de fumier, au moyen de quelques pieux ou de simples fourches, que l'on enlèverait et replacerait au besoin, c'est-à-dire à mesure que l'on exhausserait les tas. Cet abri, sans doute, serait fort grossier, mais enfin, tel quel, il rendrait certainement des services (fig. 40 et 41).

A Melle, les cultivateurs qui n'avaient pas de caves pour leurs fumiers, les plaçaient sous des hangars. Nous ajouterons que les fumiers de hangars n'avaient pas la même valeur que ceux de cave; néanmoins, ils étaient bien supérieurs à nos fumiers découverts.

Les fermiers anglais et écossais qui reconnaissent la supériorité des fumiers couverts sur ceux qui ne le sont pas, n'ont rien négligé pour propager la bonne méthode. Il n'est pas rare chez eux de voir des hangars s'élever autour d'une vaste excavation, dans laquelle on rassemble les litières, au sortir des écuries et des étables. Sous ces hangars, on enferme quelques heures dans la journée ou les porcs, ou les vaches et plus souvent les veaux de la ferme qui tassent les litières et empêchent la moisissure de s'y former, et les enrichissent en même temps de leurs déjections. Nous avons vu quelques-uns de ces hangars, et remarqué particulièrement celui de l'établissement de Ruysselède (Flandre Occidentale). Les frais de construction sont trop élevés pour que nous les offrions en modèle à la masse de nos cultivateurs.

Des expériences comparatives ont été faites, à diverses reprises, avec les fumiers de hangars et les fumiers qu'aucun abri ne protège, et toujours les résultats se sont largement prononcés en faveur des premiers.

Formation et entretien des tas de fumier.

En attendant que le procédé des fumiers couverts se popularise, de longues années s'écouleront, car chez nos cultivateurs, on ne rompt pas du jour au lendemain avec les pratiques séculaires, quelque défectueuses qu'elles soient. Ils continueront donc, comme par le passé, la plupart du moins, à établir des tas de fumier dans la cour des fermes ou devant la façade des habitations. Cependant, leur place ne devrait pas être au seuil des portes. Les fumiers sont l'ornement de la ferme; soit; mais il

Fig. 40. — Charpente pour abri.

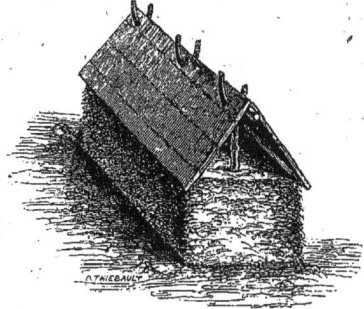

Fig. 41. — Fumier abrité.

nous semble qu'on pourrait fort bien se passer de cet ornement, les reléguer dans quelque arrière-cour et les soustraire à la vue des passants.

Où les fumiers sont négligés, l'agriculture est négligée; où l'entretien des engrais a lieu avec une certaine recherche, l'agriculture est en bonne voie. Nous savons tous que le cultivateur bien entendu attache autant d'importance au fumier de son exploitation que l'avare à son coffre-fort. C'est son or, à lui, son orgueil, sa richesse : mieux le tas est formé et entretenu, plus il commande l'attention ; et de là ce vieux dicton de la Bourgogne : *Celui qui soigne son fumier a des filles à marier.* Néanmoins, nous croyons que l'on a tort de trop sacrifier aux apparences sous ce rapport, et il nous semble que tout en donnant aux engrais les soins qu'ils réclament, on se trouverait bien de les éloigner un peu des habitations.

Quand vous parcourez certaines localités de la Lorraine, vous apercevez dans les villages les plus gracieux, et devant chaque maison, un tas de fumier encadré avec soin sur les quatre faces et s'élevant jusqu'à la hauteur de l'entablement des fenêtres ; et ce ne sont pas seulement les habitations de chétive apparence qui offrent ce tableau rustique ; les maisonnettes à volets verts, les constructions d'un aspect bourgeois ont aussi leurs façades sur un fumier. On trouve cela fort beau et l'on y tient depuis des siècles. Ce n'en est pas moins cependant une coutume dont il conviendrait de se défaire, car elle peut et doit avoir des résultats fâcheux. La place des fumiers, nous le répétons, n'est ni à la perte, ni sous les fenêtres des habitations, et sur ce point nous ne faisons d'exception dans aucun cas. On aura beau les relever, les tasser, leur donner des formes régulières, nous ne nous laisserons pas séduire et ne les tolérerons pas volontiers ; vieux ou non, l'usage ne nous paraît pas convenable.

Or, si nous nous élevons contre ces fumiers si artistement façonnés par les cultivateurs lorrains, à plus forte raison nous élèverons-nous contre ces autres tas de fumier qui déparent d'une manière si fâcheuse la plupart de nos campagnes. Ici, chaque maison, grosse ou petite, a son tas de fumier de-

vant la façade, non plus arrangé gracieusement, mais jeté presque au hasard, en désordre, et vous voyez, en tout temps, les égouts de ces fumiers ruisseler par les rues et s'en aller en pure perte nous ne savons où. Les tas d'engrais ne sont plus l'ornement de la ferme, attendu que l'art et le bon goût ne sont pour rien dans leur arrangement. Nos cours sont pleines de fumier d'étable et d'écurie ; nous ne pouvons faire un pas sans entrer jusqu'à la cheville dans les flaques de purin, et notez que, tout à côté, se trouve le puits qui fournit l'eau nécessaire aux besoins du ménage. Si nous faisons observer qu'un pareil voisinage a des inconvénients, que l'eau du puits en question doit recevoir des égouts nuisibles, on nous répond que c'est possible, mais que c'est l'usage. Cette réponse n'est pas une raison acceptable, aussi et une bonne fois pour toutes, faisons-nous en passant, des vœux pour que dans nos campagnes on prenne enfin des mesures convenables afin de soustraire les populations à l'influence permanente de ces foyers de corruption qui, nous en sommes persuadés, nuisent très-sérieusement à la salubrité publique. Il serait donc à désirer que l'on commençât par établir les tas de fumier sur le derrière des étables et écuries et autant que possible à l'exposition du nord. Sur ce point, nous attendons une objection et courons au-devant d'elle. On va nous dire qu'il est de toute rigueur de placer le fumier long sur le passage des bêtes en attendant la mise en tas, que du moment où le fumier ne serait point piétiné par les animaux à leur sortie et au retour du travail, du pâturage ou de l'abreuvoir, le *blanc* ne manquerait pas de s'y produire. A cette objection, nous répondons que rien n'empêcherait de former les tas au fur et à mesure de l'extraction de la longue litière, et qu'il suffirait de piétiner vigoureusement les couches pour prévenir la moisissure. On gagnerait certainement beaucoup à substituer cette méthode à l'ancienne, qui consiste à ne relever les litières que deux ou trois fois par an pour les mettre en tas.

Fort souvent, l'emplacement choisi pour la mise en tas des fumiers est une excavation, un trou. Nous ne saurions approuver ce choix qui ne permet pas aux égouts de s'échapper. Quand ces égouts ne se perdent point par infiltration dans le sol, ils séjournent dans l'excavation, comme en un bassin, et y forment, aux dépens de la richesse des couches inférieures du fumier, une masse boueuse difficile à transporter et à répandre, surtout en temps humide. Nous conseillons donc à nos lecteurs de placer leurs tas d'engrais sur une surface un peu exhaussée, afin de favoriser l'écoulement des égouts, et de prendre les précautions nécessaires pour ne rien perdre de ces égouts par infiltration. A cet effet, les uns ont recommandé le pavage, les autres l'application d'un béton hydraulique, ou tout simplement l'emploi d'un lit de terre glaise battue. Les trois moyens sont bons, mais nous inclinons vers le dernier, parce qu'il est moins coûteux que les deux autres, et qu'il vaut tout autant. Nous conseillons, en outre, aux cultivateurs, de rassembler de mauvaises terres, des boues, et d'en former une base d'un demi-mètre et plus, si c'est possible, sur laquelle ils placeront les tas. Par ce procédé, on augmente considérablement la masse des engrais ; la terre remplit le rôle d'éponge, reçoit les égouts ou purin, et s'améliore sans qu'il en coûte de grands frais.

Nous avons à nous demander maintenant quelle doit être la forme des tas. Allez où bon vous semblera, dans n'importe quel pays de culture, dans n'importe quelle ferme un peu considérable, et vous remarquerez au beau milieu de la cour de cette ferme un tas de fumier très-large et aussi bas que possible. Eh bien ! sans que vous vous en doutiez, ce fumier cache encore une vanité. Le cultivateur veut que son tas ait de la mine, qu'il fasse de l'effet ; et c'est pour cela qu'il l'élargit au lieu de le rétrécir et de l'élever ; c'est pour cela qu'il lui donne des formes si régulières, qu'il le retrousse sur les bords à chaque lit qu'il monte, qu'il le peigne et l'enduit parfois aux angles et à la base d'une sorte de mortier de boue qui empêche les dégradations du monument. Ne vous récriez pas sur le mot ; le fumier est, sans mentir, le monument de l'exploitation, le bijou dans lequel le cultivateur se mire. Il ne le cache pas dans une fosse ou derrière un mur ; il l'expose, au contraire, pour qu'on le voie tout de suite en entrant, et qu'on dise de lui : « A la bonne heure ! voilà un homme qui a du goût et qui entend bien les choses ! » Nous ne trouvons pas mauvais que l'on se pare ainsi de son engrais ; c'est un bon signe la plupart du temps ; mais nous trouvons mauvais que pour mieux jeter de la poudre aux yeux, on élargisse et on abaisse les tas outre mesure, tandis qu'on devrait les élever et les rétrécir. Nous allons vous dire pourquoi : — Plus vous développez la surface du dessus, plus vous donnez de prise au soleil en temps de sécheresse, plus vous donnez de prise à l'eau en temps de pluie. Passe encore, quant aux effets de la sécheresse ; l'inconvénient n'est pas aussi grave qu'on se plaît à le crier. Le dessus se dessèche et se pulvérise, c'est vrai ; au lieu d'avoir du fumier compacte, on a de l'engrais pulvérulent, que la pluie lessive et épuise vite ; voilà tout. Quant aux effets de l'eau, c'est une autre affaire ; ils sont véritablement désastreux. Par cela même que le tas est très-large, l'eau qu'il reçoit est très-abondante ; par cela

même qu'il est très-peu élevé, l'eau tombée le traverse lestement, le délaye à fond et forme des mares de purin, chargé de sels, qui se perd en partie dans le sol et souvent en partie dans les ruisseaux des rues. Donc, quand même vous vous serviriez des égouts à titre d'engrais liquide, ou pour arroser les tas pendant l'été, vous ne retrouveriez pas tous les sels dissous ; il y aurait perte. Pour nous servir d'une formule vulgaire, à la portée de tout le monde, nous dirons que la force de l'engrais qui reçoit trop de pluie, passe dans la mare aux égouts, comme la force des cendres de bois, que l'on arrose, passe dans le cuvier à eau de lessive.

Pour obtenir du salpêtre, du sel de nitre, que faites-vous ? Vous arrosez les terres qui en contiennent, vous prenez l'eau qui en sort et la réduisez sur le feu. Pour obtenir la potasse qui est dans les cendres de bois ou de fougère, que faites-vous ? Vous arrosez encore et faites réduire l'eau qui en découle. Eh bien, notez une fois pour toutes, qu'il y a de la potasse, du sel de nitre et d'autres sels encore dans vos fumiers, que ces sels en constituent la principale richesse, et que cette richesse s'en va toutes les fois que l'eau vient les dissoudre et les entraîner. Années de pluie, fumier maigre. C'est aisé à comprendre, et, le comprenant, vous conviendrez avec nous que la vanité qui porte à établir de larges tas de fumier, est une mauvaise conseillère.

De loin en loin, des cultivateurs nous ont dit :— Quand on a la précaution de recevoir le purin dans une citerne ou dans une mare à fond d'argile, et que l'on a cette autre précaution de le rejeter sur le fumier d'où il est sorti, le mal se trouve réparé, et peu importe que les fumiers soient larges ou étroits, du moment que l'on opère la restitution. Ce n'est pas notre avis. Vous auriez beau arroser la *charrée* avec l'eau de lessive, vous ne referiez point des cendres vives ; vous ne remettriez pas la potasse à la place qu'elle occupait avant d'être dissoute ; vous auriez beau jeter les égouts sur les tas de fumier, vous ne remettriez pas aisément non plus les sels à la place qu'ils occupaient avant d'être dissous par les eaux pluviales. Le fumier, comme la charrée que l'on arrose, fonctionne un peu à la manière d'un filtre, et ne garde pas tout ce qu'on lui rend.

Formez donc des tas de fumier étroits et élevés, et terminez-les, autant que possible, en forme de toit à deux ou à quatre pans, que vous battrez énergiquement avec le dos de la pelle ou de la bêche. Vous ferez bien aussi de garnir les arêtes avec des plaques de gazon, afin de prévenir leur dégradation. Ainsi disposés, vos tas recevront moins d'eau, se délayeront moins, et puis aussi, grâce à l'épaisseur des couches superposées, la masse de votre fumier se trouvera plus pressée, plus serrée, et vous n'aurez plus à craindre la moisissure, dont on se plaint si fréquemment, surtout lorsqu'on fait litière aux bêtes avec des genêts, et de la bruyère qui rendent le tassement difficile. A première vue, nous en convenons, vos fumiers paraîtront moins volumineux, flatteront moins l'œil ; mais qu'est-ce que cela fait ? Est-ce qu'à grosseur égale, une bourse qui contient de l'or, ne vaut pas·mieux que celle qui ne contient que des sous?

Une chose bien essentielle encore à observer dans la formation des tas, c'est de faire en sorte que le piétinement soit énergique sur tous les points, notamment lorsqu'il s'agit de fumier de cheval, ou lorsque ce fumier domine dans le tas. Sans cette précaution, l'air y court librement, la fermentation se fait rapidement, l'eau de l'engrais s'en va en vapeur, et faute de cette eau, la moisissure se produit. Avec le fumier de vache, on n'a pas à craindre cet inconvénient au même degré ; avec le fumier de porc, on ne le craint pas du tout. Si nous ne parlons pas du fumier de mouton, c'est qu'on le laisse habituellement dans la bergerie où il est piétiné constamment par le troupeau.

Le piétinement des fumiers est nécessaire partout, mais il doit être d'autant plus énergique, que les climats sont plus doux, que la température est plus élevée, et que la nourriture donnée aux bêtes est plus riche et moins aqueuse. Ce foulage s'opère tantôt avec les pieds des chevaux, lorsque les tas sont larges et ne présentent guère d'élévation, tantôt à pieds d'homme. Avec les chevaux, le tassement est très-irrégulier, et nous préférons de beaucoup la seconde méthode. Elle est plus lente que la première ; voilà son seul défaut..

Quelques personnes s'imaginent que, malgré le foulage le mieux exécuté, il est difficile de conserver le fumier de cheval en tas, sans l'exposer à la moisissure, à moins, cependant, de l'arroser fréquemment. C'est une erreur ; il suffit, pour prévenir cette moisissure, de placer un lit de terre ou de tan, de 5 à 6 centimètres, au-dessus de chaque couche de fumier de 25 à 30 centimètres d'épaisseur, et de fouler jusqu'à ce que l'engrais ne cède plus sous les pieds. Il y a mieux : il nous est arrivé, par ce procédé, de mettre en tas du fumier de cheval moisi, et de l'obtenir parfaitement noir au bout de deux mois, sans l'arroser. Nous opérions alors sous le climat rude et humide de l'Ardenne belge. Réussirait-on de même sous les climats de la France? nous n'oserions l'affirmer. Aussi, nous conseillons l'arrosage des tas de fumier de ferme en temps de sécheresse, afin d'entretenir une fermentation régulière.

Nous ne sommes point partisan des arrosages copieux donnés à de longs intervalles ; nous leur préférons les arrosages modérés, à de courts intervalles, et donnés sous forme de pluie.

Dans quelques contrées, et notamment en Belgique, dans le pays de Herve, renommé pour la bonne culture de ses pâturages, nous avons vu des tas de fumier soigneusement formés, chargés de terre à la partie supérieure, et enduits de boue sur les quatre autres faces. Le procédé nous paraît excellent et très-propre à ralentir la fermentation.

Fosses à fumier. — Il est d'usage, sur différents points, et surtout dans les pays bien cultivés, d'ouvrir des fosses dans le voisinage des étables et écuries, et d'y jeter les litières au fur et à mesure qu'on les retire de dessous les bêtes. A tort ou à raison, cette coutume ne nous séduit pas, et cependant, on tient la fosse au fumier pour un si-

gne de progrès. Un propriétaire ou un fermier qui creuse une fosse n'est pas précisément un homme ordinaire ; il sort des chemins battus, quitte les ornières, fait les choses autrement que le commun des mortels et mérite qu'on le signale : c'est un individu qui va de l'avant, et qui fait la leçon aux autres, voilà ce qu'on pense et même ce qu'on dit. Ce n'est pas sans raison, puisque les fosses à fumier ne se rencontrent que dans les contrées, où la culture est avancée ou en voie d'amélioration. Les cultivateurs arriérés n'en veulent pas, parce qu'avec les fosses on ne voit pas les fumiers. Ils veulent qu'on voie les leurs, qu'on puisse, en passant, les mesurer de l'œil, les toiser, les jalouser et juger de l'exploitation par l'engrais.

A nos yeux, ces raisons ne sont pas décisives, et nous ne nous y arrêterions guère s'il nous était bien démontré que les fosses à fumier valent la réputation qu'on leur a faite. Malheureusement, sur ce point, notre conviction n'est pas encore établie. Nous sommes dans le doute ; nous ne voyons, dans l'ouverture des fosses, qu'une intention de progrès, non un progrès véritable.

Nous savons que les fumiers de cave, que les fumiers qui séjournent longtemps à l'étable, sont les engrais par excellence, et que leur qualité vient de ce qu'ils fermentent lentement, à l'abri des pluies et du soleil, et se chargent de nitrates. Nous savons, par conséquent, que des fumiers en fosse, bien couverts, se trouvent à peu près dans les mêmes conditions que les précédents, et doivent gagner en qualité ; mais combien en voyez-vous qui soient ainsi couverts ? Deux ou trois, ou quatre, par milliers de fermes. Oh ! certes, si la mesure était générale, si les fosses couvertes étaient la règle au lieu d'être l'exception, nous pourrions, à la rigueur, battre des mains et crier bravo ! sans nous fourvoyer.

Nous n'en sommes pas là ; nous n'avons affaire qu'à des fosses découvertes, et nous nous demandons en quoi elles sont avantageuses. Elles ralentissent la fermentation, c'est vrai ; et ensuite ? Rien de plus, absolument rien. Or, nous arriverions presque au même résultat, en enduisant nos tas de fumier avec de la boue. L'engrais des fosses reçoit l'eau et le soleil à la surface, comme les reçoivent nos engrais en tas. Ainsi, l'eau délaye le fumier de la fosse comme elle délaye le fumier de nos tas, et cette eau, devenue fécondante, se perd dans les couches inférieures du sol, au lieu de ruisseler et de revenir dans notre mare à purin.

On va nous répondre que certaines fosses tiennent l'eau, et que la plupart, sinon toutes, la tiendraient si on voulait se donner la peine de maçonner à la chaux hydraulique, ou de battre de la terre glaise au fond et sur les côtés. Soit ; mais cette précaution est rarement prise, et, pour notre compte, nous connaissons beaucoup de fosses qui laissent passer le purin. Mais, admettons qu'il en soit autrement, et que nous ayons à traverser des saisons très-pluvieuses, nous aurons une sorte de soupe au fumier, autant de bouillon que de litière, à moins que, pour échapper à cet inconvénient, nous ne prenions le parti de transporter l'engrais dans les champs, à toutes les époques de l'année. Or, en toute conscience, nous ne saurions recommander cette pratique que dans des cas exceptionnels.

On va peut-être nous répondre encore : — Mais vous devriez savoir que, dans les fosses bien construites, on a soin de ménager au fond une ou plusieurs rigoles, qui se rendent dans une citerne ouverte sur les côtés et au-dessous. Nous savons cela ; mais combien existe-t-il de fosses ainsi flanquées de réservoirs à purin, dans les contrées où les arrosages à l'engrais liquide ne sont point pratiqués ? Si peu que ce n'est pas, en vérité, la peine d'en parler. Donc, de deux choses l'une : Dans la plupart des cas, ou le jus de l'engrais va se perdre souterrainement par infiltration, ou bien, s'il ne se perd pas, vous êtes exposés à trouver au fond du trou une bouillie plus ou moins épaisse, plus ou moins claire, dont le transport devient quelquefois embarrassant. Enfin, les fosses ont un inconvénient : c'est d'exiger plus de main-d'œuvre et plus de fatigue que les tas de fumier, à l'époque des transports. Avant de charger l'engrais sur la voiture, il faut d'abord l'extraire de la fosse et le jeter sur les côtés, au moyen de fourches de fer. Nous accepterions volontiers ce surcroît de main-d'œuvre et de peine, si la qualité du fumier devait nous indemniser, mais nous ne croyons pas à cette indemnité.

La fosse à fumier, avons-nous dit plus haut, a l'avantage de rálentir la fermentation. Pour le fumier de cheval qui n'a que trop de tendance à s'échauffer et à prendre le blanc quand on le néglige, c'est fort bien ; mais il nous semble que ce qui est avantage dans ce cas particulier, devient un inconvénient pour le fumier de vache et celui de porc. Or, il se trouve beaucoup de petits cultivateurs qui n'en ont pas d'autres à leur disposition.

A ciel ouvert, la décomposition de ces engrais aqueux se fait attendre longtemps ; que serait-ce donc si nous les mettions dans un trou, à quelques pieds en terre ? Où en seraient ceux qui, comme nous, font grand cas des fumiers d'étable bien consumés ?

Résumons-nous : — Nous croyons à l'utilité des fosses couvertes et closes, où les cultivateurs ont l'excellente précaution d'élever des porcs ou des veaux qui tassent constamment les fumiers, et les enrichissent de leurs déjections. Le fumier, ainsi foulé et arrosé, se fera mieux que dans les conditions ordinaires. Nous croyons à l'utilité des fosses, même découvertes, quand il s'agit d'y jeter, d'y fouler et d'y conserver pendant quelques mois du fumier de cheval, d'ordinaire prompt à fermenter, et quand les fosses communiquent par des rigoles avec les citernes à purin ; mais nous tenons ces fosses pour inutiles, pour nuisibles même si, étant découvertes et sans communication avec des citernes, on les destine à recevoir des fumiers froids ou d'étable.

Voilà notre appréciation personnelle. Il va sans dire que nous n'entendons pas l'imposer. Les fosses à fumier ont de nombreux partisans, et, dans ce nombre, nous rencontrons des noms qui font autorité. Les cultivateurs flamands ont des fosses, mais ils ont aussi des citernes ; en Suisse, les fosses sont disposées d'une façon assez originale : elles servent à conserver le fumier et le purin. Le fumier en occupe la partie supérieure et repose sur des poutrelles qui laissent passer les égouts. A l'une des extrémités de la fosse, se trouve la pompe à purin qui plonge dans la citerne.

Schwerz se montre peut-être un peu trop conciliant sur cette question.

— « Les avis, dit-il, sont partagés sur la forme et la disposition de l'emplacement du fumier. Les uns veulent une excavation, les autres une pente, les autres une surface plane, d'autres encore le sol tel quel ; quelques-uns se contentent d'une fosse ordinaire, d'autres lui donnent la forme d'une chaudière, d'autres celle d'une huche. Quelques-uns couvrent leur fumier d'une toiture, d'autres le placent à l'ombre, d'autres le laissent exposé au soleil et à la pluie. Toutes ces opinions peuvent avoir pour elles quelques bonnes raisons, toutes peuvent être suivies, mais à condition que quelques préceptes indispensables ne soient pas négligés : 1° Ne rien perdre du liquide qui suinte du fumier ; 2° recueillir ce liquide dans un réservoir assez à portée pour pouvoir le reverser, au besoin, sur le fumier ; 3° ne laisser couler ou tomber d'autre eau sur le fumier que la pluie que sa surface peut naturellement recevoir (l'éloigner par conséquent des gouttières des toits) ; 4° que l'espace soit assez grand pour que le fumier ne s'amoncelle pas à une trop grande hauteur, lorsque l'agriculture ne demande pas qu'il en soit appliqué ; 5° que les voitures puissent approcher facilement et qu'il ne faille pas un grand effort pour enlever des charges un peu lourdes. »

Les fumiers longs et les fumiers courts. — Nous entendons par fumiers longs les litières que l'on sort des écuries et des étables, avant qu'elles aient eu le temps de se décomposer et de former pâte avec les excréments. Dans les contrées, où la litière consiste exclusivement en paille, on les nomme fumiers pailleux. Nous entendons par fumiers courts, ceux qui ont éprouvé une fermentation plus ou moins soutenue et qui se laissent couper plus ou moins facilement avec la bêche. Les uns et les autres ont leur mérite, et pas n'est besoin de se partager en deux camps pour soutenir ceux-ci et déprécier ceux-là.

Les fumiers longs conviennent aux sols argileux, sur lesquels ils exercent une action mécanique. Pendant qu'ils tiennent la couche arable soulevée, les influences atmosphériques se produisent ; la terre se ressuie, l'air et le soleil l'améliorent. Les fumiers longs, par cela même que leur décomposition est peu avancée, ne produisent pas rapidement leur effet, se font sentir assez longtemps et conviennent aux plantes qui n'ont rien à gagner à une croissance rapide. Les fumiers longs conviennent pour les fumures en couverture sur les terrains secs et légers qu'ils protégent contre l'ardeur du soleil. Ils conviennent enfin aux horticulteurs qui ont des couches à établir, des réchauds à former et qui ont besoin de leur fermentation pour développer un certain degré de chaleur.

Les fumiers longs, si précieux en couverture sur les terres légères et brûlantes, ne doivent point y être enfouis, parce qu'en les soulevant, elles favorisent trop l'action desséchante de l'air. Quand il y a nécessité absolue de s'en servir en pareil cas, il faut rouler énergiquement le sol.

Les fumiers courts, divisés, désagrégés, ramollis, sont de la nourriture toute préparée, facile à dissoudre, n'ayant besoin que d'un peu d'eau pour se convertir en purin, en sève, qui entre dans les plantes par les racines et fonctionne instantanément. Ils conviennent aux terres légères qu'ils ne soulèvent pas, aux récoltes qui ont souffert de l'hiver et qui demandent à être relancées vivement, aux végétaux qui gagnent à un développement rapide, comme, par exemple, aux plantes fourragères, aux plantes industrielles et aux légumes du potager. Pour peu que les eaux pluviales ou les arrosages artificiels les secondent, ces fumiers font merveille ; mais comme ils agissent vite, ils s'usent vite aussi, et d'autant plus qu'ils se trouvent à l'état de *beurre noir*.

Les hommes de science, qui ne sont pas toujours guidés dans leurs appréciations par des connaissances pratiques suffisantes, condamnent ces fumiers consumés, à cause des pertes en azote qu'ils éprouvent avant d'arriver à cet état de décomposition. En effet, il y a dégagement de carbonate d'ammoniaque, mais il est douteux que cette perte ait l'extrême importance qu'on lui accorde. Pour notre compte, nous redoutons avant tout l'action dissolvante des eaux pluviales sur les fumiers très-pourris. C'est, à nos yeux, la cause principale de leur rapide appauvrissement. Que l'azote soit utile aux plantes, nous ne songeons pas à le contester, mais avant d'en faire le titre presque absolu de la puissance des engrais, il serait bon de prouver que l'atmosphère n'en fournit point assez à l'état assimilable. Or, si la question est soulevée, elle n'est pas encore vidée. En attendant qu'elle le soit, nous dirons que les hommes de science ont conseillé l'emploi de plusieurs moyens propres à empêcher la déperdition du gaz ammoniacal qui se forme dans les fumiers en fermentation. Les uns recommandent de les saupoudrer de plâtre, afin de convertir le carbonate d'ammoniaque volatil en sulfate fixe, par voie de double décomposition ; les autres recommandent l'emploi du sulfate de fer ou couperose verte pour atteindre le même but ; ceux-ci se contenteraient d'un arrosage avec un mélange d'eau et d'acide sulfurique ou huile de vitriol ; ceux-là nous assurent qu'il suffit de placer au-dessus des tas de fumier une bonne couche de terre. Ce dernier moyen est le plus simple et le plus économique, et, à ce double titre, nous lui accorderions la préférence. Quelques cultivateurs d'élite ont recours, néanmoins, au plâtre en poudre ou à une dissolution de sulfate de fer, et affirment d'excellents résultats. Nous voulons bien les croire sur parole, mais nous ne cautionnons pas ces dires. Ces cultivateurs ont suivi à la lettre les prescriptions des chimistes et nous ne les en blâmons point ; seulement, nous ferons observer que ces mêmes chimistes, d'abord très-partisans du plâtrage ou du sulfatage des fumiers, en sont arrivés à exprimer un doute sur la pratique qu'ils avaient recommandée, en connaissance de cause, pensions-nous. Ils se demandent aujourd'hui, si en même temps que l'on fixe l'ammoniaque, on ne convertit pas des carbonates de potasse et de soude, très-actifs, en sulfates de potasse et de soude qui seraient inertes, c'est-à-dire d'un effet nul sur la végétation. S'il en était ainsi, on perdrait d'un côté ce que l'on gagnerait de l'autre, et nous devrions, bon gré mal gré, mettre en doute l'exactitude des résultats d'expériences comparatives que l'on dit avoir été faites.

Quoi qu'il en soit, nous ajouterons que la déperdition des gaz ne préoccupe guère la masse des cultivateurs, et que si beaucoup d'entre eux recherchent les fumiers longs, beaucoup aussi recherchent les fumiers courts ou très-décomposés. Nous en savons même qui favorisent de leur mieux la décomposition.

Il existe dans la Vendée, notamment aux environs de Parthenay, un usage agricole que nous ne rencontrons nulle part ailleurs. La Vendée n'est pas, nous le savons, un modèle à offrir aux cultivateurs avancés ; ce n'est pas la plus riche parure de notre écrin ; mais, après tout, elle a ses pratiques agricoles à elle, ses traditions de la ferme, et, parmi ces pratiques et ces traditions, quelques-unes ne sont pas à dédaigner.

Les cultivateurs vendéens ne repoussent pas absolument les fumiers pailleux, autrement dit les fumiers d'été, mais ils ont le bon esprit de ne s'en servir que dans les terres argileuses ou fortes. Toutes les fois qu'ils ont affaire à des sols légers, à ces terrains granitiques, par exemple, qui reposent sur un sous-sol très-compacte, comme il n'est pas rare d'en rencontrer dans les Deux-Sèvres, ne leur parlez plus de fumier d'été. Ils le veulent pourri, non pas aux deux tiers, mais complétement, à l'état de terreau. Que les gaz s'en aillent où bon leur semble, peu leur importe ; les sels restent, et ils ne demandent rien de plus. — Nous exposons le fait ; nous ne le jugeons pas.

Or, c'est afin d'arriver à ce résultat, d'amener une décomposition complète et de diviser leur engrais à l'extrême, que les cultivateurs de ce pays ont recours à l'opération du *piardage*.

Cette opération consiste à travailler les fumiers comme on travaille les composts, à les couper par tranches minces, au moyen d'une pioche étroite et bien tranchante, appelée *piarde*, à les bouleverser ainsi trois, quatre et même cinq fois, avant de les conduire aux champs. Un cultivateur qui ne piarde pas son fumier en temps voulu, ou qui, pour aller plus vite en besogne, le piarde grossièrement, est un homme qui se discrédite. On dit qu'il n'a pas d'amour-propre, pas de cœur, et qu'il se ruinera en même temps qu'il ruinera la ferme.

Le cultivateur soigneux commence par mettre en tas son engrais d'écurie et d'étable, non dans un trou, mais sur le point le plus élevé de la cour et sur pavés. Dès que le fumier est en pleine fermentation et que la litière peut être coupée, on saisit la piarde, on découpe le tas par tranches minces, et à mesure que ces tranches tombent, on les divise, on les secoue, puis, on forme un nouveau tas derrière soi, au moyen de la *cabeuche*. C'est une large fourche en bois, à cinq ou six dents longues et fortes. Le manche et la traverse sont en bois léger, mais les dents, qui fatiguent beaucoup, sont façonnées avec de l'acacia, du prunellier ou du poirier. Le nouveau tas de fumier est disposé en forme de carré long assez étroit et se termine par le haut à la manière d'un toit. Les cultivateurs de la Vendée savent combien les pluies sont nuisibles à l'engrais, et c'est en vue de prévenir les lessivages qu'ils font des toitures rapides à deux pans. Alors même que la pluie viendrait les surprendre au travail, ils n'ont pas d'inconvénients à redouter, attendu qu'ils élèvent leur fumier par parties jusqu'au sommet et complètent leur besogne dans le détail même de l'opération. S'ils ne peuvent en conduire qu'une longueur de 2 mètres, ils ne vont pas au delà et ne s'arrêtent qu'après avoir fini le toit ; le lendemain ou le surlendemain, ils ajouteront 2 mètres aux 2 premiers, et ainsi de suite, jusqu'à ce que le tas primitif y ait passé.

Supposons que le piardage ait été commencé en mars, on le renouvellera en mai, puis en juillet, tous les deux mois, et le dernier sera exécuté dix ou douze jours au moins avant d'employer l'engrais, afin de lui donner le temps de reprendre de la chaleur et de revenir à l'état de beurre noir. Le moment des semailles d'automne arrivé, on démolit le tas et on le charge sur de longues charrettes planchéiées au fond et sur les bords, à une certaine hauteur. On y attelle quatre ou huit bœufs, selon que le charroi est facile ou difficile.

Autrefois, l'engrais de ferme, ainsi manipulé et divisé, était répandu à la main. Sept ou huit personnes, et même plus, suivaient la charrette, l'ouvraient par derrière, remplissaient des paniers et semaient le fumier comme on sème les engrais artificiels. Aujourd'hui, la vieille méthode est abandonnée ; deux hommes, montés sur la charrette et armés de la fourche en bois, éparpillent l'engrais aussi régulièrement qu'on peut le désirer. Aussitôt après, on sème la graine et l'on recouvre avec la charrue.

Cette manière de préparer les engrais ne s'accorde guère, on le voit, avec la théorie qui détermine la valeur d'un fumier d'après la quantité d'azote qu'il contient. A ce point de vue, il est clair que les cultivateurs des Deux-Sèvres perdent la tête et ne savent ce qu'ils font ; mais au point de vue des résultats, ils n'ont pas l'air de déraisonner. Il ne faut donc pas les condamner trop vite. Au bout du compte, ces gens-là fabriquent du terreau et s'en servent sur leurs champs, comme les maraîchers se servent du vieux terreau des couches rompues sur les planches de leurs marais. Les maraîchers, il est vrai, arrosent copieusement et peuvent répondre de la rapidité d'action de ce terreau, tandis que les cultivateurs vendéens ont à redouter les sécheresses qui paralysent l'énergie des engrais consumés. Le voisinage de la mer doit être pour quelque chose dans le succès de ce procédé qui, pour réussir, a besoin d'une atmosphère humide. Il y a lieu de croire qu'il ne réussirait pas partout.

Dans la Campine belge, où les terres sont sablonneuses, et où l'atmosphère se ressent du voisinage de la mer, le fumier d'étable très-décomposé est celui qui rend les plus grands services. Dans cette même Campine, le traitement des composts destinés aux pommes de terre et aux regains des prairies naturelles se rapproche beaucoup du *piardage* vendéen. On les prépare en plein air, sous forme de tas très-allongés, peu larges et terminés en toit. On les retourne deux ou trois fois avec la fourche de fer, afin d'en bien mêler les parties et d'en compléter la décomposition. Il ne sera peut-être pas inutile d'ajouter que nulle part les engrais ne sont aussi recherchés et aussi bien soignés que chez les Campinois.

Voilà des faits ; nous les abandonnons à la théorie. Elle peut les critiquer, non les nier.

Mélange des fumiers. — Nous avons, en ce qui concerne le mélange des fumiers dans les cours de ferme, une manière de voir qui n'est pas celle de tout le monde. Ainsi : nous croyons que dans les exploitations de quelque importance, il y aurait de l'avantage à ne point confondre les engrais en un seul tas, pêle-mêle, les uns parmi les autres, et qu'il vaudrait mieux les réunir en tas séparés, selon la nature de chacun d'eux. Voici nos raisons :

Les cultivateurs, où que vous les preniez, s'accordent à reconnaître que les fumiers ne se ressemblent point du tout au tout et ne donnent pas les mêmes résultats.

Ils disent que le fumier de cheval est excellent pour les terres froides et argileuses, qu'il ne convient pas aux terres sèches et légères des climats doux, qu'il convient, au contraire, aux terres légères des climats froids et humides, qu'il fait merveille sur le froment, mais qu'il faut bien se garder de l'employer dans la culture du lin.

Ils disent que le fumier de mouton produit également d'heureux effets dans les sols humides, qu'il ne vaut pas celui de cheval pour les céréales, mais qu'en revanche, il vaut mieux que ce dernier pour les colzas, navettes, moutardes, choux et rutabagas. C'est aussi notre avis.

Ils disent que le fumier de vache ou de bœuf est parfait dans les terres sèches, et que c'est, entre tous, le seul qui n'altère pas la saveur des produits délicats.

Ils disent enfin que le fumier des porcs qui ont été bien nourris, réussit merveilleusement en couverture sur les jeunes trèfles, pendant l'hiver, sur les prés secs au printemps ; ils ajoutent même que cet engrais est délicieux pour le chanvre et le lin, et qu'il jouit, en outre, de l'avantage de déplaire aux taupes.

Voilà donc des propriétés bien distinctes, bien tranchées et qu'il est bon de connaître. Nous voulons de l'engrais pour le froment en terre argileuse, nous prenons du fumier de cheval. Nous voulons de beaux choux, de beaux colzas, de belles navettes ; nous prenons du fumier de moutons. Nous voulons des légumes délicats, des fruits savoureux ; nous voulons entretenir de la fraîcheur dans le sol : nous prenons du fumier de vache. Nous voulons du lin et du chanvre de bonne qualité, de beaux trèfles, une herbe abondante dans les prés secs ; nous voulons éloigner les taupes : nous prenons le fumier de porc. C'est une affaire de simple bon sens, c'est une manière d'opérer qui nous mène droit à la réussite. Nous pouvons ainsi choisir la nourriture selon les goûts des plantes, comme nous la choisissons selon le goût des bêtes, et obtenir de meilleurs effets qu'autrement. Ce n'est ni contestable ni contesté.

Mais quand nous mélangeons toutes nos litières au sortir des écuries et des étables; quand nous en faisons une macédoine à ne plus rien y démêler, il n'y a plus de choix possible, plus de goûts particuliers à consulter; il n'y a plus à parler de science agricole; l'empirisme reprend le dessus. Les observations que nous avons pu recueillir sur les besoins des végétaux ne servent plus à rien; tous doivent, — passez-nous ces expressions, — manger à la gamelle commune et boire à la même auge. — Ils n'en mourront pas, sans doute; ils en vivront, mais un peu moins bien que s'ils avaient leur service spécial et séparé. Avec les fumiers distincts, nous savons ce que nous faisons; avec les fumiers pêle-mêle, nous ne le savons plus au juste; nous allons un peu à l'aventure : tant mieux, si nous réussissons; tant pis, si nous ne réussissons pas.

Admettons que, dans certains cas, il y ait de l'avantage à mélanger plusieurs engrais, rien ne nous empêchera de le faire au moment voulu. On peut toujours mettre de l'eau dans son vin ou du vin dans son eau; mais une fois le mélange opéré, il faudrait de la besogne et de la patience pour le défaire. Mettons donc notre bouteille d'un côté, notre carafe de l'autre. Quand nous aurons besoin de vin pur, nous prendrons la bouteille; d'eau pure, nous prendrons la carafe. S'il nous vient ensuite la fantaisie d'avoir de l'eau rougie, nous verserons des deux dans le même verre. Faisons de même pour les fumiers, lorsque l'exploitation sera de quelque importance. Ne confondons pas en un tas unique ceux de vache, de porc et de cheval; si nous avons des mélanges à opérer, ne nous pressons pas : il sera toujours temps de le faire au moment de nous en servir.

Maintenant que nous avons posé des principes que nous croyons irréprochables, nous nous faisons un devoir de reconnaître que les praticiens ne s'y soumettront pas de sitôt, et qu'ils continueront, comme par le passé, de confondre les engrais d'étable, d'écurie et de porcherie. Cette vieille méthode a le mérite incontestable de modérer, de ralentir la fermentation du fumier chaud par son contact avec les fumiers froids ou aqueux, et de précipiter la fermentation de ces derniers par leur mélange avec le fumier d'écurie. Le traitement des fumiers réunis devient plus facile que celui des fumiers séparés et exige moins de surveillance et de main-d'œuvre. Quant aux qualités du mélange, elles sont parfaitement établies, en raison de la grande diversité des vivres qu'il contient. Donc, tout en déclarant bien haut que nous sommes, dans la théorie et dans l'application, très-partisan de la distinction des engrais, nous faisons la part des inconvénients et des soucis de la manipulation n'osons exprimer un blâme à l'adresse des écrivains et des cultivateurs qui recommandent le mélange. S'il y a de bonnes raisons à faire valoir contre eux, il y en a de bonnes aussi à invoquer en leur faveur.

Composition des fumiers. — M. Boussingault a publié dans une brochure intitulée : *La fosse à fumier*, les résultats de quelques analyses. Le fumier frais, produit par un cheval nourri avec du foin, de l'avoine et recevant chaque jour 2 kilogrammes de paille comme litière, se composait de :

Matières organiques........	29,247.	Azote 0,67
Acide phosphorique......	0,232	
Acide sulfurique.............	0,078	
Chlore......................	0,074	
Potasse....................	0,074	
Soude.....................	0,047	
Chaux.................:....	0,530	
Magnésie ..:....	0,257	
Silice.....................	1,367	
Oxydes de fer, de manganèse..	0,040	
Eau........ ..:.........	67,454	
	100,000	

Le fumier frais d'une vache nourrie avec du regain de foin, des pommes de terre, et recevant chaque jour, comme litière, 3 kilogrammes de paille de froment, se composait de :

Matières organiques...........	16,125.	Azote 0,341.
Acide phosphorique...,.......	0,129	
Acide sulfurique........:.....	0,068	
Chlore......................	0,048	
Potasse...................	0,327	
Soude	0,024	
Chaux...................	0,269	
Magnésie..................	0,134	
Silice....................	0,690	
Oxyde de fer, de manganèse..	0,017	
Eau......................	81,869	
	100,000	

Le fumier frais d'un mouton, nourri avec du foin, et recevant chaque jour, pour litière, 225 grammes de paille de froment, se composait de :

Matières organiques..........	34,475.	Azote 0,823.
Acide phosphorique..........	0,203	
Acide sulfurique.........:....	0,096	
Chlore....................	0,090	
Potasse...................	0,788	
Soude.................'....	0,060	
Chaux	0,663	
Magnésie ......:.... ......:..	0,281	
Silice ...:.............	1,664	
Oxyde de fer, de manganèse...	0,035	
Eau.....................	61,648	
	100,000	

Le fumier frais d'un porc, nourri avec des pommes de terre cuites, et recevant chaque jour pour litière, 450 grammes de paille de froment, se composait de :

Matières organiques..........	23,332.	Azote 0,786.
Acide phosphorique... ..:.....	0,207	
Acide sulfurique.............	0,234	
Chlore....................	0,089	
Potasse	1,697	
Soude....................	0,000	
Chaux	0,179	
Magnésie.................	0,234	
Silice...................	1,125	
Oxyde de fer, de manganèse...	0,027	
Eau........	72,878	
	100,000	

Application des fumiers. — Nous savons déjà que les fumiers chauds, c'est-à-dire ceux de cheval, de mulet, d'âne et de mouton, conviennent particulièrement aux terrains compactes et même aux terrains légers des climats pluvieux. Nous savons aussi que les fumiers froids, qui sont ceux des vaches, des bœufs et des porcs, conviennent particulièrement aux terrains légers et brûlants. Nous savons encore que si les fumiers longs sont d'un bon effet sur les terres fortes, les fumiers consumés sont également d'un bon effet sur les terres légères, quand une atmosphère humide ou des pluies suffisantes favorisent la dissolution de leurs sels. Mais ce n'est pas savoir assez : nous avons à nous demander maintenant :

1° A quelles époques il convient de conduire les fumiers aux champs ;

2° A quelles doses peuvent et doivent s'élever les fumures ;

3° S'il vaut mieux fumer à de longs qu'à de courts intervalles ;

4° A quelle profondeur l'on doit enfouir les fumiers ;

5° S'il y a des inconvénients à les appliquer en couverture.

Les hommes les plus compétents pensent qu'il y aurait profit pour le cultivateur à conduire les fumiers aux champs lorsqu'ils sont à l'état frais ou pailleux, mais à la condition de les répandre de suite, de les enterrer sans délai et de donner plusieurs labours aux terres ainsi fumées, avant de les ensemencer. Pour notre compte, nous accepterions volontiers ce procédé dans les sols compactes, où le fumier long ne s'use pas vite, mais nous y regarderions à deux fois avant de l'appliquer aux terres légères, parce que la décomposition de l'engrais y est rapide, et qu'en temps de pluie, les sels dissous s'en iraient en grande partie dans les couches profondes, au préjudice de la couche arable. Souvent, il arrive, dans ces contrées de terres légères comme ailleurs, que les cultivateurs sont obligés de dégager la cour de la ferme, encombrée de fumier, de conduire ce fumier aux champs plusieurs mois avant les semailles, et de l'y enfouir de suite. Eh bien, dans ce cas particulier, il n'y a qu'un moyen de retarder ou d'empêcher la décomposition de l'engrais, c'est de rouler fortement le terrain où l'on vient de l'enfouir. Sur les parties roulées ou tassées, le fumier se conservera, tandis que sur les parties non roulées, il disparaîtra.

Le plus ordinairement, l'application des fumiers se fait vers la fin d'août ou en septembre, à la veille des semailles d'automne ou à la sortie de l'hiver, soit pour les cultures de printemps, soit pour relancer les récoltes qui ont souffert des rigueurs de la mauvaise saison. Règle générale, on peut avancer que l'époque de l'application des fumiers est déterminée par les besoins plus ou moins pressants des graines ou par le plus ou moins de profondeur des racines. Nous allons nous expliquer : — Quand nous avons affaire à des graines qui germent vite, nous devons fumer quelques jours avant les semailles ou, tout au moins, en même temps que nous semons, afin que l'engrais soit à la portée des graines à l'heure où elles en ont besoin pour le développement des tiges et des racines. Quand nous avons affaire, comme dans la culture potagère, par exemple, à des graines que nous semons vers la fin d'octobre ou en novembre, en vue de gagner huit ou dix jours sur la levée du printemps, pas n'est besoin de se hâter pour la fumure, et rien ne nous empêche d'attendre la fin de février pour répandre l'engrais en couverture sur les planches ensemencées. Pourvu que la nourriture arrive aux graines au moment de la levée, nous n'avons rien de plus à désirer. Quand enfin, nous avons affaire à des prairies naturelles ou artificielles ou à des arbres, l'époque de l'application des fumiers est déterminée approximativement par la profondeur que les racines atteignent ; plus il y a de profondeur, plus il faut de temps à l'engrais pour arriver à portée de l'extrémité des racines. Ainsi, avec les graminées de nos prairies naturelles, dont les racines ne vont pas loin en terre, on peut fumer vers la fin de février ou au commencement de mars, avec l'assurance que les vivres arriveront aux racines au moment de la reprise de la végétation, c'est-à-dire au moment où les plantes en ont besoin. Pour les prairies artificielles toutes jeunes, faiblement enracinées, nous fumerons de même à la sortie de l'hiver ; mais si ces prairies artificielles avaient de longues racines, nous devrions nécessairement avancer l'époque de la fumure, nous y prendre dès l'automne ou, au plus tard, en janvier. Nous devrions, pour la même raison, fumer à l'automne nos arbres de jardin, nos arbres de verger et nos vignobles.

Passons à présent à la seconde question. En traitant de chaque fumier, nous avons indiqué les quantités employées habituellement par hectare, quantités qui varient entre 20 000 et 40 000 kilogr. Dans la culture intensive de nos riches contrées, on ne se contenterait pas de ce chiffre ; nous connaissons des propriétaires, des fermiers même qui fument leurs champs comme d'autres fument leurs jardins et qui élèvent les proportions d'engrais, par hectare, jusqu'à 100 000 kilogr. et plus. Il va sans dire que s'ils fument aussi copieusement, c'est qu'ils y trouvent leur profit.

Les fortes fumures ont l'inconvénient incontestable d'altérer la saveur des produits ; mais tout compte fait, elles donnent un bénéfice que nous ne pouvons pas attendre des fumures ordinaires, et à ce point de vue, nous les approuvons. Les hommes de science ont voulu établir le chiffre des fumures d'après la consommation normale des récoltes ; ils se sont dit : Puisqu'un hectare de froment, ou de pommes de terre ou de toute autre plante enlève au sol tant d'azote, tant de phosphates, tant de ceci, tant de cela, il suffirait de rendre rigoureusement au sol, sous forme d'engrais, les quantités de substances enlevées, pour rétablir l'équilibre rompu et maintenir la fertilité première. Les praticiens, qui croient aux avantages de la plus-value des terrains et qui veulent qu'au bout d'un quart de siècle ou d'un demi-siècle de culture, ces terrains aient plus de valeur réelle qu'après le défrichement, ne se contentent pas du raisonnement des hommes de science et tiennent à ce que la restitution soit toujours plus élevée que le prêt.

M. Boussingault, qui a l'immense mérite, à nos yeux, d'être un chimiste habile et consciencieux, de compter beaucoup avec les praticiens et de n'avoir pas de système arrêté, reconnaît la nécessité de fumer fréquemment ou copieusement et l'attribue à ce qu'une partie du fumier enfoui se modifierait de façon à rester inerte, à ne plus agir comme engrais. A son avis, cette partie de fumier, d'abord inassimilable, doit reprendre peu à peu ses propriétés d'engrais sous les influences météorologiques et par l'intervention des alcalis, notamment de la chaux.

Cette explication ne nous satisfait pas et nous prenons la liberté de ne point l'accepter. Les plantes, comme les bêtes, nous paraissent, quant au manger, plus raisonnables que les hommes. Une vache qui a de l'herbe jusqu'au ventre, n'en prend qu'à son appétit, se couche ensuite et rumine. Une plante qui a de l'engrais à discrétion, n'en prend, elle aussi, qu'à son appétit, un peu plus de ceci et un peu moins de cela, selon ses goûts; il n'y a que l'homme qui pousse les choses jusqu'à l'indigestion et se comporte à la manière des Romains de la décadence. De ce qu'un végétal ne se bourre point de nourriture à en périr, il ne suit pas, selon nous, qu'on doive accuser cette nourriture d'inertie. Nous pensons que les plantes qui ont avalé suffisamment d'une chose ou d'une autre, sont en droit de s'arrêter comme la vache qui rumine sur la *pâture*, comme le cheval qui dort sous le râtelier, comme le cochon qui rebute les pommes, sans que nous songions à accuser l'herbe, le foin ou les fruits de ne rien valoir pendant un temps plus ou moins long.

Nous pensons que la nécessité de donner des fumures fréquentes aux cultures jardinières ou intensives ne relève point de la raison que soupçonne M. Boussingault. Le fumier fourni en abondance, n'a pas l'unique avantage d'apporter aux plantes une nourriture confortable; il a celui, en outre, de transformer la couche arable, d'y entretenir une douce humidité, de la rafraîchir en temps sec, de la réchauffer en temps frais, grâce à la fermentation et à la couleur brune des débris organiques, de la diviser quand elle est trop compacte, de lui donner un peu de consistance quand elle est trop légère, et, enfin, de retenir les sels solubles à la manière de la tourbe, dont se servent les gens du Nord pour élever des digues. Ce sont tous ces avantages réunis que nous recherchons et devons rechercher dans les cultures intensives; ce n'est qu'à ces conditions que l'on obtient une terre *faite* et de haute fertilité.

Si nous n'avions en vue que la nourriture strictement nécessaire, il serait parfaitement inutile de recourir aux fumures fréquentes, soit dans nos potagers, soit dans les champs de la Flandre et du Hainaut, puisqu'il s'y trouve des vivres en réserve pour de longues années. C'est parce que nous voulons, avec la nourriture, autre chose encore, que nous nous imposons de semblables sacrifices.

Supposez que nous donnions tout juste à une récolte ce qui lui est nécessaire pour bien vivre, et, qu'après cela, nous soyons surpris par une année de sécheresse, une année pluvieuse ou une fin d'hiver interminable, qu'arriverait-il? Dans le premier cas, l'engrais n'agirait point, faute d'eau pour le dissoudre; dans le second cas, la couche arable serait épuisée par une grande perte d'égouts; dans le troisième cas, le terrain aurait beaucoup de peine à se réchauffer, et la végétation, très-tourmentée à son début, s'en ressentirait plus ou moins jusqu'à la récolte. Or, le seul moyen de n'avoir pas à compter avec ces inconvénients, c'est de les prévenir par des fumures fréquentes; c'est-à-dire de former une épaisse couche de terreau et de l'entretenir constamment aussitôt formée. C'est parce que l'on procède ainsi dans la culture intensive, que les succès y sont plus assurés que dans la culture extensive, où l'on ne fume que tous les deux, trois ou quatre ans.

Nous ne connaissons aux fumures abondantes et répétées qu'un seul désavantage bien marqué, c'est celui de former un terrain qui, parfois, ne permet plus à l'eau de sortir de l'humus et à l'air d'y circuler librement. Autrefois, au rapport de Duhamel, lorsque la terre était ainsi malade de *graisse*, les maraîchers des environs de Paris y passaient la charrue et la mettaient en herbe, pendant quelques années, afin de la dégraisser, c'est-à-dire d'user une bonne partie de l'engrais et de la dessécher le mieux possible. — Ne perdons pas de vue que des milliers et des millions de brins d'herbes poussent aisément sur un sol où ne réussissent plus les légumes à racines profondes, que tout brin d'herbe a besoin d'un peu d'eau, que cette eau lui arrive en partie du sol par les racines, que plus les plantes sont serrées, plus il y a de buveuses d'eau, et qu'à ce compte, les herbes d'un pré drainent le terrain plus qu'on ne se l'imagine. — Nous ignorons si la coutume de mettre en herbe les vieux marais trop riches s'est maintenue aux environs de Paris; mais nous pouvons affirmer que, dans le voisinage de Mons, ce procédé est encore en usage.

Arrivons à la troisième question, par laquelle on se demande s'il vaut mieux fumer à de longs qu'à de courts intervalles. Nous venons déjà de nous prononcer en faveur des fumures fréquentes, mais il nous reste encore quelque chose à dire sûr ce sujet.

— «Les cultivateurs, écrivait Columelle, doivent savoir que si l'absence de fumier refroidit le sol, l'excès le brûle, et qu'il est plus dans leur intérêt de fumer fréquemment que de fumer trop largement.»

Le froid et le chaud n'ont rien à voir dans cette affaire, mais Columelle n'en a pas moins raison de poser en fait que les petites fumures renouvelées fréquemment et à propos, produisent plus d'effet sur une récolte que de fortes fumures appliquées à de longs intervalles. Oui, il y a plus de profit à donner aux plantes en deux, trois ou quatre fois, la somme de vivres qu'on leur destine, que de la leur donner tout d'un coup; plusieurs petits repas leur font plus de bien qu'un gros, les développent mieux. Avec les grosses fumures, appliquées au moment des semailles, on perd beaucoup d'engrais. Les pluies le détrempent, le délayent, l'emmènent tantôt par les rigoles, tantôt dans les couches profondes du sol. Et puis aussi, les dissolutions qui font la séve sont parfois tellement chargées de sels qu'elles ne peuvent plus s'introduire dans les organes des végétaux. C'est ce qui fait dire, souvent à tort, que l'excès d'engrais brûle. Avec les petites fumures répétées, ces inconvénients ne sont pas à craindre. Les eaux pluviales ne les gaspillent point ; les dissolutions moins chargées, moins denses que la séve, pénètrent très-bien par les racines et profitent aux plantes.

Donner de fortes fumures aux végétaux avant même qu'ils ne poussent, c'est, en quelque sorte, servir des plats de viande noire et des ragoûts épicés à des enfants qui viennent de naître. Les petites plantes, comme les petits enfants, n'ont que des besoins très-limités, et il n'est ni nécessaire ni convenable de leur servir des repas d'ogre. Attendons que les uns et les autres aient pris des forces, que leurs besoins se soient développés, et, alors, nourrissons-les en conséquence, largement et copieusement. Nous savons tous, par expérience et pour l'avoir lu quelque part, que les récoltes ne commencent à fatiguer le sol qu'au moment de la floraison, et qu'elles l'épuisent surtout pour mûrir leurs graines. Or, ceci revient à dire que les récoltes jeunes et en herbe vivent de peu, se contentent de peu ; d'où il suit qu'en leur donnant tout d'abord une nourriture substantielle, nous manquons notre but. Les plantes y touchent à peine dans leur jeunesse, et une bonne partie de l'engrais se perd, en attendant que les plantes en question prennent de la force et de l'âge. Il arrive même souvent, surtout dans les années pluvieuses, que l'engrais d'attente est à peu près complètement usé lorsque les végétaux en ont le plus besoin.

Cette façon absurde de nourrir les récoltes sur pied n'est que trop répandue, et il nous semble que, dans l'intérêt de tous et de chacun, il serait temps de l'abandonner, pour suivre enfin la méthode des fumures répétées que recommandent et l'expérience de quelques localités exceptionnelles et le gros bon sens.

Fumons donc faiblement d'abord et autant que possible en couverture ; puis, dès que nos plantes grandissent et se fortifient, fumons de nouveau et un peu plus que la première fois ; plus tard, enfin, lorsqu'il s'agira de pousser au développement définitif de la récolte, nous fumerons très-copieusement.

Avec les céréales, ce procédé offre des difficultés, nous le savons ; mais, après tout, rien ne s'oppose à ce qu'on les fume en deux fois ; avec les plantes sarclées, au contraire, l'opération est toujours praticable. Il ne nous paraît pas possible d'admettre comme bon l'usage qui consiste, par exemple, à donner en septembre à une céréale d'automne, et en une seule fois, de la nourriture pour dix ou onze mois. Cette céréale ne consomme rien en hiver et dort à côté des vivres que les pluies et la fonte des neiges doivent nécessairement gaspiller. Les Flamands fument à deux reprises, à l'automne et au printemps, et, quand on le peut, on ferait bien de les imiter.

Il nous semble difficile de déterminer la pro-fondeur à laquelle les fumiers doivent être enfouis. Elle dépend de la nature du sol aussi bien que de celle des plantes cultivées. Nous croyons que dans les terres légères, plus ou moins maigres, plus ou moins exposées aux inconvénients de la sécheresse, il y a de l'avantage à rapprocher le fumier de la surface, surtout lorsque l'on se propose d'y cultiver des plantes à racines traçantes. C'est le meilleur moyen d'entretenir la fraîcheur autour de ces racines et d'assurer le développement régulier des plantes. Si le fumier était enfoui profondément, la surface de la couche arable se dessécherait trop vite et les arrêts de végétation seraient à craindre. Lorsque nous avons affaire à des racines pivotantes, on gagne à enfouir le fumier dans des sillons profonds. Ainsi, il a été remarqué que l'engrais enterré avant l'hiver favorisait le développement en longueur des carottes, panais, betteraves, etc.

Un grand nombre de cultivateurs craignent de laisser le fumier exposé pendant quelques jours, sur la terre, aux influences atmosphériques et se hâtent de l'enfouir. Nous ferons observer que leurs craintes sont exagérées. Il est clair que le fumier ne doit point rester sur les champs en petits tas et qu'il convient de l'épandre de suite, parce que la besogne est plus facile avec l'engrais frais qu'avec l'engrais un peu desséché, et aussi parce que la disposition en tas a l'inconvénient de réunir trop d'égouts à la même place et de rendre la végétation fort irrégulière. Mais du moment que l'épandage a eu lieu, nous ne pensons pas qu'il soit d'absolue nécessité de recouvrir l'engrais avec la charrue. Beaucoup de personnes même attribuent d'excellents effets aux fumures laissées en couverture, bien que cette méthode soit en désaccord avec la théorie des savants et qu'elle favorise la perte de l'azote.

Mathieu de Dombasle s'est prononcé pour les fumiers en couverture. Schwerz a, de son côté, réuni de nombreuses observations dans le même sens. Nous allons les résumer. Un praticien assurait à Schwerz que le fumier étendu sur le sol pendant un certain temps amène le développement rapide des mauvaises herbes, qu'il devient alors facile de détruire. Un autre lui assurait que le fumier étendu quelque temps sur les argiles compactes, rend de grands services. Sur les bords du Rhin, on croit que l'engrais qui n'est pas enfoui de suite, s'améliore en perdant de son acidité ; dans la principauté de Lippe, les jachères et les éteules reçoivent leur fumure longtemps avant les labourages ; un proverbe du comté de Marck veut que le fumier craque et ne ploie pas, c'est-à-dire qu'il soit enfoui sec et non humide. Schmalz constate que dans une partie de seigle où le fumier avait séjourné longtemps à la surface du sol, la vigueur de la céréale fut plus remarquable, depuis la levée jusqu'à la maturité, que dans la partie où le fumier avait été enfoui de suite.

En Angleterre, en Allemagne, en Suisse et en Belgique, sur certains points de la province de Luxembourg, les fumures en couverture se pratiquent fréquemment et avec succès. Dans l'Ardenne belge, on couvre de fumier durant plusieurs semaines les vieux gazons ou *prés de champs* que l'on se propose de rompre ; là aussi, les anciens cultivateurs mettent le fumier en couverture sur le seigle, après avoir enterré la graine, et s'en trouvent fort bien. Enfin, dans les terrains sablonneux et secs des environs de Paris, nous avons un intérêt incontestable à employer nos fumiers en couverture. Que les chimistes y trouvent ou non leur compte, les praticiens y trouvent le leur, et c'est l'essentiel.

Schwerz établit que les fumiers étendus pendant un certain temps à la surface du sol, puis enfouis, se décomposent plus vite, agissent plus énergiquement et durent moins que les fumiers enterrés de suite après l'épandage. Il pense que le fumier étendu à la surface ne perd pas de sa force, mais qu'il devient plus facilement décomposable. Il recommande de l'étendre quand il est trop mouillé, quand on en possède en abondance et que l'on fume fréquemment ; il recommande, au contraire, de l'enfouir de suite lorsqu'il est bien ressuyé et qu'on veut l'économiser.

Personnellement, nous avons remarqué, à diverses reprises, que le fumier appliqué en couverture, vers la fin de l'automne, sur des terres neuves nouvellement défoncées, y produisait d'excellents effets, et que, par ce moyen, l'on obtenait dès l'année suivante des récoltes que, sans cette méthode, on n'aurait obtenues qu'au bout de trois ou quatre ans.

ENGRAIS PROVENANT DES MINÉRAUX.

Cette quatrième catégorie comprend la chaux, le falun, les sables coquilliers, les marnes, le cron, les terres de route, les cendres de houille, le plâtre, le sulfure de chaux des usines à gaz, le phosphate de chaux, les nitrates de potasse et de soude, le sel, les cendres pyriteuses, le laitier, les terres cuites et les terres rapportées. Autrefois ces engrais inorganiques étaient classés sous le titre d'amendements, et quelques auteurs jugent encore à propos de leur conserver cette qualification que nous avons critiquée le premier, peut-être, vers 1847, et voici pourquoi : — On a supposé que les engrais minéraux n'agissaient que mécaniquement, dans la plupart des cas, tantôt en divisant le sol, tantôt en lui donnant de la consistance ; on a supposé aussi que d'aucuns se comportaient à la manière des stimulants ou des excitants, et l'on a cru devoir les distinguer des engrais qui agissent physiologiquement, c'est-à-dire qui nourissent directement les plantes. Cette distinction n'est pas fondée et n'a pas de raison d'être. Les engrais inorganiques agissent de la même manière que les engrais organiques et se retrouvent dans toutes les cendres. C'est une preuve que les végétaux en ont vécu et en vivent. Ils agissent donc directement, physiologiquement. Nous ne contestons pas leur action mécanique, mais elle n'est pas contestable non plus dans les engrais organiques. Est-ce que les fumiers pailleux et ligneux ne divisent pas les argiles ? Est-ce que les fumures copieuses ne donnent pas du corps aux terres légères ?

Chaux. — Il y a fort longtemps, il y a des siècles que l'on connaît les avantages de la chaux en agriculture. Vous n'avez qu'à parcourir les œuvres des auteurs latins et celles de Bernard de Palissy, et vous verrez qu'il en est question.

On nous dit, à cause du nom, que la chaux réchauffe ce qui est froid, qu'elle divise ce qui est trop serré, trop compacte. Ce sont des mots vides de sens, des explications qui ne signifient rien. La chaux ne réchauffe rien et ne divise rien, au moins directement, croyez-le bien ; et la preuve de ceci, c'est qu'elle a du succès dans les sols chauds et légers qui n'en contiennent pas. Est-ce que ses effets sur les sables siliceux ne sont pas connus ? Est-ce que, dans l'Ardenne belge, on n'emploie pas la chaux avec un grand profit sur des terrains aussi légers que de la cendre ?

Nous devons en conclure nécessairement que la chaux convient à tous les terrains qui en manquent, que ces terrains soient des argiles compactes, des sables siliceux, du schiste ou du granit, peu importe ; sa place est là, comme la place du pain sur la table de celui qui n'en a pas, comme la place de l'eau dans le verre de celui qui a soif. La chaux doit faire partie de la nourriture de nos céréales, de nos racines, de nos plantes industrielles, de nos légumes. A défaut de celle-ci, ils ne mourraient pas, sans doute, mais ils souffriraient plus ou moins, il leur manquerait quelque chose.

La chaux ne fonctionne pas seulement comme nourriture ; elle fonctionne encore comme substance décomposante et comme substance propre à empêcher le mauvais effet des acides. Quand on veut que des cadavres ou que des herbes se décomposent vite, on les recouvre de chaux vive ; quand on veut enlever l'acidité ou l'aigreur d'un liquide, on y met de la chaux. Voilà pourquoi nous nous en servons dans les défriches de bois et de bruyères où il y a des quantités de vieilles feuilles et de vieux bois à décomposer ; voilà pourquoi nous nous en servons toujours dans ces mêmes défriches, dans les tourbières, dans les terrains marécageux, dans les prairies aigres, où les feuilles forment des acides en pourrissant, acides qui conviennent à de mauvaises herbes, à des joncs, des mousses, des carex, etc., mais qui déplaisent fort à la plupart des bonnes plantes que nous cultivons.

Lorsque la chaux est destinée à des terrains chargés de détritus végétaux, il convient de l'employer vive ou caustique autant que possible, et à raison de 100 à 120 hectolitres par hectare ; lorsque la chaux est destinée seulement à corriger, à neutraliser l'acidité d'un terrain ou à l'enrichir tout simplement de l'élément calcaire, ou bien encore lorsqu'on se propose de la mélanger avec des fumiers ou d'en faire des composts avec de la terre, il vaut mieux l'employer éteinte, autrement dit délitée ou fusée. 60, 70 et 80 hectolitres de chaux éteinte servent d'ordinaire à chauler un hectare ; 1/10 de chaux suffit pour les composts. On chaule une fois seulement tous les huit ou neuf ans, mais nous pensons qu'il vaudrait mieux chauler tous les trois ou quatre ans, à la dose de 30 à 40 hectolitres par hectare. Il y aurait moins de chaux perdue et les avances à débourser seraient moins lourdes.

Nous connaissons des cultivateurs qui répandent la chaux parmi les champs à l'état de pierres ou de cailloux et qui l'enterrent à la charrue avant qu'elle ait eu le temps de fuser. C'est une mauvaise méthode, car, à côté de places trop chaulées, se trouvent des intervalles qui ne reçoivent rien. Mieux vaut donc former des petits tas de chaux, de distance en distance, les recouvrir de quelques pelletées de terre, leur donner le temps de se réduire en poussière et répartir ensuite l'engrais uniformément sur le sol. Il ne faut pas plus de trois semaines pour produire ainsi naturellement la pulvérisation de la chaux. Dans certaines localités, on la fait fuser dans la cour même de la ferme en ouvrant un entonnoir au sommet du tas, et en y versant de l'eau ou du purin que l'on recouvre avec de la chaux vive. Quantité de cultivateurs enterrent de suite la chaux éteinte, après l'avoir répandue sur les éteules des céréales; d'autres la laissent passer l'hiver à l'air et ne l'enterrent qu'au printemps. Nous croyons que, dans les défriches, il convient de l'enfouir avant l'hiver, tandis qu'il vaut mieux la laisser passer l'hiver sur le sol dans tout autre cas. L'essentiel, c'est de ne jamais enterrer la chaux à une grande profondeur, car elle descend vite et il importe d'en perdre le moins possible. L'essentiel aussi, quand elle est répandue, c'est de la mélanger intimement avec la couche arable, au moyen de hersages dans tous les sens.

On a dit de la chaux, comme de la marne, qu'*elle enrichit les pères et ruine les enfants*. L'appréciation n'est pas flatteuse. Sur ce point, voici la vérité : quand on abuse de la chaux sur des terres riches en terreau, on les use vite, et une fois qu'elles sont usées, il faut du temps pour les rétablir ; mais quand on n'emploie pas la chaux à dose exagérée et quand on a soin de fumer comme si l'on ne chaulait pas, elle enrichit les enfants tout aussi bien que les pères.

Falun. — On donne le nom de *falunières* à des dépôts de calcaire coquillier que l'on rencontre en Angleterre et sur divers points de la France, notamment dans les départements d'Indre-et-Loire, de Maine-et-Loire, des Côtes-du-Nord, etc. Les coquilles marines et autres débris fossiles qui constituent le *falun* se rencontrent parfois sans aucun mélange de terre ni de sable, comme dans les dépôts d'Indre-et-Loire, et devraient être classés parmi les engrais provenant des animaux ; mais il n'en est pas ainsi partout ; nous avons les marnes coquillières, les sables coquilliers de l'intérieur des terres et du littoral, et voilà pourquoi nous classons le tout parmi les engrais minéraux.

Le falun est préférable à la chaux; il agit plus énergiquement et plus longtemps qu'elle. Comme la chaux, il convient aux terres argileuses où on l'emploie avec le fumier et à de fortes doses. M. Girardin rapporte qu'en Touraine, on l'applique aux argiles calcaires, à raison de 60 mètres cubes ou de 30 charretées par hectare, tandis que dans les argiles fortes, on élève encore cette proportion. En Irlande, le falun ou marne coquillière n'est employé qu'à la dose de 10 à 15 mètres cubes par hectare.

Sables coquilliers. — Dans la Bretagne et la basse Normandie, les cultivateurs recherchent beaucoup les sables coquilliers qu'ils connaissent sous le nom de merl, de trez et de tangue. Nous lisons à ce sujet dans l'*Agriculture française* :

— « Les littoraux du département des Côtes-du-Nord, dépourvus de chaux, l'ont remplacée par les sables de leurs rivages. Ces sables sont plus ou moins calcaires, suivant la quantité de coquillages qu'ils contiennent. Le sel et le calcaire leur donnent une action d'autant plus puissante que les terres granitiques ou schisteuses n'en possèdent pas un atome. On emploie ces sables ou purs, ou mélangés avec des fumiers. La quantité par hectare est de 24, 28 à 30 charretées à quatre chevaux. Le sable agit aussi bien dans les terres légères que dans les fortes, et son effet est de cinq et de huit ans.

« On ne trouve le sable coquillier que sur les littoraux de Lannion, Lézardrieux, Paimpol et Portrieux. Sur le littoral de Lamballe et de Matignon, il devient plus vaseux, et, à l'embouchure de la Rance, il n'y a plus qu'une argile calcaire. »

— « Le sol des plages baignées par l'Océan, écrit M. Malaguti, renferme des débris animaux, dont la putréfaction est retardée par la présence du sel marin. Enlève-t-on, par des lavages convenables, une grande partie du sel que renferme cette terre animalisée, elle devient très-efficace, et, sous le nom de tangue ou trez, elle fournit à une partie de l'agriculture bretonne une ressource importante.

« Le merl est aussi une matière minérale animalisée, une véritable vase marine mêlée de coquillages et de débris de coraux.

« C'est à Morlaix, dans la rade de Brest, dans la rivière de Quimper, que l'on exploite les bancs de merl, du 15 mai au 15 octobre.

« Le merl aussi bien que la tangue, sont des engrais dont la décomposition est prompte et facile, et leur action, pour être bien appréciée, ne doit pas être comparée sans réserve à celle du fumier de ferme. Ces deux matières renferment considérablement de carbonate de chaux; leur azote est représenté par des matières animales à texture lâche, prêtes à se putréfier. Leur action doit donc être plus prompte que celle du fumier dont l'azote est en grande partie représenté par des détritus organiques à forte texture, et qui exigent beaucoup de temps et le concours de plusieurs circonstances pour se décomposer et produire des matières ammoniacales.

« D'après ce que nous venons de dire, on conçoit les effets satisfaisants de la tangue et du merl, appliqués à l'agriculture comme engrais. Leur faculté nutritive, quoique moindre que celle du fumier, n'en produit pas moins de bons résultats, vu la promptitude de son action; et l'on comprendra combien les populations agricoles qui ne peuvent disposer de fumier ordinaire, se trouvent heureuses d'avoir ces sortes de matières qui, sans valoir le fumier, n'en contribuent pas moins à la fertilisation immédiate de la terre. »

Marne. — Nous serions fort en peine de dire sur les marnes plus et mieux que ce que nous en avons dit dans le *Dictionnaire d'agriculture pratique* ; on nous permettra donc de nous reproduire à peu près textuellement :

On a écrit non-seulement de longs articles, mais encore d'assez gros volumes pour décrire les caractères physiques, les propriétés et les usages de la marne. Le sujet est important sans doute ; néanmoins il ne comporte pas les développements qu'on lui a consacrés et qui ont eu pour résultat de fatiguer l'esprit des cultivateurs plutôt que de les intéresser. Il nous semble que l'on peut, en quelques lignes, dire d'une manière complète tout ce qui se rattache à la marne.

C'est une terre de couleur extrêmement variable, mais le plus souvent d'un blanc-jaunâtre, lorsqu'elle est d'excellente qualité. C'est un mélange d'argile et de calcaire, qui se rencontre à quelque profondeur dans le sol, et qui jouit de la propriété caractéristique de se diviser au contact de l'air, un peu à la manière de la chaux vive.

Nous ne connaissons qu'un moyen de distinguer sûrement la marne, et ce moyen est à la portée de tous les cultivateurs. Le voici en deux mots : — Prenez un morceau de la terre que vous soupçonnez de nature marneuse ; faites-le sécher lentement à un feu doux ; puis divisez ce morceau en deux parties que vous mettrez chacune dans un verre bien ressuyé. Vous verserez dans le premier verre un peu d'eau, de façon seulement à ne mouiller que la moitié de la terre, et dans le second verre, vous verserez quelques gouttes d'acide muriatique ou chlorhydrique. Si vous avez affaire à de la marne, la terre du premier verre tombera vite en bouillie, tandis que celle du second produira une effervescence bien marquée, c'est-à-dire une sorte de bouillonnement. A la rigueur, on peut remplacer l'acide chlorhydrique par de fort vinaigre de vin.

Il y a marne et marne. Nous en avons qui ne contient que de 10, 20 à 40 p. 100 de carbonate de chaux (calcaire) ; le reste est de l'argile. Nous la nommons donc *marne argileuse*, nous en avons qui renferme de 50 à 80 p. 100 de carbonate de chaux ; nous la nommons donc *marne calcaire*, pour indiquer que le calcaire y domine. Nous avons encore une *marne schisteuse* dans les terrains où le schiste touche au calcaire, mais cette marne est pauvre en carbonate de chaux.

La marne argileuse, qui est la moins estimée de toutes, n'est bonne que pour donner du liant aux terres sablonneuses trop légères, et encore ne doit-on l'employer qu'avec une extrême prudence, après l'avoir laissée à l'air pendant un an au moins ; et toujours par petites quantités à la fois, tous les quatre ou cinq ans. Des marnages légers, faits de la sorte, vaudraient mieux, à notre avis, que les forts marnages, renouvelés seulement tous les 15, 20, 25 ou 30 ans.

La marne calcaire, qui est d'autant meilleure qu'elle contient plus de carbonate de chaux, réussit partout où réussit la chaux, c'est-à-dire dans les champs argileux, sablonneux, granitiques, schisteux, et dans les défriches récentes. Les cultivateurs qui préparent des composts avec de la terre et de la chaux, couche par couche, fabriquent de la marne sans s'en douter ; seulement, cette marne est faite avec de la terre bonne à cultiver de suite, tandis que celle de la marne naturelle est vierge et a besoin de voir longtemps le soleil et de recevoir l'influence de l'air avant d'être en état de produire. Un cultivateur qui, par exemple, prendrait de la terre vierge, comme celle dont se servent les fabricants de tuiles ou de briques, et qui la mélangerait parfaitement avec un volume égal de chaux fusée et plus, obtiendrait une véritable marne, dont il ne pourrait se servir qu'au bout d'une année ou mieux de deux années. Il y aurait cependant un moyen d'employer de suite et sans inconvénient toutes les marnes : ce serait de les cuire d'abord à la manière des pierres à chaux. Cela se fait dans quelques localités.

Il en est du marnage comme du chaulage : l'opération est bonne ou mauvaise, selon qu'elle est bien ou mal conduite. On a dit qu'elle enrichissait les pères et ruinait les enfants ; on a dit qu'elle épuisait les terres au bout de quelques années, et que souvent même, elle les frappait de suite d'une longue stérilité. Les inconvénients que l'on signale, ont eu lieu, en effet, et se reproduisent encore par moments, mais loin de nous en prendre à la marne, nous nous en prenons aux personnes qui n'ont pas su ou ne savent pas encore s'en servir. Nous voyons des cultivateurs marner leurs terres et s'imaginer qu'après ce marnage, ils peuvent se dispenser d'employer du fumier. Qu'en résulte-t-il ? C'est qu'après cinq ou six années de bonnes récoltes, le sol est épuisé d'humus. C'est comme si après avoir répandu sur un champ quelques tombereaux de composts, moitié terre et moitié chaux, un cultivateur se disait : — Je ne donnerai de ce compost au même champ que dans une quinzaine d'années au plus tôt et n'y répandrai du fumier de ferme que dans cinq ou six ans. — L'opération serait très-mauvaise assurément ; pourquoi voudriez-vous donc qu'elle fût bonne avec la marne ?

Nous voyons encore des cultivateurs qui n'ont pas la patience d'attendre que la marne se soit convenablement reposée et délitée à l'air, qui la répandent trop tôt sur le sol et en trop grande quantité, pour cette raison que si, employée à petite dose, elle donne de bons résultats, elle en donnerait nécessairement de meilleurs si on l'employait à forte dose. Or, en procédant et en raisonnant de la sorte, il est évident que l'on rendra le sol stérile, qu'on l'empêchera de produire, et surtout lorsque la marne sera de nature très-argileuse.

Voulez-vous que la marne réussisse bien, commencez par bien raisonner votre opération. Dites-vous ceci, par exemple : voici de la marne que j'ai extraite du sein de la terre ; je la sais bonne, car je l'ai essayée. Cette marne est un mélange d'argile et de calcaire qui n'a pas encore subi l'action de l'air et du soleil ; j'entends donc, avant de m'en servir, qu'elle subisse parfaitement cette action. Je la mettrai pour cela en couche de peu d'épaisseur et la laisserai en repos deux ans, trois ans même, s'il le faut, en ayant soin, deux fois par an, à l'approche de l'hiver et au moment des grandes chaleurs, de la bouleverser avec une pioche ou une bêche. Quand je jugerai ma marne bonne à produire, je la ferai conduire sur mes champs, à raison de 100 à 120 voitures à quatre chevaux, par hectare, plutôt moins que plus; je la répandrai également, et, au bout de quelques semaines, je l'enterrerai par un léger coup de charrue. J'aurai ainsi donné à mes champs qui ne contenaient pas de calcaire, de la bonne marne qui en contient beaucoup, et la récolte s'en ressentira. Comme le calcaire n'est pas un engrais complet, je fumerai tous les ans comme si je n'avais pas marné.

Dites-vous cela; faites-le, et vous n'aurez plus de reproches à adresser à la marne.

Il est d'usage, nous l'avons déjà dit, et nous le répétons, de ne marner la même terre que tous les 15, 20 ou 25 ans. Il serait d'une meilleure pratique, selon nous, de répandre moins de marne à la fois et de marner plus souvent.

Des hommes distingués ont écrit que la marne calcaire ne convenait nullement aux terrains de même nature. C'est aller un peu loin. Sans doute, elle produira plus d'effet dans les argiles, les schistes, les granits et les sables que partout ailleurs; mais elle n'en a pas moins dans les terrains calcaires le succès qu'ont, en général, les terres rapportées. Dans les vignobles de la Bourgogne, qui sont de nature calcaire, on fait, et avec raison, grand cas de la marne bien reposée.

Dans les communes du département du Nord, où l'on a l'habitude d'employer la marne, on la place, avant l'hiver, sur des éteules de céréales qui n'ont pas été labourées : on la répand de suite, à raison de 45 à 50 mètres cubes par hectare, on la herse, et on la roule au printemps, pour la pulvériser parfaitement dans le cas où les gelées et les dégels n'ont pas fait cette besogne; puis on l'enterre légèrement par des labourages croisés. On fume sur le marnage, toutes les fois que l'on ensemence en céréales, mais on ne fume pas l'année même, lorsque, sur le marnage, on cultive des féveroles ou des pommes de terre. Les cultivateurs du Nord pensent qu'il est utile de marner tous les 12 ans. Quand la terre manque de profondeur, ils marnent plus souvent, tous les 8 ou 9 ans, mais seulement à raison de 80 hectolitres (8 mètres cubes) par rasière de 45 ares. On a remarqué que la marne produisait plus d'effet dans les terrains médiocres que dans les bons terrains. On lui préfère la chaux.

Le Tarn est un des départements de la France, où la marne jouit d'une faveur toute particulière. S'agit-il de l'appliquer à des friches ou à des bruyères, on laboure d'abord, puis on forme de petits tas de marne sur le sol, dans les mois d'août et de septembre. Une fois délitée à l'air, on l'étend avec des pelles et l'on donne plusieurs labourages pour la mélanger avec la couche arable. S'agit-il d'une terre déjà cultivée, on dépose la marne sur le chaume pour l'enfouir plus tard. Sur ces marnages, on sème d'habitude au printemps de l'avoine, des légumes ou du maïs. Lorsque l'on ne marne qu'au milieu de l'hiver, ce qui arrive de temps en temps, on attend l'automne suivant pour ensemencer en froment. Pendant trois ou quatre ans, les récoltes sont magnifiques, mais, comme on n'ajoute pas de fumier à la marne, il en résulte ensuite un épuisement très-sensible qui a fait dire, qu'en peu d'années, on tue maladroitement la poule aux œufs d'or. — Dans le Tarn, on marne dans des proportions très-variables; les uns répandent 400 mètres cubes par hectare, les autres 600, 700 ou 800.

Dans le département des Ardennes, on fait grand cas aussi de la marne. C'est de là, et notamment de la carrière de la Malmaison, que les cultivateurs belges des environs de Virton font venir celle qu'ils emploient.

Nous pourrions passer en revue d'autres localités où il est d'usage de marner les terres; mais à quoi bon? Les procédés sont, à peu de chose près, les mêmes partout, en sorte que les citations que nous pourrions faire ne nous apprendraient rien de nouveau. Nous terminerons donc par trois recommandations essentielles, à l'adresse des populations qui se livrent à la pratique du marnage. Généralement, on n'accorde pas assez de repos à la marne au sortir de la carrière; on ferait bien de l'exposer et de la remuer à l'air jusqu'à ce qu'elle eût acquis les propriétés d'une terre végétale. Le plus souvent encore, les champs marnés ne reçoivent pas de fumier pendant 3, 4 et 5 ans; c'est un tort, on devrait, chaque année, donner une demi-fumure d'abord et revenir le plus vite possible à la fumure entière. Presque partout enfin, on ne ramène la marne sur le même terrain que tous les 12, 15, 20 ou 25 ans; c'est encore une pratique vicieuse; aussi recommandons-nous à nos lecteurs de réduire de moitié la quantité de marne employée ordinairement, et de la ramener tous les 7 ou 8 ans à la même place. En suivant ces conseils, il leur sera facile de prouver que la marne en question peut enrichir les pères et ne pas ruiner les enfants.

Cron. — Dans les Ardennes et le grand-duché du Luxembourg, on désigne sous le nom de *cron* une pierre tendre, calcaire, appelée quelquefois *marne blanche*, utilisée sous le nom de *castine* dans les hauts-fourneaux, employée dans la construction des voûtes et des cheminées, et aussi pour fabriquer de la chaux. L'échantillon que nous avons eu sous les yeux est tout simplement de la chaux carbonatée concrétionnée, autrement dit le *tuf* calcaire, la plus impure et la plus irrégulière des concrétions de cette nature, celle qui enveloppe, en se formant, quantité de feuilles et autres débris végétaux.

Ce tuf constitue, dans certaines localités, des dépôts énormes, dont on fait le plus grand cas. L'emploi de ses débris, de ses éclats, de sa poussière, en agriculture, convient, ainsi que la chaux et la marne, aux terres argileuses, sableuses et schisteuses.

Terres de routes et de chemins. — Ces terres sont de diverses sortes et varient nécessairement avec la nature des matériaux qui servent à l'entretien des grandes routes et des chemins. Les grès, les silex, les quartz, les cailloux roulés nous donnent des terres siliceuses; les pierres calcaires nous donnent des terres calcaires. Elles sont d'autant meilleures qu'elles ont été broyées par un plus grand nombre de voitures, mieux divisées et mieux exposées aux influences de l'atmosphère. Nous devons donc préférer celles qui proviennent de routes et de chemins très-fréquentés à celles qui proviennent de routes et de chemins à peu près déserts. Les urines et les excréments des animaux de passage contribuent, dans certaines limites, à l'amélioration de ces terres. Ainsi les boues de villages où circulent de nombreux troupeaux de moutons et de vaches valent mieux, sans contredit, que celles des villages où les troupeaux de moutons sont rares, où la stabulation permanente est pratiquée et où il est d'usage de tenir les bêtes à cornes au pâturage durant toute l'année.

Les terres de routes et de chemins, quelle que soit d'ailleurs leur composition, conviennent à tous les sols et à toutes les cultures, mais elles ne produisent nulle part autant d'effet que sur les argiles.

Cendres de houille. — Ces cendres contiennent surtout de l'argile, des oxydes et sulfures de fer, de la magnésie et de la chaux. Or, il n'y a pas là de quoi former un engrais de qualité supérieure. Toutefois, ne les dédaignons pas trop, à cause des sulfures de fer et de la chaux qui assurément ont une certaine efficacité dans les terrains argileux, sableux, granitiques, schisteux et sur les récoltes de la famille des légumineuses et des crucifères. Nous entendons par légumineuses, les pois, féveroles, vesces, trèfles, sainfoin, luzerne, etc., et par crucifères les navets, navettes, colzas, choux, etc. Les cultivateurs des environs de Paris ne disent pas de bien des cendres de houille; au contraire, ils leur reprochent d'amoindrir la qualité des boues de Paris et les en séparent le mieux qu'ils peuvent. Nous nous expliquons parfaitement la manière de voir de ces cultivateurs. La chaux, ainsi que les composés de soufre et de chaux abondent dans la plupart des terrains de la banlieue parisienne; à quoi bon y mettre des cendres de houille? c'est conduire l'eau à la rivière. Mais dans les terrains où il n'y a ni chaux ni plâtre, il n'en est pas de même; les cendres de houille mêlées aux fumiers sont appelées à leur rendre de grands services.

Plâtre. — Le plâtre ou *gypse* est un composé de chaux, d'acide sulfurique ou huile de vitriol et d'eau. Dans la nature, il forme des masses considérables, des carrières que l'on exploite depuis des siècles. Qu'est-ce que le plâtre au point de vue agricole? A notre avis, c'est un engrais spécial, et non pas seulement un stimulant comme d'aucuns l'ont assuré. S'il n'était bon qu'à activer les facultés nutritives des plantes ou qu'à préparer l'engrais de manière à le rendre plus propre à l'assimilation, il est clair que cet effet se produirait indistinctement sur toutes les récoltes. Mais comme il n'en est pas ainsi, comme il est parfaitement démontré que le plâtre n'agit énergiquement que sur les légumineuses et les crucifères, nous sommes bien forcé de le classer parmi les engrais spéciaux.

Tous les végétaux, on le sait, ne se nourrissent pas de la même manière, ne vivent pas précisément des mêmes mets. Les uns affectionnent ceux-ci, les autres affectionnent ceux-là; ce qui plaît à l'un peut déplaire à l'autre; c'est incontestable. C'est pour cela que nous voyons certaines plantes végéter et prospérer admirablement sur des terrains où certaines autres plantes se refusent à croître spontanément.

Quels que soient les effets du plâtre sur les légumineuses et les crucifères, on doit reconnaître qu'il a aussi ses inconvénients. S'il développe les fanes à merveille, s'il favorise les parties herbacées, il n'en est pas moins vrai qu'il communique aux graines de ces plantes la propriété singulière et fâcheuse de résister à la cuisson. Ainsi les pois, les haricots, les fèves qui ont été plâtrés cuisent difficilement. On ajoute même, en ce qui concerne les fourrages, que l'abus du plâtre prédispose les animaux à certaines maladies, notamment au vertige. C'est un bruit qui mérite de fixer l'attention des vétérinaires et des cultivateurs. En Belgique, dans le canton de Virton, il nous a été affirmé par des personnes dignes de foi que le trèfle vert plâtré était mortel aux porcs qui le pâturaient.

On emploie le plâtre cuit ou cru, mais toujours réduit en poudre, et on le répand à raison de 2 ou 3 hectolitres par hectare au printemps, lorsque les jeunes feuilles garnissent déjà bien le sol, par la rosée ou par un temps brumeux et calme. Il agit bien sur les terrains ressuyés et riches en terreau; il reste sans effet sur les terrains maigres et sur ceux qui sont trop mouillés. Les années pluvieuses et froides sont très-défavorables au plâtrage.

Comment le plâtre agit-il? On n'en sait rien encore. Duhamel le considérait comme une *espèce de chaux.* Yvart croyait que ses effets tiennent à l'acide sulfurique qui entre dans sa composition et se fondait sur ce que les cendres de tourbe, qui contiennent du sulfate de fer et du sulfate d'alumine, agissent de la même manière. Lasteyrie ne le considérait que comme un agent chargé de transmettre directement à la terre les substances fertilisantes disséminées dans l'atmosphère. Le chimiste anglais Davy a cru que le plâtre, dissous en petite quantité dans l'eau, pénétrait tel quel dans les organes des végétaux, mais des chimistes modernes affirment qu'il n'y a pas de plâtre dans les cendres des plantes plâtrées. — M. Liebig pense que le plâtre fixe le carbonate d'ammoniaque introduit dans le sol par les eaux pluviales, mais on répond à M. Liebig que l'influence du carbonate d'ammoniaque se produit sur toutes les récoltes indistinctement, tandis que l'effet du plâtrage est très-limité. — M. Boussingault enfin croit que le plâtre se réduit en présence des matières inorganiques en décomposition, qu'il se convertit en chaux et n'agit qu'à la manière de cette substance. On répond à ceci que les céréales, que les graminées ne devraient pas alors y être plus insensibles que les légumineuses, et l'objection n'a pas été écartée par des raisons satisfaisantes. On pourrait demander aussi à M. Boussingault, pourquoi les légumes chaulés cuisent bien, tandis que les légumes plâtrés cuisent mal.

Nous le répétons, on ne sait pas de quelle manière le plâtre agit, mais pour notre compte, et malgré les analyses contradictoires qu'on lui oppose, nous sommes tenté de nous ranger à l'opinion de Davy et de nous appuyer sur ce paragraphe de la *Chimie agricole* de M. Malaguti : — « Je me souviens, dit ce savant, d'avoir examiné il y a bientôt quinze ans, différentes séves des environs de Paris, et d'avoir trouvé qu'elles contenaient presque toutes du sulfate de chaux (plâtre). Si les racines des arbres peuvent absorber du plâtre, pourquoi les racines des légumineuses ne pourraient-elles pas en faire autant ? »

En dehors de ses usages comme engrais, on peut encore employer le plâtre à d'autres fins. Ainsi, les personnes qui tiennent essentiellement à ne point perdre le carbonate d'ammoniaque qui s'échappe des fumiers en fermentation sous forme de gaz, peuvent empêcher cette déperdition en semant du plâtre à la partie supérieure de leurs tas d'engrais. Il se produit alors un sel fixe d'ammoniaque (sulfate) qui reste dans le fumier. D'aucuns, voulant pousser plus loin la précaution, ont recommandé de saupoudrer chaque lit de fumier frais au fur et à mesure de la mise en tas ; mais, au dire de quelques chimistes, cette opération ne saurait avoir que des résultats désavantageux, en ce sens qu'il se forme par double décomposition, surtout dans le fumier de vache, un sulfate de potasse qui n'a pas d'action marquée sur la végétation et ne vaut donc pas, à beaucoup près, le carbonate de potasse qu'il remplace. Ainsi, ce qui serait gagné d'un côté, serait perdu de l'autre. Si cette observation est juste, et nous n'avons pas plus de raisons pour le nier que pour l'affirmer, il est clair que l'on a tort de jeter du plâtre dans les citernes à purin, comme on le fait assez souvent dans les contrées où cette substance n'est pas coûteuse.

Dans ces derniers temps, on a proposé d'employer le plâtre pour solidifier les matières fécales, à la sortie des fosses et en faciliter le transport. Il va sans dire que le plâtre cuit et en poudre est le seul qui convienne pour cette opération. En même temps qu'il solidifie les matières, il fixe l'ammoniaque.

Sulfure de chaux des usines à gaz. — La chaux qui a servi à l'opération du gaz de l'éclairage et qui a été exposée à l'air pendant six mois environ, produit sur les légumineuses et les crucifères les mêmes effets que le plâtre.

Phosphate de chaux. — En parlant des os, nous avons signalé les propriétés fertilisantes du phosphate de chaux, dont ces os sont formés presque entièrement. Nous ne les répéterons pas, nous nous bornerons à dire que le phosphate de chaux ne se trouve pas seulement dans la charpente des animaux, mais qu'il existe aussi en masses considérables sur le globe. Ce phosphate naturel, selon son origine ou sa composition, porte les noms d'*apatite*, de *phosphorite* et de *coprolithes*. L'Espagne, l'Angleterre, la Suède en possèdent des gisements d'une grande importance. La France est également bien partagée sous ce rapport. Les carrières d'Anappe et de Lazennes, aux environs de Lille, peuvent fournir des quantités énormes de ce phosphate, et il résulte de recherches récentes, la découverte d'autres gisements de même nature sur un grand nombre de points. Ces gisements existent, dit M. Rohart, « dans toute l'étendue du bassin dit Anglo-Parisien, dont Paris est le centre, et qui embrasse 39 départements dans la circonférence que forment autour de Paris les villes et bourgs suivants : Honfleur, Argentan, Alençon, le Mans, la Flèche, Angers, Loudun, Châtellerault, Méhun, Sancerre, Auxerre, Bar-sur-Seine, Saint-Dizier, Clermont-en-Argonne, Vouziers, Réthel, Rosoy et Aubenton. »

La pensée d'appliquer le phosphate de chaux du sol à l'agriculture ne date pas de loin. Elle vient du haut prix des guanos, du noir de raffineries, de la poudre d'os, et de la peur de voir s'épuiser rapidement ces sources d'engrais. Or, vous savez le proverbe de nos campagnes : *tout nouveau, tout beau*. Aussi, dès qu'il a été question de coprolithes, de nodules, de phosphate de chaux, deux sortes d'enthousiasmes ont éclaté, en Angleterre plus qu'autre part : l'enthousiasme des cultivateurs et l'enthousiasme des industriels qui rêvaient une ample moisson de bénéfices. Les chercheurs de phosphate se sont mis en quête de gisements ; des sociétés ont été constituées, des brevets ont été pris, et les journaux spéciaux ont nécessairement élevé la découverte aux nues. A tort ou à raison, nous croyons qu'il y a lieu de se tenir en garde contre l'engouement des cultivateurs anglais qui, s'ils s'échauffent vite à propos d'une innovation, se refroidissent vite aussi ; nous croyons de même à l'exagération intéressée des personnes qui exploitent les brevets, et nous prenons position à une égale distance des uns et des autres. Nous nous bornons à dire que le phosphate de chaux naturel rendra des services comme en rendent le carbonate de chaux, le sulfate de chaux (plâtre), le nitrate de chaux.

En Angleterre, on commence par pulvériser les coprolithes, puis on verse sur cette poussière de l'acide sulfurique ou huile de vitriol, qui forme du phosphate acide de chaux soluble et un peu de plâtre. C'est ainsi déjà que nous avons vu traiter les os d'animaux pour arriver au même résultat, c'est-à-dire à ce qu'on appelle du *superphosphate de chaux*. Ce procédé a été critiqué parce qu'il est très-coûteux.

En France donc, l'on a recours à un autre moyen. On pulvérise les coprolithes ou nodules de phosphate de chaux, puis on les arrose avec de l'eau légèrement acidulée par de l'acide chlorhydrique ou muriatique, et l'on attend quelques mois avant de s'en servir. Pour arroser 100 kil. de coprolithes en poudre, on recommande de se servir d'un mélange de 14 kilogr. d'eau et 10 kilogr. d'acide chlorhydrique.

Nous sommes persuadé que le phosphate de chaux pulvérisé pourrait être employé tel quel, sans l'intervention des acides sulfurique et chlorhydrique. Il suffirait d'en répandre sur les fumiers en fermentation. De cette manière, on obtiendrait la solubilité sans frais. La poudre de coprolithes réussira évidemment partout où réussissent la poudre d'os et le noir de raffineries, dont il a été parlé précédemment.

Nitrates de potasse et de soude. — Nous connaissons tous le nitrate de potasse ; c'est ce que nous appelons vulgairement *sel de nitre* et *salpêtre*. Nous ne connaissons pour ainsi dire pas le nitrate de soude qui nous arrive du Pérou et qui peut remplacer le salpêtre. Ces deux sels, convenablement employés, doivent assurément rendre des services à l'agriculture. La grande valeur que leur attribuent les hommes de cabinet, tient à leur richesse en azote. Nous qui ne sommes point exclusif, nous disons qu'ils valent beaucoup; non-seulement à cause de l'azote, mais aussi à cause de leur potasse et de leur soude, et nous ajoutons qu'ils vaudraient plus encore si on leur adjoignait d'autres éléments ; c'est pourquoi nous conseillons à nos lecteurs de les associer aux fumiers ou aux composts. Ils s'en trouveront mieux que de s'en servir isolément.

Les nitrates ont l'immense avantage d'être inépuisables; à mesure qu'on les enlève, ils se reproduisent. Il s'en forme dans nos écuries, dans nos étables, dans nos caves, dans les murs de nos habitations, dans les fumiers que nous tenons à l'ombre, et souvent dans la terre de nos champs. Ainsi, au midi de l'Espagne, la terre labourée deux ou trois fois, en hiver ou au printemps, se remplit de salpêtre.

M. Malaguti indique aux cultivateurs un moyen facile de se procurer des nitrates : — « Il suffirait, dit-il, de construire de petits murs peu épais avec de la terre calcaire poreuse, et contenant peu d'argile, mêlée et gâchée avec des cendres et de la paille, de les couvrir d'un toit et de les arroser de temps en temps. Ces terres se chargeraient de salpêtre au bout de l'année, et si l'on n'avait pas employé des cendres, on n'aurait que du *nitrate de chaux*, engrais aussi excellent que les nitrates de potasse et de soude. »

Sel commun. — A haute dose, le sel commun dont nous nous servons dans nos cuisines, tue les végétaux. Les anciens qui venaient de raser une ville ou une maison maudite, ne manquaient point de semer du sel sur l'emplacement, afin de le frapper de stérilité. Les terres salées, que l'on ne peut dessaler au moyen de l'irrigation, sont à peu près improductives. Mais du moment que le sel est utilisé à faible dose, il donne des résultats satisfaisants, surtout dans la culture des plantes qui sont originaires des bords de la mer, comme les choux, le crambe, l'asperge, etc. On ne doit donc perdre ni les déchets de salines, ni les saumures gâtées, ni le sel employé à la salaison des peaux qui arrivent d'Amérique à nos tanneurs. On améliore les fumiers en y mêlant quelques poignées de sel au moment de la mise en tas ; on améliore de même le purin en le salant. La découverte de ce résultat est due au hasard. Un jour un cultivateur suisse passait du sel en fraude et était poursuivi de près par les employés ; ne sachant comment échapper au procès-verbal de contravention, il se décida, en désespoir de cause, à verser le contenu de son sac dans sa fosse à purin, persuadé

qu'on ne l'y découvrirait pas. Ce cultivateur n'eut pas seulement le regret de perdre sa marchandise; il se désola d'avoir compromis la qualité de son lizier. Cependant, il l'étendit d'une grande quantité d'eau de puits et résolut de s'en servir. Contre son attente, la beauté des récoltes fut exceptionnelle, et depuis lors on sale fréquemment le purin.

En 1857, un prêtre des environs de Rennes, M. F. Oresve, écrivait à un journal de cette ville une lettre fort intéressante sous plusieurs rapports, et que nous nous faisons un devoir de reproduire ici :

— « Je ne suis point membre de la société d'agriculture, disait le prêtre breton ; je ne devrais donc pas m'occuper de la science qui traite de cette matière. Mais le désir d'être utile aux laboureurs m'engage à leur faire part, non pas d'une théorie, mais d'une pratique ancienne qui peut leur être profitable. Il s'agit d'un engrais très en usage chez les anciens, et des moyens de le confectionner. On a parlé du sel, et on en parle encore beaucoup aujourd'hui comme d'un agent fertilisant. Né fils de laboureur, j'ai vu dans mon enfance, avant que les droits réunis eussent été établis et que l'impôt eût pesé sur le sel, les laboureurs employer ce sel comme engrais. Voici la manière dont ils s'y prenaient. Quand ils mettaient le fumier hors des étables et des écuries, ils le déposaient en tas dans un endroit commode ; ils établissaient une couche, et sur cette couche ils semaient du sel, puis ils mettaient une autre couche ou des feuilles de fougère ou de genêts, ou d'ajoncs, qu'ils appelaient *bougats*, le tout haché ; ensuite, ils ajoutaient une autre couche de fumier sur laquelle ils semaient encore du sel ; ils continuaient ainsi, jusqu'à ce que le tout fût fini. Ce mélange formait un fort fumier qui pourrissait tout ensemble. Lorsque le temps des semailles était arrivé, ils voituraient ce fumier sur les terres et l'étendaient; mais ils avaient soin de ne pas l'approcher trop près des pommiers, car ils prétendaient que cet engrais leur nuisait.

« Le sel, à cette époque, n'était pas cher ; les laboureurs échangeaient avec les sauniers ambulants un boisseau d'avoine pour un boisseau de sel. Avec cet engrais, dont nous parlons, leurs récoltes étaient presque toujours abondantes. Après que les droits eurent été mis sur le sel et qu'il ne fut plus possible de s'en servir comme engrais, je les ai souvent entendus dire : — Depuis qu'on ne sale plus, la terre ne produit plus rien.

« Voici une expérience que j'ai faite. L'an dernier, j'ai fait un fumier comme je viens de l'indiquer ; je l'ai étendu sur un petit terrain, j'ai semé dans des rayons tracés avec un hoyau seize livres de froment qui m'ont produit neuf boisseaux et demi. Mon froment était de toute beauté; mais les pluies qui survinrent le couchèrent, et les oiseaux et les poules y firent des dégâts, ce qui a beaucoup nui au rendement.

« L'an dernier j'avais engagé un jeune homme à mettre du sel dans son fumier et à fumer un seul champ comme essai; il a semé dans ce champ trois sommes de blé, et il en a récolté vingt-six. Les autres champs de la ferme ont été loin de répondre à celui-là.

« Autrefois, le sel faisait toujours partie des engrais. Quand les étables étaient vidées, on y semait du sel avant d'étendre la litière. »

Dans plusieurs districts de l'Angleterre, on forme avec du sel, de la chaux et de la tourbe, des composts très-estimés. On commence par dissoudre le sel dans l'eau ; on en arrose la chaux vive ; enfin, on ajoute la tourbe.

MM. Kuhlmann, Becquerel et d'autres encore condamnent le sel parce qu'ils n'ont pas eu lieu de s'en féliciter. Pour notre compte, et quelle que soit l'autorité des noms qui ont prononcé la sentence, nous maintenons qu'il remplit, sinon dans tous les cas, au moins dans certains cas, un rôle précieux. Nous avons eu personnellement trop à nous louer en Ardenne, pour méconnaître ses services. Nous ne pouvons pas oublier que sous la première République, alors que la taxe n'existait point, les Bretons disaient beaucoup de bien du sel et soutenaient qu'une charretée de ce sel valait pour le moins douze charretées de bon fumier.

Les mauvais résultats proviennent souvent d'expériences mal faites, d'applications à contresens. Or, qu'est-ce qui prouve qu'en appliquant le sel comme engrais, ses adversaires ne se sont trompés ni sur la quantité, ni sur le mode d'emploi, ni sur les besoins du sol, ni sur les goûts des végétaux à nourrir ?

Comment le sel agit-il ? Est-ce en pénétrant directement dans les organes des plantes ? Est-ce en ralentissant la décomposition des fumiers ? Nous pensons que son mérite ne consiste pas uniquement à remplir un rôle conservateur, comme paraissent le croire les hommes de cabinet. Nous avons utilisé le sel directement et seul sur des asperges, des crambés, des choux et des navets, et les résultats que nous avons obtenus ne nous permettent pas de douter de son énergie comme engrais. Nous avons arrosé d'eau salée du fumier de cheval tout à fait pourri ou moisi, où le sel n'avait pas à fonctionner comme agent conservateur et nous avons reconnu que la partie arrosée était excellente, tandis que la partie non arrosée valait bien peu de chose.

Pour rester dans le vrai, disons que le sel n'a pas encore été suffisamment étudié et qu'il appelle toutes sortes d'essais comparatifs.

Cendres pyriteuses. — On donne le nom de *cendres pyriteuses*, de *cendres vitrioliques*, de *cendres noires* à des dépôts de substances minérales et végétales, parmi lesquelles dominent l'argile et le sulfure de fer. Au sortir de terre, elles sont noires en effet, mais après quelques jours d'exposition à l'air, elles s'échauffent, changent de couleur, deviennent *cendres rouges* et sont plus recherchées par les cultivateurs qu'à l'état de cendres noires. On les emploie à raison de 4 à 5 hectolitres par hectare sur les prairies et les pâturages, et une fois seulement tous les quatre ans. Ces cendres sulfureuses sont très-communes dans la Picardie et la Normandie. Voici, d'après M. Rohart, à quels prix les cendres sont livrées à l'agriculture sur le plateau de chaque cendrière :

Soissons (Aisne) .... de	50 à 75	cent. l'hectolitre.
Verberie (Oise)...........	50 à 75	—
La Fère (Aisne)...........	50 à 75	—
Bourg (Aisne).............	50 à 75	—
Fismes (Marne)...........	40 à 60	—
Béru (Marne).............	40 à 60	—
Trépail (Marne)...........	40 à 60	—
Montaigu (Aisne)..........	25 à 40	—

Laitier. — A la suite d'excursions agronomiques aux environs de Seurre et dans le Châtillonnais (Côte-d'Or), nous nous sommes demandé si, dans l'intérêt de l'agriculture, on ne pourrait pas tirer parti des masses considérables de laitier qui se perdent dans le voisinage de nos hauts-fourneaux, toutes les fois qu'on ne juge pas à propos de l'employer à l'entretien des chemins. La composition chimique de cette substance ne nous laissant point de doute sur ses propriétés fertilisantes, nous n'avions d'autre but que de solliciter des essais. Il nous a été affirmé d'abord qu'un propriétaire de Voulaines s'était fort mal trouvé de l'emploi du laitier dans la culture des céréales, mais il résulte des renseignements pris sur ce point, que le propriétaire en question l'avait employé dans de trop grandes proportions. Donc, l'expérience citée ne peut avoir, à nos yeux, aucun caractère décisif. En second lieu, il nous a été dit par un agent-voyer du Châtillonnais que les cultivateurs qui ont des prés au bord des chemins entretenus avec du laitier, ne manquent pas de le retirer des ornières aussitôt écrasé, et de le répandre sur leurs propriétés. Dans ces derniers temps enfin, on a exalté les qualités du laitier contre la verse des céréales.

Ainsi, la question que nous avons soulevée se trouve à peu près résolue. Il reste à peu près établi que le laitier n'est pas à dédaigner. Il ne s'agit plus maintenant que de savoir l'appliquer. On doit ou le broyer de suite avec des rouleaux, ou attendre, ce qui vaut mieux, que les scories entassées à l'air, aient eu le temps de se désagréger et de tomber en pâte. Puis, lorsque le laitier se trouve ainsi divisé, on le mêle aux fumiers, à raison d'un mètre cube de laitier par dix mètres cubes de fumier. Nous donnons ces chiffres, sans leur attribuer une importance qu'ils n'ont pas, mais uniquement pour sortir les praticiens de l'irrésolution. Il va sans dire qu'il n'y aurait pas d'inconvénient à aller au delà du dixième ou à rester en deçà.

Le laitier, en raison des silicates de chaux et de potasse qu'ils renferme, convient aux terrains où les céréales sont sujettes à verser et à ceux que l'on consacre à la culture des colzas et navettes.

Terres cuites. — Les terres neuves, soumises à l'action du feu, deviennent promptement fertiles. Nous ne citerons à l'appui de cette assertion ni les places de fauldes dans les bois, ni les terrains écobués, parce que l'on pourrait, quoique à tort, attribuer exclusivement leur grande fertilité aux cendres qui se produisent pendant la fabrication du charbon et pendant l'écobuage ; nous nous contenterons de faire remarquer que les

terres cuites, provenant des vieux fours en démolition, ou des vieilles tuiles pourries ou des briques pilées, sont d'un bon effet sur les champs,
tandis que l'argile, qui a servi à les faire, y produirait la stérilité.

Des amateurs anglais ont amélioré des champs
d'argile compacte, rien qu'en brûlant la couche
superficielle. Nous ne conseillons à personne de
prendre pour exemple cette fantaisie par trop
coûteuse. Nous n'admettons que le brûlis de la

Fig. 42. — Fourneau à brûler l'argile.

marne argileuse, en vue de s'en servir pour
donner du corps à des terres légères.

Terres rapportées. — Cette dénomination ne
devrait s'appliquer à la rigueur qu'aux terres entraînées par les pluies au bas des champs, en
pente douce ou rapide, puis reprises et transportées aux places qu'elles avaient occupées d'abord,
Mais les cultivateurs lui donnent une plus large
extension. Pour eux, les terres d'alluvion, les curures de fossés, les vases de mares et de rivières,
les boues de chemins se confondent avec les terres
rapportées. Nous n'y voyons pas d'inconvénient. Les
terres d'alluvion sont celles que les courants d'eau,
les rivières, les fleuves, entraînent avec eux, et
déposent tantôt sur leurs rives, tantôt sur les
champs qu'ils ont inondés. La richesse de ces
terres est variable comme leur composition. Si nos
cultivateurs avaient à leur disposition les alluvions
du Nil, il n'y aurait plus à songer aux fumiers ;
mais toutes sont loin de les valoir. Nous en connaissons de sableuses et fort maigres qui ne conviennent réellement que pour diviser les argiles
lorsque, bien entendu, les frais de transport ne
sont pas trop élevés. Il est facile de dire : Ameu-
blissez un terrain compacte avec du sable, ou
donnez du corps à un terrain léger avec de l'argile
plus ou moins calcaire. Le difficile, c'est d'exécuter ces opérations à des conditions avantageuses.

Les curures de fossés, dans lesquelles il entre
toujours des herbes pourries et des débris de petits
animaux, sont excellentes pour tous les terrains et
toutes les récoltes.

La vase de mares, égouttée à l'air pendant un
an, dix-huit mois et même deux ans, est également un bon engrais, surtout pour les plantes de
la famille des crucifères, telles que choux, navets
et colzas. Pourquoi ? Nous l'ignorons. C'est un fait
que nous garantissons : voilà tout.

La vase de rivière, lorsqu'elle est bien limo-

neuse, a aussi de précieuses qualités, après un
long repos à l'air.

Nous avons dit ce que nous pensons des boues
de chemins, et n'avons pas à y revenir.

Quant aux terres entraînées sur les champs en
pente, elles sont pleines d'humus et d'une richesse
incontestable. On doit donc les retenir au moyen
de fossés, et imiter le plus possible ces cultivateurs
de la Westphalie, dont parle Schwerz, qui les rapportent sur leur dos ou sur leur tête. C'est ce que
font aussi nos vignerons des coteaux.

Schmalz rapporte que dans l'Altenbourg, on reconnaît aisément à leurs produits les champs qui
appartiennent à des cultivateurs pratiquant le
terrage. Ils se font remarquer par la beauté et la
longueur des épis. — « Bien des champs, dit
Schwerz, ont été ainsi améliorés pour un grand
nombre d'années, et quelquefois pour toujours.
Moi aussi, j'ai pratiqué souvent le terrage et j'ai
augmenté le rendement de deux et trois fois la semence. Je connais, par expérience, la valeur et
les avantages de cette excellente pratique, et je
suis convaincu que, dans beaucoup de contrées où
elle n'est pas encore connue, il y aurait un immense avantage à imiter celle de l'Altenbourg.
Là où il n'y a point de pentes, on ne peut pas, à
la vérité, recueillir de terreau d'alluvion ; mais
on peut trouver des terres de nature à en améliorer
d'autres. Au moins, peut-on employer à cet usage
celle qui s'accumule et reste inutile sur les aboutissants. L'ignorance et la paresse peuvent seules
n'en pas tirer parti, et cette négligence doit avoir
pour punition la misère. »

COMPOSTS ET ENGRAIS D'USINES OU DE FABRIQUES.

Cette cinquième et dernière catégorie comprend
une multitude de mélanges, qui n'ont pas tous
un nom particulier, et que nous allons passer successivement en revue. L'engrais ne manque pas à
l'homme ; c'est l'homme qui manque à l'engrais,
qui le regarde et ne l'aperçoit pas, qui le voit passer et ne l'arrête pas, qui le foule aux pieds et ne
le relève pas. Ouvrez donc les yeux et ouvrez-les
bien : — Voici des ordures au seuil de votre porte,
de la boue dans votre cour, de la colombine de
dix ans dans votre poulailler, de l'eau de fumier
qui ruisselle dans vos rues, des flaques sous la rigole de l'évier, des mares au beau milieu du village, de mauvaises herbes sur vos chemins, dans
vos haies, dans vos champs ; voilà des pailles de navette ou de colza qui se perdent, des fossés à nettoyer, des roseaux à prendre, des eaux et des boues
de routoir qui dorment, des prairies moussues qui
attendent un coup de herse, des débris de démolition sous vos fenêtres, des tuiles et des briques
pourries sous vos gouttières, de la terre qui ne
produit pas, des boues de routes qui gênent les cantonniers, des sables qui encombrent vos ruisseaux
et vos rivières, des monceaux de laitier à deux pas
des hauts-fourneaux, de la sciure et du poussier de
charbon par chariots dans vos bois. Voilà encore
des feuilles mortes, des bêtes mortes, des racines
pourries dans les silos ou dans les caves, des débris
de légumes gâtés, des loques de laine, de vieux mor-

ceaux de cuir, des chapeaux au rebut, des souliers crevés, de la plume de volaille, de la corne de cheval, des urines, du sang de boucherie, de l'eau de lessive que vous jetez, de l'eau de savon dont vous ne faites aucun cas, du marc de raisins, du marc de pommes et de poires, des fruits altérés, des résidus de piquette ou de râpé, et bien d'autres choses encore. Et, après cela, vous osez crier misère et nous soutenir que l'engrais manque. Mais baissez-vous donc, prenez donc une pelle, un panier ou un baquet, et ramassez. Il y a des jours où les hommes et les bêtes n'ont rien à faire aux champs ; c'est le moment de préparer des composts, tantôt près de la ferme, tantôt en pleine campagne, au bout des pièces de terre, selon qu'il y a économie à s'y prendre d'une manière plutôt que de l'autre.

Le compost, c'est la petite providence du cultivateur, c'est l'engrais à bon marché, à la portée de toutes les bourses et de toutes les intelligences. Vous qui n'avez pas assez de fumier, faites des composts, encore des composts, toujours des composts. Faites-en pour tous les sols et pour toutes les récoltes. Si ce n'est point dans les usages de l'endroit, les gens riront en vous voyant à la besogne. Peu importe, vous ne serez pas les premiers dont on se sera moqué. Laissez rire ; vous aurez votre tour après. Où les voisins n'auront su mettre qu'une charretée d'engrais, vous en mettrez trois ou quatre aisément, d'aussi bon que le leur, peut-être meilleur encore, et qui ne vous aura pas coûté aussi cher. Si vous avez la bonhomie de tendre l'oreille, afin de saisir ce que Pierre ou Jacques dira de vous, vous n'aboutirez jamais ; les gens qui se sentent vivre et penser doivent aller en avant, à la manière des éclaireurs, sans détourner la tête à chaque pas pour voir qui les suit et compter les traînards.

Qui dit compost dit mélange de toutes sortes de choses, bonnes séparément comme engrais, et bonnes, à plus forte raison, quand elles sont réunies en un seul tas, difficiles à utiliser séparément, faciles au contraire à employer quand elles forment un ensemble. C'est un service complet, où vous faites figurer les plats par douzaines, et où les racines des plantes trouvent nécessairement de quoi satisfaire leur appétit et leurs goûts particuliers.

Il est parfaitement établi par la pratique, aussi bien que par la science, que les plantes ne se nourrissent pas précisément les unes comme les autres, que chacune d'elles a ses préférences marquées, que, sur celle-ci, telle ou telle sorte d'engrais réussit mieux que sur celle-là. Or, il n'en coûte rien de tenir compte de ces goûts particuliers, d'assaisonner les vivres pour le contentement de la récolte, de faire des composts qui répondent le mieux possible aux besoins des plantes.

Pour les céréales, nous avons recommandé et recommandons encore le mélange suivant : — Faites un lit de terre, de l'épaisseur de 15 à 20 centimètres, couvrez-le d'un mélange de fumier de vache et de fumier de cheval ; ramenez de la terre sur ce fumier, puis établissez par là-dessus une bonne couche de cendres lessivées, ou de cendres de houille ; recouvrez ensuite de quelques pelle-

tées de terre, et sur celle-ci, répandez des os brûlés et écrasés, de grosses plumes de volaille, de la paille pourrie des vieux toits, du foin avarié et du fumier de vache. Cela fait, chargez de nouveau avec de la terre, et semez sur cette terre un peu de colombine fraîche ou sèche, venant du poulailler ou du colombier ; ajoutez des pailles de colza ou de navette, ou de sarrasin, si vous en avez, puis de la terre, puis de la chaux, des briques ou des tuiles pourries et broyées, du fumier de vache et de cheval par-dessus, et sur le fumier, toujours de la terre ; après cela, revenez aux cendres, aux os brûlés, aux plumes, etc., comme précédemment, et jusqu'à ce que le compost ait environ un mètre et demi de hauteur, sur une longueur et une largeur indéterminées. Il va sans dire que toutes les matières indiquées pour la formation du compost ne sont pas absolument indispensables. A la rigueur, on se contente de celles que l'on a sous la main ; néanmoins, le tout vaut mieux que la partie ; et plus il y a de choses différentes dans un compost, plus y a de variété, mieux il vaut. Il va sans dire que l'on n'est pas tenu de former le tas en un seul jour ; on l'élève à loisir, peu à peu ; mais, à chaque fois que l'on forme une couche ou deux, il faut arroser copieusement avec du purin, des eaux de savon ou de lessive. Quand le compost se trouve achevé, on y fait des trous de haut en bas, et le plus possible, avec un pieu que l'on chasse à différentes profondeurs, au moyen d'un maillet, et, les trous une fois ouverts ainsi, on borde le dessus du compost avec des gazons, de manière à former une sorte de bassin. Alors toutes les fois que l'on a des liquides fertilisants à sa disposition, on arrose abondamment, jusqu'à ce que le compost refuse. Au bout de quelques minutes, la terre s'imbibe et l'on arrose encore, et ainsi de suite, jusqu'à ce que le liquide forme flaque au-dessus du tas, et n'y pénètre plus sensiblement. Huit jours plus tard, on renouvelle la même opération, après quoi l'on abandonne le compost à lui-même sans y toucher, pendant trois ou quatre mois. Au bout de ce temps, par une journée chaude et sèche, des hommes démolissent le compost à coups de pioche, afin d'en bien mêler toutes les parties, et le laissent ainsi se ressuyer à l'air durant une semaine, avant de le charger sur les tombereaux, et de le répartir par petits tas au milieu des champs. Est-il besoin d'ajouter qu'il n'y a pas nécessité de bouleverser le compost au bout de trois ou quatre mois, et qu'il faut toujours attendre pour cela que le moment de s'en servir soit venu ?

Voulez-vous de belles et fortes racines pour la nourriture du bétail ? Préparez votre compost avec du fumier de vache, du fumier de porc, des cendres vives de bois ou de tourbe, des terres de cave, des débris de démolition ou plâtras, de la terre cuite, des racines pourries, des boues de chemin, des matières fécales et de la chaux. S'il s'agissait d'obtenir des racines pour la nourriture de l'homme, nous vous conseillerions de supprimer les matières fécales, attendu qu'elles communiquent toujours à la plante une saveur particulière qui, sans rappeler précisément son origine, n'en est pas moins désagréable. On vous soutiendra peut-être le contraire à Paris, dans la plupart des grandes villes, dans la Flandre française et dans les Flandres belges ; après tout, qu'est-ce que cela prouvera, sinon que l'habitude est une seconde nature, et qu'on ne saurait bien juger les produits soumis à des régimes différents sans les comparer entre eux ?

Pour la culture des pommes de terre dans les terrains compactes ou de consistance moyenne, les composts ne nous paraissent pas convenables, à moins cependant que l'on ne fasse entrer dans le mélange des tiges de genêts, de bruyères, d'ajoncs, etc., qui se décomposent difficilement, et tiennent soulevée la terre qui les reçoit. N'oublions jamais que dans ces terrains compactes ou un peu consistants, il convient de fumer les pommes de terre avec des engrais longs. Mais quand nous avons affaire à des sols légers et poreux, comme ceux des Landes, de certaines parties des environs de Paris et de la Campine, par exemple, le soulèvement cesse d'être nécessaire, et les composts peuvent être utilisés avec profit. Les cultivateurs campinois, qui sont, à nos yeux, de très-habiles fabricants d'engrais, ont imaginé, pour les pommes de terre, un compost spécial, usité généralement. Il se compose de fumier d'étable très-court, de gazons, de cendres de tourbe, de matières fécales, de curures de fossés et de toutes sortes de débris végétaux. On le prépare en plein air, en tas très-longs, peu larges et terminés en toit, de façon à toujours éviter le lessivage par les eaux de pluie ; on retourne deux ou trois fois ce compost avec la fourche, afin d'en bien mêler les parties, et de compléter la décomposition.

Supposons maintenant que nous ayions affaire à des plantes oléagineuses, telles que colza, navette et navet, trois espèces de la même famille qui ne vivent pas de peu, et ne produisent bien qu'à la condition d'être grassement nourries. Pour préparer un compost énergique et qui flatte leur appétit, prenez du fumier de mouton et de chèvre, de la matière fécale, des intestins et de la chair d'animaux, les grosses plumes de volaille, des chiffons de laine coupés en menus morceaux, des tourteaux d'huileries, des rognures de cuir, du feutre hors d'usage, de la bourre, de la corne de cheval que vous ne payerez pas trop cher chez le maréchal ferrant, à raison de 10 à 15 centimes le kilogramme, de la chaux ou des boues calcaires de grandes routes, un peu de plâtre en poudre, des cendres vives de bois ou des cendres de tourbe, des gazons pourris, du sable de rivière et du laitier de hauts-fourneaux. La liste des substances est longue, et vous avez de quoi choisir. Employez-les toutes si vous pouvez, ou tout au moins la plus grande partie, si vous ne pouvez faire mieux ; mais gardez-vous d'oublier les chiffons de laine. Nous vous les recommandons tout particulièrement, parce qu'il y a gros à parier que vous ne leur accordez pas dans votre estime la place qu'ils méritent d'y occuper. Ces loques ne sont pas rares : il s'en trouve au fond de toutes les armoires, et, presque toujours, vous les vendez à vil prix, tandis que vous devriez les garder et en tirer profit. Ne les vendez donc plus ; conservez-les, et dans vos heures perdues, prenez un billot, une hache, et rognez-en des provisions.

Le compost, élevé avec de la terre et les matières que nous venons d'énumérer, sera, comme les précédents, arrosé à diverses reprises et en abondance avec les eaux de fumier, les urines, les eaux de savon, de lessive, etc.

Arrivons aux plantes tinctoriales. Les végétaux qui fournissent des couleurs à l'industrie, paraissent affectionner les terrains calcaires, et dans le nombre, nous pouvons citer, par exemple, le vinettier, la garance et la gaude. Ces végétaux, nous le reconnaissons, peuvent croître et même prospérer ailleurs que dans le calcaire. Ainsi, nous en avons la preuve avec le vinettier et la garance ; mais les matières colorantes qu'ils donnent perdent de leur richesse et de leur éclat quand on les dépayse. Il semblerait que le calcaire est de rigueur. Donc, les composts destinés aux plantes tinctoriales doivent être riches en calcaire. C'est pourquoi nous conseillons de former ces composts avec du fumier d'étable, de la terre, de la chaux fusée ou de la cendre de houille, ou de la marne calcaire, des boues de routes, et d'arroser ce mélange.

Le compost qui convient tout particulièrement aux prairies artificielles, doit se composer de fumier de vache, de fumier de porc, de cendres vives, de plâtre en poudre, de chaux fusée, de suie, de mauvaises herbes, d'os brûlés, ou de noir animal et enfin de terre. Il est parfaitement inutile d'indiquer des proportions ; vous mettriez un peu plus d'une substance, un peu moins d'une autre, que les résultats ne différeraient pas d'une manière sensible.

Une fois le compost établi par couches alternatives, arrosez-le copieusement avec du jus de fumier ou les liquides indiqués précédemment ; puis, bouleversez-le avec la pioche quinze jours ou trois semaines avant de l'employer, afin de bien opérer le mélange et de lui donner le temps de se ressuyer.

Pour les prairies naturelles, prenez beaucoup de fumier de porc, des pailles de colza ou de navette, des balles de grains, du sable fin, du laitier de hauts-fourneaux écrasé d'une manière quelconque, soit par des roues de voitures, soit avec un rouleau. Prenez un peu de chaux, beaucoup moins que pour le compost des prairies artificielles, un peu de plâtre, moins aussi que dans le cas précédent, du foin gâté, des bouses de vaches, beaucoup de cendres de bois ou de tourbe et de la terre légère ; puis, arrosez de temps en temps. Au bout de cinq ou six mois, vous aurez un engrais excellent que vous répandrez en deux fois sur les prairies naturelles, une première fois au commencement de mars, pour favoriser le développement de la récolte principale ; une seconde fois, aussitôt cette récolte enlevée, afin de favoriser la pousse du regain.

Les Campinois font un compost spécialement destiné au regain des prairies naturelles. Ils le préparent de la manière suivante, ainsi que nous l'avons écrit dans l'*Agriculture de la Campine :* — Chaque fois que le cultivateur vide son étable, il y conduit de la terre végétale sur une épaisseur de 10 à 15 centimètres, afin d'éponger les urines du bétail. Cette terre, qui sert d'assise à la litière végétale, est retirée en même temps que le fumier et mise à part à titre de compost. Quelques-uns y mêlent du fumier proprement dit et aussi pourri que possible. C'est dans la commune de Rhéty et dans les environs que se font bien certainement les meilleurs composts pour regains. On les y prépare avec du fumier et de la terre, comme nous venons de le dire, et on les dispose en forme de tombes, de la hauteur d'un mètre et demi environ. Au moment de la fauchaison, c'est-à-dire quelque temps avant de s'en servir, on les retourne avec la fourche, on les déplace, tout en maintenant la forme qui permet à la pluie de couler sur les deux faces, et l'empêche ainsi de nuire à la fermentation. Ces tas d'engrais pour regain sont désignés dans la langue du pays sous le nom de *Toemaet Mesthoop.* Cette pratique, si rare ailleurs que dans la Campine, est vraiment recommandable. Nous connaissons tant de cultivateurs qui s'imaginent que l'herbe vient toute seule avec de l'eau, qui ruinent leurs prairies en enlevant chaque année le regain, sans jamais rien restituer, que nous sommes heureux de rencontrer, dans une contrée primitive, des gens protestant avec intelligence contre un pareil système.

Les cultivateurs de la Normandie, qui se connaissent en herbages, font à peu près ce qu'il faut pour les avoir beaux et bons. Ceux du Bessin et du Cotentin, notamment, accordent aux composts une attention toute particulière, et ce sont ces composts qu'ils nomment *tombes.* Le nom ne nous paraît pas heureux, mais l'essentiel c'est que la chose soit bonne.

La manière de fabriquer les composts, dans le Bessin et le Cotentin, ressemble beaucoup à celle de tous les pays, en ce sens qu'on utilise à cet effet les terres sans emploi, les boues de rues, les boues de villes, les gazons, les curures de fossés, le fumier de ferme et la chaux ; mais elle diffère de la manière commune par quelques particularités bien raisonnées. Ainsi, quand les boues manquent, quand les cultivateurs ne trouvent point, la matière première de leurs composts, ils ne restent pas à court pour autant, ils l'empruntent à la prairie même qu'ils se proposent de fumer. Vers la fin de l'automne, ils cherchent de l'œil, à l'ombre des haies ou des arbres, les parties de terrain les plus élevées, celles qui font bosse ; ils les labourent en divers sens, prennent la terre labourée et s'en servent pour élever leurs tombes au commencement de l'hiver, en alternant les couches de cette terre avec des couches de fumier de ferme.

Pourquoi les cultivateurs normands font-ils plus de cas de la terre prise à l'ombre que de toute autre ? Nous allons vous le dire : c'est tout simplement parce qu'elle vaut réellement mieux. Les bêtes qui vont au pâturage recherchent le voisinage des haies et des arbres pendant les journées chaudes, s'y couchent afin de se soustraire à l'ardeur du soleil et aux tourments que leur causent les taons et les mouches. Ces places de prédilection reçoivent une quantité considérable de déjections solides et liquides. On ramasse, il est vrai, les premières pour les jeter sur les tombes, mais le sol qui les a reçues en conserve encore assez pour devenir très-fertile. Nous ajoutons, en passant, que l'herbe qui en provient est un peu négligée par les vaches qui, on le sait, ne broutent pas volontiers autour de leurs bouses. Cette herbe, poussant à l'ombre, n'a pas la saveur de celle qui pousse au soleil, et l'on s'explique encore que les bêtes préfèrent celle-ci à celle-là. Il s'ensuit que lorsque le pâturage est tondu ras sur toutes ses parties découvertes, on rencontre encore de l'herbe drue et vigoureuse près des haies et sous les arbres. Elle serait parfaitement et régulièrement broutée d'ailleurs, qu'elle continuerait de végéter, de repousser, en raison de la fraîcheur qui ne lui fait jamais défaut.

Ainsi, en donnant la préférence aux terres ombragées, pour la confection des tombes, les cultivateurs normands sont assurés d'avoir les parties les mieux fumées, les mieux gazonnées et les plus riches en nitrates.

S'ils mélangent de très-bonne heure le fumier avec cette terre, c'est afin qu'il ait le temps de pourrir complétement, parce que les praticiens des herbages ont reconnu que les résultats étaient plus prompts avec le fumier bien pourri qu'avec le fumier pailleux. Cette observation ne surprendra point nos lecteurs.

Dans le courant de l'hiver, alors que le temps le permet, on *recoupe* les tombes à diverses reprises, autrement dit, on les bouleverse avec la houe, afin de bien opérer le mélange du fumier et de la terre ; puis, dans la seconde quinzaine de janvier, en même temps que l'on procède à un dernier recoupage, on y éparpille de la chaux fusée et plus souvent de la chaux en pierre, qui se délite assez vite.

Dans la première quinzaine de février, les tombes sont transportées par petits tas sur toute l'étendue du pâturage, puis répandues le plus uniformément possible sur le gazon.

Cette pratique est reconnue tellement avantageuse, tellement indispensable, qu'il est de rigueur, pour chaque fermier, de fabriquer des tombes et d'en couvrir ses herbages au moins une fois pendant un bail de neuf ans.

Dans le nord de la France, et autre part encore, on aperçoit, de loin en loin, au bout des champs, des mélanges de terre, de gazon et de chaux, auxquels on donne le nom de *Pâtés.* Ce sont des composts de la plus grande simplicité.

Avec la vase d'étangs ressuyée et de la chaux, on prépare également de bons composts. On emploie ordinairement 1/10 de chaux et l'on a soin de rompre la masse et d'opérer le mélange deux ou trois jours après qu'il a été formé couche par couche. Si l'on attendait plus longtemps, la chaux ferait mortier et deviendrait fort difficile à pulvériser.

Avec des joncs, levés par gazons, et arrosés lit par lit avec de l'eau de chaux, on obtient, en trois ou quatre mois, un compost bien pourri. Deux mètres cubes de chaux suffisent pour une masse de quarante à cinquante mètres cubes de gazons.

Les composts ont eu leurs jours de vogue, et c'était à qui aurait l'honneur d'en avoir inventé un et d'y attacher son nom. Cette gloire trop facile à acquérir a fait son temps. Il est permis de beaucoup estimer les composts, en raison de la diversité des vivres qui s'y trouvent, mais il faut reconnaître très-franchement qu'il n'y a pas de mérite sérieux à en faire.

Avant d'en finir avec les composts, n'oublions pas celui du potager qui est peut-être le meilleur de tous. Pour le préparer, il faut du fumier de porc, du fumier de vache, des feuilles mortes, des mauvaises herbes, de la chaux, de la colombine, des cendres de bois, de la suie, des légumes pourris ou des débris de légumes et de la terre. Avec toutes ces substances, on forme des lits qui alternent avec la terre, et l'on a soin de toujours placer la chaux sur les débris végétaux. On arrose de temps en temps, avec de l'eau de lessive, de l'eau de savon, des eaux grasses et du purin de fumier.

La *gadoue* de Paris n'est, en définitive, qu'un riche compost, où se marie et se confond tout ce qui se perd dans les rues et sur les places de la capitale. On y rencontre tout ce qu'il faut au cultivateur, et, avec cela, beaucoup de choses dont il se passerait bien, comme, par exemple, du verre cassé, des débris de vieux pots, des morceaux d'assiettes, etc. Lorsqu'elle est fraîche, elle a plus d'énergie que lorsqu'elle est consumée et réduite, mais aussi, elle communique aux produits une saveur incontestablement désagréable. Il va sans dire que les amateurs de gadoue soutiennent le contraire, et de la meilleure foi du monde, tant il est vrai que le palais et l'odorat finissent par s'habituer à des choses qui, dans le principe, les révoltent.

Les *engrais d'usines* ou *de fabrique* appartiennent nécessairement aussi à la catégorie des composts. Mais il y a cette grande différence, entre les composts dont nous avons parlé précédemment et les engrais de fabrique, que les premiers sont préparés par les cultivateurs qui savent ce qu'ils y mettent, tandis que les seconds constituent une branche de commerce exploitée par des ignorants et quelquefois même par des savants qui n'entendent rien ou pas grand'chose aux opérations de l'agriculture. Malgré cela pourtant, il faut, pour rendre hommage à la vérité, reconnaître que parmi les composts qu'on nous vend sous différents noms, il s'en trouve d'assez recommandables, mais par cela même qu'il s'agit d'une marchandise, nous regrettons de ne pouvoir en cautionner aucun. Ce qui est bon aujourd'hui peut devenir mauvais d'un moment à l'autre. Question de gain. C'est aux cultivateurs à essayer des différents engrais artificiels qu'on leur propose, à s'attacher à ceux qui leur donnent les meilleurs résultats, et à s'y tenir aussi longtemps que le marchand se comporte honnêtement à leur égard. Dans ce cas particulier, les essais renouvelés offrent des garanties que n'offrent ni les recommandations des journaux ni les analyses chimiques, car les analyses et les recommandations ne sont pas toujours d'une sincérité parfaite. Pour être juste, nous devons ajouter que les essais des praticiens ne sont pas toujours non plus faits avec intelligence et qu'ils mettent souvent à la charge de l'engrais, des insuccès qui proviennent d'un emploi mal entendu. Ainsi les engrais de fabrique, alors même qu'ils sont de bonne qualité, sont exposés à rester inertes dans les années de sécheresse, tandis qu'ils réussissent ordinairement dans les années humides. Autant que possible donc, on doit les répandre par un temps pluvieux ou brumeux ou les mélanger avec des substances fraîches, avant de s'en servir.

Il y a quelques années, une question, ainsi conçue, a été soumise au congrès des sociétés savantes de France : — « Les engrais pulvérulents peuvent-ils complétement remplacer les fumiers dans les cultures? Le système qui consisterait à employer presque exclusivement les engrais pulvérulents offre-t-il de grands avantages? »

M. Payen fut prié de donner un avis. Il répondit que parmi tous les engrais du commerce, un seul, le guano, pouvait remplacer le fumier; mais il ajouta qu'il ne pensait pas que les cultivateurs eussent le moyen de se procurer du guano en quantité suffisante, et qu'il ne croyait la substitution praticable que dans le cas où il y aurait analyse de l'engrais, au fur et à mesure de son emploi.

M. Payen a commis une grosse erreur. Quand même les cultivateurs pourraient se procurer tout le guano nécessaire et s'entourer des garanties de l'analyse, cet engrais ne saurait remplacer le fumier; et nous en disons autant des engrais de fabrique les plus renommés.

On ne remarque pas assez que dans une question d'agriculture, il y a autre chose qu'une simple question d'analyse chimique. Dans la pratique, nous voyons les affaires autrement que dans un laboratoire.

Ainsi, par exemple, voici une terre argileuse, tenace, blanchâtre ou jaunâtre; nous fumons cette terre avec de l'engrais de ferme, nous la fumons fort, et, à la longue, nous la voyons s'ameublir, prendre une couleur foncée et se réchauffer plus aisément au soleil que dans le principe, alors que sa couleur était claire. Mais supposez qu'au lieu de nous servir de fumier, nous nous soyons servi de guano ou de quelque poudre grisâtre, les caractères physiques de notre sol n'auraient pas varié; nous n'aurions pas obtenu cette teinte brune, si précieuse et si recherchée, parce que, d'une part, elle est réchauffante, et parce que, de l'autre, elle est l'indice de cette provision d'humus qui constitue la principale richesse d'un sol. Avec les engrais du commerce, vous ne modifiez rien, n'améliorez rien et n'augmentez pas la plus-value d'un domaine. Vous semez la graine, vous semez l'engrais par-dessus; la plante s'en nourrit et n'en laisse pas de traces appréciables. Avec le fumier, au contraire, vous modifiez, vous transformez, vous doublez et quadruplez, à la longue, la valeur d'un champ. Vous répandriez des engrais du commerce durant des siècles à la même place, que vous ne feriez pas assurément, de cette place, une terre à chanvre, ou un de ces gras et riches potagers où les légumes poussent à vue d'œil.

Les plantes n'absorbent par leurs racines que des vivres dissous dans l'eau. Eh bien! le fumier nous fournit cette eau qui dissout les vivres et les transporte. C'est pour cela que les cultivateurs des contrées sèches font plus de cas des fumiers d'étable, qui sont très-mouillés, que des fumiers d'écurie, qui ne le sont guère. Où donc est l'eau dans la plupart des engrais artificiels ? Comment les sels se dissoudront-ils en temps de sécheresse ? Avec les sols richement fumés au moyen de l'engrais de litière, nous ne sommes jamais dans l'inquiétude sous ce rapport : le terreau qui en provient conserve une humidité constante et avantageuse.

Avec du fumier de vache, des engrais verts et des résidus mouillés, on a fait, avec des terres arides, des champs qui, à cette heure, ne laissent rien à désirer. Avec les engrais artificiels seuls, ce qui était aride et désolant n'aurait pas changé d'aspect.

Avec le fumier de vache et de porc et les engrais verts, on a déjà transformé quelques petites parties de la pauvre Champagne. Avec les engrais artificiels, on aurait eu en tout temps de la craie pure, et rien dessus.

Avec ces engrais du commerce, vous obtiendrez de belles et bonnes récoltes, plusieurs années de suite, dans les terres faites, parce que le vieux terreau les aidera, leur fournira son contingent de vivres et d'humidité ; mais, aussitôt le vieux terreau usé, aussitôt le sol *dégraissé*, la production baissera, et vous aurez une terre appauvrie qu'il faudra remettre en état.

Notre conclusion sera courte et claire : — On ne remplacera pas les fumiers. Contentons-nous de leur venir en aide avec les engrais du commerce qui se composent de déchets d'usines, de débris d'abattoir, de sang, de poissons gâtés, d'os, de bourre, de rognures de cuir, de cendres de bois, de plâtre, de tourbe, de cendres pyriteuses, etc., etc.

P. JOIGNEAUX.

CHAPITRE V.

DES LABOURS.

Parmi les façons mécaniques ayant pour objet de communiquer au sol les qualités qu'il doit posséder pour donner des produits abondants, les labours se placent au premier rang, et pour bien comprendre leur importance, il suffit de considérer les résultats qu'ils procurent, et d'examiner les effets qui sont la conséquence de leur application rationnelle.

C'est en divisant la couche arable et en changeant les surfaces en rapport avec l'air atmosphérique, que les labours exercent leur bienfaisante influence, influence qui n'avait pas été méconnue des anciens, mais qui n'a jamais été mieux constatée et appréciée que de nos jours, par suite des perfectionnements apportés aux procédés mécaniques, et des progrès de la science dans les temps modernes.

Les labours, en ameublissant le sol, favorisent le développement des plantes qu'on lui confie, et cela se conçoit aisément. Dans une terre dure et compacte, les racines sont gênées dans leur accroissement ; elles rencontrent dans le milieu qui les abrite, des obstacles qui ne leur permettent pas de s'allonger librement, et le rayon dans lequel elles peuvent prendre leur nourriture se trouve forcément réduit. Dans une couche bien ameublie, au contraire, il leur est permis de s'étendre, d'envoyer leurs ramifications dans tous les sens, de multiplier leurs organes absorbants, et, conséquemment, de recueillir une nourriture plus copieuse. La plante tout entière profite naturellement d'une position aussi avantageuse, et, toutes choses égales d'ailleurs, elle prend dans le sol une fixité plus grande, et se couvre de fruits plus beaux et plus abondants. Il s'ensuit que dans des terrains de même nature, et à fertilité égale, les récoltes seront toujours plus belles et plus assurées sur les portions bien travaillées et bien ameublies, que sur celles qui n'ont reçu qu'une préparation négligée et insuffisante.

En rompant momentanément l'adhérence qui lie les particules terreuses, les labours donnent, en outre, à la terre une porosité qui permet à l'air de s'introduire dans la couche arable par une foule de petites fissures, qui la sillonnent dans tous les sens et la pénètrent jusqu'à la profondeur atteinte par le soc. Cette admission de l'air dans le milieu où se développent les racines, est de la plus grande importance, attendu qu'il est indispensable à l'élaboration de la nourriture des végétaux. Sans l'intervention de l'air, les matières contenues dans le sol resteraient inertes. C'est par la réaction de l'un de ses éléments sur les substances organiques et minérales renfermées dans la couche arable, que se préparent les aliments et que leur dissolution s'opère. Au surplus, l'introduction de ce fluide dans le sol n'a pas seulement pour conséquence de mettre en activité les principes nutritifs dont il est le réservoir ou le dépositaire, elle détermine encore la formation de composés nouveaux dont les éléments sont empruntés, au moins en partie, sinon en totalité, à l'atmosphère, et dont l'utilité pour la végétation est aujourd'hui parfaitement démontrée.

Au reste, l'observation a, depuis longtemps, appris aux cultivateurs l'heureuse influence qu'exerce l'atmosphère sur les couches directement soumises à son action. On sait, d'ancienne date, que les couches qui reçoivent immédiatement son impression, et peuvent s'imprégner des gaz fécondants qu'elle renferme, sont beaucoup plus fécondes que celles qui sont privées de ce contact bienfaisant. On a également remarqué, et la pratique le démontre tous les jours, que les labours qui mettent en relief un fort cube de terre, et présentent en même temps une grande surface, c'est-à-dire ceux qui multiplient les points de contact avec l'air, sont aussi les plus profitables.

L'influence exercée par l'atmosphère sur les couches qui reçoivent directement son impression, les autres circonstances étant d'ailleurs les mêmes, ne dépend cependant pas uniquement de l'étendue des surfaces. Il faut également tenir compte de la durée du contact. Plus celui-ci se prolonge, plus les effets sont apparents. Aussi voyons-nous, partout où l'agriculture a fait quelques progrès, les cultivateurs labourer leurs terres aussitôt qu'elles sont dépouillées de leurs produits, et, dans tous les cas, avoir bien soin de toujours exécuter cette opération avant l'hiver. Comme fait à l'appui de l'action efficace des agents atmosphériques sur la fertilité des terres, on peut encore invoquer la pratique de la jachère, qui consiste, comme on sait, à laisser le sol pendant une année entière sans lui demander des produits, et à lui donner, durant cet intervalle, quatre, cinq labours, ou un plus grand nombre. En effet, l'expérience atteste que, par ce mode de traitement, la terre acquiert une fécondité supérieure à celle que développerait, à lui seul, l'engrais qu'on lui applique.

L'ameublissement que le travail de la charrue communique à la couche arable, produit encore un autre résultat dont il importe de faire mention. Dans un sol dur et compacte les eaux de pluie ne s'introduisent qu'avec difficulté, et ne peuvent pénétrer qu'à une faible profondeur, de sorte que la plus grande partie de celles qui arrivent à sa surface, y restent stagnantes ou s'écoulent en suivant la pente du terrain. Dans de pareilles conditions, les plantes qui occupent le sol sont nécessairement exposées à souffrir d'un excès d'humidité dans les saisons pluvieuses, et à manquer d'eau à l'époque des grandes chaleurs. Il en est tout autrement dans les terres convenablement ameublies. Les eaux pluviales s'y infiltrent aisément, et s'y accumulent en plus forte proportion sans aucun préjudice pour les plantes, et l'expérience démontre que la fraîcheur y est plus durable, en même temps que l'excès d'humidité y est moins à craindre, et que les récoltes y trouvent des conditions d'existence plus assurées contre les fluctuations atmosphériques. Au surplus, on ne doit pas perdre de vue que l'infiltration des eaux pluviales a pour conséquence de mieux répartir le calorique dans la couche arable, et d'y introduire des substances utiles à la végétation, substances qui sont entièrement perdues quand les eaux ne font que couler à la surface. C'est là ce que les recherches entreprises depuis quelques années sur les eaux de pluie, ont démontré d'une façon irrécusable. Il n'y a pas jusqu'aux rosées et aux brouillards qui n'apportent *aux terres labourées* leur contingent de principes alimentaires pour les plantes.

Indépendamment de l'ameublissement, les labours fournissent encore un autre résultat utile. En effet, quand la charrue entame le sol, elle ne se borne pas à le diviser en tranches plus ou moins épaisses, et plus ou moins larges; elle opère, en même temps, le renversement des bandes de terre

qu'elle détache, de sorte qu'après son passage, les surfaces de rapport sont complétement changées, ce qui permet, en variant convenablement la profondeur des labours, de ramener successivement à l'air des couches qui n'avaient pas subi son contact depuis un temps plus ou moins long, et qui viennent, alternativement, s'imprégner des gaz féconds dont l'atmosphère est le réservoir.

Le mouvement de rotation que la bande de terre éprouve en se moulant sur le versoir, donne, en outre, le moyen d'enfouir les engrais et les amendements, et, en modifiant d'une manière rationnelle la profondeur des labours, de les répartir uniformément dans toute l'épaisseur de la couche arable. Il permet également de mélanger, quand on le juge avantageux, une portion du sous-sol avec le sol, et il contribue efficacement à la destruction des mauvaises herbes. En effet, chaque bande de terre renversée par la charrue, ensevelit les plantes qui vivaient à sa surface, et, qui, sous la couche de terre qui les recouvre, doivent infailliblement périr, et fournir, par leur décomposition, un supplément de nourriture dont les récoltes ultérieures profiteront. Le cultivateur y trouve donc, en même temps, un auxiliaire précieux dans la lutte qu'il a à soutenir contre l'envahissement des herbes adventices.

Ces considérations, que l'on pourrait étendre, prouvent suffisamment, ce nous semble, l'action bienfaisante des labours sur les qualités productives de la terre, et justifient assez l'importance qu'on leur accorde dans les façons mécaniques qui ont pour objet la mise en valeur du sol. Aussi, des agronomes du dernier siècle sont-ils allés jusqu'à prétendre que les labours constituent, sinon l'unique, au moins la principale source de la fécondité des terres. Cette doctrine, renouvelée de nos jours, était erronée sans doute, mais elle s'appuyait cependant sur des observations exactes, et le tort des hommes distingués auxquels nous venons de faire allusion, fut de baser leur théorie sur des données incomplètes, et de donner aux faits une généralisation qu'ils ne comportent pas.

L'aperçu que nous venons de présenter permet de déduire les conditions que doit remplir un bon labour, et qui consistent dans l'ameublissement du sol de façon à le rendre perméable à l'eau et aux agents de l'atmosphère, dans le retournement complet de la bande de terre détachée du guéret, et dans l'exposition au contact de l'air de la surface la plus étendue possible.

Ces conditions ne sont pas toujours remplies avec la perfection désirable : en faisant abstraction des obstacles que le sol peut susciter dans certains cas, cela dépend de l'habileté des agents chargés de l'exécution de la besogne, et des instruments dont ils font usage. Sans doute, la valeur des bons labours est beaucoup plus généralement appréciée actuellement qu'elle ne l'était jadis, et, depuis une vingtaine d'années surtout, il est certain que l'on a fait, sous ce rapport, des progrès très-notables, mais il n'en est pas moins vrai qu'il est encore beaucoup de localités, tant en France qu'en Belgique, où ces opérations laissent considérablement à désirer, soit sous le rapport de la bonne exécution, soit sous celui des instruments dont on a l'habitude de se servir.

Les labours s'effectuent au moyen de divers instruments, tels que la charrue, la bêche, la fourche, etc. Nous allons examiner séparément chacun de ces outils, en cherchant à préciser les circonstances où leur emploi peut être avantageux, ainsi que la valeur du travail qu'ils fournissent.

LABOURS A LA BÊCHE.

La **bêche** est, avant tout, un instrument de jardinage, mais elle figure parmi les instruments d'agriculture partout où les terres sont morcelées et où règne la petite culture. Privé des ressources que nécessite l'usage d'appareils puissants et expéditifs, le petit cultivateur est obligé de s'en tenir à la bêche comme instrument de labour. Le temps que l'on doit, avec un soin si scrupuleux, viser à économiser dans les cultures étendues, n'a pas pour lui une valeur aussi grande, attendu qu'il trouve généralement dans les bras de sa famille, les forces qui lui sont nécessaires pour achever en temps opportun la culture de quelques ares de terre.

Inférieure à la charrue, quant à la manière dont elle utilise les forces de l'homme, et sous le rapport de la célérité du travail, la bêche lui est, néanmoins, supérieure quand on se place à un autre point de vue. Elle procure, en effet, un travail beaucoup plus parfait. Avec cet outil, la bande de terre au lieu d'être continue et imparfaitement renversée comme elle l'est après le passage de la charrue, est fractionnée en un nombre de prismes égal à celui des coups de bêche, et dont les faces libres bénéficient du contact de l'air, et elle est, en outre, complétement retournée. Ce sont là de précieux avantages, et soit qu'on laisse les mottes intactes, ainsi que cela a lieu dans les labours d'hiver où l'on cherche à profiter le plus possible de l'influence des météores, soit qu'on les divise immédiatement comme cela se pratique quand l'ensemencement doit s'effectuer peu de temps après le labour, toujours est-il vrai de dire que la charrue ne saurait donner un travail doué de la même perfection. Mais là s'arrêtent les avantages de la bêche, car son emploi suscite des pertes de temps considérables qu'il est impossible d'éviter, attendu qu'elles sont inséparables de son maniement. L'usage de cet outil occasionne donc forcément de grands frais, et en admettant même, par hypothèse, que l'on pût négliger de tenir compte de cette circonstance, on devrait encore reconnaître que la lenteur du procédé aurait, pour la grande culture, des inconvénients fort graves, à moins de pouvoir disposer d'une main-d'œuvre abondante, cas bien rare, et qui le deviendra tous les jours davantage, dans les pays où dominent les cultures étendues.

La bêche (*fig.* 43) est formée de deux parties essentielles, la lame *a* et le manche *b*, très-souvent unies entre elles au moyen d'une douille *c*, où le manche s'insère à frottement ; dans certaines bêches, l'extrémité du manche engagée dans la douille se prolonge derrière la lame et se loge dans un sillon qui y est ménagé. Cette disposition (*fig.* 44,) consolide la lame, et permet à l'outil de mieux résister aux efforts qu'il a à supporter.

Dans d'autres bêches, le mode d'agencement est différent : le manche, souvent plus ou moins élargi à son extrémité inférieure, pénètre et se fixe entre deux plaques métalliques qui, en se réunissant, forment la lame de l'outil. Cet agencement se remarque, notamment, dans les bêches dont la lame a de fortes dimensions, et qui doivent entamer le sol profondément, et vaincre de grandes résistances (*fig.* 45 et 46).

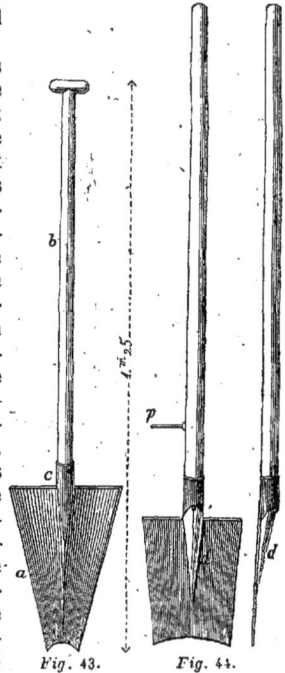
Fig. 43.   Fig. 44.

La lame et le manche de la bêche présentent des formes et des dimensions fort variables, et ces variations ne sont pas, comme on pourrait le croire, purement arbitraires ; elles sont, au contraire, généralement fort rationnelles, et ont pour objet d'approprier l'outil au

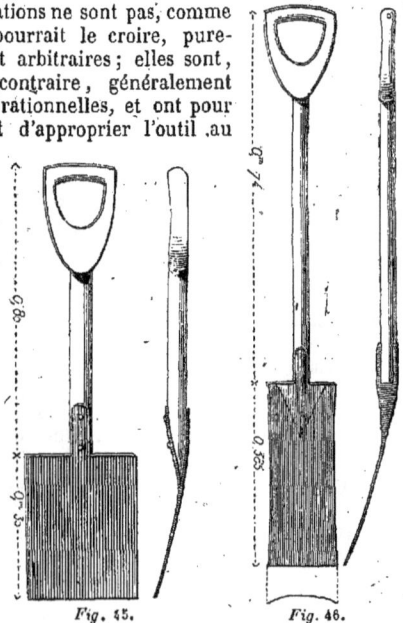
Fig. 45.   Fig. 46.

genre de travail qu'il doit exécuter, et aux conditions où il doit fonctionner. Aussi faut-il s'attendre, par exemple, à trouver des différences notables entre les bêches usitées dans les terres fortes et celles qui sont employées dans les terres légères, entre les bêches servant dans les terrains caillouteux et celles dont on fait usage dans les sols homogènes.

Les bêches se distinguent également par leur longueur, mais celle-ci doit se maintenir dans certaines limites. Trop courte, la bêche serait d'un maniement pénible et fatigant; trop longue, elle deviendrait gênante pour l'ouvrier, et ne lui permettrait pas de déployer ses forces avec toute l'efficacité désirable. La longueur de la bêche est donc subordonnée à la taille de ceux qui doivent s'en servir, et, dans aucun cas, elle ne peut dépasser l'aisselle de l'ouvrier.

Le manche de la bêche est ordinairement droit; quelquefois, cependant, il présente une légère courbure. L'extrémité libre se termine en pomme, ou porte une béquille; parfois, celle-ci est remplacée par une espèce d'œil où le manœuvre peut passer quatre doigts de la main. La béquille et l'œil se remarquent surtout dans les bêches pourvues de lames de fortes dimensions. Le manche, dans certaines bêches, est muni d'une espèce de pédale ou étrier (fig. 44, p) où l'ouvrier pose le pied quand il veut faire pénétrer son outil dans le sol. Cette disposition a pour objet de rendre moins prompte l'usure de la chaussure.

La longueur du manche varie dans les différentes espèces de bêches, mais on peut aisément faire cette remarque, à savoir, qu'il se raccourcit dans celles où la lame prend de l'allongement. Cette modification, que la pratique seule a suggérée aux ouvriers, est fort rationnelle, et l'on en saisit facilement l'utilité, si l'on examine avec quelque attention la manœuvre de l'instrument.

L'ouvrier qui manie la bêche la tient des deux mains, l'une d'elles s'appuyant sur la béquille afin de mieux utiliser ses efforts, et pour la faire pénétrer dans le sol, il fait agir le poids du corps en posant le pied sur l'arête supérieure de la lame, ou sur l'étrier dans les bêches qui sont pourvues de cette annexe. L'enfoncement de la bêche s'effectue avec plus ou moins de facilité, cela dépend de la nature du terrain; il est des cas où l'on n'atteint la profondeur désirable qu'en plusieurs fois, et après avoir imprimé, à plusieurs reprises, des mouvements d'oscillation au manche de l'instrument, afin d'élargir l'incision faite par la lame, et de diminuer ainsi le frottement qu'elle éprouve. Cette circonstance se présente dans les terres tenaces, et il en résulte nécessairement une diminution dans la quantité de travail qu'un homme peut exécuter dans sa journée.

Quand la bêche est convenablement enfoncée, l'ouvrier agit sur l'extrémité supérieure du manche, qui lui sert de levier pour détacher la motte de terre encore adhérente par sa base et l'un de ses côtés, après quoi il rapproche l'une de ses mains de la lame chargée de terre, la soulève et retourne la motte dans la tranchée ouverte devant lui. S'il s'agit d'un labour d'hiver, la motte est laissée intacte; mais, si l'ensemencement doit avoir lieu peu de temps après, l'ouvrier la divise au moyen de quelques coups du tranchant de la bêche.

Si l'on ne considère que l'effort nécessaire pour détacher du guéret le prisme de terre séparé par la bêche, on doit nécessairement accorder la préférence aux bêches pourvues d'un long manche, qui favorise la puissance et facilite le travail de l'ouvrier; mais il n'en est plus de même quand on tient compte de l'opération qui suit immédiatement, et qui consiste dans le soulèvement de l'instrument chargé de terre. En effet, pour exécuter le plus aisément possible le mouvement nouveau, il faut que l'ouvrier, dont l'une des mains tient la poignée, puisse rapprocher l'autre de la lame qui supporte la charge, afin de diminuer le bras de levier de la résistance. Or, celle-ci est d'autant plus grande que la lame est plus longue et plus large, et si les longs manches peuvent être adoptés pour les bêches à lames courtes et étroites, on conçoit qu'ils auraient de sérieux inconvénients dans celles dont les lames offrent de fortes dimensions.

La manœuvre de la bêche telle que nous venons de la décrire, est la plus généralement adoptée; mais elle se modifie parfois, au moins en partie, dans les terres d'un travail facile, et où la lame pénètre sans exiger une grande pression. En pareil cas, au lieu d'implanter la bêche à peu près verticalement, et de l'enfoncer en pesant de son poids sur la lame, l'ouvrier l'introduit obliquement en lui imprimant, au moyen de ses bras, une vigoureuse impulsion. Cette manière d'opérer se remarque, surtout, dans les localités où les ouvriers, au lieu de se tenir sur le guéret, en face de la tranchée ouverte, descendent dans la jauge. En suivant cette méthode, les tranches de terre enlevées par chaque coup de bêche sont moins épaisses sans doute, mais la manœuvre est plus rapide, les coups sont plus précipités, et il y a compensation quant à la quantité de travail exécutée dans une journée. Quand les ouvriers travaillent dans la jauge, ce mode de bêchage est incontestablement plus commode; ils n'ont pas à soulever la terre comme dans la première méthode, ils la renversent plus rapidement, et la besogne marche avec plus de célérité.

La lame présente, dans les différentes espèces de bêches, des formes et des dimensions très-variables. Ici, nous voyons des lames carrées ou rectangulaires; ailleurs, la forme trapézoïdale est généralement adoptée, et, en certains endroits, le fer est triangulaire. Le profil du tranchant n'est pas non plus constamment le même; dans beaucoup de bêches, il est rectiligne, mais il en est un bon nombre où il est curviligne. Quant à la longueur et à la largeur, elles diffèrent d'une localité à l'autre.

Ces modifications imposées à un instrument destiné aux mêmes usages à peu près partout, peuvent paraître singulières au premier abord, mais elles se justifient pleinement dès que l'on examine ce sujet avec attention.

Que les dimensions de la lame soient subordonnées à la nature du sol et à la profondeur des labours, cela se conçoit sans peine. On trouve des lames larges et longues dans les localités où les terres sont douces, homogènes, et surtout dans celles à sol léger, du moins quand les cultivateurs ne se bornent pas à des labours superficiels. Quand la terre acquiert une grande consistance, on voit au moins l'une des dimensions de la lame se réduire, et cette réduction est justifiée par les difficultés plus grandes que le sol oppose au travail de la bêche. Ainsi, on trouve des bêches à longues lames dans les terres fortes, ainsi que cela se voit dans les Flandres, mais, toujours alors, le tranchant a peu de largeur. Là où les terres sont dures, difficiles à entamer, la forme du tranchant change, et c'est dans des conditions semblables que l'on trouve le profil curviligne (*fig.* 43 et 44). Les extrémités du tranchant sont alors pourvues de pointes, qui facilitent beaucoup la pénétration.

Quand le terrain manque d'homogénéité, qu'il est encombré de pierres, de cailloux, on comprend qu'un tranchant large rencontrerait des obstacles qu'il lui serait fort difficile de surmonter, et que, d'ailleurs, il ne tarderait pas à s'y émousser; aussi, en pareil cas, le tranchant se réduit davantage encore (*fig.* 43), et la lame même devient, parfois, tout à fait pointue (*fig.* 47).

Ce que nous venons de dire relativement aux variations que la lame subit dans sa longueur, suivant les circonstances, suffit pour faire comprendre que les expressions : *labours à un fer de bêche, labours à deux fers de bêche*, etc., manquent de précision. Sans doute, le labour à deux fers de bêche constituera partout un labour profond, mais cette manière de s'exprimer ne saurait nous éclairer sur la profondeur réelle du labour, puisque la longueur de la lame des bêches n'est pas uniforme. Pour faire cesser toute incertitude à cet égard, il suffirait d'indiquer les dimensions de la bêche usitée dans le pays dont on veut faire connaître les pratiques agricoles.

Dans beaucoup de bêches ; la lame est sensiblement plane, dans d'autres elle présente une concavité plus ou moins apparente. Cette dernière disposition

Fig 47.

se rencontre dans les bêches employées dans les terres légères, dont les molécules n'ont que peu d'adhérence entre elles, telles que les sables, et qui, par cela même, ont une tendance à échapper à la lame de la bêche, avant que l'ouvrier ait pu achever le mouvement qui doit retourner complétement la motte de terre. Elle n'aurait certainement pas la même utilité dans les sols consistants, mais elle est parfaitement appropriée aux terres meubles. Cette bêche est fort usitée dans la zone sablonneuse des Flandres, et celle dont se servent les cultivateurs des environs de Thourout (Flandre occidentale) est bien certainement une des meilleures de ce genre (*fig.* 46). Elle est concave dans le sens transversal, et légèrement aussi dans le sens longitudinal, et, comme le montre le profil ci-joint (*fig.* 46), la lame, à son point de jonction avec le manche, présente une légère courbure dont on peut aisément comprendre l'avantage dans un instrument destiné à remuer des terres très-meubles.

Dans le labour à la bêche, on commence, habituellement, par ouvrir à l'un des bouts des champs, une tranchée ou jauge qui reste momentanément béante. La terre qui en est extraite, au lieu d'être retournée à la place où elle a été

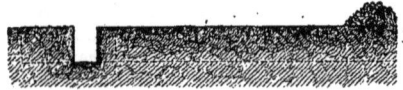

Fig. 48.

enlevée, est déposée en face de l'ouvrier, sur le sol non remué, et transportée ensuite à l'autre extrémité du champ, où le labour doit s'achever. Quand cette tranchée est achevée sur toute la largeur de la pièce, on en ouvre parallèlement une seconde ayant les mêmes dimensions, et la terre qui en est extraite est déposée dans la première jauge, et sert à la combler. On fait ensuite une troisième tranchée qui fournit de quoi remblayer la précédente, puis une quatrième, et l'on continue de la sorte jusqu'à ce que la pièce de terre soit entièrement labourée. La dernière jauge ouverte au bout du champ est remplie au moyen de la terre enlevée de la première, et qui y avait été transportée au début de l'opération (*fig.* 48).

L'ouvrier, dans le labour à la bêche, a donc toujours la terre labourée en face de lui, et il marche à reculons. On voit, en outre, que toutes les jauges, sauf la première, sont constamment comprises entre la terre remuée et celle qui n'a pas encore été entamée.

Quand les pièces à labourer sont étendues, et afin de diminuer les pertes de temps occasionnées par le transport des terres extraites de la première jauge, on peut avantageusement modifier le procédé que nous venons de décrire. On divise alors le terrain, dans le sens de sa largeur, en un nombre pair de planches ou compartiments destinés à être traités comme autant de champs distincts. Cela fait, on ouvre la jauge sur la première planche ; mais la terre qui en provient, au lieu d'être transportée, comme précédemment, à l'extrémité du champ, est immédiatement déposée en tête du compartiment contigu à celui dont on commence le labour ; après quoi on continue l'opération à la manière ordinaire. En opérant de cette façon, il reste nécessairement, au bout du champ, une tranchée ouverte que l'on comble au moyen de la terre empruntée à une tranchée contiguë, pratiquée sur la planche voisine. Le labour de celle-ci se poursuit en suivant une marche inverse de celle adoptée pour bêcher le premier compartiment, et quand on arrive à l'extrémité de la pièce, on se sert, pour remplir la dernière jauge, de la terre qui avait été placée à cet endroit au début de l'opération. Quel que soit le nombre de planches, pourvu qu'il soit pair, la besogne se continue comme nous venons de l'indiquer, et ne saurait donner lieu à la moindre difficulté. En adoptant cette méthode, si l'ouvrier sait prendre ses mesures en vue de perdre le moins de temps possible, le trajet à parcourir pour le transport de la terre ne dépassera jamais la largeur d'une planche.

Les dimensions de la jauge sont nécessairement variables ; elles dépendent de l'espèce de labour que l'on effectue ; mais, quand elles ont été arrêtées, il est nécessaire de les maintenir rigoureusement pendant toute la durée du travail. Si le parallélisme des tranchées n'est pas bien observé, si la profondeur ou la largeur ne sont pas constamment les mêmes, le labour sera nécessairement imparfait, car la quantité de terre soulevée par la bêche, cessera immédiatement d'être en rapport avec la capacité de la jauge qu'elle doit remblayer.

L'ouvrier qui manie la bêche, doit soigneusement débarrasser la surface du terrain des herbes qui la recouvrent, et les parfaitement enfouir ; il doit aussi débarrasser la couche qu'il remue des pierres, des cailloux et des racines qui l'encombrent, et rendent les travaux plus difficiles et plus dispendieux, et, en même temps, veiller à faire disparaître les inégalités de la surface.

Le labour ordinaire à la bêche est le seul dont nous nous soyons occupé jusqu'ici ; quand il s'agit d'entamer le sol à une plus grande profondeur, le procédé subit des changements sur lesquels nous reviendrons plus loin en traitant des labours de défoncement.

LABOURS A LA FOURCHE.

La **fourche** est formée d'un fer à deux ou trois dents et d'un manche assemblés au moyen d'une douille.

La fourche, de même que la bêche, sert à labourer le sol, et il est des cas où elle doit être préférée à ce dernier instrument. Pour ce genre de travail, on se sert généralement de la fourche à trois dents (*fig.* 49).

Nous avons vu, précédemment, comment la lame de la bêche se modifiait dans sa forme, suivant les circonstances où l'outil est destiné à fonctionner, et nous savons que dans les sols résistants le profil du tranchant est souvent taillé en croissant (*fig.* 44). Eh bien, supposons que dans une semblable bêche l'échancrure obtenue aux dépens de la lame, ait été poussée au point de ne plus laisser subsister que les deux crochets extrêmes, et nous aurons une véritable fourche à deux dents. On conçoit qu'une modification de ce genre est de nature à accroître notablement l'action de l'instrument, et qu'elle doit surtout convenir dans les sols fortement durcis, ou dans les terres pierreuses. Or, c'est précisément dans de pareilles circonstances que la fourche se substitue à la bêche : ses dents pénètrent plus aisément dans le sol compacte, et se font jour entre les pierres qui arrêteraient la lame de la bêche, ou, tout au moins, la mettraient promptement hors de service.

La fourche est donc, parfois, préférable à la bêche ; mais il ne s'ensuit pas que le travail de ces deux instruments ait tout à fait la même valeur. Avec la bêche, la terre est complètement retour-

Fig. 49.

née, tandis qu'il n'est guère possible, si ce n'est dans des terres extrêmement cohérentes, de compter sur un pareil résultat avec la fourche. La plupart du temps, quand, après avoir enfoncé la fourche à la profondeur voulue, en faisant peser le poids du corps sur la partie cintrée du fer, on exerce l'effort nécessaire pour détacher la motte de terre du guéret, celle-ci se disloque plus ou moins, et l'on ne peut guère que la pousser en avant pour lui faire faire la culbute. Dans les terres pierreuses, le bloc se divise constamment sur les dents, et la fourche n'y produit d'autre effet que celui de les ameublir.

Il résulte de ce que nous venons de dire, que la fourche ne saurait, à elle seule, servir comme instrument de défoncement, attendu que, dans ce travail, il faut pouvoir soulever la terre, et même la sortir complétement de la tranchée. Néanmoins, elle peut, dans certains cas, être avantageusement associée à la bêche, ainsi que nous le dirons en parlant des défoncements.

La fourche, de même que la bêche, n'est usitée que dans la petite culture. Le travail qu'elle donne, est trop peu expéditif, et, en même temps, trop coûteux, pour que l'on puisse s'en servir avec avantage dans les grandes exploitations.

LABOURS A LA HOUE.

La **houe**, de même que la bêche, est formée d'une lame et d'un manche réunis par une douille, mais elle en diffère sous plusieurs rapports. La lame, au lieu d'être située dans le prolongement du manche, forme avec celui-ci un angle plus ou moins ouvert.

La longueur du manche varie ainsi que la figure et la force de la lame, et, suivant la forme que présente cette dernière, le nom de l'outil change.

Le maniement de la houe diffère de celui de la bêche et de la fourche. L'ouvrier saisit des deux mains le manche de l'outil, le lève à une plus ou moins grande hauteur, et le ramène vivement vers le sol. Les efforts du manœuvre s'unissent ici à la pesanteur pour produire l'effet utile, et, toutes les autres conditions étant d'ailleurs les mêmes, la lame pénétrera d'autant plus dans le sol que l'outil aura plus de poids, sera élevé à une plus grande hauteur, et sera manié par des bras plus vigoureux.

Dans le labour à la bêche, l'ouvrier marche à reculons, et a constamment devant lui la terre remuée ; dans le labour à la houe, au contraire, il a toujours le guéret en face de lui, il avance et laisse derrière lui la terre labourée. Au surplus, ce mode de labour n'est pas aussi parfait que celui à la bêche, attendu que les mottes détachées ne sont qu'incomplétement retournées, et, souvent même, simplement déplacées.

Dans la véritable houe (*fig.* 50), le manche est très-court et n'a guère qu'un mètre de longueur ; la lame est large, et s'unit avec le manche sous un angle très-peu ouvert. La lame est plane ou concave, et, dans ce cas, la concavité regarde le manche. Le profil du tranchant est droit ou en

forme de croissant (*fig.* 50.) Dans certaines houes, la lame est remplacée par deux ou trois dents.

Le mode d'agencement de la houe et la brièveté de son manche en rendent le maniement fort pénible. Ceux qui s'en servent, sont obligés de prendre une attitude courbée extrêmement fatigante, et, dans les pays où elle est d'un fréquent usage, les ouvriers qui l'emploient habituellement, finissent, avec l'âge, par avoir le dos voûté. Si l'homme qui travaille avec la houe voulait prendre une attitude plus commode, et se redresser, la lame raserait le sol et ne l'entamerait pas. Au reste, la houe ne peut pas être employée quand il s'agit de labourer le sol à une certaine profondeur ; elle ne peut servir que pour donner des façons superficielles. Pour être appropriée à l'exécution des labours ordinaires, elle doit recevoir des modifications que nous allons indiquer.

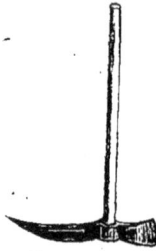

fig 8.

Fig. 50. — Houe.

La houe munie de dents sert aux mêmes usages que celle qui porte une lame ; seulement, elle convient davantage dans les sols pierreux, et dans ceux qui sont embarrassés de racines traçantes. Cependant, la houe armée de dents est parfois employée pour donner aux terres des labours ordinaires. Mais, alors, elle porte un plus long manche, et celui-ci forme avec les dents un angle beaucoup plus ouvert (*fig.* 51). Les petits cultivateurs de la zone sablonneuse des Flandres, emploient fréquemment cet instrument pour labourer leurs terres infestées de chiendent. Ils évitent ainsi de diviser les stolons de cette plante parasite, dont chaque fragment sert de bouture au grand détriment des récoltes, et les ramènent à la surface où ils se dessèchent, et sont ensuite enlevés pour être mélangés dans les composts ou brûlés sur place.

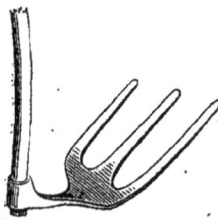

Fig. 51.

Quand on veut faire usage de la houe pour les travaux ordinaires de labour, elle doit, comme nous venons de le dire, subir des changements. La lame devient plus étroite, le manche plus long et les deux parties forment entre elles un angle beaucoup plus ouvert. Ainsi modifiée, la houe prend le nom de *pioche* (*fig.* 52).

Fig. 52. — Pioché.

Dans les terres extrêmement dures, que la bêche n'entamerait qu'en suscitant des difficultés considérables, dans les défrichements, la pioche est un précieux instrument de labour. Cet outil prend quelquefois des dents (*fig.* 53) ; mais ce n'est que dans les conditions les plus difficiles, et qui, tout au moins dans les pays du Nord, se rencontrent fort rarement.

La pioche peut donc servir au labour des terres les plus compactes, mais à la condition que celles-ci soient exemptes de pierres. Quand le sol est mélangé de cailloux, de pierres, on doit alors faire usage du *pic*. Celui-ci est formé d'une barre anguleuse ou arrondie, plus ou moins arquée et terminée en pointe, et munie d'une douille où s'implante un manche très-court (*fig.* 54).

Fig. 53. — Pioche à dents.

Si le terrain à labourer présente alternativement des couches dures et des couches mélangées de pierres, on abandonne le pic, et l'on adopte un autre instrument, la *tournée*. La tournée (*fig.* 55), est

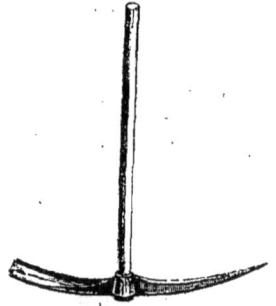

Fig. 54. — Pic.   *Fig.* 55. — Tournée.

un instrument à double usage, portant d'un côté une dent de pic et de l'autre une forte lame de pioche. L'usage de cet outil est facile à comprendre ; on se sert de la lame dans la terre durcie, et de la dent lorsque l'on rencontre une couche mélangée de pierres.

Le pic et la tournée sont deux puissants instruments auxquels on doit fréquemment recourir dans les travaux de défrichement et de défoncements, mais qui ne peuvent être maniés que par des hommes vigoureux.

La houe donne, comme les instruments examinés précédemment, un travail trop lent et trop coûteux pour que l'on puisse y avoir recours dans la grande culture. Cependant, elle est quelquefois utilisée pour labourer des terres fortement pentueuses, où la charrue ne saurait fonctionner qu'à grande peine, et où même son emploi serait tout à fait impossible.

LABOURS A LA CHARRUE.

La **charrue** est, sans contredit, le plus précieux de nos instruments aratoires. Son invention a eu d'immenses conséquences. En utilisant pour le travail de la terre, les forces des animaux qui bientôt, peut-être, seront remplacés eux-mêmes par la vapeur, la charrue a non-seulement affranchi l'homme d'un dur et pénible labeur, mais elle a encore, ainsi qu'on l'a fait remarquer avec justesse, contribué puissamment aux progrès de la civilisation.

Sans doute, la charrue ne donne pas un travail aussi parfait que la bêche, mais l'infériorité qu'elle présente sous ce rapport, est rachetée par des avantages économiques d'une haute portée. En effet, une bonne charrue, attelée de deux chevaux, et conduite par un seul homme, peut, dans des conditions moyennes, exécuter en une journée de travail, la besogne que feraient dans le même temps, vingt ou vingt-cinq ouvriers travaillant à la bêche. La supériorité de la charrue est tout entière dans ce fait dont chacun peut apprécier les conséquences sociales, et il serait superflu, ce nous semble, d'insister longuement sur ce sujet.

Les charrues aujourd'hui usitées peuvent être classées de la manière suivante : les *charrues simples* ou *araires*, les *charrues à avant-train*, les *charrues à tourne-oreille*, les *charrues polysocs* et les *charrues sous-sol*.

Les charrues appartenant aux trois premières catégories surtout, sont très-nombreuses, et le cadre de cet ouvrage ne nous permet pas d'en faire un examen complet et détaillé. Ces renseignements ne peuvent guère trouver place que dans des traités spéciaux. Nous nous bornerons ici à envisager la charrue d'une manière générale, et à indiquer les dispositions que doivent offrir les divers organes pour effectuer le labour de la façon la plus avantageuse ; nous aurons ainsi, naturellement, l'occasion de signaler les charrues qui présentent, sinon dans toutes, au moins dans quelques-unes de leurs parties, les qualités désirables, et nous fournirons aux cultivateurs les éléments qui leur sont nécessaires pour faire un choix raisonné.

On est assez généralement d'accord sur les qualités que doit offrir une bonne charrue. Commençons par les rappeler, puisqu'elles doivent guider notre appréciation. Une bonne charrue doit être simple, solide, facile à manier, à diriger et à régler. Elle doit, en outre, exécuter un bon labour, avec le moins de force de tirage possible. Ces deux derniers points méritent surtout de fixer l'attention. A quelles conditions l'instrument remplira-t-il ces exigences ? Telle est la question que nous avons à résoudre, et nous allons essayer de le faire aussi sommairement que possible.

Prenons l'araire qui, de toutes les charrues, est celle qui mérite le plus de fixer l'attention. Au reste, une fois bien connue, il nous suffira de peu de mots pour faire comprendre en quoi les autres en diffèrent, et nous pourrons même, afin d'éviter des redites inutiles, ne nous occuper de ces dernières qu'en traitant des circonstances spéciales où elles sont surtout employées.

La **charrue simple ou araire** (*fig.* 56) comprend : le *soc* A; le *coutre* B, le *versoir* C, l'*avant-soc* H, le *régulateur* F, l'*age* E, les *étançons* K, K, le *mancheron* G, et le *sep* D.

Le coutre, le soc et le versoir auxquels il faut, dans certaines charrues, ajouter l'avant-soc ; en sont les organes actifs de la charrue ; les autres en sont les organes accessoires.

Le coutre, le soc et le versoir ont reçu le nom d'organes actifs parce que ce sont les seuls qui agissent directement sur la bande de terre ; à eux seuls ils effectuent le labour. Les organes accessoires relient entre eux les organes actifs et les rendent solidaires ; ils servent, en outre, à assurer

et à régulariser la marche de l'instrument, et à le mettre en rapport avec la force que lui communique le mouvement.

Le *coutre* (*fig.* 57) est formé d'un manche *m*

Fig. 56. — Charrue simple ou araire.

et d'une lame *l* qui en est la partie active. Il s'adapte sur l'age au moyen du manche, et sert à couper verticalement la bande de terre. La manière dont on l'assujettit sur l'age mérite une sérieuse attention, car une position défectueuse accroît le tirage de la charrue, et peut même compromettre la solidité de l'age. Pour donner au coutre une position convenable, il faut ne pas perdre de vue que cet outil doit détacher la bande de terre de manière à prévenir le

Fig. 57. — Coutre.

frottement des étançons contre le guéret. Si cette condition n'est pas remplie, il y a accroissement du tirage, et la charrue a moins de stabilité dans la raie. On évite cet inconvénient en plaçant le coutre sur la face de l'age opposée à celle où se trouve le versoir. Ainsi, dans la charrue versant à droite, le coutre sera fixé sur la face gauche de l'age.

Il convient également de donner au tranchant du coutre une légère inclinaison [vers le guéret, ainsi que cela se voit dans la figure 58, où le petit triangle A représente une section horizontale du coutre. Cette disposition a le double avantage de donner de l'entrure à la lame, et d'éviter le frottement du dos du coutre contre le guéret.

Fig. 58.

L'agencement du coutre avec l'age se fait de différentes manières, et, parfois, il est extrêmement défectueux. Dans certaines charrues, le manche du coutre se fixe dans une mortaise pratiquée au milieu de l'age (*fig.* 57). Ce mode d'assemblage que l'on trouve dans des charrues fort bonnes d'ailleurs sous d'autres rapports, telle que la charrue flamande, occasionne dans les fibres du bois une solution de continuité qui affaiblit considérablement l'age, et détermine fréquemment sa rupture. Au surplus, le coutre est alors fort mal placé, et quoique l'on prenne, en pareil cas, la précaution d'incliner la lame vers le guéret, la bande de terre est incomplétement détachée, et les étançons subissent un frottement qui augmente le tirage de la charrue. On a, il est vrai, remédié à ce dernier inconvénient en faisant usage d'un coutre coudé (*fig.* 59), mais cette modification ne rend pas à l'age la force qu'il a perdue.

Dans d'autres charrues, le coutre est maintenu au moyen d'une coutelière assujettie à l'aide de boulons sur le côté de l'age. Ce mode d'agencement, qui se remarque dans la charrue de Mathieu de Dombasle (*fig.* 60), est, sans doute, bien supérieur au précédent; mais celui adopté par Odeurs vaut mieux encore.

Fig. 59. Coutre coudé.

Dans la charrue de ce dernier constructeur (*fig.* 61), la coutelière est maintenue à l'aide de deux ban-

Fig. 60. — Araire Dombasle.

delettes en fer, serrées au moyen d'écrous, et l'age n'a pas la moindre perforation à subir.

Quoi qu'il en soit, la meilleure et la plus simple

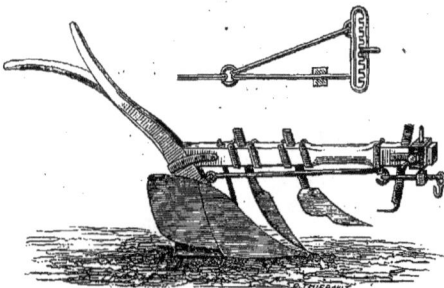

Fig. 61. — Charrue Odeurs.

de toutes les coutelières, celle qui mérite le plus de fixer l'attention des constructeurs, et se remarque, d'ailleurs, aujourd'hui, dans la plupart des charrues perfectionnées, est l'*étrier américain* dont M. Jourdier a donné, en 1853, une fort bonne description dans le *Journal d'agriculture pratique*, description que nous allons lui emprunter, à peu près textuellement, afin de faire bien connaître cet utile perfectionnement.

L'étrier américain est formé d'un morceau de fer rond A (*fig.* 62) coudé à angles droits, et dont les extrémités libres portent un pas de vis, et reçoivent la plaque de fer B, large de 2 à 3 centimètres et épaisse de 2 à 4 millimètres. Deux écrous C et D adaptés au pas de vis des deux branches, servent à maintenir la plaque qui les relie.

Fig. 62. Étrier américain.

Deux plaques de fonte, semblables à celle que

représente la figure 63, complètent l'appareil. Elles sont destinées à s'appliquer l'une à la face supérieure, l'autre à la face inférieure de l'age (*fig.* 64). Chacune d'elles est plane du côté qui doit s'adapter sur l'age, et cannelée sur la face libre.

Fig. 63.

Quand on veut placer l'étrier sur l'age et y fixer le coutre, on comprend qu'il n'y a qu'à enlever les écrous et à détacher la plaque B. On place ensuite les deux plaques cannelées à l'endroit convenable; on les enfourche, pour ainsi dire, avec les deux branches de l'étrier, puis on ajuste la plaque et l'on visse aussitôt les écrous. Ceci fait, il reste entre la face latérale de l'age et le dos de l'étrier, un vide dans lequel on engage le manche du coutre (*fig.* 65). Il suffit alors de serrer convenablement les écrous, pour fixer définitivement l'appareil tout entier à la place ordinaire des coutelières. Si l'on veut baisser ou hausser la pointe du coutre, on desserre les écrous, on fait mouvoir le coutre de manière à le placer à l'endroit désiré, et on le serre avec la clef ordinaire qui doit accompagner chaque charrue. Veut-on donner une inclinaison plus ou moins grande au coutre? On desserre encore, on avance ou on recule l'une quelconque des plaques cannelées, et immédiatement le coutre se dresse ou

Fig. 64 et 65. — Coutres fixés à l'aide de l'étrier.

s'incline avec toute facilité. Veut-on enfin incliner la pointe vers la droite ou vers la gauche? Le simple petit coin en bois *o*, qui se voit dans la figure 65, n'a besoin que d'être un peu enfoncé ou un peu retiré pour produire l'effet désirable.

Quel que soit d'ailleurs le mode d'agencement adopté, le coutre s'unit toujours à l'age sous un angle qui l'incline dans le sens du mouvement de la charrue. Cette inclinaison favorise la pénétration et diminue la résistance; elle permet, d'ailleurs, au coutre d'écarter plus aisément les pierres qui se trouvent sur son passage, et de couper avec plus de facilité les racines qui, si elles ne sont tranchées, remontent le long de la lame sans entraver la marche de la charrue; il en serait différemment si le coutre était placé verticalement. Il ne faut cependant pas lui donner une trop grande inclinaison, car cela obligerait à le faire fort long, ce qui est désavantageux, et puis, comme, en pareil cas, l'angle qu'il forme avec l'age devient plus aigu, les racines et les mauvaises herbes s'y accumulent, et il est fort difficile d'en débarrasser la charrue. Afin d'obvier à ce dernier inconvénient, on a imaginé de cintrer l'age, ce qui pour une même inclinaison du coutre agrandit l'angle d'insertion. On fait également, dans le même but, usage d'un coutre dont le manche et la lame s'unissent sous un angle déterminé par l'inclinaison que l'on veut donner à la lame (*fig.* 66).

Fig. 66.

La pointe du coutre ne doit pas, comme cela se voit dans beaucoup de charrues, être placée en arrière de la pointe du soc, et elle ne doit en être séparée que par un intervalle de quelques centimètres, sinon le coutre ne remplit pas entièrement la fonction qui lui est assignée dans la charrue, et le soc doit arracher la portion de la bande de terre qui n'a pas été coupée. De là, un frottement qui augmente le tirage, et nuit à la régularité de la marche de la charrue. Il faut donc que la pointe du coutre soit rapprochée de celle du soc, et placée, sinon en avant, au moins au-dessus de cette dernière.

Le *soc* a pour mission de couper horizontalement et de commencer le soulèvement de la bande de terre dont le coutre opère la section verticale.

Dans l'araire, le soc affecte généralement la forme d'un triangle rectangle dont l'hypoténuse constitue le tranchant (*fig.* 67). L'angle externe *b* est assez souvent arrondi, afin de rendre son usure moins rapide, et de mieux conserver la largeur du soc. Le manche *ad* a reçu le nom de *souche* et sert à unir le soc aux autres pièces de la charrue. Toutefois, le mode d'agencement n'est pas constamment uniforme, et il varie même dans les différentes sortes de charrues.

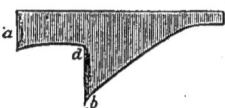

Fig. 67.— Soc d'araire.

Le tranchant ou, comme on l'appelle encore, l'*aile* du soc est oblique par rapport au mouvement de la charrue. L'expérience atteste que cette disposition est avantageuse, et qu'elle donne lieu à moins de tirage que celle où le tranchant serait perpendiculaire à la direction suivie par l'araire. Préférable dans les terres homogènes, le soc à tranchant oblique l'est davantage encore dans les sols embarrassés de racines pivotantes ou mélangés de pierres.

Afin de favoriser son entrure, on donne ordinairement à la pointe du soc une double déviation: on l'incline un peu vers le bas tout en la faisant dévier légèrement vers le guéret. Mais cette pointe s'use rapidement, notamment en dessous, et, au bout d'un temps variable suivant les circonstances, la déviation de la pointe peut être complètement changée, et donner à la charrue une tendance à sortir de terre. On peut, sans doute, combattre cette tendance en modifiant le règlement de la charrue, mais c'est toujours aux dépens de la force de tirage. Il est donc préférable de surveiller cette usure et de prendre le soin d'y remédier aussitôt que le besoin s'en fait sentir.

Dans le but de remédier à cet inconvénient de la prompte usure de la pointe du soc, on a imaginé de faire usage de *socs à pointe mobile*. Celle-ci est formée par une barre en fer aciéré, maintenue au moyen de clavettes dans des entailles faites aux étançons, et que l'on peut faire avancer au fur et à mesure qu'elle s'use. Cette innovation se trouve appliquée dans la charrue de M. Armelin qui a figuré à l'exposition universelle de Paris en 1855. La figure 68 représente cette charrue, recommandable

Fig. 68. — Charrue Armelin.

d'ailleurs à plus d'un titre, et vue du côté gauche. C, montre la barre mobile dont il vient d'être question, ainsi que la position qu'elle occupe. L'inclinaison qui lui est donnée a pour résultat, paraît-il, de régler l'usure de telle façon que la pointe conserve constamment l'acuité désirable.

La largeur du soc dépend de la largeur de la bande de terre qu'il doit détacher. Si le soc est trop étroit, la section de la bande de terre est incomplète, et il en résulte un accroissement de frottement qui augmente la résistance.

L'angle qui correspond à la pointe du soc est plus ou moins aigu, et le soc plus ou moins allongé. Ces différences s'observent dans les charrues défectueuses, mais on les remarque également dans des charrues bien construites. Cela tient à ce que la charrue est appelée à fonctionner dans des conditions fort variées, et celle qui est appropriée aux terres légères n'est pas toujours convenable dans les terres fortes. Il ne faut donc pas s'étonner de rencontrer le soc allongé et aigu dans les localités où le sol est extrêmement dur ou pierreux, tandis que l'on se sert de préférence du soc court et large là où le terrain est homogène ou moins résistant.

Le soc, dans beaucoup de charrues, présente de très-fortes dimensions, et empiète sur le versoir (*fig.* 61). Cette construction est certainement défectueuse, et les socs triangulaires rectangulaires, dont il a été question jusqu'ici, sont certainement préférables sous tous les rapports. Il est à remarquer, en effet, que par son tranchant le soc s'use très-rapidement, et doit être fréquemment réparé, et il faut chercher à diminuer ses dimensions de façon à le réduire, autant que possible, à sa partie usable. C'est ce qui se trouve réalisé dans le *soc américain* dont nous n'avons encore rien dit, et dont il suffira de signaler les avantages pour faire comprendre les inconvénients de ces socs-versoirs auxquels nous faisions allusion plus haut, et que l'on rencontre dans plusieurs charrues belges.

Le soc américain (*fig.* 69) offre des dimensions plus réduites encore que celles du soc triangulaire rectangle. Au lieu de s'adapter sur le sep comme celui-ci, il s'applique sur le versoir au moyen de boulons, et il a ce grand avantage de pouvoir s'enlever et se replacer facilement et promptement. En outre, il est facile à transporter, et comme il n'a que de faibles dimensions, il coûte moins cher que les autres. On comprend sans peine les avantages du soc américain, et les services qu'il est permis d'en attendre dans les fermes isolées, et dans celle qui n'ont à leur disposition que des forgerons dépourvus d'habileté. Il est regrettable que tous les constructeurs ne saisissent pas l'utilité de ce soc, et ne comprennent pas que son adoption est de nature à favoriser considérablement la propagation des charrues perfectionnées. Les socs ordinaires sont souvent construits en fer et chaussés d'une lame d'acier placée sous le tranchant. Les socs américains se construisent en acier ou en fonte. Ceux en acier peuvent se rebattre et durent très-longtemps; quant aux socs de fonte, on leur reproche de s'user très-rapidement, mais il convient de remarquer qu'ils sont beaucoup moins chers que les autres, et qu'il en coûte ordinairement moins pour en prendre un nouveau que pour restaurer un soc d'acier ou un soc de fer aciéré. Cependant, comme la fonte est cassante, les socs faits de cette matière ne sont pas recommandables dans les terres pierreuses.

Le *versoir* a pour fonction spéciale de retourner la bande de terre détachée par la double section du coutre et du soc, et dont ce dernier a commencé le soulèvement.

Le versoir doit former avec le soc une surface continue; une solution de continuité à l'endroit où ils se réunissent, rendrait le tirage plus difficile.

Dans l'araire, le versoir est contourné de manière à soulever la bande de terre jusqu'à lui faire prendre une position verticale, et à la renverser ensuite en la faisant pivoter sur deux de ses arêtes.

Aujourd'hui, il existe quelques charrues dont la courbure du versoir est obtenue mathématiquement, mais, dans le plus grand nombre, cette courbure est le résultat des tâtonnements de la pratique.

La terre, en glissant sur le versoir, occasionne par son frottement, une résistance que l'attelage doit vaincre; mais ce n'est pas la seule. En effet, il est à remarquer que la bande de terre détachée par la charrue est continue, et que pour passer de la position horizontale qu'elle occupe sur le soc, à la position inclinée que lui donne le versoir, elle doit se mouler sur celui-ci et s'y tordre. La désagrégation que la terre éprouve parfois en passant sur le versoir, n'a souvent pas d'autre cause. Ce mouvement de torsion que subit le prisme de terre, donne lieu à une résistance qui varie avec la ténacité du sol. Dans les terres dont les molécules n'ont que peu d'adhérence, cette résistance est faible, mais il en est différemment dans les sols tenaces dont les particules sont fortement unies. Aussi est-il avantageux d'approprier le versoir à la nature du sol. L'expérience nous apprend que pour tordre une barre quelconque, nous éprouvons d'autant plus de difficulté, nous devons faire d'autant plus d'efforts, que cette barre est plus courte. Dans l'opération du labour, la barre c'est le prisme de terre, et pour lui faire subir avec moins de peine le contournement qu'il reçoit du versoir, il faut l'allonger. Ce résultat s'obtient en donnant de la longueur au versoir. Il faut donc, de préférence, se servir de longs versoirs dans les sols tenaces, tandis que l'on peut avantageusement employer des versoirs plus courts dans les terres qui se divisent aisément.

La bande de terre soulevée par la charrue doit, avons-nous dit, se renverser en pivotant sur deux de ses arêtes; ce mouvement doit s'effectuer sans qu'elle change de place, et, pour qu'il en soit ainsi, il faut que le bord inférieur du versoir soit parallèle au sep. Cette disposition n'est pas observée dans toutes les charrues, et c'est à tort; car si ce parallélisme n'existe pas, et que le bord inférieur du versoir fasse un écart à sa partie postérieure, la terre n'est pas seulement retournée, elle est, en même temps, repoussée, et la résistance s'accroît.

La largeur du versoir doit être au moins égale à celle du soc, sinon la bande de terre soulevée ne pourrait pas s'y adapter convenablement, et, dans certains sols surtout, le labour serait moins parfait.

Les versoirs se construisent en bois, en fer et en fonte. Le versoir en bois se rencontre souvent dans les localités à terre argileuse humide. Quant au fer, il tend aujourd'hui à être remplacé par la fonte dans la construction de cette partie de la charrue. Cette substitution est parfaitement justifiée. La fonte donne des versoirs beaucoup moins coûteux que le fer; elle s'use plus lentement, et, en outre, elle permet de conserver au versoir la forme qui a été reconnue la plus convenable. Ce sont là des avantages précieux, et qui devraient fixer l'attention de tous les constructeurs.

Aux parties actives de l'araire que nous venons de passer en revue, il faut ajouter l'*avant-soc* qui, dans certains cas, présente une utilité réelle. Cette annexe existe, depuis longtemps, dans quelques charrues belges, mais on la trouve aujourd'hui dans plusieurs autres charrues, ce qui prouve qu'on lui a reconnu des avantages. L'avant-soc est une véritable miniature du soc et du versoir soudés ensemble (*fig.* 56, H). On le fixe sur l'age de la même manière que le coutre. Il est avantageux dans le labour des vieux trèfles, des gazons, ou des terres couvertes de mauvaises herbes. Convenablement abaissé, il écroute le sol à quelques centimètres de profondeur seulement, soulève une mince tranche de terre qu'il fait pivoter dans la direction du dernier sillon ouvert par la charrue, et il assure ainsi le complet enfouissement des herbes qui occupaient la surface. Ce résultat, on le sait, ne s'obtient pas toujours d'une manière satisfaisante par l'action seule du versoir.

Le *régulateur* se fixe à la partie antérieure de l'age (*fig.* 56 F).

Il sert à modifier la marche de la charrue de manière à ce qu'elle soit apte à exécuter des labours de dimensions variables. Au moyen du régulateur, on peut faire entrer la charrue à différentes profondeurs, et lui faire détacher des ban-

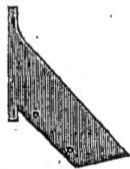
Fig. 69. Soc américain.

des plus ou moins larges. Le régulateur n'est pas le même dans toutes les charrues, mais il ne faut, dans tous les cas, que peu de temps pour en comprendre le mécanisme, et s'assurer qu'il remplit convenablement son objet.

Le régulateur n'exécute pas constamment la double fonction que nous venons de lui assigner; dans certaines charrues, il sert uniquement à modifier la largeur du labour, et, en pareil cas, l'araire est pourvu d'un *sabot*, aussi nommé *pied* et *patin*. Ce sabot I, (*fig.* 56), s'agence dans une mortaise pratiquée en arrière du régulateur, et en l'élevant ou en l'abaissant, on augmente ou l'on diminue la profondeur du labour. La plupart des charrues belges sont munies de cet appendice, quoique beaucoup d'entre elles soient aujourd'hui pourvues d'un régulateur complet. Dans ce dernier cas, sans doute, le patin n'est plus indispensable pour fixer la profondeur, mais on le conserve, et avec raison, selon nous, parce qu'il donne plus de stabilité à la charrue.

On reproche au sabot d'occasionner un frottement qui donne lieu à une augmentation de tirage, mais ce frottement n'a pas une aussi grande importance que celle qu'on lui attribue habituellement. Dans tous les cas, ce frottement est faible quand la charrue est pourvue d'un régulateur convenable pour assurer au labour la profondeur et la largeur désirables, et le patin donne plus de régularité à la marche de la charrue.

La charrue munie du sabot est habituellement désignée sous le nom de *charrue à pied*.

L'*age*, par l'intermédiaire des traits, sert à mettre la force qui doit communiquer le mouvement, en rapport avec le corps de la charrue.

L'age sert de support au régulateur, au sabot, à l'avant-soc, au coutre et aux mancherons. Il est uni au sep par le moyen des étançons.

L'age se construit en bois ou en fer. Le prix de la matière première influe naturellement sur le choix, quoique l'on doive cependant aussi tenir compte de la durée. L'age est ordinairement en bois dans les charrues françaises et belges; il est généralement en fer dans les charrues anglaises.

L'age est souvent droit et horizontal, mais, ainsi que nous l'avons fait remarquer en parlant du coutre, cette disposition n'est pas toujours sans inconvénient, et c'est pour le diminuer que M. de Dombasle avait adopté l'age cintré que l'on trouve également dans d'autres charrues justement réputées, telles que celles de Grignon, de M. Bodin, de Rennes (*fig.* 70), etc. Les pièces de bois dont on fait

Fig. 70. — Charrue Bodin.

usage pour construire l'age cintré doivent posséder naturellement la courbure désirable; l'équarrissage diminuerait sa solidité d'une manière

très-fâcheuse, car cette pièce de la charrue a à supporter de grandes fatigues. L'adoption du fer laisse, à cet égard, toute latitude au constructeur.

On doit éviter de donner à l'age une trop forte longueur. L'age long a l'avantage de modérer les déviations de la charrue et de rendre sa marche plus régulière; mais, en l'allongeant, on l'affaiblit, et, pour lui conserver sa solidité, il faut nécessairement en augmenter l'équarrissage, et l'inconvénient qui en résulte est facile à saisir. En donnant plus de longueur à cette pièce, on accroît d'ailleurs celle du bras de levier de la force motrice, et le maniement de la charrue est plus pénible pour le conducteur. L'age court remédierait à ces inconvénients, sans doute, mais il nuirait à la marche de l'instrument.

Dans certaines charrues, l'attache des traits se fait à l'extrémité de l'age, au régulateur. Ce système est tout à fait défectueux, et doit être abandonné. Dans toutes les charrues perfectionnées, le point d'attache se trouve rapproché du corps de la charrue. A cet effet, une chaîne, qui passe sur le régulateur, est fixée par un bout, en dessous de l'age, en un point plus ou moins rapproché du coutre, et porte à son autre extrémité un crochet pour l'attache du palonnier (*fig.* 56, 60, 70). Cette disposition consolide l'age.

Les *mancherons* sont assujettis à la partie postérieure de l'age. Les charrues belges n'ont généralement qu'un seul mancheron; on en trouve habituellement deux dans les charrues françaises et anglaises. Cela n'a, du reste, aucune influence sur la perfection du labour; on fait d'aussi bons labours avec les charrues munies d'un seul mancheron, qu'avec celles qui en portent deux. On donne comme avantage de ces dernières, la faculté qu'elles laissent au conducteur de pouvoir se tenir dans la raie; mais ceux qui ont eu l'occasion de voir les laboureurs belges au travail, savent qu'ils en font tout autant avec la charrue à un seul mancheron. On peut, toutefois, dire que le mancheron unique laisse une main libre au conducteur pour diriger son attelage, ce qui peut lui être fort utile lorsqu'il a affaire à des chevaux difficiles, ou quand il a à conduire de jeunes chevaux.

Les mancherons servent à remédier aux dérangements que la charrue peut éprouver pendant la marche. Il convient de ne pas leur donner trop de longueur. Sans doute, les longs mancherons sont favorables au conducteur, car ils exigent moins d'efforts de sa part pour réprimer les déviations de la charrue, mais cette répression se fait alors avec moins de promptitude, et c'est un inconvénient.

Les *étançons* servent à relier l'age avec le sep. L'étançon postérieur est quelquefois formé par le prolongement du mancheron qui, après avoir reçu l'age, vient s'emmortaiser dans le sep (*fig.* 56).

Les étançons se construisent en bois, en fer et en fonte.

Le *sep* est cette pièce de la charrue, qui se meut dans le sillon ouvert par les organes actifs. Par sa face inférieure et l'une de ses faces latérales, il frotte contre le guéret. La face inférieure, qui glisse sur le fond du sillon, a reçu le nom de *semelle*, et la partie postérieure celui de *talon*.

Le sep reçoit les deux étançons, et, dans certaines charrues, il s'unit, par sa partie antérieure, avec la souche du soc. On le construit en bois, en fer et en fonte.

En frottant contre la terre par deux de ses faces, le sep éprouve une résistance que l'on doit chercher à rendre aussi faible que possible. On y arrive en ne lui donnant que les dimensions exigées pour assurer sa solidité; mais cette règle est loin d'être toujours bien observée. L'adoption des matières métalliques pour la construction de cette pièce, permet de diminuer notablement les surfaces frottantes, et le tirage, conséquemment. Quand on fait usage du bois, il faut prendre la précaution de garnir de lames de fer les deux faces qui frottent contre la terre. On préserve, de la sorte, le bois d'une usure très-rapide, et, en même temps, on atténue le frottement. La longueur du sep doit être modérée. Un long sep donne de la stabilité à la charrue, mais il rend son maniement plus difficile, tout en augmentant la résistance; quand le sep est trop court, l'instrument a moins de stabilité, et sa marche manque de régularité.

Charrues à avant-train. — Nous avons vu, plus haut, que certaines charrues sont pourvues d'un appendice nommé sabot qui, parfois, sert à régler la profondeur du labour, mais contribue, dans tous les cas, à donner de la stabilité à l'instrument. L'avant-train remplit ce dernier objet d'une manière beaucoup plus complète, et il nous suffira de peu de mots pour faire comprendre en quoi la charrue à avant-train diffère de l'araire simple.

La charrue la mieux réglée est sujette à éprouver, durant la marche, des dérangements plus ou moins apparents, provoqués par l'imparfaite homogénéité de la couche où se meuvent les organes actifs. Si le coutre, le soc ou le versoir rencontrent une pierre, une racine ou tout autre obstacle capable de faire dévier l'un d'eux de la direction normale, cette déviation se transmet immanquablement à l'extrémité de l'age, attendu que toutes les pièces de la charrue sont solidaires. Les déviations que le conducteur peut corriger en se servant habilement des mancherons, sont d'autant plus fréquentes que la charrue est plus défectueuse, et d'autant plus préjudiciables à la perfection du labour que celui qui dirige l'instrument est moins apte à y remédier. Il n'en est plus de même avec l'avant-train. Placé à la partie antérieure de l'age, il donne de la fixité à la charrue, assure sa marche, et la maintient toujours dans la direction normale, sans que le conducteur ait à déployer une attention incessante comme dans le maniement de l'araire. La charrue à avant-train est donc beaucoup plus facile à diriger que l'araire, et, quelque défectueuse qu'elle soit, elle donne encore un labour médiocre ou passable, alors que, dans de semblables conditions, on ne réussirait pas à faire fonctionner l'araire, ou, tout au moins, celui-ci ne ferait qu'une besogne fort mauvaise.

Dans beaucoup de charrues encore usitées aujourd'hui en divers endroits, l'avant-train est lourd et difforme. Habituellement, il est formé d'un essieu muni de deux roues, supportant une pièce nommée *sellette* sur laquelle l'age s'appuie. Toutefois, depuis le commencement du siècle, les charrues à avant-train ont été considérablement améliorées, et, de nos jours surtout, elles ont reçu d'importants perfectionnements. Les dispositions de l'avant-train sont aujourd'hui variées ainsi que son mode d'agencement avec l'age; parfois même, comme dans les charrues anglaises, il est réduit à l'état de simple support.

On fait divers reproches aux charrues à avant-train, mais ils ne sont pas toujours fondés. Cela dépend de la construction de l'instrument, et, parfois aussi, des circonstances où il est appelé à fonctionner. Au reste, dans les grands concours qui ont eu lieu depuis quelques années, on a vu les charrues à avant-train entrer en lutte avec l'araire.

Quand la charrue à avant-train se meut sur une surface sensiblement régulière, elle est apte, sans doute, à donner un labour de profondeur uniforme; mais il n'en est plus tout à fait de même, quand elle travaille sur un terrain où elle rencontre fréquemment des irrégularités ou des ondulations rapprochées, si l'age doit obéir aux déplacements qu'éprouve l'avant-train. En effet, quand celui-ci doit franchir un brusque accident de terrain placé sur son trajet, il soulève nécessairement l'age, et le soc tend à sortir de terre; dans les dépressions, un résultat inverse doit se produire, et le soc piquer davantage dans le guéret.

L'avant-train augmente le tirage de la charrue par suite du frottement des roues sur le sol et de celles-ci sur l'essieu. Cet inconvénient se fait plus ou moins sentir suivant le poids de l'avant-train et les dimensions des roues. On donne assez communément à celles-ci un trop grand diamètre. La proportion la plus avantageuse qu'on puisse leur donner, est celle qui élève l'essieu jusqu'à la rencontre de la ligne de tirage, de façon que les trois points b, a, c soient en ligne droite, b étant placé à la hauteur de l'épaule des chevaux, et c au centre des résistances (*fig.* 71). Si l'essieu s'élève de façon à ce que la ligne de tirage b a c affecte la direction qu'elle présente dans la figure 72, la résistance s'accroît, car, en pareil cas, les animaux, en exerçant leurs efforts de traction, tendent à enfoncer les roues dans le sol, et il en résulte une augmentation de frottement. La ligne de tirage peut aussi avoir une disposition inverse à celle qu'elle affecte dans la figure 72, de façon à ce que l'ouverture de l'angle b a c, au lieu de regarder le sol, soit tournée vers l'age. Une semblable direction de la ligne de tirage allège le frottement des roues sur le sol, mais elle offre l'inconvénient de charger les animaux d'une partie du poids de l'avant-train.

La charrue à avant-train ne se manie pas de la même manière que l'araire. Pour faire mordre celui-ci dans le sol, on soulève les mancherons; un mouvement semblable imprimé à celle-là la ferait sortir de terre. Quand on veut faire pénétrer la charrue à avant-train, il faut peser sur les mancherons, et on lui a même, à ce propos, fait le reproche de favoriser l'indolence des

charretiers. Quoiqu'il en soit, on ne saurait méconnaître que, dans certaines circonstances, la charrue

Fig. 71. — Avant-train.

Fig. 72. — Avant-train.

Fig. 73. — Avant-train.

à avant-train peut être d'un emploi avantageux. Elle
présente plus de régularité, plus de fixité dans sa
marche que l'araire, et la stabilité qu'elle possède,

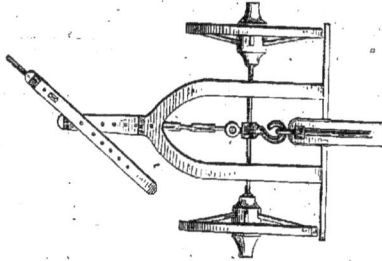

Fig. 74. — Avant-train.

la rend précieuse pour les labours superficiels, si
difficiles à exécuter, avec la perfection désirable,
au moyen de la charrue simple. Elle n'exige chez
le conducteur ni là même attention, ni la même

adresse que l'araire, et cette circonstance est certes
bien de nature à lui assurer la préférence, longtemps encore, dans les localités où elle
est usitée. Au reste, ce qui prouve
mieux que tous les raisonnements que
la charrue à avant-train peut parfois
être utile, c'est que, depuis longtemps,
on cherche à l'améliorer. M. de Dombasle n'avait-il pas reconnu la nécessité de construire un avant-train susceptible d'être adapté à son araire. On
en construit également un à Grignon,
et un grand nombre de charrues anglaises sont pourvues de roues. Les
figures 73 et 74 montrent le profil et
le plan de l'avant-train de la charrue
de Mathieu de Dombasle. La figure 75
représente la charrue anglaise de
Howard munie de son support.

Aussi, quoique l'on puisse considérer l'araire comme le plus parfait
de nos instruments de labour, il n'en
est pas moins vrai que la charrue à
avant-train peut, parfois, lui être préférée, surtout quand elle est bien construite.

Dans les localités où la charrue à
avant-train est usitée, elle est bien
souvent fort défectueuse, mais, à notre
avis, ce n'est pas un motif suffisant
pour vouloir la remplacer par l'araire qui, pour
être convenablement conduit, exige des laboureurs adroits et intelligents. Il est bien préférable, ce nous semble, de chercher à substituer à
l'instrument défectueux, un instrument de même
genre, mais meilleur, et qui présentera l'incontestable avantage de ne pas demander à ceux qui
seront appelés à le manier, des qualités qu'ils ne
sauraient acquérir du jour au lendemain. En
agissant de la sorte, on ne rompt pas brusquement
avec d'anciennes habitudes, toujours très-difficiles
à déraciner. Il en est de cette innovation comme de
beaucoup d'autres, qui ne réussissent qu'à la condition de savoir ménager les transitions. On peut,
du reste, très-bien arriver à l'araire en passant par
la charrue à avant-train perfectionnée qui, bien
souvent, ne diffère de l'araire que par l'avant-train.

Maintenant que nous avons fait connaissance
avec la charrue, il nous reste à parler de son
travail, et nous allons le faire en nous arrêtant

Fig. 75. — Charrue Howard.

de préférence aux choses essentielles, et en évitant
d'entrer dans des développements qui nous entraî-
neraient en dehors des limites qui nous sont imposées par la nature même de cet ouvrage. Cela nous

fournira naturellement l'occasion de compléter les détails dans lesquels nous sommes entré à l'égard des labours en traitant des autres instruments.

Règlement et conduite de la charrue. — La charrue, dans son mouvement de progression, détache, par la double section du coutre et du soc, une bande de terre dont la longueur est limitée par celle du champ, mais dont l'épaisseur et la largeur sont extrêmement variables. Ces deux dernières dimensions sont toujours arrêtées au début du labour, et fixées au moyen du régulateur. C'est ce que l'on appelle *régler la charrue*. Le régulateur, nous l'avons déjà dit, revêt des formes très-différentes, mais son mécanisme est toujours facile à comprendre. Les figures 76 et 77 représentent le régulateur de l'araire Dombasle.

Régulateurs.

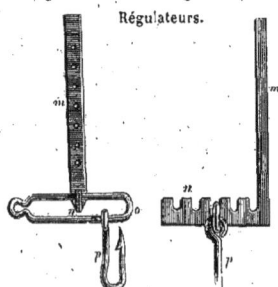

Fig. 76. *Fig. 77.*

Il est formé d'une branche verticale m qui glisse dans une mortaise pratiquée à l'extrémité de l'age, et d'une tige horizontale n, soudée à la base de la première et taillée en crémaillère (*fig. 77*). L'anneau de la chaîne de tirage o, qui porte à l'une de ses extrémités le crochet p où se fixe le palonnier, s'appuie sur la tige horizontale, et peut, à volonté, s'éloigner ou se rapprocher de la branche verticale. Une fois engagé dans l'une des dents de la crémaillère, il s'y maintient jusqu'à ce que l'on juge convenable de changer sa position. Quand on veut modifier la profondeur du labour, il suffit d'élever ou d'abaisser la tige verticale m. Si l'on désire augmenter la profondeur, on relève la tige du régulateur ; s'il s'agit, au contraire, de la diminuer, on fait descendre cette même tige. Ce changement imposé au travail de la charrue par le simple déplacement du régulateur, peut aisément se comprendre. Dans l'araire, la ligne de tirage est droite, et passe par trois points c, b, a, placés l'un (c) en dessous du sol, au centre de résistance, l'autre (b) à l'endroit où la chaîne s'engage sur le régulateur, et le troisième (a) à la hauteur de l'épaule des chevaux (*fig. 78*). Ces trois points, durant la marche de la charrue, tendent toujours à se mettre en ligne droite. Si, maintenant, on vient à changer la position de la tige verticale du régulateur, de manière à porter le point b en b', il se formera un angle a b'c qui tendra à s'effacer dès que la charrue commencera à se mouvoir ; mais ce résultat ne saurait se produire sans soulever l'extrémité antérieure de l'age et, simultanément, la pointe du soc, puisque toutes les parties de la charrue sont solidaires, de sorte que le labour doit perdre de sa profondeur. Quand, au contraire, on élève le régulateur, un effet inverse se produit : l'age s'incline à son extrémité antérieure, et le soc entre davantage dans le sol.

Le règlement de la largeur repose sur le même principe que celui de la profondeur. Il s'effectue en faisant mouvoir l'anneau de la chaîne sur la branche horizontale du régulateur. En le rapprochant de la branche verticale, on diminue la largeur, en l'en éloignant on augmente celle-ci. Ainsi, en supposant l'anneau à la place qu'il occupe dans la figure 77, il faudra le rapprocher de la tige m quand on voudra prendre une bande de terre moins

Fig. 78.

large, et l'en écarter, au contraire, quand on jugera nécessaire d'augmenter la largeur du labour.

Quoique l'on se serve habituellement du régulateur pour fixer les dimensions du labour, on peut cependant encore, dans le même but, faire usage d'autres procédés. C'est ainsi que les traits peuvent servir à régler la profondeur du labour. En allongeant les traits, on augmente la profondeur ; en les raccourcissant, on la diminue. Ces changements ont, en effet, pour conséquence de rompre la rectitude de la ligne de tirage abc (*fig. 79*) : dans le premier cas, la ligne de tirage devient a'bc, et

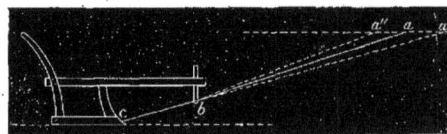

Fig. 79.

l'extrémité de l'age en s'abaissant augmente l'entrure du soc ; dans le second cas, la ligne de tirage deviendra a"bc, et la partie antérieure de l'age sera relevée, ce qui diminuera la pénétration du soc. On produirait des modifications analogues en faisant usage d'animaux de différentes tailles.

Un moyen auquel on peut également avoir recours pour modifier non-seulement la profondeur, mais aussi la largeur du labour, est fourni par les mancherons. En appuyant sur les mancherons, la pointe du soc se soulève, et la profondeur à laquelle pénétrait la charrue se trouve immédiatement réduite ; en les soulevant, au contraire, on favorise l'entrure du soc, et il en résulte un labour plus profond. Ce procédé, toutefois, ne convient nullement pour assurer la profondeur du labour d'une manière permanente ; il ne doit servir que pour la régulariser, que pour remédier aux déviations accidentelles que la charrue éprouve durant la marche.

En inclinant la charrue au moyen des mancherons, on modifie la largeur du labour. Celle-ci diminue, quand on incline la charrue vers la terre non encore labourée ; elle augmente, au contraire, si l'on incline l'instrument dans le sens opposé. Mais l'emploi de ce moyen donne un travail défectueux, car le soc ne coupe plus la terre parallèlement à la surface du sol, et le labour se fait en crémaillère.

Dans tous les cas, quand on change la profondeur du labour, il est nécessaire de modifier en même temps la largeur ; ces deux dimensions doivent conserver entre elles un rapport déterminé, sinon le labour ne présente pas toutes les qualités désirables. Quand le labour a pour objet l'ameublissement du sol, nous savons qu'il doit présenter au contact de l'air la plus grande surface possible : ce résultat s'obtient en réglant la charrue de manière à ce qu'elle coupe une bande de terre dont la profondeur soit à la largeur comme 1 : .1, 41, ou à très-peu près, comme 2 : 3. En observant ce rapport, les bandes de terre sont retournées par le versoir de manière à présenter une inclinaison de 45°, et l'on démontre aisément que la surface exposée à l'air par les prismes triangulaires mis alors en relief sur le sol, est supérieure à celle que l'on pourrait obtenir en adoptant tout autre rapport. Il n'est pas indispensable de recourir au calcul pour obtenir la largeur du labour dont on a fixé la profondeur : on la détermine facilement d'une manière graphique. On trace, à cet effet, sur le papier, un angle droit A, et sur les deux côtés on porte des longueurs AB et AC égales à la

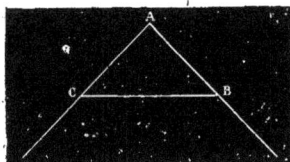

Fig. 80.

profondeur du labour. On joint B et C, et le côté B C du triangle donne la largeur cherchée (*fig.* 80).

La direction la plus avantageuse à donner au labour, est bien souvent déterminée par la forme géométrique des pièces de terre. On dirige, de préférence, les rayages dans le sens de la plus grande dimension des champs, afin de diminuer le nombre des tournées qui occasionnent des pertes de temps inévitables. Que les rayages aient 100 mètres de longueur ou qu'ils n'en aient que 50, la tournée conserve la même durée, et, en admettant qu'il faille trente secondes pour l'effectuer, il est aisé de calculer les pertes de temps qui doivent résulter de l'adoption d'une mauvaise direction, qui peut avoir pour conséquence de doubler, tripler, quadrupler les tournées. Néanmoins, quand le sol est imperméable, il convient de diriger les sillons dans le sens de la pente, afin de favoriser l'écoulement des eaux. Au reste, c'est en cheminant suivant la ligne de pente que la charrue fait la meilleure besogne, et qu'elle retourne la bande de terre avec le plus d'uniformité. Cependant, quand l'inclinaison du terrain est très-forte, il convient d'adopter une autre direction, attendu que les eaux acquérraient trop de vitesse en descendant, et causeraient des dégâts. Il est, d'ailleurs, à observer que quand la pente est très-prononcée, les animaux ne sauraient la gravir qu'avec infiniment de peine et en déployant de grands efforts. On pourrait alors labourer transversalement à la pente, sauf à tracer après des sillons pour l'écoulement des eaux ; mais, avec l'araire, cette méthode n'est pas sans inconvénient, attendu que l'on doit rejeter la terre tantôt vers le bas, et tantôt vers le

haut, et que, dans ce dernier cas, la bande de terre est repoussée vers le haut avec beaucoup de difficulté, et ne se renverse même qu'imparfaitement quand on tient la charrue dans une position convenable. Aussi est-il préférable de suivre une autre direction et de labourer obliquement à la pente. Sans doute, les animaux ont à gravir la pente et la charrue doit encore retourner la terre vers le haut, mais l'obliquité atténue ces inconvénients. On doit, d'ailleurs, en pareil cas, faire en sorte que les deux causes qui augmentent la résistance, n'agissent pas simultanément, et l'on y arrive en commençant le labour de manière à rejeter la terre vers le bas quand l'instrument gravit la pente, et à la renverser vers le haut quand l'attelage descend.

La conduite de l'araire, quand il est bien construit et bien réglé, n'impose que peu de fatigue au laboureur, mais elle exige de sa part une attention soutenue et une adresse intelligente. La charrue doit être maintenue d'aplomb, sinon la section du soc cesse d'être parallèle à la surface du sol, et le labour n'a plus une profondeur uniforme : cette règle doit être scrupuleusement observée. La largeur mérite également de fixer l'attention. On lui conserve l'uniformité désirable en traçant des raies bien droites et parfaitement parallèles. Le conducteur doit veiller à ce que ses chevaux tirent également ; il faut qu'il marche dans la raie, et qu'il se mette au pas avec son attelage. Ses mains ne doivent jamais quitter les mancherons, afin qu'il puisse prévenir ou corriger, instantanément, les déviations de la charrue. Quand le charretier est habile, les mouvements qu'il fait pour maintenir la marche régulière de l'instrument sont à peine sensibles. Les commençants procèdent tout différemment : aux moindres dérangements que la charrue éprouve dans sa marche, ils font des mouvements brusques, plus ou moins violents, et provoquent ainsi des déviations souvent plus nuisibles que celles auxquelles ils veulent remédier.

On fait mordre la charrue dans le sol en soulevant les mancherons, et quand on arrive à l'extrémité de la raie, il suffit d'appuyer sur les mancherons pour la faire sortir de terre. Pour effectuer la tournée, on incline la charrue de façon à ce que l'aile du soc porte sur le sol, et on la redresse quand on arrive en face de la nouvelle raie que l'on va entamer.

Pour transporter les charrues aux champs, les cultivateurs soigneux se servent d'un petit traîneau très-simple et très-peu coûteux, dont l'emploi devrait être général ; malheureusement, en beaucoup d'endroits, on est encore dans la déplorable habitude de conduire les charrues sur les terres à labourer en les faisant traîner

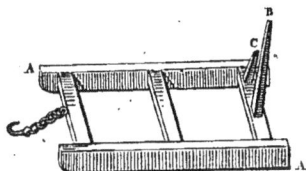

Fig. 81. — Traîneau pour l'araire.

sur les chemins. Ce traîneau (*fig.* 81) est formé de deux pièces de bois A,A réunies par trois traverses,

La traverse postérieure supporte deux tiges verticales dont l'une B s'engage dans une espèce

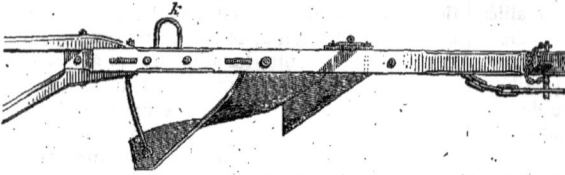

Fig. 82. — Plan d'araire.

d'œillet (fig. 82, k) fixé sur la face de la charrue opposée à celle où se trouve le versoir, et dont l'autre C, plus petite, maintient le sep, et empêche la charrue de se déplacer latéralement.

Les différentes espèces de labours. — Les labours diffèrent entre eux par leur *profondeur* et par leur *forme*. Sous le rapport de la forme, on distingue les *labours à plat*, les *labours en planches* et les *labours en billons*. Quand on les envisage sous le rapport de la profondeur, on les range ordinairement sous les trois dénominations suivantes : Les *labours superficiels*, — les *labours ordinaires*, — et les *labours de défoncement* ou *labours profonds*.

Labours superficiels. — Comme leur nom l'indique, les labours superficiels n'entament le sol que sur une faible épaisseur, et rarement leur profondeur dépasse 7 à 8 centimètres. Appliqués avec sagacité et en temps opportun, ils diminuent les frais de préparation des terres, et aident puissamment à maîtriser les mauvaises herbes.

On fait usage des labours superficiels, dans tous les pays où l'agriculture a fait quelques progrès, immédiatement après la moisson, pour rompre la croûte qui s'est formée à la surface du sol pendant l'occupation de la récolte, et ouvrir ainsi la terre, le plus tôt possible, à l'influence bienfaisante des

agents atmosphériques. Cette opération, connue sous le nom de *déchaumage*, a d'autres avantages encore : elle a nécessairement pour conséquence la destruction des mauvaises herbes qui occupaient le terrain, et, en recouvrant d'une légère couche de terre les graines répandues sur le sol par les plantes adventices arrivées à maturité pendant la végétation des céréales, elle favorise leur germination, et nous donne le moyen de leur faire une guerre efficace. Il n'en est pas de même quand ces semences sont enterrées par un labour de $0^m,15$ à $0^m,20$ ou plus de profondeur. Enfouies sous une épaisse couche de terre, elles s'y conservent, et sont ramenées peu à peu à la surface par les labours ultérieurs : placées alors dans des conditions propices à leur développement, elles germent et infestent nos récoltes. Le déchaumage prévient cet inconvénient, car, dès que les jeunes plantes sont sorties de terre, il suffit de donner un nouveau labour léger pour les faire périr.

On fait aussi usage de ces labours pour ameublir les terres qui, labourées avant ou pendant l'hiver, se trouvent fortement tassées et durcies au printemps, et ne sont pas en état de recevoir les semences. Au lieu d'un labour ordinaire à la charrue, qui exige toujours beaucoup de temps, inconvénient fort grave à un moment où les travaux sont généralement pressés, on donne un léger labour qui s'effectue rapidement quand on se sert d'instruments convenables. Au surplus, le labour qui remue le sol à 15 ou 20 centimètres peut être pernicieux au printemps, du moins dans certaines terres, en favorisant l'évaporation d'une humidité que l'on a tout intérêt à y conserver. On a également recours aux labours superficiels pour donner la dernière façon aux terres avant les semailles, et on les utilise surtout, avec infiniment d'avantage, pour détruire les gé-

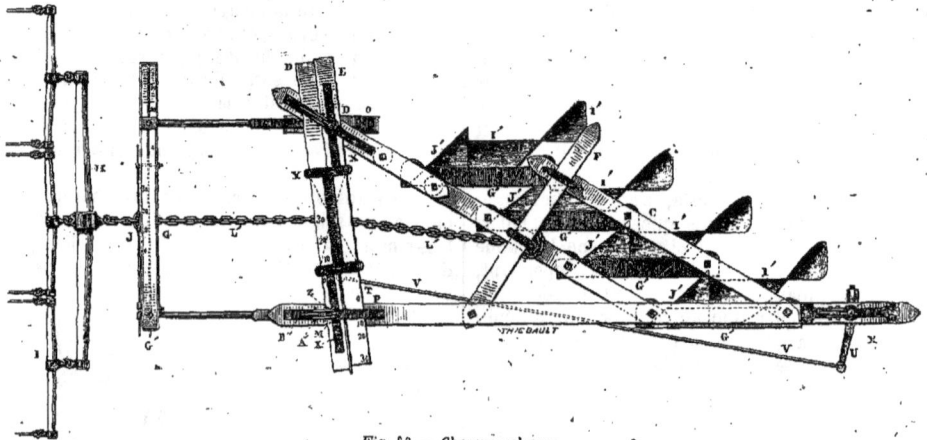

Fig. 83. — Charrue polysocs.

nérations successives de mauvaises herbes qui s'emparent des terres labourées entre le moment de la récolte et celui d'un nouvel ensemencement. Enfin, on s'en sert parfois, pour recouvrir les engrais pulvérulents, et même, dans quelques

cas, pour recouvrir les semences.

Les labours superficiels s'effectuent au moyen de la charrue, des polysocs, des extirpateurs et des scarificateurs.

L'araire proprement dit est un instrument peu

convenable pour ce genre de travail, parce qu'il n'a pas suffisamment de stabilité. On remédie à ce défaut au moyen de l'avant-train. Celui-ci n'est, toutefois, pas complètement indispensable, ainsi que l'atteste la pratique des cultivateurs flamands, qui exécutent tous leurs déchaumages au moyen de la *charrue simple munie d'un sabot*. Quoi qu'il en soit, la charrue n'est pas l'instrument auquel on doit donner la préférence pour cette espèce de labour. La besogne se fait plus rapidement et beaucoup plus économiquement au moyen des polysocs, des scarificateurs et des extirpateurs.

Les *charrues polysocs*, ou simplement *polysocs*, sont formées par l'assemblage de plusieurs corps de charrues sur un même châssis. La figure 83 représente le plan d'un de ces instruments pourvu

Fig. 84. — Bisoc.

de quatre corps de charrues. Il en existe qui portent un nombre de socs beaucoup plus considéra-

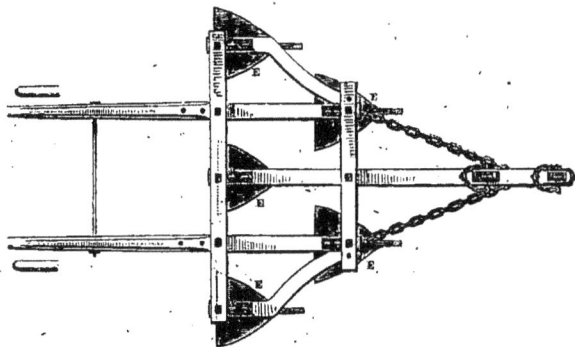

Fig. 85. — Extirpateur de Valcourt.

ble, mais ils ne sont nullement recommandables, attendu qu'ils ne sauraient donner un travail satisfaisant que pour autant que les terres offrissent une surface fort régulière. A notre avis, les meil-

Fig. 86. — Extirpateur.

leurs sont ceux qui ne portent que deux socs (*bisocs*) ou, tout au plus, trois socs (*trisocs*).

Les polysocs ont été inventés pour remplacer la charrue dans les labours ordinaires, mais, quoique leur invention remonte à une époque déjà ancienne, les tentatives faites pour les approprier à ce genre de travail n'ont pas donné des résultats entièrement satisfaisants, et l'on ne s'en sert guère, actuellement, que pour donner au sol des façons superficielles. Ils conviennent pour les labours légers dont la profondeur ne dépasse pas 7 à 8 centimètres, car ils ont beaucoup de stabilité, et comme ils font deux ou trois sillons à la fois, ils effectuent la besogne beaucoup plus rapidement que la charrue ordinaire. On fabrique à Grignon des polysocs justement réputés. Le trisoc et le bisoc surtout (*fig.* 84) donnent un très-bon labour, et à Grignon on se sert même du dernier de ces instruments pour exécuter certains labours ordinaires.

Les extirpateurs et les scarificateurs sont fréquemment préférés aux polysocs.

Le véritable *extirpateur* est formé d'un châssis de forme variable, en bois ou en fer, sur lequel sont fixées des tiges qui supportent des socs triangulaires à double tranchant. La figure 85 représente le plan de l'extirpateur de Valcourt. Il porte cinq socs horizontaux E, E, E, E, et, en avant des tiges qui servent de supports à ceux-ci, autant de coutres destinés à faciliter la marche de l'instrument (*fig.* 86). La profondeur à laquelle pénètrent les socs se modifie au moyen d'une roulette C, placée à la partie antérieure de l'age, et, quelquefois, au moyen d'un régulateur. Si l'on veut maintenant supposer que dans cet instrument les socs plats, ainsi que les tiges qui les relient au châssis, ont été supprimés, pour ne conserver que les coutres, on aura le *scarificateur proprement dit*.

Dans l'extirpateur, les socs doivent être disposés de façon à ce qu'aucune partie de la surface embrassée dans le parcours de l'instrument n'échappe à leur action. Il est avantageux d'adopter des socs larges, car cela permet d'en diminuer le nombre, et les engorgements sont alors moins à craindre.

Dans le scarificateur, il est essentiel que les dents soient réparties sur le châssis de telle manière que chacune d'elles trace un sillon distinct, et que, de plus, tous les sillons soient équidistants. Il convient, en outre, de ne pas trop les rapprocher afin d'éviter les engorgements de la part des mauvaises herbes et des mottes de terre un peu volumineuses.

La distinction que nous venons de faire entre les deux instruments existait jadis, mais elle est aujourd'hui fortement altérée. Les instruments de ce genre que l'on construit actuellement sur le continent, tiennent ordinairement et de l'extirpateur et du scarificateur. Cette modification, faite dans le but d'améliorer l'instrument, est certainement moins avantageuse que celle dont il a été l'objet en Angleterre, où on le construit généralement de manière à ce qu'il puisse, à volonté, servir soit de scarificateur, soit d'extirpateur. Il convient d'observer, en effet, que le travail des dents et des socs n'est pas identiquement le même, et que, dans certains cas, les unes sont préférables aux autres. L'extirpateur, au moyen de ses socs qui agissent parallèlement à la surface du sol, coupe la terre par tranches, l'ameublit, et détruit les mauvaises herbes, notamment celles à racines pivotantes; mais on ne saurait avantageusement s'en servir quand les terres sont fortement durcies. Il ne fonctionne bien que dans les sols qui présentent peu de consistance, ou dans ceux qui déjà ont reçu une première façon d'ameublissement, et, dans tous les cas, il ne convient que pour des façons très-superficielles. Le scarificateur entame le sol plus profondément. Les coutres solides dont il est pourvu, et qui agissent à la façon des dents de la herse, mais avec une énergie bien plus grande, pénètrent dans les sols fortement durcis; ils divisent la terre, l'ameublissent, et arrachent les mauvaises herbes, surtout celles à racines traçantes. Détachées du sol, celles-ci se dessèchent et périssent, et l'on peut les enterrer ou les enlever.

Les deux instruments peuvent donc être utiles dans nos exploitations, et l'innovation anglaise est extrêmement heureuse, et mérite d'être adoptée partout, car elle permet au cultivateur de réaliser une économie sur les frais d'acquisition de ses machines, et si cette économie est considérée comme avantageuse en Angleterre, elle doit être bien plus précieuse encore sur le continent où l'agriculture se plaint généralement de l'insuffisance des capitaux.

Cette utile combinaison se remarque, notamment, dans le scarificateur de M. Coleman de Chelmsford (fig. 87), très-renommé en Angleterre,

Fig. 87. — Scarificateur Coleman.

et qui a été classé hors ligne à l'exposition universelle de Paris, en 1855.

M. Londet a donné de ce scarificateur, dans les Annales de l'agriculture française, une très-bonne description que nous lui empruntons.

« L'instrument se compose d'un bâti en fer, et de traverses qui réunissent les montants entre eux et servent de point d'appui aux tiges des socs; chaque tige tourne autour d'une traverse et peut s'élever et s'abaisser à volonté. Un cylindre creux, en fonte, tournant librement autour d'un axe de fer, porte en son milieu un levier, et autant d'oreilles qu'il y a de pieds; chaque oreille est reliée par son extrémité supérieure à l'extrémité supérieure de chaque pied par une tige de fer, pouvant tourner sur les boulons qui la fixent aux pieds et à l'oreille. Le levier parcourt sa course entre deux arcs de cercle en fonte, et est maintenu par une cheville dans une position fixe. En agissant sur le levier, le cylindre, les tiges sont entraînées, et les pieds du scarificateur deviennent plus inclinés et pénètrent moins profondément. Quand, au contraire, on veut donner plus d'entrure à l'instrument, il suffit de reporter en avant la cheville qui arrête le levier; par la résistance que les socs éprouvent dans le sol, les pieds deviennent plus droits et leur extrémité inférieure s'abaisse.

« On arrive encore au même résultat avec les leviers latéraux qui portent, à l'extrémité de leur petit bras, l'essieu des roues; ces leviers sont également arrêtés par une cheville qui pénètre dans des arcs de cercle servant de guides. C'est lorsque les leviers sont verticaux que les pieds des scarificateurs sont le plus relevés.

« En avant du scarificateur, il n'y a qu'une seule roue qui suit toutes les directions que prend la ligne de tirage.

« Les pieds du scarificateur se composent de deux parties : du corps en fer, auquel on donne une légère courbure en avant, et des socs en fonte. Le corps de la dent du scarificateur doit être solide, parce que la résistance qu'il éprouve est plus ou moins considérable suivant la profondeur du labour et la dureté du sol; c'est pourquoi on le construit en fer. Le soc doit résister principalement à l'usure; la fonte alors convient mieux que le fer. »

Les socs qui accompagnent cet instrument, présentent différentes formes. On adapte aux pieds ceux dont la forme est appropriée au genre de travail que l'on veut exécuter. S'agit-il d'obtenir le travail de l'extirpateur, on se sert de socs plats et larges; si l'on demande, au contraire, à l'instrument de fonctionner comme scarificateur, on fait usage de socs étroits, ayant une forme conique ou pyramidale.

Les dimensions des extirpateurs et des scarificateurs influent nécessairement sur les quantités de travail qu'ils peuvent fournir dans un temps donné. Dans tous les cas, ils font, dans le même temps, deux ou trois fois plus d'ouvrage que la charrue, et, parfois même, davantage. Leur emploi permet donc de réaliser une économie d'argent et une économie de temps, et celle-ci, toujours avantageuse, est ordinairement fort précieuse surtout à l'époque où s'exécutent les labours superficiels, attendu qu'à ce moment-là les travaux des champs sont généralement très-pressés.

Labours ordinaires. — Les labours ordinaires se distinguent de ceux dont nous venons de nous occuper, par une plus grande profondeur. Les labours superficiels ne font en quelque sorte qu'écroûter le sol; les labours ordinaires remuent, chaque année, la couche arable dans toute son épaisseur. Ils sont usités partout, et quand on parle d'un labour sans indication spéciale, c'est toujours d'un labour ordinaire qu'il est question. Ce n'est pas à dire, pourtant, qu'ils aient constamment et partout la même valeur; ils diffèrent même sous plus d'un rapport, et, notamment, sous celui de la profondeur, le seul dont nous ayons ici à nous préoccuper. Ils diffèrent à cet égard, non-seulement de pays à pays, de province à province, mais, parfois, sur les terres d'une même commune. Dans certaines localités la profondeur des labours ordinaires ne dépasse pas 15 centimètres; ailleurs, elle atteint 20 centimètres, 25 centimètres, ou plus encore, et l'on peut dire qu'elle varie dans la proportion du simple au double. Sans doute, il est des cas où la nature du sous-sol pose une limite à la pénétration de la charrue, et, dans d'autres, il serait imprudent de la mélanger avec le sol, mais, à part ces circonstances, on peut, du moins en prenant quelques précautions commandées par l'expérience, augmenter, avec avantage, la profondeur de ces labours qui ne pénètrent qu'à 0ᵐ,14 ou 0ᵐ,15. Ainsi, la fertilité de la couche anciennement remuée par la charrue est ordinairement plus élevée que celle de la couche sous-jacente, et l'on ne saurait alors opérer leur mélange, à moins que l'on ne dispose d'une très-grande quantité d'engrais, sans nuire à la prospérité des récoltes. Dans de pareilles conditions, l'opération doit se faire graduellement, et, en quelques années, on arrive à la profondeur que l'on veut rendre permanente.

Les avantages que procurent les labours qui remuent annuellement le sol sur une grande épaisseur, sont, au plus haut point, dignes de fixer l'attention des cultivateurs; ils préparent l'abondance de nos récoltes, tout en les entourant d'une plus grande somme de sécurité. Nous avons déjà mentionné ces conséquences en nous occupant des façons d'ameublissement d'une manière générale, et nous y reviendrons, plus loin, en traitant des labours de défoncement.

Les heureux résultats de l'approfondissement de la couche arable sont connus depuis longtemps, et cette pratique est de vieille date usitée dans les pays réputés pour leur agriculture. Elle a donc pour elle la sanction des faits, et, en s'appuyant de leurs observations, des agronomes ont même cherché à exprimer en chiffres l'amélioration qu'elle procure. C'est ainsi que l'illustre Thaër, dans ses *Principes raisonnés d'agriculture*, admet que la valeur de la couche arable augmente de 8 pour 100 avec chaque pouce de profondeur qu'on peut lui donner en sus de 6 jusqu'à 10 pouces, et qu'elle diminue, dans la même proportion, de 6 à 3 pouces. Cette échelle exprime, d'une façon palpable, un principe incontestable, mais il ne faut pas attacher aux chiffres une valeur absolue. Dans des circonstances agrologiques ou climatériques différentes de celles où l'agronome alle-

mand faisait ses observations, ces chiffres se modifieront forcément. D'abord, il est certain, ainsi que l'a fait observer M. de Gasparin, que dans les pays méridionaux, la valeur ne cessera pas de s'accroître au delà de 10 pouces, et qu'en outre, elle subira, en se réduisant au-dessous de 6 pouces, une dépression beaucoup plus considérable. En comparant les effets de l'augmentation et de la diminution de la profondeur dans des terres de nature différente, on trouverait également que les chiffres de Thaër exigent des changements pour concorder avec les faits.

La terre reçoit ordinairement plusieurs labours dans le courant d'une année, mais tous n'ont pas la même profondeur. Il est généralement avantageux de commencer par celui qui entame le sol dans toute son épaisseur; ceux qui suivent achèvent l'ameublissement du sol en le remuant à différentes profondeurs, et c'est, d'ailleurs, en faisant varier celles-ci d'une manière convenable que l'on obtient le mélange intime des engrais avec la couche arable.

On compte aujourd'hui un très-grand nombre de charrues possédant les qualités nécessaires pour exécuter les labours ordinaires avec la perfection désirable. Nous en avons mentionné quelques-unes en passant en revue les différents organes de la charrue, et nous les avons choisies à dessein parce qu'elles sont réellement recommandables.

Labours de défoncement. — On donne le nom de labours de défoncement ou labours profonds à ceux qui pénètrent en dessous de la couche remuée par la charrue dans les labours ordinaires, et qui, conséquemment, entament le sous-sol.

Le caractère tiré de la profondeur n'est toutefois pas le seul qui puisse servir à distinguer les labours de défoncement des labours ordinaires: ceux-ci, en effet, figurent parmi les opérations qui se répètent annuellement, tandis que ceux-là ne se renouvellent que périodiquement.

L'expérience a, depuis longtemps, démontré la haute utilité des labours profonds. Cependant les avantages qui y sont attachés, ne sont pas encore reconnus par la généralité des cultivateurs, et, parmi ceux-ci, il en est même un bon nombre qui les accusent de nuire à la productivité des terres! Mais jamais l'opération ne saurait avoir cette fâcheuse conséquence quand elle est rationnellement exécutée.

Une crainte que partagent beaucoup de cultivateurs, consiste à croire que les défoncements, en augmentant l'épaisseur de la terre ameublie, donnent lieu à une prompte déperdition de l'humidité. Cette crainte est purement chimérique. Les faits prouvent à l'évidence que la fraîcheur est, au contraire, beaucoup plus assurée quand la couche arable est profondément remuée et que, d'autre part, l'excès d'humidité y est infiniment moins à redouter. Ces résultats, tout contradictoires qu'ils puissent paraître, sont faciles à expliquer.

N'est-il pas évident que de deux terres, dont l'une est ameublie et perméable jusqu'à la profondeur de 0ᵐ,30, par exemple, et l'autre jusqu'à 0ᵐ,15 seulement, la première pourra emmagasiner une quantité d'eau supérieure à celle que peut absorber la seconde ? — Il est, en outre, nécessaire de remarquer que, dans le premier cas, les eaux pluviales, trouvant un réservoir plus vaste, peuvent se distribuer dans un volume de terre plus considérable, et s'éloigner davantage de la surface où leur séjour a, pour la végétation, de si fâcheuses conséquences. C'est à cette absorption de l'humidité surabondante par les couches inférieures ameublies qu'il faut, peut-être, attribuer l'opinion qui consiste à voir dans les labours profonds une cause de dessiccation pour le sol. Mais que l'on se rassure. L'humidité qui, par infiltration, s'éloigne de la superficie où sa présence pourrait être si funeste, n'est pas irrévocablement perdue pour les plantes : elle est, au contraire, mise en réserve pour leur venir en aide dans les moments de pénurie et, ainsi, assurer leur existence. Sans doute, quand la couche meuble n'a que peu d'épaisseur, elle est plus aisément humectée dans toute son étendue, mais elle est aussi plus exposée à souffrir de la surabondance des eaux, inconvénient grave auquel le défoncement apporte un remède efficace.

Les labours profonds contribuent donc à l'assainissement des terres. Quant à l'influence qu'ils exercent sur la conservation de la fraîcheur, il est tout aussi facile de s'en rendre compte. D'abord, ainsi que la remarque vient d'en être faite, les terres défoncées sont aptes à recueillir une plus forte quantité d'eau, et, en outre, elles la conservent beaucoup mieux. Il ne saurait en être autrement. Les eaux pluviales reléguées dans les couches inférieures sont abritées contre la chaleur solaire, et ne sont pas, comme celles qui imprègnent les couches superficielles, exposées à être promptement éliminées par l'évaporation. A l'époque des grandes chaleurs, l'humidité tenue en réserve par le sous-sol, remonte par capillarité vers le milieu occupé par les racines, et procure aux plantes une fraîcheur salutaire. On sait, d'ailleurs, que les racines ont une tendance à progresser vers les endroits qui recèlent la fraîcheur ; aussi les voit-on, dans la couche arable, se diriger vers les points où l'humidité est reléguée, et comme, pour les atteindre, elles doivent s'enfoncer, il en résulte cette autre conséquence avantageuse, qu'elles s'éloignent de la surface et échappent plus sûrement encore à l'influence desséchante de l'air. C'est là ce que l'on sait, d'ancienne date, dans les pays méridionaux où les sécheresses sont habituelles ; aussi, les défoncements figurent-ils au nombre des procédés employés avec succès par les cultivateurs de ces contrées pour lutter contre l'influence d'une atmosphère brûlante.

Les bienfaits des labours profonds ne s'arrêtent pas là. Une terre remuée sur une grande épaisseur offre naturellement aux racines un milieu plus propice à leur développement ; elles peuvent s'accroître plus librement, sans être exposées à se gêner mutuellement, devenir plus fortes et fournir à la tige une nourriture plus copieuse, gage d'une fructification plus abondante. On a également pu faire la remarque que, dans les terres profondes, les céréales sont moins sujettes à la verse, et cela est évidemment dû à ce que la racine, plus vigoureuse, donne plus de stabilité à la plante, et à ce que la tige, mieux nourrie, acquiert une force qui lui permet de résister aux influences atmosphériques, et de supporter, sans fléchir, le poids de son épi. Au surplus, à la suite du défoncement, le sol gagne des aptitudes nouvelles, et il est capable de fournir, non-seulement des produits plus considérables, mais aussi des récoltes plus variées. Cette amélioration, toujours fructueuse, doit surtout être considérée comme indispensable, quand on veut livrer les terres à la culture des plantes-racines, telles que betteraves, carottes, etc., etc. Sans elle, on espérerait vainement de riches récoltes.

Les défoncements mettent également à la disposition des cultivateurs un puissant moyen de destruction des mauvaises herbes. Parmi ces dernières il en est, comme on sait, qui sont pourvues de racines très-longues, et que l'on ne saurait extirper par les labours ordinaires, mais elles ne résistent pas au défoncement du sol.

Indépendamment de ces avantages, les labours de défoncement nous procurent encore, du moins dans certaines circonstances, un moyen facile et peu dispendieux de changer les propriétés physiques et chimiques du sol. Celui-ci peut, on le sait, pécher par un excès de légèreté ou par une compacité trop grande, et, dans les deux cas, il donne lieu à des inconvénients bien connus des cultivateurs. Le défoncement, en pareil cas, acquiert une utilité spéciale, si le sous-sol est d'une nature différente du sol. Or, cette heureuse superposition se rencontre assez souvent encore, et il faut savoir en profiter.

Il n'est pas rare, en effet, qu'un sol de nature sablonneuse repose sur un banc d'argile, ou qu'une terre argileuse ait pour sous-sol une couche sablonneuse. En semblable occurrence, on peut, aisément, au moyen des labours profonds, mélanger une portion du sous-sol avec le sol, et introduire dans la couche arable des matières douées de propriétés différentes de celles que possèdent les éléments qui entrent dans sa constitution. Par le mélange de l'argile et du sable, celui-ci s'approprie, en partie, les propriétés qui distinguent l'argile, et, conséquemment, s'améliore : le sol ainsi modifié se maintient plus frais, les récoltes y sont plus assurées et peuvent également y être plus variées. Il en est de même dans le cas où l'argile s'appuie sur un sous-sol sablonneux, car l'introduction de la silice dans la couche d'argile diminue sa ténacité, l'allége et la rend plus perméable. A la suite de l'opération, le terrain argileux est donc plus facile à travailler ; son affinité pour l'eau est diminuée, et les récoltes y sont moins exposées à souffrir de l'humidité. D'autre part, les travaux y sont moins entravés, et les labours, de même que les semailles, peuvent s'effectuer plus tard en automne et de meilleure heure au printemps.

Parfois aussi, la terre labourable a pour assise une couche de marne. Si le sol est dépourvu de calcaire, une semblable coïncidence est évidemment une bonne fortune pour le cultivateur qui, par la seule augmentation de la profondeur des labours, peut effectuer un marnage extrêmement économique, puisqu'il ne donne lieu à aucuns frais d'acquisition, d'extraction ou de transport. En pareil cas, il n'y a d'autre dépense à faire que celle qu'occasionne le défoncement, et l'amélioration qui en résulte est d'ordinaire extrêmement remarquable.

Quoi qu'il en soit, le défoncement du sol exige une grande circonspection : appliqué inconsidérément, il peut donner lieu à de graves mécomptes, et porter de rudes atteintes à la fertilité de ce sol. Sans doute, il est des circonstances où l'on peut sans danger, et même d'une manière très-profitable, mélanger le sous-sol avec le sol, mais, dans la plupart des cas, il faut le faire avec beaucoup de précaution, parfois même la prudence commande de s'en abstenir.

Que le sous-sol puisse, par son mélange avec le sol, produire des effets contraires à la végétation, cela ne doit pas surprendre. La situation respective du sol et du sous-sol les place, la plupart du temps, dans des conditions bien différentes. Le sol reçoit les engrais ; il est ameubli, aéré par les façons annuelles. Le sous-sol, au moment où le défoncement s'effectue, n'a peut-être jamais éprouvé le salutaire contact de l'air atmosphérique ; il ne possède, bien souvent, qu'une dose de fertilité fort inférieure à celle de la couche arable, et il contient même, certaines fois, des principes contraires à la végétation, et qui ne peuvent perdre leurs propriétés nuisibles que par une exposition à l'air longtemps prolongée. Si, dans ces conditions, on mélange, sans discernement, les couches superposées, il faut s'attendre à une diminution dans le produit des récoltes, car on a positivement amoindri la richesse du sol, et l'on peut même le frapper de stérilité pour une longue suite d'années.

Si l'on veut opérer en toute sécurité, on doit prendre l'expérience pour guide. Avant d'étendre le défoncement à toutes les terres d'une exploitation, rien n'est plus rationnel que de faire préalablement un essai sur une petite étendue. On peut, d'ailleurs, en examinant la manière dont se comportent les graines tombées dans les dérayures ou les rigoles d'écoulement, de même que celles qui sont répandues aux endroits où la charrue a, par mégarde, ramené de la terre du sous-sol à la superficie, recueillir des indices sur les résultats que doit donner l'opération.

On trouve cependant des terrains où le mélange peut s'effectuer impunément et produire des effets éminemment avantageux. Le cas peut se présenter quand le sous-sol, riche de sa nature et habituellement alors de même composition que le sol, a échappé à l'épuisement infligé à ce dernier par les récoltes, ou bien encore, quand il a pu, par infiltration, s'enrichir des matières enlevées par les eaux pluviales aux engrais déposés dans la couche arable. Quand de pareilles conditions se rencontrent, le cultivateur doit savoir en tirer parti, car il y a là des éléments précieux d'amélioration pour un domaine.

En supposant que l'on ait constaté que le mé-lange du sous-sol avec le sol est de nature à nuire aux récoltes, ce n'est pas un motif pour renoncer à l'opération ; il faut seulement alors agir avec prudence, et n'opérer le défoncement que d'une manière graduelle. Le défaut de fertilité du sous-sol se corrige par les engrais, mais pour l'entamer profondément et ramener à la surface une couche épaisse de terre neuve, il faut pouvoir disposer de copieuses fumures. Or, à moins d'être placé dans des conditions exceptionnelles, on est rarement à même de satisfaire immédiatement à une pareille exigence, du moins quand l'opération embrasse une surface un peu vaste. Il est donc préférable d'arriver graduellement, en plusieurs années, à la profondeur à laquelle on a l'intention de s'arrêter : on se réserve ainsi une latitude précieuse pour se procurer ou fabriquer les engrais indispensables, tout en se ménageant plus de chances de succès. On garantit également la réussite de l'opération, en donnant les labours de défoncement avant l'hiver : la terre nouvelle ramenée à la surface reçoit durant toute la mauvaise saison l'impression fécondante de l'atmosphère ; elle s'aère, se délite et se mûrit, comme on dit habituellement, sous l'influence des gelées et des agents météoriques. Cette précaution est toujours fort utile, mais elle est, surtout, d'une extrême importance, quand le défoncement s'effectue en une seule fois.

Dans le cas où l'on a affaire à un sous-sol qui renferme des substances douées de propriétés nuisibles à la végétation, il ne saurait être question, bien entendu, de le mélanger à la couche végétale, mais il n'est nullement interdit de chercher à en accroître la perméabilité en l'ameublissant. On obtient le résultat désirable en défonçant le sous-sol sans le déplacer.

Les labours profonds sont, sans doute, plus coûteux que les labours ordinaires, et si l'on n'envisageait que la dépense qu'ils occasionnent, on reculerait probablement devant leur application. Mais ce n'est là, comme dans toute amélioration agricole, qu'un des côtés de la question, et si l'on considère, en même temps, les avantages qui en résultent, on reconnaît sans peine que ceux-ci ne sont pas trop chèrement achetés. Au surplus, les défoncements ne sont pas des façons annuelles ; ils ne se renouvellent que périodiquement. Les frais ne doivent donc pas peser sur un seul produit, mais se répartir sur une série de récoltes. L'expérience des pays où ils sont en usage, atteste que les labours profonds, convenablement exécutés, font sentir leurs effets pendant plusieurs années, et qu'il suffit de les répéter tous les six ou sept ans pour entretenir leur influence bienfaisante.

On exécute les défoncements soit avec la charrue, soit avec les instruments à mains. Les circonstances économiques doivent fixer le choix du cultivateur. On procède différemment suivant que l'on veut laisser le sous-sol en place, ou que l'on veut le ramener à la surface.

Dans la petite culture, quand la nature du sol le permet, on se sert fréquemment de la bêche. Si l'on veut simplement ameublir le sous-sol sans le ramener à la superficie, on ouvre une jauge, en procédant comme nous l'avons dit précédemment, et, quand elle est achevée, des ouvriers y descendent et bêchent le sous-sol. Si celui-ci présente une grande résistance, ou s'il est mélangé d'une grande quantité de pierres, on peut avantageusement remplacer la bêche par la fourche, puisqu'il ne s'agit pas de déplacer la terre, mais simplement de l'ameublir. Cela fait, on ouvre une seconde jauge parallèle à la première et qui n'entame que le sol, et la terre qui en est extraite sert à recouvrir le sous-sol que l'on vient de remuer. À l'égard du sous-sol de cette nouvelle jauge, on procède comme on l'a fait pour celui de la jauge précédente, et l'on suit la même marche jusqu'à ce que l'on ait achevé le défoncement du champ tout entier. La dernière jauge qui reste ouverte, après en avoir retourné et divisé le fond, est remplie par l'un des procédés que nous avons fait connaître en examinant le labour à la bêche.

S'il s'agit, au contraire, de modifier la superposition des couches et de ramener le sous-sol à l'air, on opère différemment. On ouvre d'abord une jauge comme dans le labour ordinaire, puis on entame le sous-sol jusqu'à la profondeur arrêtée d'avance, et l'on enlève la terre que l'on place sur le guéret à côté de celle fournie par le premier fer de bêche, mais en ayant soin de ne pas les confondre, de sorte que quand la tranchée est achevée dans toute la largeur du champ, elle montre toute la profondeur du défoncement. On ouvre ensuite une seconde jauge en procédant identiquement de la même manière, seulement la terre détachée par le premier fer de bêche est déposée dans le fond de la première tranchée, et celle qui provient du second fer de bêche est placée par-dessus. De cette façon, la superposition des couches se trouve intervertie, le sol prend la place du sous-sol et *vice versâ*. Pour combler la seconde jauge, on en ouvre une troi-

Fig. 88. — Charrue Morton.

sième, et ainsi de suite, jusqu'à ce que l'on arrive à l'extrémité de la pièce que l'on est en train de

Fig. 89. — Charrue Bonnet.

labourer. Pour remblayer la dernière jauge, on se sert de la terre qui a été enlevée de la pre-

mière, en prenant, toutefois, la précaution de placer dans le fond la terre qui provient de la couche superficielle, et, par-dessus, la terre extraite du sous-sol.

Il faut toujours avoir soin de donner aux jauges des dimensions suffisantes pour que les ouvriers puissent constamment y travailler à l'aise, et sans être gênés dans leurs mouvements. Quand le sous-sol est très-dur, pierreux ou caillouteux, on doit alors, fréquemment, recourir au pic et à la tournée pour effectuer le défoncement.

Les défoncements à la charrue se font de plusieurs manières différentes. Parfois, on se sert concurremment d'une charrue ordinaire et de la bêche. La charrue ouvre le sillon à la profondeur ordinaire, et des hommes munis de bêches entament le sous-sol, et placent la terre qu'ils soulèvent sur la bande de terre retournée par l'araire. En pareil cas, il faut prendre la précaution de recruter un nombre d'hommes suffisant pour que la marche de la charrue ne soit pas arrêtée. Quand le sous-sol doit simplement être ameubli et non déplacé, les ouvriers, au lieu de se servir de la bêche, peuvent très-bien employer la fourche. Cette méthode est connue, en certains endroits, sous le nom de *pelleversage*.

Les procédés où l'on fait uniquement usage de la charrue sont moins coûteux. Le défoncement peut s'exécuter au moyen d'une seule charrue, à la condition que celle-ci soit construite avec une grande solidité et munie d'un versoir dont le développement soit en rapport avec les dimensions de la bande de terre qu'il doit retourner. Les charrues de ce genre exigent toutes de nombreux attelages, et, quand on les emploie, il est généralement plus avantageux de les faire traîner par des bœufs que par des chevaux.

On se sert également, dans le même but, d'une charrue pourvue de deux corps fixés sur un même age, mais placés à des niveaux différents. La figure 88 représente un instrument de ce genre; c'est la charrue Morton. Ces instruments exigent un attelage de huit ou dix chevaux pour travailler à une profondeur d'environ 0^m,40 et l'emploi de plusieurs aides; aussi ne sont-ils guère usités, et l'on préfère généralement se servir de deux charrues qui se suivent dans la même raie. Ces deux charrues marchant isolément et ayant un attelage distinct, utilisent beaucoup mieux les forces des animaux, marchent plus rapidement, et sont infiniment plus faciles à conduire et à diriger. On se sert alors, pour ouvrir la raie, d'une charrue ordinaire, mais celle qui la suit et entame le sous-sol, a de plus grandes résistances à vaincre, et doit être plus solidement construite et pourvue d'un versoir offrant une inclinaison suffisante pour ramener la terre du sous-sol à la superficie, et la renverser par dessus la bande retournée par la première charrue. Cette disposition se remarque dans la charrue

Bonnet dont les figures 89 et 90 montrent l'élévation et le plan.

Mais ces procédés cessent d'être applicables

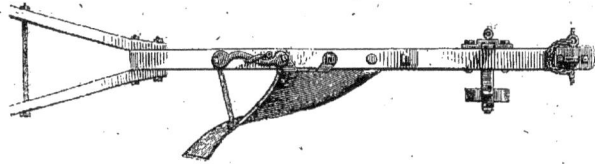

Fig. 90. — Plan de la charrue Bonnet.

quand le sous-sol ne peut plus être, sans danger, mélangé avec le sol ou prendre sa place. On a alors recours à des charrues spéciales, construites de façon à pouvoir remuer et diviser le sous-sol sans le déplacer. Tel est l'objet des *charrues sous-sol*. Elles marchent dans le sillon ouvert par une charrue ordinaire. Au besoin, on peut faire servir à cet usage une charrue ordinaire débarrassée de son versoir; mais il est préférable d'employer un instrument construit spécialement pour exécuter ce genre de travail. La figure 91 repré-

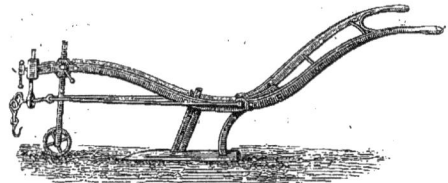

Fig. 91. — Charrue sous-sol.

sente un instrument de cette espèce. La figure 92 donne le dessin de la charrue sous-sol de Read,

Fig. 92. — Charrue sous-sol de Read.

qui peut remuer le sous-sol à une grande profondeur et fait une excellente besogne.

Dans les terres légères, le défoncement s'effectue, parfois, au moyen d'un *fouilleur*. Dans certaines localités de la zone sablonneuse des Flandres, notamment dans les environs de Thourout, on fait usage d'un fouilleur armé de trois fortes dents que l'on peut, à volonté, élever ou abaisser sur le châssis qui les porte, et qui fait un très-bon travail. Cet instrument, que deux forts chevaux peuvent faire avancer, marche dans le sillon ouvert par la charrue et ameublit parfaitement le sous-sol à une profondeur de 0m,15 ou 0m,20.

Labours à plat. — La terre labourée à plat présente une surface régulière, qui n'est découpée par aucune dérayure. Avec ce mode de labour, toutes les bandes de terre sont inclinées dans le même sens, et la seule jauge qui reste ouverte

sur le champ qui y est soumis, quand le travail est complétement achevé, est celle qui résulte du dernier sillon tracé par la charrue.

Supposons que l'on ait à labourer, d'après ce système, un champ de forme rectangulaire (*fig.* 93). On commence à enrayer sur l'un des bords du champ, en A, par exemple; arrivé à l'extrémité du sillon, l'attelage tourne à gauche et en ouvre un second, parallèle et contigu au premier; quand la charrue atteint le point B, elle tourne à droite, et creuse une troisième raie parallèle aux deux précédentes et de même largeur, et l'on suit la même marche jusqu'à ce que la terre soit entièrement labourée. La figure 94 montre la section verticale d'un labour exécuté de cette manière. On y voit l'inclinaison des bandes de terre vers un seul côté de la pièce, et le sillon laissé béant par le dernier trait de charrue.

On ne saurait, sans se soumettre à des pertes de temps extrêmement onéreuses, se servir de l'araire pour l'exécution du labour à plat, à moins de modifier la marche que nous venons d'indiquer. On doit faire usage des *charrues à tourne-oreilles* (*fig.* 95), ou de charrues formées de deux corps adossés (*fig.* 96) ou superposés. Les dernières sont généralement lourdes, et d'un maniement et d'un tirage pénibles. Quant aux charrues à tourne-oreilles (*fig.* 95), elles sont plus ou moins défectueuses, malgré les tentatives faites

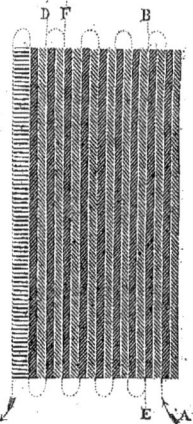

Fig. 93. — Labour à plat.

Fig. 94.

Fig. 95. — Charrue à tourne-oreille.

pour les améliorer, dans ces dernières années surtout, et ne sauraient exécuter un travail ayant les mêmes qualités que celui de la charrue à versoir fixe. Il en est beaucoup parmi elles qui portent un soc en fer de lance, trop étroit pour couper entièrement la bande de terre dans le sens horizontal, et donnant cependant lieu à des frottements inutiles. Habituellement aussi, le versoir offre une courbure défectueuse, et le coutre occupe une position qui ne permet pas à cet organe

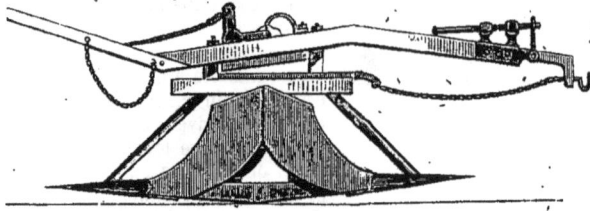

Fig. 96.

de fonctionner de la manière la plus profitable.

Les labours à plat ont pour avantages de supprimer les nombreuses enrayures et dérayures que l'on est obligé de conserver dans les autres modes de labours, de ne pas altérer la régularité de la surface du terrain, et d'abolir les longues tournées. L'uniformité de la surface est , sans doute, favorable à l'exécution des travaux postérieurs aux labours, mais, à notre avis, la suppression des dérayures n'a pas toute l'importance que l'on y attache ordinairement, et ne saurait justifier l'adoption d'un mauvais instrument. Quant à la réduction de l'ampleur des tournées, c'est un avantage réel, qui procure une précieuse économie de temps.

Le labour à plat peut, parfois, être utile dans les terres fortement pentueuses. La charrue à tourne-oreille permet, en effet, de labourer transversalement à la pente, et de renverser la terre constamment vers le bas. Avec un instrument de ce genre, on n'a jamais à retourner la bande de terre vers le haut de la pente, et c'est une difficulté que l'on ne saurait éviter avec l'araire.

Ainsi que nous l'avons laissé pressentir plus haut, la charrue à versoir fixe peut être employée pour exécuter les labours à plat, mais il faut alors préalablement faire sur le terrain un tracé destiné à guider la marche de l'instrument. Cette méthode, applicable surtout aux terres à surface bien régulière , a d'abord été mentionnée par M. de Valcourt, mais elle n'a été bien décrite que par M. Lœuillet, actuellement sous-directeur de l'École impériale de la Saulsaie, qui lui a consacré, en 1854, un excellent article dans les *Annales de l'agriculture française* , et lui a donné le nom de *labour de Fellemberg*, pour rendre hommage au célèbre fondateur de l'École d'Hofwill où elle est usitée depuis longtemps (1). Nous allons essayer de la faire connaître en résumant le travail de M. Lœuillet.

De même que le labour en planches s'exécute en endossant et en refendant, de même le labour de Fellemberg se fait *en dedans* et *en dehors*.

Dans le premier cas, on entame le labour par la partie centrale de la pièce de terre, et l'on termine par la circonférence, et la terre est constamment versée vers l'intérieur.

Dans le labour en dehors, on commence le travail en longeant les côtés, et l'on termine au

centre. La terre est alors continuellement versée vers le pourtour du champ.

Le tracé est le même dans les deux cas, sauf une légère différence dont nous ferons ultérieurement mention. Considéré d'une manière générale, ce tracé est fondé sur la division des angles en deux parties égales. La ligne qui partage un angle en deux parties égales, s'appelle *bissectrice*, et chacun des points de celle-ci est à égale distance des deux côtés de l'angle.

Soit d'abord à labourer un champ de forme triangulaire ABC (*fig.* 97). On trace d'abord les bissectrices des trois angles A, B, C, qui se rencontrent au point O, centre du triangle. Celui-ci étant à égale distance des trois côtés du triangle, si l'on commence à labourer à partir de ce point, et que l'on trace des raies parallèles aux côtés du triangle, en ayant soin de chan-

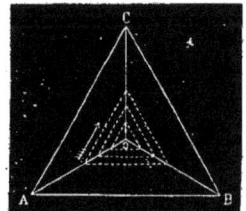

Fig. 97.

ger de direction à la rencontre des bissectrices, on se rapproche uniformément des côtés du champ, et le dernier trait de charrue finira par marquer le contour de la pièce de terre.

Quand on a déterminé le point o, on trace les bissectrices par un double trait de charrue. Partant du point A et la charrue versant à droite, on se dirige sur le point o, puis sur le point B, d'où l'on revient au point o, pour se diriger vers C ; en quittant le point C, on marche vers o pour revenir en A, et les bissectrices se trouvent marquées par une dérayure à trois branches.

Pour exécuter le tracé sur un champ parallélogrammique ou rectangulaire (*fig.* 98), on divise en deux parties égales les angles A, B, C, D ; les bissectrices se coupent d'une part en M, et de l'autre en N ; on joint les points M et N, et la ligne MN est médiane et parallèle aux deux côtés AD et BC du rectangle. Si on laboure alors en tournant autour de la ligne MN, en changeant de direction à la rencontre des bissectrices, et, en maintenant les raies bien parallèles aux côtés du rectangle, on formera des rectangles sem-

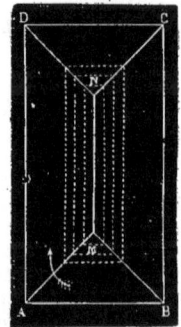

Fig. 98.

blables de plus en plus grands, dont le dernier confondra ses côtés avec les limites du champ. Comme précédemment, on commencera toujours par tracer les bissectrices au moyen d'un double trait de charrue.

Dans le cas où l'on a à effectuer le tracé d'un quadrilatère irrégulier, on procède de la manière suivante. Soit le quadrilatère irrégulier ABCD

(1) *Annales de l'agriculture française*, 5e série, t. IV, 1854.

(*fig.* 99). On trace d'abord les bissectrices adjacentes au plus petit côté. Du point P, intersection des

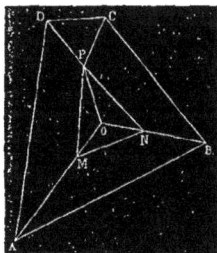

Fig. 99.

deux bissectrices, on mène deux lignes, l'une parallèle au côté DA, et l'autre parallèle au côté CB, jusqu'à la rencontre des bissectrices des angles A et B, en M et N, puis on tire MN qui est parallèle à AB. On laboure d'abord le triangle MNP en suivant la méthode décrite plus haut, et le reste du labour s'effectue en traçant extérieurement à ce triangle, des raies parallèles aux quatre côtés du quadrilatère, et en ayant soin de changer de direction à la rencontre des bissectrices.

Supposons, enfin, que nous ayons affaire à un hexagone irrégulier ABCDEF (*fig.* 100); ce tracé

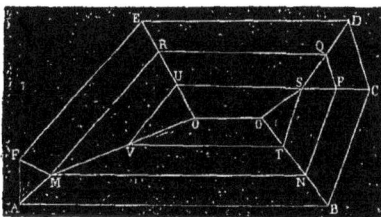

Fig. 100.

pourra servir de guide à tous les cas qui peuvent se présenter dans la pratique. Il s'agit de réduire successivement, un par un, le nombre des côtés du polygone. Cette réduction doit porter immédiatement sur le plus petit côté de la figure sur laquelle on opère, parce que les bissectrices correspondantes à ce côté se rencontrent le plus près possible des bords du champ.

On commence donc par mener les bissectrices des angles A et F, et par le point d'intersection M, on tire des parallèles aux côtés AB et FE, jusqu'à leur rencontre en N et R avec les bissectrices des angles B et E. Puis, des points N et R, on mène des parallèles à BC et ED, jusqu'à leur rencontre en P et Q avec les bissectrices des angles D et C, et, enfin, l'on joint P et Q. On obtient ainsi le pentagone MNPQR dont les côtés sont parallèles à cinq côtés de l'hexagone, et à égale distance les uns des autres.

On opère dans le pentagone de la même manière que dans l'hexagone, et l'on arrive à la nouvelle figure TSUV, qui, ayant les deux côtés SU et TV sensiblement parallèles, peut être considérée comme un trapèze. Son tracé donne une ligne médiane OO' autour de laquelle on exécute le labour, en procédant comme on l'a indiqué ci-dessus.

Les dérayures préalables dans les trois figures intérieures de six, de cinq et de quatre côtés, s'obtiendront en conduisant la charrue dans l'ordre qui suit : AMO'OB, BOSC, CSD, DSOO'E, EO'MF, FMA.

La présence d'un angle rentrant rend quelquefois le tracé impossible. Dans ce cas, une ligne convenablement menée par l'angle rentrant, convertit ce dernier en deux angles saillants, et partage le champ en deux parties, dans chacune desquelles on opère comme à l'ordinaire.

Ce que nous venons de dire concerne le labour en dedans. Dans le labour en dehors, le tracé est identiquement le même, mais il surgit un inconvénient, attendu que l'attelage, en changeant de direction aux bissectrices, est obligé de fouler la terre déjà labourée, ce qui n'a jamais lieu dans le labour en dedans. Pour éviter ou du moins atténuer cet inconvénient, on réserve, pour effectuer les tournées, des planches d'environ 4 mètres de large dont l'axe correspond à la ligne médiane et aux bissectrices. La figure 101 montre un tracé

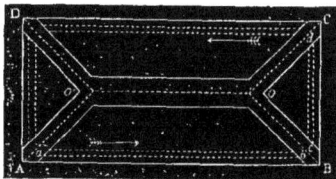

Fig. 101.

de ce genre, et la manière d'opérer, en pareil cas, est facile à comprendre. On enraie en *a* et l'on trace un sillon parallèle au côté AB, mais qui, au lieu d'atteindre la bissectrice de l'angle B, s'arrête en *b*, à l'intersection de la ligne qui marque la limite de la planche réservée, sur laquelle l'attelage opère sa tournée après que l'on a fait sortir la charrue de terre. On fait de nouveau mordre le soc en *c*, et l'on ouvre un sillon parallèle à BC, qui s'arrête en *d* où une nouvelle tournée a lieu, et ainsi de suite. Quand la portion de labour parallèle aux côtés du rectangle est achevée, on laboure les planches intérieures en refendant et en suivant les lignes qui marquent leurs limites.

Le labour de Fellemberg peut, dans certains cas, présenter une utilité spéciale pour faciliter l'évacuation des eaux, surtout dans les champs qui n'ont pas une grande étendue. Si, en effet, on répète plusieurs fois le labour en dedans, le champ finit par prendre du relief à la partie moyenne, et il offre alors des plans inclinés qui aboutissent aux différents côtés.

Labours en planches. — On dit que le *labour* est *en planches*, quand, après le travail de la charrue, la surface du terrain se trouve divisée en compartiments plus ou moins larges, par des jauges, ou dérayures généralement parallèles. On donne le nom de *planche* à la surface limitée par deux dérayures, ou par une dérayure et l'un des bords du champ.

Fig. 102. — Labour en planches.

On laboure les planches soit en *endossant*, soit en *refendant*. Dans le premier cas (*fig.* 102), on enraie vers le milieu de la planche; on détache d'abord une première bande A, puis une seconde B qu'on lui superpose, ou que l'on incline vers elle, et l'on continue à tourner autour de ces deux premières bandes, qui forment ce que l'on appelle l'*endos*, jusqu'à ce que l'on atteigne les limites assignées préalablement à la planche, où il reste nécessairement deux dérayures C et D.

Dans le second cas, on enraie sur les deux côtés de la planche (*fig.* 103), en inclinant les bandes de

Fig. 103. — Labour en planches.

terre dans une direction opposée, et l'on déraie au milieu.

Dans le labour en planches, la surface comprise entre deux dérayures devant être maintenue aussi uniforme que possible, les dérayures et les endos se déplacent à chaque labour : les dérayures prennent la place des endos, et ceux-ci occupent celle des dérayures. Cependant, cette méthode n'est pas toujours rigoureusement suivie : dans quelques localités des Flandres, où l'on cultive en planches très-étroites, on procède, parfois, un peu différemment. Au lieu de substituer les dérayures aux endos, on les déplace graduellement, en les faisant progresser toutes d'une même quantité vers l'un des côtés du champ, de telle manière qu'au bout d'un certain nombre d'années, subordonné à la largeur des planches, toutes les parties de la pièce de terre ont été occupées par les dérayures, ce qui tend évidemment à faire supposer que les habiles cultivateurs flamands reconnaissent aux dérayures une autre utilité que celle qu'on leur accorde habituellement.

Les planches s'exécutent généralement au moyen de la charrue à versoir fixe, et ce mode de labour est même une conséquence de l'emploi de cet instrument.

Les planches n'offrent pas partout la même largeur. En certains endroits, elles n'ont pas plus de 1m,50 ; ailleurs, elles ont de 20 à 30 mètres de large, et, quelquefois, davantage encore. Les planches étroites se rencontrent dans les terres imperméables, où l'on a à craindre la stagnation des eaux durant l'hiver. Les planches larges, de même que les labours à plat, ne peuvent être adoptées que dans les sols perméables, à moins cependant que le terrain n'ait été soumis à un mode d'assainissement qui prévienne le séjour d'un excès d'humidité dans la couche arable. Au surplus, après le labour en planches, comme après le labour à plat, les cultivateurs soigneux tracent avec la charrue ou le buttoir, des sillons auxquels ils donnent une pente régulière, et qui relient entre elles les inégalités de la surface. Ces sillons ont pour objet de faciliter l'écoulement des eaux, qui, après les fortes pluies, pourraient, momentanément, séjourner aux endroits où le terrain présente des dépressions.

L'adoption des planches larges diminue naturellement le nombre des enrayures et des dérayures, et les difficultés que leur exécution peut offrir. Elle a également pour conséquence d'amoindrir la perte de terrain occasionnée par des dérayures multipliées, mais, à nos yeux, ce résultat n'a pas toute l'importance que l'on y attache communé-

ment. Quoi qu'il en soit, on ne saurait impunément accroître la largeur des planches ; il faut, à cet égard, observer certaines limites que l'on ne dépasse pas sans s'infliger un sérieux préjudice.

Le labour en planches donne lieu à des pertes de temps inévitables, qui se renouvellent à l'extrémité de chaque sillon, et sont occasionnées par les *tournées*. Le temps qu'emploie la charrue pour parcourir le trajet qui sépare le sillon qu'elle quitte de celui qu'elle doit entamer, est nécessairement perdu pour le travail effectif, et il est d'autant plus considérable que les tournées sont plus amples.

Puisque l'on ne peut pas supprimer les tournées, il faut chercher à en atténuer l'inconvénient, et l'on peut arriver à ce résultat en n'exagérant pas la largeur des planches et en procédant à leur exécution avec méthode. Mais c'est là que l'on n'observe pas toujours.

La plus petite tournée est la tournée *à cul* ou à zéro. Elle se présente quand on fait un endos ou quand on pratique une dérayure. Il convient de ne pas en abuser, car elle est fatigante pour les animaux. La distance qui sépare les deux raies contiguës représente la longueur de la tournée, mais, ainsi que l'a très-bien fait remarquer M. Casanova dans un des excellents articles qu'il a consacrés à la charrue et aux labours dans le *Journal d'agriculture pratique*, on comprend aisément que le chemin parcouru par les animaux est bien plus grand. Ceux-ci, en effet, pour effectuer la tournée à cul, doivent décrire un circuit, et il est même permis de dire que le trajet qu'ils parcourent dans les autres tournées n'augmente pas notablement, aussi longtemps que la longueur de la tournée ne dépasse pas celle de l'attelage. La tournée qui atteint cette dernière limite, est ce que l'on appelle la *tournée normale* ; elle est d'environ 5 mètres pour un attelage de deux chevaux, et, dans l'exécution des planches, on doit faire en sorte de conserver cette longueur à la *tournée moyenne*. On pourrait croire que, pour se conformer à cette règle, il faudrait ne faire que des planches ayant, au maximum, 10 mètres de large, mais on se tromperait. On peut, tout en maintenant la tournée moyenne la plus convenable, donner aux planches le double de cette largeur. A même, à cet égard, le choix entre plusieurs méthodes. Nous nous bornerons à faire connaître celle qui nous paraît la plus avantageuse et la plus facile à suivre, et qui, du reste, est usitée dans tous les pays où les cultivateurs ont su apprécier le bénéfice qui résulte d'une réduction bien entendue dans l'ampleur des tournées. Cette méthode repose sur la division des champs en un nombre exact de demi-planches, que l'on traite comme des planches entières, mais qu'on laboure tantôt en endossant, et tantôt en refendant. Un exemple suffira pour faire comprendre l'application de cette méthode.

Soit à labourer le champ ABCD (*fig.* 104) dont la largeur est exactement divisible en demi-planches de 10 mètres. La division faite, on enraie au milieu de la première demi-planche AB*ab*, située à gauche du champ, et on la laboure tout entière en endossant, après quoi on se transporte à la troisième demi-planche *cdef*, que l'on traite identiquement de la même manière. La demi-planche

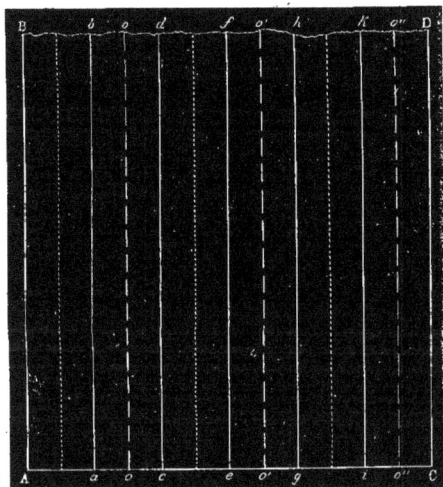

Fig. 104.

intermédiaire *abcd* est ensuite labourée en refendant, et la première dérayure *oo* se trouve ainsi éloignée de 15 mètres du bord du champ (*fig.* 105 et 106).

Après que l'on a achevé le labour de ces trois demi-planches, on passe à la cinquième *ghki* qu'on laboure en endossant, et, immédiatement après, on refend la quatrième demi-planche *efgh*, ce qui place la seconde dérayure *o'o'* à 20 mètres de la première. On termine le labour de la pièce en refendant la sixième demi-planche *kiCD*, et l'on obtient une troisième dérayure *o''o''* éloignée de la seconde de 20 mètres également.

En suivant la marche que nous venons d'indiquer, quel que soit, d'ailleurs, le nombre de demi-planches, qu'il soit de 25, 30 ou plus, les dérayures seront toujours, comme dans l'exemple que nous avons choisi, écartées de 20 mètres; et toutes les planches, sauf la première et la dernière, auront une largeur uniforme de 20 mètres. Or, il est facile de constater que dans ce système la plus grande distance parcourue par l'attelage ne dépasse pas 10 mètres, et qu'ainsi la tournée moyenne reste toujours égale à la tournée normale.

Au second labour, on refend toutes les demi-planches qui avaient été endossées au premier labour, et l'on endosse toutes celles qui avaient

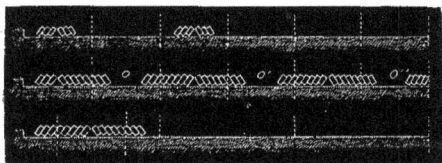

Fig. 105, 106 et 107.

été refendues. Ce nouveau labour offre absolument les mêmes avantages que le premier.

Les champs ne sont pas toujours, comme dans notre exemple, divisibles exactement en demi-planches de 10 mètres, mais cela importe peu, attendu que l'on peut, sans inconvénient, augmenter ou diminuer cette largeur d'une unité. Ainsi, si, au lieu de 60 mètres de largeur, le champ en avait 66, on pourrait le diviser en 6 demi-planches de 11 mètres chacune, et, en ce cas, la tournée moyenne serait de 5 mètres et demi, ce qui n'établit pas entre elle et la tournée normale une bien grande différence.

Là où cette méthode est inconnue, on suit un autre procédé, qui consiste à diviser le champ en planches de 20, 30 mètres ou plus, et à labourer ensuite chacune d'elles isolément. Ainsi, soit à labourer, en planches de 20 mètres, un champ de 60 mètres de largeur. On enraie au milieu de la première planche située sur la gauche du champ, par exemple, et l'on tourne constamment autour de cette enrayure jusqu'à ce que le labour de cette planche soit entièrement achevé. On laboure ensuite, de la même manière, la deuxième, puis la troisième planche (*fig.* 107). Ce procédé donne lieu à des pertes de temps faciles à apprécier, et qui acquièrent d'autant plus d'importance que les planches sont plus larges. Dans notre exemple, la plus grande tournée est de 20 mètres; la tournée moyenne est donc égale à 10 mètres ou le double de la tournée normale. L'inconvénient des longues tournées devient très-saisissable, quand on considère que l'attelage doit, jusqu'à ce que la planche soit entièrement achevée, incessamment passer en regard de la portion labourée ou non encore labourée, suivant qu'il laboure en endossant ou en refendant; n'est-il pas évident que ce parcours est entièrement perdu pour le travail effectif, et qu'il est avantageux de chercher à le réduire? Sous ce rapport, la tournée normale convient, sans doute, mieux que la tournée de 10 mètres; mais celle-ci est habituellement préférée parce qu'elle diminue le nombre des dérayures. Considérons donc cette dernière comme la tournée limite, et voyons ce qui arrive quand on laboure des planches de 20 mètres de large en suivant le dernier procédé (*fig.* 107). En pareil cas, quand on a endossé sur une largeur de 10 mètres, il reste encore à labourer 5 mètres à droite et 5 mètres à gauche de l'enrayure pour achever le travail de la planche. L'exécution du labour de cette seconde moitié de la planche, oblige nécessairement l'attelage à passer en regard de la portion labourée précédemment un nombre de fois égal à celui des tournées qui restent à faire. En conséquence, si les bandes de terre ont une largeur de $0^m,20$, il faudra faire 25 tournées encore pour terminer complètement le labour, ce qui occasionnera un parcours inutile de 25×10 mètres, ou 250 mètres, sur chaque fourrière, parcours qui eût été totalement évité si l'on n'avait donné aux planches que 10 mètres de largeur, ou, ce qui revient au même, si l'on avait fait usage du procédé que nous avons indiqué en premier lieu. L'inconvénient, on le conçoit, s'aggrave avec la largeur, et l'on peut aisément calculer les pertes de temps que doivent occasionner des planches de 30 à 40 mètres.

Les planches étroites, usitées dans les terres humides non drainées, et surtout pour les récoltes qui occupent le sol pendant l'hiver, écartent l'inconvénient des longues tournées, mais elles multiplient les tournées à cul, pénibles pour les animaux. Il est possible, toutefois, de diminuer le nombre de ces dernières, en modifiant la marche suivie dans la confection des planches larges. Supposons, par exemple, que l'on ait à labourer une pièce de terre en planches de 5 mètres. On commence par la diviser en un nombre pair de demi-planches, après quoi on endosse simultanément la première et la quatrième demi-planche, et l'on continue à tourner dans le même sens jusqu'à ce que la moitié gauche de l'une et la moitié droite de l'autre soient entièrement labourées. On laboure ensuite en refendant les deux demi-planches intermédiaires, et les deux premières planches se trouvent entièrement achevées. En procédant de cette manière, la tournée moyenne ne dépasse pas la tournée normale ; elle est égale à 5 mètres. On procède de même à l'égard des autres planches, et si leur nombre est impair, la dernière se laboure à part.

Ce système peut s'appliquer à des planches ayant moins de 5 mètres de largeur, tout en conservant aux tournées les proportions que l'on juge convenable d'observer. Ainsi, lorsque les planches sont très-étroites, au lieu de combiner, comme dans le cas précédent, le labour de la première planche avec celui de la seconde, on peut très-bien labourer simultanément la première et la troisième planche, puis la deuxième et la quatrième, etc. Avec un peu d'attention, on reconnaîtra aisément le parti qu'il est permis de tirer de semblables combinaisons, ainsi que la marche à suivre dans les différents cas qui peuvent se présenter.

Labours en billons. — Les billons (*fig.* 108) diffèrent des planches en ce qu'au lieu d'une surface plane comme

Fig. 108.

ces dernières, ils offrent toujours une surface plus ou moins bombée. Ils sont, aussi, généralement fort étroits, et leur largeur dépasse rarement 1 à 2 mètres.

Cette forme de labour se rencontre dans différentes parties de l'Europe. Elle est adoptée dans des pays où l'agriculture est, fort peu avancée, mais elle se montre également dans des contrées où les préparations du sol sont extrêmement soignées et où règne la culture intensive. Parfois on l'a condamnée, à tort, d'une manière absolue, car, quoiqu'elle ne soit pas exempte d'inconvénients, elle peut, certainement, être utile dans quelques circonstances.

Les billons sont, sans contredit, capables de rendre des services dans les terres humides. C'est, notamment, quand l'humidité du sol s'allie à une faible pente que leur utilité devient apparente. En pareil cas, ils sont ordinairement très-bombés, et les raies qui les séparent, très-profondes. La convexité de la surface des billons favorise l'égoutte-

ment du sol et donne plus d'énergie à l'évaporation, et les nombreuses rigoles qui divisent le terrain soumis à ce mode de labour, sont autant de petits fossés d'écoulement préposés à l'évacuation des eaux.

Les billons doivent donc être considérés comme un moyen d'assainir les terres imperméables, moyen imparfait, sans doute, mais qui est profitable aussi longtemps que le sol n'a pas été soumis à un mode d'assèchement plus parfait et plus efficace. Il est, d'ailleurs, à observer que les billons sont surtout employés pour les plantes qui occupent le sol pendant l'hiver, et dans les contrées mêmes où ils sont le plus usités, on s'en dispense, souvent, pour certaines récoltes de printemps. C'est ce qu'ont pu remarquer tous ceux qui ont examiné avec attention les pratiques agricoles flamandes.

Ce mode de culture peut également être avantageux dans les terres qui manquent de profondeur, car il permet d'augmenter l'épaisseur de la couche meuble dans la portion qui correspond à l'axe des billons en y accumulant la terre prélevée sur les côtés. On prépare ainsi aux plantes, au moins sur une partie de l'étendue du terrain, une station plus convenable et un milieu plus propice au développement des racines.

A côté de ces avantages, qu'il faut soigneusement peser avant de se décider à les abolir dans les endroits où ils sont d'un usage général, les billons présentent des inconvénients réels signalés depuis longtemps ; mais on leur en a également attribué qu'ils ne possèdent pas, ou qui, tout au moins, n'ont pas toujours l'importance qu'on leur a assignée. C'est ainsi que l'on considère, parfois, l'établissement des billons comme une opération difficile et même délicate. Si l'on entend dire par là que leur construction réclame des laboureurs adroits et intelligents, nous ne pouvons que partager cet avis ; seulement, nous ferons observer que ces qualités sont toujours nécessaires chez ceux qui manient l'araire, quel que soit, d'ailleurs, le mode de labour qu'ils sont chargés d'exécuter. On a également prétendu que pour la confection des billons la charrue à avant-train est, sinon indispensable, au moins l'instrument le plus convenable. Cependant, les Flamands qui, comme on sait, excellent dans ce genre de labour, ne se servent que de la charrue à pied, généralement bien connue, pour construire leurs billons.

Les billons, pour bien faire, doivent être dirigés du nord au sud, sinon les deux ailes ne sont pas également bien orientées, et les récoltes qui les occupent sont alors inégalement impressionnées par la chaleur et la lumière. Malheureusement, et c'est un inconvénient, il n'est pas toujours permis de leur conserver cette direction avantageuse, attendu que celle-ci est subordonnée à la configuration et à la pente du terrain. Si l'on voulait observer rigoureusement l'orientation la plus convenable, on serait fréquemment obligé de diriger les rayages dans le sens de la plus petite dimension du champ, ce qui aurait le grave inconvénient de multiplier les tournées, ou d'établir les billons contrairement à l'inclinaison du sol, ce qui leur ôterait leur principal mérite. Pour que les billons remplissent le but que l'on se propose généralement en les établissant, ils doivent être dirigés obliquement ou parallèlement à la pente, suivant que celle-ci est plus ou moins forte, et que les terres sont plus ou moins légères.

On a reproché aux billons de contribuer à la stagnation des eaux sur les terres qui, dépourvues d'une inclinaison régulière, présentent des ondulations et des pentes en différents sens. On ne peut pas, en effet, songer à établir autant de systèmes de billons qu'il y a de plans d'inclinaison différents ; cela donnerait lieu à des complications et à de sérieuses difficultés. Mais si le reproche est fondé, il s'adresse tout autant aux planches qu'aux billons. On dit, il est vrai, que les planches autorisent le tracé de rigoles d'écoulement dans les directions convenables pour assurer l'évacuation des eaux, mais rien n'empêche d'en faire autant pour les billons. Au surplus, ce qui prouve que cela est possible, c'est que jamais cette utile précaution n'est négligée par les cultivateurs flamands.

Dans la culture en billons, il est plus difficile d'obtenir la distribution convenable des engrais et la régularité des semailles. Là où elle est usitée, les graines sont parfois recouvertes à la charrue, procédé extrêmement lent, et, partant, défectueux, attendu qu'à l'époque des semailles, les travaux sont généralement pressés, et doivent marcher avec une grande célérité pour être achevés en temps opportun. Ailleurs, on se sert de herses accouplées (fig. 109), et, dans certaines localités où les billons sont fort étroits, on recouvre souvent les semences au moyen de herses courbes (fig. 110), dont quelques-unes offrent même une double courbure, de manière à pouvoir embrasser deux billons à la fois (fig. 111). On se sert également de herses semblables à celle représentée (fig. 112).

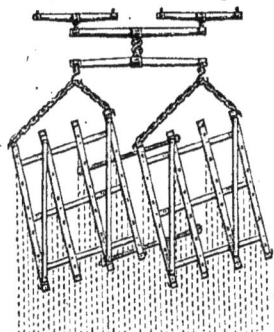

Fig. 109. — Herses accouplées ou jumelles.

Néanmoins, il est des endroits où l'opération s'effectue au moyen de la herse ordinaire. Cela se voit dans les Flandres, où l'on emploie également, du moins dans les terres légères, un autre instrument dont nous aurons occasion de parler plus loin, le rabot; mais on donne alors ordinairement aux semences un supplément de couverture au moyen de la terre extraite à la bêche des raies qui séparent les billons.

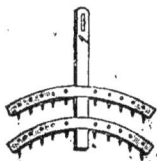

Fig. 110. — Herse courbe.

Dans tous les cas, les hersages doivent se donner dans le sens de la direction des billons.

Les récoltes montrent souvent sur les billons une irrégularité que l'on n'observe pas sur les planches. Elles sont alors moins belles dans le voisinage des rigoles qu'au sommet des billons. Cette irrégularité peut être occasionnée par une mauvaise répartition de l'engrais, ou par le manque de bonne terre à la partie inférieure des ailes ; mais cela peut être dû aussi à ce que, dans cette dernière situation, les plantes sont plus exposées à souffrir de la sécheresse ou de l'excès d'humidité.

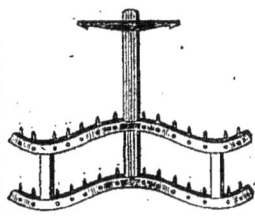

Fig. 111. Herse à double courbure.

Au moment de la fonte des neiges, les eaux ne pouvant pas toujours s'écouler librement, s'accumulent dans les rigoles, s'épanchent sur une portion plus ou moins étendue des ailes, et peuvent, surtout quand elles subissent des gels et des dégels successifs, nuire aux plantes qu'elles submergent. La neige peut aussi être balayée par les vents du sommet des billons, du moins quand ceux-ci sont très-voûtés, et priver une partie de la récolte d'un abri salutaire.

Les pluies qui surviennent pendant les grandes chaleurs, sont souvent fort peu profitables aux plantes qui couvrent les billons. Les terres étant alors habituellement très-dures, les eaux, au lieu de pénétrer dans le sol, s'écoulent le long des plans inclinés des ailes, et les rigoles les entraînent hors du champ.

Fig. 112. — Herse double courbe.

La faux ne saurait fonctionner d'une manière satisfaisante sur les terres billonnées. Cela ne présente pas d'inconvénient dans les pays où l'on fait usage de la sape, mais dans ceux où la population n'est pas familiarisée avec le maniement de ce dernier outil, on est ordinairement obligé de se servir de la faucille.

Sur les terres disposées en billons, le fanage et le javelage suscitent des embarras en temps pluvieux. La circulation des attelages y est également difficile et pénible. Enfin, on peut encore, avec raison, reprocher aux billons de ne pas autoriser l'emploi d'instruments fort économiques, tels que les scarificateurs, les extirpateurs, les moissonneuses, les faucheuses, etc., dont le besoin devient cependant tous les jours plus impérieux dans les grandes exploitations.

Époque des labours. — Il est fort utile, sans doute, de rompre les terres aussitôt que possible après l'enlèvement des récoltes, mais il est, dans tous les cas, d'une extrême importance de les labourer avant l'hiver, alors même qu'elles ne sont pas destinées à recevoir des emblavures d'automne. Les labours exécutés avant l'hiver présentent, en effet, plusieurs avantages. Ils diminuent le nombre des façons de printemps, et ont, ainsi, pour conséquence, une meilleure répartition des travaux ; ils exposent, en outre, la couche végétale au contact prolongé des agents atmosphériques, et ils déterminent, à la faveur des gelées, notamment dans les terres qui contiennent de l'argile, un ameublissement que, bien souvent, on chercherait vainement à leur communiquer par des façons réitérées.

Rarement, un seul labour suffit pour donner à la terre l'ameublissement qu'elle doit posséder ; aussi en donne-t-on habituellement plusieurs, qui s'effectuent, non-seulement en automne, mais au printemps; en été et même en hiver. Ce n'est pas à dire, toutefois, que le cultivateur jouisse, à cet égard, d'une entière liberté, et qu'il puisse toujours, quand il le désire, employer ses attelages aux façons de labourage. L'humidité, de même que la sécheresse, peut y mettre obstacle : Cela dépend de la nature du sol.

Dans les terres légères, perméables, les labours peuvent se donner à peu près à toutes les époques de l'année. Ils n'y sont arrêtés que par les pluies de longue durée et pendant les gelées. En temps ordinaire, quelques heures après la pluie, on peut y mettre la charrue ; en se desséchant, ces sols n'acquièrent jamais une consistance susceptible de suspendre le travail des instruments aratoires. On a aussi la latitude de les labourer tard en automne, et tôt au printemps. Il est même avantageux, dans l'intérêt de la conservation de la fraîcheur, de commencer aussitôt que possible au sortir de l'hiver, car ces sols craignent généralement la sécheresse, et les déperditions d'humidité qu'occasionnent les labours en ramenant à l'air de nouvelles couches de terre, en augmentant la surface d'évaporation, sont d'autant plus intenses que la température de la saison est plus élevée.

Les terrains compacts, imperméables, et qui ont une grande affinité pour l'eau, offrent des caractères fort différents. Sous l'influence des pluies, ils deviennent boueux, adhèrent fortement aux instruments aratoires, et opposent à la marche de la charrue une résistance considérable, qui ne saurait être vaincue que par de nombreux attelages. On n'y fait, après tout, qu'un très mauvais travail : la terre se pétrit sous le pied des animaux ; elle se lisse et se corroye sur le versoir, se retourne sans se diviser, et si la sécheresse succède au labour exécuté dans de pareilles conditions, les bandes de terre acquièrent une consistance excessive. Il en résulte que dans les pays du nord, ces sols sont généralement inabordables pendant l'hiver; et qu'il est avantageux de ne pas les labourer trop tardivement en automne, tandis qu'au printemps, il faut n'y mettre la charrue qu'au moment où la terre est convenablement ressuyée. Il importe, néanmoins, de ne pas trop retarder l'exécution des labours de printemps, sinon l'on pourrait se trouver en présence de difficultés non moins sérieuses que celles suscitées par l'humidité. En effet, quand les terres de cette nature se dessèchent, elles deviennent extrêmement tenaces et résistantes ; le soc n'y pénètre plus qu'avec de grands efforts, et les bandes retournées par le versoir se prennent en blocs durs

et cohérents que les herses les plus énergiques ne parviennent pas à diviser. Cet inconvénient, on le conçoit, est surtout fort à craindre dans les régions méridionales. Pour labourer ces terres avec l'économie désirable, et faire, en même temps, un bon travail, il est donc nécessaire de choisir le moment où elles ne sont ni trop sèches, ni trop humides, et, pour le bien saisir, il faut un tact que l'on n'acquiert que par l'expérience.

Dans le Midi, les labours donnés en temps inopportun peuvent *gâter la terre*. Cet accident, inconnu dans le Nord, se fait surtout sentir dans les terres légères. Il se produit quand on laboure une terre fortement échauffée, au moment où elle vient de recevoir une légère pluie ayant pénétré à une faible profondeur. La terre se couvre alors rapidement, dit M. de Gasparin, d'une foule de mauvaises herbes très-avides d'engrais, telles que les pavots, les camomilles, les crucifères. Plusieurs générations de ces plantes se succèdent même dans le courant de l'année, et les années qui suivent ces plantes se montrent encore jusqu'à ce que des labours actifs les aient fait disparaître. Mais alors l'épuisement de la terre est manifeste, et les céréales, qui y poussent bien en herbe, manquent de force pour monter en épis, soit à cause du voisinage de ces plantes épuisantes, soit à cause des pertes que le terrain a faites en nourrissant plusieurs de leurs générations (1).

Nombre des labours. — Le nombre des labours que l'on donne à la terre entre deux récoltes consécutives dépend de plusieurs circonstances, entre autres de la nature du sol, de la plante qui l'a précédemment occupé et de celle qu'on veut lui confier, des influences météorologiques, et de la propreté du terrain.

Les terres qui contiennent une forte proportion d'argile, réclament de fréquents labours. Douées d'une grande ténacité, on ne parvient à leur donner un ameublissement suffisant que par des façons réitérées. Les terres sablonneuses, au contraire, dont les particules sont faiblement unies, se divisent facilement, et il ne faut jamais qu'un petit nombre de labours pour les mettre en état de recevoir les ensemencements.

Les influences météorologiques contribuent parfois à l'ameublissement du sol, et permettent ainsi de réduire le nombre des labours qui, sans leur concours, eussent été nécessaires. Tel est le cas pour les terres argileuses labourées en automne, du moins quand l'hiver ne se montre pas trop pluvieux. Sous l'action des gelées, elles se divisent d'une façon très-remarquable, et, fréquemment alors, si elles sont exemptes de mauvaises herbes, un simple hersage au printemps suffit pour les préparer à recevoir la semence. Mais il n'en est pas toujours de même, et souvent il arrive que, sous l'influence de pluies persistantes, des terres bien préparées par des façons antérieures, se tassent si fortement et reprennent une consistance telle, que l'on est obligé de les labourer de nouveau avant de pouvoir les ensemencer.

(1) De Gasparin, *Cours d'agriculture*, t. III, p. 374.

Les plantes qui font l'objet de nos cultures, n'ont pas toutes les mêmes exigences sous le rapport de l'ameublissement du sol. Il en est qui réclament une terre parfaitement bien remuée et divisée ; d'autres, au contraire, se plaisent dans des sols auxquels des façons mécaniques peu nombreuses ont laissé une certaine consistance. Celles-ci se contentent donc d'un nombre de labours qui serait insuffisant pour assurer la réussite des premières. Au surplus, pour arrêter le nombre de labours dont une terre a besoin, il est indispensable de tenir compte des façons qui lui ont été données pour la récolte précédente, et de la manière dont celle-ci se comporte à l'égard du sol qu'elle occupe. Les façons données en vue d'une récolte peuvent encore se faire sentir sur celle qui lui succède. C'est ainsi, par exemple, qu'après la culture des pommes de terre, qui exigent une terre très-bien préparée et des soins d'entretien multipliés pendant leur croissance, qui agissent, en outre, mécaniquement sur la couche arable par leur mode de développement, il faut des labours moins nombreux qu'après une récolte de céréales, pour obtenir l'ameublissement réclamé par la prochaine emblavure.

Mais les labours n'ont pas uniquement pour objet d'ameublir le sol, ils doivent également concourir à la destruction des mauvaises herbes. Celles-ci se multiplient, dans certains cas, avec une facilité désespérante, et quoique les assolements bien combinés fournissent les moyens de leur faire une guerre efficace, il est des circonstances où, pour les maîtriser économiquement, il faut avoir recours à des labours réitérés. Cela peut occasionner un retard dans les semailles, et même obliger à laisser la terre en jachère pendant un certain temps. Dans tous les cas, les façons de labourage doivent toujours être ordonnées de manière à arrêter la propagation des plantes adventices, et à contribuer au maintien de la propreté du sol qui ne saurait être négligée sans porter préjudice aux produits de nos cultures.

CHAPITRE VI.

DES HERSAGES.

Indépendamment des labours, d'autres façons sont encore nécessaires pour préparer le sol à recevoir nos ensemencements, et assurer aux plantes une station conforme à leurs exigences. La charrue détache des bandes de terre continues qui, si ce n'est dans des sols dont les molécules ont entre elles fort peu d'adhérence, ne se désagrégent point sur le versoir, de sorte qu'après son passage, le terrain labouré présente ordinairement une surface fort inégale. Si l'on commettait l'imprudence de répandre les graines sur un sol en pareil état, un grand nombre rouleraient inévitablement dans les cavités que laissent entre elles les tranches soulevées, et, parfois, imparfaitement retournées par la charrue, et seraient ultérieurement enterrées sous une couverture de terre trop épaisse, ou ensevelies sous des blocs volumineux et cohérents, qui opposeraient un obstacle infranchissable aux organes des jeunes plantes. Aussi est-il indispensable, avant de procéder aux semailles, de diviser les bandes de terre restées intactes, de pulvériser les mottes et de bien égaliser la surface du sol. Cette préparation, pour être entièrement satisfaisante, exige souvent l'emploi de plusieurs instruments, mais elle réclame, surtout, l'usage de la *herse*. Celle-ci rend, toutefois, encore d'autres services au cultivateur, car on s'en sert également pour recouvrir les semences, pour mélanger les engrais pulvérulents avec le sol, ainsi que pour détruire les mauvaises herbes. On l'utilise aussi, avantageusement, pour donner, au printemps, des façons d'entretien aux blés d'hiver et aux prairies artificielles, et on la fait passer, quelquefois, sur les terres gazonnées que l'on veut défricher, avant d'y mettre la charrue.

Les herses diffèrent entre elles par leurs formes et par la matière qui entre dans leur confection. Les unes sont entièrement construites en bois ; les autres portent des dents de fer insérées sur un châssis de bois, et il en est chez lesquelles les dents ainsi que le châssis sont en fer, mais elles sont encore peu usitées sur le continent.

Les herses construites tout en bois conviennent surtout dans les sols de faible ou de moyenne consistance, et pour donner des façons légères ; mais, dans les terres compactes, rebelles à la culture, et qui se durcissent fortement pendant les chaleurs, la préférence doit être accordée aux herses munies de dents de fer qui, dans ces conditions, possèdent une incontestable supériorité.

Dans la construction des herses, on doit avoir bien soin de n'employer que du bois dépourvu d'aubier et parfaitement sec. Si l'on néglige cette dernière précaution, le bois subira le retrait sous l'influence de la chaleur, et l'instrument sera promptement détraqué. Pour que la herse réunisse toutes les chances de durée, il faut également que l'assemblage des pièces soit fait avec précision et solidité. Pour la confection des dents, les bois cassants, tels que l'acacia, doivent toujours être répudiés.

La forme des herses varie suivant les localités. Les unes sont triangulaires, carrées ou trapézoïdales ; d'autres présentent la forme parallélogrammique, et l'on en trouve qui n'appartiennent à aucune de ces catégories.

La herse triangulaire (*fig.* 113) est très répandue. La herse parallélogrammique, dite *de Valcourt*, (*fig.* 114 et 115), l'est moins, mais elle vaut cependant mieux, car elle possède des avantages que l'autre n'a pas. Toutefois, une herse, quelle que puisse être sa forme, ne donne un travail régulier et complétement efficace que quand elle est bien construite. Les conditions qu'elle doit remplir pour offrir les qualités requises, ne sont, du reste, ni bien nombreuses, ni bien difficiles à réaliser.

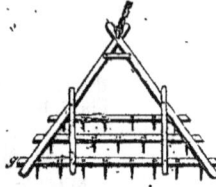

Fig. 113. — Herse triangulaire.

Les sillons que laisse derrière elle une herse en mouvement, permettent de juger de sa valeur. Elle réunit les qualités d'une bonne herse, si ces sillons sont uniformément espacés, et en nombre égal à celui des dents qu'elle porte. Quand les dents

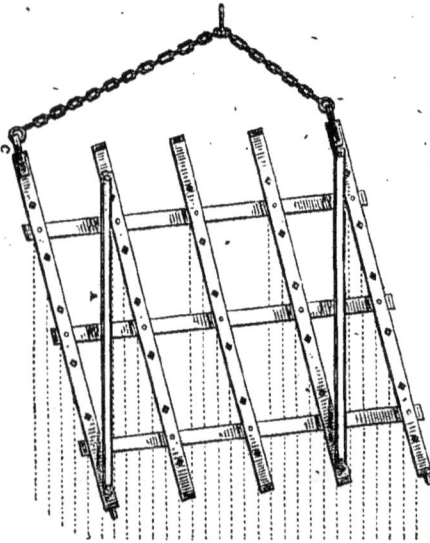

Fig. 114. — Herse de Valcourt.

ne marquent pas des traces équidistantes, elles ne sauraient entamer régulièrement la surface du sol, et leur travail, soit qu'il s'agisse d'ameublir le sol ou d'enterrer les semences, est nécessairement imparfait. D'un autre côté, quand chacune des dents

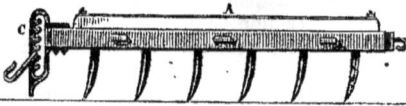

Fig. 115. — Profil de la herse de Valcourt.

n'ouvre pas un sillon distinct, c'est une preuve que, parmi elles, il en est un certain nombre qui suivent la piste de celles qui les précèdent, et sont tout au moins inutiles, sinon nuisibles. La figure 113 montre une herse qui est entachée de ce défaut. Ces imperfections sont heureusement faciles

à éviter en répartissant convenablement les dents sur le châssis, et l'on a, depuis longtemps, signalé aux constructeurs un procédé simple qui permet d'obtenir ce résultat. Ce procédé consiste à prolonger la ligne de tirage AB (*fig.* 116), en arrière du cadre de la herse, jusqu'en C, par exemple, et à couper cette ligne par une perpendiculaire MN sur laquelle on marque d'abord les deux points O, O', qui correspondent aux deux dents extrêmes de la herse, c'est-à-dire à celles qui doivent limiter la largeur du train. On divise ensuite l'intervalle compris entre les points O, O' en autant de parties

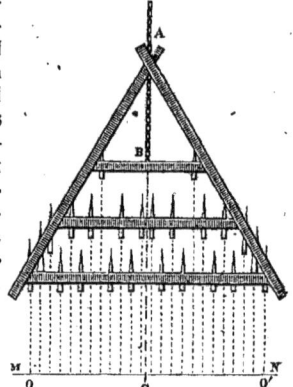

Fig. 116. — Construction d'une herse.

moins une que l'on veut avoir de dents sur la herse, puis, par chacune de ces divisions, on mène, à la ligne de tirage prolongée AC, des parallèles, qui, par leur rencontre avec le châssis, marquent les points où l'insertion des dents doit se faire. Ainsi construite, la herse réunit les qualités que l'on en exige, si, du moins, elle offre les garanties de solidité désirables.

Les dents de la herse ne doivent pas être trop rapprochées, sinon les mottes de terre pourraient, en s'accumulant devant elles, entraver la marche de l'instrument. Il importe également qu'elles ne soient pas trop espacées, car alors leur action sur le sol serait nécessairement fort incomplète. L'un de ces deux inconvénients serait inévitable, si les dents étaient placées sur une seule rangée ; on les a évités en disposant les dents sur plusieurs lignes. Et cette disposition présente, au surplus, cet autre avantage : à savoir que les mottes, une fois engagées entre les dents de la herse, sont soumises à des percussions réitérées avant de s'échapper, et sont plus sûrement divisées.

La herse triangulaire bien construite peut, sans doute, faire un bon travail, mais elle n'offre pas les mêmes avantages que la herse parallélogrammique. Celle-ci est pourvue d'une chaîne qui peut, au moyen de crochets dont les limons latéraux sont munis à leurs extrémités, s'adapter aux deux côtés du parallélogramme, et à l'aide de laquelle on modifie, à volonté, le règlement de la herse. C'est à cette chaîne que s'attache le crochet du palonnier, et, en le changeant de place, on fait varier la largeur des trains et la valeur du hersage.

On peut accrocher le palonnier à l'angle obtus et à l'angle aigu, ainsi qu'à tous les anneaux de la chaîne. Mais les deux modes de règlement les plus usités, sont ceux qui s'obtiennent en fixant le crochet au tiers de la longueur de la chaîne mesurée à partir de l'angle obtus ou de l'angle aigu. Les herses parallélogrammiques sont habituellement construites de manière à procurer l'équidistance des sillons par les deux derniers modes de règlement. Ceux-ci donnent, toutefois, des trains de largeur différente. Le train est plus large quand on accroche le palonnier du côté de l'ange obtus que quand on l'applique du côté de l'angle aigu, de sorte que dans le dernier cas, les sillons sont plus rapprochés, et cette variation mérite attention, puisqu'elle permet d'approprier la herse à l'état du sol et à l'espèce de semence que l'on veut enterrer. On conçoit aisément l'utilité des sillons rapprochés, quand on a à recouvrir des graines fines, ou quand on veut amener la terre à un grand état de division. Si l'on attache le palonnier au milieu de la chaîne, on obtient également des sillons équidistants dont le nombre est égal à celui des limons de la herse, car alors toutes les dents d'un même limon suivent la même trace. Le train le plus étroit correspond à ce mode de règlement. Le train atteint son maximum de largeur, quand on fixe le palonnier à l'angle obtus, mais les sillons cessent d'être équidistants, de même que quand on l'accroche à l'angle aigu. En plaçant la chaîne à l'autre extrémité du parallélogramme, on peut faire subir au règlement de la herse les mêmes modifications, seulement, alors, le hersage se donne *arrière-dents*, ou, comme on dit encore, en *décrochant*. Ce mode de hersage est employé quand on veut éviter de ramener à la surface du sol des gazons ou du fumier enterrés, ou quand on ne veut donner à la terre que des façons légères. Ces règlements variés ne sont pas applicables à la herse triangulaire. Avec cette dernière, on effectue le hersage arrière-dents, en certaines localités, en accrochant le palonnier à l'un des angles de la base du triangle. En d'autres endroits, et notamment en Belgique, on ne déplace pas le palonnier, on retourne la herse : on opère de la sorte, quand on veut tasser le sol ou écraser les mottes, et, fréquemment alors, le conducteur se tient plutôt sur le châssis de la herse.

La herse triangulaire a une marche plus régulière que la herse parallélogrammique. Cela tient à la distribution des dents sur le châssis, fort différente dans les deux instruments. Mais les oscillations plus grandes qu'éprouve la herse parallélogrammique, ne nuisent nullement à son travail, elles favorisent plutôt l'action des dents en rendant leurs effets plus énergiques.

La profondeur à laquelle pénètrent les dents de la herse dépend de l'inclinaison des dents, du poids de l'instrument, ainsi que du mode d'attelage. On augmente la profondeur du hersage en allongeant les traits, on la diminue en les raccourcissant. Il est, du reste, beaucoup de herses qui sont munies d'un régulateur (*fig.* 115), et l'on peut alors accroître ou diminuer la tendance des dents à pénétrer dans le sol en élevant ou en abaissant la chaîne d'attache au le crochet du palonnier. L'inclinaison des dents favorise leur pénétration; il en est de même du poids de la herse, et, souvent, on augmente la profondeur du hersage en chargeant le châssis de gazons, de pierres, etc.

Dans les terres sablonneuses des Flandres, on fait usage d'un instrument peu connu, qui a de l'analogie avec la herse, et dont nous croyons devoir faire mention ici. C'est le *rabot flamand*, usité aussi dans quelques parties de l'Allemagne, notamment dans le Wurtemberg, où il a été introduit par Schwerz. Les figures 117 et 118 montrent le plan et le profil du rabot. La figure 118 *bis* représente le double crochet d'attelage.

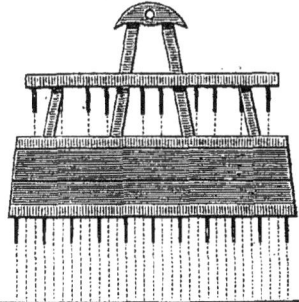

Fig. 117. — Rabot flamand.

Le châssis du rabot flamand affecte la forme trapézoïdale. Il supporte trois rangées de dents qui sont ordinairement en

Fig. 118. — Profil du rabot   *Fig.* 118 *bis.*

bois; cependant, celles qui garnissent la rangée postérieure, sont quelquefois en fer. Ces dents, ainsi que cela se voit très-bien dans le profil (*fig.* 118), sont obtuses et fortement inclinées d'avant en arrière, ce qui ne permet pas d'assimiler le rabot à la herse. Aussi, cette dernière n'est nullement exclue des cultures flamandes. Il est, d'ailleurs, facile de comprendre que le rabot ne saurait remplacer la herse quand il s'agit de pulvériser le sol, de briser les mottes ou de détruire les mauvaises herbes, et l'on n'y a guère recours que pour recouvrir les semences et les engrais pulvérulents.

Les dents étant inclinées en sens inverse du mouvement du rabot, et celui-ci n'ayant, d'ailleurs, qu'un poids peu considérable, il n'a que peu de tendance à pénétrer dans le sol, mais le tablier B dont il est pourvu, permet d'accroître cette tendance. En effet, durant le travail, le conducteur se tient toujours debout sur le tablier, les jambes un peu écartées, et, au moyen de cette charge additionnelle, non-seulement l'instrument pénètre suffisamment, mais il exerce encore une compression fort avantageuse aux terres sablonneuses sur lesquelles on l'emploie.

Le rabot, dans son mouvement de progression, ne s'avance pas en ligne droite, mais en serpentant, et les traces qu'il laisse derrière lui sont sinueuses. Les déviations qu'il éprouve ainsi pendant sa marche, ne sont nullement accidentelles; elles sont provoquées par le conducteur qui, debout sur le tablier, déplace constamment et régulièrement le centre de résistance en imprimant à son corps un mouvement régulier de balancement, et fait ainsi peser son poids alternativement sur la jambe droite et sur la jambe gauche.

Le rabot est préférable à la herse pour régaler la surface du sol, et c'est, probablement, ce qui lui a valu le nom qu'il porte. Il enfouit les semences à une moins grande profondeur que la herse, mais il les enterre plus uniformément, et les range aussi avec plus de régularité. Ce dernier résultat est dû aux oscillations imprimées à l'instrument par le conducteur. Au moment de la levée, les plantes sont parfaitement bien réparties sur la surface du sol, et l'on n'aperçoit pas de ces traînées qui se remarquent, parfois, quand les graines ont été recouvertes au moyen de la herse.

L'uniformité de dissémination et d'enfouissement de la graine est, sans doute, extrêmement avantageuse, mais on en comprend surtout parfaitement l'utilité là où, comme dans les localités où l'on se sert du rabot, les doses de semences sont faibles. Ces conditions-là, quoique remplies, ne suffisent cependant pas pour assurer la levée des graines, il faut encore que celles-ci soient recouvertes d'une couche de terre convenable pour maintenir autour d'elles la fraîcheur nécessaire à la germination. Il y a donc lieu de s'étonner que *dans des terres sablonneuses*, le cultivateur flamand se borne à donner à ses semis une légère couverture, laquelle doit surtout présenter des inconvénients pour les semailles de printemps. Mais il a soin de remédier à ce que le rabot laisse à désirer sous ce rapport, en donnant aux graines une couverture supplémentaire, au moyen de la terre extraite des rigoles qui divisent les champs cultivés en planches de 2 à 3 mètres de largeur. Ces rigoles, qui ont pour objet d'assainir le terrain, sont soigneusement ouvertes à la bêche, et la terre qui en est extraite est répartie avec beaucoup d'uniformité sur les planches ensemencées. Ce n'est qu'après cette opération que l'on roule ou que l'on piétine le champ. Quand on n'ouvre pas les rigoles, ainsi que cela a lieu pour quelques semis de printemps, la semence est enterrée au moyen de la herse. Parfois, le rabot offre une utilité spéciale. C'est, par exemple, quand la terre labourée est encombrée de gazons ou de racines que l'on veut éviter de ramener à la surface au moment de la semaille. Un cas de ce genre se présente quand, dans les terres sablonneuses, on rompt tardivement un champ de trèfle pour l'emblaver en céréales. On ne peut alors que donner un labour superficiel, et comme le gazon ne se trouve enfoui qu'à une faible profondeur, si l'on faisait usage de la herse, l'inconvénient mentionné se produirait inévitablement ; avec le rabot, dont les dents sont inclinées en arrière, il n'est nullement à craindre.

Le rabot muni de dents de bois coûte de 15 à 18 francs, et celui qui porte une rangée de dents de fer, de 20 à 25 francs.

La herse, avons-nous dit, est quelquefois employée pour déchirer les gazons, les vieux trèfles, avant le labour. Dans quelques localités des Flandres, on emploie aussi, au même usage, un autre instrument nommé en flamand *Snyder* (coupeur), et que nous désignerons sous le nom de *tranche-gazon*. Cet instrument (*fig.* 119, 120 et 121) est formé d'un châssis de forme triangulaire, mais les limons, au lieu de porter des dents comme dans la herse, sont garnis de fortes lames à tranchant aciéré. Le plan de ces lames est perpendiculaire au châssis sur lequel elles sont insérées; leur tranchant, arrondi à son origine, est droit dans le reste de sa longueur

et incliné d'avant en arrière. La figure 119 montre l'instrument dans la position du travail; dans la figure 120, il est vu en dessous. Le profil (*fig.* 121), sur lequel nous n'avons placé que trois lames afin de donner une figure plus nette, indique le mode d'insertion et la position exacte des couteaux. (Ces figures, de même que celles du rabot, sont à l'échelle de 0,025.)

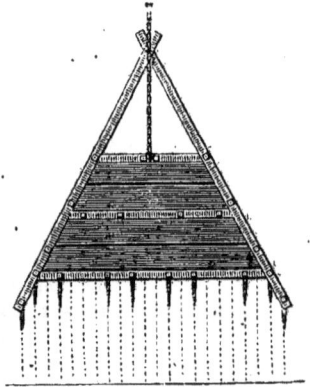
Fig. 119. — Tranche-gazon.

Le *Matériel agricole* de M. Jourdier fait mention et parle avec éloge de cet instrument ; il y est désigné sous le nom de *herse à couperets*, mais cette dénomination nous paraît peu convenable. Il est préférable, selon nous, de lui appliquer le nom de tranche-gazon, plus conforme à celui qu'il porte en flamand, et qui, d'ailleurs, a l'avantage de mieux préciser ses usages.

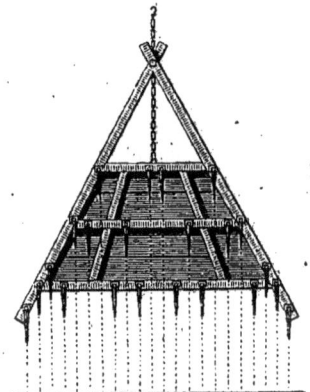
Fig. 120. — Tranche-gazon vu en dessous.

Fig. 121. — Profil du tranche-gazon.

Au reste, quel que soit le nom qu'on lui applique, l'important est de ne pas se méprendre sur sa destination, et de ne pas le considérer comme apte à remplacer la herse proprement dite, dans la plupart des travaux pour l'exécution desquels le concours de celle-ci nous est indispensable.

Le dessin que donne le *Matériel agricole* n'est pas la représentation fidèle de l'instrument flamand, ainsi que l'on peut s'en assurer en le comparant aux figures que nous en donnons. On constatera d'abord que la position et l'insertion des lames diffèrent sensiblement, et que, de plus, l'instrument figuré dans l'ouvrage de M. Jourdier, est dépourvu d'une partie essentielle, le tablier ou plancher représenté en AA (*fig.* 119). Ce tablier permet, en effet, d'augmenter à volonté l'énergie de l'instrument. Dans les Flandres, le conducteur s'y tient toujours debout pendant le travail, et si le poids de l'homme est insuffisant, on charge le tablier de pierres, de gazons, etc.

Dans les localités où le tranche-gazon est en usage, on s'en sert souvent sur les vieux trèfles que l'on veut rompre. On le fait marcher dans le sens de la longueur, puis de la largeur du champ, c'est-à-dire dans deux directions perpendiculaires l'une à l'autre. Le gazon se trouve alors découpé en carrés dont les dimensions sont déterminées par l'écartement des lames. Cette opération préalable facilite le travail de la charrue, et rend le labour beaucoup plus parfait. On ne fait pas toujours usage du tranche-gazon pour rompre les trèfles, parce qu'il est des cas où il pourrait être désavantageux. Ainsi, on ne s'en sert jamais quand le trèfle est infesté de chiendent, car les couteaux en divisant les rhizômes de cette funeste graminée, ne feraient que multiplier ses moyens de multiplication, ce qui rendrait sa destruction beaucoup plus difficile et plus coûteuse.

Dans le défrichement des prairies naturelles et des pâturages, le tranche-gazon flamand peut aussi être adopté avantageusement, et fournir un précieux auxiliaire pour la préparation du sol.

Dans les terres sablonneuses de la Flandre occidentale, on l'emploie avec succès pour donner les premières façons au sol des sapinières défrichées à la pioche. Après l'extraction des souches et le défoncement, le terrain est couvert de volumineux blocs de terre que l'on divise parfaitement au moyen du tranche-gazon. L'inclinaison affectée par le tranchant accroît l'efficacité des lames, tout en leur permettant de fonctionner sans ramener à la surface les débris de racines encore engagés dans la couche arable, et de surmonter aisément des obstacles qui, sans cette disposition, pourraient entraver leur marche.

Le passage du tranche-gazon contribue en même temps au raffermissement du sol, et c'est là un résultat utile dans le cas dont il est question, attendu qu'habituellement, l'année même où le défrichement a eu lieu, le terrain est emblavé en céréales d'hiver.

Le tranche-gazon construit à Thourout (Flandre occidentale) coûte de 90 à 100 francs.

Indépendamment des herses proprement dites, il est d'autres instruments qui, par leur construction et leurs usages, peuvent prendre place à côté d'elles : ce sont les *scarificateurs*. Mais ce que nous en avons dit, précédemment, en traitant des labours superficiels, peut nous dispenser d'y revenir ici. Il existe, toutefois, un instrument dont nous devons encore faire mention ; c'est celui que l'on a désigné sous le nom de *herse norwégienne* (fig. 122). Cet instrument, peu connu sur le continent, est fort estimé des cultivateurs anglais. Il est formé par de véritables étoiles métalliques, enfilées sur trois axes de fer horizontaux et parallèles, soutenus par un cadre également en fer, reposant sur trois roues. Ces étoiles, qui peuvent tourner librement sur les axes qui leur servent de supports, sont disposées de façon à entre-croiser leurs dents et à se nettoyer mutuellement, ce qui

écarte toute chance d'engorgement durant le travail.

L'instrument est construit de manière que l'on puisse, à volonté, augmenter l'action des dents

Fig. 122. — Herse norwégienne.

ou la faire cesser complétement. Il pèse de 600 à 700 kilogrammes. Sa puissance est très-grande, et il n'y a pas de mottes, quelque dures qu'elles soient, qui puissent résister aux longues et solides dents dont il est armé. Aussi la herse norwégienne est-elle précieuse pour l'ameublissement des sols rebelles à la culture, et elle mérite, assurément, l'attention des cultivateurs qui ont affaire à des terres sujettes à se durcir promptement après les labours.

Dans certaines circonstances, comme par exemple, quand il s'agit de recouvrir des semences fines, il peut être avantageux d'entrelacer d'épines le châssis de la herse ordinaire. Parfois, les cultivateurs se servent alors d'un cadre de bois, construit exprès, sur lequel ils fixent des branchages (fig. 123), mais il en est qui, en pareil cas, font

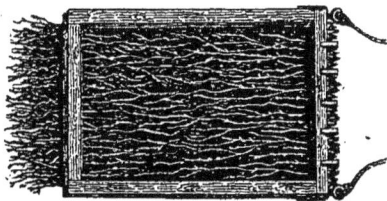

Fig. 123. — Herse à ramilles.

tout uniment usage d'une simple claie façonnée avec des branches d'épines, et dont ils augmentent l'action au moyen de gazons ou de pierres. On obtient, de la sorte, des herses à dents fines et serrées, très-convenables pour enterrer les graines qui ne réclament qu'une légère couverture, et très-utiles pour bien égaliser la surface du sol, de même que pour émietter les mottes de terre qui ont échappé aux dents de la herse ordinaire. Ces herses construites au moyen d'épines s'emploient avantageusement, au moment de la reprise de la végétation, pour bien diviser et éparpiller les matières terreuses sur les prairies où l'on a appliqué des composts, et l'on s'en sert aussi, avec succès, au printemps, sur les céréales. Et, à ce propos, nous croyons devoir appeler l'attention sur l'utilité des hersages donnés au printemps, au blé d'hiver, au moyen des herses ordinaires. Cette pratique excellente, préconisée avec raison par les meilleurs agronomes, est trop peu répandue. Les cultivateurs auxquels on la recommande, hésitent à l'appliquer parce qu'ils craignent de détruire les plantes et de nuire à leurs récoltes. Mais ils se trompent, et l'expérience faite sur une petite échelle, les rassurerait bientôt. Ces hersages ameublissent le sol, détruisent les mauvaises herbes encore peu enracinées, et constituent de véritables binages. Ils rechaussent les plantes et favorisent le tallement, et, bien souvent, un hersage énergique, effectué en temps opportun, suffit pour rétablir une récolte de froment maltraitée par l'hiver, et que l'on croyait entièrement perdue. L'opération doit, toutefois, être appliquée avec discernement ; c'est ainsi que l'on ne doit pas y avoir recours dans les terres qui se soulèvent pendant l'hiver et où les plantes sont déchaussées. Il faut, en pareil cas, se servir du rouleau et non de la herse. Le roulage raffermit le sol, et rend aux racines la stabilité qu'elles avaient perdue sous l'action des gelées.

Le hersage des prairies artificielles, au sortir de la mauvaise saison, produit aussi d'excellents résultats. On fait également, dans le but de les débarrasser de la mousse qui, parfois, les envahit, passer la herse sur les prairies naturelles. On compte ainsi les restaurer, mais on se trompe : la mousse n'est pas la cause, mais bien la conséquence de l'appauvrissement des prairies où elle fait son apparition, et le seul moyen efficace de les en débarrasser, est de leur appliquer des engrais. La mousse ne saurait se maintenir là où l'herbe est abondante et vigoureuse ; elle est étouffée.

Les herses plates ne peuvent pas fonctionner convenablement sur les terres labourées en billons, à moins que ceux-ci ne soient larges et peu bombés. Dans ce cas, on peut faire passer la herse successivement sur les deux ailes, à moins que l'on ne préfère se servir de deux herses parallélogrammiques assemblées au moyen de charnières, et adaptées à un seul palonnier. Cette dis-

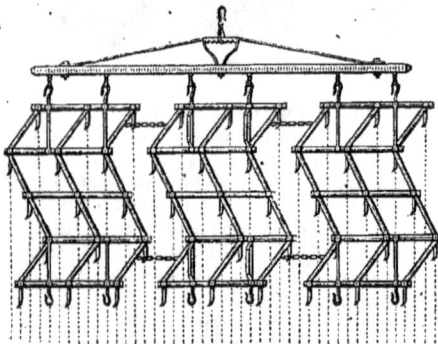

Fig. 124. — Herses parallélogrammiques.

position permet même, quand les terres sont compactes et humides, d'éviter le piétinement en faisant marcher les chevaux dans les raies qui séparent les billons. On peut également employer les herses accouplées de Howard (fig. 109) qui sont fort bien construites et possèdent les qualités dont les bonnes herses sont pourvues.

Mais quand les billons sont étroits et présentent une convexité très-prononcée, on fait usage de herses courbes construites de manière à pouvoir s'adapter à la forme et à la largeur des billons. La figure 125 représente une herse de ce genre, mais on en construit aussi qui

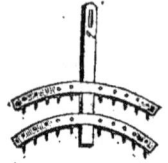

Fig. 125.

offrent une *double courbure* (*fig.* 126) et peuvent, conséquemment, herser deux billons à la fois. La herse *double courbe* (*fig.* 127), formée par deux petites herses courbes réunies au moyen des anneaux *a* et *b*, est usitée dans des conditions analogues. Le bâton fixé à la partie postérieure au moyen de cordes, sert à diriger les herses et à dégager les dents des herbes

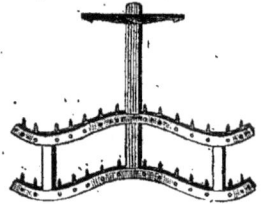

Fig. 126.

qui peuvent s'y arrêter. C'est une annexe que l'on remarque, d'ailleurs, fréquemment, dans les herses usitées dans les Flandres.

La conduite de la herse ne présente pas de difficulté ; on doit la diriger de manière à ce qu'elle produise son maximum d'effet, et veiller, en même temps, à ce qu'aucune partie de la surface du champ n'échappe à l'action de ses dents.

Quand le hersage a pour objet l'ameublissement du sol, il convient de donner à l'attelage une allure vive : les mottes de terre sont alors plus violemment heurtées et se divisent plus sûrement. C'est en faisant marcher la herse perpendiculairement à la direction des raies du labour que son action est le plus énergique ; mais on ne saurait opérer ainsi dans tous les cas ; cela dépend des dimensions des pièces de terre, de la forme du labour, et même de la pente du terrain. Quand

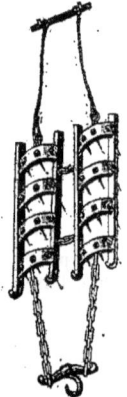

Fig. 127.

celui-ci présente une forte inclinaison, il convient de herser transversalement à la pente, attendu qu'en suivant une marche inverse, le travail serait beaucoup plus pénible pour les attelages. Si les champs sont longs et étroits, on est obligé, afin d'éviter les tournées fréquentes et les pertes de temps qui en sont la conséquence, de herser parallèlement aux sillons tracés par la charrue. Il en est de même quand les terres sont labourées en planches bombées, car si, dans ce dernier cas, on adoptait une direction différente, la herse n'agirait d'abord que d'une manière imparfaite, et l'on courrait, en outre, le risque de déranger la forme des billons.

Pour obtenir de la herse un travail régulier et uniforme sur toute l'étendue du terrain, il faut veiller à ce qu'il y ait toujours coïncidence entre les trains. En hersant par trains longitudinaux contigus, la condition serait aisément remplie, mais on serait alors obligé de faire tourner la herse sur elle-même, et c'est un mouvement qu'elle exécute difficilement. On pourrait, il est vrai, atténuer cet inconvénient en faisant décrire à la herse, à l'extrémité de chaque train, un circuit en forme de tête de 8, pour venir reprendre le train contigu à celui qu'elle vient de quitter; mais ce mouvement n'est pas non plus très-commode. Aussi, habituellement, on opère différemment, et l'on évite de faire pivoter la herse sur elle-même, en réservant, entre le train qu'elle achève et celui qu'elle va commencer, au moins la largeur d'un train. Le conducteur doit régler la marche de manière à pouvoir constamment tourner dans le même sens, et prendre attention à ce que l'espace ménagé entre deux trains successifs et qui doit être hersé au tour suivant, puisse être complétement embrassé par la herse, sinon une bande de terre plus ou moins large échapperait forcément à l'action des dents et ne serait pas travaillée. On pourrait, sans doute, éviter cette imperfection en ne laissant qu'une faible largeur au train intermédiaire, mais il en résulterait, tout au moins, une perte de temps, puisqu'alors la herse devrait nécessairement revenir sur une portion de terrain où, précédemment, elle aurait déjà passé.

Il est des pays où, au lieu de herser par trains longitudinaux et parallèles à l'un des côtés du champ, on herse en rond comme cela se pratique fréquemment pour le roulage. Cette méthode offre, sans doute, l'avantage de diminuer les pertes de temps suscitées par les tournées, mais elle ne donne pas un hersage aussi uniforme que la précédente, attendu que l'attelage marche alors tantôt en suivant la direction des raies du labour, et tantôt dans une direction qui leur est perpendiculaire.

Un seul hersage est loin de suffire dans tous les cas pour donner au sol une préparation satisfaisante. On est donc obligé de répéter l'opération, soit pour achever l'ameublissement, soit pour recouvrir les semences. Parfois, quand la forme des pièces de terre n'y met pas obstacle, on croise les hersages, c'est-à-dire que le second hersage s'effectue en suivant une direction perpendiculaire à celle adoptée pour le premier. Cette méthode est certainement recommandable.

Dans certaines circonstances, on donne un double hersage, ou, comme on dit encore, un hersage à deux dents, en passant immédiatement deux fois sur les mêmes trains. On doit alors prendre la précaution de ne pas diriger la herse les deux fois dans le même sens; il faut, au contraire, faire en sorte que les deux hersages s'effectuent en suivant des directions entièrement opposées. Si l'on néglige cette recommandation, il arrivera que les dents de la herse s'engageront, au second tour, dans les sillons qu'elles ont ouverts au premier tour, et le hersage sera immanquablement moins énergique. En faisant décrire à la herse, à l'extrémité de chaque train, un circuit qui la mettrait en position de reprendre, en sens inverse, le chemin qu'elle vient de parcourir, le hersage satisferait à la condition mentionnée ci-dessus; mais la tournée est alors assez difficile, et l'on donne généralement la préférence au procédé suivant: On fait le premier train en longeant le bord du champ, et le second, immédiatement contre le premier par lequel on repasse ensuite; en quittant ce dernier, on va au troisième train, après quoi l'on reprend le second qui a déjà été hersé une fois. On se transporte ensuite au quatrième train pour revenir par le troisième et ainsi de suite. En suivant cette marche, l'attelage tourne constamment dans le même sens, et tous les trains, à l'exception du premier et du dernier, sont hersés dans deux sens opposés. On pourrait arriver au même résultat, tout en évitant les courtes tournées, en hersant d'abord le champ tout entier, et en adoptant, au second hersage, une marche inverse de celle suivie au premier.

Un seul homme peut aisément conduire deux herses attelées chacune de deux ou trois chevaux. Souvent, alors, il se place à côté des chevaux qui traînent la seconde herse, et il dirige le premier attelage au moyen de guides. Il est des endroits, et notamment aux environs de Paris, où le même homme conduit trois et quatre herses attelées chacune d'un cheval. Le conducteur mène le premier cheval; le second est attaché au palonnier de la première herse par une longe, le troisième au palonnier de la deuxième, et ainsi de suite.

La quantité de travail que la herse peut exécuter en une journée varie suivant les circonstances; elle dépend de la durée de la journée, des dimensions de la herse, de la nature et de l'état du sol, de l'allure de l'attelage, etc. Dans les terres de faible consistance, et qui ne sont pas infestées de mauvaises herbes, une herse peut, moyennement, herser 3 hectares par jour. Dans les mêmes conditions, un seul homme conduisant trois ou quatre herses, pourra faire 7 ou 8 hectares dans sa journée. Cette méthode est fort expéditive. Quant au nombre d'animaux que l'on doit atteler à la herse, il est nécessairement subordonné au poids de l'instrument et aux résistances à vaincre.

G. F.

CHAPITRE VII

DES ROULAGES.

On ne peut pas toujours, au moyen des hersages seuls, approprier convenablement les terres labourées aux ensemencements. Il est à remarquer, en effet, que les sols fraîchement remués sont, parfois, fortement soulevés, et présentent alors des vides nombreux qui donnent à l'air atmosphérique un trop libre accès dans la couche arable, et sont de nature à nuire à la germination des graines. Au surplus, dans une couche lacuneuse, dont les parties ne sont pas suffisamment rapprochées, les racines ne trouvent pas toujours un appui satisfaisant ; elles y sont plus exposées à subir l'influence pernicieuse de la sécheresse, et, dans de pareilles conditions, l'on voit fréquemment les plantes rester longtemps faibles, chétives, indice non douteux de leur état de souffrance. Pour éviter ces inconvénients, il faut, avant de procéder aux semailles, soumettre le sol à une compression suffisante pour lui communiquer le degré de consistance favorable à la germination et au développement régulier des plantes. La herse ne saurait faire cette besogne de la manière désirable. Cet instrument est tout à fait insuffisant pour raffermir les terres fortement soulevées, pour plomber les terres légères, et, puis, en outre, dans les sols compacts, argileux, les bandes soulevées par le soc et durcies par la chaleur résistent et ne cèdent plus à l'action de ses dents. Aussi, pour atteindre complètement le but que l'on doit se proposer, convient-il d'adopter un instrument plus énergique, capable d'exercer une compression efficace, soit pour plomber le sol et égaliser sa surface, soit pour briser les mottes qui ne se rompent pas sous le choc de la herse.

L'utilité de raffermir le sol fraîchement remué et de faire disparaître les nombreux vides qui existent dans la couche arable après les façons d'ameublissement, est depuis longtemps reconnue. C'est ainsi que nous voyons les jardiniers tasser et niveler soigneusement leurs plates-bandes, assez souvent au moyen d'une lourde planche dans laquelle est implanté un long manche, ou de toute autre manière. Ils savent d'ancienne date combien cette opération est profitable au succès de leurs semis. Dans la zone sablonneuse des Flandres, les petits cultivateurs, à défaut d'instrument de plombage ou d'une machine douée de l'efficacité désirable, se servent de leurs pieds. Ils piétinent leurs planches ou leurs billons en pesant alternativement sur l'une et sur l'autre jambe. Ils obtiennent ainsi un tassement passablement vigoureux, attendu que le poids du corps se trouve appliqué sur une surface dont l'étendue est représentée par l'empreinte du pied, et l'ouvrier

accroît encore l'énergie de la compression qu'il exerce, en imprimant à son corps une secousse chaque fois qu'il pose le pied à terre. Cette précaution n'est même pas négligée dans la culture des plantes en pot, seulement, on donne habituellement alors à la terre le degré de consistance voulu au moyen de la main. Dans certaines localités à terre légère, on a, parfois, recours au piétinement des animaux pour communiquer au sol le tassement nécessaire, et l'on se sert pour cela des moutons. Mais, en agriculture, le procédé le plus généralement usité est le plombage au moyen du rouleau, le seul dont nous ayons à nous occuper ici.

Les roulages s'opèrent non-seulement avant, mais aussi après les semailles, et ceux-ci, non moins que les premiers, méritent de fixer l'attention des cultivateurs.

Pour comprendre l'efficacité des roulages postérieurs aux semis, il faut ne pas perdre de vue que la présence d'un certain degré de fraîcheur autour des graines enterrées est indispensable, et que si cette condition essentielle n'est pas remplie, leur germination est assurément compromise.

L'humidité contenue dans le sol, à conditions égales, se disperse d'autant plus rapidement que les points de contact de la surface avec l'air sont plus nombreux, et le régalement du sol n'eût-il que le seul avantage d'atténuer cette perte, cela suffirait pour prescrire son application, notamment dans les terres exposées aux atteintes de la sécheresse, et, surtout, pour les semis de printemps. La herse, employée pour recouvrir les semences, contribue, sans doute, à faire disparaître les inégalités du sol ; mais le rouleau donne au travail une perfection plus grande, attendu qu'il annule même les légers sillons que la herse laisse après son passage, et, conséquemment, il diminue encore l'étendue de la surface exposée à l'air.

Au surplus, la compression exercée par le rouleau rapproche les particules de terre, diminue l'étendue des vides qu'elles laissaient entre elles, met ainsi obstacle au libre accès de l'air dans la couche arable, et amoindrit considérablement son influence desséchante. Ce sont là des conséquences immédiates des roulages, et qui, toutes circonstances égales d'ailleurs, doivent contribuer à la conservation de la fraîcheur du sol, puisqu'elles ralentissent l'évaporation. Dans des conditions semblables, la levée des graines est évidemment entourée d'excellentes garanties et, en outre, il ne sera peut-être pas superflu de faire remarquer que les molécules de terre, pressées autour des semences par le plombage, procurent à ces dernières, avec plus de certitude, l'humidité nécessaire à leur premier développement.

Mais que l'on ne s'y trompe pas : on serait peut-être tenté de croire que le plombage arrête l'évaporation ! il n'en est rien cependant. On pourrait dire avec plus de justesse, nous paraît-il, qu'il l'alimente. De ce que l'on constate, au moins temporairement, une fraîcheur plus grande dans les couches superficielles des terres plombées, on n'est nullement autorisé à conclure qu'elles ne laissent pas échapper l'eau dont elles sont pénétrées. Sans doute, nous croyons l'avoir démontré tout à l'heure, les pertes qu'éprouvent les terres qui ont été roulées sont moindres par suite de la réduction des surfaces en contact avec l'air ; mais l'évaporation, quoique atténuée, n'en est pas moins réelle, et a lieu même après la compression. La modification que le tassement communique aux couches qui le subissent rend, ce nous semble, aisément compte de ce qui se passe. La pression exercée par le rouleau, en rapprochant les particules terreuses, diminue la capacité des interstices, réduit le calibre de cette infinité de petits canaux sinueux qui, dans le sol, mettent en communication les différentes couches, sollicite ainsi l'action capillaire, et permet à l'humidité du fond de remonter vers la surface pour y maintenir la fraîcheur et réparer les pertes occasionnées par l'évaporation, et on conçoit aisément combien cette ascension des liquides est avantageuse pour assurer la germination des semences, notamment au printemps, et dans les sols sujets à souffrir de la sécheresse. Toutefois, si, à ce moment-là, cette ascension est profitable, elle cesse de l'être après la levée des graines, quand les plantes sont pourvues de racines qui les mettent à même d'aller au-devant de l'humidité, et l'on doit alors faire en sorte de la limiter, afin de modérer l'évaporation, et de conserver dans la couche arable une fraîcheur précieuse pour les besoins futurs de la végétation. Pour obtenir ce résultat, il faut contrarier l'action capillaire en rompant la continuité des couches superficielles du sol et de celles qui leur sont sous-jacentes. On y arrive par les façons de binage. Aussi ne faudrait-il pas croire que cette dernière opération n'est utile qu'après l'apparition des mauvaises herbes ; une pareille croyance occasionnerait, parfois, un retard dans les binages, retard qui diminuerait leur efficacité et pourrait même, dans certains cas, compromettre le succès des récoltes. C'est ce que nous essaierons de démontrer en traitant spécialement des binages.

En envisageant ainsi la pratique du roulage, postérieur aux semis, il est permis d'interpréter les faits enregistrés par la pratique et de se rendre compte de l'efficacité de cette opération, et de celle non moins bien établie des binages qui lui succèdent.

Si le rouleau est d'un usage si profitable pour assurer le premier développement de nos plantes cultivées, il met également à notre disposition un moyen de réparer certaines injures que les intempéries infligent parfois à nos récoltes durant la saison d'hiver. Il est des terres, en effet, qui, sous l'influence des gelées, augmentent de volume, se soulèvent, et où, au retour du printemps, par suite de l'affaissement qu'éprouve le sol, les racines des plantes sont mises à nu et laissées sans abri contre l'influence desséchante de l'atmosphère. En pareille occurrence, les roulages, en raffermissant la terre autour des racines ébranlées, rendent de précieux services. Au reste, les céréales en général profitent des roulages : cette compression consolide les plantes, leur donne plus de pied, comme disent souvent les cultivateurs, et l'on peut remarquer qu'elles sont alors moins exposées à la verse.

Les roulages sont également très-profitables aux prairies, après l'hiver, pour raffermir le gazon ; ils sont surtout extrêmement avantageux et ne devraient jamais être négligés dans celles qui ne sont pas pâturées régulièrement, et que l'on exploite par le fauchage. Il convient, en pareil cas, de faire usage d'un instrument lourd, capable d'exercer une énergique pression, sinon l'on n'obtient pas tout l'effet désirable. Ce tassement favorise le tallement des graminées, et contribue, en outre, à égaliser la surface de la prairie, ce qui facilite le fauchage, et permet de couper l'herbe plus près de terre.

On se sert aussi du rouleau, dans certaines circonstances, pour faire la guerre aux limaces et aux insectes, et, quelquefois, pour enterrer les graines fines qui ne demandent qu'une faible couverture. Ajoutons, enfin, que si cet instrument est souvent employé pour briser les mottes qui ont résisté au travail de la herse, quelquefois aussi il précède celle-ci afin de fixer les mottes et de rendre l'action des dents plus énergique et plus efficace.

Le rouleau, ainsi que l'on peut en juger par ses différents usages, est certainement un instrument précieux et qui doit nécessairement figurer dans le mobilier de toutes les fermes. Il est très-répandu, sans doute, et on le rencontre à peu près partout, mais on n'en fait certes pas un assez fréquent usage, et sa construction laisse souvent à désirer, eu égard aux circonstances où l'instrument doit fonctionner.

L'objet des roulages est double, voilà ce dont on doit bien se pénétrer : tasser, comprimer le sol, et détruire, pulvériser les mottes capables de résister aux dents de la herse. Sans doute, tous les rouleaux indistinctement, par la compression qu'ils exercent, tendent à produire simultanément ces deux effets, mais il n'en est pas moins vrai que la construction de l'instrument a une influence décisive sur son mode d'action, et qu'il est important de savoir le choisir en raison de ce que l'on en attend, car tel rouleau qui fait une excellente besogne dans les terres légères, sera, peut-être, complétement inefficace dans les sols compactes et résistants.

Les rouleaux diffèrent les uns des autres par leur poids, leur longueur, leur diamètre et leur forme. Ces modifications sont-elles purement arbitraires, ou ont-elles, au contraire, pour objet d'augmenter la valeur de l'instrument, de mieux l'approprier aux conditions où il doit agir, et, dans ce cas, quelles sont les dimensions et les formes auxquelles il convient de donner la préférence ? Voilà ce qu'il importe d'examiner.

Le rouleau agissant par son poids, c'est à utiliser ce poids de la façon la plus complète que l'on doit viser dans la construction de l'instrument. Les lourds rouleaux, personne ne l'ignore, exercent une compression plus énergique que les rouleaux légers, et qu'il s'agisse de briser les mottes ou de faire disparaître les inégalités de la surface du terrain, ils conservent la même supériorité. Un rouleau de 200 kilogrammes possède, sous ces divers rapports, une supériorité plus grande que celui qui pèse 100 kilogrammes seulement, tout le monde le sait, et il serait superflu d'insister sur ce point.

Que, néanmoins, l'on ne se hâte pas de conclure que les rouleaux de même poids donnent constamment les mêmes effets! on pourrait se tromper. Sans doute, le poids, vu son importance, mérite la plus sérieuse attention, mais il ne faut pas l'envisager isolément. Si l'on veut se faire une juste idée de la valeur d'un rouleau, quel qu'il soit, il faut, en même temps, tenir compte et de son poids et de sa longueur. Habituellement, on n'insiste pas assez sur ce point, et c'est à tort, car les cultivateurs sont assez généralement enclins à donner la préférence aux longs rouleaux, qui expédient plus de besogne en un temps donné, sans attacher suffisamment d'importance au poids, sans lequel cependant le travail ne peut avoir la perfection voulue. Cette préférence est abusive, et il est facile de le démontrer en comparant deux rouleaux d'inégale longueur et de même poids, et semblables, d'ailleurs, sous tous les autres rapports. Si, en effet, l'on met en présence deux rouleaux pesant chacun 500 kilogrammes, dont l'un est long de 1 mètre et l'autre de 2 mètres, l'infériorité du dernier ne saurait être un instant douteuse. En pareil cas, le plus long rouleau embrasserait évidemment une surface double de celle attaquée par l'autre, et n'exercerait qu'une compression moitié moindre. Pour rendre le résultat plus saisissable encore dans le cas où cela serait nécessaire, il suffirait de diviser, par la pensée, les deux rouleaux en segments de même longueur, soit, par exemple, de 1 décimètre. Les rouleaux étant supposés bien homogènes et leur poids uniformément distribué, chaque segment comprendra une part égale du poids total, et, conséquemment, puisque dans les deux instruments comparés, les longueurs sont dans le rapport de 1 à 2, la pression correspondante à chaque segment du petit rouleau sera équivalente à 50 kilogrammes, tandis qu'elle ne sera que de 25 kilogrammes pour chaque segment du long rouleau. Pour donner aux deux instruments une égale énergie, tout en conservant leur dimension respective, il faudrait porter le poids du dernier rouleau à 1000 kilogrammes.

Le long rouleau brise donc les mottes qui sont sur son passage avec moins de certitude, et il en résulte cet inconvénient qu'il est plus exposé à être soulevé pendant la marche; or, chaque fois qu'un semblable écart se produit, une portion de la surface échappe à l'action de l'instrument, et pour peu que cela se répète, le plombage en devient tout à fait irrégulier. Sans doute, le court rouleau n'en est pas entièrement exempt, mais il y est moins exposé, puisqu'il exerce une plus forte compression. Au surplus, avec ce dernier l'inconvénient sera toujours moins grave, attendu que la surface qui se dérobera à la compression sera moins étendue.

Avec les longs rouleaux, les tournées sont également moins commodes; ils obligent, en effet, à faire de plus longs circuits à l'extrémité de chaque train. Si l'on néglige cette précaution et que l'on fasse pivoter l'instrument sur l'une de ses extrémités pour reprendre un train contigu à celui qu'il quitte, il en résulte un frottement considérable sur le sol, frottement qui nécessite de plus grands efforts de tirage, et, en outre, dégrade la surface, et déchire ou arrache les plantes sur les terres déjà emblavées. Ces effets sont dus à l'inégalité du chemin que doivent parcourir les deux extrémités du rouleau formé d'un seul bloc, et dont, conséquemment, toutes les parties sont solidaires. Pour remédier à ces inconvénients, on a imaginé les *rouleaux* dits *brisés*. On peut aisément se faire une idée de ces derniers en se représentant, fixés et tournant librement sur un même axe, deux ou trois rouleaux, ou un plus grand nombre, complétement indépendants les uns des autres, et pouvant, selon les circonstances, éprouver des mouvements de rotation différents.

Ainsi, en résumé, les longs rouleaux accélèrent la besogne, et c'est un précieux avantage dont nous devons chercher à nous assurer le bénéfice, mais cette célérité ne s'obtient, parfois, qu'au détriment de la perfection du travail : cette conséquence fâcheuse apparaît chaque fois que l'instrument ne possède pas un poids en rapport avec sa longueur.

Les rouleaux, quoique de même poids et de même longueur, peuvent différer entre eux par leur diamètre. Celui-ci mérite de fixer l'attention sous plus d'un rapport, ainsi que l'a fort bien démontré M. Lœuillet dans un excellent Mémoire inséré dans les *Annales de l'agriculture française* (1). Le mode d'action du rouleau se modifie avec le diamètre, et c'est ce que l'on peut faire comprendre sans recourir à une bien longue démonstration.

Si l'on met en présence deux rouleaux de même forme, de même poids et de même longueur, mais dont les diamètres sont entre eux comme 1 : 2, on reconnaît aisément que les deux instruments donnent lieu à des résistances inégales, et que, sous ce rapport, l'avantage appartient à celui qui est pourvu du plus grand diamètre. L'expérience atteste, en effet, que la résistance au roulement est en raison inverse du diamètre, de sorte que si, par exemple, le rouleau à petit diamètre exige un effort représenté par 100 kilogrammes pour être mis en mouvement, il suffira d'un effort de traction moitié moindre, c'est-à-dire de 50 kilogrammes, pour faire mouvoir celui à grand diamètre. Les cultivateurs connaissent, du reste, très-bien l'influence qu'exercent les dimensions des roues sur la marche de leurs véhicules, et ils n'ignorent pas que les petites roues donnent lieu à plus de résistance que les grandes.

(1) *Annales de l'agriculture française*, 6e série, t. VI, p. 501.

Il convient, en outre, de remarquer qu'avec l'accroissement du diamètre, la ligne de tirage qui part de l'épaule des chevaux pour aboutir à l'axe du rouleau, se rapproche davantage de la ligne horizontale. L'obliquité de la ligne de tirage fait supporter aux animaux une partie du poids de l'instrument tout en diminuant l'énergie du roulage. Pour une longueur constante des traits, ce genre d'inconvénient est d'autant plus pénible pour l'attelage, que le diamètre du rouleau est plus petit et la taille des animaux plus grande.

Il n'est cependant pas nécessaire que la ligne de tirage soit horizontale, et il est même avantageux de lui conserver une légère obliquité. Celle-ci peut utilement, dit M. Lœuillet, former avec l'horizon un angle de 11 à 12°. En partant de cette donnée, il estime que pour un rouleau de 1m,20 de diamètre, le point d'attache des traits sur le collier étant situé à 1m,22 au-dessus du sol, une longueur de traits de 3 mètres, mesurée horizontalement, serait tout à fait convenable. On peut, sans rien changer au volume du rouleau, augmenter ou diminuer l'inclinaison de la ligne de tirage, en raccourcissant ou en allongeant les traits.

Si l'on examine des rouleaux d'inégal diamètre durant leur mouvement de progression sur une surface motteuse, on ne tardera pas à s'apercevoir que le rouleau le plus volumineux a la marche la plus régulière, et donne lieu au tirage le plus uniforme. Le rouleau à petit diamètre heurte avec plus ou moins de violence contre les mottes qui se trouvent sur son parcours, et il en résulte un choc pénible pour les animaux; en outre, si les mottes ne se divisent point sous l'influence de l'ébranlement qu'elles reçoivent, elles constituent un obstacle que l'instrument doit franchir pour poursuivre sa course, et cela ne peut avoir lieu que moyennant une dépense de force plus grande de la part de l'attelage. De là, une inégalité de tirage tout à fait défavorable, et qui impose aux animaux une fatigue plus considérable. Sous ce rapport, les rouleaux à grand diamètre méritent donc encore la préférence, mais cela n'établit cependant pas leur supériorité d'une manière décisive. Pour que cette supériorité pût leur être concédée, il faudrait qu'ils procurassent en même temps, dans toutes les circonstances, le travail le plus parfait.

Nous n'avons jusqu'ici envisagé les rouleaux d'inégal volume qu'au point de vue de leur résistance au tirage, sans nous préoccuper de l'influence qu'une variation de ce genre peut avoir sur l'ameublissement et le plombage du sol. Pour nous éclairer à cet égard, comparons l'action de deux rouleaux, semblables sous tous les autres rapports, mais différant par leurs diamètres qui sont entre eux comme 1 : 2. Dans cette hypothèse, la circonférence du gros rouleau sera double de celle du petit, et si nous supposons que, durant le travail, les deux rouleaux mis en présence marchent avec la même vitesse, c'est-à-dire parcourent le même espace dans des temps égaux, il faudra nécessairement qu'ils tournent avec des rapidités différentes. Les deux instruments ne sauraient, en effet, avoir une marche uniforme qu'à la condition que le rouleau à faible diamètre fasse deux tours sur son axe pendant que le gros rouleau n'en fait qu'un. Il en résulte que, dans son mouvement de progression, le premier développera une force vive supérieure à celle du second, et qu'il imprimera aux blocs de terre une secousse plus violente, et, partant, plus efficace pour les faire éclater. Aussi doit-on reconnaître que le rouleau à petit diamètre est doué d'une plus grande énergie que le gros, et l'avantage lui appartiendra toujours chaque fois qu'il s'agira de pulvériser des mottes ayant acquis une forte consistance sous l'influence de la chaleur. Reste à savoir s'il conserve encore l'avantage dans le cas où le roulage a simplement pour objet de raffermir et de tasser le sol.

Pour résoudre cette question, il faut faire fonctionner les deux instruments dans les mêmes conditions de terrain, et les arrêter simultanément à un moment donné de leur course. Si l'on examine alors la manière dont ils se comportent à l'égard de la surface sur laquelle ils reposent, on constatera que par suite de la compression du sol, ils s'y sont enfoncés, et qu'une portion plus ou moins étendue de leur circonférence s'y trouve engagée. Puisque les deux rouleaux possèdent le même poids, il est certain que celui qui offrira le moins de points de contact avec la terre sera, en même temps, celui qui exercera la pression la plus énergique, puisque la surface sur laquelle il s'appuie sera moins étendue. Or, il est facile de s'assurer que la portion de circonférence du rouleau à petit diamètre engagée dans le sol est moins grande que celle du rouleau le plus volumineux, et l'on acquiert dès lors la certitude que le premier donne un tassement plus vigoureux et, conséquemment, un plombage plus efficace. Toutefois, M. Lœuillet fait à cette occasion une observation qui ne manque pas de justesse, à savoir qu'avec le gros rouleau les points du sol qui subissent successivement son contact éprouvent une pression plus durable, et, dans certains cas, cela peut, en quelque façon, compenser la moindre intensité.

Quoiqu'il en soit, il résulte des observations qui précèdent, que, dans la construction du rouleau, le diamètre doit fixer l'attention, puisque, soit qu'on l'augmente, soit qu'on le réduise, on change décidément le mode d'action de l'instrument. De deux rouleaux de même longueur et de même poids, le moins volumineux est le plus énergique, mais il est le moins avantageux sous le rapport du tirage, et il serait sans doute à désirer que l'on pût construire un instrument pourvu simultanément des qualités de l'un et de l'autre. Malheureusement, cette utile combinaison n'est pas réalisable, et, à défaut d'un rouleau parfait, force nous est de nous en tenir à celui qui nous paraît faire la part la plus large aux avantages respectifs des rouleaux à grand et à petit diamètre. Pour atteindre ce but, il ne faut outrer les dimensions ni dans l'un ni dans l'autre sens, et s'arrêter à un diamètre moyen. En adoptant comme limites extrêmes 0m,70 à 1 mètre, on peut, ce nous semble, construire de fort bons rouleaux, aptes à procurer un travail énergique, sans exiger de la part des animaux des efforts de tirage trop considérables.

Les rouleaux sont creux ou pleins. Les rouleaux

creux se construisent en fonte, et quelquefois en bois; les autres se construisent en pierre et en bois.

Les rouleaux de pierre et de bois sont fort répandus; ils coûtent moins cher que ceux de fonte, et c'est à ce motif qu'il faut attribuer la préférence que leur accordent généralement les cultivateurs. Les rouleaux de bois pêchent assez souvent par le manque de poids, et ceux de pierre par la petitesse de leur diamètre. L'adoption des rouleaux creux permet de donner à ces instruments le diamètre que l'on juge le plus convenable sans exagérer leur poids.

Quelle que soit, d'ailleurs, la matière employée dans leur fabrication, les rouleaux se distinguent les uns des autres par leurs formes. Les rouleaux cylindriques se rencontrent partout. Dans certaines localités on se sert de rouleaux de forme polygonale, généralement construits en pierre. Ceux-ci sont hexagones ou octogones, c'est-à-dire qu'ils sont formés par un solide terminé par six ou huit faces planes. Il est des pays où l'on emploie des rouleaux constitués par un solide cylindrique hérissé de chevilles de bois ou de pointes métalliques plus ou moins longues et plus ou moins aiguës. Ailleurs, et notamment en Angleterre où leur emploi est beaucoup plus répandu que sur le continent, on fait usage de rouleaux formés par des disques de fonte tranchants ou garnis de dents, agencés sur un même axe, et solidaires ou indépendants dans leur mouvement de rotation.

Si l'on considérait ces variations comme inutiles et superflues, on se tromperait. La vérité est que l'on ne saurait se faire une idée exacte de la valeur d'un rouleau en négligeant de tenir compte de sa forme, et celle-ci doit toujours être appropriée aux conditions où l'instrument doit fonctionner.

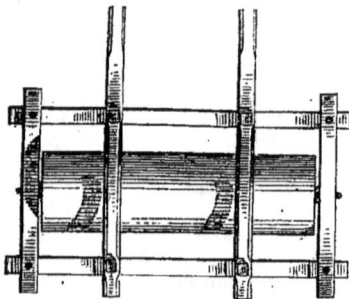

Fig. 128. — Rouleau ordinaire.

Pour se rendre compte de l'utilité que procure une semblable appropriation, il convient de bien

Fig. 129. — Vue de côté du rouleau.

se pénétrer de l'objet des roulages. Ceux-ci, nous croyons l'avoir fait comprendre, n'ont pas

pour unique mission de plomber le sol, de raffermir les terres soulevées, et de donner plus de consistance à celles qui sont trop légères; ils servent encore à l'ameublissement du sol. Le rouleau est, sans doute, un instrument tout à fait indispensable dans la culture des terrains légers, mais il n'est pas moins précieux dans celle des sols de nature argileuse et compacte, et voilà ce que l'on méconnaît trop souvent encore. C'est cependant ce qu'il importe de savoir quand il est question de décider de la préférence que l'on doit accorder à telle ou telle forme de rouleau.

Dans les terres qui pêchent par un défaut de consistance ou qui sont trop soulevées, le rouleau cylindrique à surface unie est tout à fait convenable (*fig.* 128 et 129). Il exerce sur tous les points de la surface qu'il embrasse dans son parcours une pression égale, très-favorable à l'uniformité du raffermissement de la couche arable, et si son action est alors insuffisante, cela dépend non pas de sa forme, mais de l'une des circonstances dont nous avons précédemment fait mention, et fort souvent, de l'insuffisance de son poids.

Les rouleaux de forme polygonale, en les supposant, d'ailleurs, semblables sous tous les rapports, sont incontestablement plus énergiques que les rouleaux cylindriques. Cela provient de ce que, pendant leur mouvement de progression, ils sont soumis à une succession de chutes d'autant plus brusques que l'allure de l'attelage est plus rapide, et qui accroissent notablement la puissance de leur action. Quoi qu'il en soit, ces rouleaux présentent de sérieux inconvénients, et ils ne nous paraissent nullement recommandables. Il est à remarquer, en effet, que dans le rouleau polygonal, l'instrument pivote sans cesse sur ses arêtes, et que chacune d'elles devient à son tour centre de rotation. Or, ce résultat ne saurait s'accomplir sans nécessiter un surcroît d'efforts de la part de l'attelage, attendu qu'en pareil cas, le poids du bloc de pierre intervient comme élément de résistance : de là un tirage plus considérable, et, qui plus est, tout à fait irrégulier, ce qui est toujours défectueux. Au surplus, comme le soulèvement du rouleau sur ses arêtes, est suivi d'une chute rapide, l'épaule des chevaux reçoit, chaque fois que la chute se répète, une secousse plus ou moins forte, toujours fort pénible, et qui occasionne une grande fatigue aux animaux.

Si les rouleaux cylindriques peuvent avantageusement servir pour plomber et raffermir les sols légers ou soulevés, ils ne sont plus d'une complète efficacité dans les terres argileuses et tenaces; parfois même, ils sont totalement insuffisants. Les rouleaux unis, même les plus pesants, dit avec raison M. Lœuillet, parviennent difficilement à rompre les grosses mottes des terrains tenaces. Ils présentent, en outre, ainsi qu'il le fait remarquer, l'inconvénient grave, sur les sols argileux, imparfaitement secs, de comprimer la couche supérieure, de la durcir, et de transformer la surface du champ en une sorte d'aire solide, impropre à la végétation, et d'un ameublissement très-difficile.

C'est pour obvier à ces défauts, qu'en Angleterre on a imaginé de construire des rouleaux, dits *brise-mottes*, dont la surface, au lieu d'être unie, est hérissée de chevilles de bois ou d'aspérités métalliques (*fig.* 130). On peut aisément reconnaître que ces instruments, indépendamment de la compression qu'ils exercent, doivent, à l'aide des aspérités dont ils sont revêtus, déchirer la surface sur laquelle ils se meuvent, et déterminer son ameublissement. Agis-

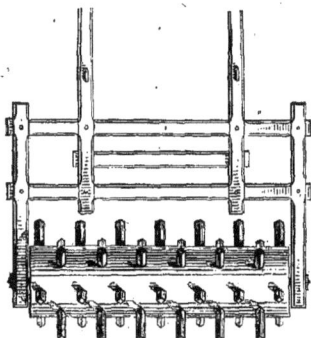

Fig. 130. — Rouleau à chevilles.

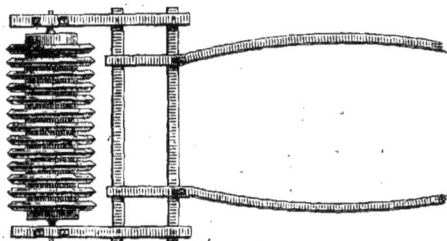

Fig. 131. — Rouleau squelette.

sant par perforation, ils rompent et divisent les mottes les plus dures. Le poids du rouleau est ici supporté par les seules pointes qui touchent le sol

Fig. 132. — Profil du rouleau squelette.

simultanément, et cela donne à ces dernières une puissance à laquelle ne sauraient résister les blocs de terre les plus cohérents, si l'on a soin, bien

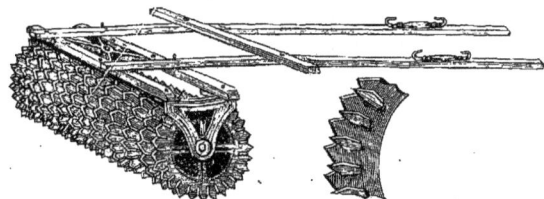

Fig. 133. — Rouleau de Crosskill.

entendu, de se servir d'un instrument suffisamment lourd. Quoi qu'il en soit, ces rouleaux sont peu ou point employés aujourd'hui; ils ont été remplacés par des rouleaux à disques tranchants ou hérissés de dents, instruments d'un usage plus durable et d'une incontestable supériorité.

Le rouleau *squelette* de M. de Dombasle appartient à cette dernière catégorie (*fig.* 131 et 133). Il est formé par des disques creux, en fonte, à biseaux circulaires tranchants, agencés sur un axe de fer, et maintenus à distance par l'interposition de petits disques également en fonte, ainsi que cela se voit très-bien dans la figure 131. Ces disques ne peuvent éprouver d'autre mouvement que celui que leur communique l'axe sur lequel ils sont assujettis. Le poids du rouleau squelette est d'environ 250 kilogrammes, et il coûte de 150 à 180 francs suivant le prix de la matière première. Cet instrument, long d'environ 1m,20, procure un vigoureux tassement et divise bien les mottes de terre; mais la fixité des disques sur l'axe qui les supporte, n'est pas avantageuse. C'est ainsi que, dans les sols quelque peu humides, la terre peut s'interposer entre les disques, s'y accumuler et paralyser, du moins en partie, l'action de l'instrument. Cette disposition rend les tournées moins commodes, et s'il était pourvu de disques mobiles, l'appareil offrirait l'avantage des rouleaux brisés dont il a été question plus haut. On construit, du reste, aujourd'hui, des rouleaux qui ne laissent rien à désirer sous ces divers rapports, et, parmi eux, le rouleau anglais de Crosskill jouit d'une réputation justement méritée.

Ce rouleau (*fig.* 133) se compose d'un nombre variable de disques, douze à vingt ou plus, réunis sur un même axe, et complétement indépendants dans leur mouvement de rotation. Ces disques sont en fonte et garnis de dents à leur circonférence. Ils sont munis de quatre bras diamétraux qui, en se réunissant au centre, laissent une ouverture destinée à recevoir l'essieu. Indépendamment des dents qui en garnissent le pourtour extérieur, la couronne porte, de chaque côté, de petits coins qui accroissent notablement la puissance de l'instrument quand il s'agit de rompre les mottes. Habituellement les disques ont de 0m,65 à 0m,75 de diamètre, mais ils n'ont pas toujours un diamètre uniforme. Dans le rouleau Crosskill le plus perfectionné, l'essieu porte des disques de diamètres différents alternant entre eux. Les disques ayant le plus petit diamètre sont pourvus à leur centre d'une ouverture plus grande, ce qui leur permet de se déplacer et de suivre les inégalités du terrain. Le grand avantage de cette disposition ingénieuse, c'est de prévenir l'engorgement de l'instrument : en s'élevant et en s'abaissant sur l'essieu, ces disques font l'office de décrottoirs à l'égard de leurs voisins, et les débarrassent de la terre qui tendrait à y adhérer. Sa longueur varie de 1m,20 à 1m,60 et son poids de 1 000 à 1 800 kilogrammes, suivant le nombre de disques dont il est pourvu. Par son poids, cet instrument exerce sur le sol une compression des plus énergiques, en même temps que, par sa forme, il détermine l'ameublissement de la couche superficielle du terrain. D'un autre côté, aucun instrument ne convient davantage pour rompre et pulvériser les bandes de terre durcies par la chaleur, et il doit être considéré comme un appareil de la plus haute utilité dans la culture des terres fortes. Toutefois, on ne saurait s'en servir pour raffermir les terres soulevées et déjà couvertes de récoltes : à cause de sa forme anguleuse, son passage sur les sols emblavés aurait nécessairement pour les jeunes plantes des conséquences désastreuses. A part cette circonstance, il est certain que pour tasser énergiquement le sol, et l'ameublir, le pulvériser simultanément, le rouleau Crosskill est un instrument justement estimé. Le seul reproche qu'on puisse lui faire, c'est son prix. Il coûte 400, 500, 600 francs et plus, suivant son poids, et cela est de nature à mettre obstacle à son emploi, même dans des conditions où il pourrait rendre d'éminents services.

Le rouleau Crosskill est quelquefois pourvu de deux roues fixées aux extrémités de l'essieu. Ces roues, extrêmement utiles pour transporter l'instrument sur les terres, sont enlevées au moment du travail. On les ôte en les faisant pénétrer dans des tranchées creusées à l'avance, et suffisamment profondes pour que les disques du rouleau s'appuient sur le sol ; on opère d'une manière analogue quand il s'agit de les remonter. Cette manœuvre n'est, toutefois, ni très-commode, ni très-rapide, et c'est pour remédier à cet inconvénient que l'on a imaginé de munir le cadre du rouleau d'un essieu sur lequel on place les roues. Cette disposition se remarque dans le rouleau de Grignon (*fig.* 134). Pour le placer sur ses roues, il

Fig. 134.— Rouleau de Grignon.

suffit alors de le faire basculer au moyen des limons. Le rouleau Crosskill construit à Grignon n'est pas entièrement semblable à celui représenté figure 133 ; les disques dont il est pourvu portent des dents crochues, et comme les limons sont mobiles, on peut à volonté, le faire mouvoir dans deux sens contraires, et en obtenir des roulages d'énergie différente.

Quand le terrain que l'on roule présente une surface inégale, beaucoup de points peuvent échapper à la compression de l'instrument, et la compression cesse, dès lors, de s'exercer avec l'uniformité désirable. Les *rouleaux* dits *articulés*, qui ne doivent pas être confondus avec les rouleaux

brisés, ont été construit dans le but d'obvier à cet inconvénient. Ces rouleaux, que l'on fabrique en pierre ou en fonte, se composent de deux, trois ou quatre tronçons cylindriques, assemblés sur un même axe, complétement indépendants les uns des autres, et pouvant, en outre, suivant les circonstances, s'élever ou s'abaisser sur l'essieu qui les supporte. Un rouleau de ce genre est celui de M. Claes, de Lembecq (*fig.* 135). Il est formé de

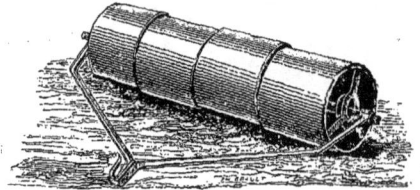

Fig. 135. — Rouleau articulé de M. Claes.

quatre cylindres creux, en fonte, consolidés par des bras rayonnants aboutissant à des anneaux destinés à recevoir l'essieu. Celui-ci ayant un diamètre trois fois moins grand que celui du creux où il est logé, chaque tronçon peut s'élever ou s'abaisser, et s'incliner diversement sur l'axe qui lui sert de support. On conçoit aisément comment un pareil instrument peut s'adapter aux inégalités de la surface sur laquelle il travaille. Dans les tournées, il offre les mêmes avantages que les rouleaux brisés.

Le rouleau articulé de M. Claes, construit dans les ateliers de Haine-Saint-Pierre, pèse 640 kilogrammes. Il est en fonte ; mais dans certaines localités, on trouverait, sans doute, avantage à le construire en pierre, afin d'en diminuer le prix. Dans ce dernier cas, bien entendu, les tronçons cylindriques au lieu d'être creux devraient être pleins.

Les rouleaux cylindriques ordinaires ne conviennent pas pour rouler les terres disposées en billons. Si on les fait marcher dans le sens de la direction du labour, ils ne peuvent s'adapter à la surface convexe des billons, et si on les dirige transversalement, ils donnent lieu à un tirage inégal, très-pénible et très-fatigant pour les chevaux. Il faut, conséquemment, pour obtenir un bon travail, faire usage de rouleaux appropriés à ce genre de labour. Le rouleau articulé de M. Claes peut avantageusement recevoir cette destination, car ses tronçons cylindriques, en s'inclinant sur leur axe, peuvent se mettre en rapport avec la surface bombée du terrain. M. de Gasparin signale, comme pouvant servir en pareil cas, le rouleau de M. Malingié (*fig.* 136), qui consiste en un

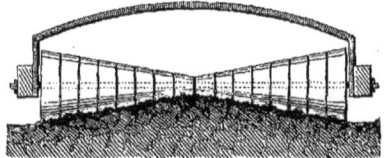

Fig. 136. — Rouleau de M. Malingié.

axe de fer coudé portant des rondelles en pierre.

La longueur de ce rouleau est égale à la largeur des billons; il est monté sur un châssis de bois, et deux chevaux sont attelés dans la direction des extrémités, de manière à marcher constamment de front dans les raies de séparation (1).

On a également inventé un rouleau propre à fonctionner en travers des billons. C'est celui de M. Pasquier. M. Londet a donné de cet instrument, dans son ouvrage sur les instruments agricoles, une excellente description que nous allons reproduire en l'abrégeant un peu (2).

Le rouleau Pasquier (*fig.* 137) se compose de

Fig. 137. — Rouleau Pasquier.

trois cylindres de fonte, creux et traversés chacun par un axe de fer. Les boîtes des cylindres par où passent les essieux ont un plus grand diamètre que ceux-ci.

Les axes des deux rouleaux de devant sont réunis à une traverse antérieure en fer, d'une part extérieurement par des montants en fer, et d'autre part intérieurement par des montants également en fer, assemblés à articulation par leurs deux extrémités.

Le rouleau postérieur est relié aux deux autres par les montants extérieurs, qui ont reçu, dans ce but, une courbure convenable.

Entre les rouleaux et les montants on met une rondelle, afin que les cylindres soient fixés assez solidement sur les montants et ne puissent se déranger pendant le travail. La rondelle est rapprochée des cylindres par un écrou, mais de manière, cependant, à laisser une certaine liberté à ceux-ci dans le sens de leur longueur et dans le sens latéral.

Une traverse placée entre les rouleaux de devant et celui de derrière consolide les montants; cette traverse porte en son milieu un œil dans lequel le conducteur peut introduire un morceau de bois qui sert de frein pour ralentir la marche des rouleaux dans les descentes et éviter qu'ils n'attrapent les pieds des chevaux.

La traverse antérieure porte deux palonniers et, en outre, deux crochets placés à la hauteur du rouleau postérieur, et auxquels on peut atteler un troisième cheval au besoin.

Quand on fait fonctionner cet instrument en travers des billons, si ceux-ci ont exactement une largeur double de la distance qui sépare les rouleaux antérieurs du rouleau postérieur, lorsque les premiers seront au sommet d'un billon, le

dernier sera dans la dérayure, et réciproquement; et, lorsque les uns monteront ou descendront, l'autre descendra ou montera : par cette disposition ingénieuse, le travail sera moins fatigant.

Ces trois sortes de rouleaux sont peu répandus, les deux derniers surtout, et, dans les endroits où les terres sont cultivées en billons, on se sert encore le plus ordinairement, pour les plomber, des rouleaux courts que l'on fait successivement passer sur les deux ailes des billons.

Dans beaucoup de rouleaux, le châssis est pourvu de limons; dans d'autres, ces appendices manquent, et les traits des animaux se fixent alors sur les châssis ou s'adaptent à l'axe de l'instrument. De ces deux dispositions, la première, toujours nécessaire pour les sols en pente, est celle qui doit être préférée, car elle donne au rouleau une marche plus régulière, tout en permettant de le faire avancer ou reculer à volonté, et n'expose jamais les animaux à être blessés par l'instrument, quelque inégale que soit la surface sur laquelle celui-ci se meut.

Quand le tirage du rouleau nécessite l'emploi de plusieurs chevaux, ceux-ci doivent être attelés, non pas en file, mais de front. Ce mode d'attelage utilise mieux les forces des animaux, et diminue le piétinement, ce qui est à désirer quand le roulage précède immédiatement la semaille, ou quand la terre est déjà ensemencée.

Aucun instrument n'est plus facile à diriger que le rouleau. Le conducteur doit seulement faire en sorte d'écarter les courtes tournées, incommodes et fatigantes pour les animaux, et qui peuvent, quand le rouleau est d'une seule pièce, donner lieu à des inconvénients signalés précédemment. Il doit aussi veiller à ce que ce rouleau se promène régulièrement sur toute la surface du champ, de manière à ce qu'aucune partie n'échappe à son action.

Pour éviter les courtes tournées, on suit la même marche que dans le hersage, c'est-à-dire qu'au lieu de faire des trains contigus, on opère de manière à laisser entre deux trains successifs au moins la largeur d'un train, et à faire tourner l'attelage toujours dans le même sens. On ne saurait, toutefois, adopter cette marche dans les terres en pente, attendu qu'elle obligerait l'attelage à remonter en traînant le rouleau à l'une des extrémités des trains. En pareil cas, on dirige l'instrument transversalement à la pente et en commençant par les parties les plus élevées du terrain, et l'on roule par trains contigus en faisant tourner l'attelage alternativement à droite et à gauche, et toujours en descendant.

Les terres non inclinées ou qui, du moins, n'offrent qu'une faible pente, labourées à plat ou en planches larges, peuvent être roulées en suivant les bords du champ. Cette méthode est expéditive, car elle diminue les dimensions des tournées et les pertes de temps qu'elles occasionnent.

Quant à l'uniformité du roulage, on la maintient aisément, soit que l'on dirige l'instrument au moyen de guides, soit que l'on se place à la tête de l'attelage. Dans le premier cas, le conducteur marchant derrière le rouleau le découvre entièrement, et il lui est facile de s'assurer qu'il y a coïn-

(1) De Gasparin, *Cours d'agriculture*, t. III, p. 209.
(2) Londet, *Instruments agricoles, machines*, etc., p. 50.

cidence entre les limites des trains, et que l'instrument ne recouvre ni trop ni trop peu. Dans le second cas, le conducteur se tient habituellement à la gauche de l'attelage, et il doit alors, pour assurer la coïncidence des trains, s'il roule en suivant les bords du champ, tourner constamment à droite; si, au contraire, il suit la direction du labour, il doit faire en sorte de tourner constamment à gauche, de manière à pouvoir toujours apprécier la distance qui le sépare du train situé sur sa gauche, et réserver un train intermédiaire dont la largeur soit égale à la longueur de son rouleau.

G. F.

CHAPITRE VIII.

DES BINAGES.

Les binages sont des façons que l'on donne aux terres, postérieurement à leur ensemencement, dans le but d'entretenir leur ameublissement et de les débarrasser des mauvaises herbes.

Les binages, bien exécutés, sont partout profitables. Ils sont également utiles dans les terres fortes et dans les terres légères, et s'ils sont avantageux dans les pays du nord, ils ne le sont pas moins dans les régions méridionales. Les horticulteurs et les petits cultivateurs de tous les pays savent en tirer parti depuis des siècles. Peu usités jadis dans la grande culture, ils y sont aujourd'hui fort appréciés, et ils s'y propagent chaque jour davantage. Limités d'abord à un petit nombre de plantes qui les réclament impérieusement pour donner d'abondants produits, ils tendent à se généraliser, et l'on cherche maintenant à les appliquer à la plupart de nos plantes cultivées.

L'ameublissement que les labours et autres façons communiquent au sol, n'est que passager. Peu à peu la terre se raffermit, et, à la longue, elle récupère son tassement primitif. On pourrait être tenté de croire, au premier abord, que ce tassement commence par se faire sentir aux couches qui avoisinent le sous-sol, à cause de la pression exercée sur elles par les tranches qui leur sont superposées. Il n'en est cependant pas ainsi. Les couches inférieures conservent, au contraire, et cela, parfois, pendant plusieurs années, un ameublissement suffisant pour permettre aux eaux de s'y infiltrer et aux racines d'y pénétrer, et une preuve nous en est fournie par les labours de défoncement qu'il n'est, comme on sait, nullement nécessaire de renouveler chaque année. Quant aux couches superficielles, qui sont en contact avec l'air, elles se comportent différemment. Directement soumises à l'action des agents extérieurs, elles reprennent, parfois même en très-peu de temps, une grande consistance. Sous l'influence de la pluie, de la chaleur, etc., le sol se couvre d'une croûte dure, plus ou moins épaisse, imperméable à l'air et à l'eau, et extrêmement nuisible au développement des jeunes plantes; aussi importe-t-il de prévenir sa formation ou, tout au moins, de la rompre à propos. Les binages nous en fournissent le moyen, mais leur utilité, sous ce rapport, n'est pas toujours bien appréciée, et,

cependant, si on la méconnaît, il n'est guère permis d'obtenir de ces façons tous les bons effets qu'elles sont capables de produire. Les cultivateurs étrangers à la pratique des binages considèrent même bien souvent l'ameublissement que ceux-ci entretiennent dans les couches superficielles du sol, comme devant activer la dispersion de l'humidité que la terre renferme, et, conséquemment, comme plus nuisible qu'utile; fort heureusement cette appréhension n'est nullement fondée, et il est, au contraire, parfaitement bien démontré que les terres binées conservent une fraîcheur plus durable que celles qui ne l'ont pas été. Un fait, d'ailleurs, qui est de nature à rassurer ceux qui peuvent avoir des craintes à cet égard, c'est que les binages sont en grand honneur dans les pays méridionaux, c'est-à-dire précisément dans les régions où l'on a le plus à redouter l'influence de la sécheresse. *Un binage vaut un arrosage*, disent les cultivateurs du Midi, et ce dicton prouve suffisamment que l'opinion de ceux qui pensent que l'opération peut avoir de fâcheuses conséquences pour la fraîcheur du sol, est entièrement erronée. C'est qu'en effet, les binages modèrent l'évaporation au lieu de l'accélérer, comme le croient certaines personnes, et ce résultat avantageux s'explique, d'ailleurs, aisément.

Sous l'influence de la température solaire, l'eau que les pluies ont apporté au sol, se disperse peu à peu dans l'atmosphère. Les couches immédiatement en contact avec l'air se dessèchent d'abord, mais elles tendent sans cesse à réparer les pertes qu'elles subissent, en faisant des emprunts aux couches sur lesquelles elles sont assises, au moyen de cette multitude de petits canaux sinueux, formés par les interstices que laissent entre elles les particules terreuses et qui parcourent le sol arable dans tous les sens et dans toute son épaisseur. Ces petits canaux sont, en effet, de véritables tubes capillaires qui permettent à l'eau reléguée dans les couches inférieures d'arriver à la superficie pour entretenir l'évaporation, par un phénomène analogue à celui qui fait monter l'huile dans les mèches de nos lampes pour alimenter la flamme. C'est ainsi que le sol peut se dépouiller de l'humidité qu'il renferme, et que, pendant les chaleurs, il se dessèche, parfois, à une si grande profondeur. Mais il n'en est plus de même quand les terres ont été binées à propos, car cette opération, en remuant et en divisant les couches superficielles, détruit leur adhérence avec les couches sous-jacentes, rompt leur continuité et augmente la capacité des vides qui existaient entre les molécules de terre, et la capillarité cesse dès lors de pouvoir élever l'eau jusqu'à la surface où elle s'évapore promptement. Les déperditions se trouvent donc par là notablement ralenties au grand avantage de la fraîcheur du sol. Au surplus, les binages, en maintenant l'humidité éloignée de la surface, doivent solliciter les racines, dont les tendances sont bien connues, à descendre vers les couches qui la tiennent en réserve, et où elles sont, assurément, mieux abritées contre la température extérieure. L'air interposé dans la terre divisée et rendue poreuse contribue, d'ailleurs, à modérer l'action de la chaleur sur les couches inférieures, et tout autorise, en outre, à admettre que sa présence y détermine la formation de composés utiles aux plantes. D'un autre côté, le sol remué et ameubli est accessible aux rosées ; il se laisse aussi pénétrer plus sûrement par les pluies, souvent si utiles pendant la belle saison pour réparer les pertes éprouvées par la terre, et qui, sur une surface durcie et fermée, s'écouleraient sans aucun profit pour la végétation, en entraînant avec elles les éléments fécondants qu'elles contiennent.

Mais, indépendamment de la consistance nuisible que le sol peut acquérir à la suite des semailles, il est encore exposé à être envahi par les mauvaises herbes, qui, dans certains cas, se multiplient d'une manière désespérante, et les binages sont avantageux comme façon d'ameublissement, ils ne sont pas moins efficaces comme façon de nettoyage. Que la destruction des plantes sauvages qui font invasion au milieu de nos récoltes puisse être profitable, cela ne saurait sérieusement être contesté, et rien n'est, d'ailleurs, plus facile à comprendre. Toutes les plantes qui occupent simultanément le terrain se nourrissent à la même source : celles que nous voulons propager, de même que celles qui s'emparent spontanément du sol, s'approvisionnent, par leurs racines, dans le milieu où les engrais ont été déposés. Or, il est évident que les herbes adventices remplissent ici le rôle de véritables parasites, et que tous les sucs nourriciers qu'elles s'approprient, sont entièrement perdus pour nos récoltes. Et il importe, surtout, de bien remarquer que plus on leur laisse prendre de développement avant de songer à les détruire, plus le dommage qu'elles causent est considérable. L'épuisement qu'elles infligent au terrain qui les nourrit, atteint son maximum, quand on leur laisse le temps de mûrir leurs graines. Au surplus, ce n'est pas uniquement par leurs racines que les espèces parasites portent préjudice à nos récoltes, elles nuisent aussi à leur libre accroissement par leur appareil aérien. Bien souvent, les espèces sauvages se développent avec plus de promptitude que celles que nous désirons multiplier ; elles dérobent alors à celles-ci l'air et la lumière, et acquièrent une prépondérance toujours funeste à nos produits. C'est surtout pour les plantes dont la germination est lente, ou l'enfance longue et chétive, telles que le pavot, la carotte, etc., qu'un pareil voisinage est redoutable, et peut avoir de fâcheuses conséquences.

Les binages ont donc un double objet, et jamais on ne doit le perdre de vue. Si on ne les considère que comme un moyen de détruire les mauvaises herbes, rarement ils seront d'une complète efficacité, car, en pareil cas, ils seront généralement exécutés d'une manière défectueuse, et les faibles avantages que l'on en retirera seront peut-être insuffisants pour compenser les dépenses qu'ils auront occasionnées. Un semblable résultat ne peut que les discréditer dans l'opinion des cultivateurs et nuire à leur propagation. En effet, quand on n'accorde au binage d'autre utilité que celle de contribuer à l'entretien de la propreté, on n'attache que peu ou point de prix à l'ameublissement du sol, et, le plus habituellement alors, sous le prétexte de détruire, en une seule fois, une plus grande quantité de plantes sauvages, et de diminuer les frais de l'opération, on retarde leur application d'une façon tout à fait abusive. Ce retard est préjudiciable sous tous les rapports, car non-seulement il permet au sol de se durcir, mais il laisse encore aux herbes parasites le temps d'acquérir un grand développement, et, souvent même, celui de mûrir et de répandre leurs graines. Et il est bon d'observer que la diminution de dépenses sur laquelle on compte, peut être complétement illusoire. D'abord, une opération mal faite est toujours trop coûteuse, puisqu'elle ne donne pas tous les résultats qu'il est permis d'en attendre, et que, même, les frais qu'elle a occasionnés, peuvent être totalement perdus. D'un autre côté, les binages effectués tardivement, donnent lieu à des difficultés plus grandes, puisque le sol a pu acquérir une forte consistance, et que les herbes adventices ont eu toute latitude pour s'y implanter solidement.

Ainsi donc, en résumé, les binages, pour être entièrement efficaces, doivent être exécutés de manière à purger nos terres de toute végétation étrangère, et à entretenir l'ameublissement des couches superficielles du sol. Aussi convient-il, parfois, d'y avoir recours alors que les plantes adventices sont encore très-rares, ou même avant qu'elles aient fait leur apparition. Le cas se présente quand la surface du sol s'est durcie sous l'influence des pluies, ou par toute autre cause. Dans tous les cas, il est extrêmement important de ne pas ajourner les premiers binages. Si on les exécute de bonne heure, la terre bénéficie davantage des agents atmosphériques, et les plantes étrangères, encore dans l'enfance et faiblement enracinées, sont plus facilement et plus sûrement détruites. Tenant encore peu au sol, les herbes en sont alors aisément séparées, et le terrain s'en trouve débarrassé avant qu'elles aient pu lui faire subir de perte sensible ; mais il en serait tout autrement, si on leur avait laissé acquérir un fort développement, et il serait même difficile, en pareil cas, de les extirper sans infliger aux plantes que l'on veut réserver et qui ont déjà étendu leurs racines, un ébranlement pernicieux. Si l'on tient compte de ces observations, on sera toujours à même de déterminer l'opportunité des binages, et de diriger leur exécution d'une manière avantageuse.

Le nombre des binages est réglé par les circonstances. Il dépend de l'espèce de récolte, de la nature du sol, des circonstances météorologiques, de la propension de la terre à se couvrir de mauvaises herbes, etc. L'influence exercée par ces diverses circonstances est facile à comprendre, et dès que l'on connaît exactement l'objet de l'opération, on ne saurait éprouver le moindre embarras pour décider le moment où il convient soit de l'appliquer pour la première fois, soit de la répéter.

Les divers binages que l'on donne successivement à une terre n'ont pas tous la même profondeur. Les premiers s'effectuant quand les récoltes n'ont encore acquis qu'un faible développement, sont généralement superficiels, mais ceux qui leur succèdent pénètrent davantage, et les derniers atteignent jusqu'à la profondeur de 8 et même 10 centimètres. Ceux-ci ne peuvent toutefois pas s'appliquer à toutes les récoltes indistinctement. Des binages aussi énergiques peuvent convenir aux plantes à racine pivotante, telles que la betterave, la carotte, etc.; mais on ne doit pas en faire usage pour celles dont les racines s'étalent à peu de distance de la surface du sol.

Quoique toutes nos plantes cultivées se plaisent dans un sol meuble et propre, les binages s'appliquent principalement aux récoltes qui, telles que les betteraves, les navets, les pommes de terre, les carottes, etc., se sont substituées à la jachère dans les assolements modernes et se sèment, aujourd'hui, généralement en lignes. La distribution régulière des plantes sur le sol facilite les façons d'ameublissement et de nettoyage, et c'est le seul mode de culture qui permette de les exécuter avec la perfection et l'économie désirable. Il est cependant des localités où l'on bine les blés semés à la volée avec la binette ou la houe, et les hersages que, dans certains endroits, on a la bonne habitude, malheureusement trop peu répandue, de leur donner au printemps, sont de véritables binages; mais l'opération est assurément plus facile et moins dispendieuse, quand les céréales sont semées en lignes régulièrement espacées. Quant aux semis très-drus, indispensables pour certaines plantes, le seul procédé que l'on puisse employer pour les débarrasser des mauvaises herbes, c'est le sarclage.

Les binages s'exécutent de deux manières différentes : avec des instruments à main, ou avec des instruments mis en mouvement par les animaux.

Les binages à la main, sont, sans contredit, les plus parfaits, mais aussi les plus coûteux, et ils ne sont admissibles que là où la population est abondante et la main-d'œuvre à bon marché. Celle-ci doit, au surplus, posséder l'habileté nécessaire pour bien remuer le sol et détruire toutes les mauvaises herbes, tout en respectant les plantes qui proviennent de nos semis. Cette qualité ne saurait s'acquérir que par l'exercice. Les binages de cette espèce sont surtout usités dans les pays de petite culture, notamment pour les plantes industrielles qui, mieux que les autres, peuvent payer

les façons qu'on leur donne. Leur adoption ne doit, du reste, avoir lieu qu'après un examen préalable, afin de s'assurer que les frais qu'ils entraînent seront compensés par un accroissement dans les produits, mais il faut avoir soin de ne pas négliger, dans les calculs, cet élément, à savoir que l'emploi des instruments à main autorise un rapprochement des plantes plus grand que celui des instruments mus par les animaux.

Les binages à la main exigent de l'habileté et de l'adresse plutôt que de la force; aussi peuvent-ils être exécutés par des femmes et même des enfants, à la condition, toutefois, qu'on les effectue en temps opportun, car si l'on n'y procède que quand le sol a acquis une grande consistance, et quand les herbes étrangères sont fortement enracinées, ils sont alors, ainsi que nous l'avons fait remarquer plus haut, non-seulement moins efficaces, mais aussi d'une exécution plus pénible et plus coûteuse.

Quand les cultures sont étendues et la main-d'œuvre abondante, il faut songer à des moyens tout à la fois plus expéditifs et moins dispendieux, et l'on a recours aux instruments mus par les animaux. La lenteur dans l'exécution des binages équivaudrait nécessairement à un retard, retard dont nous avons cherché à bien faire ressortir les inconvénients, et ce motif, à lui seul, suffirait pour faire préférer les instruments attelés aux instruments à main dans les grandes exploitations, où généralement les bras sont rares. Au reste, les deux procédés sont assez souvent employés simultanément. Les premiers binages se donnent alors avec les instruments à main, ou bien ceux-ci sont employés pour achever le travail effectué avec les instruments attelés, qui ne peuvent pas faire la besogne avec la perfection désirable.

Les instruments dont on fait le plus habituellement usage dans les binages à la main sont : les ratissoires à pousser et à tirer, la binette ou serfouette, et les houes. Le choix à faire parmi eux n'est pas indifférent, mais un examen tant soit peu attentif des conditions où doit s'effectuer le travail, indiquera toujours à quel outil il convient d'accorder la préférence.

La *ratissoire à pousser* (fig. 138) est employée en plusieurs endroits pour donner aux semis en lignes les premières façons d'ameublissement et de nettoyage. On s'en sert pour les binages superficiels, mais elle ne convient pas pour effectuer ceux qui doivent remuer le sol profondément. Il faut également l'abandonner quand la terre a acquis une grande consistance, ou quand les mauvaises herbes sont fortement enracinées. L'ouvrier qui manie la ratissoire marche à reculons; il ne fait pénétrer la lame que légèrement, et la dirige horizontalement de manière à bien écroûter le sol et à détacher toutes les plantes étrangères.

La *binette* ou *serfouette* (fig. 139) est un instrument généralement bien connu et dont on fait un très-fréquent usage, en horticulture surtout. Son manche est très-long et le fer porte d'un côté de la douille une lame étroite et plate, et de l'autre deux et quelquefois trois dents. On se sert de la lame pour détruire les mauvaises herbes et du bident pour travailler et remuer la terre entre les plantes que l'on doit respecter. Parfois, l'instrument ne porte que le bident (*fig.* 140), et, dans les terres sablonneuses des Flandres, on l'emploie assez souvent pour remuer la terre entre les lignes avant la distribution de l'engrais liquide.

La binette, par suite des dimensions du manche, de l'étroitesse de sa lame et du mode de réunion de celle-ci avec le manche, qui se fait

Fig. 138.
Ratissoire à pousser.

Fig. 139.
Binette.

Fig. 140.
Bident.

presque à angle droit, est un instrument peu expéditif, aussi ne peut-on l'employer avantageusement en agriculture, si ce n'est pour les plantes semées à la volée, ou pour celles qui sont semées en lignes très-rapprochées.

Le maniement de la binette diffère de celui de la ratissoire à pousser ; au lieu de reculer, l'ouvrier travaille ici constamment en avançant, et il doit faire en sorte de ne pas marcher sur la terre qu'il vient de remuer. Il obtient ce dernier résultat en cheminant, non pas dans l'allée qu'il est en train de biner, mais dans celle qui est immédiatement contiguë et qu'il doit entamer après.

La *houe* (*fig.* 141) se distingue de la binette par une lame beaucoup plus large adaptée à angle aigu sur un manche très-court, ce qui oblige celui qui la manie à se courber fortement durant le travail. Cette attitude est fatigante, mais elle accélère la besogne. En effet, non-seulement, l'ouvrier peut, à cause du développement de la lame de la houe, entamer, à chaque coup, le sol sur une grande largeur, mais sa position lui permet encore de rompre la surface sur une plus grande longueur en ramenant vers lui le tranchant de son outil. Au surplus, comme il se tient courbé, il lui est facile d'enlever à la main les mauvaises herbes logées entre les plantes où la lame de l'instrument ne peut avoir accès. La houe est donc d'un emploi plus avantageux que la binette, et elle doit lui être préférée chaque fois que les plantes sont suffisamment espacées pour permettre à la lame de fonctionner librement.

Dans les terres qui ont acquis une grande consistance, on peut souvent remplacer avantageusement la houe à lame plate par une houe à dents. Cependant celle-ci est parfois aussi employée dans des sols d'un travail facile. Ainsi, dans les terres sablonneuses des Flandres, on donne souvent aux plantes à racine pivotante, des binages profonds au moyen d'une houe pourvue de trois dents qui n'ont pas moins de 20 à 25 centimètres de longueur (*fig.* 142). Ces binages précèdent ordinairement l'application des engrais liquides. Les ouvriers qui se servent de cet instrument, contrairement à ce qui a lieu avec la houe ordinaire, travaillent à reculons, de sorte qu'ils ne foulent jamais aux pieds la terre qu'ils ont ameublie.

La *ratissoire à tirer* (*fig.* 143) diffère de la véritable houe par une lame plus large et par l'angle d'insertion de celle-ci sur le manche. L'union se fait presque à angle droit, et comme, en outre, la ratissoire est pourvue d'un long manche, il en résulte que son maniement est beaucoup plus commode et moins pénible pour l'ouvrier qui la manie, puisqu'il n'est plus obligé de se courber comme il doit le faire avec la houe. Avec la ratissoire la surface remuée à chaque coup est moins longue qu'avec la houe, mais, en

Fig. 141.
Houe.

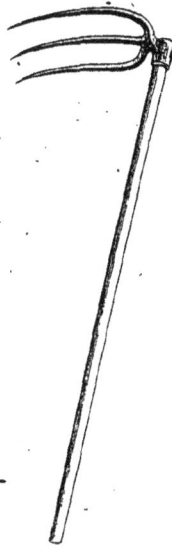

Fig. 142.
Houe à dents.

Fig. 143.
Ratissoire à tirer.

revanche, elle a plus de largeur. On ne peut, bien entendu, se servir de cet instrument que dans le cas où les plantes sont semées en lignes très-écartées ; en cas contraire, on doit accorder la préférence soit à la binette, soit à la houe.

La surface que l'on peut biner en une journée, en supposant, d'ailleurs, un travail d'une durée uniforme, est subordonnée à différentes circonstances. On comprend sans peine l'influence que doit avoir ici l'habileté de la main-d'œuvre, mais il importe de bien remarquer que la manière dont les plantes sont réparties sur le sol, contribue à accélérer ou à retarder la besogne. Les semis à la volée gênent les façons de binage, car alors les ouvriers sont astreints à une foule de précautions qui, nécessairement, nuisent à la promptitude d'exécution. C'est quand les plantes sont disposées en lignes que les binages avancent le plus rapidement et s'obtiennent le plus économiquement. L'écartement observé entre les lignes mérite également de fixer l'attention, attendu qu'il règle, ainsi que nous l'avons vu plus haut, le choix des instruments, et que les allées larges autorisent seules l'emploi des outils les plus avantageux. D'un autre côté, la nature du sol rend le travail plus ou moins facile. Les terres légères sont plus faciles à biner que les terres fortes, et nous avons déjà eu occasion de faire remarquer que, dans une même terre, les façons d'ameublissement et de nettoyage donnent lieu à des difficultés variables suivant l'état du terrain, et le développement et la quantité des mauvaises herbes au moment où s'effectue l'opération. On ne doit donc pas être surpris de voir les ouvriers, dans certaines conditions, ne biner que 6 ou 7 ares dans leur journée, alors que, dans d'autres conditions plus favorables, ils peuvent travailler, dans le même temps, une surface de 15 ou 16 ares.

Quand la pénurie des bras ou l'étendue des cultures ne permet pas d'effectuer avantageusement les binages avec les instruments à main, on doit se servir des instruments mus par les animaux. Ce n'est que par leur adoption que l'on peut, en pareilles circonstances, donner aux récoltes sarclées une extension convenable, et faire jouer à ces plantes qui ont remplacé la jachère, leur véritable rôle dans les assolements. Il ne peut plus alors être question, bien entendu, de semer à la volée ; pour que l'usage de ces instruments soit possible, il est indispensable que les plantes soient disposées en lignes régulièrement espacées.

Les instruments mis en mouvement par les animaux dont on se sert le plus généralement pour effectuer les binages, sont les *houes à cheval*. Parmi elles, une des plus anciennes et des mieux connues est la houe à cheval de Mathieu de Dombasle qui a donné, notamment dans le *Calendrier du bon cultivateur*, sur sa construction et son maniement, d'excellentes instructions.

La houe à cheval de Dombasle (*fig.* 133) est formée

mée d'une espèce d'age supportant un soc antérieurement, et sur lequel sont articulées deux branches mobiles. Celles-ci supportent des couteaux dont la lame recourbée à angle droit, est horizontale. Un régulateur placé en avant de l'age et deux mancherons assujettis sur les ailes, complètent l'instrument.

La houe est fort facile à conduire. Un homme la dirige aisément, et un seul cheval suffit pour la mettre en mouvement. Le concours d'un aide peut cependant être utile quand le cheval n'est pas

suffisamment exercé, ou quand les plantes que l'on bine sont encore jeunes, et qu'il est difficile de distinguer les lignes. Au reste, quand cela est possible, il est avantageux de donner le premier binage à la main.

Le régulateur adapté à la houe sert à donner de l'entrure au soc, et, quand celle-ci est suffisante, on peut exercer sur les mancherons la pression nécessaire pour faire mordre les couteaux, sans s'exposer à voir sortir de terre la partie antérieure de l'instrument.

Dans les sols en plaine, le crochet du palonnier se fixe au milieu du régulateur ; mais, quand le terrain est pentueux, il faut le faire mouvoir soit vers la droite, soit vers la gauche. En effet, quand l'inclinaison du sol est forte, l'instrument tend constamment à dévier vers le bas, et l'on doit corriger cette tendance en portant le crochet du palonnier du côté vers lequel la houe veut dévier. Chaque fois que celle-ci tourne au bout du champ, il faut naturellement alors avoir soin de changer la position du crochet sur le régulateur.

Avant de faire marcher la houe, il faut régler l'écartement des ailes : il est déterminé par l'écartement réservé entre les rangées de plantes. Pour bien diriger la marche de la houe, il ne faut que de l'attention, mais elle doit être constante. Le conducteur doit avoir sans cesse les yeux fixés sur l'instrument, et ne jamais abandonner les mancherons, afin de prévenir toute espèce de déviation. Si, dans le maniement de la charrue, il convient, pour la ramener à la direction normale, d'éviter les mouvements brusques qui nuisent à la régularité du labour, cette recommandation est bien plus importante encore à observer dans la conduite de la houe à cheval. Les secousses violentes imprimées à celle-ci, occasionnent de larges écarts, extrêmement dangereux pour les plantes, attendu que le mal causé est irréparable.

Si, pendant le travail, les mauvaises herbes s'accumulent sur les couteaux, il n'est pas nécessaire de s'arrêter pour les en débarrasser. Il suffit de soulever l'instrument au moyen des mancherons et de le laisser retomber brusquement, en d'autres termes, de lui imprimer un rapide mouvement d'oscillation dans le sens de son axe pour le dégager complètement. Si, par suite des obstacles qu'elle rencontre durant sa marche, la houe tend à dévier, on y remédie en l'inclinant légèrement du côté vers lequel elle tend à se porter.

Quand les plantes ne sont pas uniformément espacées sur toute la longueur des lignes, il faut veiller à ce que l'instrument n'occasionne pas de dégâts aux endroits où elles sont le plus rapprochées. Le conducteur attentif préviendra cet accident en soulevant la partie postérieure de la houe jusqu'au point où les lignes reprennent leur écartement régulier.

Au moment où l'attelage arrive à la limite du champ, le conducteur doit appuyer sur les mancherons de manière à soulever la partie antérieure de l'instrument, et il l'arrête à l'instant où les couteaux postérieurs quittent l'allée où ils étaient engagés. Il fait alors tourner le cheval sans lui laisser exercer de traction, de manière à le placer dans la raie adjacente, puis il fait pivoter la houe sur son soc, et, la tirant vivement à lui, il la met dans la position convenable pour commencer le binage d'une nouvelle allée.

Une précaution importante à observer et sur laquelle M. de Dombasle insiste beaucoup, consiste à bien saisir le moment favorable aux binages. Dans un sol trop sec ou trop humide, la houe fonctionne mal, et il n'y a pas de doute que celui qui l'observe dans de semblables conditions pour la première fois, doit être enclin à en condamner l'emploi. Si la terre est trop humide, elle s'attache aux lames de la houe dont l'aplomb se trouve rompu ; si elle est sèche et dure, les couteaux glissent sur la surface au lieu de l'entamer, et l'instrument prend une marche vacillante très-dangereuse pour les plantes entre lesquelles elle fonctionne. Il faut donc choisir le moment où le sol est bien ressuyé, et faire en sorte de ne pas lui laisser le temps d'acquérir une grande consistance. Un autre motif oblige, du reste, encore à faire diligence, c'est que tout ajournement des binages est favorable au développement des mauvaises herbes, et quand celles-ci ont poussé de fortes racines et de longues tiges, elles entravent la marche de la houe, et ne sont, au surplus, qu'imparfaitement détruites.

Si au moment des binages, les terres sont fortement durcies, les couteaux à lames horizontales doivent être remplacés par des pieds munis de socs triangulaires, ou par des dents de herse ou de scarificateur. On construit aujourd'hui partout des houes qui présentent ces différentes dispositions, et l'on en fabrique même qui, au moyen de pieds de rechange, peuvent être facilement appropriées à l'état du terrain. Ces dernières sont extrêmement avantageuses, et méritent l'attention des cultivateurs, car elles les dispensent de faire l'acquisition de plusieurs instruments pour l'exécution d'une seule opération, tout en leur en procurant cependant tous les avantages.

Avec la houe à cheval, on peut biner d'un hectare à un hectare et demi, et même davantage, en une journée : cela dépend de la durée du travail, de l'allure de l'attelage, de la fréquence des tournées, et de l'espacement réservé entre les lignes.

Indépendamment des houes dont il vient d'être question, on en construit d'autres qui peuvent biner plusieurs lignes à la fois. Parmi les houes de ce genre, la plus renommée est la houe anglaise de Garrett. Elle a figuré avec distinction à l'exposition universelle de Paris, et M. Victor Borie en a donné, en 1856, une description succincte et fort claire que nous allons nous permettre de lui emprunter.

La houe de Garrett est portée par deux roues qui peuvent s'écarter plus ou moins, selon la largeur des surfaces que l'on veut sarcler. Une des roues peut aussi s'abaisser de quelques centimètres dans le cas où l'on voudrait faire passer l'autre dans un sillon assez profond. Les lames sont des couteaux tranchants pliés à angle droit, et formant en même temps coutre et soc. Les tiges qui supportent ces lames sont fixées dans des leviers garnis de contre-poids, afin d'appuyer sur le sol les lames tranchantes ou d'augmenter leur entrure. Cet ingénieux mécanisme constitue un des plus grands mérites de cet instrument. On peut placer les tiges à tel écartement qu'on veut, afin de régler l'instrument à la largeur voulue pour les diverses natures de récoltes.

Les lames sont disposées dos à dos, de façon à laisser un passage aux rangées de plantes que l'on veut sarcler.

L'ensemble des leviers peut devenir résistant ou mobile, au moyen de deux petits mancherons attachés à un arc terminé par un pignon qui fait dévier à droite ou à gauche toutes les rangées de tiges, afin de suivre exactement les intervalles laissés entre chaque ligne de plantes.

Un bras de levier, placé à gauche de la houe, fait mouvoir un axe élevé placé entre les deux roues; sur cet axe sont montées deux poulies dans lesquelles sont passées les chaînes qui soulèvent ou abaissent toute la partie postérieure du système.

Si le cheval s'emporte et perd la piste, si le conducteur s'aperçoit qu'une mauvaise direction va compromettre la récolte qu'il est occupé à sarcler, il appuie rapidement sa main gauche sur le levier, il relève aussitôt les lames, et la houe marche à vide; un système d'encliquetage retient le levier dans la position qu'on lui a donnée, de sorte qu'il peut servir à redresser les couteaux lorsqu'on conduit la houe aux champs.

Cet instrument est très-répandu en Angleterre, pour le sarclage des céréales, des pois, des fèves et des pommes de terre. Le cheval est conduit par un enfant. Un bon ouvrier est nécessaire pour régler l'entrure des coutres et les diriger dans les sillons. Le maniement des deux mancherons qui commandent la direction des coutres est très-délicat, une fausse manœuvre pouvant détruire plusieurs rangées de plantes en un instant. On sarcle, avec la houe Garrett, 4 à 5 hectares en un jour. Elle coûte de 4 à 600 francs (1). »

La figure 145 montre une autre houe, également d'origine anglaise : c'est celle de Barrett.

Fig. 145. — Houe de Barrett.

Elle est munie de socs triangulaires dont les tiges sont mobiles sur les traverses qui leur servent de supports, de sorte qu'on peut les rapprocher ou les écarter de manière à les adapter à l'espacement réservé entre les lignes. L'assemblage sur lequel sont assujettis les socs est mobile sur l'avant-train, ce qui laisse au conducteur attentif toute latitude pour régler la marche de l'instrument et assurer la régularité de son travail.

G. FOUQUET.

(1) Journal d'agriculture pratique, 4e série, t. V, p. 421.

CHAPITRE IX.

DU BUTTAGE.

Le buttage est une opération qui consiste à amasser la terre au pied des plantes de manière à former autour d'elles un monticule plus ou moins volumineux, et, parfois même, à les recouvrir complétement.

Le buttage s'effectue en automne pour certaines plantes ; pour un grand nombre, il a lieu au printemps. Dans le premier cas, on se propose de protéger les végétaux contre le froid, et, souvent aussi, contre l'humidité, et, ordinairement, on les recouvre alors tout à fait de terre. Tel est l'objet des buttages que l'on donne avant l'hiver à la garance, au houblon, aux artichauts, etc.

Les buttages que l'on exécute au printemps, ont pour objet de fortifier les plantes contre les agents extérieurs, et d'accroître leur rendement. L'opération est surtout très-profitable aux plantes qui, telles que le maïs, le pavot, etc., n'ont que des racines peu étendues et dont l'appareil aérien, très-développé, donne beaucoup de prise aux vents. En effet, de la portion de la tige enterrée par le buttage, naissent de nouvelles racines qui contribuent à lui donner plus de fixité, et doivent, en outre, en multipliant les organes absorbants, concourir à l'augmentation des produits. Aussi le dernier résultat est-il, parfois, le seul que l'on ait en vue en pratiquant ce mode de buttage, et c'est précisément le cas pour les pommes de terre chez lesquelles l'opération favorise l'émission de nouveaux rameaux tuberculifères. Néanmoins, quoiqu'il soit généralement adopté dans la culture de ce tubercule, il n'est pas démontré qu'il soit *constamment* avantageux. Les expériences tentées jusqu'aujourd'hui n'ont pas toujours donné des résultats favorables au buttage des pommes de terre, et elles permettent même de croire que son abandon peut être profitable dans certaines circonstances.

On fait également usage du buttage dans la culture de la betterave à sucre. On se propose, en ce cas, de soustraire, autant que possible, le pivot au contact de l'air parce que l'on a reconnu, depuis longtemps, que la portion de la racine qui sort de terre, est moins riche en sucre que la portion enterrée.

Indépendamment de ses effets spéciaux, le buttage contribue encore à l'aération du sol et à la destruction des mauvaises herbes, et agit, ainsi, en même temps, à la façon des binages. En outre, comme il favorise la dispersion de l'humidité par la forme qu'il donne à la surface du sol, son application peut aussi, dans certains cas, avoir cet autre résultat avantageux de placer les récoltes dans de meilleures conditions d'existence.

Les buttages ne sont entièrement profitables qu'à la condition d'être exécutés en temps opportun. Souvent on les effectue trop tard, alors que les plantes ont déjà acquis un grand développement. Ce retard est occasionné par le désir de ne donner qu'un seul buttage, et de ne laisser, entre le moment de son application et celui de la récolte, que peu de temps aux mauvaises herbes pour se multiplier ; mais c'est là une économie fort mal entendue. Sans doute, quand on opère de bonne heure, on ne saurait, à moins de recouvrir les jeunes plantes, ce que l'on doit soigneusement éviter, donner aux monticules le volume qu'ils doivent avoir définitivement, et il est nécessaire de faire un second buttage ; mais les frais occasionnés par cette double opération sont bien compensés par l'augmentation des produits, comme peuvent aisément s'en assurer les cultivateurs qui ont des doutes à cet égard, en faisant une expérience comparative. En effet, le buttage est surtout profitable quand les plantes sont encore jeunes, car c'est alors que la tige émet le plus facilement des racines de sa portion enterrée, et c'est aussi en ce moment qu'il y a le moins de danger de mutiler celles qui ont déjà pris possession du sol, puisqu'elles ne sont encore que peu développées.

Les buttages s'effectuent au moyen d'instruments à main et au moyen d'instruments mus par les animaux.

Les buttages à la main, confiés à des ouvriers exercés, ne laissent rien à désirer sous le rapport de la perfection, et ils permettent de cultiver les plantes en laissant entre elles peu d'écartement, mais ils sont coûteux et peu expéditifs. Ce dernier inconvénient, à lui seul, serait suffisant pour les faire exclure des pays où les bras sont peu nombreux et les cultures étendues, attendu que, dans de pareilles conditions, leur adoption entraînerait nécessairement des retards préjudiciables aux récoltes.

Dans ce mode de buttage on se sert de la houe ; la largeur de la lame doit varier d'après l'espacement des plantes entre lesquelles elle doit fonctionner. C'est quand celles-ci sont disposées en allées régulières que la besogne avance le plus rapidement. Des lignes très-rapprochées doivent naturellement ralentir la marche de l'opération et la rendre plus coûteuse ; mais dans des terres riches et bien fumées, l'excédant des frais peut trouver une compensation dans un excédant de récolte.

La manière dont on exécute le buttage à la main n'est pas constamment la même. Très-souvent, on ouvre des rigoles dans les allées, et l'on répartit uniformément la terre qui en provient sur les deux rangées de plantes qui leur servent de limite. Au lieu de procéder de la sorte, on accumule, parfois, la terre autour des plantes de manière à envelopper chacune d'elles d'une espèce de cône tronqué, mais cette méthode est plus lente et plus dispendieuse.

Fig. 146. — Pomme de terre de Tuttées.

Le second buttage s'effectue de la même manière que le premier ; il entame seulement le sol

Fig. 147. — Buttoir.

plus profondément, afin de donner aux buttes leur relief définitif (*fig.* 146).

Quand les circonstances interdisent l'emploi des instruments à main, on fait usage du *buttoir*. Cet instrument (*fig.* 147) porte un soc triangulaire et un double versoir dont les deux ailes peuvent s'écarter ou se rapprocher à volonté. L'age est muni d'un régulateur, et, dans certains buttoirs, il repose, en outre, sur une roulette qui fait l'office du sabot dans l'araire, et contribue certainement à donner à la machine une marche plus régulière.

La figure 147 représente le buttoir que l'on construit actuellement à Grignon.

Pour que l'on puisse se servir du buttoir, il faut, bien entendu, que les récoltes soient semées en lignes. On n'y attelle habituellement qu'un seul cheval, et un seul homme suffit pour le conduire. Cependant, quand la terre est fortement durcie, il peut être utile d'atteler deux chevaux à la file, et alors il est nécessaire d'employer un aide.

Les récoltes destinées à être travaillées au buttoir, doivent être semées en lignes écartées d'au moins 50 centimètres. On donne aux ailes une ouverture en rapport avec la largeur des allées. C'est au premier buttage que les versoirs doivent avoir le maximum d'écartement. Au buttage suivant, qui pénètre plus profondément, il est nécessaire de les rapprocher, si l'on veut faire un travail convenable.

Quoique les buttages aident à la destruction des mauvaises herbes, on aurait tort de croire qu'ils puissent rendre les binages inutiles. Il est, au contraire, parfois extrêmement avantageux de donner un binage avant d'employer le buttoir, afin de faciliter sa marche, et de rendre son travail plus parfait.

Le buttoir bien conduit doit faire au moins un hectare par jour. C'est donc un instrument précieux dans les grandes exploitations. On peut, d'ailleurs, l'employer avec avantage pour tracer les rigoles d'écoulement, et il est même, pour cet usage, préférable à la charrue ordinaire.

G. Fouquet.

CHAPITRE X.

DES BATIMENTS DE LA FERME.

Du moment qu'un homme est convenablement renseigné sur les qualités essentielles au cultivateur, sur le rôle des agents météoriques, sur la composition et les propriétés des différents sols ; du moment qu'il connaît les engrais, leur préparation et leur emploi, qu'il sait à quoi s'en tenir sur les meilleurs outils et sur le rôle que chacun d'eux est appelé à remplir dans les opérations agricoles, il n'a plus qu'à rentrer en lui-même, à consulter ses forces et à prendre une décision. Et s'il se sent fort et résolu, il ne lui reste plus qu'à bâtir une ferme, ou bien à l'acheter toute faite et à se mettre à la besogne.

Un vieux proverbe dit : *qui bâtit pâtit*. Ce vieux proverbe a du bon ; il en coûte moins assurément d'acheter des constructions debout que de les créer de toutes pièces, mais il est rare d'en trouver qui nous satisfassent pleinement, et puis, nous devons supposer le cas où nous avons à attaquer des friches, où rien n'existe, et où par conséquent tout est à faire. Cette situation est la nôtre, et dussions-nous pâtir, il faut bâtir.

L'art de construire serait fort utile au cultivateur, mais nous ne pouvons pas exiger de lui des connaissances universelles. Nous lui conseillons donc tout simplement de s'adresser à l'architecte ; seulement, comme il est rare de rencontrer un architecte qui sache se conformer aux exigences de l'économie rurale, exigences qui varient et se modifient d'ailleurs avec l'importance et le but des exploitations, avec les climats et les usages, il est bon que le cultivateur intervienne par ses conseils, par ses observations, qu'il puisse au moins dire à l'architecte ce qu'il veut, ce qu'il ne veut pas, afin que celui-ci n'aille pas au delà ou ne reste pas en deçà du nécessaire.

L'architecture rurale n'existe pas, nous le disons à regret ; elle est encore à faire. Les maisons d'exploitation, devant lesquelles on s'extasie, que l'on nous vante et que l'on nous donne pour modèles, ne sont pas des fermes ; ce sont de petits châteaux pour les bêtes. C'est beau, c'est propre ; nous y voyons de la pierre de taille, des murs bien montés, de la chaux bien blanche, de la peinture en dehors, des plafonds en dedans, de la floriture dans les détails, du luxe dans l'ensemble, mais nous n'y voyons pas ce que nous cherchons, c'est-à-dire le vrai caractère de la chose, la simplicité rustique jointe au bon goût. Allez au village, et vous n'y rencontrerez que des étables, des écuries, des granges lourdes, massives, écrasées, ajustées on ne sait comment, disposées au rebours du sens commun, presque toujours ; allez dans le voisinage des grandes villes, et vous ne saurez plus, à quelque distance, distinguer le logis du maître du logis des animaux. Vous tomberez d'un extrême dans l'autre.

Une ferme trop misérable nous répugne ; une ferme trop somptueuse ne nous plaît pas ; nous ne voulons ni d'une barraque qui remue sous le vent et dont le toit pourri s'effondre, ni d'une contrefaçon de maison de ville, fantaisie de rentier ou vanité d'amateur. Nous demandons le confortable pour la ferme ; nous désirons que rien n'y manque, que chaque bête, que chaque outil ait sa place marquée ; nous demandons la propreté, l'élégance des formes ; mais nous tenons essentiellement à la simplicité et au bon marché. Pourquoi ne ferait-on pas avec des matériaux économiques d'aussi jolies fermes qu'avec des matériaux de grand prix ?

Il ne s'agit pas seulement de travailler pour soi ; il faut aussi travailler un peu pour les autres, c'est-à-dire donner le bon exemple, se mettre à la portée du voisin. Aussi longtemps que, pour satisfaire un caprice, vous vous obstinerez à bâtir des pavillons pour les poules, des salons plafonnés pour les chevaux, des boudoirs pour les bêtes de toutes sortes, vous ferez rire le cultivateur en blouse, vous le rebuterez, vous le refoulerez dans son ornière. Montrez-lui, au contraire, une ferme charmante de simplicité, artistement bâtie, habilement distribuée, mais bâtie avec toute l'économie désirable ; montrez-lui une ferme ainsi faite, qui ait un cachet original, non prétentieux, qui ait le caractère de sa destination, qui soit rustique sans être grossière, élégante sans bariolures, qui se tienne bien sans être maniérée, et le cultivateur l'admirera. S'il ne peut vous imiter quant à l'ensemble, il vous imitera quant au détail. Il se dira : — Voici une maison de maître qui se présente bien, une étable parfaitement arrangée, des loges à porcs autrement convenables que les miennes ; voilà une bergerie comme je n'en ai

encore vu nulle part, un poulailler qui fait plaisir, une cour propre, une citerne toute simple qui tient l'eau de fumier aussi bien que les citernes en maçonnerie fine : toutes ces choses-là ont une tournure avenante et n'ont pas dû coûter cher.

Voilà ce que se dira le cultivateur de goût, et s'il ne peut pas, du jour au lendemain, élever une ferme complète de la dimension du modèle, avec tous ses tenants et ses aboutissants, il copiera ce modèle en détail.

Quelques essais d'architecture rurale ont été dirigés, sur divers points, dans le sens que nous venons d'indiquer ; mais, en général, ils laissent beaucoup à désirer. Il serait à souhaiter que nos bons architectes fussent un peu cultivateurs ou qu'ils eussent passé quelques années au milieu des conditions de la vie champêtre. En attendant, il importe que nous ne soyons pas, de notre côté, tout à fait étrangers à l'art de construire une ferme.

Choix d'un emplacement. — Pour qu'un emplacement soit irréprochable, ou tout au moins très-convenable, il faut qu'il réunisse les conditions de salubrité. Il est donc prudent de ne pas asseoir une ferme dans les localités où règnent les fièvres, comme par exemple dans le voisinage des marais et des tourbières. Il convient aussi de s'assurer par des coups de sonde de la nature du terrain sur lequel on se propose de bâtir, de se défier des sous-sols où l'eau dort, de s'attacher à un terrain perméable et facile à assainir. Ne dédaignons pas non plus les influences de l'exposition, et rappelons-nous que, dans nos climats, la meilleure est celle du midi aussi bien pour la santé des hommes que pour celle des animaux. Les expositions du levant et du couchant sont funestes à cause des brusques changements de température et présentent plus d'inconvénients que celle du nord, si redoutée cependant. Il est utile aussi d'élever un peu les diverses constructions au-dessus du niveau du sol extérieur, d'ouvrir des caves sous l'habitation du fermier et de masquer la direction des vents dominants au moyen de massifs d'arbres de haut jet, plantés à une certaine distance des murs et des toits.

Voilà pour la salubrité ; voici maintenant pour la facilité de l'exploitation : en plaine, le meilleur emplacement pour les constructions est le milieu du domaine ; mais sur des terrains en pente, sur des coteaux, on se rapproche tantôt du sommet, tantôt de la base, selon l'importance des charrois à exécuter dans les parties élevées ou les parties basses, selon l'état des chemins. On doit, en un mot, chercher la situation qui entraîne le moins de fatigue dans le service des transports. Il va sans dire aussi que le voisinage d'une bonne route, d'un cours d'eau, doit toujours être d'un grand poids dans la décision à prendre.

Proportions et dispositions des bâtiments. — Les proportions des bâtiments sont en raison du nombre des personnes à loger, du bétail à nourrir dans les étables et écuries, de la quantité des produits à récolter et de l'importance de l'attirail agricole à remiser. Elles sont, en outre, subordonnées aux usages des différents pays. Ainsi, par exemple, dans les contrées où l'on a coutume de conserver les céréales et les fourrages en meules, les racines en silos, il n'est pas nécessaire de construire des granges, des fenils et des caves aussi vastes, à beaucoup près, que dans les pays où cette coutume n'existe pas. Ainsi, encore, avec la culture pastorale, l'outillage agricole n'occupe pas autant de place sous le hangar que lorsqu'il s'agit d'une culture intensive qui nécessite l'emploi d'un grand nombre d'instruments.

Quant aux dispositions générales à observer, M. de Gasparin pense que les bâtiments d'exploitation doivent être établis sur une seule ligne toutes les fois que leur développement ne mesure pas plus de 32 mètres. Dans cette disposition, les ouvertures principales regardent le midi. Il ajoute qu'entre 32 et 50 mètres, on doit les établir sur deux lignes parallèles, espacées l'une de l'autre de 16 mètres au moins, et placées aussi toutes les deux à l'exposition la plus convenable. Entre 50 et 75 mètres, il recommande de placer deux bâtiments à retour d'équerre sur le corps principal, c'est-à-dire d'établir deux ailes de chaque côté et en avant du bâtiment d'habitation. L'aile de l'ouest, dont les ouvertures regardent le levant, est destinée aux écuries et étables, tandis que l'aile de l'est, dont les portes principales regardent le couchant, est réservée pour le hangar et la grange. Enfin, lorsque le développement des bâtiments arrive à 75 mètres ou les dépasse, il convient, dit le même agronome, de fermer le carré par des constructions et d'y former les bergeries. Pour ce qui concerne la porcherie, le fournil et le poulailler, il les place en dehors de cet ensemble de bâtiments.

Au point de vue de la surveillance à exercer, et même de l'hygiène, les plans proposés par M. de Gasparin ne nous paraissent pas tous heureusement conçus. Avec les deux lignes de bâtiments parallèles, les animaux, aussi bien que les gens, jouissent de l'exposition du midi, mais il devient impossible au fermier d'exercer une surveillance rigoureuse. Avec les deux bâtiments à retour d'équerre sur le corps principal, il devient facile de surveiller, plus facile qu'avec le carré tout formé ; mais ces deux dernières dispositions ont l'inconvénient de trop compromettre l'ensemble de la ferme, quand un incendie se déclare sur une partie, et l'inconvénient en outre de s'opposer au renouvellement de l'air. Nous n'aimons pas que le vent du midi s'engouffre et dorme dans une cour de ferme plus ou moins close, surtout quand des eaux de fumier séjournent dans cette cour. Les fièvres intermittentes n'en sont que trop souvent la conséquence.

Selon nous, il serait à désirer, toutes les fois qu'il y a nécessité de former le carré, que les différents corps de bâtiments fussent bien séparés l'un de l'autre et reliés seulement par des palissades. De cette manière, les incendies seraient moins redoutables et la circulation de l'air n'éprouverait plus d'obstacles.

Il est d'usage partout d'étendre le fumier parmi les cours de ferme pendant un temps plus ou moins prolongé. Les animaux qui passent et le foulent à leur sortie des écuries et étables, ainsi qu'à leur retour, l'enrichissent encore de leurs déjections et préviennent la moisissure en le tassant. Il serait peut-être convenable d'abandonner cet usage et de prendre les mesures nécessaires pour établir les tas de fumier et la citerne au purin derrière l'aile occupée par les animaux. Il conviendrait également de ne pas ouvrir le puits, à proximité de ces fumiers, car le puits fait fonction de boit-tout et reçoit évidemment des égouts qui ne sont pas appétissants, bien que filtrés. Si l'on prenait la sage précaution d'éloigner l'eau que nous buvons de la mare au purin ou de disposer les fumiers de telle façon que les égouts fussent entièrement reçus dans un puisard, nous aurions toujours de l'eau potable en été. Dans l'état actuel des choses, il n'en est pas partout ainsi pendant les mois de juin, juillet et août, et les anciens, qui ont constaté le mal avant nous, n'avaient pas d'autre but que d'empêcher l'infection, lorsqu'à la veille de la Saint-Jean, ils jetaient des tisons enflammés dans leurs puits. *Le feu purifie tout*, disait-on et dit-on encore parmi nos campagnes.

Bâtiment d'habitation. — Nous donnons ce nom au logement du cultivateur, fermier, propriétaire, métayer ou colon, peu nous importe la condition de l'homme. Ce bâtiment comprend les caves ou celliers ; la cuisine qui, le plus souvent, sert en même temps de chambre à coucher et de salle à manger, quelques pièces pour les enfants et les domestiques ; le fourneau pour la cuisson des vivres destinés aux animaux, le fournil, la buanderie, très-souvent la laiterie, et enfin les greniers. Nous croyons qu'il serait convenable de ne point transformer la cuisine en chambre à coucher, qu'il serait prudent de placer le fournil en dehors de l'habitation et de reléguer la laiterie dans un compartiment des caves. Le fourneau pour les bêtes et la buanderie devraient occuper une pièce à part attenante au fournil. Nous ne souhaitons pas d'autres modifications. Nous aimons la grande cuisine du village, avec son large foyer, son manteau de cheminée presque à hauteur d'homme, avec sa grande table pour les serviteurs de la ferme, et tout à côté la table des maîtres. Salle à manger, chambre de réception, rendez-vous des gens de la maison et même du voisinage pour les veillées d'hiver, la cuisine est tout cela.

S'il s'agissait d'une habitation à demi bourgeoise, il faudrait nécessairement une distribution différente au rez-de-chaussée et des chambres à coucher au premier étage, dont le paysan modeste a fait jusqu'ici son grenier. Nous ne trouvons pas mauvais, après tout, que le cultivateur prenne ses aises et fasse bien les choses, du moment que les intérêts de l'exploitation n'ont point à en souffrir.

Écuries. — On s'accorde à reconnaître qu'un cheval à l'écurie a besoin de 28 à 30 mètres cubes d'air, pour y vivre dans de bonnes conditions. « En accordant, dit M. de Gasparin dans son *Cours d'agriculture*, en accordant à chaque cheval une largeur de $1^m,75$ et une longueur de 4 mètres, y compris la crèche, la mangeoire et le passage, il en résulte pour chaque cheval une surface de 7 mètres carrés.; et si l'étable a 4 mètres de hauteur, le cube affecté à chaque cheval est de 28 mètres. » Ainsi donc, autant de chevaux, autant de 28 mètres cubes, auxquels on ajoute une place pour les harnais et une place pour le lit du garçon d'écurie. Lorsque les chevaux sont placés sur un seul rang, et c'est le cas le plus ordinaire, on peut accrocher les harnais derrière chaque cheval; mais, pour cela, il faut avoir soin de porter à 4ᵐ,60 la largeur de l'écurie, au lieu de 4 mètres seulement.

Le plus souvent, dans nos villages, on n'établit pas de séparation entre les chevaux, ou bien l'on se contente de simples traverses mobiles, soutenues à leurs extrémités par des cordes. Il serait à désirer, pour le repos des bêtes et la tranquillité du fermier, qu'il y eût autant de stalles pleines que de chevaux. M. de Gasparin fixe à 2ᵐ,80 la longueur de ces stalles à partir du mur, à 2 mètres leur élévation près de la mangeoire, élévation qui va en diminuant jusqu'à 1ᵐ,20. Le même agronome conseille de placer le râtelier à 1ᵐ,40 du sol et la mangeoire à 1 mètre.

L'écurie doit présenter, dans le sens de sa largeur et de sa longueur, une pente très-douce qui permette aux urines de se rendre dans une rigole couverte, et de là dans un puisard ouvert en dehors du bâtiment.

Étables à vaches. — Les bœufs et les vaches se contentent de 24 mètres cubes d'air, chiffre que l'on obtient, avec 1ᵐ,50 de largeur, 4 mètres de longueur et 4 mètres de hauteur. Il est évident que si les planchers avaient moins de 4 mètres, on devrait augmenter la largeur ou la longueur des places pour arriver au cube d'air indiqué. Si l'on avait affaire à des bêtes d'engraissement, la largeur de 1ᵐ,50 ne suffirait pas; il faudrait la porter à 1ᵐ,75 ou à 1ᵐ,80 et diviser l'étable en stalles ou boxes. Pour les veaux, il faut compter sur une largeur de 0ᵐ,75 centimètres.

Dans la plupart des localités, les étables ne diffèrent en rien des écuries, si ce n'est que la mangeoire est placée à 0ᵐ,90 au lieu de l'être à 1 mètre, et que la crèche s'appuie sur la mangeoire au lieu d'en être séparée par un intervalle de quelques centimètres. Comme dans l'écurie, le sol de l'étable doit offrir une pente douce, et les urines que n'éponge point la litière, doivent être reçues dans une rigole qui les conduit à la citerne. Les étables, disposées en forme d'écurie, ne sont pas des modèles; il y a mieux certainement, et il convient de chercher le mieux.

Nous devons aux Allemands, aux Belges et aux Anglais les perfectionnements introduits dans la construction des étables. Les Anglais ont peut-être même poussé les perfectionnements au delà des limites raisonnables, en logeant tous les animaux de l'espèce bovine dans des stalles séparées. Cette méthode coûteuse ne nous paraît utile ni aux vaches laitières, ni aux bœufs de travail; nous ne l'admettons que pour les bêtes soumises à l'engraissement, qui profitent d'autant mieux qu'on leur assure un repos plus complet.

Nous connaissons les étables de la Campine et des Flandres belges, et nous les tenons pour remarquables. Les étables campinoises, dont nous avons figuré la coupe au chapitre des Engrais, présentent de vastes dimensions, parce qu'il est d'usage d'y entrer avec des charrettes et des chariots toutes les fois que le moment est venu d'enlever le fumier conservé derrière les bêtes pendant plusieurs mois. Les deux larges portes d'entrée et de sortie, qui se font face, donnent de l'air abondamment et empêchent la litière en fermentation de nuire à la santé des animaux, au moins d'une manière sensible. Il n'existe, dans ces étables, ni crèche, ni mangeoire disposées comme la plupart des nôtres. Quand l'étable est simple ou à un seul rang, une plate-forme de 0,70 centimètres de hauteur s'élève contre le mur, devant les animaux et communique assez habituellement par une porte avec la cuisine du fermier. On jette la nourriture verte ou sèche sur cette plate-forme, ou bien l'on y porte la nourriture cuite avec des auges qui sont enlevées et lavées après le repas. Dans quelques étables modernes, on ménage une rigole de pierre au bord de la plate-forme pour y verser les aliments cuits, plus ou moins liquides. Quand l'étable est double ou à deux rangs de bêtes, on donne plus de largeur à la plate-forme qui doit recevoir les vivres de chaque côté et laisser un passage au milieu pour les gens de la ferme; cette disposition a le très-grand mérite de faciliter le service.

Dans les étables flamandes, où le fumier ne séjourne pas longtemps sous les bêtes, les dimensions sont ordinaires et le prix de construction est par conséquent beaucoup moins élevé que pour celles de la Campine. Nous y avons vu des plates-formes pour le service de la nourriture; mais nous y avons rencontré aussi des dispositions différentes de celles-ci, notamment à Vracène, dans la ferme de M. Parrin. Imaginez une longue et vaste grange. A gauche sont les étables, à droite les écuries. Des cloisons vous séparent des unes et des autres, et il n'est pas nécessaire d'y entrer pour donner la nourriture aux bêtes. Une voiture arrive dans la grange, y verse le fourrage vert, par exemple, et il suffit de lever des couvercles et de remplir les auges. Et de même pour les chevaux que pour les vaches. S'agit-il de nourriture mouillée, de boissons ? Chaque bête a son bac particulier, son bac mobile, qu'on enlève après le repas et qu'on rince soigneusement. Toutes ces dispositions sont d'une simplicité charmante et n'ont pas coûté cher. Les étables flamandes de MM. Vertongen, sous Raevels, ont été copiées sur celles de M. Parrin.

Trop souvent les planchers des écuries et des étables sont fort négligés; on se contente de placer des perches en travers des poutres ou poutrelles et de charger ces perches de fourrage sec. Cette pratique est blâmable. Elle favorise la multiplication des toiles d'araignées; elle accumule la poussière; elle contribue à l'altération du foin qui reçoit les émanations des animaux; enfin, elle nuit au fumier, qui reçoit quantité de graines plus ou moins salissantes. Ces inconvénients ne sont pas ignorés de tous les cultivateurs, et nous en connaissons, même dans les localités les plus arriérées, qui, pour les prévenir en partie, étendent des plaques de gazon sur les perches. C'est la ressource des pauvres, et nous ne la dédaignons pas. Les planches sont chères, quand on les veut bonnes et de longue durée. Donc ceux qui ne sont pas en mesure de s'imposer un sacrifice de cette nature, ont raison de recourir au gazonnage. Toutefois, nous pensons qu'il y aurait moyen de faire mieux et à des conditions tout aussi faciles. Ce moyen consiste à établir des planchers avec des rondins de bois de corde roulés dans un mortier de terre glaise et de foin. En serrant l'un contre l'autre ces rondins enduits de mortier, on obtient un solide plancher que l'on recouvre d'argile pétrie, de manière à former une sorte d'aire de grange qui ne laisse passer ni poussière ni graines. On peut l'enduire de même en dessous, le blanchir à la chaux et imiter le plafonnage. Nous conseillons fortement ce mode économique de planchéiage, parce que nous en connaissons très-bien les avantages.

Bergeries. — Tessier, dont le nom sera toujours autorité, car il rappelle un observateur habile et un homme de conscience, a écrit ce qui suit dans le *Dictionnaire* de Déterville : — « Les dimensions d'une bergerie sont subordonnées au nombre des bêtes à laine qu'elle doit contenir. Elles doivent être calculées *suivant la position des crèches*, de manière que toutes les bêtes à laine puissent en même temps y prendre aisément leur nourriture et sans qu'il y ait de terrain perdu ou de non occupé. Nous disons *suivant la position des crèches*, car on ne les place pas de la même manière dans toutes les bergeries, et cette différence en apporte nécessairement dans leurs dimensions.

« Par exemple, dans les bergeries qui ont peu de largeur, on fixe les râteliers le long de leurs murs de côtières, ou on les place dos à dos au milieu et dans le même sens ; lorsqu'elles ne peuvent avoir que deux rangs de crèches, ou un double rang, on les appelle quelquefois *bergeries simples*. Mais lorsqu'elles sont assez larges pour y placer un plus grand nombre de rangs de crèches, on les dispose tantôt dans le sens de leur longueur, tantôt dans celui de leur largeur ; alors, quelle qu'en soit la disposition, on les nomme *bergeries doubles*.

« Nous pensons que la position la plus économique des crèches dans les bergeries est celle dans le sens de leur longueur, parce qu'il y a beaucoup moins de terrain perdu en communications intérieures, et qu'alors sur la même surface, il tiendrait plus de moutons, et aussi parce que les crèches placées dans le sens de la largeur des bergeries, en multipliant les communications, rendent leur service plus commode.

« Quoi qu'il en soit, voici les données dont on se sert pour déterminer les dimensions des bergeries.

« L'expérience apprend qu'une bête à laine, en mangeant à la crèche, y tient une place d'environ 4 décimètres, suivant sa grosseur. En multipliant cette dimension autant de fois qu'il doit y avoir de bêtes à laine dans la bergerie, on connaîtra la longueur développée qu'il faudra donner aux crèches pour que chacune puisse y trouver sa place.

« D'un autre côté, les crèches, y compris les râteliers, présentent ordinairement une largeur d'un demi-mètre et la longueur moyenne d'une bête à laine est d'environ un mètre et demi.

« Ainsi, en supposant que l'on doive placer les crèches dans le sens de la longueur d'une bergerie, et en additionnant la largeur du nombre de crèches et la longueur du nombre de bêtes à laine qui pourront tenir dans la largeur de la bergerie, on trouvera définitivement pour sa largeur totale, savoir, pour celle d'une bergerie à deux rangs de crèches et deux longueurs de moutons, 4 mètres ; pour celle à quatre rangs de crèches, 8 mètres ; pour celle à six rangs de crèches (deux doubles et deux simples), 12 mètres.

« La largeur d'une bergerie étant ainsi déterminée, et la longueur développée qu'il faudra donner aux crèches étant connue par le nombre de moutons que la bergerie doit contenir, il sera facile d'en calculer la longueur définitive:

« Par des calculs analogues, on déterminerait aussi aisément ses dimensions si l'on devait placer la crèche dans le sens de la largeur de la bergerie.

« Quant à la hauteur, sous planchers ou sous voûtes, qu'il faut donner à ces logements, elle doit être au moins de 4 mètres pour les bergeries d'hivernage et de 3 mètres pour les bergeries supplémentaires. »

« D'après les écrits de M. Tessier, ajoute M. de Gasparin, l'emplacement à donner à chaque tête de l'espèce ovine doit être de 1 mètre carré pour chaque brebis ou mouton, et $0^m,75$ pour un agneau. Si l'on suppose la largeur de la bergerie de 8 mètres, le troupeau composé de 150 brebis et de 50 agneaux, la longueur du bâtiment sera de 23 mètres à peu près. »

Bien que l'on recommande de placer les bergeries à l'exposition du midi, afin d'éviter les brusques variations de température, il n'en est pas moins vrai que les moutons souffrent beaucoup de la chaleur et qu'il est nécessaire de prendre des mesures pour renouveler fréquemment l'air des bergeries. Dans les fermes bien tenues, les ouvertures sont nombreuses, uniquement en vue du renouvellement de l'air.

Nous avons vu une bergerie entièrement construite en planches et à claire voie, sous le climat des Flandres belges, mais nous doutons que l'essai trouve beaucoup d'imitateurs. Le séjour de nos races croisées et plus ou moins délicates, dans ce logement, doit être pénible en hiver. Nous n'avons pas affaire à ces races robustes de l'Écosse, aux cheviots, par exemple, qui passent ordinairement la rude saison en plein air.

Porcherie. — Il faut aux porcs un peu plus de 3 mètres carrés de surface par tête. Les murs bâtis sans chaux doivent être garnis de planches, sans quoi ces animaux n'auraient pas de peine à les démolir. Cet inconvénient n'est à craindre avec les constructions solidement établies. Il faut, en outre, ou paver les loges en pente douce ou les planchéier à claire voie, en ayant soin de mé nager, à la base du mur, une rigole pour l'écoulement des urines, qui sont très-abondantes. Enfin, les dispositions doivent être prises de façon que l'auge soit enchâssée dans le mur et que la nourriture puisse être donnée du dehors.

Poulailler. — Une pièce qui aurait 4ᵐ,50 de longueur dans œuvre sur 4 mètres de largeur, ou qui aurait 6ᵐ,50 de longueur sur 3 mètres de largeur, pourrait contenir une centaine de poules. Mais, d'après M. Ch. Jacques, il ne faut pas mettre plus de 30 à 50 poules dans le même poulailler. « Si l'on en veut entretenir davantage, dit-il, il vaut mieux avoir plusieurs logements moyens qu'un très-grand, et les placer aussi loin que possible les uns des autres, afin que les poules prennent l'habitude de rentrer chacune dans leur demeure. » Selon le même écrivain, le poulailler ne doit jamais être exposé au midi; le levant est l'exposition la plus favorable. Il demande qu'on laisse, dans la partie la plus élevée de l'un des murs, au levant ou au couchant, une ouverture grillée, large et basse, avec un volet plein à charnière qui servirait à donner plus ou moins d'air. On abaisserait ce volet en été et en hiver, pendant les journées douces. M. Malézieux conseille aussi l'exposition du poulailler au levant et pense que du moment où une température de 16 à 18° est très-convenable à la volaille, il est bon d'adosser le poulailler à un four ou à une cuisine. De Perthuis écrivait au commencement de ce siècle : — « Si un poulailler est trop froid, les poules n'y pondent point ; s'il est trop chaud ou trop humide, elles y sont exposées à des maladies ou à des rhumatismes ; et si ses murs ne sont pas recrépis avec soin, si son sol n'est pas exactement carrelé, les rats, les souris et les insectes s'y nichent, troublent le sommeil des poules et les empêchent de prospérer, etc.

« Les poulaillers doivent donc être construits aussi sainement que les logements des autres animaux domestiques, et être entretenus avec une propreté particulière. »

Clapier. — L'éducation du lapin domestique n'est pas à dédaigner ; disons donc quelques mots de la construction du clapier. M. Malézieux recommande de l'exposer au levant ou au midi, de l'entourer de murs de 1ᵐ,50 à 2 mètres de fondation, de le couvrir d'un toit qui le mette à l'abri des injures de l'air, de le protéger contre les fouines, les chats et les renards et d'aérer au moyen de fenêtres grillées. Un clapier de 12 à 15 mètres de long sur 4 ou 5 mètres de large, peut contenir de 20 à 24 loges, dont deux destinées aux mâles et deux autres, doubles des premières, destinées aux jeunes lapins de cinq à six semaines. Les loges ordinaires ont de 0ᵐ,75 à 1 mètre en tous sens. On peut en augmenter le nombre en les superposant par étages.

Magnaneries. — D'ordinaire, on procède à l'éducation des vers à soie dans les greniers, dans les chambres ou sous le hangar de la ferme ; cependant il arrive, dans certains cas exceptionnels, que l'on consacre aux insectes en question des bâtiments spéciaux. Il s'agit donc de savoir à quoi s'en tenir sur les dimensions nécessaires. Dandolo demande 52 mètres par 30 grammes de graine de vers et pour une éducation de 600 grammes ; 62 mètres par 30 grammes et pour une éducation de 150 grammes.

Gerbier. — Dans les contrées où les cultivateurs mettent leurs gerbes en grange, au lieu de les mettre en meules, ou bien encore au lieu de procéder au battage sur le terrain, comme dans le midi de la France, il est bon, avant de bâtir, de se rendre compte de la place qu'occuperont les gerbes. Or, il résulte des expériences de Block qu'un mètre cube renferme une moyenne de 100 kilog. de gerbes de céréales, ce qui donne par hectolitre de grains à peu près 2ᵐ,67 cubes. Du moment donc où l'on sait combien on cultivera d'hectares en céréales et combien l'hectare rapportera en moyenne, il devient facile de connaître la capacité à donner au gerbier.

Fenils ou greniers à fourrages. — Nous supposons toujours que l'usage des meules n'est pas adopté dans la localité et que les fenils doivent contenir toute la provision nécessaire aux animaux de la ferme. Partant de là, nous faisons observer que 100 kilogrammes de fourrage entrent dans un mètre cube. Or, en admettant avec M. de Gasparin qu'il faille 12ᵏ,50 de fourrage par tête de cheval et par jour, il faudra pour chaque cheval environ 45 mètres cubes de fourrage par année, et par conséquent autant de 45 mètres qu'il y aura de chevaux.

Il s'agit, après cela, de régler le compte des bœufs ou vaches qui, s'ils étaient nourris toute l'année à l'étable, consommeraient autant de fourrage que les chevaux, mais qui, en raison du pâturage, en consomment ordinairement moitié moins, c'est-à-dire environ 22 mètres cubes par tête et par année. Puis viennent les moutons qui, d'après M. de Dombasle, consomment à la bergerie, par tête et par jour, en moyenne, 1ᵏ,40 ; mais il est à remarquer que les moutons vivent tout au plus six mois de l'année à la bergerie, et que, pendant ces six mois, on ne les nourrit pas toujours au fourrage sec, en sorte que chaque mouton n'exige peut-être guère plus de 1ᵐ,50 cubes.

Hangar. — En ce qui concerne l'étendue à donner au hangar, il est bon de savoir qu'une charrette occupe au moins 10 mètres carrés de surface et qu'il faut compter sur 5 mètres carrés par charrue, sur 10 mètres pour la herse, autant pour l'extirpateur, autant pour le rouleau.

Matériaux de construction. — Les bons matériaux font les bonnes constructions ; il serait donc à souhaiter que tout propriétaire ou fermier eût les connaissances nécessaires pour distinguer le mauvais du bon et savoir à quoi s'en tenir sur la qualité des pierres à bâtir, des briques, des mortiers, du plâtre, des bois de construction, des tuiles, ardoises, etc. Malheureusement, c'est ici, plus que jamais, le cas de dire qu'expérience passe science. Il existe assurément des données exactes sur quelques-uns de ces matériaux, mais nous devons déclarer en toute humilité qu'en ce qui touche le choix des pierres à bâtir les plus habiles peuvent s'y tromper. Et, pour notre compte, si nous avions à nous déclarer sur ce point dans un pays inconnu, nous aurions plus de confiance dans le plus infime des paysans de l'endroit qu'en un géologue, un minéralogiste ou un chimiste.

Les pierres à bâtir qui, à Paris et dans le rayon de Paris, sont désignées sous le nom de moellons, diffèrent d'aspect et de nature selon l'état géologique des contrées. On se sert de calcaire, de grès, de basalte, de granit, de schiste, de pierres meulières, etc. Seulement, il y a du choix dans ces diverses pierres. Pour chaque sorte, nous en connaissons d'excellentes et de détestables ; celles d'une carrière valent plus ou valent moins que celles d'une autre carrière qui la touche ; dans une même carrière, nous avons des parties qui ne se valent pas non plus indistinctement. Nous avons des calcaires qui craignent la gelée et d'autres qui ne la craignent pas ; le moellon calcaire de Paris ne ressemble guère au moellon calcaire de certaines localités de la Bourgogne, et celui-ci ne ressemble guère au moellon calcaire du Nord. Nous avons des grès durs et des grès doux ; des granits qui se désagrègent et d'autres qui résistent des siècles ; des schistes qui tombent en pâte et des schistes qui durcissent à l'air.

— « On doit, dit M. de Gasparin, se méfier des pierres à cassure terne, exhalant sous le souffle une odeur d'argile ; des calcaires dolomitiques ; des calcaires qui fournissent une chaux maigre ou une chaux hydraulique ; des calcaires d'eau douce en général, des grès tendres, des granits et des schistes friables. » Nous ferons observer cependant que la règle comporte des exceptions. Ainsi nous connaissons des grès roses relativement tendres au sortir de la carrière, faciles à travailler, à tailler pendant quelques mois et qui, durcissant ensuite à l'air, sont préférables aux grès durs. A l'appui de notre assertion, nous pouvons mentionner les pierres qui servent à l'entretien de la belle église de Saint-Hubert (Belgique).

La qualité des briques dépend de la nature de la terre employée pour les fabriquer et du degré de cuisson. On reconnaît que la cuisson a été convenable quand les briques rendent un son clair. On croit généralement que les meilleures argiles pour la brique sont celles qui renferment le quart ou le tiers de leur poids de carbonate de chaux. L'observation peut être juste ; cependant, nous avons rencontré dans les terrains schisteux des argiles qui ne contiennent pas de carbonate de chaux et qui, néanmoins, servent souvent à fabriquer d'excellentes briques ; dans les situations humides, il nous paraît toujours convenable de placer les constructions en briques sur des assises en pierre.

Les bons mortiers sont aussi précieux que les bonnes pierres et les bonnes briques. Ils ont souvent le mérite de rendre solides et durables des constructions faites avec des pierres de mauvaise qualité. La valeur des mortiers dépend de la valeur de la chaux, du sable et du mode de préparation auquel on les soumet. Nous distinguons plusieurs sortes de chaux qui sont : les chaux plus ou moins hydrauliques, la chaux maigre et la chaux grasse. Les premières sont précieuses pour les fondations et les parties humides ; mais les frais de fabrication en élèvent beaucoup le prix de vente, de façon que nous restreignons leur emploi le plus possible. Nous nous en servons pour les caves, les fondations, les citernes, les parties de murs exposées au contact de l'eau, ou les parties de murs attenantes au sol. La chaux maigre, lorsqu'elle se rapproche un peu des chaux hydrauliques, n'est point à dédaigner, mais lorsqu'elle renferme du carbonate de magnésie et quelquefois du gypse en proportions notables, il faut s'attendre à des inconvénients ; elle trompe d'abord, mais, au bout de quelques années, elle se désagrège ou quitte la pierre. La chaux grasse lui est grandement préférable quand on l'associe à du sable de choix, et qu'on la gâche habilement.

Les chaux hydrauliques, avec lesquelles on prépare du mortier, exigent moins de sable et du sable moins pur que la chaux grasse, par cette raison bien simple qu'elles renferment une quantité importante de silice pure, tandis qu'il n'en est pas de même avec la chaux grasse. Pour celle-ci donc, on doit veiller à ce que le sable employé ne laisse rien ou fort peu de chose à désirer. Un sable qui ne salit point les mains lorsqu'il est humide et qui produit sur la peau l'effet du verre pilé, est ordinairement très-estimé ; le sable de rivière est presque toujours supérieur au sable de carrière. Souvent on ajoute à la chaux grasse et au sable de la brique pilée et tamisée. C'est le moyen de fabriquer un excellent mortier. Il importe de couler ou éteindre la chaux vive le plus tôt possible et de préparer le mortier *grosso modo* quelque temps avant de s'en servir. On le gâche une seconde fois au moment de l'emploi, et de manière à ce qu'on n'aperçoive pas de grumeaux de chaux dans le mélange. En ceci, les meules à broyer font de meilleure besogne que la main du maçon. Plus la division est complète et moins on verse d'eau pour gâcher, plus le mortier approche de la perfection.

En ce qui regarde le plâtre, nous nous bornerons à dire que le meilleur provient des pierres les plus dures et les moins faciles à cuire, et que le plâtre qui a été exposé à l'air pendant un certain temps ou à la pluie, ou aux brouillards, doit être rebuté. Il n'a toutes ses qualités qu'au sortir de dessous la meule.

En traitant de la sylviculture, le *Livre de la Ferme* s'occupera nécessairement des qualités propres aux diverses essences forestières. Les bois de charpente ne seront donc pas oubliés.

Nous terminerons ce chapitre par quelques mots sur les couvertures. On couvre les habitations avec des pierres minces, avec du chaume de seigle ou des graminées de forêts, avec des tuiles creuses, des tuiles plates, avec des planches, avec des lames de zinc, et enfin avec des ardoises de dimensions variables. Les couvertures en pierres minces sont communes encore sur quelques points de nos localités montagneuses. Elles ont eu leur raison d'être, alors que la pierre à bâtir tirée sur place, ne coûtait guère et que les bois de charpente provenant de l'affouage. On pouvait, à peu de frais, construire des murs épais, multiplier les grosses poutres et soutenir des poids énormes. Aujourd'hui, la situation n'est plus la même ; le prix des bois de charpente est élevé partout, et il ne faut plus songer aux toitures en pierres qui, d'ailleurs, ne permettent pas d'élever les murs à une hauteur raisonnable et de faire des toits à pente rapide. Il n'y a plus à s'en occuper que pour mémoire.

Les toits de chaume et de graminées sont avantageux à divers titres. Ils conservent la chaleur en hiver, la fraîcheur en été et dispensent les cultivateurs de faire les frais de charpentes coûteuses. Ils ont en retour l'inconvénient de favoriser les incendies et d'entretenir l'humidité sur les greniers lorsque la paille commence à pourrir, et qu'elle se charge de mousse, de joubarbe, de brôme, etc. Nous ne voyons dans le chaume que la ressource du pauvre.

Les tuiles creuses sont trop lourdes ; les tuiles plates, quoique moins lourdes que les précédentes, le sont encore trop aussi, et les unes comme les autres, ont, en outre, le défaut de ne pas préserver nos greniers des rigueurs de l'hiver. Mais les situations commandent, et nous serions fort en peine, dans un grand nombre de contrées, de substituer à ce mode de couverture un mode plus économique. La tuile n'a pas fait son temps, et nous devons la maintenir faute de mieux.

Les couvertures en planches ne sont possibles que dans les pays de forêts et ne le seront bientôt plus à raison de la rapide augmentation de valeur des bois.

Les lames de zinc ne conviennent qu'aux toits plats, aux terrasses, et sont sujets à de fréquentes réparations. Qu'un vent d'orage y fasse une trouée et le toit peut disparaître tout d'une pièce. Vous remarquerez d'ailleurs que les toits en zinc d'un numéro convenable entraînent à de fortes dépenses.

Les couvertures en ardoises sont, à notre avis, les meilleures de toutes ; mais le prix de revient est encore élevé et ne l'aborde pas qui voudrait.

P. JOIGNEAUX.

CHAPITRE XI

DE L'ASSAINISSEMENT DES TERRES ET DU DÉFRICHEMENT.

Il s'agit maintenant de se mettre à l'œuvre, d'attaquer résolûment le terrain. Or, avant même de procéder au défrichement, il convient, dans bien des cas, de débarrasser le sol des eaux qui peuvent le rendre impropre à la culture. Cette opération, qui a pour but de rendre sain un milieu considéré avec raison comme malsain pour les végétaux, porte le nom d'*assainissement*.

Les moyens d'assainir un sol sont connus de temps immémorial, mais il était réservé à notre siècle de les perfectionner et de les vulgariser. Le drainage constitue ce perfectionnement. Nous ne voulons pas en amoindrir l'importance ; mais il nous semble qu'il serait de bon goût de la part de nos draineurs modernes de ne point s'attribuer exclusivement le mérite d'avoir procédé avec méthode et intelligence. M. Leclerc, à qui nous devons un très-bon livre sur le drainage, reconnaît que les saignées souterraines, pratiquées de vieille date par nos cultivateurs, offrent la plus grande analogie avec le drainage moderne des Anglais ; seulement, il a eu le tort d'ajouter « que l'emploi des saignées souterraines était toujours restreint, anciennement, aux circonstances particulières où la surabondance d'humidité provenait de sources d'eau de fond montant à travers le sous-sol et arrivant à la surface du terrain. Dans tous les autres cas, continue-t-il, pour les sols argileux, pour les terres froides et crues, par exemple, qui ont beaucoup à souffrir de l'humidité qui s'y accumule durant la mauvaise saison, les agriculteurs ne songeaient point à recourir au procédé de desséchement dont il est question, principalement à cause des préjugés qu'ils avaient relativement à la nature des terres fortes et à l'imperméabilité des argiles. »

Nous allons répondre à cette assertion par des extraits textuels :

Il y a environ 1800 ans, Columelle écrivait : — « Si le champ est humide, on le desséchera au moyen de fossés qui recevront les eaux surabondantes. Nous connaissons deux sortes de fossés : ceux qui sont cachés, et ceux qui sont ouverts. Dans les terrains compactes et argileux, on préfère ces derniers ; mais partout où la terre est moins dense, on en creuse quelques-uns d'ouverts, et les autres sont recouverts, de manière que les derniers s'écoulent dans les premiers... Pour les fossés couverts, on creuse une sorte de sillon à la profondeur de trois pieds ; quand on les a remplis à moitié avec de petites pierres ou du gravier pur, on finit de les combler avec une partie de la terre qu'on en avait tirée. Si l'on n'a à sa disposition ni caillou ni gravier, on formera comme un câble de sarments liés ensemble, assez gros pour occuper le fond de la fosse qui en est la partie la plus étroite, et dans laquelle on le presse et l'adapte ; puis on recouvrira les sarments avec des ramilles soit de cyprès, soit de pin, ou, à leur défaut, avec des feuillages quelconques, que l'on pressera fortement avec le pied, et sur lesquels on répandra de la terre. Après cette opération, on établira aux deux extrémités du fossé, comme on le fait pour les petits ponts, deux pierres seulement, comme deux piles sur lesquelles on placera une troisième pierre, afin que cette construction soutienne les bords et empêche qu'il n'y ait encombrement par l'effet de la chute et de la sortie des eaux. »

Palladius, qui, selon toute apparence, vivait il y a 1400 ans, écrivait de son côté : « Labourez aussi maintenant les champs gras et fertiles en herbes. Mais si vous voulez remuer des terres incultes, examinez si elles sont sèches ou humides, couvertes de bois ou de gazon, d'arbrisseaux ou de fougères. Si elles sont humides, desséchez-les en les entrecoupant partout de tranchées. On connaît les tranchées apparentes ; voici comment on fait celles qui sont cachées. Traversez un champ de tranchées qui aient trois pieds de profondeur ; ensuite, remplissez-les à moitié de petites pierres ou de gravier, et remettez de niveau avec la terre enlevée. L'extrémité de ces tranchées aboutira par un plan incliné à une tranchée apparente : l'eau s'écoulera ainsi, et il n'y aura pas de terrain perdu. Si vous manquez de pierres, étendez au fond de la paille, des sarments ou toutes sortes de broussailles. »

L'utilité de dessécher les terres argileuses n'est pas, on le voit, une découverte de notre époque. Depuis des siècles les cultivateurs savaient à quoi s'en tenir sur ce point ; tous, du premier jusqu'au dernier, avaient remarqué et constaté l'influence des fossés de clôture sur la fertilité des sols argileux ; tous avaient remarqué, en pareil cas, l'avantage des petits billons bombés sur les billons larges et plats ; tous connaissaient les fâcheux effets de l'eau dormante dans les argiles, mais on reculait devant les frais de desséchement. Avec de nombreux fossés ouverts, on aurait perdu beaucoup de terrain et créé de grands obstacles à la culture et à la récolte ; avec des fossés couverts en quantité suffisante, il aurait fallu, presque toujours, s'imposer d'énormes sacrifices en pierraille, fagots ou paille pour les combler. C'était à faire reculer les plus intrépides. On se contentait donc d'attaquer les parties les plus mouillées. Le drainage par le moyen des tuyaux a levé l'obstacle en partie, et, encore, voyons-nous de très-nombreux cultivateurs reculer devant une dépense de 300 à 400 fr. environ par hectare, non parce qu'ils doutent des excellents effets du drainage, mais parce qu'ils ne sont pas toujours en position de faire des avances d'argent. Ce ne sont ni les petits cultivateurs ni les fermiers qui se distinguent dans les opérations d'assainissement ; ce sont les gros propriétaires.

Nous devons aux Anglais le drainage perfectionné. Par cela même qu'ils ont plus à souffrir de l'humidité que les cultivateurs du continent, ils ont dû, plus que ces derniers, chercher les moyens de s'en débarrasser. La nécessité stimule l'intelligence. Walter Blithe, il y a plus de deux siècles, conseillait un système général d'assainissement ou d'égouttement pour son pays. En 1764, l'Écossais Joseph Elkington exposa les règles du drainage et éleva cette pratique à la hauteur d'un art véritable. Des essais eurent lieu ; des succès s'ensuivirent, mais on continua de remplir les canaux avec des pierres et des fagots. Au commencement de notre siècle, vers 1810, la question fit un pas en avant, on remplaça les moellons et la ramille

par des tuiles de rebut. Une douzaine d'années plus tard, la méthode d'Elkington, applicable surtout aux eaux de source, fut avantageusement complétée par James Smith de Deanston.

« La plus importante innovation, dit M. Malézieux, consistait à tracer, dans le sens de la pente principale du terrain, un seul système de nombreuses rigoles parallèles les unes aux autres, au lieu de s'attacher à diriger un plus petit nombre de canaux en sens divers selon les différentes déclivités du sol. Aussi le nouveau système reçut-il les noms de *parallel drainage* (desséchement parallèle), *frequent drainage, thorough drainage* (desséchement complet). Quant aux matériaux employés pour garnir le fond des rigoles, ils continuèrent à être plus ou moins défectueux. Cependant on ne tarda pas à substituer aux moellons et aux tuiles de rebut, des tuiles d'une forme convexe fabriquées tout exprès, et, enfin, les tuyaux cylindriques aujourd'hui universellement employés. »

Les Anglais ont créé la chose ; les peuples voisins l'ont copiée, et, à cette heure, les copistes font plus de bruit que les maîtres autour de la découverte. La méthode nouvelle a produit des spécialités, quelques bons livres, et par-dessus tout des récoltes inespérées, ce qui vaut mieux encore.

Avant de procéder au drainage d'un terrain, il importe de savoir si l'humidité que l'on veut combattre est due à des eaux de source ou des eaux de pluie accumulées sur des terres qui ne les laissent point passer. Les moyens à employer dans un cas ne sont pas les mêmes que dans l'autre. Quand l'humidité persiste toute l'année, il y a lieu de l'attribuer à la stagnation d'eaux souterraines plutôt qu'à des eaux de sources qui tarissent durant les fortes sécheresses. Dans la plupart des cas, le drainage s'exerce sur des eaux stagnantes. Comment s'exerce-t-il ? Nous allons vous le dire en peu de mots :

Au lieu d'un terrain plein d'eau, supposons une futaille pleine de cette même eau. Si à la partie inférieure du fond de cette futaille, nous ouvrons un trou avec une vrille, en même temps que nous donnons de l'air par le haut, le liquide, en vertu de son propre poids et aussi en vertu du poids de la colonne d'air qui le presse, s'en va par l'ouverture et continue de couler jusqu'à ce qu'il arrive au niveau du trou. Eh bien, avec la terre, les choses se passent de même. Nous ouvrons une tranchée à l'aide d'outils, nous y ajustons des bouts de tuyaux qui jouent aux points d'ajustage et livrent passage à l'eau ; puis nous recouvrons. Le liquide du sol que nous venons de trouver, descend, entre dans les tuyaux et s'en va ; seulement, il s'en va moins vite que de la futaille, parce qu'une partie se frotte aux molécules du terrain et s'y attache, et aussi plus la terre est poreuse ou divisée, moins il y a d'adhérence et moins les effets capillaires se produisent, et dans ce cas, le desséchement est plus rapide que dans les terres compactes, comme les argiles, où le desséchement demande du temps. On a donc eu raison de dire que les labourages profonds, faits surtout avec la charrue fouilleuse, secondent très-bien le drainage. Et, en effet, le résultat s'explique. Le labourage rend la terre plus poreuse et contrarie l'action de la capillarité. Terrain percé ou futaille percée, c'est tout un.

Au fur et à mesure que l'eau dormante s'en va du sol, une cause de pourriture disparaît; les racines de nos plantes cultivées commencent à y trouver leurs aises et à s'y étendre; une cause de refroidissement disparaît aussi, et la sève réchauffée circule mieux dans les tissus végétaux. Bouchez le trou qui se trouve au fond de vos pots à fleurs et arrosez souvent; qu'arrivera-t-il? Vos plantes souffriront, pâtiront à cause de l'excès d'eau et du manque d'air dans le voisinage des racines; mais débouchez le trou et vos plantes prospéreront. Avec le drainage des terres, les choses se passent ainsi. L'eau qui part cède sa place à de l'eau de pluie nouvelle qui s'en va à son tour; les racines des plantes ne pâtissent plus dans les marais; elles s'allongent, s'étendent dans les divers sens, prennent l'humidité qui leur est nécessaire pour vivre et réparer les pertes occasionnées par l'évaporation, en sorte qu'elles drainent de leur côté comme les tuyaux drainent du leur, mais en sens inverse. Il est à remarquer, en outre, que la terre, d'abord gonflée par l'humidité, se contracte, se resserre en la perdant, qu'il s'y forme des crevasses, et par conséquent les eaux pluviales, l'air et la chaleur y trouvent un libre accès.

Avant de sortir des considérations générales sur le mode d'action et les effets du drainage, nous ajouterons que du moment où l'eau passe plus vite dans les terres drainées que dans les terres non drainées et que du moment aussi où la végétation y devient plus active, il doit y avoir une consommation plus considérable d'engrais par les récoltes et une perte considérable de ces mêmes engrais par les égouts. C'est en effet ce qui arrive. Le drainage appelle le fumier, mais en retour il le paye bien.

Nous n'avons pas la prétention de rédiger ici un traité complet de drainage, nous ne voulons qu'en donner un aperçu exact, d'après les hommes les plus compétents, et mettre nos lecteurs en mesure de faire exécuter au besoin et convenablement les travaux d'assainissement les plus urgents.

Les tuyaux de drainage, qu'il est aisé de se procurer dans toutes les localités, et à des conditions raisonnables, sont le plus ordinairement de forme cylindrique; mais leurs dimensions varient. Ceux d'un petit diamètre sont destinés à recevoir directement les eaux du sol; ceux d'un diamètre plus ou moins considérable, sont les tuyaux collecteurs, c'est-à-dire destinés à recevoir les eaux amenées par les précédents et à les conduire dans un canal ou un fossé de décharge.

Au début des opérations de drainage, on a cru que les petits tuyaux de dessèchement devaient être placés dans un sens transversal à la pente du terrain; mais, depuis, cette pratique a été condamnée par l'expérience. « Tous les drains de dessèchement, dit M. Leclerc, sont et doivent être dirigés suivant les lignes de plus grande pente de la surface du sol ou s'en écarter le moins possible. On entend par ligne de plus grande pente celle que suivent les eaux en coulant sur la surface du sol quand aucun obstacle ne les détourne. » Il ne faut s'écarter de cette règle générale que pour des raisons puissantes, et seulement dans les terrains plats ou dans ceux dont la surface n'a que de faibles irrégularités. » Parmi les raisons puissantes qui permettent une infraction à la règle, nous citerons le voisinage de champs humides plus élevés que le sol à drainer, le voisinage d'un canal ou d'un ruisseau, dont on peut redouter les filtrations, et enfin le voisinage de plantes ou d'arbres à racines très-développées qui pourraient s'engager dans les conduits.

Quand il n'y a pas de fossés ouverts où puissent se rendre les eaux des tuyaux de dessèchement, on les remplace par des drains collecteurs qui font l'office de ces fossés et emmènent les eaux sur un point de décharge convenable. Les conduits placés dans ces drains doivent occuper les bas-fonds, les dépressions de terrain et être éloignés des haies et des arbres de 8 à 10 mètres. Dans le cas où il serait impossible d'observer cette distance, il faudrait préserver les tuyaux collecteurs par de la maçonnerie en briques ou imprégner la terre de coaltar (goudron de houille) qui est mortel aux racines des végétaux.

La profondeur à laquelle il convient de placer les tuyaux, varie entre $0^m,75$ et $1^m,20$. Souvent même on la porte au delà. Elle est subordonnée à la nature du sol et à sa texture. Moins les conduits sont profonds, plus ils doivent être multipliés. M. Leclerc pose en fait que le drainage profond est supérieur au drainage superficiel, sous le double rapport de l'efficacité et de l'économie. Avec le drainage profond, l'air circule mieux, les racines se développent mieux sans menacer aussi souvent d'obstruer les conduits; on ne court aucun risque à pratiquer les labourages de défoncement, à se servir des charrues sous-sol; on ne redoute pas les gelées les plus rigoureuses. Il est toujours nécessaire, afin de ne pas opérer en aveugle, de sonder le terrain sur divers points et à une profondeur d'environ 2 mètres, en saison humide, et quelques mois avant de drainer.

Souvent, faute de pente suffisante, il devient très-difficile de donner aux drains la profondeur voulue. Où établirait-on le point de décharge? Les indemnités aux voisins pourraient s'élever à un gros chiffre. Admettons qu'on ne trouve pas le point de décharge à une distance raisonnable, il faudrait ouvrir un *puits perdu*, un *boit-tout* pour y jeter les eaux d'égouttement, et cette ressource extrême ne laisserait pas que d'être parfois très-onéreuse. Avant donc de vous défaire de l'eau, demandez-vous bien où vous la jetterez et combien il vous en coûtera.

Plus les drains sont profonds, moins il est nécessaire de les rapprocher les uns des autres; mais, en retour, plus le terrain offre de pente, plus il doit y avoir de drains de dessèchement. Il est difficile de donner des chiffres pour l'espacement qui peut être de 15 à 18 mètres dans le sable à gros grains et de 8 à 9 mètres dans les terres argileuses.

Les tuyaux de dessèchement ont d'ordinaire $0^m,025$ de diamètre ou un peu plus, sur $0^m,30$ de longueur. On les place, bout à bout, au fond des tranchées, ou bien on les relie au moyen de *man-*

chons ou *colliers* qui rendent la pose plus expédi-tive.

Les tuyaux collecteurs ont 0^m,05 à 0^m,08 de dia-mètre. Comme les précédents, on les place bout à bout, mais sans manchons.

Les conduits doivent offrir une pente de 2 mil-limètres au moins par mètre ; la pente serait plus forte qu'elle n'en vaudrait que mieux, car les obstructions seraient moins à craindre. La lon-gueur des drains de desséchement pour le ser-vice de chaque ligne de drains collecteurs et, les conditions les moins favorables, peut aller au delà de 50 mètres. Il est prudent de ne pas allon-ger le drain collecteur au delà de 2 à 300 mètres.

Lorsque les dispositions sont prises pour le drai-nage d'un terrain, que le nivellement est fait, que les lignes sont jalonnées, et les tuyaux pré-parés, on commence les travaux par les parties basses et par les tranchées destinées aux collec-teurs. Après cela, on ouvre les rigoles de dessé-chement, en commençant à leur embouchure dans le collecteur. En procédant de la sorte, on n'a rien à craindre des eaux. Les tranchées ne doivent pas avoir plus de 0^m,40 de largeur au sommet et de 8 à 10 centimètres au fond, selon qu'il s'agit d'y poser des tuyaux d'un petit ou d'un grand diamètre. On se sert, à cet effet, de bêches de dimensions variables, d'une pelle et d'une drague carrée et d'une drague cylindrique. Il va sans dire que ces outils ne conviennent que dans les terrains parfaitement nets de pierres ; dans le cas contraire, on est forcé de recourir à la houe étroite que nous connaissons sous le nom de pic.

Quand les drains sont ouverts et que la pente est rigoureusement établie, il s'agit de procéder à la pose des conduits. Pour les tuyaux de grande dimension, le fond de la tranchée permettant à un ouvrier de s'y tenir, la pose se fait à la main. Mais il ne saurait en être ainsi pour les tuyaux d'un petit diamètre ; on emploie donc un outil particulier aux draineurs. M. Leclerc nous assure que, dans de bonnes conditions, un ouvrier adroit assemble au fond d'une rigole de 1^m,20 de profon-deur, avec l'instrument en question, 350 à 450 tuyaux garnis de manchons, en une heure de travail. Il ajoute que si l'on ne fait pas usage de manchons, le travail se complique et devient beaucoup plus lent, car il faut alors avoir soin de faire joindre les tuyaux aussi exactement que pos-sible et de les caler avec de la terre, de petites pierres ou des tessons de poterie pour qu'ils ne puissent se déranger.

Une fois la pose des tuyaux terminée, il n'y a plus qu'à remplir les tranchées, en ayant soin que les couches du dessous ne soient pas sableuses. L'argile bien divisée, puis bien tassée avec les pieds, est la terre qui convient le mieux, au moins dans les parties profondes. Au fur et à me-sure que l'on comble, il est bon de continuer le tassement. Parfois on commence le remplissage à bras d'homme jusqu'à la hauteur de 0^m,30 environ, et on l'achève avec une charrue. Ce procédé, applicable à de grandes surfaces, a le mérite d'être expéditif et économique.

La méthode de drainage, connue sous le nom d'Elkington, s'applique aux terrains mouillés par des eaux de source. Elle consiste surtout à saisir l'eau dans les sources mêmes et à lui ouvrir une issue à l'aide de tranchées plus ou moins pro-fondes et dirigées transversalement à la pente du terrain. Quand, en raison de la profondeur des sources ou d'un défaut de pente, il devient im-possible d'emmener l'eau hors des terrains, on ouvre des *puits perdus* pour l'absorber, chose fa-cile toutes les fois que la couche imperméable n'offre guère d'épaisseur ; ou bien, lorsque cette couche est très-profonde, on fore de distance en distance des puits artésiens, afin de faire monter l'eau sur plusieurs points et d'abaisser le niveau des sources nuisibles.

Les conduits d'assainissement, quels qu'ils soient, sont exposés à des obstructions. Tantôt le sable très-fin de certains sols s'y introduit avec l'eau, s'y dépose et produit un engorgement ; tantôt des eaux ferrugineuses, séléniteuses ou calcaires y laissent des concrétions qui finissent par boucher les conduits ; tantôt des racines che-velues, appelées par l'humidité, pénètrent dans ces conduits, ou bien encore de petits animaux des champs y entrent et y périssent. Ces inconvé-nients causent de grands embarras ; on ne doit donc rien négliger pour les prévenir, et, à cet effet, on donne le conseil d'envelopper les tuyaux de desséchement de tuyaux d'un plus fort diamètre, dans les terrains sableux ; de n'employer que des tuyaux d'un très-petit diamètre, afin de diminuer l'action de l'air trop favorable aux dépôts ; de res-treindre la longueur des drains ; de donner une pente convenable aux conduits, afin de précipiter la course du liquide ; de goudronner avec du coaltar la terre qui touche aux tuyaux, afin d'ar-rêter la marche des racines envahissantes, et en-fin de mettre un grillage quelconque à l'embou-chure des tuyaux, pour s'opposer à l'entrée des petits animaux.

Défrichement. — Le défrichement est l'opéra-tion qui a pour but de convertir une friche ou terre inculte en terre cultivée. Tous nos champs, quels qu'ils soient, bons ou mauvais, ont passé par les mains du défricheur ; tous nos terrains qui, pouvant rapporter, ne rapportent rien, y passeront nécessairement tôt ou tard. Apprenons donc à défricher.

Mais tout d'abord il nous paraît utile de dire notre pensée sur les friches, afin d'éclairer de no-tre mieux les populations. Où que vous alliez, en France et à l'étranger, vous serez mal venu cha-que fois que vous parlerez de défrichement. Les habitants des campagnes tiennent à leurs commu-naux, à leurs pâtis, bruyères, brandes, etc. ; c'est, disent-ils, un bien qu'ils tiennent de leurs pères et qu'ils veulent transmettre à leurs enfants ; c'est, disent-ils encore, la providence du pauvre qui n'a qu'une vache ou une chèvre et qui se verrait forcé de les vendre, si l'on aliénait les commu-naux. Pour notre compte, nous ne voyons pas en quoi consiste la richesse d'un sol qui ne rapporte rien ou à peu près rien ; entre une richesse qui se cache et une misère qui se montre, nous n'éta-blissons pas la moindre différence. Celui qui a 50 centimes dans sa poche et qui en dispose, nous paraît plus riche qu'un millionnaire qui ne sait pas où est son million ou qui n'a pas la faculté d'y toucher. A nos yeux, la plupart des friches ne sont que des non-valeurs, et il est à remarquer que les populations qui en possèdent le plus sont ordinairement les plus pauvres. Le défrichement crée le travail pour les bras inoccupés et amène le bien-être ; le défrichement crée les récoltes où rien ne poussait et enrichit du même coup les particuliers et le pays. Que ce défrichement s'opère par les uns ou par les autres, pour le compte de la commune ou pour le compte des individus, par des gens de l'endroit ou par des étrangers, par des locataires ou par des propriétaires, peu nous importe en ce moment ; l'essentiel, c'est qu'il s'opère et que les générations présentes ne s'obstinent plus à transmettre aux générations futures des milliers et des millions d'hectares de sable stérile, de marais, d'ajoncs, de bruyères ou de maigre gazon, le tout en aussi mauvais état qu'elles l'ont reçu à titre d'usufruitières. Les cadeaux qui entretiennent la pauvreté, qui couvent la misère, ne sont pas de ceux dont les enfants doivent remercier les pères. Voilà pourquoi nous sollicitons la mise en culture des friches.

Les procédés de défrichement varient avec la nature des terrains, avec leur étendue, avec les ressources et le degré d'intelligence des cultivateurs. Nous allons donc examiner la question sous ses diverses faces et traiter successivement de la mise en culture des friches sablonneuses, argileuses, calcaires, schisteuses, tourbeuses, marécageuses, et en dernier lieu, du défrichement des forêts.

Avant toutes choses, il convient de sonder le terrain à 2 ou 3 mètres de profondeur au moins, afin de connaître la nature du sous-sol, car il peut arriver que le sable repose sur de la marne ou de l'argile, ou que l'argile compacte repose sur du sable, et, le cas échéant, la découverte aurait du prix. Il peut arriver aussi que le sable se trouve au-dessus d'un tuf imperméable et qu'il soit nécessaire de rompre cette croûte souterraine et de la ramener à la surface pour assurer le succès de l'entreprise.

Les friches sablonneuses, celles dont la terre mêlée avec de la chaux pourrait faire du mortier, sont ordinairement stériles et passent pour les plus ingrates entre toutes. Les communes d'Asnières et de Colombes, aux environs de Paris ; les départements compris dans l'ancienne province d'Anjou ; les campines anversoise et limbourgeoise (Belgique), en offrent de nombreux échantillons. Il suffit, dans certains cas, pour les transformer en terre arable, de les labourer dans un sens, de les labourer quinze jours après en travers, de ramasser quelques jours plus tard les racines de bruyères et les gazons qui peuvent s'y trouver, de les faire sécher, d'en former des tas de loin en loin, d'y mettre le feu après la dessication, et d'en éparpiller les cendres. Cela fait, on étendra du fumier d'étable sur la défriche ; on l'y laissera passer l'hiver, puis on l'enterrera avec la charrue vers le mois de février ou de mars dans le sens du premier labour, et l'on y sèmera du sarrasin en été et du seigle en automne. On se trouverait bien

d'ajouter au fumier de la poudre d'os, ou du guano, ou du noir animal. L'essentiel, avec des terres de cette nature, c'est de fumer copieusement et chaque année avec des fumiers de vaches et de porcs, ou, à défaut de fumier, d'y enfouir en vert une récolte, de temps en temps, avec de la chaux fusée. Dans le cas où la marne ou l'argile ne serait pas à une grande profondeur, on devrait s'en approvisionner, la laisser à l'air pendant un an ou dix-huit mois, la remuer avec la bêche ou la houe, et s'en servir à petite dose pour donner peu à peu de la consistance au sable. Ces terres conviennent aussi aux semis de pins et de châtaigniers. Nous avons, en Bretagne, de ces terres nouvellement défrichées où l'on sème de l'ajonc pour augmenter la masse des litières. Dans la Campine belge, le *sable blanc* est consacré à la culture du pin sylvestre et du pin maritime, dont les feuilles, forment avec le temps, un humus qui consolide le terrain et le rend fertile. Quant au sable *jaune* ou *mêlé*, on l'occupe avec le bouleau, l'épicéa, le mélèze, le châtaignier, etc., après l'avoir défoncé à un mètre de profondeur. Les parties humides de ce sable jaune sont réservées aux oseraies et aux semis de prairies naturelles.

Si nous avions affaire à des terres moins sablonneuses que les précédentes et se couvrant de bruyères, d'ajoncs, de fougères, de ronces, de graminées, etc., nous procéderions au défrichement d'une manière différente. Si elles étaient humides et pierreuses, nous commencerions par les assainir au moyen de fossés et par enlever les plus grosses pierres ; puis, avant que la végétation ne les reverdît, nous mettrions le feu aux plantes de la friche, par une journée sèche et chaude du printemps, et après avoir pris les précautions nécessaires pour empêcher l'incendie de s'étendre au delà des limites. Cela fait, nous défricherions avec une forte charrue attelée de bœufs ; nous répandrions de 80 à 100 hectolitres de chaux fusée par hectare de terre labourée, afin de détruire l'acidité des débris végétaux et d'apporter l'élément calcaire qui ne se rencontre ni dans le sable siliceux, ni dans le schiste ; nous herserions dans tous les sens et avec un soin tout particulier, pour mélanger parfaitement la chaux avec la terre ; nous sèmerions là-dessus de l'avoine et des graines de fourrages, comme, par exemple, du ray-grass (*lollium perenne*) et du trèfle blanc (*trifolium repens*), et nous comprimerions la couche arable avec un rouleau très-énergique. L'avoine enlevée, nous ferions pâturer l'herbe pendant trois ans ; les souches et tiges de bruyère pourriraient pendant ce temps-là, et, une fois la période de pâturage écoulée, rien ne nous empêcherait de mettre la défriche en culture régulière.

D'aucuns se contentent de fumer les terres ainsi défrichées et d'ajouter à la fumure de 4 à 6 hectolitres par hectare de noir résidu des raffineries, qu'ils renouvellent pendant un certain nombre d'années.

Dans la Campine, qui nous offre des modèles de défricheurs, on enlève la bruyère avec le gazon, quand elle est vieille, et l'on en fait litière aux bêtes ; quand la bruyère est jeune, on l'enterre avec la charrue. Ce labourage de défoncement se fait en automne et en hiver, à cause de l'abondance et du bon marché de la main-d'œuvre. S'il y a du tuf sous la bruyère, ou si le nivellement l'exige, on défonce avec la bêche, on brise le tuf et on l'amène à la surface ; dans le cas contraire, on se sert d'une charrue que l'on fait suivre par une seconde charrue dite *fouilleuse, charrue-sous-sol* ou *charrue taupe* qui remue la terre vierge profondément sans la ramener en haut. Ce procédé est expéditif et économique. En première récolte, on sème sur cette défriche un seigle avec engrais, ou bien l'on plante des pommes de terre également avec engrais. Quelques-uns se contentent de semer de la spergule avec un peu de guano, la font pâturer et la remplacent par un seigle fumé. Ceux qui commencent la rotation par le seigle, cultivent, après cette céréale, une avoine et un trèfle avec fumure ; ceux qui commencent par les pommes de terre remplacent ces tubercules par un seigle fumé.

Lorsque l'on veut établir une prairie naturelle sur le terrain défriché, avons-nous dit dans l'*Agriculture dans la Campine*, « on se trouvera bien de semer d'abord une avoine fumée avec mélange de trèfle et de houlque laineuse pour pâturage. On fera pâturer pendant une année ou deux ; on rompra le gazon pour y semer des rutabagas ou du colza, après quoi, on ramènera de nouveau l'avoine avec engrais et mélange de graminées. » Cela vaut mieux que de créer des prairies du premier jet. M. Keelhoff recommande, pour ces prairies, et par hectare, le mélange suivant :

Ray-grass d'Angleterre	16	kilogr.
Thymoty (fléole des prés)	6	—
Vulpin des prés	2½	—
Houlque laineuse	23	—
Crételle des prés	5	—
Pâturin des prés	5	—
Flouve odorante	10	—
Lupuline	4	—
Trèfle des prés	4	—

Nous ne pouvons passer sous silence le mode de défrichement des terrains sablonneux, imaginé par M. Van der Beke et qui consiste en ceci : — On fauche la bruyère avec une sape, on l'emporte à la ferme, on en fait litière ou l'on en forme des composts, ce qui revient au même. Quand la bruyère est enlevée, on divise la friche en planches plus ou moins larges, au moyen de rigoles. On ne laboure pas la friche, de peur de l'ameublir à l'excès et d'enterrer sa faible couche d'humus ; on la recouvre d'engrais tout simplement, puis l'on sème sur la dure, soit du seigle à l'automne, soit de l'avoine au printemps, avec mélange de trèfle rouge, et, en dernier lieu, l'on répand sur la graine la terre que l'on enlève des rigoles avec une bêche. — Après la récolte du trèfle, on laboure pour la première fois, mais très-légèrement, et l'on sème de nouveau un seigle ou du froment, après quoi la terre défrichée est soumise à l'assolement des vieilles terres. Ce procédé a réussi sous un climat humide ; réussirait-il partout ? Nous en doutons.

Maintenant, il nous reste à vous entretenir du défrichement par le moyen de l'*écobuage*, opération que l'on désigne parfois aussi sous le nom d'*essartage*. Par un temps sec et chaud, le plus ordinairement en juin et juillet, les cultivateurs prennent l'*écobue*, sorte de houe large et forte, dont les formes varient selon les pays, et s'en servent (*fig.* 148 et 149) pour lever avec la bruyère des plaques de gazon plus ou moins épaisses, plus ou moins régulières, qu'ils disposent deux par deux, comme

Fig. 148 et 149. — Écobues.

des briques au séchoir, ou bien isolément lorsque les plaques sont minces et peuvent être contournées de manière à tenir debout ou à former la voûte. Quelques-uns ont recours à une charrue spéciale pour lever plus vite les plaques.

Fig. 150. — Plaques de gazon.

Quand les gazons ont été bien desséchés par l'air et le soleil, on les arrange lit par lit en forme

Fig. 151. — Gazon contourné.

de cône ou de calotte, et de façon que l'herbe et la bruyère sèches soient à l'intérieur. Une petite ouverture est ménagée à la base afin d'assurer un courant d'air ; on met le feu à cette ouverture de la base ; la bruyère et l'herbe s'allument ; l'incendie se communique à l'humus des gazons, aux racines qui s'y trouvent, et, en même temps que les matières végétales tombent en cendres, les parties terreuses se calcinent et acquièrent des propriétés fertilisantes. C'est un étrange tableau, pendant la nuit, que celui de ces *fourneaux* en feu sur de larges étendues ; la journée, des nuages de fumée tourbeuse obscurcissent l'atmosphère et l'infectent. Il est rare que l'on étouffe les flammes en jetant des pelletées de terre sur le foyer ; ce-

Fig. 152. — Gazon en voûte.

pendant il y aurait intérêt à le faire toujours; car la calcination prolongée longtemps est préjudiciable à la qualité des cendres, vraisembla-

Fig. 153. — Fourneau d'écobuage.

blement parce qu'elle détruit la suie qui s'est déposée dans la terre et les interstices des gazons au début de l'opération. Au bout de trois, quatre ou cinq jours, le feu s'éteint, et aussitôt que la terre est brûlée et que les cendres sont refroidies, on les éparpille sur le terrain écobué, et, peu de temps après, on sème un seigle le plus souvent, et l'on recouvre la graine avec la terre des rigoles que l'on ouvre pour diviser l'emblave en petites planches de 60 à 80 centimètres de largeur environ. On se sert, pour ouvrir ces rigoles, soit d'une bêche ou d'une pelle dans la petite culture, soit, dans la grande culture, d'un buttoir primitif et très-imparfait que les Ardennais nomment *croc* ou *hay.* Voilà l'écobuage, tel que nous l'avons vu pratiquer, et dont, par conséquent, nous pouvons parler en connaissance de cause.

En France, il est d'usage, dans la plupart des cantons où l'on écobue, d'enterrer les cendres par un labourage superficiel et de n'ensemencer qu'une quinzaine de jours après. Dans l'Isère, par exemple, les choses se passent ainsi.

L'essentiel, dans la répartition des cendres d'écobuage sur le terrain, c'est de la faire avec beaucoup d'uniformité, c'est de nettoyer à fond les places des fourneaux, afin d'éviter les inégalités de végétation.

Nous condamnons la pratique de l'écobuage dans les terres légères, 1° parce que cette opération ameublit le sol à l'excès; 2° parce que, en détruisant l'humus, elle expose les récoltes à tous les inconvénients de la sécheresse; 3° parce que les engrais végétaux, réduits en cendres, s'usent plus vite que le terreau, se prodiguent à la première récolte, se perdent en partie dans le sous-sol et ne réservent presque rien aux cultures de seconde et de troisième année. Tout compte fait, nous n'établissons aucune distinction entre l'homme qui brûle l'engrais naturel ou végétal des friches et celui qui brûle son fumier pour en semer les cendres sur ses champs. D'un côté comme de l'autre, c'est le gaspillage et la ruine.

Cependant, vous trouverez encore, de loin en loin, des personnes favorables à l'écobuage des terres, sans distinction aucune, et donnant pour raison que la première récolte de seigle rembourse parfois le prix d'achat du fonds. Cela était vrai et

l'est encore sur différents points avec des bruyères estimées de 60 à 80 fr. l'hectare; mais remarquons que cette bonne fortune de marchands de domaines devient de jour en jour plus rare et que l'avantage immédiat est plus apparent que réel à notre point de vue. La question n'est pas de savoir si une première récolte payera le fonds tout en l'épuisant pour de longues années, mais bien de savoir si une bonne série de récoltes soutenues ne le payerait pas plusieurs fois sans l'épuiser. D'ailleurs, gardons-nous de tomber du domaine de l'agriculture bien entendue dans celui du trafiquant d'immeubles. Nous comprenons qu'un marchand de biens se dise : — Voici un hectare; je l'achète à bas prix, à vil prix; je vais l'écobuer, l'ensemencer et en retirer une récolte qui me remboursera mes avances la première année; j'aurai ensuite un mauvais terrain pour bien des années, mais qu'est-ce que cela me fait? ce qui ne coûte rien est toujours assez bon. De la part d'un cultivateur, nous n'admettons plus cette manière de raisonner. Nous n'avons pas, ce nous semble, intérêt à ruiner notre sol pour rentrer de suite dans nos avances; il nous paraît plus convenable et d'un meilleur exemple d'attendre, s'il faut, trois ou quatre années pour rentrer dans nos déboursés en améliorant régulièrement, constamment nos terres, de façon à doubler, à tripler dans un bref délai leur valeur réelle ou leur valeur vénale.

Lorsque les friches à mettre en culture appartiennent aux terrains argileux compactes, l'écobuage a moins d'inconvénient que dans les cas précédents; les sels des cendres s'y usent moins vite que dans une terre très-poreuse. Nous ajouterons à cette circonstance atténuante l'avantage que possède l'écobuage de diviser les argiles, de les ameublir, et, pour ces diverses considérations, nous l'accepterons à la rigueur. Cependant, il nous paraîtrait préférable d'assainir ces friches au moyen d'un drainage énergique, de labourer sans écobuer, de remuer le sous-sol avec une charrue fouilleuse, et, avant l'hiver, de fumer avec du fumier long d'écurie, de chauler en même temps et d'ouvrir la rotation par une culture de féveroles ou par un semis de rutabagas ou choux-navets. Nous connaissons quantité (*fig.* 154, 155 *et* 156) de maigres pâtis argileux, où ce mode de défrichement obtiendrait un succès rapide et complet. On ajouterait du sable au fumier et à la chaux, que l'opération n'en vaudrait que mieux.

Dans les friches calcaires, l'écobuage est plus funeste que partout ailleurs; elles ont d'autant plus besoin de leur humus qu'elles sont plus arides. Le plus souvent, même quand ces friches sont très-caillouteuses, on peut opérer le défoncement avec une forte charrue, mais lorsque la pierre s'y rencontre en blocs d'un grand poids, il convient de faire le défonce-

Fig 154. — Féverole.

ment à bras d'homme et à la profondeur d'environ 50 centimètres. Dans ce travail, on doit commencer

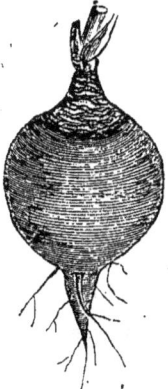 

Fig. 155.   *Fig. 156.*

Rutabagas ou Choux-Navets.

par *découvrir*, c'est-à-dire par mettre de côté la couche de terreau de la surface, afin de ne pas l'enterrer en pure perte. Dans le cas où il s'agirait d'exécuter une plantation d'arbres, il ne serait pas nécessaire de prendre cette précaution :

Il est toujours de l'intérêt du cultivateur d'opérer le défrichement des terrains calcaires à l'automne et de couvrir ensuite la défriche d'une couche de fumier de vache que l'on enfouit au printemps. Les cultivateurs qui ne reculent pas devant les sacrifices utiles, feront bien, malgré cette fumure, de semer sur la défriche un sarrasin épais et de l'enterrer en vert au moment de la floraison. Ils pourront ensuite demander à ce terrain un seigle d'abord, puis un trèfle, et après ce trèfle un froment. — Un auteur compétent a dit avec raison : Les récoltes « enterrées en vert « fournissent un excellent moyen de féconder le « sol, et généralement il serait avantageux de « sacrifier à cet usage les deux premières années, « c'est-à-dire les trois ou quatre récoltes qui sui- « vent les défrichements. » Cette vérité s'applique surtout aux terrains calcaires.

Lorsque les champs défrichés sont éloignés de la maison de ferme ou quand les engrais manquent, le mieux est d'établir de suite sur la défriche un pâturage semé dans une avoine.

Ce que nous avons dit du défrichement des bruyères en terre légère s'applique nécessairement aux terrains schisteux et granitiques. En résumé donc, vous mettrez le feu aux tiges des bruyères, vous n'écobuerez point, vous défoncerez avec la charrue, vous roulerez faiblement pour combler les vides et unir un peu le terrain, vous chaulerez et herserez bien dans tous les sens ; enfin, au printemps suivant, vous sèmerez une avoine avec un mélange de graines pour pâturage. Vous enterrerez le tout avec la herse et roulerez énergiquement. Plus l'avoine sera maigre, sous les climats humides, plus le pâturage sera riche. Sous les climats chauds, il pourrait ne pas en être de même ; par conséquent il sera prudent d'y semer l'avoine à raison de 300 litres par hectare.

Lorsque nous avons à défricher des terrains tourbeux, l'assainissement préalable est d'absolue nécessité. Il s'agit donc d'ouvrir des tranchées profondes et nombreuses, de les laisser ouvertes pendant une année, avant de les empierrer et de les recouvrir. Cela fait, on lèvera les gazons de 8 à 10 centimètres d'épaisseur, que l'on brûlera dès qu'ils seront suffisamment secs. On en répandra uniformément les cendres sur la friche ; on y ajoutera de 80 à 100 hectolitres de chaux par hectare ; on labourera par un temps chaud, et, huit jours après le labourage, l'on hersera dans tous les sens. Par ces moyens, le desséchement du sol aura lieu, l'acidité de la tourbe disparaîtra, l'humus deviendra soluble, la chaux aussi, et l'on pourra, d'entrée de jeu, compter sur une belle récolte d'avoine et même sur deux récoltes successives. En semant dans la seconde avoine un mélange de graines de pré, où devront dominer le vulpin des prés, le dactyle pelotonné, le pâturin des prés, l'agrostide traçante, la houlque laineuse et le raygrass d'Angleterre, on obtiendra un fourrage abondant et vigoureux. Quelques personnes recommandent pour le défrichement des tourbières plusieurs labours dans le courant de l'année et la culture des crucifères (colza, navette, navets, rutabagas) en tête de rotation.

Avec les terrains marécageux, mais non tourbeux, la mise en culture exige d'abord un assainissement énergique, par le moyen de rigoles profondes et de canaux de décharge. Dès que la charrue pourra y fonctionner, on devra labourer profondément et à plusieurs reprises, pendant l'été, afin de favoriser le desséchement du sol. On n'écobuera point ; on se contentera de répandre une centaine d'hectolitres de chaux sur le marais desséché, de mélanger le mieux possible cette chaux avec la couche arable, à l'aide de hersages croisés ; puis on pourra demander en première récolte une avoine sujette à la verse, ou des colzas, ou des choux, ou des navets.

Nous ferons observer que, dans la plupart des cas, la mise en culture des terrains marécageux est une très-lourde entreprise à laquelle ne sauraient suffire les ressources et les efforts des particuliers. A défaut de l'initiative de l'administration, les sociétés fortement constituées peuvent seules s'en charger.

Pour terminer, nous dirons un mot du défrichement des forêts. En général, et à de rares exceptions près, les terres boisées sont d'un moindre rapport que les champs et les prairies. Le plus souvent donc les propriétaires ont intérêt à les défricher, et quand rien ne s'y oppose, ils défrichent. L'essentiel dans cette opération, c'est d'extirper les souches des arbres, arbustes et arbrisseaux avec le plus grand soin et le plus complétement possible, puis de défoncer le terrain à une grande profondeur, avec la précaution, bien entendu, de ne point enfouir le terreau et de ne pas ramener à sa place la terre vierge du sous-sol. Le défoncement à la bêche ou à la houe est bien préférable au travail de la charrue ; mais la plupart du temps, on se sert de celle-ci, sans même se donner la peine de la faire suivre d'une fouilleuse ou charrue sous-sol.

Plus les forêts sont vieilles et plus l'on s'est op-

posé à l'enlèvement des feuilles mortes, plus nécessairement la couche de terreau est épaisse et
riche. On peut juger de la qualité du sous-sol
par des sondages et même rien qu'à l'aspect des
arbres. Où les essences forestières prospèrent, nos
récoltes prospéreront ; où elles languissent, il y a
lieu de rechercher les causes de cette langueur
qui tient soit au manque de fond, soit à la
compacité du sous-sol qui empêche les racines
de se développer, soit enfin à l'imperméabilité de
ce même sous-sol où les eaux dormantes deviennent très-nuisibles. Or, signaler le mal, c'est indiquer implicitement le remède.

Dans les terrains où l'élément calcaire fait défaut, comme dans le schiste et le granit, il convient de répandre sur la défriche de 120 à 150 hectolitres de chaux vive et de l'y enterrer avec la
herse. Cette chaux précipite la décomposition
des débris végétaux et s'empare des acides libres,
nuisibles à la végétation. D'aucuns écobuent,
mais à tort ; si le feu détruit l'acidité, il détruit en
même temps l'humus, ce qui est fort regrettable.
Sur ces défriches de forêt, nous avons vu semer et
récolter de beaux seigles plusieurs années de suite.

Dans les terrains calcaires, on obtiendrait également, et sans l'emploi de la chaux, de beaux
seigles, puis des pommes de terre, puis des prairies artificielles.

Dans nos alluvions argileuses, où l'élément
calcaire ne fait pas absolument défaut, il est d'u-
sage, sur défriche de forêt, de semer une avoine
et de ramener cette céréale à la même place cinq
ou six ans et jusqu'à huit ans de suite, sans fumure bien entendu. En Bourgogne, nous avons
été témoin de cette culture déplorable, aussi désastreuse pour le fermier que pour le propriétaire.
Il y aurait profit à répandre de la chaux vive ou
de la charrée sur ces défriches ; cependant, on
s'en dispense. Il y aurait profit aussi à les fumer
dès la quatrième ou la cinquième année de mise
en culture ; cela vaudrait mieux que de passer
sept ou huit ans à ruiner un terrain qui demande
ensuite de dix à quinze ans de soins pour se rétablir. Au lieu de ramener avoine sur avoine, nous
croyons que l'on ferait bien de s'en tenir, pour
commencer, à une seule avoine ; viendrait ensuite
un colza ou une navette d'été, puis une avoine
claire avec trèfle commun, et sur le trèfle rompu
un froment avec une demi-fumure.

Plusieurs auteurs ont jugé à propos de calculer
le prix de revient de divers défrichements ; on
nous permettra de ne pas suivre leur exemple, et
voici pourquoi. Alors même que les chiffres seraient d'une exactitude rigoureuse, cette exactitude ne saurait se soutenir longtemps. En moins
de quelques années, les prix de main-d'œuvre et
les moyens d'exploitation varient parfois de telle
sorte que les combinaisons les mieux établies ne
conservent bientôt plus qu'une valeur historique.

        P. JOIGNEAUX.

DÉFRICHEMENT DANS LES LANDES DE GASCOGNE.

On comprend sous la dénomination générique
de landes de Gascogne différents terrains, à savoir :
les *dunes*, les *lettes*, les *landes* proprement dites.

Les *dunes* sont des monticules de sable mobile
que l'Océan a déposés sur ses bords et que les vents
déplacent. Ces monticules analogues à une petite chaîne de montagnes, laissent entre eux des
vallées de sable. Les vallées s'élargissent d'autant
plus qu'elles sont plus éloignées des bords de
l'Océan, et que les dunes qui les limitent sont
plus basses. Ce sont ces vallées, déjà gagnées par
une végétation herbacée, qui ne sont plus la *dune*
et qui ne sont pas la *lande*, qu'on appelle *lettes*.

Les *dunes* et les *lettes* sont de formation récente.
Ces terrains ont encore produits de nos jours
sous l'œil même de l'observateur.

Des procédés ingénieux ont été imaginés pour
la fixation des dunes et par suite pour la préser-
vation et l'amélioration des lettes.

Leur application ne comporte que d'une manière très-accidentelle et très-circonscrite la pratique du défrichement, et, par suite, leur description ne peut trouver place sous la rubrique de cet
article.

Après la lisière occupée par les dunes et les
lettes, se déploie un vaste désert dont le sol se
rattache à la formation des terrains tertiaires. Ce
désert, qui n'a pas moins de 634 000 hectares,
est connu sous le nom de *landes de Gascogne*.

Ces landes sont devenues depuis quelque temps
l'objet de la sollicitude du gouvernement, et, grâce
à diverses mesures édictées par celui-ci, la pratique
du défrichement tend à s'y généraliser. Au nombre de ces mesures, la plus directe et la plus importante est la loi du 19 juin 1857 qui oblige les
communes à assainir, à ensemencer ou planter dans
le délai de douze ans la totalité des landes communales, c'est-à-dire 341 850 hectares. D'autres
mesures, telles que le réseau de routes agricoles
concédé à la compagnie du chemin de fer du Midi,
ne sont pas impératives, mais elles stimulent utilement les intérêts privés et les animent aussi à la
du défrichement.

Le sol des landes est constitué par des sables
humifères colorés par de l'oxyde de fer. Le sous-sol
est formé par une roche cohérente de sable ferrugineux, impénétrable à l'eau, nommée *alios*. Au
dessous de l'alios il existe des couches d'argile
pratique plastique ou de sable blanc.

Les landes sont couvertes d'une végétation spontanée dont la flore est assez riche et varie suivant
que le sol est plus ou moins humide. Cette végétation gazonne la surface ; elle est dominée par
différents arbustes au nombre desquels les ajoncs et
les bruyères tiennent la place la plus importante.

Le défrichement a, dans les landes, pour objet
de détruire momentanément la végétation spontanée ou de la détruire à jamais.

De là deux modes dans le défrichement, l'un
superficiel et incomplet, l'autre plus profond et
complet. Le premier mode est adopté quand la
lande est destinée à recevoir des pins maritimes ;
le second quand on veut la faire entrer dans la
rotation des cultures habituelles.

Défrichement superficiel. — Le défrichement superficiel est fait à la main ou à la charrue.

Dans les deux cas, on incinère d'abord la lande
afin de la débarrasser de sa végétation et de pouvoir manœuvrer librement.

Si l'on doit défricher à la main, le sol mis ainsi à découvert est attaqué à la faveur d'une houe large, analogue à celle des jardiniers, mais plus lourde et faisant avec le manche un angle moins aigu. Les ouvriers la manœuvrent obliquement, de droite à gauche, et enlèvent chaque fois une motte de terre qu'ils retournent en la jetant. Le sol est ainsi pelé à une profondeur d'environ 7 centimètres. Les racines des arbustes ne sont pas arrachées, mais tranchées par la houe.

La rapidité du travail dépend de la consistance du sol. Les terrains humides, préférés par les ajoncs et les grandes bruyères, sont plus difficiles à défricher que les autres. En moyenne, un homme peut défricher un hectare en trente jours.

Si l'on veut défricher superficiellement à la charrue, l'incinération préalable des bruyères ou leur abattage à la faveur d'une forte faucille fixée à un manche long, sont indispensables. On attelle ensuite quatre bœufs à une charrue Dombasle dont on règle à volonté l'entrée. Ce défrichement se fait à la façon des labours ordinaires. Quatre bœufs de forte taille et deux hommes, l'un pour conduire les bœufs, l'autre pour diriger la charrue, peuvent défricher un hectare en quatre jours.

Ces défrichements superficiels suffisent quand le sol doit être ensemencé en pins maritimes. Cette essence demande pendant les premières années à être protégée. La végétation spontanée, que le défrichement a troublée mais n'a pas détruite, lui fournit pendant deux ou trois ans l'abri nécessaire à son développement. Vers la quatrième année le pin maritime n'a plus besoin de protection, et s'il a été semé dru, il étouffe par son ombre ou ses débris tout ce qui végète au-dessous de lui.

Défrichement profond. — Quand la lande doit être employée aux cultures habituelles, le défrichement en est fait avec plus de soin. Il est en général pratiqué de la manière suivante : un premier défrichement superficiel est fait à la houe à main ou à la charrue, suivant les procédés décrits plus haut. Ce défrichement est suivi d'un hersage. Après ce hersage la charrue reprend le travail en traçant des sillons perpendiculaires aux premiers et un peu plus profonds, c'est-à-dire de 12 centimètres environ. Un nouveau hersage suit ce labour. Enfin un troisième labour, dans la direction du premier, complète ce travail de défrichement.

Ainsi exécutée, cette opération exige par hectare, savoir :

	NOMBRE		JOURNÉES	
	de bœufs.	d'hommes.	d'hommes.	de bœufs.
1er labour à....	4	2	8	16
1er hersage à...	2	1	4	8
2e labour à....	2	1	4	8
2e hersage à...	2	1	4	8
3e labour à....	2	1	3	6
TOTAUX.........			23	46

Dans aucun cas le défrichement des landes de Gascogne ne doit être profond. Le sous-sol est très-pauvre, et il n'y a nul avantage à le ramener à la surface.

Le défrichement de ces terrains, généralement marécageux, doit être quelquefois complété par des travaux de nivellement et toujours par des fossés d'assainissement.

De petits fossés de 1m,33 d'ouverture, de 66 centimètres de profondeur et de 66 centimètres de plafond suffisent.

Dans les grandes exploitations, les fossés intérieurs doivent aboutir à des fossés collecteurs dont l'ouverture varie selon les besoins.

Le plateau des landes n'ayant, en hauteur maxima, que 50 à 60 mètres au-dessus du niveau de la mer et les pentes étant régulières et peu prononcées, les fossés découverts sont préférables aux drains qui ne trouveraient le plus souvent leur écoulement qu'à des distances fort éloignées.

Le défrichement à la vapeur n'a pas encore été tenté dans les landes. Le défrichement avec des chevaux n'y est pas usité non plus, les chevaux des landes ayant trop peu de puissance et pas assez de docilité pour des travaux qui exigent une traction régulière et considérable.

Dr ALIBERT.

CHAPITRE XII.

DES ASSOLEMENTS.

La première question qui se présente à l'esprit d'un cultivateur en prenant une ferme déjà ancienne, ou en en établissant une dans une terre encore non cultivée, est relative au *système de culture* auquel il doit donner la préférence. Nulle n'est plus importante, car sa fortune tout entière dépend de cette détermination qui emporte avec elle le succès ou la ruine ; nulle, par conséquent, ne demande une étude plus approfondie et un jugement plus droit, plus de prudence et plus de sagacité. Nous n'avons pas, on le conçoit, la prétention de donner pour toutes les situations agricoles une formule exacte, positive, de l'ordre suivant lequel les plantes devront se succéder dans le cours d'une rotation culturale, de la proportion exacte qu'il conviendra de donner à chacune d'elles, suivant les conditions si diverses et si multiples dans lesquelles on pourra se trouver placé. Mais, s'il n'est évidemment pas possible d'aborder tous les cas particuliers, il est des principes généraux qui dominent toutes les situations, et dont on ne s'écarte jamais en vain, car ils sont comme la loi générale et la véritable économie de l'agriculture. Ce sont ces principes économiques, fruits précieux des recherches de la science et des patientes observations de la pratique, que nous allons maintenant exposer avec tous les détails nécessaires à leur parfaite intelligence.

Nous devons d'abord donner quelques définitions, afin de bien déterminer le sens dans lequel il convient de prendre des expressions qui se trouveront souvent employées dans ce chapitre.

On entend par *rotation, assolement, cours de culture,* l'ordre suivant lequel les plantes cultivées se succèdent sur le terrain, pendant une période d'années déterminée, au bout de laquelle on recommence toujours la même succession dans le même ordre.

D'une manière rigoureuse, le mot *assolement* ne devrait s'appliquer qu'à la division des terres arables d'une ferme en autant de parties égales entre elles qu'il y a d'années dans la rotation tout entière; mais l'usage a rendu ce mot synonyme des mots *cours de culture et rotation,* qu'il remplace aujourd'hui dans presque tous les traités sur la matière.

Chacune des divisions égales des terres d'une ferme, dont nous venons de parler, porte le nom générique de *sole. Dans un assolement il y a donc autant de soles que d'années dans la rotation complète du cours de culture.*

Principes économiques des systèmes de culture. — La question des assolements doit être étudiée à notre avis, sous un double point de vue. L'un, ayant trait surtout à l'étendue du domaine, à la nature du sol, et à son état de fertilité, à l'éloignement des terres par rapport au centre d'exploitation, et à leur état de morcellement ou de réunion en un seul tenant, au climat, aux débouchés, aux voies de communication, à l'état moral de la population, à la densité et au prix de la main-d'œuvre, aux droits et servitudes, aux conditions du bail, aux capitaux et à l'intelligence du cultivateur, constitue, pour nous, le point de vue économique. C'est celui qu'il faut examiner le premier; de sa solution dépend celle du second. L'autre est basé principalement sur les exigences différentes des végétaux que l'on veut cultiver, en engrais et en travail; c'est en quelque sorte le côté chimique et physiologique, celui des assolements proprement dit, c'est-à-dire de l'ordre successif des plantes qui composent le cours de culture. — Il est subordonné au premier; mais il repose aussi sur un principe économique d'une importance capitale, celui de la *variété des cultures,* comme source de bénéfices pour le cultivateur.

C'est l'examen approfondi du premier point de vue qui détermine ce que nous appelons avec MM. Moll et Lecouteux, et les agronomes allemands, le *système de culture,* c'est-à-dire la méthode générale d'utilisation du sol, du capital, du travail, des relations commerciales, etc.

A ce point de vue, deux grandes méthodes de culture se présentent à l'agriculteur, l'une que l'on désigne sous le nom de *culture intensive,* l'autre sous celui de *culture extensive.*

Nous allons les étudier en elles-mêmes et comparativement.

La culture intensive procède par le capital. — « Or *marcher par le capital,* dit M. Lecouteux [1], c'est enlever d'assaut toutes les difficultés; c'est improviser la fertilité; c'est ne reculer devant aucune amélioration foncière ou permanente, comme le drainage, l'irrigation, les constructions rurales, les ouvrages d'art; c'est adopter la stabulation du bétail, proscrire la jachère morte, fumer à hautes doses, provoquer les terres à des récoltes continues; c'est suivre une culture intensive qui, visant au summum, à l'apogée du produit brut, aux récoltes *maxima,* concentre toutes ses forces de manière à saturer son terrain de travail et de capital. Bref, c'est demander la victoire, c'est demander les gros bénéfices aux gros capitaux.

« *Marcher par le temps,* c'est faire dominer les forces spontanées de la nature dans la production agricole; c'est fertiliser lentement la terre par le boisement, l'engazonnement, la jachère ou le repos; c'est donner de l'extension à la culture forestière et à la culture pastorale; c'est ne développer que modérément la culture des plantes sarclées et le régime de la nourriture à l'étable, c'est en un mot suivre une *culture extensive* qui, par opposition à la *culture intensive ou concentrée,* se contente d'un faible produit brut sur une grande étendue de terre, mais qui, par cela même, n'engage qu'un faible capital par hectare. Bref, c'est éparpiller ses forces au lieu de les concentrer, c'est attendre du temps l'accroissement du capital nécessaire à une culture plus active.

« Logiquement et abstraction faite de l'influence parfois souveraine du sol et du climat, ce sont les débouchés, les capitaux et la valeur des terres qui déterminent, soit l'adoption exclusive de l'un de ces systèmes de culture, soit l'adoption simultanée des deux, et dans ce dernier cas, leur importance relative. Mais, en général, il est vrai de dire : la culture intensive, voilà le but; la culture extensive, voilà le moyen d'y arriver.

« Or, jusqu'à présent, en fait de culture extensive, celle qui est le plus en vogue en France, c'est la culture par la jachère. Labourer, voilà notre ambition. Malheureusement, chez nous, le labourage est trop en avance sur l'engrais; et, vu l'insuffisance des capitaux, nous ne rétablirons l'équilibre que par le boisement de nos plus mauvaises terres et par le gazonnement de celles qui peuvent produire de l'herbe, ne serait-ce que de l'herbe à pâturer. Pour beaucoup de pays *qui sont en période forestière et pacagère,* le système arable doit donc être réduit, et cette réduction, il faut l'opérer tandis que les terres sont encore à bon marché, tandis que l'excès de la population ne complique pas encore, comme en Irlande et en Écosse, la solution du problème. »

Il est évident, d'après cela, que la culture extensive est celle des pays où la terre abonde et est à bas prix, où les fermes sont vastes, où la fertilité manque, où les bras et le voisinage des grands centres de consommation font défaut. C'est

[1] *Principes économiques de la culture améliorante.* 2e édit., p. 59. Nous ne saurions trop recommander l'étude de ce livre.

le système des pays de landes. Les forêts et les pâturages sont la base de l'exploitation. Les moutons sont le bétail par excellence de cette situation, les bœufs et même les vaches sont les animaux de labourage et de transport. Dans ce système il faut restreindre la culture arable autour de l'habitation et la limiter aux terres que l'on peut bien fumer et auxquelles on peut par conséquent demander des racines et des fourrages pour améliorer la nourriture du bétail pendant l'hiver et accroître ainsi la masse du fumier disponible ; les terres les plus éloignées et les plus épuisées ou les moins bonnes sont consacrées aux bois ; parmi les autres une partie fournit des pâturages, et l'autre, avec une fumure biennale de 200 à 300 kilogrammes de guano par hectare, ou 5 hectolitres de noir d'os, porte tous les deux ans, une récolte de céréales. Après une période de six ans en céréales et jachère morte ou verte, cette portion des terres est convertie en pâturage et les céréales vont occuper les terres cultivées en pâturages jusque-là, puis les terres à racines et à fourrages fauchables, qui prennent alors la place quittée par les céréales ; à cette époque, il faut, s'il est possible, introduire de la marne ou de la chaux dans le sol, s'il n'en contient pas naturellement, afin de pouvoir aborder la culture du trèfle. Si l'élément calcaire ne manque pas au terrain, la marche du domaine vers l'amélioration est beaucoup plus rapide et plus facile, car alors les légumineuses fourragères telles que le sainfoin, la luzerne et les trèfles viennent apporter leur concours si précieux.

La mise en valeur des landes, ou, pour mieux dire leur culture améliorante, a été surtout pratiquement étudiée en France, par quatre de nos agriculteurs les plus éminents : MM. Trochu, Rieffel, Moll et Lecouteux. Nous allons faire connaître leurs travaux et les assolements qu'ils ont adoptés : nous ne pourrions donner de meilleurs exemples de cultures basées sur les défrichements.

M. Trochu s'est proposé d'arriver immédiatement à la culture intensive. Il n'a point voulu attendre du temps la création de la fertilité. Aussi a-t-il pris pour règle, dans la mise en culture de sa terre de Bruté à Belle-Isle-en-mer, *de ne défricher, chaque année, que la quantité de terre qu'il pouvait abondamment fumer et marner.* Au centre des terres, qu'il acheta, en 1807, se trouvait une petite ferme de 12 hectares, dès longtemps abandonnée par la charrue. Pendant les cinq premières années, il en augmenta sans cesse la fertilité, et en fit un centre de production d'engrais, qui lui servirent à étendre peu à peu sa culture sur la lande environnante ; si bien, qu'au bout de vingt ans, il avait créé une ferme de 150 hectares d'une fertilité comparable à celle des meilleures terres.

Voici comment a procédé M. Trochu : Les défrichements ont été effectués à la charrue à une profondeur de 35 ou 40 centimètres, pour bien détruire la fougère ; il a laissé la terre exposée pendant un an aux influences atmosphériques, puis en mai et juin il a donné un hersage en long, suivi, à quelques jours d'intervalle, d'un second labour en croix à la même profondeur que le premier. A ce labour, et quand la terre a été bien ressuyée, a succédé un hersage énergique à la herse roulante ; à ce hersage en a succédé un second à la herse ordinaire et un râtelage pour ramasser les racines. — Le sol, à cet état, était prêt à recevoir la rotation suivante :

1re année. Froment fumé à 45 000 kilogr. à l'hectare et marné.
2e — Pommes de terre, rutabagas, navets, avec 18 000 kil. de fumier à l'hectare.
3e — Avoine fumée à l'aide de fumier stratifié avec des racines ramassées sur le terrain.
4e — Ray-grass d'Italie fumé ou seigle vert.

Les terres sur lesquelles opérait M. Trochu, offraient une couleur gris jaunâtre, et une profondeur variable de 15 à 35 centimètres ; elles reposaient sur un *schiste pourri*, facilement décomposable à l'air ; elles étaient consistantes, argileuses, et très-fortement mélangées de cailloux et de graviers. Leur défrichement, tel que nous l'avons décrit, a coûté 101 fr. 77 par hectare.

La marche suivie par l'habile agriculteur de Belle-Isle-en-mer est assurément très-rationnelle et crée immédiatement des terres à culture très-avancée, mais elle a l'inconvénient de demander un capital considérable, le voisinage de la marne ou du calcaire, et de ne permettre qu'une mise en culture très-lente de la lande. Enfin, elle exige dans le sol la présence d'une assez forte proportion d'argile et ne conviendrait nullement aux landes sableuses.

Dans une lande argilo-siliceuse du Poitou, M. Moll se passa de marne et de fumier pendant les huit ou dix premières années de défrichement. La terre étant défrichée de janvier à avril, il commença à l'automne de la même année la rotation suivante :

1re année. En octobre, on sème du blé sur défrichement avec 4 hectolitres de noir animal par hectare.
2e — Colza avec 3 hectolitres de noir. — Ce colza n'est ni sarclé ni biné.
3e — Avoine ou vesce en vert avec 2 hectolitres de noir.
4e — Pâturage à base de graminées, semé sur un labour avec un demi-hectolitre de noir animal.
5e, 6e, 7e, 8e, 9e années. — Pâturage.

Règle générale, le pâturage est défriché quand l'ajonc reparaît ; c'est ordinairement à la neuvième ou à la dixième année.

Entre le colza et l'avoine ou les vesces, M. Moll sème toujours un mélange de moutarde et de sarrasin qu'il enfouit en vert.

Ce qui frappe, d'abord, dans cette rotation de culture, c'est l'absence absolue de la fumure au fumier de ferme et la production, dès le début, de deux récoltes de graines destinées à la vente. M. Moll profite, pour rentrer dans les déboursés causés par le défrichement, de cette précieuse aptitude de la lande à produire, avec le noir animal, des récoltes granifères dès le début de la mise en culture. Mais il faut bien se garder d'en abuser et de se laisser séduire par ces premières récoltes. Aussi l'estimable agronome arrive-t-il, immédiatement après, aux fourrages verts et au pâturage, c'est-à-dire à la création du fumier et à la restitution au sol, par les influences atmosphériques et le séjour des animaux, des principes de fertilité enlevés par les deux premières années de cultures granifères. Il suit donc une rotation améliorante, car le noir animal, les fourrages verts, et les quatre ou cinq années de pâturage ont introduit dans le sol plus de fertilité que l'exportation des produits granifères n'en a enlevé.

Pendant cette première rotation, le sol a été divisé, retourné, fouillé par les instruments, le gazon a été décomposé, et on a procédé aux fossés de clôture et d'assainissement. La préparation mécanique du sol a été effectuée, on est entré dans la période arable ; mais à la suite du pâturage, le calcaire et le fumier deviennent indispensables pour entreprendre une rotation plus riche et empêcher le retour de l'ajonc et de la bruyère par l'introduction des récoltes sarclées et des légumineuses fourragères.

Nous emprunterons à M. Lecouteux lui-même, l'exposé de la marche qu'il a suivie dans son domaine de Cerçay, près Lamothe-Beuvron, dans le département de Loir-et-Cher.

« J'ai cherché à installer à Cerçay, dit le savant économiste agriculteur, une *culture extensive* qui me permît, le plus promptement possible, de substituer à des landes improductives des terres soumises à un assolement dans lequel les céréales alterneraient avec la jachère pendant les six premières années, quatre autres années venant ensuite clore la rotation par un pâturage à base de ray-grass suivi de céréales.

De là, l'assolement suivant :

1re année. Défrichement à la charrue pendant l'hiver, hersage d'été ; à l'automne, semis, par hectare, de 300 kil. de guano, ou bien 5 hectolitres noir azoté, ou bien encore 500 kilogr. de phosphate fossile ; puis, du 15 septembre au 10 novembre, ce qui fait deux mois pour les semailles, emblavure successive d'escourgeon, d'avoine d'hiver, de seigle, de froment dans les meilleures parties.

2e — Récolte des céréales.

3e — Jachère morte sur une partie de la sole, fumure verte sur l'autre ; à l'automne, semis d'engrais et de céréales.

4e — Récolte des céréales.

5e — Jachère comme la 3e année et semis d'engrais et de céréales et de colza pour graines.

6e — Récolte des céréales et du colza.

7e —

8e — } Pâturage fauchable la 1re année.

9e —

10e — Défriche et céréales.

« A Cerçay, le colza fournit la base des fumures vertes, je demande à cette plante de me fournir à la fois un fourrage vert précoce dans sa partie haute, et un engrais végétal dans sa partie basse. Je fais donc faucher le colza à mi-hauteur, vers le 15 avril, lorsqu'il est en pleine fleur, et je réserve toutes les sommités des tiges, c'est-à-dire les parties les plus tendres et les meilleures, pour la nourriture verte des bestiaux. Quant aux parties inférieures, qui sont les plus ligneuses, et dont le bétail ne voudrait pas, je les fais enterrer. On sait que le colza est une des plantes qui réussissent le mieux sur le sol des landes non marné ou chaulé, et la preuve qu'on ne l'ignore pas, c'est que cette plante crucifère y est très-cultivée pour sa graine. Pourquoi donc ne pas la cultiver comme plante, moitié fourrage précoce, moitié engrais vert ? Assurément à ce double titre elle n'aurait pas de rivale.

« L'assolement de Cerçay porte sur 200 hectares de landes qui ont été défrichées en deux ans, en sorte que le capital d'engrais pulvérulents avancé pour la première centaine d'hectares défrichés, doit, en l'espace d'un an, se convertir en graines de vente, puis reparaître sous sa première forme pour l'exploitation de la seconde série de landes mises en valeur. Tel est un des importants avantages de la jachère biennale ; chaque année le capital des engrais passe d'une terre sur une autre, et, par cette combinaison, il advient qu'avec une première avance de 6 000 francs de noir animal ou de 3 000 francs de phosphate minéral, on pourvoit à la fumure de 200 hectares de landes produisant des céréales de deux années l'une, et se reposant également une année sur deux.

« Un résultat analogue se produit pour la distribution du travail ; chaque année il s'opère un déplacement d'attelages ; ils labourent et hersent 100 hectares de jachères ; quant aux 100 hectares emblavés, ils n'ont à s'en occuper que pour rentrer la moisson. Donc, lorsqu'on pense que, dans beaucoup de pays de landes, la jachère ne grève le compte de la céréale ou du colza que d'un loyer supplémentaire de 12 francs l'hectare, on ne comprend vraiment pas comment il se fait que les défricheurs n'aient pas plus souvent recours à un moyen aussi simple, aussi économique, et qui leur permettrait de mener rigoureusement leurs défrichements. Mais, non ; on préfère, une fois la lande défrichée, lui demander des céréales et colzas sur céréales et colzas ; il faut que chaque année donne sa récolte, et alors il faut doubler les attelages et les engrais aussitôt que l'on double les surfaces labourées. Et ce n'est pas tout ; voici une première récolte enlevée ; on est au mois d'août ; donc, pour réemblaver le même terrain avant la fin d'octobre, on a deux mois à peine, pendant lesquels il faut pousser les attelages chargés de déchaumer, de herser, de labourer. Quelle activité ! et comme alors, il faut compter avec le ciel !...

« Évidemment la jachère laisse plus de latitude, et d'ailleurs, elle n'est pas sans avancer debe aucoup l'époque désirable où la terre de bruyère, souvent mise au contact de l'atmosphère, n'en sera que plus fertile. Ajoutons à cela qu'une partie de cette jachère peut et doit recevoir des fumures vertes ou produire des fourrages annuels et du sarrasin, sans que ces productions intercalaires dérangent sensiblement la combinaison fondamentale de l'assolement. Elles comptent, cependant, comme moyen de fertilisation.

« L'assolement des landes de Cerçay n'est pas un assolement isolé ; il se rattache, au contraire, à tout un système général de culture qui embrasse d'autres combinaisons, l'exploitation des landes et celle des terres cultivées depuis plusieurs années. Or, sur ces dernières terres, tout est disposé pour une abondante production fourragère, comme aussi pour une forte réduction de la surface arable. C'est assez dire que, pour un défrichement chargé de se suffire à lui-même, sans le secours de terres voisines, il faudrait profiter, dès les premières années, de l'aptitude du sol des landes à produire des graminées fourragères, et notamment du ray-grass d'Italie ou du timothy des Anglais. Rien de plus facile, par exemple, sur la partie de landes défrichée en novembre et décembre, c'est-à-dire ameublie par les gelées, que de semer une avoine, et dans cette avoine du ray-grass. On possède ainsi et très-promptement une prairie temporaire.

« Le sol des landes du Centre et de l'Ouest admet surtout les plantes suivantes, qui, dans la première période de défrichement, peuvent fournir des éléments d'amélioration et de revenus d'une véritable importance. Ces plantes sont, parmi les *céréales*, le seigle, qui a l'avantage de pousser une masse de paille, puis le sarrasin et l'orge ; parmi les *crucifères*, le colza, la navette, la moutarde, soit pour la graine, soit comme fumures vertes et comme fourrages : parmi les *racines fourragères*, le topinambour, les navets, les rutabagas, la pomme de terre, et le chou, placé ici par analogie culturale et non comme racine, puisqu'on le cultive pour ses feuilles ; parmi les *plantes fauchables*, le ray-grass et en général les graminées fourragères, la vesce, le maïs, l'avoine d'hiver et de celle printemps, le seigle, le sarrasin. Quant au trèfle, à la luzerne, au sainfoin, les bases essentielles de l'agriculture européenne la plus avancée, il n'y faut pas songer tant que le sol des landes n'a pas été transformé par des calcaires, des engrais azotés et phosphatés, par une culture de plusieurs années et par la constitution d'une certaine quantité d'humus non acide, comme celui qui provient du détritus des plantes de bruyères.

« Certes, c'est pour la culture landaise, une grande privation que de ne pas pouvoir créer des prairies artificielles à base de légumineuses. Mais il ne s'ensuit pas qu'elle reste sans ressources pour assurer, dans toutes les saisons, la nourriture de son bétail. Non-seulement elle a les pacages à bases de graminées pour ses bestiaux qui se nourrissent en plein air, mais encore elle ne manque pas de fourrages pour soutenir la nourriture verte pendant six mois de l'année, du 1er mai au 1er novembre. Quelquefois même, elle peut nourrir au vert du 15 avril au 15 novembre. A cet effet elle s'organise pour semer et faucher divers fourrages dans l'ordre suivant :

Fourrages précoces de première saison.

	Semé :	Fauchable vers :
Colza	en août	le 15 avril.
Ray-grass d'Italie	septembre	25 avril.
Seigle	Id	1er mai.
Trèfle incarnat	août	15 mai.
Vesce	sept. et octob.	1er juin.
Avoine d'hiver	septembre	20 juin.

Fourrages pour l'époque des grandes sécheresses.

	Semé :	Fauchable vers :
Pois mélangés de sarrasin	en avril	le 1er juillet.
Sarrasin	avril, mai, juin.	1er août.
Maïs	mai et juin	15 août.

Fourrages d'arrière-saison.

	Semé :	Fauchable vers :
Sorgho ou maïs	en mai	le 1er octobre.
Ray-grass	3e coupe	15 octobre.

« Quant à la nourriture d'hiver, elle a pour principaux approvisionnements, les fourrages secs

des prairies graminées, les navets, les choux, les topinambours, ressources fondamentales auxquelles on ajoute des fourrages légumineux récoltés dans quelques terres marnées ou chaulées, et des betteraves ou carottes provenant de terres assolées à part.

« Ce que nous avons dit de la convenance des plantes rustiques comme ressource fourragère, nous le disons aussi pour les céréales comme source de revenus. En général, les impatients professent trop le culte du froment. Rivaliser avec les vieux pays de culture les plus réputés pour la richesse de leurs moissons, voilà leur ambition, voilà leur préjugé, voilà souvent leur perte. En toutes choses, les modérés croient, au contraire, qu'il faut garder la mesure et saisir l'à-propos, et, par conséquent, il leur semble, que dans les deux premières années au moins, il vaut mieux, quand il s'agit de terres légères, obtenir de bonnes et certaines récoltes de seigle, qui fournissent tout de suite beaucoup de paille et n'exigent pas d'amendements calcaires, que de viser au froment, qui, pour un début, a l'inconvénient de nécessiter plus d'avances. L'avoine d'hiver est aussi l'une de ces récoltes dont l'agriculteur de la Sologne doit apprécier le mérite ; car dans ce pays les semailles d'automne sont ordinairement plus assurées que celles du printemps. Quant au colza, c'est une plante très-séduisante, parce qu'elle réussit parfaitement sur la lande, mais en même temps dangereuse, parce qu'elle est l'un des meilleurs moyens de battre monnaie aux dépens de la fertilité du sol.

« Mais le premier élément de succès de la culture landaise, c'est, ne l'oublions pas, le pâturage. Cette culture agit sur un *pays à herbe*, sur un *pays à moutons*. Elle ne doit pas, sous prétexte de rester *extensive*, devenir trop forestière. La carrière pastorale lui est ouverte ; elle y réussira d'autant mieux qu'elle trouve des terres à bon marché, et que, par conséquent, la production du bétail, d'ailleurs sollicitée et encouragée par les besoins croissants de la consommation, y deviendra la source de bénéfices. A la culture pastorale donc une place importante : la culture arable, qui en est l'héritière présomptive, lui devra bientôt d'être assise sur une base solide : l'amélioration du sol. »

Dans la plupart des circonstances où l'on se trouve placé dans la mise en valeur des landes, on est conduit à consacrer à la culture forestière une partie du domaine. C'est toujours la plus légère, la plus mauvaise qu'on doit réserver pour cet usage. Souvent il est avantageux, dans ce cas, de défricher la lande et de lui demander, à l'aide du noir d'os, plusieurs récoltes produisant de la paille et du grain, plutôt que de se contenter d'opérer un simple brûlis des bruyères, ajoncs, genêts et autres plantes que redoutent par-dessus tout les semis forestiers. C'est le système suivi généralement aujourd'hui en Sologne, où l'on fait, après le défrichement, pendant cinq ou six ans, des récoltes de seigle, d'avoine, de sarrasin, qui se convertissent en paille pour les animaux et en argent, et à la suite desquelles le sol est boisé.

Dans d'autres circonstances, on procède au semis forestier par l'écobuage et la culture céréale.

Voici comment a opéré M. Rieffel, le savant directeur de Grand-Jouan, l'un des hommes les plus éclairés par l'expérience sur cette matière :

Le sol, une fois écobué, est labouré puis semé en seigle, dans lequel on répand de la graine de pin maritime, de la même façon qu'on y sèmerait de la graine de trèfle. Ce boisement coûte :

Écobuage, brûlis, épandage des cendres......	105 fr.
Labours, hersages.........................	15
Chemins et fossés d'écoulement.............	5
Frais de récolte du seigle..................	36
Semence du seigle (2 hectolitres à 11 fr.)......	22
Graines de pins (20 kilogrammes à 0,60).......	12
TOTAL par hectare...........	195 fr.

Le seigle produit en moyenne 18 hectolitres de grains à 11 fr. c'est-à-dire une récolte du prix de 198 fr. plus la paille. La céréale couvre donc les frais de boisement.

Nous préférons le défrichement usité en Sologne et la série de cultures épuisantes à l'aide des engrais artificiels ; car on sème ainsi des ressources au profit des terres soumises à une culture pastorale mixte.

Avant de quitter la culture extensive, nous indiquerons comment un des esprits les plus distingués de l'agriculture moderne, Royer, classait la productivité du sol en périodes successives. Chacune de ces périodes est un progrès sur celle qui la précède et dont elle est le produit. Cette marche ascendante de fertilité devra servir de guide, au moins d'une manière générale, à un grand nombre de créations d'exploitations rurales dans les terres incultes.

La première période, celle du début de la fertilisation d'un sol improductif, porte le nom caractéristique de *période forestière.* — C'est l'état le plus misérable de la terre. Elle n'a aucune aptitude fourragère, et ne produit pas à l'hectare plus de 8 hectolitres de froment ou de seigle. Il faut boiser des terres semblables pour en tirer le plus grand produit net avec les moindres dépenses. Vient ensuite la *période pacagère* ; c'est celle du pâturage avec des races très-rustiques, et de la culture arable alternant avec ces pâturages et la jachère morte. On consacre à la prairie les vallées fraîches et arrosables ; les pâturages rendent par hectare l'équivalent de 1 000 à 1 200 kilogr. de foin sec. A celle-ci succède la *période fourragère* ; les pâturages deviennent fauchables et rendent de 1 500 à 2 000 kilogr. de foin sec par hectare. Les céréales et les fourrages artificiels occupent une plus large place. La nourriture des animaux a surtout lieu à l'étable. On pousse vigoureusement aux engrais, on s'occupe des améliorations foncières, telles que le drainage, les irrigations, etc..., qui avec l'engrais développent peu après la faculté productive du sol. La période suivante porte le nom de *période céréale.* — Ici commence la culture intensive ; les céréales occupent la moitié des terres en culture et produisent de 20 à 25 hectolitres à l'hectare, et les fourrages de 3 à 5 000 kilogr. de foin sec. Le degré suivant de fertilité constitue la *période commerciale* ou *industrielle,* c'est celle des fumures et des récoltes maxima ; l'époque des plantes industrielles est venue, et c'est à elles que s'appliquent les fortes fumures qui feraient verser les céréales. C'est la période de la culture intensive, de l'annexion des fabriques à la ferme. C'est la culture par le capital dans toute sa richesse. — La *période jardinière* forme le dernier échelon de fertilité. — Ici la grande culture et le bétail disparaissent ; le sol est morcelé, les travaux s'exécutent à bras et en famille.

Cette échelle ascendante de la fertilité est vraie et commode ; elle fournit le moyen facile de caractériser d'un mot une situation agricole donnée. Nous ne devions pas la passer sous silence, car elle indique la marche progressive de la culture améliorante dans la culture extensive ; c'est un des premiers pas.

Arrivons maintenant à la culture intensive et étudions les assolements réguliers.

Culture intensive. — Assolements divers. — Lorsqu'on eût reconnu par l'expérience que, sauf le cas très-rare de situations exceptionnelles, où la richesse de la terre arable accumulée pendant des siècles semble inépuisable, les mêmes récoltes ne pouvaient être demandées à un même champ qu'après un certain intervalle de temps, on a cherché à pénétrer la cause de cette nécessité de ne pas cultiver sans interruption la même plante sur le même terrain.

Pour expliquer le besoin d'alternance des cultures, on émet d'abord l'idée que chaque espèce végétale demande une nourriture spéciale pour se développer, et qu'elle cesse de donner des récoltes suffisamment rémunératrices des frais qu'elles occasionnent, quand cette alimentation particulière est presque complètement absorbée. Cette opinion devait se produire tout naturellement la première, c'est-à-dire à une époque où les travaux de la chimie organique et de la physiologie végétale n'avaient pas encore démontré que les racines et les organes foliacés des plantes puisent les sucs nécessaires au développement de ces mêmes plantes dans des substances qui servent à la nutrition générale de tous les végétaux, et que c'est dans l'organisme même et sous les mystérieuses influences de la vie que prennent naissance les composés immédiats que l'analyse accuse. L'illustre Thaër combattit, dans son *Agriculture raisonnée,* cette explication, séduisante au premier abord, en faisant observer que les plantes les plus éloignées, au double point de vue de leurs caractères botaniques et de leurs propriétés, parcourent toutes les phases de leur développement à côté l'une de l'autre, sur la même motte de terre et aux dépens de la même parcelle de fumier, à tel point que, comme des convives affamés, ces plantes se dérobent en quelque sorte réciproquement leur nourriture commune, si bien que la plus vorace finit par faire périr l'autre d'inanition, ou ne lui laisse que la plus misérable existence (avoine et moutarde sauvage), ce qui n'arriverait certainement pas si chaque plante puisait dans le sol des aliments spéciaux.

Cette première explication détruite, on en fonda une seconde sur l'inégalité d'épuisement des diverses zones de la couche arable par les racines des plantes, à cause de l'inégalité de longueur de ces racines. Les céréales, disait-on, épuisent la couche supérieure du sol, aussi sont-elles très-bien suivies des fourrages légumineux (trèfle, luzerne, sainfoin) qui, pourvus de racines plus longues, empruntent surtout leur nourriture aux couches inférieures, et qui, à l'époque de la fenaison, et par suite de leur enfouissement par la charrue, enrichissent le sol arable d'une grande quantité d'éléments de nutrition végétale minéraux et organiques puisés dans les couches profondes du sol. Cette observation est vraie pour expliquer en partie l'amélioration des sols par les légumineuses fourragères, surtout par la luzerne et le sainfoin. Il est certain, en effet, que ces plantes émettent dans les sols qui leur conviennent, ceux qui sont calcaires et profondément perméables, des racines qui s'enfoncent dans les couches profondes où les eaux pluviales ont entraîné une grande quantité des principes fertilisants des engrais placés à la surface, et que là leurs spongioles puisent une grande partie de la séve qui vient s'organiser en nouveaux tissus, en rameaux, en feuilles et en fleurs, destinés soit directement, soit en passant par le corps des animaux pour se convertir en engrais, à enrichir les couches superficielles aux dépens des éléments de fertilisation accumulés à la longue dans les couches profondes ou appartenant géologiquement à ces mêmes couches. Mais il ne faut pas généraliser outre mesure cette influence amélioratrice des plantes à longues racines, au point de la présenter comme la seule cause des bons effets de l'alternance des cultures.

Reprenant une opinion émise par Brugman et Macaire, sur les excrétions des racines, opinion qu'on a présentée comme fondée sur l'observation directe, et qui a été invoquée par de Humboldt pour expliquer les répulsions réciproques de certaines plantes, un illustre botaniste, de Candolle, fonda sur elle sa théorie des assolements. Suivant ce savant physiologiste, les plantes émettent par leurs racines des excrétions d'une nature particulière, comme les animaux rejettent des excréments, et de même que ceux-ci seraient nuisibles aux animaux qui les ont produits, de même les plantes souffrent et dépérissent en végétant au milieu de leurs propres excrétions, tandis que des espèces différentes s'accommodent très-bien de ces mêmes excrétions comme nourriture. Cette théorie parut très-rationnelle à l'époque très-voisine de nous à laquelle elle se manifesta. On n'était pas encore habitué aux observations rigoureuses de la science actuelle. Aujourd'hui, on reconnaît que cette hypothèse, tout ingénieuse qu'elle est, pèche par la base, car l'excrétion des racines ne s'est pas vérifiée. Ensuite la matière qui formerait cette excrétion, si elle existait, étant soluble et de nature organique, se décomposerait nécessairement dans le sol humide et deviendrait ainsi un véritable engrais au lieu d'être un poison, pour la récolte nouvelle. D'ailleurs, comment concilier cette hypothèse avec la succession presque continue de certaines plantes à elles-mêmes dans certaines conditions de terrain? Ici le froment, là les pommes de terre, ailleurs le maïs, l'indigo, la canne à sucre, le topinambour.

Toutes ces prétendues explications n'expliquent rien; c'est ailleurs qu'il faut chercher la cause des bons effets de l'alternance des cultures. Cette cause est multiple, comme nous l'avons dit, mais elle tient essentiellement à la nécessité de la réaction d'une quantité suffisante et déterminée d'engrais, et aux travaux mécaniques de préparation du sol et d'entretien exigés par les différentes récoltes. — En se plaçant à ce point de vue, qui est celui de la vérité, on reconnaît que l'alternance n'est pas une absolue nécessité et que dans certaines situations, où l'on a l'engrais à bas prix et en abondance à sa disposition, où le sol est d'une extrême fertilité, où la main-d'œuvre est abondante, où la nature du sol ne commande pas en maîtresse la façon à lui donner, la succession des cultures est complétement libre. Mais ce sont là des situations exceptionnelles, et ce n'est pas d'elles que nous avons à nous occuper ici. Dans des situations semblables, les considérations économiques et commerciales doivent seules diriger le cultivateur. Laissons l'exception et rentrons dans la culture ordinaire, c'est-à-dire dans la position où se trouvent les cultivateurs obligés de créer eux-mêmes l'engrais consommé par leurs récoltes, et de trouver dans la ferme même tout le travail des attelages.

Pour mettre de l'ordre dans l'étude des assolements, nous adopterons la classification suivante, proposée par M. Lecouteux:

ASSOLEMENTS..
{
1° Sans fourrages en rotation.. { biennal.
{ triennal et ses dérivés.
2° Avec fourrages en rotation.. { Pâturages.
{ Prairies artificielles.
{ Prairies naturelles.
}

ASSOLEMENTS SANS FOURRAGES EN ROTATION. — Dans les assolements sans fourrages en rotation, les céréales forment la base de la culture. Comme ces plantes, soit qu'elles se succèdent à elles-mêmes, soit qu'elles alternent avec la jachère ou avec des plantes utilisées par l'industrie, ainsi que cela arrive souvent dans le voisinage des villes industrielles et dans des terres en période commerciale, consomment plus d'engrais qu'elles n'en laissent au sol, elles exportent ainsi sa fertilité. Il est donc indispensable au cultivateur de posséder des prairies naturelles fauchables ou des pâturages permanents en quantité suffisante pour alimenter ses animaux de travail et le bétail de rente destiné à produire l'engrais, ou d'avoir la facilité de s'en procurer en quantité suffisante.

Assolement biennal. — De tous les assolements sans fourrages en rotation, l'assolement biennal du Midi est le plus ancien et celui qui occupe encore aujourd'hui la plus grande surface. Cette méthode de culture, qui forme en quelque sorte le passage de la culture pastorale à la culture à la charrue, est fondée sur la jachère. Après avoir porté des céréales pendant une année, la terre reste improductive l'année suivante. Pendant ce temps, les herbes qui croissent, sont pâturées par quelques moutons, puis le sol est labouré afin de faciliter l'absorption des engrais atmosphériques, qui doivent fournir aux besoins de la céréale suivante avec les principes fertilisants contenus naturellement dans le sol et que les labours ont disposés à l'assimilation.

La formule générale de l'assolement biennal est donc la suivante :

1re année. Jachère.
2e — Céréales.

On comprend aisément que ce système de culture ne peut donner que les plus pauvres récoltes lorsque, en dehors des terres arables, il ne se trouve pas une quantité suffisante de prairies naturelles ou de pâturages. Dans beaucoup de localités méridionales, les céréales alternent avec le maïs. — Dans ce cas comme dans celui de la culture biennale — céréales, jachères, — il faut posséder en dehors de l'assolement une étendue de bonnes prairies naturelles au moins égale à la moitié de la surface arable, pour créer l'engrais nécessaire à une production de grains suffisamment rémunératrice. — Lorsque le maïs succède aux céréales, que les prairies peuvent être arrosées et donner ainsi une abondante production alimentaire pour les animaux annexés à l'exploitation, la quantité de ces prairies peut être réduite, et dans cette circonstance, l'assolement à prendre pour type est celui qui est en usage dans le Piémont, et qui offre la rotation suivante entre les céréales d'exportation et les produits destinés à l'alimentation du bétail, c'est-à-dire à la création de l'engrais — 2/3 en terres arables dont 1/3 en froment et 1/3 en maïs fumé, et 1/3 en prairies. — Ces prairies rendent, grâce à l'irrigation, jusqu'à 9 et 10000 kilog. de foin sec par hectare et sont fauchées trois fois. Beaucoup de nos départements du Midi et du Sud-Ouest ont malheureusement encore à apprendre les bienfaits de l'irrigation. Grâce aux chemins de fer, qui les rendent inutiles pour le transport, combien de rivières dans ces contrées au soleil ardent pourraient être avantageusement employées et à peu de frais à l'assolement des vallées qu'elles traversent, et qui deviendraient, sous cette heureuse influence, des terres de la plus haute fécondité !

Assolement triennal. — Cet assolement repose aussi sur la jachère. La rotation le plus généralement suivie est celle-ci :

1re année. Jachère.
2e — Froment.
3e — Avoine.

Cette rotation, on le voit, est tout entière consacrée à la production des grains. Elle est obligée de s'appuyer sur les prairies naturelles comme la rotation biennale, et il ne faut pas croire qu'elle produise une plus grande quantité d'hectolitres de froment qu'une rotation plus rationnelle, faisant une plus large part aux récoltes fourragères, et consacrant aux céréales une surface moindre mais fumée au maximum. — La culture à assolement triennal, qui domine en souveraine dans la Brie et la Beauce et dans toute la région des céréales, fume à 20000 kilos par hectare de jachère et pour le froment qui succède à cette jachère, et elle récolte, en moyenne, de 18 à 20 hec-

tolitres de froment, et de 25 à 30 hectolitres d'avoine ; tandis que les rotations avec haute production fourragère et à fumure au maximum sur les racines alimentaires pour le bétail, qui remplacent la jachère, produisent de 35 à 40 hectolitres de froment et de 50 à 60 hectolitres d'avoine. La culture triennale, pour produire l'engrais dont elle a besoin pour obtenir 20 hectolitres de froment à l'hectare et 30 hectolitres d'avoine, est obligée de faire consommer toute cette dernière céréale par ses animaux de travail et de rente (graine et paille), et de demander encore au moins le tiers de l'étendue totale de l'exploitation, mise en prairies, produisant 4000 kilos de foin, le complément de la nourriture du bétail nécessaire à la création de sa fumure. Elle n'a donc, en réalité, que le quart de la surface totale de ses terres qui produira du froment, et du froment à raison de 20 hectolitres à l'hectare.

« Il faut donc réduire à sa juste valeur, dirons-nous avec M. Lecouteux, qui s'est placé par son beau talent d'agronome à la tête de l'*École économique moderne*, la réputation de production de grains dont a joui longtemps l'assolement triennal. Il le faut, car, sachant que les récoltes maxima de froment doivent être de 35 à 40 hectolitres par hectare fumé au maximum, il est évident que récolter 18 à 20 hectolitres par hectare sur une ferme dont le quart seulement est en blé et dont un autre quart est en jachère improductive, c'est rester dans une situation agricole d'autant plus précaire que toutes les récoltes courent les mêmes chances de destruction ou de diminution par les orages, la grêle, la sécheresse, les pluies prolongées. »

En dehors de ces considérations capitales, l'assolement triennal mérite un double reproche tout pratique. D'une part, la fumure directement appliquée au froment l'expose à la verse, d'autant plus que dans la plus grande partie des fermes soumises à cette rotation, on donne peu de profondeur aux labours, car on y ignore encore la haute importance du cube de terre soumis par hectare à l'action des instruments et des engrais, et d'un autre côté la succession des deux céréales favorise au plus haut degré la végétation des mauvaises herbes que la fumure directe du blé concourt aussi à entretenir dans le sol.

L'assolement triennal doit disparaître à mesure que se répandent les connaissances agricoles. Il ne répond pas, il n'a du reste jamais répondu aux besoins de travail des populations rurales ; il entraîne forcément avec lui le chômage d'hiver qui pousse les ouvriers de la campagne vers les villes; il est la cause première de l'émigration dont il se plaint. — Les cultivateurs des fermes soumises à cette rotation culturale doivent viser à nourrir plus de bétail afin de produire plus de grains avec plus de fumier, et à introduire dans le village les industries agricoles, qui, anéantissant le chômage d'hiver et permettant d'élever les salaires, fixeront au sol les populations que l'industrie attire dans les villes par l'appât d'un travail presque sans interruption et plus intelligent en apparence et d'un salaire plus élevé.

Dans ce qui précède, nous n'avons eu en vue

que l'assolement triennal ordinaire, mais il est des conditions exceptionnelles de situation et de richesse du sol qui font adopter une rotation triennale extrêmement riche. — Telles sont les suivantes aux portes des villes manufacturières ou sur des terres d'une très-grande richesse et mises en communication avec des débouchés constamment ouverts :

1o

1re année. Chanvre fumé.
2e   —   Céréales d'hiver.
3e   —   Céréales de printemps.

2o

1re année. Jachère morte fumée.
2e   —   Colza ou navette d'automne.
3e   —   Céréales d'hiver.

3o

1re année. Navette de printemps.
2e   —   Céréales d'automne.
3e   —   Céréales de printemps.

4o *Terres légères.*

1re année. Pommes de terre fortement fumées.
2e   —   Seigle avec demi-fumure en couverture.
3e   —   Avoine ou orge fumée en couverture.

5o

1re année. Tabac ou fèves.
2e   —   Céréales d'hiver (froment).
3e.   —   Céréales de printemps (orge).

Cette dernière formule est très en usage dans la culture morcelée de l'Alsace. L'engrais vient des villes.

En examinant l'assolement biennal et celui à rotation triennale, nous avons rencontré la jachère. Il importe de nous y arrêter un instant.

On entend par jachère, chacun le sait, l'état de non-productibilité dans lequel reste la terre après avoir donné une ou plusieurs récoltes. — Dans cet état, la terre se repose, comme on dit en pratique, et l'on admet qu'elle recouvre de cette manière la fécondité que lui ont enlevée les récoltes qu'elle a produites.

La jachère est une habitude culturale dont l'origine remonte à la plus haute antiquité, et qui, dans la première moitié du dix-neuvième siècle, a été combattue avec la plus grande énergie par les agronomes et énergiquement maintenue par la pratique. Arthur Young est le premier des écrivains agricoles qui ait levé le bouclier contre la vieille coutume de la jachère, et les praticiens de cette coutume ont opiniâtrément soutenu le choc de ses détracteurs, et sont restés fidèles dans bien des localités, même en Angleterre, à ce que les uns appellent la *sopientia patrum* et les autres la routine. Nous pensons que, dans cette lutte, il y a eu beaucoup d'exagération de part et d'autre, et nous condamnons complétement le *radicalisme* en agriculture. Un usage aussi général et aussi ancien n'a pas la sottise ou le préjugé pour unique base, il repose évidemment sur quelque vérité. Cette opinion est celle de l'illustre Schwerz qui l'a développée avec conviction. Nous allons reproduire en partie ce qu'en a dit l'ancien directeur de *Hohenheim.*

« Il fut un temps, dit ce grand agriculteur, où l'on faisait revenir la jachère tous les deux ans ;

Virgile et Columelle nous l'attestent, et il y avait aussi et il y a encore des contrées où la jachère revient tous les trois ans, système qui, selon les circonstances, est plus mauvais que le précédent. Cependant l'un et l'autre peuvent trouver leur justification dans le temps et dans les localités, et par conséquent ne pas être rangés de plein droit parmi les abus. Considérant la jachère pour ce qu'elle est et doit être, c'est-à-dire non comme un soutien de l'indolence, mais comme un moyen d'ameublir le sol endurci et de nettoyer celui qui est empoisonné de plantes vivaces, on y aura recours lorsqu'on ne se sentira plus la force de combattre le mal par les moyens ordinaires. »

« On ne peut parvenir par aucun autre moyen aussi bon que par la jachère complète à l'ameublissement d'un sol glaiseux, et c'est surtout à ces terrains qu'il convient souvent de l'appliquer. A la vérité on pourrait et on devrait toujours, autant que cela est possible, retourner avant l'hiver les champs destinés à porter l'année suivante des récoltes sarclées, afin d'exposer la terre à l'action des gelées et de l'air ; mais ce n'est pourtant qu'un demi-travail, et encore ne peut-on pas toujours l'exécuter. La température ou d'autres travaux pressants à la fin de l'automne s'y opposent souvent, et tous les sols ne permettent pas dans cette saison un labour profond. C'est ce qui aura lieu dans tous les lieux humides.

« Avec la jachère, on peut faire plus tard tout ce qu'on n'aura pas pu exécuter avant l'hiver, et il n'est pas encore démontré s'il n'est pas plus avantageux de donner le premier labour de jachère immédiatement après les semailles de printemps qu'avant l'hiver.

« Un sol glaiseux, qui ne contient point de chaux, mais beaucoup de sable fin, s'il est profondément labouré avant l'hiver, se réduit en pâte par la pluie ou par la neige. Les vides se remplissent, le champ ne présente plus une surface inégale ; l'air et la gelée ne peuvent plus exercer leur influence favorable, le sol est saturé d'eau, les racines traçantes s'y affermissent, etc... Tous ces inconvénients n'ont pas lieu avec le labour du printemps, qui n'est donné qu'en un temps sec et le plus sec possible. Divisée en mottes, la terre est brûlée par le soleil ; les plantes vivaces sont détruites ; l'air, la lumière, les brouillards et les pluies chaudes pénètrent de tous côtés cette surface raboteuse. La charrue, la herse et le rouleau agissent successivement et à plusieurs reprises. La terre est divisée et pulvérisée, le fumier y est mêlé parfaitement. Que l'on me dise si l'on peut obtenir tous ces résultats au moyen des cultures données aux plantes qui remplacent la jachère.

« Le nettoiement du sol résulte de ce que nous venons de dire pour ce qui regarde les plantes à racines vivaces. — Pour la destruction des mauvaises herbes provenant de semence, aucune préparation n'égale la jachère. Chaque nouveau labour amène à la surface de nouvelle terre et de nouvelles mauvaises herbes, et à peine commencent-elles à verdir qu'un coup de charrue les enterre. Si la nature pouvait être vaincue, elle le serait par la jachère. On obtient bien par d'autres moyens, par les récoltes sarclées, par exemple, le nettoiement du sol, mais beaucoup moins parfaitement.

« Personne ne doute, d'autre part, que les parties d'humus renfermées dans l'argile tenace, se trouvant, par la jachère, exposées au contact de l'air, ne deviennent plus susceptibles d'être utilisées par les racines des plantes et par conséquent plus propres à servir à leur nutrition. Sous ce point de vue, la jachère n'est qu'agent et n'augmente pas elle-même la fertilité du sol. Quelques personnes ont prétendu borner là son influence; mais elle fait plus, elle enrichit réellement le sol, seulement beaucoup moins celui qui est pauvre et épuisé que celui qui a encore quelque force; car la force seule peut produire la force. Sur le sol épuisé, elle n'agit, pour ainsi dire, que mécaniquement, en l'ameublissant et en détruisant les mauvaises herbes; sur l'autre, elle agit encore chimiquement. Si donc la jachère est nécessaire dans le premier cas, dans le second, elle peut être à la fois nécessaire et utile.

« La nature n'est jamais inactive; elle travaille sans interruption, et dans nos intérêts, si nous l'aidons dans son travail. Ainsi, pendant les intervalles de culture de la jachère, elle couvre les champs d'une verdure renouvelée chaque fois que la charrue l'a détruite, et pour la produire, elle met à contribution non-seulement la terre, mais aussi l'air, l'eau, la lumière et la chaleur. Le sol reçoit donc par les végétaux qu'enfouit la charrue, non-seulement ce qui vient de lui-même, mais encore ce qui vient de l'atmosphère et dont il s'enrichit.

« Je serais disposé à attribuer encore à la jachère une autre manière d'enrichir le sol : c'est celle qui provient des labours plusieurs fois répétés, qui mettent toutes les parties en contact avec l'air et les font jouir des influences atmosphériques. Des savants ont avancé qu'une terre est d'autant plus fertile qu'elle a la propriété d'attirer ou d'absorber plus de vapeurs ou exhalaisons atmosphériques. Or, les labours répétés de la jachère mettent la terre à même d'opérer cette absorption plus tôt que les labours donnés en une autre saison où l'air contient moins de vapeurs. Mais ce n'est pas seulement par l'humidité qu'elles y apportent que ces vapeurs enrichissent le sol, car dans ce cas les années les plus pluvieuses seraient aussi les plus fertiles; il faut qu'elles contiennent encore d'autres principes qu'elles déposent dans le sol, et, si celui-ci n'est pas couvert de plantes en végétation, les racines et les débris qu'il contient, exposés à l'air par la charrue ne manqueront pas de s'approprier les parties fertilisantes de l'atmosphère. Nous remarquerons, en outre, qu'une jetée étroite de terre argileuse, qui, après avoir subsisté longtemps, est détruite et cultivée, devient plus fertile que le champ voisin qui a fourni la terre pour la former. Il faut donc nécessairement que cette fertilité provienne de l'atmosphère qui agissait sur les deux surfaces de cette jetée. »

La chimie moderne a rendu compte des effets de fertilisation dont parle Schwerz, en étudiant les eaux météoriques et la formation de composés nitrogénés dans le sol exposé par les labours aux agents atmosphériques. En nous appuyant sur les faits pratiques et sur la grande autorité agronomique que nous venons de citer, nous pouvons donc établir qu'il ne faut pas plus porter contre la jachère une condamnation absolue que la proclamer toujours nécessaire. Nous pensons même qu'elle doit diminuer graduellement d'étendue sous l'influence du drainage, des amendements calcaires, des engrais et des progrès de la mécanique agricole, et n'être plus qu'une exception après avoir été la règle générale. Mais nous reconnaissons son utilité pour détruire les mauvaises herbes et surtout le chiendent et l'avoine à chapelets; pour faciliter la décomposition des matières organiques de la couche arable, pour favoriser l'ameublissement des sols tenaces et la formation des engrais atmosphériques à l'aide de l'air, de l'eau et de la chaleur solaire, et qu'à cause de tous ces avantages, elle a bien souvent sa raison d'être dans les terres à bon marché où manque un capital suffisant.

Assolement avec fourrages en rotation. — D'après ce que nous avons dit de la prétendue antipathie des plantes à se succéder à elles-mêmes, il est évident que l'alternat, adopté dans les assolements, a sa raison d'être dans la nécessité de créer, sous une forme donnée, le fumier nécessaire pour obtenir le plus haut rendement possible en récoltes de toute espèce, tout en augmentant sans cesse ou en maintenant, quand elle atteint la limite supérieure, la fertilité des terres. Il suit de là que pour opter rationnellement entre les diverses combinaisons culturales qui peuvent se présenter il faut se rendre compte à l'avance de la quantité d'engrais dont aura besoin une rotation donnée, et aussi de la quantité qu'elle permettra de créer annuellement par l'alimentation des animaux. Quant au choix de ceux-ci, il est soumis évidemment aux conditions diverses de climat, d'habitude des populations, de sol, de débouchés et de capital disponible.

Assolements avec fourrages vivaces en rotation. — 1° *Assolements avec pâturages.* — Cette méthode de culture forme ce qu'on a appelé l'agriculture pastorale mixte, dans laquelle on peut considérer comme règle avec Schwerz :

1° Que les céréales réussissent d'autant mieux que la terre est plus parfaitement couverte de gazon, ou, en d'autres termes, a été plus longtemps en pâturage;

2° Que la terre se regazonne d'autant plus mal qu'elle a porté pendant un plus grand nombre d'années des récoltes épuisantes;

3° Que le champ doit rester en pâturage d'autant plus longtemps qu'il est en plus mauvais état et *vice versâ*;

4° Que la culture peut durer d'autant plus que l'on fume mieux;

5° Que le terrain en friche s'améliore plus par la pâture que lorsqu'on le fauche;

6° Qu'il s'améliore plus lorsqu'on y laisse les bêtes non-seulement le jour, mais aussi la nuit;

7° Que ce n'est pas seulement la propension d'un terrain à produire de la pâture, ou son organisation physique, qui doit faire décider si le nombre d'années qu'il reste en friche sera augmenté ou diminué, mais aussi le rapport qui existe entre le profit net provenant de la culture et celui que rend le bétail ;

8° Que la meilleure manière de commencer le défrichement est de semer d'abord de l'avoine à sa disposition et, lorsqu'on en a, de débuter par une jachère complète et fumer pour grains d'hiver.

Les assolements avec pâturages en rotation conviennent évidemment aux terres pauvres des montagnes et des plaines. — Voici quelques-unes des formules suivies dans la pratique :

    1re année. Avoine sur défriche.
    2e   —   Pommes de terre fumées.
    3e   —   Épeautre ou avoine avec graine de trèfle.
    4e   —   Trèfle.
    5e et suiv. Pâturage.

Ce pâturage dure, suivant l'état du sol et d'autres considérations qui varient avec les localités, dix, quinze et même vingt ans.

Dans une partie de la Forêt-Noire on suit l'assolement suivant, très-remarquable pour un pays de montagnes.

    1re année. Choux dans un sol écobué et fortement fumé.
    2e   —   Seigle d'hiver.
    3e   —   Lin.
    4e   —   Seigle d'hiver fumé.
    5e   —   Pommes de terre.
    6e   —   Avoine avec graine de trèfle.
    7e, 8e, 9e et 10e années. Prairie ou pâturage.

Dans les localités où le trèfle ne serait pas possible à cause du manque de calcaire dans le sol, on pourrait aider par le ray-grass à l'enherbement naturel, et là où le trèfle réussit on fera bien aussi de lui adjoindre le ray-grass, pour former un pâturage qui soit fauchable au moins la première année.

Dans les terres plus riches et plus argileuses, mais où la main-d'œuvre est rare et la terre abondante et à bon marché, on peut prendre pour bon l'assolement suivant :

    1re année. Jachère fumée où l'on fait les légumes et racines utiles à la consommation.
    2e   —   Céréales d'hiver.
    3e   —   Colza.
    4e   —   Orge et avoine avec pois et graine de trèfle.
    5e   —   Trèfle fauché.
    6e et 7e années. Pâturage.

Assolements avec prairies artificielles. — Ces assolements sont appelés *alternes* ou *à cultures alternes* parce que, dans la rotation des récoltes, les céréales et les récoltes d'exportation en général alternent avec les récoltes fourragères, c'est-à-dire productrices des grains.

Mathieu de Dombasle a posé de la manière suivante les principes de ces assolements :

« 1° On doit intercaler les récoltes épuisantes et les récoltes améliorantes de manière à entretenir le sol dans le meilleur état de fertilité possible.

2° Les récoltes sarclées doivent revenir assez souvent pour maintenir le terrain bien net de plantes nuisibles. Dans la plupart des circonstances, l'intervalle de quatre ans est le plus long, qu'on appelle souvent *vieille-jachère*, parce qu'en effet elle en tient lieu dans bien des cas.

3° Le fumier doit toujours être appliqué à la récolte sarclée, parce que les cultures qu'elle reçoit détruisent les mauvaises herbes dont le fumier a apporté les semences ou dont il a favorisé le développement.

4° Les récoltes sarclées doivent recevoir des cultures fréquentes, à la houe à main et à la houe à cheval, de manière qu'il n'y vienne pas à graine une seule mauvaise herbe.

5° On doit éloigner autant que possible les récoltes du même genre ; on doit, en particulier, éviter généralement de placer deux années de suite deux récoltes de céréales.

6° Le trèfle, la luzerne, le sainfoin, et, en général, les plantes à fourrages destinées à être fauchées ou pâturées doivent toujours être placées dans la céréale qui suit immédiatement la récolte sarclée et fumée.

7° On doit faire choix, pour l'assolement d'un terrain, des plantes qui conviennent le mieux à la nature du sol, et elles doivent être placées dans un vide convenable pour que les cultures préparatoires que chacune d'elles exige puissent se donner avec facilité.

8° L'assolement qu'on adopte doit produire assez de fourrages pour nourrir un nombre de bestiaux suffisant pour fournir la quantité d'engrais que l'assolement lui-même exige. On peut cependant s'écarter de cette règle, lorsqu'on a d'autres ressources pour la nourriture des animaux dans les prairies naturelles, etc.

9° Le meilleur assolement est celui qui donne le produit net des frais le plus considérable ; car, en définitive, le *profit* doit toujours être le but de l'agriculture. Mais il faut qu'un bon assolement donne ce profit sans épuiser le sol, et, au contraire, en le maintenant en état d'amélioration. »

Comme exemples d'assolements alternes avec prairie artificielle, nous donnons les suivants :

Assolement anglais.

    1re année. Turneps.
    2e   —   Céréales de printemps.
    3e   —   Trèfle et ray-grass.
    4e   —   Id.
    5e   —   Céréales d'hiver.

Cet assolement convient surtout au climat assez doux de l'Angleterre où le sol s'enherbe facilement et où l'on peut faire consommer les turneps sur place par les moutons. Il dérive de l'assolement quadriennal de Norfolk, qui a servi de modèle à tous les assolements alternes de la culture intensive :

    1re année. Racines fumées.
    2e   —   Céréales de printemps.
    3e   —   Trèfle.
    4e   —   Céréales d'hiver.

Assolement de Grignon.

    1re année. Racines fumées.
    2e   —   Céréales de printemps.
    3e   —   Trèfle.

4e année. Céréales d'automne.
5e   —   Fourrages annuels.
6e   —   Colza avec demi fumure.
7e   —   Céréales d'automne.
8e   —   Luzerne.

Une distillerie de betteraves est annexée à cette exploitation. L'assolement de Grignon est un modèle de combinaisons culturales au triple point de vue de la répartition des travaux, de la fumure et de la variété des produits.

L'assolement suivi près de Rennes par M. Bodin est semblable à celui de Grignon, à l'exception de la cinquième sole qui n'existe pas chez M. Bodin, dont l'assolement ne compte que six rotations.

Voici d'autres assolements indiqués par Schwerz :

1re année. Chanvre ou tabac avec très-forte fumure.
2e   —   Froment, puis navets dérobés.
3e   —   Fèves.
4e   —   Froment.
5e   —   Trèfle.
6e   —   Froment, puis navets en culture dérobée.

Ou encore

1re année. Chanvre, tabac.
2e   —   Froment.
3e   —   Orge avec graine de trèfle.
4e   —   Trèfle.
5e   —   Colza.
6e   —   Froment avec navets dérobés.

Ou encore sur terres très-riches aussi, mais légères :

1re année. Tabac.
2e   —   Froment, puis navets.
3e   —   Pommes de terre.
4e   —   Méteil.
5e   —   Chanvre.
6e   —   Orge.
7e   —   Trèfle.
8e   —   Froment, puis navets.

On fume ici pour le tabac, les pommes de terre et le chanvre. On place l'orge après le chanvre, parce que les céréales d'hiver ne viennent pas toujours bien à la suite du chanvre.

Pour les sols argileux M. de Dombasle recommande :

1re année. Betteraves, rutabagas ou choux fumés.
2e   —   Avoine.
3e   —   Trèfle.
4e   —   Fèves ou froment.
5e   —   Vesces pour fourrages ou froment après les fèves.

Et dans un sol calcaire, léger, convenable au sainfoin :

1re année. Avoine sur défrichement de sainfoin.
2e   —   Pommes de terre ou betteraves avec fumier.
3e   —   Orge.
4e   —   Trèfle.
5e   —   Froment.
6e   —   Pommes de terre ou navets avec fumier.
7e   —   Orge avec sainfoin pour six ou sept ans.

Dans une terre végétale profonde, qui convient à la luzerne, on peut, après avoir fumé cette prairie dans une des dernières années de sa durée ou immédiatement avant le défrichement, suivre la rotation suivante :

1re année. Colza d'hiver.
2e   —   Froment.
3e   —   Trèfle.
4e   —   Froment ou avoine.
5e   —   Pommes de terre ou betteraves.
6e   —   Avoine ou orge avec luzerne pour six ou sept ans et même davantage.

Ordinairement, la *luzerne* se cultive en dehors de l'assolement. On a même la latitude nécessaire pour la conserver aussi longtemps qu'elle donne des produits suffisants. Dans certaines exploitations cependant, là, par exemple, où la terre est assez riche et assez profondément fertilisée par d'anciennes fumures et de bons labours pour que cette plante si importante, qu'Olivier de Serres appelait la *merveille du mesnage*, et qui renaît constamment sous la faulx, se développe et garnisse rapidement le terrain, de manière à donner dès la seconde année un produit abondant, on la fait souvent entrer dans la rotation des cultures qui composent l'assolement. Ainsi, nous avons vu qu'à Grignon la huitième sole est consacrée à la luzerne.

Dans la plaine de Nîmes, sous un soleil ardent où les fourrages annuels sont impossibles, on suit l'assolement suivant dans lequel 7/12 sont en prairies temporaires et 5/12 en froment.

1er, 2e, 3e, 4e et 5e années. Luzerne.
6e, 7e et 8e   —   Froment.
9e et 10e   —   Sainfoin.
11 et 12e   —   Froment.

Les terres sèches ou grèves de la plaine de Brienne (Aube) sont soumises à la rotation suivante :

1re année. Pommes de terre.
2e   —   Orge de printemps.
3e   —   Minette, trèfle pour pâture.
4e   —   Froment fumé.
5e   —   Seigle pour pâture.
6e   —   Vesce en vert.
7e   —   Seigle pour grains.
8e, 9e, 10e, 11e et 12e Sainfoin.
13e Avoine pour grains.

Soit 9/13 en fourrages et 4/13 en céréales. Les moutons sont le bétail de rente de ces terres.

Assolement avec prairies naturelles en rotation. — En général, les prairies naturelles lentes à se former, situées dans des terres de vallées spécialement propres à la production des herbages, et à cause de la durée presque infinie de ces productions et de leur importance fondamentale dans l'économie de la ferme, sont placées en dehors de toute rotation et forment une culture à part qui est l'âme, le pivot de toutes les autres. Cependant, dans certaines conditions de sol et de climat, dans des terres à surface bien horizontale, riches en eaux excellentes pour l'irrigation, et avec un soleil ardent, en un mot, dans la double condition fondamentale de la haute production herbifère, humidité et chaleur d'insolation sur une terre très-riche, on fait quelquefois entrer les prairies naturelles dans la rotation d'un assolement.

C'est ainsi que dans la Lombardie, que l'on a appelée avec raison la *Flandre du midi*, on suit l'assolement suivant, connu sous le nom d'assolement de Lodi :

1re année. Maïs fumé, rendant de 60 à 70 hectolitres à l'hectare.
2e — Froment rendant 25 hectolitres à l'hectare.
3e, 4e et 5e années. Pré arrosé et fumé, donnant trois coupes par an et un pâturage ou en équivalent de foin sec, 10000 kilogrammes.
6e année. Lin, suivi de une et souvent deux récoltes dérobées, et produisant 13 hectolitres de grains et 4600 kilogrammes de tiges par hectare.

Passage d'un assolement à un assolement nouveau. — Il n'est pas toujours facile de changer un assolement pour un autre ; et en agriculture, comme en toutes choses, il faut savoir ménager les transitions. Avant de modifier un assolement ancien et d'en adopter un nouveau, il faut avoir bien étudié l'ancien ordre de choses et pénétré ses motifs, observé la manière dont le sol se comporte sous l'influence des gelées et des pluies, des étés humides et des étés secs, avoir bien étudié le climat, les ressources locales en main-d'œuvre et en débouchés. Il faut commencer d'abord par accroître la masse des fourrages en leur consacrant une partie des meilleures terres, afin d'arriver à créer le fumier nécessaire à l'amélioration des autres ; le fourrage et le bétail sont la base du progrès en agriculture. Il faut savoir s'aider de toutes les ressources que l'on aura à sa disposition en herbes, joncs, roseaux, bruyères, gazons, etc., pour augmenter la masse des matières fertilisantes et arriver rationnellement à des labours profonds, se rappeler tout l'effet utile qu'on peut retirer de l'enfouissement des engrais verts et des plantes qui ne craignent pas les terres neuves, comme les pommes de terre, les fèves et les topinambours que l'on peut laisser plusieurs années de suite dans les mauvaises terres.

Nous dirons, en terminant ce chapitre, qu'il suffit souvent d'un changement bien simple dans la succession des plantes cultivées pour faire d'un mauvais assolement une rotation bien préférable. C'est ainsi qu'un habile agriculteur du Berry, M. Favret, a converti un mauvais système de culture en un autre qui donne de très-bons résultats. Il est encore impossible, dans le pays où il habite, de cultiver la terre sans pratiquer la jachère. L'ancien assolement était le suivant : 1re année, jachère, dont une partie betteraves et pommes de terre. — 2e année, froment d'hiver. — 3e année, avoine et orge. — Cette dernière dans la meilleure partie. — 4e année, trèfle, pacage trop faible pour être fauché. — 5e année, pacage. — M. Favret lui a substitué celui-ci par une simple modification dans la place de l'avoine et de l'orge : — 1re année, jachère complète. — 2e année, froment d'hiver avec trèfle

rouge et hybride, diverses graminées semées à l'automne dans ce trèfle. — 3e année, mélange fauché. — 4e année, pacage sur une partie, betteraves et pommes de terre sur l'autre. — 5e année, avoine et orge.

Par cette simple combinaison, le trèfle et le mélange de graminées sont devenus fauchables et abondants, et les autres récoltes ont augmenté d'un tiers à la première rotation.   TH. DELBETZ.

PLANTES A CULTIVER.

Nous croyons réunir les qualités propres au cultivateur, nous croyons connaître un peu les deux milieux dans lesquels les végétaux vivent par les diverses sortes de nourriture qui leur conviennent ; nous sommes outillés pour le labourage, et nous savons pourquoi il faut travailler la terre avec les charrues, les herses, les rouleaux et les instruments de binage ; enfin nous avons nos bâtiments de ferme, notre domaine est drainé, notre défrichement est exécuté, notre plan d'assolement est arrêté ; nous avons à nous occuper à présent des plantes de la grande culture, de leur multiplication, des soins à leur donner, de la récolte des produits, de leur conservation et de leur emploi. Ces plantes formeront six grandes divisions. La première comprendra les CÉRÉALES (froment, seigle, orge, avoine, maïs, sarrasin, riz et millet) ; la seconde, les LÉGUMINEUSES FARINEUSES (pois, haricot, fève ou féverole, lentille, etc.) ; la troisième, les PLANTES A TUBERCULES ET A RACINES CHARNUES (pomme de terre, topinambour, carotte, panais, navet, rutabaga, betterave) ; la quatrième, les FOURRAGES ARTIFICIELS (trèfle, luzerne, sainfoin, lupin, serradelle, vesce, gesse, sorgho, maïs, ray-grass, fléole des prés, céréales en vert, chicorée, laitue, fenugrec, choux branchus, choux rouges, choux raves, ortie, etc., etc.) ; la cinquième, les PATURAGES et PRAIRIES NATURELLES OU PERMANENTES ; la sixième, les PLANTES INDUSTRIELLES, subdivisées en PLANTES FILAMENTEUSES OU TEXTILES (lin et chanvre), en PLANTES OLÉAGINEUSES (navette, colza, navet, etc.) ; en PLANTES TINCTORIALES (garance, gaude, pastel, safran, etc.), et en PLANTES INDUSTRIELLES DIVERSES, telles que houblon, pavot, sésame, madia, tabac, cardère, etc.

Enfin, un chapitre consacré aux PLANTES NUISIBLES, dans la grande culture, terminera la première partie du LIVRE DE LA FERME.

      P. JOIGNEAUX.

CHAPITRE XIII

DES CÉRÉALES.

FROMENT (*triticum*).

Classification culturale. — L'étude des espèces, variétés et sous-variétés du genre fro-

ment (*riticum* des botanistes), offre de sérieuses difficultés. A diverses époques, les auteurs les plus recommandables par leur savoir et leur expérience, ont essayé de lever ces difficultés; mais les classifications qu'ils ont admises ou proposées à cet effet, n'ont pas atteint le but d'une manière satisfaisante. Sous le rapport de la méthode, nous ne sommes guère plus avancés qu'au temps d'Olivier de Serres, et il y a lieu de croire que nous ne sortirons pas sitôt de la confusion où nous sommes. Plus nous allons, plus il se produit de variations sous le titre de variétés, et plus par conséquent l'obscurité se fait autour de nous.

En ce qui touche la division des froments en deux grandes classes, en *froments nus* et en *froments vêtus*, nous sommes tous d'accord. Les premiers sont ceux dont le grain se détache de la balle dans l'opération du battage; les seconds sont ceux dont le grain adhère fortement à la balle et ne s'en détache que sous l'effort de meules en bois. Nous désignons ces derniers sous le nom d'*épeautres*.

FROMENTS NUS. — L'embarras commence avec la subdivision. Tessier se contentait de les distinguer en *froments tendres* et en *froments durs*. « Dans les premiers, écrivait-il, les grains sont flexibles sous la dent et d'une couleur plus ou moins jaune; leur écorce est fine et recouvre une farine blanche et abondante; ces grains résistent au froid et sont cultivés, la plupart, dans les provinces septentrionales et dans le nord de l'Europe.

« Les froments durs diffèrent des froments tendres, parce que leurs grains sont ternes ou transparents et durs à casser; on en fait de belle semoule; ils n'offrent pas un aussi grand nombre de sous-variétés que les froments tendres. Inconnus dans le nord de la France et de l'Europe, on les voit naître dans le comtat d'Avignon, la Provence et le Languedoc, où ils ont été introduits par le commerce de ces provinces avec l'Afrique et tout le Levant. »

Cette subdivision est trop restreinte et ne saurait satisfaire le cultivateur.

M. Gérard, dans le *Dictionnaire universel d'histoire naturelle*, a adopté une classification plus développée. Il forme d'abord deux sections de froments, la section des *froments nus* et la section des *froments vêtus*. Puis, il subdivise les froments nus en trois types qui sont : le *froment commun*, le *froment dur* et le *froment de Pologne*. Le froment commun lui fournit trois variétés auxquelles se rattachent un grand nombre de sous-variétés. La première variété comprend les froments sans barbe et à paille creuse; la seconde variété comprend les froments barbus à paille creuse; la troisième variété comprend les froments barbus à paille pleine. Le froment dur lui fournit trois variétés caractérisées par la dureté du grain. Le froment de Pologne, dont il forme son troisième type, se distingue par la longueur de son grain et par des propriétés très-rapprochées de celles des froments durs.

Cette classification est très-acceptable, mais elle se complique de détails qui l'obscurcissent aux yeux des praticiens. C'est pour cette raison que nous lui préférons celle de M. L. Vilmorin. C'est la moins imparfaite de toutes.

M. Vilmorin commence par établir deux sections parmi les froments proprement dits : 1° La SECTION DES GRAINS TENDRES cédant sous la dent; 2° La SECTION DES GRAINS DURS cassant sous la dent.

La SECTION DES GRAINS TENDRES comprend :

1° Les *Touselles*, qui sont les froments sans barbes, ou à barbes très-courtes et peu nombreuses, et à paille creuse;

2° Les *Seisettes*, qui sont les froments à épis barbus et à paille creuse;

3° Les *Poulards*, qui ont l'épi régulier, carré, barbu, et la paille pleine de moelle... vers son sommet.

La SECTION DES GRAINS DURS comprend :

4° Les *Aubaines*, qui ont l'épi barbu, les barbes longues et raides, le grain long et glacé;

5° Le *Froment* ou *blé de Pologne*, dont l'épi est allongé, dont les balles sont très-allongées et les grains très-allongés et demi-transparents.

TOUSELLES. L'espèce touselle renferme un grand nombre de variétés et sous-variétés qui sont ou des froments d'automne ou des froments de mars, désignés sous le nom de *trémois*. Parmi les touselles d'automne nous remarquons :

Le *froment d'hiver commun*. Épi jaunâtre, pyramidal, grain roussâtre et long. Le plus cultivé dans le nord et le centre de la France;

Le *froment blanc de Flandre*, ou *blanc zée*, *blazé de Lille*, *froment de Bergues*. Épi blanc, fort et bien nourri; grain blanc, oblong et tendre; l'une des variétés les plus belles et les plus productives dans les bonnes terres;

Le *froment de Hongrie* ou *blé anglais* des environs de Blois. Épi blanc, ramassé, presque carré; grain blanc et arrondi, de très-bonne qualité, plus lourd que le *blanc-zée*; paille plus courte que dans ce dernier;

La *touselle blanche de Provence*. Épi très-blanc, à épillets écartés, grains longs, d'un blanc jaunâtre; de toute première qualité; paille fragile; variété trop délicate pour le nord de la France, où elle dégénère;

La *touselle Anone*. Grain blanc, long, beau et tendre; paille douce; propre au midi de la France;

La *richelle blanche de Naples*. Épi blanc, avec quelques arêtes courtes; grain oblong, blanc jaunâtre; remarquable par la beauté et la qualité de son grain;

Le *froment d'Odessa sans barbe*, ou *touselle rousse de Provence*, *blé meunier du Comtat*. Épi un peu irrégulier, épillets inégaux; teinte rougeâtre ou cuivrée de l'épi; grain plus étroit que celui de la Richelle. Cette variété craint les grands froids, résiste à la sécheresse et réussit dans des terrains à seigle, où la seisette et la touselle blanche se perdent ordinairement;

Le *froment de Saumur d'automne*. Grain gros, bien plein; paille très-blanche; variété assez délicate; donne beaucoup dans les localités saines et bien préparées; redoute les localités basses, les sols humides et nouvellement défrichés; froment des bonnes terres de l'Anjou;

Le *froment de haies* ou *de Tunstall*. Épi carré, épais, régulier, couvert d'un duvet blanc velouté; grain court, blanc jaunâtre, de bonne qualité;

Le *froment Lamma.* Épi d'un rouge clair ou doré ; grain petit, de très-bonne qualité, hâtif, sujet à s'égrener, facile sur le terrain, craignant les froids et ne convenant pas au Nord ;

Le *froment du Caucase.* Épi d'un rouge obscur, long, à épillets écartés ; grain allongé, rougeâtre, assez dur et pesant ; très-précoce ; paille faible, sujette à la verse ; craint les hivers du nord de la France. Il existe une sous-variété à épi blanchâtre ;

Le *blé bleu* ou *île de Noé.* Variété d'automne et de printemps, à la rigueur, productive ; grain blanc et tendre ; paille courte et rude ;

Le *Victoria d'automne.* Très-productif ; grain jaune et très-beau ;

Le *froment du Mesnil Saint-Firmin.* Très-productif aussi ; épi court et en massue ; grain jaune et tendre ; paille ferme ;

Le *froment* ou *hiekeling* ou *saumon.* Épi carré et épais ; grain jaune et tendre ; variété productive, mais tardive ;

Le *red Chaff,* de Dantzig. Épi rouge, grain jaune, tendre et de bonne qualité ; variété très-productive.

On pourrait ajouter beaucoup de noms encore à cette longue série de variétés ; mais il devient bien difficile de se reconnaître au milieu des froments qui nous sont recommandés chaque jour à titre de nouveautés, quand la plupart du temps il ne s'y rencontre que des variations accidentelles ou des variétés communes soumises à une culture jardinière.

Parmi les touselles de mars ou de printemps, M. Vilmorin mentionne :

Le *froment de mars commun.* Épi plus court que celui du froment d'hiver ; grain plus court aussi et presque dur. C'est le *trémois* du nord et du centre de la France ;

Le *froment carré de Sicile.* Épi rouge brun, court, carré, à grains rouges, presque durs et d'assez bonne qualité ; paille assez haute et grosse à la partie supérieure ;

Le *froment de Saumur de mars,* à grains jaunes et tendres ;

Le *talavera de Bellevue,* à grains blancs, de moyenne grosseur ;

Le *Pictet,* à grains jaunes et à paille élevée ;

Le *froment du Cap,* à grains blancs et gros et à paille ferme ;

Le *froment bleu* ou *de l'île de Noé,* qui, en raison de sa précocité, est à la fois, ainsi que nous l'avons dit, propre aux deux saisons.

SEISETTES. — L'espèce seisette comprend des variétés en général colorées, dont la paille est plus ferme que celle des touselles, mais moins estimée pour le bétail, à cause des arêtes.

Les scisettes les plus connues sont :

Le *froment barbu d'hiver,* à épi comprimé, grain rougeâtre ou jaunâtre, moins recherché des meuniers que le froment d'hiver commun, qui est une touselle.

Le *froment barbu de printemps,* désigné généralement sous le nom de *trémois,* et perdant du terrain en faveur du froment commun de mars ;

Le *froment à chapeau de Toscane,* qui est une sous-variété appauvrie du précédent, recherchée pour la fabrication des chapeaux d'Italie, à cause de sa paille fine et allongée, non pour son épi court et peu productif ;

La *seisette de Provence,* supérieure à toutes les autres pour la qualité ; résistant mieux que les touselles aux coups de vent ; hâtive quoique d'automne, mais craignant le froid du nord de la France, et se plaisant mieux dans la région des oliviers qu'autre part ;

Le *froment Victoria de la Trinité,* originaire de la Colombie, y mûrissant en 70 jours, ce qui n'arrive pas en France ; froment à paille courte et ferme, à épi jaune, à barbes fortes et raides, à grain rougeâtre, presque dur et de bonne qualité ;

Le *froment hérisson,* dont l'épi compacte à barbes divariquées, est très-productif ; dont le grain est court, petit et rougeâtre. C'est une variété d'automne et de printemps, mais surtout de printemps, attendu qu'elle craint les hivers.

POULARDS OU PÉTANIELLES. Cette espèce comprend des variétés dont le chaume est vigoureux et la feuille très-développée, qui conviennent aux sols humides et aux défriches riches en terreau. Ces variétés tallent beaucoup, produisent beaucoup en riche terrain, mais se vendent un dixième moins que les autres froments sur le marché. Toutes ont les barbes persistantes ou caduques, la paille dure et peu estimée ; toutes enfin, à l'exception du poulard carré, doivent être semées à l'automne. De ce nombre, sont :

Le *poulard carré* (*épeautre blanc* du Gâtinais, ou selon M. Gérard, *épeautre blanc*), à épi blanc ou rouge, lisse ; peu cultivé, si ce n'est dans les départements de la Savoie et de la haute Savoie et en Suisse, où il sert à faire du gruau ; on l'y sème au printemps, mais semé ainsi, il ne mûrit pas dans les contrées froides ;

Le *poulard carré à barbes noires* (*garagnon, regagnon* du Languedoc) à épi blanc, lisse, plus court que celui du précédent ; à barbes blanches ou noires, caduques à la maturité ; à gros grains ; à paille longue et forte ; variété du Midi ;

Le *poulard carré velu* (*nonette de Lausanne, froment de Sainte-Hélène, gros blé du Midi, pétanielle rousse, blé de Dantzig, gros turquet, etc.*), très-répandu dans le Midi et l'Ouest, dans le Languedoc, en Espagne et en Italie ; épi blanc ou rougeâtre ; supportant très-bien l'hiver, mais lent à mûrir ;

Le *froment de miracle* (*froment* ou *blé de Smyrne,* etc.), à épi rameux ; productif dans les terrains riches ; sujet à dégénérer et à reprendre un épi simple ; sensible au froid ; paille très-pleine et très-dure ; farine rude et grossière ;

Le *poulard plat* (*pétanielle de Montpellier, blé géant,* etc.) ; à épi blanc ou roux ; à grains plus petits que dans les poulards carrés ; sans barbes ou avec des barbes caduques.

AUBAINES. — Les aubaines comprendront les espèces et variétés de froments durs, cultivés de préférence sous les climats chauds, tels que : les *froments d'Afrique* et le *Taganrog.* M. Vilmorin les partage en : AUBAINES A BARBES ROUSSES NOIRES, BLANCHES, parmi lesquelles se trouve le *trémois barbu de Sicile* ; en AUBAINE A ÉPI COMPRIMÉ, très-beau type cultivé en Égypte et en FROMENT DE POLOGNE. Cette dernière céréale, appelée aussi *froment* ou blé de Mogador, seigle *le Pologne,* de *Jérusalem,* à | de grands et longs épis, des balles d'une dimen-

Fig. 1 7. — Froment d'hiver commun.

Fig. 158. — Froment anglais.

Fig. 159. — Froment de Hongrie.

Fig. 160. — Froment saumon.

Fig. 161. — Froment richel. de Naples.

Fig. 6? — Froment de Saumur.

Fig. 163. — Froment de haies.

sion extraordinaire, des grains très-allongés et | glacés de façon à paraître transparents. On la cul-

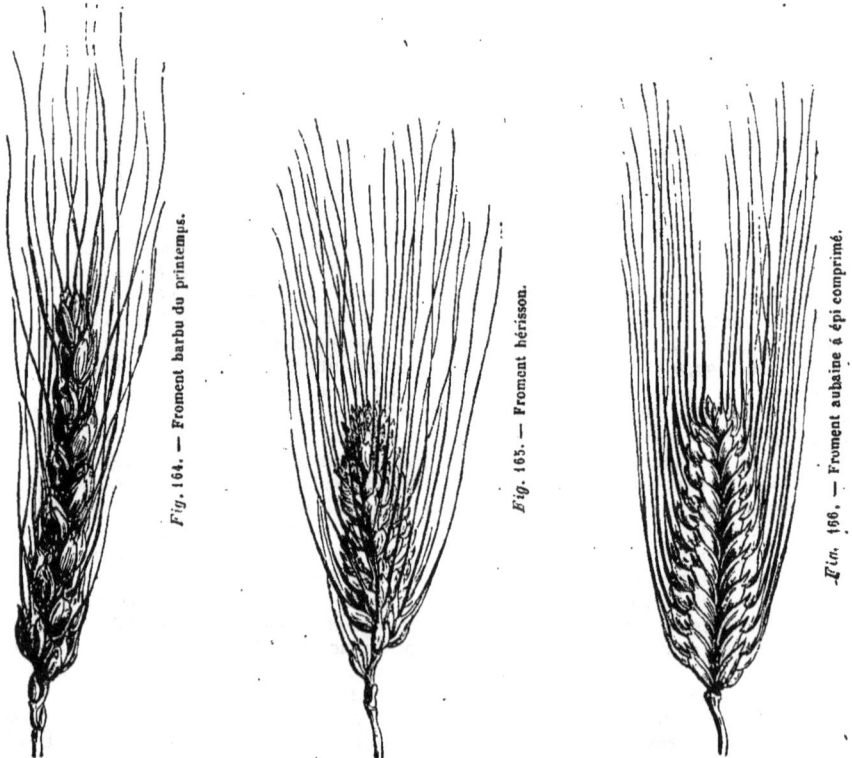

Fig. 164. — Froment barbu du printemps.

Fig. 165. — Froment hérisson.

Fig. 166. — Froment aubaine à épi comprimé.

tive dans l'Ukraine et la Valachie ; elle réussit dans | la repousse des marchés à cause de sa forme et
les terrains riches du midi de la France, mais on | de sa dureté.

Les aubaines, en général, sont dures, glacées, riches en gluten et en amidon, difficiles à pétrir et réservées pour la préparation des vermicelles, semoules et pâtes d'Italie.

Fig. 167. — Froment poulard carré.   Fig. 168. — Froment de miracle.   Fig. 169. — Froment aubaine de Taganrog.

ÉPEAUTRES OU FROMENTS VÊTUS.

Cette catégorie de froments, dont le grain ne se sépare point de la balle au battage, comprend deux espèces bien caractérisées : le *grand épeautre* et le *petit épeautre*.

GRAND ÉPEAUTRE. — Cette espèce, plus robuste que les froments nus, est cultivée surtout aux environs de la Forêt Noire, en Souabe, en Franconie, en Suisse, sur les bords du Rhin, de Landau à Coblentz, en Belgique, dans plusieurs provinces. On en connaît des variétés blanche et rouge, barbues et sans barbes, d'automne et de printemps. M. de Gasparin préfère la rouge à la blanche, parce que, dit-il, cette variété est plus robuste, moins sujette à la carie et qu'elle donne une farine plus belle et plus liante. Sur ce point, il est en désaccord avec les cultivateurs belges de la province de Namur qui préfèrent l'épeautre blanc à l'épeautre rouge. L'*épeautre blanc barbu* et l'*amidonnier blanc* se sèment en mars.

PETIT ÉPEAUTRE. (*Engrain, locular*). — Cette espèce est peu productive et croît dans les sols les plus mauvais, dans ceux où l'on ne pourrait récolter ni seigle ni avoine. On le sème en automne, et il mûrit tardivement. La variété glabre à grains roux et surtout la variété glabre à grains blancs sont plus précoces que la variété velue.

Classification commerciale des froments nus. — Sur le marché de Paris, la classification adoptée pour les froments est celle-ci : 1° froments *blancs* ; 2° froments *rouges* ; 3° froments *bigarrés*.

Les froments blancs sont les plus estimés, parce qu'ils rendent peu de son. Les froments rouges en rendent davantage, mais en retour, cependant, leur farine passe pour avoir plus de *corps* que celle des précédents. Les froments bigarrés sont formés par la réunion de grains appartenant à diverses variétés et à diverses couleurs. Les meûniers en font assez de cas, ce qui ne déplaît point aux cultivateurs, car les semis de froment mélangé ou bigarré sont d'un meilleur rapport que les semis de variétés isolées ; les froments bigarrés deviennent rares dans le rayon et sur la place de Paris ; mais ils se maintiennent dans le nord de la France.

On ne veut pas des froments durs à la halle de Paris. Ils se trouvent donc exclus de la classification dont il vient d'être parlé.

CULTURE DU FROMENT.

Climat. — Pour que le froment se développe et mûrisse à point, il faut qu'il reçoive, du moment où la végétation de printemps commence jusqu'à l'époque de la moisson, un peu plus de 2 000 degrés de chaleur. Les observations de M. Boussingault, à cet égard, sont remarquables et précieuses. En Alsace, à partir du 1er mars, jusqu'au 16 juillet, époque habituelle de la récolte, c'est-à-dire pendant 137 jours, les froments d'automne reçoivent une moyenne de 15° de chaleur par jour, et en tout par conséquent 2 055°. Dans cette même contrée, les froments de printemps ne restent sur pied que 131 jours, et reçoivent 2 069° à raison de 15°,8 en moyenne par jour.

Fig. 170.
Grand épautre.

Fig. 171.
Petit épautre.

Sous le climat de Paris, où le froment d'automne ne reçoit qu'une moyenne de 13° de chaleur par jour, il lui faut 160 jours pour mûrir, c'est-à-dire une somme de degrés s'élevant à 2 080.

Toutes les fois donc que nous avons à opérer dans un climat qui nous permet de compter régulièrement sur ce chiffre de degrés de chaleur, à partir de la seconde pousse des froments d'automne ou de la levée des froments de printemps jusqu'au jour de la moisson, nous pouvons affirmer que notre céréale est acquise au climat en question, qu'elle y prospérera et y donnera une récolte certaine, à moins de circonstances exceptionnelles qui dérangent de loin en loin la règle, sans la détruire. On voit par là que s'il existait

un grand travail météorologique, embrassant toutes les contrées propres à la culture, nous n'aurions jamais besoin de tâtonner et de nous demander : Le froment réussira-t-il dans ce climat ou n'y réussira-t-il point ?

Nous connaissons des localités du Luxembourg belge où la culture du froment était impossible il y a vingt ans, tandis qu'elle y est possible à cette heure. C'est que, depuis lors, il y a eu modification dans le climat par suite du déboisement, du défrichement, et des travaux exécutés pour assainir les terrains trop humides.

Terres propres à la culture du froment. — Nous avons vu de bons et beaux froments dans les terrains argileux, calcaires, sablonneux, granitiques et schisteux ; mais nous nous empressons de reconnaître que ces divers terrains avaient acquis par les fumures et les façons un degré de fertilité convenable. Si le froment s'accommode assez facilement de la plupart des terres, ce n'est pas lorsqu'elles sont maigres ou médiocres ; aussi quelle que soit la contrée où on le cultive, on lui réserve d'ordinaire les meilleurs champs, et l'on fait bien. L'essentiel, pour le succès de cette céréale, c'est que les terres fortes qui doivent la recevoir, soient parfaitement assainies par des fossés ou par des drains ; c'est que les terres légères, destinées à la porter, aient été remuées profondément par la charrue. Les terres fortes, qui n'ont pas été assainies, compromettent en hiver les semis d'automne, déterminent la pourriture des racines pendant les années pluvieuses ou retardent par trop l'époque de la maturité. Les terres légères qui n'ont pas été défoncées par les labourages préparatoires, ne permettent pas aux racines de descendre librement dans le sous-sol, les retiennent à sa surface, les exposent aux inconvénients des sécheresses prolongées, aux arrêts de végétation, et souvent les épis se dessèchent sur pied avant la maturité convenable.

Bien que l'on fasse des froments dans les bonnes terres de toutes les contrées, quelle que soit leur nature, il n'en reste pas moins vrai, malgré cela, que cette céréale accuse une préférence assez marquée pour les terrains argileux susceptibles d'être convenablement ameublis, et que les produits qu'elle y donne sont recherchés pour leur poids et leur qualité. Elle se plaît aussi dans les alluvions voisines des rivières et des fleuves.

Place du froment dans les assolements. — Sur jachère morte, le froment prospère et s'y distingue par la qualité du grain. Dans le centre, l'ouest, l'est et le nord de la France, nous le semons avec avantage à la suite des récoltes sarclées, comme, par exemple, après les féveroles, les betteraves, les pommes de terre précoces, le tabac, le pavot, la navette et le colza. Seulement il est à remarquer qu'il ne réussit bien sur le colza et la navette qu'autant que ces deux plantes oléagineuses ont elles-mêmes parfaitement réussi. Sur un mauvais colza et une mauvaise navette, le froment reste d'ordinaire très-chétif. Cette anomalie n'a pas été expliquée ; ne proviendrait-elle pas de ce que les cultivateurs négligent les colzas et les na-

vettes manqués et laissent aux mauvaises herbes la liberté de les envahir? — Le froment donne encore de riches moissons sur un trèfle, un sainfoin, une luzerne rompus, sur une prairie naturelle retournée, sur le chanvre et le lin.

Engrais qui conviennent au froment. — Tous les engrais, appliqués à propos, favorisent le développement du froment. L'essentiel, c'est de donner à notre céréale par excellence des vivres où le phosphate de chaux, la potasse et la silice ne manquent pas. Du moment que ces substances se trouvent dans le sol, il n'y a pas à s'inquiéter de l'engrais; mais aussi du moment qu'elles ne s'y trouvent point, il importe de les y introduire au moyen de fumures. Cette manière de raisonner fera le compte des rares cultivateurs qui connaissent la composition chimique de leurs terres; malheureusement, elle ne saurait satisfaire le grand nombre. Nous conseillons à ceux-ci de s'arranger de façon à ce que leurs fumures contiennent à peu près tout ce qui est nécessaire au froment, comme s'ils n'avaient pas à compter sur le sol.

Une fumure composée de fumier long de cheval et de charrée, moitié de l'un, moitié de l'autre, convient parfaitement dans les terres argileuses. Elle serait meilleure encore si l'on y ajoutait de la cendre d'os, de la râpure de corne, un peu de guano ou de ces engrais artificiels préparés avec des débris de poissons. M. Puvis constate que dans une commune du département de l'Ain, où il est d'usage de fumer et de cendrer en même temps, on obtient des récoltes de froment plus abondantes que si l'on fumait ou cendrait séparément. Nous connaissons des cultivateurs qui fument et cendrent alternativement et s'en trouvent mieux que ceux qui fument ou cendrent leurs froments plusieurs fois de suite.

Le fumier de vaches est excellent dans les terres légères, sujettes à souffrir de la sécheresse. Si l'on y ajoutait une petite quantité des engrais phosphatés, dont nous parlions tout à l'heure, le froment n'en vaudrait que mieux.

Le fumier de moutons est plus avantageux à la paille qu'au grain. On assure que de la farine de froment, produit avec cet engrais, forme une pâte qui lève mal, s'aplatit et se gerce au four. Les observations que nous avons recueillies dans diverses localités de la Côte-d'Or, s'accordent sur ce point; toutefois, comme nous n'avons pas eu l'occasion de les contrôler personnellement, nous ne nous permettrons pas d'en affirmer l'exactitude rigoureuse.

Les matières fécales conviennent, dans certaines limites, à la culture du froment; mais quand on les emploie à l'exclusion de tout autre engrais, elles altèrent sensiblement la délicatesse des produits. L'effet s'accuse même avec le poudrette qui, cependant, s'éloigne beaucoup, par l'odeur, des matières vertes ou fraîches. Vous nous permettrez, à ce propos, une courte anecdote : — Un jour que l'on discutait sur le mérite de la poudrette qu'un fermier de notre voisinage employait depuis trois ou quatre années seulement, mon père, qui ne se contentait pas de l'apparence des récoltes, prit la parole et dit : Apportez-moi du blé produit avec de la poudrette et du blé produit avec nos fu-

miers de ferme, et rien qu'en mâchant quelques grains des deux échantillons, je ne serai pas en peine de les distinguer. La proposition fut acceptée, et la distinction si bien établie, en notre présence, que nous en avons gardé le souvenir. Dans les contrées où les matières fécales sont d'un usage général, on nie leur influence, parce que l'on ne compare pas les produits de diverses provenances, et aussi parce que l'habitude d'une chose ne permet plus d'en saisir les inconvénients.

La colombine, la poulaitte, le guano et certains engrais artificiels, riches en phosphates de chaux et en matières azotées, peuvent donner de beaux résultats dans la culture du froment, mais à la condition d'opérer sur des champs déjà riches en terreau, ou d'être favorisé par une année suffisamment pluvieuse ou par un climat humide.

La chaux, employée concurremment avec le fumier de ferme, est très-avantageuse au froment dans les terres siliceuses.

Le noir résidu des raffineries concourt énergiquement à la réussite de cette céréale dans les terres nouvellement défrichées et riches en débris végétaux.

Le plus souvent, on ne fume pas directement le froment, afin de prévenir une végétation trop fougueuse, et, par conséquent, la verse. On fume copieusement la récolte précédente et l'on se contente de l'excédant d'engrais laissé par cette récolte. Quand on sème le froment sur jachère morte, c'est une autre affaire; on fume légèrement au moment des semailles. Parfois aussi, l'on se trouve bien de fumer après une récolte de pommes de terre.

On assure que le froment enlève au sol environ 640 kilos de fumier de ferme par 100 kilos de produits.

Labours préparatoires. — La terre en repos ou jachère, destinée à recevoir du froment doit être labourée trois fois au moins avant les semailles, et jusqu'à quatre ou cinq fois; quand elle est de nature argileuse. Quand on sème la céréale sur un trèfle rompu ou après des féveroles, des betteraves, des pommes de terre, on ne laboure qu'une seule fois. Quand on veut semer après un colza et une navette, il est d'usage de labourer aussitôt ces plantes enlevées et une seconde fois avant l'ensemencement.

La plupart des cultivateurs qui suivent encore l'assolement triennal avec jachère morte, ne donnent le premier labourage à cette jachère qu'au mois d'avril, et les deux autres pendant l'été. Mathieu de Dombasle conseille, en pareil cas, de donner le premier coup de charrue en automne ou en hiver, de se servir de l'extirpateur en mars, de donner un nouveau coup de charrue en avril ou mai, et de continuer la même opération par deux fois encore dans le courant de l'été, afin qu'aucune mauvaise herbe ne puisse se mettre à graine, ce qui arriverait nécessairement si on laissait s'écouler un long intervalle entre ces travaux de culture.

Pour le labour exécuté à l'automne ou en hiver, il convient de laisser la terre bien ouverte aux influences atmosphériques, et par conséquent de ne point herser la terre renversée par la charrue ; mais du moment qu'il s'agit de labours d'été, il devient utile de herser après chaque opération, à moins cependant que le terrain ne soit infesté par le chiendent. Dans ce cas particulier, les hersages immédiats soustrairaient les racines de cette plante à l'action du soleil et feraient ainsi plus de mal que de bien. On ne herse donc le premier labour, en pareil cas, qu'au moment de donner le second labour, et l'on ne herse celui-ci qu'au moment de donner le troisième. — « Au moyen de plusieurs labours donnés en temps sec avec les précautions que je viens d'indiquer, dit M. de Dombasle, on détruit le chiendent de manière qu'il n'en reste pas de traces, et les racines de cette plante qui pourrissent dans le sol y servent d'engrais. On doit donner un nouveau labour aussitôt que l'on voit les nouvelles pousses de chiendent apparaître à la surface ; et l'on continue ainsi jusqu'à ce que la destruction soit complète. On peut détruire par le même procédé la plupart des plantes à racines vivaces.

« Lorsqu'on doit donner successivement plusieurs labours à un terrain, le premier doit ordinairement être le plus profond. »

Quant aux labours préparatoires à exécuter en vue des semailles du froment de mars, on se contente de donner un coup de charrue avant l'hiver et un second coup huit ou dix jours avant de semer.

Choix des semences. — Le choix de la semence a, pour les cultivateurs qui sont les éleveurs des végétaux, la même importance que le choix des reproducteurs pour les éleveurs d'animaux. Cependant, ainsi que nous l'avons dit dans l'ART DE PRODUIRE LES BONNES GRAINES, les cultivateurs qui attachent un grand prix aux beaux étalons ne font guère attention à la beauté des porte-graines, et commettent une inconséquence très-fâcheuse. Ils prennent ou achètent leur semence à l'aventure, sinon toujours, au moins dans la plupart des cas, et ne savent jamais au juste ce qu'il en sortira. Il est rare qu'ils aient vu sur pied et qu'ils connaissent les qualités des plantes qui ont produit leur semence. Du moment qu'elle a bonne mine, ils la prennent pour excellente. On ignore trop généralement qu'un maigre grain de froment, sorti d'une belle race, nous donnera souvent un magnifique épi et de beaux grains, tandis qu'un grain irréprochable, trouvé par hasard sur une race usée, nous donnera un épi misérable et des graines sans valeur.

Les jardiniers habiles et soigneux ont le bon esprit de faire eux-mêmes leurs semences, de se réserver les meilleures et de se débarrasser des autres. C'est pour cela que nos bonnes vieilles races de légumes se maintiennent depuis des siècles, sans dégénérer, au moins dans les villes ; c'est pour cela aussi que des améliorations se produisent de temps en temps. Nous aurions donc tout profit à faire aux champs ce que d'autres font au jardin.

On ne peut répondre des graines qu'après les avoir vues sur pied, et les avoir récoltées, battues et soignées jusqu'au moment de s'en servir. Ceux qui les achètent au marché ne sauraient par conséquent répondre de rien.

Pour que la semence de froment soit parfaite ou, tout au moins, de bonne qualité, il faut :

1° Qu'elle provienne d'une variété recommandable sous tous les rapports ; qu'elle ne soit ni longue ni courte, que la raie soit nette et que les bords de cette raie soient bien renflés ;

2° Que les plantes aient été bien nourries, bien exposées aux influences de l'air et du soleil, et exemptes de maladies ;

3° Que la maturité ait été complète sur pied ;

4° Que cette semence soit restée le plus longtemps possible dans les épis, après la récolte ;

5° Qu'on ait battu les épis légèrement, en les frappant sur un billot, une table ou un tonneau renversé, afin de n'en détacher que les meilleures graines qui toujours tombent les premières ;

6° Que cette graine ait été nettoyée au crible, puis placée par couches minces, de 30 ou 35 centimètres au plus d'épaisseur, sur un grenier convenablement éclairé et aéré ;

7° Qu'elle soit nouvelle autant que possible ou, à la rigueur, de l'avant-dernière récolte, dans le cas où les mauvais temps auraient contrarié par trop le développement et la maturation de la dernière récolte.

Nous connaissons des cultivateurs intelligents qui ont soin de débarrasser les gerbes des mauvaises herbes qui peuvent s'y trouver, et de battre les épis, sans délier ces gerbes. Ils suivent en ceci le conseil donné par Olivier de Serres d'abord, et ensuite par Duhamel.

Nous en connaissons d'autres qui attendent la complète maturité de leur récolte, et qui, après cela, choisissent et récoltent patiemment, un à un, les plus beaux épis du champ, qu'ils battent au fléau et criblent ensuite. Ce sont là des progrès, sans doute, mais des progrès qui laissent encore beaucoup à désirer.

Selon nous, chaque cultivateur devrait avoir sa pépinière de froment sur une partie de terrain qui n'en porterait qu'une fois tous les sept ou huit ans. Nous voudrions, ainsi que nous l'avons écrit déjà en traitant de *l'art de cultiver les bonnes graines*, que ce terrain fût riche en vieil engrais, bien préparé par les labours et les hersages, qu'on l'ensemençât en lignes, de façon à pouvoir y pratiquer aisément les sarclages et les binages, et qu'entre deux planches ou billons de céréales, il y eût une planche consacrée à la culture d'une plante très-peu développée en hauteur, comme la betterave, la carotte, le navet, le rutabaga, la pomme de terre, etc., etc. De cette manière, l'air et la chaleur circuleraient en toute liberté et favoriseraient la végétation sur tous les points. Nous aurions ainsi des tiges d'une belle venue, des épis superbes et des grains de choix, incontestablement. Nous pourrions compter en toute sécurité sur une pareille semence, tandis que celle tirée de nos gerbes ordinaires ou du marché, et criblée même avec le plus grand soin, promet souvent plus qu'elle ne tient, par cette raison connue qu'un grain parfait peut sortir d'un épi défectueux et hériter des défauts du sa mère.

Quand nous voulons de l'excellent chènevis, nous le prenons sur de gros pieds de chanvre, éparpillés de loin en loin, et le plus ordinairement dans des champs de pommes de terre. Pourquoi donc ne procédons-nous pas de la même manière pour toutes nos graines? Pourquoi ne les demandons-nous pas à des plantes clair-semées et par conséquent solidement constituées? L'habitude n'y est point; voilà la seule réponse à faire, à défaut d'une bonne raison à donner.

Cependant, nous connaissons un ancien notaire, devenu cultivateur, M. Villiard, qui a eu l'heureuse idée de fabriquer du froment de semence dans un étang desséché de la Côte-d'Or et d'améliorer la variété commune au point de la faire considérer comme une variété nouvelle. En ce moment, le *blé Villiard* est en faveur dans le département en question, et nous le comprenons. Reste à savoir s'il se maintiendra longtemps sans dégénérer. Oui, dirons-nous, aussi longtemps que la culture des porte-graines sera soignée et faite à raison de 40, 50 ou 60 litres à l'hectare; mais du moment qu'on prendra la semence sur des récoltes drues, elle ne tardera pas à s'amoindrir.

Nous avons beaucoup de cultivateurs qui ont le bon esprit de réserver pour la semence la partie la plus belle de leur récolte et de ne la moissonner que dans un état de maturité parfaite. C'est un progrès sans doute, mais nous ne le trouvons pas assez marqué. Les apparences peuvent encore les tromper, tandis qu'elles ne les tromperaient pas s'ils avaient la précaution de choisir une terre qui n'aurait pas porté de céréales depuis longue date, et de l'ensemencer en lignes espacées. Ce que M. Villiard a obtenu, chacun peut l'obtenir aussi aisément.

Il existe sous le nom de variétés ou sous-variétés, de simples variations ou tout simplement des graines améliorées par voie de sélection, qui nous donnent une ou deux bonnes récoltes et dégénèrent de suite après. Le froment d'Australie est de ce nombre. C'est regrettable, car il y aurait souvent gros profit à les fixer ou à les maintenir. Cependant, pour y réussir, il suffirait de se donner un peu de peine et de repiquer pied à pied, à 15 ou 20 centimètres de distance l'un de l'autre, dans le courant de mars, du plant de la céréale désirée. C'est une précaution à laquelle les jardiniers sont bien forcés de se soumettre toutes les fois qu'ils ont affaire à des races capricieuses; pourquoi donc, dans certains cas donnés, ne nous y soumettrions-nous pas nous-mêmes? Ne riez point de la recommandation, car elle est sérieuse et praticable. Pour le prouver, nous n'avons pas besoin de rappeler que la culture des froments au plantoir a été tentée à diverses reprises et avec succès chaque fois que la main-d'œuvre était à bon marché. On nous répondra que les essais d'amateurs n'ont pas toujours une grande portée. Nous nous contenterons donc d'affirmer aux incrédules qu'aux environs de Templeuve, entre Lille et Tournay, il est d'usage, de temps immémorial, à la suite des hivers rigoureux, de prendre du plant dans les parties bien garnies de l'emblave et de le repiquer pour remplir les vides. Voilà ce que font de vrais cultivateurs, et ce que nous pourrions très-bien faire, de notre côté, pour nos porte-graines. En France, nous avons une telle peur du ridicule qu'aucun praticien ne consentirait à repiquer un champ de froment, en vue de créer une pépinière

pour la reproduction. C'est vous dire assez que nous n'attendons rien de notre conseil dans le présent; nous nous contentons d'accomplir un devoir en exposant une vérité.

En ce qui regarde la semence de froment aussi bien que toute autre semence, on ne peut répondre que de celle que l'on a fabriquée soi-même. L'important c'est de la bien fabriquer, et nous venons d'en indiquer les moyens.

La plupart des cultivateurs croient à l'absolue nécessité du changement de semence; en d'autres termes, ils croient qu'ils ont un avantage incontestable à prendre les graines de reproduction ailleurs que chez eux. Sous des climats ingrats et dans des terrains médiocres, cette manière de voir est fondée; mais lorsque nous avons pour nous la bonne terre et le bon climat, il n'est pas nécessaire de nous approvisionner de semence chez nos voisins. Nous avons écrit quelque part, et nous le répétons: il est aussi déraisonnable de poser en principe la nécessité absolue du changement de semence que d'en contester absolument l'utilité dans divers cas. Il est évident que certains sols sont plus favorables que d'autres à certaines plantes, qu'elles s'y développent mieux et y acquièrent des propriétés particulières, à raison de la composition du terrain et du climat. En conséquence, il y a profit pour le cultivateur moins favorisé à tirer de là ses graines qui hériteront des bonnes qualités de la plante et les continueront pendant une année ou deux au moins; mais il ne nous paraît pas nécessaire de généraliser l'emploi du procédé, et d'aller chercher chez les autres de la semence qui peut être excellente chez nous.

Nous appartenons à une contrée en renom pour la qualité de ses froments. Cependant, il y a quinze ou vingt ans de ceci, la plupart de nos cultivateurs dédaignaient la semence récoltée chez eux et l'achetaient chaque année à quatre ou cinq lieues de là dans le climat de l'Auxois, un peu plus rude que le nôtre, et l'amenaient des terrains calcaires de la montagne dans nos alluvions argileuses de la plaine. Depuis lors, les cultivateurs de l'Auxois ont altéré la qualité de leur semence en moissonnant un peu trop sur le vert. Il a fallu y renoncer par conséquent et, aujourd'hui, ceux de nos cultivateurs de la plaine qui ne font pas leur graine de reproduction se félicitent de semer du froment Villiard obtenu dans un climat et des terrains qui ne diffèrent pas des nôtres.

A notre avis, chaque contrée est en position de créer les variétés et de les maintenir ainsi que les espèces propres à son climat et à son terrain. Il ne faut pour cela que du goût et des soins.

Préparation des semences. — Il est d'usage assez généralement de soumettre la semence de froment à diverses préparations qui jouissent, assure-t-on, de la propriété de préserver les récoltes de la carie et du charbon. On emploie, à cet effet, la chaux seule ou avec le sulfate de soude, ou bien le sulfate de cuivre ou couperose bleue, l'arsenic, etc. A côté des hommes qui exaltent les avantages des procédés en question, nous en avons qui en contestent l'efficacité, qui la nient même très-résolûment. Pour notre compte, nous pensons que le chaulage et le vitriolage ou sulfatage de graines suspectes, plus ou moins mouchetées, provenant de récoltes que l'on n'a pas vues sur pied, peuvent rendre des services; mais nous ne croyons pas à l'utilité de ces opérations sur des graines de choix, provenant d'épis sains. Toutes les fois que l'origine de la semence n'est pas suffisamment connue, on a raison peut-être de recourir au chaulage et au sulfatage; mais du moment qu'elle est bien connue et que l'on peut répondre de la qualité, nous n'admettons pas la nécessité de la préparation de la semence; au contraire, nous la condamnons. Ceux qui sèment à la volée de la graine chaulée n'ont pas leurs aises; ceux qui consomment le pain n'ont rien à gagner à la présence de la couperose et de l'arsenic (acide arsénieux) dans les champs, quel que faible qu'en soit la dose. Il conviendrait, selon nous, de s'en tenir à des lessivages alcalins inoffensifs, lorsque la préparation de la semence paraît nécessaire, et elle l'est moins souvent qu'on ne le suppose. Nous pensons que les bons effets, attribués au chaulage et au sulfatage, sont dus plus souvent à l'eau chaude qui sert à ces opérations qu'à la chaux, au sulfate de cuivre ou au sulfate de soude. Cette eau ramollit la graine, la gonfle, facilite la germination, et hâte la levée. Or, une graine qui ne dort pas en terre, qui lève vite en plein air, produit toujours une plante mieux portante qu'une graine tourmentée pendant sa germination. Eh bien, nous n'avons besoin ni de chaux, ni d'aucune drogue plus ou moins vénéneuse pour arriver à ce résultat. Il nous suffit de jeter de l'eau chaude sur la semence et de là bien pelleter avant de la répandre; ou mieux encore, il suffit de jeter notre graine dans des baquets d'eau tiède ou froide, de l'y laisser pendant vingt-quatre ou quarante-huit heures et d'enlever les grains défectueux qui remontent à la surface de l'eau. On obtient ainsi une excellente semence, ramollie, par conséquent mieux disposée à germer qu'avant l'immersion, et, de plus, dégagée de ces grains maladifs, incomplets, tarés et impropres à une reproduction normale. Dans nos cultures mal soignées, beaucoup d'épis chétifs et prédisposés aux maladies ne sont que les produits d'une semence défectueuse.

En somme, nous tenons en médiocre estime le chaulage et le sulfatage; mais aussi longtemps que le cultivateur ne pourra pas répondre de sa semence, il y aurait peut-être imprudence à les proscrire: voilà pourquoi, bon gré, mal gré, nous nous inclinons encore un peu devant cette pratique si controversée; voilà pourquoi nous allons entrer dans les détails des diverses préparations, comme si nous avions une entière confiance dans leur efficacité.

Il y a plusieurs manières d'opérer le chaulage des graines. Les uns font un lait de chaux avec 3 kilogrammes de chaux vive pour 8 litres d'eau, y plongent la semence pendant trois ou quatre heures, la retirent ensuite, la font égoutter dans des paniers et l'étendent après cela sur une aire de grange pour qu'elle y sèche. Les autres, et c'est le plus grand nombre, délayent la chaux dans de l'eau chaude, versent le mélange sur le tas de semence et remuent avec la pelle, jusqu'à ce que les graines soient bien imprégnées d'eau de chaux. Quelques-uns enfin humectent la semence et la saupoudrent de chaux fusée à raison d'un demi-kilogr. de chaux par 15 kil. de graines.

Duhamel donnait la préférence au procédé par immersion. — « Anciennement, écrivait-il vers 1770, on passait les blés à la chaux autrement qu'on ne le fait aujourd'hui. On mettait alors les grains dans des corbeilles que l'on plongeait dans de l'eau de chaux bien chaude; on remuait le grain dans les corbeilles, et on enlevait avec des passoires tous les grains qui flottaient sur l'eau : par ce moyen, on se débarrassait des grains affectés par la maladie, et on décrassait mieux les bons grains qu'en versant simplement, comme on le fait aujourd'hui de l'eau de chaux sur un tas de grains qu'on remue ensuite à la pelle, ou en se contentant seulement de mêler le grain avec de la chaux éteinte à l'air et réduite en poudre.

« Un de nos fermiers, ajoutait Duhamel, étant obligé, dans une année, de faire de ses semailles avec du blé moucheté, il le passa à la chaux par immersion, comme je viens de le dire, et l'année suivante, il n'eut point de noir. »

Nous préférons, nous aussi, ce procédé par immersion aux deux autres qui sont plus expéditifs, mais à coup sûr moins efficaces contre la moucheture.

Mathieu de Dombasle ne s'est point contenté d'un simple chaulage pour combattre la carie; il a cru devoir adjoindre le sulfate de soude à la chaux, et il a désigné l'opération sous le nom de sulfatage. Voici donc de quelle manière il faisait préparer sa semence dans la ferme de Roville. On faisait dissoudre 8 kilogr. de sulfate de soude par hectolitre d'eau et en quantité suffisante pour tout le temps des semailles. Puis on s'approvisionnait de chaux vive, à raison de 2 kilogr. par hectolitre de froment à préparer. Un peu avant l'opération, on mettait les pierres de chaux dans un panier ou manne; on plongeait le tout pendant quelques secondes dans de l'eau pure; on retirait ensuite les pierres que l'on plaçait sur le sol où elles fusaient promptement. Après cela, on se mettait à la besogne de la manière suivante: — Un hectolitre de semence était versée à terre; un homme l'arrosait avec la dissolution de sulfate de soude, et trois autres ouvriers armés de pelles, remuaient le froment dans tous les sens et vivement. Six ou huit litres de solution versés à de courts intervalles, suffisaient d'ordinaire pour imprégner le grain. Cela fait et sans perdre de temps, on répandait deux kilog. de chaux fusée sur toutes les parties de la semence mouillée en même temps que les ouvriers pelleteurs opéraient le mélange, et le tas était brassé jusqu'à ce que tous les grains fussent bien enduits de chaux. On jetait dans un coin du hangar ou de la grange ou de toute autre pièce l'hectolitre ainsi chaulé, puis venait le tour d'un deuxième hectolitre, d'un troisième, d'un quatrième, etc., selon les besoins du jour.

Beaucoup de cultivateurs se servent de sulfate de cuivre seul, et l'opération prend le nom de *vitriolage*, attendu que le sulfate de cuivre est le *vitriol bleu*. Sur tous les points de la France, on pratique le vitriolage, mais il est peut-être plus commun dans le département de l'Isère que partout ailleurs. Les uns portent la dose de sulfate de cuivre à 500 grammes dissous dans 100 litres d'eau pour le vitriolage de 3 hectolitres et demi de froment. On verse le liquide sur le grain et l'on remue avec des pelles. Les autres, au lieu de procéder par aspersion, procèdent par immersion, autrement dit plongent la semence dans l'eau, l'y agitent et enlèvent les grains de mauvaise qualité qui surnagent. Dans le canton de Crémieux, au rapport de l'*Agriculture française*, on fait dissoudre le sulfate de cuivre dans de l'eau bouillante, à raison de 3 kil. et demi par 60 litres de semence ; puis on asperge le tas avec un balai et l'on remue avec des pelles. Cette portion de vitriol nous semble excessive. Quelques cultivateurs jettent la semence dans un baquet d'eau vitriolée, la lavent bien et la ressuient après cela avec de la poussière de chaux éteinte.

Dans quelques localités, l'arsenic du commerce ou acide arsénieux des chimistes, sert aussi à la préparation de la semence de froment. Et ce n'est pas d'aujourd'hui que cet abominable moyen est mis en œuvre. Il y aura bientôt un siècle que Duhamel écrivait : « Plusieurs fermiers ont employé dans différentes provinces, une solution d'arsenic pour préparer leurs semences. On s'est plaint de toutes parts des accidents qui en résultaient. Un médecin, entre autres, a fait imprimer dans les journaux une dissertation pour prouver qu'il était très-important de défendre l'usage de cette liqueur empoisonnée. Il y rapporte tous les accidents qui sont arrivés aux semeurs et aux ouvriers qui travaillaient à cette préparation des semences et dont il a été témoin. » Eh bien, les meilleures raisons n'ont point prévalu contre le poison. Aujourd'hui encore, il y a des cultivateurs qui font dissoudre dans de l'eau de chaux un kil. de sel de cuisine, un DEMI-KILOGR. D'ARSENIC et qui en arrosent 4 ou 5 hectolitres de semence.

Les cultivateurs les plus raisonnables, à notre avis, sont ceux qui préparent leur semence dans un bain composé d'un tiers d'eau de chaux et deux tiers d'urine de vache ou bien encore d'un tiers d'eau de chaux, d'un tiers d'urine affaiblie et d'un tiers d'eau de fumier.

Semailles du froment. — L'époque des semailles est subordonnée au climat et à la nature du terrain. Sous ce rapport, l'usage dans chaque localité est le meilleur guide que l'on puisse suivre, car il est en quelque sorte le résultat d'expériences séculaires. Lorsqu'il s'agit de froment d'automne ou d'hiver, on le sème, dans le midi de la France, à partir de la première quinzaine d'octobre jusqu'à la fin de novembre ; dans l'est, du 15 au 20 septembre jusqu'à la fin d'octobre ; dans le nord, à partir de la Toussaint. Lorsqu'il s'agit de froment de mars ou de printemps, on le sème partout le plus tôt possible

après la sortie de l'hiver, soit pour remplacer des froments d'automne compromis, soit pour d'autres raisons.

La quantité de semence employée par hectare est très-variable. Dans les terres fortes et d'un ameublissement difficile, on répand jusqu'à 2 hectolitres 50 litres de graines ; dans les terres légères ou bien ameublies, on se contente de 2 hectolitres. Plus le sol est riche, moins il faut de semence, car il y a lieu de compter sur le *tallage* pour garnir les vides. On dit qu'une plante *talle* ou *troche*, quand, au lieu d'une seule tige, elle en donne plusieurs. Avec les semis de froment de mars, il n'y a pas à compter sur le tallage ; donc il faut employer plus de semence qu'à l'automne.

Les semis de froment se font soit à la volée et à main d'homme, soit en lignes au moyen de semoirs mécaniques qui économisent environ un tiers de graine. Jusqu'à ce moment, le semis à la volée, qui a le mérite d'être expéditif, mais l'inconvénient de n'être pas à la portée de tout le monde, a prévalu parce que les semoirs n'étaient pas irréprochables, mais les perfectionnements apportés d'année en année à ces instruments, leur assurent l'avenir, quant aux terrains qui n'exigent pas un semis dru ou serré. Nous avons pour la petite culture des semoirs à brouette qui fonctionnent assez bien, et pour la grande culture des semoirs à cheval, sinon parfaits, au moins qui approchent de la perfection. Nous avons vu à l'œuvre plusieurs de ces instruments, et dans le nombre nous avons surtout remarqué celui de M. Jacquet Robillard, constructeur à Arras. Il réunit la précision à la simplicité et à un prix raisonnable. (*Fig.* 173.)

On s'accorde généralement à dire le plus grand bien du petit semoir de M. Calloch, constructeur breton. Ce semoir fait partie de la collection du Conservatoire des arts et métiers.

Les semoirs enterrent la graine en même temps qu'ils la distribuent ; mais quand il s'agit des semis à la volée, on enterre cette graine avec la herse le plus ordinairement, quelquefois aussi avec la charrue, par un labourage très-superficiel, ou avec l'extirpateur, ou bien enfin, comme les

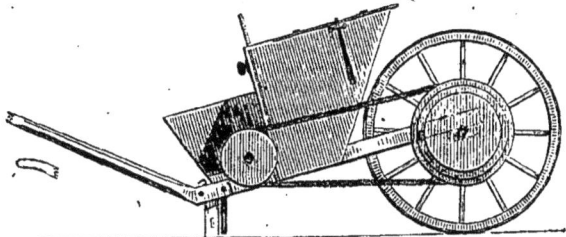

Fig. 1 2. — Semoir à brouette.

Ardennais, à la suite d'un écobuage, on se sert pour recouvrir la semence, de la terre que l'on sort des rigoles ouvertes, soit avec le *hay* ou *croc* (sorte de buttoir primitif), soit avec une pelle, dans la petite culture. On dit de la graine, enterrée avec la charrue, qu'elle a été *semée sous raie*.

Dans les terres fortes, il n'y a guère d'inconvénient à semer sur un labour récent ; mais dans les terres légères, il y a profit à semer sur vieux labour, autrement dit à attendre que le sol remué se soit tassé de lui-même. Quand on n'a pas le

Fig. 173. — Semoir Jacquet Robillard.

temps d'attendre ce tassement naturel, il est prudent de comprimer la terre remuée au moyen d'un rouleau, soit avant de procéder au semis, soit après que le semis a été fait. Un sol trop ameubli dérange la graine en se tassant, se dessèche trop vite à l'air et au soleil, et nuit par conséquent à la germination. Les argiles fortes n'offrent pas ces inconvénients.

La profondeur à laquelle la semence de froment ou toute autre doit être enterrée, varie nécessairement avec les terrains et les climats. Dans les terres légères il convient de recouvrir plus que dans les terres fortes, dans les terres maigres plus que dans les terres riches en humus, dans les climats chauds et secs plus que dans les climats humides. L'essentiel, c'est d'assurer à la semence l'air et la fraîcheur indispensables à la germination, et de la préserver en même temps des rayons trop ardents du soleil.

Soins à donner au froment pendant sa végétation. — Nous prenons la liberté de reproduire ici les conseils que nous avons donnés dans le *Dictionnaire d'agriculture pratique* :

« Aussitôt les semailles achevées, le cultivateur doit s'occuper des rigoles d'écoulement et des fossés de décharge, les nettoyer et les entretenir en bon état pour que les eaux ne puissent jamais séjourner sur les emblaves.

« Lorsque l'automne est pluvieux et doux, les limaces sont à craindre. Au lieu de se lamenter et de rester les bras croisés devant l'ennemi, il y a deux partis à prendre : l'un bien connu, qui consiste à saupoudrer les récoltes avec de la chaux éteinte ; l'autre, plus efficace, mais à peu près ignoré, consiste à faire manger les limaces par des dindons. Nous avons vu mettre ce moyen en pratique chez un ancien fermier des environs de Dijon, M. Loison. Tous les ans, il achetait un troupeau de dindons maigres, au moment où les limaces pullulaient dans ses terres argileuses, et au bout de trois semaines ou un mois, il les revendait en bon état. Double profit par conséquent : limaces détruites et argent gagné.

« A la sortie de l'hiver, il est très-utile de passer le rouleau sur les froments semés en terre légère, afin de tasser cette terre soulevée et de rechausser les racines des plantes. Dans les terres fortes, une pareille opération serait nuisible ; mais un coup de herse est avantageux. A cette époque, c'est-à-dire au moment où la végétation va repartir, il est très-utile encore d'arroser les emblaves avec des urines étendues d'eau.

A propos d'arrosage, nous ferons observer que dans certaines contrées du midi de la France, où la sécheresse amènerait des temps d'arrêt prolongé, il devient nécessaire d'irriguer les froments à diverses reprises.

Quand l'hiver a fait des vides sur un champ de froment, on doit regarnir ces vides par le repiquage, comme cela se pratique en Belgique, notamment dans l'arrondissement de Tournai, ou bien semer sur les lacunes un froment de mars des plus hâtifs, comme cela se pratique plus généralement. Quand les plantes souffrent sur l'ensemble de l'emblave, on doit les relancer avec du fumier de ferme en couverture ou avec des engrais pulvérulents de bonne qualité que l'on répand par un temps couvert ou humide.

S'il arrivait, au contraire, que le froment eût trop de vigueur au printemps et promît plus de paille que de grain, il conviendrait de rogner l'extrémité des feuilles, ou de rouler pour entraver la marche de la végétation. Dans certaines contrées, on livre ces récoltes fougueuses à un pâturage superficiel. Ainsi, dans la province de Liége (Belgique), aux environs de Waremmes, nous avons vu des porcs pâturer parmi les froments ; mais nous nous empressons d'ajouter que cette méthode était condamnée par les cultivateurs intelligents.

En mai ou en juin, selon les pays, il devient nécessaire de protéger les froments contre les mauvaises herbes dont nous aurons l'occasion de vous entretenir plus tard en détail. Ce sont ordinairement les femmes et les enfants qui se livrent à ce travail. Ils se servent, à cet effet, ou de couteaux allongés pour couper les herbes entre deux terres ou de tenailles en bois (moettes) pour les arracher. Les mauvaises herbes en question sont les cirses, les chardons, les patiences, renouées, liserons, vesces, chiendent, renoncules, folle avoine, coquelicots, nielle, ivraie, bluet, moutarde des champs, radis sauvage, mélampyre, chrysanthème des moissons, camomille, tussilage pas-d'âne, laiteron des champs, etc., etc. Il va sans dire qu'on ne réussit pas à les détruire toutes, mais c'est beaucoup déjà que de les tourmenter ou de les empêcher de fleurir.

Nous connaissons des cultivateurs d'élite qui ne se contentent pas de sarcler le froment et qui le binent comme s'il s'agissait d'une culture sarclée ordinaire. Ces cultivateurs sont très-rares.

Lorsque le grain est formé et sur le point de mûrir, les rosées de la nuit peuvent avoir des inconvénients, surtout si, dans la journée qui suit, le temps est calme et le soleil brûlant. L'effet de la chaleur sur l'épi mouillé amène souvent le *retrait* du grain, et nous ne pouvons plus compter que sur une récolte chétive. Que fait-on pour empêcher cet accident? Des vœux. C'est fort bien sans doute, mais nous voudrions que l'on fît encore autre chose. Dans quelques rares exploitations, il est d'usage, en pareil cas, de *corder* le froment. Des enfants se rendent avant le lever du soleil dans les champs de froment, saisissent un long cordeau par les deux bouts et le promènent au niveau des épis qui se couchent au passage du cordeau et se redressent ensuite. Cette secousse suffit pour abattre le gros de la rosée et prévenir le *retrait*. Cette opération est très-expéditive et très-peu coûteuse. On la renouvelle pendant huit ou quinze jours, lorsque le ciel n'est pas couvert ou lorsqu'il ne fait pas de vent.

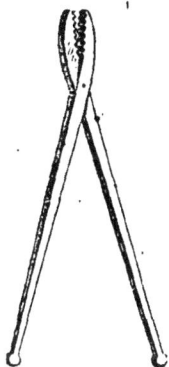

Fig. 174.— Moettes.

Maladies du froment. — Les maladies à redouter pour le froment, sont la pourriture du collet ou mal de pied dans les terrains trop mouillés; la carie qui attaque l'intérieur du grain et répand une odeur détestable; le miellat, sorte de sueur visqueuse qui sort des feuilles, des tiges et des fruits d'un grand nombre de plantes; la rouille, l'ergot parfois et le charbon. Les plus dangereuses et les plus communes sont la carie et la pourriture. Si l'on prenait pour fabriquer la semence les précautions que nous avons indiquées, et si, en outre, après les avoir prises, on lavait parfaitement cette graine, on n'aurait pas à se plaindre souvent de la carie. Si, d'un autre côté, on avait soin d'assainir convenablement les terres consacrées à la culture du froment, la pourriture, qui provient de l'action de l'eau stagnante sur les racines, n'aurait plus de raison pour se reproduire.

Fig. 175.
Blé charbonné.

Récolte du froment. — La récolte du froment a lieu vers la fin de juin ou au commencement de juillet, dans le midi de la France; vers la fin de juillet et au commencement d'août dans le Centre; quinze jours ou trois semaines plus tard dans le nord et dans les Flandres belges. Le ren-

dement est très-variable. Si nous avons des terres qui ne rapportent que 9 ou 10 hectolitres à l'hectare, nous en avons, en retour, qui rendent au delà de 30 hectolitres. Quand on arrive à 20 hectolitres, il n'y a pas à se plaindre; quand on arrive à 25, il faut se réjouir. Nous reviendrons sur ce sujet en traitant de la moisson des céréales en général. Pour le moment, nous nous bornons à constater un fait, c'est que la production du froment en France va toujours en augmentant. Il résulte des documents officiels que les 4 683 788 hectares cultivés en froment en 1820, ont rendu 54 347 720 hectolitres, tandis que les 6 543 530 hectares cultivés en 1857 ont atteint le chiffre de 110 426 462 hectolitres. Ainsi, la moyenne par hectare en 1820, était de 9 hectolitres 46 litres de froment, tandis qu'elle était de 16 hectolitres 75 litres en 1857. Voilà des chiffres qui affirment le progrès.

Le poids de l'hectolitre de froment varie ordinairement entre 75 et 80 kilogrammes.

Nous ne voulons pas qu'on puisse nous reprocher de sacrifier les cultures du Midi à celles du Nord, et, pour éviter ce reproche, nous cédons un moment la plume à notre ami et collaborateur M. Pons-Tande qui traitera de la culture des céréales dans le Midi.   P. JOIGNEAUX.

CULTURE DES CÉRÉALES DANS LE MIDI.

Aptitude du sol et du climat du Midi à la production des céréales. — La principale activité agricole de la grande zone du midi de la France est encore dirigée du côté de la production des céréales : cela s'explique sous un climat où l'action de la chaleur et de l'humidité constitue les éléments nécessaires à leur complet développement.

Toutefois, nous ne serions pas dans la vérité si nous caractérisions d'une manière trop absolue l'aptitude culturale de cette vaste région, par la production spéciale des céréales. Les magnifiques vignobles des coteaux bien exposés ou des plaines graveleuses, les prairies naturelles des vallées sous-Pyrénéennes, les cultures de plantes fourragères occupant partout des surfaces de plus en plus étendues, indiquent assez que le sol et le climat du Midi n'ont rien d'absolument exclusif, qu'ils se prêtent à la généralisation des cultures, tout en favorisant particulièrement celle des céréales qui est encore dominante dans ces contrées.

Nature du sol convenable au froment. — Le froment, la plus précieuse de toutes les céréales, est aussi celle qui occupe le premier rang dans la culture méridionale.

La terre argilo-sableuse, possédant plus que toutes les autres cet état moyen de consistance et de friabilité qui favorise si bien la pénétration de la chaleur solaire et l'absorption de l'humidité, est celle que le froment semble préférer; mais comme il donne aussi d'excellents produits sur des sols compacts, on peut dire qu'il s'accommode de toutes les natures de terres et que la richesse de sa production ne dépend que de la complète application des règles de bonne culture.

Place du froment dans les assolements. — La jachère entre encore dans la généralité des assolements du Midi ; quelques cultivateurs aidés d'un capital suffisant ou par la fécondité exceptionnelle de leurs terres, ont pu la supprimer ; mais ce ne sont là que des faits particuliers. La jachère marque la place réservée au froment. Il ne peut point la trouver en succédant aux cultures sarclées des plantes oléagineuses ou industrielles qui n'occupent que des surfaces insignifiantes encore, dans le Midi, où le maïs, à peu près seul maître de la terre sarclée et n'arrivant à maturité que dans les premiers jours d'octobre, ne peut offrir aux semences de froment qu'une terre tassée et souvent envahie par des végétaux parasites.

La rupture des prairies temporaires de trèfle ou sainfoin qui, faite après le prélèvement de la première coupe et suivie de plusieurs labours d'été, crée partout ailleurs le milieu le plus convenable au froment, présente, dans le Midi, l'inconvénient de déterminer une végétation hivernale trop luxuriante : la plante y acquiert, sous l'influence des pluies du printemps, un développement considérable qui, après avoir fait naître les plus brillantes espérances, n'aboutit le plus souvent qu'à l'émission de tiges pléthoriques, manquant de nerf dans leurs parties ligneuses, ne pouvant pas soutenir le poids des épis et s'affaissant à la première pluie.

Succédant à la jachère, dans l'assolement triennal du Midi, le froment occupe ainsi la meilleure place. La terre, en effet, labourée plusieurs fois pendant cette année de repos, se trouve nettoyée et ameublie ; quelle que soit sa nature, le succès de la récolte y est assuré de la puissante intervention des engrais vient compléter l'œuvre de la culture.

Engrais du froment. — Les engrais industriels sont très-rarement employés dans la culture du Midi. Le fumier de ferme y est le seul régénérateur du sol ; appliqué à la culture du froment, il doit être pur de tout mélange de mauvaises graines. La quantité de 20 000 kilog. est considérée comme suffisante à l'hectare, pour les terres qui n'en sont pas trop appauvries ; portée plus haut, la fumure pourrait faire verser la récolte.

Variétés de froment cultivées dans le Midi. — Parmi les nombreuses variétés de froment, l'agriculture méridionale n'en admet que quatre principales :

1º Le blé fin de Roussillon ;
2º Le blé dit d'abondance ;
3º Le blé dit *Bladette* ;
4 Le blé mitadin ou gros blé.

Le blé fin du Roussillon a son épi jaune doré, barbu et de forme pyramidale ; son grain d'un rouge vif est rond, du poids de 80 kilog. à l'hectolitre. — Ce blé venu, en effet, du Roussillon, ensemencé dans toute sa pureté d'origine, présente l'inconvénient d'être trop précoce, sous le climat moyen du Midi ; la sortie trop hâtive de ses épis l'expose aux fâcheuses influences des pluies du mois de mai ; cependant, après son acclimata-

tion, il devient rustique et parfaitement approprié au pays. Son rendement est bon et sa qualité est toujours supérieure.

Le blé d'abondance a l'épi également jaune, moins doré que le précédent, plus barbu et plus long à cause du plus grand écartement de ses épillets. Son grain est long et d'un rouge moins vif que celui du Roussillon auquel il est inférieur en poids. Sa culture est très-répandue dans les localités voisines des Pyrénées où sa grande rusticité le fait admettre de préférence à tout autre.

La bladette n'a point de barbes à son épi, dont la couleur est blanchâtre et la forme plus ramassée. Son grain rond et pâle est très-riche en amidon ; il est recherché par le commerce de la meunerie à cause de la blancheur de sa farine ; aussi, malgré l'infériorité relative de son poids qui ne dépasse pas 75 kilog., est-il généralement plus payé que les autres variétés. La paille de la bladette est fragile et disposée à prendre la rouille dans les lieux bas et humides.

Le blé mitadin est aussi nommé gros blé à cause de la grosseur de ses épis et de ses grains. Moins fin que toutes les variétés précédentes, le blé mitadin n'a qu'un mérite que lui donnent la grosseur et l'énergie de sa paille : c'est de résister à la verse. Cependant le grand développement de son feuillage le dispose à se charger de l'humidité froide des rosées qui rendent sa maturation longue et pénible.

Choix et préparation des semences. — La belle conformation du grain, son entière maturité et sa très-grande netteté, sont les qualités exigées dans les froments de semence. Cependant la grande répugnance du cultivateur à semer de vieux grain l'expose à la violation des principes posés. Au moment même où nous écrivons ces lignes (20 avril 1861) nous voyons des champs privés de la moitié de leurs tiges, parce que les semailles y ont été faites avec des froments de l'année, dont la maturité a été incomplète, même sous le climat du Midi.

La préparation des froments de semence était, il y a quelques années encore, une opération toujours imparfaite ; leur épuration laissait toujours à désirer malgré les nombreux criblages ; les cultivateurs soigneux en étaient réduits à faire trier le blé, grain par grain, sur une table ; aussi l'invention des trieurs mécaniques a-t-elle été acceptée avec empressement. Nous voyons aujourd'hui, aux approches des semailles, de petits industriels ruraux circuler de ferme en ferme avec un appareil d'épuration, appropriant ainsi, pour une modique rétribution, les semences de contrées entières.

Le chaulage et le vitriolage, dans le but de prévenir la carie et le charbon, sont des précautions généralement prises.

Les froments de mars sont inconnus dans le Midi à cause des chaleurs printanières qui viendraient surprendre leur trop tendre végétation ; les semences d'automne sont les seules admises.

Époque des semailles. — Quantité de grains et mode d'ensemencement. — Le degré plus ou moins avancé de préparation des terres, leur qualité et les variations des saisons apportent des modifications dans le choix du moment le plus favorable aux semailles, comme aussi dans la quantité de grains à répandre sur une surface donnée. Cependant, l'époque comprise entre le 15 octobre et le 15 novembre est généralement considérée comme la meilleure pour les semailles de froment. Les terres se trouvent alors dans les conditions d'humidité et de température les plus convenables à une prompte germination ; les semis plus précoces, exposés à prendre un développement automnal qui est toujours détruit par les rigueurs de l'hiver, prélèvent ainsi une inutile contribution sur la richesse du sol. Avec les semis tardifs, la germination des froments coïncide avec l'arrivée des gelées les plus intenses qui peuvent les détruire, s'ils ne sont protégés par une couche de neige.

L'usage des semoirs est une très-rare exception, dans le Midi ; le grain est répandu à la volée, à raison de 2 hectolitres à l'hectare. L'araire du pays, dont le versoir ordinaire a été remplacé par un plus petit modèle, est l'instrument adopté pour couvrir les semences et former les billons, dans les terres exposées à l'humidité.

Le plombage du sol, après les semailles, est absolument négligé dans le Midi ; le cultivateur semble même ne point se douter de toute l'importance d'une opération qui a pour but de faire adhérer de tous côtés le grain à la terre, d'empêcher les radicules de pousser dans le vide et de concentrer la fraîcheur dans la couche arable : c'est là une déplorable lacune dans les pratiques agricoles ; les effets en sont désastreux avec les sécheresses automnales.

Soins donnés aux froments sur pied. — Les soins que reçoivent les froments pendant leur végétation, sont bornés à quelques sarclages faits dans le mois d'avril par des femmes qui se tenant dans les rigoles des billons, arrachent les mauvaises herbes à droite ou à gauche, soit avec les mains, soit à l'aide d'un sarcloir. Les roulages et les hersages sont peu pratiqués : ces deux opérations perdent, en effet, de leur importance, dans une contrée où la fréquence des pluies printanières opérant le tassement des terres soulevées par les gelées, les effets du déchaussement ne sont point à redouter. Les travaux préparatoires aux semailles du maïs réclamant d'ailleurs, au mois de mars, toute l'activité des attelages, il en résulte un peu de négligence pour les travaux dont l'utilité n'est pas incontestablement reconnue.

Maladies du froment. — A part le ravage des insectes, les blés sont exposés à des maladies qui contrarient la végétation et amoindrissent ou altèrent ses produits.

Le froment, comme toutes les plantes annuelles, exigeant une graduation croissante de température et décroissante d'humidité, éprouve une véritable maladie toutes les fois que cet ordre naturel est interrompu. Le climat du Midi présentant, plus que tout autre, des alternatives subites de froid et de chaud, d'humidité et de sécheresse, expose le froment à des périodes de langueur pendant lesquelles la plante perd sa couleur foncée et prend une teinte pâle qui est l'indice de la souffrance.

La rouille qui, sous forme de taches rouges plus ou moins multipliées sur la tige du froment, entrave profondément sa végétation et altère la qualité de la paille, au point d'en faire un véritable poison pour les animaux, est aussi une maladie du froment qu'il faut attribuer à la défectuosité du climat, puisque nous ne la voyons se produire qu'après un abaissement subit de température ou avec les brouillards froids et humides.

Si le cultivateur est impuissant en présence de ces deux maladies du froment que le climat lui impose, il n'en est pas de même pour la carie et le charbon qui sont aujourd'hui, selon nous, combattus avec succès par le vitriolage ou le chaulage des grains de semence.

Mais la plus grave affection des blés du Midi, est celle qu'ils reçoivent de l'effet des rosées froides du mois de juin, alors que l'épi recouvert, le matin, d'une humidité presque glacée, se trouve brusquement exposé au soleil brûlant de la saison. Cette rapide transition, mortelle pour les tendres grains, constitue la maladie la plus terrible. Dans quelques localités voisines des Pyrénées où les désastres de cette nature se produisent avec plus de fréquence et d'intensité, on parvient à l'en garantir au moyen d'un procédé simple et ingénieux qui consiste à secouer les récoltes, de très-grand matin, avec une corde de 40 mètres de long, tendue aux deux extrémités par deux hommes qui, marchant de front dans le champ de blé, et tenant la corde à un niveau inférieur à celui des épis, forcent ainsi toutes les tiges à s'abaisser et à se dégager de la rosée par le brusque mouvement qu'elles font pour reprendre leur position verticale.

Le *cordage* des blés, malgré les grandes pertes qu'il prévient, est une opération rebutante à cause des dangers auxquels elle expose la santé des ouvriers couverts de la froide et insalubre humidité du matin ; cependant, l'invention des tissus imperméables permet, aujourd'hui, de concilier la question d'humanité avec celle des intérêts.

Maturité du froment. — Signes auxquels on la reconnaît. — Aux approches de sa maturité, la tige du froment perd sa couleur vert foncé pour prendre une teinte dorée qui est le signe de la mort végétale ; c'est dans les derniers jours de juin qu'arrive cette transformation. Quoique le grain ne soit, alors, qu'à l'état de pâte compacte, il devient urgent de le soustraire aux accidents de la température ; sa dernière maturation doit s'accomplir en dehors de l'action végétale.

Production du froment. — On s'accorde généralement à fixer la production du froment, dans le Midi, à 15 hectolitres à l'hectare. Ce chiffre, tout réduit qu'il est, peut encore paraître exagéré pour une grande partie de pauvres terres où la semence se quadruple à peine ; mais comme il s'élève souvent à 20, 25 et 30 hectolitres dans les sols riches et avancés en culture, on est à peu près d'accord de l'accepter comme le taux moyen de la production du froment dans la zone du sud-ouest.   L. PONS-TANDE.

Culture de l'épeautre. — La culture de l'épeautre est exactement la même que celle du froment ordinaire. Il est peu répandu en France, si ce n'est dans les contrées montagneuses, dans les Vosges, les Cévennes, le Cantal, etc. En Belgique, où elle entre dans la fabrication de la bière, cette céréale est assez recherchée et par conséquent assez commune.

SEIGLE (SECALE).

Classification. — Pour les botanistes, il existe plusieurs espèces de seigle, mais il n'y en a qu'une seule pour les cultivateurs : c'est le *seigle cultivé* ou *seigle commun*.

Cette espèce a fourni :

Le *seigle de mars*, ou *seigle trémois*, ou *seigle marsais* ;

Le *seigle multicaule* ou *de la Saint-Jean* ;

Le *seigle de Russie* ;

Le *seigle de Rome*.

Selon les uns, tous ces seigles seraient les variétés distinctes de notre seigle d'automne ordinaire ; selon les autres, ils n'en seraient que des variations plus ou moins stables. Nous constatons purement et simplement le désaccord, sans avoir la prétention de le faire cesser.

Climat. — Le seigle, qui est aux contrées pauvres ce que le froment est aux contrées riches, est encore désigné sous le nom de *blé* dans certains cantons de la France, tandis qu'on le connaît sous le nom de *grain* dans le Luxembourg belge. Cette céréale redoute moins que le froment les hivers rudes et n'exige pas autant de degrés de chaleur pour mûrir sa graine. Pour ces deux raisons, elle s'accommode bien des climats du Nord et des situations élevées ; aussi la rencontre-t-on surtout dans les pays montagneux et septentrionaux, dans le Morvan, les Vosges, les Ardennes, l'Allemagne et la Russie.

Fig. 176.
Seigle d'hiver.

Terres propres à la culture du seigle. — Les terres légères, maigres, calcaires, siliceuses, granitiques et schisteuses, sur lesquelles le froment ne réussirait point ou réussirait mal, conviennent au seigle, pourvu qu'elles ne soient pas mouillées constamment. N'oublions pas le vieux dicton : *Sème tes seigles en terre poudreuse.* Pour notre compte, nous n'avons jamais vu et ne pensons pas qu'on puisse voir de plus beaux et de meilleurs seigles que sur des terrains de bruyères soumis à l'écobuage. Nous connaissons, il est vrai, des terres légères, d'une grande richesse, où le seigle prospérerait mieux encore que dans les terres maigres, mais on se garde bien de les lui donner.

Place du seigle dans les assolements. — Dans les contrées où il est d'usage d'écobuer les friches et les vieux gazons, on ouvre la rotation des cultures par un seigle. Parfois même, comme dans la Campine, on l'amène de suite après le défrichement, sans qu'il y ait eu écobuage. Cette céréale réussit bien après une récolte de racines ou de pommes de terre précoces, ou après une avoine, un sarrasin, une spergule, ou sur une prairie artificielle rompue. Fréquemment, on sème le seigle deux et trois fois de suite à la même place, et par exception, nous l'avons vu ramener sept ou huit fois sans interruption sur l'emplacement d'un bois défriché et écobué : c'est ce qui a porté M. Girardin à dire « qu'il possède la faculté, refusée par la nature à la plupart des autres plantes, de se succéder sans interruption, sur le même terrain, pendant un certain nombre d'années, sans que ses produits paraissent en souffrir. » Aussi longtemps, en effet, que la couche arable renferme et peut fournir au seigle toutes les substances nécessaires à sa vie, il revient à la même place, comme y reviendrait d'ailleurs toute plante qui ne manquerait de rien ; mais il n'en est pas moins vrai que la première récolte vaut toujours un peu mieux que la seconde, celle-ci un peu mieux que la troisième, et ainsi de suite. Il n'en est pas moins vrai, aussi, que les récoltes de seigle multipliées successivement, ruinent le terrain pour longtemps, que ce qui a été pris n'est plus à prendre, et qu'un jour vient où les cultivateurs sont tout étonnés de voir des terrains, autrefois renommés pour le seigle, refuser le service ou ne donner que de chétives récoltes. Les Ardennais de la province belge de Luxembourg en sont là, et se voient forcés de renoncer à la culture de cette céréale, leur richesse du temps passé. Le directeur du dépôt d'Hoogstraeten (Campine anversoise), après nous avoir parlé du rendement considérable de ses terres sablonneuses, nous disait avec beaucoup de raison : « Si la plupart des cultivateurs n'ont pas à compter, pour le seigle, sur des produits aussi importants que les miens, ce n'est pas uniquement à la variété de seigle semée que l'on doit s'en prendre ; le manque d'assolement ou les assolements vicieux en sont la principale cause. On abuse trop généralement des récoltes successives de seigle, et l'on arrive de la sorte à enlever du sol la totalité ou la presque totalité des substances éminemment propres à cette céréale, substances que nous ne connaissons pas encore et que nous connaîtrons peut-être un jour ; mais en attendant que la science nous éclaire sur ce point comme sur beaucoup d'autres, ce que nous avons de mieux à faire, c'est de varier nos cultures et d'éloigner autant que possible le retour de chacune d'elles à la même place. »

Engrais qui conviennent au seigle. — Les terres provenant de l'écobuage constituent l'engrais le plus avantageux, quant à la qualité du grain; viennent ensuite le fumier de vache très-pourri, les engrais verts, les engrais liquides à faible dose, le guano, et nous pouvons ajouter tous les engrais qui conviennent au froment. On estime à 630 kilos le fumier de ferme enlevé au sol pour produire 100 kil. de seigle.

Labours préparatoires. — La culture du seigle, pour être bien faite, exige deux ou trois labours préparatoires; mais il est rare qu'on les lui donne en terre légère. On ne pourrait cependant qu'y gagner, car mieux le sol a été ameubli, plus le succès est certain. Entre le dernier labourage et le moment des semailles, il est bon qu'il y ait un intervalle d'un mois à cinq semaines, afin de donner le temps à la terre aérée de se bien tasser. Lorsque le temps presse et qu'il n'est pas possible d'attendre, il faut nécessairement recourir à l'emploi d'un rouleau très-lourd, aussitôt les semailles faites.

Choix des semences. — La graine de l'année, quand elle a mûri dans des conditions convenables, est préférable à celle de deux ans. Toutefois, si nous avions à choisir entre une graine nouvelle, tourmentée dans sa maturation par des pluies continuelles, comme cela s'est vu, et une graine de l'année précédente, reconnue de bonne qualité, nous n'hésiterions pas à nous servir de cette dernière. Ainsi, pour les cultures de 1861, nous aurions préféré la semence récoltée en 1859 à celle récoltée en 1860. Seulement, il convient de faire observer que la vieille graine demande un arrosage avec de l'eau tiède quarante-huit heures avant d'être employée et que le semis doit être moins clair que si l'on se servait de jeunes graines. Tout ce que nous avons dit d'ailleurs de la fabrication de la graine de reproduction, pour ce qui concerne le froment, s'applique au seigle et aux céréales en général.

Préparation des semences. — Les personnes qui croient fermement à l'efficacité du chaulage et du sulfatage, assurent qu'il est avantageux de soumettre la semence de seigle à l'une ou à l'autre de ces préparations; mais le nombre des cultivateurs qui opèrent ainsi est très-limité. Ce qu'il y a de mieux à faire, selon nous, c'est de plonger la semence dans l'eau et de la débarrasser des grains tarés qui surnagent.

Semailles du seigle. — L'époque des semailles varie avec les localités; sur certains points de la Champagne et de la Bourgogne, on sème parfois le seigle dès la fin d'août; sous le climat de Paris, on commence le travail vers le 15 septembre; en Lorraine, on attend la fin de ce mois et souvent même la première huitaine d'octobre; en Belgique, les semailles ont souvent lieu plus tardivement encore. Au dire de M. de Dombasle et de Tessier, le seigle semé tard produit moins de paille et plus de grain que le seigle semé de bonne heure. L'observation peut être exacte dans certains climats, mais elle ne l'est pas en Belgique, où beaucoup de cultivateurs sont de l'avis de Rozier qui disait : — « On ne saurait semer de trop bonne heure le seigle, soit dans les pays élevés, soit dans les plaines : plus la plante reste en terre, et plus belle est sa récolte, si les circonstances sont égales. Sur les hautes montagnes, on sème en août; à mesure que l'on descend dans une région plus tempérée, au commencement ou au milieu de septembre, afin que la plante et sa racine aient le temps de se fortifier avant le froid. »

On sèmerait au printemps du seigle d'automne qu'il arriverait à maturité, mais au préjudice du volume du grain. Le seigle trémois ou de mars, semé à l'automne, réussit très-bien et donne d'ordinaire une très-belle récolte. D'après cela, on a tout lieu de croire que le seigle commun d'automne et le seigle de mars ne diffèrent en rien l'un de l'autre. Quelquefois, on sème dans la seconde quinzaine de juin le *seigle multicaule* ou *de la Saint-Jean* qui donne du fourrage vert la première année et une récolte mûre la seconde année. Tessier rapporte qu'en 1785, le 26 juin, on sema de ce seigle aux environs de Saint-Germain-en-Laye, que le 1er septembre eut lieu une première coupe de fourrage vert de 52 centimètres de hauteur; qu'une seconde coupe plus faible fut faite trois semaines plus tard, et que l'année suivante la récolte en grains fut plus abondante que celle d'un champ de seigle ordinaire, voisin du premier, de même étendue et ensemencé à l'automne. Mais ne nous laissons pas séduire par ce résultat exceptionnel. Il y a lieu de croire que si le seigle de la Saint-Jean avait constamment réussi comme aux environs de Saint-Germain-en-Laye, sa culture serait aujourd'hui très-répandue, tandis qu'elle ne l'est guère. Certains nourrisseurs des environs de Paris, après avoir pris une coupe en vert sur le seigle ordinaire, ont essayé d'en obtenir l'année suivante une récolte en grains; mais les produits n'ont remboursé que la semence, et les essais ont cessé.

À notre avis, le meilleur des seigles d'automne pour la production de la graine, est le seigle de Rome que nous avons vu cultiver en Belgique sur une très-grande échelle; on le doit au marquis d'Oncien de Chaffardon. Son grain est plus gros et plus blond que celui des autres seigles.

En France, nous semons habituellement le seigle à la volée, à raison de 150 à 200 litres par hectare, si ce n'est dans le Midi où la quantité est plus considérable. Dans les Flandres belges, on se contente de 120 litres; dans la Campine anversoise, on élève la quantité jusqu'à 250 litres. Ces variations dépendent de la nature du sol, du climat et de l'époque des semailles. Dans un sol de quelque valeur, dans un climat humide et avec des semailles faites de bonne heure, on peut compter sur le tallage et semer par conséquent plus clair que sur des terrains maigres, sous un ciel chaud et à une époque tardive qui ne permettent pas le tallage, c'est-à-dire la formation des touffes.

Quelquefois, on met le seigle sous raie, ou, en d'autres termes, on l'enterre avec la charrue; mais le plus ordinairement, on recouvre au moyen de la herse à dents de bois ou de l'extirpateur, ce qui est beaucoup plus expéditif. Le seigle demande à être enterré légèrement, surtout dans les terres de quelque consistance.

Il importe de ne le répandre qu'en terre sèche et par un temps sec, et de le rouler énergiquement dès que la graine est recouverte, afin de la soustraire à l'action desséchante de l'air qui empêcherait ou retarderait sa germination.

Dans quelques contrées, il est d'usage de fumer les seigles en couverture. On croit par là les protéger contre les rigueurs de l'hiver. C'est une erreur d'appréciation. Le grand avantage de cette fumure qui, la plupart du temps, consiste en litières de genêts, de bruyères ou d'ajoncs, c'est de ne pas contrarier le tassement du sol qui devient impossible, malgré les efforts du rouleau, quand on enterre un engrais ligneux et grossier.

Soins à donner au seigle pendant sa végétation. — Quand le seigle a été semé de bonne heure et que la température douce se maintient durant l'automne, la végétation prend souvent une trop grande vigueur, et il devient prudent de l'arrêter en passant le rouleau sur l'emblave. Quand l'automne est pluvieux, les ravages des limaces sont à craindre. Il est difficile de se défaire de ces animaux ; tantôt, on les attaque avec de la chaux en poudre ; tantôt, on trace tout autour de la pièce de seigle, une rigole profonde, afin d'arrêter l'invasion, ou de gêner leur passage, et à mesure qu'elles pénètrent dans cette rigole, on les tue ; tantôt enfin, mais très-exceptionnellement, on lance dans l'herbe une troupe de dindons. Ce dernier moyen nous paraît préférable aux précédents ; malheureusement, tous les cultivateurs de seigle n'ont pas une troupe de dindons à leur service.

A la suite des hivers doux, dans les bonnes terres, la végétation se montre parfois si fougueuse au printemps, qu'il est nécessaire de couper l'extrémité des feuilles, c'est-à-dire d'effaner. Sans cette précaution, la récolte serait exposée à la verse, ou bien elle rendrait beaucoup en paille et fort peu en grains.

Nous n'avons pas besoin d'ajouter qu'à la sortie de l'hiver ; il est convenable de passer le rouleau sur les seigles déchaussés, afin de rasseoir la terre et de recouvrir les racines. Il va sans dire aussi que les sarclages sont utiles à cette plante comme à toutes les autres.

Maladies du seigle. — La rouille attaque le seigle ; l'intérieur des tiges se charbonne quelquefois ; mais la maladie véritablement grave, à laquelle cette céréale est sujette, est l'ergot. Les grains qui en sont affectés augmentent de volume, s'allongent et se recourbent un peu à la manière de l'éperon ou ergot du coq. De là son nom. Les uns attribuent l'ergot à un champignon, les autres à la piqûre d'un insecte. Quelle que soit la cause, l'effet est déplorable et se produit principalement 1° dans les années pluvieuses ; 2° sur les seigles provenant de graines incomplétement mûres ; 3° sur ceux qui occupent une terre fatiguée par le retour fréquent de la même céréale ; 4° sur les seigles en terre très-maigre, dont la germination a été tourmentée et qui se sont développés à re-gret ; 5° dit-on, sur les seigles frappés par la grêle.

Le grain ergoté offre, à l'extérieur, une couleur brune plus ou moins violacée, mais l'intérieur est blanc. C'est un poison, dont les effets sont terribles ; il détermine la gangrène des membres qui ne tardent pas à se détacher du corps. Dans le Dauphiné, dans le Lyonnais, le pain de seigle ergoté a laissé des souvenirs qui déchirent le cœur. Malgré cela, peu de cultivateurs se donnent la peine de séparer les grains ergotés des grains sains, et, dans quelques pays, vous en trouverez même qui respectent l'ergot au moment du vannage, et lui attribuent le mérite de donner de la blancheur à la farine. Nous connaissons des populations qui consomment presque tous les ans des quantités considérables de seigle ergoté, et chez lesquelles, cependant, on ne constate point de cas de gangrène. Ce poison aurait-il moins d'énergie dans le Nord que dans les contrées méridionales ?

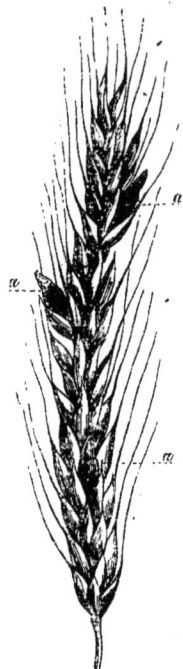

Fig. 177. — a, a, ergot de seigle.

Récolte. — La récolte du seigle a lieu ordinairement en juillet et août, selon les climats, quelquefois même en septembre. Le rendement, dans les terres bien cultivées et bien fumées, est supérieur à celui du froment. Il n'est pas rare d'obtenir de 15 à 18 hectolitres par hectare dans nos sols dits de mauvaise qualité. Dans les bonnes terres sablonneuses de la Campine belge, on estime la moyenne à 22 hectolitres par hectare et à 5,000 kilogrammes de paille. M. Delobel a obtenu à Hoogstraeten de 27 à 29 hectolitres.

Fig. 178. — Grains de seigle ergotés.

Le poids de l'hectolitre de seigle varie entre entre 71 et 76 kilos.

En France, le seigle perd chaque année du terrain et cède sa place au froment. On ne le cultivera bientôt plus que pour les distilleries et pour ses pailles qui sont d'un emploi fréquent. L'usage du pain de seigle tend à disparaître ; il est remplacé par le pain de méteil dans les contrées pauvres, et celui-ci ne tardera pas à l'être à son tour par le pain de froment pur. Nous donnons le nom de méteil à une récolte mêlée, dans laquelle la semence de froment entre pour les 2/3 environ et celle du seigle pour 1/3.

P. J.

Culture du seigle dans le Midi. — Le seigle qui est, dans le nord et le centre de la France, la plus précieuse céréale après le froment, n'occupe pas ce même rang dans le Midi, où son grain est moins estimé que celui du maïs, pour la fabrication du pain et pour l'engraissement des animaux de ferme ou de basse-cour. Sa culture, obligatoire encore il y a quelques années, sur les terres privées de l'élément calcaire, est considérablement réduite depuis que les marnages permettent de lui substituer celle du froment; elle n'est conservée que sur les pauvres terres siliceuses où elle donne de très-faibles produits, et sur le défrichement des fourrages dont la très-grande richesse en humus exposerait les froments à verser. Dans cette dernière condition le seigle donne souvent une quantité de produits, en grains et en paille, plus rémunérateurs que ceux d'une belle récolte de froment.

La culture du seigle, occupant, dans le Midi, la place du froment, exigeant, comme lui, les mêmes fumures, les mêmes frais d'exploitation, ne compensant pas d'ailleurs, par la quantité de ses produits leur infériorité, tend à disparaître de plus en plus. Elle n'occupe aujourd'hui de place sérieuse que sur la région des montagnes où le blé ne pourrait arriver à maturité.

On connaît, dans le Midi, deux variétés de seigle: celle de la montagne et celle du pays. Le seigle de montagne plus haut de tige que la variété ordinaire du pays, a aussi son grain plus gros et mieux nourri; la sortie de ses épis, également plus tardive, le dispose moins à être saisi par les gelées du printemps. Le seigle du pays, plus précoce, entièrement développé à la fin d'avril, est cultivé de préférence pour la consommation en fourrage vert.

La végétation du seigle subit les mêmes influences atmosphériques que celle du froment; si sa tige et son épi ne sont point exposés à la rouille et à la carie, une maladie spéciale, connue sous le nom d'ergot du seigle, altère souvent la pureté de son grain au point de le rendre d'une consommation périlleuse.

L'ergot du seigle est une excroissance qui se forme sur l'épi, prenant la place du grain, ayant sa conformation, avec un peu plus de longueur et de couleur gris bleuâtre; les lois de cette singulière végétation sont inconnues; on constate cependant que l'humidité du sol et du climat n'est point étrangère à son apparition.

Ensemencé en automne, comme le froment, le seigle arrive aussi à maturité dans les premiers jours de juillet; mais si la bonne qualité du grain de froment réclame un sciage anticipé, il n'en est pas ainsi du seigle qui ne veut la faux ou la faucille que lorsque son grain est entièrement sec.

L. PONS-TANDE.

ORGE (HORDEUM).

Classification. — Nous cultivons quatre espèces d'orge, qui sont:

1° L'orge commune ou orge carrée de printemps, espèce hâtive, plus répandue en Allemagne qu'en France. Elle a produit quatre variétés et une sous-variété, que nous désignons sous les noms d'orge escourgeon, d'orge céleste, d'orge noire, d'orge de Guimalaye et d'orge de Guimalaye à grain violet;

2° L'orge à deux rangs, qui compte deux variétés: l'orge chevalier et l'orge d'Italie:

3° L'orge en éventail ou orge riz;

4° L'orge trifurquée.

L'orge commune ou orge carrée de printemps est précieuse par la rapidité de sa végétation qui autorise les semis tardifs. Elle a le mérite aussi de se contenter de terrains d'assez médiocre qualité; mais en retour, elle rend peu et le volume du grain laisse à désirer.

L'orge escourgeon, bien connue encore sous les noms d'orge d'hiver, de sucrion et de soucrion, est une variété d'automne que l'on cultive tantôt à titre de fourrage vert, tantôt pour sa graine qui est abondante et très-estimée des brasseurs. Elle ne résiste pas aussi bien que le froment aux rigueurs de l'hiver. C'est une orge à six rangs.

L'orge céleste, que l'on appelait autrefois, en Belgique, blé de mai et blé d'Égypte, est désignée par quelques auteurs et dans quelques pays, sous les noms d'orge à six rangs, d'orge carrée nue, ou tout simplement d'orge nue, parce qu'au battage, ses grains se détachent de la balle comme ceux de nos froments ordinaires. Cette variété aime les bons terrains et donne des produits supérieurs en qualité à ceux des autres orges; sa graine est transparente. Sa farine, associée pour un quart à celle du froment, ne communique pas au pain une saveur désagréable; sa paille convient au bétail, attendu que l'épi perd ses barbes en mûrissant. Les années pluvieuses lui sont très-défavorables; l'humidité ternit vite la transparence de la graine. L'orge céleste est hâtive.

L'orge noire n'est cultivée en France et en Belgique que très-exceptionnellement, mais on la rencontre en Allemagne. C'est la plus précoce de toutes les orges; on la sème ordinairement avant l'hiver. Ses barbes tombent au moment de la maturité, ce qui permet au cultivateur de se servir de sa paille pour fourrage. Ses épis sont beaux; sa graine est de bonne qualité et d'une grosseur moyenne. Mais, à côté de ces qualités, nous avons à signaler les désavantages: sa farine participe de la couleur noire des balles et de la barbe; on n'en veut, à cause de cela, ni sur les marchés, ni dans les brasseries; d'un autre côté, les moineaux, qui sont moins difficiles que les hommes, recherchent beaucoup l'orge noire et forcent les cultivateurs à la récolter avant sa complète maturité.

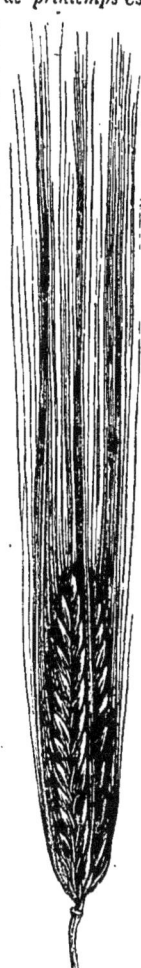

Fig. 170. — Orge commune.

En France, M. Vilmorin n'a pas eu à s'en louer.

Fig. 180. — Orge escourgeon.

Faute de neige, sans doute, elle n'a pu résister à l'hiver. Il la conseille comme plante fourragère.

L'orge de Guimalaye ou de Namto que d'autres appellent orge de l'Hymalaya ou de Nampto, est une variété d'orge nue, originaire, assure-t-on, du district de Simphéropol en Tauride. Le Bon Jardinier rapporte que son épi est moins blond, plus gros que celui de l'orge commune, que ses barbes sont plus raides, et que son grain, au lieu d'être jaune et aplati, est court, un peu arrondi et de couleur verdâtre. « Sa paille, ajoute-t-il, est courte, grosse et ferme. On la dit peu productive et inférieure sous tous les rapports à l'orge céleste ; mais la

Fig. 118. — Orge céleste.

question des climats et des terrains joue un grand rôle dans les résultats. Si nous ne devons pas toujours reculer devant quelques essais infructueux, nous ne devons pas non plus condamner sans appel une variété qui n'a pas réussi chez nous, mais qui pourrait fort bien réussir ailleurs.

L'orge à deux rangs ou distique est assez répandue et estimée. On la connaît sous les diverses dénominations de pamelle, paumelle, paumoule, petite orge, bellarge, baillarge, orge d'Angleterre, orge à longs épis, orge nue à deux rangs, orge de Russie, orge du Pérou, orge d'Espagne. Elle n'est pas très-difficile sur les terrains ; elle rend beau-

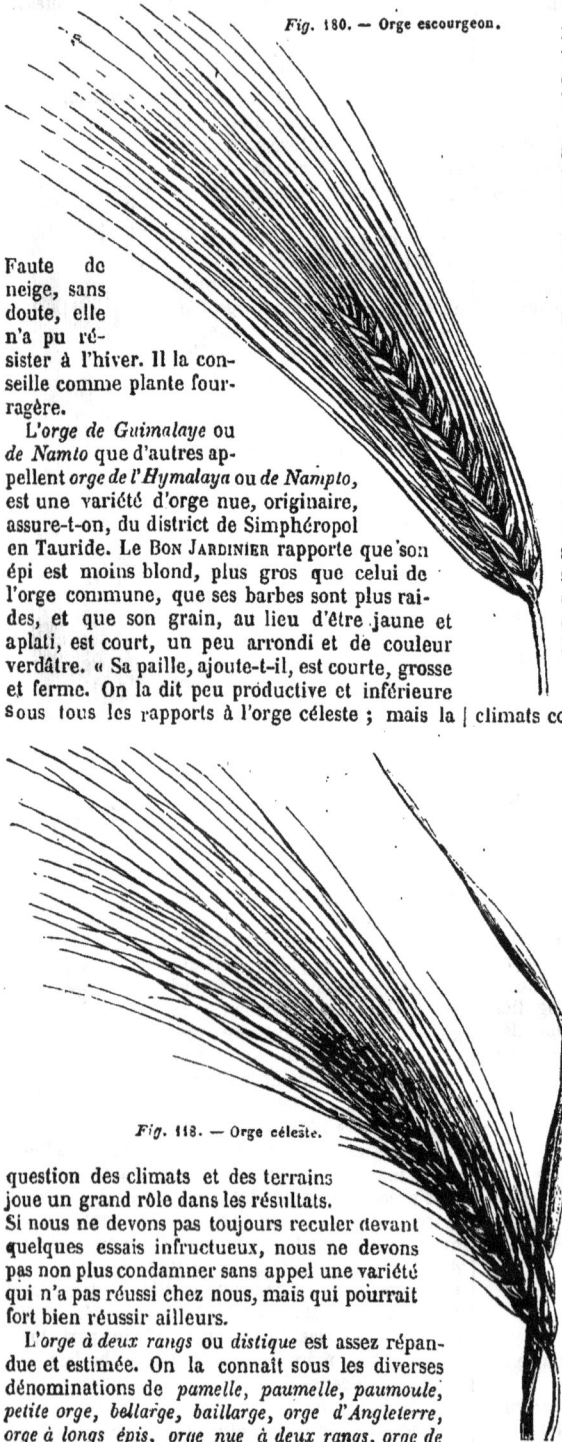

coup, donne peu de son et produit une farine bise très-recommandable.

L'orge chevalier, qui n'est qu'une variété de l'orge à deux rangs, jouit, à juste titre, d'une grande réputation. Sa feuille est large, sa paille élevée, son grain blanc et à écorce fine.

L'orge d'Italie est une variété de l'orge à deux rangs, dont l'épi est plus ramassé, plus régulier, plus large et plus droit que l'épi de l'orge en question.

L'orge éventail ou pyramidale, faux riz, riz d'Allemagne, est une espèce à deux rangs, dont les arêtes ou barbes s'étalent en forme d'éventail et se détachent à la maturité. On l'a vantée outre mesure, dans un intérêt mercantile, comme pouvant remplacer le riz. Elle est bien au-dessous de la réputation qu'on lui a faite un moment ; elle rend peu et son grain tient fortement à la balle.

L'orge trifurquée est une espèce sans barbes, dont les balles ont, à leur sommet, une languette courte à trois dents. Elle a d'abord été introduite en Écosse sous le nom d'orge du Népaul ; son grain se détache de la balle ; son rendement est convenable, mais elle paraît un peu délicate et plus propre aux climats du Midi qu'à ceux du Nord.

Climat. — On assure que tous les climats conviennent à l'orge ; c'est, à notre avis, aller un peu loin ; toutefois, nous reconnaissons qu'elle s'avance beaucoup vers le Nord et qu'elle réussit très-bien dans le Midi ; mais elle redoute l'humidité qui se prolonge, et par conséquent il n'y a pas toujours profit à la cultiver dans les climats humides et froids.

Terres propres à la culture de l'orge. — Cette céréale aime les terres riches, de consistance moyenne et réussit même assez bien dans les terres légères. Celles qui sont ou très-compactes ou très-mouillées ne lui conviennent pas.

Place de l'orge dans les assolements. — L'orge réussit d'ordinaire parfaitement après les pommes de terre, les carottes, la féverole, un trèfle ou une prairie naturelle.

Engrais qui conviennent à l'orge. — Les engrais les plus riches en acide phosphorique, potasse, soude et silice sont ceux qui conviennent le mieux à l'orge. Ainsi, nous conseillons l'emploi des matières fécales, des urines, de la poudre d'os, des cendres et du fumier de vache bien pourri. Un compost ou mélange de ces diverses substances serait d'un excellent effet. Dans les Flandres, on fume habituellement avec de l'engrais liquide, des matières fécales, du fumier de ferme ou du fumier de vache très-consumé. On assure que pour produire 100 kilos, l'orge prend 560 kilos de fumier.

Labours préparatoires. — Dans les terres de quelque consistance, il est bon de donner deux ou trois labours; dans les terres légères, après des racines ou des tubercules, un seul suffit, mais il convient de le faire suivre de trois ou quatre hersages croisés, c'est-à-dire pratiqués en long et en large. C'est ainsi que l'on procède dans les contrées bien cultivées de la Belgique, après quoi l'on arrose avec de l'engrais liquide avant de semer. D'après Van Aelbroeck, aux environs de Gand, on donne d'abord au sol un labour profond, puis un second labour un peu moins profond que le premier; on arrose ensuite avec de l'engrais liquide, puis on herse; puis encore on fume les champs labourés avec du fumier de vache bien pourri, sur lequel on sème l'orge que l'on recouvre avec de la terre enlevée à la bêche des rigoles des billons, qui deviennent pour cela très-profondes. Dans le département du Nord, où la culture de l'escourgeon est en faveur, à cause des brasseries, on donne trois labours, le premier très-léger, le second à 10 centimètres et le troisième à 16 centimètres; puis on laisse au terrain le temps de se tasser. Cette préparation, très-admissible sur un terrain d'une grande richesse, aurait peut-être des inconvénients dans les contrées moins riches, où l'on s'exposerait à ramener à la surface les parties maigres du sous-sol.

S'agit-il, au lieu d'escourgeon, de

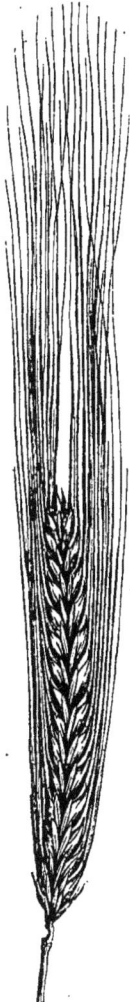

Fig. 182. — Orge à deux rangs.

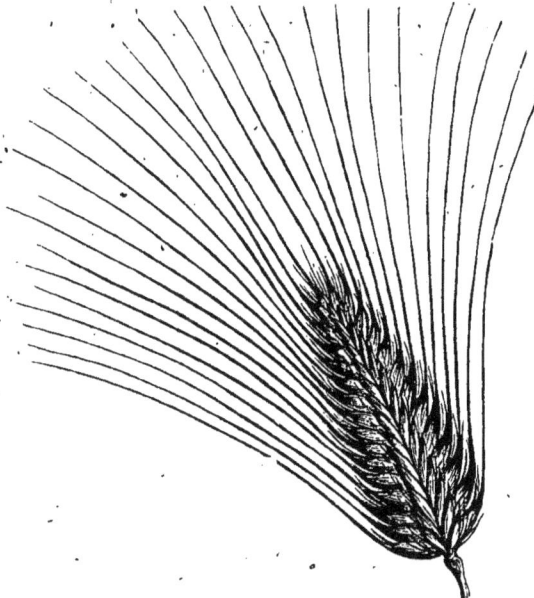

Fig. 183. — Orge éventail.

Fig. 184. — Orge trifurquée.

semer l'orge commune du printemps en terre meuble, après des récoltes sarclées ou sur éteules de froment, les cultivateurs de notre département du Nord s'y prennent de la manière suivante : Sur les terres qui ont porté des récoltes sarclées, ils se contentent d'un seul labour, suivi de hersages croisés; mais sur éteules, ils déchaument après la moisson, autrement dit, ils écorcent la terre avec la charrue pour retourner le chaume; puis, en novembre, ils labourent profondément; enfin, en avril, peu de temps avant les semailles, ils font un troisième labour.

— « L'orge en général, dit M. de Dombasle, exige un sol riche, léger, ou du moins parfaitement ameubli par les cultures préparatoires. Dans un sol un peu argileux, un labour profond donné en automne, et deux ou trois cultures à l'extirpateur au printemps, sont la meilleure préparation qu'on puisse lui donner. » Plus loin, il ajoute : « L'orge ne réussit jamais mieux que lorsqu'elle est semée dans un sol bien ressuyé; la semer dans la poussière est ce qui lui convient le mieux. »

Choix et préparation des semences. — Nous ne pouvons que répéter ici les conseils que nous avons donnés quant au froment et au seigle. La graine la plus lourde, la plus blonde et choisie sur des épis tout à fait exempts de traces charbonneuses, est sans contredit celle qui doit être préférée. On ne lui fait subir aucune préparation particulière; cependant, nous croyons que pour les semis tardifs du printemps, il n'y aurait pas d'inconvénient à la laver, afin de précipiter sa germination.

Semailles de l'orge. — Dans les contrées méridionales, où les rigueurs de l'hiver ne sont pas à craindre, on sème souvent les orges en automne; mais en se rapprochant du Nord, il devient prudent de les semer au printemps, à l'exception de l'escourgeon. Pour les orges d'hiver, les semis doivent avoir lieu en septembre, mais ils se prolongent souvent jusqu'en octobre et même en novembre. Quant aux orges d'été, on les sème habituellement en avril et même en mai; mais il vaut mieux semer tôt que tard, à cause des sécheresses qui peuvent compromettre la végétation à son début. N'oublions pas que la chaleur soutenue, dans les terres légères et médiocres surtout, est aussi funeste à l'orge que la pluie continuelle; de là le proverbe bourguignon : *mauvaise orge, bon vin.*

«Pour la grosse orge plate, ainsi que pour l'orge nue à deux rangs, dit M. de Dombasle, on emploie à la volée de 250 à 300 litres de semence par hectare; pour la petite orge quadrangulaire, 225 à 250; pour l'orge céleste, 200 suffisent, parce que cette variété talle beaucoup et très-promptement.»

Quand on sème du trèfle ou de la luzerne dans l'orge, on doit se contenter de 100 litres d'orge par hectare.

Dans l'arrondissement de Dunkerque, on sème l'escourgeon à partir du mois de novembre, et à raison de 100 litres par mesure de 44 ares 4 centiares.

La graine d'orge demande à être plus enterrée que celle du froment. On l'enterre donc à 8 centimètres environ dans les sols de quelque consistance et à 10 ou 11 dans les sols très-légers. On se sert, à cet effet, soit de la charrue pour mettre la graine sous raie, soit de la herse. M. de Dombasle pense que l'extirpateur et le scarificateur conviennent mieux que la herse.

Lorsque l'on n'a pas eu le temps de laisser reposer le labour, il faut rouler les orges semées sur labour frais, principalement en terre légère.

Soins à donner à l'orge pendant sa végétation. —

L'orge d'hiver doit être roulée au mois de mars, puis hersée. Quelquefois même on roule une seconde fois sur ce hersage, au bout de quelques jours d'intervalle. C'est ce qui se pratique dans le département du Nord, du côté de Dunkerque. En avril, on sarcle, et les cultivateurs soigneux binent ensuite avec une petite houe. Partout ailleurs, on se contente de rouler et de sarcler.

Maladies de l'orge. —

Cette céréale est sujette à la rouille et surtout au charbon. Nous ne pouvons rien contre la rouille qui est le résultat des influences de l'humidité. Nous ne pouvons empêcher les pluies excessives; seulement, il nous est facile d'as-

Fig. 185. — Charbon de l'orge à deux rangs.

sainir le sol. Pour ce qui regarde le charbon, on conseille le chaulage ou les lavages rigoureux. Le retour fréquent de l'orge à la même place, une mauvaise préparation du sol, les semis trop tardifs, une terre trop maigre et les années pluvieuses contribuent beaucoup au développement du charbon. Signaler les causes connues, c'est indiquer implicitement les moyens préventifs.

Récolte. —

La récolte de l'orge se fait d'ordinaire dans la seconde quinzaine de juillet pour l'escourgeon et un peu plus tard pour les orges d'été. Le rendement habituel en grains ne dépasse guère 20 ou 25 hectolitres par hectare. En paille, on compte de 160 à 200 kilos par 100 kilos de grains. L'escourgeon rend davantage. Ainsi, dans le Nord, où sa culture est très-soignée, on estime souvent son rapport par hectare à 30 et 40 hectolitres. Le poids de l'hect. varie entre 62 et 65 kilos.　P. J.

Culture de l'orge dans le Midi. —

La culture de l'orge est peu répandue dans le Midi, où cette céréale n'a qu'un emploi secondaire, comparé à l'immense consommation qu'en font les brasseries du Nord; on n'y cultive que la variété à deux rangs connue sous le nom local de *Paumelle* (*Hordeum distichum*).

La paumelle n'a point sa place marquée dans les assolements; sa réputation d'être très-épuisante ne la fait accepter que pour l'associer aux semences des prairies artificielles qui, devant occuper le sol quelques années, peuvent en reconstituer la richesse primitive.

Semée au printemps avec les graines des trèfles, des luzernes et des sainfoins, la paumelle protège l'enfance des jeunes plantes fourragères et donne des produits généralement supérieurs à ceux du froment.

Sa culture rend de très-grands services à l'agriculture méridionale qui n'est plus obligée de sacrifier une année de rente, dans la création des prairies artificielles.

Cent jours sont suffisants pour que l'orge paumelle puisse accomplir son entière végétation et arriver à maturité : semée au commencement d'avril, elle est mûre dans les premiers jours de juillet. Sa paille, hygrométrique comme celle de l'avoine, n'est point exposée à la rouille; mais son grain n'est pas toujours exempt de charbon.

L. PONS-TANDE.

AVOINE (AVENA).

Classification. —

Les espèces d'avoine sont nombreuses, mais nous n'en cultivons que quatre qui sont :

1º L'*avoine commune* et ses variétés, telles que : *avoine patate*, *avoine de Géorgie*, *avoine hâtive de Sibérie* ou du *Kamtchatka*, *avoine noire de Brie*, *avoine d'hiver*, etc.

2º L'*avoine de Hongrie*, appelée aussi *avoine d'Orient*, *de Russie*, ou *avoine unilatérale*;

3º L'*avoine nue* ou *de Tartarie*;

4º L'*avoine courte*, désignée encore sous les noms d'*avoine à deux barbes*, de *pieds de mouche*, d'*avoine à fourrage*.

L'*avoine commune* de printemps, soit à graines noires, soit à graines blanches, est la plus répandue. Celle à graines noires passe pour être plus riche et plus stimulante que l'autre ; mais en retour, on lui reproche d'avoir l'écorce trop épaisse, trop rude, d'être assez difficile à digérer, de ne pas convenir aux vieux chevaux qui ont de la peine à la mâcher, d'être trop échauffante. Voilà ce que nous avons entendu dire dans le Nord, mais sans y attacher beaucoup d'importance.

L'*avoine patate* a le grain blanc, court et riche en farine ; elle se distingue par le poids et paraît plus productive que l'avoine commune. Mais aussi elle demande un meilleur terrain. Dès qu'elle souffre, elle tend à charbonner.

L'*avoine de Géorgie* est vigoureuse et précoce. Son grain gros, lourd et à écorce dure et épaisse, est de couleur jaune.

L'*avoine hâtive de Sibérie* ou *du Kamtschatka* se rapproche beaucoup de la précédente par la vigueur, la précocité, la couleur, la forme et les qualités du grain. Elle est plus élevée et plus productive.

Fig. 186. — Avoine commune.

L'*avoine noire de Brie* a le grain noir, court, renflé et de bonne qualité. Dans les bons sols, elle est très-productive. Une particularité qui la caractérise, c'est que ses grains ne se séparent pas facilement au battage, et que beaucoup de ces grains restent réunis deux par deux, et comme soudés à leur base.

L'*avoine d'hiver* est une variété très-précieuse et fort estimée par les cultivateurs de l'ouest de la France. Dans le nord et dans l'est, elle ne résisterait pas souvent aux rigueurs de l'hiver. C'est la plus productive de toutes les variétés, parce qu'elle occupe le sol plus longtemps que les autres.

L'*avoine de Hongrie*, à grains blancs ou à grains noirs, diffère de l'espèce commune par sa grappe serrée, ses courts pédicules et la disposition de ses graines sur un seul côté de la tige. On préfère la variété noire à la variété blanche qui est trop tardive. L'avoine en question est un peu plus délicate et un peu plus exigeante que l'espèce commune, tout en ne la valant pas.

L'*avoine nue* ou *de Tartarie* est peu cultivée et

Fig. 187.—Avoine de Hongrie.   Fig. 188.—Avoine courte.

ne se rencontre guère qu'en Suisse et en Écosse, où elle sert à la fabrication du gruau. Ses grains sont petits, peu nombreux, mais de qualité supérieure. Ils ne sont pas attachés à la balle.

L'*avoine courte* se distingue des autres, dit Tessier, en ce que ses deux fleurs sont garnies de barbes. Son grain est petit, mais très-abondant. On la cultive dans les montagnes du centre de la France. Est-ce que cette *avoine courte* (*avena brevis*) ne serait pas l'*avoine rude* des

Fig. 189. — Avoine nue.

botanistes modernes (*avena strigosa*), la même que l'on cultive dans les terres granitiques du Morvan ?

Climat. — On a dit de l'avoine que c'était la céréale du nord. Cette façon de caractériser est trop absolue et ouvre la voie aux interprétations erronées. S'il s'agit du nord par rapport à la France, on a raison, puisque les départements producteurs d'avoine par excellence, sont ceux du Pas-de-Calais, de Seine-et-Marne, de l'Aisne, du Nord, de la Meurthe et de la Moselle. S'il s'agit du nord par rapport à l'Europe, on se trompe, car du moment que l'on s'élève à quelque hauteur au-dessus du niveau de la mer et que l'on rencontre les climats humides, la maturation de l'avoine se fait difficilement, et elle ne vaut plus celle des départements que nous venons de citer. Pour se renfermer rigoureusement dans la vérité, on devrait dire que l'avoine redoute les grandes sécheresses, qu'une température douce et une terre fraîche lui sont profitables. L'essentiel, c'est de protéger ses racines contre l'ardeur du soleil, et l'on y réussit en semant cette céréale dans les argiles, ou bien dans une terre légère labourée profondément et fumée avec des engrais d'étable, ou des engrais verts, ou bien enfin, en la plaçant sur un défriche pleine de débris végétaux, comme le sont les défriches de forêts. Dans les contrées humides, élevées et déjà froides, vous rencontrerez, il est vrai, des avoines superbes en apparence, mais elles laissent à désirer quant au poids et à la qualité du grain. Dans ces mêmes contrées, l'avoine qui, dans le centre et l'est de la France, donne des produits abondants sur un bois défriché, ne donne plus que des produits insignifiants sur une défriche de même nature.

Des terres propres à la culture de l'avoine.

L'avoine réussit dans tous les terrains, pourvu qu'ils conservent une fraîcheur suffisante et que l'engrais n'y fasse pas défaut. Dans les climats tempérés de la France, les bois défrichés, les marais et étangs desséchés, les prairies rompues, les argiles peu compactes sont le plus souvent réservées à l'avoine ; mais au delà de nos frontières du Nord, en Belgique, les conditions changent, et lorsque nous arrivons à la région ardennaise, les semis sur défriches, sans chaux ni fumier, ne sont plus à recommander, car les cultivateurs échoueraient. En revanche, les terres légères deviennent plus propres à l'avoine que les nôtres, parce qu'elles se dessèchent moins vite, parce que les pluies sont plus fréquentes là-bas que chez nous. On rencontre donc cette céréale, et sur une grande échelle, aussi bien sur les sols schisteux de la province de Luxembourg que sur les sols sablonneux des Campines.

Place de l'avoine dans les assolements.

M. de Dombasle pense que la place de l'avoine dans une rotation n'est ni après le seigle ni après le froment. Il aurait voulu qu'elle vînt toujours à la suite d'une culture sarclée, d'une prairie rompue ou d'un bois défriché. Il devrait en être ainsi, en effet, mais le plus souvent, dans la culture triennale et même dans la culture alterne, l'avoine vient après un froment ou un seigle. M. Moll conseille de la placer, ainsi que l'orge, sur une jachère ou après un colza, des féveroles ou des pois.

Engrais qui conviennent à l'avoine.

On fume rarement les avoines, de peur qu'elles ne versent ; elles profitent de l'excédant d'engrais laissé par la récolte précédente. Cependant, quoi que l'on puisse dire, il y aurait profit à les fumer directement, en prenant la précaution de semer moins dru que de coutume, afin d'assurer la solidité des tiges. Johnston, dans ses *Éléments de chimie agricole et de géologie*, établit que le fumier de vache est le plus favorable à l'avoine. Il désigne ensuite, par ordre de mérite, la poudrette, le fumier de mouton, le fumier de cheval et les engrais verts. Le climat de la Grande-Bretagne peut donner, en ceci, raison à Johnston, mais il pourrait se faire qu'un climat moins humide, moins brumeux lui donnât tort. Les engrais verts, qui occupent le dernier rang dans son tableau, occuperaient peut-être le premier dans des terres légères, siliceuses ou calcaires, sous un climat plus sec qu'humide. Le moyen le plus convenable pour ne pas induire la pratique en erreur, serait de former un compost avec tous les engrais signalés plus haut et d'y ajouter des cendres. On obtiendrait ainsi tous les éléments nécessaires à la nourriture de la plante et en même temps la fraîcheur nécessaire. On assure que 100 kilogr. de produits prennent au sol 600 kilos de fumier de ferme.

Labours préparatoires.

Un simple labour de printemps, avant les semailles, ne suffit pas à l'avoine ; un labour préparatoire d'automne lui est très-avantageux. La récolte en paye généreusement les frais.

Choix et préparation des semences.

La bonne graine d'avoine doit être bien sèche, lisse, luisante et lourde. Ce que Tessier écrivait à ce propos, il y a un demi-siècle, est d'une rigoureuse exactitude et s'applique très-bien au temps présent : — « C'est du choix de la graine, disait-il, que dépend le succès de tous les semis. On reproche aux cultivateurs de ne pas laisser assez mûrir leurs avoines ; et, en effet, dans beaucoup de pays, on est dans l'habitude de les couper avant leur maturité, pour éviter leur égrènement et pour que la paille soit plus succulente pour les bestiaux. On devrait au moins réserver quelques parties pour ne les couper qu'au moment précis indiqué par la nature, et en employer le produit aux semis. » Tessier conseillait aussi le chaulage comme préservatif du charbon.

Semailles de l'avoine.

On sème l'avoine soit à la volée, soit avec le semoir, et en lignes. Les uns se félicitent du semis en lignes ; les autres, notamment dans les pays rudes et humides, trouvent que ce mode de culture favorise le tallage et détermine une maturation irrégulière et tardive.

Pour l'avoine d'hiver, le semis se fait à partir de septembre ; pour l'avoine de printemps, il convient de s'y prendre le plus tôt possible, comme, par exemple, dès la fin de février quand la saison le permet. Le plus souvent, en France, nous attendons le mois de mars. Dans le centre et l'est, on ne saurait répondre d'un semis d'avril, attendu que les sécheresses peuvent le compromettre très-souvent. Mais il n'en est plus de même lorsque nous avançons vers le nord. Dans quelques localités montagneuses et tardives, il n'est pas rare de semer de l'avoine vers la fin d'avril et en mai, quand les feuilles du bouleau et du hêtre commencent à se montrer dans les forêts ; mais ce n'en est pas moins d'un mauvais exemple.

La quantité de graines à répandre varie avec les terrains, avec les climats et aussi avec les usages locaux. Dans le centre et l'est, nous semons de 200 à 250 litres, en moyenne, par hectare ; dans le nord de la France, on parle de 300 et 350 litres ; dans l'Ardenne belge, le chiffre augmente, commence par 400 ou 450 litres et s'élève parfois jusqu'à 800. C'est à ne pas le croire tout d'abord, mais, après quelques observations et réflexions, le fait s'explique. Les Ardennais veulent, en même temps que de la graine, beaucoup de paille et surtout de la paille tendre pour la nourriture du bétail, et ils l'obtiennent en semant dru, mais aux dépens des qualités de la graine. Nous ajouterons que le plus souvent ils se servent de semences, récoltées chez eux, dans de très-fâcheuses conditions, et qu'ils ne doivent compter par conséquent que sur une levée incomplète. Ils ont remarqué aussi qu'une récolte serrée jaunissait plus vite qu'une récolte claire, probablement parce qu'elle manque d'air, et que les tiges s'affament, ruinent le terrain et le dessèchent.

Quelquefois on met l'avoine sous raie avec une charrue, mais le plus souvent on recouvre avec la herse, puis on roule, du moins en terre légère et sur labour frais.

Soins à donner à l'avoine pendant sa végétation. — Lorsque la céréale a de 5 à 8 centimètres, il est bon de lui donner un coup de rouleau, dans les sols légers s'entend. Il ne reste plus, après cela, qu'à la sarcler en mai.

Maladies de l'avoine. — Le charbon est la seule affection sérieuse que l'on redoute pour

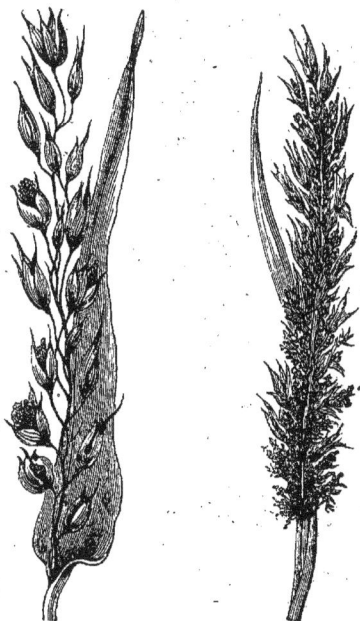

Fig. 190.—Charbon de l'avoine, premier état d'altération. *Fig.* 191.—Charbon de l'avoine, dernier état d'altération.

l'avoine. Elle a d'autant plus de tendance à se développer que la graine a été enterrée plus profondément, que les alternatives de pluie et de grande chaleur sont plus fréquentes, que la céréale revient plus fréquemment à la même place et que la semence employée n'est pas suffisamment mûre. Toutes ces causes amènent un état de souffrance et prédisposent la plante à charbonner; aussi remarque-t-on que les tiges sujettes au charbon sont toujours les plus frêles.

Récolte. — L'avoine d'hiver se récolte habituellement dans la seconde quinzaine de juillet; celle d'été n'arrive à la maturité qu'au mois d'août, dans les climats tempérés, et vers la fin de septembre dans les contrées tardives du nord. En France, le rendement moyen par hectare est de 8 pour 1 environ, mais dans les terres bien cultivées, il n'est pas rare de dépasser 35 et 40 hectolitres. Par exception et sur gazon rompu, le chiffre s'élève jusqu'à 70 hectolitres. Quant à la paille,

on compte de 160 à 200 kilos pour 100 kilos de grains. Dans l'Ardenne belge, la moyenne en grains est la même que la nôtre, c'est-à-dire 24 hectolitres; mais la quantité de paille est plus considérable et s'élève à 3000 kilos environ. Dans la Campine anversoise, le rendement moyen est de 30 hectolitres. Le poids de l'hectolitre varie de 45 à 50 kilos.   P. J.

Culture de l'avoine dans le Midi. —L'avoine succède au blé et précède la jachère dans les assolements du Midi. Les terres sur lesquelles on vient de couper le blé et qui n'ont pas assez de profondeur et de richesse pour être réservées au maïs, sont ensemencées en avoine.

Cette céréale qui vient, à la rigueur, sur le seul labour de semailles, qui se contente du reste d'engrais que les récoltes précédentes n'ont point absorbé, qui résiste à l'aridité du sol et à l'envahissement des mauvaises herbes, est en effet précieuse pour des terres qui seraient condamnées à la stérilité absolue. Si la culture de l'avoine, ainsi faite, ne donne que de très-faibles produits, il n'en est plus de même lorsqu'elle occupe un sol fertile où elle dépasse souvent le revenu du froment.

Les prairies nouvellement défrichées, dont les gazons ne sont point encore décomposés, sont avantageusement affectées à l'avoine.

On ne cultive qu'une seule variété d'avoine qui est ensemencée en automne, avant le blé, ou dans les derniers jours de l'hiver, à raison de 3 hectolitres à l'hectare. La couleur du grain d'automne, toujours plus foncée, semble constituer une variété particulière; cependant, l'expérience prouve que cette différence de nuance ne peut être attribuée qu'à sa précocité.

La rouille attaque souvent les tiges d'avoine, dans les lieux bas et humides; mais les plus grandes pertes sont occasionnées par le charbon qui n'est plus, comme celui du froment, prévenu ou amoindri par le vitriolage du grain.

L'avoine n'arrive pas à maturité d'une manière aussi régulière que le froment et le seigle : une partie du grain est mûre lorsque l'autre n'est encore qu'en lait. Il ne convient de la couper que dans cet état moyen que le cultivateur sait toujours saisir, avec un peu d'expérience. La paille, très-hygrométrique de sa nature, pourrirait aisément si les javelles étaient, comme celles du froment ou du seigle, liées immédiatement après leur sciage; aussi est-il à propos de les laisser deux ou trois jours exposées au soleil.   L. PONS-TANDE.

MAÏS (ZEA MAÏS).

Classification. — On connaît plusieurs espèces de maïs, mais nous n'en cultivons qu'une seule, le *maïs commun* ou *blé de Turquie*, ou *blé d'Inde* (*Zea maïs*).

Cette espèce a produit de nombreuses variétés et produit chaque jour des variations sans importance. Nous avons sous les yeux quatorze variétés que nous devons à l'obligeance de la maison Vilmorin-Andrieux. Ce sont :

Le *maïs improved King Philip* qui nous vient

des États-Unis ; variété très-précoce, très-productive, à tige peu élevée et grêle, à épi allongé, à graines lisses, d'un jaune brun, grosses et un peu aplaties ;

Le *maïs à poulets*, dont la tige ne dépasse guère 60 centimètres, variété à peu près aussi hâtive que la précédente, à graines jaunes et petites, et d'un faible rapport ;

Le *maïs quarantain*, s'élevant à un mètre environ ; un peu moins précoce que le maïs à poulets, mais supérieur à celui-ci quant au rendement et au volume de la graine qui est jaune ;

Le *maïs d'Auxonne*, dont la tige s'élève ordinairement à 1ᵐ,20, à grains jaunes de moyenne grosseur, et à peu près aussi hâtif que le quarantain ;

Le *maïs à bec* ou *maïs rostrata*, un peu plus élevé et un peu moins précoce que le précédent ; à grains jaunes, moyens et pointus à l'extrémité ;

Le *maïs jaune hâtif de Thourout*, variété productive, précoce, signalée dans ces derniers temps par M. P. Lejeune, alors directeur de l'École d'agriculture de Thourout (Belgique), mais contestée par M. Heuzé, si la mémoire nous sert bien. Que ce soit ou non une variété nouvelle, le maïs de Thourout est recommandable ;

Le *maïs early Tuscarora*, demi-tardif, à tige très-élevée, à grains gros, aplatis, très-larges, très-farineux et d'un blanc mat ;

Le *maïs blanc des Landes*, ne mûrissant ni tôt ni tard ; s'élevant à 1ᵐ,50 environ ; grains blancs et assez gros ;

Le *maïs jaune gros*, à tige élevée, un peu plus tardif que le blanc des Landes ;

Le *maïs jaune à grain long*, que nous ne connaissons que par sa graine allongée, d'un beau jaune clair ;

Le *maïs dent de cheval*, dont la graine blanche ne nous paraît pas s'éloigner beaucoup de celle du maïs blanc des Landes ;

Le *maïs sucré*, d'une maturité tardive, à graines ridées, à demi transparentes et rappelant l'aspect de la gomme arabique ; variété non farineuse et sucrée.

Le *maïs perle*, dont les tiges nombreuses dépassent 2 mètres de hauteur ; dont les graines blanches, rouges, brunes et noires sur le même épi, ne mûrissent que très-tardivement ;

Le *maïs caragua* ou *maïs géant*, variété très-tardive aussi, ne mûrissant pas sa graine sous le climat de Paris, et convenant mieux pour fourrage que pour toute autre chose, attendu que ses tiges très-vigoureuses s'élèvent souvent jusqu'à 3 mètres. La graine de cette variété est blanche, large et plate.

Il nous serait facile d'ajouter de nouveaux noms à cette liste déjà si longue ; mais à quoi bon, puisque les meilleures variétés farineuses et fourragères s'y rencontrent ?

Climat. — Il faut plus de chaleur au maïs qu'au froment pour mûrir ; les climats chauds lui conviennent par conséquent mieux que les climats du Nord. Les variétés très-précoces peuvent bien réussir dans le Nord de la France et même en Belgique, mais nous n'y considérons pas cette culture comme lucrative ; les variétés ordinaires ne doivent point s'écarter de la région des vignes.

Fig. 192. — Fleur mâle.
— Tige de maïs.

Fig. 193. — Maïs commun.

Fig. 194. — Maïs nain, à poulets.

Où les ceps mûrissent sûrement leurs grappes chaque année, les épis de maïs mûriront sûrement aussi ; mais du moment où la maturation du raisin laisse à désirer, ce qui arrive assez souvent sous le climat de Paris, la culture du maïs cesse d'être avantageuse.

Terres propres à la culture du maïs. —

Dans le centre, l'est et l'ouest de la France, nous considérons les terres légères ou bien ameublies, profondes, de nature calcaire, fraîches sans être humides, riches en vieux terreau, comme étant les plus favorables au maïs. Les terres maigres, sèches, ainsi que les terres argileuses très-compactes, conviennent moins à cette graminée ; cependant, en Bourgogne, sur les bords de la Saône et dans la Bresse, le maïs réussit parfaitement dans les argiles bien travaillées.

Place du maïs dans les assolements. — Il convient de placer le maïs en tête de la rotation, comme cela se pratique avec les cultures sarclées. On lui fait succéder des marsages, toutes les fois que la récolte est trop tardive pour permettre un semis de céréale d'automne. Le maïs réussit bien sur prairie artificielle rompue, ou après des féveroles et des pommes de terre, mais toujours à la condition de recevoir une fumure copieuse. Il est bon de ne le ramener que tous les quatre ou mieux tous les six ans à la même place.

Engrais qui conviennent au maïs. — Les vieilles fumures sont avantageuses au maïs. Il suit de là qu'il y aurait profit à enterrer le fumier dès l'automne dans les terres destinées à cette culture, ou bien à ne se servir, au moment des semailles, que d'engrais consommés. Nous ne connaissons, sous ce rapport, rien qui vaille un mélange de fumier de vache très-pourri et de cendres de bois vives ou lessivées. Tous les praticiens s'accordent à blâmer l'emploi des fumiers frais, longs ou pailleux. On estime à 510 kilog. par 100 kil. de produits la consommation de fumier faite par le maïs.

Labours préparatoires. — Dans les terres compactes ou de nature argileuse, un labour préparatoire, exécuté avant l'hiver, nous paraît de rigueur ; un second labour doit être exécuté vers la fin de février ou en mars, et dès que les mauvaises herbes se développent bien, on a intérêt à compléter le travail préparatoire par un coup d'extirpateur.

Dans les terres légères, on se contente de labourer deux fois à la sortie de l'hiver, à quelques semaines d'intervalle.

Choix et préparation des semences. — Il n'y a de bonne semence que celle qui a complètement mûri sur pied. Nous devons appuyer sur ce point, parce que certaines personnes ont conseillé la récolte du maïs sur le vert. Lorsque les épis ont mûri naturellement, il s'agit de les trier, de faire un choix. Dans nos campagnes, à mesure que l'on dépouille les épis de leurs *spathes*, c'est-à-dire des feuilles qui les enveloppent, on recherche ceux de ces épis qui offrent une belle forme, qui sont complètement garnis de grains et dont les rangées sont d'une régularité agréable à l'œil. Chaque fois que l'on en rencontre, on se contente de retrousser, de relever les spathes, au lieu de les arracher, puis on réunit les épis deux par deux, quatre par quatre, et on les suspend au plancher de la maison, au moyen de crochets, ou de perchettes. Ils restent là jusqu'au mois d'avril

de l'année suivante. La méthode n'est pas mauvaise ; cependant, nous croyons qu'il vaudrait mieux tenir l'épi recouvert de ses spathes que de le découvrir selon l'usage. La graine vêtue se dessécherait moins, serait moins exposée à la poussière, à la fumée et n'en vaudrait que mieux.

Il est difficile, avec le maïs, de conserver longtemps les races dans toute leur pureté ; elles se croisent avec une rapidité regrettable. Il importe donc de regarder de très-près à l'épi et de ne réserver pour la reproduction que ceux dont les graines sont rigoureusement de la même couleur et de la même forme. Le maïs est sujet aussi aux variations de couleur, et il n'est pas rare d'obtenir des graines rouges, noirâtres, bleuâtres, marbrées, en ne semant que des graines jaunes, ou bien encore

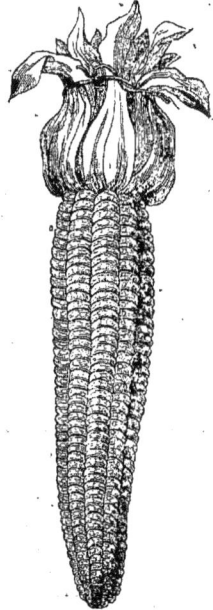

Fig. 195. — Maïs de Pensylvanie.

d'obtenir des graines jaunes ou blanches en ne semant que des graines rouges. Or, il est à remarquer, chez toutes les plantes, que la tendance à varier augmente avec l'âge et l'affaiblissement de la semence ; il est à remarquer que les vieilles graines donnent des produits plus sujets à varier que les jeunes. Les fleuristes le savent bien ; mais les hommes de la grande culture ne le savent pas assez. Pour ce qui concerne le maïs, il est probable que les variations sont plus à craindre avec la graine de 18 ou 19 mois qu'avec la graine de 6 ou 7 mois, et plus à craindre aussi avec la graine découverte, exposée à la chaleur et à la fumée des cuisines de village où l'on a coutume de suspendre les épis, qu'avec la graine couverte de ses enveloppes et conservée dans une pièce plus convenable. — En ce qui concerne les croisements, on ne peut les éviter qu'en éloignant le plus possible l'une de l'autre les races distinctes. Du moment que vous cultiverez plusieurs de ces races dans une localité restreinte, la pureté de chacune d'elles ne se maintiendra pas longtemps.

Il est rare que l'on soumette les graines du maïs à une préparation quelconque, avant de les semer ; cependant, nous connaissons des cultivateurs d'élite qui les laissent pendant vingt-quatre et quarante-huit heures dans l'eau de fumier et qui les ressuient ensuite en les roulant dans la cendre. Le procédé nous paraît excellent. Nous pensons que tous les cultivateurs de maïs, sans exception, se trouveraient bien d'un lavage de la semence à grande eau. Ce lavage aurait le double mérite de débarrasser la graine de la poussière charbonneuse qui peut s'y rencontrer, et de hâter la germination.

Semailles du maïs. — Nous ne semons le maïs que dans le courant d'avril, ou, au plus tard, dans les premiers jours de mai. Les procédés en usage pour les semailles du maïs changent avec les localités et varient souvent dans le même canton. Les uns tracent, au moyen d'un rayonneur, des rigoles de 5 ou 6 centimètres de profondeur, à 80 ou 90 centimètres de distance, et laissent tomber 4 ou 5 graines sur une longueur de 32 centimètres; après quoi, ils recouvrent avec le dos d'une herse légère. Les autres répandent la graine à la volée, à raison de 100 à 200 litres environ par hectare et recouvrent avec les dents de la herse. D'aucuns mettent la graine sous raie par un labourage léger; un certain nombre de cultivateurs soigneux et économes de la semence tracent des rigoles en long et en large, à environ un mètre de distance l'une de l'autre, et placent deux ou trois graines au plantoir sur tous les points où les lignes se rencontrent; beaucoup enfin sèment en lignes, à l'aide d'un semoir à bras ou à cheval et à raison de 20 litres environ par hectare. Aucune de ces méthodes n'est à dédaigner; la plus avantageuse ici peut être la plus onéreuse ailleurs; les meilleurs juges en pareille matière sont ceux qui pratiquent et qui payent. *Les conseilleurs ne sont pas les payeurs*, disent avec raison les praticiens de tous les pays.

Dans les terrains légers et médiocrement fumés, il convient de semer le maïs sur un labour reposé ou de le rouler sur labour frais; mais dans les terres de quelque consistance et riches en terreau, ces précautions ne sont pas nécessaires, car elles conservent toujours assez d'humidité pour favoriser la levée.

Soins à donner au maïs pendant sa végétation. — Nous n'avons à répéter à ce sujet que ce que nous avons écrit dans le *Dictionnaire d'agriculture pratique*. « Dès que le maïs a atteint 5 ou 6 centimètres de hauteur, on lui donne un léger binage, en même temps qu'on l'éclaircit s'il a été semé à la volée. Plus tard, lorsqu'il a environ 35 ou 40 centimètres, on le butte, afin de donner un peu de fraîcheur à ses tiges et de les soutenir contre les coups de vent qui les couchent facilement et en suspendent la végétation. Plus tard encore, dans le mois d'août, lorsque les épis et les grains sont formés, on peut, dans les pays où le maïs ne réussit pas toujours, couper la partie supérieure des tiges sur une longueur de 20 à 25 centimètres, afin de refouler la séve sur les épis et d'en hâter la maturité. Cette opération s'appelle *pincement*. Les extrémités pincées ou supprimées sont données au bétail. Très-souvent, il pousse au pied des tiges de maïs des rejets vigoureux qui épuiseraient nécessairement la tige-mère et nuiraient au développement des épis, si on leur permettait de végéter longtemps en toute liberté. Il faut les enlever. »

Les larges intervalles que laisse la culture du maïs nous permettent des cultures accessoires plus ou moins avantageuses. Dans les climats de la Bourgogne, par exemple, nous mettons, dans les champs de maïs, des haricots, des choux transplantés, des courges, des laitues, des navets de table.

Maladies du maïs. — Le maïs est sujet au charbon; au dire de Philippar, la carie l'attaque aussi, mais bien rarement.

Récolte. — Dans l'est de la France, le maïs mûrit vers la seconde quinzaine de septembre, mais on ne le récolte guère qu'en octobre. On pourrait couper les tiges en août, les placer contre un mur ou une haie, forcer ainsi la maturation et l'avancer de quinze jours ou trois semaines. Cette méthode a été préconisée par le comte Le Lieur, mais nous ne la recommandons pas. Le grand maïs, beaucoup plus productif que les races précoces, rend un tiers ou moitié plus en volume que le froment. La graine de maïs tend plus à disparaître de la consommation de l'homme qu'à s'y introduire. L'alimentation du bétail et les distilleries en absorbent des quantités considérables. On estime la récolte du maïs au quinzième environ de celle du froment.

Le poids de l'hectolitre de maïs est de 72 à 78 kilos.

Tout ce qui précède se rapporte surtout à la culture du maïs dans l'est et le centre de la France. Nous laissons la parole à notre ami Pons-Tande pour ce qui regarde la culture de cette céréale dans le Midi.   P. JOIGNEAUX.

Culture du maïs dans le midi de la France. — Le maïs occupe le premier rang parmi les plantes sarclées de l'agriculture méridionale. Cette place d'honneur lui est assurée par l'importance naturelle que doit y avoir une culture dont les produits sont la base de l'alimentation de nos populations rurales.

En effet, la farine de maïs, avec ou sans mélange de celle du froment, donne, sous forme de pain ou d'épaisse bouillie, une nourriture saine, substantielle et de facile digestion; son grain entier ou en cassé est, pour le gros et le petit bétail, pour les oiseaux de basse-cour, l'aliment d'engraissement par excellence; enfin ses tiges, quoique classées par quelques agronomes au nombre des basses matières fourragères, constituent de précieuses provisions, consommées toujours avec avidité et profit par les bœufs de travail.

Les variétés du maïs sont nombreuses, cependant la culture méridionale n'en a accepté que deux, pouvant même, à la rigueur, se réduire à une seule, puisque la différence qui existe ne consiste que dans la couleur des épis, blancs dans l'une et jaune orangé dans l'autre.

Les nombreuses tentatives de culture de variétés étrangères, trop vantées pour leur rusticité, pour le volume et la précocité des épis et des tiges, n'ont point encore pu détrôner la vieille race indigène. Après quelques essais d'acclimatation, dont les résultats ont toujours été opposés aux promesses de leur pompeux programme, ces variétés ont disparu, les unes abandonnées par les cultivateurs trompés, les autres absorbées par les effets inévitables de l'hybridation. Si le maïs exige rigoureusement, pour sa première végétation, pour son développement, pour son arrivée à bonne maturité, des conditions atmosphériques qui ne se rencontrent généralement, en France, que sous le climat méridional, il est, en revanche, bien moins exigeant pour la nature du sol.

Quelle que soit sa composition, toute terre convient au maïs, pourvu qu'elle soit profonde, bien ameublie et richement fumée. En effet, cette céréale prospère dans les terres argileuses et compactes du bassin de la Garonne, comme sur les plateaux siliceux de la Basse-Ariège. Elle donne d'excellents produits sur les coteaux argilo-calcaires du Lauraguais et sur le sol pierreux du pied des Pyrénées; elle préfère cependant les terres argilo-sableuses, fraîches et profondes, formées par les alluvions des rivières : c'est là seulement qu'il est possible d'obtenir le maximum de ses produits.

Les labours préparatoires à la culture du maïs devant réaliser, dans le sol, les deux conditions déterminées, profondeur et ameublissement, il devient inutile d'en fixer le nombre, comme aussi d'indiquer l'époque de leur exécution d'une manière générale.

Dans les sols compactes, un labour énergique fait avant l'hiver, exposant ainsi la terre à l'action des gelées, est indispensable pour que les deux façons qui précèdent la semaille puissent convenablement pulvériser la terre. Cette précaution perd de son utilité à mesure que la ténacité du sol diminue; enfin, dans les sols naturellement friables, un seul labour, fait la veille même de l'ensemencement, peut être suffisant.

Ce n'est pas toujours la charrue qui exécute les travaux préparatoires au maïs. Dans les terres fortement compactes, les labours à la bêche fourchue (*fig.* 195), produisent les meilleurs résultats; à part l'avantage qu'ils offrent de pouvoir être faits en automne, dans un moment où les attelages de la ferme sont occupés aux semailles de la saison, ils ont sur les labours à la charrue, une supériorité résultant de la conformation du sol après le travail.

Après le *pelleversage*, en effet (c'est ainsi qu'on nomme le travail à bras avec la bêche), le champ hérissé de grosses mottes de terre présente à l'action des météores d'hiver une surface bien plus considérable qu'après le labour à la charrue; la terre la plus compacte se trouve entièrement divisée, au moment des semailles de maïs : elle présente alors l'aspect d'une infinité de petites éminences pulvérisées comme des taupinières et dans lesquelles, sans autres préparations, la charrue trace avec la plus grande facilité le sillon des semailles.

Les meilleures terres à maïs, celles qui par cela seul qu'elles sont très-compactes, sont aussi, une fois pulvérisées, les plus rétentives de l'humidité nécessaire à la végétation du maïs, seraient exclues de cette culture sans le *pelleversage* avant l'hiver; aussi, malgré l'abandon de la moitié de la récolte en grains que le propriétaire est obligé de faire à ses ouvriers pelleverseurs, celui-ci n'hésite pas à adopter pour ses terres les plus compactes ce mode de préparation toujours profitable avec des ouvriers capables et consciencieux.

Le maïs est très-avide d'engrais, mais il les veut décomposés par le sol et immédiatement assimilables : aussi, les cultivateurs intelligents se hâtent-ils d'enfouir les premiers fumiers dont ils peuvent disposer après les semailles d'automne. Ainsi fumées avant l'hiver, les terres compactes surtout donnent toujours des récoltes supérieures à celles qu'on obtient avec des fumures plus abondantes mais tardives.

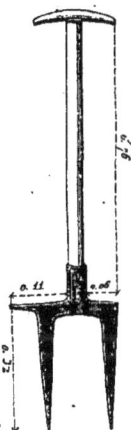

Fig. 195.
Bêche fourchue.

La quantité d'engrais qu'on doit donner au maïs est donc une question secondaire et subordonnée à la date de son enfouissement; on peut cependant la fixer à 20,000 kilos par hectare. Mais il ne faut point se le dissimuler, ce sont les vieilles fumures, c'est la vieille fertilité accumulée sur le champ par une série de cultures antérieures richement fumées qui conviennent surtout au maïs, bien mieux que les engrais récents qui n'ont ni les moyens ni le temps d'agir sur sa rapide végétation estivale.

Les grains employés pour le semis du maïs doivent être de première qualité. Ce choix est facile à faire en prenant d'abord les plus beaux épis dont on réforme les grains du haut par un égrenage partiel; cette pratique, sanctionnée par l'expérience, est également fondée sur l'observation de la végétation du maïs.

En effet, lorsque l'épi est formé et qu'il n'a plus qu'à mûrir, on remarque que la maturation marche avec rapidité dans les grains situés à l'extrémité inférieure de l'épi, et qu'elle s'opère avec une lenteur relative dans ceux qui occupent la partie supérieure. Cela tient sans doute à ce que les grains de la base ont le privilége de l'âge sur les autres. Toujours est-il que les graines concassées attaquées par le ver ou de maturité incomplète, se trouvent à l'extrémité supérieure de l'épi, et que c'est avec raison qu'on ne les accepte pas pour la semence.

L'époque la plus convenable pour le semis du maïs est du 1er au 15 mai; la terre est généralement alors dans les meilleures conditions d'humidité et de température pour déterminer une prompte et vigoureuse naissance. Les semis plus précoces, faits dans une terre qui n'est pas assez réchauffée, sortent de cette terre avec lenteur. Il faut, disent les cultivateurs du Midi, que le sol où est ensemencé le maïs soit assez chaud pour que le laboureur puisse abandonner ses sabots et labourer pieds-nus, sans avoir froid. Les semis plus tardifs, exposés à ne pas trouver l'humidité nécessaire à leur germination, ne sont praticables que sur des terres arrosables, fort rares malheureusement dans le Midi.

Le maïs est ensemencé en lignes comme toutes les plantes qui doivent recevoir des sarclages : la forme de ces lignes, leur direction, leur largeur et l'écartement des grains, enfin la profondeur à laquelle ils doivent être mis, sont autant de questions qui méritent d'être traitées avec détail à raison de leur importance.

Avant de tracer les lignes, le champ doit présenter une surface unie par le dernier labour et pulvérisée par les hersages nécessaires. Le laboureur trace alors, avec l'araire ordinaire du pays attelé d'une paire de bœufs, un sillon dirigé du nord au midi et ayant de 0ᵐ,25 à 0ᵐ,30 de profondeur et de largeur; une ouvrière suivant l'attelage à petits pas, laisse tomber dans le fond du sillon, des graines de maïs, de manière à les espacer à 0ᵐ,25 l'une de l'autre. Arrivé à l'extrémité du sillon, le laboureur retourne son attelage, replace la charrue dans le même sillon, mais en l'inclinant un peu à droite pour pouvoir y prendre la terre que le versoir y a déposée et qui doit servir à recouvrir la semence, par ce second trait de charrue. Il rouvre ensuite à 0ᵐ,80 de distance du premier, un second sillon et continue ainsi que nous l'avons indiqué.

Ensemencé de cette manière, le champ de maïs est couvert d'une série de petits billons exactement parallèles dans la direction du midi au nord et contenant dans la partie inférieure du talus exposé au soleil levant, le grain de semence que le second trait de charrue y a appliqué.

Cette pratique n'est pas des plus simples, elle exige en effet une certaine habileté dans le tracé des sillons qui doivent offrir un parallélisme mathématique; elle exige également une attention toujours soutenue pour recouvrir la semence avec la couche de terre dont l'épaisseur de 0ᵐ,03 à 0,ᵐ04 ne doit jamais varier; elle n'est pas non plus des plus expéditives, puisqu'elle oblige à faire deux raies pour obtenir une seule ligne ensemencée.

Ce système d'ensemencement est cependant généralement adopté dans la vaste région du maïs, à l'exclusion de tout autre. Nous devons donc expliquer les motifs de cette préférence.

De toutes les plantes cultivées en grande culture, le maïs est celle dont l'enfance est la plus délicate ; les pluies mêlées de giboulées, toujours froides et violentes, les vents impétueux, les dernières gelées matinales, sont autant d'accidents qui coïncident avec la naissance du maïs, sous le climat du Midi : son avenir serait compromis s'il se trouvait trop directement exposé à ces fâcheuses influences.

Placée, au contraire, dans la partie inférieure du billon, exposée au soleil levant, la jeune plante se trouve abritée contre les vents et les pluies du nord-ouest, les plus ordinaires dans le Midi ; la terre conservant toujours sa friabilité autour de la plante, celle-ci peut se développer dans les conditions climatériques les plus contraires. Ces considérations seraient, à la rigueur, suffisantes pour justifier un système de semis généralement suivi ; elles ne sont pas les seules, et nous voulons les indiquer toutes. Les agriculteurs praticiens, qui savent combien est frêle et délicate la jeune plante de maïs, nous pardonneront ces longueurs à raison de leur incontestable utilité.

Quinze ou vingt jours après sa naissance, le maïs, ayant alors trois feuilles, est disposé à pousser ses premières racines coronales qui se forment au niveau du sol : c'est le moment de songer au premier sarclage dont le but est non-seulement de détruire toutes les herbes étrangères, de supprimer toutes les plantes surnuméraires, mais encore d'amonceler autour de la plante conservée, assez de terre pour que les racines coronales qui se forment puissent y trouver l'aliment et l'humidité nécessaires à leur développement.

La conformation du sol, ensemencé ainsi que nous l'avons dit, favorise singulièrement l'opération du premier sarclage : en effet, l'ouvrier sarcleur, se plaçant à cheval sur une ligne de maïs, rabat avec sa houe, en prenant tantôt à droite tantôt à gauche, la terre formant l'éminence des billons ; il comble ainsi la petite tranchée dans laquelle se trouve le maïs et lui donne le plus énergique *buttage*. Cette opération est bien faite lorsque la terre est parfaitement unie, lorsque toutes les herbes étrangères et les plantes surabondantes ont disparu, lorsque enfin la ligne du maïs ne laisse voir que l'extrémité des feuilles de la plante espacée définitivement à 0ᵐ,50.

Toute autre pratique de semis, celle qui consiste, par exemple, à rayonner les lignes de maïs avec un instrument spécial et à planter au plantoir les grains dans ces lignes, serait peut-être plus simple ; mais à part l'inconvénient qu'elle aurait de laisser la jeune plante sans abri, elle n'offrirait pas à l'ouvrier sarcleur cette provision de terre toujours friable et qui trouve un si utile emploi dans le premier buttage que nous avons décrit.

Ceux qui observent la végétation du maïs, constatent la très-grande propension de cette plante à former plusieurs étages de racines coronales partant toutes de bas en haut. N'est-ce pas là l'indice de la très-grande avidité du maïs pour les buttages fréquents ? et d'ailleurs, lorsqu'on rencontre une tige frêle, dans laquelle l'épi, quoique fécondé, n'a pas pu se développer, on en trouve immédiatement la cause dans l'inspection des racines coronales qui, ayant manqué du buttage nécessaire, sont restées à l'état rudimentaire. Aussi conseillons-nous de s'en tenir à la méthode d'ensemencement que nous avons indiquée; si elle réclame quelques soins minutieux dans son application, si elle entraîne à quelques lenteurs, elle simplifie, en revanche, les travaux qui suivent les semailles et permet de les exécuter avec la plus grande perfection.

Un laboureur conduisant un attelage de bœufs, peut ensemencer ainsi 50 ares de terre dans une journée et près du double avec des chevaux ou des mules. Il est difficile d'apprécier la quantité de maïs nécessaire à l'ensemencement d'un hectare ; l'ouvrier qui distribue le grain dans le sillon en laisse toujours tomber trois et quatre fois plus qu'il n'en faut, comptant sur le sarclage prochain qui fait justice des plantes supplémentaires.

Après avoir reçu la première façon d'entretien, qui est à la fois un sarclage et un véritable buttage, le maïs ne tarde pas à sortir une seconde fois de terre ; en quinze ou vingt jours, sa tige arrive à une hauteur de 35 à 40 centimètres ; alors de nouvelles racines coronales se montrent à sa base et sollicitent un nouveau buttage.

Ce second et dernier travail de culture s'exécute avec la charrue à double versoir (le buttoir). Le sol est alors uni par le premier sarclage, la tige est forte et élevée, les lignes espacées de 0ᵐ,80 permettent la fonction énergique de l'instrument. C'est ordinairement un cheval qui est attelé au buttoir. Marchant dans les lignes avec plus de légèreté que les bœufs, il accomplit le travail plus vite et avec moins de dégâts; des ouvriers, suivant les lignes buttées, relèvent les plants inclinés, déchaussent ceux qui sont trop couverts, chaussent ceux qui ne le sont pas assez, arrachent les herbes qui peuvent encore se rencontrer, complètent enfin le travail de la charrue.

A la fin du mois d'août, l'épi du maïs est non-seulement fécondé, mais il est même définitivement formé; ses grains sont en lait ou en pâte plus ou moins consistante, il ne demande que le soleil pour mûrir. On procède alors à l'écimage des épis mâles, dont la présence sur la plante n'a plus d'utilité. Cette opération, tout en débarrassant la tige de maïs d'un ombrage incommode, procure en même temps un excellent fourrage vert.

Dans le milieu du mois d'octobre, les feuilles de la tige et celles qui enveloppent l'épi sont sèches; celui-ci abandonne sa position verticale et se courbe vers le sol, les grains sont durs et résistants à l'impression de l'ongle; le moment de la cueillette est enfin arrivé.

Coupé à la base de sa tige, le maïs est chargé sur des charrettes et transporté à la ferme où le *dépouillement* des épis se fait immédiatement. Les tiges de maïs, mises en meules coniques dans les cours de la ferme, sont conservées pour la nourriture d'hiver des bœufs de travail; les épis transportés dans les magasins et étendus en couches très-minces achèvent ainsi leur entière dessiccation.

L'égrenage du maïs était, il y a quelques années encore, fait à la main par des femmes ou des vieillards qui recevaient 25 ou 30 centimes par hectolitre de grains égrenés. Cette opération lente et relativement dispendieuse est aujourd'hui simplifiée par l'usage de l'*égrenoir à maïs*, petite machine solidement établie et du prix modique de 60 fr. Avec

Fig. 197. — Égrenoir de carolis.

un pareil outil, un homme et un enfant peuvent facilement égrener 25 ou 30 hectolitres de maïs dans un travail de huit heures. La description des égrenoirs à maïs a été trop souvent faite dans ces derniers temps pour que nous y revenions ici.

La production du maïs peut facilement varier du simple au quadruple, suivant le degré d'opportunité et de perfection apporté aux travaux d'ensemencement et d'entretien; on peut cependant l'apprécier à 24 hectolitres à l'hectare. Les tiges, réunies à l'écimage des épis mâles, présentent un volume de 4 000 à 5 000 kilos.

Ainsi que nous les avons décrits et qu'il convient d'ailleurs de les exécuter, les travaux de culture du maïs sont longs et coûteux; ils sont généralement donnés à l'entreprise à des ouvriers qui reçoivent le septième de la récolte en grains dans les bonnes terres et le sixième dans celles de qualité inférieure; cependant il n'est pas rare de les voir faire à la journée; — ils donnent lieu alors à des dépenses que nous évaluons à la somme de 34 fr. par hectare, ainsi que nous l'établissons par le tableau détaillé ci-dessous.

1er sarclage, buttage, 8 journées à 1 fr. 50, ci......	12 fr.
2e — 2 journées à 1 fr. 50, ci......	3
Écimage des tiges, 2 journées à 1 fr. 50, ci.......	3
Coupe du maïs et chargement, 4 journées à 1 fr. 50, ci.	6
Dépouillement et transport du maïs aux magasins, 10 journées de femme à 1 fr. l'une, ci............	10
TOTAL..........	34 fr.

Si nous établissons le prix du maïs à 10 fr. l'hectolitre, et sa production à 24 hectolitres, nous voyons que cette somme de 34 fr. dépensée pour les travaux d'entretien et de culture du maïs, est à peu près le septième de la somme totale de sa production. — Il n'y a donc ni avantage économique ni inconvénient à donner à l'entreprise les travaux de culture.

Pour obtenir le chiffre total des dépenses du maïs, nous devons détailler également les frais de préparation. Le second tableau ci-dessous offre ces renseignements.

1o Transport des fumiers et frais d'éparpillement...	20 fr.
2o Premier labour de défoncement, 5 journées à 5 fr. l'une, ci..................	25
3o Deuxième labour ordinaire, 3 journées à 5 fr., ci.	15
4o Troisième labour en travers avec hersage, 2 journées à 5 fr., ci...............	10
5o Labour d'ensemencement, 2 journées à 5 fr., ci.	10
6o Labour de buttage, 1 journée, ci..........	5
7o 10 litres de maïs pour la semence d'un hectare..	1
8o Salaire de l'ouvrière qui sème, 2 journées, ci....	2
TOTAL...........	88 fr.

Cette somme de 88 fr. réunie à celle de 34 fr. représente l'ensemble des dépenses d'un hectare de maïs tant pour les travaux de préparation que pour ceux de culture.

Si nous reprenons le chiffre de la production du maïs (24 hectolitres à l'hectare) et son évaluation à 10 fr. l'hectolitre, nous arrivons à ce résultat définitif :

Production à l'hectare, 24 hectolitres à 10 fr. l'un.	240 fr.	
Frais de culture préparatoire........	88 fr.	122
— d'entretien.........	34	
NET..........	118 fr.	

Notre compte de culture de maïs serait irréprochable si nous avions évalué les fumiers : nous devons expliquer cette lacune, qui n'est en réalité qu'apparente.

Ainsi que nous l'avons dit plus haut, le maïs ne prenant à la terre que les vieux engrais déjà décomposés, il nous a paru injuste d'attribuer entièrement à sa culture une dépense dont elle ne tire pas tous les profits. Nous croyons rester au-dessous de la vérité en établissant une compensation avec les tiges de maïs dont nous n'avons pas, à dessein, estimé la valeur.

Pour être absolument complet, nous ne devons pas oublier un des produits du maïs, le *papeton*, ce cylindre ligneux qui porte les graines de maïs, et qui après l'égrenage est un excellent combustible. Ce modeste produit, dont nous n'avons pas parlé dans notre compte de culture, était considéré, alors que l'égrenage du maïs à la main coûtait 25 ou 30 centimes l'hectolitre, comme devant payer cette opération; depuis l'introduction des égrenoirs, le papeton est à peu près un produit net.

Lorsque les terres à maïs sont arrivées à un état de fertilité très-avancé, par des fumures considérables, par des labours multipliés et profonds;

lorsque d'ailleurs leur composition naturelle est riche et friable, il est possible et avantageux d'associer la culture des haricots à celle du maïs. Le grand espacement qu'on donne aux tiges laisse assez de terrain découvert pour permettre à cette légumineuse d'y accomplir son entier développement. Intercalés dans les lignes de maïs, les haricots donnent souvent des produits supérieurs à ceux de leur culture isolée; cela s'explique par la fraîcheur qu'entretient toujours dans le sol l'ombrage des feuilles, et par la faculté qu'ils ont de pouvoir grimper le long des tiges.

On sème les haricots à la main, par petites touffes de 4 à 5 grains, espacées de 1m,50 à 2m, dans la ligne même du maïs, mais un peu au-dessus, de manière à ce qu'après la naissance, la ligne de maïs se trouvant à la partie inférieure du sillon, celle des touffes de haricots se trouve placée 3 ou 4 centimètres plus haut. Les buttages que reçoit le maïs exigent cette précaution qui fait que les deux plantes sont à peu près sur le même plan après les travaux de culture.

La production des haricots intercalés au maïs, arrive à 12 ou 15 hectolitres à l'hectare, dans les terres de premier choix, où des cultures intensives de longue date ont accumulé une richesse qui ne se trouve que dans les terres potagères.

Fig. 198. — Épi femelle de maïs, complétement déformé par le charbon.

Ce rendement doit être réduit à 5 ou 6 hectolitres dans les conditions ordinaires de la grande culture.

Les petits cultivateurs intercalent aussi quelquefois des semences de citrouilles dans leur champ de maïs; ils obtiennent ainsi quelques produits de qualité très-inférieure qui sont cependant consommés par les porcs et les vaches laitières.

Placé sur une tige élevée, enveloppé de plusieurs couches de feuilles, l'épi de maïs défie ainsi le ravage des insectes et des rongeurs; son grain, trop gros et fortement implanté dans le papeton, est respecté par les oiseaux. A part les légères atteintes d'un ver qui prend naissance dans l'intérieur de l'épi, pendant les grandes sécheresses, on peut dire que le maïs n'a point d'ennemis sérieux parmi les animaux. Il n'en est pas de même d'un parasite végétal, le charbon (*fig.* 198), qui s'implante tantôt à la tige, tantôt à l'aisselle des feuilles, et le plus souvent à l'épi. Cette incommode végétation, de la grosseur d'un pois lorsque l'œil la découvre, se développe avec une incroyable rapidité et en peu de jours envahit entièrement les feuilles qui recouvrent l'épi; celui-ci, dénudé et n'arrivant pas à maturité, est toujours mis au rebut. Les chaulages des grains de semence et l'emploi de tout autre moyen dont l'efficacité est incontestable dans les affections analogues du froment, sont de nul effet pour le maïs; l'extirpation est encore le seul remède connu.   L. Pons-Tande.

SARRASIN (FAGOPYRUM)

Il n'existe qu'une espèce de sarrasin : c'est le *polygonum fagopyrum* de Linnée, que nous cultivons sous le nom de *blé noir* dans le centre de la France, de *millet carré* sur certains points du Midi, de *bucaille* dans la Picardie, de *boquette* ou *bouquette* dans quelques localités du nord de la France et de la Belgique. Cette espèce a produit une variété appelée sarrasin de Tartarie (*fagopyrum tataricum*), qui ne se distingue réellement bien du type qu'à l'inspection de la graine. La capsule de la graine est lisse dans le sarrasin ordinaire, tandis que dans le sarrasin de Tartarie les angles sont dentés ou échancrés. Ce dernier est plus robuste, mais d'un moindre rapport que le sarrasin ordinaire. Ses produits passent pour être de qualité inférieure.

Fig. 199. — Sarrasin commun.

Climat. — Le sarrasin redoute le froid, la

grande chaleur, les vents desséchants, et les variations brusques de température. On ne peut donc répondre du succès de sa culture ni dans le Nord ni dans le Midi. Ce succès n'est assuré que dans la Bretagne, où le climat doux, uniforme, convenablement humide, est très-favorable au sarrasin. Quoi qu'il en soit, on cultive cette plante dans tous nos pays pauvres, sans distinction de climat. Si l'on réussit, tant mieux; si l'on échoue, tant pis; en un mot, on court les chances.

Terres propres à la culture du sarrasin. — Tous les terrains pauvres et légers conviennent à cette plante. Elle donne des produits abondants dans les maigres défriches de nos départements de l'Ouest, dans les sols granitiques du Morvan, dans les argiles sablonneuses du Midi, dans le calcaire du centre de la France, dans les plus pauvres terrains de la Picardie, dans les sables des Flandres et des Campines belges, dans le schiste du Luxembourg. Les terres compactes et humides lui sont désavantageuses. Les terres riches pousseraient trop au développement des tiges et des feuilles, diminueraient la production des graines et retarderaient la maturité outre mesure.

Place du sarrasin dans les assolements. — Le sarrasin n'est pas difficile sous ce rapport; on peut le placer avant ou après toute espèce de récolte. Quand le climat le permet, on le sème en récolte dérobée, après les vesces, le seigle, le colza ou la navette. On le sème tantôt en première, tantôt en seconde récolte sur défrichement; on le sème aussi très-souvent dans l'unique but d'y mêler de la graine de fourrages artificiels, trèfle, sainfoin ou luzerne, qui réussissent plus sûrement avec le sarrasin qu'avec l'orge et l'avoine.

Engrais qui conviennent au sarrasin. — Le sarrasin ne reçoit presque jamais de fumure directe; on l'oblige à se contenter de ce que la récolte précédente a laissé dans le sol. Cependant les Campinois le fument et s'en trouvent bien. Ils se servent, à cet effet, ou de purin, ou d'un compost préparé avec de l'argile sablonneuse et de la chaux. Ne perdons pas de vue qu'ici nous avons affaire à des terrains siliceux. S'il s'agissait de terrains calcaires, le compost à la chaux ne serait pas à recommander, et, dans cette circonstance, nous préférerions le vieux laitier de hauts-fourneaux, arrosé, à diverses reprises, avec de l'eau de fumier. Les cendres de bois ou de tourbe donnent d'excellents résultats dans la culture du sarrasin. On a cru remarquer que le sarrasin peut consommer autant de fumier que l'avoine, c'est-à-dire 600 kilog. par 100 kilog. de produits.

Labours préparatoires. — Il est rare que l'on se mette en frais de labourage avec le sarrasin. Dans la plupart des cas, un seul labour suffit; cependant, si le terrain accusait quelque consistance, il y aurait profit à en donner deux.

Choix et préparation des semences. — Les graines de sarrasin sont loin de se valoir toutes, parce que la maturation se fait très-irrégulièrement. Un cultivateur qui comprendrait bien ses intérêts, devrait, au moment de la récolte, s'approvisionner de graines mûres; le temps qu'il dépenserait à faire ce triage, ne serait certes pas du temps perdu. Malheureusement, on ne prend point cette peine, et la semence que l'on emploie d'ordinaire se compose d'une moitié de graines qui ont mûri sur pied ou à peu près, et d'une moitié de graines, ou imparfaitement développées, ou mûries en bottes, et par conséquent plus ou moins défectueuses. Cette semence n'est soumise à aucune préparation. Nous croyons cependant que les cultivateurs se trouveraient bien de l'arroser avec de l'eau de fumier et de la rouler dans les cendres pour la ressuyer avant de s'en servir.

Semailles du sarrasin. — Par cela même que les brusques variations de température et les plus faibles gelées du printemps sont très-nuisibles au sarrasin, on ne le sème ordinairement qu'à partir du 15 mai, souvent en juin et parfois en juillet et août dans les climats chauds. On l'enterre légèrement avec une herse, et lorsque le temps est à la sécheresse, on doit le rouler; la quantité de semence employée par hectare est très-variable; on ne dépasse jamais 100 litres, et l'on descend dans certaines contrées à 25 litres. La bonne moyenne est de 45 à 50 litres. Dans le Midi et les terrains très-secs, on doit semer dru afin d'ombrager le sol et de prévenir une trop forte évaporation d'humidité; mais lorsque l'on a affaire à des sols un peu frais et à des climats se rapprochant du nord, il faut semer clair. Les tiges prennent ainsi de la force; les rameaux se développent bien et le produit a plus de valeur qu'avec un semis serré. Le semis clair est de rigueur enfin toutes les fois que l'on adjoint au sarrasin une récolte fourragère. Nous n'avons parlé jusqu'ici, bien entendu, que de la culture du sarrasin en vue de la graine. S'il s'agissait de semer un sarrasin pour fourrage ou pour l'enfouir en vert, il est évident que l'on devrait toujours et partout répandre de 80 à 100 litres de graines par hectare.

Le sarrasin n'exige pas de soins d'entretien pendant le cours de sa végétation, car il s'oppose parfaitement à celle des mauvaises herbes. Nous ne lui connaissons pas de maladies sérieuses. Il ne redoute que les années pluvieuses qui le font *filer*, et les coups de vent qui, dans cet état, le couchent facilement.

Récolte. — On récolte d'habitude le sarrasin en septembre, souvent même en octobre, lorsque la moitié des graines environ sont mûres; et l'on en forme des bottes que l'on place debout sur les champs pour que la maturation s'achève et que les tiges se dessèchent. Dans les bonnes années, on estime le rendement à 30 hectolitres par hectare; mais une récolte de 20 à 25 hectolitres doit être considérée comme très-satisfaisante. La France produit à peu près autant de sarrasin que de maïs; mais on le consomme principalement dans les pays de production, tels que la Bretagne, la Sologne et le Morvan.

L'hectolitre de sarrasin ordinaire pèse environ 60 kil. Le sarrasin de Tartarie a moins de poids.

P. J.

RIZ (ORYZA SATIVA).

Le *riz commun* est la seule espèce que nous cultivions en France. Cette espèce a produit plusieurs variétés, parmi lesquelles nous signalons le *riz sans barbes* qui diffère du type par l'absence de l'arête qui surmonte les grains de ce dernier, et le *riz impérial*, que les Chinois affectionnent en raison de sa précocité et de l'abondance de ses produits. Nous ne dirons rien du *riz sec* ou *de montagne*, variété ou espèce, nous ne savons au juste, très-recommandée à diverses reprises, comme n'exigeant point d'irrigation ; mais on avait oublié de remarquer que dans les montagnes de la Cochinchine et de Madagascar, où ce riz prospère, il tombe beaucoup d'eau de pluie à l'époque de sa végétation. Les conditions climatériques n'étant pas les mêmes chez nous, les essais de culture, faits avec le riz sec, devaient échouer nécessairement. C'est ce qui est arrivé.

Climat. — Les climats chauds sont les seuls qui conviennent au riz ; aussi ne le rencontre-t-on, en Europe, que dans certaines contrées de l'Espagne, de l'Italie et du midi de la France ; il exige une exposition chaude et des plaines parfaitement découvertes ; il redoute le voisinage des haies et des arbres, à cause de l'ombre qu'ils projettent et aussi à cause des petits oiseaux qu'ils attirent, au grand préjudice des rizières.

Terres propres à la culture du riz. — Cette graminée n'est pas très-difficile quant aux terrains. Ceux qui sont substantiels et frais, passent, ainsi que les terrains salés, pour valoir mieux que tous les autres ; mais il n'est pas rare de voir transformer en rizières des sols très-médiocres et non salés. L'important dans cette affaire, c'est que le riz trouve dans les eaux d'irrigation les éléments de vie qui ne seraient pas dans la terre médiocre. Il importe aussi que la terre choisie pour établir une rizière offre une pente bien douce, afin de faciliter au besoin l'écoulement des eaux.

Place du riz dans les assolements. — Cette plante réussit parfaitement après un maïs,

Fig. 200. — Riz commun.

un froment, un seigle et même un trèfle ; mais il est d'usage de la ramener deux, trois et quatre fois de suite à la même place. Le rapport s'amoindrit dans ce cas, mais les frais ne sont pas aussi élevés qu'avec la méthode alterne qui amène des démolitions et reconstructions de digues très-fréquentes.

Engrais qui conviennent au riz. — Le riz est une plante aquatique ; il prend sa nourriture dans la terre et dans l'eau. Le fumier de cheval dans les terrains frais et le fumier de vache dans les terrains secs sont favorables à sa culture. Quant à l'eau destinée à inonder la terre fumée, la meilleure est celle qui apporte avec elle le plus de matières fertilisantes. L'eau de rivière et d'étang est préférée à celle des puits et des sources, parce qu'elle est plus riche, plus aérée et d'une température plus douce. Cependant, il suffit, pour tirer parti des eaux de source, de les amener dans un vaste réservoir où l'on a déposé des engrais, et de les y laisser séjourner quelques jours avant de s'en servir.

Labours et dispositions préparatoires. — Les champs destinés au riz doivent recevoir un ou deux labours au printemps, labours plutôt légers que profonds, surtout lorsque l'on a affaire à un sol de médiocre valeur. Cela fait, on divise la rizière en un certain nombre de compartiments, au moyen de digues ou chaussées de 66 centimètres environ de hauteur sur 16 de largeur à la partie élevée de la rizière, et de 60 centimètres de hauteur au bas de la rizière. Moins la pente du terrain est sensible, moins il faut de chaussées ; plus, au contraire, elle est accusée, plus les chaussées doivent être multipliées. Il va sans dire que des ouvertures sont pratiquées dans les digues transversales, afin d'inonder et de dessécher à volonté. Les compartiments des rizières ont ordinairement de 5 à 7 mètres de côté ; il y aurait de l'inconvénient à leur donner plus de surface, même quand le terrain le permettrait, car les coups de vent auraient trop de prise et les vagues soulevées déracineraient les plantes. Voici au reste un modèle de rizière qui rendra nos explications plus intelligibles. Les prises d'eau sont établies (*fig.* 201) aux points C et E ; les ouvertures de décharge sont en F.

Il va sans dire que c'est un plan d'amateur. Les rizières sont, en général, loin de présenter cette régularité.

Choix et préparation des semences. — Les graines qui proviennent d'une culture alterne sont préférables à celles qui sont fatiguées par un retour trop fréquent du riz à la même place. Dans les années défavorables, nous avons intérêt à tirer notre semence de contrées plus chaudes que les nôtres. La graine qui nous vient d'une rizière neuve est meilleure pour la production que la graine d'une vieille rizière. La seule préparation, nécessaire au riz de semence, consiste à le plonger dans l'eau, avec sa balle bien entendu, et à l'y laisser plusieurs jours, afin de le ramollir, de le gonfler, de lui donner du poids et de favoriser sa germination.

Semailles. — On sème le riz en avril sur rizière nouvelle et en mai seulement sur rizière

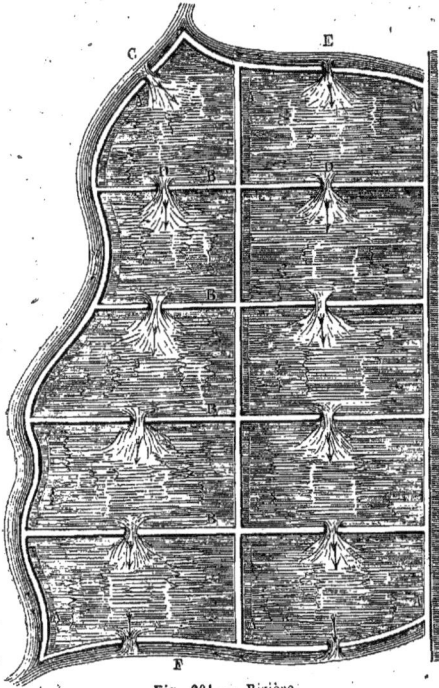

Fig. 201. — Rizière.

ancienne, afin de donner le temps au soleil de réchauffer le terrain qui a été fréquemment inondé. La quantité de graines employées est d'environ 200 litres par hectare. Tantôt, on répand cette graine à la volée sans l'enterrer, ou bien on l'enterre soit avec une herse, soit avec une lourde planche traînée par un cheval, planche qui recouvre et nivelle en même temps ; puis on amène de 5 à 8 centimètres d'eau sur le semis. Tantôt, on commence par inonder, et le semeur répand la graine en marchant dans l'eau, derrière le cheval qui traîne la planche à niveler. Deux ou trois jours après le semis, on enlève presque toute l'eau de la rizière, afin de réchauffer l'emblave et de hâter la germination ; puis, aussitôt que la plante lève, on rend de l'eau pour empêcher la température du sol de trop s'élever.

Soins à donner au riz pendant sa végétation. — Au fur et à mesure que le riz se développe, on élève le niveau de l'eau, de façon à ne le laisser dépasser que par l'extrémité des feuilles, et l'on ne s'arrête qu'à une hauteur de 12 ou 15 centimètres. Cependant, dans le cas où la température serait froide, ainsi que l'eau employée, il serait prudent de tenir le niveau assez bas, de ne pas donner trop d'épaisseur à la nappe d'eau, afin de pouvoir la réchauffer plus aisément au soleil. Quelquefois aussi, il devient nécessaire d'abaisser le niveau pour prévenir les désastres qu'occasionneraient les vents violents, en soulevant les vagues ; mais, aussitôt le calme rétabli, on élève le niveau de l'inondation. Enfin, dans certains cas,

lorsque des insectes aquatiques, comme l'*apus cancriformis* et le *nepa cinerea*, attaquent sérieusement les jeunes plantes de riz, l'on se voit obligé de mettre la rizière à sec pour s'en défaire. Le riz souffre beaucoup de l'opération, mais entre deux maux, on doit choisir le moindre.

Les rizières n'échappent point à l'invasion des mauvaises herbes, et la plus détestable, dans le nombre, est une sorte de panic, vulgairement appelé *pied-de-coq* et désigné par les botanistes sous le nom de *panicum crus galli*. Cette plante multiplie beaucoup, ressemble au riz par ses feuilles et nuit gravement à la récolte. Il s'agit donc de procéder au sarclage quelques jours avant que les tuyaux du riz paraissent. Ce travail se fait dans l'eau et devient coûteux à cause des inconvénients et des difficultés qu'il présente.

— « A l'époque de la végétation où les tiges du riz vont s'élancer, écrit M. de Gasparin, on le voit quelquefois languir et jaunir ; alors on lui retire l'eau et on lui rend sa vigueur par l'action immédiate du soleil. D'autres fois, il surabonde en feuilles qui prennent une grande élévation et une couleur vert foncé. Les agriculteurs ne sont pas d'accord sur le traitement qu'il faut appliquer à cet excès de végétation herbacée dont l'effet est de compromettre la formation de la graine ; les uns donnent un cours plus rapide à l'eau, pour qu'elle n'ait pas le temps de se réchauffer ; d'autres, au contraire, arrêtent sa circulation, pour qu'elle se réchauffe fortement et affaiblisse les plantes. Il est probable que les situations diverses recommandent l'un ou l'autre de ces moyens.

« Ce moment passé, et si l'on jouit d'un courant d'eau non interrompu, continue M. de Gasparin, il faut tenir l'inondation à toute sa hauteur par une introduction régulière et soutenue. Dans certains lieux on ne jouit de l'eau que par tours de six, huit, dix jours ; il faut alors inonder la rizière dans ces intervalles, et ensuite fermer les issues pour arrêter l'eau dans les carrés le plus longtemps possible. L'expérience enseigne que le riz se maintient et croît bien, quoique baigné seulement par des irrigations périodiques et quoique la rizière reste à sec pendant cinq, six et huit jours d'une irrigation à l'autre, surtout si le terrain est argileux et tenace.

« Avant que le riz ne forme ses panicules, si l'on voit le champ se regarnir de panics pied-de-coq, il est encore temps de s'en débarrasser. A cet effet, on fait passer le long des sillons des hommes et des femmes qui, avec des faucilles, coupent au niveau des tiges de riz les tiges dominantes de ce panic, en ayant soin de ne pas fouler les pieds de riz qui se rompent facilement et ne se rétabliraient plus. »

Quand vient la maturité caractérisée par la couleur jaunâtre des panicules, on enlève l'eau pour faciliter la récolte.

Maladies du riz. — En Italie, le riz est sujet à une maladie, connue sous le nom de *bruzone*. Elle rend la plante stérile. On attribue cette affection à toutes sortes de causes, parmi lesquelles la dégénération de la semence nous semble la plus vraisemblable.

Récolte. — En Lombardie, la récolte du riz a lieu de la fin d'août à la fin de septembre, car sa maturation est irrégulière. Le rendement varie entre 18 et 60 hectolitres de graines en balle, selon

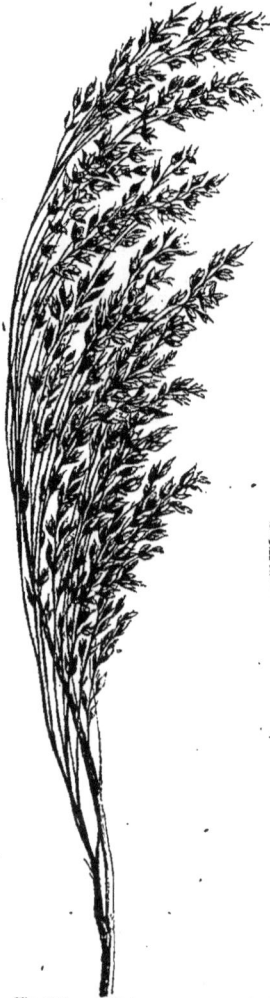

Fig. 202. — Millet commun.   *Fig.* 203. — Millet d'Italie.

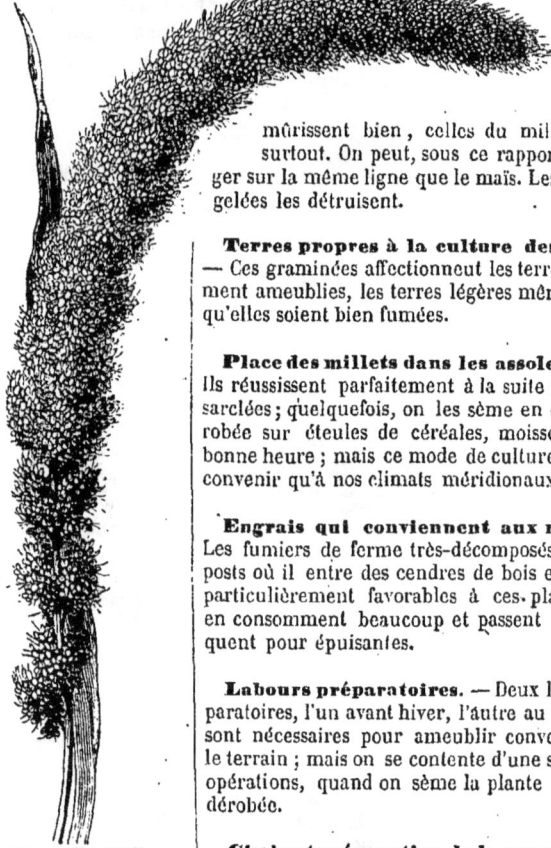

que les terrains et les situations sont plus ou moins avantageux. Le produit brut a de l'importance sans doute, mais le produit net est singulièrement amoindri par les frais de main-d'œuvre, et quand on songe à l'insalubrité des rizières, aux fièvres intermittentes qu'elles occasionnent, aux victimes qu'elles font chaque année, aux inconvénients qui résultent de leur voisinage non-seulement pour les populations, mais encore pour les autres cultures, on se sent plus disposé à proscrire cette plante qu'à en encourager la multiplication.
                                                  P. J.

MILLET (PANICUM).

On donne le nom de millet à des espèces du genre panic. Ainsi, le *millet commun* est le *Panicum miliaceum* des botanistes, tandis que le *millet d'Italie ou des oiseaux* est le *panicum Italicum* de ces mêmes botanistes. Il existe bien encore d'autres espèces ou variétés de millet, mais comme on les cultive plutôt pour leurs feuilles fourragères que pour leurs graines, nous nous en tiendrons aux deux espèces que nous venons de citer.

Climat. — Les climats du midi sont ceux que préfèrent les millets. Il faut une somme de degrés de chaleur assez considérable pour que leurs graines mûrissent bien, celles du millet d'Italie surtout. On peut, sous ce rapport, les ranger sur la même ligne que le maïs. Les moindres gelées les détruisent.

Terres propres à la culture des millets. — Ces graminées affectionnent les terres parfaitement ameublies, les terres légères même, pourvu qu'elles soient bien fumées.

Place des millets dans les assolements. — Ils réussissent parfaitement à la suite des plantes sarclées ; quelquefois, on les sème en culture dérobée sur éteules de céréales, moissonnées de bonne heure ; mais ce mode de culture ne saurait convenir qu'à nos climats méridionaux.

Engrais qui conviennent aux millets. — Les fumiers de ferme très-décomposés, les composts où il entre des cendres de bois et d'os sont particulièrement favorables à ces plantes. Elles en consomment beaucoup et passent par conséquent pour épuisantes.

Labours préparatoires. — Deux labours préparatoires, l'un avant hiver, l'autre au printemps, sont nécessaires pour ameublir convenablement le terrain ; mais on se contente d'une seule de ces opérations, quand on sème la plante en culture dérobée.

Choix et préparation de la semence. — La graine qui a complétement mûri sur pied et que l'on récolte avec précaution, pour en perdre le moins possible, est bien préférable à celle que l'on coupe dès que la panicule commence à jaunir. Cette graine destinée à la reproduction doit être plongée dans l'eau pendant un jour ou deux. Cette immersion la ramollit et facilite la germination qui est ordinairement très-pénible en temps sec.

Semailles des millets. — Il y a plus de chance de réussir avec les semis de printemps qu'avec les semis d'été. Autant que possible donc, vous sèmerez les millets vers la fin d'avril ou en mai, quand les gelées ne sont plus à craindre. Vous ferez cette opération le matin ou le soir, en saison sèche, ou à toute autre heure de la journée, quand le ciel sera couvert, et vous recouvrirez de suite la semence avec une herse, en faisant des vœux pour qu'une douce pluie tombe et vienne favoriser la levée. On sème à la volée à raison de 40 litres au plus par hectare, ou bien en lignes.

Soins à donner aux millets pendant leur végétation. — On doit sarcler et éclaircir, en même temps, avec une binette, les millets qui ont de 5 à 6 centimètres. Quinze jours ou trois semaines plus tard, on binera, en prenant soin de chausser un peu les pieds de la plante.

Récolte. — La maturation des millets a lieu irrégulièrement, et dès que les panicules jaunissent pour la plus grande partie, on coupe les plantes. M. de Gasparin rapporte que les produits communs du millet sont de 31 à 32 hectolitres pesant 70 kilog. et se réduisant à 43 quand il est décortiqué.

Dans le midi de la France, la graine de millet ne jouit pas d'une grande faveur. Elle est mangeable, mais on lui préfère de beaucoup le maïs qui n'est pas plus exigeant et rapporte davantage. La graine de millet sert au calfatage des navires ; les tiges servent à faire des balais.   P. J.

CHAPITRE XIV.

DE LA RÉCOLTE DES CÉRÉALES.

« La récolte est la fin et le couronnement des travaux de l'agriculture, dit M. de Gasparin. Il semble que toute sollicitude doive être désormais bannie. Le fruit est mûr, il ne nous reste qu'à le cueillir ; et cependant tout le travail de l'année peut être compromis par notre nonchalance. »

Il ne suffit pas, en effet, d'avoir mené à bonne fin les labours, les ensemencements, les cultures d'entretien ; d'avoir obtenu, Dieu aidant, de beaux blés bien tallés, bien épiés ; il faut aussi assurer, par de sages et intelligentes mesures, la rentrée de la moisson. Il y a des précautions à observer, des mesures à prendre, des préparatifs à faire, qu'un chef d'exploitation ne peut oublier ou négliger sans s'exposer à compromettre, au dernier moment, le résultat de ses travaux de l'année. On a souvent comparé le fermier à un général d'armée ; cette comparaison nous a toujours paru très-juste : l'époque de la moisson c'est le jour de la grande bataille qui doit décider du sort de la récolte. L'ennemi à vaincre c'est la pluie intempestive, c'est le soleil trop ardent, le blé trop mûr, la moisson abattue par la verse, par la grêle ou par la pluie, ou bien ce sont les hommes qui manquent, les outils qui se brisent, les machines qui se dérangent ; l'ennemi qu'il faut vaincre, ce sont toutes les difficultés qui se présentent jusqu'à ce que la récolte soit mise, saine et sauve, à l'abri, sous le gerbier ou dans la grange.

Préparatifs de la moisson. — Le cultivateur qui songe à sa moisson la veille du jour où il doit couper son blé, nous fait l'effet d'un hôte qui se souviendrait qu'il a invité de nombreux amis à dîner juste au moment de se mettre à table. En agriculture, souvent « prévoir c'est pouvoir. »

Une des principales conditions nécessaires pour assurer le succès de la récolte des céréales, c'est la célérité avec laquelle les opérations doivent être conduites. Il ne suffit pas d'avoir assez de monde ou de machines pour couper rapidement les tiges, lier les gerbes, charger la moisson ; si les chemins sont en mauvais état, si les roues des lourds chariots s'enfoncent dans de profondes ornières, si vous avez à traverser des ruisseaux d'écoulement ou des fossés aux bords escarpés, vous perdrez à surmonter ces obstacles un temps précieux, et, vous le savez, pendant la moisson le temps vaut de l'or.

« La fin de la culture des terres à graines est la moisson, écrivait Olivier de Serres, le père de l'agriculture française : récompense attendue et digne du travail des laboureurs. Joyeusement donques, le père de famille mettra la dernière main à la terre, pour en retirer le rapport selon la bénédiction de Dieu, faisant mestirer ou moissonner ses blés avec diligence. » Pour moissonner avec diligence, il faut préalablement réparer et mettre en état les chemins qui conduisent de la ferme aux champs ensemencés ; si l'on rencontre sur la route des fossés de clôture, des tranchées d'écoulement et d'irrigation, au lieu de remplir les fossés de fascines ou de broussailles, il vaut mieux utiliser quelques madriers à la construction de ponts volants qui facilitent la marche des chariots et le travail des animaux.

Il ne faut jamais perdre de vue que les circonstances dans lesquelles on opère sont tout à fait exceptionnelles. Une dépense, trop lourde ou considérée comme inutile dans les temps ordinaires, devient indispensable au moment de la moisson. Elle est remboursée souvent au centuple, par les pertes qu'elle permet d'éviter. C'est une espèce de prime d'assurance contre les mauvaises récoltes.

Les chariots destinés à transporter les gerbes doivent être visités avec soin, réparés et consolidés si cela est nécessaire. Il faut avoir aussi grand soin des harnais si l'on veut éviter que, par les grandes chaleurs, le travail forcé auquel les animaux sont soumis ne les fatigue outre mesure ou n'occasionne des blessures.

Les travaux pénibles de la récolte rendent aussi

nécessaire une bonne nourriture pour les animaux de travail : on augmente graduellement
les rations d'avoine des chevaux ; aux bœufs de
trait, on peut donner de l'avoine, ou mieux encore
de l'orge, du sarrasin ou des farineux moulus, en
même temps qu'on leur donne le vert.

Pour les chevaux, si la chaleur est considérable, nous conseillons aux charretiers d'imiter ce
qu'on fait, à Paris et à Londres, pour les chevaux
d'omnibus. On remplit un seau d'eau, on y ajoute
environ un verre de bon vinaigre ; à l'aide d'une
grosse éponge on mouille abondamment les naseaux des chevaux pendant le chargement ou le
déchargement des charrettes. Cette petite ablution
éloigne les dangers des coups de sang, rafraîchit
et délasse beaucoup les animaux.

On choisit l'emplacement des meules, ou bien
on nettoie la place où les gerbes doivent être en-
grangées. Sous tous les rapports l'usage des meules nous semble préférable à la grange, aussi y
reviendrons-nous à la fin de ce travail.

Il faut aussi avoir soin de préparer deux endroits de déchargement, afin de pouvoir séparer
les produits convenablement récoltés de ceux qui
se trouveraient encore humides au moment de
leur rentrée ; si des gerbes venaient à s'échauffer,
on peut alors les retirer de la gerbière ou de la
meule sans bouleverser tout le tas.

La fabrication préalable des liens est aussi une
précaution excessivement importante. On
se sert de diverses matières pour faire des
liens, et on les fabrique suivant différents
procédés. Les principales matières sont le
genêt, le coudrier, l'écorce de tilleul, la
paille et les joncs. La paille est cependant
préférable à toutes les substances ligneuses
et ; de toutes les espèces de paille, celle
du seigle est encore la meilleure. Tous les
cultivateurs savent faire des liens plus ou moins

Fig. 202.
Nœud droit.

parfaits. Le meilleur nœud est encore
celui qu'on appelle *nœud droit* ou *nœud
mèche* (*fig.* 204). Il se compose de deux
petites poignées de paille réunies par
les épis. On bat la paille au fléau et
on mouille l'extrémité où se trouvent
les épis, qui est la partie la plus faible
et par conséquent celle où l'on fait le
nœud. Les extrémités bien mouillées,
on forme le nœud. La figure 204 le
représente tel qu'il est avant d'avoir
été serré. On mouille le lien tout entier avant de s'en servir.

Généralement on ne tord pas les
liens ; c'est une négligence fâcheuse.
Les liens non tordus se détachent
facilement et ne peuvent pas servir
deux fois.

M. Penn Helouin, cultivateur à Aulnay (Calvados), a imaginé un instrument appelé
tord-lien qui facilite considérablement cette opération. L'appareil de M. Penn Helouin est entièrement en bois, peu encombrant, et il est possible
de le faire établir à très-bon marché.

Nous allons donner, d'après les indications de
MM. Girardin (de Rouen) et Dubreuil, la manière
de s'en servir.

On tient une poignée de paille dans chaque
main et on place les deux extrémités l'une sur
l'autre, en croix, et le pouce de la main gauche les
maintient dans cette position. La main droite prend
alors les épis de la
poignée A (*fig.* 205)
et les ramène dans
la main gauche qui
les retient autour
des chaumes de la
poignée.

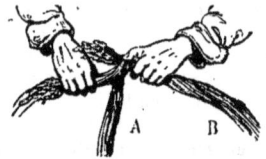

Fig. 205. — Torsion des liens.

Les épis de la
poignée B, n'ayant
pas changé de direction sont enveloppés par les
chaumes de la poignée A au moyen d'un mouvement de rotation
imprimé par la
main gauche, tan-
dis que la droite
dirige les chau-
mes en spirale
(*fig.* 206). Le lien
n'est encore que
croché ; c'est ici
que commence
l'action du *tord-
lien*. Après avoir

Fig. 206. — Torsion des liens.

relevé sous le bras gauche (*fig.* 207) la poignée B,
l'ouvrier place la poignée A dans la case D, et

Fig. 207. — Torsion des liens.

pousse le coin E qui serre le bout du lien et le retient
dans la position où il a été placé. Laissant ensuite
tomber dans sa main gauche le lien B (*fig.* 208),
il saisit les épis de la poignée A, en les maintenant
dans une position horizontale, tandis que les
chaumes sont pendants. Alors sa main droite fait
tourner la manivelle C qui entraîne l'arbre F ; celui-ci, terminé par un engrenage placé dans la tête
G donne le mouvement de rotation à la case D qui
termine la torsion de la partie A ; bientôt, cette
torsion se continue sur la partie B ; la main
gauche tenant les épis dirige les chaumes à l'aide
du pouce, de manière qu'ils se roulent en spirale
autour de leurs épis. La torsion se continue
ainsi jusqu'à l'extrémité du lien ; lorsqu'elle est
achevée, on ramène les deux extrémités du lien
l'une vers l'autre, on enlève le coin E, et le lien
se roulant en spirale, se maintient tordu jusqu'au
moment de son emploi (*fig.* 209).

Un bon ouvrier peut, dit-on, confectionner
184 liens par heure en leur donnant une torsion de
22 à 24 tours. En les tordant à la main, le même
ouvrier en fait un tiers de moins dans le même
temps, et encore leur torsion n'est-elle que de 9
tours. Ce tord-lien peut être facilement démonté
de manière à occuper très peu de place dans un
grenier. Nous ne croyons pas cependant que ce

procédé se soit sérieusement propagé, malgré son évidente utilité.

Maintenant tout est prêt dans la ferme pour

Fig. 208. — Tord-lien.

procéder à la moisson. Toutes les précautions relatives au matériel ont été prises longtemps d'avance ; il faut songer aux ouvriers.

Que l'on se serve directement du bras de l'homme pour moissonner les céréales, ou qu'on veuille essayer les nouvelles machines à moissonner, il faut toujours des ouvriers supplémentaires ; les machines ne sont pas encore assez parfaites pour qu'on puisse supprimer absolument les travailleurs étrangers à la ferme. Le nombre nécessaire peut être moins considérable, mais il faut toujours des travailleurs venus du dehors. Les conseils qui suivent s'appliqueront

Fig. 209.
Lien tordu.

donc tout aussi bien aux récoltes faites à l'aide de *machines moissonneuses*, qu'aux récoltes faites à l'aide des *ouvriers moissonneurs*. Il y a tout simplement entre les deux méthodes une différence de nombre dont le fermier peut seul sainement juger l'importance.

La première précaution du fermier, quelques jours avant l'époque présumée de la moisson, c'est de choisir le nombre d'hommes nécessaires pour accomplir ce travail. Il serait difficile de fixer aucun chiffre à cet égard ; pourtant on est assez généralement d'accord pour reconnaître que le fauchage des tiges sans le secours d'aucune machine et le liage des gerbes, exigent en moyenne cinq ou six journées d'ouvrier par hectare. C'est à peu près le nombre de journées que demande la culture d'un hectare de blé y compris l'ensemencement, mais sans tenir compte des surcharges dont l'importance ne peut être appréciée, même approximativement. Seulement ces travaux, labours, hersages, ensemencements, etc., on a plusieurs mois pour les accomplir, tandis que la moisson doit être exécutée en quelques jours. Il est donc indispensable d'appeler le secours des ouvriers de l'extérieur. C'est dans le but d'apporter ce supplément de bras aux travaux de la récolte que l'on voit les cultivateurs des pays de montagnes, où la culture du blé est restreinte et des contrées où la récolte

est tardive, se diriger vers les pays où la végétation est plus précoce.

Il faut aussi avoir grand soin — et ceci ne peut être bien fait que par un homme expérimenté — de veiller à ce que le travail soit convenablement réparti entre les divers ouvriers, c'est-à-dire à ce que le nombre des personnes occupées à réunir les javelles et à lier les gerbes soit proportionné au nombre et à l'habileté des faucheurs. Le principe de la division du travail s'applique très-bien à la moisson, mais à la condition que les faucheurs ne chômeront pas pendant que les autres auront trop d'ouvrage et réciproquement.

Il est bon de préparer, pour cette époque, des boissons toniques et rafraîchissantes, analogues à celles que l'on distribue à nos soldats d'Afrique en campagne, afin d'empêcher les moissonneurs altérés et échauffés par le soleil et par le travail, d'aller boire imprudemment aux sources fraîches et de contracter des pleurésies souvent mortelles dans les conditions où se trouvent les malades.

Toutes ces précautions prises, on peut entrer dans les champs et mettre à bas la récolte.

Époque de la moisson. — A quel moment faut-il moissonner les céréales ?

C'est la première question qui se présente. Elle a été fort discutée, mais on est aujourd'hui absolument fixé sur ce point ; la science et la pratique se sont trouvées d'accord.

Il y a un certain nombre de principes universellement admis sur lesquels il faut bien se fixer. La maturation n'est pas exclusivement un acte de végétation ; c'est plutôt une nouvelle combinaison d'éléments préexistants, une sorte de réaction chimique des substances contenues dans le périsperme. « Si l'on examine au printemps, à l'aide du microscope, la fécule des tubercules d'iris de Florence, dit M. Raspail dans son *Nouveau Système de chimie organique*, on verra que le calibre de ces grains ne dépasse pas 1/100 de millimètre ; si l'on abandonne les tubercules au contact de l'air, après quinze jours les grains de fécule seront devenus trois fois plus gros. » La fécule peut donc se développer sans que la plante communique avec le sol.

« Quand la graine, dit le docteur Stockhardt, a acquis la faculté de reproduire un autre individu entièrement semblable à celui qui lui a donné naissance, la plante a accompli sa mission, elle meurt, et la décomposition commence. » Or, on a remarqué que la vie de la plante finissait d'abord précisément là où elle avait commencé, c'est-à-dire aux racines. Les racines mortes deviennent inertes et ne peuvent plus fournir à la plante aucun élément assimilable ; donc le grain des céréales peut compléter sa maturation après avoir été séparé du sol.

Maintenant y a-t-il nécessité, utilité de couper le blé avant sa complète maturité ?

Cette question ne date pas d'aujourd'hui. Voici ce que nous lisons dans Columelle, écrivain agricole contemporain de Sénèque : « Rien de plus pernicieux que le retard : d'abord parce que le grain devient la proie des oiseaux et des autres animaux; ensuite parce que les semences et les épis eux-mêmes se détachent facilement des chaumes; si des vents impétueux ou des tourbillons leur impriment de violentes secousses, les tiges tombent à terre. C'est pourquoi il ne faut pas attendre; on doit commencer la moisson aussitôt que les épis prennent une teinte jaunâtre, et avant que les grains ne deviennent durs, afin qu'ils grossissent (*grandescant*) dans la gerbière plutôt que dans le champ; car il est certain que si l'on moissonne à propos, le grain prend ensuite du développement (*incrementum*). »

Les observations des agronomes modernes confirment entièrement cette opinion. « La coupe prématurée prévient, dit Matthieu de Dombasle, une perte souvent considérable produite par l'égrenage, surtout dans quelques variétés de froment; et, partout où l'on connaît cette pratique, on s'accorde à dire que le blé ainsi récolté *prématurément* est de meilleure qualité pour la mouture. Sur certains marchés, les meuniers et les boulangers savent bien le distinguer, en le maniant à la main, et le payent ordinairement plus cher que le grain coupé à complète maturité. Cette pratique présente deux avantages fort importants : celui de pouvoir disposer d'un plus grand nombre de journées, en avançant ainsi d'au moins une semaine l'ouverture de la moisson ; et celui de s'affranchir un peu plus tôt des chances d'orages et de grêle qui menacent les blés dans cette saison de l'année, et qui, tous les ans, ravagent quelques contrées à la veille de la récolte. »

Coke et Antoine (de Roville) pensent que le froment coupé dans ces conditions contient moins de son. Ils prétendent que quand on laisse le blé trop longtemps sur pied, la pellicule s'épaissit aux dépens de la substance nutritive contenue dans le grain.

Nous pourrions ajouter à ces considérations qu'en moissonnant avant l'époque de la maturité complète, on prévient les pertes sérieuses de l'égrenage. Les blés d'une ferme mûrissent, généralement, en même temps, et on ne peut les couper le même jour, de sorte que si on attend la maturité complète pour commencer, lorsqu'on arrivera à la fin du travail, le froment sera beaucoup trop mûr et les grains s'échapperont de l'épi.

Si les blés ne mûrissent pas en même temps, comme les plus beaux grains sont ceux qui viennent les premiers à maturité, en attendant la maturition complète des champs, on est sûr de perdre, par l'égrenage, précisément une grande partie de ceux-là.

Il y a donc utilité, nécessité même, de couper le blé avant la complète maturité. Quelle est l'époque précise déterminée par la pratique?

Quelques écrivains disent : « Le point où il convient de moissonner est celui où le grain n'est déjà plus assez tendre pour s'écraser sous les doigts. » Nous ne sommes pas tout à fait de cet avis, car cette indication un peu vague révélerait une maturation peut-être trop complète.

Nous préférons l'opinion émise par Matthieu de Dombasle : « On peut, en général, dit-il, couper le froment sept ou huit jours avant sa complète maturité, c'est-à-dire, lorsque la paille, commençant à blanchir et à sécher vers le pied, commence aussi à perdre sa teinte verdâtre, et que le grain a acquis assez de fermeté pour que, lorsqu'on le presse entre les doigts, l'ongle s'y imprime encore, mais ne le coupe plus aussi facilement que lorsqu'il n'avait qu'une consistance laiteuse ou pâteuse. »

Cette indication de l'illustre agronome est d'autant plus précieuse qu'elle a été entièrement confirmée par des expériences toutes récentes.

Ces expériences ont été faites en 1860, sur les blés de la ferme impériale de Fouilleuse, par ordre de la Société impériale et centrale d'agriculture de France. M. Payen, secrétaire perpétuel de la Société, et M. Pommier, membre de la Société, furent chargés de suivre les expériences. Voici les résultats authentiques obtenus par ces agronomes:

Blés très-verts récoltés 8 ou 10 jours avant la maturité.

	BLÉ BLANC.	BLÉ ROUGE.
Grains humides (100 épis)....	133gr,61	146gr,46
— secs..................	122,63	129,63
Eau pour 100 de grains......	12,15	12,86
Poids du litre humide.......	800,00	759,20
— sec...........	782,50	752,50
Poids de 100 grains secs......	5,14	3,70

Blés moins verts, récoltés 5 ou 6 jours avant la maturité.

	BLÉ BLANC.	BLÉ ROUGE.
Grains humides (100 épis)....	186gr,80	237gr,50
— secs..................	164,18	209,45
Eau pour 100 de grains.....	12,11	11,81
Poids du litre humide.......	803,60	741,20
— sec...........	807,30	746,20
Poids de 100 grains secs.....	5,47	3,82

Blés récoltés à la maturité complète.

	BLÉ BLANC.	BLÉ ROUGE.
Grains humides (100 épis)....	182gr,96	196gr,54
— secs..................	159,61	170,25
Eau pour 100 de grains......	13,86	13,35
Poids du litre humide.......	793,00	803,50
— sec...........	760,00	785,70
Poids de 100 grains secs.....	5,41	4,15

Ces faits, exactement observés, nous paraissent assez significatifs.

Ainsi, pour le blé rouge coupé une dizaine de jours avant la maturité, l'hectolitre de grains secs pèse 78kil,25; pour le même blé coupé environ 6 jours avant la maturité, c'est-à-dire dans des conditions analogues à celles prescrites par Matthieu de Dombasle, l'hectolitre de grains secs pèse 80kil,73; enfin, pour le même blé coupé à complète maturité, nous redescendons tout d'un coup à 76 kil., au-dessous du poids obtenu pour le blé coupé 10 jours avant sa maturité.

Cadet de Vaux affirmait que le blé récolté avant la complète maturité pesait 5 kilogr. par hectolitre de plus que l'autre et que 1500 grammes de farine de l'un ou de l'autre froment, donneront 125 grammes de plus pour la farine du blé récolté prématurément. Au point de vue du poids de l'hectolitre, on voit que Cadet de Vaux avait raison. L'expérience a confirmé son observation. Il est regrettable que la Société n'ait pas poussé plus loin les expériences comparatives, et qu'opérant sur des quantités plus considérables, elle n'ait pas transformé le grain en farine afin d'arriver à comparer les farines sous le rapport de la panification.

Néanmoins, il résulte évidemment de ce rapprochement que le meilleur moment pour couper le blé, c'est 5 ou 6 jours avant la complète maturité; mais qu'il vaut encore mieux le couper 10 jours plus tôt que d'attendre qu'il soit complétement mûr (1).

Outils de la moisson. — Les outils les plus universellement adoptés pour la moisson des céréales sont la *faucille*, la *faux* et la *sape*.

La faucille date de temps immémorial. Elle se compose d'un manche de bois dur et d'un fer en forme de croissant, la *lunata* des Romains, rattaché au manche par un rivet et une virole. C'est un outil d'une simplicité primitive. La forme se modifie, suivant les pays ; la lame est plus ou moins large, la courbe a un rayon plus ou moins grand, enfin elle représente tantôt un quart de cercle, tantôt un demi-cercle, tantôt plus d'un demi-cercle, enfin le tranchant est aiguisé comme une faux (*fig.* 211) ou denté comme une scie (*fig.* 210). Le tranchant constitue invariablement l'arête inté-

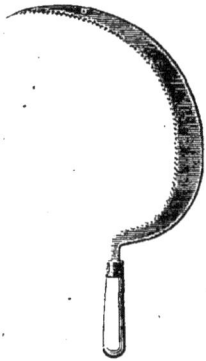

Fig. 210. — Faucille à dents.   *Fig.* 211. — Faucille sans dents.

rieure du croissant. Dans la *faucille à dents* la pointe des dents est légèrement inclinée vers le manche.

Quel est le système préférable de la faucille à dents ou de la faucille à tranchant *rebattu* comme le tranchant de la faux ? Des expériences faites avec grand soin à l'institut agricole de Coëtbo et continuées sur une large échelle, ont répondu à cette question : on a constaté que la faucille à dents s'usait plus rapidement que les autres.

On se sert de la faucille de deux façons, la première méthode est la plus répandue en France, mais ce n'est pas la meilleure, ce qui n'empêche pas les ouvriers d'y persister. Le moissonneur s'avance la faux tournée vers la moisson qu'il veut couper; il saisit les chaumes de la main gauche en tournant la paume en dedans, comme s'il voulait embrasser cette poignée de tiges ; en même

temps il engage, par la pointe, la faucille dans la moisson, appuie le tranchant contre la javelle qu'il a saisie de la main gauche et tirant vivement à lui la lame de l'outil, il tranche la poignée de tiges par un mouvement analogue à celui d'une scie, d'où vient le mot de *scier la moisson*.

Presque partout, les moissonneurs manient la faucille de cette façon; cependant, en Angleterre et dans quelques parties de la Bretagne, on a adopté une seconde méthode qui, dans les environs de Rennes, est désignée sous le nom de *crépeler* ou *crételer*. Antoine (de Roville) la décrit à peu près en ces termes : Le moissonneur se place de manière à ce que la moisson à couper soit à sa gauche; la main gauche saisit les chaumes à environ 0m,50 au-dessus du sol, la paume tournée en dehors; puis de la main droite il porte un coup de tranchant comme si sa faucille était une faux pour couper les tiges maintenues dans la main gauche ; il fait un pas en arrière en poussant les tiges coupées contre celles qui ne le sont pas et qui les soutiennent, donne un second coup de faucille, et recommence la même manœuvre jusqu'à ce qu'il ait coupé assez de blé pour former une javelle. Avec cette manière de se servir de la faucille, on opère plus rapidement et on coupe les tiges plus près du sol, ce qui donne plus de paille et une plus belle paille.

Cependant, quelle que soit la manière dont on s'y prenne, la moisson à l'aide de la faucille est toujours lente, pénible et dangereuse. La position de l'ouvrier, accroupi sur le sol brûlant, pendant les plus grandes chaleurs de l'été, détermine assez fréquemment des congestions cérébrales, redoutables surtout pour les personnes d'un certain âge.

L'usage de la *sape* ou *piquet flamand* offre beaucoup moins d'inconvénients en permettant de faire ce travail plus rapidement et d'une manière moins fatigante. La sape peut être maniée par une femme et permet de couper facilement les blés versés. La sape se compose d'une petite faux (*fig.* 212) à manche court, un peu coudé à l'extrémité, et d'un bâton terminé par un crochet (*fig.* 213). C'est à peu près la même manœuvre que pour le *crépelage* dont nous avons parlé plus haut. Le sapeur rassemble et maintient les tiges avec le crochet, tandis que, de la main droite, il les tranche avec la faux. La javelle se trouve ainsi toute formée. La sape a surtout l'avantage de couper le blé versé mieux et plus rapidement qu'aucun autre instrument.

Fig. 212. — Sape flamande.

On emploie aussi la *faux*. Cet instrument est difficile à manier et exige la force d'un homme fait; mais c'est celui qui avance le plus la besogne.

On fauche les céréales de deux manières, selon l'espèce de céréale que l'on veut moissonner. Si les céréales ont des tiges élevées comme les diverses variétés de seigle et de froment, on *fauche en dedans*.

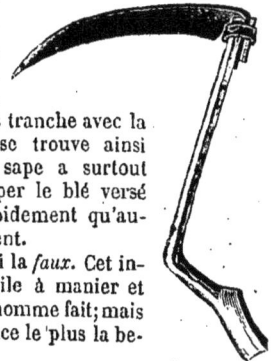

(1) Il va sans dire qu'il n'est point question ici de la récolte de la graine destinée à la reproduction. (*Note de la Direction.*)

Pour faucher en dedans, la faux est armée de deux baguettes recourbées et attachées au manche, près de la lame par leurs deux extrémités. Une petite traverse liée au centre des deux arcs les maintient immobiles. Cet accessoire s'appelle le *playon* (*fig.* 214). Il a pour objet d'empêcher les tiges coupées de tomber de l'autre côté de la lame. Voici comment l'ouvrier s'y prend pour faucher en dedans. La moisson est à sa gauche ; la pointe de la faux est dirigée vers la moisson ; il tranche de droite à gauche, en ayant soin d'appuyer les tiges coupées contre celles qui ne le sont pas et qui les soutiennent ainsi. Un bon faucheur maintient toujours ses tiges debout. Un aide armé d'une faucille ou d'un crochet de sapeur ramasse les tiges et les réunit en javelles.

Pour les céréales qui ont peu de hauteur, pour les avoines, par exemple, on *fauche en dehors*, parce que les tiges de ces céréales restées debout ne pourraient soutenir celles qui auraient été coupées. Pour faucher en dehors, on change l'armature de la faux. Le manche est garni d'une espèce de playon terminé par une traverse assez forte, d'où partent quatre ou cinq baguettes parallèles à la lame de la faux et aiguisées à leur extrémité (*fig.* 215). Ce nouvel accessoire s'appelle généralement le *râteau*; dans quelques contrées, il se nomme *engerai*; il a pour objet de recevoir les tiges tranchées par la faux. Voici ce qui se passe : l'instrument est armé de manière à ce que l'ouvrier, ayant toujours la moisson à sa gauche, la pointe de la lame, au lieu d'être tournée vers le grain, soit dirigée en sens contraire. On fauche comme pour un fourrage : les tiges, renversées par le mouvement de l'outil, sont doucement couchées sur le râteau; une légère secousse les dépose en andains sur le front de la moisson restée debout.

Dans certaines circonstances, lorsque les tiges ont été bouleversées par le mauvais temps, il arrive qu'elles ne sont pas dressées ou couchées régulièrement; alors elles peuvent s'engager dans les dents du râteau et nuire à la perfection de l'opération. Dans ce cas, on remplace le râteau par une lame de toile, tendue sur un arc de fer et affectant à peu près la même forme que le râteau, mais se terminant en pointe vers l'extrémité de la lame de la faux.

On est naturellement amené, après avoir décrit ces trois modes principaux de couper les céréales, la faucille, la sape et la faux, à se demander quel est le meilleur.

D'une manière absolue, c'est la faux. Avec la faucille, pour abattre 20 ares en un jour, il faut un moissonneur habile. Un sapeur adroit et vigou-

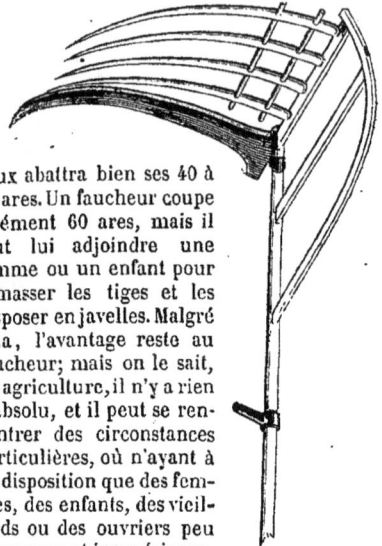

reux abattra bien ses 40 à 45 ares. Un faucheur coupe aisément 60 ares, mais il faut lui adjoindre une femme ou un enfant pour ramasser les tiges et les disposer en javelles. Malgré cela, l'avantage reste au faucheur; mais on le sait, en agriculture, il n'y a rien d'absolu, et il peut se rencontrer des circonstances particulières, où n'ayant à sa disposition que des femmes, des enfants, des vieillards ou des ouvriers peu vigoureux et inexpérimentés, il soit préférable d'employer la faucille qui peut être maniée sans peine par toutes les mains. C'est au fermier intelligent et prudent d'aviser et de faire un choix judicieux.

Machines à moissonner. — Nous avons déjà dit plus haut que la culture d'un hectare en blé jusque et y compris l'ensemencement, exigeait cinq ou six journées d'ouvrier, mais qu'on avait plusieurs mois pour opérer ce travail. La récolte y compris le fauchage et le liage des gerbes exige à peu près le même temps, mais il faut accomplir le travail en quinze jours. M. de Gasparin fait à ce propos une réflexion fort juste. « On aura beau avoir, dit-il, les forces nécessaires pour cultiver et ensemencer une vaste étendue de terrain, on sera fatalement renfermé dans un nombre d'hectares égal au cinquième du nombre des bras dont on pourra disposer pour la moisson multiplié par le nombre de jours qu'elle doit durer. »

Cette circonstance impose évidemment une limite fatale à la culture des céréales. C'est pourquoi les habitants des vastes solitudes, les défricheurs, les pionniers de l'Amérique du Nord ont dû chercher les premiers à suppléer, par des machines, aux bras qui leur manquaient pour la récolte; c'est pourquoi, les machines une fois trouvées, ils se sont empressés de les adopter malgré les imperfections des premiers essais; une moissonneuse, même imparfaite, était déjà un bienfait pour eux.

Nous ne sommes pas dans les mêmes conditions que les cultivateurs des États-Unis; cependant l'avénement de la moisson mécanique doit avoir pour nous un immense intérêt. Mais nous sommes moins pressés que les Américains; nous pouvons donc nous montrer plus difficiles.

L'invention des machines à moissonner ne date

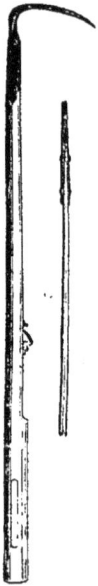

Fig. 213. — Crochet de la sapé flamande.

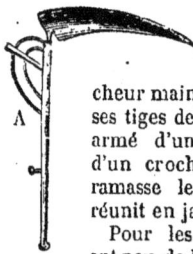

Fig. 214. — Faux munie d'un playon A.

Fig. 215. — Faux ordinaire munie du râteau.

pas du dix-neuvième siècle; les Gaulois, nos pères, y avaient songé avant nous. Palladius décrit en ces termes la machine à moissonner de nos ancêtres. Nous faisons cette courte citation pour montrer qu'il n'y a pas si loin de la moissonneuse de Bell à la moissonneuse des Gaulois. » Les habitants des plaines de la Gaule, dit Palladius, se servent, pour moissonner, d'un appareil au moyen duquel un bœuf remplace le travail des hommes pour toute la récolte. C'est un chariot monté sur deux petites roues, et dont les quatre côtés sont garnis de planches inclinées en dedans, de sorte que la surface supérieure du chariot est plus spacieuse que le fond. Son côté antérieur est plus bas que les autres côtés et garni de dents recourbées par le haut et espacées de manière à arrêter les épis. Derrière le chariot est placé un brancard très-court, semblable au brancard des litières. On y attelle avec des courroies, un bœuf dont la tête est tournée vers le chariot. Il faut que cet animal soit très-doux et qu'il mesure ses efforts sur la volonté de son conducteur. Quand il pousse le char à travers les moissons, la paille s'engage entre les dents du peigne, se rompt, et l'épi tombe dans le char. Le bouvier qui dirige l'opération élève ou abaisse le peigne selon la hauteur des épis, et, en un petit nombre d'allées et de venues, tout le champ se trouve moissonné. Cette méthode est usitée dans les terrains plats et sans inégalités, et dans ceux où l'on ne fait pas grand cas de la paille. (1). »

En effet, la paille restait sur pied, les épis seuls étaient arrachés. Il est certain que si l'on parvenait à recueillir isolément les épis sans perdre la paille et sans augmentation de frais, cela simplifierait considérablement la machine à battre.

Pendant dix-huit cents ans la moissonneuse gauloise fut oubliée, et on ne s'occupa plus de ce problème jusqu'à ce qu'il fût repris, au commencement de ce siècle. La machine de Bell, la première moissonneuse un peu sérieuse que l'on ait construite, était poussée par les chevaux, comme la machine gauloise. Il y avait aussi une espèce de peigne, mais, au lieu de pénétrer parmi les épis, il prenait les chaumes par le bas. On y avait ajouté une scie avec un mouvement de va-et-vient.

Tous les perfectionnements sont partis de là. On attela les chevaux devant et sur le côté; le peigne et la scie furent perfectionnés; des volants, tournant autour d'un axe, appuyaient légèrement sur les tiges et vinrent, dans quelques machines, en aide à l'effet de la scie.

Les premières moissonneuses un peu pratiques nous ont été envoyées par les États-Unis. Elles figurèrent aux expositions universelles de Paris de 1855 et 1856. Parmi ces machines, une d'elles était

vraiment remarquable; elle conquit rapidement le premier rang, et elle l'a conservé depuis, mais après avoir subi des modifications : c'est la moissonneuse de M. Mac-Cormick. Cette machine, perfectionnée par MM. Burgess et Key qui garnirent la plate-forme sur laquelle les épis tranchés étaient

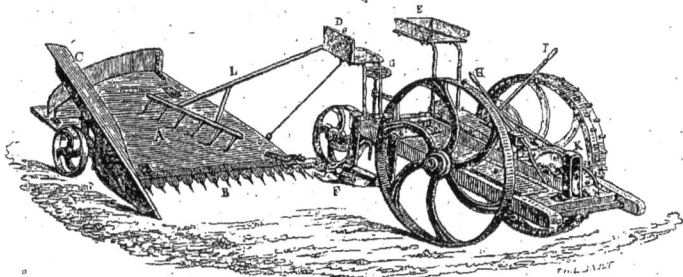

Fig. 216. — Moissonneuse de MM. Burgess et Key.

couchés, de cylindres à hélices, a obtenu le prix d'honneur aux deux expériences publiques de

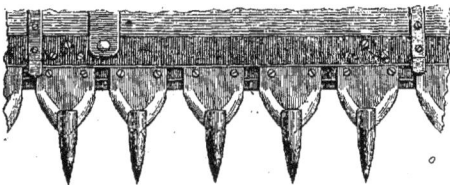

Fig. 217. — Séparateur.

Fouilleuse (2). A côté de cette machine, mais en seconde ligne, se place la moissonneuse de M. Mazier, de l'Aigle (Orne), qui, aux mêmes expériences, a deux fois obtenu le premier prix des machines françaises.

La moissonneuse à hélices de MM. Burgess et Key fait elle-même son andain; c'est-à-dire qu'au moyen des hélices disposées sur la plate-forme, les tiges coupées sont rejetées régulièrement sur le côté, de manière à débarrasser la piste des chevaux pour la course suivante et à disposer ces tiges en lignes droites, de façon à faciliter la fabrication des gerbes. C'est là un des précieux avantages de la machine de MM. Burgess et Key. S'il faut six ou huit ouvriers pour desservir une machine et réparer le désordre qu'elle met dans les tiges, à quoi cette machine est-elle bonne ? Malheureusement, la moissonneuse à hélices de MM. Burgess et Key possède un mécanisme assez compliqué, et, de plus, elle est fort encombrante. Nous connaissons peu de chemins d'exploitation où elle puisse passer.

C'est pourquoi MM. Burgess et Key ont porté leur attention sur une faucheuse, qu'ils ont modifiée, perfectionnée et transformée en moissonneuse. Notre dessin (fig. 216) représente précisément cette faucheuse disposée en moissonneuse.

La plate-forme se démonte et la scie se relève

(1) Nous avons remarqué au concours de Chalons-sur-Marne, en 1861, une moissonneuse faite sur ce modèle.
(Note de la Direction).

(2) La moissonneuse de M. Lallier, de Venizel (Aisne), qui fait parfaitement l'andain, a eu les honneurs des concours de Chalons-sur-Marne et de Chartres en 1861.
(Note de la Direction).

au moyen d'une charnière placée en F, pour passer dans les chemins étroits.

On comprend tout de suite le principe sur lequel est fondée cette machine, comme toutes les machines à moissonner. Une rangée de piques B (*fig.* 216) pénètre parmi les tiges et les maintient pendant que la scie S, à laquelle est imprimé un rapide mouvement de va-et-vient, tranche les tiges tout près du sol. Un *séparateur* C en bois et armé d'un bec en fer, sépare du reste du champ la portion de tiges qui doit être coupée; les tiges coupées tombent sur le tablier ou la plate-forme A. J est une des deux roues motrices; elle est garnie extérieurement de saillies qui augmentent la résistance en mordant dans le sol; c'est elle qui, au moyen de la couronne dentée K, transmet le mouvement à la scie. Le levier H sert à embrayer ou à débrayer la machine, pour la mettre en train ou l'arrêter; le levier I sert à faire reculer un peu la machine, soit pour empêcher le *bourrage* des scies, soit pour éviter une pierre. La roue horizontale G sert à régler la hauteur de la scie, c'est-à-dire la hauteur à laquelle on tranche les tiges. Le conducteur s'assied en E; le javeleur se place en D; il ramasse les tiges sur la plate-forme A, à l'aide du râteau en bois L et les rejette sur le côté, en dehors de la piste suivante des chevaux. La flèche d'attelage s'attache dans l'étrier en fer N.

Cette machine exige donc le travail de deux hommes et de deux chevaux: un charretier pour conduire et diriger l'attelage, un ouvrier javeleur pour rejeter sur le sol les tiges accumulées sur la plate-forme, et deux chevaux; nous devrions pourtant dire quatre chevaux, car il n'y a pas d'attelage qui puisse résister à ce rude travail pendant dix heures.

Moisson des diverses céréales. — Ce que nous avons dit relativement à la coupe prématurée des céréales s'appliquait plus particulièrement au froment et au seigle.

Quant aux avoines, nous citerons l'opinion si respectable de Mathieu de Dombasle. « Il est ordinairement avantageux, dit-il, de couper l'avoine un peu sur le vert, surtout certaines variétés avec lesquelles on courrait risque de perdre beaucoup de grains par l'effet des grands vents, si on les laissait mûrir complétement sur pied. L'avoine qui a été ainsi coupée avant sa parfaite maturité doit javeler, c'est-à-dire rester pendant une huitaine de jours au moins sur le sol, pour que le grain arrive à sa perfection. Il est bon même qu'elle reçoive, dans cet intervalle, une ou deux ondées; une trop longue exposition à l'air et à la pluie peut seule nuire au grain, et surtout à la paille, comme on le voit dans les récoltes de presque tous les cultivateurs qui poussent à l'extrême la pratique du javelage de l'avoine.

« On pourrait croire, ajoute l'illustre agronome, que le gonflement produit sur le grain par la pluie qu'il reçoit en cet état ne doit être que momentané, et qu'en se desséchant, il reviendra au même point où il était auparavant; mais on se tromperait beaucoup. Ce n'est pas de l'eau seule qui est entrée dans le grain; les tiges, ramollies par la pluie ou les rosées, en transmettant cette eau aux grains, par l'effet du reste de vie qui anime encore la plante, leur transmettent en même temps des principes nutritifs qui augmentent le poids ainsi que le volume du grain. »

C'est, du reste, l'avoine qui, en général, a le moins à souffrir de l'humidité.

L'orge est, de toutes les céréales, celle qui court le plus de danger s'il survient de longues pluies pendant qu'elle est en javelles, à cause de sa facilité à se ternir et à germer; il faut avoir soin de retourner fréquemment les javelles couchées sur le sol. Matthieu de Dombasle recommande un procédé fort utile dans les années pluvieuses. Il consiste à lier, au fur et à mesure qu'elles sont coupées, les tiges en petites gerbes; on aura la mesure de la gerbe en ne faisant le lien que d'une seule longueur de paille de seigle. Ce lien doit être placé près des épis, à peu près aux deux tiers de la hauteur des tiges. L'ouvrier ne doit pas trop serrer ce lien, afin d'éviter de donner une trop forte pression aux tiges; au lieu de lier sous le genou, on serre seulement la gerbe entre ses bras.

On dresse aussitôt ces petites gerbes sur le pied, en ayant soin d'écarter les tiges de manière à donner plus d'assise à la gerbe. Des gerbes dressées de cette façon, qui rappelle la moyette normande, sauf le chapeau, peuvent rester assez longtemps sur le sol sans inconvénient. On pourrait aussi appliquer cette méthode au blé; mais, comme on le verra plus loin, la moyette vaut mieux pour l'orge comme pour le blé.

Sans ces précautions, l'orge ne conserve pas cette teinte blonde dorée qui est une qualité pour l'acheteur, et l'avoine perd son brillant et prend une couleur terne qui nuit considérablement à la vente en attestant que le grain a été exposé à la moisissure.

Pour récolter le sarrasin, on choisit le moment où la plupart des grains sont mûrs. Malheureusement, le sarrasin ne mûrit jamais uniformément. Ce défaut constitue une des difficultés de cette récolte. Aussi, quoique le fauchage à la faucille ou à la faux soit la méthode la plus expéditive et la plus usitée, dans beaucoup de pays, on arrache la plante. L'emploi de ce procédé fait éviter la perte provenant de l'égrenage et permet aux grains en retard d'arriver à complète maturité. On réunit les tiges en petites gerbes dressées comme pour l'orge, ou en moyettes comme pour toutes les céréales en général coupées quand il pleut ou avant leur complète maturité.

On récolte le maïs de trois manières: les uns détachent l'épi et la tige sur place; les autres coupent la tige au ras du sol avec la serpe; d'autres, enfin, arrachent la tige, comme pour le sarrasin, mais c'est le plus petit nombre. Afin d'éviter la fermentation, il faut dépouiller promptement l'épi de maïs des spathes qui l'enveloppent. Cet effeuillage est ordinairement confié aux femmes et aux enfants. Dans quelques pays, on ne dépouille pas l'épi complétement; on laisse deux ou trois feuilles, afin de pouvoir lier plusieurs épis ensemble et en faire une espèce de petite botte que l'on suspend, soit à des cordes, soit à des lattes, mais à l'abri de la pluie. Cependant, les cultivateurs du midi de la France prennent moins de précautions ; ils se contentent, pour faire sécher le maïs, de l'étendre sur le sol ou sur des toiles en couches très-minces et de l'exposer ainsi au soleil, en ayant soin de le remuer fréquemment. Enfin, dans les contrées plus froides, si le soleil ne suffit pas, on introduit les épis, placés sur des claies, dans des fours de boulanger, où on les laisse pendant 24 heures environ exposés à une chaleur douce. Les grains séchés de cette façon ne peuvent pas servir à la semence. Cette dessiccation facilite l'égrenage.

Il ne faut pas attendre, pour récolter le millet, que les épis soient devenus aussi jaunes que les grains ; la récolte devient alors trop difficile à cause de l'égrenage. On coupe la plante à 25 ou 30 centimètres du sol ; on en forme de petites gerbes composées d'une forte poignée de tiges, que l'on suspend dans un endroit sec.

Moyettes. — Il faut, ainsi que nous l'avons démontré plus haut, autant que possible, couper le blé 5 à 6 jours avant la maturité. Cette méthode améliore la récolte, cela nous paraît hors de doute, mais à une condition, c'est que les gerbes seront mises en *moyettes*.

La fabrication des moyettes aura deux résultats : 1° faciliter la complète maturation des blés coupés prématurément ; 2° sauver la récolte dans les années pluvieuses.

Lorsque les céréales ont été coupées, elles restent couchées sur le sol en javelles, pendant un temps plus ou moins long, selon la température. Ce séjour, auquel on a donné le nom de *javelage*, a pour but de hâter la maturation du grain et de faciliter la dessiccation des tiges et des mauvaises herbes qui peuvent y être mêlées.

L'expérience a prouvé que les céréales coupées prématurément et disposées en javelles sont beaucoup moins sujettes à s'égrener que si elles restent sur pied et continuent à végéter jusqu'à parfaite maturité. L'action alternative de la rosée et du soleil achève rapidement de grossir et de mûrir le grain. Toutefois il est nécessaire, pour que les blés coupés avant leur complète maturité soient pesants, n'aient pas une couleur terne et mûrissent dans de bonnes conditions, que le javelage ait lieu par un beau temps. S'il survient des pluies prolongées pendant que les javelles sont couchées sur le sol, la matière sucrée qui abondait dans le grain, au moment de la récolte, se convertit plus difficilement, par l'accomplissement de la maturation, en amidon et en gluten. On n'a pas oublié les fâcheux effets du javelage pendant les années pluvieuses de 1816, 1845, 1851, etc.

Les moyettes obvient à cet inconvénient ; elles facilitent considérablement la complète maturation pendant le beau temps et permettent au grain de mûrir et de se conserver intact, même pendant les pluies continuelles.

Cette méthode n'est pas nouvelle, elle est très-simple, très-logique et très-utile ; c'est sans doute pour cela que peu de cultivateurs l'ont adoptée jusqu'ici ; cependant, grâce aux années pluvieuses que nous venons de traverser, elle tend maintenant à se propager rapidement.

Elle a été décrite avec détails pour la première fois, en 1771, par Ducame de Blangi dans son travail intitulé : *Méthode de recueillir les grains dans les années pluvieuses et de les empêcher de germer.* L'abbé Rozier recommande ce procédé, dans son *Cours complet d'agriculture* sous le nom de *gerbiers momentanés.* Enfin, Olivier de Serres, qui avait, lui aussi, aperçu l'avantage de couper le blé prématurément, s'était exprimé en ces termes : « La maturité des bleds se cognoist aisément à la couleur, qui est jaune ou blonde ; et quand les grains sont affermis, non encore du tout endurcis, c'est alors le vrai poinct de les couper, avec ceste commune raison, que les prenans un peu verdelets et non extrêmement meurs, s'achèvent de meurir et préparer en gerbes ; et n'est-on en danger d'en perdre beaucoup en moissonnant et charriant, comme l'on feroit les prenant trop meurs et desséchés, dont grande quantité de grains s'écoulans, surtout de l'épi, allans à terre, sans en pouvoir être recueillis. Par cette raison, vaut beaucoup mieux s'avancer de deux ou trois jours que de retarder aucunement ; joinct (ajoutez) que le bled pourtant n'en deschoit nullement de couleur, la quelle il acquiert belle et bonne, se confisant un peu en gerbes. »

En 1810 et en 1816, l'administration, frappée des désastres que pouvaient amener ces années excessivement pluvieuses, fit plusieurs publications officielles afin d'engager les cultivateurs à faire des moyettes. Aussi Mathieu de Dombasle écrivait-il : « Dans les étés extraordinairement pluvieux qui se sont succédé de 1828 à 1831, je me suis bien trouvé de l'adoption d'une méthode usitée dans quelques cantons de la Normandie, et qui consiste aussi à mettre le blé, après le faucillage, en *meulons* ou *moyettes*, appelés aussi *viottes*, et j'ai reconnu que, dans toutes les circonstances, le grain y acquiert une qualité supérieure à celle du blé qui a été traité autrement. J'ai continué, depuis cette époque, à faire mettre en meulons presque tous mes blés. »

Maintenant comment s'y prend-on pour faire des moyettes ? Il y a plusieurs méthodes. M. Gustave Heuzé, professeur d'agriculture à l'institut impérial de Grignon, recommande la manière suivante de procéder à cette opération :

On replie une javelle sur elle-même vers le milieu de la longueur de la paille, en ayant soin que les épis ne touchent pas à terre. On peut aussi se servir d'une gerbe liée au-dessous des épis. Lorsque la javelle ou la gerbe, dont la partie inférieure est très-élargie, a été placée sur un endroit un peu élevé du champ, on forme un petit rang circulaire de javelles dont les épis sont dirigés vers le centre ; on pose ensuite sur ce premier rang, dont la partie supérieure repose sur la gerbe affaissée ou sur une javelle pliée, un deuxième, un troisième rang, enfin autant de couches semblables de javelles qu'il en faut pour élever les bords de la moyette ou du meulon à la hauteur de 1^m,20 environ.

On doit maintenir les parois circulaires parfaitement d'aplomb. Quand cette moyette est parvenue à la hauteur voulue, elle ressemble à une petite meule ou à une tourelle surmontée, coiffée d'un cône ayant une pointe de 45 à 50 degrés et une hauteur de 1ᵐ,65. La pente est destinée à faciliter l'écoulement des eaux du centre à la circonférence.

En terminant cette moyette, dont le diamètre est égal à environ deux fois la longueur des tiges de blé, il faut avoir soin de croiser assez fortement les épis des dernières rangées de javelles qu'on place alors par poignées, pour faire un sommet plus régulier.

Ceci terminé, on fait une forte gerbe et on la lie près de la base ; on entr'ouvre les tiges qui la composent, de manière à former une espèce d'entonnoir ou de chapeau, et on la renverse sur le sommet conique de la moyette de manière à la couvrir et à former une espèce de toit. Si l'on redoutait des pluies trop abondantes, on ferait peut-être bien d'employer à cet usage une gerbe déjà battue. Afin d'éviter que la moyette ne soit décoiffée par un vent violent, on peut la maintenir au moyen d'un grand lien de paille qui embrasse le pourtour du meulon et que l'on fixe à l'aide de quelques épingles de bois ou *crochets*.

On pratique en Normandie, particulièrement dans le département de la Seine-Inférieure, une autre méthode que beaucoup de cultivateurs préfèrent à la précédente. Voici en quoi elle consiste :

A mesure que le blé est coupé, on prend une quantité de tiges équivalant à cinq ou six gerbes, du poids de 15 kilogrammes environ. On les réunit par un lien serré au-dessous des épis et on ouvre ensuite ce faisceau par le bas, pour lui donner du pied, de la solidité et en même temps afin de faciliter la circulation de l'air à l'intérieur.

Fig. 218. — Moyette à tiges droites non coiffée.

Lorsque cette forte gerbe est ainsi bien établie (*fig.* 218), on la couvre à l'aide d'un chapeau formé de deux ou trois brassées de tiges liées le plus bas possible, c'est-à-dire tout près de la partie coupée par la faucille (*fig.* 219).

Fig. 219. — Moyette à tiges droites.

Enfin, dans la Flandre française, on emploie un autre système appelé *chaîne* qui offre aussi des avantages. Voici comment M. de Pillon de Saint-Philbur décrit ce procédé : « Lorsque le blé coupé a été mis en javelles, les femmes s'en emparent et forment immédiatement de petites gerbes qu'elles lient sans trop les serrer. Les gerbes, composées de deux javelles seulement, doivent représenter au plus 0ᵐ,60 de tour à l'endroit du lien.

« Quand approche le soir, ou bien dès que le temps menace de tourner à la pluie, la même femme, prenant dans chaque bras l'une de ces petites gerbes, plante l'épi en haut et les appuie l'une sur l'autre en écartant les deux bases de 1ᵐ,50 environ et en aplatissant les épis de façon qu'ils forment une arête aiguë ; à côté de ces deux premières, elle en place deux autres, et ainsi de suite jusqu'à ce qu'elle ait formé, par la réunion de cinq, six et même huit ou dix paires de gerbes, une sorte de toit qui prend le nom de *chaîne.* »

On couvre cette chaîne comme toutes les autres moyettes avec un chapeau de javelles, l'épi en bas. Ce chapeau s'attache à l'aide d'un lien, fortement assujetti aux gerbes du milieu, et qui tourne autour de l'espèce de toiture formée par la disposition de ces javelles.

On remarquera que cette variété de moyette offre une certaine prise à l'action du vent. Si l'on craignait une bourrasque ou que la violence de la brise donnât quelques inquiétudes, on réunirait au moyen d'un lien de paille les quatre gerbes de chaque extrémité avant de poser le chapeau. Ces huit gerbes liées solidement forment ainsi deux manières de pignons et consolident le petit édifice.

Un cultivateur habile des environs de Paris, M. Giot, fermier à Choisy-Cossigny (Seine-et-Marne), a expérimenté en 1860 l'usage des moyettes. M. Giot paya ses moyettes à ses moissonneurs à raison de 3 francs l'arpent (42 ares). Ses ouvriers évitaient ainsi l'opération du *retournage* des javelles qu'ils lui devaient en cas de pluie. Toute la récolte fut mise en moyettes, et M. Giot rentra sa moisson, malgré le mauvais temps, sans aucune avarie ; il fit plus, il conserva des moyettes dans un coin de ses champs, afin de prouver à ses ouvriers que les blés ainsi disposés pouvaient rester intacts, malgré la persistance des temps pluvieux. « Le 26 octobre, c'est-à-dire, dix semaines après le moissonnage, écrivait M. Pommier, membre de la Société impériale et centrale d'agriculture de France, j'ai vu et examiné les moyettes à l'intérieur ; l'épi était parfaitement sec, le grain parfaitement façonné et la paille avait sa couleur primitive, excepté dans la gerbe formant la coiffe, dont les tiges avaient un peu bruni. L'expérience était faite, il était démontré qu'une fois en moyettes, le blé n'a plus rien à craindre de la pluie ; seulement depuis quelques jours, les souris avaient attaqué les moyettes. M. Giot s'y attendait ; il a dû les faire enlever et les faire mettre dans sa grange ; mais la démonstration qu'il voulait faire était complète. »

La mise en moyettes ne doit avoir lieu que lorsque les céréales ne sont pas mouillées. S'il était survenu des pluies pendant ou après la coupe, ou si les javelles contenaient beaucoup d'herbes vertes, il faudrait attendre qu'elles fussent ressuyées ou que les mauvaises herbes fussent du moins flétries. Cette précaution est nécessaire afin d'éviter une fermentation à l'intérieur des meules.

On a vu par l'expérience de M. Giot que, lorsque les moyettes ont été bien faites, elles peuvent être assez longtemps abandonnées à elles-mêmes sans avoir à en souffrir ; cependant il ne faudrait pas les laisser au delà de trois semaines ou un mois. Il ne faut jamais rien exagérer, même les choses excellentes.

Le blé, laissé un temps convenable en moyettes, y acquiert plus de qualité et pèse davantage que celui qui a été récolté suivant les anciens procédés, mais à la condition de faire les moyettes aussitôt que les tiges auront été coupées, afin que le grain puisse profiter de la sève demeurée dans les parties supérieures des tiges. « Si on laissait ces tiges en andain, dit M. Payen, exposées soit à une dessiccation rapide qui arrêterait court tout mouvement de la sève, soit à une humidité dominante qui ferait germer ou altérerait le grain, on courrait risque d'une perte plus ou moins grande. »

Il faut, quel que soit le procédé que l'on emploie pour faire les moyettes, avoir soin de profiter des intervalles de soleil et de beau temps pour enlever le chapeau et donner de l'air aux tiges et aux épis.

Les charrois. — Il ne suffit pas de couper rapidement la moisson, de la mettre momentanément à l'abri des intempéries, il faut aussi rentrer définitivement la récolte, lorsqu'on a conservé l'habitude d'engranger les gerbes, ou quand on fait les meules dans le voisinage des bâtiments d'exploitation.

La rentrée de la moisson est de tous les travaux agricoles celui qui demande le plus d'activité. Il ne faut pas perdre une minute, parce que chaque minute est précieuse ; il faut trouver le moyen d'aller vite sans surmener les attelages. Tout dépend de la manière d'organiser le travail des hommes et des animaux.

Nous allons passer rapidement en revue les solutions diverses que ce problème a reçues.

Supposons que vous ayez des chariots à quatre chevaux, il sera nécessaire alors d'avoir six chevaux pour trois chariots. Le chariot qu'on décharge dans la cour de la ferme reste dételé ; le chariot qu'on charge dans le champ a deux chevaux seulement pour faire avancer le char d'un tas à l'autre ; enfin, pendant ce temps-là, le troisième chariot vide revient avec quatre chevaux, on en dételle deux qu'on ajoute aux deux déjà attelés au chariot qui doit être chargé et qui part. Le temps du chargement forme pour les deux chevaux un moment de repos qu'on a soin de partager également entre les six animaux.

Cependant Mathieu de Dombasle recommande de préférence l'emploi des chariots attelés d'un seul cheval. Cet usage représente, d'après une longue expérience de cet illustre praticien, le moyen d'avancer encore la besogne, mais il exige un plus grand nombre de chariots ; pour quatre chevaux attelés il faut, si l'on veut que le service ne chôme jamais, employer six ou sept chariots : aussitôt qu'un chariot chargé est arrivé dans la cour de la ferme, on dételle le cheval et on l'attelle à un chariot vide pour retourner au champ ; après avoir pratiqué cette méthode pendant vingt ans, Mathieu de Dombasle est demeuré convaincu

qu'elle offre pour tous les travaux d'une ferme le moyen d'obtenir des chevaux la plus grande quantité d'ouvrage possible avec le moins de fatigue pour les attelages.

Meules ou gerbiers. — Il est très-important que les gerbes soient toutes à peu près égales entre elles, quels que soient le poids et le volume qu'on veuille leur donner. La grosseur des gerbes varie selon les pays : dans les départements du Nord, les gerbes ont jusqu'à 2 mètres de circonférence, mais en général, c'est $1^m,50$. Ces gerbes ont $1^m,30$ à $1^m,50$ de longueur et pèsent $8^{kil},500$; elles rendent en moyenne $2^{kil},250$ de grains ; dans l'Orne et la Côte-d'Or, elles dépassent souvent 10 kilogr. Dans les départements du Midi, les gerbes sont beaucoup plus petites ; elles ne pèsent que $3^{kil},20$; la paille n'a que 1 mètre de hauteur ; elles rendent $0^{kil},87$ de grains. En Belgique, les gerbes sont également très-petites.

Le grain se conserve beaucoup mieux, beaucoup plus facilement lorsqu'il reste enfermé dans sa glume que lorsqu'il est battu. Le grain en gerbes ne demande aucune espèce de manipulation, et par conséquent sa conservation est gratuite. Seulement, la conservation des gerbes exige trois conditions : il faut les préserver de l'humidité, de la fermentation produite par l'humidité et des animaux rongeurs.

On conserve les gerbes soit en les renfermant dans des granges, soit en les amoncelant en forme de *meules* ou *gerbiers économiques*. Dans certaines petites et moyennes exploitations, on construit encore des granges qui constituent souvent un luxe ruineux. Nous avons vu des propriétaires bâtir des granges de 20 000 francs sur un domaine qui en valait à peine le double. Les granges coûtent fort cher et quand un domaine se vend, elles ne figurent pas dans le prix de vente ; ou si on les compte, c'est pour une somme insignifiante.

En général les meules valent mieux, surtout depuis l'invention des machines à battre. Les Anglais mettent toutes leurs récoltes en meules, et ils apportent dans la construction des meules une grande et utile perfection. Autant et même plus que les meules de foin, dit Mathieu de Dombasle, les meules de gerbes demandent à être construites sous la direction d'un homme qui en ait bien l'habitude. L'infiltration de la pluie dans une meule peut causer d'énormes pertes, et il n'est pas sans exemple qu'une meule mal faite n'ait présenté, quelques mois après la moisson, qu'une masse de blé germé et de paille qui n'est plus bonne, même pour litière. Ici la bonne volonté ne suffit pas : il faut de plus la pratique et l'expérience. »

Nous n'avons pas la prétention de suppléer ici ces deux savants professeurs qui s'appellent « la pratique et l'expérience ». C'est en forgeant qu'on devient forgeron. Nous essayerons seulement de décrire rapidement les principaux procédés de fabrication des meules de blé et de faire connaître les appareils inventés pour rendre plus complète la bonne conservation des gerbes.

La manière la plus simple et la plus répandue de faire une meule, consiste à l'établir directement sur le sol et sans autre précaution que de battre l'aire sur laquelle la gerbière est posée. Ce système a le grand inconvénient de compromettre à coup sûr les couches inférieures de paille et de blé et de mettre le grain à la portée des animaux rongeurs qui ne se font pas faute de le dévorer. Dans tous les cas, pour la construction de ces meules quelques dispositions doivent être prises. On trace d'abord sur le sol un cercle d'un développement égal à la base de la meule; on trace un petit fossé en suivant la courbe de ce cercle et en rejetant les terres sur le terre-plein intérieur de façon à augmenter son élévation relative; on bat bien cette surface et on y établit un lit de fagots ou d'espèce de colza, de navette, sur ces fagots ou ces pailles, on pose les assises des gerbes, en ayant soin de renfler la meule vers le centre, de manière à mettre le pied à l'abri de l'écoulement des eaux de pluie qui ruissellent le long de la toiture.

On donne aux meules la forme ronde, carrée ou parallélogrammique. Ces deux dernières formes cependant s'appliquent plus généralement aux meules de paille ou de fourrage.

Afin d'éviter le ravage des animaux rongeurs, on établit les meules sur des massifs de maçonnerie de 0m,70 à 1 mètre de hauteur surmontés d'une espèce de corniche en briques destinée à empêcher l'ascension des souris. Cependant on préfère dans ce cas, à la maçonnerie, les *supports* en fer ou en fonte adoptés par les cultivateurs anglais. Ces supports sont de formes variées; nous allons essayer de décrire les deux appareils les plus répandus; ce ne sera pas difficile, car ils sont fort simples. Supposez un grand cercle en tôle d'une grandeur égale à la base de la meule, soutenu par sept piliers en fonte; à l'intérieur de ce cercle un autre cercle semblable, concentrique et naturellement plus petit, reposant sur quatre autres piliers en fonte, vous aurez l'appareil de M. Bentall; ce n'est pas bien compliqué : sur ces deux cercles ou plans, comme autant de rayons des perches entaillées, et sur ces perches on pose les gerbes qui se trouvent élevées à 0m,50 au-dessus du sol. Chaque pilier se termine par une petite plateforme en fer qui empêche absolument les rats, souris, mulots, etc., de pénétrer dans la meule; un support semblable pour une meule de 3m,60 de diamètre coûte 66 fr. pris à Londres; on peut en faire construire de semblables chez soi à bien meilleur marché.

Le support de M. Garrett est plus coûteux; il y a trois cercles concentriques en fer au lieu de deux, et les tringles qui les relient extérieurement sont en fer au lieu d'être de simples perches; la petite plate-forme adaptée au haut des pieds est remplacée par une calotte hémisphérique dont la cavité est tournée vers le sol, ce qui rend le passage des souris absolument impossible; un support pour une meule de 4 mètres de diamètre coûte, pris à Londres, 132 francs.

Dans le cas où l'on craindrait l'action du vent, on place au centre de la meule un poteau consolidé par quatre contre-fiches; les pieds des fiches et du poteau doivent être également armés de plates-formes ou de calottes hémisphériques pour arrêter le passage des rongeurs.

On fabrique des piliers ou cippes en terre cuite très-solides et peu coûteux. La partie supérieure est garnie d'une calotte et présente deux trous où viennent se fixer les mâchoires, ou simplement les chevilles destinées à retenir le cercle en fer ou la charpente en bois formant la base des gerbiers.

Les meules sont en général couvertes en paille; cependant on a imaginé une foule de couvertures mobiles, s'abaissant au fur et à mesure que le battage diminue le volume de la meule. Ces couvertures sont en général peu répandues; la plus simple que nous ayons vue, en Angleterre, était formée d'une toile à voile goudronnée supportée par quatre perches, le long desquelles elle descendait au moyen d'un système de cordage analogue au gréement d'une simple voile de bateau; au demeurant, la couverture en paille nous paraît préférable, surtout depuis que l'usage des puissantes machines permet de battre assez rapidement la meule une fois entamée (1).

Dans la Beauce, dans la Picardie, etc., où l'on fait beaucoup de meules, on est dans l'habitude de les établir en plein champ. Cette disposition peut avoir une foule d'inconvénients qui ressortent d'eux-mêmes et offrent peu d'avantages. Tous les agronomes sont d'accord pour placer les meules, à l'abri des coups de vent et sous l'œil du maître, derrière les bâtiments de la ferme, dans une situation d'un abord facile, reliée s'il est possible, (dans les grandes exploitations) aux cours intérieures par un système de rails ou tout au moins par un bon chemin. Dans certaines fermes, on fait glisser les meules elles-mêmes sur des rails, mais c'est un luxe inutile qui ne figure guère que dans les livres d'agriculture.

Notes économiques sur la moisson. — On a fait des calculs, toujours approximatifs, sur les résultats de l'emploi des machines comparées au travail des moissonneurs à bras; l'avantage est naturellement demeuré aux machines, en supposant les machines arrivées à un degré de perfection pratique suffisant pour devenir d'un usage général.

Nous allons donner une idée sommaire de ces calculs; nos lecteurs pourront en modifier les éléments selon les contrées, selon les usages et selon les circonstances. On admet assez généralement qu'une bonne moissonneuse, marchant régulièrement, peut couper un hectare en deux heures, en tenant compte des temps d'arrêt et des temps perdus. Dans les environs de Paris, on paye pour faucher un hectare de blé, sans compter le liage, à peu près 18 francs.

Avec la machine et un relais de deux chevaux, on peut moissonner 5 hectares en 10 heures. Le prix de revient de ces 5 hectares peut se décomposer ainsi :

Quatre colliers (pour les deux relais) à 4 fr...	16 fr.
Un charretier..............................	5
Un javeleur, pour reporter les tiges de côté..	5
Quatre femmes, pour relever les javelles, à 2 fr.	8
	34 fr.

(1) Nous avons vu dans le grand-duché de Luxembourg des meules couvertes en carton bitumé. On nous en a fait l'éloge.
(*Note de la Direction.*)

Cinq hectares par un faucheur coûteront 90 francs, et il faudra 10 jours ou 10 faucheurs.

Cinq hectares par la moissonneuse coûteront 24 francs, et il faudra un jour.

Il reste à ajouter l'intérêt du capital engagé, l'amortissement, l'entretien, etc. Une moissonneuse ne coûte guère plus de 800 francs, plutôt moins ; qu'on fixe l'intérêt comme on voudra, il restera toujours un bénéfice et il faudra pour le propriétaire de la machine, mais à la condition que la machine pourra être employée régulièrement, ce qui ne nous paraît pas encore absolument démontré.

En attendant, il est toujours bon de donner pour la gouverne des chefs d'exploitations, quelques notes qui s'appliquent plus particulièrement à la culture des environs de Paris, mais qui serviront de termes de comparaison pour les autres pays ; ces chiffres ont été recueillis par M. Gustave Heuzé professeur de pratique à l'Institut impérial agricole de Grignon.

Coupe des céréales. — Un bon ouvrier fait par jour :

A la faucille.....	18 à 20 ares.
A la sape..................	30 à 40 —
A la faux..................	40 à 60 —

La récolte d'un hectare de blé, avoine, orge ou seigle exige donc :

A la faucille.......	5 à 6 journées d'homme.
A la sape..........	3 —
A la faux..........	2 à 2 1/2 —

Un bon faucheur coupe par jour :

En blé	jusqu'à 50 ares.
En orge...............	40 —
En avoine............	60 —

Liage des gerbes. — Une gerbée de seigle ordinaire de 1m,66 de circonférence et du poids moyen de 12 kilos permet de faire 100 liens.

1 000 liens à nœuds se payent......	2 fr. 00
1 000 liens tordus	2 50

Un homme fait par jour de 1 000 à 1 200 liens tordus et 1 570 à bonde.

Avec des liens préparés à l'avance un ouvrier, aidé par une femme ou un enfant, peut lier et mettre en dizeaux par jour :

Blé............,......	de 600 à 700 gerbes.
Avoine et orge........	de 500 à 600

Chaque gerbe a de 1m,05 à 1m,06 de circonférence et pèse de 12 à 15 kilogrammes.

Prix de la moisson. — Aux environs de Paris, dans un rayon assez éloigné, on paye pour le fauchage ou le sciage, le liage des gerbes compris :

Blé ou seigle	de 16 à 35 fr.
Avoine ..,......	12 à 20

Les prix varient suivant les localités et surtout suivant la rareté plus ou moins grande de la main-d'œuvre. Ils tendent à s'élever d'année en année.

En général le prix du liage est moitié du prix du fauchage ; pour retrouver ce prix approximatif dans les chiffres précédents, il suffit de retrancher le tiers de chaque chiffre.

Rentrée de la moisson. — Un homme charge sur les voitures de 600 à 800 gerbes et en décharge en grange de 400 à 500 dans sa journée.

Confection des meules. — Six ouvriers, en une journée, mettent en meule de 3 500 à 4 000 gerbes.

Une meule de 3 000 gerbes, du poids moyen de 10 à 12 kilogrammes, et ayant 3m,50 de diamètre, occasionne une dépense de 60 francs environ.

On paye pour la couverture 2 fr. à 2 fr. 50 pour chaque mille de gerbes ; une meule de 8 mètres de diamètre sur 11 à 12 mètres de hauteur exige de 1 500 à 2 000 kilogrammes de paille pour sa couverture.

Nous le répétons, ces chiffres n'ont rien d'absolu, mais il peut être utile de les consulter comme simples renseignements. VICTOR BORIE.

De la récolte du froment dans le Midi. — Le travail de la moisson, malgré la substitution presque générale de la faux à la faucille, malgré le puissant auxiliaire que l'agriculture du Midi reçoit alors des populations des montagnes, ne peut pas toujours s'exécuter dans les conditions de moyenne maturité des récoltes : la crainte d'être débordé par une dessiccation précipitée, par les chaleurs excessives et les vents violents, engage le cultivateur à commencer sa moisson sur des blés verts, pour ne point être exposé à la faire sur des récoltes à moitié égrenées.

La faux et la faucille sont les deux seuls instruments employés dans les moissons. La sape est entièrement inconnue dans le Midi.

La faux du moissonneur est la même que celle dont il se sert pour faucher les fourrages : appliquée à la coupe des céréales, elle reçoit un complément qui consiste dans un râteau formé de trois baguettes en bois ou en fil de fer, placées parallèlement à son tranchant et destinées à empêcher les chutes isolées des tiges et à les réunir toutes sur une même ligne où elles tombent en bon ordre, de manière à faciliter la formation des javelles et des gerbes.

L'égalité de surface du terrain, la position plus ou moins verticale des tiges et l'importance des végétations parasites, sont autant de causes qui favorisent ou retardent le travail des faucheurs : on peut cependant fixer à 50 ares la surface qu'un ouvrier de force moyenne peut moissonner en une journée de 10 heures de travail.

La faucille, bien moins expéditive, n'est cependant pas absolument abandonnée ; exigeant peu de force pour sa manœuvre, cet outil permet d'utiliser le travail des femmes, dans un moment où toutes les forces actives de la ferme sont mises en réquisition. Les blés versés et foulés, ceux qui sont restés trop courts ou trop clairs, ceux enfin, qui, venus sur des surfaces trop inégales, ne pourraient être qu'imparfaitement moissonnés par la grande faux, sont réservés à la faucille.

Les ouvriers faucilleurs, échelonnés à la file les uns des autres, dans la direction des billons, saisissent là la paille de la main gauche, et, l'inclinant en dehors, la coupent par un brusque mouvement en dehors.

La faucille est souvent maniée d'une autre manière : l'ouvrier, prenant une poignée de paille de la main gauche, donne un coup de faucille et pousse cette première poignée contre la récolte qui est encore droite, puis, continuant à fauciller et poussant toujours les pailles coupées contre le blé droit qui lui sert d'appui, il forme ainsi sa javelle qu'il prend par en bas, avec le croissant de la faucille et la soutenant par en haut, de la main gauche, il la dépose sur la ligne. Cette dernière manière de manœuvrer la faucille ressemble beaucoup au travail de la sape ; la main gauche fait ici la fonction du crochet.

Quelle que soit l'habileté du faucilleur, il n'abat pas plus de 20 ares de céréales en une journée. Cette surface n'est même jamais découverte, dans le travail en troupe où la marche du bon ouvrier est ralentie par celle du mauvais et du médiocre.

Qu'elle tombe sous le tranchant de la faux ou sous celui de la faucille, la récolte doit être liée en gerbes, et ces gerbes doivent être entassées. Les blés coupés verts réclament plus que les autres leur mise en gerbes immédiate : le soleil brûlant du Midi frappant directement la trop mince couche des javelles, dessécherait trop vite les tiges qui ont encore besoin de leur reste de séve pour alimenter la maturation du grain.

Dans le sciage à la faucille, les javelles formées par les diverses poignées que les coupeurs ont déposées sur la même ligne, sont prises par les ouvriers lieurs, qui les réunissent les unes aux autres, de manière à pouvoir être embrassées par un lien formé de deux longueurs de paille fortement nouées à leur extrémité supérieure : ce lien solidement billé par une torsion que lui imprime l'ouvrier lieur, avec un petit billot, forme une gerbe du poids moyen de 10 kilogrammes, après son entière dessication.

Les récoltes abattues à la faux sont liées en gerbes par le même procédé ; mais, pour accélérer le travail des lieurs, des femmes armées de petits râteaux forment les javelles.

Ainsi faites et liées immédiatement après leur sciage, les gerbes ont encore besoin de rester quelque temps sur les champs pour achever de mûrir leur grain et de sécher leur paille ; on obtient ce résultat en les disposant en *meulons* ou *moyettes*.

Si la construction des moyettes doit soustraire les tiges à l'action trop directe du soleil qui, desséchant trop vite les épis, ne laisserait pas à la maturation le temps de s'accomplir avec cette lenteur qui est d'une si heureuse influence sur la qualité du grain, elle doit cependant offrir assez de prise aux vents et à l'air pour favoriser l'évaporation de l'humidité naturelle et celle des pluies qui pourraient survenir. Ce double but est atteint dans la disposition suivante :

Deux gerbes sont couchées dans la direction du levant au couchant, de manière à ce que, les épis de la première touchant à terre, ceux de la seconde reposent dessus : les deux gerbes suivantes placées dans la direction opposée, c'est-à-dire du midi au nord, coupent la première gerbe à angle droit et forment ainsi une croix qui est la base de la moyette et sur laquelle on continue à superposer des gerbes dans l'ordre indiqué. Les moyettes, ainsi construites, contiennent ordinairement 10 gerbes ; elles représentent une croix dont la ligne de l'est à l'ouest est composée de 6 gerbes, et celle du sud au nord, de 4. Dans cette disposition, les épis placés au centre d'intersection des deux lignes, se trouvent suffisamment abrités sans être inaccessibles à l'influence de l'air, des vents et du soleil encore nécessaire pour terminer la maturation.

Quoique établies sur les parties les plus élevées et par conséquent les plus salubres des champs, les moyettes ne sont pas exemptes de toute avarie ; il y aurait la plus grande imprudence à les abandonner à elles-mêmes sans les visiter après les fortes pluies ou lorsqu'elles ont été faites sur le sol déjà humide : leur reconstruction devient souvent nécessaire ; alors l'ordre de l'arrangement des gerbes est interverti, celles de dessus, toujours sèches, forment les bases des nouvelles moyettes et celles de dessous posées sur les parties élevées perdent bien vite leur humidité. Deux hommes peuvent démolir et reconstruire, en une journée, les moyettes de 6 000 gerbes.

Dans les conditions moyennes de température, cette dernière précaution devient inutile, et après huit belles journées de station en moyettes, les gerbes sont assez sèches pour pouvoir être rentrées dans les hangars ou mises en grosses meules dans les cours de ferme.   L. PONS-TANDE.

CHAPITRE XV.

DE L'ÉGRENAGE DES CÉRÉALES.

De l'égrenage dans le Midi. — L'égrenage des céréales à paille, qui est une opération d'intérieur de ferme dans le nord et le centre de la France, se fait dehors et au grand air, dans le Midi.

Cette différence de pratique est expliquée par

la précocité relative de la récolte méridionale qui permet au cultivateur de se servir du beau soleil du mois d'août, comme auxiliaire à ses travaux de battage.

Trois modes d'égrenage sont encore employés dans la culture du Midi :

1° Le battage au fléau ;

2° Le dépiquage par le piétinement des chevaux ;

3° L'égrenage par la pression d'un rouleau en pierre, attelé de bœufs ou de chevaux.

Le battage au fléau est encore le plus ancien système et le plus généralement répandu dans la petite culture ; cette pratique, connue de tout le monde, est jugée et généralement condamnée dans les grandes exploitations, à raison de sa lenteur, de l'imperfection du travail et du grand déploiement de forces qu'elle exige de la part des ouvriers.

Le dépiquage par le piétinement des chevaux est plus expéditif ; s'il réclame moins de forces, il assujettit les chevaux à un travail excessif et ruineux pour leurs membres, ainsi qu'il sera facile d'en juger par les détails de ce procédé d'égrenage.

Les gerbes (1) sont placées sur l'aire à dépiquer, droites et liées, fortement pressées les unes contre les autres et en nombre proportionné à celui des chevaux (200 par tête de cheval).

On donne le nom de *môlée* à cette réunion de gerbes ainsi disposées et celui d'*équiatade* à la troupe de chevaux.

Une môlée est bien faite, lorsque les gerbes perpendiculairement assises sur leur base sont très-adhérentes les unes aux autres, leurs épis regardant le ciel et formant une surface sur laquelle les chevaux doivent dépiquer ; sa forme doit être ronde ou ovale.

La construction de la môlée qui est le premier travail de la journée, est sous la direction du conducteur des chevaux (l'*équassié*).

Celui-ci ne permet pas que les gerbes à liens trop relâchés ou entièrement déliées, soient placées dans l'intérieur de la môlée, elles sont mises à part et servent à entourer les bords extérieurs, de manière à y former un talus qui permet aux chevaux de grimper sur ce singulier hippodrome.

On comprend combien doivent être pénibles les premiers pas que font les chevaux sur un pareil terrain. En effet, accouplés deux par deux et tenus à la longe du bridon par le conducteur, ces pauvres animaux s'enfoncent d'abord de toute la longueur de leurs membres et ne parviennent qu'avec des efforts inouïs à se créer un peu de sûreté sous leurs pas. Il faut toute l'ardeur et la souplesse des races chevalines du Midi, réunies à la très-grande douceur de leur caractère, pour l'accomplissement de ce barbare travail.

Cependant après quelques tours, les gerbes de la môlée ayant fait leur tassement complet, l'équatade peut prendre l'allure du trot : elle décrit

(1) Lorsque nous parlons de gerbes, nous entendons les gerbes faites avec toute la longueur de la paille, ayant 1m,20 de hauteur en moyenne, non des gerbes, coupées aux deux tiers environ de leur paille, ainsi que cela se pratique dans quelques cultures.

alors une série de circonférences dont les longes réunies aux mains de l'équassié sont les rayons et dont l'équassié lui-même est le centre.

La figure ci-dessous indique la marche de l'opération.

Les points C, C, C, etc., situés sur la circonfé-

Fig. 220. — Battage par les pieds des chevaux.

rence intérieure, sont les différents centres où se place le conducteur pour prendre les épis dans tous les sens. Les lignes pointillées marquent les diverses pistes parcourues par les chevaux.

Le véritable talent de l'équassié ne consiste pas seulement à établir et maintenir l'ordre et la discipline dans sa troupe de chevaux, à prévenir les coups de pieds ou les enchevêtrements, mais aussi à piétiner toute la surface d'une manière homogène, soit en déplaçant à propos son centre, soit en ordonnant d'apporter sur les parties de la môlée où le passage des chevaux est plus fréquent, les pailles qui auraient été peu atteintes.

Après 3 heures de ce dur et pénible travail, les chevaux ont terminé leur tâche du matin ; ils vont alors prendre leur repas, laissant le champ libre aux ouvriers.

L'aspect de la môlée est alors changé ; les gerbes étant aplaties, la hauteur a diminué, les épis de la surface sont égrenés, ceux de l'intérieur sont plus ou moins maltraités. Prenant ces gerbes à moitié battues, les ouvriers vont un peu plus loin, dans l'aire, les disposer en une seconde môlée pour terminer l'opération.

Dans cette seconde construction, les gerbes sont déliées et placées les unes contre les autres, dans une position moins perpendiculaire, présentant cependant leurs épis au soleil. Ainsi disposée, la môlée du soir occupe une surface double de celle du matin.

Les chevaux ayant terminé leur repas, remontent à midi et continuent sur cette seconde môlée les évolutions ainsi que nous les avons décrites. Les ouvriers, sur l'ordre de l'équassié, enlèvent successivement les couches de pailles entièrement battues, amincissent ainsi la môlée et finissent enfin par la faire disparaître.

Si le travail a été bien dirigé, si les ouvriers et les chevaux ont été en nombre suffisant, si surtout la journée a été belle, le battage est terminé à trois heures ; le reste de la journée est employé à nettoyer le grain et à remiser les pailles.

Dans ce procédé de battage, le prix de l'égrenage de l'hectolitre de blé revient à un peu moins de 1 franc ainsi que nous l'établissons par les chiffres suivants.

Frais de dépiquage de 1 600 gerbes de blé.

8 chevaux, loués à 2 fr. l'un.....	16 fr.	
Nourriture des chevaux à 1 fr. 50.	12	1 600 gerbes au rendement de 3 hectolitres p. 100, 48 hect.
— de l'équassié à 2 fr...	2	
Dix ouvriers à 1 fr. 50	15	
Total des frais........	**45 fr.**	produit en hectolitres 48 hect.

Il y a vingt ans à peine que le dépiquage était la règle généralement adoptée par la grande et la moyenne culture du Midi ; ce procédé tend cependant à disparaître aujourd'hui ; nous devons expliquer les causes de cet abandon.

L'imperfection du travail se présente comme la première.

En effet, le grain entièrement détaché de l'épi n'arrive pas toujours au magasin, il est souvent enveloppé dans les pailles et entraîné avec elles.

Les pelures successives, dont nous avons parlé, ne se font pas toujours avec les précautions nécessaires ; l'ouvrier ne se borne pas à enlever la paille morte, il attaque souvent les couches vives où le battage est encore incomplet. La surveillance du cultivateur est d'ailleurs impossible dans ce pêle-mêle d'ouvriers et de chevaux.

La paille trop brisée perd la moitié de son volume, elle devient un excipient trop spongieux pour les fumiers, sa qualité pour la consommation du bétail est également altérée par les urines et les crottins de l'équatade.

Le grain recueilli sous la môlée n'est plus, comme dans le battage au fléau, associé seulement avec ses balles, il s'y rencontre une infinité de fragments de pailles qui compliquent singulièrement l'opération du vannage.

Enfin, le dépiquage est une véritable torture pour les chevaux : la partie inférieure de leurs membres, froissant continuellement la paille et la barbe des épis, s'épile, après quelques jours de ce rude travail ; les boulets s'engorgent et s'écorchent : il est vraiment pénible de voir le piteux état de ces animaux lorsqu'ils descendent de la môlée, blancs de poussière et de sueur, marquant leurs traces par le sang de leurs blessures.

A ces motifs bien suffisants sans doute pour expliquer et justifier l'abandon presque général de cette barbare pratique, nous devons ajouter la dernière et la plus puissante considération : c'est qu'il n'y a plus de chevaux légers dans le Midi.

Ces admirables races si rapprochées de la perfection, qu'on trouvait il y a cinquante ans à peine, dans les départements sous pyrénéens, ont entièrement disparu. Il n'entre pas dans notre cadre d'indiquer les causes si diverses de leur disparition ; nous constatons seulement un fait regrettable, non certainement parce que les dépiqueurs ne peuvent plus former leurs équatades, mais parce que nous y voyons l'anéantissement d'une richesse que les plus grands efforts auront de la peine à reconstituer.

C'est le battage au rouleau qui est le plus généralement adopté. Encore loin d'être parfait, ce procédé n'offre pas au même degré les inconvénients du dépiquage. Moins de confusion dans le chantier, surveillance par conséquent plus facile, supériorité dans la qualité et dans la quantité des pailles, enfin moins de fatigue pour les chevaux : tels sont les avantages relatifs qu'il présente.

Le rouleau batteur est ordinairement en pierre

Fig. 221. — Rouleau.

et de forme conique tronquée ; la longueur et la hauteur qui constituent la puissance de cette machine varient à l'infini. Dans les grandes exploitations, les rouleaux ont 1 mètre de longueur sur une hauteur de 1^m,20 à la grande base et 1^m,15 à la petite ; leur poids est de 2,000 kilos environ. (Voir la figure ci-dessus.)

Le rouleau est enchâssé dans un cadre en bois dur au moyen de deux tourillons en fer cimentés au centre des deux circonférences et formant essieux. Des crocs ou des palonniers fixés sur la traverse antérieure du rouleau servent à l'attelage des chevaux.

L'aire à battre au rouleau doit être exactement unie et de forme circulaire ; sa surface doit présenter un développement proportionné au nombre de gerbes à battre dans la journée (1^m,50 par gerbe).

Les gerbes sont étendues sur l'aire à une épaisseur de 0^m,16 environ, les épis en dessus, ayant leurs arêtes dirigées du côté opposé à celui de la marche du rouleau, de manière à être pressées à *rebrousse-poil*.

Trois chevaux attelés au rouleau et tenus par une longe attachée à un piquet fixé au centre de l'aire, marchent de droite à gauche, et décrivent une spirale commandée par l'enroulement de la longe autour du piquet. Partant du plus grand cercle, ils se rapprochent ainsi du centre de l'aire ; et, arrivés au point où la circonférence à parcourir étant trop petite, leurs mouvements seraient gênés, le piquet est retourné de haut en bas, et la longe, se déroulant, imprime à l'attelage un mouvement inverse (*fig.* 222.)

Cette manœuvre est généralement suivie ; cependant il n'est pas rare de voir adopter, pour le rouleau, la marche du dépiquage. Le conducteur placé sur l'aire et tenant son attelage par la longe le dirige dans toute la surface ainsi que nous l'avons indiqué.

Les premiers tours exigent de la part des chevaux une force de tirage qui diminue par le tassement de la couche de paille ; aussi les débuts se font-ils au pas ; mais dès qu'il est possible de prendre le

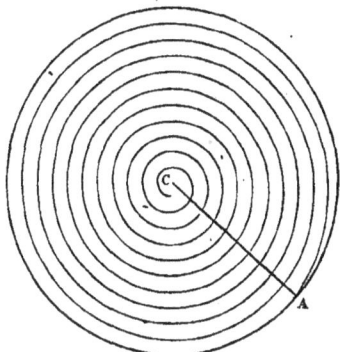

Fig. 222. — Dépiquage des céréales

trot, la rapidité de l'allure imprime des secousses qui combinées au piétinement des chevaux, contribuent à la célérité et à la perfection du travail.

Ainsi roulée de 7 à 10 heures du matin, la môlée est retournée pour recevoir encore, le soir, un second roulage de 3 heures qui, réuni au travail des ouvriers, termine l'opération.

Trois chevaux et huit ouvriers battent ainsi 800 grosses gerbes par jour sur une aire de 40 mètres de diamètre. Le prix de revient de l'hectolitre est un peu plus élevé que dans le dépiquage, ainsi que l'établit le compte ci-dessous.

Battage de 800 gerbes de blé au rouleau.

3 chevaux à 3 fr. l'un, ci......	9 f.00
Nourriture des chevaux, ci....	4 50
8 ouvriers à 1 fr. 50 l'un, ci....	12 00
Total des frais, ci...	25 f. 50

800 gerbes au rendement de 3 hectolitres p. 100, 24 hect.

On voit souvent dans la grande culture, deux rouleaux, et par conséquent deux attelages, marcher simultanément, soit en se suivant, soit en étant séparés par quelques largeurs de rouleau. Le résultat du travail est ainsi doublé, mais les conditions économiques ne changent pas puisqu'il faut un double personnel en hommes et en chevaux.

Telles sont les règles générales adoptées dans le battage au rouleau. Il arrive cependant que des circonstances particulières en déterminent la modification ; la surface de l'aire, qu'il n'est pas toujours possible d'obtenir aussi grande que nous l'avons indiqué (40 mètres de diamètre), ne permet pas au cultivateur d'étendre ses gerbes, pour toute la journée ; obligé de fractionner son opération, le prix de revient du battage de l'hectolitre se trouve augmenté de quelques centimes.

Les bœufs qui, souvent aussi, sont attelés alternativement avec les chevaux, occasionnent des lenteurs dont l'influence agit sur les résultats.

Le battage en plein air, aux mois d'août et de septembre, sera encore longtemps la pratique généralement employée dans le Midi. L'absence de locaux pour remiser les gerbes, la régularité du climat, les échéances des fermages fixées ordinairement en novembre, le besoin de connaître le produit de la récolte, celui de la soustraire aux

accidents de la malveillance et aux ravages des rongeurs, sont autant de considérations qui justifient ce système. Cependant, lorsque l'on voit la population agricole du Midi abandonner, à ce moment de l'année, les labours, les sarclages, les déchaumages, négliger la série des travaux et des soins que réclame encore la vigne et se livrer exclusivement à une occupation qui pourrait être ajournée à des temps de chômage, on ne peut s'empêcher de désirer la réforme radicale d'un semblable système.

Les machines à battre sont aujourd'hui assez perfectionnées, et leur introduction se fait assez rapidement dans le Midi pour faire espérer que cette révolution dans les habitudes culturales, s'opérera dans peu d'années. L. Pons-Tande.

De l'égrenage des céréales dans le Centre et le Nord. — Cette opération qui, on le sait, a pour but de séparer le grain de la paille des céréales, est une des plus importantes de toute l'économie rurale. Le battage a une influence que bien des gens sont loin de soupçonner, non-seulement sur le revenu d'une exploitation, mais sur le revenu de la France et sur le prix du pain qui s'y consomme.

En effet, la France récolte tous les ans environ 200 millions d'hectolitres de grain tant en blé qu'en seigle, orge et avoine, etc., représentés par 3 milliards de gerbes, au moins.

Le battage de ces grains occasionne une main-d'œuvre qui peut varier de 1 à 2 francs l'hectolitre, d'où peut résulter une différence de 200 millions. En outre, entre un battage bien fait et un battage mal fait, il peut y avoir 7 p. 100 de différence dans le rendement : total, 14 millions d'hectolitres, valant 12 francs l'un, en moyenne, ce qui constitue, on le voit, une affaire de plus de 160 millions.

Ce fait prouve que rien n'est petit en agriculture, et que la moindre question de main-d'œuvre, quand il s'agit de céréales, y prend d'emblée les proportions d'un grand intérêt public.

Si le battage prend un si grand rôle dans l'économie publique, il est encore plus digne de l'attention du cultivateur.

Il doit se préoccuper de tel ou tel mode de battage, non-seulement, à raison du prix de main-d'œuvre et du rendement, mais de plus, suivant le résultat qu'il en attend pour la qualité de son grain, pour son aptitude à la conservation, pour la qualité de la paille ; il doit surtout s'en préoccuper en vue de l'exécuter à une époque où les bras de ses serviteurs et la force de ses chevaux n'ont pas de travail plus urgent à lui donner. Cette question du moment convenable, pour le battage, et du temps qu'il doit durer, est aussi importante pour le cultivateur que les deux questions du rendement et du prix de revient.

Ces questions tracent donc à notre sujet la division naturelle que voici : 1° A quelle époque faut-il battre ? 2° Quel moyen de battage faut-il adopter ?

1° La meilleure époque du battage est manifestement celle où la main-d'œuvre coûte le moins. Mais dans le coût de la main-d'œuvre, il importe de faire entrer le retard que le battage peut faire subir à d'autres opérations urgentes, et la perte qui peut provenir de ce retard. Ainsi, par exemple, lorsque, pour battre ses céréales au mois d'août, un fermier néglige ses déchaumages, se prive de quelques récoltes dérobées ou secondes récoltes d'automne, lorsqu'il laisse en jachères des éteules, que les derniers rayons d'été et d'automne auraient chauffées si elles avaient été défoncées, il aggrave la dépense de battage de toute la perte que lui cause cette inaction.

Or, il est peu d'époques de l'année où les terres arables réclament plus de bras et de chevaux que la période qui suit immédiatement la moisson. Quiconque sait apprécier le mérite d'un prompt déchaumage, et la valeur des secondes récoltes, comprendra que le mois d'août serait beaucoup mieux employé à ces travaux qu'à ceux du battage, et que la meilleure saison pour battre, c'est celle où les travaux extérieurs sont empêchés par le temps ou peuvent être retardés sans préjudice pour le sol. C'est-à-dire que la meilleure époque pour battre les céréales économiquement, ce sont les jours d'hiver, alors que le mauvais temps retient les gens et les animaux de travail au logis. Alors, en effet, il n'est aucun emploi aussi fructueux de leur temps et de leurs bras. A toute autre époque, le battage ne s'opère qu'aux dépens d'un autre travail dont le retard n'est point exempt de préjudice.

2° Quels modes d'égrenage faut-il adopter ? Il y en a trois en France : 1° le dépiquage ; 2° le battage au fléau ; 3° le battage mécanique.

1° Le *dépiquage* en usage dans le Midi s'opère au moyen d'un rouleau qu'un cheval traîne autour de l'aire, ou au moyen du pied des chevaux, bœufs, ou mulets qui foulent le blé en se promenant dessus, jusqu'à égrenage plus ou moins complet. Cette opération a besoin d'un soleil ardent d'août pour être bien faite ; elle donne des résultats qui laissent beaucoup à désirer. Nous n'avons pas à nous en occuper d'ailleurs, puisqu'il en a été parlé tout à l'heure en tête de ce chapitre.

2° *Battage au fléau*. — Ce mode d'égrenage était, il y a vingt ans, le seul employé dans le centre et le nord de la France et même de l'Europe. Aujourd'hui la mécanique a remplacé le fléau dans la moitié au moins des exploitations rurales. Nous espérons que dans dix ans, le fléau ne sera plus qu'un ustensile historique.

En attendant, voici un aperçu de ce mode d'opérer, et du résultat qui en provient.

Lorsqu'on bat en été sur une aire extérieure, les rayons du soleil facilitent beaucoup l'égrenage. Alors on a soin d'abord de rendre ferme et uni le sol de l'aire. On y étend les gerbes par couches successives de 20 à 25 centimètres. La première pose sur une couche transversale comme sur un oreiller ; les batteurs la parcourent en frappant successivement et en cadence régulière toute la surface de l'airée sans laisser de place non battue. Après cette première battue, on retourne les couches en les saisissant entre les deux dents d'une fourche, puis l'airée est retournée une seconde fois. Ensuite la paille battue est secouée avec soin,

et séparée de la balle et du grain. Dès que la paille est enlevée, on sépare les épillets qui se trouvent à la surface du grain en les effleurant avec un balai de bouleau large de 1 mètre et épais de 2 à 3 centimètres. Lorsqu'il ne reste plus que le grain, on le couvre d'une nouvelle airée. Le grain des six airées est ramassé en une seule fois à la fin de la journée. Le battage en grange se fait de la même manière, mais l'égrenage s'y opère plus difficilement par les temps froids et humides que sous les rayons ardents du soleil d'août.

Maintenant essayons d'évaluer la dépense et le produit du battage au fléau.

On estime qu'un fléau léger pesant 1 kil. et demi, à batte de 70 centimètres, doit frapper 150 coups pour égrener une gerbe de 8 à 9 kil. La journée d'été d'un batteur doit donner 550 kil. de paille, et près de 2 hectolitres et demi de grain. On doit compter une perte de 7 p. 100 tant en grain resté dans la paille, qu'en grain qui entrera dans le sol.

En hiver, dans une journée de 10 heures, il faut compter sur une diminution d'un tiers dans le rendement.

M. Darblay a calculé qu'un bon batteur débite en un jour 80 gerbes de 8 à 9 kil. rendant 3 hectolitres de grain par cent de gerbes, soit 240 litres de blé par jour et 150 kil. de paille. — En évaluant à 2 fr. 50 la journée du batteur, on obtient le chiffre de 1 fr. pour frais de battage de chaque hectolitre de blé. N'oublions pas d'ajouter à cette dépense une perte de 7 p. 100 sur le grain.

3° *Battage à la mécanique*. — Depuis dix ans, ce mode de battage gagne chaque année du terrain sur celui que nous venons de décrire, et ne tardera pas à le remplacer tout-à-fait. Chaque année voit se multiplier le nombre des constructeurs de batteuses. Ces engins reçoivent de continuels perfectionnements, soit dans leurs dispositions essentielles, soit dans les moteurs qui les font fonctionner. Les batteuses varient de prix depuis 200 fr. jusqu'à 4 000 francs. Les unes sont mobiles, c'est-à-dire se transportent de ferme en ferme sur un chariot ; les autres sont fixes, et attachées à une seule exploitation. Les unes se meuvent avec la machine à vapeur, les autres avec des manéges de un à quatre chevaux, suivant leur puissance. Leur débit est nécessairement en raison de leur volume, et de la puissance du moteur qu'on leur applique, ainsi que nous le verrons plus loin.

Toutes les batteuses, malgré leur diversité de systèmes, reposent sur un mode uniforme d'opération qui consiste à introduire les épis et les tiges entre un volant composé de six à douze ailes garnies de lames de fer larges de 1 centimètre, tournant à grande vitesse, et un tambour immobile garni de lames pareilles. L'arbre tournant s'appelle batteur, et le tambour fixe s'appelle contre-batteur. L'espace compris entre l'un et l'autre est à peine de 1 centimètre. En passant entre ces deux pièces, les épis sont froissés avec une énergie et une célérité proportionnelles à la rapidité du mouvement imprimé au batteur par la force motrice. L'épi qui vient d'être froissé entre le batteur et le contre-batteur est saisi par un ventilateur qui sépare la balle de la paille : celle-ci est rejetée en avant et évacuée par un tablier incliné en dehors, tandis que le grain avec sa balle tombe ou à terre sous la machine, ou dans un tarare, si la machine est munie de ce second instrument.

En effet, il y a des batteuses qui font le vannage ; celles-là sont montées sur un bâti assez élevé pour placer le tarare au-dessous de la batteuse. Une poulie de renvoi communique au tarare le mouvement imprimé à la batteuse par le manège ou la locomobile.

Les batteuses mécaniques traitent le blé de deux manières : les unes battent en travers, c'est-à-dire que le blé y est introduit dans toute sa longueur ; les autres le battent en bout, c'est-à-dire qu'on introduit les tiges par l'épi. — Les premières laissent la paille presque intacte, les secondes l'écrasent plus ou moins. Néanmoins, nous avons vu au dernier concours de Châlons une machine dont le contre-batteur est mobile ; il subit un mouvement en sens inverse à celui du batteur et quatre fois moins rapide. Au moyen de cette combinaison l'inventeur prétendait que sa batteuse laissait la paille aussi intacte que les machines battant en travers. Quelques gerbes battues par cette machine devant nous semblèrent justifier cette prétention.

On nous demande quel est le meilleur des deux systèmes. Nous répondons sans hésiter que pour le cultivateur qui donne la paille en litière aux bestiaux, nous préférons la batteuse en bout. La paille un peu hachée épongera beaucoup mieux les déjections du bétail que la paille intacte. Si la paille est destinée à être employée comme fourrage, nous la préférons encore un peu hachée, pourvu que sa mise en consommation ne

tarde pas trop ; car la paille hachée mise en meules, exposée un certain laps de temps au grand air, subirait nécessairement quelque détérioration. — La batteuse en travers convient principalement aux cultivateurs qui vendent leurs pailles, c'est-à-dire à ceux qui sont voisins des grandes villes, et qui peuvent remplacer la paille par des engrais commerciaux. — Il s'ensuit que les batteuses en bout devraient être plus généralement adoptées que les batteuses en travers.

Maintenant, est-il réellement nécessaire d'offrir à nos lecteurs une description des principaux modèles de batteuses mécaniques des deux systèmes ? Franchement, nous ne le pensons pas. Il n'est pas de concours régional ni de concours de comices, où ces engins ne figurent et ne soient mis à l'épreuve chaque année. Constatons seulement quelles sont les batteuses qui ont le plus de vogue aujourd'hui, en attendant celles qui peuvent les supplanter demain dans la faveur publique.

1° Parmi les petites batteuses nous ne pouvons mentionner les batteuses à bras, ou à manivelle, qui n'ont pas eu et ne pouvaient avoir de succès dans le monde agricole. En effet, à quoi bon remplacer le batteur au fléau par un batteur à la manivelle ? L'utilité du battage mécanique tient à deux points : faire plus vite et mieux qu'avec les bras. D'ailleurs le moindre cultivateur a toujours des animaux de travail à son service.

2° Les petites batteuses à manège. Nous en connaissons depuis le prix de 400 francs, manège compris, jusqu'à 1 200 francs. L'auteur de ces lignes a usé pour son compte dans plusieurs exploitations des batteuses fixes de M. Legendre, qui ne coûtent que 400 francs, manège compris, et

Fig. 223. — Machine à battre de Renaud et Lotz.

débitent 50 gerbes à l'heure. Une autre machine qui eut le premier prix à Caen en 1860, coûte le même prix ; on la confectionne aux environs de Mortagne ; c'est un excellent modèle. Ces petites machines fixes débitent généralement de 50 à 60 gerbes à l'heure. Elles sont mues par un ou deux chevaux.

3° Les machines mobiles ou transportables, conviennent aux pays de petite culture. Montées sur un chariot, on les transporte sans peine d'une exploitation à l'autre. Arrivées sur le terrain, on les dresse en quelques instants. Le chariot sert de support au manége, qui transmet le mouvement au-dessus de la tête des chevaux. Ces machines locomobiles coûtent de 1 050 à 1 500 francs. La batteuse de M. Legendre de 1 050 francs battant en bout est justement recherchée dans les pays du sud-ouest et du centre. Celles de MM. Renaud et Lotz, de Nantes ; Pinet, d'Abilly ; Duvoir, de Liancourt ; Damey, de Dôle, coûtent de 12 à 1 500 fr. Ces dernières battent en travers.

Au-dessus de cette catégorie viennent les grandes batteuses, battant en travers, dont le prix va de 1 500 à 4 000 francs. La plupart de ces batteuses sont mues par des machines à vapeur soit fixes, soit locomobiles, et débitent de 100 à 300 gerbes à l'heure.

Pour évaluer avec justesse les avantages relatifs des moteurs employés à ces machines, il est nécessaire de tenir compte de la situation où se trouve placé chaque cultivateur. Dans une grande exploitation, munie d'un appareil complet d'instruments destinés à préparer la nourriture des animaux : hache-paille, lave-racines, concasseur, coupe-racines, etc., il est avantageux de mettre en mouvement tous ces appareils par un seul moteur, soit manége, soit machine à vapeur, et de faire entrer la batteuse dans ce système. La machine à vapeur, dans ce cas, servant à plusieurs fins, les frais de combustible se répartiront entre le battage et les autres opérations dont cette machine sera le moteur ; outre que la chaleur et l'eau bouillante qui en proviennent seront utilisées pour la cuisson des aliments.

Il est donc impossible de décider, en principe absolu, quel est le moteur le plus avantageux pour les machines à battre, tant sont nombreuses et variées les situations de la culture en France. Ce qu'on peut dire en général, c'est que les grandes machines mues par la vapeur battent plus rapidement et plus économiquement que les petites mues par un manége. Aussi presque toutes les

grandes exploitations de la Brie et de la Beauce, ont-elles de grandes batteuses mues par des machines à vapeur qui font à la fois le service multiple que nous avons décrit plus haut.

Le tableau suivant nous a paru utile à offrir au lecteur, pour lui servir de guide dans le choix du meilleur mode de battage. C'est un relevé des frais de battage en raison de la quantité de gerbes battues par les petites ou par les grandes machines.

On a calculé que par les petites machines le battage d'un hectolitre de grains revient au plus bas prix à 65 centimes, tandis qu'il peut descendre à 36 centimes avec les grandes batteuses mues par la vapeur. Le prix de revient variant selon le nombre de gerbes battues, voici l'échelle d'après laquelle on doit l'établir :

	Grande machine.	Petite machine.
5 000 gerbes	88 c.	92 c.
10 000	58	78
20 000	43	69
40 000	36	65

Le tableau suivant résume avec une exactitude très-instructive le prix comparatif du battage par les divers modes dont nous avons parlé.

NOMBRE de gerbes.	HECTOLITRES de grains.	DÉPIQUAGE.	BATTAGE au fléau.	PETITES batteuses.	GRANDES batteuses.
		fr.	fr.	fr.	fr.
5 000	250	500	312 50	230	220
10 000	500	1 000	625 »	390	290
20 000	1 000	2 000	1 250 »	690	430
40 000	2 000	4 000	2 500 »	1 300	720

Voilà, on en conviendra, des chiffres très-éloquents. Ajoutons que dans ces différences ne figurent point celle du rendement, qui est de 5 p. 100 de moins par le battage au fléau. Il est vrai qu'il importe, en revanche, de grever le battage mécanique de l'intérêt du capital que représentent les grandes machines à battre. Mais, tout compensé, on ne saurait trop réfléchir sur les instructives révélations que contiennent de tels chiffres, et sur les avantages du matériel perfectionné appliqué à la grande culture.   Louis Hervé.

CHAPITRE XVI

DU NETTOYAGE DES CÉRÉALES

Nettoyage des céréales. — Lorsque le grain est séparé de la paille, il s'agit de le nettoyer, c'est-à-dire d'en séparer toutes les matières étrangères. Cette opération ou plutôt cette suite d'opérations est aussi importante que le battage, que le grain soit destiné à notre nourriture, ou qu'il soit destiné à être semé.

S'il s'agit d'en faire notre pain, les céréales doi-

vent être purgées de graines étrangères, la plupart très-fines et malsaines, telles que l'ivraie, et surtout de la poussière qui s'y attache dans des proportions qu'on ne saurait se figurer lorsqu'elles n'ont pas été nettoyées au tarare. Si les céréales sont destinées aux semailles, il importe de les purger de myriades de graines presque invisibles dont elles sont mêlées et qui donneraient naissance à des herbes adventices qui étoufferaient en partie les futures emblaves, si un nettoyage énergique n'en débarrassait la semence. Il faut aussi en écarter les grains étiolés, qui ne peuvent produire des plantes vigoureuses. Le tarare est l'instrument généralement affecté aujourd'hui à cette opération.

L'énergique ventilation donnée aux grains par les ailes enfermées dans le tambour, explique à première vue l'utilité de cet instrument que tout le monde connaît. Les châssis, sur lesquels tombe le grain à sa chute de la trémie, vont et viennent avec une rapidité déterminée par le mouvement de la manivelle. Ces châssis varient de largeur de mailles suivant le volume des graines qu'il s'agit de cribler.

Nous avons dit que certaines batteuses sont

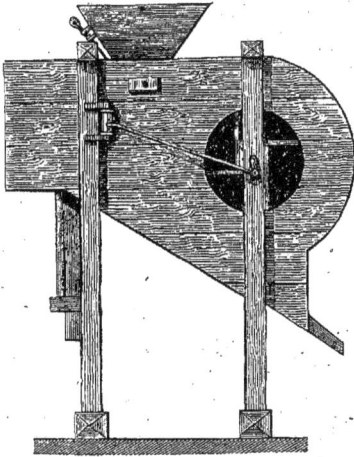

Fig. 224. — Tarare.

munies de leur tarare, de manière que le grain sort tout nettoyé et propre à être porté au marché.

Fig. 225. — Coupe du tarare.

Une poulie de renvoi communique au tarare le mouvement imprimé à la batteuse par le manège

ou la machine à vapeur de cette batteuse, le grain descend par une cheminée inclinée sur les châssis du tarare, de sorte que le nettoyage a lieu sans aucune addition de main-d'œuvre. C'est là le mode le plus économique de nettoyage.

Malheureusement tout le monde ne peut pas se procurer une économie qui exige l'achat d'une machine de 2 000 francs. Lorsqu'on a battu les céréales au fléau ou à la batteuse non pourvue de tarare, il faut enlever la graine, la mettre en tas, puis la verser dans un tarare à main. Ces opérations, auxquelles s'ajoute la rotation à la main du tarare, constituent une augmentation de frais qu'on peut estimer à 10 centimes environ par hectolitre; un ouvrier aidé d'une femme et d'un enfant peut tararer dans sa journée environ 50 à 60 hectolitres de froment. Mais si bon que soit le tarare, un seul nettoyage ne suffit pas. Le second nettoyage marche plus vite et peut débiter 100 hectolitres dans une journée.

C'est surtout le grain battu au fléau qu'il importe de passer à deux fois au tarare, car ce mode de battage laisse beaucoup plus de poussière que le battage mécanique.

En effet, le battage au fléau ajoute au grain toute la poussière qui est dans la paille, tandis que la batteuse chasse une grande partie de cette poussière, ce qui constitue déjà un commencement de nettoyage. Aussi quelques batteuses sont munies de cheminées qui évacuent la poussière : grand soulagement pour les ouvriers.

Nous conseillons aux personnes qui gouvernent la batteuse non pourvue de cette cheminée, de se couvrir les narines et la bouche d'un linge mouillé, ou mieux d'une éponge mouillée maintenue par une courroie ou un ruban. Cette précaution peut les préserver des maux de gorge et des maladies très-graves qui attaquent les voies respiratoires lorsque la poussière y a pénétré. Les yeux aussi doivent être prémunis lorsqu'il y a prédisposition aux ophthalmies. On les couvre avec des lunettes entourées et fabriquées spécialement pour cet usage.

Les tarares ont reçu de notables perfectionnements depuis quelques années, bien que le principe de la ventilation et la disposition des châssis soient les mêmes dans tous ces instruments. On en trouve de très-bons chez la plupart de nos constructeurs. Les prix vont de 80 à 150 francs. On doit donner la préférence aux tarares pourvus soit de trappes, soit de jalousies mobiles qui proportionnent la colonne d'air au volume des grains et à l'état du vent qui règne dans l'atmosphère. On donne à cette ventilation toute l'énergie possible, pourvu qu'elle n'aille pas jusqu'à enlever les bonnes graines. C'est le poids de ces dernières qui les fait tomber dans le tas où on les recueille.

Triage des grains. — Le tarare, si bon qu'il soit, ne suffit pas pour donner au grain la pureté voulue, soit pour faire du pain, soit pour être ensemencé. Les graines étant classées suivant leur poids, les graines étrangères se trouvent naturellement mêlées au bon grain dont elles égalent le poids. De là l'opération du triage. Quelques-uns le font au van ou au crible à main, ce qui est fort long et fort coûteux. On l'opère plus rapidement et avec beaucoup plus de perfection par le *trieur*. C'est un cylindre de tôle un peu incliné percé de trous diversement disposés. On dépose le grain dans une trémie placée au-dessus de l'extrémité la plus élevée du cy-

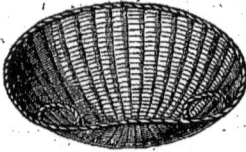

Fig. 226. — Van.

lindre; une main seule fait tourner ce dernier ; les grains en tombent en passant par les trous qui cor-

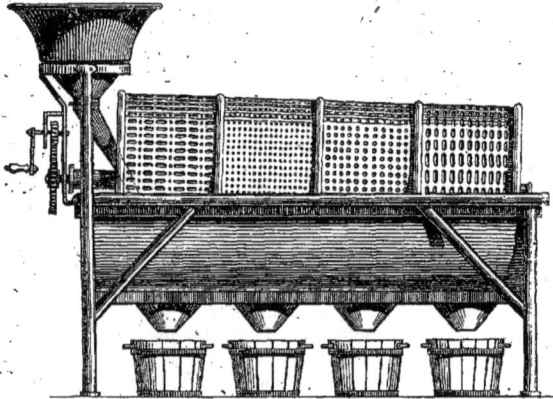

Fig. 227. — Trieur Pernollet.

respondent à leur forme et à leur volume, et se distribuent naturellement dans quatre récipients placés sous le cylindre. Le premier récipient reçoit les petites graines : nielle, moutarde sauvage, ivraie, etc. ; le deuxième, les criblures destinées aux volailles ; le troisième, les graines rondes diverses et les graines échaudées, et mal venues; le quatrième reçoit la graine de seconde qualité; la corbeille du bas reçoit le meilleur grain ; et enfin

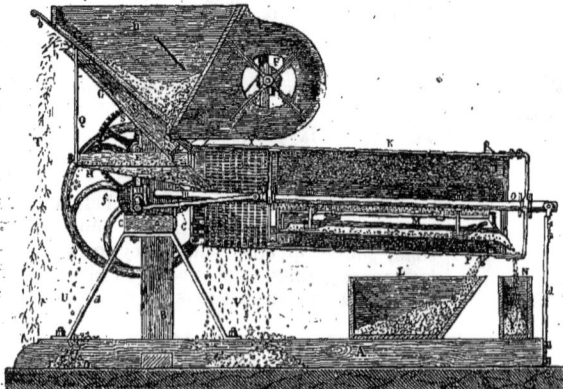

Fig. 228. — Coupe du trieur Vachon.

les pierrailles n'ont d'issue que par l'extrémité inférieure du cylindre.

Le trieur de M. Pernollet est aujourd'hui le

plus en vogue de ces instruments. Cependant on lui oppose le trieur de M. Vachon, qui est un grand crible carré percé de trous de diverses formes, au-dessous duquel est une tôle non percée. Le crible repose par le milieu sur un bâti fixe sur lequel on le fait basculer. Le grain y tombe d'un entonnoir en toile qui couvre toute la largeur du trieur, puis se classe en descendant sur le trieur, et tombe sur la table de dessous divisée en plusieurs catégories comme dans le trieur Pernollet. Le prix de ce trieur est de 75 francs. Un autre trieur de M. Vachon du prix de 350 francs opère plus en grand; il est cylindrique comme celui de M. Pernollet; on l'applique à l'épuration de tous les grains.

Les orges et les avoines qu'on donne aux chevaux devraient toujours subir l'opération du triage, aussi bien que la paille qu'on leur donne hachée pour fourrage. L'énorme quantité de poussière qui adhère à ces substances est la principale cause des maladies inflammatoires qui enlèvent chaque année un si grand nombre de ces animaux ; et en tout cas cette poussière les empêche d'engraisser et nuit à la production du lait des vaches. On évalue en moyenne à 10 centimes l'hectolitre les frais de triage des grains ; un ouvrier en expédie environ 25 à 30 hectolitres par jour.

Conservation des graines de céréales. — Entre la moisson et la consommation ou la vente des grains, il s'écoule un temps plus ou moins long suivant que le cultivateur se croit intéressé à le prolonger; si ce délai passe une année, il doit se préoccuper des moyens de conserver ses grains en bon état.

Or le grain de froment a de nombreux ennemis. Conservé en meules et en gerbes, il est attaqué par les rongeurs : souris, campagnols, rats, mulots, etc.; mis en tas dans le grenier, il est attaqué par les charançons, alucites, etc., outre les souris et les rats; et de plus il risque de s'altérer sous l'influence de l'humidité et de la chaleur. Voilà trois sortes d'ennemis qu'il faut combattre à tous prix.

Le meilleur mode pour conserver le grain, c'est de le confier au tuteur que lui a donné la nature, c'est-à-dire de le laisser dans sa balle. C'est ce que font les meules de blé dans les champs, lorsqu'elles sont bien construites. Pour les préserver des rongeurs, on les pose sur des supports en fonte, hauts de près d'un mètre. Ces supports sont ronds; leur plan supérieur est bordé d'un cadre uni et vertical (haut de 10 centimètres) qui empêche les animaux de grimper jusqu'au blé. Le prix de ces porte-meules est de 50 francs environ; on peut en faire en bois uni d'un prix moins élevé.

Si l'on bat le froment tout de suite et que le grenier soit assez spacieux pour le recevoir, on peut l'y déposer mêlé à sa balle. L'air circulant toujours dans cette masse, y entretiendra assez de fraîcheur sèche pour le préserver de l'échauffement. Dans ce cas, on passe le grain au tarare au moment de le vendre ou de l'employer.

Mais, si l'on a été obligé de tarrer son grain, on ne peut le conserver que dans un grenier très-frais et très-sec, parfaitement aéré et carrelé. On pratique des jours aux deux côtés opposés du toit, et au niveau du tas de grains afin d'y faire circuler l'air. — Si, malgré ces précautions, on craint l'échauffement, on dispose le grain en couches minces ou en billons, comme les champs cultivés sous cette forme ; au besoin même on fait plus encore : on fait traverser les tas d'outre en outre par des tuyaux de drainage percés de petits trous à leur circonférence et communiquant avec l'air du dehors par leurs deux extrémités. Ces tuyaux ont des embranchements latéraux et verticaux qui forment comme des cheminées à air, et maintiennent dans la masse une fraîcheur constante.

Malgré ces précautions, le charançon réussit quelquefois à s'établir dans le tas de grains. On l'en chassera, dit-on, en mêlant à la masse des bouquets d'absinthe dont l'odeur est insupportable au charançon, ou bien encore des paquets de chanvre vert, de tanaisie, ou bien enfin en enduisant les murs du grenier avec du goudron de houille.

Le *pelletage* est le moyen le plus usuel de ventiler le grain qu'on désire préserver de l'échauffement ou du charançon. Cette opération consiste, comme on sait, à enlever ce grain sur une large pelle de bois, à le secouer vigoureusement en l'air et à le changer de place. C'est un procédé très-primitif et peu économique dans les greniers qui contiennent de fortes provisions de céréales.

Ensilage. — Dans les pays chauds, tels que l'Afrique, la Provence, l'Italie, etc., on conserve les grains dans des excavations profondes et on les recouvre avec la terre. Les silos doivent être creusés dans un sol très-sec et munis d'un revêtement en paillassons. Leur efficacité est complétée par un tuyau de drainage percé de trous, lequel les traverse d'outre en outre pour y faire circuler un air incessamment renouvelé.

Grenier Pavy. — Mais le moyen le plus efficace de conserver économiquement les grains, à mon sens, est le *grenier conservateur*, spécialement inventé à cet effet par M. Pavy, de Girardet (Indre-et-Loire) ; malheureusement il ne convient pas à la petite culture. C'est un récipient cylindrique en terre cuite poreuse, qu'on suspend en l'air sur un bâti en charpente. Le fond du cylindre forme cuvette, et communique avec un ensacheur par un tuyau muni d'un robinet. Le cylindre est composé de plusieurs morceaux superposés et reliés ensemble, par des cercles de fer. — On peut former un grenier de plusieurs cylindres groupés par deux, trois, quatre, etc., suivant les besoins de son approvisionnement. Les tuyaux partant du fond de chaque cylindre se réunissent en un seul conduit, auquel est fixé le robinet avec l'ensacheur au-dessous.

Le grenier conservateur au grand complet est en outre muni : d'un tarare qui communique avec tous les cylindres du grenier par un conduit d'une part et par une chaîne à godets de l'autre. Un manége ou une locomobile met le tarare en mouvement, et lorsqu'on veut nettoyer ou ventiler le blé du grenier, on ouvre le robinet situé au-dessus de la trémie du tarare ; alors le grain tombe dans la machine, et y subit une ventilation énergique, puis est reçu dans les godets de la chaîne qui le remonte et le reverse dans les cylindres. Un compteur adapté aux cylindres indique les quantités qui y entrent et celles qui en sortent.

On comprend que pour un négociant en blés ou pour un propriétaire qui a de forts approvisionnements, le grenier Pavy est un moyen de conservation supérieur à tous les autres, et par l'économie de main-d'œuvre, et par l'avantage qu'il offre de maintenir au grain sa belle apparence et sa qualité marchande. C'est aussi le moyen le moins coûteux, parce que toutes les manutentions s'y font sans autres frais de main-d'œuvre que la mise en mouvement du manége ou de la machine à vapeur.

M. Pavy a proposé à la ville de Tours de doter sa halle au blé d'un grenier conservateur, où tous les entrepositaires pourraient déposer leurs grains et en assurer la bonne conservation moyennant un prix minime de loyer.

Cette innovation mérite, selon nous, de fixer l'attention des gros cultivateurs, des municipalités, des négociants en grains et des meuniers. Pour en apprécier le mérite, il importe d'observer que les frais de conservation des grains sont fort élevés, et que la meilleure conservation ne préserve pas les grains d'une certaine détérioration, et d'une diminution de poids qui est en général de 5 p. 100 par an.

Le grenier de M. Pavy épargne au propriétaire du grain tous ces genres de préjudice, et c'est ce qui le recommande vivement à l'attention des municipalités, dans l'intérêt de l'alimentation publique autant que dans l'intérêt des producteurs.

LOUIS HERVÉ.

CHAPITRE XVII

DE L'EMPLOI DES CÉRÉALES

Emploi du froment. — Les usages du froment sont connus de tout le monde. Son grain sert principalement à la préparation du pain, de diverses pâtes et de l'amidon ; on l'emploie aussi à fabriquer de la bière et de l'eau-de-vie. Le son entre dans la nourriture des animaux domestiques et de la volaille. Sa paille sert de litière et de fourrage ; on l'utilise même à la fabrication de chapeaux qui jouissent d'une grande réputation.

De la farine. — Le froment qui a passé sous les meules du moulin et que l'on a débarrassé de son enveloppe devient farine, et la farine manipulée par nos ménagères ou nos boulangers, fournit le pain qui constitue la base de la nourriture chez un grand nombre de populations. Apprenons donc à connaître la farine, puis nous traiterons de la panification, c'est-à-dire de l'art de fabriquer le pain.

La farine de bonne qualité est d'un blanc jaunâtre, d'une odeur que chacun connaît, et que les savants désignent sous le nom de *sui generis*, qualification donnée à toute odeur ou saveur indéterminée. Elle est d'un éclat vif, sans points rougeâtres, gris ou noirâtres ; sa saveur peut être comparée à celle de la *colle de pâte fraiche*. Elle est douce au toucher, sèche, pesante ; elle adhère aux doigts, et forme une espèce de pelote quand on la comprime dans la main. Malaxée avec de l'eau, elle en prend environ le tiers de son poids, et forme une pâte longue, c'est-à-dire très-élastique, s'étendant facilement en couches unies. Cette élasticité de la pâte est un des caractères les plus importants, car la farine est d'une qualité d'autant plus inférieure que la pâte est plus courte.

La farine de moyenne qualité est d'un blanc mat et contient généralement plus d'eau. Si on la serre dans la main, elle s'échappe entièrement, à moins qu'elle ne provienne de froments humides.

La calcination, opération délicate et assez difficile, que nous décrirons plus loin, est un moyen assez sûr pour juger de la qualité d'une farine. 100 grammes d'une farine de bonne qualité laissent un résidu de 80 à 90 centigrammes.

Nous croyons utile de donner ici la composition immédiate des céréales, ou principales graminées alimentaires.

La première chose à considérer dans l'essai ou l'analyse d'une farine, c'est la recherche du gluten qu'elle contient (on sait que le gluten est cette substance élastique, de couleur plus ou moins blanche, qui reste dans la bouche, lorsqu'on y a mâché, écrasé une certaine quantité de froment),

d'en examiner les propriétés caractéristiques, et surtout sa quantité relative.

DÉSIGNATION des CÉRÉALES.	AMIDON.	MATIÈRES azotées.	DEXTRINE et ses congénères.	MATIÈRES grasses.	CELLULOSE ou tissu végétal.	MATIÈRES minérales.
Froment dur de Véuézuela....	57,37	21,85	11,10	2,35	3,75	3,10
Froment dur d'Afrique........	65,53	18,90	17,35	2,50	2,95	2,75
From. demi-dur de Brie.......	70,05	16,00	6,15	1,95	3,15	2,70
Froment touselle blanche	75,00	12,15	6,05	1,40	2,55	2,85
Seigle..........	67,40	12,60	11,95	2,30	3,10	2,65
Orge............	66,43	12,86	10,20	2,76	4,60	3,15
Avoine..........	61,00	14,05	9,50	5,05	7,05	3,35
Maïs............	67,95	11,60	1,10	8,90	5,10	1,35
Riz.............	89,40	7,15	1,10	0,90	1,10	0,95

Pour arriver à ce résultat, voici comment on opère : On prend, par exemple, 25 grammes de farine à analyser ; on la pétrit avec 10 à 12 grammes d'eau froide, et on en forme une pâte consistante. On laisse cette pâte en repos, pendant 25 à 30 minutes en été, 50 à 60 en hiver ; on la malaxe ensuite sous un mince filet d'eau. Cette eau blanchie, ressemblant à du lait, en raison de l'*amidon* qu'elle entraîne, est reçue sur un tamis placé sur une terrine ; on tourne et retourne la pâte de manière à éviter la formation de tout grumeau ; l'amidon, ayant été entraîné par le lavage, le gluten reste dans la main, sous forme d'une masse souple, élastique, s'étendant en plaques minces. On réunit à cette masse les parcelles entraînées pendant le lavage et restées sur le tamis, et on la malaxe dans l'eau froide jusqu'à ce que la transparence du liquide ne soit plus troublée, ce qui annonce la disparition complète de l'amidon. Dans cet état, on le pèse et on en note exactement le poids, en se rappelant que 5 grammes de gluten humide représentent 3 grammes de gluten sec.

Disons tout de suite que le gluten d'un mélange de parties égales de farine de froment et de seigle est visqueux, noirâtre, sans homogénéité ; qu'il se désagrége facilement, et ne peut jamais se dessécher complétement. C'est en raison de cette *viscosité*, inhérente au gluten du seigle, que le pain fabriqué avec la farine de cette céréale reste constamment à l'état tendre ou *frais*, pour nous servir d'une expression vulgaire.

Un mélange de parties égales de farine de froment et d'orge donne un gluten sec, blanc, et qui semble être formé de filaments vermiculés.

Un mélange de parties égales de farine de froment et d'avoine, donne un gluten jaune noirâtre, n'ayant pas d'adhérence, légèrement aromatique, et reste parsemé de points blancs.

Un mélange de farine de froment et de maïs donne un gluten jaunâtre, non visqueux et ne s'étalant pas.

De tous les procédés employés pour reconnaître la qualité des farines, nous ne citerons que celui de M. Robine, qui donne presque instantanément la quantité de pain que fournira un sac de 159 kilogrammes de farine (mesure de Paris).

Nous ne décrirons pas l'instrument de M. Robine ; nous dirons seulement qu'il est fondé sur la propriété qu'a l'acide acétique faible de dissoudre le gluten et la matière albumineuse, sans toucher à la matière amylacée, et sur la densité qu'acquiert la solution de ces substances dans le vinaigre.

Une farine de bonne qualité, d'après le procédé de M. Robine, doit marquer à l'instrument, qui n'est autre chose qu'un aréomètre, 101 à 104, c'est-à-dire qu'un sac de 159 kilogrammes de farine donnera de 101 à 104 pains de 2 kilogrammes chacun, soit 202 à 208 kilogrammes de pain.

Voici la quantité relative de gluten contenue dans chacune des quatre sortes de farines employées à la fabrication du pain.

Farine blanche de grain........	30	p. 100
— seconde........	25	—
— troisième......	19,20	—
— quatrième.....	9,60	—

Quant à la recherche de l'amidon, elle se fait en filtrant les eaux de lavage qui ont servi à extraire le gluten, celles qu'on a eu soin, comme nous l'avons dit, de recevoir dans un vase quelconque. On filtre, l'amidon reste sur l'entonnoir ; on le dessèche, et le poids donne la quantité relative de cette substance.

Nous ne dirons rien de la recherche des autres principes constituants des farines, tels que les phosphates, les huiles ; ces recherches nécessitent des opérations qui ne sont pas à la portée de tout le monde.

Avant de procéder à la recherche des falsifications des farines, nous avons cru indispensable de faire connaître les moyens propres à constater leur qualité, leur valeur relative. Il est bon aussi que l'on sache à quoi s'en tenir sur les altérations qui n'ont rien de commun avec la fraude.

Altération des farines. — Les farines, sans avoir subi de falsification, peuvent être altérées par différentes causes et devenir ainsi impropres à la consommation, et présenter même des dangers pour la santé publique.

La cause la plus ordinaire de ces altérations tient à l'état hygrométrique de l'atmosphère, et surtout à l'absorption de l'humidité. Les farines peuvent encore contenir de l'eau provenant du froment avant la mouture. Cette eau se trouve dans la proportion de 7 à 24 p. 100 ; nous considérons la moyenne comme 16.

Les farines humides s'échauffent, fermentent, se pelotonnent, deviennent acides ; des moisissures se développent, et une odeur désagréable ne tarde pas à s'y manifester. Nous avons eu souvent à analyser des farines altérées, par suite de l'humidité, et nous avons toujours reconnu que le gluten y était en moindre quantité, qu'il avait perdu sa souplesse et son élasticité, que la fabrication du pain, avec ces farines, était difficile, que le produit travaillé avec tous les soins possibles, *levait mal*, prenait une teinte grisâtre et était lourd.

La qualité du gluten est donc un indice de celle de la farine.

On détermine facilement l'humidité normale de la farine (17 p. 100), en pesant exactement une même quantité avant et après l'opération de dessiccation ; mais il importe de la dessécher à un courant d'air chauffé graduellement de 50° à 110°. La dessiccation brusquement opérée fait courir le risque de coaguler le gluten, d'agglomérer en grumeaux les granules d'amidon, surtout quand la farine est très-humide.

Il importe, pour la conservation de la farine, surtout lorsqu'elle doit être transportée au loin, de lui faire perdre une partie de son humidité normale, c'est-à-dire de ramener à 6 p. 100 les 17 p. 100 d'eau qu'elle peut contenir.

Fig. 229. — Laboratoire de chimie.

Souvent, l'altération des farines n'a pour cause que celle des froments qui les ont fournies.

La farine peut être altérée dans un de ses principes constituants les plus importants, le gluten, par l'effet d'une mouture trop rapide. L'odeur seule accuse cette altération; elle est connue sous le nom d'*échauffé* ou de *pierre à fusil*; un peu d'habitude la fait reconnaître facilement.

Les farines de froment peuvent encore être altérées par celle du *mélampyre des champs*, ou par d'autres graines sauvages, qui n'ont pas été séparées par le vannage ou le criblage. Ces mélanges donnent, dans des proportions même très-faibles, un mauvais gluten, peu élastique et communiquant au pain un goût âcre et désagréable. M. Dizé, chimiste, nous a indiqué un moyen de reconnaître cette falsification. Il forme avec la farine suspecte et l'acide acétique étendu de deux tiers d'eau, une pâte molle, qu'il place sur une cuiller d'argent. Il chauffe jusqu'à parfaite évaporation de l'acide et de l'eau, puis il coupe en deux le globule de pâte sèche qui s'est spontanément détaché de la cuiller. La couleur rouge violacé de la section décèle le mélange de la farine de *mélampyre* et l'intensité progressivement plus foncée de cette nuance en indique les proportions.

Nous avons plusieurs fois répété cette expérience, et nous avouons avec regret qu'elle ne nous a pas donné les certitudes annoncées par l'auteur.

Falsifications des farines. — Les farines de froment, principalement, sont l'objet de fraudes incessantes, soit qu'on cherche à déguiser leur qualité inférieure, soit dans un but de spéculation que nous ne qualifierons pas. Ces falsifications s'exercent surtout aux époques où les céréales sont à un prix élevé; alors on les mélange avec des produits similaires d'une valeur ou d'une qualité inférieure; et comme les farines sont d'une utilité de premier ordre, puisqu'elles forment la base de la nourriture des populations, qu'elles ne sont que trop souvent l'unique nourriture de la classe la plus nombreuse et la plus pauvre, leur étude envisagée sous le point de vue de leur pureté et des falsifications qu'on leur fait subir, a dû fixer sérieusement l'attention des chimistes. Aussi un grand nombre de savants de tous les ordres se sont-ils occupés de ce sujet important.

Dans ce qui va suivre, nous ne donnerons, autant que possible, que le résultat d'analyses qui nous sont propres :

Les farines de froment sont falsifiées avec la fécule de pomme de terre; avec les farines d'autres graminées, riz, maïs, orge, seigle, avoine; avec la farine de certaines légumineuses, telles que fèves, vesces, pois, lentilles; avec celle de sarrasin. On y introduit aussi des substances minérales pouvant porter atteinte à la santé publique; on y a trouvé des os moulus, de la poudre de cailloux, du plâtre, de la craie, de l'alun, des carbonates de magnésie et d'ammoniaque, du sulfate de cuivre, de zinc, etc. Nous dirons, en parlant de chacun de ces corps, quelle est leur importance, leur action sur la panification, sur l'économie animale, et nous indiquerons nécessairement les moyens les plus simples et les plus faciles de reconnaître leur présence.

Falsification par la fécule. — Lorsque la fécule est à bas prix, on s'en sert souvent pour falsifier les farines; mais dans ces dernières années, son prix élevé, souvent supérieur à celui des farines, était une raison plus que suffisante pour que les fraudeurs y renonçassent. Cependant, d'un jour à l'autre, la question peut se représenter. Nous allons donc signaler les divers procédés indiqués pour reconnaître cette falsification. Ils sont nombreux et nous n'insisterons pas sur la plupart de ceux reconnus aujourd'hui insuffisants.

Disons d'abord que 25 p. 100 de fécule ajoutée à une farine de froment quelconque, la rendent impanifiable, et qu'il n'y a point d'avantages à en ajouter moins de 8 à 9 p. 100.

Parmi les procédés mis en usage pour reconnaître les falsifications des farines par la fécule, nous indiquerons les suivants :

1° L'emploi de la loupe, pour reconnaître si la farine contient des points brillants. Nous considérerons ce moyen comme mauvais et pouvant conduire à des résultats erronés; nous avons soumis à l'observation de la loupe des farines fabriquées par nous-même, et qui montraient de nombreux points brillants.

2° Séparer le gluten de la farine, et en prendre le poids. Ce moyen n'est pas rationnel, puisque les froments d'Odessa contiennent 12 à 14 p. 100 de gluten et ceux de nos pays 8 à 9 seulement.

3° On a proposé d'essayer la farine, en en faisant une pâte et de statuer sur la valeur de cette farine, en tenant compte de la quantité d'eau absorbée, mais la faculté d'absorption varie avec la température de l'année, la nature du sol, etc., etc. On ne peut donc admettre ce procédé.

4° La pesanteur spécifique offre encore trop d'incertitude.

5° La coloration par l'action de l'eau et de l'iode présente trop de difficultés d'appréciation pour être conseillée.

6° On a indiqué l'odeur et la saveur dégagées par l'action sur les farines des acides sulfurique et chlorhydrique (huile de vitriol, et esprit de sel). Ces caractères sont difficiles à saisir, et un chimiste n'oserait se prononcer sur de semblables indices; il en est de même, quant à la différence de coloration produite par l'action successive des acides nitrique, hydrochlorique, et par le nitrate de mercure. Nous ne dirons rien du procédé de M. Bolland qui, de même que les précédents, offre des caractères difficiles à saisir, pas assez tranchés, ou exigeant de la part de l'opérateur une trop grande habitude, pour être à la portée de tout le monde. En outre, presque tous ces procédés ne nous ont pas fourni des résultats aussi précis que ceux indiqués par leurs auteurs.

Nous recommandons donc spécialement le suivant qui nous a toujours réussi, et qui est assez exact pour découvrir la présence de la fécule, sans toutefois pouvoir servir à en déterminer les quantités.

On prend :

Farine	16	grammes.
Grès en poudre	16	—
Eau	65	—

On triture les deux premières substances, dans un mortier de marbre ou de porcelaine, pendant cinq minutes ; on ajoute ensuite l'eau par petites portions, et l'on forme ainsi une pâte. On délaye cette pâte dans de l'eau, et l'on filtre. L'eau ainsi obtenue est claire et limpide. Lorsque le tout est filtré, on prend 32 grammes de ce liquide, qu'on met dans un verre à expérience, et on y ajoute une égale quantité d'*eau iodée*, préparée au moment de s'en servir et de la manière suivante : On jette un gramme d'iode dans 125 grammes d'eau ; on agite quelques minutes, et on laisse déposer.

Si l'on opère comparativement sur de la farine pure et sur de la farine mêlée de fécule dans la proportion seulement de 5 p. 100, on voit : 1° que l'eau qui provient de la farine pure est colorée en *rose* tirant sur le rouge, et que cette coloration disparaît d'autant plus vite que les froments ont été récoltés et les farines fabriquées par un temps plus humide ; 2° que si l'on a opéré sur de la farine féculée, la liqueur fournit une couleur qui tire sur le violet foncé, couleur qui disparaît plus difficilement, qui persiste plus longtemps. Comme on voit, ce procédé est assez simple et demande peu de temps. Il a l'avantage de s'appliquer aux *pâtes d'Italie*, vermicelles, etc., etc.

- On peut encore arriver au même résultat par le procédé suivant :

On mêle 10 grammes de la farine à essayer avec 4 gr. de bicarbonate de soude ; on y ajoute successivement et par petites portions 62 gr. d'eau. Le mélange étant fait, on le met dans un verre à pied, et on y verse par petites portions, deux ou trois cuillerées de vinaigre et une cuillerée d'eau. Il y a effervescence et production d'écume, formée de gluten et d'une partie de la farine ; on continue d'ajouter de l'eau et du vinaigre jusqu'à cessation de toute effervescence ; alors, on enlève l'écume, et on verse dans le liquide deux cuillerées à bouche d'eau iodée, préparée comme nous l'avons dit tout à l'heure et une cuillerée à café d'alcool (esprit de vin).

Si l'on opère sur de la farine pure, on retrouve la coloration rosée qui disparaît en peu de temps, tandis que si l'on a opéré sur de la farine féculée, le précipité se divisera en deux parties ; la *fécule* teinte en bleu descendra au fond du vase et conservera sa couleur, tandis que l'amidon de froment, plus léger, occupera la partie supérieure et se décolorera.

Falsification de la farine de froment par celles d'autres céréales.

— On falsifie très-souvent la farine de froment avec celles de riz ou de maïs.

On reconnaît la farine de maïs par le procédé suivant : Un mélange de la farine suspecte mis en contact avec de l'acide nitrique étendu d'eau, puis avec une solution de sous-carbonate de potasse, offre les caractères suivants : — Si la farine contient de 4 à 5 p. 100 de maïs, il se forme des flocons jaunâtres, qui, après le dégagement de l'acide carbonique, sont entourés de points jaunâtres très-faciles à reconnaître. Si l'on met la farine suspecte en contact avec 12 à 16 p. 100 de

potasse caustique, le mélange prend une couleur verdâtre plus ou moins intense.

Mais avant tout, nous pensons que la recherche du gluten est un moyen des plus rationnels. Voici comment nous opérons : On extrait le gluten par le procédé que nous avons indiqué, on recueille l'amidon et on l'examine à la loupe. Dans le cas de sophistication, on découvre aisément les fragments anguleux, demi-translucides, que contiennent toujours les farines de maïs et de riz, fragments qui résultent de la juxtaposition et de la soudure des grains d'amidon. Ces grains remplissent chaque cellule, dans la portion dure et cornée de l'enveloppe de ces graines et forment une seule masse anguleuse si grosse parfois, qu'une cellule entière est rompue en deux ou trois morceaux.

L'addition des farines de seigle, d'orge et d'avoine, se reconnaît à la quantité relative de gluten, toujours inférieure, et à l'odeur et à la saveur propres à chacune de ces céréales.

Falsification par la farine des légumineuses.

— L'addition aux farines de froment, de celles de lentilles ou de vesces, en raison de leur couleur brune, ne peut guère avoir lieu que pour les farines de qualité inférieure ; mais au contraire la farine de pois se perd aisément au sein d'une matière blanche comme la farine de froment.

Les farines de fèves ou féveroles que l'on emploie pour la tournure de la pâte, donnent à la croûte du pain une teinte dorée agréable à l'œil et s'associent bien à toute farine de froment tant que leur proportion est inférieure à 5 p. 100. — Au delà de ce terme, la blancheur, l'odeur, la saveur sont altérées ; ces farines ne se pelotonnent plus à la main, fournissent des pâtes grasses, douces au toucher, deviennent même impropres à la panification, et ne peuvent entrer, comme on le voit, que pour une faible quantité dans la farine de froment. Toutefois 2 p. 100 de farine de fèves, ajoutés à la farine de froment, lui font absorber 7 p. 100 d'eau de plus que si la farine était pure, et cette eau ne s'évapore plus par la cuisson.

Cependant on a soutenu que la farine de fèves, dans la proportion de 2 p. 100 pouvait être nuisible à la santé ; on n'a pas réfléchi à l'immense quantité de fèves qui, sous tous les états, se consomment en France. A Dijon, où de tout temps cette addition de 2 p. 100 de farine de fèves a eu lieu, jamais nous n'avons appris que la santé publique ait été altérée.

On a prétendu encore que, dans cette proportion, la farine de fèves ne présentait aucun avantage pour la panification. Qu'il nous soit permis de dire que dans les nombreuses expertises dont nous avons été chargé, nous avons toujours constaté que la farine de froment tendre, sans mélange, se travaillait difficilement, que la fermentation s'établissait mal, très-irrégulièrement, très-lentement, surtout lorsqu'on n'y ajoutait pas de levûre de bière (addition qui ne se fait jamais dans nos pays) ; que malgré tous les soins, on n'obtenait qu'une pâte courte, toujours molle, tenant mal à la pelle, et que le pain, en sortant du four, n'avait ni cette légèreté, ni cette couleur qui caractérisent un pain de bonne qualité. Au contraire, cette même farine, additionnée de 2 p. 100 de farine de fèves, se travaillait parfaitement, promptement ; la fermentation s'y établissait régulièrement, sans admettre toutefois, comme on l'a avancé, que la farine de fèves pouvait tenir lieu de froment naturel ; la pâte plus longue, plus ferme, tenait bien à la pelle ; cette pâte vivement saisie par la chaleur du four, donnait un pain léger, bien troué, présentant toutes les qualités que l'on recherche dans ce produit alimentaire.

Voulant connaître la limite à laquelle devait s'arrêter la proportion de farine de fèves dans son mélange avec la farine de froment, nous avons fait des essais avec 1/2 p. 100, jusqu'à 6 p. 100, et nous avons constaté que la meilleure proportion était celle de 2 p. 100; que jusqu'à 3 p. 100 le travail devenait difficile et la pâte commençait à se relâcher ; qu'entre 4 et 5 p. 100, la panification devenait pour nous à peu près impossible ; que le pain acquérait une teinte brune très-prononcée et en même temps une odeur et une saveur de *légumine* qui dès le lendemain rendait ce pain impropre à la consommation.

Tout ce que nous venons de dire ne s'applique qu'aux farines de froments tendres et aux pains qui se fabriquent avec ces farines ; il nous reste à faire connaître nos observations sur les farines de froments durs, demi-durs, pures ou mélangées entre elles, ou additionnées de farine de fèves.

Nous ne dirons rien de la composition chimique et moléculaire de ces farines comparées à celles des froments tendres ; chacun sait qu'elles donnent un pain d'excellente qualité, sans toutefois en présenter tous les caractères. La pâte, d'un travail plus pénible que celle des froments tendres, demande une manipulation plus longue. Elle se masse bien, la *frase* et la *contre-frase* s'opèrent régulièrement ; la fermentation, d'abord lente, se développe insensiblement et arrive ensuite avec rapidité à sa fin. Alors la pâte, bien gonflée, est *longue* et *forte*, tient bien à la pelle ; la cuisson demande un peu plus de temps que pour la pâte de farine de froments tendres. Ce pain absorbant plus d'eau que celui de farine de froments tendres, sa croûte se caramélise plus promptement, plus irrégulièrement ; la mie présente un aspect tout particulier, d'une blancheur toujours moins prononcée, et plus *mate* que la mie du pain de farine de froments tendres. Aussi, ces farines sont rarement employées seules ; elles entrent toujours pour une certaine proportion, dans les mélanges, avec celles des froments tendres, mais dans le cas où elles sont employées pures, l'addition de farine de fèves, si elle est utile, est beaucoup moins nécessaire.

De ce qui précède, on peut conclure que sans nier, à priori, que l'introduction de la farine de fèves dans la farine de froment ne soit un moyen de falsifier cette dernière, on ne peut cependant considérer ce mélange comme une falsification, dans le sens qu'on attache à ce mot, car l'innocuité de la farine de fèves, sous le rapport hygiénique, et son importance comme améliorant le travail de la panification et les produits fabriqués,

sont hors de doute ; mais pour éviter toute discussion, il serait bon de faire ce que fait une maison considérable de Dijon. On lit en tête de ses factures : Le commerce est prévenu que, dans l'intérêt de la fabrication, les farines contiennent 2 p. 100 de farine de fèves.

Comme tout ce qui intéresse l'alimentation publique ne saurait être trop répandu, nous terminerons ce que nous avions à dire sur la farine de fèves, par quelques observations d'économie agricole :

1° la fève dans certaines localités, et notamment en Bourgogne, ne se cultive que dans les terres qui étaient destinées à se reposer et par conséquent à ne rien produire ; en d'autres termes les cultivateurs sèment les fèves dans les *sombres* ou *jachères*. Cette culture ne fatigue pas la terre ; la feuille, restée sur le sol, devient un engrais ; le terrain après la récolte est parfaitement meuble, par suite des deux binages qu'il a reçus en mai et en juin.

2° En admettant que la farine de fèves soit employée par toute la France, dans la proportion de 2 p. 100, la consommation annuelle étant de 75 000 000 d'hectolitres de céréales, on économiserait donc, sur cette quantité, 1 500 000 hectolitres de froment par année, quantité qui représente sept jours de dépense, ce qui est à prendre en considération, car on sait, d'après les statistiques, que dans l'année de disette 1846-47, l'hectolitre de froment a valu 42 francs, à raison du déficit de la récolte, lequel fut estimé à quarante jours de consommation.

Il est très-difficile de déterminer chimiquement la présence de 2 p. 100 de farine de fèves dans un mélange, et en supposant que l'on puisse y parvenir d'une manière prompte, sûre et facile, ne pourrait-on pas attribuer les phénomènes chimiques aussi bien à une farine de ces nombreuses légumineuses qui croissent naturellement, spontanément avec le froment, qui constituent ce que l'on appelle *charges* et qui s'y trouvent souvent dans la proportion de plus de 2 p. 100 ; ne pourrait-on pas, répétons-nous, la lui attribuer aussi bien qu'à la farine de fèves ajoutée avec intention ? La nature du tissu que contiennent ces farines de graines légumineuses, peut servir à les distinguer des céréales. Pour arriver à un résultat certain, voici comment nous opérons :

On blute la farine suspecte ; on en étend une petite portion sur le porte-objet du microscope et l'on y ajoute quelques gouttes d'une solution contenant 10 à 12 p. 100 de potasse caustique. Tous les granules des substances amylacées se désagrègent, laissant distinctement apercevoir à la loupe de l'instrument, les débris cellulaires propres à ces graines.

Voici un procédé qui s'applique spécialement à la recherche des farines de fèves ou de vesces : — On extrait le gluten de la farine à essayer ; le liquide du lavage est traité par l'ammoniaque qui dissout la légumine ; on laisse reposer pour séparer de la fécule, puis on filtre. Dans le liquide filtré, on verse de l'acide sulfurique très-étendu, et la légumine se précipite. Cette substance, recueillie sur un filtre, sera séchée et pesée : 90 centigrammes de légumine, sur 100 de farine essayée, représentent exactement 5 p. 100 de farine de légumineuse. Mais ce procédé très-exact est long et difficile pour quiconque n'a pas un peu l'habitude des opérations chimiques.

Nous allons recourir à un autre procédé très-simple, très-facile et très-prompt. Il nous suffit, pour accuser la présence des farines de fèves, mais il n'en détermine pas les proportions.

On humecte avec de l'eau une baguette de verre; on la trempe dans la farine; cette baguette s'enduit d'une légère couche, on l'expose, après cela, successivement, aux vapeurs de l'acide nitrique et de l'ammoniaque; si la farine de froment contient de la farine de fèves, l'enduit qui tient à la baguette se couvrira de points d'un beau rouge vif, et ces points seront d'autant plus nombreux que la farine de fèves se trouvera en plus forte proportion.

Nous ne parlerons pas du procédé Lassaigné qui repose sur la présence du tannin dans l'enveloppe des fèves et sur l'absence de ce principe immédiat dans celle des céréales; ce procédé bien simple, d'une exécution facile, ne donnera pas des résultats certains, si, ce qui arrive toujours, les fèves ont été décortiquées.

La calcination est encore un moyen très-facile de reconnaître la présence des farines de légumineuses; 5 p. 100 de ces farines ajoutées aux farines de froment, augmentent de moitié le poids des *cendres* obtenues de ces dernières. En effet, 100 grammes de farine de froment, séchés à 100°, puis calcinés, donnent au *maximum* 80 centigrammes de cendres; la même quantité de farine de fèves soumise à la même opération, nous a laissé constamment au *minimum* 3 grammes de cendres.

Falsifications par les matières inorganiques. — Ce genre de falsifications peut donner lieu à des accidents plus ou moins graves; heureusement, elles sont facilement dévoilées, et pour cette raison moins souvent mises en pratique.

On a signalé plusieurs fois la falsification des farines par les os moulus.

Dans ce cas, on sépare le gluten, comme nous l'avons indiqué déjà plusieurs fois; le liquide laiteux qui provient du lavage est versé dans un vase conique; la matière terreuse (la poudre d'os) étant la plus lourde, se précipite au fond du vase; après quelques minutes de repos, on décante le liquide, on enlève avec soin le dépôt conique, on le dessèche, et la partie supérieure du cône est mise à part et calcinée. Si les cendres, traitées par l'acide nitrique (eau-forte), ou par l'acide hydrochlorique (esprit de sel), font effervescence et fournissent un précipité en versant dans cette solution de l'ammoniaque liquide (alcali volatil) et de l'oxalate d'ammoniaque, ce sera un indice de la présence du phosphate et du carbonate de chaux (os moulus), et le précipité décomposé dans un creuset à une chaleur rouge, donnera de la chaux caustique (vive) qui rougira le papier de curcuma et verdira le sirop de violettes.

Si, en délayant de la farine dans de l'eau, une matière grenue, craquant sous la dent, insoluble, inattaquable par les acides, se précipite au fond du vase, c'est qu'on aura introduit du sable dans la farine.

Si la farine contient du carbonate de chaux (craie) ou de potasse, de soude ou de magnésie, elle fera effervescence au simple contact des acides. Si l'on traite le liquide, provenant de l'action des acides, par l'oxalate d'ammoniaque et qu'on obtienne un précipité blanc, ce précipité sera de l'oxalate de chaux; il sera en outre soluble dans l'acide nitrique.

Si la base est de la potasse, le précipité deviendra *jaune-serin* par l'addition de quelques gouttes de chlorure de platine.

Si la base est de la magnésie, on obtiendra un précipité grenu par le phosphate de soude ammoniacal.

Disons d'abord que la chaux, la potasse et la soude rendent les farines alcalines; c'est-à-dire qu'elles verdissent le sirop de violettes et rougissent le papier de curcuma.

Les eaux de lavage des pâtes de farine de froment ou d'autres céréales, sont légèrement *acides* et rougissent, faiblement il est vrai, le papier de *tournesol*.

Si l'on soupçonne que la farine a été falsifiée par le sulfate de chaux (plâtre), on fait bouillir cette farine dans l'eau distillée, ou dans l'eau ordinaire légèrement acidulée. Le liquide filtré fournira, par l'addition de l'eau de baryte et avec l'azotate d'ammoniaque, un précipité blanc, soluble dans l'acide nitrique, donnant de la chaux vive par la calcination.

On ajoute quelquefois de l'alun aux farines pour les rendre plus blanches; on reconnaît cette fraude de la manière suivante : On triture la farine dans un mortier de porcelaine avec de l'eau distillée, et l'on filtre. La liqueur filtrée a une saveur légèrement astringente, et donne, avec le chlorure de baryum, un *précipité blanc*, insoluble dans l'acide nitrique, et avec l'ammoniaque, un précipité blanc floconneux soluble dans la potasse en excès.

Voilà, à peu près, toutes les falsifications que l'on fait subir aux farines; en traitant des falsifications du pain, nous parlerons de celles qui peuvent s'appliquer à ces deux aliments.

De la panification. — La panification est l'opération par laquelle on convertit en pain la farine des céréales; nous n'en ferons pas l'historique. Pour nous, elle ne date que du jour où l'on a introduit le levain dans la pâte. Que cette introduction soit due au hasard, ce qui est très-probable, ou qu'elle soit le résultat d'observations, elle n'en a pas moins converti un aliment indigeste, peu sapide, de mauvais goût, imposé même comme *pénitence* par plusieurs religions, en un aliment agréable, très-substantiel, très-sapide, dont personne ne se dégoûte, et qui fait aujourd'hui la base principale de la nourriture des peuples civilisés.

Cette opération, toute simple qu'elle paraisse être, et qui habituellement, dans les campagnes surtout, est confiée au premier venu, ou plutôt à la *première venue*, exige cependant, pour être menée à bonne fin, beaucoup d'habitude et une certaine somme de connaissances pratiques tout à fait indispensables.

Avant d'entrer dans les détails de ce travail plus délicat qu'on ne le pense, et qui, fait dans des circonstances plus ou moins favorables, peut donner, avec les mêmes produits, des résultats si différents, nous croyons devoir rappeler les caractères qui doivent distinguer les différentes sortes de pain, les qualités qu'on doit y rechercher, la composition comparée des farines qui les constituent, afin de mieux faire connaître les conditions d'une bonne et utile fabrication.

Dans les villes, on distingue diverses sortes de pain; deux qualités seulement sont assujetties à une taxe fixée, chaque quinzaine, par l'autorité municipale; elles sont ordinairement désignées par les noms de *pain bis-blanc* et de *pain bis*. Le boulanger ne doit, dans aucun cas, fabriquer du pain inférieur en qualité au pain bis; mais il est libre de fabriquer du pain supérieur à celui de la première qualité, et ce pain, dont la qualité ne s'établit qu'aux dépens de celle des deux autres, n'est plus soumis à la taxe; c'est un pain de luxe ou de fantaisie, dont le prix est arbitraire. Quelquefois cependant, et dans certaines circonstances, les boulangers fabriquent un pain dit de *ménage*, dont la valeur tient le milieu entre le pain bis-blanc et le pain bis, mais ce pain non plus ne peut être taxé; nous dirons enfin que la valeur du pain bis est les 5/8 de celle du pain bis-blanc.

Il importe que le pain réunisse les qualités suivantes: Il doit être *léger*, renflé, percé de trous de la plus grande dimension possible; il doit être formé de un quart de croûte, et trois quarts de mie, contenir de 35 à 40 p. 100 d'eau; avoir une saveur et une odeur agréables toutes particulières; il ne doit laisser aucun arrière-goût à la bouche; mais la condition la plus essentielle, celle sur laquelle il n'y a pas de transaction possible, c'est qu'il trempe bien dans la soupe, c'est-à-dire qu'il se gonfle bien dans le bouillon gras ou maigre, qu'il acquière le double de volume, et surtout qu'il n'y tombe pas en bouillie.

Mais pour réunir toutes ces conditions, il est indispensable que les matières qui doivent concourir à cette fabrication aient des qualités toutes spéciales, et c'est ce qui malheureusement n'arrive pas toujours.

La chose principale du pain, c'est sa richesse nutritive.

D'après cela, examinons quelles sont les meilleures conditions d'une farine de céréale destinée à la panification.

Qu'il nous soit permis de répéter cet axiome: « Tout aliment a pour but de maintenir dans un juste équilibre l'harmonie des fonctions des organes de l'homme, » ou plus simplement : « La somme des recettes alimentaires doit couvrir les dépenses de l'activité occasionnées par le travail. »

Or, la science nous apprend que cette harmonie ne peut exister que par la production des éléments qui servent à former le sang; dès lors, il est évident qu'il n'y a que les matières contenant ces éléments sous une forme propre à la san-

guification qui puissent être considérées comme la base principale de tout aliment.

D'après les observations des grands maîtres de la science, l'*albumine*, cette substance que nous touchons tous les jours, qui constitue en entier le blanc d'œuf, qui se retrouve dans la chair des animaux, dans la farine, sous le nom de gluten, et dans les fruits, est la base, le point de départ de toute formation de ces tissus, qui sont le siège de l'organisme; en effet, toutes les fonctions vitales dépendent de la présence de l'albumine dans le sang.

On distingue néanmoins deux sortes d'aliments : les *aliments plastiques*, essentiellement *azotés*, et les *aliments respiratoires*, essentiellement *carbonés*. Les premiers, fournis par le règne végétal et par le règne animal, peuvent seuls produire, dans la nutrition, les parties essentielles du sang et des organes des animaux; on range parmi eux, l'*albumine végétale* et *animale*, le *gluten*, puis la *fibrine* et la *caséine* fournies par les deux règnes.

Les aliments plastiques ne suffiraient pas seuls à l'entretien de la vie, il faut encore ceux nécessaires à la respiration. Nous avons dit que ces aliments ne contiennent pas d'azote, mais du carbone; on range parmi eux : l'*amidon*, la *dextrine*, le *sucre* de *canne*, celui de *raisin*, celui de *lait*, la *graisse des animaux*, le *beurre* et les *huiles*. Nous ajouterons enfin que la présence de certains sels (les phosphates), dans les deux sortes d'aliments, est indispensable, que sans ces sels ils ne seraient pas digestifs et seraient peu nutritifs.

Nous savons que les farines de céréales se composent, outre l'eau, de *gluten*, aliment plastique; d'*amidon*, de *glucose*, de *dextrine*, aliments respiratoires, et de *sels* (phosphates).

Nous voyons donc, d'après ce qui précède, que la farine des céréales offre à elle seule un aliment complet, c'est-à-dire qu'elle réunit les aliments plastiques et les aliments respiratoires. En effet, la vie s'entretient avec du *pain* et de *l'eau*, mais elle ne tarde pas à *s'éteindre* sous un régime alimentaire qui ne serait composé que de *viande*, de *gélatine*, de sucre, etc., etc.; et comme conséquence de ce fait, on a reconnu que plus une farine de céréales (pain) contient d'*aliments plastiques* (gluten), plus elle est nourrissante.

Examinons maintenant la richesse des céréales sous le rapport de leurs divers produits.

Le froment ne contient pas plus de 2 à 2,50 p. 100 de ligneux; c'est ainsi que nous désignons l'enveloppe corticale du grain, privée de toute autre matière: c'est le *son proprement dit*. Cependant la mouture, toute perfectionnée qu'elle soit, nous donne encore, *en son ou issues*, 18, 19 et même 20 et 22 p. 100.

Voici, d'après des expériences qui nous sont propres, faites de 1841 à 1847, ce que la mouture nous a donné en moyenne et en farines de toutes sortes, pour 100 kilos de froment récolté dans notre rayon (Dijon).

Gruau.................	6,87
Farine blanche............	61,71
— bise................	7,72
Son...................	21,83
Déchet (eau)...............	1,82

Le gruau est la partie la plus centrale du grain obtenue par un artifice de meunerie ; il contient moins de *gluten* que le reste de la farine, mais il contient proportionnellement beaucoup plus d'amidon ; il donne des produits plus blancs, demande beaucoup plus de travail, et est employé spécialement pour la pâtisserie et les pains de luxe.

Ces résultats de mouture sont conformes à ceux obtenus en 1628, 1692, 1772, 1832 et 1836. (Recherches aux archives de la ville de Dijon.)

Pour compléter ce qui précède, nous dirons que d'observations pratiques longuement continuées, et faites à des époques très-éloignées les unes des autres, dans plusieurs usines, il résulte que les froments tendres (du Nord et de l'Est), du poids de 75 kilos à l'hectolitre, rendent 72 à 73 p. 100 de farine et donnent 22 à 24 kilos de son ou issues.

Les froments demi-durs (du Midi), du poids de 78 à 80 kilos à l'hectolitre, rendent 77 à 78 p. 100 de farine, et 21 à 22 p. 100 de son.

Les froments durs étrangers (Taganrock), du poids de 80 à 82 kilos l'hectolitre, rendent 82 à 83 p. 100 de farine et 18 à 19 p. 100 de son. On est obligé de les humecter avant de les moudre.

On tire des froments tendres.	50 p. 100 farine première.
	15 — seconde.
Le reste	» — en troisième.
Des froments du Midi...	65 — première.
Le reste..............	» — est de belle qualité.
Des froments durs	70 — farine seconde.
Le reste..............	» — en troisième.

Les froments durs ne donnent que des farines secondaires *pour la blancheur* ; les farines premières ne donnent qu'un pain de couleur un peu grisâtre.

Quant au rendement en pain, voici les moyennes en boulangerie.

Farine première de froments tendres.........	135 p 100.
— seconde............................	138 —
— troisième..........................	142 —
Farine première de froments demi-durs du Midi.	133 —
— seconde............................	143 —
— troisième..........................	147 —
Farine première de froments durs...........	140 —
— seconde............................	145 —
— troisième..........................	150 —
Le seigle donne...........	67 p. 100 de farine.
L'orge...................	60 à 62 p. 100.

Il nous reste à examiner maintenant la composition chimique des farines de ces divers froments (supposées sèches), sous le rapport de leur richesse en gluten et en amidon ; nous donnerons en même temps ce rapport pour toutes les céréales.

	GLUTEN.	AMIDON.
Farine de Taganrok.....	20,00	63,80
— demi-dur........	15,25	70,05
— tendre..........	12,65	76,51
— Pour de seigle........	12,50	67,65
— d'orge	12,96	66,43
— d'avoine........	14,39	60,59
— de maïs.........	12,50	67,55
— de riz..........	7,05	89,15

Donc les farines de céréales contiennent :

	ALIMENTS	
	PLASTIQUES.	RESPIRATOIRES.
Froments durs........	20,00	77,15
— demi-durs...	15,25	82,00
— tendres......	12,65	89,35
Seigle...............	12,50	84,90
Orge.................	12,96	83,64
Avoine..............	14,39	82,40
Maïs................	12,50	86,00
Riz.................	7,05	92,05

On voit, d'après ce tableau, le rapport qui existe, dans les farines de céréales, entre les *aliments plastiques* et les *aliments respiratoires* ; cet examen conduit à reconnaître quelle erreur on commet quand, sous un point de vue économique, on ajoute aux farines de céréales des farines essentiellement *amylacées* (fécule de pommes de terre). Les vignerons de la Côte-d'Or savent si bien apprécier ce principe que, quel que soit le prix élevé du froment, ils l'achètent toujours pur, et n'y font aucun mélange.

A l'appui de ce fait, nous pouvons citer le suivant : la ration de pain accordée aux soldats des diverses nations de l'Europe est la suivante, basée évidemment sur la richesse en *gluten* des farines qui la composent :

Dans les régions où cette ration se compose de farine de froment pure, elle est en moyenne de 763 grammes. Dans l'Allemagne méridionale, où la ration se compose de 1/6 froment, 4/6 seigle, 1/6 orge, cette ration est de 900 grammes ; dans l'Allemagne septentrionale et en Russie, où le pain est composé de seigle seulement, cette ration est d'un kilogramme.

Dans les années de disette, on a proposé, pour abaisser le prix du pain, d'ajouter à la pâte, de la fécule de pomme de terre, de la dextrine, du riz, de la pulpe de *navets*, des pommes de terre crues ou cuites ; mais toutes ces additions en diminuent la valeur nutritive ; de sorte qu'un pain additionné des aliments respiratoires que nous venons de citer, forme une substance dont la valeur nutritive est égale à celle de la pomme de terre ou tout au plus un peu supérieure.

Tous les moyens d'atténuer la misère des classes pauvres en temps de disette, ne sont que des palliatifs, sans grande valeur, ou n'en ayant qu'une locale.

Le seul, selon nous, réel, rationnel, consiste à faire le pain avec la farine non blutée, c'est-à-dire à y laisser le son, et à utiliser ainsi toute la matière alimentaire contenue dans le froment.

En effet, avons-nous dit, le froment ne contient pas plus de 2 à 2,50 p. 100 de matière ligneuse impropre à la *digestion*, et le moulin le plus parfait, dans toute l'extension de ce mot, ne devrait pas nous donner plus que cette quantité de son ; cependant, nos meilleurs moulins en donnent toujours de 12 à 22 p. 100, ainsi répartis : 10 parties de *gros son*, 7 de *son fin*, 3 parties de *farine de son*. Notons encore qu'en meunerie ordinaire, c'est-à-dire dans la meunerie pour le public, nous trouvons souvent un rendement de 25 p. 100 de son contenant de 60 à 70 p. 100 des principes les plus nutritifs de la farine ; en effet, d'après plusieurs chimistes français et étrangers (1), le son de froment se compose de :

Amidon...................	52,00
Gluten....................	14,90
Sucre	1,00
Matière grasse	3,60
Ligneux...................	9,70
Sels......................	5,00
Eau......................	13,80
	100,00

Il est donc évident qu'en employant à la panification, la farine non blutée, on augmente le produit d'au moins un sixième à un cinquième ; le prix du pain peut ainsi être diminué de la différence du prix du son sur le prix de la farine. En temps de disette, le son acquiert donc bien plus de valeur, et cela d'autant plus, qu'il ne saurait être remplacé par aucune autre substance alimentaire. En somme, la séparation du son d'avec la farine, pour la fabrication du pain destiné aux usages ordinaires, est une affaire de luxe, et plutôt nuisible qu'utile à la nutrition.

Il manquait à l'appui de cette théorie, connue déjà depuis longtemps, la sanction de la pratique ; les travaux récents de M. Mège-Mourriès viennent, dit-on, de combler cette lacune. Nous allons tâcher de rendre compte du travail de ce chimiste, car il nous paraît trop important pour le passer sous silence. Dans tous les cas, si M. Mège n'a pas encore pour lui les hommes du métier, il a du moins les académies et les hommes les plus forts de ces académies.

Par un artifice de meunerie, sur 100 kilogrammes de froment, nettoyé du premier coup et par un seul blutage, M. Mège obtient :

1° Fleur de farine pour levain.............	40
2° Gruaux blancs mêlés de farine et d'un peu de son.................................	38
3° Gruaux mêlés de beaucoup de son rongeur.	8
4° Sons divers non employés et perte.......	14
	100

(Ces variétés de farines ne sont pas et ne peuvent pas être connues dans le commerce.)

On n'obtient ordinairement que 72 à 75 p. 100 de farines susceptibles de donner du pain blanc, tant on se préoccupe d'éliminer le son ; il faut, en effet, avec les procédés de panification aujourd'hui en usage, écarter avec le plus grand soin cette dernière partie du froment, sous peine d'obtenir du pain bis ; mais en étudiant de près la panification, on arrive à voir qu'il est très-possible d'obtenir du pain blanc, en n'éliminant pas le son aussi complétement qu'on le fait habituellement.

Le grain de froment, selon M. Mège, renfermerait dans son enveloppe extérieure, dans le son, une matière spéciale azotée, la céréaline, douée de la propriété de déterminer une fermentation particulière, sous l'influence d'une température de 50°. Elle change l'amidon en dextrine et en glucose ; par son contact, elle transforme, de plus, la

levûre en ferment lactique et butyrique, cause de l'acidité du pain bis ; enfin elle décompose en l'humifiant, c'est-à-dire en le transformant en matière humique, le gluten, que les acides ont déjà désagrégé. (Il est probable que M. Mège a isolé la céréaline, et qu'il en a déterminé la composition ultime, et étudié tous les caractères.)

Ainsi, le pain bis doit sa coloration noire, sa consistance un peu plastique, on aurait dû ajouter son acidité, à des altérations de gluten produites sous l'influence de la céréaline contenue dans le son.

Pour faire du pain blanc, malgré la céréaline, on fait vite d'abord les levains avec la farine exempte de céréaline (probablement celle que M. Mège désigne sous le nom de fleur de farine pour levain), puis on y délaye rapidement les gruaux mêlés de son, et l'on cuit. (M. Mège ne dit pas si le simple mélange de la farine au levain suffit, et s'il dispense de faire lever.)

On obtient, par ce moyen, de 100 kilos de froment, 135 kilos de pâte, et 115 kilos de pain ; c'est en moyenne 18 kilos de plus que par l'ancien procédé.

Nous ne nous permettrons aucune réflexion sur les procédés de M. Mège, ne connaissant ni son système de meunerie, ni son système de panification. Tout en admettant leur excellence, dont rien ne nous permet de douter, nous croyons pouvoir démontrer qu'on peut arriver au même résultat par des moyens simples et faciles, sans rien changer à ce qui existe ; nous n'engagerons donc aucune discussion sur ce sujet important ; nous craindrions de sortir du cadre que le Livre de la ferme s'est tracé.

Nous terminerons cette première partie de notre travail par quelques considérations générales sur le pain, et sur les perfectionnements apportés, depuis plusieurs années, dans la boulangerie, perfectionnements qui tendent à la placer au rang des industries.

La pâte introduite dans le four est chauffée par rayonnement la température que subit la partie supérieure du pain atteint est de 270 à 280°. Cette partie est la croûte ; l'intérieur du pain atteint un température qui ne dépasse pas 100°, c'est la mie.

A Paris, 114 à 117 kilos de pâte donnent 100 kilos de pain ; à Dijon, 125 kilos de farine en donnent 100 de pain.

Le pain tendre des boulangeries civiles présente 5/6 de mie, et 1/6 de croûte.

La mie contient 45 p. 100 d'eau, la croûte 15 p. 100 ; le tout ensemble 40 p. 100.

A Rouen, d'après M. Girardin, à l'état de pain rassis, la mie ne contient plus que 34,20 p. 100 d'eau, la croûte, 17,33 p. 100, le tout 27,45 p. 100. Mais nous ignorons ce que M. Girardin entend par pain rassis ; est-ce celui qui a deux, trois ou quatre jours de fabrication ?

De la panification dans les villes. — La consommation du pain dans les villes étant journalière, régulière, et en quelque sorte forcée, la fabrication est, en général, le travail de la boulangerie, et dès lors le pain se fait dans des conditions telles qu'il ne peut guère varier de qualité. N'é-

(1) Nous avons nous-même répété souvent ces analyses, et nous n'avons varié que de quelques millièmes.

tant pas fabriqué dans un but de conservation, il est ordinairement bon le premier et le second jour, mais dès le troisième, il a perdu une partie de ses qualités. Nous croyons donc devoir entrer dans quelques détails sur cette fabrication, et nous terminerons par celle du pain dans les campagnes. Tout ce qui précède, comme tout ce qui va suivre, est le résultat d'observations pratiques, faites par nous-même, continuées pendant de longues années, par suite de nos fonctions administratives et de nos diverses missions scientifiques.

La confection du pain consiste en deux opérations distinctes : le pétrissage et la cuisson de la pâte, lorsqu'elle a été pétrie et mise sous la forme qu'on veut donner au pain.

La conversion de la farine en pâte s'obtient en l'hydratant, c'est-à-dire en ajoutant 50 à 60 p. 100 d'eau à la farine, pour en faire une pâte bien homogène. (La farine contient, suivant les années plus ou moins humides, de 10 à 12 p. 100 d'eau.) Cette opération a pour but de dissoudre les parties solubles de la farine, le glucose et la dextrine, et de pénétrer d'eau les parties insolubles, le gluten, la fibrine, la caséine, et l'amidon ; mais par la simple addition de l'eau et un pétrissage aussi complet que possible, le pain que donnerait la farine, ne consisterait qu'en une masse compacte, lourde et indigeste. Pour lui communiquer toutes les qualités d'un pain parfait, il est nécessaire d'avoir recours à un agent qui, en déterminant la *fermentation* de la pâte, développe de l'*acide carbonique* ; ce gaz, en se dégageant, augmente le volume de la pâte, et y produit des vides nombreux. Pendant la cuisson, les vides augmentent de volume, en même temps que le dégagement de la vapeur d'eau qui s'opère augmente le gonflement du pain.

L'agent employé par les boulangers pour faire *lever*, est de deux sortes : le *levain de la pâte fermentée*, ou la *levûre de bière* ou *ferment* ; les deux matières peuvent s'employer ensemble ou séparément.

Le levain est une portion de pâte prélevée à la fin de chaque opération et qui est employée pour les pétrissages suivants ; mais ce levain, pour remplir son but, a besoin de subir plusieurs opérations indispensables ; il doit être placé dans un endroit où la température soit uniforme pendant toute l'année, et où rien ne puisse arrêter sa fermentation. On peut le remplacer pour la première fois et soutenir son énergie, dans les opérations suivantes, par la levûre de bière, qui agit plus énergiquement. Nous pensons qu'il est plus utile de mêler cette levûre avec moitié de levain de pâte ; car la levûre, employée en trop grande quantité, communiquerait au pain une partie de l'amertume et de l'odeur spéciale de la bière, et surtout du houblon. Toutes les fois que nous avons été obligé d'avoir recours à l'emploi de la levûre de bière, nous nous sommes très-bien trouvé de la laver à grande eau avant de nous en servir.

Placé comme nous venons de le dire dans un endroit dont la température soit uniforme et douce, le levain, après sept ou huit heures de repos, augmente graduellement de volume et laisse dégager une odeur alcoolique agréable et très-prononcée,

On a le *levain chef*, on le pétrit alors avec une quantité d'eau et de farine suffisante pour doubler son volume, tout en conservant le mélange à l'état de pâte modérément ferme ; dans cet état, il constitue le *levain de première* ; six heures après, on renouvelle ce travail par une addition semblable, et l'on obtient le *levain de seconde* ; seulement on a dû ajouter plus d'eau que de farine pour avoir une pâte plus molle ; enfin une dernière manutention, faite avec les mêmes soins que les précédentes, donne le *levain de tous points*, dont le volume, en *hiver*, doit être égal à peu près à la moitié de la pâte nécessaire pour une fournée, et en été au tiers seulement.

Le levain, ainsi établi, on procède au pétrissage qui se fait en quatre temps : 1° délayage, 2° frase, 3° contre-frase, et 4° enfournage.

On commence par verser sur le levain toute l'eau nécessaire à la fabrication de la pâte, et à l'aide des mains ouvertes, on presse la masse de manière à la bien diviser, en la rendant aussi liquide que possible, afin qu'il n'y reste aucun grumeau ; quand la masse est bien délayée, on y introduit, portion par portion, la quantité nécessaire de farine pour former la pâte. On opère aussi rapidement que possible ; c'est cette opération qui constitue la *frase*, de laquelle dépend le bon pétrissage.

On réunit toutes les portions de la pâte en une seule masse, puis on *contre-frase*, c'est-à-dire qu'on relève la pâte de droite à gauche à la tête du pétrin, pour la reporter de gauche à droite. On soulève la pâte, on la replie sur elle-même, pour l'étirer et la laisser retomber avec effort sur les parties déjà travaillées, ce qui facilite son développement en y permettant l'introduction de l'air.

On râtisse le pétrin, et on prend la moitié de la pâte, pour l'employer comme levain à la fournée suivante.

On procède au bassinage, opération qui consiste à faire absorber à la pâte la plus grande quantité d'eau possible ; cette opération très-fatigante s'emploie souvent pour arrêter la fermentation.

On introduit généralement du sel dans le pain ; tout en lui donnant du goût, il retarde la fermentation ; de toutes les manières d'introduire le sel dans le pain, la meilleure est de le jeter par poignées sur le levain avant d'y mettre l'eau. A Paris on emploie 500 grammes de sel pour 159 kil. de farine ; en Angleterre, 2 kil. pour 125 kil. ; ajoutons que chaque boulangerie a sa dose particulière. Nous pensons que la dose de Paris est trop faible et celle d'Angleterre beaucoup trop forte.

Nous n'entrerons dans aucun détail sur les trois variétés ou plutôt qualités de pâte qu'on fait à Paris ; nous dirons seulement que la *pâte ferme* contient moins d'eau que les deux autres et contient dès lors plus de principes nutritifs ;

Que la pâte douce, moins riche en farine, est d'un travail très-difficile et demande beaucoup de soins ;

Que la pâte bâtarde, tenant le milieu entre les deux, est la plus employée.

La pâte une fois pétrie, on opère sa division et sa pesée ; mais comme par l'évaporation qui se produit, il y a perte de poids, on est obligé d'en mettre un excédant qui permette de retrouver, après la cuisson, le pain fixé par les règlements.

Voici, d'après les documents que nous avons pu recueillir par nous-même, les quantités à ajouter pour chaque pain de forme ronde et d'après son poids.

Pains de 6 kilogr.	620 grammes.
— 4 —	451
— 3 —	440
— 2 —	230
— 1 —	200

La pâte pesée, on lui donne la forme que les pains doivent avoir; on la saupoudre de farine pour qu'elle ne s'attache ni aux mains, ni au pétrin; après avoir été ainsi pesée et façonnée, la pâte est mise dans des pannetons où elle fermente et prend son apprêt avant d'être enfournée; l'apprêt doit se faire dans un lieu où la température soit assez élevée pour favoriser la fermentation. La pâte arrivée à un degré convenable est prête à être enfournée.

Nous ne dirons rien de la construction des fours, ni des nombreuses variétés de pains de luxe qui se fabriquent à Paris ou dans les grands centres de population; nous dirons seulement que les pains de 2 kilos demandent 35 minutes de cuisson; ceux de 4 kilos, 50 à 60 minutes.

On reconnaît qu'un pain a acquis une cuisson aussi parfaite que possible, aux caractères suivants :

1° En ouvrant le four, on en voit sortir une vapeur humide qui se dissipe progressivement.

2° La surface du pain doit avoir contracté une couleur *jaune grisâtre*, et au-dessus *brunâtre*, dont l'intensité augmente jusqu'au fond du four.

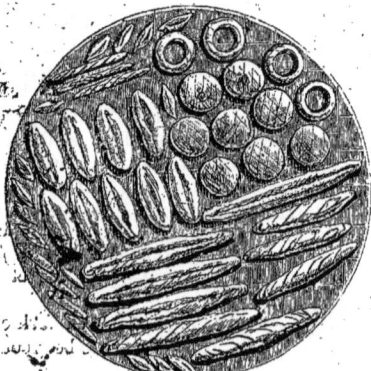

Fig. 230. — Four aérotherme.

nomme la *baisure*, elle est devenue élastique et résiste à la compression en reprenant rapidement son premier état.

Il nous reste à parler des perfectionnements apportés, dans ces dernières années, à la boulangerie des villes, perfectionnements qui tendent, comme nous l'avons déjà dit, à élever la boulangerie à l'état d'industrie; nous citerons :

Les fours *circulaires aérothermes*, à sole mobile et chauffés à l'air chaud, comme l'indique leur nom; les pétrins mécaniques de divers systèmes et qui sont des améliorations importantes apportées à la fabrication du pain; une chaleur constante, régulière, réglée à volonté, assure une cuisson parfaite et régulière; la sole toujours *nette*, et sans résidu des combustibles, donne à la croûte du dessous une propreté, une couleur, que l'on ne peut obtenir par la sole fixe des fours ordinaires; une économie de 33 p. 100 sur le combustible est le premier résultat que l'on obtient par l'emploi du four aérotherme.

Le pétrin mécanique fait disparaître un travail pénible pour l'homme, et les causes d'insalubrité, pour ne rien dire de plus, inhérentes au pétrissage à la main. L'ouvrier n'est plus obligé de faire, en pétrissant, des efforts dont il semble se soulager par des cris, des gémissements, toujours pénibles pour celui qui n'y est pas habitué; sa sueur ne se mêle plus à la pâte, etc., etc.

Nous n'entrerons dans aucun détail sur la construction du four aérotherme, et sur celle des pétrins mécaniques; nous dirons seulement que, malgré les avantages incontestables que présentent ces perfectionnements, il est à regretter qu'ils ne soient pas plus répandus qu'ils ne le sont, et de les voir même abandonner dans plusieurs localités où ils étaient établis. Quelles sont les causes de cette répulsion du progrès? La cuisson est-elle moins parfaite? Le pain est-il de moins bonne qualité? le pétrissage moins complet? Le frasage de la pâte fait par la main de l'homme, ne peut-il être remplacé par l'action des palettes du pétrin mécanique? Toutes ces

Fig. 231. — Pains de diverses formes.

3° En frappant le dessous du pain, avec le bout du doigt, il doit bien résonner.

4° En pressant la mie, du côté du pain qu'on

causes, réelles ou fausses et d'autres encore, telle que la force de l'habitude sont sans doute des

Fig. 232. — Four ordinaire.

motifs suffisants pour faire rejeter par certains boulangers tous les perfectionnements.

Pour notre compte particulier, nous avons été à même de constater que le pain fait au pétrin mécanique, cuit au four aérotherme, ne présentait pas les mêmes caractères que celui fait par les procédés ordinaires ; la construction du four (tout au moins celle de ceux que nous avons vus fonctionner) n'offrait pas toutes les garanties désirables ; les pains les plus rapprochés des *parois* cuisaient trop vite, et malgré tous les soins, il était difficile de les empêcher de brûler ; les réparations que nécessite un service journalier constant, sont encore une des principales causes de l'abandon du système.

La disposition des organes du pétrin ne peut s'appliquer à la préparation des pâtes de diverse nature ; la pâte douce ne peut être faite avec les mêmes appareils que la pâte ferme.

Mais espérons que les améliorations dans la fabrication des farines, de légers perfectionnements dans les appareils de panification, feront promptement disparaître ces inconvénients, et que les fours aérothermes, les pétrins mécaniques remplaceront partout, même dans les campagnes, le système peu économique et même barbare en usage aujourd'hui.

De la panification dans les campagnes. — Si, dans les villes, le pain se fabrique tous les

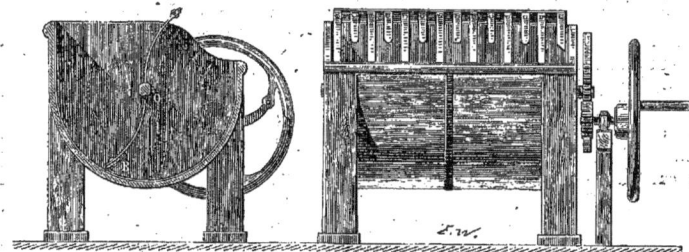

Fig. 233. — Pétrin mécanique.

jours et est rarement défectueux, il n'en est pas de même dans les campagnes, où cependant la

qualité de cet aliment doit être au moins égale à celle du pain des villes.

Aujourd'hui que l'aisance est plus généralement répandue, chacun a senti le besoin d'une nourriture plus substantielle, plus appropriée aux besoins du travailleur. Aussi il est rare de voir dans nos contrées employer à la fabrication du pain d'autres céréales que le froment ; cependant, malgré cette grande amélioration, le pain, quoique fabriqué avec le froment pur, est dans les campagnes, d'une qualité inférieure, sujet parfois à des altérations assez notables ; et ces inconvénients présentent une gravité plus grande, lorsque la farine, mal fabriquée, mal conservée, imparfaitement débarrassée de son, se trouve mélangée, par une cause quelconque, avec des farines d'autres céréales. Ces dernières, plus ou moins dépourvues d'une quantité suffisante de *gluten*, ajoutent un obstacle de plus à la bonne fabrication de la pâte ; il en résulte nécessairement un pain *plus bis*, *plus lourd*, offrant une foule de variations que l'on ne saurait définir.

La qualité du pain dans les campagnes, dit M. Payen, devient plus mauvaise encore, lorsque la farine de froment en est exclue, et cette circonstance est d'autant plus regrettable que le pain forme la nourriture presque exclusive du paysan ; les produits animaux, lait, fromages, œufs, et surtout la viande, n'étant consommés par lui qu'en proportions insuffisantes. C'est là une des principales causes, en certaines contrées, de l'affaiblissement et par suite de l'appauvrissement des populations rurales : situation déplorable que tous les efforts de la civilisation progressive et de la philanthropie éclairée doivent tendre à faire disparaître.

Ne voulant rien donner au hasard, nous avons voulu voir faire et faire nous-même du pain de ménage, comme on le fait dans nos exploitations rurales même d'une assez faible importance. Pendant les mois de février et de mars, nous avons prié nos amis de nous mettre à même de pouvoir remplir la mission que nous avions acceptée ; tous se sont mis à notre disposition avec un empressement dont nous ne saurions trop les remercier. Voici les résultats obtenus de nos nombreuses opérations :

Les farines que nous avons employées sont généralement titrées à 0,75 ; cette année ce chiffre n'est que rarement atteint, mais nous en connaissons les causes ; la température exceptionnellement humide, qui a régné pendant la récolte de cette céréale, l'a chargée d'un excès d'humidité dont elle n'est pas encore parfaitement dépouillée, et qui au début de la campagne avait abaissé son rendement jusqu'à 68 p. 100; mais depuis, ce rendement a suivi une marche progressive, il a atteint 0,72 à 0,73, et aujourd'hui il s'élève à 0,75, rendement normal en moyenne, que l'on peut adopter sans craindre de commettre une erreur sensible. En effet, nous avons obtenu de 159 kilos de blé, 119^{kil},750 de farine propre à faire du pain de ménage.

Cette farine, divisée en trois parties pour faire trois fournées, a absorbé pour être amenée à l'état de pâte d'une consistance moyenne, 75^{kil},250 d'eau, soit environ 0,63 de son poids. On a formé avec cette pâte, 39 pains, du poids de 167^{kil},250 pesés huit heures après la cuisson (on avait ajouté 750 gr. de sel); on a donc obtenu 160^{kil},250 de pain. Le pain ne conserve donc que 0,34 d'eau, comparé au poids de la farine, après cuisson, et environ 0,25 de son propre poids.

De ce qui précède, il résulte : 1° qu'un kilo de blé produit en moyenne un kilo de *pain de ménage*;

2° Qu'avec une quantité de farine donnée, il suffit de multiplier son poids par 0,63 pour avoir la quantité d'eau nécessaire pour le convertir en pâte d'une consistance moyenne;

3° Que, connaissant le poids de la farine à employer, et le multipliant par 1,33, on aura le poids du pain, qui en sera le produit, ou ce qui est plus simple, en ajoutant à la farine le tiers de son poids, on aura à peu près celui du pain.

Ces formules sont simples et doivent être appliquées sans aucun doute dans le plus grand nombre de cas; mais il ne faut pas en conclure, cependant, qu'on peut rendre leur application absolue; on commettrait des erreurs, peu sensibles il est vrai, mais dont les causes sont connues depuis longtemps.

Voici maintenant le procédé de fabrication que nous avons vu et employé nous-même : on se sert, pour premier levain, d'une quantité de pâte égale au moins à 1/25 de la fournée que l'on veut faire, et détournée de la précédente, que l'on a conservée douze et même quelquefois quinze jours avant de s'en servir. Quand on doit faire le pain, on mélange le levain avec le quart au moins de la farine dont doit se composer la pâte, et suffisante quantité d'eau; c'est ce qui forme le second ou grand levain; on laisse fermenter pendant deux ou trois heures en été, et quelquefois vingt-quatre heures en hiver; souvent dans cette dernière saison, on est obligé de le déposer dans un grand panier en osier, de le recouvrir d'étoffes de laine, et de le placer dans une chambre chaude, afin de faire développer la fermentation. Lorsque son volume est augmenté d'environ un tiers, on procède au pétrissage, opération très-simple, mais qui malheureusement est très-imparfaite dans la plupart des ménages; car voilà comment on opère : Le second ou grand levain est mélangé avec les 3/4 restant de la farine et de l'eau en proportion, puis, lorsque ce mélange paraît complet, on donne un tour à la masse de la pâte, et on la dépose dans des paniers; on attend que la fermentation ait augmenté son volume de 1/3; le temps nécessaire à cette fermentation est très-variable;

cependant, on peut dire en général, que quand une pâte est bien pétrie, une fermentation de quatre heures est suffisante; dans cet état, on enfourne les pains, et on les retire après une demi-heure de cuisson.

On obtient sans doute, par ce procédé, un pain excellent, d'une saveur très-agréable, mais il lui manque la blancheur et la légèreté, qualités qu'il serait facile de lui donner, en employant des procédés plus en rapport avec ceux de la boulangerie.

Toutes les opérations décrites plus haut ont été faites, comme on le voit, dans des circonstances *normales*; aussi nos résultats ont-ils eu un succès sinon aussi très-complet, tout au moins satisfaisant que nous pouvions l'espérer; mais en est-il ainsi dans toutes les maisons, dans toutes les fermes grandes ou petites? Hélas ! non. Comme nous l'avons dit tout à l'heure, les levains prélevés sur la fournée qui vient d'être fait sont gardés de douze à quinze jours, abandonnés à eux-mêmes, sans qu'on s'en occupe, jusqu'à la fournée prochaine; ils passent alors à la fermentation acide (quelquefois à la fermentation putride) et constituent un ferment capable d'exciter dans toute la pâte une fermentation analogue. Sous l'influence de cette acidité, le gluten perd une partie de son extensibilité, ainsi que sa qualité élastique; et comme, dans ce cas, la fermentation dégage très-peu de gaz, la pâte levée fournit un pain mat, bis, d'une saveur aigre, ne *trempant pas dans la soupe*, très-disposé à favoriser le développement des moisissures, surtout lorsqu'on en fait usage pendant douze à quinze jours, et généralement, on trouve répandu dans les campagnes, le préjugé qu'en cet état, le pain plus rassis, plus dur, est plus nourrissant; car on en consomme moins, et c'est tout économie, dit-on. La vérité est, dit un auteur, qu'on en mange une moindre quantité parce qu'il est plus indigeste et moins agréable; cette économie apparente est trompeuse, car chacun sait que les hommes mal nourris travaillent moins, puisqu'ils sont plus faibles, plus accessibles aux maladies, et leur travail coûte davantage en définitive.

Cherchant à nous rendre compte de tous les inconvénients que nous venons de signaler, nous avons voulu opérer dans les circonstances les plus défavorables avec un levain de quinze jours, passé complètement à l'*état acide* : la première maison à laquelle nous nous sommes adressé nous a fourni immédiatement tous les éléments nécessaires à nos recherches.

Nous avons fait du pain avec ce levain et de la farine de froment pur, titrée à 0,75; la fermentation a été lente; la pâte, quoique pétrie ferme, s'est mal tenue à la *pelle*, l'enfournement s'est fait avec assez de difficulté; la cuisson a été plus lente; le pain, après huit heures de refroidissement, a donné un seizième de moins que celui fait dans des conditions normales et s'est promptement altéré, c'est-à-dire que dès le septième jour, il était devenu dur, trempait mal dans la soupe, et commençait à se couvrir de moisissures. Frappé de tous ces inconvénients, nous avons dû rechercher quelles en étaient les causes, et quels seraient les moyens de les faire disparaître, au moins en partie.

Sans revenir sur les tio nslevdu ain ,altérapour ne rien dire de plus, nous avons examiné avec soin l'état de la farine ; nous avons reconnu facilement que ces farines provenant de la dernière récolte et de froments tendres n'avaient pas été conservées avec tous les soins qu'elles réclamaient, qu'elles avaient retenu un peu trop d'humidité ; en conséquence, nous avons fait ajouter à ces farines 2 p. 100 de farine de fèves, parfaitement confectionnée ; nous avons fait notre premier levain, provenant d'une prise de pâte faite sur la dernière fournée (1/25), et offrant par conséquent tous les caractères d'une fermentation complétement acide ; nous avons délayé ce levain dans un tiers de la totalité de farine additionnée de 2 p. 100 de farine de fèves ; le délayage a été fait, non plus avec de l'eau ordinaire, mais avec de l'eau de chaux saturée. L'eau de chaux est d'un usage des plus innocents ; on sait que l'eau ne dissout que 1/600 de son poids de chaux.

Ce second levain a donné après 6 heures tous les caractères des qualités que l'on doit y rechercher ; le délayage et le pétrissage se sont faits comme d'habitude en employant toutefois un tiers d'eau de chaux et deux tiers d'eau ordinaire à peine chaude : nous avons laissé lever la masse tout entière ; une heure et demie après, nous avons pétri de nouveau la pâte, et avons laissé lever jusqu'à ce qu'elle ait augmenté d'un tiers dans les paniers. Alors nous avons procédé à l'enfournement, qui s'est fait dans les meilleures conditions. Après une heure et demie de cuisson, nous avons procédé au défournement, et nous sommes heureux de dire que les résultats ont dépassé, nous dirons décuplé nos espérances ; nous avons obtenu des pains de 4 et 6 kilos, bien renflés, d'une couleur merveilleuse, qui refroidis (après 8 heures) nous ont donné une augmentation de poids de 4 p. 100 sur celui fait dans les meilleures conditions. Ce pain a été trouvé par tout le monde d'une qualité supérieure, d'une saveur agréable, *trempant bien dans la soupe* et d'une conservation parfaite.

Nous avons recommencé nos essais avec des farines sensiblement altérées, blutées seulement à 20 p. 100 (règlement militaire) ; mais nous n'avons employé que de l'eau de chaux ; nous avons obtenu un pain aussitôt qu'on pouvait l'espérer, et d'un usage bien supérieur au meilleur pain bis des villes, pouvant à la rigueur *être employé à la soupe.*

Il résulte de nos opérations, que le pain dans les campagnes, fabriqué par les méthodes aujourd'hui en usage, est généralement de mauvaise qualité, qualité qu'on peut considérablement améliorer : 1° en employant des levains *non acides* ; 2° en ajoutant 2 p. 100 de farine de fèves à la farine de froments tendres les plus généralement employés, 3° en pétrissant plus complétement qu'on ne le fait, et en n'oubliant pas que plus une pâte est battue, plus elle devient *allège*, plus la fermentation est active, complète et régulière ; qu'un second pétrissage (ce que l'on ne devrait jamais omettre) donné une heure et demie après le premier, en laissant la fermentation se continuer jusqu'à augmentation d'un tiers du volume de la pâte primitivement faite, produit un pain qui

diffère entièrement par ses qualités physiques et chimiques de celui qui n'a pas subi cette opération. Nous engageons toutes les personnes que la panification intéresse, à répéter l'opération d'un second pétrissage, ne serait-ce qu'à titre d'essai.

Enfin, dans le cas où l'on serait obligé (ce qui arrive toujours) d'employer de vieux levain, c'est-à-dire ayant plus de quatre jours en été et de six jours en hiver, il est indispensable de pétrir non plus avec de l'eau ordinaire, mais avec de l'eau de chaux.

Il nous reste à parler du pain fabriqué avec les farines de céréales autres que celles de froment, ou avec celles d'un mélange de ces céréales. Nous suivrons l'ordre de la richesse nutritive.

Pain de seigle. — Il existe encore un certain nombre de contrées, même en France, où la nourriture se compose de pain de seigle. Nous connaissons plusieurs de ces contrées où le riche mange du pain de seigle, puis le reste de la population se nourrit d'un pain de seigle mélangé d'orge, de sarrasin, de maïs ou de pomme de terre.

Nous avons donné dans le commencement de cet article l'analyse du seigle, sa puissance nutritive comparée à celle du froment, et la nature de son *gluten*. Nous continuerons en ajoutant que les *petits sons* se séparent difficilement du grain, ce qui donne à la farine un aspect grisâtre qu'elle communique au pain ; la pâte qui en provient est lourde et ne lève pas bien. On est obligé de la faire cuire plus longtemps à cause de sa mollesse ; ce pain est pendant quelque temps visqueux, compacte, plus ou moins gris, *brun*, pesant, puis spongieux ; lorsqu'il est bien fait, ce qui est rare, mais surtout lorsqu'il est bien cuit, il se conserve bon et frais très-longtemps.

Voici comment nous avons procédé : Nous avons mêlé le levain, provenant de la pâte de la dernière fournée, avec le cinquième de la farine que nous devions employer ; quand ce premier a été parvenu au point convenable, nous avons pétri comme pour le blé, avec la différence que nous n'avons employé que de l'eau fortement tiède, que la pâte a été soutenue plus ferme, et que nous y avons mis moins de sel, afin que la pâte ait plus de ténacité, car elle en manque naturellement. Un kilogramme de farine de seigle a absorbé au pétrissage 1 500 grammes d'eau, et a donné 1 500 grammes de pain bien gonflé, qui avait la croûte un peu pâle, la mie pâteuse, de couleur bis-blanc ; le pain était meilleur rassis que frais.

Mais la farine de seigle additionnée d'un tiers de froment et de 2 p. 100 de farine de fèves, pétrie avec l'eau de chaux, nous a donné un pain d'excellente qualité.

Le pain de seigle doit rester au four plus longtemps que le pain de froment ; une cuisson lente lui convient mieux, il faut que le four ne soit pas trop chaud ; on doit mettre la pâte immédiatement dans les pannetons et jamais sur couche.

On obtient un très-bon résultat, en employant un levain de farine de froment, ou seulement en allongeant celui de farine de seigle de deux fois son poids de cette même farine.

Pain de méteil. — On sait que le méteil est un mélange en diverses proportions de froment et de seigle ; il est inutile de dire que de ces diverses proportions résulte un pain plus ou moins beau, que plus la quantité de froment est grande, plus la qualité du pain se rapprochera de celui du froment pur, et que sa fabrication s'en rapprochera davantage aussi.

Il résulte de nos observations pratiques, que l'on obtient un bien plus beau pain, en employant les deux farines séparément, que lorsqu'elles sont mélangées.

On doit toujours employer la farine de froment destinée à former le méteil à l'état de levain ; on lui associe ensuite, à l'aide de l'eau froide, la farine de seigle, pour en former une pâte consistante qui doit rester d'autant plus au four que la quantité de seigle est plus grande ; c'est donc une faute que de semer simultanément le froment et le seigle destinés à la formation du méteil.

Pain d'orge. — Nous avons fait du pain d'orge avec la farine pure provenant de cette céréale, et la fabrication offre, non pas de sérieuses difficultés, mais demande certaines précautions ; quelles que soient ces précautions, ce pain est toujours compacte et a un goût un peu âcre.

Pour faire du pain d'orge, la meilleure méthode consiste à prendre du levain de chef très-fort, et à le renouveler au moins deux fois. La pâte de ce levain, dont le volume doit être équivalent à la moitié de la farine qu'on veut employer, doit être un peu molle. Quand on est arrivé au pétrissage, on doit fortement travailler la pâte, et surtout ne pas oublier de beaucoup la bassiner ; le four doit être moins chaud que pour le pain de froment, mais le pain d'orge doit y rester plus longtemps.

Nous avons fait souvent du pain d'orge, en modifiant nos procédés. Nous n'avons jamais obtenu que des résultats bien au-dessous de nos espérances ; nous avons même essayé de la farine d'*orge perlé*. Point de résultats sensiblement meilleurs.

Un mélange par tiers de farine de froment, de seigle et d'orge, mais pétri en commençant par le froment, ajoutant la farine de seigle, puis celle d'orge, nous a donné d'assez bons produits. Dans ce cas, l'addition de 2 p. 100 de farine de fèves est à peu près indispensable.

Orge et seigle, mauvais pain.

Orge et froment, mauvais pain.

Orge et sarrasin ne donnent qu'une galette.

Pain d'avoine. — Quoi qu'en disent certains auteurs, nous déclarons que nous n'avons jamais obtenu de cette céréale qu'un pain de la plus mauvaise qualité, ne pouvant soutenir la moindre comparaison même avec le pain d'orge.

Pain de maïs. — Nous avons essayé tous les procédés, même ceux de l'antiquité ; nous n'avons obtenu aucun résultat ressemblant, même de loin, à une panification quelconque.

Pain de sarrasin. — Cette plante n'est plus de la famille des graminées ; sa farine ne doit donc plus être considérée comme panifiable. Elle a, comme le maïs, d'autres emplois qui la rendent d'une utilité incontestable.

Pain de riz. — Quoique le riz soit rangé parmi les céréales, nous déclarons encore que c'est une chimère que de vouloir le panifier. Nous en avons mêlé en nature ou cuit en diverses proportions avec la farine de froment ; il rend le pain qui en provient compacte, fade, indigeste ; laissons donc le riz jouir, en dehors de la panification, des hautes qualités dont il est pourvu. Nous ne dirons rien non plus de la panification des légumineuses, des fougères, des lichens, du manioc, du nénuphar, du *chiendent*, de la châtaigne, du marron d'Inde, pas même de la pomme de terre ; nous ne dirons rien non plus des nombreux pains économiques, si fortement prônés par les Anglais, les Américains, qui, croyons-nous, ne se doutent guère, pour la plupart, de ce que c'est que le pain, comme nous l'entendons.

Résumons-nous donc le plus brièvement possible, et disons avec Parmentier, dont les principes ont peu varié depuis leur proclamation :

1° Le blé avant d'être envoyé au moulin doit être un peu mouillé, s'il est trop sec, ou bien séché au soleil, s'il est trop humide ou trop nouvellement récolté.

2° Les différents grains qui doivent concourir au mélange des farines destinées à la panification, ne doivent pas être moulus mélangés, parce que leur grosseur et leur forme exigent des meules plus ou moins distantes l'une de l'autre, et par conséquent, si cette distance est celle des gros grains, les petits peuvent échapper à l'action de la meule.

3° 100 kilos de bon blé, bien nettoyé et moulu par la mouture économique, doivent rendre 75 kilos de farine tant blanche que bise, et 25 kilos de son, y compris le déchet qui s'élève en moyenne à 1 kilo.

4° Les blés secs et récoltés bien mûrs, peuvent se conserver longtemps dans des sacs isolés.

5° La farine bien sèche, blutée, renfermée dans des sacs isolés, dans un local sec, se conserve mieux que le blé.

6° On ne doit jamais, autant que faire se peut, se servir de levain vieux ; il doit toujours former le tiers de la pâte en été et la moitié en hiver.

7° Lorsqu'on associe la farine de blé à celle de seigle, d'orge, etc., il faut toujours employer la première en levain pour donner plus de force au mélange.

8° Plus on pétrira la pâte, plus le pain sera volumineux, et plus il vaudra.

9° La pâte, dans les temps chauds, doit être façonnée au sortir du pétrin ; dans les temps froids, une heure après.

10° Si la farine provient d'un blé de bonne qualité, bien moulu, elle absorbe deux tiers d'eau, et donne un tiers de pain au-dessus de son poids ; ainsi 100 kilos de farine en absorbant 66 d'eau et donnent 133 kilos de pain, ce qui fait un kilo de pain pour un kilo de blé.

11° Le pain composé uniquement de la farine

de froment, est le plus nutritif et le meilleur.

Falsifications du pain. — La première et la plus ordinaire des falsifications qu'on fait subir au pain, consiste à fabriquer cette substance alimentaire d'absolue nécessité avec des farines de mauvaise qualité, et contenant par conséquent moins de gluten que les farines normales. Il suffit donc de rechercher la quantité relative de ce principe.

On prend 100 grammes de pain qu'on divise en petits morceaux; on fait digérer la masse ainsi divisée dans une suffisante quantité de vinaigre ordinaire, on place le tout à une température de 20 à 25 degrés; après dix heures de macération on exprime le tout dans un linge, on filtre, on sature le produit filtré par une solution de sous-carbonate de soude, et le gluten vient surnager; on jette sur un linge, on fait sécher et on pèse.

Falsification des légumineuses. — On fait dessécher le pain à une température de 100 à 120 degrés. Après dessiccation complète, on pulvérise, et l'on opère comme pour les farines.

Falsification par les substances inorganiques. — On falsifie le pain avec l'alun, les sulfates de zinc, de cuivre, les carbonates d'ammoniaque, de soude, de potasse, de magnésie, de chaux, du plâtre, du marbre, etc.; la recherche de ces diverses substances se fait exactement, comme dans les falsifications des farines; aussi y renvoyons-nous pour ce qui concerne le pain. Cependant, pour quelques-uns de ces corps, le mode d'opérer est quelquefois différent; nous allons tâcher de faciliter ces recherches.

Falsification par l'alun. — L'addition de l'alun dans le pain a pour but de le rendre plus blanc, plus léger, tout en lui faisant absorber une plus grande quantité d'eau; les farines inférieures acquièrent plus d'élasticité, et donnent un pain en apparence de meilleure qualité. L'alun ne peut produire d'abord des effets funestes, mais il peut occasionner de graves accidents par son introduction journalière, même à petite dose, dans l'estomac, surtout chez les personnes d'une constitution faible; aussi toute introduction de ce sel dans le pain, à quelque dose que ce soit, doit être sévèrement interdite.

La recherche de l'alun, quand on ne veut pas en déterminer la quantité, est assez facile; on prend 100 grammes de pain qu'on coupe en morceaux; on fait macérer pendant deux ou trois heures dans de l'eau distillée; on exprime à travers un linge et on fait évaporer le liquide à siccité. Le résidu est rédissous et divisé en deux parties; dans l'une on verse une solution de *chlorure de baryum*; il se forme un précipité, insoluble dans un excès d'acide *nitrique*, ce qui indique la présence de l'*acide sulfurique de l'alun*. Dans l'autre on verse de l'ammoniaque qui détermine la formation d'un précipité blanc gélatineux, qui est formé par l'*alumine*.

Falsification par le sulfate de zinc. — On ajoute quelquefois ce sel au pain pour le faire maintenir à l'état frais plus longtemps. C'est, selon nous, une falsification au premier chef; la recherche de ce toxique se fait de la même manière que celle de l'alun, par simple lessivage, ou par la calcination, ou bien encore par l'acide azotique mêlé d'un quinzième de son poids de chlorate de potasse; seulement la liqueur filtrée sera divisée en trois parties : dans l'une on versera du chlorure de baryum pour démontrer la présence de l'acide sulfurique; dans la seconde on versera un peu de solution de potasse qui donnera un précipité blanc d'oxyde de zinc, et dans la troisième, comme complément, une solution de prussiate de potasse et de fer, qui donnera un précipité jaune.

Falsification par le sulfate de cuivre. — La falsification la plus odieuse, la plus dangereuse, commise à ce qu'il paraît depuis un grand nombre d'années, par un grand nombre de boulangers de la Hollande, de la Belgique et du nord de la France, consiste à introduire du sulfate de cuivre dans le pain. Cette question, qui intéresse à un si haut point la santé publique, a été l'objet des recherches de plusieurs chimistes, car chacun a senti combien il est urgent d'étudier avec soin les moyens que la science peut fournir pour en constater l'existence.

La faible quantité de sulfate de cuivre répandue uniformément dans le pain ne pourrait occasionner aucun *inconvénient prochain*, pour une personne valide; mais à la longue les effets toxiques se manifestent sur des constitutions faibles et délicates; enfin, on doit comprendre le danger de l'emploi frauduleux d'un agent aussi vénéneux que le sulfate de cuivre, surtout mis entre les mains d'un garçon boulanger, dont l'inexpérience et la maladresse peuvent occasionner les accidents les plus graves. On ne saurait sévir avec trop de rigueur contre l'introduction dans le pain des plus petites quantités de ce poison.

D'après les renseignements de M. Kuhlmann, plusieurs boulangers mettaient dans l'eau destinée à préparer 200 kilogrammes de pain, un verre à liqueur plein d'une solution contenant 30 grammes de sulfate de cuivre pour un litre d'eau. Or, comme on verse un verre à liqueur, ou 1/33 de litre dans l'eau destinée à la fabrication de 200 kilogrammes de pain, on voit que chaque kilogramme de pain ne contenait qu'une quantité infinitésimale de cuivre.

Cependant, il est utile d'indiquer des moyens simples et faciles de reconnaître cette coupable falsification :

Voici d'abord un moyen d'essai très-simple que chaque consommateur peut mettre en pratique pour déceler la présence du sulfate de cuivre dans le pain, bien avant que ce sel soit en quantité suffisante pour devenir toxique.

Il suffit de verser sur la mie du pain suspect une goutte de solution de cyanure jaune de potassium. Le pain falsifié se colore en quelques instants en rose jaunâtre, lors même que cet aliment ne renferme qu'une partie de sulfate de cuivre sur 9000 de pain blanc, car cette coloration serait difficilement reconnaissable sur du *pain bis*.

Le procédé suivant est applicable à toutes les sortes de pain :

On prend 100 grammes de pain et une certaine quantité d'acide sulfurique pur, étendu de six fois son volume d'eau distillée ; on forme de ce mélange une pâte assez consistante, au milieu de laquelle on place une lame de couteau, aussi bien décapée que possible ; on abandonne le tout pendant huit heures, et si alors on retire cette lame du milieu dans lequel elle a été placée, on la voit recouverte de cuivre.

Nous ne parlerons pas du procédé de M. Kuhlmann qui permet de retrouver une partie de sulfate de cuivre sur 70 000 de pain, ce qui fait bien une partie de cuivre métallique sur près de 300 000 parties de pain. Ce procédé est long, compliqué, et nécessite une certaine habitude des opérations chimiques.

Recherche du cuivre par le phosphore. — Ce procédé est celui que nous préférons et que nous employons ordinairement ; voici comment nous opérons : Après avoir calciné une quantité donnée de pain, on lessive les cendres avec l'eau distillée, et on ajoute au liquide quelques gouttes d'acide nitrique. La solution filtrée est évaporée aux trois quarts ; lorsqu'elle est reposée, on y suspend, par un fil, un morceau de phosphore qui ne tarde pas à se couvrir de cuivre métallique.

On ignore l'origine de l'emploi du sulfate de cuivre dans la boulangerie, mais il paraît que les fraudeurs ont retiré de grands avantages par l'action incompréhensible que ce sel exerce sur le pain, surtout quand on considère les quantités minimes de sulfate employé, qui permet d'utiliser des farines de qualité médiocre et mélangées ; la main-d'œuvre est moindre, la panification est plus complète, la mie et la croûte sont plus belles ; on peut introduire une plus grande quantité d'eau. Que de séductions pour les fraudeurs !!!

Falsification par le carbonate d'ammoniaque. — Ce sel ne peut être d'un grand secours pour les fraudeurs que lorsqu'il est employé à forte dose ; il conserve au pain sa mollesse, empêche la dessiccation, augmente la blancheur, probablement à cause de sa volatilité et de sa décomposition en acide carbonique et en ammoniaque.

En traitant le pain suspect par la potasse caustique, il se dégage de l'ammoniaque.

Falsification par le carbonate de magnésie. — Ce carbonate, à la dose de 1 à 2 gr. par 450 grammes de farine de mauvaise qualité, améliore considérablement cette dernière, mais cette amélioration n'est qu'apparente ; le pain n'est ni bon ni salubre, car le carbonate de magnésie a été converti en *lactate* de cette base, et a formé un sel très-purgatif.

Voici le procédé pour reconnaître cette falsification : on fait macérer dans une suffisante quantité d'eau distillée, 200 grammes de pain convenablement divisé ; au bout de deux ou trois heures, on jette le tout sur une toile, et on passe avec expression. Le liquide est ensuite évaporé à siccité, au bain de sable ; on laisse refroidir, et on traite par une certaine quantité d'alcool à 85 degrés. Ce véhicule dissout le lactate de magnésie qui s'est formé par la conversion du carbonate en lactate, par suite des diverses réactions qui surviennent dans la panification ; la solution alcoolique filtrée est évaporée à siccité, et le résidu est repris par l'eau filtrée et additionné de souscarbonate de potasse ou de soude, qui donne lieu à un précipité blanc de carbonate de magnésie insoluble dans ce réactif.

Telles sont les fraudes et les falsifications que l'on a faites et que l'on fait encore subir à la première et principale nourriture de l'homme, surtout de la classe la plus nombreuse et la plus pauvre, qui souvent n'a pour toute nourriture que le pain et l'eau ; il est donc du devoir de l'administration d'exercer une surveillance rigoureuse sur la boulangerie en général. Selon nous, il n'y a et ne peut y avoir qu'une seule espèce de *bon pain possible*, celui qui est fait avec de bonne farine, provenant de bon froment.   E. Delarue.

Préparation des pâtes. — On se sert de la farine de froment et surtout de celle des froments durs ou demi-durs, pour préparer les pâtes d'Italie ou d'Auvergne, le vermicelle, le macaroni, la semoule, etc., dont l'emploi dans nos cuisines est parfaitement connu.

Amidon. — La fécule que l'on retire des céréales, et principalement du froment, est désignée sous le nom d'*amidon*. L'extraction de cette fécule se fait soit par la malaxation de la pâte de farine, soit par la macération de la farine ou des graines. Le premier procédé consiste à prendre de la pâte que l'on met dans une amidonnière ou moitié de cylindre, dont les parois sont en toile métallique. Un second cylindre cannelé travaille cette pâte à l'aide de nombreux filets d'eau ; l'amidon s'en va avec l'eau et passe à travers la toile métallique, tandis que le gluten reste. Le gluten granulé que nous employons pour nos potages vient de là. — Au moyen d'un peu d'eau sure ou aigre ayant servi pour les préparations précédentes, et au bout d'une semaine de repos dans une pièce chauffée à 25 degrés, l'amidon s'est entièrement déposé au fond du liquide ; on le lave à deux reprises différentes et on le passe au tamis de soie. Le dépôt se compose de deux couches, l'une verdâtre et impure à la partie supérieure ; l'autre pure et blanche à la partie inférieure. On soumet celle-ci à l'égouttage, puis on la met en pains et on la dessèche à l'étuve avec beaucoup de précautions. Les pains se fendillent en se desséchant et se divisent facilement après cela en aiguilles. On peut être assuré que l'amidon en aiguilles du commerce n'a pas été fraudé avec de la fécule de pomme de terre.

Par le procédé de macération, on concasse le froment, on verse dessus une quantité déterminée d'eau ordinaire et d'eau sure, et on laisse fermenter de quinze à trente jours, selon que la température est élevée ou basse. Une fois la fermentation terminée, on lave et l'on dessèche comme précédemment. Avec la macération, on provoque le dégagement d'odeurs fétides et malsaines, on dépense plus de temps, on perd le gluten, mais on tire parti des farines et des grains avariés, ce qui est à considérer.

L'amidon pur ou convenablement desséché est blanc, doux et fait entendre le cri de la soie quand on le presse entre les doigts. On s'en sert pour préparer l'empois qui corrige la mollesse du linge, qui le lustre et qui forme l'apprêt des toiles de lin, de chanvre et de coton. Avec l'amidon, on colle le papier pour l'empêcher de boire l'encre; on fabrique un sirop et un sucre incristallisable connus sous le nom de *glucose*, et employés par les marchands de vin, les brasseurs et les droguistes. L'amidon est utile aux chimistes pour reconnaître la présence de l'iode, et aux confiseurs pour la fabrication des dragées communes; les médecins le font administrer en lavements; les chirurgiens se servent de bandages amidonnés dans les cas de fracture. Enfin, on en tire parti pour la cuisine. Le tapioka, le sagou et le salep sont des amidons, mais ils ne proviennent pas des céréales.

Son de froment. — L'enveloppe du grain ou *son* sert à la nourriture des animaux et de la volaille, à la préparation de breuvages rafraîchissants, à nettoyer et à lustrer les étoffes de soie.

Paille de froment. — La paille de cette céréale entre dans l'alimentation du bétail. On la lui donne quelquefois entière, mais le plus souvent hachée au moyen d'instruments appelés hache-pailles, et parfois en mélange avec des racines. On a imaginé pour les chevaux, les vaches et les moutons toutes sortes de provendes économiques dont la paille de froment fait nécessairement partie. On emploie aussi la paille de froment pour faire litière aux animaux, et les fumiers, dont elle forme ainsi la base, sont très-estimés.

Nous ne devons pas oublier que l'industrie de la chapellerie a su tirer bon parti de la paille de froment. Autrefois, nos bergers et nos pâtres utilisaient presque partout leurs loisirs à fabriquer des chapeaux communs; aujourd'hui, on en fabrique beaucoup moins dans nos campagnes. Grenoble est en réputation pour sa chapellerie de paille à bon marché (de 8 à 18 francs la douzaine de chapeaux). Elle a bien essayé de faire concurrence à la Toscane pour la chapellerie fine, mais le succès n'a pas répondu à ses espérances. Tout le monde reconnaît la supériorité des chapeaux de paille d'Italie sur les nôtres. Il y a une trentaine d'années, on les achetait à des prix fabuleux, depuis 15 francs jusqu'à plusieurs centaines de francs pour les hommes, depuis 100 francs jusqu'à 500 francs pour les femmes; aujourd'hui pour 50 et 150 francs, on en aurait de plus beaux. La paille qui sert à cette industrie provient d'un froment de mars, auquel on ne laisse pas le temps de porter graines. On coupe la paille à peu près verte et on la blanchit au soleil et à la rosée.

La paille de froment entre aussi dans la fabrication des chapeaux de paille de fantaisie.

La balle ou bâle de froment, que l'on sépare du grain par le vannage ou le tararage, et que l'on désigne dans certaines localités sous le nom de *bouffe*, est utilisée dans l'alimentation des vaches, mais en général, on en fait peu de cas. Il nous semble que ce doit être une très-pauvre nourriture. On ferait bien de l'humecter avec de l'eau salée avant de la servir aux bêtes.

Emploi du seigle. — Avec la farine de cette céréale, on prépare un pain commun et des pains de fantaisie qui sont agréables à beaucoup de personnes et conservent bien leur fraîcheur. Le pain de seigle ordinaire forme encore, sur divers points, la base de la nourriture des populations pauvres, mais sa consommation tend chaque jour à diminuer. A mesure que l'agriculture progresse, que le sol arable s'améliore et que le bien-être se développe, le pain de méteil qui est un composé de pâte de seigle et de pâte de froment se substitue au pain de seigle, puis le pain de froment pur remplace ce pain de méteil.

Dans le nord de la France, en Belgique, en Hollande, en Angleterre et en Allemagne, le seigle est très-recherché pour les distilleries. L'eau-de-vie qui provient de la distillation du seigle, est appelée chez nous eau-de-vie de grains. C'est le *genièvre* du département du Nord, de la Belgique et de la Hollande, et le *gin* des Anglais. Le genièvre de Hasselt est très-renommé en Belgique; celui de Schiedam, en Hollande, est encore plus recherché.

Assez fréquemment, on donne du seigle en gerbes aux juments poulinières et du pain de seigle aux chevaux. Dans certaines années, on a essayé de remplacer l'avoine, dont le prix était très-élevé, par de la graine de seigle; mais l'on a remarqué que les animaux soumis à ce régime, manquaient de vigueur.

A l'époque du blocus continental, l'Anglais Hunt qui devint plus tard membre de la chambre des communes, essaya de remplacer le café ou tout au moins de le mélanger avec du seigle grillé. Il obtint un succès rapide et fit une très-grande fortune dans la fabrication de la *graine rôtie*. Au concours régional de Lyon de 1864, une mention honorable a été accordée pour de la *poudre de seigle remplaçant le café*. Vraisemblablement, le jury n'avait jamais entendu parler de la graine rôtie de Hunt. D'ailleurs rien ne justifiait cet encouragement mal placé.

Le seigle vert constitue un excellent fourrage. Sa paille sèche sert à couvrir les habitations du pauvre, à faire des liens pour les gerbes ou pour botteler le fourrage, à empailler les chaises, à fabriquer des paniers pour les abeilles, des paillassons, les nattes, des corbeilles, à lier les plantes à leurs tuteurs, à couvrir certains légumes pour les étioler (les cardons par exemple), à nourrir les animaux et à leur faire litière.

Le seigle ergoté est recherché des pharmaciens.

Emploi de l'orge. — Dans quelques contrées, heureusement fort rares, la farine d'orge sert encore à fabriquer un pain de qualité tout à fait inférieure. De là le vieux dicton : *Grossier comme du pain d'orge*. Cependant l'orge nue ou céleste donne une farine meilleure que celle des autres espèces, et on l'associe parfois à celle du froment pour obtenir un pain très-acceptable.

Le grain d'orge sert à fabriquer d'excellentes bières et fournit une bonne nourriture pour le bétail et la volaille. Les Arabes donnent de l'orge à leurs chevaux ; en France, nous nous en servons principalement pour engraisser les bœufs, les cochons et les oiseau de basse-cour, dont la chair emprunte à ce mode d'alimentation une densité recherchée et une saveur exquise.

L'orge mondé, c'est-à-dire dépouillé mécaniquement de sa pellicule âcre et amère ; l'orge perlé, c'est-à-dire privé de sa pellicule et de ses deux extrémités, servent l'un et l'autre à la préparation de gruaux et de tisanes adoucissantes. Souvent, dans ce dernier cas, on les remplace par de la graine non dépouillée, que l'on fait bouillir et dont on jette la première eau.

On a essayé de faire de la *graine rôtie* aec l'orge nue, comme on en a fait avec le seigle, et dans le but de l'associer au café, en guise de chicorée.

L'orge verte est un bon fourrage. A cet effet, on emploie d'ordinaire l'orge d'hiver ou escourgeon, à cause de sa précocité.

La paille d'orge n'est pas en faveur dans nos campagnes. « Elle est, dit Bosc, plus dure et moins nourrissante que celle des autres céréales. Beaucoup de bestiaux la refusent lorsqu'elle n'est point mélangée avec celle de l'avoine ou avec du foin. Les bœufs et les vaches s'en accommodent généralement mieux que les chevaux et les moutons. Presque partout, c'est à faire de la litière qu'elle est employée, quoiqu'elle soit inférieure aux autres, sous ce rapport même, à raison de sa rigidité, de sa dureté. » On pourrait ajouter que les longues barbes de l'orge ne sont pas étrangères à la mauvaise qualité de la paille, considérée comme fourrage.

La balle d'orge est estimée de certains jardiniers pour protéger les plantes du potager contre les rigueurs de l'hiver. Elle retient moins l'eau que la balle de froment.

Emploi de l'avoine. — Les graines de l'avoine sont employées, en divers pays, pour l'alimentation des hommes, et au commencement de ce siècle, on en consommait encore beaucoup dans la Bretagne sous forme de galettes. L'avoine de Tréguier était alors en réputation pour cet usage. Dans le nord de l'Europe, on prépare, chez les pauvres gens, un pain d'avoine, noir et amer ; d'autres fois, on associe la farine d'avoine à celle du seigle et de l'orge, afin de préparer un biscuit de très-longue garde.

Le gruau d'avoine sert à faire des bouillies et des potages que l'on conseille aux convalescents.

La soupe à l'avoine des Ardennais, autrefois très-vantée, aujourd'hui en très-médiocre estime, n'est autre chose qu'une bouillie préparée avec de la farine d'avoine parfaitement blutée, puis desséchée au four. On fait cette soupe ou bouillie avec de l'eau et du lait et l'on y ajoute des croûtes de pain rôties dans le beurre. Cette préparation de couleur grise et de nature poisseuse, comme la colle de pâte, ne nous paraît pas mériter son ancienne réputation.

En Angleterre et en Allemagne, on fabrique avec l'avoine une bière légère, fine et délicate.

Le principal emploi de cette céréale consiste dans l'alimentation du bétail, dans celle des chevaux surtout. Elle augmente le lait des vaches ; elle donne aux cochons un lard ferme et de bonne qualité. — « Les moutons qu'on engraisse, les brebis qui allaitent, les agneaux, dit Tessier, se nourrissent avec avantage du grain d'avoine. Elle accélère la ponte des oiseaux domestiques et les engraisse rapidement ; aussi leur en donne-t-on au premier printemps lorsqu'on veut avoir des œufs de bonne heure. » Les éleveurs de lapins font grand cas de l'avoine, mais ils ne la donnent à leurs élèves qu'en petite quantité, afin d'éviter la constipation, et surtout dans les temps humides.

L'avoine verte est un bon fourrage pour les chevaux et les vaches laitières ; la paille d'avoine est également mangée par les vaches et les chevaux, mais surtout par les vaches ; la balle de cette céréale entre aussi dans la consommation des espèces bovine et ovine. Elle est recherchée en outre pour remplir les paillasses destinées à des lits d'enfants.

Emploi du maïs. — Quand le maïs a été suffisamment desséché au four, on l'égrène soit à coups de fléau, soit en frottant les épis contre le taillant d'un fer de bêche que l'on place horizontalement sur une chaise sur laquelle on s'assied, soit en imprimant le frottement avec la râfle, que nous nommons en Bourgogne *chaton*, soit au moyen de l'égrenoir mécanique, ce qui vaut beaucoup mieux. Le grain tombe sur un grand drap que nous appelons *fleuret* et que nous relevons par les quatre bouts, une fois l'opération finie. Nous vannons ce grain pour le débarrasser des nombreuses pellicules détachées de la râfle, et aussitôt nettoyé, nous le mettons en sacs ou dans un coffre, ou bien encore dans quelques futailles défoncées par un bout. A mesure des besoins, nous envoyons notre graine de maïs au moulin, et le plus ordinairement pour étrenner les meules qui viennent d'être relevées ou *repiquées*.

La farine de maïs nous sert à faire une bouillie avec de l'eau et du lait, et plus rarement avec de l'eau et du beurre. C'est cette bouillie que l'on nomme en France *gaudes* et *milliasse*, et en Italie *polenta*. On en consomme beaucoup en Bourgogne, dans la Bresse et dans le Midi. A Paris, on la recommande pour les convalescents. Dans les temps de cherté, on associe la farine de maïs à celle du froment pour fabriquer le pain ; souvent aussi, on prépare avec la farine de maïs des galettes pâteuses, peu recherchées au sortir du four et moins encore lorsqu'elles sont refroidies. En y ajoutant des raisins secs ou mieux encore des grains de raisins frais, on leur communique un peu de qualité.

La farine de maïs, mise en pâtée avec du lait écrémé ou de l'eau chaude, et même le grain de maïs tel quel, forment une nourriture excellente pour les porcs et la volaille à l'engraissement. — « Tous nos animaux domestiques, dit Bosc, quadrupèdes ou bipèdes, aiment le maïs en grain avec passion. Ils préfèrent généralement le jaune au blanc. Il engraisse très-promptement les bœufs, les cochons, les dindes, les oies, les poules, etc. En Amérique, il remplace l'avoine pour la nourriture des chevaux. On commence à en faire aussi usage, sous ce rapport, dans les parties méridionales de l'Europe. Lorsqu'on veut lui faire produire de plus rapides effets relativement à l'engrais des bestiaux, et encore plus des volailles, il faut le leur donner en farine délayée dans l'eau chaude. On reconnaît non-seulement au goût, mais même à la vue, le lard des cochons, la graisse des volailles engraissés avec du maïs. C'est au maïs qu'est due la réputation si méritée des poulardes de Bresse. Il n'y a pas jusqu'aux carpes dont on améliore la chair avec du maïs lorsqu'on les en nourrit dans les réservoirs. »

Les râfles du maïs sont employées comme combustible de peu de valeur. On a proposé de les broyer et de les faire manger aux animaux domestiques. Nous ne savons au juste ce que vaut cette proposition, mais nous pensons qu'il convient de s'y arrêter.

Les feuilles de l'épi ou spathes conviennent pour la nourriture des vaches, surtout lorsqu'elles ne sont pas trop sèches. Celles qui touchent aux grains, les plus minces et les plus souples, servent à remplir des paillasses et sont fort recherchées pour cela. Leur durée est très-longue ; mais à côté de cet avantage, nous signalerons un inconvénient : les spathes du maïs rendent les paillasses très-criardes.

Les tiges de maïs, dépouillées de leurs épis, sont découpées par petits morceaux et données aux vaches qui, en général, les affectionnent. On en fait des meulons de conserve pour l'hiver. — Dans l'ouest, nous les avons vu employer comme engrais pour la vigne.

Il devient presque inutile de répéter que les rejets du maïs, que les sommités retranchées au moment de l'*écimage* ou pincement, que le maïs semé dru et cultivé pour fourrage vert, fournissent une nourriture d'étable fort estimée, et avec raison.

Emploi du sarrasin. — Le nom de *blé noir*, que l'on donne au sarrasin dans les pays pauvres,

prouve qu'on l'y emploie fréquemment pour remplacer le pain de froment ou de seigle. Et, en effet, la galette de sarrasin a longtemps formé la base de la nourriture des populations sur certains points de la Bretagne, dans le Nivernais et ailleurs encore. Cette galette, quoique peu appétissante, n'est pas sans mérite. Les *crêpes* préparées avec de la farine de sarrasin et du beurre jouissent d'une certaine réputation ; on tire aussi parti de la farine de sarrasin sous forme de bouillie.

Les graines de cette plante conviennent beaucoup à la volaille et favorisent la ponte des poules. — M. de Dombasle les recommande pour les chevaux ; les cochons se trouvent très-bien de cette nourriture.

Les fleurs du sarrasin font les délices des abeilles, mais le miel qu'elles en retirent n'a ni la couleur ni la délicatesse désirables.

Le sarrasin en vert constitue un fourrage très-médiocre ; la paille de sarrasin n'est pas même recherchée pour litière. Cependant, faute de mieux, on l'emploie de temps en temps et comme litière et comme fourrage.

Emploi du riz. — La graine de riz est une excellente nourriture ; sa décoction est un remède populaire. On mange cette céréale en potage, en gâteaux et sous diverses autres formes. On a eu le tort de vouloir l'introduire dans la fabrication du pain, car elle n'est pas panifiable.

Dans l'Inde, on fait de la bière avec le riz, et par la distillation on en retire une eau-de-vie appelée *arrach*. La fécule de riz donne un bon parement aux tisserands ; la paille de cette céréale sert à faire du papier et des chapeaux ; les balles enfin sont mangées par les chevaux.

Emploi du millet. — La graine de certaines espèces sert à la nourriture de l'homme et des oiseaux. Il y a une trentaine d'années, le millet cuit avec du lait constituait chaque jour l'un des repas de nos moissonneurs, en Bourgogne, et nous en avons gardé bon souvenir. Aujourd'hui, les travailleurs dédaignent cette graine, même dans le Midi, où sa culture est assez étendue.

Le millet vert est un fourrage comparable au maïs, pour la qualité ; sa paille sert à fabriquer des balais.

CHAPITRE XVIII

DES LÉGUMINEUSES FARINEUSES

POIS (PISUM)

Classification. — L'origine du pois nous est inconnue. Cette plante appartient à la famille des légumineuses ou papilionacées, ainsi que toutes celles renfermées dans ce chapitre. Il existe un

grand nombre de variétés de pois, et un bien plus grand nombre de sous-variétés, dont nous aurons à nous occuper en traitant de la culture potagère. En ce moment, nous nous bornons à dire que ces variétés et sous-variétés se partagent en pois nains et en pois grimpants. Dans la grande culture, nous

nous attachons nécessairement aux races naines, en vue de récolter leurs graines vertes ou sèches,

, Fig. 234.   Pois gris.   Fig. 235.

selon les débouchés qui nous sont ouverts. Quant aux pois fourragers proprement dits, tels que le pois gris ou de brebis, et le pois de Lorraine, nous les renvoyons au chapitre des fourrages artificiels.

Ainsi, établissons bien notre distinction entre les *pois des champs* et les *pois de champ*. Les premiers sont pour les bêtes; les autres, pour les hommes.

Fig. 236. — Pois cultivé.

Nos pois de champ ne sont, au bout du compte, que nos pois de jardin, choisis parmi les plus robustes, les plus productifs et les moins élevés. Ce sont : 1° le *pois de Bishop à longue cosse* : jaune blond, bon et rustique ; 2° le *nain vert gros* : arrondi, verdâtre, de bonne qualité aussi, mais un peu moins hâtif que le précédent ; 3° le *pois nain de Lévêque* : hâtif ; 4° le *pois nain gros sucré* : jaune très-blond, craignant un peu la sécheresse, et plus tardif que les précédents.

Climat. — Les pois ne se montrent pas difficiles quant au climat. Toutes les parties de la France leur conviennent, plus ou moins ; cependant, les sécheresses et les pluies prolongées les font souffrir ; dans le premier cas, ils jaunissent vite et ne donnent qu'un faible produit ; dans le second, ils sont exposés à pourrir. Ils supportent assez bien un froid sec qui ne dépasse pas — 3° ; mais un dégel rapide leur devient funeste.

Terres propres à la culture des pois. — Les terres légères, ou mieux de consistance moyenne, sont celles qui conviennent le mieux aux pois. Dans les sols argileux ou trop frais, ils donnent beaucoup de fanes et peu de gousses. Les parties les plus maigres d'une exploitation

sont toujours celles qu'il faut leur destiner. Il va sans dire que nous n'entendons parler ici que des pois de la grande culture, réservés pour notre consommation et que nous renvoyons aux fourrages pour ce qui concerne les pois gris. Les emblaves de pois n'ont d'importance qu'aux environs des villes très-populeuses, dans la banlieue de Paris notamment, et dans le département du Nord, du côté de Dunkerque. Dans la banlieue de Paris, on accorde une large place aux pois sur les terrains sablonneux que l'on engraisse convenablement avec des boues de ville.

Place des pois dans les assolements. — Les pois succèdent indifféremment à toutes sortes de récoltes, mais il faut bien se garder de les ramener trop vite à la même place, car les gousses ne tarderaient pas à dégénérer, et les graines, assure-t-on, deviendraient amères ou tout au moins de qualité inférieure. Il est donc d'usage de ne les ramener au même endroit que tous les sept ans et quelquefois tous les dix ans seulement.

Engrais qui conviennent aux pois. — Les fumures copieuses poussent au développement des fanes et amoindrissent le produit en graines. Nous avons donc intérêt à fumer modérément. Les fumiers pailleux ou longs ont l'inconvénient de soulever la terre, d'augmenter sa porosité et d'exposer les racines de la plante aux fâcheux effets d'une chaleur solaire intense, surtout dans les climats secs et dans les terres légères. Nous devons donc les laisser de côté ou ne les employer qu'en couverture. Les composts très-vieux, les boues de Paris qui ont longtemps fermenté en plein air, les raclures de fumier de ferme un peu usées, sont donc préférables aux engrais longs ; mais les bonnes terres rapportées, la bonne marne calcaire valent mieux encore que tout cela.

Labours préparatoires. — Aux environs de Paris, on ne laboure qu'à la sortie de l'hiver, au moment de semer ; mais dans le nord de la France, on prépare la terre par trois labourages. Le premier, ou déchaumage, se fait à l'automne, et à la profondeur de 10 centimètres environ ; le second a lieu dans le courant de novembre, et à 18 centimètres, et le troisième en mars ou avril, la veille ou le jour où la graine doit être répandue. Cette dernière façon ne doit pas aller au delà de 12 centimètres.

Choix et préparation des semences. — Dans la grande culture, aussi bien que dans la culture potagère, on a souvent la fâcheuse habitude de réserver pour graines les gousses qui ont mûri en dernier lieu. Elles ne valent point les premières, et contribuent à rendre tardives des variétés hâtives. D'ailleurs, les dernières graines ne sont jamais aussi bien constituées que les autres ; c'est là une de ces vérités banales qu'il ne faut pas oublier. Conservons donc pour la semence non-seulement les gousses qui arrivent de bonne heure à maturité, mais toujours les plus belles, et ne les ouvrons pas, car les facultés germinatives du grain se maintiennent mieux dans l'enveloppe que dans le grain écossé; quelque soin que nous prenions, il arrive fréquemment, avec les variétés précoces, que les graines de pois sont perforées par un insecte connu sous le nom de *bruche*. Elles ne sont pas à rejeter pour cela, car tous les germes ne sont pas attaqués; seulement il est prudent de semer plus dru qu'avec des graines intactes. L'*Agriculture du Nord* nous apprend que, dans l'arrondissement de Dunkerque, il est d'usage de tirer la semence des sols sablonneux de l'intérieur, semence qui résiste à la cuisson, et de s'en servir dans les terrains salés du littoral où elle donne des produits qui cuisent très-bien.

Les pois conservés en gousses dans une pièce convenablement aérée, gardent leurs facultés germinatives pendant trois ans. Les pois écossés se maintiennent très-bien durant deux années et deviennent plus productifs à cet âge que les pois de la récolte précédente. Il suffit de les humecter avec de l'eau ordinaire, ou mieux avec de l'eau de fumier très-affaiblie, quelques heures avant la plantation, afin d'éveiller le germe engourdi et de hâter la levée. Pour notre compte, nous mettons les pois de l'année dans les maigres terrains où il n'est pas à craindre que les tiges prennent trop de vigueur, et nous accordons la préférence aux pois de deux ans dans les terrains de bonne qualité.

Les souris et les campagnols sont très-friands de la semence de pois. On a donc, à cause de cela, conseillé aux cultivateurs de la soumettre à quelque préparation vénéneuse, avant de l'employer. Ainsi l'on a proposé l'arsenic du commerce (acide arsénieux), la strychnine ou la noix vomique, etc., etc. Nous n'aimons pas que les poisons interviennent directement dans nos cultures, car il est certain que les plantes en absorbent bon gré mal gré. Quand nous aurons à traiter de la culture des pois au potager, nous pourrons avoir recours aux substances vénéneuses, mais nous les emploierons de telle façon que les plantes n'auront point à en souffrir.

Semailles des pois. — On sème les pois avant l'hiver ou à la sortie de cette saison. Les semis d'automne sont rares toutefois et n'offrent de chances de succès que dans nos contrées méridionales. Néanmoins, on voit de temps en temps, même sous le climat de la Belgique, des planches de pois semées à tout risque et traversant parfois l'hiver heureusement. Le plus ordinairement, dans la grande culture des environs de Paris, on les sème en février, et dans le nord de la France, en mars et avril. Le semis se fait ou en lignes ou par touffes isolées, soit à la houe, soit avec la charrue. Les touffes jettent une ombre assez étendue, maintenant plus ou moins de fraîcheur dans le sol et conviennent par conséquent aux climats chauds et aux terrains secs; la culture en lignes suffisamment écartées est préférable sous les climats pluvieux et dans les terrains frais. Sur quelques points de la Belgique, nous avons vu associer les pois aux pommes de terre et les cultiver en même temps. Dans la province de Liége, on en forme au milieu des champs des lignes très-bien palissées, et entre ces lignes on cultive des plantes qui ne prennent guère de développement en hauteur, telles que pommes de terre, carottes, choux, betteraves, et même des fèves. Là où les brise-vent sont utiles, on peut en former de fort jolis avec les pois. Il est superflu d'ajouter que les pois ainsi cultivés appartiennent aux variétés à rames, tandis que l'on ne cultive aux environs de Paris et dans le nord de la France que des variétés naines ou ne se développant guère.

Du côté de Dunkerque, on sème de 100 à 120 litres de pois par mesure de 44 ares, toujours en lignes espacées de 32 centimètres environ; des femmes suivent la charrue et laissent tomber les graines dans le sillon à 5 centimètres de distance l'une de l'autre. Quelquefois aussi, on sème à la volée, on recouvre avec la herse et l'on roule ensuite.

Soins à donner aux pois pendant leur végétation. — Ces soins consistent tout simplement en sarclages et en binages, lorsque le semis a été fait à la volée. Pour ce qui regarde les semis en touffes et en lignes, il y a toujours de l'avantage à butter les pois, dès qu'ils ont de 20 à 25 centimètres de développement. Cette butte les protège contre la sécheresse. Les pois destinés à être vendus en vert doivent être pincés au-dessus de la deuxième ou de la troisième fleur.

Maladies des pois. — Dans les années humides, et à la suite de brusques variations de température, des taches de *rouille* se forment sur les feuilles des pois; dans les années de grande sécheresse, nous avons eu beaucoup à nous plaindre d'un autre cryptogame qui recouvre entièrement les feuilles, les tiges et les cosses de pois. Il est de couleur blanchâtre et répand une odeur désagréable de champignon.

Récolte. — On moissonne les pois ou bien on les arrache le matin avant que la rosée ait tout à fait disparu, et lorsque la moitié des cosses sont bien mûres. C'est ce qui arrive le plus ordinairement en juillet; cependant, dans notre département du Nord, la récolte a rarement lieu avant la mi-août. On dispose les pois en forme de javelles ou brassées qu'on laisse au moins une semaine sur le sol. On les met ensuite en bottes et on les transporte à la ferme. On estime le rapport moyen à une vingtaine d'hectolitres par hectare; mais ce chiffre nous paraît un peu élevé. — On se sert du fléau pour battre les pois et du van pour les nettoyer.

Emploi des produits. — Les pois sont très-recherchés à l'état vert, et il s'en consomme des quantités prodigieuses. A l'état sec, ils sont également recherchés et servent surtout à la préparation de nos purées. Les cosses vertes sont mangées avec avidité par les vaches et les moutons; cependant il est bon de s'en défier, car on leur reproche de tarir le lait. Les fanes constituent un fourrage agréable aux animaux.

Notre ami et collaborateur M. Delarue nous écrivait dernièrement : — « Parmi les denrées alimentaires qui contiennent le plus de substance nutritive, les pois secs tiennent un rang distingué. L'analyse démontre, à cet égard, leur supériorité même sur les céréales; malheureusement les pois secs forment un mets d'une saveur peu attrayante, ce qui en rend l'usage assez limité. Voici un des moyens qui peuvent contribuer à améliorer cet aliment et à le faire entrer pour une plus forte part dans la consommation des classes peu aisées, auxquelles il offrirait une ressource économique importante. Tout le monde sait que les semences riches en fécule subissent, au moment de la germination, une réaction intérieure qui convertit leur fécule en sucre et modifie leur saveur ; que les graines de céréales deviennent propres à la fabrication de la bière et de l'alcool en passant à l'état de malt. Or, les pois secs peuvent également devenir sucrés par l'opération du maltage. Il suffit de les faire tremper dans l'eau tiède pendant douze à dix-huit heures; au bout de ce temps, on laisse égoutter l'eau ; les pois sont mis en tas et abandonnés à eux-mêmes pendant vingt-quatre heures. Alors les germes commencent à se produire ; la radicule perce l'enveloppe du pois et se fait jour au dehors. C'est le moment où la matière sucrée est arrivée à son maximum de développement. Les pois cuits à cet instant de leur germination ont presque la saveur des pois verts; ils sont à la fois plus agréables au goût et plus nourrissants que les pois qui n'ont pas subi cette préparation. »   P. J.

HARICOT (PHASEOLUS).

Classification. — Il en est des haricots comme des pois ; leur culture en plein champ est très-limitée. Tantôt on fait cette culture en vue d'une récolte de grains secs ; tantôt, et notamment à proximité des grands centres de population, on cultive les haricots pour livrer à la consommation leurs gousses tendres et vertes ou leurs grains verts, nouvellement écossés. Les variétés préférées dans tous les cas sont celles qui ne grimpent pas et que nous qualifions de variétés naines. Ce sont le plus ordinairement :

1° Le *haricot de Soissons nain* ou *gros pied*, dont la description a été faite en ces termes par M. Vilmorin : — Tige de 0ᵐ,50 à 0ᵐ,70 ; feuille large, fleur blanche ; cosse très-droite, devenant jaune à la maturité, légèrement marquée par la saillie des grains, longue de 0ᵐ,13 à 0ᵐ,14, large de 0ᵐ,015 à 0ᵐ,016, épaisse de 0ᵐ,010 à 0ᵐ,011, au nombre de dix-huit à vingt-trois par pied, contenant cinq et six grains ; grain blanc, marqué d'une tache jaunâtre sur l'un des côtés du grain contigu à l'ombilic, réniforme, légèrement contourné et irrégulier, long de 0ᵐ,016, large de 0ᵐ,010, épais de 0ᵐ,007, au nombre de 1 430 par litre, variété excellente à manger en grain sec et très-productive ;

2° Le *haricot à l'aigle* ou *haricot du Saint-Esprit*, ou *haricot à la religieuse*, caractérisé par une panachure qui représente parfois tant bien que mal un aigle ou une colombe ; variété un peu moins élevée que la précédente, à cosse droite, verte ou jaunâtre, panachée de violet, à peu près de la longueur et de la largeur de celle du soissons nain, au nombre de dix-huit à vingt et un par pied, à raison de quatre et cinq grains par cosse, grains réniformes, réguliers, d'un blanc terne et d'un volume moindre que ceux du précédent ; variété de seconde saison, assez bonne en sec ;

3° Le *haricot rond blanc commun* ; variété robuste, féconde, de qualité médiocre, restée naine, tandis que celle du commerce a été altérée et est devenue grimpante, comme on le voit par le *coco blanc de Celles-sur-Cher*, qui a des airs de très-proche parenté avec le *haricot rond commun* de l'Ariége ;

4° Le *haricot blanc* des vignes de la Bourgogne, plus petit que le précédent, d'un blanc moins clair, peu recherché parce qu'il est peu connu, mais de l'avis des connaisseurs, bien supérieur en sec aux soissons ;

5° Le *haricot sabre nain*, sans parchemin, à cosse longue, large, arquée sensiblement, contournée parfois ; à grains blancs, réniformes, irréguliers, contournés, à peu près du volume des soissons ; sujet à se tacher dans les temps pluvieux ; passable en vert, très-bon en sec ;

6° Le *haricot suisse blanc*, que nous croyons être le *lingot* de la Picardie ; variété à cosse droite et verte, à grains droits, blancs et parfois carrés à l'un des bouts ;

7° Le *haricot suisse rouge*, à fleurs d'un lilas pâle, à grains de la forme du précédent, mais d'un rouge terne marbré de brun ; variété robuste, féconde, un peu trop sujette à s'emporter, bonne en grains verts ou secs ;

8° Le *haricot de Chartres* ou *rouge d'Orléans*, à tige assez élevée, bien que classé parmi les nains, à fleurs blanches, à grains d'un rouge brun, carré aux extrémités ; très-cultivé dans le centre de la France, hâtif et excellent en sec.

9° Le *haricot gris de Bagnolet* ou *suisse gris*, à fleur lilas foncé, à cosse longue, verte et marquée de violet ; à grains d'un brun violacé marqué de fauve ; très-productif et très-recherché à Paris pour la consommation en vert ;

10° Le *haricot plein de la flèche*, variété de haricot suisse, à fleurs lilas pâle, cultivée dans le Maine, plus petit que le précédent, mais d'un grand produit qui se prolonge longtemps ; excellent en cosses vertes ;

11° Le *haricot suisse ventre de biche* ; variété très-naine, à fleurs lilas, à grains saillants sous la cosse, hâtive, et recherchée pour ses grains secs, couleur ventre de biche ;

12° Le *haricot jaune du Canada*, à fleurs lilas, à grains arrondis d'un jaune verdâtre ; hâtif, productif et bon en grains frais et en sec ;

13° Le *haricot flageolet* ou *de Laon* ; variété bien naine, très-hâtive et bonne à toutes fins, en cosses, en grains frais et en grains secs.

Climat. — Par cela même que le haricot est originaire des Indes orientales, il est évident que les climats chauds et tempérés doivent lui être agréables. C'est en effet ce que nous constatons. Il craint le froid, les brusques variations de température et les pluies prolongées.

Terres propres à la culture du haricot.
— En ce qui regarde l'est, le centre, l'ouest et le nord de la France, les terres légères, quelle que soit d'ailleurs leur nature, sont celles qui conviennent le mieux à cette légumineuse. En temps pluvieux, les argiles lui seraient funestes. Les cultivateurs de la Flandre française, ceux de Warhem, par exemple, vous diront : Il faut que les racines des haricots se chauffent toujours au soleil. Ceux du Midi vous diront, au contraire : Il faut que les haricots aient toujours le pied frais. C'est pour cela que les argiles calcaires et les argiles sablonneuses y sont préférées. En résumé donc, sous des climats chauds, il convient de rechercher la terre fraîche, tandis que sous des climats plus ou moins frais, il convient de rechercher la terre poreuse ou légère. Aux environs de Paris, les sols sablonneux sont ordinairement avantageux à la culture des haricots ; et, en Bourgogne, nos vignobles calcaires, exposés en coteaux, leur conviennent également. Toutefois, il y a lieu de supposer que l'ombrage des ceps remplit un rôle de modérateur, et que sans cet ombrage les haricots ne seraient pas au mieux dans les années de sécheresse soutenue. Les sols très-légers sablonneux ou calcaires, donnent la qualité ; les argiles l'altèrent.

Place du haricot dans les assolements.
— Bosc conseillait d'introduire cette légumineuse dans l'assolement des terres légères et de la placer immédiatement avant le froment, attendu que la culture du haricot demande un engrais copieux et plusieurs sarclages et binages. Le froment serait assuré ainsi d'un terrain bien préparé. Dans le nord de la France, on a remarqué que le haricot réussissait bien après l'avoine et qu'il ne fallait le ramener à la même place que tous les huit ou dix ans. Là, par conséquent, il ne faut pas songer à l'introduire dans un assolement régulier. Quelques cultivateurs sèment le trèfle dans les haricots, après leur avoir donné les façons essentielles. Ce peut être une bonne pratique dans le Nord, mais dans le Midi, elle ne saurait être admise.

Les cultivateurs de la Haute-Garonne tiennent le haricot pour une plante épuisante ; ceux de la Bourgogne, de la Flandre et d'ailleurs encore sont d'un avis contraire. Cette dissidence prouve tout simplement que la composition des terrains varie souvent avec les localités, que dans les uns, il y a en abondance ce qui est nécessaire à la vie complète de cette légumineuse, que dans les autres, certains éléments nutritifs ne s'y trouvent pas en quantité considérable.

Engrais qui conviennent au haricot. —
Il y a deux choses à considérer dans un engrais : l'effet physiologique et l'effet mécanique. Si nous n'avions à nous occuper que de l'effet physiologique, nous dirions que les engrais qui contiennent beaucoup de potasse doivent être préférés, puisque les fanes de la plante en consomment une quantité importante ; mais cette manière de raisonner pourrait nous conduire à conseiller l'emploi des cendres de bois aussi bien dans les sables que dans les terrains d'une certaine consistance, et les résultats nous donneraient souvent tort. A Dijon, les jardiniers font grand cas de ces cendres de bois et s'en trouvent bien ; ici, aux portes de Paris, dans la plaine qui s'étend des fortifications aux coteaux d'Argenteuil, le fumier de vache est, à notre avis, l'engrais par excellence, attendu qu'il est très-aqueux et que nous avons besoin de fraîcheur dans le sable.

Dans le département du Nord, où les fumiers chauds ne sont pas à craindre, à cause du climat, on se sert de courte-graisse, de tourteaux et de fumier de ferme. Ainsi, du côté de Bailleul et de Merville, dans l'arrondissement d'Hazebrouck, on répand environ 600 kilos de tourteaux par hectare ou 120 hectolitres de courte-graisse ; du côté de Warhem, on se contente de 6 000 ou 7 000 kilos de fumier de ferme. Si l'on augmentait la dose, les haricots produiraient trop de fanes et pas assez de gousses.

Labours préparatoires. — D'après l'*Agriculture française*, et en ce qui regarde la Flandre, les cultivateurs de Bailleul, Nieppe, Merville et Armentières, piochent deux ou trois fois le sol, à la houe, mais superficiellement, afin d'avoir une terre très-meuble à la surface et ferme dans le fond. Ceux de Warhem déchaument avant l'hiver, labourent à 8 centimètres en mai, et donnent un second labour huit jours après, à la même profondeur. A Picquencourt, dans l'arrondissement de Douai, on déchaume à l'automne et l'on enfouit le fumier avant l'hiver par un labour de 16 à 20 centimètres. Au mois d'avril suivant, on laboure à 8 centimètres ; en mai, on laboure de nouveau, et toujours à 8 centimètres, puis on herse et l'on roule. En somme, il est à supposer que les labourages fréquents et superficiels s'appliquent à des terres argileuses assez consistantes, tandis que les labourages profonds, suivis de façons superficielles et d'un coup de rouleau, s'appliquent à des terres légères.

Choix et préparation des semences. —
Le plus ordinairement, on prend la graine de semence dans le tas commun et sans y regarder. Selon nous, le cultivateur devrait, pendant le cours de la végétation, marquer les pieds bien chargés de gousses, les laisser mûrir complétement en place, les arracher par un temps sec, les suspendre par bottes dans un lieu sec et bien aéré, sous un hangar, par exemple, ou dans une grange, et ne les battre qu'au moment de la plantation. La semence, tirée de pieds très-productifs, produit nécessairement beaucoup ; la semence gardée en cosse jusqu'au moment de la plantation, conserve plus de vigueur, lève mieux, et est par conséquent moins sujette à la pourriture que la semence écossée et gardée en sacs. Dans le cas, cependant, où l'on n'en aurait pas d'autre que celle-ci à sa disposition, il ne faudrait point la dédaigner.

Lorsque le temps est au beau fixe et que la

terre est fort sèche, il nous arrive, dans la petite culture, de mettre nos graines de haricots dans l'eau pendant une demi-heure, afin d'éveiller leurs facultés germinatives ; mais en grande culture, on se dispense de toute préparation, et peut-être n'a-t-on pas tort. Si, malgré les indications barométriques, des pluies inattendues survenaient après la plantation des haricots, les graines humides seraient plus exposées à la pourriture que les graines sèches.

La semence de deux ans, même dépouillée de la cosse, est bonne encore pour la plantation, pourvu qu'elle n'ait pas été conservée en lieu trop chaud ou trop humide. Celle qui n'a pas été écossée ne laisse aucun doute sur sa faculté de germer au bout de deux ans. Souvent, on la préfère à la graine nouvelle, parce qu'elle est très-productive ; mais n'oubliez pas que les plantes de semence vieille sont moins robustes que les plantes de semence nouvelle.

Les chercheurs de variétés doivent toujours se servir de graine vieille ou affaiblie.

Semailles du haricot. — On ne sème ou plutôt on ne plante les haricots que lorsque les gelées du printemps ne sont plus à craindre, c'est-à-dire à partir de la fin d'avril jusqu'au 20 mai, aussi bien dans le midi que dans le nord de la France. La plantation se fait par lignes, grain à grain, ou par touffes. Sous les climats humides ou dans les terrains frais, la méthode d'ensemencement en lignes doit être adoptée, parce qu'elle favorise la circulation de l'air et par conséquent l'évaporation de l'eau en excès. Sous les climats chauds et dans les terrains secs, les touffes valent mieux que les lignes, parce qu'elles jettent plus d'ombre sur le sol et conservent mieux l'humidité.

Les haricots sont très-sujets à la pourriture. Quand des pluies continuelles, accompagnées d'un refroidissement de l'atmosphère, surviennent après la plantation ; ou bien quand la graine est trop enterrée en sol frais ; ou bien encore, quand l'âge de la semence apporte du retard à la germination, la pourriture est à craindre. Les cultivateurs bourguignons n'ont donc pas tort de dire, dans les argiles surtout, que les haricots en terre doivent voir le dos de celui qui les a plantés ; les cultivateurs de la Flandre n'ont pas tort non plus d'avancer que les racines du haricot doivent se chauffer au soleil. Il est clair, d'après cela, que la graine de cette légumineuse ne demande qu'une mince couverture, au moins dans les terrains frais et sous les climats humides. Dans le Midi, il convient nécessairement de l'enterrer plus que dans le Nord, afin de maintenir autour d'elle la fraîcheur indispensable à la germination.

Les cultivateurs de la Flandre font la plantation en lignes ou par très-petites touffes. Ils tracent, à cet effet, au rayonneur ou à la charrue, des rigoles de 3 à 5 centimètres de profondeur, à 30 ou 40 centimètres de distance l'une de l'autre. Tantôt les graines sont déposées une à une dans les lignes ; tantôt on en jette trois ou quatre à 32 centimètres de distance environ et l'on re-

couvre. Il faut, à ce compte, un peu plus de 2 hectolitres de semence par hectare. Dans l'Isère, on plante soit par touffes de quatre à cinq graines, soit en lignes, ou bien encore on sème à la volée. Dans la Côte-d'Or, nous plantons aussi par touffes, et quelquefois, mais rarement, on sème à la volée dans les champs de maïs. Aux environs de Paris, la plantation a lieu indistinctement par lignes ou par touffes.

Soins à donner au haricot pendant sa végétation. — Il convient de sarcler les haricots dès qu'ils ont de 5 à 8 centimètres. On les bine une quinzaine de jours après, et souvent même on les bine deux fois pendant le cours de la végétation. En temps de sécheresse prolongée et dans les sols légers, un léger buttage est souvent utile, parce qu'il entretient et prolonge la production. Il n'est pas rare de voir la fleur se détacher sous l'intensité de la chaleur.

Maladies du haricot. — Nous ne redoutons pour cette plante que la pourriture et les taches brunes sur les gousses. Les causes en sont connues : nous en accusons l'humidité permanente et les brusques variations de température. Les variétés naines, dont les gousses touchent au sol, sont plus exposées à ces affections que les variétés grimpantes.

Récolte. — Dans le Nord, nous arrachons les haricots de champs dans la seconde quinzaine d'août et en septembre. Nous les mettons par petites bottes que nous rentrons de suite ou que nous laissons quelques jours sur le sol, lorsque la maturité n'est pas complète. Dans les vignes de la Bourgogne, on les place les racines en l'air au-dessus des échalas ; sur certains points de la Flandre, on range les bottes en petites meules, autour d'un pieu, et les gousses en dehors, et on les laisse aux champs pendant quelques semaines. Quand le temps menace, on rentre les haricots à la ferme et on les conserve dans les lieux les plus aérés. Sans cette précaution, les graines plus ou moins sèches pourraient se tacher, et la récolte serait compromise. Un rendement de 30 à 35 hectolitres par hectare est considéré comme très-satisfaisant ; souvent on se contente à moins. Permettez-nous de laisser un moment la plume à notre collaborateur M. Pons-Tande, qui va nous entretenir de la culture des haricots dans le Midi.

P. JOIGNEAUX.

Culture des haricots dans le Midi. — La culture champêtre des haricots dans le Midi est circonscrite dans quelques terres privilégiées ; les produits qu'elle y donne sont trop importants pour que nous nous contentions du peu de mots que nous en avons dits dans notre notice sur la culture du maïs, où, ne la considérant que comme culture intercalée à cette céréale, nous ne pouvions lui consacrer que des détails incomplets.

L'importance de sa production, dans certains sols spéciaux, et le rang privilégié que ce précieux grain légumineux occupe dans le régime alimentaire des populations ouvrières du Midi, constituent une véritable richesse ; donc il nous paraît utile d'en indiquer les règles de culture.

Les variétés de haricots sont nombreuses, cependant la culture en plein champ excluant rigoureusement les espèces grimpantes et celles trop délicates réservées aux jardins potagers, leur nombre réduit aux variétés à tige basse (naines) se trouve ainsi fixé au nombre de trois qui sont :

1° Le *haricot blanc rond* qui porte à Paris le même nom et celui de *haricot commun* de Celles-sur-Cher. Ce haricot, généralement cultivé sur toutes les terres fraîches et friables du pied des Pyrénées, donne des produits considérables et surtout de qualité supérieure dans les environs de Pamiers (Ariége).

2° Le *haricot blanc long*, qui ne répond pas à son nom par la forme du grain, aussi délicat et peut-être plus productif que le premier, est cependant moins estimé dans la culture champêtre à cause de la disposition de sa tige à grimper.

3° Le *haricot parisien*, d'une blancheur plus éclatante que dans les deux premiers, plus gros et de forme cylindrique, est plus rustique, mais d'une saveur moins délicate ; c'est votre *suisse blanc* ou *lingot* de la Picardie.

Les haricots aiment la chaleur atmosphérique et la fraîcheur du sol : ces deux qualités, qui semblent s'exclure le plus souvent, se trouvent réunies dans certaines terres sablo-calcaires situées au fond des riches vallées sous-pyrénéennes.

La commune de Bonac près Pamiers (Ariége), présente, sur la plus grande partie de sa surface, cette heureuse combinaison d'un sol friable et substantiel à la fois, dans lequel une provision d'humus et de fertilité acquise entretiennent toujours la fraîcheur que le soleil du Midi ne peut altérer.

Les labours profonds et multipliés, les fumures énergiques peuvent compléter l'aptitude de la terre à cette production spéciale, mais sont impuissants si une partie des qualités physiques dont nous avons parlé n'existent naturellement en germe dans le sol.

La première végétation des haricots est encore plus frêle et plus délicate que celle du maïs ; aussi les précautions que nous avons indiquées pour protéger son enfance contre les vents et les pluies trop violents sont-elles pratiquées avec encore plus de soin pour les semis de haricots.

Les billons formant les lignes d'ensemencement ont une moindre largeur que dans les maïs ; les grains sont plantés à la main sur le revers du billon, par touffes de trois ou quatre grains, à 30 centimètres de distance dans les lignes. Les derniers jours de mai sont l'époque la plus convenable à la plantation des haricots.

A peine sortis de terre, les haricots exigent un premier sarclage qui est suivi d'un second quinze ou vingt jours après.

Lorsque les circonstances atmosphériques sont favorables, la végétation des haricots s'accomplit rapidement ; semés à la fin de mai, leur maturité peut être achevée vers le 15 août ; mais le plus souvent les grandes sécheresses estivales imposent un temps d'arrêt pendant lequel les touffes se flétrissent, laissent tomber leurs fleurs et leurs trop jeunes fruits. Une pluie survenue à propos ranime la plante, qui, fleurissant de nouveau, donne des gousses plus tardives et par cela même plus assurées d'arriver à bonne maturité.

La cueillette des haricots n'est donc pas une opération pouvant être exécutée en une fois seulement ; elle se divise en plusieurs cueillettes partielles faites du 15 août au 15 septembre.

La très-grande fragilité de cette culture rend l'appréciation de son rendement très-difficile ; cependant, lorsqu'elle est faite sur des terres arrivées à un degré assez avancé de fertilité, les produits toujours rémunérateurs atteignent souvent des chiffres relativement élevés pour des cultures champêtres. La récolte de 1860, que nous devons classer au-dessus d'une récolte moyenne, a donné, dans les terres spéciales dont nous avons parlé, 30 hectolitres à l'hectare.

Le prix de 30 francs l'hectolitre, qui est encore le taux du marché actuel, établit un revenu net de 700 francs par hectare pour l'année 1860.

Malgré l'éloquence d'un pareil résultat, la culture isolée et champêtre des haricots sera encore pendant longtemps, dans le Midi, limitée aux proportions d'une culture potagère. La rareté du sol spécial, les soins minutieux qu'elle réclame dans un moment de l'année où les travaux de la grande culture redoublent d'activité, seront les causes permanentes de son peu de développement.   L. PONS-TANDE.

Emploi des haricots. — Les haricots sont utilisés en gousses vertes, en grains frais et en grains secs. Nous en parlerons à l'occasion de la culture des haricots dans le potager et des préparations culinaires en général.

LENTILLE (ERVUM LENS).

Classification. — Nous ne voulons traiter, dans ce chapitre des légumineuses farineuses, que de celles employées habituellement ou accidentellement à la nourriture de l'homme aussi bien qu'à celle des animaux ; nous classerons les autres parmi les plantes fourragères. Ceci bien entendu, continuons par la lentille et nous finirons par les fèves. A ce titre, nous ne cultivons que la *lentille commune* ou *grosse lentille blonde* et une variété de celle-ci (*ervum lens minor*) que nous nommons *lentille rouge* ou *lentille à la reine*. La

Fig. 237. — Grosse lentille.   Fig. 238. — Petite lentille.   Fig. 239. — Lentille commune.

graine de cette dernière est plus petite que celle de la précédente, plus bombée, de couleur rouge, et plus délicate que la grosse lentille. Celle-ci est cultivée dans le nord et le centre de la France, tandis que la lentille à la reine se rencontre surtout dans le Midi.

Climat. — La lentille n'est pas très-sensible au froid; mais comme elle redoute l'humidité qui se prolonge, elle s'accommode mieux des contrées chaudes ou douces que des pays du nord ou des climats brumeux, où ses tiges prennent trop de développement, se couchent et pourrissent vite, et où, d'ailleurs, ses graines manquent de saveur. La Lorraine en produit des quantités considérables.

Terres propres à la culture de la lentille. — « Cette plante, dit M. de Dombasle, aime un sol de consistance moyenne, et elle réussit également dans les sols argileux calcaires, lorsqu'ils sont bien ameublis au printemps par un labour donné en automne ou en hiver. » Nous ajouterons que cette plante réussit très-bien dans les terrains légers, fumés en couverture, et qu'elle y prospérerait dans tous les cas, n'étaient les sécheresses du printemps, qui compromettent très-souvent la récolte. Voilà pourquoi nous conseillons les fumures en couverture, qui ont le mérite de protéger les racines de la plante contre les influences désastreuses d'un soleil ardent ou des vents du nord-est. Dans le midi de la France, il est évident que les terrains frais deviennent de rigueur comme pour les haricots.— « Les meilleures lentilles qu'on connaisse à Paris, écrivait Bosc au commencement de ce siècle, viennent de Gaillardon, près Rambouillet, dans des sables quartzeux, et des environs du Puy, dans des sables volcaniques. La plupart des communes sont apportées des environs de Soissons, et proviennent de terres calcaires très-légères. » — Aujourd'hui que les voies de communication sont très-multipliées et très-rapides, Paris reçoit ses lentilles de toutes les directions, et la Lorraine lui fournit un ample contingent.

Place de la lentille dans les assolements. — La lentille succède sans inconvénient à toutes les plantes. On la cultive souvent sur jachère, et sa récolte peut être suivie d'un semis de navets; mais c'est beaucoup exiger des terres maigres. Mieux vaut s'en tenir à la récolte principale et préparer ensuite le terrain pour des céréales d'automne, et en particulier pour le seigle. Il va sans dire que dans une terre substantielle on doit préférer le froment au seigle.

Engrais qui conviennent à la lentille. — Nous ne dirons pas que cette légumineuse est plus sobre que toute autre; nous dirons seulement qu'elle y gagnerait à l'être. Quand on la nourrit copieusement, elle profite des vivres et s'en réjouit; elle se développe avec un luxe de végétation inaccoutumé et finit par se rouler à terre faute de pouvoir se tenir debout. Cet état pléthorique ne saurait faire le compte du producteur qui veut de la graine avant tout, et n'obtient cette graine qu'aux dépens de la feuille. Donc, dans une terre en bon état, nous ne conseillons que le cendrage. Dans une terre maigre et sèche, le fu-

mier de vache, très-consumé avant d'être enfoui, ou employé frais en couverture, est d'un bon effet.

Labours préparatoires. — En sol léger, on se contente souvent d'une seule façon, et l'on a tort. Quelle que soit la nature du terrain, nous recommandons deux labours, l'un à l'automne et profond, l'autre superficiel quelques jours avant d'ensemencer. Si les lentilles ont parfois beaucoup à souffrir des sécheresses du printemps, c'est parce que le sol n'a pas été convenablement travaillé avant l'hiver. Les racines rencontrent de la résistance, tracent au lieu de pivoter, et subissent par cela même, en temps de sécheresse, un malaise qu'elles ne subiraient point si elles pouvaient s'allonger librement dans les couches profondes.

Choix des semences. — Un bon choix serait d'autant plus utile que la maturation des graines de lentilles s'opère très-irrégulièrement. Quand on prend la semence au tas, il est clair qu'il s'y trouve, à côté de graines parfaites, des graines plus ou moins défectueuses. Nous voudrions qu'aussitôt l'arrachage fait, on frappât légèrement avec une baguette les lentilles récoltées et placées sur un drap. La semence, qui se détacherait sans effort de la gousse, serait de toute première qualité et en même temps précoce. Cette opération terminée, on donnerait au reste des gousses le temps de mûrir à l'air, et en bottes. Il y aurait peut-être mieux à faire encore : ce serait de semer à part les porte-graines, et de les soigner tout particulièrement.

Préparation des semences. — La levée des lentilles est si prompte et si facile, qu'on ne soumet la semence à aucune préparation; cependant il pourrait arriver qu'il y eût profit à semer de la graine de deux ans, quand celle de l'année ne vaut rien. Dans ce cas, on se trouverait bien de l'arroser avec de l'eau tiède, une heure ou deux avant de s'en servir. Par ce moyen, on réveille les facultés germinatives engourdies.

Semailles de la lentille. — On sème cette légumineuse en mars ou au commencement d'avril, mais de préférence en mars, tantôt à la volée, tantôt en lignes, tantôt par touffes. Le semis à la volée et par touffes convient aux climats et aux terrains secs; le semis en lignes est préférable dans les terrains frais et dans les climats où l'humidité est à craindre.

Pour les semis à la volée, on emploie 150 litres de graines de lentille blonde par hectare, et seulement 130 ou 140 litres de lentilles à la reine. Avec la culture en lignes ou par touffes, on dépense naturellement un peu moins de semence. Dans certaines contrées, on place les lentilles sur ados, par touffes ou en lignes, comme, par exemple, à la suite d'une plantation de vignes ou d'asperges. Il est d'usage, en bon terrain, de maintenir entre les lignes une distance de 50 centimètres; mais ailleurs on se contente de 30 à 40 centimètres. On enterre la graine à la profondeur de 2 ou 3 centimètres.

Soins à donner à la lentille pendant sa végétation.—Ces soins consistent en un sarclage, dès que la plante sort de terre, et en deux binages, le premier quand la lentille a 8 ou 10 centimètres de hauteur, le second quand la floraison commence, et, autant que possible, par un temps couvert. Un buttage en ce moment, dans les années sèches, pourrait rendre des services.

Maladies de la lentille. — Nous né lui connaissons pas de maladie, dans la rigoureuse acception du mot. Quand l'année est pluvieuse et que la plante a trop de développement, elle tombe, et ses feuilles comme ses gousses moisissent et pourrissent ; quand elle a trop chaud ou trop soif, au printemps, les fruits ne nouent pas, et la récolte est compromise : voilà tout. La lentille souffre encore de la voracité de la *bruche des pois* ; mais nous n'y pouvons rien.

Récolte.— « Il faut, dit Bosc, veiller à l'époque de la maturité des lentilles, car, lorsqu'on les récolte trop tard, on risque d'en perdre beaucoup par l'effet de l'élasticité des gousses, et par suite des ravages des mulots, des pigeons et autres animaux, qui sont très-friands de leurs graines. On reconnaît cette époque, qui arrive ordinairement, dans le climat de Paris, à la fin de juillet, à la couleur grise ou roussâtre que prennent les gousses et à la chute des feuilles inférieures. Alors on arrache les pieds, et on les étend, réunis en petites bottes, pendant deux ou trois jours, la tête en bas, contre les murs, sur des haies, des échalas, etc., pour qu'ils complètent leur maturité et s'y dessèchent. Lorsqu'on les laisse sur terre, les graines prennent une teinte verdâtre, et se rident par l'effet de l'humidité. Il est mieux de les apporter immédiatement à la maison, pour les étendre et les surveiller, que de les laisser dans les champs. Une dessiccation lente est toujours plus favorable à leur bonté et à leur beauté qu'une trop rapide.

« J'ai eu occasion de voir une récolte importante, ainsi abandonnée, être entièrement mangée par les pigeons, venus par milliers des cantons voisins.

« Il est utile de ne battre les lentilles qu'à mesure du besoin ou de la vente, parce qu'elles se conservent mieux dans la gousse que séparées. Elles se battent avec le fléau. »

Assez fréquemment, toutefois, on laisse les bottes de lentilles sur le sol, les pieds en l'air, et, lorsque le temps le permet, on bat les lentilles sur le terrain. Il s'ensuit qu'on ramasse avec la graine quantité de petits cailloux qui ont de très-gros inconvénients. La lentille à la reine, de provenance méridionale, se distingue sous ce rapport. Avis aux consommateurs qui ont l'appétit bien ouvert, et qui tiennent à ménager leurs dents. En sol riche, les lentilles rendent par hectare de 20 à 30 hectolitres.

Emploi de la lentille. — Les graines sèches de la lentille sont recherchées pour la consommation de l'homme, et lui fournissent une excellente nourriture. On les conserve durant plusieurs années, en prenant la précaution de les faire passer au four ou à l'étuve, pour les dessécher et détruire les bruches. Les lentilles décortiquées donnent une bonne purée, de digestion facile. Réduites en farine, on en forme des aliments plus ou moins déguisés sous des noms étranges, plus ou moins vantés par le charlatanisme, et auxquels on attribue des propriétés merveilleuses. Nous ne voyons, nous autres, de merveilleux en ceci que le prix de la chose et la crédulité des braves gens qui le paient.

Les tiges et feuilles sèches de lentilles entrent dans l'alimentation des animaux.

Les lentilles vertes forment un délicieux fourrage, fané ou non. Il en sera question plus tard.

P. J.

FÈVES (FABA).

Classification.— Les botanistes ne reconnaissent qu'une seule espèce de fève, que l'on dit originaire des bords de la mer Caspienne, et qui est la fève commune. Cette espèce a produit un certain nombre de variétés, qui sont : la *fève de marais*, la *fève de Windsor*, la *fève de Mazagan* ou de *Portugal*, la *fève verte de Chine*, la *fève en éventail*, et enfin la *fève de cheval* ou *féverole*. Ces variétés ont à leur tour produit des sous-variétés, dont il sera question lorsque nous parlerons de la culture potagère. Nous n'avons à nous occuper ici que des fèves cultivées en plein champ, c'est-à-dire de la féverole (*Fig.* 241) et de la fève commune.

Fig. 241.

Climat. — Les fèves ne sont pas difficiles quant au climat. Nous les rencontrons aux deux extrémités de la France, dans le midi et dans le nord : nous les rencontrons en Belgique et jusque dans la province de Luxembourg ; mais, là, il serait téméraire de répondre toujours de la maturité. Les sécheresses prolongées, aussi bien que les pluies qui durent trop, sont défavorables à cette plante ; un peu d'ombre ne lui déplaît pas. La culture des féveroles est très-répandue dans notre département du Nord, aux environs de Dunkerque et d'Armentières, et aussi dans la Lorraine ; celle des fèves communes occupe une place importante dans le midi de la France et en Alsace. En Lorraine, la côte de Saverne sert d'extrême frontière à ces deux sortes de fèves. A l'une, la routine dit : Tu ne descendras pas plus bas ; à l'autre : Tu ne monteras pas plus haut. Et elles obéissent, dociles qu'elles sont. Ajoutons, en passant, qu'il existe une *féverole d'hiver*, plus robuste que celle que nous cultivons d'habitude.

En Belgique, la culture des féveroles est pratiquée sur une très-grande échelle, comme on peut s'en convaincre en parcourant surtout le Hainaut, les Flandres, la province d'Anvers et celle de Namur.

Terres propres à la culture des fèves. — Bosc a dit : « Ce sont exclusivement les terres argileuses un peu humides, c'est-à-dire les terres froides propres au froment, qui conviennent à la culture des fèves. » Nous remarquons également dans le nord-est que les sols argilo-calcaires et argilo-sablonneux sont préférés par la féverole ; cependant, pour être juste, il convient de n'être pas trop exclusif et de reconnaître que, même dans les terrains légers, elle réussit parfaitement quand, bien entendu, l'humidité du climat vient en aide à ces terrains. Dans le Nord, on redoute les terres rouges.

Place des fèves dans les assolements. — En Lorraine, où, dans la plupart des grandes fermes, l'assolement triennal est encore en pleine prospérité, malgré toutes les protestations du progrès, la féverole occupe, dans la rotation, l'année qui suit le froment et qui précède la jachère. Ce n'est donc pas, dans ce pays, une préparation pour la céréale. Toutefois, le plus ordinairement, sur les divers autres points de la France, la culture des fèves précède celle du froment, et est considérée comme une excellente préparation. Dans les terrains riches, où la féverole est sujette à s'emporter et à produire plus en tiges qu'en gousses, on peut sans inconvénient la ramener deux et même trois années de suite à la même place. Le plus souvent, on ne la ramène que tous les trois ou quatre ans.

Engrais qui conviennent aux fèves. — Les engrais riches en potasse et en phosphate de chaux sont, entre tous, ceux que les fèves affectionnent. Les cultivateurs, qui ne se préoccupent guère des prescriptions de la chimie agricole, leur donnent ce qu'ils ont, principalement du fumier de ferme ; mais ils se trouveraient bien de lui associer du guano, des cendres de bois, de la poudre d'os et du noir animal. Par cela même qu'il s'agit d'une culture destinée à mettre le sol en bon état pour une récolte de froment, on doit fumer copieusement ; mais, s'il en est ainsi dans différentes contrées, les choses se passent autrement en Lorraine. Quoique la féverole s'accommode fort bien du fumier, et qu'elle soit assez raisonnable pour en laisser une bonne part aux convives qui viendront après elle s'asseoir au banquet, le fermier la traite à peu près comme ses chevaux relativement à l'avoine ; il ne lui en donne guère ou pas du tout. Elle se résigne, et fournit consciencieusement son contingent, lorsque les intempéries de l'année ne viennent pas la contrarier dans sa végétation. Elle se montrerait moins accommodante sur une terre blanche ou sablonneuse. Là, le fumier, c'est la vie, c'est la récolte.

Les engrais pulvérulents, et notamment le guano artificiel à base de sang (système Gasparin), produisent un puissant effet sur la fève. Nous devons le privilége d'avoir cette année une récolte leur dont la beauté ressort du contraste d'un champ de fèves voisin, dont la mine piteuse, les tristes tiges et les cosses plus tristes encore, ne couvriront certainement pas les frais de culture.

Labours préparatoires. — La féverole, surtout dans les terres compactes, exige des façons qui ameublissent bien la place. Dans le nord de la France, du côté de Dunkerque, la terre reçoit trois labours : le premier, en août, pour retourner les éteules ; le second, en décembre, et à une grande profondeur ; le troisième, à l'époque des semailles. Dans le Midi, on s'en tient à deux labours. Nos cultivateurs éclairés de la Lorraine, les vrais disciples de Mathieu de Dombasle, ont des égards pour la féverole, et voici de quelle manière ils la traitent. Avant l'hiver, labour profond afin d'ouvrir le sous-sol à l'influence des agents atmosphériques et de permettre aux racines de la plante de descendre aussi bas qu'elle voudra le faire. Immédiatement après le dégel, labour transversal, si le morcellement ne s'y oppose pas ; enfin dernier labour suivi de l'ensemencement ; on fume en automne ou avant de donner la dernière culture.

Le sort de la fève d'Alsace doit faire envie à la féverole de Lorraine. Si l'âge de fer est arrivé pour celle-ci, l'autre est encore en plein âge d'or, traitée avec les plus grands égards, vénérée, comme la fève de Pythagore, car elle est, sans doute, de plus noble lignée. Mais c'est aussi un diminutif de la grosse fève de marais qui partage les honneurs du potager avec la carotte, le chou, le navet et autres notabilités du domaine culinaire.

Le grain de cette fève d'Alsace est plat plutôt que cylindrique, couleur blond pâle, plus volumineux, mais moins rustique que la féverole.

Dans le Bas-Rhin, sa présence sur un sol précède celle des céréales et l'y prépare admirablement. Là, le cultivateur n'est pas asservi, comme en Lorraine, à la tyrannie de l'assolement triennal. Grâce à la multiplicité des chemins vicinaux, il sème ou plante sur son terrain ce que bon lui semble, sans avoir à s'inquiéter du voisin. Aussi, quel admirable bariolage ! Comme elle est zébrée de vert, de jaune, de blanc, de couleurs aux mille nuances, cette plaine ou plutôt cet immense tapis qui commence au pied des Vosges et finit aux bords du Rhin !

Le sol qu'on destine à la fève d'Alsace est soumis à plusieurs labours, dont un au moins précède l'hiver, et est délivré ainsi du chiendent et des plantes vivaces à racines traçantes. La dernière culture a lieu dès le retour du printemps, ou, pour mieux dire, immédiatement après les gelées. Elle sert à enfouir le fumier.

Choix des semences. — Comme presque partout, les graines qui ont une belle apparence sont celles que l'on recherche pour la reproduction de cette légumineuse ; on ne se demande pas si elles proviennent des gousses longues ou des gousses courtes, des gousses de la partie inférieure ou de celles de la partie supérieure des tiges, si elles ont mûri tôt ou si elles ont mûri tard. Cependant, il résulte des observations de la physiologie qu'il y a toujours de l'avantage à faire un choix raisonné. Nous n'en sommes pas encore là, mais quelque jour, il faut l'espérer, nous y viendrons.

Préparation des semences. — Nous savons que, parfois, dans la culture jardinière, et bien rarement encore, il est d'usage de tremper les graines de fèves dans l'eau de fumier affaiblie et de les ressuyer ensuite en les roulant dans des cendres de bois; mais en ce qui regarde la grande culture, cet usage est ignoré.

Semailles des fèves. — En Lorraine et ailleurs encore, même dans les pays en renom, on sème les féveroles à la volée et on les enfouit avec la herse aussi profondément que possible. Cette opération qui a lieu vers la fin de l'automne dans le midi de la France, s'exécute chez nous après l'hiver. Sollicitée par l'instinct de la végétation, la féverole veut être confiée de très-bonne heure à la terre. C'est, avec le pois, la plus impatiente des semences de mars, et son mars, à elle, c'est le mois de février, même à la Chandeleur, si le climat et l'année en donnent l'autorisation. Pour les plantes annuelles, on le sait, la richesse du rendement est en rapport direct avec la période de temps pendant laquelle elles occupent le sol.

En Lorraine, nous n'avons pas encore rencontré un seul champ de féveroles semées en lignes. M. de Dombasle recommande cependant cette méthode et la pratiquait lui-même.

La seule règle à observer, lorsqu'on sème la féverole à la volée, c'est de l'espacer assez pour que les tiges ne se gênent point dans leur végétation. Trop rapprochées, elles ne donnent des fleurs que par le haut, et réduisent la récolte à ses plus minces proportions. Dans les années où le prix des céréales est très-élevé, on voit au retour du printemps la campagne se couvrir de champs de féveroles, témoin les années 1847 et 1848, 1853 et 1854. C'est qu'alors la féverole, transformée en farine, déserte l'étable pour le pétrin.

Lorsqu'on sème à la volée, il faut employer à peu près 2 hectolitres à l'hectare.

En Alsace, les cultivateurs, autrement soigneux que les Lorrains, sèment la fève commune en lignes, soit en suivant la charrue et en laissant tomber les grains un à un, soit en ouvrant de petites tranchées avec le soc ou quelquefois même avec les instruments à main. Dans ce dernier cas, le fumier est mis au fond de la tranchée, en dessus ou en dessous de la semence, car nous avons vu pratiquer les deux méthodes, sans remarquer de différence dans le résultat obtenu. L'espacement observé entre les lignes varie de 60 à 75 centimètres. Dans ces tranchée ouvertes au hoyau, la fève est enterrée à une profondeur de 7 à 8 centimètres. Elle l'est moins profondément à la charrue, car l'Alsace a le tort d'ignorer la valeur des labours profonds. Les magnifiques résultats obtenus, cette année, par M. Schattenmann, résultats rendus plus évidents encore par les déconfitures de ses voisins, convertira sans doute à cette théorie les plus obstinés disciples de la routine.

Dans la petite culture, où l'on ne perd pas un décimètre de terrain, on sème quelquefois des navets dans les interstices des lignes. Sans défendre cette méthode, nous ne la conseillons point.

Les cultivateurs du Nord sèment en mars ou en avril, et sur labour frais. Ils sèment en lignes espacées de 27 à 32 centimètres. Des femmes suivent la charrue qui ouvre le sillon et placent les graines à 5, 8 et même 10 centimètres l'une de l'autre sur la ligne. Dans le canton d'Armentières, où l'espacement est surtout observé, on fait parler les fèves comme la Fontaine faisait parler les animaux; de voisine à voisine, elles se disent donc: *Eloigne-toi de moi, je rapporterai pour toi.* Dans cette localité, il faut 3 hectolitres de semences par bonnier de 1 hectare 41 ares 4 centiares.

Les cultivateurs du midi de la France, ceux du Tarn, par exemple, sèment les fèves communes en octobre ou en novembre, dans un terrain copieusement engraissé avec du fumier bien consumé. La quantité de semence employée varie entre 2 et 3 hectolitres par hectare. Le semis se fait en lignes, tandis que dans les Hautes-Pyrénées, on sème à la volée sur le fumier, après quoi, on enterre le tout avec la charrue. On estime que 25 litres de fèves suffisent pour l'ensemencement de 22 ares 76 centiares.

Soins à donner aux fèves pendant la végétation. — En Alsace, ainsi que dans notre Flandre française, un hersage énergique, pratiqué au moment où la plante commence à sortir de terre, détruit les mauvaises herbes qui cherchent à s'emparer du sol.

Le semis en lignes permet tous les travaux d'entretien propres à favoriser le succès de la récolte, binage, sarclage, buttage; l'Alsacien n'y manque jamais. On conseille l'*écimage* ou décapitation de la plante, immédiatement après la floraison, opération faite dans le but de forcer la séve à refluer vers les gousses au lieu de se dépenser follement en luxe de végétation. Elle la débarrasse en même temps des innombrables légions de pucerons qui, s'établissent aux extrémités de la tige, pour en extraire la substance sucrée qu'elle produit par exsudation. Toutefois, nous n'avons pas vu pratiquer en Alsace cette opération qui nous paraît très-rationnelle et qui est extrêmement facile, car un enfant, armé d'une faucille, pourrait, en un jour, accomplir ce travail sur un demi-hectare.

Nous ajouterons, avec M. Joigneaux, qui en a fait l'expérience en Belgique, dans la ferme de M. Jules Bourlard, de Mons, que les sommités des féveroles constituent, aussi bien que les sommités de la fève commune, un légume précoce, très-recherché de nos voisins. On prépare les feuilles tendres de ces fèves des champs à la manière des feuilles de choux, au gras ou au maigre, avec accompagnement de sarriette.

Les travaux d'entretien s'exécutent ordinairement avec le hoyau dans le Bas-Rhin. Toutefois, les instruments perfectionnés commencent à s'y introduire, et nous les avons vus parfaitement fonctionner dans les champs de fèves pour remplacer le sarclage à la main, chez nos cultivateurs avancés. Où que l'on aille, les travaux d'entretien des fèves sont les mêmes et consistent en sarclages, binages et écimage.

Maladies des fèves. — Nous n'en connaissons aucune qui offre des caractères graves. Nous ne craignons pour cette légumineuse que des gelées trop fortes au moment de la levée, les pucerons noirs ou aphis, au moment de la floraison et après la floraison, et les bruches dont les larves se nourrissent de l'intérieur des graines, comme elles se nourrissent de nos pois. Nous allions oublier les campagnols qui butinent parfois au milieu du semis et emportent une partie des graines dans leurs magasins de réserve.

Récolte. — Dans le nord-est, nous récoltons les fèves en octobre. Nous les coupons à la faucille ou à la faux ; nous en mettons les tiges en bottes, dressées l'une contre l'autre, par groupes d'une demi-douzaine, et nous les laissons là jusqu'à ce que la dessiccation des grosses tiges soit tout à fait accomplie. On les rentre alors et on les bat au fléau, mais en prenant la précaution de ne point les soumettre à un battage trop énergique, dans la crainte d'écraser les graines.

Entre la récolte de la féverole, en Lorraine, et celle de la fève, en Alsace, il y a un écart d'environ trois semaines en faveur de cette dernière, mais ce n'est pas un privilége ; le même fait s'observe pour toutes les autres récoltes, la Lorraine se trouvant sur un plateau plus élevé qui reçoit au printemps le souffle glacé des cimes neigeuses des Vosges. Toutefois cette récolte, même en Alsace, n'a ordinairement lieu que vers le milieu de septembre. L'époque de la maturité s'annonce à la nuance noire que prennent les tiges. M. de Dombasle prétend que pour les couper il ne faut pas attendre la maturité complète de la plante. Par un temps trop sec ou trop humide, les gousses s'entr'ouvrent et le grain s'en échappe. C'est là une considération qui mérite qu'on en tienne compte.

En évaluant le produit de cette légumineuse, de 18 à 24 hectolitres par hectare, nous croyons déterminer sans exagération les deux limites extrêmes entre lesquelles elle se promène.

Le prix de la fève n'a rien de fixe, parce qu'il tient, d'un côté, au plus ou moins d'abondance de la denrée ; de l'autre, à celui des céréales dont elle devient l'auxiliaire.

Dans la Flandre, dès que les féveroles commencent à noircir, on les arrache à la main, ou bien on les coupe à la sape ; puis on les laisse en javelles huit ou dix jours, avec soin de former des bottes que l'on dresse sur le sol. Du côté de Dunkerque, le rendement varie entre 12 et 15 hectolitres par mesure de 44 ares 4 centiares. Dans les environs de Lille, la récolte s'élève parfois jusqu'à 48 hectolitres par hectare et demi environ. En Lorraine, la fève est fort capricieuse de son naturel. Aussi est-il assez difficile d'en déterminer le rendement moyen.

Les fèves, convenablement desséchées, se conservent très-bien en meule.

La tige de la variété cultivée en Alsace est plus forte encore que celle de la féverole. Son séjour sur les champs doit donc être prolongé ; mais comme il importe de rendre le sol à la culture, surtout s'il est destiné à l'emblavement, on peut transporter la récolte sur un autre terrain.

Emploi des fèves. — Nous avons vu tout à l'heure que les sommités de fèves ou de féveroles, provenant de l'écimage, peuvent servir à la consommation de l'homme ; plus tard, il sera parlé de la place qu'occupent les féveroles parmi les fourrages verts, de même qu'il a été parlé d'elles déjà au chapitre des engrais, pour ce qui concerne les fumures en vert. Nous cultivons surtout les fèves pour leurs graines sèches, qui servent à plusieurs fins. Réduites en farine, le commerce de la meunerie les associe à la farine de froment dans certaines limites, ce qui n'est pas absolument une mauvaise action quand on l'avoue et qu'on ne trompe point l'acheteur sur la qualité de la marchandise vendue. On peut s'en convaincre d'ailleurs à la lecture des pages intéressantes consacrées dans ce livre à l'emploi des farines de céréales, par notre estimable collaborateur, M. E. Delarue. Nous croyons savoir aussi que, dans certains cas, les distillateurs de seigle trouvent quelque intérêt à associer la féverole à ce grain ; elle sert à l'engraissement des bœufs et des porcs, soit cuite, soit réduite à l'état de farine grossière. Les moutons, la volaille s'en accommodent parfaitement.

Mais, dans le Bas-Rhin, elle est surtout employée à l'alimentation des chevaux et remplace, sous ce rapport, l'avoine. L'analyse chimique prouve qu'un hectolitre de fèves équivaut, en richesse nutritive, à deux hectolitres d'avoine.

Dans l'opinion de M. de Dombasle, la paille de la féverole, récoltée dans des conditions normales, forme un excellent fourrage pour le bétail, chevaux, vaches, moutons. « Quand la récolte est « épaisse, dit-il, le bétail mange presque toutes les « tiges ; si elle était plus claire, il laisse les plus « fortes, et n'y trouve pas moins une nourriture « abondante et pas inférieure en qualité au foin « des prairies naturelles. » La propriété nutritive de la tige de féverole est généralement ignorée du paysan alsacien, qui l'emploie à chauffer son four ou à faire de la litière ; et pourtant quelle ressource précieuse elle pourrait offrir à une contrée qui remplace la culture de l'avoine par celle de la fève, et qui, pour nourrir son bétail, est obligée de demander à la Lorraine ce qui trop souvent lui fait défaut ! Le cultivateur belge, au rapport de M. Joigneaux, est plus avancé que nous sur ce point : non-seulement il fane les féveroles dans les contrées où il ne saurait toujours compter sur la maturité des graines, mais encore il se sert des pailles, à titre de fourrage, partout où la maturité a lieu. Il les considère comme un fourrage de choix, plus digne des chevaux que des vaches.

P. E. PERROT.

CHAPITRE XIX

DES PLANTES TUBERCULEUSES.

POMME DE TERRE (SOLANUM TUBEROSUM).

Nous ne cultivons en plein champ que deux plantes tuberculeuses : la pomme de terre et le topinambour. Parlons d'abord de la pomme de terre, qui mérite incontestablement l'honneur de

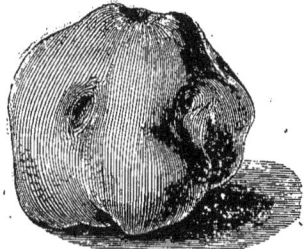

Fig. 241. — Pomme de terre.

figurer en tête de ce chapitre, en raison des inappréciables services qu'elle a rendus, qu'elle rend et qu'elle continuera de rendre. On a dit de la pomme de terre qu'elle est *le pain tout fait* des pauvres gens; on ne pouvait, en moins de mots, faire plus dignement et plus exactement son éloge. Nous nous contentons d'ajouter que le pain tout fait des pauvres n'est pas dédaigné des riches.

Fig. 242. — Œil violet.

Classification. — La seule classification possible et raisonnable des pommes de terre doit être établie d'après les formes des tubercules, et encore, en l'établissant ainsi, nous n'aurons certes pas un chef-d'œuvre de méthode. Quoi qu'il en soit, nous les diviserons en PATRAQUES, ou tubercules plus ou moins régulièrement sphériques; en VITELOTTES, ou tuber-

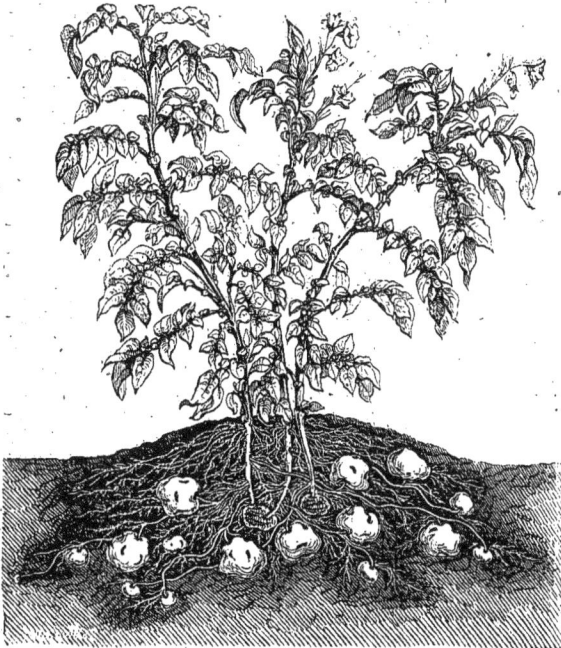

Fig. 243. — Pomme de terre (Patraque rose de Rohan).

cules allongés, tantôt ronds, tantôt aplatis, quelquefois plus gros d'un

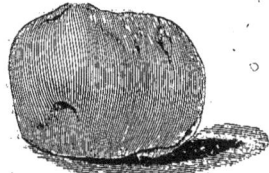

Fig. 244. — Pomme de terre bleue.

bout que de l'autre, tantôt droits, tantôt recourbés; et en OBLONGUES, ou tubercules intermédiaires, ni sphériques, ni allongés, se rapprochant de la forme de l'œuf.

Fig. 245. — Kidney hâtive (Marjolin).

Les pommes de terre comprises dans ces trois catégories ont les gemmes ou yeux plus ou moins écartés, plus ou moins rapprochés, plus ou moins enfoncés; parfois même ils sont de niveau avec la peau, et dans certaines races, ils font saillie comme des verrues. La couleur des pommes de terre est très-variable : elles sont d'un rouge sombre, d'un rouge clair, carnées, blanches, jaunes, violettes,

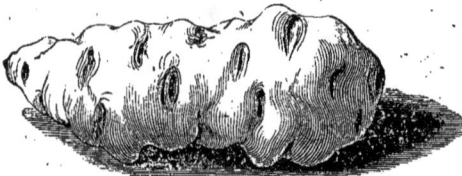

Fig. 246. — Longue de Maëstricht.

noirâtres, rubanées de jaune et de brun, fouettées de plusieurs teintes, à yeux violets, à yeux roses. L'intérieur des tubercules est ou blanc, ou jau-

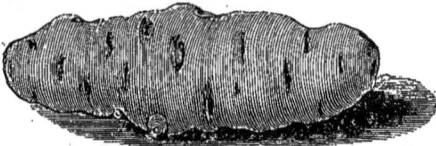

Fig. 247. — Vitelotte rouge de Paris.

nâtre, ou marbré, ou violet ; l'épiderme est ou lisse ou écailleux.

On connaît une quantité considérable de varié-

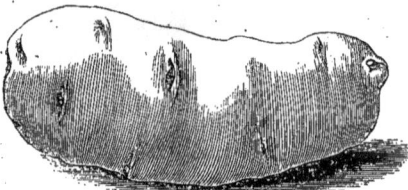

Fig. 248. — Pomme de terre longue d'Islande.

tés, sous-variétés et variations de pommes de terre, bien ou mal caractérisées ; mais pour quelques races solidement fixées, nous avons de prétendues

Fig. 249. — Pomme de terre coquette.

variétés, et en grand nombre, qui se soutiennent peu et étonnent l'observateur par leur facilité à changer de formes et de couleur. Ne plantez que des tubercules rouges, par exemple, et il vous arrivera d'en rencontrer de jaunes, de loin en loin, au moment de l'arrachage. Il y a quelques années, nous mîmes de côté six vitelottes, dites longues de Maëstricht, crincottées, etc. Elles passèrent l'hiver dans une chambre tiède, et exposées à la lumière : de jaunâtres qu'elles étaient, elles devinrent par conséquent vertes. Au printemps, chacune de ces vitelottes fut divisée transversalement en trois morceaux, et nous eûmes de la sorte dix-huit

Fig. 250. — Pomme de terre Godefroid de Bouillon.

plants ou boutures. Nous les plantâmes nous-même ; personne n'y toucha pendant la durée de la végétation. Nous eûmes soin de faire toujours par nous-même le sarclage, le binage, le buttage et la récolte, parce qu'il vaut mieux voir les choses par ses propres yeux que par les yeux d'autrui. Nous nous attendions nécessairement à retrouver des longues de Maëstricht dans toutes les touffes, puisque nous n'y avions pas mis autre chose. Nous en retrouvâmes, en effet, un certain nombre, mais aussi des patraques rouges et jaunes qui n'avaient plus rien de commun avec le type. Les modifications assez fréquentes dans la couleur prouvent que les races fixées sont moins nombreuses qu'on ne le suppose ; quant aux modifications dans les formes, elles sont très-communes, et l'on ne doit pas y attacher une grande importance. Ceux qui ont vu, par exemple, la kidney hâtive ou marjolin à l'époque de son importation sur le continent, nous disent que ses tubercules un peu aplatis et allongés étaient larges d'un bout, terminés de l'autre par une pointe crochue, et que ses gemmes ne faisaient point saillie ; aussi n'admettent-ils pas, comme étant de race pure, les tubercules qui ne forment pas le crochet par une extrémité, et qui ont les yeux en saillie, sous forme de petits mamelons. Pour notre compte, nous nous montrons moins difficile : nous croyons même, dans ces conditions, à la pureté de la race, parce qu'il n'y a pas de croisement possible avec la marjolin, qui ne fleurit point.

Dans les races qui passent pour stables, les tiges, les fanes et les fleurs de chaque race offrent des caractères particuliers qui les font reconnaître aisément. Ainsi, rien qu'au feuillage, on distingue la marjolin de toutes les autres variétés ; rien qu'à la fleur en gros bouquets roses, on reconnaît la pomme de terre chardon ; la couleur bleu clair et bleu foncé des fleurs, ainsi que le ton violacé des tiges, nous laisse soupçonner des tubercules à yeux bleus, violets ou noirâtres ; enfin les folioles étroites, duveteuses, d'un vert terne, se rapportent assez ordinairement aux races allongées, tandis que les folioles larges et d'un vert gai caractérisent d'ordinaire les tubercules sphériques et les races communes. Ce sont là des observations qui nous sont personnelles, et qui n'ont tout juste que la valeur de simples renseignements.

Il nous eût été fort agréable de classer les pommes de terre connues, sous leurs différents noms ; mais une pareille classification offrirait des difficultés insurmontables. Les noms et les races, à quelques exceptions près, changent avec les contrées. La synonymie offre une confusion incroyable ; les variétés et les variations ne font, la plupart du temps, que paraître et disparaître, et, de toutes celles qui existent à cette heure, peut-être n'en retrouvera-t-on que cinq ou six dans quelques années. Parmentier, qui a traité de la pomme de terre dans le *Dictionnaire de Déterville*, nous apprend que, de son temps, on élevait à plus de soixante le chiffre des variétés ; mais les caractères lui semblaient établis avec tant de légèreté, qu'il les réduisait à une douzaine, et, sur cette douzaine, nous n'en découvrons pas une seule qui soit sûrement de notre connaissance.

Dans sa *Description des plantes potagères*, publiée en 1856, M. Vilmorin compte au delà de cinq cents variétés plus ou moins sérieuses. Avec de la patience et de la bonne volonté, on arriverait à doubler ce chiffre. Laissons là les jeux d'enfants, et bornons-nous à signaler les races les plus estimées à l'heure où nous écrivons.

Patraques. — Parmi les pommes de terre de cette catégorie, nous plaçons la *rouge ronde de Strasbourg* ; la *pomme de terre violette* ; la *Segonzac* ou *de la Saint-Jean* ; la *chave* ou *shaw* ; la *pomme de terre de neuf* ou *onze semaines*, selon les contrées ; la *jaune ronde de Parquez* ; la *pomme de terre Motte* ; la vieille *Tournaisienne* ou *pomme de terre grise* ; les *yeux bleus* ; la *pomme de terre Blanchard* ;

Fig. 251. — Pomme de terre Blanchard.

la *patraque jaune* des environs de Paris, et la *pomme de terre chardon*. Ces deux dernières variétés ne sont pas délicates, surtout au moment de l'arrachage, mais, comme toutes les autres, elles s'améliorent en cave. La *grise* est une délicieuse race, décrépite malheureusement, très-maltraitée par la maladie, et sur laquelle il n'y a plus guère lieu de compter pour une culture étendue. La *Segonzac*, la *chave*, les *neuf semaines*, les *yeux bleus*, etc., sont aussi des races excellentes, affaiblies par l'âge, et qui s'en vont pour faire place à d'autres. La *rouge ronde*, la *jaune de Parquez* et la *pomme de terre Motte*, sont farineuses, délicates, et se maintiennent bien. La *pomme de terre violette* est également délicate, mais ferme, et convient pour les ragoûts, attendu qu'elle ne tombe pas en pâte. Enfin, la *pomme de terre Blanchard*, qui a beaucoup de traits de ressemblance avec les *yeux bleus*, mais qu'il ne faut point confondre avec eux, est jeune, robuste, encore incomplétement fixée, de bonne qualité, et très-précoce.

Vitelottes. — Parmi les variétés de cette catégorie, nous plaçons la *jaune longue de Hollande* ; la *kidney hâtive*, appelée aussi *marjolin* et *quarantaine* ; la *vitelotte*, de Paris ; la *corne de chèvre* ; la *longue d'Islande* ; la *longue violette* et la *longue de Maëstricht* ou *crincottée* des Ardennais. La *marjolin* est précieuse par sa précocité : c'est cette variété que l'on force sur couches ; elle est délicate et sujette à la maladie. La *corne-de-chèvre* tend à disparaître ; elle est inconnue à la halle de Paris. C'est, à notre avis, la meilleure des pommes de terre connues ; aussi eût-il été à désirer qu'on la régénérât par le semis. La *longue d'Islande*, trop peu répandue encore, est une variété excellente et robuste. La *longue violette* et la *longue de Maëstricht*, l'une et l'autre fort recherchées en Belgique, nous semblent dégénérées, et par conséquent faibles ; cependant on pourrait les maintenir encore avec avantage dans les terrains sablonneux des climats doux. La *jaune longue de Hollande* et la *vitelotte de Paris* sont toujours ici les variétés de table par excellence.

Oblongues. — Nous ne signalerons dans cette catégorie que la *coquette* et *Godefroid de Bouillon*, deux variétés originaires de la Belgique, et qui méritent d'être propagées. La première date de dix ou douze années, et provient d'un semis fait par une servante de ferme avec de la graine de *neuf* ou *onze semaines*, dans l'arrondissement de Huy ; la seconde a été obtenue par M. le baron de Heusch, dans le Limbourg. La *coquette* est d'un blanc jaunâtre et très-farineuse ; elle est assez précoce. La *Godefroid de Bouillon* est rougeâtre à l'extérieur, et un peu marbrée à l'intérieur. Pour les amateurs difficiles, la marbrure est un défaut ; mais pour nous, qui recherchons la bonne qualité avant tout, ce défaut ne nous arrête point.

Origine. — La pomme de terre est si précieuse et remplit un rôle si important dans l'alimentation des peuples, que nous devons naturellement nous intéresser à son histoire. Nous l'avons exposée en ces termes dans le *Dictionnaire d'agriculture pratique* :

« Cette plante est originaire de l'Amérique ; depuis un temps immémorial, on la cultive en abondance dans la région un peu élevée de la Colombie et du Pérou, où on la nomme *Papas* et d'où elle paraît provenir. Selon toute apparence, le capitaine John Hawkins la rapporta pour la première fois de Santa-Fé-de-Bogota et essaya d'en faire cultiver quelques tubercules en Irlande, vers l'année 1565. Cette plante nouvelle fut complétement négligée. Un peu plus tard, le célèbre navigateur Kranz Drake, un des anciens compagnons de voyage de Hawkins, introduisit la culture de la pomme de terre en Virginie, d'où il rapporta un certain nombre de tubercules en Angleterre, en 1586. Il les confia à son jardinier et lui recommanda d'en soigner tout particulièrement la culture. En même temps, Drake fit cadeau de quelques tubercules de cette plante au botaniste anglais Gérard, qui les multiplia à Londres dans son jardin, et en envoya ensuite à plusieurs de ses amis, notamment à Clusius qui, le premier parmi les botanistes, parla de la pomme de terre dans ses écrits.

On suppose qu'à la même époque, les Espagnols introduisirent cette plante dans le midi de l'Europe, mais on ne sait rien de positif à cet égard, chose facile à comprendre, puisque, malgré les efforts des hommes dont il vient d'être question, il fut impossible d'en propager la culture au delà de quelques jardins d'agrément. La pomme de terre, qui avait été accueillie comme une rareté venue du nouveau monde plutôt que comme une plante utile, finit par disparaître des jardins mêmes où elle ne produisait pas un effet gracieux, et tomba complétement dans l'oubli. Ce fut à ce point que quelques années plus tard, au commencement du dix-septième siècle, le bruit se répandit que l'amiral Walter Raleigh venait d'introduire en Irlande une plante tout à fait nouvelle, tandis qu'il n'avait fait, en réalité, qu'y rapporter des tubercules pris en Virginie où Drake les avait introduits. Cette fois, quelques rares et riches cultivateurs se décidèrent cependant à donner des soins intelligents à la plante américaine. En 1616, on servit sur la table du roi de France, et à titre de nouveauté et de rareté, bien entendu, des pommes de terre qui, apparemment, ne firent pas merveille, car, sans cela, les courtisans se seraient fait un devoir de prôner cette précieuse conquête. Ce ne fut que cent cinquante ans plus tard, vers la fin du dix-huitième siècle, que la culture de cette plante commença à prendre quelque extension en France, grâce encore aux efforts et à la ténacité héroïque d'un homme dont le nom est devenu célèbre à juste titre. Nous voulons parler de Parmentier. Cet homme prit en quelque sorte la pomme de terre sous sa protection et passa plusieurs années de sa vie à la recommander, mais sans beaucoup de succès, aux cultivateurs des environs de Paris. De temps en temps, comme pour faire acte de complaisance, quelques-uns accordaient à cette plante une toute petite place dans un coin de leur jardin ; mais il devenait impossible de les décider à lui donner place dans leurs opérations de grande culture. Parmentier, qui avait conscience de la valeur de la pomme de terre et qui pressentait son rôle à venir dans l'alimentation des peuples, était tellement peiné de son insuccès, qu'il crut devoir, pour réussir, recourir à un stratagème assez ingénieux. Il se dit qu'en France, les choses défendues avaient parfois plus de succès que les choses recommandées, et, partant de cette remarque, il obtint du gouvernement ou de n'importe qui, l'autorisation de planter une quantité assez considérable de tubercules dans la plaine de Grenelle et aux Sablons. La plante poussa à merveille, fleurit en son temps et porta graines. Dès que Parmentier fut persuadé que les tubercules étaient arrivés à maturité, il obtint du pouvoir que des soldats feraient faction pendant le jour et se retireraient pendant la nuit. Les gens de la banlieue de Paris se dirent naturellement qu'une plante ainsi gardée devait avoir une immense valeur, et aussitôt la nuit close et les factionnaires partis, les maraudeurs se mirent à ravager les champs de pommes de terre de Parmentier. Il s'y attendait et battit des mains ; les enfants d'Ève allaient manger du fruit défendu. Bientôt, la pomme de terre se trouva trop à l'étroit dans les jardins des environs de Paris, et on en vit paraître çà et là en plein champ. Parmentier poussa de plus belle à la propagation, mais il se présenta des faiseurs d'opposition par tempérament qui répandirent le bruit que les tubercules vantés n'étaient propres qu'à empoisonner le peuple ; et le peuple de se récrier alors, comme il se récria plus tard au moment de l'invasion du choléra, lorsqu'on lui parla de fontaines empoisonnées. Il eut ses gros mouvements de colère et le nom de Parmentier tomba si bien dans l'impopularité qu'on aurait pu lui faire un très-mauvais parti sans surprendre personne. On eut beau répondre aux ennemis acharnés de la pomme de terre que l'on en avait servi à toutes sauces sur la table de Louis XVI ; ce monarque eut beau porter les fleurs de cette plante à sa boutonnière, comme s'il eût voulu l'honorer, la défiance ne s'en allait point, la confiance ne venait pas.

« Il ne fallut rien moins que les disettes qui précédèrent et suivirent les premières guerres de la révolution, pour faire comprendre aux populations l'importance que pouvait avoir la culture préconisée par Parmentier. »

En l'an II, quand l'Administration du département d'Eure-et-Loir questionna les chefs de districts sur l'emploi des pommes de terre distribuées par la Commission des subsistances, plusieurs durent avouer que personne n'ayant voulu se charger de les planter, on avait été forcé de les distribuer aux indigents.

A partir de ce moment, néanmoins, cette culture prit quelque extension chez les hommes intelligents, mais le grand nombre, mais les routiniers manquaient toujours de cette foi qui remue les montagnes. Ils ne disaient plus de mal de la plante ; ils accusaient leur terrain, ils en croyaient le fond trop pauvre. — « Ah ! s'écriait encore Parmentier en 1809, s'il était possible de persuader aux Français, les plus intéressés à adopter la culture de ces racines, qu'elles peuvent servir à la fois dans la boulangerie, dans la cuisine et dans les basses-cours, sans doute on les verrait bientôt bêcher le coin d'un jardin ou d'un verger, qui produit à peine un boisseau de pois ou de haricots, pour y planter des pommes de terre et en obtenir de quoi vivre pendant la saison la plus morte de l'année ; on verrait les vignerons, dont le sort est presque toujours digne de compassion, en mettre sur les ados de leurs vignes, se ménager ainsi un aliment qui supplée à tous les autres. »

La même année, François de Neufchâteau, dans son rapport sur le concours ouvert par la Société d'agriculture du département de la Seine, citait les progrès de la culture des pommes de terre dans *sept* départements, pas davantage. Et là-dessus, Parmentier disait encore : « On commence heureusement à apprécier l'utilité de cette plante, et l'inflexible routine n'ose plus s'en montrer le détracteur. »

La propagation de la pomme de terre ne devint réellement très-rapide en France qu'après la disette de 1816 ou 1817. La misère aidant, on finit par reconnaître que les théoriciens n'avaient pas eu tort de recommander ce tubercule.

Bien avant Parmentier, paraît-il, tout au commencement du dix-huitième siècle, la Belgique avait eu, elle aussi, son apôtre de la pomme de terre. Voici la narration qu'en a faite Charles Morren :

« Antoine Verhulst avait appris par expérience combien le tubercule était productif, d'une saine et bonne nourriture pour l'homme et le bétail; il savait que le haricot qui faisait alors le plat de fécule obligé, était sujet à manquer souvent et que cette fève était d'ailleurs d'un prix trop élevé pour les classes nécessiteuses. Il cultive donc le papas du Pérou et arrive bientôt à une production si abondante qu'en 1702 il annonce à la confrérie de Sainte-Dorothée qu'il fera de sa récolte des distributions gratuites à tous les cultivateurs; il fait de sa ferme un rendez-vous général; il se rend au marché; il supplie, il force les paysans de recevoir ses tubercules et de les cultiver. On conçoit facilement que la conviction d'un homme qui prêchait les preuves à la main, devait passer dans l'âme de ses auditeurs : aussi Antoine Verhulst doit-il être inscrit parmi les plus grands propagateurs de la plante providentielle. Par une circonstance que je suis heureux de pouvoir citer ici, parce qu'elle me permet d'en remercier M. d'Hauw, un des savants qui honorent aujourd'hui la ville de Bruges, la petite ferme où Antoine Verhulst cultiva la pomme de terre existe encore. Les curieux la trouveront vis-à-vis de la Société philharmonique, hors de la porte Sainte-Catherine à Bruges.

« Les choses utiles ne vont pas toujours vite. Aussi fallut-il attendre, malgré tous les efforts, jusqu'en l'année 1740 pour voir arriver enfin la pomme de terre sur les marchés de Bruges, comme un produit abondant, comme une nourriture connue du peuple. Or, en 1740, Parmentier avait treize ans.

« Dans la guerre des alliés, en 1713, les soldats anglais mangeaient déjà publiquement dans la Flandre les pommes de terre de Verhulst; leur exemple avait détruit chez les bourgeois et le pauvre l'idée que cette plante était malfaisante, et, s'il faut en croire les narrations du temps, ce sont les médecins qui tâchèrent par mille contes absurdes d'entretenir le plus longtemps cette erreur fatale..... A la campagne, le préjugé médical fit beaucoup de mal, mais on ne s'imagine guère aujourd'hui ce qu'on y opposa avec le plus de succès. Ce fut... la dîme. Les abbés de Saint-Pierre, qui possédaient dans la Flandre d'immenses propriétés, forcèrent les cultivateurs à leur payer la redevance en pommes de terre qui, régulièrement, arrivaient deux fois à table par jour. Ils n'eurent pas assez d'éloges pour la plante de Verhulst. La solanée du Pérou était définitivement acquise à l'agriculture belge. »

Climat. — La pomme de terre aime un climat tempéré, ni trop sec ni trop humide. Dans un climat trop sec, elle s'arrête dans son développement, et le tubercule manque de qualité. En Italie, dans la Vénétie surtout, et notamment aux environs de Trévise, la pomme de terre est à peine connue. Ce sont des cultivateurs belges et un de nos amis qui l'ont introduite, ces années dernières, dans les domaines de M. de Reali. Il y a lieu de croire qu'on ne les aurait pas attendus pour cela, si la culture de cette solanée eût présenté des avantages dans ce climat. On ne fait l'éloge ni des pommes de terre de l'Algérie, ni de celles des contrées les plus chaudes de la France. Dans les climats humides, les fanes se développent beaucoup trop; les tubercules, en retour, ne se développent pas assez et ont de la peine à s'arrêter; non-seulement, ils pèchent par la qualité, mais ils sont plus qu'autre part sujets à la maladie.

Terres propres à la culture de la pomme de terre. — Les terrains sablonneux, schisteux, granitiques, calcaires, en un mot tous les terrains légers ou bien ameublis, sont ceux que préfère cette plante. Les terrains compactes et humides ou très-riches en humus, comme les jardins, ne lui conviennent pas, surtout dans les années pluvieuses. Aussi les tubercules ne sont-ils jamais aussi savoureux qu'en terre meuble. Elle ne réussit bien dans les argiles fortes qu'en temps de sécheresse et à la condition d'y recevoir plusieurs façons énergiques.

Place de la pomme de terre dans les assolements. — Autant que possible, on doit mettre la pomme de terre en tête de l'assolement, c'est-à-dire ouvrir la rotation par sa culture. Souvent, on l'amène à la suite d'une céréale, froment, seigle ou avoine, quand les champs sont très-sales et qu'il devient urgent de les nettoyer par une culture qui nécessite des sarclages et des binages. L'essentiel, avec cette plante, c'est de ne pas la ramener trop souvent à la même place; l'abus des récoltes successives provoque la dégénérescence, ou tout au moins y contribue pour sa large part. Nous avons vu sur quelques points des carrés de terrain où la pomme de terre était cultivée sans interruption depuis plus de vingt ans, mais malgré les fumures, le produit était faible, le tubercule petit, la qualité médiocre ou au-dessous du médiocre. On conseille de laisser un intervalle de quatre ou cinq ans entre deux récoltes de pommes de terre sur le même sol. Le délai est acceptable; il serait plus étendu qu'il n'en vaudrait que mieux.

Engrais qui conviennent à la pomme de terre. — Les pommes de terre exigent peu d'engrais. Quand on les fume copieusement, il se produit trop de fanes au préjudice des tubercules; ceux-ci perdent de leur qualité. Nous avons vu cultiver une excellente variété plusieurs années de suite sur l'emplacement d'écuries et d'étables, dont le sol avait épongé les urines du bétail peut-être durant deux siècles. Les produits devinrent extraordinaires; les tubercules acquirent un volume inconnu jusqu'alors, mais ils étaient caverneux, âcres, et il fallut y renoncer pour l'usage de la table; on les abandonna au bétail. Lorsque l'on veut maintenir la bonne qualité des tubercules, il faut être sobre d'engrais. Toutes les substances fertilisantes connues dans nos exploitations peuvent être employées à nourrir les pommes de terre; toutefois, nous conseillons de préférence l'emploi des fumiers pailleux ou ligneux, fumier de vaches dans les terrains très-secs, fumier de cheval dans les terrains un peu frais. Nous aimons ces engrais pailleux ou ligneux, c'est-à-dire provenant d'une litière de paille peu décomposée, ou d'une litière de genêts, d'ajoncs et de bruyères, parce qu'ils agissent mécaniquement et tiennent la terre soulevée pendant un temps plus ou moins long. Cet effet mécanique, préjudiciable aux plantes le plus ordinairement, et surtout en terre légère, est exceptionnellement avantageux à la pomme de terre. Nous allons vous dire pourquoi : Le tubercule de la pomme de terre n'est pas une racine, comme on le croit assez généralement ; c'est un rameau souterrain qui se gonfle de fécule, qui n'a point la couleur verte des rameaux aériens parce qu'il n'est pas exposé à la lumière du jour, mais qui verdit bien vite dès qu'on le découvre pour l'exposer à l'air. Or, un rameau quelconque se développe d'autant mieux qu'il n'éprouve pas de gêne, et il devient facile à concevoir que le rameau tuberculeux de la pomme de terre prendra d'autant mieux son accroissement que les obstacles à vaincre seront plus faibles. On comprend dès lors que les pommes de terre affectionnent les terrains légers ou ameublis ou soulevés par les engrais longs. Il va sans dire que si nous avions affaire à un terrain de dunes, à un terrain de sable, sans consistance aucune, nous conseillerions les engrais courts plutôt que les longs. Il y a des limites à tout. L'engrais liquide ne saurait être admis que dans les sols très-poreux, très-divisés.

Labours préparatoires. — Deux labours profonds, l'un avant la plantation, l'autre au moment de planter, nous paraissent de rigueur, et toujours pour cette raison que le développement des tubercules est en raison inverse des obstacles qu'ils rencontrent.

Choix des semences et du plant. — Pour multiplier les pommes de terre, nous avons recours à la semence et à la bouture. Que ce dernier mot ne vous choque point et faites-nous l'amitié de vous y habituer, car nous l'emploierons souvent. L'opération qui consiste à mettre en terre un tubercule ou un morceau de tubercule ou un simple gemme, à la rigueur, ne diffère en rien de l'opération qui consiste à mettre en terre un rameau de saule ou de peuplier, ou à mettre en pot dans une serre un œil ou une feuille de plante rare. Ces deux opérations n'en font qu'une, qui s'appelle le *bouturage*. Le tubercule ou fragment de tubercule, désigné habituellement sous le nom de *plant*, est une bouture, rien de plus, rien de moins, puisque c'est un rameau ou un bout de rameau. Nous ajoutons que les rameaux aériens de la pomme de terre, ses tiges vertes se prêtent au bouturage tout aussi bien que les rameaux souterrains ou tubercules, pourvu qu'on les protége contre l'ardeur du soleil et qu'on les arrose suffisamment. Ceci bien entendu, arrêtons-nous au mode de multiplication par la semence, mode beaucoup trop négligé, mal connu d'ailleurs et dont il nous paraît utile d'exposer les avantages.

Si les tubercules avaient suffi pour la reproduction de la plante, la nature qui ne fait pas de choses inutiles et ne complique pas ses engrenages, comme les mauvais mécaniciens, ne lui aurait pas ordonné de porter des fleurs et des graines. Cette raison n'a pas, il est vrai, de caractère scientifique, mais nous la trouvons bonne sous son air candide et nous nous en contenterons. Avec le bouturage, on reproduit fidèlement le type, toujours le même, mais à force de bouturer, on finit par user une race. L'expérience le prouve. Tous les arbres que nous multiplions par la bouture et par la greffe, qui n'est après tout qu'un bouturage dans le bois ou sous l'écorce, s'en vont à la longue, se fatiguent, se perdent un peu plus tôt ou un peu plus tard ; toutes les plantes herbacées que nous multiplions d'éclats, d'œilletons ou de boutures s'en vont aussi et demandent à être régénérées par le semis au bout de quelques années ; mais, en revanche, tout ce qui nous vient d'une graine bien nourrie, bien mûre, bien conservée, ne s'en va pas. Les plantes multipliées par la semence existent de temps immémorial et dureront autant que nous. C'est un gros avantage à mettre en ligne de compte, et ce n'est pas le seul : la graine produit les variétés, forme les races nouvelles ; sans la graine, ces variétés ne seraient pas.

N'était la semence que porte la pomme de terre, l'espèce aurait disparu depuis longtemps, ou bien il aurait fallu s'approvisionner de plant nouveau dans les contrées où elle pousse à l'état sauvage et se ressème naturellement ; n'était la semence, nous ne compterions que deux variétés de pommes de terre ; nous en serions toujours à la vieille race primitive. Celles que nous possédons aujourd'hui en si grand nombre ne proviennent pas indistinctement des semis de l'homme ; il ne se passe pas d'années, sans que nos pommes de terre portent des baies, plus ou moins, et ces baies passent l'hiver très-bien, donnent de jeunes plantes au printemps, et de loin en loin, par hasard souvent, ou grâce à l'attention des amateurs quelquefois, les jeunes plantes en question grandissent et nous donnent des races inconnues que nous n'attendions pas, et dont l'origine ne se retrouve pas aisément ; mais ces cas sont rares, et il y aurait de l'imprévoyance à compter sur eux pour perpétuer la race. Il importe donc que l'homme se charge des semis et les fasse avec intelligence.

Nous devrions, en ce qui regarde les pommes de terre, nous inspirer des bons exemples que nous a fournis Van Mons en ce qui regarde la régénération des arbres fruitiers. Au lieu de prendre nos graines à tort et à travers sur toutes les races indistinctement, aussi bien sur celles qui sont maladives et décrépites que sur celles qui ne le sont pas, nous devrions les prendre exclusivement sur des races nouvelles, robustes, ne datant que de huit à douze années au plus. Van Mons fut redevable de ses succès à des pepins de fruits récemment gagnés, non à des pepins de variétés anciennes ; aussi conseille-t-il d'avoir recours aux premiers et de dédaigner les seconds. Suivons ce conseil pour la régénération des pommes de terre par le semis, et vraisemblablement nous nous en trouverons bien. A chaque instant, nous entendons de maladroits faiseurs d'essais qui nous disent :

— Nous avons acheté de la raine de pommes de terre chez monsieur tel ou tel, nous en avons tiré de l'Amérique directement ; nous l'avons semée en terrain convenable ; nous avons prodigué au semis toutes les attentions désirables, et, malgré cela pourtant, les produits ont essuyé la maladie au même degré que nos anciennes races. Donc le semis n'est pas un moyen de régénération. Voilà la conclusion de ces messieurs.

A nos yeux, cette manière de raisonner ne prouve rien et ne prouvera rien, aussi longtemps qu'on ne saura pas nous indiquer la source exacte de la semence, qu'on ne saura pas établir qu'elle provient de gains récents et robustes. Et alors même que les sujets seraient de provenance irréprochable, nous ne serions pas surpris de voir la maladie se déclarer sur les produits de première année. Il faut bien admettre qu'une pomme de terre de semis, jeune, délicate, incomplétement développée, n'a pas toujours, dans ces conditions, la force de résister à des accidents de température ; mais supposons que la température ne lui soit pas contraire l'année du semis, et vous verrez que, les années d'ensuite, elle se maintiendra où les races fatiguées succomberont. Mais, encore une fois, on ne sait pas ce que l'on sème, et, la plupart du temps, au lieu de confier à la terre une graine de race jeune, on lui confie une graine de race vieille, fatiguée et malade ; et l'on s'étonne, après cela, de récolter des variétés étiques, comme si les petits n'héritaient pas des parents. On ne remarque pas assez non plus que les graines peuvent être croisées par des sujets défectueux, et que les produits de ces croisements ne sont pas aussi robustes que les produits de race pure.

Avant de conclure, il faut être certain que l'on a bien raisonné et bien procédé. Pour notre compte, nous ne semons et ne sèmerons à l'avenir que des graines de gains récents et parfaitement sains.

Les graines de la pomme de terre sont contenues dans des baies charnues, à peu près de la forme et du volume des billes dont se servent les enfants pour jouer. Vertes d'abord, leur couleur s'affaiblit à l'approche de la maturité ; puis la partie inférieure du pédoncule ou queue qui les porte, se ride, se dessèche, se rompt, et les baies tombent sur le sol, après la mort des fanes ou en même temps qu'elles meurent. C'est le moment de les recueillir et de les étiqueter pour savoir à quelle variété ou variation elles appartiennent. Cette distinction est utile, en ce sens que la graine d'une race aura toujours une certaine tendance à la reproduire avec ses qualités.

Le plus souvent, avons-nous déjà écrit quelque part, il est d'usage de laisser les baies de pommes de terre se ramollir en tas, et arriver à un commencement de décomposition. Après cela, on les écrase dans de l'eau jusqu'à ce que la pulpe disparaisse et se réduise à l'état liquide. Alors, on laisse reposer quelques minutes, et l'on décante. Les graines restent au fond du vase. On les verse sur du papier non collé, et on les change de papier plusieurs fois par jour, soit au soleil, soit dans le voisinage d'un feu doux, et jusqu'à ce qu'elles soient bien sèches. C'est un travail de patience, mais il ne présente aucune difficulté.

Parfois, on ne prend pas la peine de dégager la semence des baies ; on plante tout simplement ces baies en terre dans le courant de novembre. C'est la méthode naturelle, et nous l'avons suivie une année. Si elle a ses avantages, elle a aussi ses inconvénients que nous ferons connaître tout à l'heure.

Passons de suite au second procédé de multiplication, le plus généralement employé, parce qu'il donne des résultats avantageux la première année. Nous voulons parler de la *plantation* ou *bouturage*. Il consiste à reproduire la plante par la mise en terre de ses tubercules ou fragments de tubercules. Le choix du plant a beaucoup d'importance à nos yeux, et doit être fait au moment même de l'arrachage. Si les cultivateurs pouvaient tout prendre et ne rien rendre, ils n'y manqueraient pas, soyez-en convaincus ; il ne faut donc pas être surpris d'en rencontrer qui mettent toujours de côté les tout petits tubercules pour la plantation, et réservent les autres pour la consommation ou pour la vente. Cette regrettable manière de procéder s'est étendue très-vite, depuis que la maladie ravage les récoltes, et n'a pas peu contribué, sans que l'on s'en doute, à la maintenir et à l'aggraver. Les petits *plants* sont quelquefois aoûtés, mais la plupart du temps, ils n'ont pas atteint leur complet développement, et sont, en quelque sorte, à l'état herbacé. Dans le premier cas, nous avons donc affaire à des avortons qui sont aux tubercules ordinaires ce que sont les brindilles des arbres aux rameaux ordinaires. Or, les pépiniéristes et les hommes qui veulent des sujets vigoureusement constitués, bouturent-ils ou greffent-ils avec des brindilles ? Non, car ils n'atteindraient pas le but qu'ils ont en vue. Pourquoi donc serions-nous moins prévoyants qu'eux, et bouturerions-nous nos pommes de terre avec des tubercules défectueux, aoûtés avant l'heure, parce qu'ils ont été mal nourris ou affamés par leurs voisins, ce qui revient au même ? — Quant aux tubercules qui sont petits, parce qu'ils sont les plus jeunes, les derniers venus, et qu'ils n'ont pas eu le temps de se développer à point et de mûrir, nous les comparons à ces bourgeons d'arbres qui s'allongent vers la fin de l'été, quand les autres ne bougent plus, qui restent à l'état herbacé et résistent rarement aux rigueurs de l'hiver. Avez-vous jamais vu bouturer ou greffer ces tard-venus ? Évidemment non. Pourquoi donc alors admettre à titre de plants, c'est-à-dire de boutures, des tubercules qui se trouvent exactement dans les mêmes conditions de faiblesse ? C'est parce qu'on ne veut pas se donner la peine de raisonner par analogie. Pour nous, il est évident, à moins d'années exceptionnellement favorables, que les pommes de terre provenant de petits tubercules sont plus exposées que les autres aux atteintes de la pourriture, et ne sauraient donner de beaux produits.

De ce que les plants d'un petit volume ne valent rien, selon nous, il ne faut pas conclure par induction que ceux d'un très-gros volume doivent être les meilleurs de tous nécessairement. On commettrait une erreur. Les tubercules d'un développement anormal, comme ceux que l'on force avec l'engrais, sont plus ou moins altérés ; ce sont des reproducteurs pléthoriques, affaiblis dans certaines limites par cet état d'embonpoint, à la manière de ces animaux d'engraisseurs qui manquent de vivacité et de force. Les praticiens intelligents le savent bien; aussi accordent-ils la préférence aux tubercules moyens.

Reste à savoir maintenant si l'on doit laisser ces tubercules tels quels pour la plantation, ou s'il convient de les fractionner, de les mettre en morceaux, en s'arrangeant de façon, bien entendu, que chaque morceau porte au moins un œil ou gemme. A notre avis, les tubercules intacts valent mieux que les fragments de tubercules, attendu que, toute proportion gardée, les pommes de terre entières fournissent plus de nourriture et plus de fraîcheur aux jeunes pousses que les fractions de tubercules. Cette assertion serait inexacte si les plants divisés en deux parties égales, par exemple, dans le sens de la longueur, étaient enterrés sans aucun retranchement; mais il faut se rappeler que, dans un très-grand nombre de localités, on supprime le gros bout des tubercules, en vue de la consommation, tandis qu'on ne plante que l'autre partie, celle qui offre des gemmes ou yeux bien marqués. C'est ici le cas de faire remarquer encore à nos lecteurs l'analogie qui existe entre les tubercules de la pomme de terre et les rameaux d'un arbre. La partie formée en premier lieu, la base ou le gros bout, peu importe le nom, offre des yeux plus écartés et moins vifs que la partie formée en dernier lieu ou petit bout. Quelques-uns même des yeux de la base ont de la peine à se développer ou ne se développent pas du tout. Lorsque nous bouturons ou greffons un rameau d'arbre, les bourgeons partent plus vite de l'extrémité supérieure que des étages inférieurs; or, il en est exactement ainsi avec les tubercules de pommes de terre : les gemmes du petit bout, c'est-à-dire de la partie formée la dernière et la plus jeune par conséquent, sont ceux qui partent d'abord; puis vient le tour des gemmes de la partie moyenne, après quelques jours de retard; et enfin, les gemmes du gros bout se montrent les derniers ou ne se montrent pas, s'ils sont trop éteints. Voilà pourquoi, dans le Nord surtout, les cultivateurs économes croient pouvoir consommer cette vieille portion de tubercule, sans faire de tort sensible à la récolte; sans le moins du monde remarquer qu'il s'y trouve de la fécule pour la nourriture des jeunes pousses, et qu'en se l'appropriant, ils les volent.

D'après Philippe Miller, les cultivateurs anglais savent, depuis longue date, établir les distinctions dont nous venons de parler, quant au plus ou moins de dispositions à germer qu'offrent les yeux des tubercules, selon la position qu'ils occupent. Veulent-ils arriver tôt, ils plantent le petit bout du tubercule, coupé transversalement; veulent-ils arriver en seconde saison, ils plantent la partie moyenne; veulent-ils arriver tardivement, ils ne plantent que le gros bout, du moment où ce gros bout offre encore des gemmes bien conformés. Cette pratique, avantageuse vraisemblablement dans le jardinage, ne saurait nous convenir dans la grande culture.

Vous noterez, en passant, dans le cas où, mal-

gré nos conseils, vous persisteriez à vouloir couper les tubercules pour les planter, qu'il y a de l'inconvénient à enterrer ces fragments fraîchement coupés. Si la terre est trop fraîche ou si une pluie vient vous surprendre au moment de l'opération, la pourriture s'empare du plant et en détruit beaucoup. Il est donc prudent de fractionner les tubercules plusieurs jours avant la plantation et de laisser aux plaies le temps de se cicatriser. L'exposition au soleil est excellente pour hâter cette cicatrisation.

Quel que puisse être le parti que vous prendrez, ne choisissez pour plant, parmi les tubercules de moyenne grosseur, que ceux dont les yeux du petit bout ne seront ni trop rapprochés ni trop luisants, car, autrement, vous auriez abondance de tiges faibles, et abondance, par conséquent aussi, de tubercules chétifs qui ne représenteraient pas fidèlement le type. Faute de prendre la précaution d'écarter les tubercules à gemmes multipliés à l'excès vers le petit bout, on perd en peu d'années les meilleures races, ou, tout au moins, on les altère au point de ne plus les reconnaître.

A diverses reprises, et particulièrement dans les années de disette ou de misère, on a conseillé aux cultivateurs de se contenter, pour la plantation, soit de pelures de pommes de terre, soit des germes développés en cave par anticipation, soit des yeux enlevés des tubercules avec la pointe d'un couteau. Ces conseils avaient leur côté séduisant; il s'agissait de tout prendre ou à peu près, et de ne réserver pour la multiplication que des parties d'une valeur bien minime. Quelques personnes ont écouté et pratiqué la recommandation; nous en savons même qui se sont réjouies des résultats, mais il y a lieu de supposer que si les succès s'étaient maintenus, on aurait propagé partout et rapidement ces méthodes économiques. Comme on ne les retrouve nulle part, nous devons les tenir et les tenons pour condamnées. Nous ne contestons certainement pas aux gemmes de pelures épaisses, aux yeux détachés des tubercules et aux bourgeons développés en cave ou en silos, la faculté de reproduire leurs variétés, pas plus que nous ne contestons à l'œil d'un arbre ou d'une plante, à la queue d'une feuille et même à une partie du limbe, la faculté de reproduire un arbre ou une plante herbacée. Seulement, nous prenons la liberté de faire observer que ces modes de multiplication exigent des soins particuliers, que les jeunes plantes qui en proviennent végètent plus lentement, sont plus sensibles aux accidents de température, et ne donnent jamais des sujets aussi bien développés que les jeunes plantes issues de boutures ordinaires. Que l'on applique ces procédés par nécessité absolue, ou pour se distraire, ou à titre d'étude, ou bien encore à titre de tours de force, rien de mieux; mais qu'on vienne les recommander sérieusement aux hommes de la grande culture, c'est une autre affaire.

A diverses reprises encore, on a conseillé aux jardiniers de demander deux récoltes à leurs pommes de terre précoces. On leur a dit, à cet effet : Quand les tiges de votre première plantation seront à leur hauteur ordinaire, retranchez-en une ou deux de chaque touffe, par un temps couvert ou humide, et plantez-les en bonne terre, comme vous faites des boutures de rosiers, de pelargonium, etc., comme font les cultivateurs de nos campagnes pour les boutures d'osier, de saule commun ou de peuplier. La reprise sera prompte et assurée, et ces boutures de pommes de terre vous donneront des tubercules dans l'arrière-saison. C'est vrai; mais ce qui ne l'est pas moins, c'est que les pieds-mères qui fournissent les boutures, s'en ressentent; c'est que les tubercules provenant du second bouturage ne sont pas robustes, et qu'en procédant de la sorte, on précipite la dégénérescence de la plante. Aussi, nous n'admettons l'application de ce procédé que dans les cas où l'on ne possède qu'un exemplaire d'une variété à laquelle on tient beaucoup, et que l'on a hâte de multiplier, de peur de la perdre.

Souvent, trop souvent, les tubercules destinés à la plantation sont couverts de germes développés, que l'on supprime volontairement ou qui se rompent en partie par accident. Il s'ensuit que des bourgeons secondaires se développent à la base des bourgeons principaux qui ne sont plus, et que ces bourgeons secondaires ne donnent jamais en tubercules des produits de premier ordre, quant au volume et à la qualité. Parfois même, dans les variétés très-précoces, et par conséquent très-faibles, telle que la marjolin, le germe supprimé n'est pas suivi d'un bourgeon de remplacement et la levée n'a pas lieu. Voilà pourquoi il est bien essentiel de veiller à ce que le plant ne germe pas avant l'époque de la plantation. En temps et lieu, nous dirons comment l'on doit s'y prendre pour empêcher cette germination anticipée. Voilà pourquoi aussi il est très-prudent, de la part des personnes qui achètent le plant, de se le procurer toujours à l'entrée de l'hiver, non à la fin. Dans le premier cas, on est assuré d'avoir à sa disposition des tubercules en bon état; dans le second, il peut se faire que les premiers germes aient été rompus par le vendeur.

Préparation des semences et des plants de pommes de terre. — La graine de pomme de terre ne conserve pas longtemps ses facultés germinatives, surtout quand elle a été gardée en lieu sec et chaud, ou dans un sac où l'air ne circule pas. Pour assurer sa germination, il est bon de lever une plaque de gazon, que l'on divise en deux parties, et de placer la graine entre ces deux parties, du côté de l'herbe, pendant vingt-quatre ou quarante-huit heures, en plein air bien entendu. La fraîcheur réveille la semence, la gonfle un peu, et la levée devient plus assurée et plus rapide. Quant aux plants, ils n'exigent aucune préparation autre que celle dont il a été parlé précédemment, et qui consiste à laisser les plaies se cicatriser à l'air et au soleil, quand on les fractionne. L'immersion des tubercules dans le purin de fumier n'est pas à conseiller.

Semailles et plantation de la pomme de terre. — On peut, dès le mois de novembre ou en décembre, quand le temps le permet, mettre en rigoles les baies de pommes de terre, à 8 ou 10 centimètres l'une de l'autre, et les recouvrir de 2 ou 3 centimètres de terre. C'est évidemment la méthode naturelle; c'est ainsi que la plante se ressème d'elle-même à l'état sauvage. Nous avons pratiqué ce mode de semis et le connaissons assez bien pour en signaler l'inconvénient. Les petites graines, rassemblées dans chaque baie, lèvent par touffes serrées à la sortie de l'hiver, et, pour les éclaircir, il faut les enlever par pincées et en sacrifier un grand nombre. Les semeurs soigneux doivent donc préférer le semis de printemps avec les graines isolées, et mêler ces graines à du sable, à de la terre fine ou à des cendres, afin de ne pas en répandre trop à la même place. Un sol médiocre conviendrait, à la rigueur, pour un semis de pommes de terre, mais à la condition de le bassiner fréquemment avec l'arrosoir à pomme, en temps de sécheresse. Toutefois, il y a profit à se servir d'une riche terre à jardin, et mieux d'une couche tiède. Dans ces conditions, la graine lève plus complètement et la plante se développe plus rapidement que dans les conditions ordinaires. Dès qu'on peut la saisir du bout des doigts, il faut l'éclaircir. Cette opération est nécessairement plus lente sur un semis à la volée ou pêle-mêle que sur un semis en lignes; aussi conseillons-nous les lignes ou rigoles. Seulement, nous recommandons de ne pas les ouvrir avec un rayonneur ou avec un morceau de bois effilé à l'une de ses extrémités. Nous nous servons, à cet effet, d'une petite baguette que nous étendons sur le terrain, après l'avoir bien nivelé, et sur laquelle nous appuyons fortement le plat de la main. Dès que la baguette a été ainsi pressée, nous l'enlevons délicatement par un bout, et son empreinte forme une rigole très-superficielle, très-nette, et d'autant plus favorable à la levée de la semence que ses parois ont été tassées sur tous les points. On recouvre ensuite avec du terreau aussi divisé que possible. Quand le temps l'exige, on bassine légèrement avec de l'eau dégourdie au soleil, s'il fait chaud, ou par une addition d'eau bouillante, si la température extérieure est basse.

Les jeunes pommes de terre ne se développent pas vite d'abord, mais aussitôt que la tige paraît, l'accroissement se précipite. Lorsqu'elles ont 0^m,10 à 0^m,15 de hauteur, on les enlève avec le dos d'une cuillère ou d'une fourchette en fer, puis on les transplante par un temps couvert ou à partir de trois ou quatre heures de l'après-midi, à 0^m,32 l'une de l'autre, sur une bonne terre de potager, dans des fosses remplies de terreau, et l'on arrose délicatement, en vue de faciliter la reprise qui est en quelque sorte immédiate. On sarcle plusieurs fois pendant le cours de la végétation; on bine avec soin; on butte, plutôt pour marquer les touffes que pour développer le produit; et l'on attend, pour l'arrachage, que les fanes soient tout à fait desséchées et que la saison soit avancée. Voilà le moyen qui nous a le mieux réussi, qui nous a donné, la première année, des tubercules variant entre le volume d'une noix et celui d'un œuf de poule ordinaire.

Au moment de l'arrachage, on n'est jamais sûr

de bien distinguer les caractères à venir des tubercules de chaque touffe. Il faut se contenter de les séparer, et attendre la récolte de seconde année, c'est-à-dire le développement complet ou à peu près complet de ces tubercules. C'est alors, mais seulement alors, qu'il devient facile de saisir les différences de formes qui existent entre les produits du semis et les variétés connues dans le pays. On fait donc un choix. Les *gains* allongés peuvent fournir des pommes de terre fines et convenant pour la table; les *gains* arrondis, d'un volume moyen, à peau rugueuse ou écailleuse, peuvent être également très-délicats. Les tubercules à peau fine et luisante ne promettent pas d'ordinaire une qualité supérieure; cependant, on connaît des exceptions à la règle; les tubercules d'un gros volume peuvent devenir précieux pour l'alimentation du bétail; les tubercules difformes, monstrueux, doivent être rejetés aussi bien que les tubercules atteints de la *maladie*, dont nous aurons à vous entretenir.

Il ne faut pas juger de la valeur d'une pomme de terre sur une seule dégustation, attendu qu'un tubercule, médiocre dans le principe, peut s'améliorer d'année en année. Nous avons eu de ce fait un exemple bien remarquable. Une variété, dite l'*Infernale*, originaire de la Hesbaye (province de Liége), n'était pas mangeable en 1850, et l'était devenue en 1855. Néanmoins, nous sommes assez disposé à partager l'opinion des paysans belges qui disent que ce qui est mauvais pour les gens, en fait de pommes de terre, ne saurait être bon pour les bêtes, qu'il ne faut pas trop se fier à la grosseur et que la qualité est à rechercher d'abord. Donc, quand un gain, quoique gros, ne peut figurer tout de suite sur la table, il y a cas de rebut, parce qu'il faudrait attendre trop longtemps avant d'en obtenir des qualités passables.

On se dispense quelquefois de bien soigner les semis de pommes de terre, de les éclaircir comme il faut et de repiquer le plant. Qu'en résulte-t-il? Les tubercules récoltés n'atteignent tout au plus que le volume d'une noix et plus souvent d'une noisette; en sorte qu'au lieu d'arriver au développement parfait de la plante en deux années, il faut compter sur trois années d'attente.

Si le semis de la pomme de terre a une importance énorme et méritée aux yeux des hommes de progrès, il n'en est pas moins vrai que la multiplication par le bouturage, c'est-à-dire par le plant, est la seule à laquelle les praticiens doivent recourir. Parlons donc de la plantation :

La pomme de terre est une plante vivace; par conséquent, si on ne l'arrachait pas, elle repousserait tous les ans, comme repousse le topinambour, à moins cependant que la gelée ne s'y opposât, en détruisant les tubercules. Dans son pays d'origine, c'est ainsi que la pomme de terre sauvage se reproduit, en même temps que par la graine; elle n'a pas à y craindre les effets du froid. Si, au lieu de laisser les tubercules à la même place, nous les enlevions d'ici pour les mettre là, vers le milieu de l'automne, ils repousseraient tout aussi bien au printemps si, bien entendu toujours, l'hivernage était possible. Ceci revient à dire qu'en pareil cas, la plantation automnale serait plus na-

turelle, plus rationnelle que la plantation au printemps. Et, en effet, les résultats le prouvent. Pendant sept ou huit années consécutives, nous avons planté nos pommes de terre aussitôt l'arrachage terminé, sur une étendue d'un tiers d'hectare environ, dans un terrain léger et en coteau, sous le rude climat de l'Ardenne belge, et constamment le succès a couronné nos essais. Il était rare qu'il manquât plus d'une vingtaine de plants à l'appel au printemps, et encore n'accusions-nous pas la gelée de leur disparition, parce qu'on n'en retrouvait pas trace. Sans aucun doute, ils avaient été mangés par les souris. Notre plantation d'automne, exécutée dans les premiers jours d'octobre, à 0^m,22 de profondeur environ, recouverte de terre simplement, non de fumier long, nous rendait chaque année une récolte d'un quart au moins supérieure à la récolte d'une plantation de printemps. Les tubercules étaient bons, beaux et robustes. Les amateurs qui, en France, ont essayé la culture automnale dans des conditions convenables, n'ont eu, comme nous, qu'à s'en louer. Or, les conditions sont convenables toutes les fois que l'on a affaire à une terre légère où l'eau ne séjourne point, et toutes les fois que l'on met le plant non coupé à une profondeur de 0^m,22 à 0^m,25 au plus. A 0^m,32, on s'expose à ne récolter que de très-petits tubercules et en petit nombre; à moins de 0^m,20, les effets du froid sont quelquefois à craindre. Quant au climat, il n'y a pas trop lieu de s'en inquiéter, puisque notre plantation a essuyé, en l'absence de toute couverture de neige, et sans en souffrir, un froid variant de 12° à 22°. Il est à remarquer que les tubercules en terre ne sont pas, à beaucoup près, aussi sensibles à la gelée que les pommes de terre en cave, et plus d'une fois, il nous est arrivé de trouver des pommes de terre intactes, quoique enveloppées de terre gelée. Voilà pourquoi, même dans le Nord, où le sol gèle habituellement à plus de 0^m,32 de profondeur, il n'est pas rare de retrouver au printemps, à l'époque du premier labourage, des tubercules parfaitement sains que l'on a oubliés au moment de la récolte. La même remarque est à faire quant aux tubercules du topinambour, que la gelée et la pourriture atteignent vite en cave et qui résistent cependant si bien, sur place, aux rigueurs des plus rudes hivers.

Quoi qu'il en soit, et malgré les avantages certains de la culture automnale des pommes de terre, dans les conditions voulues, cette méthode n'est et ne sera longtemps que très-exceptionnelle, même dans les localités où le cultivateur a par devers lui toutes les bonnes chances de réussite.

Généralement, faute de réflexion, l'on s'imagine que des tubercules plantés avant l'hiver, doivent pousser de très-bonne heure au printemps. C'est une erreur qu'il importe de détruire; ils poussent, au contraire, tardivement, huit ou dix jours après les tubercules enterrés en mars ou en avril, selon les contrées. Il doit en être ainsi, parce que le tubercule d'automne est enterré plus bas que le tubercule du printemps, parce que la terre qui recouvre le premier est plus tassée que celle qui recouvre le second, parce que la chaleur atmosphérique arrive moins vite au tubercule d'automne qu'au tubercule de printemps, parce qu'enfin, les pommes de terre conservées en cave ou en silos avant leur plantation ont subi un commencement de fermentation, c'est-à-dire de décomposition qui tend à continuer, tandis que les pommes de terre enterrées n'ont point subi ce commencement de fermentation et sont moins pressées de se reproduire.

Arrivons maintenant, si vous le permettez, à la plantation de printemps, la plus usitée partout. Pour celle-ci, il n'est pas absolument nécessaire, comme pour la précédente, de se servir de tubercules entiers; on peut, à la rigueur, diviser le plant en deux parties, dans le sens de la longueur et en prenant, comme nous l'avons conseillé, la précaution de laisser cicatriser les plaies avant d'enterrer les morceaux. L'époque de la plantation varie nécessairement avec les climats et la nature des terrains. Dès la fin de février, si la température l'autorise et si le sol est convenablement ressuyé, il n'y a pas d'inconvénients, et l'on continue ce travail en mars, en avril et même jusqu'en mai. Vous noterez toutefois que la plantation hâtive est de beaucoup préférable à la plantation tardive ; que, dans le premier cas, le rendement est plus considérable et le produit de meilleure qualité que dans le second.

La plantation se fait à la houe et à la bêche dans la petite culture, et à la charrue dans la grande. La besogne, exécutée à la houe et à la bêche, est, sans contredit, moins imparfaite que celle exécutée à la charrue, mais en retour, elle est plus coûteuse, et, tout bien examiné, la plus grosse part de bénéfice net n'est pas de son côté. Lorsqu'on emploie la houe ou la bêche, on commence par ouvrir une ligne de fosses, et à mesure que le cultivateur fonctionne, une femme ou un enfant le suit et laisse tomber dans chaque fosse ouverte un seul tubercule, s'il est d'un volume moyen, ou deux tubercules s'ils sont d'un volume au-dessous du médiocre, ou un seul gros morceau ou deux petits fragments. Les premières fosses sont remplies avec la terre extraite des fosses de la seconde ligne, et ainsi de suite jusqu'à la dernière ligne de fosses que l'on comble en ramenant de la terre de droite et de gauche, pour couvrir le plant.

La profondeur qu'il convient de donner aux fosses, est subordonnée à diverses considérations. En terre légère, dans un climat humide, peu exposé à souffrir de la sécheresse, il n'y a pas d'inconvénient à planter à 0m,15 seulement ; mais en terre légère, dans un climat doux, on doit aller jusqu'à 0m,20 et 0m,25. En terre consistante ou fraîche, ou riche en terreau, la plantation ne doit pas être profonde, à moins que l'on n'opère sous le ciel du Midi.

On perd peut-être plus à trop rapprocher les touffes l'une de l'autre qu'à trop les écarter. Dans tous les terrains et sous tous les climats, il serait avantageux de ménager en tous sens une distance de 0m,50 au moins.

« Pour exécuter la plantation à la charrue, dit M. de Dombasle, on divise le champ dans sa longueur en deux ou trois parties, selon son étendue : dans chacune on place une ouvrière, qui doit planter l'étendue du sillon qui se trouve dans sa division. Pendant que les femmes sont occupées à planter les deux raies d'un billon, la charrue entame un billon voisin et y ouvre des raies dans lesquelles les femmes iront planter, en même temps que la charrue reviendra couvrir les pommes de terre, plantées dans le premier billon, et ainsi successivement, en faisant marcher de front le labour et la plantation dans les deux billons voisins ; de cette manière, et lorsque le service est bien organisé, la charrue ni les planteuses ne chôment jamais. Les femmes ne doivent pas jeter les pommes de terre négligemment dans le sillon, mais les placer à la main contre la bande de terre qui vient d'être retournée, en les appuyant pour les enfoncer un peu, afin que le cheval qui vient dans la raie ne les dérange pas. Dans les saisons ou dans les sols très-humides on ne doit pas placer la pomme de terre au fond du sillon, mais à une couple de pouces (0m,054) au-dessus, sur le revers de la bande de terre, en l'enfonçant dans la terre de cette bande. Par ce moyen, on a moins à craindre la pourriture qui, dans certaines saisons et certains sols, détruit une grande partie des pommes de terre avant qu'elles n'aient levé. On les espace de huit, dix ou quinze pouces (0m,216, 0m,270, 0m,405) dans là ligne, selon que les variétés occupent plus ou moins d'espace. »

Ces intervalles ne nous paraissent pas suffisants.

« Lorsque la plantation est terminée, si l'on craint la sécheresse, ajoute M. de Dombasle, il est fort important de herser parfaitement la surface du sol et même de faire suivre la herse par le rouleau dans les sols légers, lorsque la surface est bien sèche. »

Il ne faut pas moins de 25 à 30 hectolitres de tubercules pour ensemencer un hectare.

Soins à donner à la pomme de terre pendant sa végétation. — Aussitôt que les pommes de terre sont toutes levées, c'est-à-dire au bout de quinze jours, de trois semaines ou d'un mois, selon que la température est favorable ou ne l'est pas, il faut les herser dans tous les sens, afin de rompre la croûte du sol, et ne pas craindre d'endommager les jeunes tiges. Pourvu que la herse ne soit pas trop lourde et que ses dents n'atteignent pas les tubercules-mères, il n'y a pas d'inquiétude à concevoir. Dans la petite culture, où il n'est point d'usage de herser, on a soin de donner un labour superficiel avec la houe quelques jours avant la levée, afin de la faciliter. Dans la grande culture, les personnes qui trembleraient à la pensée de déchirer avec les dents de la herse les tiges de la jeune plante pourraient fort bien imiter les hommes de la petite culture et herser le terrain huit jours environ avant la levée.

Dès que les mauvaises herbes envahissent les champs de pommes de terre, et toujours par un temps sec, on doit sarcler avec la houe. La récolte indemnisera largement le cultivateur. Dans le courant de juin, on binera les pommes de terre, non pas superficiellement, comme cela se fait presque toujours, mais à une profondeur convenable, de manière à ameublir le terrain jusqu'au niveau du plant. Plus la terre sera remuée, plus les tubercules prospéreront ; c'est une règle qui comporte très-peu d'exceptions. En même temps que l'on bine on peut butter, tantôt avec la houe, tantôt avec la charrue à deux versoirs ou *buttoir*.

Nous n'attachons pas au buttage des pommes de terre l'importance qu'y attachent la plupart des cultivateurs. Sans condamner absolument cette opération, nous croyons qu'elle n'est pas nécessaire partout et que fort souvent les buttes n'ont d'autre mérite que celui de marquer les places des touffes quand les tiges desséchées ont en grande partie disparu. Dans les terrains consistants, les buttes soustraient les tubercules aux influences atmosphériques ; dans les années humides, elles ralentissent l'évaporation souvent au préjudice des parties souterraines ; si elles favorisent la production de tubercules dans leur sein même, il est à remarquer que c'est toujours au détriment de ceux du dessous, et qu'en fait de tubercules, les derniers venus ne valent jamais les premiers. Beaucoup même ne s'aoûtent point. Nous faisons encore aux buttes le reproche de trop favoriser l'accroissement des fanes. Dans les terres légères, dans un climat chaud, le buttage, au contraire, a des avantages que l'on aurait tort de méconnaître, et que nous ne méconnaissons pas. Il protège la plante contre les inconvénients d'une sécheresse prolongée ; il maintient la fraîcheur à son pied et rend ainsi des services incontestables aux tubercules. Donc, tout compte fait, nous conseillons à nos lecteurs de butter en terre légère sous un climat plutôt sec qu'humide, de butter dans les contrées méridionales de la France même en terre consistante ; mais en même temps nous leur conseillons de ne pas butter sous les climats brumeux, humides ou frais, sans distinction de nature de terrain, et de ne pas butter non plus dans les argiles plus ou moins compactes du centre, de l'est, de l'ouest et du nord de la France, ou de ne butter que faiblement, à seule fin de reconnaître plus aisément la place des touffes au moment de l'arrachage.

Il s'agit maintenant de nous entendre sur les moyens de former les buttes. Les hommes de la grande culture se contentent de renverser une bande de terre de chaque côté des lignes, et sur toute la longueur de ces lignes. C'est l'opération de la charrue à deux versoirs, fonctionnant entre les rangées. Dans quelques contrées, en Belgique notamment, on procède de même avec la houe dans la petite culture, parce que les touffes sont très-rapprochées sur chaque ligne ; mais ailleurs, dans les localités où l'espace ne manque pas entre les plantes, on établit la butte en forme de taupinière, autour de chaque touffe, et chaque fois, bien entendu, que l'on se sert de la houe. La butte circulaire vaut mieux certainement que la butte par bandes adossées l'une à l'autre, car elle contrarie moins l'action de l'air et de la chaleur sur la végétation souterraine ; mais, pour notre compte, et en ce qui regarde les cultures faites à bras d'homme, nous préférons à ces deux sortes de buttage un troisième procédé que nous allons décrire et que nous avons recommandé le premier, et pour la première fois, il y a quelques années. Il repose sur l'observation que voici : — Chaque fois que l'on arque un rameau d'arbre ou de plante

herbacée, la sève y circule moins vite qu'auparavant, et les bourgeons rudimentaires, plus ou moins endormis au-dessous de la partie coudée, s'éveillent et se développent avec énergie. C'est le moyen employé souvent pour établir le second cordon d'une treille, ou pour continuer la tige d'une palmette, sans recourir à la taille. Partant de cette observation, nous nous sommes dit que les tiges de la pomme de terre relevaient de la loi commune, et qu'il suffirait probablement de les courber, *après leur presque complet développement*, quand les boutons se montrent, pour déterminer avec énergie le développement des bourgeons souterrains. Ce qui nous affermissait d'ailleurs dans cette persuasion, c'est qu'il est de notoriété chez les praticiens que les fanes couchées à terre par le vent, et ne se relevant plus, annoncent une production plus riche, sous tous les rapports, que les fanes qui se maintiennent à peu près droites. Nous songeâmes à employer les buttes comme moyen d'arqûre, et ce moyen nous a si bien réussi que, depuis lors, nous ne l'avons pas abandonné. Nous renversons les tiges avec le pied, et nous buttons sur la touffe, de façon à ne laisser passer que les extrémités des tiges en question qui se relèvent au bout de vingt-quatre heures, et continuent de pousser verticalement. Mais le coude est formé, la sève circule moins vite dans les parties aériennes, et nous n'en voulons pas davantage. Avec les autres procédés de buttage, on active au contraire la végétation verticale des fanes, c'est-à-dire la circulation de la sève, et l'on retarde d'autant la production des tubercules. Notre procédé est par conséquent et exactement l'inverse de ceux-là. On prend aux tubercules ou aux rudiments de tubercules pour donner aux tiges et aux feuilles ; nous prenons, nous, aux tiges et aux feuilles pour donner aux tubercules. Rien n'empêcherait de transporter ce procédé de la petite culture à la grande, en se servant d'une charrue ordinaire à large versoir, de manière à ne jeter la bande de terre que d'un seul côté des rangées.

Il va sans dire que si l'on adoptait le procédé que nous soumettons aujourd'hui à l'appréciation du public qui ne dédaigne point les opérations raisonnées, il faudrait reculer la date habituelle du buttage pratiqué généralement, et attendre la venue des boutons à l'extrémité des principales tiges. S'il n'y a pas d'inconvénient à butter de bonne heure par les méthodes ordinaires, qui ont toujours pour résultat d'activer le développement des parties aériennes, il y en aurait beaucoup, en retour, à exécuter notre mode de buttage, qui a un résultat tout opposé, celui de contrarier le développement de ces mêmes parties aériennes. Telle est la distinction bien essentielle à faire. Il est évident que si nous renversions sur le sol des tiges de 0m,25 à 0m,30 de hauteur, nous les étoufferions et ferions souffrir la plante entière, tandis qu'en les renversant lorsqu'elles approchent de leur complet développement, nous agissons sur une plante robuste et pouvons lui imposer des privations qu'elle est en état de supporter. Seulement, par cela même qu'il convient d'ajourner ce buttage au mois de juillet, le plus ordinairement, il serait bon, durant ce délai, de pratiquer un second binage qui, n'en doutez pas, serait amplement indemnisé par la récolte.

Sur différents points, on donne aux pommes de terre une fumure liquide, pendant le cours de la végétation. Ainsi, dans le Palatinat, avant de butter, il est d'usage d'arroser les touffes avec du purin; et de butter tout aussitôt sur la partie mouillée, afin d'empêcher l'évaporation. En terrain très-léger et dans un climat chaud, ou par un temps exceptionnellement sec, un pareil usage doit avoir d'excellents effets; mais dans d'autres circonstances, il nous paraît plus nuisible qu'utile. Ainsi encore, dans la Campine anversoise (Belgique), nous avons vu employer l'engrais liquide, mais à la suite du buttage, et seulement dans les cultures restreintes. Un homme, armé d'un pieu effilé, ouvrait un trou dans chaque butte, et une femme ou un enfant, qui portait un broc d'engrais liquide, versait de cet engrais dans les trous.

A l'occasion des soins à donner aux pommes de terre pendant le cours de la végétation, il conviendrait peut-être de citer certaines précautions prises contre la maladie, telles que le chaulage, le soufrage, la suppression des fanes attaquées; mais il nous semble que ces divers sujets seront mieux à leur place dans les paragraphes qui vont suivre.

Maladies de la pomme de terre. — La pomme de terre est sujette à la pourriture, lorsqu'on l'a récoltée incomplétement mûre, ou par un temps pluvieux; elle est sujette aussi à des excoriations, et l'on dit alors qu'elle est *chancreuse* ou *galeuse*. Cette affection n'ôte rien à ses qualités, mais elle arrête son développement et diminue sa valeur marchande. On l'attribue à la présence des plâtras et du calcaire dans le sol; mais, sans nier précisément le mérite de l'explication, nous pensons qu'il convient d'observer encore, avant de se prononcer, car nous avons rencontré des pommes de terre excoriées dans des terrains où il ne se trouvait ni plâtras ni calcaire. Nous ajoutons que des pommes de terre plantées par nous à Saint-Hubert, vers le 20 juillet, dans le but de former de petits tubercules d'arrière-saison, de les conserver en hiver sous de fortes buttes, et de les consommer en avril, à titre de contre-façon de pommes de terre nouvelles, nous ont donné des produits presque généralement galeux. La maladie vraiment sérieuse, la plus grave entre toutes, c'est celle que nous observons depuis 1843, et qui consiste dans une altération des feuilles, des tiges et du tissu des tubercules. Sur les feuilles, elle s'annonce par une odeur désagréable, par le recroquevillement, puis par des taches brunes qui s'étendent vite et tuent les fanes en quelques jours. Sur les tubercules, elle s'annonce par des taches livides à la peau, taches qui gagnent

Fig. 252. — Pomme de terre malade.

assez vite l'intérieur du tubercule, et le gâtent presque toujours entièrement. Dans quelques cas ce-

pendant, la maladie s'arrête après l'arrachage, et le tubercule se durcit en se desséchant. C'est cet état de la pomme de terre que l'on a comparé à la *gangrène sèche*.

Ce n'est pas de 1843 seulement que date la terrible affection qui nous occupe. Il y a lieu de croire qu'elle ne diffère en rien des affections constatées en d'autres temps. Un écrivain a publié, au commencement de 1856, dans les *Annales du Cercle agricole du grand-duché de Luxembourg*, un travail remarquable, et tellement conforme sur la plupart des points à notre manière de voir, que nous ne pouvons résister au plaisir de reproduire quelques passages de ce travail.

« Aujourd'hui, dit-il, que l'existence de ce précieux tubercule américain est mise en question par la maladie, que certains pessimistes viennent même proposer d'en abandonner la culture, et que d'autres veulent le remplacer par un grand nombre de plantes à racines tuberculeuses et farineuses, voire même retourner à des légumes abandonnés depuis longtemps, il nous a semblé très-intéressant de constater : 1° que l'affection morbide des pommes de terre date de longtemps; 2° qu'elle s'étend simultanément à tous les pays dans lesquels on la cultive; 3° que la maladie ne peut être rapportée aux influences climatologiques ou culturales, mais que les pommes de terre souffrent d'une maladie intérieure, ou, pour mieux dire, d'un vice de constitution qui sévit à des époques indéterminées avec plus ou moins de véhémence, suivant que le mode de culture ou le terrain lui est plus ou moins propice, et que la vitalité de l'individu est sur son déclin.

« Comme il est généralement connu, l'épidémie des pommes de terre s'étendit, en 1843, avec une vitesse prodigieuse sur toute l'Europe. Elle causa alors aussi de grands ravages dans l'Amérique du Nord, tandis que des autres parties du monde, notamment des Indes orientales, on entendit des plaintes simultanées sur l'apparition de cette affection.

« Les recherches auxquelles on se livra à la suite de cette épidémie ont fait constater qu'elle n'était pas sans précédent.

« Il est établi qu'en 1742, une affection analogue à celle qui nous occupe, détruisit la récolte des pommes de terre en Irlande; que, vers 1770, l'Angleterre, la France, la Hollande et l'Allemagne furent visitées par une maladie des pommes de terre, appelée la *cloque*, laquelle fut aussi pernicieuse aux tubercules, et présenta les mêmes symptômes que l'affection régnant aujourd'hui. L'Allemagne occidentale se ressentit alors le plus de ce fléau. »

Nous ajouterons que, vers 1817, le fléau sévit cruellement dans les Pays-Bas, ce que paraît ignorer l'auteur luxembourgeois; puis nous reconnaîtrons avec lui que c'est toujours par voie de semis que la régénération s'est faite, et qu'il faut s'attendre, tous les quarante, cinquante ou soixante ans, à voir la maladie revenir et ravager nos récoltes.

Il en serait ainsi, en effet, si, pour renouveler l'espèce par le semis, on attendait que toutes les variétés fussent à peu près complétement détruites par le fléau. On créerait alors des races nouvelles en remplacement des anciennes races qui, nées à la même époque, finiraient presque à la même époque aussi. Mais du moment où l'on sème tous les ans, nous arriverons à avoir des variétés de différents âges, et la maladie, au lieu de généraliser ses désastres, les exercera partiellement, selon la constitution délicate ou robuste, et selon l'âge des races cultivées. Plus on régénérera par le semis, moins on pâtira par la maladie.

Nous avons dit et nous maintenons :

1° Que les plantes, herbes ou arbres, doivent avoir une fin, comme tout ce qui vit en ce monde ;

2° Que si elles se perpétuent par le semis, et sans s'altérer, elles ne se perpétuent pas de même par tout autre moyen de reproduction ;

3° Que le bouturage, le croisement et l'hybridation altèrent la santé et abrègent par conséquent la vie des sujets ;

4° Que la plantation des pommes de terre est le *bouturage* renouvelé chaque année sur une plante vivace ;

5° Que ce bouturage incessant fatigue la race et l'amène à l'état de décrépitude dans un délai qui varie entre quarante et soixante ans ;

6° Qu'il suffit alors d'une année pluvieuse ou de brusques changements de température pour l'anéantir en partie ;

7° Que la pomme de terre usée par le bouturage est d'autant plus fragile qu'à cette principale cause on vient en ajouter d'autres ;

8° Que ces autres causes, en dehors des accidents climatériques, sont : le retour trop fréquent de la plante à la même place ; la plantation dans les terrains trop compactes ou mouillés ; l'abus des engrais ; l'emploi, à titre de plants, de tubercules trop jeunes, de tubercules ramollis en cave, de tubercules dont les pousses anticipées ont été détruites avant leur mise en terre ;

9° Qu'à égalité d'âge, les pommes de terre précoces sont moins robustes et plus sujettes à la maladie que les pommes de terre tardives ;

10° Que l'époque de la plantation n'est pas indifférente, et que les pommes de terre plantées les premières sont moins ravagées que celles plantées tardivement ;

. 11° Enfin, qu'il n'y a pas à compter sur la régénération d'une race usée, sinon par voie de semis, au moins par voie de plantation ; qu'il n'y a pas lieu de croire à des promesses de régénération, parce que la pomme de terre qui aura beaucoup souffert une année, aura moins souffert les années d'après. On ne rajeunit point les vieillards, ne l'oublions pas ; quand les saisons leur sont défavorables, il en succombe beaucoup ; quand, au contraire, les saisons leur sont propices, il n'en succombe guère. C'est un simple ajournement à quelques mois ou à quelques années, pas autre chose. Il en est de même des pommes de terre ; leurs soixante ans valent nos quatre-vingt-dix ans dans l'espèce humaine ; des deux côtés c'est la fin d'une génération.

De ce qui précède, il résulte : 1° que si nous détruisons les races par le bouturage, nous devons en refaire d'autres par le semis, et les échelonner

de manière à ne plus risquer que des ravages partiels ;

2° Que nous devons éviter le plus possible un retour fréquent des pommes de terre à la même place, surtout lorsque nous avons affaire à une race qui date déjà de vingt ou trente ans ; que les terres neuves ou de défriche leur sont favorables ;

3° Que nous devons éviter également les terrains argileux ou trop frais, et que si nous ne le pouvons pas, il vaut mieux leur confier des races jeunes et tardives que des races affaiblies par l'âge ou par leur nature précoce ;

4° Que l'abus de la nourriture contribuant à l'altération des tissus, nous devons fumer modérément ;

5° Que nous ne devons employer pour la multiplication de nos races que des tubercules mûrs, fermes et non germés ; que, par conséquent, nous avons à prendre les mesures nécessaires pour prévenir la germination dans les caves ou dans les silos ;

6° Que nous devons moins compter sur les pommes de terre précoces, qui ont vingt ou vingt-cinq ans, par exemple, que sur les pommes de terre tardives du même âge ; que nous nous trouverions bien de planter le moins possible des sujets de vieilles races, et le plus possible des sujets de races jeunes et fortes ;

7° Enfin, que les plantations automnales, — lorsqu'elles sont réalisables, — sont plus productives et moins énervantes pour une variété que les plantations de printemps, et que, parmi ces plantations de printemps, celles de mars valent mieux que celles d'avril, et celles-ci mieux que celles de mai. Nous l'avons déjà dit, mais il n'est pas inutile de le répéter.

Les considérations qui précèdent dérivent non des théories plus ou moins savantes qui se sont produites à l'occasion de la maladie, mais d'observations pratiques recueillies pendant une dizaine d'années.

Nos races de pommes de terre attaquées le plus gravement sont ou nos races les plus vieilles, ou nos races les plus précoces. On a essayé de les guérir avec de la chaux fusée et de la fleur de soufre, projetées tantôt sur les fanes, tantôt sur le tubercule avant la plantation ; on a conseillé de couper les tiges malades, afin d'empêcher le mal de descendre jusqu'aux tubercules, comme si l'on ne savait pas que sous des tiges saines, on rencontre souvent des tubercules altérés ; on a conseillé le pincement des extrémités qui peut profiter, il est vrai, au développement des produits souterrains, mais qui n'a pas le moindre pouvoir sur la maladie ; enfin, que n'a-t-on pas conseillé et que ne conseille-t-on pas encore !

Nous vous déclarons très-franchement que nous ne croyons pas à la guérison de nos incurables. Laissons passer la vieille génération et saluons celle qui arrive ; c'est ce que nous avons de mieux à faire.

Récolte. — Les pommes de terre les plus précoces gagnent à rester en place au moins jusqu'à la fin d'août. Ce qui était à vendre a été vendu d'ordinaire en juin et juillet ; ce qui reste est donc destiné à former du plant. Les pommes de terre de seconde saison et les variétés tardives ne sont arrachées qu'à la fin de septembre, ou pendant la première quinzaine d'octobre. Qu'il en soit ainsi dans les montagnes de l'Ardenne, où, cependant, nous procédions à l'arrachage des nôtres à partir du 20 septembre, et sans avoir eu jamais sujet de nous en repentir, nous le comprenons, car la végétation y commence tard et finit tard aussi ; mais nous n'admettons pas que l'on soit tenu d'observer scrupuleusement la même date dans tous les climats de la France, aussi bien dans les terres poreuses que dans les terres compactes ou humides, dans les années sèches comme dans les années pluvieuses. Ce qui explique l'arrachage tardif de la pomme de terre, c'est la coïncidence de sa maturité complète avec le moment des grandes semailles, et parfois des vendanges. Ce retard, après tout, ne présente aucun inconvénient ; mieux vaut attendre que de précipiter la date de cette opération.

Si, dans beaucoup de cas, la dessiccation des fanes sur pied est un indice de la maturité des tubercules, souvent aussi elle ne prouve pas que ces tubercules aient atteint leur développement complet. C'est du moins l'opinion d'un grand nombre de praticiens qui soutiennent qu'ils continuent de profiter même après la disparition des tiges. Cette manière de voir est peut-être un peu absolue ; toutefois, il est à remarquer que si les fanes sont nécessaires à l'existence des parties souterraines, elles ne sont pas indispensables, dans l'acception rigoureuse du mot. On a vu des pommes de terre Marjolin se développer dans le sol, sans le secours d'aucune trace de tige aérienne ; or, après cela, il est bien permis de croire que des pommes de terre appartenant à d'autres variétés peuvent se développer aussi, plus ou moins, en l'absence de leurs fanes, surtout quand celles-ci disparaissent de bonne heure, et plutôt accidentellement que naturellement.

Il faut arracher les pommes de terre par un temps sec, ne commencer l'opération qu'après l'évaporation de la rosée et ne pas la poursuivre après quatre heures de relevée ; il faut, en un mot, éviter le plus possible la pluie, le brouillard et la rosée, afin de prévenir la pourriture des tubercules.

On se sert, pour l'arrachage, de la houe dans les terres fortes ; de la fourche de fer à trois dents, dans les terres schisteuses ; de la bêche ou de la houe, dans les terres très-sablonneuses qui échappent aux dents de la fourche ; et enfin de la charrue, dans les grandes exploitations où la main-d'œuvre est rare et chère. Ce dernier moyen est expéditif et économique ; mais on perd des tubercules en plus grande quantité que par les autres moyens, et l'on aussi du temps à découvrir ceux que le versoir de la charrue a enterrés sous les bandes retournées. M. Lœuillet assure que le rendement d'un hectare peut s'élever, dans des circonstances très-favorables, jusqu'à 400 ou 500 hectolitres de tubercules, mais c'est là une exception ; les terres de qualité moyenne ne rendent pas plus de 250 hectolitres ; et la moyenne du rendement en France, d'après la statistique, est de 104 hectolitres. Chaque hectolitre pèse à peu près 75 kilogrammes.

A mesure de l'arrachage, on jette les pommes de terre sur le terrain, et on doit les y laisser quelques heures, le temps nécessaire pour qu'elles se ressuient bien. Après cela, on doit les ramasser, les rentrer sous un hangar ou dans une grange d'abord, et ne les mettre en cave ou en silos qu'au bout d'une quinzaine de jours. C'est un excellent moyen d'assurer leur conservation. Il y a quelques années, toutes nos pommes de terre, moins trois ou quatre mannes, furent arrachées en temps sec et rentrées avant la nuit, à savoir dans de bonnes conditions ; seulement, les trois ou quatre mannes arrachées en dernier lieu furent mouillées par le brouillard et rentrées humides par conséquent. La pourriture ne tarda pas à se déclarer à la surface du tas et à envahir les tubercules qui avaient eu à souffrir de l'humidité. On dut les enlever à la hâte. Une fois enlevés, la décomposition s'arrêta ; donc la cause du mal n'était pas douteuse. Eh bien, à présent, supposez qu'au lieu d'avoir été récoltés les derniers, les tubercules en question eussent été récoltés les premiers et placés en dessous du tas, et non en dessus, il est clair que la pourriture se serait communiquée à la masse entière, et qu'à ce propos nous nous serions livré à toutes sortes de conjectures qui, probablement, n'auraient abouti à rien.

On pourrait nous objecter qu'autrefois on rentrait des pommes de terre mouillées par la brume ou par la pluie, et qu'elles ne pourrissaient point comme à cette heure. Nous répondons que le fait est exact, mais qu'autrefois les pommes de terre, qui, pour la plupart, proviennent des semis faits en Hollande, vers 1817, étaient plus jeunes, plus robustes, moins dégénérées qu'aujourd'hui. A vingt ans, nous supportons des choses que nous ne supporterions pas à soixante ; et de même qu'un vieillard usé par la fatigue et les ans, souffre plus des intempéries des saisons qu'un homme jeune et fort, de même aussi la plante vieille et fatiguée souffre plus des intempéries que la plante jeune et vigoureuse.

Conservation de la pomme de terre. — Pour conserver parfaitement les produits végétaux, il faut ou supprimer entièrement l'air qui est un des agents de la fermentation, ou empêcher la chaleur de se produire dans la conserve et d'y atteindre un certain degré, puisque la chaleur est une seconde cause de cette fermentation. Supprimer l'air n'est pas possible : on n'y parvient que très-incomplétement en ensablant les produits, c'est-à-dire en formant des couches alternatives de sable et de tubercules. Le sable bouche les vides et tient tant bien que mal la place de l'air. Mais ce moyen n'est pas applicable dans les opérations de la grande culture ; nous n'en finirions point, si nous voulions tout ensabler, et nous occuperions d'ailleurs beaucoup trop de place. Il vaut donc mieux aérer nos produits, y établir des courants et empêcher par là que la température ne s'élève et ne les gâte. Eh bien, la plupart du temps, nous ne faisons rien de cela. Nous mettons à terre et contre le mur de la cave quelques poignées de paille; nous formons un encadrement avec quelques planches, puis, nous entassons nos pommes de terre à cette place; ou bien encore, nous mettons quelques claies en travers de bûches de bois, et uniquément pour que les pommes de terre ne touchent point le sol, sans réfléchir que nous prenons là une précaution à peu près inutile. L'important, dans cette circonstance, serait de bien établir et de maintenir le renouvellement de l'air dans le tas. Avec les claies, si le tas en question était peu considérable, l'aération pourrait se produire; mais quand la masse présente heaucoup d'épaisseur, ce moyen ne suffit pas. Des cultivateurs du canton d'Etalle (Belgique) ont eu le bon esprit de le reconnaître, et c'est pour cela qu'ils placent sur les claies, et perpendiculairement, un fagot de gros bois autour duquel on entasse les tubercules. Ce fagot forme cheminée d'appel et entretient convenablement l'aération. On pourrait rendre le procédé plus efficace en plaçant plusieurs autres fagots dans le sens horizontal. Grâce à ces précautions faciles, l'air circulerait dans tout le tas, l'échauffement deviendrait impossible et, partant, la pourriture ne serait pas à craindre comme dans les circonstances ordinaires.

Mais ce mode d'aération ne nous paraît pas encore suffisant. Nous croyons qu'en général, la température de nos caves est trop élevée, que les ouvertures pratiquées aux murs ne sont pas assez larges, que les courants n'y sont pas convenablement établis. Nous nous permettrons de faire observer, en outre, que nous avons tort de boucher ces ouvertures trop hermétiquement dès les premiers froids, et de ne pas enlever toujours la paille, le foin ou le fumier, dès que l'atmosphère se radoucit. Nous nous arrangeons de façon à faire de nos caves autant de serres chaudes qui provoquent la germination de nos conserves dès le mois de décembre et la favorisent à tel point, qu'à la sortie de l'hiver, les germes des pommes de terre sont si développés que les tubercules ne valent plus guère, ni pour l'alimentation, ni pour la plantation. Donnons donc plus d'air, renouvelons-le par tous les moyens possibles; empêchons la température de nos caves de s'élever, ne prenons de précautions que dans les temps de fortes gelées, et nous n'aurons plus à nous plaindre des ravages de la pourriture et des inconvénients de la germination anticipée. Il n'est jamais trop tard pour rompre avec les pratiques mauvaises et en adopter de bonnes.

Quantité de personnes, vers la fin de l'hiver, perdent leur temps à changer de place leurs tas de pommes de terre, à les porter d'un coin de la cave ou du cellier dans un autre coin, afin qu'elles ne germent pas. On est allé même jusqu'à conseiller de transporter les tubercules de la cave dans les appartements. Assurément, ces procédés sont efficaces; mais leur application exige trop de temps, et les

cultivateurs n'en ont pas à perdre à la sortie de l'hiver. Il est bien plus facile d'ailleurs de former des tas qui ne touchent pas le sol, qui soient séparés des murs par de grosses pailles de navette, de colza ou de féveroles, qui reçoivent l'air de toutes parts, au moyen de cheminées d'appel, de fagots de gros bois, de tuyaux criblés de trous à leur circonférence, ou de cavernes ménagées dans l'intérieur du tas, de donner à propos de l'air aux caves et aux celliers, de déboucher les ouvertures pendant les journées douces de l'hiver et de les reboucher tous les soirs, de peur d'une surprise par le froid. Tout ceci n'est qu'un jeu d'enfant, et il n'en faut pas davantage pour assurer la conservation des tubercules.

Dans les petits ménages, une caisse posée sur deux traverses, trouée en dessous et sur les côtés le plus possible, ou bien façonnée rien qu'avec des barres comme celles où l'on met la vaisselle lavée, et exposée dans un courant d'air, suffit pour conserver les provisions. Une espèce de râtelier double, à barreaux très-rapprochés les uns des autres et solidement fixés, rendrait le même service. Enfin, on pourrait encore se servir d'une grande caisse, à large ouverture vers sa partie inférieure. Au fur et à mesure de la consommation, on prendrait les tubercules par cette ouverture, et il se ferait dans le tas un dérangement qui faciliterait le renouvellement de l'air.

Dans beaucoup de localités, il est d'usage de conserver les pommes de terre sur place, ou le plus possible dans le voisinage de la ferme. A cet effet, les uns ouvrent des fosses très-profondes, les tapissent de paille au fond et sur les côtés, et y jettent les tubercules qu'ils recouvrent ensuite de paille et de terre. Ces fosses portent le nom de *silos*; l'opération porte celui d'*ensilage*. Les sillons profonds ne valent rien, et souvent les tubercules s'échauffent et la pourriture se déclare. Les autres,

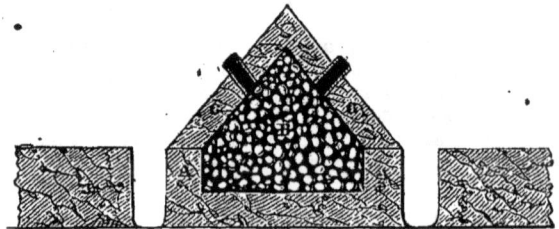

Fig. 253. — Silo à base enterrée.

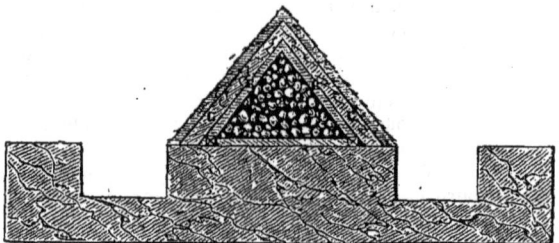

Fig. 254. — Silo au niveau du sol.

au contraire, n'ouvrent à la surface du sol qu'une fosse de 0^m,32 à 0^m,45 au plus pour asseoir le tas qu'ils élèvent ensuite à une certaine hauteur et qu'ils recouvrent d'une certaine quantité de terre, tout en ayant soin de laisser sortir par le sommet un faisceau de paille qui favorise le renouvellement de l'air. D'aucuns même prennent la précaution d'ouvrir à la base de la butte un fossé plus profond que la première assise des pommes de terre, fossé qui forme drainage et qui, certainement aussi, contribue à l'aération. Cette dernière méthode est excellente; il vaut mieux tenir la conserve hors de terre qu'en terre (fig. 253 et 254).

Emploi de la pomme de terre. — Les tubercules de cette plante ont une importance considérable dans l'alimentation des peuples. Partout, mais principalement en Belgique et en Irlande, on en consomme des quantités prodigieuses, sous diverses formes et préparées de diverses manières, selon les goûts et les habitudes contractées.

Tous les animaux : chevaux, bœufs, porcs, etc., s'accommodent de ces tubercules, mais on les donne surtout aux bêtes de l'espèce bovine et de l'espèce porcine, tantôt crus, tantôt cuits. Les pommes de terre crues, administrées aux vaches laitières, augmentent la sécrétion du lait et passent pour améliorer la qualité du fumier. Les pommes de terre cuites conviennent beaucoup à la volaille. On assure que 16 000 kil. de tubercules, produit approximatif d'un hectare, valent 8 400 kil. de bon foin.

Dans les pauvres ménages, aux époques de cherté, on mêle souvent des pommes de terre cuites à la pâte du pain, mais on y perd beaucoup en qualité, si l'on y gagne un peu en volume. En 1833, on nous vendait à Paris, sous le nom de pains de dextrine, des pains de fantaisie, dont nous n'avons pas gardé mauvais souvenir, et dans lesquels la pomme de terre entrait dans nous ne savons quelle proportion.

En 1846 ou 1847, alors que le froment était rare et coûtait cher, il fut question d'un moyen de conserver les pommes de terre pendant de longues années. Ce moyen consistait à les faire cuire d'abord à la vapeur, à les dessécher ensuite à l'air chaud et à les réduire en farine. Le projet n'eut pas de suites.

On emploie avec succès, contre les brûlures légères, de la pomme de terre crue et râpée. C'est d'ailleurs un remède populaire, que l'instinct sans doute a découvert et que les médecins ne dédaignent pas.

Les fines pelures de pommes de terre, comme on sait les faire en Belgique, afin de ne rien perdre de la partie extérieure du tubercule qui vaut mieux que le centre, les fines pelures, disons-nous, sont données aux lapins, pendant l'hiver. Dans les Flandres, on les laisse sécher, à cet effet, sur les greniers.

Les fanes vertes des pommes de terre précoces, qu'on livre à la consommation avant une complète maturité, sont de mince valeur. On les donne aux vaches qui les mangent très-bien.

Les pommes de terre, altérées par la maladie, ne sont pas perdues partout. Nous connaissons de pauvres cultivateurs qui les servent à leurs vaches. Si quelques-unes les rebutent, d'autres les acceptent. Quoi qu'il en soit, nous ne conseillons à personne de soumettre les animaux à ce régime; nous ne pouvons pas admettre qu'une mauvaise nourriture puisse donner de bons résultats.

L'industrie s'est emparée des tubercules de pommes de terre pour fabriquer de la fécule, du sucre de fécule (glucose) employé pour le sucrage des vins et pour les bières, et un alcool fort utilisé dans les arts et vendu parfois sous le nom de genièvre ou eau-de-vie de grains, qu'il ne vaut pas à beaucoup près. Ce n'est pas seulement une détestable boisson pour le goût, c'est encore une boisson dangereuse, quand sa distillation a été négligée.

Beaucoup de ménagères fabriquent elles-mêmes leur fécule, tantôt pour l'associer à de la fécule de froment et en faire des gaufres, tantôt pour l'utiliser à diverses préparations culinaires, tantôt enfin pour faire de l'empois. Voici comment elles s'y prennent : — Après avoir pelé les tubercules, elles les râpent dans un vase où il y a de l'eau; puis, lorsque tout est râpé, elles agitent la pulpe dans l'eau et la laissent reposer. Un dépôt se forme, et, aussitôt formé, nos ménagères versent l'eau avec précaution, de façon à ne laisser dans le vase que le dépôt en question. C'est la fécule. Il ne s'agit plus que de bien la laver, de décanter de nouveau, de laver une seconde fois, de laisser le dépôt se former, de décanter encore et d'enlever la fécule, qui doit être alors d'une blancheur parfaite et que les Ardennaises appellent fleur de pommes de terre. On l'écrase sur des linges ou sur des feuilles de papier non collé; on l'expose au soleil; on la change de linge ou de papier de temps en temps, et, lorsqu'elle est sèche, on la conserve en sacs. A défaut de la chaleur du soleil, on se sert de la chaleur d'un poêle ou d'un feu doux. — P. JOIGNEAUX.

TOPINAMBOUR (HELIANTHUS TUBEROSUS).

Le topinambour nous dispense de toute classification, car nous n'en connaissons qu'une espèce, et une variété qui diffère seulement du type par la couleur jaune des tubercules; dans le type, la couleur est rougeâtre. Cette plante, de la famille des Composées, est, comme la pomme de terre, originaire de l'Amérique, mais elle est loin d'en avoir l'importance. Cependant, elle mérite une attention qu'on a tort de ne pas lui accorder. A diverses reprises, les hommes les plus influents ont cherché à répandre le topinambour dans la grande culture, mais presque toujours les cultivateurs s'en sont tenus à de petits essais insignifiants et qui n'ont pas été poursuivis. Il n'y a pas plus d'une quinzaine d'années, on découvrait encore, de loin en loin, dans quelques villages de la Côte-d'Or, des morceaux de terrain couverts de topinambours; on n'en faisait point de cas: on ne récoltait pas toujours les tubercules; on respectait la plantation par habitude, parce qu'elle datait de loin, et aussi, parce que, située dans le jardin ou dans le très-proche voisinage des habitations, elle servait de refuge aux poules de la ferme pendant les journées brûlantes de l'été.

De nos jours, on pousse de nouveau et vivement à la culture du topinambour, et l'on fait bien. Il faut espérer que nous serons plus heureux que nos prédécesseurs. Pourquoi cette plante n'a-t-elle pas été propagée? C'est uniquement parce qu'on l'a crue indestructible ou à peu près et qu'on n'entendait pas salir des champs à perpétuité. Aujourd'hui, cette croyance s'en va, avec raison, et, par conséquent, le topinambour nous semble appelé à faire son chemin.

Climat. — Cette plante est un peu plus difficile que la pomme de terre sur le climat. En voici les preuves : elle ne mûrit pas ses graines où la pomme de terre mûrit les siennes; elle ne fleurit même pas toujours dans l'Ardenne belge où la floraison de la pomme de terre est assurée; et, dans les années constamment froides et pluvieuses, comme celle de 1860, elle n'a pas développé ses tubercules

Fig. 255. — Topinambour.

dans cette même Ardenne, où la pomme de terre a développé les siens. Quoi qu'il en soit, la culture du topinambour peut être conseillée par toute la France, et, pour ainsi dire, par toute la Belgique. Cependant, le Midi doit mieux lui convenir que le Nord.

Terres propres à la culture du topinambour. — Tous les terrains qui conviennent à la pomme de terre conviennent au topinambour. Toutefois, plus ils sont riches, plus le rapport en tubercules devient considérable. Ici, nous ne sommes plus arrêté par la question du plus ou moins de qualité, attendu que le topinambour est très-rarement destiné à la nourriture de l'homme.

Nous demanderions aux cultivateurs de consacrer de bons terrains au topinambour, qu'ils ne nous écouteraient pas; nous nous contentons de leur dire que les sols médiocres et même mauvais peuvent lui convenir à la rigueur, pourvu qu'ils ne soient pas trop mouillés.

Place du topinambour dans les assolements. — Quelques personnes pensent qu'il y a de l'inconvénient à introduire cette plante dans une rotation régulière et qu'il vaut mieux la cultiver à part, comme la luzerne, et la ramener tous les ans sur elle-même. Nous ne sommes pas de cet avis. Selon nous, rien n'empêcherait de placer le topinambour en tête d'assolement et de le faire suivre d'une pomme de terre. Au moyen de cette seconde récolte, on se rend maître des rejets de topinambours qui servent à titre de fourrage vert. En dehors de l'assolement régulier, on peut s'en rendre maître encore en lui faisant succéder une luzerne ou un sainfoin. Quant à le ramener constamment sur lui-même, il n'y faut pas songer; au bout de quelques années de succès, on aboutirait à la dégénérescence du topinambour et à la réduction des produits.

Engrais qui conviennent au topinambour. — Les engrais favorables à la pomme de terre, et dont il a été parlé précédemment, sont également avantageux au topinambour.

Labours préparatoires. — Un labour profond avant l'hiver et un labour ordinaire au moment de la plantation, nous paraissent de rigueur.

Choix du plant. — Nous n'avons pas la ressource de multiplier le topinambour au moyen de ses graines, et c'est très-regrettable parce que

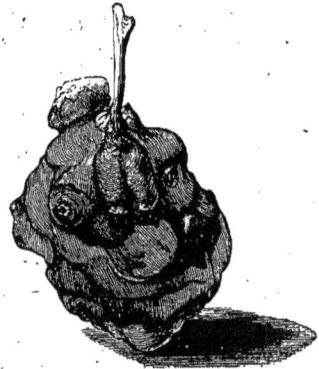

Fig. 256. — Tubercule rougeâtre.

le bouturage, incessamment renouvelé, finira tôt ou tard par affaiblir l'espèce. Nous devons donc,

Fig. 257. — Tubercule jaune.

bon gré, mal gré, recourir au plant. Les gros tubercules et les tubercules moyens sont ceux qui méritent la préférence, parce qu'ils ont atteint leur complet développement. Ils n'exigent aucune préparation ; on les sort de terre au moment de les replanter, en sorte qu'ils réunissent toutes les conditions de rusticité.

Plantation du topinambour. — Il est d'usage de planter le topinambour à la sortie de l'hiver, en même temps que la pomme de terre, par les mêmes moyens, à la même profondeur et à la même distance. Pour ce qui concerne les moyens et la profondeur, nous ne voyons pas qu'il y ait lieu à critiquer ; quant à l'espacement, c'est différent ; le topinambour en exige plus que la pomme de terre ; aussi nous voudrions qu'il y eût entre les plantes une distance de 60 centimètres au moins, de 80 centimètres au plus.

On a cru, et beaucoup de personnes croient encore, qu'il n'est pas nécessaire de replanter les tubercules de topinambour chaque année, attendu qu'il en reste toujours assez en terre, après l'arrachage, pour en assurer la reproduction indéfinie. C'est une erreur. Les tubercules oubliés ou inaperçus des arracheurs sont si chétifs qu'il n'y a pas à compter sérieusement sur eux. Aux belles récoltes les beaux plants, voilà la règle. On a cru aussi qu'il y avait profit à n'arracher les tubercules de topinambours que tous les deux ans ; c'est encore une erreur, et nous le démontrerons plus loin en parlant de la récolte.

Soins à donner au topinambour pendant sa végétation. — Ces soins consistent en un sarclage avant la levée, c'est-à-dire quinze jours environ après la plantation ; en un second sarclage quand toutes les plantes sont sorties de terre ; en un binage profond et un buttage, quand elles ont de 40 à 50 centimètres de hauteur.

Récolte. — On ne doit arracher les topinambours qu'à la fin de l'hiver, alors que les provisions baissent, et au fur et à mesure des besoins. En cave, les tubercules se ramollissent assez promptement et sont sujets à la pourriture, tandis qu'ils se conservent on ne peut mieux dans le sol. En cave, ils redoutent la gelée ; en terre, ils ne la craignent point ou la craignent si peu que ce n'est pas la peine de s'en inquiéter. Les nôtres ont supporté des froids de 15°, 20° et plus, sans s'en ressentir. Les campagnols ou les souris les attaquent quelquefois durant l'hivernage, mais faiblement et le plus souvent dans le voisinage des haies et des tas de pierres.

On nous avait dit qu'en arrachant les topinambours au bout de deux années seulement, on obtenait un rendement plus considérable qu'avec l'arrachage annuel. Nous avons donc laissé une partie de notre plantation sans y toucher, afin d'établir la comparaison et de juger par nous-même de ce qui nous avait été rapporté.

Le mercredi 21 mars 1860, nous avons arraché quatorze touffes de topinambours de deux ans, occupant une surface de 5 mètres carrés. Ces quatorze touffes ont donné 35kil,500 de tubercules lavés, c'est-à-dire 7kil,100 par mètre carré, ou 710 kilos par are, ou enfin 71 000 kilos par hectare.

Nous avons arraché, après cela, des topinambours d'un an et reconnu qu'il fallait vingt touffes de ceux-ci pour produire 35kil,500 ; donc vingt touffes d'un an égalent quatorze touffes de deux ans ; donc, nous avons un intérêt clair à laisser de côté la culture bisannuelle et à adopter la culture annuelle qui nous rend environ 57 000 kilos.

Tout cultivateur dispose de terrains qui valent pour le moins celui que nous affections à la culture du topinambour ; tout cultivateur peut donner à cette plante les petits soins et la petite fumure que nous lui donnons, et prétendre, par conséquent, aux mêmes résultats.

Nos données ne s'accordent guère avec les assertions des auteurs qui placent le rendement de la pomme de terre, en poids, au-dessus du rendement des topinambours. Ce n'est pas notre faute si, chez nous, le topinambour a rendu quatre fois plus que la pomme de terre. Nous parlons d'après la bascule et garantissons l'exactitude de la pesée.

Alors même que le topinambour, comme plante alimentaire, serait d'un tiers inférieur à la pomme de terre, il n'y aurait pas encore lieu de se plaindre. Ajoutez maintenant à l'importance du rapport l'avantage qu'a le topinambour de supporter en place les plus rudes hivers, et vous reconnaîtrez qu'il est du devoir des comices de pousser de toutes leurs forces, par la parole, l'écrit et les faits, à la propagation de ce tubercule fourrager.

Le poids des tubercules de topinambours est à peu près le même que celui des tubercules de pommes de terre. L'hectolitre des uns et des autres pèse de 66 à 68 kilos environ.

Emploi du topinambour. — Les tiges et les feuilles vertes du topinambour sont employées comme fourrage. A cet effet, on doit les couper tardivement, quand le développement du tubercule n'en a plus besoin, et les hacher avant de les donner aux moutons ou aux vaches ; mais les tubercules sont bien autrement précieux que ces tiges et ces feuilles. On les administre crus et coupés par morceaux, aux vaches, aux moutons et aux porcs.

L'industrie s'est emparée du topinambour pour le soumettre à la distillation. L'alcool que l'on en retire est abondant et de bonne qualité, mais comme il est impossible d'utiliser les résidus, dont l'odeur est fort désagréable, on préfère la betterave au topinambour. P. J.

CHAPITRE XX.

DES RACINES CHARNUES.

CAROTTE (DAUCUS CAROTA).

Nous plaçons dans la catégorie des racines charnues la carotte, le panais, le navet, le ruta-baga et la betterave. Ce ne sont pas assurément les seules racines charnues cultivées, mais les autres, telles que la scorsonère, le salsifis, le scolyme, le céleri-navet, etc., appartiennent de droit au jardinage, et il en sera parlé en temps et lieu. Pour le moment, nous n'avons affaire qu'aux racines charnues de la grande culture.

Classification. — La carotte appartient à la famille des Ombellifères, c'est-à-dire des plantes dont les fleurs sont en ombelles ; elle constitue un genre qui renferme un certain nombre d'espèces originaires de la France, de la Belgique, du bassin de la Méditerranée et notamment des côtes de la Barbarie. Personnellement, nous ne connaissons que l'espèce sauvage de nos champs, dont la racine offre peu de développement et peu de régularité. C'est, on le croit, cette carotte qui nous a fourni les variétés et sous-variétés connues. Sur ce point, le doute n'est guère possible ; M. Vilmorin l'a prouvé de son côté, et nous en avons acquis la conviction du nôtre. En cinq ans et même moins, il est facile de changer la carotte sauvage en carotte cultivée et de donner à sa petite racine un volume considérable. Durant notre

Fig. 258. — Carotte en fleurs.

séjour en Belgique, un jeune botaniste de ce pays, M. François Crépin, de Rochefort, nous remit de la graine de carotte sauvage récoltée dans la province de Namur. Nous semâmes cette graine sur une planche du potager ; elle leva bien et fut sarclée et éclaircie à propos. A l'approche de l'hiver, tous les pieds furent arrachés avec la fourche de fer, puis triés avec soin. Nous jetâmes ceux dont les racines étaient par trop difformes ; nous conservâmes les autres en cave, afin de les replanter au printemps. Ces plants repiqués nous donnèrent de la graine vers la fin de l'été ; et celle des principales ombelles seulement fut récoltée par nous

dans un état de maturité parfaite et semée au printemps de l'année suivante. Parmi les nombreux pieds qui levèrent, nous eûmes soin de ne conserver que ceux dont le feuillage se rapprochait le plus des fanes de la carotte cultivée. Tous ceux qui étaient d'un aspect sauvage furent supprimés. Nous arrachâmes de nouveau les racines à l'approche de l'hiver. Dans le nombre, il s'en trouvait de fort laides encore ; mais en revanche, il s'en trouvait plusieurs d'un volume déjà remarquable et d'une régularité surprenante. Celles-ci restèrent dans la cave pendant la rude saison et furent transplantées en temps convenable, à titre de porte-graines. La semence qui en provint nous donna des racines énormes qui furent détruites par des maçons occupés à construire une remise dans le voisinage de notre planche d'essai. Si nous avions pu continuer notre travail de transformation, les carottes qui étaient blanches, longues et bien enterrées, auraient fini, peut-être au bout de trois ou quatre années, par nous donner des variétés jaunes et rouges.

Il reste donc à peu près établi que toutes les carottes cultivées dérivent des espèces sauvages ou, au moins, de l'espèce que nous trouvons dans nos champs.

Voyons maintenant quelles sont nos carottes cultivées dans les fermes. Elles se partagent naturellement en trois groupes : 1° Les *carottes blanches* ; 2° les *carottes jaunes* ; 3° les *carottes rouges*. Nous ne parlons pas de la carotte violette, d'origine espagnole, dit-on, car elle rentre dans le potager avec la courte et la demi-longue de Hollande, dont la grande culture ne se soucie point.

Parmi les carottes blanches, nous signalons la *blanche à collet vert*, très-longue, à collet très-découvert et que nous croyons originaire de la Belgique (*fig.* 259) ; la variété dite de *Breteuil*, d'une forme différente de la précédente et tout à fait enterrée ; la variété dite *blanche*

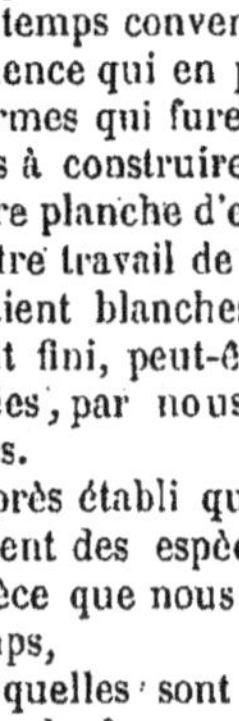

Fig. 260. — Carotte de Breteuil.

Fig. 259. — Carotte blanche à collet vert.

courte des Vosges, moins développée que celle de Breteuil, mais de même forme et également en-

terrée. La *carotte translucide* n'est qu'une sous-variété de celle de Breteuil.

Parmi les carottes jaunes, nous remarquons d'abord la variété *jaune d'Achicourt*, qui a tiré son nom d'un gros village du Pas-de-Calais, variété volumineuse, allongée, ne sortant pas ou sortant très-peu de terre (*fig.* 261); puis la carotte *jaune à collet vert*, longue aussi, moins volumineuse et plus découverte que la précédente. Nous avons encore une carotte jaune, dite de *Saalfeld*, qui ne diffère pas essentiellement de la jaune à collet vert; une carotte *jaune courte* qui dérive certainement de la blanche des Vosges, et enfin une carotte *jaune longue d'Alsace*, intermédiaire entre les jaunes et les rouges longues quant à la couleur.

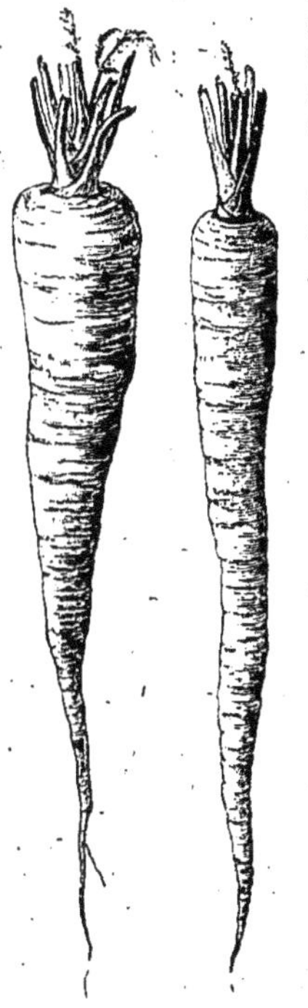

Parmi les carottes rouges, nous connaissons la *grosse rouge à collet vert des Flandres*, volumineuse, longue et enterrée; la variété d'*Altringham* de moindre diamètre; plus régulièrement cylindrique, plus allongée, de bonne qualité (*fig.* 262); la *rouge longue* de M. Vilmorin, qui ressemble beaucoup à la précédente, et toutes ces carottes, plus ou moins rouges, plus ou moins jaunes, qui n'ont pas de noms, que l'on désigne presque partout sous l'appellation vague de *carottes du pays.*

Fig. 261. *Fig.* 262.
Carotte Carotte
d'Achicourt. d'Altringham.

Parmi toutes ces variétés, les unes ne conviennent réellement qu'au bétail, tandis que les autres peuvent en même temps servir aux préparations culinaires. Ces dernières, plus savoureuses, plus riches que les premières, doivent leur être préférées, même pour les animaux. Ce sont, par ordre de qualité : la carotte d'Altringham, d'origine anglaise, et déjà répandue dans les exploitations du Brabant; la carotte jaune d'Achicourt; la carotte de Nonceveux parmi les rouges communes de pays, et la rouge à collet vert des Flandres. Mathieu de Dombasle a fait de la blanche des Vosges, que les Anglais nomment à tort *carotte belge*, un éloge ravissant que nous ne nous expliquons pas. Pour nous qui cependant croyons bien la connaître, la variété en question est supérieure sans doute à celle de Breteuil, mais, malgré la meilleure volonté du monde, nous ne saurions l'admettre au nombre des carottes de table.

Climat. — La carotte se plaît sous les climats tempérés, plus humides que secs; le froid ne lui convient pas, mais elle le supporterait encore plus aisément qu'une chaleur intense et prolongée. D'après cela, il est clair qu'elle doit prospérer dans le nord de la France, dans les Vosges, en Alsace, en Belgique, etc., mieux que dans les pays chauds.

Terres propres à la culture de la carotte. — Toutes les terres, pourvu qu'elles soient riches naturellement, ou enrichies par des fumures profondes, bien ameublies, assez fraîches et un peu ombragées à l'exposition du midi, conviennent parfaitement à la carotte. Ceci revient à dire que cette plante est difficile, et, en effet, elle l'est quand on exige d'elle de beaux produits. Dans les sols légers, elle réussit toujours, à la condition de ne pas manquer de fraîcheur ; dans les sols consistants, elle réussit toujours aussi, mais sous la condition d'un ameublissement convenable. On a affirmé que les sols où il se rencontre de la pierraille étaient tout à fait antipathiques à la carotte, que ses racines y devenaient *fourchues*. C'est une erreur d'appréciation. Nous avons, durant de longues années, cultivé cette plante dans les terres pierreuses de l'Ardenne, et constamment nous avons obtenu des racines d'une régularité irréprochable. La pierraille, comme le fumier long, n'a d'autre inconvénient que de tenir la terre soulevée, de favoriser outre mesure l'évaporation de l'humidité de la couche arable et de forcer ainsi les racines à se diviser, à se multiplier pour aller chercher dans toutes les directions l'eau qui manque. Toutes les fois que vous tasserez énergiquement un sol pierreux et qu'après le semis vous y étendrez du fumier en couverture, afin d'y entretenir une fraîcheur suffisante, les carottes ne se déformeront pas. Nous l'affirmons parce que nous en avons les preuves par devers nous.

Place de la carotte dans les assolements. — Cette racine réussit après toutes les plantes ; mais comme sa culture est plus facile dans une terre propre que dans une terre salie par les mauvaises herbes, on a conseillé de la semer à la suite d'une récolte sarclée, des pommes de terre, par exemple. Selon nous, sa véritable place est en tête d'un assolement. Supposons qu'une céréale ait terminé la rotation ; on doit, aussitôt la moisson faite, déchaumer très-superficiellement avec l'extirpateur ou avec la charrue à roulettes, afin d'obliger les mauvaises graines à germer promptement. Dès que les plantes adventices se montrent, on les fait pâturer, ou bien on les détruit à coups de herse. Cette préparation, suivie d'un labour, dont nous parlerons tout à l'heure, autorise la culture de la carotte. Assez souvent, lorsque le climat n'est pas précisément rude, même dans les riches provinces de la Belgique et dans la Campine, on associe la carotte à d'autres plantes ; on la sème à titre de récolte dérobée. Le plus généralement, on répand la graine parmi les colzas et les seigles ; on pourrait aussi la répandre dans le lin.

On a dit que la carotte peut revenir souvent sur elle-même sans inconvénient. C'est une erreur. Vous pourrez, au début, obtenir coup sur coup trois et même quatre récoltes de carottes à la même place, sans remarquer de diminution appréciable dans les produits, mais ensuite la terre refusera le service pendant une longue série d'années. Certains cultivateurs ont voulu faire alterner la culture de la carotte avec celle du froment dans de riches terrains; ils ont réussi d'abord, mais le succès n'a pas duré aussi longtemps qu'on l'avait espéré. Il est prudent de ne ramener cette plante sur elle-même que tous les quatre ou cinq ans au plus tôt.

Engrais qui conviennent à la carotte. — Les engrais que la carotte préfère sont : le fumier de vache consumé, le purin mêlé de matières fécales, et le sel de cuisine. On a remarqué que les plus belles carottes viennent dans les terres imprégnées de sel gemme. Ainsi, il y aurait de l'avantage dans tous les cas à saler les engrais que l'on destine aux carottes. Le sacrifice ne serait pas lourd. Nous pensons qu'une fumure en vert avec addition d'engrais de ferme, le tout enterré avant l'hiver, dans des terres légères, serait d'un bon effet. Le fumier long, enfoui au moment des semailles, donne de détestables résultats.

Labours préparatoires. — Dans les terres qui n'offrent pas beaucoup de consistance, deux labours suffisent, en sus du déchaumage. Le labour d'automne doit être profond, et il convient d'en profiter pour enfouir le fumier, afin qu'il ait le temps de pourrir et d'enrichir le sous-sol. Cette pratique est la meilleure que nous connaissions; c'est celle qui, avec les carottes longues, donne toujours les produits extraordinaires. Le second labour doit être moins profond que le précédent. On l'exécute vers la fin de février ou au commencement de mars, lorsque le climat le permet, et souvent en avril, parce qu'on ne peut faire autrement, en allant vers le nord ou en se plaçant dans des contrées élevées. L'essentiel, dans l'un et l'autre cas, c'est de faire ce labour quelques jours avant les semailles, surtout en terre légère, et de herser de suite pour bien niveler et conserver la fraîcheur. En terre consistante, il n'y a pas d'inconvénient à labourer quarante-huit heures ou vingt-quatre heures seulement avant de semer.

Choix des semences. — On s'accorde à reconnaître que la graine récoltée dans un jardin ne vaut pas, pour les semis de la grande culture, la graine récoltée dans une bonne terre des champs. Comme on ne peut réellement répondre que de la semence que l'on a faite soi-même, nous allons indiquer le moyen de la faire.

Au moment de l'arrachage des racines, on met de côté un certain nombre d'exemplaires d'un volume moyen, bien conformés, bien lisses et exempts de chevelu. On coupe les fanes à 2 ou 3 centimètres du collet; on les laisse à terre le temps de se ressuyer, puis on les transporte dans la cave ou au cellier. Là, on en forme des lits que l'on recouvre de sable fin ou de terre fine. Vers la fin de l'hiver, on les relève et on les empile le collet en regard d'une ouverture, pour que les germes verdissent en se développant. Aussitôt que la terre est en état d'être labourée, on ouvre des fosses à 60 centimètres environ l'une de l'autre; on y jette une pelletée de bonne terre mêlée de râclures de fumier; on ouvre un trou au milieu avec le plantoir et l'on y place chaque racine à la profondeur qu'elle occupait avant d'avoir été arrachée. On arrose au besoin. Lorsque les porte-graines ont de 40 à 50 centimètres de hauteur, on les accole à un tuteur, afin de les protéger contre les coups de vent, mais avec la précaution de tenir la ligature très-lâche. Les cultivateurs soigneux ne conservent pas indistinctement toutes les ombelles qui se préparent à fleurir; ils suppriment les petites, celles qui poussent tardivement ou sur des rameaux secondaires; ils ne gardent que les ombelles placées à l'extrémité de la tige et aux extrémités des branches qui s'insèrent directement sur cette tige.

Dès que la floraison commence, on arrose, à moins que la terre ne soit suffisamment humide, puis on laisse aller les choses. Quand la semence brunit et se soulève pour se détacher, on la récolte, et au bout de quarante-huit heures de séjour au grenier ou dans une chambre bien sèche, on la renferme dans des sacs de toile claire que l'on suspend à une poutre ou à une poutrelle de l'habitation.

Les maraîchers de Paris s'y prennent autrement. Ils sèment de la graine de carotte vers le mois d'août, couvrent les jeunes plantes avec des feuilles sèches pour les aider à passer l'hiver, les découvrent dès que les fortes gelées ne sont plus à craindre, les arrachent vers la fin de février ou au commencement de mars, font un choix parmi les petites racines et transplantent les mieux conformées pour en avoir de la graine au mois d'août suivant. Il faut croire que cette méthode est acceptable, puisqu'on l'applique tous les ans; cependant elle nous donne de l'inquiétude pour l'avenir; il nous en coûte d'admettre que les petits d'une racine qui n'arrive pas à son complet développement soient irréprochables. En principe donc, nous lui préférons le premier procédé; il ne nous paraît pas prudent de demander à une plante de onze mois environ des héritiers que, selon les lois de la nature, elle ne donne sains et forts qu'au bout de dix-sept ou dix-huit mois. On n'est pas une plante bisannuelle pour rien. On ne veut pas de la semence d'une carotte qui s'est emportée la première année, et l'on a raison, car c'est une plante malade, une mère de cinq mois. La semence d'une carotte de onze mois vaut mieux sans doute; mais l'âge n'y est pas non plus, et vous verrez que ce sera tôt ou tard une cause reconnue de la dégénération de l'espèce. Tenons-nous-en donc, comme les anciens, à la graine de dix-sept mois; elle est plus robuste, convient mieux aux champs et se conserve en sac trois ou quatre ans, tandis que l'autre agonise au bout de deux ans.

Préparation des semences. — La seule préparation à faire subir aux graines de carottes consiste à les frotter énergiquement entre les mains pour rompre les arêtes et empêcher qu'elles ne se pelotonnent. Sans cette précaution, il serait difficile d'exécuter un semis régulier. Nous croyons que l'on ferait bien aussi d'humecter les graines quelques heures avant de les répandre, afin de dégourdir les facultés germinatives et de hâter la levée. Des individus qui se prétendent connaisseurs assurent qu'à première vue et en s'aidant de l'odorat, on peut distinguer la semence défectueuse de la carotte de la semence de choix. Nous n'en croyons rien pour notre compte. La graine irréprochable est celle qui a été produite par une tige ou une branche mère vigoureuse, qui a mûri complétement sur pied, qui se soulevait au moment de la récolte. Comment le saurez-vous, si vous ne l'avez pas vu? Il n'y a pas de préparation qui puisse empêcher les graines de carotte de donner des plantes qui *filent* ou s'emportent la première année. Lorsque ce cas se présente, et il se présente souvent, on peut affirmer en toute certitude ou que la graine a été produite par des pieds trop jeunes, ou que l'année a été très-contraire à la grenaison, ou que les rameaux secondaires ont fourni leur contingent, ou encore que la graine n'a pas complétement mûri sur pied, ou enfin que le terrain ne convient pas plus que la température. Voilà les seules bonnes raisons à donner. Avec de la graine de choix, récoltée de la manière que nous indiquons, il n'y a pas à craindre que les plantes *filent*.

Semailles de la carotte. — L'époque des semailles, en grande culture, commence vers la fin de février et finit ordinairement avec le mois d'avril. Dans les terres sablonneuses de la Campine anversoise, quelques cultivateurs sèment la carotte avant l'hiver, parmi les seigles et les colzas, tandis que la plupart la sèment immédiatement après les fortes gelées et autant que possible sur une dernière neige près de fondre. On sème donc la carotte, tantôt en récolte principale, tantôt en récolte dérobée. Mais comment la sème-t-on? En récolte dérobée, on ne peut la semer qu'à la volée, à raison de 5 kilos au plus par hectare, tandis qu'en récolte principale, il y a de l'avantage à la semer en lignes distantes de 0m,40 l'une de l'autre, si les façons doivent être données à la main, et de 0m,60, si l'on doit, pour ces façons, employer la houe à cheval. Le semis en lignes, que nous conseillons tout particulièrement, parce qu'il supprime une grande partie des frais et des difficultés de sarclage, éclaircissage et binage, s'exécute avec le rayonneur qui trace les rigoles et le semoir à main qui dépose la graine dans les rigoles tracées. A défaut du semoir, cependant, on peut se servir de la main, mais dans ce cas, et principalement en terre légère, il est bon de faire passer une brouette dans chaque rigole pour que la roue en raffermisse le fond, comme fait la roue du semoir. Autrement, la levée se ferait incomplétement et irrégulièrement. Il est bon aussi de passer le rouleau sur les lignes. En terre compacte, cette précaution n'est pas de rigueur.

Par cela même que la levée de la carotte se fait attendre quinze jours, trois semaines et parfois plus, les mauvaises herbes ont de la marge pour envahir le terrain avant cette levée, et la confusion est à craindre. Pour la prévenir, il suffit d'associer à la graine de carotte qui germe lentement, de la graine de colza, de navette ou de laitue qui germe vite. Lorsque les mauvaises herbes se montrent, les lignes de carottes se trouvent déjà jalonnées par de jeunes colzas, de jeunes navettes ou de jeunes laitues, de façon que rien ne s'oppose plus au sarclage.

Soins à donner à la carotte pendant sa végétation. — Quand les carottes sont associées à une récolte principale, on attend que celle-ci soit enlevée pour les herser dans tous les sens et les débarrasser des souches du colza ou des éteules du seigle; un peu plus tard, on les bine. Quand on a semé les carottes en récolte principale et à la volée, le sarclage offre de grandes difficultés; mais en lignes, c'est différent. Aussitôt que les carottes sont bien levées et faciles à distinguer des autres herbes, on nettoie avec une râtissoire ou une serfouette les deux côtés de chaque ligne, après quoi on fait passer la houe à cheval. Il ne reste plus qu'à sarcler et à éclaircir à la main sur chaque ligne, et ce travail s'exécute rapidement. Il est rare que l'on éclaircisse assez. Vers la fin de mars ou en juin, selon les climats, on sarcle encore, puis on bine quinze jours plus tard. En ce moment, par un temps couvert, s'il y avait possibilité d'arroser avec du purin affaibli, les choses n'iraient que mieux.

Permettez-nous, à présent, de vous signaler une opération que l'on ne fait pas, mais que l'on pourrait avoir intérêt à faire. Nous voulons parler du buttage des carottes découvertes. Si les racines qui sortent de terre en partie ont le mérite de convenir aux sols sans profondeur, elles ont, en retour, le défaut de perdre une partie de leurs qualités et de ne pas valoir les racines tout à fait enterrées. En les buttant, on maintiendrait le mérite tout en corrigeant le défaut.

De loin en loin, on rencontre des ménagères qui s'approvisionnent de fourrage vert où elles peuvent, et qui ne ménagent pas plus les carottes que les choux et les betteraves. Cette suppression d'une partie des fanes est regrettable, attendu qu'elle contrarie le développement des racines, et qu'en s'imaginant gagner 5 centimes, on en perd peut-être en réalité plus de 10.

Maladies de la carotte. — Nous ne lui connaissons aucune affection inquiétante pour le cultivateur. Dans les terres très-fraîches, la pourriture peut se déclarer en temps humide; le défaut de pluie, pendant plusieurs semaines consécutives, peut, dans les terres légères, abattre les fanes, ramollir les racines, suspendre complétement la végétation; l'excès de nourriture peut crevasser les carottes arrivées à leur entière grosseur; et alors le cœur de la racine devient ligneux et impropre à la consommation. Nous constaterons aussi que les graines d'un an, de provenance équivoque, donnent souvent des produits sujets à *filer*, à s'emporter, à se mettre à fleur la première année, parce qu'elles sont nées la plupart avant terme ou qu'elles sont malades de naissance. Quand on attend la seconde année pour les semer, les produits ne sont plus exposés à *filer*, par cette excellente raison que les graines en question n'ont pas la force d'arriver à la seconde année. Elles meurent dans le sac; les produits qui ne filent pas ne viennent donc pas d'elles; ils viennent des graines plus robustes qui se trouvaient en leur compagnie et qui ont résisté. Les limaces et les rats sont plus à craindre que les maladies pour les cultivateurs de carottes. Nous y reviendrons à l'occasion des animaux nuisibles en général.

Récolte. — On procède à l'arrachage des carottes vers la fin de septembre et dans la première quinzaine d'octobre. On se sert de houes à deux dents, de bêches ou de fourches en fer. A la rigueur, on peut encore employer la charrue. Le rendement par hectare est très-variable et s'échelonne entre 20 000 et 40 000 kilos. Quelques personnes estiment qu'il y a plus de poids à attendre d'un semis dru que d'un semis en lignes, avec 0^m,12 ou 0^m,15 d'espace entre les plantes sur la ligne. Nous n'avons pas qualité pour décider la question. Nous nous bornons à dire que les semis drus ont le gros inconvénient de dessécher le terrain très-vite, et il nous semble que dans les années un peu sèches, les semis clairs devraient produire plus.

Il faut, comme pour les pommes de terre, comme pour toutes les racines charnues, une belle journée pour l'arrachage. A mesure que l'on extrait les carottes, on les débarrasse de leurs fanes, non pas avec un couteau, comme s'il s'agissait de ménager des porte-graines, mais avec la main. On les rompt tout simplement, puis on les laisse quelques heures sur le terrain avant de les rentrer.

Conservation de la carotte. — Des cultivateurs flamands se contentent d'ouvrir des sillons profonds avec la charrue, d'y mettre les racines et de recouvrir de 0^m,30 à 0^m,40 de terre; mais le plus fréquemment on les met en silos ordinaires comme la pomme de terre, ou bien au cellier et en cave. Là, on les dispose, à la manière du bois de corde; sur deux rangs, les collets en dehors et l'extrémité des racines en dedans, en ayant soin de ne pas les adosser aux murs et de les exposer à des courants d'air, toutes les fois que la température n'est pas trop basse, et qu'une forte gelée n'est pas à craindre. Plus il y a de vides dans les *cordes* de carottes et plus l'air est renouvelé, mieux les racines se conservent. Quand on les jette pêle-mêle dans une cave, sans aucune précaution, elles s'échauffent vite et pourrissent vite aussi.

Emploi de la carotte. — La carotte est d'une grande ressource pour l'alimentation des hommes et des animaux. Mathieu de Dombasle a dit d'elle : « Il y a très-peu de récoltes qui surpassent la valeur de celle-ci dans leur application à la nourriture des bestiaux. On peut calculer qu'en général un terrain donné produit, en carottes, une récolte de moitié plus considérable en poids qu'une récolte de pommes de terre, et double en volume. La carotte est un des aliments les plus sains qu'on puisse donner à toute espèce de bétail.

« C'est la racine qui convient le mieux, en particulier, à l'entretien des chevaux, et un sup-

plément de nourriture de quinze à vingt livres de carottes par tête contribue à les tenir en bon état pendant tout l'hiver. On peut alors diminuer la ration de grain, mais on ne doit pas la supprimer entièrement, lorsque les chevaux sont employés à un service journalier un peu pénible.

« La carotte a, de plus, l'avantage de se conserver avec toutes ses qualités jusqu'au mois d'avril, et même plus tard, lorsqu'elle a été emmagasinée avec les soins convenables. »

La carotte bien nettoyée d'abord avec le la-

Fig. 263. — Lave-racines.

veur (*fig.* 263), puis divisée par tranches au moyen d'un coupe-racines (*fig.* 264), mélangée avec de la

Fig. 264. — Coupe-racines.

paille hachée, forme une excellente nourriture pour les moutons, quand surtout on l'assaisonne d'un peu de sel marin. C'est également une bonne nourriture pour les vaches. Elle passe pour communiquer une couleur jaune au beurre, mais il est à remarquer que le lait des vaches qui sont soumises presque exclusivement à ce régime, pendant plusieurs jours, emprunte à la carotte sa saveur *sui generis*. Il convient donc de varier les vivres.

Les fanes de carottes, rompues au moment de l'arrachage, sont mangées avec avidité par les vaches, plus ordinairement à l'étable que sur place.

Le jus de carotte, soumis à la fermentation, donne une grande quantité d'eau-de-vie, que l'on dit d'assez bonne qualité.

Dans le nord de la France, et surtout en Belgique, on fabrique un sirop de carotte, désigné dans ce dernier pays sous le nom de *poiré*. Il est très-recherché de la population ouvrière, parce qu'on le vend à bas prix, et qu'il remplace le beurre, tant bien que mal, sur les tartines. Nous disons tant bien que mal, parce que le sirop n'a point et ne saurait avoir d'aussi bons résultats que le beurre et les graisses dans les contrées du nord. Ce *poiré* de carottes ou de betteraves, qui coûte chez le marchand, de 30 à 35 centimes le demi-kilogr., ne revient parfois qu'à 15 centimes au fabricant. Sa préparation n'exige ni un outillage coûteux, ni beaucoup de peine ; elle est véritablement à la portée de tout le monde. Nous avons été témoin de ce travail dans une ferme des environs de Bouillon. Là, on agissait sur quatre-vingts litres de carottes à la fois ; on les coupait en deux ou en trois parties, et on les faisait cuire avec quinze litres d'eau. Cette cuisson durait de deux à trois heures. La cuisson terminée, on pressait de suite la pulpe chaude, parce qu'on en obtient plus de jus qu'après le refroidissement. Les quatre-vingts litres de carottes donnaient vingt-cinq litres de jus, que l'on versait dans un chaudron en fer ou en cuivre, à volonté, et que l'on mettait sur le feu. Dès que le jus commençait à bouillir, on modérait le feu, que l'on continuait d'entretenir doucement pendant dix ou douze heures ; après quoi le jus se trouvait réduit à l'état de sirop.

Dans la ferme dont nous parlons, il n'y avait pas à compter, il est vrai, sur la vente des carottes : on les estimait donc en raison de leur valeur alimentaire présumée, c'est-à-dire au tiers de la valeur du foin de pré. Or, en portant les 500 kil. de foin au prix moyen d'alors (20 fr.), on arrivait à produire du sirop qui ne coûtait pas plus de 10 centimes le demi-kilogr., non compris, bien entendu, le chauffage et la main-d'œuvre.

Pour le chauffage d'une chaudronnée de quatre-vingts litres, qui rendait 12 kilos et demi de sirop, il fallait cinq fagots ordinaires, évalués dans le pays à 12 fr. le cent. Sur ces cinq fagots, deux servaient à faire cuire les carottes, et trois à réduire le jus.

Quant à la pulpe provenant de la pressée, on la donnait de suite aux vaches avant qu'elle fût refroidie. 200 kilos de carottes rendent 1 mètre cube de pulpe.

Cinq kilos de carottes produisent toujours au moins un demi-kilo de sirop. Pour rendre le sirop de carottes plus agréable, on peut ajouter, après six heures d'ébullition de ce sirop, une certaine quantité de pommes pelées, coupées par quartiers, et dépouillées de leurs pepins.

Toutes les carottes, indistinctement, peuvent être employées dans le cas particulier ; cependant nous ferons observer que les carottes fourragères blanches donnent un sirop inférieur à celui des rouges, et que ces dernières obtiennent ordinairement la préférence.

La presse nécessaire pour la fabrication du sirop de carottes n'est pas coûteuse ; elle se compose d'un tablier ou matis, et d'un cadre. La pressée peut se faire au moyen d'une vis ou, plus économiquement, à l'aide d'un simple levier. Le fermier des environs de Bouillon estimait à 3 francs le bois employé pour le tablier et le cadre, à 3 francs le fer qui reliait le tablier et le cadre, et à 4 francs le levier tout posé. Total : 10 francs.

Pour en finir avec les usages de la carotte, nous ajouterons que le jus de cette racine est employé pour la coloration du beurre. C'est une fraude dont personne n'est dupe et qui n'est pas nuisible, heureusement, mais enfin c'est une fraude.

P. J.

PANAIS (PASTINACA SATIVA).

Classification. — Le panais appartient à la même famille que la carotte. Celui que nous cultivons descend du panais sauvage, que l'on rencontre assez souvent dans nos prés frais et ombragés. Nous ne connaissons que deux variétés de panais : le *panais long* et le *panais rond*. Le panais

Fig. 265.   Fig. 266. — Panais de Jersey.

de Jersey et celui de Bretagne ne diffèrent pas assez du panais long ordinaire pour constituer des sous-variétés, et nous ne savons que penser du panais de Guernesey, à racine demi-longue, car il arrive souvent, même en semant du panais long de Jersey, d'obtenir des racines d'une longueur très-variable.

Climat. — Une température uniforme, ni trop basse, ni trop élevée, et une atmosphère plus souvent humide que sèche, conviennent tout particulièrement au panais. Le climat de Jersey, de Guernesey, d'une partie de l'Angleterre et de notre ancienne province de Bretagne, réunit ces avantages ; aussi ces contrées sont-elles signalées pour leurs riches récoltes de panais. Cependant cette plante pourrait fort bien sortir de ses vieilles limites, et se présenter partout où la carotte est acceptée.

Terres propres à la culture du panais. — Presque toutes les personnes qui ont écrit sur l'agriculture, et nous ne faisons pas exception, ont avancé que les terrains qui conviennent à la carotte conviennent aux panais : c'est une erreur. La carotte s'accommode, à la rigueur, de champs médiocres et non défoncés, tandis que le panais n'y donne que de pauvres produits. Il faut à la variété longue une terre bien défoncée et très-riche en vieux fumier; il faut à la variété ronde moins de profondeur, sans doute, mais toujours un sol d'une grande richesse. Dans ces conditions seulement, on est en droit de compter sur des produits parfois supérieurs en poids, constamment supérieurs en qualité à ceux de la carotte. Ajoutons à cela le grand avantage que possède le panais de résister aux plus fortes gelées, et de passer l'hiver en place, et nous aurons de la peine à comprendre qu'une racine aussi précieuse soit si peu répandue. La terre destinée au panais doit être légère ou parfaitement ameublie.

Place du panais dans les assolements. — Nous lui assignons exactement la même place qu'à la carotte. En Bretagne, on le sème surtout après une récolte d'orge. On peut le cultiver en récolte dérobée, parmi les seigles, les colzas et les navettes; mais ce mode de culture se présente très-rarement. On ne doit pas le ramener trop souvent à la même place.

Engrais qui conviennent au panais. — Un mélange de fumier de ferme très-pourri et de cendres de bois, enterré avant l'hiver par un labour profond, est excellent pour la culture du panais long. Les engrais liquides sont aussi d'un bon effet; les fumiers longs en couverture, pendant la première période de végétation, assurent le succès de cette culture en terre légère, parce qu'ils la protégent contre les hâles du printemps.

Labours préparatoires. — Nous conseillons un labour profond avant l'hiver, et un labour ordinaire à la sortie de l'hiver, quelques jours avant l'ensemencement. Un auteur breton, Le Brigant de Plouezach, attache une très-grosse importance à ce labour de semailles, et entre dans de minutieux détails sur la pratique en usage dans sa contrée. « La terre, dit-il, doit être bien retournée, bien ameublie. A mesure que la charrue travaille, des hommes armés de bêches ou de pelles tirent la terre du fond de la raie, et la rejettent sur celle qu'on a remuée. On forme des planches larges de 10 à 12 pieds. On creuse, entre chaque planche, un petit fossé dont on rejette la terre sur les planches voisines. On se sert ensuite d'un râteau pour briser les mottes qui peuvent rester, et bien aplanir le terrain. Il faut cependant que la surface de chaque planche ait de chaque côté une pente légère vers les fossés. » Nous ne condamnons pas ces petites attentions, qui nous rappellent la culture des Flandres, conduite avec un art infini; mais nous croyons que l'on peut aller au même résultat par des chemins plus courts, ou des moyens plus expéditifs.

Choix des semences. — Les soins que nous avons recommandés pour la production des semences de la carotte sont tous de rigueur à l'endroit du panais, à l'exception d'un seul. Ici, nous n'avons pas à conserver nos porte-graines en cave, puisqu'ils passent très-bien l'hiver en terre. Il nous suffira donc, au moment de l'arrachage des raci-nes, vers la fin de février ou en mars, ou même en avril, selon les localités, de faire un choix parmi les plus belles, et d'en transplanter le nombre nécessaire.

On assure que la graine de panais se conserve aisément pendant deux années. Nous voulons bien le croire; mais il n'en est pas moins prudent de ne semer que de la graine de l'année. On est plus sûr de la levée. Nous ne faisons subir aucune préparation aux semences du panais; cependant il y a lieu de croire qu'on se trouverait satisfait d'une mouillure légère, la veille de s'en servir. C'est toujours une sage précaution à observer, principalement avec des graines de peu de durée, dont, par conséquent, les facultés germinatives ont une forte tendance à s'éteindre.

Semailles du panais. — On pourrait, avec le panais comme avec la carotte, semer avant l'hiver, à une époque où la germination n'est pas à craindre, en novembre et décembre, par exemple. La levée se ferait une huitaine de jours plus tôt qu'en semant au printemps. C'est la méthode naturelle: nos panais et nos carottes sauvages ne se multiplient pas autrement; mais il est à remarquer que leurs graines ne tombent qu'à l'état de maturité parfaite, tandis que nous en semons parfois qui ont été ou forcées par la culture, ou récoltées avant la pleine maturité: deux circonstances qui contribuent à altérer leur force originelle. Il suit de là que nos graines, moins robustes que les graines des sujets spontanés, souffrent de l'hiver, tandis que celles-ci n'en souffrent pas, et nous nous exposons à voir les plantes s'emporter la première année, pour cause de malaise. Nous semons donc d'ordinaire à partir de la fin de février jusqu'en avril, et nous avons raison de nous en tenir à ces dates.

En Bretagne, on commence les semailles du panais à la fin de février, et on les termine dans le courant de mars; mais dans les contrées où l'hiver se prolonge, où la neige tient jusqu'en avril, il faut nécessairement ajourner les semailles à la fin de cet hiver, à la fonte de cette neige. La quantité de graines à répandre par hectare, quand on sème à la volée, est de 5 à 6 kilos; il en faut nécessairement moins pour les semis en lignes. La variété longue est préférée à la ronde; cependant celle-ci réussirait mieux dans la plupart de nos champs.

Il convient de semer clair, d'enterrer la graine du panais plus que celle de la carotte, et de rouler énergiquement, surtout dans les terres légères et sur labour frais, afin de maintenir autour des graines la fraîcheur nécessaire à leur germination.

Soins à donner au panais pendant sa végétation. — Ces soins consistent à sarcler, à éclaircir et biner. Le sarclage est plus expéditif qu'avec la carotte; la distance à ménager entre les plantes ne doit pas être au-dessous de 20 centimètres.

Maladies. — Nous ne connaissons pas de maladie sérieuse qui attaque le panais, si ce n'est la pourriture qui se déclare au collet, vers la fin de l'hiver, à la suite des brusques variations de température. Aussitôt que l'on s'en aperçoit, il faut arracher les racines, et les livrer à la consommation.

Récolte. — Quand on veut s'approvisionner de panais pour les temps de gelée, on en arrache une certaine quantité dans la première quinzaine d'octobre, et on les dispose en cave ou en silos, à la manière des autres racines ; mais le plus souvent on coupe les fanes pour le bétail, on laisse les racines passer l'hiver à demeure, et on ne les arrache qu'au printemps. Souvent même on attend, pour cette opération, qu'ils aient donné une seconde coupe de feuilles. C'est un abus : ce regain ne s'obtient qu'au préjudice de la racine. Un bon rendement varie entre 30 et 45 000 kilogr. à l'hectare.

Emploi du panais. — Nous nous servons de la racine du panais pour certaines préparations culinaires, pour aromatiser le bouillon, et, dans cette circonstance, nous préférons le panais rond ou de Metz au panais long ou de Jersey. Cette même racine est peut-être supérieure à la carotte pour l'alimentation du bétail ; ses fanes sont très-recherchées des vaches.

Les Allemands de la Thuringe, au dire de Bosc, préparent avec le panais une pâte molle et sucrée qu'ils mangent en guise de confitures. Voici, d'après M. Thiébaut de Berneaud, la manière de faire cette préparation, inconnue en France : «L'on met à bouillir les racines, coupées en petits morceaux, jusqu'à ce qu'elles s'écrasent entre les doigts, et l'on a soin de les remuer souvent, pour qu'elles ne brûlent point. On les broie ensuite pour en exprimer le suc, qu'on remet à bouillir encore avec d'autres racines également coupés en petites fractions ; on évapore le jus, on écume, et, après quatorze à seize heures de cuisson, la liqueur prend la consistance d'un sirop épais. On retire alors de dessus le feu. » Comme on le voit, il s'agit tout simplement d'un sirop de panais, préparé comme le sirop de carotte dont nous avons parlé et comme le sirop de betterave.

Avec des panais et des cônes de houblon que l'on fait bouillir ensemble, et dont la décoction subit ensuite un certain degré de fermentation, on fabrique une contrefaçon de bière dont se contentent, faute de mieux, les pauvres gens de certaines contrées du Nord.   P. J.

NAVET (BRASSICA NAPUS).

Classification. — Le navet est une plante de la famille des Crucifères et une espèce de chou ; voilà tout ce que nous avons à emprunter aux botanistes. C'est à nous de sortir, comme nous l'entendrons, de l'incroyable confusion dans laquelle les vieux maîtres nous ont jetés, et dont les maîtres de ce temps-ci n'ont pas essayé de nous tirer. Si, pour quelques personnes et pour quelques contrées, le navet est un navet et pas autre chose, il n'en est pas moins vrai qu'en Bourgogne, en Auvergne et dans le Limousin, les navets sont des raves, et que les raves de ces pays-là ne sont

Fig. 268.

Fig. 267.

Fig. 269.   Fig. 270.

plus des navets dans les Vosges, que les raves des Vosges sont des raiforts autre part, et que si les raiforts sont, pour les uns, de gros radis d'été ou d'hiver, des radis de Chine blancs, jaunes, roses, gris ou noirs, pour les autres ils ne sont que les racines de cochléaria ou cran de Bretagne. La confusion est complète, déplorable ; c'est le langage de la tour de Babel ; si les mots se ressemblent, les objets qu'ils représentent ne se ressemblent pas. Il est donc grandement à désirer que l'on se concerte et que l'on s'entende.

Parmi les racines de la famille des Crucifères, il existe, pour nous praticiens, trois catégories parfaitement distinctes : 1° Les RADIS, dont la saveur piquante est très-caractéristique et qui ne servent, à l'état cru, qu'à la consommation de l'homme ; 2° les NAVETS, d'une saveur plus ou moins douce, sucrée et même fade, quand ils ont été semés en terre convenable et en temps voulu, et qui servent en même temps, crus et cuits, à la consommation de l'homme et des animaux ; 3° les CHOUX-NAVETS OU RUTABAGAS qui servent aux mêmes usages que les précédents, mais qui en diffèrent par un feuillage très-voisin de celui du colza, tandis que le feuillage des navets est voisin de celui de la navette ; par la facilité avec laquelle ils se prêtent au repiquage, tandis que les navets supportent très-difficilement la transplantation ; par la saveur qui n'a point la délicatesse de celle du navet ; par la forme allongée de leur collet, et enfin par la propriété qu'ils possèdent de se conserver plus facilement que les navets (*fig.* 271).

De deux choses, l'une : ou chacun se reconnaîtra dans cette classification, ou nous jouerons de malheur.

Nous n'avons pas, en ce moment, à parler des radis, qui sont du domaine de la culture potagère ; mais les navets et les rutabagas nous appartiennent, sinon en totalité, au moins en partie. Commençons donc par les navets.

Fig. 271. Chou-navet.

Bosc les distinguait en navets proprement dits et en raves. Pour lui, les navets avaient la racine allongée (*fig.* 270), tandis que les raves avaient la racine courte (*fig.* 268 et 269). A ce compte, les navets plats, les navets de Finlande, boule-d'or, balle de neige ou hâtif d'Angleterre, rond d'Écosse et même le navet des Sablons étaient des raves ; pour nous ce sont des navets, rien que des navets. Bosc disait que la chair des navets est ferme, tandis que celle des raves est tendre. Or, à ce compte encore, le navet des Vertus, qui est long, deviendrait une rave ainsi que le navet du Palatinat ; et nos raves longues, tendres, blanches et rouges de la Bourgogne deviendraient des navets. C'est insoutenable. A nos yeux, nous ne saurions trop le répéter, il n'y a, dans cette catégorie, que des navets, pas autre chose, et ces navets sont tantôt longs, tantôt courts, tantôt à chair tendre ou demi-tendre, tantôt à chair serrée ou sèche.

Nous laissons nécessairement de côté les races de navets exclusivement propres à la cuisine, car nous ne voulons pas empiéter sur le potager, et nous abordons de suite les races cultivées pour le bétail et parmi lesquelles nous en comptons que la cuisine n'exclut pas toujours.

Ces races sont hâtives, comme les *navets blancs* et *rouges plats* et la *balle de neige* des Anglais ; ou bien elles sont plus ou moins tardives, comme le *navet boule-d'or*, le *navet jaune d'Angleterre*, le *navet de Norfolk*, à collet vert ou rose, le *navet bouteille* des Flandres, que nous croyons être la variété marteau du navet des Vertus ; comme le *navet long du Palatinat*, le *navet long* ou *rond* d'Écosse, et la *rave du Limousin*. — Les navets plats sont les *turneps* des Anglais ; toutefois, il est à remarquer que sous ce nom de turneps, beaucoup d'Anglais confondent tous les navets indistinctement et même les rutabagas.

Les variétés ou races hâtives sont celles qui se conservent le moins longtemps, qui sont sujettes à se caverner, à devenir creuses, et qu'il faut consommer à l'entrée de l'hiver ; les variétés tardives sont à préférer, et, entre autres, le navet rond d'Écosse, à chair ferme comme celle du rutabaga, auquel il ressemble beaucoup, et qui se conserve mieux que tous les autres.

Climat. — Le navet affectionne les climats humides et brumeux, et c'est pour cela qu'il constitue l'une des richesses de l'Angleterre, de l'Écosse et des îles de Jersey et de Guernesey. Les copistes inintelligents qui nous offrent toujours les cultures de la Grande-Bretagne à titre de modèles et qui nous disent à tout propos : Faites des navets, mériteraient bien qu'on leur répondît : — Faites-nous donc partout d'abord le climat des navets, — ce que, bien entendu, nous ne souhaitons pas. En France, les côtes de la Bretagne et de la Normandie, les départements du Nord et des Ardennes, quelques parties élevées du centre et de l'est sont propres à la culture du navet ; mais à mesure que l'on se rapproche des contrées méridionales, il n'y faut plus songer ; la chaleur et la sécheresse lui sont défavorables. En revanche, il est peu sensible au froid, et certaines variétés passent l'hiver en place, sans beaucoup souffrir, lorsqu'elles ont été semées tardivement et qu'elles n'ont pu atteindre leur développement complet à l'automne. Les racines n'ayant pas eu leur vie pleine, résistent aux rigueurs du temps comme pour saisir ce qui leur manque, tandis que les racines entièrement développées n'ont plus qu'à se décomposer, à retourner d'où elles sortent et ne présentent par conséquent pas de résistance aux intempéries. Celles-là ont vécu.

Terres propres à la culture du navet. — Dans les climats humides, il faut, autant que possible, lui consacrer les terres légères ; dans les climats déjà chauds, les terres fraîches, d'une certaine consistance, lui conviennent mieux. Les prairies naturelles rompues ou retournées, comme l'on dit encore, portent assez habituellement des navets d'un volume prodigieux.

Place du navet dans les assolements. — Il est d'usage de semer le navet en seconde récolte ou récolte dérobée, après l'orge escourgeon ou seigle ou le trèfle incarnat. On pourrait le semer aussi après des vesces. Les récoltes dérobées ont leurs avantages et leurs inconvénients ; en même temps qu'elles rendent des services signalés, elles fatiguent nécessairement le sol, puisqu'elles lui prennent leur nourriture.

Engrais qui conviennent aux navets. — Le plus ordinairement, le navet ne reçoit pas de fumure directe ; il est obligé de se contenter de ce que la première récolte lui a laissé. Cependant, il y aurait profit à ne pas le rationner aussi rigoureusement. Il s'accommode de tous les engrais, mais il affectionne particulièrement le fumier de mouton, les chiffons de laine, les matières fécales, les os pulvérisés, le noir des raffineries, le purin des citernes où l'on a fait décomposer des cadavres d'animaux et les engrais fabriqués avec des débris de poissons. On ajouterait un peu de sel marin à ces divers fumiers qu'ils n'en agiraient que mieux.

Labours préparatoires. — Aussitôt que l'on a terminé la récolte de l'escourgeon ou du seigle, il faut déchaumer, c'est-à-dire labourer légèrement, afin de ne pas donner le temps aux mauvaises herbes de se dessécher, et à la surface du sol de se ressuyer. La fraîcheur qui reste et qu'entretiennent les mauvaises herbes enfouies, est on ne peut plus favorable à la levée. Cela est si bien établi que, dans certaines localités des Flandres belges, alors que l'on n'est pas en mesure de semer les navets de suite après la récolte, on ne manque point de herser les éteules. On ne se rend pas compte de l'opération ; on sait seulement qu'elle est bonne et que la culture dérobée du navet réussit mieux sur les éteules hersées que sur celles auxquelles on ne touche pas pendant huit ou quinze jours. Selon nous, les dents de la herse recouvrent toujours d'un peu de terre une partie d'éteule et de mauvaises herbes qui se dessèchent ainsi plus lentement qu'à découvert. L'importance du déchaumage immédiat est tellement admise que, très-souvent, l'on n'attend pas que les gerbes soient enlevées pour mettre la charrue dans le champ. Dès que le labour est exécuté, il devient urgent de bien herser, afin d'émietter la terre le mieux possible, de combler de suite les vides et d'empêcher l'air et le soleil de trop dessécher la couche arable. Cette précaution est surtout essentielle dans les terres légères ; dans les terres riches et consistantes, elle l'est beaucoup moins.

Quand on veut semer des navets sur un trèfle incarnat, on fauche celui-ci de bonne heure ; on donne deux labours préparatoires à quelques semaines d'intervalle, puis une légère fumure avant de semer.

Choix des semences. — En fait de semences, nous ne saurions redire trop souvent qu'on ne peut répondre que de celles que l'on a faites. Apprenons donc à fabriquer notre graine de navets. Dans l'*Art de produire les bonnes graines*, nous avons traité la question en ces termes :

« Il n'y a pas à compter sur la conservation des navets tendres en cave pour les transplanter à la sortie de l'hiver. Ils se maintiennent mieux en plein champ, soit en place et recouverts d'une forte couche de terre, à l'imitation de la pratique flamande, soit enterrés dans des rigoles de 50 centimètres de profondeur environ. Quant au navet dur d'Écosse, on peut très-bien lui faire passer l'hiver en tas, au beau milieu de la cour de la ferme avec certaines précautions nécessaires.

A la sortie de l'hiver, on découvre les racines et on les transplante. Durant la végétation, on doit supprimer les pousses tardives et chétives ; on ne conserve que les branches principales partant de la tige, et l'on arrose en temps de sécheresse.

Avec ces porte-graines, les pucerons, les altises et les petits oiseaux sont à craindre. Quant aux pucerons, on s'en défait avec de l'eau salée ; quant aux altises qui s'attachent aux fleurs, on pourrait les éloigner avec de fréquents et légers arrosages ; mais l'eau aurait, sans aucun doute, des inconvénients pour la fécondation. Il vaut donc mieux agiter de temps en temps les tiges florales avec la main, troubler le plus possible le repos des insectes, et les forcer ainsi à déserter. — On préservera les graines de l'atteinte des oiseaux, soit avec des filets, soit avec des épouvantails quelconques. Ceux-ci enveloppent les porte-graines à trois places différentes avec du cordon rouge ; ceux-là se servent de mannequins, de vieux chapeaux effondrés, de vieux rubans qui s'agitent à l'air, de petits moulins à vent, d'oiseaux de proie empaillés, de fragments de miroir suspendus deux à deux à des fils, s'entre-choquant lorsque l'air est en mouvement, ou lançant des reflets lorsque le soleil luit.

Au fur et à mesure que les graines mûrissent, on les coupe pour les rentrer. Si l'on attendait un peu trop longtemps, les siliques s'ouvriraient, et la meilleure semence se perdrait.

Par cela même que la graine de navet se conserve excellente pendant trois années au moins, il n'est pas nécessaire de mettre à semence plusieurs variétés dans une même année, et de s'exposer à des croisements difficiles à éviter. Rien n'empêche de planter une année des porte-graines du navet d'Écosse ; une autre année, des porte-graines de rave du Limousin ; une troisième année, des porte-graines du navet de Norfolk ou de toute autre variété.

Dans le cas où l'on tiendrait à multiplier le nombre de ces variétés, on ferait bien de s'entendre avec des amis ou des voisins qui cultiveraient des semenceaux d'une sorte, tandis que vous ou moi, nous pourrions en cultiver d'une autre sorte. Il n'y aurait plus ensuite qu'à faire des échanges.

Malheureusement, plutôt que de vivre en bon accord dans nos campagnes, et de produire partout la semence dont on a besoin, on vit chez soi et uniquement pour soi ; puis on achète à beaux deniers comptants, à droite et à gauche, au hasard, au premier venu, des graines dont personne ne saurait répondre, pas même celui qui les vend.

Semailles du navet. — On sème les premiers navets, par un temps couvert ou pluvieux, vers le 15 juin au plus tôt, et on continue les semis jusqu'au mois d'août. Si l'on commençait avant la seconde quinzaine de juin, les jeunes plantes seraient exposées à être dévorées par les altises, au moment de la levée, ou seraient sujettes à monter à fleur. On ne gagne rien à contrarier la nature : or, la nature ne sème ses navets qu'au mois de juillet, à l'époque de la maturité complète des siliques. Donc, semer en juin, c'est déjà s'y prendre un peu avant l'heure fixée.

Le plus ordinairement, on sème les navets à la volée, à raison de 3 à 4 litres ou de 2 à 3 kilogr. par hectare ; on enterre avec la herse à dents de bois, et l'on roule vigoureusement dans les terres légères, afin de maintenir la fraîcheur à la surface. En temps de pluie, ou mieux quand une pluie survient de suite après le semis, il n'est nécessaire ni de recouvrir la graine, ni de rouler le champ : l'eau se charge de la besogne.

Soins à donner au navet pendant sa végétation. — Quand les navets ont cinq ou six feuilles, on les sarcle, on les éclaircit, et l'on se trouve bien, après cela, de les arroser avec de l'engrais liquide. Les Flamands se servent de la herse pour sarcler et éclaircir. Ils hersent dans tous les sens, sans regarder derrière eux, car, s'ils y regardaient, peut-être seraient-ils effrayés de la besogne. Il semble, après le passage de l'instrument, que le ravage soit complet, qu'il ne reste rien. Cependant, il n'y a pas lieu de s'inquiéter ; il reste toujours assez de navets. S'il s'agissait de navets destinés à

passer l'hiver et à servir de fourrage au printemps, il ne faudrait pas herser de la sorte, attendu
que, dans ce cas particulier, on recherche la
feuille plutôt que la racine, et que l'on perdrait
beaucoup à trop éclaircir.

Maladies du navet. — Lorsque les navets sont
trop épais, il arrive souvent que leurs feuilles jaunissent et prennent une teinte rougeâtre sur les
bords. La végétation de la plante s'arrête, et parfois la moisissure attaque les racines. C'est la seule
maladie que nous ayons eu l'occasion de constater. Le navet n'a sérieusement à souffrir que des
altises (tiquets ou puces de terre), des limaces,
des escargots ou hélices, des chenilles de la piéride (papillon blanc du chou), de la larve noire
d'une tenthrède (fausse chenille), des pucerons
verdâtres ou aphis, des larves de hannetons ou vers
blancs, et d'un autre petit ver blanc, provenant
d'un œuf déposé sur ou dans la racine par la
mouche des racines. Cette dernière larve nous a
causé de grands dégâts en 1861, et s'est attaquée
au navet noir d'Alsace, l'un des plus sucrés, de
préférence aux autres variétés. Nous ferons observer que les insectes sont d'autant plus à craindre
que la plante souffre davantage, soit d'une chaleur
excessive, soit de la nature du terrain. Dans les
terres fortes, pendant les années pluvieuses ; dans
les terres très-sablonneuses, pendant les années
de sécheresse excessive, on rencontre une quantité
considérable de navets véreux.

Récolte. — On doit arracher les navets avec la
fourche ou à la main, vers la fin d'octobre ou dans
les premiers jours de novembre, après les premières gelées, ou mieux avant les gelées, toujours
par un temps sec. En Angleterre, le pays par excellence des navets, le cultivateur n'est satisfait
qu'à la condition d'obtenir de 40 à 50 000 kilogr.
par hectare. Ici, nous sommes plus faciles à contenter. En culture dérobée, la moitié de ce chiffre
nous semble très-acceptable ; en culture spéciale,
dans une terre bien préparée par les labours et
bien fumée, nous ne dépassons guère les 30 000 kilogr. L'hectolitre de navets pèse de 48 à 50 kilogr.

Conservation du navet. — Assez souvent, on
met les navets en silos pour les conserver ; mais il
est rare qu'ils n'y pourrissent pas. En cave, quelque précaution que l'on prenne, il n'est pas facile
non plus de les bien conserver. M. de Dombasle a
conseillé de placer les racines l'une à côté de l'autre en plein air, sans les empiler, après avoir enlevé les feuilles, bien entendu, et de recouvrir ces
racines de grande paille ; il assure que cette couverture suffit pour les protéger contre la gelée.
Nous croyons qu'elle ne suffirait pas du tout. Dans
la province d'Anvers, on se dispense quelquefois
d'arracher les navets entièrement ; on se contente
d'en enlever quelques bandes de loin en loin, afin
de rejeter la terre de ces bandes sur les navets restants, après les avoir recouverts avec leurs feuilles.
Certains cultivateurs ouvrent des rigoles profondes
avec la charrue, mettent dans ces rigoles les racines arrachées et dépouillées de leurs feuilles, et
les recouvrent d'une couche de terre de 25 à

30 centimètres. Nous connaissons ce procédé pour
l'avoir pratiqué, et le tenons pour excellent. Une
méthode, excellente aussi, et que l'on ne peut
trop recommander pour la conservation des navets
ronds d'Écosse, notamment, consiste à les empiler
dans la cour même de la ferme, comme on empile
des boulets de canon. On recouvre avec de la
paille, des gazons et de la terre par-dessus. Dans
le cas où le froid serait d'une rigueur extrême, on
pourrait compléter la couverture avec du fumier
long, qui gèlerait aussitôt et formerait glacière.
L'essentiel, c'est de bien exposer la conserve de
navets à tous les vents, de ne pas la mettre sous un
hangar, quand même ce hangar serait ouvert sur
les côtés, de ne pas non plus adosser le tas à un
mur.

Emploi du navet. — La plupart des navets
n'étant pas de longue durée, ceux principalement
à chair tendre, et que l'on a semés de bonne
heure, on s'en sert avant toute autre racine, pour
l'alimentation hivernale des vaches. Ce n'est pas
une nourriture de première qualité. On assure
qu'il ne faut pas moins de 250 kilos de navets
pour remplacer 50 kilos de foin. Les navets font
rendre beaucoup de lait aux vaches, mais ils lui
communiquent une saveur désagréable, en sorte
que, pour prévenir cette saveur, il est prudent de
varier l'alimentation ou d'administrer les racines
en mélange avec d'autres fourrages. On assure
que les navets jaunes ou à chair jaunâtre jouissent de la propriété de colorer agréablement le
beurre des bêtes qui s'en nourrissent. Nous nous
faisons en ceci l'écho d'un bruit très-répandu en
Angleterre ; mais nous ne garantissons pas l'exactitude du fait rapporté.

Les feuilles du navet sont consommées à l'étable
comme les racines. Très-souvent, en Belgique,
les feuilles de navets de champ, qui ont passé
l'hiver en place, sont récoltées au printemps suivant, et utilisées, comme les feuilles de choux,
pour la nourriture de l'homme.

En temps et lieu, nous aurons à entretenir nos
lecteurs de l'usage des navets comme fourrage artificiel précoce, de la préparation du sirop de
navets, et de la fabrication du navet aigre, comme
auxiliaire de la choucroûte en Alsace et en Lorraine.   P. J.

CHOUX-NAVETS ET RUTABAGAS (espèce de BRASSICA CAMPESTRIS).

Classification. — Les choux-navets des botanistes ne sont pas les choux-navets des cultivateurs ; il n'y a donc pas moyen de nous entendre
avec eux. Les botanistes appellent *choux-navets* ce
que nous appelons *navet* et *navette,* deux plantes
qui se ressemblent par les feuilles, les fleurs et les
siliques, mais qui diffèrent l'une de l'autre en ce
que le navet est bisannuel, a des racines charnues,
volumineuses, et que la navette est annuelle et a
des racines ordinaires. Les cultivateurs appellent
choux-navets et *rutabagas* des plantes qui s'accommodent très-bien du repiquage, tandis que le na-

vet et la navette s'en accommodent fort mal, des plantes à feuilles glauques, assez semblables à celles du colza. Si le colza, qui est annuel, formait un genre dans la tribu des choux, nous dirions que notre chou-navet, qui est bisannuel, est une espèce du genre colza, et que le rutabaga est une variété ou une sous-variété de l'espèce chou-navet. Ce qu'il y a de certain, c'est que le chou-navet est au colza ce que le navet est à la navette, c'est-à-dire que le chou-navet et le colza se prêtent bien à la transplantation, tandis que le navet et la navette s'y prêtent mal.

A première vue, il est très-difficile de distinguer le rutabaga du chou-navet ; leur feuillage se res-

Fig. 272. — Rutabaga.

semble, leurs racines ont à peu près la même forme, le même volume et la même couleur. Seulement, dans la pratique, nous remarquons que le chou-navet est solidement enraciné, tandis que le rutabaga ne l'est guère, et que le chou-navet est un peu moins sphérique que le rutabaga. Nous ne sommes pas de l'avis du *Bon Jardinier*, lorsqu'il assure que le rutabaga est plus robuste et convient mieux pour la cuisine que le chou-navet : nous sommes d'une opinion diamétralement opposée. Toutefois, dans la grande culture, nous préférons le rutabaga au chou-navet, parce qu'il faut trois fois plus de temps pour arracher le second que pour arracher le premier. N'était cela, nous les recommanderions indistinctement l'un et l'autre.

Le chou-navet est souvent désigné, sur quelques points de la Belgique, par le nom de *navet de Laponie*, et par corruption sous celui de *Napoli*. En France, nous l'appelons, ainsi que le rutabaga, *navet de Suède*, et parfois très-improprement *chou-rave*, car il ne ressemble en rien au chou-rave ou colrave. Le rutabaga se recommande par une racine volumineuse (*fig.* 272) ; le chou-rave se recommande par le renflement de sa tige, renflement d'un vert glauque, et portant des feuilles aussi bien à la circonférence qu'au sommet. La racine du chou-navet et du rutabaga entre en terre ; le renflement du chou-rave se forme, au contraire, au-dessus de terre (*fig.* 273).

Le chou-navet est le type, le rutabaga est la variété ou peut-être seulement la sous-variété de ce type. Parmi les rutabagas, il y en a dont le collet est verdâtre, et qu'on nomme pour cela rutabagas

Fig. 273. — Chou-rave.

à *collet bronzé*, pour les distinguer des rutabagas à *collet rose*. Ils se valent. Le rutabaga de Skirwing n'est pas une sous-variété : c'est le rutabaga à collet rose, cultivé le plus ordinairement en Écosse, et le plus recherché sur le continent, parce que la graine nous arrive souvent d'Angleterre, où l'on accorde plus d'attention aux semenceaux de racines que nous n'en accordons aux nôtres. Quand nous le voudrons, nous fabriquerons de la semence aussi bonne que celle de nos voisins de la Grande-Bretagne.

Climat. — Nous ne pouvons que répéter ici ce que nous avons dit à l'occasion du climat propre aux navets. Il faut aux choux-navets et rutabagas une atmosphère humide plutôt que sèche. Ils résistent mieux que les navets aux rigueurs du froid, et toujours d'autant mieux qu'ils sont plus éloignés de leur développement complet.

Terres propres à la culture des choux-navets et rutabagas. — Les terres légères leur conviennent, particulièrement dans les climats humides ; les terres fraîches, d'une certaine consistance, leur conviendraient nécessairement dans un climat sec ; les terres neuves, les défriches récentes de bruyères et les prairies rompues produisent, dans le Nord, des racines d'un volume exemplaire. En serait-il de même partout ? Nous n'osons l'affirmer. En France, nous croyons que l'on réussirait mieux avec les défriches de la Bretagne et les terrains neufs, voisins des bords de la mer, qu'avec les défriches du Berri. Les plateaux élevés du Morvan ont produit de superbes récoltes de rutabagas.

Place des choux-navets et rutabagas dans les assolements. — Avec l'assolement quadriennal de Norfolk, ces racines doivent ouvrir la rotation, c'est-à-dire arriver en tête d'assolement. Rien n'empêche de les amener après une céréale, et en guise de jachère, pour nettoyer un terrain sali par le chiendent. Il y a de l'inconvénient à

faire succéder trop vite les choux-navets et rutabagas à eux-mêmes ; il importe de ménager entre
les cultures un intervalle de quatre années au
moins.

**Engrais qui conviennent aux choux-na-
vets et rutabagas.** — Les fumiers de ferme sans
exception, mais le fumier de moutons surtout,
sont avantageux à ces plantes. Les engrais liquides
lancent vigoureusement la végétation ; les os, traités par l'acide sulfurique, sont d'un effet très-
remarquable. Les seuls rutabagas qui réussirent
parfaitement dans le Luxembourg belge, en 1860,
avaient été soignés par M. Péterson avec du *superphosphate de chaux*, nom donné aux os vitriolisés.
Les boues d'étangs, ressuyées et associées à la
chaux, ont un effet prodigieux sur les rutabagas
comme sur les choux.

Labours préparatoires. — Un profond labour
d'automne est toujours une excellente préparation ; un labour de printemps, à une profondeur
de 12 à 15 centimètres, une huitaine de jours avant
les semailles, et un hersage parfait sur ce second
labour, mettent la terre dans un état très-convenable. Quelquefois, on déchaume à l'automne, et
on laboure deux fois au printemps.

Choix des semences. — Ce que nous avons
dit précédemment, quant au choix des graines de
navets, s'applique de tous points aux graines de
choux-navets et rutabagas : de la qualité de la semence dépend surtout la beauté de la récolte. Les
Anglais le savent bien ; ils soignent donc leurs semenceaux en conséquence, et c'est pour cela précisément que nous avons presque toujours plus à
nous louer de la graine de choux-navets et de rutabagas, importée d'Angleterre ou d'Écosse, que
de la nôtre.

**Semailles et transplantation des choux-
navets et rutabagas.** — L'époque des semailles
doit être bien saisie. Si l'on sème trop tôt, les plantes deviennent sujettes à s'emporter, c'est-à-dire
à se mettre à fleur même du semis ; et
quoi que l'on fasse, quelque soin que l'on apporte
à supprimer les tiges florales, on ne peut compter
que sur des racines filandreuses et d'un volume
médiocre. Si l'on sème trop tardivement, la plante,
contrariée par les fortes chaleurs, a de la peine à
se lancer et à prendre son développement à
l'heure voulue.

La culture de ces racines relève de deux méthodes. Tantôt on sème à demeure, en rayons ou
à la volée ; tantôt on sème en pépinière pour repiquer au bout de cinq ou six semaines. Quand on
sème à demeure, autrement dit, pour ne pas
transplanter, on attend la dernière huitaine de
mai ou la première huitaine de juin. Quand, au
contraire, on sème en pépinière, pour transplanter, on procède à l'opération dans le courant d'a-
vril, et l'on transplante dans la seconde quinzaine
de juin, en maintenant entre les pieds un espacement de 60 centimètres au moins ; 3 ou 4 kilos
de semence suffisent pour ensemencer un hectare
à la volée.

Dans les climats humides, déjà rudes, et en
terre légère, le semis à demeure est préférable à
la transplantation ; dans les climats doux et en
terre plus ou moins forte, la transplantation est,
au contraire, préférable au semis à la volée, parce
qu'elle oblige le cultivateur à remuer le sol et à
lui donner un peu de cette légèreté, de cet ameublissement que les choux-navets et rutabagas affectionnent. Les cultivateurs qui agissent sur de
grandes surfaces se servent, pour semer les choux-
navets et rutabagas en lignes, d'un semoir surmonté d'une caisse à engrais liquide. Avec les
racines en rayons, les frais de sarclage, d'éclaircis-
sement et de binage se trouvent réduits considérablement ; mais, dans la petite culture, ces frais
ont trop peu d'importance pour que l'on y fasse
attention.

Lorsque l'on forme une pépinière, en vue du
repiquage, il est essentiel d'éclaircir cette pépinière aussitôt que l'on peut saisir aisément les
jeunes plantes. Le succès de la transplantation en
dépend en partie.

La transplantation doit avoir lieu, autant que
possible, par un temps couvert ou pluvieux, ou
tout au moins vers le soir, quand le temps s'obstine
à ne pas se couvrir et à ne pas se mettre à la
pluie, ce qui se voit souvent. Les plants seront
repiqués au plantoir, et l'on aura la précaution de
ne pas courber la racine pivotale : mieux vaut ne
pas faire beaucoup de besogne, et la faire bien.
Une racine coudée compromet l'avenir du plant.
Nous ne saurions approuver le repiquage à la charrue ; s'il est expéditif, en retour il est très-défec-
tueux. Par ce mode de transplantation, la racine
se trouve couchée ou inclinée dans le sillon,
c'est-à-dire dans une situation défavorable à la
marche de la sève, et plus propre à produire des
fleurs et des graines que des racines vigoureuses.
Autant cette transplantation nous paraît convenable pour le colza, autant elle nous paraît regrettable pour les choux-navets et rutabagas. Le but
à atteindre dans les deux cas n'est pas le même
assurément ; par conséquent, à moins de se montrer par trop illogique, les moyens à employer ne
doivent pas être les mêmes non plus.

**Soins à donner aux choux-navets et ruta-
bagas pendant leur végétation.** — Ils consistent en sarclages et binages. Ces deux opérations
s'exécutent, dans les cultures étendues, avec la
houe à cheval, et, dans la petite culture, avec des
houes ou mieux avec des ratissoires à pousser ou
à tirer. On ne butte pas les choux-navets et rutabagas ; cependant nous croyons qu'il y aurait
profit à le faire dans la seconde quinzaine d'août,
puisqu'il est reconnu que les parties de racines
recouvertes sont toujours plus riches que les parties découvertes, exposées à l'air et au soleil, qui
les rendent plus ou moins ligneuses, et les appauvrissent plus ou moins. Nous pensons que ces racines, buttées à l'époque que nous venons d'indiquer, deviendraient plus volumineuses et se
maintiendraient plus tendres et plus substantielles
que les autres. Reste à savoir si elles seraient
d'aussi bonne garde. C'est une expérience à
faire.

Maladies des choux-navets et rutabagas. — Dans les années d'extrême sécheresse, ces racines sont exposées à souffrir. Alors elles montrent quelque tendance à fleurir par anticipation, ou bien, quand elles ne filent pas, leurs feuilles se désorganisent, se tachent par places, comme si on les eût attaquées avec de la chaux vive ou du purin très-concentré, et les racines ne bougent plus. Ce cas est assez rare, heureusement.

Ce que les choux-navets et rutabagas redoutent par-dessus tout, c'est l'altise, dont on ne se rend pas toujours maître avec de la chaux en poudre, de la cendre ou de la sciure de bois imprégnée de coaltar ou goudron de houille ; c'est encore la chenille de la piéride et la fausse chenille ou larve noire de tenthrède, qui, par moments, ne les épargnent point.

Récolte. — Conservation et emploi des choux-navets et rutabagas. — On arrache ces racines avec la main ou avec la fourche de fer, dans le courant d'octobre et par un temps sec. On les dépouille de leurs feuilles au profit des vaches, et on les conserve en cave, en cellier, en silos et mieux en plein air, arrangées à la manière des boulets de canon dans un arsenal, recouvertes ensuite de paille et de terre. Elles craignent moins le froid que la chaleur.

On emploie ces racines pour la nourriture des vaches et des moutons principalement, après les avoir divisées au moyen d'un coupe-racines quelconque. Le grand mérite des rutabagas, c'est de se conserver beaucoup mieux que les navets et de donner un rendement considérable. On obtient de 40 à 50 000 kilos par hectare dans des terrains qui sont loin d'être de premier ordre.   P. J.

BETTERAVE (BETA VULGARIS).

Classification. — On dit la betterave originaire des contrées méridionales de l'Europe. En 1809, Bosc écrivait ceci : — « Depuis un temps immémorial, on la cultive dans les jardins pour la nourriture de l'homme, et depuis quelques années dans les champs, pour celle des bestiaux. » Vous voyez, par ce peu de mots, que la grande culture de la betterave date à peine d'un demi-siècle.

Les variétés et les sous-variétés de betteraves sont nombreuses. Nous ne parlerons que de celles des champs et laisserons les autres pour le potager ; elles lui reviennent de droit.

Les variétés de champs sont : 1° la *betterave champêtre* ou *disette*, à peau rose et à chair blanche marbrée de rose ; 2° la *betterave rose à chair blanche* ; 3° la *betterave de Silésie*, blanche à l'extérieur et à l'intérieur, et cultivée pour le bétail, en même temps que pour les sucreries et les distilleries ; 4° la *betterave longue jaune d'Allemagne* ; 5° la *betterave jaune des Barres*, de même couleur, mais moins allongée, plus trapue et plus sucrée ; 6° la *betterave globe jaune*, très-sucrée, très-recherchée par les cultivateurs intelligents, et avantageuse dans les terrains médiocres à cause de sa racine arrondie et courte ; 7° la *betterave rouge globe*, qui ne vaut la précédente sous au-

cun rapport ; 8° enfin, la *betterave rouge plate de*

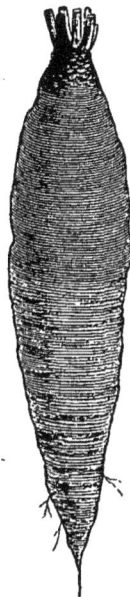

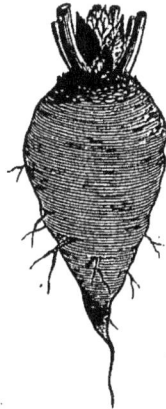

Fig. 275. — Betterave de Silésie.

Fig. 274. — Betterave champêtre.

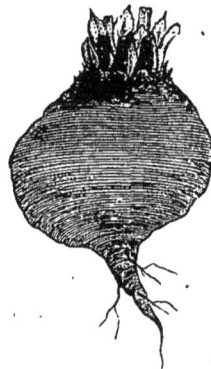

Fig. 277. — Betterave rouge globe.

Fig. 276. — Betterave jaune des Barres.

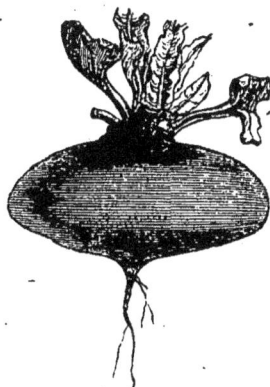

Fig. 278. — Betterave de Bassano.

Bassano qu'il y aurait profit à introduire dans

les terres sans profondeur, racine très-sucrée, très-hâtive, et convenant pour la table, comme pour l'alimentation des animaux. La *betterave* dite de *Vilmorin* n'est, on le sait, que la betterave de Silésie, perfectionnée par un choix de porte-graines, et, en même temps, affaiblie par ce perfectionnement, au point de ne pas prospérer toujours où prospèrent les betteraves ordinaires de Silésie, et les autres variétés que nous venons de nommer.

Climat. — La betterave redoute les climats très-froids et les climats très-chauds. Dans les climats froids, elle a de la peine à se développer et ne donne que des racines chétives ; dans les climats chauds, la sécheresse suspend souvent sa marche végétative, et quand des pluies arrivent après les arrêts de sa végétation, il se forme de la feuille aux dépens de la matière sucrée de la racine. Les climats tempérés lui conviennent donc particulièrement. Dans le midi de la France, la betterave n'offre point d'avantages ; dans le centre, l'est ou l'ouest, elle prospère toujours quand on prend la peine de la cultiver convenablement ; dans le nord, où le travail de la terre ne laisse rien à désirer, où les engrais sont prodigués, le rendement atteint les dernières limites du possible ; seulement, la qualité des racines, la richesse en sucre, et conséquemment en alcool, est loin de répondre au volume. En Belgique, les provinces du Hainaut, des deux Flandres, du Brabant, d'Anvers, de Namur et de Liége produisent de fortes récoltes de betteraves ; mais du moment qu'on s'élève, qu'on arrive dans l'Ardenne, le climat cesse d'être régulièrement favorable à la betterave. Elle retrouve ses aises que du côté de Virton, dans les situations abritées et relativement douces.

Terres propres à la culture de la betterave. — Il faut à la betterave un sol bien ameubli, c'est-à-dire bien divisé, riche, profond et assez frais. Si la terre était trop légère, il faudrait la rouler énergiquement après le semis ; si elle était de nature argileuse, un peu compacte, il faudrait l'ameublir par des labours multipliés, et l'entretenir dans cet état d'ameublissement par des sarclages et des binages répétés. Dans un sol léger, non tassé, la couche arable se dessèche vite, la graine germe avec peine ou ne germe pas ; la plante se développe difficilement ; la racine fourche et devient coriace ; dans un sol consistant, ces inconvénients ne sont pas à craindre ; dans un sol trop mouillé, la betterave perd de ses qualités, aussi bien que dans un sol trop fumé. Quant à la composition de la terre, elle nous préoccupe peu, car on peut obtenir des betteraves fort belles dans le calcaire, le granit, le schiste, dans les alluvions sablonneuses, dans les terrains marneux, etc., etc.

Place de la betterave dans les assolements. — On doit placer cette racine en tête de l'assolement avec une fumure convenable, et la faire suivre d'une céréale d'automne ou de printemps, avec trèfle dans la céréale. Il arrive aussi que l'on cultive la betterave deux fois de suite à la même place, afin de nettoyer des champs infestés de mauvaises herbes. Cette racine, néanmoins, souffre des retours rapides. On gagnerait à ne la ramener au même endroit que tous les six ou sept ans ; on n'a pas tout à fait lieu de se louer de son retour tous les quatre ans ; on commet une hérésie agricole de premier ordre en la ramenant tous les deux ou trois ans, hérésie que l'on a expiée rudement déjà et que l'on expiera plus rudement encore. Un fermier qui procède de la sorte peut, nous le savons, y trouver largement son compte pendant la durée d'un bail de neuf ans ou même de dix-huit ans, délai peut-être un peu long ; mais un propriétaire qui s'arrange de cette culture ruineuse est un homme ou bien ignorant ou d'un commerce bien facile.

Nous ne sommes pas, Dieu merci ! partisan de ces contrats par lesquels des propriétaires trop prudents ou mal avisés mettent les menottes aux fermiers, mais nous professons un certain respect pour les règles d'une culture loyale et n'aimons pas que la terre soit livrée, sans la moindre garantie, à des rapineurs de profession qui la pressurent, lui font suer tout ce qu'ils peuvent, et la rendent dévalisée à des successeurs qui ne s'en doutent pas toujours.

M. Léon Van den Boorn nous écrivait un jour du Brabant : « Il suffit de se rendre aux environs des villes où la fabrication du sucre de betterave a été introduite depuis vingt ou trente ans, pour se convaincre de l'altération produite dans le sol par cette racine. A Tirlemont, par exemple, cette altération est telle que les cultivateurs ne veulent plus céder pour un an leurs terrains aux fabricants de sucre, à raison de 400 et 500 francs par hectare. L'expérience leur a appris que, depuis l'introduction de la betterave, leurs terres s'étaient épuisées considérablement, et qu'il ne leur était plus possible d'obtenir du froment de bonne qualité, là où, auparavant, s'élevaient des récoltes magnifiques. Non-seulement, les récoltes subséquentes languissent, mais il est, en outre, malheureusement certain que le rendement en betteraves diminue d'année en année. »

Engrais qui conviennent à la betterave. — Les engrais qui répondent le mieux à la composition chimique de la betterave, sont ceux qui contiennent beaucoup de potasse, de silice, de chaux et d'acide phosphorique. Partant de là, on pourrait avancer qu'un compost formé de fumier de vaches, de cendres de bois, d'os broyés, de noir animal et de laitier, réunirait les conditions de succès à un haut degré, et l'on ne se tromperait pas. Mais avant d'appliquer un engrais, il importe de tenir compte de la nature du sol. Ainsi, nous n'avons pas besoin de laitier dans les terres sablonneuses, pas besoin de fumier long dans ces mêmes terres, tandis qu'il nous rendra des services dans les terres un peu compactes. Le fumier des bêtes qui ont vécu de la betterave ou de ses résidus est le meilleur de tous.

Labours préparatoires. — Mieux la terre a été défoncée et divisée par la charrue et par la bêche, mieux la betterave réussit. Le plus ordinairement, on déchaume au mois d'août, on laboure profondément avant l'hiver; puis vient le labourage du printemps, suivi d'un hersage.

Choix et préparation des semences. — Dans l'*Art de produire les bonnes graines*, nous avons dit à propos de celles de la betterave : — « On prend, à l'automne, de belles racines (de moyenne grosseur), que l'on conserve en silos, en cave ou en cellier; dans le courant de février, si elles commençaient à pousser, on les transporterait dans une pièce sèche, un peu froide et bien éclairée. Aussitôt que les gelées ne sont plus à craindre, on les plante, on les arrose au besoin, mais modérément. Pendant la végétation, on supprime les pousses tardives et l'on pince les rameaux principaux, ainsi que l'extrémité de la tige.

« On se trouverait bien de palisser cette tige et ces rameaux à la manière des espaliers, afin de

Fig. 279. — Porte-graines de betteraves.

ralentir à volonté la végétation par les courbes et la pression des ligatures.

« On récolte la graine le plus tard possible; on achève la dessiccation à l'ombre, au grenier ou sous un hangar, et l'on ne conserve ensuite que les graines de la partie moyenne de ces sortes d'épis, car celles du haut et du bas ont été moins bien nourries que celles du milieu. »

Avec des graines ainsi fabriquées et choisies, on peut compter sur de bons résultats, mais avec des graines achetées ou butinées au hasard, on ne peut répondre de rien quand même le terrain serait excellent et la fumure abondante. Les fabricants de sucre et les distillateurs qui contractent avec les fermiers, pour un chiffre déterminé d'hectares de betteraves, ne manquent pas de se réserver le droit de fournir la graine de semence, et, en ceci, nous les approuvons sans réserve. Non-seulement, ils savent que les fermiers récol-

teront sûrement la variété convenable, mais ils savent encore que les produits seront plus beaux qu'avec des graines achetées de droite et de gauche à des colporteurs ou à des marchands n'offrant aucune garantie.

Les graines de betteraves conservent leurs facultés germinatives pendant trois, quatre et même cinq années; toutefois, nous pensons qu'il est prudent de ne pas aller au delà de deux à trois ans et de mouiller ces vieilles graines avec du purin étendu d'eau, vingt-quatre heures avant de les semer. On doit ne les mouiller qu'après les avoir frottées entre les mains.

Tous les auteurs conseillent l'emploi des graines de deux ans de préférence à celles d'un an. Nous allons vous dire pourquoi : il est rare que l'on fasse ces graines avec toutes les précautions de rigueur que nous avons indiquées plus haut; on récolte donc le bon, le

Fig. 280. — Graines de betterave.

médiocre et le mauvais, et le tout se trouve mêlé dans le sac. Souvent même on ne récolte rien, on achète chez des gens de confiance qui peuvent être fort estimables, tout en n'entendant rien à la fabrication de la semence. Si donc, dans ces conditions, l'on s'avise de semer de la graine d'un an, on s'expose à faire pousser du plant très-mêlé, tantôt parfait, tantôt défectueux; mais comment établir une distinction? C'est impossible. Quand on éclaircit en pépinière ou en place, on ne sait jamais au juste ce que l'on sacrifie ou ce que l'on garde. Que s'ensuit-il? C'est que les graines défectueuses fournissent un plant qui monte ou file, pour nous servir de l'expression consacrée. Avec la graine de deux ans, c'est moins à craindre; les semences défectueuses qui poussent toujours la première année n'ont pas la force de se soutenir deux ans et meurent dans le sac; c'est pour cela qu'il faut répandre plus de vieille graine que de graine nouvelle. Mais aussi les plants qui lèvent sont le produit de semences robustes, et le succès est en quelque sorte assuré. Si nous récoltions notre semence nous-mêmes, avec les soins voulus, elle vaudrait mieux la première année que la seconde, et le plant ne filerait pas.

Semailles de la betterave. — On sème la betterave lorsque les gelées ne sont plus à craindre, de la première huitaine d'avril jusqu'à la fin de la première quinzaine de mai, à raison de 12 à 15 kilos par hectare, s'il s'agit de semer à la volée, et de 5 ou 6 kilos, si l'on sème en lignes. Ce second procédé est certainement préférable au premier. On ouvre des rigoles de 3 à 5 centimètres de profondeur, à 60 ou 70 centimètres l'une de l'autre, et dans chacune de ces rigoles, on laisse tomber une douzaine de graines par mètre de longueur ; puis l'on recouvre et l'on roule.

Ceux qui n'ont pas de rayonneur se servent tout simplement de la charrue. Une personne marche derrière cette charrue, et ouvre des trous avec un bâton sur la tranche de terre retournée, et une autre personne place les graines dans ces trous. Il ne reste plus ensuite qu'à tasser fortement au moyen du rouleau, en terre meuble s'entend, afin de rétablir les conduits capillaires rompus par le labour, et d'empêcher l'action trop desséchante de l'air sur la couche arable.

Dans le nord de la France, on s'y prend encore d'une autre manière pour semer les betteraves. Le cultivateur tend un long cordeau, et ouvre les rigoles avec une houe. Une femme le suit et laisse tomber les graines dans les rigoles, tandis qu'une seconde femme recouvre la semence, et tasse la terre avec ses pieds.

Dans les contrées où les betteraves repiquées ou transplantées réussissent mieux que les betteraves semées à demeure, on a soin de former des pépinières. C'est ce qui se passe assez ordinairement chez les cultivateurs qui ont affaire à des terres plus ou moins fortes. Quand on forme des pépinières, il est essentiel de les sarcler et de les éclaircir de très-bonne heure, aussitôt que l'on peut saisir les jeunes plantes avec les doigts. Du moment où l'on néglige cette opération, les plantes serrées se nuisent, s'affament, s'affaiblissent et deviennent impropres à fournir de belles racines. Vers le mois de juin, par un temps couvert ou pluvieux, on lève le plant, on coupe les premières feuilles à 10 centimètres du collet, on trempe les petites racines dans une bouillie de bouse de vache, et l'on repique avec le plantoir. Il est important de bien presser la terre autour du plant repiqué, à moins que cette terre ne soit très-argileuse.

Soins à donner à la betterave pendant sa végétation.

— La betterave exige des sarclages et des binages fréquents. On doit toujours choisir un temps sec pour exécuter ces opérations. Beaucoup de ménagères ont la mauvaise habitude de dépouiller les betteraves d'une partie de leurs feuilles pendant le cours de la végétation, et de donner ces feuilles au bétail. On ne saurait s'élever avec trop d'énergie contre cet usage très-regrettable. Pour gagner 5 centimes en feuilles, on en sacrifie 10 en racines. Les feuilles sont les poumons des végétaux ; eh bien, oserait-on soutenir qu'on ne ferait pas de mal à un individu, en lui enlevant une partie de poumon ?

C'est ici la véritable place d'un excellent travail sur la culture des betteraves dans le Pas-de-Calais, travail qui nous fut adressé, il y a une douzaine d'années, par Lemaire, jeune homme de cœur et d'avenir, qui est mort professeur à l'École de la Saulsaie :

« Nous labourons notre terrain avant et après l'hiver, le plus profondément possible, et, lorsque

nous devons semer, nous rabattons les mottes, nous unissons le sol par plusieurs vigoureux coups de herse, et nous le tassons à l'aide des rouleaux les plus énergiques que l'on puisse trouver. Le piétinement des chevaux qui conduisent la herse sur laquelle le laboureur se trouve assis, et les lourds rouleaux, renfoncent la terre et la tassent irrégulièrement, un peu par-ci, un peu par-là. Ils lui permettent d'offrir aux racines un peu de résistance et un point d'appui solide.

« Il peut paraître singulier, à ceux qui ne voient pas que le tassement amène la fraîcheur à la surface du terrain, en même temps qu'il s'oppose à l'action desséchante de l'air, qu'une plante exige un peu de terre résistante ; mais que voulez-vous ? chacun son goût. Si la betterave préfère les terrains tassés, si elle s'y plaît mieux, et si elle fournit plus de poids que lorsqu'il reste meuble, servez-lui ce qu'elle aime ; ne raisonnez pas : vous n'y perdrez rien. Elle vous paiera vos peines par une levée régulière qui vous dispensera de recommencer votre semis, et par une plus grande masse de produits.

« Dans le nord, nous nous servons de herses triangulaires pour raffermir notre terrain. Nous y attelons trois chevaux, et nous donnons de la *herse à tête* jusqu'à ce que nous ne puissions plus faire entrer le bout du pied dans le sol. Les dents de la herse, renversée et traînée sur le sol, le raffermissent au lieu de le soulever, en glissant obliquement à sa surface. Le rouleau ordinaire en bois est trop léger, et ne tasse pas assez ; il unit trop et facilite, à la moindre averse, la formation d'une croûte dure. Si cette croûte se dessèche, le germe ne peut pas la percer, et la jeune plante meurt avant de lever. Ailleurs, où l'on n'emploie pas la herse triangulaire à tête, et où l'on n'a que des herses carrées, on se sert d'un rouleau-squelette en fonte, à surfaces anguleuses qui ne lissent pas le terrain et le tassent un peu irrégulièrement, comme cela est nécessaire, pour que le dessus du sol ne se prenne pas en une seule masse, partout également dure et également impénétrable aux agents atmosphériques et à l'eau.

« Il n'est pas toujours facile de faire bien lever les betteraves, surtout quand il fait sec ; et cependant nos cultivateurs pur sang ne craignent pas trop la sécheresse. Ils sèment un peu plus avant, plus profondément, si l'on veut, et raffermissent un peu plus le sol. Si l'on ne s'était pas aperçu que la levée est toujours plus régulière sur les parties fortement piétinées que dans le centre du champ, si l'on ne savait pas que plus le terrain est dur, plus en général les betteraves sont belles et abondantes, l'on ne se donnerait pas aujourd'hui tant de peine pour tasser ce terrain.

« Comme on le voit, ce n'est pas seulement pour obtenir une levée régulière que l'on demande de la solidité au sol : c'est encore, et surtout, pour favoriser l'accroissement des betteraves. Si le terrain est meuble, la betterave languira et aura de petites feuilles rabougries, dures, grises ou roussâtres. La racine, au lieu de former un seul pivot bien uni, bien tendre et bien juteux, sera fourchue, et se partagera en une infinité de petites racines secondaires, fibreuses, coriaces, sans chair ni séve, et recouvertes d'une peau épaisse et rugueuse. Ces nombreuses racines, qui vivront aux dépens du pivot, seront recouvertes d'un long et abondant chevelu qui soulèvera la terre trop meuble, et remplira tous les vides. On n'aura pas de poids à la récolte. Au lieu d'un beau pivot, gros et charnu, on n'aura qu'un petit pivot et des racines qui ne vaudront pas grand'chose, ni pour nourrir les animaux, ni pour fournir du sucre.

« Mais si l'on a eu la bonne pensée de tasser comme il faut son terrain, oh! alors, c'est une autre affaire. Au lieu d'une petite racine fourchue, on a un beau pivot uni, clair, gros, tendre et bien juteux ; on a des feuilles larges, d'un beau vert foncé luisant, et, s'il pleut une fois de temps en temps, on obtient, par suite d'un vrai dévergondage de végétation, 50, 60 et quelquefois plus de 80 000 kilogr. de betteraves par hectare. Il va sans dire que ces récoltes sont exceptionnelles : en moyenne, elles varient entre 30 et 50 000 dans les terres de qualité inférieure, et doublent presque dans les meilleurs terrains et sous la direction de nos plus habiles cultivateurs-fabricants.

« Ici, se présente naturellement une question : Faut-il semer immédiatement les betteraves sur fumier? Oui et non. Oui, si votre terrain peut être facilement raffermi, et si vos engrais sont massifs, lourds ou en poudre, et incapables de soulever le sol. Non, si votre terrain est trop léger, trop meuble, et si vos engrais longs et pailleux doivent encore ajouter à sa légèreté. Ne nous étonnons donc pas de rencontrer beaucoup de fabricants qui préfèrent les engrais pulvérulents ou terreux au fumier pailleux. Cela leur permet, en outre, de faire consommer plus de paille en mélange avec la pulpe trop aqueuse de leurs usines.

« Rappelons un fait : — Un cultivateur enfouit du fumier pailleux dans une bonne terre de vallée ; sa cour étant trop tôt vidée, l'engrais lui manqua, et il laissa un bout du champ sans fumure. Il sema sur le tout, après avoir hersé, roulé et piétiné son sol le mieux possible. Dans la partie non fumée, sur laquelle les chevaux avaient dû tourner fréquemment, on fait fourrière, comme on dit chez nous, la levée fut surabondante, et, à la récolte, le produit fut presque double de ce qu'il était dans la partie fumée.

« Il s'ensuit qu'une préparation du terrain bien appropriée aux besoins de la plante, qu'un tassement convenable valent quelquefois mieux qu'une fumure mal appliquée.

« Si l'on employait toujours utilement toutes les forces productrices de l'agriculture, au lieu de les gaspiller dans des opérations de la nature de celle que je viens de citer ; si nous nous rendions toujours parfaitement compte de tous les travaux que nous exécutons ; si nous connaissions à fond la puissance incalculable des différents moyens que nous pourrions employer pour tirer le meilleur parti possible du sol, nous ne serions pas en peine de mieux nourrir et de mieux vêtir nos populations. »

Maladies de la betterave. — Aussi longtemps que la culture de la betterave n'a pas été forcée à outrance, on n'a eu à se plaindre ni de maladies particulières, ni de ces ravages d'insectes qui attestent presque toujours chez la plante un état de malaise, causé tantôt par l'excès des fumures, tantôt par l'épuisement de certaines substances minérales du sol. Ainsi les cultivateurs qui font uniquement des betteraves, par petites quantités, pour l'alimentation du bétail, ne se plaignent pas, tandis que dans les localités où l'on fait des betteraves en vue des sucreries ou des distilleries, les cultivateurs se plaignent souvent. Ainsi, vers 1846, on a signalé, pour la première fois, une affection qui a quelque analogie avec la maladie des pommes de terre. Les feuilles sont attaquées, des taches fauves se montrent sur les racines, les envahissent, et si alors on les divise en deux parties, on remarque une altération plus ou moins profonde des tissus dans le sens de la direction des faisceaux vasculaires.

Le *pied chaud* est encore une maladie de la betterave. Il l'attaque dans sa jeunesse, quand elle n'a pas encore six feuilles. Ces feuilles s'arrêtent dans leur développement, et les racines se flétrissent, brunissent et se dessèchent.

La betterave a beaucoup à souffrir aussi des larves du hanneton et d'une larve grisâtre, désignée sous le nom de *ver gris*.

Récolte. — La betterave achève de se développer pendant le mois de septembre, et d'ordinaire on l'arrache d'octobre en novembre, selon les climats. L'essentiel pour le cultivateur, c'est de ne pas se laisser surprendre par les gelées, et de faire en sorte que les racines soient le moins possible contusionnées, afin qu'elles soient de meilleure garde. Au temps de Mathieu de Dombasle, les frais de culture de la betterave s'élevaient à environ 324 francs par hectare de terre médiocre qui rapportait, en moyenne, 20 000 kilos. Le prix de revient des 500 kilos était donc de 16 fr. et quelques centimes, et le cultivateur les vendait de 20 à 24 francs. Depuis, les conditions ont bien changé ; les prix de revient se sont élevés et les prix de vente ont baissé. — Dans une bonne terre, convenablement fumée, on élève aisément le produit à 30 000 et 40 000 kilos de racines, en forçant la fumure ; dans les climats du nord de la France et de la Belgique, on obtient de 50 à 100 000 kilos et plus ; mais la qualité ne répond plus à la quantité.

Conservation de la betterave. — On conserve cette racine comme on conserve la pomme de terre, en cave, en cellier et en silos. Seulement, on a remarqué que, par la conservation en silos, la betterave s'appauvrit un peu et que les fabricants de sucre et d'alcool ont intérêt à les y laisser le moins longtemps possible.

Emploi de la betterave. — Dans nos fermes, la betterave sert à la nourriture du bétail, et l'on assure que 100 kilos de cette racine peuvent remplacer 45 kilos de bon foin. Il ne faut pas trop s'y fier. Ne perdons pas de vue que le foin se compose d'un certain nombre d'espèces et de variétés de plantes, qu'il forme, par conséquent, une nourriture plus variée, moins incomplète qu'une plante administrée isolément. Ne perdons pas de vue non plus que si la betterave augmente la production du lait, elle en amoindrit la richesse butyreuse et le rend fade. Le mieux, quand on dispose de racines de diverses sortes pour l'alimentation du bétail, c'est d'en former un mélange et de les servir toutes ensemble.

Dans le Nord et en Belgique, on prépare avec la betterave un sirop ou *poiré* pour la consommation de la population ouvrière. Ce sirop se fabrique exactement comme le sirop de carottes, dont il a été parlé précédemment, mais il passe pour ne point le valoir précisément; on le dit plus fade.

Les betteraves sont surtout utilisées par l'industrie qui en retire le sucre et l'alcool. La variété la plus recherchée, à cet effet, est la betterave blanche de Silésie à collet rose. On nous a assuré, dans une fabrique d'alcool, que celle à collet vert ne la valait pas; toutefois, nous avons à faire nos réserves sur ce détail, car un fabricant de sucre de nos amis nous affirmait dernièrement que cette assertion ne lui paraissait pas fondée. L'important pour les fabricants de sucre et d'alcool, c'est que les graines de leurs betteraves de Silésie aient été bien faites, qu'elles n'aient pas été prises sur des racines d'une densité faible, provenant de terrains humides ou trop fumés; qu'il n'y ait pas eu de longs arrêts de végétation, suivis de reprises inopportunes, parce que la production des feuilles se fait aux dépens de la matière sucrée, parce que le sirop de ces betteraves contrariées ne se cristallise pas; l'important enfin, c'est que les racines ne séjournent pas trop en terre après leur développement complet, et qu'elles ne restent pas non plus trop longtemps en silos.

Nous ne saurions trop applaudir aux industries qui tendent la main à l'agriculture. La distillation des grains et des racines, aussi bien que la transformation de ces racines en sucre, a forcé les industriels à engraisser un nombreux bétail, afin d'utiliser les résidus de la fabrication, de la manière la plus avantageuse. L'engraissement a produit le bon fumier, et le bon fumier a créé d'excellents terrains, avec un sol parfois très-ingrat primitivement. Nous n'adressons à l'industrie qu'un reproche, c'est de faire trop souvent bon marché des règles qui doivent présider à une culture normale, de sacrifier parfois les principes à l'appât désordonné du gain et de ruiner des champs en ayant l'air de les enrichir. Si les industriels qui ont des terres à bail trouvent de temps en temps leur compte à faire des cultures forcées, à ramener coup sur coup à la même place les plantes qui constituent leurs matières premières, les propriétaires du sol n'ont pas plus à s'en féliciter que la richesse publique.

Notes relatives à la fabrication du sucre de betterave. — Nos lecteurs comprendront qu'il ne nous est pas possible de traiter *in extenso* de toutes les industries qui se rattachent à l'agriculture. Ce travail aurait le double inconvénient de nous conduire trop loin et de vieillir trop tôt notre publication. Expliquons-nous : — Si, par exemple, nous jugions à propos d'exposer ici dans

tous ses détails, l'art de fabriquer le sucre ou l'alcool, attendu que l'on fabrique l'un et l'autre avec la betterave qui est un produit de l'agriculture, nous devrions nécessairement accorder la même faveur à l'art du tisserand qui fait ses toiles avec la filasse de notre lin et de notre chanvre; à l'art du cordier qui fait ses cordes avec notre chanvre aussi; au fabricant de filets; pour la même raison; au drapier qui prend sa matière première dans nos fermes; au fabricant de velours et de soieries; au fabricant de couleurs qui nous demande l'indigo, la gaude, le safran, le pastel, etc., etc.; au brasseur qui n'existerait pas sans nos céréales et nos houblons; au meunier qui a besoin de notre froment; au tanneur qui a besoin des peaux de nos bêtes et de l'écorce de nos arbres; au chapelier qui recherche la dépouille de nos lapins; au charpentier, au menuisier et à l'ébéniste qui tirent parti de nos bois, etc. Ce serait à n'en pas finir, et voilà pourquoi nous devons nous borner à fournir quelques notes seulement toutes les fois que les industries relevant de l'agriculture sortent des attributions de la grande majorité des cultivateurs. Quand, au contraire, il s'agit d'industries à la portée de cette majorité, c'est différent; notre devoir est de leur accorder les développements qu'elles comportent.

Autrefois, la fabrication du sucre de betteraves et de l'alcool se faisait sur une petite échelle et la moyenne culture pouvait y consacrer avec profit quelques milliers de francs; aujourd'hui, cette industrie a pris des proportions qui en changent le caractère primitif; ce n'est plus une simple annexe de la ferme, un simple détail au milieu des autres détails de l'exploitation; c'est quelque chose de plus, c'est une industrie maîtresse qui commande à la ferme, qui lève tribut sur les cultivateurs, qui ruse avec eux et les met dans l'embarras quand elle peut. Nous ne la déclassons point, nous ne la renions point, nous nous contentons de faire remarquer qu'elle s'est déclassée de sa propre volonté, qu'elle a déserté le domaine agricole proprement dit pour entrer dans celui de l'industrie proprement dite.

Or, tout à l'heure nous disions et nous maintenons qu'il y a danger pour une publication de la nature de celle-ci à s'attacher aux flancs les questions industrielles. Ce que nous avons écrit sur les engrais, sur les labours, sur les cultures spéciales; ce que nous écrirons sur le bétail et ses produits, sur les vignes, les vins, les arbres fruitiers, les légumes, etc., ne cessera pas, nous le croyons, d'être encore la vérité dans quinze ou vingt ans, tandis que ce que nous pourrions écrire sur la question industrielle serait vieux et hors d'usage dans dix-huit mois ou deux ans, et alors nous aurions un cadavre lié à un vivant. Voilà pourquoi nous ne donnons pas entrée à la grande industrie rurale dans le *Livre de la Ferme*; si l'agriculture et cette industrie peuvent loger sous le même toit, ce n'est qu'à la condition d'y occuper des pièces distinctes, séparées l'une de l'autre par une cloison quelconque. L'expérience du contraire a été faite; nous savons ce qu'elle a produit et nous essayerons de profiter de la leçon.

Sortons à présent de cette digression un peu longue, mais absolument nécessaire, et donnons à nos lecteurs les notes promises en ce qui regarde la fabrication du sucre de betterave.

Le chimiste Margraff, de Berlin, retira le premier de la betterave, en 1747, du sucre cristallisable, mais sa découverte ne sortit des petits laboratoires qu'au bout d'une quarantaine d'années. Un autre Prussien, d'origine française, Frédéric-Charles Achard, s'occupa de l'extraction en grand en 1787, dans le domaine royal de Kunern, en Silésie, et obtint des succès fort incomplets sans doute, mais suffisants pour ouvrir la voie et donner de larges espérances. Ce ne fut toutefois que vers 1806 que la France intervint et que Benjamin Delessert, qui avait déjà créé à Passy la première filature de coton, s'occupa sérieusement de la question du sucre de betterave et réussit. — « On ne se figure plus aujourd'hui, écrivait M. Flourens, à cinquante ans de distance, et quand d'ailleurs toutes les circonstances ont tellement changé, l'intérêt passionné qui s'attachait alors à ces grands travaux. Le 2 janvier de l'année 1812, B. Delessert annonça son succès à Chaptal. Celui-ci en parla aussitôt à l'Empereur. Napoléon ravi s'écria : « Il faut aller voir cela, partons. » — Et, en effet, il part. Delessert n'a que le temps de courir à Passy, et, quand il arriva, il trouva déjà la porte de sa raffinerie occupée par les chasseurs de la garde impériale, qui lui ferment le passage. Il se fait connaître, il entre. L'Empereur avait tout vu, tout admiré, il était entouré des ouvriers de la fabrique, fiers de cette grande visite ; l'émotion était au comble ! l'Empereur s'approche de Delessert, et, détachant la croix d'honneur qu'il portait sur sa poitrine, il la lui remet. Le lendemain, le *Moniteur* annonçait « qu'une grande révolution dans le commerce français était consommée. » L'Empereur avait raison. La science venait de créer une richesse nouvelle, et qui s'est trouvée immense. Depuis Margraff, depuis Achard jusqu'à Delessert, depuis Delessert jusqu'à nous, l'art de tirer le sucre de la betterave a fait chaque jour de nouveaux progrès ; il en fait chaque jour encore ; et plus on étudie cette belle découverte sous le rapport du commerce, de l'industrie, de l'agriculture, plus elle paraît grande. »

Trois années seulement avant le succès de Delessert, Bosc, parlant des expériences du chimiste Achard et du bruit que faisaient les journaux à propos de sa découverte, ajoutait qu'une commission de l'Institut avait été chargée de vérifier le fait et avait prouvé, dans son rapport, qu'on ne pouvait jamais espérer de tirer, en France, avec utilité pour le commerce, du sucre de la racine de betterave. La commission avait parlé trop vite, et son rapporteur, Deyeux, a dû s'en repentir plus d'une fois. L'arrêt était à peine prononcé par nos savants, que le professeur Gottling et que Fouques, à Paris, le cassaient à demi en attendant que Delessert le cassât tout à fait.

— « Après bien des vicissitudes, dit M. Girardin, l'extraction du sucre indigène est devenue chez nous une industrie très-importante, puisqu'au 31 janvier 1858 le nombre des fabriques en exploitation était de 340, et qu'elles ont fabriqué, en cinq mois, près de 110 millions de kilogrammes de sucre.

Le plus grand nombre de ces usines est concentré dans les départements du Nord (146 fabriques), du Pas-de-Calais (62), de l'Aisne (54), de la Somme (33), de l'Oise (21). Le restant (24) est réparti dans quatorze autres départements.

« En 1812, le sucre de betterave revenait au producteur à 5 fr. le kilogr. Aujourd'hui, il ne lui coûte que 55 à 60 centimes environ ! »

Cette moyenne, plus ou moins exacte, prouve qu'il y a eu progrès : voilà tout ; elle ne nous apprend rien d'ailleurs ; elle ne nous dit pas que le bénéfice du fabricant de sucre dépend beaucoup de la betterave cultivée, du terrain où on la cultive, des engrais, des influences climatologiques, de la qualité du jus par conséquent, et aussi de l'importance de l'échelle sur laquelle on opère la fabrication, et nécessairement du prix d'achat des matières premières.

Il semble résulter de tableaux que nous avons sous les yeux, et qui nous sont communiqués par un homme de bonne foi, que, quelque infime que soit le prix d'achat des betteraves, si elles ne marquent pas au densimètre de la Régie un degré supérieur à 3°,5, on supportera des pertes, tandis qu'une densité de 4 à 5°,5 assure au cultivateur une rémunération suffisante et au fabricant un bénéfice. Les tableaux dont il est question furent dressés après la désastreuse campagne de 1857-1858, que n'oublieront pas de sitôt les fabricants de sucre. La betterave avait beaucoup souffert d'abord de la sécheresse, puis d'une reprise de végétation qui avait altéré la qualité du jus.

La quantité de sucre fournie par les betteraves est très-variable ; elle dépend de la variété, du choix des graines, des méthodes de culture et de l'année. M. Péligot la porte à 10 p. 100 en moyenne. On est loin de le extraire du jus : 1 000 kilogr. de betteraves, rendant 80 p. 100 de jus à la densité de 3°,5, donnent à la Régie une prise en charge (par 1 400 grammes) de 39kil,20 de sucre, au saccharimètre 55,86, et à la fabrication par procédé ordinaire 30 kilogr., soit 3 p. 100. — 1 000 kilogr. de betteraves, rendant 80 p. 100 de jus à la densité de 4 degrés, donnent à la Régie une prise en charge de 44kil,80 de sucre, au saccharimètre 66,77, et à la fabrication par procédé ordinaire 48 kil., soit 4,810 p. 100. — 1 000 kilogr. de betteraves, rendant 80 p. 100 de jus à la densité de 4°,5, donnent à la Régie une prise en charge de 50kil,04 de sucre, au saccharimètre 75,13, à la fabrication par procédé ordinaire 58 kil., soit 5,8 p. 100. — Enfin 1 000 kilogr. de betteraves, rendant 80 p. 100 de jus à la densité de 5 degrés, donnent à la Régie une prise en charge de 56 kilogr., au saccharimètre 84,69, et à la fabrication par procédé ordinaire 67 kilogr., soit 6,7 p. 100. Nous devons ajouter que ces données ont été établies dans une fabrique pouvant employer 8 100 000 kilogr. de betteraves en une centaine de jours.

Il suit des chiffres qui précèdent que, dans les années où les betteraves sont pauvres en sucre, la Régie prélève un droit sur 39kil,20, tandis que le fabricant n'obtient que 30 kilogr. ; tandis qu'avec des betteraves très-riches elle ne prélève ce droit que sur 56 kilogr., tandis que le fabricant en obtient réellement 67. Une année, elle prend trop ; une autre année, elle ne prend pas assez. N'allez pas croire pour cela qu'il y ait compensation ; car vous commettriez certainement une erreur d'appréciation. Vous seriez dans la vérité sans doute, si les récoltes pauvres alternaient régulièrement avec les récoltes riches ; mais les choses ne se passent pas ainsi : il n'y a de régulier que la misère, et plus nous irons, plus elle augmentera, parce que l'on a abusé de la culture de la betterave, et qu'au lieu de maintenir la plante saccharifère dans sa richesse primitive, on a fait tout ce qu'il fallait faire pour l'appauvrir. M. Louis Vilmorin le savait bien lorsqu'il créait sa race de Silésie perfectionnée, race qui n'aura pas les résultats attendus : 1° parce qu'elle est plus sensible que le type aux rigueurs de la température ; 2° parce que pour la maintenir il faudrait un tact et une intelligence que nous ne devons pas attendre de la plupart des cultivateurs. Les fabricants savent bien aussi que leur sort dépend d'une bonne culture de la betterave, et nous en avons la preuve dans un traité conclu entre un de ces fabricants et un cultivateur. Voici ce traité, presque mot pour mot :

« Les soussignés, Pierre, fabricant de sucre à X., d'une part ; et le sieur Jean, cultivateur à X., d'autre part, sont convenus de ce qui suit :

« Le sieur Jean, cultivateur, s'engage envers M. Pierre, fabricant :

« 1° A planter en betteraves à sucre et à cultiver pendant l'année 1856 la quantité de un hectare de terre, et de livrer TOUT LE PRODUIT de la récolte qu'il fera, sous peine de dommages-intérêts envers M. Pierre.

« 2° Les terres défrichées, noires ou marécageuses, ainsi que celles fumées soit avec des matières fécales ou avec le parcage des moutons, ne pourront être employées à la culture des betteraves. M. Pierre se réserve de refuser les betteraves qui en proviendraient.

« 3° La graine sera fournie par M. Pierre, au prix de 1f,20 le kilogr. Aucun planteur ne pourra déroger à cette condition.

« 4° Les livraisons seront faites à la fabrique aux jours indiqués par M. Pierre, mais jamais avant que les betteraves n'aient été arrachées au moins quatre jours à l'avance, en ayant soin de les préserver du soleil ou de la gelée, et alors elles seront pesées sur la bascule de la fabrique avec un trait de 1 p. 100.

« 5° Les betteraves ne devront point avoir plus de 8 p. 100 de terre ; il sera fait une déduction de 5 p. 100 en plus sur celles qui comporteraient 12 p. 100.

« 6° Les betteraves devront être bien saines et bien décolletées. M. Pierre aura le droit de refuser les betteraves dites boutoires ou de ne les payer

que 8 francs en moins par 1 000 kilogr., ainsi que celles impropres à la fabrication du sucre. Dans tous les cas, le planteur sera toujours obligé de fournir la quantité de betteraves désignée dans le compromis.

« On fera subir aux betteraves effeuillées avant leur arrachage une réduction de 2 francs par 1 000 kilogr.

« 7° En cas de gelée trop intense, le planteur s'engage à couvrir les silos de fumier, d'après la demande de M. Pierre.

« De son côté, le sieur Pierre s'oblige :

« 1° A recevoir les betteraves dans l'état ci-dessus convenu et d'en payer au sieur Jean le prix, à raison de 22 fr. les 1 000 kilogr., rendus à sa fabrique, en octobre, novembre et décembre.

« 2° Chaque planteur aura droit à 15 p. 100 de pulpe du poids des betteraves qu'il aura fournies, au prix de 40 cent. l'hectolitre, pesant net 50 kil., à livrer pendant tout le temps de la fabrication. Pour le surplus, il sera facultatif au fabricant d'en donner ou d'en refuser, au prix de 60 centimes. »

Dans un second compromis, non signé, à l'état de projet sans doute, on définit la betterave à sucre celle dont le jus marque 4°,5 au densimètre.

Quelques-unes des clauses qu'on vient de lire en disent plus que tous les discours que l'on pourrait faire. La pratique reconnaît qu'il faut éviter certains sols, que certains engrais et l'excès des fumures ont une mauvaise influence sur la qualité des produits ; que le choix de la graine a une grande importance sur l'avenir des récoltes ; elle aurait pu reconnaître aussi que la diminution de densité des jus pourrait bien aussi résulter du retour trop fréquent des betteraves à la même place ou de l'emploi de fumiers ne provenant pas d'animaux nourris avec la pulpe des sucreries.

Voilà, pensons-nous, les seuls renseignements qui soient de nature à intéresser les cultivateurs, en ce qui touche la transformation de la betterave en sucre. Et ce que nous venons de dire à ce sujet s'applique évidemment à la transformation de la betterave en alcool, transformation antérieure à la précédente. En 1809, Bosc écrivait ces lignes :

« La grande quantité de sucre et de mucoso-sucré que contient la racine de la betterave la rend très-propre à la fermentation vineuse, et par suite à fournir de l'eau-de-vie.

« On dit qu'il y a en ce moment dans le nord de l'Allemagne plusieurs distilleries qui se livrent à ce genre de spéculation : mais je ne crois pas que, tant qu'il y aura des eaux-de-vie de vin en France, il puisse être avantageux de cultiver cette plante sous ce rapport. »

Les savants ressemblent beaucoup aux ignorants, en ce sens qu'ils affirment ou nient toujours avec une facilité étonnante.

P. Joigneaux.

CHAPITRE XXI.

DES FOURRAGES ARTIFICIELS.

Les plantes qui servent à la formation des prairies artificielles ou temporaires sont très-nombreuses, et le nombre tend plutôt à s'accroître qu'à se restreindre. Nous allons traiter de chacune d'elles, non par ordre alphabétique, mais autant que possible par ordre d'importance, après les avoir classées par familles. Et tout d'abord, nous prévenons nos lecteurs que nous nous en tiendrons aux espèces et variétés connues et acceptées d'un certain nombre de praticiens. Le journalisme agricole, toujours à la piste de nouveautés quelconques, a fait les honneurs de la publicité à des fourrages qu'un livre ne saurait admettre à la légère. Nous ne les condamnons pas indistinctement; mais nous nous tiendrons sur la réserve aussi longtemps qu'ils ne sortiront pas du domaine de la fantaisie pour entrer sérieusement dans celui de la pratique. Parmi les fourrages qui n'ont pas encore fait suffisamment leurs preuves, nous citerons, pour mémoire, la grande consoude, la berce branc-ursine, le lotier corniculé, l'achillée mille-feuilles, la centaurée jacée; nous ajouterions même l'ortie, si le bruit que l'on a fait à propos de cette plante ne nous forçait de lui consacrer au moins un paragraphe.

La famille des *Légumineuses* (*Papilionacées*) nous fournit les trèfles, les luzernes, les sainfoins, la serradelle, les vesces, gesses, pois, féveroles, ers, jarosse, lupins et ajonc.

La famille des *Graminées* nous fournit les céréales vertes (seigle, orge d'hiver, maïs), les ivraies ou ray-grass, l'arrhénatère élevée ou fromental, la fléole des prés ou timothy des Anglais, la houlque, le sorgho, et divers mélanges.

La famille des *Crucifères* nous fournit les choux non pommés, le chou-rave, le navet, la navette, le colza, la moutarde et le pastel.

La famille des *Composées* nous offre la chicorée; la famille des *Alsinées*, la spergule ou spargoute; la famille des *Rosacées*, la pimprenelle; la famille des *Urticées*, l'ortie; et celle des *Cucurbitacées*, la courge.

LÉGUMINEUSES, TRÈFLE (TRIFOLIUM).

Historique. — Si nous en croyons M. Édouard Morren, le trèfle aurait été cultivé pour la première fois en Belgique. Que ce soit là ou ailleurs, que l'honneur de la chose en revienne à celui-ci ou à celui-là, peu nous importe; l'essentiel, c'est qu'on cultive le trèfle. Nous n'en saluons pas moins des deux mains l'inventeur ignoré de ce fourrage artificiel, et nous nous faisons un devoir de reproduire les documents historiques que nous apporte M. Morren :

« L'histoire de la culture du trèfle, nous dit-il, est éminemment curieuse et intéressante, et elle doit encourager les efforts, si souvent rebutés, de ceux qui cherchent à utiliser de nouveaux végétaux. Il y a deux siècles environ, l'usage de cette légumineuse était complétement inconnu, et sa culture n'existait pas; celle-ci prit naissance vers cette époque dans notre pays (la Belgique), et de là se répandit en Angleterre, en Allemagne et en France. Aujourd'hui, le trèfle augmente de plusieurs millions la richesse des nations; il a tué la jachère, cette lèpre de l'agriculture, et, en se répandant de Belgique chez les autres nations, il a beaucoup contribué à donner à notre agriculture nationale la réputation dont elle jouit à l'étranger.

« Les auteurs du seizième et du dix-septième siècle qui ont écrit sur les plantes connues à cette époque sont très-sobres de détails sur la plante fourragère qui nous occupe; ils en parlent comme d'une espèce insignifiante, et mentionnent seulement son usage pour la fabrication de quelques drogues. Le seul renseignement que nous ayons trouvé, nous l'avons rencontré dans le Kruydboeck de Dodonée, notre célèbre botaniste malinois; il conseille le trèfle pour les inflammations d'intestins, etc.; puis il ajoute : « En Brabant, *quelquefois* « des champs entiers et des terres labourées sont « ensemencés avec du trèfle : ils sont alors plus « beaux, plus grands, plus vigoureux et plus élevés « que ceux qui poussent naturellement dans les « champs. »

« Fuchs, Lobel, de Lescluse, etc., ne parlent du trèfle que comme d'une plante sans aucune valeur spéciale. Olivier de Serres n'en dit rien dans son *Théâtre d'agriculture* (1629), où il mentionne cependant la luzerne et le sainfoin.

« Nous n'avons pu retrouver encore comment la culture du trèfle prit naissance dans le Brabant, ni le nom de celui auquel l'humanité est redevable d'un aussi grand bienfait : nous nous efforcerons de poursuivre ces recherches. Richard Weston, voyageant dans notre pays dans la première moitié du dix-septième siècle, fut frappé de l'utilité de cette culture et l'importa dans son pays, en Angleterre, où il introduisit des graines de ce fourrage.

« L'Allemagne doit le trèfle à Schubart, l'Angleterre à Weston, la France à Schrœder : tous trois sont venus le chercher en Belgique. » Le zèle que déploya Schubart en Allemagne, pour la propagation du trèfle, lui valut de Joseph II, le titre de Seigneur de Kleefeld, c'est-à-dire seigneur du *champ de trèfle*.

Nous ne terminerons pas cet historique sans faire remarquer à M. Morren que Palladius, qui vivait plusieurs siècles avant Jésus-Christ, a écrit dans son *Économie rurale*, livre I : — « *Si herba non suppetit, trifolium, fœnum græcum, agrestia intuba, lactuculas seremus alimento.* » (A défaut d'herbe, vous sèmerez pour leur nourriture, du trèfle, du fenugrec, de la chicorée sauvage et de petites laitues.) Il s'agissait de nourrir des oies, chose de peu d'importance, il est vrai, mais enfin les Romains semaient du trèfle.

Classification. — Le genre trèfle comprend

Fig. 281. — Trèfle des prés.

Fig. 282. — Fleur.

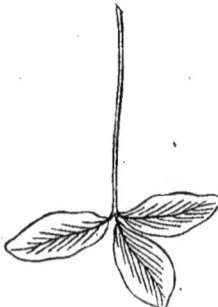

Fig. 283. — Fruit.   *Fig. 284.* — Feuille.

un grand nombre d'espèces, parmi lesquelles on cultive : 1° le trèfle des prés (*trifolium pratense*); 2° le trèfle hybride (*trifolium hybridum*); 3° le trèfle incarnat (*trifolium incarnatum*); 4° le trèfle rampant (*trifolium repens*); 5° et quelquefois, mais rarement, le trèfle des campagnes (*trifolium agrarium*).

TRÈFLE DES PRÉS.

Cette espèce est la plus répandue ; nous la nommons, suivant les localités, trèfle commun, trèfle ordinaire, trèfle rouge, trèfle de Hollande.

Climat. — On rencontre le trèfle commun sous presque tous les climats de l'Europe; on en fait l'éloge dans le Midi ; on en fait l'éloge dans le Nord ; toutefois, les climats tempérés et un peu humides lui sont plus profitables que ceux du Midi.

Terres propres à la culture du trèfle des prés. — A mesure qu'on se rapproche des contrées méridionales, les terres de nature argileuse, mais bien divisées, sont celles qu'il faut choisir ; quand on monte vers le nord ou que l'on cultive dans un climat humide, les terres sablo-argileuses, schisteuses, granitiques, lui conviennent très-bien, pourvu qu'elles soient en bon état de culture et qu'elles aient un peu de profondeur. Ce qu'il faut éviter, ce sont les terrains acides ou *aigres*, les défriches trop récentes des forêts, mais on les rend vite propres au trèfle au moyen de la chaux et des cendres.

Place du trèfle des prés dans les assolements. — Il est d'usage de semer cette plante fourragère dans une céréale qui suit la jachère ou qui suit une récolte sarclée, parce que la terre se trouve convenablement nettoyée. On peut la semer aussi avec le lin clair, c'est-à-dire cultivé pour ses graines, et au mois de juin, avec le sarrasin. Un point très-essentiel à observer, c'est de ne pas ramener fréquemment le trèfle des prés à la même place. Un intervalle de quatre ou cinq ans ne suffit pas. On nous a raconté si souvent que le trèfle était une plante essentiellement améliorante, ne prenant pour ainsi dire rien au sol, vivant de l'air qui court, que nous avons cru bien faire en le ramenant souvent sur lui-même, tous les sept ans d'abord, puis tous les cinq ans, puis enfin tous les trois ou quatre ans. Il n'y avait pas lieu de se gêner avec un fourrage d'une sobriété proverbiale, et chaque cultivateur, sur l'avis des maîtres, en a pris à son aise. Sur ce point donc, les agronomes ne sont pas sans péché. Ils n'ont pas assez remarqué que si le trèfle couvre la surface du sol de ses feuilles mortes et fournit de la sorte un engrais précieux pour les céréales qui tracent, il n'en va pas moins, en retour, chercher sa vie dans les couches profondes, et qu'une fois les couches profondes épuisées, il y a de l'inconvénient à leur demander presque de suite une nouvelle récolte de trèfle. La pratique a constaté le fait à ses dépens. Où les racines d'une récolte fourragère ont bien vécu, les racines d'une autre récolte de même nature ne sauraient que pâtir.

Engrais qui conviennent au trèfle des prés. — Le trèfle profite de ce que la récolte sarclée lui a laissé, ou bien il partage les vivres qu'ont reçu les récoltes principales en compagnie desquelles il se développe. Cependant dans un grand nombre de contrées, on étend une couverture de fumier long sur les jeunes trèfles, dans le but de les protéger contre les rigueurs de l'hiver, et cette espèce de couverture est déjà une petite source d'approvisionnement. Dans les Flandres belges, on fait mieux encore; vers la fin de février ou au commencement de mars, on répand environ 25 hectolitres de cendres de Hollande par hectare de tréflière, ou bien on fume avec un compost de terre et de chaux arrosé de purin. Presque partout, enfin, on plâtre les trèfles.

Choix et préparation des semences de trèfle des prés. — Au lieu de récolter de belle et bonne graine de trèfle sur la première pousse, sur des pieds clair-semés, sur des tiges robustes et vigoureuses, nous fauchons et fanons cette première récolte, souvent plus tard qu'il ne convient, et réservons la seconde coupe pour la multiplication de l'espèce. Nous croyons voir un double profit dans cette pratique. En premier lieu, nous avons une provision de fourrage qui a son mérite ; en second lieu, si les tiges de la seconde coupe sont plus faibles que celles de la première, en retour elles sont bien plus nombreuses, et de même des fleurs par conséquent, et de même aussi des graines. Le volume de la semence n'y est plus sans doute ; la qualité n'y est pas davantage, mais les cultivateurs pensent retrouver leur compte sur la quantité. Eh bien ! selon nous, cette manière de procéder est une cause de dégénérescence. Ce n'est pas tout : les graines de trèfle sont, vous le savez, renfermées dans une enveloppe, dans une balle qui a vraisemblablement sa raison d'être. Cette enveloppe sauvegarde la semence contre les fortes sécheresses et favorise la germination en se décomposant. Nous n'avons point, paraît-il, trouvé l'œuvre de la nature convenable, car nous avons jugé à propos de la défaire. Nous ne voulons que des graines dépouillées; nous voulons savoir si elles ont bonne ou mauvaise mine. C'est fort bien, mais comme il n'est pas toujours facile de détacher la semence de trèfle de ses enveloppes, on n'a pas toujours la patience d'exposer la plante au soleil et de la battre toute chaude ; on se permet assez fréquemment de l'exposer au four, afin d'aller plus vite en besogne. Sans cela, on devrait parfois recourir à l'emploi de moulins à égrener. Donc, quand nous achetons nos semences de trèfle au marché, nous ne savons pas si elles sortent du four, et si le degré de chaleur qu'elles ont reçu avant le battage n'a pas dépassé les limites raisonnables. On nous recommande bien, il est vrai, de choisir une graine grosse, bien nourrie, d'une teinte jaune mêlée de violet et luisante; on nous dit bien de nous défier de celle qui est terne, soit parce qu'elle a été récoltée dans de mauvaises conditions, soit parce qu'elle a plus de deux ou trois ans, mais on lustre quelquefois les graines avec une pelle huilée, et les personnes qui n'ont pas fait un long apprentissage de la culture, peuvent se laisser tromper par les apparences.

Des considérations qui précèdent, il résulte que pour avoir de la graine de trèfle parfaite, on devrait la récolter sur une première pousse, dans un état de maturité complète, avec beaucoup de précaution pour ne pas détacher les balles, avec

Fig. 285. — Peigne de M. Penn Hellouin.

la main ou avec le peigne de M. Penn Hellouin. On devrait ne jamais exposer cette graine au four

Fig. 286. — Profil du peigne.

avant de la battre. Si l'on ne veut pas prendre cette semence sur la première pousse, on doit tout au moins faire la coupe de bonne heure, afin d'obtenir en seconde récolte un trèfle porte-graines vigoureux et hâtif.

Semailles du trèfle des prés. — On sème le trèfle au printemps, soit dans les seigles et les froments d'automne, soit avec le froment de mars, l'orge ou l'avoine, soit avec le lin de gros, le sarrasin, soit enfin avec le colza d'été ou d'hiver, et toujours à raison de 15 à 20 kilogr. de graine nue par hectare. Nous avons vu porter ce chiffre à 30 kilogr. dans la Campine anversoise. Dans les localités où l'avoine est sujette à verser, on n'aime point à y semer le trèfle, attendu que la verse l'étouffe ; mais il n'y aurait rien à craindre de ce côté, si l'on avait la sage précaution de semer la récolte principale plus claire que de coutume. Quand on sème avec les céréales de printemps, avons-nous écrit dans le *Dictionnaire d'agriculture pratique*, on commence par répandre l'avoine, l'orge ou le froment très-clair, que l'on recouvre avec la herse ou l'extirpateur ; aussitôt après, on répand sur le même terrain la graine de trèfle que l'on enterre le plus légèrement possible avec le dos de la herse, ou bien tout simplement avec des fagots d'épines attachés à un châssis. Ce dernier mode de recouvrir est suivi dans un grand nombre de localités et nous paraît bon à imiter. Il y a des cas, dans les terres légères notamment, où il n'est pas nécessaire d'enterrer la graine de trèfle : c'est lorsque de fortes pluies tombent aussitôt après les semailles. Lorsqu'on sème le trèfle en mars ou avril sur seigle ou froment d'automne, on doit l'enterrer de même faiblement avec une herse légère à dents de bois. Souvent même, lorsqu'on prévoit une pluie prochaine, il vaut mieux passer d'abord la herse à dents de fer dans les céréales, semer ensuite sur la terre remuée et laisser à l'eau du ciel le soin de recouvrir. Dans les pays de culture avancée, où il est d'usage de biner les froments en mars ou avril, il suffit de semer le trèfle d'abord et de biner ensuite.

Certains cultivateurs attendent que les céréales de printemps soient levées pour y semer le trèfle, afin de n'avoir pas trop de fourrage vert parmi leurs gerbes, au moment de la moisson. Cette précaution n'est pas à dédaigner sous les climats pluvieux où le fourrage pousse vite et se dessèche lentement. Il gêne la rentrée des gerbes.

Soins à donner au trèfle des prés pendant sa végétation.

Dès que la récolte principale est enlevée, il faut marquer les champs emblavés, afin d'en éloigner les bergers et les pâtres. Quand on juge que la végétation est suspendue, il est souvent d'usage, dans les terres sujettes à se soulever pendant l'hiver, d'étendre sur le jeune trèfle une couverture de fumier long d'écurie, afin de modérer les soulèvements. Non-seulement on atteint le but ainsi, mais on donne encore de l'engrais à la plante et l'on retarde un peu sa végétation printanière, ce qui est un bien. Les cultivateurs n'y songent guère, et la plupart s'imaginent même qu'ils avancent la pousse, parce qu'ils n'ont pas remarqué qu'un terrain couvert de litière est plus lent à se dégeler et à s'échauffer qu'un terrain découvert. Ce retard nous paraît utile, car les jeunes trèfles qui se lancent trop tôt sont exposés aux gelées de printemps et ne se rétablissent pas vite.

Lorsque les effets de la saison rigoureuse ne sont plus à craindre, et par un temps sec, on enlève avec des râteaux la vieille paille, dont on refait litière aux bêtes.

Dès que les feuilles de la prairie couvrent bien le sol, et par un jour pluvieux, on peut suivre l'exemple des Flamands qui arrosent alors avec de l'engrais liquide ou qui répandent sur cette prairie des cendres de tourbe, dites de Hollande, ou bien, enfin, à défaut de purin et de cendres, on peut plâtrer, à raison de 2 hectolitres de plâtre en poudre, cru ou cuit, par hectare. Il est certain que le plâtre répandu par un temps humide développe énergiquement la plante, mais on assure qu'au fanage elle a beaucoup plus d'eau à perdre que si elle n'avait pas été plâtrée, qu'elle ne rend pas davantage en fourrage sec, et que, tout compte fait, on ne gagne rien à cette opération. Cette assertion, que nous ne sommes pas en mesure de contrôler, nous paraît fort hasardée ; il nous en coûte d'admettre qu'une plante en appétit n'enlève pas quelque chose à la terre en même temps que l'eau. On reproche aux fourrages plâtrés de n'être pas aussi sains que les autres et de jeter le trouble dans l'économie des animaux qui en font un usage habituel. Ce reproche est-il fondé ? Nous ne savons ; nous nous bornons à le signaler aux hommes spéciaux.

Maladies du trèfle des prés.

M. Bodin, l'intelligent directeur de l'École d'agriculture de Rennes, a écrit ceci : « Il y a douze ou quinze ans, du trèfle semé dans un de mes champs, après avoir eu, en automne, la plus belle apparence, disparut au printemps. Les feuilles se crispèrent, les tiges ne montèrent pas, la majeure partie des pieds sécha et fut attaquée d'une espèce de pourriture. J'attribuai cette maladie d'abord à l'état du sol, puis à la température, enfin à trois ou quatre causes plus ou moins vraisemblables, mais la mauvaise qualité de la graine ne me vint pas à l'esprit.

« Enfin, l'année dernière, dans un champ de 3 hectares, qui avait porté une belle récolte de betteraves, je fis en avril de l'orge et du trèfle. Dans les deux tiers du champ, je semai de la graine de trèfle de médiocre qualité : elle avait été prise sur un trèfle très-vigoureux, versé, et dont les têtes n'étaient point mûres d'une manière uniforme. Dans l'autre partie, j'employai de la graine bien mûre et de première qualité.

« A l'époque de la moisson, après l'enlèvement de la céréale, le trèfle était beau partout ; le champ présentait un aspect uniforme. Comme le trèfle était assez élevé pour être fauché, on fit en octobre une coupe de ce fourrage, et tout eut belle apparence jusqu'en décembre. Vers cette époque, plusieurs pieds de trèfle de la partie où avait été semée la mauvaise graine séchèrent, puis quelques autres ; enfin, au printemps, il n'en restait plus que peu de touffes éparses ; les autres étaient mortes, ou tellement chétives, qu'on ne pouvait plus y compter. Elles semblaient avoir été piquées par des insectes.

« Les pieds provenant probablement des graines les plus mûres subsistèrent seuls ; ils ont donné une assez médiocre coupe, car ils étaient en petit nombre. A la seconde coupe, le fourrage semblait un peu moins mauvais ; mais il resta chétif.

« Du côté où la bonne graine avait été semée, j'ai fait une très-bonne récolte de fourrage vert, la seconde coupe a été très-belle, bien fournie et le trèfle ne semblait pas de la même espèce.

« En présence de ce fait, je me souviens de mon premier trèfle manqué. »

Voilà donc une maladie de naissance. Nous en connaissons bien la cause, et, par conséquent, il nous suffit de prendre de la graine de bonne qualité pour l'empêcher de se produire.

Passons à d'autres maladies. Un jour que nous allions visiter une belle et délicieuse ferme de la Flandre orientale, M. Parrin, le propriétaire de la ferme en question, nous fit faire une halte sur la route et nous dit : — Permettez-moi une remarque. Vous voyez d'ici des trèfles de bonne mine ; examinez-les de près, et vous y rencontrerez beaucoup de vides. C'est le revers de notre médaille : ici, du fourrage jusqu'aux genoux ; là, plus rien, absolument rien, des places nettes et toujours en forme de cercle d'un diamètre plus ou moins étendu. Si vous pouviez nous donner la raison de ce mal que l'on appelle la *roue*, nos cultivateurs vous voteraient des remerciements.

Nous répondîmes par des conjectures, n'ayant rien de mieux à donner pour le moment. Aujourd'hui, nous ne sommes guère plus instruit ; seulement nous croyons nous rappeler qu'un naturaliste gantois nous dit, à ce propos, quelque temps après, qu'un insecte dont le nom nous échappe, déposait ses œufs en terre, et qu'à l'éclosion, les larves se dirigeaient à la manière des rayons d'un cercle, vivant de racines sur leur trajet et que le vide en forme de cercle pourrait bien être l'œuvre de ces larves. Ce renseignement appelle des observations suivies.

Les trèfles ont encore à souffrir les ravages de deux plantes parasites qui sont l'orobanche et la cuscute. L'orobanche, dont nous donnons ici la figure, n'est réellement commune et redoutable que dans les contrées où l'on abuse de la culture du trèfle, où on le ramène depuis longtemps et tous les quatre à cinq ans à la même place. En Belgique, dans le Brabant, nous en avons vu de terribles exemples. Aussitôt la première coupe enlevée, l'orobanche se montrait par milliers de pieds, s'attachait aux racines du trèfle et empêchait la seconde pousse de se faire. L'orobanche se montre comme un signal de détresse, et quand on la voit, on peut se dire sans crainte d'erreur : La terre est fatiguée de porter du trèfle ; il n'y a pas à lutter.

Fig. 287. — Orobanche.

Nous sommes tenté de croire que la cuscute (le *rougeot*, la *barbe-de-moine* ou la *teigne* de certains cultivateurs), bien facile à recon-

Fig. 288. — Cuscute.

naître au dessin que nous en donnons, et si redoutée dans nos campagnes, est aussi un signe de détresse. Elle s'attaque d'ordinaire aux trèfles trop souvent ramenés sur le même terrain ou trop longtemps maintenus en vue de leur prendre trois ou quatre récoltes successives.

On ne gagne rien à épuiser le sol. Les plantes qu'on le force à produire sont ordinairement maladives, et plus exposées aux ravages des insectes que celles qui se portent bien.

Lorsque la cuscute envahit un champ de trèfle, il faut faucher la place et y allumer du feu, ou bien arroser cette place avec de l'eau chargée de sulfate de fer.

Récolte du trèfle des prés. — En France, c'est le plus souvent au commencement de juin, et en Belgique un peu plus tard, que l'on fauche les trèfles. Ici, d'ailleurs, la question de date ne signifie rien ; c'est la floraison qui commande. Un trèfle qui ne serait pas fleuri ne fournirait pas un fourrage substantiel ; un trèfle qui serait défleuri ne donnerait qu'un fourrage coriace et s'effeuillerait trop.

Quand le moment est venu, on abat le trèfle avec la faux ou avec la faucheuse, et on le laisse en andains, c'est-à-dire en lignes pendant un jour, ou mieux, pendant un jour et demi. Si on l'éparpillait de suite, soit avec la fourche de bois, soit au moyen d'une faneuse à cheval, la dessiccation serait trop prompte, les feuilles se détacheraient trop aisément des tiges et la récolte serait manquée. Le maintien des andains ralentit, modère cette dessiccation. On défait ensuite les andains pour mettre le fourrage en petits tas de 50 centimètres de hauteur sur 50 centimètres de largeur, et au bout de deux ou trois jours, si le temps est favorable, on reprend ces petits tas à moitié secs pour en former des meulons de 2 mètres à peu près de hauteur que l'on se garde bien de tasser, afin que l'air et la chaleur puissent y pénétrer facilement et achever le fanage.

Parfois il arrive que la pluie surprend le cultivateur au moment où son trèfle est en andains. Ce qu'il y a de mieux à faire dans ce cas, c'est de prendre le fourrage par petites brassées, de les mettre debout en écartant les tiges à leur base et de tordre la tête. Chaque brassée se tient ainsi debout et ne souffre pas de l'humidité. Dès que le soleil se montre, l'extérieur se ressuie, et, aussitôt après, on ouvre les javelles et on les retourne de manière à ce que le centre devienne l'extérieur et que l'extérieur devienne le centre. C'est une méthode suivie dans les Flandres belges et qui devrait l'être partout.

Quand la pluie surprend le trèfle en petits tas, il faut avoir la précaution de les retourner avec la fourche aussitôt que la pluie cesse.

Une méthode de fanage qui vaut bien celle de la mise en tas, consiste à laisser les andains pendant deux jours sans y toucher et à les rapprocher ensuite deux par deux de façon que le fourrage du dessous revienne au dessus.

Dans les contrées humides, la dessiccation du trèfle présente souvent des difficultés décourageantes. Pour mieux l'obtenir, on est obligé de se servir d'*arbres* à chevilles, de *chevalets*, de *cavaliers*, sur lesquels on place le fourrage qui a d'abord passé vingt-quatre heures en andains. Ce fourrage, suspendu de la sorte, se dessèche plus vite que sur le sol.

Fig. 289.
Arbre à chevilles.

Pour se soustraire à cette méthode longue et dispendieuse, Klappmeyer a imaginé un procédé très-connu qui porte son nom et qui n'a pas eu beaucoup de succès chez nous. Il consiste en ceci : — Au bout d'une journée en andains, on prend l'herbe que l'on met en tas de 3 mètres de hauteur et que l'on foule régulièrement et fortement. Ces tas ne tardent pas à s'échauffer. Quand on n'y peut plus tenir la main, on les démolit et on les éparpille pour refroidir et ressuyer le fourrage, après quoi

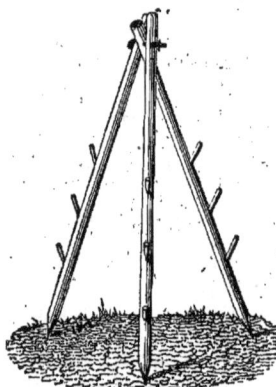

Fig. 290. — Chevalet.

Fig. 291. — Autre chevalet.

on rétablit les tas sans crainte d'une nouvelle fermentation. Par cette méthode Klappmeyer, on obtient un foin brun, d'une saveur relevée. Nous connaissons d'habiles praticiens qui l'ont mise à l'essai, et qui ne paraissent pas enchantés des résultats.

Quand le trèfle est fané par un moyen quelconque, on doit le mettre en bottes avant de le transporter à la ferme. Les personnes qui le placent tel quel sur le fenil, ou même qui le mettent en meules, font une perte considérable de feuilles,

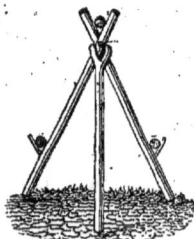

Fig. 292. — Autre chevalet.

Fig. 293. — Trèfle en bottes.

ce qui n'a pas lieu avec le bottelage, surtout quand on l'a encore exécuté par un temps couvert ou lorsque le soleil n'était pas dans toute sa force.

Ce que nous venons de dire s'applique à la première coupe principalement. Pour faner le regain, on s'y prend de la même manière, mais cette fois, il n'y a pas lieu d'attendre la floraison ; on fait la coupe vers la fin d'août ou en septembre. Beaucoup prennent encore deux pousses vertes la seconde année ; c'est un abus ; on doit enterrer la première.

Le trèfle des prés est une plante bisannuelle ; si on le laissait porter graines après sa première floraison, il ne repousserait plus.

Le rendement de cette plante fourragère dans les bonnes terres et en première coupe, est d'environ 6 000 kilogr. par hectare, et en seconde coupe de 3 à 4 000 kilogr. Mais fort souvent, dans des terres moins avantageuses, la première coupe ne rend que de 2 500 à 3 000 kil., et la seconde un tiers en moins.

Il n'est pas d'usage de cultiver à part les portegraines du trèfle. C'est un tort que nous reprochons à nos praticiens. Bien certainement, si l'on faisait un semis clair, à cet effet, et si l'on prenait la semence sur de fortes tiges et de fortes fleurs, on n'aurait qu'à s'en féliciter, mais on ne procède pas ainsi ; on enlève de bonne heure une coupe en vert et l'on multiplie ainsi les tiges et les fleurs en les amoindrissant. Le battage du trèfle s'exécute avec le fléau, mais difficilement, à moins qu'il ne soit bien sec et réchauffé au soleil immédiatement avant d'être battu. Souvent pour détacher la graine de ses enveloppes, il faut se servir d'une meule d'huilerie ; cependant

Fig. 294. — Égrenoir de Fellemberg.

nous connaissons des cultivateurs qui viennent à bout de l'opération avec les batteuses de la ferme. Il suffit pour cela d'empêcher le tire-paille de fonctionner ; c'est plus économique que de recourir à la machine de Fellemberg.

Emploi du trèfle des prés. — C'est un fourrage qui convient plus ou moins aux vaches, aux chevaux, aux moutons, aux chèvres, aux porcs et aux lapins de clapier. On le fait consommer en vert sur place ou à l'étable, et en sec au râtelier. A l'état vert, le trèfle des prés a l'inconvénient d'occasionner chez les animaux de l'espèce bovine et de l'ovine un gonflement connu sous les différents noms de *météorisation, tympanite, empansement* et *indigestion gazeuse.* — « La distribution de la nourriture verte aux bestiaux, écrit M. de Dombasle, exige quelques précautions sans lesquelles il pourrait en résulter de grands inconvénients surtout lorsqu'il est question de la luzerne, du trèfle, et de quelques autres plantes de la même famille. L'enflure ou la météorisation des bêtes à cornes, et d'autres accidents pour les chevaux, peuvent être le résultat de la négligence avec laquelle on leur en laisserait manger à la fois une trop grande quantité, surtout lorsque ces plantes sont très-jeunes ou lorsque les animaux ne sont pas encore accoutumés à ce genre de nourriture. On croit généralement que les animaux courent plus de dangers lorsque les plantes ont été coupées mouillées que lorsqu'elles étaient sèches, et j'ai partagé moi-même pendant longtemps cette crainte. Mais des observations plus soignées me permettent d'assurer aujourd'hui que cette opinion n'est pas fondée ; et, s'il est une circonstance qui puisse rendre les fourrages verts plus dangereux pour la météorisation, c'est au contraire, celle où ils ont été coupés très-secs et par un temps chaud. Mon expérience, à cet égard, se trouve d'accord avec celle de plusieurs cultivateurs très-expérimentés qui m'ont communiqué leurs observations. C'est donc le matin, à la rosée, qu'il est bon de faire couper le fourrage que l'on veut faire consommer en vert. »

Nous n'avons pas à nous occuper en ce moment des moyens curatifs ; dont il sera parlé nécessairement dans la seconde partie de cet ouvrage. Nous nous contenterons de faire observer qu'une excellente précaution à prendre à l'endroit des animaux, avant de les conduire sur les trèfles à pâturer, c'est de leur lester l'estomac avec un peu de nourriture sèche. Lorsque nous étions à la ferme des Quatre-Bornes, nous avons appris que les bergers allemands chargés des troupeaux de cette ferme, n'oubliaient jamais de prendre la précaution indiquée ; aussi n'y signalait-on point de cas de météorisation.

TRÈFLE HYBRIDE. — On connaît ce trèfle d'ancienne date, tantôt sous le nom que lui a donné Linné et que nous lui conservons ; tantôt sous ceux de *trèfle de Suède* et de *trèfle d'Alsike.* Dans ces derniers temps, on a fait à ce fourrage une réputation très-grande et le commerce en a propagé la culture sur une large échelle dans le pays Messin, dans le grand-duché de Luxembourg et dans les parties de la Belgique qui avoisinent ces contrées. Cette espèce, considérée comme provenant d'un croisement entre le trèfle des prés et le trèfle rampant, a des tiges plus minces, plus nombreuses, plus élevées et plus feuillues que le trèfle des prés ; ses fleurs sont d'un blanc rosé. Le

trèfle hybride est robuste et se plaît dans les terrains frais. On l'a dit perpétuel, mais n'en

Fig. 295. — Trèfle hybride.

croyons rien ; il ne dure guère plus que le trèfle des prés ; seulement sa graine mûre se détache trop aisément des têtes et le reproduit chaque fois à la place des porte-graines. Par cela même qu'il talle plus que le trèfle des prés, on doit nécessairement le semer beaucoup plus clair, à raison de 5 ou 6 kilogr. par hectare. Quant à tous les autres détails de culture, ils restent les mêmes.   P. J.

De la culture du trèfle des prés dans le Midi. — Le nord de l'Europe avait déjà accepté depuis longtemps la culture du trèfle, qu'elle était encore inconnue dans le midi de la France.

Venue de la Hollande et de la Flandre, on croyait cette plante appropriée seulement aux climats froids et humides ; on ne pensait pas que sa culture fût possible, sous le soleil du Midi, à côté de la luzerne et du sainfoin.

Quelques essais faits, il y a environ soixante-dix ans, dissipèrent bien vite ces appréhensions, et dès lors l'agriculture méridionale fut appelée à jouir aussi des avantages de cette récente et précieuse conquête.

En arrivant dans le Midi, le trèfle n'a pas cependant abdiqué sa prédilection pour la fraîcheur du sol et du climat : il n'y donne, en effet, d'abondantes récoltes que sur les plateaux silicéo-argileux des départements sous-pyrénéens, où la proximité des montagnes tempère l'ardeur du soleil du Midi. Trois modes d'ensemencement sont pratiqués :

1° Les semis faits en automne, avec le blé ;

2° Ceux faits au printemps sur les terres emblavées en automne ;

3° Enfin ceux faits au printemps avec de l'avoine tardive, ou mieux encore avec de l'orge paumelle.

Ces diverses pratiques présentent des avantages

et des inconvénients : semé en automne, en même temps que le blé, le trèfle trouvant une terre ameublie et libre de toute végétation, s'implante facilement dans le sol par un léger hersage ; il peut à son aise y pousser ses racines et prendre bien vite un développement qui lui permet de résister aux premiers froids de l'hiver.

Répandue au printemps sur une céréale semée en automne, la germination de la graine s'accomplit péniblement sur un sol tassé et à l'ombre d'une végétation vigoureuse, entièrement maîtresse de la terre : le plus souvent la jeune plante s'étiole faute d'air et de soleil, elle contracte ainsi un vice originel que les plus énergiques engrais ne peuvent plus guérir.

Les semis faits au printemps et associés à une céréale de la saison (orge ou avoine), sont préférables : ceux-ci affranchis des chances de l'hiver rigoureux, favorisés au contraire par les pluies douces d'avril, s'emparent vigoureusement du sol et s'y développent à côté d'une céréale trop faible encore pour leur faire mauvaise guerre, mais suffisante pour leur offrir un ombrage protecteur. Cette dernière méthode assure toujours le succès de la prairie.

Les semis de trèfle exigent une graine arrivée à sa très-grande maturité et épurée avec le plus grand soin ; quoiqu'elle conserve sa faculté germinative pendant de longues années, on considère comme la meilleure, la graine nouvellement récoltée qu'il est d'ailleurs facile de reconnaître à l'éclat de sa couleur disparaissant à mesure qu'elle vieillit. Le poids de la bonne graine de trèfle est de 80 à 82 kilog. à l'hectolitre. La quantité de graine employée par hectare, varie entre 12 et 15 kilog. Dès que la céréale qui a été associée au semis de trèfle est exploitée, la jeune plante exposée alors à l'action directe du soleil se flétrit et souvent même se dessèche au point qu'il ne reste plus vestige de la végétation extérieure jusqu'au moment où les pluies automnales apportent une nouvelle vie aux racines.

La dent des animaux est meurtrière pour le trèfle comme pour le sainfoin : aussi est-il à propos de faire le sacrifice de la pousse automnale, lorsque la faux ne peut point la saisir. Un imprudent pâturage compromet toujours l'avenir de la prairie et expose le cultivateur aux déplorables accidents de la météorisation des ruminants.

Le trèfle entre dans l'assolement triennal du Midi ; il occupe le sol pendant deux années, puis, défriché à la fin de la seconde, il rend la terre à la culture des céréales.

Pendant la première année, le trèfle ne reçoit pas de fumure ; les engrais enfouis avec la céréale qui lui a servi d'abri sont encore suffisants pour alimenter cette première récolte, qui donne d'excellents produits avec un simple plâtrage fait à la fin de l'hiver et à raison de 6 à 700 kilog. à l'hectare. Les fumiers sont réservés pour la seconde année, alors que les graminées de toute nature ont déjà envahi la prairie.

Le trèfle n'a point d'ennemi bien sérieux parmi les insectes et les autres animaux ; mais en revanche, deux parasites végétaux, la cuscute et l'orobanche, lui font la plus cruelle guerre.

La cuscute est ce singulier végétal dépourvu de feuilles, dont la tige très-fine et armée de suçoirs, s'implante dans les touffes de trèfle et en absorbe toute la séve. Les ramifications de ce parasite sont si multipliées qu'elles forment une sorte de tissu feutré envahissant des surfaces considérables et détruisant toute végétation. Les pertes occasionnées par l'orobanche, moins appréciables à l'œil inexpérimenté du cultivateur, sont cependant tout aussi sérieuses : cette plante, en effet, qu'on reconnaît à une certaine ressemblance avec l'asperge, exerce ses ravages dans l'intérieur du sol en se cramponnant aux racines du trèfle dont elle enlève tous les sucs.

En l'absence de moyens faciles et expéditifs pour détruire ces deux affreux parasites, le cultivateur ne peut que prévenir leur arrivée dans ses récoltes en n'acceptant pour son semis, que des graines d'une origine connue et épurées avec le plus grand soin, ou bien encore, comme le recommande Joigneaux, en ramenant moins souvent le trèfle à la même place.

La maturité de la première coupe de trèfle est indiquée par la chute des feuilles dans la partie inférieure de la tige et par une nouvelle végétation qui se manifeste à leur base ; cette maturité arrive dans le Midi vers les premiers jours de juin ; elle suit le fauchage des luzernes et précède celui des prairies naturelles. Le fanage du trèfle n'exige pas de grands travaux : moins il est secoué, mieux il conserve ses feuilles qui constituent la qualité supérieure de son foin. Après avoir passé trois jours en andains tels que la faux les a faits, le foin de trèfle, retourné et exposé quelques heures au soleil, est mis en tas le soir, et une légère fermentation termine le fanage. A peine la première coupe de trèfle est-elle enlevée du sol que le champ reverdit de nouveau et étale une seconde végétation, dont la vigueur est favorisée par la combinaison de la chaleur atmosphérique et de l'humidité encore concentrée autour des racines. Le succès de la seconde coupe est assuré, si une pluie survient au moment où la plante fourragère couvre entièrement le sol ; on la fauche quarante-cinq ou cinquante jours après la première, lorsque les fleurs sont toutes épanouies et que quelques-unes commencent à se flétrir.

La production moyenne du trèfle étant de 5 000 kilogrammes à l'hectare pour les deux coupes, la première donne 3 000 kilogr., et la seconde 2 000.

Le sacrifice de la seconde coupe devient nécessaire lorsque l'on veut en obtenir la graine ; le fauchage doit alors être retardé jusqu'au moment où les fleurs entièrement sèches laissent tomber quelques-unes de leurs balles.

Immédiatement après le fauchage, les andains du trèfle porte-graines sont mis en petites meules coniques, et quatre jours après transportés sur l'aire à dépiquer, où quelques coups de fourche détachent les balles de la tige.

C'est avec la plus grande difficulté que la graine de trèfle est séparée de sa balle : lorsqu'on ne traite que de petites quantités, le dépouillement peut se faire sous la meule verticale d'une huilerie ; ce procédé devient impraticable pour des récoltes importantes. Le rouleau, qui est encore l'instrument de battage le plus répandu dans le Midi, est aussi celui dont on se sert dans les grandes exploitations pour dépouiller la graine de trèfle.

Les débris du battage et le résidu que l'on obtient en criblant la graine doivent être scrupuleusement éloignés des fumiers et entièrement sacrifiés; ils renferment plus ou moins de graines de cuscute et d'orobanche qui, conservant leur faculté germinative même après leur fermentation dans les tas de fumier, viendraient infester les champs et les récoltes à venir. Nous avons fait, à cet égard, dans notre culture personnelle, quelques expériences, qui nous autorisent à donner ce conseil.

La récolte de la graine de trèfle est souvent magnifique, et ses produits considérables paraissent ne pas épuiser absolument la terre qui les donne, puisque les récoltes de céréales qui suivent ne sont point inférieures à celles que l'on obtient sur les défrichements qui n'ont produit que le foin; cependant, malgré des productions de 8 hectolitres de graine à l'hectare que nous avons souvent vendus plus de 100 fr. l'hectolitre, nous avons dû renoncer à cette opération qui, faite depuis douze et quinze ans, nous a laissé nos champs dans l'impuissance absolue de reproduire du trèfle.

Cultivé spécialement pour son foin, le trèfle refuse encore ses produits, s'il se succède à lui-même trop fréquemment. L'aptitude du sol à la production du trèfle constitue une précieuse richesse, de laquelle on ne peut user qu'avec discrétion; à cette condition seulement elle est inépuisable.

L. PONS-TANDE.

TRÈFLE INCARNAT. — Cette espèce se rencontre

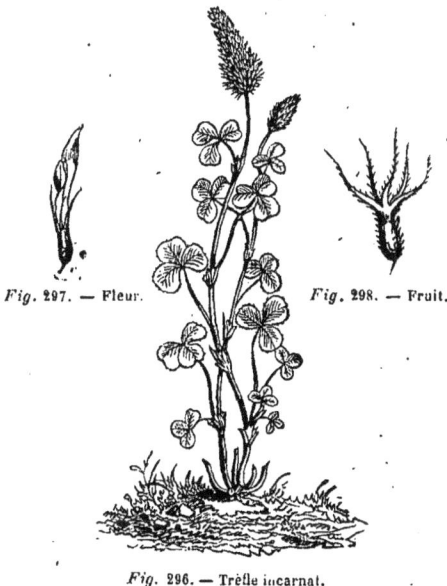

Fig. 297. — Fleur.   *Fig.* 298. — Fruit.

Fig. 296. — Trèfle incarnat.

surtout dans le midi de la France; toutefois, on en cultive des parcelles sur tous les points de notre territoire, ainsi que dans la Belgique, même jusque sur le plateau d'Arlon. Le trèfle incarnat ne redoute donc pas les rigueurs de l'hiver autant qu'on s'est plu à le dire. Ce qu'il redoute, dans le Nord, c'est la terre argileuse compacte. Les sols sablonneux et graveleux sont ceux qui conviennent le mieux. On le sème seul vers la fin d'août ou au commencement de septembre, à raison de 25 kilogr. de graines nues par hectare; mais dans le midi de la France on sème la graine avec son enveloppe, comme nous le verrons tout à l'heure. Au printemps suivant, on le récolte avant la luzerne et une quinzaine de jours avant le trèfle des prés. Il importe de faucher de très-bonne heure, quand le bouton se montre; si l'on attendait la pleine floraison, les dernières parties fauchées seraient coriaces. Il est rare que l'on fane le trèfle incarnat; habituellement on le distribue en vert au bétail, au fur et à mesure des besoins. Quand on fauche ce trèfle avant la floraison, on peut compter sur un regain médiocre; plus tard, il n'y a rien à attendre.

M. de Dombasle rapporte que M. Pictet semait ordinairement le trèfle incarnat, aux environs de Genève, en juillet et en août, avec du millet qu'il coupait à l'automne pour fourrage, et il récoltait le trèfle au printemps. On obtient ainsi, ajoute M. de Dombasle, deux bonnes récoltes de fourrage, dans un intervalle où la terre n'eût rien produit; car ces plantes peuvent se semer ainsi après une récolte de navette, de colza, de seigle, d'escourgeon, etc., et le terrain est libre, l'année suivante, assez tôt pour le planter en pommes de terre, en haricots, en betteraves repiquées, ou même pour y semer de l'orge.

En 1859, notre excellent ami et collaborateur Pons-Tande nous adressa pour la *Feuille du cultivateur* un article sur la culture du trèfle incarnat dans le Midi, article que nous reproduisons avec empressement :

« La culture du trèfle incarnat est une ancienne pratique dans l'Ariége, où sa production constitue une des plus grandes richesses fourragères.

« On donne à cette espèce de trèfle plusieurs noms, qui ont l'inconvénient d'établir une certaine confusion là où la plus grande précision nous paraît nécessaire. Ainsi on la désigne sous le nom de trèfle incarnat, trèfle de Roussillon, farrouch, farouels, trèfle farouche.

« Le trèfle incarnat exige rigoureusement une terre douce et friable; il ne réussit pas, il ne germe même pas sur des sols compactes et trop argileux.

« Un simple labour, suivi d'un hersage, est la seule préparation qu'exige la terre destinée à recevoir la semence.

« C'est vers la fin du mois d'août ou dans les premiers jours de septembre qu'il convient de semer ce fourrage. La germination ne tarde pas à se produire, s'il existe quelque humidité dans le sol; dans le cas contraire, il faudrait attendre une légère pluie.

« Une fois germé, le succès du trèfle incarnat est assuré; il peut défier, en cet état, les sécheresses de l'automne comme les premières gelées.

« Dès le mois de décembre, le champ de trèfle

présente ordinairement l'aspect d'une prairie verte et vigoureuse, qui alors déjà peut.être livrée au pâturage. Cette plante, repoussant pour ainsi dire sous la dent des animaux, offre un excellent pâturage pendant trois mois d'hiver. Dans le Nord, il n'y a pas à compter sur cette ressource.

« Ici, il est prudent d'arrêter le pâturage de la tréflière dans les premiers jours de mars; alors une légère fumure, suivie quelques jours après d'un plâtrage, à raison de 10 hectolitres à l'hectare, fait bien vite reverdir la prairie, qui nous donne au commencement de mai la nourriture verte la plus saine, la plus succulente et la plus abondante.

« Notre bétail ne se porte jamais mieux que lorsqu'il pâture le trèfle incarnat ou qu'il le consomme dans les râteliers de la ferme. L'avidité avec laquelle il mange ce fourrage vert n'inquiète pas nos cultivateurs. Le farrouch ne météorise point les ruminants comme le trèfle ordinaire; la digestion en est si facile qu'il n'est jamais arrivé le moindre cas de dérangement gastrique pendant le temps de l'alimentation du cheptel avec ce fourrage vert.

« Le trèfle incarnat est fauché lorsque les fleurs, d'un rouge si vif pendant la dernière période de son développement, commencent à pâlir et à se flétrir dans la partie inférieure. Fané et séché comme les autres fourrages, il constitue encore une excellente consommation.

« Le farrouch est une plante annuelle et ne donne qu'une seule coupe; mais elle est aussi abondante à elle seule que les deux du trèfle ordinaire. Pour nous, cultivateurs de l'Ariége, qui devons tenir compte du pâturage d'hiver, sa supériorité de production est parfaitement établie.

« Le trèfle de Hollande, qui a été pour nos pères une richesse qu'ils ont eu le tort de croire inépuisable, nous refuse ici même un médiocre produit. N'est-ce pas le moment de demander au farrouch la compensation qu'il peut si bien nous donner ?

« Nous ne connaissons pas de plante qui se succède à elle-même avec plus de sympathie que le farrouch. Introduit dans le Roussillon depuis bientôt deux siècles, et répandu presque depuis la même époque dans tout le sol pyrénéen, il y donne toujours de magnifiques récoltes. A côté des bâtiments de toutes nos fermes se trouve le *farratchal* (champ du farrouch). Ce champ est occupé par une récolte de ce fourrage pendant huit mois de l'année et par le maïs fourrager pendant les quatre mois restants. Cet assolement, uniformément perpétuel, n'a pas diminué l'aptitude du sol à la production. Mais en serait-il de même partout ?

« La maturité de la graine de farrouch arrive dans les premiers jours de juin sous notre climat. Ce moment est d'ailleurs parfaitement indiqué par la chute de quelques gousses qui se détachent de la partie inférieure de la fleur. Fauché, mis en tas et transporté quelques jours après sur l'aire à dépiquer, le farrouch porte-graines est battu par quelques coups de fourche qui en détachent toute la semence; celle-ci, conservée dans sa balle, doit être soigneusement remisée en lieu sec, à l'abri de toute humidité.

« La graine de trèfle incarnat doit être semée avec sa balle. Cette enveloppe, jouissant d'une grande puissance hygrométrique, favorise singulièrement la prompte germination; 120 ou 130 kilogr. suffisent pour un hectare.

« Ces observations sont le résultat de ma propre expérience. »   L. PONS-TANDE.

TRÈFLE RAMPANT. — Cette espèce, très-répandue dans les terrains médiocres, où elle forme la

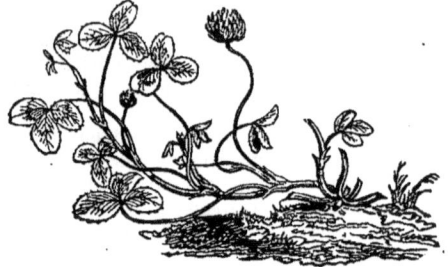

Fig. 299. — Trèfle rampant.

base des meilleurs pâturages, est fort connue sous les noms de *trèfle blanc*, de *triolet*, de *truyot*, et, en Belgique, sous celui de *coucou blanc*, afin de la distinguer de la luzerne lupuline, que l'on y appelle *coucou jaune*.

Le trèfle rampant n'est pas difficile quant au climat; il ne l'est pas davantage quant aux terrains. Les plus légers, du moment qu'ils contiennent de la chaux ou du calcaire, lui conviennent très-bien. Lorsqu'on a affaire à des sols

Fig. 300. Fleur.

schisteux, granitiques ou siliceux, il est donc absolument nécessaire de les chauler avant d'y semer ce trèfle. Le semis se fait dans une céréale de printemps, à raison de 7 à 8 kilogr. de graines par hectare, ou bien encore en quantité moindre, mais en mélange avec des graines de foin. L'année d'ensuite, quand les feuilles du trèfle rampant couvrent bien la terre, on le plâtre ou on le cendre par un temps pluvieux, comme s'il s'agissait du trèfle des prés.

Dans les climats humides du Nord, il arrive très-souvent que le trèfle rampant acquiert un développement exceptionnel qui permet de le faucher et de le faner; mais nous n'en devons pas moins le considérer surtout comme un excellent fourrage à pâturer pour les moutons et les vaches.

Quand on veut récolter la semence du trèfle rampant, on suspend le pâturage à partir des premiers jours de juin, et on laisse monter la plante. Nous croyons qu'il vaudrait mieux se dispenser entièrement du pâturage.

La graine de cette espèce a plus de poids que celle du trèfle des prés et du trèfle incarnat. Selon M. Heuzé, l'hectolitre pèse de 96 à 98 kilogr., tandis que celle du trèfle incarnat ne dépasse pas 82 kilogr., et celle du trèfle des prés 80 kilogr.

Dans l'Ardenne belge, les défricheurs intelligents associent le trèfle rampant à la fléole des prés, ou bien encore à un mélange de houque laineuse, de fétuque ovine, de fétuque durette et de crételle; ils obtiennent ainsi et très-promptement des pâturages convenables, dont nous aurons à vous entretenir en temps et lieu.

TRÈFLE DES CAMPAGNES. — Le trèfle des campagnes, dont les fleurs d'un beau jaune s'ouvrent en juin et en juillet, est cultivé de loin en loin par quelques rares amateurs. Peut-être ferait-on bien d'encourager sa culture dans les pays pauvres.

On nous permettra de garder le silence sur d'autres espèces et variétés de trèfle, citées le plus souvent pour faire nombre ou recommandées, à la suite d'expériences douteuses, par des personnes qui cherchent à se produire en public par toutes sortes de petites voies qui ne sont pas toujours très-praticables. P. J.

LUZERNE (MEDICAGO).

Classification. — Il existe de nombreuses espèces de luzernes qui, toutes, intéressent beaucoup le botaniste, mais nous n'avons à nous occuper ici que de celles qui intéressent le cultivateur. Ce sont : 1° La luzerne cultivée (*medicago sativa*); 2° la luzerne rustique (*medicago media ?* de Persoon); 3° la luzerne faucille (*medicago falcata*); 4° la luzerne lupuline (*medicago lupulina*).

LUZERNE CULTIVÉE. — **Climat.** — La luzerne

Fig. 302. — Fleur.

Fig. 303. — Fruit.

Fig. 301. — Luzerne cultivée.

cultivée des botanistes est tout simplement la luzerne commune que tous nos cultivateurs connaissent. Toutefois, il importe de faire observer que dans le midi de la France, on lui donne à tort le nom de *sainfoin*, et qu'il convient de se mettre en garde contre la confusion des choses, toujours si facile quand celle des mots existe. Cette plante s'enracine profondément et donne des tiges de 50 à 60 centimètres. Ses fleurs réunies en grappes sont violacées; ses fruits sont en spirale;

ses graines sont de couleur jaune et ont la forme d'un cœur. Le climat du midi de la France lui est particulièrement favorable, car, en raison même de la longueur de ses racines, elle n'est pas en peine, au fort de l'été, de trouver, dans les terres profondes, la fraîcheur qui lui est nécessaire. D'ailleurs, si elle a besoin, pour prospérer, d'une température un peu élevée, elle redoute singulièrement les terres trop mouillées, surtout quand on se rapproche du Nord, où l'humidité du sol contribue à l'abaissement de la température déjà trop basse en certains moments de l'année. Cependant, quand on assure que la luzerne ne dépasse pas volontiers la Lorraine, on commet une erreur, car on la rencontre assez fréquemment en Belgique. Elle n'y a point ses aises comme dans le haut Languedoc, mais enfin, elle y réussit passablement, même dans la province de Luxembourg, du côté de Florenville. Cette plante fourragère a dû faire un pas en avant grâce aux progrès du drainage. Néanmoins, dans le Nord, elle continuera d'être sacrifiée au trèfle, parce que les mauvaises herbes envahissent trop vite les luzernières.

Terres propres à la culture de la luzerne. — Il faut à la luzerne un sol profond, poreux, où ses racines puissent s'étendre librement. Il faut de plus que ce sol ait été nettoyé le mieux possible des mauvaises herbes par des cultures sarclées. Nous n'avons pas besoin d'ajouter que plus le terrain sera riche, plus elle prospérera. Dans une terre compacte, les racines ont de la peine à s'allonger; il en est de même dans les terres rocheuses, dont le sous-sol ne présente que de rares fissures; et alors elles se courbent et tracent au lieu de pivoter. Cet état de gêne abrége considérablement la durée de la plante fourragère en question. On ne peut pas assigner une place à la luzerne dans une rotation; elle se range d'elle-même en dehors de nos assolements. Elle arrive après une céréale, après une vigne, et dure ce qu'elle peut durer.

Engrais qui conviennent à la luzerne cultivée. — Les fumiers d'étable bien consumés, les engrais liquides, les cendres et le plâtre conviennent tout particulièrement à la luzerne. Avec les fumiers pailleux, les mauvaises herbes sont à craindre; d'ailleurs, les effets sont moins prompts.

Labours préparatoires. — Autrefois, au rapport de Philippe Miller, les cultivateurs anglais semaient la luzerne seule, et, par conséquent, il devenait nécessaire de déchaumer pour bien purger le sol des mauvaises herbes, ou de choisir une terre nettoyée par des sarclages et des binages multipliés. Plus tard, ces mêmes cultivateurs jugèrent à propos de semer la luzerne dans une autre récolte, comme nous faisons aujourd'hui partout, et l'on dut s'en tenir aux façons exigées par cette récolte.

Choix des semences de luzerne cultivée. — Nous croyons que la graine de luzerne devrait être fabriquée à part sur un coin de la luzernière que

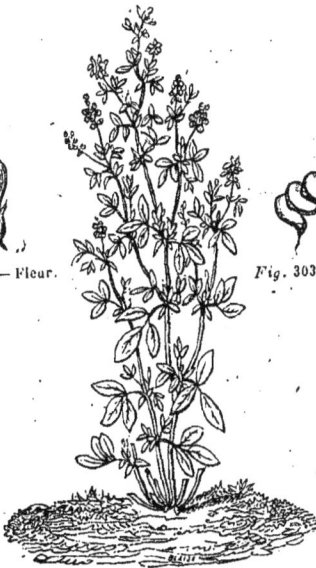

l'on sèmerait très-clair et que l'on sarclerait avec soin. Il serait bon de ne point fatiguer cette partie réservée, par des coupes régulières et de s'en tenir à un simple écimage pour empêcher la luzerne de fleurir. Vers la fin de la saison, quand la plante ne bougerait plus, on faucherait à fond pour débarrasser le terrain des tiges coriaces. De cette manière, la luzerne s'enracinerait promptement et vigoureusement. — Nous ne remarquons pas assez que la suppression des tiges et des feuilles pendant le cours de la végétation, contrarie le développement des racines. — L'année suivante, on devrait agir de même, c'est-à-dire sarcler et écimer, et à la troisième année, on récolterait certainement d'excellente graine. Voilà le procédé que la raison recommande, que les hommes intelligents accueilleront peut-être avec une certaine faveur, mais qui fera rire la routine. Elle a ri de choses plus sérieuses encore ; à tout péché miséricorde !

« Communément, écrivait Bosc, on ne cueille la graine de luzerne que sur de vieilles luzernes qu'on veut détruire, et même sur la troisième repousse de ces luzernes. Ce n'est pas ainsi qu'agit un agriculteur instruit, parce qu'il sait que de la bonté de la graine dépend la beauté des semis, et que c'est celle qui mûrit la première qui est la meilleure. Il est donc de l'intérêt de la culture que la luzerne ne soit point fauchée en première coupe l'année où l'on veut en recueillir la graine.

« J'ajouterai que la graine récoltée sur une luzernière à détruire ne peut manquer d'être mêlée avec celles des plantes qui y croissent toujours et qu'il est fort difficile de les séparer. Or, on conçoit quels sont les inconvénients qui sont la suite de cette circonstance.

« Les gousses de la luzerne s'ouvrant difficilement, on n'a pas à craindre que ses graines se perdent en retardant la coupe de celle qui est mûre ; en conséquence, il faut la laisser mûrir avec excès, et on peut choisir, sans inconvénient, le moment le plus opportun pour la faucher.

« La luzerne pour graine, coupée et séchée, se porte dans un grenier, et y reste jusqu'à ce que l'époque de la semer soit près d'arriver, parce qu'elle s'améliore d'abord, et ensuite se conserve mieux dans sa gousse que dehors. Ce n'est pas chose facile que de battre de manière à n'en pas perdre, mais on y parvient avec du temps et de la persévérance.

« La bonne graine de luzerne est luisante, brune et pesante. Elle peut se conserver cinq à six ans et plus, surtout si elle a été laissée dans sa gousse ; cependant, il est plus avantageux de préférer toujours la plus nouvelle, et on gagne dans le Nord à en faire venir de loin en loin du Midi ! »

Semailles de la luzerne cultivée.

— C'est au printemps, en mars ou avril, qu'on sème la luzerne dans une orge ou un froment qui succède à des pommes de terre, à des betteraves ou à des carottes. Souvent aussi on la sème dans un sarrasin ou dans un lin de gros. On emploie, par hectare, de 20 à 25 kilog. de graines que l'on enterre très-peu avec une herse légère.

Dans les terrains ordinairement frais et sous des climats humides plutôt que secs, on ferait bien d'imiter les anciens cultivateurs, c'est-à-dire de semer seule la graine de luzerne ; on y gagnerait au lieu d'y perdre, et voici pourquoi : En associant cette luzerne à une céréale, on s'imagine gagner une récolte de grains, tandis qu'en opérant autrement, on croirait perdre une année. C'est une erreur qu'il importe de détruire. En même temps que l'on gagne un froment ou une orge, on fait souffrir, on étiole, on affame la jeune prairie artificielle. On empêche celle-ci de former dès la première année des racines profondes et de donner à l'arrière-saison une première coupe de quelque valeur. Enfin, quand on moissonne la céréale, on coupe nécessairement la jeune luzerne à peine enracinée, ce qui est une souffrance de plus à ajouter à celles qu'elle a déjà endurées. Or, une plante, quelle qu'elle soit, qui a pâti d'une manière quelconque dans sa jeunesse, s'en ressent toute sa vie et meurt plus tôt que si elle avait eu ses aises. Donc, il est hors de doute pour nous qu'une luzerne, plus ou moins étouffée à son début par une céréale, gênée dans sa croissance par les racines de cette céréale, et mutilée toute jeune par la faux, la sape ou la faucille, n'est pas dans les conditions de santé d'une luzerne que l'on sèmerait seule, qui se développerait librement, qu'aucune plante ne gourmanderait et que l'on faucherait dans un état de force qui lui permettrait de supporter cette mutilation sans beaucoup en souffrir. Donc aussi, il est hors de doute pour nous que celle-ci vivrait plus longtemps que la première et fournirait un fourrage plus abondant. Voilà pourquoi nous pensons que ce que l'on croit gagner avec la céréale, on le perd au centuple et au triple d'un autre côté en réduction de l'herbe et en escomptant la durée de la prairie artificielle.

Reste à savoir maintenant s'il serait possible de semer partout la luzerne seule. C'est ce que l'on ne saurait admettre dans un sens absolu. Pour l'Angleterre, le nord de la France, les côtes de la Bretagne et la Normandie, il est évident que la luzerne, semée isolément, réussirait ; mais réussirait-elle dans le Midi, sous son climat de prédilection ? Oui et non. Ne perdons pas de vue ce que les anciens ont dit des semailles de la luzerne dans les climats chauds. Palladius a écrit ceci : « Au mois de mai, semez, comme nous l'avons dit, la luzerne sur des planches préparées. Une fois semée, elle dure dix ans. On peut la couper quatre ou six fois l'an. Un cyathe de cette graine suffit pour ensemencer un espace de cinq pieds de large sur dix de long. On la recouvre dès qu'elle est semée avec de petits râteaux de bois ; car le soleil la brûlerait à l'instant. L'ensemencement achevé, au lieu d'en approcher le fer, on la délivrera souvent des mauvaises herbes avec des râteaux de bois, afin qu'elle n'en soit pas étouffée lorsqu'elle est encore tendre. » Palladius avait copié Columelle, qui fait exactement les mêmes recommandations, et qui nous apprend, en outre, que, de son temps, on préparait les terres à luzerne par un labourage en octobre, par un second labourage au mois de février suivant ; puis on épierrait, on brisait les mottes ; enfin, en mars, on labourait une troisième fois, on hersait et l'on formait des planches, dont les sentiers servaient pour les sarclages et pour les irrigations. Les planches faites, on les recouvrait de vieux fumier, et vers la fin d'avril, on semait et l'on enterrait la graine avec des herses en bois. Il suit de là que dans les contrées méridionales où les irrigations sont possibles, la culture isolée de la luzerne est possible aussi. Où les irrigations sont impossibles, il y a des précautions à prendre, car les hâles peuvent détruire la jeune plante. C'est pour la préserver de ces hâles que l'on a pris le parti de l'associer à une autre récolte. Au temps d'Olivier de Serres, on la semait parmi les froments, les orges, les avoines et les vesces. L'illustre maître constate que, parfois, on ne laissait pas mûrir les céréales et qu'on les coupait encore en herbe pour le soulagement de la luzerne qui, débarrassée de leur voisinage, se développait rapidement. Et il ajoute qu'elle se développait encore mieux quand on la semait seule, sans s'inquiéter du hâle, nullement à craindre, selon lui, dans les climats septentrionaux, mais seulement redoutable aux climats méridionaux, pour lesquels le mélange avait été inventé et se trouvait pratiqué par *plusieurs*.

De ce qui précède, il résulte que même dans les terres non irriguées du Midi, l'ensemencement isolé de la luzerne n'était pas encore complétement abandonné par les contemporains d'Olivier de Serres, que l'on trouvait un avantage à débarrasser de bonne heure la luzerne du voisinage des céréales, quand on les lui associait, et qu'au nord de la contrée où vivait Olivier de Serres, la luzerne semée seule se développait avec un luxe de végétation tout particulier. Or, les climats septentrionaux d'Olivier de Serres, ceux où les hâles n'étaient guère à craindre et où il y avait profit à semer la luzerne seule, commençaient sans doute à partir d'Angoulême, de Tulle, du Puy et de Grenoble, peut-être avant d'y arriver ; d'où il suit que dans tout le centre, l'est, l'ouest et le nord de la France, le mode de culture en question pourrait être adopté avec succès.

Soins à donner à la luzerne cultivée pendant sa végétation. — Au printemps qui suit le semis de la luzerne, lorsque les feuilles de la plante garnissent bien le sol, et autant que possible par un temps pluvieux, on peut la plâtrer, à raison de 2 hectolitres de plâtre par hectare. Pour notre compte, nous préférerions la suie au plâtre. Cette première année ne fournit que des produits minimes ; la seconde année, les coupes rendent beaucoup plus ; le plein rapport n'arrive qu'à la troisième année, dure pendant la quatrième et commence souvent à baisser à partir de la cinquième. Au printemps de chaque année, on se trouve bien d'un léger hersage, suivi d'une fumure liquide ou d'une demi-fumure avec l'engrais de ferme très-pourri. Après chaque coupe, un arrosage au purin très-affaibli produirait d'excellents effets ; mais il est rare que le cultivateur s'impose ces sacrifices qui seraient cependant amplement payés par la récolte. Les anciens

sarclaient ; nous ne prenons plus cette peine ; et, tout bien examiné, on cultivait mieux la luzerne il y a deux mille ans qu'aujourd'hui.

La durée d'une luzernière dépend de la richesse du terrain, de sa profondeur, de la porosité du sous-sol, des sarclages, des fumures, etc. Quand toutes les bonnes conditions sont réunies, la luzerne se maintient en place dix, douze et quinze ans. Au delà de huit ans, surtout lorsqu'on ne fume pas chaque année, il y a abus. Cette plante ne doit revenir que tous les vingt ans à la place qu'elle a occupée, et ceux qui ont voulu la forcer à revenir plus vite s'en repentent. On vous le dira dans la Beauce, et on pourrait bien vous le dire autre part encore.

Maladies de la luzerne cultivée. — La luzerne ne souffre que de l'épuisement du sol, des froids rudes et des pluies prolongées. La cuscute l'envahit comme le trèfle, mais seulement aussi quand on la ramène trop souvent à la même place et qu'on prolonge sa durée au delà des limites raisonnables. Les larves du hanneton commettent de temps en temps des ravages dans les champs de luzerne. Dès que des touffes jaunissent par places, il faut les enlever, et détruire les larves qui peuvent s'y trouver encore.

Récolte de la luzerne cultivée. — La luzerne donne sa première récolte de bonne heure au printemps. Lorsqu'elle est dans toute sa force, on peut lui demander par an trois et quatre coupes et compter sur une moyenne de 8 000 kilogr. Le chiffre le plus ordinaire est de 5 000 kil. Le fanage se pratique comme avec le trèfle. On ne doit prendre la graine que sur une luzernière de trois ans.

Emploi de la luzerne cultivée. — Il n'y a pas de fourrage plus abondant que la luzerne, mais sa qualité laisse à désirer. Verte, on la donne aux vaches, aux moutons, aux chevaux et aux cochons ; sèche, on ne la donne guère qu'aux vaches. Verte, elle augmente considérablement la production du lait, mais ce lait ne vaut pas celui que l'on obtient avec du foin de pré ou avec du sainfoin. Elle occasionne la météorisation des ruminants, mais moins souvent que le trèfle.

Luzerne rustique. — Cette plante croît spontanément en France, c'est-à-dire sans y être cultivée. Elle est voisine de la précédente, mais elle est moins précoce et ses tiges ont de la tendance à s'étaler. Cette luzerne *moyenne* a été qualifiée de rustique parce qu'elle résiste mieux que la luzerne cultivée aux climats du Nord et qu'elle se montre moins difficile quant aux terrains. Il y a longtemps déjà que sa culture a été recommandée pour la première fois ; ces années dernières, les marchands grainiers sont revenus à la charge dans leurs catalogues, et des essais ont eu lieu sur divers points. Nous n'en connaissons pas les résultats. Cette luzerne rustique se cultive exactement comme la luzerne commune.

Luzerne faucille ou en faux. — Cette espèce,

à tiges grêles et assez élevées, croît naturellement dans les bois, les haies et les prés arides de quelques contrées de l'Europe où le bétail la recherche avidement. Bosc a conseillé d'en former des prairies artificielles, et plus tard, les rédacteurs du *Bon Jardinier* ont donné le même conseil, en ajoutant, d'après des renseignements fournis par M. le comte Athanase d'Otrante, qu'en Suède on la considère comme une plante fort utile. L'Académie d'agriculture de Stockholm s'est attachée à multiplier la variété du *Thibet* que l'on dit supérieure à celle d'Europe. Malgré tout, la luzerne faucille ne paraît pas s'être beaucoup répandue. Quant à nous, nous ne l'avons jamais rencontrée dans la grande culture.

LUZERNE LUPULINE. — Cette espèce ne dure guère que deux ans. On la nomme, selon les contrées, *minette, trèfle jaune, coucou jaune.* Elle croît

Fig. 305.— Fleur.

Fig. 306. — Fruit.

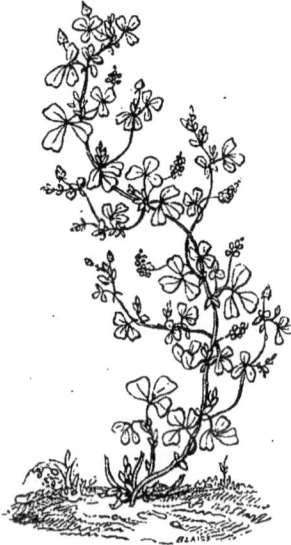

Fig. 304. — Luzerne lupuline.

naturellement dans les champs, les prés et au bord des chemins. On l'a cultivée d'abord en Suisse et en France, dans le Boulonais ; elle ne s'est montrée aux environs de Paris que vers 1808, mais depuis elle a gagné du terrain et est devenue commune dans les terres maigres de nos montagnes et sur divers points de la Belgique. Voici qu'en dit le *Dictionnaire d'agriculture pratique* : — La luzerne lupuline est une petite espèce bien connue. Sa tige est grêle et couchée ; ses folioles, élargies à leur sommet, sont finement dentées ; ses fleurs, petites et d'un jaune doré, sont réunies en un épi court au sommet de pédoncules plus longs que les feuilles ; ses légumes, qui sont couverts de poils courts et qui ont la forme d'un rein, ne renferment qu'une seule graine. Cette espèce est très-commune dans les champs ; elle est précoce, donne un fourrage de bonne qualité et réussit bien, même dans les terres médiocres ; aussi sa culture commence-t-elle à se répandre. Elle craint cependant un excès d'humidité.

« On sème la lupuline au printemps avec l'orge ou l'avoine, dans un terrain préparé convenablement, et on la récolte dès l'année suivante. Le semis qui est de 20 kilos par hectare, se fait aussi après un hersage donné à l'orge ou à l'avoine, puis on recouvre la semence avec une herse en bois. Après cette plante, le terrain est bien disposé pour recevoir toute espèce de culture.

« Un des avantages que présente encore la lupuline, c'est qu'on peut la faire pâturer par les moutons sans craindre la météorisation. »

Assez souvent, la luzerne lupuline prend un développement qui permet de la faucher et de la faner, mais c'est avant tout une plante de pâturage précieuse pour les moutons.

SAINFOIN (HEDYSARUM).

Classification. — Le genre sainfoin renferme un très-grand nombre d'espèces. On n'en cultive que deux : 1° Le sainfoin commun (*hedysarum onobrychis*), 2° le sainfoin d'Espagne (*hedysarum coronarium*), et encore celui-ci n'est-il bien connu qu'en Espagne, en Sicile et à Malte. Si nous le

Fig. 308. — Fleur.

Fig. 307. — Sainfoin commun.

Fig. 309. — Fruit.

citons, c'est parce que peut-être on pourrait le cultiver dans quelques parties de la Provence. Dans la première moitié du dix-septième siècle, le sainfoin, qui est originaire des montagnes calcaires de l'Europe, n'était connu que dans le Dauphiné, du côté de Die (Drôme), et c'est là qu'Olivier de Serres conseillait d'en aller chercher la graine, bien que de son temps et par rapport au Midi qu'il habitait, le Dauphiné fût « esloigné jusque au bout de la France. » Il disait à ses lecteurs de ne pas craindre d'introduire cette nouveauté, puisqu'elle favorisait l'agriculture. Au commencement de ce siècle, le sainfoin était bien connu dans les montagnes calcaires de la Bourgogne, et c'est de là, paraît-il, qu'on le tira d'abord pour l'introduire aux environs de Paris. M. Yvart a beaucoup contribué à la propagation de ce fourrage.

Sainfoin commun. — Climat. — On connaît cette plante fourragère sous son véritable nom presque partout, et aussi sous les noms d'*esparcet* ou d'*esparcette* et de *bourgogne*. Les climats du Midi lui sont plus favorables que ceux du Nord ; toutefois, il est plus robuste qu'on ne le croit généralement, puisqu'il s'avance jusque sur les hauteurs de l'Ardenne belge. Il nous est arrivé de l'y semer seul, au printemps, de le voir fleurir la même année et de le retrouver intact à la sortie de l'hiver. Si l'on s'avisait, là du moins, de le semer dans une céréale, il n'aurait ni la force, ni le temps de s'enraciner et les soulèvements du terrain par la gelée le détruiraient. C'est ce qui est arrivé dans la ferme de Maissin (province de Luxembourg).

Terres propres à la culture du sainfoin. — Cette plante ne redoute que les terres argileuses compactes et les sols marécageux : partout ailleurs, dans le calcaire, le sable, le granit, le schiste, elle réussit ; cependant, elle a une prédilection marquée pour les terres calcaires graveleuses ou pierreuses.

Place du sainfoin dans les assolements. — En raison même de la durée de cette plante, qui est de six à sept ans, elle échappe à tout assolement régulier. On ne doit la ramener à la place qu'elle occupait que dix ou douze années après son défrichement, mais il est rare que l'on observe cette règle.

Engrais qui conviennent au sainfoin. — Les composts de terre meuble, de fumier bien pourri et de chaux conviennent tout particulièrement dans les terrains non calcaires ; dans le calcaire, les cendres de bois et les eaux de fumier étendues produisent d'excellents effets.

Labours préparatoires. — Si le sainfoin devait être semé seul, on ferait bien de le cultiver après une racine ou après des pommes de terre, ou à la suite de deux ou trois labours préparatoires. Comme on le sème le plus habituellement avec l'orge ou l'avoine ; il est bon aussi de choisir pour cette orge ou cette avoine des champs bien propres et de leur donner au moins deux façons, la première avant l'hiver, la seconde au printemps.

Choix et préparation des semences. — Sur ce point nous n'avons qu'à nous répéter. Les bonnes graines de sainfoin se reconnaissent principalement à leur couleur, qui doit être grise ou à reflets bleuâtres, ou d'un brun luisant avec l'intérieur d'un beau vert. La graine d'une couleur brun terne est échauffée ; la graine blanche ou pâle a été récoltée trop tôt. On doit prendre la graine du sainfoin sur une prairie artificielle bien enracinée, de deux à trois ans au plus, semée clair, bien traitée, bien fumée. Comme elle mûrit très-irréguliè-

rement, sa récolte exige beaucoup d'attention. Il faut saisir le moment où les premières semences formées, c'est-à-dire les meilleures, sont près de se détacher, couper les plantes le matin à la rosée, sans imprimer de secousses, les transporter à la grange le soir même pour les faire sécher, conserver la graine avec sa paille, ne battre qu'au moment de semer, ou, si l'on juge à propos d'exécuter le battage plus tôt, étendre la graine dans un grenier, par couches très-minces et remuer souvent pour l'empêcher de s'échauffer.

Nous n'avons pas besoin de redire que les graines conservées dans leurs enveloppes conviennent mieux aux climats chauds et aux terres sèches que les graines nues.

— « Il est très-important, dit Mathieu de Dombasle, de n'employer que la graine de la dernière récolte, car celle qui est trop vieille ne germe pas, et, en général, il n'est aucune semence qu'il soit plus difficile de se procurer de bonne qualité, lorsqu'on ne l'a pas récoltée soi-même, parce que, indépendamment de la propriété qu'elle possède de perdre promptement sa faculté germinative, cette semence s'égrène très-facilement au moment de sa récolte, en sorte que les personnes qui ont le projet de la vendre, sont disposées à la récolter avant sa maturité, afin d'en moins perdre : on ne peut donc apporter trop d'attention au choix de cette graine. »

Nous ajouterons que si la graine de sainfoin qui a plus d'un an durcit et a de la peine à lever, on ne doit cependant pas en désespérer tout à fait. En la jetant dans de l'eau chauffée à 60° environ et l'y laissant quelques heures, il est probable qu'on réveillerait les facultés germinatives de cette graine.

Semailles du sainfoin. — D'ordinaire, dans le centre, l'est, l'ouest et le nord de la France, on sème le sainfoin en mars ou avril, avec une avoine très-claire ou une orge ; ou, ce qui vaut mieux presque toujours, on le sème en juin dans un sarrasin. On emploie de 400 à 600 litres de graines par hectare et on l'enterre avec la herse à dents de fer. On pourrait le semer seul, en mai ou en juin ; sur notre recommandation, un essai de cette nature fut fait il y a quelque temps à la ferme de l'Escaillé, commune de Solre-Saint-Géry (Hainaut), et cette partie de sainfoin donna, dès la première année, une coupe satisfaisante, et la seconde année un produit bien supérieur à celui d'une autre partie de sainfoin semé avec une avoine. Vraisemblablement, il se maintiendra plus longtemps que ce dernier. Nous le saurons bien quelque jour, mais trop tardivement pour consigner le fait dans ce livre.

Soins à donner au sainfoin pendant sa végétation. — Les seuls soins que réclame le sainfoin sont un hersage à partir de la seconde année, puis un plâtrage ou un cendrage. On ne les lui accorde pas toujours, et l'on a tort.

Récolte. — On fauche le sainfoin dès qu'il se couvre de fleurs. Dans le Nord, nous ne prenons qu'une seule récolte par année et faisons manger le regain sur place par les chevaux ou les vaches. Cependant, il existe une variété du sainfoin commun, connue sous le nom de *sainfoin à deux coupes* qui nous donne deux récoltes fauchées. Cette variété est plus délicate que le type. On fane le sainfoin comme on fane la luzerne et le trèfle ; mais comme il est moins aqueux, le fanage est plus rapide. Ses feuilles se détachent facilement de la tige ; il est donc essentiel de le botteler avant sa dessiccation complète. Un bon sainfoin rend la première année qui suit celle du semis 1 500 kil. de fourrage ; la seconde année, le produit peut s'élever à 4 ou 5 000 kil. — Dans les terres irriguées du Midi, on pourrait obtenir deux bonnes coupes et un regain.

Emploi du sainfoin. — Cette légumineuse, à l'état vert, est préférable à la luzerne quant à la qualité ; et elle a le grand mérite de ne pas météoriser les bêtes. Elle convient à tous les animaux de la ferme. A l'état sec, elle vaut moins, mais elle est supérieure à celle du Midi, dont les tiges coriaces conservent difficilement leurs feuilles après le fanage. P. J.

Culture du sainfoin ou esparcette dans le midi de la France. — Le sainfoin est la plante fourragère des terres sèches et calcaires.

La luzerne exige un sol riche et profond, le trèfle ne réussit que sur les terres fraîches et friables, le sainfoin moins exigeant se contente des terrains compactes et brûlants qui abondent dans la zone agricole du midi de la France.

Avant son introduction dans l'agriculture méridionale, des contrées entières y étaient vouées à la stérilité la plus absolue, à cause de l'impossibilité où était le cultivateur de pouvoir nourrir son cheptel : le développement de sa culture tend, tous les jours, à transformer ces arides pays, où l'on trouve aujourd'hui un nombreux et vigoureux bétail.

Le principal mérite du sainfoin n'est pas d'avoir ainsi substitué une richesse relative à une extrême pénurie ; l'avantage réel de sa culture consiste dans les amendements considérables qu'elle opère sur les terres pauvres.

En effet, après la rupture d'un vieux sainfoin, la terre a perdu une partie de sa ténacité primitive, les débris des feuilles et le chevelu des racines lui ayant donné un humus qui lui manquait, le laboureur est étonné de pouvoir, d'un seul coup de charrue, pulvériser un sol qu'il ne parvenait à réduire, auparavant, qu'en multipliant les labours et les hersages.

Ainsi, et par le seul fait de la culture du sainfoin, les terres pauvres passent à une classe supérieure ; il ne leur manque alors que la puissante intervention des engrais pour compléter leur entière transformation.

On voit aujourd'hui, dans les environs de Limoux (Aude), des coteaux argilo-calcaires, exposés au soleil, qui sont occupés par de magnifiques luzernières donnant trois excellentes coupes de fourrage, sous le climat brûlant du Midi ; ces terres, d'une ténacité naturelle presque invincible, ont dû leur premier ameublissement à la culture du sainfoin.

Il vaut donc bien la peine d'étudier les règles d'exploitation d'une plante qui, tout en répandant l'abondance, prépare aux terres sèches et désolées, une richesse pareille à celle qu'on ne trouve que dans les grasses alluvions de nos vallées.

La graine de sainfoin est généralement semée sur la terre qui vient de recevoir le blé, au mois d'octobre ; ou bien, au mois de mars, sur les emblavures d'automne : dans l'un et l'autre cas, la herse recouvre la semence.

Ces deux méthodes ont leur avantage et leur inconvénient.

La semence du mois d'octobre, répandue sur une terre bien ameublie et qui n'a pas encore fait son tassement, ne tarde pas à germer ; favorisée qu'elle est par l'humidité de l'atmosphère et du sol, le froment avec lequel elle est associée, ne vient pas encore lui disputer sa part de nourriture ; elle peut donc se développer à l'aise pendant les deux mois qui précèdent les premières gelées, sous le climat du Midi. C'est là le côté avantageux de la semaille automnale.

Mais les froids des hivers rigoureux et les alternatives trop fréquentes de gels et de dégels, exposent la jeune plante à des dangers auxquels elle n'échappe pas toujours ; aussi quelques cultivateurs préfèrent-ils attendre le mois de mars. Si à cette époque de l'année, on évite les chances de destruction par le froid, on se trouve cependant en présence de nouvelles difficultés que nous devons faire connaître, à raison de leur importance.

Au mois de mars, le froment d'automne s'empare définitivement du sol, il pousse ses *talles*, il développe ses feuilles ; c'est déjà un nourrisson qui veut et qui exige toute la substance de la mère. La terre, tassée par l'humidité de l'hiver, a d'ailleurs perdu cet état pulvérulent produit par la gelée et que les hersages ne peuvent plus lui rendre.

Semée dans de pareilles conditions, la graine de sainfoin germe, à la vérité, avec la plus grande rapidité ; mais ses racines ne peuvent que très-péniblement s'implanter dans un sol compacte et déjà occupé ; privée d'air et de soleil, la jeune plante ne peut accomplir qu'une souffreteuse végétation qui ne lui permet pas toujours de résister aux sécheresses de l'été.

Une troisième méthode tend à se substituer à ces deux anciens systèmes de semailles : elle consiste à semer le sainfoin au mois de mars avec de l'orge à deux rangs (Parmelle ou Paumoule). Cette dernière pratique assure toujours le succès de la plante fourragère.

Il n'est pas possible, dans nos régions méridionales, de suivre pour la semaille du sainfoin, les conseils donnés par des hommes dont les noms font autorité dans la science et dans la pratique agricole et qui recommandent de jeter au printemps, la graine seule, sur une terre labourée en automne.

L'avenir de la prairie serait bien loin d'être assuré avec une pareille méthode qui, tout en imposant le sacrifice d'une récolte de céréales exposerait ainsi sans ombrage protecteur, la jeune légumineuse aux chaleurs printanières qui sont excessives chez nous.

La graine de sainfoin est renfermée dans sa cosse ; on la sème en cet état à raison de 4 hectolitres par hectare ; sa bonne qualité se constate par sa couleur brune et par son poids qui doit être de 30 à 32 kilos par hectolitre.

Dès que la céréale qui a servi d'abri au sainfoin est coupée, celui-ci, exposé alors directement au soleil, perd bientôt ses petites feuilles, ses pousses se dessèchent, tout vestige extérieur de sa végétation disparaît ; ses racines seules se conservent, si elles ont eu le temps et les moyens de pénétrer assez profondément, et donnent naissance à une nouvelle végétation qui arrive avec les premières pluies de septembre.

Le sainfoin n'aime pas la dent des animaux, il ne résiste pas au pâturage des moutons, et ce n'est qu'avec quelque discrétion qu'il convient de le livrer aux bœufs et aux chevaux.

La durée d'une prairie de sainfoin varie entre trois et six années : si la terre est nette, saine et profonde ; si les engrais dont on la recouvre ne portent point les germes de mauvaises herbes, on peut obtenir le maximum de cette durée, et comme les améliorations par la culture du sainfoin sont toujours en proportion avec son séjour sur le sol, les efforts des cultivateurs devraient tendre à conserver, le plus longtemps possible, cette prairie temporaire, alors qu'elle a vaincu toutes les difficultés de ses débuts.

Il n'en est cependant pas ainsi : le désir immodéré de jouir de la fertilité passagère qu'elle a apportée dans le sol, s'empare du propriétaire ; et la prairie est défrichée, au moment où ses produits sont encore abondants et où l'œuvre de la transformation du sol est à peine commencée. Pendant le temps qu'elle occupe la terre, la prairie de sainfoin reçoit des fumures annuelles que l'on remplace par un plâtrage, dans les terres peu calcaires.

Le sainfoin ne donne, à la rigueur, qu'une seule coupe, exploitable dans les premiers jours de juin, au moment où ses premières fleurs commencent à sécher. Sa végétation estivale, contrariée par les grandes sécheresses, ne reprend un peu de vie que dans le mois de septembre : il est alors possible, mais seulement pendant les années pluvieuses, de saisir un très-faible regain.

Olivier de Serres, dans son enthousiasme pour une plante qu'il appelle une *herbe fort valeureuse*, prétend que dans le Dauphiné elle donne trois coupes : « *Trois fois par an il* (l'esparcette) *est fauché, pourvu que le lieu lui agrée et l'herbe n'en soit rongée par le bestail.* » En tenant même compte des modifications climatériques qui ont pu se produire, il y a dans cette opinion du père de l'agriculture française, une véritable exagération justifiée, probablement, par l'immense désir qu'il avait de répandre la culture de cette précieuse légumineuse.

Le fanage du sainfoin exige quelques précautions commandées par la très-grande facilité avec laquelle les feuilles se détachent de la tige : il doit donc être peu secoué avec les fourches et entassé par petites meules où il achève son entière dessiccation.

La production du sainfoin, dans le Midi où il ne donne qu'une seule coupe, est de 6 000 kilog. à l'hectare, dans les terres déjà avancées en culture ; il n'arrive qu'à 3 ou 4 000 kilog. dans les terrains inférieurs.

La qualité du fourrage que donne le sainfoin a été trop vantée ; son mérite est incontestable à l'état vert ; mais, une fois sec, il n'est que relatif, quoique bien supérieur à la paille des céréales, qui était la base de l'alimentation du bétail dans le Midi, avant son introduction ; c'est encore un aliment défectueux, inférieur à la luzerne et au trèfle qui conservent toutes leurs feuilles. Le sainfoin est presque toujours réduit à ses tiges ligneuses, rudes et sèches comme les terres qui l'ont porté ; les chevaux et les animaux d'espèce asine s'en contentent, mais les bœufs en gaspillent des quantités qui doivent passer dans les litières.

Ce dernier inconvénient n'existe pas lorsque la nature du sol permet de faire un mélange de graine de trèfle avec la semence du sainfoin : le fourrage qui provient de l'association de ces deux plantes est excellent pour tous les animaux de la ferme.

La graine du sainfoin qu'il est possible d'obtenir, sous d'autres climats, avec la seconde coupe de ce fourrage, exige, dans le Midi, le sacrifice de la seule et unique récolte fourragère qu'elle donne. En effet, le fourrage porte-graine doit arriver à une maturité qui dessèche entièrement la tige ; maltraitée d'ailleurs par le battage, cette matière n'est bonne qu'à augmenter la masse des litières.

L'épuisement de la plante après qu'elle a donné sa graine est considérable : aussi ne la demande-t-on qu'aux vieilles prairies condamnées d'avance au défrichement.

Le produit en graines d'un hectare de sainfoin est de 30 hectolitres dont le prix varie entre 10 et 14 francs. Ce produit réuni à la valeur de la paille est assez rémunérateur pour assurer, sur nos marchés, des provisions suffisantes de graine de sainfoin.

L. Pons-Tande.

SERRADELLE (ORNITHOPUS SATIVUS).

Historique. — Il nous en coûte d'admettre que la serradelle cultivée à titre de plante fourragère, soit l'*ornithopus perpusillus* des botanistes ; cependant on l'affirme, et nous nous inclinons. Le *Bon Jardinier* disait, il y a longtemps déjà : — « C'est une plante annuelle employée en Portugal comme fourrage artificiel dans des terrains sablonneux et arides ; elle rend dans ce pays de grands services pour l'alimentation des bestiaux, en fournissant au printemps un pâturage très-précoce. De premiers essais ayant fait connaître qu'elle ne résiste pas toujours à nos hivers, elle ne semble pas toujours offrir chez nous le même genre d'utilité, si ce n'est peut-être dans nos départements méridionaux. Il est probable que ceux du Nord et du Centre en pourraient tirer un parti avantageux dans d'autres saisons. L'abondance, la finesse et la bonne qualité de son fourrage doivent faire désirer que des essais méthodiques et suivis soient entrepris dans cette vue. »

Nous ne savons si le conseil a été suivi en France ; mais il est permis d'en douter, car il n'en est question nulle part en termes précis. Le gouvernement belge s'est beaucoup occupé de la propagation de ce fourrage ; il a fait venir de la graine du Portugal et a obtenu de nombreux essais dans les Campines anversoise et limbourgeoise. Aujourd'hui l'expérience est complète de ce côté.

Culture de la serradelle en Belgique.

— Les terres sablonneuses et sèches où le trèfle ne réussit pas, où le prix de revient de la

Fig. 310. — Serradelle.

chaux est un obstacle à son emploi, sont celles que les cultivateurs belges ont consacrées à la serradelle. On trouve de vastes champs de ce fourrage dans la province d'Anvers, notamment à Stabroeck, Wuest-Wezel, Brecht, Saint-Léonard, Ryckevorsel, Vlimmeren et Béersse. A Oostmalle, on nous a rapporté que les personnes qui ne peuvent obtenir du trèfle sèment de la serradelle sur leur terrain, depuis le mois de mai jusqu'à la fin de juin. Elle commence à se répandre dans le Brabant et la Flandre orientale. On sème cette plante isolément, à raison de 20 à 25 kilogr. par hectare, et on la récolte à partir du mois de septembre. Nous ne saurions dire combien de milliers de fourrage vert ou sec fournit la serradelle, parce que nous ne l'avons pas cultivée et qu'il nous a été impossible d'obtenir des chiffres dignes de foi. M. Heuzé estime le rapport en vert à 12 000 ou 15 000 kilogr., tandis que M. Girardin le réduit, à vue d'œil, à la moitié de celui de la vesce. Or, on sait que la vesce ne donne pas plus de 3 000 à 5 000 kilogr. de fourrage sec. A propos de la serradelle, nous croyons devoir extraire les passages suivants, d'une instruction publiée en Belgique par ordre du ministère de l'intérieur :

« La serradelle donne sa graine en cosses formées d'un certain nombre de disques. Ces cosses, au lieu de s'ouvrir, comme cela se présente pour les pois, restent closes lorsqu'elles sont mûres ; elles se sèchent plus ou moins vite ; si donc on ne prend pas la précaution de récolter la graine aussitôt qu'on s'aperçoit qu'une partie des cosses se sèche, on court risque de n'avoir que très-peu de graine : en effet, les disques, étant secs, se séparent les uns des autres avec la plus grande facilité. Enfin, lorsque les cosses sont sèches, il suffit d'un peu de vent ou d'une légère pluie pour faire tomber la graine de serradelle ; cet inconvénient a lieu même lorsque les plantes sont encore vertes ou couvertes de fleurs.

« Il est donc évident qu'on ne peut attendre que la plus grande partie des cosses soient sèches pour en récolter la graine ; car, si elle tombe facilement au moindre choc quand elle est debout et verte, elle tombera bien plus facilement encore lorsqu'on la coupera et qu'on la transportera ; il faudra donc la couper lorsqu'on s'apercevra qu'une partie des cosses se sèche, et l'exposer ensuite au soleil pendant quelques jours, afin de donner aux graines le temps d'achever leur maturité.

« La serradelle, dont on veut récolter la graine doit être semée en septembre ou en mars, parce qu'alors, le moment de la récolte arrivant en juillet et août, les grandes chaleurs facilitent beaucoup la besogne. Examinez bien votre graine, et dès que vous verrez qu'elle commence à sécher, et que celle qui est encore verdâtre est déjà ridée, signe certain qu'elle est mûre, n'attendez pas ; si le temps est beau, fauchez..... Vingt-quatre heures après la fauchaison, retournez le foin dans la matinée ; laissez sécher deux jours encore, et profitez du moment où le foin se dépouille de la rosée, vers sept à huit heures du matin, pour le mettre en grange ou le battre sur place. En procédant de cette manière, on a récolté, sur une surface d'environ un hectare et demi, près de onze voitures à deux chevaux de bon foin, et plus de 1 800 kilogr. d'excellente graine. »

VESCE (VICIA).

Classification. — Nous cultivons pour fourrage et souvent aussi pour leurs graines : 1° La vesce commune d'hiver et sa variété de printemps (*vicia sativa*) ; 2° la vesce blanche ou lentille du Canada (*vicia sativa alba*) ; 3° la vesce gros fruit (*vicia macrocarpa*) ; 4° la vesce velue (*vicia villosa*). La première est la plus répandue ; la seconde diffère de cette vesce commune par la grosseur et la couleur blanche de son grain qui, de loin en loin, est employé pour la nourriture de l'homme sous forme de purée, ou en mélange avec la farine des céréales ; la troisième se recommande par ses cosses épaisses et charnues, et par sa productivité granifère ; la quatrième est originaire de la Russie et se signale par sa vigueur et sa rusticité. Elle a été bien accueillie en Écosse ; des essais de culture ont été faits dans la Campine et dans l'Ardenne belge ; les produits que nous avons vus étaient de toute beauté ; mais on reproche à cette vesce de se soutenir mal en raison du grand développement de sa tige. Elle se couche aisément. Elle passe assez bien l'hiver en terre, et peut servir par conséquent, ainsi que la vesce commune d'hiver, aux semis d'automne. Ce que nous allons dire de la vesce commune s'applique à toutes les autres espèces mentionnées.

Vesce commune. — Climat.

— Cette plante de la famille des Légumineuses ou Papilionacées, s'accommode en quelque sorte de tous les climats ;

cependant, au delà de la Lorraine et des contrées les plus douces de la Belgique, il y aurait de l'imprudence à semer en automne sa variété d'hiver. On s'en tient donc le plus ordinairement, dans le Nord, à la variété de printemps. Les climats un peu humides lui conviennent mieux toutefois que les climats chauds.

Terres propres à la culture de la vesce. — Elle affectionne les terrains bien ameublis, siliceux, granitiques, schisteux, pourvu que la fraîcheur n'y fasse pas défaut, comme dans le Nord; du côté du Midi, il y a profit à lui consacrer des terrains un peu argileux qui, par leur nature fraîche, la protégent contre les rigueurs de la sécheresse.

Place de la vesce dans les assolements. — La vesce est précieuse pour remplacer, au printemps, des récoltes maltraitées par les gelées ou pour occuper la place du trèfle dans les assolements de quatre ans, afin de prévenir un retour trop rapide de ce trèfle au même endroit. Dans ce cas, aussitôt la vesce fanée et enlevée, rien n'empêche d'occuper le sol par d'autres plantes fourragères d'une croissance rapide, comme le maïs, le navet, la spergule, la serradelle, le rutabaga repiqué, etc., selon les climats et les terrains.

Engrais qui conviennent à la vesce. — Le fumier de vache très-pourri et les composts formés avec de la terre, des cendres de bois, des os brûlés ou broyés, un peu de plâtre, et arrosés avec des urines, sont les meilleurs engrais que l'on puisse donner aux vesces.

Labours préparatoires. — La vesce, dans les contrées du Nord et en terre légère, n'est pas exigeante quant au labourage; une seule façon lui suffit à la veille de l'ensemencement; mais, sous les climats doux et en terre déjà forte, il importe de labourer à deux reprises et de bien ameublir par des hersages.

Choix et préparation des semences de vesce. — Les bonnes graines de vesce ne s'obtiennent que sur des tiges clair-semées et avec des gousses qu'on laisse mûrir complétement sur pied. On moissonne les porte-graines avant que la rosée ait disparu, et, dès que le soleil les a ressuyés, on les transporte dans la grange de la ferme avec précaution, on les bat très-légèrement, on relève les pailles avec la fourche et l'on recueille la semence. Les graines provenant du second battage ne conviennent que pour les animaux. Si les facultés germinatives de la graine de vesce s'éteignaient promptement, nous recommanderions de la garder en gousses, au lieu de la battre de suite; mais, dans l'intervalle, la maturation en retard s'achèverait en tas, et le fléau aurait l'inconvénient de faire de la semence trop mêlée. Heureusement, cette graine conserve pendant quatre ou cinq ans sa faculté de germer, et nous avons de l'avantage à prendre notre semence de suite. Celle qui se détache aisément aussitôt la récolte faite, est la première mûre, c'est-à-dire la meilleure.

La graine nouvelle est toujours préférable à la vieille graine. C'est celle qui fournit le plus de fourrage; la graine de deux et trois ans fournit moins de tiges, moins de feuilles, mais plus de gousses. Avant de s'en servir, il est bon de l'humecter, la veille, avec du purin étendu d'eau et de la saupoudrer de cendres ensuite, pour la ressuyer.

Semailles de la vesce. — On sème la vesce commune d'hiver dans le courant de septembre et d'octobre, à raison de 160 litres et de 40 litres de seigle ou d'escourgeon destinés à soutenir les tiges. On sème la vesce commune de printemps en mars ou en avril, tantôt à raison de 200 litres de graine, quand on ne lui associe pas une céréale; tantôt à raison de 150 litres de vesces et de 50 litres d'avoine. On peut continuer les semis jusqu'en juillet, de trois semaines en trois semaines, afin de ne pas manquer de fourrage vert. On enterre avec la herse. Les vesces ne demandent aucun soin pendant leur végétation. On peut les plâtrer, comme le trèfle, dès que leurs feuilles garnissent bien le sol, toujours par la rosée ou par un temps couvert ou pluvieux.

Très-souvent on forme des mélanges fourragers, dans lesquels entre la vesce. Les *hivernages* du département du Nord sont composés de vesces d'hiver, de seigle ou de froment; ces mêmes hivernages faits avec deux tiers de vesces d'hiver et un tiers de seigle sont une des richesses fourragères du Hainaut. Les *Warats* de la Flandre française se composent de vesces, de féveroles, de pois gris et d'avoine que l'on sème en avril. La *dragée*, la *bisaille*, la *mélarde*, la *mêlée* sont des mélanges de vesces, de pois gris, de lentilles, d'orge et d'avoine, mélanges toujours préférables au fourrage d'une seule espèce.

Récolte de la vesce. — On récolte habituellement les vesces quand elles sont en fleur; cependant, en beaucoup de contrées, on attend que les graines soient formées dans leurs gousses. Nous préférons la première méthode à la seconde, parce que les vesces en fleur sont plus faciles à faner que les vesces en gousse, et aussi parce qu'elles épuisent moins le terrain. On a osé soutenir que des vesces grainées ne fatiguent pas plus le sol que les vesces fleuries seulement; c'est une double hérésie contre laquelle protestent et la théorie et la pratique.

On fauche les vesces d'hiver quelquefois en mai, mais le plus souvent dans la première quinzaine de juin. Lorsqu'on attend la venue des gousses, la date se trouve nécessairement reculée. On fauche les vesces de printemps vers la fin de juin ou en juillet. S'il s'agit de donner les vesces en vert aux vaches, on les récolte à moitié fleur; s'il s'agit de les donner aux chevaux, on attend la défloraison.

Le fanage des vesces exige les mêmes précautions que celui des fourrages artificiels dont il a été parlé précédemment. Les feuilles se détachent avec une facilité extraordinaire, surtout quand les gousses sont formées. La dessiccation doit être rapide et en même temps complète, car le foin mal desséché est très-sujet à la moisissure. Les cultivateurs qui sont dans l'usage de le stratifier avec de la paille, pour le mieux conserver, font une excellente opération.

Assez souvent, on cultive des parties de vesces uniquement pour leurs graines. Dans ce cas, on attend que le plus grand nombre des gousses soient mûres, et l'on coupe par la rosée.

L'hectare de vesces rend de 3 000 à 5 000 kil. de fourrage sec par hectare.

Emploi de la vesce. — Ce fourrage, en vert ou en sec, convient à tous les animaux de la ferme; on lui accorde une richesse nutritive égale à celle du trèfle, et par conséquent supérieure à celle du sainfoin et de la luzerne. — « Quelque excellente que soit la vesce, soit en feuilles, soit en graines, dit Bosc, elle est sujette à quelques inconvénients lorsqu'on la donne sans ménagement aux bestiaux et aux volailles. Souvent elle fait d'abord maigrir les vaches et les chevaux. Il semble résulter de quelques faits qu'elle convient mieux aux vieux qu'aux jeunes. Dans tous les cas, il faut ne la leur donner qu'en petite quantité à la fois, mêlée avec d'autre fourrage, non couverte de rosée quand elle est verte, et même, dans ce cas, la saupoudrer d'un peu de sel.

« Quant à la graine, ce sont les pigeons qui s'en accommodent le mieux. Il faut la ménager aux poules, aux dindons et aux canards. Les cochons ne doivent en manger que de loin en loin, ou mêlée avec d'autres graines. C'est par excès de principes nutritifs qu'elle paraît nuire à ces animaux; aussi appelle-t-on *cochons brûlés* ceux qui sont malades pour en avoir trop mangé. On a essayé de la convertir en pain, mais on n'en a obtenu qu'un aliment de mauvais goût et d'une digestion difficile. »   P. J.

GESSE (LATHYRUS).

Classification. — Le genre *gesse* comprend un assez grand nombre d'espèces, parmi lesquelles on cultive pour leur fourrage ou pour leurs graines : 1° La gesse cultivée ou lentille d'Espagne (*lathyrus sativus*); 2° la gesse velue (*lathyrus hirsutus*); 3° la gesse chiche (*lathyrus cicera*). On pourrait peut-être encore cultiver la gesse tubéreuse, la gesse des prés et la gesse des bois.

Culture. — La *gesse cultivée* ou lentille d'Espagne est un fourrage annuel à fleurs blanches ou bleuâtres, que l'on sème quelquefois à l'automne, dans le Midi, mais le plus souvent en mars et avril, à raison de 150 litres par hectare. Elle s'accommode des climats, des terrains et des modes de culture qui conviennent à la vesce. On la dit préférable à celle-ci pour les moutons. On la récolte au moment de la floraison, ou de suite après la floraison, pour fourrage. Quand on la cultive pour ses graines, on attend la maturité complète.

La *gesse velue* est plus robuste que la précédente. On peut la semer à l'automne, même dans le nord de la France; c'est au moins ce qui paraît résulter d'essais faits à Givet il y a quelques années. On la récolte pour fourrage vert ou sec,

et aussi pour ses graines, dont les pigeons se montrent avides.

La *gesse chiche* est très-connue sous le nom de jarosse, jarat et pois cornu. Sa fleur est d'un rouge sombre. C'est une plante annuelle, très-rustique, qui passe facilement l'hiver sous la plupart de nos climats et qui est cultivée sur une grande échelle dans les terres médiocres, quelle que soit leur nature. La gesse chiche donne un fourrage meilleur pour les moutons que pour les chevaux qu'elle échauffe trop. On la sème à raison de 2 à 300 litres par hectare. On a essayé d'introduire la farine de ces graines dans le pain, mais il importe que l'on sache très-bien que ce mélange est dangereux. Quand la proportion de farine de gesse est un peu élevée, le pain où elle se trouve peut occasionner la mort ou frapper de paralysie. Des accidents de cette gravité ont été bien constatés.

Fig. 311. — Gesse chiche.

Nous le répétons, les gesses se cultivent, se récoltent et s'emploient de la même manière que les vesces.

POIS DES CHAMPS (PISUM ARVENSE).

Le *pois des champs* ne doit pas être confondu avec les *pois de champs* qui sont des variétés comestibles à l'usage de l'homme; mais leur culture n'en est pas moins la même. Le pois des champs est celui que nous connaissons sous les noms de *pois gris*, *bisaille*, *pois agneau*, *pois de brebis* et *pois de pigeon*. C'est une plante annuelle, exclusivement destinée aux animaux, soit à titre de fourrage vert, de fourrage sec, soit à titre de graine. Les terres légères sous les climats humides, les terres de quelque consistance sous les climats doux, sont celles qu'il faut réserver au pois des champs. On fume assez rarement pour cette plante; cependant on ferait bien de la fumer lorsqu'elle doit être suivie d'une récolte de céréales. Le pois des champs a une variété d'hiver, assez robuste, et une variété de printemps qui l'est moins. On sème la première en septembre dans les terrains secs, la seconde de mars en mai, celle d'hiver à raison de 250 litres par hectare, à la volée; celle de printemps, à raison de 200 litres seulement. Le pois gris fait partie de ces mélanges fourragers qu'on appelle *dragée*, *bisaille* ou *mélarde*.

Quand on sème isolément le pois gris, on le

coupe ordinairement après la défloraison, alors que les gousses se montrent. Si on ne le fait pas consommer de suite, on le fane pour les besoins de la consommation d'hiver.

En Angleterre et sur quelques points de notre littoral, on cultive sous le nom de *pois-perdrix* un pois fourrage d'automne et de printemps, qui ne diffère du pois gris ordinaire, selon nous, que parce que sa graine a été faite avec plus de soins.

FÉVEROLE (FABA VULGARIS EQUINA).

Nous avons déjà parlé de la féverole au chapitre des **légumineuses farineuses** destinées à la nourriture de l'homme. Si nous y revenons, c'est pour dire que cette plante est assez souvent cultivée comme fourrage vert et qu'elle devrait l'être davantage, notamment dans les contrées où elle n'arrive pas régulièrement à maturité. Le fanage en est long, mais les feuilles tiennent solidement aux tiges, ce qui n'est pas un médiocre avantage. Ce fourrage, et surtout lorsqu'on l'a récolté en pleine fleur, est fort du goût des vaches et des chevaux. Il y a lieu de croire que sous les climats du nord et dans les terrains frais des climats doux on pourrait, sinon toujours, au moins souvent, compter sur une seconde récolte, c'est-à-dire sur un regain qui vaudrait la récolte principale. Nous n'affirmons rien, parce que nous ne voulons rien donner au hasard, mais il nous semble que du moment où la fève de marais dépouillée de ses jeunes gousses au tiers de leur développement et coupée, repousse du pied, fleurit et rapporte d'autres gousses encore pour les besoins de la cuisine, il devrait en être de même de la féverole, et d'autant plus sûrement qu'on la couperait en fleur, c'est-à-dire dans toute sa force.

Nous conseillons aux cultivateurs d'associer les vesces aux féveroles vertes, comme on les leur associe, ainsi que les pois gris et les lentilles, dans le *Warats* du nord de la France.

ERS (ERVUM ERVILIA).

L'*ers*, que l'on appelle aussi *ervillier* et *comin*, est une espèce de lentille que l'on cultive en Algérie, dans le midi de la France, et assure-t-on, sur quelques points de la Normandie. Elle n'est pas difficile sur le terrain. Dans le Midi, on la sème à l'automne, à raison de 50 kil. de graines par hectare; dans la Normandie et dans le Gâtinais, on ne la sème qu'au printemps. En petite quantité son fourrage convient aux chevaux; on affirme qu'il y a du danger à le distribuer en vert aux porcs. Sa graine abondante est recherchée des pigeons, mais il faut leur en donner très-peu et en mélange. On ne doit pas s'en servir pour l'alimentation de l'homme.

LUPINS BLANC ET JAUNE (LUPINUS ALBUS ET LUPINUS LUTEUS).

Les lupins ont un grand mérite, celui de croître dans les plus mauvais terrains, et de donner un engrais vert précieux. Leurs graines, macérées dans l'eau et dégagées d'une partie de leur amertume, sont une bonne nourriture pour les bœufs, mais, en fourrage, ils sont d'une médiocrité incontestable. Quand il est jeune, le lupin blanc sert de pâturage aux moutons, dans le Midi. Sous le climat de Paris, on le sème en avril, à raison de 100 litres par hectare. Le lupin jaune, très-recommandé dans ces derniers temps, réussit à merveille en effet sur les terres sablonneuses; mais nous ne pouvons pas, quoi qu'on en dit, le classer parmi les fourrages de quelque valeur. Les vaches ne s'y habituent que sous forme de mélange avec d'autres plantes. D'ailleurs, ses tiges succulentes sont d'un fanage très-difficile.

AJONC (ULEX EUROPÆUS).

Cet arbrisseau, si commun en Bretagne, en Normandie et dans la Beauce, est considéré comme un excellent fourrage vert pour les chevaux, pendant la saison rigoureuse. On en forme des champs et des haies de clôture qui restent toujours verts. Au fur et à mesure des besoins, on coupe les rameaux d'ajoncs, on les écrase pour émousser les piquants dont ils sont couverts, puis on les distribue aux chevaux, souvent on le cultive aussi

Fig. 312. — Ajonc.

pour le chauffage du four. Dans le Centre, l'Est et le Nord, l'ajonc ne résiste pas toujours à l'hiver.

P. J.

GRAMINÉES. — CÉRÉALES FOURRAGÈRES.

Les **Céréales,** cultivées de temps en temps pour servir de fourrage vert au bétail, sont le plus ordinairement le seigle, l'orge d'hiver, le maïs et les millets. On cultive bien l'avoine quelquefois aussi, à cet effet, mais c'est rare. Lorsque nous avons vu moissonner des avoines en vert, c'est qu'elles étaient versées et roulées, ou que l'avoine en graine manquait à la ferme pour les chevaux; dans ce dernier cas, l'avoine que l'on coupait avait ses épis développés.

Vous ne verrez cultiver les céréales pour fourrage que dans les contrées riches par leur agriculture, que par des éleveurs de bétail à l'étable ou par des nourrisseurs, dans le voisinage des principaux centres de population. Les cultivateurs arriérés des contrées pauvres frémiraient à la pensée de faucher en feuilles des récoltes destinées à fournir du grain.

Nous avons dit, en traitant des céréales, ce qu'elles exigent en fait de climat, de terrain, d'engrais, de labours et de soins d'entretien; il n'est donc pas nécessaire d'y revenir. On soigne le seigle et l'orge d'hiver comme s'il s'agissait de les récolter en pleine maturité; quant au maïs et aux millets, on les sème plus épais que de coutume; voilà tout. Nous ajouterons que les semis de. céréales fourragères sont très-limités pour chaque exploitation, attendu qu'il n'est pas d'usage d'en faner l'herbe. On fait consommer cette herbe chaque jour, au fur et à mesure des besoins du bétail, et il est rare que cette consommation dure long-temps.

Les céréales vertes, comme toutes les plantes qui ne grainent point sur place, ont le grand mérite de ne pas fatiguer le terrain. Quand le seigle et l'orge sont enlevés, on a la ressource de les remplacer par des betteraves repiquées, par des rutabagas repiqués

Fig. 313.　Ivraie vivace.　Fig. 314.

glais; les houlques laineuse et molle (*holcus lanatus, holcus mollis*); le sorgho et divers mélanges.

Les **ivraies** ou **ray-grass** sont précieuses par leur précocité, soit que l'on en forme des prairies artificielles sans mélange, soit qu'on leur associe le trèfle des prés, le trèfle rampant ou la luzerne lupuline. Il est donc essentiel que les cultivateurs connaissent bien les divers ray-grass et sachent bien les distinguer l'un de l'autre.

L'*ivraie vivace* (*lolium perenne*) est le ray-grass perpétuel d'Angleterre qui se soutient bien pendant quatre ou cinq ans et mérite d'être préféré aux autres dans les climats rudes.

L'*ivraie d'Italie* (*lolium Italicum*), ou ray-grass d'Ita-

Fig. 315.　Ivraie d'Italie.　Fig. 316.

ou par des navets, des vesces, de la serradelle, de la spergule, selon les climats, les terrains et les usages de chaque localité. Avant d'opérer le remplacement, il est toujours d'une sage pratique de donner au sol au moins une demi-fumure avec de l'engrais d'étable.

AUTRES GRAMINÉES POUR FOURRAGES ARTIFICIELS.

Les céréales ne sont pas les seules plantes de la famille des Graminées qui servent à établir des prairies temporaires; on cultive encore dans le même but plusieurs ivraies, connues sous le nom de ray-grass (*lolium*); l'arrhénatère élevée ou avoine élevée (*arrhenaterum elatius, avena elatior*), qui est le fromental des Anglais; la fléole des prés (*phleum pratense*), qui est le timothy des Au-

lie, est une espèce à feuilles plus larges que celles de la précédente, repoussant plus vite, durant moins, un peu plus difficile sur le terrain, craignant davantage les rudes hivers, plus capricieuse que l'ivraie vivace, surtout propre aux climats tempérés, pourvu que le terrain soit frais et en bon état de culture.

L'**ivraie** *multiflore* (*lolium multiflorum*), ou ray-grass de Rieffel, donne de beaux et bons produits dans de maigres terrains; mais elle ne dure qu'un an. C'est une graminée indigène, désignée en Bretagne par le nom de *Pill* et cultivée pour la première fois, vers 1835, par l'habile directeur de l'École d'agriculture de Grand-Jouan, M. Rieffel. Cette multiflore a produit une variété, appelée *Ray-grass Bailly*, du nom du cultivateur qui l'a semée le premier. Elle diffère de la précédente en ce qu'elle n'a pas ou presque pas de barbes, tandis que le ray-grass Rieffel est barbu. Cette ivraie ne dure qu'un an et convient aux terres maigres et humides.

L'ivraie vivace jouit en Angleterre d'une réputation qu'elle ne saurait acquérir en France, par-

Fig. 317.   Arrhénatère élevée.   *Fig.* 318.

ce que notre climat n'est plus celui de nos voisins. Elle donne une excellente prairie dans les contrées et les terrains humides et s'y prête à plusieurs coupes ; mais dans les contrées sèches, elle rend peu et son fourrage est de qualité médiocre. Elle convient à quelques parties de la Belgique, au nord de la France, au voisinage du littoral ; elle ne convient ni au centre, ni à l'est, et encore moins au midi. La terre que l'on destine à l'ivraie vivace doit être bien labourée, bien hersée. On peut la semer dès le mois de juin, aussitôt après les pluies, mais le plus souvent, en France, nous la semons à la fin de l'été ou en automne. Il s'ensuit qu'elle n'est pas toujours solidement enracinée pour résister à l'hiver. En Belgique, nous la semions au printemps et la faisions pâturer à l'automne. On répand environ 50 kilos de cette graminée par hectare ; on la recouvre avec la herse

de bois et on la roule fortement dans les terres légères. Nous obtenions deux bonnes coupes par année. Le plus souvent on associe cette ivraie à une céréale.

L'ivraie d'Italie convient mieux que la précédente aux climats tempérés de la France ; elle peut y donner trois coupes. On la sème en automne ou au printemps, plutôt seule que dans une céréale, et à raison de 50 kil. de graines par hectare.

On sème l'ivraie multiflore en septembre ou en octobre, à raison d'une trentaine de kilos de graine par hectare ; 20 ou 25 kilos de graines de ray-grass Bailly suffisent pour la même étendue de terrain, parce que cette semence est plus fine que celle du type.

L'*arrhénatère élevée*, ou fromental, est une graminée vivace, très-productive, propre aux prairies élevées, précoce, donnant un bon regain et demandant un semis dru, à raison de 100 kil. de graines par hectare. On lui associe souvent la luzerne lupuline. Le foin d'arrhénatère est d'assez bonne qualité quand on la fauche hâtivement, mais quand on la fauche tardivement, il devient dur et les bêtes ne s'en soucient pas. Ceci nous rappelle que vers 1858, au printemps, nous fîmes ensemencer à Saint-Hubert (Belgique) une partie de terrain avec un mélange de graines où dominait le fromental. L'herbe fut vendue sur pied à divers cultivateurs de la localité qui n'entendirent pas la faucher plus tôt que leurs prairies ordinaires. Ils eurent donc un fourrage coriace, dont ne voulaient ni les chevaux ni les vaches. Là-dessus, ils se promirent bien que l'année d'après on ne les y reprendrait plus ; mais dans l'intervalle, il y eut un beau regain qui fut récolté en temps convenable et que le bétail recherche avec avidité. Ils n'eurent pas de peine, après cela, à reconnaître que si la première coupe ne valait pas le regain, c'est qu'ils avaient trop attendu pour la faner (*fig.* 317).

La *fléole des prés* constitue parfois, à elle seule ou associée au trèfle rampant ou à la luzerne lupuline, une prairie artificielle d'un rapport considérable. Cette fléole des prés, que nous figurons ici, est presque partout désignée sous le nom vulgaire de *queue de rat*, mais le vulpin des prés partage souvent le même nom. Elle convient aux terres et aux climats humides et rend par hectare de 6 à 8 000 kil. de gros foin d'assez bonne qualité. On commence à la cultiver avec succès dans l'Ardenne belge ; en France, on l'a cultivée dans le Loiret, mais nous ne savons si les essais ont été poursuivis, quoique avantageux au début. On sème la fléole des prés en septembre, octobre, mars et avril, selon les contrées, à raison de 7 à 8 kil. de graine par hectare. C'est une espèce tardive (*fig.* 319).

Les *houlques molle* et *laineuse* sont deux graminées très-précoces réussissant partout dans les terrains frais, alors même que ces terrains ne sont pas de première qualité, comme, par exemples, lés schistes. On les sème à l'automne ou au printemps ; on emploie une vingtaine de kilos de graine par hectare. Le fourrage que donnent les houlques ne vaut pas celui des espèces dont il vient d'être question, mais enfin il rend des services. Quand on ne les fauche pas, on les fait pâturer. Ces plantes sont très-avantageuses aux défricheurs de l'Ardenne belge (*fig.* 320 et 321).

Le *sorgho sucré*, tant prôné dans ces dernières années, ne tiendra pas les promesses que l'on a faites en son nom. On lui reproche avec raison d'épuiser le sol plus que le maïs, d'être plus délicat que celui-ci et de rendre moins la plupart du temps. C'est une opinion qui a été émise devant nous à Toulouse par des hommes compétents.

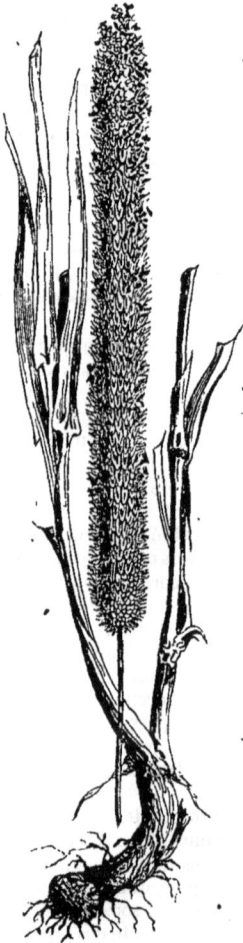

Fig. 319. — Fléole des prés.

Fig. 320. — Houlque laineuse.

Fig. 321. — Houlque molle.

Quelques cultivateurs composent avec diverses espèces de graminées des mélanges qu'ils font pâturer trois ou quatre ans, ou qu'ils fauchent régulièrement. Nous traiterons de ces mélanges dans un autre chapitre, à l'occasion des pâturages.

CRUCIFÈRES. — CHOUX NON POMMÉS (BRASSICA OLERACEA).

Classification. — Nous laissons de côté, avec intention, les choux pommés ou à tête, bien que dans certaines localités on en cultive, — le chou quintal entre autres, — pour la nourriture des animaux. Il nous a paru plus convenable de les

ranger dans la culture potagère, car, en fin de compte, les hommes ont la plus grosse part de ces choux-cabus.

Les choux non pommés, destinés le plus souvent à l'alimentation des vaches, sont : 1° Le chou cavalier (*Brassica oleracea vaccina*), très-commun dans la Bretagne et la Normandie; 2° le caulet de Flandre, qui se rapproche beaucoup du précédent sous plusieurs rapports, mais qui s'en distingue par sa couleur rouge, ou par des veines rouges; il est répandu du côté de Lille et sur divers points de la Picardie; 3° le chou branchu du Poitou, qui n'a pas l'élévation du chou cavalier, qui a les feuilles d'un vert plus pâle et qui, se ramifiant dès la base, forme une sorte de buisson très-productif; 4° le chou vivace de Daubenton, très-proche voisin du précédent, dont les rameaux s'allongent beaucoup, s'écartent de la tige, et se couchent parfois jusqu'à terre où il leur arrive de se marcotter, c'est-à-dire de prendre racine; 5° le chou moellier, qui ne fournit pas seu-

Fig. 322. — Chou cavalier.

Fig. 323. — Chou branchu.

lement ses feuilles au bétail, mais qui lui fournit encore une tige renflée en forme de souche que l'on divise par tranches; 6° le chou de Lannilis

plus bas de tige que le moellier, offrant comme lui un renflement, mais plus riche en feuilles qui sont très-développées et d'un vert blond; 7° le chou-rave ou col-rave (*Kotrabi* des Anglais), plus

Fig. 324. — Chou-rave.

recherché pour sa tige que pour ses feuilles, car cette tige se renfle extraordinairement en forme de boule plus ou moins régulière et atteint souvent le poids de 3 à 4 kil.; 8° les choux frisés du Nord, verts ou rougeâtres, dont les feuilles découpées plus ou moins finement offrent un aspect tout particulier; 9° enfin les choux prolifiques anglais, dont les feuilles d'un vert glauque, sont ondulées, et semblent se dédoubler par places.

Origine. — On retrouve encore le chou à l'état sauvage; il est indigène et originaire des bords de la mer. Il doit aimer les climats humides et les engrais salés; or, ce que la théorie avance, la pratique le confirme. Les contrées plus humides que sèches, plus froides que chaudes, voisines ou peu éloignées de la mer, sont, en effet, celles qu'il préfère. Vous remarquerez que les années chaudes sont funestes aux choux, qu'ils pourrissent plutôt faute d'eau que par excès d'eau, et que la plupart des races qui n'ont pas été trop affaiblies par la culture résistent assez bien à de rudes hivers; vous remarquerez aussi que les plus beaux choux nous viennent de l'Angleterre, de Jersey, de l'Allemagne, de la Belgique, et en France, des côtes de la Bretagne et de la Normandie, du département du Nord, des Ardennes et de l'Alsace. Le Centre et le Midi ne sauraient soutenir la lutte. C'est à Jersey que l'on rencontre ces gigantesques choux cavaliers, dont les tiges de 1^m,30 à 1^m,50 servent à faire des cannes; c'est dans l'Ardenne belge que nous avons obtenu exceptionnellement des choux-cabus rouges, dont les tiges les plus courtes mesuraient plus d'un mètre et dont la grosseur était proportionnée à l'élévation. Les choux-frisés du Nord, les choux prolifiques, le chou vivace de Daubenton sont ceux qui résistent le mieux aux rudes hivers; vient ensuite le chou cavalier de Bretagne; puis le chou branchu du Poitou et de la Vendée qui ne résiste pas toujours, et enfin le chou de Lannilis et le chou-rave qui sont les moins résistants parmi ces races fourragères robustes.

Terres propres à la culture des choux. — Du moment où la fraîcheur ne leur fait pas défaut, les choux réussissent dans tous les terrains. Si nous les voyons prospérer plus sûrement dans les terres fortes que dans les terres légères, sous nos climats tempérés, c'est tout simplement parce que les premières conservent mieux leur humidité que les secondes. Il est à remarquer que les terres défoncées depuis peu, sont assez généralement favorables à la culture des choux. Plus nous allons vers le nord, moins nous avons à compter avec les terrains; mais en retour, plus nous descendons vers le midi, plus nous devons nous attacher à placer les choux sur des terres fraîches, riches en fumier, ou sur des terres de nature argileuse.

Place des choux dans les assolements. — Il est rare que les choux prennent place dans un assolement régulier, mais quand ils doivent y entrer, c'est parce qu'ils peuvent ouvrir la rotation. Leur culture prépare très-bien le terrain, et rien n'empêche de les faire suivre d'une céréale de printemps avec mélange de trèfle. Il serait peut-être d'une bonne pratique d'associer les choux aux pommes de terre. En Belgique, il n'est pas rare de rencontrer cette association. On espace les touffes de pommes de terre un peu plus que de coutume; puis, à l'époque du buttage, on met des plants de choux entre ces touffes. Dans le principe, ils souffrent un peu du voisinage des fanes; mais dès que celles-ci sont mortes, ils ressaisissent bien vite le temps perdu, et quand les pommes de terre sont arrachées, une belle récolte dérobée occupe le terrain. Cette méthode nous a si bien réussi que nous n'hésitons pas à l'offrir en exemple.

Engrais qui conviennent aux choux. — Sous les climats chauds, les meilleurs engrais pour ces plantes sont les fumiers d'étable et les boues d'étangs, de fossés ou de mares, convenablement ressuyées, ou bien encore les composts de fumier de ferme, de boues de rues, de plâtras et de mauvaises herbes. Sous les climats humides, le fumier de moutons, les matières fécales, ou bien encore les composts formés de terre, de fumier, de chiffons de laine et arrosés de purin salé, sont, à notre avis, les engrais qu'il faut préférer.

Labours préparatoires. — Par cela même que les racines des choux redoutent la sécheresse, il est très-important de leur ouvrir très-profondément la terre, au moyen d'énergiques labourages. Nous conseillons donc de labourer aussi bas que possible à l'automne et de faire suivre la charrue ordinaire d'une fouilleuse, et de labourer de nouveau au printemps à une profondeur ordinaire qui se règle sur la nature du sol; cette seconde opération doit être faite la veille ou l'avant-veille du repiquage.

Choix des semences. — La graine de chou doit être faite par les cultivateurs avec des pieds choisis, que l'on n'effeuille pas dans le courant de l'année, qui restent en place pendant la rude saison, que l'on transplante à la sortie de l'hiver et dont on laisse bien mûrir les siliques. La graine la meilleure est celle de la tige, puis celle des rameaux qui s'attachent directement à la tige. Au lieu d'achever la dessiccation des siliques au soleil, comme c'est souvent l'usage, on l'achèvera à l'ombre, sous un hangar ou dans un grenier. La graine d'un an est préférable à celle qui a vieilli; toutefois, il est bon de savoir qu'elle conserve plusieurs années la faculté de germer.

Semailles des choux. — On sème les choux à deux époques différentes : vers la fin de l'été et au printemps; on les sème ou à demeure, c'est-à-dire à la place qu'ils occuperont tout le temps de leur végétation; ou bien en pépinière, pour les y prendre sept ou huit semaines après le semis et les repiquer. La première méthode ne donne que de médiocres produits; la seconde est la seule qu'on doive suivre. Ainsi donc, vous formerez une pépinière de plant de chou et vous vous rappellerez que 250 grammes de graines fournissent assez de plant pour le repiquage d'un hectare. Le jardin de la ferme est la meilleure place à prendre pour établir cette pépinière. Vers le 1er août, on commence par labourer la terre avec la bêche; puis on la divise en planches de 1m,15 de largeur que l'on nivelle bien avec le râteau. Cinq ou six jours après cette opération, on râtelle de nouveau chacune des planches et l'on procède au semis à la volée. On recouvre avec le râteau; on répand par-dessus cela sur la pépinière un peu de compost préparé avec deux tiers de fumier de ferme très-pourri, un tiers de bonne terre et quelques poignées de sel de cuisine, et là-dessus on arrose légèrement. La levée ne se fait guère attendre. Dès que l'on peut saisir les jeunes plantes avec la main, on les éclaircit de façon à laisser entre elles des intervalles de 2 à 3 centimètres. Ce détail, en apparence futile, a plus d'importance qu'on ne le croit, car les plantes qui n'étouffent pas en pépinière, qui ne s'y étiolent pas faute d'air et de lumière, se développent mieux dans la suite, résistent mieux aux intempéries et produisent plus que les plantes provenant de pépinières négligées. On ne se borne pas à éclaircir, on sarcle au moins deux fois, et au bout de deux mois environ, vers la fin de septembre ordinairement, les plants sont assez forts pour être enlevés et transplantés. On saisit donc une fourche de fer à trois dents, et à mesure qu'on soulève la terre de la pépinière pour détruire l'adhérence des racines, on enlève les jeunes choux, et toujours au moment même de la transplantation. Il ne faut pas que l'air dessèche la racine et flétrisse la feuille.

Il n'y a qu'une bonne manière de repiquer ou transplanter les choux. Elle consiste à se servir du plantoir et du long cordeau. Une personne ouvre les trous à 60 ou 80 centimètres de distance, selon le développement que prennent les races cultivées; une seconde personne met le plant dans le trou, de manière à ne pas recourber le pivot, et remplit l'ouverture à l'aide d'un plantoir qu'elle manœuvre de la main droite, tandis qu'elle tient le chou de la main gauche.

Avec le repiquage d'automne, on prend néces-sairement de l'avance, et dans le courant de l'été suivant, on peut déjà demander de la feuille aux choux pour la consommation du bétail.

S'agit-il de la consommation d'hiver, on se hâte moins; on attend le mois de mars pour établir la pépinière et l'on repique dans le courant de mai, toujours dans un terrain bien préparé et copieuse-ment fumé. Ou, ce qui vaut encore mieux, on sème en avril et on repique vers la fin de juin.

Soins à donner aux choux pendant leur végétation. — Ces soins consistent en sarclages et binages souvent renouvelés. Mieux le terrain est nettoyé et plus il est remué, plus aussi les choux prospèrent. Dans les temps de sécheresse prolon-gée, le buttage des choux est une excellente opé-ration. Elle empêche les tissus de la partie infé-rieure de la tige de se durcir, elle conserve un peu de fraîcheur dans le voisinage des racines et en-tretient par conséquent la circulation de la séve. Nous ajouterons que le buttage est de rigueur pour le chou-rave, qu'il contribue à son dévelop-pement, qu'il empêche son renflement de se cre-vasser, de se diviser et de durcir. Il faut butter le chou-rave quand le renflement de sa tige a atteint le volume d'une bille de billard. Ajoutons encore, à propos de cette espèce, qu'elle se met souvent à fleur la même année lorsqu'on la repique avant l'hiver et que l'on doit la réserver pour le prin-temps.

Maladies des choux, insectes et animaux nuisibles. — Au moment de la levée, les altises ou puces de terre s'attaquent souvent aux feuilles séminales, et l'avenir de la jeune plante peut être compromis. Au moment du repiquage, quand des hâles surviennent, ces mêmes altises sont encore à craindre quelquefois, mais exceptionnellement. On cherche à les éloigner avec de la cendre, de la chaux fusée, avec de la vieille urine humaine dans laquelle on a délayé un peu de suie et d'aloès, avec de la sciure de bois ou de la terre fine que l'on a brassée avec du goudron de houille. — Après le repiquage, dans l'intervalle qui s'écoule entre cette opération et la reprise des racines, les larves jaunâtres de l'élater et d'autres petites larves d'un gris sale sont à craindre; les parties de racines malades les attirent, et elles coupent le plant vers le collet. Nous ne connaissons aucun moyen de combattre ces larves; le mieux, c'est d'en prévenir la venue en hâtant la reprise des jeunes choux. Or, on la hâte toutes les fois que l'on repique du plant bien frais, qu'on ne tord point les racines en le repiquant, et que l'on choisit pour faire cette besogne un temps humide. Nous devons faire re-marquer, en passant, que les altises ne sont pas à craindre vers la fin de l'été et que les larves dont nous parlons ne nous inquiètent sérieusement qu'en été. S'il survient de grandes chaleurs et qu'elles se prolongent, des aphis ou pucerons d'un vert tendre s'attaquent parfois aux feuilles des choux en pleine végétation et les font beaucoup souffrir. Des enfants pourraient les en débarrasser par le moyen que voici : — on fait dissoudre une poignée de sel marin dans deux litres d'eau, et avec un tampon de ouate que l'on trempe dans cette eau salée et que l'on presse avec la main, on humecte les places occupées par les pucerons. Nous avons eu souvent recours à ce procédé qui nous a réussi. — En été, nous avons à redouter les chenilles qui, fort heureusement et pour des raisons qui nous sont inconnues, sont moins à craindre parmi les champs que dans le voisinage des habitations. De tous les moyens proposés pour s'en défaire, nous ne connaissons d'efficace que l'échenillage à la main. On a recommandé der-nièrement de répandre sur les choux en proie aux chenilles les débris qui restent après le vannage du chènevis. Si nous signalons la recette, nous ne la cautionnons pas, attendu que nous n'avons pas encore eu l'occasion d'en user. — Dans les temps de sécheresse prolongée, ainsi que nous l'avons déjà dit, les feuilles de chou sont sujettes à la pourriture qui se déclare à leur point d'attache sur les tiges et sur les rameaux, mais cette affec-tion, très-commune sur les choux du potager, est rare sur les choux fourragers. — Enfin, dans le voisinage des bois, des haies, des céréales en herbe et des prairies, les limaces font de fréquentes vi-sites aux choux. On pourrait, à peu de frais, éta-blir le cordon sanitaire qu'emploient les Suisses pour barrer le passage aux escargots qu'ils élè-vent. Ce barrage des escargotières consiste tout simplement en une ligne de sciure de bois qui se pelotonne sous la *bave* de ces animaux et les em-pêche d'avancer.

Récolte des choux. — Avec les choux trans-plantés avant l'hiver, la consommation des feuilles commence vers la fin de l'été; avec ceux que l'on transplante au printemps, — et ce sont les plus nombreux, — on ne commence à prendre les feuilles qu'en octobre ou en novembre, et la récolte continue jusqu'à la fin d'avril. Il y a une exception toutefois à l'égard des choux-raves qu'il faut arracher vers la fin de septembre ou dans les premiers jours d'octobre, et mettre en cave après avoir dépouillé de ses feuilles la partie renflée. Il est essentiel de ménager les plantes, de ne pas leur ôter trop de feuilles à la fois, parce qu'on abrégerait leur durée, parce qu'on les affaiblirait au point de les rendre trop sensibles aux rigueurs du froid. Il faut se contenter de prendre à chaque chou deux ou trois feuilles principales. Quand l'emblave est très-étendue, comparativement au chiffre du bétail de la ferme, on revient moins souvent au point de départ qu'avec de petites em-blaves; les plaies par conséquent ont plus de temps pour se cicatriser et les jeunes feuilles pour bien se développer. La première plantation souffre donc moins que la seconde et résiste mieux à l'hiver.

Dans les contrées à climat uniforme, comme celui de la Grande-Bretagne et de notre littoral de l'Océan, la végétation des choux d'hivernage ne s'arrête guère, mais autre part, elle serait souvent suspendue par le froid, et les avantages de cette culture se trouveraient réduits. Dans les départe-ments que comprend l'ancienne Normandie et dans celui du Nord, la culture des choux est déjà moins riche qu'en Angleterre; sous les climats du

Centre et de l'Est, elle irait encore en déclinant; ne cherchons pas à la sortir de ses limites; à chaque contrée ses hôtes. Les choux fourragers, placés dans de bonnes conditions, sont d'un rapport considérable; on l'estime par hectare à environ 80 000 kil. de fourrage vert, c'est-à-dire au double du maïs vert et au quadruple du trèfle incarnat. Quant à la valeur alimentaire des feuilles et tiges de chou, on assure qu'elle l'emporte sur tous les fourrages verts, la betterave exceptée. Avec les choux non pommés, tantôt crus tantôt cuits, mais plus souvent crus, on nourrit les vaches, les porcs et les moutons, les vaches principalement. Ces choux ont la réputation de bien engraisser le bétail; seulement, on leur reproche, et avec raison, de communiquer au lait une saveur désagréable. Les enthousiastes nient le fait et prétendent que les feuilles gâtées du chou ont seules cet inconvénient. Notre opinion, fondée sur l'expérience, est que toutes les feuilles sans exception y participent, et qu'il vaut mieux les distribuer en mélange avec d'autres fourrages que séparément. Les habitants des campagnes où l'on cultive les choux fourragers, ont l'habitude de couper les parties supérieures des tiges au milieu de l'hiver, alors qu'elles sont attendries par la gelée, et de les employer à leur profit. Elles ne sont pas délicates, mais enfin elles sont mangeables.

NAVET (BRASSICA NAPUS). — NAVETTE (BRASSICA NAPUS SYLVESTRIS). — COLZA (BRASSICA OLERACEA CAMPESTRIS).

Il n'est personne dans nos campagnes qui ne sache que l'on cultive le navet pour sa racine et quelquefois pour sa graine; il n'est personne non plus qui ne sache très-bien aussi que la navette et le colza sont cultivés comme plantes oléagineuses; mais fort peu soupçonnent l'emploi de ces trois crucifères, à titre de fourrage vert. Vous saurez donc que les navets, que la navette d'été et le colza d'été, semés dans le courant du mois d'août sur une terre propre et convenablement fumée, produisent un fourrage vert très-précoce et d'autant plus précieux qu'il arrive au premier printemps, quand les provisions de la ferme tirent à leur fin.

Dans la Picardie, où l'on fait de ce fourrage, on le livre aux moutons dès que les fleurs se montrent; sur quelques points de la Belgique, on arrache les plantes et on les fait manger à l'étable.

On sème ces crucifères à raison de 8 ou 9 litres par hectare.

MOUTARDE BLANCHE (SINAPIS ALBA).

Cette plante de la famille des Crucifères que l'on désigne, dans certaines localités, sous les noms d'*herbe à beurre*, de *graine de beurre*, peut fournir un très-bon pâturage d'arrière-saison. Aussitôt les premières céréales enlevées, on donne un léger coup de charrue ou d'extirpateur aux éteules, et l'on y sème cette moutarde blanche, à raison

de 10 kil. par hectare. La levée et la croissance de la moutarde sont rapides. On assure qu'elle augmente la richesse butyreuse du lait, et que les noms vulgaires qu'elle porte viennent de là.

On pourrait également semer la moutarde noire (*sinapis nigra*), mais on cultive surtout cette espèce en vue d'en récolter la graine et de s'en servir pour la préparation du condiment recherché sur nos tables.

PASTEL (ISATIS TINCTORIA).

Le pastel n'est pas seulement une plante tinctoriale, avec laquelle on a essayé de remplacer

Fig. 325. — Pastel.

l'indigo sous le premier empire; c'est de plus une plante fourragère, sur le mérite de laquelle les praticiens ne sont pas d'accord. Les appréciations, tantôt favorables tantôt défavorables, dont il a été l'objet, prouvent en définitive que ce n'est pas un fourrage de choix. Les vaches et les moutons ne sont pas avides de pastel; ils le mangent seul ou en mélange; voilà tout. Ce fourrage a deux grandes qualités: il est précoce, il est robuste; on pourrait en ajouter une troisième: il se contente des plus mauvais terrains.

On sème le pastel fourrager en juin, à raison de 9 ou 10 kil. de graines par hectare, et par un temps calme, car cette graine est si fine que la moindre agitation de l'air s'opposerait à la régularité du semis. A la sortie de l'hiver, on peut compter sur un fourrage vert qui arrive fort à point, mais qui ne dure pas longtemps. Le pastel est une plante bisannuelle.

COMPOSÉES. — CHICORÉE SAUVAGE (CICHORIUM INTYBUS).

A la rigueur, on découvrirait dans la famille des Composées plusieurs plantes propres à fournir du fourrage. Ainsi, nous sommes persuadé que l'on pourrait, à cet effet, cultiver isolément la centaurée jacée, mais on ne la cultive pas, en sorte que nous en sommes réduits à la chicorée sauvage.

Cette plante a le mérite de ne pas redouter les climats rudes, et la plupart des auteurs agrono-

Fig. 326. — Centaurée jacée.

miques assurent qu'elle s'accommode des plus mauvais terrains. Cette assertion, nous le savons

Fig. 328.

Fig. 327. — Chicorée sauvage.

par expérience, manque d'exactitude. La chicorée rend en raison de ce qu'on lui donne. Elle a une

prédilection marquée pour les terrains marneux, et elle recherche les bonnes fumures. On la sème au printemps, à la volée, dans l'orge ou l'avoine, à raison d'une douzaine de kilos de graines par hectare. Quand cette graine a été achetée chez les marchands, on doit préférer celle de deux ou trois ans à celle d'un an, parce que, ainsi, on est sûr que la plus chétive a eu le temps de mourir en magasin et qu'il n'y a plus à craindre les sujets maladifs qui montent à fleur la première année. Au contraire, quand on fait sa graine et que l'on peut en répondre, il y a de l'avantage à semer celle d'un an, attendu qu'elle fournit un fourrage très-vigoureux. Cette graine ne doit être recouverte que très-légèrement.

L'année suivante, on prend trois coupes ; la seconde année, on peut en prendre autant. Quelques cultivateurs maintiennent la chicorée en place pendant trois ans, non compris l'année du semis ; mais c'est un abus ; il faut la rompre à la fin de la seconde année et mettre les racines de côté pour la nourriture des porcs. On doit les faire cuire et y ajouter du son et du lait. Les premiers jours, ils ne s'en soucient guère, mais ils s'y habituent vite.

La chicorée verte n'est pas un fourrage de grande qualité. Si l'on soumettait longtemps les vaches à ce régime, elles maigriraient et leur lait acquerrait de l'amertume et des propriétés laxatives. On doit donc la mélanger avec d'autres plantes. Certains cultivateurs font pâturer les champs de chicorée par les moutons et tiennent cette nourriture pour très-hygiénique.

Il est essentiel de ne pas ramener souvent la chicorée à la même place.

ALSINÉES. — SPERGULE OU SPARGOUTE (SPERGULA ARVENSIS).

La spergule, ou spargoute, ou *spargoule*, ou *espargoule*, ou *sporée*, est une plante des terrains sablonneux siliceux, très-peu cultivée en France. En retour, les Campines belges la recherchent et lui doivent leur beurre renommé à si juste titre. Voici ce que nous en avons dit *de visu* dans un livre écrit sur la culture de ce pays : — « Après le trèfle, la spergule occupe une place importante dans les cultures, et jouit chez les Campinois d'une estime méritée, car c'est la plante par excellence des terrains sablonneux et le fourrage le plus précieux pour les vaches laitiè-

Fig. 329. — Spergule.

res. On sème la spergule dans tout le pays, depuis un temps immémorial; aussi, à l'arrière-saison, les champs ressemblent-ils à de vastes prairies. Toutes les terres qui ont porté des céréales d'hiver, sont emblavées en spergule, et c'est bien à regret que le cultivateur en réserve quelques parties pour faire ses semis de navets. Encore arrive-t-il souvent qu'il mêle navets et spergule, tant il lui en coûte de rompre avec l'ancien usage.

« La spergule naine, habituellement cultivée, met environ deux mois à prendre son entier développement. On la sème à raison de 45 litres de graines à l'hectare, et un bon rendement peut être évalué de 13 000 à 15 000 kil. de fourrage vert, qui perd les quatre cinquièmes de son poids par la dessiccation. Mais, le plus ordinairement, on ne fane point cette plante; on la fait pâturer sur place, au piquet, à partir de midi environ, c'est-à-dire lorsqu'elle n'est plus chargée de rosée, jusque vers le soir. Parfois aussi, quand le fourrage manque à la ferme, on en arrache une certaine provision pour subvenir aux besoins pressants.

« La spergule géante est très-peu connue en Campine; celle que l'on a cultivée pour graines en 1848, au dépôt d'Hoogstraeten, a atteint un mètre de hauteur et a produit à l'hectare 32 000 kil. de fourrage vert, 6 400 kil. de fourrage sec et 24 hectolitres de graines; cette variété géante est moins estimée que la naine, parce qu'elle perd en délicatesse ce qu'elle gagne en volume; on lui reproche de devenir trop vite coriace.

« Quand on sème la spergule naine, en vue d'en récolter la graine, on s'y prend dans la dernière quinzaine d'avril et la maturité a lieu vers le 1er août. Le produit en graine d'une bonne spergule est d'environ 12 hectolitres à l'hectare.

« Cette même spergule, semée vers la fin de l'été, en récolte dérobée, et pour fourrage d'automne, est souvent attaquée par des chenilles ou fausses chenilles noires qui envahissent les champs emblavés en premier lieu, et en nombre si considérable, qu'en peu de jours toute la récolte est dévorée. Pour empêcher les ravages de s'étendre, les cultivateurs ouvrent des sillons d'une trentaine de centimètres de profondeur sur autant de largeur, et à parois perpendiculaires, autour et au travers des emblaves. Les chenilles qui tombent dans ces sillons ne peuvent plus en sortir et y meurent de faim. — Quand la spergule est très-jeune, on peut détruire la majeure partie de ces chenilles au moyen du rouleau; mais le rouleau n'empêche pas celles du voisin de faire invasion. »

Des cultivateurs se sont dit parfois: — Puisque la spergule se contente de terrains très-maigres, à plus forte raison s'accommoderait-elle des riches terrains. Il en est ainsi, en effet, pour beaucoup de plantes, mais pas pour la spergule. Elle n'est bien à son aise que dans le sable, le schiste, le granit.

MM. Girardin et Du Breuil ont écrit dans leur *Cours élémentaire d'agriculture*: — « La spergule des champs s'élève à peine à 30 centimètres; aussi n'est-ce pas elle que l'on soumet habituellement à la culture, mais bien une de ses variétés, considérée par quelques botanistes comme une espèce distincte et qu'ils ont nommée spergule géante. »

C'est une erreur très-pardonnable en France, où la culture de la spergule est peu connue, mais enfin, c'est une erreur.

ROSACÉES. — PIMPRENELLE (POTERIUM SANGUISORBA).

La pimprenelle est une plante bisannuelle qui sert à former d'excellents pâturages pour les moutons. Elle ne redoute ni beaucoup le froid, ni beaucoup la sécheresse. On la cultive d'ordinaire sur de maigres terrains; ceux de nature calcaire lui conviennent mieux que ceux de nature siliceuse. On sème la pimprenelle au mois de mars ou au mois d'avril, à raison de 30 kilos de graines par hectare. On ne la fait point pâturer à l'automne afin de l'avoir plus belle à la sortie de l'hiver. Quelquefois, dans les climats doux, on la sème en septembre.

Fig. 330. — Pimprenelle.

URTICÉES. — GRANDE ORTIE (URTICA DIOICA).

Bosc a dit que les Suédois cultivent l'ortie comme plante fourragère de temps immémorial. Nous le croyons sur parole, et d'autant plus volontiers que quantité de pauvres gens la prennent dans les haies, sur les décombres, partout où elle se trouve, pour en nourrir leurs veaux, leurs vaches ou leurs porcs. La grande ortie est incontestablement une bonne plante, et c'est parce que le fait est établi qu'à diverses reprises, sa culture a été vivement conseillée. Comment se fait-il donc qu'une herbe excellente, connue de tous pour telle, précoce, promettant plusieurs coupes, et devant avoir une longue durée, ne se soit point répandue. Nous l'ignorons. Pour notre compte, nous avons formé une plantation d'orties dans l'Ardenne belge avec de beaux pieds enracinés, et le rapport nous a si peu satisfait que nous l'avons fait rompre à la fin de la seconde année. La récolte en plein champ est loin de répondre aux promesses de la grande ortie qui pousse dans nos haies. Il est à remarquer aussi que l'ortie est fort sujette aux ravages des chenilles. — Somme toute, nous n'osons pas en recommander la culture.

CUCURBITACÉES. — COURGES (CUCURBITA).

Sur différents points de la France, notamment dans les départements du Midi, on cultive la courge sur une assez grande échelle, pour la consommation des bêtes à cornes et des cochons qui la mangent crue. C'est une nourriture aqueuse, très-peu substantielle, augmentant la sécrétion du lait chez les vaches, sans lui donner de la qualité. La culture fourragère des courges s'est restreinte au lieu de s'étendre. Cela devait être ; leur conservation n'est réellement facile que dans un climat chaud ou dans une pièce chauffée. Elles pourrissent vite dans la cave et dans la grange ; elles gèlent au grenier, de façon qu'on ne sait réellement où les mettre.

On sème les courges au printemps, alors qu'on ne redoute plus les gelées tardives. Cette plante exige beaucoup d'eau au pied, par conséquent beaucoup d'engrais pourri ; elle exige en outre beaucoup de chaleur ; mais on ne lui donne pas toujours les soins qu'elle demande.   P. J.

CHAPITRE XXII

DES PRAIRIES NATURELLES ET DES PATURAGES.

Définitions. — Les définitions données par les dictionnaires ne sauraient nous convenir ; elles sont l'œuvre d'hommes pour la plupart étrangers aux pratiques agricoles et aux expressions reçues dans nos campagnes. Nous entendons par *prairies naturelles* les prés ou herbages qui donnent de l'herbe fauchable. Tantôt on fauche cette herbe et on la fane, tantôt on la fait manger sur place, comme dans les *embauges* du Morvan, dans les *herbages* de la Normandie, dans les *pâtures* de l'arrondissement d'Avesnes, et dans les prairies de la Hollande. Nous entendons par *pâturages* ou *pacages* des terres gazonnées sur lesquelles il est impossible d'employer la faux, et dont l'herbe est broutée forcément sur place par le bétail.

Les prairies naturelles sont préférables aux prairies artificielles. — La supériorité du bon foin de pré est reconnue par tous les praticiens ; seulement la plupart ne soupçonnent pas la raison de cette supériorité. Elle résulte de la diversité des plantes qui composent une prairie naturelle et qui assurent au bétail une alimentation parfaite. Dans un fourrage artificiel, vous trouvez rarement plus de cinq ou six plantes distinctes, et le plus ordinairement, vous n'en trouvez qu'une seule. Dans une prairie naturelle, on n'est pas en peine de compter de trente à cinquante espèces et variétés. C'est un service complet, qui réunit par conséquent toutes les conditions hygiéniques. Ainsi donc, dans les prairies que nous établirons, il faudra multiplier les espèces et variétés autant, bien entendu, que le permettront les climats, les situations et la nature des terres.

Les prairies naturelles sont ou ne sont pas arrosables. — A mesure que l'on se rapproche des contrées chaudes et sèches, la création et l'entretien des prairies naturelles ne sont possibles qu'au moyen de l'eau de source, de ruisseau ou de rivière ; mais en allant vers le nord ou en se rapprochant des bords de la mer où l'atmosphère est d'ordinaire chargée d'humidité, l'arrosage n'est pas toujours d'absolue nécessité. Ainsi, par exemple, nous avons vu fréquemment dans l'Ardenne belge des prairies que l'on n'irrigue jamais et qui n'en donnent pas moins une bonne première coupe ; ainsi encore, nous voyons dans le nord de la France des pâtures qui fourniraient au besoin de l'herbe à faucher et qui, pourtant, ne sont pas soumises à l'irrigation. On divise donc les prairies naturelles en *prés secs* et en *prés irrigués*. Dans certaines contrées, les prés secs portent le nom de *prés de champs*.

Des climats et des terres propres à la création des prairies naturelles. — Tous les climats que nous connaissons sont propres à la création des prairies, pourvu que l'eau ne manque pas aux besoins des plantes. C'est l'eau qui favorise les cultivateurs de la Grande-Bretagne, de la Hollande, de la Belgique, de la Flandre française, de la Normandie, des Vosges, des riverains de nos fleuves et de nos rivières ; c'est le défaut d'eau qui afflige les cultivateurs de nos contrées méridionales. Il est évident que si l'on multipliait les puits artésiens et que si l'on formait de vastes bassins pour y recueillir les eaux de sources et de ruisseaux, par quantités considérables, on rendrait d'immenses services aux populations du Midi. Ceci est l'affaire des ingénieurs ; à eux le souci de nous créer des réservoirs, de nous amener l'eau des couches profondes, de nous l'envoyer par des conduits ou par des canaux ; à nous le souci de tirer de ces eaux le meilleur parti possible et de faire de riches prairies où il n'en existe pas. Les millions que l'on emploierait à établir des réservoirs pour l'irrigation des prairies et d'autres récoltes, seraient assurément des millions bien employés. La révolution agricole dans le Midi n'est possible qu'à cette condition. O y songe très-sérieusement à cette heure, et nous ne saurions trop applaudir à cette bonne pensée.

Les terres qui conviennent le mieux à la création des prairies naturelles sont les terres de moyenne consistance, parfaitement ameublies par des labourages profonds, et bien assainies. Les terres argileuses compactes se gazonnent bien, mais l'herbe ne s'y développe pas en hauteur; les terres marécageuses ou tourbeuses ne fournissent que des plantes de mauvaise qualité; les terres trop sablonneuses usent vite leurs provisions de nourriture, exigent des frais considérables d'entretien et souffrent promptement de la sécheresse. Nous avons vu de belles prairies dans les alluvions marneuses, dans les terrains calcaires, schisteux et granitiques, mais il va sans dire que plus les éléments constitutifs du sol sont variés, plus les plantes diverses y acquièrent de richesse alimentaire.

Engrais qui conviennent aux prairies naturelles. — Le fumier des animaux qui vivent de l'herbe verte ou de l'herbe sèche de ces prairies est certainement le meilleur entre tous, puisqu'il restitue au sol une bonne partie des substances que les plantes lui enlèvent. Ainsi le fumier de ferme, provenant de la litière des vaches et des chevaux; ainsi le purin de basse-cour, formé par les égouts de ce fumier, sont excellents pour les prés. Les praticiens, d'ailleurs, le savent aussi bien que nous. Cependant, dans beaucoup de contrées, la fumure des prés est bien négligée; on donne tout aux champs, rien ou presque rien à l'herbe. A la rigueur, on le comprendrait dans des herbages pâturés toute l'année, puisque tout ou à peu près tout ce qui en sort y retourne, sous

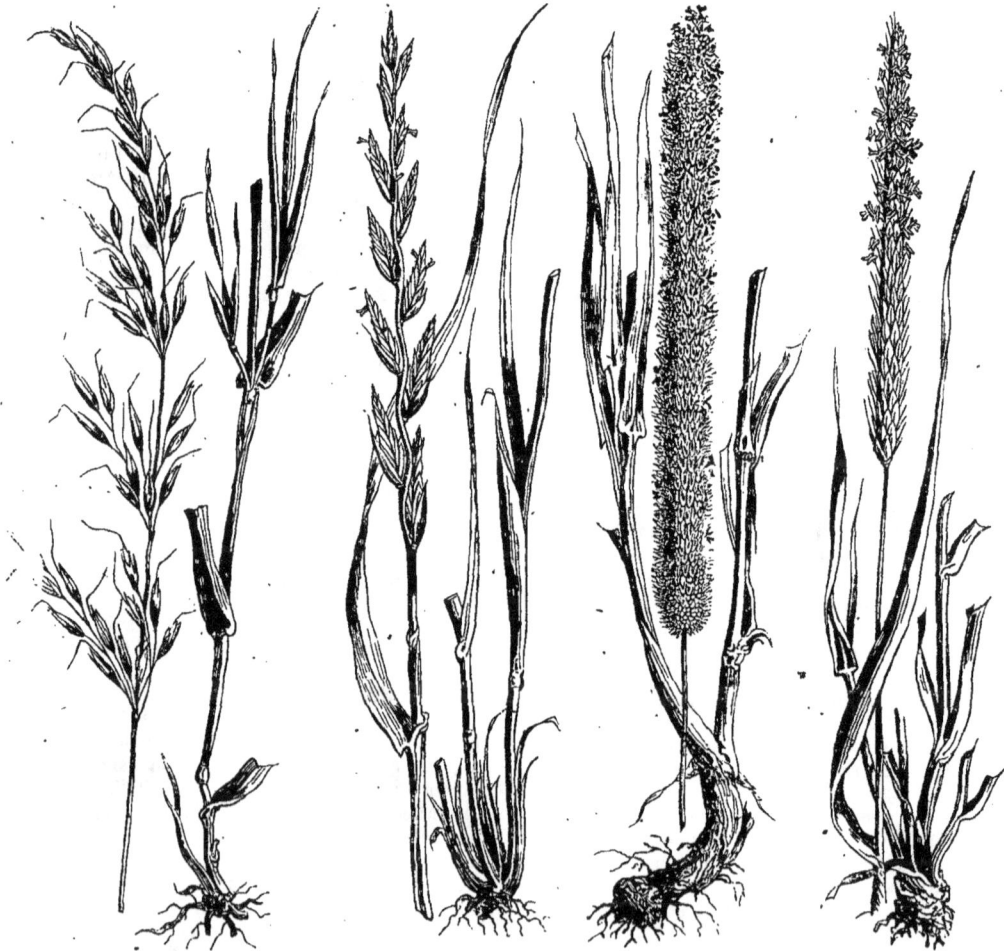

Fig. 331. — Arrhénathère élevée.　　　*Fig.* 332. — Ivraie vivace.　　*Fig.* 333. — Fléole des prés.　　*Fig.* 334. — Vulpin des champs.

forme d'excréments et d'urines laissés sur place, quoique irrégulièrement répartis; mais on ne le comprend pas du moment où l'on enlève la première coupe et le regain pour faire manger le foin à l'étable et à l'écurie. Dans ce cas, on prend tout,

et il y a de gros inconvénients à ne rien rendre.

Les composts formés avec des boues de chemins, des curures de fossés ou de mares, du fumier de ferme, des cendres de bois ou de tourbe, de la suie, des plâtras, du sel marin, des os broyés, de la chaux, et arrosés avec du purin, constituent un des meilleurs engrais de prairies que l'on puisse imaginer.

Les engrais liquides impriment une grande vigueur à la végétation.

Dans la Campine anversoise, on prépare un compost exclusivement destiné au regain des prairies naturelles. Dans le Bessin et le Cotentin, on prépare également, pour les herbages, des composts connus sous le nom sinistre de *tombes*. Nous n'avons pas à revenir sur la préparation de ces différents engrais, dont il a été parlé page 92 de cet ouvrage.

Les matières fécales et les débris animaux ne sont pas à recommander.

Des plantes qui entrent dans la formation des prairies naturelles. — Il importe au cultivateur qui se propose de créer des prairies, de savoir le nom des diverses espèces et variétés qui entrent dans ces prairies en général. Puis nous classerons ces espèces et variétés par catégories propres aux diverses natures de terrains. Nous trouvons dans les prairies : la flouve odorante (*anthoxantum odoratum*), la houlque laineuse (*holcus lanatus*), la houlque molle (*holcus mollis*), l'arrhénatère élevée ou avoine élevée (*arrhenaterum elatius seu avena elatior*), l'avoine jaunâtre (*avena flavescens*), l'ivraie vivace (*lolium perenne*), la fétuque rouge (*festuca rubra*), la fétuque des prés (*festuca pratensis*), la fétuque ciliée de de Candolle ou fé-

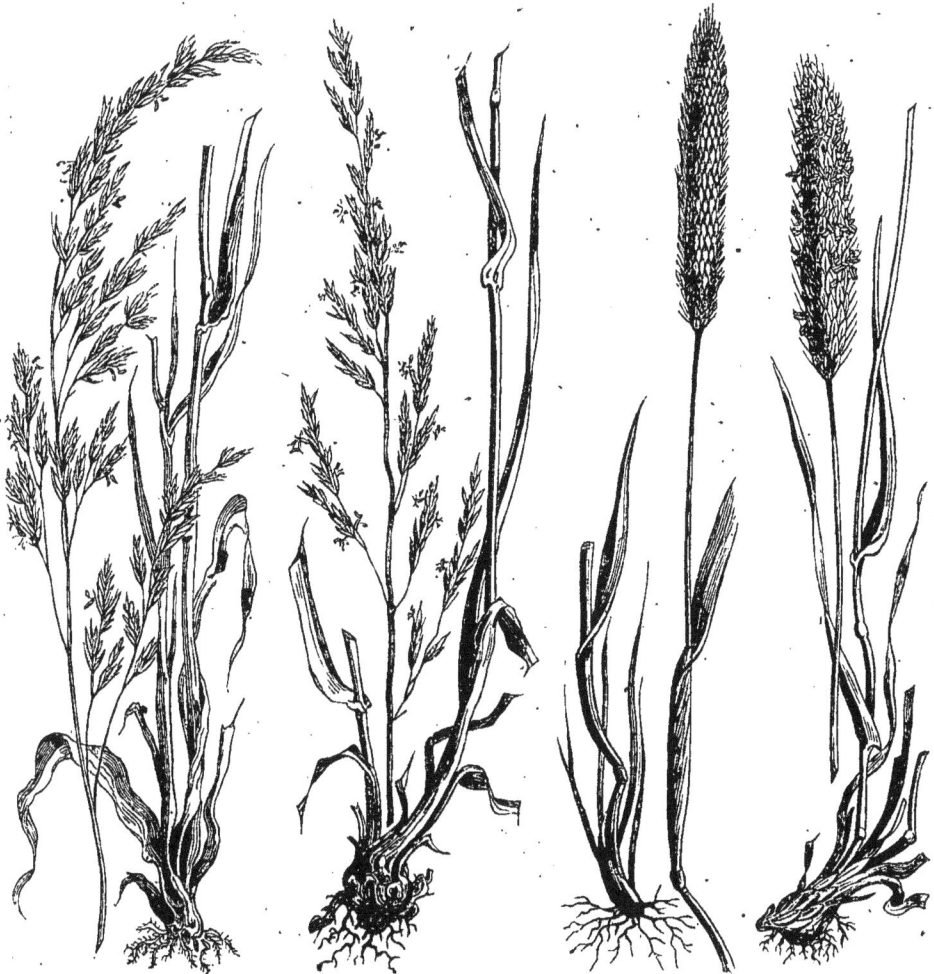

Fig. 335.
Fétuque élevée.

Fig. 336.
Fétuque des prés.

Fig. 337.
Vulpin genouillé.

Fig. 338.
Vulpin des prés.

tuque queue de rat de Linné (*festuca ciliata*), la fétuque des brebis (*festuca ovina*), la fétuque duriuscule (*festuca duriuscula*), la fétuque hétérophylle (*festuca heterophylla*), la brize moyenne (*briza media*), la fléole des prés (*phleum*

pratense), la fléole noueuse (*phleum nodosum*), le vulpin des prés (*alopecurus pratensis*), le vulpin des champs (*alopecurus agrestis*), le vulpin genouillé (*alopecurus geniculatus*), le vulpin bulbeux (*alopecurus bulbosus*), le pâturin annuel (*poa* annua), le pâturin des prés (*poa pratensis*), le pâturin à feuilles étroites (*poa angustifolia*), le dactyle pelotonné (*dactylis glomerata*), la danthonie (*danthonia decumbens*, de de Cándolle), l'agrostide traçante (*agrostis stolonifera*), la cynosure à crêtes (*cynosurus cristatus*), le brôme dressé (*bromus erectus*), l'orge seigle (*hordeum secalinum* seu *hordeum pratense*), le nard roide (*nardus stricta*). Ajoutons à ces plantes qui appartiennent toutes à la famille des Graminées, le trèfle des prés (*trifolium pra-*

tense), le trèfle rampant (*trifolium repens*), le trèfle jaunâtre (*trifolium ochroleucum*), le trèfle des champs (*trifolium arvense*), le trèfle filiforme (*trifolium filiforme*), la lupuline (*medicago lupulina*), la luzerne cultivée (*medicago sativa*), la gesse des prés (*lathyrus pratensis*), le carvi officinal ou cumin des prés (*carum carvi*), le lotier corniculé (*lotus corniculatus*), la pimprenelle vivace (*poterium sanguisorba*), la carotte sauvage (*daucus carota*), le panais sauvage (*pastinaca sylvestris*), l'anthyl-

Fig. 339. — Pâturin des prés.   Fig. 340. — Houlque laineuse.   Fig. 341. — Houlque molle.

lide vulnéraire (*anthyllis vulneraria*), la centaurée jacée (*centaurea jacea*), le selin à feuilles de carvi (*selinum carvifolia*), le silaüs des prés (*silaus pratensis*), l'angélique sauvage (*angelica sylvestris*). Nous n'avons pas encore épuisé la liste des plantes de nos prairies, mais celles qu'il nous reste à signaler ne sont pas d'une utilité bien constatée, ou sont quelquefois nuisibles. Dans le nombre, nous citerons la bugle rampante (*ajuga reptans*), la germandrée scordium (*teucrium scordium*), la

berce branc-ursine (*heracleum sphondylium*), le salsifis des prés (*tragopogon pratense*), l'alchémille commune (*alchemilla vulgaris*), le boucage saxifrage (*pimpinella saxifraga*), la scabieuse succise (*scabiosa succisa*), la brunelle commune (*brunella vulgaris*), le myosotis des marais (*myosotis palustris*), la renoncule rampante (*ranunculus repens*), la renoncule bulbeuse (*ranunculus bulbosus*), la ficaire fausse renoncule (*ficaria ranunculoides*), le populage des marais (*caltha palustris*), le lychnide fleur de coucou (*lychnis flos cuculi*), la renouée bistorte (*polygonum bistorta*), le pissenlit officinal (*taraxacum officinale*), la crépide verdâtre et la crépide bisannuelle (*crepis virens* et *crepis biennis*), la cardamine des prés (*cardamine pratensis*), le séneçon jacobée (*senecio jacobœa*), le plantain à larges feuilles (*plantago major*), le plantain moyen (*plantago media*), le plantain lancéolé (*plantago lanceolata*), le colchique d'automne (*colchicum autumnale*), le narcisse faux-narcisse (*narcissus pseudo-narcissus*), le rhinanthe crête de coq (*rhinanthus crista galli*), la campanule à feuilles rondes (*campanula rotundifolia*), la campanule raiponce (*campanula rapunculus*), le gaillet sauvage (*gallium sylvestre*), le gaillet fangeux (*gallium uliginosum*), le carex puce (*carex pulicaris*), le carex muriqué (*carex muricata*), le carex des lièvres (*carex leporina*), le carex étoilé (*carex stellulata*), le carex à pilules (*carex pilulifera*), le carex panic (*carex panicea*), le carex jaune (*carex flava*), le carex distant (*carex*

Fig. 342. — Flouve odorante.   Fig. 343. — Fétuque ovine.   Fig. 344. — Dactyle pelotonné.

distans), la véronique petit-chêne (*veronica chamædrys*), l'oseille (*rumex acetosa*), la patience crépue (*rumex crispus*), la chrysanthème (*chrysanthemum leucanthemum*), la pâquerette (*bellis perennis*), etc.

Nous n'avons pas à nous occuper, pour la formation des prairies, des plantes dont le mérite n'est pas reconnu, ni de celles considérées comme nuisibles; elles y pousseront bien sans notre intervention. Nous ne devons faire notre choix que parmi les plantes utiles; et il s'agit d'abord de connaître celles qui entrent naturellement dans la composition des meilleures prairies; après quoi nous formerons des catégories propres aux diverses sortes de terrains.

Nous lisons dans le volume de l'*Agriculture française*, consacré au département du Nord : — « Les prairies les plus remarquables du département sont celles de la Lys, des deux Helpes et des environs de Marchiennes. »

Les prairies de la Lys, les plus renommées de toutes par l'abondance et la qualité de leurs produits, contiennent beaucoup d'arrhénatère élevée, d'ivraie vivace ou ray-grass d'Angleterre. Viennent ensuite la fléole des prés, la fléole noueuse, le vulpin des champs, le vulpin des prés, le vulpin genouillé, le vulpin bulbeux, la fétuque élevée, la fétuque des prés, le pâturin des prés, le pâturin annuel, la houlque laineuse, le trèfle des champs, le trèfle filiforme et le trèfle rampant.

Sur les rives des deux Helpes, dans l'arrondissement d'Avesnes (Nord), les prairies, quoique inférieures à celles de la Lys, et plus sèches que fraîches, n'en sont pas moins réputées de bonne qualité. On y trouve, outre la plupart des plantes que nous venons de citer : la flouve odorante, la houlque molle, le dactyle pelotonné, la fétuque rouge, la fétuque ovine, la fétuque duriuscule, la fétuque hétérophylle, la fétuque glauque, l'avoine jaunâtre, le pâturin à feuilles étroites, la cynosure

Fig. 345. — Avoine jaunâtre.   Fig. 346. — Cynosure à crêtes.   Fig. 347. — Brize moyenne.

à crêtes, la brize moyenne et le lotier corniculé.

Dans les prairies renommées du canton de Vic (Hautes-Pyrénées), on rencontre en abondance l'ivraie vivace, le pâturin des prés, le pâturin annuel, la houlque laineuse, la fléole des prés, la fléole de Bœmer, la cynosure à crêtes, la fétuque ciliée de de Candolle, la flouve odorante, le trèfle des prés, le trèfle rampant, le trèfle étalé ou trèfle de Paris de de Candolle, le lotier corniculé et la lupuline. Il est inutile de faire observer que, parmi

ces bonnes herbes des bonnes prairies, il s'en trouve d'autres qui ne valent rien ou qui valent peu, telles que la lychnide fleur de coucou, le lin commun, la chrysanthème leucanthème ou pyrèthre leucanthème, que nous connaissons tous sous la dénomination de *grande marguerite*, la renoncule âcre, la renoncule bulbeuse, les patiences crépue et oseille, quelques orchis, le rhinanthe crête de coq, etc., etc.

Le Flamand Van Aelbroeck qui, au commencement de ce siècle, se fit une réputation méritée, choisissait habituellement, pour créer des prairies

Fig. 348. — Lotier corniculé.

de choix, la fléole des prés, le vulpin des prés, le pâturin des prés, la fétuque élevée et le trèfle rampant.

M. Demoor qui a publié un livre sur la culture des *Prairies*, conseille, pour les terres légères non irrigables, un semis ainsi composé, à raison de 50 à 65 kil. de semence par hectare :

	Parties.		Parties.
Fétuque durette.....	10	Pâturin des bois.....	6
Fétuque rouge	10	Avoine pubescente...	6
Brize moyenne.......	10	Brôme dressé ..?...	8
Houlque molle.....	6	Trèfle rampant.....	8
Houlque laineuse	6	Lotier corniculé.....	4

Pour un terrain argileux, bien assaini, il indique :

Ivraie de Rieffel.	Pâturin des bois.
Dactyle gloméré ou pelotonné.	Fétuque des prés.
	Alpiste roseau.
Pâturin des prés.	Gesse des prés.

Pour les terres calcaires sèches, à raison de 65 à 85 kil. à l'hectare :

	Parties.		Parties.
Ivraie vivace.......	10	Sesiérie bleue.......	10
Brôme dressé	10	Trèfle rampant	2
Dactyle pelotonné ...	10	Trèfle couché...:...	2
Kœlerie crételle.....	10	Sainfoin.'.......	5

Pour les sols sablonneux ou argilo-sablonneux, frais et ombragés, M. Demoor emploie, à raison de 45 à 55 kil. par hectare :

	Parties.		Parties.
Pâturin des prés.....	2	Cynosure crételle....	3
Pâturin des bois.....	2	Ivraie vivace........	4
Fétuque fausse ivraie.	4	Vulpin des prés	3
Avoine jaunâtre......	3	Agrostide vulgaire...	2
Avoine pubescente...	2	Trèfle rampant	4
Dactyle pelotonné...	4	Vesce à bouquet.....	1
Houlque laineuse	2		

Pour les terrains sablonneux ou calcaires pouvant être irrigués, le même auteur emploie un mélange de :

	Parties.		Parties.
Fétuque fausse ivraie.		Avoine jaunâtre	3
Ivraie vivace........	4	Fléole des prés	3
Dactyle pelotonné ...	3	Flouve odorante.....	2
Pâturin commun.....	4	Agrostide vulgaire...	4
Pâturin des prés.....	3	Trèfle des prés......	1
Pâturin des Alpes....	3	Gesse des prés	1
Houlque laineuse	3		

Pour les terres argilo-sablonneuses ou argilo-calcaires, à raison de 60 à 65 kil. de graines par hectare :

	Parties.		Parties.
Ivraie vivace........	4	Fétuque fausse ivraie.	4
Arrhénatère élevée ..	6	Dactyle pelotonné....	3
Pâturin des prés.....	4	Flouve odorante	2
Pâturin commun.....	4	Fléole des prés.	2
Agrostide vulgaire...	4	Trèfle des prés	1
Vulpin des prés.....	3	Vesce à bouquet.....	1
Fétuque des prés....	4	Lotier corniculé.....	1

Pour les terrains glaiseux ou argileux irrigables, on emploie environ 75 kil. à l'hectare de :

	Parties.		Parties.
Vulpin des prés.....	8	Fléole des prés......	10
Pâturin des prés....	20	Ivraie vivace.......	21
Fétuque fausse ivraie.	15	Avoine jaunâtre.....	10
Pâturin des prés.....	10	Trèfle rampant......	8
Pâturin commun	16	Vesce des haies......	8

Il convient, en vue de bien observer les proportions de chaque sorte de graine dans le mélange, de savoir combien il faudrait de ces graines isolément pour ensemencer un hectare. Or, d'après M. de Dombasle, il faut pour ensemencer un hectare à la volée :

	Kilogrammes.
Agrostide traçante (fiorin des Anglais)........	5
Arrhénatère élevée ou fromental...........	100
Dactyle pelotonné.	40
Fétuque des prés.......................	50
Fléole des prés (timothy des Anglais)........	20 à 25
Houlque laineuse......................	25
Ivraie vivace ou ray-grass ordinaire........	40
Lupuline.............................	15 à 15 1/2
Pâturin des prés.......................	20
Pimprenelle	30
Trèfle rampant..................,.....	7 1/2
Trèfle des prés........................	15 à 17 1/2

Nous ajoutons à ces premiers renseignements, ceux que nous fournit le *Bon Jardinier* :

	Kilogrammes.
Vulpin des prés........................	20
Pâturin des bois.......................	18 à 20
Ray-grass de Rieffel....................	30
Fétuque rouge	35
Fétuque ovine.........................	30
Brôme dressé ou des prés...............	40 à 50

Choix des semences pour prairies naturelles. — Trop souvent, par mesure d'économie, nos cultivateurs prennent le *poussier* de foin de leurs greniers vides, et s'en servent soit pour créer des prairies, soit pour regarnir des prairies existantes. C'est un détestable usage, car la plupart des graines qui se rencontrent dans ce poussier sont à peine formées ou incomplétement mûres. C'est facile à comprendre, puisque l'on fauche l'herbe au moment de la floraison, non après la maturité des graines. Il est bon de remarquer, en outre, que parmi ces semences, il s'en trouve nécessairement dont on se passerait bien.

M. de Dombasle a conseillé de récolter à la main

les graines des diverses plantes au fur et à mesure de leur maturité complète. Le conseil est excellent, mais la besogne paraîtra minutieuse et longue. Pour notre compte nous voudrions qu'on ne l'exécutât qu'une seule fois, afin de s'approvisionner de quelques kilos de semence irréprochable, et qu'ensuite l'on créât, avec cette semence, des pépinières de porte-graines de pré. Les cultivateurs qui auraient le bon esprit de consacrer une planche plus ou moins étendue à chaque plante de prairie, ne seraient pas en peine de se défaire de leur excédant de produits et rendraient un signalé service à l'agriculture.

Nous avons déjà écrit à ce propos : — « Nous voudrions rencontrer çà et là au service des fermes, de ces petites pépinières de graminées qui n'existent malheureusement nulle part. Elles permettraient à nos cultivateurs de renouveler leurs vieux prés, et d'en créer au besoin de nouveaux. »

Nous avons des pépinières d'arbres fruitiers, forestiers et d'agrément, des pépinières de céréales plus ou moins défectueuses, des pépinières de fourrages artificiels, plus ou moins défectueuses aussi ; mais, s'agit-il de semence de prairies permanentes, nous ne savons où la prendre ; nous en sommes réduits aux balayures du grenier, balayures auxquelles nous attachons si peu d'importance que nous les jetons fort souvent sur le fumier, au risque de salir nos terres cultivées qui reçoivent cet engrais.

Que diriez-vous d'un homme qui sèmerait les criblures de ses céréales ? Rien de favorable. Que voulez-vous donc que nous disions, de notre côté, de ceux qui sèment moins encore que les criblures du foin ? Nous en sommes là cependant, et ne pouvons sortir d'embarras qu'en achetant dans les villes des semences qui sortent de la campagne et que nous devrions produire partout dans nos exploitations. »

Ce que Thouin disait à propos du pâturin des prés, est applicable à toutes les autres espèces. Or, il disait :

« C'est une des graminées les plus communes dans les terrains gras et humides, et une des meilleures pour la nourriture des bestiaux qui la recherchent tous, principalement les vaches et les chevaux. Le foin dans lequel elle domine, est appelé foin *fin*, et se vend toujours plus cher.

« Un bon agronome doit donc la multiplier autant que possible dans ses prés lorsqu'ils sont en bon fonds, c'est-à-dire ni trop secs ni trop aquatiques, et il le peut facilement en faisant ramasser la graine à la main dans des lieux réservés pour cela lors de la fauchaison, et en la semant séparément. La seconde année il retirera d'un boisseau douze ou quinze boisseaux, ce qui lui fournira de quoi améliorer ses prés ou même les ensemencer entièrement, comme on le fait en beaucoup de lieux en Angleterre. »

De la création des prairies naturelles. — Si l'on ne se décide pas aisément à rompre de vieux prés, on ne se décide pas aisément non plus à en créer de nouveaux ; mais dans l'un et l'autre cas, on a souvent tort. Toutes les fois qu'une prairie naturelle est usée, il y a profit à y mettre la charrue et à retourner le gazon ; toutes les fois ou mieux presque toutes les fois que l'on possède de bonnes terres et qu'il est facile de les irriguer, il y a profit aussi à les convertir en prairies naturelles. C'est, dans la plupart des cas, la culture qui coûte le moins et qui rapporte le plus.

Nous connaissons et les terres et les engrais qui conviennent principalement aux prairies ; nous connaissons les plantes qui conviennent le mieux aux divers terrains et les soins à prendre en ce qui regarde les graines de ces diverses plantes. Il ne s'agit donc plus que de drainer au besoin, et de niveler le sol pour l'approprier à sa destination nouvelle, c'est-à-dire de s'arranger de façon à ce que toutes ses parties soient accessibles à l'eau.

Une fois le terrain nivelé, il importe de le préparer par des cultures copieusement fumées et sarclées avec le plus grand soin, afin de le bien ameublir, d'augmenter sa richesse en humus et de le dégager le mieux possible des mauvaises herbes. Nous arriverons à ces résultats en cultivant des racines, des pommes de terre, du colza, du maïs, des féveroles et diverses autres plantes qu'il ne nous paraît pas nécessaire de mentionner. Cela fait, nous aurons à nous demander ensuite si nous devons semer la graine de pré seule ou associée avec une céréale. Dans le premier cas, c'est-à-dire si nous optons pour le semis isolé, il nous faudra l'exécuter vers la fin d'août ou dans les premiers jours de septembre, afin que les jeunes plantes aient le temps de s'enraciner solidement avant l'hiver. Pour cela, huit jours avant les semailles, on devra faire un labourage à 12 ou 15 centimètres de profondeur et herser dans tous les sens, de manière à obtenir un émiettement complet de la couche arable. Alors on commencera le semis par les plus grosses graines que l'on enterrera avec les dents de la herse, et on le terminera par les graines fines mélangées que l'on enterrera avec le dos de la herse ou avec un châssis garni d'épines. Cette opération achevée, on roulera légèrement le sol, s'il est déjà de quelque consistance, ou bien, on le roulera énergiquement s'il est très-poreux. Voilà pour le semis d'automne, pratiqué en dehors de toute récolte accessoire. Voici maintenant pour le semis de printemps, que l'on adopte le plus ordinairement.

On commence par semer à la place d'une récolte sarclée, sur une terre bien propre, ou une céréale d'automne, ou une céréale de printemps. Si l'on a affaire à une céréale d'automne, seigle, froment, ou escourgeon, on y répand dès la sortie de l'hiver, vers la fin de février, si c'est possible, la graine de pré que l'on recouvre faiblement avec une herse légère. Si l'on a affaire à une céréale de printemps, froment trémois, orge ou avoine, on sème la graine de pré en même temps que cette céréale, en mars ou avril, et toujours en commençant par les grosses semences et en finissant par les petites ; puis, comme précédemment, on recouvre avec la herse légère. En pareil cas, il importe que la céréale soit très-claire, qu'elle n'intervienne dans l'opération qu'à titre d'abri contre les hâles et le soleil. Trop épaisse, elle soustrait la jeune herbe aux influences atmosphériques, l'étiole, la gêne et l'affame un peu.

Quand vient la fin de juin, les cultivateurs intelligents ne doivent pas hésiter à faucher la céréale et à la faire consommer en vert par leur bétail. La jeune prairie est alors assez vigoureuse pour se défendre contre les rigueurs estivales de l'atmosphère, et, ainsi découverte, elle se développe rapidement, gagne de l'avance et talle bien à l'automne.

Quel que puisse être le développement de l'herbe l'année du semis, il faut bien se garder d'y toucher ou de la faire pâturer, car la suppression des jeunes feuilles nuit à la croissance des racines et compromet l'avenir de la prairie. La seconde année, cet inconvénient n'est plus à craindre. On pourrait donc, à la rigueur, prendre une première coupe, mais il vaut mieux livrer la prairie au pâturage des moutons, ou, à défaut de moutons, au pâturage des vaches lorsque le sol n'est pas mouillé au point de céder sous leurs pieds. Les moutons sont préférables toutefois. Ils broutent très-près de terre et favorisent ainsi l'émission d'un grand nombre de tiges secondaires qui garnissent bien le pied de la prairie. A partir de la troisième année, on pourra faucher la première coupe et faire pâturer le regain.

C'est cette attente qui empêche beaucoup de cultivateurs de créer des prairies naturelles, comme si le sacrifice ne devait pas être amplement racheté par une production de longue durée. En se rapprochant des climats brumeux et de ceux du nord, où la terre s'enherbe avec une facilité extraordinaire, le sacrifice est moins pénible ; dès la seconde année, la prairie est presque en plein rapport ; aussi les cultivateurs de ces contrées se montrent-ils moins rétifs que les nôtres quand il est question de créer des prairies.

Si la conversion des terres de bonne qualité en prairies naturelles ne présente pas de grandes difficultés du moment où elle est favorisée par l'eau, il n'en est pas de même des terres compactes, des terres marécageuses et des terres sablonneuses. Pour les deux premières catégories, on doit nécessairement recourir aux opérations de drainage, plus ou moins multipliées et plus ou moins coûteuses ; quant aux terres sablonneuses, on ne se tire point hors d'affaire sans des avances de fonds considérables. La Belgique nous offre dans ses provinces d'Anvers et de Limbourg des prairies modèles, créées dans le sable, et que nos ingénieurs ont visitées avec beaucoup d'intérêt. Nous avons eu, nous aussi, la bonne fortune de les parcourir et de les admirer. C'est la canalisation des Campines qui a permis d'y établir des prairies ; plus loin, nous aurons à vous entretenir du mode d'irrigation employé ; pour le moment, nous n'avons à vous entretenir que des premières préparations auxquelles on soumet les landes de ce pays, avant d'arriver à les couvrir d'herbe. Le sol est sablonneux siliceux. Tantôt, c'est un sable blanc pareil à celui des dunes et que l'on nomme avec raison sable mouvant ; tantôt c'est un sable jaunâtre, coloré par l'oxyde de fer, d'une certaine fixité et jouissant d'une assez bonne réputation parmi les cultivateurs. Ailleurs, dans les parties basses et humides, on rencontre une argile sablonneuse propre à fabriquer des tuiles et des briques ; ailleurs encore, on trouve un tuf composé d'agrégations de sable et d'oxyde de fer. Ces agrégations occupent les revers des terrains, non les hauteurs ni les bas-fonds, au moins dans la plupart des cas. La charrue ne les entame pas, et il faut les attaquer par un défoncement énergique et les ramener avec la bêche à la surface du terrain pour les diviser et les rendre productives sous l'influence de l'air. Rien que par ces détails rapides, on peut juger de l'ingratitude du sol où les défricheurs belges ont créé et continuent de créer des prairies naturelles.

Dès que le défoncement et le nivellement du terrain sont exécutés, on peut semer sur la défriche de l'avoine fumée avec mélange de trèfle et de houlque laineuse pour pâturage. Après une dépaissance d'une année ou deux, rien n'empêche de rompre le gazon, d'y semer du colza, et d'y ramener de l'avoine fumée et un mélange de graines de pré. On a voulu créer des prairies du premier coup sur défrichement ; mais le gazonnement a laissé beaucoup à désirer et il a fallu regarnir le fond de la prairie à diverses reprises. Il vaut donc mieux passer par des cultures préparatoires que de chercher à aboutir du premier jet ; et c'est l'avis de tous les hommes intelligents des deux Campines, et en particulier, celui de M. l'ingénieur Keelhoff. — « Un procédé fort recommandable, dit-il, pour convertir des landes en prés, est de faire précéder le semis de l'herbe par une culture de trois ou quatre années ; par là, le sol s'améliore beaucoup, et la réussite de l'ensemencement en graminées est assurée.

« Cette opération, qui se fait actuellement sur une grande échelle en Campine, rembourse généralement, et au delà, les dépenses qu'elle exige, et lorsque les denrées alimentaires sont à un haut prix, elle est très-lucrative. La première année, après que le terrain est préparé à l'irrigation, il est planté en pommes de terre avec une forte fumure ; ce qui coûte en moyenne, par hectare, 900 francs, y compris le buttage et l'arrachage. Une récolte ordinaire dans les terres défrichées, où le tubercule n'est jamais attaqué par la maladie, est de 16 000 kilogrammes qui, au prix actuel, valent 1 700 à 1 800 francs. L'opération donne donc le bénéfice énorme de 800 à 900 francs par hectare. Mais la cherté actuelle des denrées alimentaires ne peut être prise pour base ; il faut donc compter sur le prix normal des pommes de terre, qui a été au minimum en hiver, depuis 1847, de 8 francs les 100 kilogrammes ; or, à ce taux, la récolte de 16 000 kil. produit encore 1 280 francs, ou un bénéfice de 380 francs, outre l'amélioration du sol.

« La deuxième année, on plante de nouveau des pommes de terre avec une forte fumure, et le résultat est au moins égal à celui de la première année.

« Enfin, la troisième année, la terre est de nouveau très-bien fumée et ensemencée en seigle, dans lequel on sème les graines d'herbe, qui acquièrent alors une vigueur extraordinaire dès la première année.

« Une troisième plantation en pommes de terre ne réussit plus ; le rendement diminue très-sensiblement, et la maladie attaque le tubercule, comme dans les champs cultivés depuis long-temps. »

Lorsque les cultures préparatoires ont disposé le terrain à recevoir la graine de pré, M. Keelhoff recommande le mélange suivant par hectare :

Ray-grass d'Angleterre.....	16 kilogr.	
Timothy (fléole des prés).........	6	—
Vulpin des prés.................	25	—
Houlque laineuse...............	25	—
Crételle des prés...............	5	—
Pâturin des prés...............	5	—
Flouve odorante...............	10	—
Lupuline...............	4	—
Trèfle des prés....	4	—

La dose est forte, sans doute, mais ne perdons pas de vue que la terre est maigre et que tout ce qui y germe ne s'y soutient pas. Il importe encore, pour le succès, que les graines soient fraîches, de la récolte de l'année qui précède leur emploi, car les vieilles ne germent pas.

Dans la Campine limbourgeoise, jusqu'en 1852, toutes les prairies furent semées tout simplement sur la bruyère plus ou moins défoncée ; mais à partir de cette époque, on changea de système, et M. le baron de Schiervel ouvrit la marche et cultiva le premier la bruyère pendant plusieurs années. Ses expériences offrent de l'intérêt et peuvent rendre d'importants services. Les voici :

Première expérience. — Par hectare.

Première année :

Achat de la bruyère........ .... fr.	500	»
Travaux...................	400	»
100 mètres cubes de boues de ville.......	400	»
Plants de pommes de terre..............	150	»
Intérêt du capital ci-dessus.............	72	50
Total........ fr.	1 522	50
Produits : 6 000 kil. de pommes de terre à 75 fr. les 1 000 kil.,.	450	»
Reste........ fr.	1 072	50

Deuxième année :

25 mètres cubes de boues de ville..... fr.	100	»
Semence de seigle et semis..............	60	»
Intérêt du capital ci-dessus..............	61	62
Total........ fr.	1 294	12
Produits : 50 mesures de seigle à 4 fr. la mesure..............................	200	»
Reste........ fr.	1 094	12

Troisième année :

60 mètres cubes de boues......... fr.	240	»
Semence d'avoine et semis..............	60	»
Semence d'herbe et semis..............	25	»
Intérêt du capital ci-dessus....	70	95
Total........ fr.	1 490	07
Produit : 80 mesures d'avoine, à 3 fr.......	240	»
Reste.... fr.	1 250	07

Deuxième expérience.

Première année :

Achat de la bruyère............... fr.	500	»
Travaux...................	400	»
70 mètres cubes de boues..............	280	»
Seigle et semis........	75	»
Intérêt.............................	62	75
Total........ fr.	1 317	75
Produit : 60 mesures de seigle , à 4 fr.....	240	»
Reste.. .... fr.	1 077	75

Deuxième année :

60 mètres cubes de boues............. fr.	240	»
Semence d'avoine et semis..............	75	»
Semence d'herbe et semis..............	25	»
Intérêt.............................	70	89
Total........ fr.	1 488	64
Produit : 85 mesures d'avoine. à 3 fr.....	255	»
Reste... ...... fr.	1 233	64

Troisième expérience.

Achat de la bruyère............... fr.	500	»
Intérêt pendant la première année, avant de commencer les travaux........	25	»
Travaux............................	400	»
100 mètres cubes de boues de ville.......	400	»
Semence de froment et semis............	80	»
Semence d'herbe et semis..............	25	»
Intérêt du capital ci-dessus.............	70	25
Total........ fr.	1 500	25
Produit : 70 mesures de froment à 8 fr.,. ..	560	»
Reste........ fr.	940	25

Quatrième expérience.

Achat de la bruyère............... fr.	500	»
Travaux	400	»
70 mètres cubes de boues..............	280	»
Semence d'herbe et semis	50	»
Total... ...... fr.	1 230	»
Intérêt du capital....................	61	50
Total........ fr.	1 291	50

La première expérience a été faite sur 4 hectares ; la seconde sur 14 ; la troisième sur 4, et la quatrième sur 8.

Nous nous bornerons à faire observer que le prix d'achat de la bruyère a été fort exagéré. En 1859, c'est-à-dire postérieurement aux expériences dont il vient d'être parlé, on ne la payait que de 200 à 250 francs.

En France, nous le répétons, il nous reste beaucoup à faire. Nous pourrions certainement multiplier nos prairies naturelles sur un grand nombre de points et rendre de signalés services à nos populations méridionales notamment, si les eaux dont nous disposons étaient recueillies au lieu d'être gaspillées. Chaque fois qu'en traversant le département de la Côte-d'Or, nous nous sommes arrêté au barrage de Gros-Bois, destiné à réunir en un vaste bassin les eaux qui descendent en rigoles des montagnes, afin d'alimenter le canal, nous nous disions : — Avec un certain nombre de barrages ainsi disposés, il deviendrait bien facile d'établir dans les terrains secs ou sous des climats chauds de magnifiques herbages qui feraient la richesse de ces contrées.

Autant il est facile d'établir le prix de revient d'un hectare de prairie naturelle au milieu de landes où la valeur des terres ne varie pas sensiblement, et où les prix de main-d'œuvre et d'engrais ne varient guère non plus, autant il devient difficile de l'établir, pour les diverses contrées d'un pays comme la France. Ce que nous dirions du prix de revient dans un canton ne s'appliquerait certainement pas toujours au canton voisin. Il appartient à chaque cultivateur de faire pour son compte personnel, ce que nous ne pouvons faire pour le compte de tous. Étant donné dans chaque localité le prix du terrain, de la main-d'œuvre, des engrais et des semences, le prix de revient d'un hectare de prairie est tout aussi facile à établir que dans les Campines.

De l'entretien ou culture des prairies naturelles. — Pour entretenir des prairies en bon rapport, on doit nécessairement leur donner de l'engrais, de l'eau et des sarclages. Souvent même il est utile de les rouler.

Cependant, chose bien triste à dire, on ne serait pas en peine de trouver des cultivateurs qui sont persuadés qu'une prairie n'a pas besoin d'engrais pour se soutenir et que l'eau toute seule suffit. *L'eau fait l'herbe*, disent-ils, quand il serait plus juste de reconnaître qu'elle aide à la faire en lui abandonnant le limon ou les substances minérales qu'elle peut contenir ou les parties de terre fumée qu'elle emporte des champs cultivés. Si elle était pure, elle ne servirait qu'à réparer les pertes de liquides produites dans les plantes par l'évaporation. L'eau sert principalement à conduire l'engrais aux racines de l'herbe, à la dissoudre et à l'introduire dans le corps des plantes. Voilà ce dont il faut bien se convaincre. Quand elle ne porte point d'engrais avec elle, elle prend les substances fertilisantes du sol aussi longtemps qu'elle en rencontre, les use, et il ne reste bientôt plus où elle a passé qu'une terre épuisée. Ceci revient à dire que plus on arrose avec de l'eau claire, plus on doit fumer. Sans cette précaution, les herbages auraient d'autant moins de durée que la porosité du sol serait plus grande.

Quand les prairies sont placées en aval de villes ou de bourgs et reçoivent les égouts des rues, il arrive souvent que la quantité des engrais qui s'y rendent est telle qu'il n'y a pas nécessité d'y adjoindre des fumures supplémentaires. Parfois aussi l'on peut s'en dispenser lorsque les prairies occupent des pentes et que ces pentes sont couronnées par des champs bien engraissés, car l'eau des pluies se charge de la fumure ; mais du moment où l'on n'a point à compter sur ces précieuses épaves, il importe de fumer directement, comme on fume les terres arables. La quantité d'engrais à répartir par hectare varie nécessairement avec l'état du sol et avec le mode d'emploi des produits. Si le fonds est déjà riche par lui-même, il en coûtera moins de l'entretenir que s'il était pauvre ; s'il a de la consistance, il usera moins d'engrais que s'il était poreux ou léger ; s'il est drainé, il usera plus d'engrais que s'il ne l'était pas ; si on fait pâturer l'herbe toute l'année, il se montrera moins exigeant que si on la fauchait, attendu que, dans le premier cas, le bétail laisse l'engrais sur place ; si le regain est pâturé, il faudra un peu moins d'engrais que si l'on fauchait le tout. C'est d'après ces principes qu'il faut régler les fumures.

Il n'est pas nécessaire de donner aux prés autant d'engrais qu'il est d'usage d'en donner aux champs, surtout dans le Nord, parce que l'herbe fauchée en fleur ou avant la floraison n'épuise pas autant le sol que des récoltes granifères, et que cette herbe deviendrait sujette à verser. Le fumier de trois bonnes vaches qui seraient soumises à la stabulation permanente, devrait, ce

nous semble, suffire, dans la plupart des cas, à la fumure de deux hectares de prairie. Dans certains pâturages du département du Nord où les bêtes séjournent depuis le printemps jusqu'à l'hiver, on se contente d'une fumure ordinaire tous les trois ans. En revanche, nous connaissons des contrées, notamment en Bourgogne, où les prairies ne reçoivent jamais d'engrais de ferme ; mais il convient de remarquer qu'elles sont submergées en hiver par les eaux troubles de rivières qui y déposent leur limon. Aussi longtemps que l'on s'est contenté d'une coupe et que l'on a fait pâturer le regain, ce limon a suffi, mais aujourd'hui que le tout est fauché, le sol se fatigue et nos cultivateurs commencent à s'en apercevoir.

Lorsqu'une ferme occupe une position élevée et que les prairies se trouvent au-dessous et dans le proche voisinage de cette ferme, il est avantageux d'y déverser le purin de la basse-cour en temps de pluie, soit au moment où la première herbe pousse, soit au moment de développer le regain. Le purin très-concentré serait plus nuisible qu'utile ; d'ailleurs il serait difficile de le répartir en quantité convenable. Voilà pourquoi nous devons choisir un temps pluvieux pour le répandre. Dans le cas où la sécheresse nous contrarierait, il faudrait étendre le purin avec quatre ou cinq fois son volume d'eau de puits, avant de l'envoyer sur la prairie et choisir la nuit pour cette opération, afin d'empêcher une évaporation trop rapide. L'effet du purin sur le gazon, quand les conditions indiquées sont bien observées, est très-prompt. C'est de la sève toute faite, et l'herbe en profite de suite.

Lorsque la situation de la ferme ne permet pas au cultivateur d'employer le purin aussi aisément, il faut ou se servir du tonneau d'arrosage ou recourir à l'usage des pompes foulantes et des conduits souterrains, dont il a été question au chapitre des engrais (pages 54 et 55). Les Anglais doivent leur grande production d'herbe à ce procédé, et aussi à leur climat. En France, nous ne sommes pas, sous ce rapport, dans des conditions aussi heureuses que nos voisins, et nous aurions tort fort souvent de copier servilement leurs méthodes. Avant de nous livrer à des frais considérables pour réaliser ici ce qu'ont réalisé chez eux les Chadwick, les Kennedy, les Mechi, il convient d'y bien réfléchir.

Par cela même que l'effet du purin est rapide, il est court nécessairement, et l'on doit répéter les arrosages.

Toutes les époques ne sont pas indistinctement convenables pour fumer les prairies. Si l'engrais ne doit pas agir de suite ; si, par exemple, nous nous servons d'un compost formé de substances d'une décomposition lente, comme la corne, les os, la laine, la bourre, et de terre compacte, difficile à désagréger, nous ferons bien d'appliquer cet engrais avant l'hiver, afin de donner le temps à la décomposition et à la désagrégation de se faire. Si nous disposons de fumiers longs, nous pourrons également les répandre avant l'hiver ; mais dans le cas où l'engrais abandonné aisément ses sels solubles à l'eau, comme la cendre de bois, la suie, le fumier très-consumé et différents composts commerciaux, il ne faut s'en servir, ainsi que des engrais liquides, qu'au moment où la végétation se produit, en mars ou avril, et cinq ou six jours après l'enlèvement du foin, pour développer les regains. On ne peut que perdre à livrer de tels engrais aux prairies pendant l'hiver, alors que l'herbe ne manifeste aucun besoin et que les pluies et les neiges les entraînent ou sur les pentes ou au-dessous du niveau des racines.

Toute prairie fumée à l'automne, au printemps, ou en été, après une coupe, a besoin d'eau pour dissoudre ses engrais ; mais l'irrigation ne doit commencer qu'avec la végétation. Nous n'avons pas besoin d'ajouter que les prairies habituellement couvertes d'eau pendant l'hiver, ne doivent point recevoir d'engrais à l'automne.

Parfois, lorsqu'il s'agit d'entretenir les prairies avec des terres rapportées, on n'attend pas que le gazon verdisse pour y conduire ces terres; on saisit le moment des fortes gelées, afin de ne pas ouvrir de fondrières dans le gazon, et l'on forme de distance en distance des tas que l'on étend à loisir dans le courant de février ou, au plus tard, pendant les premiers jours de mars.

Dans l'entretien d'une prairie par les engrais, il ne faut pas seulement avoir en vue une forte production de fourrage, il faut encore veiller à ce que ce fourrage soit de bonne qualité. Les matières fécales fraîches, les composts où il entre de la chair et du sang d'animaux, produisent assurément une herbe vigoureuse, mais il n'est pas rare de voir les bêtes, les chevaux principalement, la rebuter en vert et en sec. Le mieux pour les prairies comme pour les plantes des champs, c'est de former des composts ou des purins où il entre le plus de substances diverses, sans que l'une domine trop sur l'autre. Ne perdons pas de vue non plus que le phosphate de chaux contribue à la richesse du lait, que les herbages en enlèvent beaucoup au sol et qu'il est prudent de le lui rendre sous forme de fumure.

De l'entretien des prairies au moyen de l'eau.

— Nous venons de parler de l'entretien des prairies au moyen des engrais; parlons à présent de leur entretien au moyen de l'eau, et d'abord rappelons de nouveau que l'eau est utile à la végétation de l'herbe parce qu'elle contient des substances nutritives en suspension et en dissolution, parce qu'elle dissout les engrais sur lesquels elle passe, parce qu'elle conduit ces engrais à leur destination, parce qu'elle est absolument nécessaire aux parties herbacées qui en contiennent souvent plus de 70 p. 100, parce que la transpiration des plantes et l'évaporation occasionnent des pertes de liquide qu'il faut remplacer, parce qu'il n'y a pas de végétation possible sans humidité.

Il s'agit, à présent, de nous demander si toutes les eaux sont indistinctement propres à l'irrigation des prairies. La plupart, nous nous empressons de le reconnaître, conviennent dans ce but ; toutefois, il est à remarquer que leur degré d'efficacité est très-variable. Les eaux de rivières et de ruisseaux valent mieux ordinairement que les eaux de source, et, parmi les eaux de rivières, celles qui viennent de loin sont préférables à celles qui viennent de près, celles qui sont un peu limoneuses sont préférables à celles qui sont très-limpides. Les eaux qui ont parcouru des contrées bien cultivées valent mieux aussi que les eaux qui ont traversé des cultures négligées et des friches, parce qu'elles reçoivent plus d'engrais des champs en temps de pluie ou par l'effet du drainage. Pour cette même raison encore, les rivières qui occupent le pied des coteaux et reçoivent les égouts des versants, roulent des eaux plus riches que celles des pays plats. Quant aux eaux de source, on les dit bonnes toutes les fois que le voisinage du bassin et de la rigole de parcours se couvre d'herbes bien vertes. Cependant, il est prudent de ne pas trop se fier à ce signe, car l'herbe en question se réduit beaucoup au fanage et ne rend qu'un foin très-pauvre. Cette eau de source appelle l'engrais plus que l'eau de rivière.

Il est encore de notoriété publique que les eaux poissonneuses sont excellentes pour l'arrosage des prairies, tandis que les eaux où il n'y a guère de poissons ont peu d'efficacité. Vraisemblablement les eaux poissonneuses ont sur les autres l'avantage de contenir beaucoup de substances animales en suspension et de n'être pas acides. On sait que les étangs qui se peuplent le mieux et où le poisson se développe bien, sont ceux qui se trouvent au milieu de terres cultivées avec soin et copieusement fumées, tandis qu'on se plaint des étangs qui reçoivent en abondance les eaux acides des forêts. Celles-ci d'ailleurs sont détestables pour l'arrosage des prairies, et quand on est forcé d'y recourir, on doit les faire passer dans un bassin ou dans un bief où l'on a mis du fumier, de la chaux ou des cendres de bois. Au fur et à mesure que les eaux acides y arrivent, on remue le compost avec des bâtons. De cette manière l'acidité se trouve détruite, et l'eau, au sortir du bassin ou du bief, emporte avec elle une partie de l'engrais. Il y a donc ainsi amélioration de deux côtés. « Les eaux d'une rivière qui coule sur un sol argileux ou calcaire, dit M. Keelhoff, dans son *Traité pratique de l'irrigation*, conviennent parfaitement à l'arrosage des prairies établies sur des terrains sablonneux. Réciproquement, une prairie à sol compacte se trouvera très-bien de l'eau provenant d'une rivière qui traverse un sol sablonneux.

« De l'eau fortement chargée de sulfate de fer sera une véritable cause de destruction pour les herbages, sur un terrain ordinaire, tandis qu'employée sur des terrains calcaires, cette eau produira de très-bons effets. »

Dans le midi de la France, quoi que l'on fasse, les eaux dont on pourra disposer pour l'arrosage des prairies, ne seront jamais en quantité assez considérable pour que les abus de l'irrigation soient à craindre, mais dans les contrées du Nord et partout où les eaux abondent, on en abuse très-souvent, comme on abuse des choses qui ne coûtent rien; aussi, contrairement à l'opinion de certains auteurs, et aussi longtemps que le gaspillage de l'eau sera maintenu, nous affirmons qu'il faut et qu'il faudra dépenser plus d'engrais dans le Nord que dans le Midi pour l'entretien des prairies irriguées. C'est une question de lessivage.

Des divers modes d'irrigation. — Lorsque nous avons affaire à des terrains de plaine, nous pouvons irriguer par *submersion* et par *planches disposées en ados*. Si, au contraire, nos terrains offrent de fortes pentes, nous devons irriguer par *rigoles de niveau*, ou irriguer en *forme d'épi*.

De l'irrigation par submersion. — Ce système d'arrosage, très-primitif et d'une exécution très-facile dans certains cas, est excellent et doit être pratiqué : 1° lorsque nous ne disposons que de petits cours d'eau, abondants vers la fin de l'automne, mais incapables de subvenir aux exigences des arrosages de l'été ; 2° lorsque les eaux sont troubles, très-chargées de limon et que la *rouille* de l'herbe serait à craindre avec des arrosages pendant la végétation ; 3° lorsque nous nous proposons de livrer les prairies au pâturage, attendu que, dans ce cas, nous n'avons pas à craindre les dégâts des animaux. Où il n'y a point de rigoles tracées, il n'y a rien à défaire.

Une prairie n'est submersible avec avantage qu'en terrain plat. S'il existait de grandes inégalités, on devrait multiplier les digues et s'imposer trop de frais. Dans nos contrées les mieux appropriées à la submersion, il est rare de voir suivre les principes conseillés par les ingénieurs. Très-souvent on se contente d'établir un barrage ou *bâtardeau* sur le cours d'eau, d'ouvrir un fossé en amont de ce barrage et d'entourer la prairie par un autre fossé de clôture. On ne se donne pas toujours la peine de ménager une pente douce qui assure la submersion régulière de toute la surface. Aussi n'est-il pas rare de rencontrer des parties incomplétement submergées, quand d'autres le sont trop par défaut de nivellement ; aussi n'est-il pas rare non plus de voir des parties mises à sec quand d'autres conservent plus que de raison des eaux croupissantes.

Pour procéder avec quelque méthode, le terrain doit être bien nivelé et offrir une pente d'environ un centimètre par mètre dans le sens de la longueur à partir de la rivière R pour aller à la décharge G. Les deux parties de prairie P, P qui se trouvent à droite et à gauche du fossé principal, doivent de leur côté présenter une pente transversale insensible de 0,005 par mètre ; et, à l'extrémité du fossé principal, on doit élever des digues de 5 centimètres, tandis que le bord de la rivière est maintenu au niveau de celui du canal de prise d'eau A. Lorsque l'on veut submerger ou inonder, on barre la rivière en B et l'eau s'élève dans le bief ou canal A, un peu supérieur au fossé *f*. On ouvre la vanne qui met A en communication avec *f*, et on ferme en C. Le fossé principal doit avoir 0ᵐ,35 de profondeur vers la prise d'eau et 0ᵐ,40 vers l'extrémité attenante au canal de décharge, c'est-à-dire en C, en estimant le parcours à 54 mètres. Lorsque la prairie est couverte d'une nappe d'eau de 0ᵐ,04 ou 0ᵐ,05 au-dessus des parties les plus élevées, on réduit l'ouverture de la vanne en A, afin de

prendre moins d'eau. Veut-on mettre la prairie à sec, on ferme la vanne en A et on ouvre celle

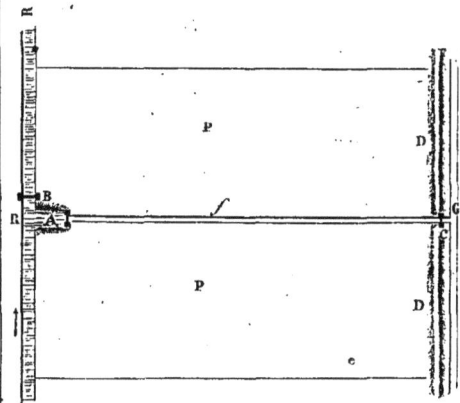

Fig. 349. — Irrigation par submersion.

en C, afin de dégager les eaux par le canal de décharge G.

Dans les terres très-poreuses, une grande quantité d'eau peut être absorbée par infiltration ; mais, dans les terres de quelque consistance, et une fois le sol imbibé, l'eau dort à la surface, et il ne s'en perd plus guère que par évaporation. Avec la submersion, on approvisionne le terrain d'humidité pour les jours de sécheresse, mais si l'eau employée est limpide, il convient de fumer au printemps ; si, au contraire, l'eau est limoneuse, les substances qui se déposent sur le gazon tiennent lieu de fumure.

De l'irrigation par planches en ados. — Les Campines belges nous offrent sur ce point des modèles à suivre. Nous allons essayer d'en donner une idée assez exacte pour que nos lecteurs saisissent bien le mérite du système. Voici ce que nous avons vu sur le parcours du canal qui réunit la Meuse à l'Escaut et ce que nous avons écrit dans l'*Agriculture de la Campine* : —

« De distance en distance, des prises d'eau sont ménagées, et les propriétaires riverains peuvent s'en servir à des époques déterminées. L'eau du canal arrive, à cet effet, dans une rigole de distribution, parallèle au canal, et passe de là dans la prairie à irriguer. Cette prairie se compose de planches en ados, de 6 mètres de largeur le plus ordinairement, mais qui devraient en avoir 10, selon M. Keelhoff, sur 25 mètres de longueur. Chaque planche est perpendiculaire à la rigole de distribution, et porte à sa crête ou à son sommet une rigole de déversement de 0ᵐ,25 de largeur sur 0ᵐ,20 à 0ᵐ,30 de profondeur. Cette rigole, d'une profondeur beaucoup trop considérable, au dire de quelques irrigateurs, s'arrête à 1ᵐ,50 de l'extrémité de la planche, où elle forme un plan incliné, un talus qui lui a fait donner le nom de *pignon*.

« La rigole de distribution donne l'eau à la rigole de déversement, qui la laisse déborder de droite et de gauche sur les ailes de la planche. Les égouts sont reçus de chaque côté de cette planche par les rigoles d'égouttement qui ont 0^m,20 de profondeur à l'origine, 0^m,25 à l'extrémité inférieure, et 24 mètres de longueur, c'est-à-dire un mètre de moins que la planche. Enfin, des rigoles dites de colature, ouvertes parallèlement à la rigole de distribution, à l'extrémité des planches et en contre-bas, reçoivent les eaux des rigoles d'égouttement et les conduisent à une nouvelle rigole de distribution pour le service des prairies inférieures. »

Pour nous faire mieux comprendre, si c'est possible, servons-nous d'une figure. — C représente un canal ou une rivière. C'est là que nous prenons l'eau pour la conduire par une ouverture A

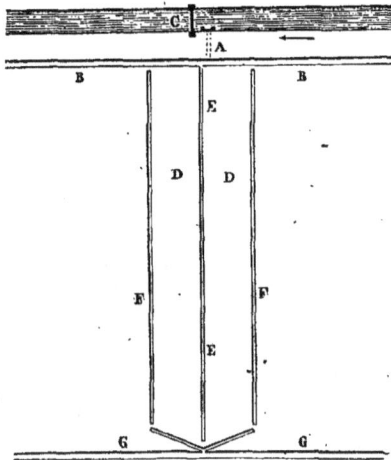

Fig. 350. — Irrigation par planches.

dans une rigole B parallèle à ce canal ou à cette rivière. De cette rigole, dite de distribution, nous amenons l'eau dans la rigole de déversement E, ouverte à la crête et au milieu de la planche bombée. De la rigole de déversement, elle déborde et ruisselle à droite et à gauche sur les ailes ou ados D, D de la planche en question et s'en va de chaque côté dans les rigoles d'égouttement F, F pour se rendre dans la rigole de colature GG. Si, après cela, nous avons des prairies inférieures, nous conduisons l'eau de la rigole de colature dans une nouvelle rigole de distribution et dans de nouvelles rigoles de déversement.

On établit le plafond de la rigole de distribution à 0^m,30 au moins au-dessous du point de flottaison du canal ou de la rivière, pour que la prise d'eau soit régulière ; et l'on donne à cette rigole 0^m,50 de largeur sur 0^m,25 de profondeur, avec une pente de 0^m,0005 par mètre au plafond, et une hauteur d'eau de 0^m,20. « L'expérience, dit M. Keelhoff, à qui nous empruntons ces chiffres, nous a prouvé que ces dimensions suffisent pour desservir régulièrement l'arrosage d'un compartiment d'un seul bief de 200 mètres de longueur, distance qu'on ne dépasse jamais, car il est rare que, sur cette longueur, le terrain soit tout à fait horizontal. »

La pente transversale des ados des planches varie avec la nature des terrains. Ainsi, dans les

terres argileuses, où l'infiltration est faible, on peu se contenter d'une pente de 0^m,02 par mètre ; mais dans les terres poreuses, où l'infiltration est rapide, la pente des ailes des planches doit être plus forte, autrement les eaux de déversement seraient absorbées par la crête, et il en arriverait à peine aux rigoles d'égouttement. Dans les sols sablonneux, il faut adopter une pente transversale de 0^m,05 par mètre.

Ce mode d'irrigation par planches ou par déversement fait une grande dépense d'eau. Plus il y a de rigoles de déversement et plus elles sont profondes, plus aussi cette dépense augmente. Avec ce système, il ne faut point songer au pâturage, car les bêtes détruiraient les rigoles et nécessiteraient des réparations qui sont assez coûteuses déjà après chaque hiver.

De l'irrigation par rigoles de niveau. — Ce mode d'irriguer convient parfaitement aux prairies en pente. Il consiste à amener l'eau dans une rigole supérieure ouverte transversalement à la pente. Cette eau débordant s'échappe en nappes minces par le bord supérieur de la rigole et se rend dans une seconde rigole placée au-dessous de celle-ci, et ainsi de suite dans les rigoles inférieures jusqu'à la rigole de colature. Toutes ces rigoles sont tracées avec le niveau et ne sauraient être parallèles ; leur éloignement ou leur rapprochement l'une de l'autre dépend de la conformation du terrain. Plus les pentes sont fortes, plus les rigoles doivent être multipliées.

De l'irrigation en forme d'épi. — « Pour pouvoir appliquer cette méthode d'irrigation, dit M. Keelhoff, il faut un terrain plus spécial que pour la méthode précédente ; il doit être disposé en une suite de contre-forts et de petites vallées.

« La méthode consiste en rigoles de distribution, construites sur le faîte ou dos des hauteurs, dans le sens de la pente du terrain. A ces rigoles prennent naissance, de part et d'autre, des rigoles de déversement en forme d'épi de blé, dont la largeur diminue progressivement jusqu'à leur extrémité, où elles se terminent en pointe, disposition qui force l'eau à déverser assez régulièrement sur toute la longueur, les rigoles ne pouvant plus contenir l'eau à mesure qu'elles se rétrécissent. »

Des époques et de la durée des irrigations. — S'agit-il de submerger ou d'inonder avec des eaux troubles, il convient de profiter des premières crues de l'automne, attendu qu'elles coïncident avec les semailles et qu'elles sont ordinairement enrichies par les égouts des champs. Dès que cette eau s'éclaircit, dès qu'elle a déposé son limon, rien n'empêche de lever la pelle du conduit qui met la rigole principale en communication avec la rigole d'égouttement, et de dessécher la prairie, pour l'inonder ensuite, et à diverses reprises dans le courant de l'hiver. Mais il est rare que l'on s'y prenne à plusieurs fois. D'habitude on inonde tardivement et on laisse le gazon submergé jusqu'à la fin de la rude saison.

Avec les autres modes d'irrigation, il est bon

d'arroser et de tremper la terre en automne et même en hiver, quand il ne gèle pas. Cependant, lorsqu'on dispose d'une suffisante quantité d'eau pour les arrosages du printemps, nous croyons qu'il est sage de ne pas trop irriguer dans la saison morte. A quoi sert de s'approvisionner d'une humidité que l'on peut fournir et entretenir en temps utile? A quoi bon user sa terre et son engrais en pure perte? Nous admettons les irrigations très-fréquentes et prolongées sur les terrains secs du Midi, mais nous ne pouvons en reconnaître l'utilité dans le Nord et dans les terrains frais, lorsque cet arrosage est possible au printemps. S'il s'agissait d'employer de l'eau trouble, ce serait différent, puisque les dépôts de limon ne doivent pas s'opérer en temps de végétation. Nous n'entendons parler ici que de l'emploi d'une eau limpide.

La durée des irrigations n'est d'ailleurs pas facile à fixer, elle est subordonnée à la nature des terrains; dans les sols argileux, elle doit être courte; dans les sols sablonneux, elle doit être prolongée.

Il est d'usage, avec les eaux limpides, quand, bien entendu, elles sont abondantes, de commencer les irrigations aussitôt que le gazon verdit, de les continuer quinze jours ou trois semaines, en ne les interrompant que pendant les nuits froides, et de les reprendre de huitaine en huitaine quatre ou cinq jours de suite, jusqu'au moment de faucher. Selon nous, c'est un abus. Cet excès d'irrigation dès que le gazon verdit, provoque un abaissement de température très-inopportun. La chaleur n'est pas encore assez forte pour qu'il soit raisonnable de la diminuer. Nous voudrions que, dans le Nord au moins, on fût très-sobre d'eau en mars et avril et qu'on réservât ses prodigalités pour le mois de mai. Et alors même, nous n'admettrions point les irrigations de nuit qui ne conviennent que pendant l'été.

Six ou huit jours après chaque coupe, il faut encore irriguer afin de lancer la végétation du regain, mais seulement la nuit, ou dans la journée par un temps couvert. Lorsque le soleil est ardent, l'évaporation de l'eau est prompte, et non-seulement on en perd une partie sous forme de vapeur, mais on provoque un refroidissement trop brusque qui contrarie beaucoup la végétation.

Nous adresserons aux cultivateurs le reproche de ne point raisonner assez leurs opérations. Voyons-nous jamais les meilleurs jardiniers arroser leurs légumes une quinzaine de jours de suite et sans discontinuer, dès la sortie de l'hiver, lorsqu'il ne fait pas encore très-chaud, ou bien lorsqu'il pleut? Certainement non; ils attendent que les journées soient chaudes et que les plantes aient soif; puis ils n'arrosent que dans la matinée et vers le soir: c'est bien assez d'eau déjà pour perdre la saveur des légumes et nous en fabriquer qui ne sentent plus rien. Or, on reconnaîtra sans difficulté qu'entre les plantes du potager et celles de la prairie, il n'y a pas la distance que l'on suppose; l'excès d'eau affadit celles-ci comme celles-là. C'est un fait démontré : le foin des prairies abondamment irriguées ne vaut pas celui des prairies qui ne le sont point ou qui ne le sont que

modérément. L'eau ne doit que passer et fonctionner en passant; lorsque la terre en est rassasiée, elle séjourne et ses effets deviennent regrettables. La végétation s'arrête souvent au lieu de continuer, et où poussaient des herbes de bonne qualité il s'en montre de mauvaises.

La stagnation de l'eau n'est pas seulement funeste en temps de végétation; elle l'est en outre en temps de gelée, et surtout lorsque le gazon a été pâturé et que les pieds des animaux ont fait empreinte dans ce gazon. Méfiez-vous toujours des glaçons sous lesquels il y a un vide, c'est-à-dire qui *sonnent le creux*, pour nous servir d'une expression vulgaire, et méfiez-vous-en surtout quand le soleil les frappe, car l'herbe qu'ils recouvrent est exposée à être détruite. Il faut ou les rompre ou les masquer avec de la terre.

Du roulage des prairies à la sortie de l'hiver. — L'emploi du rouleau sur les prairies irriguées est fort avantageux, quoique bien rarement pratiqué. Il a pour but et pour résultat de refouler le gazon soulevé par les gelées dans quelques terrains et de chasser devant l'instrument l'excès d'eau qui peut se rencontrer sous ce gazon. La prairie consolidée et ressuyée par ce moyen à la sortie de l'hiver, végète plus tôt, plus vigoureusement et se garnit mieux du pied que si l'on négligeait le roulage. Nous avons entendu M. de Mathelin, un ancien élève de Roville, recommander vivement cette pratique dans le Luxembourg.

De l'étaupinage. — C'est surtout au printemps, à l'époque où le gazon commence à s'animer, qu'il faut défaire les taupinières et en répandre la terre menue sur les prairies. On a deux raisons pour cela : avec les taupinières, le fauchage offrirait de grandes difficultés; avec la terre de ces taupinières, on enrichit la prairie; en étaupinant, on lève donc les difficultés en question en même temps que l'on améliore le sol.

Lorsque l'on opère sur une petite échelle ou que les taupinières sont peu nombreuses, on se sert d'une pelle de fer pour les éparpiller, mais quand on opère sur de grandes surfaces, on a recours soit à l'étaupinoir, soit à la pelle à cheval.

Fig. 351.

L'étaupinoir se compose de plusieurs pièces de bois de 0m,15 à 0m,16 d'équarrissage, et solidement assemblées entre elles; chacune des traverses est armée d'une lame de fer fixée par des boulons, et de l'épaisseur d'un centimètre ou un centimètre et demi. On y attelle des chevaux comme à une herse. Quant à la pelle à cheval, imaginée pour

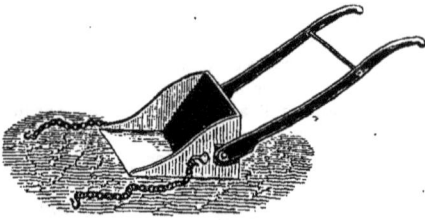

Fig. 352. — Pelle à cheval.

les petits transports de terre, il nous suffit de la figurer ici.

De la réparation des rigoles. — A la sortie de l'hiver, dans les prairies qui ont été pâturées et dans celles qui ne l'ont pas été, les rigoles sont plus ou moins dégradées. Il faut donc les réparer avec soin, en vue des irrigations du printemps et de l'arrière-saison.

Du sarclage des prairies. — La plupart de nos cultivateurs, aussitôt que leurs prairies sont en état, se croisent les bras, laissent pousser l'herbe et attendent qu'elle soit bonne à faucher. Si l'on s'avisait de leur conseiller des sarclages, ils prendraient le conseil pour une mauvaise plaisanterie. Cependant, dans quelques localités, nous en connaissons qui pratiquent cette opération, parce que, de temps immémorial, on l'a pratiquée chez eux, et aussi parce qu'ils en constatent les bons effets. Parmi les plantes de choix qui forment l'herbe des prairies, il s'en rencontre qui ont crû spontanément, qui occupent des places qu'on ne leur avait point réservées et qui altèrent la qualité du fourrage. Nous les avons citées au paragraphe des plantes qui entrent dans la composition des prairies, et nous reviendrons sur les principales d'entre elles dans un chapitre spécial qui terminera la première partie de ce livre. Les praticiens ne les connaissent pas toutes, parce que malheureusement la botanique est trop peu répandue dans nos campagnes, mais enfin ils en connaissent un certain nombre, tantôt sous leurs véritables noms, tantôt sous des appellations vulgaires qui varient avec les contrées et souvent même avec les villages. Qu'ils les suppriment donc en partie d'avril en mai, quand l'herbe peut être encore foulée sans inconvénient par les sarcleurs et les sarcleuses! qu'ils autorisent donc les pauvres gens non-seulement à enlever des pissenlits pour les salades, mais aussi toutes sortes de plantes réputées mauvaises parce qu'elles ne sont plus mangeables après la fauchaison, quoique recherchées par le bétail à l'état vert. On verrait disparaître un peu de nos prairies le sélin, la centaurée jacée, la berce branc-ursine, et divers autres végétaux qui altèrent parfois la qualité de notre foin et qui rendraient service en vert au bétail des familles peu aisées.

Nous pensons néanmoins que beaucoup de plantes dites *mauvaises* ou *nuisibles* le sont plutôt par leur trop d'abondance que par leurs propriétés, ou bien parce qu'elles se fanent difficilement

ou enfin parce qu'elles occupent la place de plantes préférables.

Des soins à donner aux prairies non irriguées. — Si, dans les climats du Midi, du Centre et de l'Est, il n'y a pas à compter sur la création de prairies fauchables, sans l'intervention des eaux de rivière ou de source, il n'en est pas de même partout. Il existe des contrées naturellement humides où l'opération est praticable. Ces prairies gagneraient sans doute à être irriguées, sinon toujours pour la qualité du foin, au moins pour la quantité; mais enfin, telles qu'elles sont, elles fournissent souvent deux coupes, ou plus ordinairement une coupe et un regain à pâturer. Dans l'Ardenne belge, lorsque les terres sont fatiguées de produire du seigle et des avoines, on les fume pour la dernière récolte et on les abandonne à elles-mêmes. Elles se couvrent d'herbes bonnes et mauvaises, et, l'année d'ensuite, on a ce qu'on appelle un *pré de champs*, qui dure ce qu'il peut durer, quelques années; mais à côté de ces prés de champs, il s'en rencontre d'autres que l'on crée d'après les règles indiquées pour les prairies irrigables et qui se soutiennent fort bien. L'essentiel, c'est de les fumer au moins tous les deux ans avec de l'engrais de ferme et de les arroser chaque printemps avec le tonneau à purin, si l'on dispose d'une citerne. Quand la prairie est soumise à un pâturage permanent, on doit tous les jours, ou tous les deux jours, étendre uniformément les bouses de vache ou en former des composts avec de la terre.

Il n'est pas nécessaire d'ajouter que l'étaupinage et le sarclage sont aussi nécessaires et aussi profitables à ces prairies qu'à celles dont nous venons de parler.

De la récolte de l'herbe. — La saison pendant laquelle on fait cette récolte, se nomme *fauchaison* ou *fanaison*; l'opération se nomme *fauchage* et les travaux nécessités pour la dessiccation de l'herbe, constituent le *fanage*.

La fauchaison n'a point de date fixe; elle varie avec les climats et la nature des plantes à faucher. Mais nous devons dire que, règle générale, la première coupe d'une prairie doit se faire au moment de la pleine floraison ou lorsque les plantes sont à peu près aux trois quarts fleuries. Quant aux regains, on ne les fauche qu'en automne, lorsque l'on peut compter encore sur quelques journées chaudes pour le fanage. Le fauchage s'exécute

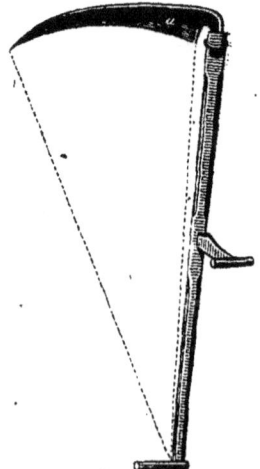

Fig. 353. — Faux du Nord-Est.

avec la faux le plus ordinairement et parfois avec

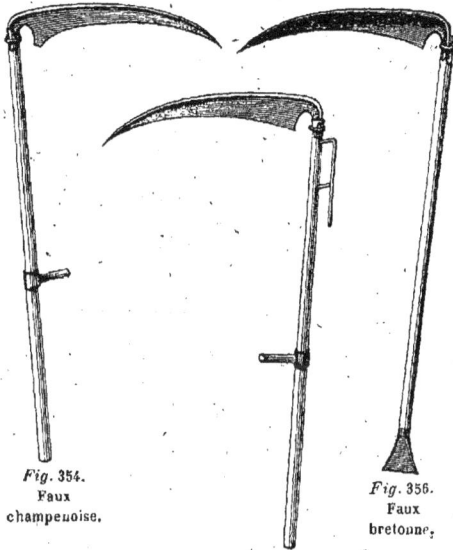

Fig. 354.
Faux
champenoise.

Fig 355. — Faux picarde.

Fig. 356.
Faux
bretonne.

des machines, dans les grandes exploitations. Ces

Fig. 357. — Faucheuse Allen.

machines, de date récente, et désignées sous le nom de *faucheuses*, ont atteint un degré de per-

fection qui ne nous laisse plus de doute sur leur avenir. Tôt ou tard, elles remplaceront partout la faux. Le fanage s'exécute le plus souvent avec des fourches et des râteaux en bois, et de loin en loin,

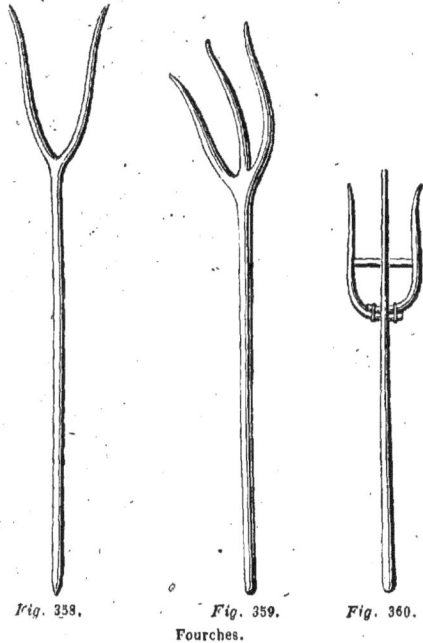

Fig. 358.

Fig. 359.

Fig. 360.

Fourches.

avec la faneuse à cheval, le râteau à cheval et des râfleurs de différentes formes. La faucheuse ne diffère pas essentiellement de la moissonneuse, puisque, au moyen d'une substitution de lames, on peut approprier l'une ou l'autre au double emploi. Le râteau à cheval convient aux grandes surfaces. Il est d'un mécanisme très-simple, mais s'il n'exige pas d'intelligence, il demande une certaine force pour la manœuvre du levier toutes les fois que les dents sont chargées de foin. L'outillage ne serait pas complet si nous n'ajoutions que l'emploi de la faux exige comme accessoires la ceinture,

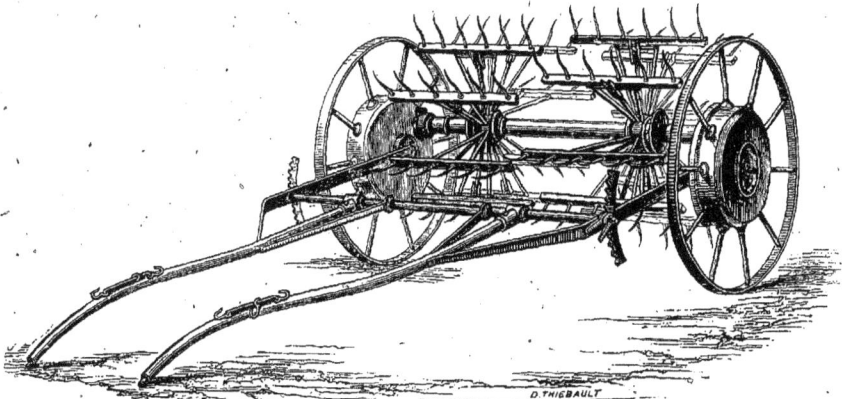

Fig. 361. — Faneuse de Nicholson.

l'aiguière en bois, la pierre à aiguiser, la petite | enclume et le marteau; ou bien encore, à la place de tout ceci une enclume à battre les faux, dont

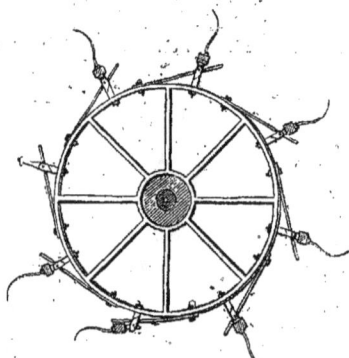

Fig. 362. — Détail de la faneuse.

l'origine pourrait se retrouver dans l'Ariége, mais

Fig. 363. — Râfleur hollandais.

qui a subi tant de perfectionnements qu'on peut

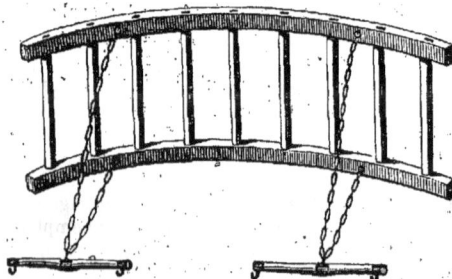

Fig. 364. — Râfleur anglais.

la tenir pour une invention nouvelle. Nous avons

Fig. 365. — Râteau à cheval.

vu employer sur différents points l'enclume de

M. Ratel, dont on se félicitait généralement. Pour bien comprendre l'utilité de cet instrument,

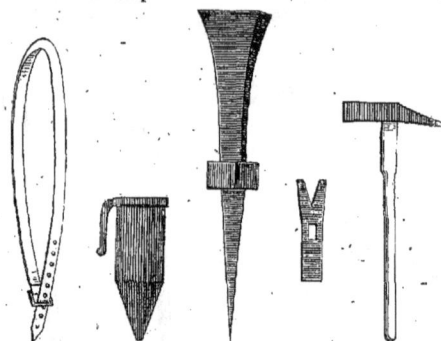

Fig. 366.   Fig. 367.   Fig. 368.   Fig. 369.
Ceinture.   Aiguière.   Enclume et marteau.

il est bon de savoir que le battage d'une faux par les moyens ordinaires exige un long apprentissage, et que les faucheurs habiles sont assez rares à cause de cela. Or, avec l'enclume mécanique, le battage se trouve simplifié et l'on forme un faucheur en quelques jours.

La faux ou la faucheuse met en andains l'herbe coupée ; la fourche ou la faneuse éparpille cette herbe pour la dessécher.

Le fanage de l'herbe verte n'est pas une opération difficile, mais c'est une opération très-fréquemment négligée, parce qu'on n'en soupçonne pas toute l'importance. Le foin qui provient d'une herbe bien fanée se reconnaît à sa couleur encore verte, à sa souplesse et à son parfum ; le foin mal préparé se reconnaît à sa couleur grise ; le soleil l'a blanchi et rendu cassant ; il *sonne sous la fourche* ; il est peu aromatique ; il se reconnaît encore à sa couleur sombre, lorsque le fanage, au lieu d'avoir été contrarié par un soleil ardent, l'a été par des pluies prolongées.

En admettant que le ciel soit clair et le soleil ardent, il faut bien se garder de trop éparpiller l'herbe avec la fourche. Si celle du dessus se dessèche trop vite, elle soustrait au moins celle du dessous à l'intensité de la chaleur solaire, et l'on obtient à peu près ainsi le même résultat que si l'on opérait à l'ombre.

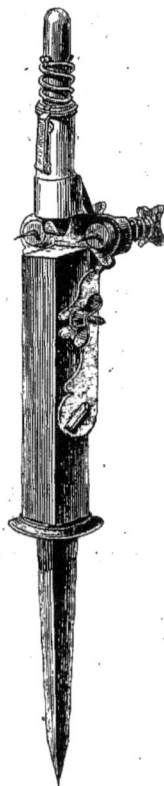

Fig. 370. — Enclume Ratel.

Le *Dictionnaire usuel d'agriculture* recommande, comme étant la meilleure entre toutes, une méthode de fanage qui s'accorde très-bien avec notre manière de voir. Voici cette méthode :

« Vers neuf ou dix heures du matin, dit-il,

quand le soleil a entièrement dissipé l'humidité, les faneurs commencent leur ouvrage, en retournant soigneusement, mais sans les secouer, les andains que les faucheurs ont abattus depuis la veille à la même heure, et qui déjà ont reçu d'un côté, pendant cet intervalle, les rayons du soleil. Les andains ainsi retournés restent ensuite exposés aux rayons du soleil et à l'action de l'air.

« Dans cet état et tant que l'herbe conserve encore de la verdeur, elle peut rester quelques jours en andains, pourvu qu'on ait le soin de les retourner sans les étendre, lorsqu'on s'aperçoit que le dessous jaunit : c'est le parti le plus sage à prendre, quand on est menacé par les pluies.

« Mais lorsque le temps est favorable, dès que les andains ont éprouvé un commencement de dessiccation par leur exposition aux rayons du soleil et à l'action de l'air, il faut aussitôt commencer à les étendre pour achever la dessiccation.

« A cette époque, il faut apporter le plus grand soin à ce que l'herbe ne soit exposée à la pluie ou à la rosée de la nuit qu'après avoir été mise en tas. Chaque soir, avant que la fraîcheur se manifeste, on en fait des tas très-petits lorsque la dessiccation commence, plus gros quand la dessiccation est

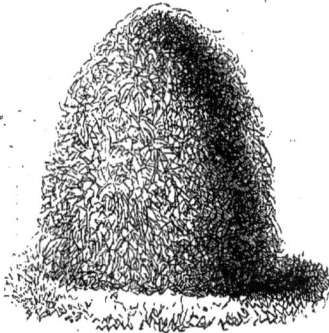

Fig. 371. — Tas de foin.

avancée; on étend ces tas quand la rosée du matin est dissipée et quand le beau temps se montre, et on retourne plusieurs fois le foin dans le cours de la journée, pour refaire les tas chaque soir.

« Quand le foin a acquis le degré de dessiccation convenable, ce que l'expérience fait connaître, on en fait de grosses meules au milieu de la prairie, ayant soin d'intercepter, le mieux qu'on peut, l'introduction de l'air dans la meule, en la tassant également à mesure qu'on la forme. »

Ceux qui n'ont pas l'usage de former des meules, transportent tout simplement le foin, botté ou non botté, au fenil de la ferme.

Le rendement des prairies est nécessairement subordonné aux terrains, aux climats, aux irrigations, aux fumures, etc. Il devient donc assez difficile de le fixer. Le mieux, pour ne pas commettre d'erreur, c'est de prendre de la marge et de dire qu'il varie entre 2 000 et 6 000 kilog. de foin par hectare.

D'après M. Heuzé, un ouvrier peut faucher par jour de 30 à 40 ares de prairie naturelle et une

femme peut faner de 35 à 40 ares de prairie ordinaire et de 25 à 30 ares de prairie productive.

De la conservation et de l'emploi du foin.

— On conserve le foin en meules ou en grange, tantôt sans le botteler, tantôt après l'avoir botté. Nous sommes très-partisan de la conservation en meules, parce que le foin aéré est plus agréable et plus profitable au bétail, mais nous devons reconnaître que dans les climats pluvieux elles offrent des inconvénients. Une averse peut survenir au moment de la formation de la meule; un travail défectueux peut occasionner des gouttières et amener la pourriture dans le tas. Cependant, même dans le Nord, on rencontre des meules en grande quantité. Pourquoi n'adopte-t-on pas partout les meules hollandaises, dont le toit s'abaisse ou s'élève à volonté? Cette disposition offre une complète sécurité dans tous les climats.

Le plus ordinairement, nos meules de foin ressemblent exactement, pour la forme, à nos meules de gerbes. Les unes peuvent être représentées par la figure 372; les autres par la figure 373. On les isole de terre, soit au moyen d'un appui en fonte, soit plutôt en les établissant sur un lit de paille de colza, de chènevottes ou sur un lit de fagots. On apporte le foin par brassées ou avec la grande fourche de fer, et on le tasse soigneusement couche par couche. Souvent, lorsque la meule doit être ronde, on fixe une perche au centre et

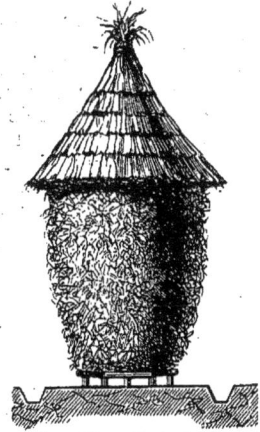

Fig. 372. — Meule de foin.

Fig. 373. — Meule de foin.

on l'élève autour de cette perche, qui donne de la solidité à l'édifice; mais quand le tas est achevé, couvert en paille de seigle ou simplement coiffé d'une gerbe, il faut prendre toutes les précautions possibles pour que les eaux pluviales n'arrivent pas à l'extrémité de la perche qui leur servirait de conduit jusqu'à la base. Pour notre compte, nous nous servions, à cet effet, d'un pot renversé.

— M. Heuzé estime qu'un ouvrier peut mettre par jour en meule définitive de 2 000 à 2 500 kilog. de foin. Bon nombre de meules renferment de 30 000 à 40 000 kilog.

Le foin emmeulé se tasse bien autrement que la paille et s'oppose tout à fait à la circulation de l'air. L'aération, cependant, maintient la qualité du fourrage, surtout dans les années humides quand il n'a pas été récolté suffisamment sec. En conséquence, on a cherché divers moyens pour établir cette aération. Le plus simple consiste à remplacer la perche par un vide, et ce vide s'obtient aisément, paraît-il, à l'aide d'une futaille défoncée ou d'un panier d'osier, de la dimension d'un quartaut, par exemple. On place cette futaille ou ce panier au centre de la meule et l'on tasse autour du moule les premiers lits de foin; puis on l'élève peu à peu, au fur et à mesure de l'opération et jusqu'à ce qu'elle soit terminée. On arrive avec ce moule et un peu de patience à ouvrir une cheminée d'appel, dont on vante les bons effets. Personnellement, nous n'avons point usé de cette méthode, et nous nous bornons à l'indiquer sous toutes réserves.

Que le foin soit tassé en meule ou en grange, il n'est pas facile de le sortir de la masse avec des crochets; on a donc recours, dans le premier cas, à des outils tranchants, de diverses formes, que l'on désigne sous le nom significatif de coupe-foin. Les meilleurs modèles sont représentés par les figures 374, 375 et 376.

Dans les contrées où les meules ne sont pas en usage, on engrange le foin ou plutôt on le transporte à la ferme sur des charrettes ou des chariots, après quoi on l'entasse sur les fenils ou greniers placés au-dessus des écuries, étables et bergeries. Il importe de le tasser fortement pour que la poussière y pénètre le moins possible; mais quoi que l'on fasse, il en pénètre toujours trop. Le séjour au fenil est désavantageux au foin; il y perd de son arôme, et souvent même, quand les planchers sont à jour, il y contracte une odeur et une saveur désagréables, sous l'influence des exhalaisons animales qui le pénètrent. Ces planchers à jour ont, en outre, l'inconvénient de laisser passer le poussier de foin et d'introduire dans les fumiers des graines salissantes, dont nos récoltes se passeraient bien.

La conservation du foin en bottes dans les granges a un double mérite : celui de faire connaître très-approximativement le poids du foin récolté et celui de mettre le cultivateur en position de se rendre facilement compte de la consommation journalière de son fourrage. On bottelle à un, à deux ou à trois liens. Quant au poids des bottes, il varie avec les contrées. Dans certaines localités,

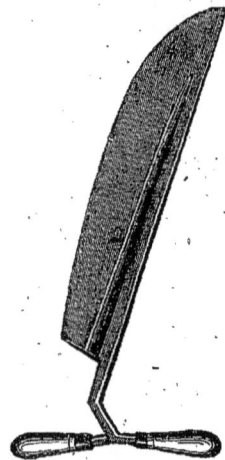

Fig. 374.   Coupe-foin.

il est de 10 kilog.; en France, il est le plus ordinairement de 5 kilog. « Aux environs de Paris, lisons-nous dans l'*Année agricole*, de M. Heuzé, les bottes doivent avoir le poids suivant :

De la récolte au 1er octobre.....	6k,500
Du 1er octobre au 1er avril...........	5k,500
Du 1er avril à la récolte.............	5k,000

L'emploi du foin est bien connu; il sert à la nourriture des chevaux, des vaches, des moutons, etc. Lorsque, pour une cause quelconque, il déplaît aux animaux, on doit le secouer à l'air pour en chasser la poussière et le mouiller avec de l'eau salée, à raison de 6 à 8 kilog. par 1 000 kil. de fourrage. Le regain, qui est un foin de seconde ou de troisième coupe, sert aux mêmes usages et

Fig. 375.   Coupe-foin.   *Fig.* 376.

est recherché par les emballeurs. Avec du foin et de l'eau bouillante, on prépare une décoction ou une infusion qui porte, dans certaines localités, le nom de *thé de foin*. Avec cette eau de foin et du lait, on prépare une boisson pour les veaux. Enfin, les graines de foin, bien vannées et mouillées avec de l'eau chaude pendant cinq ou six heures, forment une bonne nourriture d'entretien pour les vaches et les porcs.

Des prairies usées en apparence ou en réalité. — Quelquefois des prairies paraissent décrépites et se couvrent de mousse. Un défaut de soins pendant quelques années peut amener ce résultat; donc, il ne faut pas en désespérer de suite. Avant de les rompre, on doit essayer d'un hersage au printemps, fumer copieusement le gazon hersé, arroser si la chose est possible et attendre jusqu'à la fin de l'année suivante. Si l'herbe n'a pas repris une vigueur normale, on tiendra ces prairies pour ruinées, et le mieux sera d'y mettre la charrue.

Après tout, une prairie ne dure pas indéfiniment. S'il en existe qui se maintiennent de mémoire de générations, grâce au limon que les eaux y déposent ou aux soins qu'on leur a accordés, il y en a beaucoup plus qui déclinent dans l'espace d'un demi-siècle. On ne peut pas fixer la durée

Fig. 377. — Charrette à foin ou guimbarde.

Fig. 378. — Charrette en usage en Angleterre.

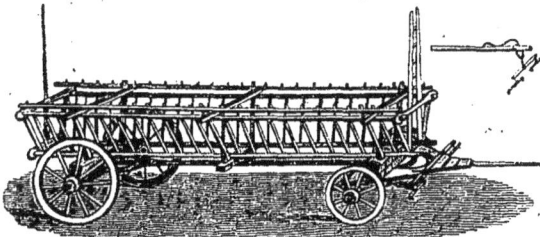

Fig. 379. — Chariot du nord de la France.

Fig. 380. — Chariot de Mathieu de Dombasle.

d'une prairie ; elle peut durer un siècle comme elle peut ne durer que dix ans. Cela dépend de la nature du sol, de la nature des eaux, des engrais et des soins. Quand les soins ne manquent pas et que le rendement baisse, il est évident que la terre commence à se fatiguer, et le mieux en pareil cas, est de ne pas pousser plus loin l'épuisement et de ne pas attendre que la mousse envahisse tout à fait le gazon et l'étouffe. Lorsque cette mousse n'est pas le résultat d'un manque de soins, elle est à coup sûr un signe de caducité ; elle annonce que la prairie a fait son temps. Or, dans ce cas, il n'y a point à hésiter ; il faut convertir les prés en champs, quitte à en refaire plus tard des prés. Rompre une prairie ! c'est, nous le savons bien, une très-grosse affaire pour la plupart de nos

cultivateurs, et pourtant, s'ils comptaient bien, ils prendraient facilement ce parti. Avant de se dire qu'il faut trois ans, presque toujours, pour refaire un pré et le voir en bon rapport, on devrait se rappeler qu'un gazon rompu donne coup sur coup d'excellentes récoltes qui permettent aux cultivateurs d'attendre. — « Pour les prés qui sont d'un chétif produit, quoique situés dans un sol fertile, ce qui se rencontre très-fréquemment, écrivait M. de Dombasle, les avantages du défrichement sont immenses. » Et il conseille d'ensemencer les prés rompus après un seul labour et d'y mettre ou du lin, ou des pommes de terre, ou des féveroles, ou de l'avoine, ou du colza. Le lin semé au mois de mars sur labour profond, énergiquement hersé, réussit parfaitement. Les pommes de terre plantées à la houe sur ce labour, réussissent également bien. Il n'y a pas à douter non plus de l'avoine, des féveroles, du colza, de la navette et des rutabagas.

Si vous ne voulez tenir une prairie rompue que pendant trois ans, plantez-y des pommes de terre, puis des rutabagas, et en dernier lieu semez une avoine avec des graines de pré.

Si vous consentez à rompre le gazon pour quatre ans, semez d'abord du lin ou du colza, puis des pommes de terre, puis des navets ou des betteraves, puis des carottes et enfin une céréale de printemps avec de la graine de pré.

On pourrait à la rigueur se dispenser de fumer, mais ce serait un mauvais calcul ; nous conseillons la fumure à partir de la seconde récolte. A cette condition un pré rompu ne tardera pas à redevenir un pré restauré.

Des ennemis des prairies. — Les larves de hannetons qui mangent les racines de l'herbe, les taupes qui mangent les larves de hannetons et les arbres qui ombragent le gazon, le couvrent de feuilles mortes et vivent aux dépens des racines de l'herbe, sont les ennemis les plus sérieux de nos prairies. Cependant, pour être juste, nous devons reconnaître que les taupes ont des défenseurs, uniquement parce qu'elles font la guerre aux vers blancs (larves de hannetons), mais malgré les plaidoyers prononcés en leur faveur, les praticiens n'en continuent pas moins de les poursuivre ou de les faire poursuivre activement. On pense avec raison que les taupes empêchent toute irrigation régulière dans les terres poreuses, et que leurs services coûtent trop cher. C'est aussi notre avis. En encourageant la destruction des hannetons, on n'aurait plus à souffrir des ravages de leurs larves, et sous ce rapport les taupes ne se recommanderaient plus à notre indulgence. On a dit qu'elles drainaient le sol ; mais nous croyons qu'on le drainerait beaucoup mieux sans elles.

Quant au voisinage des arbres, il est certain, aux yeux de tous les cultivateurs, qu'il nuit à la végétation et à la qualité de l'herbe ; reste à savoir si les produits qu'ils donnent payent les pertes qu'ils occasionnent. Nous sommes tenté de croire qu'il en est ainsi dans beaucoup de cas.

Des pâturages ou pacages. — D'après la division que nous avons cru devoir adopter, les pâturages ou pacages sont le diminutif des prairies naturelles, c'est-à-dire des herbages qui manquent de développement ou qui se trouvent placés dans des conditions telles qu'ils échappent forcément à l'action de la faux. Les pâtis, les communaux incultes, les terrains acides et froids, les plateaux élevés et secs où l'arrosage est impossible, les *brandes* ou bruyères auxquelles on met le feu et qui se couvrent ensuite d'une herbe fine, les friches que parcourt le bétail, les boistaillis, les prairies fatiguées à l'excès, les terres nouvellement défrichées et ensemencées avec de la graine de foin, constituent les pâturages ou pacages, dont nous entendons parler.

Dans le nombre de ces maigres herbages, il s'en trouve nécessairement, et plus qu'on ne pense, qui se prêteraient facilement et rapidement à des améliorations importantes. Avec le drainage et des fumures ordinaires, on n'aurait pas de peine sans doute à convertir en de riches prairies ou en de bons champs quantité de pâtis et de pacages maigres ; mais comme ils appartiennent en grande partie aux communes, on a éprouvé jusqu'ici des obstacles très-regrettables qui, cependant, commencent à s'aplanir et finiront par disparaître. On a conseillé à diverses reprises le partage de ces terrains entre les habitants, à titre de location, et sur certains points, le conseil a été suivi, mais dans quelques localités, nous avons remarqué que les terres communales, louées aux habitants à de très-douces conditions, ne recevaient jamais les mêmes soins que les terres leur appartenant en propre. On consent à améliorer pour soi, on n'y consent pas pour les autres. C'est un mauvais calcul, mais le preneur ne veut pas comprendre qu'en travaillant dans l'intérêt du bailleur, il travaille aussi dans le sien. Voilà pourquoi nous sommes partisan de l'aliénation des communaux.

Nous ne pouvons pas, nous ne devons pas encourager le maintien des pâturages dans les localités où il est possible de tirer du sol un parti plus avantageux. Nous n'admettons que ceux qui, dans le voisinage des fermes, servent à l'élève du jeune bétail, et ceux qui prennent, pour quelques années, possession d'un défrichement.

Lorsque les pâturages sont convenablement fournis et destinés aux poulains, veaux et vaches, on se trouve bien de les partager en plusieurs compartiments, au moyen de haies vives ou sèches, ou tout simplement de pieux auxquels on lie transversalement de longues perches. Voici pourquoi : — Les animaux qui ont un vaste parcours à leur disposition, ne restent pas en place et gaspillent beaucoup d'herbe ; Is ont le choix, et

ils choisissent. Au point de vue hygiénique, c'est fort bien, mais au point de vue des intérêts de l'exploitation, c'est différent.

Quand un compartiment est brouté, on les introduit dans un second, puis dans un troisième, etc. Pendant ce temps-là l'herbe repousse derrière eux.

Les pâturages de cette sorte, aussi bien que les prairies pâturées, exigent quelques soins. Ainsi, par exemple, après le passage des animaux, il est bon de se défaire des plantes qu'ils n'ont pas touchées, et d'éparpiller le plus uniformément possible leurs excréments frais ou secs, mais plutôt frais, car le temps qui s'écoule pour leur dessication est un temps d'arrêt pour l'herbe qu'ils recouvrent. On se trouve bien aussi de conduire en hiver parmi ces pâturages, des terres de chemins, mélangées avec des fonds de fumiers et des cendres lessivées.

L'établissement de pâturages, en vue d'ouvrir ce que l'on est convenu d'appeler la *période pacagère*, a certainement une grande importance. Les cultivateurs qui ont à mettre en culture de vastes étendues de terrains et qui, pour des raisons quelconques, reculent devant les avances nécessaires pour aller vite en besogne, ont intérêt à créer des pâturages sur les parties du domaine qui s'éloignent le plus de la maison de ferme. Ils peuvent ainsi élever à peu de frais des moutons et des vaches, améliorer le fonds par les fumures directes de la journée et économiser sur la litière. Cette manière de procéder est prudente et crée des capitaux pour les besoins des périodes suivantes.

Les graminées, associées aux légumineuses, forment ordinairement la base de ces pâturages primitifs qui se maintiennent de cinq à dix années, selon les climats et la nature du sol. Quelquefois, il suffit d'abandonner les champs à eux-mêmes, à la suite d'une céréale, pour qu'ils se couvrent d'herbe. Mais dans ce cas, la composition du pâturage devient l'œuvre du hasard et laisse souvent à désirer. Le mieux, c'est de semer les pâturages comme on sème les prairies et de préférer les graines choisies au poussier de foin. Il va sans dire que les plantes à semer doivent être appropriées au climat et au sol, et que sur les terres difficiles à gazonner, il faut semer plus dru que sur les terres qui ont de la tendance à se couvrir d'herbe naturellement.

Dans ces dernières années, nous avons vu créer des pâturages sur bruyères défrichées, en climat humide et en terre schisteuse. Voici quels étaient les prix de revient ; ils pourront servir de point de départ pour en établir ailleurs :

Pour défricher un hectare de bruyère, il fallait six jours de charrue à quatre bœufs. A raison de 2 fr. 50 de nourriture par jour pour les quatre bœufs, on s'imposait donc une dépense de 15 francs.

A raison de 1 fr. 50 par jour et par homme, il en coûtait 18 fr. Après l'hiver, on roulait l'hectare de terre défrichée avec les quatre bœufs et un homme, et l'on payait 4 fr.

Pour le hersage en long et en travers avec deux herses se suivant, on comptait une dépense de 3 fr.

Cette opération terminée, on payait 115 fr. pour l'achat, le transport et l'épandage de 10 mètres de chaux.

Il en coûtait 2 fr. pour herser ensuite dans les deux sens, afin de bien mélanger la chaux avec la terre.

Au printemps suivant, on achetait 3 hectolitres d'avoine pour 22 fr. 50 environ. On la faisait semer, herser en long et en large, puis rouler moyennant 5 fr.; et l'on répandait parmi cette avoine 8 kil. de houque laineuse, 5 kil. de fétuque ovine, 5 kil. de fétuque durette, 2 kil. de crételle et 4 kil. de trèfle rampant. Le tout revenait à 35 fr. environ.

Et voilà un pâturage tout formé, au prix de 219 fr. 50, un pâturage qui devait se maintenir une dizaine d'années en bon état.

On vendait l'avoine sur pied, à raison de 125 fr. Au printemps qui suivait cette récolte, on dépensait en frais 1 fr. 30 pour rouler l'hectare de pâturage qui, à partir de ce moment, valait, pour le propriétaire, 50 fr. par an et se serait loué aisément 30 fr.

Ainsi de la terre de bruyère, achetée au prix de 3 ou 400 fr. l'hectare, rapportait, comme on le voit, un intérêt très-séduisant.

P. Joigneaux.

CHAPITRE XXIII.

DES PLANTES INDUSTRIELLES.

Sous la dénomination de *plantes industrielles*, nous comprenons : 1° les plantes filamenteuses ou textiles ; 2° les plantes oléagineuses ou oléifères ; 3° les plantes tinctoriales ; 4° diverses plantes non classées et propres à divers usages, comme, par exemple, le houblon, le tabac, la chicorée à café et la cardère.

1° PLANTES FILAMENTEUSES OU TEXTILES.

LIN (LINUM).

Historique et classification.—Le genre Lin,

Fig. 382. — Fleur du lin.

Fig. 383. — Fruit du lin.

Fig. 381. — Lin.

pour lequel de Candolle a créé la famille des Linées, comprend un grand nombre d'espèces. Une

seule, dans ce nombre, nous intéresse pour le moment : c'est le lin commun ou usuel (*linum usitatissimum*), qui a fourni plusieurs variétés ou sous-variétés, dont nous vous entretiendrons bientôt. On dit ce lin commun originaire de la haute Asie, et l'on appuie cette assertion sur la découverte qu'en fit Olivier, de l'Institut, dans son voyage en Perse. Ce n'est pas l'avis de Thiébaut de Bernéaud. — « Cette plante, dit-il, croît naturellement dans les champs : de temps immémorial, on la cultive en grand dans plusieurs de nos départements et dans diverses contrées de l'Europe. Elle était très-répandue chez les peuples celtes, surtout chez les Scandinaves, et même chez les Germains. Sa culture était du domaine des femmes, ainsi que sa préparation en fil et en toile. Ce sont les Gaulois, au rapport de Virgile, qui l'ont fait connaître aux Romains. Le lin n'est donc point venu de l'Orient au nord de l'Europe, comme on le répète chaque jour. » Pour nous, l'origine du lin usuel n'a qu'une importance très-secondaire, aussi ne nous y arrêterons pas davantage.

Il existe quelque confusion en ce qui regarde les diverses variétés de lin cultivé. Bosc nous dit que dans les pays où cette culture est répandue, on distingue trois variétés de lin, qui sont : 1° le *lin froid* ou *grand lin*, qui mûrit le plus tardivement et avec lequel on fabrique les batistes et les superbes dentelles qui enrichissent la Flandre ; 2° le *lin chaud* ou *têtard*, qui a les tiges rameuses, qui mûrit de bonne heure et donne une filasse très-courte ; 3° le *lin moyen* qui paraît être le type et qui tient le milieu entre les deux précédents.

Thiébaut de Bernéaud ne reconnaît que deux variétés : 1° le *lin d'été* ou *petit lin* et *lin arclus* ; 2° le *lin d'hiver* ou *gros lin*. Selon lui, le premier est le meilleur ; c'est celui qui fournit les plus belles toiles, le meilleur fil pour la dentelle ; il le dit fin, délié et soyeux. Le lin d'hiver ou d'automne, ajoute-t-il, est plus long, plus gros, plus abondant, mais il n'a jamais les qualités du premier ; il est moins fort, craint infiniment plus la sécheresse et fournit plus de bois, plus de chènevottes, et par conséquent moins de filasse.

Un auteur flamand, M. Demoor, qui a écrit pour la Belgique un livre sur la culture du lin, nous dit : — « Le lin usuel présente deux races : dans l'une, la capsule s'ouvre spontanément avec élasticité à la maturité ; dans l'autre, les loges sont indéhiscentes.

« Cette dernière race comprend plusieurs variétés. 1° Les unes se reconnaissent à leurs fleurs blanches et plus ou moins grandes. Dans cette série, on trouve le *lin à fleurs blanches ordinaire* et le *lin à fleurs blanches d'Amérique*, variété nouvelle qu'on nomme aussi *lin royal*. 2° Les autres variétés se reconnaissent à leurs fleurs bleues. On distingue dans cette série : le *lin vulgaire* (commun), dont les tiges atteignent, dans de bonnes conditions, 7 à 11 décimètres de hauteur ; les pétales sont arrondis au sommet et crénelés ; le *lin bas, humble*, encore appelé *lin tétard*, dont les tiges sont basses et *ramifiées dès la base* : les pétales sont tronqués et échancrés. »

Cette dernière classification est certainement la meilleure, c'est-à-dire la plus précise et la plus exacte.

Dans les localités où l'on cultive le lin, vous entendrez souvent parler de *lin chaud* et de *lin froid*, de *lin de gros* et de *lin de fin*. Par lin chaud, on entend le lin de printemps ; par lin froid, celui qu'on peut semer avant l'hiver, comme cela se pratiquait au temps de Columelle et de Palladius, et comme cela se pratique encore dans les départements de Maine-et-Loire et de la Loire-Inférieure ; par lin de gros, on entend le lin semé clair avec de la graine du pays ou de la Zélande, et par lin de fin, celui que l'on sème dru avec de la graine de Riga, en vue surtout d'obtenir de la filasse d'excellente qualité.

Climat. — Le lin redoute et les climats trop humides et les climats trop secs. Les contrées trop battues par les vents ne lui conviennent pas non plus. Il n'a donc réellement ses aises que dans un climat tempéré et dans les situations abritées. Cependant, on le rencontre dans le midi de la France comme sur les rudes plateaux de l'Ardenne ; mais les cas exceptionnels ne constituent pas la règle, et la grande culture du lin appartient à la Bretagne, à l'Anjou, à la Flandre française, aux Flandres belges, au Hainaut et à certaines parties de l'Allemagne et de la Russie. Cette plante textile réussirait certainement en France sur la plupart des points ; mais, faute de débouchés, on ne la cultive pas partout où sa réussite serait assurée.

Terres propres à la culture du lin. — Les terres sablo-argileuses, riches naturellement, comme certaines alluvions, ou enrichies d'ancienne date par des fumures copieuses, sont excellentes pour le lin. Il ne se plaît ni dans les argiles fortes, ni dans les sols constamment mouillés, ni dans les maigres sables, ni dans les terres marneuses. Nous avons vu de très-beaux échantillons de lin dans le schiste ardennais.

Ce qui précède ne s'applique absolument qu'aux climats septentrionaux. Si nous devions cultiver le lin dans le Midi, où il faudrait nécessairement compter avec la chaleur, nous dirions avec Columelle, qu'il demande un sol très-gras et un peu humide, c'est-à-dire un sol argileux bien fumé.

Pour être exact, dans toute la rigueur du mot, il s'agit de constater tout simplement que le lin s'accommode de tous les terrains qui renferment les substances essentielles à sa nourriture. Si, chez nous, les linières exigent beaucoup d'engrais, c'est que la composition du sol ne répond pas comme le climat aux besoins de la plante cultivée ; il y a, au dire de Schwerz, qui n'avance pas les faits à la légère, des terres qui exigent fort peu d'engrais pour la production du lin, qui parfois même n'en exigent pas. C'est l'affaire du chimiste et du géologue. L'un doit nous dire ce qu'il faut au lin pour son alimentation ; l'autre doit nous indiquer les terrains qui répondent aux besoins de la plante par leur composition. Or, il résulte des analyses de Robert Kane et de celles de Sprengel, que le lin fait une très-grande consommation de potasse, de soude, de chaux, de silice, d'acide phosphorique et de magnésie. Donc, les terrains et les engrais qui seront riches sous ce rapport, seront préférables à tous autres.

Place du lin dans les assolements. — Un point essentiel à observer dans la culture du lin, c'est de lui donner une terre parfaitement propre, bien défoncée et bien ameublie, car il craint les mauvaises herbes et sa racine pivotante a besoin d'une couche arable profonde pour se développer. Ces conditions remplies, nous ne serons pas en peine de trouver la place du lin dans un assolement. Il se plaît sur une vieille prairie rompue, ou bien encore après un trèfle, un chanvre, une avoine, des carottes fourragères, des pommes de terre, des betteraves, des féveroles et un colza. Quelquefois, il arrive à la suite d'un froment ou d'un seigle, mais le plus généralement il succède à un trèfle, à un chanvre, à une avoine ou à des carottes.

A moins d'avoir affaire à des terrains exceptionnellement favorables, qui permettent le retour rapide du lin sur lui-même, il faut mettre entre ses récoltes un intervalle prolongé. Sur certains points du département du Nord, on vous dira qu'un cultivateur ne doit pas semer deux fois en sa vie du lin à la même place. Ailleurs, on le ramène au bout de sept ans, de douze ans, de quinze ans. — « On a cru, dit M. Demoor, qu'il pouvait revenir à la même place tous les trois ans ; mais cette précipitation a été cause que beaucoup de personnes inexpérimentées ont dû renoncer à cette culture. Aujourd'hui encore, il existe à ce sujet une assez grande divergence d'opinions, mais un axiome est resté debout, malgré toutes les discussions : c'est que le lin donne un produit d'autant plus abondant et d'autant meilleur qu'il revient plus rarement sur le même sol, pourvu que le terrain se trouve dans de bonnes conditions de culture et de fécondité. Naguère la rotation était de quinze à vingt ans ; aujourd'hui on l'a réduite de moitié au moins dans tout le pays, sauf pour le lin ramé. Ces courtes rotations n'influent-elles pas défavorablement sur la qualité de la filasse ? La chose ne paraît pas improbable, car il est de notoriété publique que la qualité des lins, en général, n'est plus aussi bonne qu'autrefois. »

La distinction établie par les praticiens entre les lins ramés et les lins non ramés s'explique facilement : les premiers sont semés épais et fatiguent plus le sol que les seconds que l'on sème clairs.

M. Demoor cite à l'appui de ses observations le territoire d'une commune des environs de Courtrai, sur lequel on força la production du lin sous le premier empire, qui, après cela, ne porta plus que des lins de mauvaise qualité, et dont l'ancienne réputation ne peut se rétablir. Il aurait pu citer encore les environs de Fleurus qui, pour avoir porté du lin tous les cinq ans, refusent aujourd'hui le service.

Quoi qu'il en soit, il est à remarquer que dans une même contrée, tous les territoires ne se ressemblent pas, et que si, chez les uns, le lin ne peut revenir que tous les quinze ou vingt ans, chez les autres, il revient assez bien tous les six ou sept ans. Ceci prouve que les provisions indispensables à la réussite de la plante sont tantôt faibles et tantôt fortes.

Engrais qui conviennent au lin. — Parmi les cultivateurs aussi bien que parmi les écrivains, on s'accorde à reconnaître que le lin est très-avide d'engrais, mais que tous ne conviennent pas indistinctement. On se loue du parcage des moutons, du fumier de vaches très-pourri, de la matière fécale étendue d'eau, du purin dans lequel on a délayé des tourteaux de lin, de pavot, de colza et de chènevis, d'un mélange de tourteaux de pavots et de colza, de la colombine, des boues de rues et des cendres de Hollande. On se plaint, au contraire, des fumiers longs, notamment du fumier de cheval que Schwerz proscrit sévèrement, et du guano qui passe pour altérer la qualité de la filasse.

L'application des engrais est nécessairement subordonnée à la nature des terrains. Les engrais chauds sont réservés aux terrains frais et vice versâ.

Labours préparatoires. — Le travail de la terre est ici d'une importance capitale ; aussi les labours préparatoires ne sont-ils négligés nulle part, et on les multiplie d'autant plus que la terre est plus compacte. Lorsque le lin doit succéder à une céréale, on commence par un labour de déchaumage très-superficiel, aussitôt la céréale enlevée, puis on herse. Les graines de mauvaises herbes, dont le sol peut être infesté, germent, et au bout de quelques semaines, on les détruit par un nouveau hersage, et le plus souvent par un second labourage superficiel. Vers la fin de l'arrière-saison, on fume et on laboure profondément pour enterrer le fumier ; dans le courant de mars, on laboure encore, mais légèrement, et quelques jours plus tard, quand la terre est ressuyée, l'on herse dans tous les sens et l'on attend que les mauvaises herbes verdissent le terrain pour her-

ser de nouveau ; après quoi l'on sème. Voilà la pratique que l'on peut et doit suivre généralement. Toutefois, il existe des pratiques particulières variant avec les diverses localités, mais aboutissant toutes au même résultat.

A Flines (Nord), contrée réputée pour la qualité de ses lins, on déchaume, puis on herse, et quelque temps après, on laboure à 0ᵐ,08 ou 0ᵐ,10. En novembre, on fume l'hectare à raison de 50 à 60 000 kilos de fumier de ferme consommé, que l'on enterre à 0ᵐ,20 environ de profondeur. On attend ainsi le mois de mars, après quoi l'on répand un mélange de 1 500 à 1 700 kilos de tourteaux de colza et de caméline pulvérisés, et l'on herse par un temps sec. Quatre ou cinq jours plus tard on sème.

Assez souvent encore, quand il s'agit de préparer le sol pour du lin de fin, on pratique le labourage de printemps avec la bêche ou *Joychet*, et sur ce labour, on répand à peu près 400 kilos de tourteaux de colza par hectare, ou bien 15 mètres cubes de boues de ville. Une quinzaine de jours plus tard, on enterre cet engrais avec la herse.

Voici, d'après le *Traité de la culture du lin*, de M. Demoor, comment les choses se passent le plus généralement en Belgique, eu égard à la récolte qui précède le lin :

— « Si c'est, dit-il, du trèfle qui, après avoir été engraissé au printemps avec du fumier de ferme ou une dizaine de voitures de cendres de Hollande, a reçu à la deuxième coupe autant de fumier qu'au printemps, on se borne à l'enterrer et on y fait passer la herse pour aplanir les sillons ; peu de temps après, on donne un second labour qu'on aplanit de nouveau et qu'on fait suivre d'un troisième. Tous ces travaux sont faits avant la fin d'octobre ; au printemps, on herse vigoureusement et on sème.

« D'autres cultivateurs ne donnent qu'un labour après le trèfle ; sans aucune espèce d'engrais, et deux au printemps, dont un précède de quelques jours les semailles. C'est au premier labour de cette saison qu'on fume avec des cendres ou des tourteaux et du purin.

« Après le seigle et les navets, les uns abandonnent le terrain à lui-même, d'autres donnent immédiatement après la récolte, si le temps le permet, un bon labour, puis ils fument copieusement.

« Les terres qui ont porté du seigle et des navets reçoivent, après le seigle une demi-fumure pour les navets, et après la récolte des navets, une autre demi-fumure qu'on enterre à peine. En mars, on donne un labour croisé, et on herse. Le second labour de printemps se fait aussi en sens croisé ; ensuite, on répand des cendres de Hollande ; là-dessus on arrose avec du purin ou des vidanges, et quelques jours après on sème.

« Après l'avoine, qui a reçu une bonne fumure, on se contente d'un labour et on abandonne la terre jusqu'en mars, ou bien on en donne un second ; après quoi on arrose avec du purin.

« Après le froment qui a été précédé de chanvre semé sur un sol bêché et bien fumé avec des engrais de ferme et des vidanges, et qui, à son tour, a reçu une demi-fumure, on abandonne la terre à elle-même jusqu'au printemps. Alors on lui donne un ou deux labours, et ensuite on l'arrose avec du purin; après quoi on sème sur hersage.

« Après les féveroles, on déchaume et on donne un labour profond en billons, qui est répété au printemps et suivi d'un second labour à plat; on y répand des cendres qu'on enterre avec la herse, et on roule.

« Après le chanvre qui a été fortement fumé, le sol reçoit un labour en sillons avant l'hiver, et après, la terre se repose jusqu'en mars, époque à laquelle on laboure de nouveau les sillons élevés, et on y met du purin ou des vidanges. Quelquefois on applique des cendres ou de la chaux.

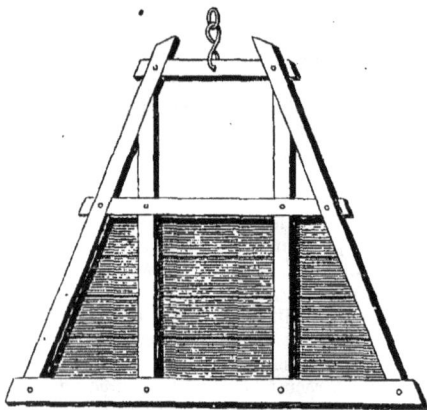

Fig 384. — Traineau en planches.

« Après les pommes de terre, les carottes et les betteraves, le sol ne reçoit ordinairement qu'un

Fig. 385. — Traineau en perches.

seul labour suivi d'un hersage au printemps; on arrose le terrain pour l'emblaver quelques jours après, puis on le traite comme après le chanvre.

« Le lin qui suit les pommes de terre est inférieur en qualité à celui qui est récolté après le trèfle, l'avoine, le chanvre, etc.

« Lorsqu'on veut ensemencer en lin une prairie rompue, on lui donne un labour profond avant l'hiver et on la divise en billons pour faciliter l'écoulement de l'eau; au printemps, on donne encore un ou deux labours. On arrose, avec du purin, des vidanges ou des tourteaux délayés dans un des liquides précédents; on herse et on sème, ou bien on y répand de la chaux ou des cendres, selon la nature du sol.

« Quel que soit le mode de culture, la préparation du sol n'est complète qu'après qu'on y a passé une ou plusieurs fois le traineau (*fig.* 384 et 385) et le rouleau, figurés dans Van Aelbroeck. »

Choix des semences de lin. — Les graines de lin du commerce se distinguent en *lin tonnelé* ou expédié en tonnes, et *lin ensaché* ou expédié en sacs. On tire le premier du port de Riga, qui le reçoit de la Livonie et de la Lithuanie; on tire le second de la Zélande, province des Pays-Bas, qui le produit avec du lin de Riga. L'Amérique nous expédie aussi de la graine de lin à fleurs blanches; enfin, il nous arrive de semer deux ou trois années de suite, au plus, de la graine récoltée chez nous.

Les caractères d'une bonne graine de lin ont été indiqués dans plusieurs écrits : M. Thiébaut de Bernéaud nous dit : La bonne est courte, grosse, épaisse, rondelette, ferme, pesante, d'un brun clair et huileuse; celle qui est verte doit être rejetée comme semence, comme médicament, et même comme impropre à fournir de l'huile. Quand on manque d'habitude, et que l'on veut s'assurer si cette graine a les qualités voulues, voici ce qu'il faut faire : pour savoir si la graine est ferme, prenez une forte poignée, serrez jusqu'à ce qu'elle glisse entre les doigts et le pouce; la promptitude avec laquelle elle s'échappe est une preuve de fermeté. Pour connaître le poids, jetez-en dans un verre plein d'eau; si elle est pesante, elle tombera de suite au fond. Est-elle huileuse? elle pétille et s'enflamme aussitôt qu'elle est mise au feu ou répandue sur un fer rougi. Je n'ignore pas que toute espèce de graine de lin pétille lorsqu'elle est dans un brasier, mais observez bien, et vous verrez qu'elle ne pétille pas sur-le-champ; celle qui retarde seulement de quelques secondes n'est point parfaite. Enfin, pour éprouver si elle est de bon aloi, si elle n'est pas trop vieille, on en sème sur couches, la chaleur la fait germer en quatre à cinq jours.

Il y aurait un grand service à rendre à nos cultivateurs : ce serait de les décharger du lourd tribut qu'ils payent à la Russie pour ses graines de Riga. A cet effet, il serait utile de bien connaître les climats et la nature des terrains qui, en Livonie et en Lithuanie, produisent les meilleures semences, de chercher chez nous des climats analogues et des terrains qui s'en rapprochassent naturellement, ou que l'on modifierait pour le mieux à l'aide d'engrais convenables. C'est ce que rêva Schwerz pour l'Allemagne; c'est ce que nous osons rêver pour la France. Schwerz prit des informations sur les méthodes suivies en Russie; mais les renseignements qu'il reçut de la Lithuanie et de la Courlande ont un caractère vague et, à notre avis, insuffisant. En substance, il lui fut répondu que de la semence de choix confiée à un riche terrain, de consistance moyenne, ayant servi de pâturage pendant plusieurs années, puis ayant été rompu à l'automne, hersé avant l'hiver, labouré au printemps, produisait d'excellents porte-graines. Il lui fut répondu encore qu'une défriche de trèfle de deux ans, qu'un gazon rompu n'ayant jamais porté de lin, qu'une bonne terre non fumée convenaient aussi fort bien à des porte-graines, que les premiers jours de mai sont ceux pendant lesquels on fait ordinairement le semis, que ce semis doit être très-clair, que les porte-graines ne doivent être arrachés que quand les capsules sont brunâtres et le grain d'une couleur jaune clair brillant, et que la dessiccation doit se faire naturellement, non dans un four. M. Auerswald lui écrivit, de son côté, que les plus grandes tiges, qui contiennent généralement la graine la plus mûre, doivent être écimées par un beau temps et étendues sur le terrain ou sur l'aire pour que la maturation s'y achève, que les capsules détachées des tiges, mais adhérentes encore à quelques filaments doivent être réunies et suspendues à des perches, en plein air, et que la semence obtenue ainsi est bien supérieure à celle du lin drégé, c'est-à-dire dépouillé de ses capsules au moyen d'un peigne. Tous les correspondants de Schwerz s'accordaient à reconnaître que la graine en capsules devait passer l'hiver dans des greniers bien aérés, mais que dans le cas où l'on faisait le battage en automne, il convenait de laisser la graine parmi les balles jusqu'au printemps, après quoi l'on pouvait cribler d'abord, puis employer le tarare pour achever le nettoyage. Ils ajoutaient que la graine fraîchement battue et nettoyée fermente aisément et qu'il faut la remuer de temps en temps pour empêcher l'échauffement.

Ces recommandations ne présentent aucune difficulté. En résumé, d'après ce qui précède, l'art de produire la graine de lin consiste à s'approvisionner de semence de Riga, à la semer tardivement sur un gazon rompu avant l'hiver ou sur une bonne terre peu fumée, n'ayant jamais porté de lin, ou n'en ayant porté que depuis une date reculée, à écimer les tiges quand les capsules brunissent et quand la graine est jaune. Nous nous permettrons à ce propos de faire remarquer que le repiquage est un moyen employé contre la dégénérescence de la plupart des végétaux difficiles à maintenir, et que si le repiquage était possible avec les semenceaux de lin, on ferait peut-être bien de le pratiquer. Ce repiquage est-il possible? voilà la question. Ne l'ayant pas prévue, nous ne sommes point en mesure d'y répondre.

La graine fraîche, soit de l'année, soit au plus de l'année précédente, est préférable à la graine qui a vieilli en tonne ou en sac.

Semailles du lin. — On sème le lin à deux époques différentes, en automne ou au printemps. Dans le Midi, dans l'Anjou et la Bretagne, on pratique souvent les semis d'automne, comme chez les Romains, au temps de Columelle qui nous dit : — « On le sème depuis les calendes d'octobre jusqu'au lever de la constellation de l'Aigle, qui a

lieu le 7 des ides de décembre. » Chez nous, qui ne jouissons pas du climat de la campagne de Rome, on s'y prend un peu plus tôt, voilà tout ; autrement la graine ne lèverait pas avant l'hiver. M. Bodin nous dit dans ses *Éléments d'agriculture* : — « On cultive deux espèces de lin dans notre département (Ille-et-Vilaine) ; l'un se sème en automne et l'autre au printemps (mars ou avril). La filasse du lin d'hiver est plus grossière que celle du lin de printemps ; mais cette espèce est moins exigeante sur la nature du terrain. » De son côté, M. Jamet nous dit dans son *Cours d'agriculture* : « Le lin d'hiver craint moins le printemps sec, il donne une graine mieux nourrie, mais la filasse est plus grossière. Il faudrait le semer après une récolte de pommes de terre *primes* (précoces) ou un fourrage d'été largement fumé. Malheureusement, on le fait sur un chaume de grains, et la récolte de lin qui salit et épuise beaucoup, devient ruineuse pour la terre. »

De ce qui précède, il résulte que, pour la qualité de la filasse, le lin d'été ou *lin chaud* est préférable au *lin d'hiver* ou *lin froid*. Nous traiterons donc spécialement des semis de printemps. On les commence en mars dans les terres légères, et on les finit aux premiers jours de mai. Dans les terres déjà vides c'est peut-être un peu tard. Les uns veulent de la filasse et de la graine, c'est-à-dire du *lin de gros* ou *non ramé* ; les autres ne prennent point souci de la graine et tiennent par-dessus tout à la qualité de la filasse ; donc, ils cultivent le *lin de fin* ou *lin ramé*. Le lin de gros doit être semé clair, et le lin de fin semé dru, conformément à ce proverbe des cultivateurs de l'Ouest : « Lin semé clair fait graine de commerce et toile de ménage ; lin semé dru fait linge fin. »

Schwerz pose en principe qu'un temps modérément humide est convenable à la semaille, mais qu'un temps mouillé ne l'est jamais. Il rappelle aussi que dans le comté de Ravensberg et dans le pays de Juliers, la semaille se fait ordinairement dans la matinée, parce que l'expérience a démontré que le lin semé après midi ne fleurit pas d'une manière uniforme. Nous le croyons sans peine, mais en même temps nous pensons qu'une semaille du soir vaudrait celle du matin. Voici pourquoi : quelque soin que l'on mette à recouvrir les graines, il est évident que les unes sont plus enterrées que les autres, et que les moins enterrées sont surprises par la chaleur du soleil avant d'avoir pu s'imprégner de la fraîcheur de la terre. Elles germent par conséquent moins vite que les premières, poussent plus lentement et fleurissent moins tôt. Or, on peut éviter cet inconvénient avec la semaille du soir comme avec celle du matin.

Lorsque le terrain est bien préparé au semis par les hersages qui divisent et unissent le dernier labour, on prend de la graine de pays ou de la graine de Zélande, et on la sème à raison de 170 kilos par hectare pour faire du lin de gros ou non ramé. Pour le lin de fin ou ramé, on porte le chiffre à 230. On recouvre ensuite avec la herse dans tous les sens, et l'on roule fortement en terre légère. Au bout de 8 à 9 jours ordinairement, la levée se fait.

Soins à donner au lin pendant sa végétation. — Lorsque la plante a de 3 à 5 centimètres de hauteur, par un temps couvert, ni mouillé ni précisément sec, on procède au premier sarclage du lin. A cet effet, on réunit le plus possible de femmes et de jeunes filles alertes qui ôtent souliers et sabots, s'agenouillent à contre-vent et sarclent à la main. En opérant ainsi à contre-vent, les tiges couchées ont moins de peine à se relever. Ce sarclage demande de la vivacité et de la rapidité, ce qui n'empêche point les ouvrières de s'arrêter à toute occasion et de ne pas laisser passer un convoi sur les chemins de fer sans faire une pause souvent trop prolongée.

« Parfois le sarclage du lin doit être renouvelé jusqu'à trois fois et à de courts intervalles ; après cela, on ne touche plus à la linière.

Le lin de fin est sarclé exactement comme le lin de gros, mais l'opération est plus difficile, à cause du rapprochement des tiges. En outre, une fois le sarclage terminé, il s'agit de ramer l'emblave. Cette opération consiste tout simplement à planter au bord des planches, à un mètre de distance, de petites fourches de 20 à 25 centimètres de hauteur, à étendre sur ces fourches des perchettes que l'on fixe avec des liens et de placer en travers des perchettes, soit de la ramille, soit des baguettes. Tout ceci forme un réseau qui soutient les tiges faibles du lin de fin contre les coups de vent et qui, si elles se couchent, les empêche de toucher le sol et facilite leur redressement. Quelquefois, mais rarement, on se contente d'étendre sur l'emblave des brins de fagots, comme nous faisons dans nos potagers, pour soustraire les planches ensemencées à la voracité des oiseaux, et l'on arrive au même résultat.

C'est pour diminuer les frais de sarclage que l'on accorde tant d'attention aux labours préparatoires. Et en effet, mieux la terre est préparée, moins il en coûte de sarcler.

Maladies et ennemis du lin. — Le lin souffre de temps à autre du *feu* ou *charbon*, de l'*étêtement*, du *miellat* et du *rouge*. Le lin attaqué du *feu* noircit dans sa partie supérieure et jaunit à la partie inférieure. On attribue cette affection aux engrais pailleux et longs, aux tourteaux de colza et au retour trop précipité de la plante à la même place. L'*étêtement* que les Flamands appellent *Weiswerden*, fait incliner, puis tomber la sommité des tiges et provoque vers le milieu de ces tiges l'émission d'un nouveau bourgeon. Dans ce cas, et en temps de sécheresse, la filasse prend une mauvaise teinte. On ne dit pas la cause de cette maladie. Le *miellat*, dont Schwerz ne parle pas, se reconnaît, selon M. Demoor, aux feuilles qui se couvrent çà et là d'une matière visqueuse et sucrée, dont on accuse généralement le puceron. Cette maladie est très-rare. Le *rouge* consiste, en temps de sécheresse prolongée, en une teinte rougeâtre aux extrémités des tiges qui résistent, après cela, au rouissage.

Parmi les plantes parasites, la *cuscute d'Europe* est la seule qui attaque le lin. On conseille d'arroser les places attaquées avec une dissolution de sulfate de fer ou couperose verte (environ 300 grammes de sulfate de fer par litre d'eau).

L'*altise potagère* et l'*altise des bois*, que nous désignons sous le nom de *puces de terre*, sont les seuls insectes redoutables pour le lin. On ne sait comment s'en débarrasser. Peut-être y réussirait-on en répandant sur les planches de la terre fine ou de la sciure de bois imprégnée de goudron de houille ; cela vaudrait mieux que l'emploi de la pucerronnière, instrument beaucoup trop recommandé. Il y a des cultivateurs flamands qui sèment de la moutarde dans leurs linières pour occuper les altises qui la préfèrent au lin.

Ajoutons, en terminant, que les taupes nuisent beaucoup à la culture du lin par leurs galeries souterraines.

Récolte du lin. — Le lin précoce fleurit vers la fin de juin ou au commencement de juillet ; le lin tardif fleurit quelque temps après. On arrache la plante à des époques variables, selon le but qu'on se propose d'atteindre. Si l'on veut de la graine pour semence, il faut s'attendre à de la filasse très-grossière et n'arracher le lin que lorsque les feuilles sont tombées et les capsules bien brunies. Si l'on veut de la filasse médiocre et de la graine passable pour faire de l'huile, on arrache dès que le tiers inférieur des tiges est devenu jaune ; si, enfin, comme avec le lin de fin ou ramé, on ne se préoccupe que de la qualité de la filasse, il faut arracher ce lin dès que les fleurs s'ouvrent et même plus tôt, ainsi que cela se fait en Silésie.

« L'arrachage du lin, avons-nous écrit dans le *Dictionnaire d'agriculture pratique*, n'est ni aussi difficile ni aussi compliqué qu'on pourrait le croire à la lecture des longues pages écrites par les agronomes : on s'y prend comme pour le chanvre, on l'arrache à la main ; on en forme de petits paquets, autant que possible avec des brins de même hauteur ; on les place trois par trois, les têtes réunies et les pieds écartés, ou bien on les dispose en pente de chaque côté d'une ligne de petites perches posées sur des fourches basses. Quelques cultivateurs, avant de les mettre en paquets, les laissent pendant vingt-quatre heures sur le sol, en javelles croisées ; mais si nous en croyons M. de Dombasle, cette méthode est mauvaise en ce sens qu'elle détermine un commencement de rouissage irrégulier qui, dans la suite, au moment du rouissage définitif, a des résultats fâcheux. Lorsque les petits paquets de lin ont séché à l'air libre, on bat la tête contre un billot, ou bien encore on la frappe sur ce billot au moyen d'un maillet de bois ou d'une batte de laveuse, ou bien enfin on la dépouille à l'aide d'un peigne à dents de fer. On place ensuite les paquets de tiges desséchées dans un lieu sec, couvert et aéré, en attendant le moment de les porter au routoir.

Lorsque l'on a affaire à du lin semé surtout pour ses graines, on ne l'arrache qu'à la maturité complète, c'est-à-dire lorsqu'il est bien dépouillé de ses feuilles et que ses capsules brunissent. On le met en bottes comme le précédent ; on le fait sécher de même ; mais pour le dépouiller de ses graines, on ne le drège pas, autrement dit, on ne le peigne pas ; on le frappe avec la batte.

Les graines qui se détachent avec leurs capsules et leurs pédoncules ou queues, doivent être conservées dans un endroit sec et aéré, ou dans des sacs ouverts, dans lesquels on ne les tasse point. Elles se conservent ainsi parfaitement et sont les meilleures pour semence.

Au rapport de Schwerz, un hectare de lin dans les Flandres belges donne en produit moyen de tiges brutes 4 000 kilogr. environ. M. Demoor estime qu'il varie entre 3 000 et 9 000 kilogrammes de tiges qui contiennent 12 à 18 p. 100 de fibres, et dont on retire de 360 à 800 kilogr. de filasse et au delà. Le lin, cultivé pour ses graines, rend de 250 à 700 kilogr. de semence.

Fig. 386. — Peigne pour détacher les graines des tiges du lin.

Rouissage du lin. — La besogne du cultivateur n'est pas achevée. Il lui arrive quelquefois, il est vrai, de vendre sa récolte de lin sur pied, et de laisser à d'autres le souci du rouissage, du teillage et du peignage; mais le plus souvent les choses ne se passent pas ainsi, et il se charge de ces dernières opérations. Parlons donc du rouissage d'abord. La filasse enveloppe la tige du lin comme elle enveloppe celle du chanvre, et se trouve collée autour de cette tige par une matière liante qui la tient bien. Il s'agit donc de se débarrasser de cette matière pour séparer la filasse de la chènevotte. Pour cela, il y a divers moyens, qui, en apparence, diffèrent plus ou moins, mais qui en réalité ont le même point de départ. Tous ont pour but de transformer la substance gommeuse et de la faire fondre dans l'eau, comme l'on dit vulgairement. A cet effet donc, dès que les tiges de lin sont sèches, on les expose sur un gazon pour qu'elles y reçoivent l'humidité des nuits, et on les retourne de temps en temps, ou bien, ce qui est plus expéditif, on forme avec les petits paquets, placés moitié dans un sens, moitié dans l'autre, de grosses bottes d'un diamètre égal sur toute leur longueur, et l'on expose ces bottes dans l'eau courante d'une rivière, ou dans l'eau dormante d'un routoir, de manière qu'elles y baignent entièrement, mais qu'elles n'en touchent ni le fond ni les bords. Ces bottes de lin sont quelquefois renfermées dans des caisses à jour, semblables à celles qui servent à l'emballage des gros meubles, mais ouvertes par le haut; d'autres fois, on les relie les unes aux autres, étage par étage, avec des ligatures d'osier, puis on les charge de paille et de grosses pierres pour qu'elles plongent suffisamment.

Quel que soit le mode de rouissage adopté, il y a fermentation et dissolution de la gomme. Ces deux résultats s'obtiennent lentement sur le pré, moins lentement dans l'eau courante et promptement dans l'eau stagnante. Le délai, d'ailleurs, est subordonné aussi à la température atmosphérique; plus cette température est élevée, plus le rouissage est rapide; plus elle est basse, plus il est lent.

Le rouissage sur le gazon ou à la rosée, s'exécute dans l'arrière-saison, ou en janvier et février,

ce qui est préférable. Il faut de trois semaines à un mois, et souvent plus, pour que l'opération soit complète. Pendant les alternatives de pluie et de soleil, on doit retourner le lin fort souvent, sans quoi il pourrirait. Avec le rouissage dans le routoir, il faut de six à sept jours en août, de huit à dix en septembre et octobre; avec le rouissage dans l'eau courante, il faut de dix à quinze jours et quelquefois plus. On reconnaît que le lin est convenablement roui, lorsqu'en rompant un brin on peut détacher la filasse de la racine au sommet. C'est le moment de sortir les bottes de l'eau, de les défaire, de délier les paquets et de les mettre sécher. Aussitôt sec, on refait les paquets, puis les grosses bottes, et on rentre le lin à la ferme.

Le rouissage sur le gazon, sur le pré ou à la rosée, comme vous voudrez l'appeler, n'est à recommander que dans les localités où les autres méthodes ne peuvent être appliquées. Il ne donne qu'une filasse grisâtre, peu abondante, et, selon M. Demoor, fine mais étoupeuse. Le rouissage à l'eau stagnante rend une filasse abondante, jaunâtre, moelleuse et souple, mais qui n'a pas toute la force désirable. Le rouissage à l'eau courante (quand cette eau est claire et peu rapide), donne beaucoup de filasse, et cette filasse, presque blanche, est solide et très-estimée.

Généralement, on n'attend pas que le lin soit complétement roui pour le sortir de l'eau, afin de lui conserver plus de solidité, mais on achève l'opération en étendant ce lin sur la prairie lorsqu'il est bien sec, à partir du mois de mars jusqu'au milieu de mai, et pendant une quinzaine de jours. Cette opération complète le rouissage et blanchit la filasse.

Dans ces derniers temps, le rouissage du lin a pris les caractères d'une industrie spéciale. Ainsi, sur différents points, on a substitué le procédé dit américain, aux modes adoptés dans nos villages. Ce procédé, importé de l'Amérique et perfectionné par diverses personnes, consiste à établir plusieurs rangées de cuves, remplies d'eau et chauffées de 32 à 35° cent., dans lesquelles circule de la vapeur. Les paquets de lin sont placés dans ces cuves, et le rouissage s'opère ainsi à couvert et promptement. L'eau qui a servi au rouissage, ainsi que la vase du routoir, peut être employée à la fertilisation des champs qui ont porté du lin. Une fois le rouissage terminé, on presse le lin pour en faire sortir une eau verdâtre, puis on le porte au séchoir.

On a essayé, en outre, de teiller d'abord la plante desséchée et de rouir la filasse. C'est le procédé de Claussen. Enfin, l'on a essayé de trois procédés chimiques : du procédé de Claussen, du procédé Blet et du procédé Terwangne. qui font précéder le teillage par le rouissage. Dans le premier on traite la plante par le carbonate de soude d'abord, puis par un acide. Dans le second, on ajoute de l'urée à l'eau d'une cuve placée dans une chambre chauffée à 25° (5 kil. d'urée par 500 litres d'eau) ; on met le lin dans la cuve, on ferme, et, au bout de deux jours, on le retire, on le presse et on le porte au séchoir. Dans le troisième, qui est le procédé de M. Terwangne, on se rapproche de la méthode américaine, mais on opère la désinfection de l'eau de rouissage au moyen de la craie et du charbon de bois pulvérisé, ce qui est bien essentiel.

Ces différents modes de rouissage manufacturier sont fort peu répandus jusqu'à présent. Nous souhaitons qu'ils nous donnent une filasse d'aussi bonne qualité que les procédés ordinaires, et qu'ils nous délivrent des routoirs infects et insalubres. Le procédé de M. Terwangne offre, entre tous, les plus grandes chances de succès.

Opérations qui suivent le rouissage. — Le lin roui et desséché à l'air, est ensuite desséché dans un four ou au-dessus d'une fosse abritée, au fond de laquelle on entretient du feu. C'est la *torréfaction*. Vient après cela le *maillage*, opération que nous n'enseignerons pas sur le papier et qui consiste à battre les tiges sur une aire, à l'aide d'un maillet échancré. Vient ensuite le *macquage* qui consiste à faire, au moyen d'une *macque* ou *broye* la séparation de la filasse de la chènevotte, opération que nous pratiquons encore sur beaucoup de points avec la main, et que nous appelons le *teillage* du chanvre. Puis arrive l'*écangage* qui consiste à lisser la filasse en la promenant sur des feuilles en bois à arêtes vives, et enfin le *peignage* ou *affinage*, qui a pour but de

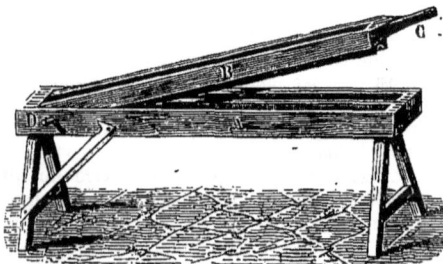

Fig. 387. — Broye pour séparer la chènevotte de la filasse.

séparer les étoupes de la bonne filasse. Toutes ces opérations échappent à l'enseignement théorique : voilà pourquoi nous nous contentons de les indiquer.

Emploi du lin. — Nous nous servons de la filasse de lin pour fabriquer des cordes qui ne valent pas celles de chanvre, des toiles ordinaires, des toiles fines et en grand renom. Qui est-ce qui n'a pas entendu parler des toiles de Hollande, de Courtrai, de Bruges, de Gand, d'Audenarde, des batistes, des dentelles de Malines et de Valenciennes? Toutes ces richesses sortent de la filasse du lin.

La farine de graine de lin est utilisée, en médecine, à titre d'émollient ; on en fait des cataplasmes.

L'huile siccative de graine de lin remplit un rôle très-important dans les arts. On s'en sert pour préparer l'encre des imprimeurs et des lithographes, pour préparer les vernis gras, les taffetas gommés, les toiles cirées, les cuirs vernis.

Les chasseurs à la pipée ou aux gluaux emploient l'huile de lin pour fabriquer une sorte de glu. Il suffit pour cela de la faire réduire sur le feu.

La graine de lin ne rend que 25 p. 100 d'huile au plus. Les tourteaux sont consommés par les animaux ou servent d'engrais.   P. J.

CHANVRE (CANNABIS).

Origine et classification. — Le chanvre, que Linné avait placé dans la famille des Urticées et qui appartient aujourd'hui à la famille des Cannabinées, est, selon les uns, originaire de la haute Asie, selon les autres du nord de l'Europe et de la Nouvelle-Hollande. Donc, sous ce rapport, on est loin de s'entendre.

Les botanistes ne sont pas non plus d'accord entre eux. Ceux-ci ne reconnaissent qu'une seule espèce de chanvre qui est l'espèce cultivée le plus généralement, et ils y rattachent deux variétés; ceux-là veulent qu'il y ait trois espèces de chanvre; d'autres enfin en admettent deux, et nous partageons l'avis de ces derniers. Ces deux espèces sont le chanvre commun (*cannabis sativa*) et le chanvre de Chine (*cannabis gigantea*), qui diffère essentiellement du précédent par son port d'un aspect pleureur, et aussi parce qu'il ne donne pas de graines sous le climat de Paris. Le *chanvre de Piémont*, que l'on a voulu assimiler à celui de la Chine, n'est qu'une variété peu stable de l'espèce commune, dont elle a conservé le port. Ce chanvre de Piémont, remarquable par sa taille, n'a point l'aspect pleureur du *cannabis gigantea* et donne des graines non-seulement sous le climat de Paris, mais en Belgique et autre part, en se dirigeant vers le Nord. Dans tout son développement, il a l'avantage de produire en abondance de grosse et forte filasse pour les cordages de la marine, mais il a le désavantage de dégénérer rapidement et de retourner en peu d'années aux proportions du chanvre ordinaire. On a essayé de tirer parti de cette inconstance et de le semer en terre médiocre pour obtenir ce que l'on obtient avec le chanvre commun en terrain riche. Le chanvre de Chine est peu répandu et ne fructifie que dans le Midi. Nous n'avons donc à nous occuper ici que de l'espèce commune.

Le chanvre est une plante annuelle et dioïque. Ceci revient à dire qu'elle meurt tous les ans et

Fig. 388. — Chanvre mâle

qu'elle a des pieds mâles et des pieds femelles.

Climat. — Le chanvre n'est pas précisément aussi délicat qu'on s'est plu à le dire ; nous l'avons rencontré sous des climats rudes, au cœur de l'Ardenne belge ; mais il n'en faut pas moins reconnaître que les climats doux et même chauds sont ceux qu'il affectionne. Il recherche les situations abritées, les vallons et les bas-fonds. Les vents fréquents rendent sa filasse grossière.

Terres propres à la culture du chanvre. — Le chanvre aime un sol de consistance moyenne, profond, facile à labourer et à ameublir, frais sans être mouillé et riche en humus provenant d'anciennes fumures. Les gazons rompus, les marais desséchés lui conviennent aussi parfaitement. Nous avons vu de beaux champs de chanvre dans le calcaire, dans l'argile bien ameublie, dans le schiste, dans les terres sablonneuses du Limbourg, copieusement fumées de vieille date, en un mot dans la plupart des bons terrains, quelle que fût leur composition.

Place du chanvre dans les assolements. — Au dire de Schwerz, dans plusieurs cantons du Wurtemberg, on le place le plus communément dans la jachère de l'assolement triennal. Il réussit

bien sur un gazon rompu, bien après un trèfle ou après des pommes de terre. Le plus ordinairement,

Fig. 389. — Chanvre femelle.

on ne cultive le chanvre que sur une petite échelle, pour les besoins de chaque ménage, et dans ces conditions, il n'en est point question dans un assolement régulier. Il peut revenir de longues années de suite à la même place, sur lui-même, vraisemblablement parce que les engrais qu'on lui fournit restituent en grande partie au sol les éléments minéraux que le chanvre lui enlève à chaque récolte ; néanmoins, il arrive un moment où, malgré les fumures copieuses, il convient de s'arrêter. C'est lorsque l'orobanche envahit la *chènevière* ou champ de chanvre. A ce signe, il faut reconnaître que le terrain est fatigué et qu'il est temps d'établir la chènevière ailleurs. Beaucoup de nos cultivateurs connaissent l'orobanche de vue, mais nous la représentons ici (*fig.* 390) pour le signaler à l'attention de ceux qui ne la connaissent pas.

Fig. 390. — Orobanche rameuse.

Engrais qui conviennent au chanvre. — Dans les climats du Nord ou qui s'en rapprochent, et dans les terrains constamment frais, les fumiers de cheval et de mouton sont les plus efficaces ; mais dans les climats plus chauds et dans les terres un peu légères, les fumiers de vache et de porc produisent d'excellents résultats. Schwerz conseille d'associer les matières fécales aux fumiers d'étable ; la recommandation ne trouvera pas de contradicteurs. Mieux les engrais sont décomposés, mieux ils agissent ; aussi est-il convenable de les enterrer avant l'hiver, en totalité ou par moitié, ou bien de ne se servir au printemps que de fumier très-pourri. Les cultivateurs qui n'ont pas assez de fumier court à leur disposition pour le moment où ils sèment le chanvre, ont quelquefois le bon esprit de compléter la fumure avec de la charrée, des chiffons de laine, de la colombine sèche (jamais fraîche) et des boues de rues. Ils y ajouteraient des boues de routoir bien ressuyées que l'opération n'en vaudrait que mieux. Sur les terres légères, il est souvent avantageux de placer du fumier long d'étable ou de porcherie en couverture, après le semis. Ici, nous n'avons pas à craindre les mauvaises herbes ; un chanvre dru n'a pas de peine à les étouffer. Les cultivateurs suisses arrosent le champ avec de l'engrais liquide, avant de l'ensemencer, puis ils mettent en couverture du fumier à moitié décomposé.

Labours préparatoires. — Les façons données avec la bêche sont incontestablement supérieures à celles que nous donnons avec la charrue, mais il ne nous est pas démontré que l'augmentation des produits paye la différence des frais. Donc les meilleurs cultivateurs se contentent presque partout du travail de la charrue et labourent : 1º en automne à toute profondeur, en même temps qu'ils enterrent le fumier long ; 2º à la sortie de l'hiver à une profondeur ordinaire de 12 à 15 centimètres, par tranches minces ; 3º la veille de l'ensemencement, à 10 ou 12 centimètres ; après quoi, l'on herse dans tous les sens pour bien émietter les mottes. On labourerait deux fois avant l'hiver, que la préparation y gagnerait, mais il est rare qu'on le fasse.

Choix des semences de chanvre. — La bonne graine de chanvre doit être luisante, d'une couleur gris foncé et pesante. Au siècle passé, Philippe Miller écrivait à ce propos : « On choisit le chènevis le plus lourd et en même temps le plus brillant ; et comme on doit apporter le plus grand soin dans le choix des semences, on en ouvre quelques-unes, afin de reconnaître si les germes sont bien formés. Cette précaution est d'autant plus nécessaire que, dans beaucoup d'endroits, on arrache les plantes mâles avant que leur poussière séminale ait imprégné les germes des femelles. Les graines qui sont fournies par de pareilles plantes, quoique en apparence belles et pleines, sont néanmoins stériles, ainsi que l'ont éprouvé les habitants de trois paroisses de la province de Lincoln, Bickar, Swineshead et Dunnington, qui cultivent le chanvre en grande abondance et qui ont payé fort cher cette expérience... On ne doit arracher le mâle que lorsqu'il se flétrit. »

Avant de continuer, ouvrons en quelque sorte une parenthèse et faisons remarquer que le *mâle* dont parle Miller est ce que tout le monde dans nos campagnes appelle la *femelle*, très-improprement d'ailleurs. Pour nos cultivateurs, le *mâle* est le pied qui donne les graines, c'est-à-dire qui pond les œufs. Pour eux, le coq s'appelle poule et la poule s'appelle coq. Cette confusion des sexes dure de temps immémorial, et il est à craindre qu'elle ne finisse pas avec notre siècle.

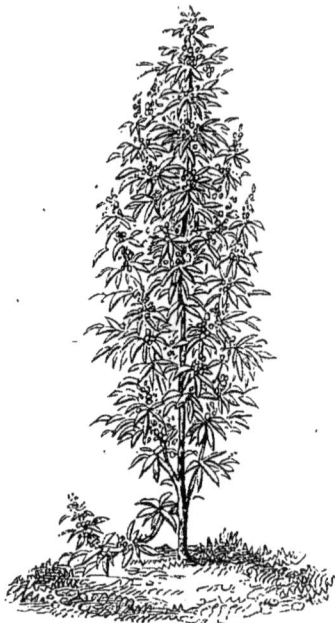

Fig. 391. — Pied de chanvre isolé.

Maintenant que nous connaissons les principaux caractères de la bonne graine de chanvre, voyons comment nous devons nous y prendre pour la faire. Le mieux est de ne point la récolter dans la chènevière, parce que ses tiges sont tellement serrées et élevées contre nature, qu'il y a souffrance chez les sujets et par conséquent faiblesse chez les graines. Contentons-nous d'éparpiller parmi nos terres à jardin et nos champs de pommes de terre, ou mieux encore sur un champ bien préparé, une certaine quantité de graines de choix, qui produiront des pieds convenables et isolés. Ces pieds auront de l'air et du soleil ; ils ramifieront, ils deviendront robustes et produiront une semence solidement constituée.

Si vous ne consentez pas à adopter cette méthode de reproduction, la seule rationnelle, ayez au moins la sagesse d'attendre que les pieds mâles que vous nommez *femelles* soient flétris et jaunes avant de les arracher ; puis ne prenez vos pieds à graines qu'au bord des sentiers qui séparent les planches ; attendez, pour les prendre, que leur feuillage jaunissant annonce la maturité, et, quand ils seront desséchés, battez-les doucement sur un billot ou dans une futaille défoncée par un bout, et ne recueillez que la première graine, que celle qui se détachera sans effort. De cette manière, vous n'aurez pas de la semence irréprochable, mais vous l'aurez moins défectueuse qu'en suivant les usages reçus.

Autrefois, on ne parlait que de la graine de chanvre de la Mayenne, comme on parle du lin de Riga ; à présent, nous faisons notre semence partout, mais dans un grand nombre de localités, on se plaint de sa dégénérescence. Nous ne sommes surpris que d'une chose, c'est qu'on ne s'en plaigne pas davantage.

La graine de chanvre perd promptement ses facultés germinatives ; celle de deux ans est impropre à la reproduction ; ne semons que de la graine fraîche. On estime à 52 kil. le poids moyen de cette graine par hectolitre.

Semailles du chanvre. — L'époque des semailles varie avec les climats, les terrains et les situations. Dans les pays chauds, on sème en février et mars ; autre part en avril, autre part encore en mai, et quelquefois en juin, quand on remonte vers le Nord. La seule règle qui puisse nous servir de guide, c'est l'usage dans chaque localité, car l'usage est fondé sur l'observation, et il a été observé partout que le chanvre redoute extrêmement les gelées tardives, et qu'avant de le confier à la terre, il est prudent d'attendre que ces gelées ne soient plus à craindre. Alors, la terre étant préparée par les labourages et les fumures, comme nous l'avons dit, on choisit une journée calme et douce pour procéder à l'ensemencement.

Si l'on veut de beaux brins, de la forte filasse et de la graine, on sèmera à raison de 300 litres de chènevis par hectare ; si l'on veut, au contraire, des tiges frêles, de la filasse fine, et si l'on se soucie peu du rapport en graines, on portera le chiffre à 400, 500 et même 600 litres.

Une fois la semence répandue, il faut l'enterrer très-superficiellement au moyen d'une herse très-légère. Si l'ardeur du soleil n'était pas à craindre, on pourrait se contenter de fagots d'épines pour cette opération. Rien n'empêche d'ailleurs de se servir de ces fagots et de mettre, après cela, le fumier en couverture. Le chènevis trop enterré ne lève pas facilement ; souvent même il ne lève pas du tout.

Les petits oiseaux sont très-friands de graines de chanvre ; aussi convient-il de ne pas perdre de vue la chènevière jusqu'à ce que les plantes aient de quatre à six feuilles. La ramille dont on recouvre le champ, les épouvantails, tels que mannequins de mauvaise mine, oiseaux de proie empaillés, petits moulins à vent, bouts de rubans s'agitant dans l'air, ne suffisent point pour éloigner les maraudeurs ; il faut souvent établir des factionnaires, brûler de la poudre ou faire du bruit avec des crécelles.

Nous ne voyons pas d'autre soin à accorder au chanvre pendant sa végétation. Par cela même que ses tiges se pressent les unes contre les autres et étouffent toute végétation adventice, il n'est question, dans cette culture, ni de sarclages ni de binages. Ce n'est réellement que lorsque les tiges sont élevées et permettent à l'air de circuler parmi la chènevière, que les mauvaises herbes commencent à se montrer, mais elles ne sont pas dangereuses. Si nous avions quelque chose à recommander, ce serait de nettoyer les sentiers de séparation, ordinairement très-malpropres.

En temps de sécheresse, les irrigations seraient utiles.

Maladies et ennemis du chanvre. — Schwerz signale sous le nom de nielle une maladie qui affecte la graine sur pied. Nous ne la connaissons pas. Parmi tous les insectes, la larve du sphinx tête de mort est la seule, assure-t-on, qui attaque le chanvre, mais ses dégâts sont sans importance. Nous ne redoutons réellement que la grêle, les bourrasques, les pluies violentes, les petits oiseaux à l'époque de la maturation des graines, et parmi les plantes l'orobanche et la cuscute qui, l'une et

Fig. 392. — Orobanche rameuse (A) attachée sur la racine d'un pied de chanvre (B).

l'autre, signalent l'état d'épuisement du terrain.

Lorsque la grêle tombe sur une chènevière en pleine végétation et la ravage, on peut la faucher, affirme-t-on, avec l'espoir de la voir repousser. Cette affirmation nous vient d'observateurs dignes de foi ; personnellement, nous n'avons jamais été témoin de cette particularité.

Pour empêcher les coups de vent et les averses de coucher ou de rompre le chanvre sur pied, il suffit de planter des lignes de pieux et d'y attacher des perchettes, à la hauteur de 1^m,20 à 1^m,50.

Pour éloigner les petits oiseaux, nous n'avons à recommander qu'une surveillance active.

Enfin, pour se défaire de la cuscute et de l'orobanche surtout, il n'y a qu'un moyen raisonnable : c'est de renoncer à la culture du chanvre sur le terrain infesté et d'y faire d'autres récoltes.

Récolte du chanvre. — Cette récolte se fait en deux fois, et à des époques qui ne sont pas les mêmes partout. Cependant on peut dire que la seconde quinzaine de juillet et les premiers jours d'août sont employés à la récolte des pieds mâles, et que la récolte des pieds femelles a lieu dans le courant de septembre. Les mâles sont moins nombreux que les femelles ; pour un pied mâle, on compte trois ou quatre pieds femelles.

Nous avons donné le conseil — et nous le renouvelons — de ne pas trop se hâter d'arracher les tiges mâles, autrement la fécondation serait imparfaite, et les graines de la seconde récolte seraient stériles, au rapport de Miller. Il faut attendre que ces tiges mâles jaunissent, ainsi que leurs feuilles, et que la tête se penche. Alors, on les enlève une à une, brin à brin, on en forme de petites bottes régulières qu'on lie à deux places, en haut et en bas, avec des tiges avortées et sans valeur ; puis, on les expose à l'air, hors de la chènevière, contre un mur, une haie ou sous un hangar, pour que la dessiccation se fasse. Cette dessiccation faite, on bat les têtes, et les paquets sont mis en grosses bottes que l'on conserve en lieu sec jusqu'au moment du rouissage.

C'est quelques jours avant cet arrachage qu'on sème les carottes en culture dérobée parmi le chanvre, dans quelques contrées. La graine se trouve recouverte par la terre des racines que l'on soulève, et la germination a lieu dans l'intervalle compris entre le premier et le second arrachage.

Ce second arrachage se pratique, avons-nous dit, dans le courant de septembre. On doit attendre que le feuillage des tiges femelles change de couleur et annonce la maturité des graines, si l'on tient à avoir des semences pour la reproduction ou des semences riches en huile ; mais dans ce cas la filasse perd de sa finesse.

On arrache toutes les tiges femelles comme l'on a arraché les tiges mâles, on les appareille selon les différentes grandeurs pour en former de petits paquets réguliers ; on les lie et on les laisse derrière soi, au fur et à mesure que l'on avance, puis on coupe une partie des racines avec une hache. Dès que la place est vide, on plante des lignes de pieux sur la chènevière, on y attache des perches, et l'on dispose les paquets de chanvre de chaque côté de ces perches, en les inclinant en façon de toit. C'est là que la maturation des graines s'achève et que les tiges se dessèchent. Quand la dessiccation est arrivée à un point convenable, on bat les sommités légèrement dans une futaille, ou bien on les bat sur un billot de bois, placé au milieu d'un grand drap étendu à terre. Le chènevis de ce premier battage est le meilleur pour la semence et pour l'huile. Cela fait, on dispose de nouveau les paquets de chanvre contre les perches, des haies ou des murs pour achever la dessiccation des parties encore trop vertes, et quelques jours après, on renouvelle le battage de manière à dépouiller les tiges de leurs dernières graines et de leurs dernières feuilles. Ces graines sont chétives et ne doivent pas être confondues avec les premières. On bottelle ensuite les paquets qui sont destinés à être rouis promptement.

On estime à environ 7 ou 800 kilos de chanvre peigné et un peu plus de 200 kilos d'étoupes le produit d'un hectare de chanvre.

La récolte des pieds de chanvre que l'on sème parfois à part à titre de porte-graines doit avoir lieu plus tardivement que la récolte principale. Leur filasse est sacrifiée comme étant trop grossière ; on ne se préoccupe que de la semence.

« En Suisse, dit Schwerz, on sème le chanvre porte-graines dans de petits creux, à fond plat, isolés, etc., de 1 pied et demi (469 millimètres) de diamètre ; on arrose les jeunes plantes avec du purin.

« Le chanvre dont la graine doit servir de semence n'est pas battu comme à l'ordinaire, parce que le chènevis placé au sommet de la panicule ne vaut pas celui de sa base. On se borne à frapper doucement les tiges contre une herse appuyée sur une forte poutre, et l'on obtient ainsi la meilleure graine. »

La graine de chanvre, quelle que soit sa destination est vannée et conservée au grenier par petits tas qui demandent dans les premiers temps à être souvent pelletés ou changés de place, sans quoi ils s'échaufferaient promptement. Cependant, nous pensons que la graine destinée à la reproduction se conserverait mieux dans ses débris et vaudrait par conséquent mieux si on ne la vannait qu'au moment de s'en servir.

La graine destinée à fournir de l'huile ne doit être pressée ni trop tôt ni trop tard ; elle gagne à rester au grenier environ deux mois avant d'être portée au moulin ; elle pourrait perdre à y rester plus longtemps.

Rouissage du chanvre. — Les procédés de rouissage appliqués au lin sont exactement les mêmes pour le chanvre. Seulement le chanvre rouit plus vite que le lin. On compte de cinq à dix jours d'immersion, selon l'état de la température. La femelle (le *mâle* de nos campagnes) reste toujours un peu plus de temps dans l'eau que le mâle (*femelle* de nos campagnes).

Teillage du chanvre. — Au sortir du routoir, on fait sécher le chanvre, puis on le met en bottes, en attendant le teillage qui a pour but de séparer la filasse de la chènevotte, autrement dit les parties fibreuses des parties ligneuses. En Bourgogne, on profite des longues soirées d'hiver pour exécuter ce travail. On saisit de la main gauche un ou deux brins de chanvre, on les rompt de la main droite, on en détache la filasse, et

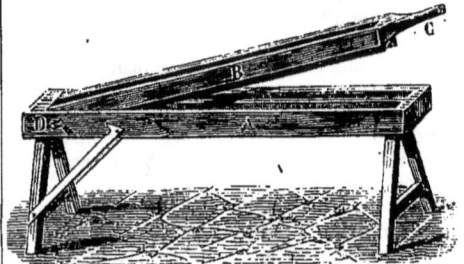

Fig. 393. — Broye pour séparer la chènevotte de la filasse.

quand la main en est chargée, on l'étend sur une table. Décrive qui le pourra dans ses petits détails l'opération du teillage ; pour notre compte, nous y renonçons, et pourtant nous l'avons pratiquée souvent. C'est facile à faire, mais difficile à dire.

Dans le nord de la France, en Normandie et autre part encore, le teillage porte le nom de *mac-*

quage et de brayage ou broyage. Là, on se sert du couteau à macquer ou de la broye ou d'une machine à ailes pour broyer la chènevotte dans la

Fig. 394. — Machine à broyer.

filasse, puis on débarrasse la filasse de ses débris de chènevottes au moyen d'un peigne ou sérang; de là le mot de sérancer comme synonyme de peigner.

Mais avant de soumettre le chanvre à ces instruments, il faut le sécher au four quand on agit sur de petites quantités ou au fourneau quand on agit sur de grandes, afin de le rendre plus cassant et plus facile à travailler. Voici les renseignements que nous avons recueillis sur ce point dans le département de l'Orne, et dont nous garantissons l'exactitude :

Lorsque le chanvre roui est suffisamment sec, il est d'usage, chez les petits cultivateurs, de le porter au grenier d'abord, et de profiter ensuite de chaque cuisson de pain pour remplir le four de ce chanvre desséché. Aussitôt le pain dehors, le chanvre occupe sa place et la garde jusqu'au lendemain. Alors, de grand matin, avant que le jour paraisse, les gens du bordage, c'est-à-dire de la petite exploitation, commencent à brayer la fournée et poursuivent la besogne les jours suivants, jusqu'à ce qu'elle y ait passé tout entière. On met la filasse en poignées ou couleuses, lesquelles, réunies par cinquante à la fois, forment ce que l'on nomme le poids. Ce poids est de 7 à 8 kilos.

Cela fait, on remet la filasse au grenier, en attendant la vente ou le ferrage. Ce ferrage est tout simplement l'opération du peigneur qui pilonne la filasse, la passe au peigne ou sérang et la divise en brin et en gros. Le bon chanvre forme deux tiers de brin qui est mis en poupée, et un tiers de gros qui est mis en quenouillée.

Dans la grande culture, au lieu de placer le chanvre au grenier, après le rouissage, on le porte au fourneau. Ce fourneau est un trou carré de 2m,30 de profondeur sur 3m,50 de largeur, ouvert dans le sol, et dans un endroit où se rencontre une dépression de terrain, au bord d'un chemin creux. Une ouverture est pratiquée dans la partie basse. A la partie supérieure, une claie en bois recouvre le fourneau, et un ouvrier spécial, le plus ordinairement le maître de la ferme, étend le chanvre sur cette claie et sur une épaisseur convenable pour qu'il puisse être desséché par un feu de chènevottes, entretenu avec prudence au fond du trou. On doit veiller à ce que le chanvre assez

chauffé soit retiré à temps et remplacé par de l'autre. La plus légère négligence peut occasionner l'incendie de tout ce qui recouvre la claie. Il ne faut pas oublier que le feu doit être entretenu par un ouvrier bien exercé à cette opération délicate. Sa position est aussi pénible que son poste est important. Ce travail, pour la provision de chanvre d'une ferme ordinaire, dure habituellement une journée entière.

Avant de procéder à cette dessiccation, on prend ses mesures; on s'assure du concours d'un grand nombre d'ouvriers des environs, hommes, femmes et jeunes gens qui exécutent le broyage de tout le chanvre dans le courant de la même journée, au fur et à mesure qu'on l'enlève de dessus la claie. Il n'y a point à se croiser les bras, la besogne est rude pour tout le monde, mais aussi cette besogne se termine par une grande fête. On fait grasse chère, et le cidre arrose les bons morceaux.

Emploi du chanvre. — Avec les faibles tiges qui se sont étiolées faute de soleil et faute d'aération, on fait des liens pour accoler les vignes aux échalas et maintenir les arbres palissés.

Le chanvre vert répand une forte odeur, désagréable pour la plupart des personnes qui n'y sont pas habituées, et à laquelle il est bon, paraît-il, de ne pas s'exposer trop longtemps. Cette odeur déplaît également aux insectes, car, à l'exception de la larve du sphinx atropos, aucun ne touche à cette plante. C'est pourquoi beaucoup de cultivateurs mettent les sommités feuillues du chanvre dans les tas de grains, afin d'en éloigner le charançon et l'alucite, mais le succès laisse ordinairement à désirer. On a conseillé de semer quelques graines de chènevis dans les vignes, pour contrarier l'eumolpe (écrivain), la pyrale et d'autres insectes nuisibles à cet arbrisseau; dans les plantations de choux, pour en éloigner les papillons et prévenir, par conséquent, les dégâts des chenilles. Quelques-uns disent s'en être bien trouvés; mais, pour notre compte, nos essais dans les plantations de choux n'ont abouti à aucun résultat satisfaisant. Il pourrait se faire qu'une forte infusion ou qu'une décoction de feuilles de chanvre nous rendît quelque jour des services. Il y aurait des expériences à entreprendre avec cette liqueur à l'endroit des pucerons, des altises, des chenilles et des larves de divers insectes. — Sur quelques points de l'Orient, on forme un mélange de feuilles de chanvre et de tabac, afin de se plonger dans un état particulier d'ivresse. C'est encore avec le chanvre que les Orientaux préparent le haschich, boisson enivrante qui provoque la gaieté et les rêves agréables.

Avec la filasse du chanvre, nous fabriquons du fil pour nos toiles de ménage, de la ficelle et de grosses cordes.

Avec la partie ligneuse de la plante, ou chènevotte, nous faisons des allumettes soufrées, au moins dans les localités où le teillage se pratique avec la main; et nous nous servons, pour activer le feu, des débris qui ne nous paraissent pas dignes d'être convertis en allumettes.

Le chènevis ou graine de chanvre nous donne

une huile à brûler médiocre, huile dont on se sert en outre pour les peintures grossières et pour la préparation de ce savon mou, très-employé dans le nord de la France et en Belgique sous les noms de *savon noir* et de *savon vert*.

Ce même chènevis est fort recherché de la volaille et des oiseaux de la famille des Fringilles, tels que moineaux, serins, chardonnerets, pinsons, bruants, bouvreuils, etc. On en donne de temps en temps aux poules afin de provoquer la ponte.

La médecine prépare une émulsion avec les graines de chanvre, et des cataplasmes en les écrasant.

Les tourteaux de chanvre ou résidus d'huilerie sont employés pour l'engraissement des bestiaux et aussi à titre d'engrais pour les terres. Dans ce dernier cas, on devrait toujours les appliquer aux terres à chènevières, afin de leur rendre ce qu'elles ont donné.

Dans ces derniers temps, les publications horticoles ont avancé, sous la garantie d'une signature honorable, que le *poussier de chanvre*, c'est-à-dire le résidu que l'on jette après le vannage, détruit sûrement les chenilles, et qu'il suffit pour cela d'en répandre une ou deux fois sur les plantes attaquées par ces insectes. Personnellement, nous n'avons dirigé aucun essai dans ce sens, mais l'assertion n'a rien d'invraisemblable, et, après tout, si la recette que nous reproduisons est efficace, nous regretterions de l'avoir omise; si elle ne l'est pas, il nous restera la satisfaction de n'avoir causé de préjudice à personne.

Les débris du battage, comme les boues du routoir, devraient constamment retourner à la chènevière sous forme d'engrais.

Le lin et le chanvre ne sont pas nos seules plantes textiles. — Le lin et le chanvre ne sont pas, en effet, nos seules plantes textiles, mais ce sont les seules qui aient de l'importance et que l'on cultive sur une grande échelle, et encore la production du chanvre tend-elle plutôt à diminuer qu'à s'étendre. On a proposé de retirer de la filasse du genêt, de la grande ortie et du sida abutilon. La chose est possible et même facile; seulement il serait bon de savoir si les prix de vente couvriraient les prix de revient. Ceci n'a pas encore été démontré.

2o PLANTES OLÉAGINEUSES.

NAVETTE (BRASSICA NAPUS SYLVESTRIS).

Les plantes que nous cultivons le plus habituellement pour en retirer l'huile, sont la navette, le colza, le navet, le pavot, la caméline et la moutarde. Le madia sativa s'est peu répandu; l'arachide ou pistache de terre, qui réussissait dans le département des Landes et dans le Midi, se rencontre bien rarement; le sésame d'Orient convient mieux à l'Égypte, à l'Italie et à l'Amérique qu'à la France.

Climat. — La navette est robuste et peu sensible au froid; toutefois les climats tempérés sont ceux qu'elle préfère.

Terres propres à la culture de la navette. — Cette plante, de la famille des Crucifères, réussit fort bien dans les terres médiocres de quelque nature qu'elles soient, tandis que le colza y réussit la plupart du temps fort mal. C'est une distinction importante à établir en faveur de la navette, qui a l'avantage, en outre, de pousser plus rapidement que le colza et de donner une huile de meilleure qualité. Ces considérations tendent à démontrer que l'on a peut-être tort de sacrifier la navette au colza, c'est-à-dire la qualité à la quantité.

Place de la navette dans les assolements. — On sème assez fréquemment la navette en tête de la rotation, sur une prairie rompue ou sur un terrain écobué, ou bien encore sur des éteules de céréales labourées de suite après la moisson. Ceci se rapporte à la navette dite *d'hiver*. Sa variété, ou sous-variété précoce, que nous appelons *navette d'été* ou *de printemps*, est employée souvent pour remplacer des navettes d'hiver ou d'autres récoltes détruites par les alternatives de gelée et de chaleur des mois de février et de mars. Après une bonne navette, on obtient d'ordinaire un bon froment. C'est le contraire quand la navette n'a pas réussi.

Engrais qui conviennent à la navette. — On ne fume pas la navette semée sur un gazon rompu ou sur une terre écobuée; mais, dans tout autre cas, on doit la fumer copieusement. Le fumier de mouton, les boues de mares bien ressuyées et mélangées avec un dixième de chaux éteinte, les composts de terre, cendres de bois, plâtras arrosés d'eaux de fumier, de lessive et de savon, les chiffons de laine mouillés d'eau salée, sont les engrais qui conviennent le mieux à la navette.

Labours préparatoires. — Il est rare que l'on se donne la peine de préparer convenablement le terrain destiné à la navette. Deux ou trois labourages, quand on a du temps devant soi, lui seraient bien avantageux; cependant la terre n'en reçoit le plus souvent qu'un seul.

Choix des semences de navette. — La bonne graine n'est pas commune. Pour l'avoir toujours d'excellente qualité, il faudrait, pendant le cours de la végétation de la plante, marquer un certain nombre de sujets vigoureux sur la lisière ou bordure du champ, les isoler par un éclaircissage des pieds trop rapprochés, les laisser en place quelques jours de plus que l'ensemble de la récolte, les enlever le matin à la rosée, lorsque les siliques menacent de s'ouvrir, et les placer à l'ombre et à l'air pour que la maturation s'y achève. Avec ces précautions, on obtiendrait une bonne semence et des produits vigoureux, qui se montreraient moins sensibles que les tiges chétives et souffreteuses aux brusques variations de température. La graine de navette perd très-vite sa faculté germinative ; en sorte qu'on se trouve toujours bien de semer celle de l'année et de la conserver dans ses balles ou débris de siliques en attendant les semailles. C'est un moyen de la tenir constamment aéré et de prévenir l'échauffement.

Semailles de la navette. — On sème la navette d'hiver au mois d'août, et même en septembre, à raison de 4 à 5 kilogrammes de graine par hectare ; on sème la navette d'été ou de printemps à partir du 15 avril jusqu'au 15 juin. Deux mois et demi environ après les semailles, cette dernière est bonne à récolter. On recouvre la graine avec le dos d'une herse légère, ou mieux avec des fagots d'épines ; puis, si la terre est légère, on roule énergiquement.

Soins à donner à la navette pendant sa végétation. — La navette doit être éclaircie quinze jours ou trois semaines après sa levée, puis binée au moment où les boutons commencent à se montrer.

Maladies et ennemis de la navette. — Nous ne craignons pour la navette que les altises et les petits oiseaux.

Récolte de la navette. — Dès que les siliques sont en majeure partie jaunes, ce qui arrive ordinairement en juin, pour la navette d'hiver, dans nos climats tempérés, et en juillet plus au nord, on procède à la récolte à l'aide de la faucille, et autant que possible par la rosée, afin de ne pas l'égrener. Les uns la déposent par brassées ou javelles sur des liens étendus à terre, la lient le lendemain matin, mettent les bottes en petites meules et ne l'enlèvent qu'au bout de cinq ou six jours pour la transporter à la ferme, où on la bat aussitôt. Les autres la laissent sans la lier une semaine en javelle, puis ils nettoient une place sur le champ, y étendent un grand drap et exécutent le battage en plein air. On apporte la navette aux batteurs dans de grandes toiles fixées

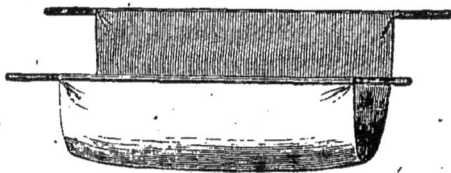

Fig. 395.— Civière pour transporter les petits meulons de navette.

par leurs angles à deux perches, en manière de civière. Quand le battage est terminé, on secoue les siliques et les débris de tiges avec des fourches en bois, puis on lance brusquement ces mêmes pailles contre une planche inclinée de 1m,30 de longueur sur 60 centimètres environ de largeur. La graine restante s'arrête contre cette planche et les menues pailles passent par-dessus. On crible ensuite grossièrement la graine, on la met en sacs et on la transporte à la ferme pour achever

l'opération. Pour que le battage ait lieu en plein air, il faut que le temps soit très-favorable ; le battage à la grange donne, en fin de compte, moins d'inquiétude.

Pour conduire la navette à la ferme, il faut se servir de voitures, charrettes ou chariots soigneusement garnis de toiles, charger avec précaution, les siliques en dedans, et par conséquent le gros bout des tiges en dehors, dès qu'on arrive au-dessus des ridelles.

On peut conserver la navette en meules et ne la battre qu'au moment de la vendre. La graine a alors meilleure mine et plus de poids que lorsqu'elle a été battue plusieurs mois à l'avance. Cette graine est prompte à fermenter ; aussi doit-on la surveiller de près au grenier, la remuer souvent, la changer de place, l'aérer le mieux possible.

La navette d'hiver rend, par hectare, de 20 à 30 hectolitres de graines ; celle de printemps n'en rend que 15 à 20. Cette graine produit environ un dixième moins d'huile que celle de colza, dont nous allons vous entretenir ; mais elle est incontestablement de meilleure qualité.

Emploi de la navette. — Nous savons déjà que la navette en vert constitue un excellent fourrage de printemps. Les jeunes feuilles de la navette, préparées de la même manière que celles des choux, peuvent servir à l'alimentation de l'homme, et y servent plus souvent qu'on ne le pense ; mais c'est principalement par son huile que cette crucifère se recommande. Cette huile n'est pas seulement convenable pour l'éclairage et la fabrication des savons verts, on l'emploie assez souvent aussi dans nos villages pour les besoins de la cuisine, tandis que l'huile de colza n'est pas mangeable. Les tourteaux sont consommés par le bétail ou employés comme engrais. Les siliques de navette, vannées pour les séparer de la poussière, arrosées d'eau chaude pendant quelques heures ou cuites avec les racines fourragères, conviennent très-bien pour l'alimentation des vaches. P. J.

COLZA (BRASSICA OLERACEA CAMPESTRIS).

Historique. — Nous n'avons sur le colza que des documents fort incomplets. Olivier de Serres, qui a parlé assez longuement de la navette, n'a rien dit du colza, sans doute parce que cette plante oléagineuse lui était inconnue. Noël Chomel, dans la première moitié du dix-huitième siècle, dit que la navette était appelée *colza* en Flandre ; Philippe Miller confond également ces deux espèces distinctes. Cependant, vers 1760, l'*Agronome* mentionne l'existence du colza en ces termes : — « C'est une espèce de chou champêtre, assez semblable à la navette, mais dont la graine est plus noire et plus grosse, et que l'on cultive différemment. On le sème à la main dans une bonne terre grasse et humide, bien labourée, et sur laquelle on passe ensuite la herse. On donne le colza en vert aux bestiaux depuis septembre jusqu'en décembre, et il n'en repousse pas moins.

Le colza engraisse les vaches : on le coupe au mois de juillet, et on en fait le même usage que de la

Fig. 397. — Fleur du colza.

Fig. 396. — Colza. Fig. 398. — Fruit du colza.

navette ; mais son huile sent davantage. » Ainsi, d'après l'auteur de ce livre, on cultivait de son temps le colza pour le faucher en vert dans l'arrière-saison et lui demander une récolte en graines l'année suivante. Si ce mode de culture a réellement existé, il a tout à fait disparu de nos jours.

Le colza paraît avoir été cultivé d'abord dans les Pays-Bas, et c'est de là qu'il est arrivé dans notre Flandre française. Il y était cultivé avec succès et sur une assez grande échelle, à l'époque de la première révolution ; mais on ne le rencontrait alors que fort exceptionnellement sur les autres parties du territoire. Le colza était si peu connu à Paris, que Villeneuve écrivait, le 29 thermidor an II, aux administrateurs du département d'Eure-et-Loir : — « J'ai oublié dans vos demandes, un article qui peut vous être agréable, c'est la graine de colza, espèce de chou qu'on cultive en Flandre, en Hollande, en Angleterre, pour les apprêts de toiles fines et pour faire le savon mol, avec lequel on blanchit les toiles et linge de ménage. Je vous conseille d'en semer et de demander de la graine pour cinquante arpents ; vous aurez, en l'ayant, le temps de demander des renseignements sur sa culture, le moulin, la quantité d'huile par quintal, le mode d'en faire du savon, les occasions de l'employer. En tout, c'est une richesse de plus pour votre agriculture. Je l'ai classée dans l'assolement des graines rondes. »

Les administrateurs du département durent écouter la recommandation ; ils avaient d'excellentes raisons pour cela. Quelque temps après, ils écrivaient à Villeneuve : — « La commune de Chartres manque absolument d'huile à manger et d'huile à brûler. Deux commissaires, nommés par les corps administratifs, vont se transporter à Lille, afin de s'en procurer une quantité suffisante pour approvisionner cette commune. »

Cette disette d'huile ne s'observait pas seulement dans la Beauce, et tout porte à croire qu'elle a plus contribué à la propagation du colza que les conseils les plus pressants. Le fait est qu'une quinzaine d'années plus tard, le colza n'était déjà plus un inconnu et qu'on le cultivait sur un grand nombre de points ; mais seulement par parcelles, dans le proche voisinage des maisons d'habitation, sur des terrains labourés avec la bêche et soignés tout particulièrement. On supposait alors que cette plante ne s'étendrait point vers les provinces méridionales, parce qu'on la croyait très-sensible aux sécheresses. Elle est, en effet, plutôt une plante du Nord que du Midi ; mais elle n'a point précisément la délicatesse qu'on lui soupçonnait. Partout où les choux réussissent, le colza réussit. En 1861, année de sécheresse s'il en fut, nous avons vu de magnifiques récoltes de cette oléagineuse dans le Lot-et-Garonne. Presque partout, le colza s'est substitué à la navette.

Climat. — Nous le répétons, le Nord est plus favorable au colza que le Midi ; notre département du Nord, la Belgique et l'Allemagne sont et seront toujours les contrées privilégiées de cette culture, mais il n'en est pas moins vrai qu'on lui accorde de larges espaces sur la plus grande partie de notre territoire.

Terres propres à la culture du colza. — Cette plante affectionne les terres riches, profondes, bien fumées et bien ameublies, mais elle s'accommode assez bien aussi de terrains médiocres, sablo-argileux ou schisteux, pourvu qu'ils soient sous des climats humides. Plus on se rapproche du Midi, plus nécessairement la terre qu'on lui destine doit être fraîche ; plus on se rapproche du Nord, plus la terre doit être poreuse et plus les champs argileux doivent être assainis. Il est évident, par exemple, que les terrains du Luxembourg belge ou des Campines, où l'on récolte de beaux colzas, n'en produiraient que de très-chétifs, ou n'en produiraient même pas dans la Bourgogne ou dans le Bordelais. Défiez-vous dès terrains trop mouillés et de ceux qui sont trop secs.

Place du colza dans les assolements. — La place qui lui convient le mieux est sur gazon rompu, ou bien après le lin, les pommes de terre, les vesces d'hiver, la jachère, le froment, l'avoine ou l'orge d'hiver. En Belgique, nous avons vu des colzas bien remarquables sur défrichements de bruyère.

On a cru que le colza pouvait se succéder plusieurs années de suite et revenir sur lui-même à de courts intervalles ; aujourd'hui, cependant, on commence à reconnaître que ces successions rapides finissent par ruiner le sol et amoindrir les récoltes, surtout lorsqu'on ne restitue pas au terrain les pailles, siliques et tourteaux de cette crucifère. Dans le département du Nord, on a quelque peu abusé de la culture du colza ; mais les cultivateurs français qui, sous ce rapport, ont le plus de reproches à s'adresser, sont, sans contredit, ceux de la plaine de Caen. A cette heure, il n'est pas difficile de trouver dans la Normandie, même ailleurs qu'aux environs de Caen, des champs autrefois très-productifs en colza, tellement fatigués qu'ils refusent d'en porter. La leçon est rude, trop rude même ; tâchons de nous en consoler, en espérant qu'elle ne sera point perdue pour tout le monde. Il serait à désirer que le colza ne revînt à la même place qu'après un intervalle de cinq ou six ans au moins, et qu'on n'oubliât pas de rendre au sol les résidus du battage et les tourteaux, soit directement, soit après en avoir nourri le bétail de l'exploitation.

Engrais qui conviennent au colza. — Nous venons de citer les pailles et les tourteaux, c'est-à-dire les débris et résidus de la plante récoltée ; c'est, en effet, l'engrais le plus naturel, le plus convenable en pareil cas ; seulement il importe de favoriser préalablement la décomposition de ces pailles, afin d'en rendre la substance assimilable, et, pour cela, nous pensons que le mieux est de les mêler aux litières des animaux ou de les broyer et de les faire macérer plusieurs mois dans le purin de la basse-cour. A cet engrais, ajoutons le fumier de mouton, les chiffons de laine, les matières fécales, les cendres de bois ou de tourbe, la vase ressuyée des mares et des étangs, les composts de gazon et de chaux, les décombres, le plâtre, et nous connaîtrons les engrais qui conviennent le mieux au colza. Le plus souvent, à défaut de ces substances, on se sert tout simplement du fumier de ferme ordinaire et du purin, qui ne sont pas à dédaigner sans doute, mais avec lesquels on n'aurait pas des résultats aussi soutenus qu'avec les engrais de prédilection que nous venons d'énumérer. Chaque fois que l'on emploie le purin, on ferait bien de lui associer le sel marin qui est avantageux à toutes les espèces et variétés de choux. Or, le colza est une de ces espèces.

Labours préparatoires. — Le colza exige une terre parfaitement ameublie ; donc, il est essentiel de l'amener à cet état par des labours profonds et des hersages. Deux ou trois labours ne sont pas de trop.

Choix des semences de colza. — Comme pour la navette, il est à désirer que la graine de colza, destinée à la reproduction, mûrisse un peu plus sur pied que la graine destinée à faire de l'huile. Au moment de la récolte, on devra donc réserver les plus beaux pieds, surtout ceux de la lisière, et les laisser encore quelques jours à demeure. On aura soin nécessairement de les couper par la rosée, afin de diminuer les chances de perte par l'égrenage, puis on les placera de suite sur de larges draps. Ces précautions prises, il n'y aura plus qu'à transporter les semenceaux à la ferme, à les mettre à l'ombre, sous un hangar aéré, à les battre, à conserver la graine dans les débris de ses siliques, à la visiter souvent au grenier, et à la remuer avec la pelle de bois, afin de prévenir l'échauffement.

Une remarque essentielle vient naturellement se placer ici. Ce que nous venons de dire s'applique aux colzas repiqués ; mais, comme, dans certaines localités, on se contente de les semer à demeure afin de n'avoir pas à les transplanter, on devra, lorsque les jeunes plantes auront de 10 à 15 centimètres, en arracher un certain nombre des plus belles et les transplanter sur quelque coin de terrain à titre de semenceaux.

Semailles du colza. — Notons d'abord que le colza d'hiver, ou *colza froid*, a produit une sous-variété nommée *colza de printemps* ou *d'été*, et aussi *colza chaud*, et que l'époque des semailles n'est pas la même pour l'un que pour l'autre ; puis, rappelons-nous encore ce que nous disions quelques lignes plus haut, à savoir qu'on sème cette plante tantôt à demeure, tantôt en pépinière pour la repiquer ensuite.

En ce qui regarde le colza d'hiver, destiné à rester en place, on le sème du 15 juillet au 15 août, à la volée, et à raison de 7 kilos et demi de graines par hectare, ou bien en rigoles, distantes de 32 centimètres environ, et à raison de 4 ou 5 kilos.

Si le colza d'hiver doit être repiqué, on le sème en juin et juillet en pépinière pour le repiquer en septembre ou au commencement d'octobre. Une pépinière de colza faite en lignes espacées de 40 centimètres, fournit du plant pour une étendue trois fois plus considérable que la pépinière. En rapprochant les lignes à 24 centimètres, un hectare de pépinière couvrirait près de 4 hectares transplantés.

On ne doit semer le colza que sur bon labour, bonne fumure et à la suite de hersages pratiqués dans tous les sens, soit qu'il s'agisse d'une pépinière, soit qu'il s'agisse d'un semis à demeure. Souvent même, dans le nord, on ne se contente pas du fumier ordinaire, en arrose encore avec de la courte-graisse la terre destinée à une pépinière, ou bien on attend la levée des plantes pour leur appliquer cette seconde fumure.

Transplantation du colza. — On repique le colza à la charrue, à la bêche ou au plantoir. Le premier mode de repiquage est le plus expéditif, et présente en outre un avantage dont nous allons vous entretenir. Cet avantage particulier,

Fig. 399. — Jeune plant de colza.

selon nous, consiste en ce que les plantes à repiquer se trouvent très-inclinées, presque couchées en travers de la raie, situation favorable à la production de la graine. Beaucoup de vieux jardiniers sont dans l'usage de coucher pour ainsi dire toutes leurs racines de porte-graines, persuadés que cette position plus ou moins horizontale est plus favorable à la fructification que ne le serait une position verticale. Nous pensons qu'en effet il en est ainsi. Par ce procédé, la tige forme un angle avec la racine; la séve circule moins vite à cause de la courbe, la fructification se fait mieux et la graine prend plus de volume. On croit avoir remarqué aussi qu'il était utile de couper l'extrémité des racines du colza avant de le repiquer, et l'on assure que les cultivateurs de la plaine de Caen s'en trouvent très-bien. A ce propos encore, on rapporte que des essais comparatifs furent faits par M. Bella père, ancien directeur de l'École de Grignon, et qu'après avoir coupé la moitié de la racine de ses plantes de colza, il obtint plus de graine, et de la graine plus grosse et plus lourde qu'avec les racines entières.

Lorsque le repiquage se fait avec la charrue, on amène sur le terrain la quantité nécessaire de plantes à transplanter, et l'on en forme de petits tas de distance en distance. Puis, le laboureur ouvre des sillons, et des femmes ou des enfants déposent ces plantes de deux raies en deux raies et à 15 ou 20 centimètres environ l'une de l'autre. A son retour, la charrue les recouvre de manière à ne laisser passer que les fanes. Le repiquage à la bêche n'a lieu que dans la petite culture des Flandres; on met dans chaque fosse une ou deux plantes. Le repiquage au plantoir est assez ordinairement pratiqué dans le nord de la France, et l'*Agriculture française* en parle en ces termes : « Un ouvrier, muni d'un plantoir à deux branches, fait ces trous à 13 centimètres les uns des autres, dans les lignes qui sont distantes entre elles de 32 centimètres; trois enfants ou jeunes filles suivent chaque planteur, posent le colza dans les trous et appuient avec soin la terre avec le pied. Cette précaution est regardée comme essentielle, car lorsque les trous sont bien bouchés, on obtient plus de produit. On choisit de préférence le plant qui a 16 centimètres de hauteur; mis en terre, il ne sort que de 10 centimètres, et l'on n'aime pas qu'il soit trop haut avant l'hiver, pour que la neige puisse le recouvrir complètement, et que le vent ne le déchausse pas. Quinze jours ou trois semaines après le repiquage, lorsque les plantes ont bien repris, on *palote* la pièce : un homme armé d'un louchet (bêche) creuse, de toute la longueur du fer, les *ruottes* (sentiers) qui divisent le terrain en planches; les ruottes sont larges, tantôt deux fois, tantôt trois fois comme le fer du louchet; l'ouvrier place la terre qui en provient entre les lignes de colza. Certains cultivateurs, lorsque le sol n'est pas assez riche, répandent des tourteaux immédiatement avant de paloter. On trouve que, mis à la main au pied des colzas, ils produisent plus d'effet que si on les semait à la volée. Au premier printemps, la terre, extraite des ruottes et déposée par mottes entre les lignes, est écrasée avec de petites houes. Cette opération, qui a surtout pour but de rechausser la plante, est souvent précédée par une fumure de tourteaux qu'on met au pied des colzas. Si le sol est sali par les mauvaises herbes, on donne un sarclage à la main ou un binage à la houe; quelquefois encore, comme à Douai, un ouvrier approfondit de nouveau les ruottes et palote une seconde fois. »

Dans les localités où il est d'usage de semer à demeure, soit à la volée, soit en rayons, il va sans dire qu'on recouvre la graine avec la herse ou avec des épines. Puis, si la terre est légère et le temps à la sécheresse, on roule l'emblave. Nous connaissons même des cultivateurs qui emploient le rouleau de bois sur les colzas repiqués aussitôt que la reprise du plant est assurée.

Soins à donner au colza d'hiver pendant sa végétation. — Ces soins consistent en sarclages et en binages. Quand la terre est propre, on sarcle et l'on éclaircit avant l'hiver, s'il a été semé en place; on sarcle de nouveau à la sortie de l'hiver, et l'on bine dans la seconde quinzaine de mai; quand, au contraire, la terre laisse à désirer au point de vue de la propreté, et soit qu'il y ait eu semis à demeure ou transplantation, on multiplie ces opérations. Ainsi, dans l'arrondissement d'Hazebrouck, on donne jusqu'à cinq et six binages au colza, même au colza de jachère, et il y pousse des tiges si fortes, qu'on est obligé, pour les couper, de se servir d'une serpe au lieu de faucille.

Semailles du colza d'été et soins à lui donner. — Cette sous-variété du colza précédent est moins rustique et moins productive que le type. On l'emploie dans les contrées trop maltraitées par le froid, ou lorsque l'hiver a détruit des récoltes qu'il faut remplacer. On donne une bonne fumure, deux labours au printemps, des hersages en tous sens, et l'on sème dans le courant de mai, à la volée ou en lignes. On recouvre avec le dos de la herse, ou avec des fagots d'épines, et on roule. Quant aux soins d'entretien, ils sont exactement les mêmes qu'avec le colza d'hiver.

Maladies et ennemis du colza. — Nous ne redoutons pour les colzas que les brusques variations de température à la sortie de l'hiver; elles les font beaucoup souffrir et les détruisent de temps en temps. Quand les feuilles seules sont attaquées, on ne doit pas désespérer; le mal n'est irrémédiable que lorsque la pourriture gagne le cœur de la plante. Le colza qui lève en temps de sécheresse, est fréquemment envahi par les altises; c'est le sort de toutes les crucifères. Si la pluie ne vient pas les en délivrer, il faut ou cendrer, ou chauler, ou semer de la terre brassée avec du goudron de houille. « A l'époque de la floraison du colza, dit Schwerz, on voit apparaître tout à coup des myriades d'insectes tels que les *cicindèles* et les *scarabées* à trompe, dont les ravages peuvent être terribles. Le scarabée à trompe dépose ses œufs dans la fleur, et les larves qui en éclosent commencent par se nourrir avec la poussière fécondante des étamines; puis, lorsque celle-ci est absorbée, elles attaquent la fleur elle-même. » Nous ajouterons que les limaces attaquent les jeunes feuilles, que les petits oiseaux et les tourterelles sont très-avides de la graine de colza, et qu'il est utile de surveiller de près cette récolte à l'approche de la maturité.

Récolte du colza. — L'époque de la maturité varie nécessairement avec les climats ; elle n'est pas la même non plus pour les deux sortes de colza. Le dernier semé mûrit plus tardivement que le premier.

Dans le midi de la France, le colza d'hiver mûrit dans la seconde quinzaine de mai ; dans le nord, on ne le récolte que vers la fin de juin ou au commencement de juillet, lorsque les deux tiers des siliques environ sont jaunes. Sur les points élevés de la Belgique, il faut attendre la fin de juillet ou le commencement d'août. Si les tiges sont d'un volume ordinaire, on les coupe avec la faucille ; mais lorsqu'elles sont très-grosses, on est obligé de recourir à l'emploi de la serpe. Pour tout ce qui concerne d'ailleurs cette récolte, nous renvoyons le lecteur à ce que nous avons dit de la récolte, du transport et du battage de la navette ; les opérations sont rigoureusement les mêmes.

Dans les Campines belges cependant, les procédés de récolte du colza ont un caractère particulier qui nous oblige à reproduire ce que nous en avons dit en traitant de l'*Agriculture dans la Campine*. « Dès que le colza est coupé, on le met en meulons, puis sur certains points, et notamment dans le canton de Hoogstraeten, on place ces meulons sur deux fagots de ramilles. Les siliques des tiges qui forment la base, sont nécessairement dirigées vers le haut, tandis que celles des tiges qui recouvrent, sont vers le bas ; autrement dit, les plantes sont placées tête contre tête, les meulons se terminant en pointe, après quoi, on les recouvre d'un capuchon de paille. C'est dans cet état que s'achève la maturation de la graine. Lorsqu'il s'agit de procéder au battage, on passe deux bâtons de 2 à 3 mètres de longueur sous ces fagots, de façon à former brancard, puis deux hommes enlèvent fagots, colza et toiture, et emportent ainsi le tout sur l'aire de la grange où le battage s'opère. » Ce procédé n'est pas à recommander.

Aux environs de Lille, et en temps ordinaire, l'hectare de colza rend un peu plus de 30 hectolitres de graines. Du côté de Douai, on ne dépasse guère 25 hectolitres ; en Belgique, le rendement varie également entre 25 et 30 hectolitres dans les bonnes terres.

Le produit du colza de printemps ou d'été, que l'on appelle aussi *colza chaud* ou *colza demi-froid*, est inférieur aux chiffres qui viennent d'être cités. Quand on obtient 15 ou 16 hectolitres par hectare, on doit être satisfait.

Le rendement en huile diffère également : 100 kilogr. de graine de colza d'hiver rendent 39 kilogr. d'huile, tandis que 100 kilogr. de graine de colza de printemps ne rendent que 33 kilogr. seulement.

Dans ces dernières années, on a beaucoup parlé d'une nouvelle race de colza d'hiver, à laquelle on a donné le nom de *colza parapluie*, à cause de ses rameaux retombants. On le dit très-productif. Ac-

cordons-lui le temps nécessaire pour bien faire ses preuves.

Emploi du colza. — En vert, nous le savons déjà, il fournit au cultivateur un fourrage précoce. Sa graine nous donne une huile plus abondante que celle de la navette, mais tout à fait impropre aux usages de la table, tandis que l'huile de navette est mangeable à la rigueur, quoique d'une saveur *extravagante*, pour nous servir de l'heureuse expression d'Olivier de Serres. L'huile de colza n'est utilisée que pour l'éclairage et dans l'industrie. Les tourteaux de colza servent à l'alimentation des animaux et au fumage des champs. Les siliques ramollies par l'eau et mêlées aux fourrages cuits, sont mangées par les vaches. Les pailles, après le battage, peuvent servir de litière, mais dans les localités où le bois de chauffage est rare, on s'en sert, ainsi que des souches, pour chauffer le four.

NAVET (BRACISSA NAPUS).

Sous certains climats, et plutôt dans les contrées froides que dans les contrées douces, les navets, semés tardivement, se maintiennent assez bien durant les hivers, parce que leurs racines sont à peine développées. On peut alors les éclaircir, les sarcler au printemps et les laisser monter à graines. Ces navets se trouvent ainsi convertis en plante oléagineuse. Nous avons vu dans l'Ardenne belge, dans le canton de Nassogne et même dans le canton de Sibret, de superbes champs de navets, cultivés pour leur graine. Lorsqu'on demande de l'huile aux navets au lieu de racines, il faut les semer dans le courant du mois d'août. Plus tôt, ils acquerraient trop de développement, et traverseraient difficilement la saison rude ; plus tard, ils n'auraient pas le temps de prendre assez de force pour résister aux grands froids.

On a essayé également de cultiver le chou-navet ou rutabaga pour ses graines. « Le navet de Suède, écrit Schwerz, mérite l'attention parmi les plantes oléagineuses cultivables, parce qu'il donne de la bonne huile, en grande quantité, et qu'il craint peu la gelée. Dès essais faits en grand ont produit des récoltes supérieures à celles du meilleur champ de colza. Mais comme la racine commence à pourrir aux approches de la maturité de la graine, qu'elle éclate et que les tiges les plus faibles tombent, il faut, auparavant, par des semis répétés, arriver à créer une variété à racines plus durables. »

Crud n'est pas de l'avis de Schwerz ; il tient l'huile de rutabaga pour inférieure en quantité et en qualité à celle de colza.

Pour ce qui concerne la création d'un rutabaga à racine durable, nous pensons qu'il suffirait de prendre la graine sur des semenceaux non transplantés et de la semer en août. C'est par les repiquages et les cultures forcées en riche terrain que nous affaiblissons nos races de racines ; du moment où nous ne les éloignons pas trop de l'état de nature, elles conservent une robusticité remarquable, au moins dans un grand nombre d'espèces et variétés.

CAMÉLINE (MYAGRUM SATIVUM).

Pour en finir avec les Crucifères oléagineuses, il ne nous reste plus qu'à parler de la caméline et de la moutarde.

La caméline, qu'on nomme improprement *Camomille*, est une petite plante que Schwerz a, selon nous, trop dédaignée et qui mérite un bon accueil des cultivateurs. Elle n'est précisément difficile ni quant aux climats, ni quant aux terrains ; cependant elle est peu répandue ; nous ne la rencontrons guère que dans la Somme, le Pas-de-Calais et le Nord, où elle remplace d'ordinaire des récoltes manquées. Elle a le double mérite de réussir sur des terrains qui ne conviennent pas à nos autres plantes oléagineuses et d'arriver à maturité en trois ou quatre mois, en sorte qu'elle pourrait donner sur quelques points deux récoltes par an. C'est ce qui faisait dire à Parmentier : — « On a lieu d'être étonné, formalisé même qu'elle ne soit pas plus généralement cultivée. » On reproche à l'huile de caméline sa mauvaise odeur ; en effet, elle a une odeur d'ail très-désagréable, à l'état frais, mais il serait juste de reconnaître qu'elle la perd assez

Fig. 400. — Caméline.

vite et qu'au bout de quelque temps, on peut s'en servir, à la rigueur, pour la préparation des fritures. Nous croyons que son principal tort est son infériorité dans les apprêts des tissus.

On dispose le sol par deux labours préparatoires et deux hersages ; puis, au bout de quelques jours de repos, à partir du mois d'avril jusqu'en juin, on sème la caméline à la volée, à raison de 4 à 5 kilogrammes de graine par hectare. Cette graine triangulaire, jaunâtre, est très-menue ; aussi faut-il, pour la répandre convenablement, la mêler à du sable fin. On l'enterre ensuite avec le revers de la herse, ou avec des fagots d'épines. Dans les terres très-légères, on se trouve bien d'un roulage énergique après le semis. Souvent on sème du trèfle avec la caméline ; M. de Dombasle conseillait de lui associer la moutarde blanche qui mûrit en même temps qu'elle. Ce mélange des deux oléagineuses augmente le produit. La caméline demande à être éclaircie de manière à ce qu'il y ait des intervalles de 15 à 16 centimètres entre les tiges. Cette plante est très-épuisante.

Selon qu'on l'a semée tôt ou tard, la caméline est bonne à récolter en juillet ou en août, quand ses fruits jaunissent. « Les circonstances qui accompagnent la récolte, varient, dit Bosc. Dans quelques cantons, on l'arrache et on la laisse en tas sur le champ même, dans une place bien nettoyée et bien battue. Dans d'autres, on la met sur des toiles et on la transporte à la maison, où elle est déposée dans la grange. Au bout de quelques jours, lorsqu'on juge que sa maturité s'est complétée, on bat avec un bâton ou un fléau. Sa faculté germinative ne dure qu'un an. »

100 kilogr. de graine de caméline rendent, selon M. Gaujac et M. Boussingault, de 27 à 30 kilogr. d'huile à brûler, moins fumeuse que l'huile de colza. Schwerz nous apprend qu'avec les tiges de cette plante on peut faire de bons balais, et que quelques personnes en nourrissent le bétail. Les tourteaux servent à fumer les terres.

MOUTARDE BLANCHE ET NOIRE (SINAPIS ALBA ET NIGRA).

Ces deux crucifères donnent une huile qui a beaucoup de rapports avec l'huile de navette,

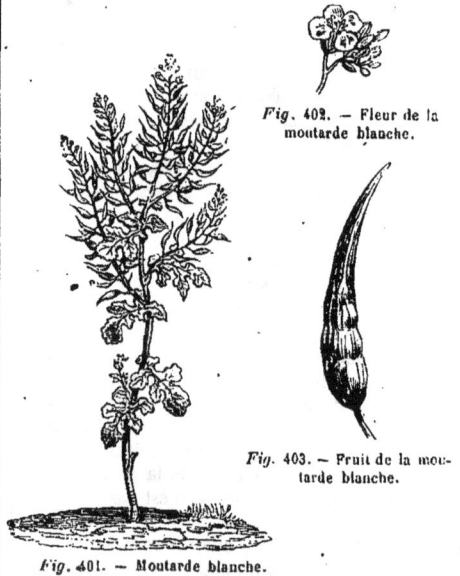

Fig. 402. — Fleur de la moutarde blanche.

Fig. 403. — Fruit de la moutarde blanche.

Fig. 401. — Moutarde blanche.

mais à ce point de vue leur culture n'est guère avantageuse. Cette culture se fait rigoureusement comme celle du colza de printemps, et la récolte exige les mêmes soins ; c'est dire, en deux mots, qu'il faut à la moutarde un bon terrain, une bonne fumure, de bons labours préparatoires, des sarclages et binages, des précautions contre les oiseaux que ses graines affriandent, et de l'attention pour éviter l'égrenage. « La moutarde blanche, écrit Schwerz, a, comme graine oléagineuse, quelque mérite : c'est une plante rustique, qui ne craint pas les insectes, mais qui souffre souvent de la nielle. Bien que sa graine s'obtienne facilement au battage, elle ne tombe pas par les vents les plus forts ; elle n'a donc pas le désavantage de la moutarde noire qui se ressème malgré le cultivateur. Elle ne mûrit que quinze à seize semaines après la semaille qui doit suivre toujours celle des céréales de printemps.

Fig. 405. — Fleur de la moutarde noire.

Fig. 406. — Fruit de la moutarde noire.

Fig. 404. — Moutarde noire.

Cette plante verse aisément, à cause de la pesanteur de sa couronne, mais sans en éprouver aucun préjudice. La graine donne beaucoup d'huile qui ne peut être employée à la nourriture de l'homme, mais très-bien être utilisée à tous les autres besoins domestiques. » Nous devons rappeler ici que M. de Dombasle a recommandé de semer la moutarde blanche avec la caméline, au printemps.

Quoi qu'il en soit, c'est surtout à titre de plantes fourragères, médicinales et condimentaires que les moutardes sont cultivées. La graine de moutarde blanche est utilisée par la médecine, mais ses propriétés ont été fort exagérées par le charlatanisme commercial. Les fabricants de moutarde en emploient des quantités considérables qu'ils broient avec du vinaigre ou du verjus. Les moutardes au verjus sont les plus estimées, comme l'on peut s'en convaincre d'après la réputation dont jouissent celles du département de la Côte-d'Or, et notamment les moutardes de Dijon, Beaune et Nuits. On pourrait croire, d'après ce renom séculaire, que la plante qui fournit cette graine, occupe une grande étendue en Bourgogne; il n'en est rien cependant; nous ne l'avons vu cultiver que très-exceptionnellement dans les forêts, sur les places de fauldes, où elle réussit parfaitement.

La moutarde noire, plus productive que la précédente, est rarement cultivée pour son huile. On se sert principalement de sa graine pour la préparation d'un condiment de qualité inférieure, et plus souvent pour faire des sinapismes. Elle exige encore une terre plus riche que la moutarde blanche. Elle rend de 14 à 15 hectolitres par hectare. On bat les moutardes avec des baguettes; le fléau écraserait leurs graines.

PAVOT (PAPAVER SOMNIFERUM).

Le pavot est originaire de l'orient et du midi de l'Europe. Il appartient à la famille des Papavéra-

Fig. 408. — Fleur du pavot.

Fig. 409. — Fruit du pavot.

Fig. 407. — Pavot.

cées et comprend plusieurs variétés qui sont : 1° le *pavot ordinaire* ou *noir*, dont les têtes s'ouvrent à la maturité; 2° le *pavot aveugle*, dont les têtes ne s'ouvrent pas; 3° le *pavot blanc*, à fleurs et à graines blanches, à capsules ou à têtes fermées comme celles du précédent. Ce dernier n'est guère cultivé que pour les besoins de la médecine; le *pavot noir*, quoique exposé à perdre sa graine par les ouvertures de ses capsules, est plus estimé pour ses produits que le *pavot aveugle*. On le cultive donc de préférence à ce dernier dans les départements du nord de la France, en Belgique et en Allemagne.

Le pavot est connu sous le nom d'*œillette*, d'*oliette*, et en Bourgogne sous celui d'*olivette*. Empressons-nous d'ajouter qu'il est rare de l'y rencontrer. Nous nous souvenons d'en avoir vu un échantillon de peu d'importance, dans la maison paternelle; il y a bien de ceci une quarantaine d'années. Depuis lors, toute trace de pavot a disparu de nos plaines. Il y a quinze ou vingt ans, nous l'avons retrouvé encore sur les places de fauldes, dans certaines forêts des montagnes de la Côte-d'Or, où il constituait les petits profits des gardes; mais ces emblaves de quelques mètres en longueur et en largeur, ne valent guère la peine qu'on s'y arrête.

Climat. — Bien qu'originaire des pays chauds, le pavot s'accommode très-bien des climats du Nord. Nos pavots de parterre le prouvent, car la graine qui se sème d'elle-même, lève dans l'arrière-saison et traverse les hivers les plus rudes, il y a donc lieu de croire que l'œillette est cultivable par toute la France.

Terres propres à la culture du pavot. — Cette plante oléagineuse se plait dans les terres riches et parfaitement ameublies.

Place du pavot dans les assolements. — A titre de plante sarclée, le pavot est bon à mettre en tête d'une rotation. Il réussit très-bien sur gazon rompu de trèfle ou de luzerne et après les légumineuses, et prépare on ne peut mieux le sol pour la culture des céréales.

Engrais qui conviennent au pavot. — Ses propres tourteaux, les cendres vives de bois et, à défaut de celles-ci, la charrée, le fumier de ferme enfin, lorsqu'il est très-pourri, sont les engrais qui donnent les meilleurs résultats.

Labours préparatoires. — La terre doit être divisée avec le plus grand soin ; ainsi un labourage avant l'hiver, un labourage à la sortie de l'hiver et un hersage en tous sens sont de rigueur.

Choix des semences de pavot. — Dans l'*Art de produire les bonnes graines*, nous avons dit et nous répétons ici : « Avec le pavot noir, dont les capsules s'ouvrent à la maturité, il convient d'être attentif, de secouer à temps les capsules sur du linge ou dans des tabliers et de conserver les premières graines, qui sont toujours les meilleures. Celles que l'on obtient à la seconde-secousse sont de qualité inférieure et donnent des plantes plus tardives. Avec le pavot aveugle dont les capsules ne s'ouvrent pas, il faut attendre la maturité parfaite et les bien dessécher.

« On se trouverait bien de faire les graines de pavot séparément, sur une terre qui n'en aurait pas porté depuis sept ou huit ans, en lignes bien espacées, et en ayant soin de fixer les têtes à des tuteurs, après leur complet développement ; car, avec les procédés ordinaires, et quelque précaution que l'on prenne, il devient difficile d'attendre la complète maturité de la semence, sans s'exposer à des pertes importantes. »

Semailles du pavot et soins à donner pendant sa végétation. — On emploie d'habitude de 2 kilos à 2 kilos et demi de graine par hectare. C'est beaucoup plus qu'il n'en faut, mais cette semence est si fine qu'il serait difficile d'en employer moins. On la répand le plus tôt possible après l'hiver, et nous pensons même qu'il n'y aurait pas d'inconvénient à la répandre avant l'hiver, mais ce n'est point l'usage. On recouvre ensuite très-légèrement avec le dos de la herse, et l'on roule avec force.

Aussitôt que la plante a poussé quatre ou cinq feuilles, on la sarcle et on l'éclaircit ; dès qu'elle commence à monter, on sarcle de nouveau et l'on éclaircit encore de manière à laisser entre les pieds des vides de 16 à 20 centimètres. Lorsque l'on cultive le pavot en lignes, on le butte quelques jours avant la floraison, afin de le protéger contre les coups de vent.

Maladies et ennemis du pavot. — Les alternatives de gelée et de dégel font souffrir le pavot. Quelques insectes, et notamment les larves des hannetons, le font souffrir également ; enfin, quelques cultivateurs se plaignent des mulots.

Récolte du pavot. — Commençons par la récolte du pavot noir. Dans le Nord, il commence à fleurir en juillet et à mûrir deux mois plus tard. Toutes les capsules ne mûrissent pas en même temps ; il devient donc nécessaire d'échelonner la cueillette. Aussitôt que ces têtes prennent une couleur gris jaunâtre, on peut les secouer dans des sacs, arracher les tiges et en former des bottes que l'on a soin de ne pas incliner. Quelques-uns coupent les capsules à peu près mûres et les emportent à la ferme, où elles achèvent leur maturation. Certains cultivateurs enfin secouent les têtes de la récolte sur des draps, ou dans des cuves, arrachent les tiges ensuite, les dressent en

Fig. 410. — Deux poignées de pavots disposées pour le séchage.

monts les unes contre les autres et, au bout de quelques jours, ils secouent de nouveau les têtes

Fig. 411. — Chaîne de pavots disposés pour le séchage.

« La récolte du pavot à tête fermée, dit Schwerz, offre moins de difficultés. On l'arrache simplement avec ses racines et on le fait sécher, sur le champ même, en faisceaux assez forts pour résister au vent ; on les attache par les sommets avec des liens de paille, et, quand toutes les têtes sont bien desséchées, on les mène à la ferme, où on les ouvre sans perdre de temps. L'égrenage, auquel on emploie des femmes et des enfants, se fait à la main, en ouvrant les têtes au-dessus d'une longue caisse ou d'une corbeille tapissée d'une toile. Il ne faut pas battre le pavot, parce qu'il est alors difficile de nettoyer la graine de la poussière qui s'y attache. La semence, dans certaines localités où la culture se fait en petit, est immédiatement mise en sacs, et peut être conservée en cet état aussi longtemps qu'on le veut ; seulement chaque sac doit être debout et isolé. Dans une culture en grand, la graine est étalée très-légèrement dans de bons greniers, où on va la retourner et l'aérer selon les besoins. »

Le pavot rend de 15 à 20 hectolitres de graine à l'hectare, rarement plus, et cette graine est recherchée pour la fabrication d'une huile à manger. Cette huile est bonne, quand elle provient d'un pressurage à froid, mais quand on l'obtient par un pressurage à chaud, elle garde une saveur de vase fort désagréable.

100 litres de graine de pavot ou 60 kilogr. rendent à peu près 28 litres d'huile. Les tourteaux servent à engraisser les bœufs, les cochons et la volaille. Quant aux tiges, on en fait litière aux bêtes, ou bien on les brûle pour en recueillir la cendre qui est très-estimée comme engrais.

Les têtes de pavot, utilisées en médecine, doivent être récoltées avant leur maturité et desséchées à l'ombre.

MADIA DU CHILI (MADIA SATIVA).

Le madia, plante de la famille des Composées, est originaire du Chili, et il nous est arrivé par l'Allemagne. Il ressemble en petit au grand soleil. Il est robuste, et ne se montre pas difficile sur le terrain, pourvu que la profondeur de la couche arable le favorise; il produit en abon-

Fig. 413. — Fleurons du madia.

Fig. 414. — Semence du madia.

Fig. 412. — Madia.

dance de l'huile qui peut servir aux besoins de la cuisine, de l'éclairage et de nos diverses industries; il ne craint aucun insecte; il possède enfin toutes sortes de qualités précieuses, et aucune plante n'a été plus recommandée que le madia, il y a quinze ou vingt ans. Pourquoi donc les essais, entrepris sur différents points, n'ont-ils pas eu de suites? On attribue cet insuccès à l'odeur repoussante de ses tiges; mais ce n'est pas le seul reproche qui lui ait été adressé; on s'est plaint surtout de l'irrégularité dans la maturation de ses graines et beaucoup ne trouvent point l'huile de leur goût.

Nos cultivateurs se rebutent vite; de ce qu'ils ont reculé devant une première épreuve, il ne suit pas nécessairement qu'il faille condamner le

madia. C'est une culture à reprendre, et nous ne serions pas étonné qu'on la reprît tôt ou tard. Une odeur mauvaise n'est pas une raison acceptable de la part d'hommes sérieux qui n'y regardent pas de trop près avec les engrais. Une saveur à laquelle on n'est pas habitué, n'est pas non plus un motif de recul de la part d'hommes qui, pour la plupart, sont aguerris au point de trouver excellentes les salades à l'huile de navette. Ils s'habitueraient à l'huile de madia comme ils se sont habitués à l'autre. Reste donc la question de maturation irrégulière. Or, cette irrégularité a été exagérée.

Le madia doit être semé dans une terre convenablement préparée, dans les mois d'avril et de mai, en lignes ou à la volée. Le semis à la volée exige, par hectare, de 12 à 15 kilogr. de graine.

Lorsque les graines des têtes principales deviennent grises, la maturité se trouve signalée, mais avant de récolter, il faut attendre la maturité des têtes secondaires. On arrache ensuite les plantes et on les met en javelles pendant cinq ou six jours. Il n'y a plus, après cela, qu'à les transporter à la ferme, à les battre au fléau et à conserver les graines sur le grenier, par couches minces que l'on remue assez souvent durant les premiers mois.

SÉSAME D'ORIENT (SESAMUM ORIENTALE).

Le sésame est une plante de la famille des Bignoniacées, que l'on cultive en Amérique, en Égypte,

Fig. 416. — Fleur du sésame.

Fig. 417. — Fruit du sésame.

Fig. 415. — Sésame.

en Italie, mais que l'on ne saurait cultiver en France. Nous ne le citons que pour mémoire. Son huile bien faite, est, dit-on, excellente et comparable à celle de l'olive; mais elle est rarement bien faite, en sorte qu'on l'emploie plus souvent dans les arts que dans les cuisines.

GALÉOPE TÉTRAHIT (GALEOPSIS TETRAHIT).

Dans ces dernières années, nous avons appelé l'attention sur une plante réputée presque partout mauvaise ou au moins inutile. Nous voulons parler du galeopsis tétrahit, que l'on connaît dans le centre de la France sous le nom de *cramois*, dans le Morvan sous celui de *chevenelle*, dans l'Ardenne belge sous celui de *donate*. Il sera de nouveau question de cette plante au dernier chapitre du livre Ier. Pour aujourd'hui, nous nous bornerons à faire observer que le galeopsis n'est pas indigne de figurer parmi les plantes oléagineuses. Voici pourquoi : — Nous connaissons, dans les forêts du Luxembourg, une quantité de bûcherons qui ne le perdent pas de vue dans les taillis, qui en récoltent les graines et en tirent une huile à brûler. D'aucuns même, mais les plus audacieux parmi les plus pauvres, s'en servent pour la salade.

20 litres de graines de galeopsis rendent environ 5 litres d'huile ; malheureusement la récolte de cette graine est difficile, car elle mûrit irrégulièrement. On doit s'y reprendre à trois fois, d'août en septembre, et avec de grandes précautions. La méthode la plus expéditive consiste à s'affubler d'un long tablier de femme que l'on relève de la main gauche, en même temps que, de la main droite, on secoue dans ce tablier, des poignées de galeopsis sur pied. Les graines mûres se détachent très-facilement. On nous a assuré que dans une journée, un homme diligent peut récolter ainsi 40 litres de graines.

Les tourteaux provenant de la fabrication de l'huile peuvent être donnés aux vaches et employés comme engrais.

Pour plus de détails sur le galeopsis, nous prenons la liberté de renvoyer nos lecteurs au chapitre suivant qui traite des PLANTES NUISIBLES ou qualifiées telles.

3º PLANTES TINCTORIALES.

GARANCE (RUBIA TINCTORUM).

Voici une plante dont la réputation vingt fois séculaire, est presque contemporaine de celle du froment. Elle ne nourrit pas l'homme cependant, mais une de ses plus vieilles passions, le luxe. Un écrivain qui aurait des prétentions à l'érudition agricole, vous dirait qu'un Grec, le médecin Dioscoride, en fait l'éloge *en vingt endroits divers*, et que deux Latins, le conquérant Jules César et le naturaliste Pline, lui ont accordé une mention honorable dans leurs doctes livres. Ses titres à cet honneur sont la belle couleur rouge que l'on tire de ses racines, couleur fort appréciée dans le temps où le manteau de pourpre était l'insigne de la royauté.

Classification. — La garance est une des plantes de la famille des Rubiacées. Sa tige grêle,

quadrangulaire, pointillée, se renouvelle annuellement, tandis que les racines en sont vivaces. Elle se divise en sections ou étages, séparées par des collerettes de feuilles étroites et pointues. De leurs aisselles partent des ramilles surmontées

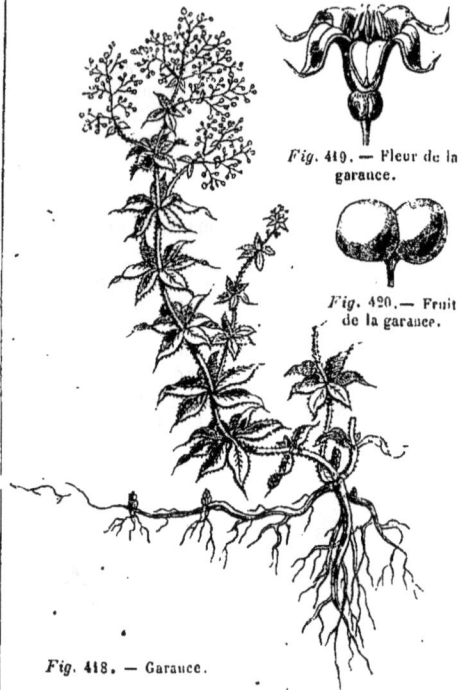

Fig. 419. — Fleur de la garance.

Fig. 420. — Fruit de la garance.

Fig. 418. — Garance.

de petites fleurs jaunes, auxquelles succède la semence sous forme de graines noires, placées deux à deux dans leurs capsules. Trop frêles pour se tenir debout, les tiges de la garance rampent souvent sur le sol, ou ne se dressent qu'au dernier coude.

Climat. — Connue en Italie, principalement chez les Étrusques, elle le fut aussi dans les Gaules où la culture de cette plante survécut à l'invasion des Francs. L'histoire nous apprend que, sous le règne du roi Dagobert, la garance alimentait le marché de Saint-Denis, comme objet d'exportation.

Aujourd'hui, elle est spécialement cultivée sur deux points de la France fort distants l'un de l'autre, les plaines sablonneuses du Bas-Rhin, au nord de Strasbourg, et les paluds de la Vaucluse, terrains limoneux que baignent la Sorgues et le Rhône. Nous avons lu dans les archives de Haguenau, que la garance y fut directement importée de Smyrne, vers le milieu du seizième siècle. Un Arménien, Jean Althen, l'introduisit à Avignon en 1756, sur les terres de M. de Clausemette.

Il est donc très-probable que cette plante est d'origine orientale, et qu'avant son introduction, elle vivait sous une latitude plus voisine du tropique. Notre opinion à ce sujet est assise sur un fait facile à constater, c'est que, dans le centre et le nord de la France, elle ne passe point par toutes les phases de la végétation. On la voit fleurir, mais sa graine ne mûrit qu'exceptionnellement, sous un soleil semblable à celui de 1859 ou de 1861.

Terres propres à la culture de la garance. — La garance à l'état sauvage peut croître dans toutes sortes de sols ; mais là nature de ses produits, et le mode de culture qu'elle exige ne permettent de lui consacrer que les terres qui réunissent la légèreté à la profondeur. Vous rejetterez donc les terres fortes, quelque fertiles qu'elles soient, car une culture à laquelle la main-d'œuvre prend tant de part, nécessiterait trop de frais dans un sol de cette nature, sans compter que le succès de la récolte y serait très-problématique ; vous rejetterez également les terres qui n'ont pas de fond, c'est-à-dire qui ne mettent à la disposition du cultivateur qu'une mince couche végétale. En procédant ainsi par élimination, vous en viendrez à ne trouver à peu près que trois variétés de sols propres à la garance : 1° les terres franches d'alluvion, telles qu'il en existe dans la banlieue de Strasbourg ; 2° les terres sablonneuses couleur de cendre ou nuance rouge sombre, mélangées d'une faible dose d'argile et assises sur un sous-sol humide : telle est la composition des terrains que le petit pays de Haguenau consacre à la garance ; 3° enfin le *palud*, terre très-riche en humus provenant de la décomposition des végétaux, noire, lorsqu'elle est humide ; blanche, lorsqu'elle est desséchée. C'est elle qui forme le sol des célèbres garancières de la Vaucluse. Elle est très-chargée de carbonate de chaux, tandis que les terres sablonneuses des environs de Haguenau sont totalement dépourvues de calcaire. Ce principe n'est donc pas indispensable pour la garance.

Place de la garance dans les assolements. — A proprement parler, la garance n'a pas de place dans les assolements. Exigeant un sol spécial, séjournant deux ou trois ans, selon les contrées, dans les entrailles de la terre, elle reste à peu près étrangère à la rotation. Toutefois, si vous avez un champ amaigri par les cultures précédentes, mais réunissant d'ailleurs les conditions voulues, introduisez-y cette plante industrielle ; les labours profonds et le défoncement auxquels il devra être soumis, la grande quantité d'engrais que vous aurez à lui fournir, pendant le séjour de la garance dans son sein, produiront sur lui un effet réparateur, et rendu à sa fertilité première, il sera propre, après l'enlèvement de cette racine, à toute espèce d'emploi.

Engrais qui conviennent à la garance. — Il n'est pas de plante dont l'appétit soit plus ouvert que celui de la garance. Elle ne rend qu'à proportion des engrais qu'on lui donne, et des principes assimilables que renferme le sol. On ne saurait donc en être trop prodigue, lorsqu'il s'agit d'une pareille hôtesse. L'excès, qui dégénère en défaut partout ailleurs, reste qualité ici.

Tout engrais néanmoins ne lui convient pas. Trop pailleux, il ne se décomposerait pas assez vite. Il faudra donc l'écarter, à moins d'avoir planté la garance dans une terre forte, car alors, en soulevant le sol, il facilitera la circulation des racines. Une terre très-légère s'en accommode aussi à la rigueur, parce que, étant sans consistance, elle donne accès aux agents atmosphériques, sous l'action desquels la décomposition est rapide.

Les vrais engrais de la garance sont le fumier *fait*, le tourteau, le guano, les engrais à base de sang et de poudre d'os, enfin les engrais liquides, tels que purin, courte-graisse, colombine. L'action en est immédiate. Les engrais liquides se répandent surtout vers la fin de l'hiver ou au commencement du printemps, à l'époque du réveil de la végétation.

Labours préparatoires. — La garance est une des plantes dont la culture est le plus favorable à la petite propriété, parce qu'elle est susceptible de produire beaucoup sur un espace à dimensions restreintes, avantage qu'offrent également le tabac et le houblon. Dans ces conditions, la possession de quelques arpents suffit à l'entretien d'une famille. Pour le grand cultivateur, la main-d'œuvre qu'exige la garance est très-coûteuse, quoique les instruments perfectionnés que l'agriculture possède aujourd'hui diminuent singulièrement le chiffre de ces frais.

Les travaux préliminaires s'exécutent dans le cours de l'hiver qui précède la plantation. Vient d'abord le défoncement. Les Alsaciens le pratiquent avec des outils à bras à la profondeur de *deux fers de bêche*, ce qui correspond à peu près à 70 centimètres. Dans cette opération, la couche de terre entamée est retournée sens dessus dessous, la partie supérieure étant mise au fond de la tranchée et le sous-sol ramené à la surface. Outre la bêche, on emploie à Haguenau, pour cette opération, un instrument que nous n'avons pas rencontré ailleurs ; c'est une espèce de pioche en forme de forceps, formée de deux branches rentrant l'une dans l'autre. Lorsque la tranchée est descendue à la profondeur voulue, des ouvriers minent avec cet instrument la partie inférieure de la couche et en rejettent la terre à la surface, derrière eux. Le reste s'affaisse sous son propre poids, et comble l'excavation.

Il y aurait certainement avantage à exécuter un tel travail en automne. Mais la main-d'œuvre, très-recherchée à cette époque, est en même temps plus rare et plus chère. Si l'ouvrier opère pour son propre compte, il est naturel que, pour l'entreprendre, il attende le retour du chômage. Dans le cas contraire, l'humanité jointe à l'intérêt fait un devoir au propriétaire et au cultivateur de ménager de l'occupation, pendant l'hiver, aux bras de l'honnête journalier qui n'a pas fait divorce avec la bêche et le hoyau. C'est le secret de l'attacher au clocher du village. Le manque d'ouvrage pousse les ouvriers des champs vers les grands centres de population : la démoralisation les y retient.

En dernière analyse, il importe que le défoncement s'exécute dans les premiers mois d'hiver, afin que la partie du sol ramenée à la surface absorbe, le plus longtemps possible, les principes fertilisants de l'air. Sous son action, la terre *sauvage se civilise*; les mottes se délitent, les particules se désagrégent, le sol s'ameublit, conditions indispensables pour le succès de la garance.

Le but de l'opération ne consiste pas seulement dans l'ameublissement du sol, mais aussi dans son nettoyage complet. Arrière donc les plantes parasites et les herbes adventices; hors de son domaine ce ténébreux ennemi, infatigable, dont les longues racines armées de deux pointes semblables à des épieux envahissent le sol sans même que vous vous en doutiez! Les plus terribles combats des végétaux ne se livrent pas à la surface de notre planète. Vous voyez quelquefois languir une tige de garance ou de toute autre plante, et pourtant rien ne semble manquer à la belle capricieuse. Elle a l'eau du nuage, le soleil du firmament, le fumier de l'étable, le labour de la bêche. Pourquoi donc languit-elle? C'est que le chiendent est là, l'enlaçant de ses racines effrontées et robustes, la profanant de ses étreintes. Voilà pourquoi elle se meurt de consomption, et pourquoi aussi nous préférons le défoncement à bras d'homme. Seul il peut rendre au terrain sa virginité.

Que si, malgré ces raisons, vous trouvez de l'avantage à employer les instruments aratoires, libre à vous. La charrue ordinaire vous creusera un premier sillon, tracé le plus profondément possible, et la charrue fouilleuse, marchant derrière elle, remuera le sous-sol.

Souvent l'opération du défoncement est accompagnée de celle de la fumure. Cependant avant de planter ou de semer la garance, on donne toujours au sol une dernière dose d'engrais, prébende nécessaire, surtout lorsque la couche végétale a été renversée sur elle-même, car il est évident que, dans ce cas, la partie la plus fertile du sol occupe le fond de la tranchée. M. de Gasparin qui, en traitant de la garance, a surtout en vue la culture de la Vaucluse, évalue à 880 quintaux la quantité de fumier qu'exige un hectare semé ou planté de garance. Cette évaluation ne saurait être qu'approximative, étant nécessairement modifiée par la nature du sol et la puissance intrinsèque de l'engrais. A l'époque où M. de Gasparin s'exprimait ainsi, on ne connaissait encore que de nom les puissants auxiliaires que la culture trouve dans les guanos et leurs similaires artificiels. Le mieux est de se régler, pour chaque sol et dans chaque climat, sur les données fournies par l'expérience.

Choix des semences de garance. — La garance se sème et se plante. La multiplication par semis est utile par intervalles afin d'empêcher la dégénération de la plante, et d'obtenir des variétés nouvelles. Toutefois, on préfère généralement la plantation.

Voulez-vous semer? A moins d'appartenir au Midi, n'employez pas une semence indigène. Il est à parier que la majorité des graines seraient improductives; si vous persistez à vouloir en faire usage, la prudence vous conseille de soumettre leur vertu germinative à l'épreuve indiquée par Mathieu de Dombasle, en plaçant quelques-unes d'elles entre deux morceaux de drap humectés d'eau tiède.

On sème au printemps, dans des lignes faites à main d'homme ou avec le rayonneur. Dans le premier cas, ces lignes sont ordinairement transversales, distantes l'une de l'autre de 20 à 30 centimètres, et offrent des carreaux ou compartiments séparés par une bande non ensemencée, formant sentier, de laquelle on tire la terre destinée à rechausser la jeune plante; souvent aussi on consacre à cette destination la voie longitudinale qui sépare chaque champ. Les Alsaciens le font. Les graines seront espacées régulièrement et très-peu recouvertes; 75 kilos suffisent à l'hectare. Elle lève ordinairement au bout de 20 à 25 jours.

Dans le nord-est de la France, deux causes ont jeté de la défaveur sur la multiplication de la garance par semis: d'abord, la durée de son séjour dans le sol, trois ans au lieu de dix-huit mois; ensuite, les dangers que court la jeune plante, dans la première phase de sa végétation.

En effet, une gelée tardive, une sécheresse prolongée suffisent pour compromettre la récolte. La prudence conseille donc d'en reculer l'époque jusqu'en avril.

Plantation de la garance. — Quant à la plantation, elle a lieu en novembre, pour le Midi; en avril et en mai, selon le temps, pour l'Alsace. On emploie, à cet effet, des tronçons de racines, ou des plants enracinés, obtenus en pépinière. M. Sacc porte à 4 000 kilos le poids de ces tronçons ou de ces plants enracinés nécessaires pour un hectare.

« Le terrain étant préparé, dit M. de Dombasle, on le divise en planches alternativement larges et étroites, ordinairement de 3ᵐ,33 et de 1ᵐ,33: on plante dans les planches larges en lignes distantes de 50 à 66 centimètres. Pendant le reste de la saison et les années suivantes, on tient le sol parfaitement net de mauvaises herbes par de fréquents binages.

« Lorsque les plantes grandissent, on enlève à la pelle de la terre des planches vides pour chausser la garance, en élevant le sol des planches où elle est plantée. Dans l'automne de l'année suivante, on continue la même opération, en couvrant toujours les planches de nouvelle terre mêlée de fumier, en sorte que le terrain présente des planches très-bombées à côté de fossés profonds. »

Nous avons suivi avec intérêt, dans une commune rurale du Bas-Rhin, cette opération faite par un petit propriétaire assisté de sa famille. Armé de la houe à long manche et à large lame, instrument si propre à la culture des sables, il ouvrait un petit sillon dans lequel ses enfants plaçaient les plantes et les arrosaient. Ce sillon était refermé avec la terre enlevée dans le sillon suivant, et le sol raffermi par les pieds des travailleurs placés dans les intervalles des lignes. Curieux de connaître le résultat de ce travail, nous n'avons point perdu de vue le champ de garance ainsi aménagé, et nous sommes en mesure d'affirmer que le repiquage a parfaitement réussi. Ce procédé paraît être le plus généralement usité dans le Bas-Rhin. Il l'est certainement à Haguenau.

Tous les cultivateurs ne procèdent pas à la plantation d'une manière uniforme. Les uns, comme le rapporte Schwerz, se servent, pour ce travail, d'un couteau, dont la lame en forme de lancette est emmanchée à la façon d'une truelle; cette lame a 156 millimètres de longueur et présente une largeur de 78 millimètres à son extrémité affilée. Les autres ouvrent tout simplement des rigoles de 6 à 8 centimètres de profondeur et 32 centimètres de distance, mettent les plants à 7 ou 8 centimètres de distance dans ces rigoles, recouvrent ces plants avec la terre provenant de la rigole voisine et tassent légèrement. Ceux-ci, dans la grande culture, ménagent entre les lignes un espace d'au moins 60 centimètres, afin de substituer les sarclages et binages mécaniques aux travaux faits à bras d'hommes; ceux-là enfin plantent sur ados, c'est-à-dire à la crête de deux tranches de terre adossées l'une à l'autre par la charrue, afin de rendre l'extraction des racines plus facile. Ce dernier mode est économique sans doute, puisqu'il permet l'arrachage à la charrue, mais il donne des produits inférieurs en quantité et ne doit être appliqué qu'à des sols d'une certaine consistance, à cause de son action très-desséchante.

La largeur des billons, indiquée par M. de Dombasle, est ordinairement dépassée en Alsace où elle est de 6 mètres environ, tandis que dans le département de Vaucluse elle n'atteint que 2 mètres.

Pour ce qui regarde les soins d'entretien, ils sont les mêmes partout et tendent à la propreté la plus parfaite, soit que, dans ce but, l'on mette en œuvre les bras ou les machines. Ils tendent également partout à provoquer une végétation vigoureuse et une émission de nombreuses racines par les rechaussements du printemps et les apports de terre en couverture à l'entrée de l'hiver.

L'opération du sarclage est ordinairement confiée à des femmes ou à des enfants, qui, penchés ou souvent même à genoux, arrachent avec les mains les mauvaises herbes, et tassent le terrain de leurs pieds ou même sous le poids de leur corps. L'emploi de la houe serait dangereux et même impossible, parce que, malgré les précautions, on offense toujours avec cet instrument les racines traçantes de la jeune garance. Ce n'est pas trop de trois sarclages, la première année, depuis l'époque du repiquage jusqu'à l'entrée de l'hiver. En même temps, on rechausse la plantation et on la couvre d'une mince couche de terre prise, soit dans les intervalles, soit dans la raie de séparation pratiquée entre la garancière et les champs voisins. Si elle est divisée en carreaux, la terre se prend aussi dans les fossés divisionnaires. A la terre jetée sur les ados, il est bon de mêler du fumier bien consumé ou de l'engrais pulvérulent. La plus importante des opérations est celle qui précède l'hiver. La couche répandue alors sur la garance doit avoir plus d'épaisseur et recouvrir entièrement. Le but que l'on se propose d'atteindre est moins de la garantir contre la gelée, que de provoquer le développement de nouvelles racines.

L'irrigation est dans le Midi une opération très-utile; il en est de même, en temps de sécheresse, pour les autres contrées, mais elle n'est praticable qu'exceptionnellement.

La seconde année, le sarclage devient moins nécessaire, ou même inutile, parce que la plante, ayant pris tout son développement, occupe l'étendue de la superficie. Au cultivateur à juger si ce travail lui paraît encore nécessaire, et s'il convient de recharger les ados.

Maladies de la garance. — La seule affection redoutable pour la garance est due à un champignon, appelé *rhizoctonia rubiæ*, qui enveloppe les racines avec un réseau couleur lie de vin, se développe avec une grande rapidité et détermine la mort de la plante.

Ce champignon, inconnu en Alsace, n'est vraisemblablement lui-même que le résultat de l'altération des tissus végétaux. Mais d'où provient cette altération? On l'ignore. Nous appelons donc sur ce point l'attention des observateurs. Le retour trop fréquent de la garance à la même place, la qualité douteuse des semences destinées à la reproduction, l'emploi à titre de plants de tronçons pris sur de vieilles garancières provenant elles-mêmes de tronçons dégénérés, ne seraient-ils pour rien dans cette affaire?

Quoi qu'il en soit, dès que la garance est attaquée, il faut l'arracher.

Récolte de la garance. — Dans les contrées méridionales, on n'arrache la garance qu'au bout de trois ans, on pourrait même la conserver plus longtemps en terre, mais il est rare qu'on le fasse. En Alsace, dans les Flandres et dans la Campine limbourgeoise on récolte cette plante au bout de dix-huit mois, à moins qu'elle n'ait été multipliée de bouture. Dans le Midi, non en Alsace, on commence cette récolte par faucher les tiges en fleur. Ces tiges sont un bon fourrage pour les vaches. Dans ce climat, où l'on est en droit de compter sur la maturité parfaite des semences, on réserve nécessairement des parties de garancière, et quand la graine est d'un violet foncé, on coupe les tiges, on les transporte sur l'aire, et du moment où elles sont desséchées à point, on les secoue avec une fourche, ou bien on les bat très-légèrement avec le fléau. 1 hectare donne environ 300 kilos de graine. Les pailles peuvent encore servir à la nourriture du bétail, mais elles sont loin de valoir la garance fauchée en fleur. Les cultivateurs expérimentés estiment que le poids des racines en terre est double du poids du fourrage obtenu la seconde année.

L'arrachage des racines se fait à l'automne ou au printemps dans le Midi; à l'automne toujours dans le Nord, et d'ordinaire en octobre ou même en novembre. On emploie, à cet effet, la bêche ou la charrue, selon l'importance de la garancière, mais le plus souvent la bêche. On ouvre une tranchée qui atteigne l'extrémité des racines, on enlève ces racines avec soin ; puis, avec la terre de la seconde tranchée, on comble la première, et ainsi de suite. On opère donc de la sorte un véritable défoncement. A mesure que les racines sont enlevées du sol, on les jette sur le terrain vide, ou mieux sur des linges et dans des paniers ; afin de les transporter sur l'aire à sécher. Là, on les remue, on les retourne avec la fourche pour hâter la dessiccation et en détacher la terre, et en dernier lieu, on les transporte dans un local de la ferme, bien sec et bien aéré. Dans le Nord, il n'y a pas à compter sur cette dessiccation au soleil ; on doit forcément recourir à la chaleur artificielle de l'étuve ou des fours, ou mieux les vendre fraîches aux industriels. Ceux-ci les dessèchent plus complétement afin de les pulvériser sous les meules.

Dans les terrains de bonne qualité, on estime le rendement de racines sèches par hectare à 3 500 kilos, et plus ; très-souvent, dans les terres sèches, on ne dépasse pas 2 500 kilos, on porte à 4 ou 5 000 kilos de foin sec le poids moyen des tiges par hectare, dans le Midi.

« Quand la dessiccation n'est pas assez rapide, fait remarquer le docteur Sacc dans son *Essai sur la garance*, les racines se décomposent, noircissent, et sont alors totalement perdues, ce qui fait qu'on préfère généralement, en Europe, les sécher dans des étuves chauffées entre 35° et 40° c. où elles perdent 60 à 75 pour 100 d'eau et deviennent cassantes. On les bat au fléau pour enlever l'épiderme, les radicelles ainsi que la terre, et obtenir la garance *robée*, qu'on soumet à la mouture. La poudre obtenue est tamisée et mise dans des barriques de 1,000 kilogrammes, où elle s'améliore jusqu'à quatre ou cinq ans, époque à laquelle elle commence à se détériorer. Comme cette poudre est hygrométrique, elle gagne avec le temps 4 à 6 pour 100 en poids et jusqu'à 25 pour 100 en force colorante, ce qui infirme l'assertion des chimistes qui veulent que les racines fraîches teignent mieux que les poudres sèches. »

En l'an IX, on ne comptait en France que onze moulins à garance, et aujourd'hui il y en a plus de cinquante, rien que dans le département de Vaucluse. Ce même département, qui ne produisait pas, en 1805, pour 4 millions de garance, en produit aujourd'hui pour plus de 20 millions.

La garance a beaucoup perdu de sa faveur en Alsace pendant les quinze dernières années qui viennent de s'écouler, à cause de l'avilissement du prix. Le houblon et le tabac, ses puissants rivaux, avaient envahi les terrains qu'elle occupait autrefois. Aujourd'hui, une heureuse réaction tend à lui rendre le rang qu'elle tenait autrefois dans la culture alsacienne. Les prix décideront toujours la question dans ce triple litige. Au reste, les garances de la Vaucluse ont de tout temps obtenu, dans le commerce, la préférence sur celles d'Alsace. Cela paraît tenir à la présence du carbonate de chaux dans les paluds, tandis que les terrains sablonneux du Bas-Rhin en sont à peu près dépourvus. Or, le carbonate de chaux est nécessaire pour fixer le principe colorant de la garance, principe qui réside principalement dans l'aubier.

Observation. — Dans toutes les contrées où la garance se cultive en grand, il existe des négociants qui en font commerce et l'achètent directement au producteur. Munis de séchoirs, de fours et de moulins, ils lui font subir toutes les manipulations qu'elle exige. La conservation de la garance ne concerne donc point le cultivateur. Il la vend fraîche à l'époque des approvisionnements de la fabrique (mois de novembre et de décembre). Cependant, comme il peut se faire que des circonstances particulières imposent au cultivateur l'obligation de conserver ce produit, il le tiendra dans un lieu sec, aéré et à l'ombre. Le grenier réunit en général ces conditions. La garance se vend au poids. Le prix de 30 fr. le quintal est rémunérateur. Il nous est impossible aujourd'hui de le déterminer d'une manière précise, à cause de ses fréquentes oscillations.

Emploi. — Il est inutile, ce nous semble, d'insister sur l'emploi de la garance. Personne n'ignore que c'est une plante tinctoriale, donnant le rouge des pantalons d'uniforme que portent les soldats de notre armée. Elle sert aussi de mordant pour l'application de certaines couleurs.

Autrefois, quelque lucrative que pût paraître la culture de la garance, il eût été imprudent de la conseiller et de l'entreprendre loin des usines et des centres de fabrication. L'obligation de la transporter à grande distance en eût annihilé le bénéfice. Aujourd'hui que les chemins de fer ont fait disparaître cette difficulté, toute la question se réduit à savoir si elle offre un avantage assuré.

P. E. PERROT.

GAUDE (RESEDA LUTEOLA).

Climat. — On rencontre fort souvent au bord

Fig. 422.
Portion d'épi de gaude.

Fig. 421. — Pied de gaude crû isolément.

des chemins, le long des murs, dans les parties arides des terrains calcaires, une plante de la famille des Résédacées, une sorte de réséda sauvage, tantôt à tige simple, tantôt à tige ramifiée, et dont les fleurs d'un jaune verdâtre sont disposées en longs épis. Cette plante, que la plupart de nos lecteurs connaissent, n'est autre que la gaude à l'état spontané. Où que l'on aille dans le Midi, dans le Centre, dans le Nord, en Belgique, en Allemagne, etc., on est à peu près sûr de l'y voir. Donc elle n'est pas difficile quant au climat. Cependant, comme on la cultive pour en extraire une belle couleur jaune, il est bon de noter en passant qu'elle est plus riche en matière tinctoriale dans les contrées chaudes que dans les contrées déjà froides et humides.

Terres propres à la gaude. — Les terres de médiocre qualité lui conviennent mieux que les terres riches ou absolument pauvres. Sur un sol riche, la récolte devient abondante, mais la couleur y perd; sur un sol très-maigre, la récolte se réduit à des proportions trop chétives. Il faut se placer, pour bien réussir, entre ces deux situations extrêmes, dans une terre sablonneuse, ou mieux de nature calcaire.

Place de la gaude dans les assolements. — On sème assez ordinairement la gaude parmi les féveroles, les maïs, les cardères, après le dernier binage de ces plantes; on la sème encore après les pommes de terre, le colza, après les vesces fauchées en vert et même avec le trèfle dans une céréale de printemps. « La gaude, dit Schwerz, cause peu de frais par ce dernier procédé, et n'endommage pas le trèfle, qu'elle dépasse d'ailleurs bientôt; seulement il faut, quand le moment de couper le trèfle est venu, le faire au moyen d'une faucille, afin d'épargner la gaude, que l'on arrache à peu près vers l'époque de la seconde coupe du trèfle. La gaude se plaît surtout à croître de compagnie avec le trèfle blanc. »

Engrais, labours préparatoires et choix des semences. — La gaude n'a pas besoin de fumure; elle se contente très-bien de ce que les récoltes précédentes ont laissé dans le champ. Il n'est pas absolument nécessaire de donner au sol des façons parfaites, puisque la plante prospère après un simple binage; cependant on doit admettre qu'une terre bien ameublie par la charrue et par la herse porte toujours de meilleures récoltes qu'une terre négligée.

La graine de l'année doit être préférée à de la graine de deux et de trois ans, attendu qu'elle produit des tiges vigoureuses et bien fournies de feuilles. Lorsque la semence est déjà vieille, il est utile de l'humecter un peu avec de l'eau tiède deux ou trois jours avant de s'en servir.

Semailles de la gaude. — On sème cette plante tinctoriale à deux époques différentes, en été ou au printemps, à la volée, et à raison de 6 ou 8 kilogrammes par hectare. Le semis d'été se fait en juillet ou août; celui de printemps se fait en mars ou avril; on nomme la gaude semée en premier lieu *gaude d'hiver* et la seconde *gaude de printemps*, bien qu'il s'agisse de la même espèce. Celle qui a passé l'hiver en terre s'enracine mieux que l'autre et rapporte nécessairement plus. On ne recouvre pas la graine avec la herse; on se contente de la fixer avec le rouleau ou de faire passer un troupeau de moutons sur l'emblave.

Soins à donner à la gaude pendant sa végétation. — Ces soins consistent en un sarclage ou deux au plus. Avec la gaude d'hiver, on sarcle en mars avec une houe et l'on éclaircit la récolte de façon que les tiges soient à 15 ou 16 centimètres à peu près les unes des autres. Quelques jours plus tard, quand les mauvaises herbes repoussent, on donne un second sarclage à la main. Avec la gaude de printemps, on sarcle et l'on éclaircit de même dès que les tiges commencent à marquer.

Récolte de la gaude. — Puisque la semaille se fait à deux époques différentes, il doit en être de même pour la récolte; et, en effet, la gaude d'hiver mûrit vers la fin de juin ou en juillet dans nos climats du Nord-Est, plus tôt dans le Midi, tandis que la gaude de printemps ne mûrit qu'en septembre. Du moment où les tiges jaunissent et où l'épi a donné toutes ses fleurs, il convient de se tenir sur ses gardes. Quelques graines de la base de l'épi sont déjà noires, les feuilles de la tige ou des rameaux sont encore vertes; il est temps de procéder à la récolte et d'arracher ou de couper tous les pieds de gaude, à l'exception des porte-graines qui doivent rester en place quinze jours ou trois semaines encore.

Dans les terres argileuses, il vaut mieux couper les tiges que de les arracher, parce qu'on ne salit pas les feuilles. Il importe de choisir un beau temps fixe pour cette opération. On laisse les tiges en javelles sur le terrain pendant 7 à 8 jours, avec la précaution de les retourner de temps en temps, ou bien, ce qui vaut mieux, on les dresse contre un mur ou une haie. On en forme ensuite des bottes d'une quinzaine de kilos chacune, en ayant soin d'entre-croiser les tiges, c'est-à-dire de les arranger de manière qu'une moitié des racines se trouve à l'un des bouts et la seconde moitié à l'autre bout. Schwerz conseille cette disposition afin de perdre moins de feuilles, de fleurs et de graines qui toutes possèdent des matières colorantes. Les pluies persistantes au temps de la récolte sont très-redoutées, car elles peuvent la compromettre sérieusement. C'est la crainte de cette mauvaise chance à courir, ainsi que l'inconstance des prix qui sont sujets à de brusques variations, qui refroidit le zèle des cultivateurs à l'endroit de cette plante. Si le bénéfice de 375 fr. établi par MM. Girardin et Dubreuil était assuré tous les ans, la culture de la gaude aurait pris de grandes proportions; malheureusement, il ne l'est pas.

On estime à 2 500 kilos environ de tiges sèches la récolte d'un hectare de gaude. Elle peut s'élever à 3 000, mais aussi elle peut descendre à 1 000.

PASTEL (ISATIS TINCTORIA).

Le pastel est une plante bisannuelle, de la famille des Crucifères, et dont il a été question déjà au chapitre des fourrages artificiels. Il fournit une belle couleur bleue qui n'a plus l'importance commerciale d'autrefois, mais qui n'en est pas moins encore l'objet de transactions considérables. L'indigo a détrôné le pastel.

Climat. — Le pastel a le mérite d'être très-robuste et de convenir aux contrées froides comme aux contrées chaudes. Nous l'avons vu dans le midi de la France, nous l'avons vu également dans la province de Hainaut (Belgique).

Sol. — Engrais. — Culture. — La culture du pastel est aujourd'hui, à quelques détails insignifiants près, ce qu'elle était il y a un siècle et plus. Sous ce rapport, le Languedoc était cité entre toutes nos anciennes provinces, et le *Journal économique*, du mois de juillet 1757, traite en ces termes de la culture du pastel dans cette contrée :

« Les meilleures terres pour semer le pastel sont les fossés des villes et châteaux, et les champs les plus près des maisons, parce qu'ils sont engraissés. On doit d'abord jeter du fumier sur le champ, bêcher la terre, la disposer en planches de 3 pieds de large, et les unir avec le râteau. 1° Semer le pastel au mois de février, préférer la graine violette, parce que le pastel qu'elle produit a les feuilles lisses et unies, au lieu que la graine jaune les a velues, ce qui fait qu'elles se chargent de poussière. 2° Semer la graine fort épaisse sur les planches, et la couvrir avec le râteau ; sarcler le pastel quand il commence à lever, et arracher les herbes étrangères. Les feuilles que pousse le pastel sont longues

Fig. 424. — Fleur du pastel.

Fig. 425. — Fruit du pastel.

Fig. 423. — Jeune plante de pastel.

d'environ un pied et larges de 6 pouces ; elles commencent à mûrir vers la Saint-Jean. On connaît leur maturité quand elles commencent à jaunir ; on les cueille en les empoignant près de terre et on les coupe en les tordant. On doit sarcler de nouveau le pastel, ce qu'on fait à chaque récolte : on en fait une seconde en juillet et une troisième en août, une quatrième à la fin de septembre, et la cinquième et dernière vers la Saint-Martin (11 novembre). On destine pour graines les deux dernières ; ensuite on abandonne le pastel, et il forme des tiges hautes de 4 à 5 pieds dont la fleur est jaune. La graine n'en est mûre qu'au mois de juin de l'année suivante. On ne doit cueillir le pastel que par un temps serein, et labourer la terre après la dernière récolte, et la préparer pour de nouveau pastel ou du blé si l'on veut : à chaque récolte, porter les feuilles au moulin pour les y réduire en pâte. Ces sortes de moulins sont comme ceux à huile : puis on fait des piles de cette pâte au dehors du moulin ; on presse bien la pâte avec les pieds et les mains ; on la bat et on l'unit, de peur qu'elle ne s'évente ; quinze jours après on ouvre le monceau, on le broie entre les mains, et on mêle avec le dedans la croûte qui s'était formée dessus ; on fait de cette pâte de petites pelotes rondes, qui doivent peser cinq quarterons (625 grammes), poids de table, et après les avoir bien pressées, on les allonge par les deux bouts opposés : c'est le pastel en pile. »

Aujourd'hui, la culture du pastel est presque abandonnée dans le Midi ; on ne le rencontre plus guère qu'aux environs d'Albi et sur des surfaces qui, chaque année, tendent à se restreindre, car, tout bien compté, sa culture n'est pas avantageuse. Là, dans le département du Tarn, on lui consacre les riches terres d'alluvion, les terres argilo-calcaires et les terres siliceuses parfois. On les prépare avant ou pendant l'hiver par un labourage à la bêche, on fume copieusement, puis, au moyen de l'araire, on dispose les champs par petits billons. On sème le pastel en novembre ou en février, à raison de 150 litres environ de graines nouvelles avec leur enveloppe et l'on recouvre avec le râteau. Si la température est froide, la plante ne lève qu'au bout de trois ou quatre semaines ; mais dans le cas où les altises détruisent le pastel, on se voit forcé de faire un nouveau semis en mai, et dans ce cas la levée a lieu dans la quinzaine.

On sarcle le pastel dès que la plante a quatre ou cinq feuilles ; l'on s'y reprend, trois ou quatre fois pendant l'année, et l'on éclaircit de façon à laisser entre les pieds des intervalles de 8 centimètres à peu près. On commence la première récolte de feuilles vers le 24 juin, alors que celles de la base se dessèchent déjà ; d'ailleurs, en pareille matière, le praticien est seul bon juge du moment le plus opportun. A partir de la seconde quinzaine de juin jusqu'en octobre, on fait cinq récoltes, comme au temps passé. La seconde année, on laisse les tiges de pastel aller à graine. Nous pensons que si on laissait un coin aux semenceaux et que si l'on ne touchait pas aux feuilles la première année, la graine n'en vaudrait que mieux. Les cultivateurs n'y ont point songé, et il est un peu tard pour leur donner ce conseil.

La récolte se fait à la main ; on rompt les

feuilles avec le pouce et l'index, on les jette dans des sacs, puis on les porte au moulin pour les y broyer sous les meules. On prend la pâte, on la place sous un hangar ; elle s'y égoutte, fermente et s'y *nourrit*, pour nous servir d'une expression locale. Pendant le premier mois, òn défait et l'on refait le tas avec une bêche tous les quatre jours. Pendant le second mois on ne la retourne que lorsque le tas se crevasse et qu'une croûte se forme à la surface. Le plus ordinairement, au bout de ce second mois, on met la pâte en *coques*, autrement dit, on la moule avec la main en

Fig. 426. — Pastel en fleurs.

forme de poires ou de gros œufs et l'on range ces coques sur des claies établies sous le hangar. Un mois plus tard, on les emporte au magasin. Le pastel bien réussi doit être brun ; quand il a souffert de l'humidité, il est jaunâtre ou roux.

L'hectare de pastel, selon l'*Agriculture française*, rend environ 20 000 coques pour les cinq récoltes.

Depuis que la fraude a jeté de la défaveur sur les coques, le commerce achète souvent le pastel en feuilles desséchées.

Dans nos contrées du nord de la France, on ne rencontre le pastel que sur quelques points de la Normandie. La variété à feuilles lisses et à graines violettes est la seule cultivée ; celle à feuilles velues et à graines jaunes est loin d'être aussi riche en matière colorante.

M. de Dombasle a cultivé le pastel à Roville en 1818, mais il renonça bien vite à cette culture, parce que les débouchés lui faisaient défaut, et aussi parce que cette plante lui prenait trop de temps. Il la semait en mars et en rayons espacés de 40 à 48 centimètres, afin de faciliter les sarclages et binages. Il faisait deux cueillettes de feuilles avec la faucille, pas davantage, les étendait en couche un peu épaisse sur le sol, les retournait de temps en temps et ne les envoyait au moulin que lorsqu'elles étaient flétries. Il obtenait ainsi environ 3 000 kilos de pastel en coques par hectare.

SAFRAN (CROCUS SATIVUS).

C'est une plante bulbeuse de la famille des Iridées. Comme plante tinctoriale, elle a fort peu d'importance ; la belle couleur jaune orangé que fournissent ses stigmates manque de solidité. On cultive le safran surtout pour l'usage des médecins, des parfumeurs, des confiseurs, des distillateurs et des cuisinières. Cette culture, fort restreinte, n'a lieu qu'aux environs d'Angoulême, de Nemours, sur quelques points de la Beauce et dans le département de Vaucluse. Elle ne saurait fixer longtemps notre attention ; nous nous bornerons donc à un résumé rapide en ce qui la concerne.

Le safran demande une terre propre, bien ameublie et convenablement enrichie par d'anciennes fumures. On multiplie cette plante au moyen de ses bulbes ou oignons. A partir de la fin de juillet jusqu'aux premiers jours de septembre, on s'occupe de la plantation de ces oignons ; à cet effet, on ouvre des rigoles de 16 à 18 centimètres de profondeur et l'on y place les bulbes à 3 ou 5 centimètres l'un de l'autre. A 16 centimètres de la première rigole, on en ouvre une seconde, dont la terre sert à remplir la précédente, et ainsi de suite.

Fig. 427. — Safran.

Lorsque la température est douce, les fleurs du safran qui se présentent avant les feuilles, ne tardent pas à poindre. C'est le moment de sarcler. Dans les premiers jours de l'automne, ces fleurs se développent irrégulièrement pendant dix, quinze ou vingt jours, et l'on procède à la récolte de grand matin ou le soir. Toutes les familles, hommes, femmes, enfants se mettent à la besogne, rompent les fleurs de la main droite, les placent avec soin dans un panier qu'ils tiennent de la main gauche. Aussitôt de retour à la maison, on épluche ces fleurs, autrement dit, on enlève les stigmates sur lesquels se trouve la couleur. Le produit de la première année est faible, mais celui de la seconde et de la troisième est considérable.

La récolte ainsi faite, on laisse la safranière en repos jusqu'à la fin de mai. A cette époque, on coupe ou l'on arrache les feuilles que les vaches mangent à plaisir. En juin et en août, on donne un labour, en septembre un binage, puis on attend une nouvelle récolte. Après la troisième récolte, on relève les oignons, on enlève les caïeux et on refait des plantations à d'autres places.

Les mulots sont avides des bulbes de safran et commettent parfois des dégâts considérables dans les safranières. Ces bulbes ont à souffrir aussi de plusieurs maladies. Une sorte d'excroissance, en forme de corne, se développe parfois sur les oignons, les fait périr ou en diminue le produit. C'est le *fausset* ou la *luette*. Une autre affection, qui est appelée *tacon*, commence sur l'oignon par une tache rouge qui jaunit, noircit, pénètre au cœur du bulbe et le détruit. Cette affection est redoutable dans les terrains frais et dans les années pluvieuses. Quand on découvre cette sorte d'ulcère, on l'enlève et l'on plante à part les bulbes opérés. Enfin le safran est exposé encore à une maladie plus terrible que les précédentes, et son nom le prouve. On la nomme la *mort*. Elle consiste dans le développement d'un cryptogame de couleur rousse qui se ramifie dans tous les sens et ne tarde pas à envahir toute la safranière. La

Fig. 428. — Rhizoctone du safran. (La mort.)

mort se développe au printemps. Nous ne connaissons qu'un préservatif, c'est d'abandonner le champ infesté et de n'y ramener le safran qu'au bout de quinze ou vingt ans. Il ne nous est pas démontré que le retour trop fréquent de la plante à la même place n'est point la cause principale de cette maladie.

D'après MM. Girardin et Dubreuil, 1 hectare de safran rend ordinairement, dans le Midi, 10 kil. la première année et 40 kil. la seconde; dans les terres de premier ordre, ce chiffre est doublé. Dans le Gâtinais, on obtient un peu plus de 11 kil. la première année, 26 kil. la seconde et autant la troisième. En Angleterre, cette récolte n'est que de 2^{kil},50 la première année; elle s'élève la seconde à 25 kil., et la troisième année à plus de 32 kil. On peut, d'après ces chiffres, juger de l'influence des climats.

CARTHAME DES TEINTURIERS OU SAFRAN BATARD
(CARTHAMUS TINCTORIUS).

Le carthame, plante annuelle, appartient à la grande famille des Composées; il s'élève de 60 centimètres à 1 mètre et fleurit en juillet dans les climats méridionaux et en septembre dans le climat de Paris. Il est à la fois tinctorial, fourrager et oléagineux. C'est de ses fleurons, c'est-à-dire des petites fleurs qui forment ses têtes d'un jaune orangé, que l'on extrait une couleur très-recherchée, malgré son peu de solidité, pour teindre la soie, le coton et le lin en rouge et en rose. Il y a dans cette fleur deux matières colorantes, l'une jaune et se dissolvant bien dans l'eau; celle-là ne sert à rien; l'autre rouge, insoluble

dans l'eau et l'alcool, soluble seulement dans les alcalis; celle-ci est la seule employée par les teinturiers. Cette couleur rouge, broyée avec de l'eau et du talc très-finement pulvérisé, donne un fard qui a le mérite de ne pas altérer la peau des personnes qui tiennent à se rajeunir. Avec les étamines du carthame, on fabrique encore une espèce de laque, appelée *rouge végétal* ou *vermillon d'Espagne*.

Les graines de carthame sont connues et vendues sous le nom de *graines de perroquet*, parce qu'elles servent à la nourriture de ces oiseaux. Elles servent également à fabriquer une huile douce, de bonne qualité, qui peut être employée dans les lampes et pour les salades.

Les vaches, les moutons et les chèvres s'accommodent très-bien des feuilles du carthame.

Fig. 429. — Carthame des teinturiers.

La culture de cette plante tinctoriale n'offre aucune difficulté. Les terres marneuses, où le calcaire domine, c'est-à-dire plutôt légères que consistantes, bien découvertes, bien exposées au soleil, assez profondes et convenablement nettoyées, sont celles qui lui conviennent le mieux. Il n'est pas nécessaire de fumer si la terre est en bon état et riche en vieil humus.

On donne à cette terre un labourage profond à l'automne; on laboure à la profondeur ordinaire au printemps, puis on herse.

On sème le carthame en mars ou avril, selon les climats, à la volée ou en lignes distantes de 25 à 32 centimètres. Cette seconde méthode est préférable au semis à la volée. Comme la graine est fort dure, on se trouve bien de la mouiller vingt-quatre heures avant de s'en servir, et plutôt avec du purin qu'avec de l'eau claire. Les soins d'entretien consistent simplement en sarclages et en binages.

La floraison du carthame est très-irrégulière et se prolonge pendant plusieurs semaines. La récolte est longue par conséquent, ce qui est un gros inconvénient en temps de pluie, puisqu'il convient de la faire en temps sec. Les fleurons recueillis sont étendus à l'ombre par couches minces et remués par moments, afin de conduire la dessiccation d'une manière convenable. Une fois desséchés, on les met en sacs pour les conserver, ou bien on les pile et on les met en pâte de la forme et du poids de pains d'un kilo à un kilo et demi.

On estime le rendement moyen du carthame à environ 250 kil. de fleurs sèches par hectare et le rendement des graines à plus de 1 400 kil. Pour s'expliquer cette double production, il convient de remarquer que la récolte des fleurons n'a lieu qu'après la fécondation, lorsque la couleur a atteint tout son éclat.

Il va sans dire que la graine destinée à la reproduction ne doit être prise que sur des pieds intacts et réservés à cet effet.

RENOUÉE TINCTORIALE (POLYGONUM TINCTORIUM).

Cette plante est originaire de la Chine, où on la cultive de temps immémorial pour retirer de ses feuilles une belle couleur bleue. Elle a été introduite en France il y a plus de vingt-cinq ans (en 1835); on a essayé de la propager dans le Midi; des essais de culture ont eu lieu notamment du côté de Montpellier; les résultats ont paru assez satisfaisants, et cependant nous n'en sommes toujours qu'aux essais.

La renouée tinctoriale se plaît dans les riches terrains frais et à une chaude exposition. Par cela même que le début de sa végétation est fort lent, elle se trouve sujette à être

Fig. 430. — Renouée tinctoriale.

envahie par les plantes adventices, toujours très-communes et très-vigoureuses en terrain frais. Il s'ensuit que les sarclages et les binages doivent être fréquents : premier obstacle à sa propagation. D'un autre côté, la renouée nécessite un repiquage, ce qui pourrait bien être encore un second obstacle.

Dès que les gelées ne sont plus à craindre, on sème la renouée tinctoriale en pépinière, sur une terre approvisionnée de vieux fumier. On la sème en lignes plutôt qu'à la volée, afin de pouvoir plus aisément se rendre maître des herbes envahissantes; puis, lorsque les jeunes plantes ont quatre ou cinq feuilles, on les enlève de la pépinière et on les repique en rayons distancés de 60 centimètres et de façon à ce que sur les rayons les pieds se trouvent à environ 50 centimètres l'un de l'autre. Les souches émettent des tiges rameuses vertes ou rougeâtres qui s'élèvent jusqu'à 80 centimètres et 1 mètre. Les feuilles, d'un beau vert, sont luisantes, épaisses, bordées de poils et de forme ovale; ses fleurs purpurines sont en épis arrondis.

Aussitôt la reprise faite, au bout d'une semaine environ, il faut biner, afin de tenir la couche arable meublé et propre; un mois plus tard, on

fait passer le buttoir entre les lignes; puis, au bout de quelque temps, lorsque les herbes adventices se représentent, on bine de nouveau, soit à la main, soit à la houe à cheval. — « La récolte, disent MM. Girardin et Dubreuil, dans leur *Cours élémentaire d'agriculture*, commence dès que les tiges se sont élevées à 30 centimètres au-dessus du niveau du sol et que les feuilles sont bien marbrées de bleu. On fauche les tiges à 8 centimètres environ au-dessus du sol, afin de réserver un certain nombre de boutons hors de terre, puis on pratique un léger buttage, lequel couvre seulement 4 centimètres de la portion des tiges réservées. Un mois après, on fait une seconde récolte, et ainsi de suite de mois en mois. Sous le climat de Paris, on peut obtenir trois coupes successives; sous celui du Midi, le nombre peut en être porté à cinq. L'irrigation, surtout dans le Midi, est un puissant moyen d'activer la végétation et d'augmenter le nombre de ces coupes.

« Immédiatement après chaque coupe, on sépare les feuilles des tiges, on la sèche et on les livre aux industriels qui procèdent à l'extraction de l'indigo.

« Le rendement moyen de la renouée s'élève à environ 12 000 kil. de feuilles fraîches par hectare. Les 1 000 kil. de feuilles fraîches donnent environ 7^{kil},50 d'indigo; d'où il suit qu'un hectare produirait 90 kil. de matière colorante commerciale. »

Le livre auquel nous venons d'emprunter ces lignes estime à 594 fr. 15 cent. le produit net d'un hectare de renouée tinctoriale. Nous ne savons si les cultivateurs de renouée ont approuvé ce compte, mais s'ils l'ont approuvé, ils ont bien tort de ne pas se livrer résolûment et largement à cette culture. Près de 600 fr. par hectare ! Ne serait-ce pas un peu trop beau ?

TOURNESOL OU CROTON DES TEINTURIERS (CROTON TINCTORIUM).

Le tournesol ou croton des teinturiers appartient à la famille des Euphorbiacées. On le nomme encore maurelle, herbe de Clytie. On en retire une couleur bleue qui sert à la coloration des conserves, des gelées, de quelques liqueurs, de la croûte du fromage de Hollande, du faux sirop de violettes, du papier à sucre, des grosses toiles, etc. En somme, c'est une plante très-utile que l'on rencontre à l'état sauvage dans nos départements méridionaux, et que l'on a pris le sage parti de cultiver dans le département du Gard. Cette culture ne remonte qu'à un petit nombre d'années. En 1839, un naturaliste, M. Thiébaut de Bernéaud, écrivait encore ces lignes : « Ce sont les habitants du Grand-Callargues, village du département du Gard, qui font presque seuls la récolte de cette plante sauvage; au lieu de la cultiver, ils préfèrent aller la ramasser depuis le pied des Pyrénées orientales jusqu'aux rives du Var; s'ils calculaient les fatigues du voyage, l'incertitude de leurs recherches et les embarras qu'elles entraînent, ils aimeraient mieux se livrer à une culture des plus simples et des plus importantes. Ils auraient, en outre, l'avantage de profiter du marc de la plante écrasée sous le pilon, lequel fournit

Fig. 431. — Tournesol.

un excellent fumage,. d'employer les bras de leurs femmes sans trop les déranger des travaux de la famille, et de fournir le tournesol à meilleur compte, tout en obtenant de plus fortes sommes. »

Le conseil a été entendu, et aujourd'hui on cultive le tournesol au Grand-Callargues. En 1830, on avait commencé à le cultiver à Carpentras (Vaucluse).

Le tournesol exige un climat chaud, des terres légères ou bien ameublies et bien assainies. Dans les terrains humides, le suc de la plante ne donne pas de couleur bleue. Une fumure ordinaire lui suffit. On le sème en lignes distantes de 35 centimètres environ, dès la sortie de l'hiver ou même avant l'hiver. La plante ne lève que fort tardivement, lorsque la terre est bien réchauffée par le soleil. Quand le jeune tournesol a trois ou quatre feuilles, on le sarcle à la main ; un peu plus tard, on bine, et à diverses reprises, selon les besoins, et jusqu'à ce que le sol se trouve entièrement couvert par la plante.

D'août en septembre, lorsque le tournesol a pris tout son développement et que les premières feuilles commencent à se détacher, on reconnaît que le moment est venu de faire la récolte. On choisit un temps favorable et l'on fauche le plus près possible de terre, à l'exception des pieds qui doivent fournir la semence. Celle-ci doit être récoltée un peu avant sa maturité parfaite ; autrement les enveloppes éclatent et lancent la graine à une certaine distance.

Le lendemain du fauchage, on triture les tiges et les feuilles mortes sous une meule, ou bien on les pilonne. La pâte est renfermée ensuite dans des cabas en jonc et soumise à une forte pression. Il en sort un jus d'un vert tirant sur le bleu. Ce jus est versé dans un baquet et l'on y trempe des morceaux de toile d'emballage. parfaitement dégraissé. Cette toile manipulée dans le

bain comme s'il s'agissait d'un savonnage, s'imbibe de ce jus, et tout aussitôt on l'étend sur des haies, au vent ou au soleil, afin de la faire sécher rapidement. Cette opération terminée, on place les morceaux de toile sur du fumier frais d'écurie, en ayant soin de recouvrir d'abord ce fumier de paille fraîche hachée. On met également un peu de cette paille sur la toile et on la charge d'un lit de fumier ou d'un drap grossier. « On les retourne de temps en temps, ajoute M. Girardin, et on les retire au bout d'une heure ou d'une heure et demie. Ils sont alors souples, moites et d'un bleu magnifique. » Les vapeurs ammoniacales de l'engrais ont produit leur effet, et nous avons le *Tournesol en drapeaux* du commerce.

« Un hectare, dit encore M. Girardin, peut produire, en moyenne, 5.000 kil. de plantes fraîches. 100 kil. de ces plantes permettent de préparer 25 kil. de drapeaux. Un hectare peut donc fournir le suc nécessaire pour en préparer 1 250 kil.

4° PLANTES INDUSTRIELLES DIVERSES.

HOUBLON (HUMULUS LUPULUS).

L'usage du tabac, qui prend chez nous des proportions presque alarmantes, réagit puissamment

Fig. 433. — Cône du houblon.

Fig. 432. — Houblon femelle.

sur la consommation de la bière et tend, en quelque sorte, à germaniser la nation française. Aussi en voudrions-nous beaucoup à la plante de Jean Nicot si, en retour du mal qu'elle nous fait, elle n'était devenue pour plusieurs de nos départements une source de richesses, soit par elle-même, soit par

Fig. 434. — Grappes de fleurs mâles du houblon.

l'extension de la culture du houblon, son commensal obligé. De plus, en faisant tomber les barrières qui entravaient la circulation de nos produits viticoles à l'étranger, le système libre-échangiste élargit encore, pour cette culture, les perspectives de l'avenir. Les vins ordinaires et les alcools que le commerce d'exportation enlève ou enlèvera à la consommation intérieure sont ou seront souvent remplacés par la bière, boisson qui a pénétré jusqu'au cœur de nos départements du Midi. En veut-on un exemple ? A Béziers, où la brasserie n'employait, il y a quelques années, que 80 à 100 kil. de houblon, on en consomme aujourd'hui 3 000 ! La bière se fabrique à Lyon, à Toulouse, à Bordeaux comme à Lille et à Strasbourg. C'est qu'à côté d'une modicité de prix qui lui ouvre toutes les bourses, la bière a des propriétés rafraîchissantes que ne possèdent point les liquides à principes alcooliques énergiques, et qui en rendent l'usage aussi salutaire qu'agréable lorsqu'elle est prise avec modération.

Vigne des pays froids, le houblon n'est cultivé en grand que dans le nord et l'est de la France. Au nord, les houblons flamands de Bailleul et de Hazebrouck font concurrence aux houblons belges d'Alost et de Poperinghe ; à l'est, la culture de cette plante industrielle est concentrée dans le groupe des cinq départements qui forment la Lorraine et l'Alsace.

Rambervillers, dans les Vosges, revendique l'honneur d'avoir introduit le houblon en Lorraine, avant même qu'il le fût en Alsace. La prétention paraît légitime, car la culture en était connue et pratiquée sur son territoire à une époque qui remonte au delà de 1789. De là elle s'est étendue sur ceux de Charnas et de Châtel, petites villes des environs. Les houblons de Rambervillers, très-recherchés par la brasserie, sont classés au premier rang parmi les provenances de la Lorraine : on les récolte sur un sol mélangé d'argile grise, de sable et de tourbe ; des médailles d'argent grand module leur ont été décernées aux Expositions universelles de Paris et de Londres.

Dans la Meurthe, le houblon se cultive à Lunéville, à Toul, à Dieulouard, près de Pont-à-Mousson, à Gerbevillers, à Château-Salins, à Nancy et dans quelques autres localités. Les houblonnières situées près de Nancy, entre la Meurthe et le canal de la Meurthe au Rhin, offrent des produits remarquables sous le rapport de la quantité et de la qualité.

Dans la Moselle, la culture en est concentrée aux environs de Thionville, et la qualité des houblons de cette provenance passe pour être inférieure.

Le Bas-Rhin est la vraie patrie du houblon dans le nord-est de la France ; c'est là que cette plante industrielle peut et doit être considérée comme une source de richesse pour le planteur. La culture en est disséminée sur presque toute la surface du département, mais plus particulièrement dans les cantons de Haguenau, Bischwiller et Brumath, dont le sol sablonneux à fond humide convient beaucoup au houblon. La ville de Haguenau consacre à ses houblonnières une superficie de 206 hectares, portant à peu près 550 000 perches, dans des terrains qui, il y a quarante ans, n'étaient guère moins stériles que les craies de la Champagne pouilleuse, preuve nouvelle qu'il n'y a pas de sol qui n'ait son végétal privilégié, et que pour changer un désert en campagne fertile, le problème à résoudre est de découvrir la plante qui lui est sympathique. Les sables et les terres tourbeuses, précédemment sans valeur et souvent laissés en friche, ont pris rang, sans transition, parmi les sols de première qualité du pays. Aussi, tel fonds de terre qui, antérieurement, aurait été facilement acquis à 60 fr. l'hectare, a sextuplé en valeur. Ce n'est pas seulement le propriétaire qui gagne à cela, c'est encore la main-d'œuvre. En thèse générale, les plantes industrielles lui sont bien plus favorables que les céréales et même que les racines et les tubercules. Partout où elles occupent un rang considérable dans le domaine agricole, elles donnent du travail et, par conséquent, du pain à la classe ouvrière dans les exploitations rurales. La tendance à l'émigration sollicite moins vivement l'ouvrier.

Oberhoffen, dans le canton de Bischwiller, et Schweighausen, dans celui de Haguenau, livrent à la brasserie des houblons de qualité supérieure, cette dernière localité surtout, dont les produits, sur une partie de son territoire, rivalisent avec ceux de la Bohême. Elle n'a guère de rivale, sous ce rapport, dans le Bas-Rhin, que Neuwiller, près de Saverne, commune située sur le versant sud-est de la chaîne des Vosges. Kurtzhausen, dans le canton de Bischwiller, se distingue par la fertilité de ses houblonnières. On y a vu une seule perche donner 1 kilogramme de houblon, rendement énorme qui a lieu quelquefois aussi en Lorraine. Nous tenons ce fait de l'honorable M. de Beaudel, président, pour la section de Haguenau, du Comice agricole de l'arrondissement de Strasbourg.

Le houblon d'Alsace est d'une qualité supérieure à celui de Lorraine et surtout aux houblons flamands et belges. Le prix moyen du quintal (50 kil.) est de 130 à 150 fr., tandis que les provenances de Bailleul, d'Alost et de Poperinghe n'obtiennent guère que moitié de ce prix dans le commerce. Cette année (1860-61) il s'est élevé jusqu'à 500 fr., prix extraordinaire et vraiment exceptionnel, qui, du reste, ne s'est pas maintenu. L'absence de récolte en Bohême et en Angleterre explique ce fait anormal. Souvent le houblon alsacien de choix va chercher ses lettres de naturalisation en Allemagne, tandis que celui de Lorraine vient prendre sa place dans les magasins du spéculateur alsacien ; ces petites ruses commerciales sont connues ailleurs.

La culture du houblon en Alsace ne date guère que du commencement de ce siècle ; elle y fut introduite par un brasseur d'origine badoise dont les descendants comptent encore aujourd'hui parmi les plus habiles planteurs de Haguenau, le sieur Derindenger, auquel le gouvernement a accordé une médaille d'honneur que l'on conserve dans sa famille comme un titre de noblesse agricole. Cette culture ne prit de l'extension que vers l'an 1824. M. Payen, qui a publié, en 1828, un traité sur le houblon et ses emplois, en collaboration avec MM. Chevalier et Chapel-

let, ne fait aucune mention de celui de Haguenau, quoiqu'il cite non-seulement Rambervillers,
mais encore Lunéville et Toul pour leurs houblonnières. C'est en Bohême que les premiers
planteurs alsaciens, frappés des avantages que
leur promettait le houblon, sont allés étudier
la nature du sol le plus convenable, les méthodes de culture, de récolte, les procédés de
séchage et de conservation en usage dans la contrée, en un mot, y acquérir toutes les notions
nécessaires à la réussite de leur entreprise. La
culture du houblon à Haguenau, calquée sur celle
de ce pays, et modifiée avec intelligence, selon
les exigences du climat, a servi depuis de modèle.

La méthode que nous allons indiquer n'est
autre que celle de Haguenau, qui s'est répandue
en Alsace et en Lorraine, en subissant les modifications exigées par la nature du sol et la différence de climat.

Climat. — En disant que le houblon est la
vigne des pays froids, nous avons, jusqu'à un certain point, donné l'idée du climat qui convient à
cette plante. Cependant il ne faut pas entendre
par climat froid celui qui serait rigoureux. La
Bohême, patrie du houblon, pays de cette culture
par excellence, a un climat plutôt humide et
doux que froid. Celui de l'Angleterre et de la
Belgique est plus humide encore et surtout plus
nébuleux. En Alsace et en Lorraine, la plupart
des houblonnières sont situées dans des vallées
naturellement humides ou rendues telles par le
voisinage des cours d'eau, comme celles de Lunéville, entre la Meurthe et la Vezouze, celles de
Toul, celles de Dieulouard et de l'île de Scarpone,
sur la Moselle. Toutefois, lorsque le sol a suffisamment d'humidité, la plante s'accommode fort
bien des rayons du soleil, surtout vers l'époque
de la maturation des cônes. La lupuline qu'ils
renferment en acquiert un arome plus fin et plus
pénétrant.

Terres propres à la culture du houblon.
— Le terrain que préfère une plante à l'état inculte n'est pas toujours celui qu'il convient d'adopter pour elle lorsqu'elle est cultivée. Dans le
premier cas, fille de la nature, elle n'a qu'un
but, croître et se multiplier. L'homme, en la faisant entrer dans son domaine, exige d'elle des
propriétés qu'elle n'a pas ou a peu, et
dont il s'agit de la doter. Le houblon d'Alsace est
supérieur à celui de Lorraine, et cependant on le
rencontre très-fréquemment, croissant spontanément dans les haies, enlaçant les arbustes de ses
anneaux et étalant le luxe de ses guirlandes de
feuillage et de ses cônes allongés. Il est rare, au
contraire, de l'y rencontrer en Alsace. Mais ce
houblon lorrain, si vigoureux dans sa végétation,
et dont les cônes à écailles élargies présentent un
volume double de celui des plantes-cultivées dans
le voisinage du Rhin, ce houblon ne contient
qu'une imperceptible quantité de lupuline. Dans
la culture du houblon, il faut donc rechercher
non le sol où la végétation en est le plus vigoureuse, ni même celui où l'abondance de la récolte

est le plus grande, mais celui qui donne les produits de qualité supérieure.

Ce principe une fois posé, nous classerons les
terrains de la manière suivante :

Le houblon est généralement exclu des terres
fortes ; il réussit dans les terres franches, du
moins quant à la quantité des produits.

Dans les terrains tourbeux (tourbe pure), le rendement du houblon est considérable, sans exiger
beaucoup d'engrais ; il résiste bien à la sécheresse,
mais ses produits sont de qualité médiocre.

Dans les terrains très-sablonneux, le houblon
est plus lourd et plus d'arome ; mais dans les
années de sécheresse, la récolte s'en trouve compromise.

Le sable noir ou gris, mêlé d'argile, riche en
humus, reposant sur un fond tourbeux ou légèrement humide, est préférable à tous les autres
sols pour la culture du houblon. Les récoltes y
manquent très-rarement et réunissent les deux
conditions désirables : *quantité* et *qualité*. Les planteurs les plus habiles partagent unanimement cette
opinion, qui se fonde sur une longue expérience.

Ainsi donc, quoique la plante vienne à peu près
partout, les terrains chargés de beaucoup d'humus et à sol profond, la terre noire des jardins,
les prairies retournées et drainées ou assainies
par des fossés à ciel ouvert, doivent obtenir la
préférence du planteur. La terre sera plutôt légère
que forte. Dans certains fonds de cette dernière
nature, le luxe de la végétation pourrait séduire
le planteur inexpérimenté, mais les résultats plus
ou moins négatifs de la récolte, consistant en
cônes dépourvus de lupuline, viendraient bientôt
l'éclairer, en lui faisant payer l'école.

Les racines du houblon sont à la fois traçantes
et pivotantes. Elles rayonnent autour du pied et
pénètrent à plus de 1 mètre dans le sol, lorsqu'il
contient de la terre végétale à cette profondeur.

Le choix du terrain ne doit pas porter seulement sur la nature du sol, mais aussi sur les
conditions climatériques dans lesquelles il se
trouve et sur sa situation topographique. Les travaux qu'exigent les houblonnières se prolongeant
une grande partie de l'année, il importe, pour
éviter la perte de temps causée par les allées et
les venues, de les établir le plus près possible du
centre de l'exploitation rurale et de la demeure
des ouvriers. Aussi les houblonnières, en Alsace
et en Lorraine, sont généralement placées dans
le voisinage des villes et des communes rurales.
Dans les localités où cette culture est très-étendue, des baraques construites sur place offrent
aux ouvriers un abri où ils se reposent, où ils
préparent et prennent leur nourriture et où ils
déposent leurs outils.

Le vent est souvent une cause de désastres pour
les planteurs ; dans sa violence, il renverse et
brise les perches, rompt les tiges. Il faut donc
soustraire, autant que possible, les houblonnières
à son action. Or, dans les deux provinces dont
nous parlons, le vent d'ouest-sud-ouest est le
tyran des airs sur lesquels il exerce son empire
une partie de l'année. Un grand nombre d'arbres
isolés sont penchés vers l'est, tant son souffle est
continu. Une houblonnière adossée à une colline

capable de briser le courant aérien se trouvera naturellement protégée contre sa fureur. Un rideau d'arbres tels que ceux qui dessinent les routes, une forêt, un pli de terrain, sont d'heureux accidents dont on doit savoir profiter, lorsqu'on est libre de le faire.

L'exposition du midi, soumettant la houblonnière à l'action du soleil au moment où ses rayons ont le plus de force, est de beaucoup préférable, lorsque les racines de la plante plongent dans un sol humide pour permettre la circulation de la séve même en temps de sécheresse. Dans les houblonnières qui réunissent ce double avantage, pieds dans l'eau et tête dans le feu, la lupuline des cônes est à la fois plus abondante et plus aromatique. C'est à la réunion de ce double avantage que l'on attribue la supériorité des houblons de Neuwiller, situés au pied de la chaîne des Vosges ; mais dans les terrains arides et sablonneux, tels qu'il s'en trouve à Haguenau et à Bischwiller, les plantations qui regardent le midi sont brûlées pendant les années sèches, comme nous en avons eu l'exemple en 1858 et surtout en 1859.

Les houblonnières assises sur des pentes sillonnées de sources réussissent parfaitement, parce que le planteur trouve dans les irrigations le moyen de combattre la sécheresse, sans avoir à redouter l'influence pernicieuse des eaux mortes et stagnantes.

Enfin, deux espèces de voisinage sont à éviter pour les plantations de ce genre : 1° le voisinage des routes trop fréquentées d'où s'élève une poussière qui, se déposant sur les feuilles du houblon, en oblitère les pores et met obstacle au jeu des organes respiratoires du végétal. A l'époque de la floraison, cette poussière s'introduit, en outre, dans les interstices des écailles foliacées du cône, et s'y mêle à la lupuline ; 2° celui des mares et des pièces d'eau situées au fond des vallées. Le brouillard qui en sort et plane à leur surface monte ensuite dans l'atmosphère et produit la rouille dans les houblonnières des environs.

Nous signalons ces inconvénients, sans prétendre qu'il soit toujours possible de les éviter. Chaque planteur profitera de nos avis dans les limites du possible. En général, lorsqu'un produit réussit dans une contrée et remplit la bourse du cultivateur, il est permis de prédire presque à coup sûr que ce produit trouvera, dans ses succès mêmes, l'écueil de sa prospérité. C'est ce qui se voit pour les vignobles comme pour les houblonnières. D'abord, la plantation se fait dans les conditions normales et sur les terrains les plus convenables ; puis, quand ces terrains sont remplis, on fait descendre, par exemple, la vigne dans les bas-fonds, on plante le houblon sur des terrains arides ; l'une est gelée, ou ne donne que des vins qui déprécient la réputation du vignoble ; l'autre sèche sur pied ; les déceptions se multiplient ; on se plaint. A qui la faute ? Ce n'est ni à la plante, ni au sol, encore moins à Dieu.

Préparation du terrain. — Éclairé par nos conseils ou par ceux de votre propre expérience, vous avez fait choix d'un terrain convenable. Très-bien ; mais cette terre, quelque bien disposée qu'elle soit en faveur de votre houblon, ne saurait produire toute seule. Il faut lui faire sa toilette, la défoncer avec la charrue fouilleuse ou mieux encore à la main, en pénétrant dans ses entrailles à la profondeur de *deux fers de bêche*, c'est-à-dire de 60 à 80 centimètres.

Cette préparation a un double but : d'une part, ameublir le sol et y faire pénétrer les agents atmosphériques et avec eux les principes fertilisants qu'ils renferment ; de l'autre, faire une guerre à mort aux plantes parasites et à leurs racines, au chiendent surtout, cet implacable ennemi, ce mineur infatigable qui, de la pointe de ses racines traçantes, perfore et parcourt les terres légères avec une inconcevable rapidité. Avant que le houblon entre en possession d'un sol, il faut que ce sol soit une solitude et qu'il n'y ait pas d'autre habitant que lui. Retournez donc en tous sens sa future habitation, ne vous fatiguez pas, ni vous, ni vos bras, ni votre bêche ; ce seigneur ne veut aucun vassal, pas même le chou et la pomme de terre qu'on lui donne quelquefois pour compagnons, du moins dans les premières années de la plantation.

Engrais qui conviennent au houblon. — Mais ce terrain préparé, n'est pas assez riche par lui-même. Il lui faut donc de l'engrais, il lui en faut beaucoup, et de l'engrais consumé, qui plus est, afin que la dissolution s'en opère immédiatement et le nourrisse à partir du premier travail de la végétation. Le fumier de ferme convient généralement au houblon, parce que, formé du mélange de matières fécales provenant d'animaux domestiques de diverses espèces, il offre, si la manipulation en a été faite avec intelligence, les qualités spéciales à chaque genre. On ne saurait en dire autant des fumiers provenant des casernes de cavalerie ou des étables exclusivement peuplées de bêtes à cornes ; les uns sont trop chauds et les autres trop froids. Les premiers conviendront donc aux terres humides et tourbeuses, les seconds aux sols sablonneux et brûlants, chez lesquels ils conserveront un peu de fraîcheur. En 1859, nous avons constaté à Haguenau la différence que peut produire dans certaines conditions atmosphériques l'emploi de telle ou telle espèce de fumier. Deux petites houblonnières couvraient des champs placés côte à côte ; même direction, même nature de sol et de sous-sol, même mode de culture, même âge pour les plants. Cependant l'une de ces houblonnières était brûlée, l'autre avait conservé toute la vigueur de sa végétation et promettait une belle récolte. D'où venait ce contraste ? De ce que dans ce terrain sablonneux, l'un des cultivateurs avait employé du fumier de cheval, et l'autre du fumier de vache. Tous deux avaient agi au hasard ; mais le hasard est quelquefois intelligent, et il avait donné raison au produit de l'espèce bovine.

Les racines du houblon, étant traçantes non moins que pivotantes, exigent que l'engrais soit réparti sur toute la surface du terrain. Ajoutons que les fumiers ne doivent pas être mis immédiatement en contact avec le pied du houblon, car il courrait risque d'être brûlé. Il faut agir avec lui comme avec les arbres. -

Outre les fumiers, on fait usage avec beaucoup de succès de terreau provenant de la décomposition des plantes vertes, des mottes de gazon, des cônes de houblon hors d'usage, des débris organiques de toute nature, des boues de rues et de basse-cour, saturées de purin, et mieux encore de gadoue formée avec les matières fécales, en un mot, de tout ce qui constitue les composts.

Enfin, les engrais pulvérulents, le guano naturel et le guano artificiel à base de sang impriment une grande énergie à la végétation, et sont surtout employés avec avantage comme engrais supplémentaire à l'époque du mottage.

Variétés de houblon à cultiver. — En dehors des nomenclatures du botaniste, on admet généralement deux variétés dans les houblonnières, la précoce et la tardive. Cette dernière forme le gros de l'armée, et ses produits sont préférés dans le commerce. Toutefois, il n'est guère de houblonnières où l'on ne rencontre par-ci par-là des pieds de houblon précoce, enfants du hasard. Cependant, dans les grandes exploitations, la culture consacre à dessein une certaine portion de sa superficie aux variétés précoces, afin de pouvoir échelonner la cueillette sur un plus vaste espace de temps.

La variété tardive, cultivée en Alsace, provient de plantes tirées de Spalt. Sous l'influence du sol, de la culture et du climat, elle a formé une sous-variété qui de là a franchi la chaîne des Vosges pour se répandre dans la Meurthe et dans la Moselle. Nous avons lieu de croire que les houblons de Rambervillers, d'importation plus ancienne, sont de même provenance. Le cône est petit, très-riche en lupuline. Le commerce dédaigne les houblons à grands cônes allongés. Ils sont pauvres en lupuline, poussière aromatique qui constitue la propriété antiputride du houblon, et caractérisent les variétés qui croissent à l'état sauvage.

Voici la description sommaire que donne des meilleures variétés un Allemand, Erath, dont l'ouvrage a été traduit par M. Napoléon Nicklès. Variétés précoces : houblon à sarments rouges, branches latérales courtes; cônes petits, ronds, à écailles serrées, d'un jaune vif. Variétés tardives : 1° houblon à sarments vert bleu, branches latérales longues, cônes petits, passant de la forme primitivement carrée à la forme ronde, d'un jaune clair; 2° houblon à sarment rayé de brun ou de rouge, branches latérales longues, cônes de grandeur moyenne, denses, ronds, à écailles serrées, d'un jaune foncé. M. Huffel, de Haguenau, a introduit récemment dans ses houblonnières une nouvelle variété provenant du planteur de Bohême qui a remporté le premier prix à l'Exposition universelle de Paris. Le houblon, on le sait, est une plante dioïque, c'est-à-dire, que les fleurs mâles, et les fleurs femelles naissent sur des pieds différents. La lupuline, qu'il ne faut pas confondre avec le pollen, ne se trouve qu'entre les écailles du cône destiné à fournir la semence. Voilà pourquoi les pieds femelles sont seuls cultivés. On

prétend même que la présence des plantes à fleurs mâles, abstraction faite de leur inutilité, serait nuisible à la récolte. Un fait qui nous a frappé, c'est que nous n'avons jamais rencontré de plant de houblon mâle à l'état inculte, quoique le houblon femelle couvre souvent les haies de ses capricieuses guirlandes.

La plante cultivée se multiplie par boutures. Or, on le sait, les boutures comme les tubercules, fixent et maintiennent les variétés, tandis que les semis en font obtenir de nouvelles. Il serait utile, croyons-nous, de chercher à multiplier le houblon par semis pour obtenir d'autres variétés parmi lesquelles s'en trouveraient peut-être d'excellentes, et en même temps pour régénérer l'espèce qui s'énerve nécessairement par la culture. N'est-ce pas à la méthode des semis que nous devons aujourd'hui nos plus belles et nos plus robustes variétés de pommes de terre.

Plantation du houblon. — Vers le mois de mars, et plus tôt, s'il est possible, on creuse des trous carrés présentant 35 à 40 centimètres de face, dont la profondeur varie selon la nature du sol, mais doit toujours descendre à 30 centimètres au moins. Ces trous, qu'il serait utile de laisser longtemps ouverts, afin de donner aux agents atmosphériques le temps d'exercer leur utile influence, sont placés de $1^m,70$ à $1^m,80$ l'un de l'autre. On les remplit à demi de fumier, puis de terreau ou de bonne terre végétale qui, s'élevant au-dessus de la superficie du terrain, affecte la forme d'un monticule, jusqu'à ce que l'effet du tassement le fasse redescendre au niveau : d'autres planteurs, au contraire, laissent au centre un vide de 7 à 8 centimètres. Dans le travail de culture préparatoire, la place réservée à chaque plant est indiquée par un piquet. On plante en quinconce ou à angles droits, mode généralement préféré dans la grande culture, car l'alignement facilite beaucoup les façons qu'exigent les houblonnières pendant la période de la végétation, qui, récolte comprise, s'étend du mois de mars à celui d'octobre. L'espacement que nous venons d'indiquer est celui qui est adopté en Alsace; en Lorraine, à quelques exceptions près, les plants sont rapprochés au point de se gêner. Nous ne voyons pas ce que la récolte y gagne, car si, avec ce système, il est possible d'établir un plus grand nombre d'espèces sur la même étendue de terrain, il en résulte, d'un autre côté, que la plante ne produit en abondance que par le haut, ce qui annihile l'avantage que semble offrir une plantation plus resserrée. Dans certaines contrées, en vertu du principe contraire, l'espacement des perches permet de faire circuler entre elles un instrument aratoire traîné par un cheval ou un âne, tel qu'une charrue légère ou un extirpateur. Il est certain que dans la culture d'entretien, ce procédé économise les frais de main-d'œuvre qui tendent chaque jour à s'élever. C'est au planteur à calculer si cette économie compense la perte de terrain que cause un espacement exagéré; la valeur du sol, sa fertilité doivent entrer pour quelque chose dans ce calcul. L'emploi des instruments à traction dont l'homme ne saurait se rendre maître, comme dans le maniement des instruments à la main, exige, au surplus, des précautions minutieuses pour ne pas offenser les racines traçantes du houblon.

Les plants qui servent à la multiplication, consistent dans les pousses ou boutures retranchées des pieds anciens pendant l'opération de la taille. On en place un ou deux, pour plus de sûreté, dans chaque trou au moyen d'un plantoir; munis de leurs racines, ils mesurent 20 à 25 centimètres de longueur, sur lesquels 4 ou 5 doivent rester hors de terre. Quand on a acquis la certitude qu'ils ont repris, on supprime le moins vigoureux, et s'ils ont péri tous deux, on les remplace.

Travaux d'entretien. — La taille, dont nous venons de parler, doit être considérée comme le premier des travaux d'entretien dans une houblonnière. L'objet de cette opération est double: d'une part, augmenter la fécondité de la plante en forçant la sève, comme dans la taille des arbres, à concentrer sur la tige restante toute l'énergie de son action; de l'autre donner à la lupuline cette finesse d'arome, cette supériorité que les plantes obtiennent par la culture sur leurs congénères restées simples enfants de la nature. On diffère d'opinion sur l'époque la plus favorable à cette opération. Certains cultivateurs la pratiquent en mars, tandis que d'autres prétendent qu'il faut la reculer jusqu'en mai. Cette opinion n'est point la nôtre. Il nous semble plus rationnel de n'adopter, pour la taille, aucune époque fixe, mais de se régler sur le travail de la végétation qui varie, quant à son point de départ, selon le climat de chaque contrée, la nature du sol et plus encore le caractère de l'année.

La taille est peut-être l'opération la plus délicate de toutes celles qui constituent la culture du houblon. Vous avez, je pense, donné le fil au tranchant de votre serpette en le passant sur la pierre; il faut qu'elle coupe comme cet excellent rasoir qui, le matin de chaque dimanche, fonctionne sur votre menton, devant le miroir accroché à la fenêtre; déchaussez-moi maintenant les souches, ou plutôt prenez-moi un de vos enfants; ce garçon-là fera la besogne par rigoles, si, comme en Lorraine, les plants sont très-rapprochés, et par fosses, en supposant qu'ils soient distancés, comme en Alsace, et si ce n'est assez de lui, prenez aussi son frère; mais recommandez à ces petits ouvriers de ne pas mettre à nu plus de souches que vous ne pouvez en tailler dans votre journée. Il ne faut pas qu'elles restent exposées à l'air froid de la nuit. Toutefois vos déchausseurs devront avoir sur vous assez d'avance pour que la terre, encore adhérente à la souche, se dessèche et s'en détache lorsque vous opérerez vous-même. Voyons maintenant comment il faut s'y prendre. Vous coupez, à 7 millimètres à peu près, la partie qui a fourni des tiges l'année précédente, ainsi que toutes les racines traçantes qui tendraient à produire des surgeons, en un mot, vous ne laissez que la racine pivotante munie de quelques yeux. Vous forcez, par ce moyen, la sève à se concentrer sur eux, et à leur communiquer une puissance végétative qu'ils n'auraient pas eue, si elle s'était répandue

sur un grand nombre de rameaux. Après cela, il ne reste plus qu'à recouvrir.

Si l'on n'utilise pas les produits de la taille, il faut en faire de l'humus, en les amoncelant, afin qu'ils se décomposent par la fermentation; une légère addition de chaux active le travail de la nature. Le plus simple, dans ce cas, est de mêler ces débris aux mauvaises herbes et aux détritus organiques destinés à faire du terreau.

Si, au contraire, le planteur a dessein de les employer à la reproduction à titre de boutures, il les choisira de préférence parmi ceux qui proviennent de plants vigoureux et féconds. Laissez-leur, dans ce cas, une longueur de 10 à 12 centimètres avec des yeux à l'extrémité supérieure. Croiriez-vous que certains planteurs n'y tiennent pas, et s'oublient jusqu'à les supprimer, laissant ainsi à la nature le soin d'en former de nouveaux, car plus tendre pour les plantes que pour les animaux, elle rend des yeux à celles qui les ont perdus. Aveugler ainsi ses boutures, c'est être aveugle soi-même; le moindre inconvénient d'une pareille opération est de retarder la végétation, en les forçant à reproduire des yeux qu'elles avaient déjà.

Les habiles pralinent, avant la plantation, les greffes à houblon avec de l'engrais concentré ou leur font prendre un peu de purin légèrement saturé de sel. Le procédé paraît bon.

Mais, en matière d'agriculture comme en toute autre matière, chacun fait la roue à sa manière, et prône le saint qu'il a choisi pour patron. Est-ce que nous nous appelons tous Pierre ou Joseph? Il en est de nos méthodes comme de nos saints. Chacun encense la sienne. Nous entendions dernièrement un planteur critiquer la taille; savez-vous la raison? C'est que dans son jardin il a une loge, et que le treillis de cette loge est festonné de houblon. Voyez cependant le caprice! ce houblon traité en sauvage, et vivant comme tel, s'est avisé, en 1859, de se couvrir de cônes comme pour narguer celui de la houblonnière qui, malgré l'engrais, la taille et les perches, eut bien de la peine à conserver son feuillage jusqu'en octobre. De cônes, il n'en fut pas question. Donc, notre homme, tout comme s'il eût fait sa logique au collège, et il l'avait peut-être faite, se posa le syllogisme suivant, — pardon! syllogisme veut dire raisonnement; vous le savez sans doute: — « Mon « houblon non taillé a porté fruit, mon houblon « taillé, néant, donc il ne faut pas tailler le hou- « blon. » Une humble réflexion cependant, ou plutôt deux. Ces cônes du houblon de votre loge, les avez-vous soumis à l'épreuve? Étaient-ils aussi riches en lupuline et cette lupuline avait-elle un parfum aussi pénétrant que celui des cônes de votre houblonnière? Nous en doutons. Les plantes incultes résisteront toujours mieux à l'intempérie des saisons. La culture produit sur les végétaux l'effet de l'éducation sur les animaux domestiques. Elle les rend plus féconds, et augmente la délicatesse de leurs produits, mais aux dépens de la rusticité.

Avant, pendant ou après, vous avez, nous supposons, donné à votre houblonnière la première façon de bêche. Abandonnez maintenant le reste à la Providence, du moins jusqu'à nouvel ordre, et livrez-vous à d'autres occupations. Elle fait luire son soleil pour votre houblon, comme pour les fromens, les vignes, les arbres fruitiers, et sous l'influence de ses rayons vivifiants, il travaillera, travaillera, jusqu'à ce que ses tiges sortent de terre, et filent sur le sol. Mais quand elles ont atteint en hauteur 30 à 35 centimètres, un peu moins ou un peu plus, alors, parmi les brins les mieux réussis, les plus vigoureux, vous en choisirez quatre, deux pour la réserve, deux pour être mis en activité de service. Les autres seront supprimés, comme bouches inutiles. C'est le cas maintenant de passer une revue sévère. Si, parmi les monticules de vos plantations anciennes ou nouvelles, il en est qui n'offrent aucun indice de végétation, vérifiez le plant qu'ils renferment : si c'est une bouture de l'année, peut-être n'a-t-elle pas réussi ; si c'est une souche ancienne, peut-être a-t-elle péri rongée par le ver blanc, par le rat de terre ou sous l'influence d'une cause délétère quelconque. Hâtez-vous de la remplacer, et pour ne pas être pris au dépourvu, ayez toujours quelques pieds de rechange dans un coin de votre plantation.

Le houblon, comme le lierre, a besoin d'un appui pour l'étreindre, l'enlacer de ses anneaux et le parer de son feuillage découpé comme celui de la vigne. Sans l'appui d'un compagnon solide, le houblon ramperait ou s'affaisserait sur lui-même. Il faut donc une tutelle, un protecteur à cet être faible condamné à vieillir dans une continuelle enfance. Rassurez-vous, dans sa sollicitude intéressée, le planteur a fait sa provision de perches. Ce sont, en effet, des perches à houblon que ces jeunes sapins, pins ou châtaigniers écorcés que vous apercevez disposés en faisceaux, et qui, vus de loin, donnent aux houblonnières alsaciennes, l'aspect d'un vaste camp, dont ces faisceaux seraient les tentes.

En Alsace et aux environs de Rambervillers, la perche est haute de 8 à 12 mètres ; en Lorraine, où les plants sont plus rapprochés, le tuteur de la tige du houblon n'est qu'un grand échalas. Cependant la perche commence aussi à s'y répandre, à mesure que se propage la méthode de culture alsacienne popularisée par les ouvriers que les planteurs lorrains font venir de ce pays. Les grandes forêts de Haguenau fournissent la perche de pin ; la chaîne des Vosges et surtout les montagnes de la forêt Noire, au delà du Rhin, donnent la perche de sapin, plus estimée, je crois, sans toutefois pouvoir l'affirmer. Celle de châtaignier, plus durable, mais moins haute, provient de semis.

La culture du pin a lieu aux environs de Haguenau, en vue de la production des perches. On sème donc très-dru, de manière à ce que les jeunes arbres, privés d'air latéralement, montent dans l'atmosphère pour pouvoir y respirer à l'aise, et s'étirent comme le caoutchouc, gagnant ainsi en hauteur ce qu'ils perdent en circonférence. Après une révolution de dix ans à peu près, on fait une première éclaircie qui ne donne pas encore des perches, mais de hauts échalas. Quelques années après, on prélève un nouveau tribut ; les sujets décimés peuvent déjà servir à une jeune houblonnière. Ces prélèvements successifs, faits au profit des arbres restants, permettent à ceux-ci d'acquérir bientôt les proportions de la vraie perche. A leur tour alors de tomber sous la hache du bûcheron, qui n'épargne que les sujets destinés à devenir de grands arbres, qui, un jour, donneront des planches, des solives injectées de sulfate de fer par le procédé Boucherie, et deviendront presque incorruptibles. Nous imaginons que l'on procède de même pour le sapin, et nous en avons la certitude pour le châtaignier. La perche une fois coupée, on procède à la décortication soit sur place, soit dans des ateliers particuliers : les petits planteurs font la besogne eux-mêmes. On prétend que, privée de son écorce, la perche se conserve plus longtemps. C'est là un problème dont l'expérience a le mot ; sans dire oui, sans opposer non, nous proclamons la méthode bonne, et voici pourquoi : Le bois mort est le rendez-vous d'une foule d'insectes, âpres à la curée de tout ce qui a une odeur de mort ; ces ennemis de la perche à houblon trouveraient un logement tout meublé, entre le bois et l'écorce. Bien sot serait le planteur qui s'entendrait avec eux. Et les ennemis du houblon donc ! la légion en est grande, ils auraient là chambre garnie, à côté de la table et du couvert. Mais à notre avis, en se bornant à cette opération, on reste à moitié chemin. La perche coûte aujourd'hui assez cher pour qu'on songe à la préserver des injures de l'atmosphère ; celles du temps, ce grand démolisseur, suffisent et au delà. Nous prenons donc la liberté de vous proposer l'essai suivant, sauf à vous de l'employer en grand, s'il vous réussit. Vous avez entendu parler, sans doute, du coaltar ou goudron de houille, produit qui fait grand bruit depuis un temps, à cause de ses propriétés antiputrides et de celle d'éloigner les insectes. Eh bien ! prenez-moi de ce goudron qui ne coûte presque rien ; habillez-en de noir votre perche, et voyez si cela ne sera point pour elle un préservatif, tout en favorisant la végétation, car, vous n'ignorez pas, sans doute, que la couleur noire absorbe le calorique de jour et le rend de nuit à l'atmosphère. On tient le fait de la bouche des savants ; et certains ignorants regardent la chose comme certaine. Seconde remarque. Généralement on polit la perche, et on en supprime avec soin toutes les nodosités. Mauvaise pratique à notre modeste bon sens. Sans doute, à l'époque de la cueillette, la perche, ainsi traitée, dépose plus facilement sa tunique de feuillage et sort nue des tiges qui l'enroulent ; mais, pendant la période de la végétation, les appendices et les protubérances sont autant de points d'appui au moyen desquels la tige, tournant en spirale, escalade sa perche et s'élève jusqu'à son sommet. Ce sont des attaches naturelles qui l'empêchent de glisser le long de son tuteur et de retomber sur elle-même comme cela arrive parfois. Tout plant victime de cet accident est un plant à peu près perdu. Quand il est encore très-jeune, on a recours à l'opération du recepage ; mais c'est annuler le premier travail de la végétation, hâter l'épuisement du sol ainsi que de la plante, et la condamner à rester très en arrière des autres pieds de la houblonnière. Aussi, avant de recourir à ce moyen extrême, on essaie toujours de relever la tige et de la rattacher à la perche; chose à peu près impossible, lorsqu'elle a atteint toute sa croissance.

Jusqu'à présent, l'usage dans le nord-est de la France a été de planter et déplanter les perches au renouvellement et à la fin de chaque saison. Dernièrement, dans une notice sur la culture du houblon, communiquée au comice agricole de Thionville, M. Munich, planteur et brasseur à Malzéville., près Nancy, a recommandé la méthode d'*échalassement fixe*. Voici les renseignements qu'il donne sur l'emploi de ce procédé :

que les *fidèles quand même*. Il a été généralement reconnu qu'en cas de rupture ou de renversement

Fig. 435. — Substitution du fil de fer aux perches pour soutenir le houblon.

« Tremper le pied des perches dans du gou-
« dron; elles restent hiver et été dans le sol, et
« durent de cinq à huit ans. Pour récolter, un
« homme monte sur une échelle à large base;
« arrivé au sommet, il étend le bras muni d'un
« bâton portant à son extrémité une serpe. Il
« coupe le sarment et fait glisser le houblon jus-
« qu'au pied de la perche. Par ce moyen, un seul
« homme fournit de la besogne à quarante cueil-
« leuses; par le procédé ordinaire, il faut trois
« hommes pour le même nombre de cueilleuses,
« parce qu'ils sont obligés d'extraire les perches
« et de les mettre en ordre. »

Ce passage, que nous copions textuellement, ne nous paraît pas très-clair. C'est notre faute peut-être. Il nous semble pourtant qu'au lieu de couper les sarments, l'homme que M. Munich nous représente juché sur sa double échelle pourrait se contenter de couper les attaches si la perche était bien polie, et qu'au lieu de la serpe, il ferait mieux d'employer la classique serpette. Mais il est probable que nous ne différons que par les mots et que notre idée est la même. Les mots sont d'incorrigibles chicaneurs ; sans leur pernicieuse intervention, la paix régnerait sur le pauvre monde.

Comme la perche coûte très-cher et dure peu; comme, en outre, elle prend chaque année faveur au détriment du planteur ou plutôt de son escarcelle, — ils ne font qu'un, — on a cherché le moyen d'y suppléer. L'idée n'est pas jeune, car Mathieu de Dombasle en entretient ses lecteurs, dans son *Calendrier du bon cultivateur*. A l'éloquence avec laquelle il en parle, on serait tenté de croire qu'il est l'inventeur de la méthode du fil de fer appliquée aujourd'hui à la vigne dans une partie de la Lorraine. Nous renvoyons ceux de nos lecteurs qui seraient curieux de connaître en détail le système de l'illustre agronome, au neuvième volume des *Annales agricoles de Roville*, qui renferme un article étendu sur ce sujet.

M. de Dombasle prétend qu'une expérience de dix ans lui permet de recommander cette méthode qui consiste à substituer aux perches des fils de fer soutenus horizontalement à une hauteur d'environ 2 mètres par des chevalets placés de distance en distance. Malheureusement une expérience toute contraire a forcé les planteurs alsaciens à renoncer à un système incontestablement économique et qui n'a plus aujourd'hui pour partisans

de la perche qui soutient les fils, le désastre est plus considérable que dans la méthode où chaque plant de houblon a sa perche individuelle; que les tiges qui grimpent le long de ces fils sont généralement moins chargées de cônes, enfin, que dans les tempêtes et par les vents violents, elles sont fréquemment coupées par le fil qu'elles enlacent. Voici du reste la description d'un appareil du même genre, mais disposé différemment. Il se compose d'une perche occupant le centre et de quatre fils de fer qui, placés à égale distance, forment un carré et viennent aboutir du poteau qui les retient au sommet de la perche centrale. Chaque appareil sert donc à cinq pieds de houblon, l'un s'enroulant autour de la perche, et les autres partant de la base des fils pour venir se réunir au sommet de la perche, point de rendez-vous des diverses tiges. Ainsi disposées, les houblonnières offrent de loin l'aspect le plus pittoresque. Il semble voir autant de flèches aériennes se découpant dans le ciel, tout en laissant circuler l'air et la lumière à travers leurs pilastres de verdure. Malheureusement, heureusement voulions-nous dire, en agriculture, le beau c'est ce qui rapporte le plus d'écus. On nous dit à l'oreille qu'il en est un peu de même partout. C'est vrai, trop vrai. Est-ce que la beauté n'est pas à son tour une marchandise?

Mais revenons-en à nos perches, à la manière de les planter, s'entend. Elle se pratique à l'aide d'un instrument en forme de T, sorte d'épieu chaussé d'un éperon de fer qu'un vigoureux ouvrier lève de ses deux bras et laisse tomber tour à tour, jusqu'à ce qu'il ait pénétré assez profondément dans les entrailles du sol pour permettre d'y loger l'extrémité inférieure de la perche durcie au feu, de manière à ce qu'elle se trouve en état de supporter la plante et de résister au vent. La profondeur du trou doit varier selon la consistance du sol. Dans les sables de Haguenau et de Bischwiller, elle est en moyenne de 30 centimètres. Pas de règle à cet égard, mais une condition *sine quâ non*, c'est que la perche soit assez solidement établie pour pouvoir résister au vent qui s'est arrogé le pouvoir absolu dans le pays. Par précaution, vous la placerez à quelques mètres des tiges, dans la direction de ce tyran, comme un bouclier.

Fig. 436. — Pal en fer pour faire le trou des perches.

Il faut au houblon la moitié du mois d'avril, le mois de mai et celui de juin tout entiers pour

parcourir, dans les années ordinaires, les phases végétales qui précèdent la floraison.

La plante marche plus ou moins vite, selon les conditions atmosphériques qui lui sont faites ; elle tourne autour de sa perche, allant toujours de gauche à droite comme le soleil. Nous ne savons si jamais on a essayé de la contrarier dans ses inclinations ; il est douteux qu'on y réussît ; elle aime tant son soleil ! C'est surtout pendant les nuits humides et chaudes que la végétation du houblon travaille avec une rapidité qui tient du prodige. Un planteur digne de foi nous affirmait, il y a quelques années, avoir vu une tige de houblon prendre, sous l'influence de cette température, au mois de juin, un développement de 60 centimètres dans l'espace de 24 heures. Ce fait exceptionnel et vraiment extraordinaire explique les proportions considérables qu'acquiert la plante dans les trois ou quatre mois que renferme la période de son existence. En Alsace, nous l'avons dit, la longueur moyenne d'une perche est de 8 à 10 mètres. Après avoir monté jusqu'à son sommet en l'enroulant de leurs spirales, les tiges du houblon, ne trouvant plus de point d'appui, retombent ensuite en festons qui souvent descendent jusqu'à mi-hauteur de la perche en forme de saule pleureur. Il n'y a donc pas d'exagération à leur supposer une longueur triple de la perche, c'est-à-dire 25 à 30 mètres. Mais, au début, ces faibles tiges, au lieu de s'enlacer à leur protectrice, ramperaient à terre si la main de l'homme ne venait au secours de leur faiblesse. C'est donc lui qui, dans leur première enfance, doit en diriger l'ascension et déterminer l'enroulement. Il les maintient au moyen d'attaches de paille mouillée, d'osier, et mieux encore de joncs ou de petites tiges de chanvre assez solidement nouées autour du tuteur pour maintenir la plante, mais pas assez pour intercepter la circulation de la séve ou blesser la tige. Ces ligatures sont plus ou moins espacées selon l'âge des sarments et le poli du soutien. Quand les tiges ont atteint la hauteur de leur appui, il est permis de les abandonner à elles-mêmes. Elles ont assez de vigueur, pour en gravir le reste. La ligature, dépassant la taille de l'homme, se fait au moyen de la double échelle placée dans l'intervalle des lignes. Quelquefois, par suite de négligence ou malgré les précautions, la plante s'affaisse sur elle-même, en glissant le long de la perche. Le premier moyen de combattre l'accident consiste à remettre sur ses pieds le pauvre éclopé. Mais si son piteux état ne le permet point, s'il y a eu fracture, alors, armez-vous de courage et d'une serpette ; coupez avec pitié, mais d'une main ferme. Le recepage, si la saison n'est pas trop avancée, rendra une nouvelle tige à votre plant ; fruit de la vieillesse et d'une mère déjà épuisée par un premier enfantement, elle n'aura pas la vigueur de son aînée, et fera de vains efforts pour combler la distance laissée entre elle et l'ensemble de la houblonnière. Heureux encore si le traînard n'est pas atteint par les ennemis qui viennent à sa suite et qui auront bon marché de lui, parce qu'il est plus jeune et plus faible.

Nous avons dit qu'il existait une grande différence entre la hauteur des perches alsaciennes et celle des perches lorraines. M. Payen, qui n'est pas un Allemand, se prononce pour les perches à petite taille. Il prétend que le houblon sollicité par une longue perche, perd en énergie ce qu'il gagne en longueur. C'est l'effet que l'étirement produit sur le caoutchouc. Mais il est douteux que M. Payen persévérât dans son système d'opposition, à l'aspect des admirables houblonnières du Bas-Rhin. Nous préférons, nous, les hautes perches.

Dans le cours de la végétation, on donne ordinairement deux façons de culture : la première consiste dans un labour destiné à détruire les mauvaises herbes et à rendre le sol plus accessible aux influences atmosphériques ; la seconde, plus sérieuse, consiste dans le buttage. Comme les trous dans lesquels se trouve la souche s'affaissent ordinairement à la suite de la décomposition du fumier, il faut les combler par une addition d'engrais, en évitant toutefois de le mettre en contact avec le plant ou ses racines, précaution qu'il est bon de prendre à l'égard de presque tous les végétaux. Si cet affaissement ne s'est pas produit, on établit un cercle d'engrais autour du plant, puis on le recouvre de terre. C'est ici peut-être qu'il convient surtout d'employer le guano et les autres engrais artificiels dont l'action est à la fois plus prompte et plus énergique que celle du fumier ordinaire. Au reste, cette addition d'engrais, nous ne la recommandons que pour les sols sablonneux d'Alsace, laissant aux planteurs dont le terrain est plus riche, le soin de juger si pour eux le buttage doit être accompagné de fumure. C'est vers la fin de mai, lorsque la plante a atteint la hauteur de 2 ou 3 mètres, que cette opération a ordinairement lieu ; nous ne la voyons pas pratiquer en Lorraine où les plants sont d'ailleurs si rapprochés qu'elle serait difficile. On évitera, dans les cultures d'entretien, de faire pénétrer trop profondément l'instrument pour ne point offenser les racines, car si, d'un côté, elles plongent profondément dans le sol, de l'autre, elles rayonnent presque à la surface. La ratissoire est l'instrument qui nous paraît le plus commode pour le sarclage. Les buttes s'élèvent au moyen de terre prise à la surface du sol. Elles affectent tantôt la forme d'un demi-globe, tantôt celle d'un cratère ouvert au centre. On donnera la préférence à la dernière, si l'année n'est pas trop sèche, et si la solidité du tuteur ne se trouve pas compromise par la cavité laissée au centre de la butte, car elle livre passage à la pluie et aux principes fertilisants de l'air. Le volume des buttes varie en proportion de la consistance du sol et du caractère de la saison. En effet, elles ont pour objet de protéger les racines contre la sécheresse, non moins que d'affermir les perches dans les sols presque mouvants dont se compose le territoire de Haguenau, où nous avons spécialement étudié cette culture. L'addition d'engrais, indispensable dans ces sols dévorants, ne serait peut-être pas une bonne opération ailleurs.　　P. E. PERROT.

Culture du houblon dans le nord de la France.

— Les divers modes de culture du houblon se rapprochent beaucoup les uns des autres par les points essentiels. Ce qui a été dit du choix des terrains dans l'Est sera parfaitement accepté dans le Nord. Seulement, nous ferons remarquer que l'on affectionne par-dessus tout les défriches de pâturages ou pâtures.

Pour la plantation, on prépare la terre du mois d'octobre au mois de décembre, au moyen de la bêche ou louchet, ou bien avec la charrue ordinaire, suivie d'une charrue fouilleuse. On profite de ce labour pour enterrer du fumier long, dont on a chargé le sol et lui donner ainsi le temps de pourrir. Très-exceptionnellement, lorsque l'on procède à la plantation dès l'automne, en vue de prendre une petite récolte l'année suivante, on se sert de fumier consumé au lieu de fumier long, afin d'obtenir un effet plus rapide. La profondeur du labour préparatoire varie entre 30 et 38 centimètres.

Le plus ordinairement, la plantation s'exécute dans la seconde quinzaine d'avril, avec des plants tirés d'une houblonnière de trois ans, c'est-à-dire en plein rapport. Les plants doivent être munis de chevelu ou petites racines. On tient pour bon le plant qui a trois nœuds, et dont l'écorce, jaune d'ocre en dehors, est blanche à l'intérieur. Les plants bruns ou verdâtres tachetés de noir, ceux qui sont tachés à l'intérieur ou d'un jaune brun, passent pour être sujets au chancre. Enfin, les plants tirés d'une jeune houblonnière en terre médiocre sont préférés à ceux d'une vieille houblonnière fortement fumée et établie en riche terrain.

Lorsque le moment de la plantation est venu, on prend un cordeau, on l'exécute en lignes, en quinconce, de manière à espacer les pieds de 2 mètres. On ouvre, à cet effet, des fosses de 16 à 20 centimètres de profondeur sur 27 de diamètre, et l'on fixe dans chacune d'elles trois ou quatre plants en ligne droite et à la distance de 5 à 8 centimètres l'un de l'autre ; puis on ramène la terre dans la fosse, de manière que la sommité des plants se trouve à fleur du sol ; on tasse et on jette sur chaque touffe une pelletée de terre fine.

Peu de jours après la plantation, on arrose soit avec de l'eau dans laquelle on a délayé des tourteaux de colza, soit avec un mélange de purin de basse-cour et d'urine de vache, et l'on saupoudre de terre sèche les parties arrosées, afin d'y conserver plus longtemps la fraîcheur.

Aussitôt que les jeunes pousses de houblon se montrent, on plante près de chaque touffe un tuteur de 2ᵐ,50 à 3ᵐ,25 de hauteur, et dès qu'on le peut, on y attache les sarments de houblon avec du jonc ou de la paille mouillée, en ayant soin de les conduire en spirale de gauche à droite.

Dans la première quinzaine de juin, on butte à 10 ou 13 centimètres de hauteur. Si la plante donne du fruit, on fait la récolte debout sans coucher les perches ni couper les tiges. On laisse mourir ces tiges, et en novembre, on les coupe près de terre, on enlève les perches et on recouvre les touffes avec des plaques de gazon.

La première année de la plantation, quelques cultivateurs mettent des pommes de terre, des haricots, des navets ou des betteraves entre les lignes de houblon, afin d'occuper le terrain avec profit. Il y en a même qui continuent ces récoltes intercalaires la seconde année, mais on ne saurait les proposer comme modèles à suivre.

Vers le milieu d'avril de la seconde année, on enlève les gazons de couverture et l'on taille ras de terre les pousses venues sous ces mottes. On fait peu de cas de ces pousses taillées qui en Belgique sont consommées sur les meilleures tables comme les asperges en petits pois. On recouvre ensuite les plaies avec de la terre légère. On taille de même la troisième année, la quatrième et les années suivantes, ras de terre quand les pieds sont bien enracinés, et à 2 ou 3 centimètres au-dessus du sol quand la plante paraît chétive et faiblement enracinée.

Après la taille, on met près des tiges ou du fumier d'étable ou deux poignées de cendres pour chacune d'elles, ou de la poudre de tourteau de lin et de colza, à raison d'un demi-kilogramme par touffe. On reproche au fumier d'attirer les pucerons, et l'on rejette le tourteau de caméline, parce que, dit-on, il prédispose le houblon au chancre.

Les tuteurs ou perches qui ont servi la première année, ne conviennent plus pour la seconde ; on les remplace par des tuteurs de 8ᵐ,20 à 9ᵐ,72 de hauteur, que l'on fiche en terre dès que les sarments de houblon sont à 10 ou 12 centimètres hors du sol, et du côté le plus exposé aux vents. On accole quatre tiges principales de même hauteur et ne portant point de pousses sur les côtés. On supprime les autres tiges, à l'exception de deux ou trois que l'on conserve quelque temps, afin de s'en servir au besoin comme tiges de remplacement, dans le cas où celles accolées à la perche seraient rompues dans leur jeunesse par un coup de vent ou par toute autre cause, ou dans le cas encore où elles viendraient à périr.

Quand les tiges principales sont à un mètre environ de hauteur, on fait disparaître les tiges de réserve, ainsi que celles qui ont poussé dans leur voisinage. On donne ensuite à chaque touffe deux ou trois pelletées de fumier très-pourri que l'on recouvre avec des buttes de 32 centimètres, formant l'entonnoir par le haut. Au commencement de juillet, on bêche la houblonnière dans les intervalles des buttes ; on relève celles de ces buttes qui se sont affaissées et l'on verse dans chaque entonnoir soit de la courte graisse, soit du tourteau de colza délayé dans de l'eau, après quoi l'on jette une demi-pelletée de terre pour masquer cet engrais. Le houblon se ranime, fournit plus de cônes et aussi plus de petits rameaux qu'il faut élaguer à une hauteur d'environ 2 mètres à partir du sol.

Quand l'extrémité des cônes prend une teinte un peu brune, on fait la cueillette.

Culture du houblon dans la Bourgogne.

— Nous avons vu des houblonnières sur quelques points de la Bourgogne, mais elles y sont rares, et si nous en parlons c'est parce qu'autrefois nous avons reçu d'un cultivateur de houblon de cette contrée des renseignements très-exacts qui offrent certaines particularités intéressantes.

Ce cultivateur posait en fait qu'une terre qui ne peut être défoncée à 80 centimètres ne convient point pour établir une houblonnière avantageuse.

Il faisait observer avec raison que la durée du houblon est en raison directe de la profondeur du terrain appelé à le nourrir. « Il nous est acquis, écrivait-il, par plusieurs expériences faites sur différents finages, qu'une houblonnière plantée dans une terre défoncée à 80 centimètres, par exemple, a duré dix ans, tandis que dans un défoncement d'un mètre au moins, des houblons, plantés il y a onze ans, sont encore dans toute leur vigueur et promettent six ou huit ans d'existence. On comprendra toute la portée de cette observation quand on saura que ce n'est qu'à la troisième année qu'une houblonnière est en plein rapport, et que les frais de première et de seconde année de plantation sont considérables. »

Ce cultivateur bourguignon faisait ouvrir pour la plantation des fosses de 35 centimètres de côté sur autant de profondeur, fosses disposées en quinconce et éloignées l'une de l'autre de 1m,60 au moins. On jetait au fond de chaque trou une bêchée de fumier bien pourri, sur lequel on plantait de deux à quatre tiges, deux quand elles avaient bonne mine, quatre quand elles paraissaient douteuses. Une fois la fosse comblée de terre, on recouvrait cette terre d'une seconde bêchée de fumier, et les années suivantes, après la taille, on renouvelait la même fumure à la surface du terrain, à proximité des tiges et l'on chargeait cette fumure de 7 à 8 centimètres de terre bien divisée. Le fumier de mouton et les résidus de brasserie étaient préférés à tous autres engrais; les cendres de houille, associées à ces engrais, étaient d'un bon effet sur les terres argileuses.

Quant à l'emperchage, qui a lieu environ un mois après la plantation ou la taille, on se contentait, la première année, d'échalas de 3 à 4 mètres. La seconde année, on se servait de perches de 6 mètres dans les terrains ordinaires et de 7 à 8 mètres dans les terrains riches. Parfois, l'on se contentait d'une perche pour deux fosses et l'on couchait l'échalas voisin contre cette grande perche. Mais la troisième année, alors que la houblonnière était en plein rapport, on donnait une longue perche à chaque touffe et on n'y laissait monter que deux ou trois tiges au plus, afin de moins épuiser le terrain et d'obtenir de plus beaux cônes et en nombre plus considérable qu'avec les quatre tiges réservées ordinairement par les cultivateurs de houblon. La substitution de poteaux à fils de fer aux perches fut essayée, puis abandonnée comme désavantageuse. Les perches, effilées sur une longueur de 37 centimètres étaient fichées dans des trous de 50 centimètres de profondeur, ouverts auprès de chaque touffe de houblon au moyen d'un pauffert ou paufer.

On choisissait les perches dans un bois taillis de vingt à vingt-cinq ans, autant que possible en montagne, et parmi les essences d'orme ou de chêne. Pour la localité, le sapin aurait été d'un prix trop élevé; le saule et l'acacia étaient trop

rares. On estimait à une moyenne de sept ans la durée d'une perche en bois de chêne de montagne; le sapin et le saule, goudronnés au pied, eussent, dit-on, duré dix ans et l'acacia douze. On n'écorçait les perches qu'après une année de service, et, tous les hivers, on les appointait comme font les vignerons pour leurs échalas et on les mettait en meules.

Le premier labour d'entretien se faisait dans la houblonnière, aussitôt l'emperchage terminé, vers la fin d'avril ou au commencement de mai. On employait la bêche à cet effet, afin de se rapprocher le plus possible de la culture jardinière. Peu de temps après le premier labour, on procédait à l'accolage, à l'aide de liens de jonc et d'une échelle double. On accolait jusqu'à la hauteur de 4 mètres environ, à des liens espacés entre deux ligatures un intervalle d'un mètre.

Le houblonnier visitait souvent la plantation, surtout au début de la végétation, afin de supprimer les tiges gourmandes et les rameaux latéraux sur les tiges réservées. Dans la dernière quinzaine de juin, par une belle journée succédant à une pluie ou à une forte rosée, le houblonnier sarclait la plantation avec le plus grand soin et buttait les plantes, comme nous buttons nos pommes de terre. La terre mouillée conservait sa fraîcheur en butte et protégeait les houblons contre l'ardeur du soleil d'été, soit; mais nous préférons la méthode qui consiste à butter avec de la terre ressuyée, à former l'entonnoir sur la butte et à arroser à propos.

Maladies et ennemis du houblon. — Le miellat, sorte de vernis sucré, pour nous servir d'une comparaison de M. Girardin, est très-redouté des houblonniers. En même temps que le miellat se forme à la partie supérieure des feuilles, les pucerons envahissent la partie inférieure. Là conséquence de ce double fléau, c'est la dessiccation des feuilles et l'avortement des fleurs.

Le chancre est une affection fort à craindre pour les racines. Il consiste en une altération des tissus qui engendre une sorte de champignon. Comme toujours, ce champignon est le grand coupable; on prend l'effet pour la cause.

Le blanc ou meunier ou rosée farineuse des Flamands est due aussi à un champignon qui se développe dans les temps de sécheresse et qui donne aux feuilles et aux tiges un aspect farineux.

Parmi les insectes, M. Girardin signale la puce de terre, petit coléoptère qui perfore les feuilles du houblon et fait beaucoup souffrir la plante. Nous ajouterons que les larves de hannetons causent aussi des ravages parmi les racines; mais l'insecte le plus redoutable aux racines du houblon, c'est la larve d'un lépidoptère, connu sous le nom d'hépiale du houblon.

On ne connaît aucun moyen de combattre les insectes; quant aux maladies, les remèdes qu'on leur oppose ne réussissent pas souvent. On conseille l'assainissement contre le miellat et le chancre, et l'arrosement contre le blanc. Nous croyons que les principales causes de ces maladies n'ont pas été recherchées avec soin. L'origine des plants, l'épuisement du sol, l'oubli de renouveler les plants par le semis, le manque d'air dans les houblonnières et l'abus des engrais pourraient bien être pour quelque chose dans ces affections.

Récolte du houblon. — De toutes les opérations qu'embrasse la culture du houblon, la plus difficile et la plus délicate, c'est la récolte. Elle a lieu en Bourgogne du 15 août au 15 septembre, selon les années, et quelquefois plus tôt avec les variétés hâtives. En allant vers le nord, elle a lieu plus tardivement. En pareille affaire, les dates ne signifient rien; on cueille les cônes quand ils sont mûrs, voilà tout; et l'on reconnaît qu'ils sont mûrs à certains signes. Pour les uns, c'est le bout des cônes qui brunit; pour d'autres, ils prennent de l'odeur et jaunissent. Dès qu'ils sont en cet état, on saisit une belle journée et l'on établit des chantiers de distance en distance dans la houblonnière. Cela fait, on arrache une perche, on la couche à un mètre de hauteur en travers des perches non arrachées, auxquelles on la lie, et au moyen d'un levier à crémaillère, on les sort de terre pour les coucher sur le chantier,

Fig. 437. — Levier pour arracher les perches à houblon.

où des femmes et des enfants procèdent à la cueillette des cônes. Il importe que l'on ne confonde avec eux ni les queues ni les petites feuilles qui diminueraient la valeur marchande du produit. En temps humide, on est quelquefois obligé de transporter les tiges de houblon au séchoir pour les dépouiller de leurs cônes. C'est toujours une nécessité regrettable; la lulupine n'est réellement de qualité supérieure que lorsque la récolte a été faite par un beau temps et après la disparition de la rosée.

Les cônes récoltés sont transportés dans des greniers ou séchoirs bien aérés, et là on les étend sur des claies, formées de châssis en bois et de ficelles tendues à 2 centimètres l'une de l'autre. On ne doit pas donner à la couche de cônes plus de 3 à 4 centimètres d'épaisseur. On les retourne de temps en temps, et quand l'air est sec et chaud, la dessiccation est très-avancée trois ou quatre jours après la cueillette. On compte que pour sécher convenablement la ré-

colte d'un hectare, il faut un séchoir de 40 mètres de longueur, sur 10 de largeur et 3 de hauteur.

Le houblon ainsi desséché est mis en tas d'un mètre d'épaisseur. Au bout de quelques jours, sept, huit ou dix au plus, on y plonge la main, et si l'on sent qu'il est onctueux et tiède, on défait les tas, on les remue bien, et quand le houblon est ressuyé et refroidi, on le remet en tas de nouveau pour le remuer plus tard une ou deux fois encore, jusqu'à ce qu'il soit parfaitement sec. Dans cet état on l'emballe en le pressant fortement et uniformément.

Dans le Nord, et souvent même dans l'Est, on ne peut pas compter sur la chaleur de l'atmosphère pour la dessiccation des houblons; il faut se servir ou de calorifères ou de fourneaux, chauffer doucement tant que les cônes n'ont pas jeté toute leur *sueur*, élever la température quand cette sueur a disparu et s'arrêter lorsque les queues des cônes deviennent cassantes. Alors la dessiccation est achevée; il ne s'agit plus que de laisser refroidir graduellement pendant une demi-journée et de mettre ensuite le produit en magasin. Par prudence, on ne l'emballe que dans le courant de décembre. L'hectare de houblon rapporte en cônes secs de 800 à 1 500 kilogr.; c'est une culture avantageuse.

Emploi du houblon. — Les cônes de houblon et quelquefois même la lupuline ou *poussière jaune* qu'ils contiennent sont employés pour conserver la bière et lui communiquer une saveur amère qui ne déplaît point. Ces mêmes cônes de houblon servent encore à former des oreillers aux personnes frappées d'insomnie, car ils jouissent de la propriété de les endormir. La médecine les emploie comme toniques et les recommande en infusion aux individus lymphatiques et scrofuleux. Les Lithuaniens font des cordages avec les fibres des tiges de houblon; les horticulteurs, enfin, cultivent cette plante, afin de couvrir rapidement les berceaux et tonnelles.

P. J.

TABAC (NICOTIANA TABACUM).

Historique. — Le tabac est une plante de la famille des Solanées, que l'on croit originaire de l'Amérique méridionale, et qui fut introduite en Espagne et en Portugal vers le milieu du seizième siècle. Son nom lui vient de Tabago, une des Antilles d'où on l'importa d'abord en Europe, ou bien de tabago, nom d'un cigare américain, ou de tabacco, sorte de pipe primitive. Jean Nicot, ambassadeur de France en Portugal, l'apporta à Catherine de Médicis, et dès lors on fit grand bruit du tabac, sous le nom d'*herbe à la reine* et de *nicotiane*. « Cette herbe, écrit Olivier de Serres, a tiré son nom de maître Jean Nicot, natif de Nîmes en Languedoc, jadis ambassadeur en Portugal pour le roi Henri second, ayant fait venir cette rare plante des Indes en Portugal, l'envoya après en France, où elle s'est naturalisée, et, pour ses excellentes vertus, est soigneusement conservée par les jardins, y tenant rang honorable... Les vertus de cette plante sont si grandes, et en si

Fig. 438. — Tabac rustique.

grand nombre, qu'à bon droit l'a-t-on appelée l'*herbe de tous maux*. Est souveraine pour guérir toutes sortes de maux, en quelle partie du corps qu'elles soient, vieilles ou nouvelles, brûlures, chutes, rompures, mal de tête, de dents, de la matrice; douleur de bras et de jambes, goutte, enflure, rogne, teigne, dartre, difficulté d'uriner et d'haleiner (respirer), vieille toux, coliques. Son eau distillée a les mêmes vertus, sa poudre aussi, mais surtout son huile, comme ayant tiré la quintessence de la vertu de la plante. Des excellents onguents en sont composés pour servir à plusieurs remèdes. Les punaises sont tuées et bannies des chalits pour longtemps par le seul frotter avec cette herbe, etc., etc. » On comprend qu'une plante qui se recommandait par tant de propriétés magiques, dut être accueillie avec enthousiasme et recevoir partout les honneurs du jardin; on s'explique très-bien aussi l'empressement avec lequel on la fuma et la mâcha pour imiter les Indiens, et le succès qu'obtint sa poudre sternutatoire. C'était à qui des malades se l'administrerait d'une manière quelconque pour rétablir sa santé, et à qui des gens bien portants se l'administrerait pour ne pas tomber malade. Jacques Ier, roi d'Angleterre, et le pape Urbain VIII ne s'y laissèrent point prendre et défendirent l'usage du tabac sous des peines très-sévères. Il en fut de même en Perse où les priseurs furent menacés de perdre le nez et même la vie. On n'en continua pas moins de priser.

L'expérience a soufflé sur les vertus médicinales du tabac, et on ne lui en reconnaît plus guère. En retour, nous savons que fumé, mâché et prisé à fortes doses, il possède des propriétés abrutissantes de premier ordre, et, véritablement, il nous en coûte d'enseigner la culture de ce poison qui, s'il fait les délices du fisc, fait bien

certainement aussi le malheur des populations.

En France, la culture du tabac est un monopole, et l'État intervient même dans les détails de cette culture, auxquels la plupart du temps il n'entend rien; en Belgique, la culture du tabac est libre; elle doit être plus intelligente.

Climat. — Le tabac n'est pas difficile sur le climat; il ne réussit pas seulement dans le Midi, il réussit parfaitement encore en Alsace, dans le nord de la France, en Belgique, en Allemagne. A Saint-Hubert, où nous en avons cultivé quelques échantillons, la graine mûrissait, malgré l'altitude. Cependant, les contrées douces conviennent mieux à cette plante que les contrées du nord, et du moment où l'on s'éloigne du midi, on doit rechercher pour elle les expositions chaudes.

Terres propres à la culture du tabac. — A ce propos, un de nos amis du Hainaut, en mesure d'être bien informé, de prendre ses renseignements à source sûre, nous écrivait il y a quelques mois : « Le sol le plus convenable pour le tabac est de nature sablo-argileuse avec abondance d'humus. C'est ce qu'on appelle chez nous le sable noir de quelque consistance; j'ajoute que l'exposition au midi ou au levant convient naturellement mieux que toute autre. Les tabacs qui croissent sur les terrains argileux ont plus de vigueur, mais ils perdent en qualité. Les champs où l'on cultive cette plante industrielle doivent être bien aérés, bien découverts; elle veut de l'air et du soleil. Le tabac de plaine est plus aromatique et plus recherché que celui de jardin. Dans le Hainaut, les coteaux sont encore préférables à la plaine, à cause de la chaleur atmosphérique; les meilleurs tabacs d'Obourg qui, vous le savez, sont en réputation, croissent sur les hauteurs. »

Schwerz nous dit, de son côté, que le tabac prospère sur tous les terrains, excepté sur la glaise lourde, le sable aride et les terres humides de marais. Néanmoins, ajoute-t-il, il préfère une argile sablonneuse, douce et contenant beaucoup d'humus. Il se plaît sur un gazon de prairie naturelle ou artificielle rompue, et l'on pense que la supériorité des tabacs d'Amérique est due à leur culture sur des terres neuves, ne recevant d'engrais que la cendre des forêts brûlées.

Place du tabac dans les assolements. — Dans le Hainaut (Belgique), on place le tabac après toutes les récoltes, seulement on établit une exception quant au trèfle, parce que, dit-on, le terrain renferme alors trop de vers. Le tabac succède bien au tabac pendant quelques années et l'on s'accorde à reconnaître que les feuilles y gagnent en qualité sinon en quantité.

Dans le Palatinat, le tabac succède ordinairement au maïs et à la betterave; en Alsace, on ne se soucie point de ramener le tabac sur lui-même; du côté d'Hazebrouck et en général dans les départements où la culture du tabac est autorisée, on l'amène après une céréale le plus ordinairement.

Engrais qui conviennent au tabac. — Sur

ce point les cultivateurs ne s'entendent guère, parce que les uns tiennent plus à la qualité qu'à la quantité et les autres plus à la quantité qu'à la qualité. Ainsi, pour ne citer qu'un exemple, les partisans des tabacs forts ne voient rien au-dessus des matières fécales, et les partisans des tabacs doux ne manquent pas de les proscrire. Schwerz écrivait ceci : — « Si l'on vise plus à la quantité et au poids qu'au bon goût du tabac, on peut fumer de préférence avec des engrais de mouton ou des matières fécales ; le fumier de cheval lui donne, dit-on, une odeur repoussante, au lieu que le fumier de vache améliore et l'odeur et le goût. Celui-ci et mieux encore les engrais végétaux conviennent donc particulièrement au tabac à fumer. » Schwerz avait raison en ce qui regarde l'influence du fumier de mouton et les matières fécales. Cependant, si nous consultons Van Aelbroeck qui appréciait sans doute très-favorablement les tabacs forts de Wervicq et de Menin, il nous répondra par l'éloge des engrais que proscrit Schwerz. En France, où le tabac ordinaire de la régie n'est point certes un tabac doux, les planteurs vous vanteront le fumier de mouton, et la courte graisse. Voici maintenant les renseignements que nous avons reçus du Hainaut : « Le tabac aime les engrais dont l'effet se produit rapidement, car cette plante n'est guère plus de trois mois sur pied. On emploie les courtes fumures avant l'hiver. Le guano, la colombine, les tourteaux d'œillette, de lin et de colza sont excellents ; on les emploie en mars et en avril. Dans les environs de Wervicq on répand environ 3 000 kilog. de guano par hectare. Les cendres de charbon de terre sont considérées par quelques-uns comme très-bonnes ; d'autres prétendent qu'elles ne conviennent pas, au moins dans les terrains sablonneux où, dit-on, elles occasionnent la *rouille*. Les petits cultivateurs arrosent leur tabac avec du *lait de beurre* (babeurre), engrais excellent qui communique aux feuilles une délicatesse rare, mais vous comprenez qu'il est impossible d'opérer de la sorte sur des plantations de quelque étendue. Veuillez noter en passant que l'on prête aussi aux tourteaux d'œillette et de lin cette propriété d'adoucir le tabac. Il faut éviter les arrosages avec le purin *après* la plantation, car cet engrais liquide communique à la plante une saveur âcre ; à Wervicq, on vante beaucoup l'engrais humain. On redoute la chaux.

Labours préparatoires. — Le tabac demande une terre parfaitement ameublie ; c'est pourquoi il est d'usage de labourer une première fois avant l'hiver, une seconde fois à la sortie de cette saison, de herser ensuite vigoureusement, et de labourer une troisième fois au moment de la plantation. C'est ce qui se pratique en France, en Belgique et en Allemagne. Lorsque l'on a affaire à des terres légères, il convient de rouler après le troisième labourage.

Semis et plantation du tabac. — Nous ne connaissons que trois espèces de tabac, mais il en existe un plus grand nombre. La première est le *tabac rustique à feuilles rondes* ou tabac sauvage,

cultivé seulement comme plante médicinale ; la seconde est le *tabac à larges feuilles*, cultivé le plus

Fig. 440.
Fleur du tabac.

Fig. 439. — Tabac à larges feuilles.

généralement par nos planteurs français et que nous croyons être le *croquant* de Wervicq ; le troisième est le *tabac à feuilles étroites*, ou *tabac de Virginie*, ou *tabac à feuilles de saule* d'Obourg. La feuille de cette dernière espèce est effilée, étroite, à côtes fines et d'un vert pâle. Le tabac à feuilles étroites est très-exigeant quant à l'engrais, peu productif, mais de qualité supérieure.

Il n'y a donc à choisir qu'entre le tabac à larges feuilles d'Amérique et le tabac à feuilles étroites de Virginie.

La graine de l'un et de l'autre n'est ni rare, ni chère par conséquent. Chaque cultivateur fait la sienne et peut garder longtemps celle des bonnes années, attendu que ses facultés germinatives se maintiennent bien.

Dans les pays où la culture du tabac est libre et où chacun a le droit d'en faire pour sa consommation particulière ou pour la vente, beaucoup de petits cultivateurs et d'amateurs sèment sur couche, en mars ou avril, fixent la graine avec une batte ou en l'arrosant, éclaircissent le semis dès que l'on peut saisir les jeunes plantes, et les transplantent lorsqu'elles ont de six à huit feuilles. Mais fort souvent, surtout dans la grande culture et sous les climats doux, on ne prend point la peine d'établir des couches. On forme tout simplement sa pépinière au bout des champs préparés pour la plantation ; on fume le carré de terrain avant l'hiver ; au commencement de mars on l'ameublit bien, on le pulvérise avec la herse, comme s'il s'agissait d'y cultiver des oignons, et on sème le tabac le plus tôt possible. C'est ainsi que les choses se font à Wervicq. Les semailles faites, on abrite la pépinière contre les vents avec des paillassons.

Il ne faut pas lésiner sur l'étendue de la pépinière. En semant beaucoup de plantes, on a la ressource de pouvoir choisir, dans le nombre, les sujets les plus précoces et les plus vigoureux, dont on espère une riche récolte. On détruit le reste, et à leur place on exécute la transplantation comme sur les autres parties du champ.

On repique les plantes à la fin de mai ou au commencement de juin, par un temps couvert ou pluvieux, en ayant soin de ne pas recourber les racines. On les aligne et on les distance sur les lignes d'environ 50 centimètres. Elles ont besoin d'air et d'espace ; néanmoins, il ne convient pas de les trop écarter, car lorsque la végétation a largement développé les feuilles, celles-ci se croisent et se soutiennent mutuellement contre les coups de vent. Les lignes doivent être espacées de 60 centimètres, ou, tout au moins, il est bon, de deux en deux lignes, de réserver un intervalle qui facilite le passage pour les travaux d'entretien.

En France, la régie n'autorise pas les cultivateurs à espacer les pieds de tabac à leur gré. Dans le Midi (Lot et Lot-et-Garonne), l'hectare doit contenir 10 000 pieds seulement ; par conséquent, ils se trouvent à un mètre l'un de l'autre. En Alsace, elle prescrit le chiffre de 30 000 pieds ; dans le Nord 40 000 ; dans le Pas-de-Calais 50 000, ce qui réduit les intervalles à 20 centimètres, distance évidemment trop restreinte, quand dans le Midi elle est évidemment trop large.

Soins à donner au tabac pendant sa végétation. — Lorsque le tabac a pris un certain développement (de 30 à 40 centimètres), on le butte, c'est-à-dire qu'avec la houe on relève la terre au pied de la plante. En Belgique, quelques personnes prétendent que cette opération n'est pas nécessaire ; elle n'en est pas moins générale. Dans tous les cas, en France, et dans le Midi surtout, ce buttage est de rigueur ; il entretient une humidité salutaire au pied des plantes.

Dans le Hainaut, lorsque la douzième feuille se produit, on *châtre* la plante, autrement dit on la pince, on l'écime, on en supprime la sommité. Parfois, quand le tabac n'est pas vigoureux, on n'attend pas aussi longtemps pour écimer. Les feuilles réservées varient entre 8 et 12 sur chaque pied.

Cet écimage, au moment de la pleine végétation, a pour résultat de refouler une forte quantité de sève qui cherche des issues autre part que dans les feuilles restantes et détermine l'émission de petits rameaux à l'aisselle de ces feuilles. Il faut les supprimer et continuer l'ébourgeonnement tous les deux ou trois jours jusqu'à ce que la fougue de la sève se soit calmée.

Il va sans dire que les tiges de tabac destinées à fournir la semence ne doivent pas être soumises à ces mutilations.

En France, l'administration intervient dans l'écimage et fixe à huit ou neuf les feuilles à conserver.

Maladies et ennemis du tabac. — Les au-

teurs s'imaginent que le tabac éloigne les insectes et les animaux sans exception, et qu'il n'a réellement à craindre que la gelée blanche, les coups de vent et la grêle. Nous nous permettons donc de faire observer en passant que parfois les semis sont ravagés par les *limaces* et qu'il serait prudent d'entourer les pépinières avec de la sciure de bois. On ne saurait opposer de meilleure redoute. L'orobanche rameuse du chanvre est à craindre aussi pour le tabac.

Récolte du tabac. — La récolte du tabac se fait ordinairement vers la fin d'août ou au commencement de septembre. On reconnaît la maturité des feuilles à plusieurs signes. Schwerz nous dit qu'en tournant les feuilles contre le soleil on aperçoit au travers des taches d'un jaune huileux. Ces mêmes feuilles prennent une consistance de parchemin, se rident et abaissent leurs pointes vers la terre ; enfin l'odeur des plantes devient plus pénétrante que de coutume. Ce sont là, en effet, des caractères sur lesquels on peut compter. On nous permettra d'en ajouter un dont on ne parle pas et que les praticiens du Hainaut connaissent bien. Quand on veut s'assurer de l'état du tabac, on coupe une tige, et si, à la surface de la partie coupée, on remarque un anneau rougeâtre, c'est un indice certain de maturité.

On a prétendu, dans le Nord, que la rosée de septembre est bonne pour le tabac. Voici sur ce point la vérité : les tabacs tardifs ont plus de corps, plus d'étoffe, plus d'épaisseur et de poids par conséquent, mais ils mûrissent et sèchent difficilement en septembre. D'ailleurs, il est reconnu que les tabacs récoltés à la fin de septembre dans ce climat, ont moins de délicatesse que ceux récoltés plus tôt. Ainsi donc, dans le Nord, l'avantage reste aux semis hâtifs et aux sujets précoces.

A Obourg, à Wervicq, on coupe le tabac avant midi et on le laisse sur la terre, exposé au soleil, pour qu'il se fane un peu. Puis on s'occupe de la dessiccation sous des hangars. Pour cela, les uns détachent les feuilles de la tige et les enfilent à l'aide de ficelles de 2 mètres environ de longueur qui peuvent porter à peu près cinquante feuilles chacune. D'autres laissent les feuilles sur la tige. Dans ce dernier cas, pour dessécher les plantes, on a divers procédés : sous un toit de panne, on fixe les tiges entre la panne et les lattes de manière à ce que la plante soit ouverte et que les feuilles soient plus ou moins isolées ; ou bien, on réunit deux plantes à l'aide de ficelles ou d'une broche en bois à double pointe que l'on introduit dans leurs tiges, puis ces deux plantes sont placées à cheval sur les perches.

Nous avons vu des cultivateurs disposer leurs plantes par petits tas, pendant quelques heures, une nuit entière quelquefois, avant de les suspendre pour les faire sécher. La fermentation qui en résulte donne, dit-on, une belle couleur au tabac et le dépouille d'une bonne partie de sa nicotine. Lorsque les feuilles de tabac sont jugées suffisamment sèches, on les met en paquets pour les ramollir, on couvre ensuite le tas de paquets d'un linge, et on les soumet à une pression assez forte. Quelques amateurs disposent leurs feuilles de tabac desséchées entre des lits de paille d'avoine, les tiennent pressées et assurent que le tabac ainsi préparé acquiert de la qualité.

Nous avons une dernière observation à faire en ce qui touche le tabac. Si les feuilles trop mûres

Fig. 441. — Tabac ordinaire à feuilles étroites.

ne valent rien et ne donnent pas de fumée, les feuilles trop vertes ne valent rien non plus ; elles sont qualifiées de *feuilles de choux*, sont plus vénéneuses que les autres et occasionnent souvent des coliques et des vomissements aux fumeurs.

Nous avons fait toute la part de la culture ; il ne reste plus au producteur qu'à vendre sa marchandise aux fabricants de tabac, ou, en France, à la régie. C'est à ceux-ci à le préparer, à le travailler, à le convertir en tabac à fumer, tabac à priser, tabac en carotte et en cigares. Le *Livre de la ferme* n'a rien à voir dans cette industrie.

Pour la France, l'hectare de tabac, dans le Midi, ne rend pas plus de 600 kilogr. sec, tandis que dans le Nord, il peut rendre 1 800 kilogr.

Par elle-même, la culture du tabac n'est pas avantageuse ; son principal mérite consiste à enrichir le terrain et à favoriser le rendement des récoltes qui lui succèdent.   P. J.

CHICORÉE A CAFÉ (CICHORIUM INTYBUS).

Classification. — On a fait de la chicorée à café ou à grosses racines une sous-variété et même une variété de la chicorée sauvage, dont il a été parlé précédemment à l'occasion des fourrages artificiels. Cependant, nous sommes tenté de croire que la culture seule a établi les caractères sur lesquels on s'appuie et que la chicorée à café pourrait bien n'être que la chicorée sauvage, développée par nos soins. Cette plante, de la grande famille des Composées, et de la tribu des

Chicoracées, occupe une place assez large dans les cultures économiques du nord de la France et en Belgique, où ses racines, torréfiées et moulues, sont associées au café.

Climat. — La chicorée à grosses racines est robuste et réussit partout, mais elle ne donne de très-beaux produits que dans les climats humides.

Terres propres à la culture de la chicorée à café. — Les terres ameublies par de fréquents labourages et riches en vieilles fumures, sont celles qui conviennent le mieux à cette plante. Si on la cultivait dans les climats secs ou chauds, on devrait nécessairement lui consacrer des terrains frais.

Place de la chicorée à café dans les assolements. — Les soins d'entretien qu'exige la chicorée ont pour résultat de nettoyer le sol ; d'où il suit qu'en théorie elle doit arriver après une récolte salissante, c'est-à-dire après les céréales, mais en pratique, on cherche toujours ou presque toujours en sa faveur des places propres et d'une grande fertilité. D'ailleurs, on ne la sème guère que par parcelles, dans les petites exploitations plutôt que dans les grandes, et d'ordinaire en dehors de tout assolement régulier. La culture de la chicorée est en quelque sorte une culture jardinière. L'essentiel est de ne pas la ramener trop souvent à la même place ; des intervalles de cinq à six années nous paraissent de rigueur.

Engrais qui conviennent à la chicorée. — Les fumiers de ferme bien pourris, les composts de fumier, de gazons, de terres de fossés et de cendres de bois, le purin de basse-cour, sont à notre avis les engrais par excellence. Le chaulage est d'un bon effet dans les terres siliceuses.

Labours préparatoires. — Nous ne saurions trop insister sur la nécessité des labourages multipliés ; quand on opère sur une échelle restreinte, le travail de la bêche avant l'hiver et à une grande profondeur (de 30 à 35 centimètres au moins) est bien préférable au travail de la charrue ; mais lorsque l'on a recours à ce dernier outil, il est important de faire suivre la charrue ordinaire par une charrue fouilleuse. On peut enterrer le fumier de ferme à l'époque de cette première façon préparatoire, surtout si ce fumier n'est pas suffisamment décomposé. Dans le cas contraire, on enfouit l'engrais au moment du labourage de printemps ; puis on ameublit le sol avec une herse légère.

Choix des semences et semailles de la chicorée à café. — La maturation des graines de chicorée est très-lente et très-irrégulière ; en conséquence, il y a toujours profit à se servir d'une semence récoltée dans les climats chauds, pendant les belles journées d'été. La fabrication de cette semence est des plus faciles ; il suffit ou de laisser des racines passer l'hiver en terre, de les arracher à la sortie de cette saison, de faire un choix parmi les plus belles et de les replanter de suite en riche terrain. Ou bien encore, on choisit, parmi les racines arrachées en octobre ou novembre, un certain nombre de sujets, dont on supprime les feuilles sans endommager le collet, et que l'on conserve encore dans du sable jusqu'au printemps, pour les transplanter ensuite. On sarcle et l'on bine ces porte-graines aussi souvent que l'état du terrain le commande et l'on arrose avec du purin dès que les premières fleurs se montrent. Il ne faut pas trop se hâter de récolter la semence ; plus on attendra, mieux l'opération vaudra. Lorsque la majeure partie de cette semence est bien mûre, on doit couper les tiges et les porter soit au grenier, soit sous un hangar, pour que la dessication s'y achève. Alors on la bat ou l'on ajourne le battage au printemps, ce qui est préférable. Les graines ne se détachent pas aisément sous le fléau ; c'est donc une besogne de patience. Comme toujours, la semence qui se sépare la première est celle qu'il convient de préférer. Ses facultés germinatives se maintiennent pendant cinq ou six années et plus, et les praticiens aiment mieux la graine de deux et de trois ans que celle de l'année. En voici la raison : les graines d'un an, battues le plus rigoureusement possible, ne sont pas toutes d'un mérite irréprochable ; parmi celles qui ont bien mûri sur pied, il s'en trouve, et beaucoup, qui n'ont pas atteint le point convenable de maturité. Or, ces dernières germent comme les autres, mais par cela même qu'elles sont chétives, maladives, elles se mettent à fleur dès la première année du semis, ce qui ne saurait faire le compte du cultivateur qui veut de belles racines. Mais si l'on attend deux ou trois ans, la faculté germinative de ces graines chétives s'éteint, tandis que les graines vigoureusement constituées gardent la leur. Ce résultat ne prouve donc rien contre la valeur des bonnes graines d'un an ; il prouve seulement qu'il n'est pas prudent de semer des graines incomplétement mûres et qu'il vaut mieux attendre leur mort en sac que de leur demander en terre une vie misérable et une mauvaise fin.

Dès les premiers jours du printemps, c'est-à-dire aussitôt que la température s'est adoucie et que la terre est en état d'être travaillée utilement, on s'occupe des semailles de la chicorée. On la sème à la volée le plus souvent, et en lignes quelquefois. Ce dernier procédé vaut mieux que le premier, parce qu'il épargne des frais de sarclage et qu'il est très-favorable au développement des racines. Toutefois, il est à remarquer que le semis à la volée réussit mieux que le semis en lignes dans les terres légères, ce qui n'aurait pas lieu si les terres étaient convenablement tassées d'abord et les rigoles étaient tracées par un instrument compresseur, une roue de brouette, par exemple, non avec les dents du rayonneur qui soulèvent la couche arable et l'exposent trop à l'action desséchante de l'air et du soleil. Donc, il reste bien entendu que, toutes les fois que l'on voudra adopter le semis en lignes, on devra rayonner par compression, à la suite d'un roulage et recouvrir la graine légèrement par un second roulage transversal aux rigoles. La distance à maintenir entre les lignes varie de 0^m,30 à 0^m,35.

Lorsqu'on sème la graine à la volée sur une terre bien ameublie par un premier hersage, on la recouvre légèrement par un second hersage, après quoi il faut rouler. Le semis à la volée exige environ 5 kilos de semence ; il va sans dire que le semis en lignes est moins exigeant, mais il ne s'agit là que d'une bien petite économie.

Soins à donner à la chicorée à café pendant sa végétation. — Ces soins consistent à sarcler et à éclaircir de façon à ménager des intervalles de 0^m,25 à 0^m,30 en tous sens parmi les emblaves à la volée et les mêmes distances sur les lignes, dans les emblaves en rayons. On bine deux ou trois fois.

Récolte et emploi de la chicorée à café. — On procède à l'arrachage de la chicorée pendant les mois d'octobre et de novembre, alors que les racines sont complétement développées. On donne les feuilles au bétail, et les racines sont conservées ou desséchées et vendues de suite pour les besoins de l'industrie. Dans le nord de la France et en Belgique, les pauvres gens qui cultivent la chicorée à café pour leur usage personnel, font sécher les racines au four, après la cuisson du pain et au degré convenable pour pouvoir les soumettre à la râpe et les réduire en poudre. Les cultivateurs qui opèrent sur des quantités importantes, divisent les racines, afin de les dessécher promptement et de les réduire à l'état de *cossettes* ; les industriels torréfient ces cossettes au moyen de brûloirs, comme on torréfie la graine de café, et, quand la torréfaction est au point voulu, ils laissent refroidir les racines, puis ils les écrasent au moyen de meules en pierre ou de cylindres en fonte taillée. C'est ce qu'on appelle *moudre* la chicorée, et c'est cette chicorée moulue que l'on vend en paquets sous son véritable nom, ou que l'on associe au café en poudre à l'insu du consommateur.

L'usage de la chicorée est tellement répandu qu'il serait difficile d'en déshabituer les populations du département du Nord et de la Belgique. La plupart préfèrent le café frelaté au café pur ; leur santé n'ayant point à en souffrir, il n'y a pas lieu de protester.

« La fabrication d'un café factice au moyen de la racine de chicorée torréfiée, disent MM. Girardin et Dubreuil, dans leur COURS ÉLÉMENTAIRE D'AGRICULTURE, paraît être originaire de la Hollande ; elle est pratiquée dans ce pays depuis plus d'un siècle ; elle est restée secrète jusqu'en 1801. A cette époque, MM. Orban, de Liége, et Giraux (ou Gibaud) importèrent le procédé de fabrication, M. Orban, à Liége, alors chef-lieu du département de l'Ourthe, et M. Giraux, à Onnaing, commune du département du Nord, à 6 kilomètres de Valenciennes. Plus tard, en 1814, lorsque la Belgique fut séparée de la France, M. Orban créa une nouvelle fabrique aux environs de Valenciennes. »

Aujourd'hui, on trouve des fabriques de chicorée non-seulement dans le département du Nord, mais encore dans ceux du Pas-de-Calais, de l'Oise, de la Seine et sur différents points de la Normandie et de la Bretagne.

M. Girardin estime à 4 500 kilogrammes le poids moyen des racines desséchées ou cossettes, par hectare.

CARDÈRE A FOULON (DIPSACUS FULLONUM).

La cardère à foulon est une plante de la famille des Dipsacées que l'on désigne vulgairement sous

Fig. 443. — Tête de cardère.

Fig. 442. — Cardère.

les noms de *chardon à foulon*, de *chardon* ou d'*herbe à bonnetier*, de *chardon à carder*. La culture de cette plante est toujours ce qu'elle était au temps où Bosc lui consacrait un excellent article dans le *Nouveau Cours complet d'agriculture*. Voici, en substance ce qu'il en a dit :

La cardère à foulon, dont on ne connaît pas le pays natal, n'est cultivée sur une assez grande étendue que dans le voisinage des manufactures de laine, à Louviers, Sédan, Elbeuf, Carcassonne, etc.; autre part, on n'en rencontre que des parcelles en rapport avec les besoins des petites fabriques.

Les climats doux, les expositions chaudes, les terres profondes, bien ameublies et médiocrement fumées; voilà ce qui convient à la cardère. Les fortes fumures, au moment du semis, développent trop les rameaux et les feuilles au préjudice des têtes.

La meilleure graine est celle de l'année provenant des plus fortes têtes et complétement mûre. On la sème dans le nord de la France au mois de mars, mais dans le midi, on la sème dès l'automne. Selon la saison du semis, quelques cultivateurs associent la cardère au seigle, au froment, aux carottes, navets, haricots et à la gaude, mais le plus communément on la sème seule, soit à la volée et à demeure, soit en lignes, soit enfin en pépinière à l'automne, pour repiquer au printemps.

La cardère est une plante bisannuelle. La première année de sa végétation, on doit la sarcler, l'éclaircir de manière à laisser entre les tiges des espaces de 0ᵐ,32 environ, et la biner à diverses reprises. L'année suivante, on ne bine qu'une fois, dans les premiers jours du printemps. Quoique bisannuelle, la cardère n'attend pas toujours la seconde année pour monter à fleur; elle s'emporte de temps en temps la première année quand la température lui est défavorable, soit qu'il y ait excès de chaleur soit qu'il y ait excès d'humidité ; et peut-être bien quand les graines n'ont pas assez mûri sur pied et n'ont par conséquent pas les qualités voulues pour une semence parfaite. Les têtes n'en sont pas moins bonnes pour carder les étoffes.

La récolte de la cardère se fait ordinairement au mois d'août de l'année qui suit les semailles, lorsque les fleurs sont tombées et que les têtes blanchies annoncent qu'elles sont bonnes à cueillir. Cette opération se prolonge assez longtemps à cause de l'irrégularité de la floraison, et à chaque cueillette, on met les têtes en hottes et on les expose à l'ombre, dans un lieu aéré, pour achever la dessiccation. Si cette dessiccation avait lieu à l'ardeur du soleil, les paillettes crochues deviendraient cassantes et le produit perdrait de sa valeur. Les années pluvieuses ont aussi leur désavantage, car les têtes pourrissent ou les paillettes se ramollissent trop.

Un pied de cardère peut rendre jusqu'à huit ou neuf têtes, mais le plus ordinairement, le rapport n'est que de cinq à six. Il est bon de remarquer qu'il est d'usage de couper la tête de la tige avant qu'elle se développe; cet écimage favorise le développement des têtes latérales.

CHAPITRE XXIV

DES PLANTES NUISIBLES

Le titre de ce chapitre est un sacrifice au préjugé. Nous tenons pour nuisibles beaucoup de plantes qui ne le sont pas toujours dans la rigoureuse acception du mot, et qui parfois même ont plus de qualités que de défauts. Nous tenons pour nuisibles non-seulement les herbes qui nous empoisonnent, mais encore celles dont nous ignorons les propriétés et qui peuvent en avoir d'excellentes, mais encore celles qui nous gênent plus ou moins dans nos travaux. Nous voulons bien croire à l'existence de plantes absolument malfaisantes, créées peut-être à seule fin de mettre en relief le mérite de celles qui nous rendent des services, mais ces plantes absolument malfaisantes sont bien rares. Ce que nous allons dire des espèces en mauvais renom dans nos campagnes le prouvera.

ACHILLÉE MILLEFEUILLE (ACHILLEA MILLEFOLIUM).

Cette plante de la famille des Composées est commune au bord des chemins et dans les moissons. On la désigne sous les noms vulgaires de mille-feuille, herbe à la coupure, herbe à la saignée, saigne-nez, herbe de Saint-Jean, herbe aux voituriers, herbe militaire. Dans certaines contrées du Nord, où les sarclages sont négligés, dans le Luxembourg belge notamment, l'achillée fait le désespoir des cultivateurs, presqu'à l'égal du chiendent. C'est, à leurs yeux, une plante essentiellement nuisible.

Fig. 444. — Achillée millefeuille

Elle cessera de l'être le jour où ils comprendront l'avantage des labourages profonds et des cultures sarclées.

Sur quelques points de l'Allemagne, on utilise ses nombreuses et longues racines pour la nourriture des vaches. Ses feuilles et ses racines entrent dans la composition des vulnéraires suisses. Les noms d'herbe à la saignée et de saigne-nez appliqués à l'achillée, viennent de la particularité suivante : — Il suffit de se tamponner les narines avec des feuilles de cette herbe et de se presser brusquement les ailes du nez pour provoquer une petite perte de sang.

ACONIT NAPEL (ACONITUM NAPELLUS).

L'aconit napel appartient à la famille des Renonculacées. On ne le cultive pas seulement dans nos jardins sous les noms de capuce de moine, capu-

chon, coqueluchon, fleur en casque et madriette, on le rencontre encore à l'état sauvage dans les pâturages humides et boisés. Cette plante s'élève de 0m,80 à 1m,20 et se recommande à la floriculture par ses belles fleurs bleues. Comme elle est vivace, robuste et d'un bel effet, elle figure dans la plupart de nos jardins. Il est donc bon de savoir que ses feuilles et ses racines sont très-vénéneuses, ce qui n'empêche pas la médecine d'en tirer parti à petites doses.

BELLADONE (ATROPA BELLADONA).

De la famille des Solanées. La belladone se trouve ordinairement à la lisière des bois, dans les

Fig. 445. — Belladone.

lieux rocailleux. Ses fleurs sont d'un brun rougeâtre, ses baies sont noires et ressemblent un peu aux guignes ; aussi les enfants sont souvent tentés d'en goûter, et le danger est d'autant plus sérieux que ses fruits ont une saveur douce qui ne laisse pas soupçonner le poison. La plante entière est vénéneuse. Elle n'en est pas moins employée prudemment en médecine, dans la coqueluche, les toux convulsives des personnes âgées, les névralgies, etc.

En Italie, les femmes se frottent la peau pour la blanchir et lui donner de l'éclat, avec du jus de feuilles et de fruits de belladone ; de là son nom qui veut dire belle dame.

Dans les cas d'empoisonnement par la belladone, on a recours de suite aux vomitifs, à l'émétique, par exemple.

BERCE BRANC-URSINE (HERACLEUM SPHONDYLIUM).

De la famille des Ombellifères. La berce, que l'on nomme en certains endroits panais des vaches, est commune dans les prairies fraîches et les envahit parfois dans des proportions regrettables. Quand vient la fauchaison, ses tiges sont déjà dures, et le bétail ne saurait les manger après le fanage. Il suit de là que plus il y a de berce

Fig. 446. — Berce branc-ursine.

desséchée dans le foin, moins celui-ci a de valeur. A ce titre donc, c'est une plante malfaisante. Il faut en débarrasser les prairies par des sarclages répétés. Quand on s'obstine à arracher, ou à couper la berce pendant plusieurs années de suite, et à empêcher ainsi sa reproduction par les graines, elle finit par disparaître entièrement. On ne perd point son temps, d'ailleurs, à la couper lorsqu'elle est jeune et tendre, car, dans cet état, les vaches la mangent bien et les lapins encore mieux. C'est, assure-t-on même, pour ces derniers, un fourrage de choix qui donne à leur chair une saveur recherchée.

Il est prudent de ne pas enlever la berce par la rosée, car elle peut déterminer sur les mains et les bras des ulcérations douloureuses, bien connues des maraîchers de la province de Liége sous le nom de *mal du panais*, parce qu'avec la récolte du panais on s'expose au même accident. Il y a quelques années, un propriétaire de la province de Namur (Belgique) faisait sarcler ses prairies couvertes de berce. Tout à coup, les mains des sarcleuses se couvrirent d'ulcères, de clous d'un caractère inquiétant. On s'en prit au propriétaire en question, aux fabriques de produits chimiques, on parla de procès, on fit beaucoup de bruit de l'événement dans les journaux de la localité, et, en fin de compte, la tempête s'apaisa quand on sut que l'on avait affaire au *mal du panais*.

Dans le nord de l'Europe, on emploie les graines de la berce branc-ursine pour la fabrication de la bière; en Sibérie, on distille les tiges desséchées pour en retirer une eau-de-vie que l'on dit de bonne qualité, et l'on assure qu'à poids égal, la berce rend plus d'alcool que le vin.

BRYONE BLANCHE OU DIOIQUE (BRYONIA ALBA SEU DIOICA).

De la famille des Cucurbitacées. C'est une plante vivace, à fleurs petites d'un blanc verdâtre, à racine volumineuse, assez commune dans les haies, et désignée sous les noms vulgaires de couleuvrée, feu ardent, navet du diable, vigne du diable et navet du serpent. Elle répand une odeur vireuse et nauséeuse. Sa tige atteint souvent 2 mètres de hauteur et s'accroche aux broussailles à l'aide de ses vrilles; ses fruits sont petits et rouges; sa racine, en forme de fuseau, devient souvent plus grosse que la cuisse, et, dans nos campagnes, on l'arrache parfois et on la montre comme un prodige de la nature. En Picardie, les femmes la connaissent bien et préparent avec cette racine des lavements pour faire passer le lait, au moment du sevrage. Ailleurs, les empiriques la recommandent à titre de purgatif. C'est pour cela, précisément, qu'il nous semble utile d'éveiller la défiance de nos lecteurs à l'endroit de la bryone. Le jus de sa racine, qu'ils le sachent bien, est un poison, contre lequel il convient de se tenir en garde; il suffirait de forcer un peu les doses pour payer cher son imprudence. Appliqué sur la peau, il la rubéfie, la rougit et y fait lever des ampoules. Les mendiants valides s'en sont servis plus d'une fois pour simuler des plaies graves et intéresser les passants à leur sort.

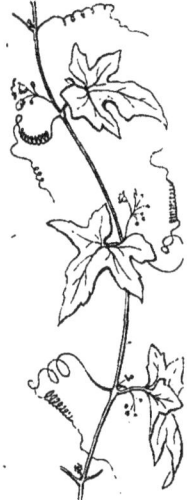

Fig. 447. — Bryone blanche.

CHAMPIGNONS.

Il est plus facile d'énumérer les champignons comestibles que les champignons vénéneux; les premiers sont en petit nombre; les seconds abondent, et malheureusement, il n'est pas donné à beaucoup de personnes de distinguer sûrement ceux qui sont bons de ceux qui sont mauvais. — « Je me rappelle, écrit M. Moquin-Tandon, avoir vu mourir à Montpellier, empoisonnés par des champignons, un homme et une femme qui en ramassaient et en vendaient, depuis vingt-cinq ans. » Nous ne songeons pas à contester l'exactitude de ce fait, mais nous croyons qu'il eût été convenable de ne point l'isoler des circonstances particulières au milieu desquelles il a dû se produire. Tel que M. Moquin-Tandon l'expose, il détruit toute confiance; il tend à établir qu'il ne faut se fier ni à sa propre expérience, ni à celle de qui que ce soit. C'est aller un peu trop loin. Nous pensons qu'il n'est pas nécessaire d'être très-habile observateur pour reconnaître, par exemple, les champignons de couches, l'agaric champêtre, dont il sera parlé dans le travail sur la culture potagère, la chanterelle comestible et la

Fig. 448. — Agaric champêtre.

morille; nous pensons que sur les marchés, soumis à une inspection *spéciale*, on ne livre jamais à la vente des champignons vénéneux; nous pensons enfin, que, dans nos campagnes, les bergers, les pâtres, les forestiers sont de meilleurs connaisseurs que les botanistes.

Nous ne conseillons pas une confiance très-étendue en ce qui regarde les champignons, mais nous ne voulons pas qu'on les proscrive trop généralement, et que, par peur de la mort, on laisse perdre des variétés comestibles précieuses. Dans le doute qu'on s'abstienne, rien de mieux; que même avec les champignons comestibles, on prenne la précaution de les mettre dans de l'eau salée ou de l'eau vinaigrée avant de les faire cuire, rien de mieux encore; mais il y a de l'injustice à soutenir que certaines espèces très-inoffensives doivent être rejetées comme nuisibles. C'est ainsi que la chanterelle comestible ou girole, si commune dans la forêt de Fontainebleau et ailleurs, passe pour une plante vénéneuse dans le Hainaut et l'Ardenne belge, même parmi les forestiers. Un vieillard du village de Grandrieux (Hainaut), à qui nous montrions un panier plein de chanterelles, nous demanda ce que nous voulions en faire, et quand nous le lui eûmes dit, il ajouta : — Mais, malheureux que vous êtes, vous ne savez donc pas que c'est du poison, et que, pour tout l'or du monde,

Fig. 449. — Fausse orange.

Fig. 450. — Bolet pernicieux.

les gens de ce pays n'y toucheraient point; nous n'avons vu manger de ces champignons jaunes que par les Russes en 1815.

Toutes les fois qu'on nous raconte que les Russes mangent impunément des champignons qui nous empoisonneraient nous autres Français, nous nous rappelons les paroles du vieillard de Grandrieux et les chanterelles du bois de l'Escaille.

Ne grossissons pas le chiffre des champignons vénéneux; il est déjà trop fort.

Nous n'en finirions pas si nous voulions dresser la liste de ces champignons nuisibles. Nous nous contenterons d'en figurer deux des plus communs et des plus dangereux, le bolet pernicieux (*fig.* 450) et la fausse orange (*fig.* 449).

CHARDONS ET CIRSES (CARDUUS ET CIRSIUM).

Plantes de la famille des Composées et de la tribu des Cinarocéphales. Ces deux espèces dis-

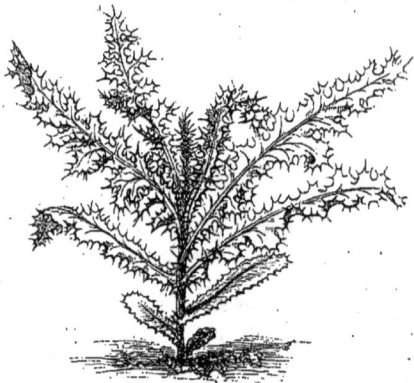

Fig 451. — Chardon.

tinctes sont confondues sous le nom de chardons par les cultivateurs de tous les pays. Elles ont tant de points de ressemblance que cette confusion s'explique aisément. Le cirse d'ailleurs ne diffère du chardon que par son aigrette plumeuse, caractère fort peu saillant et qui parfois embarrasse même les botanistes.

Les chardons font le chagrin du cultivateur; leurs feuilles très-piquantes rendent le javelage et la mise en gerbes fort pénible. On ne se soucie point non plus de botteler des fourrages infestés de chardons, et les animaux ne se soucient pas davantage de les consommer. Nous avons vu des pâturages littéralement interdits au bétail par les chardons nains.

Dans les cultures négligées, les chardons se propagent avec une effrayante rapidité, et lorsqu'ils ont pris pied dans un terrain, il n'est pas facile de s'en débarrasser. On doit les attaquer par différents moyens. Tantôt, on les arrache à l'aide de tenailles en bois; tantôt on les coupe entre deux terres à l'aide d'un couteau à long manche ou d'une lame fixée au bout d'un bâton. Le premier procédé vaut mieux que le second, mais il est moins expéditif et plus fatigant. Les chardons bien arrachés ne repoussent pas; les chardons coupés entre deux terres dans le courant d'avril, donnent des rejets et l'opération demande à être renouvelée dans le courant de mai. On ne gagne donc rien à trop se hâter. « Ce n'est guère qu'en mai, écrit M. de Dombasle, lorsque le blé est déjà un peu grand et en tuyaux qu'on peut réussir à détruire les chardons. Lorsqu'à cette époque, on les coupe entre deux terres, ils ne repoussent plus, tandis que si on les coupe plus tôt, ils sont bientôt aussi grands qu'ils l'étaient. » On nous permettra d'ajouter que les chardons ne résistent pas longtemps aux labourages profonds et aux cultures sarclées.

Les chardons enlevés des champs de céréales forment une bonne nourriture pour les vaches et les porcs. On les leur donne cuits.

CHIENDENT (TRITICUM REPENS).

Plante de la famille des Graminées et du genre Froment. Sur certains points de la Bourgogne, on le nomme *Grimon.*

Toutes les fois que la besogne va lentement

Fig. 452. — Chiendent.

et difficilement, que la patience se trouve à rude épreuve, que l'on se dépite et frappe du pied, que les mauvaises choses reviennent au fur et à mesure que l'on croit s'en défaire, on se dit : — C'est le chiendent! Ce mot exprime le comble de l'embarras et de l'ennui. On ne pouvait mieux choisir le point de comparaison. Le chiendent est l'une des herbes exécrées par les cultivateurs. Nous n'en voulons pas à ses feuilles, nous n'en voulons qu'à ses racines qui courent sous terre, Dieu sait comme, s'entrelacent, s'enchevêtrent, mangent notre engrais, salissent nos champs, gênent nos charrues et nous font damner tant que les attelées durent. Nous n'en avons pas fini avec le chiendent d'un côté que c'est à recommencer de l'autre; il s'empare si vite et si complétement du sol, qu'il en devient pour ainsi dire le propriétaire, et qu'à le déloger, on dépense souvent la valeur de plus d'une récolte.

Le chiendent est de tous les pays et en quelque sorte de tous les terrains; cependant il se plaît mieux dans les argiles qu'autre part; il veut avoir le pied frais; il a peur de la sécheresse et du soleil. Voilà le défaut de la cuirasse; c'est par ce point qu'il faut l'attaquer et le saisir; autrement les plus habiles n'en viendraient pas à bout. Une terre est-elle infestée de cette plante, laissez-la en repos, en jachère; labourez en temps sec pour déraciner le chiendent et l'amener près de la surface. Ne hersez pas de suite après le labourage, attendu que la terre hersée se dessèche moins vite que celle qui ne l'a pas été et que plus la dessiccation est prompte, plus la mort des racines l'est aussi. Un peu plus tard, à la veille d'un second labourage, vous ferez passer votre herse à dents de fer sur le champ. Ce second labourage sera donné au moment de la repousse du chiendent et toujours par un temps sec. Voilà la méthode recommandée par M. de Dombasle. Selon lui, elle est plus énergique, plus efficace et moins coûteuse que celle qui consiste à faire suivre le coup de charrue d'un coup de herse immédiat, à former des tas de racines et à y mettre le feu. M. de Dombasle trouvait de l'avantage à laisser pourrir en terre, à titre d'engrais, les racines desséchées de la plante; cependant son mode d'opérer ne sera pas adopté promptement. En voici la raison : — Le cultivateur n'aime pas à jouer avec son ennemi; il sait que les morts seuls ne reviennent pas, et aussi longtemps qu'il n'a pas les racines de chiendent sous la main, aussi longtemps qu'il n'a pas mis l'allumette sous le tas, il a peur que ces racines ne lui échappent et ne repoussent.

Au lieu de brûler les racines de chiendent, on ferait bien, à notre avis, de les emporter à la ferme, de les laver avec soin et de les donner aux vaches et mieux aux porcs qui en sont très-avides.

On a recommandé de s'en servir pour faire litière aux animaux; mais nous croyons savoir que la recommandation est mauvaise. Cette racine ne se décompose pas toujours convenablement.

Dans quelques localités, on forme des prairies artificielles avec cette plante, parce que jeune, elle est recherchée du bétail. Quoi qu'il en soit, nous ne conseillerons pas à nos lecteurs de suivre cet exemple. Si l'on sait au juste quand elle entre dans un champ, en retour on ne sait jamais au juste quand elle en sortira.

En médecine, on se sert des racines du chiendent pour faire une tisane rafraîchissante et diurétique.

CHRYSANTHÈME DES MOISSONS (CHRYSANTHEMUM SEGETUM).

Plante de la famille des Composées. Il y a parfois de bien laides choses sous de charmantes enveloppes; et de même que vous pouvez trouver de mauvais coquins sous de beaux masques, vous pouvez trouver aussi de détestables herbes sous les plus jolies fleurs. Ainsi, ne vous fiez pas trop à la ruine des plantes. En voici une, par exemple, la chrysanthème des moissons, qui, au premier abord, inspire toute confiance et fait plaisir à voir. Autrefois, quand nous n'avions ni la reine marguerite, ni la chrysanthème à couronnes, nous la cultivions sous le nom de *marguerite dorée*, parce qu'elle a une certaine ressemblance avec la grande marguerite des prés (*Pyrethrum leucanthemum*); seulement sa fleur est jaune au lieu d'être blanche. Aujourd'hui, les jardins n'en veulent plus, on ne la rencontre, par ci par là, que dans les moissons, les seigles, les avoines, les froments, parmi les bluets et les coquelicots. La flore des environs de Paris et celle de Namur la signalent comme assez commune; la flore du centre de la France la dit rare, et M. Boreau lui assigne pour patrie les terrains argileux. Cependant, nous savons de ces terrains où vous passeriez des mois et des années sans la découvrir. Nous n'avons jamais rencontré de chrysanthèmes des moissons dans les terres argileuses des environs de Beaune (Côte-d'Or), tandis que nous en avons rencontré dans des terres argileuses du

Fig. 453. — Chrysanthème des moissons.

département de l'Orne. Mais c'est surtout dans les schistes de l'Ardenne belge que nous l'avons vue par milliers d'exemplaires sur des surfaces restreintes. — Là, adressez-vous au premier venu et demandez à voir la *zizanie*, comme qui dirait la peste, et, au beau milieu de l'été, alors que ses belles fleurs jaunes sont ouvertes, on vous en montrera tant et tant que vous en serez stupéfait. La chrysanthème des moissons, la zizanie, est la bête noire de l'Ardennais : elle étouffe ses récoltes, mange son engrais et a l'air de se moquer de lui. Il a beau l'arracher par brassées, la faire sécher au soleil, y mettre le feu, il en repousse tous les ans plus que de raison, comme s'il y avait une provision de graines en réserve dans le sein de la terre pour la ressemer des siècles durant. On est presque tenté de le croire, après avoir lu ces quelques lignes de M. de Gasparin : — « On a trouvé sous un bâtiment qui sûrement avait existé deux cents ans, une terre noire qui fut transportée avec des plâtras dans un jardin; bientôt, il poussa à cette place une quantité de marguerites dorées (*Chrysanthemum segetum*), quoique auparavant on n'y en eût jamais vu. »

Voilà une éternité qu'on fait la guerre à cette plante, qu'on la maltraite, qu'on l'arrache, qu'on la brûle, et toujours elle revient, sans doute parce que d'aucuns se sont lassés à la besogne, se sont découragés à l'œuvre. Cependant elle n'est plus

aussi drue qu'au temps passé; on commence à voir clair dans ses massifs ; mais elle est trop abondante encore, beaucoup trop, et nous croyons que pour s'en défaire sûrement, à la longue, on ne ferait pas mal de lui appliquer les ordonnances sur l'échenillage. En Allemagne sur certains points au moins, les seigneurs qui ont de grands domaines affermés, se tiennent à l'affût de la chrysanthème des moissons et font payer une amende aux fermiers pour chaque pied qu'ils rencontrent parmi les récoltes. Jadis, en Belgique, au temps de la domination de Marie-Thérèse, on procédait de la même manière et avec la même rigueur à l'endroit des fermiers du Luxembourg. Les vieux en ont parlé, les jeunes le redisent comme s'ils s'en souvenaient ; c'est affaire de tradition.

Rien que d'après cela, ceux de nos lecteurs qui ont le bonheur de ne pas connaître la chrysanthème des moissons, se feront une idée à peu près juste de son importance et de ses inconvénients.

Il est rare qu'une plante soit complétement mauvaise; presque toujours elle a son bon côté. Celle-ci paraît faire exception : nous ne lui connaissons que des défauts. Une fois dans un champ qui lui convient, elle l'envahit si bien, s'en empare si lestement qu'il n'y a bientôt place que pour elle. C'est le loup dans la bergerie, la peste dans l'endroit.

C'est ici le cas d'appeler de nouveau l'attention des cultivateurs sur la nécessité des déchaumages, c'est-à-dire sur l'utilité de faire germer les mauvaises graines aussitôt après la récolte. Cela vaudrait mieux que de les enterrer par un labourage plus ou moins profond et de les conserver pour ainsi dire en silos.

CIGUE (GRANDE), (CONIUM MACULATUM).

Notre grande ciguë est la *ciguë tachée* des botanistes; elle appartient à la famille des Ombellifères. Elle habite ordinairement les haies, les fossés, les lieux frais et les décombres; sa hauteur varie entre 0m,80 et 1m,20. Tout le monde la connaît de nom, mais beaucoup ne la connaissent pas suffisamment de vue et la confondent, lorsqu'elle est jeune, avec le cerfeuil ou le persil. Or, comme cette erreur-là est une de celles qu'on paie de sa vie, il importe que nos ménagères sachent bien à quoi s'en tenir sur les principaux caractères distinctifs de la grande ciguë. La tige de cette plante est parsemée de taches d'un pourpre violacé qui n'existent ni sur la tige du persil ni sur celle du cerfeuil, mais il peut arriver que, par mégarde, on cueille des feuilles de grande ciguë avant que la tige soit développée. Dans ce cas, il suffit pour la distinguer de froisser les feuilles cueillies qui répandent une odeur vireuse et nauséabonde, tandis que l'odeur des feuilles de persil et de cerfeuil est agréable. Si les ménagères s'approvisionnaient de ces plantes condimentaires pendant le jour et avaient la précaution de les couper brin à brin, de les froisser entre leurs doigts, de les sentir, nous n'aurions plus à craindre les empoisonnements par la grande ciguë; malheureusement, il est rare qu'elles procèdent avec

Fig. 454. — Grande ciguë.

toute la prudence désirable et fort souvent, elles vont prendre persil ou cerfeuil au potager à la nuit tombante et à la hâte pour condimenter le repas du soir. S'il ne se trouve point de grande ciguë mêlée aux condiments, tant mieux; mais en retour, s'il s'en trouve, et cela s'est vu, la mort des convives est à peu près certaine, à moins de secours très-prompts qui consistent à provoquer les vomissements et à administrer des purgatifs.

La grande ciguë, qui est un si violent poison pour l'homme, peut être mangée impunément par les chèvres, et presque impunément par les chevaux et les lapins. Pour ce qui regarde les vaches, les observateurs et les auteurs ne s'accordent pas : les uns assurent qu'elles peuvent en manger beaucoup sans inconvénient, les autres affirment le contraire.

La grande ciguë est employée en médecine. Cette plante est bisannuelle : il suffit donc de l'empêcher de fleurir pendant quelques années consécutives pour s'en débarrasser, ou mieux de l'arracher avant qu'elle porte ses graines.

CIGUE (PETITE), (ÆTHUSA CYNAPIUM).

Cette plante, que nous nommons *petite ciguë*, appartient, comme la précédente, à la famille des Ombellifères, et n'est autre que l'*æthuse à feuilles de persil* des botanistes.

Elle est plus dangereuse que la grande ciguë, car elle croît dans les lieux cultivés, et il n'est pas rare de la rencontrer parmi les bordures de persil et de cerfeuil. Il faut y regarder d'assez près pour ne pas la confondre avec l'une ou l'autre de ces deux plantes condimentaires. Les feuilles de l'æthuse sont plus luisantes et plus finement découpées que celles du persil; la tige de l'æthuse est d'un vert pâle, tandis que la tige du persil est

d'un beau vert; les fleurs de l'æthuse sont blanches, tandis que celles du persil sont jaunâtres; l'odeur de l'æthuse est vireuse, tandis que celle du persil est agréable.

Les folioles du cerfeuil sont plus larges et plus courtes que celles de l'æthuse; il suffit d'ailleurs de froisser ces deux plantes entre les doigts et de les sentir pour bien les distinguer.

La petite ciguë ou æthuse est tout aussi vénéneuse que la grande.

COLCHIQUE D'AUTOMNE (COLCHICUM AUTUMNALE).

Plante de la famille des Colchicacées de de Candolle, vivace, herbacée et très-commune dans les prairies fraîches.

Vous connaissez tous une jolie fleur lilas tendre

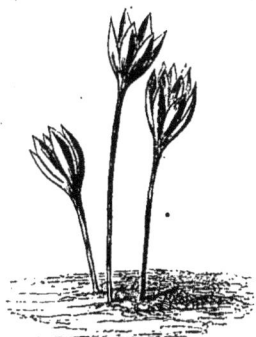

Fig. 455. — Fleurs du colchique.

Fig. 456. — Fruit coupé transversalement.

qui n'a point de feuilles et qui se montre en automne sur nos prairies. On la nomme, dans les campagnes, veillotte, vieillotte et voillerotte : c'est la fleur du colchique. Fouillez la terre, et vous trouverez le bulbe ou oignon qui la produit. Vous connaissez tous aussi de belles feuilles vertes qui poussent au printemps dans les prés, qui ressemblent un peu à celles de nos poireaux, feuilles qui ne donnent pas de fleurs, mais qui rapportent dans des bourses ou carpelles, soudés entre eux, une quantité considérable de petites graines rondes, d'abord blanches, puis noires à la maturité. Ce sont les feuilles et les graines du colchique d'automne. On les appelle langues de bœuf et langues de chien. Fouillez la terre, et vous trouverez le bulbe ou oignon qui produit ces feuilles.

Le colchique est une herbe vénéneuse; le bétail n'en veut pas; il est par conséquent nécessaire d'en délivrer les prairies où il occupe la place des bonnes plantes fourragères. Le moyen le plus expéditif, à cet effet, consiste à rompre le gazon et à le mettre en culture pendant quelques années; mais, comme d'habitude, on recule devant ce moyen énergique, nous allons en indiquer un autre. Celui-ci consiste à arracher les feuilles deux ou trois années de suite. La mutilation fait souffrir la plante; les caïeux ne se produisent plus et le vieil oignon meurt. Seulement, il convient de ne pas arracher ces feuilles lorsqu'elles sont encore très-tendres, car elles se rompent rez terre et peuvent repousser; il faut attendre qu'elles offrent une certaine résistance, et alors, on les saisit à pleine main et on les tire à soi, perpendiculairement, de manière à extraire une partie de la tige enterrée. Des enfants de dix à douze ans peuvent fort bien exécuter cette besogne. Nous connaissons plusieurs propriétaires intelligents qui la font exécuter ainsi et qui s'en félicitent.

CUSCUTE (CUSCUTA).

Plante annuelle, parasite, de la famille des Cuscutacées. On en signale trois espèces qui sont :

Fig. 457. — Cuscute d'Europe.

la cuscute d'Europe, la cuscute à fleurs serrées et la petite cuscute. Les cultivateurs ne s'occupent guère de ces distinctions et appellent les cuscutes le rougeot, la teigne, les cheveux du diable, etc. La cuscute d'Europe, dont nous avons le plus à nous plaindre, a la tige très-menue et ronde comme un fil; ses fleurs sont rougeâtres et disposées de loin en loin en faisceaux arrondis; elle n'a pas de feuilles; celles-ci sont remplacées par de toutes petites écailles, et il faut y regarder d'assez près pour les découvrir. La cuscute s'attache à la luzerne, au trèfle, au houblon, etc., les enlace, les suce, les ronge et cause ainsi de vives inquiétudes au cultivateur.

On évite la cuscute en ne ramenant pas trop souvent les mêmes récoltes à la même place, en ne semant que de la graine bien pure; et quand on ne sait pas l'éviter, le mieux, pour la détruire, c'est d'arroser les places qu'elle occupe dans les fourrages artificiels, avec une dissolution de sulfate de fer ou couperose verte, à raison de 12 kil. par hectolitre d'eau.

EUPHORBE (EUPHORBIA).

Genre de la famille des Euphorbiacées et comprenant un certain nombre d'espèces. Dans nos campagnes, toutes les euphorbes sont confondues sous le nom de réveille-matin. Ces plantes contiennent un suc laiteux qui, appliqué sur les paupières, les irrite et détermine une douleur qui empêche le sommeil. Nous engageons fortement nos lecteurs à ne point faire l'essai de cette détestable recette.

EUPHRAISE (EUPHRASIA).

Plante parasite de la famille des Scrophularinées. Nous connaissons l'euphraise officinale et l'euphraise odontite : la première se trouve sur les pelouses, dans les prairies et les bois; la seconde se trouve dans les moissons et les lieux cultivés. L'une et l'autre sont inconnues de la plupart de nos cultivateurs; ce sont des ennemis modestes auxquels ils ne prennent point garde. Les descriptions que nous pourrions en faire, ne leur apprendraient rien; le crayon serait aussi impuissant que la plume, en pareil cas, et le mieux, c'est de s'adresser à un botaniste de la localité, en attendant que la nécessité de vulgariser la botanique dans nos villages ne soit plus contestée. M. Duchesne applique à l'euphraise officinale les noms vulgaires de brise-lunettes, casse-lunettes, herbe à l'ophthalmie, langeôle et luminet. M. Moquin-Tandon ne la cite que pour mémoire.

Ce qu'il importe de bien se rappeler, c'est que les euphraises s'attachent aux racines des graminées et vivent de leur substance. Si nos souvenirs nous servent fidèlement, c'est à M. Decaisne que nous devons la constatation de ce fait intéressant. Depuis des siècles, ces plantes vampires poussaient sous nos yeux, et personne ne songeait à s'en plaindre; aujourd'hui que nous connaissons leur manière de vivre, il s'agit d'y prendre garde. Vraisemblablement, les euphraises sont ainsi que les autres parasites le résultat des abus de la culture; les champs et les prés où on les rencontre sont usés ou fatigués de porter les mêmes récoltes. — Nous nous souvenons d'avoir vu un vieux gazon de prairie, incapable de produire de l'herbe fauchable, et couvert d'euphraise officinale; on le rompit, et l'on fit bien.

FOUGÈRES.

Les fougères et entre autres le *Pteris aquilina* sont communes dans les pays de landes et de bruyères. Ce ptéris résiste aux premières opérations de défrichement et persiste à se reproduire pendant de longues années parmi les céréales. Bien souvent, on nous a demandé le moyen de le détruire, et nous avons toujours répondu : Arrachez ou faites arracher la fougère trois et quatre ans de suite, ou bien encore servez-vous de la charrue fouilleuse pour remuer profondément le sous-sol derrière la charrue ordinaire. De cette façon, vous tourmenterez et mutilerez les racines de fougères au point d'en triompher complètement. On devrait se rappeler que les fabricants de salin détruisaient vite les fougères à leur grand regret; et l'on devrait remarquer qu'il n'existe pas de fougères dans les terres bien cultivées.

GALÉOPE TÉTRAHIT (GALEOPSIS TETRAHIT).

· Plante de la famille des Labiées. Vous connaissez les jeunes pousses du chanvre; qui est-ce qui ne les connaît pas ? Eh bien, vous avez dû remarquer en mars, avril et mai, selon les climats, dans les champs cultivés, les jardins et les taillis d'un an, quantité de petites mauvaises herbes qui ressemblent beaucoup à ces pousses de chanvre, mais à mesure qu'elles grandissent les unes et les autres, la ressemblance s'efface; les mauvaises herbes en question donnent des rameaux qui s'écartent de chaque côté de la tige, laquelle ne s'élève pas à plus de 0ᵐ,75 ou un mètre. Pendant plusieurs mois, de juin en septembre, les fleurs s'ouvrent; elles sont ou blanches ou roses, et plantées chacune dans une sorte de poche ou calice, découpée vers le haut en cinq divisions aiguës qui brunissent et durcissent en vieillissant et finissent par être fort piquantes. Au fond de ce calice, après la chute de la fleur, il se forme quatre graines de la grosseur de celles du beau lin et presque de la forme de celles du sarrasin. D'abord vertes, elles passent, en mûrissant, au gris cendré.

La mauvaise herbe dont nous venons de parler est le galeopsis tetrahit. On l'appelle cramois dans le centre de la France, chèvenelle dans le Morvan, et autre part, chambreule, chanvrefolle, etc. Chez les Wallons du Luxembourg, c'est la donate. Elle infeste les récoltes de tous les pays et de tous les terrains, et est, après les chardons, la plante qui contrarie le plus les javeleuses de céréales. Il n'y a que des mains rudement cornées qui puissent saisir le galeopsis en graines sans éprouver de douleur.

Pour s'en défaire, nous ne conseillons toujours que le déchaumage et les sarclages à la main.

Les bûcherons de l'Ardenne belge fauchent le galeopsis des taillis, le donnent en vert à leurs vaches ou le fanent pour le leur donner en sec. On pourrait, sachant cela, se demander s'il ne pourrait pas être introduit parmi nos fourrages artificiels. Ces mêmes bûcherons attendent aussi parfois que les graines du galeopsis tétrahit soient mûres et ils les récoltent pour en fabriquer de l'huile à brûler. Nous avons parlé de cette huile en traitant des plantes oléagineuses.

GRASSETTE (PINGUICULA VULGARIS).

La grassette commune est une plante de la famille des Lentibulariées qui se rencontre dans les prairies humides ou marécageuses. Elle est vivace. Ses feuilles radicales, étalées en forme de rosette, sont tendres, épaisses et en quelque sorte onctueuses; sa tige s'élève à 8 ou 10 centimètres; elle porte vers le milieu de l'été une ou deux fleurs d'un bleu violet.

Il convient de signaler la grassette aux cultivateurs, car elle passe pour être nuisible aux bestiaux qui la broutent. Les Anglais, à tort ou à raison, l'appellent *Why-troot* (tue-brebis).

« Le *Pinguicula vulgaris*, écrit M. Malaguti, possède la faculté d'aigrir le lait, et de le rendre si visqueux qu'on peut le tirer en fils. Quand cette

Fig. 458. — Grassette.

opération a été faite dans un vase en bois, celui-ci conserve la propriété de rendre visqueux le lait que l'on y introduira. Le lait visqueux provoque à son tour une altération semblable dans le lait frais avec lequel il est mis en contact. »

Cependant Linné dit que les femmes laponnes en mettent dans le lait de leurs rennes pour le rendre plus agréable et le faire cailler plus promptement.

GUI BLANC (VISCUM ALBUM).

Plante parasite de la famille des Loranthacées. Ce gui est très-connu de nos populations rurales,

Fig. 459. – Gui blanc.

et chacun le tient, à juste titre, pour une plante nuisible, vivant aux dépens de nos arbres, des pommiers surtout. On le détruit par moments à coups de serpe, et l'on fait bien; mais le plus souvent on le laisse vivre en paix, et en ceci l'on a d'autant plus tort qu'il y a double profit à couper le gui. En premier lieu, on soulage les arbres, aux dépens desquels il existe ; en second lieu on peut nourrir ses vaches avec cette plante parasite. C'est ce que l'on sait parfaitement en Normandie ; c'est ce qu'ailleurs on ignore trop. La récolte du gui doit être faite de bonne heure, avant que l'on aperçoive ses baies blanches qui amoindrissent ses qualités fourragères. Les vaches qui seraient soumises longtemps au régime du gui maigriraient, tout en donnant beaucoup de lait ; il est donc convenable d'alterner, de varier ce mode d'alimentation.

HELLÉBORE FÉTIDE OU PIED-DE-GRIFFON (HELLEBORUS FOETIDUS).

Plante de la famille des Renonculacées, commune dans les montagnes calcaires.

Fig. 460. — Jeune pied d'hellébore.

Elle a les feuilles coriaces, dentées en scie et d'un vert sombre. Ses fleurs, qui s'ouvrent de février jusqu'en mai, sont d'un vert jaunâtre bordé de rouge à la partie supérieure, et forment le gobelet comme le *bassin d'or*. Cette plante qui répand une odeur fétide, surtout quand on la froisse, est vénéneuse et bien connue des bergers de certaines contrées. Les moutons nés et élevés dans les montagnes calcaires n'y touchent point ; mais ceux qui ont pour patrie les terrains où l'on ne rencontre point d'hellébore, sont moins circonspects, mordent à la plante et en meurent. Ainsi, toutes les fois qu'on livre aux bergers de la Famenne (province de Namur) des moutons achetés dans l'Ardenne (province de Luxembourg), ces bergers se tiennent sur leurs gardes. Avant de sortir les troupeaux et de les conduire au pâturage, ils ont la précaution d'aller chercher des brassées d'hellébore fétide, de l'éparpiller devant la bergerie, sur le passage des moutons, et de la fouler aux pieds, de façon à l'imprégner de boue, de fumier et à développer le plus possible son odeur repoussante. Les moutons, en sortant de la bergerie, flairent là plante vénéneuse, font connaissance avec elle et n'y touchent point au pâturage. Sans cette précaution, qui est reconnue de rigueur, les empoisonnements

seraient inévitables. Le suc de l'hellébore est tellement corrosif qu'il désorganise la peau comme la pierre à cautère et qu'on emploie la racine

Fig. 461. — Hellébore en fleurs.

de cette plante pour pratiquer des sétons sur les porcs.

IVRAIE ENIVRANTE (LOLIUM TEMULENTUM).

Plante de la famille des Graminées. Les graines de cette ivraie sont classées parmi les narcotico-âcres, et il faut s'en méfier. L'ivraie enivrante est annuelle et porte les noms vulgaires de giol, herbe d'ivrogne, jueil, pimouche, vorge, leu et zizanie. Elle se trouve parfois en abondance dans les céréales, seigles, froments, orges, avoines. « La graine de cette ivraie, dit Bosc, cause non-seulement l'ivresse, comme l'indique son nom, mais encore l'assoupissement, les vertiges, les nausées, le vomissement, les faiblesses, l'engourdissement des membres, des mouvements convulsifs et enfin la mort si on en a beaucoup mangé ; souvent elle a causé des épidémies et des épizooties dont on cherchait bien loin le motif. »

Avec les cultures alternes et le nettoyage des céréales au moyen des instruments perfectionnés que nous possédons aujourd'hui, l'ivraie enivrante tend à disparaître des contrées bien cultivées ; mais dans les pays arriérés, elle n'est que trop commune encore.

JUSQUIAME NOIRE (HYOSCYAMUS NIGER).

Plante de la famille des Solanées. On l'appelle, entre autres noms vulgaires, careillade, hanebane, poison des poules, herbe de chevaux ou herbe des morts.

Ne cherchez pas la jusquiame noire au milieu des champs, dans les terres cultivées; vous ne l'y trouveriez pas. Elle se tient autour des habitations; elle pousse au milieu des villages, au bord des chemins qui les traversent; elle s'attache au paysan comme son ombre, le suit jusqu'au cimetière et croît sur sa fosse; voilà pourquoi, chez les Wallons, on la nomme herbe des morts.

Rien qu'à voir la jusquiame, on la devine, on la tient pour suspecte. Ses feuilles molles, flasques, épaisses, laineuses, poilues, un peu gluantes, suant pour ainsi dire le poison, font un mauvais effet sur la main qui les touche. Leur couleur indécise et louche qui tient du vert et du gris, n'a pas ce ton de bonne franchise qui réjouit l'œil. Pour peu qu'on les froisse, et même sans cela, il en sort une odeur particulière qui retourne le cœur et donne envie de vomir. Les fleurs de la jusquiame, qui se montrent de mai en juillet, sont d'un jaune malpropre, livide, avec des veines de pourpre et des lignes sombres qui se croisent en façon de filet; pour tout dire en un mot, la jusquiame noire est la chauve-souris du règne végétal. On ne la voit pas avec plaisir, on ne la touche pas sans éprouver de la répugnance. Ses allures lourdes, son aspect sombre, maussade, l'odeur qu'elle répand, tout semble nous dire: — Prenez garde, n'approchez pas trop, ne touchez ni à mes racines, ni à mes feuilles ni à mes graines. Aussi peu de personnes meurent empoisonnées par la jusquiame. Nous vous dirons, en passant, que les cochons, les chevaux et les vaches n'ont pas à la redouter; tout au moins, on l'assure.

La jusquiame noire n'est véritablement dangereuse que pour la volaille. Il semble, au premier abord, qu'elle a été créée pour le malheur des poules, des canards et des oies; on dirait qu'elle vit là, tout près de la ferme, au cœur et autour du village, pour les guetter, les attirer à elle et les empoisonner. Et nos ménagères ne savent point cela. Si elles l'avaient su, depuis des siècles, la jusquiame n'existerait plus. Notez qu'il serait aisé de la détruire; elle ne vit que deux ans tout

Fig. 462. — Jusquiame noire.

au plus et n'est guère abondante. En la coupant avant que sa fleur se change en graines, on viendrait vite à bout d'en supprimer la race. Mais peut-être serait-ce un tort.

La jusquiame noire, malfaisante dans bien des cas, nous rend parfois de petits services et mérite pour cela des ménagements. Les médecins s'en servent dans plusieurs maladies. Une pincée de ses graines, jetée sur des charbons ardents, donne des vapeurs qui, reçues dans la bouche, arrêtent souvent le mal de dents du premier coup; et ce qui vaut mieux encore, pour combattre cette douleur, c'est l'huile ou bien aussi l'extrait de jusquiame que l'on vend chez les pharmaciens. Seulement pas trop n'en faut, sans quoi le frisson vous saisirait, et vous verriez les arbres, les maisons courir et danser devant vous, comme si vous aviez le vertige.

Les graines de jusquiame sont bien connues des maquignons dans certaines contrées de la France et dans le Luxembourg belge. Quand ils ont des bêtes maigres qui feraient mauvaise figure en foire, ils ont la précaution de les pousser à l'engraissement, et, au dire des plus futés, le meilleur moyen pour réussir vite consiste à leur faire manger un peu de graines de jusquiame avec leur ration d'avoine. Voilà pourquoi les susdits maquignons nomment la jusquiame: herbe de chevaux.

Cette même graine qui, prise à forte dose, ne fait pas de quartier à la volaille, est excellente, à petite dose, pour favoriser l'engraissement des chapons et des poulardes. Nous avons des ménagères qui mettent à profit ce petit secret, et n'oublient point de mêler de cette graine à la pâtée de leurs élèves. Si vous leur demandiez comment elles s'y prennent pour engraisser leur volaille avec plus de succès que les autres, quels merveilleux ingrédients elles introduisent dans la pâtée, elles vous regarderaient de côté, feraient un petit clignotement d'yeux, souriraient d'un air malin, secoueraient la tête et ne vous répondraient pas.

Que si maintenant vous nous demandiez à quelle dose les maquignons et les ménagères emploient la graine de jusquiame, nous vous répondrions que nous ne la connaissons pas au juste. C'est en tâtonnant, en pratiquant que l'on parvient à la déterminer.

LAITERON DES CHAMPS (SONCHUS ARVENSIS).

Plante de la famille des Composées, qui croît dans les moissons, dans les jardins de certaines contrées, et ressemble un peu à ces autres laiterons que l'on donne aux lapins sous le nom de laitissons et de lierges. Le laiteron des champs est commun dans les terres légères de nature granitique et schisteuse, et c'est une des plaies de la culture dans l'Ardenne belge, où on l'appelle axon et aussi laitisson, à cause du suc laiteux qui sort de ses tiges quand on les rompt.

Ce laiteron est excellent en lui-même; les vaches l'aiment beaucoup, mais il multiplie de telle sorte qu'il ruine le terrain et affame les récoltes. Pour le détruire, il faut l'arracher ou l'empêcher de porter graines, ou recourir aux labourages fréquents et profonds dans les terres qui en sont infestées.

Plante de la famille des Euphorbiacées, com-

LYCHNIDE NIÈLLE (LYCHNIS-GITHAGO).

Plante de la famille des Caryophyllées; c'est l'*Agrostemma githago* de Linné. On lui donne les noms vulgaires de nielle, alènes, gerzeau, lampette, lamprette, mierge, œillet de Dieu. La lychnide a de 0^m,50 à 0^m,70 de hauteur; elle est entièrement couverte de longs poils; ses feuilles sont allongées et très-aiguës à leur sommet; ses fleurs sont grandes et d'un rouge violet; ses graines sont noirâtres. Autrefois, on les séparait difficilement du froment, faute de bons trieurs, et, par conséquent, on les redoutait fort. Ces graines ne méritent pas la mauvaise réputation qu'on leur a faite et qui continue de peser sur elles. En petite proportion, elles n'altèrent ni la blancheur ni la qualité des farines. Dans le nord de l'Europe, on les associe parfois au froment chez les populations pauvres. François de Neufchâteau rapporte que, de son temps, en Lorraine et en Champagne, on retirait de la fécule de ces graines pour le besoin des pauvres ménages. On ne s'est jamais demandé s'il y aurait profit ou perte à cultiver isolément la lychnide nielle, en vue de fabriquer de la fécule avec ses graines.

Fig. 463. — Laiteron des champs.

Fig. 464. — Herbe rouge (Melampyrum arvense).

mune dans les bonnes terres cultivées, dans les

MÉLAMPYRE DES CHAMPS (MELAMPYRUM ARVENSE).

Plante de la famille des Scrophularinées. Voici ses noms vulgaires : queue de vache, queue de renard, froment de vache, herbe rouge, rougeotte, blé de bœuf, etc.

Les graines du mélampyre des champs ne sont pas vénéneuses; on peut les manger impunément, mais elles ont le gros inconvénient de communiquer au pain une couleur violacée et une certaine amertume. On ne saurait donc trier sa semence avec trop de soin pour éviter cette plante; et, à défaut de ce soin, on ne saurait trop minutieusement sarcler les champs qui s'en trouvent infestés.

Fig. 465. — Mercuriale mâle.

jardins, les vignobles frais, faisant défaut dans les

terres schisteuses. On la dit nuisible, parce qu'elle multiplie beaucoup, mais en réalité, c'est une plante utile, émolliente et laxative. « C'est, écrit M. Moquin-Tandon, dans ses *Éléments de botanique médicale*, un purgatif populaire. On l'administre en cataplasmes, en fomentations, en lavements, en bains, en sirop, en miel. Elle entre dans plusieurs préparations officinales. » Duchesne dit que dans quelques cantons de l'Allemagne, on la mange comme les épinards. Les vaches et les chevaux n'en veulent point ; les chèvres n'y touchent qu'à défaut de mieux ; les petits oiseaux sont avides de ses graines. « Ce n'est pas, dit Bosc, une chose facile que de s'en débarrasser complétement, parce que sa graine se conserve en état de germination pendant plusieurs années lorsqu'elle est enterrée profondément, et que le hasard des labours peut, chaque fois qu'on en fait, la ramener à la surface. Il faut cependant tendre constamment à la détruire, et pour cela la sarcler toujours avant sa floraison. On juge de la vigilance d'un jardinier par le peu qu'on en voit dans son jardin. »

Dans nos campagnes, la mercuriale annuelle porte les noms de foirasse, foireuse, foirande, foirolle, cagarelle, caquenlit, leuzette, leuzeute, luzotte, marquois, mercoret, ramberge, vignette, vignole, etc.

Fig. 466. — Mercuriale femelle.

MORELLE NOIRE (SOLANUM NIGRUM).

Plante de la famille des Solanées. Elle est commune au bord des chemins et dans les cours de ferme, si ce n'est dans les contrées schisteuses où nous ne l'avons pas rencontrée. En Bourgogne, elle a mauvais renom, mais on ne saurait précisément dire pourquoi. Ses dénominations vulgaires sont : crève-chien, herbe aux magiciens, morette, mourette, etc. M. Moquin-Tandon parle de ses feuilles dans les termes que voici : « Odeur narcotique et virulente ; saveur âcre et nauséabonde. On les a regardées comme anodines et narcotiques, suivant la dose. Elles peuvent empoisonner. » Il ajoute qu'il faut se méfier des baies ou fruits de cette plante.

Le portrait n'est pas flatteur. Quoi qu'il en soit cependant, il faut bien reconnaître que la *brède*

des colonies n'est autre chose que la morelle noire, et que les feuilles de cette brède, préparées

Fig. 467. — Morelle noire.

et assaisonnées comme les épinards ou les choux, forment un manger qui n'est pas à dédaigner. Nous en parlons sciemment, c'est-à-dire après expérience.

MOURON DES CHAMPS (ANAGALLIS ARVENSIS).

Plante de la famille des Primulacées, de petites dimensions, à fleurs axillaires roses, rouges ou

Fig. 468. — Mouron des champs.

bleues. La plante à fleurs blanches, appelée dans nos campagnes *mouron des oiseaux*, est la stellaire moyenne des botanistes ; ne la confondons pas avec le mouron des champs. Quelques personnes considèrent ce mouron comme un poison ; ceci ne nous est pas démontré.

MOUTARDE DES CHAMPS (SINAPIS ARVENSIS).

Plante de la famille des Crucifères, très-commune, trop commune même, dans nos moissons. On l'appelle dans nos villages : « Moutarde sauvage, sené, sanve, sauve, sendre, snôve, jolté, ravonée jaune, etc. » C'est une peste dans les récoltes; une fois là, on ne sait comment s'en délivrer. Vous n'avez pas fini de l'arracher qu'il en repousse derrière vos talons, tant et si bien que si nous avions à choisir entre la moutarde des champs et le chiendent, nous hésiterions à nous prononcer. On vient encore à bout de celui-ci, tandis qu'avec l'autre on n'en finit pas. Ses graines se conservent en terre pendant dix, quinze ans et plus, germent les unes après les autres, selon la profondeur où elles se trouvent et selon aussi que la charrue les met sous raie ou les ramène en dessus. Les sarcleuses ont donc fort à faire avec la moutarde des champs. Tantôt, elles la donnent à manger aux vaches, mais il y a de l'inconvénient à en abuser sous ce rapport; tantôt elles l'abandonnent. Dans les pays pauvres, alors que les petites provisions sont épuisées et que les estomacs crient, les femmes vont chercher la moutarde dans les moissons et en font la potée, comme avec des choux. C'est mauvais, mais enfin l'on en vit, faute de mieux. C'est, à notre connaissance, le seul service que la moutarde des champs rende à l'espèce humaine.

On a proposé de cultiver cette plante dans les mauvais terrains et de faire de l'huile avec sa graine. Nous nous permettrons, à ce propos, de faire remarquer que la levée de la moutarde est très-irrégulière et que sa maturité l'est également. Ce qu'il y a de mieux à entreprendre dans les mauvais terrains, ce n'est pas d'y cultiver la moutarde des champs, c'est de les rendre bons pour y cultiver autre chose.

La moutarde des champs est de toutes les plantes adventices celle qui établit le plus éloquemment la nécessité des déchaumages, seul moyen de la bien détruire, mais à la longue.

NARCISSE FAUX-NARCISSE (NARCISSUS PSEUDO-NARCISSUS).

Plante de la famille des Amaryllidées, commune dans les prés, pâturages et bois des terrains granitiques et schisteux. Les cultivateurs qui ont affaire aux terrains calcaires ou aux alluvions argilo-calcaires n'ont pas à se plaindre du narcisse. Ils ne le connaissent point, ou bien, s'ils le connaissent, c'est pour l'avoir vu sur les plates-bandes du jardin de la ferme. Ce qui fait la désolation des uns fait parfois l'agrément des autres : plante maudite ici, plante recherchée ailleurs.

Le narcisse faux-narcisse appartient surtout, nous le répétons, aux sols granitiques, siliceux et schisteux. C'est une belle fleur jaune des prés, qui se montre de bonne heure au printemps comme la violette, et dont on fait des bouquets. Ceux-ci l'appellent fleur d'avril, ceux-là jonquille des prés et jeannette jaune.

Parfois le narcisse faux-narcisse envahit si bien les prés que la bonne herbe ne saurait plus y pousser. C'est du terrain mangé, c'est du terrain perdu. Où passe le narcisse, les bêtes n'ont rien à voir. S'il fait la joie des enfants, il fait le chagrin des cultivateurs, et chacun de se demander : — Comment faut-il donc s'y prendre pour se débarrasser de cette herbe ?

Il nous semble que le narcisse ne se reproduit pas seulement par le pied; il doit se reproduire aussi de semence; donc, il convient de supprimer les fleurs

Fig. 469. — Narcisse faux-narcisse.

au fur et à mesure qu'elles s'ouvrent. En second lieu, puisque cette plante n'aime pas le calcaire, il s'agit de lui en donner. A cet effet, nous pensons que l'on ferait bien de herser vigoureusement les places envahies, au moyen d'une herse à dents de fer et dans les deux sens, ou, à défaut de herse, au moyen d'un fort râteau de fer; de faucher ensuite les feuilles du narcisse et de répandre, après cela, sur le sol, par un temps pluvieux, un mélange de suie, de cendres de bois, de chaux ou d'os brûlés à blanc. En renouvelant, au besoin, cette opération deux ou trois années de suite, il y a lieu de croire que l'on viendrait à bout du narcisse. Dans le cas contraire, il ne resterait plus qu'à mettre la charrue dans le gazon et à cultiver momentanément.

Si nous avons bien observé, la plante dont nous parlons ne se propage que dans les prairies maigres, négligées ou usées par l'âge. Si donc, nous fumions nos herbages tous les ans et si nous avions le bon esprit de les rompre dès que le rendement baisse, le narcisse faux-narcisse ne viendrait probablement plus nous tourmenter. On veut que les prairies soient éternelles; on veut toujours prendre sans jamais rien restituer, et l'on s'étonne, après cela, que le sol refuse les bonnes récoltes et se couvre d'herbes mauvaises !

ONONIS REPENS OU BUGRANE RAMPANTE.

De la famille des Papilionacées. Vulgairement arrête-bœuf, bougraine et tendon. On trouve l'ononis au bord des chemins, dans les terrains stériles, dans certaines friches. Ses tiges sont très-épineuses, ses fleurs blanches ou roses ressemblent à celles des gesses ou des vesces; ses racines longues, résistantes, rampantes, enchevêtrées s'opposent énergiquement au passage de la charrue. C'est cette particularité qui lui a valu le nom d'arrête-bœuf. L'ononis ne contrarie le cultivateur que dans les opérations de défrichement; il ne résiste pas à une bonne culture.

ORCHIS.

Plantes de la famille des Orchidées, très-communes dans les prairies. L'orchis bouffon et l'orchis maculé ou taché sont les espèces les plus répandues. Leurs feuilles ressemblent assez à celles des jacinthes; leurs fleurs disposées en épis sont roses, rouges purpurines, ou lilas. Le tubercule de l'orchis bouffon est court et arrondi ; celui de l'orchis maculé est palmé : de là le nom de *main de la Vierge* qui a été donné à l'espèce sur certains points. Les feuilles de l'orchis maculé sont parsemées de taches brunes.

On peut retirer des tubercules d'orchis une fécule très-estimée et vendue sous le nom de *salep*.

Fig. 470. — Orchis.

Les orchis ne sont pas des plantes fourragères ; il serait donc utile de s'en débarrasser. A cet effet, nous ne connaissons pas de meilleurs moyens que le sarclage à la main et la rupture du gazon quand les sarclages ne suffisent point.

OROBANCHES.

Plantes parasites de la famille des Orobanchées. Nous avons un assez grand nombre d'orobanches, celle du genêt, celle du lierre, celle du thym, celle du gaillet, celle de la germandrée, celle de la picridie, l'orobanche du trèfle et l'orobanche rameuse du chanvre et du tabac. Toutes accusent un terrain fatigué par les mêmes récoltes trop souvent ramenées à la même place. Nous nous sommes expliqués à ce propos en traitant de la culture du trèfle et du chanvre.

OSEILLE (VOYEZ PATIENCE).

OXALIDE CORNICULÉE (OXALIS CORNICULATA).

Plante de la famille des Oxalidées de de Candolle, vulgairement pied-de-pigeon. Cette oxalide

à fleurs jaunes, très-abondante dans le midi de la France, et aussi aux environs de Bruxelles, à Boitsfort, est nuisible en ce sens qu'il est difficile de la détruire et qu'elle commande de fréquents sarclages.

PATIENCES (RUMEX).

Plantes de la famille des Polygonées. Toutes nos oseilles sont des patiences. Ainsi, nous avons la patience maritime, la patience des marais, la patience à feuilles obtuses, dans les prairies et les lieux cultivés ; la patience crépue dans les prairies et au bord des chemins ; la patience officinale, que nous cultivons dans les jardins sous le nom d'épinard perpétuel ; la patience agglomérée, au bord des chemins ; la patience sanguine ou à nervures rouges, dans les bois, au bord des chemins et dans les jardins ; la patience à écussons ou oseille des montagnes calcaires et des vieux murs ; la patience oseille des prairies, qui paraît être la souche de nos oseilles de bordures ; la patience petite oseille, dans les champs sablonneux, les pâturages, les bois et au bord des chemins. Parmi ces diverses espèces, les seules qui intéressent la grande culture sont les patiences des champs et des prés. Leur multiplication est si rapide et leur extraction si difficile qu'il faut les enlever au fur et à mesure qu'on les aperçoit, et ne pas souffrir qu'aucun pied mûrisse ses graines. La patience que nous nommons oseille des prés jouit peut-être de propriétés que nous ignorons, et pourvu qu'elle ne devienne pas trop abondante, il convient de la ménager. Quant à la patience petite oseille, si commune dans les terres légères siliceuses, elle annonce que ces terres sont ou pauvres naturellement ou épuisées par une mauvaise culture. Fumez copieusement et cultivez convenablement, la petite oseille s'en ira vite.

Fig. 471. Oxalide corniculée.

Fig. 472. — Patience petite oseille.

PAVOT COQUELICOT (PAPAVER RHEAS).

Plante de la famille des Papavéracées. Il n'y a pas seulement le pavot coquelicot dans nos

moissons, il s'y rencontre encore d'autres espèces de pavot ; mais comme elles ont entre
elles une très-grande ressemblance, le public,

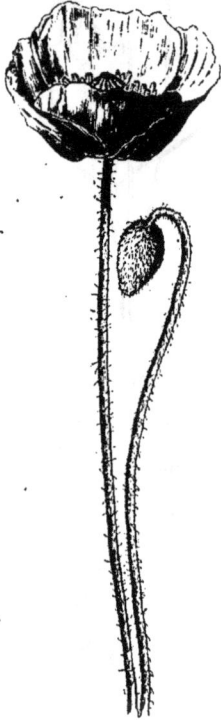

Fig. 473 — Coquelicot.   Fig. 474 — Bluet.

qui n'entend rien aux petits caractères botaniques, les confond toutes sous le nom de coquelicot et quelquefois sous celui de fleurs de tonnerre.

En petite quantité et associé aux bluets, également peu nombreux, le coquelicot orne pour
ainsi dire nos récoltes et ne les compromet
pas ; mais du moment où ses fleurs rouges dominent, les céréales s'en ressentent et il devient difficile de nettoyer le sol. Nous séparons
aisément ses graines de celles du froment ; aussi
ne nous inquiètent-elles guère ; nous ne redoutons que ses racines, car elles vivent aux dépens de la moisson et épuisent le terrain. Un
champ infesté de semence de pavot a besoin
d'un coup de herse ou d'extirpateur, aussitôt
les gerbes enlevées. On obtient par ce moyen la
germination rapide, et le labourage préparatoire
d'automne n'offre plus d'inconvénients. Quand,
au contraire, on ne provoque pas de suite la
germination, on enterre cette semence à une
certaine profondeur, et chaque fois qu'on la ramène à la surface par les labourages de printemps, on salit de nouveau le sol. Une emblave
toute rouge de coquelicots ne fait pas honneur à
son propriétaire.

PENSÉE (VIOLA TRICOLOR).

Plante de la famille des Violariées. La violette
tricolore des champs ou pensée sauvage abonde

Fig. 475. — Pensée.

assez souvent dans les terres siliceuses, dans le
schiste, le sable, le granit. Ce que nous avons dit
de la patience petite oseille s'applique exactement
à la pensée. Elle signale une culture défectueuse
et un sol appauvri qu'elle contribue nécessairement à ruiner davantage. Un champ couvert de
pensées sauvages est à bout de provisions.

PÉTASITE (PETASITES).

Cette plante détachée du genre Tussilage pour
former un genre à part dans la famille des Composées, est parfois as-
sez commune dans les
prairies humides des
terrains siliceux. C'est
une sorte de pas-d'âne
à fleur rougeâtre et à
feuilles de très-grandes
dimensions. De même
que pour le pas-d'âne,
ses tiges écailleuses et
ses fleurs se montrent
avant les feuilles.

Le pétasite est une
plante inutile, nuisible
même à raison de la pla-
ce qu'elle occupe. Elle
appelle le drainage.

PIED-DE-VEAU (ARUM MACULATUM).

Le pied-de-veau ou
gouet appartient à la
famille des Aroïdées.
C'est une plante vivace commune dans les bois
humides et dans nos haies. Ses feuilles sont lon-

Fig. 476.

gues, lisses, d'un vert luisant dans leur jeunesse, plus tard d'un vert foncé, et souvent tachées de

Fig. 477. — Pied-de-veau.

noir. On leur trouve pour la forme une certaine ressemblance avec l'empreinte du pied des veaux.

Le jus de cette plante est âcre, brûlant, surtout celui de sa racine qui porte en certains endroits le nom de *chicotin*. Quand il arrive de mâcher cette racine, on éprouve sur la langue une irritation violente que l'eau ne calme pas, mais que l'huile d'olives adoucit.

On peut retirer de la fécule de la racine du pied-de-veau, ou bien la râper après l'avoir desséchée, en faire une pâte et la consommer. Dans cet état, elle a perdu sa causticité. On peut aussi se servir de cette racine en guise de savon pour le blanchissage du linge.

À l'état frais, le pied-de-veau est un purgatif violent, dont il faut se défier.

PISSENLIT (TARAXACUM OFFICINALE).

Plante de la famille des Composées. En France, le pissenlit est bien connu sous son véritable nom; en Belgique, on le désigne souvent sous celui de chicorée sauvage. En petite quantité dans une prairie, ce n'est pas une plante nuisible, au contraire, c'est peut-être une plante utile au bétail. Malheureusement, il se multiplie à l'excès et il devient nécessaire de s'opposer à cette multipli-

cation par des sarclages. Les personnes qui le coupent au printemps pour en faire des salades, rendent donc un véritable service aux cultivateurs. Elles en laissent toujours assez.

PLANTAIN (PLANTAGO).

De la famille des Plantaginées. Il existe plusieurs espèces de plantain : le grand plantain, le plantain moyen, le plantain lancéolé, le plantain maritime, etc. Nous n'avons affaire ici qu'aux trois premiers. Sont-ils nuisibles dans la véritable acception du mot ? Nous ne savons; toutefois nous les croyons très-épuisants à en juger par leurs nom-

Fig. 478. — Plantain lancéolé.

breuses et longues racines. Les herbagers du pays de Herve ne permettent pas aux plantains de croître dans leurs pâturages ; ils les font disparaître par des sarclages à la main.

POPULAGE DES MARAIS (CALTHA PALUSTRIS).

C'est une plante vivace de la famille des Renonculacées, très-commune dans les prés marécageux, et généralement désignée sous le nom de *gros bassin d'or*. — « La médecine, dit Bosc, emploie le populage des marais comme détersif et apéritif. Les vaches et les chevaux n'y touchent pas ; il est, par conséquent, nuisible aux prairies : aussi un propriétaire actif le fait-il arracher, entre deux terres, au printemps, avant la floraison, avec une pioche à fer étroit. Deux ou trois ans suffisent pour en débarrasser pour longtemps le pré le plus étendu. Les racines et les tiges se donnent aux cochons qui les mangent avec plaisir. On confit ses boutons au vinaigre comme les câ-

Fig. 479. — Populage (Caltha palustris).

pres, et on colore le beurre avec ses fleurs pilées.

PRÊLES (EQUISETUM).

Plantes vivaces de la famille des Équisétacées. On les rencontre dans les champs et les prairies humides, et quelques-unes d'entre elles sont appelées queue-de-renard, ou queue-de-cheval. Ce sont des herbes, sinon nuisibles, au moins fort dédaignées du bétail. Leur seul mérite à nos yeux, et au point de vue agricole, c'est de caractériser les terrains trop mouillés et de signaler les besoins d'assainissement.

RADIS SAUVAGE (RAPHANUS RAPHANISTRUM).

Plante de la famille des Crucifères. C'est la ravenelle blanche du vulgaire. Dans quelques terrains, ce radis sauvage infeste tout autant les moissons que la moutarde des champs. Les moyens employés pour détruire celle-ci lui sont applicables.

RENONCULES (RANUNCULUS).

Plantes de la famille des Renonculacées. Quelques herbagers accordent aux renoncules âcre et bulbeuse la propriété de jaunir le beurre contenu dans le lait des vaches qui en mangent, mais nous n'avons pas confiance dans cette assertion. D'ailleurs, les vaches ne se soucient point de ces herbes appelées petits bassins d'or par nos villageois. Dans la grande culture nous sommes fréquemment aux prises avec une espèce de renoncule, dont nous allons vous entretenir. C'est de la renon-

cule rampante qu'il s'agit. On la nomme communément piépou, pic-pou, pied-de-poule et pied-de-coq.

Fig. 480. — Renoncule rampante.

Elle est de tous les pays, de tous les climats et de tous les terrains, pourvu cependant qu'ils ne soient pas trop secs. Ceux qui sont frais lui plaisent mieux que les autres.

Avec de la patience, de la peine et du soleil, on vient à bout du chiendent, mais il est plus difficile de venir à bout de la renon-

Fig. 481. — Renoncule âcre.   Fig. 482. — Renoncule bulbeuse.

cule. Vous croyez la tenir; elle vous échappe par quelque brin de racine inaperçu ; vous la croyez morte, une rosée la ressuscite ; vous la mettez en compost, elle y végète comme pour se moquer de vous, si vous n'avez pas la précaution de la fouler vigoureusement et de l'étouffer de votre mieux. Ne cultivez pas, elle pousse ; cultivez bien, elle pousse encore ; sa tige n'a l'air de rien, ses racines ne finissent pas ; accordez-lui une ligne de terre, dans la quinzaine, elle en aura pris un pied. Refusez-lui une place dans le semis, elle trouve moyen de

Fig. 483. — Liseron des champs.

s'y faufiler, de se loger sous vos plantes cultivées, de confondre ses racines avec les leurs, de telle sorte que sa destruction implique un sacrifice. C'est le diable déguisé en herbe.

Souvent il suffit de tourmenter les plantes, de les faire souffrir, pour les lasser et s'en délivrer.

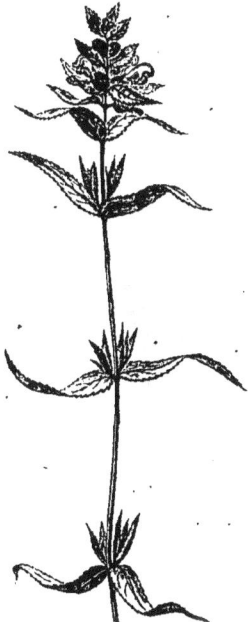

Fig. 484. — Rhinanthe.

Fig. 485. —Cardamine des prés.

faut-il qu'elle soit bien complétement hors de terre et les racines en l'air. Une seule racine recouverte sauve l'individu. Ainsi donc, toutes les fois que vous exécuterez un labour, ne laissez derrière vous ni les plantes arrachées ni leurs éclats ; formez-en des tas et enlevez-les.

Fig. 486. — Sétaire glauque.

Les vaches mangent cette renoncule, mais ce n'en est pas moins un aliment de mauvaise qualité.

Nous en avons fini avec les plantes plus ou

Fig. 487. — Pas-d'âne.

moins nuisibles qu'il est essentiel de connaître. Nous aurions pu citer encore le *rhinanthe crête-de-coq*, très-répandu dans certaines prairies, la *cardamine des prés*, le *sétaire glauque* qui est le chiendent des terres sablonneuses de la Campine, le *souci des champs* qui pullule dans quelques sols légers, le *tussilage* ou *pas-d'âne* très-commun dans

Avec la renoncule rampante, n'y songez point ; vous perdriez patience à ce jeu. Elle ne craint que le soleil, et encore, pour que celui-ci la tue,

les terrains argileux, les *vesces cracca* et *tétrasperme* qui étouffent parfois nos céréales, et dont les racines s'étendent démesurément ; le *seneçon jacobée* de nos prairies, les *camomilles des champs* et *puante* de nos moissons, le *liseron des champs*, les *laîches* ou *carex* qui annoncent des prairies acides et des fourrages grossiers ; nous aurions pu en citer bien d'autres, réputées nuisibles dans nos campagnes,

Fig. 488. — Seneçon jacobée.

Fig. 489. — Camomille.

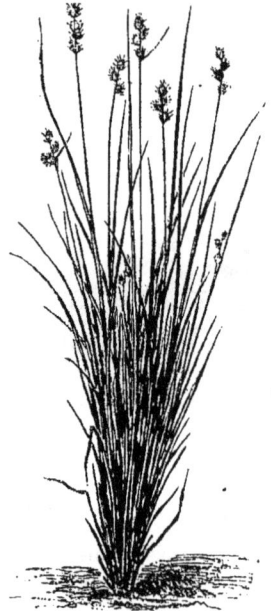

Fig. 490. — Laîche étoilée

mais à ce compte nous ne saurions plus où nous arrêter. Nous nous permettons donc d'en réduire le nombre et d'engager les cultivateurs à le réduire également de leur côté en adoptant de bonnes méthodes de culture et en sarclant avec plus de

rions-nous affirmer, par exemple, que la sauge, le boucage, le sélin, la menthe et d'autres plantes que nous repoussons du pied, ne remplissent pas

Fig. 491. — Laîche blanchâtre.

Fig. 492. — Rhizome de laîche.

soin qu'ils ne l'ont fait jusqu'ici. Après tout, si leurs champs sont parfois d'une malpropreté révoltante, c'est à eux plutôt qu'aux herbes qu'il faut s'en prendre. On récolte ce que l'on sème.

Pour ce qui regarde les prairies, il s'y trouve peut-être beaucoup d'herbes que nous condamnons à la légère et qui, en fin de compte, pourraient bien valoir mieux que leur réputation. Ose-

vis-à-vis des animaux le rôle condimentaire du persil, du cerfeuil, de la sauge, de la sarriette, etc., vis-à-vis de l'homme ? Rentrons donc humblement et honnêtement dans notre ignorance, et ne parlons pas trop vite de peur de mal parler.

P. JOIGNEAUX.

DEUXIÈME PARTIE

ZOOTECHNIE ET ZOOLOGIE AGRICOLE.

CHAPITRE PREMIER

DÉFINITION ET OBJET DE LA ZOOTECHNIE.

On donne maintenant, d'après M. de Gasparin, le nom de *zootechnie* à l'ensemble des connaissances relatives à l'*économie du bétail*. L'expression est heureuse, et l'on s'étonne qu'elle n'ait pas été plus tôt adoptée. Ces connaissances ont en effet pour véritable objet, l'art de tirer des animaux domestiques le meilleur parti possible, non pas par conséquent tels que l'homme les a trouvés dans la nature, mais bien tels que la science lui permet de les perfectionner, en vue d'une civilisation et d'une industrie plus avancées.

Ce n'est pas seulement le mot de M. de Gasparin qui est nouveau. Sans méconnaître l'importance des services rendus à l'exploitation du bétail par les travaux, en général si remarquables, de nos devanciers ; sans oublier que depuis la fondation des écoles vétérinaires, les Bourgelat, Gilbert, Tessier, Huzard, Grognier, Yvart, Magne, et tant d'autres, se sont toujours efforcés de baser l'art de multiplier et d'améliorer les animaux domestiques sur la connaissance de leur organisation anatomique et physiologique ; on peut dire néanmoins que la véritable doctrine zootechnique est de date toute récente. Il ne nous en coûte rien de reconnaître que cette doctrine ne remonte guère plus loin que la création de l'enseignement agricole, en 1849, et que M. Émile Baudement en a été, sinon le premier, au moins l'un des plus judicieux interprètes.

Nous avons exprimé quelque part (1), en définissant la physiologie vétérinaire ou la physiologie des animaux domestiques, le caractère propre de cette nouvelle doctrine, qui n'avait été certainement qu'à peine entrevu, avant l'époque dont je viens de parler. « La physiologie vétérinaire, avons-nous dit, doit avoir constamment en vue que les animaux domestiques sont entre nos mains comme une sorte de matière malléable, dont nous pouvons modifier la forme pour ainsi dire à notre guise, au plus grand avantage de nos besoins sociaux.

(1) Discours prononcé à la séance publique de la Société impériale et centrale de médecine vétérinaire, le 28 avril 1861.

Prise en ce sens, la physiologie vétérinaire est toute la zootechnie, moins la connaissance des lois économiques qui doivent diriger son action. »

L'art d'exploiter le bétail a cessé effectivement d'être à présent, comme il l'a été pendant longtemps, seulement un corps de préceptes empiriques, déduits des tâtonnements de la pratique, ou inspirés par les suppositions de l'histoire naturelle. La zootechnie s'est fondée sur la science ; elle est, en propres termes, la *physiologie industrielle* des animaux. Elle comporte donc, comme toutes les sciences, des principes généraux, qui sont ceux de la physiologie subordonnés à ceux de l'économie rurale, et des applications particulières, qui constituent l'art spécial formant son objet.

Nous commencerons notre travail, en conséquence, par l'exposition des principes généraux de la zootechnie, après avoir toutefois fait sentir d'abord l'importance scientifique et pratique de ces principes, et distingué les diverses fonctions économiques du bétail dans l'exploitation rurale. Nous aurons soin de bien définir nos termes, pour éviter toute confusion ; puis nous passerons en revue les moyens de perfectionnement applicables à toutes les espèces et à toutes les fonctions ou spécialités. Enfin, nous examinerons les influences destinées à s'exercer directement ou indirectement sur les applications de la zootechnie, en général, et à provoquer ou stimuler ses progrès.

Après cela sera faite successivement la technologie de chacune de nos espèces animales domestiques, sans exception. Le cheval, le bœuf, le mouton, la chèvre, le porc, la volaille, le lapin, les poissons, les abeilles, les vers à soie, seront étudiés au point de vue agricole et industriel, c'est-à-dire quant à la connaissance de leurs types, de leurs races, des procédés de multiplication, d'amélioration et d'exploitation de leurs produits.

A ces matières, dont l'ensemble forme l'objet naturel de la zootechnie, le *Livre de la ferme* doit joindre, pour être complet sur ce qui intéresse le cultivateur relativement aux animaux, les notions concernant les bêtes sauvages et les insectes nuisibles ou utiles, à la réunion desquelles notions on a donné le nom de *zoologie agricole*. Il importe que l'agriculteur puisse discerner, parmi ces bêtes, quels sont ses amis et ses ennemis.

CHAPITRE II.

DE L'IMPORTANCE DE LA ZOOTECHNIE.

S'il est possible de concevoir, comme l'a fait M. de Gasparin pour distinguer la zootechnie de l'agriculture, une exploitation agricole sans bétail et bornée pour ce motif à la production spéciale de quelques denrées particulièrement avantageuses, en raison de conditions exceptionnelles, on n'en peut pas moins dire d'une manière presque absolue que la production animale est la base fondamentale de l'industrie du sol. C'est là maintenant une vérité banale. L'ancienne formule allemande, qui considérait le bétail, en agriculture, comme un mal nécessaire, a fait son temps. L'influence de l'école économique a remis, ici comme partout, chaque chose à sa place. En montrant l'enchaînement scientifique des faits dont l'ensemble aboutit à l'exploitation lucrative de la terre, les agronomes pénétrés des principes de cette école n'ont pas eu de peine à établir que le problème de la culture rationnelle du sol se réduit, en définitive, à la fabrication des engrais au meilleur compte possible; ils ont montré que c'est le seul moyen d'obtenir des récoltes abondantes et à bas prix, par l'élévation et l'entretien de la terre au plus haut degré de fertilité qu'elle puisse atteindre.

Nous n'entreprendrons pas de développer ici cette thèse ; elle a reçu ailleurs sa démonstration ; il suffit de l'énoncer. M. Édouard Lecouteux mieux que personne, dans ses ouvrages d'économie rurale (1), a mis le fait dont il s'agit en lumière d'une façon qui défie toute contestation. On sait d'ailleurs, à n'en plus douter, que l'état d'avancement de l'agriculture d'un pays se mesure assez exactement à la quantité du bétail qu'il possède, eu égard à l'étendue de son sol, et aussi à la qualité de ce bétail. La même formule s'applique également à l'appréciation d'une exploitation particulière ; car il est bien vrai, ainsi que l'écrivait naguère encore M. Moll, que le bétail est « la base fondamentale » et « la condition première d'existence et de progrès » de l'agriculture.

Or, on concevra facilement, après cela, quelle doit être l'importance de cette branche de l'industrie rurale à laquelle a été donné dans ces derniers temps le nom de *zootechnie*, et dont nous avons à nous occuper. Avancer qu'elle est la base fondamentale et la condition première de l'existence de l'agriculture et de ses progrès, c'est dire que tout, dans celle-ci, lui est subordonné ; mais c'est faire entendre en même temps une autre vérité qui est bien loin, à coup sûr, d'avoir été suffisamment comprise par le plus grand nombre de ceux qui, jusqu'à présent, se sont occupés de l'économie du bétail. Ce lien étroit, qui unit la culture du sol à la production animale, et réciproquement, n'a été aperçu que d'un petit nombre de zootechniciens ; la plupart ne semblent pas se douter que les formes et les aptitudes des animaux soient subordonnées, dans une mesure quelconque, au milieu dans lequel ces animaux se forment et se développent. Imbus d'une physiologie idéaliste, sorte de métaphysique zootechnique basée sur de pures conceptions de l'esprit, ils font abstraction complète de ce milieu et demeurent dans l'absolu. Les faits sont lettre morte pour eux ; ils ne les voient pas, ils ne veulent pas les voir ; le dogme qu'ils supposent est tout, et si les résultats ne sont pas conformes aux promesses de celui-ci, c'est qu'il n'a pas été assez religieusement observé dans l'application.

Le principal de ces dogmes, dont nous aurons bien des fois l'occasion de nous occuper, est celui du *pur sang*, agent universel, ainsi qu'on l'affirme, de toute amélioration en zootechnie, et qui a été déjà si funeste à la production animale de notre pays.

Avant l'introduction des idées économiques, de la méthode expérimentale, dans l'industrie agricole, on pouvait facilement concevoir de pareilles aberrations. On le pouvait d'autant mieux, qu'elles étaient le fait de gens absolument étrangers aux études sans lesquelles il n'est point possible d'aborder avec compétence aucune des questions qui se rapportent à l'amélioration des animaux. La définition exacte de la zootechnie nous paraît donner une idée suffisante de cette difficulté. La zootechnie, répétons-le ici, c'est la physiologie vétérinaire, subordonnée aux lois économiques qui régissent la production et l'exploitation lucrative des animaux. Il ne faut pas, par conséquent, avoir la prétention d'aborder avec succès les questions doctrinales relatives à la zootechnie, en l'absence des connaissances physiologiques qui en forment la base. Et c'est là le secret de l'insuffisance de tant de travaux entrepris sur cette matière, quelle que fût d'ailleurs l'aptitude pratique de leurs auteurs; c'est aussi

---

(1) *Principes de la culture améliorante*, et *Traité des entreprises de grande culture*, Paris, 1860 et 1861.

celui des qualités solides qui distinguent particulièrement les études de M. Émile Baudement, un des interprètes les plus brillants, comme on l'a déjà dit, de la nouvelle école, que nous appellerons scientifique.

Dans cette école, où tout est nécessairement ramené à la rigueur d'une démonstration expérimentale ; où les mots vides et les affirmations arbitraires sont impitoyablement écartés ; où les théories ne sont que ce qu'elles doivent toujours être, des interprétations logiques des faits que la pratique et l'observation enseignent, au lieu de conceptions *à priori*; dans cette école scientifique, la zootechnie est devenue une branche sérieuse de nos connaissances, qui exclut nécessairement tous ces amateurs auxquels on accorde trop volontiers la compétence, parce qu'ils en parlent le jargon. Il faut espérer que les agriculteurs éclairés ne s'y méprendront pas plus longtemps, et que, se pénétrant davantage des difficultés d'un problème aussi complexe que celui de l'exploitation du bétail, ils exigeront de ceux qui visent à leur enseigner des préceptes sur cet objet, de plus grandes garanties.

Mais même parmi le petit nombre de zootechniciens qui ne méconnaissent point l'existence d'une solidarité entre la production animale et le milieu agricole où elle s'effectue, il en est quelques-uns qui, tout en proclamant cette solidarité, oublient le plus souvent d'en tenir compte et d'y subordonner leurs théories. Cela paraît pouvoir s'expliquer de deux façons : ou bien ils négligent complètement le point de vue économique, qui doit cependant dominer toutes les questions zootechniques ; ou bien ils demeurent absolument sous l'empire de ces conceptions arbitraires mentionnées plus haut. Le bon sens leur dit qu'il n'est pas possible de concevoir une production animale séparée de la matière première qui doit permettre de l'effectuer; mais dès qu'ils se mettent à l'œuvre, le bon sens fait place à la théorie abstraite, ou plutôt à l'hypothèse ; la matière première disparaît de leurs préoccupations, et ils sont naturellement amenés à élever à la hauteur d'un principe absolu d'amélioration ce qui, pour la science positive, ne peut être qu'un moyen de tirer le meilleur parti possible de cette matière première, dans les conditions agricoles et économiques où il s'agit d'opérer.

Nous aurons, dans la suite des études auxquelles nous allons nous livrer, bien des fois l'occasion de faire ressortir cette déplorable contradiction, en l'appuyant sur des faits. Nous insisterons beaucoup, car elle est la source à peu près unique de tous les mécomptes auxquels ont été conduits la plupart des agriculteurs bien disposés pour le progrès, qui ont entrepris dans ces derniers temps l'amélioration de leur bétail, avec le parti pris d'arriver promptement à cette amélioration. On peut même dire, sans risquer trop d'être justement taxé d'exagération, que l'enseignement zootechnique le plus en vogue est demeuré en grande partie étranger à l'incontestable amélioration qui se remarque dans l'état actuel de notre bétail français. Cet enseignement n'y a pas du moins contribué d'une manière directe. L'amé-lioration doit être plus exactement attribuée aux progrès introduits dans les méthodes culturales, et aux notions qui ont pénétré dans l'esprit des agriculteurs par le seul fait des exhibitions de types perfectionnés de nos différentes espèces d'animaux. Les éleveurs sérieux ont au contraire réagi de toutes leurs forces contre les principes que l'on cherchait à leur inculquer; et l'observateur impartial est obligé de reconnaître qu'ils ont bien fait.

Nous réagirons donc nous-mêmes contre ces faux principes, en exposant ici les véritables données scientifiques sur lesquelles s'appuie la partie doctrinale de l'amélioration du bétail, et qui constituent la zootechnie générale. On s'efforcera, dans cette exposition, d'être aussi simple et aussi clair que possible. Au reste, la science, dont on s'effraie peut-être un peu trop en agriculture, sans doute parce que c'est là qu'elle semble avoir compté le plus d'interprètes insuffisants et par ce fait même obscurs ; la science positive a précisément ce caractère propre d'être accessible à toutes les intelligences saines, à la condition qu'elle soit exposée avec méthode et précision. Nous arriverons sans trop de peine à mettre à la portée de tout le monde les principes scientifiques de la zootechnie, en indiquant d'abord le but que l'on doit se proposer, lorsqu'on entreprend d'entretenir et d'améliorer des animaux domestiques, puis les divers moyens d'arriver à ce but. Toute la difficulté, dans ces matières, est d'établir les bases sur de bonnes définitions, ce dont les auteurs ne se sont à coup sûr point suffisamment préoccupés. De là les confusions si fréquentes et si regrettables, qui se commettent à chaque instant dans les questions de zootechnie ; de là la part si grande faite à la fantaisie dans ces questions ; de là toutes ces tentatives malheureuses qui retardent le progrès, en le déconsidérant par les échecs auxquels elles conduisent.

Combien, par exemple, savent au juste ce que c'est qu'une race, à quels caractères on reconnaît la réalité de son existence, quel est même le sens exact de l'expression ? Il n'y a pas jusqu'aux zootechniciens les mieux posés, qui ne prouvent à chaque instant qu'ils n'ont pas une idée précise de la valeur accordée à ce mot par les naturalistes qui l'ont créé. De même pour un grand nombre des autres expressions usitées en zootechnie, que la fantaisie s'efforce de détourner de leur véritable sens, en dehors duquel il n'est plus possible de s'entendre et de progresser.

Il convient par conséquent de ramener toutes ces choses à leur signification réelle, si nous voulons demeurer dans les limites du sens pratique, où se maintient toujours la seule science digne de ce nom. C'est ce que nous tâcherons de faire en toute occasion, persuadé que la précision du langage est une des premières conditions de la clarté, comme l'exactitude des faits et la logique de leur enchaînement. Si nous réussissons à bien dégager la donnée simple de chacun des problèmes zootechniques que nous avons à étudier, nous avons confiance que le lecteur, en y consacrant seulement une dose moyenne d'attention, pourra nous suivre jusqu'à la fin de ces études générales, sans qu'il lui soit nécessaire de retourner sur ses pas.

C'est qu'il s'en faut de beaucoup, en vérité, que la zootechnie basée sur la saine physiologie et les principes fondamentaux de l'économie rurale, présente toutes les difficultés dont les esprits spéculatifs auxquels nous avons fait plus haut allusion se sont plu à l'entourer. Simple et précise comme tout ce qui est vrai, encore une fois, elle devient parfaitement intelligible pour tout le monde, dès qu'on la fait descendre de ces hauteurs métaphysiques, pour la placer sur le terrain de la pratique et du sens commun.

Or, c'est uniquement sur ce terrain-là que nous avons à la considérer. Examinons donc, avant tout, le rôle du bétail dans l'exploitation agricole.

CHAPITRE III

DES FONCTIONS ÉCONOMIQUES DU BÉTAIL.

Considérés au point de vue de l'économie rurale, les animaux sont, dans l'agriculture, des auxiliaires pour le travail, ou des producteurs de force, des consommateurs de fourrages, des producteurs d'engrais. Suivant les conditions culturales, ils sont à la fois tout cela, ou bien leurs aptitudes se bornent à deux de ces spécialités, mais pas à moins. Dans la plus grande étendue de notre pays, une de leurs espèces, celle du bœuf, répond toujours, au moins successivement, à toutes les trois. Cette distinction, dès longtemps établie, a fait diviser le bétail en animaux de travail et en animaux de rente. Ces derniers sont ceux qui, par les produits qu'ils donnent, viande, lait, laine, fumier, croît, etc., payent pour ainsi dire les fourrages qu'ils consomment, et établissent de cette façon la rente du sol. Les animaux de rente peuvent appartenir à toutes les espèces domestiques entretenues par l'agriculture. L'appellation convient aussi bien aux jeunes bêtes des espèces chevaline, bovine, ovine ou porcine, qui ne font que croître, qu'à celles qui, ayant atteint l'âge adulte, donnent un produit immédiatement échangeable ou réalisable en argent, comme de la viande, du suif, du lait, de la laine, des poulains, des veaux, des agneaux, des porcelets, etc.

Il y a un principe de physiologie qui, pour avoir été en grande partie méconnu par les zootechniciens, n'a point échappé, dans ses conséquences du moins, aux adeptes de la nouvelle école économique : c'est que les aptitudes et la conformation des animaux sont l'expression exacte des conditions culturales dans lesquelles ils se produisent et se développent, en autres termes, de la nourriture qu'ils consomment. L'étude attentive des races dites naturelles qui peuplent les diverses contrées du monde où nos investigations ont pu se porter, ne laisse aucun doute à cet égard. Les petits chevaux des pampas de l'Amérique et des landes de la Bretagne et de la Gascogne ; les races chevalines à taille gigantesque des pâturages luxuriants de la Frise et du Jutland ; les petits moutons des Sierras de l'Espagne et les énormes moutons des polders de la Hollande, etc., etc., en sont des exemples frappants. L'insuccès à peu près constant des tentatives d'amélioration faites au mépris de ce principe, en est une preuve non moins convaincante. Les économistes ont justement conclu de cela que les spéculations auxquelles le cultivateur peut fructueusement se livrer, en matière de bétail, sont subordonnées à l'état de sa culture. « Ainsi donc, dit M. Lecouteux (1), l'aptitude fourragère du sol, c'est là ce qui régit en grande partie le choix du bétail et ce qui doit être pris en sérieuse considération avant de substituer aux races locales d'autres races habituées à un régime qu'il n'est pas toujours possible de leur procurer. » Le judicieux économiste ajoute avec raison, toutefois, que les animaux dits perfectionnés peuvent être un puissant stimulant à l'amélioration du sol; mais c'est à la condition que leur introduction soit précédée par l'accroissement des ressources fourragères.

Ce fait domine toute la zootechnie. Il est la raison de l'influence si considérable que les vrais principes de celle-ci peuvent exercer sur la culture en général, et qu'on a fait pressentir dans le chapitre précédent. Tels fourrages tels bestiaux, est un axiome de l'économie rurale qu'il ne faut jamais perdre de vue dans les études zootechniques ; il commande impérieusement, non-seulement le choix des races à entretenir, mais encore celui des espèces; et c'est transgresser les prescriptions les plus élémentaires du sens commun, et les enseignements journaliers de la pratique, de considérer les animaux à un point de vue absolu, sans aucun souci des situations dans lesquelles ils doivent être utilisés. Les moyens de se procurer un bétail perfectionné sont nombreux et divers ; le principe de l'amélioration du bétail, la condition de cet état dans lequel celui-ci donne la plus haute somme possible de produit, est unique : elle réside dans l'exacte appropriation des aptitudes des animaux aux ressources fourragères qu'ils peuvent consommer.

Nous aurons plus d'une occasion de revenir sur ce point, en montrant l'inanité du système trop prôné d'amélioration qui fait uniquement dépendre le perfectionnement des animaux de l'influence de leurs procréateurs. Cette influence a,

(1) *Principes de la culture améliorante,* p. 335.

sans contredit, sa part, et nous la lui ferons aussi large que de raison ; mais il faut insister surtout sur la loi physiologique sanctionnée par l'économie rurale, qui est la loi fondamentale de toute saine zootechnie, à savoir que les animaux s'améliorent en dehors de l'intervention directe des théories sur la génération des produits, et par le seul fait de l'augmentation des ressources fourragères ; tandis que l'influence la plus savante de ces théories est absolument impuissante à les améliorer, en l'absence de celle-ci. Cela, qui ne pourrait être contesté, même par les partisans les plus déclarés desdites théories, à la condition qu'ils fussent intelligents et éclairés, établit irrémissiblement la hiérarchie entre les divers facteurs des races, et placé en tête de tous, les agents hygiéniques, les circonstances économiques qui entourent les reproducteurs.

Avant donc d'entreprendre l'application d'aucun des moyens d'amélioration qu'enseigne la zootechnie, il importe d'envisager d'abord l'étude de ces circonstances qui, sous peine de faire fausse route, doivent en déterminer le choix. Cela revient à dire que, parmi ces moyens, il n'en est pas un qui soit préférable d'une manière absolue, et que ceux-là sont également loin de la vérité qui, pour toutes les conditions possibles, préconisent l'un d'eux à l'exclusion des autres. Ils sont tous également bons, suivant le but que l'on se propose, et à la seule condition que, dans leur application, le principe qui vient d'être posé soit respecté.

On voit dès à présent que nous nous éloignons également de tous les partis pris des écoles zootechniques qui discutent depuis si longtemps leurs thèses absolues. C'est que nous nous en tiendrons à une donnée supérieure, mise en évidence par l'observation attentive, dégagée de ces partis pris, de même qu'elle trouve sa confirmation dans la physiologie et dans l'économie rurale.

Les animaux, quand on les envisage par rapport aux liens économiques qui les unissent à la culture du sol, sont avant tout des producteurs d'engrais. Sans eux, on ne conçoit point la possibilité d'une culture améliorante, c'est-à-dire de celle qui élève progressivement la fécondité de la terre. Leur rôle unique de consommateurs de fourrages se borne exclusivement aux conditions de ce qui a été appelé par Royer la *période pacagère*. En dehors de ces conditions, encore assez nombreuses en France et dans une certaine étendue de l'Europe, tout dans l'entretien des animaux doit donc être subordonné à la fabrication du fumier. Cela est si vrai, qu'en bonne administration agricole, leur compte s'établit par l'évaluation du prix de revient de celui-ci, et que les bénéfices en argent qu'on en retire n'ont d'autre but que de réduire autant que possible ce prix, de manière à l'amener à zéro ou au delà. L'engrais étant la principale matière première de l'agriculture, à ce point qu'en son absence celle-ci cesse d'être lucrative dans la plupart des cas, quel que soit le travail que l'on y accumule, il s'ensuit que le bétail suffisant pour fournir cette somme de travail, ne saurait l'être pour la production du fumier nécessaire à l'entretien de la fertilité du sol. Le bétail de rente est donc toujours indispensable, et, dans notre agri-

culture française, il existe en effet à peu près toujours.

Les contrées où la petite culture est la plus répandue, et où le cheptel ne se compose généralement que des bœufs employés aux travaux des champs, ne font point exception. Jamais, dans ces conditions, les travaux ne sont suffisants pour que toute la force d'animaux adultes y soit employée. Ces travaux sont exécutés par de jeunes bœufs ou d'autres jeunes animaux, pour lesquels ils deviennent un exercice salutaire. Et, en même temps que ces bêtes achèvent leur croissance, elles acquièrent une plus grande valeur. Par ce fait, ce sont à la fois des animaux de travail et des animaux de rente, puisqu'en outre de la force qu'ils ont produite, l'accroissement de leur valeur commerciale est venu diminuer d'autant le prix de revient de leur fumier.

C'est là qu'il faut chercher la raison de cette habitude des pays de petite culture, encore incompréhensible pour beaucoup et mal interprétée, et qui consiste à renouveler chaque année les attelages de bœufs. C'est par suite de ladite habitude, que plusieurs de nos races travailleuses sont engraissées, à l'âge adulte, dans les herbages de la Vendée et de la Normandie, après avoir passé par les mains d'un certain nombre de cultivateurs, où elles ont laissé, durant la période de leur croissance, des bénéfices plus ou moins élevés. Et c'est aussi en vertu de ce fait que pendant longtemps encore les principaux travaux de la ferme seront avantageusement exécutés par des bœufs à aptitudes mixtes, dans une grande étendue de notre pays, à la condition d'adopter plus généralement cette sorte de division de l'élevage, qui fait tout à la fois du jeune bœuf un animal de rente et un instrument de travail.

On peut rigoureusement assimiler le bétail, dans son ensemble, à une fabrique dont la ferme fournit les matières premières, et dont l'engrais est le résidu de fabrication ; résidu de première importance, puisqu'il doit lui-même servir de matière première à cette autre fabrique qui est représentée par le sol. Et c'est ce qui donne à l'industrie agricole son cachet particulier de difficulté, attendu qu'elle doit, ainsi qu'on s'en aperçoit, produire elle-même, à peu d'exceptions près, toutes ses matières premières. C'est une sorte de cercle industriel où tout se tient, où chaque opération est nécessairement complexe, et où la production des matières premières, dans une exploitation bien organisée, doit avoir plus d'importance que celle des matières échangeables sur le marché. Ces deux genres de production sont d'ailleurs étroitement unis l'un à l'autre, de telle façon qu'on ne les peut concevoir avantageux séparément.

Pour nous en tenir au bétail, qui doit seul nous occuper ici, il est bien clair que les dépenses de fabrication de ses produits, frais de nourriture et d'entretien, restant les mêmes, les bénéfices fournis par lesdits produits seront d'autant plus considérables, qu'ils auront été eux-mêmes plus abondants et qu'ils rencontreront des débouchés plus nombreux et plus assurés ; par conséquent que le résidu de fabrication, ou le fumier, dont la valeur industrielle est indépendante de sa valeur commerciale, sortira à un taux d'autant moindre que les produits fabriqués payeront mieux les frais de fabrication.

Telle est la seconde loi économique de la zootechnie, qui, non moins que la première plus haut exposée, doit dominer toutes les entreprises et opérations relatives au bétail. La première est la condition *sine quâ non* d'une réussite quelconque ; celle-là est la condition indispensable d'un succès lucratif.

Ces deux lois sont donc les bases fondamentales de l'économie du bétail ; aucune doctrine ne saurait être solide qu'à la condition de reposer sur leurs prescriptions. Le choix de l'espèce à exploiter ; le genre de spéculation le plus avantageux auquel elle peut se prêter ; la détermination de la race la plus propre à ce genre d'exploitation : tout cela n'est réalisable qu'à la condition d'en tenir suffisamment compte ; et c'est ce qui nous décidera, lorsque nous aurons à examiner chacune des espèces en particulier. Auparavant, il importe d'exposer avec détail les notions de zootechnie applicables à toutes les espèces animales, qui constituent les principes généraux de l'entretien et de l'amélioration du bétail.

Nous commencerons par nous entendre sur la signification exacte des mots, dont il est fait en zootechnie le plus déplorable abus. On dira d'abord ce que c'est qu'une race pour le naturaliste, et par conséquent ce que ce doit être pour le zootechnicien sérieux ; ce qu'il convient d'entendre par amélioration et spécialisation des races : deux choses qui ont grand besoin d'une bonne définition, que nous essaierons de donner ; enfin, nous passerons en revue les divers moyens d'amélioration aujourd'hui connus et préconisés, en attribuant à chacun, autant que possible, sa juste valeur.

CHAPITRE IV

DE LA RACE ET DE L'HÉRÉDITÉ.

On donne, en histoire naturelle, le nom de *races* à des *variétés* de *l'espèce*, dont les caractères distinctifs sont assez constants, assez fixes, pour se reproduire par la génération, indépendamment des circonstances au milieu desquelles les animaux sont accouplés. Ces caractères sont relatifs à des modifications accessoires dans la constitution du type spécifique, puisqu'elles n'altèrent point son anatomie ; mais ils n'en sont pas moins fort importants, au point de vue de la zootechnie, attendu qu'ils déterminent ordinairement des aptitudes particulières, appropriées à nos besoins divers. Les caractères des races s'établissent sur des modifications de l'espèce qui ne concernent que les proportions relatives de ses parties, entraînant des différences de formes ; sur leur développement général, la couleur de la robe ou les propriétés du système pileux.

C'est ainsi que dans l'espèce ovine, par exemple, les caractères de la race sont principalement fondés sur les qualités de la laine, puis sur la physionomie, la conformation de la tête ; dans l'espèce bovine, sur le pelage, le volume et la disposition des cornes ; dans l'espèce chevaline, sur le volume du corps, la robe, la spécialité de service, etc.

Toutes les influences sous l'empire desquelles ces modifications se produisent, ne sont pas encore exactement déterminées. Seulement, l'observation des races telles que les circonstances naturelles nous les offrent, permet de considérer comme certain qu'elles résultent des conditions d'habitat et de nourriture au milieu desquelles elles se sont développées et étendues. Les races de montagnes et les races de plaines, par exemple, diffèrent entre elles, dans toutes les espèces, par des caractères constants et toujours les mêmes, et dont la physiologie, au degré d'avancement qu'elle a atteint, nous donne à présent jusqu'à un certain point la raison.

Quoi qu'il en soit, ces caractères, dans les races dites naturelles, se répètent infailliblement par la génération, en vertu de la loi d'hérédité reconnue par la physiologie, et par laquelle les parents transmettent à leurs descendants les qualités et les défauts qui leur sont propres, le modèle d'après lequel ils sont eux-mêmes construits.

Et c'est cette *puissance d'hérédité*, qui seule à son tour caractérise la race. Il n'y a point race, lorsque les caractères individuels des reproducteurs ne présentent pas assez de *constance* ou de *fixité* pour se transmettre intacts au produit. Dans ce cas, il se montre habituellement ce que les zootechniciens allemands ont appelé *coups en arrière*, ou *rétrogradation* ; c'est-à-dire que l'on voit reparaître la reproduction de caractères ayant appartenu à quelque ascendant des reproducteurs eux-mêmes ; et la faculté en vertu de laquelle les races réelles conservent ainsi la puissance d'influencer la génération de leur descendance, même après plusieurs degrés, a reçu le nom d'*atavisme*. L'observation de tous les jours, dans l'état actuel de la zootechnie, en offre de fréquents exemples, dont les plus remarquables sont ceux fournis par l'accouplement des métis anglo-mérinos et anglo-berrichons avec nos anciennes races ovines du Centre et du Midi. Parmi les agneaux qui résultent de ces accouplements, bon nombre répètent exactement, au lieu du type de leur père, celui de l'ascendant le mieux fixé de ce dernier : le mérinos ou le berrichon.

La constance ou fixité des caractères est donc la première condition d'existence de la race. Elle résulte d'une longue suite de générations, dans des conditions toujours identiques à celles dans lesquelles la variété qui a été l'origine de la race s'est formée. Il est à peine besoin d'appuyer cette affirmation sur des preuves ; l'étude des races véritables, existant depuis un temps immémorial, et qui se sont formées surtout en dehors de l'influence de l'homme, en fournit de surabondantes. Dans toutes les situations où les mérinos d'Espagne ont été importés, ils se reproduisent toujours avec les principaux caractères particuliers à leur toison ; ils impriment aussi fortement le cachet de ces mêmes caractères à toutes les races indigènes avec lesquelles ils sont croisés. Nous verrons plus loin les raisons de ce dernier phénomène ; pour l'instant, bornons-nous à constater qu'il est un des exemples les plus frappants de la fixité, et une des preuves irrécusables de la réalité de la race mérine.

Les faits de cette nature sont les seuls qui puissent servir de pierre de touche, pour apprécier la convenance de l'appellation qui nous occupe, appliquée aux groupes d'individus auxquels on la prodigue maintenant. Cette prodigalité n'aurait pas de bien grands inconvénients, si elle n'était que le résultat d'une simple méprise ; mais elle emprunte de la gravité à la fausse doctrine d'où elle émane, et qui consiste essentiellement à n'accorder, dans les opérations zootechniques, aucune importance à l'influence de l'atavisme, de la constance ou fixité.

Nous voyons en effet donner le nom de race à de petites familles d'individus de création toute nouvelle, par voie de croisement, et les préconiser comme pouvant par la même voie servir à l'amélioration de nos races véritables. Citons-en pour exemple les prétendues races de la Charmoise, d'Alfort, de Durcet, etc. Les faits que l'on avance en leur faveur prouvent précisément contre cette prétention. Ils établissent que ces animaux ne valent qu'en tant qu'individus, attendu que leurs caractères propres ne se transmettent que dans des conditions hygiéniques au moins égales, si ce n'est supérieures, à celles sous l'influence desquelles ils ont été formés ; dès que ces conditions baissent, l'atavisme reprend ses droits, les coups en arrière deviennent de plus en plus fréquents, et l'amélioration rétrograde même au delà du point de départ, si ce point de départ était une race moins fixée que l'une de celles qui ont servi à créer le prétendu agent améliorateur. Les essais tentés dans le centre de la France avec les béliers de la Charmoise, et dans le midi avec les Dishley-Mauchamp-Mérinos d'Alfort, ne laissent aucun doute à cet égard.

Il y a toutefois dans ces faits et dans quelques autres la confirmation d'un principe précédemment posé, et nous aurons occasion d'y revenir. On y trouve la preuve que la constance de la race n'a point, en zootechnie, une importance absolue, et que l'influence de l'atavisme peut être contre-balancée par une autre de nature toute différente et plus importante encore. Cela paraît avoir en grande partie échappé aux zootechniciens de toutes les écoles ; du moins n'en rencontre-t-on point de traces dans leurs écrits.

Ce n'est pas un motif cependant pour autoriser l'abus de mot contre lequel nous nous élevons. Ceci est tout à fait étranger à l'exacte notion que la saine zootechnie doit avoir de la race. En dehors de cette notion précise, il n'y a que confusion et que fausses manœuvres. La fantaisie prend le dessus au détriment de la science, et l'économie du bétail devient une dérision. Au lieu d'une industrie solide et sérieuse, par conséquent lucrative pour celui qui s'y livre et profitable à la production générale, elle mérite tout au plus d'être considérée comme un passe-temps d'amateur.

Longtemps il en a été ainsi, dans notre pays, des entreprises d'amélioration de nos races indigènes ; et il est bien à craindre qu'il n'en soit de même longtemps encore pour celles dont la libre exploitation n'est pas laissée au bon sens des intéressés. Nous ne touchons sans doute pas au moment où les principes que l'on veut faire ici prévaloir régiront tout à fait l'amélioration de notre espèce chevaline. Il est encore reçu que cette espèce doit faire exception, et qu'elle serait irrémissiblement perdue, si l'État ne demeurait chargé de diriger son amélioration. Nous examinerons par la suite, parce que cela rentre dans le cadre de nos études, la doctrine à laquelle conduit naturellement une telle opinion, et les effets en seront exposés. La centralisation des moyens d'amélioration, l'unité d'action et l'absence d'intérêt direct de la part de ceux qui dirigent, entraînent nécessairement à l'absolu et par conséquent à l'absurde, dans lequel l'aptitude de l'intelligence dirigeante ne peut introduire que des degrés. Mais, heureusement, pour les autres espèces animales qui sont entretenues dans nos fermes, l'initiative individuelle conserve tous ses droits en même temps que sa responsabilité. Il y a donc lieu d'espérer, — et l'observation nous y autorise, — qu'en ce qui les concerne la science deviendra tout à fait maîtresse et fera triompher ses démonstrations. L'expérience étant pour elle, cela ne saurait manquer.

La définition que nous avons donnée de la race, d'après les naturalistes qui doivent être pour nous des autorités en cette matière, suffit pour montrer que nous avons, en zootechnie, une tendance trop grande à augmenter le nombre des races que nous possédons réellement, dans chacune des espèces animales qui nous sont soumises. Un simple coup d'œil jeté sur les livres de nos auteurs spéciaux ou sur les catalogues de nos concours, confirme cette appréciation.

Une faible nuance dans le pelage, une différence plus ou moins considérable dans le volume, n'est pas, en effet, d'après cette définition, de nature à justifier une telle distinction. Tout au plus peuvent-elles, l'une ou l'autre, faire admettre une *variété* de la race à laquelle les animaux qui les présentent se rapportent, et dont ils se rapprochent le plus par leurs caractères fondamentaux. Ainsi en est-il des prétendues races bovines nantaise et ariégeoise, qui ne sont en réalité que des variétés des races parthenaise et gasconne. Ces différences sont ordinairement dues à des circonstances très-accessoires, dont il suffit de faire cesser l'influence pour ramener assez promptement les familles où elles existent au type de la race à laquelle ces familles appartiennent en réalité.

Lorsque les nuances dont il s'agit ne paraissent pas suffisamment accusées pour caractériser une race particulière, on a pris l'habitude de ranger les animaux chez lesquels on les observe dans une catégorie que l'on appelle *sous-race*. C'est en vertu de considérations de cet ordre que l'on admet par exemple, dans la race flamande, une sous-race maroillaise. Nous pouvons d'autant moins admettre cette appellation, qu'elle s'applique, dans le cas précisément, aux individus que l'on considère, à tort ou à raison, comme étant le résultat d'un croisement de la race principale, du type, avec une autre race voisine ou éloignée. Il n'y a, pour la zootechnie rationnelle, que des individus appartenant à une race bien déterminée, et d'autres qui n'appartiennent à aucune, par cela même qu'ils sont un mélange de plusieurs; ceux-ci sont simplement des bâtards. Le cheval anglo-normand, le bœuf de Durcet, le mouton de la Charmoise sont dans ce cas. Race et pureté d'origine doivent être synonymes.

Que dans la description du bétail d'un pays on tienne compte de ces variétés de race et même de ces individus déclassés que nous appelons des bâtards, rien de mieux, et c'est ce que nous ferons quand nous en serons là; mais appliquer à ces derniers, même avec un diminutif, une désignation qui entraîne avec elle l'idée de constance, ou fixité des caractères, par conséquent de pureté, c'est évidemment en faire un étrange abus. Le meilleur moyen d'éviter la confusion dans les choses est de commencer par ne la point introduire dans les mots.

Nous devons donc réserver exclusivement le nom de race à un ensemble d'individus de la même espèce, offrant des caractères communs de conformation et d'aptitudes, et s'étant toujours accouplés entre eux pour perpétuer ces caractères, qui sont par ce fait, dans les conditions normales, infailliblement transmissibles par la génération. La première condition d'existence de la race, d'après cela, est la pureté. L'expression de *race fixée* contient un pléonasme, une redondance inutile : il n'y a pas race, là où il n'y a pas fixité. On ne saurait trop insister sur cette définition, car elle doit, avec les principes posés dans le précédent chapitre, inspirer toutes nos études ultérieures et nous servir à dissiper cette sorte de chaos introduit dans la zootechnie par nos modernes métaphysiciens de la physiologie transcendantale. Les races, il faut le dire dès à présent, se conservent par elles-mêmes, et, en tant que races, bien entendu, elles ne s'améliorent pas non plus autrement.

Les Anglais, qui ont créé la zootechnie, et qui, du consentement de tout le monde, sont reconnus comme nos maîtres, sinon dans cette science, du moins dans l'art de l'appliquer, les Anglais l'ont toujours entendu ainsi. On ne trouverait pas, quelque recherche que l'on fît, une seule de ces races qu'ils ont conduites à un si haut degré de perfectionnement, dont l'origine naturelle et la pureté pussent être contestées. Leur diversité même, dans leur communauté d'aptitude, en est une preuve convaincante.

C'est une croyance fort répandue et presque générale, cependant, que le cheval anglais dit de pur sang (*horse-race*) est d'origine arabe ; les uns disent par croisement des juments du pays avec des étalons orientaux dont ils donnent les noms, les autres par simple acclimatement de la race arabe. Ces erreurs, nées sous l'influence de l'idée préconçue d'un cheval primitif, et de l'excellence du pur sang, chacun s'en va maintenant les répétant.

Rien n'est pourtant moins exact.

Huzard d'abord, et Pariset après lui, ont parfaitement démontré par tous les documents de la science et de l'histoire, l'inanité complète de cette conception d'un cheval primitif, originaire des plateaux de l'Asie Mineure, et qui se serait ensuite répandu partout où son espèce se rencontre maintenant, après avoir subi une dégénération plus ou moins grande. Un pareil sujet prêtait bien à l'éloquence de Buffon ; mais c'est là un mythe qui n'a rien de commun avec la science, et qu'il faut par conséquent laisser en dehors. D'un autre côté, l'histoire du cheval anglais, dégagée de l'influence du préjugé, fait voir que les qualités de ce cheval sont dues à la direction rationnelle imprimée dès longtemps à son éducation, et notamment à l'institution des courses ou épreuves, qui remonte au douzième siècle, bien avant qu'il soit question de l'emploi du cheval arabe comme étalon. C'est à cela que Percivall, auteur compétent, les attribue. La race, suivant lui, a été progressivement et incessamment perfectionnée dans ses produits par la nourriture, l'éducation et la sélection la plus scrupuleuse. « Ces trois circonstances, ajoute-t-il, la dernière surtout, ont exercé plus d'influence sur les qualités de la race que les caractères originels ou les attributs des parents. »

Mais cela est encore bien plus incontestable pour les espèces bovine, ovine et porcine, dont l'amélioration ne remonte pas si haut. Tout ce que nous savons des races perfectionnées de la Grande-Bretagne démontre la pureté de ces races, ainsi que cela sera établi lorsque nous nous occuperons de chacune d'elles en particulier. Originaires de quelque comté de l'Angleterre elles ont conservé les attributs qui les distinguaient au point de départ, et qui reflètent encore les circonstances au milieu desquelles elles se sont formées primitivement. Conduites toutes vers un type uniforme de conformation par les mêmes procédés d'éducation, les caractères de race qui permettent de les distinguer au premier coup d'œil n'en ont pas moins persisté. Preuve suffisante, à défaut d'autre, de l'unique empire de la sélection, attesté d'ailleurs par les documents les plus authentiques de l'histoire de ces races perfectionnées. Les Durham, les Hereford, les Devon, les Ayr, les Dishley, les Southdown, etc., etc., sont des races pures, telles que les influences naturelles, d'abord, puis les procédés perfectionnés d'éducation, les ont faites. Sans cela, ces animaux ne se perpétueraient pas par eux-mêmes avec leurs caractères distinctifs, avec les attributs de leurs races, quelles que soient les circonstances dans lesquelles leur accouplement ait eu lieu. Le Durham et le Southdown, dans un milieu misérable, ne transmettront pas leurs formes magnifiques; mais à coup sûr leurs descendants hériteront des courtes cornes et de la face brune ou noire qui sont de chacun d'eux le caractère particulier. Ils hériteront aussi de l'aptitude à prendre la graisse, qui est l'un des plus remarquables attributs de leur race; mais ce sera dans ce cas un présent funeste, car

pour s'exercer les aliments lui manqueront.

Maintenant que nous sommes fixés sur la signification de la race et sur la loi d'hérédité qui lui est propre, nous avons à définir avec la même exactitude ce que l'on doit entendre par amélioration du bétail. Il y a encore ici des distinctions importantes à établir entre des choses qui sont confondues. Les améliorations s'appliquent aux races et aux individus; il convient donc, avant d'étudier les moyens de les produire, de dégager le point de doctrine qui leur est particulier.

CHAPITRE V.

DES AMÉLIORATIONS.

Tels qu'ils sont dans leur état pour ainsi dire inculte, les animaux présentent un ensemble de caractères extérieurs que nous sommes habitués à apprécier d'une manière absolue, conformément à l'idée que nous nous faisons du beau, en d'autres termes au point de vue de ce que dans les arts on appelle l'esthétique. L'élégance, la vigueur, la souplesse du corps, les nuances chatoyantes de la couleur, un je ne sais quoi enfin, plus facile à sentir qu'à définir, impressionne l'esprit et détermine le jugement, et fait concorder ce jugement, chez un nombre plus ou moins grand d'individus, réputés comme ayant en eux le sentiment ou l'instinct du beau. Cela ne se plie guère à des règles; on discute beaucoup sur l'esthétique; mais enfin l'on s'entend en général sur les principales conditions de cette beauté artistique ou idéale des choses plastiques.

Dans ce même état, les aptitudes des animaux sont nécessairement restreintes aux besoins de leur propre conservation. Il appartient aux seuls partisans des causes finales de les considérer comme ayant été créées particulièrement en vue de ceux de l'homme. Si celui-ci est véritablement le roi de la création, c'est à coup sûr par droit de conquête, et sa domination n'a pas d'autre source légitime que le travail. Qu'il ait, par la supériorité de son intelligence et de son industrie, tiré parti à son profit des espèces animales qu'il s'est soumises, cela n'est point douteux; et les modifications qu'elles ont subies en passant de l'état sauvage à l'état domestique, portent la trace manifeste de son intervention. Il les a bien évidemment ramenées à son utilité particulière, à mesure que l'état social s'est développé. Les animaux ont-ils été créés pour l'homme? Question oiseuse, parce qu'elle est insoluble, par conséquent chimérique et digne tout au plus d'occuper l'esprit malade de quelques illuminés. Ce qui est seulement certain, ce qui est démontré par tous les monuments ineffaçables de l'histoire de notre globe terrestre, c'est que les animaux ont subsisté et subsisteraient encore parfaitement sans l'homme; tandis

que l'on ne conçoit point que l'humanité puisse un seul instant se passer de leur concours.

Ce sont ces modifications commandées dans la conformation et les aptitudes des animaux par l'état social, que nous nommons des *améliorations*. On conçoit dès lors qu'elles doivent avoir moins pour effet, ordinairement, de les rapprocher de ces conditions absolues ou esthétiques du beau, dont nous parlions tout à l'heure, que de les mettre dans le cas de répondre plus complétement aux besoins de la société qu'ils ont à satisfaire. Ce n'est point ici un problème d'esthétique; c'est une pure affaire de science économique, et la beauté comporte une autre définition. L'amélioration est, à ce point de vue qui est le vrai et qui doit être le nôtre, relative au but économique qu'elle doit atteindre, et le beau, ce qui se rapproche le plus de ce but.

La beauté artistique et la beauté zootechnique, dans les animaux, sont, d'après cela, choses fort distinctes; elles sont même, dans un grand nombre de cas, absolument opposées. On le comprendra sans peine, car le criterium de l'une et de l'autre est bien différent. Pour nous, la condition du beau, chez l'animal, est dans son appropriation exacte au service que nous en attendons; nous n'avons que secondairement à nous préoccuper de l'harmonie des formes, tout autant qu'elle n'est pas nécessaire à l'accomplissement de ce service. En somme, c'est d'une question industrielle qu'il s'agit, et non point d'art plastique et de pur agrément.

Les animaux, en devenant domestiques, qu'ils se soient ou non éloignés du type idéal de la beauté artistique, se sont en conséquence améliorés à notre point de vue, par ce seul fait qu'ils ont été plus propres à la satisfaction de nos besoins. L'utilité sociale, ou économique, voilà la destination que nous leur avons faite. Les améliorations qu'ils peuvent subir sous notre influence se rapportent pour ce motif exclusivement à ce but, en dehors duquel elles n'existent pas. Les améliorations, en ce sens, sont donc tout à fait relatives, nullement absolues.

Il importe beaucoup de se bien pénétrer de cette vérité zootechnique, avant d'aller plus loin. Dans l'art d'améliorer les animaux, rien n'est abandonné à la fantaisie, rien à l'idéal. Le point de vue économique ou industriel, ainsi que nous l'avons plusieurs fois déjà répété, et ainsi que nous le redirons vraisemblablement bien des fois encore, domine toutes les opérations. Le caractère propre, le caractère unique des améliorations, est que leur effet soit la satisfaction plus directe ou plus complète d'un besoin économique, de quelque nature spéciale qu'on le suppose d'ailleurs, par le développement d'une aptitude naturelle de l'individu amélioré, force musculaire, assimilation des aliments pour les transformer en viande, sécrétion du lait ou de la toison. Renfermées dans ces limites rationnelles, elles ont toujours pour résultat une augmentation de la production, ou une diminution du prix de revient des produits ; ce qui, en définitive, se résout dans les deux cas en un accroissement de richesse, soit qu'il provienne d'un développement plus grand des organes producteurs, ou de leur aptitude à s'assimiler, en un temps donné, une plus forte proportion de la matière productive.

C'est à ce double point de vue, qu'il n'importe pas moins de distinguer soigneusement l'amélioration des races de celle des individus ; ou plutôt d'établir une distinction entre les races améliorées et les individus ou les familles qui peuvent avoir subi l'influence d'une amélioration. Ce qui a été dit dans le chapitre précédent au sujet de la race, nous dispensera d'entrer à cet égard dans de nouvelles explications. On saisira facilement, après cela, que l'amélioration n'est réelle, dans la race, qu'autant que les modifications de conformation ou d'aptitudes sont suffisamment constantes ou fixées pour se transmettre à coup sûr par la génération. Et, dans ce cas, bien que leur existence à un haut degré chez les reproducteurs de la race améliorée soit une excellente condition pour qu'elles se transmettent au produit, elle n'est point pour cela absolument indispensable. C'est en ce sens que les éleveurs judicieux et éclairés accordent plus d'importance encore à ce qu'ils appellent l'*origine*, à la pureté de la race, qu'au mérite particulier des reproducteurs.

La production des individus améliorés, des animaux, devant répondre immédiatement et directement par leur individualité même au but économique proposé, ne comporte pas de pareilles difficultés. L'important est qu'ils offrent dans leur conformation ou leurs aptitudes les améliorations dont il s'agit de tirer un parti industriel ou commercial. Ne devant pas, dans une saine zootechnie, reproduire leur espèce, il n'y a point lieu de tenir compte de la constance de ces améliorations. Ce sont proprement des produits de l'industrie du bétail, et non point des reproducteurs. Ils n'appartiennent, ainsi qu'on l'a déjà dit, à aucune race, par cela même qu'ils résultent le plus ordinairement du mélange de plusieurs.

Nous aurons plus loin à revenir là-dessus. Quant à présent, contentons-nous de marquer la distinction capitale qui vient d'être signalée, et revenons aux conditions économiques des améliorations, qui font l'objet de ce chapitre.

Donc, pour l'animal domestique, la beauté c'est l'état qui le met en mesure de répondre à sa destination ; beauté essentiellement relative et variable dans ses caractères, puisque cette destination varie suivant le genre des services que nous exigeons des animaux. Que ces services soient complexes ou simples, l'exploitation du bétail comporte toujours un idéal de perfection, qui est de lui faire atteindre les conditions dans lesquelles il y satisferait complétement. Les améliorations sont, à ce compte, les moyens de le rapprocher de ce but, qui s'est jusqu'à présent éloigné sans cesse, et qui s'éloignera probablement toujours, à mesure que les progrès de la civilisation nous créeront de nouveaux besoins.

Ces idées ont inspiré dans leurs études tous les zootechniciens éclairés, car elles se traduisent d'une manière claire dans les écrits qui leur sont dus ou dans les races améliorées qui sont le résultat de leurs travaux pratiques persévérants.

Mais c'est M. Baudement qui le premier en a formulé la doctrine, en s'inspirant des principes de la science économique et des données acquises à la physiologie. C'est en vain qu'on chercherait à lui en contester l'honneur ; et si tous ceux qui s'occupent de l'amélioration du bétail n'ont point compris la formule de cette doctrine, concentrée dans le mot de *spécialisation* par M. Baudement ; si même ladite formule n'est encore intelligible d'une manière complète que pour le petit nombre des personnes versées dans la connaissance des lois de la physiologie ; il n'en est pas moins vrai que le principe de la spécialisation des produits, tel que l'a énoncé M. Baudement, est la condition nécessaire de la perfection industrielle des races d'animaux.

Essayons, en suivant l'idée du savant professeur du Conservatoire des arts et métiers, de rendre cette vérité palpable pour tout le monde.

Il est incontestable d'abord, en physiologie, que l'exercice d'une fonction a pour effet de perfectionner cette fonction et de hâter le développement des organes chargés de l'accomplir. Il est non moins incontestable que, dans l'économie animale, les fonctions sont subordonnées les unes aux autres ; de telle façon que, dans l'état normal, elles demeurent dans une sorte d'équilibre réciproque et concourent, chacune pour sa part, au maintien de celles qui lui sont corrélatives, juste dans les limites nécessaires à la conservation de l'individu et à la reproduction de l'espèce, seule destination naturelle des animaux. Il suit de là que l'exercice d'une fonction quelconque porté au delà de cet équilibre organique, ne peut s'effectuer qu'aux dépens des autres fonctions, et par conséquent du développement des organes dont le jeu régulier les produit. L'observation et l'expérience ont mis ces faits en complète évidence, et il n'est pas un seul physiologiste qui soit en mesure de les contester.

Mais il convient d'y insister ici, de manière à les rendre parfaitement compréhensibles ; car une fois bien saisis dans leur simplicité logique, ils sont de nature à jeter sur la question des améliorations zootechniques une vive clarté.

L'exercice spécial d'un organe, ou d'une fonction, ou de l'appareil d'organes qui accomplit celle-ci, a pour effet, avons-nous dit, un développement plus considérable de l'un et de l'autre; et l'on peut ajouter de l'un par l'autre, attendu que l'activité fonctionnelle est toujours en rapport direct avec le développement des organes de la fonction. La pratique de la gymnastique, maintenant si répandue, a rendu cette vérité pour ainsi dire vulgaire, en ce qui se rapporte aux organes du mouvement. Tout le monde sait que les exercices de force musculaire provoquent l'accroissement de la puissance des muscles, en même temps qu'ils augmentent les saillies que font ces organes sous la peau, saillies qui sont un indice de vigueur. Ce résultat de la gymnastique fonctionnelle, admis sans aucune difficulté pour ce qui concerne la puissance mécanique des muscles, ne diffère en rien, par sa signification physiologique, de tous ceux qui se rapportent aux autres fonctions de l'activité vitale. Quel que soit le mode de cette activité, que celle-ci ait pour but la nutrition ou les sécrétions, aucune différence n'est à noter : la gymnastique de la fonction, en autres termes l'exercice méthodique ou provoqué de son activité, ne peut manquer d'avoir pour résultat l'accroissement de sa puissance, par un développement plus grand de l'organe destiné à l'accomplir. Ainsi, l'exercice de la sécrétion des mamelles et celui de l'absorption des aliments nutritifs provoquent le fonctionnement plus considérable des organes dont le travail produit le lait et la viande, absolument comme la contraction musculaire répétée augmente la force et la vigueur. La physiologie donne donc la raison plausible de cela, de même que l'observation des faits le met à l'abri de toute dénégation, ainsi que nous aurons occasion de le faire voir.

Or, cela étant certain, et, d'un autre côté, étant admis aussi que l'économie animale n'est douée que d'une somme totale déterminée d'activité organique, juste suffisante pour remplir le but naturel de la vie, la conservation de l'individu et celle de l'espèce ; tout cela, disons-nous, étant vrai, il est clair que cette activité ne peut se montrer prééminente sur un point, sans une rupture de l'équilibre sus-mentionné, sans une répartition inégale de la somme totale ; en un mot, que la prééminence d'une fonction ne peut exister qu'au prix de l'amoindrissement des autres. Ces phénomènes s'effectuent en vertu d'une loi bien connue des naturalistes, et qui est la loi dite de *balancement organique*. Il appartient au zootechnicien de faire tourner au profit de l'exploitation industrielle des animaux la connaissance de cette loi, déduite par les naturalistes de leurs observations sur le développement normal des êtres organisés.

C'est aussi en vertu de la même loi que des aptitudes spéciales plus ou moins accusées se sont produites dans quelques-unes de nos races domestiques, sous l'influence de certaines circonstances extérieures encore mal appréciées par la plupart des observateurs. Il est remarquable, à ce point de vue, que ces aptitudes sont, en général, exclusives les unes des autres. Certaines peuvent se montrer successivement chez le même individu, mais non coexister autrement qu'à la condition d'une médiocrité relative pour chacune d'elles. Quelques races sont, dans leur ensemble, propres à la production du travail, du lait et de la viande engraissée ; mais on sait fort bien qu'elles n'arrivent point, sous ces divers rapports, au delà d'une production moyenne. Celles qui se montrent supérieures comme travailleuses, sont nécessairement médiocres ou mauvaises comme bêtes de rente, et réciproquement.

Il n'y a rien là qui doive nous surprendre maintenant. D'après ce qui précède, il est rendu évident que le développement de l'une de ces aptitudes au plus haut degré d'intensité qu'elle puisse atteindre, suppose nécessairement, en vertu de la loi de balancement organique, la réduction à leur plus simple expression de toutes les autres. Or, le but final de la zootechnie étant d'obtenir des animaux la plus forte quantité de produit qu'ils puissent donner, du moment qu'il est reconnu que ce résultat peut être seulement atteint par le développement complet de l'une de leurs aptitudes naturelles, au détriment de toutes les autres, il va de soi que l'état de perfection, pour une race, est celui de la spécialité du produit, puisque, dans cette condition seule, elle peut atteindre la plus haute somme de production ; il va de soi également que le même état de perfection, pour l'ensemble des races qui composent le bétail d'un pays, est celui dans lequel il y en a pour chaque spécialité de produit, déterminée par les besoins économiques de la consommation.

C'est là toute la doctrine de la *spécialisation* ; doctrine inattaquable, autant au point de vue de la science économique générale qu'à celui de la physiologie. *Spécialisation* des aptitudes et *spécialisation* des races : tel est, encore une fois, le but rationnel de la zootechnie, parce qu'il nous montre en perspective le *nec plus ultra* de l'exploitation industrielle du bétail. Ce but est conforme, d'ailleurs, à celui de l'industrie manufacturière, qui s'en est déjà plus que nous rapprochée par la mise en œuvre du même principe économique, connu sous les appellations de *division du travail*, ou de *spécialité des fonctions*.

Est-ce à dire qu'il faille, en zootechnie, viser à franchir d'un saut la distance qui nous sépare encore de cet état de perfection, dont la doctrine vient d'être exposée ? M. Baudement ne l'a point sans doute compris ainsi. Il a voulu marquer le but à atteindre et indiquer que toutes les améliorations à entreprendre sur le bétail doivent tendre vers ce but, dans la mesure compatible avec les exigences de l'économie rurale au milieu de laquelle ces améliorations peuvent s'effectuer. Sur ce point tous les esprits judicieux sont d'accord ; les seuls amateurs, comme il y en a malheureusement trop en zootechnie, peuvent s'y méprendre, faute d'un sens pratique suffisant, ou de connaissances assez approfondies sur les objets qui se rapportent à ces sortes de questions. Il y a des nécessités devant lesquelles il faut d'abord s'incliner, sauf à les attaquer ensuite de front pour les faire disparaître ; l'idée de passer outre ne viendra jamais à un homme de science, parce qu'il sait pertinemment que tant qu'elles subsistent, ses efforts ne pourraient que l'entraîner à la poursuite d'une chimère. Or, les hommes de science dignes de ce nom ne consacrent leur temps qu'à la recherche des faits positifs et des solutions pratiques solides; ils constatent leur impuissance quand il le faut, et leur plus grand mérite est de savoir à propos qu'ils ne savent rien. Que de gens, parlant ou écrivant volontiers au nom de la science, ne sont pas assez savants pour se faire à eux-mêmes un pareil aveu!

Les améliorations, bien qu'elles puissent être conçues d'une manière théorique, au point de vue du but, le plus élevé vers lequel elles soient susceptibles d'être conduites, les améliorations ont donc, dans leur réalisation, des limites toujours subordonnées aux conditions qui sont les facteurs indispensables de cette réalisation. Nous sommes assez avancés à présent dans nos études, pour savoir que les animaux ne comportent pas des modifications de leurs aptitudes incompatibles avec l'agriculture qui les nourrit. Ce principe, précédemment posé, s'applique aussi bien à l'amélioration du bétail déjà entretenu, qu'à l'introduction de races nouvelles ayant subi des perfectionnements. La première condition, pour effectuer des améliorations réelles, c'est d'être en possession, avant de les entreprendre, de tous les éléments qui doivent concourir à leur production. La négligence d'un seul de ces éléments suffit pour faire échouer toutes les tentatives et occasionner des mécomptes toujours cuisants et souvent ruineux. Or, quoi qu'on en ait dit tant de fois, le plus indispensable, parce qu'il fournit la matière première, c'est la nourriture appropriée au but proposé. Seule elle ne suffit assurément pas, car encore faut-il que son emploi soit dirigé suivant les préceptes de la science, et que son action soit secondée par les moyens qu'enseigne celle-ci, pour atteindre mieux et plus vite le résultat désiré; mais on peut hardiment poser en principe absolu que sans elle il n'y a point d'amélioration possible, quelque bien entendus que soient d'ailleurs les moyens employés.

A ce compte, les facteurs divers de l'amélioration des races doivent donc être, par ordre d'importance, classés en deux groupes ainsi qu'il suit :

1° Les moyens hygiéniques (circumfusa), nourriture, exercice, ou gymnastique fonctionnelle, — agissant sur l'individu dans le sens que nous avons dit au cours de ce chapitre, en provoquant le développement de l'aptitude et l'accroissement de l'organe, par l'activité de la fonction;

2° L'hérédité (gesta) des aptitudes et des formes transmises par voie de génération, au moyen de l'accouplement des individus qui les présentent au plus haut degré.

Ce n'est pas ainsi que l'entendent la plupart des zootechniciens. Pour eux, l'hérédité est la base de tout perfectionnement dans le bétail. Nous avons déjà justifié en partie notre manière

contraire d'envisager la question; nous espérons la justifier complétement par la suite. Évidemment, l'hérédité est le seul moyen de constituer les races perfectionnées. On ne conçoit point que les améliorations puissent se multiplier et s'étendre de l'individu à la race sans le concours de la génération et par conséquent de l'hérédité; mais en est-il moins vrai que pour que ces améliorations puissent être transmises du reproducteur au produit, il est de toute nécessité qu'elles existent d'abord chez celui-là? Or, pour qu'elles existent, il faut qu'elles aient été développées par quelque chose, et ce quelque chose, qui est par conséquent la véritable base de tout perfectionnement dans le bétail, c'est ce que nous avons placé au premier rang, ce sont les moyens hygiéniques.

Les titres de l'école zootechnique nouvelle, que nous avons appelée scientifique, seront précisément d'avoir remis ces choses à leur place respective, en instaurant ainsi cette véritable base du perfectionnement dans le bétail, et en réduisant aux justes proportions de moyens secondaires d'amélioration les divers modes relatifs à la génération, qui ont, hélas! donné lieu à tant de divagations.

Ces moyens, cependant, ont une très-grande importance dans la question; il ne faudrait pas conclure du rang que nous leur assignons, à une méconnaissance de leur valeur absolue. On va voir tout à l'heure qu'il n'en est rien. L'observation et la logique démontrent que, relativement aux moyens hygiéniques, ils ne doivent venir qu'en seconde ligne dans les préoccupations de l'éleveur disposé à entreprendre l'amélioration de son bétail, tandis que jusqu'à présent c'est le contraire qui a été admis. Pour n'être point la base du perfectionnement, ils ne sont pas moins indispensables que cette base à sa réalisation. Pure affaire de hiérarchie, voilà tout; mais hiérarchie nécessaire et qui sera féconde, si elle est bien comprise, attendu qu'elle fera reprendre, dans la zootechnie, leurs droits à la physiologie, à l'économie rurale, et que ce n'est jamais en vain que le légitime empire de la science est recouvré.

Nous allons donc aborder l'étude des procédés d'amélioration qui peuvent conduire au perfectionnement du bétail, et qui sont considérés à l'exclusion l'un de l'autre par des écoles adverses comme y étant seuls propres. Nous montrerons que chacun d'eux a sa part d'influence dans ce résultat, et que l'essentiel est d'y avoir recours dans des circonstances opportunes, en ne perdant jamais de vue le principe que nous avons posé. Ces procédés sont la *sélection* et le *croisement*, qui comportent, dans leur pratique, des préceptes que nous examinerons successivement, en insistant surtout sur leur signification et leur valeur.

L'idée que nous avons à présent des améliorations, appliquées au bétail, nous guidera dans ces nouvelles études, ainsi que les considérations exposées dans les chapitres précédents.

CHAPITRE VI.

DE LA SÉLECTION.

Le mot *sélection* signifie proprement : choix entre divers objets. Dans son acception zootechnique, il a une signification plus précise et mieux déterminée ; il sert pour désigner tout un système d'amélioration des animaux, qui consiste à étendre et à fixer dans une race les qualités et les aptitudes qui s'y produisent, par l'accouplement des sujets qui présentent ces qualités et ces aptitudes au plus haut degré. C'est ce qu'on appelle *propagation dans la race* (*in and in*, des Anglais), et dont la *consanguinité* n'est qu'un cas particulier.

Que les accouplements aient lieu de famille à famille, dans la race, ou entre parents dans la famille même, on fait toujours de la sélection, à la seule condition que les reproducteurs soient choisis en vue du résultat proposé.

Ce résultat peut être la conservation de la race avec ses qualités propres, si elles sont arrivées au point de répondre complétement aux besoins qu'elles doivent satisfaire : il s'agit dès lors seulement d'éloigner de la reproduction les individus imparfaits ou dégénérés à un degré quelconque. Le plus souvent on se propose l'amélioration de la race dans un sens déterminé : dans ce cas, le choix doit se porter sur les reproducteurs qui se rapprochent le plus du type que l'on a pour but de réaliser.

La sélection est donc, dans sa signification la plus simple, une application complète de la loi d'hérédité, et le moyen le plus certain d'arriver à la réalisation de cette loi. S'il est vrai que les reproducteurs transmettent à leurs descendants les formes et les aptitudes qui les caractérisent, cette transmission doit être d'autant plus efficace et plus sûre, que lesdites formes et aptitudes existeront à un égal degré chez les deux individus accouplés. La loi d'hérédité agissant de part et d'autre dans le même sens, il n'y a pas de raison pour que le produit ne soit pas en tout semblable à ses procréateurs, c'est-à-dire conforme à leur type, à moins que le défaut de constance dans ce type ne donne prise à l'influence de l'atavisme, dont nous avons formulé la définition.

C'est précisément cette influence qui rend les opérations de sélection difficiles et lentes dans leurs résultats. Si les améliorations, une fois produites chez les individus, se transmettaient ensuite infailliblement par la génération, on conçoit que le perfectionnement dans le bétail serait chose sinon facile, du moins très-rapide. Mais, ainsi que nous l'avons vu, cette transmission sûre a pour première condition la constance de la race, et c'est pour communiquer aux améliorations ce caractère de fixité dont elle dépend, c'est pour en faire un attribut de race, qu'on cherche à les obtenir par sélection. Chaque transmission héréditaire, lorsqu'elle se produit, les fixe davantage et les rend plus propres à une transmission ultérieure ; et cela d'autant mieux que l'hérédité, dans ce cas, a pour puissant auxiliaire le concours des circonstances hygiéniques sous l'influence desquelles ces améliorations se sont développées primitivement, chez les animaux accouplés pour leur reproduction.

L'atavisme, en effet, n'a point de correctif plus puissant que ces circonstances hygiéniques, dont l'action s'exerce sur le produit de la conception, par l'intermédiaire de la mère, en sens inverse de sa tendance ; de même qu'il n'a pas non plus, pour se produire, de conditions meilleures que la sollicitation, pour ainsi dire, d'un milieu favorable à son action. Ce qui s'observe chaque jour dans les opérations de croisement entreprises chez nous d'une façon si peu judicieuse, fournit la preuve bien palpable de cette vérité. Il n'y a, pour s'en assurer, qu'à comparer les résultats obtenus dans les localités où la culture est avancée, avec ceux qui se produisent au milieu des contrées stationnaires, où l'hygiène n'a subi aucune amélioration. Là, les produits tiennent ordinairement plus ou moins des caractères du père, qui est l'agent du perfectionnement cherché ; ici, au contraire, le métissage ramène infailliblement et promptement les produits à ceux de la mère, quelque soin que l'on mette aux accouplements. Il n'y a pas à se méprendre sur la signification de ces faits incontestables. Les principaux caractères de la famille ovine créée à la Charmoise par Malingié se transmettent et se maintiennent lorsque ses membres sont transportés dans les fermes de la région du Nord, où ils sont abondamment nourris, comme dans le lieu même de la création ; dès qu'ils se reproduisent au Centre ou au Midi, dans les conditions ordinaires de la culture de ces pays, le berrichon ou le solognot prend le dessus, et il ne reste plus rien du type New-Kent. Celui-ci disparaît d'autant plus tôt que la disproportion est plus grande entre ses aptitudes propres et les moyens de les satisfaire, c'est-à-dire entre sa puissance d'assimilation et les ressources fourragères du pays. Autant en peut-on dire des sujets anglo-mérinos.

Cela montre que la sélection pose à l'éleveur un problème complexe, et dont la principale donnée n'est pas le choix des reproducteurs, dès qu'il s'agit d'autre chose que de conserver une race véritable, constante et bien fixée, dans les conditions naturelles où elle s'est formée. Dans ce dernier cas, tout se borne à ce qu'on appelle la reproduction de la race par elle-même. La sélection consiste alors uniquement à rechercher, pour en faire des pères et des mères, les individus les mieux conformés et les plus aptes aux services qui sont la destination de leur race. C'est ce qu'il convient de faire pour nos bonnes races chevalines de trait, et c'est ce que se proposent les éleveurs éclairés de la Beauce et du Perche, pour la conservation de leurs excellents chevaux percherons, menacés par des croisements inintelligents. Ici se trouvent réunies en grande partie, dans les conditions naturelles de l'élevage, les influences qui maintiennent chez les individus les caractères propres à la race. Les causes de dégénérescence sont accidentelles, et tiennent à des circonstances uniquement dépendantes de la génération.

C'est en ce sens seulement qu'on a pu considérer la sélection comme l'équivalent de l'*appareillement*, qui avait toutefois une autre signification dans l'ancienne zootechnie. Les idées de Cline, de lord Spencer, de MM. Huzard, Magne, Gayot, sur l'*appareillement*, l'*appariement*, l'*appatronnement*, doivent être abandonnées, ainsi que ces mots, qui ont le tort de désigner différemment des choses identiques au fond. Inspirées par une conception incomplète des principes de l'amélioration des animaux, ces idées sont en contradiction avec la classification hiérarchique que nous avons établie, et elles ont pour résultat de compliquer et d'obscurcir ce qui, en leur absence, est simple et clair. Elles portent à raisonner comme si le produit de l'accouplement du mâle et de la femelle était un composé à proportions définies de l'un et de l'autre, une espèce chimique enfin. Dans le système des auteurs que je viens de citer, les défauts de l'un des reproducteurs se corrigent par les qualités de l'autre, absolument comme les propriétés de l'acide sulfurique sont neutralisées par celles de la potasse; on mesure la part d'influence exercée par chacun des procréateurs sur le produit de la fécondation, et on en disserte comme si cela obéissait à des règles qui nous fussent bien connues.

Ce sont là de pures conceptions de l'esprit. Si l'observation nous permet d'entrevoir quelques-unes des conditions de la loi d'hérédité, il s'en faut de beaucoup que nous soyons assez avancés sur ce point pour arriver à quelque chose de positif. La meilleure preuve que nous puissions donner de l'inanité parfaite de ces combinaisons en apparence savantes, sur le prétendu appareillement des reproducteurs, c'est que leurs partisans se réfutent tous réciproquement de la manière la plus victorieuse : d'où il faut tirer cette conclusion nécessaire qu'ils sont tous dans l'erreur. Ainsi en arrive-t-il toujours lorsqu'on raisonne en ne prenant pour base que des hypothèses, au lieu de s'en tenir à l'observation rigoureuse des faits.

Réduits à leur signification véritable, ceux-ci, dans la question qui nous occupe, conduisent à la sélection pure et simple, c'est-à-dire à la réunion, chez les individus qu'il s'agit d'élever à la dignité de conservateurs de la race, du plus grand nombre possible des qualités qui la distinguent. L'appareillement et toutes les nuances qu'on lui fait comporter, ne peuvent s'entendre que de l'accouplement de sujets capables de reproduire ces qualités, et par conséquent exempts de défauts essentiels. Ceux-ci obéissent, comme ces dernières, à la loi d'hérédité; et quand même l'expérience ne l'aurait pas déjà mille fois démontré, on ne comprendrait point qu'en ce qui les concerne une influence du même ordre pût contre-balancer l'effet de cette loi.

Au seul point de vue donc de la conservation des races pures par voie de génération, ce qui domine la sélection, c'est le choix des deux reproducteurs d'après le même type, qui est celui de la race dans son état le plus parfait. Le résultat cherché ne peut être obtenu qu'à ce prix. Et s'il n'est pas possible d'atteindre tout à fait à ce type, il faut tendre sans cesse à s'en rapprocher.

Dans les idées qui dominent encore aujourd'hui l'esprit des éleveurs, l'influence du mâle sur les produits serait de beaucoup prépondérante. Certes, si l'on ne considère que l'étendue de son action, l'opinion est suffisamment justifiée; car il est bien certain que cette influence s'exerce autant de fois que le mâle féconde de femelles, tandis que chacune de celles-ci n'agit que sur le fruit qu'elle a conçu. Mais si l'on ramène la question dans les limites où nous devons l'envisager en ce moment, cette opinion ne se soutient plus. Il est bien certain, au contraire, que l'influence des deux procréateurs, pris individuellement, est au moins égale, et que s'il y a en réalité une prépondérance, elle est en faveur de la mère. Quant à la transmission des formes, l'observation semble établir que l'hérédité s'exerce indifféremment en faveur de l'un ou de l'autre, ce qui prouve apparemment que ses effets dépendent plus de l'état réciproque des reproducteurs que de leur sexe. En ce point comme en tant d'autres, on a formulé des règles absolues qui ne soutiennent pas un examen approfondi, parce qu'elles ne sont basées encore que sur des remarques insuffisantes, et surtout parce qu'elles sont inspirées par une doctrine arbitraire et préconçue. L'observation des espèces monogames, celle de l'espèce humaine, notamment, prouve à l'évidence que la transmission héréditaire des caractères extérieurs s'effectue aussi bien de la mère que du père, et réciproquement.

Mais s'il s'agit de la constitution, du tempérament, de la vigueur, ici la question change. Il ne serait sans doute pas besoin de signaler l'évidente supériorité de la femelle, si la doctrine erronée que nous combattons n'avait encore à cet égard obscurci la vérité. Les notions les plus élémentaires de la physiologie nous apprennent qu'il ne peut en être autrement, puisque seule la mère fournit au germe fécondé les matériaux de son développement; et l'Arabe nous donne sur ce point une leçon dont nous devrions bien profiter. Les aptitudes, cela est incontestable pour tout observateur clairvoyant, se transmettent surtout par les mères. On n'a pu méconnaître cette vérité qu'en se laissant obscurcir l'intellect par une idée préconçue, et en cherchant la confirmation de l'opinion contraire dans des faits anormaux. Tel est celui qui se rapporte au mulet, dont la constitution semble se rapprocher en effet plus de celle de l'âne que de celle de la jument. En admettant la justesse de l'observation, — qui est loin toutefois d'être démontrée, — elle ne saurait infirmer les observations contraires relatives à toutes les espèces qui se reproduisent normalement.

Donc, égalité pour la transmission des formes et prépondérance quant à la constitution, cela met au compte de la femelle une supériorité dans l'acte générateur qui n'est pas douteuse.

Cela doit faire sentir la nécessité d'accorder, pour la conservation des races, plus d'attention qu'on n'en donne généralement au choix des mères. Toute cette attention se concentre d'ordinaire sur les étalons, et c'est là un des principaux motifs du peu de progrès réalisé chez nous dans l'économie du bétail. Il faut demeurer bien persuadé, tout au moins, que les qualités des femelles, dans la production des animaux, sont aussi indispensables que celles des mâles. Il y a certains défauts avec lesquels jamais une mère ne donnera de bons produits, quelque remarquable que soit le mâle qui l'aura fécondée. Ainsi en est-il, par exemple, des mères dont les mamelles fournissent peu de lait. L'aptitude laitière, dans les limites nécessaires à l'alimentation suffisante du fruit, est la première condition que doit présenter la femelle destinée à la reproduction.

Il y a, en effet, pour les reproducteurs de toutes les espèces et de toutes les races, des qualités absolues, et celle-là en est une. Il y a de même des défauts absolus : ce sont principalement les vices constitutionnels, qui obéissent à la loi d'hérédité tout aussi bien que les qualités. Les uns et les autres seront indiqués avec détails lorsque, à propos de chaque espèce, nous décrirons les types de beauté relative qu'elle comporte, eu égard aux diverses spécialités de services auxquelles elle doit répondre. Ces descriptions ne seraient pas ici à leur place. Il suffit, pour l'instant, de poser en principe que la sélection intelligente et rationnelle s'applique également aux deux sexes, et qu'elle n'a, sous ce rapport, d'autre règle précise et rigoureuse, que celle qui impose l'obligation de choisir, dans l'un comme dans l'autre, les individus qui se rapprochent le plus, ou qui s'éloignent le moins, comme on voudra, du type de la perfection assigné à la race dont il s'agit. Toute autre combinaison, encore une fois, est purement arbitraire, et ne mérite pas d'arrêter plus longtemps l'attention des éleveurs sérieux. Les considérations relatives à la taille réciproque des reproducteurs, qui ont été développées par Cline; la compensation des formes, la correction des défauts par les qualités opposées, acceptées et propagées par la presque unanimité des hippologues, — gens qui se sont fait, pour les besoins de la cause, une physiologie à eux, — tout cela est d'un autre temps. Le caractère positif de la science actuelle ne saurait plus autoriser de pareilles conceptions.

L'âge des reproducteurs n'est point indifférent pour la sélection. Au point de vue de la conservation de la race, de la transmission certaine des caractères qui lui sont propres, l'observation démontre que les meilleures conditions sont celles de l'âge adulte. L'observation ne fait en cela que confirmer le raisonnement; car, en vertu de la loi d'hérédité tant de fois invoquée dans ce chapitre, il est clair que les formes et les aptitudes se doivent d'autant mieux transmettre, qu'elles sont arrivées à leur plus complet développement. Une des causes les plus puissantes de dégénérescence, pour les races, est la pratique trop répandue qui consiste à livrer à la procréation de l'espèce des individus trop jeunes, et surtout les femelles. Il tombe sous le sens que ces dernières, ayant à pourvoir à la fois à l'achèvement de leur propre constitution et au développement d'un fœtus, n'y puissent suffire que dans des limites restreintes. Ce qui s'observe le plus communément, dans ce cas, c'est que les deux en souffrent également; et cela ne peut, on en conviendra, être autrement que défavorable au résultat attendu. Seule, la femelle adulte peut fournir au fruit tous les éléments de son complet développement. Il n'est pas besoin d'insister sur ce fait.

En ce qui concerne le mâle, s'il est vrai que l'acte génital n'ait pour lui qu'une bien moindre importance, à la condition de n'être exercé que modérément, son influence héréditaire impose cependant l'obligation de ne le faire servir à la reproduction que dans le même état d'achèvement.

Ce précepte, hâtons-nous de le dire, n'est point absolu. Il ne s'applique exclusivement qu'au cas actuellement en question, savoir la reproduction et la conservation de la race dans toute l'intégrité de ses caractères et de sa vigueur. Des convenances économiques particulières, que nous aurons à développer, commandent, dans la plupart des cas de la zootechnie industrielle, de la faire fléchir. Nous pouvons même dès maintenant restreindre son application aux races chevalines, les seules qui, par leur destination présente et future, doivent être conservées avec toute la puissance et la vigueur de leur constitution, et même améliorées sans cesse dans cet unique sens. Leur principale destination sera toujours, en effet, quoi qu'il arrive, celle d'agents mécaniques, et par conséquent leur meilleur état celui dans lequel elles produiront le plus de force.

Parmi ces convenances économiques dont nous venons de parler, quelques-unes conduisent à se préoccuper de l'influence réciproque des reproducteurs sur l'état du produit, dans de certaines conditions données. La mère, par la nature même de sa fonction, devant d'une manière absolue ne point demeurer au-dessous de l'âge adulte et d'une bonne constitution, pour être rationnellement accouplée, on s'est demandé s'il ne serait point possible de faire prévaloir l'influence du père, en dirigeant son choix d'une certaine façon.

C'est surtout au point de vue de la production des sexes, que ces considérations ont éveillé l'attention des zootechniciens.

Des observations et des expériences recueillies ou exécutées, sur l'espèce ovine par Girou de Buzareignes et par M. Martegoute, sur l'espèce bovine par Lemaire et M. Tisserant, sur l'espèce humaine et sur l'espèce mulassière par nous-même, tendraient à établir que le sexe du produit de l'accouplement dépend précisément de l'état réciproque des reproducteurs au moment de la fécondation. Les résultats obtenus par les observateurs que nous venons de citer, sont concordants en ce sens que celui des procréateurs qui est le plus vigoureux, celui dont l'état physiologique est le plus parfait, communiquerait, d'après ces résultats, son sexe au produit. Les faits consignés par M. Martegoute sont surtout concluants, parce qu'ils sont chiffrés. Cet observateur distingué a noté les différentes périodes de l'agnelage dans son troupeau de brebis couvertes par un unique bélier, exécutant ce qu'on appelle la lutte en liberté. Dans la première période, le nombre des agneaux mâles a été de 13 contre 4 femelles; dans la seconde, 3 mâles seulement contre 15 femelles; dans la troisième enfin, de 9 mâles contre 4 femelles. On voit par là que dans la période moyenne, alors que la lutte a dû être le plus active, le nombre des femelles prédomine dans une proportion énorme, tandis que c'est le contraire qui a lieu dans les périodes extrêmes, où le nombre des brebis en chaleur étant moins considérable, le bélier trouve moins à s'épuiser.

Le même fait a été observé par M. Martegoute dans d'autres conditions. En voici textuellement la relation : « En 1853, des naissances issues de jeunes antenaises saillies par un bélier Dishley-Mauchamp-mérinos, d'une extrême vigueur et très-fortement nourri, ont donné 25 mâles et 9 femelles seulement : 71,73 p. 100 en mâles, 28,27 p. 100 en femelles.

« Plus tard, le même bélier, encore en pleine vigueur, ayant été donné à certaines brebis qui finissaient d'allaiter leurs fruits, moment où la brebis est fort épuisée, il en est résulté une fois, en 1853, 8 naissances mâles contre 4 naissances femelles, et une autre fois, en 1854, 17 naissances mâles contre 9 femelles : les deux fois réunies, 55,78 p. 100 en mâles, et 34,22 p. 100 en femelles (1). »

Nous avons observé durant plusieurs années un baudet faisant partie de l'*atelier* d'Aulnay, dans le département de la Charente-Inférieure, dont les saillies étaient fort recherchées pour leurs juments par les éleveurs du canton, parce que celles-ci, lorsqu'elles avaient été fécondées par lui, produisaient presque exclusivement des mules. Ce baudet, fort beau d'ailleurs par sa conformation et d'une bonne origine, avait eu les tendons des membres antérieurs tellement rétractés, ensuite de la fourbure à laquelle les animaux de cette espèce sont si sujets, qu'il pouvait à peine se tenir debout, pour se rendre de sa loge au brancard situé tout à côté, et où la jument à saillir était placée. Il n'est pas nécessaire de faire remarquer combien cette infirmité, qui le forçait à demeurer couché la plupart du temps, avait dû l'affaiblir.

Assurément, la production des sexes a, comme toute chose, sa raison déterminante. S'ils sont à

peu près également distribués dans les conditions naturelles de la perpétuation des espèces, il est logique de l'attribuer à une balance à peu près aussi exacte des circonstances qui les produisent. Toujours est-il que des recherches poursuivies avec soin et persévérance, au milieu d'une population qui nous était bien connue, et en tenant compte des difficultés que présente nécessairement une question aussi complexe par rapport à l'espèce humaine; toujours est-il que ces recherches nous ont donné la conviction que, dans notre espèce, la loi plus haut indiquée se vérifie le plus ordinairement. Le premier enfant issu d'un mariage entre un homme adulte, bien portant et vigoureux, et une femme très-jeune, est habituellement un garçon; le second, une fille. Il en est de même, quoique l'homme soit dans un état physiologique moyen, si la femme était quelque peu chlorotique et mal réglée avant son mariage. Dans les familles très-nombreuses, on observe habituellement plus de garçons que de filles, et cela s'explique par le fait des gestations successives et rapprochées.

Il n'y a certainement pas dans tous ces faits les éléments d'une démonstration rigoureuse; mais ils sont néanmoins assez intéressants pour que la zootechnie en tienne compte et tâche de les utiliser au besoin. Nous nous en étions occupé, pour notre part, en vue de la production des mules, dont la valeur commerciale, comme on sait, est toujours de beaucoup supérieure à celle des mulets.

Quoi qu'il en soit, ils incitent à admettre que l'état relatif du père et de la mère influe, dans une certaine mesure, sur la manière d'être du produit; et c'est au point de vue de l'amélioration des races, auquel nous allons maintenant nous placer, — à beaucoup près le plus considérable des applications de la sélection, — qu'ils peuvent avoir surtout de l'importance, ainsi que nous le verrons.

Considérée dans ses rapports avec cette amélioration, la sélection est une méthode complexe, qui ne consiste pas seulement dans le choix des reproducteurs les plus remarquables de la race, pour obtenir des produits conformes au type de cette race; elle consiste surtout dans les procédés à l'aide desquels les améliorations résultant de l'influence des agents hygiéniques rationnellement dirigés sont produites, puis transmises par la génération. Ici, la base, le principe de la sélection, — parce que c'est, ainsi que nous l'avons vu, celui des améliorations, — le principe est dans les agents hygiéniques; le choix des procréateurs n'est que le moyen d'étendre et de perpétuer les améliorations. Dans ce sens, qui est le véritable consacré par l'usage, la sélection est l'opposé du croisement, dont on fait un principe abstrait, et qui doit, suivant ses trop nombreux partisans, améliorer toutes les races par la seule influence du sang paternel.

Tous les zootechniciens éclairés ont donc déduit depuis longtemps, de l'observation des faits, les conditions rationnelles de l'amélioration des races, et ils ont trouvé ces conditions dans la direction particulière imprimée au développement des individus, alors qu'ils sont plus complètement sous

(1) *Journal* publié par les sociétés d'agriculture de la Haute-Garonne et de l'Ariége, 1858.

la dépendance des agents hygiéniques. On rencontre dans leurs écrits, aussi bien que dans leurs actes, la preuve de cette assertion. Il n'en est pas un seul qui n'ait recommandé d'agir en ce sens sur les jeunes animaux, ou qui n'ait conduit de même les opérations auxquelles il s'est livré.

L'histoire naturelle et la physiologie nous donnent aujourd'hui la raison satisfaisante de cette vérité. L'une et l'autre nous font si bien voir l'étroite liaison qui existe, à tous les degrés de l'échelle zoologique, entre les formes, les aptitudes des animaux et le milieu dans lequel ceux-ci se développent; l'expérimentation produit si facilement, dans les bas degrés de cette échelle, et même dans ceux qui sont plus élevés, des modifications en rapport exact avec les changements de conditions opérés par la main de l'homme, qu'il n'est plus possible de douter de cette liaison. Rien que la transformation de l'ouvrière inféconde en mère-abeille, par le seul fait de l'élargissement de l'alvéole dans laquelle l'insecte se développe; l'empêchement de la transformation du têtard en grenouille, en l'absence de la lumière; ces faits, parmi bien d'autres de la même nature qu'il est inutile de rappeler, suffisent pour établir que le développement des organes, chez les animaux, est entièrement subordonné aux conditions de milieu sous l'influence desquelles il s'effectue.

Il est impossible de ne pas admettre, après cela, quand même l'observation ne confirmerait pas comme elle le fait cette induction, que chez les espèces supérieures en voie d'accroissement, les modifications imprimées à l'activité physiologique des fonctions doivent amener dans la constitution des organes qui les exécutent des modifications corrélatives. L'histoire de toutes les races perfectionnées témoigne en faveur de cette conclusion; et M. Baudement, dans son remarquable mémoire sur le développement relatif des poumons, comparé à ce que l'on appelle chez les animaux de boucherie l'ampleur de la poitrine, en a fourni récemment encore une nouvelle démonstration.

L'interprétation rigoureuse des faits par les données de la physiologie a montré, ainsi que nous l'avons déjà énoncé dans le cours du précédent chapitre, que le développement des organes s'effectue suivant le degré d'intensité qui est imprimé à leur fonctionnement; elle a montré, de plus, que cette intensité réagit en sens contraire sur le fonctionnement de ceux dont l'activité n'est pas surexcitée au même degré, de manière à balancer leur propre développement et à le restreindre. Dans une discussion soutenue, il y a quelque temps (1), contre un praticien distingué, M. Chamard, sur l'influence de l'alimentation dans la production des aptitudes, chez les animaux, la théorie de cette loi physiologique fut invoquée par nous, et ne put point être victorieusement contestée.

C'est qu'en effet elle est incontestable. L'exercice, dans le sens propre de cette expression, la gymnastique fonctionnelle, érigée même en corps de doctrine au point de vue de la thérapeutique par notre ami M. le docteur Eugène Dally, est le point de départ de toute activité vitale dans l'organisme; et l'art du zootechnicien consiste essentiellement à diriger cet exercice, cette gymnastique fonctionnelle, dans le sens du but qu'il veut atteindre, en favorisant, chez les jeunes sujets, l'activité organique des aptitudes qu'il s'agit de développer, par l'emploi des moyens hygiéniques qui y sont propres.

Toutes les races domestiques sont en possession, dans une certaine mesure, de la totalité des aptitudes dont l'ensemble est exploité pour nos besoins, dans chacune des espèces auxquelles ces races appartiennent. Les conditions de la culture, et peut-être aussi d'autres influences qui sont le résultat plus direct de l'intervention de l'homme, ont fait prédominer, chez quelques-unes d'entre elles, certaines de ces aptitudes. Il n'est pas impossible, par exemple, que les circonstances économiques, plus que les conditions agricoles, aient été pour quelque chose dans la formation immémoriale des races que nous appelons laitières, parce qu'elles sont remarquables surtout par l'activité sécrétoire de leurs mamelles. L'industrie des populations au milieu desquelles cette aptitude spéciale a pris naissance, explique mieux son développement, dans l'état actuel de la physiologie, que toute autre considération tirée de la constitution géologique ou agricole des localités. Toujours est-il que ce qui est rendu évident par l'observation des animaux soustraits à l'influence de l'état social, est que le développement de l'aptitude dont il s'agit ne peut être qu'une conséquence de ce même état. Dans les pures conditions de la nature, il n'y a point de raisons pour que les mamelles fournissent du lait au delà des besoins de la nutrition du fruit.

Quoi qu'il en soit, la base logique de tous les perfectionnements du bétail, en vue des nécessités sociales, est dans l'accroissement de ses aptitudes natives. Il appartient à l'économie rurale de déterminer dans quel sens cet accroissement peut être efficacement et avantageusement entrepris. Les convenances agricoles, industrielles et commerciales, les cultures possibles, les qualités particulières du chef d'exploitation, les débouchés, doivent décider seuls du choix des améliorations à réaliser. Mais c'est là la fonction de la zootechnie de fournir les principes sur lesquels s'appuient ces améliorations, et d'indiquer les moyens de les effectuer.

Lorsque nous nous occuperons en particulier de chacune des espèces dont l'ensemble constitue ce que l'on appelle en économie rurale le bétail, les procédés d'amélioration seront passés en revue dans toutes leurs applications. Ici, nous devons seulement nous en tenir aux principes généraux, et faire voir que la notion physiologique dont nous faisons le point de départ du perfectionnement des races est irréprochablement exacte. Nous prendrons pour cela deux des aptitudes les plus saillantes, afin de rendre la démonstration plus facilement saisissable : l'aptitude au travail, ou à la production de la force, et celle à l'engraissement, ou à la production de la viande. Il est bon de faire remarquer, avant tout, que nous entendons le mot travail dans son sens mécanique, c'est-à-dire abstraction faite des convenances économiques.

Cette distinction est nécessaire, en effet, car voulant prendre notre exemple dans le cheval de course, nous risquerions fort de n'être pas bien compris, si l'on pouvait supposer que nous le considérons comme un animal de travail, dans le sens que la pratique accorde à ce mot.

Il n'en est rien ; mais on ne saurait disconvenir que le cheval de course offre le type de la puissance musculaire portée à son plus haut degré, c'est-à-dire produisant, en un temps donné, le travail mécanique le plus considérable. C'est à ce prix que ses allures acquièrent la vitesse qui est l'effet d'une énergie plus intense que durable, mais n'exigeant pas moins, pendant que dure l'influence de cette énergie, un déploiement de force dont la somme, si elle était convertie en travail utile, nous surprendrait par son élévation. On sait en effet, en mécanique, que le travail perd en intensité ce qu'il gagne en vitesse, et réciproquement.

Or, il est bien démontré que le cheval de course, tel que nous l'observons aujourd'hui, c'est-à-dire à part l'excitabilité nerveuse héréditaire qui constitue son énergie passagère et factice, doit ses aptitudes spéciales à cette éducation qu'il reçoit à l'état de poulain, sous le nom d'*entraînement*. L'histoire de la race anglaise, dite de pur sang, établit, ainsi que nous l'avons déjà vu, que ladite éducation n'est point étrangère même à cette excitabilité à présent constante dans la race; mais pour les besoins de notre démonstration, nous pouvons sans inconvénient négliger ce fait.

Les pratiques de l'entraînement, qui seront exposées en détail dans le chapitre consacré à l'étude de l'espèce chevaline, concordent toutes pour conduire le jeune cheval à ce résultat. Le développement des organes pulmonaires et circulatoires est provoqué par la suractivité méthodique imprimée à la respiration et à la circulation, par un exercice gradué de courses successivement plus prolongées, et par une activité réduite de l'appareil digestif, à l'aide d'une nourriture très-substantielle et très-alibile sous le moindre volume possible. La richesse relative du sang, la sécheresse et la puissance du système musculaire, sont favorisées tout à la fois par cette activité plus grande de la combustion respiratoire et de la circulation, et par des suées, des purgations, des frictions et des massages. Tout ce qui, dans les aliments, n'est pas matière azotée ou minérale, propre au développement des muscles, des os ou des tissus qui ont une importance quelconque dans le résultat désiré, est brûlé ou éliminé : le tissu adipeux, la graisse, le tissu cellulaire, sont réduits à leur plus simple expression. Les facultés d'assimilation, balancées par les facultés de relation, ne dépassent pas les proportions nécessaires pour l'entretien des organes qui doivent concourir à la production de la force, sous forme de vitesse. Des poumons, un cœur, des systèmes musculaire et osseux énormes, relativement à l'appareil digestif, voilà le cheval de course.

Il n'est pas nécessaire d'insister davantage pour faire saisir la relation qui existe entre ce résultat et les moyens employés pour l'obtenir. On y voit suffisamment la confirmation de la loi physiologique que nous nous efforçons de mettre en lumière, comme étant la première base du perfectionnement des animaux. Hamont, un vétérinaire distingué, sans avoir de cette loi une notion aussi nette que celle fournie depuis par les progrès de la physiologie, en a donné naguère, à propos de l'entraînement du cheval, une démonstration analogue. H. Royer-Collard, d'abord, puis M. Bouchardat, ont fait d'une manière non moins remarquable la même chose, pour ce qui concerne l'entraînement de ces hommes destinés, en Angleterre et en Amérique, à donner aux peuples de ces deux pays le spectacle barbare du pugilat. Et l'on ne saurait contester que, du plus au moins, les faits relatifs à l'éducation du cheval de course puissent s'appliquer à celle de tous les autres animaux de travail, de même que M. Bouchardat a entrepris de faire voir que l'entraînement des pugilistes pouvait servir à la conservation de la vigueur de l'homme.

C'est en effet bien par l'entraînement, naturel ou méthodique, que les animaux acquièrent, à des degrés divers, les caractères qui leur sont propres; et ce qui est remarquable, c'est que l'observation exacte confirme, dans leur constitution, l'existence de différences organiques précisément conformes aux principes sur lesquels nous nous appuyons. Nous allons le montrer tout de suite, et cela nous conduira naturellement à faire voir une nouvelle confirmation de ces principes dans la constitution des animaux plus particulièrement propres à la consommation, dans l'organisme de ceux qui offrent au plus haut degré l'aptitude à utiliser leur ration au point de vue de la production de la viande.

Nous venons de poser en fait que les animaux de l'espèce chevaline les plus propres à la production du mouvement ou de la force, sont surtout remarquables par le grand développement de leurs poumons, et en un mot des organes contenus dans la cavité thoracique; ce qui équivaut à dire, en physiologie, que cette aptitude correspond à l'activité des fonctions respiratoire et circulatoire. Eh bien, les recherches consignées dans le mémoire de M. Baudement, plus haut cité, établissent que ce fait se vérifie également pour l'espèce bovine.

En effet, il est résulté de ces recherches que le développement des poumons est toujours en raison directe de la conformation la plus propre au travail, et en raison inverse, au contraire, de celle qui caractérise l'aptitude à la production de la viande. Nous verrons par la suite, et on sait d'ailleurs que, dans cette espèce, les races de boucherie se font surtout remarquer par l'ampleur de leur poitrine. Or, sur les cent deux individus des diverses races bovines qui ont fait l'objet des observations de M. Baudement, le savant professeur a constaté que, « chez des animaux voisins d'âge et dans des conditions comparables, on trouve le plus ordinairement que le poids absolu, et, constamment, que le poids *relatif* des poumons, par rapport à un même poids vif, sont plus faibles quand la circonférence thoracique est plus grande, plus élevés quand la circonférence thoracique est plus petite (1). » Il a aussi constaté que chez les animaux dits précoces, appartenant aux races qui arrivent en peu de temps à cet état de développement et d'engraissement qui permet de les livrer à la boucherie, et qui les rend pour ce motif impropres au travail, le poids des poumons est absolument et relativement plus faible que chez les animaux des races travailleuses et par conséquent plus tardives.

Le fait général qui ressort de ces observations, est donc d'abord que le développement des poumons et l'activité de la respiration qui lui correspond nécessairement, sont indépendants de la circonférence thoracique, ou de ce que l'on appelle en zootechnie l'ampleur de la poitrine ; ensuite, que la conformation particulière aux races spécialement propres à la boucherie se produit sous une influence qui n'est pas la même que celle qui fait les races travailleuses. L'augmentation de la cage thoracique en profondeur et l'accroissement en volume des masses musculaires qui l'entourent, lesquels amènent cette ampleur de la poitrine, nous paraissent s'expliquer par une circonstance qui ne semble pas avoir attiré l'attention de M. Baudement, et que nous allons indiquer.

La gymnastique fonctionnelle sous l'empire de laquelle se produisent la conformation et les aptitudes propres au bœuf de boucherie, est d'un tout autre genre que celle qui active le développement des organes producteurs de la force. Elle consiste uniquement à exercer, chez le jeune sujet, la puissance naturelle d'assimilation, par une nourriture succulente et abondante, en annihilant, dans une certaine mesure, l'exercice des fonctions de relation par un repos complet et une quiétude aussi parfaite que possible. Dans ces conditions, l'activité vitale est, pour ainsi dire, concentrée sur un seul point, et ce point est la nutrition. Les sucs nourriciers s'accumulent partout, étant fournis en abondance et point dépensés par un exercice des fonctions autre que celui nécessaire à l'entretien de la vie. Par le fait de cette puissance plus grande d'assimilation, les matières minérales absorbées en abondance déterminent le prompt achèvement du squelette, dont les parties, en raison même de cette minéralisation hâtive, ne sont plus dans le cas de s'accroître davantage, n'y étant pas d'ailleurs sollicitées par le jeu des fonctions auxquelles elles concourent ; elles conservent, une fois leur achèvement opéré par la soudure de ce que l'on appelle en anatomie leurs épiphyses, sortes de noyaux en grande partie cartilagineux de leurs extrémités, le volume qu'elles avaient acquis à ce moment. L'abord des sucs nourriciers qui concourraient surtout à leur accroissement, y est rendu plus difficile par l'augmentation même de leur densité, en propres termes par leur ossification ; ces sucs sont dès lors employés pour la plus grande partie au développement des parties molles, et notamment de cet assemblage complexe de tissus qui constitue ce que nous appelons la viande. Les systèmes cellulaire et adipeux, la graisse et les liquides albumineux qui baignent ces systèmes et les muscles, s'accroissent outre mesure, au détriment même de la fibre musculaire proprement dite.

C'est ce que n'a point paru comprendre M. Chamard, dans la discussion dont il a été parlé plus haut, en confondant la production de la viande avec celle du muscle, c'est-à-dire de cet agent contractile qui est l'organe principal de la force mécanique. Chez les animaux de boucherie dits précoces, le volume des muscles tient moins au nombre de leurs fibres musculaires qu'à la distance où elles sont maintenues l'une de l'autre par les sucs qui sont interposés entre elles ; et il n'est pas un physiologiste qui ignore que la puissance de ces organes est en rapport avec leur densité plutôt qu'avec leur volume absolu. Le nombre des fibres musculaires, pour un volume donné, fournit la mesure de la force mécanique du muscle, et non point ce volume seulement.

Un bœuf de boucherie soumis au régime dont nous parlons produit donc de la viande, et non point du muscle, comme l'a soutenu par erreur M. Chamard. Le poulain à l'entraînement, au contraire, développe véritablement son système musculaire, parce que tout ce qui est étranger, dans ce système, à la fibre contractile, y est par les pratiques de l'éducation réduit à sa plus simple expression.

Eh bien, dans ces circonstances hygiéniques, au milieu desquelles se produit l'ampleur de la cavité thoracique, et par suite l'ensemble de conformation qui lui est corrélative et qui caractérise si bien l'animal spécialement propre à la fabrication de la viande, il nous semble que l'on peut facilement trouver la raison du fait constaté par M. Baudement. Le régime alimentaire, qui est de ces circonstances la principale, explique d'abord, en vertu de la loi physiologique que nous avons posée, le développement considérable des organes digestifs, qui est le propre de l'animal dont il s'agit. Ces organes, constamment remplis par une alimentation abondante, pèsent d'un poids considérable sur le diaphragme qui sépare la cavité abdominale de la cavité thoracique, en formant un plan incliné de haut en bas et d'arrière en avant, et refoulent en conséquence les poumons qui s'appuient immédiatement sur sa face opposée. Le diamètre antéro-postérieur de la cavité thoracique se trouve d'autant réduit, et le développement des poumons, nécessairement subordonné à la capacité de la cavité qui les contient, s'en trouve entravé. Incessamment pressés comme ils le sont, ils ne peuvent acquérir le volume absolu qui est indispensable à l'accomplissement de la fonction à laquelle ils doivent suffire, qu'en gagnant, par un accroissement de diamètre vertical, une partie au moins de ce qu'ils perdent dans l'autre sens.

Les observations de M. Baudement prouvent qu'ils n'en gagnent qu'une partie, en effet, puisque leur poids est alors toujours inférieur à celui des poumons appartenant aux animaux travailleurs ayant une circonférence thoracique égale, et dont le développement pulmonaire a été sollicité par un exercice plus grand de la fonction respiratoire. Et ainsi se vérifie l'exactitude du fait physiologique relatif au rapport existant entre

(1) Voy. la Culture, écho des comices, etc., t. III, 1861-62, p. 91.

l'activité du dépôt de la graisse dans les organes où elle est susceptible de s'accumuler, et celle de la respiration. Une fausse interprétation de la valeur du signe fourni par l'ampleur de la poitrine avait fait croire à une contradiction de la science sur ce point, avant les recherches de M. Baudement. Maintenant, il n'est plus possible de s'y tromper; les animaux qui s'engraissent facilement ont bien positivement une respiration moins active que les autres, et brûlent en conséquence, en un temps donné, une somme moins grande des aliments hydrocarbonés qu'ils ont absorbés, et qui sont propres à la formation du tissu adipeux. La théorie de Liebig, qui divise les aliments en deux classes, les respiratoires ou hydrocarbonés, et les plastiques ou azotés, est absolument vraie. L'alimentation qui convient le mieux dès lors aux animaux d'engrais est celle où prédominent les substances appartenant à la première classe, les matières grasses et féculentes; celle qu'exigent les animaux de travail doit être principalement composée de matières plastiques ou azotées.

Ainsi donc, il résulte bien clairement des considérations qui viennent d'être développées, que la conformation et les aptitudes des animaux ont pour condition première, pour point de départ principal, les circonstances hygiéniques au milieu desquelles ils se développent. Après ce que nous avons dit de l'influence de la race et de celle de la loi d'hérédité, il n'est pas possible de méconnaître que ces circonstances agissent avec d'autant plus d'efficacité dans le sens propre à leur nature, que l'individu sur lequel elles s'exercent a apporté en naissant des dispositions plus grandes à seconder leur action, dont il a hérité de ses parents. On sait que les aptitudes, une fois qu'elles sont constantes et bien fixées dans la race, se transmettent héréditairement comme les formes mêmes dans lesquelles elles doivent exister. Mais il n'en est pas moins vrai que leur développement, dans tous les cas, est sous l'étroite dépendance du régime hygiénique, qui leur permet ou non de s'exercer.

Ce régime hygiénique, nous l'avons maintenant suffisamment établi, constitue à proprement parler l'éducation fonctionnelle des organes; et celle-ci devient par conséquent la base physiologique de toute zootechnie rationnelle. L'intervention du zootechnicien, dans le perfectionnement des animaux, ne saurait dès lors se borner, ainsi qu'on est trop généralement disposé à l'admettre, au choix des reproducteurs et à la direction de leur accouplement, quel que soit d'ailleurs le but qu'il se propose. Ce n'est là qu'un des éléments de la sélection, et ce n'est pas le principal. L'autre élément, celui sans lequel il n'y a pas d'amélioration possible, est la direction constante imprimée à l'activité vitale du produit, d'après les principes que nous avons posés.

Et l'on comprendra sans peine que les effets de cette direction ont une efficacité exactement correspondante à la force de résistance qui leur est opposée par l'état même dudit produit; en conséquence, qu'ils seront d'autant plus notables, que l'éducation s'emparera de celui-ci à un moment moins éloigné de la période initiale de son développement. Cette vérité incontestable conduit nécessairement à conclure que le mieux est, dans toutes les circonstances, de faire agir l'intervention des agents hygiéniques appropriés au but, d'abord sur le fœtus par l'intermédiaire de la mère, puis sur le jeune animal dès sa naissance.

Cette façon de procéder n'a pas seulement pour elle l'appui théorique de la physiologie, dont nous avons expliqué plus haut la doctrine; l'histoire de toutes les races perfectionnées montre, de la manière la plus évidente, que leurs créateurs ne sont arrivés aux résultats admirés par nous si justement, qu'à la condition de ne s'en point écarter. La doctrine de la gymnastique fonctionnelle est, encore une fois, la base de la sélection, telle que la zootechnie doit maintenant l'entendre. Au moyen de ce procédé d'amélioration, les animaux sont mis en état de remplir leur but industriel, moins par l'influence génératrice des reproducteurs, que par le perfectionnement physiologique de chacun d'eux.

A ce compte, ainsi que nous le verrons plus loin, les dissidences si profondes qui divisent les zootechniciens et les éleveurs, au sujet de l'amélioration des races par elles-mêmes ou par voie de croisement, perdent beaucoup de leur importance. Le tout est de s'entendre, en ne donnant aux mots que la valeur qu'ils doivent avoir. On croit souvent faire du croisement ou du métissage, alors qu'on ne fait en réalité que de la sélection. Et de là bien des malentendus que nous essaierons d'éclaircir.

En tout cas, la véritable sélection consiste, on le voit maintenant, à agir d'abord sur le développement des individus, au moyen des agents hygiéniques dirigés d'après les principes méthodiques de la gymnastique fonctionnelle, sur lesquels nous n'avons pas à revenir; puis, à transmettre par la génération les résultats acquis, en accouplant toujours entre eux ceux de ces individus qui les présentent au plus haut degré. Après quelques générations, les améliorations se fixent, les aptitudes de la race se manifestent, et leur transmission héréditaire, en puissance, seconde considérablement l'influence de l'éducation, en la rendant toutefois encore plus nécessaire.

L'âge et l'état réciproques des reproducteurs choisis, suivant le sens du perfectionnement cherché, peuvent avoir, comme nous l'avons vu, de l'importance; mais ce n'est pas ici qu'il convient d'indiquer rien de précis à cet égard; les indications seront mieux à leur place à propos de la zootechnie de chaque espèce en particulier. Disons seulement qu'il paraît admissible que les mâles adultes et complétement développés sont plus propres à la transmission des aptitudes relatives à la production de la force mécanique ou du travail, les mâles jeunes, à celle de l'activité nutritive. D'où il résulterait que dans la sélection des races de boucherie, les mâles âgés devraient être exclus, et recherchés au contraire, dans une certaine mesure, bien entendu, pour les races de travail.

Ici se présente à examiner une question fort importante.

Dans quelle limite la sélection peut-elle utilement s'exercer, et que faut-il penser des idées généralement répandues sur l'influence de la *consanguinité*? Y a-t-il des inconvénients à opérer la sélection dans la famille, et même en proche parenté? ou bien y aurait-il au contraire des avantages?

On compterait facilement les zootechniciens et les éleveurs qui ne partagent pas, au sujet de la consanguinité, ou accouplement des proches parents entre eux, le préjugé commun. Sans que personne se soit jamais donné la peine de le prouver, on croit en général que les mariages consanguins sont une cause nécessaire d'affaiblissement et de dégénérescence, pour les familles et pour les races. Le seul fait de l'union, dans l'acte générateur, de deux individus appartenant à ce que l'on appelle le même sang, suffirait pour donner naissance à un vice constitutionnel, dont l'intensité s'accroîtrait ensuite comme les générations consanguines. Les lois morales des peuples, basées sans doute sur d'autres considérations, ont beaucoup contribué à fortifier ce préjugé. En somme, on ne trouverait guère que MM. Huzard, Baudement et Gayot, parmi les zootechniciens, qui ne repoussent point la consanguinité; quelques autres l'admettent pour les races de boucherie, tout en lui reconnaissant les inconvénients accusés, mais en considérant précisément que dans le cas ces inconvénients deviennent des avantages.

Il faut dire pourtant que l'examen sérieux de la question démontre qu'il n'y a absolument rien de fondé dans tout cela. La consanguinité, en tant qu'union d'un même sang, ne saurait avoir aucune conséquence fâcheuse. La physiologie commande de le considérer ainsi; et les faits, quels qu'ils soient d'ailleurs, en viennent donner la preuve incontestable.

Il est bon, d'abord, de faire remarquer que dans les observations invoquées à l'appui de l'influence pernicieuse de la consanguinité, on a toujours négligé de distinguer entre cette influence et celle de l'hérédité morbide, tout aussi constante, nécessairement, que l'hérédité normale sur laquelle nous avons tant insisté. On a par conséquent attribué à la consanguinité, ce qui était le fait de l'hérédité morbide, ou tout au moins pouvait l'être. Cela suffit, en tous cas, pour ôter toute valeur probante aux observations invoquées. On comprend facilement que, dans les accouplements consanguins, les inconvénients de cette transmission des vices constitutionnels s'accroissent comme les avantages de la fixation des améliorations; car, ainsi que l'a dit avec raison M. Eug. Gayot, « la consanguinité, c'est la loi d'hérédité agissant à puissances cumulées, ainsi que deux forces parallèles appliquées dans le même sens. »

Ces trois dernières lignes expriment exactement et clairement quel doit être le rôle de la consanguinité dans la sélection. Il est certain, d'après cela, qu'elle est le moyen le plus certain de fixer les améliorations, et d'arriver en peu de générations au but du perfectionnement. L'expérience l'avait démontré aux grands éleveurs anglais; ce doit être maintenant une des vérités les mieux acquises à la zootechnie. L'influence malfaisante de la consanguinité est une pure fable;

comme tant d'autres opinions reçues et que l'on respecte en raison de leur ancienneté, c'est une simple création de l'esprit en faveur de laquelle aucun fait n'est venu déposer. Ceux que l'on invoque sont des faits complexes, dans lesquels il est absolument impossible de faire aucune part à l'influence abstraite de la consanguinité, puisque jamais l'état constitutionnel des procréateurs n'a été constaté. Comment distinguer, dans ces cas, cette influence abstraite de celle bien démontrée de l'hérédité morbide? Les observations en sens inverse ont, par contre, une valeur absolue, et elles sont nombreuses.

Un jeune médecin, M. Alfred Bourgeois, qui a consacré en 1859 sa thèse inaugurale à l'examen de cette question : *Quelle est l'influence des mariages consanguins sur les générations?* en a fourni de bien remarquables et bien concluantes. Il a tracé l'histoire détaillée d'une famille, qui est sa propre famille à lui, et qui se compose de 416 membres, alliés compris, issus d'un couple consanguin au troisième degré, après 94 alliances fécondes, dont 16 consanguines superposées, dans l'espace de 160 ans. Cette histoire, que M. Bourgeois a fait suivre d'un tableau généalogique où est indiqué avec soin le signalement de chacun des membres de la famille, établit que la consanguinité, non-seulement n'a exercé aucune influence fâcheuse sur la fécondité et les caractères constitutionnels de chacun d'eux, mais encore a entretenu cette nombreuse famille dans un très-grand état de prospérité.

Un ethnologiste distingué, M. Périer, qui a eu à apprécier ces faits, au point de vue de leur valeur et de leur authenticité, a considéré celle-ci comme incontestable, et celle-là comme très-importante [1]. Il a fait ressortir du tableau généalogique donné par M. Bourgeois, des remarques qui viennent singulièrement à l'appui de la thèse que nous avons soutenue dans le courant de ce chapitre, au sujet de la compensation, de la fusion des caractères des reproducteurs dans le produit. L'examen attentif de ce tableau permet de constater, dit M. Périer, que « si les couples bruns ou blonds entre eux ont produit presque constamment des bruns ou des blonds, les unions des bruns avec les blondes, ou réciproquement, paraissent avoir donné lieu à des rejetons semblables à l'un ou à l'autre des père et mère, bien plutôt que d'un type de coloration intermédiaire à tous deux; » ce qui avait déjà été avancé, du reste, par Isidore Geoffroy Saint-Hilaire dès 1826, dans l'article MAMMIFÈRES du *Dictionnaire classique d'histoire naturelle*, et par Will. Edwards trois ans après, pour les animaux. M. Périer ajoute que, dans la famille de M. Alfred Bourgeois, la plus grande fécondité s'est rencontrée dans les mariages où les deux époux étaient blonds l'un et l'autre, « contrairement à l'opinion de ceux qui croient que l'opposition des caractères du type est favorable à la propagation, » et conformément aux vues qu'il a émises lui-même dans ses *Fragments ethnologiques*, d'après lesquelles vues les races blondes, toutes

---

(1) *Bulletins de la Société d'anthropologie de Paris*, t. I, p. 153.

choses d'ailleurs égales, seraient douées de plus de fécondité que les races brunes.

On ne trouverait, à l'appui de l'opinion reçue sur l'influence malfaisante de la consanguinité, aucune observation authentique et bien recueillie, qui pût contre-balancer la valeur de celle qui vient d'être rapportée, non plus que des autres passées à dessein sous silence. Les faits rigoureusement constatés font voir que les accouplements consanguins, pratiqués entre individus sains et bien constitués, réunissent précisément toutes les conditions physiologiques capables de donner lieu plus sûrement que les autres à un produit réunissant au plus haut degré possible les mérites de ses ascendants. Mais il faut ajouter que, de toute nécessité, cela est également vrai pour les défauts ou les vices. D'où il suit, tout simplement, que la sélection attentive doit s'exercer dans le cas de la consanguinité, comme dans les autres, et même encore avec plus de soin, si l'on veut ; mais on concevra sans peine que cette nécessité est tout à fait indépendante de la consanguinité, parfaitement innocente des reproches qu'on lui adresse, et qui n'ont de fondement que dans le préjugé.

Il importe à la zootechnie de renoncer à ce préjugé, et de se débarrasser de la préoccupation fautive qu'il lui cause. On peut, sans crainte de sortir des limites assignées aux vérités démontrées, poser en principe absolu que dans la conservation et l'amélioration des races par voie de sélection, celle-ci peut s'exercer en toute liberté dans la race, sans s'arrêter à la considération des liens de parenté ; on peut même ajouter que la sélection est d'autant plus efficace qu'elle exerce son action dans la famille même et entre proches parents. C'est le meilleur moyen d'obtenir de la loi d'hérédité tout ce qu'elle est capable de donner, en bien comme en mal ; mais, encore une fois, la consanguinité ne peut avoir d'influence qu'en ce seul sens : elle ne produit pas les défauts ou les vices ; elle ne fait que les transmettre à peu près à coup sûr, quand ils existent. Or, l'objet même de la sélection est d'écarter ces défauts et ces vices, pour rechercher au contraire les qualités utiles, et les développer au besoin lorsqu'elles n'existent pas.

Pour résumer en peu de mots ce long chapitre, nous dirons que la sélection telle que nous avons essayé d'en exposer les éléments, doit être considérée comme la méthode essentielle de perfectionnement du bétail. Cette méthode consiste à choisir les reproducteurs mâle et femelle qui, l'un et l'autre, présentent au plus haut degré parmi leurs pareils la conformation et les aptitudes propres à atteindre le but industriel que l'on se propose ; puis à développer, chez le produit de leur accouplement, cette conformation et ces aptitudes, au moyen de la gymnastique fonctionnelle appliquée aux organes qui les déterminent. Les résultats obtenus par ce dernier moyen, d'une efficacité maintenant incontestable, se transmettent en totalité ou seulement en partie à la génération suivante ; celle-ci les étend et les fixe à son tour, concurremment avec les agents hygiéniques, dont l'action se continue jusqu'à ce qu'ils soient devenus constants.

Nous verrons dans le chapitre suivant qu'il n'y a point opposition, à proprement parler, entre cette manière, — qui est la bonne, — d'envisager la sélection, et celle très-fautive vers laquelle on tend maintenant au sujet du croisement. Jamais question ne fut plus obscurcie et plus embrouillée que ne l'a été celle-ci, grâce à l'intervention dans la zootechnie d'un grand nombre d'amateurs étrangers à la science, qui en ont interverti le langage comme à plaisir, et qui ont disserté avec une superbe assurance sur des principes dont ils ne savaient pas le premier mot. Ils ont interprété de travers les observations, et forts d'ailleurs des erreurs de quelques personnes autorisées, ils seraient parvenus à imposer leurs rêveries, si des praticiens considérables n'étaient venus réagir. Parmi ces derniers, nous nous plaisons à citer surtout M. le marquis de Dampierre en France, et H. de Weckherlin en Allemagne, qui ont les premiers fait sentir l'inanité de la doctrine des zootechniciens amateurs.

Nous montrerons que quel que soit le mode de génération mis en pratique, il n'y a d'amélioration réelle, d'amélioration solide et durable, qu'autant que les reproducteurs sont choisis conformément au principe qui domine la sélection. Ce principe est donc, encore un coup, le premier de tous en zootechnie. Pour mieux dire, seul il est un principe ; tout le reste n'est qu'un ensemble de moyens plus ou moins propres à procurer sa réalisation.

CHAPITRE VII.

DU CROISEMENT.

Les zootechniciens, et surtout les hippologues, s'accordent généralement à faire remonter jusqu'à Buffon la responsabilité de ce qu'ils appellent le principe du croisement. Ils prétendent trouver dans le *Discours sur la dégénération des* *animaux*, de l'élégant écrivain naturaliste, les motifs de cette responsabilité. On sait que partant de l'hypothèse d'un couple unique et d'une patrie primitive pour chaque espèce, Buffon est arrivé à expliquer, avec les ressources de sa riche imagination, l'établissement des nombreuses variétés et races qu'il observait, à l'aide de l'influence exercée sur les descendants du couple primitif par les circonstances de climat, de nourriture, de domesticité, inhérentes aux lieux où ils avaient dû émigrer. De cette conception, plus ingénieuse que fondée dans son élément principal, — car la science ne saurait plus admettre l'hypothèse, tout en corroborant l'influence du milieu sur l'individu, — de cette conception il a été conclu que les animaux dégénéreraient d'autant plus, nécessairement, qu'ils s'éloignaient davantage de leur patrie primitive, et qu'ils étaient abandonnés aux seules influences modificatrices de leur patrie nouvelle; qu'en conséquence il y avait lieu, pour les ramener à leur type et les y maintenir, de les croiser entre eux et de contre-balancer ainsi la tendance à la dégénération.

La vérité est que cette conclusion appartient moins à Buffon qu'à Bourgelat, auquel on l'attribue aussi. L'illustre fondateur des écoles vétérinaires, contrairement à l'opinion formulée par Buffon en plusieurs endroits, pensait que le type des espèces et des races se conserve surtout par les mâles, en raison de l'influence prépondérante de ceux-ci dans l'acte de la génération; et c'est sur ce prétendu fait, dont nous avons vu la valeur dans un des chapitres précédents, qu'il a posé en principe la nécessité du croisement des races, par l'introduction d'étalons toujours choisis en procédant du Nord vers le Midi.

A l'encontre de cette opinion, Buffon cite précisément l'exemple de la brebis, qui donne toujours des agneaux, qu'elle soit couverte par le bouc ou par le bélier; il cite aussi celui du mulet qui, suivant lui, ressemble plus à la jument qu'à l'âne, et celui du bardeau qui, dit-il, se rapproche davantage de l'ânesse. « Dans l'ordonnance commune de la nature, a écrit en outre Buffon, ce ne sont pas les mâles, mais les femelles, qui constituent l'unité des espèces. » Mais il est encore plus explicite, au sujet des observations sur lesquelles s'est lui-même fondé Bourgelat, pour édifier sa doctrine du croisement.

« Au reste, » — lit-on dans le chef-d'œuvre de style consacré par Buffon à l'histoire naturelle du cheval, — « ces observations que l'on a faites sur le produit des juments, et qui semblent concourir toutes à prouver que dans les chevaux le mâle influe beaucoup plus que la femelle sur la progéniture, me paraissent en partie suffisantes pour établir ce fait d'une manière indubitable et irrévocable; il ne serait pas impossible que ces observations subsistassent, et qu'en même temps et en général les juments contribuassent autant que les chevaux au produit de la génération : il ne me paraît pas étonnant que des étalons, toujours choisis dans un grand nombre de chevaux, tirés ordinairement de pays chauds, nourris dans l'abondance, entretenus et ménagés avec grand soin, dominent dans la génération sur des juments communes, nées dans un climat froid, et souvent réduites à travailler; et comme dans les observations tirées des haras il y a toujours plus ou moins de cette supériorité de l'étalon sur la jument, on peut très-bien imaginer que ce n'est que par cette

raison qu'elles sont vraies et constantes : mais en même temps il pourrait être tout aussi vrai que de très-belles juments des pays chauds, auxquelles on donnerait des chevaux communs, influeraient peut-être beaucoup plus qu'eux sur leur progéniture, et qu'en général dans l'espèce des chevaux comme dans l'espèce humaine, il y eût égalité dans l'influence du mâle et de la femelle sur leur progéniture; cela me paraît naturel et d'autant plus probable, qu'on a remarqué, même dans les haras, qu'il naissait à peu près un nombre égal de poulains et de poulines : ce qui prouve qu'au moins pour le sexe la femelle influe pour sa moitié. »

Il convient donc de laisser Bourgelat tout seul responsable d'une doctrine que les hippologues modernes qualifient avec raison d'étrange, en se bornant cependant à la rajeunir sous une forme nouvelle. Cette doctrine est en effet parfaitement reconnaissable dans leurs écrits, ainsi que nous allons le voir, malgré l'interprétation différente qu'ils lui donnent. La leur est basée sur la même supposition fondamentale : celle de la prépondérance absolue du mâle dans la génération. De l'esprit des hippologues qui l'ont créée, elle a passé sans altération dans celui de la plupart des zootechniciens.

Ceux-ci comme ceux-là, à l'exemple de Bourgelat, admettent des races dégradées et la nécessité de les régénérer par le croisement; mais ils ont imaginé de plus ce qu'ils appellent un dogme, une conception purement métaphysique par conséquent; ils ont imaginé la notion idéaliste du *pur sang*; et c'est en cela seulement que leur doctrine diffère de celle de leurs devanciers. Ils ont circonscrit et pour ainsi dire concrété le principe de la régénération, voilà tout.

Voyons donc d'abord ce qu'ils entendent par pur sang.

Pour la transmettre intacte et n'être point accusé de défigurer à plaisir une doctrine que nous voulons combattre, empruntons-en la définition au plus autorisé, et sans contredit au plus éclairé d'entre eux. Voici comment s'exprime sur le pur sang M. Eugène Gayot, dans son ouvrage le plus récent (1) :

« Cette désignation a prévalu dans le langage hippique; elle a remplacé le mot noblesse, et c'est à juste titre, car elle dit plus et mieux ce qu'on voulait exprimer par celui-ci. La noblesse s'acquiert, elle a des degrés : la pureté du sang est préexistante et absolue, c'est un principe. Physiologiquement parlant, le sang est la source génératrice de toute trame organique; il contient le germe, il est la cause de toutes les qualités physiques et morales; il est le véhicule de tous les éléments de l'organisme. Ces éléments sont bons, médiocres ou mauvais, chez le cheval de haut lignage; dans les familles qualifiées de pur sang, ils sont supérieurs; héréditairement, ils passent des ascendants aux produits avec leur force ou leur faiblesse. Ils ont chez le cheval pur, des propriétés de l'ordre le plus élevé qu'on ne retrouve au même degré chez aucun autre, et c'est là pré-

---

(1) *La Connaissance générale du cheval*, p. 313.

cisément ce qui fait sa supériorité, ce qui le place au-dessus de tous.

« Dans l'espèce chevaline, la pureté de race, ce que l'on entend par les mots pur sang, est plus qu'une affaire de convention, c'est un fait. Ce fait a son fondement, son assise sur les soins avec lesquels on s'est efforcé de retenir dans les animaux d'une famille d'élite les plus hautes qualités et les plus précieux avantages dont la nature même du cheval était susceptible. Ce fait trouve son point d'appui dans le succès qui a couronné l'œuvre. Il est si bien établi depuis nombre de siècles, il est si stable, qu'il se maintient toujours le même, non-seulement dans la mère-patrie, mais partout où il plaît à l'homme de transporter des animaux de pur sang. La seule condition qu'on ait à remplir alors, c'est de ne pas les mêler à d'autres ; c'est de continuer scrupuleusement à les entourer de toutes les attentions indispensables à leur entière conservation. La moindre souillure est indélébile ; quoi qu'on fasse, un germe d'ignobilité est ineffaçable. La pureté est ou n'est pas. Seul, Dieu a pu faire ce miracle de laver la tache originelle.

« Ainsi, au faîte de toutes les questions qui aboutissent au cheval est un dogme, — le dogme du pur sang, révélé par l'expérience de tous les peuples qui ont voulu donner de la valeur à leurs chevaux, et faire de leur reproduction judicieuse encore plus qu'une richesse, une force.

« Le pur sang, puissance vive, active et conservatrice, force inhérente à l'espèce, doit être considéré en dehors de la forme qui le contient. Celle-ci peut varier et revêtir des caractères extérieurs très-différents sans que le principe qui l'anime cesse d'être parfaitement identique, parce que le pur sang a pour lui une admirable flexibilité : c'est son propre (1). En lui sont toutes les perfections, il est la source de toutes les spécialités. C'est en cela qu'il domine l'espèce, c'est à cause de cela qu'il en est le prototype. »

Cette définition n'est pas très-claire. Essayons de la démêler.

Ainsi, d'après ce qu'on vient de lire, on pourrait croire d'abord que, dans l'esprit de l'auteur, il s'agit de propriétés inhérentes à la constitution physique ou chimique du sang, qu'il resterait toutefois à démontrer par l'analyse : il dit en effet que « physiologiquement parlant, le sang est la source génératrice de toute trame organique ; » mais, à travers les obscurités et le manque de précision de son langage élégant, on voit bientôt que le pur sang est, de l'avis de ses partisans les plus autorisés, une idée pure, moins que rien, un dogme. Il est impossible à un esprit attentif de comprendre autrement le texte cité. C'est une entité indépendante de la forme, c'est une création de l'imagination, quelque chose comme une âme particulière, dont aurait été douée l'espèce, et qu'elle a perdue dans le plus grand nombre de ses incarnations. Seule, la race-mère, la race arabe, l'aurait conservée et transmise à ses descen-

dants purs, au nombre desquels il faudrait placer les anglais dits de pur sang.

L'autorité acquise par cette chimère nous force à démontrer sa vanité. Il devrait suffire de la faire voir dégagée des faits complexes à la faveur desquels elle se perpétue dans les esprits superficiels, et telle que vient de l'exhiber à nu M. Gayot, pour rendre cette tâche inutile. Des esprits clairvoyants et pratiques peuvent-ils en effet concevoir un principe d'action indépendant et séparé de la forme, de la matière, en d'autres termes, qui seule est capable de nous le faire saisir par la manifestation de ses effets ? Remarquons bien même qu'on le suppose et l'affirme, sans toutefois le définir.

Mais dans l'exposé de ses attributs, la puissance des faits domine assez l'hypothèse, pour qu'il échappe aux créateurs du pur sang la preuve de son inanité. Il se maintient, dit M. Gayot, partout où il plaît à l'homme de transporter les animaux qui en sont doués ; mais l'habile hippologue se hâte d'ajouter : « La seule condition qu'on ait à remplir alors, c'est de ne pas les mêler à d'autres ; c'est de continuer scrupuleusement à les entourer de toutes les attentions indispensables à leur entière conservation. » Dans un autre endroit, après avoir qualifié de « grossière méprise » l'opinion reçue sur le « cheval primitif, » sur le « cheval de la nature, » opinion qui « veut que ce cheval soit le cheval noble d'Arabie, » souche du pur sang, comme nous l'avons vu, M. Gayot dit : « La vérité est que le cheval noble d'Arabie, tribu d'ailleurs peu nombreuse et très-distincte parmi la population chevaline de la contrée, est la perfection du cheval primitif soumis depuis des siècles à des soins tout particuliers, à une culture très-rationnelle et très-attentive dans un milieu et dans des circonstances parfaitement favorables au développement concentré, à l'exaltation justement pondérée de toutes les qualités inhérentes à l'espèce même du cheval. Il est la plus haute expression des besoins qu'il a été appelé à remplir au sein d'une civilisation immuable, pourrait-on dire, ce qui l'a fait invariable comme elle, et a mis en lui, à un degré éminent, les deux traits caractéristiques du type, — l'homogénéité et la constance qui donnent le pouvoir héréditaire par excellence. »

Assurément, cela est la vérité. Mais, s'il en est ainsi, que devient cette conception métaphysique du pur sang « considérée en dehors de la forme qui le contient ? » Est-il un seul physiologiste qui puisse admettre la réalité de ce prétendu fait, autrement que comme l'expression de ce que nous avons appelé avec tous les observateurs rigoureux la race, dont les caractères fondamentaux sont précisément « l'homogénéité et la constance qui donnent le pouvoir héréditaire par excellence ? »

Il faut bien prendre garde que dans leur sens propre ces deux mots : pur sang et race pure, ne sont point synonymes. Les nombreux amateurs de la zootechnie font généralement cette méprise ; mais les hippologues le comprennent tout autrement. L'idée du pur sang est tout à fait exclusive au cheval, et à la race pure d'Arabie, que l'on suppose être de tout temps demeurée exempte de mariages avec aucune autre. C'est là le dogme. Il

---

(1) Cette phrase n'est pas exactement conforme au texte. La correction a été introduite à la prière de l'auteur.

n'y a point de texte écrit, point de tradition certaine, point de document historique enfin pour l'établir; mais les dogmes en ont-ils besoin? Il est vrai que la science ne les accepte pas.

Les races qui, elles aussi, sous l'influence d'une civilisation immuable, se sont conservées pures, et sont considérées par nous comme telles, dans les diverses espèces animales soumises à la domesticité, ces races ne sont pas, d'après le dogme, des races de pur sang. Si pures que vous les conceviez, elles sont toujours dégradées; elles ont perdu cette « puissance vive, active et conservatrice, force inhérente à l'espèce, » qui doit être considérée « en dehors de la forme » qui la contient. Seul le cheval noble d'Arabie l'a conservée au lieu de sa naissance et dans les pays où il a été reproduit, notamment en Angleterre (nous avons vu ce qu'il faut penser du cheval anglais sous ce rapport), quelles que soient d'ailleurs les modifications de forme qui lui aient été imprimées.

Voilà le pur sang.

Eh bien! ceux qui ne se payent pas de mots et de chimères ne peuvent se dispenser d'établir dans cette question une importante distinction. Sous la conception du pur sang ainsi compris, il y a un fait vrai; et le lecteur, à présent, en saisira facilement la véritable signification. Ce fait vrai, c'est la constance de la race, produite tout à la fois par son ancienneté et par la sélection rigoureuse qui a toujours présidé à sa reproduction. Les Anglais, dans l'esprit positif desquels n'aurait pu naître l'idée du pur sang élevée à l'état de dogme, font reposer la conservation de leur cheval de race (*horse race*) sur l'exacte observation de quelques règles, dont les principales sont : les titres de noblesse, ou les victoires des ascendants sur les hippodromes, inscrits sur ce qu'ils appellent le *pedigree*; les preuves du même genre propres à l'individu, en langage hippique les *performances*; enfin la belle conformation ou la *symétrie* dans les formes et les proportions. Eu égard au but, on voit que ce sont là tous les éléments de la sélection.

Les qualités incontestables des chevaux dits de pur sang ne sont donc point les conséquences de ce principe imaginaire, indépendant de leur constitution anatomique, rêvé par les hippologues, et que la physiologie positive, la physiologie expérimentale, ne saurait admettre; elles dérivent, comme celles de tous les autres animaux, de l'empire rigoureux des lois de la sélection, en dehors desquelles lois ces qualités ne peuvent être conservées, du propre aveu des créateurs de la chimère du pur sang. Il n'est pas nécessaire d'insister pour le démontrer davantage. Il est clair maintenant, dans l'esprit de tout lecteur non prévenu, que les conditions propres au cheval arabe, au cheval anglais, sont le fait, comme celles qui caractérisent toutes les races de la même espèce ou des autres arrivées à un haut degré de spécialisation, non point d'une pureté originelle dont la certitude ne repose sur rien, mais bien de la gymnastique fonctionnelle, de l'éducation qui est la base de tout perfectionnement. Il est non moins clair que la puissance de transmission héréditaire de ces conditions est en rapport avec leur fixité, avec leur constance, mais aussi avec les autres circon-

stances de la sélection. L'idée émise d'un principe animateur toujours identique et aussi puissant, quelle que soit la forme dans laquelle il s'incarne, est une monstruosité physiologique, que ceux qui l'ont conçue se chargent eux-mêmes de contredire à chaque instant.

Telle est pourtant la base de la doctrine du croisement substituée par nos modernes hippologues à celle de Bourgelat, et adoptée par les zootechniciens partisans de l'entité du *sang*, qu'ils n'ont pas comprise. Dans cette doctrine, toutes les races dégénérées, — c'est-à-dire nos races indigènes sans exception, — doivent être amenées à la perfection par ce qu'ils appellent un sang noble. Ils n'ont pas pris garde que l'expression toute métaphorique de pur sang ne s'applique, en réalité, qu'à l'excitabilité nerveuse qui, pour être arrivée au plus haut degré chez le cheval ainsi qualifié, ne lui est cependant pas exclusive. Cette excitabilité nerveuse très-développée, seule est un fait, comme celui de sa puissance héréditaire; mais loin qu'elle soit un principe indépendant dont l'existence est absolument incompréhensible, le physiologiste ne saurait en séparer l'idée de la forme du système nerveux, qui se transmet par voie d'hérédité comme toutes les autres formes. Étendre donc l'expression de pur sang aux animaux de boucherie, par exemple, c'est commettre une de ces confusions qui, pour être très-communes dans la zootechnie rendue si obscure par de telles subtilités, n'en sont que plus déplorables.

Dans le langage hippique, dire d'un cheval qu'il a du sang, cela signifie qu'il est d'une énergie plus ou moins considérable, et cela se dit des chevaux appartenant à toutes les races; seulement, le pur sang, en d'autres termes, ainsi que nous l'avons vu, la plus forte somme possible d'énergie, ne se rencontre, d'après les hippologues, que chez le cheval noble d'Arabie, ou chez l'anglais, qui en est suivant eux le pur descendant.

Nous avons insisté sur la conception du pur sang, parce qu'elle est la base de la doctrine du croisement quand même, qui a passé à peu près intacte dans la zootechnie empirique, avec son langage et ses prétentions. Nous allons exposer maintenant cette doctrine, et nous verrons mesurer mathématiquement les proportions du sang, absolument comme si la génération était une combinaison chimique entre deux éléments bien déterminés, dont la quotité pût être évaluée par l'analyse d'une manière exacte, et comme si la race à améliorer, dans cet acte, ne devait concourir à la procréation que dans la limite précise des proportions qu'elle aurait conservées lors d'une précédente combinaison.

Dans la doctrine nouvelle, ainsi que dans l'ancienne, le croisement s'opère nécessairement par les mâles; mais il n'a plus seulement pour but de régénérer la race du pays par l'introduction d'étalons étrangers. On se propose, en l'effectuant, de perfectionner la race locale par son absorption aussi avancée que possible dans le type propre à la race des mâles. Quelque loin que soit poussée cette absorption par une suite de générations croisées, le résultat ne s'en maintiendrait point, s'il était abandonné à lui-même; il y a nécessité de revenir de temps en temps à la souche amélioratrice : c'est ce que l'école appelle *rafraîchir le sang*. La raison en est que les produits des croisements possèdent à un moindre degré que les races pures la faculté de transmettre leurs qualités, et rétrogradent d'autant plus facilement que les deux races croisées sont plus éloignées l'une de l'autre par leurs caractères.

Cela est admis formellement par les partisans éclairés du croisement. Il en faut tirer, dès maintenant, à notre avis, cette double conclusion rigoureuse : 1° que l'on ne saurait constituer une race nouvelle avec des individus croisés ; 2° que le croisement ne semble rationnel, pour obtenir même seulement des produits individuels, qu'autant que les reproducteurs sont très-rapprochés par leurs aptitudes et leur conformation.

Nous développerons plus loin ces propositions, contradictoires à la doctrine du croisement telle qu'elle est professée par ceux-là mêmes qui reconnaissent la réalité des faits d'où elles résultent; auparavant, continuons d'exposer cette doctrine.

Le prétendu principe du croisement, il faut le répéter, est fondé sur la prépondérance du mâle dans les produits de la conception. D'un autre côté, on admet que, dans chaque génération, la part proportionnelle d'influence sur le produit est égale pour les deux reproducteurs, ce qui est déjà en contradiction avec cet autre principe posé plus haut : que les produits des croisements possèdent à un moindre degré que les races pures la faculté de transmettre leurs qualités. Quoi qu'il en soit, on arrive par là à chiffrer exactement, dit M. Gayot, « la quantité, la dose proportionnelle des deux espèces de sang qui coule dans les veines d'un produit provenant de races différentes et dont là généalogie est bien connue (1). »

Ainsi, en représentant le caractère du mâle de la race régénératrice par une valeur égale à 1, et celui de la race dégénérée par une valeur égale à 0, on a, pour le produit du premier croisement, une valeur égale à 0,50, ou ce que l'on appelle un *demi-sang*. A la seconde génération, 0 étant remplacé par cette valeur de 0,50, on a une valeur de 0,75, ou un *trois-quarts de sang*. En ajoutant ainsi successivement la valeur obtenue à 1, valeur du père, et en divisant par 2, somme des père et mère eu égard au produit, on arrive d'abord, à la troisième génération, à 0,875 ou *sept-huitièmes de sang* ; puis enfin, à la trentième génération, à une valeur représentée par une fraction décimale composée de vingt-neuf chiffres, dont les neuf premiers sont des 9. M. Gayot n'a pas poussé plus loin cet intéressant calcul.

En admettant pour un moment l'hypothèse sur laquelle s'appuie ledit calcul, on comprend ce qu'il a de séduisant, et l'on ne s'étonne point que les conséquences en soient si facilement acceptées par les zootechniciens étrangers à la physiologie. Une fois posé, en effet, que le pur sang est une force métaphysique, arbitraire, indépendante de la matière, sans étendue, mais cependant susceptible d'être divisée ainsi régulièrement, et multi-

pliée aussi, ce qu'aucun esprit droit ne saurait concevoir toutefois, rien n'est plus simple et plus logique que cette sorte de supputation. Mais si nous considérons, d'une part, que les reproducteurs ne peuvent transmettre, en vertu de la loi d'hérédité, l'aptitude fonctionnelle, qu'en transmettant la constitution anatomique de l'organe d'où elle émane ; d'autre part, que cette aptitude existe toujours, à un degré quelconque, et quelle qu'elle soit, dans la race à améliorer ; enfin, que son développement chez le produit est toujours proportionnel à son exercice ; si nous considérons tout cela, et il n'y a pas moyen de faire autrement, à moins de renverser les connaissances les mieux acquises à la physiologie, la théorie si séduisante tout à l'heure du croisement s'évanouit aussitôt.

Car, avec ces vérités, il n'est plus possible, en premier lieu, de représenter par 0 seulement la valeur de la mère dans la première opération ; en second lieu, de diviser par 2 seulement la somme des valeurs, puisqu'il intervient un nouveau facteur indéterminé, qui est précisément la quotité pour laquelle agit la puissance héréditaire de chacun des procréateurs ; puis un autre, étranger à ces derniers, lequel se trouve dans les conditions hygiéniques au milieu desquelles s'opèrent la conception et le développement du produit.

La théorie du croisement, ou plutôt sa formule mathématique, est donc fausse ; ce ne serait pas assez de dire qu'elle est insuffisante. Elle l'est d'autant plus que, dans l'esprit de celui qui l'a énoncée avec le plus d'autorité, elle ne s'applique qu'à une seule espèce et à une seule spécialité d'aptitude. Elle le conduit à des inconséquences inadmissibles.

Ainsi M. Gayot, en fait le plus éclairé des théoriciens du croisement, après avoir établi, par un calcul en sens inverse de celui que nous venons de voir, que son produit amélioré de la trentième génération, accouplé d'abord avec zéro comme devant, puis, successivement avec le produit de chaque nouvelle génération résultant de ce premier accouplement, suit une progression descendante dans les résultats, qu'il qualifie d'effrayante ; M. Gayot, disons-nous, n'en a pas moins préconisé quelque part, et à plusieurs reprises, la régénération de nos races bovines et ovines par des mâles résultant de croisements bien loin d'avoir été poussés à ce degré d'avancement. Il est vrai qu'il ne s'agit plus ici pour lui de pur sang ; mais peut-il venir à la pensée d'un zootechnicien d'établir sérieusement une telle distinction ? Qui oserait soutenir que la loi d'hérédité n'est pas une pour toutes les espèces, et que, précisément aux termes de cette loi, il n'y a pas au contraire plus de raisons pour que la rétrogradation et les coups en arrière soient encore fréquents et certains avec les mâles des espèces bovine et ovine, appartenant à des races améliorées plus récemment, et par conséquent moins constantes que le cheval dit de pur sang ?

Mais ce n'est pas seulement en passant d'une espèce à une autre, que le prétendu principe du croisement subit de semblables éclipses. Il n'y a qu'à le suivre dans les règles qui sont formulées

---

(1) *Nouveau Dictionnaire pratique de médecine, de chirurgie et d'hygiène vétérinaires* de Bouley et Reynal, t. IV, p. 567. Paris, 1858. Art. Croisement.

pour son application, dans les préceptes de sa pratique, pour s'en apercevoir. Tant il est vrai que les conceptions de pure imagination ne tiennent point devant l'expérience des observateurs clairvoyants et éclairés. Nous ne parlons pas des éleveurs ou zootechniciens ignorants, butés à une idée qu'ils ont adoptée sans examen, et qu'ils suivent en aveugles. Nous n'avons pas l'habitude de discuter avec ceux-là. Ils ne sont du reste point dangereux ; le bon sens qu'ils heurtent trop directement met assez en garde les intéressés.

Il est facile, avons-nous dit, de voir la nullité de la doctrine du croisement lorsqu'on suit les partisans éclairés de cette doctrine dans les applications qu'ils en font. Ici, la conception spéculative disparaît, pour faire place aux faits ; et si quelque chose a jamais été étonnant, c'est de voir l'aisance avec laquelle s'effectue la contradiction entre le principe admis et la conduite imposée par l'observation de ces faits.

Ainsi, pour avoir quelques chances de succès dans le croisement d'une race par une autre destinée à la perfectionner, il faut, dit-on, qu'il existe entre elles « certains rapports de taille, de volume et même quelque identité de formes. »

C'est incontestablement vrai, du moins à part la question de race, qui doit être réservée. L'observation démontre en effet que le produit de l'accouplement ne présente l'harmonie d'une bonne conformation, n'est réussi, en un mot, qu'à ce prix.

Mais que devient après cela la théorie ? Si le reproducteur local doit présenter ses caractères essentiels aussi rapprochés que possible de ceux qui appartiennent au reproducteur étranger, à quoi sert le principe en vertu duquel le produit recevrait de son père la plus forte partie des qualités qu'il doit réunir ? Quels sont donc les mérites distinctifs des races, s'ils ne résident pas précisément dans des différences de taille, de volume et de formes et d'aptitudes ?

La première condition de la réussite, dans l'opération du croisement, est donc de faire en réalité tout autre chose que cette opération. Otez en effet l'idée, pour vous en tenir au fait, et vous aurez à proprement parler de la sélection, c'est-à-dire l'accouplement de deux individus aussi rapprochés que possible par leur constitution physiologique ; car à part la fixité des caractères, qui ne se peut transmettre par une génération seule, il y a là, de part et d'autre, tous les éléments de la race. Preuve nouvelle que le principe du croisement n'est qu'une idée pure, dont on ne tient plus compte, dès qu'il s'agit de passer de la spéculation au fait.

Pour que cette idée subsistât dans la signification véritable que nous lui avons reconnue, il faudrait que l'influence amélioratrice du mâle s'exerçât quand même et quelle que fût la femelle. Celle-ci, en théorie, n'est-elle pas réduite à zéro ? La conséquence est nécessaire ; mais elle est trop absurde pour être déduite, en pratique, par les zélateurs éclairés du croisement ; ce qui ne l'empêche point, au contraire, d'avoir d'assez nombreux partisans. Quand on a quelques connaissances en matière de bétail, il suffit, pour en être convaincu, de jeter

un coup d'œil sur la catégorie affectée dans nos concours aux divers produits croisés. La preuve des mariages disparates effectués en vertu de cette conséquence s'y montre à chaque pas.

Ce sont les faits de ce genre qui ont obligé les plus fervents apôtres de la doctrine à qualifier de faux principe celui qui les a amenés. Et pourtant ce principe n'est que celui qu'ils préconisent, dans sa signification la plus exacte. Si quelqu'un est inconséquent ici, ce sont eux-mêmes et pas d'autres. Si, comme ils le prétendent, le mâle est nécessairement prépondérant dans la génération, ses mariages successifs avec les produits de son sang doivent chaque fois entraîner une amélioration nouvelle. L'indignité de la première mère ne peut que retarder le résultat, mais non point s'opposer radicalement à sa venue. Ici, la logique, ou la théorie, est fausse ; il n'y a pas de moyen terme. Or, ce ne peut être la logique ; car, le père a la puissance amélioratrice, ou il ne l'a pas ; et si on la lui conteste, plus de théorie du croisement ; si on l'admet, elle ne peut être subordonnée que pour une partie, et non point pour le tout, au réceptacle de la mère. La théorie, en ceci, est absolue, ou n'est pas. En logique, cela est élémentaire.

Eh bien ! elle n'est pas, apparemment ; et nous n'en voulons d'autre témoignage que ceux fournis par ses auteurs eux-mêmes. « Donnez donc, dit M. Gayot, un étalon de pur sang, un cheval de tête et de premier choix à ces petites juments défectueuses, tarées, viles et sans nature qui, en tous pays, occupent le dernier degré de l'échelle dans l'espèce, et voyez les suites d'une pareille mésalliance, non-seulement à la première, mais encore à la seconde et à la troisième génération, si on a le courage de poursuivre et de persévérer ! »

Certes, on est de cet avis, que les suites de ce que l'auteur appelle une mésalliance, et de ce que nous appellerons en langage moins recherché, mais plus précis et plus exact, une transgression formelle des plus simples lois de la zootechnie, ne peuvent être que déplorables. Mais, encore une fois, que devient ici la doctrine, qui place dans le pur sang « toutes les perfections, » en ajoutant que « la source de toutes les spécialités » est en lui ? Que penser de cette « admirable flexibilité » qui est son propre, et en vertu de laquelle la forme qui le contient « peut varier et revêtir des caractères extérieurs très-différents sans que le principe qui l'anime cesse d'être parfaitement identique ? »

C'est au contrôle de pareils faits que se jugent les théories. Celles-ci, quand elles sont positives et solides, y résistent parfaitement ; sinon, non. Hélas ! ce n'est pas, comme on voit, le cas pour celle du croisement. Mais nous n'avons pas fini.

Une autre règle du croisement, fort juste assurément en soi, mais en opposition formelle encore avec le principe, et surtout avec ce qui vient d'être dit, c'est celle qui recommande de ne choisir les mâles de perfectionnement que dans des races dès longtemps indigènes dans le pays d'où ils sont importés, et par conséquent bien fixées. Dans le cas contraire, dit-on, le père n'a pas reçu l'énergie suffisante pour contre-balancer l'influence de la mère, qui est prolongée et d'ailleurs favorisée par l'action constante du sol, de l'air, de l'eau, de la nourriture; en d'autres termes, par les circonstances hygiéniques; et même lorsque le mâle appartient à une race bien constante, bien pure, il a encore à lutter contre ces influences qui, ajoute-t-on, affaiblissent son pouvoir héréditaire, en augmentant, en proportion relative, celui de la mère.

On trouve ce fait positivement exprimé en maint endroit des écrits des théoriciens du croisement. Ils en donnent, comme nous l'avons vu, mathématiquement la mesure, en qualifiant d'effrayante la progression décroissante que suivent les qualités des produits résultant de croisements opérés avec les métis. On croit, après cela, les avoir vus enfin en possession d'un principe réel, qu'ils suivront dans ses conséquences les plus logiques; mais point du tout. Quand ils envisagent la question à un point de vue général, ils demeurent d'accord qu'une race ne saurait se constituer par des métis; en passant même des généralités à l'application, ils maintiennent encore le principe, s'il concorde avec les idées qu'ils se sont faites pour le cas particulier dont il s'agit; mais s'il en est autrement, ils n'hésitent point à le qualifier d'énormité et d'hérésie, et ils proclament ce principe nouveau : « Le métissage crée des races. » Jamais on n'a vu pareil tissu de contradictions.

La base de leur doctrine, l'idée du pur sang, s'appuie sur une hypothèse diamétralement opposée. Ils accumulent en sa faveur, — quelle que soit d'ailleurs la signification qu'ils lui donnent pour les diverses espèces, — tous les éléments de démonstration qu'ils peuvent imaginer; c'est égal, ils n'en donnent pas moins pour des types améliorateurs ce qu'ils appellent leurs demi-sang. Et pour preuve de l'efficacité de ceux-ci, il ne leur en coûte nullement d'affirmer, contre toute évidence, que les races bovines et ovines anglaises améliorées sont des races métissées. L'histoire de ces races ne contient aucun document qui ne dépose formellement contre cette assertion; tout le monde sait qu'elles ont été conduites au point de perfection où nous les voyons par les procédés de sélection dont nous avons donné la signification physiologique; il n'importe : l'esprit de système a besoin d'en faire des métis; il n'est pas dans sa nature de plier devant les exigences des faits.

Inutile de pousser plus loin l'examen de la doctrine du croisement érigé en principe. Nous avons déjà dit que nous ne voulions pas, dans cet examen, dépasser les limites où se sont maintenus les partisans éclairés et suffisamment autorisés de ladite doctrine, parce que c'est dans ces limites seulement qu'elle est dangereuse pour l'économie de notre bétail, en raison de son apparence spécieuse. Nous pouvons conclure de tout ce qui précède, que l'on y a accumulé comme à plaisir l'arbitraire, les contradictions et la confusion. Et cela était inévitable, car le lecteur a déjà saisi, sans nul doute, que le point de départ est une erreur physiologique manifeste, dont nous avons précédemment donné la démonstration. La doctrine de la régénération par le croisement des races dites dégénérées, à l'aide d'un type supérieur, subor-

donne l'influence du milieu hygiénique sur le produit à celle de la loi d'hérédité; elle place en première ligne, et bien au-dessus de tout le reste, à une distance presque incommensurable, la puissance de la génération. C'est là son vice radical.

L'histoire scientifique des évolutions de notre globe, qui nous montre l'apparition successive de la vie à sa surface, en établissant toujours, pour chaque phase de ces évolutions, une corrélation étroite entre la faune et la flore, celle-ci précédant celle-là, ne permettrait pas de douter un seul instant de la dépendance complète où se trouvent les animaux, relativement à leur milieu, si d'ailleurs l'observation contemporaine ne vérifiait à chaque instant l'exactitude de cette loi cosmique. Les animaux ont, de tout temps, perpétué leur espèce; mais, dans les créations successives inscrites en caractères ineffaçables sur les étages géologiques où leurs fossiles ont laissé des traces, l'observateur clairvoyant lit que ces animaux ont subi dans leur organisation des perfectionnements toujours correspondants et subordonnés à ceux du milieu. Rien de plus logique et de plus vrai, après tout, que cette subordination de l'objet créé à la matière première, en l'absence de laquelle les imaginations déréglées seules peuvent concevoir son existence.

Partout, dans ces créations éteintes, se montrent à la fois les mêmes espèces végétales et animales pour chaque nature de terrains, à partir des roches primitives, où il n'existe aucune trace d'êtres organisés, la vie ne s'étant pas encore manifestée en raison de l'incompatibilité du milieu. Partout on passe des mollusques aux reptiles, et de ceux-ci aux mammifères, qui sont pour les naturalistes le plus haut degré de perfection de l'animalité, et en tête desquels se place l'homme, véritable roi, par droit d'intelligence, mais par ce droit seulement, de la présente création.

Comment se peut-il, cela étant, qu'une conception comme celle que nous avons combattue ait pu germer dans des esprits sérieux? Comment se fait-il que quelqu'un ait jamais pu songer à créer des formes ou des aptitudes nouvelles, chez les animaux placés sous notre dépendance, au mépris de cette loi immuable et éternelle de la subordination de l'individu au milieu dans lequel s'effectue son développement? On a besoin d'invoquer la lamentable histoire des aberrations de l'esprit humain, se prenant tout à la fois pour sujet et pour objet, pour en trouver la raison. Aujourd'hui, la science répudie absolument cette façon de procéder; le domaine des idées pures est clos pour elle; elle n'accepte d'autre fondement que la méthode expérimentale.

Le premier soin qu'elle doit avoir donc, dans ses applications à la zootechnie, est de renoncer décidément à toutes les suppositions qui entravent sa marche, à toutes les équivoques de langage qui l'obscurcissent.

Abandonnons pour toujours, d'abord, ces expressions de pur sang, de sang, dont le principal défaut n'est point seulement de consacrer une erreur physiologique. Nous savons les significations diverses que leur ont données ceux qui les ont imaginées et ceux qui les ont adoptées. Elles n'auraient dans la pratique, il est vrai, que des inconvénients négligeables, si l'on s'entendait à leur propos ; si, par exemple, il était convenu qu'elles désignent la perfection d'une aptitude quelconque, variable suivant l'espèce ou la race. Mais il n'en est pas ainsi. Si l'on admet cette acception pour les races bovines et ovines de boucherie, à la rigueur, on ne l'admet plus pour le cheval de gros trait, qui, dit-on, si parfait qu'il soit eu égard à sa destination propre, n'en est pas moins « l'antipode du cheval de pur sang, » en principe comme en fait.

N'y a-t-il pas là une de ces mille contradictions de l'école du pur sang, et qui n'a d'égale, peut-être, que celle en vertu de laquelle, après avoir qualifié de « grossière méprise » la supposition d'un type primitif pour l'espèce chevaline, elle n'en arrive pas moins à affirmer, avec toute l'aisance possible, que le cheval de gros trait n'a pas d'autre origine que celle du cheval arabe? Les influences extérieures auraient ici seules produit cet être *dégénéré*, dont M. de Dombasle prit jadis la défense en termes si éloquents et marqués au coin d'un si grand bon sens. Toujours pour les besoins de la cause, voilà maintenant cette toute-puissance du sang contre-balancée par celle du milieu, au point de transformer le coursier d'Arabie en cheval boulonnais !

Il y a donc dans tout cela une véritable logomachie, en même temps qu'une contre-vérité physiologique. Ceux qui dissertent sur le pur sang et veulent le faire admettre « comme le véhicule le plus efficace à l'amélioration des races, » cela est manifeste, ne se comprennent pas bien eux-mêmes. Conservons aux mots leur sens vulgaire et universellement adopté, si nous voulons être toujours compris. La fantaisie de l'expression ne sert qu'à dissimuler le vide de l'idée. Appelons, comme tout le monde, énergie, force, vigueur, chez le cheval, ce que les hippologues appellent *sang*. Celui-ci, en tant que liquide organique, ne saurait être le véhicule de ces qualités ; car elles sont subordonnées à la constitution anatomique d'un appareil d'organes avec lequel il n'entretient que des rapports de nutrition, absolument comme avec tous les autres ; il ne saurait être surtout celui de leur transmission héréditaire exclusive, attendu que, de la part du mâle, ses rapports avec le produit cessent aussitôt après la conception, si tant est qu'ils aient existé même indirectement au moment de cet acte encore mystérieux ; tandis que, de la part de la mère, ils s'établissent précisément à cet instant pour n'être plus discontinués de longtemps.

Dans ses autres acceptions, remplaçons ce mot métaphorique de sang, par celui plus exact de *race*, dont nous connaissons maintenant la véritable signification. Lorsque, dans les résultats de l'accouplement des sexes, nous voulons exprimer l'influence héréditaire, ne parlons plus de celle du sang, mais de celle de la race, c'est-à-dire des caractères constants, fixes, et par conséquent transmissibles par la génération. Comme principe, comme force indépendante de la matière tangible, le *sang* est en définitive une chimère ; comme

fait, il n'est qu'un des éléments de l'organisme dont les parties, pour être subordonnées les unes aux autres, ne sont pas moins indispensables à cet organisme.

C'en est assez, sans doute, pour réduire à la nullité de leur valeur la doctrine du croisement et le langage équivoque et confus qu'elle a introduit dans la zootechnie.

Mais si cette doctrine est bien décidément impuissante à réaliser les prétentions de ceux qui la préconisent si chaleureusement, pour amener la régénération et l'amélioration des races, est-ce à dire qu'il faille s'abstenir d'une manière absolue des opérations dites de croisement? En aucune façon. Ramené à son importance scientifique réelle, le croisement est un moyen, un procédé d'exploitation industrielle des animaux qui, à l'exemple de tous les procédés de fabrication, donne des résultats en rapport avec la manière dont il est mis en pratique. Nous allons maintenant le démontrer, en même temps que nous indiquerons les principes généraux de l'application de ce moyen.

Ce qu'il importait de bien établir, auparavant, c'est le peu de fondement de cette supposition malheureuse, sur laquelle s'appuient ceux qui en font une nécessité absolue de la zootechnie, à savoir que toutes les races naturelles ont été fatalement condamnées à la dégénération. Sans revenir sur l'hypothèse toute gratuite d'une patrie primitive pour chaque espèce, il faut répéter que chacune des races que présente celle-ci est exactement calquée sur les conditions culturales au milieu desquelles elle s'est formée, et qu'elle répond aux besoins correspondant à ces conditions. Qu'une race soit indigène ou qu'elle ait été importée depuis un temps suffisant pour que les circonstances naturelles aient pu agir sur sa constitution au point de la rendre constante, le fait est le même ; et pour qu'on fût autorisé à la considérer comme ayant dégénéré, il serait indispensable qu'on pût la comparer à ce qu'elle était à son point de départ. Celui-ci n'ayant jamais pu être saisi par personne, au moins pour ce que nous appelons nos races indigènes ou locales, force nous est bien de reléguer tout ce qui a été dit de la dégénération dans le domaine de la pure fantaisie.

Dégagé de cet empêchement fondamental, le problème du croisement, problème purement industriel et non point du tout doctrinal, se pose donc de la manière suivante :

Étant donnée une race locale, avec toutes les matières premières nécessaires à son exploitation plus lucrative que celle que permettent ses seules aptitudes naturelles, tirer le meilleur parti possible de ses produits.

Ainsi le comprennent les quelques rares zootechniciens arrivés par la physiologie positive et l'économie rurale à l'observation des faits ; ainsi l'ont compris, par exemple, M. Baudement, M. Tisserant, chaque fois qu'ils ont écrit sur le croisement. Nous n'avons pas envisagé autrement nous-même cette pratique, en la préconisant pour les races ovines de l'Ouest (1), que nous avons

(1) *L'Espèce ovine de l'Ouest et son amélioration*, Paris, 1858.

recommandé d'accoupler avec des béliers de la race anglaise améliorée de Southdown.

Seulement, par ce qui précède, on ne saisirait pas bien la distinction essentielle qu'il faut établir, entre le croisement considéré comme principe d'amélioration appliqué aux races, et le croisement envisagé comme moyen de tirer un plus utile parti des individus, pris isolément et dans des conditions déterminées. Nous allons donc y insister ; car cette distinction est en zootechnie de la plus grande gravité.

Il importe, en effet, au plus haut degré de ne pas perdre de vue que si les produits de l'accouplement de deux individus appartenant à des races différentes peuvent présenter des caractères supérieurs à ceux de la race mère, ces caractères ne sont susceptibles de se maintenir qu'autant qu'ils sont en rapport exact avec le milieu dans lequel celle-ci est placée ; en un mot, que ces caractères ne se développent dans les produits qu'autant qu'ils ne sont pas l'expression d'une agriculture plus avancée et d'une hygiène plus minutieuse et plus attentive, que celles dans lesquelles ceux-ci sont destinés à vivre et à se développer. C'est ce que les partisans eux-mêmes du croisement doctrinal reconnaissent, sans en comprendre toutefois la signification. A moins cependant qu'il ne s'agisse que de modifications purement accidentelles dans l'organisme, et portant seulement sur ce que l'on peut appeler ses appendices extérieurs.

C'est ainsi que M. Dutrône a pu, avec une persévérance louable par le motif qui l'a inspirée, constituer dans la race cotentine une famille spéciale, caractérisée seulement par l'absence des cornes. En accouplant des vaches normandes avec des taureaux des races sans cornes d'Angus et de Suffolk, il a pu obtenir de temps à autre des produits qui n'avaient hérité de leur père que l'inaptitude à développer leurs armes frontales, et parvenir à fixer cette particularité dans la famille par des mariages consanguins. A part les cornes, les animaux de M. Dutrône présentent tous les caractères de pelage et de conformation de la race cotentine. L'absence des cornes est bien ici le résultat du croisement, et l'on comprend que rien ne se soit opposé à la transmission héréditaire de ce caractère, physiologiquement indépendant des circonstances extérieures à l'animal. Aucune influence, dans le jeu des fonctions, n'en pouvait solliciter la réapparition, pas plus que pour le caractère soyeux une fois apparu, sans qu'on puisse savoir pourquoi, dans la toison de l'agneau mérinos du troupeau de M. Graux, de Mauchamp.

C'est aussi de même que l'on s'explique la persistance des modifications imprimées aux toisons de nos moutons de race commune, par leur croisement une fois opéré avec le mérinos. Tout en conservant leur conformation et leurs aptitudes natives, ils offrent toujours dans la disposition du brin de leur laine plus ou moins des caractères propres à celui de la race mérine, ainsi que nous en avons rapporté quelque part un cas extrêmement intéressant (1).

Les considérations de cet ordre dominent toute la question du croisement étudié dans ses rapports avec les races humaines ; et quand on lit en zootechnicien les travaux des ethnologistes, on s'aperçoit que ceux-ci leur accordent une importance exagérée, qui fausse la plupart de leurs conclusions. Les traits du visage, la couleur et la forme des cheveux, se transmettent partout avec une facilité si grande, et se produisent aussi spontanément dans des circonstances si diverses, qu'il semble bien impossible de rien baser de solide sur de pareils éléments, dans des recherches aussi difficiles.

Mais nous ne devons pas nous écarter de notre sujet. Qu'il nous soit permis seulement de répéter à ce propos que les individus croisés n'ont jamais nulle part, et dans aucune espèce, transmis à leurs descendants d'une manière suivie aucun des caractères essentiels qui les faisaient primitivement différer de leurs auteurs, et que, dans leur reproduction, ils sont toujours revenus au type de celui de leurs ascendants qui était en possession de l'indigénat. C'est dire, en d'autres termes, qu'aucune race ne s'est jamais constituée par croisement. Les apparences contraires sont basées sur des faits mal interprétés, et, ainsi que nous l'avons dit, sur l'importance majeure accordée à des circonstances qui, dans la caractéristique des races, n'ont qu'une valeur tout à fait secondaire.

La forme générale du corps et les aptitudes méritent autrement, à notre point de vue du moins, d'être prises en considération. Or, l'accouplement de deux individus aussi semblables que possible sous ce double rapport ne constitue point pour le physiologiste un croisement, dans la véritable acception de ce mot, quelles que soient d'ailleurs les différences qu'ils présentent dans les caractères secondaires de leur physionomie, indépendants de leur constitution physiologique. Il faut une grande attention et beaucoup d'habitude pour distinguer dès maintenant à première vue, par exemple, tel charollais amélioré par sélection et tel durham au pelage blanc comme lui ; cela sera encore bien plus difficile, sinon tout à fait impossible, lorsque la race charollaise sera avant peu arrivée par ce moyen au degré d'amélioration qu'elle doit atteindre. Le mariage entre le charollais amélioré et le durham n'est donc point à proprement parler un croisement ; et les produits s'en maintiendraient certainement, à la condition qu'ils fussent placés au milieu des circonstances qui ont modifié la race mère ; sans quoi, bien entendu, ils feraient retour au type primitif. C'est ce que l'on a pu du reste observer chez les éleveurs si distingués, les Massé, les de Bouillé, qui s'occupent de la race charollaise.

Cette notion domine toute la question du croisement industriel, telle que nous l'avons posée. Celui-ci, pour réussir, doit être mené de front avec la sélection, qui seule peut améliorer la race, et en même temps fournir des mères capables de s'allier, avec quelques chances de succès, avec un reproducteur plus avancé qu'elle dans la voie de l'amélioration. Les produits de cette alliance seront formés sur un type assez rapproché de celui du père, mais à la condition indispensa-

----

(1) Ouvrage cité plus haut.

ble qu'ils trouvent dans la nourriture et les soins qui leur seront donnés de quoi exercer suffisamment les aptitudes qu'ils en auront reçues. Le père leur aura fourni le patron, le moule, si l'on veut ; l'intervention de l'artiste doit y couler la matière et la façonner. Ce sont des objets de fabrication et de vente, et pas autre chose. Leurs qualités, purement individuelles, ne peuvent se répéter que par les moyens qui ont déjà servi à les obtenir.

Il s'agit ici d'un principe absolu. Nous l'avons établi suffisamment, pensons-nous, au chapitre relatif aux améliorations. Quelles que soient les aptitudes spéciales à développer et à exploiter, il n'y faut point songer, si l'on ne peut d'avance compter sur les moyens hygiéniques qui sont la condition fondamentale de tout perfectionnement dans les individus comme dans les races. Avec ces moyens, le croisement pratiqué avec intelligence et compétence est un bon procédé d'exploitation ; en leur absence, il ne donne que des mécomptes. L'observation l'a mille fois prouvé ; et l'on n'aura pas de peine à le comprendre maintenant. Il est clair, par exemple, que transmettre par la génération de grandes aptitudes à un développement précoce, à une assimilation très-active, pour n'avoir ensuite à fournir que des aliments insuffisants à l'exercice de ces aptitudes, c'est préparer sûrement aux individus qui les possèdent une vie de souffrances et un développement anormal ; que transmettre aussi une excitabilité nerveuse très-intense, sans rien de ce qui, dans la nourriture et la gymnastique, assure la solidité des organes de la vie de relation, c'est faire à coup sûr des individus manqués, irréguliers, sans équilibre organique, des anomalies en un mot.

Ainsi donc, — et il faut insister sur ce fait, — la condition indispensable de toute entreprise de croisement véritable, c'est-à-dire d'accouplement entre une race inférieure et une race supérieure, pour en obtenir des produits améliorés, est que les reproducteurs et les produits, puissent être placés dans des circonstances au moins égales à celles où la race supérieure s'entretient et se conserve, sinon meilleures. L'influence héréditaire du type améliorateur est à ce prix ; autrement elle s'efface et disparaît. Si, par le fait de ces circonstances, la race inférieure, dans son ensemble, est devenue égale à la supérieure dans l'échelle de l'amélioration, quant aux individus accouplés, le cas rentre en réalité dans le champ de la sélection pure, ou du mariage des individus à formes et à aptitudes identiques ; il n'y a plus croisement, dans l'acception propre de ce mot. Les individus qui en résultent ne sont plus de vrais métis ; on conçoit qu'ils puissent former race.

Ce n'est du reste qu'en se rapprochant de ces conditions que le croisement, à titre de moyen industriel, peut produire de bons résultats.

Comme tous les procédés industriels, le croisement comporte, dans ses applications pratiques, des règles et des préceptes que nous ne pouvons passer en ce moment en revue, devant ici nous en tenir aux principes généraux ; ils seront indiqués en détail dans chacun des chapitres consacrés aux diverses espèces que nous avons en vue, et relativement à chacune des *spécialisations* auxquelles ils doivent conduire les animaux.

Nous avons achevé maintenant l'exposition des principes scientifiques qui doivent présider au perfectionnement des animaux. Avant de faire l'application de ces études à chacune de nos espèces domestiques en particulier, nous avons encore à examiner les diverses mesures générales qui sont considérées comme ayant de l'influence sur les progrès de l'économie du bétail, à divers titres qu'il nous faut à présent examiner. Cette partie de notre tâche a, elle aussi, une grande importance, et nous ne devons pas hésiter à lui consacrer de longs développements. Force nous est bien, pour être complets, d'envisager la question zootechnique sous toutes ses faces.

CHAPITRE VIII.

DES MOYENS DE PROVOQUER LES AMÉLIORATIONS.

Les moyens usités aujourd'hui pour accomplir ou stimuler le progrès, en zootechnie, sont dus à l'initiative de l'administration publique, ou à celle des associations particulières se proposant de travailler à l'avancement de l'agriculture. On pense assez généralement, et avec raison peut-être, que, dans notre pays, l'initiative individuelle, si elle était tout à fait abandonnée à elle-même, ne serait point suffisante pour réaliser, de son propre mouvement, les améliorations conçues par la science et rendues nécessaires par les besoins de la civilisation.

Il serait sans doute facile de faire voir, dès à présent, que l'impuissance actuelle de l'initiative individuelle, au moins pour la plus forte part et en ce qui concerne le bétail, tient plus à l'insuffisance de l'instruction spéciale des éleveurs qu'à une incapacité radicale de cette initiative ; car il est bien certain que celle-ci aurait dans son propre intérêt un stimulant suffisant, si elle était en mesure de le comprendre. Le rôle même que remplissent à cet égard les hommes éclairés qui composent les associations agricoles dont il vient d'être parlé, le prouverait suffisamment. Mais cela ressortira encore davantage des développements dans lesquels nous allons entrer.

Quoi qu'il en soit, l'intervention collective dans la production et l'amélioration du bétail est directe ou indirecte ; elle émane de l'État seul, ou elle résulte des efforts combinés de celui-ci, des administrations départementales et des particuliers associés ; ou bien enfin elle est le fait de ces derniers seulement.

Cette intervention va jusqu'à prendre par elle-même la direction de la production, en fournissant ce qu'elle considère comme l'agent principal des améliorations, aux risques et périls toutefois des particuliers intéressés ; dans d'autres cas, elle se borne à agir indirectement par des encouragements décernés aux bons produits, par des mesures relatives à leurs débouchés, etc., etc.

Nous avons donc à examiner successivement les diverses institutions qui, en vertu de ces idées, sont en vigueur pour provoquer la multiplication et l'amélioration des animaux de nos principales espèces domestiques. Nous considérerons d'abord celles qui se rapportent à l'intervention directe de l'État ou des départements ; puis, celles qui, ressortissant à l'intervention indirecte, rentrent dans la catégorie des encouragements. Nous aurons, dans cette revue, à blâmer et à louer, plus à louer qu'à blâmer cependant ; mais l'intérêt du progrès guidant seul nos critiques, celles-ci ne seront basées que sur les principes scientifiques précédemment développés.

Il n'y a qu'à voir, en effet, pour juger sainement les institutions que nous avons à passer en revue, si, par leur nature même et abstraction faite des hommes qui doivent les faire fonctionner, ces institutions peuvent réaliser dans la pratique les principes que nous avons déduits expérimentalement de l'observation. Si oui, elles sont bonnes et doivent être conservées et même étendues davantage ; si non, elles sont mauvaises, et notre devoir est de le démontrer, d'abord pour signaler à l'État de judicieuses économies à faire, mais surtout pour mettre les éleveurs en garde, dans leur propre intérêt, et dans celui de la production en général.

Ces questions ont été déjà bien des fois traitées ; elles ont donné lieu, depuis une trentaine d'années, à des luttes passionnées, qui se sont encore renouvelées tout récemment. Nous essayerons ici de demeurer toujours sur le terrain de la science, qui exclut tout ce qui n'est pas le calme et la modération. Trop de gens qui y étaient complétement étrangers, d'une part comme de l'autre, ont obscurci comme à plaisir des matières fort claires par leur nature même. Tâchons donc de les éclaircir.

DE L'INTERVENTION DIRECTE.

L'État et les administrations départementales interviennent directement dans la production animale, en fournissant aux producteurs des mâles pour l'amélioration de leurs produits. Ces mâles sont achetés par l'État et les départements, ou nés et élevés dans des établissements spéciaux créés et entretenus par le premier ; ils sont loués pour la saillie des femelles, et répartis dans ce but en un nombre plus ou moins considérable de stations sur toute l'étendue du pays ; ou bien vendus aux enchères publiques ; ou encore donnés à titre gracieux à des personnes qui prennent en échange l'engagement de les livrer, pendant un temps déterminé et à des conditions stipulées, à la saillie des femelles de leur circonscription.

L'intervention directe s'effectue, sous ces différentes formes, au moyen de l'administration des haras, des vacheries et des bergeries de l'État, des étalons départementaux et de l'approbation des étalons particuliers. On voit que tout cela se rapporte toujours, en définitive, à l'action exclusive des mâles dans l'amélioration. Nous allons d'abord examiner les modes relatifs à l'État ; nous parlerons ensuite de ceux qui concernent les administrations départementales.

Administration des haras. — Créée en 1665 par Colbert, successivement développée par ses successeurs, supprimée en 1791 par l'Assemblée nationale, puis rétablie en l'an III par la Convention, l'institution des haras de l'État fut enfin définitivement constituée par un décret de l'Empereur, en 1806, et n'a pas cessé d'exister depuis, au moins quant à son intervention directe dans l'industrie chevaline.

Les nombreuses vicissitudes subies par l'administration des haras depuis sa réorganisation en 1806 jusqu'à ce jour, les changements de direction qui lui ont été imposés tour à tour dans des sens à peu près toujours radicalement inverses, sembleraient indiquer à l'observateur impartial que les services rendus par elle à la production chevaline, n'ont jamais été assez éclatants pour qu'ils pussent la défendre contre les attaques dont elle n'a cessé d'être l'objet.

En suivant, en effet, la courte histoire de cette institution, on ne trouve point dans les nombreux décrets, ordonnances et arrêtés rendus à son sujet en 1806, 1825, 1832, 1840, 1842, 1846, 1848, 1850, 1852, 1860, la preuve du développement régulier d'un système, dont les bienfaits non douteux n'ont besoin que d'être étendus. A chaque instant, au contraire, on voit le passé condamné d'une façon à peu près absolue, une nouvelle direction imprimée à la marche de l'institution, pour être bientôt remplacée par une autre, condamnée à son tour un peu plus tard. Et toujours, quand on compulse en outre les publications où l'opinion publique se fait jour, on rencontre sans cesse des traces non équivoques des luttes passionnées dont l'administration des haras est l'objet, de la part des hommes que l'industrie chevaline préoccupe, militaires, agronomes, économistes et *hommes dits de cheval.*

Ce n'est pas là, on en conviendra, pensons-nous, le fait d'une institution dont l'utilité serait bien saisissable. Pour être si contestée, il faut absolument que cette administration des haras offre une large prise au doute et à la critique, non pas seulement par le fait des hommes qui l'ont dirigée aux diverses époques plus haut citées, mais encore dans son principe même. Aussi son existence a-t-elle été mise fortement en question une fois de plus en 1860. Une commission nombreuse, chargée de donner son avis à cet égard, s'est également partagée entre le maintien et la suppression de l'intervention directe de l'État dans l'industrie chevaline. Il est bon de faire remarquer, en outre, que ceux-là même qui se sont alors prononcés en faveur du maintien n'ont point manqué, comme leurs devanciers, de mettre en évidence les vices de l'institution existante, et de proposer sa réorganisation sur de nouvelles bases.

C'est ensuite de cette nouvelle étude de la question, tant de fois débattue, que fut rendu le décret impérial du 19 décembre 1860, qui est la Charte actuelle de l'administration des haras.

Il n'entre pas dans notre plan de donner ici les détails de la dernière réorganisation dont on attend, comme de toutes les précédentes, de meilleurs résultats que ceux obtenus avec celle qu'elle a remplacée. Nous avons seulement à examiner la valeur du principe de l'intervention directe de l'État, sur lequel a toujours reposé, sous des formes si diverses, l'administration des haras.

Ce principe est, ainsi que nous l'avons déjà dit, celui de la prépondérance du mâle dans la génération, et de l'importance première de celle-ci dans l'amélioration ; il a pour conséquence logique la doctrine du croisement, que nous avons combattue, érigée en système. L'histoire des haras, d'ailleurs si mouvementée, prouve que sous ce rapport ils n'ont jamais varié. La nouvelle administration, comme les autres, ne conçoit pas qu'elle puisse autrement obtenir les perfectionnements qu'elle a en vue. Son premier acte a été une profession de foi en vertu de laquelle elle prend le pur sang pour base de ses opérations.

Nous n'avons plus à démontrer l'erreur d'un semblable principe. Cette démonstration a été faite précédemment. Il faut seulement faire voir, par l'observation du passé et par l'enchaînement logique des conséquences, qu'une direction unique et centralisée, dans une industrie aussi complexe que l'est celle de la production chevaline, doit nécessairement conduire au triomphe d'une idée systématique. Cette idée est celle que professe la personne dirigeante ; et quelque modérée qu'elle soit, sa tendance naturelle est de s'étendre toujours à des objets qui ne s'y prêtent point. Pour s'appliquer, en outre, à l'aide d'une administration organisée, cette idée a nécessairement besoin du concours d'agents absolument désintéressés dans la production, et qui, pour ce motif, ne sauraient la faire plier devant les exigences de celle-ci. Quoi qu'elle veuille, une institution centralisée obéit forcément au principe qui la domine. Si elle est bien dirigée, ses fautes seront moins grosses ; mais la somme desdites fautes sera toujours, par la nature même des choses, plus considérable que celle de ses bienfaits.

Après les développements que nous avons consacrés à l'étude des moyens d'amélioration applicables au perfectionnement des individus et des races, dans les chapitres précédents, il serait bien superflu, sans doute, d'insister sur ce fait : que des étalons, si beaux qu'on les suppose, et encore bien qu'on pût suffisamment se préoccuper de les approprier toujours exactement aux localités dans lesquelles ils doivent agir, ne sont qu'un des éléments du problème de l'amélioration. L'adminis-

tration des haras, cependant, n'a pas d'autre raison d'être que celle de fournir ces étalons aux éleveurs. Le reste de son action rentre dans une autre catégorie que celle qui nous occupe en ce moment, et que nous aurons à examiner plus loin. La seule raison de son maintien est la croyance encore assez généralement répandue, que dans l'état actuel de l'industrie chevaline, avec la division du sol et des fortunes, cette industrie ne peut pas se pourvoir elle-même des étalons de mérite nécessaires à la conservation et à l'amélioration de nos races indigènes. Or un intérêt public considérable, un intérêt de défense nationale, nécessitant que cette industrie soit prospère et puisse, le cas échéant, répondre aux besoins, il importe, dit-on, que l'État prenne en main sa direction et assure par là sa prospérité.

On comprendrait ce raisonnement, si l'État se faisait en effet producteur de chevaux. Sans examiner au prix de quels sacrifices il pourrait le devenir, on conçoit que par ce moyen il soit capable de maintenir la production et même de la multiplier. Mais il faut prendre garde qu'en fournissant seulement des étalons, s'il peut agir sur l'un des facteurs de cette même production, il demeure étranger à tous les autres, qui sont précisément les principaux. Le lecteur connaît déjà ceux qui se rapportent, pour ainsi dire, à la fabrication du produit ; nous verrons plus loin ce qui concerne le vrai, l'unique stimulant de la production. Le bétail, comme tous les objets de notre activité industrielle, et le cheval en particulier, obéit à cette loi économique incontestable, d'après laquelle la consommation commande la production. Il n'y a point d'autre moyen de provoquer l'augmentation de celle-ci, que de créer pour ses objets des débouchés avantageux. Tout le reste est utopie. Il est vrai que leur amélioration est une condition de succès dans ce sens ; et s'il était démontré que l'administration des haras pût, par le seul fait du bon choix de ses étalons, amener ce résultat, on serait fondé à admettre qu'elle agit en effet sur la production de la façon que nous venons de voir. Mais en est-il ainsi ?

Pour justifier en apparence l'intervention directe de l'État dans l'industrie chevaline, on a besoin de supposer que le cheval n'est pas un produit agricole comme les animaux des autres espèces qui s'élèvent dans la ferme. On considère sa production tout à fait en dehors de l'agriculture. On en fait une industrie à part, obéissant à des lois particulières, et devant être dirigée par un personnel spécial, n'ayant rien de commun, ni par ses études, ni par ses habitudes, avec l'exploitation du sol. L'administration des haras s'est de tout temps maintenue dans les régions spéculatives d'une physiologie et d'une économie à elle, qui ne dépassent point les limites d'une théorie très-singulière de l'hérédité. Dans ses meilleurs moments, encore, elle a bien voulu prendre quelque peu garde à l'influence de la jument ; mais le plus souvent elle n'a eu en vue que celle de l'étalon.

Dans de pareilles conditions, il n'est pas possible au zootechnicien sensé de considérer comme propre à agir efficacement sur l'amélioration de l'espèce chevaline, une institution ainsi caractérisée par son principe et par les faits d'observation. Il ne peut séparer, dans sa pensée, non plus qu'il ne l'est dans la réalité, la production du cheval des éléments qui la rendent possible et avantageuse. Il ne saurait concevoir cette production ainsi distraite de l'exploitation agricole où elle s'effectue nécessairement, et dont elle est un élément, au même titre que tous les autres. Comme pour accentuer davantage l'isolement contre lequel s'élève, de toute la puissance de ses principes les mieux établis, l'économie rurale, l'administration des haras a même cessé, lors de sa dernière réorganisation, de ressortir au ministère de l'agriculture.

En admettant donc, ce qui est loin d'être vrai, que l'industrie chevaline doive être dirigée pour produire les chevaux nécessaires aux besoins nationaux; en admettant, ce qui n'est pas plus exact, qu'une direction centralisée, sous quelque forme qu'on la suppose, soit capable de conduire cette industrie dans une bonne voie et de l'y maintenir; en admettant tout cela, on ne peut pas se dispenser de conclure, néanmoins, que cette direction ne saurait être efficace qu'à la condition de se plier avant tout aux exigences agricoles, et d'avoir pour principal but, ainsi que l'ont proclamé eux-mêmes les quelques hommes éclairés qui en ont été chargés, de travailler à se rendre inutile. Malheureusement, les faits ont trop prouvé, jusqu'à présent, qu'on n'a jamais réussi qu'à la rendre nuisible.

Et la raison en est aussi simple que facile à déterminer. Une administration centrale ne peut, par sa nature même, se préoccuper que de la généralisation du système qu'elle a conçu ou adopté. Ce système, basé sur l'idée qui a donné naissance à l'institution, place nécessairement dans les seuls étalons la source du perfectionnement qu'elle a mission de réaliser; il conduit par conséquent de toute nécessité, et par la force même des choses, à l'unité de vues et de pratiques pour des conditions naturellement dissemblables; et cette unité de vues se caractérise par la tendance inévitable à ramener à un seul type, à une seule spécialité de services, toutes les races à améliorer. L'administration des haras est instituée, avant tout, pour pourvoir aux besoins de la défense nationale; l'État n'intervient directement; cela est clair, qu'au nom d'un intérêt public et pressant. On n'a jamais fait valoir, pour justifier la nécessité de son intervention, d'autre argumentation. L'administration doit donc, pour obéir à sa raison d'être, viser, par tous les moyens en son pouvoir, à couler dans le moule qu'elle croit propre au but qu'elle veut atteindre, toutes nos races quelles qu'elles soient.

Cela est nécessaire; et l'observation du passé démontre qu'elle n'a jamais fait autre chose. Si les haras ont paru quelquefois, et paraissent surtout maintenant, disposés à tenir compte de quelques-unes des conditions économiques qui dominent l'industrie chevaline, cela n'a pu et ne peut être qu'à un titre secondaire, et pour les faire plier à son but essentiel, qui est la production du cheval de guerre, tel qu'on le conçoit. Nous voulons dire, bien entendu, du cheval de troupe, ce qui n'est pas tout à fait la même chose; car il ne paraît point que l'on se préoccupe beaucoup des qualités fondamentales du cheval de guerre, qui sont la rusticité, la sobriété, la vigueur, la solidité : tous les efforts étant bornés à l'amélioration des formes extérieures, et surtout de celles du corps, qui flattent l'œil dans ce cheval.

Avec un semblable but, rien de plus logique que de rechercher seulement dans le choix des étalons présentant ces formes au plus haut degré possible de perfection, le moyen de l'atteindre. Le rôle de l'administration est alors principalement de se munir de beaux sujets, et de les répartir de la manière la moins disparate, dans ses dépôts et stations.

C'est ce qu'elle a toujours fait, et c'est seulement ce qu'elle peut faire. L'expérience a prouvé que suivant la direction plus ou moins éclairée imprimée à ses choix, les résultats obtenus, considérés d'une manière générale, ont été plus ou moins désastreux, mais n'ont jamais cessé de l'être à un degré quelconque. Chaque nouvelle direction a dû toujours mieux faire que la précédente : l'événement est venu prouver chaque fois qu'il ne fallait pas espérer la solution du problème ainsi posé, au mépris des principales données de ce problème; des sommes fabuleuses ont été englouties à la poursuite de ladite solution, sans qu'elle soit beaucoup plus avancée que devant.

Il faut voir dans cette impuissance, non point la faute des hommes toujours bien intentionnés qui ont dirigé l'administration des haras, mais plutôt la condamnation radicale de l'idée anti-économique sur laquelle est basée son institution. L'incapacité notoire, en matière de zootechnie, du personnel de cette administration, recruté de tous temps sans aucun souci des connaissances spéciales approfondies que nécessite l'exploitation rationnelle d'une industrie aussi complexe et difficile que l'est celle du cheval, même lorsqu'il existait un simulacre d'enseignement de la prétendue science hippique; cette incapacité n'est pas pour grand'chose dans l'impuissance signalée. Une administration des haras, c'est-à-dire la centralisation des moyens d'amélioration de la production chevaline, ne se peut concevoir qu'au mépris de la science économique et des principes les mieux établis de la zootechnie. Les agents les plus éclairés ne sauraient faire que le vice fondamental de l'institution ne vînt paralyser leur bon vouloir. On ne peut unifier et centraliser ce qui de sa nature ne s'y prête pas. L'industrie chevaline, comme toutes les autres branches de l'industrie agricole, est dans ce cas. Les éléments de cette industrie sont tous étroitement liés les uns aux autres, et ils sont divers comme les temps et les circonstances. Il n'est pas possible de les faire plier aux exigences d'un système unique et préconçu. Ici l'amélioration ne peut être efficacement poursuivie que par la sélection, — et c'est dans le plus grand nombre des cas; — là, le croisement a peut-être quelques chances de succès, mais c'est à la condition expresse qu'il sera entrepris avec compétence et suite, de la part de l'éleveur : dans l'une comme dans l'autre de ces circonstances, l'opération ne peut réussir que par le fait de la capacité de celui-ci, par la constante appropriation du but et des moyens aux conditions de la réussite. Nous n'avons plus besoin de le démontrer à présent.

Or, que peut dans ce sens la direction de l'administration ? Et s'il est vrai que l'amélioration de l'espèce chevaline ne puisse pas plus être systématisée que celle des autres espèces, pour lesquelles on n'y a point encore songé, Dieu merci, quelle est la raison d'être rationnelle de l'intervention directe de l'État ? Pas de direction unique, pas d'administration des haras ; cela est de la plus stricte logique.

A ce compte, on arrive donc forcément à conclure que, pour une administration de ce genre, la meilleure organisation ne vaut encore absolument rien. Si elle respecte les nécessités de l'économie rurale, on ne conçoit plus sa propre nécessité ; si elle ne les respecte pas, — et il est dans sa nature même de les fouler aux pieds, — elle se condamne par ce seul fait. Ce dilemme, qui est inévitable, permet de tirer l'horoscope de l'administration des haras. Avec les idées économiques qui gagnent chaque jour du terrain dans l'opinion publique, et dont le gouvernement lui-même se fait l'initiateur, on peut raisonnablement espérer que l'expérience à laquelle nous assistons sera la dernière.

La pensée qui a fait instituer cette expérience paraît du reste favorable à une telle conclusion ; et celle-ci est inévitable, si l'on y demeure fidèle. L'administration des haras a pour mission, d'après cette pensée, de préparer l'émancipation, — comme l'on dit, — de l'industrie privée. Elle doit s'effacer, partout où il sera reconnu que celle dernière peut se passer de son intervention ; et il est de son devoir de l'y provoquer par tous les moyens en son pouvoir. Pour commencer, l'État a renoncé à produire lui-même ses étalons ; il a supprimé ses jumenteries et ne fait plus d'élevage.

C'est un progrès considérable, assurément. Il reste à savoir si, par le fait même de son organisation, l'administration peut se renfermer dans un semblable programme. Quoiqu'il soit permis d'en douter, en raison de tous les faits antérieurs, l'expérience seule devra prononcer. On ne peut qu'exhorter les éleveurs à se mettre partout en mesure de la sommer d'avoir à s'y conformer. Déjà, constatons-le avec satisfaction, de louables tentatives sont faites dans ce but. On ne peut que désirer qu'elles soient pour l'industrie privée, en général, des exemples salutaires.

L'argumentation principale de ceux qui considèrent comme indispensable l'intervention directe de l'État dans la production chevaline, sans se placer en aucune façon au point de vue d'où nous venons de l'examiner, est en effet que l'industrie privée, ainsi que cela a été déjà dit, ne saurait actuellement se pourvoir en nombre suffisant pour les besoins de l'amélioration de l'espèce, d'étalons hors ligne. Ceux-là ne prennent pas garde qu'il n'y a absolument rien de commun entre ce fait, qui peut être vrai, et la conclusion qu'ils en tirent, relativement à l'influence centralisée et

directrice d'une administration spéciale des haras, lesquels haras n'existent au reste plus, dans l'acception de ce mot. On conçoit fort bien que l'État, si cela est démontré nécessaire, mette à la disposition des producteurs de chevaux des étalons convenables, comme l'ont fait et le font encore quelques départements, sans qu'il soit indispensable d'instituer une administration semblable à celle dont nous venons d'examiner les attributions. Nous pensons que partout où la production chevaline livrée à elle-même serait suffisamment lucrative, et là seulement où par conséquent elle peut se développer utilement, l'industrie privée, par ses efforts individuels ou par l'association des capitaux, pourrait parfaitement se suffire ; ce qui se passe dans la patrie du cheval percheron et en général dans tous les lieux que peuplent nos belles races de gros trait, le prouve surabondamment ; mais nous voulons bien admettre le contraire, et nous ne voyons pas, même dans ce cas, que cette nécessité puisse justifier la conséquence qui en est tirée. Que l'État, si l'on veut, mette à la disposition des administrations locales des fonds destinés à l'acquisition des étalons que les éleveurs croiront indispensables pour l'amélioration de leurs produits, cela se comprend jusqu'à un certain point ; imposer à ceux-ci des étalons choisis sans leur participation par une administration centrale, qui se proclame meilleur juge qu'eux de leurs propres besoins, cela ne se comprend plus. Prolonger la tutelle n'est pas le moyen d'émanciper le mineur.

La vérité est que l'industrie chevaline n'a pas plus besoin d'être dirigée qu'aucune autre. Il n'est pas un économiste, pas un homme ayant étudié sérieusement les questions de production et de consommation, qui puisse trouver la raison en vertu de laquelle cette industrie, si elle correspond, ainsi que cela n'est point douteux, à des besoins réels, ne pourrait pas trouver en elle-même, comme toutes celles qui sont dans le même cas, les éléments de sa conservation. Les motifs que l'on en donne ne reposent sur rien, et il n'est pas nécessaire, par conséquent, de les discuter. La coïncidence que l'on a établie entre le rétablissement de l'administration des haras, depuis 1806, et le développement de l'industrie chevaline, s'explique mieux par l'influence des événements politiques et économiques, que par celle de cette administration, dont les résultats, il est bon de le répéter, ont toujours été dénoncés comme funestes par tous les agronomes les plus illustres qui s'en sont occupés, et condamnés tour à tour par ceux-là même qui ont été appelés à la diriger. L'observateur impartial est bien obligé de leur donner raison à tous, ce qui le conduit forcément à condamner l'œuvre sans retour. Le progrès veut que l'industrie chevaline soit débarrassée de ses sauveurs officiels et officieux, et remise en possession d'elle-même. A ce prix seul, elle se développera et deviendra prospère, dans la plénitude de sa liberté.

C'est dire assez qu'à notre avis l'intervention directe de l'État, par l'administration des haras, n'est point de nature à provoquer les améliorations nécessaires, dans la situation actuelle de nos races chevalines. Les zootechniciens les plus compétents sont même unanimes pour reconnaître que la nécessité de ces améliorations a été rendue plus impérieuse, par le fait des résultats malheureux produits sous l'influence de l'administration. Elle n'a pu jamais et ne pourrait encore que mettre obstacle à l'application des principes et des procédés de perfectionnement que nous avons développés. Les doctrines que nous avons combattues ont toujours été et sont encore les siennes. Il ne pouvait en être autrement. Nos critiques retombent donc en plein sur l'institution, et il n'est pas à croire qu'elle puisse s'en relever, aux yeux de ceux qui font quelque cas de la science, de la logique et du bon sens.

Approbation des étalons particuliers. — Impuissante à fournir par elle-même à l'industrie chevaline tous les étalons qui lui sont nécessaires, l'administration des haras a songé à intervenir directement dans le choix de ceux qui lui son offerts par les particuliers, au moyen d'une approbation officielle, à laquelle est attachée une prime plus ou moins forte. Cette mesure rentrerait dans la catégorie des encouragements, c'est-à-dire qu'elle ressortirait à l'intervention indirecte, si, dans son application, elle ne rendait obligatoire l'autorité des employés de l'administration.

Il est facile de concevoir, en effet, que par cela même les approbations et les primes ne peuvent être décernées qu'en vue du système qui domine dans cette administration, et toujours au point de vue absolu en dehors duquel celle-ci ne peut plus exister. Il suffit de jeter un coup d'œil sur le titre VII du décret de 1860, où est établi le tarif des primes aux étalons approuvés, pour saisir la portée que peut avoir la mesure dont il s'agit. Ce tarif comporte trois catégories d'étalons approuvés, et pour chacune d'elles une quotité qui donne la mesure à la fois de la doctrine administrative, et de l'importance relative accordée à celles-là.

Ces catégories sont fixées ainsi :

Pour un étalon de pur sang.....	de 500 à 1,500 fr.
Pour un étalon de demi-sang...	de 400 à 1,000 fr.
Pour un étalon de trait........	de 300 à 500 fr.

Le décret ajoute : Toutefois, pour les animaux d'une valeur élevée et d'un mérite exceptionnel, les primes indiquées au paragraphe précédent pourront atteindre les quotités ci-après :

Pour un étalon de pur sang.....	3,000 fr.
Pour un étalon de demi-sang....	1,500 fr.
Pour un étalon de trait........	800 fr.

En outre, des primes de 200 à 600 fr., de 100 à 600 fr. et de 100 à 300 fr., sont attribuées aux poulinières suitées de ces trois catégories.

Tout cela pourrait être fort bien pour stimuler l'industrie privée, n'était l'influence directe de l'administration des haras. Ainsi que nous l'avons vu, celle-ci est forcément conduite à se préoccuper moins, dans les approbations, des nécessités locales que du système général qu'elle a toujours suivi et qu'elle suivra toujours plus ou moins, parce qu'il est son unique raison d'être.

On en voit la preuve dans son tarif même. Elle ne conçoit pas que des améliorations puissent être réalisées dans les races légères, en dehors de ce qu'elle appelle pur sang et demi-sang. Le plus bel étalon pur de ces races, réunit-il les conditions de conformation et d'aptitude les plus rapprochées possible de la perfection, ne saurait prétendre ni à son approbation, ni à sa prime. Elle admet cela pour les races de trait, — et c'est un progrès dont nous devons lui savoir gré, — mais, quant aux chevaux légers, ce lui paraît évidemment impossible.

L'intervention directe de l'État dans le perfectionnement des races chevalines légères conduit donc de toute nécessité et sous toutes ses formes à la doctrine absolue du croisement par le pur sang, dont nous avons déterminé la valeur. Cela suffit pour la faire condamner quant à l'approbation des étalons particuliers, comme nous avons dû le faire pour le rôle principal de l'administration des haras. La zootechnie scientifique ne se prête pas, encore une fois, aux pratiques généralisées; ses principes fondamentaux seuls sont absolus, et ce sont eux précisément qui s'opposent à cette généralisation. Les pratiques doivent être variables comme les conditions et les circonstances. Nous avons vu précédemment que dans l'état de notre économie rurale, l'amélioration des espèces animales ne peut être réalisée qu'en prenant la sélection pour règle, le croisement pour exception. Or, l'État est ici en opposition formelle avec la science, c'est-à-dire avec l'observation judicieusement interprétée.

C'est, on ne saurait trop le répéter, une conséquence normale et rigoureuse du faux principe de la centralisation. Ce faux principe, au lieu de conduire, comme il l'a fait jusqu'à présent, l'administration à ériger le croisement en système, l'eût-il conduite à en faire de même de la sélection, pour être moins désastreux, puisque la sélection ne saurait faire de mal à aucune race, ce système également absolu n'en eût pas pour cela été moins condamnable, attendu qu'il nous aurait privés d'un moyen qui a sa raison et son utilité dans un grand nombre de cas.

L'approbation des étalons particuliers par l'État ne peut donc être considérée comme un moyen de provoquer les améliorations zootechniques. Telle qu'elle est pratiquée sous l'empire de la législation actuelle, elle peut, le cas échéant, être bonne pour les races de chevaux de trait, encore bien que celles-ci, de l'avis de tout le monde, n'aient guère besoin d'encouragements ni de direction. Les débouchés faciles et avantageux que rencontrent leurs produits, les conditions économiques dans lesquelles ces derniers s'élèvent, sont pour les éleveurs un stimulant suffisant. Mais les inconvénients du croisement des races légères avec le prétendu pur sang nous ont été révélés, pour le plus grand nombre d'entre elles, par une expérience déjà longue. On ne peut donc accepter sans la combattre une mesure qui y entraîne nécessairement. Il y a là, pour le budget, une dépense que l'on voudrait pouvoir considérer comme seulement inutile. Mais on est bien obligé de lui donner son véritable caractère, qui est de provoquer, par l'appât de primes assez fortes, l'industrie étalonnière des pays propres à l'élève du cheval de selle, à se pourvoir d'étalons qui ne se sont montrés jusqu'à présent que trop capables de faire perdre à ce cheval les qualités natives qui l'ont pendant longtemps rendu si précieux dans le Limousin, l'Auvergne, la Navarre et tant d'autres lieux.

Bergeries et vacheries de l'État. — Le gouvernement intervient encore directement, mais d'une façon moins générale et plus rationnelle dans la production des espèces bovine et ovine. Il se fait producteur d'animaux de ces deux espèces appartenant à des races étrangères réputées propres à l'amélioration des nôtres, et les met ensuite chaque année en vente aux enchères publiques. L'ardeur des enchères témoigne de la faveur accordée par les éleveurs aux produits des bergeries et des vacheries de l'État, dont ils viennent se disputer l'acquisition de leur propre mouvement, pour les employer dans leurs opérations zootechniques particulières.

Ici le gouvernement est dans son rôle normal d'initiateur. Il lui appartient de montrer la route du progrès et de faire, au nom de l'intérêt public, les expériences chanceuses nécessitées par l'étude de ce même progrès.

L'introduction et l'acclimatation des mérinos, qui ont rendu à jamais célèbres les noms de Tessier et de Daubenton ; la même conquête réalisée par M. Yvart pour les races anglaises de Dishley, de New-Kent, de Southdown, sont des titres suffisants pour justifier l'utilité des bergeries nationales, sans parler des expériences à plusieurs égards heureuses qui ont été entreprises et poursuivies dans ces établissements.

C'est en effet la fonction de l'État, de prendre à sa charge de telles expériences. La raison en est que personne ne serait aussi bien en mesure de les entreprendre et de les mener à bonne fin, dans l'intérêt public. Quelle que soit leur issue, les particuliers en profitent. Si elle est heureuse, ils y trouvent un motif de tirer parti, pour leur propre intérêt, des faits qu'elles ont mis en lumière ; si elle est malheureuse, ils se trouvent avertis d'avoir à éviter la voie dans laquelle ces expériences ont été tentées. Leur mérite est d'être des moyens d'étude et de démonstration ; elles ne portent aucune atteinte à la liberté des producteurs, qui demeurent parfaitement maîtres de ne point acquérir les animaux mis en vente par l'administration.

Les vacheries et bergeries, ayant toujours été administrées comme une dépendance de la direction de l'agriculture, au contraire des haras, ont toujours été considérées, pour ce motif sans doute, comme subordonnées aux convenances agricoles. Si l'esprit de système a quelquefois tenté de s'y introduire, il n'a jamais pu s'y maintenir ; et ces établissements n'ont pas cessé d'être de véritables exploitations expérimentales, au point de vue spécial de leur institution. Au début, les animaux reproducteurs offerts aux enchères furent peu recherchés, et c'est à grand'peine que l'on parvint à s'en défaire. A mesure que le progrès se fit dans les esprits, les tentatives d'amélioration devinrent moins rares, et bientôt on vit les élèves de l'admi-

nistration atteindre des prix élevés. Ils semblent à présent, au moins pour quelques-uns, jouir d'une faveur moins grande ; mais cela tient seulement à ce qu'ils ont dans l'industrie privée une concurrence qui les ramène à leur prix normal.

En somme, les établissements comme ceux dont nous nous occupons sont avant tout des moyens d'étude et d'instruction. A ce titre, les services qu'ils ont rendus déjà et ceux qu'ils peuvent rendre encore ne sont point douteux. Ils méritent donc d'être placés au premier rang, parmi les institutions propres à provoquer les améliorations en zootechnie.

Étalons départementaux. — Bon nombre de Conseils généraux, en vue de l'amélioration du bétail de leur département, votent des fonds pour l'acquisition d'étalons, qui sont ensuite répartis dans les localités où ils sont reconnus nécessaires. Cette répartition se fait de diverses manières : ou bien, comme c'est le cas le plus général, les étalons sont confiés à des particuliers, qui prennent l'engagement de les livrer à la saillie des femelles pendant un temps déterminé et à des conditions convenues, au bénéfice d'en devenir ensuite propriétaires gratuitement ; ou ces étalons sont mis en vente aux enchères ou de gré à gré, suivant ce qui paraît le plus convenable, eu égard à l'état des esprits.

On peut dire qu'en principe c'est là une bonne mesure. Dans l'application, on le conçoit, elle vaut ce que valent les idées sous l'empire desquelles elle est réalisée. Toutefois, l'expérience montre qu'en général elle peut être considérée comme étant bien appliquée. Le seul reproche qu'on lui ait fait doit être pour nous un éloge véritable. On a reproché aux Conseils généraux de se trop préoccuper, en cette affaire, de l'intérêt de leur département et pas assez de l'intérêt public ; ce qui veut dire qu'ils ont une tendance à ne point faire plier les nécessités locales qu'ils observent, aux exigences de l'esprit de système qu'ils contrecarrent dans ses prétentions.

Les Conseils généraux, en effet, composés d'hommes qui voient de près les choses de la pratique, et renseignés d'ailleurs par les études des zootechniciens de leurs localités, par les délibérations des associations agricoles, dont leurs membres font partie pour la plupart, les Conseils généraux introduisent les étalons qui conviennent à ces localités, parce qu'ils appartiennent à la race la plus propre à donner des bénéfices aux éleveurs. S'il arrive quelquefois que l'erreur l'emporte sur cette condition première de toute saine zootechnie, il faut reconnaître que c'est très-exceptionnellement. Et c'est là le motif des plaintes de ces hippologues transcendants, qui ont la naïveté de croire et de vouloir persuader aux autres que la production animale doit être avant tout une affaire de patriotisme. Dans leurs conceptions pessimistes, ils nous voient toujours sur le point d'être envahis par l'étranger, et gémissent sur cette rengaine que nous serions, pour notre défense, ses tributaires à perpétuité. Que de phrases creuses ont été débitées sur l'exportation de notre or !

Il faut pourtant bien que l'on sache que le véritable élément de force, pour une nation, est dans sa richesse, et que le meilleur moyen pour elle d'assurer cette richesse, c'est de se livrer partout et toujours à la production des objets qu'elle peut produire aux meilleures conditions, c'est-à-dire avec les plus grands bénéfices. Les faits surabondent à l'appui de cette assertion, et si c'était ici le lieu, l'on n'aurait que l'embarras du choix pour en citer.

Dans la question des étalons départementaux, on ne saurait donc trop approuver les conseils généraux d'encourager seulement la production des animaux les plus avantageux pour leurs départements respectifs. S'il n'est pas toujours exact de dire que l'intérêt public se compose de l'ensemble des intérêts particuliers, d'une manière absolue du moins, c'est cependant dans ce cas une incontestable vérité. Nous ne croyons pas que l'on puisse trouver un seul exemple, en matière de production, où l'intérêt public ne concorderait pas avec la satisfaction des groupes divers d'intérêts collectifs.

Tant qu'une intervention administrative sera nécessaire en zootechnie, de quelque ordre qu'elle soit, il est permis d'affirmer qu'elle aura d'autant plus de chances d'être efficace et utile, qu'elle sera plus rapprochée des objets auxquels elle se rapporte, qu'elle s'appliquera à des circonscriptions plus restreintes, à des sujets moins divers. Cela conduit à reconnaître que son dernier terme est la collectivité des intéressés au même degré qui, en bonne administration, devraient seuls la diriger.

En attendant que l'instruction économique ait accompli chez nous la mission qui lui appartient; en attendant que la masse des producteurs ait acquis par cette instruction la notion nette de son véritable intérêt, il appartient aux administrations publiques, éclairées et guidées par les hommes spéciaux qui font des questions dont il s'agit l'objet de leurs persévérantes études, de prendre l'initiative du progrès et de mettre à la disposition des intéressés les moyens de le réaliser. C'est en ce sens que les étalons départementaux ou communaux, à quelque espèce qu'ils appartiennent, que ce soient des chevaux, des taureaux, des béliers ou des verrats, ont encore à remplir un rôle utile dans l'amélioration du bétail. Ils peuvent, à coup sûr, remplacer avantageusement ceux de l'administration des haras, précisément en raison du seul reproche qui leur ait été adressé; car, aussi bien que ces derniers, ils suppléent à l'impuissance de l'industrie privée, si impuissance il y a, et ils ont toutes chances d'être mieux qu'eux appropriés aux exigences de la localité. Choisis ordinairement par ceux-là même qui ont un intérêt personnel et direct à ce qu'il en soit ainsi; n'entraînant d'autres frais que ceux de leur achat, et ne nécessitant point cet ensemble de bureaux, d'employés de tous les degrés, pour lesquels le soin de leur propre conservation prime nécessairement tout le reste, attendu qu'on ne saurait fonder aucune organisation administrative sur le dévouement et le désintéressement : les étalons départementaux ont sur ceux de l'État tous les avantages.

On dira, — nous nous y attendons, — que les départements ne peuvent pas, comme l'État, faire les sacrifices nécessaires pour l'acquisition de ces étalons hors ligne de l'espèce chevaline, de ces étalons de tête, en style d'amateur, qui, à l'exemple de *Physician*, de *Flydershman* et de quelques autres, ont coûté à l'administration des haras au delà de 60,000 francs. A cela, l'on pourrait répondre qu'ils le feraient fort bien, s'il leur était démontré que cela fût nécessaire pour le bien des intérêts qu'ils ont à sauvegarder. Mais, d'ailleurs, a-t-on exactement supputé la somme des avantages réels produits par le concours de ces privilégiés de l'espèce, dans notre industrie chevaline? Nous n'avons jamais vu nulle part, pour notre compte, que des déclamations à cet égard; et nous voudrions des preuves pour être convaincu. On a bien rencontré, dans la descendance de ces célébrités, des vainqueurs de l'Hippodrome, comme eux; mais c'est en vain qu'on cherche des chevaux de service. Il est vrai que ceux qui ont écrit leur histoire ne s'occupent point de ces derniers.

Or, ce n'est que de ceux-ci que nous devons nous occuper, nous qui visons aux choses pratiques, aux choses utiles. Ce que nous savons, c'est qu'il faut, pour notre utilité, des chevaux solides, durs à la fatigue, rustiques, peu accessibles aux accidents, d'un élevage facile et avantageux, et ayant en outre, si c'est possible, des formes agréables à l'œil. Il ne paraît point que ces étalons, dits de tête, nous aient donné de ces chevaux. Que serait-il arrivé de pis, si nous ne les avions pas eus?

Il est bien vrai que les hommes pratiques des Conseils généraux n'introduisent point le pur sang, ou seulement le demi-sang, dans les départements où prospèrent les races de trait, ou ce que l'on appelle l'industrie mulassière; il se pourrait même qu'ils ne le fissent pas davantage dans ceux qui sont propres à l'élevage du cheval léger; mais quel esprit compétent et sensé pourrait les en blâmer? Mieux placés que qui que ce soit pour se déterminer d'après l'observation et l'expérience, ils feraient ce que font déjà ceux qui ont cru devoir intervenir : ils favoriseraient l'industrie la plus appropriée aux conditions locales, chevaline, bovine ou ovine, et cela sans parti pris pour aucune, par sélection ou par croisement, suivant les cas. Ils feraient, en un mot, de la science et de la saine économie, au lieu de faire de la pure fantaisie.

C'est donc ici tout simplement une affaire de décentralisation administrative. L'intervention directe dans la production animale, en tant qu'elle peut être encore nécessaire pour la fourniture des étalons aux éleveurs, paraît devoir logiquement être bornée aux départements, et non point embrasser l'État tout entier. Eux seuls peuvent préparer l'émancipation complète de l'industrie privée, parce qu'ils n'ont aucun intérêt, ni à la combattre, ni à la retarder. Rien de plus naturel, pour une administration départementale, que de s'effacer devant l'initiative individuelle propre à rendre son intervention inutile : en le faisant, elle se débarrasse d'une charge, qui n'est qu'un des détails nombreux de ses attributions; rien de plus naturel, non plus, de la part d'une administration spéciale, que d'obéir à l'instinct de sa propre conservation, et par conséquent de se mettre en lutte contre les éléments de sa destruction. Ici l'antagonisme est obligé. Les meilleures intentions de la partie dirigeante ne sauraient prévaloir contre la nature même des choses. Le suicide n'est pas plus la loi normale pour les corps constitués que pour les individus.

A tous égards, en conséquence, les étalons départementaux semblent être la seule forme rationnelle d'intervention directe de l'administration publique, dans la production animale, en vue de ses améliorations, tant que cette intervention sera reconnue nécessaire. Sous cette forme seulement, elle peut borner son rôle à suppléer l'industrie privée absente ou insuffisante, et non point entrer en lutte avec elle et lui faire une concurrence ruineuse, au point de vue des intérêts généraux, pour sauvegarder ceux de sa propre conservation. Cela suffirait pour trancher la question de la nécessité d'une administration des haras, dans le sens où nous l'avons résolue. Pour ce qui concerne les autres espèces que celle du cheval, cette question n'existe pas ; les pouvoirs publics n'y interviennent directement que par le moyen que nous venons de voir, et par les encouragements indirects dont nous avons maintenant à nous occuper, après avoir épuisé les formes diverses de l'intervention directe de l'État et des départements.

DES ENCOURAGEMENTS.

Un grand nombre de moyens de provoquer l'amélioration du bétail, dont plusieurs ont reçu dans ces dernières années une extension considérable et exercé, on peut le dire, une influence très-heureuse, se rangent dans cette catégorie. Ici, l'impulsion est partie de l'administration publique ; mais les résultats si remarquables déjà obtenus par les encouragements sont le produit des efforts combinés de l'État, des départements et des associations agricoles particulières, à tous les degrés de leur importance, depuis le plus humble comice, jusqu'aux institutions qui embrassent la généralité du pays.

Les encouragements, tels que nous avons à les considérer, exercent leur influence sous diverses formes ; cependant, ils ont toujours pour but, et le plus souvent pour effet, de récompenser les résultats acquis dans la voie de l'amélioration, de signaler par conséquent cette voie à ceux qui n'y sont pas encore entrés et de les stimuler à s'y engager, par l'appât des récompenses offertes aux éleveurs qui l'ont parcourue dans la plus large mesure.

C'est là le but auquel on accorde en général le plus d'importance. La presque totalité des personnes qui raisonnent sur le rôle des encouragements, en matière de bétail, sont fermement convaincues que leur action s'exerce exclusivement par les prix et les primes accordés ; par conséquent, que leur efficacité est subordonnée entièrement au mode d'attribution de ces récompenses. On retrouve encore, sous une autre forme, dans cette opinion, l'idée si fautive de l'intervention directe, qui conduit nécessairement aux conceptions systématiques, au triomphe de l'hypothèse, de la fantaisie sur la vérité. Cette idée a donné lieu, dans ce cas aussi, à des discussions longues et passionnées, qui ne sont sans doute pas près de cesser. Ainsi en est-il toujours des doctrines absolues, qui ne peuvent pas tenir suffisamment compte des faits. Les meilleurs esprits, ceux qui se sont le plus rapprochés d'une saine interprétation de la portée des encouragements, en laissant de côté les prétentions adverses également contraires aux principes de la science économique, n'ont pas su même se défendre à cet égard de conclusions encore trop exclusives.

Nous allons voir tout à l'heure ce qu'il faut penser du mode d'action des moyens par lesquels la puissance collective intervient indirectement dans l'industrie du bétail, à l'aide des récompenses pécuniaires ou honorifiques décernées aux individus qui se livrent à cette industrie, dans le sens qui paraît le meilleur. Mais ces moyens ne sont pas les seuls. Il y a lieu de considérer comme appartenant à la même catégorie, conséquemment comme ressortissant aux études zootechniques, tous ceux qui peuvent influencer, à quelque degré que ce soit, ce que l'on peut appeler la fabrication des produits animaux, leur échange et leur circulation.

Si nous devions pousser l'étude de la question, à ce point de vue, jusqu'à ses dernières limites, cela nous conduirait forcément à passer en revue l'économie sociale tout entière ; car il est bien certain qu'aucune de ses parties n'est absolument étrangère à la production des animaux. Ceux-ci ont, dans nos sociétés, une place si importante ; ils sont si étroitement liés à la satisfaction de tous nos besoins, qu'il est bien rare que les mesures relatives à cet objet ne s'étendent pas jusqu'à eux, par un contre-coup inévitable.

Il convient de se borner, toutefois, aux influences les plus immédiates. Leur examen suffira, du reste, pour faire apprécier dans son ensemble la portée de l'intervention indirecte, et pour faire saisir le sens dans lequel elle peut agir le plus utilement.

Dans l'étude qui va être faite de chacune des formes de cette intervention, nous en considérerons le mode en lui-même et sans nous occuper de son origine. Il importe peu, en effet, que ce mode soit dû à l'initiative de l'État, des départements ou des particuliers associés ou agissant individuellement : ici le résultat est dans tous les cas le même, le fait seul est à examiner, car il est toujours du même ordre, et il agit en tant que fait seulement.

Commençons par les modes les plus importants.

Concours d'animaux reproducteurs. — La création de ces concours sur une grande échelle est de date récente. Depuis assez longtemps, il est vrai, les comices et sociétés d'agriculture avaient institué des prix, distribués annuellement aux meilleurs reproducteurs des diverses espèces animales d'un canton ou d'un département entier ;

mais c'est dans ces dernières années, sous l'empire d'une énergique impulsion imprimée aux encouragements de toutes sortes en faveur de l'agriculture par le gouvernement, que la France agricole a été divisée en un certain nombre de régions, pourvues chacune d'un concours d'animaux reproducteurs, d'instruments et machines, et de produits. Un concours général, universel même quelquefois, vient de temps en temps couronner les concours régionaux.

En sorte qu'aujourd'hui nous sommes sous ce rapport en possession d'une organisation complète, en quelque manière hiérarchiquement constituée ; cette organisation commence au canton, pour finir à l'État tout entier, en passant d'abord par le département, puis par la région, qui comprend une série de sept ou huit départements. Une somme totale considérable, provenant de cotisations particulières ou du budget de l'État, ordinairement des deux quant aux concours des comices, est ainsi distribuée chaque année en encouragements aux animaux reproducteurs les plus méritants.

On a beaucoup discuté sur l'utilité et l'organisation de ces concours. La critique la plus commune qui leur ait été opposée de tout temps, est qu'ils ont nécessairement pour effet de récompenser des résultats absolus, souvent, si ce n'est toujours, obtenus à prix d'argent, c'est-à-dire des animaux uniquement élevés ou acquis et entretenus en vue des concours, et pour lesquels par conséquent le prix ne peut pas être considéré comme un réel encouragement. On ne peut point, dit-on, juger du mérite d'un éleveur, d'un agriculteur, par l'examen des animaux qu'il envoie au concours, effectué sans tenir compte des conditions dans lesquelles ces animaux ont été produits, et surtout de la comptabilité qui les concerne.

Du point de vue auquel se placent ceux qui la font, cette critique est assurément fondée. Rien de plus vrai que leur remarque, à savoir qu'un animal exposé dans un concours ne saurait, dans aucun cas, donner la mesure des aptitudes agricoles de son propriétaire ; cet animal témoigne tout autant, pour l'ordinaire, de la fortune de celui-ci. Mais il reste à examiner si ce point de vue est le bon, et c'est ce que nous ferons tout à l'heure.

Les partisans de l'absolu, — et il y en a ici comme partout, — voudraient que les concours fussent organisés de manière à engager la production animale dans la seule voie qu'ils croient la meilleure. Bien convaincus qu'ils sont d'être en possession de la vérité vraie, ils ne voient de progrès possible que par leur doctrine exclusive ; et c'est, suivant eux, aller à rebours du progrès, d'admettre aux encouragements d'autres reproducteurs que ceux qu'ils proclament seuls actuellement capables d'améliorer nos races indigènes. Les moins intolérants se bornent à exiger que les plus fortes récompenses soient accordées à ces reproducteurs. Ils pensent, les uns et les autres, que les concours ayant pour but d'indiquer la meilleure voie de perfectionnement du bétail et de diriger les éleveurs dans cette voie, c'est un non-sens de ne pas rédiger les programmes de concours uniquement en vue d'encourager la transformation et l'absorption de nos races locales, par

les races étrangères plus avancées qu'elles sous le rapport de leurs aptitudes et de leur conformation.

C'est là, comme on le voit, encore une application de la doctrine du croisement quand même, telle que nous l'avons précédemment exposée et appréciée.

En combattant, en 1854, ces idées absolues, M. Baudement a développé ses propres vues sur l'organisation des concours d'animaux reproducteurs, considérés dans leurs rapports avec la production animale (1). Faisant à son tour, dans ce cas, application à la rédaction des programmes de sa conception d'ailleurs très-rationnelle de la *spécialisation* des produits, le savant professeur du Conservatoire des arts et métiers demandait alors que les races fussent catégorisées par spécialité d'aptitudes, et que l'on n'admît au concours que les reproducteurs mâles et femelles de race pure, excluant complètement les produits de croisement. « Dans cet ordre d'idées, dit-il, je suis conduit nécessairement à penser que les animaux qui n'appartiennent pas à une race pure ne doivent point être admis dans les concours d'animaux reproducteurs. Accepter de tels animaux et les primer, c'est conseiller l'emploi de reproducteurs incertains, c'est juger les reproducteurs sur leur bonne mine, sans s'inquiéter de leur valeur réelle, c'est être inconséquent avec l'estime, bien légitime d'ailleurs, dans laquelle on tient les livres de généalogies (2). »

Plus loin, l'auteur concentrant sa pensée s'exprime ainsi : « En résumé, trois idées principales, correspondant aux conditions essentielles de la production animale, doivent dominer l'organisation des concours d'animaux reproducteurs : le groupement des animaux par natures de services ; l'admission des reproducteurs de races pures seulement ; enfin, l'association des femelles aux mâles. »

Ces vues de M. Baudement lui ont été inspirées, assurément, par une entente à peu près exacte de la manière dont les concours peuvent agir sur la production animale. Il s'en explique au début de son travail, en reconnaissant que ces concours « ont eu cet utile résultat, d'appeler l'attention sur l'état actuel de notre bétail, et de présenter aux éleveurs des modèles qui leur ont donné une idée juste de la perfection, en même temps qu'ils leur ont permis de mesurer à quelle distance nos races s'en trouvent encore. » Il est également dans le vrai, lorsqu'il dit que « l'enseignement donné par les concours n'aura tout son effet qu'autant qu'il mettra en évidence les principes qui dominent la production animale elle-même, et qu'on y pourra trouver les faits d'expérience coordonnés conformément à ces principes (3). »

Les concours, en effet, ne sont point seulement un encouragement direct, agissant d'une manière exclusive sur les producteurs qui y prennent part, en stimulant les améliorations par l'appât des récompenses pécuniaires ou honorifiques qui y sont

(1) *Journal d'agriculture pratique* ; 4e série, t. II, p. 136, 201, 228 et 268.
(2) *Ibid.*, p. 229.
(3) Journal cité.

attachées. A ce point de vue, ils n'auraient aucune signification. Les résultats si remarquables qu'ils nous ont permis de constater en si peu d'années, quant à l'amélioration de notre bétail, doivent être attribués à une autre cause. Sans qu'on puisse justement considérer comme nulle l'émulation qu'ils ont excitée parmi les agriculteurs, dans un pays où chacun se montre si friand de distinctions de toutes sortes, il est certain que cette émulation bien réelle a eu surtout jusqu'à présent, et aura toujours dans l'avenir, pour principale conséquence de fournir aux concours le moyen d'être pour le plus grand nombre un objet d'utiles études, un enseignement.

En ce sens, M. Baudement a pleinement raison. Nous avons, pour notre part, bien des fois développé cette pensée dans la Culture; et elle nous a conduit à des conclusions qui, pour être en quelques points conformes à celles de notre savant confrère, en diffèrent cependant d'une manière assez notable.

Nous pensons comme lui que, précisément parce que les concours doivent avoir pour but réel de présenter l'état actuel de notre bétail, d'offrir aux éleveurs des modèles qui leur donnent une idée juste de la perfection, et de mettre en évidence les principes qui dominent la production animale, il est bon de les organiser de manière à ce que tous les faits, tous les objets d'étude, y soient groupés dans leur ordre normal. Cela implique l'admission dans les concours de toutes les races qui ont ou peuvent avoir des représentants dans la circonscription à laquelle ils se rapportent, et une distribution des récompenses suivant des proportions autant que possible exactement en relation avec l'importance de chacune d'elles, soit en raison de leur population, soit eu égard à leur valeur comme types de perfection spéciale, et par conséquent comme moyen d'enseignement.

De cette façon, les concours sont la représentation complète de l'état de la production animale dans chaque région; ils sont ouverts à toutes les spécialités de services; ils donnent une idée assez précise de l'économie rurale dont font partie les animaux exposés, et des améliorations qu'elle est susceptible de comporter. Nul doute que le groupement demandé par M. Baudement ne soit de nature à en faciliter l'étude et à en rendre la signification plus saisissable. Dans les comptes rendus et appréciations que nous avons dû faire des divers concours auxquels nous avons assisté jusqu'à présent, nous n'avons jamais manqué, pour notre compte, d'opérer par la pensée ce groupement, qui classe les races bovines, par exemple, en races de travail, races de boucherie et races à lait.

Ces grandes divisions, qui auraient à la vérité pour effet de mieux fixer les idées sur les conditions multiples de l'amélioration, n'ont cependant pas toute l'importance que M. Baudement semble leur accorder. Au point de vue juste auquel il se place, relativement aux principes fondamentaux de la zootechnie, l'important est que les reproducteurs de chaque race concourent entre eux, et ce progrès est réalisé depuis plusieurs années. L'appréciation des conditions de l'amélioration est

l'affaire des jurys, et leurs idées particulières sur ce point sont indépendantes de l'organisation des concours. Ce que l'on peut seulement désirer, c'est qu'ils soient le plus possible choisis parmi les hommes compétents; et c'est ce que nous serons peut-être encore longtemps à attendre.

Si le groupement des animaux par natures de services devait avoir pour conséquence de faire concourir entre elles les différentes races aux aptitudes communes, qui se peuvent rencontrer dans la même région, de manière à signaler aux éleveurs celle qui présente ces aptitudes au plus haut degré comme devant être l'objet de leur préférence exclusive, il faudrait le rejeter absolument. L'admettre à ce titre serait demander aux concours ce qu'il n'est pas dans leur nature de pouvoir donner. En considérant même, — ce qui n'est pas, — que les éleveurs y viennent chercher une direction, tandis qu'ils s'appliquent au contraire fort heureusement à contrôler, pour la plupart, les décisions des jurys, ce serait prendre pour absolu ce qui est essentiellement relatif, et par conséquent faire presque à coup sûr fausse route. En thèse générale, on peut dire que chacune de nos races locales a sa raison d'être dans les circonstances où elle est entretenue; et si c'est avec raison que le savant zootechnicien du Conservatoire des arts et métiers s'est élevé contre la doctrine des partisans du statu quo, qui impose à ces races pour condition de la beauté l'intégrité de leurs caractères natifs, les exigences de l'économie rurale ne permettraient plus de le suivre dans la voie où il paraît disposé à s'engager.

Ces exigences, en effet, nous commandent d'être, en matière de zootechnie, ce que voulaient être en politique les hommes du célèbre parti des conservateurs progressistes. Il faut tout améliorer, mais ne rien détruire radicalement. Ici, comme en toutes choses, le progrès est surtout l'œuvre de ce grand réformateur qu'on appelle le temps; l'impatience des bonnes intentions, celle de la science la plus profonde et la plus solide, l'expérience l'a toujours surabondamment démontré, a pour effet certain de retarder sa marche en le compromettant.

Les concours, à ce point de vue, ne sont donc bien organisés qu'autant qu'ils permettent de constater l'amélioration progressive de toutes les races sans exception; non pas en vue du type parfait de chaque spécialité de service, car cette donnée, exacte pour l'ensemble des espèces, ne l'est plus pour chacune d'elles en particulier, mais en vue de la destination économique finale de ladite espèce. Ainsi, il n'y a point lieu, par exemple, d'encourager l'espèce bovine en vue de la plus haute aptitude au travail, l'espèce ovine en vue de la production des laines extra-fines. L'amélioration, pour les deux, doit s'entendre maintenant dans le sens des modifications de leur conformation et de leurs aptitudes vers la production de la viande, dans la mesure compatible avec les besoins locaux qu'elles ont à satisfaire. Ces modifications, quand elles sont opérées d'après les principes que nous avons développés, étant logiquement et scientifiquement corrélatives à des modifications analogues dans ces mêmes besoins, l'amélioration suit alors sa marche normale et conforme aux plus strictes prescriptions de l'économie rurale.

C'est sur ces données essentielles que sont maintenant conçus les concours d'animaux reproducteurs ; et il faut en applaudir l'administration qui les a institués. Il y aurait, certes, à y introduire des corrections de détail. Tels qu'ils sont au moment où nous écrivons, les programmes pourraient être utilement modifiés, quant à la répartition des sommes allouées entre les diverses races. Des réclamations justes ont été formulées à cet égard par quelques sociétés d'agriculture, et il y a lieu d'espérer qu'il y sera fait droit ; mais quand on envisage l'institution au point de vue de son principe, de son idée dominante, on doit considérer cela comme fort accessoire, et reconnaître qu'elle mérite une entière approbation. En recevant, par le progrès normal du temps et de l'expérience, les perfectionnements qu'elle comporte dans l'exécution, elle conduira à coup sûr notre bétail vers le but économique qu'il doit atteindre, à un moment donné.

L'idée dominante qui se fait jour dans tous les concours actuels, par les résultats qui sont mis sous les yeux des éleveurs, est en effet celle de l'amélioration de toutes nos races locales par la sélection. De quelque appréciation que ces résultats soient l'objet ; qu'ils soient considérés, suivant le point de vue, comme des altérations de la race pure, — ce qui est ordinairement le fait des partisans du *statu quo*, — ou comme des modifications heureuses indiquées par les besoins nouveaux ; lesdits résultats mettent toujours en évidence ce fait zootechnique, qui ne saurait être interprété diversement : que nos races bovines et ovines locales se modifient progressivement, dans le sens qui les rend plus propres à la production de la viande.

A coup sûr, quelque évident que cela soit, ce n'est pas encore assez marqué, aux yeux de ceux dont l'impatience voudrait couler toutes ces races dans le même moule. Ils ont même une tendance assez prononcée à le méconnaître, et ils accusent l'incurie des organisateurs des concours avec une vivacité qui ressemble à de la colère. Soyons justes cependant pour ces hommes convaincus. Leur propagande inconsidérée a concouru, plus qu'on ne pourrait le croire, à hâter le résultat que nous constatons. En dépassant le but, ils ne l'ont pas moins indiqué ; les systématiques outrés, après tout, ne sont véritablement nuisibles que quand ils ont le pouvoir en main ; à titre d'aiguillon, — nous ne disons pas de mouche du coche, — ils ont leur rôle à remplir dans la marche du progrès. Et c'est ici que nous touchons à la véritable fonction des concours.

Le public a donné, par la manière dont il les désigne, leur signification réelle à ces sortes de solennités : il les appelle des *expositions* d'animaux. C'est bien là l'appellation qui leur convient réellement. Ce n'est assurément point en tant que concours, c'est-à-dire en tant qu'excitant direct et borné aux seuls compétiteurs, que l'institution exerce son influence. Aussi longtemps qu'elle a été bornée à cela, dans les comices et sociétés départementales d'agriculture, on n'a

point remarqué de progrès bien saillants. La tendance, à présent si marquée, vers l'amélioration du bétail, date véritablement de l'institution des concours généraux, universels et régionaux, qui sont surtout des expositions, ce que l'on appelle en Angleterre des *exhibitions*. Par ces exhibitions, ouvertes à toutes les races françaises et étrangères, les éleveurs ont pu trouver l'occasion d'étudier sur nature les types de toutes sortes recommandés à leur attention, et juger par comparaison de leur valeur relative. Ils ont pu graver dans leur esprit, mieux que par la lecture d'aucune description, si bien faite qu'on l'eût exécutée, les types de perfection de chaque spécialité de service, et mesurer, comme le dit M. Baudement, la distance qui leur restait encore à parcourir, pour y conduire les races qu'ils entretiennent. Et c'est à ce point de vue que la propagande des impatients dont nous parlions tout à l'heure a eu et aura encore pendant quelque temps son utilité.

C'est cette propagande, en effet, qui a fait exposer dans tous les concours ces types d'animaux créés spécialement en vue de la boucherie, et qui ne conviendraient encore par eux-mêmes qu'à un nombre si restreint de nos localités. Les éleveurs, dont le sens pratique résiste toujours aux tentatives hasardeuses, et même à celles qui sont seulement chanceuses, par une exagération de prudence, n'y ont vu que des modèles à suivre, un but à atteindre ; ils ont pu fixer leurs idées sur les conditions de la bonne conformation, et graver dans leur mémoire la représentation de ces conditions. Quiconque a vu un concours, il y a une dizaine d'années, s'apercevra facilement maintenant, en examinant avec soin le bétail exposé dans ceux d'aujourd'hui, des modifications subies par nos diverses races indigènes dans le sens que nous indiquons.

Mais ce n'est pas seulement de cette façon, que l'apparente prédilection des organisateurs des concours pour des races justement considérées comme inhabiles à l'amélioration directe des nôtres, a exercé son heureuse influence. Elle y a contribué beaucoup aussi, en mettant sous les yeux des intéressés les résultats des tentatives poursuivies dans cette dernière direction, en ouvrant la lice aux produits des croisements. Et c'est ici que nous nous séparons complètement de M. Baudement, parce que nous ne pouvons admettre avec lui que accepter ces produits dans les concours et les primer soit en conseiller l'emploi comme reproducteurs. Si tant est que l'on puisse voir un conseil dans le prix décerné à un animal exposé, en ce qui concerne les croisements, ce conseil ne saurait s'appliquer, au pis aller, qu'au cas particulier pour lequel le prix a été accordé, c'est-à-dire au croisement même dont le produit a pu être jugé digne d'une distinction. Et la preuve qu'il en est bien ainsi, c'est que, malgré les efforts des fantaisistes, on ne voit guère d'agriculteurs sérieux fonder des entreprises d'amélioration sur cette base fragile.

L'observation semble démontrer, au contraire, que l'exhibition de tous ces animaux classés par les programmes dans la catégorie des croisements, est un utile enseignement pour les visiteurs des concours: elle leur apprend ce qu'il faut éviter, en mettant en évidence ce fait que, dans la plupart des cas, les individus croisés sont inférieurs à ceux de la race mère pure exposés à côté. D'ailleurs, la place qu'occupent dans les concours de reproducteurs ces individus croisés indique suffisamment le degré d'importance qu'on leur accorde ; et nous ne devons pas oublier que le véritable but est ici de mettre en évidence et de rapprocher le plus grand nombre possible de faits. Là s'arrête le rôle des organisateurs. On se fait une fausse idée de ce rôle, si l'on croit qu'il peut avoir pour objet de diriger les éleveurs. Cela appartient à la science, qui les met en mesure d'apprécier la signification des faits constatés par les concours.

La meilleure organisation de ces derniers est donc celle qui comporte le plus grand nombre d'objets, celle qui permet de réunir, sur un point et à un moment donnés, tous les faits zootechniques actuels ; par conséquent, celle où il y a des catégories pour toutes les races et pour tous les métis. Ne perdons pas de vue qu'il ne peut s'agir en pareil cas que d'une exhibition et point du tout d'une leçon directe. Le jour où l'administration de l'agriculture, rompant décidément avec les traditions, a renoncé à poursuivre la réalisation d'un système absolu d'amélioration conçu dans ses bureaux, et a réparti les encouragements dont elle dispose sur toutes les races entretenues à tort ou à raison dans les fermes de notre pays, ce jour-là elle est entrée dans la seule voie qui lui convienne, et elle a trouvé le vrai moyen de rendre son intervention féconde en résultats heureux pour le progrès. Dans cette direction, qui est conforme aux exigences de l'économie rurale, parce qu'elle ne préjuge rien de ce qu'elle n'est pas en mesure de décider, parce qu'elle ne s'applique qu'au beau relatif, le seul qui mérite considération en zootechnie, les concours produiront tout le bien que l'on en puisse espérer. Leurs programmes attendent encore des perfectionnements, mais c'est seulement dans le sens d'une délimitation plus exacte des catégories et d'une répartition plus équitable des prix offerts. Cela est l'œuvre du temps, et elle est déjà commencée. Nous devons voir disparaître, par exemple, la catégorie encore admise des races diverses, qui ne peut avoir à aucun point de vue de signification utile. Elle est sans doute commode pour les personnes chargées de l'aménagement des concours ; mais il est important, avant tout, que dans une exposition publique, chaque chose soit à sa place et classée d'une manière précise sous le nom qui lui convient. L'exhibition ne porte ses fruits qu'à cette condition.

Ainsi, en résumé, les concours d'animaux reproducteurs ne peuvent agir sur l'amélioration du bétail, qu'en fournissant aux éleveurs des moyens d'étudier comparativement les divers types qui le composent et d'apprécier les résultats produits par les méthodes et les procédés qui sont recommandés par les zootechniciens à leurs préférences. Ils sont un moyen d'enseignement, point du tout un stimulant direct. Considérés au point de vue particulier des éleveurs qui prennent part à la lutte, l'appât de la récompense pécuniaire qui accompagne les prix est un élément complétement négligeable, quant à leur influence, car il est absolument illusoire. La distinction honore ; le prix n'indemnise jamais des sacrifices qu'il faut faire pour l'obtenir, ou du moins n'indemnise que d'une faible partie de ces sacrifices. Et cependant le succès des concours prouve que ces prix sont très recherchés. C'est que, ainsi que nous venons de le dire, ils honorent ceux qui les obtiennent et attirent sur eux l'attention.

Il y a dans ce fait, si bien en rapport avec la nature de l'homme, un stimulant suffisant du progrès, dans la mesure où chacun y concourir ; et l'on comprend sans peine que dans le cas ce stimulant sera d'autant plus énergique et efficace, qu'il sera plus multiplié. Cela indique que sous ce rapport comme sous l'autre que nous avons plus particulièrement fait ressortir, l'influence des concours se mesurera au nombre des récompenses offertes et décernées, par conséquent à la multiplicité des catégories qui permettent d'en établir.

Tout porte donc à conclure que les programmes des concours d'animaux reproducteurs doivent être essentiellement éclectiques. D'abord, ils ne peuvent provoquer des exhibitions complètes du bétail actuel qu'à cette condition ; ensuite, en admettant, comme cela doit l'être en principe, que les prix soient dans chaque catégorie décernés aux plus méritants, c'est à cette seule condition qu'ils arriveront à récompenser tous les efforts vers le bien, toutes les améliorations compatibles avec les circonstances dans lesquelles elles ont été réalisées, c'est-à-dire les seules améliorations réelles et solides. La science le veut ainsi, et nous l'avons suffisamment prouvé dans les précédents chapitres ; l'expérience, en outre, est venue confirmer la science, pour tous ceux qui ont su apercevoir les résultats successifs mis en évidence par les concours, depuis qu'ils ont été organisés dans cet esprit.

Ces résultats ont montré déjà que notre bétail, dans son ensemble, marche rapidement vers l'amélioration, en rapprochant progressivement chacune de ses races du type de conformation le plus propre à la mettre en mesure d'utiliser le mieux possible la nourriture qui lui est donnée, dans le milieu qu'elle habite. Ce serait peut-être exagérer d'attribuer cela uniquement à l'influence des concours ; on ne peut cependant méconnaître qu'ils ont, plus que toute autre chose, contribué à conduire au point où elle en est l'éducation zootechnique des éleveurs. Avant leur institution sur une grande échelle, les tentatives d'amélioration étaient bornées à des essais de croisement. On ne semblait pas concevoir qu'une race pût être améliorée en elle-même ; il n'était jamais question de la sélection. D'interminables déclamations sur l'état de dégénérescence et d'infériorité de notre bétail, opposées à des tableaux dithyrambiques des races étrangères, notamment des races suisses et anglaises, avaient déjà conduit à bien des mécomptes. Il n'a fallu que quelques exhibitions de nos propres richesses, pour faire évanouir toute cette fantasmagorie et montrer que nous n'étions pas précisément si pauvres qu'on s'était plu à le proclamer.

C'est là, entre autres grands services rendus par les concours, celui qui doit peut-être le plus les recommander à notre attention. En nous donnant confiance en nos propres forces, ils nous ont portés à en tirer meilleur parti. Toujours est-il qu'à dater de ce moment, on a vu la doctrine de l'amélioration par le croisement quand même perdre chaque jour du terrain, et celle de la sélection en gagner en proportion corrélative. Cela juge la question, et ne permet pas de douter de l'efficacité des concours d'animaux reproducteurs des deux sexes, pour provoquer l'amélioration du bétail.

Au reste, un seul de leurs caractères suffirait, en définitive, pour établir qu'ils peuvent être justement considérés comme l'un des meilleurs encouragements : c'est leur qualité de moyen pratique d'instruction, de procédé d'enseignement et de démonstration. Or, l'instruction est la base incontestable de tous les progrès ; sans elle tous les autres éléments demeurent stériles au moins, et souvent nuisibles. Nous sommes donc sans réserve pour les concours qui contribuent à la répandre le plus largement.

Concours d'animaux de boucherie. — Pour avoir une portée moindre que celle des concours de reproducteurs, attendu leur spécialité, ceux-là exercent cependant une influence heureuse sur l'amélioration du bétail. Nous ne nous arrêterons pas longuement à le démontrer, car ils agissent les uns et les autres de la même manière, et nous ne pourrions par conséquent que répéter les raisons qui ont été déjà données en faveur des concours de reproducteurs.

Si l'on en croit M. Magne, — et il n'y a aucun motif de douter de son affirmation, — c'est sur sa proposition et d'après un programme rédigé par lui, que la Société d'agriculture de Lyon aurait institué en 1842 le premier concours d'animaux de boucherie qui ait eu lieu en France. Le programme de ce concours stipulait que le prix serait accordé « au bœuf qui, par sa conformation, par son état de graisse, paraîtrait avoir, relativement à son poids, une plus grande quantité de viande nette. » Il ajoutait que le volume, le poids total du corps, seraient considérés comme des qualités secondaires, et que, à droits égaux, on accorderait la préférence au bœuf le plus jeune.

La Société offrait également des prix pour les moutons et les porcs, aux mêmes conditions que pour les bœufs ; mais, quant aux premiers, on devait prendre en considération la finesse et le tassé de la laine. Il était dit aussi que les femelles des trois espèces seraient admises au concours.

Deux ans après, c'est-à-dire en 1844, l'administration de l'agriculture créait, à Poissy, à peu près sur les mêmes bases, un concours du même genre, d'où les femelles de l'espèce bovine étaient cependant exclues. Depuis, ce concours est de-

venu central, et des concours régionaux ont été successivement établis à Bordeaux, Nîmes, Lyon, Nantes et Lille. Dans cette dernière ville seulement, on eut la bonne idée d'admettre les vaches à concourir.

L'économie des programmes de ces divers concours fut entendue de manière à favoriser l'engraissement précoce des animaux ; on divisa les concurrents en deux classes, suivant leur âge, et le prix d'honneur du concours de Poissy fut réservé, pour chaque espèce, à la catégorie des jeunes concourant entre eux. Une autre disposition du programme, qui subsista longtemps et qui a maintenant disparu, divisait les animaux par régions, sans distinction de race. C'était là un reste de l'esprit absolu qui, dans cette matière, a dominé jusqu'à ces derniers temps la zootechnie officielle, mais qui a dû fort heureusement céder, lui aussi, devant les démonstrations de la science.

Désormais en effet, sans cesser de présenter la précocité de l'engraissement comme le but à atteindre, les concours de boucherie, en faisant concourir entre eux les animaux de la même race, auront pour résultat de stimuler le progrès compatible avec les nécessités de la pratique. Ils seront, de cette façon, le corollaire logique des concours d'animaux reproducteurs, et ne préjugeront rien quant à la question économique. Ils feront juger chaque race pour ce qu'elle vaut en réalité, au point de vue de l'engraissement, et montreront ce que l'on en peut obtenir en la dirigeant dans le sens de la précocité. La multiplicité des catégories et des prix aura encore ici la même influence que nous lui avons justement attribuée, croyons-nous, à propos des reproducteurs. Et cette influence sera d'autant plus grande, que l'on s'est enfin décidé à l'étendre aux vaches, qui, par une inconcevable faute, avaient été jusque-là exclues de la plupart des concours, et de celui de Poissy en particulier.

Les dispositions des programmes, que nous n'avons pas à détailler ici, et les principes qui semblent avoir toujours dirigé les jurys des concours de boucherie, surtout dans l'attribution du prix d'honneur des jeunes bœufs, ont été chaque année, depuis l'institution de ces concours, l'objet de vives discussions. La raison en est, bien certainement, que parmi ceux qui ont attaqué les décisions prises, comme parmi ceux qui les ont défendues avec la même chaleur, personne n'a su se placer au véritable point de vue d'une pareille question. On retrouve toujours dans ce cas, de même que dans tous les autres du même genre, cette interprétation fautive que nous avons fait ressortir de la manière dont les concours agissent sur le progrès. On a beau voir que depuis que le concours de Poissy a été institué, loin de s'étendre, les opérations qui y ont toujours été placées en première ligne ont au contraire perdu chaque année du terrain ; cela n'empêche point de considérer la distinction dont elles sont l'objet comme un encouragement direct pour les éleveurs et les engraisseurs à se lancer dans la même voie. On fait toutes sortes de supputations et de calculs pour montrer, d'une part, que le salut de la production et de la consommation est là, de l'autre, que ce serait la ruine pour les deux. Et pendant que les prophètes des deux camps dissertent et lancent leurs prophéties, le progrès suit sa marche logique et normale, sans plus de souci des unes que des autres.

Après tant de luttes stériles, il serait bon, cependant, d'apercevoir les choses sous leur véritable jour.

Il est élémentaire que si les concours de boucherie ne devaient avoir pour but, ainsi que tant de gens le soutiennent, que de mettre en évidence et de récompenser les opérations d'engraissement les plus économiques, c'est-à-dire celles qui donnent le plus de bénéfices, ces concours seraient absolument inutiles. Le marché suffirait pour cela. On n'apprend rien à personne en démontrant, chiffres en mains, que les animaux les plus gras du concours ont coûté à l'engraisseur plus qu'ils ne peuvent être vendus ; et c'est faire œuvre de grande puérilité, de craindre que les agriculteurs qui font de l'engraissement une industrie, en soient incités à s'engager dans cette singulière voie de la production à perte. Si les contempteurs des races précoces, comme leurs partisans fanatiques, avaient des idées plus saines en économie politique, ils sauraient fort bien que l'industrie sérieuse, — la seule qui mérite que nous en ayons souci, — n'a pas d'autre stimulant réel que le débouché, et par conséquent le bénéfice. S'il convient à quelques amateurs de négliger ce détail et de n'avoir en vue que l'absolu, certes, cela ne peut être qu'exceptionnel et à négliger dans la question. L'industrie sérieuse ne peut donc être influencée par les résultats des concours, que dans la limite compatible avec cette première et fondamentale considération. On perd trop de vue qu'elle ne vient pas là, docile et soumise, chercher des ordres et subir des commandements ; elle y vient pour discuter, juger et s'instruire.

Or, c'est précisément pour ce motif que les concours de boucherie, à l'exemple de tous les autres, ne peuvent et ne doivent être que des moyens d'instruction ; c'est-à-dire des exhibitions aussi complètes que possible de tous les faits zootechniques relatifs à l'industrie de l'engraissement, envisagés chacun à son point de vue le plus absolu. Ils doivent mettre en évidence les limites de la possibilité, au moment actuel, dans la voie qui peut seule conduire toutes les races ou leurs produits métis au but final de la production de la viande, à savoir la précocité.

C'est aussi pour le même motif que leurs programmes, pour être rationnels, doivent offrir et leurs jurys accorder les plus forts encouragements aux individus qui se rapprochent le plus de ce but final, précisément parce que, en s'en rapprochant davantage, ils s'éloignent des conditions de la production économique. Les animaux produits dans ces dernières conditions n'ont pas besoin, nous le répétons, d'autre récompense que le bénéfice certain qui les attend sur le marché ; le rôle des concours n'est pas de provoquer directement leur production, sans cela il serait, encore un coup, trop manifestement inutile : ce rôle est d'amener des expérimentations instructives, de

mettre en relief des faits absolus, de mesurer la valeur des procédés zootechniques, dans leur application dégagée des considérations de l'ordre économique, avec leur signification simple et nette, de manière à ce qu'ils puissent être bien saisis. Les concours de boucherie ne peuvent avoir pour but de constater purement et simplement des résultats pratiques : ce sont des données scientifiques, ce que l'on appelle en logique des faits simples, qu'ils doivent fournir. Il importerait, pour faire cesser des malentendus qui jettent le trouble dans les esprits et nuisent au progrès, que tout le monde se pénétrât bien de cette vérité, et consentît à prendre ici les choses pour ce qu'elles sont.

Malheureusement, par cela seul que chacun peut élever tant mal que bien des animaux, suivant la routine traditionnelle, il se croit volontiers en mesure de disserter sur la zootechnie ; et ce sont peut-être ceux auxquels les éléments de la science du bétail sont le plus étrangers, qui hésitent le moins à formuler à cet égard des préceptes et des leçons.

Assurément, personne ne doute, parmi les gens sensés, que ce serait folie d'entreprendre la production courante d'animaux de boucherie comme ceux auxquels on accorde chaque année la plus haute distinction dans les concours. Ceux qui les produisent en doutent eux-mêmes moins que personne, parce qu'ils sont mieux en mesure que qui que ce soit de savoir ce qu'il leur en a coûté. Mais il serait nécessaire que l'on vît bien que ce n'est pas du tout de cela qu'il s'agit. Qui peut le plus, peut le moins, dit-on avec raison. Or, pour enseigner la possibilité du *moins*, rien n'est efficace comme de montrer la possibilité du *plus*. Les concours de boucherie mettent en évidence cette dernière possibilité ; et leur succès toujours croissant a fait voir, malgré des critiques inintelligentes, qu'elle a exercé une influence heureuse sur l'amélioration du bétail ; non point, bien entendu, dans le sens que ses aveugles partisans désirent et que ses détracteurs peu clairvoyants redoutent, — ce qui prouve que les uns et les autres sont bien manifestement dans l'erreur, — mais dans son sens logique, c'est-à-dire à titre d'enseignement.

Ainsi, jusqu'à présent, la coupe d'honneur, qui est la plus haute récompense du concours de Poissy, est à peu près exclusivement échue à de jeunes bœufs métis de Durham, parce qu'en réalité ce sont ces animaux qui se montrent les plus précoces, les plus susceptibles d'être conduits de bonne heure à un engraissement achevé. C'est là le fait principal que les concours ont mis en évidence, dégagé de toute autre considération. Eh bien, si ce fait avait été de nature à agir d'après la signification qu'on lui prête, on eût dû voir bientôt augmenter le nombre des compétiteurs à la coupe d'honneur, et en même temps celui des métis qui, dans l'état actuel des choses, peuvent seuls y prétendre. Or, c'est précisément ce qui n'a pas eu lieu. Pour un nouveau qui est entré en lice, un autre s'est retiré ; depuis plusieurs années, on n'en compte pas plus de deux, et ce sont toujours les mêmes : ce sont des personnages qui, pouvant faire à la science, ce sacrifice, poursuivent de leurs deniers une expérience dont l'enseignement est profitable à tous, absolument comme un riche amateur monte à ses frais des appareils compliqués et coûteux, pour résoudre un problème de science pure, de mathématiques, de mécanique ou de physiologie.

Aucun esprit raisonnable ne contestera qu'un tel désintéressement mérite d'être dignement honoré ; non pas seulement à cause des résultats scientifiques auxquels il peut conduire, et des conséquences pratiques qui peuvent découler de ces derniers ; mais surtout, dans l'espèce, parce qu'il honore lui-même l'industrie à laquelle il se rapporte. On est bien près d'être guéri de la sotte tentation de considérer comme infime la profession d'éleveur ou d'engraisseur de bétail, quand on voit d'anciens ministres, par exemple, briguer les distinctions qu'on peut obtenir en l'exerçant.

Mais revenons à notre raisonnement.

Nous disions donc que dans les concours d'animaux de boucherie, le nombre des jeunes métis de la première catégorie n'a pas sensiblement augmenté, bien que seuls jusqu'à présent ils eussent pu conduire à la coupe d'honneur. Ce fait étant incontestablement établi, il n'y aurait pas lieu de tenir compte de l'opinion de ceux qui ne veulent point consentir à y voir la preuve que la coupe d'honneur n'agit pas en provoquant la multiplication de ces métis, si toutes les aberrations, hélas ! n'avaient chance de trouver des partisans. Celle-ci, comme nous l'avons déjà dit, en a de deux sortes, également peu soucieux, bien entendu, de la méthode d'observation. Ils se sont fait là-dessus des idées, en pensant à ce qui pourrait bien être, et ils se sont ainsi fortement convaincus que cela était. On les reconnaît surtout à l'intolérance, nous allions dire à la violence de leurs discussions.

Il faut donc insister et répéter que, puisque depuis qu'ils obtiennent la coupe d'honneur, les métis de la race courtes-cornes n'ont pas été sensiblement multipliés, en dehors des quelques régions où les croisements semblent rationnels, c'est là une preuve incontestable que la constitution des concours de boucherie n'a pas été un encouragement à leur multiplication. La réalité de l'existence d'un principe se juge par les conséquences de ce principe. Or, pas de conséquence, pas de principe. On ne pourrait se tirer de là qu'en contestant l'exactitude du fait ; mais alors il suffirait de jeter un coup d'œil sur les catalogues des concours passés pour se convaincre de sa parfaite vérité.

A mesure que, dans les concours, cette catégorie de métis poussés aux dernières limites de la précocité se maintenait dans les proportions d'un résultat purement expérimental et en conservait la signification, on a vu les races pures s'avancer progressivement sur les degrés de la même échelle, et fournir en nombre toujours croissant des animaux engraissés et pouvant être livrés à la consommation à un moment de moins en moins rapproché de l'âge normal de leur état adulte ; on a vu les bœufs au-dessous de quatre ans, dans la catégorie des races pures, devenir plus nombreux et

plus remarquables par leur conformation et leur engraissement, par l'ampleur de leur poitrine, la finesse de leur peau et de leurs extrémités ; on les a vus enfin se rapprocher du type parfait dont le modèle avait été mis sous les yeux des producteurs, pour leur fournir un objet d'étude. C'est au point qu'il a pu venir à la pensée de quelqu'un de comparer d'une manière absolue certains de ces jeunes animaux purs au lauréat de la coupe d'honneur, sans que la comparaison fût trop choquante pour les premiers. Nous ne parlons pas, bien entendu, du point de vue économique, auquel elle ne pouvait être que tout en leur faveur.

Il n'est à coup sûr point possible de méconnaître, quand on étudie cette question avec un esprit dégagé de préventions, qu'il y a nécessairement un lien logique entre les deux faits si divers en apparence que nous venons de citer. On trouve dans leur rapprochement une nouvelle preuve de l'exactitude de la signification que nous attribuons aux concours en général. On y voit une fois de plus que ces institutions n'agissent sur les progrès de l'amélioration, que par les faits de toute nature dont elles provoquent l'exhibition aux yeux de tous ; et il en faut conclure, encore ici, que leur meilleure organisation est celle qui fait exhiber une plus grande variété de ces faits, en dehors de toute idée systématique. Les déterminations économiques de la spéculation obéissent à d'autres impulsions, qui sont assez puissantes par elles-mêmes pour ramener dans la bonne voie les imprudents qui pourraient s'en écarter, en méconnaissant la véritable signification des résultats récompensés dans les concours. Quant aux éleveurs éclairés, ils ont prouvé par les circonstances qui viennent d'être indiquées, qu'ils savent voir dans ces résultats ce qu'il y a réellement en eux, c'est-à-dire des sujets d'étude et des enseignements propres à leur indiquer les moyens d'améliorer leur bétail, dans les proportions relatives aux besoins de la consommation et aux conditions économiques dans lesquelles ils opèrent.

Les concours de boucherie provoquent la manifestation de la perfection absolue, pour faire entrevoir le but à atteindre, et celle de l'amélioration relative qui doit y conduire : ils n'ont pas, en principe, autre chose à faire. Dans cette mesure, ils méritent la complète approbation des zootechniciens dignes de ce nom.

Nous n'avons pas à examiner en détail les programmes d'après lesquels ces concours sont présentement organisés. Il suffit à notre plan d'avoir fait ressortir l'idée générale qui les inspire, et dont la connaissance peut permettre à chacun de les apprécier. Disons seulement qu'on y rencontre l'application logique et exacte de cette idée générale, en y suivant l'enchaînement naturel des faits. Par suite de cet enchaînement, le résultat pratique immédiat est placé à la base, sous forme de bandes d'animaux gras, dans chaque espèce ; le résultat purement expérimental, au sommet, sous forme d'animaux ayant atteint les dernières limites de la précocité, qui doivent être indiqués comme le but pratique de l'avenir ; les points intermédiaires sont occupés par les individus qui, dans chaque race, sont en marche vers ce but. Nous n'apercevons pas ce que l'on pourrait dire de sensé contre cette organisation.

Primes d'encouragement. — Les primes diffèrent des encouragements dont nous nous sommes occupés jusqu'à présent, en ce que leur distribution n'implique pas la nécessité d'un concours entre les animaux auxquels elles peuvent être accordées; et c'est sans doute pour cela qu'elles ont en général une efficacité moindre, comme moyen de provoquer les améliorations. Instituées toutefois par l'État ou les associations particulières, pour constater et récompenser un résultat déterminé d'avance, et acquises à tous ceux qui ont atteint ce résultat, elles peuvent, comme adjuvant des concours avec lesquels elles se concilient parfaitement, contribuer dans certains cas au progrès.

Nous avons vu, en nous occupant de l'administration des haras et des approbations qu'elle accorde aux étalons particuliers, la quotité des primes jointes à ces approbations, et aussi les chiffres de celles qui peuvent être accordées aux poulinières suitées. Il faut ajouter que la même administration distribue maintenant des primes d'une autre espèce, destinées à provoquer la pratique de la castration et le dressage des poulains à la selle ou à l'attelage, à un âge déterminé. Le nombre de ces primes, on le conçoit, n'est pas invariablement fixé d'avance, autrement que par prévision pour l'établissement du budget; il est subordonné à celui des individus capables de les mériter; ce qui est seulement invariable, c'est leur quotité.

Les comices, les sociétés d'agriculture, les conseils généraux même, consacrent également chaque année des sommes plus ou moins fortes, pour être distribuées en primes aux éleveurs des diverses espèces animales qui ont réalisé des améliorations spéciales, auxquelles l'attribution de la prime est acquise, et qui varient suivant le but que l'on s'est proposé en l'instituant. Dans quelques départements, ces primes ont pour objet les cultures fourragères et le nombre de têtes de bétail entretenues sur un espace donné; et ce n'est certainement pas la forme la moins utile et la moins efficace de leur institution.

Quelques auteurs se sont mépris, à notre sens, lorsqu'ils ont envisagé les primes comme des moyens d'attirer l'attention des cultivateurs sur une opération déterminée, peu lucrative, par la promesse d'une récompense. Il nous paraît que c'est précisément le contraire qui est vrai. Là prime n'a aucune signification, ou elle est la récompense d'un résultat économiquement utile, qu'il importe de signaler à l'attention des intéressés. C'est pour cela qu'elle constitue un mode d'encouragement à la portée seulement des associations locales, des comices surtout, qui peuvent en faire l'attribution à bon escient.

On conçoit que, d'une manière générale, les primes sont un mode d'encouragement destiné à disparaître, à mesure que l'instruction zootechnique fera des progrès, à mesure que les concours seront plus suivis et mieux appréciés. C'est un moyen transitoire, qui a sans doute encore sa raison d'être dans un très-grand nombre de cas, mais que l'on ne peut pas considérer comme un des principes de l'enseignement de la zootechnie.

Nous ne devons donc pas nous en occuper davantage. Nous montrerons plus loin, en examinant l'influence des débouchés, qu'ils constituent la véritable et seule prime d'encouragement de toute production; que par conséquent le moyen le plus efficace d'encourager celle-ci, est d'agir sur les éléments dont ils dépendent, en les élargissant et les facilitant le plus possible, ce qui les rend nécessairement avantageux.

Courses. — Il n'est pas nécessaire de faire ici l'histoire de l'institution des courses; cette histoire se trouve étroitement liée à celle de la création du cheval anglais dit de pur sang; car nous avons vu précédemment le rôle qui revient dans ladite création à l'entraînement que les courses nécessitent.

Nous n'avons pas non plus à décider la question controversée de savoir si, dans le principe, ces joutes de vitesse ont été instituées en vue du perfectionnement de l'espèce chevaline, ou si ce n'est pas plutôt à titre d'amusement public. On trouve dans l'histoire d'Angleterre un édit qui réglemente en même temps les jeux de boules, les combats de coqs et les courses de chevaux; ce qui tendrait à faire croire que la seconde opinion est la plus vraie. Dans ce cas, le cheval aurait été fait pour les courses, et non les courses pour le cheval. Si c'était ici le lieu, il ne serait peut-être pas bien difficile d'établir par les faits que c'est ainsi que la question doit être comprise; mais cela est indifférent au but que nous nous proposons. Il s'agit seulement pour nous d'examiner si les courses de chevaux, sous leurs différentes formes, peuvent être justement considérées comme des moyens de provoquer l'amélioration de l'espèce chevaline.

Car telle est la prétention des partisans de l'institution. Indépendamment des subventions considérables que l'État alloue dans ce but aux sociétés de courses qu'ils ont formées, et dont la principale est la *Société d'encouragement pour l'amélioration de l'espèce chevaline*, encore connue sous le nom anglais de *Jockey's club*, pour la fondation de prix importants, les villes, les compagnies de chemins de fer, tous ceux qui ont, en un mot, intérêt à ce que le spectacle des courses soit brillant et attire un grand concours de public, contribuent pour leur part à augmenter le nombre de ces prix. De cette façon, la partie se trouve avoir plus d'attrait, le jeu est, comme on dit, plus intéressé, et les joueurs sont plus nombreux.

Il est bien incontestable, en effet, quel que soit d'ailleurs leur but final ou leur résultat, relativement à l'amélioration de l'espèce chevaline, il est bien incontestable que les courses sont d'abord un jeu, dont les chevaux coureurs sont les cartes ou les dés. Et là, comme à l'écarté, ce ne sont pas seulement ceux qui tiennent les cartes qui engagent leurs enjeux. Quiconque a mis, une fois en sa vie, le pied sur un hippodrome, ou seulement jeté les yeux sur un de ces comptes rendus de courses que font si agréablement nos *sportsmen* journalistes, en termes mêlés d'anglais et de français qui constituent une sorte de jargon spécial, celui-là ne peut ignorer qu'il s'établit, pour chaque course, des paris nombreux et importants, et que, à ce point de vue, il existe une sorte de cote officielle pour chaque cheval, suivant sa réputation ou les espérances que son entraînement a fait concevoir aux parieurs. Dans chaque engagement, il y a ce qu'on appelle un favori. Il faut dire, en outre, que dans tout cela l'habileté du jockey est bien aussi comptée pour quelque chose, et ne point négliger d'ajouter non plus qu'à ce jeu-là, il y a, comme à tous les autres, des cartes biseautées et des dés pipés. L'auteur de l'*Histoire du cheval anglais*, William Youatt (traduit par M. H. Bouley), en parlant de l'institution des courses sous Charles Ier, de triste mémoire, dit en propres termes : « Les courses de cette époque n'étaient pas déshonorées par ces filouteries et ces fraudes qui, dans ces derniers temps, semblent être devenues presque inséparables des amusements du turf. Le système des grosses gageures n'existait pas ; le prix consistait dans une cloche de bois ornée de fleurs ; plus tard on lui substitua une cloche d'argent, qui était donnée principalement le mardi gras « à celui qui avait « couru le mieux et le plus loin ; » de là l'expression encore usitée de *gagneur de cloche* (*bearing away the bell*), pour désigner celui qui a gagné le prix. »

Ce n'est pas notre affaire de nous occuper, au point de vue de leur moralité, de ces *amusements du turf*, dont les *filouteries* et les *fraudes* sembleraient être devenues, dans ces derniers temps, presque *inséparables* ; il nous appartient uniquement de voir jusqu'à quel point ils sont de nature à justifier leur réputation, quant à l'influence qui leur est attribuée sur l'amélioration de l'espèce chevaline.

Établissons d'abord une distinction importante, si nous ne voulons pas tomber dans la confusion commune à la plupart de ceux qui ont jusqu'à présent discuté cette question. Il n'est point douteux qu'en se plaçant au point de vue abstrait, et en considérant les courses au galop, — les seules dont il s'agisse pour le moment, — comme des épreuves seulement destinées à constater la capacité des étalons améliorateurs ; si l'on admet la doctrine du pur sang dans toute son étendue ; il n'est point douteux, disons-nous, que la conservation de celui-ci, et par conséquent l'amélioration qu'il peut seul produire, d'après cette doctrine, ne soient indissolublement liées à l'institution des courses de vitesse. Présentées de cette façon, c'est-à-dire purement et simplement comme des épreuves de capacité, les courses se conçoivent et se justifient, même en dehors de la question du pur sang. Il est possible d'imaginer des concours de ce genre, entre les chevaux destinés à la reproduction, qui auraient pour effet de mettre en évidence l'aptitude plus ou moins grande de ces chevaux au service qui est la destination utile de leurs produits, et qu'ils doivent leur transmettre en vertu de la loi d'hérédité. On peut ajouter

même que ces concours existent actuellement, dans une certaine mesure ; car certaines courses au trot, instituées dans quelques circonscriptions de notre pays, n'ont pas sous ce rapport d'autre caractère.

Dans ces limites, les courses peuvent être considérées comme des encouragements réels ; malheureusement, c'est là une conception à peu près utopique. Admissible et même inattaquable en théorie, cette conception s'évanouit dès qu'on suit son application dans la pratique. Parfaitement rationnelle, non-seulement comme moyen de constater des qualités acquises, mais encore à cause de la nécessité de l'éducation spéciale, de l'entraînement fonctionnel, qu'elle implique, et dont nous avons dit l'importance dans un des chapitres précédents, au point de vue de l'amélioration de l'espèce, on voit qu'en fait elle manque le but, parce qu'elle le dépasse toujours.

C'est que les choses obéissent avant tout et forcément à leur logique. Si les courses ont pour prétexte, — et, nous le voulons bien même, pour but éloigné, — l'amélioration de l'espèce chevaline, il n'est pas contestable que la condition indispensable de leur succès est qu'elles soient, pour le public, un spectacle amusant, ou du moins attrayant, à quelque titre que ce soit, — fût-ce même par les accidents qu'elles entraînent ; — pour ceux qui y prennent part, un moyen de spéculation, un jeu aux péripéties rapides, aux courtes et vives anxiétés, comme celles causées par la rouge et la noire sur le tapis vert. Il faut que la partie soit promptement vidée, que les enjeux se renouvellent souvent, que la revanche qui doit compenser la perte par un gain ne se fasse pas trop longtemps attendre, que les spéculations se puissent entreprendre à des échéances aussi rapprochées que possible. Cela est dans la nature même de l'institution des courses publiques, et elles n'y pouvaient échapper, sauf à périr. Jouer avec des chevaux coureurs, avec des cartes, des dés ou la roulette, c'est toujours jouer ; et le jeu glisse sur une pente fatale, soumise comme toutes les pentes aux lois physiques de la chute des corps. Le temps s'y précipite et les forces s'y accumulent, à mesure qu'on la parcourt.

La conséquence inévitable de ce fait, en ce qui concerne les courses, était que la durée des épreuves imposées aux coureurs allât toujours en diminuant, et qu'ils y pussent être soumis à un moment de moins en moins éloigné de leur naissance, en d'autres termes, que les prix de course pussent être disputés par des poulains, et que la distance à parcourir fût assez courte pour que les champions gagnassent en vitesse, sans avoir besoin de déployer une vigueur et une énergie soutenues, apanages de qualités solides et difficiles à obtenir.

Sous l'empire de ces tendances, qui étaient dans la logique inévitable de l'institution, nous pouvons voir, par l'observation des faits actuels, de quelle nature est l'influence des courses sur l'amélioration de nos chevaux de service. Nous ne pourrions mieux faire que d'emprunter le tableau de ces faits à l'auteur anglais déjà cité. On sait que sur le *turf* nous sommes en toutes choses les imitateurs serviles de nos voisins d'outre-Manche, et que l'ambition de nos *sportsmen* est de lutter avantageusement avec eux. L'intérêt et la vérité de la comparaison établie par M. Youatt entre les coureurs des anciens temps et ceux de l'époque actuelle nous fera pardonner la longueur de notre citation.

« Que sont aujourd'hui, se demande-t-il, nos chevaux de course ? Ils sont plus rapides, ce serait une folie de le nier ; ils sont plus longs, plus légers, encore bien musclés, quoiqu'à cet égard ils aient perdu beaucoup de leurs qualités d'autrefois. Ce sont des animaux aussi beaux qu'il soit possible de le désirer, mais la plupart sont rendus avant que la moitié de la course soit achevée, et sur quinze ou vingt, il n'y en a que deux ou trois qui restent en pleine possession de leur énergie.

« Puis, que deviennent-ils une fois la lutte achevée ? Dans ces rudes courses des premiers temps, le cheval se représentait dans l'arène sans qu'aucune de ses facultés eût souffert la moindre atteinte, et dans une longue série d'années il était prêt à entrer en lutte avec ses rivaux. Aujourd'hui, une seule course comme celle du Derby rend le gagnant incapable de courir jamais, et cependant la distance est seulement de 1 mille 1/2. Celle du Saint-Léger est encore plus dommageable pour le vainqueur, quoique la distance ne soit que de moins de 2 milles.

« Aujourd'hui, lorsque la course est achevée et que quelques gros enjeux ont été gagnés, l'animal vainqueur est emmené de l'hippodrome les flancs déchirés par l'éperon, les côtes ruisselant de sueur, les tendons forcés ; et c'est une chance rare si jamais plus on entend parler de lui ou si l'on y pense : il a rempli le but pour lequel on l'avait élevé, et tout est dit.

« Et par quelle aberration tout cela s'est-il accompli ? Comment se fait-il que des hommes honorables et pleins d'habileté aient conspiré ensemble pour altérer le caractère du cheval de course et, par son influence, celui des races anglaises en général ? Ce n'est pas le fait d'une conspiration ; c'est la conséquence de la marche naturelle des choses. Le cheval de course du commencement et même du milieu du dernier siècle était un puissant animal, aux formes élégantes, qui avait autant de vitesse qu'on en peut désirer, et qui joignait à cela une puissance d'action inépuisable. Celui qui élevait des chevaux pour le turf, à cette époque, pouvait avoir la conviction bien satisfaisante que l'animal avec lequel il espérait accomplir ses desseins rendrait en même temps d'utiles services à son pays ; mais, en se proposant de faire des chevaux capables de gagner des prix, il fut naturellement conduit à essayer d'ajouter un peu plus de vitesse à la puissance d'action. Cette tendance à *alléger* produisit *Mambrino*, *Sweet-Briar* et d'autres, qui avaient perdu un peu de la compacité (*compactness*) de leurs formes ; qui étaient débarrassés d'une partie de leur *étoffe* (*coarseness*), mais sans avoir perdu de la capacité de leur poitrine, de la *musculation* développée et puissante de leurs membres ; animaux dont la vitesse était certainement accrue, sans que leur vigueur fût en rien diminuée.

« Il n'appartient pas à la nature humaine d'être satisfaite, même de la perfection. On essaya si l'on ne pourrait pas obtenir encore plus de vitesse. On réussit, mais cette fois ce ne fut pas sans amoindrir d'un certain degré la puissance d'action. Tels furent, par exemple, *Shark* et *Grimcrack*, dans lesquels la vitesse fut augmentée un peu aux dépens de la force. Il est facile de se figurer maintenant quelle a dû être la conséquence dernière de ce système.

« Le grand principe étant d'obtenir de la vitesse, c'est aux conditions de la vitesse qu'on s'est principalement attaché dans le choix des reproducteurs, celles d'où dépend la force étant placées en seconde ligne.

« La conséquence de ce système a été la création d'un cheval aux formes allongées, aussi beau que ses prédécesseurs, sinon plus, mais laissant voir aux yeux du véritable connaisseur des muscles moins développés, des tendons moins saillants, un garrot plus tranchant, mais recouvert de muscles moins puissants. La vitesse fut portée au degré le plus extrême qui ait jamais pu être rêvé ; mais le fond, la force de résistance à la fatigue, l'*endurance*, fut incroyablement diminué. On ne tarda pas à en avoir la preuve. Ces chevaux de nouvelle création ne purent parcourir la distance que leurs prédécesseurs franchissaient avec tant de facilité. Les épreuves tombèrent de mode ; on les qualifia, avec trop de vérité, hélas ! de *dures* et de *cruelles*, et force fut bien de raccourcir de moitié les distances consacrées aux épreuves ordinaires.

« Un tel résultat ne devait-il pas être suffisant pour convaincre les éleveurs de la marche vicieuse qu'ils avaient suivie ? sans doute, pour peu qu'ils voulussent se donner la peine de réfléchir. Mais le moyen de réparer cette erreur ? Comment retourner sur ses pas et en revenir à l'élément fondamental du bon cheval, la force, la puissance d'action, actuellement que l'élevage était poursuivi dans de faux errements ? Et puis les courses de peu de longueur étaient devenues de mode ; en deux ou trois minutes l'affaire était terminée ; on échappait à ces longues heures d'incertitude qu'exigeaient nécessairement les sept ou huit épreuves de seconde main dans les luttes contestées. Et puis enfin, comment lutter contre la toute-puissance de la mode ? Mais quelle force de résistance ont les chevaux ? Aucune. On les a élevés pour la vitesse ; on l'a obtenue. Les courses avec eux sont devenues populaires parce qu'elles sont très-courtes ; elles ne comportent plus de marches alternées comme autrefois, si ce n'est pour les prix du roi. Ces courses royales auraient dû être réservées, dans l'intérêt et pour l'honneur du pays, à l'encouragement de l'élevage de l'ancien cheval d'une supériorité sans rivale. On aurait toujours ainsi le moyen de réparer les erreurs commises aujourd'hui par les principaux personnages du sport ; et, en vérité, lorsque l'on considère l'état actuel du cheval de chasse et du cheval de route, on voit qu'il y a bien des raisons qui militent en faveur de ce retour vers les errements anciens.

« Il y a une conséquence particulière des courses de peu de longueur qui n'a peut-être pas été suffisamment prise en considération. Dans l'ancien système, les qualités réelles (*trueness*) et la force assuraient presque constamment le prix au cheval qui le méritait le mieux ; mais avec les chevaux d'aujourd'hui et les courtes épreuves de 2 ou 300 yards auxquelles on les soumet, le jockey joue un rôle principal dans la lutte. Si les animaux sont à peu près d'égale force, tout dépend de lui. Pour peu qu'il ait confiance dans la force de son cheval, il peut distancer tous ses compétiteurs : ou bien, ménageant sa monture rapide mais sans fond jusqu'au dernier moment, il peut atteindre le poteau avec la vitesse d'une flèche avant que son rival ait eu le temps de rassembler son cheval pour lui faire faire le dernier effort

« On ne saurait nier que la conscience qu'a le jockey de son pouvoir, et le compte qu'il sait être appelé à rendre de la manière dont il en aura fait usage, ont conduit à l'emploi de pratiques plus cruelles dans les courses de nos jours que dans celles des anciens temps.

« L'habitude développait dans le cheval d'autrefois le sentiment de l'émulation et celui de l'obéissance. Une fois la course commencée, il comprenait ce que lui demandait son cavalier, et il n'était pas nécessaire de recourir à l'usage du fouet ou de l'éperon pour le porter en avant s'il était capable de gagner.

« *Forester* est une preuve suffisante de ce que nous avançons. Il avait gagné plusieurs courses rudement contestées ; mais un jour malheureux il entra en lice avec un cheval extraordinaire, *Éléphant*, appartenant à sir Jennisson Shaftoc. La distance à parcourir était de 4 milles, en ligne droite. Ils avaient franchi la partie plate du terrain, et se trouvaient sur le même niveau à la montée. A peu de distance du poteau, Éléphant ayant en ce moment un peu gagné sur Forester, ce dernier fit tous les efforts possibles pour recouvrer le terrain perdu ; mais voyant qu'ils étaient sans résultat, d'un bond désespéré il se rapprocha de son antagoniste et le saisit par la mâchoire pour le maintenir en arrière ; on eut beaucoup de peine à lui faire lâcher sa prise.

« Un autre cheval, appartenant à M. Quin, en 1753, se voyant dépassé par son adversaire, le saisit par un membre, et les deux jockeys furent obligés de descendre de cheval afin de séparer leurs montures.

« Les chevaux de nos jours ne sont pas animés de ce sentiment d'émulation et disposés à épuiser toutes leurs forces dans un suprême effort, et il faut, pour que leurs propriétaires puissent gagner le prix de la course, qu'ils soient cruellement excités par leurs cavaliers, jusqu'à extinction de leurs forces ; aussi arrive-t-il souvent qu'ils sortent de l'hippodrome estropiés pour la vie.

« C'est là une conséquence fatale du système actuel ; ce sont là les fonctions des jockeys de nos jours, fonctions qu'un certain nombre d'entre eux accomplissent avec une sorte d'orgueil ; mais un tel état de choses ne devrait pas être toléré, et le système dont il est l'expression devrait être promptement et radicalement réformé (1). »

Depuis la publication du livre auquel nous avons emprunté ce récit fidèle des choses du turf, leur situation n'a fait qu'empirer, en Angleterre comme en France. C'est que les raisons de ces choses n'ont point cessé d'agir ; et si l'on veut bien y réfléchir, on s'apercevra sans peine qu'il ne pouvait en être autrement, quelques efforts que fissent les hommes éclairés pour s'y opposer. Les institutions, nous l'avons déjà dit, obéissent à leur logique ; et l'auteur lui-même que nous venons de citer déduit fort bien les motifs des faits qu'il constate avec une si douloureuse conviction. Les courses sont pour les uns un amusement public, fort recherché et très à la mode parmi les gens du monde et du demi-monde, qui y trouvent une excellente occasion d'étaler leur luxe de bon ou de mauvais aloi, et d'autant plus recherché que cet amusement offre des péripéties plus nombreuses et plus variées ; pour les autres, les courses sont un vrai jeu de la suprême fashion où, comme sur le tapis vert du lansquenet, pour un qui s'enrichit cent autres dépensent en pure perte des sommes folles, ou se ruinent complètement. Envisagées à ce point de vue, qui est celui de leur véritable raison d'être, nous n'avons pas, encore un coup, à nous en occuper. La zootechnie n'a rien à voir dans la question des jeux publics. Tout au plus la société protectrice des animaux pourrait-elle intervenir, pour faire sentir ce qu'il peut y avoir de cruel à sacrifier ainsi de pauvres bêtes aux divertissements frénétiques et aux passions de quelques désœuvrés, pour lesquels le spectacle d'une course est chose fade, tant que les coureurs n'ont pas dépassé les limites de leur puissance physiologique, dussent-ils en mourir.

Mais il nous appartient d'examiner si des chevaux uniquement faits en vue de ce spectacle, et réunissant dans leur constitution les conditions qu'il nécessite, sont capables d'améliorer leur espèce. Ce n'est qu'à ce compte, en effet, que les courses pourraient être considérées comme des encouragements réels de l'industrie chevaline, comme des moyens de provoquer les améliorations.

Pour quiconque n'est pas un croyant de ce que l'on a appelé le dogme du pur sang ; pour quiconque, ayant quelques notions de physiologie, ne saurait admettre, ainsi que nous l'avons fait voir, que ce principe prétendu de toute perfection puisse être considéré indépendamment de la forme qui le contient, il n'est pas possible de douter un seul instant de l'erreur d'une semblable prétention. Si l'on songe à la loi d'hérédité, que nous avons formulée telle qu'elle se déduit scientifiquement de l'observation, et en vertu de laquelle les procréateurs transmettent à leur descendance seulement les caractères qu'ils ont eux-mêmes, on verra ce que peut donner le cheval de course, dont M. Youatt nous traçait tout à l'heure le portrait fidèle, au point de vue de ce que nous devons considérer comme des améliorations. Il n'est sans doute pas nécessaire d'insister à présent pour convaincre le lecteur que si ce

(1) *The Horse*, publié à Londres en 1846 sous la direction de la Société pour la propagation des connaissances utiles, par

M. William Youatt, traduit par M. H. Bouley, *Bibliothèque vétérinaire*, t. I, p. 250.

cheval possède incontestablement tout ce qu'il faut pour procréer des chevaux de course semblables à lui, il ne nous offre rien, mais absolument rien, de ce qui est la condition essentielle du cheval de service tel que nous devons le désirer. Ses qualités absolues même sont en ce sens de véritables défauts, en raison de leur propre exagération. Cette énergie portée à un si haut degré, mais si fugace, qui est la condition d'une vitesse excessive obtenue au détriment du fond, de ce que M. Youatt appelle l'*endurance*, première qualité du cheval de service, cette énergie est pour les produits du cheval de course un funeste présent.

Et il ne s'agit point seulement ici de prévisions plus ou moins fondées sur les données générales de la science zootechnique. L'expérience avait depuis longtemps fourni aux observateurs attentifs de nombreuses occasions de constater ce fait, lorsque les résultats de la campagne de Crimée, en 1855 et 1856, sont venus en donner une preuve éclatante et à l'abri de toute contestation. Les rapports de tous les vétérinaires de notre cavalerie, dont les régiments ont pris part à cette expédition avec ceux de l'armée anglaise, ont été unanimes pour constater que les chevaux qui ont d'abord succombé aux fatigues et aux privations de la campagne, sont ceux de la cavalerie anglaise, qui a été véritablement décimée, puis, parmi les nôtres, ceux qui étaient le produit d'un croisement anglais; les vétérinaires ont en outre remarqué et noté que, entre ces derniers, ceux-là succombaient d'autant plus tôt qui avaient davantage, comme l'on dit, de sang anglais. Les seuls qui aient résisté jusqu'à la fin à toutes les misères, sont les chevaux de notre cavalerie africaine, ces chevaux algériens ou barbes, qui possèdent si bien les vraies qualités du cheval de service et de guerre, la rusticité, la sobriété, la résistance à la fatigue et aux privations (1).

Loin donc d'être un encouragement à l'amélioration de l'espèce chevaline, les courses, envisagées comme moyen de favoriser la production d'étalons capables de perfectionner cette espèce par le croisement, n'ont jamais conduit, ne peuvent conduire jamais qu'à des résultats désastreux. Elles sont un stimulant puissant, et sans doute le seul, pour l'élevage du cheval spécial qui convient aux exercices qu'elles comportent; et à ce titre elles nous fournissent la démonstration pratique d'un fait théorique de la plus grande importance pour la zootechnie, et que nous ne devons pas négliger.

Les courses, en effet, mettent en évidence, mieux qu'aucune autre opération zootechnique, l'influence considérable des procédés, pour ainsi dire tout-puissants, à l'aide desquels nous pouvons modifier les animaux dans le sens des services que nous en voulons obtenir. L'auteur anglais que nous citions plus haut, nous a fait assister aux changements, fâcheux suivant lui, subis par la conformation et les aptitudes du coursier d'hippodrome, à mesure que les exigences de la mode

avaient rendu dans ces derniers temps ces changements nécessaires. Il nous a fait voir par là que le cheval de course est bien véritablement un produit de l'industrie humaine. Or, si dans le cas les effets de cette industrie peuvent être tenus pour déplorables, au point de vue de l'amélioration générale de l'espèce, il n'en est pas moins vrai qu'à raison du but spécial qu'il s'agissait d'atteindre, leur efficacité porte avec elle un enseignement précieux. Elle témoigne de cette puissance de l'intervention de l'intelligence humaine, dans la direction des aptitudes des animaux, dont il ne tient qu'à nous de faire un usage plus rationnel et plus utile. Il n'est pas plus difficile de faire un bœuf ou un mouton de boucherie, un cheval de service, de selle ou de trait, par les procédés zootechniques basés sur la science, que cet animal rapide, tout nerf, grêle et efflanqué, que nous représente le cheval de course actuel.

Si les courses contribuaient seulement à faire passer cette vérité dans l'esprit de tous les éleveurs, nous n'aurions point à regretter les sommes énormes qui sont affectées à leur encouragement; et il y aurait à coup sûr dans ce résultat de quoi compenser largement les atteintes qu'elles peuvent porter, en tant que jeu public, à notre morale de convention.

Nous sommes maintenant arrivés au terme de notre revue des encouragements appliqués immédiatement à l'amélioration des animaux; il ne nous reste plus qu'à examiner les institutions capables d'avoir une action médiate ou indirecte dans le même sens. Ces institutions sont celles qui touchent à la circulation desdits animaux comme valeurs commerciales, et influent par conséquent sur leur production d'une manière favorable ou défavorable, suivant qu'elles ont pour effet d'en augmenter ou d'en diminuer le prix courant. En discutant successivement celles existantes, et qui sont les diverses impositions, douanes et octrois, et les mesures relatives à l'achat des produits pour l'État pour les remontes de l'armée et des dépôts d'étalons, nous aurons des occasions suffisantes d'exposer les vrais principes en cette matière, qui sont ceux de la liberté. C'est dire que nous n'aurons point à proposer d'institutions nouvelles pour l'encouragement ou la protection de l'industrie du bétail.

Douanes. — Pendant longtemps, la plupart des agriculteurs ont été convaincus que la production animale ne pouvait prospérer en France, qu'à la condition d'être suffisamment protégée contre la concurrence étrangère. En 1849, une enquête fut ouverte sur cet objet, principalement en ce qui concerne les animaux de boucherie, et les réponses obtenues des associations agricoles furent à peu près unanimes pour établir que, dans l'opinion des producteurs, c'en serait fait de notre industrie nationale si, par le maintien des droits élevés de douane frappés sur les bestiaux étrangers destinés à venir sur nos marchés intérieurs, l'introduction de ces bestiaux ne continuait pas d'être par le fait prohibée. Chacun croyait, de la meilleure foi du monde, et sans cependant pouvoir

(1) *Recueil de mémoires et observations sur l'hygiène et la médecine vétérinaires militaires*, rédigé sous la surveillance de la Commission d'hygiène hippique, t. IX, p. 510. — Ou la *Culture*, t. II, année 1860-61, p. 131.

étayer cette conviction sur aucune donnée exacte et précise, que notre agriculture n'était pas en mesure de produire le bétail à un prix de revient assez bas pour lutter avec celle des pays qui nous entourent; que, par conséquent, l'abaissement de la barrière qui s'opposait à la libre entrée des animaux étrangers serait le signal d'un envahissement de nos marchés, et par là de la ruine de notre agriculture, à la prospérité de laquelle l'industrie animale est si étroitement liée, ainsi que nous l'avons montré dans les premiers chapitres de ce travail. Les craintes à cet égard étaient tellement vives et profondes, que l'on entendit un jour le maréchal Bugeaud, — qui était à la fois, comme on sait, soldat et agriculteur, — dire dans une de nos assemblées législatives, qu'il redouterait moins pour la France un nouvel envahissement de Cosaques, qu'une invasion par le bétail étranger.

Aujourd'hui, ces craintes sont bien calmées. Et sans qu'il soit nécessaire de rechercher en détail les motifs du changement qui s'est opéré dans les esprits, — ce qui nous conduirait à faire une étude de la question des douanes en général, hors de propos ici, — il suffira de dire qu'on en trouve la principale raison, pour le point qui nous occupe, dans une expérience maintenant assez prolongée pour être concluante. Depuis 1854, époque à laquelle, sous l'empire de nécessités impérieuses, les anciens droits prohibitifs à l'entrée du bétail étranger ont été réduits aux proportions de simples droits protecteurs presque insignifiants, le prix des animaux sur nos marchés n'a pas cessé de suivre une marche progressivement ascendante. L'évidence d'un pareil fait ne pouvait manquer de frapper tout le monde, et de réduire à néant les raisonnements à priori par lesquels les partisans des prohibitions avaient réussi si bien et si longtemps à abuser les agriculteurs.

Ce fait considérable a mis hors de doute que, pour le bétail au moins, les droits de douane sont chose absolument indifférente; et maintenant personne ne croit plus que la production des animaux ait besoin chez nous d'être protégée contre la concurrence étrangère; à l'exception de ceux qui sont dominés par des idées préconçues sur l'indispensable nécessité de la protection du travail national par des mesures douanières; idées imposées à leur esprit timoré par les prédictions calculées de quelques industriels fortement intéressés au système. On s'est aperçu que l'accroissement normal de la consommation était un stimulant suffisant à cette production, pour que les importations possibles n'eussent aucune influence sur le cours des marchés, où la demande doit normalement augmenter, à mesure que la richesse et le bien-être publics font des progrès.

Maintenant donc que la question est débarrassée, par les résultats positifs observés, des idées spéculatives qui l'avaient si longtemps obscurcie, et que le fait dont nous venons de parler ne souffre pas de contestation, il est facile de voir, en y réfléchissant un peu, que ce serait porter au delà de toute limite l'esprit systématique, d'admettre que les droits de douane puissent influencer, dans un sens ou dans l'autre, l'industrie du bétail considérée dans son ensemble. Que cela puisse produire quelque effet sur les marchés de nos frontières, on le comprend à la rigueur, quoique rien ne soit moins démontré; mais, pour peu que l'on fasse attention à la nature de la marchandise dont il s'agit, et qui a pour caractère essentiel de commander une vente immédiate, sauf à dépérir ou à occasionner au négociant des frais qui grèvent singulièrement le prix de revient et diminuent d'autant ses chances de bénéfice; il n'est pas possible d'admettre que cette marchandise devienne jamais chez nous l'objet de spéculations considérables et de transports à de grandes distances, quelques facilités que les chemins de fer aient apportées pour cela. On ne concevrait point, pour ces raisons, que la production nationale ne demeurât pas maîtresse du marché intérieur, quand même l'expérience ne se serait pas déjà prononcée sur ce point. La concurrence étrangère n'a jamais été ici qu'un épouvantail imaginaire, créé par les habiles pour le maintien d'un système dont ils profitaient à d'autres égards. Il était bon d'abriter ce système sous l'égide des intérêts agricoles, les plus respectables de tous assurément, parce qu'ils sont ceux du plus grand nombre des producteurs et de l'universalité des consommateurs. En cela, les agriculteurs étaient pris pour dupes, car, en échange d'une protection plus qu'illusoire de leurs propres intérêts, on s'en était fait des auxiliaires ardents du maintien d'une protection bien réelle et bien efficace, celle-là, mais tout à leur détriment.

En effet, la protection douanière qu'on leur faisait solliciter et maintenir pour les objets de leur fabrication, pour leur bétail en particulier, et dont l'inutilité est à présent si bien démontrée, entraînait une protection égale pour les matières premières qu'ils mettent en œuvre; mais une protection efficace dans ce cas, nous le répétons, parce qu'il s'agissait ici de produits monopolisés par une industrie relativement restreinte et maîtresse du marché, par la puissance de ses capitaux et la nature même de sa fabrication ou de son négoce. Pour ne vendre leurs denrées que le prix normal, déterminé uniquement par les besoins de la consommation, les agriculteurs payaient le fer, les engrais, le charbon, les tissus dont ils sont vêtus, etc., etc., au delà de celui qui se fût établi sous l'empire de la libre concurrence étrangère. Pour un avantage au moins problématique, et maintenant bien positivement démontré nul, ils subissaient une perte certaine et un dommage réel. On a peine à concevoir qu'un tel état de choses ait pu se prolonger si longtemps, et que les agriculteurs éclairés, qui ont toujours fait partie, en nombre assez considérable, de nos assemblées délibérantes, se soient ainsi laissé abuser par les habiles de l'industrie manufacturière. Il a fallu l'avénement du droit politique nouveau, plus accessible aux démonstrations de la science, parce qu'il est la sauvegarde des intérêts de tous, pour assurer le triomphe de cette vérité.

La science, qui est l'interprétation logique et rigoureuse des faits d'observation, l'avait mise en évidence depuis longtemps ; mais elle avait eu contre ses démonstrations la coalition de puissants intérêts particuliers, servis comme à souhait par les méprises des agriculteurs. Aujourd'hui, la lumière est complétement faite. Nous sommes entrés dans la voie de la logique et du bon sens, et tout porte à espérer que nous continuerons d'y marcher résolûment.

Il est avéré que la production du bétail n'est nullement intéressée, pas plus qu'aucune autre branche de l'industrie agricole, à une protection douanière quelconque. Que les animaux étrangers puissent ou ne puissent pas être introduits sur nos marchés, cela est parfaitement indifférent à l'agriculture française. Elle peut puiser en elle-même les éléments de force nécessaires pour lutter avantageusement, le cas échéant, contre la production animale étrangère ; mais ce qui doit surtout tranquilliser à cet égard nos éleveurs, c'est que, encore une fois, les besoins de notre consommation intérieure seront toujours assez grands pour qu'elle n'arrive qu'avec peine à y suffire. L'importation de 34,269 bœufs et taureaux, 30,709 vaches, 30,610 veaux et génisses, 330,309 moutons, pendant les huit premiers mois de 1861, n'a point empêché le maintien des prix au taux élevé qu'ils avaient atteint depuis 1854, bien que cette importation n'ait été qu'en partie compensée par les exportations.

Plus l'industrie animale prend de développement, dans une agriculture quelconque, plus cette agriculture prospère. Or, il est devenu superflu de démontrer maintenant que la prospérité de l'agriculture est la source du bien-être des populations, qui entraîne le surcroît de consommation de tous les objets de première nécessité, parmi lesquels les produits fournis par le bétail sont les principaux ; il ne le serait pas moins, en ce moment, d'entreprendre de prouver comme quoi l'accroissement de la richesse agricole suit nécessairement l'augmentation du bétail.

Ce sont donc là des choses corrélatives et enchaînées par les liens économiques qu'un peu de réflexion fait saisir au premier coup d'œil. La multiplication des animaux commande l'extension des cultures fourragères et amène une production plus considérable d'engrais, les deux conditions fondamentales de l'agriculture perfectionnée.

Eh bien, les droits de douane appliqués aux bestiaux ne pourraient être considérés comme un encouragement à la production nationale, que s'il était établi qu'ils eussent une influence quelconque sur la valeur commerciale des animaux que nous produisons. Sur la foi de conceptions hypothétiques, on avait affirmé qu'il ne pouvait manquer d'en être ainsi ; l'événement a prouvé qu'il n'en est absolument rien. Depuis 1854, la production agricole a subi chez nous des alternatives de disette et d'abondance, des oscillations entre la cherté et l'avilissement des prix des denrées de toutes sortes ; le bétail seul n'a pas cessé un instant d'être à un taux rémunérateur des avances des éleveurs. On peut même dire qu'il a toujours été cher, eu égard au prix des autres objets de consommation. Aucune

mesure administrative ou gouvernementale n'y a pu rien faire. La cessation du monopole de la boucherie dans la ville de Paris, par exemple, si souvent réclamée au nom de l'intérêt des consommateurs de ce centre principal, n'a pas exercé en ce sens la moindre influence, non plus que l'établissement ou la suppression de la taxe de la viande.

S'il y a au monde quelque chose de bien nettement hors de doute, c'est donc que l'industrie du bétail, particulièrement, obéit à des nécessités auxquelles toutes les mesures dont nous nous occupons sont entièrement étrangères. Cette industrie, aussi bien que toutes celles qui ressortissent à la production du sol, au reste, et qui mettent en jeu les intérêts complexes de toute la nation, comporte un mécanisme normal dans lequel les choses s'enchaînent, se subordonnent et se règlent réciproquement, sans que rien de ce qui leur est étranger y puisse avoir la moindre prise. Le meilleur moyen de favoriser son développement, est en conséquence de la laisser fonctionner dans la plénitude de sa liberté, débarrassée de toutes ces entraves qui, sous prétexte de la protéger, ne peuvent que gêner son jeu régulier.

Les droits de douane imposés à l'entrée du bétail étranger, s'ils n'ont pas l'inconvénient d'agir dans ce sens, n'en sont pas moins de nul effet au point de vue de la protection. Leur pire défaut est d'être absolument inutiles, et par conséquent indifférents à l'amélioration des animaux. C'est tout ce que nous avons à en dire pour notre thèse, et c'est assez pour les faire condamner sans retour.

Octrois. — Autre institution fiscale qu'il s'agit d'étudier au point de vue de son influence sur l'amélioration des animaux. Les octrois, bien entendu, n'ont pas été institués, comme les douanes, sous prétexte de protéger la production ; leur unique but est de créer des ressources financières aux villes, et l'accroissement constant de la consommation, malgré l'entrave fâcheuse qu'ils y mettent, les fait considérer par les administrateurs comme une excellente forme d'impôt.

Suivant que cet impôt est assis et perçu, toutefois, en ce qui concerne les bestiaux, qui y sont nécessairement soumis, il peut avoir un effet plus ou moins fâcheux sur leur élevage ; et c'est à ce titre que nous devons nous en occuper, en attendant que les progrès de l'économie sociale aient fait supprimer partout une institution fiscale qui présente ce vice radical, tout à fait inévitable, d'être d'une répartition équitable impossible, et de blesser ouvertement les plus simples principes de la justice, en matière d'impôt.

On conçoit parfaitement que pour de grands centres de consommation comme Paris, Lyon, Bordeaux, etc., approvisionnés régulièrement par les lieux de production spéciaux, le mode de perception des droits d'octroi, à l'entrée des animaux destinés à la boucherie, puisse être pour quelque chose dans la direction imprimée à cette production. La taxe municipale influe d'une façon assez importante sur le prix de revient du kilogramme de viande, pour qu'il y ait lieu de s'en préoccuper. Dans l'état actuel des choses, le droit d'octroi de la ville de Paris, qui est établi au poids, augmente, avec ses accessoires, ce prix de revient de 12c,340.

Avec ce mode de perception, c'est-à-dire avec l'imposition des animaux de boucherie d'après leur poids, les droits d'octroi sont toujours un embarras et un empêchement pour la production, mais ils ont cet avantage relatif d'être d'autant moins onéreux pour le producteur, qu'ils s'appliquent à un animal plus parfait pour sa destination. Si la viande médiocre ou mauvaise paye autant à l'octroi que la bonne ou la très-bonne, elle se vend beaucoup moins sur le marché. Il y a donc intérêt, sous ce rapport, à ne produire que de bons animaux, que ceux dont le rendement en viande nette est toujours très-élevé.

Et cela est surtout manifeste si le droit est perçu d'après le poids vif des animaux; car il est clair que, dans ce cas, ce droit grèvera en définitive d'autant moins chaque kilogramme de viande, que le rendement net sera plus élevé. L'avantage sera donc, à tous égards, pour les animaux les mieux conformés et les mieux engraissés, pour ceux qui rendent ordinairement le plus en viande nette, quels que soient d'ailleurs leur âge, leur poids vif et leur taille.

Il résulte, d'abord, de cette première considération, que le moins mauvais des modes de perception des droits d'octroi est celui qui est établi sur le poids vif des animaux. Malheureusement, il n'est pas le plus commode pour les préposés; et c'est pour cela sans doute qu'on lui préfère le plus ordinairement un droit fixe par tête. Il est plus tôt fait de compter les animaux, en effet, aux barrières des villes, que de les peser.

Mais on est tout de suite frappé du désavantage considérable qui est la conséquence de cette mesure, pour les animaux des petites races, dont la production doit être cependant encouragée, dans le plus grand nombre des circonstances. Le droit se trouve tout à coup doublé, pour la même quantité de viande produite, si ce droit s'applique à deux individus de petite race dont le poids vif total équivaut seulement à celui d'un animal d'une race plus volumineuse. Ainsi, lorsque, avant 1847, un bœuf normand de 700 à 800 kilogrammes payait à l'octroi de Paris 45 francs d'entrée, deux bœufs bretons de 300 à 350 kilogrammes chacun payaient 90 francs. Et c'est encore ce qui a lieu dans toutes les villes où le droit par tête a été conservé.

Cela devrait suffire pour faire rejeter le mode d'imposition dont il s'agit. En supposant que la même quantité de nourriture soit nécessaire pour conduire à bonne fin l'engraissement d'une même quantité de viande, chez un seul individu, ou répartie sur plusieurs, le droit d'octroi par tête constitue un privilége en faveur des animaux d'un poids vif considérable et par conséquent d'une taille élevée, et doit leur faire accorder la préférence sur les marchés par les engraisseurs. Il s'ensuit une défaveur pour les races de taille petite ou moyenne, qui sont ainsi presque complétement exclues des spéculations entreprises sur

une grande échelle. Ce qui s'est passé pour la consommation de Paris, démontre pourtant que les meilleures conditions de ces spéculations sont liées à l'engraissement des animaux d'un poids vif moyen; car depuis l'établissement du droit d'entrée au poids, le nombre des bœufs de grande taille conduits aux marchés d'approvisionnement n'a pas cessé de diminuer.

Quoi qu'il en soit, la zootechnie est surtout intéressée à ce que ces droits d'octrois soient établis sur des bases logiques et équitables. Elle ne peut d'aucune façon les considérer comme des encouragements; ce qui importe, c'est qu'ils ne mettent à ses opérations que le moins d'empêchements possible; c'est qu'ils ne viennent pas contrarier les améliorations indiquées par la science. Par cela seul qu'ils sont une entrave au développement normal de la consommation, en grevant la production de frais toujours trop considérables, si minimes qu'ils soient, dès qu'ils s'appliquent à des objets de première nécessité, notre plus vif désir doit être de les voir supprimer; mais tant que les octrois seront conservés, les éleveurs de bestiaux n'auront d'autre intérêt, pour ce qui les concerne, que celui d'être imposés au prorata de la marchandise qu'ils produisent. Or, cela ne peut être obtenu qu'au moyen de la fixation du droit d'après la valeur de celle-ci. Cette valeur étant assez exactement correspondante au poids des animaux, et non pas à leur nombre, il en résulte que le droit d'octroi ne peut être équitablement assis que sur ledit poids.

Toutes les autres considérations qu'on a fait valoir en faveur du droit par tête, sont absolument étrangères à la question. Il appartient, en définitive, à la zootechnie, de déterminer s'il est ou non préférable de faire consommer les fourrages par des bestiaux d'un poids vif plus ou moins considérable, de pousser plus ou moins loin l'engraissement, d'y soumettre les animaux à un âge plus ou moins avancé. La question des octrois est de l'ordre purement fiscal, et à ce point de vue, encore un coup, ses limites ne dépassent pas ce qui se rapporte à l'assiette des droits. Ceux qui les établissent n'ont donc à se préoccuper que de la rendre équitable. Nous avons suffisamment montré quelles sont les conditions de l'équité à cet égard; nous n'y insisterons pas davantage. On sait maintenant qu'il ne s'agit point de rendre les octrois utiles à l'amélioration du bétail, — ce qui serait une entreprise bien impossible, — mais d'atténuer dans une certaine mesure les inconvénients inhérents à cette malheureuse institution.

Eh bien, l'intérêt commun des producteurs et des consommateurs, de même que la facilité de la perception, commande de baser le droit d'octroi sur le poids vif des animaux, et non pas sur la quantité de viande nette rendue par chacun d'eux. Ce dernier mode, on le comprend facilement, est tout à fait favorable aux animaux les plus mauvais et les plus maigres, tandis que c'est le contraire pour l'autre, qui tourne nécessairement au bénéfice de ceux dont le rendement en viande nette est le plus élevé. Au triple point de vue de la quantité, de la qualité de l'approvisionnement et des revenus des villes, le mode de perception appliqué au poids vif doit donc être préféré. Il y a sous ces divers rapports accord parfait entre tous les intérêts ; et si en agissant ainsi l'on n'exerce point une influence bien directement efficace sur la production améliorée, tout en agissant dans le meilleur sens relativement aux besoins municipaux, du moins on ne la contrarie pas.

Il n'est pas possible d'exiger rien de mieux des octrois.

Achats de l'État. — Il y a deux sortes d'animaux dont l'État est le principal consommateur : ce sont les étalons d'élite nécessaires pour le service de l'administration des haras, et les chevaux de selle destinés aux remontes de l'armée. En vertu d'une des lois les plus formelles de l'économie politique, il est certain que par là l'industrie qui produit ces deux sortes d'animaux est entièrement sous la dépendance de l'État ; c'est-à-dire qu'il appartient à celui-ci d'en étendre ou d'en restreindre la production, suivant la manière dont il opère ses achats.

L'industrie privée, dans ces matières, n'a guère d'autre débouché qui puisse la stimuler. Nos habitudes sociales ont restreint à des proportions très minimes le besoin des chevaux de selle, tels qu'ils conviennent surtout pour la cavalerie de ligne et la cavalerie légère ; et ce sont ceux-là précisément que l'armée consomme en plus grand nombre. Quant aux autres, ils trouvent, dans une certaine mesure, pour les besoins des attelages de luxe et ceux des parcours rapides sur les voies de terre, nécessités par l'établissement des chemins de fer et l'économie du temps que comportent aujourd'hui les affaires, des débouchés qui seraient à la rigueur suffisants pour en assurer la production.

Si donc il importe à l'intérêt de l'État que l'industrie agricole puisse être en mesure de lui fournir un nombre suffisant des chevaux de selle dont il est à beaucoup près le plus fort consommateur, il est indispensable pour cela qu'il se conforme aux lois économiques qui commandent toute production.

Nous avons vu, en nous occupant de l'administration des haras, que cette situation de l'État est le plus fort argument invoqué pour essayer de démontrer la nécessité de son intervention directe, dans ce qui concerne l'industrie privée. Nous avons dit alors, sauf à développer plus tard cette pensée, que la véritable condition de son intervention efficace était limitée à sa qualité de consommateur. Le moment est venu maintenant de nous placer à ce point de vue, et d'examiner par quels moyens il convient que l'État agisse dans ce sens.

De toutes les questions relatives aux encouragements appliqués à la production des animaux, aucune n'a été plus que celle-ci l'objet de controverses ; aucune n'a donné lieu à des mesures plus diverses ; aucune cependant n'est plus simple et plus facile à résoudre.

Il serait superflu de passer en revue, dans le but qui nous occupe, les différents procédés d'après lesquels ont été ou sont encore effectués les achats de chevaux destinés aux remontes de l'armée. Il y a, dans cette question, des points de vue qui doivent nous demeurer étrangers, parce qu'ils le sont à notre sujet. Bornons-nous à examiner de quelle façon les achats dont il s'agit peuvent être un encouragement suffisant pour l'élevage du cheval de selle, de manière à ce que les éleveurs soient toujours en situation de répondre aux besoins de l'État. Les conclusions auxquelles nous conduiront les développements qui vont être consacrés à cet examen, seront une critique suffisante des mesures dont nous négligerons de parler. Trop de déclamations ont été accumulées sur ce sujet, par des écrivains aussi étrangers à la science économique qu'à la zootechnie, pour qu'il soit possible de les discuter toutes. Le meilleur parti à prendre est donc de ne s'y pas arrêter du tout.

La première condition, pour qu'une industrie quelconque puisse fonctionner, surtout lorsqu'elle comporte, comme c'est le cas de la production chevaline, des spéculations à long terme, c'est qu'elle soit à peu près assurée d'un débouché permanent et régulier pour ses produits. Les gens qui raisonnent bien leurs entreprises, ne se lancent pas au hasard dans un genre de spéculation dont les chances ne peuvent pas être prévues avec une exactitude désirable, dont les bénéfices probables ne peuvent pas être calculés. Or, ici, ces bénéfices dépendant en grande partie de l'importance de la demande, d'où résulte le placement plus ou moins avantageux des produits, il est naturel que pour demeurer dans les limites d'une industrie bien conduite, les éleveurs de chevaux de troupe doivent baser leurs opérations sur l'état normal des achats nécessités par la remonte annuelle de la cavalerie. Ils ne peuvent compter que sur cet état normal, et opérer que dans le but d'y satisfaire, par conséquent. C'est là un principe d'économie industrielle si élémentaire, qu'il n'y a vraiment pas lieu d'insister. On ne produit, en général, qu'en vue de la consommation la plus probable. L'encombrement de la production amène, on le sait bien, l'avilissement des prix. Les objets échangeables n'ont pas une valeur absolue ; ils n'ont que celle qui leur est accordée par la masse des acheteurs, et qui est déterminée par l'urgence du besoin auquel ils correspondent.

Et encore ici la question se complique d'un élément particulier. Il y a des marchandises qui s'améliorent et acquièrent de la valeur en attendant le débouché ; d'autres qui, si elles n'en acquièrent pas, au moins conservent celle qu'elles ont, ou bien rendent des services qui compensent leurs déperditions. Les chevaux élevés pour la cavalerie ne se peuvent ranger dans aucune de ces catégories. S'ils ne sont pas vendus aussitôt que possible, comme le service auquel ils sont propres ne trouve pas d'emploi utile dans les habitudes des producteurs, à mesure que leur valeur réelle décroît, leur prix de revient augmente par les frais d'entretien qu'ils nécessitent en pure perte.

Il importe donc essentiellement, pour que ces chevaux puissent être produits dans des circonstances avantageuses, que le débouché leur soit assuré, dès qu'ils remplissent les conditions exigées par le service auquel ils sont destinés. Hors de là, il n'est point possible d'espérer que la production du cheval de troupe prenne chez nous des proportions qui la puissent mettre à même de répondre aux achats extraordinaires que l'état de guerre, ou seulement l'éventualité de cet état, nécessite de temps en temps. La production ne peut raisonnablement baser ses opérations que sur les besoins de l'état de paix, qui, Dieu merci, est devenu l'état normal. Comme les agriculteurs ne sauraient entreprendre la production ou l'élevage des chevaux légers par pur patriotisme, et de manière à être toujours prêts, — dussent-ils s'y ruiner, — à fournir l'armée des chevaux dont elle a besoin pour entrer en campagne, il faut bien admettre qu'ils ne produiront jamais que ceux qu'ils peuvent vendre couramment, c'est-à-dire le nombre à peu près nécessaire pour satisfaire à la demande régulière et annuelle. Croire le contraire et le dire, c'est se faire illusion à soi-même et tenter en même temps d'illusionner les autres. Tant que les achats réguliers de l'État seront basés sur les besoins du pied de paix, la cavalerie ne pourra être mise sur le pied de guerre avec les seules ressources nationales.

Quoi qu'on en puisse penser donc, il n'est aucun stimulant capable, en dehors de ces considérations, d'exercer la moindre influence sur cet état de choses. Les encouragements que nous avons examinés dans le cours de ce chapitre, sont peut-être de nature à améliorer les produits, mais il n'est pas en leur pouvoir de multiplier la production. Ils ne sauraient décider aucun éleveur à entreprendre de faire naître des chevaux de troupe, tant qu'il aura plus d'avantage à faire consommer ses fourrages par des chevaux de trait, des mulets ou des bœufs. La demande de ceux-ci est permanente, le débouché assuré ; les conditions de leur élevage sont moins chanceuses, plus commodes, et nécessitent l'engagement d'un capital moins considérable, en assurant son plus prompt renouvellement.

L'unique moyen de tenir l'industrie dont il s'agit constamment en mesure de produire la quantité de chevaux éventuellement nécessaires, dans les cas de guerre, et d'éviter par là les sacrifices et les pertes causés par les achats extraordinaires de 1840, 1848, 1854-55, 1859, dont tous ceux qui appartenaient à l'armée à ces diverses époques, ont pu s'apercevoir, cet unique moyen consiste à changer radicalement le système de remontes actuellement en vigueur. Il résulterait de ce changement, nous en avons la profonde conviction, une notable économie dans les dépenses publiques ; et si c'était ici le lieu, rien ne serait plus facile que de le démontrer par des chiffres. Il suffirait, pour cela, de faire le total des sommes consacrées depuis les vingt dernières années aux remontes de la cavalerie, de supputer les chiffres de la mortalité, constituant les pertes sèches, et d'évaluer par là le montant de la moyenne annuelle de dépense ; on comparerait cette moyenne à la dépense nécessitée par le système que nous allons exposer en peu de mots ; et l'on verrait alors que la comparaison serait tout en faveur de celui-ci, non pas seulement au point de vue de l'économie des deniers publics, mais encore à celui du but que doit remplir la cavalerie.

Voici comment on devrait procéder.

Il faudrait d'abord que les achats annuels des remontes, au lieu d'être calculés, comme ils le sont à présent, sur les nécessités du pied de paix, le fussent en vue de l'effectif complet qu'entraîne le pied de guerre. Cela entretiendrait dans la production des chevaux un roulement régulier, déterminé par l'existence d'un débouché permanent, seule condition de bénéfice pour elle, ainsi que nous l'avons vu. Le complet de l'armée est d'environ 80 000 chevaux, en chiffres ronds. Pour que ce complet fût assuré, à toute éventualité, il faudrait que ces 80 000 chevaux se trouvassent constamment disponibles, soit entre les mains de l'armée, soit dans celles de l'industrie.

Or il y a pour cela un procédé aussi simple que facile : c'est d'élever la moyenne des achats annuels de jeunes chevaux au moins au cinquième de ce chiffre total, de façon à ce que, par suite de la mortalité, des non-valeurs et des réformes, l'effectif des régiments se trouve entièrement renouvelé tous les six à sept ans, chaque cheval ne fournissant ainsi qu'un service de cette durée. Les réformes plus larges nécessitées par cette mesure, verseraient dans la circulation un grand nombre de chevaux faits, prêts à entrer en campagne le cas échéant, et qui pourraient être rachetés à un prix peu supérieur à celui auquel ils auraient été vendus. Par là, l'État serait toujours sûr de pouvoir atteindre facilement le complet de l'effectif de ses régiments, sans avoir recours à des mesures extraordinaires.

L'adoption de cette mesure pratique entraînerait en outre le changement du mode actuel d'incorporation des chevaux. La première de ses conséquences serait d'améliorer l'organisation des régiments, en les débarrassant d'une fonction aussi nuisible au but qu'ils doivent remplir, qu'à l'intérêt bien entendu du trésor, et en attribuant aux établissements de remonte le véritable rôle qui leur convient. Le rôle de ces établissements devrait être, non-seulement d'acheter les jeunes chevaux, mais encore de les façonner à l'hygiène et au service militaires, par un régime convenable et un dressage bien entendu, dirigés par des hommes spéciaux. La conservation du cheval de troupe et la solidité de la cavalerie sont trop intéressées à ce résultat, pour qu'on ne prenne pas tôt ou tard les mesures qui seules peuvent y conduire. En améliorant la constitution de nos régiments de cavalerie, dont de bons chevaux, toujours en condition, sont le premier élément, ces mesures supprimeraient dans les corps la catégorie des jeunes chevaux. Ces animaux y sont à peu près toujours soumis trop jeunes à un dressage forcé, pour passer plus tôt à l'escadron, où ils fournissent un contingent de maladies et de mortalité qui s'en trouverait singulièrement amoindri. Et cela n'exigerait pas, par le fait, d'accroissement de dépense ni de personnel, car ce qui se trouverait en plus dans les établissements de remonte, serait en moins dans les régiments. Les dépôts livreraient à ceux-ci des chevaux dressés et prêts à entrer dans les rangs, au lieu de jeunes animaux sur lesquels le tribut de l'émigration brusque se prélève toujours dans de larges proportions.

Ainsi, achats réguliers calculés sur les nécessités de l'effectif de guerre ; réformes plus larges et dressage opéré dans les établissements de la remonte : telles sont les principales bases du système qui nous paraît le plus propre à provoquer, de la part de l'État, l'encouragement de l'industrie chevaline, de façon à ce qu'elle soit toujours en mesure de répondre aux besoins éventuels de l'armée. Hors de là, il ne semble point que cette industrie puisse être incitée à produire plus qu'elle ne le fait maintenant. Mais dans ces conditions, et en demeurant dans la voie de la liberté des achats, où l'administration de la guerre est fort heureusement entrée, il y a lieu de croire qu'elle trouvera toujours dans le pays de quoi satisfaire ses besoins, quelque étendus qu'ils soient. Pour rester dans les limites du vrai, elle doit acheter tous les bons chevaux qui lui sont présentés, d'où qu'ils viennent, et sans se préoccuper d'encourager les éleveurs autrement qu'en cotant leur marchandise à son véritable prix.

Ce dernier point de la question qui nous occupe a aussi une grande importance, on le conçoit sans peine. Dans les transactions ordinaires du commerce, le prix de toute chose s'établit par le mécanisme si simple et si régulier de l'offre et de la demande, et il se règle normalement par la concurrence des acheteurs et des vendeurs. Ici, l'un des termes au moins de ce dernier élément fait défaut. L'État étant, ainsi que nous l'avons dit, à peu près le seul acheteur, il domine le marché, et le producteur ne peut agir qu'en suspendant sa production, si les offres de celui-là ne lui paraissent pas suffisamment avantageuses. L'État étant cependant intéressé à maintenir cette production, il convient donc qu'il règle ses offres sur cette considération, puisqu'il ne peut pas les baser sur celles de concurrents qui n'existent pas, pour la plupart des chevaux dont il a besoin. Elles doivent dès lors être fixées sur la supputation autant que possible exacte des frais moyens de production, augmentés d'un bénéfice capable de rendre celle-ci lucrative, au moins à l'égal des autres qui pourraient être entreprises à sa place. Que l'État offre à l'industrie chevaline un débouché toujours sûr et suffisamment avantageux, et il pourra dans tous les cas compter sur elle pour son approvisionnement.

Telle est notre conclusion.

Cette conclusion, que nous avons déduite des considérations seulement relatives aux remontes de l'armée, s'applique également et tout aussi bien à celles qui concernent l'achat des étalons nécessaires aux remontes de l'administration des haras. Nous ne ferions donc que nous répéter inutilement, en consacrant à ce point de vue particulier de la question de nouveaux développements. Au reste, l'administration, pour l'achat de ses étalons, établit avec les éleveurs des rapports qui simplifient considérablement le problème ; elle assiste pour ainsi dire à leur production et à leur développement, auxquels elle prend une part directe, par l'intermédiaire de ses agents. Cela est rendu possible par le petit nombre d'acquisitions qu'elle doit faire chaque année, pour entretenir son effectif. Pour ce qui est des étalons dits de pur sang, qui sont, comme on sait, la base de ses opérations, l'institution des courses est un stimulant plus que suffisant de leur production.

Là se termine ce que nous avions à dire au sujet de chacun des divers moyens considérés comme propres à provoquer les améliorations zootechniques. Si nous avons bien réussi à mettre en évidence la pensée qui ressort de l'examen scientifique de ces moyens, si importants à étudier au point de vue des principes généraux de la zootechnie, il doit en être résulté pour le lecteur cette conviction, que les seules efficaces, parmi les mesures passées en revue, sont celles qui ont pour effet : 1° de mettre en lumière un enseignement théorique véritable, c'est-à-dire résultant de l'étude et de la comparaison des faits d'observation ; 2° de multiplier et de faciliter les débouchés ouverts aux produits de l'industrie animale, en laissant entière la liberté des producteurs et des consommateurs. Il résultera de cette conviction, nous l'espérons, que l'on considérera comme absolument inutile, sinon nuisible, toute intervention directe dans les opérations zootechniques, l'intervention devant être bornée à ce qui peut provoquer la manifestation éclatante de ces faits dont il vient d'être parlé ; nous voulons dire que l'État doit favoriser surtout les expositions publiques, et les concours qui rendent celles-ci possibles par l'appât des récompenses honorifiques et le besoin de renommée, qui sont des conditions de succès pour chacune de nos industries.

Nous avons encore maintenant, pour terminer l'exposé des principes généraux que nous avions en vue dans ce travail, à indiquer précisément les principales de ces conditions du succès, dans les entreprises zootechniques ; c'est là un point qui ne saurait être trop attentivement examiné et pesé, avant de commencer aucune des opérations que ces entreprises comportent ; leur oubli a été bien des fois, et ne pouvait manquer d'être, une source de mécomptes aussi nombreux que cuisants.

CHAPITRE IX

DES CONDITIONS DU SUCCÈS DANS LES ENTREPRISES ZOOTECHNIQUES.

Réussir dans la production du bétail, ce n'est pas seulement réaliser tel quel un projet conçu. Comme toutes les entreprises industrielles, celles qui ont pour objet l'exploitation des animaux et de leurs produits, comportent des éléments plus complexes. Pour les agriculteurs sérieux, les opérations zootechniques ne peuvent être œuvre de pure fantaisie, qu'il s'agit d'accomplir coûte que coûte, et destinée seulement à procurer des satisfactions d'amour-propre. Le véritable but utile, autant pour l'individu que pour la société, est ici le bénéfice; et c'est aussi le criterium du succès réel. On peut bien, à titre d'expérience, négliger ce criterium pour un instant et consacrer quelques sacrifices à l'étude d'un fait scientifique intéressant; mais il ne s'agit pas là d'une entreprise zootechnique proprement dite; celle-ci ne s'entend que des spéculations dont l'ensemble du bétail de la ferme est la base, et qui sont, comme nous l'avons établi en commençant, l'élément fondamental de l'harmonie qui doit régner dans l'ensemble de l'exploitation.

Personne n'a mis en lumière cette vérité mieux que M. Édouard Lecouteux, dans ses publications économiques, que l'on peut justement considérer comme le code nouveau de la culture progressive.

En envisageant sous toutes leurs faces les fonctions du bétail, en analysant successivement les rapports multiples qui les lient à chacune des opérations culturales, au point de vue du travail, de l'engrais et des autres produits que les animaux peuvent donner, de l'alimentation qui convient le mieux à chaque espèce et à chaque spécialité de production, le savant économiste praticien a tracé de main de maître les préceptes dont on ne saurait s'écarter, sans faire à coup sûr fausse route.

Il ne suffirait donc pas, quoique cela soit de première nécessité, de posséder en zootechnie les connaissances dont nous avons essayé de formuler dans les chapitres précédents les principes généraux, pour entreprendre avec toutes les chances possibles de réussite les opérations que comporte l'exploitation lucrative du bétail. Ces connaissances donnent le pouvoir de réaliser l'entreprise; elles fournissent les moyens de la mener à bonne fin, et mettent en mesure d'en apprécier exactement toutes les difficultés; sans elles, il n'y a que tâtonnements, fausses manœuvres et mécomptes continuels. L'agriculteur qui, sans les posséder, prétend atteindre le but qu'il peut d'ailleurs avoir parfaitement entrevu, ressemble assez bien à un aveugle qui de Marseille voudrait sans guide se mettre en route pour gagner Paris, et qui risquerait fort de revenir sans cesse à son point de départ. Le nombre de ces aveugles-là est encore grand en zootechnie. Le savoir spécial, en ces matières, est la condition première, indispensable, hors de laquelle le succès est absolument impossible; mais, pour être d'une telle importance, cette condition n'est pas la seule. Elle donne, encore un coup, et exclusivement, on peut le dire, le pouvoir de réaliser les spéculations zootechniques; elle façonne, si l'on veut, l'artisan de leur réalisation et le met en mesure de concourir puissamment au résultat; elle est, — que l'on nous passe la comparaison, un peu forcée dans les termes, — le contre-maître de l'usine, celui qui dirige la fabrication des produits, non le directeur de l'entreprise, celui qui conçoit les spéculations et place ces produits.

Qu'on veuille bien y prendre garde, en nous exprimant ainsi nous n'amoindrissons en aucune façon l'importance de l'instruction zootechnique. Cette instruction demeure toujours la plus urgente des nécessités; car seule, nous ne saurions trop le répéter, elle donne la capacité nécessaire pour atteindre le but de toute spéculation de la nature de celles qui nous occupent; mais elle ne vaut, en définitive, que par son alliance étroite avec les notions exactes de l'économie rurale, qui la dominent par la donnée du bénéfice, du produit net, condition indispensable de toute opération industrielle sérieuse et utile. Considérée d'un point de vue absolu, et en faisant abstraction de cette donnée, ainsi que trop de zootechniciens ont encore tendance à s'y laisser entraîner, la science de la production et de l'amélioration des animaux tombe dans le domaine de la fantaisie; ce n'est plus une science industrielle, une science positive; c'est un simple exercice intellectuel, un passe-temps de rêveur, comme la métaphysique ou la théologie. Cela conduit, comme nous l'avons vu, à y admettre des dogmes, des idées pures, et à négliger complètement les enseignements de la pratique et de l'observation.

Aux lumières de l'économie rurale, au contraire, la science zootechnique acquiert tout de suite son cachet d'utilité. On s'aperçoit bien vite, dès qu'on l'envisage en tenant compte de cette subordination, que nous nous sommes efforcés de ne jamais perdre de vue, on s'aperçoit qu'indépendamment des principes de physiologie dont l'application forme la base de ses procédés, et dont l'ensemble constitue l'art de perfectionner les animaux, il y a dans cette science un autre ordre de considérations, relatives au choix des améliorations à réaliser par lesdits procédés.

Ce choix, en effet, ne dépend point du caprice ou du goût de l'entrepreneur. Il n'est pas loisible de le fixer arbitrairement dans toutes les situations possibles. Nous en avons assez dit sur les conditions purement agricoles de la réalisation pratique de chacune des modifications de conformation et d'aptitude dont chaque espèce animale est susceptible, pour qu'il n'y ait plus lieu de revenir sur ce point. A cet égard, celui qui s'occupe du bétail se trouve exactement dans la position d'un fabricant qui, avant d'établir sa manufacture, doit s'assurer que les matières premières d'une bonne fabrication ne lui feront pas défaut. Quelque perfectionnés que puissent être ses procédés, il ne lui est pas permis d'espérer sans cela qu'il obtiendra de bons produits.

Mais, si ces conditions suffisent pour assurer une bonne fabrication, premier élément de succès, en thèse générale, de toute industrie manufacturière, il manque au problème une autre donnée, — et c'est celle qui se rapporte à la fabrication lucrative, déterminée par le placement avantageu xdse produits. — Celui-ci comporte deux éléments distincts, dépendant, l'un des circonstances économiques au milieu desquelles s'effectue l'opération, l'autre des qualités propres au fabricant.

Voyons d'abord le premier de ces éléments.

Il est de notion vulgaire, en économie politique, que la valeur des produits s'établit par la demande. Il résulte donc de là qu'une des principales conditions de succès, pour une entreprise zootechnique quelconque, c'est l'appréciation exacte des débouchés ouverts aux produits de cette entreprise, la marchandise la plus avantageuse à produire étant nécessairement celle qui est la plus demandée. Et pourtant, si grande est dans l'industrie agricole l'influence traditionnelle de la routine, que cette condition est le plus souvent négligée.

Voyez comment l'apprécie M. Lecouteux, si bon juge en pareil cas. L'éminent agronome s'exprime ainsi sur ce sujet :

« Que dire des débouchés, sinon qu'il n'y a rien qui doive établir une plus profonde démarcation entre l'agriculture du passé et l'agriculture de l'avenir?

« En effet, le passé, c'est l'agriculture produisant tout sur place pour que chacun puisse se suffire à lui-même par la consommation de ses produits ; c'est l'agriculture mise en état de blocus dans les pays dépourvus de chemins et amenée par la force des choses à pratiquer la devise du *chacun chez soi, chacun pour soi* ; c'est le climat violenté ; c'est la vigne prenant la place du blé dans les terres cultivées, et le seigle prenant la place de la vigne ; c'est enfin le travail agricole mal appliqué, et, par conséquent, c'est l'industrie manufacturière se rejetant sur le marché extérieur faute d'une consommation suffisante dans l'intérieur.

« L'avenir, au contraire, c'est la révision de notre géographie agricole ; c'est chaque culture remise à sa place ; c'est, dans toute la force du terme, l'utilisation de nos ressources climatériques ; c'est la spécialisation, la division du travail agricole ; c'est la production rurale basée sur l'échange des produits ; c'est la petite culture et la grande culture prenant chacune ses proportions, son terrain, ses débouchés : celle-ci, s'attachant surtout aux denrées alimentaires de première nécessité, les grains et les bestiaux ; celle-là, prodiguant sa main-d'œuvre aux plantes industrielles, arbustives et légumières ; c'est, par conséquent, la population rurale croissant en nombre et en richesse par un meilleur emploi de ses forces productives et par une plus large consommation des produits agricoles et industriels.

« On a dit parfois que les crises alimentaires, en élevant le prix de vente des produits ruraux, impriment un énergique élan à la production agricole. Mais, en conscience, au point de vue du producteur, croit-on que les hauts prix de disette compensent toujours les bas prix d'abondance, et, au point de vue de la consommation publique, croit-on qu'un grand pays puisse vivre et prospérer longtemps sur ce pied des disettes périodiques ? Croit-on que l'industrie manufacturière, ce puissant stimulant de l'activité agricole qu'elle encourage par ses débouchés, puisse ne pas éprouver de mauvais effets de la cherté des vivres, qui, fatalement, amène la hausse des salaires industriels, puis la hausse des produits fabriqués, et enfin l'infériorité du pays devant la concurrence étrangère? Non, certes, de pareilles crises ne sauraient, sans engendrer de funestes conséquences pour l'agriculture, constituer l'état normal des sociétés. Ce ne sont pas des prix très-élevés, des blés à 40 francs l'hectolitre qu'il faut à l'agriculture, ce sont des prix rémunérateurs, des prix *à peu près réguliers*, qui oscillent de manière à satisfaire le producteur sans épuiser le consommateur.

« Il y a, d'ailleurs, pour l'agriculture, un puissant motif pour désirer la prospérité des grandes villes industrielles et commerciales, c'est qu'il n'y a rien au-dessus de ces foyers de consommation pour imprimer un vif stimulant à la *production des denrées animales*. Presque toutes les causes des progrès de l'agriculture anglaise sont là : c'est par les bénéfices qu'elle a trouvés dans la vente des bestiaux et de leurs produits qu'elle a fait, *de la production animale, la base de tout son système d'économie rurale*. En un mot, c'est par la viande qu'elle est arrivée au pain à bon marché. Il en sera de même pour la France, mais avec cette différence que, pour assurer le débouché de nos denrées animales, nous avons à la fois et le marché intérieur et le marché de l'Angleterre. Prenons acte de ces nouvelles facilités : elles auront leur influence sur l'extension désirable de nos cultures fourragères (1). »

Ces considérations générales sur la question des débouchés, s'appliquent parfaitement au point de vue particulier auquel nous sommes ici placés. Il n'est aucune entreprise zootechnique qui ne doive être basée, pour réussir, directement ou indirectement, sur l'appréciation exacte des besoins « des grandes villes industrielles et commerciales, » ces foyers de consommation qui, ainsi que le dit fort bien M. Lecouteux, impriment mieux qu'aucun autre, sinon tout seuls, « un vif

(1) *Principes de la culture améliorante*, p. 17.

stimulant à la *production des denrées animales*. » Et cela sera encore plus vrai, à mesure que la multiplication des chemins de fer et des bonnes voies de terre rendra plus faciles et plus prompts les communications et le transport des produits à de grandes distances.

C'est donc une condition indispensable de production lucrative, de se proposer de satisfaire spécialement un petit nombre de ces besoins de la consommation, sinon même un seul; non point de poursuivre un résultat purement spéculatif et en dehors de toute considération de débouché. Ce résultat, examiné en soi, peut être louable; mais il ne vaut que par le prix qu'y attachent ceux auxquels on propose de l'acquérir. Or, ce n'est pas le fait d'un industriel sensé, d'opérer ainsi sans préoccupation du marché sur lequel ses produits doivent rencontrer la rémunération de leurs frais de production et du travail qu'ils ont nécessité.

Ceci nous amène naturellement au second élément de fabrication lucrative des denrées animales, dont nous avons parlé. Cet élément se rapporte, lui aussi, au placement avantageux de ces denrées sur le marché; mais il dépend d'un autre ordre de considérations.

Bien apprécier la situation, au point de vue du débouché, ne suffit pas, en effet, pour assurer le succès. Encore faut-il être en mesure de tirer parti de cette appréciation, non pas par les conditions de fabrication que nous avons déjà vues et sur lesquelles il n'y a plus lieu de revenir, mais par les aptitudes spéciales que nécessitent les rapports directs avec le consommateur ou avec l'intermédiaire qui achète les produits fabriqués.

Parmi les qualités nécessaires au producteur de denrées agricoles, il en est une, a dit avec grande raison M. P. Joigneaux, dans le premier chapitre de ce livre (V. p. 4), « il en est une que nous serions au désespoir d'omettre : c'est celle qui caractérise l'homme de négoce, et que l'on désigne sous le nom d'*entente des affaires* ou d'*esprit des affaires*. Une ferme, qu'on veuille bien le remarquer, n'est pas seulement une fabrique de végétaux et d'animaux : c'est aussi une maison de commerce. Pour fabriquer, il s'agit d'acheter la matière première; et, quand on a fabriqué, il s'agit de vendre. Or, il n'est pas donné à tout le monde de savoir et bien acheter et bien vendre. »

Eh bien, il ne faut point compter sur le succès, dans les entreprises zootechniques les plus ordinaires, si l'on n'est pas en mesure de remplir par soi-même ou par les siens cette double condition de savoir bien acheter et bien vendre; et si ce sont là, comme l'a fait remarquer si justement M. P. Joigneaux, des qualités utiles au cultivateur dans tous les cas, on peut dire qu'en ce qui concerne les bestiaux elles sont indispensables. L'habileté, — pour ne pas dire la rouerie, — de ceux qui font de ce genre de commerce leur spécialité est passée en proverbe. Il n'y a point de préceptes à formuler sur cet objet: c'est un art qui ne s'acquiert que par la pratique, par la fréquentation des marchés; encore essayerait-on en vain de le posséder à fond, si l'on n'est pas au préalable doué de cet *esprit des affaires*, dont il vient d'être parlé, et qu'on peut encore appeler l'*aptitude commerciale*.

Ainsi donc, et pour les énumérer dans leur ordre logique, trois conditions essentielles sont à remplir pour assurer le succès des entreprises zootechniques.

Premièrement, appréciation exacte des débouchés ouverts aux denrées animales sur les marchés les plus voisins, et de la concurrence qu'elles doivent y rencontrer;

Deuxièmement, connaissance approfondie des problèmes de la production animale et des solutions scientifiques de ces problèmes, c'est-à-dire instruction zootechnique complète;

Troisièmement, enfin, aptitude commerciale suffisante pour opérer avantageusement le placement des produits.

Les deux premières, de l'ordre purement scientifique, peuvent être acquises par l'étude attentive et persévérante des questions qui s'y rattachent, et dont nous avons exposé la partie doctrinale ; la dernière, qui ne se peut guère acquérir qu'en vertu de dispositions en grande parties naturelles, s'allie heureusement aux deux autres, chez le même individu; mais, lorsqu'elle fait défaut, la conscience de son absence est encore une condition de réussite, car elle fait sentir la nécessité de s'adjoindre le concours d'un auxiliaire qui en soit suffisamment doué.

Tels sont les principes fondamentaux de la science zootechnique. Développés comme nous avons tâché de le faire d'après leur enchaînement méthodique, dans la série des précédents chapitres de ce travail, ils dominent toutes les opérations relatives à la production et au perfectionnement du bétail. Il reste à en faire l'application rationnelle à chacune des espèces que la production animale embrasse en particulier.

A. SANSON.

CHAPITRE X

DE L'ESPÈCE CHEVALINE

Dans la classification zoologique adoptée maintenant, le cheval appartient au genre *Equus*, de la famille des *Solipèdes pachydermes*, avec l'âne, parmi les animaux domestiques, le zèbre, le daw, le couagga et l'hémione, parmi les animaux sauvages.

Le caractère essentiel du genre *Equus* est le doigt unique qui termine les membres des animaux qui en font partie, et dont la dernière phalange est complétement enveloppée par un sabot corné.

Une description zoologique complète des espèces qui composent ce genre serait ici superflue. Nous nous en tiendrons à l'étude zootechnique de celles qui, domestiquées de temps immémorial, sont utilisées pour nos besoins. Dans ce chapitre, il ne sera même question que du cheval, *Equus cabalus*; l'âne, *Equus asinus*, sera étudié plus loin, ainsi que le mulet produit par son accouplement avec la jument.

Mais si les caractères différentiels qui ont assigné au cheval sa place dans la classification naturelle des animaux, sont à peu près indifférents pour le but que nous nous proposons d'atteindre, il n'en est pas de même du plan fondamental sur lequel sa constitution anatomique est fondée. Il n'est pas possible d'approfondir la zootechnie du cheval, sans connaître complètement cette constitution, et en même temps le jeu régulier des organes qui la composent. Vérité trop méconnue, dont l'oubli donne la raison de tant d'erreurs accumulées par l'hippologie. Il semble que l'art de l'équitation, qui forme ce que l'on appelle les *hommes de cheval*, soit une initiation suffisante pour arriver à la connaissance des principes qui doivent présider à la multiplication et à l'amélioration des chevaux. Cet art, dont nous ne voulons point d'ailleurs contester l'utilité, à ce point de vue, fût-il même joint à ce qui est qualifié de *science des haras*, ensemble de notions empiriques acquises par la pratique de l'élevage, cet art n'est pourtant qu'un accessoire, qui ne peut être fécondé que par la connaissance anatomique et physiologique du cheval.

Nul ne saurait devenir un hippologue accompli, s'il n'est d'abord initié à la structure et à la disposition des organes que son intervention a pour but de modifier, en les appropriant d'une manière plus efficace à la satisfaction des besoins auxquels doit répondre le cheval. La définition de la zootechnie qui a été donnée précédemment, et les développements qui ont été consacrés aux principes généraux sur lesquels s'appuie l'amélioration des animaux, dispensent d'insister davantage sur ce point. Du moment que l'on a montré que la zootechnie est, à proprement parler, la physiologie industrielle des espèces animales soumises à la domesticité, il serait en effet superflu de faire remarquer combien sont indispensables, pour le zootechnicien, les notions dont il s'agit.

Nous ne pouvons pas songer à enseigner ici ces notions d'une manière complète. Elles nécessitent des études qui n'entreraient pas dans notre cadre, et qui sont le fait des seuls hommes spéciaux. Pour les éleveurs auxquels nous nous adressons, et pour ce qui concerne le cheval, nous devons nous contenter de celles qui sont absolument indispensables à l'interprétation des faits relatifs à la conformation extérieure, dont les caractères ont une si grande part dans l'appréciation des aptitudes et de la valeur de cet animal. Et il faut à cet égard nous mettre en garde contre deux écueils également redoutables, en maintenant dans les limites exactes de l'objet que nous nous proposons. Au delà de ces limites, les notions que nous pourrions donner seraient dangereuses, par cela seul qu'elles seraient incomplètes : elles auraient l'inconvénient des demi-connaissances, bien plus nuisibles que l'ignorance qui se connaît et s'avoue ; en deçà, leur moindre défaut serait d'être absolument inutiles.

Tâchons donc de demeurer dans les bornes des nécessités immédiates de la pratique, et évitons d'imiter les auteurs qui, en abordant en pareil cas des sujets qu'ils ne pouvaient qu'effleurer, n'ont réussi qu'à grossir leurs écrits par des détails également inutiles aux hommes de science et aux praticiens : au-dessus de la portée de ceux-ci, qui n'en retireraient en tout cas que des connaissances trop superficielles pour être réellement utiles, ces détails sont tout à fait superflus pour les autres par leur insuffisance même. On n'y peut puiser que des prétentions à la science, qui sont toujours d'autant plus nuisibles qu'elles sont moins justifiées.

C'est ce que nous voulons avant tout éviter, en ne plaçant ici que les notions capables d'éclairer efficacement la zootechnie du cheval. Il suffira pour cela de faire prendre une idée générale de l'anatomie extérieure de cet animal, indispensable, comme nous l'avons déjà dit, à l'appréciation raisonnée de sa conformation et de ses aptitudes.

APERÇU DE LA CONSTITUTION ANATOMIQUE DU CHEVAL.

Ce qu'il importe surtout à l'éleveur de connaître, dans la constitution anatomique de l'animal qu'il doit fabriquer, c'est la disposition des appareils à l'aide desquels cet animal produit la force mécanique que nous utilisons. On conçoit facilement que les effets de cette force, quel que soit d'ailleurs son mode d'application, sont en rapport direct avec l'agencement des organes destinés à la produire et à la transmettre. Élaborée en un point central de l'organisme, elle est transmise ensuite à ses agents naturels, dont les mouvements sont d'autant plus efficaces que lesdits agents sont mieux disposés pour recevoir son impulsion ; et ceux-ci offrent des conditions de solidité et de durée d'autant plus grandes, qu'ils répondent davantage, par leur agencement même, aux impulsions de leur principe animateur. De même que l'effet utile d'une machine à vapeur quelconque est plus considérable, et l'usure de ses organes de transmission moins prompte, lorsque dans sa construction les déperditions de force ont été évitées par une entente rationnelle des lois de la mécanique ; de même aussi, chez le cheval, la production du mouvement et la résistance à l'usure de l'organisme sont subordonnées à ces lois, dont la connaissance doit présider à l'appréciation de sa bonne constitution.

Le cheval comme la machine est constitué essentiellement par des leviers et un générateur de force ; il n'y a entre les deux qu'une seule différence : c'est que chez l'animal le générateur s'entretient de lui-même, ainsi que les organes du mouvement, en vertu de cet état d'organisation que l'on appelle la vie. L'animal est une machine à vapeur qui chauffe sans interruption, tant que dure la vie. Pendant les intermittences de travail utile, la force est employée à la réparation des organes de l'appareil.

Cette comparaison donne une idée exacte de la physiologie du cheval et de tous les autres animaux exclusivement utilisés comme travailleurs, comme agents mécaniques. C'est ainsi seulement que nous devons la considérer en ce moment.

Chez les animaux, en effet, on trouve exactement le modèle de la machine inventée par l'homme : générateur de la force motrice dans le système nerveux central ; production du mouvement dans l'appareil musculaire ; transmission utile de ce mouvement par l'appareil osseux.

Ce sont les dispositions de ces appareils, dont l'ensemble constitue l'organisme mécanique que nous devons seulement avoir en vue, qu'il convient surtout d'exposer ici, en suppléant par le dessin aux difficultés d'une description complète. Commençons par la charpente osseuse, qui est la base de cet organisme ; par ce que les anatomistes appellent le squelette ; nous donnerons ensuite un aperçu du système musculaire, destiné à mouvoir les parties mobiles de ce dernier.

Le squelette du cheval. — L'appareil osseux qui détermine la forme générale du cheval est composé d'un assemblage de pièces (*fig.* 493), dont les principales sont celles qui constituent la *colonne vertébrale* ou *rachis* ; les autres viennent toutes y aboutir en définitive, de la même manière que dans une voûte les pierres superposées s'appuient sur la clef. Dans le développement de l'animal, c'est la colonne vertébrale qui apparaît d'abord au milieu des premiers linéaments de l'être. C'est donc bien incontestablement sa partie essentielle.

Étendu à la région supérieure de l'individu, entre la tête et la queue, le *rachis* est une tige flexueuse, et flexible dans certaines de ses parties, dont on peut suivre la disposition sur la figure. Il est composé de plusieurs séries d'os courts, admirablement agencés les uns avec les autres, et maintenus par des systèmes d'articulations qui en assurent à la fois la solidité et l'élasticité. Chacun de ces os est percé, au-dessus de l'articulation, d'une ouverture circulaire, de telle façon que la réunion de toutes les sortes d'anneaux dont il s'agit forme, d'un bout à l'autre de la tige, un long canal destiné à contenir cette partie du système nerveux central que l'on appelle la moelle épinière ; l'autre partie, ou l'encéphale, est logée dans la boîte crânienne, à l'extrémité antérieure de la colonne vertébrale, au sommet de la tête, que les anatomistes considèrent elle-même comme l'analogue au moins d'une de ces pièces du rachis appelées *vertèbres*.

La *vertèbre* ('c'est le nom de chacun des os dont nous venons de nous occuper) porte à sa surface des saillies variables par leur forme et par leur nom, et qui ont pour but de servir à l'articulation des vertèbres entre elles ou avec les autres pièces du squelette qui viennent s'y appuyer, ou bien de fournir des points d'attache et des bras de levier aux muscles dont la fonction est de les mouvoir. Les saillies de cette dernière espèce, très-irrégulières dans leur forme pour les sept vertèbres du cou, dites *vertèbres cervicales*, affectent une disposition plus uniforme dans toutes les autres. En raison de cette même disposition, on les appelle des apophyses épineuses, et elles ne diffèrent que par leur élévation dans les deux régions de la colonne qui correspondent au dos et aux lombes. Très-élevées vers la partie moyenne de la tige, constituée par les dix premières *vertèbres dorsales* environ, elles forment la base du garrot. Et l'on comprend tout de suite, à première vue, de quelle importance il peut être pour la mécanique animale que les leviers représentés par ces apophyses épineuses soient, dans le cas, d'une plus grande longueur. Vers les parties postérieures de la même région, où les mouvements sont très-bornés, elles ont une moindre étendue, qui est exactement correspondante à celle des apophyses épineuses des six *vertèbres lombaires* et du *sacrum*. Cette dernière pièce est composée d'un certain nombre de vertèbres soudées entre elles, et dont la postérieure s'articule avec le premier os coccygien ; tandis que les vertèbres lombaires sont relativement assez mobiles les unes sur les autres dans tous les sens, pour permettre l'exécution des mouvements propres du tronc de l'animal.

Sur chacune de leurs faces latérales, les vertèbres dorsales portent une apophyse articulaire qui établit l'union entre elles et les arcs osseux connus sous le nom de côtes. Les côtes viennent se réunir, par leur extrémité inférieure, et par l'intermédiaire d'un cartilage coudé suivant un angle plus ou moins obtus, d'abord à une pièce cartilagineuse en forme de carène de navire, que l'on appelle *sternum*, puis en s'appuyant successivement les unes sur les autres par leur cartilage

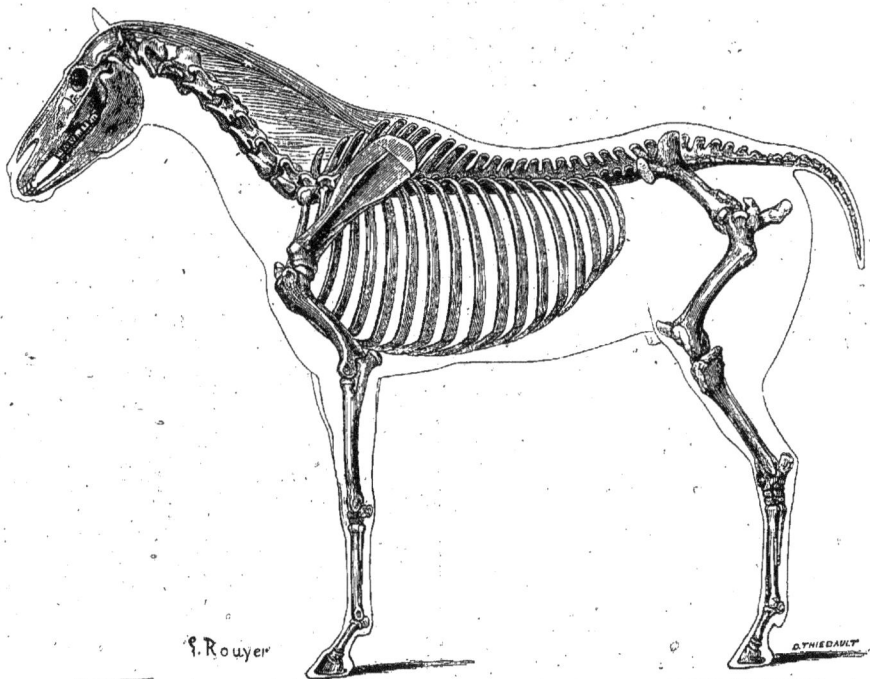

Fig. 493. — Squelette du cheval.

terminé en pointe, jusqu'à la dernière. Celles qui aboutissent au sternum (les huit premières), sont dites vraies côtes ; les autres, fausses côtes. De cette façon, elles circonscrivent dans leur ensemble une cavité dont le sternum est le plancher, la colonne dorsale le plafond ou la clef de voûte. Cette cavité, en forme de tronc de cône à base oblique, est le *thorax*, ou *cavité thoracique*, vulgairement connue sous le nom de poitrine, qui contient les poumons et le cœur. Elle est fermée en arrière par une expansion musculaire et aponévrotique (tissu fibreux blanc), qui est le diaphragme : véritable cloison qui la sépare de la cavité abdominale ou ventre, où sont logés les organes de la digestion. Le tube de communication de ces organes avec la bouche traverse une ouverture ménagée dans le diaphragme, comme le font aussi les gros vaisseaux de l'abdomen.

Celui-ci a pour plafond la face inférieure des vertèbres lombaires, qui sont pourvues à cet effet d'apophyses transverses correspondant aux apophyses articulaires des vertèbres dorsales. C'est à la surface du carré des lombes, constitué par la réunion du corps et des apophyses transverses des vertèbres, que tous les organes contenus dans la cavité abdominale sont les uns appliqués, les autres appendus, par l'intermédiaire d'une vaste membrane repliée sur eux. Cette membrane

d'enveloppe est le péritoine, qui cesse d'exister à l'entrée de la cavité du bassin.

La dernière cavité du corps, qui porte ce nom, correspond à la partie de la tige vertébrale constituée par le sacrum. Cet os s'articule, par chacune de ses faces latérales, au moyen d'une soudure cartilagineuse fixe, avec un autre qui est l'os de la hanche, ou *coxal*, formé de trois pièces réunies par des sutures ossifiées complétement dans l'âge adulte ; ces pièces sont : l'*ilium*, l'os de la fesse ou *ischium*, et le *pubis*. Ce dernier s'unit par une suture cartilagineuse avec son congénère, sur la ligne médiane et inférieurement ; ils forment de cette façon à eux deux le plancher du bassin, dont la face inférieure du sacrum est le plafond ; les autres os que nous venons de nommer en forment les parties latérales. C'est dans la cavité ainsi circonscrite et qui, dans le squelette, est ouverte en avant et en arrière, que sont logées la dernière portion du tube digestif, la vessie et la matrice chez la femelle hors l'état de gestation.

Sur le bord antérieur des os du pubis s'attachent les parties ligamenteuses et musculaires qui vont ensuite de là se fixer au sternum, et qui ont pour fonction de supporter la masse intestinale contenue dans la cavité abdominale.

Voilà sommairement indiqués les principaux

détails relatifs à la portion du squelette qui se rapporte au tronc proprement dit. A de petites différences près, qui ne touchent que des points fort accessoires, ces détails s'appliquent à tous les animaux domestiques dont l'ensemble constitue le bétail. Chez ces animaux, les os du tronc sont disposés d'après le même plan ; ils ne présentent que quelques particularités dans leur nombre et dans l'étendue de leur proéminence, qui est généralement en rapport avec l'aptitude à produire de la force.

Mais pour ce qui concerne spécialement le cheval, dont la faculté locomotrice est surtout utilisée, c'est la disposition des membres qui offre le plus grand intérêt.

Nous considérerons d'abord les membres antérieurs, puis les membres postérieurs. Étant disposés par paires absolument symétriques, il suffira par conséquent de décrire ceux d'un seul côté du corps, en procédant de haut en bas, à partir de leur point d'attache avec le tronc.

Le premier os du membre antérieur est celui de l'épaule ou *omoplate*, encore *scapulum*. Accolé seulement au tronc par des muscles qui unissent sa face interne avec la partie supérieure des côtes et la base des apophyses épineuses du garrot, cet os jouit d'une grande mobilité, facilitée par une expansion cartilagineuse qui le termine en haut. Il est, comme on le voit sur la figure, disposé suivant une direction oblique de haut en bas et d'arrière en avant, qui est d'autant plus favorable à la bonne exécution des mouvements qu'elle est plus prononcée, ainsi que nous aurons occasion de l'expliquer un peu plus loin.

Par son extrémité inférieure, munie d'une cavité articulaire très-peu profonde, l'os de l'épaule se joint avec celui du bras, ou *humérus*, qui porte à cet effet une surface arrondie et plus étendue que celle de la cavité à laquelle elle correspond : circonstance favorable à l'amplitude des mouvements. La direction du bras est dans le sens inverse de celle de l'épaule, et oblique par conséquent de haut en bas et d'avant en arrière. L'humérus s'articule, par la surface de son extrémité inférieure, avec deux autres os que nous allons voir ; et, de même que l'épaule, il demeure jusque-là accolé au tronc, sur l'extrémité inférieure des premières côtes, contrairement à ce qui s'observe chez l'homme, où il est complétement détaché du corps.

Les deux os avec lesquels l'os du bras s'articule en bas sont ceux de l'avant-bras et du coude, le *radius* et le *cubitus*. Celui-ci, soudé à la face postérieure du premier dans une partie de son étendue, s'en détache ensuite et fait saillie en arrière de l'articulation, pour constituer le coude proprement dit, qui, chez le cheval et les autres quadrupèdes, se trouve seulement au niveau du plancher du thorax.

Le *radius*, ou os de l'avant-bras, dirigé verticalement et très-légèrement arqué en arrière, présente ceci de particulier qu'il ne saurait jamais être relativement trop long ni trop large chez aucun cheval bien conformé. Il s'articule, par son extrémité inférieure, avec la première rangée des os du genou.

Ces os, qui commencent la région du pied antérieur, correspondent à ceux du poignet de l'homme. Leur réunion constitue le *carpe*. Ils sont au nombre de sept, courts, disposés sur deux rangées superposées, et unis entre eux par des ligaments très-solides, qui permettent néanmoins à leurs surfaces articulaires des mouvements d'ensemble très-étendus. Celui que l'on voit faire saillie en arrière de la rangée supérieure est connu sous le nom d'*os crochu* ou *sus-carpien*. Tous les autres ont une forme à peu près cubique. Ils sont munis d'un grand nombre de facettes articulaires et agencés d'une admirable façon pour réunir la solidité à la mobilité.

La surface supérieure de la première rangée des os du carpe s'articule, ainsi que nous venons de le dire, avec le radius ; la surface inférieure de la seconde avec les os du *métacarpe* ou du canon antérieur.

Celui-ci est composé de trois os, dont un principal et deux rudimentaires qu'il est important de connaître, au point de vue de l'appréciation de la conformation extérieure du cheval.

Le *métacarpien principal*, os du canon proprement dit, est, comme l'avant-bras, dirigé verticalement. Il ne peut donner lieu à aucune remarque, si ce n'est que ses meilleures conditions mécaniques sont d'être aussi large et aussi court que possible, contrairement, pour ce dernier point, à ce qui a été dit plus haut de l'avant-bras.

Les deux *métacarpiens latéraux*, qui ont la forme d'une pyramide renversée, sont accolés à la face postérieure de l'os principal sur chacun de ses côtés externe et interne. Ils sont terminés en haut par un renflement ou tête, muni de facettes articulaires qui correspondent à celles des os de la rangée inférieure du carpe, avec lesquels ils sont en contact, et à des facettes égales de la partie supérieure du métacarpien principal ; leur extrémité inférieure, située vers le quart inférieur du canon, se termine par un petit renflement, dit *bouton* du métacarpien latéral, qui fait saillie sous la peau et qui est quelquefois pris, à tort, pour une tumeur osseuse accidentelle.

Inférieurement l'os du canon s'articule avec la *première phalange* ou os du paturon, celle-ci avec la *deuxième phalange*, ou os de la couronne, qui s'articule elle-même avec la *troisième phalange* ou os du pied. En arrière de la première articulation phalangienne, on voit un os cubique faisant saillie. C'est l'un des *grands sésamoïdes*, dont l'autre, qui lui est immédiatement accolé, se trouve du côté interne. Ces deux os concourent à compléter en arrière l'articulation, sur la fonction mécanique de laquelle nous aurons à revenir.

Les os des phalanges ont une disposition générale, chez le cheval, sur laquelle nous ne pouvons pas insister, bien qu'elle concoure pour sa part à la solution d'un des plus curieux problèmes de la mécanique animale. Nous ferons seulement, quant à présent, remarquer qu'ils ont tous les trois une direction oblique de haut en bas et d'arrière en avant, formant une articulation angulaire avec le métacarpe, bien qu'ils soient en réalité la base de la colonne de soutien du corps que représente le membre. Plus loin, nous verrons comment cette disposition en apparence contraire à la solidité de la machine, concourt précisément à sa conservation. Occupons-nous d'abord du membre postérieur.

Le premier rayon de ce membre est l'os de la cuisse, ou *fémur*, dirigé obliquement de haut en bas et d'arrière en avant. Il s'articule en haut avec le coxal, par une tête arrondie et bien accusée par un col, qui glisse dans la cavité de celui-là, laquelle a la forme d'une cupule profonde. Il porte à cette même extrémité supérieure des éminences osseuses très-prononcées, destinées à l'implantation des muscles puissants qui doivent le mouvoir. En bas et en avant, il est muni d'une coulisse sur laquelle s'appuie l'os de la *rotule*, et en dessous d'une surface articulaire double, formant deux *condyles* à l'aide desquels s'établit sa jointure avec la jambe. Cette articulation complexe correspond chez l'homme à celle du genou. Ici, comme pour le bras, la cuisse n'est pas distincte du corps, du moins dans la plus grande partie de son étendue, et la région dont la rotule est la base porte en extérieur le nom de *grasset*. L'extrémité inférieure de la cuisse se détache à peine du tronc, noyée qu'elle est dans les masses musculaires énormes qui entourent le fémur en arrière, et en avant confondue avec le flanc.

La jambe a pour base principale deux os, le *tibia* et le *péroné*. Ce dernier est chez le cheval un os rudimentaire, accolé à la face postérieure du premier, terminé en pointe à son extrémité inférieure, élargi en forme de tête en haut et muni en ce point d'une facette articulaire qui joue sur une tubérosité correspondante du tibia. Celui-ci s'étend obliquement de haut en bas et d'avant en arrière, articulé par son extrémité supérieure avec le fémur, et par son extrémité inférieure avec les os du jarret, région qui dans l'homme est, comme on sait, située plus haut et correspond à la face postérieure du genou ou à l'articulation du fémur avec le tibia.

Les os du jarret, qui forment le *tarse*, sont en anatomie la première partie du pied postérieur, comme le carpe est celle du pied antérieur. Le tarse a pour base six ou sept os disposés comme ceux du carpe en deux rangées superposées. Ceux de la rangée supérieure, au nombre de deux seulement, sont les plus intéressants à connaître. L'un de ces os, celui à l'aide duquel s'établit l'articulation avec l'extrémité inférieure du tibia, a exactement la forme d'un segment de poulie ; il porte le nom d'*astragale* et il est muni, sur sa section droite postérieure, de facettes articulaires planes, au moyen desquelles il s'unit avec le second. Celui-ci constitue la pointe du jarret et s'étend obliquement en arrière et en haut, sous forme d'un os allongé et terminé par un sommet renflé. C'est le *calcanéum*, os du talon de l'homme, présentant inférieurement deux surfaces articulaires, l'une verticale par laquelle il se joint à l'astragale, l'autre horizontale qui, en même temps que celle correspondante de ce dernier os, s'unit à la face supérieure de la seconde rangée du tarse. Toutes ces pièces sont solidement agencées et réunies par des liens ligamenteux puissants. C'est à leurs surfaces extérieures que se

développent les tumeurs osseuses constituant les tares qui, sous les noms d'*éparvin*, de *courbe*, de *jardon* ou *jarde*, déparent les jarrets de tant de chevaux. C'est aussi dans les vides laissés entre quelques-unes de ces pièces, qu'apparaissent les tumeurs molles résultant de l'hydropisie des membranes articulaires, dont l'ensemble est appelé *vessigon*. C'est enfin de leur disposition générale que dépend la bonne conformation du jarret, si essentielle à la puissance motrice du cheval. La largeur de ces pièces, l'étendue et la direction du calcanéum, notamment, donnent la mesure de cette bonne conformation.

Il n'y a rien de particulier à dire sur les autres parties du pied postérieur, qui ne diffèrent pas sensiblement de celles du pied antérieur, si ce n'est en ce que le *métatarsien principal* est toujours plus cylindrique et un peu plus long que l'os correspondant du membre antérieur. Nous passerons donc tout de suite à quelques considérations très-importantes, à notre point de vue, et relatives à l'harmonie de l'ensemble du squelette du cheval. C'est de cette harmonie, dont les conditions positives n'ont jamais encore été bien définies par personne, que dépend la belle conformation de cet animal et en grande partie sa puissance. On s'est jusqu'à présent borné sur ce point à des notions de pur sentiment et par conséquent fort arbitraires, chacun prenant pour type idéal une création de son imagination, ou le plus souvent celui d'une race particulière, propre à un service tout spécial.

On ne saurait contester que l'harmonie de l'ensemble, dans cette machine animée que représente le cheval, dépend uniquement des dispositions du squelette qui en forme le plan général. Il n'est pas possible de nier non plus que la meilleure condition pour chacune des pièces qui composent cet ensemble, est celle qui répond le mieux à la plus complète exécution de la fonction à laquelle elle doit concourir. Or, les lois de la mécanique sont ici parfaitement applicables. C'est d'après elles que nous avons à déterminer pour chaque pièce cette condition, en faisant remarquer que, dans leur développement normal, les diverses parties du squelette sont subordonnées les unes aux autres, par une sorte de corrélation physiologique, de telle façon que l'ensemble suit toujours le détail, et réciproquement, à moins que des circonstances anormales n'y viennent mettre obstacle.

Pour ce qui concerne le développement général et les proportions de la machine, on peut dire d'abord que l'étendue de la colonne vertébrale, par rapport à la dimension en hauteur du squelette, ou à la taille, est dans les meilleures conditions pour la solidité de ses parties et leur agencement, lorsqu'elle peut être exactement inscrite dans un carré parfait. La première ligne de ce carré étant représentée par le sol, la seconde, qui est parallèle à celle-ci, est tangente à l'apophyse épineuse la plus élevée des vertèbres dorsales, la troisième, à la partie saillante de la tête de l'humérus, et la quatrième enfin, aux pointes de l'ischium et du calcanéum. Le développement des vertèbres cervicales, qui demeurent en dehors de ce carré, est indifférent à la loi posée. Il suit d'ailleurs nécessairement celui des autres vertèbres et ne se montre jamais exagéré au point de devenir un défaut réel. Il en est de même de celui de la tête, dans les conditions normales, précisément en raison de la loi de subordination anatomique tout à l'heure indiquée.

C'est ainsi qu'un grand développement du thorax, procuré par des côtes longues et suffisamment arquées, entraîne celui des os longs en général, et assure par là l'harmonie de la conformation. Celle-ci est parfaite aux conditions d'une disposition particulière des différents rayons des membres, les uns par rapport aux autres, que nous allons maintenant indiquer.

Il est facile de s'assurer, en jetant un coup d'œil sur chacun de ces divers rayons, qu'ils affectent seulement trois directions : l'une verticale et deux obliques en sens opposés. Or, sans entrer dans de longues considérations de mécanique, nous n'aurons aucune peine à faire comprendre que leurs mouvements doivent s'exécuter dans des conditions d'harmonie d'autant plus complètes, et leur fonction être d'autant mieux remplie, que la similitude de direction est plus exacte entre tous les rayons dirigés dans le même sens. Et cela a lieu toutes les fois que les os des membres situés verticalement, tels que les avant-bras et les canons, à quelque distance qu'on prolonge la ligne qui représente leur axe, sont toujours exactement parallèles ; toutes les fois aussi qu'il en est de même de ceux qui sont obliques dans un même sens, et que la ligne qui passe par leur axe, étant prolongée, coupe l'une ou l'autre des lignes dirigées en sens inverse, en formant avec elle, au point d'intersection, un angle de 90 degrés, ou angle droit.

Ces pièces obliques du squelette étant destinées à se rapprocher l'une de l'autre dans les mouvements de chaque membre, par la flexion de l'articulation qu'elles forment entre elles, on conçoit que la disposition dont il s'agit soit la plus favorable au résultat ; elle diminue la résistance propre de l'organisme mécanique et augmente d'autant l'effet utile de la force employée à le mouvoir. On conçoit de même que dans les mouvements naturels de translation, les organes similaires ayant une action synergique, leurs effets combinés doivent être en rapport exact avec l'accomplissement parfait de cette action.

Supposons, par exemple, un cheval à l'allure du trot, pour mieux faire saisir la démonstration de ce théorème de mécanique animale.

Dans cette allure exécutée avec les conditions de la perfection, en effet, tous les rayons osseux des membres, dirigés dans le même sens, doivent être au même moment portés en avant pour chaque bipède diagonal ; c'est-à-dire que le membre antérieur droit entamant l'allure, le postérieur gauche l'entame en même temps, et réciproquement. L'animal progresse ainsi bipède diagonal par bipède diagonal, et chez les grands trotteurs, le second entre même en fonction avant que le premier ait regagné le sol, de telle sorte que le corps tout entier demeure pendant un court instant sans aucun point d'appui et comme suspendu en l'air.

Nulle difficulté de comprendre, après cela, que la régularité d'une telle allure dépende absolument de la similitude parfaite des mouvements des deux trains opposés, l'antérieur et le postérieur, comme son étendue dépend de l'obliquité des rayons. Et il faut, pour que cet effet soit produit, que l'arc décrit par chaque rayon osseux du membre, dans son mouvement en avant, soit exactement égal à celui du similaire qui fonctionne en même temps ; que le fémur, par exemple, pour simplifier en bornant la comparaison à un seul os, soit porté en avant d'une quantité équivalente à celle atteinte par le scapulum : ce qui ne peut être obtenu qu'à la condition d'un parallélisme exact entre ces deux os, ou du moins entre les lignes qui passent par leur grand axe.

C'est en vertu d'une disposition particulière de leur squelette, contraire à cette loi et appropriée à leur allure spéciale, que les chevaux de course trottent généralement fort mal, si même ils savent trotter. On a, chez eux, bien empiriquement à coup sûr, et par les seules pratiques de l'entraînement, détruit le parallélisme, en rendant les rayons du train postérieur moins obliques que ceux du train antérieur.

Et il y a là une disposition anatomique singulièrement favorable à l'exécution de l'allure particulière du cheval de course. Ce cheval progresse, comme on sait, par une succession de bonds, à la manière du lièvre, qui forme ce que l'on appelle un galop à deux temps. Le train antérieur s'enlève d'abord, puis une détente du train postérieur projette en avant la totalité du corps, pour recommencer ainsi successivement. Eh bien, il est facile de concevoir que la détente sera d'autant plus rapide et plus efficace, que la flexion des rayons postérieurs aura été moins grande. La projection horizontale gagne ce que perd la projection verticale, et la vitesse obtenue s'accroît d'autant. Or, c'est précisément ce qui résulte du défaut d'obliquité des os du membre postérieur, qui s'accompagne ordinairement, — ces os conservant leur longueur normale, — d'une élévation plus grande du train postérieur.

La signification de ce fait anatomique semble avoir jusqu'à présent échappé à tout le monde, si même il a été signalé autrement que d'une façon très-générale. Il a cependant une importance considérable, puisqu'il montre, dans la constitution du cheval de course, une disposition qui rend cet animal impropre à transmettre, par l'hérédité, un squelette agencé pour la bonne exécution des allures que nous utilisons dans le plus grand nombre des cas.

Les considérations que nous venons d'invoquer de nouveau à l'appui de notre loi du parallélisme des rayons se vérifient également pour les allures du pas et du galop normal, ou galop à trois temps. Que les quatre membres soient successivement portés en avant, par bipède diagonal, comme dans le pas ; qu'il y ait combinaison de l'allure du pas et de celle du trot, pour former le galop : ces divers mouvements ne peuvent être réguliers dans leur ensemble, qu'à la condition d'une constitution anatomique conforme à la loi. Il suffira d'un peu de réflexion pour le comprendre, après les explications que l'on vient de donner.

Nous avons fait représenter par la figure 493 le squelette du cheval dans ses conditions normales ; les types de chevaux que nous donnerons plus loin seront tous construits sur ce même plan. Que l'on veuille bien y vérifier l'exactitude du principe de mécanique animale sur lequel nous nous appuyons. On verra que tous les os des membres, obliques ou verticaux, sont toujours absolument parallèles les uns par rapport aux autres, et forment, par leurs oppositions, toujours des angles droits. Comparez l'omoplate au fémur, l'humérus au tibia, le calcanéum au coude, l'avant-bras et le métacarpien au métatarsien, les phalanges entre elles ; opposez l'humérus, le seul os du membre antérieur oblique d'avant en arrière, au scapulum, au cubitus, aux phalanges, obliques en sens inverse, l'axe de l'humérus coupera toujours celui des autres perpendiculairement ; faites-en autant pour le membre postérieur, et vous trouverez les mêmes rapports entre le tibia, le fémur, le calcanéum et les phalanges. Tout cela se suit, à ce point qu'une épaule droite, une croupe courte, entraînent forcément un jarret étroit, des paturons courts et droits.

Il y a donc bien là une loi positive, pleine d'enseignements pour l'hippologie, et sur laquelle nous aurons occasion de revenir. Cette loi avait été entrevue déjà par le général Morris, qui, faute de connaissances suffisantes en anatomie et en physiologie, sans doute, n'a su en faire qu'une application restreinte à un cas particulier. Bien comprise dans toute sa signification, et ajoutée aux notions générales que nous avons essayé d'exposer sur la constitution du squelette du cheval, elle sera la base de toute appréciation judicieuse de la conformation et des aptitudes de cet animal.

Nous devons maintenant donner également une idée de l'appareil qui communique le mouvement aux leviers dont on connaît les principales dispositions.

Le système musculaire du cheval. — On ne parle ici, bien entendu, que du système musculaire de la vie de relation ; de celui dont les organes sont les agents mécaniques de la machine motrice dont nous nous occupons, et dont la connaissance est nécessaire pour l'appréciation éclairée de sa capacité.

Il n'est guère possible, en effet, de juger d'une manière raisonnée de la conformation extérieure du cheval, si l'on n'a pas une idée suffisante de la signification des formes déterminées par les masses musculaires groupées autour de la charpente osseuse qui en constitue le plan.

Quoique la connaissance complète de tous les muscles moteurs du squelette soit indispensable à l'hippologue, aussi bien du reste que celle de toutes les autres parties de l'anatomie, l'éleveur peut à la rigueur se contenter, lui, de notions plus générales à cet égard. La loi de corrélation signalée tout à l'heure dans le système osseux existe également d'ailleurs pour le système musculaire ; et l'état des muscles des régions superficielles, accessibles à l'œil qui les devine pour ainsi dire sous la peau, lorsqu'il en a pris antérieurement une idée nette par l'examen direct, cet état permet de conclure sans chances d'erreur à celui des couches profondes. Il suffit de savoir qu'une musculature bien développée est une condition favorable à la production de la force, celle-ci étant tout à la fois dépendante de la longueur du muscle et de son volume. Il n'est pas absolument indispensable de connaître en détail la fonction particulière de chacun des nombreux muscles qui composent le système.

Pour atteindre ce but, nous avons fait dessiner (*fig.* 494) ce que l'on appelle un écorché, c'est-à-dire un cheval tel qu'il apparaîtrait dépouillé de sa peau. Nous nous garderons bien de passer en revue tous les muscles apparents sur cette figure et d'indiquer le nom de chacun d'eux : cela n'aurait aucune utilité et ne pourrait que fatiguer l'attention et l'intelligence du lecteur par un vain étalage de mots scientifiques. On doit se borner à les signaler par masses ayant une fonction commune, en insistant surtout sur ceux des membres. Le dessin doit ici suppléer en grande partie la description.

Commençons par les muscles moteurs de l'épaule et du bras. Ils ont dans la progression une importance capitale.

On voit qu'ils entourent et recouvrent de toutes parts l'omoplate et l'humérus, de façon à les dissimuler complètement. Qu'ils soient situés en avant ou en arrière de l'épaule, qu'ils aient par conséquent pour fonction de déterminer l'extension ou la flexion de son articulation avec le bras, il n'est pas moins important qu'ils soient bien développés, bien saillants, pour l'exécution étendue des mouvements complexes auxquels ils ont à concourir. Attachés d'une part au scapulum et de l'autre à l'humérus, ils rapprochent ou écartent ces deux os l'un de l'autre, suivant qu'ils sont fléchisseurs ou extenseurs.

Il faut appeler particulièrement l'attention sur trois régions, qui ont une part considérable dans les mouvements propres de l'épaule et du bras.

La première se compose de deux muscles aplatis, que l'on voit disposés en forme de triangle, et dont les fibres, partant de la ligne supérieure de l'encolure et du garrot, viennent se réunir comme les barbes d'une plume sur une saillie de l'omoplate que l'on appelle épine acromienne. Celles du muscle antérieur ont leur origine à la corde fibreuse du ligament cervical, qui s'étend du garrot à la tête et concourt à soutenir celle-ci, avec les muscles propres du cou ; celles du muscle postérieur partent des apophyses épineuses des premières vertèbres dorsales. Quand ces deux muscles fonctionnent, ils tirent l'extrémité supérieure de l'épaule : l'un, en haut et en avant, l'autre, en haut et en arrière. Cela explique en partie l'utilité du port de la tête, dans les allures vives, et aussi celle de l'élévation du garrot.

La seconde région est celle qui recouvre toute l'étendue du dos et une partie de celle des côtes. Elle est composée d'un seul muscle, très-visible sur l'écorché. Ce muscle s'attache d'abord, par une aponévrose puissante (tissu fibreux blanc membraneux), sur le sommet des apophyses épineuses de toutes les vertèbres lombaires et des quatorze ou quinze dernières dorsales, puis il se termine par un tendon aplati qui s'insère à la face interne du corps de l'humérus : ce qui fait qu'en fonctionnant il porte le bras en arrière et en haut, en prenant son point d'appui sur le dos et les lombes.

Enfin, comme dernier élément de la solidarité des mouvements de l'épaule et du bras avec les

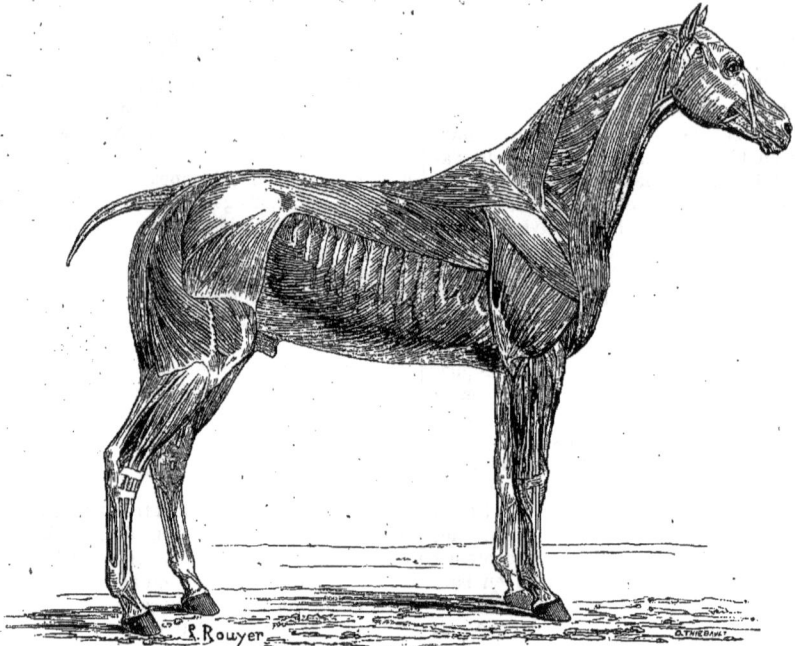

Fig. 494. — Système musculaire extérieur du cheval.

autres parties du corps, il nous reste à parler du muscle complexe situé le long du bord inférieur de l'encolure, et qui s'étend du sommet de la tête à la partie inférieure du bras. Ce muscle, composé de deux portions parallèles, s'attache en haut au sommet de la tête et aux saillies transversales des quatre premières vertèbres cervicales ; en bas, à la partie externe et moyenne de l'humérus et à une aponévrose qui se confond avec celle de l'un des muscles du bras. Il agit différemment, suivant que son point fixe est en haut ou en bas: dans le premier cas, il concourt à porter la totalité du membre en avant ; c'est ce qui arrive lorsque l'animal entame la marche ; lorsque le point fixe est en bas, au contraire, il incline la tête et les vertèbres cervicales supérieures de côté. On comprend par là son rôle dans les allures, et pourquoi il importe de fixer la tête pour que celles-ci soient en possession de tous leurs moyens. On ne saurait donc se trop préoccuper du grand développement du muscle dont il s'agit, eu égard à son rôle considérable dans les mouvements du train antérieur ; et ce développement est facile à apprécier, puisque l'organe est immédiatement sous-jacent à la peau.

Les muscles dont les contractions déterminent les mouvements propres de l'avant-bras, et dont les seuls bien visibles sur la figure sont les extenseurs, n'ont pas une importance moindre que celle des muscles de l'épaule. Ces extenseurs, qui font saillie immédiatement sous la peau, au-dessous de l'épaule, s'insèrent tous au sommet du cubitus, à l'*olécrane*, par une aponévrose qui leur est commune ; ils partent du bord postérieur du scapulum ou du corps de l'humérus. Leur grand développement est un indice certain de force, surtout lorsque la région qu'ils occupent donne au toucher une impression de sécheresse et de résistance, qui dépend de leur densité.

Les masses musculaires des régions antibrachiales antérieure et postérieure entourent l'os de l'avant-bras ou radius, et donnent à cette partie du membre le volume témoignant de sa puissance ; elles nous intéressent surtout, à part cela, pour les cordes tendineuses par l'intermédiaire desquelles les effets des contractions de la plupart d'entre elles sont transmis aux rayons inférieurs du membre, tant au point de vue de sa fonction comme organe de progression, qu'à celui de son office de colonne de soutien du corps. Mais comme l'appareil tendineux considéré à ce double point de vue ne diffère pas sensiblement dans les membres des deux bipèdes antérieur et postérieur, nous attendrons pour en parler d'avoir indiqué les principaux muscles du membre postérieur. Disons seulement, pour en finir avec le membre antérieur, que les muscles dont la partie charnue entoure l'avant-bras, en y formant des saillies cylindroïdes ou fusiformes très-bien accusées, sont fortifiés par une aponévrose d'enveloppe commune ; qu'ils prennent leur appui à l'extrémité inférieure de l'humérus et à la partie supérieure du radius, pour s'attacher, les uns à la face antérieure du genou, les autres à sa face postérieure, d'autres enfin aux faces antérieures et postérieures des phalanges, que leurs tendons sont destinés à mouvoir.

Nous ne décrirons pas en détail les muscles de la croupe ou de la région fessière, non plus que ceux de la cuisse, dont les masses réunies ont une influence si considérable sur la projection du corps en avant. Nous appellerons seulement l'attention sur leurs fonctions. Cela suffira pour faire sentir combien il importe, dans l'appréciation de la conformation extérieure du cheval, de tenir compte de leur état de développement, non pas seulement sous le rapport de l'harmonie des formes et de la beauté artistique, mais surtout en envisageant cet animal comme puissance motrice.

Ceux de ces muscles qui sont situés en avant du fémur ont pour fonction de le fléchir sur le coxal, c'est-à-dire de l'élever en portant son extrémité inférieure en avant ; d'autres, étendus sur sa face externe, le tirent en dehors, en lui faisant exécuter ce que l'on appelle un mouvement d'abduction. Ils ont tous leur point fixe en haut sur le coxal, et s'attachent au fémur ou à la rotule. Ils forment la région crurale antérieure. Ceux de la région crurale postérieure, les plus volumineux de tous les muscles de l'économie, et qui donnent à la cuisse sa conformation extérieure, ont dans l'exécution des mouvements des fonctions différentes, suivant que leur point fixe est en haut ou en bas, lorsqu'ils entrent en contraction.

Ces muscles prennent à la fois leur origine en haut à l'épine sacrée (apophyses épineuses du sacrum), à la pointe de la fesse (tubérosité ischiale), sur les ligaments qui unissent le coxal au sacrum et celui-ci au coccyx ; ils s'insèrent en bas par deux de leurs portions au fémur et à la rotule ; toutes les autres se terminent à l'aponévrose jambière, enveloppe solide des muscles de la jambe, qui se fixe à la crête du tibia et au calcanéum.

Leur point fixe étant en haut, ce qui arrive dans la marche, ces muscles sont des extenseurs de la cuisse, des abducteurs du membre entier, des fléchisseurs de la jambe en agissant sur l'aponévrose jambière. Lorsque, au contraire, le point fixe est en bas, le pied demeurant appuyé sur le sol, ils deviennent des puissances actives dans l'action du cabrer, qui enlève le train antérieur.

Mais c'est surtout en agissant comme extenseurs du fémur et de la jambe, que tous ces muscles puissants de la cuisse, des régions externe et interne, — celle-ci ne pouvant être que mentionnée ici, — ont un effet considérable dans cette action complexe de détente en vertu de laquelle le corps est projeté en avant dans la marche du cheval. On comprend dès lors toute la valeur, chez cet animal, d'une croupe, d'une fesse et d'une cuisse bien musclées, dont l'indice certain est fourni par des saillies musculaires bien dessinées et descendant bas sur la face postérieure de la jambe, au lieu de se terminer brusquement à sa naissance.

Les muscles de celle-ci, dont les postérieurs correspondent à ceux qui constituent le mollet de l'homme, entourent le tibia comme ceux de l'avant-bras entourent le radius ; ils sont également d'autant plus puissants qu'ils sont plus volumineux et mieux dessinés. Ils sont enveloppés par l'aponévrose jambière, dont nous avons déjà parlé, et qui s'étend jusqu'à la région du jarret.

C'est au sommet du calcanéum que vient s'attacher le fort tendon terminal des muscles postérieurs de la jambe (muscles du mollet), qui est le tendon d'Achille de l'homme et qui concourt avec l'un des fléchisseurs des phalanges à former ce que l'on appelle la corde du jarret : organe très-important à considérer, car son volume et sa fermeté sont un indice de force.

Il nous reste maintenant, pour avoir terminé les quelques notions anatomiques que nous avons cru indispensable de donner, à indiquer sommairement les dispositions de l'appareil tendineux des régions inférieures des membres.

Tout le poids du corps, avons-nous dit en nous occupant du squelette, repose en dernière analyse sur les articulations phalangiennes, où la colonne de soutien se brise suivant un angle plus ou moins prononcé. Indépendamment du poids du corps, ces articulations ont encore à supporter, dans la progression, des chocs plus ou moins énergiques, suivant la vitesse des allures, et qui résultent de l'appui du pied sur le sol. Pour amortir ces chocs, une sorte de soupente élastique, véritable ressort organique, se trouve disposée en arrière de l'angle articulaire ; et c'est là, sans contredit, une des combinaisons mécaniques les plus admirables de l'économie animale.

Cette soupente est constituée d'abord par une longue et forte lanière de tissu fibreux blanc, dite *ligament suspenseur du boulet*, qui part du ligament postérieur du carpe, dans le membre antérieur, d'un ligament correspondant à celui-ci pour le tarse, dans le membre postérieur ; elle se loge en arrière, le long du canon, entre les deux os rudimentaires de cette région, et se termine en bas par deux branches qui, après s'être fixées sur les sésamoïdes, viennent se réunir en avant et en bas, de chaque côté, au tendon de l'extenseur antérieur des phalanges, par des brides fibreuses. Ce ligament très-solide s'oppose, dans une certaine mesure, à la fermeture de l'angle représenté par le boulet ; mais il y serait insuffisant, s'il n'était secondé dans cette fonction par l'appareil tendineux dont nous allons nous occuper, et qui a été rendu aussi visible que possible dans la figure placée sous les yeux du lecteur.

Cet appareil tendineux, que l'on voit se détacher en arrière du canon, est formé par deux forts tendons qui, dans les quatre membres, sont les cordes de transmission des muscles fléchisseurs des phalanges, l'un dit superficiel, l'autre profond. Dans le membre postérieur, le premier s'élargit à la surface du sommet du calcanéum, en formant une sorte de calotte fibreuse unie latéralement par des brides à cet os et à l'aponévrose jambière, puis il reprend jusqu'en bas sa forme de corde arrondie. Dans les deux membres, il se termine en arrière du boulet en formant un anneau dont les branches latérales se fixent en avant vers le milieu de la région digitée, après avoir passé sur les côtés de la coulisse sésamoïdienne. Le tendon du fléchisseur profond, qui est exactement accolé à celui du fléchisseur superficiel dans toute l'étendue du canon, traverse l'anneau formé par celui-ci en arrière du boulet, afin de glisser sur la coulisse sésamoïdienne, puis il va s'insérer par une expansion à a face inférieure de l'os du pied ou troisième phalange. Dans leur trajet à partir du jarret et du genou, ces tendons contractent plusieurs unions avec les ligaments et les aponévroses des régions qu'ils traversent, et s'en rendent par là même jusqu'à un certain point solidaires.

On conçoit facilement ce qui doit résulter de telles dispositions. On voit tout de suite comment, dans la station du corps, le poids que celui-ci représente doit se répartir entre les différents organes destinés à le supporter, au moment où sa projection verticale se décompose, au niveau de l'articulation du boulet. Une part se fait sentir sur les articulations phalangiennes, l'autre sur les points d'attache supérieurs du ligament suspenseur et des tendons fléchisseurs. Il est non moins facile de s'apercevoir que la répartition, mesurée sur la résistance normale des organes, est nécessairement subordonnée au degré d'ouverture de l'angle formé par l'articulation du boulet : plus forte sur les articulations phalangiennes, dans le cas d'un angle très-ouvert, elle est nécessairement rejetée sur l'appareil tendineux, dans le cas contraire. Et c'est ce qui explique bien l'importance, pour la conservation de l'intégrité de ces parties, de la régularité parfaite des aplombs des membres du cheval, qui n'ont cette régularité que dans les conditions déjà indiquées pour la direction de leurs rayons obliques. La mécanique montre, en effet, que tout ici semble avoir été calculé pour que la disposition la plus favorable soit celle qui résulte de l'inclinaison des phalanges suivant l'angle de 45 degrés.

Dans ces conditions, la soupente tendineuse décharge les os phalangiens d'une partie du poids, en réagissant dans les limites de sa résistance propre ; et, par son élasticité bornée, elle amortit les chocs qu'ils supporteraient, si les pressions leur arrivaient directement suivant le sens de la perpendiculaire. Il y a là une décomposition de forces, dont la résultante agit en même temps sur la plus grande partie du membre, à tous les points d'attache des tendons, au lieu d'aboutir uniquement à la dernière phalange qui porte sur le sol par l'intermédiaire de la boîte cornée.

Cet agencement des pièces inférieures du membre du cheval, auquel vient encore se joindre une disposition particulière des appendices de l'os du pied sur laquelle nous n'avons pas à nous arrêter, est on ne peut plus favorable à la douceur des réactions produites par les allures. Personne n'ignore la différence qui s'observe, sous ce rapport, entre les véhicules suspendus sur des ressorts, par exemple, et ceux qui sont dépourvus de cet accessoire important, non-seulement quant aux sensations éprouvées par les individus qui en subissent les réactions, mais encore quant à la conservation et à la durée de ces véhicules. Tout le monde sait les effets des résistances brusques, des chocs, comparés à ceux des résistances élastiques, par rapport à la dislocation des appareils mécaniques. Or, les mêmes phénomènes ont lieu dans la machine organisée, aussi bien que dans les machines inorganiques.

Il est donc du plus grand intérêt de prendre en sérieuse considération les dispositions anatomiques sur lesquelles nous appelons l'attention. Ces dispositions ont pour la durée des services que l'on peut attendre du cheval et pour sa conservation une importance capitale. C'est par là que cet animal s'use le plus ordinairement ; soit par suite du défaut naturel de son organisation, dans laquelle l'appareil tendineux dont il s'agit n'offre pas des conditions de solidité suffisante, par manque de volume ou d'écartement entre cet appareil et l'os du canon qu'il longe dans toute son étendue ; soit par le fait d'un déplacement des aplombs normaux, occasionné par une altération des proportions de la boîte cornée au moyen d'une ferrure vicieuse. Celle-ci, en changeant arbitrairement la direction des phalanges et en modifiant par là l'ouverture normale de l'angle formé par l'articulation du boulet, altère la répartition des pressions pondérées d'après la résistance propre des organes, et met ceux-ci dans le cas de ne pouvoir plus supporter sans dommage la portion qui leur est ainsi départie.

Il est une dernière remarque que nous devons faire avant d'abandonner ce point : elle concerne la disposition différente des membres antérieurs et des membres postérieurs. Ceux-là, qui ont pour fonction principale de supporter le poids du corps, sont unis au tronc par des attaches seulement musculaires, ce qui ne contribue pas peu à amortir les chocs, comme l'appareil tendineux du boulet dont nous avons parlé. Il en est autrement des membres postérieurs, parce que leur principale fonction est de projeter par leur détente le corps en avant.

C'en est assez de ces courtes considérations de mécanique animale, pour faire bien saisir l'utilité des notions anatomiques dont nous venons de donner un aperçu. Ajoutées à celles qui sont relatives à l'ensemble du squelette et à la constitution du système musculaire des principales régions du corps et des membres, elles suffiront, pensons-nous, pour guider et éclairer convenablement l'étude que nous allons faire maintenant des types de la beauté dans l'espèce chevaline. Nous ne suivrons pas, dans cette étude, la marche adoptée par les auteurs qui nous ont précédés. Au lieu de nous livrer à une analyse détaillée des diverses régions du corps considérées isolément, nous croyons plus conforme aux nécessités de la pratique et de l'application, plus logique, par conséquent, d'envisager plutôt l'ensemble que le détail, les considérations précédentes devant d'ailleurs nous aider beaucoup dans cette tâche.

L'examen de la conformation extérieure du cheval, indispensable comme base des améliorations que l'éleveur peut introduire dans ses diverses races, au moyen des méthodes zootechniques qui ont été exposées précédemment, cet examen n'est en effet qu'une application pratique des notions anatomiques plus haut indiquées.

LES TYPES DE LA BEAUTÉ DANS L'ESPÈCE CHEVALINE.

On l'a précédemment établi : en zootechnie, le beau ne comporte pas un type unique et absolu. Essentiellement subordonné à l'utilité, il est relatif plutôt à des considérations économiques, qu'à la notion confuse d'une esthétique idéale, dont les lois exactes ne sauraient jamais être déterminées.

Pour le cheval, en particulier, dont les aptitudes répondent à des besoins variés, il importe surtout de se pénétrer de cette vérité. C'est pour l'avoir trop méconnue, que l'hippologie erre depuis si longtemps dans des conceptions arbitraires, dans une analyse à peu près stérile de la *conformation extérieure* de cet animal, d'après laquelle elle considère isolément chacune des régions de son corps, en l'appréciant indépendamment de toutes les autres et sans pouvoir la rapporter à rien de fixe ni de précis.

Une telle façon de procéder n'est propre qu'à entretenir la confusion. Ce qui est un mérite dans un cas, peut être une défectuosité dans l'autre : cela dépend uniquement du service que l'on en attend. Imaginée par Bourgelat, la méthode que nous critiquons se justifiait par l'admission du type unique de beauté conçu par le célèbre hippiâtre. Le fondateur des écoles vétérinaires, qui était avant tout écuyer, ne comprenait pas la belle conformation en dehors des qualités qui convenaient au cheval de manège de son temps ; et le portrait qu'il nous en a laissé ne trouve même plus aujourd'hui son application pour cette spécialité de service.

On peut donc à bon droit s'étonner que les auteurs de nos jours se soient si scrupuleusement astreints à suivre le maître de point en point dans son plan de description. La science moderne leur imposait d'autres obligations. Au lieu d'un travail d'analyse, tel que la plupart l'ont compris après Bourgelat, l'étude de la conformation extérieure du cheval doit être une œuvre de synthèse, dans laquelle les notions physiologiques sont nécessairement subordonnées aux convenances économiques. Il faut, pour être réellement utile, qu'elle présente à l'éleveur et à celui qui se propose de tirer parti des aptitudes du cheval, un ensemble bien net et bien précis de caractères, qui établissent son exacte appropriation au service pour lequel il doit être employé. Celui-là est nécessairement le plus beau, qui répond le mieux, par sa conformation, à la spécialité de service à laquelle il est destiné. D'où il résulte que la beauté, chez le cheval, comporte en conséquence autant de types qu'il y a de spécialités de service, dans l'état présent des nécessités économiques. Et de là l'obligation, pour demeurer sur le terrain de la pratique, de les décrire l'un après l'autre, en faisant à chacun d'eux l'application des connaissances anatomiques et physiologiques dont nous avons donné plus haut un aperçu.

Ces connaissances nous indiquent cependant, dès à présent, que si la plupart des dispositions de l'appareil mécanique représenté par le cheval ne comportent que des beautés relatives, il en est un certain nombre qui peuvent être envisagées d'une façon absolue. Celles-ci, pour n'être pas également indispensables à l'accomplissement suffisant de la fonction que doit remplir l'animal, n'en sont pas moins dans tous les cas une raison d'incontestable supériorité. Leur absence n'est pas toujours un motif d'exclusion ; mais leur existence est une condition qui ne peut offrir que des avantages.

Nous pouvons donc passer tout de suite en revue ces beautés absolues, sans nous préoccuper de la spécialité de service, pour n'avoir plus à y revenir, à mesure que nous envisagerons tout à l'heure chacun des types que nous aurons à établir.

Déjà quelques-unes ont été indiquées, à l'occasion des dispositions de la charpente osseuse et de l'appareil musculaire destiné à la mouvoir. C'était le meilleur moment de faire bien saisir leur véritable signification ; car il n'est guère possible de séparer la fonction de l'organe, et l'appréciation de celui-ci, du but qu'il doit atteindre, sauf à courir le risque de n'être pas compris, en traçant d'une façon purement dogmatique les conditions qu'il doit présenter. Il est certain que la loi que nous avons essayé de mettre en évidence, au sujet des proportions normales du squelette et de l'agencement régulier de ses principales pièces, eût été bien moins facilement saisissable, si nous avions attendu pour la formuler de considérer, comme nous le faisons maintenant, la conformation extérieure du cheval. Le lecteur attentif, éclairé sur les dispositions générales du plan de l'organisme mécanique qu'il envisage, est en mesure de les deviner sous l'enveloppe qui les recouvre, et d'apprécier en connaissance de cause les formes qu'elles communiquent à l'ensemble de cet organisme. Il sait que les conditions conformes à la loi dont il s'agit, sont dans tous les cas les plus favorables à l'exécution parfaite des mouvements pour lesquels le cheval est utilisé. Son premier soin, lorsqu'il l'examine, à quelque point de vue que ce soit, est donc de rechercher en lui ces conditions. Il n'y a pas de cheval véritablement beau qui ne les présente, quelle que soit d'ailleurs son aptitude particulière.

Un garrot élevé et épais ; un dos et des reins courts et larges ; une croupe allongée ; un thorax profond, à parois bien arrondies et sans dépression en arrière du coude ; une épaule aussi oblique que possible et une cuisse large et bien descendue ; un avant-bras long et bien musclé et des canons très-courts, avec des tendons bien détachés et puissants ; des genoux et des jarrets larges, les faces latérales de ceux-ci étant exemptes de ces proéminences anormales, dures ou molles, que l'on appelle des tares ; des boulets volumineux dans leur netteté ; des sabots bien conformés, à surface lisse et noire, d'une corne solide, représentant exactement un tronçon de cône incliné suivant son axe, de manière à former avec le sol un angle de 45 degrés; dont la surface plantaire, légèrement incurvée en voûte, porte une fourchette élastique, saine, bien nourrie et avec des lacunes bien ouvertes : tout cela peut être considéré comme autant de beautés absolues, qui conviennent également à tous les services. Il n'est même pas nécessaire d'y insister. Les raisons en sont trop faciles à saisir, en se rappelant les notions de mécanique animale qui ont été exposées plus haut. Les défectuosités qui correspondent à ces beautés seront indiquées dans un chapitre spécial, consacré au choix commercial du cheval.

Mais dans le plan général que nous avons assigné à l'ensemble du corps, il va sans dire que s'il n'est pas possible de déterminer d'une manière invariable les limites précises qui constituent la beauté pour chacune des régions ci-dessus énumérées, c'est que, dans l'observation naturelle, ces limites n'existent pas. Quant aux proportions relatives des régions correspondantes, par exemple, elles s'offrent toujours avec un tel degré de pondération, qu'aucune ne se montre jamais exagérée dans son sens favorable. Et c'est pour cela précisément qu'il ne saurait y avoir aucun inconvénient à les considérer comme absolues, non pas isolément pour chacune d'elles, mais dans leur ensemble.

Il en est tout autrement d'un caractère dont nous allons parler maintenant, et qui ne comporte aucune restriction. Il s'agit de la physionomie, dont l'appréciation est, relativement au cheval, d'une si grande importance. L'idée que ce mot exprime, et que nous n'avons pas besoin sans doute de définir, résulte de l'impression produite sur nous par l'examen des caractères que présente la tête de cet animal.

L'expression de la physionomie du cheval est un indice à peu près certain de l'énergie, de la vigueur qui l'anime. L'excitabilité nerveuse qui en est la source se traduit à nos sens par les attitudes de la tête, et surtout par la vivacité du regard. Indépendamment du cachet propre qu'elles impriment à la physionomie, les différentes parties de la tête ont en outre une importance telle pour la bonne exécution de la plupart des principales fonctions, quelles que soient d'ailleurs les aptitudes spéciales, qu'il y a lieu de les examiner toujours d'une manière absolue, leur beauté ne souffrant pas de conditions restrictives.

Nous pouvons donc sans inconvénient indiquer tout de suite les dispositions qui la constituent, pour n'avoir plus à y revenir. Une belle tête, telle que nous allons la décrire, convient à toutes les spécialités de service, et elle est toujours un mérite, toujours une des nécessités de la beauté complète.

Ce que l'on considère d'abord dans la description de la tête, c'est la *bouche*, fermée à son extrémité inférieure par les lèvres, qui doivent être le moins possible fendues, très-mobiles, recouvertes d'une peau fine et bien pourvue de ces longs poils rigides qui sont des organes de tact, surtout sur la partie renflée de la lèvre inférieure que l'on appelle la *houppe du menton*. La finesse des lèvres est une qualité très-estimée, que l'on

exprime en disant, d'une manière figurée, que le cheval pourrait boire dans un verre.

La régularité des dents incisives, l'état sain des *barres*, espace libre de l'os maxillaire qui sépare les incisives des molaires et sur lequel porte le mors de la bride, le volume proportionné de la langue à l'espace qui la contient et sa mobilité, sont autant de qualités à rechercher dans la conformation de la bouche.

Les *naseaux* bien ouverts, aux ailes rigides et mobiles, qui se dilatent largement pour laisser passer l'air ; un *chanfrein* large et droit, indice de la capacité des fosses nasales, qui garantit la libre circulation de ce même air dans leur intérieur; un grand écartement des branches du maxillaire inférieur, ou *ganaches*, celles-ci étant sèches et laissant dans l'*auge* beaucoup de place au larynx logé vers sa partie supérieure ; ce qui permet, sans gêne pour ce dernier, et par conséquent pour la respiration, les mouvements de flexion de la tête sur l'encolure les plus étendus : tout cela se rattachant à la meilleure exécution de la fonction la plus importante, sans contredit, de toutes celles de l'économie animale, surtout en particulier pour le cheval, doit être placé au premier rang de ses qualités les plus précieuses. Ce qui a été dit aux chapitres consacrés à l'exposition des principes généraux de la zootechnie, relativement au rôle de la respiration dans le développement des améliorations, l'a fait suffisamment comprendre. On le sentira encore davantage, si nous disons que toutes les qualités qui viennent d'être énumérées commandent toujours, lorsqu'elles existent, la coexistence d'une poitrine ample et de vastes poumons : à tel point qu'il suffirait à la rigueur d'examiner la tête pour juger de l'amplitude probable de ceux-ci.

Mais à part ces qualités de premier ordre, la physionomie du cheval emprunte principalement son expression à la largeur du *front*, à la situation des *yeux*, à celle des *oreilles* et aux caractères propres à ces deux paires d'organes. Il existe du reste entre ces diverses parties de la tête une corrélation telle, que l'une ne saurait être bien conformée si l'autre ne l'est pas.

Les yeux ne sont jamais placés trop bas et trop écartés l'un de l'autre. Plus ils sont situés près du sommet de la tête, plus ils sont rapprochés, plus par conséquent le front est bas et rétréci. Cela donne au cheval une physionomie stupide, résultant du défaut de proportion entre l'étendue de la mâchoire supérieure et celle de la région frontale, assez en rapport chez tous les animaux avec le développement de l'intelligence. Un front large, au contraire, et d'une grande étendue en hauteur, qui s'accompagne toujours d'yeux grands, bien ouverts, placés à fleur de tête et au regard limpide et doux, est un indice d'intelligence et de fierté. A cela se joignent des oreilles petites et droites, bien plantées, suffisamment écartées et très-mobiles aux impressions.

Tous ces caractères sont ceux de la *tête* dite *carrée*, relativement courte, et ils dénotent un grand développement du cerveau, organe de l'intelligence et de l'énergie, qu'il importe tant de voir considérables chez tous les chevaux.

Dans le regard du cheval se reflète, pour l'homme exercé, la puissance de son système nerveux, source de la force qu'il est appelé à développer. C'est là, plus que dans l'examen des organes mécaniques, que se devine ce cachet de supériorité native, cette vigueur de volonté, que l'on appelle improprement *le sang* dans le langage courant, et qui supplée si souvent à l'insuffisance de ces organes, sauf à précipiter leur ruine en raison même de son intensité. C'est ainsi que l'on voit tous les jours dans les rues de Paris, par exemple, de malheureux chevaux exténués de fatigue, pouvant à peine se tenir debout au repos, tant leurs membres usés de bonne heure sont dégradés par des tares de toutes sortes; c'est ainsi qu'on les voit néanmoins traîner clopin-clopant des voitures de régie, par cela seul que leur père les a doués de cet attribut de la volonté dont nous venons de parler. Ces chevaux sont, en effet, des produits irrationnels du croisement anglais. Avec une constitution physique insuffisante, ils ont hérité de leur père de cette énergie qui le caractérise à un si haut degré, et que nous qualifierions volontiers de morale. Sous l'excitation de la volonté, leur œil s'anime, et ils vont jusqu'à la fin sans consulter leurs forces.

Il convient donc de rechercher dans tous les cas cette expression de la physionomie qui, lorsqu'elle est jointe à une conformation d'ailleurs appropriée aux exigences du service spécial, fait le cheval de premier mérite. Pour être l'attribut constant du cheval anglais de race, de même que du cheval arabe, dont elle constitue le principal élément de supériorité, elle ne leur est assurément pas exclusive. Elle se rencontre assez fréquemment chez un grand nombre d'individus de nos races dites communes, à des degrés divers. Et bien que l'on ait coutume de dire que le cheval ne marche pas sur la tête, pour exprimer que les caractères de cette partie du corps sont moins importants à considérer que ceux des membres, il n'en est pas moins vrai qu'une belle tête, réunissant les conditions que nous venons d'indiquer, n'a pas seulement pour conséquence de flatter agréablement l'œil des amateurs de la beauté artistique. On n'aura pas de peine à comprendre maintenant, que le rôle physiologique des organes qui la constituent essentiellement lui donne sur l'ensemble de la machine et sur son fonctionnement une influence essentielle. Elle est, encore un coup, le miroir de l'énergie, le témoin de la puissance nerveuse, le cachet de la force morale. Suivant le parti que l'on veut tirer du cheval, cet élément de la beauté peut être plus ou moins impérieusement nécessaire; mais il ne saurait jamais être nuisible, et lorsqu'il existe, il est toujours précieux. On ne conçoit point d'emploi pour le cheval dans lequel une physionomie intelligente, une vue nette, une respiration facile, ne soient pas d'heureuses conditions, à part ce qu'il y a d'agréable dans la sensation que produit un aspect universellement considéré comme beau. Or il n'y a pas, dans le sens artistique, de beau cheval avec une vilaine tête, c'est-à-dire avec une tête présentant des caractères opposés à ceux que nous avons indiqués.

A présent que nous avons suffisamment insisté sur les beautés absolues de l'espèce chevaline, en signalant toutes celles qu'il importe de rechercher dans tous les types qu'elle peut offrir, il faut examiner ceux-ci successivement au point de vue de leur beauté relative, qui est, ainsi que nous l'avons dit, la véritable beauté zootechnique. Sans revenir à leur occasion sur les considérations qui précèdent, nous passerons en revue ces divers types, en nous occupant seulement des qualités spéciales qui les rendent le plus possible propres au service auquel ils sont destinés.

Les types de belle conformation autour desquels peuvent être groupés tous les individus de l'espèce chevaline, et qui doivent servir de criterium pour leur appréciation, ces types se réduisent à quatre seulement, établis par les conditions dans lesquelles le cheval est utilisé. Notre civilisation n'emploie en effet cet animal qu'au service de la selle pour porter le cavalier, à celui de l'attelage, pour les divers degrés du luxe, au transport des fardeaux plus ou moins lourds, à grande ou à petite vitesse : d'où les services du trait léger et du gros trait. Les quelques autres usages spéciaux peuvent être considérés comme accessoires et se rapportent à l'un ou à l'autre de ceux-là. Ces services comportent des nuances intermédiaires, par lesquelles ils se confondent souvent; mais il n'en est pas moins exact d'admettre pour chacun d'eux un type, correspondant à des conditions particulières de conformation, sur lesquelles il est nécessaire que les idées soient bien fixées.

Nous allons donc faire l'examen successif de ces conditions.

Cheval de selle. — Dans les habitudes de notre époque, le principal, sinon l'unique service auquel est employé le cheval exclusivement propre à porter un cavalier, est celui de l'armée. A part, en effet, un petit nombre de chevaux de promenade utilisés dans les grandes villes pour le service de la selle, l'amélioration des voies de communication, la rapidité des déplacements nécessités par les affaires, ont rendu plus commun l'usage du tilbury et restreint d'autant celui des courses à franc étrier.

Les nécessités économiques commandent donc d'envisager le type de la beauté relative au service de la selle, par rapport aux besoins spéciaux de la cavalerie, et principalement à ceux de la cavalerie légère et de la cavalerie de ligne, qui offrent à la production du cheval dont il s'agit ses principaux débouchés. Ces besoins sont ceux de la remonte d'une quarantaine de régiments, forts en tout, sur le pied de paix, d'environ vingt mille chevaux. Une partie de ces régiments peuvent comporter l'usage de chevaux qui, par leur volume, sinon par leur taille et leur conformation, forment une sorte de transition entre le cheval de selle proprement dit et le cheval d'attelage. Celui-ci peut seul monter la cavalerie de réserve, qui ne compte d'ailleurs qu'une douzaine de régiments.

Le cheval de selle, dont nous plaçons le type sous les yeux du lecteur dans la figure 495, doit avoir en moyenne la taille de 1^m,50. Aux qualités absolues indiquées plus haut, il doit joindre des formes sveltes, des muscles bien accusés, fermes et denses, mais non des masses musculaires empâtées par du tissu cellulaire. Les membres, secs et forts dans les régions inférieures, doivent être pourvus de tendons bien détachés, d'articulations épaisses, en vue surtout de la parfaite exécution de cet office de ressort que nous avons vu appar-

Fig. 493. — Type de beauté du cheval de selle.

tenir à l'appareil tendineux du pied, et qui adoucit pour le cavalier les réactions des allures.

Mais les beautés spéciales exigées par le service de la selle, qui, pour être rempli d'une manière irréprochable, nécessite de l'élégance et de la souplesse dans les mouvements, une obéissance immédiate aux aides du cavalier, ces beautés se rapportent principalement à la disposition de l'encolure et à l'attache de la tête.

Pour exécuter avec promptitude et précision des mouvements sur place, le cheval de selle a besoin de déplacer à chaque instant son centre de gravité. L'encolure est une sorte de balancier remplissant d'autant mieux cet office, qu'elle est plus souple et s'harmonise mieux avec les différents centres de mouvement du corps.

Lors même qu'il ne s'agit que de la progression en droite ligne, l'encolure a encore, ainsi que nous l'avons vu précédemment, une part considérable dans le jeu des épaules, par les points fixes qu'elle offre à quelques-uns des muscles destinés à porter ces organes en avant et en haut.

Ici l'encolure ne saurait donc jamais être trop longue, la seule condition qu'elle soit suffisamment musclée, surtout à sa base, par laquelle elle s'unit au tronc. Une forme pyramidale, naissant bien des épaules et du garrot, avec une légère dépression en avant de celui-ci ; un bord supérieur mince et moyennement fourni de crins fins et longs ; un bord inférieur large, une extrémité supérieure unie à la tête par un léger sillon sur lequel les ganaches font saillie, et au niveau duquel cette extrémité s'incurve pour former une attache harmonieuse et élégante : tels sont les caractères de la belle conformation, pour l'encolure du cheval de selle. Non-seulement ils lui donnent cet aspect agréable qui flatte l'œil du connaisseur, mais encore ils ont l'avantage de permettre mieux qu'aucune autre disposition les mouvements de flexion verticale et latérale de la tête sur l'encolure, et de celle-ci sur elle-même et sur le tronc, qui sont indispensables à l'emploi utile de ce cheval. Une encolure grêle ou mal attachée, outre ce qu'elle a de disgracieux, si elle ne manque pas de souplesse, manque au moins de la puissance qu'il faut pour déplacer prestement le centre de gravité, ou imprimer à la tête un degré de fixité suffisant. C'est surtout ce qui arrive avec ces encolures minces et fortement déprimées en avant du garrot, dites encolures de cerf, trop communes dans nos anciennes races légères du Midi. Favorable seulement à l'allure rapide du galop, cette disposition rend les flexions de l'encolure extrêmement difficiles, et l'action de la main du cavalier le plus ordinairement nulle, dès que l'animal est un peu surexcité. Les chevaux ainsi conformés sont très-sujets à s'emporter.

En somme, pour être bien disposée, la base de l'encolure doit s'unir avec le tronc sans former aucune ligne de démarcation tranchée ; elle doit se continuer avec le garrot, avec les épaules et le poitrail, par des courbes élégantes et aussi peu accusées que possible. Là se trouvent réunies les conditions de force et de souplesse, qui appartiennent à la perfection.

Cela posé et bien compris, en formant un ensemble avec les caractères de la tête, du tronc et des membres, dont les qualités absolues seront en rapport avec le volume particulier du cheval de selle ; en ornant cet ensemble d'une queue attachée haut et bien fournie de crins longs et fins, il sera facile d'imaginer un type de beauté qui, pour n'être point commun dans la nature, s'y rencontre cependant quelquefois. Nous avons tâché de faire représenter ce type dans l'attitude calme du repos, la seule qui convienne pour le premier examen et l'analyse des qualités physiques du cheval. L'étude attentive du dessin que nous en donnons (fig. 495) sera, plus que toute description détaillée, de nature à en fixer l'image dans l'esprit.

C'est ce type que nous aurons en vue, lorsque nous parlerons plus loin des améliorations à réaliser dans la conformation de nos chevaux des familles légères ; de même que nous rapporterons aux autres types spéciaux qui vont être indiqués,

celles qui ont des aptitudes différentes. Améliorer le cheval, c'est, on s'en souvient, le rapprocher de la beauté telle que nous l'entendons. Il était donc indispensable d'établir d'une manière nette les caractères de cette beauté pour chaque spécialité de service ; et c'est ce dont les hippologues ne se sont pas suffisamment préoccupés jusqu'à présent. Ils se sont beaucoup trop placés au point de vue de l'absolu, en faisant même, pour la plupart, résider le principe qui devait leur servir de guide dans une pure abstraction, sans chercher à réaliser leur idéal dans un type déterminé, fût-il unique pour toutes les aptitudes diverses de l'espèce chevaline.

Cela les a conduits, comme nous le verrons, à marcher au rebours de la spécialisation, posée cependant comme le but rationnel de la zootechnie, et notamment à faire disparaître à peu près complétement celles de nos races légères qui se rapprochaient, par leur conformation, plus ou moins du type du cheval de selle, que nous venons d'indiquer.

Nous aurons à revenir, bien entendu, sur ces considérations. Poursuivons d'abord l'étude du point qui nous occupe.

Cheval d'attelage. — Une taille plus élevée, un corps plus étoffé et plus *près de terre*, des membres plus volumineux : tels sont les seuls carac-

Fig. 496. — Type de beauté du cheval d'attelage.

tères qui différencient le beau cheval d'attelage du beau cheval de selle. D'ailleurs, toutes les qualités que nous venons d'examiner pour celui-ci, sont également indispensables à la belle conformation du cheval d'attelage, employé dans plusieurs cas, lui aussi, pour porter le cavalier. Nos régiments de grosse cavalerie, en partie même ceux de cavalerie de ligne, comportent pour être bien montés des chevaux présentant les qualités qui conviennent également à l'attelage.

Il est donc inutile de répéter une description que nous avons déjà donnée. Il suffira de jeter les yeux sur la figure 496, qui représente le type du cheval d'attelage, pour suppléer entièrement à la dissertation que nous pourrions faire.

En comparant ce type à celui du cheval de selle, on y constatera seulement une encolure plus musclée, un poitrail plus large, une croupe plus charnue, une cuisse plus descendue, des avant-bras plus volumineux ; tout ce qui, en lui conservant des formes élégantes, donne au cheval plus de poids et une puissance plus considérable de traction.

Ici, la souplesse des mouvements est moins indispensable que leur étendue. Le cheval d'attelage n'a pas à exécuter des mouvements sur place ; il lui faut seulement de la force, des allures et de la figure. Pour déplacer le véhicule auquel il est attelé, les changements de direction s'exécutent toujours nécessairement suivant une courbe assez allongée. Au point de vue du luxe, ce qui importe en première ligne, après la belle conformation du corps, du *dessus*, comme on dit, c'est le brillant des allures. Un beau jeu d'épaule, un poser du pied franc et sans aucune espèce d'hésitation, une harmonie complète dans le trot entre le train antérieur et le train postérieur, voilà ce qui fait le mérite supérieur pour le cheval d'attelage, et ce qui est obtenu avec la conformation que nous indiquons, animée par l'énergie dont il a été parlé plus haut.

Nous verrons par la suite que le beau cheval d'attelage est celui qui nous manque le plus en France, et nous essayerons d'en dire les raisons. C'est en vue de la production de ce cheval, connu sous l'appellation de carrossier, que tant de sacrifices ont été faits par l'État jusqu'à présent, avec si peu de succès. On peut dire dès maintenant que c'est en vue de sa production que toutes nos races françaises légères ont à peu près disparu, sous l'influence de croisements basés sur cette incroyable doctrine de l'influence exclusive du père sur la constitution du produit, qui a été condamnée précédemment. C'est pour obtenir plus de taille et plus d'étoffe, que les races de selle ont été croisées chez nous avec le cheval anglais, et avec ce type, en effet quelquefois très-beau, du cheval d'attelage ou carrossier, que l'on appelle demi-sang. Ce n'est pas ainsi que l'on peut constituer ni des races améliorées, ni même des individus perfectionnés. Mais le moment n'est pas encore venu pour nous de développer les considérations de cet ordre ; il nous faut poursuivre l'examen des types de la beauté que nous avons reconnus, et nous occuper maintenant de la spécialité du service du trait proprement dit, qui se divise en deux branches, comme nous savons, celle du trait léger et celle du gros trait.

Cheval de trait léger. — Nous possédons en France encore quelques types purs d'une race qui présente au plus haut degré les aptitudes qui

Fig. 497. — Type de beauté du cheval de trait léger.

rendent le cheval propre à traîner, à des allures rapides, des fardeaux assez lourds. Cette race, qui fournit le cheval d'attelage de service par excellence, est notre race percheronne. Elle peut donc être prise, dans ses individus les mieux conformés, comme le type du cheval de trait léger. Les besoins nouveaux créés par les chemins de fer, pour le transport des marchandises et des voyageurs sur les voies de terre collatérales qui alimentent les lignes ferrées, en augmentent chaque jour la consommation, encore plus que ceux de la remonte de notre artillerie, dont la nécessité, il faut du moins l'espérer, ira toujours corrélativement en diminuant.

Le beau percheron, tel que nous allons le décrire et tel que nous l'avons fait dessiner dans la figure 497, est par conséquent le type parfait du cheval de trait léger. Il réunit tous les éléments de la beauté zootechnique, par une appropriation exacte et complète à la fonction qu'il doit remplir : constitution osseuse et musculaire propre au tirage ; allures libres et rapides, nécessaires au degré de vitesse que l'on en doit exiger.

Ce cheval a une taille de 1ᵐ,55 à 1ᵐ,60, un corps trapu, une croupe droite, mais arrondie par des masses musculaires bien développées, une encolure plutôt courte que longue, dont la ligne supérieure, un peu arrondie, se confond avec un garrot épais et bien sorti : ce qui, avec une épaule bien oblique et fortement musclée, donne à la place du collier une grande étendue. Chez le cheval de trait léger, l'attache élégante de la tête est moins indispensable que pour les autres types que nous avons déjà vus. En raison du fort développement de l'encolure en épaisseur,

elle s'y rencontre assez rarement ; cette attache est le plus souvent un peu empâtée ; toutefois, il n'en faut pas moins rechercher une tête libre et surtout exempte d'un chanfrein étroit ou de ganaches épaisses et serrées, cause la plus ordinaire du cornage, qui est fréquent chez les chevaux de trait léger.

Ce qui caractérise principalement le type dont nous nous occupons, c'est, outre les qualités absolues de conformation qui appartiennent également aux deux précédents, un certain cachet de distinction dans une forte corpulence. Ce cachet s'emprunte à la tête, à la physionomie par conséquent, et à des membres relativement fins et peu chargés de crins. Cela suffit pour en donner une idée précise, à l'aide surtout du dessin très-réussi que nous plaçons sous les yeux du lecteur.

Cheval de gros trait. — Répétons qu'il s'agit ici du cheval destiné à tirer à l'allure du pas. Dans ce cas encore, notre type pourrait être un portrait, car la France possède, pour cette spécialité de service, le plus beau cheval de l'Europe, sans contredit. On rencontre assez souvent dans notre race boulonaise, des individus qui sous ce rapport ne laissent absolument rien à désirer.

Les caractères du cheval de gros trait sont ceux du cheval de trait léger, seulement avec un développement plus considérable de toutes ses régions.

Fig. 498. — Type de beauté du cheval de gros trait.

Sa taille peut varier entre 1ᵐ,60 et 1ᵐ,70 ; mais sa puissance, comme machine motrice, étant

nécessairement en raison de sa masse, il ne saurait être considéré comme tout à fait beau, si la taille est au-dessous de la moins élevée de ces mesures. Ses masses musculaires sont énormes; elles forment, par leur proéminence, un sillon sur sa croupe, et sur ses reins qui doivent être larges et courts, en vue des secousses si violentes qu'ils ont à supporter, chez les chevaux employés à la fonction si pénible du limonier. Un poitrail volumineux et ouvert, des membres et des articulations en rapport avec le volume du corps, et surtout des jarrets irréprochablement conformés, pour soutenir sans dommage les efforts de traction ou les mouvements de recul dans lesquels tout le poids de la charge vient en définitive aboutir sur eux : voilà les mérites de premier ordre qu'il faut d'abord rechercher dans le cheval de gros trait.

L'aspect de ce type spécial du beau a quelque chose d'imposant par sa masse, par sa taille, par la puissance qu'il fait supposer. C'est la grâce dans la force, sous ses dehors les plus saisissants. Avec son encolure forte, ornée d'une crinière double et abondante, et terminée par une tête relativement petite et à la physionomie intelligente et douce, le type de la beauté du cheval de gros trait est le vivant emblème de la bonté débonnaire des forts. L'habile crayon de notre dessinateur l'a représenté très-heureusement dans la figure 498, qui nous dispensera d'y insister davantage. On peut considérer ce dessin comme le modèle exact et fidèle de la belle conformation, dans l'espèce, et y rapporter comme à un point excellent de comparaison, tous les chevaux de gros trait dont on veut apprécier les qualités.

Les quatre types spéciaux que nous venons de passer en revue résument, avons-nous dit, toutes les beautés qui appartiennent à l'ensemble de l'espèce chevaline, beautés absolues et beautés relatives. Ils témoignent à la fois de ses aptitudes générales et de ses aptitudes spéciales, en se traduisant par la santé, la force, la vigueur, conditions premières de l'utilité du cheval pour les besoins de notre civilisation.

En outre de ces qualités de fond, qui doivent passer partout et toujours en première ligne, il en est d'autres qui relèvent exclusivement du goût, et du caprice de la mode, et dont nous ne nous sommes pas encore occupés. Nous voulons parler de la couleur de la robe et de ses particularités, qui ont surtout une certaine importance pour les chevaux de luxe, pour ceux de selle, et particulièrement ceux d'attelage.

ROBES.—Nous ne croyons pas nécessaire de faire ici une étude détaillée des diverses nuances que peut présenter la robe du cheval. Cette étude sera mieux à sa place dans le chapitre relatif au choix commercial du cheval. Au point de vue du zootechnicien et de l'éleveur, cela est de peu d'importance. Il règne d'ailleurs à cet égard de trop grandes dissidences parmi les auteurs, pour qu'il puisse entrer dans notre cadre d'exposer l'état de nos connaissances sur ce point fort accessoire, ne devant point discuter les opinions et démontrer l'erreur de celles qui ne sont pas fondées. Cela ne pourrait que nous conduire sans aucun profit pour le but que nous voulons atteindre, à mettre

en relief de bien singulières méprises de la part des hippologues les plus renommés, comme celle qui consiste, par exemple, à considérer la robe baie comme résultant d'un mélange de poils rouges et de poils noirs, qui cesse seulement à la crinière et à la queue; à quoi l'auteur auquel nous faisons allusion aurait pu ajouter sans inconvénient les rayons inférieurs des membres et les fanons.

Nous nous bornerons donc à indiquer d'abord les quelques couleurs simples qui se rencontrent le plus ordinairement dans la robe du cheval, puis les mélanges qu'elles forment entre elles et les particularités qu'elles caractérisent, pour signaler ensuite celles qui sont le plus généralement estimées. C'est par-dessus tout affaire de goût, et par conséquent variable. En pareil cas, la beauté ne peut, pour ce motif, avoir aucune base précise et fixe.

Quatre couleurs fondamentales suffisent, par les nuances diverses qu'elles peuvent présenter et par leurs mélanges, à constituer toutes les robes qui se rencontrent dans l'espèce chevaline. Ces couleurs n'appartiennent point à la peau, mais seulement aux poils qui la recouvrent. Ce sont : 1° le *noir*; 2° le *blanc*; 3° le *rouge*, et 4° le *jaune*. Voyons d'abord les robes simples, formées par des poils uniformément colorés, et distinguées seulement par leur nuance ou par la couleur des crins; nous parlerons ensuite des robes composées, constituées par des mélanges de poils diversement colorés.

Le noir comporte trois nuances, qui sont le *noir franc*, ou mat, le *noir jais* ou *jayet*, à reflet brillant, et le *noir mal teint*, qui tire sur le roux.

Le blanc proprement dit est excessivement rare, hormis dans la vieillesse. On admet cependant des robes de cette couleur, avec les nuances du *blanc mat*, du *blanc sale* et du *blanc porcelaine*, ou à reflet bleuâtre.

Le rouge forme deux robes fondamentales, avec des nuances diverses, le *bai* et l'*alezan*. Ces deux robes ne diffèrent entre elles que par la couleur des crins. Dans la robe de l'alezan, ils sont de la même nuance que celle des poils; dans la robe baie, ils sont noirs. Voilà toute la différence.

On distingue principalement l'*alezan doré* dans les tons clairs et l'*alezan brûlé* dans les tons foncés; le *bai clair* ou *lavé*, le *bai cerise*, à la nuance vive, le *bai marron* et le *bai brun*, à la nuance foncée et marquée de tons plus clairs, ou de feu, au nez, aux flancs et aux fesses.

Le jaune donne la robe *isabelle* ou *café au lait*, que quelques auteurs distinguent par la couleur des crins, qui sont blancs ou noirs, et par la présence ou l'absence d'une raie plus foncée ou même noire le long de la colonne vertébrale.

Un mélange en proportions diverses de poils noirs et de poils blancs donne les différentes nuances de la *robe grise*, une des plus répandues. On distingue dans cette robe, comme principaux types, le *gris clair*, le *gris argenté*, le *gris foncé*, le *gris ardoisé*, le *gris de fer*, suivant que dominent les poils blancs ou les poils noirs; la répartition des mélanges a fait reconnaître en outre le *gris étourneau* et le *gris pommelé*, qui se définissent par leur nom même.

Lorsque le mélange a lieu entre le rouge et le blanc, il donne la robe *aubère*, dont les crins sont également mélangés ou entièrement de l'une ou de l'autre des deux couleurs élémentaires. La robe *aubère* est *claire* ou *foncée*, suivant la prédominance du blanc ou du rouge. Lorsqu'elle reflète une teinte rosée, elle est dite *fleur de pêcher*.

Trois des couleurs primitives se trouvent assez souvent mélangées en diverses proportions. Le noir, le blanc et le rouge forment alors ce que l'on appelle le *rouan*, soit que ces trois couleurs se montrent sur les poils, soit que l'une d'elles, le noir, existe seulement sur les crins ou les extrémités. On a le *rouan clair* ou le *rouan foncé*, si le blanc ou le noir domine; si c'est le rouge, on a le *rouan vineux*.

Cette dernière couleur se trouve parfois disséminée assez uniformément sur le corps, dans de petits bouquets de poils qui forment autant de points circonscrits et étroits. La robe rentre, en ce cas, dans la couleur grise, et constitue ce que l'on appelle le *gris truité*. Des points noirs disposés de cette façon sur la robe grise donnent le *gris moucheté*. On trouve parfois ces deux dispositions sur le même individu.

Enfin le blanc et une autre couleur, noir ou alezan, distincts par larges surfaces sur le corps, forment la robe *pie*, qui comporte dès lors les trois variétés de *pie-noir*, *pie-alezan* et *pie-bai*, cette dernière étant caractérisée par des crins noirs.

Indiquons maintenant les principales particularités qui peuvent se rencontrer avec toutes les robes que nous venons de voir. Ces particularités ont surtout de l'importance pour l'établissement des signalements.

Celles qui méritent le plus d'attention sont les *balzanes* et les *marques-en-tête*.

On nomme balzane la particularité résultant de la présence de poils blancs à l'extrémité inférieure du membre, dans toutes les robes autres que la blanche ou la gris clair. Ces poils blancs y sont plus ou moins nombreux et y occupent, lorsqu'ils constituent exclusivement la robe à cet endroit, une étendue plus ou moins considérable. Dans ces différents cas, ils sont signalés diversement.

Si les poils blancs sont disséminés autour de la couronne, on les signale ainsi : *quelques poils blancs*; réunis en un point, ils forment la *trace de balzane*; un peu plus étendus, mais sans embrasser cependant la totalité du contour de la couronne, cela devient la *trace incomplète de balzane*; lorsque, tout en embrassant ce contour, ils ne dépassent pas la couronne en hauteur, c'est un *principe de balzane*; arrivant au niveau du boulet, on les nomme *petite balzane*; au milieu du canon, *grande balzane*; près du genou ou du jarret, *balzane haut-chaussée*. Quelle que soit son étendue, la balzane peut être *dentelée* ou *bordée* suivant que son contour présente des dentelures ou se confond avec le fond de la robe en s'y mélangeant. Elle peut être *mouchetée*, *truitée*, ou *herminée*, si elle porte des taches étendues ou des points noirs, ou rouges.

Avec ces particularités de forme et d'étendue,

il importe de signaler exactement le nombre et le lieu des balzanes. Lorsqu'il n'y en a que deux, on dit, pour abréger, bipède antérieur, ou postérieur, latéral ou diagonal, droit ou gauche, en prenant toujours le membre antérieur pour point de départ.

Les marques de la tête sont aussi constituées par des poils blancs, qui occupent le front et se prolongent parfois sur le chanfrein et jusque sur le bout du nez.

Si ces poils sont peu nombreux et disséminés, ils se signalent eux aussi par *quelques poils en tête*; réunis et formant au centre du front une tache arrondie, ils constituent la *pelote*; la tache ayant des contours anguleux forme une *étoile*; lorsqu'elle envoie sur le chanfrein une ligne plus ou moins prolongée, celle-ci est une *liste*, et l'on indique le point où elle s'arrête. La liste élargie de manière à occuper toute la surface du chanfrein donne la *belle face*. Ces particularités, comme les balzanes, peuvent être dentelées, bordées, mouchetées, etc.

On observe parfois, dans les parties du corps où la peau est fine, telles que les bourses, le fourreau, la face interne des cuisses, le pourtour des yeux et surtout des lèvres, des places dépourvues de pigment (matière qui colore la peau en noir); ces places, d'un blanc rosé, sont connues sous le nom de *tache de ladre*. Elles doivent être soigneusement indiquées et caractérisées. Lorsqu'elles existent aux deux lèvres dans une grande étendue, on dit que le cheval *boit dans son blanc*, complètement ou incomplètement, suivant que la totalité ou seulement la plus grande partie des lèvres est tachée de ladre; à une seule, l'inférieure ou la supérieure, on dit qu'il boit complètement ou incomplètement dans son blanc de l'une ou de l'autre.

Une tête entièrement noire, quelle que soit d'ailleurs la couleur ou la nuance de la robe, est dite *cap de maure*. Elle se rencontre ordinairement chez les chevaux gris ardoisé ou gris de fer.

Un cheval alezan ou bai, absolument dépourvu de toute particularité, est dit *zain*; ce qui indique l'absence complète de poils blancs dans sa robe. Lorsqu'il en existe quelques-uns disséminés en plus ou moins grand nombre sur la surface de son corps, il est considéré comme *légèrement*, ou *fortement*, *rubican*.

Nous négligeons les autres particularités qui ont été reconnues pour caractériser le signalement du cheval; celles qui précèdent paraissent plus que suffisantes. Il ne nous reste plus qu'à examiner en peu de mots la question de savoir si, parmi les robes qui viennent d'être passées en revue, il en est une ou quelques-unes qui méritent d'être préférées pour les types de la beauté que nous avons établis. On serait vraiment embarrassé, dans une pareille recherche, s'il fallait se baser sur quelque chose d'exact et de précis. Cela est, ainsi que nous l'avons déjà dit, avant tout une question de goût. Cependant, le sentiment universel s'accorde à donner la préférence aux robes de nuance foncée, que l'on croit à tort ou à raison appartenir plus communément à une constitution vigoureuse. Dans ces nuances, on rejette habituellement les balzanes étendues, et c'est avec raison, selon nous, lorsqu'elles s'accompagnent, — ce qui est le plus ordinaire, — d'une corne blanche dans le pied, condition d'une moindre solidité.

A part cela, il ne nous paraît vraiment y avoir aucune raison physiologique ni expérimentale pour que le tempérament, la vigueur et par conséquent la résistance, soient liés en aucune façon à la couleur ou à la nuance de la robe. Les chevaux anglais, généralement alezans ou bais, ne sont ni plus ni moins vigoureux ou résistants que les chevaux africains, généralement blancs ou gris, que nos chevaux français de trait, offrant ces robes dans la plus large proportion.

La mode, l'habitude, fait estimer davantage les robes baies, noires ou alezanes, pour la selle et l'attelage, les robes grises pour le trait; l'isabelle, l'aubère et le rouan ont été tour à tour recherchés et repoussés sans autre motif que le caprice de la mode.

Il faut donc conclure que si les types de la beauté, dans l'espèce chevaline, ont des caractères fixes et invariables sous le rapport de la conformation, il n'en peut point être ainsi quant à la robe. L'éleveur, en conséquence, doit à cet égard s'inspirer uniquement du goût de l'époque, et produire non ce que des préférences sans fondement scientifique pourraient lui faire supposer meilleur, mais bien ce qui lui est le plus demandé par la consommation.

Il faut pourtant faire remarquer que, quelle que soit la nuance de la robe, l'éclat du ton, le luisant du poil, est toujours l'indice d'une constitution énergique et d'une bonne santé.

ESPÈCE CHEVALINE DE LA FRANCE.

La description complète des nombreuses variétés sous lesquelles se présente l'espèce chevaline dans notre pays n'est pas une entreprise facile à réaliser. C'est même une question pour nous de savoir si elle est bien réellement utile. Dans la situation où cette espèce a été conduite par les tentatives d'amélioration poursuivies depuis une cinquantaine d'années sous la direction de l'État, il s'est établi une sorte de confusion qui rend nécessairement périlleux, à ce point de vue, tout essai de classification. Si nous possédons encore quelques bonnes races, bien caractérisées, c'est que leur aptitude spéciale les a garanties contre ces tentatives d'amélioration. Aussi n'est-ce pas au sujet des chevaux de trait, que se présente la difficulté. Ceux-ci possèdent des caractères assez tranchés, dans nos diverses provinces, pour qu'il soit permis de les grouper autour d'un type local constituant bien une race véritable. Mais c'est en vain que l'on voudrait en faire autant pour les individus légers. Ici, les caractères de famille ont disparu sous le niveau du croisement; cela ne compose plus qu'une population de bâtards, et cela se désigne par le nom de demi-sang. Il n'y a plus en France de races légères, à proprement parler; on y rencontre seulement des individus

plus ou moins aptes aux services de la selle et de l'attelage, qui se ressemblent à peu près partout.

Cependant, il est exact de dire que sous cette ressemblance des produits croisés, certains caractères des anciennes races persistent, qui peuvent les faire reconnaître par des zootechniciens éclairés. Il y a peu d'importance à cela, toutefois, et ce n'est pas à ce point de vue, à coup sûr, qu'il pourrait être utile de les décrire. Nous considérerions comme absolument oiseux d'entreprendre ici de mettre le lecteur en mesure de distinguer, dans un groupe de chevaux de selle ou d'attelage, l'origine de chacun, du côté de la mère, s'entend, car du côté du père elle est toujours la même. Il convient seulement que nous donnions une indication sommaire des localités qui sont des centres de production pour ces chevaux, et qui leur impriment leur cachet sous le rapport du volume et de la taille, en raison des conditions d'élevage qu'elles peuvent leur fournir. Dans la doctrine que nous professons, c'est là le point important de la zootechnie, qui a toujours été à peu près entièrement négligé par les hippologues. Ceux-ci n'ont vu jamais dans l'amélioration de l'espèce chevaline autre chose qu'une affaire de génération; les dissidences n'ont porté que sur le choix du *type supérieur* destiné à la régénérer.

Ayant moins en vue de décrire de prétendues races, qui n'existent plus ou sont sur le point de disparaître, que d'exposer les éléments de notre principal sujet, qui est l'indication des moyens d'améliorer l'espèce, nous devons faire connaître d'abord les facteurs de l'amélioration qu'il s'agit de réaliser, dans chacun des centres de production. En d'autres termes, nous devons faire d'abord un rapide inventaire de l'industrie chevaline de la France, pour être en mesure ensuite de formuler les préceptes des progrès qui peuvent et doivent y être introduits.

Pour le même motif, il convient d'établir entre les divers services la distinction qui nous a guidés déjà dans la recherche des types de la beauté. L'exploitation de l'industrie chevaline comporte au moins deux branches bien distinctes. Il n'y a rien de commun entre l'élevage du cheval de trait et celui du cheval léger, au point de vue économique surtout. L'état actuel des deux variétés, leurs situations respectives, commandent de ne point les confondre dans une même thèse.

Nous considérerons donc, d'une part, les chevaux de selle et d'attelage, improprement nommés chevaux fins, d'autre part, les chevaux de trait, non moins improprement appelés communs.

CHEVAUX DE SELLE ET D'ATTELAGE.

Dans le plus grand nombre des localités qui font naître ou élèvent des chevaux appartenant aux variétés légères, les deux aptitudes à la selle et à l'attelage se trouvent ordinairement confondues dans le groupe des produits; c'est-à-dire qu'on y rencontre le plus souvent des individus propres à l'un et à l'autre des deux services, dans les diverses gradations de taille et de volume qu'ils présentent. En un point de ces gradations, se trouve le cheval *à deux fins*, qui est le véritable cheval de service de l'époque, dans cette catégorie, et qui est malheureusement le plus rare, pour les motifs que nous verrons. Ce cheval, qui convient à la fois au service de la selle et à celui de la voiture, non pas pour le luxe, bien entendu ; qui convient aussi le mieux pour monter la cavalerie de ligne ; ce cheval ne s'élève pas au delà d'une certaine latitude de notre pays. Il est nécessairement inconnu dans notre zone méridionale.

Quoi qu'il en soit, les chevaux de selle et d'attelage présentent pour nous ce caractère important, du point de vue où nous les considérons en ce moment, que leur élevage s'achève sans qu'ils aient fourni aucun travail, sans qu'ils aient été utilisés d'aucune façon. Cela suffirait pour faire sentir la nécessité de les confondre dans l'étude que nous allons en esquisser, si d'ailleurs les mêmes procédés zootechniques ne convenaient également à leur production et à leur élevage.

Nous passerons donc d'abord en revue les diverses variétés, propres aux services dont il s'agit, que l'espèce chevaline présente sur la surface de notre pays, y compris l'Algérie, et cela en ne nous préoccupant que bien secondairement d'indiquer des caractères de race devenus très-rares maintenant. Il importe davantage de faire connaître les ressources que chaque centre peut offrir à la production et les caractères généraux que ces ressources impriment à l'ensemble des individus. Nous indiquerons ensuite les procédés qu'il convient de mettre en pratique pour améliorer l'espèce, au point de vue des aptitudes spéciales en question, d'après les principes généraux posés précédemment. Cette façon d'envisager notre sujet nous évitera de nombreuses répétitions, et ménagera par cela même l'attention du lecteur, tout en lui traçant avec plus de netteté, s'il est éleveur, la voie qu'il doit suivre pour chaque cas particulier.

On trouve des chevaux de selle et d'attelage disséminés sur presque tous les points de la France. Sous l'empire des idées absolues qui règnent dans les esprits, et qui font envisager la production du cheval propre à la cavalerie comme une question de patriotisme, en même temps qu'elles portent à considérer abusivement cette production comme tout à fait indépendante du milieu dans lequel elle s'effectue, il n'est pas difficile de s'expliquer que l'administration des haras embrasse tout le pays par les nombreuses circonscriptions de ses dépôts d'étalons ; elle obéit à une doctrine absolue, sans s'occuper assez des nécessités physiologiques ou économiques ; elle pousse avant tout à la production du cheval de troupe ; et les notions d'économie rurale ne sont pas tellement répandues parmi les agriculteurs, que ceux-ci puissent s'en étayer pour résister à son impulsion. Il s'en rencontre donc partout un certain nombre pour se faire, coûte que coûte, éleveurs de chevaux de selle ou d'attelage, sauf à ne les produire que médiocres ou mauvais, faute des conditions nécessaires au succès d'une semblable industrie.

Cette industrie pourtant, comme toutes les autres, est soumise à la loi de la division du travail. Plus qu'aucune autre même, elle subit l'influence de la spécialisation et ne peut être exercée avec avantage que dans les circonstances qui lui sont propres.

Si donc nous voulions faire un inventaire complet de son état actuel, il nous faudrait nous occuper tour à tour de chacun de nos départements. Mais cela n'aurait aucune utilité. Bornons-nous par conséquent aux centres de production où de temps immémorial des chevaux de selle et d'attelage ont été élevés pour ainsi dire à l'état naturel, et à ceux où du moins leur élevage a acquis un certain caractère de généralité. Nous les indiquerons en procédant du nord vers le centre et le midi, en commençant par la Normandie, qui est, sous le rapport de l'étendue et de l'importance, le principal.

Chevaux de la Normandie. — Nous comprenons sous cette appellation les chevaux originaires des herbages du Calvados, de la Manche et de l'Orne. Il existe encore à l'état de souvenir une race bien caractérisée par sa conformation, surtout par la forme busquée de sa tête, connue jadis sous le nom de race normande, et qui a longtemps traîné les lourds carrosses de nos pères. C'est en vain qu'on en chercherait maintenant le moindre vestige. Il ne faut point regretter sa disparition, amenée par les croisements successifs dont elle a été l'objet avec le cheval anglais dit de pur sang.

A cette ancienne race locale a donc succédé une population fort mélangée, que les hippologues qualifient improprement de race anglo-normande, et qui n'est qu'une collection d'individus plus ou moins remarquables, suivant l'intelligence qui a présidé aux opérations de croisement dont ils sont le résultat. Nous n'avons plus à discuter ici cette assertion, pour en démontrer le bien-fondé. Des hippologues de la Normandie, notamment M. le comte d'Osseville, affirment que le prétendu demi-sang anglo-normand constitue bien une race véritable, désormais fixée et constante ; c'est aussi l'avis de M. Gayot ; mais les uns et les autres ne paraissent pas suffisamment éclairés sur la portée physiologique de la loi d'hérédité, non plus que sur les conditions qu'il faut, en histoire naturelle et en zootechnie, pour mériter aux collections d'individus les attributs qui constituent la race. Les faits qu'ils invoquent à l'appui de l'opinion qu'ils soutiennent, sont précisément les meilleurs arguments à leur opposer, et il n'est aucun zootechnicien véritablement compétent, véritablement pénétré des notions de la saine physiologie et exempt des préoccupations causées par le dogme du pur sang, qui puisse partager une telle opinion. Au reste, comment se fait-il que ces mêmes hippologues, qui affirment l'existence d'une race anglo-normande de demi-sang, n'en indiquent pas moins les opérations savamment combinées de croisement, de prétendu métissage ou *croisement alterne*, à l'aide desquelles seules elle peut être maintenue ? le croisement continu devant infailliblement, d'après eux, la faire disparaître sans pouvoir l'absorber dans le type améliorateur. Ce qui, soit dit en passant, est une contradiction assez flagrante du dogme du pur sang. Les races véritables se conservent par elles-mêmes : cela est une des vérités élémentaires de la zootechnie. S'il est nécessaire, pour maintenir l'anglo-normand, de le retremper alternativement dans le sang paternel, il n'a donc pas les caractères essentiels de la race. Il est dans ce cas un produit industriel, un produit de fabrication. Les ressources de l'imagination la plus féconde, les plus ingénieuses théories bâties sur une hypothèse purement gratuite, ne sauraient faire qu'il en soit autrement. Cela, du reste, n'enlève aucunement de son mérite à la population chevaline de la Normandie, et il n'y a pas lieu d'y insister plus longtemps, surtout après les principes généraux qui ont été consacrés à ce point de zootechnie dans les chapitres précédents (ch. IV et VII).

Quoi qu'il en soit, le caractère général des chevaux de la Normandie est celui de tous les produits de croisement. Considérée dans son ensemble, la population manque d'homogénéité, et l'on y rencontre fréquemment des individus dont la conformation pèche par le défaut d'harmonie. La fusion des deux races procréatrices, ou du moins la substitution de la supérieure à l'inférieure, n'est pas toujours complète. A la partie antérieure de l'ancien normand s'unit parfois un train postérieur qui rappelle le type anglais, et réciproquement ; en d'autres termes, les familles anglo-normandes comptent assez souvent des rejetons *décousus*. Cependant, le plus grand nombre sont remarquables par la beauté de ce que l'on appelle le dessus. La tête, l'encolure et les formes du corps se rapprochent ordinairement du type anglais. Ce qui est rare chez eux, c'est la bonne conformation des membres. Ceux-ci sont souvent grêles, trop longs, à tendons faillis, aux articulations faibles et tarées. On peut dire que chez l'anglo-normand un jarret irréprochable est tout à fait l'exception. Le commun de la population est composé d'individus *enlevés*, *haut-montés*, au corps svelte et parfois élégant, à la physionomie énergique, mais complètement insuffisants dans leur *dessous*. Ce sont en un mot des chevaux anglais manqués, tels que peut les faire un croisement poursuivi sans le concours des procédés d'élevage qui ont constitué et qui maintiennent le cheval anglais.

Sous ces caractères génériques, l'espèce chevaline de la Normandie présente deux types principaux, correspondant chacun à un centre particulier de production. Ces types diffèrent seulement par le volume, et, peut-on dire, par la distinction.

Le premier, formé dans les fertiles herbages du Calvados et de la Manche, dans cette partie de la province que l'on appelle la Basse-Normandie, se distingue par une corpulence plus forte, une taille plus élevée, des formes plus arrondies : c'est le véritable cheval d'attelage. L'autre type, élevé dans l'Orne et produit dans cette partie du département qui est connue sous le nom de Merlerault, est plus propre à la selle et à l'attelage léger. Il

est moins étoffé, ses formes sont plus élégantes, et son tempérament est aussi plus irritable. Bon nombre des jeunes chevaux de cette partie de la Normandie importés en Angleterre et soumis durant quelque temps aux soins que savent si bien prodiguer à tous les animaux les éleveurs de l'autre côté du détroit, nous reviennent ensuite avec le baptême du cheval anglais, et nos amateurs les payent en conséquence.

Au reste, les caractères propres aux deux types que nous venons d'indiquer sont dus moins à leur origine qu'à l'état agricole des lieux où ils sont élevés. Bien que, pour le plus grand nombre, chacun des deux centres d'élevage de la Basse-Normandie et de l'Orne ait en même temps son centre de production, le premier dans l'arrondissement de Valognes principalement, le second dans le Merlerault, les échanges du commerce n'en amènent pas moins dans l'un et dans l'autre des deux pays d'élevage des poulains provenant indifféremment de tel ou tel lieu de production, et même des autres départements de l'Ouest, surtout du Poitou. Il est bien difficile ensuite, lorsqu'ils sont à l'état adulte, de discerner leur origine, surtout dans le cas où cette origine est la Normandie elle-même. Pour qui connaît bien, en effet, les chevaux du Poitou et de l'Anjou, il est possible ordinairement de reconnaître à quelque signe ceux qui ont été élevés en Normandie.

En somme donc, on peut avoir une idée assez précise des caractères généraux du cheval normand actuel, en prenant pour type le dessin du cheval d'attelage que nous avons donné précédemment, toutefois en y ajoutant les défauts que nous venons d'indiquer. On rencontre, sans contredit, en Normandie, quelques individus qui se rapprochent de ce type spécial de la beauté ; mais en général la plupart sont loin de ce degré de perfection. Les mieux conformés ont toujours hérité du cheval de course, qui est leur père, la disposition du train postérieur que nous avons signalée chez ce dernier. On leur reproche d'être toujours un peu campés du derrière, ce qui est dû, l'on s'en souvient, au redressement des fémurs, et nuit à la bonne exécution des allures dont nous nous servons exclusivement. Cela convient au seul cheval de course, pour l'exécution de ses bonds.

Si l'on en croyait les descriptions du cheval anglo-normand consignées dans les ouvrages d'hippologie et les publications agricoles que nous possédons, descriptions souvent même accompagnées de portraits dessinés *d'après nature*, on serait tenté d'inférer de la comparaison, qu'ici nous rembrunissons à plaisir le tableau. Nous prierons seulement de remarquer que ceux qui se sont occupés jusqu'à présent de l'espèce chevaline de la Normandie, l'ont plus volontiers décrite et dessinée d'après les quelques sujets d'élite exposés dans les concours, ou acquis par l'administration des haras, et qui honorent l'espèce sans la représenter fidèlement. Cela serait bien en tant qu'il s'agit de montrer où elle peut atteindre, à la condition cependant qu'on indiquât les procédés d'élevage suivis et à suivre pour obtenir certainement le résultat ; mais pour fournir à la zootechnie la base solide sur laquelle elle doit opérer, il faut prendre garde de montrer la population chevaline de cette contrée non pas telle qu'elle pourrait et devrait être, mais bien telle qu'elle est. Or, il n'y a pas de meilleur moyen de se faire une idée exacte de la situation commune de cette population, que d'examiner dans nos régiments de cavalerie les chevaux provenant des dépôts de remonte de la Normandie. En procédant ainsi, c'est lui faire encore une belle part, puisqu'après tout ce sont là des animaux de choix. N'importe, ils peuvent sans inconvénient être pris pour type, et nos observations directes faites en Normandie ne sont point de nature à modifier les impressions bien des fois acquises par ce moyen. Ces impressions seront les mêmes, nous en sommes convaincus, pour tous ceux qui observeront sans parti pris des groupes de chevaux anglo-normands, et elles corroboreront la fidélité de notre description.

La robe qui domine, parmi ces chevaux, est la robe baie, avec ses diverses nuances, mais le plus souvent celles du bai marron et du bai brun. On y trouve aussi quelques individus noirs, mais plus particulièrement dans la Manche et sur les descendants de l'ancienne grosse race carrossière.

Les chevaux normands sont en général élevés entièrement à l'herbage. Quelques éleveurs soigneux ont pris la bonne habitude de donner aux juments et à leurs produits des rations de fourrage, durant les mois rigoureux de l'hiver. Les poulains reçoivent même, dans certains herbages du Merlerault, un peu d'avoine. Ceux du Calvados, en sortant de l'herbage, sont exportés dans la plaine de Caen, où ils pâturent au piquet sur les sainfoins que l'on y cultive en abondance, puis sont engraissés à quatre ans avec des farineux pour les préparer à la vente. Ceux dont la conformation est assez belle pour faire espérer un étalon, sont de bonne heure rentrés à l'écurie, et élevés d'après le système anglais, avec l'avoine, le paddock, etc. Les pouliches, elles, sont saillies le plus souvent de deux ans et demi à trois ans, et elles ont en général porté au moins une fois, lorsqu'elles sont livrées au commerce ou à la remonte.

Avant de quitter ce paragraphe consacré aux chevaux de selle et d'attelage de la Normandie, nous ne devons pas négliger de signaler cette excellente race de bidets de voyage, dits bidets d'allure, qui est propre surtout à l'arrondissement de Cherbourg. Les chevaux de cette race, qui sont de taille moyenne et qui ont une constitution véritablement athlétique, par le développement de leur poitrine, la brièveté de leur dos, la largeur de leurs reins et l'ampleur de leur système musculaire, sont surtout remarquables en ce qu'ils ne trottent point, et remplacent cette allure par une autre qui est ce que l'on appelle le *pas relevé*. C'est le pas ordinaire, seulement exécuté avec une précipitation plus grande des mouvements successifs de chaque membre. Cette allure s'accompagne ordinairement du bercement de la croupe, et les réactions qu'elle produit sont si peu accusées pour le cavalier qu'il peut demeurer en selle des journées entières sans en ressentir aucune fatigue. C'est à ce titre surtout que les bidets normands étaient si estimés par les commerçants, avant que l'usage du tilbury et du cabriolet ne fût répandu par l'amélioration des voies de communication.

Les chevaux d'allure subissent habituellement l'amputation d'une bonne partie de la queue et ne conservent que des mèches latérales de crins plus ou moins abondants.

Tant que les besoins auxquels ils répondent subsisteront, il faut désirer leur conservation, et souhaiter qu'ils demeurent à l'abri des tentatives d'amélioration.

Chevaux de la Bretagne. — Dans les landes de la Bretagne, il se produit et s'élève, pour ainsi dire à l'état de nature, une petite race de chevaux de selle remarquables par leur sobriété et leur résistance à la fatigue ; mais c'est dans cette partie du Finistère connue sous le nom de *Cornouailles*, dans les environs de Carhaix, de Corlay, de Loudéac, que l'on rencontre les plus distingués.

Ces chevaux, qui alimentent le dépôt de remonte de Guingamp, ne sont plus maintenant, comme ceux de la Normandie, que des produits de croisement. Ils sont le résultat de l'accouplement des juments du pays avec les étalons anglais, arabes ou anglo-arabes de l'administration des haras. A la finesse et à l'énergie natives de la race mère, qui en faisaient de jolis et excellents chevaux de cavalerie légère, ces croisements ont ajouté de la taille, lorsqu'ils ont eu lieu avec l'étalon anglais, mais c'est au détriment de l'harmonie des formes et de la résistance des membres, qui sont devenus moins solides.

Originaires d'un pays de collines élevées, les chevaux de la Cornouailles avaient toutes les qualités qui caractérisent les races de montagne, la rusticité, la sobriété, jointes à un cachet de distinction qui rapprochait leur physionomie de celle des chevaux de l'Orient. Aujourd'hui, ils ont encore conservé en partie cette apparence, mais ils sont devenus plus exigeants, parce qu'ils sont à vrai dire plus civilisés. On rencontre assez souvent parmi eux de ces individus que dans le langage vulgaire on qualifie de *ficelles*, de ces produits à constitution physique insuffisante chez lesquels on dit que *la lame use le fourreau*. Les dépôts de la Bretagne en expédient dans les régiments de grosse cavalerie, qui doivent leur grande taille à un garrot élevé et tranchant, qui sont minces de partout et dont les membres grêles se tarent après le moindre service.

Ces chevaux, quelle que soit leur taille, ont en général l'encolure légère et la croupe maigre. Les bons ne se trouvent que parmi ceux de taille moyenne, qui proviennent du croisement arabe. La robe grise y domine.

Nous ne parlons pas ici des chevaux d'attelage, produits sur le littoral des Côtes-du-Nord et exportés pour la plupart à l'état de poulains, en Normandie où ils sont élevés. Ces chevaux sont le résultat de croisements opérés avec les juments du *Conquet*, dont la véritable aptitude est le service du trait léger. Pour quelques carrossiers passables qui se produisent dans cette contrée, par suite de croisements réussis, la race subit en réalité une altération préjudiciable à sa destination normale. Nous nous réservons donc de nous en occuper lorsqu'il sera question des chevaux de trait.

En somme, les parties centrales de la Bretagne sont des localités essentiellement propres à la production et à l'élevage lucratif des chevaux de selle. La nature du sol et l'état de la culture leur communiquent une constitution solide, nerveuse, fine, une sobriété et une rusticité qui les rendraient précieux, sous l'influence d'un système de multiplication et d'élevage bien entendu. Ce pays peut être considéré comme l'un des bons centres de production de l'espèce chevaline légère, qui y a compté de tout temps de nombreux et remarquables représentants.

Chevaux de l'Anjou. — L'industrie chevaline s'est implantée dans les départements qui constituent l'ancien Maine et l'Anjou, depuis une époque qui ne remonte pas au delà de 1830, de telle façon qu'elle alimente en chevaux propres à la cavalerie légère et surtout à la cavalerie de ligne, le dépôt de remonte d'Angers.

Ces chevaux sont des produits industriels dans toute l'acception du mot. Il n'y a jamais eu de race angevine, et il n'y en a pas non plus maintenant. L'industrie est récente, et l'administration des haras, qui n'est, à vrai dire, qu'un être de raison, s'en attribue la création. La vérité est que l'on fait des chevaux en Anjou, comme il s'en fait partout où il y a des fourrages et des débouchés. Là, le cheval n'a pas pour ainsi dire poussé tout seul sur le sol, comme dans ces centres antiques de production où, en l'absence de toute industrie humaine, cet animal était le seul qui fût propre à utiliser la végétation des herbes. Aussi, les produits angevins résultent-ils de croisements opérés entre l'étalon anglais et des juments de toutes sortes empruntées aux centres dont il vient d'être parlé. Ils sont par conséquent variables comme leur souche-mère et comme le degré de croisement qui les a formés : relativement bons et assez bien conformés lorsque le croisement a été maintenu dans une limite convenable ; manqués, décousus, et mauvais en conséquence, lorsqu'il a existé trop de disparate entre la conformation de chacun des procréateurs et les conditions de l'élevage, lorsque les filles ont été accouplées avec leurs pères au delà d'une génération.

Telle est la population chevaline de l'Anjou, dont la plus forte part est exportée, à l'état de poulain, dans les herbages de la Normandie. Elle n'a pas de caractères qui puissent la faire reconnaître. C'est une collection d'individus ressemblant de plus ou moins loin à l'étalon anglais et qui, quoi qu'on en ait dit, ne sauraient jamais former une race distincte. Tout au plus des soins particuliers d'élevage longtemps poursuivis avec intelligence pourraient-ils y constituer quelques familles, qui ne tarderaient point à disparaître en l'absence de ces soins. S'il est une vérité acquise à la zootechnie, c'est, répétons-le dans cette occasion, que les races ne se forment pas par voie de croisement.

Chevaux du centre de l'Ouest. — Les remarques qui précèdent s'appliquent, en grande partie, également aux chevaux de selle et d'attelage nés et élevés dans cette vaste étendue de marais desséchés, comprise sur le littoral entre l'embouchure de la Loire et celle de la Gironde. Les prairies qui résultent des desséchements successifs opérés dans ces contrées conquises sur la mer, sont principalement consacrées à la production du cheval. Cette production y a deux centres principaux, encore nommés marais : le marais de Saint-Gervais, en Vendée, et celui de Saint-Louis, dans les environs de Rochefort, dans la Charente-Inférieure. Là se développent à l'état presque sauvage de nombreux poulains, dont la plupart sont nés dans le lieu même ; dont d'autres, nés dans les métairies du Bocage vendéen ou poitevin, chez les petits cultivateurs de la Charente-Inférieure, y vont seulement passer la belle saison ; dont d'autres, enfin, sortent à trente mois, environ, pour être vendus au commerce, aux foires de Fontenay, de Saint-Maixent, de Niort, et être exportés en Normandie, dans le Berry, chez les métayers de la Gâtine ou chez les riches propriétaires viticoles des Charentes qui les emploient à leur usage, tout en les préparant pour la remonte.

Nous aurons à nous occuper, lorsque nous en serons arrivés à la catégorie des chevaux de trait, de la race propre à cette contrée de la France, race précieuse à plus d'un titre. Les chevaux dont il s'agit en ce moment en dérivent seulement, et ne conservent d'elle qu'un caractère éloigné de ressemblance. Ce sont en effet des métis anglo-poitevins plus ou moins bien réussis, qu'une industrie suivie a constitués à l'état de familles assez distinctes, dans leurs deux centres de production, qui alimentent les dépôts de remonte de Fontenay, de Saint-Maixent et de Saint-Jean-d'Angély. Le marais de Saint-Louis, compris dans la circonscription de ce dernier dépôt, compte un certain nombre d'éleveurs intelligents qui y ont établi des familles chevalines d'une supériorité réelle, par rapport à celles de la Vendée, grâce aux soins dont ils ont entouré leur reproduction et leur élevage, en établissant dans les *prises de marais* des abris, où les mères et les poulains trouvent dans la saison rigoureuse des rations de fourrage et même un peu d'avoine. Les métis vendéens et charentais sont généralement de taille élevée et de forte corpulence, ces derniers surtout. Les premiers pèchent le plus souvent par les membres, qui manquent d'ampleur, surtout dans les articulations ; tous ont la tête un peu forte et le caractère sauvage, même intraitable, principalement quand ils se sont élevés complétement au marais. Dans ce cas, ils ont le pied fort, large, les crins abondants ; mais quelques mois de séjour à l'écurie, sur un terrain sec, font disparaître ces caractères, en déterminant souvent des boiteries qui ne cessent qu'après l'avalure à peu près complète de la nouvelle corne du pied.

Parmi ces chevaux on en trouve un certain nombre de taille moyenne, qui présentent un véritable cachet de distinction. Ils sont en général de robe baie ou noire, souvent marquée de balzanes et aussi en tête. L'importance de leur production va toujours croissant, et l'on s'en aperçoit par celle chaque année plus grande que prennent les dépôts de remonte qui sont les principaux débouchés de cette production.

Les qualités aromatiques des plantes qui croissent sur le sol à fond d'argile marine mêlée de silice des marais desséchés du littoral océanien de la Vendée et de la Charente-Inférieure promettent, lorsque les ressources fourragères que ces plantes produisent seront plus généralement combinées avec un élevage bien entendu, une industrie chevaline prospère à cette contrée, qui y est essentiellement propre par la constitution de son économie rurale. Le centre de l'Ouest pourra alors rivaliser sans trop de peine avec la Normandie, sinon par l'abondance, du moins par la qualité de ses produits.

Avant de franchir la zone du cheval d'attelage, pour entrer dans celle du Midi, où règne à peu près exclusivement le cheval de selle, il nous faut remonter vers le Nord, afin de signaler quelques provinces qui élèvent des chevaux plus ou moins propres aux deux services dont nous nous occupons.

Chevaux de la Lorraine. — Sur une souche de chevaux assez irréguliers de formes, petits de taille, mais d'une constitution robuste, durs à la fatigue et d'une grande sobriété, les croisements opérés avec les étalons de l'État ont créé dans les départements de l'ancienne Lorraine une population chevaline très-mêlée, mais qui fournit au dépôt de remonte de Sampigny bon nombre d'individus propres à la cavalerie de ligne. Peu élégants en général, mais ayant une corpulence trapue qui paraît leur avoir été communiquée par la race grand'ducale, dite race de Deux-Ponts, ces chevaux s'élèvent principalement dans les prairies assez succulentes de la Moselle. Ce n'est pas assurément là un centre de production bien remarquable. Les anciens chevaux lorrains jouissent dans le pays d'une grande réputation, à cause de leur énorme résistance à la fatigue, de leur longévité, et de leur courage inépuisable. Nous avons entendu sur les lieux des anciens déplorer amèrement la perte de toutes ces qualités, causée par les croisements anglais opérés en vue de communiquer à ces *vilaines bêtes* une beauté de convention, et qui en ont fait de belles *rosses*, incapables d'exécuter ces labours si pénibles en terrains argileux effectués jadis avec tant d'énergie par les petits chevaux lorrains. Heureusement que le progrès agricole, par l'extension du drainage, rend chaque jour les travaux moins difficiles et les ressources alimentaires plus abondantes, en même temps qu'il diminue la raison économique de l'élevage du cheval dans ce pays.

Chevaux de l'Alsace. — Il n'y a pas en Alsace de race de chevaux. On a voulu, à toute force, établir dans les arrondissements de Wissembourg et de Strasbourg un centre de production. Sous l'empire de cette idée d'une économie politique étroite, que chaque contrée doit suffire à ses besoins, et en outre, en raison de cette autre conception malheureuse que le cheval de guerre doit être produit partout, au point de vue de la défense nationale, on en est venu à faire naître en Alsace des chevaux, dans un pays où tout est mieux disposé pour les cultures industrielles avantageuses que pour les cultures fourragères et les prairies. L'administration des haras a institué un dépôt d'étalons à Strasbourg, et sous l'influence de ressources fourragères misérables, à tel point que les magasins destinés à l'entretien des garnisons de cavalerie ne peuvent jamais s'approvisionner, même pour une faible partie, dans toute l'étendue de l'Alsace, on est arrivé à ce résultat de produire des poulains si généralement mauvais, qu'à peine si on en pourrait rencontrer un passable sur cent. Grêles, décousus, aux aplombs toujours vicieux et aux membres tarés de bonne heure, les produits croisés de l'Alsace, provenant de juments de hasard, témoignent d'une industrie déplorable, sans raison d'être sérieuse. En présence de pareils résultats, les hommes spéciaux du pays discutent sur la question de savoir s'il ne vaudrait pas mieux produire des chevaux propres aux travaux agricoles, plutôt que des sujets pour la cavalerie, des chevaux de trait plutôt que des chevaux de selle. S'il était vrai que l'on dût absolument produire des chevaux en Alsace, peut-être serions-nous de l'avis de ceux qui se prononcent pour le cheval de trait. Il nous paraît que le mieux serait de n'en pas produire du tout, et d'employer le peu de ressources fourragères dont les cultivateurs alsaciens peuvent disposer, au bon entretien des animaux propres pour leurs travaux et achetés dans les pays mieux favorisés. Avec le prix si largement rémunérateur de leurs garances, de leurs houblons et de leurs tabacs, qu'ils achètent des chevaux; ils y auront plus de bénéfice. Quant à la défense nationale, elle n'aura sans doute point à souffrir de l'absence du piètre concours qu'ils peuvent lui prêter.

Chevaux du Nivernais, de la Champagne et de la Bourgogne. — Nous mentionnons ici ces provinces, pour l'unique raison qu'elles alimentent des dépôts de remonte, avec quelques autres environnantes passées sous silence. Les chevaux qu'elles produisent ne présentent aucun caractère distinct. Ils disparaîtront dès que les saines notions d'économie rurale auront pénétré dans l'esprit des agriculteurs. Dans les conditions comme celles dont il s'agit ici, les chevaux de cavalerie coûtent toujours à produire plus qu'ils ne peuvent être vendus, encore bien qu'ils soient achetés plus qu'ils ne valent réellement par les établissements de remonte. La seule raison de la persistance des éleveurs est dans l'absence de toute comptabilité exacte, et dans le préjugé qui a toujours dominé l'industrie chevaline.

En présence de cette considération, nous n'avons pas à nous occuper autrement de la population chevaline hétéroclite des départements dont il s'agit.

Nous allons donc maintenant continuer notre étude en passant en revue celle du Centre et du Midi.

Chevaux du Limousin. — L'antique race limousine, justement renommée autrefois, a aujourd'hui complétement disparu. C'était, d'après la tradition, le véritable type du cheval de selle, non pas d'après ses formes, qui laissaient, dit-on, à désirer sous le rapport des aplombs, mais quant à ses aptitudes, à son adresse, à la sûreté de son pied, à sa rusticité, à sa longévité.

Cette race locale a été remplacée par des produits de croisement très-disparates suivant M. Eug. Gayot, qui a été en situation de les bien étudier. Voici ce qu'en disait cet auteur dans son *Atlas statistique de la production chevaline*, cité depuis par M. Magne textuellement et répété mot pour mot par lui-même dans *La connaissance générale du cheval*, sans indication de la source première :

« Le poulain de la Haute-Vienne, dont la mère est généralement plus grande et plus forte que la limousine ordinaire, par la raison que le sang anglais domine dans ses veines, devient presque toujours, et où qu'on le mène, cheval d'officier et de cavalerie de ligne.

« Le poulain de la Corrèze, plein de gentillesse et de race (quelle race ?), mais plus arabe qu'anglais, dépasse rarement les conditions du cheval de troupe légère.

« Le poulain de la Creuse, plus gros et plus commun, produit mêlé des sangs dans leur pureté quelquefois, mais plus souvent à l'état de demi-sang, prend moins de distinction que les autres, ne devient presque jamais cheval d'officier, mais donne d'excellents troupiers, durs au travail, résistants à la fatigue.

« Le poulain de la Haute-Vienne est plus cher, celui de la Corrèze moins recherché. A l'état de cheval fait, le premier rend plus à la vente, mais il faut qu'il soit net, qu'aucune tare ne le souille, car toute forme tache sur une nature aussi fashionable. Le second est plus facile à placer, il entre davantage dans le genre usuel. Il n'y a qu'un débouché possible pour l'autre, la remonte militaire : de tous, celui-ci est le plus difficile à vendre et le moins profitable à l'éleveur. »

C'était là, d'après M. Gayot, la situation de l'industrie chevaline du Limousin, lorsqu'il a lui-même cessé de la diriger. Depuis, les choses auraient bien changé, à ce point qu'il n'y aurait plus dans ce pays aucune production.

L'ancien directeur de l'administration des haras avait établi à Pompadour le centre de son œuvre de prédilection, de sa création d'un pur sang français, anglo-arabe, qui devait être pour la régénération de nos races ce qu'est aux yeux des autres hippologues le pur sang anglais, une panacée universelle. Le haras de Pompadour a disparu avec le pouvoir de M. Gayot, et une tendresse bien naturelle pour son œuvre lui a fait exagérer les conséquences de cette disparition. Il y a toujours une industrie, une production chevaline en Limousin ; seulement, avec l'extension du croisement anglais, les défauts inhérents à ce croisement se sont multipliés sur les produits. Les chevaux de ce pays sont devenus plus grands, plus minces, plus irritables et moins résistants. Ceux qui possèdent de bonnes articulations, bien développées et nettes, sont la grande exception.

Il n'y en a pas moins dans les trois départements qui composent l'ancienne province tous les éléments d'une production chevaline excellente, qui s'y développera dès que les bons principes de la zootechnie auront pénétré dans l'esprit des éleveurs et y auront remplacé la déplorable doctrine de l'amélioration par la seule influence de la génération.

Chevaux de l'Auvergne. — Sous le type du limousin, auquel il se rattache d'après tous les hippologues autorisés, et notamment d'après Grognier, le cheval auvergnat présente quelques modifications imprimées par l'habitation alpestre. Voici son portrait exact, tel que le trace M. Gayot, qui le considère comme une « légère dégénération de la race limousine. » Dégénération n'est à coup sûr point le mot ; mais le mot ne fait rien à la chose.

« C'est, dit-il, le même genre de conformation, avec moins de physionomie, de naturel, d'élégance et de régularité. La taille, moins élevée, ne dépasse guère 1m,47 et descend à 1m,43 ; la tête est plus courte, moins fine, moins expressive, d'une manière absolue même elle est un peu forte ; les oreilles sont courtes, l'œil est vif et prompt, les naseaux sont plus développés que chez le cheval limousin ; l'encolure est renversée ; le toupet et la crinière, quand le vent les soulève ; lui donnent un air échevelé qui ne manque pas d'étrangeté ; le garrot est proéminent, l'épaule bien conformée, le poitrail un peu étroit, et cependant la poitrine est un peu descendue ; la ligne du dos et des reins est droite et rigide, le flanc court, la croupe anguleuse, tranchante et basse ; les membres secs et nerveux, moins longs que dans la race voisine ; les jarrets crochus et clos, les paturons courts ; les pieds panards, mais la corne résistante et pour ainsi dire inusable ; en général, les formes très-accentuées et le caractère difficile ; un peu de l'entêtement proverbial de l'Auvergnat. Ce n'était pas un cheval de luxe, comme le dit naïvement un de ses plus grands partisans ; non, ajouterons-nous, mais un vrai montagnard, une nature inculte et rude, mais énergique et vivace. »

Ce portrait convient en effet à tous les chevaux de montagne que nous aurons tout à l'heure à examiner. Conséquence naturelle des conditions locales, il fait voir le fonds que peut offrir l'Auvergne à la production du cheval de selle, du cheval de cavalerie légère, aussi bien que le Limousin. Tout ce qu'on peut ajouter en ce moment, c'est que les croisements dont les chevaux de l'Auvergne ont été l'objet sont bien loin d'avoir amélioré leur population, ni en quantité, ni surtout en qualité. Là encore, les *ficelles* forment maintenant la majorité, et la rusticité, la force de résistance a disparu. On ne retrouve plus le vrai cheval auvergnat que dans les rares vallées où les étalons dits améliorateurs n'ont pu pénétrer.

Chevaux des landes. — On pourrait ranger sous ce chef toutes les variétés, fort rapprochées les unes des autres par leur volume, leur conformation et leurs aptitudes, qui vivent à l'état demi-sauvage dans les bruyères de notre pays. Ces chevaux sont surtout remarquables par leur petite taille, leur rusticité et leur résistance à la fatigue. Nous avons déjà signalé en passant ceux qui se rencontrent dans les landes de la Bretagne; nous mentionnerons une petite famille aux formes arrondies, à la robe noire généralement, à la tête courte et mal attachée, qui vit et se multiplie dans la région inculte du département de l'Indre que l'on appelle la Brenne, mi-partie d'étangs et de bruyères; mais il faut nous arrêter surtout à la population chevaline des landes de Gascogne, dont une portion, celle du Médoc, alimente assez pauvrement le dépôt de remonte de Mérignac.

Le vrai cheval landais est un petit animal sauvage, qui ne répond guère par son aspect à l'idée que les modernes amateurs se font de la beauté, mais dont les qualités solides méritent à coup sûr beaucoup mieux que la réputation qu'une fausse esthétique est parvenue à lui infliger. « Formée sous l'influence des intempéries, sa constitution est, dit M. Gayot, robuste et énergique, peu accessible à une foule de maladies communes, au contraire, chez les races plus civilisées. Extérieurement, le même fait se reproduit, et l'on constate bien rarement, sur les animaux qui ne quittent pas la contrée, l'existence des tares osseuses ou des tumeurs molles qui entourent si fréquemment les articulations des membres chez le cheval de service. A une grande énergie s'unit ici une grande sobriété. Accoutumé à vivre de peu, le cheval landais n'est pas délicat sur les aliments. » « Il apporte néanmoins, ajoute le même auteur d'après M. Goux (d'Agen) à qui l'on doit sur cette race une notice qu'il qualifie justement d'excellente, une incroyable ardeur au travail. Les allures rapides et prolongées, qui ruinent souvent les grands chevaux à tempérament plus ou moins lymphatique, ne peuvent rien sur sa constitution de fer. »

Avec de semblables qualités, on conçoit qu'il n'y ait guère lieu de se préoccuper outre mesure des formes vicieuses du cheval landais, que l'on accuse avec raison d'avoir le poitrail étroit, le garrot saillant et la croupe avalée. Sa petite taille est un défaut relatif. Sa physionomie à l'œil vif et intelligent, sa tête petite et carrée, attachée à une encolure trop souvent grêle et un peu renversée, mais ornée d'une longue crinière soyeuse, est une des meilleures preuves que nous puissions citer à l'appui du principe posé précédemment au sujet de l'importance de ce caractère, comme indice d'énergie, de force, de vigueur. Il est facile de saisir combien peu de peine il faudrait, avec une telle race, pour faire disparaître les défauts, tout en conservant les précieuses qualités qui viennent d'être énoncées. Une intervention intelligente de l'hygiène dans son existence à demi sauvage, ferait bientôt atteindre le but, dans la mesure compatible avec les ressources fournies par le milieu.

Mais ce n'est point ainsi qu'on l'a entendu. Dans les landes comme partout ailleurs, nul n'a songé que l'on pût améliorer la race des chevaux autrement que par le croisement avec des étalons plus ou moins rapprochés du type uniforme que l'on désire obtenir; et c'est à des tentatives de ce genre, trop multipliées dans les parties en culture des anciennes landes de Gascogne, qu'est due la population chevaline dite améliorée de cette région; c'est de ces tentatives que résulte notamment le cheval *médocain* du département de la Gironde, émanation agrandie de la race landaise, mais animal plus que médiocre sous tous les rapports : peu de formes et pas du tout de fond; organisation trop exigeante pour les ressources communes de la localité, et par conséquent produit manqué, voilà en général le cheval de la presqu'île bordelaise. Les moins déraisonnables parmi les prôneurs du croisement, se sont efforcés de recommander une nourriture meilleure et plus abondante pour les mères et pour leurs fruits; mais ils n'étaient pas apparemment assez versés dans l'observation des lois de l'économie rurale pour s'apercevoir que surajoutée comme un accessoire à leur prétendu principe, une telle recommandation devait nécessairement demeurer lettre morte. Comment veulent-ils que l'on puisse douter de la toute-puissance du croisement, lorsqu'ils la prêchent sur tous les tons et la donnent de la manière la plus absolue comme la base fondamentale de toute amélioration.

Quiconque donc a voulu améliorer dans les Landes, depuis Dax jusqu'à Bordeaux, n'a fait que des métis avec l'étalon arabe, l'anglo-arabe ou l'anglais, et n'a guère mieux alimenté ces métis que les produits indigènes purs, si ce n'est au moment de les préparer à la vente pour la remonte. A ce moment les jeunes chevaux prennent, à la faveur de leur engraissement, des formes arrondies qui leur donnent de l'apparence, ce que l'on appelle un beau dessus ; mais on y chercherait en vain des membres solides et de l'énergie : tout cela n'existe plus. La fierté sauvage de la race primitive a fait place au caractère quinteux qui est le propre de la faiblesse corporelle associée avec une grande susceptibilité nerveuse, des natures nobles que la misère a fait dégénérer.

Cela s'applique, au moins pour une partie, aux chevaux pyrénéens dont nous allons maintenant nous occuper, et dont plusieurs variétés ont au fond grande analogie, sinon même une identité complète, avec la race landaise, ainsi que nous allons le voir.

Chevaux des Pyrénées. — Le bassin sous-pyrénéen se divise, quant à l'industrie chevaline, en trois centres de production bien distincts, à chacun desquels correspond une variété de chevaux dont tous les types primitifs n'ont pas encore complétement disparu, malgré les opérations de croisement qui tendent depuis longtemps à y établir l'uniformité. Quelques efforts qu'on ait faits, il n'est pas possible de confondre le cheval du pays basque des arrondissements de Bayonne, de Mauléon, d'Orthez, avec celui de la plaine de Tarbes, non plus qu'avec celui des Pyrénées ariégeoises, qui s'étend dans l'arrondissement de Saint-Girons (Haute-Garonne) et jusque dans une partie du département de l'Aude.

Le premier, qui se confond par ses caractères avec le cheval landais, au point de contact des deux populations, prend plus d'étoffe et de taille, à mesure que l'on s'avance vers les vallées des Basses-Pyrénées. Là, le cheval basque est une variété de l'ancienne race navarrine, qui est le type des chevaux pyrénéens et qui a son centre dans la plaine de Tarbes, de même que l'ariégeois.

Il serait bien difficile aujourd'hui de tracer d'après nature un portrait du cheval navarrin, tel qu'il existait avant que l'administration des haras eût entrepris de l'*améliorer* par ses croisements arabe, anglais ou *alternatif* anglo-arabe. Si les variétés voisines persistent encore en partie, heureusement pour les besoins locaux, la race mère a à peu près complétement disparu, grâce à la docilité dont de maladroits systématiques félicitent trop les éleveurs de la plaine de Tarbes.

« Le cheval navarrin, on le sait, dit M. Gayot, a laissé un nom comme cheval d'armes essentiellement propre aux troupes légères. Il a été estimé à ce point qu'on l'a placé sur les premiers degrés de l'échelle hippique, tout à côté de l'andalous lui-même, ce pur sang d'une autre époque. Il était alors, dit-on, épais et membru. »

En parlant tout à l'heure des chevaux de l'Ariége, nous retrouverons, d'après les récits contemporains, le type un peu dégradé de la race navarrine, qui se faisait remarquer, paraît-il, entre ses deux principales variétés, par plus de distinction. « Le cheval des Basses-Pyrénées, ajoute l'auteur que nous venons de citer, est plus paysan, moins avancé au point de vue de la race; celui des Hautes-Pyrénées est plus aristocrate et occupe un rang plus élevé sur l'échelle. » Sous le style imagé, on trouve ici la constatation d'un fait réel. La tradition l'affirme par l'antique renom de la race navarrine.

A la place de cette race de si grande réputation, il existe maintenant dans la plaine de Tarbes et dans les parties fertiles du bassin sous-pyrénéen qui en dérivent, une population chevaline hétéroclite, que l'on a pendant un temps ambitieusement qualifiée de race *bigourdane améliorée*; en faisant beaucoup de bruit autour de quelques-uns de ses rares produits artificiels plus ou moins bien réussis, et que l'on présente maintenant comme « détériorés par trop de sang anglais. » Quoi qu'il en soit, on aura une idée des effets obtenus et de la situation actuelle des chevaux des Pyrénées, en rapprochant l'ancienne réputation de la race navarrine de l'appréciation qu'en a donnée en 1861 [1] un juge compétent, le professeur Lafosse, de l'école vétérinaire de Toulouse. « Il est temps, a-t-il dit, que nos contrées irriguées songent à donner à leurs élèves le fond, la vigueur, la largeur des membres qui leur manquent généralement... »

On le voit, l'histoire de la race navarrine est celle de toutes nos races locales légères, que nous avons jusqu'à présent passées en revue. La seule amélioration qu'elles aient *subie*, sous l'empire de l'universelle doctrine du croisement, est une modification plus ou moins gracieuse des formes de leur corps, au détriment du fond, de la vigueur, de la solidité de leurs membres, de leur résistance native, en définitive de leur aptitude au service. Les hippologues de fantaisie peuvent se féliciter d'un pareil résultat; le zootechnicien éclairé, l'économiste sensé ne saurait que le déplorer. Mais il est vrai de dire que l'on s'est bien appliqué depuis longtemps à soustraire l'industrie chevaline à l'influence de ces derniers.

Le cheval ariégeois proprement dit est la variété montagnarde de la race navarrine. Il s'élève sur les plateaux des Pyrénées, où il passe toute la belle saison dans des herbages situés à une hauteur qui dépasse 1000 mètres au-dessus du niveau de la mer.

Nous ne saurions mieux faire que d'en emprunter le portrait à M. Gayot, auteur peu suspect de flatterie à son endroit.

« La taille est petite, dit-il, — 1m,45 à 1m,50 au plus; la tête est lourde, souvent mal attachée et mal coiffée; l'encolure est grêle; tout le système musculaire participe de cette condition qui fait le cheval plat, mince et manquant de grâce; le garrot est bas comme chez tous les chevaux qui mangent habituellement à terre; la croupe est avalée. Les pieds antérieurs sont panards, les jarrets sont clos; les extrémités sont couvertes de poils; la physionomie est rude et le caractère assez ordinairement indocile. »

Ce n'est là qu'un ensemble de défauts. Hâtons-nous d'ajouter que l'auteur les considère seulement comme « le revers de la médaille, » dont il a d'abord tracé la face en attribuant au cheval de l'Ariége, « une grande agilité, beaucoup d'adresse, une merveilleuse sûreté dans la pose du pied, un tempérament robuste, une santé à toute épreuve, une ardeur infatigable. » Au reste, par une sorte de prédilection dont il faut lui savoir gré, M. Gayot fait le meilleur marché possible des défauts de l'ariégeois. « Toutes ces imperfections, dit-il, s'affaiblissent ou s'effacent sous l'influence d'une alimentation plus substantielle et plus égale, de quelques soins donnés aux produits et du choix judicieux des reproducteurs. Les qualités se développent alors avec une incroyable facilité et dominent vite dans ces natures généreuses, inépuisables et remplies de feu. On n'apprécie bien, ajoute cet hippologue célèbre, les chevaux de l'Ariége qu'après en avoir usé; mais alors on est étonné de la dépense d'énergie dont ils sont capables, de la dureté qu'ils montrent au travail le plus fatigant et le plus durable. Leur réputation est faite dans les régiments de cavalerie légère; ils y ont une excellente renommée, due aux excellents services qu'on en obtient.

« Les postes et les messageries du pays se remontent presque exclusivement dans les rangs de cette population. Quand on a traversé le département en chaise ou en diligence, on sait avec

(1) Voy. *la Culture*, t. III, p. 156, 15 septembre 1861.

quelle ardeur et quelle rapidité ces animaux s'acquittent de leur pénible tâche. »

Tel est, bien véritablement, au fond, le cheval des Pyrénées, dans quelque partie du pays que l'on considère ses produits purs ou à peu près. Seulement, celui dont nous venons d'exposer en détail les mérites laisse le plus à désirer sous le rapport des formes du corps. A moins de se faire une bien singulière idée de l'amélioration, il n'est pas possible de considérer que les produits de croisement qui peuplent à présent la plaine de Tarbes et les contrées fourragères des départements sous-pyrénéens, et dont nous avons emprunté plus haut la caractéristique exacte à M. le professeur Lafosse, méritent d'être qualifiés de meilleurs que les individus purs de la race indigène. Ils sont sans doute faits pour flatter davantage l'œil de l'amateur superficiel ; mais quiconque recherche avant tout dans le cheval les qualités solides qui le rendent propre au service pour lequel il est destiné, n'hésiterait pas à donner la préférence à ceux-ci, dussent-ils conserver leurs défauts de conformation, qu'il n'est d'ailleurs point difficile de faire disparaître, sans altérer par le croisement érigé en principe les excellentes qualités du cheval pyrénéen.

Nous le démontrerons plus loin, lorsque nous nous occuperons de l'amélioration des chevaux légers en général. Auparavant, nous avons à terminer l'examen de nos races méridionales par quelques considérations sur le dernier des types qu'il nous reste à passer en revue ; car nous ne croyons pas devoir, à l'exemple de quelques hippologues, faire ici une place particulière aux chevaux du Rouergue ou du département de l'Aveyron, qui, de même que ceux de l'Aude et de l'Hérault, sont une émanation directe et toute moderne de la race des Pyrénées, ou de celle de la Camargue. L'industrie chevaline s'est implantée, là, comme partout ailleurs, sous l'empire des idées de production universelle et sans fondement dans l'économie rurale, dont nous avons déjà parlé.

Chevaux de la Camargue. — Nous n'essayerons pas de faire l'histoire de la petite famille chevaline qui vit à l'état demi-sauvage dans les *manades* ou *haras* de l'île de la Camargue, comprise dans le delta que forme le Rhône à son embouchure dans la Méditerranée. Cette histoire, du reste, comme celle de toutes les races chevalines de la France, est pleine d'obscurités. Le préjugé du cheval primitif y fait toujours rencontrer, aux commencements, le coursier oriental. Et ici ce préjugé se fortifie d'une ressemblance de type, sinon avec celui du cheval arabe proprement dit, du moins avec le tartare ou le cosaque. Le cheval camargue a, comme l'a dit un auteur, « *l'air étranger.* » Mieux vaut dire qu'il a *l'air sauvage* et qu'il y a d'excellentes raisons pour cela. Les mêmes conditions d'habitat doivent nécessairement produire les mêmes caractères de physionomie. C'est une loi de l'histoire naturelle.

Quoi qu'il en soit, voici la description du cheval de la Camargue, que nous emprunterons encore à M. Gayot, parce que nous ne pourrions faire mieux.

« Il est petit, sa taille varie peu et mesure de 1m,32 à 1m,34 ; rarement il grandit assez pour atteindre à l'arme de la cavalerie légère ; il a toujours la robe gris blanc. Quoique grosse et parfois busquée, sa tête est généralement carrée et bien attachée ; les oreilles sont courtes et écartées ; l'œil est vif, à fleur de tête ; l'encolure droite, grêle, parfois renversée ; l'épaule est droite et courte, mais le garrot ne manque pas d'élévation ; le dos est saillant ; le rein est large, mais long et mal attaché ; la croupe est courte, avalée, souvent tranchante comme chez le mulet ; les cuisses sont maigres ; les jarrets sont étroits et clos, mais épais et forts ; les extrémités sont sèches, mais trop minces ; l'articulation du genou est faible et le tendon failli ; les pâturons sont courts ; le pied est très-sûr et de bonne nature, mais large et quelquefois un peu plat. Le cheval camargue est agile, sobre, vif, courageux, capable de résister aux longues abstinences comme aux intempéries. Il se reproduit toujours le même depuis des siècles, malgré l'état de détresse dans lequel le retiennent l'oubli et l'incurie.

« Les manades de l'île, moins nombreuses et moins multipliées qu'autrefois, sont composées de 20 à 100 têtes de chevaux, juments et poulains de tous les âges. Chacune d'elles a son gardien qui la surveille à cheval. Les gardiens ne manquent pas d'un certain art, de ce qu'on peut appeler la science pratique du cheval. Nés et élevés au milieu des troupeaux, ils en connaissent les mœurs, et montrent une dextérité particulière quand il s'agit d'approcher et de saisir un sujet désigné dans la troupe indomptée. Ils exercent sur lui une sorte de magnétisme qui attire et maîtrise les plus rebelles. Ils pratiquent une équitation instinctive pleine de puissance et d'audace, dont le mérite et la solidité ressortent dans les courses ardentes, échevelées de la *ferrade*. (Marque des taureaux sauvages de la Camargue au fer rouge, dont les exercices les plus curieux se pratiquent surtout dans les arènes de Nîmes.) »

Ces exercices sont en même temps une sorte d'épreuve pour les chevaux entiers qui y prennent part, et parmi lesquels ceux qui se distinguent le plus par leur vigueur et leur agilité sont choisis pour être *grignons* ou étalons de manade.

L'usage le plus commun auquel sont employés les chevaux camargues est le dépiquage des grains. Le temps de cette opération passé, ils retournent au pâturage et redeviennent sauvages. Toutefois, un certain nombre de juments et de chevaux émasculés par le bistournage se répandent dans les départements voisins, dans le Gard, dans l'Hérault, dans l'Aude, dans le Var et jusque dans les Alpes-Maritimes et les Pyrénées-orientales, sur le littoral de la Méditerranée.

Franchissons maintenant cette mer pour prendre un aperçu de la population chevaline de nos possessions françaises du nord de l'Afrique. Cette population, par cela même qu'elle concourt maintenant pour une assez forte part, qui ne manquera point d'aller toujours croissant, à la remonte de notre cavalerie légère, doit nécessairement occuper sa place dans cette revue de l'espèce chevaline de la France.

Chevaux de l'Algérie. — Depuis que la domination française est implantée en Afrique, la population chevaline des provinces de l'Algérie a été bien étudiée par plusieurs vétérinaires distingués de notre armée, parmi lesquels nous citerons surtout MM. Bernis, Chevalier, Flaubert, Hugot, Vallon, Viardot, etc. Nous ne voulons pas utiliser en détail ici les nombreux documents que ces auteurs nous ont fournis et qui permettraient de faire la monographie complète du cheval algérien. Dans un travail de la nature de celui-ci, il faut s'en tenir à des indications sommaires.

M. Magne, que son zèle infatigable pour l'enseignement de la zootechnie a conduit à se rendre dans le pays de ces chevaux pour en mieux saisir les caractères, résume ceux-ci en trois groupes, que nous adopterons.

Le premier de ces groupes s'établit autour du *cheval saharien* qui, d'après M. Magne, présente les caractères suivants : « Petit de taille ; corps bien proportionné ; côte ronde ; poitrine large ; épaule longue et oblique ; croupe bien développée ; queue très-bien plantée ; cuisses volumineuses ; avant-bras longs, charnus ; tendons forts, bien détachés ; pied luisant, trop souvent petit ; encolure bien sortie ; front large ; chanfrein droit, épais ; gorge forte, ganaches écartées.

« Par la finesse de sa peau, le soyeux de ses crins, ce cheval rappelle, dit l'auteur, les plus beaux individus du type arabe. Il est produit surtout dans le Sahara algérien. C'est ce magnifique cheval, ajoute M. Magne, qui a inspiré l'intéressant ouvrage par lequel M. le général Daumas nous a si profondément initiés à la science hippique et aux mœurs des Arabes. »

Le second groupe a pour centre le *cheval barbe*, considéré comme le type de la race du pays et répandu dans toutes les tribus. Les chevaux de ce groupe ont plus de taille que ceux du Sahara. Ils ont le corps long, la poitrine profonde, mais souvent plate, le dos un peu voussé, le garrot haut et épais, l'encolure un peu rouée, la tête sèche et un peu longue, les oreilles grandes, la croupe tranchante. La peau et les crins sont moins fins que chez le cheval saharien, mais le barbe a autant que celui-ci de force et de rusticité, en général, avec moins de brillant.

Enfin c'est le *cheval tunisien*, barbe grandi et grossi par une nourriture plus abondante, vivant dans la contrée humide, mais salubre, du pays, qui forme le troisième groupe de M. Magne.

« Nous n'ajouterons pas, ce serait inutile, dit-il, que ces trois catégories de chevaux ne sont pas tranchées ; qu'on passe des animaux les plus fins aux plus communs, des plus grands aux plus petits par gradation. Quoique chacune de ces catégories domine dans quelques localités, que les sahariens soient plus communs du côté de Tebessa, les tunisiens dans les environs de Sétif, et les barbes dans les vallées des environs de Constantine et les plaines de la province d'Alger, il se trouve des chevaux des unes et des autres dans chaque contrée. Dans presque toutes les tribus les chevaux barbes dominent, et c'est par exception que l'on y trouve quelques-uns de ces individus qui se font remarquer par leur finesse et leur belle conformation ou par leur taille élevée. »

Le cheval algérien, se demande M. Magne après bien d'autres, forme-t-il une race créée chez les Berbères, ou est-il un simple descendant de l'arabe ? Question oiseuse, parce qu'elle n'est pas susceptible d'une solution fondée sur des documents positifs. Nous ne nous y arrêterons donc pas. Tout ce qu'on peut dire, c'est qu'il se trouve dans les conditions naturelles et dans les mœurs du pays, tout ce qu'il faut pour expliquer physiologiquement et économiquement les caractères dominants de ce cheval.

Occupons-nous maintenant de l'amélioration des populations chevalines dont nous avons achevé l'examen. Ce sera l'occasion de décrire le cheval arabe et le cheval anglais, qui ont eu jusqu'à présent un rôle si considérable dans cette question, et d'indiquer en détail les causes de leur perfection relative.

DE L'AMÉLIORATION DES CHEVAUX DE SELLE ET D'ATTELAGE.

En exposant l'état présent de nos ressources chevalines, pour les deux services dont il s'agit, nous avons sans doute fait pressentir d'après quels principes les chevaux propres à ces services peuvent être améliorés. Il n'est pas nécessaire, vraisemblablement, de répéter ici que leur amélioration s'entend d'un développement plus complet et d'une appropriation plus exacte de leurs aptitudes aux usages pour lesquels ils sont destinés. Les définitions qui ont été consignées au chapitre *des améliorations* nous dispensent d'y revenir. Il est bon cependant que l'on soit, au préalable, bien pénétré de ces définitions, car elles peuvent seules nous donner une idée précise du but que nous nous proposons d'atteindre en ce moment.

Dans les interminables polémiques soulevées depuis si longtemps par ce que l'on a appelé la question chevaline, et où se débat précisément le sujet qui nous occupe, les hippologues semblent avoir toujours négligé tout ce qui ne se rapporte point exclusivement à l'influence des reproducteurs. C'est même l'exception qu'ils ne se bornent pas à débattre seulement le choix du père ; il est encore plus exceptionnel de les voir admettre, mais d'une manière bien vague, qu'il y ait lieu de tenir quelque compte des autres éléments qui concourent au développement du cheval. En fait, la presque unanimité des hippologues et de ceux qui, à un titre quelconque, ont écrit sur l'amélioration de l'espèce chevaline, au point de vue des besoins de la cavalerie et des attelages de luxe, n'ont vu la possibilité de réaliser cette amélioration que par l'emploi universel d'un type supérieur emprunté à l'étranger, anglais ou arabe, accouplé avec nos juments indigènes. De là cette situation que nous avons dû constater, et en vertu de laquelle on ne peut plus dire que nous possédions en France des races de chevaux de selle ou d'attelage : toutes nos familles chevalines sont composées de métis.

Avant donc de poser les bases de la méthode zootechnique suivant laquelle ces individus métis peuvent être rationnellement améliorés, il s'agit de faire connaître leurs ascendants paternels ; ceux-ci, malgré leur origine étrangère, sont cependant souvent des produits français. A ce titre, nous ne pourrions d'ailleurs nous dispenser d'en parler, s'ils ne devaient nous fournir, par leur histoire même, des enseignements et des procédés dont nous aurons à faire notre profit.

Cheval anglais de course. — Une légende qui a cours parmi les hippologues attribue au cheval anglais de course (*the race-horse*) une origine orientale. D'après cette légende, le cheval arabe aurait été introduit en Angleterre et y aurait été reproduit dans sa pureté native, de sorte que le cheval de course ne serait en définitive que l'arabe modifié dans ses formes par le climat anglais. En joignant à cette supposition l'idée mystique que l'on se fait de la pureté primitive du premier, on a ce que l'on appelle le dogme pur sang, en dehors duquel les adeptes de cette espèce de religion ne peuvent concevoir le perfectionnement de l'espèce chevaline.

Si quelque chose est de nature à surprendre un esprit réfléchi, c'est la facilité avec laquelle une telle assertion est universellement acceptée. Nulle part la preuve ne s'en trouve. Tout ce que l'on sait d'à peu près positif sur l'histoire de la race anglaise dite de pur sang témoigne, au contraire, de l'erreur sur laquelle cette assertion repose. On ne s'expliquerait pas qu'elle pût rencontrer semblable créance, si l'on ne savait à quel point est grand chez nous l'empire de l'imagination.

Nous ne pouvons pas songer à retracer en détail ici l'histoire du cheval anglais. Il importe cependant que nous établissions sommairement les faits qui relèguent l'idée reçue à cet égard dans le pur domaine de la fable ; car sous cette recherche en apparence oiseuse, se trouvent impliqués les principes fondamentaux de la zootechnie.

En effet, s'il était vrai que le cheval anglais dût son incontestable supériorité à l'origine qu'on lui attribue, il ne serait point possible de contester que la génération fût, dans le perfectionnement des animaux en général et dans celui du cheval en particulier, le facteur principal. On serait bien forcé d'admettre, dans ce cas, que les procréateurs exercent sur le produit de leur accouplement une influence absolue et tout à fait indépendante des circonstances extérieures. Tout au plus pourrait-on reconnaître que ces circonstances sont capables d'introduire quelques modifications secondaires dans la forme ; mais quant au fond, quant aux facultés que l'on peut qualifier de morales, elles devraient être considérées comme innées et transmises sans altération à la longue suite des générations, depuis ce cheval primitif de la légende dont l'origine se perd dans la nuit des temps jusqu'à nos jours.

Mais cette conception mystique ne supporte pas un seul instant l'examen ; et il y a lieu d'être surpris, encore un coup, qu'elle puisse trouver créance auprès des hommes sérieux. Il suffit de jeter un coup d'œil sur l'histoire de la formation des races de chevaux en Angleterre, pour en être aussitôt convaincu. Aussi loin qu'on puisse remonter dans cette histoire, on voit à chaque instant la preuve que le cheval de course est avant et par-dessus tout le fait des procédés d'éducation auxquels il a été de tout temps soumis. Certes, on trouve dans les anciennes chroniques saxonnes la trace de l'introduction de quelques chevaux étrangers dans les écuries royales ; mais il n'est nulle part fait mention de la race à laquelle ils appartenaient. Il est question d'un étalon turc appelé *The White-Turk* (le turc blanc), acheté par Jacques Ier d'un monsieur Place, qui devint plus tard, dit-on, maître des haras d'Olivier Cromwell. Le premier duc de Buckingham, Villiers, introduisit ensuite *The Helmsley-Turk*, puis *Fairfax's Morocco*, étalon barbe. Mais il faut arriver jusqu'au dernier siècle, pour rencontrer les souches de la généalogie attribuée par nos modernes hippologues au cheval de course anglais. Le premier père de la race aurait été, d'après eux, *Darley-Arabian*, étalon né en Syrie, dans le désert des environs de Palmyre. Parmi les descendants immédiats de ce cheval de grande réputation on cite *Devonshire* ou *Flying-Childers*, *Bleeding* ou *Bartlett's-Childers*. Ceux-ci ont procréé un autre *Childers*, *Blaze*, *Snaps*, *Sampson* et le fameux *Eclipse*, qui est resté le type du beau cheval de course par ses succès d'hippodrome et ses merveilleuses proportions.

Plus de vingt ans après l'introduction de *Darley-Arabian*, lord Godolphin admit dans son haras un cheval barbe « singulièrement conformé, » dit-on, et qui avait été acheté à Paris ; on l'avait rencontré attelé à une charrette. Ce cheval, qui est connu sous le nom de *Godolphin-Arabian* et qui mourut âgé de vingt-neuf ans, en 1753, ne devint célèbre que par les mérites d'un de ses fils, *Lath*, l'un des premiers chevaux de son époque, dit William Youatt (1). Enfin, d'après le même auteur, « *Wellesley-Arabian*, autre cheval étranger, importé en Angleterre, était le type du beau cheval sauvage du désert. On n'a jamais, ajoute Youatt, déterminé exactement quel était le pays dont il était originaire. Ce n'était évidemment ni un parfait barbe, ni un parfait arabe ; il venait plutôt de quelque province voisine, où, soit le barbe, soit l'arabe, peuvent acquérir une plus grande ampleur de formes. Ce cheval avait été importé par erreur comme un modèle supérieur d'Arabie, mais il a laissé peu de produits sur lesquels sa réputation puisse se fonder. »

Voilà donc les documents sur lesquels on s'appuie pour établir l'origine orientale pure du cheval anglais, pour étayer le dogme du pur sang, pour montrer que ce mythe primitif est passé avec sa pureté immaculée d'Arabie dans les îles Britanniques. Il y a pourtant là quelque chose qui tout d'abord aurait dû frapper les esprits tant soit peu réfléchis : c'est que, dans ces diverses importations dont nous venons de parler, il n'est jamais question de juments. Des étalons seulement ont été introduits ; et s'il n'est pas possible de nier la part

---

(1) *The Horse*, Londres, 1846. Traduit par M. H. Bouley dans la *Bibliothèque vétérinaire*, Paris, 1849.

d'influence qui leur revient justement dans la constitution de la race actuelle, il ne l'est pas davantage d'admettre, après cela, que celle-ci doive être plus longtemps considérée comme le résultat d'un acclimatement du prétendu pur sang arabe. Au point de vue de la génération, le plus que l'on puisse accorder, d'après les faits incontestables, c'est que les chevaux de course actuels comptent dans leur généalogie quelques ascendants de race orientale, arabe ou autre ; mais si les principes les plus solides de la physiologie ne sont pas faux, la véritable souche de ces chevaux est dans le sol de l'Angleterre, dans l'espèce indigène à laquelle sont venus de temps à autre se mêler les types étrangers.

Tel est le fait positif, réel, à substituer aux conceptions imaginaires d'une hippologie purement idéaliste.

Mais s'il n'est point vrai que le cheval anglais de race doive la conformation exquise, l'énergie incomparable de ses beaux types, à une supériorité native importée d'Orient, à quoi donc sont dues toutes ces qualités ? Ici se présente le véritable côté intéressant de son histoire, assurément beaucoup trop négligé.

Aussi loin que l'on puisse remonter dans cette histoire en s'étayant de documents certains, on y rencontre une institution qui fournit la raison physiologique du perfectionnement successif dont nous constatons aujourd'hui les résultats. On demeure convaincu par là que le cheval anglais, comme tous les autres animaux des diverses espèces domestiques de ce pays, est avant tout une création de l'industrie humaine, un effet de ce sens pratique qu'ont toujours possédé nos voisins à un si haut degré ; en un mot, que c'est là le résultat d'une de ces spécialisations poursuivies à travers les siècles avec une persévérance dont le peuple anglais paraît seul capable.

En effet, tandis que l'introduction des rares étalons étrangers dont il soit fait mention ne remonte pas au delà du dix-septième siècle, un récit de Fitz-Stephen, qui vivait au douzième, nous montre que déjà des courses étaient instituées à Smithfield, où se faisait à cette époque un grand commerce de chevaux. L'auteur contemporain raconte d'abord les marchés hebdomadaires qui se tiennent en ce lieu et les tournois auxquels y prennent part les jeunes hommes de la cité, tous les dimanches de carême. « Ensuite, dit-il, la course commence, un cri se fait entendre, tous les chevaux communs doivent se retirer. Deux ou trois jockeys se préparent à se disputer le prix. Les chevaux eux-mêmes frémissent d'impatience sous le frein et s'agitent sans cesse. Enfin le signal du départ est donné, ils s'élancent, se précipitent et dévorent l'espace avec une rapidité sans pareille. Les jockeys, animés par le désir de la gloire et l'espérance du succès, poussent l'éperon dans les flancs de leurs ardents coursiers, brandissent leurs fouets et les excitent de leurs cris. »

William Youatt, auquel nous empruntons ce passage de Fitz-Stephen, ajoute : « Cette description animée qui conviendrait encore aux courses de nos jours, fournit la preuve que, même avant l'introduction du sang oriental, les chevaux an-glais étaient soumis à des épreuves de vitesse (1). »

Mais l'institution régulière des courses date véritablement du règne de Charles Ier, et la promulgation des règlements qui les concernent, de la dernière année de celui de Jacques Ier. C'étaient alors des épreuves de vitesse et de fond, qui ne tardèrent point à multiplier en Angleterre le nombre des chevaux propres à ces exercices. Depuis lors, ces épreuves n'ont pas été discontinuées ; elles ont subi seulement les modifications que la mode leur a imprimées, en devenant successivement moins longues et moins pénibles, à mesure que l'on exigeait des coureurs une plus grande vitesse et plus de précocité. Les bons esprits se plaignent à juste raison de ce fait, de l'autre côté du détroit. Il a eu pour conséquence d'altérer la constitution physique du cheval anglais, de diminuer le nombre des individus doués d'une conformation irréprochable, d'une constitution solide et résistante ; mais néanmoins, il n'en demeure que plus avéré que les mérites de ce cheval doivent être attribués avant tout au mode particulier d'éducation auquel il a de tout temps été soumis pour le préparer aux exercices du turf. « La grande cause du succès que nous avons obtenu, dit M. Percivall, est dans la direction savante et persévérante imprimée à l'élève du cheval. C'est par là que je m'explique, ajoute l'hippologue anglais, non-seulement que nous ayons trouvé une race primitive de qualité supérieure, mais encore que cette race ait été progressivement et incessamment perfectionnée dans ses produits par la nourriture, l'éducation et la sélection la plus scrupuleuse. Ces trois circonstances, la dernière surtout, ont exercé plus d'influence sur les qualités de la race que les caractères originels ou les attributs des parents. C'est en suivant cette marche que nous avons successivement progressé du bon vers le meilleur, sans perdre de vue les moyens accessoires, jusqu'à ce que nous ayons enfin atteint dans la fabrication du cheval une perfection que le monde ignorait avant nous (2). »

Voilà, en peu de mots, l'histoire vraie du cheval anglais de race. Ce cheval est le produit immédiat, certain, de cet ensemble de pratiques qui constitue ce que l'on appelle l'entraînement. La race a été multipliée par la sélection des individus qui avaient fait leurs preuves, et l'on trouve dans le Stud-Book (ou livre de généalogies) de nombreux exemples dans lesquels cette sélection est allée jusqu'à la consanguinité. Loin de pouvoir justement être considérés comme la cause principale du mérite de la race, les étalons orientaux introduits à différentes époques ne doivent compter dans sa création qu'à titre d'agents secondaires des progrès réalisés. Ils ont sans nul doute hâté le résultat, mais celui-ci a incontestablement son premier fondement dans les exercices méthodiques auxquels les poulains ont été bien longtemps auparavant soumis pour les préparer aux courses, pour développer leurs aptitudes à ce genre de service, et par conséquent les or-

(1) *The Horse*, etc.
(2) *Leçon d'introduction au collège de l'Université de Londres en 1834*, citée dans *The Horse*.

ganes dans lesquels ces aptitudes ont leur raison.

Pour ne pas se rendre à l'évidence d'une pareille conclusion, quand on a pris la peine d'examiner les faits, il faut être entièrement dominé par une idée préconçue, par le préjugé ou le dogme du pur sang. Il faut méconnaître absolument les principes les mieux établis de la zootechnie, relatifs au développement physiologique des améliorations. S'il y a au monde quelque chose de bien démontré pour nous, c'est que le cheval anglais de race doit à l'entraînement toutes les qualités qui le distinguent à un si haut degré dans ses plus beaux types. Et du moment qu'il en est ainsi, nous ne pouvons nous dispenser d'exposer ici les procédés particuliers à ce mode d'éducation du cheval de course, afin de faire mieux saisir la vérité du fait que nous soutenons. Nous y trouverons en outre un point de départ pour les considérations que nous avons à développer sur l'amélioration de nos chevaux français.

Pratiques de l'entraînement. — Il y a dans l'ensemble des soins particuliers auxquels sont soumis les chevaux anglais destinés à courir sur le turf des choses de deux espèces : des pratiques rationnelles, avouées par la physiologie et concourant assurément au résultat que l'on veut obtenir, et des moyens purement empiriques légués par la tradition, maintenus en honneur dans les écuries de courses par la plupart des entraîneurs de profession, mais auxquels il ne faut accorder qu'une importance bien secondaire, si même on ne ferait pas mieux de les considérer comme tout à fait nuls.

Nous insisterons surtout ici sur les pratiques rationnelles, en montrant, comme on l'a fait déjà sommairement à propos de la sélection, de quelle manière ces pratiques concourent à faire développer chez le cheval qui y est soumis, une constitution vigoureuse et des aptitudes au déploiement considérable de la force musculaire.

Il est permis d'affirmer que les courses d'Angleterre, dont le premier établissement remonte, ainsi que nous l'avons vu, au moins à huit siècles, ont toujours rendu nécessaire une éducation spéciale pour les chevaux qui devaient y prendre part. Nul doute que ces chevaux n'y fussent préparés longtemps à l'avance. Et c'est dans cette préparation qu'il faut voir la source principale des qualités qui se sont fixées et toujours consolidées dans la race, à mesure que les générations se sont accumulées. Cette influence de l'éducation spéciale, en vue du service attendu, est tellement passée dans les idées du peuple anglais, qu'on ne trouverait pas sur toute la surface des îles Britannique, une seule race de chevaux mise en service, de quelque façon que ce soit, avant d'avoir subi une préparation. Les Anglais façonnent leurs chevaux ; tandis que nous nous bornons à les élever, ou plutôt à les multiplier purement et simplement. On a tant répété aux éleveurs français que de bons reproducteurs étaient seuls capables d'améliorer leurs produits, qu'ils ont fini par croire que toute la science hippique se résumait dans leur choix. Ceux qui ont lu les principes généraux de zootechnie développés dans les premiers chapitres de la deuxième partie de ce livre,

savent maintenant qu'il n'en est pas ainsi. Ils y ont vu que la gymnastique fonctionnelle est seule capable de faire naître et de développer les aptitudes les plus complètes, dans le sens où elle est exercée. Or, les pratiques de l'entraînement fournissent une des preuves les plus incontestables de cette vérité. Par les résultats auxquels elles conduisent, ces pratiques mettent en évidence les effets de la gymnastique, d'une telle façon qu'il n'est plus possible de les contester. Il le serait encore bien moins d'en nier l'influence, pour les résultats usuels qui peuvent en être obtenus.

Examinons donc en détail et successivement les conditions dans lesquelles sont mis les chevaux à l'entraînement, en commençant par le régime alimentaire.

NOURRITURE. — Tout le monde est d'accord pour proclamer qu'en pareil cas l'alimentation la plus convenable est celle qui fournit, sous le moindre volume, la plus forte somme de substances alibiles. L'avoine forme la base de la ration, qui comporte aussi une petite quantité de bon foin. Comme nous n'avons point pour but de tracer ici des règles de conduite pour les entraîneurs, à l'intention desquels il existe des guides spéciaux, nous n'indiquerons ni la quantité d'avoine à distribuer par jour, ni la quantité de foin. Elles varient l'une et l'autre de 12 à 20 litres et de 2 à 4 kilogrammes, suivant l'appétit du sujet, qu'il faut toujours satisfaire complètement. En vue de le stimuler et de faciliter les digestions, on multiplie même le nombre des repas et l'on fait subir aux aliments des préparations et des mélanges qui rendent leur mastication plus complète, leur assimilation plus parfaite. Il y a là tout un art que la pratique enseigne, et dont nous n'avons pas à nous occuper en ce moment.

La paille n'entre point dans la ration. Quant à l'eau, bien des avis ont été émis sur sa quantité journalière et sur la manière de la distribuer. Ils semblent à peu près tous inspirés par une fausse idée du rôle de ce liquide dans la nutrition ; et quoi qu'en puissent penser les entraîneurs, nous dirons que le mieux sera toujours de tenir de l'eau potable à la disposition du cheval, de manière à ce qu'il puisse apaiser sa soif toutes les fois qu'il en sentira les atteintes. C'est le meilleur moyen de rendre modérée l'absorption totale des boissons et d'éviter les accidents causés par leur ingestion inopportune, comme par leur trop grande abstinence.

LOGEMENT. — Le plus convenable est la boxe assez vaste pour que le cheval puisse s'y mouvoir librement et se coucher après ses repas ou ses exercices. On recommande d'y maintenir une température relativement élevée, entre 17 et 20 degrés, au moyen de la fermeture des portes et fenêtres, de la conservation du fumier, etc. Nous ne saisissons pas bien l'utilité de ce détail, et nous admettrions plus volontiers les avantages d'une aération plus complète, tout en maintenant autour du cheval une température douce et le calme du silence et d'une demi-obscurité.

Au reste, c'est en vertu des mêmes idées que l'on habille les chevaux soumis à l'entraînement avec un nombre plus ou moins grand de couvertures, de flanelles convenablement taillées pour les membres, de guêtres, de genouillères, de camails superposés, et dont celui qui recouvre tous les autres a des oreilles. M. Gayot a proposé de remplacer tout cela par une flanelle seulement recouverte de vêtements en caoutchouc: ce qui serait plus léger à porter et conduirait d'après lui au même but.

Nous ne sommes pas frappés par l'utilité de cette pratique, au point de vue du résultat qu'on en attend. Ce résultat est, disent les *sportsmen*, de débarrasser les chevaux de leurs « chairs inutiles; » et la seule raison qu'ils en donnent est purement empirique. Sans discuter la valeur d'une pareille assertion, que la physiologie désavoue absolument, nous pensons que les soins que l'on donne à l'habillement du cheval de course ont pour unique effet de le rendre plus impressionnable aux intempéries; moins rustique par conséquent, sans aucune compensation. Ce n'est pas là ce qui le débarrasse de ses « chairs inutiles, » ainsi que tout à l'heure nous le verrons; mais c'est bien à coup sûr là ce qui est la source du seul défaut, peut-être, que l'on puisse reprocher au cheval anglais, de son peu de rusticité.

PANSAGE. — L'importance des opérations dont l'ensemble constitue ce que l'on appelle le pansage, eu égard à leur influence sur la constitution du cheval, fait de cette partie des pratiques de l'entraînement une des principales. C'est un fait avéré, que l'habileté des grooms anglais et en général de tous les hommes d'écurie de la Grande-Bretagne sur cet objet. On est convaincu dans ce pays, et c'est avec raison, que les pansages bien pratiqués influent d'une manière notable sur la durée et l'intensité des services rendus par le cheval. En France, nous avons encore tout à apprendre sous ce rapport. On ne semble pas se douter, dans notre pays, qu'il s'agisse en cela d'autre chose que de simples soins de propreté. On ignore absolument l'utilité des frictions, des massages et autres opérations qui rentrent dans un pansage méthodique. Il est donc bon de s'y arrêter un peu, non pas seulement au point de vue de l'entraînement dont nous nous occupons, mais surtout à celui de l'hygiène du cheval en général, qui a une si grande influence sur son amélioration.

Un pansage n'est complet qu'autant qu'aucune des régions du corps n'a manqué d'être d'abord nettoyée minutieusement avec la brosse, — ce détestable instrument qu'on appelle une étrille devant être proscrit à tout jamais, — puis par le bouchon de foin un peu humide, puis enfin par la brosse en chiendent. Les crins peignés et le voisinage des ouvertures naturelles épongé, le pansage proprement dit peut être considéré comme terminé dans les cas ordinaires.

Pour le cheval anglais en état d'entraînement, il comporte d'autres particularités, dont plusieurs trouvent leur utile emploi dans toutes les circonstances. Ainsi, après le bouchon de foin, viennent l'essuie-main en toile et la pièce de flanelle, employée lorsque la peau est exempte de sueur. Mais c'est surtout de ce qui se pratique sur les membres, qu'il faut parler. Des massages prolongés y sont effectués avec le bouchon, la brosse, la flanelle ou les mains nues agissant toujours dans le sens du poil.

Il est reconnu aujourd'hui, après les études qui ont été faites du massage méthodique, que cette pratique agit dans le même sens que l'exercice sur le système musculaire et ses annexes, tout en épargnant au sujet les conséquences de la fatigue. On sait au contraire que pratiqué après le travail sur les membres fatigués, il provoque une sensation de bien-être et de délassement. On conçoit donc, d'après cela, que les massages puissent jusqu'à un certain point tenir lieu de l'exercice, lorsque le mauvais temps s'oppose à la sortie des chevaux à l'entraînement. Il est démontré maintenant que ces opérations activent le mouvement nutritif dans les muscles et augmentent leur vitalité. A tous les points de vue, elles méritent donc de fixer de la manière la plus sérieuse l'attention des éleveurs.

Nous ne dirons rien ici de la ferrure particulière du cheval dit entraîné. Bornons-nous à noter que l'une des premières conditions à remplir pour tirer un bon parti des aptitudes mécaniques du cheval, en général, est de conserver en le ferrant ses aplombs réguliers, ou de les rétablir s'ils étaient vicieux.

EXERCICE. — Ceci constitue essentiellement l'entraînement véritable. Le reste doit être considéré comme concourant au résultat, au développement des facultés ou aptitudes qui mettent l'animal en état de déployer à un moment donné une grande somme de force mécanique, mais à un titre accessoire. La vraie raison de la puissance musculaire et de la capacité respiratoire du cheval de course est dans l'exercice méthodique des appareils organiques qui les produisent, cet exercice provoquant un développement plus considérable des organes exercés, ainsi qu'on l'a dit en posant les principes généraux de la sélection.

Nous allons donc indiquer soigneusement les pratiques qui se rapportent à cette partie du régime auquel sont soumis les chevaux en traîne, en faisant ressortir la liaison qui existe entre le fait et sa conséquence. C'est de là que découlera toute l'importance que nous devons accorder au dressage en général, dans la question de l'amélioration des chevaux de selle et d'attelage, dont nous nous occupons en ce moment.

Jusqu'à l'âge de deux ans, le poulain de race n'a été soumis à aucun autre exercice que celui auquel il se livre spontanément, en prenant ses ébats dans le pâturage ou le paddock où il s'élève en liberté. Dans un élevage judicieux, on ne s'est occupé jusqu'à ce moment que de lui assurer une nourriture substantielle et tonique, en ajoutant un supplément de grain au lait de sa mère durant l'allaitement, puis en augmentant progressivement ce supplément après le sevrage. Alors les facultés nutritives ont seules été stimulées pour hâter le développement des organes. L'animal a acquis une constitution solide, mais avec les formes arrondies du poulain, avec un ventre volumineux résultant de l'activité des fonctions digestives. Il s'agit de lui faire prendre les formes plus accusées du cheval et de provoquer le développement de ses aptitudes au service.

C'est là que commence le rôle de la gymnastique, dont les résultats varient suivant l'emploi plus ou moins judicieux qui en est fait. En présence des exigences actuelles des courses, d'après lesquelles l'entraînement doit être poussé promptement à ses dernières limites, pour mettre le poulain en état de répondre aux espérances que l'on a fondées sur lui, peu d'individus résistent aux épreuves véritablement disproportionnées avec la résistance que peut offrir un animal de cet âge. Seuls les sujets robustes supportent sans trop de dommage les pratiques de cet entraînement hâtif et forcé. N'ayant pas à faire ici, encore un coup, un manuel de l'entraîneur, mais bien à étudier les effets physiologiques de l'entraînement, nous ne nous occuperons que de ces derniers, en négligeant les petits détails du métier, pour ne parler que de la marche générale de l'opération.

Les premiers exercices sont des promenades au pas, peu prolongées d'abord, puis graduellement augmentées jusqu'à ce qu'elles atteignent une durée de trois heures. Répétées chaque jour jusqu'au moment où le poulain sait convenablement marcher, ces promenades sont ensuite coupées par quelques courts temps de galop peu accélérés en commençant, puis successivement plus rapides et plus prolongés, en évitant avec soin d'atteindre la fatigue.

Ces préparations méthodiques, dont la pratique nécessite une grande habitude de l'éducation du cheval de course, ont pour effet, en activant dans une juste mesure et tout à la fois les fonctions des organes respiratoires, circulatoires et musculaires, d'appeler sur la partie essentielle des organes préposés à l'exécution de ces dernières fonctions une nutrition plus parfaite, tout en déterminant la disparition des matériaux combustibles absorbés en même temps que les éléments plastiques du tissu musculeux. Sous l'incitation de l'exercice, les fibres musculaires augmentent de volume, leur nombre se multiplie à mesure que, par suite d'une respiration et d'une circulation plus actives, la graisse et les autres principes combustibles sont brûlés. Les poumons s'habituent peu à peu à respirer librement pendant la course rapide, et, si l'on en croit M. Milne Edwards, ils peuvent même tenir en réserve une certaine quantité d'air nécessaire pour l'accomplissement des efforts successifs qui constituent l'allure spéciale du cheval coureur.

Cette allure, on le sait, n'est pas le galop ordinaire. Nous avons déjà dit qu'elle se compose d'une suite de bonds rapides ou de sauts, à la manière du lièvre, par lesquels le corps est porté en avant en rasant le plus possible le sol et en embrassant pour chacun d'eux une étendue de terrain considérable. La bonne exécution de cette allure est le fait de l'éducation spéciale des puissances locomotrices, autant que de la force communiquée à ces puissances par l'ensemble des pratiques de l'entraînement. Le difficile est d'y arriver en suivant une progression bien ménagée, d'après la constitution du sujet.

Cette première éducation dure ordinairement environ quatre mois. Après quelques semaines de repos et de soins prodigués en vue de remédier aux accidents que les essais préparatoires peuvent avoir déterminés, on recommence une seconde série d'exercices du même genre. Ceux-ci conduisent le poulain jusqu'à un moment où, si cela est nécessaire avant d'aborder les dernières et véritables épreuves de l'entraînement, un peu de nourriture verte peut être mêlée à son alimentation. Enfin viennent les pratiques de la préparation réelle aux courses, sortes de répétitions préalables de l'exercice auquel le cheval sera soumis sur le turf.

On recommande, pour cela, de choisir un terrain sec et élastique, uni, exempt surtout d'ornières ou de trous. L'importance accordée au choix du terrain pour la préparation aux courses se comprend, en raison de ce que le cheval contracte d'autant plus l'habitude d'une allure relevée, préjudiciable à la vitesse, qu'il se préoccupe davantage des obstacles existant sous ses pieds. Habitué à courir sur un terrain absolument plan et offrant à son sabot une résistance élastique, il déploie tous ses moyens pour embrasser l'espace à chacun de ses bonds. En outre, cela ménage aux membres les réactions dures et épargne leur usure prématurée.

Le terrain choisi, l'on procède encore cette fois par des transitions ménagées. Au lieu d'entamer cette dernière phase de l'entraînement par des galops de course, on commence par des promenades au pas longuement prolongées. Après quelques jours de cet exercice, nécessaire pour habituer les organes à des essais plus violents, commencent les temps de galop, toujours précédés néanmoins d'une heure ou une heure et demie de pas. Ces galops sont d'abord courts, de 500 à 600 mètres environ, puis suivis de l'allure du pas pendant 1 kilomètre, d'un second galop de 1000 à 1200 mètres, enfin d'une nouvelle promenade au pas et d'un troisième galop plus long et plus rapide que le précédent. On termine enfin, quelque loin qu'on soit allé pour la durée et la vitesse du galop, par un dernier exercice à cette allure beaucoup moins rapide et moins prolongée, de telle façon que chaque séance commence et se termine par des galops très-modérés.

Ce qui est bien recommandé dans ces exercices, — et il importe que nous le notions ici, — c'est de ne jamais faire trotter les chevaux destinés aux courses de vitesse. Ils doivent passer directement du pas au galop sans aucune allure transitoire. D'ailleurs, les mouvements du trot sont tout à fait différents de ceux du galop de course; ils provoquent, dans les puissances qu'ils mettent en jeu, des dispositions défavorables à la production de la plus grande somme d'effet utile dans l'allure du galop à deux temps, ainsi que nous avons eu déjà l'occasion de le faire remarquer, en donnant un aperçu du squelette du cheval. Il est admis par tous les hommes du turf que les bons trotteurs acquièrent rarement, s'ils l'acquièrent même jamais, le galop le plus allongé. Les entraîneurs se gardent donc bien de mettre les poulains à l'allure du trot, et il y a tels chevaux de course qui l'ignorent absolument.

Il nous reste encore à mentionner deux pratiques empiriques de l'entraînement, qui ont été de tout temps vivement attaquées par les hommes de bon sens, et faiblement défendues avec des arguments d'une physiologie assez singulière, même par ceux qui auraient eu des raisons de se montrer plus éclairés. Nous voulons parler des purgations et des suées.

Nous n'avons pas, on le comprend bien, à nous étendre longuement sur ces objets pour les soumettre à une discussion approfondie. Il suffira de dire que la sueur pas plus que les matières dont les purgatifs provoquent la sécrétion, n'ont rien de commun avec la graisse, et que, par conséquent, il est inconcevable que des auteurs ayant nécessairement dû étudier quelque peu la physiologie, présentent ces pratiques comme propres à amaigrir le cheval en *absorbant* ses chairs.

Qu'il y ait, dans le courant de l'entraînement, indication quelquefois d'administrer un purgatif, pour remédier à un état pathologique déterminé par le régime forcé auquel le cheval est soumis, cela n'est nullement douteux ; mais nous n'hésitons point à déclarer que les purgations systématiques nous semblent tout simplement contraires à la raison. Quant aux suées, tout ce qui est dit en leur faveur dans les ouvrages qui traitent spécialement de ces matières, tout ce qu'en prétendent les entraîneurs en renom, ne saurait un instant soutenir l'examen. Les effets que l'on attribue à l'abondance de la sueur s'expliquent par l'exercice forcé qui la provoque. La suractivité de la respiration détermine une combustion plus grande et un amaigrissement corrélatif. Seulement, la sueur élimine les résidus de la combustion, et c'est pour cela d'ailleurs qu'elle se produit. On prend donc ici l'effet pour la cause, et ce qui n'est que tout à fait accessoire est pris à tort pour le plus important.

Pour les entraîneurs habiles, l'alimentation qui fournit les matériaux d'une constitution solide des organes mécaniques, les pansages, frictions et massages, et les exercices qui favorisent la nutrition de ces organes et augmentent leur capacité, constituent seuls la méthode ; le reste est au moins inutile.

Tel qu'il est après avoir subi l'entraînement complet, le cheval anglais n'a pas des formes qui plaisent à l'œil. Préparé pour un but spécial, qui est la vitesse de la course, il ne faut l'envisager que par rapport à ce but. Il n'en est question ici que pour montrer l'influence des pratiques auxquelles il a été soumis sur la constitution et les aptitudes de cet animal. Si ces pratiques en font un cheval disgracieux, parce qu'elles ont pour effet de le débarrasser de tout ce qui n'est pas puissance mécanique dans son économie, il est facile de concevoir que, maintenues dans des limites plus restreintes, elles peuvent avoir les mêmes conséquences, tout en conciliant le résultat avec les exigences d'un service plus en rapport avec nos besoins usuels. Ce qu'il faut voir ici surtout, c'est la démonstration d'un principe zootechnique vrai, qui est la base fondamentale de

Fig. 499. — Cheval anglais en état complet d'entraînement.

l'amélioration du cheval, ainsi qu'on l'a montré en parlant de la sélection en général. L'erreur commune est seulement dans la confusion en vertu de laquelle est née la doctrine du croisement universel avec le cheval de course, qui est la conséquence de ce principe, ce cheval étant considéré à tort comme capable d'en transmettre de son propre fait toute la puissance d'action.

Les pratiques de l'entraînement appliquées aux chevaux préparés pour les courses au trot donnent la démonstration de ce que nous venons de dire. Nulle différence, si ce n'est que les exercices, au lieu d'être effectués à l'allure du galop de course, le sont à celle du trot. Du reste, mêmes précautions, mêmes gradations successives et ménagées par des promenades au pas. Le corps dans ce cas conserve des formes plus élégantes, parce que, en raison d'une vitesse moins grande, la respiration fonctionne avec une intensité moins outrée et ne consume pas toute la graisse accumulée dans les tissus ou fournie par l'alimentation. C'est aussi ce qui arrive pour le cheval arabe, dont nous allons maintenant nous occuper.

Cheval arabe. — De même que le cheval anglais de race est le produit direct des pratiques de l'entraînement, de même le cheval arabe tel que nous le connaissons, est le résultat immédiat des conditions au milieu desquelles il se perpétue depuis une époque qui se perd dans la nuit des temps. Dans la civilisation orientale, immuable depuis tant de siècles, l'homme adulte, le guerrier, ne se sépare pas du cheval. Le coursier fait partie intégrante de la famille ; il est un élément de la vie nomade des populations ; il inspire au poëte ses chants les plus enthousiastes, il est, en un mot, le compagnon aimé du musulman et l'agent principal de sa puissance.

Rien d'étonnant donc, d'après cela, qu'il soit de sa part et dès la naissance l'objet de soins et d'attentions qui ne l'abandonnent jamais. Avec les conditions naturelles de climat au milieu desquelles se forme le cheval arabe, là est le secret de cette perfection qu'il nous présente, non pas dans la légende qui en fait le type primitif de l'espèce chevaline, et qui est acceptée si légèrement. Le cheval arabe est ce que les soins de l'homme l'ont fait, principalement. Il est le plus sobre, le plus rustique, le plus apte aux courses à la fois longues et rapides de tous les chevaux, et en même temps celui qui est doué de la conformation la plus parfaite, celui de la beauté absolue et relative la plus complète, parce qu'en outre des matériaux solides que fournit à sa constitution le pays où il naît, l'homme lui prodigue incessamment ses soins en vue de sa destination.

Le poulain arabe est de la part de son maître l'objet d'une sollicitude constante. Il n'y a, dans aucune espèce et sur aucun point du globe, un animal plus complétement domestique que celui-là. Dès que ses reins le peuvent, il porte le cavalier et commence les exercices gradués qui doivent le conduire à ce haut degré de puissance qu'il atteint dans l'âge adulte. Monté d'abord par un enfant pour de petites courses, il devient ensuite la monture de l'adolescent, puis de l'homme fait,

Fig. 500. — Type de la race arabe.

du guerrier. Il se façonne peu à peu à endurer sans souffrance la soif et la faim. Et ce qui est surtout remarquable, c'est la sollicitude avec laquelle toutes les précautions sont prises pour ménager à ses articulations, à ses membres en général, les accidents qui pourraient en altérer l'intégrité.

Il y a, dans ces pratiques de l'éducation du cheval arabe sous la tente, plus d'une analogie de forme avec celles qui constituent en Angleterre l'entraînement du cheval de course ; quant au fond, l'identité est complète : c'est toujours le développement parfait des appareils organiques procuré par leur exercice méthodique, par la gymnastique fonctionnelle. C'est pour cela que nous n'y insisterons pas davantage.

L'Orient possède plusieurs familles de chevaux qui ne diffèrent entre elles que par des caractères secondaires de physionomie déterminés par les lieux. Nous n'avons pas l'intention de copier ici, à l'exemple des hippologues, les fables imaginées sur leur origine et qui ont pour point de départ le mythe du cheval primitif. Si loin que l'on remonte dans l'histoire de l'humanité, on retrouve partout la trace du cheval, en même temps que celle de l'homme son contemporain. Toutes ces compositions légendaires peuvent bien occuper l'imagination des oisifs, mais ne seraient d'aucune utilité pour le but que nous nous proposons. Il importe seulement que nous soyons fixés sur les mérites du cheval oriental, que nous nommons cheval arabe, parce que ses plus beaux types nous viennent d'Arabie — notamment de la Syrie, — et qui est préconisé pour l'amélioration de nos familles chevalines indigènes légères.

Le cheval arabe offre, dans sa conformation, lorsqu'il représente bien le type de sa race, ce cachet suprême de la beauté qui résulte de l'ensemble harmonique de toutes les régions du corps. Nous l'aurons suffisamment décrit en disant que toutes les qualités qui ont été précédemment indiquées comme appartenant au type de la beauté du cheval de selle, sont ses caractères distinctifs. Sa taille varie entre 1m,45 et 1m,56. La moyenne se rapproche plus, toutefois, du premier chiffre que du second. La force unie à la souplesse sont ses attributs. Sa tête au front large et à l'œil intelligent et vif, lui donne une physionomie unique dans l'espèce. Au reste, l'examen attentif du dessin que nous en donnons peut dispenser de toute description. Il suffit d'ajouter que le cheval arabe, pour la forme et pour le fond, est le modèle accompli du cheval de selle, du cheval de cavalerie légère surtout.

Voilà donc sommairement indiqués les deux types de l'espèce chevaline dont les étalons ont été depuis longtemps préconisés et employés pour l'amélioration des chevaux de selle et d'attelage, ainsi que les procédés zootechniques auxquels sont dues les qualités qui les distinguent.

Comme on l'a dit précédemment, dans le chapitre consacré aux principes généraux du croisement, et comme nous l'avons répété en commençant ce paragraphe, la plupart des hippologues ont considéré que l'amélioration de toutes les races chevalines pourrait être effectuée en transmettant à leurs produits, par la seule influence de la génération, les mérites propres au cheval arabe ou au cheval anglais. Ces deux types, dit-on, représentent une somme d'efforts et de soins intelligents accumulés par le travail des siècles ; ce serait folie de n'en point profiter pour communiquer à nos chevaux ces résultats acquis.

Il y a, certes, dans ce raisonnement un fond de vérité ; mais c'est à la condition expresse qu'il sera maintenu dans certaines limites. Nul doute que pour la part qui revient à la génération dans la production industrielle des animaux, il ne soit sage de choisir leurs ascendants parmi ceux qui possèdent la plus de qualités possibles ; et à ce titre, l'étalon anglais irréprochable et l'étalon arabe ne le cèdent à aucun autre. Mais l'erreur de la doctrine est de prendre ici pour absolu ce qui est essentiellement relatif, de faire dans la génération à l'étalon, au mépris de la physiologie, une part trop exclusive, et d'oublier aussi que les procréateurs ne peuvent transmettre que des aptitudes, dont le développement est d'une façon impérieuse subordonné à d'autres circonstances, qui sont par là même la base fondamentale de toute amélioration.

C'est dans l'histoire précisément de ces races si perfectionnées, dont nous admirons les mérites, qu'il faut chercher des enseignements à cet égard. C'est pour cela que nous en avons ici donné le sommaire, et c'est pour avoir complétement négligé ces enseignements que l'on a mis nos chevaux de selle et d'attelage dans l'état où nous avons vu qu'ils sont.

Tout problème d'amélioration zootechnique comporte nécessairement deux éléments principaux, qui ont déjà été indiqués en thèse générale : les procédés méthodiques de sélection qui font les individus améliorés, l'accouplement de ces individus entre eux pour fixer et étendre les améliorations. On a vu que c'est bien en vain que la solution d'un tel problème serait cherchée en dehors des limites imposées à la sélection. L'état actuel de l'espèce chevaline de la France, quant aux spécialités de service qui nous occupent, en fournit des preuves malheureusement trop nombreuses et trop convaincantes. Pour ne s'être occupé que d'un seul des éléments du problème, et même que d'une des parties de cet élément unique, on est allé dans la plupart des cas au rebours de l'amélioration. La doctrine absolue et toute métaphysique du croisement a constamment prévalu. On a toujours agi comme si l'amélioration de l'espèce chevaline dépendait uniquement de l'étalon, et même, il faut dire plus, comme si elle avait pour principe unique cette abstraction que l'on appelle le pur sang. De là cet emploi universel de l'étalon anglais de course, considéré comme son véhicule le plus approprié aux nécessités de notre époque.

Nous ne ferons pas la critique de cette malheureuse conception. Si les principes déjà formulés dans ce livre ont été goûtés, nos réfutations seraient sans objet ; dans le cas contraire, nous n'avons rien à y ajouter. Nous devons nous en tenir à poser les bases physiologiques et économiques de l'amélioration des familles chevalines que nous avons en vue en ce moment.

La première condition de toute amélioration dans l'espèce chevaline est inhérente aux circonstances au milieu desquelles la production doit avoir lieu : circonstances d'habitation, de nourriture et de soins administrés au produit. L'habitation et la nourriture — ce que l'on appelle le climat, — sont ce qui agit le plus énergiquement sur le fond, sur la constitution même du cheval ; les soins par lesquels l'homme intervient directement exercent surtout leur influence sur la forme. C'est ce que nous n'avons plus à démontrer maintenant.

Améliorer nos chevaux de selle et d'attelage c'est, d'après la description que nous avons esquissée de leur état présent, faire acquérir aux uns des formes plus harmonieuses, des membres plus généralement irréprochables, aux autres plus de taille et de régularité dans les aplombs, plus d'ampleur de poitrine, à tous enfin plus d'énergie, de résistance à la fatigue et de rusticité. C'est surtout le cheval de guerre qui doit nous occuper ; et ce sont là ses principales qualités.

On peut d'ailleurs, pour plus de précision dans l'étude de cette question de l'amélioration de nos chevaux de selle et d'attelage, diviser le pays en deux zones, comme nous l'avons déjà fait en les décrivant. La première, celle du nord, où le cheval de taille moyenne domine, et qui est propre surtout, par les conditions naturelles de ses prairies, à la production des chevaux d'attelage ; la première de ces deux zones embrasse comme principaux centres d'élevage, la Normandie, la Bretagne, la Vendée et la Saintonge. Elle s'arrête là. La seconde zone, celle du midi, exclusivement appropriée à la production du cheval de selle, et qui ne le céderait sous ce rapport, en raison de ses conditions naturelles, à aucun autre pays, comprend le Limousin et l'Auvergne, les Landes et les Pyrénées. Joignons-y la Camargue et l'Algérie. C'est là que florissaient jadis les races dites légères, dont nos anciens nous ont dit tant de bien.

Qu'il s'agisse de l'une ou de l'autre de ces deux zones, pour être établie sur des bases solides et logiques, toute entreprise d'amélioration doit reposer sur les principes zootechniques précédemment posés ; elle doit avoir pour moyen fondamental la sélection. C'est-à-dire qu'il ne faut point compter sur des résultats économiques, sur des produits communément bons et d'une défaite facile et avantageuse, en un mot sur une industrie bien assise et pratique, si l'on ne se préoccupe d'abord d'améliorer les éléments essentiels de la production, les conditions de nourriture et d'éducation des produits. Hors de là, l'éleveur peut obtenir de temps à autre quelques bons individus ; mais c'est dans tous les cas un effet de pur hasard, dont il ignore absolument la raison : le niveau moyen de sa production est forcément le niveau moyen de la médiocrité, ainsi que nous l'avons vu.

A l'encontre donc de ce qui s'est pratiqué généralement jusqu'à ce moment, avant de s'occuper du choix de l'étalon capable de transmettre aux futurs produits les aptitudes que l'on désire voir en eux, il importe au préalable de rassembler autour des mères et de ceux-ci les conditions qui peuvent seules procurer le développement de ces aptitudes. Il a été suffisamment établi que l'amélioration ne procède pas essentiellement des reproducteurs, ni surtout exclusivement du père. Il n'y a donc pas lieu d'insister sur ce point. L'amé-

lioration a sa source première dans les matériaux de la constitution du produit, dans l'alimentation qu'il reçoit et dans l'éducation qui lui est donnée. La preuve en est dans les considérations relatives aux pratiques de l'entraînement du cheval anglais et dans l'histoire du cheval arabe que l'on a lues plus haut. L'influence de la gymnastique fonctionnelle sur le perfectionnement des organes n'a plus besoin d'être démontrée.

C'est une loi naturelle que la constitution des animaux est toujours en rapport exact avec les circonstances au milieu desquelles ils se développent. Le cheval, pas plus qu'aucun autre, ne saurait se soustraire à cette loi. Ce ne peut donc être impunément pour lui que par une influence artificielle quelconque on modifie sa constitution, sans au préalable introduire des modifications corrélatives dans son milieu. De la disproportion qui s'établit alors entre les deux résulte nécessairement un développement anormal, insuffisant, des organes, ce que l'on appelle un individu manqué. Et c'est là ce qui s'observe dans tous les lieux où l'on a introduit, comme agents d'amélioration, des étalons dont la constitution résulte de circonstances hygiéniques meilleures que celles dans lesquelles ils doivent agir, c'est-à-dire à peu près partout dans notre pays.

Telle est la formule de l'amélioration des produits, pour toutes les espèces, et notamment pour l'espèce chevaline, que cette amélioration ne saurait s'effectuer qu'autant que les conditions hygiéniques sont au moins égales à celles dans lesquelles s'est développé le plus avancé des reproducteurs. D'où découle cette conséquence que c'est aller au rebours de la saine zootechnie, que de commencer une entreprise d'amélioration par l'introduction d'un reproducteur étranger à titre de type améliorateur. Ce type peut avoir son rôle à un moment donné, que nous verrons tout à l'heure ; mais commencer par la génération la transformation des aptitudes est le renversement de toute science ; et l'on a peine à concevoir que cette façon de procéder ait pu pousser de si profondes racines dans les esprits, en présence surtout des résultats pratiques qu'elle a produits.

En prenant donc l'une ou l'autre des familles chevalines que nous avons en vue, et en considérant qu'il s'agit de l'améliorer, voici comment la science et le bon sens commandent d'opérer.

Choisir d'abord parmi les individus en possession de l'indigénat, en d'autres termes, autant que possible parmi les produits purs de la race locale, ceux qui laissent le moins à désirer sous le rapport de leurs qualités extérieures, pour en faire des reproducteurs. Pour les produits qui en résultent, on conçoit qu'une amélioration quelconque dans les conditions de l'élevage, si petite soit-elle, est immédiatement sensible et acquise. Un supplément de nourriture, de l'avoine, par exemple, distribuée au pâturage ; du foin pendant les rigueurs de l'hiver pour ceux qui passent cette saison dehors ; un dressage méthodique lorsqu'ils ont atteint l'âge de deux ans, dressage qui peut être en même temps un léger travail productif : tout cela réalise des améliorations certaines, positives, démontrées par l'expérience, et par conséquent à l'abri de toute contestation.

On arrive ainsi, par une application intelligente de la sélection, à élever progressivement le niveau moyen de la population chevaline, et l'amélioration marche d'autant plus vite, que les modifications introduites dans les procédés d'élevage se complètent davantage. A mesure que l'éducation de l'éleveur se fait, à mesure que les ressources fourragères acquièrent plus d'importance, les aptitudes des produits se développent en raison directe, et pour persister, car elles sont l'effet normal des conditions rationnelles de leur développement.

Il se peut faire alors que ces conditions soient telles qu'elles aient devancé le degré d'amélioration atteint par les produits. Ici, mais seulement ici, peut commencer dans l'amélioration le concours d'un reproducteur étranger. Les aptitudes nouvelles et plus avancées qu'il peut communiquer au produit, devant trouver dans le milieu d'élevage les éléments de leur développement complet, nul inconvénient de les transmettre à ce produit.

Que le reproducteur étranger soit de telle ou telle race, cela n'importe point autant qu'on le croit en général, parce qu'on envisage abusivement cette question du point de vue de l'influence absolue de la génération, qui appartient à la doctrine du pur sang. Non, l'important est seulement dans ces trois choses : 1° Que l'étalon étranger représente bien par sa conformation et ses aptitudes le type dont la réalisation est désirée ; 2° que les circonstances hygiéniques d'alimentation, de pansage, de dressage, soient appropriées à sa constitution, et au moins analogues, sinon identiques, à celles au milieu desquelles il a été lui-même élevé ; 3° enfin, qu'il n'y ait pas une disproportion trop sensible entre ses caractères de taille et de conformation, et ceux de la jument avec laquelle il doit être accouplé. Ces conditions étant remplies, la question rentre, on le voit, dans les principes de la sélection. Cela n'a plus rien de commun avec la notion du croisement, dont l'exacte définition a été donnée dans un chapitre spécial. L'étalon étranger devient un moyen de hâter la marche de l'amélioration, un adjuvant de la sélection ; il cesse d'être la base de cette amélioration, comme le veulent les théoriciens du pur sang, tout en imposant néanmoins à sa réussite les conditions que nous venons de voir : en quoi ils ne s'aperçoivent point qu'ils renversent par là même et de leur propre fait, toute leur doctrine du croisement et de l'amélioration par la seule influence de la génération.

Ainsi, des considérations qui précèdent il résulte que les chevaux s'améliorent, d'abord et avant tout par une alimentation plus riche, plus substantielle, plus tonique, et plus abondante ; par une éducation donnée de bonne heure et spécialement appropriée au service pour lequel ils sont destinés. Là est la source, d'après Percivall, des mérites supérieurs du cheval anglais ; là se trouve aussi l'explication de ceux du cheval arabe. Ces deux types de l'espèce, si remarquables à tant de titres, peuvent être utilement employés,

dans des conditions déterminées, comme étalons améliorateurs. Nous ne comprendrions pas plus leur répulsion que leur admission systématique. Ce contre quoi nous ne saurions trop nous élever, c'est la doctrine qui fait de l'un ou de l'autre l'agent par excellence, unique et universel, de toute amélioration. Dès que les circonstances hygiéniques et l'état des mères comportent l'emploi d'un reproducteur aussi rapproché que possible de la perfection, du type de la beauté, on ne saurait mieux faire que de le demander à l'une ou à l'autre de ces races. Le choix entre les deux dépend alors du milieu dans lequel le reproducteur doit agir, des ressources alimentaires de ce milieu, de la taille des femelles indigènes. Ce que nous savons maintenant indique que l'anglais doit être généralement préféré dans la zone du nord ; l'arabe dans celle du midi.

Mais c'est à la condition expresse que l'un et l'autre — surtout le premier — n'interviendront qu'exceptionnellement, jusqu'à ce que les familles indigènes aient été amenées, par la rigoureuse mise en pratique des procédés de la sélection, au niveau moyen d'amélioration que comporte leur emploi rationnel ; jusqu'à ce qu'on ait fait disparaître par les mêmes procédés cette multitude de produits de croisement manqués, décousus, dont une énergie factice héritée de leur père use prématurément tous les organes mécaniques.

Pour la Normandie et le littoral de l'Ouest, il n'y a qu'à régulariser l'amélioration par un usage plus général et plus méthodique des procédés que l'éleveur capable peut seul mettre en pratique, et qui font malheureusement trop défaut à nos producteurs de chevaux. Pour ces contrées, où se forme le cheval d'attelage, l'administration de l'avoine aux jeunes poulains et l'adoption systématique du dressage progressif et méthodique, sont les seuls progrès qui restent à réaliser. Ce dressage est un véritable entraînement spécial, propre à façonner la constitution du cheval pour son service ultérieur, tout en lui donnant une valeur marchande plus considérable. Notre région du Nord peut comporter à la rigueur et dès à présent, quant au reste, l'usage de l'étalon anglais étoffé et solide, non pas, bien entendu, du grêle coursier d'hippodrome uniquement fait en vue des épreuves actuelles de vitesse. Dans la zone méridionale, où l'arabe et l'anglais, puis l'anglo-arabe et encore l'anglais, se sont disputé pendant si longtemps la destruction des races si renommées du Limousin et des Pyrénées, sous prétexte de les améliorer, là, il y a lieu de procéder autrement. Il faut bannir pour longtemps, si ce n'est même pour toujours, l'étalon anglais, produit d'une civilisation trop avancée pour les ressources du pays, aussi bien que pour l'usage auquel peuvent être employés les chevaux de notre Midi. L'étalon arabe ne doit même y être introduit qu'avec une grande réserve. Ce qui importe avant tout ; c'est de faire revenir les familles indigènes aux qualités natives de leurs races, en y choisissant pour les reproduire des individus de moins en moins défectueux.

Le cheval méridional, dans son état de pureté, ne le cède à aucun autre pour l'énergie, la résistance, la sobriété, lorsqu'il est le produit naturel de ces contrées privilégiées du Limousin, de l'Auvergne, du pays Basque, de la plaine de Tarbes, de l'Ariége et du littoral méditerranéen. Sa conformation et quelquefois sa taille laissent seules à désirer. La gymnastique fonctionnelle du dressage, dont le cavalier arabe nous donne l'exemple; la sélection attentive des individus sur lesquels ses effets heureux se font le plus efficacement sentir; la seule intervention intelligente des soins éclairés de l'homme, en un mot : ces moyens sont suffisants pour améliorer nos chevaux de selle du Midi. L'exercice méthodique et une nourriture plus abondante donneront avec le temps plus de taille à ceux qui peuvent en avoir besoin ; et ce ne sera pas au prix du décousu de leur conformation, de la perte de leur rusticité, de leur sobriété et de leur force de résistance, comme cela est arrivé pour les produits, hélas! trop nombreux, du croisement anglais.

CHEVAUX DE TRAIT.

Si, en décrivant les diverses familles chevalines de la France propres au service de la selle et de l'attelage, il ne nous a pas été possible de les rattacher à des races bien déterminées, cela n'étant plus qu'un ensemble de métis anglais à divers degrés, pour les chevaux de trait, les choses sont toutes différentes. Nous possédons, de l'aveu de tous, les races de trait les plus remarquables de l'Europe, qu'il s'agisse de la spécialité du trait léger ou du gros trait, de l'aptitude à traîner les lourds fardeaux aux allures vives ou au pas.

La raison en est, il faut le dire dès maintenant, à ce que ces races ont trouvé dans les circonstances économiques au milieu desquelles elles se reproduisent, les éléments de conservation qui seuls pouvaient les mettre à l'abri de l'ardeur *amélioratrice* des protecteurs officiels de l'industrie chevaline. Elles n'y ont pas complétement échappé, toutefois, et à plus d'une reprise on a cherché à les anoblir par l'infusion d'une dose plus ou moins modérée de pur sang. Ce sont surtout les races de trait léger, qui ont été menacées, et quelques-unes même altérées par des tentatives de ce genre-là. Il semble maintenant que l'on soit disposé, d'une part, à n'en plus faire, de l'autre à ne les plus souffrir. Avec les progrès du sens pratique on s'aperçoit que l'influence attribuée au pur sang en tout cas et en tout lieu est autant démentie par les faits que par le plus simple raisonnement. Nos races de trait sont donc dans les meilleures conditions pour s'améliorer en se conservant.

Nous ne séparerons point, dans la description que nous allons en faire, les deux spécialités d'aptitudes que nous avons reconnues. De même que le cheval de selle se confond partout, dans la zone du nord de la France, avec le cheval d'attelage, de la même façon on observe que le cheval de gros trait se trouve fréquemment confondu avec le cheval de trait léger. Néanmoins, il faut dire que quelques races appartiennent d'une manière bien tranchée à l'un ou à l'autre de ces deux types, non pas par leur conformation, bien entendu, mais par

leur volume, qui dépend uniquement du milieu. C'est ce que la revue sommaire que nous allons faire des races de trait, nous montrera une fois de plus. Dans cette revue, au lieu de classer systématiquement les races par spécialités d'aptitudes, nous procéderons tout simplement en les considérant du nord vers le midi, ainsi que nous avons déjà fait. Seulement ici, nous devons nous arrêter aux limites de la région du Midi, car ces limites une fois franchies, les seuls chevaux de trait que l'on rencontre sont des animaux importés de la zone du Nord de notre pays. Les races de trait ne naissent plus au delà de notre plateau central, et du côté de la mer elles ne dépassent pas l'embouchure de la Gironde.

Nous allons donc encore envisager à part la population chevaline de chaque grand centre de production, en décrivant séparément aussi chacune des races qui s'y rencontrent. Commençons par la frontière de la Belgique.

Chevaux du Nord et du Nord-Est. — Parmi les races chevalines qui se rangent dans cette catégorie, il en est deux, la flamande et l'ardennaise, qui nous sont communes avec la Belgique. Bon nombre des étalons employés à la reproduction dans les localités françaises voisines de la frontière, nous viennent même de ce dernier pays, où l'industrie des étalons rouleurs est encore plus répandue que chez nous. Le lieu d'origine des deux races dont il s'agit, le véritable milieu de leur type est d'ailleurs en Belgique. Les autres, essentiellement françaises, sont les races boulonaise, picarde et augeronne. Nous allons les décrire toutes successivement.

Race flamande. — Quelques auteurs rattachent le cheval flamand à la race boulonaise, qui est pour eux le type autour duquel viennent se grouper plusieurs variétés des départements voisins de son centre de production. Rien ne justifie cette vue purement hypothétique. La race flamande est l'expression des conditions agricoles, belges et françaises, dans lesquelles elle se produit de temps immémorial. Le sol et le climat humides des Flandres lui ont imprimé son caractère propre, ses qualités et ses défauts, sa taille gigantesque et son grand développement.

Le cheval de race flamande, en effet, n'a pas moins de 1^m,65 et atteint souvent au delà de 1^m,70. Sa tête est un peu forte, même pour sa grosse corpulence ; il a la croupe double, avec des hanches un peu basses, mais fortement chargée de muscles ; ses membres sont très-gros, pourvus de crins abondants et grossiers ; sa peau est épaisse, ses pieds toujours larges et souvent plats. Toutes ses formes sont empâtées, et dans le service il agit peut-être plus par sa masse que par sa vigueur. On lui reproche d'être mou, d'avoir tous les attributs du tempérament lymphatique. Cette constitution est due à l'influence exclusive d'une alimentation composée de foin des prairies fertiles mais humides des Flandres.

Tel est le cheval flamand dans son type commun, avec son œil trop petit et sa tête trop forte, avec son épaule courte et droite et sa croupe le plus souvent avalée. Ajoutons cependant que les progrès de l'agriculture l'ont modifié dans beaucoup de localités assainies par le drainage, et où l'avoine est entrée dans sa ration. Sous l'influence de ces nouvelles conditions, aidées par une sélection mieux entendue, ses formes se sont régularisées, sa constitution s'est améliorée, et il se rapproche, dans les environs de Bourbourg, par exemple, des caractères de la race boulonaise dont nous allons nous occuper, à tel point qu'on a eu l'idée de le considérer comme une variété dite *bourbourienne* de cette race. Là, bon nombre d'individus atteignent à des proportions et à une harmonie de conformation qui les rapprochent beaucoup du type de la beauté du cheval de gros trait. Ce sont eux qui, attelés aux camions des brasseurs de bière, provoquent l'étonnement et l'admiration des badauds de Paris, par leur corpulence et la grande élévation de leur taille.

On a proposé, pour améliorer ces chevaux, de « verser quelques gouttes de sang pur dans les veines de la race. » Mais nous devons constater que les éleveurs ne se sont pas prêtés à cette fantaisie. L'État a déclaré formellement depuis qu'il n'avait pas à intervenir dans l'amélioration des chevaux de trait. C'est un embarras de moins pour leur industrie.

Race boulonaise. — Les chevaux de cette race naissent dans le département du Pas-de-Calais. L'arrondissement de Boulogne, d'où la race tire son nom, est leur principale origine. Ceux de Montreuil, de Béthune et de Saint-Omer en sont cependant également peuplés. Le cheval boulonais est à juste titre le plus renommé des types de gros trait. En voici la description exacte, que nous emprunterons à M. Gayot, ne pouvant faire mieux :

« La tête, dit l'auteur de la *Connaissance générale du cheval*, est un peu forte peut-être, mais caractérisée ; le chanfrein est droit, mais les yeux sont un peu petits ; la ganache est lourde et très-prononcée ; l'attache manque presque toujours de grâce. L'encolure est très-fournie, ce qui lui donne une apparence courte ; elle est garnie d'une crinière touffue et double, rarement longue. Le poitrail, large et musculeux, est très-proéminent. Le garot reste un peu noyé. Le dos est ordinairement un peu bas. La croupe est très-étoffée, le plus souvent partagée dans son milieu par un léger sillon et basse. Le corps est plein, près de terre ; la côte est bien tournée. L'épaule, légèrement inclinée, large à l'appui du collier, est libre et pas trop chargée. Les membres sont amples et musculeux dans les régions supérieures ; les articulations du genou et du jarret sont larges et puissantes ; il y a de la force dans les rayons inférieurs, qui sont courts et garnis de cordes tendineuses très-prononcées. La conformation du pied est bonne en général, et l'appui laisse peu à désirer avant que la fatigue ait laissé des traces. Le pied de derrière, dans ce cas, est souvent rampin. La taille atteint facilement 1^m,66, sans que les individus paraissent

Fig. 501. — Cheval boulonais.

grands, tant il y a d'accord et de bonnes proportions dans toutes les parties, tant la machine est taillée en force et repousse jusqu'à l'apparence d'une structure différente. Le manteau n'est pas

uniforme ; le gris, le gris pommelé, le rouan vineux et le bai se partagent en quelque sorte la race entière.

« Le cheval boulonais, ajoute M. Gayot, est d'un naturel très-docile. Son développement précoce permet de l'utiliser, dès l'âge de dix-huit mois, aux travaux de l'agriculture. A cinq ans, il n'a plus rien à gagner ni en taille ni en corpulence. Il est large, court et trapu, doué d'une force athlétique, et généralement plus leste, plus agile qu'on ne le croirait de prime abord. »

Le département du Pas-de-Calais fait naître beaucoup plus de poulains boulonais qu'il n'en élève. Ces contrées, remarque avec raison M. Magne, entretiennent beaucoup de juments poulinières, nourries en grande partie dans les pâturages, quand elles ne travaillent pas. Les pouliches sont généralement conservées dans le pays ; les poulains sont conduits dans les arrondissements de Saint-Pol, d'Arras, de Péronne, d'Abbeville ; une partie traversent la Somme sont élevés dans le Vimeux et dans le pays de Caux, du côté de Montdidier, du Havre. Le département du Pas-de-Calais et celui du Nord envoient aussi des poulains aux départements de l'Oise, de l'Aisne et de Seine-et-Marne.

« C'est généralement vers l'âge de six à huit mois, poursuit le même auteur, que les poulains émigrent, mais ils restent dans la partie sud du département du Pas-de-Calais et dans la Somme jusqu'à l'âge de deux à trois ans. Un grand nombre se rapprochent ensuite de la Seine, vont dans le pays de Caux, et même dans les environs de Dreux et de Chartres. »

On trouve donc, dans ces diverses localités, confondus ensemble les poulains nés sur place et ceux qui proviennent du Boulonais, du Nord et de la Picardie même. La nourriture à l'avoine leur donne dans le Vimeux et le pays de Caux une vigueur qui les fait ensuite distinguer dans le commerce sous le nom de *chevaux du bon pays*. Les poulains élevés dans l'Aisne et dans l'Oise ont longtemps joui d'une moindre réputation ; mais les progrès de la culture tendent à effacer complétement la différence. Enfin ceux que les mouvements du commerce conduisent dans la Beauce chartraine, où leur race s'est d'ailleurs implantée, y constituent une variété que l'on a rattachée à la race percheronne en donnant au cheval appartenant à cette variété le nom de gros percheron. Là, le type boulonais a conservé comme ailleurs ses formes caractéristiques, mais en prenant un moindre développement.

Race picarde. — Au milieu des poulains importés dans l'ancienne Picardie, dans la vallée de la Somme, sur les bords de l'Aisne et de l'Oise, on distingue encore un certain nombre d'individus appartenant à la race du pays. Celle-ci, cependant, tend à disparaître de plus en plus ou à se transformer, par les seuls progrès de la culture, secondés par l'influence des introductions de boulonais.

Le cheval picard ancien offre tous les caractères des individus nés et élevés dans les prairies marécageuses. Il a sous ce rapport la plus grande analogie avec une race précieuse, à un point de vue particulier, et dont nous parlerons plus loin. Il s'agit de la race mulassière du Poitou. C'est à tel point que des importations d'étalons picards ont pu être faites, à notre connaissance, dans ce dernier pays, où l'influence des croisements anglais a fortement appauvri les ressources de ce genre, pour la conservation d'une race dont la destination est pour l'économie rurale d'un si grand intérêt.

Les caractères distinctifs de la race picarde, comparée à celles dont il vient d'être question, sont relatifs surtout à la constitution. Tandis que le boulonais est sanguin, aux masses musculaires athlétiques, à l'œil vif, le picard est mou, lent dans ses allures et prédisposé aux affections atoniques. Il a le dos plus bas, la croupe plus avalée et moins musclée, la cuisse plus mince, le ventre plus volumineux, la tête plus forte, les membres plus gros, moins secs, plus chargés de crins, les pieds plus larges et plus plats même que ceux du flamand. Tout cela résulte de l'influence des lieux ; et l'on comprend sans peine que le type ainsi caractérisé disparaisse à mesure que les progrès si rapides de la culture, et surtout de l'assainissement des prairies, changent les conditions de son élevage.

C'est dans les prairies naturelles des environs de Compiègne, de Laon, de Vervins, que naissent les chevaux picards ; ils sont élevés dans les arrondissements de Château-Thierry, de Senlis, de Soissons, où la culture a plus d'extension et où ils sont employés aux travaux que celle-ci nécessite.

Race augeronne. — C'est M. Magne qui le premier a appelé l'attention sur les chevaux de trait produits plus particulièrement dans la vallée d'Auge, mais qui sont élevés dans les départements de la Manche, du Calvados et de l'Eure, dans les arrondissements de Lisieux, de Pont-l'Évêque, dans les vallées qui entourent la plaine de Caen et dans le Bessin. Les auteurs qui se sont occupés de l'industrie chevaline de la Normandie, fait observer avec raison M. Magne, ont réservé toute leur sollicitude pour la race carrossière de ce pays. Nous ne devons pas les imiter en négligeant de mentionner les chevaux de gros trait produits par ce pays et connus dans le commerce sous les noms de *caennais*, de *virois* ou d'*augerons*.

« Ils sont, dit M. Magne, de forte taille et très-solidement constitués, plus souvent longs et élancés que courts et trapus, mais toujours supportés par des membres bien plantés et très-solides. Ils se distinguent par l'élégance de leurs formes, la finesse de leur peau, et leurs membres presque sans crins. Leur croupe est peu inclinée, leur tête droite en avant et leurs oreilles souvent bien plantées, leur donnent quelque ressemblance avec les percherons ; plus généralement, cependant, ils ont, surtout ceux à corps trapu et très-épais, une croupe double qui masque un peu trop les hanches. Ils se distinguent du boulonais en ce qu'ils sont plus élancés, plus légers et plus souvent blancs ou gris.

« Ceux qui viennent des rives de la Vire, ajoute l'auteur, les *virois*, plus petits, sont remarquables par leur force et leur sobriété. Élevés dans des contrées moins fertiles, ils sont moins exigeants que ceux du Bessin et des riches vallées de Lisieux. »

Race ardennaise. — Le cheval de l'Ardenne belge, du Brabant, de la Hesbaye, est remarquable surtout par sa grande taille, sa tête énorme et ses formes en général disgracieuses. Il se trouve aussi dans le Condroz. Celui des Ardennes françaises, qui a plus d'un trait de ressemblance avec le cheval picard, se produit surtout dans les arrondissements de Rethel et de Vouziers, dont le sol et le climat sont fort analogues à ceux de la Picardie. Cependant, il en diffère essentiellement par sa taille moins élevée, par sa force et sa rusticité.

La race ardennaise de trait ne brille pas par ses formes. Quoique la tête soit expressive par la largeur du front, la saillie des orbites, le chanfrein est souvent creux, les ganaches toujours fortes et l'attache peu élégante. L'encolure est courte, épaisse et fortement chargée de crins. Les hanches sont saillantes, la croupe avalée, et les aplombs des membres laissent souvent à désirer, quoique ceux-ci soient secs, solides et bien articulés.

Dans les parties sèches des Ardennes belges et françaises, la race atteint un développement moindre et fournit les chevaux dont nous avons déjà parlé, en nous occupant de la première catégorie que nous avons établie.

Au reste, la production des ardennais de trait est assez restreinte. On a tenté là aussi des améliorations par voie de croisement avec des étalons du Perche, d'abord, puis avec les gros étalons rouleurs venus du Luxembourg. Il va sans dire que toutes ces tentatives ont échoué.

Chevaux de la Bretagne. — Le littoral de la Bretagne produit deux races principales de chevaux de trait : l'une plus particulièrement propre au service des lourds charrois, c'est la race du Léon, comporte deux variétés ; l'autre qui a longtemps fourni des sujets aux postes et aux diligences, la race du Conquet, appartient par conséquent au type de trait léger.

Race de Léon. — Cette race a son centre de production dans les arrondissements de Brest et de Morlaix ; son type le plus complet est vers Saint-Pol-de-Léon. Les robes grises y dominent avec leurs diverses nuances, mais le bai, le rouan, s'y rencontrent aussi. La taille atteint jusqu'à 1m,65 et ne descend jamais guère au-dessous de 1m,55. La physionomie est expressive, à cause de la conformation de la tête, des yeux grands, surmontés d'une arcade orbitaire saillante, bien que celle-là soit lourde et le plus souvent camuse, avec de grosses joues et d'épaisses ganaches. L'encolure est épaisse, la crinière double et très-fournie. Le corps est court et trapu, avec des reins larges, la côte ronde, la croupe avalée, quoique fortement musclée et même double, avec une queue abondante et attachée bas. Les membres sont forts, les articulations larges et solides, mais l'épaule est droite, les paturons courts et très-chargés de crins, et les tendons un peu faibles.

Si l'on veut bien se souvenir de la loi de corrélation que nous avons établie entre les divers rayons osseux des membres, on en verra dans cette conformation du cheval breton qui vient d'être indiquée, une éclatante confirmation. Ainsi, épaule droite, croupe courte et avalée, paturons courts et droits, cela se commande nécessairement.

Entre Lannion et Saint-Malo, dans les Côtes-du-Nord, se trouve la variété de la race de Léon qui diffère surtout du type par une taille moins élevée. Les robes grises de toutes nuances et particularités y dominent aussi davantage. Voici comment la décrit M. Gayot : « Taille de 1m,48 à 1m,58 ; tête carrée, belle et expressive ; chanfrein droit ou un peu camus ; encolure gracieuse et forte à la fois ; garrot ordinaire, peut-être un peu bas ; côte arrondie ; ligne du dos et des reins droite, peut-être un peu longue ; croupe arrondie, musculeuse, large, généralement double, encore un peu avalée ; queue fortement et bien attachée ; poitrine profonde, poitrail ouvert et musclé ; épaules musculeuses et assez longues, encore un peu droites, membres forts, secs, nerveux, vigoureusement articulés, avec d'admirables aplombs ; jarrets magnifiques de largeur et de netteté ; genou peut-être un peu effacé ; tendons bien sortis et fortement dessinés ; pieds un peu plats, mais à corne bonne, plutôt court que long-jointés.

« Ces chevaux, ajoute judicieusement l'auteur, dont la physionomie accentuée respire l'énergie et la force, ont des allures courtes, il est vrai, mais vives et faciles ; une constitution excellente : ils sont doux de caractère, durs au travail et très-maniables. Malheureusement ils sont sujets à la fluxion périodique. »

On observe en Bretagne pour les chevaux de cette race le principe de la division de l'élevage, à peu près généralement usité, du reste, pour nos chevaux de trait, qui peuvent de bonne heure être soumis au travail. Nés dans l'arrondissement de Brest, les poulains sont achetés vers l'âge de six à sept mois, pour passer dans celui de Morlaix, où ils ne séjournent guère non plus au delà du même temps ; de là ils sont conduits dans les Côtes-du-Nord, l'Ille-et-Vilaine. Enfin le commerce les fait pénétrer dans le Perche et la Beauce, où ils sont élevés jusqu'à l'âge adulte, pour se répandre ensuite dans les centres industriels de la plus grande partie de la France. C'est là ce qui arrive pour bon nombre des poulains bretons. Le reste est élevé dans le pays. Les femelles surtout y sont conservées jusqu'à quatre ans environ. Lorsqu'elles atteint cet âge, le commerce vient les chercher pour les besoins du Poitou, où l'industrie mulassière les utilise de plus en plus, et pour ceux des départements méridionaux, qui ne produisent pas de chevaux de trait, ainsi que nous l'avons déjà dit.

Race du Conquet. — Celle-ci est surtout propre au trait léger. Elle forme la transition entre les gros chevaux du littoral et les *doubles bidets* des Landes, qui occupent la partie méridionale des départements bretons. Ces bidets, en effet, ont exactement la même conformation que les chevaux du Conquet ; ils appartiennent pour sûr au même type ; la différence de taille et de volume qui existe entre eux est due à la fertilité plus grande des lieux où se développent les derniers, cette fertilité augmentant à mesure que l'on s'avance vers le littoral.

Les chevaux du Conquet, ainsi que les doubles

bidets, du reste, sont le plus souvent de robe baie ou alezane. Leur taille ne dépasse pas 1^m,58. Ils diffèrent, par leur physionomie, des chevaux du Léon, en ce qu'ils ont les parties antérieures plus légères et plus distinguées. La tête est parfois un peu busquée, mais toujours légère ; l'encolure moyenne et bien unie au corps par un garrot assez élevé. Le corps est long et la croupe droite, mais peut-être un peu mince et pointue. Le dessus, en un mot, marque quelque distinction ; mais les membres laissent beaucoup à désirer pour leur solidité et leurs aplombs ; ils sont en outre chargés de crins très-épais, sous lesquels le pied, qui est d'ailleurs bon, disparaît quelquefois.

Malgré ces défauts, la race du Conquet est remarquable par sa rusticité, sa sobriété et son énergie. Elle résiste aux fatigues et fait preuve toujours d'un grand courage et d'une remarquable intelligence. C'est à cette race qu'appartenaient les petits chevaux de devant des équipages du roulage qui étaient si nombreux sur les routes, avant l'établissement des voies ferrées. Prompts à saisir les avertissements du conducteur comme à se précipiter dans le collier, ils dirigeaient l'attelage et lui donnaient l'exemple de la bonne volonté.

Chevaux du Perche et de la Beauce. — Il se produit dans les départements qui constituent le Perche et l'ancienne Beauce deux variétés de chevaux connues dans le commerce sous les noms de *gros* et de *petit percheron*. La première va-

riété, confondue avec les poulains boulonais ou bretons introduits dans le pays, est la plus nombreuse. Elle se trouve dans une partie de l'Eure, de l'Orne et de la Sarthe. Elle fournit surtout maintenant des chevaux de gros trait aux grandes administrations de Paris. Le petit percheron, qui était le cheval par excellence des anciennes postes et diligences, naît et s'élève vers l'Aigle et Mortagne. Mais le vrai type actuel de la race percheronne est entre ces deux variétés. C'est celui que l'on appelle le *beau percheron*, et qui se forme dans les environs d'Illiers. Les soins intelligents de l'homme et l'avoine l'ont fait ce qu'il est. C'est lui que les éleveurs intelligents du pays veulent conserver par la sélection, et que nous allons décrire.

Race percheronne. — Voici les caractères que M. Magne assigne à cette race : « Corps cylindrique bien proportionné ; taille de 1^m,55 à 1^m,60 ; côte ronde ; garrot épais et bien sorti ; rein large et parfaitement soutenu. Charnue et peu inclinée, la croupe soutient une queue bien attachée ; les hanches sont saillantes, espacées, et bien sorties. Par sa longueur et son obliquité, l'épaule correspond à la belle conformation de la croupe. L'encolure forte, un peu rouée, porte une tête un peu longue, bien expressive, quoique le chanfrein soit un peu saillant, convexe au-dessous du front. Les membres sont bien plantés, bien musclés et peu chargés de crins. Le poil est généralement gris pommelé, un peu gris de fer dans la jeunesse.

« Le cheval percheron est plus fin et plus al-

Fig. 502. — Cheval percheron.

longé, il a moins de crins aux membres, une épaule plus longue, une croupe moins oblique que celle du breton ; mais c'est surtout par sa croupe large, ses hanches assez dégagées des muscles, par sa tête droite ou un peu convexe sur toute sa longueur qu'il se distingue de ce dernier. »

La race percheronne n'est pas une ancienne race, du moins avec les caractères que nous venons de lui assigner. Elle est un produit assez récent de l'industrie humaine, agissant surtout par les cultures granifères de la Beauce. La principale, si ce n'est même la seule raison des mérites du cheval percheron actuel, se trouve dans l'avoine qu'il consomme dès son jeune âge en très-grande quantité. Nés dans le Perche, aux environs de Mortagne, de Bellesme, de Saint-Calais, de Montdoubleau, de Courtalin, les poulains sont élevés plus particulièrement dans le département d'Eure-et-Loir et dans une circonscription dont le canton d'Illiers est le centre. La plaine de Chartres élève en outre un grand nombre de chevaux de trait, qui ont une tout autre origine. On peut dire que la plupart de nos races françaises de trait fournissent leur contingent à la production chevaline de ce pays, qui est le centre d'un commerce considérable, et qui livre sous le nom de percherons un nombre bien incomparablement supérieur à celui des poulains qu'il fait naître. C'est que l'industrie de l'élevage est passée dans les habitudes du cultivateur beauceron, aussi bien que dans les nécessités de son mode de culture.

Les diverses opérations que celui-ci comporte sont en effet effectuées à l'aide de jeunes animaux de dix-huit à vingt mois achetés dans le Perche ou ailleurs, mais bien choisis et abondamment nourris. La facilité des façons de la terre, en raison de la faible consistance du sol de la plaine de Chartres, explique cette particularité. Ce qui n'est pas moins remarquable, c'est que le régime excellent, comme travail et comme alimentation, auquel sont soumis les jeunes chevaux dans ce pays, exerce sur eux une influence telle qu'il communique à tous ces poulains de robe grise et de provenances si diverses qui y sont élevés, un cachet d'uniformité qui les rend très-difficiles à distinguer les uns des autres. Les chevaux de trait deviennent percherons, par cela seul qu'ils ont été élevés dans la plaine de Chartres. S'ils n'ont pas tout à fait les caractères du type, ils en ont du moins la constitution et les qualités. D'où il faut conclure que la source des mérites qui ont fait au cheval percheron sa réputation européenne est principalement dans l'avoine qui lui est distribuée à profusion durant son élevage, et dans la gymnastique à laquelle on le soumet pour exécuter les travaux de culture exactement mesurés sur ses forces. Nous retrouvons là comme partout la vérification du principe sur lequel nous faisons reposer les mérites qui distinguent toutes les races supérieures. Ces mérites sont toujours, dans tous les cas, moins le fait de l'origine des individus que des soins dont ils ont été l'objet. Ce n'est pas à dire, bien entendu, qu'il faille nier absolument l'influence des ascendants. La part de l'hérédité n'est point douteuse, dans les aptitudes. Mais il est à désirer, pour les progrès de la zootechnie, que cette part soit enfin exactement considérée comme secondaire, et comme ne pouvant valoir que par le développement imprimé à ces mêmes aptitudes au moyen de leurs éléments normaux.

Nous venons de parler de la grande réputation de la race percheronne. Sous l'empire des idées si généralement répandues, relativement à la toute-puissance du croisement, cette réputation a fait choisir le cheval percheron dans un grand nombre de localités de la France et même de divers États d'Europe, à titre de type améliorateur. Partout où il a été question d'améliorer des races chevalines de trait, on a introduit ou proposé d'introduire des étalons percherons. C'est depuis longtemps une condition de succès pour l'industrie chevaline de la plaine de Chartres, car elle fait rechercher beaucoup, parmi les chevaux percherons qui sont tous conservés entiers, ceux qui peuvent être achetés comme reproducteurs. Certains départements français et quelques nations voisines font opérer régulièrement des achats à des prix toujours très-élevés ; ce qui, joint à la demande constante du commerce pour les sujets de service, maintient l'industrie chevaline de la Beauce et du Perche dans un état de prospérité toujours croissante, et qui n'a guère d'égale, dans notre pays, que celle de l'industrie mulassière du Poitou.

Cette situation si prospère du cheval percheron, due aux mérites si évidents de sa race, n'a pourtant point suffi pour le mettre, lui non plus, à l'abri des tentatives d'amélioration par le pur sang. On a voulu lui en mesurer, comme au boulonais, une certaine dose, ni plus, ni moins. Le difficile est dans la posologie précisément. Et quoiqu'il soit dit quelque part, à propos même de la race percheronne, que « l'heureuse influence du sang n'est plus contestable que par l'ignorance ou la mauvaise foi, » la vérité est que les tentatives dont il s'agit ont donné des résultats si rassurants pour la conservation de cette excellente race, que les principaux éleveurs du Perche et de la Beauce se sont réunis pour constituer une société dont le but est de coopérer de toutes leurs forces à cette conservation, en fournissant des étalons de choix aux possesseurs de poulinières. Le premier article de leurs statuts impose au gérant l'obligation de ne jamais acquérir que des étalons purs de tout croisement. Les éleveurs intelligents du pays ont peur de l'étalon anglais à l'égal d'un fléau. Et pourtant ils ne sont ni ignorants ni de mauvaise foi. Seulement, ils ont eu des faits sous les yeux, et ils ne veulent point entendre aux subtilités du métissage rationnel. Cela va bien sur le papier, description ou figure ; de la plume ou du crayon, comme dit le paysan, le papier souffre tout. Mais dans l'écurie de l'éleveur, c'est bien différent. Et ce que les éleveurs de là-bas ont vu ne les a pas engagés à courir les aventures avec le sang anglais, même versé « goutte à goutte. »

Chevaux de la Vendée et du Poitou. — Nous avons déjà dit, en parlant de la population chevaline du Centre-Ouest, que les carrossiers produits et élevés dans les anciens marais du littoral avaient pour souche une race de trait locale, maintenue encore en vue d'une spécialité, mais envahie par le croisement et près de disparaître. C'est cette race que nous avons à décrire maintenant.

Race poitevine. — Le principal titre de la race

dont il s'agit est de fournir à l'industrie si lucrative de la production des mulets du Poitou, les juments réputées pour se mieux accoupler avec le baudet. C'est de là qu'on l'appelle maintenant *race mulassière*, et que les étalons de cette race sont dits *mulassiers*. Il sera fait mention d'une manière particulière des juments poitevines livrées à la saillie du baudet, lorsqu'on s'occupera de l'âne et du mulet. Il faut dire seulement ici, dès à présent, qu'on est en droit de s'étonner que le préjugé en vertu duquel Jacques Bujault avait prétendu que la jument poitevine était exclusivement propre à la production des bonnes mules, ait pu trouver des appuis parmi des hommes plus compétents sur un pareil objet. Et ce qui étonne le plus, c'est que l'on cherche l'explication de ce prétendu fait dans les données d'une physiologie purement imaginaire, qui se résument d'une façon peu claire en disant que la bête est « *intérieurement* mulassière par suite de dispositions intimes toutes spéciales. » Il n'est pas possible de se payer davantage de mots.

Ce n'est pas, au reste, le moment d'insister là-dessus. On éclaircira cette question plus loin. Nous devons considérer présentement la race poitevine au point de vue de ses aptitudes pour le service du trait.

Le cheval poitevin est originaire des marais du littoral vendéen, et sa conformation se sent beaucoup de cette origine. Il est de taille élevée, de 1m,52 à 1m,60 et souvent plus. Son caractère dominant est une charpente osseuse très-développée. La tête est longue, forte, aux ganaches épaisses, et généralement mal coiffée. Les oreilles sont longues et souvent un peu tombantes. L'encolure, forte et chargée de crins chez le cheval entier, est un peu maigre chez la jument et chez le cheval hongre, ordinairement châtré trop tard. Le garrot est bien sorti, mais le dos est un peu bas et souvent même ensellé. La coupe, large et allongée, porte une queue volumineuse et bien attachée. La poitrine ample, mais à côtes le plus souvent plates, le flanc large et le ventre volumineux, donnent au tronc un aspect décousu. Les membres sont volumineux, aux articulations larges, aux tendons épais et bien détachés, mais remarquables surtout par l'abondance des crins de leurs rayons inférieurs, qui recouvrent presque entièrement un très-large pied. Pour les éleveurs du Poitou, c'est là un caractère de race très-estimé, qu'ils expriment en disant que l'animal est *patté*.

Ce n'est certes point là le portrait d'un cheval aux formes gracieuses. Si nous y joignons surtout que le tempérament mou, l'absence d'énergie, des allures lourdes, sont le propre de la race poitevine, on comprendra que cette race ne puisse produire que de médiocres chevaux de trait.

Cependant, si elle se présente ainsi lorsque ses sujets sont élevés dans le pays qui les a vus naître, où ils ne sont l'objet d'aucun soin et où ils ne consomment que les fourrages verts qu'ils peuvent brouter dans les marais de la Vendée ou les pâtures du Bocage et de la plaine, une nourriture plus abondante et plus tonique peut améliorer considérablement leur constitution. La preuve en est dans les qualités qu'acquièrent les poulains poitevins transportés par le commerce dans le Berry et dans la Beauce. Ceux-ci, choisis parmi les jeunes animaux du Poitou qui ont une robe grise — les robes baie et noire étant dominantes dans la race — deviennent énergiques à ce point qu'ils peuvent être revendus à quatre ans comme percherons. Il y a là un précieux enseignement pour les éleveurs du Poitou, si jamais ils modifient leur culture de manière à substituer le travail du cheval à celui du bœuf.

Les chevaux de trait du Poitou ont subi dans ces derniers temps des modifications qui les font différer, pour la plupart, du type primitif plus haut décrit. « Deux causes — a écrit notre distingué confrère M. Eug. Ayrault, de Niort, — deux causes agissant dans le même sens au berceau de la race, ont amené l'une une dégénérescence, l'autre une transformation. La première est le croisement avec les chevaux pur sang et demi-sang, opéré par les haras de Saint-Maixent d'abord, puis de Napoléon-Vendée ensuite ; d'où est né le métis anglo-poitevin dont j'ai parlé au commencement et dont je me plais à reconnaître les qualités, quelle que soit la peine que j'éprouve à attester un fait qui a porté tant de préjudice à notre race mulassière ; car toute jument ayant du sang anglais ou normand dans les veines est impropre à la production du mulet.

« La transformation qui s'est opérée dans la race par le seul fait des dessèchements généraux ou partiels a été bien moins préjudiciable, poursuit M. Ayrault, c'est-à-dire que, quoique la race se soit un peu allégie (je dis *un peu*, parce que dans une famille aussi vieille les caractères typiques ne s'effacent pas aussi vite qu'on pourrait le croire, et nous trouvons encore quelques étalons de deux à trois ans qui ont toutes les qualités de l'antique poitevin), elle n'en conserve pas moins sa précieuse spécialité de faire les meilleurs mulets qu'il y ait au monde. Mais ce ne sont pas là, ajoute-t-il, les seuls éléments qui composent notre race mulassière d'à présent.

« L'éleveur poitevin, qui cherche chez sa poulinière de gros membres et beaucoup de crins, et qui ne les trouve pas toujours chez la pouliche du Marais, achète les plus fortes juments bretonnes de trois à quatre ans qui sont amenées dans le pays. C'est ainsi que le sang breton s'est introduit dans notre race, et c'est à lui que nous devons la tête carrée, l'encolure et les oreilles courtes qui commencent à marquer dans la race. »

Le même auteur donne sur les particularités de la production des chevaux poitevins des renseignements dont nous pouvons confirmer *de visu* l'exactitude et qu'il importe de consigner ici.

« Ceux qui naissent dans le Marais, dit-il, y restent jusqu'à l'âge de deux ans ; ceux nés dans la plaine vont après le sevrage, qui a lieu à sept ou huit mois, trouver les premiers. Les uns et les autres sont achetés à deux ans, soit aux foires d'été en Vendée, soit aux foires de Saint-Maixent, par les marchands de chevaux du Berry, de la Beauce, du Perche et du Midi (les derniers ont séjourné en Gâtine, et ont été engraissés dans les écuries depuis la Saint-Jean ou le mois d'août jusqu'au 11 janvier, époque de la première foire).

Dans ces différents pays, ils sont employés aux travaux agricoles jusqu'à cinq et six ans, et sont ensuite versés dans le commerce, qui en conduit la plus grande partie à Paris, où on les voit traîner les omnibus; les plus lourds servent au gros trait. L'artillerie fait en Berry des remontes magnifiques avec les chevaux poitevins. »

Ajoutons que les poulains du Poitou vont aussi dans quelques localités de la Saintonge et jusque dans le Gâtinais, l'Yonne et le Nivernais. Une production si active et qui est l'objet d'un tel commerce mérite qu'on s'occupe attentivement de son amélioration autrement qu'on ne l'a fait jusqu'à présent, où la race poitevine a été trop exclusivement considérée au point de vue de l'industrie mulassière et sous l'empire du préjugé qui guidait Jacques Bujault, lorsqu'il réagissait, judicieusement d'ailleurs, contre les entreprises de l'administration des haras. Il est bien démontré maintenant que la conformation vicieuse de la jument poitevine n'est nullement nécessaire à la production des belles mules, et que celle-ci peut sans dommage pour la précieuse industrie du Poitou, subir des améliorations capables de rendre les mâles qui en naissent plus propres à leur destination. Dans cette question encore on retrouve toujours l'influence erronée de la prééminence de la génération dans les opérations zootechniques. Les plus belles (ce qui veut dire les plus laides) juments poitevines et les plus beaux baudets transportés dans la région du Midi, ne donnent jamais des mulets comparables à ceux qui naissent dans le Poitou.

Chevaux du Centre. — Nous rangeons dans cette catégorie une population chevaline hétérogène, formée de poulains importés des lieux de production qui ont été déjà passés en revue, ou d'individus nés dans le pays, mais n'appartenant à aucune race distincte. La plupart de ces derniers sont le résultat de croisements opérés avec les étalons percherons, ou du moins élevés dans les environs de Chartres. La circonscription dont il s'agit ici comprend la Champagne, la Bourgogne, le Nivernais, le Morvan et le Charolais.

Les chevaux de ces diverses provinces n'ont point de caractères tranchés, qui permettent de les reconnaître. L'industrie chevaline, qui n'y a pas de raison d'être dans l'économie rurale, ne s'y maintient que par des efforts artificiels, et grâce à des importations indiscontinues. Les conseils généraux, convaincus de la nécessité, pour chaque contrée, de produire les chevaux dont elle a besoin pour ses travaux de culture, consacrent chaque année des sommes assez fortes à ce qu'ils appellent l'encouragement de l'élève du cheval de trait. Le département de la Côte-d'Or se fait surtout remarquer sous ce rapport.

Lorsque les saines notions de l'économie rurale seront mieux goûtées, il y a lieu de croire que les esprits prendront, dans cette partie de la France, une autre direction. Quoi qu'il en soit, les chevaux que l'on y élève ne sont ni meilleurs ni plus mauvais que la moyenne de nos races de trait. Ce qu'on en peut dire, c'est qu'ils ressemblent, de près ou de loin, à toutes, sans appartenir à aucune. Cela dépend de l'état de l'agriculture de chaque localité. Il est donc bien inutile de chercher à les décrire. Mous et prédisposés aux affections atoniques dans la Champagne, à cause de leur origine le plus souvent picarde et des influences locales qu'ils subissent, ils ont un meilleur tempérament et des formes moins empâtées dans le reste de la circonscription. Ce qu'il faut seulement mentionner, ce sont les habitudes prises pour les diverses phases de l'élevage, surtout dans la Bourgogne et le Nivernais.

D'après M. Magne, qui a souvent parcouru ces localités, les vallées de la Vingeanne, de la Tille, de la Bèze, de l'Ouche, situées dans les arrondissements de Beaune et de Dijon, sont plutôt consacrées à la multiplication qu'à l'élevage des poulains. Les plus forts, parmi ceux-ci, sont conduits dans ce que l'on appelle la montagne, sur les plateaux du département, où ils sont employés à la culture; les plus petits vont dans l'Isère, la Drôme et les Hautes-Alpes.

Les plaines argilo-calcaires de la Basse-Bourgogne, de la Forreterre, du Gâtinais, élèvent des poulains qui sont multipliés principalement dans la Puisaye, contrée souvent humide. De là ils sont importés vers sept à huit mois pour les uns, dans les herbages du Nivernais, vers quinze à dix-huit pour les autres, dans les localités environnantes où, avec ceux des premiers qui ont atteint leur deuxième année, ils sont employés à la culture en fournissant un travail mesuré sur les forces de leur âge.

Dans le Morvan et le Charolais, où quelques chevaux de trait ont remplacé le bidet sauvage et si rustique de ce pays, mieux vaut consacrer toutes les ressources fourragères à la production de l'espèce bovine, que d'en distraire comme on l'a conseillé pour l'élevage des chevaux. Cela est conforme au principe si rationnel de la division du travail.

Chevaux de l'Est. — Depuis la haute Alsace jusqu'au département des Hautes-Alpes, tout le long de la frontière suisse, on rencontre une population chevaline fort mêlée et très-hétérogène par suite des nombreux croisements dont elle a été l'objet, tantôt avec des étalons suisses, tantôt avec des percherons ou prétendus tels. Toutefois il existe dans le point central de cette région une race bien déterminée, que les croisements n'ont point fait disparaître entièrement, s'ils n'ont point non plus réussi à l'améliorer. Nous voulons parler de la race qui se produit dans le Doubs et qui tire son nom de celui de l'ancienne province de Franche-Comté, à l'exemple du reste de toutes les autres. Indiquons donc les particularités relatives à cette race.

Race comtoise. — M. Gayot, séduit paraît-il par l'histoire militaire de l'ancien cheval de la Franche-Comté, avait entrepris de l'améliorer d'après ses idées et de l'amener à l'état de cheval à deux fins. Le temps ne lui a pas permis de réaliser ce projet. Ce cheval est resté, en conséquence, ce que les circonstances l'ont fait. Et voici ce qu'il est au moment présent, pour l'ancien directeur de l'administration des haras, comme pour tous ceux en grand nombre qui l'ont pu voir attelé à ces petits chariots à quatre roues, lourdement chargé et tondu à mi-corps. « Nous le connaissons, dit M. Gayot, avec la tête longue, étroite, commune et mal portée ; les yeux petits et sans expression ; l'encolure grêle et droite ; le garrot bas, le dos plat ; le rein long et mou ; les hanches cornues ; la croupe courte, large et avalée, la queue basse, touffue, lourde et molle ; le poitrail serré, la poitrine trop loin de terre ; les épaules plates ; le ventre gros ; les cuisses, et surtout les bras, grêles ; les genoux et les jarrets étroits ; les canons minces, les tendons faillis ; les extrémités chargées de crin et souvent empâtées ; les sabots courts, plats, volumineux, à la corne cassante ; le pied de devant panard ; le système musculaire peu développé, mince et plat ; les allures molles, les mouvements lents. Taille de 1m,50 à 1m,60 ; robe baie ou grise. »

D'après ce portrait, on peut voir qu'il ne s'agit pas ici d'une belle race. Cependant, tant il est vrai qu'il ne faut point juger sur les apparences, malgré ses formes mauvaises, le cheval comtois est doué de quelques bonnes qualités. Il est doux, facile à nourrir. Châtré de bonne heure, contrairement aux habitudes trop répandues dans les autres pays, il commence très-jeune à travailler, sans recevoir d'avoine, toutefois.

« Il se fait, dit M. Magne, entre la Franche-Comté et la Suisse un commerce continuel de chevaux. Nos éleveurs vont chercher dans le canton de Berne des poulains qu'ils emploient ensuite pour rendre la race indigène plus fine et plus distinguée ; tandis que leurs confrères suisses viennent en France acheter des poulains de six à huit mois qu'ils nous revendent ensuite comme chevaux nés sur leurs montagnes. Quelques poulains sont amenés des montagnes du Doubs dans les plaines de la Saône ; après y avoir passé un an ou quinze mois, ils sont conduits dans le bassin de Paris. Quand ils ont été nourris avec de bons aliments, qu'ils ont reçu du grain dans les départements de Seine-et-Marne et de Seine-et-Oise, ils sont livrés au commerce comme chevaux percherons ou boulonais.

« Ceux que l'on conserve dans la Comté, ajoute M. Magne, sont conduits aux foires de Châlon-sur-Saône, de Montmerle, aux marchés de Lyon. Ils traînent les diligences dans le Dauphiné, le Forez, la Lozère. On exporte des juments jusque dans l'Aveyron et le Cantal pour produire des mules. »

Tous les auteurs sont d'accord pour noter une remarque curieuse à laquelle a donné lieu la race comtoise. On sait que le Doubs est divisé en haute montagne, en moyenne montagne, et en plaine. Or, contrairement à ce qui s'observe partout ailleurs en France, c'est sur les points les plus hauts que s'élèvent les chevaux de plus grande taille ; celle-ci baisse progressivement à mesure que l'on descend vers la plaine. Disons aussi que les herbages de la haute montagne, où se trouvent précisément les fruitières ou associations fromagères, sont les plus abondants et les plus succulents du pays. Les plaines sont en terres légères et par conséquent peu propres aux fourrages naturels. Cela donne l'explication du fait constaté.

On a remarqué, du reste, une tendance à l'amélioration naturelle de la race, à mesure que la culture fait des progrès en Franche-Comté et que les chevaux ne sont plus autant employés au roulage, depuis l'établissement des voies ferrées.

Il nous reste, pour avoir terminé les indications que nous voulions donner sur les chevaux de l'Est, et en général sur les races de trait de la France, à dire quelques mots de ceux qui sont produits dans le département de l'Ain. Chanel, alors vétérinaire de ce département, a retracé dans une intéressante statistique raisonnée des animaux domestiques de l'Ain, couronnée en 1846 par la Société centrale de médecine vétérinaire, l'histoire d'une race de chevaux légers, originaire de cette partie de l'arrondissement de Trévoux connue sous le nom de Dombes. Ces chevaux, appelés dombistes, auraient été améliorés par les princes de Savoie, avant l'échange de ce pays contre le marquisat de Saluces en 1601, sous Henri IV. On les fait nécessairement descendre en ligne directe du cheval oriental. Dans l'état présent des choses, il serait bien difficile d'établir une telle filiation, si tant est qu'elle ait jamais existé. La Dombes produit bon nombre de poulains, mais n'en élève guère. Ils n'y sont d'ailleurs l'objet d'aucun soin.

« L'arrondissement de Bourg, et surtout celui de Trévoux, font donc, dit Chanel, un commerce assez considérable de jeunes chevaux, depuis l'âge de six mois jusqu'à trois ans ; le nombre des mâles qui sortent du pays est beaucoup plus grand que celui des pouliches ; celles-ci sont assez généralement conservées pour devenir mères, tout en faisant les travaux de la ferme. »

« L'arrondissement de Belley, ajoute l'auteur, dans la partie seulement qui avoisine le marais de Lavours, exporte aussi un assez bon nombre de poulains et de chevaux qui sont conduits dans le Dauphiné et dans la Savoie ; quelques-uns dans le canton de Genève. »

Chanel nous dit après cela que « depuis que le département place tous les ans quelques étalons cotentins et percherons dans la Dombes, la race de ses chevaux a acquis plus de taille et plus de poids, ce qui l'a rendue, suivant lui, propre au service des voitures publiques et particulières ; » aussi, au moment où il écrivait, croyait-il pouvoir affirmer que les villes de Bourg et de Lyon consommaient une partie de la production chevaline dombiste.

Somme toute, tiraillés entre les croisements anglo-normands et percherons, les chevaux de la Bresse et de la Dombes n'appartiennent plus à aucune race. Ce qui résulte de toutes les descriptions qui en ont été données et de l'observation directe qu'on en peut faire, c'est qu'ils sont en général fort décousus, et d'autant plus qu'ils ont plus de taille. Dans ce dernier cas, ils ont le corps long, haut monté, la côte plate, le poitrail étroit, la tête forte. Il est visible que l'on s'est jusqu'à présent beaucoup trop occupé des étalons dits améliorateurs, et pas assez des éléments qui procurent plus sûrement les améliorations.

L'industrie chevaline a sa raison d'être dans la Dombes. Quand on en sera venu à comprendre que la génération est secondaire dans la question, les progrès qui s'accomplissent dans le département de l'Ain par l'établissement des routes agricoles et le desséchement des étangs, imprimeront à l'espèce chevaline indigène des caractères qu'il suffira d'un peu d'intelligence et de soin pour diriger dans le sens le plus propre à la rendre capable de satisfaire aux besoins auxquels elle correspond par son type originel.

DE L'AMÉLIORATION DES CHEVAUX DE TRAIT.

De l'étude qui vient d'être faite, il résultera, pour ceux qui connaissent les ressources chevalines des différents États de l'Europe, que nous n'avons rien à envier à personne sous le rapport de nos races de trait. Si quelques-unes laissent à désirer sous le rapport de la conformation ou de l'énergie, tout en ayant d'ailleurs d'autres qualités spéciales, il est trop facile d'en saisir la raison dans les conditions de leur élevage, pour ne pas s'apercevoir de ce qui leur est réservé. Quant à la plupart, il est bien certain qu'on ne trouverait en aucun pays des types qui pussent leur être comparés.

C'est là une vérité qui frappe tous les yeux. Aussi n'a-t-on point songé à proposer l'amélioration de nos races indigènes par un type étranger de trait quelconque, à de rares exceptions près, toutefois, mais qui ne sont pas le fait de gens autorisés. Ici comme dans toutes les autres branches de l'industrie chevaline, les éleveurs sensés ont eu à se mettre en garde seulement contre cette malheureuse doctrine du pur sang que nous avons déjà tant de fois signalée, et qui, faisant abstraction de ce pur sang pour le considérer comme la source de toute perfection, se propose d'en fractionner la dose dans les veines des chevaux de trait. Cela serait vraiment incroyable, si on ne l'avait vu. Et en supposant même que cela ne fût pas une pure utopie, on ne concevrait guère qu'un zootechnicien ayant quelque teinture d'économie, pût considérer comme usuelle une opération de croisement pour laquelle ce ne serait pas de trop que toute l'habileté du plus habile hippologue.

Quoi qu'il en soit, les races de trait ont résisté chez nous au double courant administratif qui les entraînait vers le pur sang, soit en vue de les améliorer avec la panacée, au point de vue même de leurs aptitudes, soit dans le but de leur donner de l'élégance et de la légèreté, pour en faire des chevaux d'attelage et de grosse cavalerie. Elles ont résisté, parce que la loi de toute production, plus forte que les utopies les mieux imaginées, les a préservées. Quelle prise vouliez-vous qu'eussent les dissertations les plus éloquentes sur les mérites du pur sang, auprès des éleveurs bretons et percherons, en comparaison de l'empressement avec lequel leurs chevaux du type local sont demandés sur le marché? Il s'est bien trouvé quelques amateurs pour tenter l'aventure, juste assez pour qu'il fût possible de les citer en exemple; mais on n'a jamais dit quels avantages ils avaient retirés de leurs opérations. La vérité est que ce n'est point de cela qu'il s'agit, aux yeux de ceux qui préconisent partout le pur sang. Ce n'est pas le cheval qui se vend et se vend bien qu'il y a lieu de faire, à leur avis; c'est le cheval idéal qu'ils ont rêvé; et il le faut faire coûte que coûte, sans s'arrêter aux mesquines considérations de débouché, de prix de revient.

On conçoit fort bien qu'une telle doctrine n'ait pas grand succès auprès des cultivateurs, pour lesquels la production et l'élève du cheval de trait sont moins une industrie choisie, qu'un besoin normal de leur situation agricole. Et répétons-le, c'est précisément cette situation même, jointe à la grande division de l'élevage, qui a contribué a préserver nos grosses races chevalines françaises de la décadence qui a frappé les races moyennes et légères, et surtout ces dernières.

Dans cet état des choses, le problème de l'amélioration des chevaux de trait se pose donc dans les termes purs et simples de celui de la sélection. Et nous pourrions nous borner, pour ce motif, à renvoyer le lecteur au chapitre où sont exposés et développés les principes de cette opération zootechnique. Il ne s'agit, en effet, que de conserver les bonnes races, par le choix toujours judicieux des reproducteurs des deux sexes parmi les individus de ces races qui en présentent le type au plus haut degré; que d'améliorer les autres par une alimentation meilleure et des soins mieux entendus, tout en choisissant de même les procréateurs qui s'éloignent le moins du type de conformation que l'on désire réaliser. C'est à ce prix seulement que se peuvent obtenir les améliorations réelles. Celles-ci sont quelquefois lentes à se montrer, il est vrai, mais elles sont certaines et à jamais acquises, lorsqu'elles sont ainsi obtenues. Elles marchent comme les circonstances qui les amènent, sans aucun de ces retours si fréquents dans les opérations de croisement.

Ce qui se passe dans les pays d'élevage où sont introduits des poulains appartenant à des types inférieurs à celui de la race locale, dans le Vimeux et la Beauce par exemple, contient à cet égard un enseignement précieux. Nous avons vu l'amélioration que ces poulains subissent là, sous l'influence d'une forte alimentation à base d'avoine, et de l'exercice méthodique auquel ils sont soumis pour l'exécution des travaux agricoles. Avec ces deux conditions, on conduira sans difficulté toutes nos races de trait au même résultat. Et le problème est d'autant plus facile à résoudre que les poulains de ces races payent toujours leur nourriture par le travail qu'ils fournissent et la plus-value qu'ils acquièrent. Le moins qui puisse rester à l'éleveur comme bénéfice, c'est le fumier.

L'amélioration des chevaux de trait est donc en tous lieux sous la dépendance immédiate de celle de la culture, et particulièrement des systèmes agricoles qui leur permettent la consommation des grains fortement nutritifs. On ne peut viser, pour le cheval de trait, à la sobriété. Sa destination est le déploiement constant d'une grande force mécanique; il faut bien en alimenter la source incessamment. C'est à la grande quantité d'avoine qu'ils ont consommée dans leur jeune âge que les chevaux boulonais et les percherons doivent leurs formes gracieusement

CHAP. X. — DE L'ESPÈCE CHEVALINE.

athlétiques, leur énergie et leur force de résistance ; c'est à l'absence complète d'une alimentation de même nature què le flamand, le picard, le poitevin, le comtois, doivent leur mollesse et leur défaut d'élégance. Ils seront améliorés sûrement par une alimentation plus substantielle et plus tonique donnée dans le jeune âge. Et l'amélioration se fera d'autant moins attendre, que les résultats individuels acquis à chaque génération seront avec plus de soin fixés et étendus par la multiplication des sujets qui les auront atteints au plus haut degré. C'est une des bases scientifiques de la sélection, que les circonstances hygiéniques développent les aptitudes natives ou les provoquent quand elles n'existaient qu'à un faible degré. Il s'ensuit que cette méthode zootechnique trouve nécessairement des conditions plus favorables dans le premier cas, et par conséquent qu'il y a toujours avantage à tirer parti de tous les moyens qui peuvent la réaliser ; en d'autres termes, et plus clairement, qu'il importe, autant que possible, de faire reproduire de préférence les individus qui présentent de la manière la plus accusée les aptitudes que l'on désire développer.

La marche à suivre, pour améliorer les races de trait, quelles qu'elles soient, est donc des plus simples. Elle consiste à choisir, dans chacune d'elles, les reproducteurs des deux sexes parmi les sujets les plus exempts des défauts de la race, s'il s'agit d'un type inférieur, ou parmi ceux qui présentent au plus haut degré ses qualités, dans le cas d'une de ces races presque parfaites que nous possédons. Le reste est affaire d'éducation, et surtout d'alimentation, en même temps qu'une question de persévérance. Conserver en progressant : telle est ici la formule dictée par la saine économie et le bon sens. Toutes les théories de transformation subite sont également en opposition avec la science zootechnique et avec les lois fondamentales de la production. Dans ces matières surtout, l'expérience l'a surabondamment prouvé.

HYGIÈNE DE L'ÉLEVAGE.

A présent que nous avons successivement posé ce que nous croyons être les véritables bases de l'amélioration de l'espèce chevaline, de façon à mettre l'éleveur en mesure d'entreprendre en connaissance de cause la production des chevaux, il convient que nous indiquions en détail les règles à suivre pour effectuer d'une manière rationnelle leur multiplication et leur élevage. Jusqu'ici, nous avons fait à proprement parler de l'hippologie ; nous allons maintenant entrer dans ce qui concerne le métier.

Nous nous occuperons d'abord de l'hygiène des reproducteurs, c'est-à-dire des soins dont ils doivent être l'objet pour multiplier leur espèce dans de bonnes conditions ; puis nous prendrons le poulain à sa naissance, pour le conduire jusqu'à l'âge adulte, en suivant les différentes phases de son éducation. Nous serons, bien entendu, aussi brefs que possible sur tous ces points, tout en ne négligeant rien de ce qui est vraiment important.

Vices héréditaires. — Il n'y a pas lieu de revenir en ce moment sur le choix des reproducteurs. On a suffisamment établi que pour agir suivant les préceptes de la saine zootechnie, il est indispensable de ne donner cette qualité, dans l'un et l'autre sexe, qu'aux individus qui se rapprochent le plus, ou s'éloignent le moins, suivant les cas, du type parfait de leur race. Ce qui a été dit de l'hérédité, de la sélection en général et de la consanguinité en particulier, fera sentir assez combien il importe qu'ils soient exempts de vices ou maladies constitutionnels, susceptibles d'être transmis à leur descendance. Les tares osseuses [1] des membres, la mélanose, ces affections des pieds que l'on appelle les eaux-aux-jambes, le crapaud, le cornage chronique et la fluxion périodique des yeux surtout, doivent faire proscrire de la reproduction les individus qui en sont atteints. Assez sévère, en général, pour toutes ces choses, lorsqu'il s'agit de l'étalon, on ne l'est guère au sujet de la jument. Souvent on ne livre à la reproduction une jument, que parce qu'elle est devenue, par suite d'usure prématurée ou non, absolument impropre à tout service actif. Cela peut n'avoir point d'inconvénient, s'il ne s'agit que de fatigue, sans qu'il y ait épuisement de la constitution ou altération des articulations ; mais dans le cas contraire, si l'exercice forcé avait provoqué, par exemple, le développement d'exostoses, il suffit qu'il y ait des chances pour la transmission héréditaire de l'aptitude à contracter de bonne heure les mêmes accidents, pour qu'il soit sage de s'abstenir en pareil cas.

A part les altérations physiques, constitutionnelles ou acquises, qui pour cause d'hérédité doivent éloigner de la reproduction ceux qui en sont atteints, il faut faire remarquer aussi que les vices de caractère, une trop grande irritabilité, la méchanceté, ne sont pas moins nuisibles à l'amélioration de l'espèce. Il y a lieu particulièrement d'en tenir compte lorsqu'ils s'observent chez la femelle, qu'ils rendent peu propre à son rôle de mère et de nourrice, lorsqu'elle en est atteinte, indépendamment des chances qu'il y a pour qu'elle les transmette à son produit. Nous verrons plus loin, à propos de l'allaitement, qu'elle est leur principale influence. Contentons-nous, présentement, de les considérer au point de vue de l'hérédité, et d'insister pour qu'ils soient un motif suffisant d'écarter de la reproduction les juments qui les présentent.

Enfin, à ce même point de vue, nous devons signaler un vice congénital assez commun et dont le caractère héréditaire a été bien établi dans ces derniers temps. Il s'agit de cet état de l'appareil sexuel du mâle que l'on appelle la cryptorchidie. Cela veut dire que les testicules ne sont pas apparents et sont demeurés dans l'abdomen ou seulement dans le trajet du canal inguinal. L'état de cryptorchidie complète ne présente pas d'inconvénients de l'ordre de ceux qui nous occupent, les

[1] Il n'est pas démontré que les exostoses accidentelles qui peuvent se développer soient nécessairement héréditaires ; nous devons donc faire, au point de vue de la science, une réserve à cet égard. Cette réserve ne touche en rien d'ailleurs le côté pratique dont il s'agit ici.

individus dans cette situation étant bien et dûment inféconds, ainsi que cela a été surabondamment établi par M. le docteur Ernest Godard et par M. Goubaux ; mais c'est dans le cas de cryptorchidie incomplète, alors qu'un des testicules est apparent et bien conformé, qu'il est important d'y prendre garde. On a recueilli dans la science de nombreux faits qui prouvent que cette anomalie se transmet à la descendance. L'on cite notamment *Master Wags*, étalon anglais, à M. le prince de Beauvau, qui offrant le cas de cryptorchidie incomplète, a procréé plusieurs poulains qui étaient dans le même cas que lui, et même d'autres ayant les deux testicules dans l'abdomen. Or un tel état présente des inconvénients considérables, les individus de ce genre conservant toujours de très-grandes ardeurs génésiques, malgré leur infécondité, lorsqu'ils ont subi l'amputation de leur testicule apparent, ou quand ils sont complétement cryptorchides ; auquel cas la castration est impossible pour eux.

Hygiène de l'étalon. — L'entretien hygiénique du reproducteur mâle doit être envisagé d'une façon différente, suivant qu'on le considère durant l'époque de la monte ou en dehors de ce temps. Le premier point à vider est celui de savoir quelle quantité de juments il convient de lui donner à saillir dans le cours d'une saison. Quant à l'âge auquel le cheval peut être le plus convenablement employé à cette fonction, autant pour lui que pour ses produits, on a précédemment déduit les raisons pour lesquelles l'âge adulte est préférable, et tout au moins la cinquième année. Il faut nécessairement que l'animal ait atteint son développement complet, si l'on veut pouvoir compter de sa part sur la transmission héréditaire de toutes ses aptitudes fonctionnelles.

Le nombre de saillies qu'un étalon peut accomplir chaque jour varie suivant son âge et sa vigueur. En général, on en abuse beaucoup. Et c'est sans aucun doute le motif pour lequel une forte proportion de ces saillies ne sont pas fécondes. Il n'est pas rare de voir les étalons de nos établissements privés ou ceux que l'on appelle rouleurs couvrir jusqu'à six et huit juments par jour pendant toute la durée de la saison ; aussi la plupart de ces juments doivent-elles revenir à plusieurs reprises pour être saillies de nouveau, et voit-on les étalons être exténués à la fin de la monte. Indépendamment de l'usure précoce qui en résulte pour ceux-ci, ces pratiques abusives sont préjudiciables à une bonne reproduction. L'expérience démontre qu'un mâle ne peut que bien exceptionnellement, dans de telles conditions, procréer de bons produits. On se garde d'agir ainsi avec les étalons d'un grand prix.

S'il n'est pas possible de poser à cet égard des règles fixes, on peut dire cependant qu'une bonne hygiène, aussi bien qu'une zootechnie éclairée, commandent de ne pas permettre à l'étalon au delà de deux saillies en moyenne par jour. Il est même bon de s'en tenir à une seule pour les étalons qui commencent la monte à l'expiration de leur quatrième année. En partant de cette base, il est facile de calculer, par la durée de la saison, le nombre total de juments qu'un cheval peut convenablement féconder. On arrive par là au total d'environ vingt-cinq pour le jeune et de cinquante pour l'adulte. Ces proportions ne sont jamais dépassées impunément, et il y a toujours avantage réel à demeurer en deçà. Si les éleveurs connaissaient mieux leurs véritables intérêts, ils n'hésiteraient point à payer plus cher, fût-ce même le double, la saillie des étalons auxquels ils conduisent leurs juments, à la condition que le nombre de celles que ces étalons couvrent chaque année fût réduit aux proportions qui viennent d'être indiquées.

Nous n'avons ici rien à dire de particulier quant aux différentes manières dont on fait effectuer la saillie par les étalons. Nous ferons seulement remarquer que celle que l'on appelle la *monte en main* nous parait la plus convenable, en même temps qu'elle est la seule possible dans la plupart des cas de l'état actuel de notre production chevaline, quoique l'on soit assez généralement d'accord sur ce fait que la *monte en liberté* présente plus de chances de fécondation. La raison en est, sans doute, que celle-ci ne peut s'effectuer que de la libre volonté de la femelle, et par conséquent alors qu'elle est bien disposée par l'orgasme génital à recevoir l'approche du mâle. Le moyen de remédier à cet inconvénient de la monte en main est donc d'attendre, pour l'effectuer, que la jument présente bien les conditions convenables, ce dont on s'assure par la façon dont elle accueille les tentatives de l'*étalon d'essai*, qui est une des obligations du système de la monte en main.

On a beaucoup discuté sur les avantages et les inconvénients de la double saillie, c'est-à-dire de la saillie répétée coup sur coup. M. Magne pense, en s'appuyant sur les habitudes des éleveurs de la Normandie, du Poitou, du Midi, et sur celles des Arabes rapportées par M. Vallon et par M. le général Daumas, que cette pratique devrait être généralisée. Il la considère comme favorable à la fécondation immédiate de la jument. Cela peut être, quoiqu'on n'en aperçoive point la raison physiologique, si ce n'est en considérant que les juments étant en général conduites à l'étalon avant qu'elles soient bien complétement en rut, la première saillie aurait seulement pour effet de les amener à cet état. Mais si l'on songe, comme nous le devons faire en ce moment, à la bonne hygiène du mâle, ne vaudrait-il pas mieux obtenir le même résultat en attendant la production spontanée d'un orgasme suffisant, ou en la provoquant par d'autres moyens ? C'est ce que nous conseillerons de faire, plutôt que d'ériger en principe, avec M. Magne, le système des doubles saillies, au moins préjudiciable à l'étalon, et qui ne nous paraît pas non plus exempt d'inconvénients pour la fécondation des femelles. En admettant que celles-ci aient été fécondées par une première copulation, ce qui doit bien arriver quelquefois et arrive en effet assez souvent, l'excitation de la seconde est au moins inutile, et dans plus d'un cas nuisible, de l'avis de tous les physiologistes et hygiénistes.

Il importe beaucoup de maintenir l'étalon, pendant toute la saison de la monte, à un régime alimentaire réconfortant. La déperdition du fluide spermatique, si elle était bornée aux proportions que nous avons indiquées, ne serait pas à elle seule, pour un cheval adulte et vigoureux, comme doit l'être un étalon, une bien grande cause d'affaiblissement. Mais dans l'acte du coït il se dépense autre chose d'une réparation plus difficile, et qui rend nécessaires des soins particuliers. L'excitation nerveuse répétée, les efforts musculaires exécutés dans des conditions mécaniques défavorables pour accomplir cet acte, occasionnent une dépense de force et de substance bien autrement considérable que celle qui résulte de la sécrétion du liquide fécondant. Il est donc de toute nécessité de rétablir l'équilibre par une nourriture tonique et suffisamment abondante.

Il est du reste dans la pratique de tous ceux qui gouvernent des étalons de leur donner de l'avoine durant l'époque de la monte, lorsqu'ils n'en reçoivent pas hors de ce temps, ce qui est malheureusement le plus ordinaire, ou d'augmenter leur ration lorsqu'il en est autrement. L'administration des haras a adopté pour ses chevaux des rations qui peuvent être considérées comme des types à suivre. En voici les chiffres, pour les deux époques de l'année :

	RATION ORDINAIRE.			RATION DE MONTE.		
	Foin.	Paille.	Avoine.	Foin.	Paille	Avoine.
Étalons de selle.....	3 k.	5 k.	8 lit.	3 k.	5 k.	10 lit.
— carrossiers..	4	5	9	4	5	11
— de trait.....	7	6	9	7	6	11

On voit par là que les chevaux des diverses catégories reçoivent un et deux litres d'avoine en plus pendant toute la durée de la monte. Chez les propriétaires d'étalons particuliers, en général, l'avoine n'entre pas d'une façon régulière dans la ration. L'animal en reçoit seulement une petite quantité, un litre environ, chaque fois qu'il vient d'accomplir une saillie. De cette façon, il semble que la réparation soit en rapport direct avec les pertes.

Quoi qu'il en puisse être de la proportionnalité à établir entre ces deux ordres de choses et sur laquelle il n'est guère possible de poser des règles fixes, l'expérience devant seule servir de guide pour chaque cas particulier, la nécessité d'augmenter la ration des étalons pendant l'époque de la monte n'en demeure pas moins hors de contestation. Il peut en outre se présenter des indications particulières, résultant des individualités, et qui commandent de substituer, dans certains cas, des aliments rafraîchissants, de la farine d'orge, par exemple, des racines, à l'avoine. C'est à l'homme spécial qu'il appartient de discerner ces cas et de ménager les transitions dans le régime.

Le point sur lequel nous insisterons seulement, est celui qui est relatif à la nécessité de donner en tout temps à l'étalon une alimentation suffisamment nutritive. C'est fort mal calculer de lui supprimer totalement l'avoine en dehors de la saison de la monte, sous prétexte qu'il se fatigue moins. C'est alors précisément qu'il a besoin de réparer ses forces toujours un peu épuisées, quelque modéré qu'ait été son service, et de se préparer convenablement pour une monte prochaine.

Ici se présente une des parties les plus importantes de l'hygiène de l'étalon. C'est la question de savoir s'il convient de le soumettre au travail, une fois la monte terminée. Là-dessus les avis sont partagés. En général les étalons ne travaillent pas. Il est même très-exceptionnel qu'on les traite autrement. Nous n'hésitons point à nous prononcer contre la pratique la plus généralement suivie. L'oisiveté des étalons a de nombreux inconvénients que nous allons signaler, et un travail modéré, bien exactement en rapport avec les forces des individus, ne nous paraît avoir que des avantages.

Le premier de tous résulte clairement des principes zootechniques que nous avons posés. S'il est vrai que l'exercice des aptitudes ait pour effet certain et immédiat de les développer ; s'il n'est point faux que ces aptitudes se transmettent par la génération ; on ne saurait disconvenir qu'il soit avantageux de soumettre l'étalon aux exercices qui peuvent occasionner le développement de ses aptitudes natives. Son influence héréditaire s'accroît par là de toutes les qualités qu'il a acquises par l'exercice. Le principe vrai sur lequel repose la perpétuation du cheval anglais de race n'a pas d'autre base, puisqu'il est admis qu'avant de servir à la reproduction les étalons doivent avoir fait leurs preuves sur l'hippodrome, et puisqu'il est prouvé d'ailleurs que les plus grands vainqueurs sont en général ceux qui procréent les individus qui, comme eux, obtiennent des succès. Ce qui est vrai pour la spécialité des courses de vitesse ne saurait manquer de l'être, à plus forte raison, pour toutes les autres. Le dressage méthodique pour le service auquel ils sont propres est donc, après la bonne conformation, la principale condition du mérite des étalons. Et c'est un point beaucoup trop négligé.

Indépendamment de cette considération de premier ordre, l'étalon qui n'a reçu aucune espèce d'éducation et qui demeure dans l'oisiveté durant toute son existence, contracte facilement des vices de caractère, dont le développement est favorisé par sa fonction même. Il devient le plus souvent indocile, même intraitable et dangereux, pour peu que son tempérament soit irritable, et transmet ces dispositions fâcheuses au moins à quelques-uns de ses produits. S'il est d'une constitution différente, le repos lui fait prendre de la graisse outre mesure, il devient mou, et ses facultés prolifiques s'en ressentent sensiblement. Dans les deux cas il est, toutes choses égales d'ailleurs, plus exposé aux atteintes des maladies de toutes sortes.

Rien n'est plus favorable à la santé, pour tous les êtres organisés, qu'un air pur, un exercice modéré de toutes leurs facultés, joints à une nourriture convenable. Il est donc bon que les étalons de toute espèce soient soumis d'abord au dressage, puis à un travail approprié à leurs aptitudes, hors le temps de la monte, à la seule condition de ne pas dépasser les limites d'un exercice salutaire, pour aller jusqu'à l'abus. En outre des avantages que nous venons de voir, et qui sont considérables, il y a dans une telle pratique celui de compenser dans une certaine mesure les frais d'entretien par le bénéfice que procure le travail produit. Tout en rendant des services, les étalons qui sont soumis à cette hygiène rationnelle se maintiennent plus sûrement dans de bonnes conditions de santé, leurs aptitudes se perfectionnent, leur caractère s'améliore, et il est reconnu qu'ils sont plus féconds et plus aptes à procréer de bons produits.

Hygiène de la poulinière. — Nous devons nous occuper d'abord de ce qui concerne les juments destinées à la reproduction, pour les suivre ensuite, au point de vue de leur hygiène, pendant la durée de la gestation et jusqu'à la mise bas. Tout cela, qui est beaucoup trop négligé, exerce une grande influence sur la production chevaline, et doit pour ce motif être de notre part l'objet d'une attention particulière.

Ce qui frappe en premier lieu le zootechnicien et l'hygiéniste, c'est la façon dont s'opère en général le choix des juments que l'on se propose de livrer à l'étalon. Dans la plupart des cas, ces bêtes appartiennent à deux catégories, qui laissent l'une et l'autre beaucoup à désirer, eu égard à la part qui doit revenir à la femelle dans l'acte de la reproduction. Ou bien les poulinières se recrutent parmi les juments déjà avancées en âge, usées par la fatigue et ayant pour ce fait les membres tarés, et cela pour l'unique motif qu'elles sont devenues impropres à rendre des services d'un tout autre genre ; ou encore, poulinières purement accidentelles, les femelles sont saillies avant d'avoir atteint même leur troisième année, c'est-à-dire lorsqu'elles sont encore pouliches elles-mêmes. Dans les grands centres de production, ce cas est le plus ordinaire. On n'y rencontre guère de juments arrivées à l'âge adulte sans avoir donné au moins un poulain. Les éleveurs trouvent à cela sans doute l'avantage de compenser par la valeur du produit les frais de l'élevage de la mère ; mais nous n'avons pas besoin de faire remarquer de nouveau combien une telle pratique est préjudiciable tout à la fois à l'un et à l'autre, et par conséquent à la production chevaline tout entière. Le moins que l'on puisse demander aux éleveurs, ce serait d'attendre au pis-aller la quatrième année pour faire saillir leurs jeunes juments, tout en ajoutant que leur intérêt bien entendu serait plutôt d'avoir des poulinières de choix, adultes et spécialement affectées à la production. Ils feraient peut-être, en agissant ainsi, moins d'élèves, mais leurs comptes se solderaient à coup sûr avec plus de bénéfices, pour cette raison qu'ils obtiendraient de meilleurs poulains, qui se vendraient plus cher, en économisant les rations d'entretien. Toujours est-il que la condition dont nous parlons est obligatoire, quand il s'agit de réaliser des améliorations.

En ce qui touche les vieilles juments usées, elles peuvent exceptionnellement donner quelques bons produits, à la condition qu'elles ne soient atteintes d'aucun vice héréditaire. Cela se voit ; mais dans le plus grand nombre des cas, il ne faut pas y compter. L'amélioration des chevaux manquera toujours d'une de ses bases essentielles, tant que l'on ne prendra pas plus de soin dans le choix des mères. La théorie du pur sang les compte

pour rien, il est vrai, dans le résultat de l'accouplement, mais l'observation n'est point d'accord ici avec la théorie, pas plus du reste que les théoriciens eux-mêmes, quand ils descendent sur le terrain de la pratique. Des preuves nombreuses en ont été données précédemment.

Les animaux herbivores, dans les conditions naturelles, entrent en rut à la saison du printemps, et c'est alors qu'ils s'accouplent pour perpétuer leur espèce. Le régime de la domesticité modifie ces dispositions et permet de devancer l'époque de l'apparition des phénomènes qui, chez la femelle, rendent possible la fécondation. Une alimentation uniforme et toujours plus excitante que celle fournie par les herbes vertes, favorise l'excitabilité du sens génital, à ce point qu'il suffit ordinairement des provocations du mâle, répétées à quelques reprises, pour disposer la jument à se laisser saillir, et même souvent pour provoquer chez elle la manifestation d'un vif désir de l'accouplement.

On profite de cette circonstance pour régler celui-ci de façon à obtenir les naissances des produits au moment le plus favorable, c'est-à-dire vers les premiers jours du printemps. La durée de la gestation étant, chez la jument, de 347 à 360 jours, en moyenne, environ onze mois, il est facile de calculer l'époque précise à laquelle il convient de provoquer la manifestation des *chaleurs*, pour arriver à ce résultat.

Les signes qui accusent l'existence des chaleurs ne sont pas toujours très-apparents. Chez certaines organisations, ils sont même à peu près nuls. On ne peut en juger, dans ce cas, que par la manière dont la jument accueille les avances de l'étalon d'essai. Mais la presque totalité des cavales en chaleur sont dans un état qui ne permet pas de méconnaître leurs dispositions. Elles perdent de leur appétit et témoignent d'une soif exagérée. Elles sont agitées, inquiètes et font entendre à chaque instant des hennissements. Elles recherchent, quand elles sont libres, les animaux de leur espèce. Leur sensibilité tactile s'exalte, et elles éprouvent au moindre attouchement des contractions des muscles de l'appareil génital et de la vessie, qui provoquent l'expulsion subite d'un jet d'urine. Les lèvres de la vulve s'entr'ouvrent alors et laissent voir les parties internes de cet organe rouges et gonflées par un état congestionnel. Chez quelques-unes, cette exaltation de la sensibilité est telle, que les attouchements sont toujours suivis de ruades évidemment involontaires.

On a conseillé bien des moyens pour faire naître cet état chez les juments qui ne le présentent pas, au delà du terme où il se montre ordinairement. Le seul qui ne soit pas à condamner est une nourriture très-alibile, comprenant des féveroles principalement, de l'avoine, du froment. Tout ce qui est du domaine des drogues doit être rejeté comme irrationnel et même dangereux. Au reste, il est très-rare que les jeunes juments bien nourries et qui sont soumises aux excitations du voisinage des chevaux entiers ne deviennent pas facilement en chaleur ; cela ne se présente que pour les bêtes déjà arrivées à un âge avancé et que l'on veut livrer à la reproduction. Souvent il arrive alors que plusieurs années de suite on est dans l'impossibilité de les faire féconder.

Quant aux poulinières qui ont déjà porté, le plus ordinaire est qu'elles se montrent disposées à recevoir le mâle peu de jours après la mise bas, tout de suite même pour quelques-unes. On est dans l'usage, à peu près partout, de les conduire à l'étalon dans les huit jours qui suivent la parturition. On assure, et cela est très-vraisemblable, qu'elles sont alors, mieux qu'en toute autre circonstance, dans de bonnes conditions pour être fécondées.

Il règne, au sujet des conditions qui favorisent la conception, chez la jument, beaucoup de préjugés. Le plus communément répandu est celui qui se rapporte à la saignée. Il est bien rare que les femelles conduites à l'étalon ne soient pas soumises à cette petite opération. On ne saurait dire jusqu'à quel point une telle pratique peut avoir l'influence qui lui est accordée. Mais elle est si bien enracinée dans les habitudes, qu'on essayerait en vain d'en démontrer l'inutilité, au moins à titre de mesure générale et systématique. Il est permis d'admettre qu'elle puisse avoir quelque efficacité, lorsqu'il s'agit de ces juments chez lesquelles les chaleurs persistent, bien qu'elles aient été saillies déjà plusieurs fois. On conçoit qu'aidée d'un régime rafraîchissant elle ait pour effet, dans ce cas, de modérer les ardeurs utérines et de rendre possible la fécondation. Dans les circonstances ordinaires, on n'en comprend plus la nécessité.

Quoi qu'il en soit, ce qui est mieux dans les données de la physiologie, c'est de tenir, après la saillie, la jument au repos, loin de toute cause d'excitation. Mais rien n'est plus propre à assurer la fécondité que l'habitude d'un travail modéré, auquel ne sont point assez soumises les poulinières. Celles qui, avant d'être livrées à la reproduction, ou durant leur dernière gestation ont été entretenues dans cet état de santé que procure l'exercice rationnel de toutes les fonctions, dans cette situation d'équilibre organique amené par le jeu convenable du système musculaire; celles-là manquent bien rarement de concevoir, lorsqu'elles ont reçu l'étalon.

Il n'y a pas de signe certain de la fécondation. La cessation des chaleurs est cependant ordinaire dans cet état; mais elle se montre également, encore bien que la jument n'ait pas été fécondée, de même qu'on voit l'orgasme génital persister chez quelques juments pleines. Celles-ci deviennent bientôt plus lentes dans leurs mouvements, molles, moins sensibles aux excitations. Chez les primipares, les mamelles se gonflent, les mamelons se dérident et deviennent plus visibles. Il y a un ensemble de caractères que l'on ne saurait décrire, mais que les gens habitués à soigner les poulinières connaissent fort bien, et auxquels ils ne se trompent guère lorsqu'il s'agit de résoudre la question de savoir si la fécondation a eu lieu. Toutefois, ce ne sont jamais là que des probabilités. Il est absolument impossible d'obtenir une certitude dans les premiers temps de la gestation, même par l'exploration directe de la matrice, qui n'est jamais sans danger, car elle peut provoquer l'avortement.

Ce n'est que vers le cinquième mois, lorsque les mouvements du fœtus sont perceptibles, que l'on peut être fixé sur son existence. On le sent dans quelques cas avant cette époque, en explorant avec attention la partie inférieure du flanc droit après le repas, mais surtout pendant ou peu après l'ingestion des boissons. En appliquant le plat de la main sur cette région et en pressant, pour peu qu'on soit exercé à cette recherche, on perçoit très-bien les mouvements du fœtus.

Il est d'une certaine importance d'acquérir le plus tôt possible une certitude à cet égard, car l'hygiène de la jument en état de gestation diffère nécessairement de celle de la bête qui n'a pas conçu. Jusque-là, il y a lieu de se conduire comme si l'affirmative était démontrée et d'éviter toutes les causes d'excitation, tous les troubles de l'économie qui pourraient déterminer l'avortement.

« Parmi les soins réclamés par les juments, dit excellemment M. Magne, nous plaçons en première ligne la *nécessité de l'exercice*, surtout pour les poulinières qui ne nourrissent pas. Il ne faut pas craindre que le travail soit nuisible, car nous voyons beaucoup de juments dont l'état de plénitude n'avait pas été soupçonné, qui ont supporté les plus rudes fatigues, fait les plus violents efforts, et qui cependant, le terme de la gestation arrivé, accouchent d'un fœtus bien conformé, fort et vigoureux. On a vu des juments parvenues à un état de gestation avancée supporter sans accident les fatigues de l'entraînement et subir l'épreuve de l'hippodrome. Cependant et malgré des exemples nombreux de faits semblables, il est sage d'exiger des juments plutôt un travail continu qu'un travail violent. Lorsque la gestation est avancée, on ne doit jamais faire galoper les juments, ni même les faire trotter vers la fin de la plénitude; il faut les surveiller toujours avec soin, car l'avortement n'est pas le seul accident qu'on ait à craindre : le fœtus comprime les viscères, les presse, les frappe dans les secousses qu'il éprouve; il refoule le diaphragme en avant, comprime le poumon et prédispose la mère à contracter des irritations de poitrine. »

M. Magne ajoute qu'on doit cesser de faire travailler la poulinière trois ou quatre jours avant la mise bas, et quand le volume de l'abdomen, la difficulté de marcher, le gonflement de la vulve, annoncent la fin prochaine de la gestation. A cette époque, il faut lui accorder une quinzaine de jours de repos complet.

Nous partageons complétement, à cet égard, l'avis de l'auteur que nous venons de citer. Il est incontestable qu'un travail modéré est pour les juments pleines une des prescriptions hygiéniques les plus rationnelles. Sans nuire aucunement au développement du fœtus, l'exercice musculaire communique à l'économie une force de résistance qui la met à l'abri des influences qui peuvent provoquer l'avortement. C'est là un fait si bien démontré, dans l'hygiène de la gestation de toutes les espèces, y compris l'espèce humaine, qu'il n'y a sans doute pas lieu d'insister. Il faut seulement faire remarquer, encore à ce propos, que la pratique recommandée par nous est en outre un moyen d'améliorer les conditions de l'industrie chevaline, par le dégrèvement qu'elle apporte dans le prix de revient des produits. Le travail des mères, en effet, si minime qu'en puisse être l'estimation, décharge toujours d'autant leur compte de dépense, et par là celui de la production.

Tout ce qui a été écrit par M. Magne sur l'hygiène des poulinières est parfait, et notamment ce qu'il dit au sujet de la nourriture. La jument pleine doit être, suivant lui, entretenue en bon état sans être trop grasse. Il pense avec raison que la pléthore et l'obésité prédisposent à l'avortement et rendent l'accouchement pénible, tandis que la maigreur nuit à la fois au fœtus et à la sécrétion du lait. Au lieu de redire les mêmes choses sous une autre forme, mieux vaut emprunter à cet auteur les pages dans lesquelles sont consignés les excellents préceptes formulés déjà par lui.

« Il faut, dit M. Magne, réserver pour les juments pleines des aliments de bonne qualité ; le développement régulier, la bonne constitution du fœtus, en dépendent. Le vert seul peut difficilement suffire pour les juments qui travaillent beaucoup ; il vaut mieux les faire travailler davantage et ajouter à l'herbe des grains, des farineux.

« Les Anglais donnent à leurs poulinières des provendes appelées *mash*, composées de deux parties d'orge et d'une partie d'avoine, concassées et arrosées avec de l'eau bouillante ; ces substances fournissent beaucoup de chyle, elles nourrissent sans exciter.

« Un supplément de nourriture au râtelier est nécessaire le matin aux juments qui vont dans les pâturages ; l'estomac en partie rempli de foin est moins sensible que s'il était vide à l'impression que tend à produire l'herbe couverte de rosée ; les aliments pris au râtelier préservent aussi le fœtus de l'effet du froid ; quelques bouchées d'herbe, quelques gorgées d'eau froide prises par une poulinière qui est à jeun peuvent occasionner l'avortement.

« Les aliments susceptibles de produire des indigestions, ceux surtout qui fermentent et dégagent des gaz dans les organes digestifs, seront donnés en petite quantité et souvent. Il faut surveiller les juments pleines qui sont au vert depuis peu, celles auxquelles on donne au râtelier le produit vert des prairies artificielles : les indigestions venteuses déterminent souvent la mort du fœtus en produisant la compression de la matrice et l'expression des fluides contenus dans le tissu spongieux du placenta. »

Ce qu'ajoute le même auteur au sujet des autres soins à prendre dans la conduite des poulinières n'est pas moins judicieux. « Il est inutile, dit-il, de recommander de bien *panser* les juments pleines et de les couvrir avec soin, de les préserver du froid, surtout celles à poil ras, à peau fine, qui ne sont pas habituées aux intempéries. Nous ne recommanderons pas non plus de les *séparer* des grands ruminants, si dangereux à cause de leurs cornes, et de l'étalon qui peut déterminer la mort de l'embryon en faisant redevenir les juments en chaleur ou en les tourmentant ; de prendre des précautions afin qu'elles ne se blessent pas

contre les portes, contre les barrières, contre les brancards des voitures ; de les laisser libres dans de grandes stalles ou de les attacher de manière qu'elles ne puissent ni s'entraver ni se blesser entre elles, ni se faire mal contre les séparations, les crèches. Il serait aussi superflu de dire qu'on ne doit pas les mettre dans les pâturages lorsque les chaleurs sont trop fortes, les mouches vigoureuses, ou lorsque le temps est froid et mauvais.

« Nous avons encore en France beaucoup de juments poulinières qui vivent constamment dans les herbages où elles ne reçoivent pour toute nourriture, outre l'herbe qu'elles broutent, qu'un peu de foin souvent médiocre lorsque le temps est très-mauvais, et cependant avec ce régime les juments avortent rarement et mettent bas le plus souvent sans difficulté.

« Elles avortent plus rarement que celles que l'on rentre durant la mauvaise saison, dit M. Huvellier, parce qu'elles sont habituées de longue main aux intempéries, parce qu'elles boivent peu et plus souvent ; tandis que celles que l'on entretient dans les écuries, conduites pour boire à des mares glacées, y prennent pendant qu'elles sont en moiteur 30, 40 litres d'eau qui ne peuvent que réagir d'une manière fâcheuse sur le fœtus. De là de fréquents avortements vers le dixième et le onzième mois de la gestation.

« Nous avons signalé les boissons glacées comme une des causes les plus fréquentes de l'avortement. Il faut faire boire souvent les juments pleines, les soumettre même à un régime aqueux, afin qu'elles soient moins tourmentées par la soif, et leur distribuer l'eau au moment où elle sort du puits ou bien quand elle a été échauffée par un séjour de quelques heures dans l'écurie, si elle provient d'une mare ou d'un réservoir exposé à l'air froid. »

On ne saurait rien ajouter à ces sages prescriptions hygiéniques, non-seulement au point de vue de la prophylaxie de l'avortement, mais encore quant aux meilleures conditions de développement du fœtus. Il a été suffisamment établi que le régime de la mère influe d'une manière tout à fait directe sur la constitution de son fruit. La nature des rapports qui existent entre eux ne permet pas d'en douter. A ce dernier titre donc on peut facilement saisir l'importance de l'hygiène des poulinières, par rapport à la question de l'amélioration de l'espèce chevaline, que nous avons surtout en vue ici.

Parturition. — Nous n'avons à nous occuper que de ce qui se rapporte à l'accouchement dit physiologique, c'est-à-dire aux circonstances dans lesquelles cet acte s'accomplit suivant les lois naturelles, spontanément, et sans nécessiter aucun secours étranger. Dans de tout autres conditions il devient du ressort de la chirurgie et nécessite le concours prompt et efficace de l'homme de l'art. Il a été suffisamment déjà indiqués à l'éleveur sont relatifs au moment qui précède le part, à celui durant lequel il s'accomplit, enfin aux instants qui le suivent.

Afin d'être en mesure d'administrer aux poulinières les soins que leur état nécessite, lorsqu'elles doivent accoucher dans une écurie ou une boxe, il est bon d'abord de connaître les signes à l'aide desquels se révèle l'imminence du part.

Vers la fin de la gestation, le ventre semble plus bas, le flanc se creuse, l'anus s'enfonce davantage; on observe sur la croupe, de chaque côté du sacrum, des dépressions plus ou moins profondes, suivant l'état de l'embonpoint, mais qui ne se présentent ordinairement que vers les derniers jours. Les éleveurs connaissent bien ce signe d'une parturition prochaine, et ils en font grand cas. En outre, la marche devient difficile, les mamelles atteignent le dernier degré de leur gonflement; elles laissent échapper par les ouvertures des mamelons une matière jaune qui s'y concrète et prend la consistance et la couleur de la cire : cela indique que le part est proche. Enfin, en dernier lieu, la vulve se dilate, ses lèvres se gonflent, et il s'en échappe un fluide incolore et gluant (1).

Si, avec ces signes, on observe que la bête témoigne de l'inquiétude, qu'elle s'agite et semble atteinte de légères coliques, le terme de la gestation étant arrivé, on en peut conclure sans chances d'erreur que l'instant de la parturition est proche.

Il importe, dans ce cas, si la poulinière est seule dans le lieu où elle se trouve, et il est toujours bon qu'il en soit ainsi, il importe alors de la laisser en liberté, à l'abri d'une lumière vive, sans l'importuner par sa présence, tout en la surveillant à distance et sans bruit, de manière à se trouver prêt à lui porter secours en cas de nécessité. Nous n'avons pas besoin de dire qu'une bonne litière a dû lui être préparée. La surveillance attentive est surtout nécessaire pour les juments qui en sont à leur premier poulain.

Le plus important de tous les préceptes à formuler en cette matière, c'est de ne jamais se hâter d'intervenir, lorsqu'on a pu constater que l'état des choses se présente dans les conditions normales. S'il a été reconnu par l'exploration, après quelques instants d'efforts de la part de la mère, que la présentation du fœtus est régulière, par le train antérieur, le bout du nez étant appliqué sur les membres, ou par les pieds de derrière, ce qui est moins commun, il faut laisser les choses marcher naturellement. Il n'y aurait indication d'agir que dans le cas où des contractions infructueuses se seraient continuées au delà de quelques heures; auquel cas, à moins de connaissances et d'aptitudes spéciales, il est nécessaire de faire appeler l'homme de l'art.

Cependant, si l'accouchement, bien que marchant régulièrement, semblait s'accomplir avec une lenteur qui pût être préjudiciable au fœtus; si celui-ci, déjà engagé dans le détroit du bassin et montrant en dehors ses pieds sortant de la vulve, semblait demeurer stationnaire, il y aurait avantage à aider la mère en opérant des tractions douces et continues sur le poulain tenu par les pieds. La moindre proéminence anormale peut résister en pareille circonstance aux efforts expulsifs. Une fois qu'elle a franchi le point d'arrêt, par suite des tractions ajoutées, le reste suit bientôt avec une grande rapidité.

Le plus ordinairement, le cordon ombilical se rompt spontanément, soit que la femelle accouchant debout, la rupture ait lieu au moment où le poulain tombe doucement sur la litière, soit lorsque celle-ci se relève brusquement après le part, s'il a eu lieu la femelle étant couchée. En aucun cas il n'est nécessaire de le lier, à moins que par exception une hémorrhagie ne s'y soit déclarée. L'expulsion des membranes ou délivre se fait en général aussitôt après l'accouchement. C'est une circonstance anormale qu'elle n'ait pas lieu dans les douze heures. Le cas devient alors du ressort de la médecine.

Instinctivement, la jument, comme toutes les bêtes quadrupèdes domestiques, sèche son petit en le léchant, dès qu'il a vu le jour. Quelques poulinières toutefois ne paraissent pas disposées à s'en occuper. On conseille, pour les y décider, de saupoudrer le poulain de sel, ou de farine d'orge, ou de toute autre substance pulvérulente dont on sait la jument friande. Ce moyen demeurant infructueux, il reste à sécher soi-même le petit en le frictionnant avec une étoffe de laine. Ces frictions, exécutées par la langue de la mère, ou, à son défaut, par la main de l'homme, sont indispensables pour communiquer au poulain la force nécessaire pour qu'il puisse se tenir debout et se rendre aux mamelles de sa mère.

Après cela, un bon bouchonnement à la poulinière suivi de l'application d'une couverture, quelques boissons tièdes, blanchies avec un peu de farine d'orge, sont les seuls soins qu'il faille lui donner. Deux préjugés, dont un est au moins préjudiciable au petit, sont à cet égard très-répandus. On a coutume d'administrer aux juments qui viennent de mettre bas une assez forte ration de froment en grains, puis de les traire et de leur faire avaler leur premier lait. On donne à l'appui de ces pratiques mille raisons qui varient selon les lieux. Le froment, il faut le reconnaître, n'entraîne pas précisément d'inconvénients; mais il est bon que l'on sache que le premier lait des femelles (colostrum), qui est séreux et jaunâtre, a des propriétés spéciales, légèrement purgatives, qui ont pour effet de débarrasser le petit des matières fécales (méconium) accumulées dans les dernières portions de son intestin. Il y a donc toujours avantage à le lui laisser teter, et souvent de graves inconvénients à l'en priver.

Il importe par conséquent de ne point traire la jument, si ce n'est pour assouplir son pis trop gonflé et faciliter les premières tentatives du poulain. Lorsque celles-ci sont infructueuses, ce qui arrive dans le cas de faiblesse de sa part, il convient de lui tenir la bouche appliquée sur le pis, et d'opérer sur ce dernier des tractions et des pressions méthodiques pour projeter le lait qui s'en échappe sur la langue du poulain. Après quelques instants de cet exercice, il ne tarde point à se charger tout seul de l'opération. Alors com-

(1) Ces signes existent à peu près sans exception chez les poulinières. Dans certains cas, ils peuvent cependant manquer. Il n'est pas sans exemple que des juments, saillies accidentellement, aient mis bas sans qu'aucun signe apparent ait pu faire soupçonner leur état de gestation.

mence une nouvelle phase hygiénique, embrassant à la fois, mais distinctement, la mère et son produit, et dont nous allons maintenant nous occuper.

Allaitement. — Nous savons qu'en général les juments sont à la fois nourrices et en état de gestation, puisqu'il a été dit déjà qu'elles sont conduites à l'étalon peu de jours après la mise bas. Cette considération commande de donner à la jument nourrice une alimentation capable de suffire aux exigences de sa double fonction. Et c'est ce dont on ne se préoccupe pas assez, en général. Le mauvais entretien des poulinières, dont il a été précédemment parlé, considéré dans ses rapports avec le développement du fœtus, n'agit pas moins sur le poulain par l'intermédiaire de l'allaitement. Suivant une heureuse expression de M. Flourens, la lactation est une sorte de prolongation de la gestation, car ce savant physiologiste a démontré que les mêmes influences qui s'exerçaient par l'intermédiaire du sang que la mère fournit au fœtus, s'exercent également par l'intermédiaire du lait.

Il importe donc extrêmement que la nourrice puisse fournir au fruit qu'elle allaite un liquide suffisamment pourvu des matériaux nécessaires au développement régulier de tous ses organes. Quiconque est pénétré des principes essentiels de la physiologie, demeure convaincu que la constitution ultérieure du cheval et ses formes principales dépendent surtout des premiers temps de sa vie et du lait qu'il a reçu, qualité et quantité. Cela étant, une des bases essentielles de l'amélioration de la production chevaline est conséquemment dans l'alimentation des nourrices, agissant bien entendu sur une aptitude assez développée. Et c'est le moment de faire remarquer avec quel empressement on doit réformer les poulinières qui n'ont qu'une faible aptitude à la sécrétion du lait, quelque alimentation qu'elles reçoivent. Quelles que soient d'ailleurs ses qualités de conformation, une jument sera bien rarement une bonne poulinière, donnant des produits de valeur, si elle n'est pas une excellente nourrice.

La meilleure de toutes les conditions est de pouvoir mêler, dans l'alimentation des juments qui allaitent, les premières herbes vertes du printemps; mais cela ne doit être que l'accessoire, tandis qu'en général cela est le principal. La base de la nourriture, dans ce cas, doit être, comme chez les Anglais, composée d'un mélange de grains concassés et préparés pour une facile digestion. La poulinière nourrice ne devrait jamais partir pour le pâturage, ou, quand elle y est en permanence, la matinée ne devrait pas s'écouler, sans qu'elle reçût une ration de substances à la fois alibiles et aqueuses, propres à procurer une abondante sécrétion de lait riche et crémeux. Ce qui convient le mieux, ce sont les *mash* anglaises, qui sont d'une très-facile digestion.

Le poulain ayant tété le premier lait de sa mère et ayant subi la purgation nécessaire, en est ensuite avantageusement séparé, de manière à ne prendre la mamelle qu'à des heures fixes. Dans un élevage bien entendu, ce devrait être une règle absolue, car seule cette mesure permet de rendre efficace l'intervention de l'intelligence humaine, sur la direction imprimée au développement du produit. Mais il faut bien reconnaître que dans le plus grand nombre des cas, avec l'oisiveté des poulinières et l'usage de les faire paître en liberté et plus ou moins constamment, cela n'est guère possible. Nous n'en devons pas moins faire ressortir tous les avantages.

D'abord, la mère se trouve bien de n'être pas à chaque instant tourmentée par les caprices du poulain, qui vient prendre le pis pour quelques secondes, le lâche et revient, pour recommencer sans cesse. De son côté, le petit, qu'il faut conduire à sa mère aux heures convenables, si ce n'est celle-ci qu'on lui amène à lui-même, le petit s'accoutume de bonne heure, dans les deux cas, à la vue et aux soins de l'homme : ce que nous considérons comme de la plus grande importance pour l'élevage du cheval. L'habitude de vivre hors de la société de sa mère le dispose mieux à l'obéissance, il faudrait dire plutôt à la reconnaissance, pour l'homme; car les qualités et les services du cheval sont en raison des bons soins qu'il a reçus. En outre, cette séparation permet de préparer de longue main la difficile opération du sevrage, dans des conditions où il faut à la fois ménager l'intérêt de la mère arrivée à un état de gestation avancée, et celui du poulain. Il est plus facile par là d'habituer ce dernier à recevoir d'abord de petites rations de substances cuites et farineuses, puis de grains concassés, mêlés ou non avec du fourrage haché. En graduant convenablement le régime de cette manière, de simple accessoire de l'allaitement il devient peu à peu et progressivement la base de la nourriture du poulain, et le lait une sorte de supplément. C'est le moyen d'amener un sevrage facile et sans aucun inconvénient, ni pour la mère, ni pour le poulain. Mais c'est aussi le moyen d'obtenir des élèves forts, vigoureux, bien conformés, aux formes harmonieuses et d'un développement hâtif. Le vice fondamental de notre industrie chevaline, c'est qu'on ne nourrit pas assez les poulains dans la première année de leur vie. Ils n'ont que le lait d'une mère le plus souvent mal soignée et souffrant elle-même de la faim. Cela n'est pas suffisant.

Malgré les développements qui ont été consacrés à ce point spécial de zootechnie dans de précédents chapitres, il nous paraît opportun d'y insister en ce moment; car il ne faut pas que l'on oublie que c'est à l'âge dont nous nous occupons que l'animal est pour ainsi dire malléable et qu'il peut subir les améliorations que nous visons à lui imprimer. On a calculé que la taille du poulain augmente de 41 centimètres pendant la première année, de 14 dans la deuxième, de 8 dans la troisième, de 4 dans la quatrième, et de 12 à 15 millimètres seulement dans la cinquième. Ces chiffres n'ont pas, bien entendu, une valeur absolue mais ils n'en montrent pas moins l'importance relative de ces différentes périodes de la vie sur les mérites ultérieurs du cheval. Il résulte, d'un autre côté, de recherches poursuivies par M. Boussingault, que l'accroissement en poids est de $1^k,04$

par jour dans les trois premiers mois de l'allaitement, tandis qu'il n'est plus ensuite que de 0ᵏ,345 jusqu'à trois ans.

On n'a pas de peine à comprendre, après cela, que les formes du corps, chez le cheval, que leur régularité et leur harmonie surtout dépendent de la manière dont s'effectue dans les premiers temps de la vie le développement des divers appareils d'organes. Et l'on est en droit de s'étonner beaucoup qu'une vérité aussi simple et aussi élémentaire que celle qui place sous l'influence de l'alimentation ce développement régulier, soit si généralement méconnue. C'est la transition qui s'opère au moment où le poulain cesse de teter sa mère, qui est principalement négligée dans la pratique la plus commune de nos éleveurs. Consacrons à cette partie de l'hygiène de l'élevage quelques détails.

Sevrage. — Nous avons dit que le moyen le plus simple et le plus facile de rendre insensible pour la mère et pour le poulain la cessation de l'allaitement est de les y préparer l'un et l'autre graduellement, en augmentant petit à petit la ration de ce dernier, à mesure qu'on le conduit moins souvent à la mamelle de sa nourrice. Quant à celle-ci, la sécrétion mammaire étant moins excitée par un exercice plus restreint, tend à se tarir naturellement, en même temps que le poulain s'habitue à satisfaire son appétit avec les aliments qu'il consomme loin de sa mère. Il arrive même souvent, dans ce cas, qu'il se sèvre volontairement et ne manifeste plus le désir de teter.

C'est vers le cinquième mois qu'en général le sevrage est opéré. Rarement l'allaitement se prolonge jusqu'à six et sept mois. Il vaut mieux le faire cesser plus tôt que plus tard, lorsqu'il a été conduit suivant les préceptes que nous avons indiqués. Chez les juments qui sont fortes nourrices, il y a quelquefois indication, à ce moment, de faciliter la disparition du lait par une légère diète, secondée d'un purgatif doux. Mais c'est seulement lorsque les juments ne travaillent pas que ce cas se présente. L'exercice facilite considérablement la transition, et quand il est conduit d'une façon rationnelle le sevrage s'opère sans aucun inconvénient. C'est alors qu'il convient de porter la nourriture du poulain au plus haut degré qu'elle puisse atteindre, et qui n'a d'autres limites que celles imposées par son appétit, surexcité même par tous les moyens que l'hygiène met à notre disposition. Le choix varié des aliments de la meilleure qualité, les préparations culinaires qui peuvent les rendre plus appétissants, et d'une digestion plus facile, les grains concassés ou moulus, les fourrages hachés et ramollis par l'eau bouillante, les macérations, la multiplicité des repas, sont autant de soins qu'il ne faut pas négliger. Dans les moments qui suivent le sevrage, et jusqu'à ce que le poulain ait franchi sa première année, il ne vit que pour manger. Le lait de sa mère lui faisant défaut précisément vers la fin de la belle saison, alors qu'il ne peut plus trouver dans le pâturage où il va prendre les ébats si nécessaires à sa jeunesse que des herbes flétries et sans valeur nutritive, il importe d'y suppléer lar-

gement par des soins bien entendus. Il faut éviter surtout pour lui les influences fâcheuses de leur premier hiver. Quand on voit, dans les contrées où l'élevage s'opère entièrement dans les prairies, en dehors de l'intervention hygiénique de l'homme, l'état dans lequel se trouvent ces petits animaux à la fin de la saison froide, on n'est nullement surpris du faible nombre de ceux qui ont conservé des formes convenables et une bonne constitution. Les privations qu'ils ont subies, la grande quantité d'herbes peu alibiles qu'ils ont dû brouter en parcourant de larges espaces pour apaiser leur faim, a fait prendre à leur ventre un développement qui contraste avec leurs muscles amaigris. La nécessité d'avoir toujours le nez à terre a fait développer leur tête outre mesure et amené le plus souvent une déviation de leurs aplombs.

Un bon élevage comporte entre les poulains et l'homme des rapports constants. Il faut que ceux-là soient habitués de bonne heure à recevoir ses caresses et ses soins, à se soumettre sans résistance aux liens qui seront plus tard indispensables à leur utilisation, à comprendre que leur vie commune doit être un échange constant de services et de soins, à voir plutôt en lui un ami qu'un maître exigeant.

C'est ainsi que les choses se passent chez l'Arabe, qui par là façonne le cheval le plus docile, le plus intelligent et le plus réellement beau de son espèce, dans toute l'acception du mot. Et cette considération, si solidement basée sur une expérience de plusieurs siècles, doit constamment dominer pour nous l'élevage du cheval, dont il nous faut maintenant suivre les diverses phases, à partir de l'époque du sevrage jusqu'à celle de l'âge adulte.

Hygiène du poulain. — Au point où nous en sommes arrivés, il n'existe plus aucun rapport entre le jeune animal et sa mère. Il faut donc l'envisager isolément. Quel que soit le mode d'élevage adopté, mode qui est souvent imposé par les circonstances économiques, qu'il comporte l'usage exclusif du pâturage ou celui de la stabulation, ou bien, ce qui est de tout point préférable, un régime mixte où les deux se trouvent réunis; dans tous ces cas, ce que nous avons dit de l'alimentation indispensable pour une bonne hygiène trouve toujours son application. Il en est de même des autres soins. C'est, encore une fois, la base fondamentale d'un élevage rationnel. Quand les poulains vivent en liberté dans les herbages, ils doivent avoir à leur proximité des hangars au moins, même des écuries, où ils sont sûrs de trouver à des heures fixes leurs rations supplémentaires de grains, et où ils se mettent en contact avec l'homme qui leur prodigue ses soins et ses caresses, qui les façonne progressivement aux exigences de la vie domestique à laquelle ils sont destinés. En tous cas, ils ne doivent demeurer à la crèche que durant le temps nécessaire pour prendre leurs repas et recevoir les soins qui leur sont prodigués, dans le but de les habituer à l'approche de l'homme, à ses attouchements, aux soins de propreté et de pansage qu'ils devront plus tard recevoir régulièrement. L'exercice au grand air et la liberté ne sont pas moins indispensables au développement de leurs aptitudes et à leur bonne santé.

Dans cet état, qui se prolonge jusque vers l'expiration de la deuxième année de leur vie, et tout au moins pour quelques-uns, en raison de leurs aptitudes particulières à un travail plus précoce, pour les races de trait par exemple, jusqu'à dix-huit mois ; dans cet état de liberté, où les sexes sont confondus lorsqu'il s'agit d'une production un peu étendue, l'instinct génésique se développe souvent de bonne heure chez les mâles. C'est alors qu'il y a lieu d'opérer la séparation des sexes, si les convenances du commerce, les conditions du débouché, commandent de conserver les mâles entiers. Dans le cas contraire, il convient de faire subir à ceux-ci l'opération de la castration. La division introduite par l'industrie chevaline dans les diverses phases de l'élevage d'un certain nombre de nos races de trait, simplifie pour elles la situation. C'est à ce moment, en effet, que les poulains de ces races sont mis en vente et changent de maître en même temps que de pays. Mais en ce qui concerne les chevaux de selle et d'attelage, il en est autrement. L'élevage est beaucoup moins divisé. La règle est que les poulains demeurent dans leur pays de production jusqu'à ce qu'ils puissent être vendus pour le service auquel ils sont propres. Sauf à les exposer aux accidents trop fréquents dans les herbages, force est donc de leur faire subir l'émasculation, ou de les isoler. C'est ce dernier parti que l'on prend pour ceux qui donnent assez d'espérances et promettent de devenir des étalons. Les autres sont châtrés de bonne heure ou conservés entiers, suivant les idées particulières de l'éleveur sur l'époque la plus convenable pour pratiquer cette opération.

C'est là précisément une question qu'il entre dans notre cadre d'examiner.

Castration. — Ce n'est pas l'affaire de l'éleveur de savoir si les chevaux entiers sont plus aptes au service que les chevaux hongres. Ce problème, au reste, n'est point résolu. Il doit s'en rapporter à cet égard à la demande qui lui est faite par la consommation. Celle-ci lui payant mieux les chevaux entiers, il se préoccupe seulement de les lui livrer en cet état ; les chevaux hongres sont-ils au contraire préférés ? il lui faut absolument se conformer aux exigences du débouché. Ce qui importe seulement, dans ce dernier cas, c'est de déterminer comment et à quel âge l'opération doit être pratiquée, pour n'exercer que l'influence la moins fâcheuse qu'elle peut avoir sur la qualité de ses produits.

Nous n'avons pas non plus à nous arrêter sur un côté de la question qui a été beaucoup discuté. Nous voulons parler des avantages que l'on a attribués à la castration des poulains, envisagée comme mesure générale, en vue de l'amélioration de l'espèce chevaline. Inspirée par l'idée fautive de l'importance exclusive de l'étalon, dans la production chevaline, cette mesure n'a pas assuré-ment toute la gravité qu'on lui a jusqu'à présent accordée. Ceux qui la présentent comme un moyen certain d'améliorer les races, en rendant

impossible l'emploi de mauvais étalons, se font à coup sûr de grandes illusions. Et qu'ils veuillent l'imposer ou seulement la répandre par la voie de la persuasion, cela ne peut certes avoir qu'une utilité très-secondaire, au point de vue, bien entendu, du résultat poursuivi. D'ailleurs, dans ces dernières conditions, nous n'aurions aucune raison de combattre l'idée, d'autant moins du reste qu'elle concorde parfaitement avec le but que nous croyons utile d'atteindre, en nous basant sur d'autres considérations.

Quels que soient donc les avantages ou les inconvénients de la castration, cela est absolument indifférent au producteur de chevaux. Comme tout industriel éclairé, il doit, encore une fois, se borner à faire ce que la consommation lui demande, et non point se proposer d'imposer à celle-ci ses propres visées ; auquel cas elle délaisserait purement et simplement ses produits, et il demeurerait dans la situation peu lucrative, quoique peut-être glorieuse à certains égards, de producteur incompris. Et c'est ce que tout agriculteur sensé doit soigneusement éviter.

Les auteurs spéciaux sont loin d'être d'accord sur l'âge précis le plus convenable pour opérer la castration du poulain. Un certain nombre se montrent convaincus qu'il est préférable d'attendre pour cela que l'animal ait atteint son complet développement. Celui-ci, d'après eux, s'étant effectué sous l'influence de la fonction génésique, est pour cette raison plus parfait. Cette opinion a été soutenue avec une grande force par des vétérinaires ayant longtemps pratiqué dans des pays d'élevage ; mais, combattue depuis par des hommes non moins autorisés, elle est à présent généralement abandonnée. Il est établi que la castration tardive amène dans la conformation du cheval des modifications fâcheuses. Chez l'animal entier, on le sait, les parties antérieures sont relativement plus développées que les parties postérieures, tandis que c'est le contraire pour la jument. Cette disposition naturelle est évidemment sous l'influence de la fonction sexuelle, puisque la disparition des testicules, lorsqu'elle se produit tardivement, détermine un travail de résorption dans le train antérieur, au bénéfice du train postérieur, qui amène l'amincissement du premier. Mais ce travail n'intéressant que les parties molles, il en résulte que le système osseux conserve ses proportions premières, ce qui donne à l'ensemble un aspect disparate et disgracieux. De plus on admet, ce qui est peut-être moins bien démontré, que l'abolition subite de l'aptitude génésique, alors qu'elle a eu le temps de se manifester amplement, produit une dégradation de l'individu qui abat son énergie et paralyse sa vigueur. Toujours est-il que l'on voit assez souvent des chevaux dangereux par leur méchanceté, devenir dociles et traitables après la castration.

Quoi qu'il en soit de ce dernier point, les inconvénients de la castration tardive sont maintenant hors de contestation, au point de vue de l'influence qu'elle exerce sur la conformation du cheval. C'en est assez pour la faire rejeter. Il est une autre considération qui mérite bien aussi d'être goûtée, c'est celle qui est relative aux accidents beaucoup plus nombreux que l'opération entraîne, lorsqu'elle est pratiquée sur des individus âgés. Ces accidents sont nuls, au contraire, ou à peu près, à la suite de la castration des poulains dont les organes sexuels sont encore peu développés.

Cela suffirait peut-être pour faire pencher la balance au bénéfice de l'opération pratiquée de bonne heure, s'il n'y avait pas d'ailleurs d'autres raisons encore meilleures à faire valoir pour cela.

La physiologie permet d'induire *à priori* de ce fait que la fonction génésique devant être ultérieurement supprimée, le mieux est de ne la point laisser se développer, et de mettre l'individu dans le cas d'acquérir son accroissement en dehors de l'influence de cette fonction. Et l'expérience, maintenant complète à cet égard, a démontré que s'il est encore douteux que les chevaux hongres rendent de moins bons services que les chevaux entiers, pour certains cas ; que s'il est certain qu'ils sont moins vifs, moins vigoureux, moins fiers ; il n'est pas moins certain que ceux qui ont été émasculés tardivement ne sont ni plus énergiques ni plus solides que ceux qui ont subi de bonne heure l'amputation des testicules. Il reste comme fait incontestable acquis à ces derniers une conformation meilleure, des formes plus harmonieuses.

Dans les premiers temps de la vie, en effet, le sexe de l'individu ne s'accuse point par une conformation particulière. Ce n'est qu'à dater du moment où les organes de la génération prennent l'activité qui leur est propre, que les caractères différentiels commencent à se manifester. Il est donc on ne peut plus rationnel de supprimer cette influence, chez le mâle, au moment où elle va se faire sentir, puisqu'elle n'est pas d'ailleurs destinée à persister. Ce n'est pas, dans le cas, une véritable suppression, c'est une précaution préalable. L'organe n'existant plus, la fonction ne se développe pas, et l'individu achève régulièrement sa croissance dans les conditions d'une véritable neutralité. A tous les points de vue cela est de beaucoup préférable.

Ce point fixé, il restait à déterminer d'une manière exacte le moment de l'opération. Les vétérinaires ont engagé là-dessus de nombreuses discussions. Les uns sont d'avis qu'il convient d'opérer le plus tôt possible, et dès que les testicules sont apparents et peuvent être atteints ; les autres pensent qu'il vaut mieux attendre la deuxième année ; quelques-uns vont même jusqu'à la troisième. Sans qu'il soit possible de rien dire d'absolu sur un pareil sujet, en raison des circonstances particulières qui peuvent se présenter, nous n'hésitons point à nous éloigner de la dernière opinion qui vient d'être exprimée. Nous ne voyons aucun inconvénient bien saillant à ce que l'on appelle la castration hâtive. Elle a plus qu'aucune autre le grand avantage d'être à peu près exempte d'accidents. Pratiquée après la deuxième année, au contraire, elle présente, sous ce rapport, la plus grande partie des chances malheureuses qui appartiennent à la castration tardive, et elle n'est plus d'ailleurs dans le principe hygiénique que nous avons tout à l'heure posé relativement à la suppression des organes testiculaires avant l'apparition de leur aptitude fonctionnelle. Il nous paraît donc que le moment le plus convenable, à tous égards, pour opérer la castration, dans le plus grand nombre des cas, est le commencement du premier printemps qui suit celui de la naissance, c'est-à-dire vers l'expiration de la première année du poulain, ou tout au plus avant le quinzième mois. Alors les ardeurs sexuelles ne se sont encore montrées ; l'animal est assez fort pour opérer sans dommage les suites de l'opération, et il trouve au pâturage la nourriture verte qui convient à son état. Enfin, il est possible à ce moment de distinguer déjà les poulains susceptibles d'être avantageusement conservés pour la reproduction, sauf à châtrer plus tard ceux d'entre eux qui ne tiendraient pas ce qu'ils avaient fait espérer, ou sur lesquels des vices héréditaires pourraient se montrer.

Le choix du procédé d'après lequel la castration doit être opérée est du ressort de la chirurgie. Cependant, comme l'éleveur a bien quelque droit de manifester une préférence à cet égard, nous dirons qu'elle doit être en faveur du plus simple, en général, et en particulier en faveur de celui qui, à sa connaissance, réussit le mieux, d'après les faits qu'il a pu observer dans le pays.

Après qu'ils ont subi la castration, les poulains mâles se développent paisiblement comme les pouliches. Nous n'avons rien à ajouter à ce que nous avons dit relativement à l'hygiène qui leur convient jusqu'à la deuxième année. C'est vers cette époque de la vie des uns et des autres que commence pour tous une nouvelle période. Cette période est du plus haut intérêt pour l'amélioration de l'espèce chevaline, car c'est celle du dressage, dont l'influence zootechnique a été longuement établie, d'abord dans les principes généraux relatifs à la sélection, au point de vue de la théorie, puis au sujet des pratiques de l'entraînement du cheval de course. Nous n'aurons donc à ajouter que quelques indications particulières, en rappelant les principes précédemment posés.

Il est nécessaire cependant d'appeler au préalable l'attention sur une pratique préliminaire au dressage, et qui doit se continuer ensuite toute la vie durant du cheval soumis au travail, quelle que soit d'ailleurs sa destination. Il s'agit de la ferrure, dont l'exécution exerce sur la conservation de cet animal une influence considérable, ainsi que nous avons eu l'occasion de le faire déjà remarquer.

Ferrure. — Les considérations de mécanique animale développées au commencement de ce chapitre, et envisagées dans leurs rapports avec la constitution anatomique du cheval, nous dispenseront de revenir en ce moment sur l'importance d'une bonne ferrure. Tant que les poulains demeurent dans les pâturages ou ne marchent que sur un terrain doux, la corne de leurs pieds s'use assez régulièrement, et dans des limites qui ne dépassent point celles de son accroissement normal. Il y a même des cas où l'usure est insuffisante, et où il y a nécessité de retrancher les parties exubérantes. C'est ce qu'il convient de faire, en conservant au pied ses proportions et sa forme normales. Cela doit être, de la part de l'éleveur, l'objet d'une sollicitude attentive ; car les vices d'aplomb qui surviennent dans les membres des poulains n'ont souvent pas d'autre cause qu'une déviation de l'assiette du pied, déterminée par l'usure irrégulière ou insuffisante de sa surface plantaire. En outre, la surveillance exercée dans ce but a cet autre avantage, d'habituer le poulain de bonne heure à se laisser lever les pieds et de prévenir les difficultés en général très-grandes qu'il oppose à l'application de ses premières ferrures, lorsque le moment en est venu. Il faut avoir assisté, par exemple, à la pratique de cette opération sur les chevaux élevés à l'état sauvage, pour ainsi dire, dans les marais de l'Ouest, au moment où ils sont livrés à nos établissements de remonte, pour se faire une idée des inconvénients et des dangers d'un tel mode d'élevage.

Le poulain qui a reçu depuis sa naissance, au contraire, une éducation rationnelle, subit cette opération avec patience, à la seule condition qu'elle soit conduite d'après les règles indiquées par une juste prudence, lorsqu'il s'agit d'un jeune animal nécessairement impressionnable et prompt à s'effrayer. Le choix de l'ouvrier auquel doit être confiée cette besogne délicate est donc très-important. Les vices de caractère que l'on observe chez beaucoup trop de chevaux, n'ont souvent pas d'autre point de départ que le ressentiment qu'ils éprouvent des brutalités dont ils ont été l'objet, la première fois qu'on les a ferrés. Cela est surtout vrai pour ceux qui résistent à outrance à cette indispensable opération. On ne saurait donc s'adresser, pour la première ferrure, à un maréchal trop intelligent et animé de sentiments trop bienveillants envers les animaux. Malheureusement, il faut bien le dire, ce sont là des conditions difficiles à rencontrer dans la profession si importante, et pourtant si mal cultivée, du maréchal-ferrant.

Quoi qu'il en soit, et bien que nous ne devions pas entrer ici dans les détails techniques de la ferrure, nous ferons cependant remarquer qu'il ne faut appliquer sous les pieds des poulains de deux ans que des fers légers, attachés avec un petit nombre de clous, six au plus, et se mettre en garde contre la tendance des maréchaux à rapetisser, sous prétexte d'élégance, la boîte cornée de ces animaux. Tout éleveur sensé s'opposera fermement, par exemple, à l'usage de la râpe sur la paroi du sabot. Le pied du cheval en général, mais surtout celui du poulain, a besoin d'être protégé contre la dessication, par le vernis naturel qui existe dans cette région.

La ferrure du jeune cheval doit être renouvelée souvent, au moins tous les mois. Le pied croît chez lui comme tout le reste. Son fer devient bientôt trop étroit, et le sabot trop long ; le pied n'est plus dès lors dans ses conditions normales, et les aplombs ne manquent jamais d'en souffrir plus ou moins.

Pansage. — En même temps qu'il est soumis à la ferrure, avant d'entrer en dressage, le poulain doit subir un pansage régulier et méthodique. Ce qui n'a été jusque-là pour lui qu'une sorte d'éducation préparatoire et une simple mesure de propreté, fait maintenant partie de son hygiène à un titre plus important.

Il serait superflu de répéter ce que nous avons dit à cet égard en passant en revue les pratiques de l'entraînement. Sans pousser aussi loin pour tous les poulains celles du pansage complet que nous avons décrites — ce qui n'aurait d'ailleurs que des avantages, — il est bien désirable que les éleveurs donnent en général plus de soins de cette nature à leurs élèves. L'amélioration de l'espèce chevaline y gagnerait beaucoup.

Dressage. — Les principes sur lesquels s'appuie, à ce même point de vue qui vient d'être indiqué, l'indispensable nécessité du dressage, sont également connus. Il ne peut pas être dans notre plan, on le comprend bien, d'entrer dans les détails de la pratique de cette opération, pour chaque cas particulier. Il est même douteux que l'on puisse utilement écrire là-dessus autre chose que des principes très-généraux, et c'est ce qui a déjà été fait. Nous avons montré, par l'indication sommaire des pratiques de l'entraînement, le type qu'il convient de suivre, en le faisant plier aux nécessités de chacun des services auxquels le cheval est destiné.

Le dressage, en somme, est l'appropriation graduelle et ménagée du jeune cheval au travail qu'il peut accomplir par sa conformation et ses aptitudes ; c'est le développement méthodique de ces aptitudes par leur exercice intelligent et mesuré. Généralement usité pour les races de trait, en raison de la constitution même de leur élevage, et n'ayant besoin que d'être mieux entendu, il est non moins généralement négligé quant aux chevaux de selle et d'attelage, pour lesquels il est cependant de la même utilité. Ce qui manque pour l'effectuer, ce sont des hommes suffisamment pénétrés de son influence sur l'amélioration du cheval et s'y livrant pour cette raison avec un goût bien décidé. Avec le goût, de l'intelligence et de la douceur, il ne serait point nécessaire de faire du dressage une profession spéciale, car, au moment d'y soumettre le jeune animal, on le trouverait tout préparé par les habitudes de docilité contractées depuis sa naissance dans ses rapports avec l'éleveur. L'habileté du dresseur n'est rendue une nécessité que par la sauvagerie de nos poulains élevés sans aucune espèce de soins. L'Arabe, l'Anglais et l'Allemand nous donnent à cet égard des leçons dont nous devrions profiter.

En attendant, on peut dire que l'amélioration de l'espèce chevaline ne sera devenue possible en France, qu'à dater du moment où la science zootechnique suffisamment répandue y aura fait sentir la nécessité des conditions hygiéniques capables de la réaliser, et où il s'y sera formé, sous son influence, un plus grand nombre de véritables éleveurs. Quant à présent, nous n'avons en général que de simples producteurs de chevaux.

EUG. RENAULT et A. SANSON.

CHAPITRE XI

CHOIX DU CHEVAL.

Dans le langage agricole et vétérinaire, on appelle *extérieur* l'exposition des règles d'après lesquelles il faut choisir les animaux domestiques, le cheval notamment. Cette science est ainsi nommée, parce que, pour effectuer le choix, on passe en revue les diverses régions de la surface extérieure du corps.

Mais l'examen que l'on fait des animaux, quoique borné en apparence à la superficie du corps, doit avoir et a toujours pour but principal de reconnaître, moins l'état de la peau, du poil et des tissus sous-cutanés, que la disposition des organes locomoteurs, la capacité des cavités splanchniques et même le volume des viscères contenus dans ces cavités.

Nous supposerons que nous examinons des chevaux bien portants. Nous parlerons cependant des maladies qui *laissent les animaux dans un état de santé apparente*, quoiqu'elles en diminuent la valeur. Car celui qui achète un cheval peut avoir un grand intérêt à savoir distinguer les caractères qui servent à les reconnaître.

A l'exception de quelques détails relatifs aux organes de la génération, les principes d'après lesquels il faut choisir les animaux de travail, sont aussi ceux qui doivent guider dans le choix des reproducteurs. Nous pouvons donc nous borner à ce qui se rapporte aux premiers. Ils intéressent la plus grande partie des lecteurs. Nous aurons soin, du reste, d'indiquer les particularités auxquelles il faut avoir égard, pour le choix des étalons et des juments poulinières.

Les hippiatres divisent le corps du cheval, en *avant-main* ou *train antérieur* : tête, encolure, garrot, épaules, membres antérieurs ; *en corps* : dos, lombes, côtes, passage des sangles, abdomen, etc. ; et *en arrière-main*, ou *train-postérieur* : croupe, hanches, queue, fesses, membres postérieurs.

Sans avoir égard à cette division que nous rappelons seulement pour définir les termes qu'elle emploie, nous étudierons successivement la tête, l'encolure, le tronc et les membres.

Aux descriptions des diverses régions du corps, nous ajouterons quelques chapitres sur les proportions, sur les aplombs, sur les robes, sur les allures, sur les signes qui font reconnaître le caractère, les qualités et les défauts qui tiennent au moral des animaux, enfin sur la manière dont il faut procéder à l'examen du cheval exposé en vente. Nous terminerons par l'indication des divers moyens qu'emploient quelquefois les vendeurs pour tromper les acheteurs.

DE LA TÊTE.

La tête doit être étudiée :

A cause de l'influence qu'elle exerce par son poids sur la vitesse et la solidité des allures.

A cause des indices qu'elle fournit par son volume et sa conformation, sur les voies respiratoires, sur le développement du système nerveux et sur l'aptitude des animaux aux divers services.

Elle doit être étudiée aussi en raison des données que, par ses mouvements, par l'expression des yeux, et par la direction des oreilles, elle fournit sur le caractère, les qualités et les défauts des animaux.

I. — DE L'ENSEMBLE DE LA TÊTE.

La tête exerce de l'influence sur l'aptitude et la valeur des chevaux :

Par son poids ;
Par sa conformation ;
Par sa position,
Et par les déplacements qu'elle éprouve dans la progression.

Poids. — Par son poids, la tête influe sur la vitesse des allures, sur l'élégance du cheval de selle et sur la force du cheval de trait. Considérée à ce point de vue, elle doit varier selon la destination des animaux.

Dans les *chevaux de selle*, et en général dans tous les animaux à allures rapides, la tête doit être légère, afin de charger le moins possible les organes de la locomotion et les membres antérieurs en particulier.

Une tête lourde rend les mouvements près de terre, prédispose les animaux à l'usure des membres et pèse à la main du cavalier.

Le poids de la tête n'est utile que pour servir de contre-poids au centre de gravité dans certains mouvements, et prévenir la chute des animaux. A cet égard son influence est relative à son poids et à la longueur de l'encolure qui lui sert de bras de levier : aussi remarquons-nous que dans toutes les espèces animales, elle est légère, quand l'encolure est longue, comme dans la girafe, et lourde quand l'encolure est courte, comme dans le porc. Ce rôle que remplit plus ou moins la tête dans tous les quadrupèdes et les oiseaux, est, du reste, secondaire dans les animaux de service.

Dans les *chevaux de trait*, le poids de la tête facilite le tirage, en attirant le tronc en avant et en contribuant à entraîner la résistance fixée au collier : cette partie peut donc sans inconvénients être plus lourde que dans les chevaux de selle. Les races propres au trait ont généralement la tête lourde et l'encolure forte ; on cherche même à augmenter l'action du poids de ces parties en employant de très-lourds colliers, mais c'est une mauvaise habitude : le poids de ce harnais, ni même celui de la tête, n'ajoutent rien à la force réelle des animaux, à l'action de l'appareil locomoteur.

Conformation. — La tête sera courte, mince à l'extrémité inférieure, et large au sommet. Les Arabes, fort habiles dans ce qui se rapporte au choix du cheval, veulent, nous apprend M. le général Daumas, que le cheval *ait du taureau le courage et la largeur de la tête* ; ils disent *qu'il a des cornes,* en parlant d'un cheval qui a la tête large en arrière. Ils recherchent cette conformation.

Et en effet, elle est avantageuse. La largeur du sommet de la tête, partie où sont placés les organes des sens, suppose que ces organes fortement développés, remplissent bien leurs fonctions. Largeur du front, ampleur du crâne, indiquent que le centre nerveux, le cerveau en particulier, est volumineux, que les chevaux sont intelligents et seront d'un bon service, s'ils sont bien conduits.

Un autre avantage aussi positif de cette conformation, c'est que la tête, lorsqu'elle est large au sommet et fine à l'extrémité inférieure, charge moins l'encolure, est plus aisément soutenue par le cheval, et pèse moins à la main du cavalier. Son centre de gravité est plus rapproché du centre de ses mouvements et les muscles qui la font mouvoir (ils partent de l'encolure pour s'insérer vers la nuque) ont plus de facilité à la faire pirouetter. Ces muscles sont d'autant plus favorisés, que le centre de gravité de la tête est plus rapproché de leur point d'insertion ; le bras de levier de la résistance est alors plus court.

Ce sont les parties lourdes de la tête, les joues, l'os maxillaire, les lèvres, la langue, qui doivent être peu développées. Il est à désirer au contraire que le chanfrein, formé d'os minces et caverneux, soit large. Sans accroître bien sensiblement le poids de la tête, l'ampleur de cette région favorise le passage de l'air qui pénètre dans la poitrine, et indique un grand développement de l'appareil respiratoire.

Une tête courte, pointue inférieurement, à chanfrein droit, épais, à front large, à ganaches écartées supérieurement, forme un des caractères des chevaux distingués, des races nobles ; tandis qu'une tête longue, avec un chanfrein étroit, busqué comme celui du mouton, est disgracieuse et constitue un défaut. Cette conformation se rencontre assez souvent avec des difficultés dans les phénomènes respiratoires : le cornage est plus fréquent sur les chevaux qui la présentent, que sur ceux dont le chanfrein est épais.

Dans la tête large au sommet, les branches de l'os maxillaire inférieur sont écartées l'une de l'autre ; avec cette disposition, l'auge est ample, reçoit aisément la gorge, et la respiration n'est pas gênée par les divers mouvements de la tête.

Position. — Depuis que nous avons analysé, avec plus d'exactitude qu'anciennement, l'exercice des diverses fonctions dans le cheval, nous considérons comme un défaut, la position presque verticale de la tête, donnée par Bourgelat comme le type de la perfection : avec cette position de la tête, la respiration ne saurait être aussi libre que lorsque la tête et l'encolure forment un angle ouvert. Nous ne craignons pas de nos jours, quand elle n'est pas excessive, la disposition que l'on désigne en disant que le cheval *porte le nez au vent.* C'est du reste la disposition de sa tête qu'on remarque dans le cerf, comme dans le cheval arabe et le cheval de course.

Mouvements de la tête. — La tête exerce une grande influence sur la position du centre de gravité du corps du cheval, à cause de la longueur de l'encolure qui est son bras de levier, et c'est ce qui explique pourquoi les quadrupèdes la déplacent si fortement, quand ils sont affectés de boiterie : pour soulager le membre qui souffre, ils cherchent à rejeter le poids du corps sur le membre sain. Dans ce but, ils impriment à la tête, chaque fois que le pied malade fait son appui, un soulèvement qui tend à la rejeter sur le pied qui ne souffre pas, et avec d'autant plus de force que la douleur est plus vive.

Cette secousse est souvent peu sensible, et immédiatement après qu'elle a eu lieu, elle est suivie d'un mouvement en sens contraire, occasionné par la flexion extraordinaire qu'éprouve le membre souffrant au moment de l'appui.

La tête est ainsi balancée sans cesse, de gauche à droite et de droite à gauche. Les hippiatres expriment les secousses qu'elle éprouve dans le cheval boiteux, en disant que les chevaux boitent *de l'oreille.*

Tenue *immobile* dans les animaux qui sont en repos à l'écurie, la tête indique un cheval mou et indolent ; *agitée* de droite à gauche, sans motif sérieux, un animal vif, mais impatient, d'un service peu agréable.

C'est surtout par les yeux et les oreilles, que la tête fournit le plus de données sur le caractère, les qualités et les défauts du cheval. Une tête sèche avec des muscles bien dessinés, des oreilles mobiles et des yeux vifs, indique un tempérament nerveux et ardent ; une tête empâtée, lourde, avec des yeux petits, des naseaux étroits, est le signe de la prédominance des liquides blancs, de la mollesse, et quelquefois d'une disposition aux maladies des yeux.

II. — DES DIVERSES RÉGIONS DE LA TÊTE.

On distingue dans la tête : la nuque, le toupet, les oreilles, le front, les tempes, les yeux, les sourcils, les joues, le chanfrein, le bout du nez, les naseaux, les fausses narines, le menton, la barbe, l'auge, la ganache, la bouche qui elle-même comprend les lèvres, les gencives, les dents, la langue, le palais, le canal, etc.; nous parlerons seulement de celles de ces régions qui méritent un examen particulier dans le choix d'un cheval.

Des oreilles. — Les parties que l'on appelle ainsi en extérieur, ne servent qu'à concentrer les rayons sonores et à les diriger vers les organes intérieurs qui doivent percevoir le son. Elles offrent par elles-mêmes peu d'intérêt, mais elles fournissent quelques données sur l'origine, la race, le tempérament, les qualités et les défauts des chevaux.

Dans les races nobles, les oreilles sont formées par un cartilage mince recouvert par une peau de peu d'épaisseur; quoique longues quelquefois, elles sont fines, mobiles et bien maintenues. Dans les races communes, elles sont plus souvent épaisses, poilues et renversées. On appelle *oreillards*, les chevaux qui ont des oreilles longues et penchées.

Des oreilles, petites ou moyennes, bien plantées, contribuent à rendre la tête belle; mais c'est surtout au point de vue de leurs mouvements qu'elles sont intéressantes : mobiles, se dirigeant subitement et sans raison, tantôt d'un côté, tantôt de l'autre, elles indiquent que les chevaux sont peureux ou ont mauvaise vue; mais dirigées sans précipitation du côté d'où vient le bruit, ou vers les objets qui entourent les animaux, elles sont un signe d'intelligence.

Quand ces mouvements se remarquent sur un cheval rentré à l'écurie après un travail pénible, ils indiquent la force, la vigueur et l'aptitude des animaux à supporter de rudes fatigues.

Le cheval qui dirige ses oreilles en avant en cherchant à flairer la personne qui l'approche est doux, confiant, et disposé à recevoir des caresses; tandis que celui qui, dans la même circonstance les incline en arrière, est méchant ou méfiant et disposé à attaquer ou à se défendre.

De la barbe. — C'est la région osseuse qui se trouve en arrière du menton. C'est sur elle que la gourmette fait son appui. Elle a pour base une partie de l'os maxillaire. Sa sensibilité dépend de l'épaisseur de la peau et de la forme arrondie ou saillante de l'os.

On ne refuse jamais un cheval à cause de la conformation de la barbe; car en serrant ou en lâchant la gourmette, en employant une gourmette plus ou moins dure, on remédie facilement à ce que cette partie peut avoir de défectueux. C'est au point de vue du harnachement, du choix de la bride surtout, qu'il faut l'étudier.

L'auge ou espace qui résulte de l'écartement des deux branches de l'os maxillaire inférieur, est le siège de ganglions qui s'engorgent, nous allons le voir à l'article naseaux, dans diverses maladies de la tête. Cette région doit être creuse, saine, courte et large; ce qui indique que la tête est légère, et presque toujours que les voies respiratoires sont amples.

Des naseaux. — Les naseaux, ou orifices exté-

rieurs des cavités nasales, sont séparés l'un de l'autre par ce qu'on appelle *bout du nez* dans les solipèdes, *mufle* dans les grands ruminants. Ils ne sont destinés qu'au passage de l'air, et cependant ils présentent un grand intérêt pour le choix du cheval.

Par l'étude des naseaux nous pouvons acquérir des données :

Sur la constitution et la force, l'énergie des animaux ;

Sur la capacité des cavités que traverse l'air pour arriver dans la poitrine et sur celle des poumons ;

Sur la régularité ou l'irrégularité des phénomènes respiratoires ;

Et enfin sur l'existence de maladies très-graves quoique ne mettant pas les animaux hors d'état d'être exposés en vente.

A chaque naseau on reconnaît deux ailes ou parties latérales et deux commissures.

1° Si les tissus qui constituent les ailes du nez manquent de fermeté, on dit que les naseaux sont *mous*, *flasques*. C'est le caractère des animaux lymphatiques, sans énergie.

Des naseaux fermes, naturellement tendus, offrant même de la résistance au corps qui les comprime, indiquent la roideur de tous les organes et s'observent sur les chevaux nerveux et irritables, sur ceux de race noble, excités par des aliments échauffants. Ces naseaux sont souvent minces, parce que la peau des animaux est alors fine et que le tissu cellulaire est peu abondant.

Dans les forts chevaux communs, à constitution athlétique mais énergiques, les naseaux, quoique épais, sont fermes, résistants.

2° Toutes les parties d'un même animal, et surtout celles d'un même appareil, se correspondent et sont conformées les unes pour les autres, afin qu'elles puissent concourir au même but. Ce principe, qui est d'un grand secours pour arriver à la détermination des espèces animales dont on trouve des débris dans le sein de la terre, est aussi fort utile pour aider à reconnaître la force, la constitution des animaux vivants : par l'examen des parties extérieures, on arrive à apprécier celles qui sont cachées dans le corps. Ainsi, par l'examen des naseaux, nous pouvons juger du larynx, de la trachée-artère et même du poumon, car si toutes les parties d'un être organisé se correspondent, cela est surtout vrai pour celles qui constituent un même appareil.

Avec des naseaux dilatés, se trouvent un chanfrein épais et des voies aériennes spacieuses. L'air entre dans la poitrine par fortes bouffées et il en sort de même. Les Arabes veulent des naseaux larges comme la *gueule du lion*, et ils appellent *buveurs d'air*, les chevaux qui en présentent de tels.

Cette conformation correspond à une côte ronde, à un poitrail épais et profond; les animaux qui la présentent respirent à l'aise, et le poumon spacieux élabore bien le sang. Elle forme un des caractères des chevaux de race noble.

Des naseaux resserrés se rencontrent le plus souvent avec un chanfrein étroit, une gorge mince, un poitrail enfoncé et une côte plate. La poitrine est exiguë.

On observe toujours une concordance parfaite entre les naseaux et les autres parties de l'appareil respiratoire, excepté peut-être chez quelques chevaux métis, issus d'appareillements mal entendus : la tête est belle, mais les autres parties du corps n'y répondent pas.

3° Dans toutes les maladies, les phénomènes de la respiration sont plus ou moins troublés ; le plus souvent, l'inspiration et l'expiration sont accélérées, de sorte que les mouvements de dilatation et de resserrement des naseaux sont plus rapides que dans l'état normal. Cela se remarque toutes les fois que la santé est troublée ; mais nous n'avons à parler ici que des affections compatibles avec les apparences de la santé ; elles seules nous intéressent au point de vue du commerce des chevaux.

Dans l'état normal, les mouvements alternatifs de dilatation et de resserrement s'exécutent avec régularité et sans précipitation, excepté cependant dans les exercices violents. Leur accélération, dans l'état pathologique, est presque en rapport avec la gravité des maladies. L'écartement extrême des deux ailes du nez ne se remarque que quand la respiration éprouve de très-grandes difficultés.

L'irrégularité dans la dilatation et le resserrement des naseaux est un caractère de la *pousse* : les ailes du nez s'écartent l'une de l'autre par un mouvement continu et assez lent, mais le resserrement est interrompu par un temps d'arrêt, même par un petit mouvement de dilatation, par une secousse.

Quand on aperçoit de l'irrégularité dans les phénomènes de la respiration, il faut faire marcher le cheval, le faire manger, le mettre enfin dans les positions les moins favorables à la régularité des phénomènes respiratoires. En même temps on examinera les mouvements du flanc. C'est au flanc surtout, qu'on aperçoit bien le *soubresaut* qui caractérise la pousse.

4° Pendant l'état de santé, les naseaux sont propres : le nez ne fournit qu'un liquide très-peu abondant, visqueux, limpide, qui s'évapore ou se perd à mesure qu'il arrive vers ces orifices.

Mais dans presque toutes les affections des cavités nasales et souvent de la poitrine, il s'écoule par les naseaux une matière purulente, fluide ou grumeleuse, souvent hétérogène, et qui adhère plus ou moins à la peau.

Si cette matière est fournie par le nez, l'écoulement en est continu ; il est irrégulier, comme intermittent, quand elle provient de la poitrine ou des sinus. Le plus souvent alors, elle sort en plus grande quantité quand les animaux toussent, quand ils exécutent des mouvements.

L'écoulement par le nez est un des signes de la *morve*. Quand cette maladie existe, la matière est épaisse, adhérente, et ne coule le plus souvent que d'un côté ; presque toujours alors, les ganglions de l'auge sont engorgés du côté où se fait l'écoulement. Ils sont durs, circonscrits, et adhèrent plus ou moins à l'os maxillaire. Si à ces signes se joint la présence d'*ulcères*, de *chancres* sur la membrane pituitaire, l'animal est affecté de morve confirmée.

Lorsque l'écoulement a lieu par les deux naseaux, que l'engorgement occupe tout l'espace compris entre les deux ganaches, et que cet espace est empâté, douloureux, chaud, que les animaux toussent, le mal est moins grave. C'est la *gourme* ou un *catarrhe*, maladies qui guérissent le plus souvent avec assez de facilité.

De l'œil et de la vision. — Il est difficile d'acquérir une connaissance approfondie de l'œil sans des études minutieuses sur l'anatomie et la physiologie de cet organe ; mais en observant les changements apparents à l'extérieur qu'il éprouve, on peut en connaître assez exactement tout ce qui intéresse au point de vue du choix des chevaux ; à savoir :

Apprécier les altérations de l'organe et la manière dont se fait la vision ;

Constater les états qui indiquent les dérangements survenus dans la santé générale du corps ;

Enfin déduire de la manière dont s'effectue le regard, des données sur le caractère, les qualités et les défauts des animaux.

I. C'est surtout au point de vue des maladies locales que l'étude de l'œil nous intéresse, et pour les reconnaître il faut avoir une idée des parties principales qui constituent cet organe. Ces parties sont, quand on regarde l'œil de face et en allant de l'extérieur à l'intérieur :

1° Les paupières, distinguées en supérieure et en inférieure ;

2° Le corps clignotant et la caroncule lacrymale, situées à l'angle interne de l'organe (*fig.* 503) ;

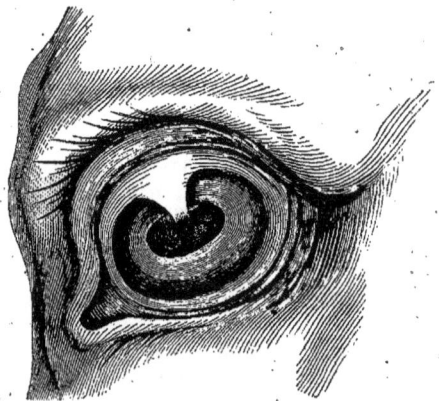

Fig. 503. — Œil vu de face.

3° La cornée lucide (*fig.* 504, C) et la sclérotique ou cornée opaque qui l'entoure ;

4° La chambre antérieure A ;

5° L'iris I, au centre duquel est l'ouverture, appelée pupille O ;

6° La chambre postérieure P, qui communique avec l'antérieure par la pupille et renferme un liquide, appelé humeur aqueuse ;

7° Le cristallin CR ;

8° L'humeur vitrée V, qui remplit une grande partie de l'œil ;

9° La rétine R ou épanouissement du nerf optique qui tapisse une membrane dure, noire, appe-lée *choroïde*.

Pour bien apprécier l'état des diverses parties de l'œil, il faut être bien placé, convenablement éclairé. C'est une condition indispensable.

On examine d'abord l'œil là où se trouve l'ani-

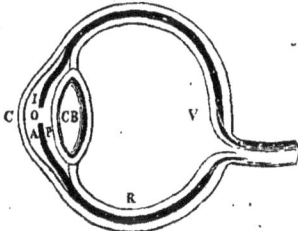

Fig. 504.

mal, soit à la crèche. On remarque bien l'état des diverses parties de l'organe, de la pupille en par-ticulier, et on fait conduire l'animal dans un en-droit plus éclairé. A mesure que la lumière devient plus vive, la pupille doit se resserrer.

Si le cheval se trouvait en plein air, au grand jour, on l'examine également en remarquant l'é-tat de la pupille, et on le conduit ensuite dans un lieu peu éclairé. La pupille doit se dilater à me-sure que le jour diminue. Il pourrait suffire, dans ce cas, de couvrir les yeux avec la main ou avec un autre objet opaque pour les mettre quelque temps dans l'obscurité, et voir si la pupille se res-serre : la chose à constater c'est la mobilité de cet organe.

L'endroit le plus convenable pour l'étude de l'œil, c'est le dessous d'une porte ou d'un hangar, l'animal regardant l'extérieur. On ne placera ja-mais le cheval devant un bâtiment, un mur blan-chi, ou un corps quelconque très-éclairé et sus-ceptible de réfléchir une lumière un peu intense sur l'œil et de former une image dans cet or-gane. Il faut pouvoir en distinguer les diverses parties.

On ne laissera non plus au cheval aucun har-nais qui puisse gêner, car il importe de regarder l'œil, non pas seulement de face, mais encore de côté et même un peu par derrière.

Avec ces précautions, l'examen de l'œil sera fa-cile. On n'aperçoit, dans l'intérieur, si l'organe est sain, que l'iris et la pupille à travers laquelle se voit un fond noir, uni ; c'est la choroïde sur la-quelle est épanouie la rétine qui ne se distingue pas.

L'humeur aqueuse de la chambre antérieure et de la chambre postérieure, l'humeur vitrée, sont parfaitement translucides ; le cristallin reflète quelquefois une teinte un peu grise, mais peu foncée et parfaitement uniforme.

Si tel est l'état de l'œil, si la pupille se resserre à mesure que l'animal passe de l'obscurité à la lumière, si les paupières sont saines et bien ou-vertes, que la conjonctive soit légèrement rosée et moite, l'organe est sain, et rien n'annonce qu'il doive devenir malade.

La couleur des yeux dépend en grande partie de celle de l'iris. Elle est en général brune et varie

peu ; quelquefois cependant elle est grise presque blanche : on appelle *verrons*, les yeux qui présen-tent ce caractère.

Sur les chevaux mis en vente, les maladies les plus communes des yeux sont :

Les taches de la cornée ;
L'opacité du cristallin,
Et la fluxion périodique.

Les taches de la cornée sont appelées *taies*, et *nuages* quand elles sont peu marquées, incomplé-tement opaques. Elles peuvent être la suite d'un coup ou d'une maladie venue spontanément. Lors-qu'elles sont très-limitées, éloignées de l'axe, du centre de l'œil, elles sont moins graves que si elles sont étendues et placées sur le milieu de l'organe. Cependant elles ont l'inconvénient de rendre tou-jours la vue trouble et souvent les chevaux om-brageux.

Le *cristallin* devenu *opaque*, paraît blanc, blan-châtre ; si l'opacité est complète, la maladie est fa-cile à reconnaître : l'œil ne fonctionne plus, il est affecté de la *cataracte*, et on ne peut pas cher-cher alors à cacher le mal. C'est lorsque l'opacité commence qu'il peut être difficile de la reconnaî-tre. Cependant il suffira d'y faire attention : le cristallin devient plus pâle, plus gris, et il offre des points plus blancs, plus opaques. Cet organe, lorsqu'il est sain, peut bien être visible, mais il présente une teinte uniforme sur toute son éten-due.

Si le jour est bon, en se plaçant en face ou à côté de la tête, on distingue facilement les points opaques, et même leur position, leur profondeur : quelquefois ils n'occupent que la membrane an-térieure. Les points opaques sont appelés *dragons* ou *commencement de cataracte*.

On appelle *ophthalmies* les inflammations de l'œil. Elles sont *simples* ou *périodiques*. Les der-nières seules nous intéressent ici, parce qu'elles sont difficiles à reconnaître dans l'intervalle des accès.

On remarque l'opacité de l'humeur aqueuse dans plusieurs maladies ; elle est sans gravité, quand elle est la conséquence d'un accident ou d'un coup d'air ; mais c'est aussi un des signes de la *fluxion périodique* ou *lunatique*.

Dans cette maladie, l'humeur aqueuse est d'a-bord fortement troublée, la vue est nulle. Après quelques jours, il se forme, au fond de la cham-bre antérieure (*fig.* 504, A), un dépôt qui paraît demi-circulaire et plus épais en bas. Ce dépôt dure peu de temps : la matière qui le constitue se soulève, et l'humeur aqueuse se trouble de nouveau. Cet état dure deux ou trois jours, et l'œil redevient clair.

Après ces phénomènes, l'œil resté sain en ap-parence pendant trois semaines, un mois, deux mois, trois mois, rarement plus. Toutes les fois que la maladie reparaît, elle présente les mêmes symptômes ; mais la guérison n'en est pas tou-jours aussi apparente : après quelques accès, le cristallin se trouble, présente des points blancs, et finit par devenir opaque. Assez souvent le globe de l'œil se désorganise et disparaît complé-tement.

Un œil beau et sain est grand, presque à fleur

de tête, avec des paupières minces et bien fendues. On peut avoir des doutes sur l'existence de la fluxion périodique, quand la tête est grosse, que les yeux sont petits, — surtout si l'un paraît moins ouvert que l'autre ; quand les pupilles sont resserrées et que l'axe de l'œil est un peu dirigé en bas ; — surtout si le cheval est jeune et que la dentition ne soit pas terminée.

Dans la fluxion périodique, les paupières sont plus tuméfiées, les pupilles plus resserrées, la paupière supérieure est moins régulièrement en arc de cercle que dans les autres ophthalmies. Les phénomènes que présente l'humeur aqueuse ne permettent pas d'ailleurs de la confondre avec une autre affection, lors même qu'il n'existerait encore aucun point opaque dans le cristallin ; mais le retour de l'inflammation permet seul de constater positivement l'existence du plus important de ces signes, de la périodicité. Aussi la loi accorde-t-elle trente jours pour la durée de la garantie, à l'occasion de cette maladie.

La paralysie de la rétine et la perte complète de la vue appelée *amaurose, goutte sereine,* est une maladie rare, quelquefois très-difficile à reconnaître, parce qu'elle peut exister sans aucune lésion organique apparente de l'œil : le cheval n'y voit pas, et cependant l'organe de la vision paraît complètement sain.

Si les deux yeux sont malades, il suffit cependant d'abandonner le cheval à lui-même. On reconnaît bientôt qu'il ne peut se conduire, et, si on le fait marcher, il relève considérablement les pieds. Le cheval aveugle cherche à suppléer à l'action de l'œil par l'oreille, il tend sans cesse cet organe et le dirige en avant ou du côté d'où lui arrive du bruit.

Mais quand la paralysie n'a attaqué qu'un œil, ces moyens sont insuffisants, surtout avec les précautions que savent prendre les marchands, et que nous exposerons. On reconnaît cependant l'existence de la maladie en approchant doucement un corps de l'œil paralysé : le cheval ne se retire que quand il a été touché.

Si on examine l'œil malade, on trouve presque toujours la pupille très-dilatée et immobile : on rend l'immobilité apparente, en faisant passer le cheval d'un lieu obscur, où on l'a laissé quelques instants, dans un lieu fortement éclairé ; alors la pupille de l'œil sain, qui d'abord était fortement dilatée, se resserre considérablement, et celle de l'œil malade ne change pas.

Il serait inutile de dire que les plaies de l'œil, des paupières même, offrent toujours beaucoup de gravité ; que la fluxion périodique étant héréditaire, on ne doit employer comme reproducteurs, que des animaux dont l'œil est sain et bien conformé.

II. Un œil moite de couleur blanche au pourtour de la cornée lucide et rosée sur la caroncule lacrymale et à la face interne des paupières, est un signe de santé ; tandis que s'il est sec ou trop humide, si les larmes coulent sur le chanfrein, si la conjonctive est rouge, jaunâtre ou pâle, si elle est épaisse, que les paupières soient peu ouvertes, tuméfiées, il indique un état maladif.

III. Un œil grand, vif, brillant, bien ouvert, assez mobile, avec la vivacité du regard, est un signe d'énergie.

Des paupières amples, bien fendues et largement ouvertes, sans présenter cependant rien de roide dans leurs bords et leurs plis, indiquent que l'animal est doux ; tandis qu'un angle un peu prononcé au bord de la paupière supérieure, et en général des paupières fortement dilatées, donnent au cheval un air hagard qui est le signe d'une irritation maladive ou d'une irritabilité nuisible.

Un œil bien conformé contribue à l'expression, à la beauté de la tête. L'œil tranquille, aux mouvements lents, indique un cheval doux, peut-être un peu mou ; bien ouvert, au regard soutenu, un cheval franc ; enfoncé dans l'orbite, avec des paupières peu ouvertes, au regard détourné, un cheval vicieux ; aux paupières presque fermées, clignotantes, joint à des oreilles mobiles, un cheval ombrageux. Avec un œil petit, *œil de cochon,* la tête n'est jamais belle.

Des dents. — Au point de vue de la physiologie et de l'anatomie, les détails sur le développement et la structure des dents offrent beaucoup d'intérêt ; mais ils n'ont pas la même importance pour la connaissance de l'âge. Nous nous bornerons à indiquer les particularités nécessaires pour ce dernier objet.

Il y a dans le cheval trois sortes de dents :

Les *molaires,* placées vers le fond de la bouche, sont chargées de broyer les aliments ;

Les *crochets* ou *dents angulaires,* sans usage déterminé dans les herbivores, au nombre de 4, sont situés en avant et à quelque distance des premières molaires : ils sont appelés *crochets* dans les carnassiers, *défenses* dans le porc ;

Les *incisives,* disposées en arc de cercle à l'entrée de la bouche et destinées à couper, à inciser les aliments.

D'après l'époque de leur apparition ou leur durée, les dents sont distinguées :

En *dents de lait,* celles qui poussent dans les premiers mois de la vie ;

Dents *caduques,* celles qui tombent pour faire place à d'autres ;

Remplaçantes, dents d'adulte, celles qui succèdent aux caduques ;

Persistantes, celles qui, comme les crochets, les dernières molaires, persistent pendant toute la vie.

Les dents sont au nombre de 40 dans le cheval, 12 incisives, 4 crochets, 24 molaires (6, 2, 12, à chaque mâchoire) et placées symétriquement à droite et à gauche. Celles de la mâchoire supérieure sont un peu plus fortes que celles de la mâchoire inférieure. Dans les juments, les crochets manquent ou sont très-petits.

Chaque dent est formée d'une partie enchâssée dans l'os qui la supporte, elle est dite *racine,* et d'une partie libre appelée *couronne.* Ces deux parties sont séparées l'une de l'autre par un léger rétrécissement qu'on nomme *collet.* L'extrémité libre de la couronne, la partie frottante, reçoit le nom de *table dentaire* quand elle présente une surface à peu près plane, comme cela se remarque dans les incisives du cheval et dans les molaires.

Il est très-important que les dents soient disposées en rangées régulières ; celles qui sont déviées blessent, ou les joues, ou la langue, selon qu'elles sont dirigées en dedans ou en dehors de la rangée, rendent la mastication difficile, nuisent à la digestion et contribuent à faire maigrir les animaux. Les dents *surnuméraires* produisent presque toujours ces mauvais effets.

L'usure inégale des dents molaires peut avoir les mêmes inconvénients. Les pointes qui font saillie blessent les parties molles pendant les mouvements de la mâchoire. Ce défaut, qui se remarque assez souvent sur les vieux chevaux, peut être reconnu par l'inspection de la bouche, mais il faut en faire un examen plus complet que celui qu'on fait d'ordinaire pour reconnaître l'âge.

Par leur consistance, les dents ont plus d'analogie avec les os qu'avec les autres tissus ; toutefois elles en diffèrent beaucoup par leur mode de croissance et par leur organisation.

Quand elles sont développées, elles sont formées de deux parties principales : l'une, extérieure, assez dure pour faire feu au briquet, est appelée *émail* ; l'autre, ayant à peu près la consistance des os, est dite *ivoire*, partie éburnée, à cause de sa ressemblance avec l'ivoire.

On donne le nom de *ciment*, à une troisième substance disposée en couches minces sur l'émail, principalement dans les endroits où la surface des dents présente des excavations.

L'intérieur des dents renferme une substance vasculo-nerveuse que l'on appelle *pulpe dentaire*.

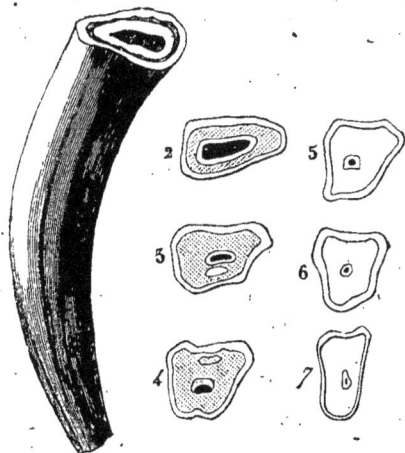

Fig. 505. — Dent incisive entière et coupes transversales de la même dent.

Cette substance communique avec les autres organes par l'intermédiaire de vaisseaux et de nerfs qui pénètrent dans la dent par la pointe de la racine.

III. — DE LA CONNAISSANCE DE L'AGE.

Les crochets peuvent fournir quelques données utiles, mais on examine surtout les dents incisives pour reconnaître l'âge des chevaux.

Elles sont au nombre de 12, 6 à chaque mâchoire, distinguées en *pinces*, en *mitoyennes*, et en *coins*.

Chaque dent représente dans sa jeunesse et dans sa partie libre, deux faces, l'une externe et l'autre interne, cette dernière correspondant à l'intérieur de la bouche. Mais examinée dans son ensemble, elle représente une pyramide irrégulière, à quatre ou à trois faces. Très-aplatie d'avant en arrière près de la surface de frottement, (*fig.* 505), triangulaire dans son milieu elle est aplatie de gauche à droite vers la pointe de la racine (6, 7). Elle est courbée sur sa longueur, et le côté convexe correspond à la face externe qui est ainsi la plus large et la plus longue.

Il résulte de la conformation générale des dents incisives que la surface frottante change de forme à mesure que les dents s'usent par le frottement. D'abord très-allongée de droite à gauche (2), elle devient successivement ovale, arrondie, triangulaire, et enfin biangulaire (3, 4, 5, 6, 7).

Ces changements de la table des dents s'expliquent très-bien, quand on scie une dent à différentes hauteurs en partant du sommet (2), jusqu'à la pointe (7) et nous font comprendre ceux qui se produisent à mesure que les chevaux vieillissent.

Outre la cavité qui renferme la pulpe, vaisseaux et nerfs propres à l'organe (*fig.* 506, *e*) qu'on appelle cornet interne, et qui existe dans toutes les dents, les incisives en renferment une autre plus spacieuse communiquant avec l'extérieur par la table et appelée *cornet dentaire*, cornet externe *a*. Cette dernière cavité renferme une matière noire que les hippiatres appelaient *germe de fève*. C'est la disparition de ce cornet, par l'usure graduée de la dent qu'on appelle *rasement*.

Dans ces dents, l'émail extérieur *d* se replie sur le sommet de la dent et tapisse l'intérieur du cornet dentaire *b*. De sorte que cette couche constitue ainsi une enveloppe continue dans le repli de laquelle est logé l'ivoire *c*.

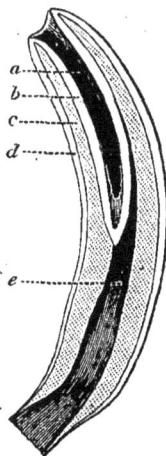

Fig. 506. — Coupe longitudinale d'une dent incisive.

Mais l'émail externe ne se continue avec l'émail interne que dans les dents vierges (*fig.* 506). Il s'use par le frottement (*fig.* 505), aussitôt que les dents sont assez longues pour se trouver en rapport avec les autres dents et avec les aliments.

La connaissance de l'âge est basée : sur l'éruption et le rasement des dents de lait ; sur la chute de ces dents et l'éruption des remplaçantes ; sur le rasement de ces dernières ; sur la figure représentée par la surface frottante ; enfin sur la direction que présente la face externe de la partie libre des dents.

De l'âge des chevaux jusqu'à 18 mois. — De 6 à 10 jours les pinces caduques poussent : elles sont très-minces d'avant en arrière ;

De 30 à 40 jours, ce sont les mitoyennes (*fig.*507);

Enfin, de 6 à 8 mois seulement, les coins. Le bord antérieur devance toujours le postérieur.

Ces dents rasent :

Les premières, à 10 mois;

Les deuxièmes, à 1 an,

Et les troisièmes, de 15 mois à 2 ans.

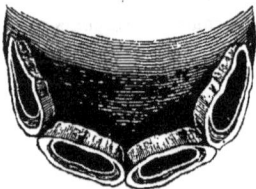

Fig. 507. — Mâchoire d'un poulain de quatre mois.

Une dent a rasé quand le cornet dentaire a disparu, que son fond est au niveau de la partie frottante.

Ces données ne sont qu'approximatives. La dentition ne peut faire connaître que l'année de la naissance. Tous les chevaux sont censés être nés au printemps et terminer leurs 2 ans en avril de l'année pendant laquelle le rasement des coins de lait s'effectue ; cependant pour les courses « ils sont considérés comme prenant leur âge du 1er janvier de l'année de leur naissance. » (Arrêté du 30 janvier 1862.)

De l'âge de 2 à 8 ans. — A 2 ans et demi

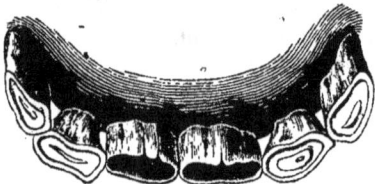

Fig. 508. — Mâchoire d'un cheval de trois ans.

3 ans, les *pinces de lait* tombent et les remplaçantes de même nom poussent (*fig.* 508).

A 3 ans et demi 4 ans, les mitoyennes de lait

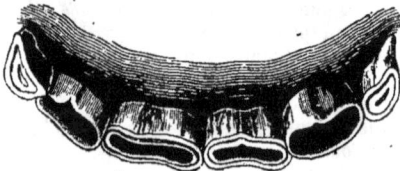

Fig. 509. — Mâchoire d'un cheval de quatre ans.

sont également remplacées par celles d'adulte (*fig.* 509). A cet âge le bord postérieur des pinces est encore frais, mais il commence à s'user.

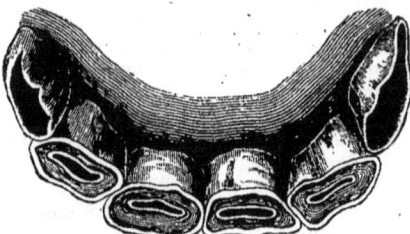

Fig. 510. — Mâchoire d'un cheval de cinq ans.

A 4 ans et demi 5 ans, les coins de remplace-

ment poussent à la place des coins de lait (*fig.* 510) : Les deux bords des pinces sont en partie usés et le bord postérieur des mitoyennes est parvenu au niveau du bord externe et commence à frotter contre les dents correspondantes de la mâchoire supérieure.

C'est ordinairement vers les quatre ans que poussent les crochets. A 5 ans ils sont encore frais et la cavité des pinces a presque disparu.

A cet âge, les coins sont frais, n'ont pas éprouvé de frottement, leur bord interne présente même encore une échancrure.

Le cheval a pris toutes ses dents d'adulte, et les 12 incisives forment une arcade régulière à face antérieure verticale.

A 5 ans et demi 6 ans, le nivellement des pinces inférieures a lieu. Le cornet dentaire a disparu, mais on aperçoit la matière qui en garnis-

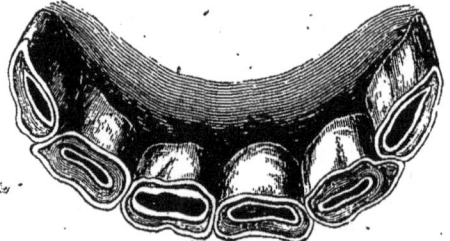

Fig. 511. — Mâchoire d'un cheval de six ans.

sait le fond. Le bord interne du coin est au niveau de l'externe et commence à s'user (*fig.* 511).

A 6 ans et demi 7 ans, le fond de la cavité des mitoyennes est au niveau de la table, et la table des pinces commence à se rétrécir sensiblement (*fig.* 512). Les deux bords du coin sont en

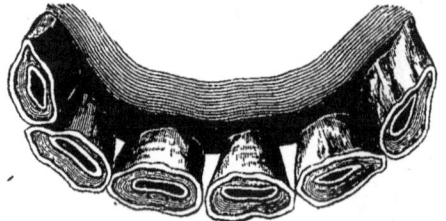

Fig. 512. — Mâchoire d'un cheval de sept ans.

partie usés, et l'on remarque une légère échancrure aux crochets quand la partie frottante des

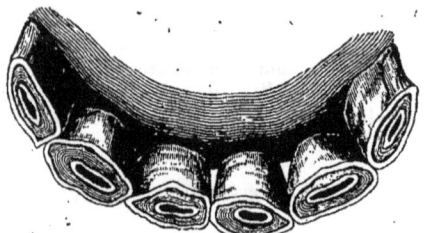

Fig. 513. — Mâchoire d'un cheval de huit ans.

inférieurs ne correspond pas exactement à celles des supérieurs.

A 8 ans, la cavité des coins a disparu. Les pinces deviennent ovales, une tache jaune, appelée *étoile dentaire*, apparaît dans ces dents entre le bord antérieur et le fond du cornet rapproché du bord postérieur (*fig.* 513). L'échancrure des coins supérieurs est plus grande.

De l'âge de 8 à 11 ans. — A 8 ans, disait-on, il y a quelques années, le cheval est *hors d'âge*, il ne marque plus. En effet, les changements qu'éprouvent ensuite les dents s'opèrent moins régulièrement ; ils peuvent encore cependant servir à connaître l'âge d'un cheval d'une manière très-approximative.

A 9 ans, les pinces supérieures ont rasé. Leur cavité est remplacée comme celle des inférieures par une petite éminence formée par l'émail qui en occupait le fond ; l'étoile dentaire est plus apparente. Les pinces inférieures deviennent arrondies, et les mitoyennes ovales. La table des coins est moins large.

A 10 ans, les mitoyennes supérieures n'ont plus de cavité, et les inférieures s'arrondissent, tandis que leur émail central, toujours saillant, se rapproche du bord postérieur.

A 11 ans, les coins supérieurs se nivellent. Dans les inférieurs, la table s'allonge d'avant en

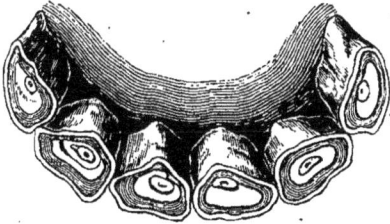

Fig. 514. — Mâchoire d'un cheval de onze ans.

arrière, et l'émail central se rapproche du bord postérieur. Il est peu apparent dans les pinces inférieures (*fig.* 514).

De l'âge après 11 ans. — Après 11 ans, les signes connus pour indiquer l'âge ne fournissent que des données peu certaines, l'usure des dents variant considérablement, selon les animaux et les aliments qu'ils consomment.

A 12 ans, les incisives inférieures sont en ovale raccourci, et le bord interne des pinces commence à donner à la table l'apparence d'un triangle irrégulier. L'émail central qui correspondait au fond du cornet dentaire existe à peine, tandis que l'étoile dentaire s'élargit. La direction des incisives a déjà beaucoup changé : ces dents sont plus couchées en avant.

A 13 ans, les pinces inférieures deviennent triangulaires et les mitoyennes s'arrondissent sur les côtés. L'émail central qui, en raison de sa densité, faisait saillie, a disparu, et la table est devenue unie ; l'étoile dentaire toute jaune devient plus rapprochée du bord postérieur de la dent.

A 14 ans, les coins inférieurs représentent un ovale raccourci quand l'usure de la face interne ne les fait pas paraître triangulaires. Les mi-

toyennes deviennent triangulaires. Elles ont perdu l'émail central.

A 15 ans, les dents inférieures sont triangu-

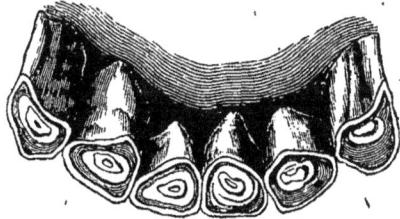

Fig. 515. — Mâchoire d'un cheval de treize ans.

laires et les pinces supérieures deviennent ovales d'un côté à l'autre.

A 16 ans, les tables inférieures deviennent plus

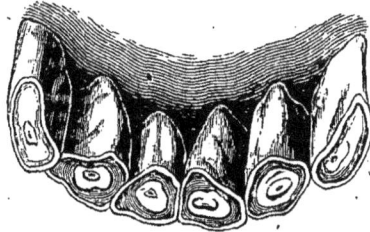

Fig. 516. — Mâchoire d'un cheval de quatorze ans.

longues d'avant en arrière que larges, et les mitoyennes supérieures ovales.

A 17 ans, les coins supérieurs sont arrondis et les deux autres dents de la même mâchoire deviennent biangulaires.

A 18, 19, 20 ans, les pinces, les mitoyennes et les coins, deviennent successivement biangulaires, et les dents correspondantes de l'autre mâchoire triangulaires.

A 21, 22, 23 ans, ces trois dernières dents deviennent biangulaires successivement.

A partir de 12, 13, 14 ans, on ne peut juger de l'âge qu'approximativement, et encore il faut bien tenir compte des changements survenus dans toutes les incisives : elles deviennent successivement ovales, en cercle, triangulaires et biangulaires. Les inférieures éprouvent tous ces changements avant les supérieures et successivement en allant des pinces aux coins. En même temps que ces changements s'opèrent, les crochets deviennent de plus en plus obtus, et toutes les incisives sont de moins en moins redressées. A l'extrême vieillesse, elles sont comme horizontales. A partir de 15, 16 ans, plus ou moins selon les sujets, elles se raccourcissent : dans la vieillesse l'accroissement est moins rapide que l'usure.

Après le rétrécissement et le raccourcissement des dents, les lèvres, n'étant plus tendues, sont comme pointues et donnent au cheval un air de vieillesse.

De plus, à mesure que les dents s'usent, les molaires comme les incisives, elles sortent de leurs alvéoles, et les os des mâchoires deviennent minces. La peau est moins tendue et le chanfrein présente, au lieu des formes arrondies qui caractérisent la jeunesse, des dépressions latérales qui augmentent avec l'âge.

Ainsi, la tête contribue à faire connaître l'âge des chevaux. Dans la vieillesse elle est sèche, et les tissus perdent leur élasticité. Les saillies osseuses sont fortement prononcées, les *salières* profondes et les lèvres ridées. Vers l'âge de 13 à 14 ans les chevaux de couleur foncée grisonnent d'abord sur les tempes; les gris deviennent blancs.

Ces divers changements ne sont pas assez constants, assez réguliers, pour faire connaître l'âge précis des animaux; mais ils peuvent servir à rectifier ou à confirmer les données fournies par les dents.

Irrégularité de la dentition. — La sortie des dents se fait avec assez de régularité, quoiqu'elle devance un peu l'époque ordinaire sur les chevaux bien nourris. En tenant compte de ses progrès, on peut connaître exactement l'âge jusqu'à 6 ans. Mais tous les phénomènes qui la suivent sont plus ou moins variables. Le cornet dentaire est quelquefois très-profond et dure fort longtemps; cela arrive plus souvent dans les coins que dans les mitoyennes, et dans ces dernières que dans les pinces.

On appelle *bégus* les chevaux sur lesquels on observe cette irrégularité; c'est-à-dire ceux dont les cavités dentaires persistent après l'âge auquel elles disparaissent d'ordinaire.

Les chevaux bégus paraissent plus jeunes qu'ils ne sont réellement si on les examine à la légère; mais on les reconnaît, surtout si l'irrégularité existe dans les pinces et même dans les mitoyennes, à ce que les dents, quoique pourvues de leur cavité, sont étroites de gauche à droite, à ce que les crochets sont obtus et souvent échancrés, à ce que les dents ont perdu leur direction perpendiculaire plus que ne le comporte l'âge marqué par les cavités.

On dit *faux bégus* les chevaux dont la marque qui fait suite au cornet dentaire, persiste après l'âge de 12 à 13 ans. Cette irrégularité a peu d'importance en raison du peu de valeur des animaux sur lesquels elle se montre : elle ne trompe pas d'ailleurs sur un grand nombre d'années si on tient bien compte de la forme des diverses dents.

Ainsi, quand la table des incisives inférieures s'arrondit, quand apparaît une bande jaune entre le bord postérieur de la table et le cornet dentaire, quelle que soit la profondeur de cette cavité, le cheval a très-approximativement 14 à 15 ans.

Contre-marques. — Par des moyens assez faciles à pratiquer, on cherche à tromper sur l'âge des chevaux, à les faire paraître plus jeunes ou plus vieux qu'ils ne sont réellement. On appelle contre-marques, les moyens employés dans ce but.

Pour contre-marquer les poulains qu'on veut vieillir, on arrache les incisives caduques, successivement les pinces, les mitoyennes et les coins, un an avant l'époque de leur chute naturelle; on devance ainsi de 10 ou 12 mois l'éruption des dents de remplacement, et l'on vieillit en apparence de ce temps les jeunes animaux qui ont subi l'opération.

Cette ruse se reconnaît d'abord à l'état des gencives plus ou moins malades, à la disposition des dents qui ne forment pas une arcade régulière comme lorsqu'elles poussent naturellement; enfin, à leur *retard* et à leur *fraîcheur* : elles ne viennent que longtemps après l'arrachement des caduques, tandis qu'elles les suivent de près quand ces dernières tombent naturellement.

Les contre-marques qu'on pratique le plus souvent sont celles qui ont pour but de rajeunir les chevaux. Dans ce but, on raccourcit les dents incisives si elles sont trop longues et avec un burin l'on pratique vers le centre de la table dentaire une cavité qui doit représenter le cornet. Pour donner à cette cavité quelque ressemblance avec le cornet naturel, on la noircit avec de l'encre grasse ou en faisant brûler, dans son intérieur, un grain de seigle au moyen d'un fer chauffé à rouge.

On reconnaît que les dents incisives ont été raccourcies, à ce que les inférieures ne touchent pas les supérieures, quand la bouche est fermée; et d'ailleurs, comme on doit juger de l'âge d'après la forme des dents, ce raccourcissement ne peut tromper personne : quand ces organes ont été raccourcis, les chevaux paraissent plus vieux qu'ils ne sont réellement; ils ont les dents plus obliques et plus larges d'avant en arrière, qu'elles ne devraient l'être d'après l'âge qu'on veut leur faire marquer.

Ensuite l'émail qui tapisse le cornet dentaire étant plus dur que l'ivoire, s'use moins vite et entoure ce cornet d'un rebord saillant, dont sont dépourvues les dents contre-marquées : celles-ci sont à surface plane, unie (*fig.* 517); enfin l'étoile

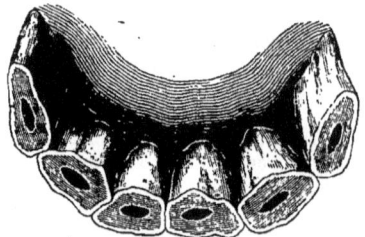

Fig. 517. — Mâchoire contre-marquée.

dentaire est souvent entamée par le burin pendant l'opération et contribue encore à faire distinguer les cavités naturelles de celles que l'homme a pratiquées.

Chevaux tiqueurs. — Certains chevaux appuient et frottent leurs incisives contre les crèches et contre les autres corps durs qui sont à leur portée : ils usent ces dents en biseau. On appelle ces chevaux, *tiqueurs.* Ils ont le *tic* avec *usure des dents*, vice qui n'est pas rédhibitoire, parce qu'il est apparent.

Ce tic, comme celui qui consiste à mordre la mangeoire perpendiculairement et sans user les dents, se remarque souvent sur des animaux affectés de lésions organiques de l'estomac; le tic doit donc être considéré comme un défaut grave, qui doit faire refuser les animaux qui en sont affectés. Il est bien rare que ce défaut existe sans qu'il y ait dans les dents, des accidents, des éclats, des inégalités qui doivent le faire soupçonner.

DE L'ENCOLURE.

Quoique le rôle de l'encolure soit surtout passif, l'étude de cette région n'est pas sans intérêt.

L'*épaisseur* de son bord inférieur suppose que la trachée-artère est grosse : c'est le caractère des chevaux dont les organes respiratoires sont bien développés. On aime que le bord supérieur soit mince et garni de crins fins : c'est le caractère des chevaux de race.

On appelle *gouttière de la jugulaire*, l'enfoncement qui règne le long du bord inférieur de chaque face de l'encolure. La jugulaire est logée dans cet enfoncement. Comme cette veine s'obstrue quelquefois, il est bon de presser la gouttière pour arrêter le sang, afin de voir si ce liquide circule librement. L'oblitération de la veine est fort rare, mais elle est grave : les chevaux qui n'ont qu'une jugulaire sont plus exposés aux coups de sang sur le cerveau.

Il est à désirer que l'*extrémité antérieure de l'encolure* soit séparée de la tête par un sillon assez marqué ; la tête est alors bien attachée ; elle est déplacée avec plus de facilité que si elle fait, en quelque sorte, corps avec l'encolure.

Direction de l'encolure. — On appelle *rouée*, l'encolure qui forme un arc dont la convexité est supérieure. Avec cette direction, la tête est difficilement étendue, et la respiration peut être gênée lors des allures rapides.

Si la partie antérieure seule est courbée, le défaut est moins grave ; c'est l'encolure de *cygne*.

Dans l'encolure *droite*, l'extrémité inférieure de la tête est naturellement portée en avant. L'air traverse facilement la gorge et arrive de même dans la poitrine.

Si l'encolure est *renversée*, c'est-à-dire convexe inférieurement comme celle du cerf, elle est encore bien disposée pour les allures rapides. La tête se porte aisément en avant, et la respiration est libre.

On doit considérer une encolure *lourde* comme nuisible. Elle surcharge sans utilité les membres antérieurs, et nuit principalement aux chevaux de selle. Dans les chevaux de trait, son poids peut contribuer à entraîner la résistance : le défaut est moins grave.

Si la grosseur provient du développement du tissu cellulaire, du tissu graisseux, elle est plus nuisible ; si elle est produite par des muscles fermes, bien dessinés, elle est l'indice d'une puissante organisation.

L'encolure forme, avec la tête qu'elle supporte, un long balancier dont se servent les animaux pour déplacer leur centre de gravité, et prévenir la chute dans les mouvements rapides. Le cheval qui tire avec force, porte la tête et l'encolure en avant, pour avancer le centre de gravité et faire équilibre, autant que possible, à la résistance fixée au collier.

Le cheval dont les allures sont relevées, porte la tête haut, pour rejeter le centre de gravité en arrière et soulager le train antérieur.

Au point de vue du déplacement du centre de gravité, l'encolure agit plus par sa longueur que par son poids. Les animaux à tête petite ont l'encolure longue : dans le chameau, cette disposition est nécessaire, pour que la petite tête de ce gros quadrupède, puisse exercer une influence sensible sur le centre de gravité.

On n'est pas d'accord sur la convenance de la *longueur* de l'encolure.

« Donnez-moi un cheval qui, s'il était placé dans un pâturage y mourût de faim, » disait le professeur Caleman, tellement il aurait voulu l'encolure disproportionnée par sa brièveté, avec le reste du corps, avec les membres antérieurs.

Les Arabes veulent au contraire une encolure longue. Le cheval, disent-ils, d'après M. le général Daumas, doit avoir de l'autruche l'encolure et la vitesse.

Une encolure longue est flexible ; elle est gracieuse et donne de l'élégance au cheval ; mais elle surcharge le train antérieur de son poids et du poids de la tête, multiplié par sa longueur.

Cette conformation, qui peut nuire pour certains services, est utile dans les mouvements hardis, compliqués, périlleux, alors que, pour maintenir l'équilibre, les chevaux ont besoin de faire éprouver à leur centre de gravité des déplacements brusques et étendus.

Dans ces circonstances, une encolure courte serait insuffisante ; d'ailleurs elle est souvent roide et s'oppose à ce que le cavalier dirige aisément son cheval ; mais si elle n'est pas raide, elle ne peut avoir que des avantages pour la course, le trot et toutes les allures franches, dans lesquelles les chevaux ne doivent que se porter en avant avec sûreté et vitesse.

De la crinière. — Les crins qui garnissent le bord supérieur de l'encolure, fournissent un des caractères des races équestres : ils sont fins, doux, peu abondants, dans les chevaux nobles, et gros, rudes, en bande épaisse, dans ceux de race commune. S'ils retombent sur les deux faces de l'encolure, on dit que la crinière est double.

Une crinière forte rend le pansage de l'encolure difficile ; la crasse s'accumule dans les plis de la peau et des maladies cutanées s'y développent. Le collier s'applique moins bien sur l'encolure et peut blesser les animaux quand les crins sont durs et abondants.

DU TRONC.

Par l'examen de cette partie principale du corps des chevaux, on peut apprécier l'état de santé, la manière dont s'exécutent quelques grandes fonctions de la vie, l'aptitude des animaux à se mouvoir, leur résistance aux fatigues, etc.

1°. — DE L'ENSEMBLE DU TRONC.

En étudiant la poitrine, le garrot, les lombes, le ventre, nous démontrerons ces propositions; nous n'avons à nous occuper dans ce chapitre que du tronc, considéré dans son ensemble. Nous en étudierons l'influence sur la force des chevaux et sur leur vitesse. Nous examinerons, à ce double point de vue, sa longueur, son épaisseur et le rapport qui existe entre les diverses régions qui le constituent.

LONGUEUR. — Plus un corps d'un volume donné est court, plus il résiste à la force qui tend à le plier ou à le rompre. C'est un principe de physique bien démontré par l'usage des chevaux. Un cheval d'une taille donnée a plus de force pour porter ou pour tirer s'il est court que s'il est long. De là le proverbe : Pour avoir un bon cheval, il faut choisir un court animal.

Mais la brièveté du tronc n'est pas également favorable à la vitesse. Le corps des quadrupèdes, au point de vue de la progression, est comparable à un arc, à un compas qui se tend et se détend alternativement. Si l'arc est grand, chaque détente embrasse plus de terrain : le tronc du bon cheval de course est long.

Les conditions de force sont donc plus ou moins opposées aux conditions de vitesse. De là résulte la nécessité d'avoir égard aux services auxquels les chevaux sont destinés.

On recherchera pour les bêtes de somme, pour les chevaux de limon, un corps court et épais; tandis que pour un cheval de course, ou même d'attelage, on préférera un corps plus long, plus svelte.

Pour les services qui exigeront de la force et de la vitesse, on choisira une conformation intermédiaire : cette condition sera nécessaire pour les chevaux de poste et de diligence, qui doivent parcourir beaucoup de chemin en traînant de lourdes voitures.

Pour apprécier, au point de vue des qualités, l'influence de la longueur des animaux, il faut rechercher à quelle partie du corps cette longueur est principalement due.

Le cheval qui a le corps long est faible, lorsqu'il a l'épaule droite, et la croupe courte, avalée; car sa longueur provient alors du grand développement des reins et du flanc, qui n'étant pas soutenus latéralement par les côtes forment la partie la plus faible du tronc. C'est cependant cette partie qui fatigue le plus, c'est la *cheville ouvrière* qui relie le train postérieur au train antérieur; de sorte que lorsque les lombes sont trop longues, la région qui est naturellement la moins résistante, et qui est en même temps celle qui joue un des principaux rôles, manque de force. Le cheval qui offre une pareille conformation fait toujours un mauvais service, quel que soit le travail auquel il est soumis. L'exiguité de la poitrine, qui presque toujours se remarque alors, aggrave encore les inconvénients de cette conformation.

Mais si la longueur du tronc est due au grand développement de la poitrine et du bassin, à des épaules fortement prolongées en arrière et à une croupe vaste qui se rapproche des côtes, les conditions ne sont plus les mêmes; les épaules et la croupe rapprochées vers les lombes comme deux arcs-boutants soutiennent la colonne vertébrale, et les lombes sont courtes quoique le tronc soit long.

Les chevaux ainsi conformés réunissent à la force nécessaire pour résister à de grands efforts, les conditions d'une grande vitesse : ils embrassent à chaque pas un grand espace de terrain ; ils marchent vite et avec aisance.

Cette conformation est aussi l'indice d'un grand développement de la poitrine d'avant en arrière, et partant d'une respiration aisée. Et si en outre le poitrail est ouvert et la côte ronde, les animaux sont susceptibles de rendre les meilleurs services.

Nos bons chevaux de trait ont ordinairement les épaules droites et la croupe courte et oblique, mais leur tronc est court et leur flanc petit. Ces animaux sont remarquables par leur force : quelques-uns, comme limoniers, résistent à des efforts énormes. Ils sont moins aptes à des services rapides; leurs allures, toujours plus ou moins saccadées, n'ont jamais l'aisance, la facilité, qu'on admire dans les chevaux à épaules obliques, à croupe longue et horizontale. Il suffit, pour bien se convaincre de ce défaut, de pouvoir examiner le dessus de leur corps quand ils trottent attelés à nos diligences.

Il faut aussi tenir compte de l'ÉPAISSEUR du tronc. Si elle est considérable, elle neutralise les mauvais effets de la longueur au point de vue de la force. Les chevaux épais de corps sont susceptibles des plus grands efforts de tirage, surtout lorsqu'ils sont courts, ce qui arrive presque toujours. Mais cette double condition est contraire à la rapidité des mouvements : les chevaux courts et épais embrassent peu de chemin à chaque pas et perdent en balancements de droite à gauche, un temps qui devrait être employé à la progression.

En étudiant le dos et les lombes, nous verrons que la direction de la colonne vertébrale influe aussi sur la force du tronc, et sur l'aptitude des animaux à remplir les usages que nous en exigeons. Nous reviendrons également sur l'influence de l'épaisseur du corps, au point de vue de la rapidité des allures en parlant de la poitrine et de la croupe.

II. — DES DIVERSES PARTIES DU TRONC.

De la poitrine. — La poitrine doit être *spacieuse*. Avec une vaste poitrine, le poumon est volumineux et la respiration facile; le cœur est gros et il projette, à chacune de ses contractions, une grande masse de sang dans tous les organes; les muscles qui recouvrent les côtes impriment des mouvements étendus aux membres antérieurs; tous les organes de l'économie animale enfin, fortement excités et bien entretenus par un sang riche, agissent avec force et promptitude. Les animaux peuvent sans s'essoufler faire des efforts considérables et prolongés.

C'est pour avoir des données sur la respiration, la circulation et la locomotion, qu'il faut étudier la poitrine.

Elle agit sur ces trois grandes fonctions par sa longueur, son épaisseur et sa profondeur.

1° Longueur. — La poitrine est ample d'avant en arrière, ou dans le sens de la longueur, quand les côtes se prolongent en arrière. Cette conformation est *favorable à la respiration*. Comme la poitrine représente un cône dont la base est postérieure, une prolongation de quelques centimètres en arrière augmente considérablement son étendue. Si la cloison qui sépare la poitrine de l'abdomen, et qu'on appelle diaphragme, est portée en arrière, les organes abdominaux sont moins volumineux, ce qui annonce, généralement, que la respiration est aisée : même après les forts repas, lorsque les aliments repoussent le plus le diaphragme en avant, les poumons conservent assez d'espace pour fonctionner. Il y a peu de bons chevaux dont la poitrine soit courte.

La longueur de la poitrine, tout en augmentant la force des animaux, *favorise* aussi *l'étendue des mouvements*. Quand elle est longue, les muscles qui la recouvrent et se portent aux membres, sont plus vastes.

2° Une poitrine épaisse, ample d'un côté à l'autre, est un caractère sans lequel on rencontre rarement d'excellents chevaux de service. Les avantages qui en résultent pour la respiration et la circulation sont faciles à expliquer.

Avec une poitrine épaisse, les poumons et le cœur sont à l'aise, et, dans les courses précipitées, dans les grands efforts que font les animaux pour tirer, alors que la respiration et la circulation sont fortement accélérées, ces deux organes peuvent fonctionner sans être trop comprimés par les côtes. Avec une poitrine resserrée, au contraire, serait-elle longue et profonde, les poumons et le cœur sont gênés par les côtes aussitôt que des efforts considérables accélèrent la respiration et la circulation. Les animaux manquent d'haleine ; ils ont presque toujours les poumons impressionnables, sont disposés à contracter des affections de poitrine, et périssent souvent de phthisie pulmonaire.

Cette dimension en largeur ou épaisseur de la poitrine dépend de la courbure des côtes. Il faut rechercher des animaux à côtes contournées et contournées sur toute leur longueur. L'attention des acheteurs doit se porter surtout en arrière du coude : une côte plate et une poitrine resserrée dans cette région constituent un grave défaut ; c'est l'endroit où il importe le plus que la côte soit ronde et la poitrine spacieuse.

L'épaisseur de la poitrine est plus favorable à la *puissance des animaux* qu'à la *rapidité des allures*.

Dans les chevaux beaucoup plus remarquables par leur grande vitesse que par leur force, la poitrine est profonde, mais presque toujours plus ou moins resserrée. Cette disposition qui, comme nous venons de le voir, est contraire à la production d'efforts soutenus, est favorable à la vitesse. Lorsque la poitrine est large, épaisse d'un côté à l'autre, les animaux éprouvent, en marchant, un balancement qui nuit à la rapidité des allures. En outre, ce déplacement latéral absorbe une force qui est perdue pour la progression.

Mais l'épaisseur de la poitrine est favorable à la *solidité de la marche* et au déploiement de la force musculaire. Les chevaux à poitrine épaisse, ayant les membres antérieurs écartés, sont solides sur leur base de sustentation et peuvent employer toute leur force à vaincre la résistance qui leur est opposée. Le balancement, qui est très-sensible lorsque l'allure est rapide, est peu apparent quand les animaux marchent lentement ; il absorbe alors infiniment moins de force que lorsque le corps est poussé en avant avec une grande vitesse.

3° On mesure la profondeur de la poitrine du haut en bas, du garrot au sternum. Elle influe comme la longueur et l'épaisseur sur la respiration et la circulation, et il serait superflu de le démontrer ; mais nous devons ajouter qu'elle *favorise la progression*. Elle est en général considérable sur les chevaux de course, c'est à cause de cette conformation que quelques-uns de ces animaux, avec une poitrine d'une épaisseur peu considérable, obtiennent des succès sur les hippodromes.

Il est facile d'expliquer l'influence que la profondeur de la poitrine exerce sur la progression.

Les muscles qui fixent les membres antérieurs au tronc, et ceux qui en font mouvoir les rayons, prennent leur origine sur les parois de la poitrine et aux os supérieurs des membres. Leur longueur est proportionnée à la profondeur de la cavité pectorale. Or, l'étendue de la contraction étant en rapport avec la longueur des fibres musculaires, plus la poitrine est profonde, plus sont étendus les mouvements imprimés aux membres antérieurs par les muscles qui entourent l'os de l'épaule et celui du bras.

Avec une poitrine profonde, un garrot élevé, les muscles de l'encolure qui relèvent l'épaule et ceux qui soutiennent la tête, ont aussi plus d'avantage que lorsque les côtes sont courtes et les apophyses du garrot basses.

Les chevaux à allures très-rapides, ceux qui obtiennent des succès sur les hippodromes, ont la poitrine fort étendue de haut en bas, mais généralement recouverte de muscles minces. Ces animaux, toujours aptes à marcher rapidement, sont moins bien disposés pour porter et pour traîner de lourds fardeaux que lorsque les parois de la poitrine sont recouvertes de puissantes masses charnues. Car si l'étendue des contractions musculaires dépend de la longueur des muscles, la puissance de ces contractions est principalement subordonnée au volume, à l'épaisseur de ces mêmes organes. Une poitrine profonde est donc toujours un indice de vitesse, et elle est en outre un indice de force, lorsqu'elle est recouverte de muscles volumineux, fermes, bien dessinés.

4° Moyens d'apprécier le volume de la poitrine. — En parlant des lombes et du garrot, nous verrons que ces régions fournissent des données assez exactes sur la capacité du thorax. Notons ici les indications données par le contour de cette cavité.

La poitrine est ample quand les côtes sont longues, que la dernière côte est rapprochée de l'ilium ; qu'elles sont rondes, et donnent au tronc une forme cylindrique ; que cette forme se prolonge en bas ; que le corps est épais derrière les coudes, *dans la région du cœur*, comme disent les Anglais.

La largeur du poitrail indique l'ampleur de la poitrine, car cette largeur dépend de l'écartement des épaules, qui lui-même est subordonné à la rondeur des côtes.

On devra rejeter les animaux dont le poitrail est étroit et enfoncé, ceux dont les pointes des bras sont saillantes en avant et rapprochées l'une de l'autre, dont les avant-bras sont serrés et les coudes tournés en dedans : ils ont la côte plate, la poitrine resserrée.

Un flanc long indique une poitrine courte et un ventre volumineux. Avec cette conformation, les viscères abdominaux poussent le diaphragme en avant et gênent la respiration.

Nous avons déjà vu que des naseaux dilatés, un chanfrein épais, des cavités nasales spacieuses, des ganaches écartées, une gorge épaisse, une trachée-artère grosse, indiquent une poitrine ample.

Du poitrail. — Cette région est celle par laquelle on juge le plus souvent des dimensions en largeur du tronc et de la poitrine. Et quoiqu'on dise que les chevaux se balancent et ont des allures peu rapides quand elle est large et que les membres antérieurs sont écartés l'un de l'autre, c'est à cette conformation qu'il faut donner la préférence ; car quand elle existe, le tronc est épais, la poitrine est ample et les animaux sont forts, respirent aisément et ont assez d'haleine pour traîner de lourds fardeaux et soutenir longtemps des allures rapides.

Avec un poitrail étroit la poitrine est resserrée, les membres antérieurs sont rapprochés et les chevaux exposés à se *couper*, à frapper le boulet droit avec le pied gauche et le boulet gauche avec le pied droit, ce qui détermine des blessures et une plus prompte fatigue.

On recommande de rechercher un poitrail large et une poitrine épaisse dans les chevaux de trait surtout ; mais nous considérons cette conformation comme avantageuse pour tous les services.

Du ventre. — Dans le choix des chevaux on examine le ventre :

Pour apprécier la manière dont s'exécutent les fonctions digestives ;

Pour juger de l'influence qu'il exerce par son volume sur les phénomènes respiratoires ;

Et par son poids sur la progression, la vitesse des allures.

1° L'examen de cette région peut fournir des indications sur certains états maladifs, sur la qualité des aliments dont les animaux ont été nourris et jusqu'à un certain point sur le régime qui leur convient.

Un ventre non tendu, non douloureux à la pression, indique en général que les viscères abdominaux sont sains et que la digestion se fait bien : quand la digestion est régulière, son volume augmente graduellement pendant les repas et diminue ensuite de même jusqu'au repas suivant.

Il conserve toujours le même volume à peu près, dans les animaux qui se nourrissent mal : il est plat s'ils ne mangent pas, gonflé, s'ils digèrent mal. C'est encore un signe de mauvaise digestion, quand il se gonfle rapidement pendant le repas sans que l'augmentation de volume puisse être expliquée par la quantité d'aliments qui a été absorbée.

Les animaux qui, recevant de mauvais fourrages, sont obligés d'en prendre de fortes quantités, ont le ventre gros ; et comme ils n'introduisent cependant dans leur estomac que de petites quantités de principes alibiles, ils sont mal nourris et leurs muscles n'acquièrent qu'une force relative au poids du corps. Dans ces conditions, les animaux sont d'ordinaire lymphatiques, ventrus ; ils ont des os saillants, des muscles minces, la peau épaisse, et des poils rudes. Tels sont les caractères des chevaux élevés dans les marais.

On appelle *ventre de vache* le ventre gros, tombant, accompagné d'un flanc creux.

Dans le cheval nourri avec de bons aliments, le ventre dépasse à peine les régions environnantes, le corps est cylindrique et gracieux, les os étant en partie masqués par les muscles, sans que ces derniers soient imprégnés de trop de graisse. La colonne vertébrale, n'étant pas trop fortement tiraillée, reste droite, tandis qu'elle devient courbée et le ventre descend quand les viscères deviennent trop volumineux.

Un ventre souple, non douloureux, est un signe de santé ; tandis que s'il est tendu, il indique que l'animal est échauffé ; s'il est douloureux, plus résistant à certains endroits qu'à d'autres, les animaux sont atteints d'irritations ou de lésions organiques, d'engorgement des viscères.

2° Le volume du ventre dépend de celui des viscères qu'il renferme, et des viscères volumineux gênent la respiration en poussant le diaphragme en avant et en comprimant le poumon quand ils sont fortement distendus. Cette fonction est alors difficile après chaque repas, et si les animaux prennent un peu trop de nourriture, ils sont essoufflés, manquent d'haleine et ne peuvent pas résister à un travail pénible.

3° Des viscères abdominaux volumineux nuisent en outre en augmentant le poids du corps, en faisant fléchir la colonne vertébrale, en fatiguant les muscles locomoteurs, en surchargeant les membres, et en rendant les allures lentes et peu sûres.

Du flanc. — C'est la région comprise entre les lombes et le ventre, la hanche et les côtes. Si les lombes sont larges, le thorax prolongé en arrière et la croupe longue, le flanc est peu étendu. C'est ce qu'on doit désirer.

Comme c'est une région formée exclusivement de la peau et de couches charnues ou fibreuses très-peu épaisses, elle est sans force, et rend faibles, peu propres au travail, les animaux dans lesquels elle est longue, d'avant en arrière.

Si le flanc est relevé, tendu, les organes abdominaux souffrent. On l'appelle *cordé*, s'il présente, dans son milieu, une bande roide proéminente.

Comme nous l'avons dit en parlant des naseaux, c'est sur le flanc qu'on peut le mieux suivre les mouvements de la respiration et constater l'irrégularité des mouvements respiratoires, et l'état sain ou maladif des animaux.

Dans l'état de santé, ces mouvements sont réguliers, assez étendus, mais peu précipités. Pendant le repos, il y en a de 12 à 16 par minute, plus dans les petits animaux que dans les grands et dans les femelles que dans les mâles. Si le nombre en est beaucoup plus considérable, c'est un signe de maladie.

C'est pour constater l'existence des affections de la poitrine et notamment de la pousse, qu'on examine le flanc. Quand cette affection existe, le flanc s'élève pendant l'inspiration comme dans l'état ordinaire, mais à l'instant de l'expiration, il s'abaisse en deux temps : il y a un temps d'arrêt, presque un mouvement de recul ; on dirait que l'inspiration va recommencer avant que l'expiration soit terminée. C'est ce temps d'arrêt saccadé qui caractérise la pousse : il est appelé *soubresaut*, coup de fouet.

Les chevaux poussifs sont affectés d'une toux sèche particulière, caractéristique pour ceux qui l'ont entendue. On la provoque en comprimant la gorge. Après avoir toussé, les animaux ne font pas entendre le ronflement particulier que rendent en pareille circonstance ceux dont la poitrine est saine : ils ne rappellent pas.

Du garrot. — Situé entre le dos et l'encolure, le garrot a pour base les apophyses épineuses des premières vertèbres dorsales, et correspond latéralement et de chaque côté, à l'extrémité supérieure de l'épaule.

Dans le choix de tous les animaux domestiques, on doit ajouter une grande importance à la conformation de cette région. Les hippiatres la décrivent avec soin, quand ils donnent les règles d'après lesquelles on peut reconnaître les bons chevaux, et les éleveurs qui achètent des béliers et des taureaux ne manquent jamais d'en apprécier l'étendue.

On examinera dans le garrot, l'épaisseur, la hauteur et l'élévation relativement aux autres parties du corps.

Il doit être très-épais à la base, bien sorti au sommet, et supporté par des côtes longues et des membres assez hauts, afin qu'il soit plus élevé que la croupe.

Nous démontrerons les avantages de ces qualités en étudiant le garrot au point de vue :

De la capacité de la poitrine ;

De la force des animaux ;

De la beauté des allures ;

Et de la facilité du harnachement.

1° EXAMEN DU GARROT AU POINT DE VUE DE LA CAPACITÉ DE LA POITRINE. — Dans le cheval, on apprécie ordinairement la poitrine par l'examen du poitrail, mais on peut arriver au même résultat par l'inspection du garrot. D'une texture osseuse, sèche, fibreuse, cette dernière partie varie peu dans ses dimensions, quel que soit l'état d'embonpoint des animaux. Son épaisseur dépend surtout

de l'épaisseur des vertèbres, de l'arc que forment les côtes sternales, et, partant, de l'écartement des os des épaules. Il résulte de cette disposition, que les inductions qu'on tire du garrot ont une grande valeur : s'il est épais, si les épaules sont inclinées en dedans et en haut, les côtes sont arquées et laissent un grand espace au poumon ; tandis que s'il est mince à la base, c'est une preuve que les côtes sont droites, plates, les épaules rapprochées, et la poitrine resserrée.

On rencontre la première de ces dispositions dans tous les animaux qui ont une forte poitrine. Les chevaux arabes, comme ceux de pur sang anglais, quelle que soit la finesse de leurs tissus, s'ils sont dignes de leur origine, ont le garrot remarquable par son épaisseur. Ils ont sans doute, les uns et les autres, les fibres plus sèches, moins imprégnées de lymphe et moins pourvues de tissu cellulaire que les chevaux des races communes ; mais ayant les côtes fortement arquées, ils ont la poitrine ample et le garrot épais. Il n'y a pas d'exception.

2° EXAMEN DU GARROT AU POINT DE VUE DE LA FORCE DES CHEVAUX. — L'épaisseur du garrot dépend, disons-nous, de celle de la colonne dorsale et du contour que forment les côtes ; presque constamment, un garrot épais se rencontre avec des reins qui, ayant beaucoup de largeur relativement à leur longueur, sont courts et puissants.

Le garrot peut donc faire connaître l'épaisseur des lombes et la force des chevaux. Dans tous ces bons limoniers, si bien construits pour retenir les grosses voitures dans les descentes, pour résister aux cahots des guimbardes, nous rencontrons cette conformation : garrot épais, flancs très-courts et lombes larges ; la largeur se soutient bien, se prolonge vers le garrot et le plan supérieur du corps se continue en diminuant graduellement de largeur jusqu'à l'encolure.

3° EXAMEN DU GARROT AU POINT DE VUE DES ALLURES. — C'est presque exclusivement par rapport aux allures et au harnachement que les hippiatres ont étudié le garrot. Aussi disent-ils presque tous : La première, la principale condition de la beauté du garrot, c'est sa grande élévation. Cette conformation, rappellent-ils, se trouve dans tous les chevaux fins, remarquables par la beauté de l'encolure, la facilité des mouvements et l'élégance des allures ; comme complément, pour ainsi dire, ils demandent qu'il soit *tranchant* et *décharné*.

Cette indication n'exprime pas toutes les qualités qu'il faut rechercher dans la partie que nous étudions. Pour être beau, le garrot doit être élevé, bien sorti, c'est vrai ; mais cela ne suffit pas, loin de là, pour faire un bon cheval. Cette région est sèche, mince, élevée, bien évidée, sur les chevaux décousus, à flancs longs, à côte plate, à poitrail enfoncé. Les plus mauvais chevaux ont le garrot haut évidé, tranchant et surtout décharné.

Dans tous les excellents chevaux, au contraire, le garrot est épais, large, surtout à la base, et dans les races nobles comme dans celles de trait. Nous croyons qu'il y a fort peu d'exceptions à cette règle, s'il en existe, et comme exemples qui la confirment, nous citerons des chevaux dont la beauté, la perfection, quant à la régularité des formes, n'a été contestée par personne : Habdani blanc du haras de Saint-Cloud et Karchane de l'école de Saumur.

Pour bien apprécier l'influence du garrot sur les allures, il faut étudier les parties qui le constituent, et celles qui le supportent. Formé par les apophyses épineuses des premières vertèbres dorsales, par une partie du ligament cervical, et par différents muscles, il est supporté par les membres antérieurs et les côtes.

Dans certains chevaux, les os des épaules sont droits et s'élèvent presque jusqu'au sommet des vertèbres ; le dessus du corps est alors plan ; la ligne médiane est à peine saillante. C'est un signe qui annonce une poitrine épaisse et des reins larges.

Mais si les chevaux sont alors robustes et d'un entretien facile, ils ont, surtout si les côtes sont courtes et les membres antérieurs bas, des allures peu rapides, sans élégance, et ils manquent souvent de solidité dans leur train antérieur : le poids des brancards ou du cavalier fatigue les genoux. Quand ces animaux trottent, ils sautent en partie sur place au lieu de parcourir du terrain en proportion de l'effort qu'ils font pour se déplacer. D'un autre côté, ils sont difficiles à bien harnacher et fort exposés à être blessés par la selle, et à cause de l'épaisseur du garrot, et à cause des frottements que les mouvements de l'épaule font éprouver à la peau contre le harnais. Le collier même est difficile à bien asseoir.

Cette conformation, très-défectueuse, est blâmée par tous les auteurs.

Dans les chevaux de race distinguée, les os des épaules sont obliques, allongés, et les apophyses épineuses des vertèbres dorsales étant relativement plus longues, le garrot est beaucoup moins épais au sommet qu'à la base. La partie latérale du corps présente au-dessus de l'épaule une dépression plus ou moins prononcée. Les apophyses épineuses, dépassant les os des épaules, forment presque exclusivement la base du garrot qui alors est plus mince, plus évidé : il est, disent les hippiatres, bien sorti.

Ces dispositions sont très-importantes à considérer par rapport aux allures et, nous le verrons, par rapport au harnachement.

Quand le garrot est élevé, les muscles qui en émanent et se portent vers la tête, à la nuque, forment un angle plus ouvert avec les os où ils s'insèrent, ont un bras de levier plus long, et produisent plus d'effet par leur contraction. De même, les muscles releveurs de l'épaule, étant plus longs, relèvent davantage cette région. Les chevaux à garrot élevé portent bien la tête, sont légers à la main, ne fatiguent pas le cavalier, déploient bien les membres antérieurs et allongent le pas.

Avec la conformation que nous supposons, le ligament cervical, qui s'étend aussi du garrot à la nuque, a les mêmes avantages que les muscles. Formant un angle plus ouvert, il est mieux disposé pour soutenir la tête. Il faut bien remarquer que le ligament n'est pas susceptible de se contracter, c'est-à-dire de se raccourcir ; que, par

conséquent, il ne concourt au maintien de la tête qu'autant qu'elle tend à descendre au-dessous du point d'où il émane. Ainsi plus le garrot est élevé, plus l'action de ce ligament, si utile pour soulager les muscles, est efficace.

Nous devons encore considérer les muscles qui s'étendent du garrot vers la partie postérieure du corps. Si les apophyses épineuses des vertèbres sont bien sorties, ces muscles, ayant un levier plus long, sont plus puissants. Les chevaux soulèvent mieux le train antérieur, se cabrent avec plus de facilité ; ceux de trait ont plus de force, car, après avoir fléchi la colonne vertébrale en portant en avant les pieds postérieurs, ils la redressent plus vigoureusement, font avancer avec plus de force le garrot, les épaules, le collier.

4° EXAMEN DU GARROT AU POINT DE VUE DU HARNACHEMENT. — C'est la considération qui, dans l'étude du garrot, a peut-être le plus occupé les hippiatres. Les plaies de cette région sont difficiles à guérir, et l'on en voit plus souvent sur les chevaux qui ont le garrot épais et charnu. Cette partie est alors beaucoup plus fortement comprimée par les selles mal confectionnées et mal entretenues. On a voulu surtout éviter les blessures, et l'on a donné comme une beauté le garrot mince, tranchant, sec, évidé, et bien décharné.

Un garrot ainsi conformé est moins exposé à être blessé par les selles mal faites, mal rembourrées ; mais comme il est facile d'assortir la selle aux formes du cheval qui doit la porter, il faut donner la préférence aux animaux qui ont le garrot épais, c'est-à-dire un garrot qui s'élargit rapidement à partir du sommet : répétons-le, il vaut mieux faire faire une selle pour un bon cheval qu'acheter un mauvais cheval pour une selle mal faite.

On recommande qu'il soit tranchant et sec, parce que, dit-on, il se blesse moins facilement ; il est certain qu'alors il se loge plus aisément dans la rainure située au milieu de la selle. Mais un garrot charnu, élastique, est-il plus facilement meurtri, blessé par le frottement contre des corps durs, qu'un garrot décharné dans lequel la peau recouvre presque immédiatement les os ? Il serait difficile de comprendre que la peau placée entre deux corps durs, l'os et la selle, ne se blessât pas plus facilement que si elle était entre la selle et une couche élastique, molle, susceptible de céder sous la pression.

Le garrot mal fait pour le harnachement, comme pour les allures, est celui qui est bas, non sorti, empâté, celui dont les parties latérales sont mises en mouvement par les os des épaules. Ce garrot se blesse facilement ; il est même mal aisé de bien assujettir les harnais sur les chevaux qui le présentent. La selle tend toujours à se porter en avant.

Si le garrot est élevé, la selle tend à rester en arrière ; il en résulte que les blessures sont moins fréquentes en avant, que l'avant-train est moins fatigué par le poids du cavalier, que les chevaux relèvent les membres antérieurs avec plus d'aisance, ont des allures plus relevées, et sont moins exposés à butter, à s'abattre, à se couronner.

Mais il est à désirer que l'élévation ne provienne pas seulement du garrot, de la longueur des os qui en forment principalement la base. Il faut que l'élévation soit due en partie à la longueur des membres antérieurs et surtout à celle des côtes, parce qu'alors ce n'est pas seulement le garrot qui est élevé, c'est aussi tout le train antérieur.

Avec cette conformation, le plan supérieur du corps est incliné en arrière, et la selle, en raison du poids du cavalier, se tient en place. Si l'élévation ne provenait que du garrot, que les membres antérieurs fussent courts et la poitrine peu profonde, le dos serait trop incliné en avant, et le garrot, supportant en partie la pression de la selle, serait exposé aux plus graves blessures; à moins que la selle ne fût fortement retenue en arrière, ce qui pourrait occasionner des blessures à la base de la queue par la croupière.

Un garrot élevé, devenant rapidement épais en se rapprochant des épaules, un dos épais qui se confonde en arrière avec des lombes larges, telle est la conformation qu'on doit rechercher dans un cheval. L'animal qui la présente sera fort, aura de belles allures, quel que soit le service auquel il sera soumis; en outre il aura la tête légère à la main de son cavalier, s'il est employé au service de la selle.

Du dos. — Il faut tenir compte, dans l'examen du dos, de sa longueur, de sa direction, de son état de santé.

Le dos doit être bien soutenu sans être convexe, et assez long pour former la plus grande partie de la colonne dorso-lombaire.

Cette conformation indique que la poitrine prolongée en arrière est ample et la respiration étendue.

On appelle *ensellés* les chevaux dont le dos est bas. Ces animaux ont des allures douces, mais manquent de force. Ce défaut se remarque sur les vieux chevaux, sur les étalons qui ont fait un long service, sur les poulinières qui ont donné plusieurs poulains, et en général sur les chevaux à tronc long. Ainsi conformé, un cheval peut être très-bon pour certains services, en raison de ses allures douces, mais il manque de force.

Convexe supérieurement, le dos est dit *dos de mulet*. Le dos et les lombes forment alors une espèce de voûte continue qui, appuyée sur les épaules et sur les hanches, a une grande force. Cette conformation est favorable à la puissance, mais elle rend les allures dures. Les chevaux à dos de mulet conviennent pour le bât. Ils forment, s'ils ont une corpulence suffisante, d'excellents limoniers.

Ainsi le dos est une des régions qui doivent varier selon les services. Dans les mulets et les bêtes de somme, il doit être plus court que dans les chevaux de selle.

Des lombes, ou reins. — Les *lombes* constituent une des régions qui fatiguent le plus dans les chevaux de travail, dans ceux qui portent comme dans ceux qui tirent; on ne saurait apporter trop d'attention à leur examen. Elles influent sur la force des animaux et sur leur résistance

au travail par leur longueur, leur direction et leur largeur. Nous supposons qu'elles sont saines.

Elles seront *courtes*. Leur longueur surtout est une cause de faiblesse. N'étant pas soutenues latéralement, elles n'offrent de la résistance qu'en raison de leur largeur et de leur brièveté. Quand elles sont courtes, les côtes sont rapprochées de l'ilium et le flanc est petit.

La brièveté est par elle-même une condition de force pour la colonne vertébrale; mais elle montre en outre que le dos est long et que la poitrine est ample, prolongée en arrière.

Les reins doivent avoir la conformation que nous conseillons dans tous les chevaux, quel que soit le service auquel on destine ces animaux; cependant c'est surtout sur les bêtes de somme et sur les chevaux de trait que les reins longs sont le plus nuisibles. Ce défaut rendrait par exemple un cheval complètement impropre au service de limonier.

L'épaisseur des lombes est un indice de force et de résistance. Les animaux sont rarement larges vers les lombes et étroits vers le garrot. La largeur des lombes indique l'épaisseur du thorax, car elle provient d'une longueur considérable des apophyses transverses des vertèbres lombaires qui existe presque toujours avec la convexité de la partie supérieure des côtes.

Les lombes doivent être *souples* et *droites*, presque au niveau de la partie antérieure de la croupe et s'incliner légèrement en avant.

Pendant les allures, elles seront comme en repos; c'est-à-dire bien soutenues et portées en avant selon une ligne droite, sans vaciller.

En parlant de la croupe, nous allons voir quels sont les moyens de reconnaître les efforts des lombes, seule maladie de cette région qui doive nous occuper, car les plaies qui y surviennent sont si faciles à reconnaître, qu'il serait superflu de les mentionner quoiqu'elles soient graves, et fréquentes : elles sont produites par les harnais. Le dos et les reins doivent se fléchir légèrement quand on les presse, mais sans paraître douloureux. La grande sensibilité de ces régions indique des affections graves : des maladies des reins, de la poitrine, des altérations du sang.

De la croupe. — La croupe a pour base une espèce de cage osseuse formée par ce qu'on appelle les *os coxaux*, ou les *os des îles*, et par le *sacrum*. Sa surface extérieure est recouverte par des muscles longs et épais qui jouent un rôle important dans tous les grands mouvements exécutés par les animaux; et l'intérieur constitue le *bassin*, cavité dans laquelle sont logés l'intestin *rectum*, la *vessie*, et la *matrice* dans les femelles comme les *vésicules séminales* dans les mâles.

Pour étudier la croupe, il faut en examiner le volume ou la forme, la largeur, la longueur et la direction.

FORME. — Il est à désirer que la croupe soit épaisse et légèrement convexe sur ses deux faces, mais que les chairs en soient fermes et même qu'elles laissent apercevoir légèrement les espaces auxquels correspondent les séparations des divers muscles qui la constituent : ils proviennent des membres postérieurs et se dirigent vers les lombes. Cette disposition indique que ces muscles sont épais et puissants et que cependant l'animal n'est pas lymphatique, empâté.

On appelle *croupe de mulet* la croupe des chevaux qui s'incline de chaque côté comme celle des mulets. Elle est peu charnue, et cependant les animaux qui la présentent sont forts parce qu'ils sont nerveux, énergiques, à tempérament sec.

La croupe doit être LONGUE. Avec cette disposition les os qui en constituent la base offrent aux muscles qui s'y insèrent un puissant bras de levier. En outre, quand la croupe est longue, les lombes sont courtes et le flanc peu étendu : double condition, nous l'avons vu, favorable à la force des animaux et à la vitesse des allures.

Par sa DIRECTION, la croupe influe sur la vitesse et la force des chevaux. Elle favorise l'action des muscles quand sa direction se rapproche de la ligne horizontale, quand elle n'est que légèrement inclinée en arrière : les muscles qui s'insèrent à son extrémité postérieure, formant avec leur bras de levier un angle presque droit, sont dans des conditions favorables à l'intensité de leur action.

Une croupe peu inclinée favorise l'étendue des mouvements : cette étendue, qui dépend du degré de raccourcissement qu'éprouvent les muscles en se contractant, est toujours en rapport avec la longueur de ces derniers. Or, lorsque la croupe est horizontale, les muscles *fessiers* forment un angle plus prononcé, et sont plus longs que lorsqu'elle est oblique. On donne le nom de *croupe avalée* à la croupe oblique fortement inclinée en arrière. Avec cette conformation, la queue est attachée bas : les animaux la portent mal et l'opération barbare appelée *opération de la queue à l'anglaise* est elle-même inefficace pour remédier à cet inconvénient.

La croupe est dite *coupée*, si elle s'abaisse subitement et paraît courte. Cette conformation a les inconvénients de la précédente.

Communs sur nos races chevalines, ces deux défauts sont produits ou accrus par le tirage pénible auquel on soumet trop tôt les poulains. On ne devrait jamais exiger de grands efforts de tirage des animaux pendant leur jeunesse, de ceux surtout, poulains ou pouliches, qu'on destine à la reproduction. Autant que leur conformation et les intérêts des fermes le permettent, il faudrait même les dresser aux allures rapides, au trot, aux exercices enfin qui favorisent l'allongement du corps, plutôt qu'au tirage pénible qui tend à le raccourcir et à le courber.

Par sa LARGEUR, la croupe donne de la stabilité au corps et même de la force, surtout pour traîner, mais elle nuit à la vitesse des allures. Les chevaux à croupe large sont épais, et comme tous les animaux qui ont cette conformation, ils se balancent en marchant. Les déplacements qu'ils éprouvent, quoique peu considérables, absorbent une partie de la force déployée par les muscles et retardent le mouvement en avant. Les animaux qui sont d'une très-grande rapidité relativement à leur force ont la croupe étroite. On sait aussi que généralement ils ne sont pas remarquables par la force et la résistance aux fatigues.

Les femelles ont la croupe plus large que les mâles. La largeur est une beauté pour celles qu'on destine à la reproduction. « Cette dimension peut faire présumer que les organes génitaux, même les mamelles, fonctionneront bien ; » que le fœtus amplement logé se développera régulièrement, et que l'accouchement sera facile.

La croupe est dite *double* quand elle présente, sur le plan médian, une rainure qui la partage en deux moitiés. La face supérieure de chaque moitié est alors presque toujours arrondie, très-convexe. Cette conformation se remarque sur nos races communes qui ont cependant la croupe trop étroite, les hanches trop peu sorties.

DE LA CROUPE D'APRÈS LES SERVICES DES ANIMAUX. — Les régions déjà étudiées doivent être, à quelques exceptions près, conformées dans les chevaux de selle comme dans ceux de trait. Il n'en est pas de même de la croupe : elle doit varier selon les services auxquels les animaux sont destinés.

La croupe tend à pousser le corps en avant en transmettant aux lombes l'action des membres postérieurs, de la détente des jarrets en particulier. C'est en étudiant l'influence qu'elle exerce dans cette circonstance, qu'on reconnaît qu'elle doit varier selon la destination des animaux.

Pour les chevaux qui doivent avoir une allure rapide, il est à désirer qu'elle soit peu oblique ; car si elle présente cette direction, elle est poussée en avant par les membres postérieurs à chaque extension du jarret, sans être trop fortement soulevée ; tandis qu'elle est soulevée si elle est fortement inclinée en arrière. C'est un désavantage : la force employée à soulever le corps est perdue pour la progression ; cette conformation occasionne une perte considérable de temps et de force. Les chevaux qui sautent en marchant semblent trotter sur place ; quoiqu'ils soulèvent rapidement leurs membres, qu'ils déploient une grande puissance, et qu'ils se fatiguent beaucoup, ils parcourent peu de chemin ; ils usent leur force en se soulevant au lieu de l'utiliser pour se porter en avant. Dans toutes les allures, le pas, le trot, le galop, le corps ne doit être que légèrement soulevé. Les chevaux à croupe longue et horizontale, à épaules longues et obliques, ont des allures rapides parce que l'action de leur appareil locomoteur est exclusivement employée à les porter en avant, et parce que, comme nous l'avons démontré, les muscles sont longs, produisent des déplacements plus étendus et s'insèrent aux os selon la direction la plus favorable à l'intensité de leur action.

La direction imprimée au corps par l'impulsion des membres postérieurs ne dépend cependant pas exclusivement de la direction de la croupe, elle tient aussi à la position du centre de gravité et à l'effort produit par les membres antérieurs.

La croupe horizontale n'est pas la plus avantageuse pour les chevaux qui tirent de lourds fardeaux, et pour lesquels on tient moins compte de la vitesse des allures que de la force de traction. Cette direction qui facilite, nous venons de le voir, les muscles et favorise l'étendue des mouvements comme la rapidité des allures, diminue l'intensité de l'action par laquelle le train postérieur fait avancer les lombes : elle rend les chevaux plus faibles pour le tirage.

Le corps est porté en avant par les membres postérieurs qui poussent le bassin. Or, si la croupe est oblique, abaissée en arrière, elle est parallèle à la puissance impulsive des membres, et reçoit l'impulsion plus directement que si elle était horizontale. Plus l'angle formé par l'axe du bassin et par l'axe du membre est prononcé, plus est grande la déperdition éprouvée par la force qui se transmet de l'une de ces parties à l'autre. Pour se convaincre des avantages que nous attribuons à l'obliquité du coxal, il suffit d'examiner un squelette et surtout d'analyser les phénomènes qui se produisent dans un gros cheval qui tire avec énergie : on reconnaît que si cette direction est contraire à l'intensité de l'effet des muscles fessiers qui agissent directement sur l'ischion, elle favorise l'action par laquelle les membres postérieurs, au moment de leur extension, poussent le corps en avant.

Si, au lieu d'examiner isolément la croupe et le train postérieur, nous comparons la colonne vertébrale et les membres abdominaux à un arc qui se prolongerait du garrot aux pieds postérieurs, nous arriverons à la même conclusion. Pour faire avancer son collier, auquel est fixée la voiture, le cheval porte les membres postérieurs en avant, tend l'arc dont nous venons de parler, et le détend ensuite en contractant les muscles extenseurs de l'épine dorso-lombaire, ainsi que ceux de la croupe, de la jambe et du jarret.

Cet arc ne peut se redresser qu'en poussant le garrot en avant ou en faisant reculer les pieds ; mais si ces derniers sont solidement appuyés sur un sol ferme, et non glissant, ils résistent, le corps avance et la voiture est entraînée. Ce mécanisme est facile à voir dans les chevaux qui emploient toute leur force à traîner, lentement, de lourds fardeaux.

Il est inutile d'insister pour faire comprendre qu'une barre, formant vers son milieu un angle presque droit, offre moins de résistance à des forces qui la pousseraient en sens contraire par ses deux extrémités, que si elle formait une courbe ou même un angle plus ouvert. Plus cet angle serait ouvert, plus la barre résisterait aux forces qui tendraient à la courber. Or, dans le cheval à croupe horizontale, la colonne vertébrale et les membres postérieurs forment un angle moins ouvert que dans celui à croupe oblique.

Dans les chevaux de selle, le mécanisme des mouvements est bien le même en principe que dans ceux de trait ; mais leurs pieds étant soulevés avec plus de vigueur, le soulèvement du corps, par l'effet d'une croupe oblique, est plus prononcé et la déperdition de force plus considérable ; d'ailleurs dans ces animaux on ajoute beaucoup d'importance à la vitesse et l'on tient moins compte de l'intensité de la force, car il est rare qu'on les emploie toute celle qu'ils possèdent.

Les conclusions auxquelles nous arrivons, sont conformes à ce que l'observation nous démontre : Quels sont les chevaux qui, sans paraître se presser, font, au pas et au trot, beaucoup de chemin ? Ceux à croupe longue et horizontale. Quels sont les chevaux qui tirent les plus lourds fardeaux sans avoir l'air de faire de grands efforts ? Ceux dont la croupe, épaisse et inclinée, réunit, sans former d'angle sensible, les membres postérieurs à la colonne vertébrale. Les chevaux susceptibles de traîner de lourds fardeaux, tout en ayant des allures rapides, les bons gondoliers, présentent une conformation intermédiaire.

Mouvements de la croupe. — Il est peut-être aussi important d'observer la croupe pendant l'exercice que dans le repos, c'est-à-dire, eu égard à ses mouvements qu'au point de vue de sa conformation.

Comme c'est la croupe qui communique aux lombes l'action des membres postérieurs, la faiblesse de ces derniers, comme la douleur des lombes, s'y fait toujours sentir ; et c'est moins pour reconnaître les affections qui lui sont propres que celles de la colonne dorso-lombaire, de l'articulation coxofémorale, des jarrets, et même des pieds, qu'il faut l'examiner pendant l'allure au pas et au trot.

On appelle *vacillante* la croupe qui pendant la marche se balance d'un côté à l'autre. Les balancements qui lui font donner ce nom indiquent, ou un manque de force, ou une affection douloureuse, soit que la faiblesse provienne d'une mauvaise conformation, d'une longueur excessive des lombes, soit qu'elle dépende d'un effort des ligaments dorso-lombaires, d'une maladie des muscles, ou d'une distension des ligaments articulaires. Pendant la locomotion, la croupe doit être portée en avant avec fermeté et selon une direction droite sans éprouver ni balancements de droite à gauche, ni mouvements trop sensibles d'abaissement et d'élévation.

De l'anus. — Cette ouverture doit être entourée d'un bourrelet peu volumineux mais ferme. Un anus béant est un signe de faiblesse. Cela ne se remarque que sur quelques vieux chevaux.

Le rectum, à sa partie postérieure, peut être le siége de plaies, de la *fistule à l'anus*, mal grave mais rare.

Les pourtours de l'anus, le voisinage de la base de la queue, sont le siége de tumeurs appelées *mélanoses*, assez fréquentes sur les chevaux blancs et les chevaux gris.

Ces tumeurs ne sont pas douloureuses. Elles ne gênent pas les animaux tant qu'elles sont peu développées ; mais elles peuvent devenir assez grosses pour gêner la sortie des excréments. D'autres fois elles suppurent, et les mouches y déposent leurs œufs. Elles sont incurables, et les chevaux qui en ont à la base de la queue en ont aussi dans d'autres régions, quoique le plus souvent elles ne soient pas apparentes. Il faut donc ne pas acheter des animaux qui ont des mélanoses, seraient-elles encore très-peu développées.

De la queue. — On examinera dans la queue son point d'attache et sa direction, sa forme et sa force. Elle est formée d'un prolongement de la colonne vertébrale transformée et de longs crins,

Une queue *attachée haut et ne se dirigeant pas immédiatement vers le sol*, s'observe avec une croupe belle, non avalée.

Dans les chevaux communs, la queue est noyée entre les ischions et dirigée en bas, dès son origine; tandis que dans ceux de race noble, elle est bien attachée. Les avantages de cette dernière disposition se font remarquer durant l'exercice, pendant que les chevaux sont montés. On dit qu'ils *portent la queue en trompe* : ils ont l'air plus distingué et plus vigoureux.

C'est pour faire porter la queue en trompe aux chevaux qui la tiennent basse, qu'on pratique ce qu'on appelle l'*opération de la queue à l'anglaise* : on coupe les muscles de la face inférieure de la queue afin que ceux de la face supérieure, les releveurs, n'ayant plus d'antagonistes, produisent plus d'effet. Mais cette cruelle opération, toujours inutile en ce qu'elle n'ajoute rien à la valeur réelle des animaux, est quelquefois dangereuse et souvent inefficace : elle ne produit presque aucun effet lorsque la croupe est fortement oblique.

Pour être bien *conformée*, la queue doit être grosse à la base et fine à l'extrémité. Elle indique alors que le système musculaire est bien développé et le système osseux mince. On la remarque ainsi sur les chevaux qui ont les muscles épais et les os grêles ; les membres bien conformés, fins dans les parties osseuses, épais dans les régions charnues. Les Arabes recherchent les chevaux qui ont une queue mince à l'extrémité comme celle de la vipère.

Si la queue est *forte*, si elle offre une grande résistance quand on cherche à la relever, c'est un indice de puissance musculaire. La puissance des muscles de la queue fait pressentir celle des muscles du tronc et des membres qui agissent dans la progression.

On coupe très-diversement la queue aux chevaux et pour des motifs différents. On ampute les derniers os coccygiens, quelquefois pour rendre la queue plus légère et moins embarrassante, d'autres fois pour pratiquer une saignée. Cette dernière opération n'est faite à la queue, d'ordinaire, que pour des maladies graves. Dans tous les cas, l'amputation par elle-même, affaire de mode souvent, n'augmente ni ne diminue la valeur intrinsèque des animaux, leur aptitude à rendre des services.

Il en est de même de celle des crins. Cependant nous ferons remarquer que la queue est utile aux chevaux pour chasser les mouches. Il est à désirer que ceux qu'on veut faire pâturer soient *à tous crins*. Cela est surtout important pour les juments poulinières. Les insectes tourmentent celles qui sont *à courte queue* : elles maigrissent et la sécrétion du lait diminue.

Des aines et des ars. — On appelle les lignes qui séparent les membres du tronc *aines* dans les membres postérieurs et *ars* dans les antérieurs. Ces régions n'offrent par elles-mêmes aucun intérêt ; mais dans le voisinage de l'aine se trouve l'*anneau inguinal*, anneau que traverse le testicule pour descendre de l'abdomen vers le scrotum, et dans lequel se trouve le cordon testiculaire.

Cet anneau donne quelquefois passage à des organes abdominaux qui viennent former des hernies. Ces hernies sont souvent intermittentes et peuvent donner lieu à des coliques mortelles. Il serait donc important de reconnaître les animaux qui y sont exposés. Mais nous ne possédons à cet égard aucun signe autre que la tumeur qui constitue la maladie, tumeur produite par l'organe déplacé, et on n'expose pas en vente les animaux pendant que le mal est apparent.

DES ORGANES GÉNITAUX.

Organes génitaux du mâle. — Ceux de ces organes qu'il peut être utile d'examiner sont le fourreau, le pénis, le scrotum et les testicules.

Le *fourreau* présentera les conditions que l'on doit désirer quand il sera sain et propre. Trop souvent, il s'irrite par suite de l'accumulation du cambouis. Cela se remarque surtout sur les chevaux hongres dont le pénis ne sort jamais complètement.

Le *pénis*, même dans les chevaux hongres, doit sortir en partie du fourreau toutes les fois que l'animal rend son urine : le liquide coule mieux. Les Arabes considèrent comme un signe de vigueur l'expulsion de l'urine faite avec assez de force pour qu'un trou soit creusé dans le sol, là où tombe le liquide.

Le pénis est quelquefois pendant, ne rentre pas ; c'est un signe de faiblesse comme lorsqu'il ne sort pas du tout. Des maladies du fourreau et du pénis, *phimosis* et *paraphimosis*, peuvent être la cause de ces défauts qui n'indiquent pas alors la faiblesse. On n'expose pas en vente les animaux affectés de ces maladies inflammatoires.

Les *bourses* et les *testicules* doivent être modérément pendants, mais non relâchés ; la grosseur des testicules indique l'aptitude des animaux à se reproduire.

Les animaux qui n'ont aucun testicule apparent sont inféconds. Ils recherchent cependant les femelles, et c'est d'autant plus désagréable qu'on ne peut pas les hongrer.

La diminution de volume des testicules, ou leur manque de développement, est un signe de faiblesse, de l'organe d'abord, du sujet ensuite. La grosseur anormale, qui est beaucoup plus fréquente, est souvent la suite d'un coup, d'une pression ; d'autres fois c'est le signe d'une maladie générale, de la morve par exemple. Elle est grave alors comme l'affection dont elle est un symptôme.

Le *scrotum* est le siège d'abcès et d'hydropisies. Si celles-ci sont locales, elles sont moins dangereuses que si elles constituent un des symptômes de l'ascite ou de l'anasarque.

Organes génitaux des femelles. — Il nous suffira de dire un mot de la vulve et des mamelles.

Des cicatrices sur les lèvres de la *vulve* des poulinières indiquent que des points de suture ont été faits à cette ouverture ; ce qui suppose, ou que ces juments ont été *bouclées*, ou qu'elles ont eu la *matrice renversée*. Dans cette dernière supposition, on devrait craindre le retour de cet accident pour les gestations ultérieures.

Les *mamelles* des juments sont moins développées, moins actives et moins sujettes à être malades que celles des vaches. Aussi ne les examine-t-on pas quand on choisit les premières de ces femelles.

DES MEMBRES.

Les membres sont divisés par les hippiatres en *bipèdes* : bipède antérieur, et bipède postérieur ; bipède droit et bipède gauche ; bipède diagonal droit, — — le membre droit antérieur et le gauche postérieur, — et *bipède diagonal gauche*, — le membre gauche antérieur et le droit postérieur.

On compte dans les membres postérieurs le même nombre de rayons que dans les antérieurs : la hanche correspond à l'épaule, la cuisse au bras, la jambe à l'avant-bras, le jarret au genou, le canon au canon, etc.

Les rayons qui se correspondent, présentent même quelques analogies, mais ils diffèrent par leur direction ; l'os de la hanche est incliné d'avant en arrière, celui de l'épaule d'arrière en avant ; l'os de la cuisse d'arrière en avant, et celui du bras d'avant en arrière.

Nous devons tenir compte de la *longueur relative des membres*. Si les antérieurs sont plus longs, les chevaux ont des allures relevées ; s'ils sont plus courts, des allures près de terre et rapides. Dans les chevaux de selle, la première conformation est la plus favorable à la solidité des allures.

Notons la grande différence dans la manière dont les membres sont fixés : les postérieurs sont enclavés dans une cavité osseuse, leur impulsion se transmet au tronc directement et sans éprouver de déperdition. Les antérieurs, fixés seulement par des muscles et des ligaments, et destinés surtout à soutenir le corps, sont, comme nous allons le voir, très-bien disposés pour remplir cette fonction.

La direction des membres correspond admirablement à cette double destination. Les premiers, courbés dans leur milieu, sont disposés pour pousser le bassin ; tandis que les autres, perpendiculaires à l'horizon, peuvent supporter, sans fléchir, les plus fortes secousses.

En proportion du poids du corps, les membres doivent être plus longs dans les chevaux de selle que dans ceux de trait. On sait combien sont longs ceux des chevaux de course, mais ce n'est pas, tant s'en faut, une qualité pour les services ordinaires que cette longueur excessive.

I. — DES MEMBRES ANTÉRIEURS.

Nous bornons notre examen à l'épaule, au bras, à l'avant-bras et au genou. Nous parlerons du canon, du boulet, du pied, quand nous aurons étudié les parties propres aux membres postérieurs.

De l'épaule. — Les deux os des épaules ne sont point fixés au tronc par des parties osseuses, mais par des ligaments et des muscles : la poitrine se trouve ainsi suspendue mollement entre deux piliers qui convergent supérieurement. Réunies l'une à l'autre par l'intermédiaire du garrot, les épaules lui forment un support solide, mais très-bien disposé pour diminuer les réactions produites par le contact du pied sur le sol.

Convergeant l'un vers l'autre à leur extrémité supérieure, où se trouve le muscle suspenseur de l'épaule, les membres antérieurs se rapprochent et se soutiennent réciproquement, lorsque le poids du corps les tiraille avec force. Mais, tout en résistant, ils cèdent en raison de l'extensibilité de leurs moyens d'attache et des angles que forment leurs divers rayons. Le corps, lorsqu'il retombe sur le sol avec vitesse dans le saut, est ainsi soutenu, et l'appui se fait sans que l'animal éprouve des secousses capables de nuire aux organes importants renfermés dans la poitrine. Celle-ci est comme suspendue à une voûte par des liens qui, quoique flexibles et extensibles, ne permettent pas cependant des mouvements trop considérables.

Deux muscles fixent principalement l'épaule au tronc : l'un, le dorso-sous-scapulaire, dirigé de haut en bas, tend à la soulever et l'empêche de s'abaisser trop fortement ; tandis que l'autre, le costo-sous-scapulaire, se dirigeant de bas en haut, est destiné à l'abaisser et à l'empêcher de s'élever au delà de certaines limites.

Tout en contribuant au soutien du corps, les rayons supérieurs des membres antérieurs jouent un rôle important dans la progression : ils entament l'allure et contribuent à déterminer l'allongement du pas. Deux rayons, l'épaule et l'avant-bras, sont surtout importants à étudier à ce point de vue.

L'épaule a pour base le scapulum, os aplati, appliqué sur les côtes obliquement de bas en haut et d'avant en arrière.

Dans l'étude de cette région nous devons tenir compte de sa longueur, de sa direction et de l'état des muscles qui recouvrent l'os.

Elle doit être *longue*. Alors les muscles qui la forment en partie sont longs, et produisent, par leur raccourcissement, beaucoup d'effet sur le bras et l'avant-bras. Ceux qui sont en arrière, qui occupent l'espace triangulaire formé par le bras et l'épaule, ont le même avantage ; par leur raccourcissement plus étendu, ils impriment de grands mouvements à l'avant-bras et au pied.

Si l'épaule longue est en même temps *oblique*, elle sera bien disposée pour les allures rapides. Son extrémité inférieure plus avancée sera, ainsi que le bras, plus fortement soulevée par ses muscles que si le rayon était droit. Avec une épaule longue et oblique, les chevaux se développent bien.

Une épaule droite est bien disposée pour recevoir le collier, mais elle est plutôt soulevée en totalité que portée en avant par ses muscles releveurs. Il en résulte que les chevaux, malgré l'énergie de leurs contractions musculaires, font peu de chemin : ils trottent sur place.

Les chevaux à épaules longues et obliques ont généralement la croupe longue et horizontale, disposition aussi favorable à la solidité des lombes, qu'à la vitesse des allures.

Pour remplir convenablement leurs fonctions, les muscles de l'épaule doivent être fermes, bien dessinés ; ils sont épais mais empâtés dans les animaux lymphatiques, ordinairement mous.

Du bras. — Ce rayon a pour base l'*os humérus*, il fait suite à l'épaule, et s'étend obliquement d'avant en arrière et de haut en bas. Il correspond à la cuisse, dirigée en sens contraire. Les muscles qui recouvrent l'os du bras, sont fermes et bien dessinés dans les chevaux vigoureux.

De l'avant-bras et du coude. — Ce rayon offre beaucoup plus d'intérêt que le précédent. Dans le choix des chevaux, il faut tenir compte de sa largeur, de sa longueur et de son épaisseur.

Il s'étend du bras au genou et a pour base dans le cheval, deux os : un plus long, qui en occupe toute la longueur, et un plus court, situé en arrière, et formant la base du coude. Il est appelé *olécrane*, et le premier *cubitus*.

Cette région doit être *large*. La largeur provient de la longueur de l'os du coude, et indique que les muscles sont volumineux, et les os bien disposés pour en faciliter l'action. Les muscles qui partent de l'os de l'épaule pour venir s'y insérer agissent par un long bras de levier.

On trouve dans l'extension du cubitus sur le bras, au moment où le membre antérieur agit pour porter le corps en avant, un mécanisme analogue à celui du levier de deuxième genre. Le point d'appui est sur le sol, ou sur les os du genou ; la résistance dans l'articulation de l'os du bras avec celui de l'avant-bras, et la puissance au sommet de l'olécrane. Plus ce dernier est long, plus le levier est favorable à la puissance qui le fait agir.

Nous ferons remarquer que, dans le tirage, les membres antérieurs, outre le rôle de soutien du tronc, qu'ils remplissent constamment, agissent comme force motrice ; ils tendent à pousser le corps en avant et à faire avancer la voiture. Or, l'articulation dont nous venons de parler est celle qui agit le plus dans cette circonstance. Le cheval porte d'abord le pied en avant, et le pose sur le sol ; c'est ensuite en étendant fortement l'avant-bras par la contraction des muscles qui s'insèrent à l'olécrane, qu'il fait avancer le corps et qu'il pousse le collier en avant jusqu'au niveau du pied.

Sans doute, l'action des membres antérieurs n'égale pas celle des membres postérieurs ; il arrive même que certains chevaux, au moment où ils tirent avec le plus de force, ne prennent leur appui que sur les pieds de derrière ; mais cela se remarque rarement, et c'est par l'analyse de ce qui se passe dans les cas ordinaires, qu'on peut mieux comprendre le jeu des parties, et arriver à l'appréciation de la conformation qui est la plus avantageuse.

C'est un grand avantage pour les chevaux d'avoir le coude long. Il faut encore qu'il soit dirigé directement en arrière. C'est une preuve que le membre est d'aplomb. S'il est dirigé en dehors, presque toujours la pointe du pied est tournée trop en dedans : le cheval est dit *cagneux*, et se trouve plus exposé à se *couper*, à blesser avec la

pince du pied droit, par exemple, le boulet du membre gauche ; si le coude est dirigé en dedans, le pied est tourné en dehors : le cheval est appelé *panard* ; il se coupe alors avec le talon. Cette conformation indique un défaut plus grave : elle se rencontre avec une côte plate et une poitrine étroite vers la région du cœur, ce qui se remarque sur quelques chevaux à allures très-rapides, mais ce qui n'en est pas moins un défaut très-grave, comme nous l'avons vu, surtout si le poitrail est étroit et les avant-bras rapprochés l'un de l'autre.

Pour être bien conformé, l'avant-bras doit encore être *épais*. C'est sur la face postérieure de cette région que se trouvent les muscles fléchisseurs du genou et du pied. Si ces muscles sont forts, l'avant-bras est épais sur son bord postérieur ; il est grêle et faible, s'ils sont minces : avec cette dernière conformation, les muscles se fatiguent facilement, s'altèrent, sont douloureux et se raccourcissent. Les chevaux deviennent arqués, bouletés, et sont peu solides sur les membres antérieurs.

Les muscles doivent être non-seulement forts et épais, mais fermes, résistants à la pression, et bien dessinés, comme disent les hippiatres ; on doit pouvoir les reconnaître, les compter à travers la peau. Alors, l'avant-bras est dit *nerveux*. On l'appelle *empâté*, lorsque les muscles sont noyés dans la graisse, dans le tissu cellulaire : c'est le caractère des chevaux mous, sans énergie.

En parlant du garrot, nous avons vu que le train antérieur doit être assez élevé. Nous ajoutons : il faut que la *longueur* des membres antérieurs soit suffisante, et qu'elle soit bien répartie entre les différents rayons qui composent ces membres. Si l'avant-bras est court, le canon est long, les chevaux relèvent fortement les pieds, mais se fatiguent, sans faire beaucoup de chemin. Si l'avant-bras est long en proportion du canon, les chevaux portent le pied fortement en avant, et à chaque déplacement du membre, ils embrassent beaucoup de chemin, mais ils sont beaucoup plus exposés à raser le tapis, surtout si leurs allures sont molles. C'est cependant la conformation qu'on doit rechercher pour les services ordinaires, réservant, pour certaines allures de manége, les animaux à canon long.

Du genou. — Le genou, dans les animaux, correspond à l'articulation de l'os de l'avant-bras avec les os carpiens, et de ces derniers avec les os du canon. C'est une des plus intéressantes articulations du corps animal. Il faut tenir compte de son volume, de sa direction, de sa position, et de son état de santé ou de maladie.

Lorsque le genou est gros, il se fatigue moins, parce que l'effort qu'il supporte se partage sur des surfaces plus étendues ; parce que les muscles qui s'y insèrent et le font mouvoir, sont plus éloignés du centre de mouvement, et agissent par un levier plus long : ils ont plus de force pour s'étendre ou fléchir le canon.

Il est sans doute avantageux que les genoux soient forts, leur développement indique la force des extrémités articulaires ; mais l'essentiel, c'est qu'ils soient d'aplomb, c'est-à-dire selon la direction des rayons qui les avoisinent. (Voyez *Aplomb*.)

Si le genou est concave, creux antérieurement, rentré, porté en arrière, il est dit *effacé*. Le membre est plus faible.

S'il est porté en avant, le cheval est dit *brassicourt*, *arqué*, selon que le défaut est plus ou moins marqué. C'est encore un signe de faiblesse. Avec ces défauts, le cheval est plus exposé à s'abattre.

Les chevaux sont prédisposés à ces déviations du genou, quand les muscles *épicondylo* et *épitrochlo-pharangiens* qui se rendent à cette articulation et au boulet sont faibles, c'est-à-dire quand le bord postérieur de l'avant-bras, qu'ils occupent, est mince.

C'est surtout dans le cheval de selle, dans les bêtes de bât, dans les limoniers et, en général, dans tous les chevaux qui portent, qu'on doit rechercher une bonne direction des membres antérieurs et du genou en particulier. Ce n'est pas sans danger qu'on monte un cheval à genoux *effacés* ou *arqués*.

Plus rarement le genou est dévié en dedans ou en dehors. Ce défaut influe sur la direction de la partie inférieure du membre ; quand il existe, les pieds, au lieu d'être portés directement en avant, forment un détour plus ou moins sensible qui retarde l'allure et fatigue sans utilité les muscles ; en outre, si le détour a lieu en dedans, le pied qui est déplacé va frapper le membre qui est resté sur le sol. Le cheval *se coupe*, il se blesse les membres, le plus souvent les boulets. C'est un très-grave défaut, auquel il est quelquefois difficile de remédier par la ferrure. La percussion d'ailleurs a toujours l'inconvénient de retarder le pas, de fatiguer les animaux et de les disposer à tomber.

En parlant de l'avant-bras, nous avons vu que le genou doit être *bas* plutôt que porté sur de longs canons. (Voyez *Canon*.)

Il est très-important que le genou soit sain. Les tumeurs molles et les tumeurs dures qu'on y remarque quelquefois sont toujours dangereuses. Elles gênent les mouvements, finissent même quelquefois par entraîner la soudure des os entre eux, et rendre ainsi la flexion gênée ou impossible. Cet accident est assez fréquent en raison du nombre considérable d'osselets, de ligaments, et d'articulations, qui entrent dans la composition du genou, et des tendons qui le longent ou s'y insèrent. Une tumeur osseuse qui n'aurait aucun inconvénient au milieu du canon, peut entraîner la perte d'un cheval, si elle est au genou.

II. — DES MEMBRES POSTÉRIEURS.

Ces membres sont les agents principaux de la progression. Communiquant directement, sans corps intermédiaire, avec le tronc, ils transmettent au bassin et aux lombes toute leur force impulsive ; ils s'y fixent par un prolongement arrondi, *tête du fémur*, très-bien disposé pour exécuter des mouvements en tous sens : le membre lors de son extension pousse le corps à droite, à gauche, en haut ou en avant, selon la volonté des animaux.

Pour comprendre l'action des membres postérieurs, examinons comment se produit la progression dans un cheval qui tire.

Dans les animaux qui tirent, les colonnes osseuses qui agissent le plus pour faire avancer le fardeau, peuvent être considérées comme représentant deux arcs qui se tendent et se détendent alternativement ou simultanément ; ils sont formés, l'un par le rachis et l'autre par le membre postérieur. Ce dernier arc est double quand les deux membres agissent à la fois.

Horizontal, le premier arc s'appuie, par son extrémité postérieure, sur la tête du fémur, l'autre extrémité correspond au garrot et pousse, d'une manière plus ou moins directe, l'encolure en avant. Les muscles de la région sous-lombaire, ainsi que ceux des membres postérieurs, le fléchissent, en portant en avant son extrémité postérieure, et ceux de la face supérieure, du rachis, les ilio-spinaux, le redressent. La force élastique des parties qui le constituent concourt aussi à son extension.

Le second arc est vertical. Par une de ses extrémités, il appuie sur le sol, et par l'autre, il correspond à l'articulation coxo-fémorale ; les muscles fléchisseurs le raccourcissent en portant le pied en avant, tandis que les muscles extenseurs de la jambe, situés en avant du fémur, et ceux du jarret, situés derrière le tibia, le détendent en redressant le membre, ce qui ne peut s'opérer qu'en poussant le tronc.

Les membres postérieurs jouent donc le rôle principal dans la progression. En se portant en avant, ils fléchissent d'abord la colonne vertébrale et, par leur extension, ils la poussent ensuite et font avancer le corps. La colonne vertébrale tend bien aussi, nous venons de le voir, à produire le même effet par son extension ; mais elle n'agit qu'autant que les membres lui offrent un appui solide. De ces efforts résulte, ou la simple progression, si le centre de gravité est incliné en avant et si les membres antérieurs ne font que soutenir le corps ; ou le saut, si le centre de gravité est relevé par la détente des membres antérieurs : les membres, par leur extension, poussent le corps à droite ou à gauche, en haut ou en avant, selon la volonté des animaux.

C'est par l'intermédiaire du bassin et des lombes, que les membres postérieurs agissent sur le collier dans le tirage, ce qui explique le grand avantage des lombes courtes, larges et fortes.

Les mouvements du coxal sur le bassin se font par un mécanisme fort simple, auquel concourent encore les membres postérieurs. C'est toujours le coxal qui se meut sur le fémur. On reconnaît dans ce mouvement le mécanisme d'un levier : le point d'appui se trouve dans l'articulation de la cuisse, sur la tête du fémur, et le bras de levier est représenté par les os ischions ou les iliums, selon que les muscles agissent sur les uns ou les autres de ces os.

Le levier est du premier genre, si l'on considère les muscles qui agissent sur l'ischion : l'appui est au milieu, à l'articulation, la puissance à une extrémité, et la résistance à l'autre ; elle est produite par le centre de gravité du corps, et se trouve dans l'abdomen, vers le diaphragme.

Le levier est du troisième genre, si les muscles qui agissent s'insèrent à l'ilium et au sacrum; car alors la puissance est au milieu, l'appui est en arrière, encore à l'articulation, à l'extrémité postérieure du levier, et la résistance, toujours représentée par le poids du corps, à l'autre extrémité, vers le diaphragme.

C'est pour diminuer l'intensité de la résistance en raccourcissant son levier par le déplacement en arrière du centre de gravité, que le cheval qui se cabre, relève la tête et se rejette en arrière, en même temps qu'il avance les pieds postérieurs sous le centre de gravité. On sait que lorsqu'il veut ruer, il baisse au contraire la tête, et recule les pieds antérieurs pour soulager les muscles qui doivent relever la croupe et les pieds postérieurs.

Des fesses, des cuisses et des jambes. — Les deux premières de ces régions sont peu distinctes l'une de l'autre. Elles doivent être grosses, fortes, épaisses, mais fermes. La force des muscles est en rapport avec leur volume et leur consistance. Les bons chevaux, même des races les plus sveltes, ont les cuisses formées de muscles volumineux. C'est à la face interne de la cuisse surtout, qu'on juge avec facilité de l'épaisseur des muscles; ils forment dans cette région, quand les chevaux sont bien musclés, une couche épaisse et saillante vers la face inférieure du bassin.

On dit *mal gigotés* les chevaux qui ont les muscles des membres postérieurs grêles inférieurement. La jambe mince paraît alors démesurément longue et tout le membre décharné. Mauvais signe.

Nous dirons seulement de la jambe qu'elle doit être longue. De sa longueur, comme de celle de l'avant-bras, dépend l'espace de terrain embrassé à chaque pas, et en partie la vitesse des allures.

Du Jarret. — C'est aux jarrets qu'appartient l'action principale dans le jeu si important des membres postérieurs. Ils doivent être considérés comme la pièce essentielle parmi celles qui produisent le déplacement du cheval.

Le jarret est l'articulation qui a pour base la partie inférieure de l'*os de la jambe*, l'extrémité supérieure des *os du canon* postérieur, et plusieurs os particuliers appelés *tarsiens*. De tous ces os, le calcanéum est celui qui exerce la plus grande influence sur la forme et le jeu de l'articulation.

On reconnaît au jarret deux faces : une externe et une interne; deux bords : un antérieur et un postérieur. On appelle *pli* du jarret, la courbure du bord antérieur, et *pointe*, la proéminence du bord postérieur : la pointe correspond à l'extrémité libre du calcanéum.

Nous ajouterons, pour terminer la description de cette articulation, qu'on donne le nom de *corde du jarret* au bord saillant qui part de la pointe, et s'élève vers la jambe. Elle est formée par les tendons des muscles extenseurs. Le *creux du jarret* est l'excavation située entre la corde et l'os de la jambe.

Comme celle de toutes les parties, la force du jarret dépend en général de son volume : un jar-

ret développé dans toutes ses dimensions est un indice de force si, du reste, il est sain, si les tubérosités des os sont bien distinctes, si les ligaments et les tendons sont souples, si l'on n'y observe aucun gonflement maladif : un développement considérable indique, comme dans toutes les articulations, que les extrémités des os sont volumineuses, bien disposées pour faciliter l'action des muscles et pour résister à la pression qu'elles supportent.

La grosseur de la corde du jarret est par elle-même une condition de force ; elle indique aussi le développement des muscles auxquels elle appartient ; car il existe toujours un rapport entre les muscles et les tendons qui en émanent et auxquels ils communiquent leur action.

Il faut surtout examiner, dans le jarret, la largeur des faces, la direction, et l'état de santé.

Pour être bien conformé, le jarret doit être *large*, c'est-à-dire avoir les faces latérales étendues, le calcanéum fortement prolongé en arrière. Avec cette conformation, les muscles extenseurs, et en particulier le muscle *bifémoro-calcanéen*, dont le tendon forme la corde du jarret, sont surtout favorisés, et parce qu'ils ont un long bras de levier, et parce qu'ils s'insèrent à ce bras de levier selon une direction plus rapprochée de la perpendiculaire que si le calcanéum était court et le jarret étroit.

Ce sont les muscles extenseurs qui, en se raccourcissant, font mouvoir le jarret. Cette articulation agit comme un ressort, dont la détente pousserait le corps en avant. Son mécanisme ressemble, dans cette circonstance, à celui d'un levier du deuxième genre : le point d'appui est sur le sol, sous le pied ; la puissance, au sommet du calcanéum, sur lequel agissent les muscles ; et la résistance, représentée par le poids du corps, se trouve au milieu, à l'extrémité inférieure du tibia, sur l'astragale.

Quand on réfléchit aux lois de la mécanique, on comprend combien quelques millimètres de largeur en plus dans le jarret doivent donner de l'avantage aux animaux, ces quelques millimètres ne diminueraient-ils la résistance, ne favoriseraient-ils les muscles que de quelques kilogrammes. Comme l'action se renouvelle à chaque pas, il en résulte que les animaux sont fortement favorisés.

De tous les leviers, le levier inter-résistant, ou du deuxième genre, est le plus favorable à la puissance. Il y en a peu d'exemples dans l'économie animale, et on ne les trouve que dans les parties du corps qui, comme le jarret, doivent produire beaucoup d'effet.

On appelle *jarret droit* celui dont le pli est peu sensible. Avec cette direction il paraît étroit et l'est souvent. Le jarret droit, si du reste il est bien conformé, est favorable à la rapidité des allures : le pied se trouve placé plus en arrière que lorsque le jarret est coudé, et la détente de l'articulation pousse le corps en avant sans le soulever trop fortement. Le jarret est en général droit dans les chevaux de course; on appelle *élancés de derrière* les chevaux à jarrets droits.

Si le pied est porté en avant, le pli du jarret

est bien prononcé, et cette articulation est dite *coudée*. L'animal est bien disposé pour sauter. La détente du jarret soulève, lance le corps, autant qu'elle le pousse en avant; elle agit même avec force, car le jarret coudé est en général large et bien conformé pour favoriser l'action des muscles. Cette conformation se remarque dans les chevaux de manége, dans les andalous : avec des jarrets coudés, les animaux ont des allures plus brillantes, plus cadencées, plus douces que rapides.

Lorsque les jarrets sont coudés, les pieds postérieurs sont trop rapprochés des antérieurs et les attrapent quelquefois dans la marche : on dit alors que le cheval *forge*. Les extrémités de derrière supportent une grande partie du corps, et se fatiguent, même pendant le repos. En outre, les tendons, les ligaments placés en arrière des os, constamment tiraillés, surtout si le paturon est long, deviennent souvent malades ; mais les os se fatiguent moins que lorsque les membres sont droits : le cheval est dit *sous lui* quand il a les jarrets fortement coudés.

Le plus ou moins d'élévation du jarret est aussi un point digne d'attention. Lorsque le jarret est bas, la jambe est longue et le canon court. C'est une conformation favorable à la vitesse des allures : les animaux, à chaque pas, embrassent beaucoup d'espace. Généralement, quand les jarrets sont élevés, les genoux le sont aussi, et les canons de devant comme ceux de derrière sont longs : les chevaux relèvent fortement les pieds en marchant, sans faire cependant beaucoup de chemin.

Si les jarrets sont écartés l'un de l'autre, les chevaux sont dits *ouverts de derrière*. Presque toujours, ces animaux ont le corps épais et la poitrine ample : c'est un signe de force plutôt que de vitesse.

L'écartement des jarrets peut provenir d'un défaut d'aplomb, d'une mauvaise direction des membres. Ce vice de conformation est facile à reconnaître. Les pointes des jarrets doivent être parallèles au plan médian du corps. On dit *jarretés, crochus*, les chevaux dont les pointes des jarrets sont tournées en dedans. Ils sont appelés *clos de derrière*.

Le jarret ne doit être ni faible, ni empâté, mais sec, bien évidé, épais, large, et avec des saillies osseuses bien prononcées et des creux bien distincts.

Il est exposé à des maladies nombreuses et fort variées. Les tumeurs molles et osseuses y sont fréquentes. Disons seulement que les hippiatres ont singulièrement compliqué ce sujet, et sans aucune utilité, en donnant des noms différents à des maladies de même nature. Ainsi ils ont appelé *courbe* la tumeur qui vient à la face interne de l'extrémité inférieure du tibia ; *éparvin*, celle qui a son siége à la partie interne et supérieure du canon, et *jarde*, celle qui vient sur la face externe de la même extrémité.

Le jarret est formé par un grand nombre d'os dont plusieurs très-petits. Quelques-uns seulement exécutent de grands mouvements, mais tous peuvent se mouvoir les uns sur les autres. En outre, des tendons nombreux en parcourent les surfaces.

A cause de cette organisation compliquée et des fonctions pénibles qu'il remplit, une affection, même légère, nuit beaucoup à ses fonctions et déprécie considérablement les animaux : des accidents qui, sur d'autres parties du corps, sur des parties immobiles ou n'exécutant que des mouvements bornés, n'auraient aucune conséquence fâcheuse, peuvent entraîner les plus graves inconvénients sur cette articulation : des douleurs vives et la perte ou la diminution des mouvements par l'ossification des ligaments et la soudure des os entre eux. Ces conséquences sont d'autant plus à craindre que ces maladies sont plus rapprochées des parties où se produisent les plus grands mouvements. Ainsi la courbe, située au bas de la jambe, près de l'articulation si mobile du tibia avec l'astragale, est plus dangereuse que l'éparvin et le jardon situés au haut du canon dont la mobilité est presque nulle.

On donne le nom de *vessigons* aux tumeurs molles qu'on rencontre dans le creux du jarret. Les vessigons qui sont apparents sur les deux faces de l'articulation, sont les plus dangereux.

III. — DES RÉGIONS QUI SE TROUVENT DANS LES QUATRE MEMBRES.

Du canon et du tendon. — Le nom de *canon* est donné à l'os et à la région qui s'étend, dans les membres antérieurs, du genou au boulet, et, dans les membres postérieurs, du jarret au boulet.

On appelle *tendon*, la corde tendineuse et la région située derrière cet os. Ces deux régions ont à peu près la même conformation dans les membres antérieurs et dans les postérieurs.

Pourvu que le canon soit sain et d'aplomb, il remplit toutes les bonnes conditions que l'on doit désirer ; il est même avantageux qu'il soit peu volumineux.

Il n'en est pas de même du tendon. C'est une corde dure, résistante, qui résulte du rapprochement de plusieurs tendons et qui, étant chargée de transmettre au pied l'action des muscles fléchisseurs, a besoin de beaucoup de force.

La grosseur du tendon indique la force des muscles d'où il émane : il doit être gros, uni, sec, ferme et d'un volume égal aux deux extrémités. On appelle *tendon failli* celui qui est plus mince près du genou qu'inférieurement.

Si le tendon antérieur est faible, les muscles sont minces, l'avant-bras est sans épaisseur : les chevaux deviennent facilement *bouletés* et sont peu solides.

On appelle *bouleté* le cheval dont les boulets sont portés en avant.

Il est à désirer que le tendon soit éloigné du canon, que de la réunion de ces deux parties résulte, de chaque côté, une face large, prolongée du genou ou du jarret au boulet. La largeur de cette partie provient du volume considérable des abouts articulaires et de l'écartement des tendons.

Cette conformation est une des plus belles qualités du cheval. C'est un des signes par lesquels se distinguent surtout les excellents chevaux de race.

A une grande largeur, cette région doit réunir de la netteté ; il faut pouvoir distinguer sous la peau le canon, les péronés et les tendons.

Quand le canon et le tendon forment par leur réunion une région cylindrique, empâtée, c'est un signe de faiblesse. Les chevaux ainsi conformés sont exposés à avoir des *molettes*, ou tumeurs molles, qui viennent derrière le tendon ; tumeurs que dans cette circonstance on traite en vain par les résolutifs, par le feu : en supposant qu'on puisse les faire diminuer, elles reparaissent toujours après quelques jours de travail, et les chevaux deviennent *droits, bouletés*. La corde tendineuse est dure, grosse, douloureuse.

On remarque quelquefois des tumeurs osseuses, des suros sur le canon ; elles sont peu dangereuses, à moins que par leur volume ou leur position près des tendons, elles ne gênent les mouvements.

Du boulet. — C'est l'articulation formée par l'extrémité inférieure de l'os du canon, l'extrémité supérieure de celui du paturon, et les grands sésamoïdes ; elle est entourée de ligaments et de tendons. Elle est bien conformée quand elle est assez volumineuse. On tiendra aussi à ce qu'elle soit d'aplomb, c'est-à-dire selon la direction du canon, et exempte de maladies. Le boulet est trop bas et trop porté en arrière quand le paturon est long. Les maladies qu'on y observe le plus souvent sont des tumeurs molles, appelées *molettes*, situées d'ordinaire un peu au-dessus et en arrière.

Du paturon. — Cette région a pour base un os du même nom. Elle doit être d'une longueur moyenne et légèrement oblique d'arrière en avant et de haut en bas. Si elle est trop longue, elle est trop rapprochée de la ligne horizontale, le boulet est trop bas ; si trop courte, elle est droite. Avec la première disposition, les allures sont souples, douces, mais les tendons sont tiraillés et souvent malades ; avec la seconde, le cheval est droit, a des allures dures et devient souvent *bouleté* : les boulets se portent trop en avant.

De la couronne. — C'est la région comprise entre le paturon et le pied. Un os court qui porte le même nom en forme la base. Nous la signalons seulement pour dire qu'elle est quelquefois le siége d'une tumeur osseuse appelée *forme*. Se développant en partie dans l'intérieur du pied, qu'elle déforme, cette tumeur implique les parties molles contre la corne. La compression produit une douleur vive. L'acheteur doit considérer comme défectueux tout cheval dont le pied présente au bord supérieur du sabot, là où la peau recouvre la corne, un gonflement, serait-il peu considérable.

Crins des membres. — Les tendons des quatre membres, comme la partie postérieure des boulets, sont recouverts de crins fins et courts dans les chevaux de race, et abondants, gros et longs dans les chevaux communs. Dans quelques races même, les crins poussent sur toute la circonférence des membres et couvrent le pied.

Sans nuire par eux-mêmes, les crins longs dé-

précient les chevaux. Ils indiquent que les animaux ont été élevés dans des lieux trop humides et même nourris avec de mauvais fourrages ; en outre ils sont une cause de malpropreté et compliquent le pansage.

La peau qui recouvre les régions inférieures des membres est sujette à quelques maladies particulières, *eaux aux jambes, crevasses, salandres, malandres*, toujours graves, parce qu'il est souvent difficile de faire cesser les causes qui les produisent. Les crins, quand on les coupe, peuvent, en irritant la peau, devenir une cause prédisposante de ces maladies.

Elles s'annoncent par le redressement des crins et des poils. D'abord le poil est hérissé, et il survient ensuite des suintements, des crevasses, des excoriations, l'épaississement de la peau, l'hypertrophie des tissus sous-cutanés et des excroissances charnues quelquefois hideuses.

L'acheteur prudent refusera tout cheval dont le poil et les crins du tendon et du paturon ne sont pas parfaitement lisses et unis.

Du pied. — Il n'existe pas, dans le cheval, d'organe plus important à étudier au point de vue de l'hygiène vétérinaire que le pied, car presque toutes les maladies, toutes les tares qu'on y remarque si souvent, sont produites par la maréchalerie et par le travail. Une bonne ferrure peut les prévenir ou en atténuer considérablement les effets, et prolonger ainsi les services que rendent les animaux.

Au point de vue de l'extérieur, le pied, sans offrir le même intérêt, mérite cependant beaucoup d'attention, car par son volume, par sa direction et par sa conformation, il influe beaucoup sur les membres et sur la production des maladies dont il est lui-même si souvent affecté.

Cet organe est composé de la *muraille*, partie seule apparente quand le pied fait son appui, de la sole et de la fourchette qui en forment la face inférieure.

Ne jouant qu'un rôle passif, le pied doit être *petit* et *léger*. Lorsqu'il est grand, il est lourd, et il fatigue les muscles, non-seulement par son propre poids, mais encore par le poids du fer, grand comme lui, qu'il nécessite.

Un pied n'est trop petit qu'autant que le rétrécissement n'est pas naturel, qu'il provient d'un état maladif. C'est alors un mauvais signe : il indique que les parties molles sont comprimées entre l'os du pied et la corne.

Pour remplir convenablement ses fonctions, il doit être d'aplomb afin de supporter solidement le corps ; sain, non douloureux, afin de ne pas être fatigué par les chocs qu'il éprouve ; de plus la muraille doit être souple, luisante, unie, et assez évasée, afin que les parties vives intérieures ne soient pas comprimées par la corne.

Il est d'autant plus à désirer que le pied soit léger et petit, que les muscles et les leviers qui le soulèvent, très-bien disposés pour la vitesse des mouvements, le sont très-mal pour l'intensité de l'effet.

Quand on réfléchit au nombre de fois qu'un pied est soulevé, dans une journée de travail, et à la force nécessaire pour lui imprimer la vitesse qu'il a dans les allures rapides, on conçoit bien qu'un pied léger doit offrir de grands avantages.

Notre lourde ferrure est pour beaucoup dans l'usure des tendons de nos chevaux ; mais c'est un mal nécessaire. Toutefois, cette nécessité même est un motif de plus de choisir des pieds petits, afin que les fers soient plus légers.

D'après ces considérations, on donnera la préférence à un pied moyen, un peu petit, dont la forme circulaire se continue régulièrement dans les pieds antérieurs, mais en devenant moins prononcée jusqu'aux parties postérieures ; à un pied dont la corne est inclinée en dehors, sur toute la circonférence de l'organe.

Quand les parties latérales sont verticales ou inclinées en dedans, le pied est dit *serré* ou *encastellé*. Ce défaut est fréquent sur les chevaux fins et sur les pieds naturellement petits qu'il rend sensibles et douloureux. Il est produit par la marche sur les pavés, par la chaleur et la sécheresse agissant alternativement, et surtout par une mauvaise ferrure.

Le pied du cheval doit être uni, ne présenter ni saillies, ni enfoncements ; les unes comme les autres compriment les parties vives intérieures, rendent le pied sensible et font boiter les animaux. On appelle *cercles* les enfoncements et les saillies circulaires qu'on observe sur les pieds des chevaux ; ils ne s'observent que sur des pieds plus ou moins altérés par des maladies.

Les inégalités longitudinales se montrent souvent sur des pieds qui ont été blessés ou opérés. Des blessures de la peau qui adhère à la corne en produisent souvent. Elles sont aussi très-nuisibles.

On appelle *seimes* les fentes qui se produisent sur la corne des pieds.

La corne doit être luisante, lisse et unie, même près de son bord inférieur. Les inégalités, les éclats qui se font remarquer dans le voisinage du fer, indiquent une corne cassante, que les clous fendent souvent.

On n'achètera jamais un cheval sans lui lever les pieds et sans avoir examiné la sole et la fourchette.

On appelle pied *plat* celui dont la sole est horizontale, et pied *comble*, celui dont la sole est convexe au milieu : cette partie doit être unie et concave. Les pieds plats, comme les pieds *combles*, sont lourds, sensibles, et difficiles à ferrer. Les chevaux à pieds ainsi conformés ne conviennent que pour traîner le tombereau ou la charrue.

D'une grosseur moyenne, la *fourchette*, ou partie molle du centre du pied, doit être saine, unie et exempte de suintement.

Les lésions du pied proviennent souvent des maladies de la peau qui entoure la corne et qui la produit. Cette région est appelée *bourrelet*. Il est à désirer qu'elle soit saine : ses altérations nuisent à la production de la corne et altèrent le sabot.

DES PROPORTIONS.

Dans tous les animaux, les diverses parties du corps se correspondent, et l'on peut juger d'un appareil par l'examen d'une de ses parties, et même de l'ensemble du corps par l'examen d'une seule de ses principales régions. Les indications qui se déduisent de ces rapports naturels peuvent être considérées comme exactes au point de vue physiologique. Mais au point de vue de l'utilisation du cheval, les organes doivent offrir, outre le rapport qui indique le concours normal de toutes les parties à un but commun, certaines proportions de force et de poids qui rendent les animaux aptes aux services que nous en exigeons ; car il ne suffit pas que les fonctions puissent s'exécuter pour la conservation de la vie, ni même pour le maintien de la santé, il faut encore que les animaux puissent résister aux fatigues. Il faut, par exemple, que les membres antérieurs aient assez de force, non pas seulement pour supporter, dans des herbages, la tête, l'encolure, mais pour résister à des efforts violents, à des courses rapides, et au poids d'un cavalier.

Une autre raison donne à l'étude des proportions du cheval une grande importance.

Sous l'influence de la domesticité, ce quadrupède a éprouvé les plus profondes modifications. Il présente des différences beaucoup plus grandes que celles qui s'observent sur les espèces sauvages. En se reproduisant entre elles, les races hétérogènes que nous avons créées, engendrent des métis, souvent complétement disproportionnés. Tantôt ils ont la côte plate, le flanc long, la poitrine exiguë, ou bien le tronc trop long et les membres trop courts.

Quelquefois, au contraire, les membres sont beaucoup trop hauts relativement à la longueur du tronc.

D'autres fois, c'est le train postérieur qui est dégagé, élancé, et la tête qui est trop forte ou la croupe qui est épaisse et l'encolure légère.

Souvent le tronc est lourd et les membres sont trop grêles.

Nous appelons *décousus* les chevaux qui présentent ces graves disproportions. Ils sont disgracieux et incapables d'un service agréable ; en outre, ils manquent souvent de solidité : les membres fléchissent sous le poids du corps et s'usent rapidement.

Ces vices de conformation sont faciles à apprécier ; avec un peu d'habitude on peut les reconnaître et estimer la valeur réelle du cheval qui les présente.

Il n'en est plus de même quand les disproportions ne portent que sur des régions limitées et qu'elles sont peu apparentes ; quand les parties faibles ne forment pas contraste avec les parties qui les environnent. Il faut dans ce cas une grande expérience pour les constater, alors même qu'elles diminuent considérablement la valeur réelle des animaux.

Pour faciliter à ce point de vue la connaissance des chevaux, les hippiatres ont exprimé les *proportions* qu'ils considèrent comme les plus avantageuses dans le cheval par des nombres ; d'après les règles qu'ils ont établies, il suffirait de savoir mesurer un cheval pour voir s'il est bien ou mal proportionné.

Ils ont pris la tête pour point de comparaison,

pour unité, et ils y ont rapporté les dimensions des autres principales régions du corps.

Ainsi d'après Bourgelat, la tête étant représentée par 1, il devrait y avoir :

Du garrot à terre (2 têtes 1/2)...................	2,50
De la pointe du bras à la pointe de la fesse......	2,50
Du garrot à la nuque, ligne droite.............	1,00
Du garrot au coude...........................	1,00
Épaisseur du corps...........................	1,00
Profondeur du corps..........................	1,00
D'une pointe du bras à l'autre................	0,66
De la hanche à la pointe de la fesse...........	0,83
D'une hanche à l'autre........................	0,83
De la croupe au grasset......................	0,83
Largeur de l'encolure là où elle est le plus étroite.	0,50
Du garrot à l'insertion de l'encolure dans le poitrail.	0,83
Largeur de l'avant-bras	0,31
Largeur, du jarret...........................	0,22

On ne saurait établir, quant aux proportions, des règles fixes, applicables à tous les animaux. Une conformation donnée peut être un défaut dans un cheval et une qualité dans un autre.

Il faut tenir compte d'abord de la destination des animaux, ensuite et surtout du rôle que jouent les diverses parties du corps.

Ainsi nous dirons relativement à la destination :

Que pour la selle, il faut un cheval de moyenne corpulence, et plutôt léger que lourd s'il doit porter peu de poids et avoir des allures rapides;

Pour la course, un cheval élancé, aux jarrets droits, haut monté sur le train postérieur, avec un avant-main léger;

Pour la promenade à cheval de personnes délicates, un cheval à jarrets coudés, à paturons longs, à dos peut-être légèrement ensellé;

Pour les allures du manége, un cheval à jambes et à avant-bras courts, à genoux et à jarrets hauts, à canon long; tandis que pour le trot, les premières de ces régions doivent être longues, les dernières courtes relativement, et partant les deux articulations sus-nommées basses;

Pour traîner de lourdes voitures, un cheval lourd, épais, à épaules droites et autant que possible longues, pouvant offrir un vaste appui au collier;

Pour les voitures de luxe, pour le carrosse surtout, un cheval grand, un peu élancé, à croupe horizontale et aux allures brillantes.

D'une manière générale dans tous les chevaux, quel que soit le service auquel ils sont destinés, il faut avoir égard, pour juger des proportions, aux fonctions des diverses parties du corps; il faut distinguer les organes dont l'utilité est secondaire au point de vue de la production des efforts musculaires, les organes qui jouent un rôle indépendant de leur volume, qui peuvent même nuire par leur poids, en surchargeant l'appareil locomoteur, de ceux qui jouent un rôle actif, et dont la force est en général relative au volume.

Les premiers, le pied, la tête, l'encolure, les viscères abdominaux, la plupart des os, ne sauraient être trop légers pourvu qu'ils soient sains; tandis que les seconds, les muscles, les tendons, les parties formées de muscles, les avant-bras, les cuisses, ne sont jamais trop volumineux pourvu qu'ils soient fermes, non surchargés de graisse ni de sérosité.

Comme ces derniers, les abouts articulaires qui servent de point d'attache et de levier aux muscles, qui supportent le choc produit par la percussion du membre sur le sol, doivent avoir un grand développement.

Enfin la poitrine, dont la capacité est la mesure du volume du poumon et du cœur, la poitrine, qui pendant les exercices violents doit offrir des voies larges aux fluides qui s'y précipitent et la traversent dans tous les sens; qui doit raviver le sang épuisé par le jeu des organes et qui pour cela a besoin de recevoir de grandes masses d'air atmosphérique; la poitrine qui sert d'attache à des muscles puissants dont l'étendue n'a de limite que celle de ses parois; la poitrine dont les parois sont formées par des os minces qui augmentent peu le poids du corps, n'est jamais trop spacieuse.

Quand on vérifie par l'expérience les chiffres donnés par les hippiatres pour exprimer les proportions du cheval, on trouve bien rarement qu'ils concordent avec les dimensions des sujets que l'on mesure; tandis qu'on remarque constamment dans les bons chevaux que les parties sus-indiquées comme jouant un rôle actif, sont fortement constituées; que sans exception, le tronc est épais de droite à gauche, profond de haut en bas, l'avant-bras large, et le calcanéum fortement prolongé en arrière.

Nous donnons pour exemple les proportions du fameux *Éclipse*, cheval aussi remarquable par la force que par la vitesse : il n'a jamais été vaincu sur l'hippodrome, et a été un des reproducteurs qui ont le plus contribué à propager les qualités du cheval de course.

D'après Sanit Bel, il y avait dans *Éclipse*, la tête étant 1 :

Du garrot à terre (trois têtes)	3,00
Du dos aux parois inférieures du ventre (ou profondeur du tronc)	1,18
D'une côte à l'autre (épaisseur du tronc)........	1,18
D'un bord de l'avant-bras à l'autre bord.........	0,45
Du pli à la pointe du jarret....................	0,36

Et ce grand développement des parties essentielles du corps qu'on observe dans les très-bons chevaux, est en quelque sorte un des caractères des meilleures races, de celles qui se font remarquer par l'énergie et la force des animaux, comparée au poids du corps.

Nous avons mesuré beaucoup de chevaux communs, et nous n'avons jamais trouvé les proportions qui distinguent ceux des races nobles.

Nous donnerons comme exemple le résultat du mesurage d'un beau cheval boulonais appartenant à la compagnie Richer.

Longueur de la tête	1,00
Hauteur du garrot à terre.....................	2,62
Longueur du bras à la fesse...................	2,66
Épaisseur du corps...........................	1,04
Profondeur.................................	1,03
Largeur de l'avant-bras	0,30
Largeur du jarret............................	0,28

Ces données démontrent que dans le choix des chevaux, pour en apprécier la force, il faut tenir compte de la conformation de la poitrine et des lombes représentée par l'épaisseur du tronc; de la force des membres représentée par la largeur de l'avant-bras et du jarret.

Les bons chevaux sont tantôt plus longs, tantôt plus courts, tantôt plus grands, tantôt plus petits que les médiocres, mais constamment ils en diffèrent par les dimensions des trois ou quatre régions sur lesquelles nous appelons particulièrement l'attention de nos lecteurs.

DES APLOMBS.

Il ne suffit pas qu'il existe de justes proportions entre les diverses parties d'un cheval, il faut que le poids du corps soit régulièrement distribué sur les quatre membres, et même sur toute la circonférence de chaque pied.

Quand ces conditions existent, on dit que les chevaux ont leurs aplombs.

Les aplombs existent quand les membres ont la direction que nous allons indiquer : quand les

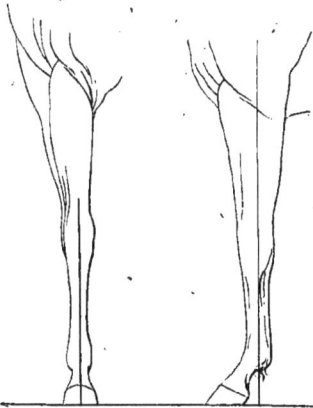

Fig. 518. — Membre antérieur vu de face.   Fig. 519. — Membre antérieur vu de profil.

deux membres droits et les deux membres gauches sont sur le même plan, et qu'en regardant un cheval de face, on ne voit que ses membres antérieurs ou ses membres postérieurs, selon qu'on l'examine par devant ou par derrière ; quand une ligne verticale tirée de la pointe du jarret (*fig.* 518), ou du milieu du genou (*fig.* 520) divise la partie inférieure du membre en deux parties égales.

Si l'extrémité inférieure des membres est en dehors de cette ligne, le cheval est dit *panard* ; et il est dit *cagneux*, si la pince du pied est dirigée en dedans. On appelle *jarreté, clos de derrière*, avons-nous dit, le cheval dont les jarrets tournés en dedans sont rapprochés l'un de l'autre.

Il faut encore, pour qu'un cheval soit d'aplomb, qu'une ligne verticale, tirée de la partie inférieure de l'avant-bras, du milieu de la face externe, divise le genou, le canon et le boulet en deux parties égales (*fig.* 519). Si cette ligne se rapproche du bord postérieur du membre, le tendon, le cheval est dit *campé* ; et *sous lui*, si elle se rapproche du bord antérieur. Un cheval *sous lui*, surtout si l'avant-main est un peu lourd, est peu solide sur son devant. Si le genou seul est

trop avancé, le cheval est *arqué*, et *brassicourt*, si cette articulation est en arrière.

Les mêmes défauts se remarquent dans les

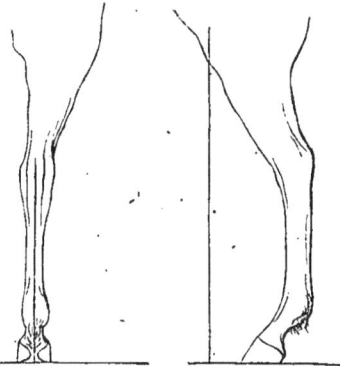

Fig. 520. — Membre postérieur vu par derrière.   Fig. 521. — Membre postérieur vu de profil.

membres postérieurs ; il est à désirer qu'une ligne, abaissée du grasset tombe à une petite distance en avant du pied (*fig.* 521) ; on appelle cheval *sous lui de derrière*, celui dont les pieds postérieurs sont avancés sous le ventre, et *campé de derrière*, celui qui les a reculés. Le cheval à jarrets coudés est souvent *sous lui*, et il est *campé* s'il les a droits.

Les membres antérieurs qui font fonction de colonnes de sustentation et ont besoin d'une grande force de résistance, présentent une direction verticale ; nous n'avons pas besoin de faire remarquer combien cette disposition leur est favorable ; tandis que ceux de derrière sont plus ou moins arqués au milieu, ce qui facilite l'action impulsive qu'ils communiquent au tronc.

Les défauts d'aplomb diminuent la vitesse, parce que les pieds, en se portant en avant, décrivent des arcs de cercle au lieu de lignes droites ; ils entraînent une déperdition de force par l'espace que parcourent inutilement les membres, et par la percussion qu'ils éprouvent souvent les uns contre les autres ; ils occasionnent la ruine prématurée des animaux, en surchargeant certains membres ou certaines parties des membres ; enfin, ils diminuent leur solidité et les exposent à s'abattre.

Toutefois faisons remarquer qu'il en est des aplombs comme des proportions ; ils peuvent et doivent varier selon la *destination* des animaux. Un cheval dont les membres postérieurs sont un peu avancés aura des allures cadencées, et pourra être fort agréable pour le *manége*. C'est la conformation recommandée par Bourgelat ; tandis que des membres postérieurs éloignés en arrière, sont les meilleurs pour la *course*.

De même, il n'y a aucun inconvénient à ce qu'un cheval *de gros trait* soit un peu sous lui de devant, tandis que ce serait un défaut pour un cheval de selle.

Les aplombs devraient varier encore selon la *conformation*, les *proportions* des animaux et indépendamment des services. Un cheval léger de devant peut être un peu sous lui sans graves inconvénients ; tandis qu'il aurait bientôt les genoux et les boulets usés, et exposerait la vie du cavalier si, avec ce défaut d'aplomb, il avait le train antérieur un peu trop lourd.

Les maladies des tendons, des abouts articulaires et des ligaments, les plaies des genoux, doivent souvent être attribuées à la mauvaise direction des membres. Ce défaut d'aplomb est quelquefois occasionné par une douleur ou une faiblesse. Ainsi, le cheval se campe souvent des membres antérieurs, s'appuie sur les talons pour soulager les pinces des pieds; tandis qu'il se met sous lui, porte les pieds de derrière sous le centre de gravité, pour soulager les talons antérieurs.

C'est surtout pour les allures rapides que les défauts d'aplomb sont nuisibles. Nous voyons des bœufs panards travailler longtemps et déployer une très-grande force, comme si les genoux rapprochés faisaient office d'arc-boutant, et quelques chevaux jarretés sont également d'un très-bon service dans des contrées où on n'exige pas de ces animaux une très-grande vitesse; mais les uns et les autres se rencontrent surtout dans les contrées montagneuses, où la résistance est plus utile que l'agilité.

DES QUALITÉS.

Nous entendons par *qualités*, la vivacité, la douceur, l'aptitude à saisir la volonté du cavalier ou du conducteur, et la force nécessaire pour résister à des exercices pénibles.

Par l'étude des formes, on reconnaît plutôt la beauté d'un cheval que sa vigueur, sa douceur, son énergie; car quoique ces dernières qualités soient le résultat de l'organisation, la conformation extérieure du corps ne les dévoile pas toujours. C'est surtout par des essais, mais aussi en examinant la manière d'être des animaux, qu'on reconnaît leurs qualités.

La *vivacité*, l'*énergie* dans les mouvements, constitue une des plus précieuses de ces qualités. On peut supposer qu'elle existe dans l'animal dont les chairs sont dures, dont l'anus, petit plutôt que gros, est bien arrondi. Le cheval vif éprouve un besoin continuel d'agir, s'impatiente dans le repos et ne saurait rester dans l'inaction. A chaque instant, il crispe ses lèvres et se montre presque toujours impatient; conduit à l'abreuvoir, il agite le liquide comme s'il ne voulait boire que de l'eau trouble.

Sa sensibilité est grande, et, sous la moindre impression, la respiration s'accélère et le pouls devient vite et fréquent. Une oreille hardie jouissant d'une grande mobilité et un regard vif, indiquent aussi un cheval prompt, aux mouvements brusques.

Des lèvres flasques, pendantes, un anus béant, une queue qui offre peu de résistance à la main qui la soulève, indiquent la *mollesse*; si l'oreille est peu mobile, médiocrement dressée ou pendante, le cheval est encore sans énergie et même sans force. Les chevaux ainsi constitués ont d'ordinaire une grande tendance à prendre la graisse et font rarement un bon service. Rien ne les émeut, le pouls est toujours calme, lent et rare.

Il importe beaucoup de tenir compte de l'état d'*embonpoint* des chevaux. C'est un indice de la manière dont les animaux ont été entretenus; mais il faut aussi savoir distinguer la minceur du corps qui provient de la maigreur, de celle qui résulte de la conformation. Dans le cheval maigre, la peau est moins tendue, elle forme même des plis, et les tendons, les articulations, qui ne diminuent pas comme les muscles, peuvent faire pressentir ce que seraient ces derniers, si le cheval était en bon état. A l'ampleur du squelette, de la poitrine en particulier, on reconnaît toujours la constitution de l'animal, quel que soit l'état d'embonpoint.

Le cheval qui veut mordre ou ruer couche fortement ses oreilles en arrière.

Un œil couvert, des paupières froncées, un regard sombre : caractères du cheval *méchant*.

Des yeux bien ouverts, des mouvements pour s'approcher de l'homme qui l'aborde en le flairant et en tenant les oreilles dirigées en avant : indices de *douceur*.

Cette qualité dépend beaucoup de l'éducation, de la manière dont les poulains sont élevés, dressés. Les chevaux des contrées où l'élevage est bien entendu sont rarement méchants.

A la largeur du front, à la direction du regard, à l'intérêt que semble prendre le cheval à tout ce qui l'entoure, on reconnaît l'*intelligence* qui lui permet de comprendre les ordres de son maître : ses yeux sont sans cesse en mouvement; il abaisse et relève alternativement les oreilles, et tourne son encolure à droite ou à gauche, comme s'il voulait parler ou demander quelque chose, disent les Arabes.

Presque toujours le cheval intelligent a le crâne ample, les yeux écartés et bas, les mâchoires relativement courtes, le haut de la tête large et les oreilles éloignées l'une de l'autre.

Une oreille souvent déplacée, portée de tous les côtés, surtout si le cheval regarde à droite, à gauche, en arrière; une paupière supérieure froncée, formant presque un angle; un regard tantôt fixe, tantôt incertain, indiquent un cheval *ombrageux*, *peureux*.

La *résistance au travail* ne résulte pas constamment de la vivacité. Beaucoup de chevaux sont animés, en partant de l'écurie, d'une grande énergie qui ne se soutient pas : leur force ne répond pas à leur bonne volonté. Pour indiquer des bêtes dures au travail, les signes de la vigueur doivent être réunis à une belle conformation. L'expérience seule peut dévoiler avec certitude cette précieuse qualité. C'est ce que les Arabes ont observé. Avec un cheval qui, arrivé à la couchée, disent-ils, se couche et urine, gratte la terre du pied et hennit à l'approche de l'orge, puis, la tête entrée dans la musette, commence par mordre avec force, trois ou quatre fois de suite, les grains qu'on lui présente, on ne doit jamais s'arrêter en route.

On peut cependant fonder de grandes espérances lorsque les animaux ont les membres d'aplomb, les reins courts et forts, les avant-bras larges et épais, les jarrets gros et présentant une grande étendue du pli à la pointe; les tendons forts et écartés des canons, si aucun défaut dans les yeux, les pieds, les genoux, si aucune maladie ne rompt cette belle harmonie.

Nous recommandons surtout une poitrine ample, un poitrail large, un garrot élevé et épais. « Choisis-le large et achète; l'orge le fera courir. » Nous n'avons qu'à remplacer le mot *orge* par le mot *avoine* à ce précepte arabe.

Cette qualité si précieuse, la faculté de résister aux plus pénibles travaux, dépend surtout de la perfection de deux appareils : de la disposition des os et des muscles à produire de grands efforts, et d'un développement des organes pectoraux suffisant pour vivifier les grandes quantités de sang épuisé par les exercices violents. Tous les chevaux remarquables par leurs bons services remplissent ces deux conditions, et si tous ceux qui les remplissent ne parviennent pas à une grande vieillesse en travaillant beaucoup, cela dépend de ce qu'ils ont été exposés à des causes particulières de maladies, ou encore de la faiblesse de quelques-uns de leurs organes secondaires.

Par opposition, disons qu'un cheval grand, à jambes hautes, à poitrail enfoncé, à garrot mince, décharné, à flanc grand, à dos long, à cuisses minces, à avant-bras étroits, n'exécutera jamais pendant longtemps des services pénibles. Le plus ordinairement, il suffira même de l'existence d'un de ces défauts capitaux pour déprécier un cheval.

Mais pour qu'un cheval fasse de pénibles travaux, il n'est pas toujours nécessaire qu'il réunisse toutes les perfections dont nous avons donné l'esquisse. Il suffit souvent qu'il soit bien *approprié* au travail pour lequel il est destiné.

Des chevaux à certains égards médiocres, peuvent rendre les meilleurs services, si on sait les utiliser. Tel cheval offre des ressources inépuisables, s'il emploie sa force à courir vite, qui serait usé en très-peu de temps, si on le soumettait à un tirage pénible. La première règle d'hygiène pour les animaux de travail, c'est de les choisir bien appropriés au service auquel on les destine; c'est de prendre pour les services qui surchargent le dos, des chevaux dont la colonne vertébrale courte, soit droite ou même un peu relevée, dont les membres antérieurs, bien d'aplomb, aient un tendon fort, bien détaché et un avant-bras large et épais sur son bord postérieur; de réserver pour le tirage en cheville ou pour des chariots à quatre roues, les animaux à tronc long, ensellés, à tendons grêles ou faillis, à membres antérieurs faibles ou tarés, à flancs vastes, à lombes longues.

De jeunes chevaux qui, attelés à des voitures à quatre roues ou mis en cheville, feraient, malgré leur mauvaise conformation, d'excellents services et dureraient longtemps, seraient usés promptement et ne travailleraient jamais bien, si on les mettait entre les brancards ou si on les soumettait à tout autre service faisant éprouver de fortes secousses à la région lombaire.

Les qualités des chevaux, celles surtout qui constituent l'aptitude au travail, sont plus ou moins subordonnées à *l'état de santé*.

On reconnaît qu'un cheval se porte bien à son poil lisse et brillant; à sa peau souple et facilement appropriée; à son ventre d'un volume moyen et mou uniformément; à son flanc plein, uni; à ses reins flexibles, s'abaissant quand on les presse. Les mouvements respiratoires sont réguliers, plutôt lents qu'accélérés (de 12 à 16 expirations par minute), et peu apparents quand les animaux ne sont pas excités; enfin, les membranes muqueuses sont fraîches, humides et de couleur rosée.

On tiendra grand compte aussi de *l'influence du régime*. Son action est prompte et surtout puissante.

Pour reconnaître si un cheval est en condition, les entraîneurs palpent les différentes parties du corps, celles surtout qui sont riches en parties charnues, où abondent d'ordinaire les tissus blancs, la lymphe, les matières grasses. Les chairs sont-elles fermes, dures, résistantes, d'une élasticité parfaite? Le cheval est en état de courir. Existe-t-il encore au-dessous de la peau des matières molles, les chairs ne réagissent-elles que lentement contre la main qui les presse? Avant de paraître sur l'hippodrome, le cheval a besoin de frictions, d'aliments excitants, de suées, de purgatifs, de diurétiques, pour débarrasser les tissus des fluides qui les gorgent.

Mais de tous les agents hygiéniques, le plus influent est la nourriture. Un cheval ne possède toutes ses qualités que s'il a été abondamment nourri avec des aliments de bonne nature. Il nous suffira de rappeler que les chevaux de plusieurs de nos provinces où l'on ne donne pas de grains sont souvent lents, faibles (on les appelle mangeurs de carottes lors même qu'ils ont été élevés dans un pays où l'on n'en cultive pas), et qu'ils ne rendent de bons services que lorsqu'ils sont *engraissés*; que les chevaux naturellement ardents sont indomptables quand ils reçoivent de fortes rations d'avoine.

DES ROBES OU DE LA COULEUR DES ANIMAUX.

Au point de vue du choix des animaux de service, l'étude des robes est sans intérêt : celui qui achète un cheval le prend selon son goût, blanc ou noir, sans s'inquiéter des définitions données par les auteurs à ces robes.

Il en est à peu près de même pour le producteur et pour l'éleveur. Quand ils choisissent un étalon ou un poulain, ils n'ont rien de mieux à faire qu'à donner la préférence aux couleurs à la mode, à celles des races les plus estimées et les plus recherchées par les consommateurs; car dans tout ce qu'on a dit sur le rapport des couleurs avec certaines qualités et certains défauts, il n'y a rien de démontré : *de tout poil, il y a de bons chevaux.*

Le cultivateur et l'industriel n'ont besoin de connaître les expressions employées pour désigner les robes qu'afin de pouvoir rédiger ou interpréter un signalement. C'est affaire de méfiance, précaution pour ne pas être trompé.

Les hippiatres divisent les robes en *simples* et en *composées*. Dans les premières, tous les poils sont de même couleur; et dans les secondes, les couleurs sont mélangées.

Robes simples ou poils unicolores. — Ce sont : le *blanc*, le *noir*, l'*alezan.* Le *blanc* est distingué en :

Blanc mat.	Blanc soupe au lait.
— sole.	— café au lait.
— argenté.	— porcelaine.

Ce dernier est le blanc qui reflète une teinte bleuâtre ; les autres expressions n'ont pas besoin d'être définies.

Le *noir* est distingué en :

Noir franc.	Noir mal teint.
— jaïet.	

L'*alezan* ou l'*alzan,* caractérisé par une teinte rouge ou jaune ; on le distingue en :

Alezan clair.	Alezan châtain.
— fauve.	— marron.
— cerise.	— brun.

Le *souris* ou *ardoisé* est le poil qui reflète la teinte grise de la souris ou de l'ardoise.

Le *louvet,* celui qui est fauve, grisâtre, couleur du loup.

Robes composées ou robes de plusieurs couleurs. — Elles forment plusieurs groupes.

Robes baies. — Ce sont les poils alezans, rouges ou jaunes, avec les membres et les crins de l'encolure et de la queue de nuance plus foncée, noirs ou bruns.

On distingue :

Le bai cerise.	Le bai marron.
— châtain.	— brun, etc.

Le blanc et les autres couleurs se mélangent de deux manières principales : de là les poils *pies,* les poils *gris* et les poils *rouans.*

Les poils *pies* sont formés de plaques blanches et de plaques noires ou rouges. On les distingue en pie noir et blanc, pie noir et rouge, selon les nuances.

Quand le blanc est confusément mêlé au noir, les poils sont dits *gris.* On distingue le

Gris clair.	Gris étourneau.
— foncé.	— ardoisé.
— de fer.	— sale.

Lorsque la robe présente à la fois des poils noirs, des poils blancs et des poils rouges, elle est dite : *aubert* si les membres sont de même couleur que le corps, et *rouan* s'ils sont noirs.

On distingue le rouan en :

Rouan clair.	Rouan vineux.
— foncé.	

Selon la nuance, l'aubert se distingue de même.

Particularités relatives aux robes. — Lorsque sur une couleur se présentent par plaques des nuances plus claires, on appelle la robe *pommelée.* Le gris pommelé est commun.

Si les plaques sont plus foncées que le fond de la robe, celle-ci est dite *miroitée.* Le caractère miroité se remarque assez souvent sur les chevaux gris et les bais.

Si les taches plus ou moins foncées que le fond

de la robe sont disposées en lignes parallèles comme celles du zèbre, le cheval est dit *zébré* ;

Si elles sont irrégulières et fortement nuancées comme dans les tigres, *tigré* ;

Si irrégulières, confuses, peu marquées, comme faites avec un tison, *tisonné* ;

Si petites, rougeâtres, comme celles de la truite, *truité* ;

Si les plaques rouges sont plus grandes, *fleur de pêcher* ;

Si, noires ou brunes, les taches ressemblent à des mouches posées sur un corps blanc, *moucheté* ;

Isabelle. — On appelle ainsi les robes jaunes ou jaunâtres avec une raie brune sur le milieu de la croupe et du dos. Une semblable raie s'observe souvent sur les ânes et les mulets ; aussi donne-t-on le nom d'*isabelle avec raie de mulet* aux chevaux qui la présentent.

Le cheval *marqué en tête* est celui qui a une plaque blanche sur le front. Cette plaque est dite *pelote* si elle est ronde, *étoile* si elle présente des angles saillants. Si le blanc se prolonge sur le chanfrein, le cheval est appelé *belle face*, et on dit qu'*il boit dans son blanc* quand elle se continue jusqu'au bout des lèvres. On nomme la plaque blanche *liste* quand elle est étroite.

Balzanes. — On désigne ainsi les plaques blanches de l'extrémité inférieure des membres. On les différencie d'après l'étendue qu'elles occupent : *trace de balzane* quand la tache blanche n'occupe qu'une face du membre ; *balzane,* si elle entoure tout le membre. On appelle *chaussé haut* le cheval dont les balzanes s'élèvent jusqu'au genou ou au jarret ; on distingue encore les balzanes en désignant le membre ou les membres sur lequel elles se trouvent : ainsi on dit *balzane au pied droit antérieur* ; ou au *bipède postérieur* pour indiquer celles qui siègent au pied droit antérieur, ou au bipède postérieur.

On appelle *neigé* le cheval de couleur foncée qui présente en différentes parties du corps des taches blanches ressemblant à des flocons de neige ;

Rubican, celui qui a seulement quelques poils blancs disséminés sur le fond de la robe.

On désigne par les mots *poil de vache* les alezans dont les crins de la crinière et de la queue sont pâles, jaunâtres.

Tête de more est la qualification du cheval dont la tête est plus brune que le restant du corps.

On dit qu'un cheval a des *marques de feu* quand il a des plaques roussâtres aux lèvres, aux flancs, aux fesses ; si la plaque est brune, fauve et placée à l'extrémité de la tête, il est appelé *nez de renard.*

Taches accidentelles. — On désigne par cette qualification les poils blancs qui viennent souvent sur le dos, les côtes, l'épaule, le genou à la suite des plaies.

Zain. — C'est le nom du cheval dont la robe ne présente pas un seul poil blanc.

PARTICULARITÉS RELATIVES AUX POILS ET A LA PEAU.

Épi. — C'est le nom d'une partie du corps couverte de poil remontant et située sur un endroit couvert de poil descendant. On remarque souvent des épis au milieu du front, sur les faces de l'encolure, sur le poitrail, etc. On appelle les épis *molettes* lorsque les poils rebroussés représentent une plaque ronde.

Les taches blanches et dénudées de poil qu'on voit aux lèvres, au scrotum, aux paupières, à la vulve, etc., des chevaux, sont appelées *ladres*.

Moustaches. — On donne ce nom à des poils longs, roides, recourbés, disposés en touffes allongées placées sur les lèvres.

Les particularités diverses, nous n'indiquons que les plus communes, sont aussi intéressantes à noter que les robes ou couleurs des poils ; c'est pour reconnaître les animaux, pour pouvoir les signaler, qu'on étudie les robes. Or la couleur est très-difficile à indiquer exactement de manière à se faire comprendre, d'abord parce que les auteurs ne sont pas d'accord sur les expressions qui conviennent pour indiquer les diverses nuances de la robe ; et ensuite parce que le poil change selon les saisons, les âges, la manière dont les animaux sont gouvernés, etc., tandis que la plupart des particularités sont indélébiles.

RÉDACTION DES SIGNALEMENTS.

Destinés à faire reconnaître les chevaux, les signalements doivent en donner une description complète et exacte ; en indiquer

Le sexe,	La robe,
La race,	L'âge,
Le service auquel ils sont aptes,	La taille.

Enfin et surtout, les particularités diverses congéniales ou acquises, pourvu bien entendu qu'elles ne soient pas de nature à disparaître. Ainsi on écrit :

Cheval hongre, de race normande, propre au cabriolet, âgé de 7 ans, de la taille de 1^m,65, mesuré sous potence, sous poil bai brun marqué en tête, balzane au membre postérieur gauche avec une tache noire sur la face externe du paturon. — Anglaisé, ladre à l'anus.

Dans les régiments et dans les grands établissements, on inscrit les chevaux sur un registre matricule et on donne à chaque cheval un nom et un numéro qui est gravé sur le sabot. Quand on fait le signalement d'un de ces animaux, on doit le commencer par le nom et le numéro : *Bucéphale*, cheval entier de race percheronne, portant le numéro 125 au sabot antérieur droit, propre au trait léger, âgé de 7 ans.....

On dit qu'un signalement est incomplet quand il ne renferme que les caractères principaux de l'animal : le sexe, la taille, l'âge et la robe. Un signalement, même complet, ne fait pas toujours reconnaître avec certitude le cheval *signalé*. Il faut dans tous les cas le faire aussi complet que possible, en inscrivant tous les signes particuliers que présente l'animal.

DES ALLURES.

Pour bien apprécier les chevaux, il faut se rendre compte de la manière dont s'exécutent les allures les plus ordinaires ; il faut savoir dans quel ordre se meuvent les membres pour exécuter les mouvements à l'aide desquels le corps est transporté d'un lieu dans un autre.

On distingue dans le jeu de chaque membre, pendant la progression, quatre temps qu'il suffira de nommer : le *lever*, le *soutien*, le *poser* ou la *battue*, et l'*appui* ; pour simplifier, on peut même ne distinguer que deux temps, le *lever* ou *soutien* et le *poser* ou *appui*.

Les chevaux sains commencent l'allure, quand ils sont libres et que les deux membres antérieurs sont sur la même ligne, ou par le membre droit, ou par le membre gauche ; mais ceux qui sont boiteux, la commencent toujours par le membre souffrant. Si les deux membres sont inégalement avancés, celui qui est le plus en arrière se lève le premier.

On appelle *allures artificielles*, celles que les chevaux ne marchent pas naturellement, qu'on leur apprend dans les manéges ; on les nomme encore *airs*. Elles comprennent le *piaffer*, le *passage*, la *galopade*, le *terre-à-terre* que les chevaux exécutent en maniant près de terre, et la *cabriole*, la *pesade*, la *courbette* et la *ballottade* ou airs relevés.

Les allures naturelles, ou celles que les chevaux exécutent dans l'état ordinaire, sont les plus intéressantes. Elles sont divisées en régulières ou ordinaires, en exceptionnelles et en défectueuses.

I. — DES ALLURES ORDINAIRES.

Les *allures ordinaires*, vulgairement *allures naturelles*, sont le pas, le trot et le galop.

Pas. — La plus commune, la plus ordinaire, le pas, consiste dans le déplacement alternatif des quatre membres qui s'élèvent dans l'ordre suivant : le membre antérieur droit, le postérieur gauche, l'antérieur gauche et le postérieur droit. Le membre antérieur droit recommence, et cette succession se continue jusqu'au moment où l'allure cesse. L'animal a fait un *pas complet* quand il a déplacé les quatre membres.

Ainsi les membres se déplacent par paires diagonales, mais chaque membre isolément ; il y a toujours deux pieds levés et deux pieds appuyés, chaque pied antérieur se lève, immédiatement après le pied postérieur qui lui correspond et lui laisse la place libre. Dans le cheval bien conformé qui va *un bon pas*, le pied postérieur vient occuper l'empreinte produite par le pied antérieur. Quand un pied a parcouru la moitié de sa course, celui qui doit se mouvoir après lui, commence la sienne.

Il faut un examen attentif pour observer la succession de ces déplacements ; mais il est facile de reconnaître que sur les chevaux sains et bien conformés, ils ont lieu avec régularité, et que les quatre battues sont de même durée, égales, et espacées par des temps égaux. C'est tout ce qu'il importe de savoir quand on choisit un cheval.

TROT. — Quoique naturelle aussi, l'allure du trot n'est bien marchée que par les chevaux qui y ont été exercés.

Au point de vue de l'utilisation des animaux de trait surtout, c'est la plus intéressante ; elle est plus rapide que le pas, et moins fatigante que le galop.

C'est à cette allure et à la précédente qu'on essaie généralement les chevaux qu'on achète.

Dans le trot, les membres se lèvent et se posent par paires diagonales ; l'antérieur droit avec le postérieur gauche, et l'antérieur gauche avec le postérieur droit. Les deux pieds de chaque bipède faisant le lever et l'appui simultanément, ne font entendre qu'une seule battue, rendant un son net.

Si cette allure est plus rapide que la précédente, elle est plus dure aussi : les deux membres diagonaux, en retombant à la fois sur le sol, éprouvent une secousse qui réagit fortement sur le cavalier. Les deux secousses se faisant sentir successivement, produiraient une impression beaucoup moins désagréable.

Le trot est dur aussi pour les chevaux. Ceux qui ont des parties malades dans les membres, témoignent des souffrances qu'ils éprouvent par la claudication.

C'est l'allure qui fait le mieux connaître les boiteries ; l'appui, se faisant brusquement, rend sensibles même les douleurs légères. Instinctivement, le cheval pose plus doucement le pied souffrant ; l'appui des deux membres cesse de se faire simultanément et produit un son qui traîne. Il suffit que l'un des deux membres soit un peu plus ou un peu moins fléchi, un peu plus ou un peu moins tendu, posé avec un peu plus de précaution, pour qu'il y ait une différence dans le son produit par la battue.

GALOP. — Dans le galop, les quatre membres se meuvent en deux, en trois ou en quatre temps, d'où résultent trois allures différentes, toutes très-rapides mais fatigantes et peu utiles pour les services que nous rendent les chevaux.

Galop à deux temps, ou galop en deux temps. — Dans ce galop, les deux membres antérieurs commencent le pas en se portant en avant, et les deux postérieurs le terminent en poussant par leur détente subite le corps selon la même direction. Ce galop consiste en une succession de sauts en avant. C'est le plus rapide des allures ; c'est celle des chevaux de course sur l'hippodrome.

Galop à trois temps, ou galop ordinaire. — Le premier temps de ce galop est exécuté par le membre antérieur droit, le second par l'antérieur gauche et le postérieur droit, et le troisième par le postérieur gauche. Il y a donc trois levers. Il y a aussi trois battues, mais elles ont lieu selon un ordre inverse de celui des levers. C'est d'abord celle du membre postérieur gauche ; en second lieu celle du postérieur droit, et celle de l'antérieur gauche confondues en une seule par leur simultanéité ; enfin, troisièmement, celle de l'antérieur droit, qui s'était levé le premier.

On dit que le cheval *galope à droite ou galope à gauche*, selon qu'il commence l'allure par le pied antérieur droit ou par le pied antérieur gauche.

Chacun des deux membres du côté où l'allure a commencé, est toujours plus avancé que celui qui lui correspond. Si le cheval galope à droite, le droit antérieur droit sont un peu en avant du gauche antérieur et du gauche postérieur ; on dit que le galop est désuni quand cette condition n'est pas remplie.

Le membre qui quitte le sol le dernier, le membre postérieur gauche quand le galop commence à droite, se fatigue beaucoup plus que les autres ; avant de se lever il supporte seul le poids du corps, et quand il retombe à terre le premier, il le supporte encore seul, ce qui est d'autant plus pénible que le corps est poussé par l'élan que lui imprime la grande vitesse de l'allure.

Pour conserver les chevaux qu'on soumet au galop à trois temps, on les fait galoper tantôt à droite, tantôt à gauche, afin que la grande fatigue soit supportée, tantôt par le membre postérieur gauche tantôt par le droit.

Galop à quatre temps, galop de manége. — Les quatre membres dans ce galop se lèvent successivement : l'antérieur droit, l'antérieur gauche, le postérieur droit et le postérieur gauche, ce dernier fait la première battue, le droit postérieur la seconde, le gauche antérieur la troisième et le droit antérieur la quatrième.

Ce galop ne diffère donc de celui à trois temps qu'en ce que le membre antérieur gauche et le postérieur droit se lèvent et font leur battue successivement au lieu de se lever et de se poser successivement.

Les chevaux ont besoin d'être dressés à ce galop ; ils ne le marchent pas naturellement.

II. — DES ALLURES EXCEPTIONNELLES.

Quoiqu'on dise que ces allures se remarquent surtout sur de jeunes chevaux et sur des chevaux usés, elles ne sont pas considérées de nos jours comme des signes de faiblesse. Elles sont généralement propres au contraire à certains chevaux fortement constitués, et si elles sont défectueuses, désagréables aux yeux de beaucoup de personnes, elles sont préférées, par d'autres, au pas et au trot.

Quoi qu'il en soit, elles « ne dérivent de la nature que dans quelques chevaux ; mais on pourrait les apprendre à tous les poulains. »

Deux allures rentrent dans cette catégorie : l'amble et le pas relevé.

L'AMBLE consiste dans le déplacement simultané des deux membres de chaque bipède latéral. Il y a, comme dans le trot, à chaque pas complet, deux levers et deux battues ; les pieds se lèvent et se posent par paires, mais par paires latérales.

Dans l'amble, le centre de gravité du corps est donc porté alternativement d'un côté à l'autre du plan médian du corps : le cheval éprouve ainsi un balancement de droite à gauche qui rend l'allure douce, peu fatigante pour le cavalier. Elle est cependant rapide, car le cheval ne prévient sa chute sur le côté dont les membres sont levés, qu'on précipitant leur action pour les faire arriver rapidement à l'appui.

PAS RELEVÉ. — Le pas relevé ou *haut pas*, est une allure plus exceptionnelle, plus rare que l'amble. Les quatre membres qui l'exécutent, se meuvent par paires diagonales comme dans le trot, et successivement, de sorte qu'il y a quatre battues comme dans le pas ; mais elles ont lieu suivant un ordre particulier : les deux pieds de chaque bipède diagonal exécutent successivement leur battue. Le cheval à chaque pas fait entendre quatre foulées, « mais dont celles exécutées par chaque bipède diagonal seront plus rapprochées l'une de l'autre et feront entendre un bruit qu'on pourrait rendre par les mots *patra, patra*. » (MAZURE.)

Le pas relevé est propre aux chevaux qu'on appelle en Normandie *bidets d'allure*. Quand ils ne le marchent pas naturellement, on les y habitue en attachant leurs membres de deux en deux, par paires diagonales, avec des cordes qui vont de l'avant-bras au-dessus des jarrets.

Cette allure est plus rapide que le pas ordinaire. Malgré son nom, elle n'est pas relevée : les chevaux qui la marchent sont plus exposés à raser le tapis que les trotteurs. « Ils sont moins propres à faire des courses dans les chemins de traverse. »

III. — DES ALLURES DÉFECTUEUSES.

Les *allures défectueuses* sont celles qu'exécutent quelques chevaux usés. Nous rangeons dans cette catégorie l'aubin et le traquenard.

Dans l'AUBIN, les chevaux galopent de devant, c'est-à-dire lèvent les deux membres antérieurs simultanément comme dans le galop, et trottent de derrière. Il y a trois battues : celle du pied gauche postérieur, celle du pied droit postérieur, et celle des deux antérieurs.

Les chevaux usés qu'on pousse, et qui ne peuvent trotter ni galoper, exécutent quelques *temps* de cette allure, mais ils ne la soutiennent que peu d'instants.

Le TRAQUENARD ou *amble rompu*, diffère de l'amble proprement dit, en ce que les pieds de chaque bipède latéral se meuvent successivement. Il y a quatre battues, mais séparées par des intervalles inégaux. Les battues des deux pieds de chaque bipède latéral sont plus rapprochées que celles des pieds des deux bipèdes.

Le traquenard est ordinairement l'allure des chevaux usés par des services pénibles.

EXAMEN DU CHEVAL EXPOSÉ EN VENTE.

Ce sujet est essentiellement pratique. Il s'agit de faire l'application des préceptes que nous venons d'exposer. Nous ne pouvons qu'indiquer la marche à suivre.

En approchant le cheval, nous le supposons dans son écurie, on évitera autant que possible de l'effrayer, afin de l'examiner dans les positions qui lui sont le plus naturelles ; même en prenant ces précautions, on ajoutera peu d'importance aux signes de vivacité qu'on observera, s'il appartient à un homme qui fait le commerce des chevaux. On peut croire qu'il a réminiscence du coup de fouet qu'on lui donne chaque fois qu'on l'approche.

On donnera d'abord un coup d'œil à l'ensemble du corps, à la taille, et l'on portera son attention sur les membres. Si l'animal ne s'appuie que sur trois membres et que le quatrième soit fléchi et tenu en avant, hors de la ligne d'aplomb, on le remarquera : il est possible qu'il soit sain, mais la position qu'il a est un signe de faiblesse ; et il faudra en examiner le jeu avec soin quand on fera marcher le cheval.

La manière dont le cheval porte la tête, tient les oreilles, mange, n'est pas indifférente. Tire-t-il le foin avec énergie, a-t-il les oreilles dressées, les porte-t-il, ainsi que la tête, du côté d'où il entend du bruit ? c'est un signe de force et d'intelligence ; tandis que l'abandon de la tête sur la crèche ou son soutien par la longe, l'indifférence de l'animal à ce qui l'entoure, sont des signes de mollesse et d'inaptitude au travail.

On examinera ensuite la poitrine et l'œil, principalement la pupille.

Les mouvements du flanc doivent être lents et réguliers. Si l'on se trouve à l'ombre, la pupille devra être moyennement dilatée. Dans tous les cas on remarquera l'état du flanc et de l'œil pour avoir plus tard des points de comparaison.

Cette inspection terminée, on ordonnera qu'on fasse tourner le cheval pour le sortir, et l'on observera les quatre membres ; si l'un d'eux fléchit au moment où il est appuyé sur le sol, on le remarquera pour l'examiner plus tard.

Quand le cheval sera arrivé sur la porte, on examinera de nouveau les yeux : l'iris devra se contracter, et la pupille, qu'on aura déjà vue, devra se resserrer à mesure que la lumière arrive plus vive sur la cornée lucide.

C'est alors qu'il faut examiner aussi l'âge, le nez, l'auge, etc.

Après cet examen, on laissera conduire le cheval dehors sans faire aucune observation ; mais on remarquera la manière dont il est placé par le marchand. Presque toujours la partie du cheval qui vous sera présentée est celle qui peut le mieux supporter l'examen. Après avoir fait enlever tous les harnais sans exception en ne laissant qu'un licol très-simple, vous ferez conduire l'animal dans l'endroit qui vous paraîtra le plus convenable pour pouvoir en examiner toutes les parties sans le faire déplacer.

Après un coup d'œil à l'ensemble, vous commencerez votre examen par la tête, je suppose, et vous suivrez exactement toutes les parties, en faisant le tour de l'animal et en donnant une attention particulière aux mouvements des flancs et des côtes. Il faut non-seulement regarder, mais encore toucher la nuque, le dos, les reins, soulever la queue, palper les tendons de haut en bas ; lever les quatre pieds, examiner les fers, voir si l'animal est doux, etc.

On procédera après cette visite à l'essai de l'animal : à cet effet on le fera marcher successivement au pas et au trot, conduit par la longe d'abord, et ensuite monté ; presque toujours on borne l'essai à ces deux allures. On se sert du collier et de la voiture quand on veut savoir si l'animal reçoit bien les harnais, s'il est *franc du collier*, s'il tire sans se rebuter et s'il est docile à la main qui le conduit.

On fera l'essai sur un pavé ou du moins sur un sol dur mais uni et non glissant, afin que si on observe des défectuosités dans la marche on ne puisse pas les attribuer à des accidents de terrain.

Autant que possible on aura soin de faire conduire le cheval par une personne qui ne sera pas intéressée à en cacher les défauts, qui aura soin de le laisser libre, c'est-à-dire de lui donner beaucoup de longe et de le conduire avec douceur.

Ces précautions sont souvent utiles : un homme expérimenté peut cacher une boiterie même assez forte. Le cheval qui est mené rudement, qui se croit menacé du fouet ou de l'éperon, qui est vigoureusement maintenu par une main brutale, est préoccupé de son cavalier; il oublie la douleur et marche droit quoique souffrant d'une affection qui le fait boiter quand il est libre.

En faisant exécuter des mouvements désordonnés à un cheval, en provoquant des ruades, en le faisant soulever le train antérieur, en faisant porter la tête ou à droite ou à gauche, le cavalier peut cacher de graves défauts, peut faire passer pour très-vigoureux un cheval qui n'est que capricieux.

Une fois ces précautions prises, on fera partir le cheval au pas, en ayant soin de le regarder par derrière quand il s'éloigne, et par devant quand il revient. Lorsqu'on croit l'avoir assez vu ainsi, on le fait marcher de manière à pouvoir l'examiner de profil.

Après l'exercice au pas, on renouvelle l'examen au trot, et on le pratique avec les mêmes précautions.

Les boiteries même légères sont surtout apparentes au moment où les animaux s'appuient sur le membre souffrant. Elles sont quelquefois invisibles à cause du peu de temps que dure l'appui du membre malade dans l'exercice fait en ligne droite; tandis qu'elles deviennent apparentes quand les animaux tournent sur le membre souffrant à cause du temps plus long pendant lequel dure l'appui sur ce membre et quelquefois à cause du mouvement de rotation qui tiraille les tissus douloureux.

Le moment où le cheval qu'on examine se retourne pour revenir au lieu d'où il est parti, est donc le plus favorable pour voir s'il souffre d'un membre. Si on n'est pas bien expérimenté, on le fera se retourner des deux côtés en ordonnant, si l'on a des doutes sur un membre, qu'on le fasse tourner sur ce membre. Si peu que le membre souffre, il fléchira au moment où il fera la pirouette en supportant le poids du corps.

Il est même toujours prudent, quand on achète un cheval, de le faire aller pendant un certain temps au pas ou au trot sur une ligne circulaire d'un petit diamètre.

Il est difficile d'analyser, dans l'examen d'un cheval, les différents temps des allures; mais on peut assez aisément reconnaître si elles se font d'une manière régulière, normale.

On remarquera facilement si dans le pas, par exemple, tous les pieds font entendre des sons semblables et si ces sons sont également espacés les uns des autres;

Si dans le trot, il n'y a que deux battues rendant un son net. « Le cheval faible trotte mollement et le son provenant de l'appui des deux jambes qui tombent n'est pas un son net; c'est un son traîné résultant de leur chute discordante et non exactement simultanée, rappelant le son qu'on fait entendre en prononçant la syllabe *tro*. »

C'est même dans l'exercice seulement qu'on peut reconnaître quelques-uns des plus graves défauts dont peut être affecté le cheval qu'on expose en vente. On ne doit donc pas se borner à le faire trotter ou aller au pas, ni même à le faire aller suivant une ligne circulaire; on doit le faire avancer et reculer alternativement : c'est un moyen de reconnaître s'il est libre dans tous ses mouvements, si les jarrets sont souples et les reins solides, s'il n'est pas atteint d'immobilité. (Voyez plus loin.)

Lorsqu'un membre souffre, le mouvement en est borné et lent et le pied correspondant est posé à terre avec précaution; il fait moins de bruit et reste appuyé sur le sol pendant moins de temps que le pied du membre sain correspondant. Il résulte de là une différence dans le bruit que font les pieds et une inégalité dans les espaces de temps qui séparent les battues. Les personnes qui reconnaissent la plus légère boiterie en entendant seulement marcher un cheval ne sont pas rares.

Il n'est pas nécessaire de posséder la théorie des allures, pour reconnaître si chaque bipède latéral se meut selon un plan parallèle au plan médian du corps, ou si un des membres est rejeté à droite ou à gauche, ce qui prouverait que l'animal n'est pas d'aplomb. On dit que l'animal *billarde*, quand au lieu de porter les pieds en avant selon une ligne droite, il leur fait décrire des arcs de cercle.

Il est encore facile de voir, en faisant l'examen de profil, si les quatre membres parviennent à la même hauteur, s'ils se meuvent avec symétrie, s'ils arrivent tous au point où ils doivent arriver, s'ils restent un temps égal sur le sol, et s'ils ne fléchissent pas au moment de l'appui.

On distingue encore facilement si un cheval qui s'éloigne se *berce*, si, au lieu de tenir le corps droit et la croupe selon une direction horizontale, il la balance d'un côté à l'autre, ce qui indiquerait soit un effort, une douleur de la région lombaire, qu'on augmenterait en pressant les lombes, soit une faiblesse dans les articulations. Un léger balancement se fait toujours remarquer sur les chevaux épais, bien ouverts de devant et de derrière; mais ce balancement, léger du reste, est un signe de force sinon de vitesse.

Enfin chacun peut reconnaître également, avec la moindre attention, si le cheval *se coupe*, c'est-à-dire s'il frappe, avec le membre qu'il déplace à chaque pas, le boulet de celui qui est au repos, ce qui serait un signe de faiblesse ou de mauvaise conformation, d'étroitesse de la poitrine; s'il *forge*, si, pendant la marche, le trot notamment, les pieds postérieurs atteignent les membres antérieurs, ce qui indiquerait ou de la faiblesse, ou trop de développement du train antérieur, ou trop de brièveté du tronc, ou une mauvaise ferrure ; si toutes les articulations fonctionnent convenablement, si elles se fléchissent aisément, si les épaules ne sont pas raides, chevillées, et si les pieds antérieurs sont portés assez en avant : on reconnaît que les épaules sont chevillées, non-seulement à ce qu'elles paraissent raides, fonctionnent mal, mais encore à ce qu'elles sont saillantes en avant et font paraître le poitrail enfoncé ; à ce que les pieds sont souvent resserrés, à talons élevés et douloureux.

Enfin, si les jarrets sont souples, se fléchissent et s'étendent régulièrement ou s'ils se relèvent convulsivement à chaque pas, ce qu'on exprime en disant que le cheval *harpe*, qu'il est affecté d'*éparvin sec*.

L'exercice fait même reconnaître des maladies autres que celles des organes de la locomotion. Nous citerons comme les plus intéressantes, au point de vue de l'extérieur, l'immobilité, le cornage et la pousse.

Le cheval affecté d'*immobilité* ne recule pas ou recule difficilement ; en outre il a les yeux fixes, les oreilles peu mobiles et se montre indifférent à ce qui se passe autour de lui. A la crèche, il mange irrégulièrement : quand il entre à l'écurie il tire le foin avec précipitation ; mais à peine en a-t-il mangé quelques bouchées, qu'il s'arrête, et laisse quelquefois la tête immobile, en conservant en entier le foin qu'il a dans la bouche. Si on lui croise les membres antérieurs, en plaçant le membre droit devant le gauche ou le gauche devant le droit, il reste dans cet état.

C'est surtout quand le cheval immobile a été contrarié, quand il a été essayé, que la maladie est bien apparente.

On ne manquera pas, durant l'exercice, de faire attention au bruit respiratoire ; s'il est plus fort que pendant le repos, la respiration est embarrassée, l'air ne parcourt pas librement les conduits aériens. Le cheval peut être affecté de *cornage* ; c'est un défaut toujours désagréable, quelquefois très-grave. On le reconnaît en soumettant les animaux à un exercice pénible, en les attelant à une voiture lourdement chargée. Ce défaut est ainsi nommé, parce qu'on a comparé le bruit que font entendre les animaux à celui qu'on produit en soufflant dans une corne ; c'est un vice rédhibitoire comme l'immobilité et la pousse.

Enfin, si on s'aperçoit aux mouvements des naseaux et du flanc, que les mouvements respiratoires sont accélérés, irréguliers, on peut soupçonner l'existence de la pousse, et l'on ne manquera pas de soumettre les animaux à l'examen particulier qui peut faire reconnaître ce défaut. (Voyez *Flanc*.)

Après ces divers exercices, on donnera encore un coup d'œil au cheval en le laissant libre de choisir sa position ; on remarquera comment il fait son appui. S'il souffre d'un membre, très-probablement il le tiendra à moitié fléchi et avancé, ce sera sans doute le membre qu'il cherchait déjà à soulager à l'écurie. On l'examinera avec la plus grande attention, et en prenant les précautions que nous avons indiquées.

RUSES DES MAQUIGNONS.

Pour comprendre l'utilité des précautions que nous venons de conseiller, il faut connaître les moyens qu'emploient certains marchands pour tromper les acheteurs. Quelques-unes de leurs ruses sont tellement grossières qu'on ne les croirait pas possibles si on ne savait qu'elles ont été mises en usage : ceux qui les pratiquent y sont encouragés par cette indifférence qui nous porte à négliger les précautions les plus simples, parce qu'elles nous paraissent inutiles en raison de la facilité avec laquelle on peut reconnaître les actes contre lesquels elles devraient être dirigées.

Il y a aujourd'hui beaucoup de marchands parfaitement honnêtes auxquels on peut s'en rapporter quand on s'adresse à eux de confiance ; mais lorsqu'on va choisir un cheval, l'examiner, soit dans une écurie, soit sur un marché, le vendeur ou son domestique se croit obligé d'employer tous les moyens pour faire valoir sa marchandise et pour en cacher les défauts. Il se croit d'autant plus autorisé à agir ainsi, qu'on a agi envers lui, quand il a acheté, comme il se propose d'agir envers les autres.

Mais si nous admettons d'honorables exceptions parmi les marchands, nous devons ajouter que les précautions conseillées dans ce chapitre sont loin d'être toujours inutiles quand on achète à des cultivateurs.

Combien d'éleveurs sont aussi madrés que le commun des marchands ! Nous avons vu plusieurs fois les officiers des remontes acheter avec plus de confiance à des marchands qu'à des producteurs.

Dans tous les cas c'est ici le lieu de dire : « Excès de précautions ne peut pas nuire. »

Du jour où certains marchands reçoivent des chevaux, ils en commencent l'éducation. Adroits, cruels, ils se font craindre des animaux les plus revêches comme des plus indifférents. Toutes les fois qu'ils les approchent, ils les frappent sans prononcer aucune parole. Après un court séjour dans leurs écuries, les chevaux ne peuvent voir approcher un homme sans exécuter les plus vifs mouvements. Le cheval le plus mou se tourmente, s'agite, paraît tout feu.

Nous ne voulons pas décrire toutes les ruses des maquignons, rappeler qu'ils pratiquent au-dessus de l'anus une ouverture appelée *sifflet*, *rossignol*, pour diminuer la pousse, opération qui n'a aucune utilité et qui du reste n'est plus pratiquée de nos jours ; qu'ils insufflent de l'air dans les enfoncements (*salières*) situés au-dessus de l'œil, pour masquer un signe de vieillesse ; que sur les chevaux noirs, ils teignent en noir la couleur du poil des tempes blanchi par l'âge ; qu'ils enlèvent une partie de la peau sur la nuque et font une suture aux deux bords de la plaie pour relever les oreilles ; qu'ils placent une éponge dans le nez pour cacher un jetage ; qu'ils arrachent le crin des tendons, des fanons pour faire paraître des chevaux plus distingués; qu'ils introduisent du poivre ou du gingembre dans l'anus pour faire relever la queue et donner au cheval un air de distinction, une apparence de grande vigueur; qu'ils cachent des ulcères à la gorge, au garrot, sur le dos, avec des brides, des licous en sangle, des surfaix, des couvertures; qu'ils se servent d'un bouchon de paille mis comme ornement pour cacher une queue postiche; qu'ils entourent la gourmette d'un linge ou la remplacent par une bande d'étoffe pour masquer une plaie de la barbe; qu'ils font marcher le cheval dans la boue pour cacher un crapaud ou des crevasses; qu'ils rempliront de cire ou de mastic les fentes du pied; qu'ils feront mettre un fer fortement ajusté pour masquer le défaut d'un pied plat, un fer à planche ou un fer couvert pour cacher une maladie de la fourchette, ou une bleime, un fer à forts crampons pour élever un cheval trop petit, un fer sans étampures en dedans pour empêcher le cheval de se couper; qu'ils peindront en blanc le poil du front pour simuler une marque blanche à la tête d'un cheval noir; qu'ils peindront en noir le poil blanc venu sur une tare, sur une cicatrice; qu'ils couvriront avec du cambouis et du poil soigneusement collé le genou couronné, etc., etc.

Nous ne rappellerons pas non plus leurs phrases hyperboliques sur les qualités de leurs animaux qu'ils ont vu élever, qu'ils connaissent depuis longtemps, qu'ils ont achetés de confiance d'un ami.

Nous ne dirons pas qu'il ne faut jamais les écouter ni surtout les croire, mais nous dirons qu'il ne faut pas discuter avec eux, ni même contester leurs plus grossières exagérations. Ne faites pas attention à leurs paroles, même quand ils vous font connaître un défaut de leur cheval; ils ne veulent que détourner votre attention d'un défaut grave en vous parlant d'un prétendu défaut, d'un défaut sans importance.

Le marchand a tout disposé chez lui pour mettre en évidence les qualités de ses chevaux. Il a relevé le sol de l'écurie pour faire paraître les animaux plus grands; il a fait distribuer le jour pour ne laisser distinguer que les parties du corps les moins exposées à avoir des tares, et toujours il fait en sorte que ses chevaux défectueux soient en état de supporter l'examen d'un acheteur.

Si un cheval est affecté d'une boiterie à froid, s'il a un membre raide, on l'aura promené sur un terrain doux, et on vous le présentera échauffé. et suffisamment préparé : il fera sans boiter l'exercice auquel on soumet d'ordinaire les animaux que l'on achète.

Est-ce un cheval qui boite à chaud ? Par des bains, des cataplasmes, par un long repos, on aura apaisé la douleur, et on pourra vous le présenter parfaitement redressé.

Souvent, par un régime rafraîchissant, par la saignée, on fait disparaître pour quelque temps les vieilles affections des organes pectoraux et on masque la pousse.

Avant de sortir le cheval, on ne manque jamais de lui faire sa toilette, de lui donner le *coup de peigne*, et bien entendu, on ne néglige rien de ce qui peut en augmenter l'apparence; on mettra une couverture très-étroite sur le cheval trop court, et l'on en placera une qui laissera à peine voir l'extrémité de la croupe sur le cheval trop long; une autre fois c'est une coiffe artistement arrangée, en apparence, comme parure, et destinée, en réalité, à relever les oreilles d'un cheval qui les porte mal.

On sort ensuite le cheval, en ayant bien soin, s'il souffre d'un membre, de ne pas le faire tourner sur ce membre. Dehors, on le placera sur un endroit en pente, les pieds de devant plus relevés, pour faire paraître le garrot plus élevé. Si cependant, en examinant le cheval dans l'écurie, vous aviez paru le trouver un peu trop grand, on aura soin de le placer dans un lieu bas.

Si un cheval a une partie défectueuse, on fera en sorte de vous la cacher, de la placer du côté d'un mur, et de ne la faire passer devant vos yeux qu'au moment où votre attention sera attirée par un autre objet. Si le cheval a un défaut d'aplomb, ce ne sera pas toujours facile de vous en assurer, car il sera habitué à se tourner, à se retourner, à se camper.

Les marchands n'ont pas besoin, pour faire valoir leur marchandise, d'être dans leur établissement où tout est disposé pour la *présentation* des chevaux; ils savent tirer parti de tous les accidents de terrain, et ils placent avantageusement leurs animaux, même dans le local où vous leur aurez dit de se rendre.

Le cheval est dehors et exercé, monté ou à la longe. S'il a un écart à une épaule, un effort aux lombes, une faiblesse à un jarret, il sera conduit de manière qu'il vous sera difficile de reconnaître son état. Poussé, retenu, torturé, il ne fera pas dix pas sans changer dix fois d'allure; tantôt il trottera ou il galopera, tantôt il ira au pas ou il fera des sauts, mais vous ne pourrez ni comparer ses mouvements ni les juger.

Si le marchand fait trotter le cheval à la longe, il portera à sa main une pointe ou un bâton pointu qu'il tiendra près de la tête de l'animal; il le piquera au besoin pour le forcer à se relever, à prendre un air de vigueur, d'agilité. Le plus souvent cependant, l'instrument ne sera pas employé devant l'acheteur. Le cheval est dressé, cela suffit.

Ces gens-là, disait Garsault, ont une façon de conduire si étrange, qu'on ne peut rien découvrir, si on ne fait monter le cheval par quelqu'un de confiance.

C'est dans les foires de campagne que les maquignons montrent leur grande habileté. La plupart ont été palefreniers chez des marchands, ils ont acquis une grande habitude des chevaux, et une habileté extrême dans l'art de les conduire; ils connaissent les précautions que prennent les acheteurs, et essaient toujours de les déjouer.

Les animaux sont-ils vicieux, on leur donne des spiritueux ou des narcotiques; sous l'influence de ces agents, les chevaux les plus difficiles deviennent doux, maniables; ils sont hébétés, ont l'œil fixe, l'air indifférent. Mais comme cet état est naturel à certains animaux, il est assez difficile de reconnaître la fraude; c'est le vin, l'ivraie qu'on administre. Pour donner une idée de ce qui est possible, nous ne dirons pas que, d'après un fait rapporté par M. Cardini dans son *Dictionnaire d'hippiatrique et d'équitation*, on aurait cru mort et écorché un cheval qui aurait mangé de l'ivraie avec de l'avoine, et que ce cheval se serait réveillé ensuite de son assoupissement ; mais nous dirons qu'on voit dans la Vendée des animaux qui perdent, en mangeant de l'ivraie dans les pâturages, la faculté de se conduire et tombent dans les fossés.

Ce qui peut permettre de soupçonner la méchanceté des animaux, ce sont les traces de l'action du serre-nez ou de la moraille qu'on a été obligé d'employer pour ferrer le cheval, pour le seller, etc. Le marchand vous dira qu'on a fait usage de ces instruments pour panser une plaie, pour arracher un cor ou pour tout autre motif qui ne doit plus se représenter ; mais si on a lieu, d'après le regard, la pose des oreilles, de soupçonner les animaux d'être méchants, ces cicatrices seront un motif de plus de se méfier.

Des ruses plus souvent pratiquées sur un champ de foire sont les suivantes : Si le marchand a un cheval rétif, sans être méchant, il ne le sortira jamais seul de la place qu'il occupe sur le champ de foire. Un compère ira toujours devant, comme pour essayer un autre cheval, il vous laissera sortir de la place où se trouve le cheval que vous marchandez, et vous ne vous apercevrez pas qu'il vous suit ; mais aussitôt qu'on montera votre cheval pour l'essayer, il passera à côté monté sur le sien, et vous attribuerez à la vivacité de celui que vous marchandez ce qui n'est dû qu'à un caprice, au désir de suivre un camarade avec lequel il vit depuis quelques jours. Et si vous ne vous apercevez pas du stratagème, au lieu d'un cheval docile et vigoureux que vous aviez cru acheter, vous aurez un animal rétif et capricieux.

D'autres fois, le cheval aura été promené plusieurs jours de suite sur l'emplacement où on a l'habitude d'essayer les chevaux, il sera familier avec le terrain et n'opposera aucune résistance.

Ce moyen est surtout employé pour les chevaux ombrageux, pour ceux qui ont mauvaise vue, qui sont aveugles même. Les chevaux aveugles apprennent à connaître le terrain sur lequel ils marchent souvent, et quand on les y promène, soit montés, soit à la longe, mais conduits par une personne qu'ils connaissent, ils vont avec une assurance complète, relèvent à peine les pieds plus qu'à l'ordinaire, et, si on ne porte à leur examen une attention particulière, on est fort exposé à être trompé.

Combien de fois on présente sur les foires, des juments suivies de poulains qu'elles n'ont pas faits ! on vend ainsi comme excellentes poulinières, des juments qui n'ont jamais pu élever un poulain.

Une des ruses fréquemment employées consiste à faire des plaies légères pour masquer des ulcères ou des maladies incurables.

Un cheval est-il affecté d'un écart à l'épaule,

d'une distension des ligaments de l'articulation de la cuisse, le marchand fera une écorchure à l'avant-bras, à la jambe, qu'il dira produite par un coup de pied, et à laquelle il attribuera la boiterie dont l'animal est affecté.

Un cheval a-t-il la fluxion périodique ? il introduira un brin de foin entre la paupière et le globe de l'œil, et vous soutiendra que le mal n'existe que depuis la veille ; il s'offrira de vous le garantir et vous engagera à faire visiter l'animal. En attendant, le brin de foin sera découvert en votre présence, par un compère, ou plus tard, par la personne chargée de visiter le cheval, si vous ne l'avez déjà découvert vous-même. Le marchand ne manquera pas alors d'invoquer sa bonne foi, et se félicitera d'avoir pu, si à propos, vous en donner des preuves.

D'autres fois, il fera des contusions, des plaies aux tempes, aux paupières, pour simuler une ophthalmie aiguë, due à une cause externe ; il enlèvera des croûtes à des plaies anciennes, et les fera saigner pour pouvoir attribuer à des causes récentes des blessures produites sur les hanches, les côtes, la tête, par un long séjour sur la litière pendant de graves maladies ou par des chutes sur le sol, contre des murailles, dans les cas de vertige, de coliques, d'épilepsie.

On ne doit jamais se charger d'un cheval malade ou blessé. « Ruiné, fils de ruiné, celui qui achète pour guérir, » disent avec raison les Arabes.

Il ne serait pas possible de prévoir toutes les ruses employées par les marchands ; ils savent toujours trouver de nouveaux moyens et de nouveaux prétextes pour cacher ou expliquer les défauts les plus graves. Nous ajouterons que c'est seulement en examinant les animaux avec méthode, et sans se laisser ni détourner, ni distraire, qu'on peut éviter leurs tromperies, et nous terminerons par l'indication d'une *promesse* que font volontiers les marchands et qui n'est pas la ruse la moins préjudiciable aux acheteurs. Elle se rapporte à la rédhibition.

Certains vendeurs, quand ils voient que l'acheteur hésite à prendre l'animal qu'il examine, s'engagent à garantir tous les vices rédhibitoires. Ils rédigent un billet conçu à peu près dans les termes suivants : Je, soussigné . . . . . déclare garantir le cheval vendu à . . . . . exempt de tout vice rédhibitoire.

Abusés par cette promesse, à laquelle ils attachent de la valeur, quelques acheteurs se décident à donner du cheval le prix demandé et négligent même de l'examiner : c'est une duperie. Cette garantie est complétement illusoire. Les vices rédhibitoires sont garantis par la loi et la promesse écrite par le marchand ne sert qu'à faire accepter par l'acheteur des chevaux tarés, affectés de vices, quelquefois très-graves, mais non rédhibitoires, et qui ne donnent pas le droit de faire résilier la vente.

J.-H. MAGNE.

CHAPITRE XII

DE L'ESPÈCE ASINE ET DES MULETS.

Buffon s'est livré à de longues considérations pour établir que l'âne constitue bien, dans le règne animal, une espèce distincte, et ne provient pas d'une sorte de décadence du cheval. La démonstration de ce fait ne serait, à coup sûr, plus nécessaire aujourd'hui. On essaierait en vain également de refaire avec plus d'exactitude et de couleur les pages que le grand écrivain naturaliste a consacrées aux mérites de l'humble bête. Le parti le plus sage est de les reproduire.

« L'âne, dit-il, est donc un âne, et n'est point un cheval dégénéré, un cheval à queue nue; il n'est ni étranger, ni intrus, ni bâtard; il a, comme tous les animaux, sa famille, son espèce et son rang; son sang est pur, et, quoique sa noblesse soit moins illustre, elle est tout aussi bonne, tout aussi ancienne que celle du cheval; pourquoi donc tant de mépris pour cet animal, si bon, si patient, si sobre, si utile? Les hommes mépriseraient-ils jusque dans les animaux, ceux qui les servent bien et à trop peu de frais? On donne au cheval de l'éducation, on le soigne, on l'instruit, on l'exerce, tandis que l'âne, abandonné à la grossièreté du dernier des valets, ou à la malice des enfants, bien loin d'acquérir, ne peut que perdre par son éducation; et s'il n'avait pas un grand fonds de bonnes qualités, il les perdrait, en effet, par la manière dont on le traite : il est le jouet, le plastron, le bardeau des rustres qui le conduisent le bâton à la main, qui le frappent, le surchargent, l'excèdent sans précaution, sans ménagement. On ne fait pas attention que l'âne serait par lui-même, et pour nous, le premier, le plus beau, le mieux fait, le plus distingué des animaux, si dans le monde il n'y avait point de cheval; il est le second au lieu d'être le premier, et par cela seul il semble n'être plus rien : c'est la comparaison qui le dégrade; on le regarde, on le juge, non pas en lui-même, mais relativement au cheval; on oublie qu'il est âne, qu'il a toutes les qualités de sa nature, tous les dons attachés à son espèce, et on ne pense qu'à la figure et aux qualités du cheval, qui lui manquent, et qu'il ne doit pas avoir.

« Il est de son naturel aussi humble, aussi patient, aussi tranquille, que le cheval est fier, ardent, impétueux; il souffre avec constance, et peut-être avec courage, les châtiments et les coups; il est sobre, et sur la quantité, et sur la qualité de la nourriture; il se contente des herbes les plus dures et les plus désagréables, que le cheval et les autres animaux lui laissent et dédaignent; il est fort délicat sur l'eau, il ne veut boire que de la plus claire et aux ruisseaux qui lui sont connus; il boit aussi sobrement qu'il mange, et n'enfonce point du tout son nez dans l'eau par la peur que lui fait, dit-on, l'ombre de ses oreilles : comme l'on ne prend pas la peine de l'étriller, il se roule souvent sur le gazon, sur les chardons, sur la fougère; et sans se soucier beaucoup de ce qu'on lui fait porter, il se couche pour se rouler toutes les fois qu'il le peut, et semble par là reprocher à son maître le peu de soin qu'on prend de lui; car il ne se vautre pas comme le cheval dans la fange et dans l'eau, il craint même de se mouiller les pieds, et se détourne pour éviter la boue; aussi a-t-il la jambe plus sèche et plus nette que le cheval; il est susceptible d'éducation, et l'on en a vu d'assez bien dressés pour faire curiosité de spectacle.

« Dans la première jeunesse il est gai, et même assez joli; il a de la légèreté et de la gentillesse, mais il la perd bientôt, soit par l'âge, soit par les mauvais traitements, et il devient lent, indocile et têtu; il n'est ardent que pour le plaisir, ou plutôt il en est furieux au point que rien ne peut le retenir, et que l'on en a vu s'excéder et mourir quelques instants après; et comme il aime avec une espèce de fureur, il a aussi pour sa progéniture le plus fort attachement. Pline nous assure que lorsqu'on sépare la mère de son petit, elle passe à travers les flammes pour aller le rejoindre; il s'attache aussi à son maître, quoi qu'il en soit ordinairement maltraité; il le sent de loin et le distingue de tous les autres hommes; il reconnaît aussi les lieux qu'il a coutume d'habiter, les chemins qu'il a fréquentés; il a les yeux bons, l'odorat admirable, surtout pour les corpuscules de l'ânesse, l'oreille excellente, ce qui a encore contribué à le faire mettre au nombre des animaux timides, qui ont tous, à ce que l'on prétend, l'ouïe très-fine et les oreilles longues : lorsqu'on le surcharge, il le marque en inclinant la tête et baissant les oreilles; lorsqu'on le tourmente trop, il ouvre la bouche et retire les lèvres d'une manière très-désagréable, ce qui lui donne l'air moqueur et dérisoire; si on lui couvre les yeux, il reste immobile, et lorsqu'il est couché sur le côté, si on lui place la tête de manière que l'œil soit appuyé sur la terre, et qu'on couvre l'autre œil avec une pierre ou un morceau de bois, il restera dans cette situation sans faire aucun mouvement et sans se secouer pour se relever : il marche, il trotte et il galope comme le cheval, mais tous ces mouvements sont petits et beaucoup plus lents; quoiqu'il puisse d'abord courir avec assez de vitesse, il ne peut fournir qu'une petite carrière, pendant un petit espace de temps; et quelque allure qu'il prenne, si on le presse, il est bientôt rendu.

« Le cheval hennit et l'âne brait, ce qui se fait par un grand cri très-long, très-désagréable, et discordant par dissonances alternatives de l'aigu au grave et du grave à l'aigu ; ordinairement il ne crie que lorsqu'il est pressé d'amour ou d'appétit ; l'ânesse a la voix plus claire et plus perçante ; l'âne qu'on fait hongre ne brait qu'à basse voix, et quoiqu'il paraisse faire autant d'efforts et les mêmes mouvements de la gorge, son cri ne se fait pas entendre de loin.

« De tous les animaux couverts de poil, l'âne est le moins sujet à la vermine : jamais il n'a de poux, ce qui vient apparemment de la dureté et de la sécheresse de sa peau, qui est en effet plus dure que celle de la plupart des autres quadrupèdes ; et c'est par la même raison qu'il est bien moins sensible que le cheval au fouet et à la piqûre des mouches. »

Telle est la description laissée par Buffon de l'âne domestique (*Equus asinus*) considéré en général. Nous y ajouterons seulement quelques mots, pour signaler d'une manière plus précise les différences qui existent entre la conformation de l'âne et celle du cheval.

La tête de l'âne est toujours grosse, avec une arcade orbitaire très-saillante et des yeux un peu enfoncés. La bouche est toujours petite ; les narines sont munies de cartilages plus résistants que ceux du cheval. Ce qui caractérise surtout la tête de l'âne, ce sont ses oreilles longues, larges et garnies de poils abondants à l'intérieur.

Une autre particularité également notable de la conformation de cet animal, c'est son garrot toujours très-bas et se continuant avec la ligne du dos suivant une horizontalité toujours parfaite, de telle façon que cette région du corps ne fait aucune saillie. La colonne dorso-lombaire est rigide et le rein relativement plus court que celui du cheval, en raison de ce que cette dernière région n'a pour base, chez l'âne, que cinq vertèbres au lieu de six.

L'âne a le pied petit, étroit, à talons hauts et à corne dure et sèche.

Les caractères de pelage, de taille, de volume, varient suivant la race. Nous les indiquerons donc à propos de chacune des variétés que nous allons maintenant passer en revue.

RACES ASINES.

Il nous paraît peu intéressant de rechercher l'origine des diverses races asines que nous trouvons à présent répandues à peu près dans toutes les contrées du globe, mais surtout dans les pays chauds et tempérés. Il va sans dire, du reste, que la légende biblique place cette origine dans le même lieu que celle de tous les autres animaux. De l'Arabie, l'âne se serait ensuite introduit en Égypte, puis en Grèce, en Italie, dans nos Gaules et dans les autres pays plus septentrionaux. Son importation dans le nouveau monde ne remonterait pas, paraît-il, au delà du temps de Washington. On le trouve à l'état sauvage, sous le nom d'*onagre*, en Afrique, en Asie, dans l'Inde.

Quoi qu'il en soit, nous devons nous en tenir ici à la description des races asines que nous utilisons et parmi lesquelles s'en trouvent quelques-unes de grande valeur, en raison des produits qu'elles donnent par leur accouplement avec la jument.

Les races qui nous intéressent sont au nombre de trois seulement. La première, dite race commune, est la plus répandue et la moins estimée, — nous ne disons pas que ce soit justement ; — la seconde est la race du Midi ; la troisième, celle du Poitou. Les mâles de ces deux dernières sont exclusivement employés à la multiplication des mulets, et c'est ce qui les fait estimer.

L'hygiène et les conditions de multiplication qui conviennent à l'amélioration de ces races asines étant spéciales pour chacune d'elles, nous les indiquerons à mesure de leur description.

Race commune. — C'est à cette race que s'applique l'éloquent plaidoyer de Buffon. C'est à proprement parler l'âne de la nature, qui se reproduit partout à la merci du hasard, sans aucune espèce de soins de la part de l'homme, et le plus souvent en butte, au contraire, à ses mauvais traitements. On a appelé exactement l'âne commun, le cheval du pauvre. C'est pour cela que sa multiplication se sent à un si haut degré de l'imprévoyance des malheureux. Le taux minime de sa valeur vénale le fait mépriser, et porte à méconnaître l'étendue de ses services sociaux. Quand on considère isolément ce petit animal d'apparence si humble et si modeste, cela se conçoit ; mais si l'on élève sa pensée jusqu'à l'ensemble de son espèce, et si l'on embrasse son rôle dans la marche de notre civilisation, et même dans l'état présent des sociétés, on est pris d'un vif sentiment de commisération pour un être si utile, et pourtant si méconnu et si calomnié.

Nous n'avons pas à préconiser pour l'âne de race commune des préceptes d'amélioration semblables ou analogues à ceux qui ont été précédemment développés pour l'espèce chevaline. Tel qu'il est, cet animal répond mieux qu'aucun autre à son objet. Il faudrait peut-être même se féliciter, à certain point de vue, que le mépris qu'il inspire l'ait préservé des atteintes d'une doctrine zootechnique qui l'eût infailliblement dénaturé. S'il n'avait été méconnu, nous en serions sans nul doute à déplorer des croisements entrepris en vue de lui donner des formes plus élégantes, des oreilles moins longues, et qui l'eussent plus sûrement privé de sa sobriété, de sa résistance à la fatigue, de son inaltérable patience, de toutes ses précieuses qualités enfin. Celles-ci sont trop bien appropriées à sa destination, pour qu'il soit désirable d'y voir rien ajouter.

Mais nous voudrions seulement faire passer dans l'esprit de tous nos lecteurs le sentiment de la juste sollicitude que l'âne doit inspirer à ceux qui ont conscience de sa grande utilité. Ce sentiment suffirait, s'il était bien compris, pour exercer sur la multiplication de l'âne, et surtout sur son éducation, l'influence la plus heureuse. Il ferait cesser les humiliations, les mauvais procédés, dont on abreuve le pauvre animal durant toute sa vie, et qui sont bien certainement l'unique cause de cet entêtement dont on fait un reproche à son caractère. L'âne, dit-on, est naturellement têtu et vindicatif. C'est bientôt dit. Mais combien d'offenses a-t-il à venger! S'il gardait rancune de toutes celles qui lui sont prodiguées, la société de son indigne maître lui deviendrait bientôt insupportable; et pour en tirer vengeance il le devrait poursuivre sans cesse de la dent et du pied. Il lui faut, comme l'a dit Buffon, un grand fonds de bonnes qualités pour demeurer ce que nous le voyons, à la façon dont on le traite.

Quelques aliments passables et de bons procédés, ces derniers même seulement, suffisent pour faire de l'âne le compagnon le plus soumis, le plus fidèle, le plus affectueux. Toujours prêt à porter la charge qu'on lui impose ou à traîner celle à laquelle il est attelé, mangeant et buvant quand il y a de quoi, se contentant de l'herbe grossière ou des chardons du chemin, jeûnant, au besoin, sans que rien altère sa patience ou sa bonne volonté : voilà l'âne commun, pas plus fier sous le harnais élégant avec lequel il sert aux promenades de l'enfant du riche que sous les haillons du mendiant. Tels sont, en effet, les deux extrêmes de sa condition sociale, où il nous donne un bel exemple de philosophie, ne semblant avoir d'autre souci que d'accomplir partout et toujours son devoir.

L'âne de race commune est d'une taille peu élevée. Celle-ci dépasse rarement la hauteur d'un mètre. Son pelage varie peu. Il est généralement d'un gris cendré plus ou moins foncé, avec une raie noire ou rousse, qui s'étend de l'encolure à la queue, et qui est coupée au niveau du garrot par une autre de même nuance : cela forme ce que l'on appelle la raie cruciale. Des marques du même genre, sortes de zébrures, sont aussi souvent disposées transversalement sur les membres antérieurs et les postérieurs. Les rares crins de l'encolure et de la queue sont ordinairement de la même nuance que celle de ces particularités. On trouve cependant aussi, dans cette race, quelques individus de robe alezane ou bai brun, avec le pourtour des lèvres, des yeux, le dessous du ventre et la face interne des cuisses, d'un blanc sale; mais ces robes appartiennent plutôt aux autres races que nous allons voir.

« En portant, dit M. Magne, quelque attention à l'accouplement, en nourrissant, au moins d'une manière passable, les ânesses nourrices et les petits, surtout en donnant plus de soins à l'éducation des ânons, on produirait à peu de frais de grandes améliorations dans les races communes. »

Il est désirable aussi de voir donner une meilleure nourriture aux ânes faits. Si mieux qu'aucun autre animal, ils peuvent endurer toutes sortes de privations, les services qu'ils rendent ne sont pas moins en rapport avec l'alimentation qu'ils reçoivent. Il suffit, pour s'en assurer, de comparer aux modestes et chétifs bourriquets de nos campagnes pauvres, ces ânes vigoureux et tirant toujours à plein collier, que l'on voit encore devant quelques attelages de nos roulages méridionaux, qu'ils servent à diriger, — ce qui, soit dit en passant, est une preuve de leur intelligence. — Recevant les mêmes soins que les chevaux au milieu desquels

ils vivent, pansés et nourris comme eux, les ânes dont nous parlons deviennent forts, vifs, infatigables, tout en demeurant patients et laborieux, comme c'est le propre de leur nature. Ils sont de plus obéissants et dociles, et nullement têtus.

« L'âne, fait encore observer avec raison M. Magne, convient surtout pour les pays de montagnes; il a l'allure du pas ferme, assurée, et comme il a les pieds durs et petits, il marche avec la plus grande facilité sur les chemins pierreux, escarpés, des montagnes les plus rapides; sa conformation, sa petite taille, sa force, ses allures, tout le destine à être le compagnon et le serviteur du pauvre. Aucun animal ne peut le remplacer pour les vignerons des coteaux arides du Midi; il leur convient autant par sa sobriété, par son aptitude à supporter les chaleurs, que par sa force. »

Comme auxiliaire de l'agriculture, l'âne de race commune est en effet utilisé exclusivement dans les petites cultures de nos contrées vignobles. Il y sert aux petits ménages pour le transport du fumier à la vigne, de la vendange au cellier, et le labourage du coin de terre qui fournit à la famille le grain nécessaire à sa subsistance. Dans une partie du Berry, durant la saison des travaux viticoles, il porte à son champtier le vigneron dès le matin, et demeure jusqu'au soir à brouter sur le bord du chemin, en attendant l'heure du retour à la maison.

Très-portés aux ardeurs génésiques, les ânes destinés au travail doivent être châtrés de bonne heure. Ils deviendraient sans cela d'un usage difficile, au milieu des femelles de leur espèce, surtout étant bien soignés et bien nourris. Il faut, du reste, sous ce rapport, les traiter comme les chevaux. Leur hygiène, à cet égard de même qu'à tous les autres, ne comporte aucune différence. Ici comme là, elle est la base fondamentale de toute amélioration avantageuse, aussi bien que de toute exploitation avantageuse.

C'est vraisemblablement à l'influence d'une hygiène particulière et mieux entendue, que nous devons les deux races asines employées dans notre pays à la production des mulets, et qui fournissent les *baudets* nécessaires à cette industrie. Cela est rendu probable par cette considération, que les races dont nous allons maintenant parler ne diffèrent de la race commune que par un plus grand développement, ainsi qu'il sera facile de s'en apercevoir.

Race du Midi. — « Cette race, dit M. Magne, a deux grands centres de production : l'un dans la Gascogne, l'autre dans la Cerdagne, en Espagne, du côté de Vic, où elle prend tout son développement. » C'est de là qu'on lui donne communément les noms de *race de Catalogne* et de *race de Gascogne*.

Tel qu'il est aujourd'hui dans ces deux localités méridionales, où il est employé sur une assez grande échelle pour la production des mulets, le baudet n'appartient plus en général au type de la race indigène, surtout en Gascogne. Des introductions fréquentes d'individus venant du Poitou ont communiqué à ceux qui naissent dans le pays des caractères particuliers, et ces individus importés sont eux-mêmes à tort considérés comme des baudets gascons.

C'est ce qu'on peut remarquer dans le passage suivant, emprunté à l'auteur qui vient d'être cité. « Le baudet des Pyrénées, dit-il, a une taille très-élevée, mais avec un corps mince; ou bien il est petit, trapu, épais. Son poil est ras, bai brun ou noir, avec le dessous du ventre plus pâle. » Dans le premier cas, il s'agit sans nul doute d'individus nés d'un croisement entre l'ânesse de la race du Midi et le baudet poitevin, beaucoup plus développé. Le second cas se rapporte seul à la race locale, représentée par la figure 522, et qui, dans les conditions ordinaires, n'atteint guère à l'état de

Fig. 522. — Baudet de la race de Gascogne.

pureté qu'une taille médiocre. Elle se distingue surtout par ses membres fins, son agilité, sa physionomie vive et son poil ras.

Cependant, dans les parties du pays où la race asine gasconne a été l'objet de soins bien entendus, elle a pris un développement et des proportions supérieurs à ceux qui caractérisent le commun de la population. Ainsi en est-il du département de Tarn-et-Garonne, où les baudets étalons de M. Maurice Avy sont justement réputés. Nous avons pu voir ces animaux et nous assurer qu'ils pouvaient, sans trop y perdre, supporter la comparaison avec ceux que l'on rencontre communément dans le Poitou, surtout quant à l'élévation de la taille, au volume des membres et à la largeur des articulations : toutes qualités qui sont fondamentales pour les étalons de cette espèce. Un point sur lequel ils l'emportent, ainsi que nous le verrons tout à l'heure, c'est relativement aux soins hygiéniques dont ils sont l'objet. Les baudets gascons en général, et ceux de Tarn-et-Garonne en particulier, connaissent le pansage et l'exercice. Ils ont la peau toujours propre, exempte de vermine et de toute altération pathologique.

En somme, moins le pelage, qui est uniformément bai brun ou noir mal teint, et une taille plus élevée, la race du Midi se rapproche beaucoup, dans ses diverses variétés espagnole, pyré-néenne et gasconne, de la race commune. Elle est pour ainsi dire entre celle-ci et la race du Poitou, qui est le prototype de l'espèce, au point de vue de la production du mulet, et qui mérite, pour ce motif, d'attirer surtout notre attention. Nous le décrirons en détail, et nous ferons connaître toutes les particularités de son élevage, curieuses pour ceux qui les ignorent, et intéressantes à examiner de près pour les éleveurs du précieux animal qui procrée les mules les plus estimées du monde entier.

Nous avons habité pendant plusieurs années dans le principal centre de production des baudets du Poitou. Nous pouvons donc en parler d'après nos propres observations, qui ont été déjà consignées, d'ailleurs, dans une publication spéciale.

Race du Poitou. — Le vrai centre de production de la race asine mulassière du Poitou est dans l'arrondissement de Melle, département des Deux-Sèvres. C'est là que s'élèvent incontestablement les plus beaux baudets de l'espèce. Uniquement faits pour une destination spéciale, et soumis à un régime qui n'a d'analogue nulle part, ces animaux y ont acquis des caractères particuliers, qui sont surtout frappants lorsqu'une circonstance les rapproche des ânes de Gascogne, par exemple, si développés et remarquables que puissent être ces derniers. C'est ce qui est arrivé lors du concours général agricole de 1860, où des baudets ont été exhibés pour la première fois. En comparant là ceux de la race du Midi, et leurs pareils de la race poitevine, auxquels une origine commune est attribuée, on a pu voir à quel point les différences sont grandes entre les deux, tant sous le rapport du type, de la physionomie, que sous celui de la conformation et du volume.

Comme procréateur de mulets, l'âne du Poitou n'a pas d'égal ; c'est une justice qui lui est rendue. Et cela seul peut expliquer la valeur vénale élevée qu'il atteint. Les plus médiocres ne se vendent guère au-dessous de 1500 francs. On en pourrait citer qui ont atteint jusqu'à 10 000 francs. En moyenne, on évalue cependant leur prix courant à 2500 francs. Les femelles sont moins estimées. Elles ne valent en général pas plus de 600 à 800 francs.

Ce ne serait pas, à coup sûr, en vue du travail comme moteur, comme bête de somme ou comme monture, que l'on consentirait à payer ce prix de tels animaux. L'exemple de l'âne de race commune est là pour le prouver. Et c'est d'ailleurs justice, car à ces différents titres la race du Poitou est sans contredit la moins estimable de toutes. En propres termes, le baudet du Poitou, que nos conventions zootechniques nous obligent à proclamer superbe, est au demeurant un fort laid animal.

Qu'on en juge par notre figure 523, qui le représente par un portrait d'une ressemblance parfaite. Ce portrait nous dispenserait, au besoin, de toute description, tant il est exact. Au reste, notre excellent confrère et ami M. Eugène Ayrault, de Niort, qui s'est principalement fait connaître du public agricole par ses travaux spéciaux sur tout ce qui se rapporte à l'industrie mulassière du Poitou, nous dispensera d'en tracer une nouvelle d'après nos propres observations. « Le baudet, dit-il, a une tête énorme, la bouche petite ;

Fig. 523. — Baudet du Poitou.

les dents, dont l'émail est plus dur encore que celui du mulet, sont plus petites que celles du cheval, et souvent sont espacées les unes des autres ; l'ouverture des narines est étroite, l'arcade sus-orbitaire saillante et très-prononcée, la conjonctive souvent tachetée d'un pigmentum noirâtre. Les oreilles sont longues et larges et toujours pendantes, sans descendre au-dessous de l'horizontalité. Elles sont garnies de longs poils frisés, qui portent le nom de cadenettes, qualité très-estimée (nous ferons remarquer, en passant, que

cette disposition des oreilles est une des particularités caractéristiques de la race du Poitou) ; l'encolure est courte, carrée et garnie à son bord supérieur de crins rares, courts et soyeux. Le garrot est bas et se continue en ligne droite jusqu'à la croupe ; les hanches sont étroites, la croupe est d'autant plus estimée qu'elle est plus large ; la queue est courte et garnie de très-peu de crins ; plus le corps est long, plus les animaux sont réputés faire de grandes mules.

« La poitrine est large, l'épaule courte, le ventre volumineux ; les avant-bras sont peu charnus, les muscles en sont longs, mais peu épais. Les genoux sont très-larges, les boulets forts et la châtaigne très-développée, ainsi que les crins du fanon ; cette dernière qualité est des plus recherchées. Les animaux sont dits *bien talonnés, bien moustachés*, lorsque les poils du boulet et de la couronne recouvrent le sabot.

« Les fesses sont minces et longues, la cuisse plate et les jarrets très-larges et le plus souvent coudés. Le sabot est petit et étroit ; cette conformation, jointe à la stabulation permanente sur le fumier et au genre de nourriture, rend les fourbures très-fréquentes. »

La taille des baudets de race poitevine varie entre 1m,40 et 1m,48. Leur robe, comme celle de la race méridionale, est communément d'un noir plus ou moins foncé. Ils ont souvent le bout du nez, le dessous du ventre et le plat des cuisses d'un gris cendré plus ou moins clair, ou encore d'une nuance moins foncée que celle de la robe. Ceux qui sont dans le dernier cas sont dits bais bruns. Ils sont d'ailleurs plus estimés lorsqu'ils ont le poil fin, long et frisé, au lieu de l'avoir ras, comme ceux de race gasconne.

Un préjugé généralement répandu dans le Poitou, relativement au pelage des baudets, a été exactement caractérisé par M. Ayrault en ces termes : « Il en est quelques-uns qui sont très-recherchés et dont on a voulu faire une variété à part : ce sont ceux qui portent les noms de *bourailloux* et de *guenilloux*. Ils ont une sorte de pelisse qui les recouvre depuis le garrot jusqu'à la queue, et qui descend souvent jusqu'à terre. Cette enveloppe, qui n'appartient pas plus à une espèce qu'à l'autre, est formée par le feutrage des poils laineux de l'hiver, qui, au moment de la mue, au lieu d'être enlevés, comme en bonne hygiène cela devrait être, restent sur le corps, s'entrecroisent avec les nouveaux, se collent ensemble à l'aide des produits de la transpiration et forment ainsi un véritable tissu à trame irrégulière, mais d'une inextricable cohésion. Cette parure orne le plus souvent les rares baudets qui, n'ayant pas de démangeaisons à la peau, ne se frottent pas contre les angles de leurs toits et conservent ainsi successivement les poils de plusieurs années. Ce feutrage adhère très-fortement sur le dos et les côtes, d'où il descend en lanières qui touchent le sol. Le baudet, ainsi affublé, a, en effet, l'air d'un pauvre couvert de guenilles, d'où lui vient sans doute le nom de *guenilloux*. Il n'est pas aussi facile de remonter à la technologie du bourailloux. Cette enveloppe, qui a pour cause la malpropreté et qui accuse l'incurie de l'éleveur, a néanmoins son bon côté. Elle devient protectrice de la peau que l'étrille et la brosse n'ont jamais touchée. La peau, mise ainsi à l'abri de la poussière et du fumier, exécute plus normalement ses fonctions ; aussi les baudets, ainsi enveloppés, sont-ils moins exposés aux maladies cutanées qui déshonorent l'espèce. C'est ainsi qu'un peu de bien sort de l'excès du mal (1). »

(1) *Nouveau Dictionnaire pratique de médecine, de chirurgie et d'hygiène vétérinaires*, de H. Bouley et Reynal, art. BAUDET, t. II, p. 404.

Un autre préjugé bien plus grave dans ses conséquences est celui relatif à l'ânesse de la race du Poitou. Les éleveurs poitevins sont convaincus, en général, que les femelles de la race sont d'autant plus propres à la reproduction qu'elles sont plus maigres, et ils se conduisent avec elles en conséquence. Aussi est-on vraiment affligé de les rencontrer fréquemment dans les plus maigres pâtures, n'ayant littéralement que la peau et les os, comme on dit. Autant les mâles, depuis leur naissance jusqu'à l'âge adulte, sont entourés de soins minutieux et pleins de sollicitude, autant les ânesses sont systématiquement négligées. Cette hygiène déplorable, qui exerce une influence fâcheuse sur leur fécondité, n'est même pas modifiée durant le temps de la gestation, au contraire. A mesure que le terme de celle-ci approche, l'alimentation devient de plus en plus parcimonieuse. M. Ayrault, dont nous citions tout à l'heure l'excellent travail, s'est déjà élevé contre cette coutume malheureuse. Il lui attribue avec beaucoup de raison, sans aucun doute, une des principales causes de la difficulté de l'élevage des baudets du Poitou, qui demeure restreint par ce fait, et il explique par là les hauts prix atteints par ces animaux. Il est incontestable que cette vie de misère est peu propre à mettre les femelles de l'espèce asine en état de conduire à bonne fin le fruit qu'elles ont conçu. Aussi les avortements sont-ils excessivement fréquents, les parturitions souvent laborieuses, et les premiers jours de la vie des produits toujours très-précaires. On n'observe d'exceptions à cette pratique insoutenable que dans une toute petite circonscription de l'arrondissement de Melle, où se produisent, d'ailleurs, les plus beaux individus. Là se rencontrent quelques ânesses en assez bon état.

En Poitou, la production des baudets s'effectue le plus ordinairement dans les établissements où sont entretenus les étalons de l'espèce. C'est là une des principales sources de leurs bénéfices. Dans le seul arrondissement de Melle, de simples cultivateurs en petit nombre se livrent à cette industrie. Partout les ânesses sont saillies à une époque très-avancée de la saison, de telle façon qu'elles mettent bas à l'entrée de l'hiver. Cela est préjudiciable à la réussite des produits ; mais cette façon de procéder se justifie par une nécessité impérieuse. Le baudet qui a sailli une ânesse ne se prête plus volontiers à des accouplements anormaux avec la jument. Il est donc nécessaire d'attendre que la monte des juments soit terminée pour lui conduire les femelles de son espèce, de manière à ce qu'il ait eu le temps d'oublier des rapports qui lui plaisent sans doute mieux, lorsque viendra le moment de la monte prochaine. C'est pour ce motif que les ânesses, dont la gestation dure au moins une année, mettent bas à l'entrée de la saison froide.

Un mois avant l'époque présumée de la parturition, elles sont l'objet d'une surveillance attentive et de tous les instants. L'éleveur poitevin ne les quitte plus ni le jour ni la nuit ; il fait établir son lit dans l'écurie, et dans aucun cas il ne confierait à une personne étrangère à sa famille la délicate mission de l'occuper. Tout au plus accorde-t-il à son propre fils cette preuve de confiance de lui permettre de le remplacer. Et c'est une grande joie dans la maison lorsque l'ânesse a mis bas sans accident un rejeton mâle.

M. Ayrault a parfaitement décrit, quoique très-succinctement, les diverses phases de l'élevage du jeune animal. « Le baudet, dit-il, après sa naissance, est entouré de tous les soins, de toutes les cajoleries que peuvent inventer le fermier et la fermière. Celui-là, pendant un mois, ne le quitte ni le jour ni la nuit ; il le guide vers la mamelle de sa mère ; il délaie du lait et de la farine pour lui donner à boire ; il le couvre de lainage quand il est couché ; il surveille tous les mouvements de l'ânesse pour l'empêcher de marcher sur son rejeton.

« Cette première période passée, on se borne à mieux nourrir la mère, qui est mise au champ seule pendant deux ou trois heures, dans l'après-midi, avec un gardien spécial.

« On laisse le plus souvent la mère nourrir son produit sans la faire saillir.

« Le jeune *fedon* (baudet), pas plus que les autres animaux, ne tette le premier lait de sa mère ; la mamelle est traite jusqu'à siccité pendant le premier jour. Il est sevré à neuf ou dix mois. Ceux qui naissent dans les fermes, en dehors des ateliers, et qui doivent être vendus, sont nourris de panade faite avec du son, de la farine d'orge et quelques grains. Ces pâtées et l'excellent foin artificiel (qui est plus appété par ces animaux) les engraissent promptement et accélèrent leur développement (1). »

Malgré toutes ces précautions, dont l'éleveur poitevin entoure les premiers jours de l'existence du jeune baudet, de fréquents accidents viennent détruire ses espérances. Le premier mois qui suit la naissance est en général difficile à traverser. La constipation et le pissement de sang font périr un grand nombre de fedons. Cette période critique une fois passée, le tempérament rustique de l'animal prend le dessus, et il n'y a plus à craindre que les maladies inflammatoires, dont l'excès de soins favorise nécessairement l'imminence.

Il n'est pas difficile de trouver la raison des conditions précaires de l'élevage de la race asine du Poitou dans les pratiques mêmes de cet élevage. Le moment choisi pour la naissance des fedons est à lui seul une circonstance défavorable. Il y a quelque chose d'anormal à faire naître à l'entrée de l'hiver des animaux qui, dans les conditions naturelles, doivent naître au printemps, et qui sont d'ailleurs frileux par constitution. Mais nous avons vu le motif grave qui en fait une obligation. Il ne paraît donc pas possible de modifier les habitudes sous ce rapport.

Il en est tout autrement pour les écarts d'hygiène que nous avons déjà signalés. Aucune considération plausible ne s'opposerait, par exemple, à ce que les ânesses fussent mieux entretenues, mieux nourries, et par là mises en état de fournir au fœtus qu'elles portent les éléments d'un développement plus assuré. On conçoit à peine qu'il

soit besoin d'insister sur les inconvénients d'une hygiène qui soumet des femelles pleines à une alimentation systématiquement parcimonieuse, sous prétexte qu'une forte nourriture nuit à la réussite des poulinières. Épuisées par le jeûne, les femelles ne peuvent fournir à leur fruit que des matériaux insuffisants ; celui-ci naît chétif et sans force de résistance contre les circonstances défavorables qui doivent l'entourer. Ce n'est pas trop de toutes les précautions minutieuses dont il est ensuite l'objet, pour préserver sa frêle existence des causes de destruction qui viennent l'assaillir. De plus, la déplorable habitude de ne pas lui faire teter le premier lait de sa mère, qui est d'ailleurs en général fort médiocre nourrice, en raison du régime mesquin auquel elle a été soumise ; cette habitude, jointe à l'alimentation artificielle et un peu forcée des premiers jours, ne contribue pas peu à augmenter le chiffre de la mortalité des jeunes baudets. Quand on voit l'espèce asine s'élever partout ailleurs avec une si grande facilité et comme au hasard, on est fondé à croire que les mauvaises chances que présente l'élevage de la race du Poitou doivent être uniquement attribuées aux soins exagérés, dans un sens comme dans l'autre, que l'on en prend. Les éleveurs de ce pays, cela ne semble pas douteux, ne nourrissent pas assez leurs ânesses, et montrent trop de sollicitude pour les fruits mâles qu'elles leur donnent. L'élevage rationnel serait dans un terme moyen entre ces deux extrêmes. Des femelles en bon état, bien nourries et bien pansées, qui seraient meilleures nourrices ; un allaitement naturel des fedons, qui naîtraient ou cas plus vivaces et n'auraient besoin que d'un faible supplément de nourriture administré seulement après les premiers jours de la naissance, lorsque le premier lait de la mère aurait produit son effet normal : ces simples précautions amélioreraient beaucoup, nous en sommes convaincu, les conditions de l'industrie asine dans le Poitou.

Nous les avons déjà conseillées aux éleveurs poitevins il y a bien des années. Mais on ne détruit pas facilement les préjugés séculaires. Il faut espérer toutefois que les progrès réalisés à cet égard dans les environs de Melle, notamment, aidés de la propagande hygiénique faite avec une grande persévérance par les vétérinaires intelligents du pays, exerceront une heureuse influence en ce sens sur une industrie qui est la principale source de la fortune de cette contrée.

Quoi qu'il en soit, pour compléter les notions relatives à l'élevage de la race asine du Poitou, nous devons ajouter aux détails qui précèdent quelques indications concernant le commerce dont ses produits sont l'objet. M. Ayrault a publié à cet égard des renseignements dont nous pouvons confirmer l'exactitude, et qui sont en même temps une véritable étude des mœurs du paysan poitevin. « Les baudets, dit notre distingué confrère, ne sont jamais menés à la foire. La vente s'en fait chez l'éleveur. Le commerce comprend deux industries distinctes, qui s'exercent à des époques différentes. Les marchands de baudets ne sont autres que des maîtres de haras habiles, industrieux et très-connaisseurs. Ils achètent les jeunes baudets de 12 à 15 mois. Ils parcourent tant de fois et battent si bien le pays, qu'ils connaissent toutes les naissances asines du Poitou, soit en mâles, soit en femelles. Sans tenir note écrite de la ferme et des naissances, ils ne manquent guère de se présenter à l'époque où ils supposent que le jeune baudet doit être vendu. Toutes ces démarches sont faites très-secrètement. Ils veulent qu'on ignore le lieu où ils ont acheté, et surtout le prix qu'ils ont payé. Ils craindraient d'effrayer les acheteurs par les énormes bénéfices qu'ils veulent réaliser. Comme il s'agit de sommes considérables, la vente d'un baudet prend les proportions d'une affaire de la plus haute gravité. Deux jours et deux nuits ne suffisent pas toujours à la conclusion d'un marché. Il en est peu qui se terminent en vingt-quatre heures. Voir le baudet et se mettre ensuite à table, retourner au baudet et revenir à table ; c'est pendant ce va-et-vient que se discute, le jour comme la nuit, le prix de la bête. Le marché terminé, on présente, pour en finir, une jument au baudet, afin de s'assurer s'il est ardent ou *bon d'allures*. Le prix de la vente se paye rarement au comptant, les délais sont même souvent fort longs. Le jeune baudet est ensuite monté dans une charrette recouverte de toile à l'aide de cercles de barrique, et il n'a pas du tout l'air étonné des honneurs qu'on lui rend. Il est ainsi conduit chez l'acquéreur, qui orne le plus souvent son énorme tête de lauriers et de rubans lorsqu'il arrive dans la contrée qui doit être témoin de ses exploits. C'est dans la saison d'été que les marchands de baudets s'approvisionnent. Rendus chez eux, les baudets sont admirablement soignés ; les marchands savent très-bien parer leur marchandise avec habileté, et surtout faire mousser l'origine des animaux à laquelle ils accordent avec raison une grande influence. C'est chez eux et non chez les éleveurs que viennent faire leurs emplettes. Les quelques maquignons de baudets résident tous dans l'arrondissement de Melle. L'un d'eux en vendit un pour l'Institut de Versailles la somme énorme de 5 500 francs, je crois (ce fait, qui nous est parfaitement connu, se rapporte à l'un des fermiers du maréchal Vaillant). Le bénéfice ordinaire sur un baudet de 15 mois que l'on garde pendant 4, est de 1 000 à 1 200 francs.

« En dehors de ces marchands spéciaux, tous les garde-étalons vendent directement à leurs collègues du Poitou, de la Vendée et des contrées méridionales (il faut y ajouter ceux de la Charente-Inférieure). Dans ces ventes, les choses se passent de la même manière. On peut chez eux choisir indistinctement ; seulement si l'on s'adresse à un étalon estimé de la clientèle, il faut le payer au poids de l'or pour l'obtenir. Un de ces propriétaires, ajoute M. Ayrault, cite comme un fait unique l'acquisition que je lui fis en 1854 de deux baudets de 20 à 27 mois, pour la somme de 6100 francs, et où le marché fut conclu en une demi-heure (1). »

Une fois élevé, l'âne du Poitou jouit en tous points du tempérament de son espèce, c'est-à-dire qu'il se distingue par sa sobriété et sa rusticité, de même que par sa longévité. En nous occupant tout à l'heure de la production des mulets nous indiquerons en détail tout ce qui concerne son entretien, car nous devons prendre pour type l'industrie mulassière poitevine, bien que sur plusieurs autres points de nos contrées méridionales les juments soient livrées au baudet. Mais cette industrie étant tout à la fois la plus importante et la plus curieuse, il ne saurait y avoir que des avantages à la considérer plus spécialement, tout en signalant cependant les particularités qui peuvent se montrer ailleurs.

L'étude que nous allons faire peut être d'ailleurs envisagée comme le complément naturel de celle de l'espèce asine, qui intéresse surtout le zootechnicien au point de vue de la part qui revient à celle-ci dans la production des mulets. Cette production est, d'un côté, pour l'agriculture, d'un intérêt tel, qu'il y a lieu de lui accorder une grande attention. On essaiera donc de lui consacrer tous les développements qu'elle comporte, sans dépasser toutefois les limites imposées par le plan d'un ouvrage comme celui-ci.

DE LA PRODUCTION DES MULETS.

On sait qu'en histoire naturelle le nom de mulet est donné au produit hybride de l'accouplement de deux espèces différentes. L'infécondité de ces individus a été posée en règle absolue. C'est même là-dessus que se fonde le plus solide caractère de l'espèce, en zoologie. Mais des faits maintenant assez nombreux ont été recueillis dans la science, qui ébranlent singulièrement la vérité de ce principe.

Quoi qu'il en soit, l'espèce chevaline et l'espèce asine donnent lieu à des accouplements constitués à l'état d'industrie régulière. Celui de l'âne avec la jument, dont le produit porte proprement le nom de *mulet*, peut même être justement considéré comme formant la matière de la plus prospère de toutes nos industries agricoles, ainsi que nous l'allons voir. L'accouplement inverse, du cheval avec l'ânesse, donne le *bardot*, dont l'existence est contestée par quelques zootechniciens, mais qui n'en existe pas moins pour cela.

L'industrie *mulassière* (c'est ainsi qu'on l'appelle) s'effectue dans quatre centres principaux de notre pays. Le plus considérable de tous, tant par son importance que par la valeur des produits, est dans le Poitou. Les mulets de cette province s'exportent non-seulement dans la plupart de nos départements français méridionaux, mais encore dans toutes les contrées du midi de l'Europe, en Amérique et jusqu'en Australie. Les autres centres de production, à beaucoup près moins importants, sont dans les montagnes du Centre, dans celles de l'Est, dans la Gascogne et les Pyrénées.

On aura une idée de l'attention que mérite la question par quelques chiffres que nous empruntons aux documents officiels de la douane. L'exportation annuelle des mulets français atteint en moyenne un total qui se rapproche de 18 000 têtes, dont le Poitou fournit à lui seul au delà de 12 000.

La France est la seule nation qui exporte de ces animaux. Ils ne passent pas directement de nos départements du Centre et de l'Ouest à l'étranger, du moins pour le plus grand nombre. Il règne à cet égard une division du travail de l'élevage, en vertu de laquelle le Poitou fait naître beaucoup et n'élève guère au delà de la première année. On évalue aux deux tiers de la production, au moins, le nombre des mulets poitevins vendus à cet âge. Ceux-ci vont achever leur développement dans les départements du Midi et du Sud-Est, dans le Lot, le Tarn-et-Garonne, l'Ariége, les Pyrénées-Orientales, l'Aude, l'Hérault, l'Aveyron, le Tarn, la Lozère, la Haute-Loire, le Gard, la Drôme, l'Isère, où du reste la production a également lieu, mais sur une moindre échelle. Dans cette division du travail, c'est le producteur qui gagne le moins, a dit M. Gayot. L'inverse est plus vrai, et nous comptons le montrer en décrivant l'industrie du Poitou, la seule qui soit vraiment digne d'un grand intérêt, parce qu'elle réunit toutes les conditions d'un succès assuré. Voyons d'abord les caractères généraux de l'animal qu'elle produit.

Du mulet proprement dit. — Sous le rapport de la conformation, le mulet n'est ni un âne ni un cheval. Il tient à la fois des deux. Dans quelles proportions? C'est ce qu'il n'est point possible de dire. Il s'opère en lui une fusion entre les caractères extérieurs de ses procréateurs, sous laquelle cependant le type de l'âne persiste. Quelle que soit en effet la conformation du mulet, elle se rapproche toujours plus de celle de son père que de celle de la jument. A vrai dire, cet animal n'est qu'un âne modifié dans sa taille, son volume et quelques-uns seulement des caractères de sa physionomie, notamment celui qui se rapporte à la longueur des oreilles.

Sous ce même type mixte, résultant d'une sorte de correction des attributs saillants de l'espèce asine par ceux moins accusés de l'espèce chevaline, le mulet présente des différences assez sensibles dans ses formes générales, suivant le lieu de sa production et de son élevage. Le mulet de l'Est ne ressemble pas à celui du Centre et du Midi, et aucun de ceux-ci ne peut être mis en parallèle avec celui de l'Ouest. Le premier est bas et trapu, le second svelte, élancé, mince et plat de corps et haut sur jambes; les deux ont la tête très-forte et l'encolure grêle, la croupe tranchante. Le mulet du Poitou, au contraire, acquiert une encolure forte et bien musclée, un poitrail ouvert, une poitrine ample, des reins larges, une croupe arrondie, des cuisses bien descendues, des membres forts et des articulations larges et puissantes; tout cela avec une tête presque élégante, dont les oreilles, quoiqu'un peu longues, sont soutenues par des muscles énergiques, qui les meuvent facilement sous les impressions accusées par un œil vif et inquiet. Il n'est pas rare de voir en Poitou des mulets dont les allures ne le cèdent en rien à celles du cheval le mieux conformé. Ce sont toutes ces qualités qui font tant rechercher les produits de cette province par les différents pays qui emploient le mulet principalement pour le service de l'attelage. Les autres sont surtout propres au bât.

Le mulet a le poil ras et rude, la peau épaisse, le sabot non pas petit comme l'âne, mais étroit et haut, à talons serrés, à fourchette mince, et à corne dure et solide. Sa robe est généralement d'un noir mal teint ou baie. On en rencontre cependant un grand nombre de robe grise, et quelques-uns sous poil alezan ou isabelle avec cette raie plus foncée sur le dos que l'on appelle *raie de mulet*, et des zébrures aux membres. Ce qui est remarquable, c'est l'absence de toutes les robes composées, sauf la grise.

Le mulet est un animal précieux par sa sobriété, sa force et sa rusticité. « Il supporte, dit M. Magne, les fortes chaleurs, résiste aux plus dures fatigues sous les climats brûlants, et se contente d'une petite quantité de nourriture. Sa sobriété le rend très-propre à travailler dans les contrées où règnent pendant longtemps une température élevée et une grande sécheresse. »

Les conditions de la bonne conformation, chez cet animal, sont celles qui le rapprochent le plus du type du cheval, quant à l'ampleur de ses formes. Ces conditions, bien entendu, sont subordonnées à celles du milieu dans lequel la production et l'élevage se sont opérés. Il n'est pas possible d'exiger d'un mulet du Dauphiné, de l'Aveyron ou de Tarn-et-Garonne, ce qu'on est en droit de rechercher dans celui du Poitou. Mais sous le bénéfice des différences de volume et de taille, la beauté comporte toujours une certaine harmonie de l'ensemble des formes, des membres forts et bien d'aplomb, des articulations solides et larges, un thorax spacieux, des masses musculaires bien développées, enfin tout ce qui constitue la beauté du cheval, moins l'élégance, que le type du mulet ne comporte que dans une mesure tout à fait relative à son origine anormale.

« Le mâle, d'après M. Gayot, est plus fort, mieux charpenté que la femelle ; plus fier, il est aussi plus indocile. » Cette dernière assertion est assurément vraie pour le mulet entier qui, malgré son infécondité habituelle, est néanmoins très-porté aux ardeurs génésiques ; pour le mulet hongre il ne l'est pas plus. Quant à la première, elle est de tout point erronée. Quiconque aura assisté à une de ces belles *foires aux mules* du Poitou, à Niort par exemple, où se vendent les mules d'âge, n'hésitera point à déclarer que cet auteur attribue là au sexe mâle une suprématie purement gratuite. Il est connu d'ailleurs que la valeur commerciale de la mule, toutes choses égales, et même à mérite inférieur comme conformation, est toujours plus élevée que celle du mulet. La différence est au moins d'un quart du prix, et souvent plus. Ceux qui éprouvent le besoin de donner en toute occasion des explications, vaille que vaille, n'ont pas manqué d'en trouver de plusieurs sortes à ce fait. Pour nous, comme nous n'en avons point de satisfaisante, nous nous bornerons à le constater. Tout ce que nous pouvons dire, c'est que la consommation donne la préférence aux mules, et le commerce nécessairement aussi, pour ce motif. Il en a toujours été de même, à notre connaissance, si loin qu'on remonte dans le cours des siècles. Les grands personnages de l'Espagne, de l'Italie, au moyen âge, montaient des mules et non point des mulets. Pourquoi? On serait bien embarrassé pour le dire. Les mules sont plus demandées, voilà le fait économique. Il faut nous en tenir là. Chaque année, les marchands espagnols viennent en grand nombre aux foires spéciales du Poitou, et ils échangent les doublons de leur ceinture contre des mules exclusivement.

Ces considérations exposées sur le mulet de l'âne et de la jument, il nous faut maintenant passer en revue ce qui concerne sa production et son élevage. Nous nous occuperons d'abord de l'hygiène des deux procréateurs, l'âne étalon ou baudet et la jument mulassière, puis de celle du muleton jusqu'à ce qu'il ait atteint l'âge adulte. Nous prendrons pour type, ainsi qu'on l'a déjà dit, l'industrie mulassière du Poitou, ses habitudes et ses pratiques.

Hygiène de l'âne étalon. — Les baudets destinés à la reproduction sont entretenus, dans nos départements de l'Ouest, dans des établissements particuliers qui portent le nom d'*ateliers*. Chaque propriétaire de juments mulassières les y conduit pour être saillies, moyennant un prix déterminé, qui est en moyenne de 10 à 12 francs, et qui n'en a jamais, jusqu'à présent, à notre connaissance du moins, dépassé 15. Les seuls très-grands propriétaires, devenus bien rares dans le pays, qui entretiennent sur leurs fermes une soixantaine de mulassières, sont quelquefois possesseurs d'un baudet pour le service de leurs exploitations.

L'*atelier* poitevin est un bâtiment carré, assez vaste, et généralement précédé d'une cour. Ce bâtiment, ayant un seul étage au-dessus du rez-de-chaussée, n'est percé que de deux ouvertures; une porte par laquelle on y pénètre, et une fenêtre au-dessus pour éclairer le grenier à fourrages. En bas, les choses sont disposées de la manière suivante : De chaque côté de la porte d'entrée se trouve une rangée de loges ou cellules, ayant en moyenne chacune 3 mètres de profondeur sur 2 de largeur, et dans chacune on pénètre par une ouverture qui se ferme au moyen d'une porte pleine et solidement verrouillée, de telle façon que toutes les cellules s'ouvrent, de l'un et de l'autre côté, sur un espace libre et assez large. Au fond de la loge sont placés le râtelier et la mangeoire. Le mur ou la cloison qui clôt en avant chaque série de cellules, ne va pas ordinairement jusqu'au plancher. C'est par l'espace libre qui reste en haut, que l'air s'introduit dans la loge, et c'est par là que celle-ci prend un faible jour sur l'intérieur de l'atelier, tant que la porte demeure fermée. On sait d'ailleurs que la lumière ne pénètre à l'intérieur de l'établissement que dans la mesure permise par son unique entrée.

Au fond de l'espace libre dont il vient d'être parlé, entre les deux rangées de cellules formées par des cloisons ou des murs perpendiculaires aux premiers, et en regard de l'entrée, se trouve l'atelier proprement dit, ou lieu dans lequel s'effectue la saillie. C'est une sorte de brancard constitué par deux pièces de bois scellées en haut dans le mur, et reposant en bas sur le sol, de telle sorte qu'elles affectent l'une et l'autre une disposition en pente suivant un angle de 45 degrés environ. Elles sont distantes d'un mètre à peu près, et parallèles. Une planche étroite les réunit transversalement à leur partie supérieure, et le sol compris entre elles présente une excavation. C'est là que se place la jument pour être saillie par le baudet, attachée à la planchette transversale, et une fois qu'elle est introduite entre les deux pièces de bois, on exhausse le sol derrière elle avec du fumier, pour établir un rapport aussi exact que possible entre sa taille et celle de l'étalon.

En Poitou, le propriétaire d'un atelier est un personnage.

Le nombre des baudets entretenus dans les établissements que nous venons de décrire, varie suivant l'importance de leur clientèle. Les plus forts n'en comptent pas ordinairement au-dessus de huit, et il n'en existe guère de moins de quatre. Dans le premier cas, deux chevaux mulassiers sont adjoints aux baudets, ainsi qu'un étalon d'essai ou *boute-en-train*. Celui-ci est le plus souvent un jeune poulain destiné à devenir plus tard lui-même un étalon, ou tout au moins à être vendu après avoir subi la castration. Dans les ateliers petits ou moyens, un seul cheval fait le service. On y entretient aussi des ânesses en nombre variable, soit en vue de la production des baudets, soit seulement pour exciter ceux-ci à la saillie des juments, ce qui est quelquefois nécessaire pour certains.

Quelque ardent qu'il puisse être d'ailleurs, le baudet ne se dispose jamais bien volontiers à saillir une jument. Il faut qu'il y soit préparé d'avance par son palefrenier, et c'est là une des parties les plus curieuses des pratiques du métier. On observe à cet égard les habitudes les plus bizarres. Chaque baudet veut être excité par un procédé particulier. Ce sont le plus habituellement des conversations ou des chansons, quelquefois obscènes, des propos caressants, des inflexions de voix, des attouchements vers les parties génitales, des pratiques en un mot toujours plus ou moins comiques pour l'observateur, la première fois qu'il en est le témoin. Nous avons connu un baudet qui se préparait à la monte en mordant à pleines dents le gros sabot de son palefrenier. L'ensemble de ces moyens, qui varient comme le caractère des individus qui les exécutent, et les ressources de leur imagination, porte dans le langage poitevin le nom de *brelandage*. Il y a cependant des animaux, — et ceux-là sont fort estimés, — auxquels il suffit d'ouvrir la porte de leur loge, ou d'appliquer la bride avec laquelle ils doivent être conduits vers la jument, pour qu'ils se montrent aussitôt disposés à saillir. D'autres résistent à toutes les excitations, sauf à celles que leur cause la présence de l'ânesse. On est alors obligé de substituer prestement la jument à celle-ci, et même dans certains cas de la couvrir pour leur mieux faire prendre le change.

L'âne étalon, bien qu'il soit dans l'usage de lui mettre à la tête un fort licol en cuir, afin sans doute de pouvoir le saisir par là lorsqu'on pénètre dans sa loge pour le brider, n'est jamais attaché à la mangeoire. Il demeure en liberté. La bride qu'on lui applique au moment de la monte est formée d'un mors grossier, terminé à chacune de ses extrémités par des branches longues à la manière du bridon d'abreuvoir, et portant des rênes courtes constituées par des chaînes en fer à forts anneaux, que le palefrenier agite au moment de la préparation. L'application de la bride et le bruit des chaînes sont une sorte de langage que le baudet comprend d'autant mieux, que ces opérations ont toujours été suivies pour lui de l'acte dont il s'agit.

Hors le temps de la monte, l'animal vit dans sa cellule sous le régime du plus complet isolement. Il ne sort jamais de l'atelier, dans l'espace libre duquel il vient deux fois par jour pour boire l'eau claire et pure qu'on y dispose pour lui, si même celle-ci ne lui est pas présentée à la main dans sa loge même. Durant six mois de l'année au moins, il ne reçoit d'autres visites que celles du palefrenier qui lui distribue sa nourriture. Celle-ci se compose à l'ordinaire du meilleur foin de prairie artificielle. Le baudet est à cet égard fort difficile. Il rejette tout fourrage ayant la moindre mauvaise odeur ou qui a été mal récolté. Quand il reçoit de l'avoine, ce n'est jamais qu'en très-petite quantité. La ration se compose habituellement de 3 à 4 kilogrammes de foin, et de 2 à 3 litres d'avoine. Le fumier n'est enlevé de sa loge que tous les huit jours, et dans beaucoup de cas, tous les quinze jours seulement. Jamais il ne reçoit aucun soin de pansage ; à peine enlève-t-on, avec un grossier balai de bouleau, les débris de paille ou de fourrage et les saletés qui s'attachent à ses longs poils lorsqu'il se roule, ou tombent du plancher souvent mal joint qui abrite son toit.

Aussi l'espèce asine du Poitou est-elle fréquemment atteinte par des affections de la peau que M. Ayrault a décrites en ces termes : « Tous les baudets, presque sans exception, à l'âge de cinq ans, sont entachés, dit-il, d'une maladie cutanée qu'il est difficile de définir à son origine, et qui se termine toujours dans l'âge avancé par une sorte d'éléphantiasis.

« Son début est marqué par une douleur prurigineuse sur toute la peau, qui détermine çà et là la chute des poils par petites plaques. A cette période de la maladie et à l'époque de la mue, les espaces épilés se recouvrent de poils à nouveau, les lésions cutanées n'ayant pas franchi l'épiderme. Le mal fait des progrès par l'influence sans cesse agissante des causes génératrices et du principe morbide constitutionnel qu'elles développent et font grandir. L'irritation incessante que produisent sur la peau les excoriations sans cesse renouvelées par les morsures ou le frottement contre les corps durs, gagne le derme où elle détruit ou altère la matrice des poils, et la peau n'offre plus alors qu'une large surface qu'on dirait tannée, dont l'épiderme est épaissi et en tout point semblable à celui de l'éléphant [1]. »

L'affection se montre surtout avec ces derniers caractères à la région des membres. Elle y revêt, d'après le même auteur, la forme des eaux aux jambes, « et elle arrive vite au degré le plus élevé qu'elle puisse atteindre, c'est-à-dire que la peau se recouvre de végétations nombreuses, fibro-vasculaires, à base large ou pédonculée, dont le volume varie de la grosseur d'une noisette à celle d'une tête d'homme, et qui sécrètent un liquide *sui generis* d'une odeur infecte. » M. Ayrault est convaincu que les fics ou poireaux, si souvent incurables et si nombreux chez le mulet, n'ont pas d'autre origine que cet héritage paternel. Il pourrait bien en être de même du crapaud qui l'accompagne le plus souvent, et paraît dû aux mêmes influences.

Durant la saison de la monte, le baudet reçoit, en outre de sa ration ordinaire, un picotin d'avoine d'environ deux tiers de litre, autant de fois qu'on le fait saillir. Au début de sa carrière d'étalon, vers l'âge de trente mois, ainsi que nous l'avons vu, cela n'arrive qu'une ou deux fois par semaine ; à trois ans il fait ce que l'on appelle un demi-service, c'est-à-dire une ou deux saillies par jour ; le service complet, qui commence pour les baudets de quatre ans, se compose en moyenne de cinq ou six *bridées*, et quelquefois beaucoup plus. « On a constaté, dit M. Ayrault, qu'un baudet a pu s'accoupler le même jour avec onze juments, et que la dernière s'est trouvée pleine [1]. »

Malgré ces fatigues qui se renouvellent chaque année, des premiers jours du mois de mars jusque vers le milieu de celui d'août, l'âne étalon montre une remarquable longévité et conserve jusqu'à la fin ses grandes facultés prolifiques. Il n'est pas rare d'en rencontrer en activité de service qui sont âgés de vingt-cinq à trente ans. Ils ont alors des dents d'une longueur démesurée, leur usure n'ayant pas eu lieu, en raison de la dureté de l'émail. Ils s'entretiennent durant toute leur vie en bon état, même pendant l'époque de la monte, et on le comprendra sans peine à cause de l'alimentation abondante qu'ils reçoivent, par rapport à leur taille et à leur sobriété native.

Mais les alternatives d'abondance et de brusque suppression de la ration d'avoine, jointes au peu d'exercice que comporte le régime claustral auquel ils sont soumis, les expose à des accidents dont quelques-uns sont très-graves. Parmi ces derniers, il faut noter surtout les paralysies du train postérieur et les inflammations intestinales.

Ce sont surtout les fourbures, fait justement remarquer M. Ayrault, qui sont fréquentes chez les baudets. « Les conditions hygiéniques de ces animaux pendant la monte, leur travail contre nature, leur inertie musculaire, leur sabot petit et sec, sont, poursuit notre confrère de Niort, autant de causes qui prédisposent aux stases sanguines de la région digitale. L'enveloppe cornée subit toutes les déformations qui en sont la conséquence. Chez ces animaux, qui marchent seulement pour aller de leur écurie à la jument, la fourbure passe inaperçue, à moins qu'elle ne débute avec une très-grande violence. Une seconde s'ajoute à la première ; la direction de la paroi est changée, et elle appelle une troisième et une quatrième attaque. Enfin la marche devient de plus en plus difficile, et les animaux sont pour

(1) Ouvrage cité.

(1) *Encyclopédie pratique de l'agriculteur*, de Moll et Gayot, article Baudet, et *Connaissance générale du cheval*, des mêmes auteurs, p. 675.

toujours estropiés. J'ai vu, ajoute l'auteur de ce passage, des centaines de baudets dans cet état, et je n'ai pratiqué que cinq ou six fois l'opération du *croissant*, qui m'a toujours parfaitement réussi. On a si peu besoin que le baudet marche, qu'on ne se préoccupe guère s'il arrive péniblement jusqu'à la jument (1). »

Cette difficulté de la marche peut être aussi souvent attribuée à un autre accident qui se montre fréquemment sur les animaux de l'espèce, et qui, dans un grand nombre de cas, n'est que l'une des conséquences de la déviation d'aplomb occasionnée par celui dont il vient d'être question. Nous voulons parler de la *bouleture*, causée par la rétraction des tendons fléchisseurs du pied. M. Ayrault explique la fréquence de cette altération par des considérations relatives aux conditions anormales dans lesquelles se développent les baudets. Elle est due, d'après lui, à la croissance des os en longueur plus grande que celle des tendons insuffisamment exercés par le régime de stabulation permanente auquel ces animaux sont soumis dès leur jeune âge. Il peut y avoir du vrai dans cette explication. Toujours est-il que le nombre des ânes étalons bouletés est très-considérable. Cette difformité va si loin dans quelques cas que la station debout en est rendue presque impossible. Nous avons parlé dans notre chapitre de la sélection d'un baudet qui nous en a fourni un exemple bien curieux. Nous aurions voulu dans le temps redresser les membres de cet animal par l'opération de la ténotomie (section sous-cutanée des tendons rétractés); nous n'avons jamais pu obtenir de son propriétaire qu'il y consentît. La foi au succès de cette opération si simple pourtant ne put jamais entrer dans son intelligence obtuse, quelques efforts de logique et de promesses que nous fissions, et la crainte des accidents possibles pour le sujet, qui était, il est vrai, d'une grande valeur comme étalon, l'emporta.

Quoi qu'il en soit des explications avancées pour donner les raisons des accidents nombreux qui atteignent les baudets du Poitou, il n'est point douteux que les causes n'en peuvent être trouvées ailleurs que dans l'hygiène irrationnelle à laquelle ces animaux sont soumis. La preuve de ce fait éclate par la comparaison que l'on peut établir entre eux et ceux des autres contrées de la France soumis à un régime mieux entendu, et qui en sont à peu près complétement exempts. Sans aller si loin, les voit-on même sur les ânesses du Poitou, qui vivent à l'air et à la lumière, vont dans les pâturages, où elles s'exercent et se débarrassent en partie des impuretés qui souillent leur peau, en se roulant à terre et se frottant contre les haies et les arbres, et reçoivent une alimentation plus régulière, quoique beaucoup trop parcimonieuse.

Il y a donc une réforme radicale à opérer dans le régime hygiénique actuel, qui est la honte de cette belle industrie mulassière, et qui lui cause des pertes facilement évitables. Tous les accidents signalés cesseront de se montrer en aussi grand nombre dès qu'on aura renoncé aux errements déplorables qui les produisent, et surtout les altérations hideuses et infectes des membres, qu'un inexplicable préjugé fait considérer comme un des préservatifs des maladies internes capables de mettre la vie en danger. « Que le fermier *garde-étalons*, dirons-nous avec M. Ayrault, donne à ses baudets de l'air et de la lumière en les laissant libres une ou deux heures par jour dans un enclos; qu'il nettoie avec soin leur peau, et elle conservera tous les poils qui font l'une des beautés de ces animaux, et ils ne seront pas déshonorés par cette espèce d'éléphantiasis! Qu'on persiste pendant de longues années dans ce système nouveau, mais simple et logique, et on verra disparaître de la race cette plaie abominable qui accuse la vigilance, le défaut de soins et le bon sens de l'éleveur (1). » Des statistiques dressées par les commissions cantonales, il résulte que les départements des Deux-Sèvres, de la Vendée, de la Vienne, de la Charente et de la Charente-Inférieure, possédaient en 1861 la quantité énorme de 150 ateliers peuplés en moyenne de 5 à 8 baudets, et desservant environ 50 000 juments. Ces animaux sont la source première d'une des industries agricoles les plus prospères qui soient au monde, puisqu'on n'évalue pas à moins de 15 millions de francs la somme produite annuellement, dont 12 par l'exportation seule. Conçoit-on qu'une telle richesse puisse être l'objet d'une pareille incurie !

Hygiène de la jument mulassière. — On a cru généralement pendant longtemps, et beaucoup de personnes croient encore, en Poitou, que la jument de race poitevine pouvait seule donner de beaux produits par son accouplement avec l'âne. On affirme même que mieux qu'aucune autre elle est propre à recevoir la fécondation anormale de cet étalon, et nous avons vu, dans ces derniers temps, un auteur faire des efforts de dialectique pour établir l'exactitude de ce prétendu fait sur des considérations qu'il a appelées physiologiques. La jument poitevine serait, ainsi qu'on l'a dit précédemment, en décrivant sa race, *intérieurement mulassière*, parce que ses ascendants maternels auraient reçu de leurs propres accouplements avec le baudet une sorte d'imprégnation qui les rapprocherait de l'espèce de celui-ci. C'est là de la haute fantaisie. On se demande comment des hommes sérieux, qui écrivent au nom de la science, peuvent céder à de tels entraînements d'imagination et bâtir sur de simples hypothèses que rien ne justifie des théories de cette force. Il eût été bon d'abord de vérifier le fait lui-même avant de l'alléguer. Or, la vérité est que les hommes les plus compétents du pays sont maintenant unanimes pour reconnaître que si les départements de l'Ouest produisent les plus belles mules du monde, ils le doivent moins aux caractères de leur race chevaline dite mulassière qu'aux qualités propres à leur sol. De nombreuses juments bretonnes, des étalons picards même, y ont été introduits, et l'on n'a point constaté que les mérites des produits en aient été abaissés.

Un jeune vétérinaire de mérite, M. Bernardin, en rendant compte du concours agricole de Melle en 1861, après avoir constaté que, parmi les étalons exposés, beaucoup, « et de beaux dans le nombre, » étaient étrangers à la race poitevine, ajoutait : « Faut-il s'en affliger comme plusieurs agriculteurs qui, pleins d'amour et de sollicitude pour notre industrie mulassière, craignent trop, hâtons-nous de le dire, pour son avenir, et à ce sujet expriment tous les jours les inquiétudes les plus amères, nous dirons presque les angoisses les plus vives, trouvant cet état de choses déplorable. Il ne faut pas hésiter à dire que c'est là de véritable pessimisme ; et, en effet, l'expérience nous apprend tous les jours que beaucoup de nos bons produits sortent de juments bretonnes. » Répondant à l'objection basée sur ce fait, que celles-ci n'auraient été introduites que pour combler les vides laissés par la disparition de plus en plus manifeste des mères de la race locale, M. Bernardin ajoutait : « Mais, encore une fois, si celles-là font aussi bien que celles-ci, *comme dès longtemps semblent le démontrer les observations*, il n'est donc pas besoin de s'alarmer tant sur le sort de ces dernières, quoiqu'elles menacent de n'être plus bientôt qu'un nom dans l'histoire de nos races (1).»

Il n'en faut pas davantage pour démontrer que si la jument de pure race poitevine, avec ses formes si laides et si disgracieuses, sa grosse tête, son encolure grêle, ses membres chargés de crins et ses pieds larges et plats, s'est montrée de tout temps propre à la production des beaux mulets, elle n'est pas la seule. Il ne sera pas surtout nécessaire de réfuter cette singulière conception en vertu de laquelle elle jouirait, à l'exclusion de toute autre, du privilège d'être *intérieurement mulassière*, comme on l'a prétendu. Les faits ont prouvé qu'il en est de même de toutes les juments, sans distinction de race, à la condition qu'elles soient pourvues des qualités propres à la destination dont il s'agit.

Dans un mémoire sur l'industrie mulassière, publié en 1851, nous avons indiqué ces qualités. Nous nous bornerons à reproduire ici ce que nous en avons dit alors. « Il faut moins rechercher, écrivions-nous, la beauté des formes que leur développement. De la taille, un beau coffre, le corps allongé, la croupe forte, carrée, la côte ronde, le garrot élevé, la tête et les oreilles petites, sont autant de caractères indispensables. Les membres doivent être forts, chargés de crins, et l'encolure aussi qui présente une belle crinière doit être estimée. Les pieds ne sauraient être trop larges et trop plats. Nous n'avons pas besoin d'ajouter qu'avec la conformation il faut aussi se préoccuper des qualités que l'on peut appeler morales. La douceur, la patience pour se laisser teter et rester tranquille dans les pâturages, l'attachement pour son fruit, sont autant de qualités qui distinguent la bonne jument de production, et qui en font ce que l'on appelle une bonne mère. Ce qui même doit être rangé en première ligne, c'est la faculté de donner beaucoup de lait et de bonne qualité. On conçoit la nécessité de cette condition quand on sait que le fruit qui ne tette pas suffisamment languit dans les premiers temps de sa

vie et conserve toujours des formes exiguës, qui diminuent considérablement sa valeur. Une jument qui est bonne nourrice et qui s'entretient bien, quelles que soient du reste ses formes, fait presque toujours de bonnes suites. »

Nous ajoutions alors et nous répéterons aujourd'hui : « Il y a des juments qui semblent démentir toutes les combinaisons de la théorie, et qui, bien que laissant beaucoup à désirer sous le rapport de la conformation, ont souvent produit de belles mules : on dit vulgairement d'elles qu'elles *font bon*. Cela tient le plus, ordinairement à leur qualité de bêtes de bon entretien et de bonnes laitières. »

Telles sont, en effet, les principales conditions que doit remplir la jument mulassière, et son hygiène rationnelle a pour base essentielle cette considération. Elle indique que l'alimentation la plus convenable est celle qui pousse à une sécrétion du lait abondante et riche.

Nous n'avons rien à ajouter, sur ce point, à ce qui a été dit à propos de l'hygiène de la poulinière, non plus que sur tous les autres relatifs à la conception, à la gestation, à la parturition, à l'allaitement, au sevrage. La production mulassière ne présente à ces divers égards aucune différence avec la production chevaline. On peut donc y renvoyer sans inconvénient et s'éviter des répétitions inutiles.

Il convient toutefois d'appeler l'attention d'une façon plus particulière sur une des parties de l'hygiène de la mulassière, à laquelle a été rattaché avec une grande apparence de raison un accident qui cause à l'industrie du Poitou des pertes énormes chaque année. Nous voulons parler de cette maladie des jeunes muletons appelée pissement de sang, et qui les fait mourir dans les premiers jours qui suivent leur naissance.

Dans un mémoire adressé en 1861 à la Société impériale et centrale de médecine vétérinaire, M. Bernardin, vétérinaire à Chef-Boutonne (Deux-Sèvres), dont nous avons déjà cité plus haut le nom, évalue à environ 1 500 000 francs la perte annuelle causée par le pissement de sang. D'après une statistique dressée régulièrement par lui depuis 1854, la mortalité serait d'un dixième au moins des naissances dans la circonscription où il exerce, un des plus riches pays de production du Poitou. Les victimes se montrent toujours, suivant lui, parmi les sujets les plus distingués par la conformation et l'origine, et c'est, comme on sait, quarante-huit heures au plus après la naissance que le mal enlève le jeune animal.

Un fait de ce genre, qui est un véritable fléau pour l'industrie mulassière, mérite bien de fixer sérieusement l'attention. Et c'est surtout au point de vue de l'hygiène, car la médecine a été jusqu'à présent impuissante pour en conjurer les funestes effets. Or, M. Bernardin a recueilli un grand nombre d'observations dont quelques-unes semblent très-concluantes, pour prouver que le pissement de sang des muletons doit être attribué au défaut de soins hygiéniques dont leurs mères sont l'objet relativement au pansage. L'accident se montrerait surtout, d'après lui, dans les cas où la peau de la jument n'a point été nettoyée durant l'époque de la gestation ; et il trouve la raison de ce fait en invoquant les qualités particulières que communique au sang d'abord, puis au lait, l'insuffisance de la fonction dépuratoire de l'enveloppe cutanée. La physiologie ne désavoue point une telle explication, et les observations particulières du vétérinaire qui l'a proposée sont de nature à la faire accepter. Du reste, et c'est là l'essentiel, l'observance rigoureuse de la pratique hygiénique dont elle implique la nécessité ne peut avoir que des avantages à tous les points de vue, dût-elle n'être pour rien dans la prophylaxie du pissement de sang. On ne saurait donc trop recommander aux éleveurs de mulets, comme nous l'avons déjà fait à propos de l'espèce asine, d'entretenir en état de propreté la peau de leurs juments par un pansage régulier.

Quand on songe à la sollicitude qu'ils déploient pour tout ce qui concerne la saillie des mulassières, à laquelle ils accordent avec raison une si grande importance, on a peine à comprendre qu'une fois pleines elles soient par eux si négligées, en général. Le choix de l'étalon est de leur part l'objet d'une préoccupation grande. C'est chose capitale. Pourquoi ne pas donner au bon entretien de la jument la même attention ? « Il faut voir, a écrit M. Ayrault, quelle émulation anime les fermiers, pour que leurs juments aient la faveur de la première *bridée* ou saillie. Un grand nombre partent de chez eux à minuit, une heure du matin, pour prendre le premier rang. Il y a déjà près de cinq heures qu'ils sont arrivés dans la cour (de l'atelier) quand commence la *serte* ou monte. Il en est beaucoup qui sont ainsi absents de chez eux pendant douze heures. Ils apportent leurs repas et mangent dans la cour de l'atelier. S'il s'agit de faire saillir au cheval, ils sont loin d'y mettre autant d'empressement (1). »

Hygiène du muleton. — Les habitudes commerciales ont imprimé à l'élevage des jeunes mulets des conditions particulières, qui le font différer de celui des poulains. D'abord il faut dire que le régime de la stabulation nocturne est généralement usité pour les mulassières nourrices. Elles vont pendant le jour dans un pâturage un peu éloigné de la ferme, avec leur suite, — en Poitou c'est souvent sur une jachère herbeuse, — mais elles rentrent régulièrement le soir à l'écurie. Ce régime est très-favorable au développement du muleton, surtout lorsqu'il comporte, en outre de l'herbe prise dehors, une alimentation convenable pour la mère, au dedans. Malheureusement, ce n'est pas le plus ordinaire. Toutefois il permet au jeune sujet de prendre les ébats qui sont indispensables à son âge.

Ce genre d'élevage établit des rapports fréquents avec l'homme, les juments mulassières étant toujours au champ sous la direction d'un gardien, — qui est le plus souvent un jeune garçon ou une jeune fille ; — il fait que les élèves sont toujours de la part de ce gardien l'objet de quelques attentions. Les muletons ne manquent guère de recevoir une part de sa collation, et dans

cette prévision, son havre-sac se charge habituellement au départ d'un morceau de pain un peu plus gros. Il n'est guère possible de passer le matin ou le soir sur un chemin du Poitou, sans rencontrer des bandes de juments mulassières suivies de leurs nourrissons, et dont une est montée par un jeune garçon portant en sautoir le sac de toile. Les autres ont au nez une muselière en viorne, sorte de panier, pour protéger les haies contre les atteintes de leur dent, et suspendu au cou le *talbot* (cylindre de bois percé à l'une de ses extrémités d'un trou dans lequel passe le collier de corde qui laisse pendre ce cylindre entre les deux jambes de devant) destiné, lorsqu'elles sont au champ, à rendre leur garde plus facile et à les empêcher d'aller *dans le dommage*.

Dans les habitudes poitevines, le muleton, pendant toute la durée de son allaitement, reçoit donc un petit supplément de nourriture sous forme de pain, non-seulement de la part du *bistreau* qui le garde avec sa mère, mais encore de celle de toutes les personnes qui l'approchent. La ménagère ou sa fille a toujours dans la poche de son tablier un morceau de pain à lui donner quand elle le rencontre sur son passage, ou quand elle va, pour un motif quelconque, dans son écurie. Ces soins l'accompagnent jusqu'au sevrage, qui a lieu vers le huitième ou le neuvième mois. Il est alors *rentré* et isolé à l'attache pour être préparé à la vente, lorsque celle-ci doit avoir lieu à l'une des premières foires de l'hiver, avant l'expiration de sa première année, à l'état de *giton* ou de *gitonne*. C'est ainsi qu'on appelle les mulets ou les mules qui n'ont pas encore un an révolu.

Les muletons attachés sont placés dans une loge ou dans un coin obscur de l'écurie, loin du bruit et du mouvement, dans les meilleures conditions pour favoriser l'engraissement. Ils sont couverts avec soin et tenus chaudement pour attendrir leur peau et la maintenir en moiteur, et ils reçoivent chaque jour une ration de grains et de farineux, qui leur est administrée avec une grande sollicitude. L'orge, les fèves et même les pommes de terre bouillies en font les frais. L'ambition de tout éleveur poitevin est d'obtenir *la prime* ou *le bouquet* qui se décerne à la plus belle gitonne de la foire. Et la plus belle est ordinairement la mieux engraissée. Aussi concentre-t-il toute son attention sur cette opération, qui s'effectue précisément au moment où les travaux chôment au dehors.

La plupart des mules sont vendues à cet âge, dans l'arrondissement de Melle surtout, et en général dans tous les grands centres de production. Cela évite l'encombrement des produits, diminue les chances d'accidents, et donne en somme plus de bénéfices. Un certain nombre qui, pour un motif ou pour l'autre, — une naissance tardive par exemple, — n'ont pu être préparées à temps, sont gardées un an de plus. Ce sont alors des *doublonnes*. Dans ce cas, leur préparation est la même, et jusqu'au moment où elles y doivent être soumises, elles ont brouté l'herbe du pâturage avec les mulassières et leur fruit de l'année, en recevant en outre une ration au râtelier. Il en est de même des doublonnes achetées par les cultivateurs d'une partie du pays, ainsi que du petit nombre de celles qui, passé cet âge, y sont conservées. Celles-ci, que l'on appelle des *mules d'âge*, sont livrées à un léger travail attelées devant les bœufs, ou réunies au nombre de cinq ou six pour traîner une faible charge. Cela s'observe principalement dans le département de la Charente, pays vignoble et de petite culture, où les propriétaires associent leurs animaux pour les charrois de fumier et les labours. C'est chose curieuse d'y voir ces attelages comptant autant de conducteurs que d'animaux, car chacun y veut naturellement conduire la jeune mule sur laquelle il a fondé ses espérances.

Au reste, quel que soit l'âge, le mode d'élevage et de préparation pour la vente est toujours le même. C'est une question d'engraissement. Et ce qui caractérise l'industrie mulassière, et donne la principale raison de sa prospérité en Poitou, c'est que l'élevage y a pour base essentielle une forte alimentation des produits. C'est à cela qu'est dû le grand développement qu'ils acquièrent dans cette partie de la France, bien plus qu'à la taille et au volume des juments, car on n'observe point que ce développement soit toujours en rapport exact avec la taille et le volume de celles-ci. On rencontre à chaque instant des juments peu corpulentes, aux membres relativement minces, qui produisent des mules tout aussi belles que les autres. Et d'un autre côté, les plus fortes juments du Poitou, transportées dans un pays moins fertile et où les produits sont moins attentivement soignés, n'y donnent plus les mêmes résultats. Cela ne veut point dire, assurément, qu'il ne faille tenir aucun compte de leur bon choix, mais seulement que son importance n'est que secondaire dans la production des mulets comme dans celle des chevaux.

Pour tout le reste, l'hygiène de l'élevage ne diffère en rien de celle qui est applicable aux poulains. Castration, ferrure, pansage, dressage, tout cela se fait de la même manière. Le jeune mulet, en raison même des circonstances que nous venons de signaler, est plus docile et plus maniable que le cheval. La seule opération difficile est la ferrure, non pas à cause d'une sauvagerie qui n'existe pas, mais par cette unique raison que la grande énergie du jeune animal lui fait impatiemment supporter les attitudes que sa pratique nécessite. Il se laisse volontiers approcher et lever les pieds; mais il ne consent pas sans une grande résistance, à demeurer dans la position gênante où il doit être maintenu. Il faut un bras vigoureux pour modérer les détentes de ses membres postérieurs. C'est une rude besogne, et souvent bien dangereuse, que celle de tenir pendant toute une journée les pieds des doublonnes qui vont se mettre en route avec le marchand qui les a achetées. Elle exige à la fois beaucoup de prudence, de la force et de la douceur.

Du bardot. — Ce mulet est, comme on le sait, le résultat de l'accouplement du cheval avec l'ânesse. Son existence, avons-nous dit, est contestée. Quelques-uns la considèrent tout simplement comme un mythe, et cela parce qu'ils déclarent n'en avoir jamais vu aucun échantillon. A cela l'on peut dire que c'est de leur faute; car il s'en rencontre quelques-uns dans tous les pays où il y a des ânesses; dans les montagnes de l'Est, ils sont même assez communs. Toutefois leur production n'offre ni assez d'utilité ni assez d'importance pour qu'il y ait lieu de s'en occuper longuement.

Le bardot ressemble beaucoup plus au cheval que le mulet proprement dit. Il a les formes plus arrondies, moins de taille, les oreilles moins longues. Contrairement à ce dernier, il a l'encolure et la queue fournies de crins. Ses caractères distinctifs principaux sont dans sa tête forte et dans ses pieds, qui sont ceux du mulet. On assure qu'il hennit comme le cheval. Nous n'avons jamais eu l'occasion de le constater, quoique nous ayons fréquemment eu sous les yeux, durant plusieurs années, un animal de cette nature. Par sa corpulence, le bardot est un intermédiaire entre le mulet et l'âne commun. Aussi sobre que ce dernier, mais plus fort, il rend plus de services que lui aux petits cultivateurs des pays montagneux. Il n'a à ce titre qu'une minime et toute locale importance, qui ne justifierait pas suffisamment de notre part une plus longue mention. Il doit suffire de faire remarquer aux éleveurs de bardots que s'ils jugent à propos d'améliorer leurs élèves, ils le peuvent facilement en suivant les préceptes que nous avons indiqués pour les autres mulets. Les mêmes principes zootechniques sont applicables à tous.

A. SANSON.

CHAPITRE XIII

HYGIÈNE DES CHEVAUX, ANES ET MULETS DE TRAVAIL.

Le parti que le cultivateur peut tirer des animaux que nous avons appris à produire et à choisir jusqu'à présent, à titre d'auxiliaires dans ses travaux, est d'autant plus avantageux qu'ils sont soumis à une hygiène mieux entendue. Il est clair que la force qu'ils peuvent déployer est en raison de leur santé, et que celle-ci ne se conserve qu'à la condition d'écarter toutes les causes qui peuvent venir la troubler. Il ne l'est pas moins que cette force est d'autant plus efficace, qu'elle est utilisée dans des conditions qui rendent aussi nulles que possible ses déperditions. De là la nécessité de réunir autour des animaux de travail des circonstances capables d'entretenir toutes leurs fonctions dans l'état normal, de remédier dans la plus large mesure aux inconvénients de la domesticité, de réduire aux moindres proportions la gêne causée par les instruments nécessaires à l'exécution de leurs services, et de réparer les dépenses de force dont ceux-ci sont l'occasion. Ces considérations embrassent toute l'hygiène du travail, dont nous avons à nous occuper maintenant pour ce qui concerne particulièrement les animaux solipèdes. Or, elles se rapportent à leur logement, à leur alimentation, aux soins dont leur peau doit être l'objet, à la ferrure de leurs pieds, à leur harnachement, enfin aux modes d'emploi de leur force mécanique.

Nous allons successivement examiner ces différents objets, en posant les principes qui doivent, dans la pratique, diriger le bon entretien des animaux dont il s'agit.

Logement. — La disposition des écuries dans lesquelles sont logés les animaux dont nous nous occupons, doit être considérée à divers points de vue. Il y a lieu de concilier dans leur construction l'intérêt de la santé et du bien-être de ces animaux avec celui du service. Nous n'avons pas à nous arrêter ici, bien entendu, sur ce qui est du ressort de l'architecture rurale. Nous dirons seulement que les écuries des fermes, comme toutes les constructions agricoles du reste, nous paraissent devoir être à cet égard conçues d'après les lois de la plus grande simplicité. Notre objet est d'indiquer les conditions hygiéniques qu'elles doivent remplir, pour n'être pas un obstacle à la conservation de la santé des individus qui les habitent.

Un premier point, et de tous le plus important, est celui qui se rapporte à la quantité d'air pur à mettre à la disposition de chaque animal, pour le bon entretien de ses fonctions. Les physiologistes ont calculé, en ne tenant compte que de l'air qui agit par son introduction dans les poumons, pendant l'acte de la respiration, qu'un cheval de taille moyenne respire, dans les vingt-quatre heures, environ 120 mètres cubes d'air. Il ne s'ensuit point, quand même les organes pulmonaires seraient les seules voies par lesquelles l'air agit sur l'économie animale, qu'un cheval de taille moyenne pût vivre, durant vingt-quatre heures, dans un espace hermétiquement fermé contenant 120 mètres cubes d'air. On sait que ce fluide exerce son action en brûlant ou oxydant les matériaux combustibles de l'économie, carbone, hydrogène, etc., au moyen de l'oxygène dont il est formé pour une cinquième partie environ. Or, l'air pur qui entre dans les poumons à chaque inspiration en sort chargé des produits de la combustion, et notamment d'acide carbonique, dans des proportions telles, qu'une quantité de cet air altéré suffit pour rendre irrespirable une autre quantité quatre fois égale, en s'y mélangeant; en sorte que véritablement il n'y a que la cinquième partie de l'air contenu dans une habitation qui

soit respirable, en ne tenant compte que des altérations produites par la fonction pulmonaire. Mais la proportion diminue encore par le fait d'autres causes, au nombre desquelles les excrétions de la surface cutanée, celles des appareils digestif et urinaire, sont les principales.

Il suit de là que la bonne exécution des fonctions si importantes auxquelles l'air atmosphérique prend une part directe, ne peut être obtenue qu'au prix d'une masse énorme de ce fluide, difficile à calculer exactement, et qui a été évaluée cependant à environ 30 mètres cubes par heure et par cheval. On conçoit fort bien que ces conditions ne peuvent être réalisées que grâce à un renouvellement constant de l'air qui entoure les animaux dans leurs logements. S'il en était autrement, il leur faudrait pour vivre des espaces trop considérables, et l'on ne comprendrait point qu'ils pussent subsister dans ceux où ils sont habituellement enfermés. Il s'établit dans les écuries, si insuffisantes qu'elles soient, une ventilation naturelle qui atténue dans une certaine mesure les inconvénients de la viciation de l'air. C'est ce qui explique comment les effets de leur insuffisance même, sous ce rapport, ne se traduisent pas immédiatement par des accidents qui puissent être évidemment rattachés à leur cause véritable. Ce qui aurait pour conséquence certaine, l'asphyxie dans un espace restreint et confiné, amène des altérations d'un autre genre, sous l'influence d'une aération incomplète. Pour être moins saisissants, les inconvénients n'en sont pas moins inévitables.

Le principe fondamental de la construction des écuries est donc que les animaux y puissent toujours respirer un air pur. Ce principe se réalise par des dispositions qui permettent un renouvellement prompt et facile de celui qui a été altéré, au moyen de la ventilation naturelle du local. Des calculs faits pour d'autres circonstances par les savants qui se sont occupés de l'aération des habitations de l'homme, des salles de spectacle en particulier, pourraient être, sans difficulté sérieuse, appliqués à l'objet dont il s'agit ici. Mais il n'est pas nécessaire d'y faire intervenir les mathématiques. L'expérience a permis d'établir les conditions qui atteignent approximativement le but que l'on doit se proposer, à savoir d'assurer à chaque individu la quantité d'environ 30 mètres cubes d'air par heure de séjour dans une écurie. Et ces conditions sont relatives tout à la fois à la capacité du local et au mode suivant lequel son aération s'effectue.

Celle-ci, nécessairement, est la conséquence de la sortie de l'air vicié et de son remplacement par de l'air pur venu du dehors. L'aérage ne peut s'opérer, pour ce motif, qu'à la faveur de courants qui balayent pour ainsi dire l'atmosphère viciée, en entraînant avec eux les produits de la respiration et les autres causes d'altération. La nécessité de ces courants compliquerait la difficulté, n'était une circonstance que nous allons dire, s'il était absolument nécessaire que les animaux eussent à subir directement leur influence. Tout le monde sait les inconvénients graves des refroidissements produits par l'action de l'air en mouvement sur le corps des animaux au repos. Mais, par cela même qu'au contact de ceux-ci l'air, à mesure qu'il s'altère, tend à se mettre en équilibre de température avec eux et gagne par là quelques degrés au moins, par cela même, disons-nous, il se dilate et devient plus léger que l'air pur qui les environne; il gagne dès lors, en vertu de cette légèreté, les régions supérieures de l'atmosphère du lieu, et s'échappe par les ouvertures qu'il y rencontre avec d'autant plus de facilité que des courants horizontaux ont été établis sur son passage. C'est en raison de ce fait que, pour la bonne aération des écuries, il convient mieux d'obtenir l'augmentation de l'espace en hauteur que dans tous les autres sens, de manière à opérer l'aérage au moyen d'ouvertures percées à une assez grande distance au-dessus du niveau du corps des animaux qui y sont logés. Nous donnerons tout à l'heure, à cet égard, des chiffres qui fixeront l'attention d'une manière plus précise que ne le peut faire l'énoncé de ces préceptes hygiéniques, qu'il est nécessaire de ne point perdre de vue cependant.

La condition d'un air pur à respirer n'est pas la seule qu'il faille assurer dans la disposition des écuries. Les animaux y doivent, en outre, être logés de façon à prendre en paix leurs repas et à se livrer commodément au repos dont ils ont besoin. Ces deux nécessités correspondent à la manière dont ils sont séparés les uns des autres, et à l'espace superficiel qui est accordé à chacun d'eux.

Quant à ce dernier point, il est régi par une loi aussi simple que naturelle, et qui consiste à donner à chaque animal, en étendue superficielle ou en courant de mangeoire, comme l'on dit, un espace égal à la hauteur de sa taille. Il faut que tous les chevaux d'une écurie puissent se coucher à la fois et étendre leurs membres sans être dérangés par leurs voisins. Cet espace est, en outre, nécessaire pour assurer la libre circulation de l'homme qui les panse et leur administre la nourriture. D'après cela, on ne peut pas fixer à moins de 1m,50 pour les petits animaux, et de 1m,75 pour les grands, le courant de mangeoire accordé à chacun. Ce sont les dimensions déjà données par M. Magne, et il est regrettable qu'elles ne soient que bien exceptionnellement adoptées.

Dans les écuries destinées à loger un certain nombre d'animaux, la mangeoire et le râtelier sont ordinairement communs, c'est-à-dire qu'ils se continuent d'une extrémité à l'autre de la longueur de la muraille. Dans ce cas, il convient que la mangeoire soit construite en pierre dure, creusée d'une auge ovoïde pour chaque place et supportée par un pied rentrant en maçonnerie, dont l'élévation doit être d'environ les trois quarts de la taille de l'animal. Le meilleur de tous les systèmes d'attache à y adapter est une tige de fer verticale scellée en haut et en bas du pied rentrant près du sol, avec un anneau glissant sur elle dans toute son étendue. Ce système permet de faire usage d'une longe tout juste assez longue pour que l'animal puisse, lorsqu'elle est fixée à l'anneau, atteindre au râtelier, ce qui ne l'empêche pas de reposer sa tête sur le sol lorsqu'il est couché,

puisque dans ce cas l'anneau retombe au même niveau. Il n'est pas possible, avec cela, quelque mouvement que se donne un cheval, que ses membres s'embarrassent dans la longe et le forcent à conserver des attitudes qui les blessent ou déterminent d'autres accidents souvent encore plus graves. C'est ce qui arrive lorsque l'attache s'effectue au moyen d'un anneau fixé à la mangeoire même, ou, comme on le pratique quelquefois, au moyen d'un simple trou percé obliquement dans son épaisseur, qu'elle soit en pierre ou en bois, — mode de construction peut-être moins coûteux, mais qu'il faut autant que possible éviter. Là seulement où la pierre est très-rare, les mangeoires en bois sont admissibles à la rigueur; mais partout ailleurs les autres sont à tous égards préférables.

Les râteliers, dans les fermes surtout, sont en général mal disposés et mal construits. Leur plus grand défaut est d'avoir trop d'inclinaison, d'exiger par là même des attitudes fatigantes pour en tirer le foin, et de laisser tomber sur la tête et la crinière des chevaux des parcelles de celui-ci. Pour être bien fait et bien établi, un râtelier doit être composé de barreaux cylindriques, ayant environ 0m,60 de longueur et laissant entre eux un écartement d'une dizaine de centimètres. On a recommandé de les ajuster dans les montants de manière à ce qu'ils puissent tourner sur leur axe au moment où l'animal tire le foin avec ses lèvres. Cela ne nous paraît avoir que des avantages bien minimes, si tant il y a que ces avantages existent. Le point véritablement important, c'est que le fond du râtelier soit plein, à plan incliné en avant, de manière à ce que les dernières portions de la ration de fourrage viennent d'elles-mêmes se présenter devant la partie inférieure de barreaux, et que les planches qui forment ce fond soient bien jointes en avant avec le montant inférieur du râtelier, en arrière avec la muraille munie d'un crépissage bien uni, ou mieux plâtrée. Avec cela, les barreaux peuvent être tout à fait verticaux, ou n'être que très-légèrement inclinés. Ce qui est à la fois plus commode pour les animaux, pour l'homme qui leur distribue la nourriture, et incomparablement plus facile à entretenir en état de propreté.

On fabrique maintenant des mangeoires et des râteliers en fonte ou en fer, d'un prix assez peu élevé, qui, étant disposés pour un seul animal et on ne peut plus faciles à poser, finiront sans aucun doute par être universellement adoptés. Le râtelier en forme de hotte et la mangeoire formant bassin allongé ont le grand avantage d'isoler complétement les repas de chacun des animaux, et d'éviter par là ces luttes si souvent suivies d'accidents qui s'engagent dans les trop nombreuses écuries où les voisins tirent au même tas le foin amoncelé devant eux et empiètent, quand ils sont les plus forts, sur les rations d'avoine distribuées dans l'auge commune, ce qui est peut-être encore plus grave. On voit dans bien des cas des chevaux dépérir et devenir morveux ensuite, pour cet unique motif que, tout aussi ardents au travail que leurs voisins d'écurie, ils le sont moins au repos, et s'y trouvent frustrés chaque fois d'une partie de leur ration, parce qu'ils n'ont pas pu la consommer durant le temps qu'y mettent ceux-là. C'est ce qui est évité sûrement par les auges et les râteliers individuels.

On arrive au même résultat par les stalles ou séparations, fort peu usitées ailleurs que dans les écuries de luxe. Une hygiène bien entendue commande pourtant d'y avoir recours, et nous voudrions les voir répandues dans toutes les écuries de ferme. Ces stalles peuvent être construites avec économie, et elles sont d'un incomparable avantage pour le bien-être des animaux et pour prévenir les accidents de toute sorte. Elles doivent régner dans toute la longueur de la place occupée par chaque cheval et le séparer entièrement de ses voisins, au moins jusqu'au niveau de la moitié du corps, en se relevant ensuite pour gagner en avant le sommet du râtelier. Ces stalles sont d'habitude formées par un poteau solide qui est fixé dans le sol en arrière, et par une barre épaisse assemblée avec ce poteau et fixée en avant dans le mur, puis par des planches de champ qui remplissent l'espace compris entre la barre et le sol. Les planches sont souvent articulées à charnière entre elles et avec la barre pour pouvoir se déplacer un peu sous les pressions qu'elles ont à supporter, soit lorsque l'animal les touche en se couchant, soit lorsqu'il lui arrive d'y lancer des ruades. Cette disposition évite les ruptures.

La simple barre et le bat-flancs ne remplissent qu'incomplétement le but de la séparation des animaux à l'écurie. Ils ne mettent obstacle qu'aux coups de pied, et encore pas dans tous les cas. D'un autre côté, ils ont l'inconvénient d'être eux-mêmes la cause de fréquents accidents, que l'on observe surtout dans les régiments de cavalerie. Souvent les animaux se mettent à cheval sur ces séparations et s'y blessent plus ou moins grièvement. Lorsqu'ils les ont une fois entre leurs jambes, il serait difficile, sinon impossible, de les en retirer, si la corde ou la chaîne qui suspend en arrière la barre ou le bat-flancs fixé en avant à la mangeoire, ne portait ce que l'on appelle une sauterelle, petit instrument qui permet, par le glissement d'un anneau, de faire basculer un levier et de rompre la continuité de la corde ou de la chaîne. Malgré leurs inconvénients, toutefois, la barre, et surtout le bat-flancs (forte planche placée de champ), rendent des services et doivent être employés quand on ne veut pas faire construire des stalles, qui sont toujours préférables cependant.

Le sol de l'écurie doit être ferme, imperméable et uni. On obtient ce résultat par un pavage, un béton bien tassé, ou mieux quand on le peut par une couche de bitume. De la mangeoire vers le côté opposé doit régner une pente tout juste assez sensible pour permettre l'écoulement des liquides, et qui se combine avec une autre disposée dans le sens longitudinal, de manière à ce que ceux-ci puissent être facilement entraînés par les eaux de lavage du couloir qui se trouve en arrière des chevaux, vers l'une des extrémités de l'écurie, où le tout est recueilli ou dirigé par un canal dans la fosse à fumier. En général, ou ces pentes n'existent pas, non plus que le pavage d'aucune sorte, ou quand elles existent elles sont trop pro-

noncées. Dans le premier cas, les litières toujours trop humides incommodent les animaux et salissent leur peau ; dans le second, l'équilibre de leur station est faussé, les membres postérieurs portent au delà du poids qui leur est normalement réparti, et leurs aplombs, ainsi que la conservation de leur intégrité normale, en souffrent nécessairement.

Suivant le nombre des animaux qui doivent y être logés, l'écurie peut être simple ou double, c'est-à-dire disposée de manière à contenir ces animaux sur une seule ou sur deux rangées. La facilité du service et de la surveillance commande, au delà d'un certain nombre, de donner la préférence à la seconde disposition. Le plus qu'on puisse convenablement loger dans une écurie simple ne dépasse pas dix chevaux. La configuration du terrain sur lequel la construction s'élève peut du reste imposer à cette règle des modifications. Quoi qu'il en soit, la seule considération qu'il nous reste à ajouter à tout ce que nous venons de dire est relative à l'espace ménagé entre les deux rangées placées en regard l'une de l'autre, de manière à ce que les animaux ayant la tête au râtelier aient la croupe tournée vers cet espace. Pour les commodités du service, celui-ci ne peut guère avoir moins de 3 mètres de large, si 2 mètres sont suffisants pour l'espace libre des écuries simples. Il doit être légèrement bombé, de manière à former une sorte de ruisseau derrière chaque rangée, et présenter dans l'un des sens une pente légère suivant la longueur. Il faut qu'on puisse librement y circuler avec la civière, avec les harnais, etc. ; que les chevaux puissent être sortis de leur place sans atteindre leur voisin de face par les ruades qu'ils lancent quelquefois. Enfin, les causes d'insalubrité d'un lieu se multipliant avec le nombre des individus qui l'habitent, il est bon d'augmenter d'autant plus l'espace pour chacun que ce nombre est plus grand.

Cela nous amène à faire remarquer qu'indépendamment de cette considération, il en est une autre qui est de nature à faire préférer les écuries petites ou moyennes, c'est-à-dire peu peuplées, aux grandes agglomérations. Il est bien reconnu en hygiène que l'agglomération est par elle-même une cause de maladie, encore bien même qu'il n'y ait point d'encombrement. Ce ne serait pas ici le lieu d'insister sur ce fait. Il suffit de le mentionner. Nous en profiterons aussi pour dire que dans toute ferme bien organisée il doit y avoir une petite écurie spéciale ou infirmerie pour les malades, un boxe par exemple, attenante à l'autre, de manière à mettre à la fois ceux-ci dans de meilleures conditions pour le traitement qu'ils ont à subir, et les autres à l'abri des émanations, toujours nuisibles pour des animaux bien portants, qui s'échappent de ceux dont la santé est altérée.

Voyons maintenant à évaluer en chiffres les dimensions totales à donner aux écuries, pour que leur bonne aération et par conséquent leur salubrité soit toujours assurée, puis nous nous occuperons de leur orientation.

M. Magne pense que les petites écuries simples doivent avoir 4 mètres d'élévation, entre le sol et le plafond, pour assurer à chaque cheval, avec l'espace en largeur que nous avons indiqué, la quantité de mètres cubes d'air qui lui est nécessaire : les petites écuries doubles, 4^m,56; les moyennes, 5^m,50; et les grandes, 6 mètres. En multipliant ces dimensions par les autres, on arrive aux résultats suivants :

1° Petites écuries simples.

Largeur de la stalle................ 1^m,50
Longueur, couloir compris.......... 5^m,50
Hauteur........ 4^m,00

(1^m,50 × 5^m,50 × 4 = 33^{mc} par cheval.)

2° Petites écuries doubles.

Largeur de la stalle............. .. 1^m,50
Longueur des deux stalles correspon-
dantes, couloir compris.......... 10^m,00
Hauteur........................ 4^m,50

(1^m,50 × 10^m × 4^m,50 = 67^m,50 : 2 = 33^{mc},75 par cheval.)

3° Moyennes écuries doubles.

Largeur de la stalle................ 1^m,50
Longueur des deux stalles correspon-
dantes, couloir compris.......... 11^m,00
Hauteur........................ 5^m,50

(1^m,50 × 11^m × 5^m,50 = 90^{mc},75 : 2 = 45^{mc},375 par cheval.)

4° Grandes écuries doubles.

Largeur de la stalle................ 1^m,50
Longueur des deux stalles correspon-
dantes, couloir compris.......... 11^m,00
Hauteur........................ 6^m,00

(1^m,50 × 11^m × 6^m = 99^{mc} : 2 = 49^{mc},50 par cheval.)

Dans ces dimensions, en admettant que l'air se renouvelle convenablement, on voit que l'aération des écuries peut remplir les conditions voulues par une bonne hygiène. Cette aération est obtenue par des ouvertures percées autant que possible en regard les unes des autres et à une petite distance du plafond, de manière à ce que les courants qui s'établissent passent à une hauteur suffisante au-dessus des animaux. La meilleure forme à donner à ces ouvertures est celle d'un carré long, et le mode de fermeture préférable, une fenêtre à pivot qui peut basculer sur son axe longitudinal au moyen d'une corde ou d'une chaîne passée sur une poulie fixée en haut. De cette façon, il est possible de graduer l'ouverture, et par là l'aérage, suivant les nécessités. On conçoit que le nombre d'individus par lesquels l'écurie est occupée peut faire varier ces nécessités, au point de vue de la température surtout. Plus il reste de stalles inoccupées, moins la température intérieure s'élève, et moins par conséquent il est nécessaire d'introduire de l'air froid du dehors.

Autant les fenêtres doivent être placées de façon à rendre les courants faciles, autant il faut éviter cela pour les portes. Rien n'est funeste, dans une écurie, comme les courants d'air froid s'introduisant au niveau du corps des animaux. A moins d'impossibilité, il est donc nécessaire de se contenter d'une seule porte extérieure. Cette porte doit être spacieuse, mais fermée à deux battants et percée au centre de la longueur, plutôt qu'à l'une des extrémités du couloir. Il est toujours avantageux que ses dimensions soient telles que deux chevaux harnachés puissent y entrer de front facilement et sans se blesser.

La meilleure orientation, pour les écuries, est celle du levant. Elle évite aux animaux les alternatives trop fortes de température. L'orientation du nord doit être toujours évitée, à cause des froids de l'hiver; celle du midi, si elle est avantageuse dans cette saison, devient nuisible en été, en raison de la persistance du soleil. Les écuries percées de fenêtres à l'est et à l'ouest se maintiennent au contraire toujours, en toute saison, dans un état de température moyenne, favorable à la santé et au bien-être des chevaux.

Avec les ouvertures que nous venons d'indiquer en nombre suffisant et disposées d'après les principes posés, les barbacanes, les cheminées d'appel, ne sont point nécessaires. Ces moyens de ventilation qui sont, comme on le sait sans doute, des huis de 20 à 25 centimètres de hauteur sur 30 à 35 de largeur établis presque au niveau du sol et se fermant à coulisse, et des sortes d'entonnoirs renversés en planches, qui font communiquer l'intérieur de l'écurie avec le dehors au-dessus de la toiture, ces moyens de ventilation peuvent être réservés pour les anciennes constructions insalubres, qu'il n'est pas possible d'aérer autrement. Les fenêtres sont toujours préférables.

Enfin, quand nous aurons dit que la paroi supérieure de l'écurie doit être formée par un plancher bien joint, supporté par des solives bien équarries, ou mieux encore par un plafond plâtré, il ne nous restera plus rien à ajouter quant à la bonne disposition du logement intérieur des animaux dont nous nous occupons. Cette précaution est surtout désirable lorsque des fourrages sont emmagasinés au-dessus. Les émanations qui traversent un plancher mal joint nuisent plus ou moins à la conservation de ceux-ci.

C'est une mauvaise coutume de déposer les harnais dans l'intérieur des écuries. Ils s'y altèrent plus vite et répandent une odeur de cuir désagréable. Mieux vaut à tous égards leur affecter un local spécial attenant au logement des chevaux. C'en est une autre non moins blâmable de faire coucher les charretiers dans les écuries, autant pour leur propre hygiène que pour celle des animaux qu'ils soignent et conduisent. On ne peut disconvenir que cela ne rende leur surveillance et leur service plus faciles; mais les mêmes résultats peuvent être obtenus en plaçant à côté une chambre pour eux. La santé du serviteur est un capital pour le maître. Il serait donc intéressé à la soigner, quand même l'humanité ne lui en ferait pas une loi.

Ces principes établis, quant à la construction et à l'aménagement des lieux destinés à loger les animaux de travail, nous avons encore à dire quelques mots de leur bon entretien, au point de vue de l'hygiène. Nous nous trouvons ici en face d'un problème complexe, dans la solution duquel les nécessités de celle-ci doivent être conciliées avec les exigences de l'exploitation agricole. S'il ne s'agissait, en effet, que de l'hygiène, il suffirait de dire d'une manière absolue que le bon entretien des écuries s'entend avant tout de leur plus grande propreté, qui ne peut être obtenue qu'à la condition de ne laisser séjourner ni sur leurs murs, soigneusement revêtus d'un crépissage uni et blanchi à la chaux, ni sur le plafond, ni sur leurs mangeoires, râteliers et stalles ou séparations, ni sur leur sol, aucune matière susceptible de laisser dégager des émanations de nature à vicier l'air. Ces prescriptions hygiéniques, sauf la dernière, ne présentent pas de difficultés ; mais la bonne confection des fumiers s'oppose, dans une certaine mesure, à ce qu'elles puissent être exécutées à la lettre quant à ce qui concerne le sol, du moins pour la place garnie de litière occupée par l'animal. Il est indispensable, à ce point de vue, que les litières séjournent pendant un temps pour s'imprégner des défécations qui leur communiquent des propriétés fertilisantes. Les écuries dans lesquelles les déjections et la paille mouillée par les urines sont soigneusement enlevées plusieurs fois par jour, — celles de la cavalerie, par exemple, — ne produisent que des fumiers médiocres. Il est donc nécessaire de concilier autant que possible les exigences de l'hygiène avec celles de l'agriculture, en prévenant le dégagement des gaz qui s'échappent du fumier laissé sous les animaux, et qui, tout en altérant l'atmosphère, sont autant de perdu pour les propriétés utiles de l'engrais. On y arrive en les faisant absorber, à mesure qu'ils se présentent, par une couche de litière fraîche qui recouvre les parties en fermentation. C'est un soin facile, chaque matin, que les animaux restent à l'écurie ou qu'ils partent pour le travail, de remuer la litière de façon à ramener sur les parties humides celles qui sont demeurées sèches, et de faire rentrer dans la stalle les déjections solides mêlées ou non de paille qui débordent sur le couloir. Celui-ci doit être balayé et même lavé pour entraîner plus facilement au dehors les urines qui, en y séjournant, se décomposent et imprègnent l'air de cette odeur ammoniacale piquante que l'on sent avec tant d'incommodité dans les écuries mal tenues.

Il est bien rare que le fumier séjourne moins de huit jours sous les pieds des animaux. Quelques précautions qu'on prenne, c'est là une limite qui ne peut guère être dépassée. Il serait bon que l'on s'arrangeât toujours de manière à l'enlever pendant l'absence de ces derniers, en ayant soin de laver ensuite à grande eau le sol de la place occupée par chacun d'eux, puis de laisser toutes les portes et fenêtres ouvertes aussi longtemps que cela est nécessaire pour le sécher et entraîner en même temps au dehors les vapeurs et les gaz malfaisants dont l'atmosphère a été imprégnée par suite de l'opération. Cette façon d'agir s'oppose au séjour des matières fermentescibles dans les interstices du pavage ou à la surface du sol, et elle permet en outre de les conduire dans la fosse à fumier où elles deviennent utiles, au lieu de nuire à la santé des animaux.

Le sol nettoyé et séché est ensuite recouvert d'une couche de litière ayant déjà servi, mais non assez longtemps, et qui étant elle-même sèche a dû être mise de côté préalablement à l'opération de l'enlèvement du fumier.

En somme, les indications sommaires que nous venons de donner seront suffisantes, pensons-nous, pour faire sentir la nécessité d'établir d'une façon conforme aux nécessités de l'hygiène les écuries des animaux de travail, et pour fournir les bases qui doivent présider à leur bonne construction. Il sera facile, en partant des chiffres que nous avons donnés, de calculer leurs dimensions totales d'après le nombre de places à y disposer. On comprendra sans peine, si l'on veut bien songer à l'importance de l'air pur et de l'espace pour la conservation de la santé et de la vigueur, qu'il serait toujours préférable de dépasser ces chiffres, plutôt que de demeurer en dessous. Les services des animaux qui nous occupent sont supputés par le travail qu'ils fournissent, comparativement à la nourriture qu'ils consomment. Or, le rapport n'est exact entre ces deux données qu'autant qu'il s'agit d'individus dans un état de santé parfaite, et, toutes choses égales d'ailleurs, la santé ne saurait s'entretenir sans une hygiène irréprochable du logement.

Nous allons maintenant passer à une partie non moins importante, et dont les écarts produisent des effets immédiats même plus prompts et plus facilement saisissables. Nous voulons parler de l'alimentation, qui est à l'animal de travail ce que le combustible, bois ou charbon de terre, est à la locomotive du chemin de fer ou à la machine motrice des roues ou de l'hélice du navire à vapeur. Ici comme là, on peut dire que le travail utile produit est en raison du combustible consommé ; mais il y a de plus cette considération, que la conservation de la machine y est elle-même intéressée, car la machine animée jouit d'une activité propre, résultant de l'organisation vitale, et cette activité peut se dépenser au détriment de l'organisation qui la produit.

Nourriture. — En étudiant ce sujet d'un si grand intérêt pour l'hygiène, nous saisirons l'occasion d'y joindre quelques considérations d'économie rurale relatives à l'évaluation de la dépense des attelages, qui ne trouveraient pas facilement leur place ailleurs dans ce livre. Ces considérations sont d'une utilité telle, cependant, qu'elles ne pourraient être sans inconvénient négligées.

Pour ce qui concerne le logement, nous avons pu considérer ensemble tous les animaux solipèdes de travail. L'influence des agents hygiéniques qui s'y rapportent est pour eux également absolue. A l'égard de la nourriture, il y a des distinctions à établir. Bien que les principes de l'alimentation soient les mêmes, la constitution différente des sujets comporte des exigences plus ou moins impérieuses ; et comme il s'agit ici non pas seulement d'une question d'hygiène exclusivement, mais aussi d'une opération économique dans laquelle les dépenses doivent être réduites au strict nécessaire, il importe de tracer autant que possible d'une manière précise pour chacun les limites qui ne peuvent pas être dépassées, tant au point de vue de la conservation de l'instrument de travail qu'à celui d'une économie bien entendue. Il faut donc envisager à part le cheval et le mulet, qui n'ont pas sous ce rapport des aptitudes égales. Quant à l'âne, il n'est pas utilisé en agriculture d'une façon assez régulière et assez importante pour que nous nous en occupions spécialement. Les bases posées pour l'alimentation du mulet pourront, du reste, lui être appliquées, en les réduisant à la proportion de son poids.

1° *Cheval.* — La nourriture du cheval de travail se compose essentiellement de foin, d'avoine et de paille. Quel que soit le genre de service, les proportions relatives de ces trois bases d'alimentation peuvent varier, mais elles font toujours partie intégrante de la ration. Sous le nom de foin, il faut entendre le produit sec ou vert des prairies naturelles ou artificielles, temporaires ou seulement annuelles. Les plantes qui composent ce produit se substituent les unes aux autres dans la ration, équivalent pour équivalent, le bon foin sec de prairie naturelle étant pris pour unité ou type, suivant les convenances de la culture, le service des chevaux et leur état particulier, et d'après des bases établies par l'expérience. Avant d'aller plus loin, nous indiquerons ces bases pour les principaux fourrages qui peuvent être employés à la nourriture des chevaux de travail. Il est nécessaire de faire remarquer auparavant que l'on appelle *titre* d'une matière alimentaire, le chiffre représentant sa valeur absolue d'après sa composition chimique et ses effets sur l'économie animale, et *équivalent* sa valeur relative à celle du type ou de l'unité, c'est-à-dire la quantité qu'il faut pour équivaloir à celle que représente ce type. D'où l'on voit facilement que l'équivalent d'un fourrage, par rapport au type, doit être d'autant moins élevé que son titre l'est davantage, et réciproquement.

Cela expliqué, voici le tableau des principaux fourrages qui se substituent habituellement au foin dans la nourriture des chevaux de ferme, et pour quelques-uns dans celle de tous les chevaux. Pour servir de base à l'établissement des rations, nous y joindrons les grains et les pailles.

		TITRE.	ÉQUIVALENT.
Foin...	de prairie naturelle. .	100	100
	de sainfoin	117	85
	de luzerne..........	111	90
	de trèfle............	105	95
	de spergule..........	105	95
	de vesces..........	100	100
	de millet...........	90	110
	de farouch	83	120
Grains.	d'avoine.............	166	60
	d'orge.............	200	50
	de seigle...........	208	48
	d'épeautre..........	227	44
	de blé.............	222	45
	de haricots.........	227	44
	de maïs............	222	45
	de pois............	250	40
	de sarrasin.........	188	53
	de vesces..........	250	40
	de féveroles.	250	40
Paille.	de blé.............	34	290
	d'avoine...........	35	230
	d'orge............	33	303
	de seigle..........	28	350
	de sarrasin	16	600
	de trèfle.	83	120
	de lentilles........	83	120
	de spergule.........	80	125
	de vesces..........	66	150
	de pois...........	62	160
	de fèves..........	50	200
	de millet..........	50	200
	de maïs...........	50	200
	de topinambour......	47	210
	de haricots........	41	240
Son....	(très-variables).	de 166 à 66	de 60 à 150

Il ne faudrait pas prendre exactement à la lettre tous les chiffres de ce tableau. On ne peut pas admettre, par exemple, que dans le climat de Paris, qui est pris pour type de celui de la France, et à plus forte raison dans celui des pays du Nord, l'équivalent de l'orge soit d'un chiffre moins élevé que celui de l'avoine. Tout le monde sait que la valeur alimentaire de cette dernière est au contraire supérieure. M. Magne a fait remarquer, avec raison suivant nous, à propos des grains précisément, que dans l'établissement des équivalents, on n'avait pas assez tenu compte de leur richesse en principes gras. C'est à la plus forte proportion de ces principes dans la constitution de l'avoine, par rapport à celle de l'orge et de la plupart des autres grains, qu'il explique sa plus grande valeur au point de vue de la production de la force. Quoique cette explication ait été fort contestée, on n'a pu lui opposer aucun fait capable d'en démontrer l'erreur.

La ration totale nécessaire à un cheval de culture de bonne force moyenne, du poids vif de 450 à 600 kil., est évaluée en foin à $3^k,30$ par quintal de ce même poids. Sauf modifications dans la composition des rations, cette évaluation proportionnelle convient pour tous les services. Pour le cheval de culture, la ration se décompose de la manière suivante, et peut être fixée au prix de revient moyen adopté par M. Édouard Lecouteux (1) et que nous allons indiquer.

	Par jour.	Par an.	Prix.	TOTAL en argent.
Avoine à 50 kil. l'hect.	12 lit.	44 hect.	8 fr.	352,00
Foin	10 kil.	3 650 kil.	5 fr. le 100	182,50
Paille en partie pour litière	5 kil.	1 825 kil.	2 fr. le 100	36,50
				571,00

Ce qui fait une dépense d'environ $1^f,56$ par jour, en supposant que l'animal soit constamment nourri au sec.

Pour les travaux de charrois opérés par des chevaux de première force, la ration d'avoine doit être augmentée, sauf à diminuer de $2^k,500$ celle de foin. On la porte ordinairement jusqu'à 20 litres, ou 9 kil., au poids moyen de l'hectolitre.

Quant aux chevaux de selle ou d'attelage faisant un service régulier, ils ne peuvent être entretenus en bon état à moins d'une ration variant, suivant leur taille et leur poids, de 4 à 5 kil. en foin, de 5 kil. en paille pour yous, et de 4 à 5 kil. ou 8 à 10 litres en avoine. Ce sont à peu près les rations réglementaires pour la cavalerie des diverses armes, augmentées seulement quant à la proportion d'avoine, qui est notoirement insuffisante dans l'armée.

Il faut ajouter que la première condition à remplir pour tirer du cheval de travail tout le parti possible sans altérer sa constitution au delà de la mesure naturelle déterminée par le temps et les progrès de l'âge, c'est d'observer dans l'administration de sa nourriture une complète uniformité. Rien n'est plus irrationnel que de ne faire entrer par exemple l'avoine dans la ration

(1) *Principes économiques de la culture améliorante*, 2e édit., p. 102.

que durant les jours d'occupation. Si le complément qu'elle apporte à l'alimentation peut être utile, c'est précisément avant l'emploi des forces et pour y préparer l'économie. La ration d'avoine doit être calculée sur la somme de travail que l'on exige du cheval ; mais quelque irrégulière que soit la répartition de ce travail sur les jours de l'année, il n'en est pas moins nécessaire d'administrer une quantité journalière égale. L'absence de travail rend nécessaire la diminution de cette quantité, calculée sur la moyenne d'un emploi supposé pour chaque jour, mais non pas la suppression d'une ration distribuée seulement pendant l'usage des forces. La ration journalière peut être ainsi réduite à la moitié et même au tiers d'une ration ordinaire, si le cheval, dans le courant de l'année, ne travaille que la moitié ou le tiers des jours ; des périodes régulières d'occupations pénibles et de repos complet pourraient seules justifier une augmentation de ration pendant les premières, sans qu'il soit permis de supprimer totalement l'avoine dans la période de repos. Ces alternatives sont une cause fréquente d'accidents souvent mortels, de maladies qui occasionnent des frais de traitement et altèrent la constitution, et tout au moins elles abrègent la durée des services que l'on peut attendre des chevaux.

Toutes les questions qui se rattachent à l'alimentation de ces animaux, difficiles à bien apprécier par de simples observations individuelles, ont pu être étudiées sur de grandes masses depuis qu'il existe à Paris des compagnies industrielles qui utilisent les chevaux de travail sur une large échelle. Des statistiques rigoureuses sont établies chaque année par les administrations de ces compagnies, et l'on y peut suivre pour ainsi dire pas à pas les traces de l'influence du mode de distribution des aliments, de la composition des rations et de leur quotité, non-seulement sur la mortalité et sur les jours d'incapacité de travail observés dans chaque groupe, mais encore sur la durée totale des services obtenus. Le fait le plus saillant qui ressort des documents dont nous parlons, et le seul qu'il y ait lieu de consigner ici, c'est la corrélation qui se montre toujours entre la plus forte somme de travail obtenu et la plus forte ration d'avoine.

L'avoine est bien, en effet, la base essentielle de l'alimentation du cheval de travail. Sa quotité peut varier dans la ration, suivant le mode d'après lequel cet animal est utilisé. Elle peut baisser à mesure que celle du foin s'élève, lorsqu'il s'agit d'un labeur plus soutenu qu'énergique, comme c'est le cas pour un grand nombre de travaux de culture ; mais inversement elle doit s'accroître, dès qu'au contraire l'animal a pour fonction de déployer ses forces à des allures rapides et de les dépenser en abondance, même durant un temps plus ou moins court. On trouvera facilement, dans ce qui se passait pour les anciennes postes et diligences, des preuves à l'appui de cette recommandation ; mais elles existent bien plus éclatantes, parce qu'elles sont chiffrées, dans les archives de la Compagnie générale des Omnibus de Paris et dans celles de la Compagnie des voitures de place.

On s'est beaucoup préoccupé, dans ces derniers temps, de l'efficacité plus grande que pouvaient ajouter aux rations des chevaux divers modes de préparation des fourrages et des grains qui entrent dans la composition de ces rations. Suivant une habitude trop commune en France, où l'on ne procède guère, en toutes choses, que par engouement suivi bientôt d'une indifférence complète, les fourrages hachés et les grains concassés, ou plutôt aplatis, ont été présentés tout d'abord comme devant assurer par leur emploi la réalisation d'économies considérables dans l'alimentation des chevaux de travail. Des expériences ont été faites, quelques-unes fort mal et sous la direction de gens qui, ayant à cet égard des opinions préconçues, en ont obtenu, suivant qu'ils le désiraient, des résultats avantageux ou funestes. Des nombreuses polémiques qui ont été engagées à ce propos, il est ressorti cette vérité que l'expérience avait réussi toutes les fois qu'elle avait été bien faite, c'est-à-dire à la condition qu'on se fût moins préoccupé de réduire la ration que de lui faire produire des effets meilleurs. Cette conclusion est conforme aux prévisions de la physiologie, qui permettent d'affirmer *à priori* qu'un aliment sera d'autant mieux digéré et absorbé par les organes de la nutrition, qu'il aura subi des préparations capables de rendre sa mastication et sa digestion, par suite, plus complètes. Cela peut surtout s'appliquer aux fourrages un peu grossiers, quoique fortement nutritifs, que l'on fait consommer dans les fermes, et qui proviennent de cultures annuelles nécessitées par la rotation. On ne parle plus autant des fourrages hachés et des grains aplatis, depuis quelque temps, mais nous savons que bon nombre de cultivateurs et d'industriels s'en servent pour la nourriture de leurs attelages, et que ceux-ci s'en trouvent fort bien, de même que la caisse de ceux qui les emploient.

Il faut établir ici, à propos de la nourriture qui en est le principal élément, la dépense journalière et annuelle de chaque cheval de travail employé dans les entreprises de grande culture, où plus qu'ailleurs les bases de comptabilité sont nécessaires. Nous avons déjà plus haut fait le compte de la ration, évaluée au maximum, comme cela doit être, à 1f,56. Après cela vient l'amortissement annuel, que M. de Gasparin estime à 16 ou 17 p. 100, soit 1/6 de la valeur, chiffre adopté depuis par M. Lecouteux. Il faut y joindre l'intérêt du prix d'achat, qui ne peut dépasser 5 p. 100, ainsi que le fait judicieusement remarquer ce dernier auteur, attendu que tous les risques sont couverts par la prime d'amortissement. Intérêt et amortissement peuvent donc être confondus et calculés à raison de 21 p. 100 de la valeur. Comme il faut un charretier par deux chevaux, et comme tous les économistes s'accordent à porter au compte des attelages ses gages, sa nourriture et autres frais qu'il entraîne, évalués ensemble à 800 fr. par an, c'est donc de ce chef 400 fr. de dépense par chaque cheval. En outre, on doit ajouter à son débit les frais de vétérinaire, de ferrure, de médicaments, d'éclairage de l'écurie, que M. Lecouteux estime à 25 fr., dont 15 pour la ferrure seule (1). Mais il est d'habitude aussi de porter à son crédit la valeur du fumier qu'il produit, et que le même auteur, d'après des calculs dont la justesse est incontestable, puisqu'ils sont basés sur une production annuelle de 10 000 kil. comptés à 0f,10 le quintal métrique, dit être de 60 fr. par an, ou 0f,16 par jour.

Avec ces données, nous pouvons établir le compte d'un cheval de bonne taille, dont nous admettrons le prix d'achat au taux moyen de 600 francs, en négligeant, toutefois, un élément que nous ne croyons pas devoir y faire entrer. Cet élément, admis cependant par les économistes à la charge des attelages, se rapporte à l'entretien et à l'intérêt du matériel auquel les chevaux sont attelés.

Nous avons donc :

	PAR AN.	PAR JOUR.
Frais de nourriture....................	571f	1f 56c
Amortissement sur 600 fr........	100f	
Intérêt du prix d'achat:.........	30	
Gages et nourriture du charretier.	400 } 555	1 52
Vétérinaire, ferrure, éclairage....	25	
	1 126f	3f 08c
A déduire pour le fumier...........	60	0 16
Total par cheval......	1 066f	2f 82c

Le prix de revient de la journée de travail serait, par conséquent, pour chaque cheval et la part qu'on lui impute dans les frais de conduite, de 2f,80, si l'année se composait de 365 jours ouvrables. Mais il convient de n'en compter au moins que 265, et au plus 280. Dans le premier cas, la journée de travail réel ressort à 4 francs, et dans le second à 3f,80.

M. de Gasparin a établi, de son côté, le compte de six juments de travail employées dans un domaine du Midi. D'après ce compte, conçu sur les mêmes bases, le prix de revient de la journée ressort, déduction faite de la valeur du fumier, à 3f,50 environ.

Mais nous devons bien faire remarquer qu'il ne s'agit ici que des chevaux employés dans les grandes exploitations, où le travail est en rapport avec les frais qu'il occasionne, et où cela est nécessaire pour l'exécution des opérations de culture et de transport. Dans la plupart des cas, nos chiffres seraient trop élevés, si nous voulions les comparer à ce qui est partout où le cheval est employé comme moteur agricole ; mais aussi nous verrions pour toutes les récoltes des rendements moindres, et à la balance finale peut-être un compte débiteur.

2o *Mulet*. — En général moins corpulent que le cheval et toujours plus sobre, le mulet n'exige pas une alimentation aussi abondante que celle qui est indispensable à ce dernier. C'est une des raisons pour lesquelles cet animal obtient partout la préférence, dans les contrées du Midi où le bœuf n'est pas employé comme moteur pour les travaux agricoles. Il n'a jamais été fait d'expériences bien précises pour déterminer la question de savoir jusqu'à quel point le travail des mulets, comparé à celui des chevaux, peut présenter des différences en rapport avec la ration moindre

qu'ils consomment. Si l'on s'en rapporte, toutefois, aux faits observés dans les services de l'armée, qui ont adopté depuis longtemps le mulet, concurremment avec le cheval, pour la traction des équipages, le train des subsistances et le transport des blessés aux ambulances, on est amené à conclure que ces différents travaux sont exécutés dans des conditions tout aussi bonnes et avec une dépense moindre. Pour un déploiement de force égal, le mulet offrirait donc une résistance plus grande, tout en consommant incomparablement moins.

La ration alimentaire de cet animal n'est, en effet, sur le pied de guerre, que de 5 kil. de foin, 4 kil. de paille et 3kil,80 d'avoine, tandis que celle du cheval employé au même service est de 7 kil. de foin, 4 kil. de paille et 4kil,20 d'avoine. La différence est, comme on voit, très-notable.

C'est cette ration, ou à très-peu près, qui est donnée dans le Midi aux mulets bien nourris qui sont employés aux travaux agricoles, si l'on s'en rapporte aux évaluations de M. de Gasparin. Le savant agronome estime, en effet, la nourriture d'un mulet entretenu dans une ferme du Midi à la somme de 365f,40, ou 1 franc environ par jour. Or, au prix moyen des denrées qui composent la ration, on arrive par le décompte aux chiffres que nous venons d'indiquer. Cela peut donc être considéré comme de nature à constituer une alimentation largement suffisante, qui ne s'éloigne pas sensiblement de la base plus haut établie de 3kil,30 par quintal métrique du poids vif de l'animal, ramenés à l'équivalent du bon foin sec. Les mulets supportent plus facilement que les chevaux la pénurie, et font preuve d'une plus grande énergie constitutionnelle et d'une résistance plus grande aux causes de destruction ; mais il n'en est pas moins vrai que, toutes proportions gardées, leurs services sont également en raison directe de leur alimentation. A part donc l'exigence moins impérieuse de leurs besoins naturels, tout le reste, dans leur hygiène, ne peut qu'être avantageusement calqué sur ce que nous avons dit au sujet de la nourriture des chevaux de travail.

A quel prix de revient, d'après cela, faut-il évaluer la journée de travail réel d'un mulet régulièrement occupé dans l'agriculture ? M. de Gasparin, qui fait entrer dans son compte des éléments étrangers que nous avons déjà éliminés par rapport au cheval, et qui porte trop haut, évidemment, la part du personnel, estime la dépense annuelle à 1 182f,90, soit 3f,24 par jour moyen. Or, cela ferait, pour 275 jours de travail réel, 4f,30. Ce prix est à coup sûr exagéré. Voici d'après quelles bases nous l'établissons, même au plus haut :

Nourriture........................	365 fr.
Personnel.........................	400
Intérêt et amortissement à 20 p. 100 sur 600 fr.	120
Vétérinaire, ferrure, éclairage.............	20
	905 fr.
A déduire pour le fumier....	55
Total par mulet..........	850 fr.

Ce qui, pour 275 jours de travail réel, culture ou charrois, donne un prix de revient d'environ

3f,10 par journée, ou une économie journalière de 70 centimes par rapport au travail du cheval.

Les substitutions opérées dans la nourriture font varier notablement, suivant les circonstances, les prix de revient que nous venons d'établir, en raison de la valeur différente des denrées que nous avons toutes ramenées au type du foin sec. La plus considérable de ces circonstances est celle qui se rapporte au régime vert auquel sont habituellement soumis, durant la saison favorable, les animaux de l'agriculture. Nous aurons à la considérer tout à l'heure d'une manière spéciale ; mais il nous faut auparavant parler des boissons qui, pour n'avoir pas la même importance au point de vue de l'économie rurale, méritent une grande attention sous le rapport de l'hygiène.

Boissons. — L'eau est exclusivement employée pour abreuver les animaux. Les qualités qu'elle doit présenter pour constituer une boisson agréable et salubre ne sont pas faciles à indiquer d'une manière absolue. Ce n'est guère que l'expérience qui peut fixer sur sa valeur. On considère généralement que la meilleure est inodore, d'une saveur franche et peu marquée, presque nulle, limpide et transparente. Cependant ce dernier caractère, qui, toutes choses égales d'ailleurs, est recherché par les animaux, ne les empêche pas, dans certains cas, de boire de l'eau de mare trouble : de même qu'ils recherchent assez souvent celle qui est sapide et surtout un peu salée. Il est permis de dire, toutefois, que la bonne eau potable, pour les animaux comme pour l'homme, est celle qui, ayant une température à peu près invariable au delà de 10 à 15°, paraît fraîche en été et chaude en hiver ; celle qui dissout bien le savon, cuit bien les légumes, adoucit la peau, laisse dégager beaucoup de bulles d'air avant d'entrer en ébullition, et ne laisse qu'un faible résidu minéral quand on l'évapore à siccité. Avec ces caractères elle constitue ce que l'on appelle en hygiène une eau *douce* et *légère*. Qu'elle provienne d'une rivière ou d'un fleuve, d'une fontaine, d'un lac, d'un étang, d'une mare, d'une citerne ou d'un puits, elle n'est bonne qu'à cette condition. Mais il n'est pas toujours possible de la réaliser, et l'on doit alors se contenter de ce que l'on a, sauf à tâcher d'améliorer l'eau par filtration, aération, repos. Ces diverses opérations la débarrassent des matières étrangères qu'elle peut contenir en suspension ou en dissolution. Ces matières étant le plus ordinairement des sels de chaux dissous à la faveur d'un excès d'acide carbonique, elles se déposent avec le temps par le dégagement d'une partie de ce gaz. Les eaux séléniteuses des puits, contenant une forte quantité de sulfate de chaux ou plâtre, se débarrassent également de ce sel par voie de dépôt.

Quoi qu'il en soit, on abreuve les animaux de travail en les conduisant eux-mêmes vers les abreuvoirs naturels qui fournissent de l'eau, ou bien vers les vaisseaux artificiels que l'on a disposés pour cela, ou bien enfin en leur apportant à l'écurie la boisson qui leur est destinée. Le choix entre ces divers moyens dépend des conditions dans lesquelles on se trouve. Il faut seulement, quand on peut choisir, donner la préférence à celui qui dérange le moins les animaux et le personnel, tout en comportant l'usage d'une eau bonne et salubre. Ce qu'il est principalement important d'éviter, c'est de disposer les abreuvoirs dans l'intérieur même des écuries. Lorsque la boisson est extraite d'un puits, surtout si elle provient d'une grande profondeur, il faut la faire consommer en hiver aussitôt après son extraction, et la laisser au contraire exposée à l'air pendant un certain temps en été. Le motif de cette prescription est que sa température étant uniforme dans les deux saisons, elle deviendrait trop froide dans la première, si elle avait le temps de se mettre en équilibre avec la température extérieure, et le serait également trop dans la seconde, si on ne lui laissait pas ce temps.

« En voyant les Arabes voyager des journées entières, aux plus fortes ardeurs du soleil, sans boire et sans laisser boire leurs chevaux, même quand ils avaient de la bonne eau à leur disposition, nous nous sommes demandé, dit M. Magne, si le besoin de boire, qui tourmente si puissamment, en Europe, l'homme et les animaux, n'est pas l'effet d'une habitude. Il est vrai que la nourriture sèche, volumineuse et trop peu alibile que nous faisons consommer à nos animaux nécessite des masses de liquide pour être délayée et dissoute ; mais nous n'en sommes pas moins convaincu, et des observations et des recherches nous l'ont démontré, que l'habitude exerce une très-grande influence ; qu'il importe, en élevant les chevaux, de les habituer à boire peu, et qu'il faut toujours les faire boire avec modération. » Personne, assurément, ne saurait contester la justesse de cette remarque. Mais, à notre point de vue actuel, nous devons prendre garde qu'il s'agit d'animaux ayant les habitudes généralement répandues, et qui, par conséquent, doivent recevoir à chacun de leurs repas une certaine quantité d'eau. Il faut donc s'occuper des prescriptions hygiéniques à suivre dans l'administration de leurs boissons.

A cet égard, le même auteur formule des préceptes que nous ne pouvons qu'approuver et reproduire. « Surtout, écrit-il, on aura soin de distribuer les boissons régulièrement, de faire boire les chevaux habitués à prendre beaucoup d'eau, trois fois plutôt que deux : une grande quantité d'eau prise à la fois peut produire, lors même que cette eau est bonne, des maladies mortelles. Les accidents sont surtout à craindre lorsque les animaux ont à boire à discrétion, après avoir souffert longtemps de la soif. On ne saurait, dans ce cas, donner l'eau, surtout si elle est froide, avec trop de précautions. Il faut encore faire boire avec ménagement après un fort repas de nourriture sèche, de son et de grains.

« Lorsque les chevaux sont rentrés à l'écurie étant en sueur, on doit ne les faire boire qu'après qu'ils ont mangé ; s'ils paraissent très-pressés par la soif, on leur donnera seulement quelques gorgées d'eau dégourdie pour les engager à prendre leur repas ; on les abreuve définitivement quand ils se sont reposés. »

Le moment du repas auquel les boissons sont permises varie. En général, le repas des chevaux et autres solipèdes commence par la ration de foin. C'est une habitude fort répandue de conduire ensuite à l'abreuvoir ou de donner à boire, puis de distribuer l'avoine. Dans d'autres cas,— et il en est ainsi pour l'armée, — la ration d'avoine suit celle du foin, et est suivie elle-même par l'abreuvoir.

On a discuté la question de savoir laquelle valait le mieux de ces deux pratiques. Nous n'avons pas vu qu'il se soit produit, ni d'une part ni de l'autre, des faits bien démonstratifs sur lesquels on puisse asseoir une solution scientifique de cette question. Chacun formule, à ce sujet, l'opinion qu'il s'est faite, et il invoque à son appui des considérations qui auraient grand besoin d'être justifiées. La vérité est, à ce qu'il nous semble, que cela est sans doute indifférent. On ne voit point de motif physiologique pour qu'il vaille mieux donner l'avoine après boire plutôt qu'avant; car on ne peut pas s'arrêter, apparemment, à cette idée qui a été produite et d'après laquelle l'avoine ingérée dans l'estomac serait entraînée par les boissons. Si cela était vrai pour l'avoine, il en serait bien de même à coup sûr pour le foin, car ils arrivent l'un et l'autre dans le même état de mastication et d'insalivation. Or, c'est à quoi l'on n'a pas songé.

Il convient donc de laisser aux convenances particulières à décider dans cette circonstance, parfaitement indifférente pour l'hygiène. Toutefois, en songeant aux impressions que peuvent ressentir les animaux, et si nous devons nous en rapporter à nos propres sensations, il nous paraît préférable de suivre la pratique la plus répandue partout ailleurs que dans l'armée, où elle n'a d'autres raisons que les commodités du service, et de faire prendre la boisson entre les deux parties de la ration solide. Le contraire semble devoir être préféré dans le cas où le foin sec est remplacé par une alimentation composée de plantes vertes, auquel cas la soif est nécessairement moins intense.

RÉGIME DU VERT. — Nous n'entendons pas envisager ici ce régime au point de vue où s'est placé Grognier, lorsqu'il a comparé son action à celle des eaux minérales employées en médecine, et comme s'il était uniquement appliqué aux animaux malades ou convalescents, ou même dans le but de prévenir l'apparition de maladies imminentes. A ces divers titres, on en a durant longtemps trop abusé. L'idée d'une sorte de diète qui dominait dans ce cas a été funeste à l'hygiène des chevaux, et elle s'en va, fort heureusement, avec la doctrine qui l'avait amenée. Nous devons seulement considérer la substitution des plantes vertes au foin, durant un certain temps, dans l'alimentation des animaux de travail, comme un moyen économique de les nourrir, tout en rafraîchissant ceux qu'une forte nourriture peut avoir un peu excités, et en nous préoccupant d'en prévenir les effets débilitants. En somme, il s'agit de la nourriture verte distribuée au râtelier, non pas de celle prise dans les pâturages, et qui ne convient qu'aux jeunes animaux qui ne travaillent pas et qui jouissent en même temps des bénéfices de la liberté. Dans ces conditions, le régime dont nous nous occupons facilite la mue du poil d'hiver, donne du lustre à la robe, fait prendre de l'état aux animaux, mais il ne convient pas à ceux qui travaillent.

Il importe avant tout, pour établir la proportion d'après laquelle chacune des plantes qui peuvent être utilisées dans le régime du vert doit se substituer au foin qui entre dans la composition de la ration ordinaire, de dresser la liste des équivalents de ces plantes à l'état frais. Rien ne sera plus facile, après cela, que de déterminer la quantité pour laquelle elles pourront intervenir sans diminuer sensiblement la valeur nutritive de la ration. Dans le tableau de ces équivalents, nous devons encore prendre pour types, nécessairement, le titre et l'équivalent du foin sec.

	TITRES.	ÉQUIVALENT.
Foin....................	100	100
Ajonc (tendre et écrasé).	66	150
Jarosse................	40	250
Maïs vert..............	31	320
Spergule	30	325
Sainfoin...............	30	325
Trèfle rampant.........	27	370
Pois...................	26	380
Vesces.................	25	400
Trèfle	23,8	420
Luzerne................	23,8	420
Froment................	23,8	420
Avoine.................	23,5	425
Orge (escourgeon)......	23,5	425
Millet	23,5	425
Herbe des prés.........	23,2	430
Seigle.................	22,7	440
Sarrasin	22,2	450

On voit par les chiffres ci-dessus que la plupart des fourrages verts les plus habituellement donnés aux chevaux ont à peu près une valeur nutritive équivalente. Les différences sont assez sensibles, toutefois, pour qu'il ne soit pas permis de fixer une ration égale pour tous. Il est nécessaire de la calculer, relativement à chacun, en prenant pour base la ration normale de foin et par rapport à l'équivalent de cet aliment. On arrive nécessairement à des quantités assez fortes, qui donnent un volume considérable, et qui nécessitent par là même, dans certains cas, des modifications dans le mode de distribution de la nourriture. On est souvent obligé, pour ne pas trop surcharger l'estomac, de multiplier le nombre des repas.

En outre de cette précaution, il en est d'autres encore plus importantes, en ce qu'elles ont pour but et pour effet d'éviter les accidents que pourrait entraîner sans elles le régime du vert.

La première de toutes se rapporte à l'état dans lequel les plantes qui le constituent doivent être administrées. Ces plantes fraîches sont dans les meilleures conditions pour fermenter, et c'est ce qui fait qu'elles déterminent si souvent des indigestions gazeuses, lorsqu'elles ont été administrées d'une manière irrationnelle. Et il en est ainsi surtout lorsqu'elles sont demeurées exposées au soleil après avoir été coupées et se sont un peu flétries et échauffées, ou bien même lorsqu'elles ont séjourné en tas à l'ombre au delà de quelques heures. On a cru pendant longtemps à tort qu'il fallait les laisser se ressuyer un peu lorsqu'elles étaient couvertes de rosée. Il vaudrait, au contraire, mieux les arroser avec de l'eau lorsqu'elles ont subi l'action des rayons solaires. M. Reynal a démontré par des expériences très-concluantes que c'est là le meilleur moyen de prévenir les accidents causés par les fourrages verts, notamment par la luzerne, en même temps qu'il a rattaché ces accidents à leur véritable cause, à savoir la fermentation plus facile des fourrages sucrés dans les organes digestifs, amenée par leur échauffement préalable.

L'enseignement à tirer de ces faits est bien simple : c'est que les fourrages verts ne doivent être coupés qu'en quantité juste suffisante pour une journée de consommation, et conservés durant cette journée dans un local aéré, en couche peu épaisse et bien à l'abri du soleil. Mieux vaut encore, lorsque le champ qui les produit est à proximité, les couper au moment même de leur distribution. Quel que soit leur état alors, ils ne sont point dangereux.

Ce serait aussi exposer les animaux à des inconvénients plus ou moins graves, et souvent funestes, que de substituer brusquement et sans transition le régime du vert à celui des fourrages secs. L'économie animale ne supporte pas sans dommage ces changements brusques qui ne sont nulle part dans la nature. Une sage hygiène commande de ménager la transition en habituant progressivement les organes digestifs aux aliments aqueux. Il est nécessaire, pour cela, de ne faire entrer d'abord ceux-ci dans la ration que pour une faible quantité, en mélange avec le foin, puis d'en augmenter chaque jour la proportion de manière à arriver bientôt à la substitution complète. Une transition analogue, mais en sens inverse, doit être observée de même quand il s'agit de passer du vert au sec. Il est important, en outre, d'observer attentivement les animaux ainsi nourris, et de ne point hésiter à augmenter la ration d'avoine, si l'on remarquait qu'ils eussent une tendance à travailler plus mollement.

Le régime du vert augmente beaucoup les déjections et les urines. Il rend même celles-là liquides quelquefois et toujours un peu ramollies. Il nécessite pour ce motif un redoublement de propreté dans les écuries.

En résumé, donner le vert tout à fait à l'état frais, en ne l'introduisant que progressivement dans la ration, et même qu'en ne le cessant que progressivement aussi, tels sont les moyens d'éviter les accidents qu'il cause lorsqu'il est mal administré. Autre recommandation : augmenter la ration d'avoine pendant le régime du vert plutôt que de la diminuer ou de la cesser, comme font beaucoup de personnes, sous prétexte que cela rafraîchir les animaux, et tout au moins la continuer entière. C'est à cette seule condition que le travail peut être continué sans dommage ; et quand même, au reste, les chevaux devraient rester au repos pendant le régime du vert, il y aurait encore indication d'agir ainsi, car à part les propriétés toniques particulières de l'avoine, il n'est pas possible de faire consommer en une seule journée, sous forme de fourrages verts, l'équivalent d'une ration entière.

Là se termine ce que nous avions à dire relati-

vement à la nourriture qui, il ne faut pas l'oublier, est la base fondamentale de l'hygiène des animaux de travail. Si, a écrit avec raison M. Lecouteux, bien nourrir coûte, mal nourrir coûte encore davantage, car le temps des attelages c'est de l'argent. Et s'il est une limite de résistance au delà de laquelle l'alimentation ne peut plus compenser les forces dépensées, il n'en est pas moins vrai qu'en thèse générale les services sont toujours en rapport avec les aliments consommés, ainsi que la durée des individus auxquels on les demande. Bien nourrir est donc le plus sûr moyen de conserver le capital représenté par ces individus. Cela conduit à ce résultat, d'obtenir encore pendant longtemps de bons services après que le capital est complétement amorti, et de diminuer par conséquent le prix de revient du travail d'une quotité équivalente de la somme à laquelle s'élève la prime d'amortissement. Cette considération ne saurait échapper au sens pratique des agriculteurs qui savent calculer.

Nous en sommes arrivés maintenant, dans l'ordre adopté, à nous occuper de ce qui concerne les soins de la peau. En raison de l'importance qui se rattache à la bonne exécution des fonctions de celle-ci, autant pour la conservation de la santé qu'en vue des effets utiles de la nourriture, dont les parties alibiles sont d'ailleurs plus complétement absorbées lorsque l'appareil tégumentaire extérieur exécute normalement son office d'élimination des matériaux usés par le jeu des organes ; en raison de cette importance, disons-nous, les diverses opérations relatives à l'entretien de la peau méritent de notre part une grande attention. Nous avons à passer en revue dans ce but l'ensemble des opérations qui constituent le pansage, soit qu'elles se rapportent directement à son exécution, ou qu'elles aient pour effet de le seconder ou de le rendre plus facile et plus complète.

Pansage. — On a déjà fait ressortir dans plusieurs occasions, notamment au sujet de l'hygiène des étalons, des poulinières et des poulains, l'influence qu'exercent sur l'économie animale les soins de propreté donnés à la peau. On y a insisté surtout à propos des juments mulassières et des baudets. Dans ce dernier cas, il a été mis en évidence des faits qui tendent à établir d'une manière assez nette les graves inconvénients que peut entraîner l'absence de ces soins. Il serait donc superflu d'y revenir en ce moment. En s'occupant en outre des pratiques de l'entraînement du cheval de course, on a montré les effets du pansage méthodique sous un autre aspect que celui de la propreté. Il a été établi que les frictions, les massages, effectués sur le corps et surtout sur les membres, ont pour résultat d'augmenter la tonicité des muscles, de faciliter leur nutrition et de les délasser lorsqu'ils sont fatigués. Toutes ces considérations, formulées en vue de l'élevage et de l'éducation des jeunes animaux, ne sont pas moins applicables aux adultes utilisés pour le travail. Nous pouvons même ajouter qu'elles sont dans ce cas encore plus nécessaires, car s'il ne s'agit plus de développer des aptitudes, il y a lieu de les conserver, ce qui est pour l'ordinaire au moins aussi difficile, si ce n'est même plus.

Nous ne croyons pas nécessaire de décrire les instruments à l'aide desquels s'effectue le pansage. Ces instruments sont connus de tous. Qui ignore, parmi les lecteurs auxquels s'adresse ce livre, ce que c'est qu'une *étrille*, une *brosse*, un *peigne*, une *époussette*, une *éponge*, un *bouchon*, un *cure-pied*? Avant de donner quelques indications sur la meilleure manière de panser les chevaux de travail au moyen de ces divers instruments, nous ferons cependant une remarque à propos de l'un d'eux.

Si nous ne consultions que nos propres impressions sur le sujet qui nous occupe, nous n'hésiterions nullement à déclarer d'une manière absolue, qu'en raison des faibles avantages que peut offrir pour certains cas l'usage de l'étrille, comparativement aux inconvénients graves qu'il présente le plus ordinairement, cet usage nous paraît devoir être proscrit, du moins quant à l'application directe de l'instrument sur la peau. Si l'on conçoit que l'étrille puisse être utile, lorsqu'il s'agit de panser de gros chevaux à peau épaisse, à poils longs et rudes, et fortement salis par le fumier, à la condition de n'atteindre, avec ses lames dentées, pas au delà de la surface de l'épiderme, cette limite est si difficile à garder, que les cas doivent être bien rares où elle n'est pas franchie. Toujours est-il que quand on examine avec soin la poussière qui s'échappe d'une étrille lorsqu'elle est frappée sur un corps dur par l'un de ses *marteaux*, on y trouve toujours en abondance des lames d'épiderme violemment détachées de la peau. En outre de l'irritation périodique causée à cette membrane par les atteintes des dents de l'étrille, elle est ainsi privée d'une partie de son revêtement épidermique protecteur, et plus exposée aux actions des agents extérieurs qu'il a pour but de modérer. La sensibilité normale de la surface cutanée est ainsi exagérée. Il en résulte nécessairement une perturbation de la transpiration insensible, qui ne peut manquer d'avoir à la longue des effets pernicieux. Peut-être n'y a-t-il pas lieu de chercher une autre cause pour expliquer la facilité avec laquelle les chevaux de travail contractent des affections de poitrine plus ou moins intenses, lorsqu'ils sont exposés à des courants d'air un peu froids.

Cela doit au moins faire sentir la nécessité de n'user de l'étrille, dans tous les cas, qu'avec une grande modération, si l'on ne croit pas pouvoir s'en passer, ce qui nous paraîtrait assurément préférable, la peau pouvant toujours être suffisamment nettoyée avec la brosse de chiendent un peu dure. Pour les animaux à peau fine, et sur les régions non garnies de chairs de tous les autres, il n'y a pas à hésiter. Les impressions toujours désagréables que produit le passage de l'étrille, si léger qu'il soit, témoignent assez de ses inconvénients. Il faut songer que si les frictions du pansage peuvent avoir de bons effets, ce n'est qu'à la condition d'être douces et plutôt prolongées qu'intenses. Elles ont pour but d'activer la circulation périphérique, non pas d'irriter la peau et d'y dé-

terminer des congestions. Au point de vue de la propreté, si nécessaire à la bonne exécution des fonctions éliminatrices de l'organe, elles sont suffisantes à la condition de débarrasser ses pores des produits d'élimination tels que la sueur, qui peuvent les obstruer en s'accumulant à sa surface et sur les poils agglutinés.

Là est la première raison du pansage. L'enlèvement des souillures étrangères par lequel commence l'opération n'a pour but que d'y aboutir.

En thèse générale, il est préférable de panser les animaux en dehors de leur écurie, en plein air quand la température est douce, dans un lieu abrité s'il en est autrement. On les préserve ainsi de l'influence de la poussière. Mais la nécessité d'économiser le temps de ceux qui travaillent, aussi bien que celui des hommes qui les soignent, force le plus ordinairement à profiter pour cela du moment où ils prennent leur nourriture du matin. On exécute alors un pansage complet, puis un nettoyage plus superficiel le soir, après la rentrée des attelages. Cela dépend du reste des nécessités du service; et il importe peu que l'ordre de ces opérations soit renversé, pourvu qu'elles soient exécutées d'une façon régulière et convenable. Ce que nous avons dit des effets du massage montre cependant que le meilleur instant pour le pratiquer sur les membres est celui qui suit le travail. Les chevaux qui l'ont subi se reposent mieux et éprouvent plus de bien-être quand ils ont la peau du corps propre. Il est donc toujours bon de leur donner un coup de bouchon un peu prolongé, après qu'on les a débarrassés de leurs harnais.

Quoi qu'il en soit, tout doit être ouvert dans l'écurie pendant le pansage, afin d'entraîner aussitôt au dehors la poussière qui se produit. S'il est absolument indispensable de se servir de l'étrille, pour détacher les souillures qui peuvent adhérer fortement aux poils, il faut borner exclusivement son action aux parties salies, et, autant que possible, ne pas atteindre la peau. Après l'étrille, on passe sur toutes les parties du corps, sans en négliger aucune, le bouchon de paille rude, en frottant fortement, puis on donne un coup d'époussette pour faire sortir la poussière résultant de l'action du bouchon. Cela fait, arrive le tour de la brosse, qui doit passer sur toutes les parties dans le sens du poil, en commençant par les joues, le front, la partie supérieure de l'encolure, et en suivant les autres régions. L'étrille sert alors avantageusement pour débarrasser la brosse de la poussière qui y demeure adhérente. Tenue dans la main gauche, elle reçoit alternativement les frottements de la brosse, chaque fois que celle-ci a été passée sur le poil. Ensuite, on peigne la crinière et la queue, puis avec l'éponge mouillée on lave les yeux, les tempes, les naseaux, l'anus, le fourreau, la base de la queue et quelquefois aussi le bord supérieur de l'encolure. Enfin, les pieds étant débarrassés du fumier qui peut remplir les lacunes de la fourchette et toute leur surface plantaire, le pansage est terminé.

Ainsi se pratique l'opération pour les gros chevaux de trait, si l'on veut qu'elle soit complète. Chez les chevaux de selle et d'attelage, qui ont la peau plus fine et plus sensible, les poils moins longs en général, et qui sont généralement l'objet de soins plus minutieux, quant à leur logement et à leur habillement, si l'on peut ainsi dire, l'usage des couvertures et même des camails étant poussé avec eux même jusqu'à l'abus; chez ces chevaux, le pansage comporte quelques modifications. D'abord, il n'y a pas à hésiter pour remplacer absolument l'étrille par la brosse de chiendent, qui dans ce cas suffit amplement pour nettoyer les poils. Après son action et celle de l'époussette, vient le tour de la brosse en crin, puis celui du bouchon de foin légèrement humide longtemps passé dans le sens du poil sur toutes les régions pourvues de muscles, en appuyant assez fortement, et surtout sur les membres, depuis le haut jusqu'en bas; enfin le poil est essuyé et lustré avec une étoffe de laine, les crins sont peignés, la toilette des oreilles et des ganaches, celle des membres, quand il y a lieu, est faite avec les ciseaux courbes, et les lavages de l'éponge opérés comme nous l'avons dit plus haut. Ici, il faut insister surtout sur l'action du bouchon de foin, que les grooms anglais manient si bien simultanément des deux mains, en faisant entendre au cheval une sorte de bruissement de la bouche qui semble destiné à occuper son attention et à lui faire supporter le pansage avec docilité. Nous n'ajouterons qu'une remarque, c'est qu'il importe, dans l'intérêt même de l'hygiène, de ne pas abuser des couvertures. Nous avons durant plusieurs années entretenu en bon état de santé, dans la pratique civile et dans la pratique militaire, nos propres chevaux de selle, en les privant systématiquement et d'une manière absolue de l'usage de la couverture. Pourtant nous montions au régiment une bête extrêmement fine et impressionnable, qui faisait avec nous un service très-actif et rentrait le plus souvent à l'écurie étant en sueur. Mais elle ne savait pas non plus ce que c'était que l'étrille, et elle recevait chaque fois un bon bouchonnement.

Bains. — Nous avons ailleurs (1) envisagé ce sujet avec tous les développements qu'il comporte au point de vue de l'hygiène des animaux. Nous ne saurions mieux faire que de reproduire ici la partie de notre travail relative à l'usage des bains pour les chevaux de travail. Voici ce que nous avons écrit à cet égard :

« Dans toutes les localités où l'existence d'un fleuve ou d'une rivière suffisamment forte rend la chose possible, l'usage d'y faire baigner les chevaux après leur travail est adopté de temps immémorial. Cette pratique est usitée bien plus en vue de rendre plus facile que par les autres moyens de pansage, l'enlèvement de la boue ou du fumier qui souille la peau, que pour répondre à des vues raisonnées d'une saine hygiène, qui malheureusement ne sont pas assez répandues dans le public. Ce n'est guère que dans l'armée que les bains hygiéniques d'eau courante ont été mis en pratique comme mesure générale, dans la saison chaude et les jours de manœuvre, à la sollicitation des vétérinaires qui ne partagent point

(1) *Nouveau Dictionnaire pratique de médecine, de chirurgie et d'hygiène vétérinaires*, de H. Bouley et Reynal, art. Bains, p. 860.

cette opinion, au moins singulière, que les bains froids sont capables de provoquer le développement de la morve et du farcin. »

Après des considérations physiologiques sur les instincts manifestés à cet égard par tous les animaux, nous poursuivions ainsi :

« La plus grande importance de la question dont il s'agit ici se rapporte au cheval, dont la peau, en raison de la destination unique de cet animal comme agent locomoteur, a besoin de remplir toujours intégralement, et sans entrave aucune, cette fonction dont nous parlions tout à l'heure (la fonction *respiratoire* qui lui est en partie dévolue), et qui n'a été bien appréciée que dans ces derniers temps.

« Il règne encore au sujet des bains froids un préjugé fortement enraciné, et qu'il est de la plus grande utilité de chercher à détruire. Je sais qu'il me serait bien impossible de persuader à certaines personnes que cette pratique ne doit pas nécessairement déterminer des répercussions dangereuses. Je ne puis que les renvoyer notamment aux travaux de M. L. Fleury, sur l'hydrothérapie, où elles verront des quantités innombrables de *faits* qui prouvent que les bains froids ou les douches, même sur les individus en sueur, sont toujours sous ce rapport d'une innocuité parfaite, à la seule condition qu'ils soient généraux. Et cela se comprend du reste, puisque, l'action étant générale, la réaction l'est également, et que celle-ci est d'autant plus intense que le bain ou la douche ont été plus froids. On prend pour un inconvénient de la pratique en soi ce qui ne doit être imputé qu'à son usage irrationnel.

« A la condition donc que l'immersion soit générale et instantanée, les bains d'eau courante ne peuvent être que d'une grande utilité pour la conservation de la santé, quelle que soit du reste la température de cette eau; et je suis bien intimement convaincu, pour ma part, qu'on se trouverait fort bien d'en étendre l'usage. Rationnellement mis en pratique, c'est-à-dire de façon à ce que la réaction soit toujours rendue prompte, sûre et énergique, ces bains produiraient, depuis le printemps jusqu'à l'automne, sur l'hygiène du cheval en général, et du cheval de troupe en particulier, une influence conservatrice dont on n'aura pas de peine à se rendre compte, si l'on veut bien arrêter un instant son attention sur la cause la plus générale de ses maladies. Ce serait une façon d'agir diamétralement opposée à celle que nous voyons suivre partout, il est vrai; mais ne semble-t-il pas qu'on s'étudie actuellement, surtout chez les gens de luxe et dans l'armée, à rendre les chevaux de plus en plus impressionnables à l'action de cette cause générale occasionnelle de la plupart de leurs affections, en les enveloppant de camails, couvertures, guêtres, etc., en laine, pour lesquels ils n'avaient certes point été faits? L'usage des bains froids, en régularisant l'exercice des fonctions, imprimerait à l'appareil tégumentaire une tonicité et une force de résistance qui le mettraient à l'abri de ces troubles qui, sous l'influence du moindre courant d'air, se traduisent si facilement en une lésion grave des organes digestifs ou respiratoires, et surtout de ceux-ci. Mais c'est là une grave question d'hygiène générale que je ne puis qu'effleurer ici, en indiquant seulement le sens dans lequel je crois qu'elle devrait être envisagée.

« Quoi qu'il en soit, pour être véritablement hygiéniques, ces bains doivent être administrés suivant quelques règles, dont voici les principales : Les immersions, comme je l'ai dit, doivent toujours être, autant que possible, générales et instantanées; c'est-à-dire que le cheval ne doit jamais rester immobile dans l'eau froide au milieu de laquelle il s'est plongé; le mieux est de le faire passer à plusieurs reprises dans le lieu où le bain est établi. Lorsqu'il existe assez d'eau pour qu'un peu de natation soit indispensable, cela n'en vaut que mieux. Si la température extérieure est élevée au delà de la moyenne de l'été, l'animal peut être laissé sans inconvénient au repos, au soleil, en sortant du bain; mais s'il en est autrement et que la différence entre la température extérieure et celle de l'eau ne soit pas très-sensible, il est indispensable de provoquer la réaction par l'exercice. C'est ici du reste qu'intervient le tact du praticien qui surveille l'opération.

« J'ai vu mettre en pratique ce mode de bains sur une assez large échelle, et jamais, à ma connaissance, il n'en est résulté que du bien. »

C'est en 1856 que nous nous exprimions de cette façon, au sujet des avantages que les bains peuvent procurer à l'hygiène des animaux de travail. Rien n'est venu depuis nous faire sentir la nécessité d'y ajouter, mais non plus d'y retrancher quoi que ce soit. Nous pensons toujours qu'il ne faut pas négliger de tirer parti des circonstances qui permettent de faire baigner les chevaux, le plus souvent possible, même en toute saison, sauf à faire suivre le bain, dans les temps froids, de vigoureuses frictions, dans le but de faciliter la réaction et de les sécher. Cela repose les membres fatigués, donne de la tonicité aux muscles, et stimule l'appétit, tout en rendant les digestions plus faciles et l'absorption des matières nutritives plus complète.

C'est dans le même sens qu'agit une autre pratique, contre laquelle s'est élevé longtemps un préjugé analogue à celui dont nous venons de parler, mais qui est maintenant fort répandue dans les grandes villes sur les chevaux de luxe. Nous voulons parler du tondage, dont nous allons maintenant nous occuper.

Tondage. — Depuis bien longtemps, dans certaines contrées de l'Est et du Midi de la France, on avait la coutume de tondre les animaux de l'espèce chevaline, au moins sur une partie de la surface de leur corps, qui est celle sur laquelle portent les harnais. Les hygiénistes se sont plus d'une fois élevés contre cette coutume, en fondant leurs dissertations sur des considérations qui ne sauraient plus nous toucher, maintenant que nous sommes éclairés sur la véritable signification d'une telle opération. Les raisons théoriques opposées au tondage n'ont jamais pu prévaloir auprès de ceux qui l'avaient adopté. Ils ont continué, quoi qu'on leur ait dit, d'y soumettre leurs animaux. C'est que l'expérience, plus forte que toutes les conceptions hypothétiques, en avait

démontré les avantages. Ils ne voyaient point survenir sur leurs animaux les accidents qu'on affirmait devoir nécessairement être la conséquence de cette opération.

Et quand on examine en effet les objections opposées au tondage, on est frappé de leur peu de fondement. Le poil plus long et plus épais, disait-on, qui se montre à l'entrée de la saison froide, a pour but de protéger la peau contre les injures du temps. Enlever aux animaux cette sorte de manteau protecteur, c'est aller contre les vues de la nature, qui dispose pour le mieux tout ce qu'elle fait. L'animal qui en est dépourvu, doit nécessairement souffrir du froid et des intempéries, et subir une perturbation dans les fonctions de la peau.

Il est facile de voir jusqu'à quel point un pareil raisonnement pèche par la base. Sans doute, si la venue de l'hiver amène dans le système pileux des animaux les changements que nous observons, ce n'est pas sans motif. On conçoit fort bien que dans les conditions naturelles cela soit nécessaire. Les bêtes libres, qui n'ont en toute saison qu'à chercher leur nourriture, ne seraient pas suffisamment protégées contre le refroidissement, si, lorsque la température extérieure subit un abaissement constant et prolongé, leur corps ne se recouvrait pas d'une enveloppe plus épaisse, d'une sorte de vêtement mauvais conducteur de la chaleur. Le fait est, d'ailleurs, trop général, pour n'être pas l'expression d'une loi. Lorsqu'on observe à ce point de vue ce que l'on peut appeler la géographie des espèces animales, on constate toujours une relation exacte entre les caractères de la fourrure et ceux du climat. Sous les tropiques, les espèces sont à peu près dépourvues de poils; au voisinage du pôle, elles en ont au contraire d'abondants et fourrés. Il en est de même sous le rapport de l'altitude, avec des différences moins marquées toutefois.

Mais on s'expose aux plus étranges erreurs, toutes les fois que l'on veut appliquer aux conditions de la civilisation les faits observés dans l'état sauvage, sans tenir compte des éléments nouveaux que celle-là fait intervenir. N'est-il pas évident, par exemple, dans le cas dont il s'agit, qu'on ne saurait, sans offenser la logique, assimiler les animaux sauvages à ceux qui sont en état de domesticité ? Il intervient pour ceux-ci des conditions de logement, de nourriture, et surtout de travail, qui rendent toute comparaison impossible. Les animaux que leur fourrure protége contre les rigueurs du froid, ne portent point apparemment de harnais, ne produisent point un travail mécanique, qui est démontré aujourd'hui n'être qu'une transformation du calorique développé par les contractions de leur appareil musculaire. S'il leur fallait, pour maintenir l'équilibre de température nécessaire à l'exécution de leur fonction nutritive, exercer leurs muscles, on ne voit point comment il leur resterait assez de temps pour absorber en quantité suffisante les aliments indispensables à l'entretien de leur vie. C'est pour cela, sans doute, qu'ils sont protégés naturellement contre les déperditions de calorique, par ce que l'on appelle leur poil d'hiver.

Dans ces conditions, en outre, il est une remarque extrêmement importante à faire. Les exhalaisons normales de la peau s'exécutent d'une manière régulière et lente. La transpiration s'effectue dans les limites des nécessités fonctionnelles, et ses éléments liquides s'évaporent à mesure qu'elle se produit. Dans l'état de repos ou d'exercice modéré que comporte la vie sauvage, la transpiration est insensible ; en d'autres termes, l'animal dans cet état ne sue pas.

En est-il de même des animaux domestiques, et surtout des solipèdes utilisés pour le travail? Il n'y a pas lieu de répondre à cette question. Nous savons précisément qu'à travail égal l'abondance de la sueur est en rapport avec celle de la fourrure, et que cette sueur s'accumule d'autant plus à la surface du corps que le poil est plus long et plus fourré. Or, s'il est normal que la transpiration cutanée demeure dans tous les cas insensible, par le fait de l'évaporation constante de ses produits à mesure qu'ils se forment, il ne l'est nécessairement plus que ceux-ci, condensés sur les poils, s'y accumulent et forment à la surface du corps comme une sorte d'enveloppe liquide. Cette enveloppe peut être sans danger tant que dure l'activité fonctionnelle qui la provoque ; elle peut encore être sans danger si l'activité ne cesse pas tout à coup, et si son évaporation s'effectue lentement et sous l'influence d'une température douce ; mais elle ne l'est jamais lorsque l'évaporation a lieu rapidement, ou lorsque le liquide accumulé sur les poils se refroidit d'une façon brusque. Et c'est ce dernier cas qui se présente chez les animaux en sueur exposés à un courant d'air. Le moins qui puisse en advenir est un trouble dans la fonction de la peau, sur laquelle nous avons plus haut insisté.

Voilà la vraie raison scientifique et pratique des bons effets du tondage et de ses avantages. Cette opération, en diminuant l'abondance des poils, s'oppose à l'accumulation de la sueur. Elle maintient la transpiration insensible dans la plupart des cas. En un mot, elle empêche les animaux de suer et prévient les résultats pernicieux de cette atmosphère liquide dont nous venons de parler. De plus, lorsque réellement celle-ci se produit néanmoins sur le corps des sujets tondus, il est toujours plus facile d'en éviter les inconvénients par les procédés hygiéniques qui sont à notre disposition. Il n'est aucunement nécessaire de dire qu'un animal en sueur est d'autant plus facile à sécher que son poil est plus court et moins abondant.

Nous n'avons pas besoin de faire remarquer non plus que par l'opération du tondage le pansage de l'animal est rendu plus facile et plus complet. Il est évident que la peau peut alors être beaucoup plus aisément nettoyée, indépendamment de ce que les résidus de la transpiration cutanée s'y accumulent moins. A tous égards donc, le tondage des animaux de travail est une bonne opération, conforme aux plus sages prescriptions de la science hygiénique, et qui ne peut exercer sur la conservation de leur santé qu'une influence bienfaisante.

Au reste, l'expérience s'est maintenant prononcée là-dessus. Depuis que le tondage est pratiqué sur une large échelle, son heureuse efficacité ne

rencontre plus de contradicteurs parmi les hommes éclairés. Il est à désirer que sa pratique se généralise ; et tous ceux qui ont souci de la bonne hygiène de leurs animaux doivent y avoir recours. Le seul obstacle à la propagation du tondage est sans doute dans les frais relativement considérables qu'il occasionne. La difficulté est dans les procédés à l'aide desquels il peut être opéré. Il a été fait beaucoup d'efforts, dans ces derniers temps, pour simplifier ces procédés. On a d'abord substitué aux *forces* et aux ciseaux l'action comburante du gaz enflammé. Des expériences nombreuses, dont les premières ont été exécutées à Vincennes sur les chevaux de l'armée, ont démontré les avantages de ce moyen. Mais il a été à son tour dépassé. MM. de Nabat ont inventé depuis une tondeuse mécanique fondée sur le principe de la tondeuse à drap, qui paraît destinée à faciliter considérablement la propagation de l'opération. Nous avons vu fonctionner la machine de MM. de Nabat. Il semble bien impossible de rien imaginer qui puisse permettre de tondre mieux et plus rapidement un cheval. Ce n'est pas, il faut le remarquer, un résultat purement expérimental que nous constatons. Il s'agit d'une chose passée dans la pratique, devenue tout à fait industrielle à Paris, et qui est sans nul doute destinée à se répandre partout, au plus grand avantage de l'hygiène des animaux de travail.

Ces animaux sont ordinairement tondus vers la fin de l'automne. Il est bon de procéder à l'opération préférablement un peu plus tôt que plus tard. Lorsqu'elle est débarrassée de sa fourrure avant la venue des grands froids, la peau s'habitue progressivement à supporter les atteintes plus directes de la température basse de l'air qui l'entoure, dans les moments de repos. Il n'y a pas de règle absolue sur la question de savoir si le tondage doit être renouvelé plusieurs fois dans le courant de l'année. Dans le midi de la France et en Espagne, on le renouvelle ordinairement jusqu'à quatre et six fois. Il y a lieu de se guider pour cela sur l'état des poils, et de se conduire suivant que ceux-ci repoussent avec plus ou moins de vigueur. On aura réalisé un grand progrès hygiénique, lorsque tous les animaux de travail seront seulement tondus une fois l'an.

Si le tondage partiel usité depuis si longtemps et si généralement sur les chevaux de la Franche-Comté et du Dauphiné est un progrès considérable, il n'est point contestable que le tondage complet, celui qui s'applique à toute la surface du corps, constitue sur le premier un progrès non moins grand. C'est donc celui-ci qui doit être préféré. Toutes les parties de la peau contribuant à peu près également à l'accomplissement de sa fonction, nous n'avons pas besoin d'insister pour démontrer l'utilité de les mettre dans les mêmes conditions. La raison d'économie pourrait seule être invoquée, mais elle ne serait point suffisante pour compenser les avantages du tondage général. Ce sont précisément les parties sur lesquelles on laisse subsister les longs poils, c'est-à-dire toute la moitié inférieure du corps et les membres, qui sont les plus difficiles à entretenir en état de propreté et qui exigent pour cela le plus de soins et de travail. Or, même au point de vue seulement de l'économie, ce serait fort mal calculer que de ne pas se procurer le bénéfice du tondage à leur endroit. Le temps et le travail du personnel de la ferme, c'est de l'argent. La première de toutes les économies est de ne les point employer sans utilité.

Ferrure. — Les principes d'après lesquels la ferrure des solipèdes, pour être rationnelle, doit se pratiquer, ont été exposés précédemment, à propos de l'hygiène de l'élevage du cheval. Nous n'avons donc pas à y revenir. Cette opération est surtout indispensable pour les animaux de travail. Dans notre civilisation, on ne conçoit point que les animaux dont nous nous occupons puissent être utilisés comme moteurs sans son concours. M. H. Bouley a consacré au développement et à la démonstration de cette proposition des pages éloquentes, comme notre savant et affectionné maître sait les écrire. On est charmé, en les lisant, par cette logique tout à la fois élégante, nourrie de faits et si entraînante, qui vous conduit forcément à conclure avec l'auteur que l'art de la ferrure, en apparence si modeste, est étroitement lié par mille points de contact au sort et à la prospérité des empires. C'est l'histoire, du reste, du rôle social du cheval. Il serait bien à désirer que tous ceux qui utilisent cet animal pussent lire le travail de M. H. Bouley. Ils y prendraient une idée de l'importance de la ferrure, qui les porterait sans nul doute à donner tous leurs soins à ce qui la concerne. Le résumer ici nous entraînerait trop loin. Bornons-nous à citer un court passage, qui peut en être considéré comme la principale conclusion. « En résumé, dit l'auteur, il ressort, ce nous semble, des considérations dans lesquelles nous venons d'entrer et de l'exposé des faits qui les accompagnent, que la ferrure a sa place parmi les arts utiles, étroitement liés aux intérêts, disons mieux, aux nécessités de la société humaine, telle que la civilisation moderne l'a constituée, et dont les services de tous les instants passent inaperçus et inappréciés, parce que l'on en a tellement l'habitude, ils font si étroitement partie des choses ordinaires de notre vie, qu'ils n'attirent plus notre attention et n'excitent plus notre étonnement.

« Bien autre serait l'impression que produirait sur nous l'art de ferrer, si c'était une invention récente ! On n'aurait pas alors assez d'éloges pour cette heureuse et hardie conception, à laquelle on devrait l'utilisation possible du cheval, comme animal moteur, sur nos routes empierrées ; les économistes s'occuperaient à en prévoir toutes les conséquences ; ils indiqueraient l'influence que doit exercer sur le mouvement commercial et industriel des différents pays et sur les relations internationales, l'application de cette idée, si simple en apparence ; l'homme de guerre méditerait sur toutes les modifications de la tactique militaire qu'elle doit entraîner, chacun enfin, l'appréciant à son point de vue, chercherait à en faire ressortir les immenses avantages. Eh bien, cet éloge de la ferrure serait vrai, car, sans elle, nous croyons l'avoir démontré, le cheval ne serait que difficilement utilisable ; c'est par elle, et par elle seule, que les forces de ce puissant moteur ont été rendues aussi productives dans nos exploitations modernes. Ne sommes-nous donc pas fondé à dire, quand nous calculons tout le parti que la société humaine a su tirer de cet utile auxiliaire, que la ferrure a sa place marquée parmi les inventions d'une application indispensable, qui ont concouru à ses progrès de la manière la plus active (1) ? »

Cela dit pour montrer à quel point les services des animaux de travail dont il s'agit dans ce chapitre sont étroitement dépendants des soins donnés à leur ferrure, il nous reste qu'à appeler l'attention sur ce qui est, à cet égard, du ressort des lecteurs auxquels nous nous adressons. La bonne exécution de l'opération dépend de la capacité de l'ouvrier qui l'exécute. Il importe donc avant tout de le choisir capable. Il ne peut pas entrer dans notre plan de mettre les personnes étrangères à l'art en mesure d'apprécier exactement cette capacité, pour le jugement de laquelle elles doivent nécessairement s'adresser aux hommes compétents et en particulier aux vétérinaires. Mais ce qui est de notre devoir, c'est de formuler quelques préceptes généraux relatifs à l'entretien de la ferrure. Cela fait essentiellement partie de l'hygiène, et ne peut pour ce motif être ici négligé.

La corne du pied croît régulièrement et d'une manière indiscontinue, de façon à maintenir la longueur de celui-ci dans des proportions convenables, à mesure que sa surface plantaire s'use par des frottements modérés sur le sol. Dans de certaines contrées, où les animaux ne sont pas ferrés, et lorsqu'ils ne travaillent pas, les deux choses se compensent à peu près et le sabot se maintient dans un état normal. Chez nous où la surface plantaire est protégée par une armature de fer et où par conséquent elle n'est pas usée, la croissance ne s'en effectue pas moins ; de telle sorte que la boîte cornée acquiert bientôt une longueur hors de proportion avec ses conditions normales, si l'on n'a pas le soin d'en retrancher une certaine étendue. C'est là un des premiers motifs de la nécessité du renouvellement périodique de la ferrure, plus impérieux encore que celui tiré de l'usure du fer lui-même. Chez les animaux qui travaillent beaucoup, et sur des routes empierrées, cette dernière circonstance met en garde nécessairement contre l'inconvénient que nous venons de signaler. Mais il n'en est pas ainsi notamment pour les chevaux exclusivement employés aux travaux agricoles. Dans les terres labourées leurs fers s'usent peu et n'ont besoin d'être remplacés qu'à de rares intervalles. Si l'on attendait donc, pour renouveler la ferrure, qu'ils tombassent d'eux-mêmes ou fussent suffisamment amincis pour ne plus protéger la surface plantaire du pied, on laisserait acquérir au sabot une longueur infailliblement préjudiciable au maintien des aplombs réguliers. En se reportant aux considérations anatomiques et physiologiques consacrées dans les chapitres précédents à la disposition des membres du cheval, on trouvera tout de suite la raison de ce fait.

(1) *Nouveau Dictionnaire*, etc., art. FERRURE, t. VI, p. 581.

Il importe donc beaucoup, pour la bonne hygiène de ces parties de l'organisme, de relever au moment convenable les fers cloués sous les pieds et de ramener ceux-ci aux dimensions normales, en retranchant de leur longueur tout ce qui en dépasse les proportions. Il n'est guère possible de fixer d'une manière invariable la périodicité de cette opération. Elle est, dans une certaine mesure, subordonnée aux individus et dépend de l'activité avec laquelle pousse la corne. Il faut se conduire d'après l'observation de chacun d'eux. Toutefois, on peut dire qu'en moyenne chaque ferrure ne doit guère demeurer en place au delà d'un mois. Dépasser cette limite, c'est faire une économie fort mal entendue et que nous ne saurions trop blâmer.

Harnachement. — Les harnais employés pour utiliser la force mécanique des animaux de travail appartenant aux espèces dont il s'agit en ce moment, ont pour but de les retenir captifs à l'écurie, de nous permettre de diriger leurs mouvements et de modérer leur impétuosité, enfin d'établir la relation entre cette force mécanique et les fardeaux qu'elle doit supporter ou entraîner. Ces différents objets veulent être considérés à deux points de vue, qui se confondent cependant pour la plupart des cas. Il s'agit en effet de les disposer de telle façon qu'ils concourent à la production du travail utile le plus considérable, tout en ménageant le plus possible les forces et la santé des animaux. Ce sont là des considérations d'une grande importance à la fois hygiénique et économique, et qui n'attirent pas suffisamment l'attention. On n'est pas assez persuadé, en général, de la part qui revient au harnachement dans la somme des services rendus par les animaux de travail. Les sociétés protectrices, uniquement guidées par des sentiments de bienveillance et de compassion, s'en préoccupent beaucoup, en vue d'éviter à leurs protégés des souffrances inutiles; mais elles auraient plus de chances de succès en démontrant — ce qui n'est pas difficile — que les bonnes conditions du harnachement sont le meilleur moyen d'utiliser intégralement les forces des animaux, tout en les conservant le plus longtemps possible. Cet argument a l'avantage de ne point nécessiter, pour être compris et goûté, les bons sentiments qui sont malheureusement trop sujets à faire défaut. Il s'adresse précisément à une notion que l'on est sûr de rencontrer chez tous les hommes, et en raison même de l'absence de la sensibilité. Son seul obstacle est la propre exagération de cette notion, qui conduit à une lésinerie sordide, ne voyant que le fait immédiat et prochain, c'est-à-dire la réalisation d'une première dépense moindre, sans préoccupation du résultat ultérieur; mais il est facile de modérer ce premier mouvement par la démonstration d'un avantage final réel et saisissant.

Nous devons donc nous appliquer, en passant en revue les diverses pièces qui composent les harnais des animaux de travail, à faire voir combien il importe qu'elles soient confectionnées et disposées de manière à atteindre le but que nous venons d'indiquer. Il ne conviendrait pas que nous entrions dans les détails purement techniques de leur confection. Notre cadre ne comporte à cet égard que des principes hygiéniques. Il appartient aux hommes du métier de les appliquer, et à ceux qui gouvernent les animaux d'en surveiller l'application.

Il n'y a que peu de chose à dire au sujet de l'appareil à l'aide duquel les solipèdes sont attachés à l'écurie. Le *collier* ou le *licou* qui remplit cet office est convenable, à la condition qu'il atteigne son but sans blesser l'animal. Nous dirons seulement que des deux le premier est préférable, parce que le second peut produire des accidents. « Si, dit avec raison M. Magne, on laisse la courroie trop lâche, les animaux se détachent; si on la serre trop fortement et que les animaux s'entravent, s'abattent, la strangulation peut avoir lieu. » Il vaut donc toujours mieux les attacher par la tête, avec un licou en cuir à surfaces larges et moelleuses, matelassées même au besoin, s'il s'agit d'individus à peau fine et sensible. Le luxe dans la confection de ce harnais est admissible dans certains cas, mais n'est jamais nécessaire. La propreté suffit. On peut reconnaître un palefrenier soigneux à la manière dont il entretient le licou de ses chevaux.

La *bride* a pour nous une tout autre importance, non pas en raison précisément de celles de ses parties qui peuvent être considérées comme accessoires et comporter toutes sortes de dispositions et d'enjolivements, telles que la *têtière*, le *frontal*, la *sous-gorge*, les *montants*, la *muserolle*, les *œillères*, les *porte-mors*, etc., mais en considération du *mors* et du choix de l'embouchure qui a tant exercé la sagacité des écuyers et des hommes de cheval. Il convient donc que nous accordions à ce grave sujet l'attention et les développements qu'il comporte. Quel que soit leur genre de travail, les animaux dont nous nous occupons ne peuvent être utilisés qu'avec l'usage de la bride. La façon dont cet instrument leur est appliqué exerce sur leurs services une influence très-notable. Ce sont des raisons suffisantes pour justifier de notre part un examen approfondi, qui doit nécessairement nous entraîner à des considérations un peu étendues.

Ces considérations, d'ailleurs, nous les avons déjà développées dans une autre circonstance. Nous nous bornerons à les reproduire ici, sans y rien ajouter ni retrancher. Elles résolvent, suivant nous, la question tant controversée du choix du mors pour les espèces que cet instrument sert à guider dans leurs travaux. Voici ce que nous avons écrit en 1856 sur cet objet :

« Pour la presque unanimité des hommes de cheval, le mors doit être considéré en même temps comme un frein et comme un instrument de contrainte, à l'aide duquel la volonté du cavalier (ou du conducteur) fait plier sous son empire les résistances de l'animal et lui imprime, par des combinaisons toutes physiques, les directions où il lui plaît de l'entraîner. Dans cette idée, le cheval est résolûment condamné comme tout au plus capable de grossiers instincts; il ne faut donc point entreprendre de se mettre en communication avec son intelligence; nature obtuse s'il en fut, il ne saurait obéir qu'à la force. De là une multitude de combinaisons plus ou moins savamment conçues, pour perfectionner et rendre de plus en plus efficace, à ce point de vue, l'instrument qui doit assurer à l'homme sa domination; car ce n'est, bien entendu, qu'en appelant à son aide les secours de la mécanique que l'homme, dans sa vanité, se persuade qu'il demeurera le maître en décuplant ses propres forces. Il combine les leviers et leur point d'appui; il calcule des effets, similaires et opposés; que sais-je?... il y en aurait pour trop longtemps à énumérer seulement toutes les théories relatives à l'action de la bride sur l'avant-main; car on scinde, dans l'école, le cheval en deux parties, dont l'une est sous la direction immédiate des jambes, et l'autre sous celle de la main. On *ramène les forces au centre*, et de galimatias en galimatias, on finit par faire du cheval une machine inerte dont le cavalier domine tous les organes. On nous montre des déplacements de poids par des chargements de l'assiette qui doivent nécessairement déterminer telle ou telle direction dans les mouvements; bref, l'équitation qui jusqu'alors avait été un art presque intuitif, une sorte de don des dieux, comme la poésie, puisqu'elle supposait, dans sa perfection, la puissance de communiquer sans aucune difficulté avec l'intelligence des bêtes; l'équitation, disons-nous, est devenue une science exacte qui, pour un peu plus, se résoudrait par des équations.

« Or, il faudrait pourtant bien remarquer que, dans sa noble fierté et dans sa majestueuse force, le cheval pourrait facilement, s'il le voulait, se jouer de toutes ces combinaisons. Que lui importerait, je vous le demande, le bras faible et débile de l'homme, s'il lui plaisait de l'emporter, dans une course désordonnée, par monts et par vaux, jusqu'à lui faire perdre haleine?

Et ne le voit-on pas parfois oublier, dans sa colère, qu'il s'est rallié à l'homme pour devenir un de ses auxiliaires les plus puissants, en lui prêtant la vélocité de ses jambes, et l'aider dans son œuvre de civilisation? Alors tout frein, toute volonté humaine, disparaissent, et il rentre violemment en possession de sa liberté, pour y renoncer bien vite, comme s'il n'avait eu pour but que de prouver au maître que son obéissance est toute spontanée.

« Des faits indiscutables, d'ailleurs, prouvent péremptoirement que toutes les fois qu'il le rencontre doux et habile, il lui obéit sans aucune contrainte, et que les intentions de celui-ci sont aussitôt comprises et exécutées d'un côté, qu'elles ont été conçues et manifestées de l'autre. Ce ne sont donc point des rapports purement physiques et mécaniques, comme on persiste à le soutenir, qui s'établissent réellement entre le cavalier et son cheval. Celui-là, par droit d'intelligence, est destiné à dominer celui-ci, dont l'éducation, par là, doit en somme consister en l'enseignement particulier des moyens à l'aide desquels il lui manifestera sa pensée, ou pour ainsi dire de la langue dans laquelle se traduiront leurs rapports. Eh bien, s'il en est ainsi, — et cela est évident de soi, — ce que l'on appelle *les aides* est à proprement parler l'ensemble des mots dont se compose cette langue, et la bride particulièrement, en raison de l'action déterminante des parties sur lesquelles elle agit dans l'accomplissement des mouvements, y joue le plus grand rôle. L'important est donc qu'elle réunisse des conditions suffisantes à la manifestation effective des volontés du cavalier (ou du conducteur), sans que son action dépasse les justes limites d'une sensibilité capable d'occasionner une impression instantanée, et susceptible d'être perçue. Tout ce qui, dans ce genre, atteint la douleur, est non-seulement cruel, mais encore irrationnel et seulement propre à éloigner les résultats qu'on attend. Voyez les chevaux considérés comme bien dressés, ceux dont on dit qu'ils ont la *bouche légère* ou *loyale*; le moindre mouvement imperceptible de la main détermine aussitôt le déplacement désiré. Et ce qui mine bien toutes les fausses théories de l'école, c'est que, dans cette action, l'effet physique est diamétralement opposé, en fait, à celui que l'on croit généralement produit par le mors, comme il va nous être facile de le démontrer. En outre, ne voyons-nous pas les écoles rivales obtenir des résultats identiquement semblables, par des effets diamétralement opposés? Ce qui prouve bien que tout cela n'est qu'une affaire d'éducation, et que l'intelligence du cheval y joue un plus grand rôle que le prétendu déplacement de ses forces ou de son équilibre.

« Mais, pour suivre notre démonstration, supposons que le cavalier ait les rênes de la bride ajustées dans la main droite. Il veut déterminer un mouvement de l'encolure à droite. Toutes les écoles enseignent qu'il doit alors porter légèrement la main de ce côté. Or, cela étant, quels sont les effets produits? Le plus immédiat est sans contredit une traction sur la rêne gauche, qui s'appuie sur l'encolure du même côté, laquelle fait office de poulie de renvoi pour transmettre l'action de la main à la branche gauche du mors, qui, à son tour, la transmet au canon, encore du côté gauche, qui, en définitive, agit sur la barre du même côté. Cette déduction est, il nous semble, strictement exacte; et cependant cette pression du mors sur la barre gauche détermine le cheval à se porter à droite, absolument comme dans le cas où le cavalier (ou le conducteur), tenant une rêne dans chaque main, détermine le même mouvement, en agissant sur la barre droite, par une action directe exercée sur la rêne correspondante. C'est que, encore une fois, le cheval a appris à comprendre les désirs de son cavalier, de quelque façon qu'il les lui ait manifestés; et certes, les difficultés du dressage dépendent bien plus des vices de conformation ou de l'insuffisance des organes destinés à accomplir les mouvements, ou encore de l'état obtus plus ou moins prononcé des facultés intellectuelles dans leur limite physiologique, que de prétendus défauts des parties constituantes de la bouche. Il serait plus exact de dire, du reste, que ceux-ci, quand ils existent réellement, sont presque toujours le résultat de l'ignorance ou de la brutalité des cavaliers (ou conducteurs), et souvent des deux à la fois. A quoi bon des ménagements et de la douceur, avons-nous entendu dire par des gens chargés cependant de la direction de cet important travail dans l'armée, et qui avaient puisé leurs connaissances à une source réputée bonne ; le cheval n'est-il pas l'animal le plus bête de la création ? Erreur bien funeste, à plusieurs égards, et qui accuse, de la part de ceux qui la partagent et la propagent, une bien fausse idée de la valeur d'un animal auquel, par ce fait, ils ne sont point dignes de commander.

« Le meilleur moyen de tirer du cheval tout le parti dont il est capable, consiste à ne borner ses moyens par aucun objet de contrainte, ou le moins possible. Or, la bride étant un objet de ce genre dont l'indispensabilité est cependant reconnue, il s'ensuit que celle qui lui laissera le plus de liberté et lui occasionnera le moins de douleur, sera nécessairement la meilleure. Et c'est surtout dans les commencements de son action qu'il importe de ne point s'écarter de cette loi ; alors que les impressions sont neuves et d'autant plus efficaces, on ne peut que gagner à agir avec ménagement. Le mors le plus doux suffira toujours à faire comprendre au jeune cheval ce qu'on attend de lui ; il s'y prêtera d'autant plus volontiers, qu'on aura mis plus de douceur à le lui demander. Tous ces mors, savamment combinés pour être énergiques, sont généralement impuissants à modérer la fougue du cheval qui s'emporte, sous l'influence de la peur ou de la colère, de nombreuses expériences l'ont suffisamment démontré ; et, dans les cas ordinaires, ils sont aussi inutiles que cruels, en même temps que, par la gêne et la douleur qu'ils produisent, ils mettent obstacle à l'accomplissement élégant et régulier des allures des chevaux qui les portent.

« Et la conclusion à tirer de tout cela, c'est que cette question de l'embouchure, dont se préoccupaient tant nos anciens écuyers de l'école française, doit être réduite à sa plus simple expression, et qu'elle ne présente aucune des difficultés sérieuses dont on la croit généralement encore aujourd'hui entourée. Le problème physiologique et pratique consiste tout simplement, puisqu'il est de toute nécessité de placer un mors dans la bouche du cheval, à faire que ce mors n'en blesse ou n'en gêne que le moins possible aucune des parties. Peu importe après cela la conformation de ces parties, dont les écarts du reste sont bien loin de se montrer aussi grands qu'une idée exagérée de l'importance de l'embouchure les avait fait voir (1). »

Pour nous donc, la bride doit être seulement considérée comme un instrument à l'aide duquel nous transmettons notre volonté au cheval. Elle est un procédé d'avertissement, non pas un appareil de contrainte. D'où il suit que nous devons uniquement nous préoccuper de l'ajuster à la tête et à la bouche de l'animal, de telle manière qu'elle ne les blesse en aucune façon. Il ne faut pas perdre de vue que ces parties sont les plus sensibles de toute l'économie, en raison tout à la fois de la finesse de la peau et de la muqueuse buccale, appliquées diversement sur les os dans la plus grande partie de ces régions, et de la présence des cordons nerveux nombreux et importants qui s'y distribuent. L'observation démontre que, dans la plupart des cas, les vices de caractère, l'indocilité, l'emportement, ont eu pour point de départ, chez le cheval, une souffrance produite par l'application d'une bride mal ajustée, d'un mors trop dur. Il faut veiller surtout, lorsqu'il s'agit des animaux de trait, à ce que la nuque ou la base des oreilles ne soit pas blessée par la têtière généralement trop lourde et trop dure qu'on leur applique. Indépendamment de la souffrance causée par de semblables blessures, celles-ci peuvent avoir, et ont le plus souvent, des conséquences funestes. Elles provoquent le développement de ce que les anciens hippiatres ont appelé le *mal de taupe*, et dont personne sans doute n'ignore la gravité.

Il n'est pas nécessaire de s'arrêter à ce qui concerne la *selle*. Les conditions qu'elle doit remplir pour être conforme aux prescriptions de l'hygiène peuvent être indiquées en deux mots. Il la faut ajustée de façon à ce qu'elle ne gêne aucunement le mouvement des épaules, et construite de telle sorte que le garrot et les reins ne soient pas blessés par elle. L'obtention de ce résultat dépend uniquement de la disposition des *panneaux*. Si ceux-ci embrassent exactement les contours de la région sur laquelle ils s'appliquent, de chaque côté de la colonne vertébrale, afin que les déplacements de l'assiette ne puissent point les faire basculer dans aucun sens, il n'est point à craindre que des blessures se produisent. Là est toute la difficulté.

Ce principe, du reste, est celui qui domine toute la question du harnachement, aussi bien pour les animaux de trait que pour ceux de selle. Qu'il s'agisse du *collier*, de la *sellette*, de l'*avaloire* ou du *bât*, c'est toujours la même chose. Il faut que les mouvements soient le moins possible gênés par le harnais, et que celui-ci s'applique exactement sur toutes les parties de la région qu'il doit le porter. Ce ne sont pas les pressions, en effet, qui déterminent des blessures, surtout lorsqu'elles s'effectuent par l'intermédiaire de coussins rembourrés, comme c'est le cas pour les harnais ; ce sont les frottements. Or, ces frottements ne se produisent qu'à la faveur du jeu laissé au harnais. Un collier qui embrasse exactement la base de l'encolure, en portant sur chaque face de la même manière dans toute son étendue, et en laissant libres le garrot et la trachée, en haut et en bas, ce collier ne blesse jamais, s'il ne ballotte pas. Il en est de même pour la sellette.

Dans une grande partie de la France, on a la déplorable habitude de surcharger le collier des chevaux de trait d'accessoires qui lui font atteindre un énorme poids. C'est à tel point qu'il faut un homme extrêmement vigoureux pour l'appliquer, et que celui-là même en a tout son faix. Les charretiers mettent à cela leur orgueil. Et l'on a même entrepris de démontrer que cela était avantageux pour la force mécanique déployée par l'animal. La charge déplacée, a-t-on dit, est en

(1) *Nouveau Dictionnaire pratique de médecine, de chirurgie et d'hygiène vétérinaires*, de H. Bouley et Reynal, art. Boucne, t. II, p. 548.

raison de la masse du cheval de trait ; par conséquent, en le surchargeant, on augmente sa puissance. Cela peut se soutenir au point de vue de la dynamique. On est même forcé de convenir que cela est vrai. Il est certain qu'indépendamment de la force musculaire qu'il déploie pour déplacer une charge quelconque, le cheval de trait entraîne une partie de cette charge par son propre poids, en le portant en avant. Mais si l'on envisage cette question en hygiéniste et surtout en économiste, elle n'est plus tout à fait aussi simple. Il s'agit en effet de savoir si le bénéfice obtenu par la surcharge du collier n'est pas plus que compensé par le surcroît de fatigue qu'elle impose à l'animal et par conséquent par l'usure plus prompte de celui-ci. On manque d'expériences précises pour résoudre ce point d'une manière positive ; mais, en se basant sur ce que nous savons de la mécanique animale, et en considérant les variations du plan sur lequel tirent les chevaux, variations qui le font incliner aussi souvent de bas en haut que de haut en bas, il est permis de penser que somme toute il reste, comme résultat final, la surcharge du collier en pure perte. La théorie serait exacte, si la traction s'opérait toujours sur une pente ou même sur un terrain de niveau ; elle ne peut plus l'être, dès que l'on est obligé de tenir compte des rampes à franchir.

Cette donnée ne paraît pas avoir fixé l'attention de ceux qui ont cherché à démontrer l'utilité des colliers lourds. Elle suffirait pour faire voir qu'ils imposent gratuitement à l'animal qui les porte. une dépense de force, et par conséquent pour faire sentir leurs inconvénients, si d'ailleurs leur confection et leur entretien n'entraînaient en outre des frais plus considérables que ceux nécessités par les colliers légers. Tout ce luxe de larges attelles, de housses lourdes et étendues, doit être remplacé, comme on le fait dans le Nord, par ce qui est strictement nécessaire pour l'attache des traits et le maintien des guides. Il faut conclure sur ce point que, toutes choses d'ailleurs égales, le collier le moins lourd est toujours le meilleur, quel que soit le genre de service de l'animal de trait qui le porte.

Le collier bien fait est cependant toujours préférable à la *bricole*, qui gêne plus ou moins les mouvements du bras. Appliquée sur la pointe de l'épaule et en avant du poitrail, celle-ci prend son point d'appui, pour la traction, dans des conditions défavorables. On peut l'admettre tout au plus lorsqu'il s'agit de traîner, à une allure vive, les véhicules légers qui n'exigent aucun effort. Son seul avantage est de constituer un mode de harnachement peut-être plus élégant que le collier. Son usage est quelquefois aussi momentanément nécessité par l'existence de blessures déterminées par ce dernier.

Nous n'avons pas besoin sans doute de nous élever contre l'usage déplorable en vertu duquel, dans certaines localités du midi de la France, les mulets et les ânes sont attelés par paires à une sorte de joug inflexible, soit au moyen d'un mauvais collier, soit directement. Cet usage, que réprouvent les plus simples notions de la mécanique et de l'hygiène, est abandonné par tous les hommes un peu éclairés. Il faut espérer que la diffusion des lumières le fera disparaître complétement, car il est à peine digne des temps primitifs. Ce mode d'attelage réduit à sa plus simple expression le travail utile produit, en même temps qu'il est une sorte de torture infligée aux malheureux animaux qui le subissent. Les cultivateurs qui l'emploient ne lisent pas et ne liront point vraisemblablement de longtemps encore. Il faut donc compter sur les hommes de progrès que leur position met en rapport avec eux, pour essayer de les persuader de l'intérêt qu'ils auraient à y renoncer. Nous les adjurons d'y songer.

Véhicules. — Il faut établir ici tout d'abord une distinction, car la question dont il s'agit est très-complexe. Pour les attelages de luxe, par exemple, le choix du véhicule est entièrement sous la dépendance de la mode, cette souveraine qui n'admet pas qu'on lui résiste. Nous n'avons donc pas à nous en occuper, si ce n'est au point de vue de certains détails qui lui sont parfaitement indifférents. De ce nombre est celui qui concerne la disposition et l'entretien des moyeux des roues qui roulent sur les essieux. Il est clair que les voitures destinées à être traînées à des allures rapides, quelle que soit d'ailleurs leur forme, nécessiteront, à charge égale, des efforts de traction d'autant moins considérables, qu'elles opposeront une résistance propre moins grande. L'hygiène du moteur est en conséquence intéressée à ce que cette résistance soit autant que possible diminuée ; et cela dépend du soin que l'on prend, dans la confection et l'entretien du véhicule, d'amoindrir l'intensité des frottements. Cela s'applique à la fois au matériel roulant de toute sorte ; mais nous en parlons en premier lieu, parce que c'est à peu près le seul côté qui, dans celui de luxe, ait des points de contact bien frappants avec l'hygiène des animaux de travail.

L'art de la carrosserie s'en est de tout temps occupé. De nombreux systèmes ont été imaginés pour réduire aux plus minimes proportions les frottements exercés par la boîte du moyeu sur la fusée de l'essieu. On peut même dire que nous en sommes arrivés aujourd'hui sous ce rapport à un état de perfectionnement qui ne laisse guère à désirer. On s'est surtout préoccupé de disposer les boîtes de manière à ce que les parties frottantes soient soustraites à l'accès des corps étrangers qui viendraient épaissir l'huile ou la graisse employée pour faciliter leur glissement. Et le système qui procure ce résultat, dit système de boîte-à-patent, qui est généralement usité pour les voitures de luxe, devrait l'être non-seulement pour toutes les voitures de service, mais encore pour tout le matériel monté sur roues. Il procurerait une économie de force très-notable et tournerait par conséquent au bénéfice de la conservation des moteurs. Dans ces derniers temps, un inventeur a même proposé de rendre inutile tout graissage, en substituant le frottement par roulement au frottement par glissement. Il arrive à ce résultat en disposant dans la boîte, à chacune de ses extrémités, un point de contact constitué par une sorte de collier formé d'une série de boules en acier roulant sur elles-mêmes dans une gorge, et dans tous les sens. Les contacts sont ainsi diminués et les frottements presque nuls. La théorie est très-favorable à ce système, et l'expérience semble en avoir démontré l'efficacité, au moins pour les coussinets des machines. Il procure à coup sûr l'économie du graissage. Mais ce n'est pas à ce point de vue que nous devons l'examiner ici.

En tous cas, il importe de donner toujours la préférence, dans le choix des véhicules, à ceux dont les roues tournent le mieux sur leur essieu, afin d'éviter aux animaux un emploi inutile de leur force. Ce n'est pas seulement une prescription de la judicieuse économie, c'est encore un devoir d'humanité.

Cette même considération s'applique également aux autres dispositions de tous les appareils et instruments auxquels ces animaux sont attelés. Quels qu'ils soient, au point de vue qui nous occupe en ce moment, les meilleurs, toutes choses d'ailleurs égales, sont ceux dont la construction est telle qu'ils économisent la force de traction pour produire un résultat donné. Qu'il s'agisse d'instruments de culture, charrues, extirpateurs ou autres; de faucheuses, de moissonneuses, de manéges, etc., etc.; ou d'appareils de transports, charrettes, chariots, tombereaux, camions : la question est toujours la même.

Il ne nous appartient pas, dans ce chapitre, de l'examiner pour ce qui concerne les transports par rapport à l'économie rurale. Nous n'avons pas à rechercher s'il convient de donner la préférence aux petits ou aux grands véhicules, à ceux attelés d'un, de deux, ou d'un plus grand nombre d'animaux; aux charrettes à deux roues plutôt qu'aux chariots à quatre; aux roues basses plutôt qu'aux roues élevées. Ces sujets comportent des éléments très-complexes, et la solution de chacun d'eux est subordonnée à des circonstances que l'économie rurale met en mesure d'apprécier. Il faut se borner, présentement, à leur côté hygiénique. Or, si l'on ne tient compte que de ce côté de la question, il n'est point douteux que les petits véhicules doivent être préférés aux grands, et les chariots aux charrettes. Les véhicules à quatre roues ont l'avantage de rendre inutile la fonction si pénible et souvent si dangereuse du limonier, surtout quand il doit soutenir et diriger tout seul, attelé à une grande charrette à deux roues, la charge de plusieurs chevaux. Les petits véhicules de cette espèce amoindrissent au moins considérablement les inconvénients de cette fonction.

Quel que soit au reste le choix commandé par les circonstances économiques dont nous venons de parler, il est des recommandations qui sont de notre ressort, et que nous ne devons pas négliger. Elles ont pour but de rendre les conditions des véhicules de toute sorte le moins défavorables possible aux animaux chargés de les traîner. En première ligne se placent les dispositions de ces appareils qui secondent l'action des animaux et ménagent leurs forces, ou sont de nature à les préserver des accidents inhérents à leur fonction. Nous devons appeler particulièrement l'attention sur les freins, l'arcanseur et le tuteur du limonier.

Tout le monde connaît les freins, dont l'ensemble porte le nom vulgaire de *mécanique*. On sait que ces appareils ont pour effet d'exercer sur les roues un frottement plus ou moins énergique, qui rend leur roulage moins facile, et diminue la poussée que le véhicule exerce à la descente sur le limonier. Nous n'y insisterons pas. Il suffit de dire que tout véhicule de transport doit en être pourvu, surtout dans les pays où il existe des pentes sur les routes. L'évidence de l'action des freins et de leurs avantages rendrait à cet égard superflue toute démonstration.

On connaît moins l'*arcanseur* inventé par M. le docteur Blatin. Cet instrument mériterait pourtant d'être autant connu et plus généralement usité que la mécanique, car aux avantages de celle-ci il en joint d'autres non moins précieux, que nous allons indiquer. Ainsi, le but principal de l'arcanseur est de ménager les forces des animaux à la montée, comme le fait le frein à la descente. Lorsque ceux-ci gravissent une rampe en traînant une charge, ils n'ont pas seulement à déplacer le poids que représente cette charge sur un terrain plan; ils ont encore à lutter contre la force qui tend à l'entraîner dans le sens du plan incliné, et qui n'est autre chose que la pesanteur; et celle-ci est d'autant plus efficace que le glissement est plus facile sur ce plan. Eh bien, l'arcanseur de M. Blatin est disposé de telle façon qu'en s'opposant à ce que la roue puisse rouler sur son essieu dans le sens du plan, c'est-à-dire en arrière, tout en ne mettant aucun obstacle à la marche en avant, il contre-balance en grande partie, si ce n'est en totalité, la force retardatrice dont il s'agit.

Lorsque, au lieu d'être placé en arrière de la roue, l'arcanseur est placé en avant, on conçoit facilement qu'il puisse remplir l'office de frein. Et son action en ce sens est d'autant plus efficace, qu'il s'oppose à tout mouvement de cette roue sur son axe. Elle est alors obligée de glisser sur le sol. C'est le même effet que celui produit par le *sabot*.

Ce n'est pas tout. L'arcanseur sert encore pour cette action que l'on appelle *épauler*, lorsqu'il s'agit de démarrer en terrain plan une lourde charge, ou lorsque les roues, engagées dans un chemin difficile, sont embourbées. Appliqué alternativement sur l'une et sur l'autre, il les accole et fait résistance aux mouvements de recul qui s'opposeraient sans cela à ce qu'elles puissent être entraînées successivement en avant.

Cet instrument constitue un accessoire très-simple et peu coûteux, qui peut être adapté à tous les véhicules, et dont la manœuvre est on ne peut plus facile. C'est une pièce mobile autour d'un certain arc de la roue, fixée à son centre de mouvement au moyen d'une tige, et qui embrasse la jante sur laquelle elle s'appuie, de telle sorte qu'elle permet les mouvements de celle-ci tant qu'ils la prennent de bas en haut, en s'y opposant seulement dans le sens opposé. Son action est analogue à celle des encliquetages.

Enfin il nous reste à parler du tuteur du limonier. C'est une sorte de chambrière fixe et solide, disposée en permanence à l'avant de la charrette ou du tombereau. En cas d'abattage du cheval de limon, elle porte aussitôt à terre et empêche le poids de la charge de porter sur le dos de l'animal. Il est inutile d'en faire ressortir les avantages. Ils sont évidents. A tel point que l'on ne comprend pas que le tuteur ne soit pas universellement adopté. Pour être juste, il faut dire que son usage tend à se généraliser, à Paris surtout. Les agriculteurs soucieux de la conservation de leurs attelages ne peuvent se dispenser d'en pourvoir tous leurs véhicules de transport.

Pour avoir terminé sur ce qui se rapporte à l'hygiène des animaux de travail, nous n'avons plus qu'à ajouter quelques mots relatifs aux précautions à prendre à l'égard de ceux qui sont utilisés par paires et qui doivent être pour cela le mieux possible appareillés.

Appareillement. — Le but que l'on se propose en accouplant les animaux pour les faire travailler ensemble est de diviser entre eux la résistance qu'ils ont à déplacer. Lorsqu'ils ont à déployer leur force à la file l'un de l'autre, il importe peu que l'intensité de cette force soit équivalente. L'important est que leur action soit synergique, c'est-à-dire qu'elle s'exerce au même moment. Chacun contribue au résultat dans la mesure de sa capacité et utilise ses moyens. C'est l'affaire du conducteur de veiller à ce qu'il en soit ainsi, de manière à ce que le travail se répartisse dans l'attelage uniformément. Il possède pour cela le stimulant de la voix et du fouet.

Mais dans le cas où les animaux sont attelés de front, l'action synergique ne suffit plus. La solidarité devient plus étroite. Le travail ne peut être équitablement réparti que dans des conditions d'égalité parfaite, sans quoi le plus faible ne saurait jamais y contribuer même dans la mesure de ses moyens, tout en se fatiguant à peu près en pure perte. C'est la raison qui rend nécessaire un appareillement aussi complet que possible. Nous ne voulons pas parler, bien entendu, de ce qui concerne la couleur de la robe et ses particularités. C'est une question de goût et de coup d'œil qui n'est pas du ressort de l'hygiène. Il s'agit seulement ici de la taille, de la conformation, de la force, de la vigueur, dont l'égalité peut seule assurer cette solidarité de mouvements dont nous avons tout à l'heure fait sentir la nécessité.

C'est en effet à la condition d'un appareillement complet sous ces divers rapports que la solidarité peut être établie et le travail également réparti.

Cela s'applique aussi bien aux chevaux de labour qu'aux carrossiers les plus élégants. Il faut non-seulement que l'énergie et la volonté soient les mêmes, mais encore que les allures soient égales. Or, il ne peut en être ainsi pour ces dernières que dans le cas où la conformation est semblable. Et nous pouvons indiquer à cet égard un moyen aussi simple que certain, pour s'assurer que les conditions nécessaires sont bien remplies. Ce moyen est d'une exactitude mathématique. Il suffit de comparer entre eux les angles formés par les rayons osseux des membres, sur les dispositions desquels l'attention a été appelée dans un chapitre précédent, à propos du squelette du cheval. A vigueur égale, les allures seront nécessairement pareilles, si ces angles ont chez les deux individus à appareiller une parfaite similitude. Pour plus de précision, il en sera de cette façon, si par exemple l'épaule est chez l'un et chez l'autre également oblique, ainsi que tous les autres rayons, disposés dans le même sens, ou dans un sens opposé. Cette loi de la similitude des angles est la première condition de tout appareillement. Elle assure une similitude pareille dans les allures, et par conséquent une répartition égale du travail.

Lorsque la nécessité force à faire travailler accouplés des animaux qui ne la présentent pas, il est possible d'amoindrir les inconvénients causés par l'inégalité d'allure en corrigeant cette inégalité par une longueur aussi exactement proportionnelle que possible des traits. Si l'inégalité résulte de la force, on y remédie en faisant varier la longueur du levier qui transmet celle-ci. Et, c'est là une des raisons qui doivent faire préférer le palonnier aux modes d'attelage directs.

Toutes ces considérations ont une grande importance pour l'hygiène des animaux de travail, dont une des principales parties est, à coup sûr, celle qui concerne l'emploi rationnel de leur force. Et la première prescription hygiénique, à cet égard, est que cet emploi soit proportionné toujours à leurs moyens.

Ajoutons, en dernier lieu, que l'homme en tirera dans tous les cas un parti d'autant meilleur et plus profitable pour lui, qu'il les entourera de plus de soins de toute sorte, et qu'il maintiendra son autorité dans les limites de la bienveillance et de la douceur. Les attelages confiés à des cochers ou à des charretiers violents et brutaux sont toujours ceux qui durent le moins et fournissent en somme une quantité moindre de travail.

A. SANSON.

CHAPITRE XIV

PRODUITS ET USAGES DU CHEVAL, DE L'ANE ET DES MULETS.

Le cheval, l'âne et le mulet, en dehors des services ordinaires pour lesquels on les élève, nous en rendent d'autres encore qu'il nous paraît utile de mentionner. Ainsi, Parmentier nous apprend que chez les Tartares russes, les juments remplacent les vaches laitières d'Europe et sont traites une, deux et trois fois par jour. Leur lait chaud, dit-il, sert de médicament; on en fait du beurre, des fromages et surtout une liqueur enivrante, tellement du goût de ces peuples qu'ils font consister leur bonheur à en avoir toujours une grande quantité. C'était une pratique très-ancienne parmi eux, puisqu'au rapport de Marc-Pauli, vénitien, ils en préparaient dès le treizième siècle une boisson analogue au vin blanc. »

Thiébaut de Berneaud confirme le fait en disant : — « Avec le lait de jument, frais et provenant d'une bête saine, les Russes se procurent une liqueur spiritueuse. On n'y ajoute rien ; il suffit de l'agiter longtemps renfermée en un tonneau; l'effet du mouvement s'oppose à la séparation des parties constituantes du fluide, quoiqu'elles soient très-légèrement unies entre elles, et les oblige de fournir les principes qu'on produit que l'on veut obtenir. Spielmann s'est assuré, en 1778, que l'on pouvait employer de même le lait de vache. »

Nous nous contentons de citer; nous ne cautionnons rien, attendu que, personnellement, nous ne savons rien de ce qui se passe chez les Cosaques.

Personne n'ignore que, de temps immémorial, le lait d'ânesse est conseillé par la médecine aux personnes délicates. Dans les grandes villes, et à Paris, notamment, la vente de ce lait d'ânesse constitue une industrie considérable et lucrative.

Dans ces derniers temps, et faute de mieux sans doute, les écrivains agronomiques se sont beaucoup occupé du cheval comme animal de boucherie. Les uns tenaient sa viande pour délicieuse ; les autres la trouvaient médiocre ou détestable. Nous savons très-bien, pour notre compte, à quoi nous en tenir sur ce point. Ce n'est pas d'aujourd'hui qu'on mange du cheval; certains bouchers de l'Allemagne et du nord de l'Europe en vendent ouvertement ; les hommes de guerre en ont mangé plus d'une fois en temps de disette ou de famine et ne l'ont pas appréciée défavorablement ; les Cosaques qui passent, il est vrai, pour n'être pas difficiles, en servent sur leurs tables aux jours de grandes fêtes et n'ont pas tort. En Belgique, alors qu'on discutait de toutes parts sur le mérite de la viande de cheval, nous avons été invité à un grand dîner, offert par la Société d'horticulture et d'agriculture de Huy et où l'on servit successivement un potage de cheval, un bouilli de cheval, un ragoût de cheval et un jambon de cheval. La bête qui faisait ainsi les frais du festin était un poulain de 12 à 15 mois qui avait eu la jambe cassée et que le président de la société avait fait abattre. Le menu fut trouvé délicieux, et il l'était en effet ; mais au dessert quand le secret, d'abord bien gardé, cessa de l'être, quelques convives, et des plus satisfaits, éprouvèrent une impression fort désagréable. La force du préjugé est telle que pour notre part, si jamais nous renouvelons l'essai, ce ne sera que par surprise, comme la première fois, pas autrement. Toutefois, nous tenons à rendre hommage à la vérité et à déclarer que la viande de jeune cheval est excellente, et le bouillon préparé avec cette viande excellent aussi. Quant à la chair des vieux chevaux, il y a lieu de croire qu'elle laisse à désirer pour la délicatesse.

En Belgique, si nous sommes bien informé, et nous croyons l'être, on prépare des saucissons, de longue garde et de qualité supérieure, avec de la viande de cheval. En France, on dit bien que cette viande sert aussi à la préparation de quelques pièces de charcuterie, mais nous ne savons rien de précis à cet égard. L'essentiel, c'est qu'on ne le sache pas et que la matière première ne soit point suspecte. Après tout, est-ce que le cheval n'est pas aussi propre et même plus propre que la vache? Est-ce que la nourriture n'est pas la même pour l'un que pour l'autre? Mais ce n'est pas une raison pour solliciter l'établissement de boucheries où l'on ne vendrait que du cheval. Contentons-nous de constater que la chair des poulains, parfaitement sains et abattus par suite d'accidents, est très-bonne, et reconnaissons que les Mongols et les Kalmouks ont peut-être raison de classer pour leur chair, les uns l'hémione et les autres l'âne sauvage. Et à propos d'âne sauvage, rappelons que la chair de l'âne domestique fait d'excellents saucissons et que le chancelier Duprat affectionnait beaucoup cette viande. Les Mémoires du temps ajoutent que les courtisans en mangèrent aussi longtemps qu'il resta ministre, mais ce pourrait bien être une petite méchanceté.

La dépouille du cheval n'a pas plus de valeur qu'au temps où Tessier écrivait : « Sa peau sert à faire des cuirs communs, d'assez mauvaise qualité, qui se rétrécissent et deviennent secs. On emploie les crins pour des tamis, des sommiers de lit, des fauteuils, des archets d'instruments, des cordes, etc. Le poil de cheval, mêlé à celui de bœuf, forme la bourre dont on se sert pour les colliers de chevaux, pour faire du blanc en bourre dans les bâtiments. »

Les sabots, la chair et les os ont certainement une valeur, mais c'est le plus souvent à titre d'engrais.

Un jour, il y a longtemps de ceci, M. Payen se donna la peine de rechercher ce que pouvait valoir, à l'état de cadavre, un cheval moyen pesant un peu plus de 300 kilogr. Il estima donc successivement la peau, le sang, les crins, les sabots, les viscères, issues, boyaux, cervelle, les tendons, la graisse, la chair, les os, les clous et les fers, et il trouva qu'aux prix d'alors, la bête valait 63 fr. 60 centimes. Si nous établissions aujourd'hui un compte de cette sorte, nous atteindrions vraisemblablement un chiffre plus élevé ; mais en serions-nous plus avancé? Il ne suffit point de dépecer un cadavre de cheval et de dire au cultivateur : ceci vaut tant, cela vaut tant; il nous répondrait : — c'est possible, mais où faut-il aller et comment faut-il s'y prendre pour conclure un marché dans ces conditions chaque fois que j'aurai le malheur de perdre une de mes bêtes?

Pour ce qui regarde la peau et les crins, le cultivateur ne les perd pas et n'en est point embarrassé, mais il fait bien peu de cas du reste, et ce serait beaucoup obtenir de lui que de l'amener par des conseils incessants à convertir la carcasse en engrais, sans bourse délier. Nous avons parlé de cette manipulation au chapitre des engrais, page 56, et nous ne pensons pas qu'il soit nécessaire d'y revenir.

Ce que nous venons de dire, à l'occasion du cadavre des chevaux, s'applique évidemment aux cadavres des mulets, des ânes, etc. Seulement, pour ce qui est de l'âne, nous ajoutons que sa peau est précieuse et recherchée. On en fait des peaux de tambour, des cribles, du parchemin pour les portefeuilles, après avoir enduit ce parchemin d'une couche de plâtre.   P. J.

CHAPITRE XV

DE L'ESPÈCE BOVINE.

L'animal dont nous avons à nous occuper dans ce chapitre appartient, dans la classification zoologique, au huitième ordre des mammifères désigné sous le nom d'ordre des *ruminants*. Cette appellation est due à ce que les individus dont il s'agit jouissent tous de la faculté de *ruminer*, c'est-à-dire de ramener leurs aliments dans la bouche, après les avoir avalés une première fois, pour les mâcher de nouveau d'une façon plus complète.

Ce caractère essentiel des animaux ruminants, très-important à considérer au point de vue de leur hygiène, est dû à la disposition particulière de leur estomac, que nous devons indiquer d'abord, ainsi que le mécanisme de la rumination.

L'estomac, chez les ruminants, se compose de quatre poches distinctes qui sont : 1° la *panse* ou *rumen*; 2° le *bonnet*; 3° le *feuillet*; 4° la *caillette*.

L'œsophage, ou conduit intermédiaire entre la bouche et l'estomac, communique directement avec la panse et le bonnet. Il se continue ensuite sous la forme d'une gouttière ou demi-canal jusqu'au feuillet, qui communique à son tour avec le dernier compartiment gastrique, la caillette, où s'effectue véritablement la digestion des aliments. C'est dans la caillette que ceux-ci subissent les opérations qui doivent rendre leur absorption possible par les vaisseaux chargés de porter aux organes leurs parties nutritives.

Voici, en peu de mots, comment s'effectue l'acte de la rumination, en l'absence duquel ces opérations ne sont pas possibles, ce qui fait tout de suite comprendre à quel point il importe de ne le point troubler.

Après avoir été grossièrement divisés par les dents molaires, les aliments sont ingurgités sous un certain volume. En arrivant dans la gouttière œsophagienne, ils en écartent les bords en raison même de leur volume, et tombent directement dans le bonnet et dans la panse, où ils séjournent jusqu'à ce que le repas soit achevé. Alors, en vertu de contractions particulières de la membrane musculeuse du rumen, disposée pour cela, ils sont ramenés en regard de la gouttière, dont les lèvres se contractent sur eux, et qui se charge d'une portion pour la faire revenir dans la bouche par un mouvement de régurgitation. Arrivés là, les aliments sont soumis à une seconde mastication qui les ramollit, les imprègne de salive et les dispose pour une déglutition définitive. Lorsque celle-ci a eu lieu, le bol alimentaire n'est plus ni assez volumineux ni assez solide pour écarter les lèvres de la gouttière œsophagienne; il passe donc directement cette fois dans le feuillet, où les parties solides sont retenues, tandis que les fluides se rendent dans la caillette.

Cela se continue successivement, jusqu'à ce que la panse soit vidée, à moins qu'un trouble quelconque n'ait été apporté à l'exécution de la fonction.

Celle-ci, pour s'effectuer, a besoin en effet de calme et du repos de toutes les autres, du moins dans une certaine mesure. Et c'est pour cette raison que dans les conditions normales, les animaux ruminants ont l'habitude de se coucher après avoir ingurgité leurs aliments. Il est essentiel, pour ceux qui les gouvernent, de tenir compte de ce fait.

Un autre caractère non moins essentiel des ruminants est celui qui se rapporte à la disposition de leur appareil dentaire.

Ceux qui nous intéressent sont dépourvus d'incisives à la mâchoire supérieure. Elles sont remplacées par un bourrelet fibreux. On en compte huit à la mâchoire inférieure, larges, en forme de palettes, disposées en une rangée régulière, implantées obliquement de manière à présenter leur table au bourrelet fibreux, et leur bord tranchant légèrement arrondi en avant. Il n'y a pas de crochets. Les molaires ou mâchelières sont au nombre de vingt-quatre, douze pour chaque mâchoire, à couronne plate, et formées de deux doubles croissants. Indépendamment des mouvements d'abaissement et d'élévation de la mâchoire inférieure que l'on remarque chez tous les autres mammifères, celle-ci exécute encore ici des mouvements latéraux, qui ont pour but évidemment de faciliter la trituration des aliments.

Enfin, dans l'ordre zoologique dont il s'agit, le pied est terminé par deux sabots qui se touchent par leur face interne et constituent ce que l'on appelle le *pied fourchu*.

L'espèce bovine, la seule de l'ordre des ruminants qui doive attirer notre attention quant à présent, appartient au genre *Bos*, de la famille des *Tauriens*. Ce genre comprend plusieurs autres espèces, rangées par les naturalistes en quatre groupes, et que nous mentionnerons seulement, bien que quelques-unes soient utilisées dans certaines contrées. Le plan de cet ouvrage ne comporte pas davantage pour ce qui les concerne.

Au nombre de ces espèces du genre *Bos* se trouvent : le zébu (*B. indicus*), les buffles (*B. bubalus* et *B. arni*), l'auroch (*B. urus*), le bison (*B. americanus*) et l'yack ou vache grognante (*B. grunniens*).

Notre bœuf commun ou domestique (*B. taurus*) appartient au groupe des taureaux, caractérisé par un mufle, par des cornes simples, arrondies, coniques, à surface lisse, divergentes, supportées par un prolongement de l'os frontal communiquant avec la cavité des sinus, qui manquent chez certaines variétés ; par une membrane buccale munie de papilles cornées qui rendent la langue rugueuse ; par des mamelles dont les trayons sont disposés en carré. En outre, chaque pied porte, en arrière de l'articulation du boulet, deux onglons rudimentaires nommés *ergots*.

La constitution anatomique du bœuf ne diffère pas essentiellement, quant au plan de l'ensemble, de celle du cheval. Les quelques particularités différentielles qu'elle présente, à part celle qui est relative à sa qualité de ruminant et qui a été notée plus haut, sont inutiles pour le but que nous nous proposons. Au point de vue de la conformation extérieure, liée dans une certaine mesure aux aptitudes de l'espèce que nous utilisons, les considérations précédemment consacrées à l'agencement du squelette du cheval et aux dispositions de son système musculaire, peuvent nous donner des notions suffisantes, en les appliquant à l'espèce bovine, sauf à tenir compte des particularités caractéristiques de cette espèce. Très-importantes en histoire naturelle, ces particularités sont tout à fait secondaires en zootechnie. Ce qui importe ici, ce sont les rapports entre les os et les muscles, soit que l'on envisage l'animal comme moteur, et par conséquent en ne s'inspirant que des principes de la mécanique, ou qu'on le considère en vue du parti qui peut en être tiré pour la consommation de ses produits durant sa vie et après sa mort. A cet égard, les différences sont assez minimes pour être négligées. Nous ne les indiquerons donc point. Mais en raison précisément de la complexité des services de l'espèce bovine, son appréciation individuelle ne peut être exactement basée que sur la notion précise de chacun de ces services. D'où résulte la nécessité de les examiner d'une manière particulière. Ce premier point, qui est le côté économique de la question, domine toute la zootechnie de l'espèce. Son examen, entrepris en vertu de l'un des principes fondamentaux que nous avons posés, guidera toutes nos études ultérieures.

FONCTIONS ÉCONOMIQUES DE L'ESPÈCE BOVINE.

Dans notre état actuel de civilisation, la destination finale des bêtes bovines est la boucherie ; en d'autres termes, elle est de fournir à l'homme la viande dont il a besoin pour sa consommation. Cette proposition absolue ne rencontrera pas de contradicteurs. Quel que soit l'usage auquel, vivantes, ces bêtes peuvent être consacrées, elles doivent toujours, en définitive, terminer leur existence à l'abattoir. L'utilité de leurs autres services, si grande qu'elle puisse être, n'y change rien. Quand il les considère à son propre point de vue, l'économiste est forcé de tenir compte avant et par-dessus tout de cette considération. Il appartient au zootechnicien de concilier, dans la mesure du possible, les diverses fonctions auxquelles les aptitudes multiples de l'espèce peuvent la rendre propre ; mais lorsqu'on ne considère que l'ensemble de celle-ci, par rapport à son rôle dans l'état social, on est obligé de reconnaître que sa fin économique essentielle est la production de la viande. Et ce qui résulte de ce fait incontestable, c'est que, pour être amenée à son plus haut degré d'utilité possible, l'espèce bovine doit être améliorée en vue de cette destination. Voilà le principe. La qualité de bêtes de boucherie est fondamentale pour le bœuf et la vache. A quelque degré que ce soit, elle appartient à toutes les races, à toutes les variétés que nous élevons. Un peu plus tôt ou un peu plus tard, elles finissent toutes, ainsi que nous venons de le dire, par être livrées à la consommation. Cette circonstance, par sa généralité, est donc d'abord à prendre en considération, lorsqu'on envisage l'espèce bovine relativement à ses fonctions économiques particulières. Elle subordonnerait nécessairement, par cela même, toutes les autres, qui deviendraient pour ce motif accessoires ou secondaires.

Ce n'est pas à dire, toutefois, que celles-ci doivent être négligées, ainsi qu'on le voit souvent soutenir. L'appréciation exacte des choses ne le permet pas. Pour demeurer dans les limites de cette appréciation, il convient de tenir compte des nécessités de l'économie rurale, et de s'apercevoir que dans une telle question il est des cas nombreux devant lesquels le principe doit plier. On ne saurait trop répéter que la zootechnie n'est pas une science abstraite ; que dans l'économie du bétail, tout ou à peu près est relatif ; que la production animale, dans l'exploitation agricole, n'est qu'une des branches de l'industrie, et qu'elle dépend par conséquent de toutes les autres, au même titre que celles-ci dépendent d'elle. La question est donc nécessairement complexe, dans la plupart des cas ; et pour cette raison il y a lieu, suivant les circonstances et en ce qui concerne l'espèce bovine particulièrement, de tirer parti des aptitudes diverses qu'elle peut présenter, en les utilisant au mieux des intérêts de l'exploitation.

Ces aptitudes, outre celle qui vient d'être indiquée comme générale et fondamentale, se bornent d'ailleurs à deux, d'après nos habitudes. Nous demandons aux animaux de l'espèce bovine du travail et du lait, avant de les livrer au couteau du boucher. Leurs fonctions économiques dans la production, lorsqu'on les rapporte à l'ensemble de l'espèce, embrassent en conséquence ces trois termes : travail, lait et viande.

Chaque individu isolément — nous voulons dire, bien entendu, considéré dans les deux sexes — répond toujours dans une certaine mesure à cette triple exigence. Il n'y a point de race de l'espèce bovine qui ne soit apte à donner simultanément ou successivement du travail, du lait, de la viande. Ces diverses fonctions ne s'excluent pas d'une manière absolue. On observe même que si elles ne sont que bien exceptionnellement réunies chez l'individu, en dépassant les bornes de la médiocrité, il en est parfois autrement dans la race. Chacune de ces fonctions se montre alors comme un attribut de famille, et atteint de notables proportions.

Mais le fait général est que, sous l'empire de circonstances que nous avons essayé de faire entrevoir en parlant de la sélection, les aptitudes et par conséquent les fonctions se sont spécialisées dans les races, par leur prédominance même. Nous avons essayé de démontrer les conditions physiologiques en vertu desquelles la spécialisation s'est produite sous l'influence de la civilisation. Il en résulte ce fait, que nous ne croyons pas niable, à savoir que la fonction économique, loin d'être la conséquence de la spécialisation, a précédé celle-ci et l'a provoquée. Cela nous paraît surtout évident pour l'espèce bovine, et notamment pour la faculté laitière. L'aptitude la plus exploitée a dû nécessairement se développer davantage et s'accuser de plus en plus par rapport aux autres ; car nous savons maintenant que le développement de la fonction entraîne, comme conséquence physiologique et anatomique, celui de l'organe, en rompant l'équilibre organique.

On ne peut donc pas concevoir une exagération simultanée de toutes les aptitudes et, par le fait, de toutes les fonctions économiques. Le problème à résoudre, dans le cas qui nous occupe, se pose avec des données plus simples. Il s'agit seulement d'apprécier, dans l'ensemble de l'espèce, la triple fonction qui lui est dévolue, et de déterminer le degré d'importance qu'il convient d'accorder à chacune des spécialités fonctionnelles que nous avons tout à l'heure énoncées. Cette notion est capitale pour l'exploitation lucrative de l'espèce bovine. Il n'est pas possible de s'en départir sans abandonner au hasard l'économie du bétail. L'agriculture industrielle, telle qu'elle doit à présent être comprise, ne peut pas envisager la production animale autrement. Elle doit, en tout état de cause, savoir ce qu'elle veut et ce qu'elle fait, et mettre en harmonie toutes ses opérations.

Nous avons à voir, de ce point de vue, dans quelle mesure les aptitudes dont il est question peuvent coexister, et quelles sont, pour l'espèce bovine, les conditions économiques de la spécialisation. On ne peut pas, en effet, quand on veut demeurer sur le terrain de la pratique, s'écarter de cette voie. Nul doute qu'en se préoccupant seulement du côté doctrinal, on ne soit conduit à une spécialisation absolue. Ce doit être partout le but de l'avenir, celui qu'il faut toujours se proposer d'atteindre, et vers lequel le progrès nous conduira infailliblement. Il est bon par conséquent de le faire entrevoir ; mais on doit avant tout montrer la voie au bout de laquelle il se trouve, et qui seule y peut faire arriver sans accident ni retard intempestif. Or cette voie est celle dans laquelle il est scrupuleusement tenu compte des fonctions économiques diverses sur lesquelles nous insistons ici, parce qu'elles constituent des nécessités inéluctables, et que des esprits positifs ne peuvent laisser de côté.

De ce que, ainsi que nous l'avons dit, la destination finale de l'espèce bovine est en toute circonstance la boucherie, ce n'est pas une suffisante raison, par exemple, pour que ses autres services puissent et doivent être entièrement perdus de vue, et pour que la fonction économique qui en résulte, la plus importante, sans contredit, inspire uniquement son exploitation. Cette doctrine existe, nous le savons bien, elle est ardemment soutenue ; mais le bon sens et la science se refusent à la sanctionner. Elle a perdu beaucoup de terrain, dans l'esprit même des progressistes les plus enthousiastes, à mesure que les données positives se sont davantage répandues.

On sent mieux à présent, depuis que la notion du bénéfice a pris son rang normal dans les entreprises zootechniques, auparavant abandonnées à la routine ou livrées aux hasards de la fantaisie, on sent mieux la liaison indissoluble qui existe entre ces entreprises et les conditions économiques qui les dominent. On sait que ces conditions subordonnent les aptitudes, et qu'il ne faut point songer à modifier celles-ci, tant que les premières ne seront pas au préalable changées. Dès qu'il en est autrement, l'harmonie cesse, le bénéfice disparaît parce que le résultat industriel est nul, et le progrès n'existe pas.

Or, la réalisation du progrès, en ces matières, est inséparable de la satisfaction complète des nécessités économiques résultant de la situation ; ce qui revient à dire, en d'autres termes, qu'elle ne peut s'entendre que d'une appropriation exacte de la fonction prédominante aux besoins de cette situation. Pour rendre cette proposition fondamentale de toute industrie bovine plus facilement saisissable, nous allons l'appliquer aux trois aptitudes spéciales de l'espèce. On verra qu'elle se vérifie d'une manière qui défie toute contestation.

La fonction la plus immédiate de l'espèce bovine, dans la plupart des régions de notre pays, est celle du travail. Chez nous, les races propres au travail sont la règle, les autres l'exception. Les habitudes les plus répandues de la culture exigent donc, dans le plus grand nombre des cas, l'emploi de la force mécanique des bœufs pendant une période plus ou moins longue de leur existence, avant qu'ils puissent fournir leur viande pour la consommation. A ce point de vue, on ne saurait disconvenir que le bénéfice d'un tel emploi est nécessairement en rapport avec l'aptitude des animaux producteurs de force. Le prix de revient du travail se mesure à la quantité que chacun en peut fournir, eu égard aux dépenses d'entretien qu'il occasione, et par conséquent le bénéfice produit par chacun s'évalue aussi d'après ce même prix de revient. Envisagée dans ces termes et d'une façon absolue, la question se résout tout entière dans l'aptitude. Plus celle-ci est grande, plus le produit est considérable pour une dépense égale ; moins en conséquence son prix de revient est élevé. D'où il suit que les bœufs les plus avantageux à entretenir dans une exploitation où le travail est leur fonction exclusive, sont ceux qui présentent au plus haut degré l'aptitude à cette fonction. Il resterait à examiner si ce sont là les meilleures conditions pour cette exploitation. Quant à présent, nous n'avons pas à nous en occuper. Il suffit que cela soit. Nous verrons plus loin à comparer, en pareil cas, le travail des bœufs à celui des chevaux, à supputer les avantages économiques de l'emploi des uns ou des autres. Pour l'instant, il faut s'en tenir à constater que l'espèce bovine a parfois pour fonction exclusive de produire de la force, du travail, et qu'en raison de ce fait, elle remplit d'autant mieux son objet qu'elle est apte à en fournir davantage.

A des degrés moindres, avec des nécessités moins exclusives et moins impérieuses, le nombre est grand encore des situations où le travail est pour l'espèce bovine la principale fonction. Ici comme là, tant que subsistent les conditions qui rendent cette fonction nécessaire, il n'est pas possible de songer à l'éluder. S'il est démontré que le progrès soit relatif à son amoindrissement, ce n'est pas en réduisant l'aptitude qu'il se réalisera, car il importe avant tout que la fonction soit aussi complétement remplie que possible. L'entretien lucratif de l'animal est à ce prix. Le progrès réel consiste dans ce cas à diminuer les nécessités du travail. Pour une tâche moindre, une aptitude moindre ; nous demeurons dans la logique ; l'équilibre est maintenu ; et c'est là l'essentiel.

La première nécessité d'une exploitation agricole, c'est que les travaux qu'elle comporte y soient exécutés en temps utile. Lorsque le bœuf est l'agent employé pour l'exécution de ces travaux, il lui faut absolument produire de la force en raison de la nourriture qu'il consomme , s'il y a lieu d'économiser les rations d'entretien. Or, ce n'est pas le moyen d'arriver à ce résultat, que de faire choix pour cela d'animaux ayant une faible aptitude pour le travail. Le but serait alors doublement manqué, par ce motif qu'on n'obtient à coup sûr pas une production économique de viande, avec des bœufs excédés même par une insuffisante quantité de travail. Et ils sont nécessairement excédés, dès qu'on exige d'eux au delà de ce que comporte leur aptitude.

De même en est-il, à d'autres égards, de l'aptitude laitière. L'économie rurale nous apprend, et la thèse en sera développée plus loin dans ce livre, que l'exploitation du lait de vache, en nature ou autrement, est, dans des circonstances déterminées, le moyen le plus avantageux de tirer parti des fourrages spontanément produits par le sol. Cela rend obligatoire, chez les individus destinés à les consommer, la prédominance de la faculté en vertu de laquelle ils sécrètent alors ce liquide ; et leur entretien est d'autant plus lucratif, que pour une proportion donnée de nourriture, la somme du produit est plus forte en quantité ou en qualité. Il y a lieu, d'après cette considération, de subordonner toutes les autres aptitudes à celle-là, et de la rechercher dans ce cas toujours à son plus haut point de développement. Les produits qu'en dehors du lait donne la vache laitière, deviennent

accessoires. On ne peut viser économiquement à les augmenter, qu'à la condition de laisser intact le produit principal. Ici, comme dans le premier cas, où le travail est la nécessité essentielle, il faut d'abord que l'animal soit propre à sa fonction, il faut qu'il soit avant tout doué de l'aptitude laitière. Les bénéfices qu'on en attend dépendent uniquement de cette condition.

Mais si la force musculaire et l'énergie, qui font les meilleurs travailleurs, sont des circonstances peu favorables pour le développement prompt et notable des qualités propres à mettre l'espèce bovine dans le cas de répondre avantageusement à sa destination finale ; si, en un mot, le bœuf spécialisé pour le travail s'éloigne beaucoup, quant aux aptitudes, du bœuf spécialisé pour la boucherie ; l'incompatibilité est incomparablement moindre en ce qui concerne le type laitier. La sécrétion du lait et l'accumulation de la graisse et des sucs nutritifs qui constituent la viande, avec les fibres musculaires, ces deux fonctions s'excluent, à la vérité. On ne voit point de vaches fortes laitières qui soient en même temps grasses, ou même ce que l'on appelle en bon état. L'activité des mamelles attire à elle tout ce qui, dans les aliments absorbés, n'est pas indispensable à la conservation des autres organes. Mais il suffit que cette activité cesse pour que l'inverse ait lieu. D'où il suit que la double aptitude peut exister chez le même individu, à la seule condition de se manifester successivement, non simultanément. Nous verrons plus d'une race où s'en trouve la preuve. Et c'est une circonstance favorable pour l'exploitation laitière, puisqu'elle permet d'y réaliser avantageusement une des opérations les plus fécondes de l'industrie, nous voulons parler du renouvellement fréquent du capital. Ce n'est pas le moment d'insister sur ce point de vue, bornons-nous à le signaler en passant, et disons maintenant un mot de l'aptitude unique à la production de la viande.

Nous n'en sommes pas arrivés, dans notre pays, à rencontrer normalement, chez l'espèce bovine, cette fonction économique avec le caractère exclusif. Les bœufs produits et élevés uniquement en vue de la boucherie demeureront longtemps encore, vraisemblablement, une très-minime exception partout ailleurs qu'en Angleterre. Notre intention n'est pas d'examiner s'il faut le déplorer ou s'en réjouir. S'il nous était permis d'énoncer à cet égard une opinion , sans entrer dans les développements qui seraient nécessaires pour la motiver, nous dirions que l'un ne nous paraîtrait pas plus sage que l'autre, et qu'il suffit de constater le fait pour le justifier. Le bœuf exclusivement propre à un engraissement précoce et exagéré, n'est ni dans les goûts de la consommation, ni dans la situation économique de notre nation. Ceux qui le voudraient faire entrer de prime saut dans l'économie rurale du continent poursuivent donc une pure utopie. Ils négligent de tenir compte des conditions sans lesquelles aucune production animale ne se saurait concevoir, et raisonnent absolument comme s'il suffisait, pour résoudre le problème, de substituer aux aptitudes de l'espèce bovine actuelle d'autres aptitudes, en substituant une race qui les possède à d'autres races ne les possédant pas, ou bien en les transmettant héréditairement à celles-ci par le croisement. Nous savons maintenant ce qu'il en faut penser. Les principes qui régissent ces sortes de choses ont été précédemment exposés avec des détails qui nous dispenseront de nous y arrêter en ce moment. Mais cela nous amène tout naturellement à conclure sur le sujet qui nous occupe, en recherchant à quelles conditions la fonction économique en raison de laquelle l'espèce bovine fournit sa viande à la consommation peut atteindre, dans l'état actuel des choses, son plus haut degré, tout en demeurant compatible avec les deux autres. Le plus habituellement, elle est ce que celles-ci la font. Le progrès veut cependant qu'on s'en occupe, et nous devons reconnaître que de notables résultats ont déjà été obtenus en ce sens. Nous indiquerons, quand le moment en sera venu, la marche qu'il convient de suivre pour cela. Quant à présent, il y a lieu seulement d'en poser les bases économiques.

Que la fonction principale soit le travail ou la production laitière, il est permis de se proposer de développer, par les moyens que la zootechnie met à la disposition de l'éleveur, l'aptitude à celle qui succède nécessairement à ces deux premières. Là est en vérité le problème posé à l'industrie bovine par les nécessités économiques de notre temps. Il faut que tout en satisfaisant aux conditions de travail imposées par la culture, nos bœufs acquièrent une aptitude plus prononcée à la production de la viande. Comment résoudre la difficulté? Cela ne paraît pas difficile, du moins en principe, sinon en fait. La solution est impliquée dans les termes mêmes du problème. Elle consiste purement et simplement à améliorer les conditions du travail, par tous les moyens capables de le rendre plus efficace. Au nombre de ces moyens on peut énumérer en première ligne le bon entretien des chemins ruraux, le perfectionnement des instruments aratoires, en vue de leur faire produire un plus grand effet utile, tout en nécessitant une force de traction moindre, l'amélioration des modes d'attelage, dans le but d'utiliser toute la force des animaux, et par conséquent de l'économiser, enfin les progrès de la culture, produisant des fourrages en quantité suffisante pour permettre d'augmenter le cheptel vivant. A des nécessités moindres, peuvent dès lors suffire des aptitudes moindres ou plus nombreuses, et ce qui leur sont opposées se développent nécessairement en raison directe de leur diminution. Ceci n'est pas une chimère ou une simple hypothèse. Le phénomène s'observe tous les jours. A mesure des modifications qui se produisent dans les conditions ci-dessus énoncées, et qui constituent ce qu'on appelle le progrès agricole, l'espèce bovine devient plus apte pour la boucherie; elle s'améliore en ce sens pour ainsi dire spontanément. Il n'est nullement douteux qu'elle ne travaille moins à mesure que la culture progresse. Les aptitudes étant corrélatives aux fonctions économiques, les bœufs nous donnent plus de viande, à mesure que nous leur demandons moins de force, moins de travail.

La conclusion à tirer de là, c'est que les réformes dans l'économie rurale entraînent les déplacements d'aptitudes dans le bétail, mais ne peuvent pas logiquement en être précédées. La plus impérieuse des lois de cette économie est celle d'après laquelle la spécialité de service veut être toujours intégralement remplie. Avant de modifier l'aptitude, il faut donc d'abord s'attaquer aux nécessités de la fonction économique.

Et maintenant que ce fait a été mis, croyons-nous, suffisamment en lumière, nous allons examiner la question des rapports qui peuvent exister entre les aptitudes et la conformation. Si ces rapports sont réels, ainsi qu'il est permis de l'avancer, nous pourrons rattacher entre eux ces deux ordres de phénomènes, et déduire de notre étude les divers types de beauté zootechnique que comporte l'espèce bovine considérée dans son ensemble, ainsi que cela a été déjà fait pour le cheval.

LES TYPES DE LA BEAUTÉ DANS L'ESPÈCE BOVINE.

D'après les considérations qui viennent d'être développées, et suivant l'idée que nous nous sommes faite de la beauté zootechnique, il serait permis de penser qu'une conformation particulière, un type spécial, doit correspondre, dans l'espèce bovine, à chacune des spécialités d'aptitude nécessaires pour l'accomplissement complet de ses diverses fonctions économiques. Au point de vue de la doctrine de la spécialisation, cela ne peut être autrement. Il n'est point douteux, en physiologie, que l'aptitude correspond à une certaine disposition des organes. Par conséquent, celle-ci imprime à la conformation son cachet particulier, et détermine autant de types de beauté relative qu'il y a de spécialités d'aptitude. Dans cette doctrine, poussée jusqu'à ses dernières limites, la conformation du bœuf de travail ne pourrait pas être celle qui convient au bœuf de boucherie, non plus que celle qui caractérise la vache laitière. Il y a, comme nous l'avons dit déjà, pour ces diverses aptitudes, des conditions qui s'excluent l'une l'autre, conséquemment des formes qui ne peuvent être conciliées autrement que dans une certaine mesure.

Si donc nous voulions demeurer en plein dans la doctrine économique de la spécialisation, nous devrions admettre trois types bien distincts de beauté dans l'espèce bovine et les décrire successivement. Ces trois types existent chez nos races actuelles. Nous nous en apercevrons en les passant en revue. Il n'est pas possible de rencontrer à la fois dans le même individu de l'espèce bovine des conditions constitutionnelles qui puissent le rendre également propre à un développement précoce, à un engraissement rapide, à une sécrétion laiteuse abondante et à un grand déploiement de force musculaire. Les tempéraments qui favorisent chacune de ces aptitudes diverses s'y opposent formellement, de même que les dispositions relatives des organes qui concourent à l'accomplissement des fonctions dont elles dépendent. Le grand développement du système osseux, l'activité respiratoire, qui sont les qualités fondamentales de l'animal propre au travail, ne sauraient convenir pour l'élaboration de la viande, si d'ailleurs la régularité des aplombs des membres, la largeur des articulations, l'étendue et l'épaisseur des masses musculaires, qui peuvent être comptées dans ce cas pour des beautés de conformation, n'y font pas obstacle de leur côté.

Ce qui distingue donc avant tout le bœuf de travail, dans son expression la plus haute, du bœuf spécialement producteur de viande, c'est moins une question de formes extérieures, de lignes et de contours, qu'une question de tempérament. A part le volume et la densité du système osseux, qui sont précisément sous la dépendance de cette dernière considération, ainsi que nous l'enseigne la physiologie, on observe assez fréquemment une analogie très-grande, sinon une similitude parfaite, entre la conformation de certains bœufs excellents travailleurs et celle des individus appartenant aux races les plus étroitement spécialisées pour la boucherie. Le fait avait déjà frappé M. Magne, qui s'est efforcé d'en faire ressortir à son point de vue la signification. Il se présente également pour ce qui concerne l'aptitude laitière.

Ce n'est donc pas dans l'ensemble de la conformation qu'il faut chercher d'une manière absolue la raison des aptitudes diverses de l'espèce bovine. L'observation démontre que chacune d'elles ne répond point à un type spécial et bien tranché. L'examen même superficiel des races anglaises déposerait contre cette prétention. Il fait voir que ces races, si bien spécialisées d'ailleurs quant à leurs fonctions, ont été amenées à se rapprocher de plus en plus d'un modèle unique de conformation extérieure, tout en conservant leurs caractères d'individualité et le volume qui leur était primitivement propre, en raison des lieux où elles se sont développées.

Prendre pour essentielles à l'aptitude travailleuse les formes qui se remarquent chez celles de nos races qui, dans leur état actuel, manifestent cette aptitude à son plus haut degré, c'est, ainsi que l'a fort bien dit M. Magne, confondre un fait avec une loi. Les aptitudes ont, remarque encore avec raison notre savant maître, des conditions fondamentales et des conditions secondaires. Les formes dont il s'agit ne sont pas un empêchement pour le travail; mais elles ne constituent même pas une de ces conditions que M. Magne qualifie de secondaires, loin de pouvoir être tenues pour fondamentales. Aucun physiologiste éclairé n'entreprendra de soutenir que chez le bœuf une croupe pointue et mince, une queue attachée haut, des reins étroits, un garrot mince, une épaule courte et droite, une poitrine peu épaisse, soient des caractères à rechercher pour l'aptitude au travail. Les zootechniciens qui ont pu considérer ainsi la spécialisation ont erré incontestablement. Tout est à réformer dans la notion qu'ils ont donnée des rapports de la conformation avec les aptitudes. Ils ont établi une relation étroite, nécessaire, qu'ils ont proclamée logique, entre des faits qui n'ont absolument rien de commun. Ce n'est pas à coup sûr parce qu'ils

sont ainsi conformés que certains bœufs sont bons travailleurs; ce n'est pas non plus parce qu'ils ont été soumis au travail qu'ils ont acquis une telle conformation. Celle-ci dépend d'autres causes, auxquelles l'exercice de la force musculaire est absolument étranger.

Il importe que nous entreprenions d'établir l'exactitude de ces propositions. Nous ne pouvons pas avoir la prétention d'opposer des assertions à d'autres assertions. Les vérités évidentes seules comportent la forme de simple affirmation. Et celles-ci, il faut le reconnaître, ont besoin d'être démontrées. Il ne sera d'ailleurs pas difficile, croyons-nous, d'en fournir la démonstration.

Lorsqu'on examine la constitution anatomique de l'organisme animal au point de vue de la mécanique, ainsi que nous l'avons fait à propos de l'espèce chevaline, utilisée uniquement en ce sens, on arrive forcément à cette conclusion : que les agents de la force, dans cet organisme, appartiennent au squelette et à l'appareil musculaire dont la fonction est d'en mouvoir les diverses pièces. Cela étant, il est élémentaire, quelle que soit du reste l'espèce considérée, que l'action de la puissance sera d'autant plus grande et ses effets plus intenses, que cette puissance sera elle-même plus étendue, et les leviers sur lesquels elle agit mieux disposés pour recevoir son impulsion. Ces premières propositions peuvent être données comme des axiomes de dynamique. Or, pour résoudre la question qui nous est posée en ce moment, il s'agit seulement de savoir si la conformation réputée la meilleure pour l'espèce bovine destinée au travail comporte une disposition des leviers osseux du squelette telle qu'on n'en puisse concevoir de plus parfaite, et un développement du système musculaire qui ne laisse rien à désirer. En ces termes, le simple énoncé suffirait pour indiquer la solution, et nous dispenserait d'insister. Que l'on veuille bien se reporter à ce qui a été dit sur ce sujet des conditions absolues de la beauté, pour l'espèce chevaline. On y verra jusqu'à quel point s'éloignent de ces conditions celles que nous venons de constater dans l'espèce bovine. Pour l'une comme pour l'autre, l'étendue des leviers et le plus grand développement possible des masses musculaires sont les dispositions fondamentales de l'aptitude à transmettre de la force mécanique. Il ne peut y avoir à cet égard aucune différence. L'ampleur de toutes les régions du corps doit être considérée comme une des bases essentielles de la conformation la plus propre à cette fonction. Le sens de cette ampleur peut varier, il est vrai, suivant le mode d'application de la force. Il n'est pas le même pour la masse ou pour la vitesse, quoiqu'il arrive enfin de compte à produire des quantités équivalentes de mouvement. Mais il n'en demeure pas moins certain que ces quantités sont en rapport exact avec l'ampleur des formes dont elles dépendent, à conditions égales d'impulsion, bien entendu. Car c'est dans cette impulsion, ainsi que nous le verrons tout à l'heure, que se spécialise précisément l'aptitude au travail.

Il est remarquable que les races travailleuses présentent cette conformation qui exclut l'ampleur des formes du corps, sont douées d'un tempérament énergique, où prédominent l'influence nerveuse et l'activité de la respiration. C'est ce que l'on appelle le tempérament sanguin. Nous savons maintenant que cela peut être attribué sans aucune chance d'erreur à leur mode d'élevage. On les rencontre en effet surtout dans les régions méridionales, encore à des altitudes élevées, où elles se développent en liberté, consommant des fourrages substantiels et toniques qu'elles doivent elles-mêmes chercher. C'est dans la libre pâture où s'exerce leur jeunesse, qu'il faut placer la raison de leurs formes, non point dans les conditions de travail auxquelles elles sont soumises plus tard. Le régime que cette vie comporte fait naître la constitution qui les rend éminemment propres à l'élaboration de la force, et qui se caractérise par l'énergie, par la vigueur; il entraîne en même temps leur conformation; mais celle-ci, on doit le comprendre maintenant, n'est pour rien dans leur aptitude spéciale : elle ne fait que la rendre trop exclusive.

En effet, il est clair qu'une telle conformation est bien loin d'être favorable pour la destination finale de l'espèce bovine. En laissant de côté, pour l'instant, ce que le tempérament qui l'accompagne peut avoir d'incompatible avec une accumulation facile et prompte de la graisse, indispensable pour la production économique d'une viande propre à la consommation, il est certain qu'elle ne peut, en tout état de cause, procurer qu'un médiocre rendement. C'est là un fait d'expérience. Sans donc se préoccuper de la question de savoir si notre économie rurale, au point où elle en est arrivée, comporte bien l'admission d'un type spécial de beauté essentiellement, sinon exclusivement, approprié au travail, dans l'espèce bovine, il ne serait pas possible d'assigner à ce type les caractères de conformation qui se remarquent chez les races qui sont réputées les meilleures pour cette fonction. Dans ces conditions, il serait imparfait. Il est permis de le concevoir plus complet, non pas seulement en tenant compte du service par lequel il doit finir, mais même en demeurant au seul point de vue de sa destination immédiate. Ajoutons d'ailleurs que ce type peut fort bien n'être pas pour nous purement idéal et rationnel. Il se réalise dès à présent chez un grand nombre d'individus de nos races les plus travailleuses. Nous ne serions nullement embarrassé s'il nous fallait en citer des preuves. Elles se trouveront mieux à leur place à mesure que nous décrirons ces races, en indiquant les améliorations qu'elles ont subies.

L'espèce bovine, en raison des motifs qui viennent d'être développés, et quelque nécessaire que soit d'ailleurs la spécialisation de ses aptitudes, comporte un certain nombre de qualités absolues qui sont en même temps des conditions de beauté pour toutes les spécialités. Ce sont ces conditions que M. Magne a appelées fondamentales. Elles conviennent également au bœuf de travail, à celui de boucherie et à la vache laitière. Celles qui caractérisent, ou plutôt qui accompagnent les aptitudes spéciales, sont des qualités relatives. M. Magne, nous l'avons vu, les considère comme

secondaires. Si notre savant maître entendait par là qu'elles sont moins importantes que les premières, nous ne saurions être de son avis ; mais il est probable qu'il a voulu seulement, en les désignant ainsi, n'établir qu'une simple distinction. En tout cas, il nous semble plus précis de considérer les unes comme des beautés absolues, et les autres comme des beautés relatives. Cela prévient toute confusion et nous permettra d'être plus clair. En outre, tout en rendant hommage à la justesse de l'idée en vertu de laquelle cette distinction est établie, il ne nous paraît pas possible d'en tirer les mêmes conséquences, quant aux conditions des divers types reconnus, non plus que d'admettre les explications proposées pour se rendre raison des diverses aptitudes. Les données scientifiques, dont quelques-unes acquises depuis que ces explications ont été proposées, s'y opposent. Notre savant maître a visiblement en cela procédé de l'idée au fait, non pas du fait à l'idée. Et nous allons le faire voir. Cette étude importe beaucoup, car elle doit dominer toute la question de l'amélioration de l'espèce bovine. Le lecteur est prié, en conséquence, de lui accorder la plus grande attention.

Nous n'avons pas à discuter les conceptions produites, antérieurement ou postérieurement, sur ce sujet par d'autres auteurs. Nous devons prendre la science zootechnique au point qui nous paraît le plus avancé, et tâcher de lui faire faire un nouveau pas, si c'est possible. Pour qu'il en soit ainsi, il nous paraît nécessaire que la conformation la plus appropriée à la manifestation complète de chacune des aptitudes spéciales de l'espèce bovine, soit indiquée avec exactitude et précision. Disons d'abord les beautés communes à tous les types, et que nous avons, pour cette raison, qualifiées d'absolues ; nous n'aurons plus ensuite qu'à y ajouter celles qui sont relatives à la caractéristique de chaque spécialité.

Comme condition fondamentale de toutes les aptitudes, M. Magne a mis au premier rang l'ampleur de la poitrine. En tant que le fait témoigne de l'étendue en largeur et en profondeur de la cavité thoracique, il est incontestable. La loi de corrélation anatomique d'après laquelle le tronc des grands mammifères se développe, indique en effet que ce tronc suit, dans ses proportions, lorsque le développement est normal, celles de la cavité thoracique. D'intéressantes recherches de M. Baudement ont vérifié l'exactitude de cette loi, précisément pour l'espèce bovine, avec toute la rigueur qu'exige la science. M. Baudement a établi, par des pesées et des mesures, que chez les animaux de cette espèce, le poids vif, c'est-à-dire le développement total du corps, est toujours en rapport exact avec l'ampleur de la poitrine ; d'où il résulte que le volume des diverses parties du tronc, et conséquemment la conformation de ces parties, sont étroitement sous la dépendance de la cavité thoracique. Cela était généralement admis auparavant, à titre de croyance et de donnée pratique, mais la démonstration rigoureuse n'en avait jamais été fournie.

A ce point de vue, une poitrine ample doit donc être considérée comme une beauté absolue. Quelle que soit la spécialité d'aptitude de l'animal, il y a toujours avantage à ce que son squelette soit disposé de telle façon qu'il assure, toutes proportions gardées, le plus grand développement possible du tronc. On ne conçoit pas que cela puisse nuire à aucune fonction. Et nous allons voir tout à l'heure encore mieux combien la disposition dont il s'agit est importante pour la principale destination du bœuf.

Mais ce n'est point parce que l'ampleur de la poitrine témoignerait d'une activité plus grande de la fonction respiratoire et de la fonction circulatoire, qu'elle peut être considérée dans le cas comme une beauté absolue dans la conformation du bœuf. M. Baudement a parfaitement démontré qu'il n'y a pas une relation nécessaire entre ces deux ordres de faits. Il résulte de ses recherches, revêtues d'un grand caractère de précision, que pour une capacité thoracique égale, l'activité de ces deux fonctions, accusée par le poids des poumons et celui du cœur, diffère sensiblement suivant l'aptitude spéciale de l'individu. Le poids absolu de ces organes est plus élevé, dans le cas de l'aptitude au travail; moins élevé, dans celui de l'aptitude à l'assimilation des matériaux qui forment la viande. Le développement des poumons et du cœur n'est donc pas en rapport avec la capacité de la cavité thoracique, mais bien avec l'activité des fonctions qu'ils exécutent, en raison de l'aptitude spéciale des animaux. L'aptitude au travail, qui nécessite une activité plus grande de la respiration et de la circulation, correspond à des poumons et à un cœur plus denses, par conséquent plus actifs pour un volume donné; l'aptitude à l'engraissement s'accompagne d'une densité moins grande de ces organes, et forcément d'une activité moins prononcée de leurs fonctions.

Dans l'un comme dans l'autre cas, l'ampleur de la cavité thoracique a pour corollaire une étendue plus considérable des masses musculaires qui l'entourent, un plus grand développement des épaules, en somme une conformation meilleure; mais la constitution de ces masses musculaires diffère, comme leur volume propre, suivant l'activité des fonctions respiratoire et circulatoire. Les fibres musculaires, les agents contractiles de la force, prédominent lorsque l'exercice a développé l'activité de la vie de relation; les matériaux de l'assimilation nutritive, ce qui constitue la viande en augmentant, non la densité, mais le volume du muscle, sont au contraire prédominants, lorsque cette activité a été restreinte.

Cette conclusion, qui avait été induite des données générales de la physiologie, mais à laquelle une interprétation fautive du fait d'observation relatif à la signification de l'ampleur de la poitrine était opposée, cette conclusion a reçu des recherches de M. Baudement une confirmation éclatante. Il n'est plus possible aujourd'hui d'admettre, sous ce rapport, la conciliation proposée entre les aptitudes diverses. Il est démontré que cette conciliation se rapporte seulement, dans la mesure que nous avons dite, à la capacité thoracique, nullement à l'activité des organes qui y sont contenus. Et s'il est juste de reconnaître l'exactitude du fait extérieur, qui pose l'ampleur de la poitrine comme une des conditions fondamentales de la belle conformation de l'espèce bovine dans tous les cas, il faut restituer à la science les données qui avaient fait prévoir les relations qui peuvent exister entre ce fait et les aptitudes diverses auxquelles il correspond.

On doit considérer encore comme des beautés absolues chez l'espèce bovine un garrot épais, une ligne du dos, ou mieux une ligne supérieure parfaitement horizontale, depuis le garrot jusqu'à la queue, des lombes ou des reins aussi larges que possible, une croupe longue et large, des cuisses bien descendues, ce que l'on appelle la culotte bien fournie. Du reste, ainsi qu'on l'a déjà dit, tous ces détails de conformation suivent l'ampleur de la poitrine et lui sont subordonnés. Des côtes fortement arquées, qui déterminent la largeur du poitrail par l'écartement des épaules, s'accompagnent nécessairement d'un développement corrélatif des apophyses transverses des vertèbres lombaires, de la cavité du bassin par l'écartement des hanches qui correspondent à celle-ci, et de toutes les parties qui forment la base de la croupe. Ces dispositions entraînent une étendue plus grande des organes musculaires, en longueur et en épaisseur. Quelle que soit la fonction de ceux-ci, production de la force ou assimilation des matériaux de la viande, elle ne peut qu'en être favorisée. Dans le cas même de la spécialité laitière, où ils n'ont rien à faire tant que dure l'activité des mamelles, pour n'être pas nécessaires ils ne sauraient nuire en aucune façon. Et l'on sait d'ailleurs qu'à aptitude égale, le produit des vaches à lait est toujours en rapport avec le développement de leur corps.

En thèse générale, les caractères absolus de la belle conformation de l'espèce bovine sont donc tels que les a indiqués M. Magne, abstraction faite de ce que cet auteur tient pour les conditions fondamentales des aptitudes. Toute spécialité à part, la poitrine ample, le garrot épais, l'épaule longue et oblique, le poitrail ouvert, la ligne supérieure du corps horizontale, les lombes et la croupe larges, les hanches écartées, les cuisses larges, épaisses et bien descendues, la culotte bien fournie, concordent avec les activités de toutes sortes et sont essentiellement favorables à la destination finale de l'espèce. Il n'est pas nécessaire d'insister, en effet, pour faire voir que ces dispositions sont celles qui comportent une plus grande abondance des parties qui fournissent la viande. Elles ne tiennent pas seulement à des dimensions plus étendues du squelette. On conçoit fort bien que ces dimensions entraînent un développement plus considérable de toutes les parties molles dont les os sont entourés.

Ces caractères, il faut le dire, ne se rencontrent pas dans l'espèce soustraite à l'influence directe de l'homme. Ils sont à proprement parler une création de son industrie. L'animal qui s'élève dans des circonstances où il ne doit pourvoir qu'à sa propre conservation et à celle de son espèce, acquiert dans sa conformation des proportions relativement plus exiguës. Mais nous ne parlons ici que du bœuf domestique, et nous devons le présenter tel que nos soins peuvent nous le donner. C'est par ces soins qu'il a acquis, à la longue, les aptitudes diverses qui le mettent en mesure de répondre aux besoins sociaux qui ont créé à son espèce des fonctions économiques diverses, par le développement et l'exagération, dans certains cas, de ses aptitudes natives. C'est par le perfectionnement de ces mêmes soins, guidé par les progrès de la science, qu'il doit être amené à satisfaire encore dans une plus large mesure aux nécessités de son but. Ce but est, en définitive, le plus urgent à atteindre, et c'est l'objet de la zootechnie de l'indiquer nettement, tout en tenant compte des transitions par lesquelles il faut passer avant de l'atteindre.

Il résulte logiquement de cette considération, que le type de conformation vers lequel l'espèce bovine doit être conduite en toute circonstance, c'est celui qui la rend le plus propre à la production de la viande. Il convient toujours de l'en rapprocher le plus possible, dans les limites compatibles avec les services auxquels elle doit suffire préalablement. L'économie rurale ne permet pas, comme le voudraient quelques enthousiastes, de subordonner dans tous les cas les nécessités immédiates au but final et de tout sacrifier au rendement de la viande; mais elle ne se refuse aucunement à sanctionner la marche qui mène progressivement à une complète transformation, pourvu que les harmonies économiques soient toujours respectées; pourvu, en d'autres termes, que les modifications de l'espèce suivent et ne précèdent pas celles du milieu dans lequel elle est appelée à vivre.

Pour nous conformer à ce principe, nous devons donc, en première ligne, mettre sous les yeux de l'éleveur le type le plus achevé du bœuf de boucherie. Quel que soit le résultat immédiat qu'il se propose, c'est ce type qu'il lui est commandé d'avoir toujours en vue, comme condition de la perfection économique de l'espèce bovine; non pas pour l'atteindre du premier coup et au mépris de toute autre considération, mais pour viser sans cesse à s'en rapprocher dans ses opérations d'amélioration. La belle conformation de l'animal producteur de viande est l'idéal qu'il doit poursuivre. Les formes, sinon les aptitudes, de cet animal sont le modèle à suivre, de loin ou de près, suivant les circonstances, mais toujours du plus près possible. C'est pour cela que nous allons commencer la description des types spéciaux de la beauté que comporte l'espèce bovine, par l'indication des caractères qui constituent au plus haut degré celui du bœuf de boucherie. Nous faisons voir d'abord le but; nous montrerons ensuite les moyens. La logique de l'enseignement le veut ainsi.

Bœuf de boucherie. — Pour répondre à son but, qui est de produire dans le plus court espace de temps possible la somme la plus considérable de viande de la meilleure qualité, le bœuf exclusivement élevé pour la boucherie doit présenter, indépendamment des caractères qui viennent d'être considérés comme des beautés absolues, des dispositions spéciales dans les autres parties de sa conformation. Ces dispositions, jointes aux premières, établissent sa spécialité, mais ne sont point la raison de son aptitude; elles en témoignent seulement, et selon toute apparence elles en résultent, ainsi que nous le verrons. Dès à présent, nous nous bornerons à les indiquer.

La taille des animaux, on le sait, est surtout

Fig. 524. — Type de la beauté du bœuf de boucherie.

due à la longueur de leurs membres. Or, pour un même poids vif, l'épaisseur du tronc ne variant pas sensiblement entre les individus de taille différente, et, d'un autre côté, les rayons inférieurs des membres, de la longueur desquels dépend l'élévation de la taille, étant impropres à fournir de la viande, sinon de la dernière catégorie ou qualité, il s'ensuit que la première condition relative de la beauté, pour le bœuf de boucherie, est d'avoir des membres courts, par conséquent la poitrine près de terre et la taille peu élevée. C'est là que se trouvent les éléments d'un rendement considérable en viande nette : problème essentiel posé pour tout animal devant être livré à la consommation. Moins les membres sont développés, moins est grand le poids des issues à défalquer du poids vif total.

Il importe encore de diminuer la proportion des régions dont les parties musculaires ne peuvent fournir qu'une viande de médiocre ou mauvaise qualité. A ce titre, le cou est relativement mince et peu musclé, dans le type de boucherie, et pour le même motif, la tête est fine, courte et pourvue de cornes peu développées.

L'exiguïté de la tête, en largeur comme en longueur, tient essentiellement aux caractères du système osseux, en général, qui n'a acquis qu'un faible développement. Le cachet de la perfection, dans la constitution du bœuf de boucherie, c'est précisément une grande disproportion entre les parties musculeuses et le système osseux. Une ossature légère de la tête, des membres, etc., avec une grande ampleur du tronc dans tous les sens, tel est l'idéal, du moins pour la quantité de viande produite.

A cela il faut joindre la peau mince, souple, un poil fin et luisant, avec le moins possible de fanon, ce qui fait dire enfin que l'animal est tendre, et signifie qu'il possède l'aptitude à s'engraisser facilement. Nous y ajouterons la physionomie calme et placide, qui se traduit dans le regard ; et, en outre, l'aptitude à acquérir une maturité prompte, cette faculté constitutionnelle qui est connue en zootechnie sous le nom de précocité.

En somme, on voit, d'après ce qui précède, que le type de la beauté parfaite du bœuf de boucherie s'éloigne beaucoup de l'idéal de la beauté artistique, pour l'espèce bovine. L'écart entre les deux formes du beau est ici nettement accusé. On pourrait l'exprimer en disant après une école littéraire fameuse : Le beau, c'est le laid et le difforme. Pour l'artiste, en effet, le type de la perfection est dans le cas parfaitement disgracieux. Des lignes droites au lieu de courbes élégantes, un corps se rapprochant aussi près que possible de la forme d'un parallélipipède, c'est-à-dire dont les trois principales faces, supérieure et latérales, peuvent être inscrites dans un parallélogramme ou carré long, et d'autant mieux et plus exactement que la conformation est réputée meilleure ; un cou mince et grêle sortant de ce corps énorme et se terminant par une tête petite ; des membres courts et disproportionnés supportant le tout : voilà le bœuf de boucherie tel que le fait sa complète spécialisation.

Mais autre est l'impression du zootechnicien, qui doit voir, lui, le beau dans l'utile. Pour si disgracieuses qu'il trouve ces formes, il ne peut oublier qu'elles sont celles qui mettent l'animal dans le cas de mieux utiliser ses rations, de produire en un temps donné, et avec une quantité déterminée d'aliments, la plus forte proportion de viande nette, livrable à la consommation. C'en est assez pour déterminer son choix. Il fait de l'éco-

nomie rurale, non de l'esthétique. Nous nous sommes du reste expliqués déjà là-dessus. Passons donc à la conformation qui convient à une autre spécialité.

Bœuf de travail. — Un premier point est ici à examiner. Qu'est-ce, dans l'état actuel de l'économie rurale, qu'un bœuf de travail ? Quelles sont, à son égard, les limites de la spécialisation ? Comporte-t-il, comme le bœuf de boucherie, un type parfait dont il faille poursuivre la réalisation, et vers lequel les efforts d'amélioration doivent être dirigés pour en rapprocher tout ou partie de l'espèce ? Telles sont les questions qu'il faut d'abord résoudre.

Quant à la première, il est incontestable que c'est celle par laquelle il faut commencer. Si elle devait être résolue affirmativement, nul doute qu'il n'y eût plus qu'à retracer les caractères de conformation et d'aptitude avec lesquels l'espèce bovine peut être propre à produire la plus grande somme possible de force mécanique, sans aucun souci d'autre considération quelconque. Il faudrait se placer, pour établir le type de la beauté relatif à ce service, au même point de vue qui a guidé déjà pour fixer celui du cheval de gros trait. C'est à cet animal que le bœuf de travail, dans ce cas, pourrait seulement être comparé. L'identité du but à atteindre impliquerait nécessairement l'identité de constitution pour l'individu chargé d'y faire arriver. Un squelette volumineux, des muscles épais et denses, des membres forts, aux articulations larges et solides, des allures dégagées, un tempérament énergique, une physionomie fière : tels seraient, indépendamment des détails de la forme et du type, les caractères du bœuf de travail ainsi compris. Tout en lui devrait être subordonné aux meilleures conditions de la puissance dynamique. Et il en serait ainsi nécessairement si la destination de cet animal était d'être exclusivement utilisé comme moteur.

Mais de ce qu'il se trouve encore dans notre économie rurale quelques situations arriérées, où les choses se passent de cette façon, le fait général est que la nécessité du travail pour le bœuf se subordonne dans une mesure plus ou moins considérable à sa destination finale d'animal de boucherie. Dans la plus grande partie des régions où les travaux de la culture sont exécutés à l'aide de l'espèce bovine, le terme fatal de la vie des individus est d'avance fixé. Leur existence se partage en deux phases distinctes. Durant la première, ils fournissent du travail ; la seconde est consacrée à la production de la viande, et c'est au commencement de celle-ci qu'ils sont soumis au repos et à l'engraissement. L'observation démontre que dans la marche normale des choses, la durée de la première de ces deux phases tend de plus en plus à se réduire. A mesure que tout s'améliore, dans l'agriculture, on exige du bœuf une dépense moindre de force musculaire. Et ce serait mal interpréter les faits, de prendre pour contraire à cette conclusion la tendance qui se manifeste à introduire le bœuf comme agent du travail agricole, dans des exploitations où il avait, à ce titre, été jusqu'alors inconnu. Le nombre des individus travailleurs augmente sans doute, mais la somme de travail fournie par chacun, dans le courant de sa courte existence, diminue pour la même raison. Et s'il n'en était pas ainsi, d'ailleurs, le progrès voudrait que cela fût. Nous devrions par conséquent l'indiquer.

Le bœuf de travail, d'après cela, ne doit donc pas être rigoureusement spécialisé. Les prescriptions de la science sont au contraire de s'éloigner le plus possible de sa spécialisation. On peut dire qu'à la condition de respecter les lois fondamentales de la zootechnie, l'éleveur avance d'autant plus dans la voie de l'amélioration de l'espèce bovine, que celle-ci s'écarte davantage des conditions propres à la manifestation d'une grande force mécanique. La nécessité du travail est un des éléments essentiels dont il faut le plus ordinairement tenir grand compte dans l'élevage de cette espèce, mais sauf à faire des efforts constants pour en diminuer la nécessité. On ne saurait perdre de vue que la fonction économique dominante du bœuf est la production de la viande, et que, pour ce motif, le sens du progrès est de le conduire vers ce but, sans toutefois rompre les harmonies zootechniques. Nous entendons par là que l'individu doit être toujours approprié au milieu, suivant les principes généraux que nous avons posés ; en d'autres termes, que sa constitution doit répondre aux exigences de travail auxquelles il lui faut suffire. Le milieu n'est pas fait pour lui, mais bien lui pour le milieu. Hors de là, l'on s'écarte des conditions pratiques ; le progrès n'existe plus. On tombe en pleine fantaisie.

Si ces considérations sont bien comprises, il s'ensuit nécessairement l'impossibilité d'établir un type unique et fixe pour la beauté relative du bœuf de travail. Les caractères de ce type varient comme les circonstances. C'est moins une question de conformation qu'une affaire de tempérament, de constitution. Nous avons vu plus haut que les dispositions fondamentales de la forme du corps sont également propres aux diverses aptitudes. Quant aux lignes, la conformation du bœuf de travail ne diffère donc point de celle du bœuf spécialisé pour la boucherie. Un cou plus épais et plus musclé, une tête plus large et plus forte, un système osseux plus développé, des membres plus forts, des articulations plus puissantes, une peau épaisse, un poil moins fin, une physionomie moins placide, et enfin des allures moins lentes : tels sont seulement ses caractères particuliers.

Mais dans quelle mesure doivent-ils être prononcés ? Comme les beautés zootechniques dont il s'est agi jusqu'à présent, ne sauraient-ils jamais être exagérés ? C'est là précisément ce qui est tout à fait relatif et ne peut se prêter à des règles fixes. Un seul principe domine la question, c'est celui que nous avons essayé de mettre en lumière tout à l'heure. Les caractères qui témoignent de l'aptitude au travail sont assez prononcés, dès qu'ils suffisent aux exigences de la situation. Telle est celle-ci, tels ils doivent être ; et l'embarras n'est pas pour l'éleveur qui utilise lui-même au travail les animaux qu'il produit. Dans ces condi-

tions, l'aptitude se développe en proportion de l'exercice qui lui est imprimé, et les organes s'y approprient dans une juste mesure. La difficulté se présente seulement pour l'agriculteur ayant à choisir des bœufs de travail tout élevés. Ici c'est une question de tact, que l'expérience seule peut permettre de résoudre. Il s'agit de proportionner, dans son choix, les caractères de la spécialité travailleuse, le développement des organes de la puissance mécanique, aux effets que l'on en veut obtenir.

Disons seulement qu'à cet égard la force des membres, accusée par leur volume et la largeur des articulations, est principalement à prendre en considération. On ne peut admettre, avec M. Magne, que le volume des membres soit indifférent à l'aptitude travailleuse, la largeur de leurs articulations pouvant suffire. La vérité est que chez l'espèce bovine des articulations larges ne se rencontrent point avec des rayons osseux peu volumineux. Aussi notre savant maître s'est-il vu dans l'obligation, pour appuyer l'opinion qu'il avait conçue à cet égard, d'emprunter ses principaux exemples à d'autres espèces. Et les sujets des races de Salers, d'Aubrac, de Devon, d'Hereford, qu'il cite, et qui travailleraient bien, suivant lui, « quoique ayant une belle conformation de bêtes de boucherie, » sont sans doute encore sous ce rapport à une assez grande distance de la perfection. Quoiqu'ils n'aient plus les membres si puissants qui caractérisent leurs races à l'état inculte, ils sont loin de les avoir ce que l'on peut appeler fins. En principe, les membres gros sont l'attribut de l'aptitude travailleuse ; en fait, celle-ci peut subsister dans une certaine mesure, bien que leur volume soit réduit ; mais il n'est pas contestable qu'elle est, chez l'espèce bovine, en rapport avec leur volume. La race bretonne, que cite encore M. Magne, ne peut pas être une preuve du contraire ; car s'il est vrai que cette race a des membres fins, ils n'en sont pas moins en proportion de sa taille et de son volume. La race bretonne, d'ailleurs, n'a jamais passé pour une race essentiellement travailleuse. Elle est rustique, énergique et forte pour sa corpulence ; mais sa capacité est bornée par cette corpulence même.

Du reste, l'exiguïté relative du système osseux, qui est une des principales qualités du bœuf de boucherie, est en même temps la conséquence nécessaire de la précocité. Or, celle-ci est physiologiquement contre-balancée par l'aptitude au travail, ou plutôt par les conditions fonctionnelles dans lesquelles le travail s'effectue. Elle se produit en raison inverse des activités que ces conditions mettent en jeu. L'animal adulte et complètement développé élabore de la viande lorsque ces activités sont éteintes par le repos et un régime convenable, quelle que soit sa conformation. On peut soutenir même que leur exercice antérieur est favorable aux qualités gustatives de cette viande. Mais il ne serait pas possible de concevoir qu'en principe la finesse relative des membres, attribut essentiel de la précocité, pût être compatible avec l'aptitude au travail, si d'ailleurs les faits bien observés ne montraient qu'elle ne se prononce qu'en raison même de la diminution de celle-ci. Cela s'applique également, et pour la même raison, à la finesse de la tête.

Ces deux caractères, qui ont une signification identique, sont donc les seuls qui puissent guider, toutes choses égales, dans le choix du bœuf de travail. Seuls ils différencient celui-ci du bœuf spécialisé pour la boucherie, et l'en éloignent ou le rapprochent, quant à sa belle conformation, suivant la puissance mécanique qu'on en veut exiger.

En somme il n'y a pas, pour la zootechnie, de type spécial de conformation applicable à une spécialité travailleuse de l'espèce bovine, parce que l'économie rurale, non plus que l'économie sociale, n'admet pas cette spécialité exclusive. Ce mode d'utilisation est un besoin, peut-être même seulement transitoire, puisqu'il tend sans cesse à diminuer. Tant qu'il dure, toutefois, il doit être satisfait et subordonner pour ce motif à ses exigences le type complet qui serait le plus propre à la destination finale de l'espèce. D'où résultent, pour la conformation du bœuf de travail, une multitude de nuances intermédiaires entre celle des races incultes les plus essentiellement propres à la production de la force, et celle du type parfait de l'animal de boucherie, dont nous avons décrit plus haut les caractères. Le bœuf de travail de notre époque, envisagé de ce point de vue, est en état de transition constante, tantôt plus loin, tantôt plus près, de la constitution du bœuf de boucherie, tout en conservant les caractères typiques de la race à laquelle il appartient. C'est en considérant l'un et l'autre de cette façon, que le progrès peut suivre une marche sûre. Alors on a la spécialisation en vue de la boucherie pour but, la diminution des exigences du travail comme moyen. Ce but, l'Angleterre l'a en grande partie atteint, grâce au génie de ses éleveurs les plus illustres et au bon sens de ses agriculteurs. Il serait injuste de méconnaître que les principales nations du continent, et notamment la France, sont entrées depuis quelque temps dans la voie qui doit les y conduire, ainsi que nous le verrons en décrivant les races de notre pays. Les formes que l'on peut qualifier de transitoires s'y montrent sur un nombre chaque année plus grand d'individus; les résultats des concours de reproducteurs en font foi. Elles finiront sans nul doute par prédominer dans notre population bovine, et par la conduire insensiblement au plus haut degré de l'amélioration. Alors il n'y aura plus, à proprement parler, de bœuf de travail, tant l'aptitude travailleuse sera devenue accessoire pour cet animal, sinon tout à fait nulle. En attendant, répétons que la meilleure conformation pour ce bœuf, à notre époque, est celle qui le met en état de fournir, à un moment donné, une forte proportion de viande nette, relativement à son poids vif, tout en lui permettant de suffire jusque-là aux exigences de son service de travailleur. C'est donc celle qui unit à des formes du corps analogues au modèle représenté pour le bœuf de boucherie, une tête plus forte, des membres plus volumineux, rayons osseux et articulations, et une capacité respiratoire plus grande, indice de la vigueur et de la puissance mécanique du système musculaire.

Le bœuf qui offre ces derniers caractères au plus haut degré est le plus apte au travail; son aptitude diminue à mesure qu'ils sont moins accusés; et réciproquement, sa capacité comme producteur de viande s'accroît dans la même proportion. Cela peut donner une idée de la mesure dans laquelle les deux aptitudes sont conciliables, et sépare nettement le principe économique et le fait industriel, que l'on a peut-être trop souvent confondus.

Il nous reste maintenant à consacrer quelques considérations à la vache laitière. Ce qui concerne l'exploitation de l'espèce bovine, au point de vue de la production du lait et de la manutention de ses produits, devant être dans ce livre l'objet d'un chapitre spécial, où le sujet sera envisagé sous toutes ses faces, nous nous en tiendrons à de simples généralités. Nous ne pouvons avoir pour but, en ce moment, que d'indiquer les points par lesquels ce sujet se rattache à celui qui nous occupe.

Vache laitière. — Aucun point de la zootechnie n'a été l'objet de plus de controverses que celui qui est relatif au type de beauté qui correspond à la perfection pour la vache laitière, si ce n'est peut-être la question de l'amélioration de l'espèce chevaline. Dans le conflit des opinions qui se sont produites à cet égard, on retrouve encore la confusion que nous avons déjà signalée à propos du bœuf de travail, entre le fait et la loi scientifique. Cette confusion résulte, ainsi que nous l'avons montré, d'un défaut d'analyse, d'une connaissance insuffisante de la signification physiologique du fait lui-même.

Il a été posé en principe, par exemple, que l'étroitesse de la poitrine était la première condition d'une conformation propre à l'aptitude laitière, parce qu'on était convaincu que cette disposition correspondait nécessairement à une activité moindre de la respiration. Or, les données de la science permettant d'établir une relation physiologique entre la sécrétion laiteuse et l'activité respiratoire, de telle sorte que ces deux fonctions dussent se balancer l'une l'autre et être par conséquent en raison inverse, cela paraissait irréfutable. Cependant, si tel était le fait général d'observation, il n'était point sans exemple de voir une grande activité des mamelles coïncider avec une remarquable ampleur de la poitrine. Et c'est sans doute ce qui avait porté M. Magne à contester, comme il l'a fait à plusieurs reprises, que l'étroitesse du thorax fût, pour la vache laitière, une nécessité. Partant de là, cet auteur admet, pour ce cas comme pour tous les autres du reste, une poitrine ample au nombre des conditions fondamentales de l'aptitude. Suivant lui, « une respiration assez active pour bien élaborer les principes fournis par les intestins, » est indispensable.

Une telle manière de voir est manifestement en contradiction avec les données de la physiologie. L'observation et l'expérience démontrent au contraire que l'abondance de la sécrétion laiteuse est en raison inverse de l'activité de la respiration. Le régime qui convient le mieux aux vaches laitières pour en tirer, en un temps donné, le plus grand profit, témoigne de cela de la manière la plus formelle. Il est incontestable que ce régime, toute question d'alimentation mise à part, est celui qui comporte la quiétude la plus parfaite. Or, on n'ignore point que le premier résultat de l'excitation extérieure est, pour les animaux comme pour l'homme, une activité plus grande de la respiration. Les matériaux dont se compose le lait sont principalement des substances combustibles. Il est clair qu'ils ne pourraient pas être conduits aux mamelles par le torrent de la circulation s'ils avaient été brûlés par une respiration active, dont l'effet nécessaire est une introduction plus considérable du principe comburant. A défaut d'expériences démonstratives, la logique suffirait pour arriver à cette conclusion ; mais répétons-le, l'observation de tous les jours la met hors de doute, et les expérimentations directes des physiologistes en ont surabondamment établi la vérité. Le fait dont il s'agit est analogue à celui qui se rapporte à l'engraissement, lequel n'est pas moins bien établi.

Si donc il est vrai, comme on n'en peut point disconvenir, que l'ampleur de la poitrine ne soit pas un obstacle à la faculté laitière, c'est qu'il n'y a aucun rapport direct entre cette disposition de la conformation et l'activité de la respiration. Ce que l'on peut affirmer, c'est que l'étroitesse du thorax n'est pas, ainsi qu'on l'avait cru, nécessaire au développement de l'aptitude constitutionnelle. Depuis les recherches de M. Baudement, nous savons à quoi nous en tenir à cet égard, puisque ces intéressantes recherches ont montré que la puissance respiratoire n'est pas infailliblement correspondante à l'ampleur de la poitrine, et qu'elle est plutôt en raison de l'aptitude que de la conformation.

Dans le cas particulier, les faits scientifiques permettent en conséquence de faire taire toute dissidence et de concilier les résultats apparents de l'observation. Il en résulte que l'ampleur de la poitrine, considérée en faisant abstraction de sa signification physiologique, est parfaitement indifférente à la manifestation de l'aptitude laitière. Celle-ci peut se montrer à son plus haut degré, aussi bien avec une poitrine ample qu'avec une poitrine étroite. Elles ne lui sont pas plus nécessaires l'une que l'autre. Voilà qui est bien établi.

Mais il y a d'autres raisons qui doivent, en cet état de cause, commander nos préférences. Quoique l'espèce bovine, par la nature même de ses fonctions économiques, soit destinée à répondre toujours aux besoins permanents que son aptitude à la production du lait peut satisfaire, et bien qu'une spécialisation étroite de cette aptitude soit indiquée par la science ; malgré cela, la science n'en indique pas moins qu'il ne peut s'agir là que d'une phase de son existence, après laquelle sa destination logique devient toujours, comme dans les cas précédents, la production de la viande. Autant qu'il se peut, pour cette raison, il faut donc qu'elle réunisse les conditions capables de la mettre en mesure de répondre complétement à sa double destination.

Ici, il est bon de remarquer que si les deux aptitudes s'excluent au point de vue de leur exercice simultané, en raison précisément de leur identité physiologique, cette identité même permet leur manifestation successive au plus haut degré, et peut comporter sans aucune difficulté la même conformation. Chez la vache laitière, dès que l'activité des mamelles cesse, s'il n'existe pas d'autre cause d'excitation, la faculté d'engraissement entre en jeu. Au lieu de passer dans la sécrétion laiteuse, les matériaux combustibles de l'alimentation s'accumulent dans les tissus. Les faits abondent pour le prouver.

Il résulte de ces dernières considérations et de celles qui précèdent, que le type de la beauté extérieure, pour les races laitières, est absolument semblable à celui qui convient au bœuf de boucherie le plus parfait. Les mâles de ces races, dans les conditions de la spécialisation, ne peuvent avoir d'autre aptitude que celle de la production de la viande ; les femelles y joignent une grande activité sécrétoire des mamelles, accusée par des caractères spéciaux qui seront indiqués plus loin avec tous les détails que cet important sujet comporte.

Nous avons cru devoir seulement ici nous occuper de ce qui concerne la conformation générale des individus spécialisés pour la laiterie, et montrer qu'il n'y a aucune raison pour que ces individus soient maintenus en dehors du type de perfection indiqué par la destination finale de l'espèce bovine. Ce type, nous n'avons pas besoin de le répéter, est celui de la boucherie. Il marque le but de l'amélioration. Le point sur lequel il faut insister en ce moment, c'est que l'aptitude laitière ne lui constitue aucun obstacle. Si la race anglaise de Durham qui, dans l'état actuel des choses, est celle qui le réalise le plus complétement, ne brille point par le développement de cette dernière aptitude, bien au contraire, ce n'est pas en raison d'une incompatibilité physiologique, mais seulement parce que, avant son amélioration, cette race ne s'est jamais montrée propre à une sécrétion abondante de lait. Au reste, on cite avec raison certaines familles de la race auxquelles cette faculté appartient incontestablement, et les races laitières des Iles Britanniques suffiraient d'ailleurs pour prouver l'exactitude expérimentale de la proposition.

En somme donc, le type absolu de la beauté, pour l'espèce bovine, celui qui réalise la perfection et vers lequel toutes les races doivent être conduites plus ou moins vite, suivant les circonstances, est le type du bœuf de boucherie, tel que nous en avons donné les caractères. Il est le modèle qu'il faut se proposer dans l'amélioration, en tenant compte des conditions que nous avons fait ressortir pour ce qui concerne le bœuf de travail. Ces conditions, pour être essentiellement transitoires, n'en sont pas moins d'une importance capitale. S'il n'y a pas lieu d'admettre un type déterminé de beauté pour la fonction travailleuse, les caractères qui, à divers degrés, rendent le bœuf propre à cette fonction, correspondent cependant à une indispensable nécessité de transition. L'amélioration tend à la faire disparaître, mais aussi longtemps qu'elle subsiste elle veut être respectée.

Nous avons maintenant, avant d'entreprendre la description des races bovines, à exposer en ce sens les principes d'après lesquels peut être effectuée leur amélioration.

PRINCIPES SPÉCIAUX DU PERFECTIONNEMENT DE L'ESPÈCE BOVINE.

Étant définies, comme nous venons de le faire, les conditions du type parfait de l'espèce bovine tel que l'accomplissement de sa principale fonction économique le nécessite; étant indiquées les obligations transitoires des diverses aptitudes de cette espèce, inhérentes aux situations particulières de l'économie rurale : ces éléments de la question une fois posés, nous avons maintenant à rechercher par quel genre de modifications les individus et les races, en possession seulement de leurs aptitudes naturelles, peuvent être conduites vers le perfectionnement au bout duquel se trouve le type qui réalise le dernier terme de l'amélioration.

Ce dernier terme, nous l'avons vu, c'est l'état dans lequel le bœuf, par sa conformation et par son aptitude fonctionnelle, est le plus propre à la production de la viande; c'est un ensemble de conditions qui font que la constitution de l'animal le met en mesure de développer principalement celles de ses parties qui sont de nature à mieux remplir ce but ; c'est enfin la faculté qui le rend capable d'utiliser le mieux, à ce point de vue, les aliments qu'il reçoit. Or, cette faculté, qui a pour corollaire des caractères extérieurs sur lesquels nous avons suffisamment insisté dans le paragraphe précédent, se résume en un seul mot : la précocité. Le criterium de l'amélioration, dans l'espèce bovine, est donc la précocité. On peut poser comme principe fondamental et d'une manière absolue, — les considérations économiques que nous avons fait valoir étant sauvegardées, bien entendu, — que dans un ensemble d'individus, celui-là est le plus amélioré, qui est le plus précoce. La précocité relative entraîne avec elle, comme conséquences obligées, toutes les modifications de formes et d'aptitude qui constituent les transitions dont nous avons parlé, et qui sont comme les étapes du chemin parcouru par l'amélioration. Nous en fournirons tout à l'heure la preuve. Nous montrerons en détail, — ce que nous avons dû seulement indiquer en formulant les principes généraux de la sélection, — que les caractères particuliers des organes résultent de leur développement plus ou moins précoce, de l'époque de leur achèvement. Auparavant, il importe que nous soyons bien fixés sur la signification du mot dont il s'agit. Une définition physiologique exacte de ce mot est nécessaire pour cela. Bien des fois on s'en est servi sans savoir au juste ce que l'on entendait par là. On constatait un fait, purement et simplement, sans aller au delà de sa valeur empirique. Il ne semblait pas avoir attiré l'attention des physiologistes, non plus que celle des zootechniciens, du moins à notre connaissance, au point de vue de sa valeur scientifique, lorsque nous avons nous-même essayé d'en

établir la théorie et d'en préciser la signification (1).

Voyons donc à reproduire ici les explications que nous avons données sur ce sujet. Elles sont fondées sur l'observation directe et sur l'interprétation rigoureuse de ses résultats. Après cela, nous pourrons exposer d'une manière plus précise les méthodes spécialement propres à l'amélioration de l'espèce bovine, puisque nous serons éclairés sur les conditions exactes du perfectionnement organique dont elle dépend.

Précocité. — Dans l'état normal, les êtres organisés atteignent leur complet développement en une période de temps qui varie suivant la durée moyenne de leur existence. En général, cette période, durant laquelle leur accroissement s'effectue, est d'autant plus prolongée que l'organisme doit atteindre des proportions plus considérables, ou résister pendant plus d'années aux causes de destruction. Quoi qu'il en soit, l'époque à laquelle cet accroissement est achevé, le moment où les animaux, par exemple, ont atteint la taille qu'ils ne devront plus dépasser, s'appelle l'âge adulte. Un animal adulte est, par conséquent, celui dont la constitution anatomique est complète, qui, dans l'ordre naturel, n'a plus à pourvoir qu'à son entretien et à sa conservation, non à sa croissance. Tout ce qui, dans son alimentation, dépasse les nécessités de cet entretien, peut être utilisé dès lors à l'exercice de l'une ou de l'autre de ses fonctions économiques; pour l'espèce bovine en particulier, cela peut être transformé en travail, en lait ou en viande, sans préjudice pour sa conservation. Jusque-là, une part en doit être consacrée au développement des organes ; et c'est pour ce motif que tout service, quand il dépasse certaines limites, est toujours plus ou moins préjudiciable à ce développement, lorsqu'il est exigé des animaux avant qu'ils aient atteint leur âge adulte.

Au point de vue du perfectionnement du bétail, il est donc extrêmement important d'être fixé sur les signes de l'âge adulte. De vagues indications à cet égard ne sauraient suffire. Il faut que l'on soit en mesure de déterminer exactement à quelle période de la vie il correspond, et s'il est vrai que cette période puisse varier même dans chaque espèce, il importe surtout de connaître les caractères qui accusent sa manifestation.

Pour l'anatomiste, l'âge adulte est caractérisé, chez l'espèce bovine dont nous nous occupons en ce moment, par deux signes certains, dont l'un offre au zootechnicien l'avantage d'être facilement saisissable par le seul examen extérieur de l'animal. Ces deux signes sont la soudure des épiphyses et l'éruption complète des dents de remplacement.

Une courte explication est ici nécessaire, pour ceux de nos lecteurs qui peuvent n'être pas versés dans la connaissance du langage anatomique.

Dans l'ordre de leur développement, les parties essentielles du squelette qui, lorsqu'elles sont achevées, sont principalement constituées par des matières minérales, apparaissent d'abord sous l'as-

(1) Voy. *la Culture*, t. III, 1861-62, p. 348.

pect de noyaux osseux séparés par des substances cartilagineuses. Quelques-unes d'entre elles acquièrent avant la fin de la vie intra-utérine le caractère osseux dans toute leur étendue, mais la plupart des os se présentent après la naissance avec cette séparation de leurs parties constituantes, qui persiste plus ou moins pour chacun d'eux. Ce sont les portions d'os pour ainsi dire surajoutées à la partie principale et unies avec elle par une substance cartilagineuse que la coction peut faire disparaître, qui portent en anatomie le nom d'*épiphyse*. Quiconque a distribué entre des convives, assis à sa table, une tête de veau bouillie, ou découpé une pièce d'agneau, ou encore un jeune poulet, a pu vérifier le fait dont il s'agit. Il n'est pas nécessaire d'être anatomiste pour s'apercevoir que dans ces cas la continuité des os est interrompue dans certains points de leur étendue, contrairement à ce qui existe pour ce que l'on appelle les viandes faites. Le phénomène est surtout remarquable pour ce qui concerne les os longs, ceux des membres notamment. Le corps de ceux-ci, appelé *diaphyse*, est distinct de leurs deux extrémités articulaires, dites épiphyses dans ce cas. Si la coction a été suffisante par la préparation culinaire, — dans le cas de viande bouillie par exemple, — l'épiphyse est complétement séparée de la diaphyse ; dans le cas contraire, la séparation s'effectue au moindre effort.

Or, les recherches physiologiques ont démontré que c'est précisément par leurs extrémités épiphysaires, que les os prennent leur accroissement : et ce fait nous intéresse d'une manière toute particulière, au point de vue qui nous occupe actuellement. Il donne la raison de cet autre, que les épiphyses des os longs des membres sont toujours les dernières à se souder, par l'ossification de leurs cartilages épiphysaires. On se rappelle que la taille des animaux dépend surtout de la longueur des membres, et par conséquent de l'accroissement longitudinal de leurs rayons osseux. D'où il suit que cet accroissement n'est pas achevé tant que persiste le cartilage épiphysaire, et que sa limite est déterminée par la soudure de l'épiphyse, au moyen de l'ossification de celui-ci. Cette soudure effectuée, le développement est complet, l'organisme achevé. L'animal a atteint son âge adulte. Sa taille ne gagnera plus rien.

Telle est la signification de ce fait anatomique, qui coïncide exactement avec l'autre énoncé en même temps.

A mesure, en effet, que le squelette passe par les phases de développement qui doivent le conduire au point que nous venons de voir, les dents caduques, dites dents de lait, tombent successivement, et font place à celles qui sont destinées à persister pendant toute la durée de l'existence, ou du moins à n'être pas remplacées à leur tour lorsque les progrès de l'âge en déterminent la chute. L'éruption complète des dernières dents de remplacement peut être considérée comme marquant l'instant précis de la soudure parfaite des dernières épiphyses, conséquemment le point où le squelette est achevé, l'âge adulte atteint.

Dans l'état naturel de nos races bovines domestiques, cet instant se montre ordinairement vers la sixième année après la naissance. Tous les auteurs qui se sont occupés d'une manière spéciale de déterminer l'âge du bœuf d'après l'inspection de sa dentition, fixent entre quatre ans et demi et cinq ans la chute des coins caducs et l'évolution des coins de remplacement, qui est complète à six ans, époque à laquelle la mâchoire est arrivée à ce que l'on appelle le rond. Le bœuf non amélioré, non perfectionné par l'application des méthodes zootechniques, est donc adulte seulement à six ans. C'est à cet âge qu'il a acquis tout son développement, que sa constitution est achevée. C'est alors qu'il peut fournir toute sa force mécanique, et aussi que son système musculaire a acquis les caractères physiques et le goût particulier de la viande faite. Enfin, c'est à partir de ce moment qu'il peut convenablement être mis à l'engrais.

Bien que les considérations qui viennent d'être développées n'y aient sans doute été pour rien, le fait auquel ces considérations se rapportent n'en est pas moins respecté dans les errements de la pratique. Tant il est vrai que l'observation empirique devance le plus ordinairement les explications de la science. Et il faut reconnaître que cela est à la fois tout naturel et très-heureux. Toutefois, si celles-ci n'ont pas toujours l'avantage de précéder le progrès, elles fournissent du moins les moyens de l'affermir et d'étendre ses bienfaits.

Ainsi en sera-t-il, à coup sûr, au sujet de la précocité, dont l'effet est précisément de hâter l'apparition de l'âge adulte, en provoquant une manifestation plus prompte des phénomènes qui le constituent, et dont nous venons d'indiquer à la fois les caractères et la signification.

Un animal précoce, d'après cela, est celui qui atteint son âge adulte avant l'époque fixée pour l'espèce ou la race à laquelle il appartient ; un bœuf, par exemple, dont le squelette est achevé avant six ans, dont les épiphyses sont soudées et l'appareil dentaire évolué complétement en deçà de ce terme.

Telle est, en thèse générale, la définition de la précocité. Elle s'applique à tout développement hâtif capable de devancer, à quelque degré que ce soit, l'apparition des caractères constitutionnels qui caractérisent l'état adulte ou de complet achèvement de l'organisme, par rapport au moment où cet état se montre dans les conditions naturelles. Et par le fait, au point de vue des services que nous en attendons et de ses qualités propres, le bœuf précoce a en réalité l'âge qu'il paraît avoir, d'après les caractères de son appareil dentaire basés sur les observations recueillies dans ces conditions naturelles. Il a vécu plus vite ; les années n'ont pas été pour lui de douze mois ; les mêmes phénomènes se sont accomplis dans son organisation en moins de temps.

Il ne faut donc pas, si l'on ne veut tomber dans l'erreur, apprécier les qualités du bœuf de boucherie en comptant les années qui le séparent du moment de sa naissance, mais bien en se basant sur l'examen de sa dentition, et en partant de ce fait que l'éruption complète des dents de remplacement caractérise l'âge indulte. Peu importe, dès lors, le temps qui s'est écoulé ; ce qui est seul important, c'est qu'il s'agisse d'une organisation achevée, de ce que l'on appelle un animal fait.

Ce temps varie, on le conçoit bien, suivant le degré de la précocité. Celle-ci, qui est le résultat d'un perfectionnement dont nous exposerons tout à l'heure les conditions, comporte nécessairement autant de degrés que le perfectionnement lui-même. Plus tôt la soudure des épiphyses est obtenue, plus tôt l'éruption des dents se fait, et plus en conséquence l'animal est réputé précoce. Cela est devenu même une aptitude spéciale, transmissible par voie d'hérédité, un caractère de race.

La signification de ce caractère a longtemps échappé, même aux zootechniciens. On ne voyait, dans les races qui le présentent au plus haut degré, que leur faculté d'engraissement prématuré et souvent même exagéré. Encore à présent, la plupart des amateurs de zootechnie n'y voient pas autre chose. Pourtant, cette faculté n'est ici que l'accessoire. Le principal est le développement hâtif. Ce qui est peu connu surtout, c'est le fait relatif à la dentition, sur lequel nous avons insisté plus haut. L'âge réel des animaux précoces est toujours comparé à celui des animaux de la même espèce appartenant aux races communes. On ne peut pas s'habituer à considérer comme des bœufs ceux qui seraient encore des veaux ou tout au plus des bouvillons, si l'amélioration n'avait hâté le moment de leur état adulte. Le plus grand nombre de ceux qui sont appelés à les apprécier ne tiennent nul compte des modifications que leur constitution a subies. Dominés par l'empire des règles établies d'après la marche naturelle des choses, l'acte de naissance seul fait foi pour eux. Et s'ils s'occupent, au point de vue de l'âge, de l'examen des dents, c'est pour accorder à cet examen la valeur absolue qu'il peut avoir dans les cas ordinaires, et contester d'après lui les déclarations avec lesquelles il est en apparent désaccord.

Cependant l'attention a été appelée depuis bien longtemps là-dessus, d'une façon qui aurait dû mettre en garde contre toute méprise ultérieure. A l'occasion d'un fait qui s'est produit en 1846, et que nous raconterons sommairement, parce qu'il est de nature à fournir des éclaircissements précis sur la question qui nous occupe, cette question fut résolue de manière à ne laisser subsister aucun doute.

Un taureau de la race de Durham, du nom d'*Antinoüs*, avait été acheté le 15 avril 1846 à la vacherie du Pin par M. Léon d'Herlincourt, pour le compte du département du Pas-de-Calais. Ce taureau était destiné à être revendu aux enchères publiques, avec l'obligation, pour l'adjudicataire, de l'employer pendant quatre années à la reproduction dans le département, où il est d'usage de ne se servir pour cela que de très-jeunes taureaux, de même du reste que dans toute la Flandre. Le catalogue de la vente du Pin indiquait qu'Antinoüs était âgé seulement de deux ans. Cet animal était en conséquence dans les conditions désirées.

Mais lorsqu'il fut mis à l'enchère à Saint-Omer,

aucun des nombreux cultivateurs présents ne voulut s'en rendre adjudicataire, pour le motif que l'inspection de ses dents leur fit croire à un âge beaucoup plus avancé. Antinoüs, en effet, était en possession de toutes ses dents d'adulte ou de remplacement. Il avait, par conséquent, suivant eux, non pas seulement deux ans, mais bien au delà de quatre. Plusieurs vétérinaires appelés à donner leur avis sur le cas, vinrent corroborer cette opinion, et l'adjudication dut être différée. La Société d'agriculture de Saint-Omer en référa au préfet, qui lui transmit bientôt une lettre de M. d'Herlincourt, par laquelle l'habile éleveur affirmait qu'Antinoüs n'avait bien réellement que deux ans, en reconnaissant toutefois comme excusable l'erreur des cultivateurs et des vétérinaires qui l'avaient examiné, en raison de la grande précocité de la race de Durham. Le jeune taureau était né au Pin, le 8 mars 1844 ; il ne pouvait donc y avoir aucun doute à cet égard. Du reste, M. d'Herlincourt citait l'exemple de plusieurs taureaux dont deux, Éginhard et Tancrède, vendus publiquement à Arras, le 9 mars 1844, n'étant encore que veaux de dix à douze mois, avaient un an plus tard leurs dents d'adulte. Malgré ces faits incontestables, puisqu'ils avaient été constatés par deux vétérinaires des plus distingués, MM. Delplanque et Mannechez, les cultivateurs de Saint-Omer n'en demeurèrent pas moins incrédules. La Société d'agriculture, dans cet état de cause, crut devoir invoquer les lumières de l'école d'Alfort, afin que la question fût « nettement tranchée, » en appelant son attention « sur la prétendue précocité extraordinaire de la race bovine de Durham, » et « pour savoir si cette exception peut être admise en faveur de cette race, contrairement à tous les principes reçus. »

Ce fut M. Renault, alors directeur de l'école, qui se chargea de la réponse. Notre savant maître examina cette question avec la maturité et la rigueur dont tous ses travaux portent le cachet, et c'est aux faits qu'il en voulut demander la solution. Le sujet était neuf à cette époque. A peine quelques personnes l'avaient-elles examiné superficiellement. M. Renault commença par l'apprécier au point de vue de la physiologie, et les considérations qu'il fit valoir montrent que l'éminent vétérinaire s'était parfaitement rendu compte dès cet instant du phénomène de la précocité. Arrivant à ce qui concerne plus particulièrement l'appareil dentaire, il expliqua de la manière suivante la raison de son précoce achèvement : « Physiologiquement encore, dit-il, on comprend que lorsque, quelle qu'en soit la cause, l'ensemble de l'organisme prend un développement plus actif, les dents, comme tous les organes, doivent, en tant que parties de cet organisme, participer à cette précocité générale et suivre conséquemment une marche plus rapide dans la succession de leurs évolutions. »

Mais ce n'était là qu'une forte probabilité. Il fallait établir la solution sur des faits positifs. M. Renault ne voulut pas s'en tenir aux observations qu'il avait pu faire lui-même sur les taureaux et les vaches de Durham qui avaient passé sous ses yeux à l'école d'Alfort. Il s'enquit de l'état dans lequel se trouvaient, sous ce rapport, au moment actuel, les animaux de la race de Durham exïstant dans les vacheries du Pin et de Poussery. Dans la première, sur un effectif de vingt-une bêtes, dix avaient toutes leurs dents d'adulte avant cinq ans, sept avant quatre ans, quatre avant trois ans ; dans la seconde, sur dix animaux, trois étaient certainement en possession de toutes leurs dents d'adulte avant l'âge de trois ans, tous les autres avant quatre ans.

M. Renault cita, en outre, un bœuf provenant de croisement Durham-Charolais, appartenant à M. Massé, de La Guerche (Cher), qui avait toutes ses dents d'adulte à l'âge de deux ans et dix mois ; puis un autre, de race charolaise pure, appartenant au même éleveur et élevé de la même manière, qui, au moment où celui-ci écrivait, était dans le même cas à l'âge de trois ans et demi. Ces deux animaux étaient nés à la fin d'avril 1843. On constatait leur état le 24 septembre 1846. Enfin, pour joindre une autre autorité non moins imposante à la sienne, M. Renault écrivait, en finissant, au secrétaire général de la Société d'agriculture de Saint-Omer : « Je terminerai, monsieur, en vous disant que M. Yvart, inspecteur général des écoles royales vétérinaires et des bergeries royales, président du jury du concours de Poissy, à qui j'ai communiqué votre lettre et ma réponse, m'a assuré que, soit dans ses voyages d'inspection dans les diverses parties de la France, soit au marché et aux divers concours des bœufs gras de Poissy, soit en Angleterre, il avait observé des faits nombreux concordant avec ceux que je viens de rapporter, et qu'il n'hésite pas à expliquer par les mêmes circonstances de race et de régime (1). »

Après cela, il serait bien superflu de rien ajouter relativement à l'influence de la précocité sur l'évolution de l'appareil dentaire, non plus qu'au sujet de la relation qui existe entre les deux phénomènes. S'il est permis de s'étonner de quelque chose, c'est que cette relation ne soit pas mieux connue et appréciée, d'autant que les observations sur lesquelles se basait M. Renault en 1846 se sont beaucoup multipliées en France depuis et se multiplient tous les jours.

Le fait du bœuf charolais de M. Massé avait prouvé dès cette époque que la précocité, pour être l'attribut le plus remarquable de la race de Durham, ne lui est pourtant pas exclusive. Cela est maintenant acquis à la zootechnie. Nous savons à présent que le développement précoce est le résultat direct des méthodes d'élevage auxquelles sont soumis les individus, et que la génération ne fait qu'en affermir l'aptitude et la fixer dans la race par l'accouplement persévérant de ceux qui la présentent entre eux. C'est ainsi qu'ont été constituées les races précoces des îles Britanniques. Nous ne pouvons pas songer à procéder autrement. Et au lieu d'emprunter aux Anglais, pour améliorer nos races bovines, leurs magnifiques types à titre de reproducteurs, ainsi que nous y sollicitent si chaudement les partisans enthousiastes de la doctrine du croisement, c'est à suivre leurs excellentes méthodes qu'il faut nous attacher. Ils n'ont pas fait, eux, de théories. Leur génie positif et pratique ne leur en pouvait laisser le loisir. En toutes choses, tandis que nous dissertons, ils agissent. Mais, enfin, puisque leurs observations nous ont mis en mesure de trouver la signification physiologique du phénomène de la précocité, qui est la base fondamentale de toute leur industrie du bétail, sachons du moins en profiter, afin de ne nous point lancer dans les aventures ; gardons-nous surtout en cela d'obéir à cette malheureuse tendance de notre caractère, qui consiste à vouloir jouir du fruit avant d'avoir planté l'arbre. Les reproducteurs anglais ont une part à prendre dans les opérations de l'industrie animale des nations du continent. Nous l'avons déjà indiquée en thèse générale, et nous en tracerons spécialement les limites pour l'espèce bovine ; mais ils ne peuvent avoir rien à faire au point de vue particulier du perfectionnement des races. Ce perfectionnement, pour l'espèce bovine, est une pure question de précocité. Les races bovines, quelle que soit d'ailleurs leur aptitude spéciale, s'améliorent à mesure qu'elles deviennent plus précoces. C'est ce qu'il ne nous sera pas difficile d'établir.

La précocité, en effet, qu'elle soit un attribut de race, ou que sa manifestation se borne à l'individu qui la présente, entraîne nécessairement dans la conformation de cet individu des modifications qui le rapprochent d'autant plus du type absolu de la beauté zootechnique de l'espèce, que cette même précocité est plus grande. Améliorer la conformation et hâter le développement, c'est donc tout un, ainsi que nous le ferons encore mieux voir tout à l'heure. Les mêmes influences qui activent le mouvement nutritif et font atteindre plus tôt à l'organisme son achèvement complet, favorisent la production des formes dont dépend la bonne conformation. L'aptitude, d'un autre côté, est en rapport direct avec la précocité, de telle sorte que l'une se règle physiologiquement sur l'autre. Plus grande en un sens lorsque celle-ci s'accuse à peine ou n'existe pas, elle s'amoindrit dans ce sens au bénéfice de l'aptitude opposée à mesure que la précocité fait des progrès. Le bœuf essentiellement travailleur perd à la fois, et progressivement, les caractères qui sont l'indice de la force, et gagne ceux qui le rendent plus propre à la boucherie en marchant vers la précocité. C'est ce qui arrive sous l'influence de la sélection, dont nous avons exposé la doctrine telle qu'elle doit être comprise.

Ces diverses propositions ressortiront avec leur éclatante vérité de l'application particulière que nous allons faire maintenant de cette doctrine au perfectionnement de l'espèce bovine. Elle contient tous les principes fondamentaux de l'amélioration des races quelconques appartenant à ladite espèce. Il convient donc d'en déterminer les éléments préalablement à toute description, au moins dans ce qu'ils peuvent avoir de spécial. Les principes généraux développés précédemment nous permettront de demeurer à cet égard dans les strictes limites de l'application.

(1) Recueil de médecine vétérinaire, t. III, 3e série, 1846, p. 897.

Sélection. — Ainsi que nous l'avons établi, la

sélection ne consiste pas seulement à choisir dans la race les reproducteurs qui présentent au plus haut degré les caractères de conformation et d'aptitude que l'on veut obtenir dans le produit de leur accouplement. Ce n'est pas seulement un moyen de multiplication des qualités acquises, c'est surtout la méthode à l'aide de laquelle ces qualités se peuvent acquérir.

Nous avons vu, en étudiant sa signification doctrinale, que la sélection bien comprise a pour base fondamentale ce que nous avons appelé la gymnastique fonctionnelle. Nous savons maintenant qu'elle a pour but d'imprimer aux activités vitales des animaux une direction déterminée, étroitement dépendante du milieu dans lequel ces activités s'exercent. On a montré que, d'après les lois physiologiques, les instruments de ces activités vitales, les organes, prennent des formes et un développement en rapport avec leur intensité et leur direction. D'où il résulte, en principe, que dans tous les cas l'aptitude est en rapport avec la conformation.

Telle est la loi la plus solidement assise de la zootechnie, et sur laquelle on ne saurait trop méditer. Quelle que soit l'espèce que l'on envisage, qu'elle soit attardée ou avancée sur l'échelle de l'amélioration, elle n'en fournit pas moins la confirmation pleine et entière de cette vérité, d'où découle tout l'art du perfectionnement. C'est le propre de l'école scientifique, en zootechnie, de l'avoir mis en lumière. Nos devanciers, dont les travaux ont d'ailleurs été si remarquables, et dont les observations, en général si exactes, ont fourni à la nouvelle école la plupart des faits sur lesquels elle a pu asseoir sa doctrine, nos devanciers ne paraissent point en avoir saisi la portée. La relation que nous signalons entre les formes et l'aptitude ne leur avait pas échappé, à coup sûr. Leurs écrits et leurs actes font foi qu'ils en ont, au contraire, toujours tenu grand compte pour la plupart. Hommes d'expérience et de pratique avant tout, ils n'avaient garde de méconnaître à ce point les enseignements de l'observation. Mais faute d'avoir pénétré dans l'intimité du phénomène, faute d'en avoir cherché la raison scientifique, ils se sont bornés à le constater. Ils n'ont pu faire voir comment ce phénomène est sous la dépendance des circonstances qui entourent l'animal, comment il est en notre pouvoir d'en tirer parti à notre volonté. Ils ont cru, en définitive, que, dans l'espèce bovine notamment, toutes les aptitudes découlaient des mêmes conditions anatomiques et physiologiques, à un degré assez prononcé pour que l'on dût chercher à communiquer ces conditions à toutes les races sans distinction.

Or, c'est précisément le contraire qui est vrai. L'interprétation exacte des faits nous a appris que ce sont les conditions anatomiques, du moins quant à leur forme, qui découlent des aptitudes. Les termes du problème doivent donc être renversés. « La conformation, a dit justement M. Baudement, à laquelle la pratique attache tant d'importance, n'est pas une cause, c'est un effet. C'est, comme je viens de l'indiquer rapidement, la résultante de toutes les forces physiologiques diversement mises en jeu, et recevant leur première impulsion de la manière dont l'animal a été nourri et traité dès les premiers temps de sa vie. Aussi le mode d'alimentation et d'élevage dans le jeune âge renferme-t-il, en définitive, tout le problème de la création et de l'amélioration des races. C'est là la conséquence pratique essentielle qui ressort de cette manière de comprendre la formation des machines animales; la pratique lui donne l'appui de son expérience (1). »

De la manière dont l'animal a été nourri et traité dès les premiers temps de sa vie dépendent uniquement, en effet, ses aptitudes et sa conformation. Cela revient à dire, ainsi que nous nous sommes efforcé de le démontrer, que toute la doctrine du perfectionnement des races est contenue dans celle de la sélection. Cette dernière doctrine, effectivement, a pour caractère fondamental de faire imprimer aux activités vitales, à mesure qu'elles se développent, une direction déterminée d'après l'aptitude native qu'il s'agit de stimuler. Elle a pour moyen la gymnastique fonctionnelle ou exercice des facultés organiques. Elle systématise d'une manière claire et efficace les procédés et les subordonne au but, en laissant toujours saisir la raison physiologique de ses opérations.

La sélection est donc bien une méthode vraiment scientifique. Et nous insistons sur ce point, parce qu'il importe plus qu'on ne le croit généralement, en toutes choses, de remplir une telle condition. La pratique ne peut suivre une marche sûre, si elle n'est l'application constante de notions scientifiques rigoureuses et bien comprises. Autrement, elle ne progresse qu'en tâtonnant et au prix de fausses manœuvres et de mécomptes. Elle est bien obligée, sans doute, lorsque ces notions lui manquent, de s'en passer et de marcher quand même, car la nécessité lui fait une loi de ne se point abstenir; mais ses forces sont décuplées lorsqu'elle voit toujours clair dans ses opérations. Jamais des conclusions purement empiriques ne sauraient valoir, en aucun cas, et quelle que puisse être leur exactitude, les déductions logiques de la science. Les premières ne peuvent servir que pour des circonstances absolument identiques à celles dans lesquelles elles ont été tirées; changez seulement une de ces circonstances, elles ne sont plus applicables; et c'est pour cela qu'il est si difficile, avec leur seul secours, de passer de la théorie à l'application, et que celle-ci entraîne à tant d'écoles et d'insuccès. L'histoire de la zootechnie est pleine de faits qui attestent la vérité de cette assertion. C'est au point que la pratique de la doctrine est à peu près impossible pour tout autre que celui qui l'a conçue; ce qui montre qu'il ne faudrait point précisément juger de sa valeur par les résultats sur lesquels son auteur pourrait l'avoir fondée. Ces résultats sont constants, assurément; mais il est moins certain que les raisons auxquelles on les attribue soient réelles, du moment que les uns et les autres ne se succèdent pas par un enchaînement scientifique de faits bien évidemment dépendants.

(1) Voy. Observations sur les rapports qui existent entre le développement de la poitrine, la conformation et les aptitudes des races bovines, dans Annales du Conservatoire des arts et métiers. Paris, 1861.

La doctrine de la sélection s'appuie précisément sur un enchaînement de cette nature, où l'on voit clairement chaque phénomène simple concourir au but commun, et où l'on peut par conséquent lui faire sa part dans le résultat que l'on désire obtenir. Avec son aide, le zootechnicien domine les circonstances et en dispose, au lieu d'être dominé par elles. Il peut prévoir à l'avance jusqu'à quel point il lui sera permis d'avancer dans la voie sur laquelle il s'est engagé, et mesurer son but à ses ressources. C'est là ce qui constitue le caractère scientifique et fait la supériorité de l'école zootechnique nouvelle. Avant elle on avait énoncé des faits plus ou moins ingénieusement groupés ; elle apporte des solutions et des lois. On donnait d'abord des préceptes à la pratique ; elle met à sa disposition des éclaircissements.

C'est ce que nous allons voir en considérant les rapports de la sélection avec la question du perfectionnement de l'espèce bovine.

Quelles sont, d'abord, les conditions de ce perfectionnement ? Elles ont été indiquées plus haut en déterminant les types de la beauté. Nous n'avons donc plus qu'à exposer les principes zootechniques de la sélection appliquée au développement de la précocité. On sait effectivement, d'après ce que nous avons dit, que pour le bœuf, se perfectionner, c'est devenir plus précoce, dans les limites compatibles avec les circonstances économiques qui l'entourent. La démonstration de ce fait a été, croyons-nous, fournie surabondamment. Or, nous savons aussi qu'il existe un rapport exact entre la précocité et l'ampleur de la poitrine, justement considérée comme subordonnant physiologiquement tous les autres détails de la conformation. Le but de la sélection doit donc être ici de provoquer le développement de cette partie du corps et d'en fixer par la génération les proportions acquises. On peut, a dit M. Baudement, « en la rattachant à sa cause, considérer l'ampleur de la région thoracique comme le caractère dominateur de l'organisme. » Et le moyen d'obtenir ce résultat, déjà sanctionné par la pratique, bien qu'elle n'en eût point pénétré les raisons déterminantes, nous est aujourd'hui clairement indiqué. Il est uniquement du domaine de l'hygiène. Ce moyen est tout entier dans les procédés d'élevage que nous pouvons diriger à notre guise. « Toute la question de la formation et de l'amélioration des races, par conséquent tout le problème physiologique et économique de la zootechnie, a ajouté le savant professeur du Conservatoire des arts et métiers, se résume donc en une question de nutrition dans le jeune âge des animaux. »

Ainsi posée, cette question, comme on le voit, se simplifie considérablement. En ces termes, elle renverse les enseignements de l'ancienne zootechnie qui, dans toute entreprise de perfectionnement, mettait toujours en première ligne le bon choix des reproducteurs, ce qui est la cause de toutes les confusions dont l'économie du bétail nous a pendant si longtemps donné le spectacle. La donnée plus exacte, plus scientifique, qui restitue aux facteurs des améliorations leur impor-

tance relative, en accordant la prééminence à ceux qui agissent directement sur le développement de l'individu, fera cesser sans aucun doute ces confusions. Elle aura le mérite de présenter aux esprits des choses facilement saisissables, qu'ils pourront rattacher sans peine aux causes qui les produisent, en assistant pour ainsi dire à chaque détail de leur production. Cette donnée, qui est celle que nous avons toujours soutenue, pour notre compte, dans tous nos écrits sur la matière, place sous la direction immédiate de la main de l'homme le perfectionnement des animaux. Elle ne fait aucune part aux hasards des influences si conjecturales et si peu précises de la génération. En dehors de la répétition, dans le produit de l'accouplement, des formes identiques chez les deux individus accouplés, la génération ne nous peut rien offrir de certain. Lorsque nous agissons au contraire directement sur ce produit, en imprimant à sa nutrition les modifications que les procédés hygiéniques mettent en notre pouvoir, nous savons au juste ce que nous faisons, et le résultat est nécessairement en rapport exact avec les moyens employés.

Le perfectionnement de l'espèce bovine est donc en définitive une pure affaire d'éducation des produits. Et le sens de cette éducation doit être tel qu'elle ait pour effet de provoquer le développement de la région thoracique, « caractère dominateur de l'organisme, » indice certain du degré de supériorité du bœuf comme utilisateur de sa ration, et signe à la fois de l'élévation de son poids vif et de son poids net comme producteur de viande.

Nous allons maintenant essayer de préciser les principes hygiéniques de l'éducation dont il s'agit, en ayant soin d'indiquer les raisons physiologiques sur lesquelles ces principes s'appuient.

Le premier de tous est relatif à l'alimentation. La base fondamentale de l'amélioration de l'espèce bovine, sans distinction d'aptitude spéciale, est dans une nourriture riche et abondante administrée aux jeunes animaux dès les premiers temps de leur vie. Le mode de son action dépend des activités imprimées ultérieurement à les nutrition, ainsi que nous le verrons tout à l'heure ; mais, quelles que doivent être ces activités, il n'en est pas moins incontestable que la conformation générale du sujet, son type, en un mot, est sous la dépendance immédiate de l'alimentation qu'il reçoit dans le jeune âge. C'est dire, après les principes posés plus haut, que l'influence s'exerce directement sur les dimensions de sa région thoracique. Avec une alimentation médiocre, cette région demeure étroite et les autres formes du corps élancées ; avec une nourriture substantielle et abondante, au contraire, elle prend de l'ampleur dans tous les sens et imprime au développement général une impulsion qui le met en harmonie avec ses propres dimensions. Nous avons déjà sommairement ébauché la théorie de ce phénomène zootechnique, en formulant les principes généraux de la sélection ; il convient d'y revenir en ce moment, pour en faire une application plus particulière au perfectionnement de l'espèce bovine.

L'effet le plus immédiat produit par les aliments administrés en abondance au jeune sujet est un surcroît d'activité de sa fonction digestive. Le développement des organes qui accomplissent cette fonction s'ensuit nécessairement, en vertu de la loi physiologique que nous avons suffisamment établie. Il est admis que le volume et la capacité de l'appareil digestif sont en raison directe de son fonctionnement. C'est une des conséquences les plus incontestables de la gymnastique fonctionnelle, que l'exercice d'un organe provoque son accroissement. Or, les corrélations anatomiques existant entre les deux cavités abdominale et thoracique entraînent la nécessité d'un rapport constant et déterminé entre leurs capacités relatives. A mesure que l'une augmente dans un sens, en empiétant sur l'autre, celle-ci doit trouver dans une disposition particulière le moyen d'accomplir sa fonction : la cavité thoracique, en prenant de l'accroissement en profondeur, si c'est l'appareil digestif qui, par une activité plus grande, sollicite l'empiétement de la cavité abdominale remplie par une nourriture abondante, dont l'assimilation est l'unique occupation du sujet; si c'est l'appareil respiratoire dont la fonction soit suractivée, l'action digestive rencontre des conditions suffisantes en s'exerçant sur des aliments également nutritifs sous un moindre volume. Les choses conservent toujours ainsi leurs relations physiologiques,

C'est le premier cas qui se présente pour le régime propre au perfectionnement du jeune sujet de l'espèce bovine, dont la condition essentielle est, ainsi que nous venons de le dire, une nourriture à la fois substantielle et abondante. Chez lui, la cavité abdominale tend donc sans cesse à empiéter sur la cavité thoracique, en refoulant en avant la cloison musculo-membraneuse ou diaphragme qui les sépare, et sur laquelle porte une partie du poids des organes digestifs toujours chargés d'aliments. Dès qu'il en est ainsi, il faut néanmoins que la fonction respiratoire puisse s'exercer dans les limites nécessitées par les besoins physiologiques auxquels il lui est dévolu de pourvoir, d'après les lois de l'organisation. Elle ne le pourrait pas si les poumons qui l'exécutent, refoulés en avant comme ils le sont par les organes digestifs, ne prenaient dans d'autres sens un accroissement qui puisse compenser la diminution de leur diamètre antéro-postérieur. Et c'est en effet ce qui arrive. La cavité thoracique, obéissant à la loi morphologique qui veut que dans le développement des êtres organisés les parties contenantes se moulent sur les parties contenues, acquiert en épaisseur et en profondeur des dimensions plus grandes; à mesure qu'elle perd en étendue longitudinale, elle gagne dans le sens de ses deux autres diamètres. Les côtes s'allongent et décrivent un arc plus prononcé. Car tant que l'être est en voie de formation, son organisme se dispose normalement pour la meilleure exécution des fonctions qui lui sont propres. On attribue souvent les faits de ce genre à la prévoyante nature. Bornons-nous à constater celui-ci, qui est absolument certain. Il ne nous servirait de rien d'en rechercher la cause première.

Ce fait explique comment une alimentation abondante, donnée dans le jeune âge, provoque la disposition du thorax qui est fondamentale dans la conformation perfectionnée du bœuf, et c'est assez pour nous. Son interprétation, sauf erreur de notre part, n'avait point été fournie avant nous; du moins ne l'avons-nous trouvée nulle part formulée nettement, comme nous venons d'essayer de le faire. Les seules tentatives entreprises à cet égard n'étaient pas sorties du vague des considérations générales.

Quoi qu'il en soit, on saisira facilement l'importance de la notion zootechnique qui découle de cette explication. On saura que le développement du thorax, si remarquable dans les races précoces qui exigent précisément une nourriture abondante dans leur jeune âge, doit bien véritablement être attribué à cette circonstance de leur éducation. On ne pourra plus douter que le meilleur moyen de les imiter ne soit d'y avoir recours. L'expérience avait permis de l'admettre pour ces races, et la pratique en tire dans une certaine mesure depuis longtemps parti. La science imprime maintenant son cachet de certitude à cette déduction.

Mais là n'est pas le seul effet de l'activité nutritive sur le développement des animaux dont il s'agit. Ce que nous venons de voir est à proprement parler une influence physique. L'alimentation, jusque-là, n'a agi qu'en raison de sa masse. Nous avons à la suivre dans ses résultats, en considérant son rôle par rapport à ses propriétés nutritives. Ici, ses effets sont relatifs, naturellement, à l'assimilation ou à l'accumulation de ses parties constituantes. L'étude n'en est pas moins intéressante à tous égards.

Le problème soulevé par cette étude est complexe. Nous essayerons d'en bien analyser les éléments, afin d'arriver à des solutions précises.

Les conséquences produites en effet par l'activité nutritive durant la période d'accroissement de l'animal de l'espèce bovine, varient suivant la direction imprimée à cette activité; elles dépendent de circonstances accessoires, inhérentes à l'aptitude dont l'exercice intervient pour les contre-balancer ou les seconder. Ces conséquences sont donc diverses, suivant qu'on les envisage chez l'individu élevé pour fournir d'abord du travail, du lait, ou de la viande. Voyons en premier lieu ce dernier cas, parce qu'il est le plus simple, et parce qu'il nous permettra de suivre la théorie jusque dans ses dernières limites.

Ce cas suppose l'assimilation complète des rations alimentaires, sauf les pertes occasionnées par l'exercice des fonctions indispensables à l'entretien de la vie. Le jeune animal spécialement et exclusivement élevé en vue de la boucherie, n'a d'autre but à atteindre que de développer les facultés relatives à la production de la viande, en restreignant à leur plus simple expression toutes celles qui sont étrangères à cette production ou peuvent la contre-balancer. Moins il détourne, pour l'exercice de ces dernières facultés, des matériaux nutritifs qu'il absorbe, plus il en reste de disponibles pour l'accroissement de ses divers tissus, et plus s'active son aptitude à l'assimilation de ces matériaux sous les formes diverses qu'elle peut revêtir.

C'est dans ces conditions, où sont écartées toutes les activités fonctionnelles autres que celle de la nutrition, par une stabulation permanente, par un repos complet et une tranquillité parfaite ; c'est dans ces conditions, disons-nous, que s'accomplit le prompt achèvement de la croissance, que bientôt s'accumulent dans les parties molles les matières succulentes et graisseuses qui constituent ce que l'on appelle l'engraissement, et qu'en un mot se produit la précocité. La physiologie nous en peut facilement fournir la raison, et même d'une manière précise.

En effet, sous l'influence de cette activité exclusive imprimée à l'assimilation, les substances nutritives s'accumulent dans tous les organes, chacune suivant son affinité élective, — ce qui n'a pas la prétention d'être une explication, mais seulement l'expression d'un fait ; — le mouvement nutritif ainsi stimulé entraîne nécessairement une plus prompte manifestation de ses effets normaux. Dans l'état naturel, l'activité nutritive est d'autant plus intense dans les tissus organiques qu'ils sont plus vivants, en d'autres termes, que l'abord du fluide nourricier y est plus abondant et plus facile. C'est pour cela que le squelette est la dernière partie achevée dans l'organisme. Composés pour leur majeure portion de substances minérales, les os, même les plus étendus, ne reçoivent relativement qu'une faible quantité de sang. Il n'est donc pas étonnant qu'il leur faille, dans les conditions ordinaires, plusieurs années pour atteindre leur développement complet, caractérisé, comme nous l'avons vu, par la soudure de leurs épiphyses, dont les cartilages d'union servent seuls, ainsi que cela a été bien démontré, surtout dans ces derniers temps, par M. Flourens et par M. Ollier, à leur accroissement en longueur.

L'abondance de l'alimentation dès le jeune âge et continuée sans interruption dans les conditions que nous venons de dire, opère à cet égard une modification des lois naturelles de l'accroissement, qui est précisément la caractéristique de la précocité. La quantité de sang qui arrive au système osseux n'en est point augmentée ; il est permis de croire au contraire que l'inaction, en rendant la circulation moins active, diminue cette quantité ; mais vraisemblablement parce que ce liquide est alors plus riche en phosphate calcaire emprunté à des aliments qui en contiennent beaucoup, les os acquièrent plus promptement la proportion de matière minérale qui les caractérise à leur état de développement complet, leurs cartilages épiphysaires s'ossifient avant l'époque normale, les épiphyses se soudent, et par ce fait leur accroissement se trouve arrêté en diamètre comme en longueur. Ils conserveront désormais les dimensions qu'ils avaient au moment où le phénomène s'est accompli.

Telle est la raison de l'exiguïté du squelette chez les animaux précoces. L'ossature se présente avec des proportions relativement minimes, parce que la croissance normale des os a été arrêtée par une minéralisation hâtive. Et comme confirmation de cette conclusion scientifique, on voudra bien remarquer que les dimensions du système osseux sont exactement en raison inverse de la précocité. Plus l'animal est précoce, moins l'ossature est développée ; elle se montre plus forte au contraire à mesure qu'il devient plus tardif. Cela est facile à comprendre.

Mais il faut prévoir une objection, qui ne manquerait point d'être faite. Ce que nous avons dit plus haut, au sujet du développement de la cavité thoracique, de l'allongement des côtes et de tous les autres os du reste qui ont des rapports avec le tronc, semblerait au premier abord en contradiction avec le fait qui vient d'être énoncé. La contradiction n'est qu'apparente. Il intervient ici un élément sur lequel nous avons beaucoup insisté antérieurement, en thèse générale, et qu'il faut préciser pour le cas particulier. La condition essentielle, pour que l'activité nutritive agisse dans le sens que nous venons de voir, c'est qu'elle ne soit contre-balancée par aucune autre influence. Ainsi en est-il pour les os des rayons inférieurs des membres, pour ceux de la tête, dont l'inaction complète ou à peu près, ne sollicite point le développement. Les membres restent courts et peu épais, dans toute la partie détachée du tronc, la tête fine, pour ce motif que l'ossification complète les a trouvés sans résistance et s'en est emparée, lorsque l'apport de matière minérale a été suffisant. Il en est différemment des autres parties du squelette, parce que ces parties sont entraînées à s'allonger par l'activité qui détermine l'expansion du thorax. C'est une loi anatomique qu'aucun observateur ne contredira. Mais si ces divers os ont dû prendre de l'accroissement en longueur, ils n'en ont pas moins conservé, quant à leurs autres dimensions, des proportions exiguës qui constituent toujours une ossature légère, quand on la compare à celle des individus tardifs d'une ampleur de poitrine égale.

A mesure que le squelette s'achève ainsi, l'activité nutritive exerce son influence d'une façon non moins remarquable sur l'appareil musculaire. Les matières assimilables s'accumulent dans les fibres de ses parties constituantes, jusqu'à ce qu'elles aient, comme les os, atteint leur complet achèvement. Et c'est au même moment que cela a lieu pour les uns et les autres ; c'est à l'époque de l'âge adulte, déterminé par la soudure des épiphyses et l'éruption complète des dents. De même que les os, les fibres contractiles du système musculaire et les parties tendineuses qui les unissent à ces derniers conservent des proportions minimes. Mais à partir de ce moment, et même auparavant, l'accumulation des sucs nutritifs et de la graisse s'opère dans le tissu cellulaire qui unit les fibres musculaires entre elles et qui entoure les muscles de toutes parts. Ces organes prennent en volume un développement énorme, sous lequel le squelette se trouve comme noyé. Et ce sont précisément ceux des lombes, de la croupe, des fesses et des cuisses, qui fournissent les premières qualités de viande, ceux qui entourent le thorax et déterminent l'ampleur de la poitrine, — indice de la valeur de l'animal comme bête de boucherie, — ce sont toutes ces masses musculaires qui se développent ainsi sous l'influence d'une alimentation riche et abondante administrée aux très-jeunes sujets.

Les autres tissus, et celui de la peau notamment, de même que ses appendices, les poils, les cornes, etc. subissent des modifications analogues. Leur organisation est plus tôt achevée, et ils conservent des dimensions moindres. La peau demeure mince, les poils et les cornes fins. L'abondance du tissu cellulaire sous-cutané, ou plutôt l'écartement de ses mailles remplies de sucs nourriciers, donne à l'enveloppe du corps une souplesse et un moelleux qu'elle n'a pas chez les individus tardifs.

En résumé, exiguïté de l'ossature par le fait de son plus prompt achèvement; développement considérable de toutes les parties propres à fournir de la viande nette : voilà les conséquences de l'activité nutritive, exclusive et continue, depuis les premiers temps de la vie jusqu'à l'âge adulte; voilà comment se traduisent et se produisent les effets de la précocité.

Ces effets résultent du développement d'une aptitude susceptible d'être transmise par la génération et de se fixer dans la race par ce moyen. Les qualités acquises par les procréateurs, en se transmettant plus ou moins intégralement au produit, deviennent le point de départ de nouvelles acquisitions qui passent à la génération suivante. Et c'est ainsi que par une sélection attentive, dont la consanguinité est le moyen le plus efficace et le plus prompt, les effets de la précocité se consolident et se multiplient, sous l'influence constante d'une alimentation abondante et bien choisie. Les races les plus précoces que nous observons n'ont pas été formées par une autre méthode. Et c'est celle qu'il faut suivre pour conduire les nôtres au même résultat.

Mais pour que ce résultat soit obtenu, il est indispensable que les animaux soient laissés, ainsi que l'a fort bien dit M. Baudement, « dans l'inaction au sein de l'abondance. » Tout autre régime hygiénique, comportant dans une mesure quelconque l'activité d'une aptitude autre que l'assimilation nutritive, retarde nécessairement la production des phénomènes dont la théorie vient d'être développée, et influe pour autant sur les caractères de la conformation et de la constitution.

C'est ce qui arrive, par exemple, si le jeune animal copieusement nourri est appelé, à une période de sa jeunesse, à fournir du travail, ou s'il est livré à la fécondation pour donner ensuite du lait. Alors ces deux fonctions détournent à leur profit une partie notable des matériaux nutritifs, qui eussent été utilisés sans cela pour l'achèvement de sa croissance. Celle-ci s'en trouve reportée à un terme plus éloigné, et qui se rapproche du terme naturel en proportion précisément des dépenses nécessitées par l'activité qui est mise en jeu. Précocité et produit sont donc deux notions incompatibles. L'une perd ce que l'autre gagne. La première ne peut réaliser un bénéfice, qu'à la condition d'une réduction de la seconde à des proportions qui ne balancent qu'en partie les effets nutritifs résultant de l'abondance de l'alimen-

tation. Et dans ce cas même il intervient un élément nouveau, qui agit encore dans un autre sens pour modifier le résultat. C'est ce que nous allons expliquer pour ce qui concerne le travail.

On sait suffisamment, d'après tout ce qui en a été dit déjà, que l'exercice des organes locomoteurs sollicite ces organes à acquérir un plus grand développement. Les mouvements que le travail leur impose, indépendamment des pertes qu'ils déterminent dans la nutrition, y appellent donc une assimilation plus grande, non pas dans le sens de celle que nous avons vue et qui hâte leur achèvement sous l'influence de l'inaction, mais cette assimilation que les physiologistes appellent plastique, et qui se caractérise par la croissance de toutes leurs dimensions. En somme, ce n'est pas seulement l'apport de matière assimilable qui s'effectue, c'est aussi la contre-partie de ce mouvement nutritif qui est activée, c'est la désassimilation qui a lieu par l'exercice des organes. Au lieu d'agir seule, l'assimilation ne produit plus ses effets qu'en raison de sa prédominance. Il en résulte que les lois physiologiques normales suivent leur cours dans les limites déterminées précisément par l'intensité de cette prédominance. D'où les bornes de la précocité, par rapport au terme naturel du développement complet de l'individu, sont en raison tout à la fois de la composition et de l'abondance de l'alimentation, et de l'intensité des fonctions locomotrices. Il est facile de comprendre, après ces courtes explications, que c'est ici d'une question de balance qu'il s'agit. Plus on exige de travail du jeune sujet, plus les fibres contractiles de ses muscles se développent, plus ses os s'accroissent en longueur et en épaisseur, et moins par contre s'accuse son aptitude à l'engraissement. Là se trouve la raison de sa conformation, qui comporte des membres plus forts, une taille plus élevée, des masses musculaires aux saillies plus accusées et plus denses, une peau plus épaisse et moins souple, un poil moins fin et plus abondant.

Mais ces caractères du bœuf travailleur à un degré quelconque sont parfaitement compatibles avec une ampleur de poitrine à peu près égale à celle qui caractérise l'animal arrivé au dernier degré de la précocité. On le conçoit sans difficulté, si l'on songe que l'influence physiologique à laquelle nous en avons attribué le développement s'exerce bien avant que l'activité des organes locomoteurs soit mise en jeu, et que d'ailleurs elle se continue quand même, à la seule condition de la persistance d'une forte alimentation. Le travail ne peut au reste que la seconder, car il nécessite une plus grande activité de la respiration, par conséquent un plus grand développement des poumons. Nous savons, il est vrai, depuis les recherches si intéressantes de M. Baudement, que l'activité respiratoire n'est pas en raison du volume de ces organes, mais bien de leur étendue réelle déterminée par leur densité; mais il n'en est pas moins admissible que l'exercice de la fonction, dans le jeune âge, sollicite leur développement en volume, et par là celui de la cavité qui les contient, dans les sens où elle rencontre de moindres résistances.

L'exercice de l'aptitude laitière se présente dans des conditions beaucoup plus simples, et moins incompatibles avec la plupart de celles qui appartiennent à la complète précocité. Bornée à un seul organe, au demeurant assez accessoire dans la jeunesse, on observe même qu'elle n'y fait obstacle que fort peu, et dans certains cas pas du tout. Cette aptitude concorde parfaitement avec l'inaction de l'appareil locomoteur, qui lui est d'ailleurs de tout point favorable. Si elle existe comme faculté native, le moment auquel elle se peut développer par son exercice laisse aux procédés de la sélection tels que nous les avons exposés tout le temps d'agir. L'instant le plus hâtif, pour faire saillir convenablement les génisses, ne vient guère en deçà de leur troisième année. Or, c'est précisément le moment où les races les plus précoces atteignent leur âge adulte. Nul empêchement donc à ce que les races laitières ne soient poussées vers la précocité par la sélection. Cela est de toute évidence. Nous n'y insisterons pas.

Les principes spéciaux du perfectionnement de l'espèce bovine sont maintenant exposés dans tous leurs détails. Nous avons indiqué le but, qui est la précocité, et la méthode capable d'y conduire, qui est la sélection. Nous nous sommes efforcé de faire clairement saisir les relations scientifiques qui existent entre l'un et l'autre, de manière à donner aux éleveurs un guide sûr de leurs opérations, de manière surtout à ce qu'ils puissent toujours s'en rendre compte et suivre en connaissance de cause chacun des effets obtenus. L'appréciation exacte des divers facteurs de l'amélioration peut seule permettre d'établir leur importance relative, et de les manier pour ainsi dire à sa discrétion. C'est là ce qui constitue la science de l'élevage, en l'absence de laquelle la pratique peut bien être une routine plus ou moins éclairée, mais demeure cependant toujours la routine.

Ces principes sont fondamentaux pour la constitution des races perfectionnées. En dehors d'eux il n'y a pas d'amélioration possible. Ils résument, suivant l'expression de M. Baudement, tout le problème physiologique et économique de la zootechnie de l'espèce bovine. Ils dominent toute tentative de perfectionnement, de quelque nature qu'elle soit. Et ils sont dans une complète erreur, ceux qui croient pouvoir les enfreindre au bénéfice de conceptions exclusivement basées sur l'influence des reproducteurs. Cette influence peut être un utile accessoire du perfectionnement, mais elle n'est rien de plus. Elle ne vaut que par l'application rigoureuse des procédés de la sélection. Nous devons cependant lui faire sa part, afin de ne négliger aucun des moyens qui peuvent concourir à l'œuvre dont nous nous occupons. Et c'est ce que nous allons faire en examinant le rôle du croisement dans ses rapports avec l'amélioration de l'espèce bovine.

Croisement. — En définissant d'une manière exacte l'opération par laquelle deux animaux de races différentes sont accouplés pour obtenir un produit intermédiaire ou métis, nous avons établi comment ce métis ne peut pas devenir à son tour la souche d'une race nouvelle. « Ramené à son importance scientifique réelle, avons-nous dit (p. 455), le croisement est un moyen, un procédé d'exploitation industrielle des animaux qui, à l'exemple de tous les procédés de fabrication, donne des résultats en rapport avec la manière dont il est mis en pratique. » Nous avons ensuite indiqué les principes généraux de l'application de ce moyen, et nous avons insisté sur la distinction qu'il importe d'établir entre le croisement considéré comme principe d'amélioration appliqué aux races, et le croisement envisagé comme moyen de tirer un plus utile parti des individus, pris isolément et dans des conditions déterminées. La nécessité d'une telle distinction, il faut le rappeler en ce moment, est basée sur ce fait : que les individus croisés n'ont jamais nulle part, et dans aucune espèce, transmis à leurs descendants, d'une manière certaine et suivie, aucun des caractères essentiels qui les faisaient différer de leurs auteurs immédiats. Il ne nous a pas été difficile de montrer que les apparences contraires à ce principe de zootechnie ont leur source dans une confusion assez généralement commise au sujet de la définition de la race et des caractères sur lesquels elle se fonde. Pour établir que les améliorations se multiplient, se perpétuent et se fixent par voie de métissage, en fondant des races nouvelles, on s'appuie sur des résultats qui prouvent seulement que les modifications maintenues sont celles dans la production desquelles la transmission héréditaire n'a aucune part. Ces modifications sont uniquement dues au régime hygiénique auquel les produits sont soumis. Abandonnés aux seules influences de la génération, ceux-ci reviennent toujours très-promptement au type de celui de leurs ascendants qui était en possession de l'indigénat. C'est-à-dire que les caractères de la race dite amélioratrice disparaissent, pour faire place à ceux de la race qui a été le point de départ de l'amélioration.

C'est donc commettre une grave erreur d'admettre qu'une race puisse être améliorée par voie de croisement. Et ceux-là même qui préconisent un pareil principe fournissent les premiers la preuve de sa fragilité. Si partisans qu'ils s'en montrent, en effet, ils ne manquent point d'insister sur la nécessité d'avoir recours de temps en temps à l'importation de nouveaux étalons améliorateurs pour *rafraîchir le sang*, suivant leur expression. Ils ne s'aperçoivent pas, apparemment, que cette nécessité détruit de fond en comble le principe qu'ils défendent, et témoigne de la justesse de nos contestations. Si l'influence de la génération avait la valeur qu'ils lui accordent, les améliorations une fois acquises par son concours ne disparaîtraient plus, et toute intervention nouvelle du type améliorateur deviendrait inutile. Du moment qu'il n'en est pas ainsi, cela prouve à l'évidence que le croisement ne transmet pas des caractères de race, ou des caractères transmissibles à leur tour. Quelque savantes que soient les combinaisons d'après lesquelles il est entrepris et poursuivi, ce procédé est radicalement impuissant à améliorer la race, il ne peut que concourir à la production d'individus améliorés. Les races ne sont susceptibles d'être améliorées que par sélection. Nous croyons avoir mis hors de doute la démonstration de cette vérité.

Voilà les principes, quant au croisement envisagé dans ses rapports avec le perfectionnement des espèces en général. L'application de ces principes généraux à l'espèce bovine, en particulier, est une de celles qui présentent les plus grandes difficultés. Il convient donc de bien préciser à cet égard, afin d'écarter toute méprise lorsque nous parlerons plus tard d'un croisement quelconque, comme moyen d'exploiter plus avantageusement telle ou telle des races que nous aurons à décrire. Il doit être convenu d'avance que les métis obtenus par ce moyen sont purement et simplement des instruments de production, des marchandises, pour mieux dire, ou des agents d'exploitation industrielle, non point des reproducteurs destinés à former race. Ils ne valent que par les conditions dans lesquelles ils sont à proprement parler fabriqués. La science, fondée sur l'expérience, démontre qu'ils ne peuvent pas être envisagés en dehors de ces conditions, dont ils sont inséparables. Cela conduit à restituer au croisement son véritable rôle et à l'exclure de toute entreprise de perfectionnement fondamental de la race. En ces termes, il devient comme une sorte d'adjuvant souvent fort utile de la sélection, pour en tirer actuellement le meilleur parti, mais c'est là tout. Il est une source de bénéfices présents, lorsqu'il est rationnellement appliqué, parce qu'il fait obtenir des produits plus avantageux; son efficacité cesse, dès qu'il s'agit d'entreprises établies en vue de l'avenir.

Nous devons donc maintenant faire au croisement la part qui lui revient, non pas dans le perfectionnement de l'espèce bovine, mais seulement dans son exploitation. Quant au perfectionnement de l'espèce, sa part est nulle, ainsi que nous venons de le voir; et l'on ne saurait trop s'appesantir sur ce point, dont la méconnaissance a déjà causé tant de mécomptes. Pour ce qui concerne l'exploitation lucrative, les règles et les préceptes à suivre varient suivant la spécialité de fonction économique qu'il s'agit d'utiliser. Il faut donc nécessairement passer en revue chacune des fonctions que nous avons reconnues pour les indiquer. De cette façon, nos enseignements seront plus précis et nous aurons plus de chances d'être bien compris. Tout en nous élevant contre la prétention antiscientifique qui consiste à transformer toutes nos races locales par le croisement, nous montrerons ainsi que nous ne sommes point hostile systématiquement à ce moyen de les exploiter avec avantage, dans tous les cas où la chose est possible, rationnellement et économiquement praticable. En élucidant cette question, nous pouvons avoir l'espérance de concilier les oppositions absolues et de faire taire des dissidences qui n'auront alors plus aucun motif.

Tout d'abord il faut faire remarquer que pour répondre aux besoins du travail et de la laiterie, nous possédons des races indigènes qui n'ont rien à envier à aucune autre, au point de vue de leur aptitude spéciale. Le mieux est donc de les exploiter telles qu'elles sont. Le croisement ne

pourrait à cet égard que les amoindrir. Le plus qu'on en puisse attendre est de leur conserver les qualités qu'elles possèdent déjà. En conséquence, l'opération industrielle dont nous nous occupons n'a rien à faire pour concourir à l'exploitation avantageuse de l'espèce bovine dans les deux fonctions économiques qui viennent d'être indiquées. Si la race locale n'offre pas des conditions suffisantes quant à l'une ou à l'autre, la saine économie rurale commande de la remplacer dans la ferme par du bétail choisi parmi les races qui les présentent au degré désiré, non point de chercher à les lui communiquer par le croisement. C'est ce que font, par exemple, les agriculteurs éclairés qui se trouvent dans une situation où l'industrie laitière peut être avantageuse, et qui peuplent, pour s'y livrer, leurs étables de vaches cotentines, flamandes, hollandaises ou suisses. Ils importent une race laitière, au lieu de s'ingénier à la produire, en abandonnant leurs capitaux à tous les hasards d'une entreprise d'amélioration basée sur le plus incertain et le plus coûteux de tous les procédés. Quand ils engagent ces capitaux, ils savent au juste le bénéfice qu'ils en peuvent attendre, car il leur est loisible d'apprécier la valeur vénale de chacun des individus qui en représente une portion. Autrement en est-il, dès qu'il s'agit d'élevage. Outre que dans ce cas l'opération se trouve singulièrement compliquée, puisqu'il y a lieu de produire soi-même les agents de l'exploitation, la valeur même de chacun de ces agents est soumise à des chances de toutes sortes et à une immobilisation du capital qui doit être comptée parmi les conditions les plus défavorables de toute entreprise industrielle.

En somme, il n'y a pas lieu premièrement de perfectionner l'espèce bovine au point de vue de l'aptitude au travail, cette aptitude devant au contraire progressivement diminuer pour qu'elle puisse donner les plus grands bénéfices qu'il soit permis d'en attendre; en second lieu, l'industrie de la production du lait et des dérivés de ce liquide, parfaitement distincte en économie rurale des opérations de l'élevage, se conçoit tout à fait en dehors des moyens qui pourraient être applicables à celles-ci, dans le cas où d'ailleurs il ne serait pas démontré que les métis ne sont que bien exceptionnellement même équivalents, sous le rapport de l'aptitude laitière, à celui de leurs ascendants qui présente cette aptitude au moindre degré. C'en est plus qu'il ne faut pour faire voir que le croisement n'a aucun rôle à jouer dans l'amélioration des produits destinés à remplir l'une ou l'autre des deux fonctions économiques dont il s'agit. Il reste par conséquent à l'envisager au point de vue de la production de la viande, où ses effets sont tout différents.

Mais auparavant nous devons faire remarquer, afin d'éviter toute méprise, que le précepte qui vient d'être formulé au sujet du croisement considéré dans ses rapports avec l'aptitude laitière n'a pas dans notre intention la rigueur absolue d'un principe scientifique. D'excellents esprits, au nombre desquels il faut citer M. le professeur Tisserant, l'ont admis comme pouvant dans certains cas être mis en pratique avec succès. Ils avaient sans doute d'excellentes raisons pour cela, quoiqu'ils aient peut-être un peu négligé de les déduire de faits bien précis et bien circonstanciés. Il nous paraît seulement que la production des bonnes vaches laitières par voie de croisement est sujette à trop d'incertitudes et de mécomptes, qu'elle nécessite trop de précautions et un concours de circonstances trop difficiles à bien apprécier par le commun des éleveurs, pour qu'il soit sage de la préconiser à titre de moyen de perfectionnement, non pas des races, mais même des individus ou des familles. Il faut, en zootechnie surtout, où il s'agit presque toujours de spéculations à terme plus ou moins long, s'en tenir aux seuls procédés certains dans leurs résultats. L'aptitude laitière ne dépend pas uniquement de la constitution de l'animal; elle tient surtout au développement d'une faculté organique spéciale, au développement et à l'activité des glandes mammaires, dont la transmission héréditaire est loin d'être infaillible, surtout lorsqu'elle n'existe que chez l'un des reproducteurs. Cette faculté se transmet surtout par les mâles, dit-on, et M. Tisserant est de cet avis. Mais nous ne croyons pas que ce fait d'hérédité soit assez solidement établi pour qu'on puisse sans chance d'erreur le donner comme règle. La faculté laitière peut aussi bien ne pas passer que passer du père à ses descendants. L'hérédité, d'après tous les faits d'observation, n'est à peu près certaine pour les dispositions organiques de ce genre, qu'autant qu'elles se rencontrent à la fois chez les deux reproducteurs. C'est assez qu'il y ait autant de chances et même moins en faveur de la non-transmission, pour qu'il y ait tout avantage à s'abstenir dans tous les cas des opérations de croisement ; du moment surtout, répétons-le, qu'il est beaucoup plus simple et nullement chanceux de choisir, parmi les races laitières que nous possédons en grand nombre, les sujets nécessaires à l'entreprise zootechnique que l'on veut faire, en donnant la préférence à ceux qui sont le mieux appropriés au milieu dans lequel ils doivent être introduits.

En définitive, on ne peut donc pas considérer comme une bonne opération économique, d'entreprendre d'exploiter pour la laiterie une race locale dépourvue de l'aptitude laitière, ou ne possédant cette aptitude qu'à un faible degré, en cherchant à la faire naître chez ses produits au moyen du croisement. Réduite à ses seules forces, l'influence de la génération offre toujours, ainsi que nous l'avons, croyons-nous, suffisamment établi, des conditions trop précaires, pour qu'une entreprise industrielle puisse être sagement assise sur une telle base. Or, nous n'avons pas encore le secret de faire naître sûrement l'aptitude laitière par les moyens hygiéniques dont l'action nous est connue. La science ne possède à cet égard qu'une hypothèse plus ou moins plausible, et qui, lors même qu'elle serait fondée, ne nous laisserait entrevoir la possibilité d'arriver au résultat que dans un avenir fort éloigné, non pas de s'en servir pour des opérations devant donner des bénéfices prochains. Concluons donc qu'il faut s'attacher à conserver les races laitières en les perfectionnant par une sélection bien entendue et en évitant de les altérer par de systématiques croisements ; qu'il convient aussi de renoncer à la prétention d'exploiter en vue de la production du lait celles qui ne sont pas douées de la faculté nécessaire, et de s'en tenir aux moyens d'en tirer autrement un plus utile parti. Le plus immédiatement praticable de ces moyens est de leur faire produire des individus améliorés en vue de la boucherie, et c'est ici que le croisement peut agir avec sa plus complète efficacité.

C'est dans ce cas, en effet, que se trouvent réunis les termes du problème que nous avons posé à propos du croisement, et que ce problème peut être facilement résolu. «Étant donnée, avons-nous dit (p. 455), une race locale, avec toutes les matières premières nécessaires à son exploitation plus lucrative que celle qui permettent ses seules aptitudes naturelles, tirer le meilleur parti possible de ses produits.» Lors donc que, dans une exploitation, les ressources alimentaires ont devancé de beaucoup les aptitudes de la race bovine qui s'élève à l'entour et qui peut y être entretenue, et que ces ressources pourraient suffire au développement d'animaux plus exigeants, mais donnant de plus grands bénéfices par leur aptitude plus prononcée à transformer en viande les aliments consommés en plus grande abondance ; dans ces conditions, le plus sage parti est nécessairement de produire des métis obtenus par le croisement de la race locale avec une de celles qui sont les plus avancées sur la voie de la précocité. La faculté de développement précoce est celle qui de toutes se transmet le plus facilement par la génération, surtout quand elle est secondée par une alimentation convenable. Elle s'acquiert d'ailleurs d'autant plus sûrement par les produits, qu'ils y sont conduits par deux influences agissant dans le même sens : la puissance héréditaire, d'une part, et le régime alimentaire, de l'autre.

Le croisement, dans l'espèce bovine, peut rendre de réels services, sous la réserve de ces conditions. Qu'il s'agisse de la production des veaux de boucherie, ou que ceux-ci, élevés plus longtemps, doivent être engraissés sans avoir fourni aucun travail, il ne peut y avoir que des avantages à leur communiquer, par le choix d'un père doué des plus hautes qualités relatives à leur destination, l'aptitude native que le régime alimentaire et les autres éléments d'un élevage rationnel doivent ensuite développer. L'action de ces derniers facteurs en est rendue plus efficace, et l'on arrive du premier coup au produit net le plus élevé qu'il soit possible d'atteindre avec la race locale dont l'entretien est commandé par les circonstances.

Ces entreprises de croisement ne sont possibles et utilement praticables que dans une industrie rurale avancée, disposant d'une intelligence et d'un capital suffisants. La raison en est qu'elles constituent des opérations toujours difficiles à bien conduire et nécessitant des avances plus ou moins considérables. Elles ne peuvent être rationnelles qu'à la condition de marcher de front avec la sélection ; à moins toutefois qu'il ne s'agisse d'une race dont la disparition ne peut en rien préjudicier aux nécessités économiques attribuées à l'espèce bovine. Dès qu'il en est ainsi, il importe peu de la remplacer partout par une population de métis, à la seule condition de maintenir ceux-ci dans les limites d'aptitude et de conformation qui les rendent le plus propres au but de leur destination. Cela donne pour les opérations toute latitude. Le croisement peut être poussé plus ou moins loin, si, comme cela a été dit, les circonstances hygiéniques sont telles qu'elles pourraient entretenir et conserver intacts les produits purs du mâle dit améliorateur. Les produits métis peuvent même sans dommage être accouplés entre eux, sous le risque toutefois à peu près certain de n'en point obtenir des résultats aussi bons que ceux donnés par le croisement. Les mâles purs, en effet, possèdent seuls l'attribut de la race, qui est, comme nous le savons, la faculté de transmettre à coup sûr leurs caractères propres. Les métis, eux aussi, font de même quelquefois, mais non le plus souvent. Ils ont en eux la faculté d'atavisme, qui reproduit chez leurs descendants les caractères de la plus ancienne des races dont ils sont issus, et par conséquent la moins ancienne dans l'amélioration. C'est ce qui rend si incertaines les opérations zootechniques dans lesquelles on a recours à ce moyen, que nous devons envisager plus spécialement à présent sous le nom qui lui est donné.

Métissage. — On désigne ainsi la multiplication par métis, soit que les individus résultant de croisement s'accouplent entre eux, soit qu'un mâle métis féconde des femelles de race pure. En thèse générale, on peut dire que l'incertitude des résultats, dans le métissage, est en raison de la disproportion qui existe entre les aptitudes de la race la plus améliorée, parmi celles qui ont concouru à la formation du métis reproducteur, et les conditions hygiéniques au milieu desquelles s'accomplit l'opération. C'est pour avoir négligé cette considération, capitale dans la question, que le principe pourtant si réel en vertu duquel les métis mâles doivent être exclus de la reproduction a été controversé. Il est certain qu'aucune entreprise d'exploitation zootechnique ne peut être solidement basée sur une semblable pratique. Nous en trouverons de nombreuses preuves en faisant l'histoire de l'espèce ovine, où le métissage a été beaucoup préconisé par des hommes justement très-autorisés, et souvent pratiqué sans assez de souci de leurs recommandations relatives à la considération dont nous parlions tout à l'heure. Quant à l'espèce bovine, elle y a à peu près complétement échappé. Ce n'est pas que les tentatives aient manqué, et qu'il ne se soit trouvé des auteurs pour les seconder de leurs efforts. En définissant la race et en étudiant la loi de l'hérédité, nous en avons cité des exemples. Mais enfin il ne paraît point que tout cela ait eu le moindre succès. Le métissage, en tant que procédé de perfectionnement de l'espèce bovine, est fort heureusement demeuré dans le domaine de la spéculation pure, où il est bien désirable de le voir rester, jusqu'à ce que les progrès des études zootechniques, le temps aidant, aient fait disparaître ses partisans.

Ce n'est pas toutefois que l'accouplement des métis entre eux ou l'emploi accidentel d'un taureau issu de croisement doivent être interdits d'une manière absolue. Il y a des circonstances où un tel métissage peut être sans inconvénients bien notables. Et c'est surtout lorsque la puissance de l'atavisme est fortement contre-balancée par des circonstances hygiéniques, par un milieu dont l'action s'exerce avec énergie dans le sens des aptitudes qu'il s'agit de faire naître et de développer. Les effets de l'atavisme, nous l'avons déjà dit en son lieu, se manifestent principalement quand ils sont sollicités, et à peu près sûrement, en conséquence, dans le cas où le milieu ne répond pas aux besoins physiologiques du métis reproducteur.

C'est pour ce motif que poser en principe la possibilité des améliorations par le métissage, est commettre une véritable hérésie zootechnique. Le métissage, comme le croisement, est dans des conditions bien déterminées et très-restreintes quelquefois un moyen admissible, au pis aller; ce ne saurait jamais être un principe absolu, comme par exemple la sélection.

Cette thèse sera du reste plus amplement développée dans le chapitre consacré à l'espèce ovine, où elle sera mieux à sa place. Nous ne devions cependant pas négliger de parler du métissage, à l'occasion des principes spéciaux du perfectionnement de l'espèce bovine, ne fût-ce que pour lui dénier explicitement cette qualité, qu'il ne possède à aucun titre, pas plus pour l'amélioration des races que pour celle des individus. Il n'est pas toujours un obstacle, à ce dernier point de vue, ainsi que nous venons de l'expliquer; mais c'est là tout ce qu'on peut en dire de mieux. Dans le plus grand nombre des cas, il est absolument impossible de compter sur l'influence amélioratrice d'un reproducteur métis, quelque irréprochable de formes qu'il soit d'ailleurs. L'employer est donc faire au hasard une trop grande part dans l'entreprise que l'on tente, et ce n'est pas avec de pareils éléments que doit agir une industrie bien conçue et solidement assise, dans laquelle il ne doit y avoir que le moins possible de circonstances aléatoires. Ici comme partout, le succès est d'autant plus assuré et les résultats meilleurs, que tout peut y être à l'avance exactement prévu.

Tels sont les enseignements de la science zootechnique, au sujet des divers modes d'amélioration des animaux de l'espèce bovine. Nous avons consacré à chacun d'eux des développements suffisants pour qu'il ne soit pas nécessaire d'y revenir, à mesure qu'en décrivant les races si nombreuses que présente cette espèce nous indiquerons les procédés à l'aide desquels on peut les perfectionner ou les exploiter plus avantageusement. Lorsque nous parlerons de sélection, de croisement ou de métissage, le lecteur aura présents à l'esprit les principes qui régissent ces différentes opérations dans leur application spéciale à l'espèce dont il s'agit. Il ne risquera pas, nous l'espérons du moins, de commettre les confusions si regrettables et pourtant si communes dont ces opérations sont l'objet, faute de notions suffisamment nettes sur leur significa ion et leur valeur relatives. Le lecteur saura et demeurera convaincu, pensons-nous, que la sélection seule peut perfectionner les races, et cette conviction se fortifiera davantage encore, par les faits que nous puiserons dans l'histoire des races perfectionnées. On y verra, en effet, qu'aucune de ces races n'est parvenue autrement au degré de supériorité qu'elle a atteint. Il ne sera pas moins bien démontré que le croisement et le métissage n'ont jamais pu servir qu'à la production d'individus améliorés, qu'à la fabrication de produits propres à une exploitation immédiatement plus lucrative, non pas destinés à former souche. Les données générales de la science, qui ont été exposées d'abord en vue de toutes les espèces animales, puis spécialement pour ce qui concerne l'espèce bovine, permettent de le prévoir à coup sûr ; l'observation nous montrera que la théorie est ici basée sur la pratique, preuve certaine de son incontestable solidité.

Nous pouvons donc maintenant aborder la description des races. Nous avons essayé de réunir préalablement tous les éléments capables de nous mettre en mesure, non-seulement de les apprécier exactement sous le double rapport de leurs aptitudes et de leur conformation, mais encore d'entreprendre avec fruit l'étude zootechnique de chacune d'elles et de la mener à bonne fin. La distinction des fonctions économiques, les types de beauté qui correspondent à ces fonctions et les principes du perfectionnement nous sont en effet connus. Ce sont là autant d'objets par lesquels notre marche devait être au préalable éclairée.

RACES BOVINES.

La première difficulté qui se présente, pour mettre un peu d'ordre dans la description, est relative à l'établissement d'une bonne classification des races bovines qui peuplent l'Europe. Bien des auteurs ont échoué déjà dans cette tâche. Si la spécialisation complète des aptitudes était un fait acquis, on y trouverait une base aussi certaine que facile, et ce serait assurément la meilleure, pour cette classification. Il suffirait alors d'établir autant de groupes distincts que nous avons admis de fonctions économiques, en nous fondant sur les destinations sociales de l'espèce bovine. Mais il n'en est malheureusement pas ainsi. On rencontre à chaque instant, dans l'examen détaillé du bétail, des races à destination multiple et du reste peu accusée dans un sens ou dans l'autre, que l'on ne sait vraiment dans quel groupe il convient de faire entrer. Ces races n'appartiennent bien décidément à aucun, par cela même qu'elles peuvent pour des raisons également plausibles être admises dans plusieurs.

Autre difficulté : les classificateurs, et le public surtout, ont une fâcheuse tendance à multiplier les désignations de races. Nous avons en France, a dit avec raison un auteur, la manie des distinctions. Ce qui n'a point empêché cet auteur, soit

dit en passant, de tomber plus qu'aucun de ceux qui l'avaient précédé, dans le même travers, et de contribuer à la propagation de l'erreur en ouvrant à chacune de ces prétendues races dont s'enrichissent, (nous devrions dire plutôt s'appauvrissent) nos catalogues, une catégorie à part. Il faut réagir contre cette tendance, dont le moindre défaut est de perpétuer en même temps la confusion dans les mots et dans les choses, d'altérer la signification réelle de la race, au grand détriment des progrès de la zootechnie. Il est nécessaire que les agriculteurs s'habituent à n'accorder la qualification de race qu'aux groupes d'individus en possédant bien les attributs, c'est-à-dire l'homogénéité du type et la puissance héréditaire, la constance et la fixité. Il ne suffit pas, ainsi que nous l'avons déjà fait voir en détail, de quelques modifications dans les formes ou dans quelques caractères accessoires, pour constituer les éléments d'une telle distinction. Et dans cet ordre d'idées, nous serons conduits à restreindre beaucoup le cadre des races aujourd'hui généralement admises, tout en faisant comme il convient la part des familles distinctes que chacune des races véritables peut présenter.

Ainsi, absence d'une bonne base de rapprochement entre les différentes races et multiplication outrée des distinctions au sein même de celles-ci : tels sont d'abord les obstacles que l'on rencontre lorsqu'on veut entreprendre de classer l'espèce bovine. Mais ce ne sont pas les seuls. Et il faut bien le dire, ces obstacles sont si nombreux et si grands qu'ils aboutissent en fin de compte à une réelle impossibilité. On ne peut pas chercher en ce genre la meilleure classification ; force nous est de nous contenter de la moins mauvaise. Jugez-en par l'examen rapide que nous allons faire de celles qui ont été proposées.

La plus ancienne idée admise à cet égard est celle qui a porté les classificateurs à prendre pour base l'origine des animaux, en se fondant sur ce fait vrai, en thèse générale, que l'identité de milieu hygiénique implique l'identité des caractères. On a donc, d'après cette idée, distingué les races bovines suivant la configuration des lieux où elles avaient pris naissance. De là l'admission de trois groupes principaux, comprenant : le premier, les races de montagnes, dites encore de *haut crû* ; le second, les races de vallées, désignées aussi par les noms de races de *nature* ou de *rente* ; enfin le troisième, les races de plaines, moyennes entre les deux autres classes.

Quand on considère cette ancienne classification dans ses rapports avec les races abandonnées aux seules forces productrices naturelles, on est bien obligé de convenir qu'elle réunit en sa faveur beaucoup d'apparences de justesse. Il est certain que les races incultes accusent par des caractères assez positifs l'origine qui leur est propre, et que ces caractères permettent de les grouper ainsi, même au point de vue économique, quelles que soient d'ailleurs les différences qu'elles puissent présenter dans leur volume, leur pelage, etc. Mais il n'en est plus de même dès qu'on doit faire la part de la culture, qui a imprimé au bétail des modifications capables de l'éloigner toujours davantage de son origine. Sous l'influence du progrès zootechnique, les conditions tendent à se niveler, et si les aptitudes natives persistent en se développant, du moins pour celles que les fonctions économiques rendent de plus en plus utiles, les caractères originels s'affaiblissent ou disparaissent tout à fait, pour faire place à une uniformité de physionomie et de conformation qui découle absolument des mêmes principes physiologiques.

C'est ce qui a porté sans doute M. Auguste de Weckherlin à entreprendre de concilier les deux nécessités, en demeurant cependant fidèle au principe de l'origine. L'habile zootechnicien allemand divise le bétail en *races originaires* et *races intermédiaires*, comprenant des groupes basés sur la couleur ou la nuance du pelage. On peut juger par là seulement combien sa classification doit être compliquée, peu claire, et au demeurant peu commode. Dans cette classification, on peut dire que tout est à peu près artificiel et se sent fortement de l'idéologie allemande. On y voit en effet figurer, parmi le bétail *rouge*, les prétendues races du Limousin et d'Agen, dont les individus se font précisément remarquer par l'uniformité de leur pelage *jaune*, dit froment; parmi le bétail *pie-noir*, les races de Durham et de la Normandie, qui sont remarquables en ce qu'aucun sujet n'y présente jamais cette robe, les taches noires étant considérées, dans le pelage du Durham, par exemple, comme un signe certain d'impureté.

L'origine ne peut donc point être prise pour base d'une classification satisfaisante des races bovines. Aussi les zootechniciens y ont-ils pour la plupart renoncé, au bénéfice de l'aptitude. Si celle-ci, comme nous l'avons déjà dit, est bien loin de pouvoir fournir un criterium complétement satisfaisant, en raison des incertitudes qu'elle présente pour sa détermination précise dans quelques races, elle est du moins assez accusée chez un certain nombre et assez prédominante, pour que ces races puissent être placées à la tête de quelques classes dans lesquelles viennent se grouper assez naturellement celles qui ne s'en éloignent pas trop.

Dans cet ordre d'idées, toutefois, l'ancienne division en animaux de travail et en bétail de rente ne serait plus suffisante. Le mode actuel d'exploitation de l'espèce bovine ne comporte plus de races exclusivement propres au travail, car nous avons vu que la tendance progressive est de réduire cette dernière aptitude à sa plus simple expression. On en peut dire autant d'une autre division qui a été proposée et qui a pour but d'exprimer le même fait en le faisant dépendre d'une condition de tempérament. Partant de là, il faudrait diviser l'espèce bovine en races énergiques et races lymphatiques. Mais qui ne voit à quel point cela comporte l'arbitraire, et combien il resterait en dehors de la classification de races qui ne pourraient entrer ni dans l'une ni dans l'autre des deux catégories, soit par leur aptitude principale, soit par leur tempérament? Du reste une telle base de classification est trop

en dehors des habitudes zoologiques, pour que l'on puisse s'y arrêter un seul instant. L'idée de la proposer ne serait point venue à un zootechnicien suffisamment instruit en physiologie.

La seule distinction qui paraisse rationnelle, pour établir la classification zootechnique des races bovines, est celle qui s'appuie moins sur leurs caractères que sur leur destination ou fonction économique, dans les limites que nous avons posées. Cela conduit à admettre trois classes pour l'espèce entière, comprenant, l'une les races propres au travail, l'autre les races de boucherie, la troisième les races laitières. Non pas, il faut le répéter, que cette division corresponde exactement à des aptitudes bien tranchées dans tous les cas. La première, en effet, se confond avec la seconde par des gradations insensibles, et la troisième ne diffère souvent de celle-ci que par l'aptitude laitière de plus. L'unique raison de la distinction se trouve dans ce fait, qu'avant d'aboutir à leur destination finale commune, les unes fournissent d'abord du travail durant une période plus ou moins courte de leur vie, les autres du lait, tandis que celles qualifiées de races de boucherie produisent exclusivement de la viande. Il ne doit plus y avoir, et il n'y a déjà guère plus, en réalité, de véritables races de travail, depuis qu'on est entré résolûment dans la voie des améliorations. Celles qui ont longtemps mérité cette classification passent, pour une notable partie de leur population, à l'état de races mixtes, dont le groupe a été judicieusement établi par M. le professeur Tisserant (1), en même temps que les trois autres dont il vient d'être parlé.

Nous adoptons donc la classification du savant professeur de l'École vétérinaire de Lyon, avec cette restriction toutefois que nous n'admettons pas comme lui deux classes pour les races de travail, l'une comprenant ce qu'il appelle les races énergiques, l'autre les races mixtes. Nous différerons aussi sensiblement quant au groupement des races dans chaque classe, surtout pour le bétail anglais. Mais ce ne sont là que des dissidences de détail. L'important est que nous soyons d'accord sur la base, et qu'il soit convenu que, sous l'unique désignation de races de travail, nous comprenons toutes celles que M. Tisserant qualifie de races mixtes, pour ce motif qu'à notre avis toutes les races bovines doivent acquérir ou possèdent déjà les caractères d'après lesquels il établit sa quatrième catégorie.

Le plan de ces études nous oblige en outre à introduire une autre modification. Nous devons distinguer le bétail de chaque contrée de l'Europe et le décrire dans l'ordre de son propre perfectionnement. Le plus près de la perfection, pour chaque spécialité d'aptitude, devant servir, d'après les principes plus haut exposés, à l'amélioration de celui qui est moins avancé ou tout à fait en retard dans la voie, la méthode fait une obligation de commencer par lui. C'est dire que nous allons décrire en premier lieu les races bovines de l'Angleterre, et que pour cette contrée de l'Europe

(1) *Guide des propriétaires et des cultivateurs dans le choix, l'entretien et la multiplication des vaches laitières.* 2ᵉ édition, Lyon, 1861.

nous nous occuperons d'abord des races les plus perfectionnées quant à la production de la viande. De cette façon, nous ferons connaître d'abord les types que nous aurons plus tard à signaler comme pouvant être avantageusement employés dans les croisements. A tous les titres, d'ailleurs, le bétail des îles Britanniques mérite le premier rang.

Espèce bovine des îles Britanniques. — Il ne s'agit pas ici d'enseigner aux éleveurs anglais des principes de zootechnie. Nous ne pouvons convenablement nous occuper de leur bétail que pour leur emprunter des faits et par conséquent des enseignements. A ce point de vue, la description des races de la Grande-Bretagne est une source précieuse, car elle montre, indépendamment des types de perfection qu'elle fournit aux observateurs, jusqu'à quel point nos voisins, avec l'admirable sens pratique qui les caractérise, se sont tenus en garde contre l'engouement irréfléchi dont la plupart de leurs admirateurs français ont fait preuve pour la plus remarquable de leurs races bovines. A voir l'enthousiasme dont cette race a été l'objet de ce côté du détroit, et la chaleur avec laquelle elle a été préconisée comme capable d'améliorer et de transformer toutes celles du continent, on serait tenté de croire que ses créateurs nous ont à cet égard donné l'exemple, et qu'on doit la rencontrer dominante dans le Royaume-Uni. Il n'en est absolument rien. Et c'est sous ce rapport que la description de l'espèce bovine des îles Britanniques est surtout intéressante. L'espèce compte dans ce pays de nombreuses races, réparties dans les divers comtés qui le composent, et parfaitement distinctes par leur type, sinon par leur conformation et leurs aptitudes, ainsi que nous allons le voir.

Pour le motif que nous avons dit en commençant, nous ne les décrirons cependant pas toutes. Il convient de se borner aux principales, à celles qui ont été le plus améliorées et qui, à ce titre, sont introduites sur le continent, en indiquant sommairement les caractères de celles qui peuplent en même temps l'Angleterre, l'Écosse, l'Irlande et les îles de la Manche. L'histoire résumée que nous allons faire de celles de ces races dont le nom est le plus connu montrera le point de départ du perfectionnement de l'espèce bovine en Europe, et pour ainsi dire la mise en action des principes qui ont été développés plus haut. Dans ce but, nous devons moins tenir compte de l'ordre chronologique que des documents certains, et plutôt, pour ce motif, commencer par les travaux des continuateurs de Bakewell que remonter jusqu'à lui. Non pas que nous puissions avoir la pensée d'amoindrir le mérite de cet éleveur illustre, qui est bien le véritable créateur de la méthode zootechnique à laquelle on a donné depuis le nom de sélection, et qui a conduit le bétail anglais au point de perfection où nous le voyons à présent. Nous procéderons ainsi uniquement parce que la race longues-cornes, sur laquelle sa sagacité s'est exercée, est aujourd'hui de beaucoup dépassée par la plupart des autres, notamment par celle des courtes-cornes, au moyen de l'application de ses procédés, toutefois, et aussi parce que nous avons à son sujet des renseignements plus précis. La description et l'histoire de cette dernière, qui fournit le type le plus complet de l'animal de boucherie, doit donc à tous égards nous occuper d'abord. Ce serait bien le cas de dire d'ailleurs : A tout seigneur tout honneur.

Race de Durham. — On doit à M. Chamard une remarquable étude de la race connue en France sous ce nom et plus généralement désignée en Angleterre sous l'appellation de Teeswater ou courte-corne (*short horned*). Cette étude, publiée dans l'*Encyclopédie pratique du cultivateur*, nous paraît avoir sur celles qui l'ont précédée le mérite au moins de l'impartialité, sinon même de l'exactitude. Elle nous servira de guide, ainsi du reste que la plupart de celles consacrées dans le même ouvrage au bétail anglais. Il serait puéril d'entreprendre de refaire de toutes pièces des choses qui ont été bien faites avant nous. Le moindre défaut d'une autre manière de procéder ne serait peut-être pas le manque de justice.

Le durham, dit M. Chamard, présente dans les meilleurs types « un corps volumineux, supporté par des jambes fines, courtes et distinguées; le pelage est blanc, rouge ou mélangé de ces deux teintes dans les proportions et les dispositions les plus variées; l'épaule est ronde, le garrot épais et prolongé, le dos droit et la croupe d'une grande largeur; l'encolure, légère chez les femelles, est courte et renforcée chez les mâles, néanmoins elle ne présente point à la partie supérieure le développement qui distingue certains taureaux actifs et batailleurs de nos races communes; elle s'unit à l'épaule sans saillie notable et ne présente à la partie inférieure aucune trace de fanon. La peau a une certaine mollesse et se trouve unie au tronc par une sorte de matelas formé d'un tissu cellulaire abondant; le poil est généralement fin, doux, luisant et peu fourni; les oreilles sont minces, larges, dressées et peu garnies de poils; les cornes sont de longueur et de grosseur moyennes, ordinairement dirigées en avant, et moins pointues que dans la plupart de nos races françaises; la tête est petite et conique, mais large dans la région frontale; les joues sont prononcées et semblent se réunir vers la gorge, où elles forment une sorte de double ou triple menton; les yeux sont grands, proéminents, et laissent supposer par leur position la faible épaisseur du crâne; le regard, doux et humide, exprime généralement la confiance et la tranquillité la plus parfaites; les yeux ne sont cependant pas sans éclat, mais le genre de vivacité qui les distingue paraît exprimer plutôt l'énergie des fonctions gastriques que l'activité des fonctions morales (?); le système digestif est prépondérant et la poitrine quelquefois développée à un degré tel qu'il en résulte pour les animaux un grand embarras dans la marche; le sternum est prononcé en avant, et la pointe des ischions plus sortie que dans la plupart de nos races françaises; la queue est relativement courte, fine, garnie d'un fouet peu fourni, s'arrondissant parfaitement avec les ischions et présentant à la base un renflement plus ou moins développé. L'ensemble du corps n'a point la rondeur que nous estimons en France, les lignes sont taillées carrément, et le tronc a assez l'aspect d'un cube allongé : à l'état maigre

Fig. 525. — Bœuf de la race de Durham.

les formes paraissent anguleuses et les sujets manquent de culotte ; à l'état d'embonpoint moyen, les maniements sont aussi sortis que chez nos bêtes françaises bien engraissées ; à l'état gras, la métamorphose est complète : les maniements disparaissent sous une couche de graisse de 10 à 12 centimètres qui forme sur toutes les parties du corps, et principalement dans le voisinage des maniements ordinaires, une foule de maniements secondaires, le plus souvent irréguliers, dont nous ne pouvons prendre aucune idée par l'examen des animaux les plus remarquables de nos meilleures races. Les lignes du dessus se développent à un point extrême et représentent une large table ; la croupe, les hanches, les ischions, les angles même les plus saillants se couvrent de graisse à un degré tel qu'il s'y forme parfois des maniements monstrueux ; » et à cet égard l'auteur que nous citons parle d'une vache dont ces parties, désignées en terme de métier sous le nom de couverture, avaient atteint une exagération si grande, qu'on estimait généralement sa graisse externe à une épaisseur de 30 centimètres depuis les hanches jusqu'à la queue, à 25 centimètres sur toute la surface des reins et à 22 centimètres sur les épaules.

Il vient d'être écrit pour la première fois dans ce livre un mot qu'il sera bon de définir avant de poursuivre, bien que l'occasion d'y insister doive se présenter ultérieurement dans un chapitre spécial. On donne, dans l'art de l'engraissement, le nom de maniements aux parties extérieures du corps où la graisse s'accumule particulièrement chez toutes les races, lorsqu'elles prennent de l'embonpoint. Limitées à certaines régions qui seront indiquées, pour les races non améliorées, cette faculté s'étend à peu près à toute la surface dans les races anglaises, et particulièrement pour celle de Durham.

« Dans nos habitudes françaises, ajoute M. Chamard, cette disposition à faire de la graisse externe est moins prisée qu'en Angleterre, et nous aimerions mieux retrouver en équilibre parfait les deux éléments constitutifs de la viande, la chair et la graisse, avec mélange intime des deux parties ; non pas que ce mélange n'ait point lieu dans l'état actuel de la race, mais parce que la proportion de muscles qui entre dans la composition de la viande paraît relativement trop faible. Nous sommes loin néanmoins de vouloir à ce sujet exercer aucune critique : cette particularité, que quelques personnes blâment au point de vue de la consommation directe, donne aux meilleurs types de durham une importance capitale lorsqu'il s'agit de les croiser avec les races rustiques et travailleuses chez lesquelles le muscle, compacte et rigide, est resté prédominant. C'est sans doute aux avantages énormes qu'ils présentent sous ce rapport, plus encore qu'à l'éclat de leur renommée, qu'on doit attribuer la rapidité avec laquelle ils se sont répandus non-seulement en Angleterre et sur le continent européen, mais encore dans les États-Unis d'Amérique et jusque dans les colonies anglaises de la mer du Sud, où ils prospèrent parfaitement. »

A cette occasion, l'auteur de la réflexion qui vient d'être reproduite trace les limites de l'extension prise en Angleterre par le type de Durham. « Au nord du val de la Tees, dit-il, d'où elle rayonne comme d'un centre, la race améliorée s'étend, ainsi que l'a constaté le professeur David Low ; dans le comté de Durham, le Northumberland, le val de la Tweed, les basses-terres de l'Écosse orientale et jusqu'au golfe de Pentland ; au sud, elle couvre en grande partie le comté d'York, où elle a été élevée fort en grand ; elle a pénétré dans le district de Holderness, et les nombreux croisements auxquels elle a donné lieu avec la race de ce pays paraissent avoir modifié notablement sa conformation, sans altération sensible des facultés laitières qui distinguent encore aujourd'hui, à un degré supérieur, les Holderness améliorés. On la retrouve également sur les bords de l'Humber, dans le Lincolnshire et dans les districts voisins ; à l'ouest, elle s'est étendue dans le Leicestershire et dans la plupart des contrées du centre, dans le comté de Lancaster, dans celui de Westmoreland, et dans les parties voisines où les races longues-cornes étaient, dès les âges les plus reculés, les seules en possession du sol ; enfin elle a pénétré en Irlande, et, dans un laps de temps relativement fort court, elle a opéré un changement radical dans la plupart des pays d'élevage. »

Ce n'est pas à dire toutefois que dans ces diverses régions des îles Britanniques les races locales aient fait place complétement à la race de Durham. Toutes celles qui étaient susceptibles d'amélioration ont été conservées et perfectionnées, ainsi que nous le verrons, par les mêmes procédés qui avaient amené son propre perfectionnement. Cela nous conduit à aborder son histoire sommaire et à montrer comment elle a été amenée à offrir les caractères que nous lui connaissons maintenant.

Les auteurs sont généralement d'accord pour admettre que la race courtes-cornes est originaire des bords de la Tees, petite rivière qui sépare le comté d'York de celui de Durham. De là lui vient son nom de race Teeswater. Cependant, cette race n'a point échappé non plus à la manie d'après laquelle certains esprits, dominés par leurs idées préconçues sur l'influence amélioratrice du croisement, veulent absolument attribuer à toutes les espèces qui ont atteint un haut degré de perfectionnement une origine étrangère. Si l'on en croyait ces créateurs de généalogies, le point de départ de la race actuelle aurait été l'importation de taureaux hollandais effectuée par William Saint-Quintin, propriétaire à Scampton, et dont le croisement avec les vaches du pays aurait donné naissance à des métis qui, envoyés par sir James Pennyman à M. Snowden, l'un de ses fermiers, au nombre de six femelles et un mâle, auraient été la souche première de la race améliorée de Durham. C'est en effet de ce mâle croisé hollandais, et de l'une des six vaches de même provenance, que, d'après cette version, serait né le fameux taureau Hubback, le premier dont se soit servi le célèbre éleveur auquel est justement attribué le moderne perfectionnement des courtes-cornes.

Mais cette origine d'Hubback est fortement et victorieusement contestée. Ceux qui l'attribuent à un croisement ne sont même pas d'accord sur la nature de ce croisement. Ainsi, l'on affirme que le taureau dont est issu celui dont il s'agit descendait, en troisième génération, du vieux Studley-Bull, dont la pureté n'a jamais été contestée effectivement, mais on soutient, d'un autre côté, que la vache avec laquelle celui-ci fut accouplé pour donner naissance à Hubback, prove-

nait d'un croisement Durham-Kyloc. Pour les uns, c'est donc le père qui n'était pas pur, et pour les autres la mère. La vérité est que les deux l'étaient également. Cela résulte, quant à la mère, d'un certificat délivré à Hurworth, près Darlington, le 6 juillet 1822, par John Hunter, fils de l'ancien propriétaire de cette vache. Il est visible qu'ici comme toujours les assertions contraires n'ont de fondement que dans le préjugé. Personne n'a positivement constaté la réalité du rôle que les historiens à l'imagination féconde font jouer aux importations de sir William Saint-Quintin, et tout ce que la tradition locale a conservé, permet au contraire de soutenir que les individus qui passent pour avoir été les fondateurs de la race améliorée, et dont les noms figurent en tête du Herd-Book où sont inscrits ses titres de noblesse, descendaient purement et simplement d'animaux originaires des bords de la Tees.

Les éleveurs du comté de Durham font d'ailleurs remonter bien plus haut qu'à l'époque de l'intervention d'Hubback la supériorité de ces animaux. Ils citent, dit M. Chamard, à l'appui de leur opinion, la réputation de ceux élevés à Stanwin vers 1640, dans les vacheries par sir Hugh-Smithson, les opérations entreprises à Studley-Park par quelques descendants de la famille des Aislabies, dans le cours du dix-septième siècle, et l'élevage de Newby-Hall par les ancêtres de sir Edward Blackett.

« La souche primitive, ajoute le même auteur, était laitière, d'une forte corpulence et d'une couleur invariablement rouge ou blanche, ou mélangée de ces deux teintes ; elle joignait à une conformation régulière une grande profondeur de poitrine, une certaine largeur de hanches, une ossature légère, des extrémités fines, et la souplesse de peau qui distingue habituellement les animaux aptes à faire de la graisse ; mais un grave défaut, la haute taille, ou, pour mieux dire, la longueur des jambes, balançait chez elle la plupart de ces qualités : les animaux étaient gros mangeurs et d'un engraissement tardif et dispendieux, ce qui arrive ordinairement chez les sujets dont le thorax présente de grandes dimensions du sternum au sommet du scapulum (observation qui manque de justesse, faisons-le remarquer en passant), et dont certains rayons osseux se trouvent par leur allongement assez détachés du tronc pour indiquer des dispositions à l'activité physique.

« L'ancienne souche était encore, vers le milieu du dix-septième siècle, l'expression presque complète du sol et des pâturages fertiles sur lesquels elle reposait ; mais, vers 1750 et dans les années qui suivirent, une grande impulsion fut donnée à l'élevage par quelques éleveurs éminents, et des noms particuliers furent appliqués aux reproducteurs les plus remarquables. C'est ainsi que l'on connut le vieux *Studley-Bull*, père de plusieurs taureaux renommés et grand-père de *Dalton-Duke*, vendu au prix alors très-élevé de 1,475 fr. ; c'est ainsi que sont restés les noms de *Snowden's-Bull* et de *Masterman's-Bull*, père et grand-père du taureau HUBBACK, auquel on attribue l'amélioration radicale de la race. »

A cette époque, le poids net moyen des animaux, calculé d'après des documents incontestés et recueillis à l'abattage de vingt-deux sujets de divers âges, s'exprimait par les chiffres suivants :

En viande, pour les quatre quartiers.... 700k,970
En suif........................... 104k,114

D'après ces chiffres, et d'après aussi les considérations qui précèdent, on voit que le perfectionnement subi par la race de Durham, dans la seconde moitié du dix-huitième siècle, a eu surtout pour but et pour effet de lui communiquer les caractères de la précocité. Cela résulte nécessairement du rapprochement que l'on peut faire entre les faits qui viennent d'être rappelés et la description de son état actuel, tel qu'il a été énoncé en commençant. L'histoire anecdotique de ce perfectionnement n'est pas dépourvue d'un certain intérêt, à divers points de vue. Il nous faut donc la raconter brièvement.

Cette histoire est en même temps celle des frères Charles et Robert Colling, qui portèrent à son plus haut point la réputation de la race Teeswater. Elle commence vers 1770, époque à laquelle Robert, alors âgé de vingt ans, s'établit à Brampton, tandis que Charles, qui n'en avait que dix-neuf, se fixait à Ketton, dans les environs de Darlington. L'un et l'autre, par les opérations auxquelles ils se livrèrent sur le bétail du pays, ne tardèrent point à se distinguer ; mais ce fut surtout Charles, qui était l'ami du plus grand éleveur de l'Angleterre, du célèbre Bakewell, malgré son jeune âge, que l'on dut après quelques années seulement reconnaître pour le premier éducateur de courtes-cornes. Il est à croire, fait observer à ce sujet M. Chamard, que l'expérience acquise par ce dernier ne fut pas étrangère aux succès du jeune Colling. Mais on doit remarquer avec lui cependant, qu'en appliquant à une autre race les principes d'amélioration employés par le fermier de Dishley-Grange pour perfectionner les longues-cornes, bien moins propres à les subir efficacement, il fit preuve d'une initiative dont tout l'honneur doit lui être conservé.

Quoi qu'il en soit, on met en première ligne, parmi les titres de gloire de Charles Colling, l'acquisition qu'il fit du taureau Hubback dont nous avons déjà parlé, et que l'on considère comme son coup de maître. Les circonstances de cette acquisition méritent d'être conservées. Nous en emprunterons le récit à l'auteur déjà cité.

« Hubback et sa mère, dit-il, avaient été vendus au marché, par M. Hunter, à un forgeron de Darlington ; ce dernier garda la mère et donna le veau comme cadeau de noce à sa fille, qui habitait le village d'Hornby, près Kircleavington ; le jeune veau fut remarqué sur les communaux d'Hornby par Waistel et Robert Colling qui l'achetèrent, et le cédèrent, un an plus tard, au prix de 211 fr. 68 cent., à Charles Colling qui le connaissait depuis longtemps ; mais à peine celui-ci en fut-il devenu possesseur qu'il refusa de faire saillir par lui-même, aux prix les plus élevés, toute vache étrangère à son troupeau. Les produits qu'il en obtint furent tous uniformément distingués, d'une grande finesse moléculaire et d'une aptitude extrême à faire de la graisse, disposition qu'il tenait de sa mère, qui la possédait elle-même au plus haut degré. Malheureusement, il ne put faire longtemps la monte ; il s'engraissa outre mesure, devint lourd et improductif. Il était, dit-on, épais, compacte (?), court de jambes et d'une grande finesse ; sa peau était particulièrement souple, et son poil, doux et soyeux, se renouvelait tard au printemps ; on ajoute encore qu'il avait les cornes petites, lisses et d'une teinte jaune beurre frais ; son regard était vif mais doux, et son caractère d'une tranquillité parfaite. »

Au grand regret des partisans de l'exactitude et de la précision en toute chose, et au nôtre en particulier, l'histoire zootechnique de la race améliorée de Durham n'a point été écrite par Charles Colling, ailleurs que dans ses magnifiques créations. A l'exemple de tous les grands éleveurs de l'Angleterre, il agissait et ne dissertait point. Au lieu d'informer le monde de leurs conceptions à peine écloses, comme c'est le propre du caractère français, ces illustres novateurs, ainsi que nous en avons déjà quelque part fait la remarque, s'appliquent plutôt à les réaliser. Cela leur assure sur nous d'incomparables avantages, mais la postérité n'en est pas moins par ce fait réduite à se contenter de conjectures sur leurs opérations ; et parmi ces conjectures son embarras est de choisir les plus plausibles, en se gardant des écarts de l'imagination, toujours prompte à obscurcir la vérité.

C'est en vertu de cette tendance, et à la faveur du vague que laisse dans la question l'absence de documents émanant directement de l'heureux et habile acquéreur d'Hubback, que l'influence de ce taureau dans l'amélioration de la race actuelle a été contestée. On s'est fondé pour cela sur son infécondité précoce. N'est-ce pas, au contraire, une raison pour l'affirmer davantage, quand on songe au motif de cette infécondité ? Ne sait-on pas, en effet, qu'elle fut due à une aptitude extrême au prompt engraissement, et que c'est là précisément la qualité éminente qui distingue entre toutes la race de Durham ? Il n'y a pas lieu de s'arrêter donc aux assertions de ceux qui en font plus volontiers honneur à des mères telles que Duchesse de Stanwix, Haughton, l'ancienne Daisy, et surtout la belle Lady Maynard, comme l'appelle M. Chamard en contestant le fait, tout en admettant que ces vaches ont pu y avoir une part ; non plus que de tenir aucun compte de l'intervention que d'autres prêtent à des croisements avec la race de Galloway, qui auraient été effectués par Charles Colling, et dont la seule trace se trouverait dans l'emploi du taureau O'Callaghan's of Bolingbroke, issu d'une vache écossaise sans cornes et du taureau pur Bolingbroke, qui, avec Johanna, donna Grandson of Bolingbroke, lequel produisit lui-même Lady avec Phœnix. Cette Lady, d'après cela, compte dans ses ascendants trois générations de pur Durham contre une de Galloway ; et il faudrait en vérité bien méconnaître les plus élémentaires principes de la zootechnie pour attribuer dans son mérite personnel, comme souche de la race, une influence quelconque au croisement dont il s'agit.

On est encore plus porté à réduire à néant cette influence, quand on songe que ce fut précisément la propre mère de Lady, la vache pure Phœnix, qui donna le jour au fameux *Favourite*, animal joignant à une ampleur incomparable une solidité de constitution et une vigueur extraordinaire, grâce auxquelles Charles Colling l'employa d'une manière indiscontinue durant seize ans à la monte sur son troupeau.

L'exemple de ce fait fournit, ainsi que l'a déjà remarqué M. Baudement, une des meilleures preuves que l'on puisse invoquer pour démontrer combien sont erronées les assertions des adversaires de la consanguinité, et mal observés les faits sur lesquels ils les appuient.

L'illustre éleveur de Ketton, effectivement, profita des rares qualités de Favourite pour obtenir la fixation de ses caractères dans la race en le donnant durant six générations à ses propres filles et petites-filles; et loin que ces accouplements consanguins, répétés avec tant de persistance, aient eu tant pour résultat d'altérer la fécondité, ils remédièrent précisément à l'affaiblissement antérieurement produit en ce sens dans la descendance d'Hubback et de Bolingbroke, animaux que leur grande aptitude à s'engraisser avait rendus, comme nous savons, peu féconds. C'est avec sa propre mère, Phœnix, que Favourite procréa *Comet*, « dont la réputation fut telle, dit M. Chamard, qu'en 1810, lors de la vente générale, le prix en fut poussé jusqu'à 26,250 fr. »

On conviendra que pour mériter cette faveur, de la part des éleveurs les plus éclairés de l'Angleterre, le taureau qui en a été l'objet ne devait point avoir hérité d'aucun des vices qui sont si gratuitement attribués à l'influence de la consanguinité. Mais après ce que nous avons dit antérieurement sur ce sujet, en développant les principes généraux de la sélection, il n'y a pas lieu d'y insister.

L'attention publique était déjà vivement excitée en Angleterre par les travaux de Charles Colling, grâce à la grande réputation de ses deux remarquables taureaux Favourite et Comet, lorsqu'une circonstance singulière vint mettre le comble à sa célébrité, nous pouvons même dire à son illustration.

Un M. Bulmer, de Harmley, avait acheté un produit de Favourite et d'une vache des environs de Darlington, en février 1801, pour la somme de 3,500 fr. Cet animal, du nom de *Durham ox*, âgé de 5 ans, pesait alors 1,370 kilogrammes, poids vif. Son acquéreur conçut le projet de l'exhiber en public; il acheta une voiture pour le transporter et se mit à parcourir l'Angleterre. Trois mois après, le 14 mai, *Durham ox* était cédé moyennant 6,250 fr., à M. Day, qui le même jour eût pu le revendre 13,125 fr., le 13 juin, 25,000 fr., et enfin le 8 juillet, 50,000 fr.; mais M. Day refusa toutes ces offres, quelque avantageuses qu'elles fussent, et voyagea durant six ans en Angleterre et en Écosse, exhibant partout son bœuf phénoménal. Celui-ci, malheureusement, se démit la hanche à Oxford, en fé-

vrier 1807, et on dut l'abattre en avril. Malgré les souffrances qu'il eut à endurer pendant sa maladie qui se prolongea comme on voit deux mois durant, il rendit encore 1,053 kilogrammes de viande, 70 kilog. de suif et 64 kilog. de cuir.

Il est facile de concevoir comment l'exhibition de *Durham ox* popularisa le nom de l'habile éleveur de Ketton. Et c'est après cela que la vente publique et générale de son troupeau fut décidée. L'heure de la retraite était d'ailleurs venue pour lui, après de si remarquables travaux, et il avait alors atteint l'âge de soixante ans. Cette vente eut lieu le 16 octobre 1810. En voici les principaux résultats :

	PRIX TOTAL.	MOYENNE.
17 vaches de 3 à 14 ans...........	70,061f 25ᶜ	4,121f 25ᶜ
11 taureaux de 1 à 9 ans...........	59,036 25	5,366 93
7 veaux mâles de moins de 1 an....	17,193 75	2,456 25
7 génisses de 1 à 2 ans..........	23,572 50	3,367 50
5 génisses de moins de 1 an.....	8,032 50	1,606 50

Quant à Robert, il continua de se livrer à l'élevage jusqu'en 1818, époque à laquelle il termina, comme son frère, sa carrière par une vente publique qui produisit, pour 61 bêtes, 196,113 fr. 75 cent. ; en moyenne 3,214 fr. 97 cent. par tête.

Cinquante éleveurs, à la suite de la retraite de Charles Colling et en témoignage des sentiments qu'il avait su leur inspirer, lui offrirent une magnifique pièce d'argenterie sur laquelle était gravée l'inscription suivante :

Présentée à M. Charles Colling, le grand améliorateur de la race de bétail courtes-cornes, par les éleveurs dont les noms suivent, comme une preuve de leur reconnaissance pour les services qu'il leur a rendus par ses judicieux perfectionnements, et aussi comme un témoignage de leur estime pour sa personne. — 1810.

Jusqu'à présent il n'a été question, dans les détails que nous avons consacrés à l'histoire de l'amélioration de la race de Durham, que de la part attribuée à l'influence de la génération dans cette amélioration. Ce qui ressort bien nettement de ces détails, c'est que, quant à cette influence, elle a toujours été maintenue dans les limites strictes de la sélection. A peine y rencontre-t-on l'intervention douteuse, et dans tous les cas passagère, de quelque croisement fortuit, trop fugace, quand même il serait réel, pour qu'on dût en tenir compte. Mais il n'est pas possible d'admettre que toute l'habileté des créateurs de la race améliorée se soit bornée au choix de ses reproducteurs. Tout prouve qu'il y a eu de leur part une participation plus directe et plus constante à l'œuvre. La connaissance que nous avons maintenant de l'efficacité de la méthode complète de la sélection pour obtenir des résultats semblables, ne peut laisser aucun doute sur le point de savoir s'ils les ont employés. Si les accouplements ont été toujours judicieusement opérés dans le but de reproduire, de multiplier et de fixer les qualités de conformation et les aptitudes qu'il s'agissait de faire acquérir à la race, nul doute que chaque sujet n'ait été traité par les procédés hygiéniques propres à les faire développer en lui. Dans les habitudes actuelles des éleveurs anglais on en peut trouver la preuve, et là est assurément la source principale du perfectionnement, parce que là seulement se trouve la raison du développement précoce, de l'aptitude à la précocité.

En perfectionnant du reste en ce sens la race Teeswater, les frères Colling ne paraissent point s'être proposé d'augmenter sa masse déjà considérable. Il résulte au contraire de renseignements relevés sur trente-huit animaux abattus en 1806, 1807 et 1808, et provenant du troupeau de Charles, que le rendement moyen, qui a été déjà établi pour la race telle qu'ils l'avaient trouvée, aurait sensiblement baissé. En effet, la moyenne de ces trente-huit animaux ne donne plus que les chiffres suivants :

Viande nette............. 645ᵏ,653
Suif..................... 99,280

Cette moyenne semble s'être maintenue depuis. Mais il ne faut pas négliger de remarquer que la proportion de viande de première qualité a été considérablement augmentée par l'amélioration, et qu'en outre la production de cette viande est obtenue en un temps moindre, par conséquent avec une très-notable économie de rations d'entretien. Tel est, en somme, le principal mérite de la race de Durham, élevée en Angleterre d'après des procédés dont nous allons emprunter encore la description à M. Chamard.

« L'allaitement des veaux, dit-il, a lieu soit au seau ou par les mères : ce dernier mode est le plus général ; après le sevrage, c'est-à-dire vers l'âge de 6 à 8 mois, les mâles sont isolés ou groupés par deux ou par trois au plus, pendant le jeune âge, dans des boxes ou dans des straw-yards où ils sont en liberté ; on leur donne une nourriture abondante en fourrages et racines, et particulièrement en tourteaux de lin, farine d'orge, avoine, etc., jusque vers l'âge de dix-huit mois ; passé ce terme, l'isolement devient complet, à l'exception toutefois de ceux qu'on met à l'herbage avec les mères pour faire la monte, et auxquels on donne chaque jour une forte ration d'avoine ; ceux qui restent isolés dans les boxes ou les straw-yards y sont toujours en liberté et reçoivent, comme par le passé, une nourriture très-abondante en fourrages, racines, tourteaux et farineux. Les taureaux de monte, lorsqu'ils sont bien produit, sont conservés jusqu'à douze et quatorze ans, c'est-à-dire jusqu'à l'époque où la vie commence à faiblir ; lorsqu'à un certain âge ils deviennent trop lourds pour le saut, on diminue la nourriture, quelquefois même on les fait travailler.

« Un grand nombre de propriétaires louent leurs taureaux pour un an, et se font par ce moyen un revenu supplémentaire.

« Le traitement des génisses, dont les instincts sont naturellement plus tranquilles, diffère de celui des mâles ; on les place par trois ou quatre en liberté dans des boxes et des straw-yards, quand ce sont des bêtes de choix ; elles y restent jusqu'au printemps et reçoivent pendant l'hiver les fourrages choisis, des turneps, des farineux et des tourteaux ; au printemps elles sont placées dans des herbages de bonne qualité ; quand le sevrage a lieu après la saison d'hiver, elles sont mises directement à l'herbage sans supplément de nourriture d'aucune sorte. Cependant, quand on veut les pousser à un grand développement, on les laisse même en été dans des boxes avec paddocks, et on joint aux fourrages verts, qui forment la base de l'alimentation, une forte portion de tourteaux et de farineux ; on les livre au taureau, suivant leur force, de dix-huit mois à deux ans.

« Les vaches sont traitées à peu près de la même manière que la généralité des génisses : dans de bons herbages en été, et en hiver sous des hangars ou dans des étables fermées ; elles sont généralement attachées et reçoivent une forte alimentation en fourrages et racines, mais on s'applique cependant à ne pas les engraisser de peur de les rendre inféccondes. »

Tout cela se résume en deux mots : forte alimentation dès le jeune âge et toujours continuée, repos de la vie de relation.

Bien que l'aptitude laitière se soit conservée à un degré même assez élevé dans quelques familles, puisqu'on cite par exemple la vacherie de M. Whitaker de Greenholme, près Otley, Yorkshire, composée de sujets nombreux et distingués, et dans laquelle on aurait obtenu par jour, en deux traites, 269ˡ,297, de 10 vaches, soit en moyenne 26ˡ,929 par tête ; malgré cela, la généralité des vaches de Durham sont de faibles laitières, et il en existe même qui n'ont pas assez de lait pour nourrir leur veau. Il convient de tenir bonne note de ce fait, sur lequel nous aurons occasion de revenir ultérieurement, lorsque nous rencontrerons la race à titre d'agent améliorateur d'une race laitière quelconque.

C'est du reste cette fonction d'agent améliorateur qui paraît être la principale destination des courtes-cornes.

Il serait curieux de posséder la statistique exacte du bétail en Angleterre, classé par races, et d'y voir, pour chaque comté, l'importance de la race de Durham améliorée. Ce qui est certain, c'est qu'elle ne figure que pour une très-faible part sur les marchés d'approvisionnement. Cela se conçoit à cause de son rôle. Elle fournit aujourd'hui des reproducteurs dits d'élite aux deux hémisphères. Les animaux livrés à la consommation ne peuvent être que ceux dont le mérite n'est pas assez grand pour une autre destination. Malheureusement, le document dont nous venons de parler fait défaut. On possède seulement l'état des ventes opérées de 1810, époque de celle de Charles Colling, jusqu'à 1848. Il s'en est effectué quarante-huit, et elles se continuent assez régulièrement depuis.

Il ne conviendrait pas que nous suivissions dès maintenant les reproducteurs de cette race dans les divers pays où ils ont été introduits. Ces considérations seront mieux à leur place quand nous nous occuperons de l'espèce bovine de ces pays et des essais d'amélioration entrepris ou réalisés à l'aide de son importation. Quant à présent, nous devons nous borner à l'étude de la race en elle-même ; et si nous avons donné à cette étude quelque développement, son étendue sera sans doute justifiée aux yeux du lecteur par la grande importance des animaux auxquels elle se rapporte comme type le plus perfectionné en vue de la boucherie, destination essentielle et finale de toute l'espèce. Cela nous permettra d'être plus bref pour les autres.

Race de Hereford. — La plus améliorée des races bovines de l'Angleterre, après celle de Durham, est la race du comté de Hereford, appartenant à la catégorie des moyennes-cornes. On lui attribue une création très-récente. Sa souche première a été prise parmi le bétail du Herefordshire, varié quant à son origine et à ses caractères, en raison de l'industrie de ce comté qui était l'exploitation de la laiterie, mais présentant en général un grand développement, à cause des ressources abondantes de l'alimentation dans ces localités fertiles.

Les auteurs attribuent l'amélioration de la race de Hereford à Benjamin Tomkins, simple vacher, qui aurait en 1769 créé une famille au moyen de deux vaches de choix, l'une blanche nommée *Pigeon*, l'autre d'un beau rouge qui reçut le nom de *Mottle*. Ces deux bêtes avaient été achetées pour la laiterie. Mais Benjamin Tomkins s'étant aperçu, dit-on, qu'au lieu d'une grande aptitude laitière elles présentaient une disposition prononcée au précoce engraissement, il résolut de mettre à profit l'exploitation de cette disposition pour constituer une race ayant pour caractère principal cette faculté dominante.

Il nous paraît au moins fort probable que l'aptitude de Pigeon et de Mottle était due à l'influence des procédés de Bakewell qui, à cette époque, occupaient beaucoup l'esprit des éleveurs anglais, et que le bétail du Herefordshire, en raison des heureuses conditions dans lesquelles se trouve ce comté, devait en avoir en général subi l'influence. Mais cela n'empêche pas que Benjamin Tomkins, marchant sur les traces de cet éleveur illustre, comme les frères Colling, n'ait entrepris d'appliquer d'une manière suivie la sélection à la création d'une famille améliorée, et que cette famille n'ait été le point de départ de ce que nous appelons maintenant la race de Hereford. Toujours est-il que cette race nous offre actuellement les caractères d'homogénéité et de constance qui témoignent de sa fixité, et que l'uniformité du pelage, notamment, s'y maintient avec une rare solidité.

Nous n'insisterons pas sur les particularités de la création dont il s'agit. Nous retrouverions là, en raccourci, des détails fort analogues à ceux que nous avons dû consacrer à l'histoire de la race de Durham. David Low et ceux qui l'ont copié s'appliquent surtout à montrer la part qui revient au choix des reproducteurs dans les créations de ce genre. Nous croyons avoir montré que ce n'est là qu'un des côtés de la question, et non pas le principal. Ici, en admettant pour avéré le rôle que l'on attribue aux deux vaches dont il a été parlé plus haut, il est intéressant néanmoins de voir que leur influence s'est perpétuée quant au pelage, ainsi qu'on va s'en assurer par la description des caractères que présente la race actuelle.

A l'exemple de M. de Dampierre [1], nous emprunterons cette description à Marshall, auteur anglais qui l'a depuis longtemps tracée d'une manière exacte.

« La race de Hereford, dit-il, a des caractères distinctifs invariables : la face blanche, les couleurs pâles et manquant de brillant, le corps puissant, la carcasse profonde; son aspect est agréable, gai, ouvert, son front large, ses yeux sont pleins et vifs; ses cornes sont brillantes, effilées, étendues, sa tête petite, sa mâchoire maigre, le cou long et effilé, la poitrine profonde, le poitrail large et avancé, l'épaule mince, plate, sans saillie, mais bien fournie de chair, le corps ample, les reins sont larges, les hanches puissantes et sur le même niveau de l'épine dorsale, les quartiers longs et larges, la croupe est à la hauteur du dos, la queue est mince et peu garnie de poils, la cuisse délicate et s'amincissant régulièrement, les jambes sont droites et courtes, l'os au-dessous du genou et du jarret est petit, la chair unie, douce et cédant au toucher, principalement sur l'échine, l'épaule et les côtes; la peau est fine, souple, d'une épaisseur moyenne; le poil délicat, brillant et soyeux, de couleur rouge moyen avec la face blanche, ce qui est le caractère distinctif de la pure race du Herefordshire. »

En somme cette race, comme on voit, diffère moins de celle de Durham par la conformation que par le type et le pelage. Elle en diffère aussi par une précocité moindre, ce qui fait que la viande qu'elle fournit est plus estimée, et en tout cas plus consommée en Angleterre. Les bœufs de Hereford entrent pour une forte proportion dans l'approvisionnement des marchés. Ils sont rarement engraissés dans le comté même qui les produit, et où s'effectue seulement leur élevage. Les engraisseurs en peuplent leurs étables et les préparent principalement pour le marché de Londres. Ces bœufs sont aussi quelquefois employés au travail. Comme la plupart des races travailleuses du reste, celle-ci présente cette particularité que les femelles y sont beaucoup moins développées que les mâles. Elles sont en général aussi de fort médiocres laitières. Néanmoins les individus des deux sexes s'engraissent avec une grande facilité, et si, prise en masse, la race est moins précoce que celle de Durham, incomparablement moins nombreuse d'ailleurs comme population, il est cependant vrai de dire qu'on rencontre assez fréquemment des individus de Hereford qui ne le cèdent en rien sous aucun rapport aux courtes-cornes. Construits exactement sur le même modèle et traités de la même façon, ils ne s'en distinguent que par leur physionomie, leur cornage un peu plus développé, et la couleur de leur robe; celle-ci est toujours d'un fond rouge plus ou moins vif et infailliblement marquée de taches blanches à la tête, quelquefois le long du dos et au ventre.

Le Hereford n'est pas prisé au même degré que le Durham, comme agent d'amélioration par le croisement; mais il n'est point douteux que les

(1) *Races bovines de France, d'Angleterre, de Suisse et de Hollande.* 2e édition; dans la *Bibliothèque du cultivateur,* Paris, 1850.

services économiques de la race sont plus considérables à beaucoup près, en raison de la grande quantité de viande qu'elle fournit à la consommation du Royaume-Uni. Cette race n'a point complétement échappé aux tentatives de croisement; toutefois le bon sens anglais n'a pas tardé à s'apercevoir que son exploitation en elle-même offrait à tous égards de plus grands avantages. Les éleveurs du Herefordshire la considèrent, — et nous inclinons à croire que c'est avec raison, — comme la plus fine de l'Angleterre.

Race de Devon. — Dans l'ordre du perfectionnement, c'est ici que se place naturellement cette race, quand on passe en revue l'espèce bovine de l'Angleterre. Ce que nous avons de mieux à faire est de reproduire, pour la faire suffisamment connaître, la description qu'en a donnée M. le marquis de Dampierre, dans l'ouvrage déjà cité. Au mérite de l'exactitude, cette description joint celui non moins estimable de la concision.

« La race de *Devon* ou de *North-Devon*, dit cet auteur, est une des races les plus caractérisées de l'Angleterre et une de ses races primitives. Aucune n'a plus de cachet ni de sang (l'auteur a voulu dire sans doute de fixité). Sa couleur acajou foncé, sans aucun mélange de blanc dans les animaux de race pure, sa petite tête maigre, semblable à celle d'un chevreuil, ses yeux saillants et expressifs, ses cornes longues, minces à la base, remarquablement effilées et légères, la vivacité de sa démarche, sont les signes qui distinguent au premier coup d'œil cette race de toutes les autres.

« Sa renommée est ancienne et peut-être était-elle plus appréciée à la fin du siècle dernier qu'elle ne l'est aujourd'hui; cela tient sans doute à ce que cette race, classée par sa finesse parmi celles qui exigent de bons pâturages, n'arrive jamais cependant à un poids considérable, et n'a pas une propension aussi déterminée à l'engraissement précoce que d'autres races, celle de Durham par exemple, et même celle de Hereford.

« La race de Devon est infiniment remarquable cependant : dans les pays où les pâturages sont maigres, elle a une infériorité marquée sur des races rustiques qui exigent moins de nourriture qu'elle, et peuvent ainsi acquérir un degré d'engraissement fort supérieur : dans les pays où la nourriture est abondante, au contraire, il sera peut-être préférable d'entretenir une race dont les animaux, avec les mêmes dépenses, atteindront un poids beaucoup plus considérable.

« Il y a près de cinquante ans que Lawrence écrivait déjà en parlant des bœufs de Devon : « Ces bestiaux ont généralement, depuis cent ans, « ou plutôt il y a cent ans, obtenu les plus hauts « prix à Smithfield; mais depuis quelques années « les acheteurs ont observé malignement que, « quoique le *sang* et de belles formes plaisent « au gentleman éleveur, cependant le poids et la « qualité doivent être au marché la principale « considération. » Quoi qu'il en soit, les bœufs de cette race sont peut-être les plus estimés et les plus généralement répandus en Angleterre.

« Pour le travail, la race de Devon n'a de rivales que dans nos races du Morvan et de l'Au-vergne. Assez enlevée de terre (ce qu'on lui reproche comme race de boucherie), sa douceur unie à son énergie et à sa légèreté la rend apte, à un degré éminent, à tous les travaux de la terre. La profondeur moyenne de sa poitrine, la bonne direction de l'épaule et des membres, le sang qui s'y montre et y communique son énergie, malgré la petitesse des os, sa puissance musculaire enfin, lui permettent parfaitement de trotter dans le harnais sans s'essouffler, et il est reconnu dans tout le comté de Devon, dans le district surtout où cette race est conservée dans sa pureté, c'est-à-dire depuis *Barnstaple* jusqu'à *Tiverton*, que les bœufs font tous les travaux des champs aussi rapidement que les chevaux; et c'est au trot que les conducteurs les mènent au travail. Le pays est accidenté; on les attelle ordinairement par quatre, avec le joug; et lord *Sommerville*, qui a étudié avec soin les services qu'a rendus cette race et qui l'a décrite il y a un certain nombre d'années, assure que le joug est infiniment préférable au collier et aux harnais, et qu'ils tirent ainsi des poids plus considérables, surtout dans un pays montagneux.

« Par sa construction et son pelage, le bœuf de Devon ressemble assez au bœuf de Salers. Il y a en faveur du bœuf de Salers une grande supériorité de taille et de poids; en faveur du bœuf de Devon, une perfection de formes, une distinction dans la tête et dans les membres qu'aucune autre race ne possède à ce degré.

« Les bœufs de Devon sont hauts sur jambes, un peu plats; leurs cuisses sont peu charnues, leur queue est placée très-haut, mais les hanches sont larges et musculaires (c'est-à-dire musclées), leurs membres fins et nerveux ont un aplomb parfait; leur peau est fine et souple, de couleur jaune; leur poil d'un rouge brillant, quelquefois ondé, est doux et soyeux; ils ne laissent rien à désirer comme animaux de travail dans les terrains légers, et présentent encore de grandes qualités comme animaux de boucherie. Leur engraissement cependant n'est pas trop précoce, et ce n'est ordinairement qu'après deux ou trois ans de travail qu'on les prépare à la boucherie. Excellents marcheurs, ils se transportent sur les principaux marchés de l'Angleterre sans perdre de leur poids; leur viande est très-estimée, très-savoureuse, très-serrée, mélangée d'une graisse jaune et fine d'un goût parfait.

« Les vaches fournissent un lait butyreux, mais très-peu abondant. Elles sont petites en comparaison des bœufs qu'elles donnent; on en peut même dire autant des taureaux qui n'atteignent jamais ni la taille ni le poids des bœufs.

« Lord Sommerville disait, il y a quelques années, que les taureaux étaient en général moins beaux dans cette race que dans aucune autre ; mais dans ces derniers temps la race de Devon a été fort soignée, fort améliorée, et ceux de ses produits qui ont été importés en France sont vraiment séduisants et fort remarquables sous tous les rapports. Je dois citer surtout, dit M. de Dampierre, un taureau qui était au Pin, et qui avait été transporté à l'ancien institut agronomique de Versailles, *Prince of Wales*. C'était certainement l'animal le plus accompli qu'il fût possible de voir.

« *Prince of Wales* avait remporté le premier prix des animaux de Devon, au concours de la société royale d'agriculture d'Angleterre, à Southampton; il était né chez M. Turner, et avait été importé en 1845; alors, bien qu'âgé de neuf ans, il était aussi énergique et aussi prolifique qu'aucun autre taureau. »

La race de Devon a été améliorée exclusivement par sélection. Quelques individus exposés au concours international de Poissy, en 1862, nous ont montré que par cette seule voie elle était susceptible d'acquérir, malgré son aptitude native au travail, une ampleur de poitrine et un état d'engraissement qui ne le cèdent point aux autres races anglaises. Son infériorité est donc seulement relative, et due au moindre développement du volume de son corps.

Nous négligerons quelques autres races, de travail ou de boucherie, originaires aussi des comtés anglais, pour ce motif que nous avons surtout pour but, ainsi que cela a été déjà dit, de faire connaître celles qui ont été importées sur le continent au point de vue de l'amélioration de son bétail. Nous ne parlerons pas, notamment, de la race *longues-cornes*, bien que le nom de Bakewell s'y rattache par les opérations de sélection auxquelles il la soumit. A peu près généralement abandonnée et fort en arrière maintenant de celles précédemment décrites et améliorées par les mêmes procédés, elle ne présente plus qu'un intérêt purement historique. Il suffit donc d'en faire une simple mention, pour passer tout de suite à l'espèce bovine de l'Écosse, où nous devons rencontrer encore des types intéressants à plusieurs égards.

Race d'Angus. — M. Baudement, qui a rédigé pour l'*Encyclopédie pratique de l'agriculteur* un travail à peu près complet sur le bétail écossais d'Angus, pense que les animaux qui le constituent forment l'une des races de boucherie les plus remarquables des îles Britanniques. Le savant zootechnicien considère que cette race mérite une étude spéciale, surtout parce que, « plus encore peut-être que toute autre race améliorée, » « elle s'est formée dans des conditions et par des moyens qui permettent de la proposer plus qu'aucune autre à l'imitation des éleveurs. »

A ce même titre, nous suivrons M. Baudement dans la plus grande partie des développements qu'il a consacrés à son étude. Cette étude est sans contredit la meilleure que nous connaissions, et il n'y a pas lieu de la refaire à nouveau. L'on ne pourrait que présenter les mêmes faits et les mêmes réflexions sous une autre forme, qui ne serait certainement pas préférable. Nous ne tenons nullement à nous donner de fausses apparences d'originalité. Ce à quoi nous visons avant tout, c'est l'utilité.

M. Baudement commence d'abord par une courte description du pays où vit la race d'Angus, et qui se peut rapporter également à une autre race de l'Écosse dont il sera question plus loin, celle des Highlands. « Angus, dit-il, est l'ancien nom du pays auquel sa ville principale a fait donner plus récemment le nom de comté de Forfar, et qui occupe, au nord-est de l'Écosse, le centre de la région où se répand la race bovine à laquelle la première dénomination est appliquée. Cette région, que j'appellerai *région de l'est*, fait partie des terres basses (*lowlands*) de l'Écosse; limitée par le golfe de Murray au nord, par la mer à l'est, par le golfe d'Édimbourg au sud, elle se développe sur une longue étendue de côtes où les dernières ondulations des monts Grampians viennent expirer; les Grampians et leurs prolongements, ainsi que les dernières ramifications du Lomond, la bornent à l'ouest. Cette bande de terre suit dans sa forme le double mouvement que lui impriment la côte et la montagne entre lesquelles elle est resserrée. Les lowlands de dix comtés, ceux de Nairn, d'Elgin, de Banff, d'Aberdeen, de Kincardine, de Forfar, de Perth, de Fife, de Kinross et Clackmannan, concourent à la constituer. Elle repose en grande partie sur le vieux grès vert du système dévonien, auquel viennent se mêler les granits et les schistes des parties les plus élevées. Des différences de configuration et de climat y ont appelé des races diverses, auxquelles la race d'Angus tend à se substituer.

« Dans la contrée montueuse de ces comtés, celle qui appartient à la région des terres hautes (*highlands*), le climat est rude comme le sol; les sommets des Grampians restent quelquefois couverts de neige, même en été. Sur les parties moins élevées se trouvent d'excellents pâturages naturels, exposés cependant à un froid assez vif. A mesure qu'on s'approche de la mer ou des golfes, qu'on descend dans les lowlands, qu'on pénètre dans les parties basses des vallées, qu'on entre, en un mot, dans la région que je viens de circonscrire, une argile meuble et fertile se montre plus souvent, le climat s'adoucit, et il prend même une certaine égalité de température qui serait presque comparable à celle des régions du sud-est de l'Angleterre, si elle n'était trop fréquemment troublée par les vents glaciaux du nord-est et de l'est, auxquels la côte est ouverte, et par ceux qui soufflent de la montagne à l'ouest et au nord-ouest. Le bétail, les récoltes en fleur sont quelquefois cruellement éprouvés dans ces temps rigoureux.

« En général, ce pays est donc froid, mais assez tempéré; la moyenne de température atteint 3 degrés au-dessus de zéro, le maximum de chaleur y dépasse rarement 15 degrés. Sa limite septentrionale est aussi la limite de la culture du blé; vers la moitié de sa hauteur se termine la zone des arbres fruitiers; le pâturage d'hiver y est difficile; les céréales sont d'automne.

« Sur les parties les plus élevées et les plus âpres domine la race des Highlands, qui descend aussi çà et là sur les collines, et s'améliore par l'introduction de taureaux empruntés à la souche, plus parfaite, de l'ouest, celle des West Highlands.

« Dans les lowlands, plus productives et plus clémentes, se sont répandues plusieurs familles dont l'origine est incertaine, mais qui dérivent probablement du bétail des terres hautes. Formées par sélection entre les mains des éleveurs progressistes, au sein de la race primitive, quelques-unes on pris des traits particuliers dans chacun des comtés que nous avons désignés plus haut, tout en constituant un groupe assez homogène, dans lequel elles ne se distinguent guère que par le nom du comté où chacune d'elles s'élève. La race d'Angus est venue plus récemment se mêler à ces anciennes familles bovines et leur dispute le terrain. Par son histoire, comme par son domaine, elle est si étroitement liée aux races locales que l'étude de sa formation et de ses développements appelle l'étude préalable du groupe au milieu duquel elle s'établit.

« De tout temps il s'est rencontré dans ce groupe deux sortes d'animaux coexistant dans chaque localité, et dont le caractère distinctif le plus saillant consiste dans la présence ou dans l'absence des cornes. Le bétail à cornes offre deux principales familles auxquelles se rattachent les variétés des comtés dont nous nous occupons ; elles sont toutes deux considérées comme races spéciales, et désignées, l'une par le nom de race d'Aberdeen, l'autre par celui de race de Fife ou de Falkland. La première a son centre dans le nord, la seconde dans le sud de la région des lowlands, où se renferme notre étude ; elles se sont souvent rencontrées et mêlées. »

Après avoir précisé ces faits, M. Baudement examine l'influence qu'a pu exercer le climat des basses terres sur les animaux descendus des highlands, puis il poursuit ainsi :

« Toutes ces races, familles ou variétés de notre région ont une robe noire le plus communément ; mais on rencontre aussi des animaux bigarrés de brun ; d'autres où des taches blanches apparaissent à la tête, aux flancs, au ventre, aux mamelles ; d'autres sur lesquels le mélange des poils noirs aux poils blancs forme des taches ou des raies grises ; rarement le pelage est rouge foncé ; plus rarement encore il est tout à fait gris ou blanc, et dans ce cas quelques poils noirs apparaissent ordinairement vers la tête. C'est dans le comté de Forfar que se montrent les plus nombreuses variétés dans les teintes, à côté de la couleur noire, qui reste partout dominante. »

En somme, ce qui distingue particulièrement ces variétés de la race des hautes terres, de celles d'Aberdeen, de Buchan, de Fife, c'est un plus grand développement, des cornes plus blanches et moins effilées, une plus grande docilité, et une aptitude plus prononcée à produire du lait. Leur origine première a comme toujours été attribuée à divers pays étrangers. L'imagination des chroniqueurs n'a point manqué de se donner carrière à son sujet et d'embarrasser la zootechnie d'opinions aussi invraisemblables qu'elles sont opposées. « Ces opinions diverses, dit à cet égard M. Baudement qui les rapporte avec les circonstances sur lesquelles elles sont appuyées, tombent devant l'étude attentive de la race comme devant l'examen des faits. L'importation d'animaux étrangers est l'idée à laquelle on a toujours hâte de se rattacher pour expliquer l'origine d'une race dont on ignore les commencements : l'hypothèse débarrasse de l'incertitude ou exempte des recherches ; le conte n'a-t-il pas plus d'attrait que l'histoire ? Qu'à une époque extrême-

ment reculée des animaux aient été introduits en Écosse des côtes opposées du continent, cela n'est pas impossible, mais cela est peu probable, en raison des relations commerciales bien limitées qui existaient alors entre les peuples et de l'imperfection des moyens de transport. L'influence du sang hollandais n'est pas nécessaire pour expliquer les qualités laitières de cette race du comté de Fife ; ces qualités se retrouvent dans toutes les races qui appartiennent au bassin de la mer du Nord et s'expliquent par les influences du climat et du sol. » Ainsi en est-il pour toutes les autres hypothèses à la discussion desquelles l'auteur se livre en détail et que nous ne croyons pas nécessaire de relever ici. Mieux vaut arriver tout de suite à ce qui concerne plus particulièrement la race que nous avons en vue, parce qu'elle est la principale et la plus importante de toutes celles qui peuplent la région dont il vient d'être parlé.

« A côté de ces familles dont la tête est pourvue de cornes, et dans les mêmes contrées, Fife, Forfar, Kincardine, Aberdeen, Buchan, se sont rencontrées de tout temps, remarque M. Baudement, des races sans cornes. Leurs caractères généraux participaient de ceux des races qui viennent d'être décrits, leur robe était aussi généralement noire, mais elles acquéraient un peu plus de taille et possédaient une plus grande aptitude à prendre la graisse que les familles à cornes. Elles étaient douées, en même temps, d'une douceur et d'une placidité tout à fait en harmonie avec leur disposition à l'engraissement ; l'absence de cornes permettait de les réunir en plus grand nombre, avec moins de danger, dans un même espace ; elles semblaient faites, physiquement et moralement, pour la stabulation. Leur valeur de plus en plus appréciée, les rendit l'objet de soins spéciaux, principalement dans le centre de notre région, dans le comté de Forfar ou d'Angus. Peu après elles agrandirent leur domaine aux dépens de celui des anciennes races à cornes, qu'elles dépossédèrent sur quelques points, qu'elles tendent à déposséder sur presque tous, et se répandirent sous le nom d'Angus. Cette substitution de race appelée par une substitution d'aptitudes n'a été possible qu'en s'appuyant sur un changement dans l'agriculture du pays ; pour l'expliquer, il faut suivre les modifications que la culture du sol a subies dans les lowlands dont nous étudions les races. »

Notre auteur établit ensuite de cette assertion comment, dans le pays dont il s'agit, les travaux des champs étaient partout exécutés avec des bœufs, jusqu'à la fin du dernier siècle ; comment s'effectuaient les transactions entre les divers comtés éleveurs et herbagers, suivant une sorte de division du travail, absolument analogue à celle qui s'observe pour nos races françaises travailleuses ; de telle sorte que des districts écossais pour arriver jusqu'aux centres de consommation de l'Angleterre, les grands troupeaux de bétail avaient à parcourir plus de 800 kilomètres et mettaient cinq semaines à accomplir leur voyage. L'élevage et l'engraissement étaient alors deux industries tout à fait distinctes. L'Écosse du nord faisait naître les animaux que les régions herbagères du sud et surtout de l'Angleterre mettaient en état ou engraissaient. La culture des turneps, qui commença seulement à se répandre vers 1770, a été le point de départ de modifications profondes dans ces habitudes, et a conduit aux résultats que nous observons aujourd'hui. En 1807, cette plante occupait déjà, dans le comté de Kinkardine, qui peut donner la mesure de ce qui s'est passé pour les autres, le septième de la surface en culture. Les fourrages verts et les herbages de rotation occupaient en 1857, dans les dix comtés qui forment la région où se produit la race d'Angus, 37 0/0 de la surface cultivée. Cela peut donner une idée de l'agriculture de la contrée et des ressources qui se sont créées progressivement, indépendamment des anciens pâturages naturels, pour l'industrie du bétail.

Aussi, à mesure que ces conditions se développaient, le travail devenait pour le bœuf une nécessité moins impérieuse, en raison du grand nombre de têtes dont se peuplaient les étables, dans une culture comportant l'emploi d'engrais abondants; et à mesure aussi les attelages, pour des fatigues beaucoup moindres, recevaient une alimentation à la fois plus riche et plus copieuse. Aujourd'hui, c'est à peine si l'on trouverait encore quelques bœufs employés aux labours dans les districts les plus rapprochés des hautes terres, et dans ce cas leur travail ne dure pas au delà d'une année. D'autres circonstances sont venues aussi seconder ce mouvement, dont l'amélioration de la race d'Angus a été la conséquence. Nous les laisserons exposer par M. Baudement lui-même.

« Les bateaux à vapeur et les chemins de fer, dit-il, en mettant le marché de Smithfield à deux journées du pays producteur, ont modifié les anciennes relations commerciales, tandis que la production abondante des turneps et des fourrages, l'élévation de la puissance productive du sol par l'emploi du guano et des os, tous les perfectionnements de la culture, ont permis aux mêmes mains de cumuler l'intérêt composé de l'élevage et de l'engraissement. Elgin et Bauff eux-mêmes expédient directement sur Londres les animaux qu'ils ont préparés pour la boucherie; toute la côte en fait autant. Les comtés d'Angus et de Kincardine, les parties les plus riches de Perth et des comtés plus méridionaux, le comté d'Aberdeen, où s'engraisse plus de bétail qu'en aucune autre contrée de l'Écosse, le comté de Clackmannan, où l'industrie de la distillerie laisse des résidus employés à l'engraissement, toute notre région des lowlands de l'est, en un mot, est aujourd'hui un des centres les plus actifs pour la production de la viande. Elle n'engraisse pas seulement les animaux qu'elle a fait naître, elle demande aux contrées voisines, principalement aux terres hautes, le nombre complémentaire de bouches dont elle a besoin pour utiliser ses abondantes récoltes; elle joue par rapport à ces contrées le rôle que les herbagers du sud jouaient naguère encore par rapport à l'Écosse tout entière. Dans les vallées les plus reculées il n'est pas une petite ferme de 15 à 20 hectares qui n'achète son guano et sa poudre d'os, n'obtienne les meilleurs turneps et ne vende ses animaux gras.

« L'amélioration du bétail a suivi progressivement ces changements dans les conditions de production. D'abord ce furent les races à cornes qui devinrent l'objet d'une attention particulière; les différentes familles locales durent à la sélection le développement de leurs qualités natives, et elles échangèrent fréquemment leurs reproducteurs pour associer les aptitudes plus spéciales des unes et des autres. La race de Fife, soumise depuis plus longtemps à ce travail de sélection, et qui possédait relativement plus de finesse, fournit souvent des taureaux aux autres contrées, à celui d'Aberdeen en particulier. On tenait encore à la vigueur, à la sobriété, aux qualités des animaux qui doivent travailler, qui devaient aussi accomplir de longs voyages pour aller trouver leur dernier herbage ou les marchés des grandes villes. On rechercha ensuite avant tout les bêtes aptes à prendre rapidement la graisse, capables de tirer bon parti des ressources alimentaires qu'on se créait. Les races sans cornes satisfaisaient mieux à ces conditions; elles appelèrent bientôt les soins plus assidus de l'éleveur en les payant mieux. Bien nourries, elles gagnèrent en rapidité de développement et en poids; elles furent fréquemment mêlées aux familles à cornes de comté à comté. »

C'est dans ces conditions, auxquelles nous avons consacré un certain développement à cause de l'importance zootechnique de la doctrine qu'elles ont pour effet d'appuyer sur des preuves positives, que s'est formée la race améliorée d'Angus et qu'elle a été définitivement préférée à toutes celles introduites pour essayer de tirer meilleur parti des ressources alimentaires créées. Les croisements durham-aberdeen, les galloway, les ayr, dont on parlera plus loin, et bien d'autres types purs ou mélangés, durent faire place à cette race.

On ne sait rien d'exact et de précis sur les circonstances qui ont pu faire naître une variété de l'espèce bovine dépourvue de cornes au milieu d'un pays dont le bétail montre en général ces appendices avec un certain développement. Si loin qu'on puisse remonter, on retrouve cette variété à côté des autres dans chacun des centres de production. Rien ne prouve donc qu'elles ne soient pas contemporaines. On ne pourrait faire à cet égard que des hypothèses, et cela serait absolument sans aucune utilité. Ce qui est plus intéressant, c'est que les plus beaux types actuels de la race, qui peut rivaliser maintenant avec les plus remarquables de l'Angleterre et les primer même, — ce qui est arrivé au concours international de Poissy en 1862; — ce qui est plus intéressant, disons-nous, c'est de savoir que cette race s'est améliorée par l'unique voie de la sélection. M. Hugh Watson, de Keillow, dans le comté d'Angus, est l'éleveur qui, d'après M. Baudement, peut être cité comme ayant, après les nombreuses tentatives de ses devanciers, mis le sceau à l'œuvre et marqué la place des Angus, en concentrant les éléments les meilleurs de la race et en exposant de beaux spécimens dans les concours, de 1825 à 1830. « C'est ainsi, ajoute le savant zootechnicien, que procédèrent Bakewell et

Colling, » et nous sommes complétement de son avis à cet égard.

Telle est l'histoire de la formation de la race améliorée d'Angus. Ainsi exposée d'après les lumières de la véritable science zootechnique, elle porte avec elle un enseignement dont on ne saurait trop recommander la méditation aux éleveurs.

Nous pouvons maintenant indiquer les caractères qui appartiennent à cette race, et dont le développement a été la conséquence normale des circonstances économiques et hygiéniques précédemment détaillées. Nous en empruntons encore la description à M. Baudement. En la lisant, tous ceux qui ont pu voir dans nos concours des individus sans cornes de l'Écosse en reconnaîtront le portrait.

« La conformation des Angus perfectionnés est celle du meilleur type de boucherie. La poitrine et l'arrière-main sont en parfait accord, développés autant que dans les races les plus renommées de l'Angleterre. Le dessus du corps est large, horizontal, bien suivi. L'ossature est fine, la tête est légère et effilée, les membres sont courts et déliés. La peau est souple, délicate, élastique, couverte d'un poil soyeux. Tous les caractères qui dénotent une grande aptitude à l'engraissement s'associent à ceux qui annoncent un poids vif considérable et un rendement élevé en viande nette. Les muscles sont partout également développés, compactes et fermes, bien marbrés de graisse quand l'engraissement est convenable ; ils prennent, sur toute la région dorsale en particulier, une épaisseur qui donne une grande valeur aux animaux dans un pays où le roastbeef est recherché. La chair des Angus est d'un goût exquis, fort estimée en Angleterre, comme l'est, d'ailleurs, celle de toutes les races écossaises, et payée à Smithfield un peu plus cher que ne l'est celle des autres races. La graisse, qui s'étend en couverture épaisse sous la peau ou se dépose entre les masses musculaires, est elle-même d'un tissu serré et fin, pleine de saveur et d'arome. Les qualités des Angus, comme consommateurs, complètent ces qualités de conformation et de structure. La marche de leur développement est rapide ; ils ne le cèdent qu'aux Durham en précocité.

« Tout en se façonnant comme race spéciale de boucherie, les Angus ont conservé une grande fécondité, leur vigueur originelle, on pourrait presque dire la rusticité compatible avec leurs facultés et leur destination. C'est l'alliance de cette finesse avec cette force, de cette masse avec cette légèreté, de cette délicatesse de formes, de cette distinction en quelque sorte féminine, et de cette énergie de constitution, qui frappe tout d'abord dans l'ensemble harmonieux de ces animaux. Ils sont les produits de la civilisation la plus avancée dans un milieu où l'art devait compter avec la nature. Ceux qui demandent la réalisation complète du type le plus irréprochable n'ont rien à désirer; ceux qui tiennent au respect des convenances locales n'ont rien à regretter.

« L'extrême douceur de caractère et la docilité des Angus sont vantées par tous les éleveurs;

grâce à l'absence de cornes, les animaux ont besoin de moins d'espace dans les straw-yards et ne sont pas exposés à être blessés par leurs voisins.

« La couleur de la robe peut varier et présenter toutes les nuances que nous avons vues exister chez les anciennes familles, mais elle est le plus ordinairement d'un noir pur, où le blanc ne se montre que rarement dans la région mammaire. Les améliorateurs de la race défendent avec soin cette couleur noire comme un caractère de premier ordre, et quelques-uns poussent le scrupule jusqu'à éloigner toutes les prétendues influences auxquelles la croyance populaire attribue le pouvoir d'altérer l'uniformité de la robe. C'est ainsi qu'ils ne laissent, dans le voisinage de la vache d'Angus sur laquelle ils comptent comme reproductrice, aucun animal, quelle que soit son espèce, dont la robe serait marquée de blanc, dans la crainte qu'une impression fatale sur la mère ne réagisse sur le produit. »

M. Baudement a recueilli sur les reproducteurs de la race d'Angus et sur les bœufs engraissés de cette race, exposés dans nos concours français, des observations d'un grand intérêt au point de vue de la zootechnie générale. Ces observations sont surtout précieuses, en ce qu'elles ont pu être faites aussi comparativement sur des métis Durham-Angus, et qu'elles ont démontré, quant à ces derniers, qu'ils n'étaient sous aucun rapport sensiblement supérieurs aux Angus purs. De ces observations, portant sur les proportions des principales régions du corps, sur le poids vif, sur le rendement en viande nette, en suif, en cuir, en issues, en déchets, comparativement avec les meilleurs animaux de la race de Durham, il est résulté que sous ces divers rapports la race d'Angus approche beaucoup de celle-ci. M. Baudement fait remarquer avec raison que si elle lui reste un peu inférieure pour le rapport du poids des quatre quartiers au poids vif et pour la précocité, «elle s'accommode si bien aux conditions du pays producteur, pour l'avenir comme dans le passé, qu'elle ne le craint pas comme rivale sur son terrain. » Aussi les éleveurs se gardent-ils, lorsqu'ils introduisent des reproducteurs de la race anglaise dans leurs lowlands d'Écosse, de les employer autrement que pour la fabrication de produits destinés à la consommation, en conservant soigneusement à côté leur race par elle-même.

Les bœufs d'Angus pèsent en moyenne de 380 à 400 kilogr. Engraissés, ils atteignent communément de 500 à 570 kilogr. Exceptionnellement, et en vue des concours, l'engraissement porte leur poids beaucoup plus haut. Trois bœufs âgés de plus de quatre ans, exposés à Poissy en 1857, ont pesé en moyenne 1,088 kilogr. Le prix d'honneur du concours de 1862, engraissé par M. W. Mac Combie, célèbre éleveur d'Angus, pesait 940 kil. à l'âge de trente-trois mois et quinze jours seulement.

Les vaches, au moment de leur plus forte lactation, donnent de 9 à 14 litres de lait par jour. On en trouve cependant qui atteignent exceptionnellement jusqu'à 20 et 23 litres, dans les meilleures conditions.

Nous devons terminer par des indications précises sur les procédés d'élevage en usage actuellement pour la production de cette race remarquable. C'est toujours M. Baudement qui nous les fournira.

« Avant que les ressources alimentaires fussent aussi abondantes qu'elles le sont aujourd'hui, avant que le pays fût clôturé, on laissait, dit notre auteur, les vaches et les veaux errer à travers les champs durant l'été ; on les laissait même aller au pâturage pendant l'hiver et y chercher leur nourriture. Les récoltes et les animaux ne pouvaient se trouver bien de cette pratique ; elle fut abandonnée dès que l'agriculture entra dans son ère de progrès. Aujourd'hui le bétail est mis à l'herbe au printemps dès que la saison le permet ; il est rentré pendant l'hiver et placé dans des étables ou des straw-yards.

« Dans certaines contrées, les veaux prennent le lait au seau, quand il vient d'être tiré de la mamelle de la vache, et en reçoivent, suivant les cas, de 9 à 14 litres par jour, durant trois mois environ, quand la spéculation sur la vente du lait existe, et durant un plus long temps quand l'élevage est l'industrie principale. Le thé de foin, le mélange du gruau au lait sont quelquefois employés comme supplément.

« La coutume de laisser les veaux teter leur mère s'est répandue depuis que la race s'est transformée, et elle est généralement suivie dans les exploitations où l'élevage est l'objet de soins mieux entendus. D'après une note écrite par lui en 1831, M. Watson adopta, dès ses débuts, la méthode de faire teter les veaux pendant la stabulation d'hiver. Les vaches qu'il destine à nourrir mettent bas vers le mois de janvier ou de février, et chacune d'elles allaite, outre son veau, un autre veau, acheté chez un petit fermier du voisinage pour qui le lait est le produit principal. Placés l'un à droite, l'autre à gauche de la vache, ces deux veaux tettent pendant quinze ou vingt minutes et épuisent la mamelle. A mesure qu'ils grandissent ils reçoivent du foin, des pommes de terre coupées en tranches, des soupes, des aliments appropriés à leur âge. Dès que le pâturage devient possible, au printemps, vers le mois de mai, ils sont sevrés. Deux autres veaux les remplacent immédiatement auprès de la même vache et en prennent le lait trois fois par jour : le matin avant que la vache soit conduite au pâturage, au milieu du jour, et le soir quand la vache rentre. Eux-mêmes sont mis à l'herbe vers midi, et en reviennent le soir en même temps que la vache. Cette seconde couple est sevrée vers le mois d'août, et la vache reçoit un dernier nourrisson, que la saison avancée ne permet pas de préparer pour l'élevage, mais qui est placé en stalle et engraissé pour la boucherie. La vache, tarie alors, a de la sorte allaité cinq veaux.

« M. Mac Combie, d'après les renseignements qu'il a bien voulu me donner, ajoute M. Baudement, a pour système de laisser les veaux teter leur mère durant huit à neuf mois. Après le sevrage, les jeunes animaux reçoivent, pour le premier hiver, des turneps et de la paille, avec une ration de 900 grammes de tourteau environ par jour. Au printemps ils sont mis à l'herbe sur de bons fonds, et, l'hiver suivant, ils ne reçoivent plus de supplément de tourteau ; ils sont nourris alors comme le reste du troupeau, avec les produits ordinaires de la ferme, turneps et paille. Il faut mesurer la ration de turneps aux génisses, pour éviter que leur tendance à l'engraissement ne prenne le dessus sur leurs facultés reproductives. C'est vers deux ans que les femelles reçoivent le taureau ; c'est donc vers trois ans qu'elles donnent le premier veau.

« Le bétail gras est vendu en grande partie à l'âge de trois ans ; beaucoup d'animaux sont tués à deux ans. Les bêtes précoces pour la boucherie sont mises à l'herbe au printemps et changées fréquemment de pâturage. Vers le milieu du mois d'août, quand la végétation cesse d'être assez vigoureuse dans cette partie de l'Écosse, les animaux les plus avancés sont mis en straw-yard ; tous le sont quand commence le mois de novembre. La ration comprend, outre les turneps et les foins de prairies artificielles, une quantité de tourteau qui s'élève à près de 2 kilogrammes par jour, ou qui n'est que de 1 kilogramme environ de tourteau, complété par 1 kilogramme de grain ou de farine. Les marchés de Glascow et d'Édimbourg reçoivent un certain nombre d'animaux gras des contrées dont nous parlons ; mais la plus grande partie est portée à Londres par les chemins de fer et les bateaux à vapeur. »

Le document qui nous a fait défaut pour évaluer l'importance numérique de la race de Durham existe quant à celle dont nous nous occupons. La statistique du bétail, dans les deux comtés qu'elle peuple à présent presque exclusivement, donne dans l'année 1857 un total de 423,500 têtes, pour une surface cultivée de 640,000 hectares. Il s'agit donc bien d'une race usuelle, exploitée pour les produits immédiats qu'elle donne, et dont l'étude est sous tous les rapports d'une importance capitale. Au reste, nous nous faisons un plaisir de citer à cet égard la conclusion du travail de M. Baudement, auquel nous avons fait de si nombreux emprunts. Les considérations qu'elle contient prouveront jusqu'à quel point nous sommes en complète conformité d'idées fondamentales avec le savant zootechnicien.

« L'histoire de la race d'Angus, liée à l'histoire du pays où elle s'est produite et développée, est donc, comme je le disais en commençant, une des plus instructives que l'agriculture de tous les pays puisse étudier. Elle montre comment, dans une des contrées les moins favorisées de la nature, des améliorations comparables à celles qu'on obtient dans les régions les plus riches peuvent être réalisées. Elle prouve que les races, même celles qui semblent les moins rapprochées du type de boucherie, peuvent être perfectionnées par elles-mêmes, transformées en excellentes races d'engrais, quand les progrès de la culture soutiennent les progrès du bétail, quand elles tombent dans les mains d'éleveurs qui marchent avec intelligence et persévérance vers un but défini. Elle met parfaitement en évidence tous les avantages de l'organisation de la production animale telle que l'entendent nos voisins, dans ses opérations fondamentales : amélioration de la race par sélection pour créer des *reproducteurs*, multiplication des *produits* de consommation par le croisement, élevage et emploi de la race pure de Durham pour ce croisement quand on le trouve avantageux. Telle est la doctrine zootechnique qui résulte de l'étude de toutes les races perfectionnées ; l'histoire de la race d'Angus lui fournit un de ses arguments les plus puissants. »

La race d'Angus n'est pas la seule variété de l'espèce bovine des îles Britanniques qui soit dépourvue de cornes. Il en existe encore une autre connue sous le nom de *race brune de Suffolk*, à cause de son pelage rouge brun, ou brun mélangé de blanc. C'est une variété particulièrement laitière, qui n'a subi aucune amélioration. Sa conformation défectueuse ne la rend de notre part digne d'aucune attention. Il doit donc nous suffire de la mentionner.

Race de West-Highland. — Ainsi que nous l'avons dit précédemment, cette race est celle des hautes terres de l'Écosse, améliorée par les influences qui ont transformé la race d'Angus. Les Highlands ont dû nécessairement suivre, dans la mesure des facultés de leur sol, les progrès si considérables réalisés dans les lowlands. C'est de cette façon que leur bétail presque sauvage a pris les qualités du type de boucherie, tout en conservant sa physionomie si curieuse à beaucoup d'égards. On a pu voir au concours international de Poissy, en 1862, des individus de cette race arrivés dans leur état de pureté au dernier degré d'engraissement, poussé même jusqu'aux limites extrêmes de l'exagération. Et c'est là une preuve nouvelle de ce que peut faire en ce sens la sélection.

La race de West-Highland se distingue par son aspect sauvage, par sa petite taille, ses cornes longues et effilées, dont la pointe est dirigée en haut ; par son poil épais et frisé, abondant surtout vers les parties antérieures, où il forme une sorte de crinière qui retombe jusque sur les yeux ; par le fouet abondant de sa queue. La conformation du corps est parfaite, avec une poitrine ample et profonde, des côtes bien arquées, un rein droit et large, des jambes très-courtes, dont les rayons osseux inférieurs sont remarquablement minces. En subissant ces améliorations, la race a en grande partie conservé sa rusticité native, son agilité, caractères communs à toutes les races de montagnes.

La couleur de la robe varie. La nuance dominante est cependant le brun foncé. Tous les individus améliorés qui ont figuré dans nos concours présentaient ce pelage. Toutefois, les auteurs prétendent que le blond et le gris se rencontrent aussi souvent. David Low considère que la race des Highlands se confond, par son origine, avec l'ancienne race blanche des forêts de l'Écosse, qui vivait comme on sait à l'état sauvage.

C'est dans le comté d'Argyle qu'ont été effectués, vers la moitié du dernier siècle, les premiers essais d'amélioration. On remarquera, à cette occasion, que le perfectionnement de toutes les races des îles Britanniques remonte à la même époque, qui est celle où vivait Bakewell, preuve certaine que l'illustre éleveur est bien le créateur

Fig. 526. — Taureau de la race West-Highland.

de la méthode zootechnique à laquelle ce perfectionnement est dû. Un duc d'Argyle fut le premier qui s'en occupa dans sa résidence d'Inverary, noms glorieux bien connus des lecteurs de Walter Scott, ainsi que l'a noté M. le marquis de Dampierre. Cette résidence était située dans les Highlands de l'ouest, et c'est de là que vient le nom de la race améliorée.

Cette race, très-estimée en Angleterre pour la boucherie, est d'ailleurs fort mauvaise laitière. Le seul intérêt qu'elle puisse nous offrir, à ce titre, est l'exemple dont elle témoigne en faveur de la doctrine zootechnique que nous soutenons. La transformation d'une telle race par la seule influence des procédés de sélection, au point de lui faire produire des individus précoces, est à ce point de vue extrêmement significative. Nous appellerons donc sur ce fait la plus sérieuse attention des éleveurs.

Il nous reste encore à décrire, pour avoir achevé ce que nous voulions dire sur l'espèce bovine de la Grande-Bretagne, deux races spécialement laitières et améliorées comme celles qui ont été passées en revue jusqu'à présent. Ces deux races sont celles d'Ayr et d'Alderney.

Race d'Alderney. — Ce nom est celui sous lequel sont plus connues les variétés de vaches laitières qui peuplent les îles de la Manche. On les désigne encore par les appellations de *race de Guernesey, race de Jersey*. M. Baudement, auquel nous devons une excellente étude du bétail de ces îles (1), pense qu'en raison de la communauté d'origine et de l'uniformité des caractères il serait plus exact de les confondre sous le nom plus général de *race des îles normandes*. Quoi qu'il en soit, l'usage a fait adopter de préférence celui de race d'Alderney, du nom de la plus septentrionale des trois îles, qui est située à la hauteur du cap de la Hague, séparée seulement du Cotentin par le Raz de Blanchart, et que nous nommons Aurigny.

Aucune race peut-être, dit M. Baudement, n'a été dépeinte sous des couleurs plus défavorables par les auteurs anglais. Et il attribue cela à ce que la conformation et les proportions des animaux qui la constituent s'éloignent notablement de celles des types de boucherie. En effet, la poitrine est ici étroite et ce que l'on appelle sanglée, c'est-à-dire qu'elle présente une dépression en arrière des épaules. Celles-ci sont saillantes et élevées. Un ventre très-volumineux fait fléchir la région lombaire, qui s'abaisse en courbe et s'unit à une croupe courte, oblique et pointue. Des masses musculaires peu prononcées laissent saillir les éminences osseuses de toutes les parties du corps. Mais avec cela la tête est petite, le mufle étroit, les membres légers, indice d'une ossature fine. La peau est mince et souple, les cornes courtes et grêles s'incurvent en dedans à leur extrémité. L'encolure fine et tranchante est renversée. Les mamelles sont considérablement développées, ainsi que les vaisseaux considérés comme étant en relation avec la sécrétion lactée. En somme, tout, dans la conformation du type commun de la race d'Alderney, accuse l'aptitude laitière.

La couleur de la robe est variable, mais toujours résultant d'un mélange entre le blanc et une autre teinte. « Le rouge clair et les nombreux tons du fauve, d'après M. Baudement, s'y mêlent le plus ordinairement au blanc, de manière à former des robes pies, tigrées ou rouannes ; la teinte rouge se fonce quelquefois jusqu'au noir, en

s'associant encore au blanc ; des robes zain, de toutes les nuances du noir, du rouge pâle et du fauve, se rencontrent parfois, de même que des robes grises et des robes de cette couleur café au lait blanchâtre que les Anglais désignent sous le nom de couleur de crème. » Avec toutes ces variétés de pelage, la peau se montre toujours d'une couleur orangée autour des orifices et aux mamelles, en un mot où elle se montre à nu.

La taille est en général moyenne, mais on rencontre souvent cependant des vaches d'Alderney qui ne dépassent pas celle des petites races. Elle est un peu plus élevée pour le taureau, dont le corps est d'ailleurs plus court, l'arrière-main nécessairement moins développé, et l'avant davantage au contraire, d'où des apparences qui ont fait exagérer les différences de taille.

Le caractère distinctif de la race, parmi les laitières, c'est la richesse de son lait en matière butyreuse et l'excellente qualité du beurre qu'elle fournit. De nombreux faits recueillis à diverses époques ont permis d'établir que le rendement moyen des vaches bien nourries est de 125 kilogrammes de beurre par an, ce qui, pour une proportion de 15 litres pour 1 kilogramme, donnerait une production annuelle totale de 1,875 litres de lait, ou en moyenne un peu plus de 5 litres par jour. Il s'agit donc plutôt d'une race beurrière que d'une race laitière. Et c'est à ce titre qu'elle est estimée. Le beurre des îles de la Manche, d'une belle couleur jaune d'or et d'une excellente qualité, est très-renommé. C'est ce qui a fait répandre la race en Angleterre, mais surtout dans le voisinage de Southampton, sur la côte du comté de Hants, et dans l'île de Wight, où il y a beaucoup de laiteries. Elle n'y est toutefois entretenue que sur une petite échelle.

Plusieurs hypothèses ont été soutenues sur l'origine de la race d'Alderney. Elle a été attribuée tour à tour à diverses importations, dont aucune n'est attestée par rien de positif. La vérité est qu'on n'est aucunement fixé sur ses commencements, qu'elle existe dans les îles normandes depuis plusieurs siècles, et qu'elle s'est améliorée dans son type sans aucun secours étranger. Les progrès introduits dans la culture ont fait tous les frais de son perfectionnement. L'habileté de quelques éleveurs a cependant élevé certaines familles au-dessus du niveau moyen de la race, non pas quant à son aptitude essentielle, mais sous le rapport de la conformation. Ces améliorations ont été conduites vers le but en prenant pour règle absolue la sélection, et ce but a toujours été le type exclusif des animaux laitiers. On s'est appliqué, par un bon choix de reproducteurs, à conserver les qualités natives, en corrigeant progressivement les défauts que nous avons signalés, et le perfectionnement s'étend de plus en plus dans la race à mesure que les types améliorés se multiplient. Les éleveurs des îles de la Manche envoient maintenant dans les exhibitions publiques des individus qui peuvent souvent rivaliser avec les meilleurs représentants de l'autre race dont nous avons à parler, qui est plus connue et dont la conformation est généralement considérée comme à peu près parfaite.

(1) *Encyclopédie pratique de l'agriculteur.* Race d'Alderney

Race d'Ayr. — Faut-il bien accorder le nom de race à cette collection d'individus véritablement charmants d'aspect que l'on rencontre maintenant dans l'Ayrshire ? C'est ce que nous examinerons tout à l'heure. Auparavant, nous allons les décrire.

Pendant la seconde moitié du dix-huitième siècle, le comté d'Ayr était un des plus pauvres de l'Écosse. Le colonel Fullurlun, cité par David Low, en a laissé un tableau peu flatteur pour son état d'alors, mais qui, lorsqu'on le compare à la situation actuelle, témoigne des heureuses transformations qu'un demi-siècle de progrès agricole lui a imprimées. Malgré cela, M. Ayton, qui a publié en 1825 un *Traité sur l'agriculture laitière du comté d'Ayr*, décrit d'après ses observations personnelles le bétail de cette contrée comme chétif et mal conformé, aussi inférieur que celui de quelques-uns des districts des montagnes voisines. Les vaches d'Ayr étaient alors de couleur noire, marquées de blanc à la face, au dos et aux flancs, en un mot, elles avaient ce que l'on appelle la robe pie-noir. Peu donnaient au delà de 9 à 10 litres de lait par jour après le vêlage. Grasses, elles ne pesaient guère au-dessus de 125 kilogrammes.

Cela prouve que l'amélioration des individus d'Ayrshire, telle que nous la voyons maintenant, est de date très-récente. M. Chazely, qui a beaucoup observé ces individus introduits en France, s'exprime de la manière suivante sur leurs caractères :

« Il n'est pas très-facile, dit-il, de décrire d'une manière bien précise les caractères extérieurs de l'Ayr, à cause du peu de ressemblance qu'ont entre eux les divers sujets ; toutefois, voici ce que l'on pourra observer le plus souvent.

« Chez la plupart des animaux, la tête sèche et un peu longue plaît par son ensemble et par son expression. L'œil est bien ouvert, à fleur de tête ; le front est légèrement excavé et les cornes se dirigent en avant ; tantôt elles forment le croissant ; tantôt, au contraire, la pointe se relève en se contournant : elles sont d'une longueur moyenne. On pourrait les croire courtes et fines, mais il faudra se rappeler qu'on a pris la précaution de les écourter et de les gratter fortement ; l'oreille est assez petite et hardie. Quelquefois la tête est grosse, sans perdre jamais un caractère féminin bien prononcé, fait constant du reste dans les vaches laitières. Le cou est long, mince, moyennement fourni chez le taureau, déprimé supérieurement chez la vache, fréquemment muni d'un fanon. Les plus jolis sujets sont ce qu'on appelle étranglés, c'est-à-dire qu'ils n'ont que très-peu ou point de fanon. Les épaules sont minces, souvent portées en avant ; le garrot est tranchant, la poitrine profonde, mais étroite, serrée derrière les épaules ; le ventre volumineux ; la ligne dorsale régulière ; le sacrum quelquefois proéminent, mais très-exceptionnellement dans les animaux de choix. Le bassin est large aux hanches, rétréci aux ischions, très-court chez les individus qui ne présentent pas de traces de croisement récent avec les Durham ; la culotte est peu fournie, trop dure ; les jambes sont assez fines, mais les aplombs fréquemment défectueux.

La peau est généralement épaisse et sa finesse m'a toujours paru une exception, ce qu'explique suffisamment du reste le climat du pays natal. Elle a une teinte orangée, comme on le remarque chez les bonnes beurrières. Le poil est plutôt rude que doux, même chez les animaux ayant de l'embonpoint. La mamelle est très-bien faite, peu charnue, ordinairement carrée, peu souvent pendante. Les trayons sont petits, et assez pour rendre plus longue l'opération de la traite. »

M. Chazely remarque que le pelage n'a pas la constance que l'on est habitué à trouver même dans les races pies. « Souvent, dit-il, c'est le rouge, mais avec la diversité des nuances, depuis le plus foncé jusqu'au froment le plus clair, sans aucune marque de blanc ; d'autres fois c'est le pie, avec toutes les variétés également ; il arrive souvent aussi que le blanc domine et que les taches rouges soient rares. Chez quelques animaux on trouve du noir, mais c'est plutôt dans la peau que dans le poil. Ainsi, assez communément, le mufle est noir et marbré. Certaines personnes considèrent cette coloration comme un cachet de race. » L'auteur n'est pas de cet avis.

« La vache d'Ayr, ajoute-t-il, est robuste, et vaut beaucoup mieux sous ce rapport que certaines de nos races laitières ; elle n'est pas difficile à nourrir et s'accommode des régimes les plus variés. Elle peut vivre dans des conditions très-ordinaires ; mais, comme on le pense bien, on n'obtiendra d'elle de forts rendements en lait qu'autant que la nourriture sera très-abondante et bien appropriée. On peut dire que comme laitière, elle n'a aucune comparaison à redouter, soit que l'on tienne compte de la quantité ou de la qualité des produits, soit que l'on cherche le rapport qui existe entre le fourrage consommé et le lait recueilli. »

M. Chazely cite des observations recueillies par lui sur le rendement en lait des vaches d'Ayr dans diverses conditions. Ainsi il raconte que quatre de ces bêtes mises en mai 1850 dans l'un des parcs de l'ancien haras de la ménagerie de Versailles, où l'herbe était abondante, donnèrent chacune en moyenne 18 litres de lait. Un autre parc, où il y avait à la fois abondance et meilleure qualité, leur fut abandonné vers la fin du mois. Dans ce nouveau parc, le rendement moyen s'éleva à 24 litres. Il emprunte aux comptes très-exacts ouverts par M. Rieffel à chacune de ses vaches des résultats confirmatifs de ce premier fait. Sur huit vaches d'Ayr, dont le poids moyen de l'année, pour chacune, s'élève de 330 kilogrammes à 480, le rendement total, d'un vêlage à l'autre, va de 1,900 à 3,800 litres de lait, le plus fort correspondant en général au poids le plus élevé (1).

Ces chiffres concordent avec ceux de David Low, dont la description est d'ailleurs moins complète que celle empruntée par nous à M. Chazely. Le professeur d'Édimbourg dit que les vaches d'Ayr, lorsqu'elles sont bien portantes et entretenues sur de gras pâturages, peuvent donner de 3,000 à 4,000 litres de lait dans l'année. Cependant, il ajoute qu'en tenant compte des plus jeunes et

(1) *Encyclopédie pratique de l'agriculteur*, citée plus haut.

des moins productives, il est raisonnable de considérer 2,750 litres comme un bon produit moyen pour l'ensemble d'un troupeau dans les contrées basses. Dans les montagnes, on obtient d'après lui quelquefois moins.

Nous nous sommes demandé en commençant s'il fallait accorder à l'ensemble des individus dont nous venons d'indiquer les caractères la qualification de *race*, avec la signification que la zootechnie moderne attribue à ce mot; en d'autres termes, s'il se rencontre là les conditions de constance, de fixité, d'homogénéité, sans lesquelles la race n'existe pas. La réponse à cette question est maintenant facile. Tout le monde est d'accord sur ce fait que le bétail laitier de l'Ayrshire, tel qu'il existe à présent dans cette partie de l'Écosse, ne ressemble en rien à celui qui a été décrit en 1825 par M. Ayton. Tout le monde est également d'accord sur cet autre fait que ce bétail est le résultat de croisements récents, auxquels le Durham a contribué pour sa part. Les avis diffèrent seulement quant à l'origine de la souche première, que les uns attribuent à la race laitière pie-noir Teeswater, les autres à la race des îles normandes, précédemment décrite sous le nom de race d'Alderney. Nous pensons, quant à nous, que les uns et les autres ont également raison en partie, mais non pas absolument. L'examen attentif de l'ensemble des individus permet d'affirmer que ces deux races ont contribué à la formation des métis d'Ayr, mais dans des proportions différentes. D'une comparaison savamment établie par M. Baudement entre les sujets d'Ayr qu'il a pu étudier de près et en détail et ceux d'Alderney, il est résulté pour lui une identité de type qu'il n'a pu que laisser entrevoir en parlant de la race des îles normandes, mais qui est certainement dans sa pensée. Il ne nous paraît point douteux qu'il n'en soit ainsi, et que la récente amélioration du bétail d'Ayr ne soit due, pour la plus grande partie, à l'introduction des vaches d'Alderney. Et l'on peut ajouter que là est précisément l'unique cause de son mérite; non pas en tant que race, bien entendu, car on a vu jusqu'à quel point y manque l'homogénéité, la constance des caractères, mais au point de vue seulement du type laitier, dont l'atavisme domine à un très-haut degré. Les animaux d'Ayr peuvent donc transmettre l'aptitude laitière; mais de tous leurs caractères actuels, ils ne peuvent transmettre sûrement que celui-là.

En les faisant entrer dans cette étude de l'espèce bovine des îles Britanniques sous la désignation de race d'Ayr, nous sacrifions à l'usage établi, mais sous les conditions de la réserve expresse que commande à cet égard la saine zootechnie.

Là se termine ce que nous avions à dire sur les principales races dites anglaises, car nous ne croyons pas utile de nous arrêter aux petites bêtes noires irlandaises du comté de *Kerry*. Nous allons maintenant examiner celles de la Suisse, qui doivent venir immédiatement après, à cause du rôle qui leur a été donné dans l'amélioration du bétail français.

ESPÈCE BOVINE DE LA SUISSE. — Tout le bétail des divers cantons de la Suisse se groupe naturellement autour de deux types, constituant chacun la réunion des caractères fondamentaux d'une race véritable empruntant son nom de celui de son principal centre de production. Là comme ailleurs, la tendance dont nous avons parlé en commençant s'est manifestée; les distinctions ont été multipliées, on a attribué les appellations de race à certaines familles quelque peu modifiées dans leurs formes par les influences locales auxquelles elles sont depuis longtemps soumises; mais la zootechnie éclairée ne peut admettre ces prétendues races d'Unterwald, de Gessenay, de Simmenthal, etc., que les hommes compétents du pays eux-mêmes repoussent maintenant. La vérité est qu'il n'y a en Suisse que deux races distinctes, celle des montagnes et celle des vallées, la race de Schwitz et la race fribourgeoise ou bernoise. Ces deux races ne peuvent être confondues sous aucun rapport; elles diffèrent entièrement par leur pelage et leur physionomie, sinon par leurs aptitudes, car elles sont l'une et l'autre également laitières. En s'irradiant de leur point d'origine vers les autres parties du territoire suisse, elles se sont améliorées quelquefois, mais en conservant leur type. C'est donc ce type que nous allons surtout décrire pour chacune, tout en indiquant les variétés qu'il peut présenter.

Race de Schwitz. — M. Félix Villeroy a donné depuis longtemps une bonne description des animaux de cette race. « La robe de ces bêtes, dit-il, est bai marron ou brun très-foncé, tirant parfois sur le grisâtre, avec une raie claire sur le dos; le tour de la bouche, l'intérieur des oreilles, l'épine dorsale, le ventre, l'intérieur des cuisses sont blanchâtres ou jaunes. La tête est moins large que dans les autres races de montagne; le cou souvent moins fort; la croupe à sa naissance, moins relevée. Les bêtes sont parfaitement *culottées*, et les plus belles sont remarquables par l'écartement et l'aplomb de leurs jambes de derrière.

« La taille varie à l'infini, de même que les os sont plus ou moins gros. On croit que les vaches de cette race donnent un produit en lait plus considérable que celui des vaches de Fribourg, comparativement au fourrage consommé; transportées ailleurs, elles s'acclimatent aussi plus facilement. On les recommande également comme faciles à engraisser. Elles produisent des veaux très-forts. »

A cela il faut ajouter que la nuance la plus commune du pelage est le brun fauve, plus foncé vers les régions antérieures du corps que vers les postérieures; que le mufle est large, l'œil vif, les oreilles grandes, abondamment pourvues de poils à l'intérieur, les cornes noires et fortes; que le corps est allongé, légèrement fléchi dans la ligne dorsale, la poitrine ample, bien arrondie, au poitrail large, bien musclée, les membres courts, et les hanches écartées. Le rendement moyen en lait des femelles, dont les mamelles sont bien conformées, est communément de 18 litres par jour.

La race de Schwitz se produit surtout dans le canton dont elle porte le nom, mais aussi dans ceux de Zug et de Glaris. C'est là, ainsi que dans l'Unterwald, qu'elle se présente avec son plus grand développement. En se répandant dans les cantons dès Grisons, de Lucerne, d'Uri, d'Appenzell, elle a perdu de sa taille et de l'ampleur de ses formes, en même temps que de son aptitude laitière, à mesure qu'elle est devenue moins exigeante pour sa nourriture, sous l'influence d'une richesse moindre de ces régions montagneuses, uniquement soumises au régime pastoral, au milieu duquel, du reste, la race s'est formée et se maintient; car il s'agit là d'une race naturelle, dans toute l'acception du mot, telle que l'ont produite les conditions de ces contrées alpestres.

« Les versants des montagnes, dit M. le marquis de Dampierre, n'y sont pas trop abrupts et fournissent des pâturages riches et abondants; mais il n'existe malheureusement pas une proportion convenable entre l'estivage et l'hivernage, de sorte que le nombre des bestiaux est flottant. Considérable en été, il est forcément diminué aux approches de l'hiver par le manque de fourrages, et c'est de ces nécessités économiques que naît un commerce considérable de bestiaux entre le Wurtemberg, la Bavière et le nord de l'Italie.

« A l'automne, on vend les élèves et les bêtes de rente et on ne garde que les vaches les plus belles et quelques jeunes taureaux qui perpétuent dans sa pureté la belle race de ces contrées; au printemps, on rachète un nombre d'animaux suffisant pour pâturer les herbages d'été.

« Cet échange continuel de bestiaux, les qualités remarquables de la race de Schwitz et l'introduction de la fabrication des fromages dans les provinces allemandes limitrophes de la Suisse, ont peu à peu amené l'affinité des races, au moins à un certain degré, et c'est ainsi que la race de Schwitz a pénétré dans le Tyrol, la Bavière, le Wurtemberg, le grand-duché de Bade et la Lombardie. » Nous pouvons ajouter au même titre une grande partie de nos frontières françaises de l'Est, où nous rencontrerons plus tard cette race, même assez avant vers l'intérieur dans notre région du Nord-Est.

Race fribourgeoise. — Ici le caractère typique est dans la robe pie et dans le développement relativement plus considérable des parties antérieures du corps. Le pelage varie du pie-noir au pie-rouge, et même au rouge pur, plus ou moins pâle; toutefois, les robes pies dominent et parmi celles-ci le pie noir, surtout dans la famille bernoise. La souche de Fribourg, origine de la race, a la charpente osseuse très-développée, la tête, les cornes, le cou relativement forts, la peau épaisse, le poil rude, l'air fier et une grande agilité. C'est le véritable modèle de l'espèce bovine pour le peintre, et les paysagistes en ont usé largement.

Dans le Simmenthal, où dominent les nuances rouge pâle et rouge jaunâtre du pelage, plus ou moins tachées de blanc, la race a acquis plus de finesse. La tête est plus légère, les cornes petites, blanches, aplaties à leur naissance, courtes et fines, gracieusement arquées. Cela donne à la physionomie un aspect féminin qui ne se remarque ni dans les familles de Berne, ni dans celles de Fribourg. Le cou est moins épais, tout le train antérieur, en un mot, moins prédominant. La ligne du dos est plus droite, les hanches sont plus hautes et plus écartées, les membres moins volumineux dans les rayons inférieurs. La peau est moins épaisse, le poil plus fin, et quelquefois long et frisé.

Ces caractères témoignent, en réalité, d'une amélioration notable imprimée au type fribourgeois de Gessenay et du Simmenthal. Ce type est aujourd'hui considéré, du reste, comme le meilleur de la Suisse, aussi bien au point de vue de la boucherie qu'à celui de la laiterie. Les avis sont cependant partagés, lorsqu'il s'agit de le comparer à celui de Schwitz. En ces termes, la question n'est pas facile à trancher, et nous la laisserons indécise, faute de faits précis et rigoureux sur lesquels nous puissions nous appuyer. Ce qui résulte des observations, c'est que les deux races sont l'une et l'autre riches en excellentes laitières. Il semble cependant acquis que sous le rapport de la qualité du lait, la palme revient à celle de Fribourg. C'est ce lait qui sert surtout à la fabrication des fromages de Gruyères.

On rencontre les diverses familles de la race fribourgeoise principalement dans les cantons de Berne, de Fribourg, de Neuchâtel, de Soleure et de Vaud. Elle s'y montre, ainsi que nous l'avons déjà dit, avec un pelage variable, mais généralement pie ou rouge pâle, et avec un développement du corps toujours très-considérable et tardif. On constate cependant, sous ce dernier rapport, une tendance au progrès.

« Contrairement à ce qui se passe dans les parties les plus montagneuses de la Suisse, dit M. le marquis de Dampierre, le canton de Fribourg a vu depuis trente ans s'augmenter dans de notables proportions le nombre de ses bêtes bovines; et cependant elles ne sont plus recherchées comme elles l'étaient autrefois par les éleveurs qui s'occupent du perfectionnement de leurs races indigènes : à tort ou à raison, les races anglaises les ont supplantées. Cette augmentation fort notable a sa cause évidente dans les perfectionnements apportés à l'agriculture de ces contrées, à un plus grand soin et une plus grande habileté dans les irrigations, et à la culture des fourrages artificiels et des racines qui sont venus compenser la disproportion qui existe encore, dans un grand nombre de cantons de la Suisse, entre les pâturages d'été et ceux qui doivent fournir la nourriture de l'hiver, entre l'estivage et l'hivernage.

« Le canton de Fribourg est plat dans certaines parties, et parfaitement cultivé ; dans d'autres, ses riches vallées et les croupes arrondies de ses montagnes présentent les plus beaux pâturages, et aucune contrée au monde n'est mieux partagée par la nature pour l'élevage du bétail.

« Le seul canton de Fribourg, sans parler de ceux de Berne et autres que peuple la race dont je parle ici, ajoute le même auteur, comptait, en 1839, 48,000 bêtes bovines ; des statistiques de 1827 n'en portaient le nombre qu'à 35,000 : ce serait donc une augmentation de 13,000 têtes, ou plus de 35 p. 100 en vingt-deux années. »

C'est sous la seule influence de ces circonstances qu'ont été produites les quelques améliorations que nous avons signalées dans certaines familles ou tribus de la race de Fribourg, notamment dans celle du Simmenthal. C'est en demeurant dans les strictes limites de la sélection, sans perdre jamais de vue l'aptitude laitière, qui doit demeurer fondamentale pour le bétail de la Suisse, que les éleveurs de ce pays corrigeront les défauts encore subsistants de leurs races. Par le choix attentif et bien entendu des reproducteurs, par un soin plus scrupuleux de l'approvisionnement d'hiver, qui leur permettra d'éviter aux élèves les inconvénients d'une alimentation insuffisante durant cette saison, ils leur feront acquérir un développement plus régulier, en même temps que plus de finesse, une ossature moins exagérée et un meilleur rendement à l'abattoir. Cela ne peut en aucune façon nuire à la faculté laitière des femelles, si elle leur a été héréditairement transmise par leurs ascendants. Et en les améliorant au point de vue de la boucherie, de même que les mâles, cela rendra plus avantageux leur fréquent renouvellement. La longévité des races suisses, que l'on a souvent vantée, ne peut être considérée par une économie rurale bien entendue que comme un pis aller. La meilleure condition, pour l'entretien avantageux de l'espèce bovine, n'est dans aucun cas de la laisser vivre longtemps.

ESPÈCE BOVINE DU LITTORAL DE LA MER DU NORD. — Une seule race, parmi celles qui peuplent la partie du continent européen baignée par la mer du Nord, doit nous occuper en ce moment ; et nous en plaçons la description ici dès à présent, parce qu'étant sans contredit la plus cosmopolite de toutes les races de son espèce, elle s'est répandue et se répand sans cesse dans le monde entier. Nous la rencontrerons partout par la suite, et même au point d'amener une transformation à peu près complète du bétail des contrées voisines de son lieu d'origine, — ce qui a eu lieu principalement en Belgique, — tandis qu'ailleurs elle vit seulement à côté des races indigènes sans s'y mêler. Nous voulons parler de la race du North-Hollande, qui réalise le type laitier dans son plus haut degré de spécialisation.

Race hollandaise. — M. Lefour, dans le travail magnifique et intéressant à tant de titres, qu'il a consacré à l'étude du bétail de notre Flandre française, a tracé les caractères des principales variétés de cette race qui nous intéressent. Ce sont celles en effet qui représentent la race hollandaise, aussi bien dans son propre pays que dans tous ceux, en si grand nombre, où elle est importée. Ces variétés, dit-il, « sont celles du North-Hollande, occupant toute cette vaste étendue du littoral, depuis le Rhin jusqu'au détroit qui réunit le Zuyderzée à l'Océan, races à taille élevée, un peu grêles de membres, étroites de poitrine, généralement pie noir, à tête noire. On voit également des sujets complètement noirs ou blancs ; et quelques-uns dont le corps, noir dans ses autres parties, est comme enveloppé, entre les épaules et les reins, d'un large manteau blanc. Les éleveurs du Wedd-Laken et du Laken-

feld tiennent à reproduire cette particularité de robe dans la variété qu'ils élèvent. En se rapprochant de Rotterdam et d'Utrecht, vers les polders de Hoorn, Beemster, Purmerend, le coffre prend plus d'ampleur, la taille est moins élevée, les membres sont plus forts ; c'est de là que sortent la plupart des bons types qui s'enlèvent, pour la France, aux foires de Gorskum, Purmerend, Hoorn, Beemster, du 15 octobre au 15 novembre. La variété hollandaise de la Zélande, plus rapprochée de la Belgique, pénètre également en France en traversant ce royaume. Moins forte que la bête du North-Hollande, elle s'en rapproche par sa conformation générale et sa robe noire et blanche, qui plus fréquemment, cependant, est pie rouge ; la province de la Gueldre, dans sa variété bovine, ne diffère de la Zélande que par un degré moins avancé peut-être dans le perfectionnement des formes et par un mélange plus fréquent de la robe pie alezan à la robe pie noir ou grise. » La variété de la Frise, ajoute le même auteur, est « plus près de terre, son coffre est plus arrondi ; bonne laitière, elle réunit en même temps la plupart des caractères de la bête de boucherie ; elle est pie noir comme la vache de la Hollande septentrionale, mais généralement elle a la tête et les extrémités blanches. » Ce sont là des caractères généraux ; voyons à pénétrer plus avant dans la description.

Mais remarquons, avant d'aller plus loin, que c'est une obligation, quand il s'agit d'une race laitière, d'en chercher la caractéristique principalement chez les femelles.

La tête de la vache hollandaise est longue et pointue, c'est-à-dire large dans la région du front et étroite vers le mufle, qui est ordinairement noir. Les cornes, arquées en avant, sont petites et le plus souvent de couleur noire. Ce qui frappe l'attention tout d'abord, quand on examine l'ensemble de la conformation, c'est la disproportion qui existe entre les parties antérieures et les parties postérieures. Celles-ci ont toujours une grande étendue en longueur et en largeur, les hanches, saillantes, sont écartées, bien que quelquefois la croupe soit fortement avalée, ce qui assure une grande ampleur au bassin. Les mamelles, toujours fortement développées, remplissent entièrement l'espace compris entre les membres postérieurs. Avec cela se trouvent une encolure mince, tranchante, des épaules maigres et courtes, une poitrine peu profonde, un ventre volumineux, des reins fléchis, en somme un système musculaire peu développé, le tout donnant l'aspect d'une forme conique à sommet antérieur, le type le plus élevé de la spécialisation laitière, tel qu'il existe dans les conditions normales.

Et le fait ici n'est point contestable. Dans les grandes variétés de la race se rencontrent fréquemment des vaches donnant de 35 à 40 litres de lait par jour et même davantage. En énonçant ces chiffres, un auteur croit devoir faire remarquer que dans ce cas il faut nourrir en conséquence. En vérité, cela n'était point nécessaire ; car il n'y a sans doute pas de lecteurs capables de se figurer que l'aptitude laitière puisse être autre chose que la faculté de transformer en lait la plus grande partie des aliments consommés. On n'écrit pas pour ceux qui pourraient s'imaginer qu'il existe des vaches en état de faire du lait avec rien.

Le type que nous venons de décrire est celui qui se produit de temps immémorial dans les pâturages naturels de la Hollande et de la Frise, et qui est spécialement exploité pour la laiterie. Rien n'a été fait pour son perfectionnement en vue de la boucherie, et il est sous ce rapport assez médiocre. Dans le Jutland, il a acquis, sous l'influence des soins plus directs qui lui sont donnés au milieu d'un pays plus fertile et plus cultivé, des qualités et des aptitudes à l'engraissement plus notables dans la constatation desquelles l'illustre Thaër s'est complu. Là, en effet, on ajoute bientôt au premier lait de la mère, pour nourrir les veaux, du lait écrémé et bouilli, auquel se mêle de la farine. A ce régime succèdent de bons fourrages tendres pendant la belle saison, puis les meilleurs pâturages. En un mot, l'élevage se pratique d'après les bons principes que nous avons déjà vus en parlant des races anglaises. C'en est assez pour expliquer l'amélioration constatée, et qui se produit partout et toujours sous l'influence des mêmes procédés.

Une chose remarquable à noter, c'est que la race hollandaise, qui peut être sans contestation possible considérée comme la plus fortement laitière de toutes celles connues, dans quelque lieu qu'elle ait été élevée ou conduite, est en même temps une des moins beurrières. Son lait est seulement très-riche en caséum, et c'est pour cela qu'il sert surtout à la fabrication des fromages, dont la Hollande exporte, comme on le verra plus loin, des quantités extrêmement considérables. Les considérations relatives à la laiterie et à la fabrication de ces fromages compléteront du reste l'histoire de la race hollandaise, ainsi que celle des autres races essentiellement laitières, dont nous devons seulement faire connaître en ce moment les caractères zootechniques, afin d'éviter d'inutiles répétitions et un stérile double emploi.

Ajoutons seulement, avant de terminer, qu'en raison de sa spécialisation naturelle et de son antique origine, la race hollandaise est d'une fixité incomparable. C'est pour ce motif qu'elle vit partout sans s'amoindrir, à la condition toutefois qu'elle reçoive une alimentation en rapport avec les services qu'on lui demande. On ne peut pas dire d'elle que c'est une race exigeante, comme cela a été avancé par erreur dans quelques ouvrages récents. S'il en était ainsi, elle ne serait pas si facilement cosmopolite. Pour en obtenir beaucoup de produits, il faut lui fournir les matières premières en abondance, voilà tout ; mais aucune race ne se montre moins difficile sur la qualité des aliments, non plus que sur la quantité, par rapport à son volume, lorsqu'elle n'exerce pas sa fonction de machine à fabriquer du lait.

Au reste, son éloge est tout entier dans ses envahissements, qui se sont étendus jusqu'au cap de Bonne-Espérance. Il n'y a guère de grands centres populeux de l'Amérique méridionale, où quelques vacheries ne soient peuplées de vaches hollandaises. C'est qu'au point de vue de la production du lait destiné à être consommé en nature, il n'en est point, dans aucun pays, qui puissent leur être comparées, ou du moins les surpasser, quand elles sont choisies parmi les meilleures variétés.

ESPÈCE BOVINE DE LA FRANCE. — Quoique beaucoup moins multipliées, en réalité, que nos catalogues le pourraient faire croire aux observateurs superficiels, les races bovines françaises sont cependant encore très-nombreuses. Cela tient à ce que la France, par la configuration de son sol, par sa constitution géologique et celle de son économie rurale, est peut-être de toutes les contrées de l'Europe celle qui présente le plus de variété. Propre à tous les genres de production, résumant pour ainsi dire tous les climats, c'est un pays privilégié, qui peut aspirer pour son agriculture à tous les genres de supériorité. Les circonstances ont fait développer chez nous avec une égale profusion les races de montagnes et les races de plaines ; et si nous avons à envier à d'autres, qui nous ont devancés dans la voie du progrès, les excellentes méthodes qui les ont conduits aux résultats que nous admirons, il n'est point douteux que l'application de ces méthodes, si elle eût été effectuée en même temps pour l'amélioration de notre bétail français, ne nous aurait rien laissé à désirer sous ce rapport. Pour cela, aucune condition ne nous aurait fait défaut. Ni les points de départ de l'amélioration, ni les moyens qui permettent de la mener à bonne fin, ne nous manquaient. Le génie qui fait entreprendre et la persévérance qui conduit au but ont seuls été absents. Nos races bovines françaises ont été abandonnées aux forces naturelles qui les produisent, suivant de loin les progrès introduits dans nos méthodes culturales par la marche du temps. Il ne s'est rencontré chez nous ni un Bakewell ni un Colling.

Il ne serait peut-être pas impossible de trouver dans la constitution sociale de la France, plus essentiellement militaire qu'industrielle, la raison de ce fait. La puissance intellectuelle des classes éclairées a été trop longtemps chez nous dirigée vers d'autres activités, pour qu'il soit bien surprenant.

Jusqu'à ces derniers temps, la culture du sol et l'exploitation des richesses qu'il produit chez nous avec une si remarquable fécondité, ont été abandonnées d'abord à la merci de serfs besoigneux, pressurés par des intendants avides et fripons, rendant à peine des comptes à leur seigneur constamment éloigné de ses terres par la vie des camps ou des intrigues de cour, et hypothéquant le fonds lorsque les redevances étaient insuffisantes, plutôt que de songer à le mieux exploiter. A cet état de choses, la révolution a substitué le propriétaire et le fermier ignorants, qui ont tiré du sol un meilleur parti, mais en y accumulant plus de sueurs que d'intelligence. Ils ont mieux utilisé les ressources naturelles, en étreignant la terre de leurs bras vigoureux, comme une maîtresse longtemps convoitée ; ils ne pouvaient penser à en créer de nouvelles, au milieu des dangers de la patrie menacée. La grande épopée impériale, en dépeuplant les campagnes de tous leurs enfants valides pour les promener pendant quinze ans sur les champs de bataille de l'Europe, et en dirigeant toutes les activités vers la guerre et l'administration, par un mouvement de centralisation comme il n'y en avait jamais eu de pareil ; l'épopée guerrière de l'empire ne pouvait être favorable aux améliorations agricoles. L'agriculture est par-dessus tout un art de la paix et de la liberté. Le triomphe de la bourgeoisie, tenu en échec durant la restauration, absorba bientôt les forces vives de la nation et les lança de préférence dans la carrière de la politique, pour aboutir au développement du négoce et de l'industrie manufacturière, lorsque ce triomphe fut enfin assuré. L'agriculture put bien alors devenir un moyen ; elle ne fut point un but. Il n'a pas fallu moins qu'une nouvelle révolution, pour changer à cet égard les choses et pour faire comprendre, en imposant silence aux agitations de la politique, que le meilleur moyen d'assurer aux grands propriétaires du sol la légitime influence qui leur appartient, est de consacrer leur intelligence et leur activité à son exploitation. De cette époque datera dans l'agriculture française une transformation dont les effets se font déjà sentir. Cette transformation est heureuse à tous les points de vue. Le seul dont nous puissions nous occuper ici, celui du progrès agricole, se manifeste surtout par l'amélioration du bétail, qui en est comme la résultante. Et c'est ce qui autorise les considérations qui viennent d'être indiquées brièvement. En expliquant les causes du peu de progrès réalisés jusqu'à ces derniers temps dans notre économie rurale, et par conséquent sur les espèces animales qu'elle produit et qu'elle utilise principalement, ces considérations montrent qu'une nouvelle ère s'ouvre pour nous. Elle sera d'autant plus féconde, que pour conduire l'œuvre à bonne fin nous n'avons point à créer : d'autres ont déblayé la voie ; il ne nous reste qu'à les suivre en les imitant. Les plus remarquables éléments pour cela sont à notre disposition.

C'est ce que la description de l'espèce bovine de la France mettra hors de doute, en ce qui concerne cette espèce. Et par le chemin parcouru déjà, l'on verra combien il est facile d'aller plus loin. Rien, répétons-le, ne fait défaut pour la réalisation du progrès. Il suffit d'utiliser avec intelligence les matériaux que le sol privilégié du pays a mis à notre disposition.

Les remarques générales relatives à la classification des races bovines, développées en commençant cette partie de notre travail, s'appliquent particulièrement aux races françaises. Dans leur état actuel, ces races ont pour la plupart des aptitudes mixtes, qui rendent extrêmement difficile leur division en catégories. Pour quelques-unes qui se sont spécialisées pour ainsi dire toutes seules, le plus grand nombre ne se prêtent pas à une détermination basée sur un caractère exclusif et bien tranché. On serait tenté, pour ce motif, à l'exemple de quelques auteurs, de les considérer successivement en suivant l'ordre géographique des provinces qui les produisent, ou tout simplement l'ordre alphabétique des noms

sous lesquels elles sont connues. Pourtant, il y a quelques avantages à les grouper d'après leur aptitude prédominante, dût cette façon de procéder n'être pas toujours très-rigoureuse. Le premier de tous, et celui qui nous décidera, c'est d'éviter la confusion entre les moyens d'amélioration que nous aurons à indiquer à mesure que nous les décrirons ; c'est aussi de faire mieux apparaître à l'esprit les affinités naturelles qui ne manquent jamais d'exister entre les caractères typiques des races et les milieux où elles se sont formées. En voyant se répéter sans cesse ces affinités, on est plus frappé de leur signification ; car en zootechnie rationnelle l'étude de la race ne peut pas être séparée des circonstances économiques et agricoles qui l'ont fait naître ou modifiée. Nous avons assez insisté déjà sur cette donnée scientifique pour n'avoir pas à y revenir. Elle est la notion dominante de toute entreprise de perfectionnement du bétail. Lorsqu'elle est négligée, le progrès s'abandonne entièrement aux chances de cet inconnu qu'on appelle le hasard. Il faut donc éviter avec soin tout ce qui pourrait contribuer à la faire perdre de vue, ne fût-ce qu'un instant.

Sur la plus grande étendue du territoire français, le bœuf est utilisé, au moins durant une période de sa vie, aux travaux des champs. Cela indique que la principale aptitude du plus grand nombre de nos races est la production de la force mécanique, à divers degrés. Cette aptitude se joint, dans une certaine mesure, à l'une ou à l'autre des deux qui déterminent avec elle les fonctions économiques de l'espèce bovine, et quelquefois même à l'une et à l'autre. Pour justifier la distinction que nous croyons utile d'établir, il n'est donc point nécessaire d'exiger une destination exclusive, ni même seulement tout à fait prédominante. Cette distinction ne peut être basée que sur le fait. Et le fait est, chez nous, que l'espèce bovine se divise en races qui sont principalement entretenues pour fournir, pendant une période plus ou moins longue de leur vie, du travail avant d'être livrées à la consommation, et en races surtout exploitées pour le lait qu'elles produisent. Il n'y en a pas qui soient, à proprement parler, exploitées exclusivement en vue de la boucherie. La marche normale du progrès nous y conduira, mais nous n'y sommes nulle part encore arrivés.

D'après cela, la seule classification rationnelle et possible de l'espèce bovine de la France est celle qui la divise en deux groupes, le premier comprenant toutes les races travailleuses à divers degrés, le second embrassant les races laitières. C'est celle que nous adoptons, et suivant laquelle nous allons successivement décrire toutes les véritables races françaises avec leurs diverses familles ou tribus particulières.

Races travailleuses. — Nous n'entendons point seulement donner la qualification de races travailleuses, il faut le répéter, à celles qui possèdent au plus haut degré l'aptitude au travail. L'espèce bovine, à mesure qu'elle s'améliore dans le sens de nos définitions basées sur l'étude des fonctions économiques de cette espèce, perd davantage l'aptitude dont il s'agit et arrive finalement à ne la plus posséder du tout. D'où il suit, ainsi que nous l'avons vu, que l'on peut jusqu'à un certain point déterminer à cet égard les progrès accomplis, par la constatation de la somme de travail exigée des races bovines entretenues dans des situations données. L'ensemble des races travailleuses présente donc nécessairement des gradations très-nombreuses, qui sont autant de transitions entre cet état de l'agriculture primitive, où le bœuf était et est encore uniquement entretenu pour l'emploi de sa force mécanique, et celui de l'agriculture la plus avancée, où l'entretien de cet animal n'a d'autre but que la transformation directe des fourrages en viande de boucherie.

L'ordre le plus rationnel à suivre, d'après cela, pour la description des races bovines françaises, est celui qui permet d'observer la marche de ces gradations. Il a l'avantage de présenter à l'esprit cette relation constante qui existe entre les progrès de la culture du sol et ceux de l'amélioration du bétail, relation sur laquelle nous avons tant insisté et qui est la base de la zootechnie scientifique. Le rang que nous allons donner à chacune des races que nous décrirons successivement ne sera par conséquent pas arbitraire. Nous procéderons en marchant de celles qui sont plus travailleuses vers celles qui le sont moins. Et en partant de cette donnée, toutefois, l'état des choses est tel que nous serons conduits à considérer d'a-bord le bétail des contrées méridionales de la France, pour suivre ensuite assez régulièrement celles qui se succèdent du Midi vers le Nord, cet ordre géographique étant aussi, au point de vue qui nous occupe, celui des progrès agricoles réalisés, du moins à de rares exceptions près. Dans chaque zone, nous commencerons par la race la plus populeuse, pour indiquer après celles qui le sont moins.

Race gasconne. — La race qui porte ce nom est une des mieux caractérisées de France. L'uniformité de son pelage, quant à sa couleur fondamentale, aux nuances peu variées et aux particularités qu'il présente, annonce une pureté et une fixité remarquables. Il n'y a peut-être pas, dans toute l'étendue de notre pays, de race plus essentiellement travailleuse que celle-là. Un corps trapu, une tête large et forte, des cornes courtes et épaisses, un cou court et volumineux, des membres puissants, aux articulations larges, une physionomie fière et beaucoup d'agilité : tels sont les caractères principaux du taureau gascon.

Cet animal est de taille moyenne. Les défauts de sa conformation les plus habituels sont une poitrine quelquefois un peu sanglée, à côtes plates, une ligne du dos fléchie en arrière du garrot, des lombes étroits, la croupe relevée, pointue, une attache de queue haute, des cuisses plates et minces, en somme un manque d'harmonie entre

Fig. 527. — Taureau gascon.

les parties antérieures du corps et les parties postérieures.

La robe de la race gasconne est de nuance brun fauve, ou blaireau mêlé de noir réparti diversement sur le corps, mais le plus ordinairement à la tête, à l'encolure et aux membres. Les cornes sont toujours noires à leur extrémité. Quelle que soit la nuance du pelage, elle est toujours plus claire le long du dos. Il se trouve parfois des individus ayant la tête d'un gris argenté, mais le mufle et l'extrémité des cornes sont toujours noirs. Deux particularités caractéristiques de la race gasconne, fort estimées des connaisseurs et considérées par eux comme des signes de pureté et de noblesse, comme témoignant d'une bonne origine, ce sont celles qui s'accusent par la présence d'une sorte de cupule noire enveloppant le fond des bourses et d'un cercle noir entourant la marge de l'anus. Ce dernier signe est ce qu'ils appellent la *cocarde*. C'est là l'indice des individus bien tracés. Sur vingt-un taureaux inscrits au herd-boock dressé par la Société impériale d'agriculture de la Haute-Garonne, en 1856, douze présentaient l'une ou l'autre de ces deux particularités. En 1857, on en trouve cinq sur huit ; en 1858, quinze sur seize offraient l'une ou l'autre, et le plus souvent les deux.

Le principal centre de production de la race gasconne est dans le département du Gers, dont elle est originaire. De là elle s'est répandue dans une partie du département de Tarn-et-Garonne, dans la Haute-Garonne et jusque dans l'Ariége, en formant des familles ou des tribus qui se distinguent non par des caractères essentiels, mais seulement par des différences dans la taille et le développement. Moins volumineuse et plus alerte dans les régions montueuses, où elle travaille davantage, elle est plus lente et plus lourde dans les plaines de Tarn-et-Garonne et de la Haute-Garonne.

On a voulu distraire de la race gasconne une race dite *ariégeoise*, et les réclamations de la Société départementale d'agriculture de Foix ont réussi à lui faire ouvrir une catégorie spéciale dans les concours d'animaux reproducteurs. On va même plus loin, et l'on distingue plusieurs sous-races dans ce qu'on appelle le type ariégeois, dont la principale est celle de Tarascon, qui peuple les pâturages des Pyrénées ariégeoises. S'il suffisait d'une différence dans la taille pour caractériser une race, de telles distinctions seraient assurément fondées. Mais nous savons maintenant qu'il n'en est pas ainsi. Nous avons été en mesure de bien étudier de près le bétail des localités dont il s'agit. Nous avons vu réunis notamment dans un concours régional de Toulouse un grand nombre d'individus de la prétendue race ariégeoise, et nous avons pu les comparer caractère pour caractère à des taureaux gascons, sans qu'il nous fût possible d'en rencontrer un qui, existant chez les individus gascons, manquât chez ceux de l'Ariége, et réciproquement. Nous avons interrogé à cet égard les éleveurs les plus éclairés de ce dernier département, en particulier M. Lefèvre, directeur de la ferme-école, qui par une judicieuse sélection a su constituer une famille ariégeoise dont la conformation ne laisse rien à désirer, et aussi notre honorable collaborateur M. Pons-Tande ; eh bien, nul n'a pu nous signaler d'autre différence entre les gascons et les ariégeois que celle de la taille. Ces derniers sont un peu moins grands, voilà tout ; et l'on trouve une explication facile de ce fait dans l'agriculture locale. Transportée dans l'Ariége, la race gasconne devait y prendre des proportions moins considérables. Il y a d'ailleurs entre le bétail originaire des Pyrénées et celui que les agriculteurs ariégeois ont adopté de trop profondes dissemblances de type, pour que l'on puisse admettre une communauté d'origine. La race gasconne, par tous ses caractères, est une race de coteaux, non pas une race de montagnes ou de vallées. Il serait du reste facile, sans remonter bien haut dans l'histoire, de suivre de ses coteaux du Gers, où est sa souche, jusqu'aux Pyrénées ariégeoises où elle s'est implantée en subissant les légères modifications qui viennent d'être indiquées. Mais cela n'est aucunement nécessaire. Le fait n'est point contesté. La seule erreur que nous combattons vient d'une insuffisante notion de l'histoire naturelle des races et de la valeur de leurs caractères distinctifs. Il suffira de s'entendre là-dessus pour la faire évanouir.

Il n'y a donc pas en réalité de *race ariégeoise*. Il y a seulement une *tribu ariégeoise* de la race gasconne. Cette tribu est remarquable, à la vérité, par les améliorations intelligentes qui lui ont été imprimées. La plupart des défauts de la souche mère ont disparu. La ligne du dos est généralement devenue droite, les lombes sont plus larges, les hanches plus écartées, la queue est moins haute et la culotte mieux fournie. Le volume du squelette a proportionnellement diminué.

Du reste, dans ces derniers temps, la race gasconne a été l'objet de soins tout particuliers. Le principe de son amélioration par la sélection, de sa conservation par conséquent à l'état de pureté, a été admis par toutes les sociétés d'agriculture des quatre départements qu'elle habite ; et il faut dire, pour être juste, que les efforts de M. le professeur Lafosse, de l'École vétérinaire de Toulouse, n'ont pas été étrangers à ce résultat. Celle de la Haute-Garonne, secondée par le conseil général, a adopté un système de taureaux départementaux choisis par ses délégués et placés dans les principaux centres de production, chez les agriculteurs qui s'engagent à les livrer à la reproduction pendant un temps déterminé. Elle a établi, comme nous l'avons vu plus haut, un herd-book où sont inscrits, après examen, les individus les plus remarquables de la race. A mesure que les progrès de l'agriculture rendent moins impérieuse la nécessité du travail et permettent de distribuer aux élèves, dans leur jeune âge, et surtout pendant la saison d'hiver, des aliments plus abondants et de meilleure qualité, les défauts de conformation de la race gasconne disparaissent et sont remplacés par des qualités qui augmentent son aptitude à la production de la viande. La peau devient moins épaisse, moins dure, les membres moins volumineux, le système osseux en général moins prédominant. Et cela s'observe à peu près à un égal degré dans toutes les parties de la région, où le progrès agricole a subi une énergique impulsion, grâce à la grande quantité de propriétaires appartenant à nos plus anciennes familles que cette région contient, et qui ont enfin compris que leur véritable mission sociale était là.

C'est sous cette forme améliorée que nous représentons l'image de la race gasconne ; car il importe moins, pour celle-ci comme pour toutes les autres, d'avoir sous les yeux la représentation exacte de la conformation vicieuse qui appartient aux individus incultes de la race, que celle des caractères qui lui sont communiqués par une judicieuse amélioration. Nous ne faisons pas ici particulièrement l'histoire naturelle des races, mais bien plutôt leur zootechnie. Ce sont des enseignements pour le progrès que nous devons tâcher de donner, non pas une glorification du *statu quo*.

En se plaçant à ce dernier point de vue, ceux qui ne voient dans la race gasconne que des individus destinés à exécuter de rudes travaux jusqu'à une époque très-avancée de leur vie, jusque vers la douzième année et même au delà, ainsi que cela se pratique encore dans la plupart des localités arriérées de la région ; ceux-là reprochent aux sujets améliorés la faiblesse de leurs membres, le peu de solidité de leurs articulations. Ils ne reconnaissent plus ce qu'ils considèrent comme le plus précieux de tous les mérites de la race, les indices d'une grande puissance mécanique. De telles doléances ne sauraient nous toucher, car les modifications qui s'introduisent dans les conditions culturales, l'extension chaque jour plus grande que prennent dans la région les prairies artificielles et les fourrages annuels, l'amélioration des chemins, l'adoption des instruments agricoles perfectionnés, tout cela diminue singulièrement la dépense de force que les bœufs de travail ont à effectuer ; et de plus on ne saurait vraiment s'affliger que des animaux de l'espèce bovine ne puissent pas être durant toute leur vie soumis au travail. Le progrès consiste précisément, pour la race gasconne, à réduire dès maintenant la durée de la vie des individus par le renouvellement plus fréquent des attelages de bœufs, en les livrant aux engraisseurs au moment où ils commencent à entrer dans la période décroissante de leur vie. On ne peut que perdre à faire travailler un bœuf au delà de l'âge de huit à neuf ans. Le capital qu'il représente va rapidement en décroissant, à partir de ce moment. Le prix de revient de ses services se trouve donc augmenté d'autant.

Nous n'avons rien à ajouter au sujet de l'amélioration de la race gasconne. Nous venons de montrer que cette amélioration se poursuit et se réalise par la sélection. Il n'y a qu'à persévérer dans cette voie. Les éleveurs de la région ont du reste pour les guider dans leurs opérations des hommes de la plus haute compétence. Plusieurs d'entre eux ont d'ailleurs montré ce qu'ils pouvaient faire dans cette direction. Nous devons citer dans le nombre les MM. Puntous, du Gers et de la Haute-Garonne, lauréats habituels des concours où figure la race gasconne, et nous avons écrit déjà plus haut le nom de M. Lefèvre, qui dans l'Ariége rivalise avec eux.

Les vaches gasconnes possèdent en général à un faible degré la faculté laitière. Elles nourrissent tout juste leur veau et sont surtout employées au travail. Dans les départements qui forment la région que nous avons en vue, l'usage culinaire du beurre est très-exceptionnel, la fabrication des fromages est à peu près inconnue, et l'on ne consomme pas de lait dans les campagnes. Il n'y avait

donc point de raison pour que l'aptitude laitière se développât dans la race. Cependant il se produit dans la partie montagneuse de l'Ariége une famille connue dans le pays sous le nom de *carolaise*, ou de vaches de Saint-Girons, qui, sans fournir de très-fortes laitières, a pour caractère néanmoins de posséder l'aptitude à la sécrétion du lait d'une manière assez notable. La vache carolaise, plus fine en général que celle du type gascon, a la physionomie douce et féminine, les cornes un peu longues, minces et relevées en haut vers l'extrémité. Il y a dans le cornage quelque chose de ressemblant avec celui des vaches d'Ayr. Les vacheries de la ville de Toulouse et des environs en sont en grande partie peuplées. Ces bêtes s'élèvent dans les pâturages montagneux des environs d'Ax. Les qualités laitières de cette famille ont été attribuées à un croisement avec la race des Pyrénées. Cela est possible, mais non démontré. En tout cas, la vache carolaise, quelque claire que devienne la nuance de son pelage fauve, ne se présente jamais avec la robe froment de cette dernière race. C'est une raison suffisante, non pas seulement pour douter de la réalité de l'assertion, mais encore pour la nier absolument. Il s'agit ici tout simplement d'une famille laitière de la race gasconne. Comment cette aptitude s'est-elle développée en elle? C'est ce que nous ne savons pas. Nous ne pouvons que la constater, afin d'éviter la confusion qui a été quelquefois commise en attribuant à la race gasconne en général les qualités laitières qui n'appartiennent qu'à cette petite famille en particulier.

Race béarnaise. — M. Magne (1) a adopté avec raison cette désignation pour la race bovine qui peuple les départements des Basses et des Hautes-Pyrénées et la partie de celui des Landes qui forme le bassin de l'Adour. Dans les diverses localités où cette race est élevée, il s'est produit à la longue des tribus ou des familles distinctes, que la tendance à multiplier les noms de race a fait désigner sous les appellations de *race tarbaise, race baretoune, race de Lourdes, race landaise*, etc. La vérité est que dans ces localités le type est partout le même, et que les différences ne sont seulement relatives à la taille et à quelques améliorations réalisées dans la conformation par des soins mieux entendus, secondés par la fertilité naturelle du sol. L'aptitude dominante est le travail. Dans la famille de Lourdes, cependant, la faculté laitière est assez prononcée pour devenir prédominante.

Décrivons donc d'abord le type béarnais, sauf à indiquer ensuite les modifications qu'il présente dans ses diverses variétés. M. Magne, qui a si bien observé sur les lieux mêmes le bétail français, va nous fournir les éléments de cette description ainsi que les renseignements relatifs au mode d'élevage et d'exploitation de l'espèce bovine des localités pyrénéennes dont il s'agit. D'autres ont déjà emprunté à notre savant maître les fruits de son travail et ont copié à peu près servilement son texte, mais en négligeant de citer son nom.

(1) *Hygiène vétérinaire appliquée*, Paris, 1857, t. II.

Nous pourrions entreprendre à notre tour une nouvelle description de la race béarnaise, qu'il nous a été permis de bien étudier. La trouvant toute faite en grande partie, nous croyons inutile de recommencer celles de ses portions qui peuvent nous servir.

Voici les caractères exacts que M. Magne attribue à la race béarnaise; ce ne sont que les principaux : « Poil jaune ou rouge pâle, unicolore ou seulement d'une nuance plus claire autour des yeux et à la face interne des membres ; cornes fortes, longues, gracilement très-relevées ; membres bien d'aplomb, solides et cependant fins ; corps un peu long et variant beaucoup de poids et de formes, selon le pays et les individus. »

Après cela, l'auteur divise les bêtes bovines du bassin de l'Adour en cinq groupes qu'il caractérise de la manière suivante.

Le bœuf tarbais ou bigorrais est, dit-il, « de taille moyenne, à tête un peu forte, plus propre au travail qu'à la lactation, il fournit de bons bœufs de boucherie et prend, quand il est exporté dans un bon pays, un fort développement. Nous avons vu, ajoute M. Magne, dans quelques vallées fertiles des environs de Saint-Girons, des bœufs très-forts qui en provenaient.

« Cette sous-race, appelée *tarbaise* sur les marchés de Béziers, de Nismes, d'Aix-en-Provence, est élevée dans les vallées de Bagnères-de-Luchon, de Bagnères-de-Bigorre. Les villages situés dans ces vallées nourrissent un nombreux bétail, qu'ils envoient, en été, sur les montagnes. Les animaux sont, en général, vendus jeunes et conduits dans les pays de plaine, du côté du nord et quelquefois vers l'est. » Il s'agit seulement de la région, bien entendu.

« On trouve plusieurs variétés de bêtes bovines dans le département des Basses-Pyrénées, poursuit M. Magne. Les trois grandes vallées, situées au sud d'Oloron, possèdent chacune son type de bétail (il eût mieux valu dire sa variété), que les habitants du pays distinguent.

« Vers l'est, se trouve le *bœuf d'Ossau*, qui tire son nom de la vallée qui le produit. Les animaux, généralement à corps décousu, sont moins recherchés pour être importés dans la plaine. La tête est petite, carrée et gracieuse ; les yeux sont à fleur de tête ; le bassin est étroit, par conséquent le train postérieur manque d'ampleur.

« C'est à Laruns, vers le centre de la vallée, que l'on produit le plus de bétail, et le nombre considérable d'animaux élevés dans ce pays s'explique par l'espèce d'émigration dont nous allons parler.

« La vallée d'Ossau a le grand avantage de pouvoir, conformément à un édit de Henri IV, envoyer en hiver, quand les montagnes sont couvertes de neige, tout son bétail sur la lande du Pont-Long, à 4 kilomètres de Pau, sur la route de Bordeaux. Elle possède même le droit de le faire parquer deux fois par an sur une des places de la ville de Pau. Annuellement, en octobre et en mai, passent dans cette ville, pendant quinze ou vingt jours, des troupeaux de vaches, quelques-unes suitées, allant au parcage du Pont-Long ou retournant à la montagne (Mousis). »

Voilà pour ce qui concerne la première des trois variétés des environs d'Oloron. La seconde est celle qui se trouve dans la vallée d'Aspe. Celle-ci, dit M. Magne, « possède plusieurs conditions favorables à la production du bétail, et livre au commerce des bœufs appelés *aspois*, fort estimés : de vastes montagnes nourrissent les troupeaux en été, et la belle plaine de Bedons fournit des ressources pour l'hiver. »

Ces bœufs, ajoute l'auteur, ont le corps trapu, le bassin ample, la croupe relevée, la tête courte, l'œil grand, bien ouvert, les membres courts, « bien d'aplomb, garnis de muscles gros et puissants dans les rayons supérieurs. Vigoureux, énergiques, agiles et très-robustes, les bœufs résistent longtemps aux plus rudes travaux. Ils sont employés au transport des marbres et des bois pour la marine. Ils conviennent, à cause de leur sobriété, pour les labours dans les contrées pauvres en fourrages, et dans les coteaux vignobles. Ils n'ont pas une lourde corpulence, mais conduits dans les contrées où, par le produit des prairies artificielles, on nourrit abondamment, ils prennent rapidement un grand développement, deviennent forts, lourds, tout en restant près de terre.

« Le taureau d'Aspe est recherché comme type reproducteur, par les cultivateurs des plaines des Basses-Pyrénées, et par ceux des Landes et du Gers. La foire de Bedons, à la Saint-Michel, où l'on conduit le jeune bétail qui descend de la montagne, est renommée dans plusieurs départements.»

Enfin, la troisième variété est celle de *Barétous*, élevée dans la vallée du même nom. C'est cette vallée que l'on appelle dans le pays le *jardin du Béarn*. Le type de l'espèce bovine y prend des caractères de conformation qui le font préférer parmi toutes les variétés si nombreuses de la race béarnaise. Là, il a le corps un peu long, svelte quoique près de terre, dit M. Magne, la poitrine ample, l'encolure mince avec un fanon peu développé, la corne blanche, les membres fins, mais la croupe haute et la queue relevée, comme chez tous les béarnais. Le pelage est plus clair que celui du bœuf aspois. Le caractère particulier de sa physionomie est la fierté.

« On peut lui reprocher, fait remarquer notre savant maître, d'être souvent ensellé, conséquence de la longueur de son corps, et de manquer de taille. Mais comme tous les bœufs des contrées montagneuses à base de silice, il prend facilement du corps quand il est conduit dans des plaines où il est bien nourri. » C'est ce qui lui arrive dans une partie des Landes, où les jeunes animaux de la prétendue race baretoune sont élevés concurremment avec ceux du même type dans le pays basque, vers l'ouest de la vallée de Barétous.

Il faut consacrer quelques détails à la variété des Landes de la race béarnaise, qui tend à se faire admettre bien à tort comme une race distincte, avant de parler de la famille laitière de Lourdes. M. le marquis de Dampierre, propriétaire et éleveur dans ce département, nous fournira ces détails sous une forme très-intéressante. Et ce n'est pas seulement pour cela que nous les lui empruntons. Il nous paraît bon de réunir en faveur de la thèse que nous soutenons, relativement à l'unité de race du bétail pyrénéen de robe blonde, le plus grand nombre possible de témoignages compétents.

« Le bétail, dans les Landes, dit M. de Dam-

Fig. 528. — Taureau béarnais de la vallée de Baretous.

pierre, est assez petit, trapu, parfaitement pris dans ses membres, leste et énergique ; sa couleur grain de blé, plus claire autour des yeux et aux extrémités, est nuancée d'un rouge plus foncé ou de brun chez quelques animaux. — Il a les cornes fort longues, minces, déliées et souvent contournées, de couleur blanc mat et noires vers le bout. — Les animaux de cette race, fine et rustique tout à la fois, sont d'une vivacité, d'une énergie, d'une résistance extraordinaire au travail ; leur sobriété est fort grande, et leurs membres, secs et nerveux comme ceux des bœufs anglais de Devon, ont un caractère à part et dénotent une extrême légèreté.

« L'agriculture est peu avancée dans le département des Landes : les prairies naturelles y sont rares et de peu d'étendue, les prairies artificielles, bien plus rares encore, et la culture du blé et du maïs absorbe tous les soins de ses laborieux paysans. Le bétail n'a guère, pour se nourrir, que l'herbe rare et dure qu'il pâture dans les *touyas* annexés à chaque métairie. Pendant l'hiver seulement, on donne aux animaux qui travaillent un peu de foin, aux autres, de la paille de blé ou de maïs. Dans un grand nombre de métairies, dans celles de la *Chalosse* surtout, les bœufs sont nourris à la main. Plusieurs guichets sont pratiqués dans le mur de la pièce de la maison qui donne sur la cour entourée d'abris et de barrières où le bétail vit toujours en liberté ; c'est par ces guichets que toutes les personnes de la maison, à tour de

rôle, présentent, bouchée par bouchée, la nourriture aux animaux, et Dieu sait l'industrieuse économie qui préside à la formation de chaque bouchée, qu'on introduit avec soin jusqu'au fond du gosier de l'animal qui ne peut ainsi la rejeter : on le tente par la vue d'une feuille de maïs encore verte, de quelques brins d'un foin appétissant ou d'un morceau de navet ; mais ces apparences sont trompeuses, et la pauvre bête n'avale qu'une paille bien sèche qui fût restée intacte dans son râtelier, ou lui eût servi de litière sans la supercherie de ses gardiens.

« Cette méthode de soigner le bétail prend un temps énorme et absorbe presque les nuits des pauvres laboureurs, dont le jour tout entier est réclamé par les travaux des champs ; mais il est merveilleux de voir avec combien peu de fourrages, de la plus médiocre qualité, on entretient dans un excellent état des bœufs qui, cependant, exécutent les labours les plus pénibles et les plus répétés.

« Les vaches, beaucoup moins fortes que les bœufs, ne résistent pas moins bien qu'eux à la fatigue ; on les soumet à un dur travail, pendant même qu'elles nourrissent leur veau, sans leur donner aucun supplément de nourriture, et sans que cela paraisse en rien les faire souffrir.

« La légèreté de ce bétail est extraordinaire ; il marche parfaitement au trot sans s'essouffler ; j'ai vu, dit M. de Dampierre, des bœufs qui n'étaient nullement habitués aux charrois, faire, sans aucune fatigue, pour le transport de la chaux, dont on use beaucoup pour l'amendement des terres, jusqu'à soixante-quinze et quatre-vingts kilomètres dans une nuit et un jour. On ne choisit même pas les attelages pour ces transports ; dix ou douze charrettes partent quelquefois du même endroit pour Roquefort, elles en reviennent chargées : jamais un bœuf ne reste en route.

« Ceux qui, poursuit le même auteur, dans le département des Landes, ont pris leur part d'un plaisir qui y est populaire avant tous, les courses, ont pu juger de l'agilité merveilleuse de la charmante race bovine de ces contrées. Les taureaux figurent rarement dans ces jeux, bien qu'ils portent le nom de courses de taureaux. Il est plus ordinaire d'y voir des bœufs ou des vaches aux prises avec les écarteurs, et faire avec eux assaut de légèreté ou d'adresse. » M. de Dampierre décrit ensuite les diverses péripéties de ces courses ; mais nous devons nous en tenir là de notre citation. Elle suffit pour faire voir qu'il n'y a aucune différence entre le bœuf landais et tous ceux que nous avons vus précédemment dans les vallées pyrénéennes.

Il en est de même des bêtes bovines qui se produisent aux environs de Lourdes, dans la vallée d'Argelès. On en fait une race à part, parce que, contrairement aux autres familles du type béarnais, celle-ci donne des vaches qui possèdent l'aptitude laitière à un degré relativement élevé, par rapport à leur taille et à leur volume. Mais leur physionomie et leur conformation ne diffèrent du type pyrénéen que par des détails tout à fait accessoires dans la caractéristique des races ; et il suffit d'avoir vu ensemble des taureaux inscrits aux catalogues des concours de la région, ou généraux, dans la catégorie des prétendues races basquaise, pyrénéenne, landaise et analogues, où se rangent les animaux de Lourdes, pour s'apercevoir que tous ces animaux, sauf le volume peut-être, sont faits sur le même patron et se présentent avec les mêmes caractères typiques. Il n'y a donc, dans le bétail indigène du bassin de l'Adour, qu'une seule race, dont le type se trouve dans l'ancienne province de Béarn. Et il était important de l'établir, pour ce motif que cela donne toute latitude dans le choix, parmi les diverses tribus qui ont été examinées, des reproducteurs qui peuvent être employés à l'amélioration. En accouplant un taureau de la vallée de Baretous avec une vache d'Aspe, d'Ossau, ou de la Chalosse, on ne fait point un croisement, non plus qu'avec toute autre de la région où s'étend la race béarnaise.

Dans plusieurs communications faites au comice de l'arrondissement d'Orthez, M. J. Ducuing a indiqué aux éleveurs des Pyrénées la meilleure voie à suivre pour améliorer leur bétail. Cette voie est celle de la sélection, basée dans le cas particulier sur la nécessité du travail, mais en tenant compte aussi de la destination finale de l'espèce bovine. « Nous sommes donc obligés — a dit quelque part M. Ducuing après avoir exposé la situation, — par la nature des choses d'avoir des animaux de travail ; et subsidiairement nos animaux allant à la boucherie après nous avoir rendu dans le cours de leur existence tous les services que nous leur avons demandés, il est essentiel à nos intérêts qu'ils soient aptes à être engraissés sans trop de dépenses, parvenus à un certain âge. »

Le but sera atteint, d'après l'habile agriculteur des Basses-Pyrénées, surtout par l'amélioration de la situation agricole, et il exhorte ses concitoyens à y travailler sans relâche : « Car ne nous dissimulons pas, leur dit-il, que l'alimentation abondante est la base de l'amélioration aussi bien que de la multiplication. Pour le bien comprendre, il suffit de considérer que, quelle que soit la part que l'on veuille attribuer aux animaux procréateurs, elle n'est autre, néanmoins, que la loi de la répétition de l'être engendré par son semblable ; tandis que la tâche est toute différente pour l'éleveur qui a pour mission d'introduire dans le jeune produit, au moyen de la nourriture, la matière qui doit l'amplifier, le grandir et lui donner des aptitudes supérieures à ses ascendants (1). »

Nous ne pouvons que nous associer à ces excellents conseils, qui découlent naturellement de nos principes. S'ils sont bien compris, ils conduiront la race béarnaise à un degré de perfectionnement qu'aucun croisement ne saurait jamais faire acquérir même aux individus qui en seraient directement issus. L'usage de la chaux et l'irrigation peuvent être dans le bassin de l'Adour, pour la race béarnaise, ce que la culture des turneps a été en Écosse pour la race d'Angus. C'est pour cela que nous avons quelque peu insisté sur l'étude de cette race, qui est le principal, sinon l'unique produit des vallées pyrénéennes dont il a été question à son sujet.

Race bazadaise. — Les auteurs ne sont pas d'accord pour reconnaître les caractères d'une race distincte à ces bœufs si remarquables par leur aptitude au travail, qui se produisent aux environs de la petite ville de Bazas, et qui sont employés plutôt aux charrois des produits forestiers du département des Landes qu'aux travaux agricoles, peu importants dans les coteaux de cette partie du département de la Gironde. M. Magne les considère comme formant une sous-race du type garonnais, que nous décrirons plus loin ; mais il ne nous paraît pas possible d'adopter à cet égard son avis. Le bœuf de Bazas a, en effet, comme le garonnais, le cornage dirigé en avant, et le plus souvent en bas : c'est là le seul caractère qui rapproche les deux races. Quant à la physionomie et surtout au pelage, il est absolument impossible de les confondre. Sous ce rapport, le bazadais serait moins éloigné du gascon, quoiqu'il en diffère cependant par assez de points pour que l'on doive en faire un type à part.

Ce qui constitue le caractère distinctif de la race bazadaise, c'est l'uniformité de sa robe également brune sur tout le corps, de nuance uniformément charbonnée, sans qu'aucune partie soit plus claire, ainsi que cela s'observe dans le type gascon. On n'y rencontre jamais, par exemple, ce que nous avons appelé la cocarde, non plus que cette espèce de cupule noire qui enveloppe

(1) *La culture*, t. III, 1861-62, p. 403 et 404.

le fond des bourses blanches du taureau gascon.

La conformation du bazadais est remarquablement belle, au point de vue de sa double destination. Il est de taille moyenne ; le corps est près de terre, la poitrine profonde, les lombes larges, la croupe épaisse et les cuisses bien descendues, les membres, quoique bien pris dans leurs articulations, ont une certaine finesse relative. Ce qu'on peut lui reprocher seulement, c'est d'avoir les parties antérieures un peu trop développées, la ligne supérieure souvent fléchie, la peau épaisse et un fanon trop développé.

Mais ces défauts sont faciles à corriger, et ils s'amoindrissent de plus en plus chez les animaux améliorés. Au reste, le bétail bazadais est de la part des bouviers l'objet des soins les plus assidus et les plus pleins de sollicitude. C'est à cela, sans nul doute, qu'il doit ses excellentes qualités, en vertu desquelles les bœufs de cette race s'engraissent facilement et donnent une forte proportion de viande de première qualité, dès qu'ils cessent leur rude labeur. « Les soins, la douceur, fait remarquer M. Magne, contribuent à les produire autant que la nourriture, pourrait-on dire. Ces animaux travaillent des terres d'apparence sablonneuse, mais fortes et tenaces ; ils sont entretenus avec de la paille de seigle, des feuilles de maïs desséchées sur pied et des sommités de cette plante récoltées après la maturité. Dans les neuf dixièmes de nos départements, on ne trouverait pas ces fourrages dignes d'être récoltés, et, cependant, c'est en les administrant avec méthode, avec goût, qu'on a créé et que l'on entretient une de nos plus précieuses races de bestiaux. Mais aussi les ménagères n'entrent jamais dans les étables sans porter une friandise à leurs bœufs, sans leur prodiguer quelques caresses, sans leur donner quelques soins de propreté. Et le bouvier, lui, pendant le travail, il les excite sans cesse à accélérer leur marche, mais ne les frappe jamais ; il prononce plus de paroles que les animaux ne font de pas ; il se bornent ses moyens de contrainte. Il les laisse aller à leur aise. Difficilement, d'ailleurs, il pourrait les faire marcher d'un pas rapide dans ces terrains argilo-sablonneux, que la charrue soulève en larges plaques, dures comme des bandes de tourbe. Comme dans les autres provinces du Midi, ajoute M. Magne, on fait travailler les vaches plus que les bœufs. Ces derniers sont toujours pourvus de couvertures de toile en été, en étoffe de laine pour l'hiver, et soigneusement appliquées afin de les préserver des insectes ailés et des intempéries. Si le bouvier est surpris dehors par un mauvais temps, que son attelage arrive mouillé à l'étable, et qu'il ne trouve pas une couverture de rechange, il remplace de suite celle qui est mouillée par de la paille artistement arrangée. » Avec de semblables habitudes, il est facile de prévoir ce que deviendra la race bazadaise, lorsque le progrès agricole aura réduit à de moindres proportions la part de travail qui lui est demandée et mis à la disposition des éleveurs une nourriture meilleure et plus abondante.

Au reste, on en peut juger par les résultats obtenus déjà dans cette direction. Partout où ils ont été montrés dans les exhibitions publiques, concours d'animaux reproducteurs ou de boucherie, les bazadais ont excité l'admiration par le degré d'amélioration auquel ces individus exposés étaient arrivés. L'élan est donné vers une sélection bien entendue par quelques éleveurs éclairés, il sera suivi, là comme ailleurs. La transformation des Landes par l'établissement des routes agricoles, par exemple, n'y contribuera pas pour peu, car elle fera cesser, du moins en grande partie, l'emploi du bœuf bazadais comme animal de roulage ; et réduira de beaucoup les fatigues de ceux qui pourraient continuer le transport des bois de cette contrée vers Langon.

Avant de nous occuper de la race garonnaise, qui confine à celle-ci par l'un des points qu'elle habite, nous parlerons d'une autre qui lui est plus analogue, surtout par l'importance de sa population. Il s'agit de la tribu que l'on appelle race d'Aubrac. Nous avons à envisager la race garonnaise à un point de vue qui nous obligera de remonter un peu haut vers le centre de la France. Il est donc bon de faire en sorte que nous n'ayons plus à revenir dans la région du Midi dont nous décrivons les races en ce moment.

Race d'Aubrac. — Encore ici, nous ne pouvons prendre un meilleur guide que M. Magne qui, pour le cas particulier, joint à ses profondes connaissances zootechniques le mérite de parler de son pays natal. « La race d'Aubrac, dit-il, est élevée dans la plus grande partie de la haute Auvergne, sur les plateaux et les montagnes situés à l'est du département du Cantal, au nord du département de l'Aveyron, et dans une partie de celui de la Lozère.

« Quoique faisant partie de la même chaîne, les montagnes qui produisent la race d'Aubrac diffèrent de celles où est élevée la race de Salers ; elles en diffèrent par leur constitution géologique comme par leur climat. Ces terrains volcaniques, qui donnent une si grande valeur aux pelouses des montagnes occidentales du Cantal, ne se trouvent, du côté de l'Aveyron et de la Lozère, que dans quelques localités limitées. Ils forment la base de la montagne d'Aubrac et du canton de Laguiole, où sont produits, du reste, les plus beaux types de la race ; mais du côté de Murat et dans la Lozère, le sol est formé de sables ou de débris de roches schisteuses ou granitiques recouverts, ici de landes et de bruyères, là de pelouses arides ou d'herbages à fonds tourbeux. C'est à la race élevée sur ces terrains que faisait allusion le professeur Grognier quand il disait : « Celle de Murat, « s'il faut donner ce nom à une agglomération « chétive de bêtes bovines, ne mérite aucun in- « térêt. »

« Plus rapprochés de l'Est et du Midi, poursuit notre savant maître, les plateaux de la Lozère et de l'Aveyron reçoivent moins directement les émanations de l'Océan que les montagnes du versant occidental de l'Auvergne. Assez élevés pour être très-froids en hiver (1,000 à 1,300ᵐ), ils le sont moins que le Plomb du Cantal et moins bien disposés dès lors pour condenser en été les vapeurs de l'atmosphère. Nous les avons toujours vus moins brumeux et moins humides en septembre que les sommets qui produisent avec toute sa beauté la race de Salers. »

Là est la raison des caractères particuliers qui distinguent le type d'Aubrac et lui donnent son individualité. Cette tribu est décrite de la manière suivante par M. Magne, et nous ne saurions mieux faire que de lui emprunter sa description : « De taille moyenne et même petite, elle a le corps trapu, bas sur jambes, les os peu saillants, l'encolure courte, la tête épaisse et les cornes bien plantées, régulièrement contournées et noires au sommet. Elle a les membres forts aux articulations, les onglons durs, la peau épaisse, et le poil, d'une couleur plus foncée dans la jeunesse, est long, gros, fauve, jaunâtre, gris sur le dos, et noirâtre à la tête, aux membres, à la queue. Les yeux sont noirs et vifs, souvent entourés, ainsi que le mufle, d'une belle auréole blanche. » C'est cette auréole et l'absence de la cocarde qui distinguent principalement les sujets d'Aubrac de la race gasconne, avec laquelle ils ont plus d'un point de ressemblance. Le pelage, cependant, tire plus souvent sur le jaune.

Les animaux d'Aubrac s'élèvent en grands troupeaux sur les montagnes, où le lait des vaches est employé à la confection des fromages, dit *fourmes* ou de *forme*. Les laiteries y sont appelées *mazuts*. Les bœufs, d'après M. Magne, se répandent dans le sud et le sud-est de la France, où ils se mêlent avec les races des Pyrénées et de la Garonne, et servent finalement, après avoir travaillé dans leur jeunesse, à la consommation des villes du Languedoc et de la Provence.

Les prétendues *races du Rouergue et du Mézenc* dérivent du même type que celui d'où est dérivé l'Aubrac. Dans cette partie de l'Aveyron que l'on appelle *le Causse*, où l'agriculture est relativement assez avancée, le bœuf d'Aubrac prend un développement plus considérable, mais conserve ses autres caractères; il s'amoindrit, au contraire, dans la région moins fertile du *Ségala*. Dans la Haute-Loire et l'Ardèche, sur la montagne qui porte le nom de *Mézenc*, il ne diffère que par une poitrine moins large, des aplombs du devant moins réguliers. Les vaches de cette variété passent aussi pour meilleures laitières. Au reste, sans être prédominante dans la race, cette aptitude est assez prononcée pour suffire à l'industrie des fromages qui, avec l'élevage des veaux, occupe les pâturages de montagnes où se produit la tribu d'Aubrac sous ses diverses formes.

La bête d'Aubrac est tardive, et l'on n'en saurait être surpris d'après son mode d'élevage. C'est le propre de toutes les races rustiques et sobres comme celle-là. Nous n'avons plus besoin de dire par quel moyen il serait possible d'y remédier. Les éleveurs éclairés du Causse ont montré qu'ils connaissaient parfaitement ce moyen, en exhibant dans nos concours des individus arrivés à un remarquable degré de précocité. Il n'y a qu'à généraliser les pratiques qu'ils ont suivies, et ce sera le fait du progrès agricole. Il ne s'agit encore dans ce cas que d'une pure affaire de sélection. Cette méthode d'amélioration peut seule donner des résultats certains et avantageux, parce qu'elle fait

marcher de front l'influence des reproducteurs et celle des soins qui forment les bons produits.

En se plaçant au point de vue de l'aptitude laitière qui est utilisée dans les parties montagneuses de la région, on a conseillé des croisements avec la race de Schwitz, et surtout avec la variété carolaise de la race gasconne. Il serait malheureux que ces conseils fussent suivis, autant l'un que l'autre. Nous n'avons pas besoin de revenir, à ce propos, sur ce que nous avons dit au sujet du croisement appliqué particulièrement à l'espèce bovine. Les deux races dont il s'agit sont d'ailleurs connues maintenant du lecteur. Il peut en juger. Mieux vaut assurément choisir dans le type d'Aubrac même des reproducteurs bien doués sous le rapport de l'aptitude laitière. La consanguinité fera promptement constituer des familles qui la présenteront au plus haut degré qu'elle puisse atteindre dans les conditions où la race s'élève, et dont les mâles pourront ensuite servir à sa multiplication.

Tout autour d'elle, vers le midi et l'est, la tribu d'Aubrac en se mêlant avec les races voisines, forme des métis que l'on trouve dans le Tarn, dans la montagne Noire, dans l'Aude, dans le Gard, etc. Elle dérive elle-même de la race de Parthenay, dont elle a tous les caractères, ainsi que nous l'établirons plus loin, en décrivant cette race.

Race garonnaise. — Il faut considérer, croyons-nous, comme appartenant à un seul et même type tout le bétail *blond* qui, peuplant le bassin de la Garonne depuis Toulouse jusqu'à Bordeaux, occupe les départements de la Haute-Garonne, de Tarn-et-Garonne, de Lot-et-Garonne, de la Gironde, et s'est répandu vers le nord dans ceux du Lot, de la Dordogne, de la Creuse, de la Haute-Vienne, et jusque dans les moitiés méridionales environ de ceux de la Charente et de la Charente-Inférieure, comprenant les arrondissements de Barbezieux, d'Angoulême, de Cognac et de Jonzac. En s'implantant dans ces diverses localités, le type y a subi quelques modifications accessoires, qui ont donné lieu à des désignations de race dont la légitimité ne nous paraît en aucune façon justifiée.

Le caractère particulier de toute la région vignoble dont nous venons d'énumérer les divisions territoriales, est que l'exploitation du sol y est soumise à une petite culture industrieuse, comportant pour l'élevage et l'entretien du bétail une extrême division qui le rapproche de l'homme et lui assure de sa part des soins continuels et minutieux. Les pâturages sont à peu près absents, et si la constitution géologique diffère dans quelques points, l'uniformité du travail et de la nourriture à l'étable explique l'adoption d'un type unique.

Le berceau de ce type paraît être les alluvions fertiles des bords de la Garonne, entre Marmande et Agen. C'est de là que lui vient son nom de garonnais, qui doit être conservé, sans qu'il soit permis d'admettre les sous-races qu'on lui attribue, encore bien moins les races qu'on en distrait. Cette opinion va être justifiée par la description que nous allons donner du type et de ses variétés.

Le plus frappant des caractères du bœuf garonnais est sa haute taille, non pas due à la longueur de ses membres, mais bien à l'épaisseur de son corps, à la grande profondeur de sa poitrine, entraînant, comme nous savons, une épaule et un avant-bras très-allongés et des rayons inférieurs du membre relativement courts. Le corps est long, la ligne du dos un peu fléchie, les reins larges, les hanches écartées, les cuisses bien descendues, mais la queue est implantée très-haut, ce qui donne à la croupe une forme d'apparence conique. Cette ampleur de formes résulte d'une forte alimentation, combinée avec un travail soutenu, qui fait acquérir au système osseux un grand

Fig. 529. — Taureau garonnais.

développement et vicie le plus souvent l'aplomb des membres antérieurs, dont les genoux sont dejetés en dedans.

Une encolure puissante et épaisse sort de l'ample poitrine du garonnais et se termine par une tête forte, portant des oreilles larges, des cornes grosses, aplaties et le plus souvent dirigées en avant et en bas.

Le pelage est uniformément jaune, froment, avec le tour des yeux plus clair, le bord des paupières et le mufle d'un rose pâle. Quelquefois on observe sur le milieu de la face une teinte brune, qui fait dire aux paysans de la contrée que les animaux sont enfumés ou charbonnés. Des taches de même nature se montrent aussi, dans certains cas, sur les côtes, autour des onglons et au fouet de la queue. Mais il y a quelque raison alors de douter de la pureté du type garonnais. Celui-ci est absolument blond, avec les cornes entièrement blanches, ce qui lui donne une physionomie remarquablement placide et une aptitude à l'assimilation des aliments qui en rend l'engraissement très-facile dès qu'il est soustrait à l'influence du travail.

Tels sont les caractères typiques que l'on rencontre invariablement dans tout le bétail de la région qui a été plus haut circonscrite. La conformation varie par quelques détails, le cornage change quant à la direction, mais la robe froment, la corne blanche, le mufle rose, les paupières pâles, tous les attributs du type blond, en un mot, se rencontrent invariablement.

C'est dans les environs d'Agen, que, sous l'influence de soins mieux entendus et d'une agriculture plus avancée, le type garonnais a acquis d'abord une conformation plus régulière et plus de précocité. Il s'est constitué là une tribu remarquable, à laquelle on donne généralement le nom de race agenaise. Dès que l'on s'est occupé de l'amélioration du bétail dans les départements méridionaux, les éleveurs des environs de Montauban et de Castelsarrasin sont venus demander aux familles agenaises des taureaux améliorateurs, si bien que la plupart des bêtes bovines engraissées maintenant dans le Tarn-et-Garonne appartiennent à la variété agenaise de la race garonnaise. Il en a été de même pour les cantons de la Haute-Garonne qui entretiennent cette race préférablement à la race gasconne.

Le bœuf agenais possède toutes les qualités propres à en faire un animal de boucherie accompli. De nombreux faits ont déjà prouvé qu'il suffit de lui administrer dans le jeune âge une forte alimentation, pour lui faire atteindre du premier coup un degré de précocité considérable.

Son mode d'élevage le prédispose depuis long-temps à cette aptitude, et sous ce rapport sa conformation ne laisse rien à désirer. On peut donc le considérer comme très-avancé dans la voie du perfectionnement.

C'est pour ce motif que notre distingué confrère M. Goux, d'Agen, a dans le temps énergiquement repoussé pour le bétail de son pays le croisement Durham, et qu'il a constamment exhorté les éleveurs agenais à conserver leur précieuse race en l'améliorant par sélection à mesure des progrès agricoles. L'habile vétérinaire avait et a encore incontestablement raison contre les zootechniciens de fantaisie qui ne rêvent qu'absorption de toutes les races françaises par celle de Durham. Mais il ne faudrait pas repousser systématiquement des opérations de croisement qui n'auraient pour but que de produire des individus améliorés en vue de la boucherie, à côté et sans préjudice de la conservation et de l'amélioration de la race pure.

La race garonnaise, par ses aptitudes natives, se prête merveilleusement au croisement *industriel* avec celle de Durham, et partout, dans sa région, où les produits peuvent être abondamment nourris, des faits maintenant assez nombreux ont prouvé qu'il y avait avantage à les obtenir par ce moyen. Les premiers métis Durham-garonnais, quand ils sont obtenus dans des conditions rationnelles, donnent sous le couteau du boucher des produits de première qualité. On n'en sera nullement surpris, si l'on veut bien jeter un coup d'œil sur les détails suivants relatifs au rendement de deux jeunes bœufs agenais primés en 1850 au concours de boucherie de Bordeaux, détails déjà empruntés par M. le marquis de Dampierre au compte-rendu officiel.

Premier prix. — Bœuf agenais, 3 ans et 10 mois, engraissé par M. Gramaudel, de Meilhan (Lot-et-Garonne) :

Poids vif à l'abattoir................	674 kilogr.
Poids des quatre quartiers........	425 —
Proport. des quatre quartiers au poids vif.	62.91 0/0
Poids du suif....................	55 kilogr.
Proportion du suif aux quatre quartiers.	12,96 0/0
Poids du cuir....................	53,20 0/0
Proportion du cuir aux quatre quartiers.	12,83 0/0

Deuxième prix. — Bœuf agenais, 3 ans et 11 mois, engraissé par M. Dumercy, de Puybordau (Gironde) :

Poids vif à l'abattoir................	1,088 kilogr.
Poids des quatre quartiers..........	683 —
Proport. des quatre quart. au poids vif..	68,78 0/0.
Poids du suif....................	81 kilogr.
Proportion du suif aux quatre quartiers.	13,19 0/0
Poids du cuir....................	68 kilogr.
Proportion du cuir aux quatre quartiers.	10 00 0/0

Ces résultats comparatifs ne font pas honneur à l'appréciation du jury; mais ce n'est pas à ce point de vue qu'ils nous intéressent. Ils témoignent mieux que tous les raisonnements de la remarquable aptitude de la race garonnaise pour la boucherie, dans sa variété améliorée de l'agenais.

Cependant cette race est essentiellement travailleuse. C'est par elle que sont exécutés tous les travaux agricoles dans la région qu'elle habite, et de plus la plupart des transports sur les quais de Bordeaux. Dans la partie de l'arrondissement de Cognac qui produit les eaux-de-vie si renommées sous le nom de fine champagne, il n'est pas rare de rencontrer attelé à une charrette un seul bœuf garonnais traînant une lourde charge qu'il mène avec une aisance parfaite. Mais aussi ces animaux sont, de la part de leur bouvier et de sa famille, l'objet de soins et d'attentions de tous les instants, et dont nous avons déjà parlé à l'occasion des autres races méridionales. Ces habitudes sont dans les mœurs du pays.

« Les vaches de la race garonnaise, dit M. de Dampierre, sont de haute taille et travaillent au moins autant que les bœufs, que l'on aime à ménager et à entretenir toujours dans un certain état d'embonpoint et prêts pour la vente; car une des meilleures spéculations des éleveurs garonnais est le dressage de beaux attelages que l'on vend pour les départements de la Gironde, de la Haute-Garonne, de Tarn-et-Garonne, du Tarn, de la Provence même, et pour le Périgord, où ils sont fort recherchés. Le commerce le plus considérable se fait cependant dans le pays même; car, pour le département de Lot-et-Garonne, il a été constaté que, sur 33,000 ventes annuelles, il n'y avait pas plus de 8,000 bêtes exportées. » Du reste, on peut prendre une idée tout à la fois de l'importance de la production de cette race et du rôle qui revient aux vaches comme bêtes travailleuses, en songeant que d'après le dernier recensement, la population bovine du département de Lot-et-Garonne était de 129,973 têtes, dont 29,163 bœufs, 10,090 taureaux, 26,437 veaux et 64,289 vaches. Dans le seul arrondissement de Marmande, on comptait 21,995 vaches contre 5,234 bœufs.

En s'éloignant des bords de la Garonne et en se répandant sur les collines du Quercy et du Périgord, la race garonnaise a pris un corps plus trapu mais un peu moins ample, tout en conservant la bonne conformation qui la distingue dans l'Agenais. Ces modifications sont dues à la constitution du sol arable, qui est léger, reposant sur des roches primitives ou de transition. Elles atteignent leur limite extrême dans l'ancienne province du Limousin, où cependant s'élèvent des familles fort belles dans quelques cantons privilégiés, dont le granit presque entièrement feldspathique donne une couche arable d'une très-grande fertilité. C'est à l'ensemble de ces familles que l'on a donné le nom de *race limousine*, parce qu'elles se reproduisent par elles-mêmes et fournissent à la contrée des bœufs de travail, que l'on rencontre aussi chez les petits cultivateurs de la Charente et d'une partie de la Charente-Inférieure. Ces bœufs vont finalement concourir à l'approvisionnement des marchés de Paris, après avoir été engraissés sur les lieux ou dans les herbages de la Vendée et de la Normandie. Les engraisseurs de cette dernière province viennent les acheter à l'époque du carême, aux foires de l'Angoumois et de la Saintonge, en même temps que ceux des races parthenaise et d'Salers, dont nous parlerons plus loin. On les appelle Saintongeais dans le commerce, mais c'est une erreur que ne peuvent partager ceux qui, étant au courant des habitudes de l'économie rurale de ce pays, savent que les cultivateurs de la Saintonge qui entretiennent des bœufs blonds, vont acheter leurs attelages aux foires de la Haute-Charente, à Vars notamment, où les conduisent les éleveurs du Limousin, ou plutôt les petits cultivateurs charentais qui les tiennent de seconde ou de troisième main, suivant l'âge auquel ils sont arrivés. Là est la raison de leur grande docilité, car changeant de maître chaque année, ils ont été l'objet de beaucoup de soins de la part de chacun de

Fig. 530. — Bœuf du Limousin.

leurs vendeurs, qui en attend un bénéfice en sus du travail qu'ils lui ont produit.

Quant aux caractères de ces bœufs limousins, il serait bien impossible de les distinguer de ceux du type garonnais des environs d'Agen, pour peu surtout qu'ils aient été améliorés par un élevage bien entendu. On en jugera du reste sur les descriptions données par ceux-là même qui, parmi les auteurs, admettent l'existence d'une *race limousine*. Voici celle de M. Magne, par exemple : « Pelage jaune, plus pâle à la face interne des membres ; yeux grands, doux et entourés, ainsi que le mufle, d'une auréole presque blanche ; peau généralement souple, douce, pour un bœuf de montagne ; taille moyenne, corps long, plutôt grand qu'épais ; côte souvent plate ; garrot élevé, tranchant ; train postérieur quelquefois mince ; encolure un peu longue ; tête moyenne, portant des cornes blanchâtres sur toute la longueur, ou un peu brunes au sommet, très-grosses, presque toujours aplaties à la base ; elles sont rarement bien contournées dans le type de la race, mais dirigées en avant et souvent en bas. De même que dans le bœuf garonnais, on ampute une corne, quelquefois les deux, à 10, 12 centimètres de la tête, pour avoir plus de facilité à atteler les animaux. »

Il est visible que cette description s'applique tout aussi exactement aux bœufs de Tarn-et-Garonne, du Quercy, du Périgord, qui sont du reste comme ceux du Limousin des variétés de la race garonnaise. Toutes ces variétés, répétons-le, appartiennent à un type unique et arrivent à des formes et à des aptitudes identiques, lorsqu'elles sont soumises à la méthode d'amélioration que nous avons indiquée pour la famille agenaise, en constatant les résultats obtenus déjà.

La race garonnaise, dans toutes les parties de la vaste région qu'elle habite, est, sous le rapport de la lactation, plus que médiocre. Il arrive souvent que les vaches ne fournissent même pas assez de lait pour l'entretien de leur veau. On doit tenir compte de cette circonstance dans l'amélioration pour donner aux élèves pendant l'allaitement un supplément de nourriture. Il n'est pas rare de voir les éleveurs leur faire teter une nourrice appartenant à une de nos races laitières.

En résumé, les bêtes bovines des bords de la Garonne, du Quercy, du Périgord, du Limousin, principaux centres de production des animaux qui concourent à peupler la région que nous avons circonscrite, loin d'appartenir aux races distinctes que l'on a admises, se rapportent toutes au type garonnais et constituent, dans leur ensemble, une seule race parfaitement homogène dans son type, sinon dans sa conformation. Son caractère zootechnique fondamental est une disposition native à subir facilement l'amélioration en vue de la boucherie, dès qu'elle est soustraite à l'influence du travail, pour lequel son aptitude est cependant prononcée à un degré éminent. De toutes les races françaises, la race garonnaise est peut-être celle qui offre à cet égard le plus d'avenir, parce qu'elle se prête le mieux, dans ses diverses variétés agenaise, périgourdine et limousine, aux opérations de sélection qui la conduisent promptement à la précocité. L'expérience est faite à cet égard ; il ne peut plus y avoir d'hésitation. Les concours de boucherie en ont fourni assez de preuves pour qu'il ne puisse venir à l'esprit d'aucun homme compétent de le contester.

Race de Salers. — Il convient de citer textuellement M. Magne, pour ne pas faire comme ceux qui, ayant écrit depuis notre savant maître sur le bétail français, se sont contentés de copier ses descriptions en se les attribuant. Il n'y a en effet, pour être exact sur ce qui concerne la race dont nous allons nous occuper, que l'un ou l'autre de ces partis à prendre, car M. Magne n'a rien laissé à dire après lui. Nous préférons le premier.

« Propre au département du Cantal, dit-il, la *race de Salers* tire son nom d'une petite ville située dans l'arrondissement de Mauriac. Elle s'est produite sur quelques plateaux volcaniques dont la fertilité s'explique par leur grande altitude et par la composition chimique du sol. Les sommets du Cantal sont assez froids, en raison de leur élévation (1,857 mètres), pour condenser les vapeurs de l'atmosphère. En été, ils sont souvent voilés par d'épais brouillards et presque tous les matins couverts d'une abondante rosée ; la terre qui les constitue présente les nombreux éléments chimiques qui entrent dans la composition des roches volcaniques recouverts par une forte couche de terreau, produit de plusieurs siècles de végétation. De ces deux circonstances résulte la grande fécondité qui permet à des montagnes peu étendues de fournir, indéfiniment et sans s'épuiser, des bestiaux à une grande partie de la France. »

Après cet aperçu des conditions de milieu dans lesquelles se produit la race, l'auteur en trace les caractères ainsi qu'il suit : « Jadis on pouvait donner la description suivante des bœufs de Salers : corps grand, souvent mince et haut monté sur jambes ; saillies osseuses fort apparentes ; fesses peu charnues ; cuisses minces, trop fendues ; encolure moyenne ; fanon grand ; tête courte, forte ; cornes grosses, lisses, noires au sommet et le plus souvent régulièrement contournées en se relevant et se jetant un peu en dehors ; membres très-forts ; genoux en dedans ; épaules longues se rapprochant au sommet, ce qui rend le garrot mince ; peau épaisse, dure ; poil long et constamment d'un rouge foncé, quelquefois presque brun. Le bœuf de Salers présente assez souvent quelques plaques blanches à la queue, à la croupe et au ventre ; les animaux qui ont un pelage bicolore sont moins estimés par les marchands du Poitou, probablement à cause de la ressemblance qu'ils ont avec la race pie du Puy-de-Dôme.

« Cette description ne s'appliquerait plus qu'à une partie des bœufs de Salers. Aujourd'hui beaucoup de ces animaux ont un poitrail large, une poitrine ample, un garrot épais, l'épine dorso-lombaire bien soutenue, des cuisses bien musclées, des épaules longues et fortement charnues,

Fig. 531. — Taureau de Salers.

des membres, surtout les antérieurs, très-courts, et une peau douce et fine. Ce perfectionnement dans la race est une preuve de l'amélioration du régime auquel les animaux sont soumis.

« Comme le pays qui le produit, le bœuf de Salers est un. Quoiqu'il se répande des plateaux où il est né dans toutes les directions, il ne forme pas de sous-race proprement dite. Les innombrables troupeaux qui émigrent des foires d'Auvergne, d'Aurillac, de Fontanes, de Mauriac, de Salers, se dispersent, croisent accidentellement les races de l'Allier, de la Creuse, du Limousin, de l'Angoumois, du Quercy, du Rouergue, du Languedoc, mais sans former race. »

Faisons remarquer, avant d'aller plus loin, combien les caractères typiques que nous venons de voir présentent de traits de ressemblance avec ceux de la race anglaise de Hereford, et aussi peut-être avec ceux de la race de Devon.

M. Magne s'occupe ensuite des particularités relatives à l'élevage de la race de Salers et du commerce auquel elle donne lieu. Il poursuit : « La haute Auvergne fait naître une quantité prodigieuse de bétail. Il y a bien quelques herbages qui servent à l'engraissement, mais la principale industrie du Cantal, c'est la production de génisses et de taureaux que l'on vend en automne. Les mâles, et les plus beaux principalement, sont conduits dans l'Ouest » (notamment dans la Charente, la Charente-Inférieure et les Deux-Sèvres, où ils sont d'abord achetés par les propriétaires qui peuvent les entretenir pendant un an sans les faire travailler, puis par les petits cultivateurs qui les dressent et les vendent ensuite à d'autres dont les travaux sont plus importants, jusqu'à ce qu'ils aient atteint l'âge adulte, passant ainsi de main en main et laissant dans chacune un bénéfice plus ou moins considérable). « Une grande partie des femelles vont vers le Midi, jusque dans l'Aude, et dans l'Est, où elles travaillent et donnent du lait.

« Après avoir traîné la charrue dans les départements de l'Ouest, les bœufs d'Auvergne sont engraissés selon les saisons, ou dans les étables du Poitou, ou dans les herbages de la Normandie, et conduits vers Paris qu'ils contribuent à alimenter pendant toute l'année. Les engraisseurs les tirent en grande partie des Charentes, des Deux-Sèvres et de la Vienne. On les appelle souvent *bœufs du Poitou*, *bœufs mothois* (parce que les Normands les achètent principalement aux marchés de la Mothe et d'Aunay).

« Les vaches et les petits bœufs sont engraissés quelquefois en Auvergne où ils reviennent après avoir travaillé dans les provinces voisines, d'autres fois dans le Bourbonnais, le Charolais, le Forez, ou encore dans le haut Languedoc et le Rouergue. Gras, ils sont conduits à Lyon ou dans les villes de la Provence et du Languedoc. »

Voici maintenant l'appréciation que donne M. Magne des qualités et des défauts des animaux dont il s'agit : « Très-rustique, le bœuf de Salers se contente d'une nourriture médiocre, pourvu qu'elle soit abondante. Il est fort et très-tenace au travail, mais convient mieux pour les pays de plaines à température douce que pour les contrées à pentes rapides où règnent en été de fortes chaleurs.

« Pour une race du Midi, celle de Salers est passable au point de vue de la lactation ; il s'y trouve même quelques vaches qui donnent 18, 20 litres de lait par jour, à la vérité en consommant beaucoup.

« L'engraissement des bœufs de Salers, disait notre maître le professeur Grognier qui, né en Auvergne, en avait étudié le bétail avec prédilection, est long, peu économique, et leur viande n'est pas très-estimée. En effet, anciennement l'engraisseur les achetait moins cher que ceux de la race charolaise ; ils étaient durs à l'engrais,

mais ce défaut tenait moins à la nature des animaux qu'à la manière dont ils étaient entretenus, à l'imperfection de la castration qu'ils subissaient et surtout au travail prolongé qu'en exigeaient les cultivateurs. Depuis que grâce aux progrès de la culture on nourrit mieux les bœufs de travail, depuis qu'on a compris l'avantage de les renouveler plus souvent pour réaliser plus souvent les bénéfices qu'ils procurent, depuis qu'on les vend aussitôt qu'ils ont acquis tout leur développement, qu'on ne les fait travailler que deux, trois ans au lieu de sept, huit, neuf, il s'est produit une amélioration sensible dans la race de Salers au point de vue de la boucherie.

« Aujourd'hui, même après avoir fait de pénibles travaux, les bœufs de Salers s'engraissent bien, et au pâturage comme à la bouverie, ils fournissent beaucoup de suif et une très-forte quantité de viande ferme et sapide.

« Les concours ont souvent démontré qu'ils sont susceptibles de parvenir au plus haut degré d'engraissement, et, disent les engraisseurs, avec aussi peu de nourriture que les races les plus renommées pour leur aptitude à prendre la graisse. On peut même remarquer que les nombreux bœufs de Salers présentés au concours de Poissy, proviennent de différentes contrées, ce qui prouve que leurs qualités ont été reconnues dans tous les pays d'engraissement.

« Nous avons dit que la race de Salers avait éprouvé déjà de grandes améliorations quant à ses formes. Malheureusement ces améliorations sont encore loin d'être générales, et il est très-ordinaire de voir, sur les marchés, des bœufs de cette race à conformation très-défectueuse. Malgré leurs défauts, ces bœufs rendent beaucoup à l'abattoir, mais les acheteurs arguent de leurs os saillants, de leur corps étroit, pour les déprécier ; généralement on ne veut pas les payer ce qu'ils valent. Nous avons remarqué que les bœufs de Salers mal conformés sont souvent achetés par de bons connaisseurs qui savent les apprécier. »

Nous ne dirons rien de l'exploitation de la race de Salers au point de vue de la laiterie. Ce sujet aura sa place ailleurs, quand on s'occupera de la fabrication des fromages du Cantal. Il faut faire remarquer seulement, à ce propos, que la race dont il s'agit est sans contredit celle qui réunit à la fois au plus haut degré les trois aptitudes de l'espèce bovine, et aussi la seule qui soit exploitée en même temps pour la triple destination qu'elles permettent. Pour avoir été de beaucoup exagérée par des partisans enthousiastes, qui sont allés, dans leur irréflexion, jusqu'à préconiser le type de Salers comme agent universel d'amélioration de nos races françaises, en concurrence avec le Durham, il n'en est pas moins vrai que cette faculté mixte est assez remarquable. Ce qui doit en résulter pour nous, c'est la nécessité de s'en tenir strictement à la sélection pour ce qui concerne l'amélioration de la race de Salers, en assurant aux élèves, pendant l'allaitement et après le sevrage, une nourriture meilleure et plus abondante. Le vice capital de l'élevage, dans les montagnes, est la parcimonie de l'alimentation pendant la saison d'hiver. Bien que M. Magne semble admettre la possibilité de croisements normands ou flamands pour améliorer la race au point de vue de la laiterie, sa conclusion finale n'en est pas moins que c'est « aussi par elle-même que la race doit être améliorée pour la lactation ; les éleveurs, ajoute-t-il, devraient choisir pour la reproduction les mâles et les femelles dans des familles de bonnes laitières, et, pour agir avec certitude, ils ne devraient conserver, pour les employer à la reproduction, que les veaux et les velles des vaches qui mettent bas pour la troisième fois et qui, pendant plusieurs années, se sont montrées bonnes pour le lait. » Il conseille de joindre à cela l'emploi d'un régime convenable, c'est-à-dire « l'administration d'aliments abondants et propres à développer dans les jeunes vaches l'activité des mamelles. »

Telle est aussi notre conclusion. Et elle est préférable à coup sûr, quelque aptitude qu'il s'agisse de développer dans la race de Salers, à toute espèce de croisement.

Race Parthenaise. — On a décidément adopté ce nom pour désigner une race ancienne, parfaitement homogène, qui habite principalement le territoire de l'ancienne Vendée et s'est progressivement étendue sur tout le littoral de l'Océan depuis l'embouchure de la Loire jusqu'à celle de la Gironde, en se mêlant, dans les exploitations agricoles de la Charente-Inférieure, des Deux-Sèvres, de la Vienne, de la Creuse, de l'Aveyron, avec celle de Salers, sans toutefois qu'il en résulte des croisements entre ces deux races. Son principal centre de production est dans la Gâtine des environs de Parthenay. De là l'appellation de race parthenaise, et celle de bœufs *gâtinaux* par laquelle les animaux de cette race sont généralement désignés dans la région du centre de l'Ouest.

Les qualités de la race parthenaise trouvent leur facile explication dans la constitution agricole de cette région, célèbre dans les fastes de la révolution française. On sait que le territoire vendéen qui englobe, dans la nouvelle division, toute la partie septentrionale du département des Deux-Sèvres, comporte trois parties bien distinctes, différant autant par la constitution géologique que par le mode d'exploitation du sol et les mœurs des habitants. Ces trois parties sont le Bocage, la Plaine et le Marais. La première, le Bocage, est ainsi nommée à cause des nombreuses haies mêlées de chênes têtards qui entourent ses champs uniformément divisés en parallélogrammes de 1 à 2 hectares. Son sol accidenté repose sur un fond granitique et schisteux, en général peu fertile, et ne produisant qu'à force de travail et d'engrais. Coupée par quelques ruisseaux dont les eaux sont utilisées pour l'irrigation, c'est sur les bords de ces ruisseaux que se trouvent principalement les prairies. Mais la principale culture fourragère du pays est le chou, que l'on y rencontre de temps immémorial, et auquel sont venus se joindre, grâce au progrès agricole, celles de la pomme de terre, des betteraves, des turneps, etc. C'est dans cette zone que M. Charles de Sourdeval a placé le lieu d'origine de la race dont nous nous occupons, à laquelle il a consacré une intéressante description faite avec beaucoup de talent, et qu'il désigne pour ce motif sous le nom de race du Bocage. Toutefois M. de Sourdeval reconnaît que là n'est pas le foyer le plus actif de sa production, mais bien dans l'arrondissement de Parthenay, en pleine Gâtine.

Il y a tout lieu de croire que cet auteur se trompe en cela. La plaine vendéenne, dont les gâtines herbeuses ont été de temps immémorial soumises au régime pastoral, paraît avoir une part plus grande que celle qui peut revenir aux métairies du Bocage, dans la formation de la race parthenaise. Avant que les défrichements aient implanté dans la plaine la culture avancée que nous y voyons maintenant, et restreint les pacages de bruyères qui s'en vont disparaissant chaque jour devant le progrès, pour faire place à des assolements réguliers, alors l'élevage du bétail, et notamment celui de l'espèce bovine, était l'unique industrie de cette seconde partie du territoire vendéen. C'est indubitablement là, dans ces conditions si uniformes, que la race s'est formée, comme c'est aussi là qu'elle s'est améliorée depuis sous l'influence de l'introduction successive des prairies artificielles et des cultures fourragères annuelles. Le nom qu'elle porte est donc légitime. L'usage immémorial a consacré son appellation locale empruntée à la Gâtine. L'usage consacrera également celle que la zootechnie moderne lui attribue, car l'arrondissement de Parthenay, centre de la Gâtine, est bien son véritable foyer.

Le Marais, conquis sur la mer à une époque relativement récente par des atterrissements, et constitué par une argile marine mêlée de bri, n'a pu que recevoir son bétail de l'intérieur des terres. Et s'il lui a imprimé quelques modifications, ainsi que nous le verrons tout à l'heure, les caractères essentiels du type n'en ont pas moins été conservés.

Cette question d'origine de la race parthenaise est peu importante du reste, puisqu'il s'agit seulement de deux zones contiguës de la même région, et dans lesquelles le bétail se présente avec les mêmes caractères, sinon avec la même ampleur de formes, celles-ci dépendant uniquement de la fertilité du sol. Nous ne devons pas nous y arrêter davantage, pour aborder tout de suite la description du type de cette race. Ce type est considéré à bon droit comme l'un de ceux qui présentent à notre production animale le plus d'avenir, tant il est exactement approprié par ses aptitudes au milieu dans lequel il s'est formé et se montre docile à suivre les perfectionnements imprimés par le progrès agricole à ce milieu.

La race de Parthenay a le front large et plat, la tête courte, le chanfrein droit et le mufle large. Ses cornes sont longues et effilées, blanches dans leur plus grande étendue et noires seulement à l'extrémité ; elles sortent d'abord latéralement sous une direction horizontale, puis se courbent gracieusement en avant et se relèvent vers l'extrémité pour se diriger en haut et en dehors. L'encolure est courte et bien musclée, avec un fanon moyen et peu épais. Les épaules sont longues et bien musclées, le garrot large et bas, la poitrine profonde, à côtes souvent plates, mais généralement près de terre ; la ligne du dos droite, les lombes larges, les hanches écartées, la croupe horizontale et bien fournie de muscles, la queue plantée bas, noyée entre les ischions, longue et à fouet abondant, la culotte bien des-

cendue, formant une ligne droite. Les membres sont courts, mais forts, aux articulations larges, mais bien d'aplomb. Les animaux de cette race sont lourds, lents, mais tenaces, robustes et bons

Fig. 532. — Taureau de Parthenay.

travailleurs. La taille moyenne varie entre 1m,35 et 1m,45. Lorsqu'ils sont gras, ils atteignent facilement 500 kil. de poids vif. Leur peau relativement fine et moelleuse, comme la placidité de leur caractère, indique une disposition au facile engraissement.

Le pelage de la race parthenaise est fauve, avec des teintes plus claires le long du dos, sous le ventre et à la face interne des cuisses. Chez le taureau, ces nuances sont encore relevées par des taches d'un brun foncé vers les épaules et l'encolure; mais la robe s'uniformise chez le bœuf à mesure qu'il avance en âge, au point de devenir d'un jaune grisâtre et même tout à fait grise. Cette nuance grise est très-commune à la face interne des cuisses, et va parfois jusqu'au blanc argentin. La caractéristique de la race, ce qui lui donne sa physionomie particulière au milieu de celles qui, en assez grand nombre, ont comme elle le pelage fauve plus ou moins nuancé, ce sont précisément des auréoles d'un poil fin et de ce blanc argentin qui existent autour du mufle noir et des yeux aux paupières brunes garnies de longs cils noirs aussi. Ce dernier caractère, fort estimé comme indice de bonne origine, s'exprime en disant que l'animal a les *usses* blanches, mot du dialecte local qui désigne les sourcils.

Les caractères de la robe sont uniformes dans la race. On n'y observe jamais aucun mélange de couleurs. Et cela témoigne à coup sûr de son entière pureté. On les rencontre, à des nuances près, dans tous les points de la région qu'elle habite.

M. de Sourdeval a donné sur l'élevage des bœufs dont nous nous occupons et sur les transactions commerciales dont les élèves sont l'objet des renseignements qu'on ne peut que reproduire. « Le bétail de ces deux contrées privilégiées, dit-il après avoir parlé du Bocage et de la Gâtine de Parthenay, comme celui des bons cantons du Bocage, est entouré de soins dès son jeune âge; les veaux boivent souvent le lait de deux vaches, et toujours ils reçoivent une alimentation choisie. On pense avec raison que de ces premiers soins dépend tout leur avenir. Les formes, bien développées dans l'enfance, préparent une bonne et saine constitution qui se prête à toutes les aptitudes. Ces animaux sont faciles à élever et d'une douceur remarquable; adultes, ils ont la démarche ferme et aisée, sont courageux au travail; vieux, ils s'engraissent facilement. L'engraissement se fait à l'étable, pendant l'hiver généralement, et à l'aide de récoltes sarclées.

« De temps immémorial, poursuit l'auteur, le reste du Bocage élève une grande quantité de bétail appartenant à la même souche. C'est toujours même conformation et même robe; mais la nuance varie selon le territoire et le degré d'agriculture. C'est le soin, c'est la culture qui développent ces animaux dans leur perfection. Un sol négligé ou rebelle fait bientôt sentir sa triste influence. Les tribus de la race du Bocage qui vivent sur un terrain peu énergique, qui paissent sur la bruyère, perdent leur taille, l'ampleur de leurs muscles, le brillant de leur robe; le duvet perlé qui borde le nez et les yeux, ou double les cuisses, cachet si distinctif de la belle race, s'efface à mesure que l'espèce dégénère. Dans quelques localités très-arides de l'arrondissement des Sables la race est arrivée à une petitesse extrême, tout en conservant ses caractères principaux. Cependant, la plupart des cantons entretiennent leur tribu dans un état satisfaisant de pureté et de prospérité, soit par les soins qu'ils donnent, soit par des achats souvent répétés de veaux et de génisses provenant des meilleurs types.

« Le bétail du Bocage est l'objet d'un commerce très-actif, tant à l'extérieur qu'à l'intérieur même de son territoire. Les veaux et génisses de Parthenay sont très-recherchés par les éleveurs de tout le Bocage, et les attelages qui en proviennent émigrent en foule vers la Saintonge, le haut Poitou et la Touraine, où ils se vendent sous le nom de bœufs de Gâtine. Beaucoup vont aussi dans le pays de Retz, pour être employés aux travaux de l'agriculture et au transport des vins; le commerce de Nantes occupe même un certain nombre de ces animaux pour charrier des marchandises. Les habitants de l'arrondissement de Savenay ne voudraient pas, au contraire, importer dans leur faible culture des animaux d'une race aussi avancée; ils aiment mieux s'adresser aux tribus moins développées qui s'élèvent entre la Sèvre et le lac de Grand-Lieu. Là, ils achètent des veaux de deux ans, qui s'acclimatent aisément sur leur sol peu fertile, et qui fournissent aux besoins de leur agriculture; car l'espèce du Bocage, importée à l'état viager seulement, remplit toute la péninsule comprise entre la Loire et la Vilaine : cette dernière rivière est rarement franchie par la race bretonne proprement dite. Les cultivateurs de Clisson, Montaigu, Aizenay, la Mothe-Achard, après s'être ainsi défaits avantageusement de leurs médiocres élèves, mettent leur amour-propre à acquérir des sujets supérieurs, provenant directement des plateaux vendéens ou de Parthenay, et qui, sous le nom de veaux de cordes ou du pays haut, se vendent, à deux ans, de 450 à 600 fr. la paire. Les bons cultivateurs bénéficient sur l'échange : les jeunes animaux, bien soignés, bien nourris, prennent entre leurs mains de la taille et de l'étoffe, ils forment de bons et solides attelages pour le travail, et se vendent plus tard, avec avantage, aux foires de Napoléon, la Mothe-Achard, Aizenay, l'Hébergement; mais malheur au cultivateur négligent qui tente à l'étourdie cette spéculation! ces superbes élèves dépérissent entre ses mains, et il les revend à perte. » Les choses se passent absolument de la même façon chez les cultivateurs du Poitou et de la Saintonge, où, comme nous l'avons dit déjà, les élèves de la race de Salers et ceux de la race de Parthenay passent ainsi de main en main, à titre tout à la fois d'animaux de travail et d'animaux de rente, l'aisance de chacun étant dans les mœurs du pays accusée par le bon état de ses bœufs.

M. de Sourdeval s'occupe particulièrement de la Vendée; mais ce qu'il dit s'applique tout aussi bien aux autres parties de la région. Nous pouvons donc sans inconvénient continuer de le citer.

« Le principal mouvement du bétail vendéen s'opère à l'intérieur même du Bocage, ajoute t-il. Presque sur tous les points on le fait naître, on l'élève, on l'emploie à l'agriculture, on l'engraisse, mais, au-dessus de ce mouvement local, domine une sorte de courant supérieur qui prend sa source dans l'élevage immense des territoires des Herbiers, Pouzauges, Parthenay, qui fait circuler la race de ces localités dans tout le massif du Bocage, qui la dirige particulièrement du nord au midi pour le travail, et qui la ramène vers le nord pour l'engrais; car c'est particulièrement sur la rive droite de la Sèvre, c'est dans le delta compris entre cette jolie rivière et la Loire, qu'est le grand atelier d'engraissement. Là, des milliers de bœufs, vétérans du travail, répartis en des étables obscures et chaudes, sont l'objet de soins assidus pour revêtir la parure de l'holocauste; puis des marchés de Cholet, de Montrevault, ils s'envolent en chemin de fer vers Poissy, théâtre de leur dernier triomphe, et de là vers Paris, lieu du sacrifice inéluctable. » Sur les marchés d'approvisionnement de la capitale ces animaux ont été pour ce dernier motif de tout temps désignés sous le nom de bœufs choletais. Il n'y a pas d'autre raison pour expliquer comment il se fait que la qualification de choletaise est donnée assez généralement à la race de Parthenay. Et nous n'avons pas besoin, sans doute, de nous arrêter à la discussion de cette épithète.

Il ne sera pas davantage nécessaire, après ce qu'on vient de lire, d'établir qu'il n'y a pas non plus de race nantaise. Les individus que l'on rencontre dans la Loire-Inférieure, et dont le groupe est ainsi désigné, ne diffèrent seulement pas du type de Parthenay par des caractères accessoires; et il y a, comme on vient de le voir, d'excellentes raisons pour cela. On comprend, jusqu'à un certain point, l'erreur en vertu de laquelle la prétendue race maraîchine est admise. En s'élevant dans les marais de la Charente-Inférieure et de la Vendée, les bœufs gâtinaux prennent des formes moins massives, un corps un peu élancé, des proportions moins régulières, et surtout un pelage grossier, plus brun. Exposés aux intempéries des saisons et soustraits aux soins de l'homme, ils ont le poil touffu, le corps sale, et conservent longtemps leur fourrure d'hiver, qui est terne. Mais ils n'en présentent pas moins le cachet de la race à laquelle ils appartiennent, c'est-à-dire le muffle noir et les auréoles blanches du nez et des yeux. Il suffit d'ailleurs de les rentrer à l'étable pour leur faire reprendre bientôt le pelage fauve clair du type.

Ce type est celui de la race parthenaise, et il règne dans toute la région, dans le Marais comme dans le Bocage et la Plaine. Mais nous n'avons encore parlé que du mâle. Le moment est venu de consacrer quelques mots à la femelle.

« Dans cette race, dit M. de Sourdeval, la vache est essentiellement plus petite que le bœuf; ses formes potelées sont en même temps légères, délicates; on demande pour elle la même robe, la même coiffure, enfin le même cachet de race que pour les bœufs. Elle est médiocrement laitière, en quoi elle diffère de sa voisine du Marais, qui l'est à haut degré. (Les circonstances expliquent suffisamment cette différence.) Cette dernière, comme la vache de Suisse et d'Auvergne, se rapproche infiniment plus du bœuf pour l'ampleur des formes que ne le fait celle du Bocage. Les vaches de la Vendée ne vont pas, comme les mâles, courir les aventures d'un commerce lointain ; modestes ménagères, elles restent au village, où leur fonction unique est de perpétuer et d'étendre la famille dans tous les priviléges de sa race. Leur lait est employé à la nourriture des élèves, sauf la portion nécessaire pour les besoins de la ferme ; c'est un principe admis parmi les bons agriculteurs du pays qu'on ne doit y conduire que des veaux et des génisses bien nourris, et cette généreuse idée est une des causes principales du beau développement et de toutes les qualités de l'espèce. Les villes de Nantes, d'Angers et autres, attirent quelques vaches qui sont choisies à l'âge adulte, sur les apparences de leurs qualités lactifères ; celles-ci, après avoir donné ce qu'elles peuvent en ce genre, sont livrées aux herbages de la Loire. Le reste des vaches du pays est engraissé sur les lieux mêmes ou dans les marais de la Charente. Jamais ces bêtes ne sont soumises au travail. »

Nous avons vu aussi, chez M. Martin de Lignac, dans le département de la Creuse, une superbe vacherie de quarante vaches de Parthenay, donnant en moyenne de 1,800 à 2,000 litres de lait chacune par saison. Le produit total de la vacherie est de 430 litres par jour, au moment de la pleine lactation, et le lait est très-riche.

Ces vaches avaient été directement importées par M. Martin de Lignac ; mais il faut dire que la Creuse est généralement occupée par le type de Parthenay, qui, en s'y reproduisant, a subi seulement un amoindrissement de stature. Ce type s'étend, du reste, sans interruption ni lacune, depuis son lieu d'origine jusqu'aux montagnes d'Aubrac, où il s'est implanté pour former la tribu décrite sous le nom de race d'Aubrac. En se reportant à la description de cette prétendue race, on s'apercevra facilement maintenant de son identité parfaite avec celle de Parthenay. Le mouvement commercial dont celle-ci a toujours été l'objet, de l'ouest vers le sud-est, explique fort bien son implantation dans les pâturages propres à l'élevage de la montagne d'Aubrac, qui n'ont pas pu donner naissance à un type si différent de celui de Salers, son voisin.

Il est facile de voir, d'après la description détaillée qui vient d'être faite, combien la région du centre de l'Ouest offre de ressources pour l'amélioration progressive de la race de Parthenay, et combien aussi cette race peut elle-même s'y prêter par sa propre constitution. Aucun de ces éleveurs d'élite, dont les succès attirent l'attention, ne s'en est encore occupé d'une manière suivie, et nous l'avons bien des fois regretté, pour notre compte, en faisant des efforts personnels en vue d'en lancer quelques-uns dans cette voie féconde pour leur gloire et leur intérêt. Dans un pays où l'espèce bovine est l'objet de tant de soins de la part des petits cultivateurs ou métayers qui l'entretiennent, il ne serait pas bien difficile d'a-

mener à un haut degré de précocité les familles dont la sélection serait habilement dirigée pendant quelques générations. Cependant, il faut le dire, le niveau moyen de la race monte chaque jour, à mesure qu'on en exige moins de travail, non-seulement en intensité, mais encore en durée. La demande de la consommation, depuis l'établissement du chemin de fer de Paris à Bordeaux, enlève de plus en plus de bœufs à la charrue. Les attelages adultes deviennent de plus en plus rares. Et l'on sait l'influence qu'exercent de telles circonstances sur l'amélioration du bétail. Nous y avons insisté au sujet de l'amélioration effectuée dans la race d'Angus.

Le même phénomène aura, dans le Poitou et la Vendée, les mêmes conséquences pour la race de Parthenay. L'amélioration marche lentement, mais elle marche sans cesse. Vienne le concours de quelques hommes d'initiative qui, par une sélection complète, lui fournissent des types améliorateurs en nombre suffisant, et cette race ne le cédera bientôt à aucune pour la boucherie, car les individus qui la composent peuvent être rangés dès à présent parmi les meilleurs consommateurs. Il y a là de quoi tenter plus d'un agriculteur éclairé du Poitou. Nous appelons de tous nos vœux un célèbre éleveur de la race de Parthenay.

Race charolaise. — Voici, sans contredit, la plus avancée des races bovines françaises, dans la voie de l'amélioration. Aussi est-ce à peu près la seule qui ait une histoire et dont la population gagne du terrain, à mesure que le progrès agricole se fait autour de ses principaux centres de production. Depuis un siècle, la race charolaise s'est répandue de proche en proche dans tous les départements du centre de la France, en chassant devant elle le bétail travailleur et rustique du versant septentrional de notre plateau central, à tel point que le moment n'est pas éloigné sans doute où elle y régnera sans aucun partage. Ce fait d'expansion, tout à fait analogue à celui qui s'est produit dans les lowlands d'Écosse pour la race d'Angus, mérite de notre part une grande attention. C'est pour cela que nous lui consacrerons quelques détails.

L'histoire de la race charolaise a été tracée avec une compétence qui n'avait pas encore été atteinte, par M. Chamard. Nous ne saurions donc mieux faire que de citer cet auteur textuellement. « C'est dans le département de Saône-et-Loire, dit-il, et particulièrement dans les communes de Briant, Saint-Christophe, Oyé, Sarry, Saint-Didier, Varennes, l'Arcome, Saint-Julien de Civry, Amanzé et la Clayette, parties comprises dans l'ancien Brionnais, qu'ont existé les premières et les meilleures vacheries ; de là elles se sont répandues dans l'ancien Charolais et jusque sur les rives de la Saône. Du reste, la nature des herbages et le climat de Saône-et-Loire ont tout fait pour la race charolaise, et personne parmi les anciens n'a conservé le souvenir de la moindre tentative faite dans un but d'amélioration.

« Le Brionnais et le Charolais reposent sous un climat doux, plutôt humide que sec, et sur un sol

fertile, généralement argilo-calcaire et argilo-siliceux, mais néanmoins perméable, et particulièrement favorable à la végétation des trèfles et des
graminées de premier ordre; les ondulations du
terrain, l'abondance et la richesse des eaux ont
permis d'établir, jusque sur le sommet des coteaux, des herbages qui ne le cèdent à ceux de la
Normandie que sous le rapport de la quantité.
C'est dans ces conditions extrêmement avantageuses que la race charolaise a acquis depuis des siècles les caractères que nous avons, dit M. Chamard, énumérés plus haut (et que nous énumé-
rerons, nous, plus loin), et la finesse de tissus qui
l'a de tout temps fait préférer à toute autre par la
boucherie de Lyon.

« Les anciens éleveurs, et les plus importants
dont le souvenir ait été conservé, sont MM. Mathieu
d'Oyé, dont les fils sont venus plus tard habiter le
Nivernais; les Despierre, dont les uns habitaient
Saint-Julien de Civry et les autres Saint-Didier;
les Glassard de Busseuil, Ducroux de Poisson, La-
motte de Saint-Didier, Tiveaud d'Oyé, Darmazin
de la Rivière d'Oyé, les Goin et Ravier d'Anzy-le-
Duc, Tuchon de Vauban, Buchet du Lac, Monmessin de Saint-Laurent, les Ducret de Saint-Laurent
et d'Amanzé, etc. Tous ont contribué dans des
proportions diverses à faire la réputation de la race
charolaise, et à la répandre dans les contrées limitrophes.

« L'impulsion donnée par eux et leurs contemporains à la production en grand du bétail développa bientôt cette industrie sur une très-large
échelle, et quelques esprits actifs, secondés du
reste par la fertilité des herbages et la facilité extrême de la race à se bourrer de chair et de graisse,
se lancèrent dans la spéculation des embouches,
qui n'avait point jusque-là reçu un très-grand développement, mais qui ne pouvait manquer de
devenir profitable en présence de la consommation toujours croissante de Lyon et de ses environs.
En quelques années, cette nouvelle manière d'exploiter devint générale et fut appliquée à tous les
meilleurs fonds; l'élevage en grand dut, pour
rester avantageux, s'éloigner de plus en plus des
centres qu'il avait primitivement occupés. Cependant les bénéfices réalisés à court terme dans la
nouvelle industrie devinrent tellement considérables qu'on vit affermer dans le pays certains
herbages à raison de 140 fr. par bœuf, soit environ 280 fr. par hectare net pour le propriétaire,
l'hectare pouvant, dans un grand nombre de cas
engraisser jusqu'à deux têtes. C'est aussi vers la
même époque qu'on vit s'enrichir un grand nombre de fermiers dont les descendants, malgré la
division des fortunes, ont conservé une grande position dans le pays. Mais cet état de choses ne
pouvait durer longtemps; la diminution de l'élevage et la concurrence entre les engraisseurs, dans
les foires de bœufs maigres, amena une hausse
soutenue dans les prix; d'autre part, la location
des herbages allant toujours croissant, les profits
s'amoindrirent, et quelques fermiers pensèrent à
porter plus loin leur industrie.

« Vers cette époque, en 1770, autant qu'il est
permis de préciser, un des Mathieu, de la famille
des Mathieu d'Oyé, dont il a été question plus haut,

et dont le fils Mathieu (Antoine) fut connu plus
tard dans le Nivernais sous le nom de Mathieu
d'Aulnay, vint s'établir dans la terre d'Anlezy,
magnifique ferme située près du village du même
nom, à 24 kilomètres de Nevers et à 12 kilomètres environ de la ville de Decize, amenant avec
lui son bétail charolais et le mode d'exploitation
par herbages. Le sol frais et fertile d'Anlezy le servit à merveille dans ses combinaisons, et bientôt,
à la place de terrains dont la culture dispendieuse
ne laissait aux détenteurs qu'un bénéfice illusoire,
on vit s'étendre d'immenses prairies couvertes de
bêtes blanches, dont l'exploitation dans sa plus
grande simplicité n'occupait plus que quelques
domestiques.

« Les résultats financiers de cette entreprise furent si satisfaisants que de nouveaux fermiers charolais vinrent occuper successivement dans la Nièvre les positions les plus fertiles. M. Lorthon se fixa
à Sovigny près Cercy-la-Tour; M. Massin, à Limanton et aux environs de Montigny; enfin M. Ducret
fit la ferme d'Anlezy, précédemment occupée par
l'importateur Mathieu, et MM. Mathieu aîné et Ca-
mille, l'un et l'autre fils de Mathieu d'Oyé, qui fut
l'un des meilleurs éleveurs du Charolais, vinrent
s'établir, le premier à Montat, dans le voisinage
de Limanton, le second à Espeuil, commune de
Montapas, et plus tard à Aulnay, ferme précédemment occupée par Mathieu (Antoine), fils de l'importateur; les Monmessin se fixèrent à Montigny, etc.

« Mais pendant que ces faits s'accomplissaient,
et que le sol frais et humide, quelquefois frais et
fertile, de la Nièvre se convertissait en herbages
sous la main des nouveaux venus, les agriculteurs
nivernais ne restaient point inactifs. Doués généralement d'un esprit entreprenant et hardi, ils
eurent bientôt compris l'excellence d'un système
qui s'appliquait si bien au pays et les avantages
d'une race aussi apte au travail que la race locale
mais infiniment plus propre à l'engraissement. Ce
fut comme une traînée de poudre.

« La Nièvre ne possédait à cette époque que la
race énergique du Morvan, les foires étant pour la
plupart envahies par les jeunes bœufs limousins
et ceux de la race de Salers, de la souche des environs de Mauriac, qui y avaient une vogue justifiée par leur utilité réelle à titre de travailleurs;
on retrouvait encore un peu partout une foule
d'animaux sans caractères distincts, sans spécialité
déterminée. Cet état de choses, plus ou moins modifié par les importations charolaises et les croisements qui eurent lieu sur tous les points, dura
jusque vers 1815, époque à laquelle les travaux
intelligents de MM. Boitard, Cornu (Antoine),
Cornu (Nicolas), Cornu de Montgazon, Roux de
Crecy, Roux d'Achum, et enfin de M. Paignon
père, imprimèrent à l'élevage une direction plus
rationnelle et mieux définie : ce dernier surtout
influa puissamment sur la production par l'excellence de sa souche et le nombre considérable de
reproducteurs qui sortirent de ses étables. Nous
citerons encore M. Chamard père, qui commença
ses opérations en 1808 et les termina en 1851, voisin et ami de M. Paignon, et, du reste, en relations
constantes avec les principaux introducteurs et la

plupart de ceux qui avaient adopté de prime abord leur système d'exploitation. Il organisa à Meauce, dans le val de l'Allier, un vaste système d'élevage, qui obtint un plein succès jusqu'en 1815, année désastreuse où le typhus contagieux ravagea la contrée et enleva de ses étables, en quelques jours, quatre-vingts têtes de bétail. Cette perte ne le découragea point ; en 1818 il vint s'établir à la ferme de la Maison-Rouge, près Germiny-l'Exempt (Cher) où il développa à nouveau l'élevage de la race charolaise. Le soin qu'il apporta dans le choix des reproducteurs fit bientôt de sa souche l'une des plus renommées sous le rapport de la naissance et de l'aptitude à prendre la graisse ; le nombre des animaux qu'il vendit dans les vingt dernières années de ses opérations ne saurait être calculé aujourd'hui, mais ce qui est digne de remarque, c'est qu'il en fut acheté dans ses écuries pour retourner en Saône-et-Loire. Il introduisit en même temps dans ses assolements la culture des prairies artificielles, inconnue jusque-là dans cette riche vallée, et put dès lors consacrer aux embouches la majeure partie de ses prairies, dont il avait, du reste, augmenté l'étendue par l'adjonction des fermes de la Garde et des Grivos. Vers 1840, cette partie de son exploitation reçut une extension considérable, et comprenait un chiffre variable de deux cent quatre-vingts à trois cents bêtes mises à l'engrais chaque année dans les herbages.

« Les travaux qu'il accomplit pour la transformation en prairies des terrains froids et compactes de ses fermes ne furent point sans influence sur le mode d'exploitation locale ; il eut la satisfaction de les voir reproduire dans toutes les parties du pays susceptibles de recevoir le même traitement ; et cette vallée, qui précédemment restait, pour ainsi dire, improductive malgré sa haute fertilité, livre aujourd'hui à la boucherie plus de deux mille cinq cents bêtes grasses chaque année, outre l'élevage considérable qu'on y pratique. Sous l'influence du nouveau système, la valeur foncière des propriétés rurales s'accrut dans une proportion rapide, et le prix des fermages, qui était, en 1815 et 1820, de 20 à 25 fr. par hectare, s'est élevé jusqu'à 100 fr., y compris les terres arables, dont les locations, lorsqu'elles sont isolées, ne dépassent guère 30 à 40 fr. par hectare. La ferme de la Maison-Rouge, qui était louée 1,800 fr., avant 1818, fut affermée 8,500 fr., y compris les menus suffrages, après vingt-sept ans d'exploitation par M. Chamard.

« On peut voir par ce qui précède, ajoute l'auteur, quelle a été l'influence du système charolais et de l'introduction du bétail de Saône-et-Loire dans le Cher et la Nièvre; on verra prochainement des effets analogues se produire dans une grande partie du département de l'Allier, où cette race pénètre de plus en plus. C'est qu'en effet la race charolaise est éminemment propre à l'engraissement à l'herbe, et ce système est tellement simple qu'il devient facile à exécuter partout où le sol manque de bras et où l'humidité constante s'oppose à une culture lucrative, même dans les fonds les plus fertiles (1). »

(1) Encyclopédie pratique de l'agriculteur.

Après avoir ainsi fait l'histoire de la première phase des déplacements auxquels la race charolaise doit sa réputation et son succès, M. Chamard indique les changements survenus dans les caractères primitifs de cette race sous l'influence des opérations dont il s'agit. Dès les premières générations, paraît-il, les animaux avaient perdu de leur finesse. Le poil était devenu moins soyeux, la peau moins souple, caractères appartenant à un très-haut degré à la souche originelle. Le système osseux s'était développé davantage, la tête avait acquis plus de volume, les cornes, demi-longues, un peu relevées vers la pointe, lisses et de la teinte de l'ivoire dans toute leur étendue, avaient pris à leur extrémité une couleur verdâtre. L'encolure s'est renforcée, le fanon, peu prononcé dans le type de Saône-et-Loire, est devenu plus prononcé ; à l'expression de douceur du regard a succédé un certain air de fierté ; en somme, « l'ensemble de la machine, dit M. Chamard, est devenu plutôt l'expression propre à l'animal travailleur qu'à celui dont les aptitudes sont multiples et la fin dernière la boucherie. » Toutefois le pelage est resté ce qu'il était primitivement, c'est-à-dire uniformément blanc, d'une nuance de crème; le corps n'a pas cessé d'être cylindrique et épais, porté sur des membres courts et relativement peu volumineux. La tête est toujours courte, et large néanmoins, et les naseaux sont bien ouverts. La ligne du dos parfaitement droite, et les lombes larges; la fesse épaisse et arrondie en arrière, avec la queue plantée bas ; tout cela n'a point varié. Et tels sont aujourd'hui les caractères de la race charolaise à l'état de pureté, dans toutes les parties de la région qu'elle habite, aussi bien dans l'Allier, le Cher, la Nièvre, la Côte-d'Or, que dans le département de Saône-et-Loire où elle a pris son origine.

Mais sous l'influence des idées zootechniques qui se sont introduites chez nous il y a quelques années par suite des importations anglaises, cette race est entrée dans une seconde phase qu'il convient d'indiquer également, et qui lui imprime une rapide transformation. La race charolaise, qui était, il est vrai, admirablement prédisposée à ce résultat par la finesse native de sa souche, marche avec une grande rapidité vers la précocité. Parmi les éleveurs, assez nombreux, qui sont entrés les premiers dans cette voie, nous citerons particulièrement ceux qui se sont fait connaître dans les concours publics, parce qu'ils ont le plus contribué à l'établissement de la réputation de la race. Et à leur tête il faut placer M. Louis Massé. Ensuite viennent MM. Bellard, le comte de Bouillé et Tiersonnier; mais nous verrons tout à l'heure que les opérations de ces derniers ne méritent pas au même degré notre approbation. Le véritable améliorateur de la race charolaise est M. Louis Massé, qui s'en est tenu exclusivement aux procédés de sélection pour constituer une famille de charolais dont les succès ont longtemps attiré l'attention du monde agricole. Nous allons raconter, d'après M. Chamard qui nous a devancé dans cette tâche, les travaux de cet éleveur distingué.

« M. Massé, dit-il, a commencé ses opérations en 1822, au domaine des Bourgoins, près la Guerche-sur-l'Aubin (Cher), à l'extrémité du val de Germiny-l'Exempt, et plus tard à Martout, sa résidence actuelle. Les premières vaches furent achetées chez M. Chamard et chez M. Ducret, l'un des importateurs de la race pure en Nivernais. La plupart de ces bêtes étaient de provenance charolaise et présentaient toute la finesse moléculaire désirable ; mais la modification physiologique qui s'était opérée dès le début dans l'élevage des fermiers nivernais, modification que nous avons signalée plus haut, ne tarda pas à se faire sentir : les produits prirent du gros, de l'os, du poil et de la peau, et se mirent en équilibre avec le milieu qui leur était donné. M. Massé, ainsi qu'il le raconte lui-même, eut bientôt pris son parti ; il supprima le mode d'élevage qu'il avait suivi jusque-là à l'imitation des éleveurs charolais, qui, opérant sous un climat plus égal et plus doux, n'avaient point à craindre les mêmes mécomptes ; les jeunes animaux furent laissés seuls, pendant la meilleure saison du vert, dans les herbages les mieux composés ; les reproducteurs adultes furent soumis à la stabulation et au régime des trèfle, luzerne, vesces, maïs et autres plantes fourragères très-alibiles ; en hiver, le meilleur foin et les racines, betteraves et carottes, furent donnés à discrétion aux adultes et aux jeunes produits ; enfin quelques reproducteurs furent achetés de nouveau en Charolais et chez M. Chamard. Ce mode de traitement, qui supprimait l'action locale d'un climat frais et humide, l'alimentation substantielle et abondante appliquée à l'élevage des adultes et des jeunes, déterminèrent promptement, chez les uns et chez les autres, les modifications les plus heureuses : la peau prit de la souplesse, le poil devint plus doux et plus fin, le système musculaire se développa dans une large proportion, et la souche prit un cachet de distinction qu'elle n'avait point présenté jusque-là. Ces qualités obtenues par le régime se reproduisirent dans les descendants et reçurent un caractère de fixité permanent par l'emploi réitéré d'accouplements consanguins. Depuis quinze ou seize ans, M. Massé a renoncé à l'emploi de reproducteurs mâles nés ailleurs que chez lui, de sorte que sa vacherie, qui est aujourd'hui très-nombreuse, ne se compose que d'animaux ayant entre eux un degré de parenté très-rapproché.

« Cette amélioration rapide et radicale du bétail de Martout devint tellement manifeste, que certains esprits prévenus ou envieux avancèrent que M. Massé avait opéré clandestinement des croisements avec la race de Durham. Ce dernier repousse énergiquement les insinuations malveillantes qui ont eu lieu à cet égard, et rappelle avec raison que son bétail était déjà arrivé au plus haut degré de perfection avant l'introduction des Durham dans le Cher, chez MM. Tachard, Acher et Chamard. Du reste, si ces allégations eussent eu quelque fondement, il eût été facile aux intéressés d'établir des faits avec précision ; car cet éleveur, distingué à un titre, n'a jamais refusé à personne l'entrée de ses étables, et nous avons, ajoute notre auteur, été personnellement à même de constater souvent combien sont également erronés les dires de ceux qui

avancent que M. Massé fait pour la nourriture de son bétail des dépenses en tourteaux et en farineux que nul autre autre éleveur du pays n'oserait tenter : nous avons la conviction qu'il n'en est rien, et que l'état d'embonpoint dans lequel se trouve toujours le bétail de Martout tient particulièrement à l'excellence de la souche. Mais voici des faits qui n'ont pas besoin de commentaire.

« Depuis l'institution des concours de reproducteurs et d'animaux de boucherie, la sous-race (l'auteur veut dire la famille) de Martout a valu à son propriétaire, à Poissy, quinze médailles en or, six en argent et trois en bronze : total vingt-quatre ; et dans les concours de reproducteurs, quatorze médailles en or, sept en argent et cinq en bronze, soit vingt-six ; et pour la totalité, cinquante prix avec médailles. Ajoutons encore que, dès 1840, la vacherie de M. Massé fut, comme celle de M. Chamard, mise hors concours pour les comices de Sancoins, Néronde et la Guerche, afin de ne point décourager les autres éleveurs. Enfin les exhibitions publiques, en faisant connaître et apprécier le bétail de Martout, ont valu à M. Massé, si nous sommes bien informé et si nos souvenirs sont exacts, la vente à très-haut prix de plus de quatre-vingt-dix à cent reproducteurs, dont moitié au moins pour les mâles, et dans un espace de huit ou dix ans (1). »

Les insinuations relatives aux croisements que M. Massé aurait opérés avec la race de Durham, et dont il vient d'être parlé, étaient le plus bel éloge que l'on pût faire des animaux élevés par lui. Pour que ces insinuations trouvassent créance, il fallait bien que ces animaux présentassent dans leur conformation et dans leurs aptitudes quelque chose de la perfection qui appartient à la race anglaise. C'était, en effet, la réalité ; et nous avons vu en traitant de la précocité que dès 1846 cet éleveur pouvait transmettre à M. Renault des renseignements sur quelques-uns de ses sujets qui, sous le rapport du développement hâtif, ne le cédaient guère aux courtes-cornes. Mais s'il est bien établi que les sujets de la famille charolaise créée par M. Massé sont tout à fait exempts de croisement Durham et ont été exclusivement améliorés par sélection, les mêmes procédés devant nécessairement conduire aux mêmes résultats ; si cela est bien établi, il n'en est pas moins certain que tous les autres éleveurs n'ont pas agi de la même façon. On rencontre fréquemment à présent, parmi les individus de la région dont la race charolaise a pris possession, des traces non équivoques du croisement dont il s'agit. Au point où en sont arrivées les familles améliorées de la race pure, nous ne croyons point que cela puisse autoriser un reproche. Il y a entre le charolais et le Durham ce que l'on peut appeler une telle affinité, il y a une si grande conformité d'aptitude, qu'on chercherait en vain les inconvénients de l'intervention du reproducteur anglais. Il convient seulement de constater cette intervention, parce qu'elle appartient à l'histoire de la race. Et c'est ce que nous allons faire en racontant à leur tour,

(1) Ouvrage cité.

toujours d'après M. Chamard, les opérations de M. le comte de Bouillé.

« La vacherie de M. le comte Charles de Bouillé, dit notre auteur, date de 1826 ; elle fut établie par M. le comte de Bouillé, son père ; il y joignit un peu plus tard, vers 1830, un essai de bêtes de Durham qu'il s'était procurées chez M. Brière d'Azy. Ce dernier avait, dès 1822, fait des importations de bêtes anglaises à son domaine de Verlotte (Nièvre), confié à la direction de fermiers anglais qui ne surent point tirer parti de la bonne situation des lieux. L'essai fait par M. de Bouillé, limité à quelques domaines, donna d'abord des résultats satisfaisants ; mais la vente difficile de ces animaux pour le commerce local, qui n'avait point su les apprécier, et la pleuro-pneumonie contagieuse qui, en 1843, en enleva 25 sur 30, à l'exclusion presque complète (il faut dire tout à fait complète, la maladie étant exclusive à l'espèce bovine) des bêtes chevalines vivant dans les mêmes conditions, firent que M. de Bouillé renonça à l'élevage de la race courtes-cornes, et le décidèrent à concentrer tous ses soins sur la race charolaise, qui était appréciée et d'une santé plus résistante.

« La vacherie fondée par M. de Bouillé père provenait des étables de M. Paignon, de Lille, dont il a été question précédemment, et du bétail de MM. Roux, que nous avons également cités. A ce premier noyau, déjà très-important par le nombre d'animaux, et la qualité des sujets, M. Charles de Bouillé, l'éleveur actuel, joignit un certain nombre d'animaux provenant de MM. Suif du Marais, Nantin et Valot, puis plus tard un jeune taureau acheté par lui chez M. Massé. Le résultat ne se fit pas longtemps attendre ; car dès 1844, le mérite de la souche charolaise de Villars fut tellement apprécié que M. de Bouillé put vendre annuellement de quinze à vingt reproducteurs à des prix très-rémunérateurs. Les grandes exhibitions publiques justifièrent, vers 1852, la faveur croissante dont cette sous-race (il faut lire famille) était l'objet dans le val de l'Allier et dans la plupart des contrées voisines. Le succès allant croissant, la souche de Villars obtint, de 1849 à 1859, dans les concours publics et dans les comices de la Société d'agriculture de Nevers, trente prix représentés par sept médailles en or, douze en argent et treize en bronze, total trente-deux médailles, plus 11,730 fr. en numéraire.

« L'amélioration du bétail de Villars est due, poursuit M. Chamard, à deux moyens également puissants : le régime et le choix des reproducteurs. En hiver, les jeunes animaux reçoivent à discrétion des racines et le meilleur foin, puis des tourteaux et des farineux ; les adultes sont aussi largement nourris, mais seulement avec des racines et du foin ; en été, les uns et les autres sont, à peu d'exceptions près, laissés en liberté dans de bons herbages.

« M. de Bouillé apporte le plus grand soin dans les appareillements : il lui arrive fréquemment d'employer des taureaux étrangers à sa vacherie, lorsqu'ils possèdent des qualités qui ont de la précision et qui paraissent susceptibles d'effacer chez les produits des caractères trop peu accentués

chez les mères. Il conserve généralement plusieurs mâles pour l'usage de la monte, de manière à être toujours en mesure de rectifier dans la production les quelques défauts qui pourraient exister chez les mères, et il fait en même temps un usage fréquent de la consanguinité. Ses meilleurs produits ont été, comme chez M. Massé, obtenus par le moyen qui est encore aujourd'hui repoussé énergiquement par un grand nombre d'éleveurs ; en ce moment même (1860) il fait usage d'un reproducteur qui se trouve être le propre frère de son père, et qui lui donne, depuis deux ans, des produits excellents (1) ».

A part l'introduction passagère de quelques taureaux de Durham, l'élevage de M. de Bouillé a donc été conduit absolument de la même façon que celui de M. Massé. Le premier a fait dans la Nièvre ce que celui-ci avait fait dans le Cher. La base a été une forte alimentation distribuée aux élèves, et les caractères se sont multipliés et fixés par voie de consanguinité. L'exemple de ces éleveurs distingués a fait des prosélytes qui deviennent chaque jour plus nombreux. La plupart des producteurs de Charolais marchent aujourd'hui sur leurs traces, et au lieu d'aller, comme dans le principe, chercher des taureaux dans Saône-et-Loire, c'est aux nouvelles familles qu'ils s'adressent. Les éleveurs de ce dernier département en font eux-mêmes autant. Le mouvement est si bien imprimé, que l'on rencontre maintenant communément dans toutes les parties de la région des bêtes charolaises ayant acquis la conformation qui appartient aux familles dont nous venons de rapporter l'histoire.

Les caractères de cette conformation, comme du reste tout ce qui concerne la race charolaise, ont été très-exactement décrits par M. Chamard. Nous devons lui en emprunter la description. Ces caractères sont : « une tête courte, conique, large à la partie supérieure et ayant un chanfrein droit ou cainus avec de larges voies respiratoires ; le haut du front plat, surmonté de cornes rondes, petites, d'un blanc d'ivoire, dirigées en avant et légèrement relevées vers la pointe ; des yeux grands, saillants, au regard vif et doux ; des joues fortes et paraissant déborder latéralement la région frontale quand l'animal est vu de face ; le dessous de la gorge bien fourni et simulant une sorte de double ou triple menton ; des oreilles larges, relevées et peu fournies de poils ; l'encolure courte, peu chargée et dépourvue de fanon ; la ligne dorsale droite et garnie de muscles dans les dernières limites du possible ; le rein large, épais et court ; les côtes longues et fortement arquées ; les hanches effacées, mais aussi larges que possible, ainsi que la croupe et la culotte dont le développement ne saurait être trop exagéré ni descendu trop bas sans se désunir jusque vers le jarret ; la queue courte, fine à l'extrémité, peu garnie dans la région du fouet, large à la base et s'arrondissant avec les ischions sans former aucune saillie notable ; les membres fins, distingués, bien d'aplomb et d'une longueur à peu près égale au tiers de la taille du sujet ; le tronc volumineux et arrondi sur tous les angles ; la ligne du dessous à peu près parallèle à celle du dos et des reins et se prolongeant jusqu'au bas de la culotte, ce qui donne au système digestif une certaine prépondérance ; la rotule noyée dans le pli du grasset, qui ne saurait descendre trop bas sur le tibia, et

Fig. 533. — Bœuf charolais amélioré.

le coude empâté dans les chairs ; la peau d'épaisseur moyenne, mais toujours d'une grande souplesse et recouverte d'un poil fin, lustré et peu fourni ; l'ensemble exprimant la douceur et une grande distinction unie à un grand poids ; enfin, développement exagéré des parties que la boucherie regarde avec raison comme étant de qualité supérieure, comme le dos, le rein, la croupe et la culotte (1). »

Telle est la race charolaise améliorée. Il serait superflu d'insister davantage sur les pratiques de l'élevage usitées dans les différentes parties de la région que cette race habite. Dans son état actuel, elle réunit aux aptitudes les plus prononcées à l'engraissement compatible avec la situation de notre économie rurale et à la meilleure conformation pour la boucherie, l'aptitude au travail que les cultivateurs du Centre prisent beaucoup, et qu'ils ne voient pas sans appréhension s'amoindrir à mesure que la race s'améliore. Mais leurs craintes à cet égard ne seront point fondées tant que les éleveurs de Charolais demeureront fidèles aux principes de la sélection, qui rendent nécessaire une corrélation exacte entre les aptitudes de l'animal et le milieu qui le produit. Tant que le bœuf sera dans l'Allier, le Cher, la Nièvre, etc., employé aux travaux agricoles, il se produira des familles de Charolais propres à exécuter ces travaux. Ceux qui déploreraient volontiers l'amélioration de la race dans le sens de la précocité ne font pas attention que l'industrie des embouches prend chaque jour plus d'extension dans la Nièvre, et que c'est là, en définitive, le principal débouché pour la race charolaise et la raison qui,

de son centre primitif de production, situé aux environs de Charolles, en Saône-et-Loire, l'a fait s'étendre, en moins d'une trentaine d'années, sur le val de toutes les rivières qui sillonnent la région dont nous avons indiqué plus haut les limites.

De nombreuses constatations faites d'une manière précise ont établi, sous le rapport de la précocité, la supériorité des Charolais sur la plupart de nos races françaises. C'est à ce titre qu'ils ont en grande partie chassé devant eux la race vigoureuse et énergique du Morvan, réduite à une population si minime qu'il n'y a point lieu de s'en occuper ici. La *race morvandelle* disparaît rabientôt tout à fait et n'appartiendra plus qu'à l'histoire. La facilité des communications et les progrès de la culture, en rendant moins impérieuse la nécessité des pénibles travaux de labour ou de transport dans le Morvan, y font substituer de proche en proché la race charolaise, qui trouve sur les marchés un plus facile écoulement pour les embouches du Nivernais.

D'après M. Chamard qui, par position, a pu étudier la race charolaise d'une manière toute particulière, la taille moyenne, dans cette race, est à un an d'environ $1^m,14$; à deux ans, $1^m,25$; à trois ans, $1^m,36$, et à six ans, $1^m,44$. La largeur moyenne mesurée aux hanches est à un an de $0^m,25$; à deux ans, $0^m,45$; à trois ans, $0^m,52$, et à six ans, $0^m,63$. Entre cinq et six ans un bœuf charolais gras pèse moyennement 400 kilogrammes, poids net. Ces chiffres en disent plus que toutes les dissertations sur le mérite de la race.

L'aptitude laitière, chez les vaches, sans être développée au point de pouvoir donner lieu à des spéculations basées sur ce produit, qui du reste n'est exploité nulle part dans la région, cette

(1) Ouvrage cité.

aptitude est cependant plus que suffisante pour subvenir largement à l'élevage des veaux. Dans le Nivernais ces bêtes donnent communément de 9 à 10 litres de lait par jour, au moment de leur plus grande lactation. Relativement au volume de la race, ce n'est pas assez pour lui valoir la qualification de laitière. Quant à la richesse de ce liquide, on estime que 30 litres environ sont nécessaires pour obtenir 1 kilogr. de beurre frais. 3 litres suffisent pour faire un fromage de 600 grammes. Le veau ne consomme guère que la moitié du lait de sa mère.

La coutume de bien soigner les élèves pendant le premier hiver qui suit leur naissance se généralise de plus en plus, et c'est là le principal motif de l'amélioration rapide de la race. Dès le commencement de l'hivernage, ils reçoivent des racines, du foin ou du regain de bonne qualité, et de tout cela à discrétion. Au printemps suivant ils sont mis dans de bons herbages pour rentrer encore à l'étable lorsque vient la saison froide et y être soumis au même régime. Les mâles, bistournés de bonne heure, sont dressés au travail à deux ans et demi. Les génisses, toujours tenues à part, sont livrées au taureau à deux ans, de manière à faire leur premier veau dans le courant de la troisième année. Elles sont réformées vers l'âge de huit à neuf ans seulement si elles sont belles, c'est-à-dire lorsqu'elles entrent dans la période décroissante de leur vie ; lorsqu'elles n'ont pas des qualités qui les recommandent particulièrement pour la reproduction, elles sont engraissées dès leur deuxième ou leur troisième vêlage.

Ce sont là des errements d'un élevage bien entendu et qui expliquent suffisamment les progrès accomplis par la race charolaise, surtout quand on y joint cette particularité que les élèves reçoivent toujours, indépendamment du lait de leur mère, qu'ils ne tettent que deux fois par jour, un supplément de nourriture composé de racines, de farineux, et un peu de bon foin dès qu'il leur est possible d'en faire usage. Aussi se sèvrent-ils généralement d'eux-mêmes, préférant l'herbage, auquel ils sont mis de bonne heure, à l'allaitement. Quelques-uns cependant, mis en liberté avec leur mère, continuent de teter pendant sept à huit mois.

En résumé, si les éleveurs des départements qui ont adopté la race charolaise continuent de suivre la voie dans laquelle ils se sont engagés après les initiateurs dont nous avons raconté les succès, il n'est point douteux que cette race n'atteigne bientôt le degré de perfection qui caractérise les plus avancées sous le rapport de l'aptitude pour la boucherie. Dût son aptitude au travail disparaître complètement, si l'amélioration se produit avec tant d'ensemble, c'est que la nécessité de cette aptitude va elle-même en s'affaiblissant, sous l'empire des modifications opérées dans la culture de la région. Il faut obéir, quelques idées préconçues qu'on ait, à la grande loi économique du débouché. Que les adorateurs du passé s'y résignent : les bœufs travailleurs ne leur manqueront point de sitôt ; la France possède, hélas ! de quoi les satisfaire amplement sous ce rapport.

Nous avons déjà dit que nous ne parlerions pas de la *race morvandelle*, au pelage rouge et blanc, à la mine sauvage et rustique comme ses montagnes du Morvan, que M. Dupin aîné a appelées « un vrai *pays de loup.* » En zootechnie, il est non-seulement permis mais encore commandé d'abandonner les puissances qui s'en vont, parce que leur disparition s'opère toujours en vertu d'un phénomène normal. Or, l'ancienne race morvandelle s'éteint faute de raison d'être, et cède, comme nous l'avons fait remarquer, la place à la race charolaise. C'est

Fig. 534. — Bœuf du Bourbonnais.

tout à fait sans utilité que nous nous y arrêterions. Le regrettable M. Delafond, qui était Morvandeau, a raconté avec une parfaite compétence les événements économiques qui ont entraîné cette substitution. Pourquoi les raconterions-nous après lui ? C'est toujours la même histoire, où l'on voit le bétail suivre les transformations opérées dans l'exploitation du sol par cet agent irrésistible que l'on appelle le progrès. Les routes, les canaux, les chemins de fer, en rendant le Morvan accessible, ont fait cesser l'utilité des aptitudes trop exclusives des bœufs de ce pays, fort intéressants au point de vue pittoresque, mais qui l'étaient beaucoup moins à celui de l'économie sociale, qui gouverne le sort des bœufs comme celui des empires. Si la race avait pu se modifier, elle eût survécu en se transformant ; mais elle était trop attardée, et elle avait tout près une rivale plus avancée pour prendre sa place : c'est pour cela qu'elle s'en va. Il n'y a pas lieu de la regretter. Le propre des lois économiques est d'être inexorables. Il ne servirait de rien de chercher des obstacles pour ce mouvement qui est fatal. On comprend peu le zèle qui a porté certains zootechniciens à préconiser des moyens d'amélioration, pour le peu qui reste de la race morvandelle. Cette race est condamnée. Il faut la laisser au moins périr en paix.

Les réflexions précédentes s'appliquent également à la *race bourbonnaise*, qui peuplait jadis les fertiles plaines des bords de l'Allier et toutes les parties situées d'ailleurs entre cette rivière et la Loire. A mesure que la culture a progressé dans la contrée, les Charolais s'y sont introduits. L'ancienne race, comme pour n'être pas entièrement supplantée, a contracté des alliances avec la nouvelle, de telle sorte que les métis charolais subsistent seuls à côté des Charolais purs, dans toute la partie fertile du Bourbonnais. L'ancienne race bourbonnaise pure est reléguée dans les points encore arriérés, en attendant l'inévitable sort que lui réserve l'invasion des Charolais. Le fait que nous signalons, encore une fois, de la substitution générale du bétail blanc aux anciennes races locales de toute la région centrale de la France, est absolument analogue à ce qui s'est produit dans les dix comtés du nord de l'Écosse, où règne maintenant d'une manière à peu près exclusive le bétail noir sans cornes de la race d'Angus. Le même principe entraîne les mêmes conséquences.

Nous n'avons donc pas à décrire la race bourbonnaise. Nous n'en parlons que pour mémoire seulement.

Race mancelle. — La plupart des auteurs qui, depuis 1843, ont écrit sur la race mancelle, ont emprunté à O. Leclerc-Thouin la description qu'il a donnée de cette race dans son livre sur l'agriculture de l'Ouest. Il serait en effet assez difficile de l'étudier à présent à l'état de pureté ; les sujets d'observation manqueraient. Les opérations de croisement ont pris une telle extension dans la région habitée par la race mancelle, qu'on n'y rencontre plus que des individus purs dont la médiocrité ne saurait donner une idée exacte de l'ancienne population.

Les conditions agricoles, dans les départements de Maine-et-Loire, de la Mayenne et de la Sarthe, se trouvent être singulièrement favorables à l'élevage des animaux spécialement propres à la boucherie. L'usage de la chaux, l'extension des prairies, un sol fertile et un climat moyennement humide et tempéré, ont imprimé dans cette région

à l'économie rurale un mouvement dont la conséquence a été la suppression presque totale du travail du bœuf. L'élevage du bétail est devenu la base de toutes les spéculations, et le cheval a été substitué presque partout au bœuf dans l'exécution des cultures. C'est à dater de ce moment aussi que l'élève des chevaux a pris de l'extension surtout dans l'ancienne province d'Anjou. Il faut dire que ce progrès a été puissamment secondé, sinon même entièrement provoqué, par l'ardente propagande d'un écrivain agronomique dont le zèle, pour avoir souvent dépassé le but, n'en a pas moins rendus le plus grands services à l'agriculture de la région dont nous nous occupons. Longtemps président du comice de Château-Gontier, M. Jamet, l'écrivain dont il s'agit, a poussé de toutes ses forces à la transformation de la race mancelle et aux progrès dans le mode d'exploitation du sol que devait entraîner cette transformation. Aujourd'hui, les riches propriétaires de ce fertile pays ont en général pris en main la direction de leurs terres par une heureuse combinaison du métayage, dans laquelle l'intelligence et les capitaux du maître interviennent pour une forte part. Bon nombre se sont chargés eux-mêmes de l'exploitation ; ils ont constitué des vacheries dont les produits, toujours distingués dans les concours de boucherie, et souvent par les récompenses les plus élevées, ont appelé sur la production bovine de ce pays l'attention du public. L'industrie de l'engraissement s'y est à mesure développée, de telle sorte qu'au lieu d'aller comme par le passé achever leur existence dans les embouches de la Normandie, les bœufs du Maine et de l'Anjou sont en grande partie engraissés sur place, à un âge où précédemment ils eussent à peine été arrivés à la moitié de leur développement.

Dans cet état des choses, nous voilà donc forcés, nous aussi, de faire comme les autres, d'emprunter à Leclerc-Thouin sa description, qu'il est bon de conserver. On ne saurait marquer d'ailleurs un meilleur point de départ pour indiquer ensuite ce qu'est devenue la race mancelle. « Sa couleur, dit-il, est tantôt d'un rouge blond uniforme, tirant plus ou moins sur l'une ou l'autre teinte ; tantôt, et c'est le plus ordinaire, d'un rouge blond maculé de blanc. La tête est particulièrement dessinée de cette couleur, qui forme nettement l'entourage des yeux et se reproduit sur les naseaux ; les cornes, d'un blanc jaunâtre ou verdâtre, sont assez grosses à leur base, ouvertes régulièrement dans leur légère courbure, et ne dépassant pas d'ordinaire $0^m,22$ à $0^m,23$ de longueur ; le front est large ainsi que le poitrail ; les flancs sont développés ; la croupe est épaisse, carrée, formant, jusqu'à la distance du jarret, dans l'attitude du repos, une ligne plutôt droite que convexe ; les cuisses ne sont détachées qu'à une faible hauteur du jarret.

« On rencontre d'abord cette race au nord-est de l'arrondissement de Baugé, aux approches et aux alentours de Durtal, où, dit Leclerc-Thouin, elle m'a paru fort belle, sur les bords du Loir. De là, elle se propage au sud comme au nord de Châteauneuf, jusqu'au delà de Segré, tantôt pure ou à peu près, tantôt diversement modifiée par son croisement avec la race suisse, dont M. de la Lorie avait introduit quelques beaux taureaux dès la fin du siècle dernier. Dans la propriété qui porte ce nom, on reconnaît encore le type paternel à sa couleur noire ou rouge brun, à sa haute stature, aux membres plus osseux, plus gros, au corsage plus vigoureux des individus. En traversant au sud les terres fraîches et fécondes de la Chapelle à Sainte-Gemme-d'Andigné, il est facile de faire la même remarque. Toutefois les caractères manceaux l'emportent sur les caractères suisses, ou, du moins, si la première race a gagné en corpulence, ce qui peut être dû, par parenthèse, tout aussi bien à la richesse des herbages qu'au croisement, elle a conservé la disposition charnue qui fait son principal mérite. Il n'est pas rare de voir sortir de cette partie de la contrée des animaux maigres de cinq ans au prix de 800 à 900 francs la paire. M. du Mas, dans le voisinage du Lion-d'Angers, en a vendu plusieurs jusqu'à 1,000 francs.

« A l'ouest de Segré, poursuit l'auteur, on retrouve encore des bœufs de race mancelle bien caractérisée, sur quelques exploitations suffisamment affouragées où elle prospère ; mais généralement elle décroît en taille et elle se perd dans ses croisements avec la race bretonne, jusqu'à ce que celle-ci domine à son tour dans le pays.

« Les bœufs manceaux, ajoute Leclerc-Thouin, ne sont pas ordinairement ardents au travail : par contre, ils engraissent facilement et assez promptement, même dans la jeunesse. Les herbagers normands en font un cas particulier. Lorsque je parcourais la vallée d'Auge, j'ai pu me convaincre qu'ils y arrivent souvent les derniers et qu'ils sortent cependant les premiers pour l'alimentation de la capitale. Les engraisseurs de Maine-et-Loire sont persuadés que leurs bœufs s'engraissent moins bien à la crèche qu'au pâturage ; quelques-uns de ces cultivateurs l'ont même, disent-ils, éprouvé. Que les essais auxquels ils se sont livrés aient eu ou non une valeur décisive, il est à remarquer que ces animaux pénètrent tout aussi peu dans l'arrondissement de Beaupréau que ceux de la race choletaise se répandent dans les herbages normands. »

Il ne manque qu'un trait à ce tableau. Ajoutons que d'après les échantillons qui sont restés de la race, on peut dire qu'aucune, même parmi les plus robustes travailleuses, ne se fait remarquer par une charpente osseuse plus développée. La race mancelle, en outre, n'a jamais brillé par ses facultés laitières. « La vache, dit M. Magne avec raison, est mauvaise pour le lait ; elle peut à peine nourrir son veau et tarit de suite après le sevrage. »

Avec de pareilles dispositions, et dans un milieu tel que celui dont il vient d'être parlé, la marche à suivre pour tirer un meilleur parti des aptitudes de la race mancelle était tout indiqué. Travailleuse plus que médiocre, malgré ses os volumineux, mauvaise laitière, mais offrant à l'engraissement facile une propension reconnue, sans aucun doute à cause de ces deux raisons, c'est vers ce but qu'elle devait être dirigée. La matière était prête. On eût pu, par la sélection, entreprendre de l'améliorer en ce sens. Mais les ressources agricoles avaient de beaucoup devancé ses propres modifications. Elle était attardée. Par sa conformation, elle n'eût pas été de longtemps en mesure d'utiliser complètement les ressources d'alimentation que les éleveurs étaient en mesure de mettre à sa disposition. Ils étaient prêts pour l'entretien d'une race spécialisée en vue de l'engraissement précoce, et l'inéluctable loi économique leur eût fait substituer à la race locale, s'il ne s'était trouvé un homme doué de cette ardeur qui fait entreprendre et de la persévérance qui fait réussir.

C'était à l'époque du grand enthousiasme causé dans l'esprit des amateurs de bétail par l'introduction administrative de reproducteurs de la race de Durham en France. Le comice de Château-Gontier, situé dans le principal centre de production de la race mancelle, provoqua sous l'inspiration de M. Jamet l'acquisition de taureaux anglais. Les essais de croisement furent tentés et ils réussirent. Ils ne pouvaient manquer de réussir dans les circonstances que nous avons vues. Si jamais croisement fut rationnel, c'était bien celui-là. Préconisé par son infatigable promoteur, encouragé par toutes les associations agricoles de la région, mais surtout par la démonstration du succès, il prit bientôt une grande extension. Il y a dans la contrée qu'habitait la race mancelle toutes les conditions propres à assurer la conservation du type de Durham à l'état de pureté. Les métis n'eurent point de peine à s'y propager. Et ils y sont arrivés au point de peupler la plupart des étables et de constituer une industrie régulière. La période des essais est franchie, l'œuvre est achevée. Il n'y a plus qu'à la maintenir, et la région compte maintenant assez d'éleveurs distingués pour que leur exemple rende superflue toute crainte à cet égard. L'ancienne race mancelle fait place de proche en proche aux métis Durham-Manceaux, dont les qualités comme producteurs de viande ont été bien des fois constatées et mises hors de doute.

Il n'est pas possible de dire dès à présent à quel moment les caractères de ces métis auront acquis assez de constance, assez de fixité, pour qu'ils puissent se reproduire sans altération, en dehors du concours de la race amélioratrice. C'est l'expérience qui le démontrera. Comme fait exceptionnel, le métissage secondé par une alimentation abondante peut bien déjà donner des résultats satisfaisants, mais il serait, croyons-nous, dangereux de l'élever à la hauteur d'un principe. Longtemps encore il faudra s'en tenir au croisement, pour éviter de trop fréquents coups en arrière, quoique dans la région dont il s'agit ces rétrogradations soient moins à craindre que partout ailleurs, en raison de l'exacte appropriation des circonstances de l'économie rurale aux aptitudes développées dans le bétail par le croisement opéré. Ces circonstances contribueront pour la plus forte part à une fusion complète entre les deux races, et d'autant plus facilement que leurs aptitudes natives étaient identiques.

Quoi qu'il en soit, les caractères de conformation et les aptitudes des métis Durham-Manceaux sont ceux de la race de Durham, avec un peu moins de finesse seulement dans la plupart des cas. Nombre de fois, cependant, ils l'ont emporté déjà sur des individus de race pure dans les concours de boucherie. Toujours ils ont été reconnus comme de beaucoup supérieurs quant à la saveur de la viande qui, dans toutes les épreuves comparatives, a été constamment placée en première ligne sur toutes celles provenant des autres métis de Durham, aussi bien que de la race pure, sous le rapport de son rendement, de la finesse de son grain, de la répartition de la graisse et des sucs entre les fibres musculaires.

Il faudrait donc encourager les éleveurs manceaux et angevins à persévérer dans la voie qu'ils suivent, si cela était nécessaire. Mais l'impulsion est maintenant assez forte pour que le mouvement ne doive point s'arrêter. Tout conseil de notre part serait vraisemblablement superflu. Le sort de la race mancelle est tracé d'avance, et le résultat est fatal, comme celui qui attend plus tard la race charolaise. Le Durham l'absorbera. Du moment que les lois de l'économie rurale sont respectées, nous n'avons pas d'objection à faire à cela. Il convient de laisser aux zootechniciens sentimentalistes les engouements et les répulsions systématiques. Quant à nous, les partis pris ne sont point notre fait. Nous n'en avons qu'un seul : c'est de respecter toujours et partout les enseignements de l'expérience, les préceptes de la science. Dans les circonstances où les métis donnent plus de bénéfices que les races pures, nous préférons sans hésiter les métis. C'est le cas dans le Maine et l'Anjou pour le Durham-Manceau, à quelque point de vue que l'on se place. Nous sommes, en conséquence, pour le Durham-Manceau.

Pour achever l'examen des races travailleuses de la France, nous avons encore à dire quelques mots de l'une d'elles, qui n'a que faiblement attiré l'attention des auteurs, et dont la plupart ne parlent même pas du tout. Le motif en est sans doute dans sa minime importance, quand on la considère autrement qu'au point de vue de la petite contrée où elle s'est formée et où elle demeure reléguée. Il s'agit de la race qui peuple l'île de la Camargue, où elle vit presque à l'état sauvage. Nous ne devons pas négliger non plus, puisque nous opérons un retour vers le midi, d'arrêter notre attention sur le bétail de l'Algérie. Ce pays est devenu une terre française, et son agriculture nous intéresse pour ce motif au même titre que celle de la métropole. Son espèce bovine, du reste, a dans la colonisation un rôle trop considérable à remplir, pour qu'il ne nous soit permis de ne pas nous en occuper. Ces études seraient donc incomplètes, si nous les bornions aux races dont il a été parlé jusqu'à présent avec tous les détails que chacune d'elles comporte.

Nous ne croyons pas nécessaire, cependant, d'entreprendre la description des populations bovines intermédiaires à ces races et résultant des mariages fortuits qui s'accomplissent entre elles dans les points où elles confinent, sous l'influence de l'incurie des producteurs. Ces bêtes sans caractères distincts ne sont pour la zoo-

technie d'aucun intérêt. Elles disparaîtront à mesure que le progrès se fera, à mesure que les agriculteurs se préoccuperont davantage de tirer de leurs ressources fourragères tout le parti qu'elles peuvent assurer, ainsi que nous avons eu l'occasion d'en montrer déjà plusieurs exemples. Ce qui est seulement important, c'est de mettre ceux qui veulent s'éclairer à même d'apprécier exactement le mérite des diverses races bien caractérisées que nous possédons. On a vu que nous sommes assez riches sous ce rapport, quant à celles qui unissent l'aptitude travailleuse à la qualité de bêtes de boucherie. Il sera montré tout à l'heure qu'il en est de même en considérant d'abord l'aptitude laitière. Auparavant, il nous faut terminer par la description des races de la Camargue et de l'Algérie.

Race de la Camargue. — Comprise dans le delta du Rhône, l'île de la Camargue comporte une partie marécageuse où vit depuis un temps immémorial, à l'état demi-sauvage, une petite race bovine ayant des caractères bien tranchés. Sa raison d'existence est que seule, ou à peu près, elle peut permettre d'utiliser la végétation grossière de cette partie de l'île. Son mode de production et d'entretien a donné naissance à ces exercices de la *ferrade*, si populaires dans le pays, et qui s'allient si bien aux mœurs des habitants de l'île, tout à la fois pasteurs et cavaliers. Le gouvernement des *manades* de chevaux, les opérations périodiques des ferrades, vont ensemble merveilleusement.

Vivant comme les chevaux en troupeaux, les bêtes bovines de la Camargue doivent porter une marque pour être reconnues. Cette marque, à un moment donné, leur est appliquée avec le fer rouge, et c'est dans l'accomplissement de cette opération qui porte précisément le nom de ferrade, que les chevaux de l'île déploient tant de vigueur et d'agilité, les hommes tant d'adresse et de présence d'esprit. C'est là pour les uns comme pour les autres quelque chose qui n'est pas sans danger. Les individus à marquer sont fort sauvages, et ils ne se laissent pas approcher facilement. Il en est de même lorsqu'il s'agit de les dresser pour le travail, ou de les prendre pour les conduire à la boucherie.

Les animaux dont nous parlons n'entrent par conséquent jamais à l'étable. Ils sont dans les marais sous la conduite de gardiens à cheval, les vaches, tout aussi sauvages que les mâles, formant des troupeaux à part. Durant la saison des grands froids et des neiges, ils sont conduits dans une sorte de parc appelé *buau* et fermé par une muraille de pieux et de fagots, où quelques rations de foin leur sont distribuées. Au moment du vêlage, les veaux qui naissent sont enlevés du marais et conduits dans un lieu sec, à proximité, où ils sont attachés chacun à un piquet à l'aide d'une corde de chanvre tressée. Les mères viennent leur offrir la mamelle et s'en retournent ensuite au marais.

Les bœufs employés au travail quittent le marais sous la direction de leur gardien, puis y reviennent de même en laissant la charrue.

On voit par là qu'il s'agit tout à fait d'une race naturelle, pour laquelle la civilisation n'a encore rien fait. Elle est ce qu'elle peut être, c'est-à-dire ce que la font les circonstances au milieu desquelles elle vit. Elle disparaîtra avec ces circonstances, lorsque l'industrie agricole aura achevé la conquête de la Camargue qu'elle a commencée, parce qu'il ne lui serait pas possible de suivre la marche rapide que les gros capitaux impriment à notre époque aux transformations de cette sorte. Il n'y a, dès qu'il en est ainsi, point lieu de songer à son amélioration autrement qu'en choisissant pour la saillie des femelles, dans la mesure du possible, les moins défectueux des taureaux. Des essais de croisement ont été tentés en dehors de l'île, et les produits en ont été exposés dans les concours. Ces essais témoignent d'un zèle peu éclairé, et qu'il ne faut point encourager. Cela peut avoir son mérite à titre d'expérimentation scientifique, mais demeure absolument en dehors de la zootechnie industrielle et pratique.

Quoi qu'il en soit, voici les caractères distinctifs de la race bovine de la Camargue : taille petite, ne dépassant guère 1m,35 ; pelage entièrement noir ; regard farouche ; cornage noir, dirigé en haut, fortement arqué et rapproché par les pointes ; tête allongée, mufle étroit ; encolure mince ; poitrine étroite ; ventre volumineux ; croupe étroite ; cuisse mince ; peau dure, épaisse ; beaucoup d'agilité et de vigueur.

Rien là, comme on le voit, qui puisse promettre pour l'avenir. Donc la race s'en ira avec les marais de la Camargue. Et il n'y aura dans tout cela rien à regretter.

Race de l'Algérie. — Il se présente dans nos possessions du nord de l'Afrique un fait curieux. Pour une si grande étendue de terrain, il n'y existe qu'une seule race bovine, originaire très-probablement de la Kabylie, si l'on s'en rapporte à l'étude comparative des différentes populations de la contrée, dont les mœurs présentent des dissemblances si considérables. Le Kabyle est laboureur de temps immémorial. Ce fait sur lequel nous n'avons pas à insister parce qu'il est à peu près sans importance, au point de vue où nous sommes ici placés, est une forte présomption en faveur de l'opinion que nous venons d'émettre. Toujours est-il que sur toute la surface de l'Algérie française on ne rencontre qu'une seule race bovine, variant seulement quant à son volume avec le degré de fertilité des pays dans lesquels elle vit.

Plusieurs vétérinaires distingués de l'armée d'Afrique nous ont transmis des études sérieuses sur la race bovine de l'Algérie. Et ce qui est remarquable, c'est qu'ils ont tous conclu de la même façon, quant à la marche à suivre pour son amélioration. MM. Bernis, Vallon, Hugot, Goyeau, etc., ont tour à tour décrit le bétail algérien et fait connaître leurs vues. M. Magne, qui est allé lui-même l'étudier sur les lieux, en donne une description qui se rapporte exactement aux individus que nous avons pu voir en France dans nos diverses expositions. Nous la lui emprunterons.

« Si, dit-il, les bêtes bovines de l'Algérie manquent de taille, elles sont d'une rare perfection de formes : corps petit, trapu, assez long ; côtes rondes ; garrot épais ; poitrail large et bien sorti ; abdomen peu développé ; flanc court ; épine dorso-lombaire large et bien soutenue ; croupe bien musclée ; fesses et cuisses charnues et descendant près des jarrets ; tête moyenne ; cornes relevées, arquées ; pelage généralement maure ; jambes et tête noirâtres, côtes et dos fauves, grisâtres ou rouges. On voit assez souvent des animaux à robe pie.

« A cette belle conformation correspondent de précieuses qualités. Les bêtes bovines de l'Algérie sont rustiques, agiles, fortes pour leur taille, sobres, d'un entretien facile, et se nourrissent bien. Elles vaguent par centaines sur les flancs des montagnes, sur les coteaux, errent dans les chaumes, dans les friches, quêtant quelques brins d'herbe sèche, broutant quelques broussailles et léchant avec précaution les chardons durcis dont elles ont dévoré les feuilles.

« Tous les animaux de l'Algérie ne sont pas sans doute dans d'aussi pauvres herbages ; mais on peut cependant parcourir quinze, vingt, vingt-cinq lieues, et en voir des milliers, sans trouver un seul troupeau qui soit dans de meilleures conditions. Et ceux qui pâturent dans les plaines ne sont guère mieux partagés. Nous en avons vu, dit M. Magne, qui étaient cachés par l'herbe dans laquelle ils broutaient, également réduits à manger des plantes rudes, fortes et complétement sèches. Qu'on se figure les roseaux, les carex de nos marais ou les plantes fortes des haies complétement desséchées sur pied, et on aura une idée de la nourriture que trouvaient ces animaux dans des terres dont l'herbe, fauchée à temps, aurait donné à profusion un foin dur sans doute, mais de bonne qualité.

« Habituées à un régime sobre, elles sont d'un engraissement très-facile. A la vérité, le bétail que l'on voit sur les marchés de l'Algérie est maigre en général, mais il a rarement été préparé pour la boucherie. Les Arabes n'engraissent pas leurs bestiaux ; ils prennent dans leurs troupeaux et conduisent aux marchés, d'abord les bêtes qu'ils craignent de perdre pour cause de maladie, et ensuite celles dont ils veulent se défaire pour besoin d'argent ou pour tout autre motif. Les bœufs qui sont un peu soignés sont en très-bon état, donnent une excellente viande et beaucoup de suif (1). »

La taille du bœuf algérien varie de 1m,15 à 1m,35 ; mais, quelle qu'elle soit, l'animal est toujours bien proportionné. A mesure qu'il se développe, son système osseux n'acquiert pas un volume corrélatif. Les vaches sont très-mauvaises laitières. D'après M. Hugot, auteur d'un excellent travail sur les animaux domestiques de l'Algérie, « c'est à peine si elles donnent un demi-litre ou trois quarts de litre par jour ; en outre, ajoute le même vétérinaire, elles ont le défaut de perdre leur veau, et d'en exiger la présence pour se laisser traire. » En revanche, ce

(1) *Hygiène vétérinaire appliquée.*

lait est de très-bonne qualité et très-butyreux. Il le faut bien.

Nous avons dit que les vues des vétérinaires de l'armée d'Afrique qui ont écrit sur la question de l'amélioration du bétail concordaient parfaitement. M. Magne partage leur avis et préconise avec eux la sélection, à l'exclusion de toute espèce de croisement. La race algérienne, en effet, ne manque que de taille et de volume. La faible quantité de lait qu'elle donne s'explique suffisamment par le régime alimentaire auquel elle est soumise. Il n'est pas nécessaire d'énoncer présentement les motifs qui font que la sélection seule peut communiquer à cette race les qualités qui lui font défaut. Nous les avons précédemment développés assez pour n'avoir pas à y revenir à l'occasion de chacune des races auxquelles ils sont applicables.

Tous ceux qui ont suivi attentivement les tentatives faites par les colons européens pour améliorer l'espèce indigène par l'introduction de reproducteurs étrangers, sont unanimes pour en constater les déplorables résultats. Et cela pouvait être prévu, à la condition qu'on eût quelque notion de zootechnie. Mais les écoles semblent avoir profité. L'on s'occupe maintenant de l'amélioration de la race en elle-même. Les dernières expositions nous ont montré des individus sur lesquels il a été possible de voir tout le parti que l'on en peut tirer par une alimentation meilleure, unie au bon choix des reproducteurs, en un mot par la sélection.

C'est là qu'est son avenir, et nous engageons les colons algériens à y persévérer.

Races laitières. — Les races dont nous avons à nous occuper maintenant se font principalement remarquer par leur aptitude à sécréter du lait. L'activité de leurs mamelles, sollicitée par le mode d'exploitation auquel elles ont été dès longtemps soumises, s'est développée au point de dépasser plus ou moins la mesure de la nécessité naturelle, qui est de suffire à la nourriture du veau. Sous l'influence de circonstances favorables, dont nous avons déjà vu plusieurs exemples en passant en revue l'espèce bovine de l'Angleterre, de la Suisse, et surtout de la Hollande, cette activité est devenue un caractère de race, par conséquent transmissible par la génération, et elle forme l'objet d'une des fonctions économiques de l'espèce.

Par sa nature même, cette fonction est d'une grande importance. Elle ne le cède point à celle qui se rapporte à la production de la viande, car elle n'est pas moins indispensable qu'elle à la subsistance des sociétés, pour laquelle elle fournit des objets de consommation de première nécessité. Cela marque l'intérêt qui s'attache aux races bovines laitières, à leur conservation et à leur amélioration.

Ainsi que nous l'avons fait remarquer, il n'y a point antagonisme radical, fort heureusement, entre ces deux aptitudes. Les races laitières peuvent être améliorées dans le sens d'une conformation plus propre à fournir une plus grande quantité de bonne viande et d'une disposition meilleure à s'engraisser facilement, sans que l'activité

de leurs mamelles en subisse la moindre atteinte. Des types distincts et bien tranchés existent, dans les circonstances actuelles, comme nous le savons, pour l'exploitation laitière ; mais c'est parce qu'ils ont été abandonnés aux seules conditions naturelles d'une spécialisation exclusive. L'expérience a prouvé qu'il pouvait en être autrement. Il est bon de rappeler ce fait, avant de commencer la description des races françaises dont la faculté dominante est l'aptitude laitière.

Nous suivrons encore ici l'ordre que nous avons adopté pour les races travailleuses ; c'est-à-dire que nous commencerons par celle qui présente l'activité des mamelles la plus prononcée. Cela nous conduira naturellement à procéder en sens inverse, sous le rapport géographique, le Nord étant plus favorable que le Midi au développement de l'aptitude laitière.

Race flamande. — M. Lefour a élevé à cette race un véritable monument, que devront toujours consulter tous ceux qui voudront acquérir une connaissance approfondie des particularités relatives à son exploitation. On ne voit pas ce qui pourrait être ajouté à ce magnifique travail. L'histoire naturelle, économique, industrielle, zootechnique de la race flamande, a été étudiée à fond par M. Lefour et tracée de main de maître. Après une telle étude, notre tâche ne peut être que d'en résumer les parties qui peuvent entrer dans notre cadre, et d'en citer même textuellement tout ce qui, dans ces parties, n'est pas susceptible d'être analysé.

« Nous donnons, dit M. Lefour en débutant, le nom de race flamande à cette race bovine au pelage rouge plus ou moins brun, avec ou sans marques blanches, dont le principal centre d'élevage, et probablement le lieu d'origine, est dans l'ancienne province de la Flandre française comprise aujourd'hui dans les arrondissements de Dunkerque, Hazebrouck et Lille, mais plus spécialement dans les deux premiers. C'est là, en effet, le véritable *pays flamand*, caractérisé par ses watteringues, ses pâtures ombragées, sa culture, son langage même et ses mœurs. »

Après quelques considérations sur l'origine de la race, origine obscure comme toutes les autres, et sur les types étrangers qui sont venus s'y mêler et l'altèrent dans quelques points, l'auteur poursuit : « C'est dans les riches pâtures de Bergues, Cassel, Bailleul, Hazebrouck, que se conservent les types les plus purs, différenciés cependant encore par des nuances; ainsi les bêtes de Bergues, dites *berguenardes*, sont plus corsées, plus près de terre, mais moins fines que celles de Cassel ou *casseloises*; le cultivateur de Bergues et des watteringues, à la fois engraisseur et éleveur, cherche en effet à maintenir sa race dans cette condition mixte d'aptitude à la graisse et au lait, qui lui permet de faire de sa génisse soit une bonne laitière, soit une bête de boucherie, si la première condition n'est pas remplie par l'animal ; le canton de Cassel, au contraire, qui n'engraisse qu'exceptionnellement, tient surtout à développer chez ses élèves les qualités laitières. Le beau type laitier de Cassel s'étend d'un côté vers Bailleul, de l'autre vers Ledéghem, Worm-houdth, Bambecque, et ensuite sur une ligne allant à Bourbourg par Esquelbecq, Eringham, Bringham ; un centre assez remarquable d'élevage existe encore de Rubrouck à Millam. En tirant vers Saint-Omer et Merville, la race, également belle, diffère peut-être par un peu moins d'harmonie dans les formes ; dans les cantons de Bourbourg et de Gravelines, où les herbages sont plus rares et moins riches, la taille et l'ampleur diminuent. »

Dans les races laitières, le type s'apprécie surtout par les femelles. C'est donc la vache flamande qu'il importe d'abord de décrire, et à l'exemple de M. Lefour nous choisirons pour cela, parmi les variétés que les différences d'habitude

et de régime lui ont imprimées, celle qui présente la meilleure conformation, sauf à indiquer ensuite les modifications que les circonstances lui ont fait subir. « La taille de la belle vache flamande, dit notre auteur, varie de 1^m,35 à 1^m,45 au garrot ; le poids de la bête adulte non engraissée est de 450 à 550 kil. poids vif.

« La tête est d'un volume moyen, mais fine et d'une forme conique un peu longue ; le chignon peu garni de poils ; les cornes, écartées à leur naissance, fines à la base et dans toute leur étendue, se projettent en avant et un peu en bas, de manière que, dans certains sujets, elles se recourbent et la pointe arrive à toucher le front ; elles sont petites, blanches ou jaunâtres, et noires à l'extrémité ; l'oreille est mousse, assez grande, garnie

Fig. 535. — Vache flamande.

de poils fins ; les yeux sont noirs et saillants, d'une expression douce ; le chanfrein, long et ordinairement droit, est terminé par un mufle peu sorti, dont le *miroir* est noir ou marbré. Le cou, relativement long et mince, a peu de fanon ; le *brisket* (partie antérieure du sternum couverte d'une masse fibro-adipeuse) et saillant et bien descendu.

« Le garrot, suffisamment fourni dans les bons types de Bergues, est généralement assez mince dans les bêtes ordinaires ; la ligne du dos est droite, laissant fréquemment apercevoir, à la jonction du dos aux reins, une légère dépression due à l'écartement des vertèbres (cette dépression est considérée comme un signe de qualité laitière). On pourrait désirer un peu plus de force dans l'échine et les reins ; les hanches, souvent saillantes, mesurent entre elles une largeur de 0^m,55 à 0^m,60 ; les pointes de la fesse sont également sorties et écartées ; l'origine de la queue est basse, quelquefois précédée par une petite éminence due à la saillie du sacrum dont la ligne ne se confond pas suffisamment avec celle des os coccygiens ; la queue est fine et longue, le toupillon faiblement garni.

« La poitrine est sensiblement étroite et sanglée, les côtes sont un peu plates dans beaucoup

de vaches flamandes ; les bons types de Bergues et de Cassel tendent à perdre ces défauts ; le ventre est d'un volume moyen, mais ample vers les flancs et la région mammaire, dont les veines sont développées et parfois bifurquées. Les mamelles, grosses, arrondies, souvent d'une couleur brune ou tigrée, sont bien placées, les trayons moyens, la peau en est fine et duvetée.

« La peau du périnée est assez souvent jaunâtre ou brune, onctueuse, et marquée, d'après le système Guénon, de l'écusson flandrin ou lisière. Nous devons dire cependant, fait remarquer M. Lefour, que, dans la race flamande, les qualités laitières nous ont paru plusieurs fois en désaccord avec les indications de ce système.

« L'épaule est, dans les sujets ordinaires, un peu plate et médiocrement musclée, les avant-bras peu volumineux, les canons minces, la corne des onglons noire ; la cuisse plate et la fesse peu descendue ; on trouve quelques exceptions dans les beaux sujets de Bergues, Bailleul, Cassel.

« La peau, fine chez la bête nourrie à l'étable, est plus épaisse quand l'animal a été soumis au pâturage ; le système ganglionnaire, très-développé, se manifeste souvent par les cordons lymphatiques du flanc (ou *cordons beurrins*) des ganglious dans le creux de cette même région.

« La robe, rouge brun, ordinairement plus foncée vers la tête, laisse apparaître, soit à la tête, au flanc et à l'ars, des taches blanches ou tigrées ; les vaches ainsi marquées en tête, et principalement à la joue, sont dites *barrées* ; c'est un signe de race.

« On trouve cependant en Flandre beaucoup d'animaux d'un rouge plus clair ou d'un brun plus foncé, d'autres rouan ou pie rouge ; mais il convient de considérer la robe rouge brun comme le cachet de la race. »

En somme, le beau type flamand comporte, en même temps que les qualités laitières, un certain développement, une harmonie de formes qui le rendent propre à la boucherie. La finesse et l'aspect fémelin, qui conviennent également aux deux aptitudes, sont seulement joints à un train postérieur plus accusé, qui est l'attribut principal de la première.

En descendant dans les cantons d'Avesnes, Landrecies, Berlaimont, Solre-le-Château, la race flamande se montre avec beaucoup moins d'ampleur et plus de finesse dans l'ensemble. Dans cette partie de la région, elle porte le nom de *vache maroillaise*. Sa robe est tantôt rouge froment, tantôt pagne ou rouan. Elle est essentiellement laitière ; « mais, dit M. Lefour, c'est la race laitière épuisée par les exigences d'un propriétaire besogneux, qui surexcite la sécrétion laitière, sans fournir aux organes des éléments suffisamment réparateurs. » On attribue les caractères différentiels de la vache maroillaise à un croisement entre le type pur flamand et celui du Hainaut, peut-être aussi la race hollandaise y est-elle intervenue, mais à un moindre degré.

D'un autre côté de la région que peuple le type flamand, ce type a également subi de nombreuses altérations, qui ont indûment fait reconnaître autant de sous-races que M. Lefour indique avec soin : « Si, dit-il, on se dirige, d'un côté, de Dunkerque à Boulogne, Montreuil, Abbeville ; de l'autre, vers Arras, par Saint-Omer et Béthune, on voit la race flamande éprouver quelques modifications qui lui ont, sur le premier point, fait donner le nom de sous-race *boulonaise* et celui d'*artésienne* dans l'ancienne province d'Artois, quoique les deux sous-races se confondent fréquemment entre elles et avec la race-mère ; la sous-race boulonaise, toutefois, est d'une taille et d'un poids moins élevés ; ses formes sont plus grêles, plus anguleuses ; cependant le ventre et les flancs sont développés ; la croupe et les reins larges et secs, le pis volumineux, indiquent de bonnes laitières ; la robe, également rouge ou rouge brun, est moins unicolore ; le corps est plus près de terre, le régime et la bonté des pâturages établissent, sous le rapport de la taille et des formes, des différences nombreuses. »

« Les marchands, poursuit l'auteur, donnent le nom de *bournaisiennes* aux boulonaises élevées du côté de Desvres, Samer, Hucqueliers, Fruges, petite contrée connue anciennement sous le nom de *Bournais*. C'est à cette variété qu'appartient surtout le portrait qu'on vient de tracer ; on désigne encore sous le nom de *namponnaise* la

variété boulonaise de l'arrondissement de Montreuil, surtout vers la vallée de l'Authie. Nampont est un village situé à quelque distance de l'embouchure de cette rivière. Vers Boulogne, Marquise, Calais, la race plus grande se confond davantage avec la flamande pure.

« La sous-race artésienne, plus généralement élevée dans la plaine, et à laquelle l'herbage fait souvent défaut, ou qui ne trouve pas toujours, dans l'élevage de la petite culture, toutes les bonnes conditions de développement, est déjà moins étoffée que la vache de Bergues et même de Saint-Omer ; elle est plus élancée, plus mince, mais sa constitution est moins lymphatique. A côté de quelques bons types importés jeunes du Nord, et élevés dans de bonnes étables, on rencontre beaucoup de vaches chétives, à la poitrine étroite et à la côte plate, aux reins faibles, épuisées par une sécrétion laitière excessive, qui n'est pas toujours réparée par une alimentation assez riche.

« De la sous-race artésienne à la sous-race *picarde*, ajoute M. Lefour, la transition est presque insensible ; et les reproducteurs de race pure, qui s'importent sur tous les points de la région, tendent encore à confondre les nuances ; cependant les vaches de la Somme, d'une partie de l'Aisne et de l'Oise, diffèrent, sous plusieurs rapports, du type flamand de Bergues ou de Cassel. La robe, ordinairement moins foncée, est souvent rouge froment foncé ou rouge clair ; les cornes sont plus relevées, la tête plus grossière et moins conique ; la constitution est plus sèche, le lait moins abondant ; de plus, le croisement normand a modifié le type, surtout dans l'Oise. »

Les caractères du taureau flamand sont ceux que nous venons de décrire chez la femelle, seulement avec des formes masculines. Il n'est donc pas nécessaire de les répéter. Dans les races spécialement laitières, disons-le encore une fois, le type est celui de la vache.

On cite partout quelques bêtes flamandes qui, au plus fort de leur lactation, donnent jusqu'à 35 et 40 litres de lait par jour ; mais il faut dire que ce sont là des rendements très-exceptionnels. La quantité qu'en produit chaque vache, communément, est très-variable, et l'on n'a sur cet objet et quelques autres qui s'y rapportent que des données incertaines. M. Lefour estime que dans le pays flamand, qui est essentiellement herbager, une bonne vache produit pendant la durée du régime pastoral, soit deux cent dix jours, en moyenne, 10 litres de lait par jour ; pendant les cinq mois d'hiver, dont il faut défalquer deux mois durant lesquels elle tarit, 6 litres par jour ; ce qui fait en tout 2,640 litres. C'est néanmoins un fort beau rendement.

Nous n'avons pas à nous occuper du parti qui est tiré du lait fourni par la race flamande. Les renseignements relatifs à cette partie de son histoire auront leur place dans le chapitre spécialement consacré à la laiterie. Il nous reste seulement à donner quelques détails sur les procédés d'élevage de cette race et sur ce qui concerne son amélioration.

Dans la région où s'étend le type flamand sous

ses diverses variétés, et que nous avons suffisamment délimitée en décrivant celles-ci, on rencontre la réunion des trois formes d'après lesquelles l'élevage s'opère généralement. Souvent confondus sur le même point, ces trois modes sont cependant plus tranchés et plus usités dans chacun des groupes différents où l'un d'eux domine. Ainsi, dans le groupe flamand, c'est le système herbager qui est le plus répandu. Les herbages y occupent environ du quart au cinquième du domaine agricole, mais dans les cantons de Bergues, Bailleul, Hazebrouck et Cassel, la proportion est beaucoup plus forte. Le meilleur type de la race, qui occupe, on s'en souvient, ces localités, est donc le produit de l'élevage herbager. Deux parties distinctes forment les herbages, l'une désignée sous le nom de *pays de bois*, à sol de limon profond, argilo-siliceux, reposant sur un fond d'argiles compactes, qui affleurent sur quelques points; l'autre, qui est le *pays des watteringues*, constituée par un lai de mer formant une grande plaine basse, dont le niveau est de plus d'un mètre au-dessous de la haute mer, contre les eaux de laquelle elle est protégée par des digues. Ses propres eaux s'écoulent, à marée basse, par des écluses situées près de Dunkerque, au moyen de ces nombreux fossés qui y règnent sous le nom de watteringues ou *wattergangs*. C'est à cette région, dans ses points les plus bas, qu'appartiennent les *moëres* de la frontière belge. Les pâtures y forment de vastes enclos limités seulement par les fossés, sur le bord desquels existent de loin en loin quelques lignes de saules, de très-rares haies et parfois de simples barrières de bois brut. Dans le pays de bois, les enclos sont moins étendus. Ils sont pour la plupart bordés par de grandes haies vives où l'épine blanche associée à l'épine noire domine. On y remarque aussi le charme, l'orme et le coudrier.

La petite et la moyenne culture sont dominantes dans le pays flamand. Les taureaux y sont peu nombreux et toujours très-jeunes, au-dessous de deux ans. La plupart des cultivateurs conduisent leurs vaches à un taureau commun entretenu par l'un d'eux moyennant un droit de pâture pour quelques brebis sur les terrains non couverts de la commune, ou plus souvent en lui payant pour chaque saillie une indemnité de 0f,50 à 0f,75. L'industrie des taureaux rouleurs est également pratiquée. La monte se fait généralement en liberté.

Dans l'arrondissement d'Avesnes, où s'élève la variété maroillaise, la proportion des herbages est beaucoup plus considérable que dans le pays flamand proprement dit. Le sol y est composé d'un limon argileux reposant sur le calcaire carbonifère; il conserve par ce fait un degré d'humidité favorable au gazonnement et à la végétation des graminées. L'élevage est tout entier entre les mains de la petite culture, qui l'entoure de peu de soins, et excède les femelles en leur demandant trop de produits sans les nourrir suffisamment. Les meilleurs herbages, appartenant aux grands propriétaires, sont plutôt consacrés à l'engraissement. Du reste les habitudes sont analogues à celles que nous venons de voir, quant à la reproduction.

La zone frontière et celle du littoral élèvent d'après le système semi-herbager, c'est-à-dire que le régime de l'étable alterne avec le séjour des animaux au pâturage. Là, les herbages ne sont pas assez étendus ou assez riches pour fournir d'une manière permanente aux besoins de l'alimentation d'été.

Enfin, dans la plus grande partie de la région où la race flamande a été introduite, elle s'élève complètement à l'étable. Nous n'avons pas à insister sur ce régime, qui n'est point particulier à la race et qui est suffisamment connu.

L'élevage produit en moyenne environ huit naissances par dix vaches mères. Les veaux, dans le pays de Bergues, principal centre de production, pèsent de 35 à 45 kilogrammes. Le nombre des mâles égale à peu près celui des femelles dans les naissances. Ces dernières sont presque toutes élevées, tandis que les 4/5 des mâles sont vendus dans la première quinzaine directement à la boucherie, ou pour être engraissés ou élevés ailleurs. Les élèves sont séparés de leur mère immédiatement après la naissance et ne tettent pas; on les habitue à boire, et ils absorbent ainsi dans leurs huit premiers jours, tout le lait de la mère ou une quantité équivalente provenant d'une autre. Passé cette période, on y substitue du lait battu pendant deux à trois mois au plus. Cependant quelques éleveurs soigneux continuent ce régime jusqu'à six mois et y joignent des farineux; d'autres y substituent des boissons mucilagineuses dont la graine de lin forme la base et du thé de foin, en continuant la même nourriture pendant l'hiver. Durant l'été, les veaux pâturent; dans la saison froide, ils reçoivent du foin, de la paille, des féveroles trempées et bouillies, et un peu d'eau blanche de temps en temps. Ordinairement, les génisses sont conduites au taureau de très-bonne heure et donnent leur premier veau de vingt-sept à trente-six mois. Celles qui se montrent stériles sont engraissées.

De nombreux essais de croisement ont été tentés en vue d'améliorer la race flamande. Tous ceux qui avaient pour but d'agir sur ses qualités laitières, et qui ont été opérés à l'aide des races normande, de Schwitz, hollandaise, sont aujourd'hui complétement abandonnés. C'est le tour de la race d'Ayr. On aurait peine à concevoir qu'ils aient pu être entrepris, si l'on ne savait l'influence du préjugé du croisement quand même sur l'esprit des amateurs. Des essais plus persistants se poursuivent en vue d'obtenir des produits plus rapprochés du type par excellence du bœuf de boucherie. Nous les laisserons raconter par M. Lefour, qui exprime en même temps à cet égard une opinion fort compétente.

« Le croisement *durham-flamand* est, depuis longtemps déjà, dit-il, à l'état d'essai dans la région qu'occupe la race flamande; le comice d'Amiens a le premier acheté un taureau durham en 1839, et deux autres ont été introduits dans cet arrondissement en 1845; il reste peu de traces de ces essais. Cependant M. Canet, au Paraclet, madame la comtesse d'Hervilly, à Fay, M. Gilès, à Clairy, possèdent encore quelques sujets durham ou métis. Le Pas-de-Calais a mis beaucoup plus de persistance dans ses croisements durham-flamands; les premiers achats de reproducteurs, commencés en 1844 par le département, se sont continués sans interruption; depuis cette époque, 65 taureaux de race courtes-cornes, provenant des vacheries de l'État, ont été introduits dans le Pas-de-Calais: 63 étaient achetés par le département et 2 par le comice de Saint-Pol. C'est au zèle de M. d'Herlincourt que ces acquisitions sont principalement dues; il a fait lui-même quelques importations d'Angleterre, en femelles surtout, et se livre aujourd'hui à l'élève de la race durham pure, dans sa propriété d'Étrepigny; M. Crespel-Tiburce a essayé le croisement durham-flamand sur une assez grande échelle, et a peuplé de métis les succursales de sa vaste exploitation. M. Crespel-Pinta, d'Arras, a présenté dans nos divers concours des reproducteurs durham purs ou croisés qui ont été remarqués. Un certain nombre d'étables des environs d'Arras se sont, par suite des ventes de la Société du Pas-de-Calais, enrichies de quelques sujets durham. Nous citerons celles de MM. Bonnival, de Blangy, de Flauchaut, de Wailly, Pecqueur, de Saint-Laurent, Hanon et Defresnes, de Dhuisans. Dans le même arrondissement, M. le marquis d'Havrincourt, à Havrincourt, est entré l'un des premiers dans la voie du croisement anglais. MM. Deswaquez et Boisleux, d'Ablainzevelle, Beaucamp, de Souchez, Le Grand, de Saint-Martin-sur-Coyeul, ont amené dans nos concours régionaux des taureaux possédant du sang durham à divers degrés. L'arrondissement de Béthune peut revendiquer à son tour quelques essais d'amélio-

ration de la race indigène par l'alliance étrangère, essais tentés par MM. Pingrenon, de Mareuil, et d'Oremieux de Fouquières. M. Boullanger, de Clairmarais, près Saint-Omer, a fait aussi des croisements durham-flamands dont il paraît satisfait; en dehors de ces exploitations, on ne peut citer dans le Pas-de-Calais, que peu d'étables où ces croisements aient pris un grand développement, et l'infusion du sang Durham est à peine apparente encore dans les animaux qui garnissent les foires et les marchés. Quelques importations directes de courtes-cornes ont eu lieu vers Boulogne; mais, dans ces derniers temps, elles ont eu principalement pour objet la race d'*Ayr*; M. Chromel-Adam peut être cité parmi les importateurs les plus zélés. Il est difficile d'apprécier ses produits trop jeunes encore.

« Dans le département du Nord, la Société d'agriculture de Dunkerque a commencé l'importation du type durham; et M. Mathieu, d'Ost-Cappel, a possédé le premier taureau acheté du gouvernement; depuis il a toujours continué les croisements qui ont produit de bons résultats comme précocité d'engraissement, et ont valu à ce cultivateur plusieurs prix dans les concours. Il a trouvé quelques imitateurs; le comice de Bourbourg a fait l'achat d'un taureau durham en 1851; M. Vandercolme de Dunkerque, a placé récemment un taureau et une vache dans sa propriété de Rexpoëde; nous avons remarqué plusieurs croisements durham dans les étables de MM. Dufour de Dunkerque; Landron de Loobergne; Loby, de Guyvelde; Lebecke de Coudekerque-Branche

Fig. 530. — Bœuf flamand.

Près de Dunkerque, M. Fetel vient d'importer plusieurs vaches et taureaux d'Ayr. Trois autres arrondissements du département du Nord ont essayé le croisement durham. La Société d'Avesnes a acquis un reproducteur durham en 1844; celle de Cambrai a fait un achat semblable en 1846; enfin la Société de Douai a fait de son côté deux

tentatives d'importation durham, l'une en 1850, l'autre en 1851; aujourd'hui ces associations reportent leurs encouragements sur la race flamande. Il en est de même de la Société de Lille. Il ne faudrait pas cependant tirer des conséquences trop rigoureuses du faible succès des importations durham dans le Nord; la médiocrité des types importés, le régime peu convenable auquel on a quelquefois soumis les animaux, ont eu leur part dans ce résultat. Depuis 1850, nous avons vu néanmoins paraître dans le concours de Lille, environ cinquante jeunes sujets croisés durham, dont sept ou huit ont obtenu des primes plus ou moins élevées. Il est probable que plusieurs de ces animaux, dont l'origine est difficile à constater, nous arrivaient de la Belgique, où l'importation durham s'est faite, à une certaine époque, sur une assez grande échelle; mais la plupart étaient d'origine française, et je me plais, ajoute M. Lefour, à rappeler les beaux animaux durham-flamands présentés par MM. Masquelier, de Saint-André, Durivaux, de Saighin, Fréville, d'Onaing, et Pingrenon, de Mareuil. »

« Toutefois, poursuit l'auteur que nous citons, les raisons qui paraissent s'opposer au grand développement des croisements durham, les voici : l'avantage de cette opération serait de faire des animaux ayant une grande aptitude pour l'engraissement précoce; or cette aptitude existe déjà à un degré assez élevé dans la race flamande; depuis un temps immémorial, on abat, dans le département du Nord, des génisses et des bœufs de deux à quatre ans. » M. Lefour rappelle à ce propos que les concours de Lille ont fait voir que beaucoup de jeunes bœufs flamands ont été abattus pesant, à trois ans, de 700 à 800 kilogrammes et plus, et donnant d'après le mode d'abattage de la boucherie de cette ville, de 60 à 62 p. 100 de viande nette et 10 à 15 p. 100 de suif. « Ces résultats, continue l'habile inspecteur général, n'ont pu cependant décider l'éleveur flamand à se livrer, dans une certaine proportion, à l'engraissement précoce du bœuf. C'est que, par suite des dispositions essentiellement laitières de la vache flamande et du large débouché que lui présentent les étables de toute la région, le producteur a plus de profit à élever la vache à lait que le bœuf même précoce. Il est évident que, dans ce cas, le croisement durham ne peut rien ajouter aux qualités laitières de la flamande; il lui donnerait, sans doute, des formes un peu plus étoffées, plus d'aptitude à l'engraissement; mais sous le premier rapport, il faut reconnaître que le beau type de Bergues laisse peu à désirer; quant à l'aptitude à prendre la graisse, la bonne vache flamande est assez bien dotée; elle engraisse facilement lorsqu'elle cesse de donner du lait; les génisses même qu'on ne fait pas saillir assez tôt prennent un embonpoint qui détermine quelquefois la stérilité. »

« La première raison qui éloigne l'éleveur de livrer la vache flamande au taureau durham, est donc la crainte de diminuer ses qualités laitières. Nous ignorons jusqu'à quel point cette crainte est fondée. Le gouvernement belge s'est livré, il y a deux ans environ, à une enquête qui avait pour but précisément de vérifier si les produits de la vache hollandaise et du taureau durham perdaient des qualités laitières de la mère; on n'aurait pas trouvé de grandes différences entre les vaches hollandaises pures et les métisses durham-hollandaises. Il serait possible qu'il en fût de même des génisses durham-flamandes; mais, ce qui est plus douteux, c'est que le produit conservât la robe qui imprime le cachet à la race et constate son origine dans les transactions dont elle est l'objet. Cette dernière raison n'est pas, nous le croyons, sans influence sur les hésitations de l'éleveur flamand. »

Tel est l'état de la question. Nous n'avons rien à y ajouter, si ce n'est que tout en comprenant, pour notre part, les avantages du croisement durham, comme spéculation particulière, nous pensons que les mérites de la race flamande sont trop évidents pour qu'il ne faille pas avant tout l'améliorer par sélection.

Race normande. — La Basse-Normandie est celle de nos anciennes provinces de la France qui produit et fournit le plus de bêtes bovines pour la consommation. Pays de plantureux herbages, et tout à la fois l'une des contrées dont l'agriculture soit la plus avancée, non-seulement il s'y est formé une race spéciale dont les élèves vont peupler les étables des cultivateurs de la Beauce, de la Brie, de Seine-et-Oise, les vacheries des nourrisseurs des environs de Paris et de la capitale même, mais encore ses riches vallées engraissent la plupart des bœufs de la race locale et un grand nombre d'autres appartenant aux races de l'Ouest et à quelques-unes de celles de l'Est. Le sol, reposant sur des couches de terrains jurassiques et coupé par de nombreux ruisseaux au cours paisible, emprunte au voisinage de la mer une atmosphère humide qui lui communique les conditions d'une rare fertilité. Les deux départements qui forment surtout cette riche contrée, le Calvados et la Manche, sont sans contredit notre plus grand centre de production animale; l'Orne, l'Eure et la Seine-Inférieure, qui avec eux constituent dans toute son étendue l'ancienne province de Normandie, ne viennent qu'après pour la production bovine. C'est dans la portion voisine du littoral, dans ces parties de la région connues sous les noms de Cotentin et de Bessin, entre Cherbourg et Lisieux, qui comprennent Valognes, Carentan et Isigny, si renommé pour son beurre, que la race se présente avec ses plus remarquables qualités laitières. De là lui vient sa dénomination plus commune de *race cotentine*, longtemps estimée tout à la fois pour la production du lait et pour celle de la viande, à cause du grand développement auquel arrivent ses bœufs. Les nouvelles idées qui se sont introduites depuis quelque temps dans les esprits lui ont fait perdre sous ce dernier rapport de sa réputation, mais non quant à son aptitude pour la laiterie. Le beurre d'Isigny, de Gournay, n'a pas cessé d'être placé en tête des plus estimés. On s'en apercevra bien lorsqu'il sera question plus loin de l'industrie laitière du Bessin.

Les caractères de la vache normande du Cotentin sont des plus faciles à distinguer. Quelques-uns d'entre eux, celui du pelage notamment, sont tellement particuliers à la race et indélébiles, qu'ils ne se rencontrent sur aucune autre et se reproduisent dans tous les croisements opérés partout où la race cotentine peut être introduite.

La taille varie beaucoup quand on considère l'ensemble du bétail de la région; elle subit des dégradations que nous indiquerons tout à l'heure, et qui sont dues à des différences dans la fertilité du sol sur lequel la race vit ; mais dans le principal centre de production elle est très-forte, puisqu'elle se maintient ordinairement entre 1^m,65 et 1^m,80. On a vu des bœufs atteindre jusqu'à l'énorme taille de 2^m,46, avec une corpulence à l'avenant. Et c'est ce qui a valu de tout temps à la race normande le privilége de fournir des bœufs gras au carnaval de Paris. La charpente osseuse, quelle que soit la taille, est très-développée, la conformation souvent disgracieuse. La tête, longue et lourde, à mufle large avec une bouche démesurément fendue, est surmontée par des cornes lisses, le plus souvent courtes et contournées en avant vers le front. Le corps est long, avec l'épine dorsale offrant des saillies osseuses et des dépressions prononcées chez les vaches un peu avancées en âge. L'encolure est relativement forte, l'épaule peu musclée, la poitrine peu profonde, souvent sanglée, le ventre volumineux, le flanc large et creux. Les hanches sont ordinairement peu écartées, eu égard à la corpulence, la croupe mince, la culotte peu fournie, l'arrière train étroit, mais avec des mamelles bien développées et bien conformées chez la femelle et le plus ordinairement les signes d'une forte lactation, veines et écusson. Les membres sont courts et volumineux. La peau est épaisse et dure, le poil fourni, indices d'une croissance lente.

La robe de la race normande est variable quant à la couleur et aux nuances du fond ; mais elle se caractérise par une particularité qui ne fait jamais défaut. Sur un pelage rouge, brun, rouan, caille ou pie, on observe toujours des raies brunes irrégulièrement disposées et réparties sur la surface du corps. C'est ce qui a fait donner au pelage des cotentins la dénomination de *bringé*, qui a probablement, d'après M. Magne, la même signification que celle qui appartient au mot anglais *brindled*, lequel veut dire bigarré. Les marques de la robe bringée sont en effet des bigarrures brunes ou noires.

En descendant dans la riche vallée d'Auge, la race cotentine a acquis des dispositions plus prononcées à l'engraissement. C'est là qu'elle atteint cet énorme développement dont nous avons parlé. Ses facultés laitières, paraît-il, s'y seraient affaiblies, et les éleveurs du pays, dans un temps qui n'a point pu être précisé, les auraient relevées par l'introduction de reproducteurs hollandais. Quoi qu'il en soit de cette assertion, toujours est-il que l'on désigne encore les vaches de cette partie du Calvados sous le nom de vaches hollandaises. Mais le bétail de la vallée d'Auge est plus connu comme constituant une variété de la race normande, dite *augeronne*. C'est du reste l'habitude, dans le pays, d'accoler cette épithète à toutes les espèces qui y sont élevées, chevaux, porcs, bœufs ou moutons. Cela n'a pas d'inconvénient, dès qu'il ne s'agit que de désigner des variétés et non pas des races.

Les éleveurs de la Normandie font le plus grand cas des facultés laitières de leur race cotentine, et il faut convenir qu'elle le mérite bien. Je ne crains pas d'affirmer, s'écriait en 1859 M. de Ker-

gorlay (1), que la race cotentine est la première race laitière du monde. Les Hollandais, les Flamands, les Suisses, en disent autant pour les leurs. C'est affaire de patriotisme. La vérité est que toutes ces races sont également très-supérieures sous ce rapport, mais que nous ne possédons pas les éléments d'une comparaison rigoureuse. Ce qui n'est point douteux, par exemple, c'est la préférence que mérite le beurre normand ; mais il en core faudrait-il savoir si ses qualités ne sont pas principalement dues aux procédés de fabrication, si attentivement pratiqués dans le Bessin.

Il existe en Normandie, il est vrai, des vaches qui donnent jusqu'à 35 et 40 litres de lait dans les vingt-quatre heures, mais ce sont là des exceptions. On a avancé que la moyenne est de 22 litres, sans dire s'il s'agit d'un calcul établi sur le produit total de l'année, ou seulement sur la période de la plus forte lactation. C'est cette dernière supposition qui est la plus probable, et il y a lieu de croire qu'en tenant compte de tous les éléments d'un pareil calcul, on n'arriverait pas à des chiffres supérieurs à ceux trouvés par M. Lefour pour la race flamande, c'est-à-dire aux environs de 3,000 litres de lait pour le rendement moyen annuel, calculé sur l'ensemble de la race. Il faut se garder de l'enthousiasme.

Des expériences exécutées par M. Lefebvre, de Sainte-Marie, inspecteur général de l'agriculture, ont permis de constater que 35 litres de ce lait sont nécessaires pour faire un kilogramme de beurre. On peut se faire une idée de l'étendue de la production laitière de la Normandie, d'après cela, quand on songe que la seule petite localité d'Isigny exporte annuellement 2,800,000 kilogr. de beurre, et celle de Gournay, 1,500,000 kilogr. Tout cela est absorbé par la consommation parisienne, sans compter ce que les localités environnantes y expédient directement. Ces chiffres sont assez éloquents pour qu'il ne soit pas nécessaire d'exagérer les facultés laitières de la vache normande, non plus que la richesse butyreuse de son lait, qui le cède de beaucoup sous ce rapport à celui de la vache bretonne, dont nous parlerons tout à l'heure. C'est un fait, d'ailleurs, qu'il y a dans une certaine mesure incompatibilité entre l'abondante sécrétion des mamelles et les propriétés butyreuses du lait. Les grandes laitières ne sont pas, d'ordinaire, les meilleures beurrières. Toutefois il convient de constater que la race normande allie ces deux qualités dans une proportion plus large qu'aucune autre. C'est pour cela que son lait est fort estimé, à juste titre.

D'après les caractères de conformation que nous avons assignés à la race normande, il est facile de se convaincre à l'avance que son rendement à l'abattage ne doit pas donner de bien bons résultats. Les sujets de cette race ne fournissent une forte quantité de viande pour la boucherie qu'en raison de leur grand développement et de leur poids vif énorme. Parmi les bœufs gras du Cotentin choisis par la boucherie de Paris pour ses promenades triomphales du carnaval, on cite celui de 1843, *le Père Goriot*, qui à l'âge de six ans

(1) *Journal d'agriculture pratique.*

pesait 1,970 kilogr. Il a produit seulement 999 kilogr. de viande nette et 125 kilogr. de suif. Celui de 1847, *Monte-Cristo*, pesait 1,902 kilogr. Ces bœufs étaient, bien entendu, de taille très-élevée, puisque ceux de 1844 et de 1846 mesuraient au garrot 1ᵐ,90 et 2ᵐ,45 ; le premier avait 2ᵐ,97 de longueur de la tête à la queue. Chez les vaches, le rendement moyen en viande nette, varie de 44 à 56 p. 100, la première proportion appartenant aux vaches d'âge, la seconde aux génisses.

Dans une région dont les herbages peuvent faire acquérir à l'espèce bovine un tel développement, on voit qu'il y a toute latitude pour tirer meilleur parti de la race au point de vue de la boucherie. La viande qu'elle fournit est fort estimée comme qualité, mais on ne peut manquer d'être frappé de l'infériorité de son rendement net et de la grande proportion d'os, de *réjouissance*, qu'elle contient. De tels corps supposent un squelette énorme. Et pourtant le bœuf cotentin n'a que des aptitudes fort médiocres pour le travail. Il y est cependant employé en Normandie, mais dans des conditions qui ne ressemblent en rien à celles que présentent nos races travailleuses du Centre et du Midi. La plus petite paire de bœufs gascons, bazadais ou de Salers, aurait bientôt fait exténuer ces colosses du Cotentin, s'il leur fallait la suivre dans ses travaux de labour ou de charroi. Il n'y a pas lieu d'insister là-dessus. Ce serait se montrer bien désireux d'attribuer à la race normande des aptitudes multiples, que de la gratifier d'un mérite quelconque comme productrice de force mécanique. Son

mode d'élevage, qui comporte les trois formes que nous avons vues pour la race flamande, mais où dominent les systèmes herbager et demi-pastoral avec la stabulation d'hiver, ce mode n'est pas propre au développement du tempérament qu'il faut pour cela. Du reste, la constitution de la propriété en Normandie et le système de culture rangent avant tout l'espèce bovine de ce pays dans le bétail de rente. C'est donc à ce point de vue qu'il doit être amélioré. Les conditions économiques dans lesquelles s'élève la race normande, les débouchés depuis si longtemps ouverts à ses produits, lui font une obligation de demeurer forte laitière, tout- en devenant meilleure pour la boucherie par un rendement en viande nette plus élevé.

La question, dans ces termes, a été fort discutée. Et néanmoins, tandis que la race charolaise, par exemple, se transformait sous l'impulsion des idées analogues, la race normande est demeurée à peu près stationnaire et se trouve aujourd'hui tellement attardée sur la voie du progrès, qu'au titre de bêtes à viande, les bœufs cotentins sont dans tous les concours où ils paraissent considérés comme la honte de la zootechnie française. Il n'y a pas de sortes de lazzis qui ne soient décochés à ces colosses osseux que l'on ne désigne plus maintenant que sous le nom de *bœufs de carnaval*.

Tous ces brocards ne prouvent pas grand-chose, et leur moindre défaut est de manquer de justice, si l'on est obligé de reconnaître leur justesse. Il faut bien prendre garde qu'en Nor-

Fig. 537. — Bœuf normand.

mandie l'industrie du bétail se divise. C'est la Manche principalement qui produit et élève ; le Calvados et l'Orne opèrent surtout l'engraissement dans leurs plantureux herbages d'embou-

ches. Or, les engraisseurs sont bien obligés de se contenter des bœufs qu'on leur produit ; et l'on sait que dans les races laitières le bœuf est un individu secondaire. Le producteur de la Manche ne conçoit point que ses vaches puissent être améliorées. Ceux-là même qui veulent. l'entraîner dans une autre voie que celle qu'il suit lui affirment, — nous l'avons vu, — que la vache cotentine est la *première laitière du monde*. Où trouverait-il alors une race qui pût l'améliorer à ce point de vue? Là nous paraît être la raison de sa résistance aux croisements qu'on lui préconise. Il craint d'altérer les qualités précieuses de sa race et sacrifie sans hésiter la production de la viande à celle du lait. Cela s'explique sans peine en présence d'une question mal posée. Une industrie aussi prospère que celle-là ne court pas volontiers les aventures.

Il y aurait à coup sûr plus de chances de succès dans une propagande qui aurait pour mobile l'amélioration de la race normande par sélection. Et nul doute que si les efforts dépensés en tentatives de croisement, par les éleveurs distingués du pays qui se sont occupés de tirer un parti plus avantageux de cette race, avaient été consacrés à fournir la démonstration expérimentale de l'efficacité de cette méthode, pour lui communiquer des formes plus propres à la production de la viande, les résultats n'eussent été plus satisfaisants. Ils n'auraient d'ailleurs en aucune façon nui à l'adoption du croisement industriel avec le type de boucherie, en ne confondant pas deux questions qui doivent demeurer distinctes. La masse des producteurs eût appris, au contraire, que sans perdre son aptitude à donner du lait, la race peut acquérir une conformation meilleure pour la boucherie ; le niveau moyen de la population se fût élevé sous ce rapport, sous l'influence des familles créées par une sélection méthodique. En voyant dans les concours, par exemple, des individus de race pure ayant une charpente osseuse moins forte, une conformation meilleure, tout en restant doués de leur aptitude laitière native, et sortant de vacheries conduites sous leurs yeux, les éleveurs du pays y seraient venus bientôt chercher en même temps des reproducteurs et des enseignements. S'ils avaient été dirigés dans ce sens, les travaux de MM. de Torcy et de Kergorlay n'eussent pas été perdus pour le progrès. Ils auraient certainement ouvert la voie aux croisements Durham qu'ils ont tant et si vainement préconisés avec MM. Hervé de Saint-Germain, de Fontenay, d'Eurville, de Grangues, et tant d'autres, malgré la présence d'une vacherie de Durham successivement établie par l'État dans l'Orne et le Calvados.

Au lieu de cela, ces éleveurs distingués se sont adonnés à la création de vacheries formées de métis durham-normands. Leurs essais ont montré d'une manière incontestable que l'alliance des deux races pouvait donner des individus d'un grand mérite pour la boucherie, à quelque degré de croisement qu'ils fussent poussés. Cela ne saurait surprendre aucun zootechnicien. Mais ce qui condamne ces essais, au point de vue qui les a fait entreprendre, c'est, encore un coup, qu'ils n'ont point eu d'imitateurs. Ils mettent hors de doute la possibilité d'exploiter avantageusement la race normande, au point de vue de la viande, en accouplant ses vaches avec le taureau de Dur-

ham ; ils ne sauraient convaincre personne de leur efficacité, s'il s'agit de substituer les métis durham-normands aux individus de race pure, pour la double destination que les circonstances ont faite à celle-ci. Entreprendre une pareille tâche, c'est se heurter vainement à une impossibilité.

Au temps de la vogue des races suisses introduites à Grignon par Bella, — il y a longtemps de cela, — M. le marquis de Torcy fit à Durcet (Orne) des croisements avec le type de Schwitz, qui furent poursuivis pendant quelques années, et auxquels succéda le métissage des produits qui en provenaient entre eux. On ne saisit pas bien l'idée rationnelle qui avait pu porter alors M. de Torcy vers cette entreprise. Il n'y avait vraisemblablement là que l'intention de croiser pour croiser, le croisement avec une race étrangère quelconque ayant été longtemps considéré par les amateurs comme le seul procédé d'amélioration. La race cotentine était alors comme à présent, dans l'esprit des éleveurs normands, la première laitière de l'Europe. La race de Schwitz ne pouvait donc être considérée comme capable de l'améliorer sous ce rapport ; d'un autre côté, cette race n'avait jamais été regardée, que nous sachions, comme supérieure pour la boucherie. Il y a tout lieu de croire qu'il s'agissait seulement, dans la pensée du châtelain de Durcet, de se créer une race à lui. C'était l'époque où chacun voulait avoir la sienne.

Quoi qu'il en soit, lors de l'introduction de la race de Durham en France par les soins du gouvernement, la vogue avait tourné. Les métis schwitz-normands furent de nouveau croisés avec une grande persévérance, et les résultats qu'il en obtint nous ont été complaisamment racontés. Ces métis devinrent dès lors des Durham-Schwitz-Normands. Plusieurs furent assez remarquables, en tant qu'individus, pour valoir nombre de fois à M. de Torcy la coupe d'honneur au concours de Poissy. Leurs caractères, en effet, sont ceux du Durham, avec moins de finesse dans l'ossature et dans la peau. Et voilà ce que des écrivains ayant des prétentions à la science zootechnique n'ont pas craint d'appeler la race de Durcet.

Que le créateur de cette famille, dont les descendants n'ont encore jamais laissé leur pays natal que pour aller au sacrifice, ait eu l'innocente prétention d'avoir doté la France d'une race nouvelle, c'est là une chose que l'on doit tenir pour respectable. Les travaux persévérants et bien intentionnés ont droit à la sympathie, encore bien qu'ils s'égarent, et nous ne marchandons point la nôtre à la mémoire de M. de Torcy. Mais notre bon vouloir ne saurait aller jusqu'à considérer le résultat de ces travaux comme la création d'une race, et à concéder que cette création ait pu avoir la moindre utilité pour le progrès. Comme individus, les métis durham-schwitz-normands ne peuvent valoir les métis simplement durham-normands. En tous cas ils ne sauraient valoir mieux, car si tant est que les caractères de la race suisse puissent être pour quelque chose, ce n'est certainement pas pour leur communiquer des qualités au point de vue de la boucherie. A titre d'agents d'amélioration de la race normande ou de toute autre, ils n'ont point eu l'occasion de faire leurs preuves, car, — chose curieuse, — il ne s'est pas encore trouvé un seul amateur pour en essayer ; et il y a lieu de croire que les souhaits qui ont été faits à cet égard ne seront pas exaucés. Ceux qui ont quelque notion des principes fondamentaux de la zootechnie ne sauraient le déplorer.

En résumé, l'amélioration de la race normande, en vue de la conservation de sa principale aptitude, ne peut donc être obtenue que par la sélection. La fonction économique fondamentale est la production du lait. Il importe avant tout de ne rien faire qui puisse l'amoindrir sous ce rapport. L'industrie de la plus grande partie de la région qu'elle habite en fait une loi. Mais, ainsi que nous l'avons vu, la sélection peut développer en même temps son aptitude à l'engraissement et lui faire acquérir une conformation meilleure pour la boucherie.

Dans des conditions déterminées, où l'industrie de l'engraissement peut s'allier avec avantage à celle de l'élevage, rien ne s'oppose à la production des métis de durham, incontestablement plus précoces, d'un meilleur rendement, et par conséquent d'un prix de revient moindre. Mais encore une fois il ne peut s'agir à cet égard que d'une simple entreprise industrielle, utilisant plus avantageusement des mères de race pure, dont les produits doivent passer de l'enclos d'élevage dans l'embouche ou l'étable d'engraissement ; non point d'exercer sur la race une influence amélioratrice qui, pour lui communiquer une conformation meilleure et de la précocité, lui ferait perdre, dans la plupart des cas, les qualités laitières qui constituent son mérite éminent.

N'oublions pas de mentionner, avant de terminer sur ce qui concerne la race cotentine, les résultats poursuivis dans un but principalement philanthropique par M. le conseiller Dutrône, au château de Sarlabot (Manche), pour priver cette race de ses cornes. Par des croisements persévérants avec la variété sans cornes brune, de Suffolk, suivis d'un métissage attentif, il a réussi à constituer une petite famille qu'il appelle désarmée, et dont la plupart des produits ont été donnés par lui avec un rare désintéressement à tous ceux qui ont bien voulu s'intéresser à la propagation de son œuvre plus philanthropique, nous le répétons, que zootechnique. Sous l'influence des soins attentifs dont ils sont l'objet de la part de M. Dutrône, les individus élevés au château de Sarlabot joignent aux caractères de pelage de la race mère et à l'absence du cornage, des qualités de conformation qui permettent de les considérer comme améliorés. Ils ont été l'objet de distinctions flatteuses dans quelques concours de boucherie, notamment en Belgique. La particularité qui les caractérise et qu'ils tiennent de la race étrangère dont ils sont issus, l'absence des cornes, paraît maintenant fixée dans la famille et s'y reproduit sûrement, à ce qu'on assure. Il n'a point été fait jusqu'à présent d'essais assez suivis pour savoir s'ils sont capables de la transmettre le plus ordinairement au produit de leur accouplement avec des individus munis de cornes. M. le conseiller Dutrône se trouve, dans son pays, à l'état de novateur méconnu, n'ayant rencontré de partisans pour ses idées que parmi les zoophiles, non point parmi les zootechniciens et les éleveurs, bien qu'il ait dépensé pour sa création autant de zèle et certainement plus d'argent que Colling pour doter l'Angleterre de la race améliorée de Durham ; car on a vu ce que produisit à ce dernier la vente de son troupeau, lors de sa retraite, tandis que M. Dutrône donne gratis les animaux qu'il veut propager, en vue du désarmement général des races bovines.

La question ainsi posée et telle que la comprennent les honorables philanthropes que M. le conseiller Dutrône a su intéresser à son œuvre, soulève des considérations de l'ordre zootechnique, dont aucun d'eux ne s'est à coup sûr préoccupé. Et si louable que soit dans son mobile le sentiment qui les anime, on serait obligé d'en combattre les conséquences, s'il n'apparaissait point qu'elles n'ont aucune chance d'arriver. Les partisans du désarmement ne rêvent rien autre chose que le croisement général des races par ce qu'ils appellent la race Sarlabot. Faisons paix à cette utopie, par égard pour les excellentes intentions de son promoteur, auquel nous ne voudrions causer aucun chagrin, tant est grande l'estime que son caractère a su nous inspirer.

Nous nous bornerons à constater que l'élevage du château de Sarlabot n'a exercé aucune influence sur la race normande au milieu de laquelle il se poursuit, pas plus que celui de la ferme de Durcet, bien que dans le premier l'on se soit appliqué à conserver aux individus produits tous les caractères des Cotentins, moins leurs cornes considérées comme des armes dangereuses. Il y a là un fait intéressant, dont nous avons déjà fait ressortir l'importance au point de vue des lois de l'hérédité, et qui constituera le principal, sinon le seul mérite, des efforts auxquels il est dû.

Race bretonne. — La vache bretonne est la laitière par excellence des pays pauvres. Voilà son principal mérite, et nous le disons tout de suite, afin de lui marquer sa véritable place dans notre bétail français, entre les exagérations en sens contraire dont elle a été l'objet de la part du plus grand nombre de ceux qui ont entrepris de l'apprécier. M. Bellamy, vétérinaire distingué à Rennes, lui a consacré la monographie la plus complète et la plus exacte qui ait encore été écrite sur la race bretonne. Il avait pour cela tout ce qu'il fallait, la compétence spéciale et la connaissance parfaite des lieux et des individus. Nous suivrons donc pour la décrire M. Bellamy.

La race bretonne peuple les cinq départements qui composent l'ancienne Bretagne. Elle s'y présente avec un développement variable, suivant l'état de la culture et la fertilité du sol des points de la région que l'on considère ; mais partout se retrouve le type, dont le berceau paraît être le département du Morbihan. On lui a attribué des origines diverses. Les uns la considèrent comme une dégradation de la race hollandaise, d'autres la font venir des Indes, à cause de sa ressemblance avec les familles laitières qui vivent aux environs de Bordeaux, et auxquelles on attribue cette provenance.

C'est l'occasion de parler de cette prétendue *race bordelaise*, à laquelle on va voir que nous ne pouvons ni ne devons consacrer un paragraphe séparé. Nous nous sommes fait une loi de n'agir ainsi que pour les races véritables, afin de ne point contribuer à perpétuer l'erreur. Or il est bien certain que les vaches dites bordelaises ne sont autre chose que des bretonnes. « Depuis un temps immémorial, dit M. Bellamy, il y a des marchands du Midi qui viennent acheter des vaches en Bretagne ; si on en trouve aujourd'hui aux environs de Bordeaux ayant une certaine ressemblance avec la race hollandaise, ces vaches n'en sont pas moins d'origine bretonne, seulement elles ont acquis plus de force et de taille, par suite d'une nourriture plus abondante et plus substantielle.

« Quant à la petite race bordelaise, qui ressemble beaucoup à la morbihannaise, et que l'on croit cependant provenir des Grandes-Indes, nous pouvons assurer qu'elle est purement bretonne (1). »

Ce que l'on appelle la race bordelaise n'est donc qu'une tribu bretonne établie dans les environs de Bordeaux. Il n'est pas besoin d'attribuer à ces bêtes une origine asiatique, pas plus qu'à celles du Morbihan. La race de celles-ci, tout l'indique, s'est formée sur le sol qu'elle habite et avec lequel elle est si bien en rapport par toutes ses qualités ; les autres en ont été détachées par les migrations imprimées au bétail sous l'influence du commerce, et comme elles ont rencontré des conditions meilleures, leurs générations se sont améliorées. Tel est le fait le plus simple et par conséquent le plus probable ; nous oserons même dire que c'est le fait certain.

Nous empruntons textuellement à M. Bellamy l'excellente description qu'il a donnée du type pur de la race bretonne. On peut dire que jusqu'à lui personne n'avait tracé cette description d'une manière ni aussi complète ni aussi exacte. Il serait parfaitement superflu, en conséquence, de l'entreprendre à nouveau.

« L'ancienne race bretonne, dite des landes du Morbihan, est de robe pie noir ou noire ; ces deux couleurs, dit-il, sont toujours vives et à lignes de démarcation bien tranchées entre elles, c'est-à-dire qu'elles ne composent jamais de robe dont les poils blancs et noirs soient mélangés de manière à former du gris.

« La plupart des vaches bretonnes sont de robe pie noir, avec prédominance du noir sur le blanc, elles ont ordinairement une bande transversale formée par des poils blancs sur le garrot ou la partie antérieure de la croupe ; il y en a bien peu qui n'aient pas le dessous du ventre blanc ; les vaches toutes noires sont excessivement rares, attendu qu'elles sont au moins marquées en tête.

« Lorsqu'une vache a une robe composée de nuances mélangées, ou même lorsque étant pie

noir, elle présente, soit sur le garrot, soit sur le dos, les reins ou la croupe, une ligne médiane formée par des poils de couleur froment pâle, il est certain qu'elle n'est pas de pure race bretonne. « Il y a des vaches chez lesquelles les poils sont toujours courts, fins et lisses dans toutes les saisons ; elles sont généralement de bonne nature et d'un bien plus facile entretien que celles qui ont les poils longs, gros et hérissés. Nous savons bien, fait remarquer notre distingué confrère, que la nourriture, le logement, les saisons, les soins et l'état de santé ou de maladie influent considérablement sur la nuance, le lustre, la position et la longueur des poils composant la robe, c'est-à-dire sur le pelage d'un animal ; mais il est de remarque aussi que ces influences ne produisent pas également les mêmes effets sur tous les sujets de la même espèce ni de la même race.

« La vache de pure race bretonne a le mufle noir, parfois marbré, rarement blanc ; cependant elle a toujours de couleur blanche la muqueuse qui tapisse l'intérieur de la bouche et enveloppe la langue. La muqueuse buccale est ordinairement noire ou marbrée chez les sujets qui ne sont pas de pure race bretonne. Ainsi, lors même qu'une vache serait de robe pie noir, lors même qu'elle aurait la conformation du type breton, qu'elle serait originaire du Morbihan, si elle a la langue noire, ou si elle présente des taches noires dans l'intérieur de la bouche, c'est qu'elle n'est réellement pas de pure race bretonne.

« Examinée dans son ensemble, l'ancienne race du Morbihan est trapue ; un grand nombre de sujets ont la taille de 0^m,95 à 1^m,04 ou 1^m,05 au garrot.

« La vache bretonne a l'œil vif, la tête courte, fine, sèche et petite ; les cornes sont ordinairement fines, blanches à la base et noirâtres à l'extrémité ; elles sont quelquefois toutes noires ou jaunâtres, ou d'un beau blanc dans toute leur longueur ; ce dernier cornage est le plus estimé. »

« Il y a des vaches qui ont les cornes un peu grosses et d'autres qui les ont très-fines ; on préfère les dernières. Les cornes de couleur blanche dans toute leur longueur sont rarement grosses. Il arrive fréquemment que les vaches qui ont les cornes grosses, noires et rugueuses, ont aussi la tête forte, le poil gros et la peau épaisse ; elles n'ont pas les extrémités aussi fines que celles qui ont les cornes minces, un peu plates et bien blanches. Lorsque les vaches ont les cornes trop grosses, les marchands ne manquent pas de les gratter vigoureusement, afin de les réduire à des proportions convenables. Toutes les vaches de la race du Morbihan ne sont pas pourvues de cornes de la même longueur ; les unes les ont courtes et courbées en avant ; un très-grand nombre les ont de moyenne longueur, courbées en avant et relevées vers la pointe. On estime bien plus les vaches qui ont les cornes courtes.

« Quoique la plupart des vaches morbihannaises aient les cornes bien placées, qu'elles soient ordinairement, comme on dit, bien cornées, il s'en trouve cependant dont les cornes ont une direction vicieuse, qui tend à donner à la tête, au facies de la vache, un aspect désagréable ; des vaches cornées de la sorte ont moins de valeur pour l'amateur, mais cela ne les empêche pas d'être de bonne nature. »

« La vache bretonne est longue de la pointe de l'épaule à la fesse, comparativement à sa hauteur. Elle a l'encolure courte et mince, les oreilles petites ; dans la pure race, la tête se trouve parfaitement détachée ; on ne remarque que peu ou point de fanon. Le garrot et le dos sont sur la même ligne ; il y en a qui ont ces régions larges, mais le plus souvent elles sont un peu saillantes ; cela tient surtout au peu de développement musculaire plutôt qu'à la bonne situation des épaules et à l'attache des côtes.

« La bretonne a la côte ronde, bien descendue pendant le jeune âge ; mais, par suite de l'ampleur que le ventre acquiert lorsque la bête avance en âge, le corps de quelques vaches prend la forme d'un coin dont la base est représentée par le train postérieur. Elle ne présente jamais de dépression à la partie inférieure de la poitrine, c'est-à-dire qu'elle n'est pas sanglée. »

« Elle a le poitrail assez large, l'épaule droite et peu musculeuse. Les reins sont longs et suffisamment larges chez les jeunes bêtes ; ils sont souvent sur la même ligne que le dos et le plan médian de la croupe ; mais, après plusieurs vêlages, il n'est pas rare de les trouver plus bas que la partie antérieure de cette dernière région.

« La croupe est ordinairement courte, souvent saillante dans le plan médian, avec un assez grand écartement des hanches ; mais elle est souvent défectueuse dans sa partie postérieure, parce qu'elle manque de largeur. Si quelques vaches ont la croupe un peu avalée, on peut dire que le plus grand nombre l'ont horizontale.

« Il y a des vaches chez lesquelles la queue est un peu grosse à la base et paraît se détacher un peu trop en avant sur la croupe ; ces vaches laissent généralement à désirer sous bien d'autres rapports ; mais chez le plus grand nombre la queue est fine à la base et bien attachée, ordinairement longue, mince, terminée par un fort bouquet de crins ondulés qui sont presque toujours de couleur blanche.

« L'ancienne race bretonne a les membres courts, les avant-bras longs, peu musculeux, le gigot peu descendu ; elle a les articulations sèches et étroites, de beaux aplombs du devant, les jarrets souvent rapprochés, mais toujours la partie inférieure des extrémités d'une sécheresse et d'une finesse remarquables.

« La vache bretonne a les pieds petits, secs, noirs et pourvus d'une bonne corne.

« Dans le pays où l'on produit cette race, il est assez rare d'en trouver dans un état d'embonpoint satisfaisant. Elles ont le plus souvent les muscles un peu émaciés ; mais cela tient au peu de nourriture qu'on leur donne. Cependant, si on fait attention que la race bretonne est celle qui, toutes choses égales d'ailleurs, a le système osseux le moins développé, il ressort évidemment de cette organisation qu'elle est facile d'entretien.

« La vache bretonne a ordinairement la peau très-fine, souple et libre ; en même temps elle a le poil fin, court et lustré ; lorsqu'elle a les poils

Fig. 538. — Vache bretonne du Morbihan.

gros, longs et un peu piqués, sa peau est plus épaisse, comparativement à la précédente : on dit alors que la bête est dure. »

« Les vaches bretonnes ont une allure vive et décidée ; elles supportent bien la marche. Quoique d'un tempérament sanguin, un peu nerveux, elles ont un caractère doux et agréable.

Il n'y en a pas de méchantes pour l'homme.

« La vache bretonne a les veines mammaires (vulgairement veines de lait) grosses et flexueuses, ce qui annonce un grand travail dans les glandes qui sécrètent le lait ; elle a le pis volumineux, souvent de couleur jaunâtre : il est placé en avant, a une forme ovalaire. Tandis que chez certaines races le pis est souvent charnu, on peut dire que celui de la bretonne n'en impose pas par son volume, car il se réduit à presque rien après la traite : il est pourvu d'une peau très-mince, souple, et recouvert d'un léger duvet. »

« Nous ne connaissons pas, ajoute M. Bellamy, de race française qui présente un aussi grand nombre de sujets si bien marqués pour le lait, d'après le système Guénon, que la race bretonne du Morbihan.

« La plupart des vaches bretonnes peuvent être classées dans les flandrines, quelques-unes dans les courbes-lignes, un petit nombre dans les lisières, souvent avec couleur jaunâtre et furfuracée de la peau du pis, à la queue et dans l'intérieur des oreilles (1). »

La quantité moyenne de lait fournie chaque jour, dans le pays même, calculée d'un vêlage à l'autre, est de 4 à 5 litres, soit annuellement de 1,460 à 1,825 litres. Cela paraît bien peu, considéré d'un point de vue absolu ; mais si l'on songe à la petite taille de la race et à l'alimentation que peut lui fournir ce pays, on est forcé de convenir que l'aptitude laitière est ici portée au plus haut degré. Elle atteint même exceptionnellement, chez quelques sujets de la lande du Morbihan, jusqu'à une production journalière de 10 et 12 litres. Toutefois, c'est surtout par la qualité butyreuse du lait que cette production est remarquable. « Lorsqu'on demande, dit M. Bellamy, aux ménagères du Morbihan si leurs vaches sont bonnes, elles vous répondent souvent : Elle donne 4 livres, celle-là donne 6 livres, celle-ci donne 7 livres ; elles veulent dire par là que telle vache donne 4 livres de beurre, telle autre 7 livres par semaine. » L'industrie beurrière est exclusive en effet dans cette contrée où manquent nécessairement les débouchés pour le lait en nature. Il n'est donc pas étonnant que les vaches y soient appréciées par leur rendement en beurre. Et si l'on prend la peine de rapprocher ce rendement de celui du lait, on aura tout de suite une idée de la richesse de ce liquide, puisque le minimum est de 2 kilogr. de beurre pour 28 litres de lait, produit d'une semaine à raison de 4 litres par jour. Or, nous avons vu que d'après les expériences de M. de Sainte-Marie, 35 litres de lait de vache normande sont nécessaires pour faire 1 kilogr. de beurre. Le lait des vaches du Morbihan est donc au delà du double plus riche.

Telle est la pure race bretonne primitive, qui s'entretient dans une partie de la région semblant bien peu propre, au premier aspect, à nourrir un bétail doué de qualités aussi précieuses. Le département du Morbihan, dont la superficie totale est de 699,641 hectares, compte en effet 271,191 hectares en landes ou bruyères, 3,600 hectares de dunes ou de falaises, 91,324 hectares de sol schisteux ou granitique, par conséquent peu fertile, et le reste sablonneux mis en culture par le déplorable système de baux à *domaines congéables*, si peu favorable aux améliorations, et basé sur la production du seigle et du sarrasin. Tout cela of-

fre peu de ressources pour la nourriture du bétail ; et pourtant le Morbihan possédait, en 1857, un total de 314,536 bêtes bovines, dont 163,237 bœufs, 5,439 taureaux, 161,911 vaches, et 83,949 génisses ; plus 42,399 animaux de l'espèce chevaline, 254,948 moutons et 59,795 porcs. 19,071 bêtes bovines en sont exportées en moyenne, et 67,778 consommées sur place.

Ces chiffres font voir à quel point peut être poussée la sobriété de la race dont nous nous occupons, et combien elle sait se contenter de peu pour produire comme nous l'avons vu.

Avant de parler du système d'élevage qui donne de semblables résultats, nous compléterons la description de la race par quelques considérations relatives aux caractères qui appartiennent au taureau des landes et au bœuf élevé dans ce même pays. Ces caractères sont ceux de la vache, comme ensemble typique ; le cachet de masculinité y est moins accusé que dans la plupart des autres races. Les cornes sont toujours courtes, un peu grosses et légèrement contournées en avant ; à la partie antérieure de la nuque, il existe une touffe de longs poils hérissés, formant un véritable toupet. L'encolure est courte, et ne devient pas ordinairement forte et rouée avant l'âge de deux à trois ans. La taille, à cet âge, ne dépasse guère 1m,06 ou 1m,07, ce qui fait néanmoins que le taureau est toujours beaucoup plus fort que la femelle. Il se développe très-lentement.

Les bœufs bretons du Morbihan atteignent jusqu'à la taille de 1m,25 à 1m,30. Ils sont pourvus de cornes longues, luisantes et parfaitement égales sous le rapport de leur contour et de leur direction ; « de moyenne grosseur à la base, dit M. Bellamy, elles vont en diminuant de plus en plus jusqu'à la pointe, qui est très-fine ; portées un peu en avant, relevées vers la pointe, leur aspect impose par le danger qu'il pourrait y avoir, si ces animaux voulaient s'en servir ; mais comme ils sont doués d'un bon caractère, il n'en résulte pas d'inconvénient. » Ils ont été privés de bonne heure de leurs testicules, ce qui fait qu'ils ont la tête sèche et mince, l'encolure courte, large de haut en bas, mais peu épaisse. Le poitrail est suffisamment large, la côte ronde et bien descendue, la ligne supérieure droite et assez large, la queue souvent attachée trop haut. Les épaules sont peu musclées, la cuisse est plate. Comme chez la vache, les aplombs du devant sont le plus souvent bons, mais les jarrets sont habituellement un peu rapprochés.

C'est vers l'âge d'un an à quinze mois que l'on commence à atteler les bœufs bretons. Il est d'usage de les faire travailler jusqu'à six et huit ans. Les cultivateurs du Morbihan les comblent de caresses, mais ils n'ont pas assez de ressources pour les bien nourrir. « La garde du troupeau, remarque M. Bellamy, n'est jamais confiée à des enfants ; elle est la tâche la plus douce des femmes et des vieillards. » Pendant l'été, ces animaux sont mis dans des pâturages désignés dans le pays sous le nom de *parcs à bœufs*. En hiver, ils reçoivent un peu de foin, de la paille de froment ou d'avoine, de l'ajonc pilé parfois, et exceptionnellement quelques feuilles de choux ; puis on

---

(1) Ouvrage cité plus haut.

les envoie dans la lande pour y chercher le surplus de la nourriture qui leur est nécessaire, et qui est toujours très-parcimonieuse.

« Les bœufs bretons, ajoute l'auteur qui nous fournit ces renseignements, rendent cependant de grands services; on ne peut contester leur énergie; ils produisent beaucoup plus de force que leur corpulence ne semble l'annoncer, et,

Fig. 530. — Bœuf breton amélioré.

vivant journellement de privations, il faut qu'ils aient beaucoup d'âme pour pouvoir soutenir aussi longtemps la fatigue.

« Cependant, ce sont ces bœufs qui jouissent d'une si grande réputation auprès des meilleurs bouchers de la capitale, lorsqu'ils ont été engraissés par les cultivateurs bretons; ils fournissent une viande entrelardée et à grain fin, que les gourmets trouvent très-bonne et très-savoureuse.

« On engraisse, poursuit M. Bellamy, les bœufs dans toutes les parties du Morbihan, mais c'est surtout sur le littoral qu'on engraisse le mieux. Les bœufs maigres se rencontrent dans l'ouest et le nord-ouest du département où les cultivateurs des contrées nord et est vont les acheter à l'âge de deux à trois ans.

« Quant aux vaches vieilles et usées, elles sont généralement consommées dans un rayon peu éloigné; dans les grands domaines, il est d'usage de tuer annuellement une ou deux vaches; les autres sont vendues du côté de Napoléonville, Locminé et Ploërmel.

« Comme les vaches provenant du littoral sont ordinairement en bon état, elles sont plus recherchées, mais elles ne sont pas exportées bien loin.

« Il y a des domaniers qui engraissent des bœufs pendant l'hiver seulement, d'autres pendant l'été, mais la plupart le font indistinctement, suivant les ressources alimentaires qu'ils ont à leur disposition.

« Aussitôt les semailles faites, on commence à mieux nourrir les bœufs que l'on veut engraisser, afin de les vendre en février, mars ou avril; pour obtenir ce résultat, on leur donne du foin, de la paille, du son de froment, de l'avoine, parfois du froment et souvent du seigle en grain.

« Lorsqu'on veut engraisser les bœufs à l'époque du printemps, on les met à pâturer dans des enclos réservés pour eux; on leur donne, en outre, des navets montés, du seigle en vert, du son de froment, un peu d'avoine et du seigle en grain.

« Par l'emploi de ces moyens, les bœufs bretons s'engraissent promptement et nous pouvons ajouter, dit l'auteur, convenablement. Aussi les marchands normands et parisiens viennent-ils sur les principales foires faire concurrence aux gens du pays qui expédient un grand nombre de têtes par Dinan, Saint-Malo ou Granville, pour aller en Angleterre. On a remarqué que les marchands de Paris accordent la préférence aux bœufs les plus forts.

« Pour les personnes qui n'ont pas visité les foires du Morbihan, il peut paraître étonnant que, dans un pays où il y a tant de rochers et de landes, on s'occupe non-seulement de la production du bétail, mais même de l'engraissement des bœufs. L'on est en effet surpris quand on arrive un jour de foire, et surtout dans l'hiver, dans un petit village qui contient à peine quelques maisons, de voir une réunion de deux à trois mille bœufs, si près les uns des autres qu'on pourrait sans peine, en faisant des *enjambées* ordinaires, aller d'un côté de la foire à un autre en marchant sur eux. »

« Pour faire croire que les bœufs ont été engraissés principalement avec du grain et des farineux, les domaniers les saupoudrent avec de la farine par-dessus le corps; de même aussi, pour que l'acheteur ne doute pas que les bœufs n'aient été engraissés à l'étable, on a garde bien de faire tomber la *bouse* qu'ils ont à la face externe des cuisses. Il y a des bœufs qui en ont une telle quantité qu'on serait tenté de croire qu'ils ont été mis à dessein dans cet état (1). »

Les taureaux sont rares dans le Morbihan. Les éleveurs envoient leurs vaches au plus près, sans se préoccuper du bon choix. Ce qui les préoccupe seulement, c'est qu'il soit pie noir. Le plus grand nombre de ces taureaux sont très-jeunes et épuisés par de nombreuses saillies et une nourriture insuffisante.

On ne donne aux vaches pleines aucun soin particulier. Elles sont confondues avec le troupeau et vont pâturer dans la lande ou dans les prés fauchés, les pâtures ou les chaumes. Elles ne rentrent à l'étable que pour être traites et pendant la nuit. Celles qui donnent du lait jusqu'à la mise bas, et c'est le plus grand nombre, n'ont pas un instant de répit. Durant l'hiver, on leur donne un peu de paille de froment, d'avoine ou de millet pendant la traite du matin, avant de partir pour la lande. Dans les fermes les mieux tenues seulement, elles reçoivent en outre deux litres de pommes de terre ou de courges mêlées avec un peu de son et d'eau.

Si la vache fait son veau à l'étable, lorsqu'elle l'a séché, s'il n'est pas assez fort pour teter tout seul, on lui fait avaler un peu du lait de sa mère; mais le plus souvent le vêlage s'effectue dehors; la vache est alors rentrée pour recevoir un peu de son dans de l'eau tiède, et du foin; puis, le lendemain, elle retourne dans la lande avec une petite couverture de toile, qu'elle garde pendant quelques jours.

Tous les veaux provenant de bonnes laitières sont élevés, sans se préoccuper de leur conformation. Il arrive assez fréquemment, suivant M. Bellamy, que tout le troupeau d'une exploitation a été produit par la même vache ou ses filles alliées avec des mâles de la même famille. C'est encore un exemple de consanguinité, qui dépose bien éloquemment contre les inconvénients attribués à cette pratique.

« La manière dont on élève les veaux, dit le même auteur, est bien simple : en été, on les laisse teter pendant quinze jours à trois semaines, rarement un mois, puis on leur donne un peu de lait étendu d'eau tiède et quelques brins d'herbe. En hiver, ils sont nourris avec un peu de lait, de l'eau tiède, du son et quelques plantes desséchées.

« Lorsque les veaux ont pris un peu d'âge, on leur donne du lait caillé, mélangé avec du son et de l'eau, et ils vont, avec le troupeau de l'exploitation, chercher dans les landes le surplus de la nourriture qui leur est nécessaire.

« Depuis le sevrage jusqu'à l'âge d'un an à dix-huit mois, les veaux mâles et femelles sont bien chétifs, surtout pendant l'hiver. Réduits à se nourrir sur les landes, il faut convenir que leur existence est bien problématique... » « Reconnaissons donc, ajoute notre confrère, qu'il faut que la race bretonne soit douée d'une bien grande force vitale pour pouvoir résister, vivre et donner des produits, malgré les privations qu'elle endure depuis sa naissance, souvent même avant, jusqu'à l'âge de quatorze à quinze ou seize ans, qui est le terme le plus long de sa vie. »

Les mâles sont émasculés à quelques mois, et l'on commence à les dresser pour le travail dès un an ou quinze mois, ainsi que nous l'avons vu. Au même âge, les génisses sont conduites au taureau, et il n'est pas rare d'en rencontrer ayant un veau déjà à l'âge de vingt mois.

Ce sont là des pratiques bien peu propres à améliorer la race, et qui expliquent facilement le peu de développement qu'elle acquiert. Il faut en effet que les qualités natives soient bien solides pour qu'elle ait pu les conserver dans un pareil élevage. Cependant, pour être générales, il faut dire que ces pratiques ne sont pas absolument exclusives. Le progrès a pénétré quelque peu dans le Morbihan comme partout. Quelques exploitations plus avancées que les autres se sont préoccupées depuis un certain temps d'un meilleur choix des reproducteurs et soignent mieux les mères et leurs produits. Sous l'influence d'une nourriture moins parcimonieuse, ceux-ci ont acquis plus de développement et des formes meilleures. On rencontre assez souvent maintenant dans le pays des vaches ayant $1^m,10$ à $1^m,30$ au garrot, un corps plus long et plus épais, une physionomie moins vive, des allures plus lentes que celles qui caractérisent l'ancienne race.

Ce qui est arrivé dans le Morbihan s'est produit d'une manière bien plus générale et plus remarquable dans les autres parties fertiles et mieux cultivées de la région, notamment dans l'Ille-et-Vilaine. Dans les départements des Côtes-du-Nord et du Finistère surtout, à côté de la pure race bretonne pie noir morbihannaise, il se trouve des variétés pie alezan, dont la principale est la carhaisienne, ayant quelque ressemblance avec la race des îles de la Manche dite d'Alderney. La plupart de ces variétés résultent de croisements opérés avec les races normande, vendéenne et suisse, en vue d'élever la taille de la race locale. Ces variétés n'ont pas à beaucoup près les qualités que nous avons reconnues à celle-ci.

Dans ces derniers temps, des essais de croisement avec le Durham ont été tentés et suivis avec toute l'intelligence possible à l'école régionale d'agriculture de Grand-Jouan (Loire-Inférieure), par l'habile directeur de cette école, M. Rieffel. Dans les conditions où ces croisements ont été opérés, c'est-à-dire au milieu d'une agriculture avancée, pouvant nourrir suffisamment les élèves, et avec la précaution de choisir des mères déjà améliorées par l'alimentation, telles que celles des Côtes-du-Nord, choisies par M. Rieffel, on conçoit que ces essais aient réussi dans une certaine mesure. Les produits durham-bretons ainsi obtenus ne peuvent manquer de donner plus de poids et un rendement supérieur à celui des bretons purs, pour la boucherie. A ce titre, — nous en revenons toujours là, — la production des métis dont il s'agit peut être une bonne industrie, à la condition qu'elle sera maintenue dans les limites de ce but spécial. Dans le département d'Ille-et-Vilaine, sous l'énergique impulsion de M. le préfet Féart, qui a été jusqu'à engager ses propres deniers dans cette entreprise, le croisement durham tend de plus en plus à prendre une grande extension. Des ventes de reproducteurs introduits ont été faites chaque année, l'élevage des types purs de Durham s'est développé au point de rendre nécessaire l'établissement d'un herd-book départemental. Si les agriculteurs du pays trouvent plus d'avantages dans la production et l'engraissement des métis en vue de la boucherie, que dans l'exploitation des aptitudes laitières de la race bretonne pure, nous n'y voyons pas d'inconvénient. Cela est fort possible, et c'est, après tout, une affaire de comptabilité. Tant que les opérations de ce genre n'ont d'autre appui que l'engouement de quelques amateurs, elles ne

Fig. 540. — Vache améliorée d'Ile-et-Vilaine.

sont pas dangereuses; si elles prennent de l'extension, c'est que le bon sens de la masse leur a reconnu des avantages certains. Les améliorations, dans les choses agricoles, ont tant de peine à s'introduire, qu'une propagande, si active qu'elle soit, ne saurait suffire pour expliquer l'extension du croisement durham en Bretagne, en dehors des avantages qu'il doit nécessairement présenter dans les circonstances économiques où il se répand.

Mais il faudrait le juger tout autrement, s'il s'agissait d'une transformation radicale de la race bretonne du Morbihan. Il n'a point pénétré jusqu'ici dans son centre de production; et il y a lieu d'en féliciter les éleveurs du pays. Il n'y aura point d'efforts à faire sans doute pour les détourner de cette voie. En admettant que ce croisement ne fût pas de nature à altérer l'aptitude laitière de la race, il y aurait bien des améliorations à réaliser dans l'agriculture du pays, avant de songer à communiquer aux produits, par la génération, des aptitudes plus prononcées à tirer un meilleur parti des fourrages. Dans les conditions que nous avons vues, songer aux métis durham serait presque l'équivalent d'une folie.

La préoccupation de conserver à la race bretonne ses qualités laitières, tout en lui faisant acquérir une meilleure conformation et des aptitudes plus prononcées pour la boucherie, cette préoccupation a fait songer à l'introduction de types améliorateurs pris dans cette collection de métis que l'on appelle la race d'Ayr. C'est encore M. Rieffel qui en a fait les premiers essais; et qui

a donné sur les résultats de son expérimentation tous les détails circonstanciés que l'on devait attendre du directeur d'une école régionale d'agriculture. Ces résultats sont probants en faveur de l'opération, et peuvent sans aucun doute servir de modèle pour les conditions identiques ou même seulement analogues à celles dans lesquelles ils ont été obtenus et continuent de l'être. A leur suite, de même que le croisement Durham, le croisement Ayr a pris en Bretagne une certaine extension, notamment dans l'Ille et-Vilaine, où ils sont tous les deux menés de front. Les produits de ces croisements, qui au fond reviennent à peu près au même quant à la conformation, les sujets d'Ayr n'étant eux-mêmes, comme nous le savons, que des métis de Durham, ces produits donnent des individus dits améliorés dont nous plaçons des échantillons figurés sous les yeux du lecteur.

Le croisement ayr-breton est rationnel, dans toutes les parties de la Bretagne où l'agriculture est assez avancée pour fournir à des aptitudes plus prononcées, dans les deux sens de la laiterie et de la boucherie, des éléments suffisants pour leur exercice. Il ne peut qu'ajouter aux facultés laitières natives de la race locale. Ce n'est donc qu'une affaire d'alimentation. On n'améliore pas les races par le croisement, nous le savons bien, on les détruit; mais si les métis qui les remplacent donnent plus de bénéfices, il n'y a pas de raison pour tenir à leur conservation. C'est la suprême loi de toute industrie.

Mais cette loi, précisément pour le même motif, ne doit jamais être perdue de vue dans aucune entreprise zootechnique. Préconiser d'une manière absolue le taureau d'Ayr comme agent améliorateur de la race bretonne, ce serait commettre une faute impardonnable. Tant que cette race si précieuse par les aptitudes que nous lui avons reconnues, par sa faculté que l'on peut dire unique de tirer un parti extraordinairement avantageux des plus maigres pâtures, des landes et des bruyères les plus pauvres, tant que la race bretonne du Morbihan aura sa raison dans la situation agricole qui la produit, on ne pourra songer à l'améliorer autrement que par le perfectionnement des pratiques de sa production et de son élevage. Avec M. Bellamy, il faut conseiller aux domaniers du Morbihan de s'en tenir à la sélection, et de suivre à la lettre toutes les indications que ce vétérinaire distingué leur a données dans son excellente publication sur l'exécution de cette méthode.

Nous n'avons pas à détailler, à l'occasion de la race bretonne, des principes et des préceptes qui ont été formulés précédemment en thèse générale, parce qu'ils sont applicables à toutes les races bovines. Nous nous bornerons à y renvoyer (voy. p. 642). Disons seulement en terminant qu'ici comme partout l'amélioration du type ne peut avoir pour base que les améliorations agricoles, et que celles-ci l'amèneront d'autant plus facilement que la race bretonne est sans contestation possible la plus sobre, la plus rustique de toutes les races connues, celle qui sait le mieux se contenter de peu en donnant un produit relativement élevé. On a calculé qu'elle peut produire 1 litre de lait butyreux comme nous l'avons vu, pour l'équivalent de 1 kilogramme de foin consommé. Il n'en est pas un autre qui puisse donner ce même résultat à moins de 2 ou 3 kilogrammes de la même nourriture. Et elle produit ce riche lait, là où toutes les autres périraient d'inanition. C'est donc justement que M. Bellamy a pu donner à son livre ce titre : *La vache bretonne, utile au riche, providence du pauvre*. Et c'est la raison pour laquelle on la rencontre en France, dans les châteaux dont elle orne les pelouses par l'aspect charmant de son pelage, de sa petite taille et de sa finesse, choyée des dames à cause de sa douceur, et dans l'étable des petits cultivateurs auxquels elle fournit du lait et du beurre pour les besoins du ménage. Elle ne craint pas la marche. Aussi meurt-elle bien souvent, après avoir rendu ses précieux services, à des centaines de lieues de son pays natal.

Il faut aller maintenant du côté de l'Est, pour achever la description des races laitières de la France, et parler en outre d'une population bovine nombreuse, mais non autochthone, qui peuple cette région.

Race comtoise. — Nous comprendrons sous cette dénomination unique plusieurs variétés originaires des pâturages du Jura français, et dont les auteurs font autant de races distinctes, sous les noms de *touache*, *fémeline* et *bressane*. La communauté d'origine, qui ne paraît pas douteuse, autant que l'identité de type, commande d'agir ainsi. Les modifications imprimées par les différences d'habitat, et qui n'ont agi que sur les formes du corps, en même temps que sur les aptitudes, peuvent bien justifier la reconnaissance de tribus particulières, qu'il est même nécessaire de décrire soigneusement à part; mais l'importance que la zootechnie doit attacher à la notion de race, ne permet pas de la faire intervenir indûment. C'est un point sur lequel nous avons suffisamment insisté en toute occasion, pour qu'il n'y ait pas lieu d'y revenir.

M. Magne a parfaitement décrit les diverses variétés que nous considérons comme appartenant à la race comtoise, et qui se trouvent dans les montagnes de l'Est, depuis les Vosges jusqu'aux Alpes, dans les plaines du bassin de la Saône, et dans la Dombes du département de l'Ain.

La première dont nous nous occuperons est celle des montagnes. « Elle se reconnaît, dit notre savant maître, à son corps épais, trapu ; à ses membres courts, solides ; à son encolure forte, courte, et à sa tête large et grosse ; à ses cornes robustes, qui sont quelquefois bien plantées, mais qui, plus généralement, se dirigent d'abord en arrière et en bas pour s'écarter ensuite l'une de l'autre en se relevant légèrement ; à sa peau épaisse, dure, formant un ample fanon. Son poil est presque toujours de diverses couleurs, blanc, rouge, ou jaune le plus souvent, et il forme au sommet de la tête une grosse touffe velue. Le développement de l'avant-train, remarquable même chez les vaches, a fait donner à la race le nom de *touache*. »

Dans le Doubs et la Haute-Saône, de fréquents mélanges avec la race fribourgeoise du Simmenthal ont fait prédominer le pelage dit *couleur caille*. Ces mélanges l'ont rendue plus exigeante en augmentant son aptitude laitière. Elle fournit de 300 à 400 kilogr. de viande qui n'est pas, dit M. Magne, de première finesse. L'auteur ajoute : « Les bandes de bœufs comtois qui, de la Haute-Saône et du Haut-Rhin, sont introduits dans nos départements du nord-est pour y être engraissés, appartiennent en grande partie à cette variété. »

Rustique et très-sobre dans le Jura, où elle donne un lait de bonne qualité qui alimente les fruitières ou associations fromagères, elle est plus petite, trapue, à croupe étroite et à ventre volumineux. On la rencontre ainsi dans les pâturages tourbeux et sur les plateaux maigres, où le grès vert domine, des Rousses, de Saint-Laurent Grandvaux, à l'ouest de Saint-Claude, à Moirans, à Arbaut, et à Oyonnax, de l'arrondissement de Nantua.

Elle acquiert plus de taille dans les vallées de Septmoncel, dans l'arrondissement de Gex et dans les environs où elle donne beaucoup de lait employé à la fabrication des fromages façon Gruyère et des fromages de Septmoncel ou de Gex.

Plus bas, dans le Bugey, elle redevient de taille moyenne, bien membrée, rustique et plus travailleuse, aux formes plus élancées, au cornage relevé. C'est sous cette forme que la race comtoise se répand de là dans le Dauphiné, la Provence, les Alpes, où elle est employée aux travaux de l'agriculture concurremment avec des vaches suisses et tarantaises. Le travail des vaches domine dans cette région, en même temps qu'on en obtient du lait.

Du reste, la variété dont il s'agit fournit du bétail à plusieurs contrées de la France, et notamment aux sucreries du Nord pour l'engraissement. Quant à ses qualités laitières, voici ce qu'en dit M. Magne : « Quoique considérées dans le pays comme bonnes, les vaches comtoises donnent beaucoup moins de lait que celles de plusieurs races relativement aux fourrages qu'elles consomment. » On manque de documents pour évaluer au juste leur production moyenne. Tout ce qu'on peut dire, c'est qu'elle varie considérablement suivant les individus. A côté de quelques fortes laitières s'en trouvent souvent de très-médiocres. Les vachers portent à la fruitière les produits confondus de toute la vacherie, et s'occupent fort peu du rendement moyen. L'association leur en fait tirer de grands bénéfices. Ils ne se soucient guère des moyens de les augmenter en conservant de préférence les vaches qui donnent le plus de lait.

Dans les plaines de la Haute-Saône, en s'avançant dans les vallées de l'Amance et de l'Oignon, sur la rive gauche de la Saône, au nord, et en descendant jusqu'à la vallée du Doubs, vers Dôle, et au delà de la rivière dans les environs de Poligny, la race comtoise prend des formes plus fines, et elle est connue, pour cette raison, sous le nom de *fémeline*. Là, ce type a le corps long, mince, élancé, le flanc large, la côte plate, le poi-

trail serré, l'encolure grêle, la tête longue, étroite, les cornes fines, le plus souvent mal contournées, rejetées en dehors et quelquefois en avant, les oreilles minces. Les membres sont grêles, les cuisses peu charnues ; la peau est souple, le fanon peu développé.

En prenant ces formes dans la plaine, la race est devenue moins robuste, moins forte, mais plus laitière et plus propre à l'engraissement, en même temps que sa viande a acquis une meilleure qualité.

Ces caractères l'ont fait répandre dans les départements des Vosges et de la Haute-Marne, où l'absence de race locale, du moins pour le dernier, fait composer le bétail d'un mélange d'animaux venant des contrées voisines, de la Suisse et de l'Allemagne.

Enfin, dans la haute Bresse et dans la Dombes, se trouve la variété dite *bressane*, de taille moins élevée, au corps plus trapu. Les vaches sont exportées en raison de leurs facultés laitières assez développées. « Les bœufs, dit M. Magne, sont estimés pour le travail, et, quoique déjà vieux quand on les engraisse, ils deviennent, s'ils sont bien nourris, d'excellentes bêtes de boucherie : ils donnent beaucoup de suif et de très-bonne viande. »

La race comtoise, que personne ne s'occupe d'améliorer dans la région qu'elle habite, semble aller en s'amoindrissant sous l'influence des fréquents mélanges qui s'opèrent entre elle et la race suisse fribourgeoise, dans nos montagnes

Fig. 541. — Bœuf bressat.

de l'Est. Les procédés d'élevage ont de grands progrès à faire dans ce pays, où le bétail, pourtant nombreux, se reproduit pour ainsi dire à l'aventure. Dans les plaines fertiles qui produisent la variété fémeline, tous les efforts sont dirigés vers la production chevaline, tandis qu'ils auraient

bien plus de chances de succès s'ils étaient appliqués à l'amélioration de la race bovine qui, en raison de ses aptitudes natives, de sa finesse, pourrait arriver en peu de temps, par une sélection bien entendue, à utiliser avec de grands bénéfices les fourrages du pays et à rivaliser avec la race charolaise, sa voisine, sur les marchés de Lyon, ne lui demeurant supérieure par ses qualités laitières.

Il en serait de même dans la Bresse, où l'on cherche à introduire des reproducteurs de la race d'Ayr. Cela paraît contraire à la tendance de cette partie de la région. L'industrie de l'engraissement y a plus de chances de réussite que l'industrie laitière, d'après les habitudes des cultivateurs.

Considérée dans son ensemble, l'exploitation du bétail des montagnes de l'Est nous semble au demeurant assez arriérée. Si elle donne depuis longtemps le salutaire exemple des bienfaits de l'association, par ses fruitières ou fromageries de société, elle paraît s'être immobilisée dans cette forme économique et abandonner du reste la production de la matière première aux seules forces naturelles. Il serait à désirer que les éleveurs des montagnes du Doubs, du Jura, se préoccupassent un peu plus du choix de leurs reproducteurs. En n'élevant en outre que des vaches bien douées sous le rapport de la lactation, ils obtiendraient, pour la même quantité d'espace pâturé, des produits plus élevés. Puisque dans leur variété touracho l'aptitude laitière est très-inégale, pourquoi ne pas réformer tout de suite les vaches médiocres pour ne conserver que les bonnes. Si cette pratique était adoptée, le niveau moyen de la production s'élèverait bientôt et la race s'améliorerait d'elle-même sous le rapport de son aptitude principale. Les génisses réformées pourraient être engraissées dans les parties basses de la région, où vivent les variétés fémeline et bressane. Celles-ci, plus directement par leur régime sous la dépendance de l'homme, sont dans de bonnes conditions pour être poussées dans la voie de la précocité. Elles n'ont pas d'emploi pour le travail, du moins la fémeline. La sélection leur ferait acquérir une conformation meilleure et un rendement plus considérable à la boucherie.

Quelques rares essais de croisement durham ont été faits, surtout avec la variété bressane. Là comme partout, ils ont donné de bons produits, à la condition que les mères et les élèves fussent abondamment nourris. Mais il s'en faut de beaucoup que la race comtoise soit nulle part assez avancée pour que l'on puisse considérer la production des métis durham comme susceptible d'être effectuée sur une échelle un peu étendue. La sélection a encore beaucoup à faire pour amener les diverses variétés de la race au point où elles pourraient être utilement croisées, car elle n'a encore commencé sur aucun point de la région. C'est donc à elle, exclusivement à elle, qu'il faut dès à présent demander l'amélioration de la race comtoise. Cette méthode lui fera produire partout plus de lait et plus de caséum pour les fromageries, ainsi que des bœufs plus précoces, utilisant mieux les rations consommées, et meilleurs pour la boucherie. C'est ce dont les éleveurs intelligents de la région devraient donner l'exemple, au lieu de se diviser sur la question de savoir s'il convient mieux de s'adresser aux races suisses ou aux races anglaises, pour opérer des croisements.

C'est aussi cette même préoccupation qui fait disparaître progressivement la petite race voisine, des montagnes des Vosges, à laquelle nous allons maintenant consacrer quelques mots, quoiqu'elle ne doive être bientôt plus qu'un souvenir.

Race des Vosges. — On ne rencontre plus guère cette race qu'au centre des montagnes du pays, dans les points les plus élevés. Plus bas, dans les vallées, le désir de lui faire acquérir de la taille a donné lieu à des croisements de toutes sortes, qui l'ont fait disparaître. Il n'y a plus que des métis suisses et comtois, un mélange sans nom d'individus sans caractères précis. « Elle est, dit M. Magne, petite, mignonne, à os saillants, à poitrail large, à croupe étroite et à cuisses minces, à tête forte, longue, à cornes noires relevées à l'extrémité, à corps trapu, à jambes fortes, à peau ferme, à poil souvent noir, d'autres fois rouge ou pie, généralement blanc sur la croupe et la queue, comme la race du Morvan.»

Comme toutes les races des sites élevés, celle des Vosges est nerveuse, agile et sobre. Excellente travailleuse, elle s'engraisse en donnant une viande de très-bon goût. Son aptitude laitière est, par rapport à sa taille, fort remarquable. « Pour les qualités, ajoute M. Magne, elle laisse peu à désirer; mais les formes en sont mauvaises et le poids peu considérable. »

Au point où elle en est réduite, il n'y a guère de chances pour qu'elle devienne l'objet d'une amélioration suivie, qui lui fasse reconquérir la région qu'elle a jadis habitée et où elle a été remplacée par les métis dont il vient d'être parlé. En tout cas, nous ne pouvons que répéter à son sujet, après M. Magne, que c'est par elle-même, ou mieux en elle-même, que la race vosgienne doit être perfectionnée, « en améliorant l'agriculture d'abord, pour mieux la nourrir, et en choisissant bien les reproducteurs. »

Au reste, toute la région du nord-est de la France, depuis les Vosges jusqu'à la frontière de Belgique, depuis le Rhin jusqu'aux plaines crayeuses de la Champagne, presque exclusivement peuplée de vaches laitières, est envahie par des métis ou des individus de races étrangères tirés de la Suisse, de l'Allemagne, de la Hollande, acclimatés dans le pays et y ayant reçu des noms locaux qui les font considérer à tort comme formant des races françaises. Nous ne devons pas, pour ce motif, les décrire comme telles. Afin d'éviter toute confusion, nous leur consacrerons, avant de terminer, un paragraphe à part ayant seulement pour but de les définir, sous le titre général de population bovine du Nord-Est. La région que nous avons en vue comprend l'Alsace, la Lorraine, les Ardennes et une partie de la Champagne, jusque dans les environs de Reims.

Population bovine du Nord-Est. — L'Alsace est un pays de petite culture, principalement industrielle. Il n'y a guère de contrée en France dont le bétail soit plus hétérogène. Le paysan alsacien n'a en général guère d'autre fortune que sa vache, qui lui est vendue par le marchand juif, lequel, pourrait-on dire, continue néanmoins de l'exploiter et d'en tirer parti à son profit. La plupart des animaux de l'espèce bovine, en Alsace, sont donc assez misérables. Ce n'est que dans les parties de la province où se montrent quelques moyennes exploitations, que les vaches et les bœufs ont une certaine valeur. Le gros de la population est composé de métis de petite race, venant des Vosges, et introduits par les maquignons juifs. Dans le Haut-Rhin, la race fribourgeoise domine ; dans le Bas-Rhin, ce sont les métis. Les comices de Strasbourg et de Schelestadt introduisent depuis longtemps des taureaux du Simmenthal, qui impriment de plus en plus le cachet de leur race aux métis produits dans les plaines de ces deux circonscriptions. Plus haut, vers la frontière de la Bavière rhénane, c'est la race du Glane qui est entretenue.

La consommation du lait est fort importante en Alsace. On peut dire que le café au lait y forme la base de l'alimentation des pauvres ménages, et qu'il est un besoin habituel pour les plus riches. Les comices qui poursuivent l'acclimatation de la race fribourgeoise choisie dans son plus beau type du Simmenthal, sont donc dans la bonne voie. Il ne leur reste qu'à amener en même temps les cultivateurs alsaciens à mieux nourrir les vaches et leurs produits, et à se garder du maquignon juif qui guette toujours la venue du veau pour l'acheter à vil prix à peine né. Là comme ailleurs on ne songe pas assez que le bétail s'améliore avant tout par l'alimentation.

En Lorraine, où règnent à peu de chose près les mêmes errements, une variété distincte par l'uniformité de son type se détache des métis dont il vient d'être parlé. Cette variété est connue dans le commerce sous le nom de meusienne, parce qu'elle s'élève dans le bassin de la Meuse, dont les prairies produisent un foin d'excellente qualité. Il convient par conséquent d'en donner une définition exacte.

Vache meusienne. — Les bêtes ainsi désignées appartiennent sans contestation possible au type hollandais. C'est le même pelage avec toutes ses particularités, la même physionomie et la même conformation. La différence porte seulement sur la taille, qui est en général moins élevée. Les vaches meusiennes sont moins fortes laitières que le type auquel elles appartiennent, mais en revanche leur lait est plus butyreux, ce qui doit être attribué à la qualité des plantes qu'elles consomment.

Une particularité caractérise en général la robe des vaches meusiennes. Sur le fond noir de leur peau, les poils blancs dominent. Le pelage régulièrement pie est moins commun que chez les bêtes du North-Holland. Nous en avons vu qui étaient entièrement blanches, sauf le mufle et les oreilles, qui étaient noirs, ainsi que les sabots et le bout de la queue. Le plus souvent, cependant, on observe de petites taches noires disséminées sur le corps.

Vache ardennaise. — Ce qui précède s'applique exactement aux bêtes que les agriculteurs du département des Ardennes considèrent comme appartenant à leur pays, et que les marchands qualifient d'Ardennaises.

Ces bêtes, comme les meusiennes, forment une tribu de la race hollandaise, entretenue par de fréquentes importations, auxquelles poussent d'ailleurs avec raison tous les hommes éclairés du pays. La petite et la moyenne culture, qui dominent dans les Ardennes et qui sont pratiquées par une population aisée, intelligente et active, permettent de donner au bétail des soins qui augmentent son rapport. Dans l'arrondissement de Rethel surtout, les étables des cultivateurs sont peuplées d'excellentes vaches beurrières, dont il est tiré un bon parti.

On s'en tient, dans les Ardennes, à l'introduction de taureaux hollandais pour maintenir les qualités de l'espèce locale, et l'on fait bien. C'est, d'après ce que nous venons de dire, ne pas faire autre chose que de la sélection. Il faut seulement recommander de choisir ces taureaux dans les variétés les moins corpulentes, afin de ne pas communiquer aux produits des appétits qui dépasseraient les ressources de l'agriculture du pays. On en peut dire autant quant à ce qui concerne les bêtes meusiennes, qui ne se distinguent point d'ailleurs, sous le rapport de leurs caractères, des ardennaises dont il s'agit.

Les unes et les autres sont constamment introduites en Champagne, dans l'arrondissement de Reims. Quelques-unes y sont croisées avec des taureaux suisses que le comice importe depuis plusieurs années. Il en est de même dans la partie du département de la Meuse où se fabrique le fromage renommé sous le nom de fromage de Void. Dans la localité ainsi nommée, toutefois, où le bétail est extrêmement bien soigné et très-beau, c'est le type suisse du Simmenthal qui prédomine. Dans la Haute-Marne, la race de Schwitz semble obtenir la préférence. Nous avons visité en 1856, à Saint-Dizier, une vacherie composée d'une trentaine de belles vaches et d'un magnifique taureau appartenant à cette race.

Là se termine la description de l'espèce bovine de la France. On voit maintenant que nous n'exagérions point en disant au commencement que notre pays est sans contredit le plus riche de tous sous ce rapport. Il nous reste à compléter cette étude des races utiles par quelques détails sur celles de la Belgique et de l'Allemagne.

ESPÈCE BOVINE DE LA BELGIQUE. — On désigne généralement les prétendues races de ce pays sous la dénomination de hollando-belges. Cela veut dire que la Belgique n'a pas de races bovines propres. Toute la population de ce petit pays est constituée par des tribus de la race hollandaise, ayant pris dans ses diverses provinces des caractères particuliers, non pas de type, mais de conformation et de développement, suivant la fertilité du sol. Si l'on veut bien songer à la constitution de son agriculture, on n'en sera nullement surpris.

D'après cela, la Belgique possède trois variétés principales, indûment qualifiées par les auteurs belges de races, et qui sont celles *de Bruges*, de

Furnes-Ambach, et de *Famenne* ou du Condroz, encore qualifiée d'*ardennaise*.

Une description détaillée de ces variétés n'est pas nécessaire. Il suffit de savoir qu'elles appartiennent à la race hollandaise pour connaître leurs caractères typiques. Nous ajouterons seulement qu'elles laissent toutes beaucoup à désirer comme bêtes de boucherie, sous le rapport de la conformation. Hautes sur jambes, minces, au dos tranchant et à la croupe pointue, le plus souvent elles n'ont que le mérite de donner beaucoup de lait et de s'engraisser facilement. C'est le régime d'hiver qui est insuffisant et vicieux, et qui a produit cette dégradation du type hollandais en Belgique. C'est l'affaire d'une sélection intelligente de l'améliorer, et les zootechniciens du pays y poussent tant qu'ils peuvent.

Dans les parties ardennaises des provinces de Liége et de Namur, les moins fertiles du territoire et les plus voisines du Luxembourg, le type hollando-belge acquiert moins de taille. Il se confond sur notre frontière avec celui des Ardennes françaises, et tout ce que nous avons dit de ce dernier lui est également applicable.

On peut être surpris à bon droit qu'un pays dont l'agriculture est à quelques égards si avancée, n'ait pas donné plus d'attention à l'amélioration de son bétail. Cela tient peut-être à ce que les grands propriétaires, qui s'adonnent pour la plupart à la distillation, ne s'occupent point d'élevage, mais uniquement d'engraissement pour faire consommer leurs résidus. Il est remarquable, en outre, que dans le sein des associations agricoles, si nombreuses en Belgique, il ne se produit guère de travaux relatifs à l'amélioration du bétail. Toujours est-il que ce pays est au nombre de ceux qui sont les moins avancés, quant à l'industrie de l'élevage, et qu'il n'offre aux étrangers aucun sujet intéressant d'étude sous ce rapport.

ESPÈCE BOVINE DE L'ALLEMAGNE. — Nous n'avons pas l'intention de passer en revue les différentes races qui appartiennent aux royaumes dont la réunion forme la Confédération germanique. L'empire d'Autriche en possède plusieurs, notamment la race hongroise aux longues cornes, qui ne nous offriraient qu'un intérêt de curiosité. Nous parlerons seulement de la race du Glane, qui peuple les contrées riveraines du Rhin, et qui est fréquemment introduite en France. Et encore nous nous bornerons à indiquer ses caractères, sans nous occuper de son élevage, qui ne diffère point de celui de la plupart de nos races françaises travailleuses des pays de plaine.

Race du Glane. — Cette race tire son nom d'une petite rivière dans le bassin de laquelle son type le mieux caractérisé se produit, dans la Bavière rhénane. C'est surtout M. F. Villeroy qui a fait connaître ses mérites. Elle est assez forte laitière, puisqu'il n'est pas rare, d'après l'habile cultivateur du Rittershof, de trouver des vaches qui donnent jusqu'à 18 litres de lait par jour. Plusieurs faits cités par des témoins dignes de foi, montrent que le rendement s'élève parfois bien au-dessus de ce chiffre.

La race du Glane est une race blonde. Les nuances les plus répandues de sa robe sont le rouge pâle et le jaune, avec mélange ordinairement de ces deux tons, et quelquefois avec la tête blanche. Le cornage est peu développé, dirigé horizontalement sur le côté et un peu relevé vers la pointe. Le corps est long, un peu fléchi dans la ligne supérieure, mais épais. La poitrine est profonde, la côte ronde, la croupe est courte, étroite, la queue plantée haut et à base saillante. Les membres sont forts, l'avant-train est prédominant, la culotte bien fournie. En un mot, la conformation est celle du bœuf travailleur et l'aptitude aussi.

Les bœufs de la race du Glane s'engraissent facilement. Leur rendement moyen en viande nette est de 350 kilogr. Celui des vaches varie entre 200 et 280 kilogr. La race est exigeante sous le rapport de la nourriture.

M. F. Villeroy a conseillé de l'améliorer par sélection, et il y est revenu à plusieurs reprises. Il ne manque en effet à cette race qu'une meilleure conformation, et il ne faudrait pas de grands efforts pour la lui faire acquérir dans les conditions où elle se produit. On l'a comparée à notre variété agenaise de la race garonnaise. Elle ne laisse pas que d'avoir avec elle quelques traits de ressemblance, en effet. En tout cas, ce qui est certain, c'est que les mêmes procédés d'amélioration que nous avons recommandés pour cette dernière race conviennent également de tous points à celle du Glane, qu'on la considère dans son pays ou dans les départements français où elle s'introduit.

HYGIÈNE DE L'ÉLEVAGE

Les développements qui ont été consacrés à l'exposition des procédés d'élevage usités pour les races les plus perfectionnées, nous dispenseront d'insister beaucoup de nouveau sur cette partie de la zootechnie de l'espèce bovine. Il sera seulement nécessaire de résumer ici les préceptes qui découlent des principes spéciaux de l'amélioration précédemment posés, et sanctionnés ensuite par l'expérience résultant surtout de l'histoire des races anglaises. Ces préceptes, assis sur la double base que nous leur avons donnée, ont acquis maintenant le caractère de précision et d'exactitude qui constitue une véritable science. S'il s'en pénètre bien, l'éleveur peut, sans tâtonnements ni hésitation, atteindre le but qu'il se propose. L'amélioration de l'espèce bovine obéit à des lois qui sont trouvées. Et c'est l'ensemble de ces lois qui mérite véritablement à présent de recevoir le nom de science de l'élevage. La relation des faits entre eux, leur enchaînement logique, ne présente plus de lacune. Les effets se rattachent à leur cause par une liaison nécessaire; la succession des phénomènes peut être suivie en excluant toute espèce de doute; en un mot, la zootechnie de l'espèce bovine, pour ce qui se rapporte à la production des individus, est arrivée à la certitude scientifique, grâce à l'intervention de la physiologie dans la constatation purement empirique des faits d'observation. C'est là, répétons-le dans cette occasion, le caractère de la zootechnie moderne, ce qui lui assignera son rang dans l'histoire du progrès.

En préconisant des règles de conduite pour l'élevage, le zootechnicien ne doit donc plus se borner, à l'exemple de Weckherlin, à classer les observations sur lesquelles les auteurs se sont appuyés jusqu'à présent, suivant qu'elles sont incontestables, vraisemblables, douteuses ou invraisemblables. Il est en mesure de distinguer positivement le vrai du faux. A la lumière physiologique, il peut donner à chaque fait observé sa véritable signification; et établir que dans le cas les choses sont ainsi parce qu'il n'est pas possible qu'elles soient autrement. Les conditions des faits étant exactement déterminées, il est en son pouvoir de les reproduire en ne laissant plus au hasard aucune part.

Ces faits, dans la science de l'élevage, se rapportent, comme nous le savons, à l'hérédité et à l'influence de la gymnastique fonctionnelle sur le développement des organes du produit de l'accouplement. Ils sont relatifs, par conséquent, au choix des reproducteurs, à leur hygiène et à celle des individus procréés jusqu'à ce qu'ils aient atteint leur complète évolution. Nous allons énoncer brièvement les préceptes qui en découlent au sujet de chacun des facteurs de l'amélioration.

Hygiène du taureau. — Les principes généraux de la zootechnie nous indiquent que pour accomplir sa fonction dans les meilleures conditions possibles, le taureau doit posséder d'abord au plus haut degré les qualités qui caractérisent sa race. Il les transmettra d'autant plus sûrement à ses produits qu'il en sera lui-même davantage doué, quoique, ainsi que nous le savons, il puisse, en raison de son origine et de la faculté d'atavisme, procréer des individus meilleurs que lui. Toutefois, autant qu'on le peut, il convient de réunir en même temps, dans le choix du taureau, ce que les Anglais appellent le *pedigree*, ou les mérites des ascendants, et les qualités de conformation et d'aptitude propres à l'individu lui-même.

Nous n'avons pas en ce moment à indiquer ces qualités. Elles sont relatives à la condition économique de la race qu'il s'agit de multiplier. Bornons-nous à dire que pour être bien choisi, le taureau doit se rapprocher le plus possible du type spécial de beauté caractéristique de l'aptitude prédominante de sa race. Ce type a été déterminé en commençant par chacune des fonctions économiques de l'espèce bovine. On devra donc s'y reporter. Mais une remarque est à faire cependant pour ce qui concerne le type laitier, au sujet duquel nous avons dû renvoyer au chapitre qui sera plus loin consacré à l'étude particulière des vaches laitières et des industries dont leur produit est l'objet.

Indépendamment de l'origine, qui est principalement à prendre en considération dans le choix du taureau destiné à procréer des femelles destinées à donner du lait, l'expérience a démontré que les signes indicateurs de l'aptitude laitière qui ont été découverts chez ces dernières et qui seront exposés plus loin avec détail, l'expérience

a démontré, disons-nous, que ces signes existent également chez les mâles et y caractérisent la faculté de transmettre cette aptitude. La disposition des poils du périnée, que Guénon a appelée écusson, se montre aussi dans une certaine mesure chez le taureau, et il est admis que cet animal appartient d'autant mieux au type laitier, dans sa race, qu'il présente un écusson plus étendu. Il est donc bon, à ce point de vue, de tenir compte du caractère dont il s'agit.

Mais à part ces considérations essentiellement relatives, il en est une tout à fait absolue, qui doit surtout nous occuper. A quelque race qu'il appartienne, le taureau n'est un bon reproducteur qu'à la condition d'offrir tous les signes de vigueur caractéristiques d'une constitution solide, d'une santé robuste et des qualités prolifiques nécessaires pour l'accomplissement convenable de sa fonction. Quels que puissent être d'ailleurs ses mérites, il faut avant tout qu'il soit apte à féconder les femelles avec lesquelles on l'accouple; sans cela, toutes ses qualités demeurent négatives. C'est en vue de cette nécessité fondamentale que doit être dirigée son hygiène particulière, qui commande d'autant plus d'attention qu'il existe, dans une certaine mesure, antagonisme entre la faculté prolifique et l'aptitude que l'amélioration de l'espèce bovine tend de plus en plus à développer. On sait fort bien, en effet, que la disposition à l'engraissement amoindrit la fécondité. Nous avons vu dans l'histoire de la race de Durham le fait du fameux Hubback, ce taureau si remarquable par ses formes, par sa précocité, qui exerça sur les commencements de l'amélioration une si heureuse influence, mais qui, en raison précisément du haut degré de son aptitude, devint promptement infécond et dut être réformé, après avoir communiqué à sa descendance une certaine partie de son propre défaut. Les faits de ce genre, qui ne sont pas rares, doivent être pour les éleveurs éclairés un enseignement, et leur faire sentir toute l'importance qu'il y a à maintenir toujours les taureaux qu'ils emploient dans des conditions d'énergie et de santé propres à leur conserver toutes leurs facultés prolifiques. L'exemple de Favourite, que nous trouvons aussi dans l'histoire de la race de Durham, montre que ces conditions sont également compatibles avec la procréation d'individus propres à la spécialité dont il s'agit.

L'âge auquel les mâles de l'espèce bovine peuvent être livrés à la reproduction varie suivant la précocité du développement de la race. Toutefois, ils sont en général aptes à s'accoupler dès l'âge de dix-huit mois à deux ans. On pense qu'il convient toujours d'employer des taureaux jeunes. Ils sont plus propres, croit-on, à procréer de bons produits. Cependant, la question est fort controversée, et chacun s'appuie sur des observations contradictoires qui semblent également concluantes, mais auxquelles il manque, sans aucun doute, une exacte interprétation. Ces observations ne peuvent être contradictoires qu'en apparence, car les faits physiologiques sont absolus, nécessairement, dans leur signification. La vérité est qu'à dater du moment où le mâle possède la faculté de se reproduire, la considération d'âge est indifférente pour la qualité du produit. L'exemple de Favourite dont nous avons parlé tout à l'heure, suffirait à lui seul pour le démontrer. On se souvient, en effet, que cet animal a fait pendant seize ans la monte dans le troupeau de Charles Colling, et qu'il est un de ceux qui ont le plus contribué à l'amélioration de la race de Durham. Néanmoins, les taureaux sont généralement réformés de bonne heure, parce que leur hygiène est plus commode dans le jeune âge. Abandonnés à leur fonction spéciale, sans aucune espèce de soins particuliers, sans éducation spéciale et sous l'influence de l'excitation que leur cause cette fonction, ils deviennent bientôt sauvages, intraitables et dangereux.

Les errements d'une pratique judicieuse commandent de procéder autrement. Cette pratique veut que l'on conserve le plus longtemps possible les reproducteurs d'élite qui ont fait leurs preuves, et tant qu'ils donnent de bons produits. L'incurie, en livrant le taureau à la seule merci de ses instincts, rend ses services promptement impossibles; une hygiène bien entendue doit mettre à même de l'utiliser aussi longtemps qu'on le juge convenable pour le résultat qu'on en attend. La réforme des taureaux, dans l'élevage rationnel, ne peut pas être imposée comme une inévitable nécessité, devant laquelle soient obligées de céder toutes les considérations relatives au but. Il est déplorable que, dans le plus grand nombre des cas, ces animaux ne puissent pas être utilisés au delà de trois ans.

« Ce dernier âge, dit M. de Dombasle, est celui auquel on réforme souvent les taureaux, parce qu'on les a épuisés par un service trop précoce et parce que, afin d'en tirer plus de service, on les nourrit très-fortement, en sorte qu'ils deviennent bientôt trop lourds pour pouvoir saillir. Souvent aussi, c'est parce qu'ils deviennent méchants et intraitables ; mais ce résultat est presque toujours l'effet de mauvais traitements. Pour conserver des taureaux très-doux, il est fort utile de les soumettre à un travail modéré ; et l'on ne peut trop recommander dans le même but, l'usage des étables disposées de manière que les animaux font face au passage par lequel on leur apporte leur nourriture. Ils s'accoutument ainsi à voir fréquemment devant eux, non-seulement leurs gardiens, mais aussi beaucoup de personnes qui fréquentent volontiers ce couloir, parce que c'est un lieu propre d'où l'on peut examiner les animaux et les approcher de près sans aucun risque. Les animaux deviennent ainsi très-familiers, parce qu'ils n'éprouvent aucune défiance des personnes qu'ils voient ainsi placées devant eux, tandis qu'ils s'effarouchent facilement de l'approche par derrière eux de tout étranger. Si l'on a soin de distribuer aux animaux tenus ainsi des caresses plutôt que de mauvais traitements, on n'en aura presque jamais de méchants, et l'on pourra conserver pendant fort longtemps un taureau propre à la reproduction, en prévenant à l'aide du travail l'excès d'embonpoint, qui le rendrait peu propre au service (1). »

(1) Œuvres posthumes. Traité d'agriculture t. IV. p. 132. Paris, 1862.

Nous insisterons surtout sur cette dernière partie des excellents conseils hygiéniques de l'illustre agronome, conseils qui sont d'ailleurs conformes à la pratique de tous les éleveurs éclairés et aux prescriptions formulées par tous les zootechniciens compétents, mais que nous avons voulu seulement placer sous son haut patronage.

« Employés à la reproduction avec ménagement, dit de son côté notre savant maître, M. Magne, les taureaux ne réclament qu'une nourriture ordinaire : du foin et des racines en hiver, et des plantes vertes dans la belle saison. Les grains ne leur sont nécessaires qu'autant qu'ils font un grand nombre de saillies ou qu'ils exécutent de rudes travaux. Une petite poignée de sel distribuée tous les jours les rend dociles, amis de l'homme, faciles à conduire ; de plus elle tient les tissus fermes et facilite la sécrétion de la liqueur séminale. »

Nous ne nous portons point garant de cette dernière assertion ; mais quoi qu'il en soit, M. Magne poursuit : « Si on veut garder longtemps les taureaux, il faut les faire travailler jeunes : ils sont dociles quand ils n'ont été bien dressés. On les attelle soit avec des vaches, soit avec des bœufs ; on peut aussi les faire travailler au collier avec avantage ; l'expérience a depuis longtemps prouvé qu'il est facile d'employer leur force, de leur faire gagner plus que leur nourriture, et que le travail, loin de leur être nuisible, les rend forts, prolifiques et surtout faciles à gouverner. »

Quelque docile que soit le taureau, il est toujours bon toutefois de prendre avec lui les précautions qui permettent de le maîtriser au besoin. On se sert pour cela de l'anneau nasal qui traverse la partie inférieure de la cloison cartilagineuse du nez. Plusieurs modèles sont employés, dont le plus simple et le plus facile à appliquer est celui qui a été imaginé dernièrement par M. Beury, vétérinaire à Saint-Dizier. Cet anneau fait lui-même son trou et se ferme sans effort à l'aide d'un ressort que l'on soulève par une petite vis pour l'ouvrir et le retirer. Mais nous préférons, pour atteindre le même but, l'usage de la mouchette qui presse la cloison nasale entre ses mors mousses sans la traverser. Solidement construite comme on la fait maintenant à bas prix, cette pince remplit le même objet que l'anneau, et elle a sur lui l'avantage de ne pas être fixée à demeure et de n'occasionner aucune lésion ; elle se peut retirer dès que l'animal est attaché à l'étable, pour être replacée lorsqu'il s'agit de sortir l'animal pour le conduire n'importe où. Dans une bonne hygiène, ce doit être là un instrument de contrainte sur lequel on puisse compter au besoin, si l'animal sort de ses habitudes de docilité, non pas un moyen permanent. En tout cas, l'anneau ou la mouchette est tenu par une corde. C'est seulement avec les animaux dangereux que l'on fait usage du bâton muni d'un crochet embrassant l'anneau nasal, de manière à les tenir à distance.

Quel est le nombre de vaches qu'un taureau peut convenablement féconder sans inconvénient pour sa propre conservation ? Il serait bien difficile d'établir à cet égard un chiffre absolu. Cela dépend de l'âge de l'animal, de son état de santé, de sa vigueur. Cela dépend aussi du but que l'on se propose. Quand il s'agit d'élevage, il vaut mieux demeurer en dessous des capacités du mâle que de les dépasser. Son épuisement, dans ce cas, est aussi préjudiciable à la qualité des élèves qu'au maintien de la sienne propre. M. de Dombasle pense qu'un taureau peut suffire à trente ou quarante vaches, mais il ajoute qu'avec une vacherie ainsi composée il est bon d'en entretenir deux, l'un de quatre à cinq ans et dans la force de l'âge, et l'autre plus jeune spécialement employé à saillir les génisses et les vaches faibles, qui ne pourraient pas, dit-il, supporter le poids du taureau adulte. D'après M. Magne et beaucoup d'autres, un taureau peut aisément couvrir, dans le courant d'un printemps, de soixante à cent vaches, sans qu'il soit nécessaire de lui donner aucun soin particulier. Dans la pratique ordinaire, ce chiffre est même le plus ordinairement de beaucoup dépassé. Mais il n'est point douteux que c'est là un usage abusif, dont les inconvénients sont moindres, il est vrai, lorsqu'il s'agit seulement de renouveler le lait des vaches et non pas de produire des élèves. Dans ce dernier cas, la moyenne la plus convenable, pour un animal dans la plénitude de sa force, nous paraît être de deux ou trois saillies par jour, au plus. Elle ne doit pas être dépassée, surtout lorsqu'il s'agit d'une opération de sélection dans laquelle on emploie des reproducteurs précieux par leurs qualités, et sur la puissance héréditaire desquels on a besoin de compter complétement. Du reste, sous le bénéfice de cette remarque, on comprendra sans peine que le service du taureau puisse varier suivant l'appréciation individuelle de son aptitude prolifique. L'important est de n'en pas abuser et de demeurer préférablement en dessous.

Comme pour le cheval, les différents modes d'effectuer la monte sont usités pour le taureau. On pratique la *monte en main*, la *monte en liberté* et la *monte mixte*. Ce dernier mode est celui de tous qui est préférable. Il consiste à mettre ensemble dans un enclos la vache en chaleur et le taureau qui doit la saillir. Les conditions naturelles, dans ce cas, assurent la fécondation sans que le mâle puisse s'épuiser, comme cela arrive pour la monte dite en liberté, dans laquelle le taureau se trouve en présence de plusieurs femelles. La monte en main devient obligatoire lorsqu'il y a disproportion entre les deux reproducteurs. Le taureau étant parfois d'une taille inférieure à celle de la vache, — ce qui fait judicieusement observer M. de Dombasle, «ne tend nullement à rapetisser la race, parce que c'est principalement de la taille de la femelle et surtout du régime auquel les élèves sont soumis, que dépend la taille qu'ils acquerront (1);» — alors il est indispensable de maintenir la vache dans une situation qui permette l'accomplissement de la copulation.

En résumé, ce qui domine dans l'hygiène du taureau, c'est de le maintenir toujours en état de complète vigueur, en bonne condition, comme disent les Anglais, et de lui conserver un caractère docile et soumis qui permette de l'utiliser autant qu'on le juge nécessaire pour atteindre le but que l'on s'est proposé. Cela peut être très-facilement réalisé au moyen du dressage, de l'exercice sous forme d'un travail modéré et d'une nourriture suffisamment abondante sans excès, propre à entretenir la santé en réparant les pertes, non pas à produire l'engraissement qui nuit à tous égards aux qualités du reproducteur. Parmi les soins capables de concourir à ce résultat, il ne faut pas négliger de mentionner ceux de pansage, sur lesquels on s'est suffisamment appesanti dans le chapitre qui concerne l'espèce chevaline pour qu'il ne soit pas nécessaire d'y revenir ici, mais qui ne sont pas moins indispensables au bon entretien de l'espèce bovine, quoiqu'ils soient, en ce qui la touche, fort négligés. La propreté de la peau est salutaire à tous les animaux. On peut dire de plus qu'elle est surtout indispensable pour le taureau, dont l'activité fonctionnelle produit des excrétions abondantes à la surface de l'organe cutané.

Hygiène de la vache mère. — Quant au choix de la femelle bovine destinée à la reproduction, nous ne pourrions que répéter ce que nous avons déjà dit pour le taureau, si par le fait même de la destination de l'espèce, toutes les vaches ne devaient être à un moment donné livrées indistinctement à la fécondation. La question devient donc ici plus générale et s'applique non pas précisément aux femelles qu'il convient de faire saillir, mais bien à celles qu'il faut élever. Nous nous en occuperons plus loin. Pour l'instant, c'est l'hygiène de l'accouplement et de la gestation qui doit fixer notre attention.

La première condition pour que l'accouplement soit possible et fructueux, c'est que la vache soit dans la période du rut ou des chaleurs. L'état qui caractérise cette période se distingue à des signes particuliers qui n'ont pas besoin d'un œil bien exercé pour être aperçus. «La vache qui est en chaleur, dit M. Magne, est excitée, inquiète, mange peu, boit souvent, fait entendre des mugissements fréquents; elle va, vient dans les pâturages le nez au vent, les yeux brillants, les oreilles tendues; elle monte sur les bœufs, sur les autres vaches, et quelquefois elle se cabre même contre l'homme qui la mène en main; le lait a diminué et il est devenu séreux. Des changements très-apparents surviennent aussi dans les organes génitaux; les lèvres de la vulve sont tuméfiées, la muqueuse du vagin est rouge et il s'écoule par cet orifice des mucosités glaireuses. — Il n'est pas rare de voir des vaches en chaleur quitter le pâturage pour aller dans un troupeau où se trouve un mâle, ou pour aller dans la ferme où elles ont déjà été couvertes d'autres fois.» Lorsque cet état s'est renouvelé plusieurs fois, faute d'une fécondation immédiate, il devient permanent et prend un caractère pathologique qui entraîne la stérilité. Les vaches qui le présentent sont dites *taurelières*, parce qu'elles demandent sans cesse le taureau sans pouvoir être fécondées.

Elles maigrissent et tombent bientôt dans le marasme, en devenant le plus ordinairement phthisiques. Il importe donc de ne pas laisser passer les chaleurs sans livrer la vache en rut au taureau. C'est l'un des points les plus essentiels de l'hygiène des femelles bovines.

M. de Dombasle, dont nous aimons à citer l'œuvre posthume, qui contient nécessairement le résumé des observations de toute la carrière de cet agronome illustre, M. de Dombasle dit que l'état de chaleur des vaches se renouvelle communément tous les vingt et un jours, et que le moment le plus favorable à la conception est douze ou vingt-quatre heures après que la chaleur a commencé. « Les génisses copieusement nourries, fait-il remarquer, commencent à entrer en chaleur d'un an à dix-huit mois, quelquefois même plus tôt ; et il y aurait beaucoup d'inconvénient à se refuser de les faire saillir, du moins pendant plusieurs chaleurs de suite, parce qu'alors elles restent fréquemment stériles ; mais, lorsqu'une vache a mis bas avant d'être complétement formée, il est bon de cesser de la traire un mois ou deux après le vêlage, car l'expérience montre que la lactation fatigue encore plus les femelles que la gestation. Quant aux génisses qui sont nourries dans de chétifs pâturages, et qui ne reçoivent guère en hiver que de la paille, elles ont généralement moins de taille et de force à l'âge de deux ans que des animaux bien nourris à un an ; et elles mettent rarement bas leur premier veau avant l'âge de deux ans et demi à trois ans (1). »

Il n'y a rien à ajouter à ces remarques. On ne ferait qu'en confirmer la justesse, si cela était nécessaire.

On a recommandé, pour assurer la conception, bien des pratiques relatives aux soins à donner à la vache après l'accouplement. La seule qui soit rationnelle est celle qui consiste à lui assurer la plus grande tranquillité, à l'éloigner de toutes les causes d'excitation. Ce qui démontre bien d'ailleurs le peu de fondement de toutes les idées que l'empirisme s'est faites là-dessus, et que l'on est étonné de voir reproduites dans les ouvrages les plus estimés, c'est que la condition la plus favorable à la fécondation est celle qui se réalise lorsque l'accouplement s'accomplit en liberté, loin de l'intervention de l'homme.

Certains auteurs pensent que pour obtenir des produits destinés à l'élevage, il convient de ne faire porter les vaches que tous les deux ans. Chabert et Huzard étaient de cet avis, et quelques zootechniciens de nos jours le partagent avec ces deux éminents vétérinaires. On ne saisit pas bien les avantages d'une telle pratique, quand on songe surtout que la lactation épuise beaucoup plus que la gestation, ainsi que nous le faisions tout à l'heure remarquer en citant M. de Dombasle. M. Magne pense que la gestation annuelle est au contraire favorable à la santé des vaches, pourvu qu'elles ne soient couvertes que deux ou trois mois après le vêlage. C'est aussi notre avis. Et d'un autre côté, les observations sur lesquelles

se sont appuyés Chabert et Huzard sans les faire connaître en détail, auraient grand besoin de confirmation. Rien ne prouve que les veaux provenant de vaches que l'on ne fait couvrir que tous les deux ans soient plus fortement constitués, ainsi qu'ils le disent, et que dans leur accroissement ils surpassent toujours les veaux annuels. Les assertions énoncées de cette façon sont le plus ordinairement l'expression d'une opinion préconçue ; on les accepte ensuite sur l'autorité de ceux qui les ont émises les premiers en invoquant l'observation d'une manière vague. Il serait bon que dans la science on n'acceptât que l'autorité des faits. Or, nous n'en connaissons aucun que l'on puisse citer à l'appui de l'opinion dont il s'agit. L'expérience n'a vraisemblablement jamais été faite dans des conditions rigoureuses. En attendant donc que l'inconvénient des portées annuelles soit démontré, il convient de ne pas se priver, pour un bénéfice problématique, des avantages certains que nous connaissons, et qui consistent à avoir deux veaux au lieu d'un.

Les premiers signes de la gestation ne sont pas plus certains chez la vache que chez la jument. Ordinairement, celui qui se manifeste d'abord est la cessation des chaleurs. Cependant, il n'est pas rare de les voir revenir, bien que la conception ait eu lieu. La double qualité de mère et de laitière, qui appartient d'habitude à la vache, complique du reste le problème. Chez les génisses, le développement précoce des mamelles est un indice d'une grande valeur ; mais, en général, ce n'est que vers le cinquième mois que l'on peut acquérir la certitude de l'état de gestation par la perception des mouvements du fœtus, en palpant l'abdomen de la vache à la partie inférieure du flanc droit. Jusque-là, les hommes expérimentés qui ont l'habitude de soigner les femelles bovines peuvent bien s'apercevoir de certains changements dans leur manière d'être, tels qu'une certaine mollesse, de la tendance à prendre de l'état, qui rendent probable la plénitude ; ils ne s'y trompent guère, à la vérité ; toutefois, le signe fourni par les mouvements du fœtus permet seul de l'affirmer.

La durée moyenne de la gestation, chez la vache, est de deux cent quatre-vingt-cinq jours, ou environ neuf mois. Les bêtes dans la force de l'âge portent ordinairement plus longtemps que les jeunes. Cela varie, du reste, beaucoup. Des observations recueillies par lord Spencer, sur 764 vaches, et citées par M. Magne, il est résulté qu'aucun veau vivant n'est venu avant le deux-cent-vingtième jour qui a suivi la conception, ni après le trois-cent-treizième ; aucun de ceux nés avant le deux-cent-quarante-deuxième jour n'a pu être élevé, 314 vaches ont vêlé avant le deux-cent-quatre-vingt-quatrième jour ; 66 à cette date ; 74 le deux-cent-quatre-vingt-cinquième, et 310 postérieurement. Cela met bien la moyenne à l'époque fixée plus haut.

« Pendant toute la durée de la gestation, dit M. de Dombasle, la vache doit être copieusement nourrie, si l'on veut obtenir des veaux bien constitués et propres à former de beaux élèves. On doit cependant éviter une nourriture trop abon-

(1) Ouvrage cité.

dante; et la vache, au moment du vêlage, doit être en état d'embonpoint et non pas grasse : dans ce dernier cas, le part devient difficile et le veau est quelquefois moins gros que si la nourriture eût été distribuée avec plus de modération. » Cette remarque de l'illustre agronome est pleine de justesse, mais elle manque un peu de précision. Il veut dire sans doute que l'alimentation de la vache pleine doit être substantielle, plutôt composée de fourrages riches en principes nutritifs que de substances qui poussent à l'engraissement. Le régime alimentaire qui convient le mieux en pareil cas, c'est celui qui est propre à entretenir la bête dans un état de santé robuste. Les fourrages grossiers, ceux qui, étant fortement aqueux, fermentent facilement dans la panse, de même que ceux qui sont avariés, moisis ou poudreux, indépendamment de ce qu'ils manquent des qualités nutritives, passent aussi pour provoquer l'avortement.

On a beaucoup disserté sur les circonstances qui peuvent produire cet accident. Des travaux très-recommandables d'ailleurs ont été publiés là-dessus dans ces derniers temps. Ils se résument en ceci : que tous les écarts d'hygiène seraient des causes d'avortement. La vérité est qu'en dehors des violences directes on ne sait encore rien de positif sur la raison déterminante de l'avortement. On voit des vaches journellement exposées à toutes les influences considérées en général comme prédisposantes, ne point avorter, tandis que d'autres ne peuvent pas porter leur fruit à terme, quelques précautions qu'on ait prises pour les écarter. Ces précautions n'en sont pas moins bonnes à prendre. Il faut surtout donner aux vaches pleines de l'air et de l'exercice, conditions qui, avec une bonne alimentation, sont favorables au maintien d'une robuste constitution.

« Les vaches pleines, dit judicieusement M. Magne, doivent être conduites avec douceur et précaution; on ne doit jamais les presser pour les faire passer par les portes. On les éloignera des pâturages humides et en pente, où elles pourraient faire des glissades, des pâturages entourés de fossés peu profonds, de barrières peu élevées, qu'elles pourraient être tentées de franchir; on veillera à ce qu'elles ne se battent pas entre elles, à ce qu'elles ne soient pas battues par les autres animaux, ni poursuivies par les mâles. Si elles portent pour la première fois, on leur maniera le pis de temps en temps afin de les rendre moins chatouilleuses. »

Si, malgré toutes ces précautions, l'avortement a lieu, il se manifeste par des signes précurseurs qu'il est important de saisir tout de suite, parce qu'il est possible dans certains cas d'y remédier et d'en prévenir l'accomplissement. Le plus sage, lorsque quelque changement se manifeste dans la manière d'être d'une vache pleine, c'est d'appeler aussitôt le vétérinaire qui jugera de son état et prendra les mesures nécessaires pour conjurer l'accident, si la chose est encore praticable. En tout cas, il convient avant tout d'isoler la bête, de lui procurer la tranquillité et d'écarter les causes qui paraissent avoir agi sur elle. L'expulsion du fœtus ayant eu lieu, il faut la tenir chaudement, la couvrir, lui donner des boissons tièdes, en attendant l'arrivée du vétérinaire.

L'accident le plus redoutable, à la suite de l'avortement, c'est le défaut d'expulsion du délivre. Il nécessite des soins particuliers qui sont entièrement du domaine de l'homme de l'art, et que nous n'avons pas, par conséquent, à exposer ici.

Vêlage. — Les signes qui annoncent chez la vache la fin de la gestation sont faciles à saisir. Ils ont été bien indiqués par M. de Dombasle, de la manière sommaire qui suffit pour les praticiens. « On connaît, dit-il, les approches du vêlage au gonflement des mamelles qui commencent à contenir du lait quelques jours avant cette époque. Le ventre se gonfle également; et il se forme deux enfoncements très-sensibles à l'extrémité postérieure de la croupe, des deux côtés de la queue. Ces enfoncements s'augmentent jusqu'au moment du vêlage. » Du reste, nous n'avons rien de particulier à ajouter pour ce qui concerne la parturition de la vache. Les détails qui ont été précédemment consacrés à celle de la jument sont dans le cas parfaitement applicables. Il serait donc tout à fait superflu de les répéter. Nous devons nous borner à y renvoyer le lecteur (voy. p. 542). Les seules différences qui peuvent se présenter ne se rapportent pas à l'accouchement physiologique. Quant à celui-ci, il est seulement en général plus facile chez la vache que chez la jument.

Il est bon cependant de faire remarquer que la non-délivrance est beaucoup plus fréquente chez la première, ce qui tient sans doute à la multiplicité des placentas cotylédonaires plus fortement agrégés. Cet accident est à peu près certain toutes les fois que le part est un peu prématuré. Dans ce cas il faut se hâter de rompre le cordon et de placer la bête de manière à ce que son train postérieur soit plus élevé que celui de devant. L'expérience nous a démontré que les efforts expulsifs qu'elle fait pour se débarrasser des membranes adhérentes entraînent parfois le renversement de l'utérus. Une saignée faite à propos calme alors ces efforts, facilite la désagrégation des cotylédons placentaires et l'expulsion du délivre, qu'il ne faut jamais d'ailleurs se hâter de provoquer directement par des tractions. Un léger poids attaché au cordon pendant entraîne ordinairement sa sortie après quelque temps. S'il persistait à demeurer en place au delà de vingt-quatre heures, il faudrait faire appel aux lumières du vétérinaire, qui se conduit alors suivant les indications. Ces indications varient, et ce n'est pas ici le lieu de les déterminer. Nous devons nous en tenir aux prescriptions qui sont à la portée des personnes étrangères à la médecine.

Allaitement des veaux. — La manière dont les veaux doivent être allaités n'est pas la même, suivant qu'ils sont destinés à l'engraissement pour être livrés à la consommation, ou bien à faire des élèves. C'est de ces derniers seulement que nous avons à nous occuper en ce moment. Le régime auquel ils sont soumis varie en outre d'après l'aptitude prédominante de la race. Les mères appartenant à une race laitière, qui fournissent du lait à l'industrie ou à la consommation, en même temps qu'elles élèvent leur veau, ne sont pas dirigées pendant l'allaitement comme celles qui n'en donnent qu'à peine la quantité suffisante pour l'alimentation de celui-ci. Il faut donc s'en tenir sur ce sujet à des principes généraux, indépendamment de ceux qui ont été déjà exposés dans le chapitre relatif à l'espèce chevaline (p. 544), et qui sont également applicables à toutes les espèces.

Les mamelles de la vache nourrice, toujours très-volumineuses et recouvertes d'une peau fine, surtout à la surface des trayons, sont exposées à des accidents qui contrarient l'allaitement et font souffrir la bête. L'accumulation du lait dans les canaux galactophores au delà d'un certain temps, y peut déterminer des gonflements inflammatoires suivis d'abcès toujours graves. Il importe donc de l'éviter en vidant la mamelle par la traite opérée régulièrement lorsque le veau a fini de téter. L'action du froid sur le trayon ramolli par la bouche du petit fait naître souvent des gerçures très-douloureuses, qu'il faut prévenir en mettant la bête à l'abri des courants d'air, et en ne se servant jamais d'eau, trop froide ou chargée de sels calcaires pour laver le pis. Ce sont là les seules précautions nécessaires quant aux mamelles.

Nous n'avons rien non plus à ajouter sous le rapport de la nourriture qui convient aux vaches nourrices. C'est celle des laitières. Il faut seulement faire remarquer que pour l'élevage le régime des bons pâturages est indispensable, en raison des qualités plus nutritives qu'il communique au lait. Les conditions les plus favorables sont celles dans lesquelles les mères sont mises dans des enclos attenants à la vacherie. Nous pouvons d'ailleurs, pour éviter des répétitions, renvoyer à cet égard aux détails qui ont été donnés précédemment dans la description des races de Durham (p. 659) et d'Angus (p. 666).

M. Perrault de Jotemps d'abord, M. Boussingault ensuite, puis M. Violette, M. Magne et quelques autres ont cherché à déterminer l'accroissement journalier des veaux sous l'influence de l'allaitement. Ils sont arrivés à des résultats très-divers, qui s'expliquent par la différence des races qu'ils ont observées. On sait, en effet, que le poids initial des animaux, au moment de la naissance, présente des variations considérables, suivant la race à laquelle ils appartiennent. Ainsi, tandis que le veau de Durham pèse à peine en naissant 30 kilogr., celui de Schwitz atteint souvent jusqu'à 50 kilogr. ; ce qui n'empêche point le premier de dépasser bientôt celui-ci par la rapidité de son développement.

D'après M. Perrault de Jotemps, du premier au dix-huitième jour, l'accroissement serait de $1^k,200$ par jour; du dix-neuvième au vingt-cinquième de $1^k,390$; du vingt-cinquième au trente-cinquième de $0^k,960$ seulement. Dans les expériences de M. Boussingault, l'augmentation journalière a été de $1^k,130$ pour 9 à 11 litres de lait consommé.

M. Violette a trouvé, de son côté, que le poids acquis pendant le premier trimestre est égal à celui du veau à sa naissance ; que ce poids se double dans le second, c'est-à-dire que l'animal

gagne deux fois autant, et beaucoup moins dans les trimestres suivants. Quant à M. Magne, il pense que les animaux, en général, après avoir beaucoup augmenté de poids pendant un mois, restent stationnaires le mois suivant, quoiqu'ils soient soumis au même régime, pour reprendre ensuite après. Un veau de 40 à 50 kilogr. consomme par jour, d'après lui, de 6 à 10 kilogr. de lait, ou à peu près l'équivalent de 2 à 3 kilogr. de foin ; ce qui fait qu'il prend à raison de 6 à 7 kilogr. de fourrage pour 100 kilogr. de son poids vivant.

MM. de Béhague et Royer ont donné en 1848 les résultats de recherches du même genre effectuées sur le développement de métis Durham-Charolais et Cotentins, élevés à la vacherie de Dampierre. Ces résultats établissent que dans la première année les veaux mâles prennent en moyenne $0^k,796$ par jour, les femelles $0^k,664$ seulement. Chez M. de Torcy, à Durcet, l'accroissement mensuel de douze individus a donné des chiffres qui varient, pour chacun, entre $16^k,833$ et $32^k,794$, pour la première année.

Mais les observations les plus précises sur ce point appartiennent à M. Mathis. Elles ont été faites à Grignon sur des veaux purs ou métis de diverses races, au nombre de quatorze, et pendant les premiers mois de leur existence. Ces observations ont prouvé que l'accroissement varie peu durant les quatre mois qui suivent la naissance, pour chaque individu. Il a été par jour de $0^k,811$ pour la race de Schwitz ; de $0^k,803$ pour la Cotentine ; de $0^k,613$ pour celle d'Ayr ; enfin de $0^k,808$ pour les croisements Durham-Schwitz et Cotentins. Il est bien démontré, aujourd'hui, comme l'indique ce dernier chiffre, que l'augmentation de poids est toujours plus considérable chez les jeunes veaux appartenant aux races perfectionnées pour la boucherie ou à leurs croisements.

Les recherches de M. Mathis ont porté également sur le rapport de l'accroissement acquis au lait consommé. Il a vu que pour 1 kilogr. de poids gagné, les veaux croisés avaient consommé $9^l,24$ de lait ; les Cotentins, $10^l,20$; les Schwitz, $10^l,27$; ceux d'Ayr, $13^l,69$.

Cela montre qu'il ne peut y avoir rien d'absolu quant à la détermination journalière de l'accroissement des veaux, ces animaux étant des consommateurs plus ou moins bons, suivant la race à laquelle ils appartiennent.

Un fait qui résulte de toutes ces observations rigoureuses, recueillies à l'aide de mensurations exactes, c'est que, dans les six premiers mois de l'existence, — c'est-à-dire durant l'allaitement, — ce sont surtout la poitrine et les reins qui s'accroissent dans de fortes proportions. La taille et le développement des parties postérieures ne viennent qu'après. Si l'on songe à l'importance de l'ampleur thoracique dans la conformation des individus de l'espèce bovine, en raison de la signification qui a été donnée précédemment à ce caractère, justement considéré comme dominateur de l'organisme au point de vue de la production de la viande, on en conclura que le précepte fondamental de l'élevage est un allaitement abondant, propre à le favoriser.

L'allaitement peut être naturel ou artificiel. Nous avons vu que, dans la pratique de l'élevage des races perfectionnées, les veaux tettent directement leur mère ou boivent le lait au seau. Dans ce dernier cas, on y ajoute parfois des matières nutritives étrangères. Cela se fait surtout pour les sujets destinés à l'engraissement ; mais quand il s'agit d'élevage, l'allaitement naturel est toujours de beaucoup préférable. Il doit s'effectuer cependant d'une certaine façon, et non pas en complète liberté. Après les premiers jours qui suivent la naissance, le veau est séparé de sa mère et ne tette qu'à des heures régulières. Il ne la suit au pâturage qu'à dater du moment où l'état de sa dentition lui permet de s'occuper à pincer quelques herbes tendres; autrement il la tourmente sans utilité pour lui.

En moyenne, il suffit qu'un veau puisse absorber par jour 4 ou 5 kil. de lait pendant la première semaine ; 5 ou 6 pendant la deuxième ; de 6 à 8 durant la troisième ; de 8 à 10 à partir de ce moment jusqu'au commencement du troisième mois, et de 12 à 13, de cette époque à la fin du quatrième mois. Une vache qui ne peut pas fournir ces quantités n'est pas propre à nourrir un élève en vue de l'amélioration. Il y a alors nécessité de donner une seconde nourrice ou d'ajouter à l'allaitement naturel un supplément d'alimentation.

Ce supplément peut être du thé de foin ou des farineux mélangés au lait. Quelques éleveurs emploient aussi pour cela des tourteaux en poudre bouillis avec de l'eau, ou des décoctions de graine de lin.

Pour les animaux destinés à devenir des reproducteurs, en raison des qualités qu'ils promettent, l'allaitement naturel doit être prolongé aussi longtemps que possible. Mais en ce qui concerne l'élevage commun, les nécessités économiques ne permettent pas d'agir ainsi. La valeur vénale du lait ou des produits qu'il donne fait ressortir dans ce cas le prix de revient des élèves à un chiffre supérieur à celui de leur valeur propre. Il y a donc nécessité de substituer une autre alimentation au lait dont il est possible de tirer un meilleur parti. La pratique qui tend le plus à se répandre est celle qui consiste à remplacer de bonne heure le lait pur par du lait écrémé. L'allaitement naturel ne dure pas plus d'une quinzaine de jours ; à la suite de cette courte période, on habitue graduellement le veau à boire tout seul, et l'on substitue bientôt le lait dépourvu de crème au lait pur, en y mélangeant les substances que nous avons indiquées plus haut.

On a eu l'idée, en Allemagne, de remplacer le beurre ainsi enlevé d'autres corps gras d'un moindre prix. Des expériences ont été faites en ce pays, et elles paraissent concluantes en faveur de ce procédé. Voici les résultats de l'une d'elles, effectuée par un fermier de Deus, M. Seyfarth (1). Deux veaux destinés à cette expérience reçurent pendant les quinze premiers jours de leur vie, quatre pots et demi à cinq pots du lait pur de leur mère. On leur donna ensuite du lait caillé en proportion toujours croissante, de ma-

nière à les y habituer peu à peu jusqu'à la suppression complète du lait pur. Alors, M. Seyfarth ajouta au lait écrémé trois onces de suif de bœuf ou de mouton, de saindoux, ou d'huile de navette non épurée, mais moins de cette huile que des graisses fondues, parce que les animaux la prenaient plus difficilement. Le corps gras était donné en trois fois, par dose d'une once. Cette alimentation fut continuée pendant quatre semaines. Ce qui fait qu'à l'âge de six semaines, les veaux avaient reçu pendant deux de bon lait, et pendant quatre du lait caillé avec addition de graisse. Alors on constata qu'ils avaient aussi bien profité que ceux nourris comparativement avec du lait pur, et beaucoup mieux que ceux qui avaient été sevrés sans recevoir de la graisse. A partir de cette époque l'alimentation fut changée. On réduisit graduellement la quantité de lait écrémé en le remplaçant par une bouillie cuite de farine de féveroles. Après deux mois de ce nouveau régime, le lait fut complétement supprimé, ainsi que la bouillie, et l'un et l'autre remplacés par une soupe composée de féveroles concassées et de son, avec addition de foin et d'une quantité de graisse ramenée graduellement à la dose journalière d'une once et demie par tête. A l'âge de cinq mois et demi, les deux sujets en expérience furent soumis à l'alimentation ordinaire des génisses, composée de paille d'avoine et de paille hachée, de regain, d'un peu de grains concassés, de tourteaux et de betteraves. Ils devinrent, dit M. Seyfarth, des génisses superbes. Leur développement fut beaucoup plus rapide que celui des autres élèves, et à 15 ou 18 mois ces génisses étaient assez fortes pour être livrées au taureau.

Sevrage. — Le veau tette sa mère, lorsqu'il est abandonné à ses instincts, aussi longtemps que l'état de sa dentition ne lui permet pas de prendre tout seul au pâturage une nourriture suffisante. Dans ce cas, il diminue graduellement la quantité de lait qu'il consomme et la transition est insensible pour lui. Toute l'attention de l'éleveur doit être précisément de ménager cette transition, qu'il est obligé de hâter dans la plupart des cas, de manière à amoindrir autant que possible ses inconvénients.

Les procédés d'allaitement que nous venons de voir sont ceux qui facilitent le mieux l'opération du sevrage, toujours d'une très-grande importance, à cause du temps d'arrêt qu'elle peut apporter dans le développement du sujet, lorsqu'elle détermine un changement brusque dans son régime et par conséquent une souffrance.

Dès l'âge de quatre mois, indépendamment des préparations liquides ou des bouillies que le jeune élève reçoit en sus du lait de sa mère ou par substitution, il convient de lui donner quelques racines coupées et saupoudrées de farines ou de tourteaux, un peu de bon foin ou de regain, en hiver, des fourrages verts en été. Le mieux est de le mettre en liberté dans un petit enclos où il puisse s'habituer à paître, de façon à ce que l'allaitement diminue graduellement, à mesure que son estomac s'habitue à la nourriture solide. Le plus ordinairement, dans ces conditions, le sevrage

(1) Voy. *La culture*, t. III, 1861-62, p. 418.

complet peut être opéré sans dommage vers cinq mois ou cinq mois et demi. Il n'a lieu plus tard que pour les sujets d'élite, auxquels une alimentation plus abondante est nécessaire pour le développement de toutes leurs qualités. Ceux-ci tettent jusqu'à huit mois et même au delà. Mais dans l'élevage habituel, où la transition a été nécessairement ménagée de meilleure heure par l'obligation des substitutions, à cinq mois le veau peut déjà prendre une nourriture suffisante en fourrages verts ou secs, comme nous venons de le voir dans la pratique de M. Seyfarth.

Lorsqu'il s'agit d'allaitement artificiel, le sevrage ne comporte d'autre soin que celui de diminuer progressivement la proportion de lait administrée, en la remplaçant à mesure par des aliments de plus en plus solides et substantiels. Dans l'allaitement naturel, il y a d'autres précautions à prendre, dont la principale est relative à la séparation de la mère et du petit. C'est cette séparation qui doit être préparée de bonne heure et que rend toujours pénible et préjudiciable l'habitude de les faire vivre ensemble dans le même herbage. Nous ne saurions, à cet égard, trop nous élever contre la barbare pratique qui consiste à munir les veaux en sevrage d'une muselière garnie de pointes, pour les empêcher de teter. Mieux vaut cent fois priver brusquement la vache de la compagnie de son veau, que de l'exposer à recevoir sans cesse les atteintes de pareils attouchements. Il est bien plus rationnel d'habituer de bonne heure l'un et l'autre à vivre séparés dans des compartiments distincts du même pâturage, et à n'être réunis qu'au moment des heures de l'allaitement. On prépare alors le sevrage en éloignant graduellement celles-ci, d'abord, puis en diminuant la durée des rapports, jusqu'au point de les faire cesser tout à fait. Le veau finit bientôt par paître tranquillement, sans songer à sa mère, parce que la faim ne l'y sollicite pas.

De cette façon, la crise du sevrage cesse d'exercer sur le développement de l'individu sa fâcheuse influence. Il n'y a pas de temps d'arrêt dans la nutrition. Et au point de vue de l'amélioration des races, cela est de la plus grande importance, ainsi qu'on peut maintenant s'en convaincre facilement. Nous ne saurions donc trop y appeler l'attention.

Régime des élèves après le sevrage. — Les auteurs les plus récents indiquent un régime particulier pour les élèves de l'espèce bovine, suivant leur destination. L'alimentation qui convient pour la production des individus propres au travail ne serait pas la même que celle qui favorise le développement de l'aptitude laitière, non plus qu'elles ne seraient appropriées, ni l'une ni l'autre, aux sujets élevés spécialement en vue de la boucherie. Il y a dans cette croyance, nous n'hésitons point à le dire, une erreur capitale, qui résulte d'une insuffisante interprétation des faits observés. De ce que l'aptitude laitière se développe dans des conditions qui ne sont point de nature à produire des individus suffisamment énergiques pour le travail, par exemple les pâturages humides de la Hollande, de la Flandre, de la

Normandie, etc., il ne s'ensuit pas que cette aptitude ait pour cause unique ou même principale ces seules conditions. Les races suisses, celle de Salers, la race bretonne, et bien d'autres parmi nos races françaises, montrent qu'il n'en est pas ainsi. Le rendement en lait, l'aptitude une fois existante, est en rapport avec l'abondance et les propriétés aqueuses de l'alimentation. C'est chose bien naturelle, aux yeux du physiologiste. Les qualités peu nutritives des aliments ne sont pas un obstacle au développement de l'aptitude laitière, qui dépend uniquement de l'activité fonctionnelle d'un organe au demeurant fort accessoire dans l'économie de l'individu, si accessoire qu'il peut être retranché sans qu'il en résulte aucun trouble notable dans son état de santé. Mais si elles n'y font pas obstacle, il est bien certain qu'elles n'y sont pour rien, et qu'elles sont, nuisibles au contraire au développement de la conformation qui joindrait à l'aptitude laitière celle qui les rend plus propres à la boucherie, en provoquant l'ampleur de la poitrine. De même en est-il pour les races de travail.

Quelle que soit l'aptitude native de la race, la première nécessité d'un élevage bien entendu est de déterminer l'ampleur des formes par une nourriture substantielle et abondante des jeunes animaux. On a vu précédemment que la grande capacité du thorax ne peut être dans aucun cas qu'une condition avantageuse dans toutes les conditions. Le développement de l'aptitude dépend de l'exercice de la fonction à laquelle elle se rapporte, non pas de l'ampleur de la poitrine, caractère dominateur de la bonne conformation des animaux de l'espèce bovine. Le régime alimentaire, après le sevrage, doit donc être dirigé uniquement en vue de ce résultat. Or, nous avons suffisamment insisté sur la partie théorique du sujet, en posant les principes spéciaux du perfectionnement, pour qu'il ne soit pas nécessaire d'y revenir.

L'élevage des bêtes bovines se pratique dans les herbages ou à l'étable. Le premier mode est sans contredit préférable. Pour une nourriture également riche, le grand air et l'exercice favorisent singulièrement l'assimilation. Il faut seulement faire consommer les pâturages les plus succulents par les jeunes élèves qui viennent d'être sevrés. On doit les réunir par petits groupes. La confusion des sexes n'a pas dans le courant de la première année d'inconvénients. Les animaux demeurent parfaitement tranquilles tant qu'ils sont maintenus au sein de l'abondance, et ne s'occupent qu'à satisfaire leur appétit et les instincts de locomotion qui appartiennent à leur âge. Des abris pour les heures de grandes chaleurs, des abreuvoirs à proximité de l'herbage, constituent les seuls soins qu'il convienne de prendre. L'important est seulement de rentrer les élèves à l'étable dès que la saison est assez avancée pour que les herbes ne soient plus suffisantes. Ce n'est pas la nourriture d'été qui manque ordinairement dans les pays d'élevage. Ce qui fait défaut, c'est l'hivernage, ainsi que nous l'avons plusieurs fois constaté en décrivant les races bovines. Or, l'hygiène du premier hiver est capitale pour l'avenir de l'élève.

Pendant cette saison, la meilleure alimentation est celle qui se compose de mélanges de pailles hachées, de foin ou de regain de bonne qualité, de farines de légumineuses, pois, féveroles, etc., de racines, betteraves, turneps, topinambours, et de tourteau. Les élèves payent toujours avec usure en accroissement les aliments qu'ils consomment. On doit donc leur administrer tous ceux qu'ils peuvent absorber. Il n'y a pas de plus sotte économie que celle qui consiste à mesurer parcimonieusement la nourriture à ces jeunes animaux. Le premier soin de l'agriculteur qui veut se livrer avec succès à l'élevage sera par conséquent de s'assurer des provisions suffisantes pour l'hiver. Ce n'est rien de faire des frais pour l'acquisition de reproducteurs de mérite, si l'on ne s'est pas au préalable occupé de régler ses cultures de manière à munir ses granges, ses greniers et ses silos. Les résultats obtenus hors de cette condition sont d'autant plus misérables, que les élèves ont apporté en naissant des dispositions meilleures à profiter d'une bonne alimentation.

Au commencement de la deuxième année, après l'hivernage, la saison des herbes tendres est revenue. Le régime du pâturage revient à son tour. Il faut alors séparer les mâles des femelles, du moins ceux qui n'ont pas été privés déjà de leurs organes sexuels. Durant cette saison, le régime du pâturage ne présente pour eux rien qui diffère de celui de la première année. Il doit être également riche et abondant, en rapport avec l'état de leur développement, de manière à ce que leur appétit soit entièrement satisfait. Le nombre des élèves à mettre sur une étendue donnée varie suivant les conditions qu'il n'est pas possible de déterminer *à priori*. Cela dépend de la qualité de l'herbage. La seule règle est qu'ils y soient au sein de l'abondance.

Dans le courant de cette deuxième année, durant laquelle les élèves toujours bien nourris ont acquis un grand développement, leur hygiène particulière prend une direction différente suivant leur destination ultérieure. Les génisses, vers quinze à dix-huit mois, deux ans au plus, lorsqu'elles ont vécu isolées, deviennent ordinairement en chaleur. Il y a indication de les satisfaire en les conduisant au taureau. A la condition qu'elles continuent d'être soumises à une alimentation abondante, l'état de gestation leur est plus salutaire que le retour périodique de chaleurs inassouvies, sauf à ménager leur lactation lorsqu'elles ont fait leur premier veau de bonne heure. Les inconvénients sont surtout moindres pour les races laitières, dont une fécondation hâtive favorise au contraire l'aptitude. Du reste, répétons-le, il peut être bon d'écarter les circonstances de nature à provoquer une manifestation prématurée des chaleurs; mais dès que celles-ci se sont montrées, le mieux est de les éteindre par la fécondation. Les troubles qu'elles causent dans l'économie sont plus préjudiciables au développement ultérieur de la génisse que le fruit qui se développe dans son sein. Cela rend nécessaire seulement une sollicitude plus grande encore pour l'alimentation durant le séjour à l'étable dans le second hiver.

Les mâles conservés entiers pour la reproduction doivent recevoir alors, indépendamment des fourrages et des racines, des rations de grains fortement nutritifs, qui leur communiquent la vigueur de constitution, l'énergie, les facultés prolifiques nécessaires pour le service auquel ils sont destinés. A partir de ce moment, leur hygiène est celle du taureau, qui a été précédemment indiquée, et sur laquelle nous n'avons pas à revenir.

Quant aux bouvillons, il y a une distinction à faire entre ceux qui sont élevés uniquement en vue de la boucherie et ceux destinés à fournir du travail. Les premiers n'ont d'autre fonction que de manger et d'assimiler leur nourriture. Leur régime, jusqu'à ce qu'ils aient atteint l'âge adulte, d'autant plus précoce, on le sait, qu'ils ont été plus copieusement nourris, leur régime est toujours le même depuis le sevrage jusqu'au moment de l'engraissement. Les autres, vers la fin de leur seconde année, sont soumis au dressage pour l'emploi graduel de leur force. C'est alors que se développe leur aptitude, d'autant plus prononcée qu'elle est davantage exercée. Ils rentrent alors dans la catégorie des animaux de travail, à l'hygiène desquels un chapitre spécial sera tout à l'heure consacré.

Habitations et pansage. — Avant de terminer celui-ci par l'examen de l'importante question de l'émasculation des jeunes mâles, pour l'élevage des bœufs, nous appellerons l'attention sur l'utilité des soins de propreté et de l'hygiène des habitations, qui n'est pas moins grande pour l'espèce bovine en général que pour celles dont nous nous sommes déjà occupés dans ce livre. Des bouveries et des vacheries spacieuses, bien aérées, construites de manière à faciliter en même temps la distribution de la nourriture, le service et le nettoyage du sol, ont une part très-grande dans les succès de l'élevage, en raison de l'heureuse influence qu'elles exercent sur la santé des animaux. Le mode de construction le plus convenable nous paraît être, pour les étables d'élevage, le straw-yard anglais, qui comporte un petit parc en plein air attenant à chaque compartiment de l'étable, dont la face opposée, où se trouvent les auges, aboutit sur un couloir qui règne tout le long. Cela peut être établi simplement, sans luxe, et avec des dépenses minimes, tout en procurant de grands avantages pour le bon entretien des élèves et des mères tout à la fois.

Au reste, toutes les considérations hygiéniques relatives à ce sujet, qui ont été exposées à l'occasion du logement des espèces chevaline, asine, et de leurs mulets (p. 603), s'appliquent également à l'espèce bovine. Il serait inutile de les répéter.

Nous en pouvons dire autant des soins de propreté de la peau, encore plus négligés pour les élèves dont nous nous occupons que pour les poulains. Un pansage attentif ne leur est pourtant pas moins salutaire aux uns qu'aux autres. Les raisons de son utilité sont les mêmes dans les deux cas. Tous les arguments que nous avons fait valoir, autant au point de vue physiologique et hygiénique proprement dit qu'à celui de l'éducation qu'on peut appeler intellectuelle, à cause de l'influence que ce pansage exerce sur le caractère de l'animal par les rapports fréquents qu'il nécessite entre l'homme et lui ; tous ces arguments sont valables pour le bœuf comme pour le cheval. Il faut donc y renvoyer le lecteur.

Émasculation. — Pour la commodité des services qu'ils ont à nous rendre principalement comme bêtes de consommation, mais aussi comme animaux de travail, les mâles de l'espèce bovine sont neutralisés par une opération qui consiste à les priver de leurs organes sexuels. La viande du taureau est mauvaise, et le caractère de cet animal est moins maniable que celui de l'individu neutre qui s'appelle bœuf. Ce dernier, en outre, s'engraisse plus facilement. Les avantages économiques de l'émasculation, par conséquent, ne sont pas à discuter.

Mais l'opération qui la produit soulève deux questions : celle de l'âge le plus convenable, et celle du meilleur procédé pour la pratiquer.

Encore ici, nous ne voyons d'autre principe que celui qui a été invoqué pour le poulain, savoir qu'il importe seulement d'anéantir les testicules avant la manifestation de leur activité fonctionnelle. Lorsqu'il en est ainsi, la perturbation apportée dans le développement du sujet est nulle. Et cela est surtout important pour les individus spécialement élevés en vue de la production de la viande. La seule restriction qu'il faille mettre à la plus grande hâtivité possible de l'opération, c'est-à-dire à sa pratique dès que les testicules sont apparents, c'est la nécessité de choisir les sujets propres à devenir des reproducteurs, et d'attendre pour cela que leurs formes soient assez accusées pour qu'ils puissent être convenablement jugés, à la fin de la première année, ou tout au plus vers le commencement de la deuxième ; il n'y a pas à cet égard de difficulté. Mais dans le plus grand nombre des cas, l'émasculation peut être, doit être opérée auparavant.

Faut-il préférer l'amputation des testicules, appelée *castration*, ou bien leur atrophie déterminée par le *bistournage*, le *martelage*, etc. ? On croit généralement, au sein des populations agricoles, que le bistournage conserve au bœuf une partie des attributs de la masculinité, au point de vue seulement, bien entendu, de l'énergie, de la force. De savants vétérinaires contestent le fait, en se basant sur des considérations physiologiques qui ne sont point suffisantes pour entraîner la conviction des esprits rigoureux. Dans l'état actuel de la question il y a doute. La conclusion doit être en conséquence qu'il faut provisoirement bistourner les élèves des races travailleuses et châtrer ceux des races de boucherie. L'avantage de cette conclusion, c'est que, quelle que soit l'issue du débat engagé, elle ne peut avoir aucun inconvénient.   A. SANSON.

CHAPITRE XVI

HYGIÈNE DU TRAVAIL DANS L'ESPÈCE BOVINE

Ainsi que nous l'avons vu, ce que l'on doit appeler l'amélioration de l'espèce bovine diminue chez elle l'aptitude au travail. Au point de vue de sa destination essentielle, dans les sociétés modernes, qui est de produire, dans un temps donné, la plus grande somme possible de viande avec la moindre somme totale de fourrages consommés, cette espèce ne peut atteindre la constitution la plus propre à ce résultat qu'au prix de l'amoindrissement de son énergie physique, de sa force mécanique, par un développement plus précoce de ses organes, au bénéfice de sa puissance d'assimilation.

Une première question est donc à examiner : c'est celle de savoir quels sont, pour l'économie rurale, les avantages que peut présenter l'emploi du bœuf aux travaux agricoles ; quelle compensation ces avantages, s'ils existent, peuvent procurer en échange de l'obstacle très-certain qu'ils mettent à l'amélioration de l'espèce dans le sens qui vient d'être indiqué. Il y a positivement antagonisme entre le perfectionnement de l'aptitude travailleuse et celui de la fabrication de la viande, si l'on peut ainsi dire. Il convient par conséquent de rechercher avant tout dans quelle mesure les nécessités de l'économie rurale font une obligation de réduire cet antagonisme et de concilier les deux aptitudes opposées. Nous devons pour cela comparer d'abord les services de l'espèce bovine comme moteur à ceux des autres animaux qui ont été déjà étudiés.

Cette question a été l'objet de vives polémiques entre les champions du travail des bœufs et ceux du travail du cheval, dans l'agriculture. En tête de son excellent petit livre sur les races bovines, M. de Dampierre a fait connaître son opinion personnelle en résumant les faits et les arguments produits de part et d'autre, en même temps qu'il en produisait de nouveaux. Nous allons citer une partie de son argumentation. « En France, dit-il, les provinces qui produisent de gros chevaux les ont appliqués à la culture, celles qui produisent des chevaux légers ont conservé les races bovines. Au résumé, cependant, dans la plus grande partie de la France, le travail est encore exécuté par les bœufs et je crois qu'il est aisé de démontrer l'avantage considérable qu'offre ce mode de culture. Il est si bien ancré dans les mœurs, d'ailleurs, que la science économique, lui apportant la preuve de son insuffisance, ne parviendrait pas à le détruire et qu'elle n'arriverait tout au plus qu'à l'altérer dans son unité et à diminuer ainsi sa fécondité et les proportions de ses avantages.

« Mais quelle peut être la supériorité du travail du cheval sur celui du bœuf? C'est ce que nous allons voir.

« Comparons d'abord leurs forces. Dans les races de chevaux de trait, l'effort ne s'éloigne pas du poids de l'animal lui-même. Christian l'a fixé à 360 kilogr. ; Tredgold, à 400 kilogr. avec des chevaux moyens; mais ce n'est là, bien entendu, qu'un effort qui ne peut durer qu'un instant, et qui ne mesure pas la force de traction qu'un cheval avec continuité, sans fatigue extraordinaire, et telle qu'elle se dépense dans un travail journalier exécuté à l'allure du pas. Cette dernière traction doit être réglée de 50 à 100 kilogr., suivant la force du cheval, la nature du travail et sa durée. Les expériences faites à cet égard, dans des conditions différentes, me font apprécier que, pour un cheval de labour, l'effort peut aller à 100 kil.; mais l'allure de ce cheval se ralentit alors presque à la moitié de ce qu'est celle d'un cheval traînant une charrette sur une route avec un effort de 50 kilogr.

M. de Gasparin dit que « deux chevaux de « charrue, d'un poids moyen de 320 kilog., et « qu'il a vus travailler en automne, ouvraient, « par journée de 10 heures, 16,495 mètres de sil-« lon ; ils marchaient à une vitesse de 0ᵐ,46 par « seconde, et produisaient un effort de 98 kilog. »

« Il en est du bœuf comme du cheval : sa force musculaire est supposée être égale à son poids (sous sa forme absolue, cette appréciation est nécessairement inexacte, elle ne peut s'appliquer qu'aux races également aptes au travail, le poids n'étant pour rien dans l'aptitude dont il s'agit pour l'espèce bovine, bien au contraire); mais, poursuit M. de Dampierre, l'effort considérable que cette appréciation indique ne peut durer qu'un instant et ne donne pas la mesure de la force de l'animal dans un travail constant, régulier, et qu'on peut prolonger sans abuser de l'animal. Je crois, cependant, que l'effort continu que peut faire un bœuf, comparé à sa force musculaire et statique, est supérieur à celui du cheval, et j'explique ce fait par la différence de caractère de ces deux animaux.

« Le bœuf travaille d'une manière constamment égale ; la résistance ne rebute pas ses efforts, sa patience est à toute épreuve : si l'effort devient plus considérable, il ralentit sa marche sans impatience, sans découragement. Le cheval, au contraire, a une vivacité qui le rend capable d'un vigoureux coup de collier ; mais aussi une résistance continue et considérable l'irrite, l'épuise, et finit par le rebuter. »

Après avoir cité sur ce sujet un passage emprunté à M. de Gasparin, l'auteur conclut ainsi sur ce premier point : « On peut donc admettre que si, pour un cheval du poids moyen de 320 kilog., l'effort peut être de 100 kilog., pour un bœuf de 450 à 500 kilog., il peut aller de 200 à 220 kilog. De là, ce me semble, la constatation évidente de la supériorité du bœuf sur le cheval pour tous les ouvrages qui exigent un fort tirage et un effort constant. »

C'est à cette conclusion que M. de Dampierre est arrivé, en comparant les résultats obtenus du travail des bœufs et des chevaux employés simultanément dans son exploitation de Plassac, en Saintonge.

Mais la question est plus générale et plus haute. Quand on l'envisage avec les lumières de l'économiste, on est conduit à s'apercevoir que dans sa généralité la préférence accordée au cheval ou au bœuf, dans les travaux des champs, est, comme l'a dit excellemment M. Édouard Lecouteux, « une véritable question de système de culture. »

Laissons développer cette thèse par le savant praticien.

« Que trouvons-nous, en effet, dit M. Lecouteux, dans les pays réputés arriérés? Ici des terres argileuses, difficiles à labourer, — des terres plus ou moins en friche où la charrue rencontre des roches, des racines, un sous-sol résistant, — des terres que leur état habituel d'humidité rend inabordables une partie de l'année, — des terres inclinées, à relief tourmenté, où les charrois et les labours sont pénibles. — Là, en dehors comme à l'intérieur des fermes, des chemins naturels où les roues enfoncent jusqu'aux moyeux. — Puis, des fourrages mal récoltés et de mauvaise nature, — une population nonchalante, donnant en quelque sorte ses allures aux animaux qui partagent ses travaux. — Quelquefois même, et comme pour aggraver la situation, un pays malsain, dangereux pour tout ce qui n'est pas indigène : bêtes et gens. — Bref, partout un état de choses qui fait obstacle à l'organisation d'un travail accéléré, c'est-à-dire à l'emploi d'attelages qui, grâce à la spécialité de leur conformation, pousseraient les opérations avec vigueur.

« Le bœuf, comme il est facile de le comprendre, est donc le moteur obligé de l'agriculture qui se trouve placée dans une telle situation. Cet animal crée constamment de la valeur. S'il marche attelé, cette valeur, c'est du travail. S'il se repose, cette valeur, c'est de la viande. Viennent donc des chômages forcés par suite de pluie, de neige, de sécheresse, de gelée, le bœuf change de rôle : de bête de travail, il devient bête de rente. C'est, dans toute la force du terme, un animal à deux fins, qui, ne subissant pas de moins-value en prenant de l'âge, n'exige conséquemment pas de capital d'amortissement destiné à le remplacer. Est-il au travail? rien ne l'arrête. Se présente-t-il un mauvais pas à franchir ? il s'enfonce sans crainte jusqu'au ventre dans la terre mouvante. Une racine, une roche ? il s'arrête si la résistance est trop forte; mais différant en cela du cheval qui s'arrête au premier coup de collier infructueux, il se remet en marche lorsque son conducteur a tourné la difficulté. S'agit-il de descendre une pente rapide? il se laisse glisser. De franchir une montée ? il tire d'une manière soutenue. Veut-on des labours corrects, tirés au cordeau, régulièrement profonds, aux arêtes d'égale hauteur, au relief général uniformément soutenu ? C'est à la patience, à l'allure modérée des bœufs qu'il faut les demander.

« Et puis, raison décisive pour des cultivateurs au-dessous de leur position, ou tout au moins forcés de suivre une culture extensive, le bœuf est à la portée des petites fortunes. Soit qu'il s'élève dans les communaux, dans les bois, dans les pacages, soit qu'il s'achète avant ou après le dressage, toujours est-il qu'il coûte moins cher que le cheval et qu'il peut se revendre après avoir travaillé plusieurs années. Donc, pour le bœuf, pas ou presque pas d'amortissement.

« Transportons-nous maintenant dans ces pays de petite culture, où la division des fermes est un effet, non de la fertilité du sol et de l'activité des échanges, mais de la multiplication *sur place* d'une population privée de chemins, de débouchés, de capitaux, et consommant, dès lors, presque tous ses produits en nature. Là, encore, nous retrouvons le bœuf. Pourquoi ?

« C'est qu'ici, en outre du manque de capitaux, viendra se faire sentir, plus rigoureusement encore que dans une grande culture, l'influence du manque de travail régulier. Tandis que, dans une ferme quelque peu vaste, l'application du principe de la *division du travail* permet d'affecter un *personnel* spécial au service des attelages ; il faut que, dans la culture parcellaire, le maître fasse tout par lui-même et sa famille. Dans une même journée, il faut souvent conduire du fumier le matin, puis labourer, semer et herser une même pièce de terre. Arrivent ensuite les déplacements au marché, le fauchage, le liage des récoltes, le battage. C'est au maître de faire face à toute cette variété de travaux, et, pour qu'il en soit ainsi, il faut parfois qu'il laisse ses attelages au repos. Ici donc, le cultivateur est un véritable *factotum* ; la *spécialité* n'est pas son fait : par conséquent, importe que l'animal qui l'assiste dans cette tâche incessamment variée, ne soit pas lui-même une *spécialité*, un animal à *une seule fin*, une *bête de travail* seulement : c'est assez dire que le bœuf est seul possible, car, seul, il peut mettre à profit le temps du chômage que lui crée une pareille situation agricole.

« Dans une culture intensive, ce sont d'autres nécessités, d'autres ressources. La place d'honneur revient, en conséquence, de droit au cheval. Pourquoi ?

« C'est que la culture intensive, sollicitée par les débouchés et secondée par le sol et le climat, demande et peut payer un travail *régulièrement actif pour toute l'année* : c'est que sa loi, son intérêt, c'est de marcher vite ; c'est que, payant cher ses charretiers, elle est obligée de leur confier des attelages d'allure rapide : c'est que ses chemins sont bien entretenus : c'est que sa terre, mieux ameublie, mieux épierrée, mieux défoncée et défrichée, est plus facile à travailler : c'est que ces travaux soignés exigent de l'adresse et de la célérité. Elle préfère donc le cheval, *malgré l'amortissement annuel* de 16 à 17 pour 100, qui frappe cet animal à partir de l'âge de six ans. Peu lui importe cet amortissement, si, en fin de compte, le travail du cheval occasionne un excédant de plus de 16 à 17 pour 100 dans les recettes. Est-ce qu'il n'en est pas, en agriculture, du cheval comme, en industrie, de ces machines perfectionnées qui nécessitent un capital d'installation et d'entretien plus considérable, mais qui, fonctionnant sous la pression de circonstances favorables à une grande activité industrielle, rachètent l'inconvénient de leurs dépenses par l'avantage d'une fabrication plus prompte, plus considérable, plus économique ?

« Ainsi donc, la question du bœuf et du cheval, prise dans ses points extrêmes, peut se résumer comme il suit : Il y a des attelages qui ne donnent qu'un seul produit : *le travail*, — et d'autres attelages qui donnent deux produits : *le travail et la viande*. — Les premiers décroissent de valeur en vieillissant et consomment sans rien produire lorsqu'ils ne travaillent pas : il faut toujours les *amortir*, et, quelquefois, les nourrir sans compensation correspondante. — Les seconds n'ont pas besoin d'être *amortis* et convertissent toujours leur nourriture, soit en travail, soit en viande. Or, le cheval est dans cette première catégorie, et le bœuf dans la seconde. Donc le cheval convient aux cultures assez riches pour spécialiser le rôle de chacun de ses agents, et pour fournir aux attelages une occupation soutenue, tandis que le bœuf véritable antipode du cheval, est le partage des cultures à travail intermittent, à labours et charrois difficiles, à fourrages médiocres, à terres morcelées, à débouchés restreints. D'où il suit, finalement, que l'effet du progrès agricole, ce sera de refouler le bœuf de travail et d'agrandir la sphère d'activité du cheval. Seulement, il ne faut pas, dans cette substitution, vouloir marcher trop vite, trop en avant des besoins et des ressources de la société (1). »

Le lecteur, à coup sûr, n'aura pas trouvé la citation trop longue. Il nous eût été bien impossible de mieux établir la raison d'être du travail du bœuf dans l'état présent de notre économie rurale, et de mieux indiquer les circonstances qui devront la faire cesser. Ces considérations, appliquées aux situations extrêmes, sont marquées au coin de la plus rigoureuse observation. Mais, comme le fait remarquer ensuite M. Lecouteux lui-même, elles comportent aussi des situations intermédiaires, des états transitoires, dans lesquels les deux moteurs peuvent être avantageusement utilisés d'une manière simultanée, et dans des proportions qui varient comme ces situations. Ces notions d'économie rurale dominent de toute leur hauteur la question du travail de l'espèce bovine, et sont, ainsi que nous avons eu l'occasion de le faire remarquer précédemment, un des éléments fondamentaux de la zootechnie de cette espèce. Elles priment toutes les déterminations relatives aux préférences à accorder entre les races travailleuses et les races de boucherie, et montrent que l'adoption de celles-ci doit suivre les changements dans les systèmes de culture qui les rendent profitables, non précéder ces changements. Les préconiser au détriment des autres et d'une manière absolue, c'est donc s'écarter des voies de la saine raison.

La tendance de l'économie rurale, dans les contrées de grande culture où le cheval avait été jusque-là le moteur exclusivement employé, est

_____

(1) *Traité des entreprises de grande culture, etc.* T. I, p. 380 et suiv.

précisément d'y introduire le bœuf pour l'exécution de certains travaux que, dans ces conditions mêmes, il effectue plus économiquement. Dans la région de Paris, plusieurs cultivateurs éclairés et sachant compter en ont adopté la pratique. M. de Béhague, dans le Loiret, emploie des bœufs de travail, et il a fourni des calculs qui sont à cet égard fort significatifs.

« Si nous établissons par des chiffres, dit-il, la dépense du travail des bœufs au labour comparée à la dépense des chevaux, nous trouvons que l'avantage reste au travail exécuté par les bœufs. Nous allons citer les chiffres que nous donne notre comptabilité.

« Un cheval de ferme de 4 ans coûte, d'acquisition, 400 à 600 francs : prix moyen 500 francs ; l'amortissement du prix de ce cheval de 500 francs représente, pour 10 ans, 50 francs par an, et l'intérêt à 5 pour 100 de ces 500 francs 25 francs ; ensemble, 75 francs.

« La ration journalière d'un cheval de charrue, fournissant, en moyenne, 10 heures de travail ou 3,000 heures pour l'année, est de

14 litres d'avoine, à 9 fr. l'hectolitre..........	1 fr. 26
10 kilogr. de foin, à 50 fr. les 1,000 kilogr...	» 50
1 kilogr. de son, à 12 fr. les 100 kilogr.....	» 12
Total.........	1 fr. 88

ou, pour les 365 jours de l'année, 686 fr. 20 c., auxquels il faut joindre, pour ferrage, 18 francs ; entretien du harnachement, 30 francs ; amortissement et intérêts du prix d'achat de ce cheval, comme nous l'avons établi ci-dessus, 75 francs, qui donnent, avec les 686 fr. 20 c. de nourriture, la somme totale de 809 fr. 20 c., et, pour les deux chevaux composant l'attelage d'une charrue, donnant 3,000 heures de travail, 1, 618 fr. 40 c., ou 53 centimes 946 l'heure.

« Une bonne paire de bœufs limousins, de l'âge de quatre ans, coûte de 750 à 850 francs ; disons 800 francs. Comme le bœuf ne perd rien de son capital, nous n'aurons que l'intérêt du prix d'achat à ajouter à son entretien journalier ; nous portons de même à 5 pour 100, soit à 40 francs, l'intérêt du prix d'achat de 800 francs.

« La ration d'été d'un bœuf est de 50 kilogr. de vert, représentant 15 kilogr. de foin, à 50 fr. les 1,000 kilogr. ou 75 cent., et, pour la paire, 1 franc 50 cent.

« La ration d'hiver se compose de

20 kilogr. de racines, à 15 fr. les 1,000 kilogr.	30 c.
Foin, 5 kilogr. à 50 fr. les 1,000 kilogr.........	25
Paille, 4 kilogr. à 25 fr. les 1,000 kilogr.	10
Total..........	65 c.

« Et, pour la paire, 1 fr. 30 c.

« Ce qui constitue une moyenne par jour, pour la nourriture des deux bœufs, de 1 fr. 40 c., et, pour l'année de 365 jours, 511 francs, auxquels il faut ajouter les 40 francs pour l'intérêt du prix d'achat et 16 francs pour l'entretien du joug, etc., somme totale, 567 francs, et, pour les quatre bœufs formant l'attelage de la charrue marchant 10 heures par jour, 1,135 francs ou 37 cent. 080 par heure ; l'heure de la charrue attelée de *deux che-*

vaux coûte donc 53 cent. 946, et celle employant *quatre bœufs* se relayant et fournissant chacun 10 heures de travail, est donc de 16 cent. 146 par heure, et pour l'année, de 481 francs 38 cent. Bien que, dans la pratique, il soit reconnu que 2 bœufs donnent plus de travail en 5 heures qu'un cheval en 10 heures, nous avons pris cette comparaison d'un à deux pour rendre plus sensible notre calcul. A Grignon, par exemple, on compte 3 chevaux pour 4 bœufs.

« Dans notre pratique, ajoute M. de Béhague, nous avons reconnu qu'il y avait grand avantage à toujours avoir des bœufs frais et en bon état de chair, et que 5 heures de bon travail étaient tout ce qu'il est nécessaire de tirer d'un bœuf pour couvrir largement sa dépense ; qu'à ce travail son capital s'augmente ; qu'il se fortifie, et que l'engraissement, quand l'âge est venu, est plus économique et plus facile ; ce qui ne nous empêche pas, quand la besogne presse, comme les moissons, les foins et quelquefois les semences, de leur demander, soit 9 heures, soit même 10 heures d'un jour l'un, et aussi d'augmenter les attelages d'un quart ou d'un tiers, ce qui ne peut se faire avec des chevaux, dont le nombre attelé est toujours le même : une heure ou deux est tout ce que l'on peut espérer en poussant le travail à l'extrême. »

De tout ce qui précède, il résulte que dans la plupart des conditions de notre économie rurale le travail du bœuf est une nécessité devant laquelle il faut s'incliner, sauf à concilier le mieux possible cette nécessité avec la destination finale de l'animal. Cela se peut et se réalise naturellement par la marche même du progrès. La culture plus soignée des terres, l'usage des amendements et des engrais, l'emploi des instruments perfectionnés, des véhicules et des harnais mieux construits, l'amélioration des chemins, rendent moins intenses les efforts à exiger des attelages pour l'exécution de la même quantité de travail, mesurée non pas à la force dépensée, mais aux résultats produits. Le labourage ou le hersage d'un hectare de terre, le charroi d'un poids déterminé de récoltes, nécessitent le déploiement d'une quantité de travail mécanique utile moins forte, à mesure que tous ces perfectionnements s'accomplissent. L'emploi du bœuf à ces usages devient donc à mesure aussi plus compatible avec son amélioration dans le sens de la boucherie, en nécessitant de sa part une force musculaire moins grande, une aptitude moins prononcée au travail.

Le progrès consiste, par conséquent, dans ces situations transitoires entre les conditions où l'animal est exclusivement travailleur et ne produit que de la force, — conditions qui deviennent de plus en plus rares, — et celles où il est exclusivement entretenu à titre de producteur de viande, — conditions qui ne se rencontrent guère que dans la culture herbagère ; — le progrès consiste, disons-nous, à rapprocher sans cesse cet animal de la qualité de bête de rente, en le mettant dans le cas d'accroître son capital, tout en suffisant aux travaux de l'exploitation. La solution de ce problème est facile, et concorde parfaitement avec le progrès agricole lui-même, en même temps qu'avec la nécessité sociale d'une production de viande plus abondante. Elle consiste à nourrir, dans chaque exploitation, un plus nombreux bétail et à y opérer son plus fréquent renouvellement. L'important est que les bœufs arrivent plus jeunes, ou plutôt moins âgés, à l'abattoir. Il faut qu'ils y arrivent au moment où leur valeur n'est plus susceptible de s'accroître. C'est une question d'économie de ce qu'on appelle en hygiène les rations d'entretien. Il faut que la nourriture consommée par ces animaux soit constamment productive en travail ou en viande. Lorsque l'état stationnaire arrive pour eux, état dans lequel leur capital doit commencer à être amorti, leur existence est achevée comme serviteurs économiques. Le moment de les livrer à l'engraissement pour la consommation est venu.

Par la force des choses, les exigences du débouché ont déterminé dans l'exploitation de l'espèce bovine un mouvement en ce sens. On ne trouve plus guère de vieux bœufs sur les marchés d'approvisionnement des grandes villes. Les progrès de la culture aidant, ce mouvement ne pourra que s'accentuer davantage. Au moment actuel, il a déjà créé un état de choses que M. Lecouteux expose exactement de la manière suivante :

« Les bœufs de travail, dit-il, figurent dans une ferme, sous trois situations principales. Tantôt, bouvillons, ils sont en voie de dressage et ne travaillent que très-modérément. Tantôt, bœufs adultes et dans la force de l'âge, ils sont employés sans discontinuité d'action, c'est-à-dire avec le minimum de repos possible. Tantôt, enfin, tenus en bon état de chair, ménagés au travail, ils sont, tout en comptant dans les attelages, préparés de longue main pour l'engraissement, et, dans ce cas, leur effectif plus nombreux que ne le réclameraient les besoins de la ferme, se compose d'un certain nombre de *bœufs de rechange* qui, chaque jour, ont mission de remplacer au travail les bœufs à ménager. Ce sont là les trois spéculations les plus fréquentes : il est facile de voir que, pour celles de ces trois qui reposent sur l'élevage ou l'engraissement pratiqués de front avec le travail, le prix de revient du travail est dégrevé d'une partie des frais d'amortissement, qui revient de droit aux comptes d'élevage et d'engraissement (1). »

Notre conclusion doit donc être, sur la question du travail du bœuf, après tout ce qui vient d'en être dit, que c'est seulement dans ces dernières conditions que ce travail peut être maintenu, pour concilier comme il convient les nécessités de l'économie rurale avec les progrès de la zootechnie. Dans l'entretien de l'espèce bovine, en vue des plus grands avantages qu'elle peut procurer, le travail doit être l'accessoire, la production de la viande, le principal.

Ce point fondamental éclairci, nous allons maintenant passer rapidement en revue les objets relatifs à l'hygiène du travail, dans ses rapports avec les animaux dont il s'agit. Les principes scienti-

fiques posés précédemment à propos du cheval, de l'âne et des mulets, simplifieront beaucoup notre tâche. Ils sont également applicables au bœuf. Ils n'ont donc pas besoin d'être répétés. Nous nous bornerons en conséquence à y renvoyer le lecteur (1).

Logement. — Les étables, *bouveries* ou *vacheries*, pour présenter de bonnes conditions hygiéniques, doivent être édifiées d'après les mêmes principes que ceux qui régissent la construction des écuries. L'espace, l'aération, la propreté, ne sont pas moins indispensables aux animaux de l'espèce bovine qu'à ceux de l'espèce chevaline. Une seule particularité, commandée par la conformation du bœuf, est celle qui se rapporte à la disposition des crèches et râteliers.

Dans une étable bien entendue, ceux-ci disparaissent et sont remplacés par un système de mangeoire qui en tient lieu. Il n'est pas bon que le bœuf ait à lever la tête pour prendre sa nourriture. La conformation de son encolure ne se prête pas à ce qu'il puisse sans gêne exécuter ce mouvement.

Le plus rationnel de tous les modes de construction, pour les mangeoires des bœufs ou des vaches, est celui qui consiste dans une auge peu profonde, en maçonnerie étanche, élevée à peine de 40 à 45 centimètres au-dessus du sol, et reposant sur une base pleine. Cette auge, d'une largeur à peu près égale à son élévation, doit être disposée dans sa coupe suivant une courbe légère, de manière à ce que les dernières portions des matières liquides qui y sont quelquefois mises se rassemblent facilement au centre et puissent être prises là par les animaux. Elle règne sur toute la longueur de l'étable, en laissant seulement un passage à chacune de ses extrémités.

Sur son bord antérieur, celui qui fait face aux animaux, et dans toute son étendue, elle supporte une sorte de barrière élevée de 2 mètres environ et même moins, formée de pilastres en bois arrondi et lisse, d'un diamètre de 0m,15 à 0m,20, lesquels pilastres sont assez écartés l'un de l'autre pour que le bœuf y puisse tout juste passer sa tête, en introduisant successivement ses cornes. Il est bien entendu que la barrière est posée verticalement. Elle est divisée ou non, ainsi que la mangeoire, en compartiments pour chaque bête, comme les écuries. Le plus ordinairement elle ne l'est pas, par économie ; mais il vaut toujours mieux qu'elle le soit.

Dans les étables simples, qui ne contiennent qu'une seule rangée d'animaux, on ménage entre la face postérieure de la crèche et la muraille de l'étable, un couloir d'un mètre ou un mètre cinquante pour la circulation des personnes chargées de la distribution de la nourriture. Dans les étables doubles, disposées de façon à ce que les animaux soient opposés par la croupe, avec couloir central, la même chose est répétée de chaque côté. Mais il vaut infiniment mieux, pour l'économie de temps dans le service, que les deux mangeoires soient placées au centre de l'étable, les animaux

---

(1) Ouvrage cité plus haut, t. II, p. 26.

(1) Voy. p. 602 et suiv.

se faisant face, et séparées par un couloir. Un seul homme suffit alors pour distribuer la nourriture à un grand nombre d'animaux, surtout à l'aide d'un petit chariot roulant sur une voie ferrée établie sur le sol du couloir. Une prise d'eau, avec robinet, disposée à l'une des extrémités de ce couloir, permet de remplir les auges pour l'abreuvoir et de laver le sol de l'étable, en entraînant les purins dans la fosse à fumier ou dans le réservoir qui leur est destiné.

Nous recommandons aux hommes de progrès ce système d'étables, dont les principales dispositions sont usitées dans le Nord, et notamment en Belgique.

Nourriture. — L'alimentation du bœuf de travail varie suivant les systèmes de culture. Elle est nécessairement basée, dans sa composition, sur les ressources fourragères que ces systèmes comportent.

Nous avons vu plus haut celle qui est adoptée chez M. de Béhague, dans le Loiret. Elle peut être prise pour guide dans les exploitations avancées de la région du Centre et de celle de l'Ouest.

M. Lefour, qui a si profondément étudié tout ce qui se rapporte au bétail de la région du Nord, a consigné dans son magnifique travail sur la race flamande, des détails relatifs à la nourriture des bœufs employés dans les sucreries de cette région, qui se rapportent également aux fermes avec distillerie, dont le nombre est aujourd'hui si considérable. La nourriture journalière, dans ces conditions, s'estime à 3 p. 100 du poids vif des animaux. Le régime diffère, suivant qu'on le considère en été ou en hiver. Il est établi de la manière suivante :

Régime d'été pour une tête. — Premier repas, à trois heures du matin, 15 à 20 kilog. de pulpe de betteraves mélangée de 5 à 6 kilog. de menue paille ou paille hachée. On y ajoute 2kil,50 de foin de prairie naturelle ou de trèfle sec. Les bœufs sont conduits au travail de cinq à onze heures du matin. Ils font une légère halte à huit heures.

A onze heures, deuxième repas, avec foin 2kil,50, tourteau, 1 kilogr., ou l'équivalent en féveroles concassées. Reprise du travail à une heure jusqu'à sept heures du soir. Halte à quatre heures et demie.

Au troisième repas, en rentrant à l'étable, même ration que pour le premier du matin.

Chaque bœuf reçoit par jour de 4 à 5 kilog. de litière.

Régime d'hiver. — La ration est la même qu'en été. Elle se compose de 30 à 45 kilog. de pulpe associée à 5 kilog. de fourrage et autant de paille hachée, et avec addition de 1 kilog. de tourteau, dans le cas de fort travail. Mais la première attelée ne commence qu'à six heures du matin, et la seconde finit au plus tard à six heures du soir.

« Dans les fermes ordinaires, dit M. Lecouteux, qui ne disposent pas de pulpes, un bœuf du poids vif de 650 kilog., reçoit par jour la ration suivante :

Hiver...	Foin....................	10 à 12 kil.
	Betteraves ou pommes de terre...	30 à 35 —
	Paille....................	5. —
Été.....	Fourrages verts.................	40 à 50 —
	Paille....................	6 —

« Évaluée en argent et par an, cette nourriture se chiffre comme ci-dessous :

200 jours d'hiver.	Foin.... 2.200 kil. à 5 fr. les 1,000.	110 fr.	
	Racines. 6,440 kil. à 20 fr. les 1,000.	128	
	Paille... 1,000 kil. à 20 fr. les 1,000.	20	
165 jours d'été...	Vert. 8,250 kil. à 1 fr. les 1,000.	82	50
	Paille... 990 kil. à 20 fr. les 1,000.	19	81
	TOTAL.............	360 fr.	31

« Soit approximativement 1 fr. par jour et par tête, tandis que, pour le cheval, nous avons compté 1 fr. 40.

« A Cerçay, je donne aux bœufs de défrichement, savoir :

		Par jour.	Par an.	Prix.	Total annuel en argent.
200 jours d'hiver.	Foin..........	8 kil.	1.600 kil.	5 fr.	80 fr.
	Topinambours ..	30 kil.	6,000 kil.	15 fr.	90
	Avoine hachée..	3 lit.	600 lit.	8 fr.	48
	Paille.........	5 kil.	1,000 kil.	20 fr.	20
165 jours d'été...	Fourrages verts.	60 cent.	»		99
	Paille.........	6 kil.	1,000 kil.	20 fr.	20
	Dépense annuelle de nourriture...				357 fr.

« Il suffit des indications qui précèdent, ajoute M. Lecouteux, pour établir que, par la nature de ses consommations, le bœuf, infiniment moins granivore que le cheval, pousse essentiellement à une culture fourragère, à la production de l'herbe et des racines. A ce titre, on le retrouve aux pôles agricoles les plus opposés : il est à la fois, et dans les contrées pastorales qui produisent de l'herbe à peine fauchable, et dans les riches pays herbagers, et dans les cultures arrivées à l'apogée du produit brut et qui sont basées sur une large production de racines. Partout, il tire parti de matières alimentaires que le cheval n'accepterait pas avec la même facilité, et que même il refuserait tout à fait. Ainsi se trouvent mêlées à la nourriture du bœuf, les pailles de toutes sortes, les cossettes de colza, les topinambours, les fourrages plus ou moins avariés, les menues pailles ; ainsi encore, sont utilisés des pâturages marécageux où les cultivateurs pauvres envoient leurs bœufs pendant les heures de repos, la nuit comprise. De là, tant de variations dans le prix de revient de la nourriture du bœuf. Fixée à 1 fr. et 1 fr. 20 dans la culture intensive, elle peut descendre à quelques centimes dans les fermes où le bœuf cherche lui-même sa nourriture dans des pâtures de très-faible valeur. Mais toujours est-il que, partout, la quantité du travail est proportionnelle à la quantité et à la qualité de la nourriture. Toujours est-il que, dans la culture intensive, la meilleure des économies, c'est de nourrir au maximum, sans sortir des limites de la ration de travail, sans pousser à la graisse. Toujours est-il que, dans la culture extensive, la nourriture au meilleur marché est celle qui se prend à la pâture (1). »

(1) Ouvrage cité, t. II, p. 23

47

Ce qu'il importe de rappeler en ce moment, dans l'intérêt de l'hygiène de l'alimentation du bœuf, c'est sa qualité de ruminant. Cette qualité commande de lui accorder pour chacun de ses repas le temps et la tranquillité nécessaires à l'accomplissement complet de la première partie de sa fonction digestive. Lorsqu'il est soumis au travail, avant que la totalité des aliments ingérés ait été ruminée, surtout quand ce travail est quelque peu pénible, il en résulte un arrêt de la rumination qui peut être suivi des accidents de météorisation les plus redoutables, et tout au moins d'une indisposition à la suite de laquelle il perd l'appétit.

Nous allons maintenant, avant de passer aux autres parties de l'hygiène du travail, évaluer, comme nous l'avons fait pour les autres moteurs animés, le prix de revient des services que le bœuf rend à ce même titre. Nous en emprunterons encore le calcul à M. Lecouteux. Voici le compte de cette évaluation :

1° Frais de nourriture	365 fr.
2° Amortissement et intérêt du prix d'achat, à 10 p. 100, sur 400 fr...............	40
3° Entretien et intérêt du matériel à 25 p. 100 sur 360 fr.	90
4° Personnel, soins et conduite.................	350
5° Ferrure, vétérinaire, éclairage......	15
TOTAL...........	860 fr.
Valeur du fumier, 12,000 kil. à 6 fr. les 1,000 kil..	72
RESTE au compte du travail...........	788 fr.
Soit, par journée moyenne de présence..........	2 fr. 15
Tandis que celle du cheval est de..............	3 10

Pansage. — Il n'est pas nécessaire de revenir sur les avantages longuement développés précédemment (p. 613) des soins de propreté administrés à la peau des animaux. Il suffit de dire que ces avantages s'appliquent au bœuf comme à tous les autres, et d'ajouter que c'est pour lui cependant qu'ils sont le plus négligés dans beaucoup de localités de la France.

Nous ne pouvons donc que recommander aux agriculteurs soucieux de la bonne hygiène de leurs attelages de bœufs, l'usage d'un pansage régulier, aussi favorable au bien-être des bêtes qu'à l'utile emploi de la nourriture qu'elles consomment.

Tout ce qui se rapporte du reste à cette partie de leur entretien est régi par les mêmes règles que celles qui ont été exposées dans le chapitre relatif à l'hygiène des solipèdes. Il en est ainsi quant à la ferrure, moins importante cependant, mais surtout quant aux instruments de culture et véhicules sur lesquels s'exerce leur force. Il n'y a qu'un point qui exige de notre part une attention particulière, c'est celui qui se rapporte au harnachement. Beaucoup plus simple en général pour le bœuf que pour les chevaux et les mulets, son choix ne laisse pas que d'avoir une certaine importance. Nous devons donc indiquer le mode d'attelage du bœuf qui nous paraît être le meilleur.

Harnachement. — Nous avons, dans la publication agricole que nous dirigeons, discuté déjà la question du meilleur mode d'attelage pour l'espèce bovine, au point de vue de la plus complète utilisation de ses forces, et par conséquent à celui de leur plus grande économie, si favorable au but de l'amélioration. Il suffira donc de reproduire ici les considérations relatives à ce sujet que nous avons déjà développées.

« Quand on considère, avons-nous dit, le mode d'attelage généralement usité pour le bœuf, on se sent pris de pitié, non-seulement pour le malheureux animal soumis à une sorte de torture, mais encore pour celui qui la lui inflige ; car il n'a même pas l'excuse, peu acceptable il est vrai, de servir ses propres intérêts. Il n'eût pas été possible d'imaginer pour le bœuf un mode d'attelage moins propre à tirer un utile parti de sa force musculaire, que ne l'est le joug double, solidaire, le grand joug enfin, généralement employé. Rien qu'en voyant tirer ainsi par la tête deux bœufs accouplés et dépendants, on s'aperçoit facilement qu'ils perdent en efforts inutiles une grande partie de leur force. Indépendamment de ce que l'attitude a de défavorable pour leur efficacité, il arrive à chaque instant que l'effet utile même de ces efforts se trouve contre-balancé, et par conséquent détruit, par un effort divergent ou opposé du camarade d'attelage. C'est à tel point qu'il faut être bien aveuglé par la routine ou bien indifférent sur ses propres intérêts pour ne pas voir qu'à tous égards le joug double est le plus détestable de tous les instruments pour utiliser la force de traction des bœufs. Pour un effort plus grand, pour une dépense de force plus considérable, il produit un résultat moindre en travail utile. Le plus simple bon sens commande donc d'y renoncer.

« Le fait d'ailleurs a été mis en évidence par des essais dynamométriques. Ces essais ont démontré que, par son accouplement dépendant avec un camarade, le bœuf perd une partie très-notable de sa force de traction. La perte est allée dans certains cas jusqu'à 200 kilog., pour un seul effort, bien entendu.

« Ce mode d'attelage est, du reste, condamné, même par ceux qui, parmi les gens éclairés, continuent néanmoins de s'en servir par une inexplicable indifférence. Il serait sans objet par conséquent d'insister. Mais c'est ici que commence la difficulté. Tout le monde admet, il est vrai, que le meilleur mode d'attelage pour le bœuf est celui qui le laisse indépendant et libre dans ses allures. Nulle dissidence à cet égard. Les divergences d'opinion se présentent dès qu'il s'agit de choisir entre les différents harnais propres au mode dont il s'agit. Les uns se prononcent pour le collier, les autres pour le joug frontal, et tous, il faut le dire, sont loin de faire valoir toutes les bonnes raisons qui peuvent appuyer leur choix. La question pourtant n'est pas difficile à résoudre. Posons-la bien d'abord. Celui-là, du collier ou du joug, doit être préféré qui met le bœuf en état d'utiliser une plus grande somme de sa force de traction, tout en occasionnant des frais moins considérables d'achat et d'entretien.

« De ce dernier chef, le collier ne souffre pas la comparaison. Il n'est même pas nécessaire de le faire remarquer. Mais indépendamment de ce que le prix d'achat d'un collier et les frais d'entretien qu'il nécessite sont bien autrement considérables

que ceux occasionnés par le joug; il est bon de noter que la première condition du collier c'est d'être exactement ajusté à l'encolure de l'animal qui doit le porter. Sans cela, il fait à celui-ci des blessures, ou tout au moins produit dans ses mouvements une gêne qui diminue sa puissance mécanique. Or, comme dans la plus grande partie des situations de notre économie rurale, les attelages de bœufs se renouvellent tous les ans, et dans quelques cas plus souvent encore, on voit ce qu'il en doit résulter. De même qu'il n'y a point de selle à tous chevaux, il n'y a pas non plus de collier qui puisse aller à tous les bœufs. Si l'on veut remplir la condition plus haut indiquée, — et il le faut, à moins de manquer complétement son but, — on est donc dans l'obligation de renouveler ses colliers avant qu'ils soient usés, ce qui rend ce mode d'attelage encore plus dispendieux.

« Mais ce qui tranche encore mieux la question, c'est que le bœuf utilise une plus grande somme de force en tirant par la tête que par le col. L'examen attentif et compétent de sa constitution anatomique eût permis de le prévoir; des expériences dynamométriques l'ont démontré. Il y a donc toutes raisons pour accorder la préférence au joug. Économie de force, économie d'avance de fonds et de frais d'entretien, tout cela se trouve réuni. Rien n'est simple, d'ailleurs, comme la confection du joug indépendant. Dans quelques localités de l'Allemagne et de la France où il est déjà usité depuis longtemps, le cultivateur le confectionne lui-même. Nous allons décrire celui qui a été perfectionné par M. le baron Augier, ainsi que les autres parties du harnachement qu'y a jointes cet agriculteur distingué.

« Le demi-joug frontal indépendant de M. le baron Augier est extrêmement simple. C'est une pièce de bois échancrée pour loger le sommet du front et embrasser la base des cornes. Ici, l'échancrure est munie d'un coussin en cuir rembourré, mais à la rigueur cela n'est pas nécessaire. Il suffit

que le joug soit bien lisse en cette partie pour ne pas blesser. On sait d'ailleurs que dans plusieurs pays le bouvier interpose ordinairement une plaque de feutre provenant de quelque vieux chapeau. Le joug est maintenu en place par une courroie qui se boucle en arrière du chignon. A ses deux extrémités, il porte des chaînettes pour l'attache des traits. Dans la Charente, où l'on voit souvent un fort bœuf garonnais attelé seul dans les limons d'une charrette à deux roues, ces chaînettes sont remplacées par des anneaux qui embrassent l'extrémité du limon, où ils agissent sur une cheville.

« M. le baron Augier a fait confectionner pour le bœuf une bride, ou plutôt une sorte de caveçon destiné à faciliter la conduite de l'animal. Cet appareil, que nous n'avons pas besoin de décrire, agit sur le chanfrein comme le mors de la bride agit sur les barres du cheval.

« Enfin, pour l'attelage au chariot, il y a joint un colleron et un surfaix; celui-ci pour soutenir les traits et donner passage aux guides; le premier, pour faire l'office de chaînette et retenir le timon et le guider.

« En somme, l'important dans tout cela, c'est le joug simple et indépendant, dont un modèle est exposé au Conservatoire des Arts et Métiers, appliqué sur une tête de bœuf en carton-pierre. Il peut suffire à lui seul dans la plupart des circonstances. Le reste est composé d'accessoires, utiles toutefois dans certains cas, et qui, du reste, sont assez peu coûteux pour ne pas faire reculer devant leur confection ou leur achat.

« Le joug et ses traits coûtent 8 fr. 75 c. Pour une dépense totale de 25 fr., on peut se procurer tous ces harnais, qui constituent bien incontestablement le meilleur de tous les modes d'attelage pour le bœuf, parce qu'il est, à quelque point de vue qu'on l'envisage, le plus économique et le plus rationnel. Nous en recommandons l'emploi sans la moindre hésitation (1). »   A. SANSON.

CHAPITRE XVII

DU CHOIX DES VACHES LAITIÈRES.

Les aptitudes ne sont pas les mêmes dans toutes les races. Nous avons des races qui conviennent particulièrement pour la boucherie, d'autres pour le trait; d'autres, enfin, pour le lait. Nous n'avons à nous occuper que de ces dernières.

Il est admis que les races flamande, bretonne, de la vallée d'Auge et bordelaise fournissent les meilleures laitières pour la France; que la flamande encore, la vache de Herve et la petite vache campinoise ont, en Belgique, une réputation méritée; que la race hollandaise est très-précieuse, que les races d'Alderney et d'Ayr font honneur à l'Angleterre, que celle de Breitenburg dans le Holstein, est recherchée avec raison. Mais de ce

qu'une race est réputée bonne laitière, il ne suit point que tous les individus de cette race soient également bons. Donc, il est essentiel d'y chercher les sujets les meilleurs, et de prendre, à cet effet, pour guides, les remarques faites à toutes les époques par les observateurs de tous les pays. Il ne faut pas s'y fier aveuglément, sans doute, mais il ne faut pas non plus trop les dédaigner, ni trop oublier que le peu que nous savons, et dont nous nous enorgueillissons beaucoup, a été la plupart du temps découvert par ceux qui ne savaient rien. Vous nous permettrez, en conséquence, de

(1) *La Culture*, t. III, 1861-62, p. 520 et suiv.

consigner ici, et autant que possible par ordre de date, les caractères indiqués, à tort ou à raison, pour reconnaître les vaches laitières.

Ce que M. T. Varron écrivait cinquante ou soixante ans avant Jésus-Christ s'applique tout aussi bien aux taureaux qu'aux vaches, et manque de la précision dont nous avons besoin. Columelle, qui vivait vers le milieu du premier siècle de notre ère, nous offre au moins cette précision : — « Les meilleures vaches, dit-il, sont celles qui sont les plus hautes et les plus allongées, qui ont le ventre développé, le front très-large, les yeux noirs et bien fendus, les cornes bien faites, unies et noirâtres, les oreilles velues, les mâchoires comprimées, le fanon et la queue très-amples, la corne des pieds et les jambes de moyenne grandeur. »

Olivier de Serres tenait pour bonnes les vaches « ayant fort ample ventre et grandes tétines (pis) comme membre où consiste tout leur revenu. »

Dans un petit livre intitulé : *la Bonne Fermière*, dont nous possédons un exemplaire de la troisième édition, publiée à Lille, en 1769, par un écrivain picard, La Rose, nous lisons : « La fermière connaisseuse achètera de préférence une vache qui aura la tête alerte et l'œil éveillé, les oreilles grandes, le cornage fin et clair, la peau fine et ample, le pis large, les trayons gros et longs, la veine lactée grosse et sensible.

« Une vache, pour être *belle*, bien faite et promettre une belle espèce, doit être longue, de tête moyenne ; front grand, les yeux grands, vifs, noirs et à fleur de tête ; naseaux évidés, dents blanches, oreilles grandes et velues, cornes fines, polies, brunes et bien placées ; épaules fortes, croisure large et aplatie ; hanches larges et grosses, côtes rondes, ventre grand ; jambes courtes et grosses, jarrets larges, queue longue et bien garnie de poils, corne du pied petite et claire, poil doux, gros, court et luisant.

« Quant à la couleur du poil de la vache, pour l'abondance du lait, on recherche celle à poil roux ; beaucoup de grosses fermes et la Flandre entière, n'en ont presque point d'autres. On prétend cependant que la vache noire a le meilleur lait. La blanche et la grise ne sont point estimées, ni pour l'engrais ni pour la qualité du lait. La blanche en donne pourtant beaucoup. »

En 1809, Bosc écrivait dans le *Nouveau Cours d'agriculture* : — « Une bonne vache se reconnaît à sa taille haute, à son front large, à ses yeux doux et unis, à ses cornes bien ouvertes et polies, à son ventre gros et ample, à son pis volumineux, à ses tétines peu charnues, à ses veines mammaires très-saillantes. »

Vers 1849 ou 1850, un jeune vétérinaire du Pas-de-Calais, M. Lemaire, qui fut professeur à l'École d'agriculture de la Saulsaie où il est mort bien regretté, nous communiqua ses observations concernant les vaches laitières. Nous les publiâmes d'abord dans un journal politique, et depuis nous les avons résumées dans le *Dictionnaire d'agriculture pratique*, en disant : — « Une bonne laitière se reconnaît à toutes sortes de signes. D'abord, elle doit avoir la tête petite, maigre, sèche, plutôt creuse que bombée ; elle doit avoir

la mine éveillée, les cornes plates, petites, effilées, d'un grain fin, les oreilles minces à voir le jour à travers, souples pour ainsi dire comme de l'amadou, arrondies et jaunâtres en dedans. Ses yeux doivent être doux et en quelque sorte lui sortir de la tête ; ses paupières fines et un peu jaunes. Elle aura en outre le front creux, large entre les yeux et rétréci au-dessus. Ce n'est pas tout : une bonne vache laitière sera allongée, mince en avant et basse sur des jambes courtes et fines ; sa peau sera fine et souple, roulera sous la main en formant de larges plis et sera, en outre, douce et grasse. Plus cette peau sera fine et large et moins elle collera à la chair, plus la bête donnera de lait, au dire des connaisseurs. Ses poils, enfin, seront courts, fins et luisants.

« Examinez ses épaules : elles doivent être maigres, comme si elles voulaient crever la peau, et à la pointe, vous remarquerez un trou, un enfoncement à mettre le bout de trois doigts. Examinez l'échine ; elle ne doit pas être ronde ; elle formera pour ainsi dire la lame de couteau et marquera comme sur les vieux chevaux qui ne mangent pas à leur appétit. La poitrine ne vous fera pas non plus plaisir à voir, attendu qu'elle doit être étroite, serrée et tout à fait en disproportion avec le ventre de la bête qui sera gros. Le fanon doit être large, pendant et faire la fourche sous la poitrine. Maintenant passons à l'examen du pis : les trayons devront être allongés, écartés, bien percés, très-sensibles. Et puis, l'ensemble de ce pis sera volumineux ; il devra être moelleux au toucher et avoir la peau fine, tendue et le duvet très-doux et très-gras. Les veines des mamelles seront variqueuses, c'est-à-dire grosses et noueuses. »

On voit, par ce qui précède, que les remarques de Lemaire n'étaient pas trop en désaccord avec celles de l'auteur de *la Bonne Fermière*.

En 1856, M. J. Lodieu a publié de son côté des observations qui rappellent beaucoup celles de son ami Lemaire. Les voici, textuellement extraites de son livre sur les *Vaches laitières* :

« Tête peu volumineuse, plutôt longue que courte et carrée ; sèche, féminine et éveillée.

« Front creux, face large entre les yeux, se rétrécissant entre la racine des cornes et ordinairement busquée au chanfrein.

« Mufle rond, très-gros, frais, humide et recouvert d'une matière visqueuse et jaunâtre.

« Naseaux plus petits que grands et bien ouverts.

« Lèvres épaisses.

« Bouche bien fendue.

« Cornes petites ou moyennes, effilées, plates plutôt que rondes, de texture fine, blanchâtres, lisses et peu vivaces.

« Œil saillant, à fleur de tête, regard vif, mais limpide et d'une grande douceur.

« Paupières fines, bien ouvertes et jaunâtres au pourtour.

« Oreilles minces, plus allongées que celles des bêtes de travail et d'engrais, inclinées un peu en arrière avec souplesse, tapissées d'une couche jaunâtre et peu velues à l'intérieur.

« Encolure longue et déliée comme celle de la chèvre, et peu chargée de peau dans le bas.

« Corps long, ayant la forme d'un œuf, et bas sur jambes.

« Jambes fines, celles de devant proportionnellement un peu plus courtes que celles de derrière.

« Pied mince comme les os de la jambe et les cornes frontales.

« Épaules petites, sèches, souvent obliques et mal attachées, présentant une pointe saillante où se trouve un creux assez large pour y fixer les bouts de trois doigts.

« Garrot mince et peu élevé.

« Fanon petit et roide dans son milieu, et parfois plissé et flottant un peu en arrière sous la poitrine.

« Poitrail maigre, étroit et non arrondi et bas.

« Poitrine petite, c'est-à-dire courte, *très-resserrée*, *entre les épaules surtout*, et peu profonde.

« Côtes courtes, minces et plates plutôt qu'arrondies en forme de cercle à partir de l'échine du dos.

« Échine horizontale, sèche plutôt que solidement fournie et arrondie, offrant en outre plusieurs fossettes entre les saillies osseuses des reins et d'une partie du dos.

« Cuisses grandes, écartées, présentant de larges surfaces sur les côtés internes et externes, mais peu fournies et plates plutôt que rondes.

« Reins longs, larges et secs.

« Croupe étendue, surtout dans la région des hanches, mais très-peu chargée de chair et plutôt plate qu'arrondie.

« Ventre volumineux, sans cependant être hors de toute proportion avec la poitrine, mais bien accusé, arrondi, et comme avalé dans la région de l'avant-lait.

« Bassin large, profond et bien développé d'avant en arrière.

« Flancs larges et allongés de haut en bas ; les bonnes beurrières portent dans cette région une corde lymphatique longue, grosse, dure et bien nette.

« Queue mince, cylindrique à l'origine, flexible, longue et dont le panache tombe fort au-dessous des jarrets.

« Peau fine, moelleuse, grasse, souple, mobile, bien détachée et formant de nombreux replis sous la queue, au pourtour de la vulve, de l'anus et de l'ombilic.

« Poils courts, peu tassés, doux, fins et bien lustrés.

« Mamelles volumineuses, molles et flasques après la traite et élastiques quand elles sont pleines, tombant bien en arrière entre les cuisses, surtout si le pis est en forme de bouteille ; ou portées en avant sous forme de gros coussinets, que le pis soit carré ou autrement ; recouvertes d'une peau fine, douce, grasse, étendue, s'allongeant comme de la pâte, garnie d'un poil court, fin, soyeux, et sillonnée obliquement ou en zigzags par des veines nombreuses et apparentes.

« Trayons assez bien développés, allongés, fort percés, égaux, lisses, érectiles, mous après la traite, gras et colorés comme l'enveloppe du pis, et régulièrement espacés.

« Veines *du jarret*, des cuisses et du périnée, fortes, nombreuses, bosselées, variqueuses ou présentant des gonflements sous une peau très-fine.

« Les mammaires *sous-abdominales* longues, grosses, ondulées, tortueuses, se bifurquant avant d'aboutir à un creux très-distinct sous le ventre, et dans lequel on puisse introduire facilement la première partie du doigt. »

M. Lodieu a essayé d'expliquer scientifiquement l'influence attribuée à chacun des indices qu'il nous signale. Nous n'avons pas qualité pour examiner et débattre ses raisons ; d'ailleurs, quand même elles seraient contestables sur beaucoup de points, elles ne détruiraient pas les faits, s'ils sont exacts, et la plupart le sont.

Un homme d'une grande autorité, non-seulement en Allemagne, mais chez nous aussi, M. Aug. de Weckherlin, ancien directeur de l'Institut agronomique de Hohenheim, classe parmi les caractères qui promettent du lait en abondance, sinon en qualité : des cornes fines et courtes, des oreilles fines et transparentes, une encolure mince, un fanon faible, un corps allongé, une queue fine, des pieds petits, une peau et des poils fermes. Il ajoute que ces formes sont souvent très-modifiées, et que d'excellentes laitières, des races entières ont l'avant-main légère, le corps étroit en avant et s'élargissant en arrière, le ventre pendant, les ischions très-écartés, la croupe avalée et courte, toutes les formes plus anguleuses qu'arrondies, la peau mobile. Parmi les signes dont le savant allemand tient compte encore, figurent nécessairement le pis et les veines. — Voici ce qu'il en dit dans son *Traité des bêtes bovines*, traduit par M. Adolphe Scheler : — « Le pis, avant la traite, doit avoir la forme d'un carré arrondi, être gorgé, mou, volumineux ; mais il doit moins s'allonger vers le bas que s'étendre en avant sur le ventre en long et large, et bien haut en arrière. La peau doit y être fine, nue ou recouverte, non de poils grossiers, mais d'un duvet fin. Il doit s'y trouver quatre trayons d'égale grandeur, placés à égale distance à l'extérieur du carré ; tous les quatre doivent donner du lait, n'être ni larges, ni épais, mais longs et pointus. Lorsqu'il se trouve en arrière encore deux petits trayons qui ne donnent pas ordinairement de lait et qu'on nomme trayons aveugles, on prétend que c'est un signe de qualités lactifères.

« Les veines lactées se dirigent ordinairement en deux branches sur les deux côtés du ventre. Plus elles sont apparentes, fortes, pleines et flexueuses, plus elles s'avancent loin sur le ventre et plus surtout est grande, du côté gauche, l'ouverture dite *la porte du lait*, par laquelle elles pénètrent dans l'abdomen, plus l'animal sera lactifère. Ce que l'on estime encore davantage, particularité assez rare, c'est quand chaque veine lactée, avant de se terminer dans le corps, se divise en deux rameaux dont chacun a sa porte de lait, de façon qu'il y en a quatre. Les deux veines lactées sont ordinairement inégales ; la plus grosse se nomme la veine principale. Quoique ces veines lactées n'aient pas de rapport direct avec les mamelles, et qu'elles se bornent à conduire le sang des parois latérales de la poitrine aux veines inguinales, leur grandeur indique néanmoins un fort développement du système vasculaire qui favorable à toutes les sécrétions en général, l'est par conséquent à la sécrétion du lait. Mais on ne doit pas oublier qu'en général le pis, aussi bien que les veines lactées et les portes de lait, sont plus grands chez les sujets âgés que chez les jeunes. »

Quand il s'agit d'indices extérieurs propres à nous fixer dans le choix des vaches laitières, on ne saurait oublier la méthode Guénon qui apporte, elle aussi, son tribut de renseignements plus ou moins exacts. Nous allons essayer de vous faire comprendre cette méthode.

Placez-vous derrière la vache, forcez-la à écarter les jambes, tendez la peau afin d'effacer les plis, et regardez de près la partie postérieure du pis, ainsi que le périnée, c'est-à-dire la surface qui commence au point d'attache du pis pour remonter vers la queue et s'étendre de chaque côté de la vulve, surface blanchâtre ou jaunâtre qui présente une peau fine et plissée par le rapprochement des cuisses. Ayez l'œil et les doigts là-dessus, ainsi que sur la peau du pis. C'est là que se trouvent les signes que vous cherchez et qui constituent la méthode Guénon. Vous sentirez des poils fins et courts sur toutes ces parties, poils qui seront couchés tantôt de haut en bas, tantôt de bas en haut, en rebroussant. Les poils couchés en rebroussant forment des plaques de différentes formes, rondes, ovales, échancrées, plus ou moins étroites, plus ou moins longues, plus ou moins interrompues par des plaques de poils couchés dans l'autre sens. Eh bien, ce sont les plaques à rebrousse-poil, c'est-à-dire les places formées de poils couchés de bas en haut, que Guénon appelle des *épis* ou *écussons*, et ce sont ces épis qui permettent de distinguer les bonnes laitières des mauvaises.

Quand les épis sont longs et larges, tout d'une venue pour ainsi dire, peu ou point coupés par des poils couchés de haut en bas, il y a lieu de croire que vous avez affaire à une bonne laitière. Si, en même temps, vous découvrez au bas du pis, sur le derrière, des épis ovales assez réguliers et formés de poils couchés de haut en bas, vous êtes à peu près sûr d'avoir sous la main une des meilleures laitières qui se puissent rencontrer.

Quand, au contraire, vous ne remarquez sur le derrière du pis et sur le périnée que des épis formant des bandes étroites, échancrées, irrégulières et souvent traversées par des poils couchés de haut en bas, c'est mauvais signe.

Quand les épis ne sont ni larges, ni précisément étroits, ni trop souvent traversés par des poils en sens inverse, vous avez affaire à une laitière ordinaire.

Quand vous remarquerez un épi de chaque côté de la vulve et à son niveau, vous pourrez croire que la vache portant ces deux épis tarira plus vite que les vaches qui n'en portent pas.

Quand, enfin, vous apercevrez à la partie postérieure du pis des pellicules d'un jaune nankin qui se détachent sous les doigts, comme de la farine, vous aurez un indice de l'excellente qualité du lait, de sa grande richesse en beurre ; plus les pellicules seront pâles, plus le lait sera pauvre.

Voilà, en peu de mots, si nous ne nous trompons, les principales observations qui constituent la méthode Guénon, et dont on a pu faire un livre à force de les étirer et de les obscurcir. De la sorte, on a réussi à la rendre fort souvent inintelligible.

Les maquignons qui, en général, passent pour de fins observateurs, ont, paraît-il, confiance dans la méthode Guénon. Il n'est pas rare de trouver aujourd'hui sur les champs de foire des vaches dont on a pris soin de raser le derrière du pis et le périnée. Il y a une conséquence toute simple à tirer de ce fait : c'est qu'ils ont peur que la méthode ne s'exprime d'une manière désobligeante sur le compte de leurs bêtes. Donc, toute vache ainsi rasée doit être soupçonnée mauvaise laitière.

Guénon, enhardi par ses succès et beaucoup trop confiant en lui-même, prétendait qu'au moyen de son système il était possible de préciser la quantité de lait donnée chaque jour par une vache. Les indications qu'il a fournies sur ce point ne lui ont pas été favorables. Qui veut trop prouver ne prouve rien.

Il nous suffit tout bonnement de savoir distinguer une bonne laitière d'une mauvaise. Or, en réunissant les indices fournis par Guénon à ceux fournis par ses prédécesseurs, on ne se trompera point, au moins dans la plupart des cas.

Notre savant collaborateur, M. Magne, directeur de l'école vétérinaire d'Alfort, a publié sous le titre de : *Choix des vaches laitières*, une brochure très-remarquable et que nous voudrions voir entre les mains de tous les cultivateurs. Dans ce travail, il examine la valeur des différents indices que nous venons de signaler, en adopte la plus grande partie et fournit des explications qui enlèvent heureusement à ces indices le regrettable cachet d'empirisme sous lequel ils sont arrivés jusqu'à nous.

M. Magne conseille tout d'abord de prendre les laitières parmi les races qui ont la réputation de donner beaucoup de lait, et il constate que ces races se font remarquer par le moelleux et la souplesse de la peau, par une certaine mollesse des tissus, par leur inaptitude au travail et à l'engraissement. Il conseille ensuite de choisir, pour la reproduction, des taureaux jeunes appartenant aux meilleures familles de ces races en renom.

Pour faire beaucoup de lait, il faut faire beaucoup de sang, et par conséquent posséder des organes digestifs bien constitués et fonctionnant bien. Or, M. Magne nous dit avec raison que l'appareil digestif d'une vache laitière est en bon état lorsque cette vache ne se montre pas difficile sur la nourriture, mange avec appétit, digère vite, boit beaucoup ; lorsque son abdomen est convenablement développé et souple, sa bouche large ; lorsque ses lèvres sont épaisses, fortes, et que son poil est luisant.

Il ne saurait y avoir de bonne nutrition sans une bonne respiration. M. Magne demande donc que le poumon soit logé largement et fonctionne à l'aise. Or, pour qu'il fonctionne ainsi, il convient que les dimensions du poitrail ne laissent rien à désirer, que les côtes soient longues et fortement arquées, que le garrot soit épais et la poitrine bombée en arrière de l'épaule et du coude ; que la bête ne soit pas ensellée, que les naseaux soient grands et bien ouverts.

Pour ce qui est de la conformation, M. Magne reconnaît avec tous les observateurs que les bonnes laitières sont rarement de belles vaches. Et, en effet, le développement des chairs n'arrondit pas les formes chez celles-ci comme chez les vaches propres à l'engraissement. Ces formes restent anguleuses; les os font saillie sous la peau, les jambes sont écartées pour loger un gros pis, et ce pis se développant aux dépens des autres organes, les muscles pâtissent, en sorte que les fesses et les cuisses font un mauvais effet à cause de leur maigreur.

Dans le nord de la France, dans le midi et aussi parmi les nourrisseurs de Paris, on fait grand cas des vaches qui, vers le milieu de l'échine, présentent un vide, une sorte d'échancrure que d'aucuns nomment *fontaines de dessus*, par opposition aux *fontaines de dessous* ou *portes de lait* des Allemands. M. Magne nous dit que ce vide provient de ce que, chez quelques vaches, les apophyses des dernières vertèbres dorsales sont plus courtes que celles des vertèbres qui les précèdent. Il s'ensuit une dépression qui s'étend jusqu'à la croupe. Il ajoute que souvent, dans ce cas, l'échine est double dans sa moitié postérieure, d'où il suit que le train de derrière acquiert un développement favorable aux organes sécréteurs qui l'occupent.

En ce qui regarde la constitution de la vache, M. Magne établit une distinction que nous ne devons pas perdre de vue. Une bête bien constituée se maintient longtemps, donne beaucoup de lait et engraisse aisément dès qu'elle tarit, tandis qu'une bête à poitrine étroite, de peu d'appétit, buvant avec avidité, donnant une quantité considérable de lait, le donnera maigre, aqueux, de qualité tout à fait inférieure, sera sujette aux maladies de poitrine et n'engraissera pas facilement, alors même qu'elle ne serait point malade et qu'elle tarirait.

Les caractères de la physionomie indiqués par M. Magne ne diffèrent pas de ceux qui ont été mentionnés précédemment. Pour ce qui est de la couleur de la robe, il n'y attache aucune importance. Cependant, nous nous permettons de faire observer que les éleveurs préfèrent les robes foncées aux robes claires, non parce qu'il y a plus de lait à espérer des unes que des autres, mais parce que, assurent-ils, le lait des vaches de couleur foncée est plus riche en beurre que celui des vaches de couleur claire.

L'honorable directeur de l'école d'Alfort attache nécessairement une très-grande importance au pis, dont le volume est presque toujours en rapport avec le lait produit, quand ce volume n'est pas dû à une forte proportion de graisse. Il se préoccupe peu de la forme du pis; peu lui importe qu'il soit *appliqué*, c'est-à-dire dirigé en avant, ou en forme de *bouteille* pendant entre les cuisses, et par conséquent développé en hauteur au lieu de l'être en largeur. Il se préoccupe également peu des *trayons* ou *mamelons* quant à leur position;

toutefois, il reconnaît que les trayons écartés annoncent le plus souvent des réservoirs spacieux et abondants; mais en même temps il nous fait observer que dans les pis en bouteille, ils sont forcément rapprochés, ce qui ne prouve rien contre la capacité des réservoirs. Ce que M. Magne paraît rechercher avant tout, c'est le développement des veines du pis et du périnée qui, « de tous les signes d'une abondante sécrétion lactée, fournissent les meilleurs, les seuls qui soient infaillibles. Mais, ajoute-t-il, quoique les plus sûrs, ils n'ont cependant pas une valeur absolue.

« Pour les apprécier, il faut tenir compte de l'état d'embonpoint des vaches, de l'épaisseur de la peau, de la nourriture, de l'excitation générale, de la fatigue, des courses, de la chaleur, de toutes les circonstances enfin qui peuvent faire varier l'état de plénitude du système sanguin et la dilatation des veines ; il faut, en outre, se rappeler que toutes les veines sont plus grosses dans les deux sexes sur les sujets vieux que sur les jeunes; que les veines qui environnent le pis sont, dans les femelles qui ont du lait, celles qui varient le plus selon les différentes époques de la vie : à peine apparentes dans la jeunesse, elles sont d'un volume considérable quand, après plusieurs gestations, l'action de traire a donné à la glande tout son développement. C'est alors qu'elles offrent les nodosités qui caractérisent les très-bonnes laitières. Subordonnées à l'état d'activité de la glande, elles sont beaucoup plus resserrées dans les moments où les vaches ne donnent pas de lait. »

M. Magne s'est attaché à jeter la lumière dans le système exposé en forme de livre sous les inspirations de Guénon. Il a parfaitement réussi à débrouiller ce pathos et à rendre fort intéressant ce qui ne l'était guère. M. Magne ne voit, et avec raison, dans le système des écussons ou épis, que des indices ajoutés à ceux que nous connaissons déjà, pour faire connaître *approximativement* la quantité de lait, et sur la *plupart* des vaches seulement.

« Par sa découverte, continue-t-il, M. Guénon a rendu un grand service à l'agriculture : l'écusson offre l'avantage de fournir un signe qui peut être facilement saisi et apprécié, même par les personnes qui n'ont pas une grande expérience dans le choix des vaches; un signe qui est apercevable sur les très-jeunes sujets, sur les taureaux comme sur les génisses; un signe, enfin, qui, dégagé des complications systématiques dont on l'avait entouré, ne tardera pas à devenir usuel, et facilitera la multiplication des bonnes vaches en permettant de n'élever que des bêtes d'espérance. »

Dans la quatrième partie de cet ouvrage, nous ferons l'historique du système en question, à propos de Guénon, qui aura nécessairement une petite place parmi les hommes qui ont rendu des services importants dans les diverses branches de l'économie rurale.   P. J.

CHAPITRE XVIII

DE LA LAITERIE ET DU LAITAGE

Avant d'aller plus loin dans le domaine de la zootechnie, faisons une halte. Les vaches, les brebis et les chèvres nous fournissent du lait, entre autres produits précieux, et nous retirons de ce lait la crème, le beurre et un grand nombre de fromages plus ou moins recherchés. Le moment ne saurait être mieux choisi pour entretenir nos lecteurs des opérations de la laiterie.

Nous entendons par laiterie le laboratoire où ces opérations ont lieu, et par laitage, non-seulement le lait en nature, mais toutes les substances qui en dérivent.

En traitant des bâtiments de la ferme, nous avons indiqué la laiterie; nous ne l'avons pas décrite; nous allons remplir cette lacune laissée à dessein, non par oubli.

La laiterie ou chambre à lait. — Nous ne connaissons pas cette laiterie des environs de Paris que l'on a citée à Nieman comme un modèle d'élégance et de gentillesse, laiterie dont les murs imitent le marbre, dont les tables sont en marbre véritable, et où l'on voit des vases d'une coquetterie délicieuse et des jets d'eau qui ne se reposent point. Nous la connaîtrions que, tout en l'admirant peut-être, nous ne conseillerions pas à nos lecteurs de l'imiter. Nous nous contentons à moins; des murs blanchis avec de la chaux, des rayons en bois, des tables en pierre ou en plomb, de l'eau du puits ou de la citerne, un balai et une éponge nous suffisent. Ce qui nous est indispensable, ce n'est pas le luxe, c'est une bonne disposition, c'est une rigoureuse *propreté*. « Tel est le mot, dit M. de Weckherlin, qui devrait se trouver en grands caractères au-dessus de chaque laiterie, et, en particulier, au-dessus du lieu où on fait le beurre; car la propreté la plus minutieuse dans tous les travaux, depuis la traite jusqu'à l'expédition du beurre, la propreté du pis, le lavage et l'aérage soignés et ponctuels des chambres à lait et à beurre, le nettoyage journalier de chaque ustensile, cette propreté rigoureuse et minutieuse est la première condition pour un bon succès dans la confection du beurre; elle ne saurait être poussée trop loin. »

Pour être bien à sa place, la laiterie doit occuper la cave ou le sous-sol, parce que la température n'y varie guère et qu'il n'y fait ni trop chaud ni trop froid. Nous nous empressons de faire observer que s'il en est ainsi sur la plupart des points dans la Normandie, la Flandre, le pays de Herve (Belgique), il arrive fort souvent ailleurs de rencontrer la laiterie au niveau du sol. Dans tous les cas, il est essentiel de l'exposer au nord ou tout au moins de la mettre dans une situation abritée contre les fortes chaleurs par un rideau d'arbres, et de l'aérer au moyen de petites fenêtres avec vitres et grillages de fil de fer à l'intérieur et volets pleins en dehors. Les volets pleins protégent la pièce contre le soleil, les vitres contre le froid, et les grillages contre les chats, les rats et les souris, lorsqu'il est nécessaire de donner de l'air. M. de Weckherlin demande que le plancher, ou mieux le pavé, soit à 1 mètre ou 2 au-dessous du niveau du sol extérieur et que la distance entre le pavé et le plafond soit la plus grande possible, afin que la vapeur qui s'élève du lait chaud ait de l'espace et puisse mieux s'échapper en été. « J'ai vu dans le Holstein, dit-il, des chambres à lait hautes de 20 pieds et plus (6m,65 environ). Aux murs extérieurs doivent se trouver deux rangées de fenêtres, en regard les unes des autres, la première rangée en bas, l'autre en haut des murs; on y adapte le plus convenablement des jalousies qu'on peut ouvrir plus ou moins largement. Ces fenêtres servent à provoquer et à maintenir des courants d'air rafraîchissants, qui ne doivent pas être trop forts et ne pas agiter la surface du lait, car alors la crème ne se séparerait pas facilement. Les ouvertures inférieures doivent donc être disposées de manière que l'air passe légèrement au-dessus du lait qui se trouve placé sur le sol; et, selon les circonstances, on modère le courant par le jeu des jalousies. D'épaisses murailles de pierre, des toits en chaume ou en roseaux, favorisent la fraîcheur pendant l'été, ainsi que la chaleur pendant l'hiver. Le sol sera pavé en briques ou autres pierres sèches; il aura une pente légère, pour qu'en le nettoyant l'eau sale puisse s'écouler promptement en dehors par une gouttière. Une température chaude et humide provoque une plus prompte acidification du lait qu'une température chaude et sèche; c'est pourquoi, par une température chaude et humide, on évite autant que possible le récurage du sol avec de l'eau, tant que cela n'est pas absolument nécessaire pour maintenir la propreté. En général, et en tout temps, plus la cave est tenue sèche, mais en même temps d'une extrême propreté, mieux le lait est préservé contre l'acidité, ce qui est nécessaire pour obtenir beaucoup et de bon beurre. C'est pourquoi l'on considère le récurage fréquent de la cave, que beaucoup emploient dans le but de rafraîchir, comme n'étant pas toujours convenable. »

Tantôt la cave à lait ne consiste qu'en une seule pièce, tantôt, ce qui est préférable, elle comprend deux pièces : l'une est réservée au lait, l'autre au fromage ou au beurre, selon le parti que l'on tire du laitage dans la contrée.

Les dimensions d'une laiterie sont évidemment subordonnées au plus ou moins d'importance des produits que l'on y manipule. Plus on obtient de lait, plus on occupe de terrines, et par conséquent plus on occupe de place.

Le voisinage de la laiterie n'est pas indifférent au succès des manipulations et à la qualité des produits. Ainsi, pour le lait comme pour le vin, il est essentiel d'avoir le calme, d'éviter les secousses imprimées par le passage fréquent de lourdes voitures. On éloignera donc le plus possible la laiterie de la cour de ferme et des chemins très-fréquentés.

Il est essentiel aussi de soustraire le laitage à l'influence des mauvaises odeurs. Ceci revient à dire qu'il est toujours prudent d'éloigner la laiterie des fosses à fumier, des égouts d'évier, des fromages en fermentation, de tout ce qui répand une odeur forte et désagréable. Voilà pourquoi les pierres, les tables sur lesquelles ruisselle le petit-lait, exigent des lavages fréquents, pourquoi les lampes fumeuses ne conviennent pas dans une laiterie, pourquoi les ménagères sont tenues à une propreté rigoureuse. Le corps, les vêtements, les chaussures ne doivent rien laisser à désirer. Les pays les plus renommés pour leur laitage le sont aussi pour leur propreté. Visitez les fruitières du Jura et de la Suisse, l'arrondissement d'Avesnes dans le nord de la Flandre, le pays de Bray et le Perche dans la Normandie, les Flandres belges, la Hollande, le Holstein en Allemagne, etc., et vous ne douterez plus de notre assertion, si vous en doutez encore. — « Dans ces contrées-là, disions-nous dans nos *Conseils à la jeune fermière*, les maisons ont un air de fête, tout y reluit, en dehors et en dedans; le cuivre, le fer et l'étain font miroir, les meubles de bois aussi, à force d'avoir été frottés; les gens font, de leur côté, plaisir à voir; la misère elle-même n'a rien qui répugne : elle se lave, se rapièce et se brosse. Telle pauvre femme n'est habillée que de morceaux rajustés, mais ces morceaux tiennent ensemble et ont de la fraîcheur.

« Pas de propreté, pas de laiterie; voilà la loi. »

Il importe que la température de la laiterie, hiver comme été, soit égale le plus possible, qu'elle ne descende pas au-dessous de 12° centigrades, et ne dépasse guère 15°. Dans ces conditions, elle sera suffisamment chaude en hiver, et suffisamment fraîche en été. Toutes les fois que, pendant la saison rigoureuse, cette température tendra à s'abaisser, il y aura nécessité de recourir à la chaleur artificielle d'un poêle ou fourneau. La température indiquée est de rigueur, nous insistons sur ce point. Au-dessous de 12° centigrades, la montée de la crème ne se fait pas bien; au-dessus de 15°, le lait se caille avant que toute la crème se soit séparée. Cette température est également favorable au barattage, et c'est parce qu'on ne s'y soumet pas toujours que, durant les grandes chaleurs et les grands froids, le barattage en question devient si long et si pénible au détriment de la qualité du beurre.

Les ustensiles de la laiterie. — Pour les personnes qui tirent parti du lait en nature, les ustensiles consistent en vases pour la traite, et pour le filtrage, en filtre ou *couloire*, vases pour le lait filtré et pour le transport au marché, brosse en chiendent ou en poil de cochon et baquet pour le lavage. S'agit-il de fabriquer du beurre, il faut nécessairement adjoindre une baratte, des vases en bois pour le lavage de ce beurre, des moules afin de le façonner pour la vente, ou des paniers de diverses dimensions pour l'expédier. S'agit-il de fabriquer des fromages, il faut une coquille pour lever la crème, une cuillère pour enlever le fromage, des moules pour le recevoir, une table à égoutter, une ou plusieurs tables pour la manipulation des fromages égouttés, et quelquefois une chaudière et une presse, comme lorsque, par exemple, on fabrique du gruyère. Ajoutons à cet attirail de laiterie une balance, des mesures de capacité et un thermomètre.

On trait d'ordinaire les bêtes laitières dans des seaux en bois dont les dimensions, les formes et les noms varient avec les localités. En Bourgogne, nous les appelons *sapines*, parce qu'ils sont faits avec du sapin.

Fig. 542. — Seau à traire.

Le lait qui vient d'être trait est versé dans un vase en fer-blanc ou en cuivre étamé, dont l'ouverture est couverte d'un filtre, ou même dans un vase en bois de la forme de celui que nous figurons ici. Dans le nord de la France, le vase destiné à recevoir le lait de la traite porte le nom de *canne*, nous ne savons pourquoi, et la toile à filtrer celui d'*étamine*.

543. — Vase pour le lait de la traite.

Le vase renfermant le lait filtré est transporté de l'étable ou du pâturage à la laiterie; puis, on verse ce lait tantôt dans des terrines ou vases en terre vernissée en dedans, tantôt dans des vases en bois ou même dans des vases en zinc, afin qu'il s'y refroidisse. Ce mode de transvasement n'est pas nécessaire quand la vente du lait doit avoir lieu tout de suite; on se contente de le verser dans des vases en fer-blanc munis d'un couvercle.

Les terrines ou vases en bois et en métal qui servent au refroidissement du lait, ont une très-grande importance. « Ils doivent être plats, par conséquent à peine hauts d'un demi-pied (16 centimètres), écrit avec raison M. de Weckherlin; mais, par contre, beaucoup plus larges en haut qu'en bas, parce que le lait qu'ils contiennent se refroidit d'autant plus vite, s'acidifie moins promptement et que la crème se sépare en un laps de temps d'autant plus court, que le lait présente plus de surface à l'air. Par cette raison, on verse à l'époque des grandes chaleurs très-peu de lait dans les terrines, par le temps frais un peu plus, et en hiver davantage encore. »

Dans le pays de Bray, les terrines ont 40 centimètres de diamètre à leur partie supérieure,

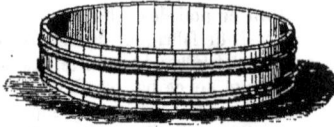

Fig. 544. — Baquet pour la montée de la crème.

16 centimètres à leur partie inférieure, et 19 centimètres de profondeur. Nous les trouvons un peu trop profonds. Quant à la question de dimension, les baquets de bois blanc de 5 à 8 centimètres de profondeur sur un diamètre de 70 à 80 centimètres de diamètre, nous paraissent bien préférables pour l'été. Ces vases en bois sont très-répandus en Auvergne, en Suisse, en Angleterre, en Hollande et dans l'Allemagne du Nord. Cependant, on leur reproche un inconvénient qui a de la gravité. Comme ils sont fabriqués de plusieurs pièces, il est difficile de débarrasser les jointures, les rainures de toutes les parties du laitage, en sorte que ce qui reste fermente, aigrit et contrarie les manipulations. Pour éviter l'acidification et rendre en même temps le nettoyage plus facile et moins coûteux, les cultivateurs du Holstein ont pris le parti de les recouvrir, à l'intérieur, d'une ou deux couches de couleur à l'huile.

Les vases en zinc ou en cuivre doublé de zinc, essayés en Angleterre et en Amérique, ainsi que les vases en plomb et en étain, coûtent cher et ne donnent pas toujours des résultats satisfaisants. Ils sont trop refroidissants pour l'hiver et donnent lieu à des composés plus ou moins vénéneux.

Dans le Mecklembourg, on se félicite de l'emploi de vases de fonte émaillée, et, malgré le prix d'achat assez élevé, on n'hésite pas à les substituer au bois et à la terre.

Les vases en verre sont excellents, sans doute, mais ils sont si fragiles, que nulle part on ne se soucie de les employer.

Nous continuons de recommander, pour les petites et moyennes exploitations, l'usage des terrines vernissées, et nous leur offrons, à titre de modèle, la terrine ou *pot à lait* des fermières du canton de Nocé (Orne). Elle a 9 centimètres de

Fig. 545. — Terrine du canton de Nocé.

diamètre à la partie inférieure, 19 centimètres à la partie supérieure, et 10 centimètres de profondeur.

Les filtres varient avec les localités; ce sont ou des toiles grossières qu'on lie simplement à l'ouverture du vase, ou des écuelles de bois sans fond que l'on enveloppe d'une toile mouillée, ou des tamis en crin, ou des entonnoirs garnis intérieurement de toile grossière, etc.

Les barattes sont fort nombreuses, et nous n'avons que l'embarras du choix. La baratte primitive, à piston ou à fouloir, n'est pas sans mérite, mais elle ne saurait convenir que dans de très-petites exploitations. Elle a l'inconvénient d'ailleurs de dépenser une grande somme de force et de perdre une certaine quantité de crème qui jaillit entre le bâton et l'ouverture du couvercle, pour éclabousser la ménagère. Elle a l'avantage de tenir la crème en contact avec l'air atmosphérique et de pouvoir être nettoyée, avec une grande facilité. Cette baratte primitive a été développée et perfectionnée pour l'usage des exploitations importantes; la mécanique a remplacé les bras dans la manœuvre du piston.

Fig. 546. — Baratte à piston.

Les barattes en forme de tonneaux, de petites ou de grandes dimensions, sont très-répandues en France, en Suisse, en Belgique et en Allemagne. Ces barattes, montées sur des chevalets, sont ou fixes ou mobiles. Dans celles qui sont fixes, la ma-

Fig. 547. — Tonneau-baratte mobile.

nivelle fait fonctionner les ailes ou planchettes trouées d'un moulinet qui bat la crème ou le lait, selon les usages locaux. Dans le Nord on bat directement le lait pour en retirer le beurre; tandis que dans l'Est et le Centre, par exemple, on ne bat que la crème. Avec les barattes mobiles, la manivelle fait tourner la futaille. Nous avons vu dans les Flandres belges une baratte très-estimée qui fonctionne à la manière d'un berceau, et dont l'invention remonte certainement au delà d'un siècle. Nous la trouvons décrite à peu près dans la troisième édition de la *Bonne Fermière*, publiée à Lille en 1769: — « Je viens de voir, dit l'auteur de cet excellent livre, une manière vraiment commode et neuve, puisqu'un enfant de quatre ans peut battre le beurre, comme il bercerait son petit frère. En effet, c'est un tonneau ordinaire, avec une grande ouverture au-dessus, qu'on tient bien close. Il y a intérieurement au milieu de ce tonneau, une planche percée de plusieurs trous attachée aux deux fonds; elle sert à briser le lait. Le tonneau est posé sur un pied tout pareil à celui d'un berceau, et l'enfant lui donne le même mouvement. Toute autre personne peut le lui communiquer avec le pied seul, pendant qu'elle travaille à autre chose. Les gens chez qui j'ai vu battre le beurre ainsi, m'ont assuré qu'il venait pour le moins aussi vite que par les méthodes ordinaires. » Nous ferons observer que dans les Flandres, la manœuvre ne s'exécute pas avec autant de facilité; on procède de façon à imprimer une secousse à la baratte, et les forces d'un enfant n'y suffiraient pas. On a substitué la forme de la cuve à celle du tonneau.

Les meilleures barattes en forme de tonneau sont celles dont les dispositions de l'ouverture facilitent le mieux le nettoyage.

Nous retrouvons encore çà et là une ancienne baratte fixée sur une sorte d'échelle comme une meule de rémouleur. Elle a de 65 à 75 centimètres de diamètre sur 27 à 33 centimètres de largeur entre les deux fonds. Le moulinet, mis en mouvement par une manivelle, a plus d'ailes que le moulinet flamand et est plus expéditif. Quoi qu'il en soit, on préfère la baratte flamande à celle-ci, parce qu'elle donne moins de déchet et qu'elle est plus facile à nettoyer.

La baratte de M. Fouju semble se rapprocher

Fig. 548. — Baratte Fouju.

un peu de la baratte en forme de meule de rémouleur, dont il vient d'être parlé, mais elle en diffère essentiellement par son principe. Dans la première, les globules butyreux du lait ou de la la crème obéissent à la force centrifuge et se poursuivent; dans celle de M. Fouju, ils obéissent

à la force centripète et l'agglutination du beurre s'y fait rapidement. Nous n'osons pas affirmer que

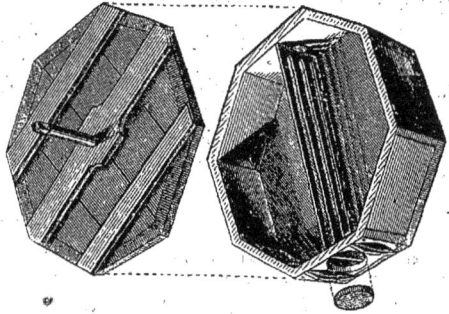

Fig. 549. — Intérieur de la baratte Fouju.

cette baratte soit la meilleure entre toutes, mais c'est certainement une des meilleures.

Les ustensiles de la laiterie, autres que les vases à lait et les barattes n'ont qu'une importance très-secondaire. Ce serait perdre notre temps que de donner des descriptions de tables, de baquets, de seaux, de moules à beurre ou à fromages, dont il sera question d'ailleurs, dans ce chapitre, au fur et à mesure que nous aurons à parler de leur emploi.

Du lait. Ses caractères physiques et sa composition. — Le lait pur et frais est d'un blanc opaque, d'une saveur douce, d'une odeur particulière et très-faible. Nous n'avons jamais remarqué dans ce lait pur et frais la couleur jaunâtre que beaucoup de personnes lui attribuent. Sa densité varie entre 1,028 et 1,045, ce qui revient à dire qu'il est un peu plus lourd que l'eau. Il est formé d'eau, de caséine (fromage), d'albumine (sorte de blanc d'œuf), de lactose (sucre de lait), de plusieurs sels et d'une matière grasse (beurre), en proportions très-variables, selon les espèces, les races, les individus d'une même race, selon l'âge, la nourriture, l'état de santé, la constitution des animaux qui le fournissent. Quand on abandonne le lait à lui-même pendant un certain temps, la substance grasse, en vertu de sa légèreté, monte à la surface et forme ce que nous appelons la crème; un peu plus tard, un acide se produit, l'acide lactique, sature la soude du lait qui tenait la caséine ou fromage à l'état de dissolution, et ce fromage se précipite sous forme de grumeaux. C'est ce que nous nommons le caillé. Entre le caillé et la crème, nous remarquons une masse liquide à reflet verdâtre composée d'eau, d'acide lactique, et de différents sels. C'est le sérum ou petit-lait. Si l'on continue d'abandonner ainsi le lait à lui-même, la fermentation se développe, donne de l'alcool d'abord, puis de l'acide acétique et se termine par la putréfaction. De ce qui précède, il résulte qu'en empêchant l'air d'agir sur les matières fermentescibles du lait ou qu'en neutralisant l'acide lactique avec de la soude, on peut retarder la décomposition du lait. Et c'est, en effet, ce qui arrive en le chauffant tous les jours pour en chasser l'air, ou en y ajoutant un peu de bicarbonate de soude, seulement un demi-millième du poids du lait.

Schubler qui a expérimenté à Hofwyl sur le lait de vaches soumises à un bon régime d'étable, a trouvé que dans 1,000 parties de lait, il y en avait 24 de beurre, 110 de fromage frais, 50 de petit-lait, 77 de sucre de lait renfermant encore de l'albumine, de l'acide lactique, du chlorhydrate et de l'acétate de potasse et des phosphates terreux; et enfin 739 parties d'eau. Ces proportions ne sont plus les mêmes dans le lait de brebis et de chèvre; elles varient aussi dans l'espèce bovine, à raison de toutes sortes d'influences dont nous allons vous entretenir.

De l'influence des races. — Toutes les races d'une même espèce ne sont pas laitières au même degré. Ainsi, par exemple, pour ne parler ici que de l'espèce bovine, on sait que la race d'Ayr donne plus de lait que celle de Devon; que les races hollandaise, flamande et bretonne donnent plus de lait que les races du Morvan, de Salers et du Limousin; que la race bordelaise produit plus aussi sous ce rapport que la race garonnaise ou agénaise. Il est à remarquer, en outre, que dans chaque race, la sécrétion varie souvent en quantité et en qualité, parce que tous les individus de cette race ne se ressemblent pas exactement quant à la conformation, au tempérament et à la couleur de la robe. Ainsi, parmi les praticiens, on s'accorde assez généralement à reconnaître que les bêtes à robe claire rendent beaucoup plus de lait que les bêtes à robe foncée, noire, marron, rouge brun, etc.; mais en même temps on assure que le lait des premières est moins riche en beurre que celui des secondes. On a cru remarquer enfin que les bêtes allongées et à poitrine étroite sont plus productives que les bêtes courtes et à poitrine large. Ce dernier point est contesté.

De l'influence des climats. — Nos meilleures vaches laitières se rencontrent dans les climats humides et d'une température assez uniforme. Nous pouvons citer à titre d'exemple celles de la Flandre, de la Bretagne, des environs de Rennes et de Guingamp, et aussi celles de la vallée d'Auge et du Cotentin. Nous pouvons citer, à l'étranger, les vaches hollandaises et campinoises. Nos plus mauvaises laitières sont dans le Midi, comme les vaches agénaises, bazadaises, landaises et celles de la Camargue. L'abondance de la transpiration nuit à la sécrétion du lait.

Les climats froids ne sont pas favorables à la production du lait. Les montagnes de la Franche-Comté, de l'Auvergne, du Limousin, du Nivernais, du Morvan, les montagnes de l'Ardenne belge et de l'Écosse le prouvent suffisamment.

Les climats humides et d'une température assez uniforme sont, il est vrai, les plus avantageux pour la végétation; mais c'est là aussi que dominent les tempéraments lymphatiques. Les pays de montagnes que nous venons de citer ne sont pas indistinctement pauvres en herbages, et, s'ils sont défavorables, c'est surtout à cause de la température basse qui y règne. Dans l'Ardenne, nous avions beau augmenter la nourriture à l'approche des grands froids et fermer de notre mieux les ouvertures de l'étable, la production restait très-

faible aussi longtemps que le froid restait rigoureux.

De l'influence de l'âge. — Les jeunes bêtes ne donnent ni beaucoup de lait, ni du lait d'excellente qualité; les bêtes âgées en donnent peu et la qualité laisse également à désirer. Pour les vaches, la quantité réunie à la qualité ne se produit qu'après leur troisième veau, c'est-à-dire entre 4 et 5 ans. « Dans la vache primipare (qui n'en est qu'à son premier veau), dit M. de Weckherlin, dans son *Traité des bêtes bovines*, les organes sécréteurs du lait sont encore peu développés, et subissent moins la pleine influence de la traite; ensuite l'animal se trouve encore dans la croissance qui absorbe une partie de la nourriture, de sorte que tout ne sert pas à la fabrication du lait. Après le second vêlage, alors que le développement du corps est plus parfait, tout s'accorde déjà mieux pour une sécrétion abondante du lait; mais ce n'est ordinairement qu'après le troisième veau, donc à l'âge de 4 1/2 à 5 ans, que la vache atteint sa plus grande aptitude pour la sécrétion du lait; elle se maintient ainsi pendant plusieurs vêlages, et, vers l'âge de 9 ans, tantôt plus tôt tantôt plus tard, elle diminue insensiblement, jusque vers l'âge de 11 à 12 ans, où on ne peut plus que rarement compter avec certitude sur un rendement convenable en lait. »

Reste à savoir maintenant si ces observations, exactes pour l'Allemagne et une grande partie de la France, le sont de tous points en ce qui regarde les vaches laitières de nos climats méridionaux.

De l'influence des aliments. — La nourriture verte ou mouillée donne plus de lait que la nourriture sèche. Les nourrisseurs des grandes villes ne l'ignorent pas; aussi élèvent-ils principalement leurs vaches avec des fourrages verts feuillus, avec des racines, avec de l'eau de son. Les herbes qui ont crû dans de bonnes conditions, fournissent, à quelques exceptions près, un lait de meilleure qualité que les racines. Les herbes qui ont poussé sur un bon fonds rendent un lait que celui des herbes des terrains maigres; les plantes des prairies naturelles sont supérieures, dans le même cas, aux plantes des prairies artificielles, parce qu'avec l'herbe des prairies naturelles, il y a variété dans l'alimentation, et qu'il s'y trouve des espèces aromatiques et condimentaires que n'offrent pas les fourrages artificiels administrés isolément. Il va sans dire aussi que l'exposition des herbages a une influence sur leur qualité, et que cette qualité se transmet au laitage. On n'ignore pas non plus que la nature des engrais peut ou améliorer ou détériorer les propriétés des herbages, et que le lait des vaches qui auront brouté des plantes fumées avec des matières fécales, par exemple, ne vaudra pas celui des vaches qui auront brouté des plantes fumées avec de l'engrais d'étable. Il est de notoriété publique enfin que l'herbe des prairies marécageuses donne un détestable produit, que la chicorée communique au lait son amertume et ses propriétés laxatives, que les tiges de garance le colorent sensiblement, que la spergule passe pour donner un lait riche en beurre de première qualité, que le mélampyre des prés qui, par parenthèse, ne vient que dans les bois, est bien connu pour les excellentes propriétés qu'il communique au lait, sans préjudice de l'abondance, etc., etc.

En ce qui concerne les racines alimentaires et les tubercules, Aug. de Weckherlin constate que la pomme de terre crue augmente la sécrétion du lait, mais que ce genre de nourriture n'est pas favorable à la qualité, qu'il diminue la quantité de crème et altère la saveur du beurre. Il constate également que les résidus de la distillation des pommes de terre nuisent au lait des brebis et augmentent celui des vaches aux dépens de sa qualité; que la betterave est favorable à la production du lait; que si elle n'augmente pas sa qualité, elle ne l'altère pas; qu'elle agit même en bien sur la saveur du beurre. Koppe n'hésite pas non plus, au point de vue du lait et du beurre, à mettre la betterave au-dessus de la pomme de terre. Il paraît établi, enfin, que les carottes sont favorables à la qualité du lait et du beurre, que les navets donnent au lait et au beurre un goût désagréable, et que la pulpe de betterave est estimée pour ses résultats.

La drèche des brasseries augmente la sécrétion et affaiblit du même coup les vaches laitières.

Les tourteaux de lin, de colza et de pavot augmentent également la sécrétion, mais ils communiquent au lait un arrière-goût désagréable.

On assure que les choux, administrés avec du fourrage sec, ont une heureuse influence sur la qualité du lait, du beurre et du fromage.

Le lait des bêtes qui ont mangé des feuilles de poireau, d'ognon, de ciboule et d'autres plantes de la famille de l'ail, hérite de la saveur désagréable de ces plantes. Les feuilles d'artichaut et d'armoise communiquent au lait leur amertume. L'euphorbe-tithymale et la gratiole lui donnent de l'âcreté; les gousses de pois verts lui communiquent un goût particulier, en diminuent la quantité et le disposent à cailler difficilement, ajoute-t-on.

Le foin et les grains donnent au lait plus de corps, plus de consistance que les fourrages frais ou aqueux.

Les feuilles de frêne, en mélange avec d'autres fourrages, augmentent la sécrétion du lait et donnent au beurre de la consistance, de la couleur et un goût de noisette.

De l'influence de la stabulation. — La stabulation passe pour être favorable; elle l'est, en effet, au point de vue de la quantité de lait, non au point de vue de la qualité. Le lait des bêtes qui vont au pâturage pour y séjourner, ou qui n'ont pas à se fatiguer pour revenir à l'étable, est assurément meilleur que le lait obtenu pendant la stabulation. D'ailleurs, une stabulation permanente avec abondance de nourriture verte ou mouillée détermine très-souvent chez les vaches la *pommelière* ou phthisie pulmonaire, et les affections des bêtes laitières ne peuvent qu'être désavantageuses aux produits.

De l'influence de la fatigue. — Les animaux qui vont au loin chercher leur nourriture et qui se fatiguent du matin au soir à courir les friches, rendent peu de lait, alors même qu'ils mangent à leur appétit, et ce lait n'est jamais délicat. Dans les fruitières du Jura, on sait fort bien à quoi s'en tenir là-dessus, et l'on exige que les vaches, amenées du champ de foire, prennent deux jours de repos avant de fournir leur produit à l'industrie fromagère.

De l'influence du moral. — Les bêtes surexcitées par les passions, irritées par les mauvais traitements, rudoyées par les ménagères, effrayées par une cause quelconque, ne donnent qu'un lait de qualité inférieure ou refusent même d'en donner. Nos ménagères sont donc très-intéressées à ce qu'on ne malmène point les vaches laitières, à ce qu'on ne les fasse point souffrir en les trayant. Une servante brutale est une calamité dans une ferme. Écoutez ce que dit Schubler : « Dans la traite, il n'y a pas autant une pression mécanique qu'une excitation du conduit excréteur. Les animaux paraissent avoir une action volontaire sur celui-ci, et pouvoir retenir le lait, ou, au contraire, le laisser couler. Cette rétention du lait peut aller si loin que des vaches n'aiment pas à le laisser couler, lorsqu'elles sont traites par des personnes qui les ont maltraitées; c'est un conseil d'agir avec douceur envers les bêtes laitières. » Une traite soignée augmente la production; une traite négligée la réduit.

Du lait qui précède de près et qui suit le vêlage. — Le lait a été donné aux animaux pour nourrir leurs petits; cependant on en obtient de bêtes qui ne sont pas pleines. C'est surtout après la parturition que la quantité augmente. On lui donne alors le nom de *colostrum*. Dans cet état, il est impropre à la consommation, et il ne commence à reprendre ses propriétés normales que douze ou quinze jours après le vêlage. Le lait colostral ne contient pas de caséum; il se gâte vite, mais il ne s'acidifie pas.

De l'influence de la traite. — Nous avons déjà vu que les animaux refusent le plus possible leur lait aux personnes qui les brutalisent en les trayant, tandis qu'ils se montrent reconnaissants et généreux envers celles qui les caressent au lieu de les malmener. Ce n'est pas la seule influence de la traite, il en existe une autre purement mécanique et qui consiste à entretenir la lactation. Une bête tarit d'autant plus vite qu'on la trait moins souvent et plus irrégulièrement. D'ordinaire, quand une vache, par exemple, ne fournit plus qu'une petite quantité de lait, on cesse de la traire deux fois par jour, et l'on se contente d'une seule traite. C'est un tort, car on diminue la sécrétion. On a conseillé trois traites au lieu de deux, mais on ne paraît pas encore bien fixé sur les avantages du procédé.

De l'influence du séjour dans le pis. — Assez généralement, on admet que le lait est d'autant plus riche que son séjour dans le pis a été plus prolongé, et que, par conséquent, la traite du matin donne un meilleur lait que la traite du soir. Cependant, il résulte d'analyses faites avec soin par Wolff, que sous le régime de la nourriture d'hiver, le lait du matin contient moins de beurre que celui du soir. Voici, au reste, les résultats des observations de Boedeker et Streckman qui confirment l'exactitude de celles de Wolff :

	FÉVRIER.		AVRIL.		
	LAIT du matin.	LAIT de midi	LAIT du matin.	LAIT de midi	LAIT du soir.
Eau.............	89,75	88,22	89,97	89,20	86,60
Beurre	2,43	3,64	2,17	2,63	5,42
Sucre de lait...	4,10	4,41	4,30	4,72	4,19
Acide lactique libre.	»	»	0,05	0,05	»
Sels minéraux ...	0,75	0,81	0,83	0,72	0,78
Albumine.........	0,44	0,62	0,44	0,32	0,31
Caséum..........	2,53	2,30	2,24	2,36	2,70
Poids spécifique....	1,039	1,038	1,038	1,040	1,036

On voit par là que le lait qui séjourne la nuit dans le pis, gagne en quantité et perd en richesse butyreuse.

De l'influence des maladies. — Les maladies et les médicaments, dont elles nécessitent l'emploi, altèrent la qualité du lait et en diminuent la quantité. Les indigestions ou les digestions pénibles, la non-expulsion de l'arrière-faix après le vêlage sont dans ce cas ; la pommelière si commune dans les étables des nourrisseurs, où la stabulation est permanente et la nourriture très-aqueuse, nuit beaucoup au lait.

De l'influence du transport. — Le transport à de grandes distances, quels que soient les soins que l'on y apporte, altère la qualité du lait, accélère la formation de l'acide lactique et le prédispose à *tourner*, c'est-à-dire à cailler. Il suit de là que le lait expédié de loin ne saurait valoir à destination ce qu'il valait au point de départ, que les pâturages rapprochés des habitations ont un grand avantage sur les pâturages éloignés, que dans les localités où les laitières vont, de porte en porte, vendre leur lait, les premiers servis ont moins à se plaindre de la qualité que les derniers. L'influence du transport sur la qualité de ce produit est si bien établie dans le pays de Herve (Belgique), qu'il y est d'usage d'amener les vaches qui pâturent, le plus près possible de la ferme pour les traire. Ainsi, supposez que les prairies, divisées par compartiments ou enclos, soient attenantes à la maison d'exploitation, on amène le troupeau, des enclos éloignés vers l'enclos qui touche aux murs de cette maison, et c'est là que se fait la traite. Malheureusement, tous les cultivateurs ne sont pas en mesure de prendre cette précaution.

Des altérations du lait. — M. Aug. de Weckherlin range, dans la catégorie des laits altérés, le lait aqueux, le lait amer, le lait filant ou visqueux, le lait s'aigrissant promptement, le lait sanguinolent et le lait bleu. Fuchs ajoute le lait jaune.

Lait aqueux. — Il est bleuâtre naturellement, pauvre en crème et en fromage, et très-chargé de petit-lait. La nourriture verte, par les temps humides, la consommation trop exclusive de tubercules, de racines, de résidus de brasseries et de distilleries, la faiblesse des bêtes laitières, leur jeune âge, leur état maladif sont les causes de cette altération.

Lait amer. — L'amertume du lait se produit de temps en temps chez certaines bêtes, et dure tantôt plusieurs semaines, tantôt quelques jours seulement. De Weckherlin l'attribue à la nourriture et aux affections des organes digestifs ou du foie. « Dans le dernier cas, dit-il, une partie de la bile rentre dans le sang, et passe de celui-ci dans le lait. »

Lait filant ou *visqueux*. — La viscosité du lait se remarque surtout après le refroidissement. Il est épais, gluant, d'une saveur fade et désagréable ; il rend peu de crème et se convertit difficilement en beurre. Quand on le transvase d'une terrine dans une autre, il a de la peine à se détacher des parois. On attribue cette altération à une certaine maladie des sabots, à une *cocotte*, à une nourriture mauvaise, gâtée, pourrie, moisie, à l'état de surexcitation des vaches qui demandent fréquemment et inutilement le taureau ; enfin, à la malpropreté des vases qui reçoivent le lait. Souvent le lait s'aigrit en même temps qu'il devient visqueux.

Lait s'aigrissant promptement. — La malpropreté n'est pas non plus étrangère à cette altération ; cependant il arrive que le lait aigrit et tourne même dans le pis. Pour s'assurer de l'acidité du lait, il convient d'y plonger un morceau de papier bleu de tournesol. Si ce papier rougit, le lait est aigre et prêt à tourner. C'est le cas d'y ajouter un peu de bicarbonate de soude. Les temps orageux déterminent d'ordinaire l'acidification du lait. On croit que les digestions pénibles, que les fourrages ou les aliments acides, que l'action d'un soleil ardent sur les vaches sont aussi des causes de cette altération.

« Le *Pinguicula vulgaris*, dit M. Malaguti, possède la faculté d'aigrir le lait, et de le rendre si visqueux qu'on peut le tirer en fils. Quand cette opération a été faite dans un vase en bois, celui-ci conserve la propriété de rendre visqueux le lait que l'on y introduira. Le lait visqueux provoque à son tour une altération semblable dans le lait frais avec lequel il est mis en contact. »

Le *Pinguicula vulgaris* des botanistes ou Grassette commune est une plante classée, par Linné, dans la famille des Personnées, et par Richard dans celle des Lentibulariées. Elle est vivace, à feuilles radicales formant la rosette sur la terre, ovales, oblongues, épaisses, tendres et onctueuses. Sa tige, haute de 0m,08 à 0m,11, porte une ou deux fleurs d'un bleu violet qui s'ouvrent au milieu de l'été. Elle habite les prés marécageux ou tourbeux. En France, elle est parfois très-abondante ; en Belgique, elle est très-rare.

Les propriétés de cette plante sont connues d'ancienne date. Linné nous apprend qu'en Laponie les femmes se servent de ses feuilles pour lustrer leurs cheveux, et qu'elles en mettent dans le lait des rennes pour le rendre plus agréable et le *faire cailler* plus promptement. Les Anglais lui donnent le nom de *Why-troot* (Tue-brebis).

Lait sanguinolent. — Le lait des vaches aux-

Fig. 550. — Grassette.

quelles on fait manger des tiges de garance, prend une teinte rouge, mais ce n'est pas là une altération. Le lait sanguinolent véritablement altéré pa-

Fig. 551. — Garance.

rait provenir ou d'une nourriture mauvaise dans laquelle se trouvent des renoncules, des euphorbes, de jeunes bourgeons de pin, d'orme ou de peuplier, ou d'une inflammation du pis, ou des mauvais traitements, ou d'une traite rude et trop prolongée.

Lait bleu. — Il arrive souvent, vingt-quatre ou quarante-huit heures après la traite, que des points bleus se font remarquer à la surface de la crème, que ces points se multiplient vite et que toute la surface de la terrine bleuit. M. Fuchs attribue cette couleur à un animalcule, à un infusoire nommé *vibrio-cyanogenus*. Un autre animalcule, appelé *vibrio-xanthogenus*, communique au lait une teinte jaune. M. Malaguti rapporte que l'emploi du sel marin dans l'alimentation passe pour prévenir ces accidents. De son côté, M. de Weckherlin nous dit que l'on y réussit en donnant aux bêtes laitières des décoctions d'absinthe ou de trèfle amer avec addition de sel de Glauber ou de

sel double, en même temps que l'on change de nourriture. Il ajoute qu'une cuillerée de lait de beurre versée dans deux litres de lait qu'on sait, par expérience, avoir de la tendance à bleuir, l'empêche, assure-t-on, de prendre cette couleur.

Du rendement des vaches laitières. — Dans l'*Année agricole de* 1861, M. Heuzé nous dit : « Une vache donne, en moyenne, par jour, après son vêlage :

Pendant les 60 premiers jours....	10 litres de lait.	
— 90 suivants	8 —	
— 60	6 —	
— 30	4 —	
— 40	3 —	

« Soit, pendant 280 jours, 1,920 litres.

« Les produits moyens extrêmes qu'on a signalés, sont :

Produit minimum............	1,489 litres.
— maximum......... ...	2,662 —

« On a constaté qu'une vache donnait ordinairement 1lit,400 de lait pour 100 kilogr. de son poids vif, et 40 litres de lait par chaque 100 kilogr. de foin de prairie naturelle de bonne qualité ou son équivalent qu'elle consomme pendant sa lactation. »

Meyers, dans ses *Principes pour la fixation des fermages*, porte à 3,900 litres le produit annuel en lait des grandes vaches hambourgeoises, de la race des polders, mangeant par jour 90 kilogr. d'herbe, et, en hiver, 22 kilogr. 1/2 de foin.

On estime que les bonnes vaches hollandaises, nourries par jour avec 16kil,500 de foin ou leur équivalent, peuvent rendre, en moyenne, par année 3,274 litres de lait, et que le produit le plus considérable par jour, peu après le vêlage, est de 24 litres environ.

Des races anglaises du Yorkshire, mangeant par jour 14 kilogr. de foin ou leur équivalent, ont donné jusqu'à 3,324 litres de lait par année.

Les races suisses de Uri et Hasli, à raison de 12kil,500 de foin ou leur équivalent, ont rendu jusqu'à 3,480 litres.

Schwerz élève à 2,780 litres par année le rendement des vaches hollandaises de la contrée de Contich (Belgique), recevant une bonne nourriture équivalant à environ 14 kilogr. de foin par jour.

En grande moyenne, dit M. de Weckherlin, dans son *Traité des bêtes bovines*, écrit pour l'Allemagne, le produit d'une vache, sans égard à la quantité de nourriture, comporte, d'après un tableau de M. Pabst, 2,008 litres, et d'après mes observations, dans les différentes métairies du roi de Wurtemberg, 2,060 litres ; le produit moyen le plus grand, d'après M. Pabst, 3,900 litres, d'après moi, 3,274 ; mais, chez certains animaux, toujours d'après M. Pabst, 3,720 à 4,400 litres, y compris partout le lait pour les veaux.

« D'après tout ce que j'ai vu et observé sur une grande étendue de pays, continue l'ancien directeur de l'Institut agronomique de Hohenheim, on peut admettre un produit moyen en lait de 3,200 à 3,600 litres par vache et par an, comme le maximum annuel où l'on puisse arriver pour tout un état de bétail; ce qui dépasse cette quantité constitue des exceptions chez certaines bêtes et dans certaines années. »

· 100 kilogr. de foin ou l'équivalent rendent, d'après M. de Weckherlin, 44 litres 2/3 de lait, et d'après M. Pabst 44 litres 1/2. Cette concordance est remarquable. Il va sans dire que ces chiffres ne s'appliquent qu'aux races réputées bonnes laitières, et que les 100 kilogr. de foin, mangés par de mauvaises laitières, ne produiraient pas la quantité de litres en question.

De la manière de traire les bêtes.

Beaucoup de personnes trayent, mais très-peu savent bien traire. Or, nous avons déjà fait observer qu'une traite brutale indispose les animaux, que, dans ce cas, ils ne donnent leur lait qu'à regret et qu'ils ne le donnent pas entièrement. Ils gardent donc le dernier lait qui est le plus riche en crème ou en beurre. On voit, d'après cela, qu'une bonne trayeuse est de rigueur dans une ferme, et, pour qu'elle soit bonne, il faut qu'elle réunisse la douceur à l'habileté, qu'elle excite le pis sans l'offenser, qu'elle soulage la bête et ne la fasse point souffrir.

La traite doit avoir lieu deux fois par jour, le matin et le soir, à heures fixes. Trois traites produiraient un peu plus de lait que deux, mais le surplus ne payerait pas la peine et le dérangement.

La propreté du pis étant essentielle à la qualité du lait et surtout à sa conservation, la traite des bêtes à l'étable offre des inconvénients qui ne se rencontrent pas au pâturage. Une litière malpropre salit les trayons, et les ordures arrivent nécessairement dans le seau. C'est pour cela que les fermières du Hainaut et des Flandres renouvellent cette litière tous les jours; c'est pour cela aussi que les cultivateurs du Holstein ne se soucient point de la stabulation pendant l'été. Mais en renouvelant la paille tous les jours, on ne peut compter que sur du fumier d'une médiocrité regrettable. Le mieux, à notre avis, pour sauvegarder les deux intérêts à la fois, serait de ne changer la litière qu'à la partie supérieure et de laisser les couches du dessous s'imprégner des urines du bétail.

Dans les étables malpropres, et c'est le plus grand nombre en France, nous sommes bien forcé de l'avouer par respect pour la vérité, on devrait laver le pis et les trayons avant de traire.

On commence l'opération de la traite en mouillant les trayons avec du lait, afin de les ramollir et de produire une douce excitation. Ensuite, on saisit les trayons à pleine main, deux à la fois, l'un de la main gauche, l'autre de la main droite, et l'on trait de haut en bas et vivement, de manière à obtenir un jet continu. On passe de temps en temps d'un trayon à l'autre. Quand la traite arrive à la fin, on ne se sert plus que de deux doigts, du pouce et de l'index pour la terminer. Certaines personnes font la traite entière avec deux doigts, mais dans ce cas l'opération devient plus pénible pour la bête qu'avec la pleine main.

De la vente du lait.

La vente du lait frais est toujours plus avantageuse que sa conversion en crème, beurre et fromage, mais pour que cette vente soit possible, il faut se trouver à proximité de débouchés d'une certaine importance et disposer de moyens de transport qui abrégent les distances. Autrefois, Paris était approvisionné par ses nourrisseurs et ceux de sa banlieue; aujourd'hui le rayon d'approvisionnement s'est étendu grâce aux voies ferrées, et le lait arrive de divers points plus ou moins éloignés, de la Normandie, de la Picardie, de la Beauce et de la Brie. Ce lait de provenance éloignée, vaut mieux au point de départ que celui de Paris ou de son voisinage, puisqu'il a été produit, au moins jusqu'à présent, avec une nourriture moins aqueuse et plus substantielle que celle de nos nourrisseurs de profession, mais le trajet lui est toujours quelque peu défavorable.

Les producteurs de lait ont plus d'intérêt à vendre leurs produits à un marchand en gros qu'à le débiter en détail.

De la conservation du lait.

Nous avons déjà vu qu'au moyen d'un peu de bicarbonate de soude, on peut retarder de quelques heures la coagulation du lait. Pour l'empêcher de tourner, notre ami Delarue emploie de préférence au bicarbonate de soude, une cuillerée à café d'eau de chaux saturée pour 5 litres de lait.

Avec de la patience, et en ayant soin de faire bouillir du lait chaque jour, on prolongerait longtemps sa conservation, mais ce n'est pas là un moyen pratique.

Le procédé de M. de Lignac est le seul qui mérite d'être mentionné. Il consiste à évaporer le lait, à une température de 100°, dans une bassine chauffée au bain-marie, à ajouter 75 grammes de sucre par litre de lait et à agiter continuellement avec une spatule. Le lait que l'on soumet ainsi à l'évaporation, doit être trait pendant l'été et ne pas avoir plus d'un centimètre d'épaisseur dans la bassine. Lorsqu'il est arrivé à la consistance du miel, on le met dans des boîtes en fer-blanc (système Appert), que l'on tient dans l'eau bouillante pendant dix minutes, après quoi on les soude.

Le lait ainsi réduit se conserve indéfiniment. Lorsqu'on veut l'employer, on ouvre la boîte, on ajoute quatre fois son poids d'eau et on fait bouillir. A défaut de mieux, les voyageurs au long cours s'en contentent. P. JOIGNEAUX.

OBSERVATIONS SUR LES MOYENS DE RECONNAITRE LES FALSIFICATIONS DU LAIT PAR L'EAU. — Au nombre des questions qui, dans tous les temps, ont vivement ému l'opinion publique, celles qui se rapportent aux falsifications des substances alimentaires méritent une attention toute particulière; elles sont d'ailleurs d'une actualité incontestable. En même temps que ces substances augmentent de valeur, la fraude a un plus grand intérêt à y introduire des matières étrangères; et il se trouve que le consommateur est d'autant plus exposé à être trompé, sur la qualité surtout, qu'il achète lui-même à un prix plus élevé.

C'est précisément ce qui arrive pour le lait. A

peine altéré à une époque où il se vendait moitié moins qu'aujourd'hui, nous avons vu le lait devenir de moins en moins pur, de moins en moins bon, au fur et à mesure qu'on en augmentait le prix.

Aussi l'opinion publique applaudit-elle avec ardeur, il y a quelques années, aux mesures prises par l'autorité judiciaire et par l'autorité municipale, pour arrêter cette fraude, et accueillit-elle avec reconnaissance les premières condamnations.

Mais bientôt on fut forcé de reconnaître que les punitions les plus rigoureuses n'avaient eu qu'une influence presque insignifiante sur la qualité du lait mis en vente, et, en même temps que de nouvelles saisies étaient opérées, des plaintes d'abord timides et rares, puis nombreuses et énergiques, s'élevèrent parmi les cultivateurs. On protesta contre les moyens recommandés par les auteurs pour en constater la pureté du lait.

Les expériences les plus faciles et les plus concluantes ont donné raison à ces plaintes, et aujourd'hui il faut reconnaître que les instruments inventés pour indiquer la pureté du lait, notamment les *lactomètres*, les *galactomètres*, les *lacto-densimètres*, avec ou sans l'emploi du *thermomètre*, ne donnent que des résultats infidèles et trompeurs. Mis entre les mains de l'autorité judiciaire, ils ne sont bons qu'à protéger les fraudeurs adroits, sans même garantir le producteur honnête, et leur emploi, s'il n'est accompagné d'autres indications, peut conduire aux erreurs les plus graves.

A l'appui de ce que nous avançons, nous citerons les faits suivants :

Le 7 août 185..., nous prîmes nous-même, chez un propriétaire des environs de Dijon, dont l'honorabilité ne peut être mise en doute sous aucun rapport, du lait provenant de la traite de la veille au soir et écrémé, et du lait de la traite du matin, par conséquent non écrémé. Nous les mélangeâmes et, à un litre de ce mélange, nous ajoutâmes deux litres d'eau et quelques substances sans valeur que nous croyons ne pas devoir indiquer. A un autre litre du mélange des deux laits, nous ajoutâmes 50 pour 100 d'eau. *Ces deux laits, expérimentés par M. le commissaire de police, furent trouvés non saisissables d'après les indications du galactomètre*: le premier marquait 25°, le second 24° (1).

Le même jour, du lait pris à la surface d'une bure, c'est-à-dire le meilleur et le plus riche en crème, donnait au *galactomètre* 20°, et partant devait être saisi, tandis que le lait du fond marquait 26° et devait être réputé bon.

Quelques jours auparavant, l'autorité judiciaire constatait elle-même ces variations ; elle trouvait que du lait pris à la surface marquait 22°, et partant aurait dû être saisi, tandis qu'au fond, pris à la chante-pleure, il marquait 27° et, par conséquent, était excellent. Une autre expérience donnait :

Lait pris en haut.............   17°
— en bas ....   26°
— au milieu..........   27°

(1) On a considéré jusqu'à présent comme lait fraudé, celui qui marque moins de 22° au lactodensimètre, la température supposée à 15° centigrades.

Mis dans du lait, *provenant seulement de la traite du matin*, et certainement excellent, le *galactomètre* nous a donné 25° à la température de 15°, tandis que le même lait mélangé avec une égale quantité de *lait écrémé* accusait 32° à la même température.

Aussi avons-nous la conviction qu'on a dû souvent, en s'en rapportant au *galactomètre seul*, saisir les meilleurs laits et tenir pour coupables les plus honnêtes gens.

Bien des laitières nous ont affirmé qu'elles n'osent plus apporter du lait du matin, non mélangé au lait écrémé de la veille, depuis que l'on fait usage du *galactomètre*, et nous sommes persuadé qu'elles disent vrai, et qu'elles agissent avec prudence.

Un pareil état de choses doit avoir pour conséquence d'encourager la fraude plutôt que de la réprimer. Les doutes sur la culpabilité, nés de constatations aussi imparfaites, habilement exploités par les vrais fraudeurs, leur permettent d'échapper à la flétrissure qui, dans l'opinion, doit suivre toute condamnation.

Ces faits établissent évidemment que la question présente des difficultés. Nous ne le nions pas; mais il nous semble qu'elles ne sont pas insurmontables. Nous allons essayer de le prouver.

Le lait, dans son état naturel, peut être considéré comme se composant :

1° De crème ou beurre ;
2° De caséum ou fromage blanc ;
3° De sucre de lait ;
4° De divers sels ;
5° D'eau.

Tous ces produits y sont-ils toujours en égales proportions ? Incontestablement non.

Nous avons trouvé sur 1,000 grammes :

De 30 à 50........   beurre.
De 40 à 65........   caséum.
De 52 à 75........   sucre et sels.

Et partant des quantités variables d'eau. MM. Bouchardat et Quevenne ont trouvé par litre :

De 25 à 60........   beurre.
De 35 à 57........   caséum.
De 51 à 57........   sucre et sels.

Tous ces produits y varient de plus isolément ; c'est ainsi qu'il pourra y avoir sur 1,000 grammes :

Caséum, 65	Beurre, 30	Sucre et sels, 75
— 55	— 45	— 50
— 47	— 41	— 70

Notons que ces analyses sont le résultat d'expériences faites sur des laits considérés comme bons, que ces laits ont été pris au moment de la traite, qu'aucune fraude n'a pu les altérer. Ajoutons qu'aucune des vaches qui les ont fournis n'avait été nourrie, ni avec des betteraves ou d'autres légumes aqueux, ni avec des résidus provenant des brasseries et distilleries; de telle sorte que nous sommes loin de donner ici les chiffres les plus bas en caséum, beurre et sucre de lait naturels.

48

Mais il résulte néanmoins de ce simple exposé, des raisons suffisantes pour discuter la base fondamentale de toutes les recherches entreprises jusqu'à présent, en vue de constater les falsifications du lait.

En présence de variations si considérables dans chacune des parties qui composent le lait, les chimistes ont eu l'idée de créer ce qu'ils ont appelé un *lait normal*. Or, pour y parvenir, on peut prendre une moyenne générale, et arriver ainsi à une formule qui représente la composition la plus ordinaire du lait; mais qui ne sent qu'un pareil résultat, bon pour des études physiologiques, est parfaitement inapplicable à des recherches légales? En effet, la qualité du lait varie par suite de mille circonstances indépendantes de la volonté du nourrisseur : telle vache donne un lait riche en crème, telle autre donne plus de caséum ou de sucre. Là saison, l'habitation, la température, la stabulation, les soins, la plus ou moins grande quantité d'eau, donnée en boisson chaude ou froide, la nature du fourrage, sa qualité, le temps depuis lequel il est récolté, etc., etc., ont une influence considérable, dont il a été parlé précédemment.

On a dû abandonner ce moyen qui aurait tout d'un coup placé la moitié des producteurs parmi les fraudeurs. Alors on a recherché quels étaient les laits les moins riches, et, acceptant la fraude dans *certaines limites*, on n'a plus déclaré saisissables que ceux qui se trouvaient au-dessous du minimum ainsi constaté; on a dit :

1° Tout lait qui contient moins de 8 pour 100 de crème est un lait falsifié;

2° Tout lait qui donne moins de 53 millièmes de sucre de lait est un lait falsifié;

3° Tout lait qui, au lactodensimètre, marque moins de 22° est un lait falsifié.

Et au lieu de contrôler ces opérations l'une par l'autre, ce qui aurait beaucoup diminué les causes d'erreur, on s'est borné le plus souvent à une seule ou à deux de ces constatations.

La science, appliquée à la recherche des falsifications du lait, en est là.

Or, on voit de suite qu'une pareille théorie, fondée sur une impuissance avouée de reconnaître et de poursuivre *toute fraude qui n'arrive pas à des limites extrêmes*, autorise par cela même *toute fraude qui sait se renfermer dans les bornes qu'on lui a tracées*, et doit avoir, pour inévitable résultat, de faire que, dans un court délai, on ne vendra plus que du lait contenant les proportions arrêtées.

Veut-on savoir maintenant quelle latitude on accorde à la fraude? Pour la crème, par exemple, d'après les procédés mis en usage, faites la simple réflexion que voici : le lait renferme souvent, très-souvent, 20 pour 100 de crème; si l'on ajoute un litre d'eau à un litre de lait, on aura un mélange d'eau et de lait, qui renfermera 10 pour 100 de crème, et partant que l'expert déclarera non saisissable au crémomètre.

Mais, dira-t-on, dans ce cas, le galactomètre indiquera la fraude. Eh bien! non, avec un peu d'adresse, et malheureusement les fraudeurs en ont plus que les chimistes, le galactomètre déclarera le lait excellent. Ne l'avons-nous pas démontré plus haut?

Mais, va-t-on dire encore, la recherche de la quantité de sucre et de sels indiquera au moins la fraude. Pas davantage. Permettez-nous ici de ne pas apprendre comment il faut la faire à ceux qui ne le savent pas, et croyez-nous sur parole.

Une addition de 100 pour 100 d'eau ne sera donc ni reconnaissable, ni partant punissable, d'après les procédés actuellement en usage. Faut-il après cela s'étonner de ce que les laits mis en vente, sont de plus en plus mauvais?

Certaines laitières (et bientôt on pourra dire toutes les laitières), pourvues maintenant de leur galactomètre et de leur thermomètre, arrivent jusqu'aux portes de la ville, avec leur lait plus ou moins pur. Là, une nouvelle expérience est faite, et si le galactomètre marque quelques degrés de plus que l'autorité n'en exige, elles ajoutent de l'eau pour le ramener au degré voulu. Que pensez-vous de ce lait légal? Voici une expérience qui vous montrera que le vendeur n'a pas un mince intérêt à agir ainsi :

Nous avons pris du lait provenant de la source indiquée plus haut, et composé aussi d'un mélange de lait écrémé de la veille et de lait du matin. Ce mélange donnait 15 pour 100 de crème, au crémomètre et au lactodensimètre, il marquait 33° à la température de 15°.

Après y avoir ajouté :

10 % d'eau,	il marquait	29°
20 %	—	26°
30 %	—	24°
40 %	—	23°

Il fallut ajouter 50 pour 100 d'eau pour arriver à 22°.

Voilà donc un lait déjà écrémé en partie, dans lequel on ajoute 40 pour 100 d'eau, et qui défiait le galactomètre, le lactodensimètre et le crémomètre, car, ainsi altéré, il donnait encore à ce dernier instrument 9 pour 100 de crème. Que voulez-vous de plus pour démontrer que le point de départ même de toutes les recherches faites jusqu'à présent, point de départ fondé sur la fixation *d'un minimum au-dessus duquel tout lait est réputé pur, et au-dessous duquel tout lait est réputé fraudé*, favorise infiniment plus la fraude qu'il ne la prévient?

En agissant ainsi, on éloignera des marchés tout lait naturel, pour y substituer un lait légal, c'est-à-dire très-médiocre, alors même qu'il ne serait qu'additionné d'eau.

C'est que, à n'en pas douter, les moyens employés aujourd'hui sont incapables de déceler des additions d'eau et d'autres substances, faites pourtant dans des proportions énormes; mais ces moyens suffisent-ils au moins pour qu'on puisse affirmer avec certitude que la fraude existe? Non, toujours non! et il est facile de s'en convaincre : à moins de descendre la limite *minimum* jusqu'au point offert par *le plus mauvais lait naturel qu'on puisse rencontrer*; ce qui ferait tomber le lait légal à un niveau incroyable, on doit, exceptionnellement il est vrai, mais on doit trouver des laits naturels qui ne renferment pas les quantités de crème ou de sucre exigées. Il y a plus, un excès de crème rend le lait saisissable, et la pratique prouve qu'il en a été déjà souvent ainsi. C'est un inconvénient qui, à lui seul, suffirait pour faire rejeter ces moyens. Ce que nous avons dit plus haut ne le démontre-t-il pas ?

Nous ne parlons pas seulement des lactomètres, galactomètres, lactodensimètres employés seuls (nous savons le peu de valeur de ces moyens), nous parlons même des expériences où on les a employés concurremment avec le crémomètre.

La conclusion que nous tirons de tous ces faits, c'est évidemment qu'il n'est pas possible d'établir rien de précis en prenant pour base cette unité désignée sous le nom de *minimum*.

Pour les produits chimiques et industriels, cette méthode est excellente, sans doute, et peut être rigoureusement appliquée. C'est ainsi que l'on peut vérifier si un alliage renferme en des proportions indiquées d'avance chacun des métaux promis ; c'est ainsi que l'alcoomètre est un excellent instrument pour l'analyse commerciale des eaux-de-vie, des alcools, etc., etc.

Mais que penserait-on de celui qui viendrait nous proposer de rechercher les qualités des vins, avec un instrument quelconque, ou qui voudrait découvrir par le moyen de l'aréomètre, les différents mélanges de vins, les additions d'eau, d'alcool, de sucre, de chaux, de plâtre, etc., etc.?

Que penserait-on si on venait nous dire que le vin sera saisissable toutes les fois qu'il sera *chimiquement au-dessous d'un type qui devra nécessairement être à peu près identique aux plus mauvais vins?* Chacun de nous rirait de pareilles prétentions, et cependant, c'est là ce qu'on a fait, et qu'on propose encore de faire pour le lait.

Si les questions auxquelles nous faisons allusion pour le vin avaient été agitées devant nos grands-pères ; si elles avaient été soulevées devant nos vignerons, savez-vous quelle eût été leur réponse? Ils auraient pris leur tasse d'argent et vous auraient répondu en souriant qu'il n'y a pour reconnaître le bon ou le mauvais vin qu'un seul moyen, et que ce moyen consiste à le goûter ; eh bien, nous dirons, nous, que, pour le lait, le meilleur des galactomètres est la bouche, et que vous êtes beaucoup mieux instruit sur la bonté du lait qu'on vous a servi à votre déjeuner, que si vous l'aviez essayé par tous les galactomètres du monde, que si vous lui aviez fait subir vingt analyses.

Nous avons voulu nous en rapporter aux seuls moyens physiques ou chimiques ; voyez à quel beau résultat nous sommes arrivés !

Est-ce à dire que nous proposions de nous passer des découvertes de la science, et de supprimer les analyses chimiques ? Une telle pensée ne saurait nous venir à l'esprit ; nous voulons seulement nous élever contre l'oubli de moyens que nous considérons comme bons, et repousser ceux dont nous démontrons l'impuissance.

Pour nous, il y a fraude toutes les fois que, dans le but d'en augmenter la quantité ou d'en masquer les défauts, on introduit dans le lait une substance quelconque.

Il n'est nullement nécessaire que le fraudeur ait, par exemple, introduit 50 p. 100 d'eau, et fait ainsi descendre son lait au titre fixé ; il suffit qu'il en ait ajouté une quantité quelconque, alors même que son lait se trouverait ainsi meilleur que tel autre lait non additionné d'eau.

D'un autre côté, nous considérons comme lait pur et non susceptible d'être saisi, tout lait mis en vente tel qu'il est fourni par la vache, excepté le lait colostral qui suit immédiatement le vêlage.

Enfin, nous proposons que le lait écrémé, qui serait mis en vente, avec indication suffisante qu'il a été privé d'une partie de sa crème, soit exposé sur le marché sans obstacle. Le vendeur et l'acheteur sauraient parfaitement à quoi s'en tenir sur la nature et la qualité de la marchandise vendue.

Nous ne saurions trop insister sur ce point que *le lait doit être vendu tel qu'il est fourni par la vache, et non pas tel que l'exige telle ou telle formule.* Alors seulement le vendeur saura qu'il agit ou non avec loyauté, et n'aura besoin ni d'instruments ni de connaissances chimiques ; quiconque introduira quoi que ce soit dans le lait, saura qu'il pourra être poursuivi et puni ; l'honnête homme n'aura pas à trembler devant des constatations incertaines, qui peuvent un jour ou l'autre compromettre son honneur et sa position, et devant la simplicité de la règle, fléchiront toutes les tentatives de fraude, et s'établira un commerce loyal.

Le problème se réduit donc pour nous aux propositions suivantes :

1° Reconnaître qu'un lait mis en vente est bien tel qu'il a été fourni par la vache ;

2° Constater qu'il a été privé d'une partie des matières qui entraient dans sa composition ;

3° Apprécier la nature et la quantité des matières qui y ont été introduites.

Pour arriver à ces résultats, il est indispensable de pouvoir établir une comparaison, et c'est en cela surtout que ce que nous proposons diffère complétement de tout ce qui a été fait ; ce n'est pas de temps à autre et de loin en loin que nous demandons cette comparaison, c'est chaque jour et pour chaque jugement que nous la croyons nécessaire : c'est surtout pour prononcer une condamnation que nous la regardons comme d'une absolue nécessité.

Si l'on nous objectait que les opérations seraient ainsi doublées, qu'il faudrait deux analyses au lieu d'une, nous dirions que tout cela pourrait se faire en trois jours, et ne coûterait pas plus de 30 francs, et nous croirions avoir répondu plus que ne le mérite un pareil argument, employé dans le cas où il s'agit de condamner un individu à la prison et à une forte amende.

Il nous reste à indiquer les moyens pratiques de résoudre les questions que nous venons de poser ; c'est ce que nous allons faire en entrant dans tous les détails que comporte un pareil sujet.

Le lait est apporté sur nos marchés à trois états :

1° Lait pur, dit lait du matin ;

2° Lait du matin, mélangé avec le lait de la veille au soir écrémé ;

3° Lait de la veille au matin, mélangé avec celui de la veille au soir, tous deux écrémés.

La vente de ces trois sortes de lait doit être permise, car, d'une part, la traite du matin ne saurait suffire à la consommation , et de l'autre, il est impossible de mettre en vente du lait de la veille sans enlever la crème qui surnage et qu'on ne peut plus mélanger intimement au lait.

La première mesure à prendre serait donc, selon nous, d'adopter cette première classification des laits, afin d'éviter tout embarras, d'exiger que chaque boîte portât une étiquette indiquant *à laquelle de ces trois catégories appartient le lait qu'elle renferme. C'est la première chose à faire, sans elle il n'y a nulle possibilité de découvrir la fraude et nulle garantie pour l'acheteur.*

Avec une telle mesure il s'établira bientôt, pour chacune de ces sortes de lait, un prix différent, et tout le monde y trouvera son compte. Cette première indication serait du reste, en cas de poursuite, la seule base sérieuse de toute analyse.

Quant aux saisies opérées par les agents de l'autorité, *elles ne doivent dans aucun cas être basées sur les indications du galactomètre ou lactodensimètre,* instrument imparfait et infidèle avec ou sans l'aide du thermomètre.

La couleur, la transparence, l'odeur, la saveur, donnent seuls de sérieux indices de falsification. Sur vingt personnes habituées à faire usage du lait à leur repas du matin, plus de la moitié vous découvriront, par la simple dégustation, l'introduction de la plus faible quantité d'eau (1). Si une ou plusieurs personnes étaient préposées à ces essais, nous sommes assuré que bientôt on pourrait presque à coup sûr faire, sur leur témoignage, des saisies, dont les expériences chimiques prouveraient neuf fois sur dix l'utilité.

MM. les commissaires de police s'éclaireraient, du reste, de tous les renseignements qu'ils pourraient recueillir, et seraient guidés par les plaintes qui seraient déposées entre leurs mains.

On a proposé de saisir au hasard et à des époques indéterminées, une certaine quantité de laits mis en vente, pour les soumettre à l'analyse et retrouver parmi eux ceux qui sont frelatés : une pareille manière d'agir nous paraît tout à fait impraticable. En effet , si on porte à 20 francs ou même à 10 francs les frais d'analyse, ce qui est le minimum pour une seule expérience, voyez à quel chiffre de dépense on arriverait pour faire seulement une fois par an l'analyse du lait de chacune des laitières qui approvisionnent les grands centres de population (Dijon, dont la population a un peu plus de 30,000 âmes, comptait, en 1861, 264 laitières), et de quelle utilité serait une seule analyse par an ?

Nous croyons, nous, qu'il ne faut saisir que les laits sur lesquels s'élèvent des doutes sérieux de falsification ; et nous soutenons que les seuls moyens d'avoir des présomptions fondées, sont donnés par les *organes des sens,* et notamment par le goût. Lorsqu'un lait paraîtra fraudé à un agent de l'autorité, devra-t-on dresser de suite un procès-verbal, et répandre sur la voie publique le lait soupçonné ? Cette dernière opération ne nous paraît ni utile, ni convenable, ni juste, ni légale ; nous avons la conviction qu'on l'abandonnera

bientôt, partout et pour toujours. Qu'on s'en tienne donc à un procès-verbal, constatant une saisie de lait soupçonné frelaté, avec indication de sa nature : pur, écrémé, ou mélangé ; qu'on adresse immédiatement ce lait à un expert, qui par une analyse facile, pouvant être faite dans la journée, confirmera ou infirmera les doutes du commissaire de police. Dans le premier cas, il sera indispensable d'envoyer un agent recueillir au domicile des prévenues du lait provenant de la vache unique, ou du mélange de lait de toutes les vaches s'il y en a plusieurs, et se trouvant dans les conditions indiquées au procès-verbal (écrémé ou non).

Une nouvelle analyse faite sur ce lait naturel, donnera tous les documents nécessaires pour établir une comparaison sérieuse, pour affirmer en toute certitude, non-seulement qu'il y a eu fraude, mais encore quelle a été la substance introduite et dans quelle proportion elle l'a été.

La seule objection sérieuse qu'on ait essayé de nous faire est la suivante : *Le lait d'une même vache ou de toutes les vaches d'une même ferme peut varier du jour au lendemain.*

Nous en convenons ; mais d'abord, pour qu'il en soit ainsi, il faut qu'il y ait un changement complet dans l'alimentation, et ce sera ce qui, indépendamment de l'extrême rareté de cette circonstance, arrivant précisément le jour d'une saisie, sera facile à constater. En admettant qu'on ne puisse vérifier cette assertion d'un prévenu, une nouvelle saisie tranchera toutes les difficultés. Enfin ces variations sont extrêmement faibles, et l'expert ayant une certaine latitude dans ses appréciations, ne sera jamais trompé par elles.

Ce sera beaucoup moins simple et moins rapide qu'une opération de lactodensimètre, c'est vrai ; mais nous avons prouvé que cette extrême simplicité avait conduit aux plus dangereux résultats et était bien plus redoutée des honnêtes gens que des fraudeurs.

Il n'importe pas tant, en fait de contravention, de frapper fort et souvent que de frapper juste. La plus grande puissance de la loi est dans son influence morale, plus que dans les moyens matériels dont elle dispose. Et si l'on veut ne rien perdre de cette dernière, on ne doit reculer devant nul moyen de trouver la vérité.

En terminant ces observations, nous ne pouvons nous dispenser de déclarer que l'honneur d'avoir formulé la plupart des propositions sur lesquelles nous insistons aujourd'hui, appartient à MM. Bouchardat, feu Quevenne, Chevalier, Reveil et Marchand.

Nous différons avec ces messieurs en deux points : 1° en ce que, pour nous, l'usage du lactodensimètre est inutile ; 2° en ce que toujours une analyse comparative est nécessaire : mais on n'oubliera pas que les travaux des chimistes que nous venons de citer, moins ceux de M. Marchand, ont été faits pour Paris, là où le lait mis en vente est formé d'un mélange de laits fournis par un grand nombre de vaches, et que ce n'est qu'exceptionnellement qu'ils ont eu à examiner le lait d'une seule vache ou d'un petit nombre de vaches. En province c'est la règle, et tandis qu'à Paris une expérience sur place est une affaire très-longue,

(1) Nous connaissons plusieurs personnes qui reconnaissent parfaitement, à la simple dégustation du lait, le changement de nourriture apporté au régime des vaches.

très-coûteuse, très-difficile, pour nous c'est une affaire simple, commode et rapide.

Sur tous les points essentiels nous sommes parfaitement d'accord ; c'est ainsi que MM. Bouchardat et Quevenne recommandent en première ligne aux agents de l'autorité, de goûter le lait et d'en examiner la saveur et l'odeur.

A propos des indications données par le lactodensimètre, son inventeur dit lui-même qu'il ne faut bien se garder de conclure d'après les essais préliminaires, à moins d'aveu précis du débitant, signé sur le procès-verbal ; mais prélever un échantillon d'un demi-litre au moins sur le lait soupçonné, en ayant le soin préalable de le rendre homogène en le mêlant bien et de le transmettre immédiatement au chimiste expert désigné par l'administration : cette manière de procéder présente l'incontestable avantage de respecter la dignité du marchand, et de ne pratiquer une saisie, que lorsqu'il existe une puissante présomption de la violation de la loi.

MM. Bouchardat et Quevenne ajoutent : « A nos yeux, ces derniers procédés ne peuvent être que des moyens de vérification d'une valeur différente pour chacun, ne se rapportant, d'ailleurs, comme le lactodensimètre et le lactoscope, qu'à un seul élément du lait, moyens auxquels il peut cependant être commode de recourir ; mais comme certitude dernière, pour se prononcer sur la richesse du lait, dans les cas graves, nous ne connaissons que l'analyse. »

Les mêmes auteurs adoptent que « la vente du lait écrémé soit permise , à la condition que chaque pot, qui le contiendrait, portât cette indication en gros caractères : LAIT ÉCRÉMÉ. »

Enfin, ces messieurs reconnaissent qu'on ne peut se refuser à accorder, à tout prévenu qui le demande, une expérience comparative, et comme moyen économique, ils ajoutent que « l'expertise pourrait toujours se faire, sans dépense aucune pour l'administration : dans le cas où l'expertise conduit à mettre le prévenu hors de cause, les expériences sont de si peu de durée, que l'expert peut faire ce travail gratuitement ; quand il s'agit de sophistication, le coupable acquitte les frais. »

En procédant ainsi, on ne pratiquerait jamais une saisie que lorsque la présomption de fraude existerait ; si cette présomption n'était pas légitime, nous serions d'avis de faire rembourser au commerçant le lait prélevé ; on ne saurait marquer trop de respect pour le marchand loyal et honnête.

Il y a loin, comme on voit, des prescriptions données par tous les hommes qui se sont occupés sérieusement des falsifications du lait, à ce qui s'est fait jusqu'à présent dans presque tous les départements de la France. Nous avons l'espoir que les faits que nous avons signalés dans ce travail, faits dont chacun peut du reste vérifier l'exactitude, en rappelant l'attention publique sur une question si importante, la feront enfin envisager sous ses points de vue véritablement moraux et véritablement pratiques.

Falsifications diverses. — Le lait, nous l'avons dit, est l'objet de fraudes incessantes, dont la plus fréquente consiste à enlever une certaine proportion de crème et à ajouter de l'eau au lait ainsi écrémé. C'est alors que, pour dissimuler cette fraude, le falsificateur introduit dans le lait des substances étrangères destinées, soit à augmenter la *densité*, ou à relever la saveur plate du liquide étendu d'eau, soit à simuler la crème qu'il a enlevée, en donnant la consistance et l'opacité convenables, ou à masquer la teinte bleuâtre que prend le lait allongé d'eau. Parmi ces substances on a trouvé du sucre, de la farine, de la dextrine, les décoctions des matières amylacées (riz, orge, son) ; on trouve parmi les secondes, les matières gommeuses, gomme arabique, adragante, le jaune d'œufs, le blanc d'œufs, le caramel, la cassonade, la gélatine, la colle de poisson, le suc de réglisse, les carottes cuites au four.

Quelques auteurs ont prétendu qu'on a employé, pour frauder le lait, des substances albumineuses, comme le *sérum du sang*, la *cervelle d'animaux*, des *émulsions de graines oléagineuses*, *chènevis*, *amandes*, etc., etc. Ces dernières falsifications, si tant est qu'elles ont eu lieu, ce qui n'est jamais venu à notre connaissance, sont très-faciles à reconnaître ; nous indiquerons les moyens que nous avons employés pour les rechercher.

Recherche de la fécule et de la farine.— On connaît que le lait et la crème ont été falsifiés par de la fécule ou de la farine, avec la teinture d'*iode*. Quelques gouttes de ce réactif versées dans le liquide après qu'il a *bouilli*, lui communiquent une *teinte bleue* d'autant plus intense que les substances féculentes ont été ajoutées en plus grande quantité. Comme la quantité de fécule ou de farine est toujours très-faible, en raison de la propriété qu'elle possède d'épaissir considérablement les liquides dans lesquels on la fait bouillir, on peut rechercher sa présence dans le petit-lait refroidi.

L'amidon, les décoctions de riz, d'orge, de son, se décèlent également par la teinture d'iode, en raison de la quantité, quoique très-faible, de fécule qu'elles ont introduite dans le lait.

Recherche de la gomme. — Les matières gommeuses donneraient de la viscosité au lait, mais il ne faudrait pas moins de 90 grammes de gomme arabique dans un litre d'eau pour lui donner une densité de 1,030 (rappelons que celle du lait est de 1,033). Mais le prix de la gomme s'oppose à ce genre de fraude. Cependant voici le moyen de reconnaître cette fraude.

Quand on coagule du lait pur avec un peu d'acide acétique, et qu'on verse un peu d'alcool dans le petit-lait filtré, il se forme des flocons peu abondants, très-légers, diaphanes et d'un blanc bleuâtre. Si on fait la même expérience avec du lait qui renferme de la gomme arabique, le précipité est plus abondant, blanc mat et opaque.

Recherche de la dextrine. — La dextrine ajoutée au lait se reconnaîtra en précipitant le *caséum* par l'*acide acétique*, puis le *sérum* obtenu par l'alcool, et traitant le précipité par un peu d'eau qui dissoudra la dextrine, dont la présence se manifestera par la teinture d'iode, en donnant une teinte rouge vineux. Nous avons reconnu cette fraude, pour laquelle on avait employé une solution de dextrine marquant 6° Baumé.

L'eau iodée peut encore servir à la reconnaître ; ainsi la solution de dextrine portant 6° Baumé, mêlée par moitié à un volume de lait donne une teinte bleue, violacée, foncée ;

A 10 p. 100...... une teinte de lie de vin.
A 2 à 4 p. 100... une teinte lilas.
A 1 p. 100 ...... pas de coloration sensible.

Recherche du sucre. — La présence du sucre, toujours ajouté en petite quantité, est à peu près insignifiante ; cependant on pourrait la reconnaître par l'addition d'un peu de levure de *bière*. La fermentation alcoolique se développera en trois ou quatre heures, et se manifestera par un dégagement rapide et abondant. Ce qui n'arrivera pas avec du lait pur.

Recherche de la cervelle. — Quant à la cervelle d'animaux, si nous en parlons, c'est seulement pour *mémoire* ; car nous pensons que ce moyen, quoi qu'on en ait dit, n'a jamais été mis en pratique. Cependant, pour l'acquit de notre conscience, nous allons faire connaître ce que nous avons fait, et les procédés que nous avons employés pour reconnaître une falsification faite par nous-même.

Nous avons délayé avec beaucoup de soin 25 grammes de cervelle de veau bien nettoyée et lavée, dans un litre d'eau, et nous avons passé le mélange dans une étamine serrée.

Dans cet état, ce mélange simulait assez bien le lait (1).

Nous avons ajouté 100 grammes de cette émulsion à un litre de lait (1 kilo) écrémé ; l'observation microscopique nous.y a fait distinguer un grand nombre de débris de membranes et de *vaisseaux sanguins*. La manière dont se fait l'ascension de la crème, son aspect tout particulier, pourraient peut-être faire soupçonner la présence de la cervelle dans le lait ; mais il faut avoir vu souvent cette falsification pour prononcer *de visu*, ce qu'un expert chimiste ne doit faire dans aucun cas.

Le meilleur mode consiste dans l'essai chimique, basé sur la réaction de l'acide phosphorique, produit par la graisse phosphorée que renferme la matière cérébrale, ou de l'acide sulfurique provenant du soufre que cette matière contient également. Voici comment nous avons opéré sur un mélange de parties égales de lait écrémé et d'émulsion de cervelle.

Nous avons coagulé ce mélange par un volume de solution saturée de sel marin ; nous avons traité le coagulum (fromage) obtenu par un volume d'éther, et nous avons fait évaporer à siccité cette solution éthérée ; la matière grasse obtenue comme résidu a été traitée par de l'eau distillée aiguisée d'acide sulfurique pur. La solution refroidie et filtrée a donné les caractères de l'acide phosphorique, c'est-à-dire, avec le nitrate d'argent, un précipité blanc soluble dans l'acide

nitrique ; un précipité blanc avec l'eau de chaux, l'eau de baryte, les sels de magnésie et d'ammoniaque ; ou mieux encore, on calcine directement la matière grasse isolée par l'éther ; le charbon obtenu est traité par l'eau distillée ; il fournit une solution qui, rougissant le papier bleu de tournesol, précipite en blanc par le nitrate d'argent.

Ou bien encore la matière grasse isolée par l'éther est mêlée avec son poids de nitrate de potasse, et le mélange chauffé dans un creuset fournit un résidu dont la solution donne, par agitation avec le chlorure de baryum, un précipité blanc insoluble dans l'acide nitrique.

Recherche des substances oléagineuses. — Les émulsions de graines oléagineuses, telles que celles de chènevis, d'amandes, de noix, etc., etc., ajoutées au lait pour simuler la crème, sans altérer la couleur ni l'opacité, seraient facilement reconnues ; et ce mélange est d'autant moins probable qu'il accélérerait considérablement l'altération du lait ; un mélange de 25 p. 100 d'émulsion de chènevis a amené la coagulation du lait en trois heures.

Le meilleur moyen de reconnaître cette falsification est le caractère qui distingue le *caséum* (fromage) du lait pur de celui du lait mélangé d'émulsion : ce dernier, mis sur du papier blanc, abandonne au bout d'un jour ou deux de l'huile qui en humecte et graisse toute la surface.

Pour reconnaître l'émulsion d'amandes douces, en particulier, il suffit d'ajouter à un ou deux grammes du lait soupçonné quelques centigrammes d'amygdaline en poudre fine ; il s'y développe à l'instant même une odeur d'amandes amères très-prononcée.

En résumé, nous pensons que l'addition de substances étrangères au lait n'est pas aussi fréquente que bien des auteurs l'ont prétendu : il faut en effet que cette substance étrangère, pour procurer de l'avantage aux falsificateurs, réunisse les conditions suivantes : 1° qu'elle soit à bas prix dans le commerce ; 2° qu'elle soit *insipide* et *inodore* ; 3° qu'elle ne puisse faire tourner le lait par l'ébullition ; 4° qu'elle augmente assez fortement la densité de l'eau en s'y dissolvant.

Comme complément d'étude du lait, il nous reste à faire connaître le procédé propre à en déterminer le principe constituant. Voici comment nous opérons.

Nous coagulons le lait par de l'alcool faible (eau-de-vie) ; le *caséum* (fromage) ainsi séparé est débarrassé de toute matière grasse, au moyen de l'éther ; la liqueur évaporée fournit le sucre de lait que l'on sépare à l'aide de l'eau froide et de l'alcool.

Pour doser le *caséum*, on le fait dessécher et on le pèse.

On dose le beurre par le procédé suivant : on fait bouillir le lait pendant cinq minutes ; on l'introduit dans un flacon, et on le laisse refroidir jusqu'à 20° ; on bouche alors le flacon et on le *secoue* fortement, jusqu'à ce que le beurre soit bien séparé ; on passe à travers un linge fin, on lave le beurre, on en sépare l'eau autant que possible par une pression légère et graduée.

(1) Un mélange à parties égales d'émulsion de cervelle et de lait, change à peine la densité de ce dernier.

En faisant évaporer le *sérum* à siccité, on obtient les sels et le sucre.

Nous n'en dirons pas davantage sur les falsifications du lait et les moyens de les reconnaître; on a dû voir que si l'analyse de cette substance alimentaire ne présente pas de difficultés sérieuses, elle exige cependant certains appareils, très-simples à la vérité, et une certaine habitude que l'on ne peut demander à tout le monde.

E. Delarue.

De la crème et du beurre. — Quand les vaches ont été traites au pâturage ou à l'étable, on apporte le lait dans la laiterie, soit pour le battre tel quel et en retirer de suite le beurre, soit pour le verser dans les terrines, l'y laisser refroidir et attendre la montée de la crème.

Quand on baratte le lait, on obtient un peu plus de beurre et de meilleur beurre qu'en barattant la crème, mais en retour il n'y a pas à compter sur le fromage. Après l'extraction du beurre, il ne reste que du lait de beurre ou ba-beurre. Dans le Nord, on en fait de la soupe; autre part, on le consomme en été comme du lait froid, après y avoir rompu du pain, mais en général, on ne le recherche guère et les cochons en ont leur bonne part.

Dans la plupart de nos contrées, on fait le beurre avec la crème, non avec le lait. On s'y prend de la manière suivante : le lait de la traite est d'abord, comme nous le disions tout à l'heure, versé dans les terrines. On en met d'autant plus dans chaque terrine qu'il fait plus froid, et d'autant moins qu'il fait plus chaud. On laisse ces terrines sur le carreau ou sur le pavé, ou bien on les arrange sur des rayons. Sur le carreau ou le pavé, le lait se trouve bien en été, mais les terrines ainsi placées, gênent la circulation et les limaces sont à craindre. En hiver les terrines sont toujours mieux à leur place sur les rayons.

Le lait est abandonné à lui-même, dans l'état de repos le plus complet. Quand la température de la laiterie est convenable, et pour qu'elle le soit il importe qu'elle ne s'établisse ni au-dessous de 12° centigrades, ni au-dessus de 15°, la crème se sépare au bout de vingt-quatre heures environ, monte à la surface de la terrine, en raison de sa légèreté, et au bout de trente-six heures la séparation est complète. Mais le plus ordinairement, la température de la laiterie est trop basse ou trop élevée; dans le premier cas, en automne et en hiver, il faut attendre de quarante-cinq à soixante heures, à moins de chauffer la laiterie; dans le second cas, la crème monte très-vite, souvent trop vite, à cause de l'acidification rapide de la masse liquide, et il en reste dans le fromage. Au bout de 15 à 16 heures, de 24 heures au plus, toute la crème qui doit se séparer est à la surface. La crème qui se sépare la première est toujours la plus grasse et la meilleure.

On a donné diverses indications afin d'éclairer la ménagère sur le moment le plus convenable pour écrémer, ou enlever la crème des terrines. Si l'on attend trop, cette crème peut devenir aigre, et alors le beurre est de médiocre qualité; si l'on n'attend pas assez, on suspend la montée et l'on

perd sur la quantité. Parmi les indications données, une seule nous satisfait : elle consiste à effleurer la crème du bout du doigt; si rien ne s'y attache, la crème est à point; l'écrémage se fait avec l'écrémoire ou avec des coquilles.

La crème levée est versée fort souvent dans des terrines ou dans de grandes soupières. Cette pratique est tout à fait vicieuse, car les vases à large ouverture ont l'inconvénient de trop multiplier les points de contact de la crème avec l'air et de la rendre trop vite aigre. Lorsqu'on veut bien conserver sa crème, on doit la verser dans des vases élevés et à ouverture étroite et bien bouchée.

Nous allions oublier une autre recommandation très-importante, c'est de ne jamais faire lever de crème dans une terrine dont le vernis intérieur se trouve écaillé ou ébréché. Voici pourquoi : la présure que l'on emploie pour cailler le lait écrémé, pénètre, quoi que l'on fasse, dans les pores de la terre cuite non vernissée, résiste à tous les lavages, et ne manque pas de déterminer l'acidification du lait, avant que la crème ait eu le temps de monter.

M. Heuzé porte à 8 ou 10 litres de crème le rendement de 100 litres de lait au printemps et en été, et à 12 litres le rendement d'automne et d'hiver. Il ajoute que 100 litres de crème donnent 25 kil. de beurre. Ce serait, en moyenne, 24 litres de lait pour 1 kil. de beurre ou 4 litres de crème. Cette moyenne nous semble un peu forte; le plus souvent, il ne faut guère moins de 28 à 30 litres de lait pour faire 1 kil. de beurre.

Nous devons à M. Mariscal, pharmacien à Avesnes, les observations suivantes sur le produit en beurre fourni pendant une année, dans la commune de Noyelle-sur-Sambre (Nord) par dix bonnes vaches à lait. :

Janvier...........	26k,850	vendus	53f,15
Février..........	4 »	—	8 »
Mars............	24 »	—	54,85
Avril............	77,950	—	169,69
Mai..........	104,800	—	189,49
Juin.............	77 »	—	133,85
Juillet......	109,850	—	228,57
Août............	81,200	—	172,13
Septembre.......	87,300	—	206,59
Octobre.........	149,700	—	358,51
Novembre.......	63,700	—	146,15
Décembre.......	31,500	—	70,30
Totaux....	**837k,330**	**vendus**	**1,796f,88**

Il est à remarquer que les marchands de beurre ne viennent pas à jours fixes pour leurs achats. Les quantités vendues chaque mois ne sont pas souvent celles obtenues dans le même mois.

Nous ajouterons en passant que les dix bonnes vaches laitières en question ont produit en outre des 1,796 fr. 88 c. de beurre, du fromage pour une somme de 767 francs.

Maintenant, pour se rendre compte du prix de revient, il faut savoir qu'une vache laitière a besoin, pour se nourrir pendant les 7 mois d'été, de 72 ares de prairie plantée d'arbres fruitiers, ou de 63 ares de prairie non plantée, ou seulement de 54 ares de prairie inondée l'hiver (1).

(1) En moyenne, l'hectare de prairie plantée produit par an 400 bottes de foin de 8 kilogr. chacune; l'hectare non planté 450 bottes, et l'hectare de bonne prairie inondée, 600 bottes.

Pendant les 5 mois d'hiver, cette vache a besoin de 300 bottes de foin d'une valeur moyenne de 150 fr. et de 4 à 500 kil. de paille d'une valeur moyenne de 25 fr.

Emploi de la crème. — La crème est employée dans un grand nombre de préparations culinaires, principalement dans nos villages et nos petites villes. A Paris, la crème est introuvable; on ne vend sous ce nom que du lait non écrémé, ou bien encore, à des prix excessifs, de la crème maigre d'une dernière levée.

La crème grasse, d'une certaine consistance, convenablement salée et épaissie, nous est quelquefois vendue sous le nom de *fromage*. Le *petit suisse* ou fromage *Gervais* des restaurants de Paris n'est autre chose que de la crème; le fromage fin de Saint-Cyr (Orne) n'est encore que de la crème salée. Enfin, nous connaissons des ménagères et des amateurs qui renferment de la crème épaisse et encore douce dans un linge et qui mettent ce linge en terre pendant 48 heures. La crème prend de la consistance, de la couleur et une saveur très-agréable. On la sale convenablement après les 48 heures de séjour en terre, et on l'offre comme fromage fin de dessert.

Mais c'est surtout à fabriquer du beurre qu'on emploie la crème. Pour cela, il convient qu'elle ne soit ni trop fraîche ni trop vieille; on doit saisir le moment où, sans être douce, elle n'est pas encore aigrelette. C'est là, du moins, la manière de voir de M. de Weckherlin. M. Malaguti demande qu'elle soit fraîche ou jeune, qu'elle n'ait jamais plus de vingt-quatre heures en été et de deux ou trois jours en hiver. C'est afin de l'avoir aussi fraîche que possible que l'estimable chimiste conseille d'ajouter au lait 1 p. 100 de carbonate de soude en hiver et 1 1/2 p. 100 en été, comme moyen d'empêcher l'acidification du lait et de précipiter la séparation de la crème.

Le beurre existe tout formé dans le lait, à l'état de globules invisibles à l'œil nu; dès que le lait s'est refroidi et reposé et que l'acide lactique commence à se produire, les globules de beurre en question montent à la surface des terrines et constituent ce que nous appelons la crème. Mais cette crème ne nous représente que les globules les uns à côté des autres et mêlés à des parties de caséine; pour qu'ils prennent le nom de beurre, il faut qu'ils se soudent, qu'ils forment corps, et pour que cette soudure ou ce rapprochement intime ait lieu, il faut les battre violemment soit pour déchirer leurs enveloppes, s'ils en ont une, — ce qui n'est pas démontré, — soit pour les jeter les uns sur les autres et les forcer mécaniquement à se réunir.

On se sert, à cet effet, d'instruments appelés barattes, dont il a été parlé précédemment.

En été, le barattage doit se faire le matin ou le soir, et, en hiver, vers le milieu du jour. Dans ses *Leçons de chimie*, M. Malaguti nous dit : — « La température la plus favorable est de 11 à 12° centigrades. Le beurre obtenu à 18° est mou, spongieux et moins abondant. Il faut dire, toutefois, que pendant le battage, la température de la crème s'élève de 2°, et que, par conséquent, dans les conditions les plus soignées, le beurre se forme à 14°.

« Pour obtenir, en été, la température nécessaire à la bonne séparation du beurre, on introduit dans la baratte 15 à 20 litres d'eau fraîche qu'on y laisse séjourner une heure, et qu'on retire avant d'y verser la crème. Pendant le battage on plonge la baratte dans l'eau fraîche, ou bien on y applique des linges mouillés, ou l'on y introduit de la glace.

« En hiver, et pendant le temps des gelées, on enveloppe la baratte avec une couverture chaude, ou avec un linge trempé dans l'eau tiède; on ajoute quelquefois à la crème un peu de lait chaud, ou bien on plonge la baratte dans l'eau tiède; enfin, on peut approcher la baratte à quelque distance du foyer, ou encore, comme on le pratique à la Prévalaye, y introduire un vase rempli d'eau chaude.

« En général, continue M. Malaguti, les barattes, quelle que soit leur forme, ne doivent jamais contenir au delà de la moitié de leur capacité. Le battage doit se faire par un mouvement modéré, uniforme et non interrompu. Si le mouvement de la crème est irrégulier, le beurre se divise de nouveau dans la portion liquide (*babeurre, lait de crème*); s'il est violent ou trop accéléré, le beurre acquiert une saveur désagréable et, surtout pendant l'été, il perd de sa couleur, de son goût et de sa consistance.

« On reconnaît que le travail marche bien au son que rend le battage. D'abord, dans les barattes ordinaires, ce son est grave, sourd et profond, ensuite, il devient fort, sec et plus éclatant; c'est le signe que le beurre commence à se former. Dans les barattes tournantes, on reconnaît que le beurre se forme au son que rendent les grains ou petites masses qui tombent sur le fond. »

Le temps nécessaire au battage varie avec l'état de la crème, la quantité, les saisons et les barattes. Avec nos barattes ordinaires, dans de bonnes conditions de température et pour de petites quantités de crème, il faut compter sur une demi-heure ou trois quarts d'heure. Dans de mauvaises conditions, en hiver, par exemple, il faut parfois cinq ou six heures. Nous avons des barattes perfectionnées qui rendent le beurre au bout de huit à dix minutes, en été, pour de petites quantités.

Il arrive par moments que le beurre ne se forme pas. Pour déterminer sa formation, il faut, selon la saison, réchauffer ou refroidir la baratte, ou bien encore introduire dans cette baratte un peu de crème aigre, ou du jus de citron ou quelques gouttes d'eau-de-vie. Mais, en procédant ainsi, on n'obtiendra que du beurre de qualité inférieure et de mauvaise garde.

Du délaitage du beurre. — Au sortir de la baratte, le beurre contient une certaine quantité de lait de beurre, dont il importe de le débarrasser. On emploie, dans ce but, divers moyens. Dans les barattes mobiles, on se contente d'y tourner le beurre avec de l'eau fraîche et claire que l'on renouvelle trois ou quatre fois jusqu'à ce que la dernière eau sorte limpide. Avec les barattes fixes, on sort le beurre de ces barattes et on le lave dans des vases, en le pétrissant avec les mains ou mieux avec des battoirs en bois, afin d'éviter l'aspect huileux que donne la chaleur de la main. Quelquefois, comme en Bretagne, le délaitage du beurre se fait sans eau; on le pétrit dans une terrine ou dans un plat avec une écrémoire, une cuillère ou un morceau de bois. Ce procédé est préférable aux lavages qui enlèvent le parfum du beurre.

M. Malaguti nous dit qu'à la Prévalaye, où l'on bat le lait, non la crème, on coupe le beurre en lames très-minces avec une cuillère plate, souvent trempée dans l'eau pour que le beurre ne s'y attache pas, et qu'au moyen de cette même cuillère, les ménagères laminent, battent, manient et remanient le beurre dans des vases en bois mouillé.

Caractères du beurre de bonne qualité. — Le beurre de bonne qualité est d'une couleur jaunâtre, d'une odeur légèrement aromatique, d'une saveur douce, agréable et d'une pâte fine. Les consommateurs s'attachent beaucoup à la couleur, et c'est pour cela qu'on colore artificiellement le beurre blanc du jus de carotte ou de fleur de souci, avec une décoction de rocou ou une infusion de safran. Parfois, on pousse si loin cette coloration artificielle que la fraude devient sensible à tous les yeux. Elle est très-inoffensive heureusement.

Il va sans dire que le bon lait fait le bon beurre et que les causes qui altèrent les qualités de ce lait altèrent nécessairement celles du beurre. En Angleterre, le régime des navets ou turneps auquel on soumet les vaches outre mesure, a sur le lait et le beurre une influence fâcheuse qui n'échappe à personne. On se loue beaucoup de la spergule, du mélampyre des prés, du maïs, des panais et des carottes; on se plaint, au contraire, de la luzerne, du trèfle, des feuilles de pommes de terre, des renoncules, des fourrages avariés.

M. Malaguti nous apprend qu'aux environs de Rennes, où se fabrique le fameux beurre de la Prévalaye, on a observé que les fleurs de châtaignier, dont les vaches sont très-avides, donnent au lait et au beurre un goût détestable.

Les marrons d'Inde, les feuilles d'artichaut, les feuilles jaunes qui se détachent des arbres en automne rendent le lait et le beurre amers.

P. JOIGNEAUX.

Conservation du beurre. — Le beurre frais, exposé à l'air, s'altère promptement, d'abord à sa surface, ensuite dans toute sa masse. Sa nuance se fonce, il acquiert une odeur spéciale de rancidité, un goût âcre plus ou moins prononcé. Ces changements sont dus à l'action de l'oxygène de l'air; une fermentation s'établit; la substance grasse neutre se décompose, les acides gras mis en liberté occasionnent aussi en partie ces changements. On peut rendre au beurre rance une partie de ses qualités, en le lavant, ou plutôt en le malaxant avec de l'eau de chaux, puis avec de l'eau fraîche; l'eau de chaux se prépare en faisant dissoudre 2 grammes de chaux dans un litre d'eau; on laisse déposer, puis on soutire, on

décante, et mieux encore on filtre; ce liquide est des plus innocents, on peut impunément boire un litre d'eau de chaux, sans en éprouver aucun dérangement.

Disons, en passant, que souvent nous avons fait préparer plusieurs kilos de beurre en ajoutant, pour cinq litres de crème, un demi-litre d'eau de chaux; l'opération a marché très-promptement, la quantité de beurre a été sensiblement augmentée, et il jouissait de toutes les qualités désirables; sa conservation comme beurre frais a duré de huit à dix jours en été; l'action de l'eau de chaux s'explique facilement : elle sature les acides au fur et à mesure de leur formation.

Pour conserver le beurre, on emploie plusieurs procédés, qui tous ont pour but l'exclusion de l'air, du ferment, du petit-lait, de l'eau, et un abaissement de la température.

Nous avons obtenu de bons résultats, en maintenant le beurre, débarrassé autant que possible d'eau et de petit-lait, bien foulé dans des pots de petite capacité, et en recouvrant ce beurre de quelques centimètres d'eau, privée d'air par l'ébullition et refroidie. Nous avons pu conserver du beurre à l'état frais, pendant huit à dix jours; ce temps a été presque doublé, lorsque nous avons remplacé l'eau ordinaire par de l'eau de chaux. Nous ferons observer que l'on ne doit consommer le beurre qu'en le levant par couches horizontales.

Le procédé de M. Bréon, appliqué aux opérations commerciales, consiste à enfermer une motte de beurre dans un vase cylindrique en fer-blanc, de manière à laisser un sixième environ de vide. Dans ce vide, on introduit de l'eau légèrement acidulée, au moyen d'un mélange de 6 grammes d'acide tartrique et de 6 grammes de bicarbonate de soude; puis on soude le couvercle du vase de fer-blanc. On peut encore remplir le vase avec de l'eau dans laquelle on fait dissoudre 3 grammes d'acide tartrique pour un litre d'eau.

Nous n'avons pas expérimenté ces procédés, qui semblent se contredire, car un mélange par parties égales d'acide tartrique et de bicarbonate de soude, donne une solution à peine acide.

Le procédé de Twamley pour la conservation du beurre consiste dans l'emploi d'une composition où il entre 1/4 de sucre, 1/4 de nitre, et 1/2 de sel fin, le tout bien pulvérisé. On met 30 grammes de ce mélange par demi-kilogramme de beurre bien débarrassé de son petit-lait; on pétrit avec soin et on l'introduit ensuite dans des barils. Le beurre ainsi préparé peut, dit-on, se conserver pendant plusieurs années.

Un moyen de conservation du beurre, généralement employé dans certaines contrées (de l'Ouest principalement), c'est de le saler. Voici comment on opère : on lave le beurre à l'eau fraîche, jusqu'à ce que toutes les parties laiteuses aient disparu, mais alors la saveur caractéristique du beurre, qui est une de ses principales qualités, a sensiblement diminué. Lorsqu'il est bien égoutté, on le pétrit avec soin avec 4 ou 8 p. 100 de son poids de sel blanc et en poudre fine. On arrive également à un bon résultat, par le procédé suivant, que nous avons souvent employé : — on humecte avec de l'eau froide une planche ou une table, on étend sur cette table, au moyen d'un rouleau de bois également humecté, une couche de beurre d'un centimètre d'épaisseur, que l'on saupoudre de sel; sur cette couche ainsi salée, on étend une nouvelle couche de beurre et une nouvelle quantité de sel, on passe fortement le rouleau sur la masse, qu'on coupe en plusieurs morceaux qu'on étend de nouveau et qu'on presse avec le rouleau. Lorsque le mélange est aussi parfait que possible, on tasse le beurre avec soin dans des pots de grès neufs ou parfaitement nettoyés, de façon à éviter les vides où l'air pourrait se loger, puis on recouvre la surface du beurre ainsi tassé, d'une rondelle de linge clair, sur laquelle on place une couche de sel blanc bien sec, et dépassant un peu les bords. On recouvre le tout d'une toile serrée que l'on assujettit avec une ligature. Lorsqu'on entame un de ces pots, on commence par enlever la couche de sel, on prend le beurre avec soin par couches horizontales, puis on recouvre le tout d'eau fraîche.

Nous avons vu quelquefois ajouter au sel destiné à la salaison du beurre, un quart de son poids de sucre; le beurre acquiert alors une saveur plus douce.

La plus ancienne méthode de conservation du beurre consiste à le faire fondre ou le chauffer à feu nu (et mieux au bain-marie) à une température voisine de celle de l'eau bouillante, jusqu'à ce que l'air interposé, en se dégageant, ait amené à la surface des matières azotées qui se déposent au fond du vase par le refroidissement. Lorsque la masse ainsi traitée, est claire et limpide, on décante le beurre avec précaution, et on en remplit des pots de grès, secs et bien propres. On doit, ce que l'on ne fait que rarement, couvrir chaque pot d'une couche de sel, comme il a été dit pour le beurre salé, puis d'un couvercle fermant bien, ou au moyen d'un parchemin tendu, et maintenu par une ligature solide.

Nous ne dirons rien des usages du beurre fondu, qui, bien préparé, peut se conserver d'une année à l'autre, mais nous insisterons pour que l'opération soit constamment faite au bain-marie, car *à feu nu* il est presque impossible que les matières azotées qui se précipitent au fond du vase, ne s'y attachent pas et n'y brûlent pas, ce qui donne à toute la masse une couleur plus ou moins foncée, et surtout une odeur de brûlé plus ou moins prononcée.

Falsification du beurre. — Les principales altérations du beurre sont les conséquences naturelles des altérations que le lait ou la crème ont subies.

Lorsque le beurre se présente à la vente, en mottes plus ou moins volumineuses, il peut se faire que la surface seule soit de beurre frais et de bonne qualité, tandis que l'intérieur peut se composer de beurre rance, de *graisse de pot*, etc., etc. Un coup de sonde dévoile cette fraude qui s'opère, ainsi que nous l'avons souvent constaté, sur les mottes d'un demi-kilogramme. Nous ne dirons rien des *pierres* et du *sable* que nous y avons si souvent rencontrés.

Une des fraudes les plus répandues, est celle qui se fait au moyen de la pomme de terre cuite, ou crue et râpée; il suffit, pour la découvrir, de remplir un tube de verre fermé d'un bout (ou une éprouvette) de beurre suspect, de placer le tube dans l'eau à une température de 50° et de maintenir cette température pendant une demi-heure. Le beurre fond, les pommes de terre, la fécule, la farine de maïs, qui souvent servent à la falsification, enfin tous les corps insolubles dans les graisses, se précipitent au fond du tube ainsi que l'eau qui aurait pu être interposée, et le beurre vient surnager; il en serait de même si la falsification avait été faite avec des substances minérales, mais si on voulait déterminer la nature de ces substances, il faudrait calciner le précipité obtenu et traiter les cendres par l'acide nitrique. Le liquide alors, sous l'action des réactifs appliqués à chacun des corps soupçonnés, les ferait reconnaître avec facilité.

Disons maintenant un mot des substances colorantes, additionnées au beurre pour lui donner une apparence qu'il n'aurait pas sans cela. On sait que le beurre frais et de bonne qualité a une teinte *jaune tendre* tirant sur l'*orangé*; mais dans beaucoup de localités le beurre est *blanc*, sans que pour cela il soit précisément de mauvaise qualité. Bien que tous les principes colorants employés à cette fraude soient tirés du règne végétal, et d'une innocuité parfaite, nous croyons devoir indiquer un procédé simple, facile et sûr, pour le reconnaître. Il suffit de faire bouillir dans l'eau une petite portion de beurre suspect; cette eau s'empare du principe colorant, ce qui n'arrive pas quand le beurre est pur.

Si le beurre a été coloré par le *rocou*, l'eau dans laquelle on l'aura fait bouillir, deviendra *bleu indigo* par l'addition de quelques gouttes d'acide sulfurique.

Si la couleur est due au safran, l'eau deviendra *vert-pré* par l'addition de l'acide nitrique.

Les baies d'alkékenge ou coqueret, le jus de carotte, brunissent par l'acide sulfurique; les baies d'asperge, les fleurs de souci donnent une couleur violette; le principe colorant de l'orcanette, étant soluble dans le beurre et les corps gras, ne l'est pas dans l'eau, mais le beurre coloré par l'orcanette, traité par l'eau bouillante, devient violet et passe au bleu après quelque temps.

E. DELARUE.

Du fromage. — Nous savons déjà que le fromage, ainsi que la crème, existe tout formé dans le lait. Quand nous avons enlevé la crème, il ne reste plus dans la terrine que du lait maigre. Si l'on abandonnait le lait écrémé à lui-même, il finirait par se diviser en deux parties, mais afin de précipiter cette division, on a recours à la chaleur ou à l'emploi de quelques substances, et le plus souvent aux deux moyens à la fois. Traité de la sorte, le lait écrémé abandonne, sous forme de grumeaux blancs, ce que les uns appellent le *caillé*, le *caséum* ou la *caséine*, ce que les autres appellent tout simplement le *fromage*. Ce fromage se dépose au fond de la terrine, et se sépare ainsi du sérum ou petit-lait qui entre pour les neuf dixièmes environ dans la composition du lait écrémé.

Une chaleur de 40° à 50° détermine très-bien la

séparation. Avec le concours de la présure, dont il sera parlé tout à l'heure, une température de 28° à 30° amène la coagulation complète du fro-

Fig. 552. — 1. Maroilles en tuile de Flandre. — 2. Maroilles en pavé. — 3. Brie. — 4. Fromage de chèvre affiné. — 5. Le même frais. — 6. Neufchâtel affiné — 7. Mont-d'Or. — 8. Camembert. — 9. Livarot. — 10. Roquefort. — 11. Fromage d'Édam. — 12. Tête de mort. — 13. Chester. — 14. Fromage de Gex. — 15. Fromage d'Auvergne. — 16. Fromage de Gruyère.

mage en deux heures au plus. Mais l'atmosphère de la laiterie n'atteint pas ce degré, même pendant les plus fortes chaleurs de l'été, et c'est pour cela qu'on attend de douze à vingt-quatre heures avant d'enlever le caillé des terrines. On voit par là qu'il suffirait d'élever la température pour abréger l'opération. C'est ce que l'on fait en hiver en plaçant les terrines dans une pièce chauffée par un poêle, ou bien en les plongeant dans de l'eau chaude, ou bien en les tenant derrière la plaque de fonte d'une cheminée. Pendant la belle saison, on n'a pas à prendre cette peine.

Un certain nombre de substances peuvent amener la coagulation du lait. Columelle, qui écrivait il y a près de dix-huit siècles, a dit dans le livre VII de son *Économie rurale :* « Ordinairement, c'est avec de la présure d'agneau ou de chevreau qu'on le fait cailler, quoiqu'on puisse parvenir au même but avec la fleur du chardon des champs, ou avec les semences du cnicus (cirse), où encore avec la séve laiteuse que rend le figuier, quand on pratique une incision à l'écorce d'un de ses rameaux verts. » Un auteur latin, encore plus ancien, Varron, nous apprend que de son temps on préférait la présure de lièvre et de chevreau à celle d'agneau, et que quelques-uns remplaçaient la présure par de la séve de figuier, du vinaigre et d'autres substances.

De nos jours, il est parfaitement établi que les acides, l'alcool, le tannin, le plâtre et la plupart des sels métalliques coagulent le lait, et que beaucoup de plantes, notamment les fleurs d'artichaut, ont le même effet; mais on s'accorde à reconnaître que la meilleure des présures est celle que l'on prépare avec l'estomac des jeunes veaux.

— «Le principe essentiel et actif de la présure, dit M. de Weckherlin, consiste toujours dans le suc du quatrième estomac (nommé caillette) d'un

veau bien portant. Les laitières suisses choisissent les estomacs de veaux de deux à quatre semaines qui n'ont été nourris principalement que de lait. Le contenu de l'estomac est vidé, mais on ne lave pas cet estomac; on le sèche à une chaleur modérée, par exemple dans la fumée au-dessus des chaudières à fromage, et après, on peut le conserver pendant des années. Quelques jours avant de s'en servir, on découpe la caillette, on la trempe dans un litre de petit-lait, et on ajoute un peu de sel; le liquide qu'on obtient ainsi est la présure. On doit veiller principalement à ce que cette présure ne contracte pas un mauvais goût. » Le mieux, à cet effet, c'est de ne la préparer qu'au fur et à mesure des besoins ou seulement pour quelques jours.

— « Pour préparer la présure, écrit M. Malaguti, on prend la caillette d'un veau qui n'a reçu que du lait pour nourriture, on en détache les grumeaux et on les lave à l'eau froide. Après les avoir essuyés avec un linge propre, on les sale et on les remet dans la caillette qu'on fait sécher. » C'est exactement le procédé recommandé par Parmentier.

Dans la plupart de nos campagnes, les ménagères ne se donnent plus la peine de préparer leur présure; elles l'achètent toute préparée chez certains pharmaciens.

La quantité de présure à employer pour coaguler une quantité de lait déterminée, ne saurait être indiquée sûrement; cette quantité dépend de la force de la présure, de la nature du lait et de la saison. En été, il en faut moins qu'en hiver; avec le lait non écrémé, il en faut plus qu'avec le lait tout à fait ou à demi écrémé. L'expérience seule peut régler les doses. Il n'en faut ni trop ni trop peu.

La présure a une énergie telle que si on l'employait dans des terrines en terre non vernissée, elle pénétrerait dans les pores de cette terre et résisterait à tous les lavages. Aussi dans les pays où l'on fabrique des fromages réputés, dans celui de Herve notamment, les ménagères ont la sage précaution de rebuter les vases écaillés ou ébréchés à l'intérieur.

Lorsque le lait est *pris* ou *caillé*, on le laisse ordinairement reposer quelques heures, puis on incline le vase de temps en temps avec précaution, pour verser une partie du sérum ou petit-lait, après quoi, on enlève le fromage avec des cuillères plates en bois ou des écumoires en fer-blanc. Si le lait a été écrémé complétement avant d'être coagulé, on obtient nécessairement un fromage maigre, dit *fromage mou* ou *à la pie*; si, au contraire on a coagulé du lait sans l'écrémer d'abord, on obtient du *fromage gras* ou *fromage à la crème*. Quant au petit-lait, les médecins l'ordonnent comme adoucissant et laxatif, comme boisson rafraîchissante dans plusieurs maladies inflammatoires. En été, beaucoup de personnes le boivent avec plaisir à cause de sa saveur aigrelette. Dans les campagnes, on s'en sert pour délayer la présure, pour blanchir les toiles fines de lin et pour nourrir les porcs. On trouve dans le petit-lait ou sérum, un peu de sel marin, du chlorure de potassium, des phosphates de chaux, de magnésie et de fer, des traces d'acide lactique et du sucre de lait.

Mais revenons à nos fromages, dont la fabrication constitue une industrie très-importante et plus avantageuse que la fabrication du beurre.

Nous formons quatre catégories de fromages :

La première comprend les fromages mous et frais;

La seconde comprend les fromages mous et salés;

La troisième comprend les fromages à pâte plus ou moins ferme et fabriqués à froid.

La quatrième comprend les fromages à pâte ferme cuits ou assez fortement chauffés.

Les fromages *forts* ou fermentés en pots, ne sauraient rentrer dans aucune de ces catégories. On ne les connaît guère, parce qu'on n'en exporte point, mais ils n'en sont pas moins d'une grande utilité pour la consommation de nos populations rurales.

FROMAGES DE LA PREMIÈRE CATÉGORIE.

On fabrique presque partout des fromages mous et frais, soit pour les vendre ou les consommer tels quels, soit pour les saler et en faire des fromages de garde. Nous n'avons à nous occuper en ce moment que de ceux livrés frais à la consommation. Une supposition : quand nous coagulons ou *faisons cailler* du lait écrémé, nous enlevons ensuite le caséum et le mettons dans des moules en fer-blanc, en terre vernissée à l'intérieur, ou en bois; là, il s'égoutte, s'affaisse, s'affermit, et nous avons un fromage mou, dit *fromage à la pie, fromage blanc, fromage maigre, macquée*, etc., qui ne se recommande point par sa délicatesse. Si, au contraire, nous coagulons le

lait sans l'écrémer d'abord ou après ne l'avoir écrémé qu'en partie, nous obtenons un fromage plus ou moins crémeux, connu sous le nom de *fromage gras* et de *fromage à la crème*. Quand on ajoute au lait pur du matin de la crème du lait de la veille, on obtient nécessairement le fromage gras par excellence. C'est ainsi que l'on prépare les meilleurs fromages de Neufchâtel, dans le pays de Bray (Seine-Inférieure).

Fromage à la crème de Paris. — Les fromages à la crème que l'on nous sert dans les restaurants de Paris ou que nous achetons chez les crémiers, sont préparés le plus ordinairement avec du lait écrémé. A cet effet on prend le caillé, on le met dans une forme en osier doublée intérieurement de toile claire ou de mousseline grossière, mouillée d'abord, et dont on relève les extrémités pour recouvrir le caillé en question. Au bout d'une demi-journée environ, lorsque la pâte est bien égouttée, on la place dans une passoire en fer-blanc, finement trouée, et on la presse vigoureusement avec un fouloir en bois. Cette pâte passe par les trous et tombe dans une terrine. On y ajoute de la crème fraîche; on opère bien le mélange avec la main, et ensuite on l'enveloppe de linge clair et on la moule dans de petites corbeilles d'osier, d'ordinaire en forme de cœur. Ainsi moulés, on sert les fromages sur une assiette et on les entoure d'un peu de crème fouettée avec une fourchette.

Il serait beaucoup plus simple de coaguler le lait de suite après la traite; on serait dispensé d'ajouter de la crème et d'opérer le mélange.   P. J.

FROMAGES DE LA SECONDE CATÉGORIE.

Il existe un grand nombre de fromages mous et salés; nous n'entretiendrons nos lecteurs que des plus renommés, tels que fromage de Brie, de Neufchâtel, fromage d'Époisses, de Saint-Cyr, de Camembert, de Pont-l'Évêque et du Mont-d'Or lyonnais.

Fromage de Brie. — La consommation du fromage de Brie est presque exclusivement réservée à la population de Paris et des environs. Le transport en est difficile; il est rangé parmi les fromages frais et salés, on l'appelle fromage de Brie par habitude, mais ce n'est pas seulement dans la Brie qu'on en fabrique. Les cultivateurs des environs de Montlhéry en apportent au marché de Paris des quantités considérables, et d'autant plus considérables que le département de Seine-et-Marne en produit de moins en moins. Le véritable fromage de Brie est à peu près introuvable. La contre-façon de Montlhéry est loin de réunir les qualités de délicatesse du fromage de Brie authentique. Il est pourtant fabriqué de la même manière que l'autre et avec du lait de vache comme lui; pourquoi les gourmets et les connaisseurs ne s'y laissent-ils pas tromper ? C'est encore un de ces secrets comme on en rencontre fréquemment dans l'étude des faits agricoles.

Le fromage de Brie de Seine-et-Marne, le véritable et délicieux fromage de Brie, tend à disparaître du marché; on apporte encore de Seine-et-Marne des fromages assez petits, mais d'une qualité évidemment inférieure; cela tient à une raison parfaitement connue : au développement qu'a pris, depuis quelques années, dans ce département, la distillation de la betterave. La production de l'alcool a nui à la production du fromage, parce que le cultivateur, en développant la culture de la betterave pour la distillation, a passé des marchés avec le distillateur qui lui achète sa betterave et lui revend les pulpes; or, on a trouvé que la meilleure manière d'utiliser les pulpes, c'était d'engraisser des moutons. La viande se vend très-bien, la laine aussi. On a développé, nous ne disons pas l'élevage, — on élève peu dans Seine-et-Marne, — mais l'entretien du métis-mérinos, tandis que la spéculation sur les vaches laitières disparaissait peu à peu. Autrefois, les fermes où l'on fabriquait le fromage de Brie possédaient une trentaine de vaches, ce qui permettait d'employer à la confection des fromages le lait de la même traite; aujourd'hui, les femmes qui font des fromages ont deux ou trois vaches au plus, ce qui les oblige à employer le lait de la veille avec du lait trop ancien, et la qualité du produit est nécessairement altérée par ce mélange.

Presque tout le fromage de Brie fabriqué soit dans le département de Seine-et-Marne, soit dans celui de Seine-et-Oise, est apporté sur le marché de Paris. Seine-et-Marne fournit encore plus de 600,000 fromages de 2 à 3 kilogrammes, en moyenne, et Montlhéry près de la moitié de cette quantité.

La fabrication du fromage de Brie n'est ni compliquée, ni difficile. Elle exige beaucoup de soins et de propreté, comme du reste toutes les manipulations qui ont le lait pour objet.

Comme nous le faisions observer plus haut, il faut éviter de mélanger de la crème trop ancienne avec le lait dont on fait le fromage. On prend du lait chaud de la traite du matin, on le passe à travers un linge et on y ajoute de la crème de la traite de la veille au soir. On met ce mélange dans un bain-marie pour le ramener à la température de 30 à 35 degrés centigr.; on met de la présure dans un morceau de linge noué (une cuillerée environ pour 12 litres de lait) et on la plonge dans le lait que l'on agite en tournant pendant quelques instants. On couvre le vase et on laisse reposer pendant une demi-heure. Lorsque le caillé est formé, on l'agite dans le petit-lait, d'abord à l'aide d'une écuelle de bois, ensuite à l'aide des mains. Puis, quand il paraît assez réuni, on l'enlève à deux mains et on le met dans un moule de 0m,35 de diamètre sur 0m,03 de profondeur, en ayant soin de le presser le plus possible. On met alors le moule recouvert sous la presse à fromage.

Une fois le fromage bien égoutté, on le renverse sur le couvercle du moule, préalablement recouvert d'un linge mouillé, on garnit le fond du moule d'un autre linge mouillé, on remet le fromage dans son moule en ayant soin de l'envelopper dans le linge et on replace le tout sous la presse. On recommence cette opération à peu près

toutes les deux ou trois heures, jusqu'au lendemain au soir. La dernière fois on met le fromage sans linge dans son moule et on le soumet à la presse pendant une heure environ.

Quand le fromage a été pressé, on le sale des deux côtés avec du sel bien égrugé, puis on le dépose dans des cuves en bois très-peu profondes; au bout de douze heures environ, on le saupoudre de nouveau et de la même façon avec du sel, et on le laisse ensuite baigner pendant deux ou trois jours dans la saumure qui s'est formée. On le retire ensuite de la cuve plate, on l'essuie avec soin et on le porte dans la chambre à dessécher qui est garnie de rayons recouverts d'une natte de jonc ou de paille connue, dans le pays, sous le nom de cajot. Il faut que ces fromages sèchent assez rapidement, et pour arriver à ce résultat il est nécessaire que, contrairement aux fromageries ordinaires qui sont toujours voisines de la laiterie quand elles ne se confondent pas avec elle, la chambre à sécher soit bien aérée, exposée au levant ou au sud et dans des conditions de siccité parfaites. On retourne et on essuie les fromages au moins une fois par jour.

Dans cet état, le fromage semble terminé, mais il n'est pas encore prêt à être mangé, il manque encore l'opération de l'affinage.

L'affinage se fait dans un lieu frais mais non humide. Il doit être surveillé avec soin afin d'éviter de laisser les fromages se gâter par excès de fermentation. On prend un tonneau bien sec, défoncé par un bout, on y place un lit de paille de 0m,10 d'épaisseur; on pose les fromages sur cette paille, on les recouvre d'un lit de même épaisseur et on superpose ainsi les fromages, les uns sur les autres, en les séparant toujours par une couche de paille de 0m,10; jusqu'à ce que le tonneau soit rempli; puis on couvre le tout avec un dernier lit de paille. Dans cette situation les fromages se ressuient peu à peu, et au bout de quelques mois ils sont complétement affinés.

C'est ce moment qu'il faut saisir pour envoyer les fromages à la consommation. Aussitôt que les fromages se fendillent et coulent, c'est le signe qu'il se produit un commencement de fermentation qui se traduit par une espèce de crème épaisse fort agréable au goût, mais qui tend à prendre rapidement une saveur assez âcre, ce qui indique un excès de fermentation. Le fromage entre dès lors en putréfaction.

Les vrais amateurs de fromage de Brie recherchent le fromage dont la pâte est grasse, un peu coulante; mais ils n'en mangent plus lorsque la pâte est trop fermentée. Lorsque la pâte du fromage est très-blanche, qu'elle s'émiette et a un goût un peu aigre, c'est que le fromage ne vaut rien ou qu'il n'est pas assez affiné.

Quand, au sortir du tonneau, les fromages sont trop avancés pour être vendus et que la pâte coule déjà, cette pâte n'est pas perdue : on la recueille dans de petits pots de grès recouverts de parchemin et on la vend sous le nom de fromage de Meaux.

Le fromage de Brie véritable et le fromage de Montlhéry, façon Brie, se consomment principalement à Paris. On y vend près de 600,000 fromages de Brie et plus de 250,000 fromages de Montlhéry. Les fromages de Brie se vendent de 22 à 30 fr. la dizaine, tandis que les fromages de Montlhéry dépassent peu le prix de 10 francs la dizaine. Nous devons cependant faire remarquer que l'écart entre ces deux prix n'est pas aussi considérable qu'il le paraît ; la dizaine de Montlhéry ne pèse que 12^{kil},500, tandis que la dizaine de Brie pèse 25 kil. On évalue la consommation annuelle des fromages de Brie, en argent, à près de 1,700,000 francs ; l'évaluation des fromages de Montlhéry ne va pas à plus de 300,000 francs.

VICTOR BORIE.

Autre procédé de fabrication. — Nous devons ce procédé, plus simple, mais probablement moins parfait que le précédent, à l'obligeance de madame Delobel, d'Hoogstraeten. Nous l'avons publié dans les *Conseils à la jeune fermière*, et nous le reproduisons ici.

Dans un seau de lait nouvellement trait, on verse un peu moins d'une demi-cuillerée à bouche de présure, puis on agite pour bien mêler.

Cela fait, on étend une natte de paille, d'herbe fine ou de jonc sur un égouttoir en bois, et l'on place un moule rond sur la natte. Ensuite, on enlève le caillé du seau, on remplit le moule ; on lui donne le temps de se réduire en égouttant, affaire de quelques minutes ; après quoi, l'on remplit de nouveau et l'on couvre avec une natte et un essuie-main par-dessus. On laisse égoutter pendant dix-huit heures environ ; puis, on enlève la forme, on change les paillassons, et l'on sale d'un côté avec une pincée de sel ; le lendemain, on salera de l'autre côté, et ainsi par deux fois de suite.

Il ne reste plus qu'à descendre le fromage de Brie dans la cave, pour qu'il y mûrisse, et à changer les paillassons tous les jours. Dès qu'une mousse bleuâtre paraît, on doit l'enlever doucement avec le dos d'un couteau.

On reconnaît que le fromage est mûr, à la teinte jaunâtre qu'il prend, au bout de quinze jours ou trois semaines en été.

Voilà un mode de fabrication à la portée de tout le monde, et qui donne de bons produits.

A défaut de moules particuliers, pourquoi ne se servirait-on pas de cercles de tamis, où l'on ouvrirait des trous de loin en loin avec une petite vrille ou un fer rouge ?

Fromage de Neufchâtel. — On le fabrique dans le pays de Bray (Seine-Inférieure). C'est sans contredit l'un de nos meilleurs fromages ; malheureusement, il est l'objet de nombreuses contrefaçons qui compromettent sa renommée. La plupart des *bondons* frais, bleus ou affinés que l'on consomme à Paris ne viennent pas de la Normandie. Voici en quelques mots le mode de fabrication des véritables fromages de Neufchâtel. Il y en a de trois sortes : 1° le fromage à la crème que l'on prépare avec du lait doux auquel on ajoute à peu près en crème fraîche la moitié de ce qu'il peut en contenir ; 2° le fromage *à tout bien* que l'on prépare avec du lait doux sans addition de crème ;

3° le fromage maigre provenant du lait écrémé. Le premier de ces fromages est très-peu répandu, à cause de son prix élevé ; le troisième est peu recherché, le second seul, c'est-à-dire le fromage *à tout bien*, nous intéresse particulièrement.

Aussitôt la traite exécutée, on filtre le lait chaud au-dessus de vases en bois ou mieux de pots en grès élevés, renflés vers leur milieu et assez étroits à leur orifice. Cette forme retarde la montée de la crème et convient dans ce cas particulier. Dès que le lait est filtré, on le met en présure. Au rapport de M. Desjobert, on emploie cet effet des caillettes de veau d'un an, à raison de 30 à 60 grammes par 100 litres de lait, suivant la température, les qualités de la présure et celles du lait. L'essentiel, c'est que la coagulation se fasse lentement. Une coagulation rapide, comme celle que l'on recherche pour la fabrication des fromages de Hollande et de Gruyère, rend la pâte cassante, résultat qu'il faut bien éviter avec le Neufchâtel et que l'on évite en n'employant pas une trop forte quantité de présure et en s'arrangeant de façon que la température de la laiterie ne dépasse point 15° cent. Une fois la présure dans les pots qui contiennent une vingtaine de litres, on place ceux-ci dans des caisses et l'on met des couvertures de laine par-dessus.

Le surlendemain au matin, la coagulation est complète. Alors, on dispose sur des éviers, ou des tables légèrement inclinées, des paniers à jour de diverses dimensions, fabriqués avec de petites barres de bois, et garnis intérieurement de linges clairs et propres attachés aux paniers par les coins. On verse le contenu des pots dans ces paniers et on laisse égoutter le fromage toute la journée. Vers le soir, on détache les coins du linge, on enlève le fromage des paniers, on l'enveloppe bien avec le linge en question et on le charge d'une planche et de quelques poids. Il passe ainsi la nuit, et le lendemain au matin le fromage est changé de linge et on le pétrit avec la main jusqu'à ce que la pâte devienne bien onctueuse.

Dans cet état, il n'y a plus qu'à le mouler. Pour cela on se sert de formes cylindriques en fer-blanc longues de 0^m,07, de 0^m,05 de diamètre et ouvertes par les deux bouts. On les bourre de fromage de manière à ne laisser aucun vide, puis par des artifices de manipulation que l'expérience seule peut apprendre, on fait sortir la pâte moulée. Il nous semble qu'au moyen de formes à charnières se fermant et s'ouvrant dans le sens de la longueur, il serait facile de mettre l'opération du moulage à la portée de toutes nos ménagères. Chaque fromage ainsi obtenu pèse environ 120 grammes.

On prend alors du sel fin et sec et on sale le bondon en commençant par les deux bouts, à raison de 500 grammes pour cent fromages. Une fois salés, on range les bondons sur une planche que l'on place sur la table à égoutter.

Au bout de vingt-quatre heures, on les transporte dans une pièce où se trouvent des claies garnies de paille fraîche. On étend les fromages sur ces claies en travers de la paille et de manière à laisser entre eux un espace de 0^m,05 environ.

Au bout de quarante-huit heures, on leur fait faire un tour avec la main, en sorte qu'ils passent de la paille humide à la paille sèche des intervalles. Trois jours après, on les met debout, et quand ils ont passé cinq ou six jours sur l'une de leurs extrémités, on les replace sur l'autre. Cette opération dure quinze jours ou trois semaines. Elle est terminée quand le fromage est d'un velouté bleuâtre. Dans cet état, les fromages sont transportés dans une pièce fraîche, mais moins humide que la précédente et pouvant être aérée à volonté. Là, on les place sur de nouvelles claies, sur le bout, sans qu'ils se touchent, et l'on a soin de les retourner de temps en temps pour rendre la fermentation uniforme. Au bout de trois semaines, des boutons rouges marquent sur la peau bleue. Mais l'affinage n'est encore à point qu'à la surface. Cependant on peut les mettre en vente. L'affinage ne devient complet que quinze jours plus tard, et, ainsi affinés, les fromages de Neufchâtel peuvent se conserver deux mois. Leur pâte d'un jaune brun doit être fine, beurrée et sans grumeaux.

Bondons affinés. — On nomme ainsi les fromages de Neufchâtel salés et arrivés à un certain degré de fermentation. Cette dénomination est tellement usitée, que nous ne pouvons la passer sous silence. Il reste donc bien entendu que *bondon affiné* est synonyme de *fromage de Neufchâtel affiné*. Donc, ce que nous venons de dire de celui-ci s'applique à celui-là.

Fromage d'Époisses. — On fabrique en Bourgogne, dans un village des montagnes de la Côte-d'Or, nommé Époisses, des fromages excellents qui jouissent d'une réputation méritée. Leur préparation n'offre aucune difficulté sérieuse ; nous la donnons d'après des renseignements puisés à bonne source.

Et d'abord, voici la composition de la présure, dont on se sert généralement à Époisses :

Caillette de veau fraîche et pleine..	1	
Eau-de-vie à 21 degrés............	1	litre.
Eau ordinaire..................	5	—
Poivre noir...................	30	grammes.
Sel de cuisine..................	250	—
Girofle......................	5	—
Fenouil.....................	2	—

On coupe la caillette par petits morceaux et on ajoute l'eau-de-vie et les autres substances; puis on laisse le tout macérer, autrement dit tremper pendant quarante ou quarante-cinq jours; on remue tous les deux ou trois jours le vase qui contient tous ces ingrédients. Après ce temps, la présure est faite et on peut l'employer. Lorsqu'on veut s'en servir, on filtre à chaque fois la quantité dont on a besoin, et on laisse le reste dans le vase, car on a reconnu qu'en agissant ainsi, la présure s'améliorait et devenait de jour en jour plus forte.

Il ne faut qu'une petite quantité de cette présure pour faire cailler plusieurs litres de lait : ainsi, par exemple, une cuiller à bouche suffit pour 10 litres de liquide. Il ne faut jamais en mettre trop, car alors le fromage serait sec et de moins bonne qualité. On arrive du reste facilement par l'usage à n'employer que la quantité strictement nécessaire, quantité qui est variable suivant la force de la présure.

Aussitôt que les vaches sont traites, on passe le lait comme à l'ordinaire et on ajoute la présure. En été, on fait cette opération dans un lieu frais, à la cave, par exemple; pendant la saison froide, on la pratique, au contraire, dans un endroit chaud. Quand le lait est bien caillé, ce que l'on reconnaît à la séparation du petit-lait et à la fermeté qu'a acquise le caillot, on enlève ce dernier avec une écumoire, et on en remplit des tamis de crin, ou des moules en terre ou en bois, percés de trous sur leurs côtés et dans leurs fonds, que l'on place ensuite au-dessus d'un vase qui reçoit le liquide qu'ils laissent échapper. Comme, à mesure que le petit-lait s'écoule, le fromage se tasse et diminue dans le moule, on remet de nouveau du caillé, et cela jusqu'à ce que le moule en question reste plein. Lorsque les fromages ont pris assez de consistance pour conserver la forme du vase qui les renferme, on les renverse sur un lit de paille longue que l'on a placée sur des claies, et là ils finissent de s'égoutter. Vingt-quatre heures après cette opération, on peut les servir frais sur la table, ou bien on les laisse quelques jours sur la claie, et on les mange frais encore, mais après les avoir salés.

Une partie de ces fromages ne se consomment pas de suite et se conservent pour l'hiver ; dans ce cas, on leur fait subir les préparations suivantes. On les laisse beaucoup plus longtemps sur la paille, et on ne les retire que lorsqu'ils sont devenus fermes et assez solides; puis on prend du sel de cuisine gris réduit en poudre très-fine, et on en saupoudre les fromages, et en même temps on passe la main sur eux dans tous les sens et à diverses reprises pour bien faire entrer le sel. La quantité de sel à employer est de 250 grammes pour cinq ou six fromages. On les place ensuite sur de la paille fraîche ; tous les huit jours on a soin de les retourner et de mettre sous eux de la paille nouvelle. Lorsqu'on s'aperçoit qu'ils commencent à prendre une couleur verdâtre, on les frotte légèrement avec la main trempée préalablement dans de l'eau salée. Ils ne tardent pas alors à devenir rougeâtres. A cette époque ils sont faits. Mais il existe encore deux manières de les traiter, suivant que l'on veut les avoir secs ou non : dans le premier cas on les suspend dans un lieu qui ne soit ni sec, ni humide, après les avoir placés dans des paniers ; dans le second cas, pour les avoir coulants, revenus presque à l'état de crème, *passés*, comme on dit dans la localité, on les met dans la cave sur du foin ou de la paille d'avoine, ou bien on les enferme dans des caisses. Ces fromages d'Époisses sont gras, délicats; ils ont un goût, une saveur des plus agréables, et fournissent un aliment excellent et des plus nourrissants. A cet égard, on peut nous en croire, car nous parlons d'après notre expérience personnelle. Les fromages d'hiver se font surtout depuis la fin de septembre jusqu'au 10 ou 15 novembre.

Fromage de Saint-Cyr ou de monsieur Fromage. — Au temps de la première révolution, un pauvre petit cultivateur quitta le pays de

Camembert et vint s'établir à Saint-Cyr, autre village du Perche, où un de ses oncles était desservant. Ce petit cultivateur, qui se nommait Fromage, y fabriqua, le premier, des fromages comme on en fabriquait à Camembert, et réussit à se faire une bonne réputation dans l'Orne. Son fils, puis ses petits-fils, l'un à Saint-Cyr, l'autre à Bellavilliers, ont continué, développé et perfectionné l'industrie en question. Aujourd'hui la renommée de leurs produits a franchi les limites du département de l'Orne; les fromages de M. Fromage sont très-connus et très-recherchés des amateurs parisiens. Ils sont aussi gras que les Camembert, souvent plus,

Fig. 553. — Fromagerie de Saint-Cyr.

et n'ont point l'amertume caractéristique de ces derniers. On les prépare comme ceux-ci. La pâte

Fig. 554. — Séchoir.

fraîche est versée dans des moules en bois qui ressemblent à nos petits cerceaux de tamis, et qui reposent sur des nattes en jonc. L'égouttage dure vingt-quatre heures, pendant lesquelles on retourne deux fois les fromages, et le petit-lait s'en va sur des tables en plomb qui sont régulièrement lavées trois fois par jour, la première fois

avec de l'eau tiède, les deux autres avec de l'eau fraîche.

Au bout des vingt-quatre heures d'égouttage, on sale les fromages fins avec du sel gris très-pulvérisé, puis on les transporte au séchoir. C'est une chambre parfaitement aérée, où se trouvent un certain nombre de claies superposées et garnies de paille de seigle, triée et débarrassée de ses filandres comme si elle devait servir à empailler des chaises. (Pour le Camembert, on se sert de paille d'avoine, et l'on attribue à cette paille l'amertume qui le caractérise.) Ceci n'est pas démontré.

Les fromages restent sur les claies à peu près un mois ou cinq semaines, et pendant ce temps, on les retourne deux fois par jour. Après cela, on les livre au commerce sous le nom de fromages frais. Toutes les saisons conviennent pour la préparation de ceux-ci.

Quand on veut affiner les fromages, on les laisse nécessairement plus longtemps au séchoir, et l'on n'opère que dans l'intervalle compris entre le 15 septembre et le 1er juin. Avec une vingtaine de claies superposées à 0m,25 de distance, on peut opérer sur quatre ou cinq mille fromages à la fois.

A Saint-Cyr, on estime qu'il entre dans la fabrication de deux à trois fromages fins autant de crème qu'il en faut pour obtenir une livre de beurre. Chaque fromage affiné vaut sur place 1fr,25.

En 1838, il a été fabriqué à Saint-Cyr 40,000 fromages.

Fromage de Pont-l'Évêque. — On donne aujourd'hui ce nom à un fromage appelé autrefois *angelot* et mieux *augelot*, parce que le meilleur provient de la vallée d'Auge (Calvados). Moins connu que le Livarot, il n'en est pas moins cependant de qualité supérieure. M. Morière lui a consacré quelques pages dans l'*Annuaire normand* de 1858, et voici, en résumé, ce qu'il nous dit de sa fabrication :

On fabrique aux environs de Pont-l'Évêque trois qualités de fromage. La première qualité, la seule dont nous ayons à entretenir nos lecteurs, se prépare soit en ajoutant au lait de la traite du jour la première crème du lait de la veille, soit avec le lait pur, sans addition de crème. Il va sans dire que, par la première méthode, on obtient des fromages un peu plus gras que par la seconde.

Une fois que le lait a été filtré, on le chauffe de façon à le rendre un peu plus que tiède, puis on le met en présure; on mélange bien avec la main, on ôte après cela la chaudière de dessus le feu et on laisse en repos jusqu'à ce que le caillé soit complètement formé. C'est l'affaire de douze à quinze minutes quand la présure est bonne.

Dès que le caillé est formé, on le divise jusqu'au fond de la chaudière avec un couteau de bois, puis on presse avec une assiette creuse la masse du fromage afin de le dégager de son petit-lait. On recouvre ensuite d'un linge, on laisse reposer dix minutes, on enlève le caillé avec l'assiette et on le dépose sur les *glottes* qui sont des nattes en roseau ou en jonc. Ce caillé égoutte, après quoi on le met dans des formes carrées en hêtre ou en chêne qu'on laisse sur les mêmes glottes jusqu'à ce que l'égouttage soit achevé. On les tourne sept à huit fois dans l'espace de quinze à vingt minutes. On place ensuite les formes sur des nattes de jonc ou de roseau bien sèches, et l'on retourne encore les fromages cinq ou six fois dans la journée.

Au bout de quarante-huit heures, on sort les fromages des moules. Le matin on sale l'un des côtés avec du sel blanc très-fin et très-sec; le soir, on sale l'autre côté. On transporte ensuite les fromages au séchoir; on les y étend sur le glui très-près les uns des autres, mais de manière à ce qu'ils ne se touchent pas; on les y laisse deux ou trois jours, juste le temps nécessaire pour qu'ils se ressuient, et l'on a soin de les retourner une fois par jour.

Du séchoir, on les porte à la cave, on les dispose de champ dans une boîte, les uns contre les autres pour qu'ils s'affinent, et on les recouvre d'un linge pour les préserver des insectes. Tous les deux jours, on les retourne, et on les met tantôt debout, les uns contre les autres, tantôt à plat les uns sur les autres.

Les fromages de lait pur exigent, pour l'affinage, de trois à quatre mois de cave; les fromages de lait additionné de crème sont *passés* au bout de quinze à vingt jours, quand ils sont minces. Les meilleurs se fabriquent en septembre et octobre, avant la chute des feuilles, car celles-ci communiquent au lait une saveur amère qui se transmettrait au fromage.

Lorsque l'on conserve les fromages longtemps, ils durcissent, et il convient de les envelopper d'un linge mouillé avec du petit-lait pour les ramener à l'état tendre.

Fromage du Mont-d'Or. — Nous avons un Mont-d'Or dans le département du Doubs, un Mont-Dore dans le Puy-de-Dôme, et un Mont-d'Or dans le Rhône, à quelques kilomètres de Lyon. C'est dans cette dernière localité qu'on élève un grand nombre de chèvres à l'étable, et que l'on fabrique le fromage renommé, dont nous allons dire un mot tout de suite, afin de n'avoir pas à fractionner notre chapitre du laitage. Il s'agit ici de l'emploi du lait de chèvre, au lieu de l'emploi du lait de vache; voilà toute la différence.

Nous ne connaissons la fabrication du fromage du Mont-d'Or que par ce qu'en a dit M. Martegoutte, dans le *Journal d'agriculture pratique* du 5 décembre 1850. Il écrivait ceci à propos des chèvres du Mont-d'Or : — « On ne les trait que deux fois par jour, le matin et le soir. On présure à froid, à une température d'environ 12°, toujours facile à obtenir au moyen d'un lieu frais. Un quart d'heure en été, une demi-heure en hiver, suffisent pour que le lait soit pris, et les présures, dont on se sert, ressemblent à toutes celles que l'on emploie pour des fromages analogues; ce sont des caillettes de chevreau, macérées dans du vin blanc en été, et dans du petit-lait aigri en hiver; le tout avec un peu de sel, aromatisé parfois, suivant les goûts, avec du persil, du girofle, de la cannelle, ou des herbes odoriférantes.

« Le caillé fait, il est enlevé avec une cuillère percée de trous, et déposé, en le pressant, dans de petits moules en forme de boîtes à dragées, également percés, afin de laisser échapper le restant du petit-lait qui se dégage. Les moules sont indifféremment en terre cuite vernissée, en faïence et en bois; l'essentiel est qu'ils soient tenus fort propres. On les place dans un lieu frais, sur des tablettes en osier ou en paille sur liteaux, et on les y laisse pendant vingt-quatre heures en été, et en hiver pendant deux ou trois jours, jusqu'à ce que les fromages soient parvenus à un degré de fermeté suffisant. La salaison a lieu pendant cet intervalle, à moins que l'on n'ait salé suffisamment par la quantité de sel mêlé à la présure. Les fromages sont vendus et ordinairement consommés dans la localité en cet état, c'est-à-dire à l'état frais. Ils valent alors de 0f,18 à 0f,20 chacun; et à ce taux, ils font ressortir le lait au même prix que le litre.

« Quand on les raffine, et c'est en cet état qu'ils parviennent à leur plus haute valeur, de 0f,30 à 0f,40 pièce, il faut, suivant le degré du raffinage, de un à deux mois de plus. Les négociants en fromages de Lyon les plus renommés, surtout ceux de la rue Buisson, près de l'église Saint-Nizier, font un secret de leurs procédés. Voici néanmoins ceux qui sont en usage sur le Mont-d'Or. On se contente, chez M. de Saint-Romain, après les avoir simplement trempés dans du vin blanc, de placer les fromages, pressés entre deux assiettes, dans un endroit frais, exposé à l'air, et de les retourner de temps en temps. Ailleurs, on les imbibe également encore de vin blanc, mais en y ajoutant des feuilles, soit de persil, soit de cresson, soit de toute autre herbe aromatique. »

On rencontre, autre part que dans le Mont-d'Or lyonnais, des fromages de chèvre qui ont la forme du tampon de bois avec lequel on bouche la bonde des tonneaux. Ils sont agréables aussi longtemps qu'ils ne deviennent pas cassants.

FROMAGES DE LA TROISIÈME CATÉGORIE.

Fromage de Herve. — Plusieurs écrivains ont confondu le fromage de Herve, fabriqué dans la province de Liége, avec le fromage persillé du Limbourg. Nous ne tomberons pas dans cette erreur étrange, car nous avons pris la peine de visiter la charmante petite ville de Herve (Belgique) et d'étudier sur place la fabrication du produit dont nous avons à vous entretenir.

Le fromage en question se rapproche beaucoup pour la forme et pour l'odeur de nos fromages de l'arrondissement d'Avesnes (Nord), connus sous le nom de Marolles et mieux de Maroilles.

Voici *de visu* la manière de préparer ce produit si connu et si recherché, à juste titre :

Trois fois par jour, durant la bonne saison, les fermières de l'endroit traient leurs vaches au pâturage, le plus près possible de l'habitation, afin de ne pas fatiguer, de ne pas altérer le lait en le transportant à de longues distances. La traite se fait dans un seau en bois ou en fer-blanc, que l'on vide ensuite dans un vase en cuivre recouvert d'un filtre ordinaire

Une fois entièrement passé ou coulé, on emporte le lait à la ferme et on en remplit des terrines vernissées en dedans, terrines qui ressemblent parfaitement à nos *trappes* de la Bourgogne. Dès que le vernis s'écaille, on a bien soin de les mettre au rebut, attendu que la crème y contracterait une mauvaise saveur. Dès que la crème est montée dans les terrines, on en enlève une bonne partie, un peu plus de la moitié, pour la convertir en beurre, et on la place, en attendant, dans des pots de terre cuite vernissés à l'intérieur et hauts de 0^m,60 à 0^m,75 environ.

Le lait et la crème qui restent dans les terrines sont, aussitôt après, versés dans un grand seau de bois blanc, fermé d'un couvercle troué au milieu. C'est dans ce grand seau qu'on fait cailler le lait au moyen d'une présure préparée avec de la caillette de veau que l'on sale d'abord, que l'on dessèche ensuite et que l'on fait bouillir après cela, ou tout simplement chauffer dans de l'eau pendant trois heures.

Lorsque le caillé est formé, on l'enlève avec un pochon en fer-blanc, sans trous, pareil aux pochons que l'on emploie pour servir la soupe, et l'on remplit de ce caillé des moules en bois dur et de forme carrée, de 0^m,60 de haut sur 0^m,15 d'ouverture. A mesure que le petit-lait s'écoule par les trous du moule et que le volume du caillé se réduit, on soulève cette pâte pour faciliter l'égouttage et l'on remplit deux ou trois fois avec du caillé nouveau, afin d'obtenir ces gros fromages carrés que d'ordinaire l'on vend à Herve à raison de 50 à 60 francs le cent.

Au bout de trois jours à peu près, on renverse les fromages de ces moules sur un égouttoir en bois et en pente, à rebords peu élevés, et on les enchâsse, pour ainsi dire, comme des caractères d'imprimerie, dans une forme, pour les maintenir les uns contre les autres, mais sans précisément les presser. En d'autres termes, on pose les fromages à plat sur l'égouttoir et on les maintient un peu serrés avec des barres de bois et des coins placés à la main et non frappés, car si on les frappait, la pâte ne résisterait pas à la pression. Deux ou trois fois par jour, on desserre pour retourner les fromages.

Deux jours de cette pression dans la laiterie suffisent pour enlever le petit-lait de la pâte et rendre les fromages assez fermes. On les ôte alors de l'égouttoir pour les placer sur une autre table en bois et à rebords qui ressemble beaucoup à l'égouttoir, mais qui n'offre pas de pente. Une fois là, la fermière prend du sel gris pilé à pleine poignée et en frotte chaque fromage dans tous les sens. Puis, au fur et à mesure qu'elle les sale ainsi, elle les place deux par deux, l'un sur l'autre. Le surlendemain, elle les reprend, les frotte avec le sel comme la première fois et les empile ensuite quatre par quatre. Deux jours après cette seconde salaison, notre fermière prend un seau dans lequel elle a mis de l'eau à la hauteur de 0^m,06 ou 0^m,07 seulement; elle y place chaque pile de quatre fromages à tour de rôle, ramasse l'eau des deux mains, les lave rapidement et les retire.

Les fromages, lavés ainsi, sont enlevés de la laiterie qui est d'ordinaire une cave à demi obscure, et portés au rez-de-chaussée dans un séchoir bien aéré. Là, on place de champ sur des étagères en bois de sapin. Chaque rayon peut contenir trois rangées de fromages, qui ne doivent point se toucher. Il convient que l'air puisse librement circuler parmi eux. Dans la bonne saison, en juin et juillet par exemple, dix jours suffisent pour sécher les fromages, et l'on reconnaît qu'ils sont assez secs, lorsqu'en frottant leur surface avec le pouce, il s'en détache des pellicules qui tiennent au doigt.

N'oublions pas de faire observer que tous les deux jours, pendant le temps de la dessiccation, on doit prendre les fromages un à un et les frotter avec la main dans tous les sens. Sans cette précaution, ils pourraient se couvrir de moisissure et s'altérer sensiblement.

La dessiccation achevée à la ferme, on vend les fromages aux marchands. Ce sont ceux-ci qui les font *passer*, qui les rendent bons à manger, qui en avancent ou en retardent à leur gré la fermentation. Voici en peu de mots la manière de faire passer les fromages de Herve : — On les met en cave, dans une partie obscure de cette cave, où il n'existe aucun courant d'air. On les dispose de champ sur des étagères et de façon qu'ils se touchent; puis on les couvre de linges mouillés avec de l'eau ordinaire ou humectés avec de la bière. Ils *passent* ainsi très-rapidement, en quelques semaines. Si l'on ne se servait pas de linges constamment mouillés, les fromages, abandonnés à eux-mêmes, demanderaient six ou sept mois de cave pour être parfaits.

Les fromages de Herve, nous le disons à regret, ne sont plus aujourd'hui ce qu'ils étaient autrefois. Maintenant que leur réputation paraît solidement établie, que les demandes abondent, que les débouchés sont nombreux, on se préoccupe fort peu de la qualité; on ne fabrique plus que des fromages maigres pour l'exportation. Le véritable Herve ne se rencontre plus guère que sur les tables de ceux qui, voulant de bonnes choses, ont le bon esprit de les payer ce qu'elles valent. Il y a trois sortes de fromages dans ce pays : 1° ceux qui sont tout à fait gras et renferment par conséquent toute la crème; 2° ceux qui ont été écrémés au tiers seulement et qui sont encore très-présentables; 3° ceux qui ne contiennent pas la moitié de la crème, qui n'en contiennent souvent qu'un tiers. Les partisans du bon marché ne connaissent que ces derniers et s'en plaignent plus qu'ils ne s'en louent.

Fromage persillé du Limbourg. — Ce fromage, nous le répétons, a été souvent, très-souvent confondu avec celui de Herve, dont cependant il diffère beaucoup par la saveur. C'est afin que l'on saisisse bien la différence qui existe dans la préparation de ces deux produits que nous les plaçons ici à la suite l'un de l'autre. Voici la manière de préparer le fromage du Limbourg :

On fait cailler, sans l'écrémer, la quantité de lait que l'on veut employer. Lorsque le caillé est formé, on le presse, de façon ou d'autre, assez fortement pour faire sortir, autant que possible, le petit-lait qu'il contient; on y ajoute ensuite du sel de cuisine, en ayant soin, cependant, de ne pas trop le saler. Cela fait, on hache très-fin du persil, de la ciboule, de l'estragon. La dose de ces substances est une très-petite pincée pour 500 grammes de fromage; l'habitude, du reste, apprend, dès la seconde ou la troisième fois, à ne mettre que la quantité nécessaire. Puis on pétrit, à l'aide des mains, toute cette verdure avec le sel et le caillé, jusqu'à ce que l'on ait obtenu une pâte bien unie, en un mot, un mélange parfait. Après cela, on divise cette pâte en portions d'environ un kilogramme, un peu plus ou un peu moins, cela est indifférent, et on place chaque portion dans un vase rond ou carré en bois, suivant la forme que l'on tient à donner aux fromages. Le vase doit être percé dans son fond de trous assez fins. On les laisse dans cette sorte de moule pendant quarante-huit heures, plutôt moins cependant que plus, et on les retire pour les étendre dans des paniers ou sur des claies que l'on a soin de recouvrir d'abord avec de la paille longue. Il ne reste plus alors qu'à les mettre au soleil ou dans un endroit chaud pour qu'ils puissent se dessécher. Il faut que cette dessiccation soit conduite promptement. Huit à dix jours doivent suffire pour la terminer. On les saupoudre ensuite avec du sel finement broyé; on les étend sur de la paille fraîche, et on les descend à la cave, ou bien on les place dans un lieu frais et humide. Après un temps variable, mais toujours assez long, la croûte des fromages moisit, ce qui est facile à reconnaître à la barbe blanche ou au duvet qui les recouvre. Il est nécessaire d'enlever ces moisissures; pour cela, on les frotte avec une brosse que l'on a trempée dans de l'eau salée. Après un certain nombre de jours, les moisissures se reforment; on recommence à brosser, et l'on répète cette opération aussi souvent qu'il est nécessaire, c'est-à-dire au moins trois à quatre fois pendant la centaine de jours dont ces fromages ont besoin pour acquérir toute leur perfection. On reconnaît qu'ils sont arrivés à ce point aux teintes bleues, rouges, jaunes, orangées, noires, brunes, qu'ils présentent dans leur intérieur.

On voit que la préparation des fromages persillés est très-simple. Ils sont bons, ils ont un goût qui plaît, et ils auront, en outre, pour beaucoup de nos lecteurs, le mérite de la nouveauté.

Fromage de Maroilles. — On fabrique principalement ce fromage dans les cantons d'Avesnes et de Maroilles (Nord). Voici, d'après l'*Agriculture française*, le mode de préparation : « Aussitôt que le lait vient d'être trait, on y mêle de la présure; il se caille, et, quand il a passé cinq ou six heures en cet état, on le place dans des formes en osier appelées *équinons*, de 0ᵐ,15 carrés, dans lesquelles le petit-lait se sépare du fromage. Lorsque celui-ci est bien égoutté, on le met sur des planches, afin qu'il se ressuie : c'est alors qu'on le sale en le frottant avec un demi-litre de sel pour 144 fromages pesant chacun 375 grammes. Cette opération terminée, on le pose de champ, sur des claies couvertes de paille, pour le faire sécher; il y reste environ quatre à cinq semaines, et tous les quinze

jours on le retourne : ces diverses façons se pratiquent dans l'intérieur de la laiterie. Lorsque les fromages sont bien secs, on les lave avec une brosse, afin d'enlever la moisissure, et ensuite, on les descend à la cave, où ils sont étendus sur des paillassons. Ils y restent jusqu'au moment de la vente. Pendant que les fromages se font à la cave, on a soin de les retourner et de les laver de temps en temps; plusieurs cultivateurs les arrosent avec de la bière, pour leur donner plus de mine. »

Le mode de préparation dont il vient d'être parlé, s'applique aux fromages de qualité supérieure; on en fabrique beaucoup avec du lait en partie écrémé.

Dans une note que nous devons à l'obligeance de M. Mariscal, d'Avesnes, nous remarquons que le produit de 10 vaches à lait, pendant une année, dans la commune de Noyelle-sur-Sambre (Nord), a été de 837ᵏⁱˡ, 350 de beurre, vendu 1,796ᶠ,88, et de 728 douzaines de Maroilles, du poids de 3 kil. par douzaine, vendus 767 fr. On les livre au commerce encore blancs, mais bien ferme et convenablement salés.

FROMAGES DE LA QUATRIÈME CATÉGORIE.

Fromage de Roquefort. — Le fromage de Roquefort se fait avec un mélange de lait de chèvre et de lait de brebis. Les brebis qui fournissent la majeure partie du lait employé à cette fabrication appartiennent généralement à la race primitive du Larzac, plus ou moins améliorée, mais débarrassée, depuis de longues années, des croisements-mérinos introduits dans le pays, il y a plus de quarante ans, par le général Solignac. Le centre de l'élevage est le département de l'Aveyron. Le lait de brebis donne au fromage sa consistance et un arôme particulier. Le lait de chèvre lui communique cette blancheur qu'offrent les fromages quand ils ne sont pas arrivés à complète maturité. La force des fromages de Roquefort et le persillé qui le distingue lui sont donnés par les caves bien connues du village de Roquefort.

La race du Larzac est originaire d'un vaste plateau élevé à 750 mètres au-dessus du niveau de la mer. Cette race est remarquable par la petitesse de sa tête, par sa taille un peu basse, par la finesse de son ossature, par la forme régulière de son corps, par la largeur de ses reins et de sa croupe, par l'ampleur de sa mamelle et enfin par sa laine onctueuse et frisée.

Après de nombreux et malheureux essais de croisements, la race pure, longtemps altérée, tend à reprendre ses caractères primitifs. Un bon régime et des croisements *in and in*, c'est-à-dire en dedans, dirigés avec intelligence, ont su donner aux nombreuses brebis du Larzac les aptitudes nécessaires pour l'emploi auquel on les destinait et en ont fait d'excellentes laitières.

Le bon choix des reproducteurs appartient au cultivateur lui-même; s'il manque à ce soin important, c'est à lui seul qu'il doit s'en prendre de la décadence de son troupeau, mais un bon régime ne s'improvise pas. Là où il y a de bonnes prairies naturelles, de succulents pâturages, il est facile de bien nourrir les bêtes, mais là où cette nourriture fait défaut, c'est encore à l'activité du cultivateur à y suppléer. Pour obtenir du lait, il faut nourrir les laitières : plus elles seront nourries, plus elles produiront de lait ; mieux elles seront nourries, meilleur sera le lait ; un proverbe allemand dit, en parlant des vaches laitières : « Une vache est une armoire, on ne peut en retirer que ce qu'on y a mis. » Le proverbe est aussi vrai pour les brebis laitières.

La pauvreté des *causses* et des pâturages inférieurs de l'Aveyron paralysait le perfectionnement de la race laitière. Le développement des prairies artificielles a permis d'obtenir des animaux excellents au point de vue de la lactation. « Comme autrefois, dit M. Roche (Lubin), il ne faut plus traire neuf brebis pour avoir 40 kilogr. de fromage : aujourd'hui quatre d'entre elles en fournissent 50 kil. ; il est même des troupeaux qui, composés de cent têtes, en rendent 22 kil. par tête, et tout nous fait espérer que, dans beaucoup d'exploitations rurales, deux brebis en donneront 50 kil. ; alors les pailles seront réservées aux litières. »

Autrefois une brebis ne rapportait pas plus de 10 francs à son propriétaire, aujourd'hui le produit est du double, et se décompose ainsi : en agneaux, 2f,50 ; laine, 4f,50 ; fromage, 13 fr. ; total, 20 francs : cette somme peut être considérée comme produit net. La nourriture du troupeau est largement satisfaite par le rendement de la culture améliorante ; les frais d'entretien sont plus que compensés par le fumier, le petit-lait, le beurre, les recuites et les gestations bigéminales.

On avait prétendu que le développement des prairies artificielles tendait à altérer la qualité de ce fromage appelé à juste titre *le roi des fromages*. M. Roche (Lubin) avait partagé cette opinion. Après de patientes études il consciencieux savant s'est démontré à lui-même qu'il avait contribué à propager une erreur. Il résulte de ses recherches, continuées par d'autres personnes et dont les résultats n'ont pas encore été contestés, que la luzerne, mangée exclusivement en herbe, fournit un lait d'une saveur agréable et fournit 26 à 27 pour 100 de très-bon fromage. Mais quand la consommation de la luzerne est interrompue par quelques heures de dépaissance sur les *devois*, jachères et autres parcours où abondent le thym ou serpolet, le lait possède un arôme délicieux et produit un fromage de première qualité ; il en est de même du sainfoin ou esparcette. La minette et la pimprenelle consommées en dépaissance exclusive et sans réserve, fournissent un lait riche en crème et riche aussi en matière caséeuse et un excellent fromage. Le trèfle mangé exclusivement en herbe ou mêlé de quelques heures de pâturage sur des terrains riches en thym ou serpolet est le seul des fourrages artificiels dont nous venons de parler qui ne donne pas de très-bons résultats.

Le soir, au retour des pâturages, le troupeau doit se reposer au moins une heure avant l'opération de la première traite. Ce repos ramène la respiration à son état normal, rafraîchit les mamelles, et les brebis calmées donnent plus facilement leur lait.

Un écrivain agricole parfaitement estimé de l'Aveyron, M. Girou de Buzareingues, attribuait en partie la supériorité incontestée de ces fromages, à la manière un peu brutale dont on traite les brebis dans le pays. Quand on ne peut plus obtenir de lait par la simple pression ordinaire, on frappe, à plusieurs reprises, les mamelles du revers de la main, jusqu'à ce que la traite ne donne plus rien ; c'est à peu près ce que font instinctivement les jeunes veaux, avec leur mufle, lorsque le pis de la mère ne donne plus assez de lait. En donnant une certaine importance à ce procédé, M. Girou de Buzareingues cédait à l'influence d'un préjugé populaire. C'est encore propager une erreur dangereuse que de prétendre cet usage inoffensif pour la santé des animaux. On doit recommander de frapper le moins possible le pis, dit M. Roche (Lubin), médecin vétérinaire à Sainte-Affrique (Aveyron), qui a publié une étude fort intéressante sur la fabrication des fromages de Roquefort, et à qui nous ferons de nombreux emprunts ; le revers de main que lancent avec force sur les mamelles les goujats vigoureux chargés de la traite, sont le plus souvent la cause réelle de l'inflammation et de la gangrène de ces organes ; les propriétaires ne sauraient prendre trop de précautions pour éviter ces causes de maladie. Par une traite douce et bien graduée, par de légers soubattements, on obtient la même quantité de lait.

On active le plus possible la traite afin que les brebis ne se pressent pas longtemps les unes contre les autres et qu'elles puissent jouir au plus tôt du repos qui leur est nécessaire après la pénible opération de la traite. Chaque domestique ne doit traire en moyenne que 25 brebis ; de cette manière, 16 personnes peuvent traire un troupeau de 400 bêtes en deux heures.

La traite finie, on porte dans la fromagerie les cuvettes pleines de lait, en ayant soin d'éviter qu'il ne tombe dans ce lait de la poussière ou des corps étrangers de nature à altérer le liquide. Au reste, tout ce qui touche aux manipulations du lait et à la fabrication du fromage exige une propreté sans bornes.

Avant de verser le lait sur le *couloir*, on le laisse reposer quelques instants ; les crottins, les brins de laine, les corps légers montent à la surface, et les matières lourdes se précipitent au fond du vase. On enlève les uns avec une écumoire, tandis que le dépôt, les ordures précipitées qui, par leur contact, pourraient altérer la masse du lait, restent au fond de la cuvette.

Après le coulage, on fait chauffer le lait. Cette opération, qui empêche le liquide de tourner, a pour but aussi de faire évaporer une partie de l'eau que contient le lait.

Ici doit prendre place une intéressante observation relative au degré d'ébullition du lait. « Les plantes, dit M. Roche (Lubin), qui végètent soit dans un air vif et pur, sur un sol calcaire et un peu ferrugineux, comme le Larzac et tous les *causses* (plateaux calcaires), qui environnent Roquefort, Sainte-Affrique et Milhau, soit qu'elles viennent dans les prairies artificielles ou dans les herbages naturels, sont fermes, peu aqueuses, fortement nutritives, fournissent un sang riche en globules, en fibrine et en albumine, et contribuent puissamment à la formation d'un lait contenant beaucoup de beurre, beaucoup de principe caséeux, et remarquable par sa saveur et par son arôme. Le lait des brebis nourries avec ces plantes ne doit être chauffé que jusqu'au premier point de l'ébullition, point qu'il faut même se garder d'atteindre quand le vent du midi souffle.

« Dans ce cas, si l'on dépasse ce degré de chaleur, et dans l'autre, si l'on y arrive, le lait perd son arôme, et le fromage, la légèreté, la délicatesse qui caractérisent sa pâte. Il est bien vrai que le fromage sera plus pesant et que la maturité encore sera plus prompte ; mais on ne doit jamais sacrifier à ces deux avantages pour le producteur et le négociant ces deux qualités, légèreté et délicatesse de la pâte, qui sont si essentielles et si désirées par le consommateur.

« Le lait des brebis qui paissent sur les sols argileux et frais, et dans les pâturages naturels ou artificiels dont les plantes sont fades et aqueuses, doit subir une ébullition de douze à quinze minutes. Sans cette condition, le fromage, trop saturé d'eau, n'acquiert jamais la fermeté et la consistance nécessaires à sa conservation ; il prend peu de sel, bleuit moins et il est plus tardif en cave. Le lait des bêtes à laine abondamment nourries avec des substances aqueuses (betteraves, pommes de terre, carottes, navets), doit subir le même degré d'ébullition. »

Il convient donc de chauffer le lait graduellement et de tenir compte de l'état de l'atmosphère, de la saison plus ou moins humide, du sol et de la qualité de la nourriture donnée aux brebis. La légèreté et la délicatesse du fromage dépendent de l'observation exacte de ces précautions. Maintenant peut-on indiquer précisément le point d'ébullition qui doit être donné au lait dans ces diverses circonstances ? Évidemment non. C'est à l'expérience du cultivateur à suppléer à l'insuffisance forcée de ces renseignements.

Le lait est ensuite déposé dans la fromagerie, exposé à une douce température, afin qu'il refroidisse lentement. Pendant ce temps-là, on l'écrème sans l'agiter.

La seconde traite se fait le lendemain matin. Le lait de cette traite n'est jamais ni chauffé, ni écrémé. Pendant les mois de mars, avril et mai, on fait chauffer le lait de la première traite avant de le mélanger avec celui qui sort du pis des brebis, parce que le mélange devient plus facile quand les deux laits sont à peu près à la même température.

« Le meilleur fromage, dit M. Roche (Lubin), est celui qui est fabriqué avec du lait à moitié écrémé. Si la totalité du liquide est privée de crème, si l'on enlève ce produit à la traite du matin, on prive la masse de l'onctuosité nécessaire à la parfaite agrégation des molécules caséeuses, et l'on obtient un fromage dont la pâte sèche, après un mois de cave, ressemble à de la sciure de bois.

« Si, au contraire, tout le liquide a conservé son principe butyreux, si celui du soir possède encore sa crème, on obtient plus de produit ; car, en enlevant le beurre, on enlève aussi du caséum ; mais le pain-fromage qui en provient, ne présente qu'une pâte compacte, dense, jaunâtre, ayant de l'analogie avec la colle ; il est donc dépourvu de cette saveur piquante, de cette légèreté, de cette délicatesse qui, unie à une blancheur remarquable, parsemée çà et là de taches azurées, sont les principales qualités de notre fromage. »

Après le mélange des deux laits, on les agite au moyen d'une baguette en bois, et on verse dans la masse la présure, à raison d'une cuillerée de présure pour 50 litres de lait.

La meilleure présure provient de la caillette du chevreau, celle de l'agneau ou du veau vient après. Celle que l'on retire de l'estomac du porc tend à faire jaunir le fromage et à le faire noircir en cave. Les acides minéraux et autres ingrédients employés dans la présure, sont rigoureusement proscrits.

La présure ne doit pas être fermentée ; elle détériorerait le fromage. On la renouvelle tous les quatre jours pendant les grandes chaleurs, ou on tâche de prévenir la fermentation au moyen d'un peu d'eau salée.

Aussitôt que la présure est mise en présence du lait, on tourne et on retourne en tous sens le caillé à l'aide de la baguette ou spatule de bois, en ayant bien soin d'éviter d'y mettre la main. Peu d'instants après, on extrait le petit-lait. Cette opération se fait d'une manière lente et graduée ; la pression opérée par un ou deux moules dans la marmite et celle qui résulte de la large bassine destinée à recevoir le petit-lait, posée sur le caillé, sont suffisantes. « Il ne faut jamais extraire, dit M. Roche (Lubin), la totalité du sérum, car une partie de ce liquide contribue, comme la crème laissée sur une partie du lait, à donner de l'onctuosité aux molécules caséeuses. »

On met ensuite le caillé, par trois ou quatre couches, dans des moules en terre vernissée. Sur chaque couche, on répand une pincée de pain moisi qui active la production du bleu, hâte la maturité du fromage et en facilite la vente. Le pain moisi doit être mis avec mesure ; un excès détermine dans le fromage une fermentation qui désagrège les molécules caséeuses.

Autrefois, on n'ajoutait pas de pain moisi au fromage ; il n'est pas indispensable pour le faire bleuir. Le fromage bleuissait très-bien au bout de deux mois de cave. Ce sont les expéditions prématurées auxquelles les négociants sont contraints de s'assujettir pour satisfaire à la consommation, qui ont déterminé l'emploi de ce levain. Il vaudrait, sans doute, mieux qu'on pût ou qu'on voulût s'en passer ; mais les exigences du commerce priment ici les bons procédés de fabrication.

Le pain destiné à activer la fermentation du fromage dans la cave est préparé avec une égale quantité de seigle et de froment. On le prépare ordinairement avant Noël. La moisissure n'est complète que trois mois après ; pendant l'été, un mois suffit ; en hiver, on active au besoin cette moisissure par une douce chaleur. On moud la mie de ce pain, on la tamise, et puis on la conserve à l'abri de l'air.

Les fromages restent dans les moules pendant trois jours consécutifs, pendant lesquels on les retourne trois ou quatre fois par jour. Au sortir des moules, on les dépose sur du linge bien propre, et on les place dans le *séchoir*. C'est surtout à la propreté avec laquelle ils sont tenus que les fromages de Roquefort doivent la blancheur de la croûte qui les fait rechercher.

Pour favoriser cette qualité, le séchoir est placé à l'abri du vent du midi, éloigné des tas de fumier, ainsi que des granges où l'on met le foin nouveau. On y maintient au besoin une température uniforme en absorbant l'humidité au moyen de réchauds remplis de braise qu'on tient cependant aussi éloignés que possible des fromages. La moindre quantité de sel ajoutée au fromage, en ce moment, épaissirait la croûte, la noircirait et nuirait à l'écoulement du petit-lait. Le fromage reste quatre ou cinq jours dans le séchoir, puis il est transporté à Roquefort avec le plus de précautions possible.

A son arrivée à Roquefort, chaque fromage est examiné et pesé. Le poids en est transcrit sur une feuille, qui demeure entre les mains du cultivateur, sur la main courante de la cave et puis sur le grand-livre.

Le prix du fromage frais est, en moyenne, de 50 francs les 50 kilog. Le plus souvent il est acheté par parties et pour plusieurs années d'avance, ou bien l'achat s'en fait aux foires de Milhau, Sainte-Affrique et Lodève, en février, mars, avril et mai.

Le fromage reçu pour le compte du négociant reste toute la journée dans le magasin où il a été pesé; les pains qui ont été refusés sont mis à part et salés pour le compte du propriétaire qui les reprend, à la fin de la campagne, lors du règlement définitif, pour les faire consommer dans sa maison.

Le lendemain, les pains sont descendus à un étage inférieur, appelé le *saloir*. On les sale sur les deux faces planes en les empilant par cinq. Deux ou trois jours après, on les frotte avec la main sur toutes les faces pour les bien pénétrer de sel.

La dose de sel varie suivant les qualités du fromage. Une pâte sèche et délicate en exige beaucoup moins que les pâtes grossières et *pleureuses*. Les employés expérimentés indiquent, à première vue, la dose nécessaire.

Après un séjour de sept à huit jours dans le saloir, le fromage est *raclé* deux fois, descendu à la cave et empilé, toujours par cinq, sur des planches très-propres, où il reste jusqu'à ce qu'il soit bien sec.

Quand le fromage est tout à fait sec, on le place sur champ; chaque fromage est un peu éloigné de l'autre. Les fromages restent ainsi pendant vingt-cinq ou trente jours.

Les premières raclures prennent le nom de *Rebélun*, et sont destinées à la nourriture des porcs. Les secondes raclures qui succèdent immédiatement aux premières sont composées d'une partie de la croûte du fromage, prennent le nom de *rhubarbe blanche*, et servent à la nourriture des domestiques et des ouvriers des villes.

Sept à huit jours après que les fromages ont été mis *de champ*, il pousse sur toute leur surface une *barbe*, un *duvet*. C'est cette végétation cryptogamique qui, par sa blancheur éclatante, par sa longueur, par son épaisseur et par sa légère humidité, dénote les qualités supérieures du fromage et la bonté des caves. Si le duvet est sec, noirâtre ou d'une teinte rougeâtre, fromages et caves sont d'une médiocre valeur.

On enlève ce duvet quelques jours avant l'expédition en le raclant légèrement. La croûte est alors ferme; sa surface extérieure sèche rapidement et conserve sa véritable couleur rosée, tachetée de quelques points de bleu azur. Chaque fromage fournit des raclures qu'on appelle *rhubarbe*, évaluées à 7 ou 8 p. 100 de son poids. Ces raclures se vendent de 15 à 20 francs les 50 kilog.

Lorsque les débouchés manquent et qu'on est obligé de laisser le fromage séjourner cinquante ou soixante jours dans la cave, on le racle légèrement toutes les semaines et l'on obtient ainsi une rhubarbe rougeâtre qui, quoique moins chère que la blanche, est plus estimée. Quand les mauvaises qualités de fromages vieillissent en cave, cette seconde rhubarbe est noirâtre; cette couleur s'observe parfois, dans les mauvaises caves, sur des qualités supérieures.

Toutes ces manipulations n'élèvent pas le déchet du fromage à plus de 25 p. 100. Dans les caves qui activent la fermentation plus énergiquement, le déchet n'est que de 22 p. 100.

Le fromage peut, en général, être livré à la consommation quarante jours après son entrée en cave. Les meilleurs fromages sont ceux qui peuvent être mis en consommation en août, septembre et octobre.

On expédie les fromages de trois manières: dans des paniers, dans des *gagets* en bois, ou dans de grandes corbeilles d'osier. Les expéditions de l'automne pour Paris se font dans de longues caisses préparées spécialement pour ces envois. Dans les *gagets*, le fromage ne s'échauffe pas autant, l'air pouvant circuler sur toutes ses faces. Dans les caisses, ils sont enveloppés de paille de seigle et séparés par une planchette.

Les fromages-primeurs destinés à Paris sont mis par quatre ou cinq dans des paniers coniques. Paris, Toulouse, Bordeaux, Marseille reçoivent les premières qualités de fromage de Roquefort; les qualités inférieures sont expédiées dans l'Hérault, le Gard, le Tarn, le Lot, l'Aude, etc.

Les fromages de Roquefort se fabriquent dans un rayon de 26 à 30 kilomètres autour de Roquefort, et la plus grande fabrication a lieu depuis le mois de mai jusqu'à la fin de septembre. Les propriétaires de caves les achètent en toute saison. Les caves de Roquefort sont adossées à un rocher calcaire auprès duquel le village est bâti. Quelques caves sont formées soit par des grottes naturelles, soit par des grottes creusées dans le rocher, closes par un mur d'un côté de la rue. Ces caves sont en général assez petites; elles sont aérées par des fentes pratiquées dans le rocher de manière à établir des courants d'air qui se dirigent du sud au nord, et déterminent un froid glacial; et c'est ce qui fait précisément leur mérite. Un petit nombre de caves reçoivent le courant de l'est; mais, selon M. Masson-Four, les meilleurs sont ceux du sud. Plus l'air extérieur est chaud, plus les courants sont froids et forts; ils sont toujours assez actifs pour éteindre la flamme d'une bougie présentée à l'ouverture de la crevasse. L'air introduit par les courants s'échappe par des ouvertures pratiquées dans la porte des caves, de façon à ce que le courant soit perpétuel. Ces courants produisent un froid très-vif. Chaptal a observé qu'au 21 août 1787, un thermomètre marquant à l'ombre et en plein air 23° Réaumur, était descendu à 4° au-dessus de zéro après un quart d'heure d'exposition dans le voisinage d'un courant rapide. La température de ces caves varie suivant leur exposition, suivant la direction des courants, suivant la chaleur extérieure et suivant le vent qui souffle. Le vent du sud semble toujours accroître leur fraîcheur.

VICTOR BORIE.

Fromage de Gruyère. — Ce fromage, que l'on désigne encore sur différents points sous le nom de *Vachelin*, se fabrique en Suisse et en France, dans les départements du Jura et des Vosges. Comme la qualité dépend beaucoup du volume des pains et de la quantité de pains qui fermentent dans la fromagerie, il n'y a que les grands établissements et mieux encore les associations, qui puissent s'occuper de cette industrie avec succès. Ces associations existent sous la dénomination de *fruitières*, et nous devons les faire connaître avant de nous occuper du détail de la fabrication du produit.

Qui a vu une fruitière et lu un règlement, a vu cent fruitières et lu cent règlements. Eh bien, nous avons visité la fruitière de Champvaux, près de Poligny (Jura), et pris copie de ses statuts.

Un membre de la commission nous accompagnait; nous engageâmes avec lui la conversation que voici : — Vous êtes associés pour la fabrication du fromage de Gruyère? — Oui, monsieur, tous les cultivateurs de la commune sans exception. — Depuis quelle époque existe cette association? — Ma foi, je serais bien en peine de vous le dire ; tout ce que j'en sais, c'est qu'elle dure depuis des centaines d'années ; nos grands-pères ne se souvenaient pas du commencement. — Si vous avez cinq minutes à perdre, expliquez-moi donc la pratique de la chose. — Bien volontiers. Une supposition, si vous le permettez ; nous sommes ici tous ensemble ; nous discutons un règlement entre nous ; la minorité suit la majorité ; nous le signons tantôt en toutes lettres, tantôt avec une croix, quand on ne peut pas faire autrement. Après cela, nous nommons au scrutin une commission de plusieurs membres qui sont chargés de faire exécuter le règlement, et nous avons bien soin de choisir ceux de nous autres qui ont le plus d'intérêt à ce que l'association marche bien. La commission loue un local que nous appelons le *chalet* ou la *fruitière*; elle choisit ensuite son fruitier, c'est-à-dire l'homme qui doit fabriquer le fromage. Une fois les meules posées, le grain peut venir. Donc, tous les matins, nos femmes de ménage apportent le lait de leurs vaches et le versent, chacune à son tour, dans un seau en sapin. Le frui-

tier mesure la quantité et la marque sur une taille particulière, comme font les boulangers et les bouchers des villes ; puis il le met dans la laiterie. Aussitôt que votre taille indique que vous avez apporté assez de lait pour fabriquer un fromage de grosseur ordinaire, votre tour de cuisson est venu, le fruitier travaille pour votre compte, et au lendemain le tour d'un autre. Le fromage fait, on le pèse, on le marque de votre nom et on le porte dans la cave commune en compagnie de ceux de tout le monde. Le fruitier les soigne tous; la commission les vend deux fois par an, aux marchands en gros, et, aussitôt payés, une affiche écrite à la main, et placardée le samedi dans le village, annonce que la répartition de l'argent aura lieu le lendemain dans la matinée. Pierre avait en cave deux pains de 35 kilog. chacun ; il touchera, je suppose, 60 francs ; Jacques en avait le double, il touchera 120 francs.

— La position du fruitier est-elle recherchée? demandâmes-nous.

— Certainement, monsieur, ne l'est point qui veut. Il faut être honnête homme, travailler ferme, avoir l'œil à tout, ne pas souffrir que le lait soit impur et que les seaux qui le contiennent soient malpropres.

— Comment le traitez-vous?

— Le mieux possible. Celui que nous avons aujourd'hui (1850), reçoit 300 fr. par an et le logement. Il reçoit en outre, des marchands de fromage, 3 fr. pour 500 kilog. vendus, et l'on vend à Champvaux 20,000 kilog. par année ; il est nourri par les sociétaires pour le compte desquels il travaille. Aujourd'hui, il mange chez Pierre ; demain il mangera chez Jean, et les meilleurs morceaux sont pour lui ; aussi dit-on dans le Jura: *gourmand comme un fruitier.*

— Enfin de compte, c'est une triste vie que la sienne.

— Pas du tout, monsieur. Imaginez-vous que la fruitière est un véritable petit salon de campagne pour nous autres. Quand le temps est mauvais et puis encore en hiver, pendant les veillées, il y a foule ici ; c'est plein comme un œuf. On cause, on se chauffe, on lit, on se conte des histoires, on s'entretient de ses affaires. Sans la fruitière, chacun resterait chez soi ; avec la fruitière, on vit tous ensemble. Il est bon d'ajouter que, sans la fruitière, nos femmes mettraient de l'eau ou de la fécule dans leur lait ; avec la fruitière, cela n'est pas possible ; il faut être honnête quand même on ne le voudrait pas. Nos fromages fabriqués par association sont tout aussi bons aujourd'hui qu'autrefois, tandis que les fromages fabriqués par des particuliers, et envoyés au loin, ne sont plus ce qu'ils étaient il y a quinze ou vingt ans. C'est que chez les particuliers, il n'y a que la conscience pour retenir les gens, tandis que chez nous, il y a un règlement qui ne badine point. Si vous voulez le copier, le voici, prenez-le. Ce n'est pas écrit par des savants, ça laisse à désirer quant au bon français, mais c'est égal, c'est notre loi à nous autres. Quand un article ne nous convient plus, nous le changeons, voilà tout ; mais tant qu'il reste sur le papier, nous lui obéissons.

Nous prîmes copie du règlement de Champvaux, et le voici tel qu'il était alors.

Règlement de la fruitière de Champvaux. — L'an mil huit cent quarante-six, le huit janvier, nous soussignés sociétaires de ladite fruitière de Champvaux, désirant donner à cette association toute la prospérité possible et prévenir les abus et fraudes, arrêtons ce qui suit :

Art. 1er. — L'acte de société qui engage pour six années consécutives, qui commenceront le 8 janvier du présent mois, sera renouvelé de suite après ce délai, du 1er décembre au 10 janvier; toute personne non signataire qui aura, d'après la permission de la commission, porté une seule fois son lait à la fruitière, sera censée faire acte de société et adhérer à tous les articles.

Art. 2. — Chaque associé apportera à la fruitière tous les jours, soir et matin, son lait à l'heure prescrite par le fruitier.

Art. 3. — Le lait sera présenté dans des vases propres. Tout lait gâté ou échauffé par quelque cause que ce soit, sera refusé.

Art. 4. — Le lait d'une vache nouvellement vêlée ne sera présenté à la fruitière que douze jours après la parturition, et celui d'une vache ramenée ou achetée en foire, que deux jours après.

Art. 5. — Tout associé pourra réserver le lait nécessaire à son usage bien reconnu, mais sans jamais pouvoir vendre ce lait ou en fabriquer chez lui du beurre ou toute espèce de fromage. Outre cette réserve, tant qu'il pourra porter un litre de lait par traite, il sera tenu de le mêler à la fruitière.

Art. 6. — Il est expressément défendu à chaque associé d'emprunter du lait d'un mêlant ou d'une autre personne pour avancer son tour de fabrication, ainsi que d'en retenir pour le retarder.

Art. 7. — Toute contravention aux articles précédents sera punie d'une amende à titre de dommages-intérêts, payable sur les produits de la première livraison, et dont le minimum est fixé à 6 fr. et le maximum à 20 fr., et, en cas de récidive, pourront s'élever au double.

Art. 8. — On ne devra présenter que du lait de vache seulement et naturel, sans soustraction de crème, ni addition d'eau ou de toutes substances étrangères.

Art. 9. — Nul associé ne pourra, sous aucun prétexte, refuser l'entrée de son écurie aux membres de la commission, lorsqu'ils se présenteront pour la vérification d'une fraude.

Art. 10. — Les contraventions aux deux articles précédents seront punies par l'exclusion de la société et par la confiscation de tous les produits en lait, crème, fromage et serai que l'associé aurait en magasin.

Art. 11. — Tous les fromages se vendront en gros par les membres de la commission. Toutefois, chaque associé qui aurait à livrer cinq fromages ou davantage pendant l'année, pourra en réserver un seulement pour son usage particulier ou pour son propriétaire, s'il est fermier (étant bien convaincu qu'il le lui doit), et celui qui en fera moins pourra se réunir à d'autres propriétaires pour s'en réserver un. Il est expressément défendu de s'en retenir pour vendre ou pour remettre à des personnes auxquelles il n'en est point dû, et tous ceux qui profiteraient de cet avantage seront tenus de payer 2 centimes par livre au comptable pour le bénéfice de la société, seulement sur les pièces de fromage fabriquées depuis le 1er mai au 15 octobre. Les contraventions au présent article seront punies de l'amende portée par l'article 7.

Art. 12. — Chaque associé devra laisser à la fruitière, pour répondre de son engagement envers la société, des produits en valeur suffisante ou fournir une caution agréée par la commission.

Art. 13. — Pour l'exécution de l'acte de société, il sera nommé au scrutin secret et à la majorité absolue, une commission composée de cinq membres et de deux suppléants, tous choisis parmi les sociétaires. Cette commission sera élue pour six ans et toujours rééligible. En cas d'absence dans le courant de ce laps de temps, par mort ou démission de plus de la moitié de ses membres, ceux restants les remplaceront par des membres pris parmi les sociétaires les plus intéressés au bénéfice de la société, et qui seront, comme les membres restants, et à la même époque, sujets à la réélection. Lors de la formation du bureau, le plus ancien des membres réunis présidera l'assemblée qui choisira, pour l'aider, deux scrutateurs et deux secrétaires. Les membres de la commission nommeront parmi eux un président et un secrétaire élus pour trois ans et rééligibles. En l'absence du président, le plus âgé des membres en remplira les fonctions.

Art. 14. — La commission a pour fonction de condamner aux amendes, prononcer l'exclusion et la confiscation, surveiller le fruitier, l'engager à faire les ventes et achats, toutes les dépenses prévues et imprévues, enfin généralement, tout ce qui concerne les intérêts de la société.

Art. 15. — Tout associé, lors de la pesée des pièces de fromage, devra livrer sur la balance toutes celles fabriquées pour son compte.

Art. 16. — De même ceux qui se démembreraient de l'association pour quelque motif ou sous quelque rapport que ce soit, perdraient par là même tous les droits auxquels ils pourraient prétendre, soit à l'égard des ustensiles ou de l'argent qui pourrait se trouver en caisse.

Art. 16 bis. — Si le fruitier ou quelqu'un des associés s'apercevait de quelque fraude, il en avertirait la commission, et deux de ses membres au moins assisteront à la pesée du lait de chaque associé au moment où il sera présenté au mesurage, puis, lorsque l'heure de traire sera arrivée, ces mêmes membres se transporteront chez l'individu soupçonné, feront traire en leur présence le lait qu'ils compareront avec celui des mêmes vaches qui a été l'objet du soupçon, et dresseront procès-verbal du tout. Le prévenu sera appelé pour présenter ses moyens de défense devant la commission, sur un simple avertissement du président.

Art. 17. — Attendu que les terrains communaux livrés au parcours sont insuffisants pour la dépaissance des troupeaux, et que si l'on réduisait le nombre des bestiaux suivant la possibilité des produits du parcours, ce nombre ainsi restreint ne permettrait pas de pouvoir retirer de la fromagerie les avantages dont elle est susceptible, ce qui serait préjudiciable à tous les associés, pour remédier à cet inconvénient, le comité demeure autorisé à amodier (louer), chaque année, au compte de la société, soit sur soumission, soit autrement, le droit de parcours dans toutes ou partie des coupes, qui seront jugées défensables, des bois communaux de la ville de l'Oligny, aux prix, charges, clauses et conditions que le susdit comité trouvera convenir. Les prix de ces soumissions ou amodiations seront prélevés avant distribution des produits annuels de la fromagerie, proportionnellement au nombre de têtes de bétail de chaque sociétaire, qu'il ait ou non profité du parcours affermé.

Art. 18. — Tous les sociétaires seront tenus, pendant la durée de la société, de mettre et faire garder leur bétail en troupeau commun et seront censés avoir expressément renoncé au bénéfice des dispositions de l'art. 12 de la loi du 28 septembre 1791, qui leur accorde la faculté de faire garder leur bétail par troupeau séparé. L'infraction au présent article sera punie de l'exclusion de la société.

Art. 19. — Il ne sera donné par le fruitier ni brèches, ni petit-lait, ni serai qu'à ceux qui seront désignés par l'associé pour lequel on fabriquera.

Art. 20. — Les membres de la commission ne répondent pas des pertes qui pourraient arriver par un marchand, soit qu'il fasse faillite ou de mauvais vouloir, ainsi que de tous les frais et pertes généralement quelconques, concernant ladite société.

Les associés déclarent renoncer à tous recours aux tribunaux, reconnaissant et acceptant sans appel les délibérations de la commission prises à la majorité absolue.

Maintenant que nous connaissons l'institution et que nous pouvons en apprécier les avantages de toutes sortes, parlons de la fabrication du fromage, non d'après ce que tels ou tels en ont dit, mais d'après ce que nous avons vu à Champvaux et publié dans le *Dictionnaire d'agriculture pratique.*

Ici, les fromages fabriqués ne sont pas divisés, comme ceux des chalets de la Suisse, en fromages gras, demi-gras et maigres; ils sont tous de même qualité et proviennent de lait dont le tiers de la crème seulement a été enlevé.

Imaginez sur le côté d'une large cheminée de village une sorte de petite potence en bois, composée d'un arbre vertical tournant sur lui-même et surmonté d'un bras horizontal, auquel on suspend une chaudière pouvant contenir jusqu'à 250 ou 300 litres. On y verse le lait au tiers écrémé, puis on chauffe jusqu'à 25° avec du bois de fagots parfaitement sec. Après cela, le fruitier saisit le bras de la potence, fait tourner l'arbre et amène la chaudière à lui, en l'éloignant du foyer. Alors, il exécute le détail le plus délicat de l'opération, qui consiste à coaguler le fromage au moyen de la présure qu'il essaye d'abord dans sa grande cuiller en bois, afin de s'assurer de sa force. Il en

faut environ un demi-litre pour 250 litres de lait, un peu plus, un peu moins, selon la saison. Au bout d'un quart d'heure approchant, le caillé est entièrement formé. Le fruitier le divise de son

Fig. 556. — Chaudière pour la fabrication du gruyère.

mieux avec la cuiller ou une espèce de latte, puis il achève la division avec un brassoir qu'il agite dans la chaudière, de manière à imprimer des mouvements dans tous les sens. Il pousse de nouveau la chaudière sur le feu, tout en continuant de brasser jusqu'à ce que la température arrive à 32 ou 33°. Il s'arrête le temps nécessaire pour éloigner la chaudière du foyer, puis il continue de brasser pendant un quart d'heure environ, jusqu'à ce que le caillé très-divisé présente une couleur blanc jaunâtre, forme bien la boule de pâte et craque un peu sous la dent.

Le caillé, abandonné à lui-même, se sépare du petit-lait et ne tarde pas à se déposer entièrement au fond de la chaudière. Le fruitier prend alors une large toile blanche, saisit un des côtés de cette toile avec les dents, roule deux ou trois fois le côté opposé autour d'une baguette en bois très-flexible, et tenant la baguette en question par les deux bouts, la plonge horizontalement au fond de la chaudière, la fait glisser sous le fromage, la ramène au-dessus du petit-lait, et la lâche ensuite pour saisir la serviette par les quatre coins et sortir le fromage de la chaudière. Il donne à ce fromage le temps d'égoutter un peu et le porte, enveloppé de son linge, dans un moule en forme de cerceau de tamis. Il le soumet à une forte pression au moyen de poids ou d'une vis, et le transporte dans la cave le lendemain ou le surlendemain au plus tard.

Là, le fromage est frotté tous les jours et dans tous les sens avec du sel pilé jusqu'à ce que la meule n'en absorbe plus et reste humide à la surface. C'est l'affaire de deux ou trois mois.

Le petit-lait qui reste dans la chaudière après l'enlèvement du fromage, n'a pas la transparence de celui de nos petites laiteries de campagne; il est blanchi et troublé par le caillé qui n'a pu être saisi avec la toile. Dans le Jura il porte le nom de *serai*. On ne le vend pas; on le donne aux pauvres gens de l'endroit.

A quels signes reconnaît-on les fromages de Gruyère de bonne qualité ? On les reconnaît à leur pâte jaunâtre, fine et fondant dans la bouche. Sur ce point tout le monde est d'accord, mais il en est un autre sur lequel on ne s'accorde nullement. Beaucoup de personnes posent en fait qu'un bon fromage de Gruyère doit être percé de gros trous ; d'autres, et nous sommes du nombre avec les fabricants du Jura, soutiennent que le bon Gruyère a les yeux petits, très-petits, et des fissures légères par où suinte la saumure. Les gros yeux dans une pâte de cette nature, sont des indices d'un coup de feu trop violent.

Les fromages ne se font bien que dans la cave de la fruitière, et uniquement parce qu'ils y sont en grand nombre. Ce résultat est dû vraisemblablement à l'influence du gaz ammoniacal qui se dégage des fromages en fermentation et qui réagit ensuite sur eux. Cette conjecture s'accorde assez bien avec le procédé de M. Villeroy, procédé dont M. Malaguti nous parle en ces termes dans ses *Leçons élémentaires de chimie* :

« M. Villeroy fait intervenir l'ammoniaque dans la préparation du fromage. Il assure que le produit est plus agréable au goût et plus salubre. Voici comment il opère.

« Lorsqu'il a salé le fromage bien pressé, il le pétrit en y ajoutant une quantité d'ammoniaque suffisante pour lui enlever la plus grande partie de son acide. Après avoir ainsi traité le fromage, il lui donne la forme voulue au moyen d'un moule, et il le laisse exposé quelque temps à un courant d'air pour le sécher extérieurement.

« L'effet de l'ammoniaque, dit M. Villeroy, est surprenant. A mesure qu'on travaille le fromage, il change d'aspect, prend l'apparence d'une masse butyreuse et a toutes les qualités qu'on peut attendre d'un fromage sec ; il est d'ailleurs d'une digestion bien plus facile que le fromage frais. »

Il est inutile d'ajouter que M. Villeroy opérait sur les fromages ordinaires de sa ferme.

Fromage d'Édam ou de Hollande. — A moins de connaître très-bien la langue hollandaise, ou d'avoir sous la main un interprète très-capable, il devient impossible d'étudier sur place, du côté d'Amsterdam, la fabrication du fromage d'Édam. Nous ne l'avons vu fabriquer que sur les frontières du Brabant septentrional, et si nous en parlons sciemment, nous le devons à l'obligeance d'une dame qui a opéré en notre présence.

Voici une table, et sur cette table un baquet. On y verse 24 litres de lait chaud, tout frais trait et filtré, pour obtenir un fromage qui pèsera un peu plus de trois livres et demie (un peu plus de 1^{kil},750). On ajoute à ce lait une cuillerée à bouche de bonne présure, pas davantage ; on couvre le baquet d'un linge, et l'on attend.

Au bout d'une heure environ, le caillé est formé, la masse est compacte. On prend alors une assiette plate ordinaire et on la tient de champ, de manière à diviser le caillé avec le bord, comme avec un couteau, à l'enlever sur l'assiette en inclinant celle-ci, et à le laisser ensuite glisser et retomber naturellement. Par cette manœuvre

constamment répétée, le caillé qui retombe de l'assiette dans le baquet se divise assez vite, et la division est estimée complète quand les grumeaux sont à peu près du volume d'un pois. Si les morceaux étaient plus gros, la cuisson se ferait inégalement et l'opération serait manquée.

Cela fait, on verse lentement de l'eau bouillante dans le baquet et on agite le fromage avec l'assiette, de manière à favoriser l'action de l'eau sur toutes les parties. Quand le caillé se réunit et commence à former corps, on cesse de verser l'eau bouillante, et on frappe avec le plat de la main contre les parois intérieures du baquet pour que la pâte n'y adhère point.

Au bout de quelques minutes, le caillé se dépose et le petit-lait mêlé de crème surnage. Dès que le dépôt est achevé, on enlève avec l'assiette le petit-lait surnageant, avec la précaution de ne pas prendre de grumeaux, et on suspend le décantage dès que l'on approche la pâte de très-près.

On fait chauffer le petit-lait enlevé jusqu'à ce qu'il bouille ; puis on le reverse doucement dans le baquet. On remue de nouveau avec l'assiette, et, une fois le mélange opéré, on frappe les douves avec la main pour précipiter le dépôt du caillé troublé. Aussitôt ce dépôt reformé, on retire comme précédemment une partie du petit-lait qui surnage, on le chauffe, mais sans le conduire à l'ébullition ; on le reverse encore dans le baquet, et l'on remue avec l'assiette afin d'achever la cuisson du fromage. Cette cuisson est arrivée à point lorsqu'en pressant le caillé dans la main, il forme bien la pâte.

Tout ceci est plus long à décrire avec la plume qu'à manipuler dans une laiterie.

La pâte est donc cuite. On prend, après cela, un baquet vide dans lequel on place un moule à fromage en bois, troué çà et là, et de la forme de nos anciens gobelets à pied. On recouvre ensuite le baquet d'un tamis de crin, et l'on verse dans ce tamis la pâte de fromage que l'on presse de son mieux pour bien l'égoutter. Le petit-lait

Fig. 557. — Moule à fromage d'Édam.

qui s'en échappe tombe dans le baquet, mouille le moule que l'on y a mis et communique le goût de fromage au bois du moule en question.

Cela fait, on enlève le tamis avec la pâte qu'il contient, et l'on verse cette pâte dans le baquet vide qui a servi à faire cailler le lait. Là, sans perdre de temps, on reprend cette pâte, on la broie et on la presse dans un moule pour compléter l'égouttement. Ceci fait, on retire le fromage du moule en question et l'on en bourre celui qui se trouvait tout à l'heure sous le tamis, en pressant fortement avec les mains pour obliger la pâte à rendre par les trous ce qu'elle peut contenir encore de petit-lait.

Les eaux qui sortent du fromage ainsi malaxé et pressé contiennent de la crème qui monte au-dessus du petit-lait. On l'enlève et on la mêle au lait destiné à être battu pour la fabrication du beurre.

Quand le fromage a été fortement pressé dans son moule définitif, on l'enlève et on le replace dans le même moule, mais du côté opposé, afin de régulariser les formes en le pressant de nouveau. La pression achevée, on l'ôte encore, afin de déboucher les trous du moule que la pâte a obstrués, et on le remet dans sa première position. Puis on le recouvre d'une rondelle en bois, d'un diamètre un peu inférieur à celui de l'orifice du moule, et l'on charge cette rondelle ou couvercle d'un poids de 1^{kil},500.

Durant une demi-journée, on retourne le fromage toutes les heures, afin de mettre le dessous dessus et *vice versâ* ; après quoi on le laisse passer la nuit dans la forme.

Le lendemain, on charge le fromage d'un poids de 2 kilos, et, au bout de quelques heures, on le plonge dans de l'eau assez salée pour qu'un œuf frais n'aille pas au fond du vase. On laisse le fromage dans ce bain pendant vingt ou vingt-quatre heures, et, en le retirant, on l'essuie avec un linge passé à l'eau tiède salée et préalablement tordu.

On renouvelle cette opération avec le linge deux fois par jour, matin et soir, pendant une semaine. Ensuite on se borne à essuyer le fromage tous les matins avec une serviette sèche, afin d'empêcher la moisissure.

Au bout de six semaines, le fromage d'Édam est bon à manger.

Dans tout ce qui précède, il n'y a rien d'énigmatique, pensons-nous. Les plus humbles d'esprit s'y retrouveront aussi bien que les ménagères les plus intelligentes. L'important, dans cette préparation, c'est de ne point négliger les petits détails qui la terminent. En apparence, ils sont futiles ; en réalité, ils sont indispensables.

Des expériences sur la fabrication du fromage de Hollande ont été faites à la vacherie de Saint-Angeau (Cantal), et livrées à la publicité par un homme très-compétent qui se dissimule sous le pseudonyme de L. Marchand. Le procédé suivi se rapproche plus ou moins de celui que nous venons de décrire, mais il nous semble un peu plus compliqué. Toutefois, il nous paraît utile de l'indiquer.

« Le lait provenant d'une traite est immédiatement transporté dans la laiterie, versé *dans une cuve*, et mis en présure avant qu'il ait eu le temps de se refroidir au-dessous de 30 degrés. On n'opère généralement pas sur moins de 20 litres à la fois. La présure dont on se sert en Hollande se prépare avec des caillettes de veau ; on y ajoute une sorte de teinture très-énergique désignée sous le nom d'*annato*. 1/1000 à 1/500 de cette présure suffit pour déterminer la coagulation du lait dans un intervalle de cinq à douze minutes.

« Aussitôt que le caillé est réuni en une seule masse homogène, on le divise en une multitude de petits grumeaux au moyen d'une grille en cuivre que l'on promène lentement dans la cuve. Quand toute la masse est convenablement divisée, on cesse de remuer, le caséum se précipite, et il ne reste plus qu'à enlever le petit-lait au moyen d'une écuelle en bois. On a soin toutefois de faire passer ce liquide sur un tamis, afin de recueillir les fragments de caséum qu'il pourrait tenir en suspension, ou qu'on aurait enlevés avec l'écuelle pendant le décantage.

« Cela fait, la cuve est inclinée sur le côté, et le caillé, réuni au moyen de l'écuelle, en une masse que l'on charge d'un poids. Après trois ou quatre minutes de pression, il s'écoule de la masse une certaine quantité de petit-lait qu'on enlève en imprimant à la cuve une plus forte inclinaison, tout en s'opposant à la sortie du gâteau de caillé. Avant de se rendre dans le récipient qui lui est destiné, le petit-lait est encore soumis à un tamisage.

« La même opération se répète quatre fois. Tout le caséum est alors réuni en une seule masse élastique, et ne contient plus qu'une très-faible proportion de petit-lait. On procède ensuite à la mise en forme, en prenant d'abord environ deux poignées de caséum qu'on écrase avec beaucoup de soin. Lorsque la division est complète, on introduit ces deux poignées dans le fond d'un moule ou d'une forme, et on les presse fortement avec les poings fermés. Puis on prend la même quantité de caséum que l'on écrase de la même manière, et qu'on introduit sur les premières, en les soumettant de même à une forte pression. Après cinq ou six opérations semblables, la forme est pleine, mais on continue à presser pendant cinq ou six minutes, en ayant soin de retourner le fromage trois ou quatre fois, et de déboucher les trous qui doivent donner issue au petit-lait.

« Le fromage se présente à ce moment sous l'aspect d'une masse compacte et résistante, de forme ovoïde. On le roule dans un linge fin, à tissu peu serré ; puis, après l'avoir baigné pendant une minute dans du petit-lait chauffé à 50° centigrades, on le replace dans sa forme, qui est fermée par un couvercle.

« Quand tous les fromages provenant d'une même fabrication ont été amenés à ce point, on les introduit sous la presse où ils doivent séjourner de deux à douze heures, suivant la saison, douze heures en été ; deux, trois ou quatre heures en hiver. Un levier simple remplit tout aussi bien le but que les machines, plus compliquées et très-différentes de forme, dont on se sert en Hollande. Une pression très-énergique n'est d'ailleurs nullement nécessaire pour la préparation du fromage d'Édam, qui est le seul qu'on fabrique à Saint-Angeau.

« Au sortir de la presse, les fromages sont débarrassés de leurs linges et mis dans des formes à saler, qui, elles-mêmes, sont rangées d'après l'âge des produits qu'elles renferment dans une cuve à saler.

« La forme est à peu près semblable au moule, si ce n'est qu'elle se termine en pointe et n'est percée que d'un trou.

« La cuve à saler peut contenir quarante-huit fromages ; elle est rectangulaire et repose sur deux tréteaux de grandeur inégale qui la maintiennent dans une position inclinée d'arrière en avant ; quatre rainures pratiquées dans le fond recueillent les liquides qui s'écoulent au dehors dans un récipient quelconque.

« La salaison dure neuf à douze jours. Pendant

tout ce temps, il faut que les fromages soient retournés dans la forme à saler, et enduits d'une bonne couche de sel humecté fortement. Quand la salaison est terminée, ce qui se reconnaît à la dureté et à la résistance de la croûte extérieure, on baigne le fromage dans de l'eau à 30 ou 35 degrés, on le fait sécher ensuite pendant une heure ou deux, et on le transporte enfin dans le magasin, où des rayons sont disposés par rangées à un mètre d'intervalle. On fait choix, dans ce but, d'un local très-sec, très-sain, et où doit régner une excessive propreté; la température devrait être maintenue autant que possible entre 17 et 18 degrés; mais c'est là une condition qu'il n'est pas toujours facile de remplir.

« Les fromages en magasin sont retournés une fois chaque jour, et même deux fois pendant l'été. Au bout de quinze à vingt-cinq jours, on les fait tremper pendant une heure et on les lave avec beaucoup de soin au moyen d'un linge. Ce lavage se répète encore après une période de vingt à vingt-cinq jours. Six semaines se sont écoulées depuis la fabrication, et c'est alors, à ce moment, qu'en Hollande du moins, les fromages sont portés sur les marchés et livrés au commerce qui leur donne la dernière main. Mais en France, et particulièrement dans le Cantal, où cette industrie de création nouvelle ne se trouve naturellement pas dans les mêmes conditions, il faut, de toute nécessité, que le producteur s'occupe lui-même de préparer sa marchandise en continuant à la retourner tous les jours, et en la grattant légèrement de manière à polir la croûte, qui prend à peu près l'aspect transparent de la corne ou de l'ivoire poli. Lorsque les fromages sont ainsi suffisamment secs, on les colore en rouge au moyen du tournesol dissous dans de l'eau contenant déjà du *rouge de Berlin*, puis on les livre au commerce dans des caisses à casiers disposés de telle sorte qu'elles puissent donner accès à l'air. »

Fromage de Parmesan.
— Nous empruntons ce qui suit au *Traité des bêtes bovines*, par M. Aug. de Weckherlin :

« Le fromage de Parmesan appartient aux fromages les plus recherchés. Il a une saveur agréable, tout à fait particulière; il se conserve plus longtemps que les fromages plus mous, et il n'acquiert jamais comme ceux-ci une odeur et une saveur rances ou même putrides. Il se fait de lait en grande partie écrémé et par une température élevée.

« Les vaches, dont on emploie le lait pour faire du Parmesan, sont traites deux fois par jour, le matin à la pointe du jour et le soir à cinq heures. Lorsque le lait a déposé une partie de sa crème, on enlève celle-ci, et on en fait du beurre, et le lait est versé dans de grandes marmites en cuivre qui contiennent 12 à 14 litres, et dans lesquelles on le laisse reposer dans un endroit frais jusqu'au lendemain matin.

« Alors, on le met dans la chaudière à fromage; on le chauffe sur un feu modéré jusqu'à 22° ou 24° de chaleur, et on le fait cailler avec la caillette desséchée.

« Pour douze seaux de lait, on prend environ 90 grammes de présure. On enveloppe celle-ci dans un morceau de toile, on la trempe dans le lait, et tandis qu'une autre personne remue constamment le lait, on presse la présure avec les doigts jusqu'à ce qu'elle soit à peu près dissoute. On recouvre alors la chaudière et on éteint le feu. Lorsque le lait est caillé, ce qui arrive au bout de trois quarts d'heure à une heure, on fait sous la chaudière un feu de flamme avec du bois de combustion rapide, et on remue assidûment la masse avec un bâton pourvu de pointes transversales, jusqu'à ce que les parties caillées se soient divisées. On ajoute alors du safran en poudre fine, à raison de 30 grains environ pour 800 litres.

« Après le premier feu flamboyant, au bout d'un quart d'heure, on en fait un autre semblable, et avec un autre bâton qui porte à son extrémité inférieure une espèce de plateau, on continue sans interruption à remuer la masse jusqu'à ce qu'elle arrive à 25°. On reprend alors le bâton à pointes transversales pour diviser le caillé aussi finement que possible.

« Lorsque cela a été fait, on recommence à remuer sans interruption avec le bâton à plateau et on chauffe de nouveau de manière à élever la température à 42-44° Réaumur. Après cela, on retire la chaudière du feu. La masse est laissée en repos pendant un quart d'heure. Quand tout le fromage s'est déposé au fond, on enlève le petit-lait qui le recouvre jusqu'à ce qu'il n'y en ait plus que son dixième. Alors celui qui fait le fromage se penche au-dessus du bord de la haute chaudière, presse avec les deux mains les parties caséeuses en une masse ferme, ce qui est achevé en cinq minutes. Il fait ensuite pénétrer entre le fond de la chaudière et le fromage un linge assez long pour que toute la masse porte dessus. Pendant qu'il tient le linge, une seconde personne enlève de nouveau le petit-lait pour que la lourde masse de fromage soit plus facile à retirer de la chaudière. C'est ce que font deux personnes qui tiennent le linge par les deux extrémités. Puis le fromage est mis dans des vases troués, pour l'égouttage, et ensuite dans une forme ou large cerceau en bois maintenu par une corde. Le fromage, toujours enveloppé avec le linge, reste jusqu'au soir dans la forme sur une table un peu en pente; mais on ne le charge d'aucun poids. On l'emporte ensuite avec la forme dans le caveau à fromage qui occupe le rez-de-chaussée et dont les fenêtres sont au nord et fermées. Le lendemain, on enlève le linge, et on laisse le fromage en repos pendant quatre jours. Alors, on commence à lui donner du sel, et les Lombards prennent à cet effet du sel marin. On le répand à la surface du fromage où il se dissout pour pénétrer dans l'intérieur.

« Pendant les vingt premiers jours, on retourne une fois par jour le fromage et on le saupoudre de sel. Les vingt jours suivants, on ne le retourne plus et on ne le sale plus que tous les deux jours. On estime à 25 grammes la quantité de sel employée pour la salaison d'une livre de fromage (500 gr.). A défaut de place, on met deux fromages l'un sur l'autre. Aussi longtemps que le fromage est dans la chambre, il reste entouré de son cerceau.

« Au bout de quarante jours, il est assez ferme et assez salé pour être mis en magasin. Celui-ci est un autre caveau spacieux et élevé qui doit être sec et dans lequel le soleil ne doit pas pénétrer. On y place les fromages sur des planches fixées aux murs ; mais avant de les y placer on commence par les râcler, par verser dessus du petit-lait chaud, par comprimer la croûte avec un bois plat, et enfin par enduire ces fromages d'huile de lin.

« Dans le magasin, on retourne deux fois par jour chaque fromage et on les graisse tous les deux jours.

« Le quintal de fromage de huit mois se vend aux marchands en gros à raison de 20 florins, tandis qu'on paye volontiers 40 florins le fromage de quatre ans. »

Fromage de Sassenage. — Le volume de l'*Agriculture française* consacré au département de l'Isère, nous donne sur la préparation du fromage bleu ou de Sassenage, des renseignements fournis par un praticien distingué. Ces renseignements ne sont pas, à beaucoup près, aussi clairs qu'on pourrait le désirer ; il s'agit donc de les dégager de leur obscurité.

Il est d'usage d'ajouter au lait de vache un dixième au moins ou un cinquième au plus de lait de chèvre ou de brebis. Supposons que l'on opère sur un mélange de 100 litres de lait. Aussitôt la traite achevée, on en coule 75 litres dans un chaudron de cuivre et l'on met le chaudron sur le feu. Lorsque le lait s'emporte et menace de s'en aller par-dessus les bords, on enlève le chaudron, on l'écrème au bout de vingt-quatre heures. Alors on peut chauffer 25 litres d'une seconde traite, et, dès que l'ébullition a lieu, on les verse dans le lait écrémé et l'on mélange bien. La température de ce mélange s'élève à 32° ou 35° centig.

On ajoute tout de suite un quart de litre environ de présure, puis on recouvre bien le vase en bois. Au bout d'une demi-heure, le lait se caille ; on le remue pour diviser la masse, et, à mesure qu'il se dépose, on l'enlève avec une large cuiller. Cette opération ne dure pas moins d'une heure.

Une fois le fromage séparé du petit-lait, on le pétrit soigneusement avec la main, de manière à rendre la pâte aussi fine et aussi homogène que possible. Après cela on introduit cette pâte en la pressant, dans un moule en bois de la forme d'une coupe, percé de toutes parts et garni d'un linge à l'intérieur. Cette seconde opération prend une demi-heure environ. On rabat ensuite les bouts du linge sur la pâte, on emporte le moule avec le fromage sur une table à égouts près du feu et on l'y laisse toute une journée.

Le lendemain, on change le fromage de moule et on enlève le linge. Il suffit pour cela d'appliquer sur le premier moule un second moule de même diamètre, de retourner le tout sens dessus dessous et d'imprimer une petite secousse.

Une fois le transvasement opéré, on répand sur la partie découverte du fromage une couche de sel pilé (de l'épaisseur d'un centimètre environ), et on le laisse s'en saturer pendant une journée.

Le lendemain, le fromage, devenu ferme, peut

être retourné sur la main ; on le retourne donc pour saler l'autre face ; puis on sale le tout en frottant avec la main et en pressant pour mieux fixer le sel.

Le fromage salé ainsi est déposé dans un endroit sec et chaud, sur du glui ; on le retourne souvent, et au bout de quatre ou cinq jours, lorsqu'il est arrivé à un état de consistance convenable, on le transporte dans une cave d'une température fraîche et peu variable. C'est là qu'il s'affine et bleuit à l'intérieur. On ne le livre au commerce qu'au bout de deux ou trois mois.

Les 100 litres de lait rendent à peu près 10 kil. de fromage prêt à être mangé et 3 kil. 1/2 de beurre fondu.

Fromage de Livarot. — Nous ne connaissons la fabrication de ce fromage que par ce qu'en a dit M. J. Morière, dans l'*Annuaire normand* de 1858. Il nous suffira de quelques lignes pour résumer ce travail, dont l'exactitude ne saurait faire doute dans l'esprit de personne.

Le livarot est un fromage normand de qualité médiocre, très-répandu, d'une odeur prononcée et de bonne garde. On le fabrique dans le Calvados, surtout dans les communes de Livarot, Boissey, Viette, Montviette, la Gravelle, dans toute la vallée de Vimoutiers et dans celle de Courson.

On prend du lait de la veille après l'avoir écrémé, on le chauffe de manière à ramener sa température au degré qu'on lui connaît au sortir du pis de la vache, puis on le verse dans un grand baquet pouvant contenir 200 et quelquefois même 300 litres. On y met de la présure liquide dans la proportion d'une cuillerée à bouche pour 30 litres de lait, si l'on opère en été, et de deux cuillerées en hiver.

Lorsque la coagulation est complète, ce qui arrive au bout d'une heure ou deux, on rompt le caillé le plus mince possible, point essentiel, après quoi, on l'enlève du baquet pour le déposer sur des joncs ou de la toile. On l'y laisse un quart d'heure environ, puis on en remplit des éclisses où l'on donne le temps d'égoutter et de prendre une consistance convenable. En été, lorsque la chaleur est intense, c'est l'affaire de trois ou quatre heures seulement, délai trop court et nuisible à la qualité de la pâte. Cependant, il n'est pas à désirer non plus qu'elle séjourne trop longtemps dans les formes. Un à quatre jours, suivant la saison et la température, sont les limites dans lesquelles on agit le plus ordinairement. Dans l'intervalle, on retourne les fromages de six à dix fois pour faciliter l'égouttement.

Au sortir des éclisses, les *fromages blancs* sont salés dans tous les sens, puis placés sur des tables en pierre où on les laisse, légèrement inclinées, où on les laisse quatre ou cinq jours. De là, à moins cependant qu'on ne les envoie de suite au marché, on les transporte au *hâloir* ou séchoir, disposé comme celui que nous avons figuré en traitant du fromage de Saint-Cyr. Au bout de quinze jours en été et d'un mois en hiver (il va sans dire que l'on a soin de chauffer le séchoir), on enlève les fromages de ce séchoir pour les porter dans des caves, dont les murs sont en bauge (mélange de mortier et de foin haché) et où l'air ne circule pas. « Les gaz ammoniacaux, qui se dégagent pendant la fermentation du fromage de Livarot, dit M. Morière, détruiraient rapidement les murs en pierre ou en brique. »

Les fromages destinés à l'affinage dans les caves, sont placés sur des planches ; on les retourne deux fois par semaine en hiver et trois fois en été ; en même temps qu'on les retourne, on les humecte avec de l'eau pure. Dans le cas où les fromages en question se recouvrent d'une pellicule, il faut reconnaître qu'ils n'ont pas été suffisamment salés, et alors on les sale de nouveau, soit à la main, soit en les plongeant dans de l'eau salée.

Après huit ou dix jours de cave, les fromages sont enveloppés sur leur tranche avec des feuilles du *typha latifolia* que l'on fait dessécher et que l'on divise ensuite en lanières très-fines.

Les gros fromages de Livarot exigent cinq à six mois de cave pour l'affinage ; les petits sont affinés au bout de trois à quatre mois. Pour les expédier, on les colore avec du rocou.

Pour le livarot, comme pour tous les fromages d'ailleurs, c'est en septembre et en octobre que se fabrique le meilleur.

« En hiver, dit M. Morière, il faut employer environ 3 litres de lait pour faire un fromage du prix de 8 fr. la douzaine ; en été, il en faut 4 à 5 litres pour obtenir le même résultat. On sait, en effet, que le rapport du *caseum* et du *serum* varie dans le lait du même animal suivant les saisons et le mode de nourriture. »

Le fromage *fort* de la Bourgogne ne saurait être rangé, avons-nous dit, dans aucune de nos quatre catégories ; et en effet, non-seulement on le prépare en pots, mais on l'épice d'une façon toute particulière. C'est par lui que nous allons terminer notre travail sur les fromages.

Fromage fort. — Toute ménagère doit connaître la fabrication de ce qu'on appelle, dans les campagnes, fromage fort, car il est d'une grande ressource pour l'hiver. Pour le faire, il y a diverses méthodes, selon les pays ; mais l'une des meilleures que nous connaissons est celle du Morvan. — Prenez du fromage maigre, bien ressuyé d'abord, puis desséché à l'air et au soleil, soit dans une cage, soit sur l'entablement d'une fenêtre, comme cela se pratique dans la plupart des villages. Pelez délicatement ces fromages, afin d'enlever les parties coriaces ou moisies ; et après cela, coupez-les l'un après l'autre en tranches très-minces, ou, ce qui vaut mieux, râpez-les avec une râpe ordinaire. De ces tranches ou de ce fromage râpé, formez un lit assez mince au fond d'un pot de grès ou de terre vernissée ; saupoudrez de sel, de poivre et d'épices ; sur cette première couche, versez un peu de crème, et râpez du fromage de gruyère. Ensuite, revenez à un nouveau lit de fromage maigre, que vous épicerez et salerez comme celui du dessous ; ajoutez également crème et gruyère, et ainsi de suite jusqu'à ce que le pot soit rempli. Une fois plein, arrosez le dessus d'un verre de vin blanc, ou, à défaut de vin blanc, d'une petite quantité d'eau-de-vie ; recouvrez de feuilles de noyer, ou tout simplement d'une feuille de papier épaisse ; mettez un morceau de planche par-dessus pour empêcher les souris ou les insectes de s'y introduire, et laissez fermenter. Au bout de quinze jours ou trois semaines de fermentation, vous pourrez commencer la consommation du fromage fort.

Vous saurez que le fromage, ainsi préparé, n'est point une nourriture économique. Aussi, dans nos campagnes, on se borne à employer le fromage maigre, sans addition de crème ni de gruyère. On le dispose lit par lit avec du sel, du poivre et des épices, et, au bout d'un mois environ, on le livre à la consommation. Il n'a pas, à beaucoup près, la délicatesse du premier : il devient dur, cassant, d'une saveur forte et d'une odeur ammoniacale très-prononcée.

Tantôt, on le mange seul ; tantôt, on lui adjoint du fromage frais, salé et poivré.   P. JOIGNEAUX.

CHAPITRE XIX

DE L'ENGRAISSEMENT DES ANIMAUX DE L'ESPÈCE BOVINE

Après avoir étudié tout ce qui se rapporte à la production et à l'amélioration de l'espèce bovine, ce qui est relatif à l'art d'élever les animaux de cette espèce, on a passé en revue ce qui concerne les services qu'ils peuvent rendre durant leur vie. L'exploitation de leur travail, celle du lait qu'ils fournissent, livré en nature à la consommation, ou des divers produits alimentaires qui peuvent être obtenus par les manutentions dont ce liquide est susceptible : toutes ces opérations économiques ont été successivement examinées. Il reste à indiquer ce qui touche la principale fonction de ces animaux, qui est la production de la viande, c'est-à-dire à s'occuper des produits qu'on en obtient pour la boucherie, après leur mort. L'appréciation de ces produits fera plus loin l'objet d'un chapitre spécial, consacré tout à la fois aux diverses espèces que nous consommons. Pour l'instant, il convient de se borner à l'étude des procédés zootechniques d'après lesquels les animaux de l'espèce bovine sont préparés pour la destination finale de leur existence.

L'ensemble de ces procédés constitue ce que l'on appelle l'art de l'engraissement. Pour acquérir en effet les qualités gustatives et nutritives que la consommation recherche, les propriétés qui font la viande tendre et savoureuse, et dont les caractères seront détaillés dans le chapitre tout à l'heure annoncé, les muscles de nos animaux domestiques ont besoin de comporter une proportion de graisse et de sucs albumineux dépassant celle qui est nécessaire pour leur fonctionnement normal. Cet art de l'engraissement, qui a pour but de la leur communiquer, consiste donc essentiellement à les placer dans des conditions telles, que la plus forte somme possible de ces substances contenues dans l'alimentation qu'ils reçoivent ne soit pas consommée par le jeu régulier de leurs organes, et s'accumule au contraire dans les tissus de ces organes.

Les physiologistes, ainsi que nous l'avons déjà vu, ont divisé les aliments, d'après leur constitution chimique, en deux classes. Dans la première, ils ont fait entrer ceux qui, étant à base d'azote, concourent principalement à ce que nous pouvons appeler la constitution moléculaire des tissus; dans la deuxième, figurent ceux où dominent le carbone et l'hydrogène, les hydrocarbonés, et qui sont, à proprement parler, le combustible indispensable à l'entretien de la chaleur animale, ou de la vie. Dans le fonctionnement de celle-ci, ces éléments sont en réalité brûlés par l'oxygène de l'air qui entoure les animaux et pénètre dans leur économie principalement par les voies respiratoires. Le carbone ou charbon, dans cette combustion comme dans celle de tous les foyers, se transforme en acide carbonique, et l'hydrogène en eau, qui sont l'un et l'autre, acide carbonique et eau, les principaux résidus de la respiration. C'est pour cela que les matériaux hydro-carbonés de la nourriture ont reçu le nom d'aliments respiratoires.

Or, ce sont ces aliments, matières grasses, huiles et graisses végétales, matières amylacées, farineuses, féculentes ou sucrées, qui concourent particulièrement, dans l'économie animale, au développement de la graisse, dont l'accumulation dans les tissus caractérise l'état d'engraissement. Il s'ensuit que cette accumulation est d'autant plus facile et plus prompte, que, dans l'économie, la combustion est moins active. Ce qui revient à dire que l'engraissement, pour une quantité déterminée d'aliments absorbés, est en raison inverse de l'activité de la respiration; bien entendu dans les limites de la conservation d'un certain état de santé.

Ces notions scientifiques, qui dominent toute la question de l'engraissement, étaient bonnes à rappeler d'une manière sommaire, avant d'entamer le côté pratique du sujet. Elles permettront au lecteur qui voudra bien y réfléchir, de se rendre compte des résultats que l'expérience a sanctionnés, pour la meilleure direction à imprimer aux animaux à l'engrais. Quant à ceux qui sont plus disposés à se contenter des solutions empiriques, ces notions ne sauraient nullement les gêner. Ils peuvent n'en faire aucun cas. Nous ajouterons cependant qu'elles sont de la plus rigoureuse exactitude, sanctionnées par les expériences et les observations les plus précises, et qu'elles ne sauraient qu'éclairer la pratique sans jamais l'égarer. Il ne faut pas de grands efforts d'attention pour comprendre, après ce qui vient d'être dit, qu'un animal qui respire brûle de la graisse, et qu'il en consume d'autant plus qu'il respire davantage. Les animaux hibernants, la marmotte, par exemple, le hérisson, qui s'endorment très-gras au commencement de l'hiver et se réveillent maigres à la fin, en sont une preuve vulgaire. Les mœurs de ces individus montrent aussi que l'activité de la respiration, ou de la combustion, est en rapport avec celle de la vie. Celle-ci, qui s'entretient durant des mois entiers par le repos absolu du sommeil, grâce à la provision de graisse accumulée, ne peut pas subsister chez les animaux qui ne jouissent pas de la faculté de s'endormir ainsi. Il résulte d'ailleurs de très-intéressantes expériences faites par M. Colin, que la durée de la vie et la conservation de la chaleur animale, chez les animaux entièrement privés d'aliments, est en raison de la quantité de graisse contenue dans leurs tissus. Les moins gras succombent toujours les premiers.

Ces considérations générales posées, nous allons maintenant décrire successivement les pratiques applicables à l'engraissement des animaux de l'espèce bovine, sous les trois états auxquels ces animaux sont livrés à la boucherie. L'opération comporte en effet des particularités et des formes variables, suivant qu'elle s'applique aux bœufs, aux vaches, ou aux veaux. Il convient de commencer par ces derniers.

ENGRAISSEMENT DES VEAUX.

Dans la plus grande partie de la France, les veaux issus des vaches entretenues exclusivement pour leur lait, sont livrés de très-bonne heure à la boucherie. L'engraissement de ces jeunes animaux n'est pas une industrie. On s'en débarrasse le plus tôt possible, afin de pouvoir directement tirer parti de la totalité du lait fourni par leur mère. C'est là un abus auquel il y a lieu de remédier, autant dans l'intérêt des producteurs eux-mêmes que dans celui de la consommation, à laquelle est ainsi livrée une viande qui n'est pas suffisamment salubre et nutritive.

Ce n'est guère que dans quelques contrées, faisant partie du rayon d'approvisionnement des grandes villes, et particulièrement de celui de Paris, que l'engraissement des veaux constitue une industrie particulière et régulière, et non pas accessoire de celle de la laiterie. Naguère encore, les environs de Pontoise, de Poissy, de Triel, de Meulan, de Mantes, la pratiquaient sur une grande échelle. L'établissement des chemins de fer, en agrandissant le cercle d'approvisionnement du lait en nature, par les facilités que les voies ferrées donnent pour le transport rapide de ce liquide, a refoulé la spéculation dont il s'agit vers une zone plus éloignée. Rien en effet n'est plus avantageux, pour tirer parti du lait des vaches, que de le livrer directement au débouché d'un grand centre de consommation. L'engraissement des veaux s'est par ce fait relégué dans la Beauce; le

Gâtinais, la Sologne, d'une part, puis de l'autre dans l'Aisne, l'Oise et la Somme. Seine-et-Oise ne s'y livre plus qu'accidentellement, et ne s'y livrera bientôt sans doute plus du tout. Le département du Nord le pratique dans une certaine partie de son étendue, pour l'approvisionnement de la boucherie de Lille. Il est admis que la spéculation cesse d'être avantageuse, dès que l'on peut trouver écoulement pour le lait à raison de 10 centimes le litre, soit en nature ou sous forme de beurre et de fromage. Par des procédés artificiels d'alimentation, on a essayé de concilier les deux spéculations. Nous indiquerons tout à l'heure ces procédés, en passant en revue les pratiques suivies dans les diverses contrées qui viennent d'être indiquées.

C'est en décrivant en effet ce qui s'opère dans les pays où l'engraissement des veaux est le plus profitable, que nous pouvons donner les meilleurs enseignements. La France peut être considérée comme résumant exactement les pratiques adoptées à l'étranger. Les engraisseurs de la Belgique, par exemple, s'en apercevront facilement. Il n'y a aucune différence notable entre ce qui se fait sous ce rapport dans la Campine et ce que nous voyons dans la Beauce, l'Orléanais et le département du Nord.

Deux modes d'alimentation sont en général usités. Le premier consiste à nourrir le veau exclusivement de lait, qu'il tette au pis d'une ou de plusieurs vaches ; dans le deuxième, on opère des substitutions, et l'on remplace tout ou partie du lait par ce que l'on appelle du thé de foin, par des décoctions de grains alimentaires, par des farines d'orge, de maïs, de féveroles, par du tourteau de lin.

Le thé de foin a été d'abord employé en Amérique. Il s'obtient en faisant infuser 1^k,500 à 2 kil. de bon foin ou de graines fourragères et provenant dans 10 litres d'eau chaude. En France, M. Perrault de Jotemps, qui a fait des expériences précises sur l'emploi de ce liquide, l'obtenait en ajoutant seulement 500 grammes de foin à la même quantité d'eau. De ses essais comparatifs, il est résulté que 1 litre de thé de foin produisait 0^k,036 de poids vif, tandis que 1 litre de lait donnait 0^k,180. D'où il a été conclu que 5 litres de thé sont l'équivalent de 1 litre de lait. On conçoit facilement combien cette proportion est sujette à varier, tout à la fois avec la qualité du foin et celle du lait.

Les engraisseurs de la Beauce, de la Normandie, du Gâtinais, s'accordent pour prétendre que les veaux mâles s'engraissent mieux que les femelles. Mathieu de Dombasle et M. F. Villeroy sont aussi de cet avis. Dans le Nord, ce sont au contraire les vêles qui obtiennent la préférence. Aucune expérience rigoureuse ne permet encore de décider cette question. Quoi qu'il en soit, dans l'un comme dans l'autre sexe, on choisit, quand on le peut, ceux qui ont la tête forte, le crâne large, le mufle ferme et bien arrondi, les oreilles courtes, fines et minces, la poitrine ample, bien arrondie, à bréchet large, l'épaule fournie, les reins larges, les hanches écartées, la cuisse descendue, la queue mince, les membres fins avec

de fortes articulations, la peau mince et souple, les poils soyeux et fournis. On estime la vivacité du regard et la pétulance des mouvements.

Lorsqu'il s'agit de choisir parmi les vêles celles qui doivent être livrées à l'engraissement, il serait bon de tenir compte des marques laitières qui sont déjà apparentes dès les premiers temps de la vie, et de réserver préférablement pour l'élevage les femelles dont l'écusson se montre le plus étendu. Il arrive souvent qu'on livre à la boucherie des femelles qui eussent fait d'excellentes laitières, pour en élever d'autres qui n'en donnent que de fort médiocres. Or, comme l'élevage des bonnes n'est ni plus difficile ni plus coûteux que celui des mauvaises, il y a tout avantage à les bien distinguer.

Passons maintenant à la pratique de l'engraissement, dans les contrées où il s'effectue sur une grande échelle.

M. Delafond a donné, en 1844, des détails très-circonstanciés sur l'opération, telle qu'il avait pu l'étudier dans le Gâtinais. Ces détails se rapportent également à la Beauce, et notamment au département d'Eure-et-Loir, d'après ce qui en a été publié depuis par d'autres observateurs, du moins pour ce qui concerne l'allaitement artificiel.

Dans les environs des villes d'Orléans, de Gien, de Montargis, de Pithiviers, les veaux à l'engrais prennent le lait presque exclusivement à la mamelle de leur mère. A un certain moment, surtout vers la fin de l'opération, si celle-ci n'en peut plus fournir une quantité suffisante, on fait teter le nourrisson à une seconde vache, et même à une troisième, ou bien on lui fait boire du lait, de manière à ce qu'il en consomme toujours à discrétion. Il tette trois fois par jour en hiver et quatre en été, lorsque les vaches consomment abondamment d'excellent fourrage vert. On tient surtout à alimenter copieusement le veau durant le premier mois de son existence, parce qu'on a observé que de là dépend le succès de son engraissement. En somme, dans ces conditions, la spéculation est fort simple. Elle consiste à bien nourrir les vaches laitières pour augmenter le plus possible leur rendement en lait, et à faire entièrement consommer celui-ci par les veaux. Une fois que ces derniers ont terminé leur repas, on leur met une muselière d'osier afin qu'ils ne puissent, dans l'intervalle d'un repas à l'autre, prendre aucune espèce d'aliments. Ils sont ensuite placés sur une bonne litière, dans un lieu isolé, un peu obscur et chaud, sans être insalubre, dit M. Delafond, où ils sont entretenus dans un grand état de propreté.

Il importe de se rendre compte du résultat économique de l'opération conduite de cette façon. Dans le quatrième volume du *Traité d'agriculture* de ses œuvres posthumes, Mathieu de Dombasle donne, à cet égard, d'intéressants renseignements. Il raconte des expériences faites par lui sur l'engraissement d'une soixantaine de veaux, et dans lesquelles l'illustre agronome a fait noter exactement la consommation journalière de chaque veau, et l'augmentation du poids de l'animal chaque semaine. Voici les données qui ont pu être recueillies.

D'après un marché fait avec un boucher de Nancy, les veaux gras étaient payés à raison de 70 centimes le kilogramme, poids vivant. Le transport et l'octroi, à raison de 3 fr. 20 par tête, étaient au compte de l'engraisseur, qui ne devait pas livrer de veaux au-dessous du poids de 75 kilogrammes. Le transport durait communément huit heures. Pesés la veille, au départ, et à l'arrivée, ce transport leur faisait généralement perdre de 4 à 5 kilogrammes. Les veaux provenant des vaches de la ferme étaient évalués, à la naissance, à un prix fixe de 9 francs; ceux achetés, à l'état maigre, à l'âge de huit à quinze jours, pesaient de 30 à 50 kilogrammes; leur prix variait de 30 à 40 centimes le kilogramme suivant leur état.

Les veaux de 30 à 40 kilogrammes consommaient de 6 à 8 litres de lait par jour. Cette quantité s'accroissait graduellement jusqu'à 16 ou 18 litres pour les veaux de 100 à 120 kilogrammes. L'un d'eux, qui a été poussé jusqu'à 160 kilogrammes, consommait, dans les derniers moments, 24 litres de lait par jour. Mais M. de Dombasle fait remarquer à cette occasion, qu'il n'y a pas d'avantage à faire de très-gros veaux, à moins que le prix de la viande ne soit plus élevé. A un prix uniforme, dit-il, l'engraisseur trouve d'autant plus de profit qu'il vend ses veaux plus jeunes; car, dans les premiers moments de l'engraissement, le veau augmente de valeur, non-seulement par le poids qu'il gagne, mais aussi par l'accroissement de prix qu'acquiert sa viande. Dès qu'il peut être réputé veau gras, si le kilogramme de viande n'augmente plus de prix, l'animal n'acquiert plus de valeur qu'en raison de son poids. Or, on conçoit facilement que dans ces conditions le lait consommé se trouve payé à un prix bien inférieur à celui des premiers moments de l'engraissement.

Dans les expériences de Roville, les meilleurs veaux, c'est-à-dire ceux qui ont le mieux profité, ont fait ressortir le prix du litre de lait de 9 à 10 centimes; pour le plus grand nombre, il ne s'est élevé qu'à 6 ou 7 centimes. La moyenne a été entre 7 et 8 centimes. L'augmentation en poids, par semaine, a été quelquefois de 12 à 13 kilogrammes pour une consommation journalière de 18 à 24 litres de lait. Le plus ordinairement, pour une consommation de 15 à 16 litres par jour, il y avait une augmentation d'environ 10 kilogrammes par semaine. Les petits veaux, en consommant de 8 à 10 litres, arrivaient à un accroissement de 6 à 7 kilogrammes par semaine. En calculant pour chaque veau la relation entre l'augmentation du poids et le nombre de litres de lait absorbés, on est arrivé à ce résultat que les variations ont été entre 8 et 13 litres par kilogramme de viande produite, suivant les dispositions individuelles. La moyenne est par conséquent d'environ 11 litres par kilogramme.

M. A. Gobin, de son côté, rapporte qu'un veau de race cotentine engraissé par lui du 9 avril au 20 mai 1847, à Grasmont, dans le Berry, ne paya le lait que 0f,0176 le litre. Il avait reçu du lait à discrétion pendant ces quarante-un jours et en avait consommé 472 litres. Il fut vendu 45 fr. 50,

soit net 35 fr. 30, en défalquant sa valeur à la naissance. Mais il est douteux que cette opération ait été bien conduite. Au cours moyen des veaux gras sur pied, un veau de cinq semaines bien engraissé vaut plus de 45 francs. Nous allons voir du reste ce qu'il en est, d'après les estimations du Gâtinais et de la Beauce, lorsque nous aurons indiqué la seconde méthode d'engraissement usitée dans cette région, ainsi que dans beaucoup d'autres.

La méthode dont il s'agit consiste à faire boire le lait aux veaux dans un seau ou dans un baquet. Ils consomment indifféremment ainsi le lait de toutes les vaches de l'étable, et il importe surtout de le leur présenter alors qu'il n'a pas encore perdu de sa température normale. Lorsqu'il ne peut pas en être ainsi, l'on entretient celle-ci par des moyens artificiels. Maintenir le vase contenant le lait dans l'eau chaude est le meilleur de tous.

Dans cette méthode, il convient, autant que possible, de séparer les veaux de leur mère dès la naissance. Ceux qui l'ont déjà tétée s'habituent ensuite plus difficilement à boire au baquet. En général, la personne qui présente celui-ci la première fois au petit animal, y plonge sa main et en fait sortir un doigt qu'elle tâche de placer dans la bouche du veau, qui le saisit bientôt et aspire sur ce doigt comme il ferait sur le pis de la vache. De cette manière, il absorbe tout le lait contenu dans le baquet, et, après quelques jours de cet exercice, il s'habitue à boire tout seul.

La pratique de l'allaitement artificiel ainsi exécuté tend à se généraliser de plus en plus, parce qu'elle est favorable aux substitutions et aux additions de substances nutritives, qui permettent de concilier l'engraissement des veaux avec l'exploitation directe du lait. Dans le Gâtinais et la Beauce, les cultivateurs qui font boire les veaux au baquet y ajoutent des échaudés, du pain blanc, de la farine de riz, ou du riz cuit dans l'eau. C'est aussi une habitude fort répandue de leur casser matin et soir dans la bouche des œufs frais, et de leur faire avaler le tout, contenant et contenu. On attribue à la coquille de l'œuf l'avantage de neutraliser les acides de l'estomac, et de prévenir les diarrhées qui atteignent souvent les veaux qui reçoivent avec le lait des aliments farineux de moins facile digestion. Au reste, les œufs sont réputés excellents dans l'engraissement des veaux. Ils passent pour améliorer la qualité de la viande. C'est seulement une question de savoir s'il est avantageux de leur donner cette destination. Au prix qu'ils ont acquis sur les marchés, par suite de l'exportation considérable qui s'en fait, cela est au moins fort douteux. On n'a jamais calculé le coefficient de leur rendement en viande de veau; mais il est permis d'admettre, à priori, qu'il n'est pas assez élevé pour qu'il ne soit point préférable de les vendre en nature, d'autant que le débouché ne leur manque jamais nulle part.

Quoi qu'il en soit, dans la région qui nous occupe, l'engraissement des veaux dure de deux à quatre mois. Ce dernier terme est exceptionnel. A deux mois et demi, ils pèsent, d'après M. Delafond, 50, 60 à 70 kilog. viande nette. Beaucoup, ajoute-t-il, pèsent, à trois mois, de 150 à 160 kilog. Le prix de revient est d'environ 1 franc le kilog. A ce prix, il reste encore une bonne marge pour le producteur, car le cours moyen des veaux gras, sur les marchés d'approvisionnement des grands centres, ne descend guère au-dessous de 1 fr. 50, et atteint souvent jusqu'à 2 francs.

Dans le Nord, pour engraisser les veaux, on les enferme d'abord dans des boxes disposées exprès. M. Lefour a donné, dans son magnifique travail sur la race bovine flamande, la description et la figure de ces boxes, qui ont 0ᵐ,50 de largeur, sur 1ᵐ,70 de profondeur, de sorte que l'animal ne peut s'y retourner. Il y reste jusqu'à la fin de l'engraissement. On ajoute chaque jour de la litière nouvelle, et l'on ne sort le fumier que toutes les trois ou quatre semaines. En hiver, c'est seulement à la fin de l'opération qu'on le retire, à moins que l'animal ne soit pris de diarrhée. La porte d'entrée est ordinairement à charnières; dans d'autres cas, c'est une sorte de trappe qui glisse dans des coulisses et qui s'élève au moyen d'un contre-poids. Ces boxes ne sont pas fixes. Ce sont des sortes de boîtes qui peuvent être transportées aux divers points de l'étable.

On a constaté, là comme partout ailleurs, que la nourriture des vaches exerce une grande influence sur l'engraissement des veaux. Le lait de celles qui consomment de la pulpe de betteraves, des tourteaux, des féveroles, fait plus fréquemment contracter aux jeunes animaux des indispositions, et communique à leur chair une consistance huileuse qui la rend moins délicate. La betterave en nature, associée au regain de trèfle, à l'hivernage, est considérée, dit M. Lefour, comme une nourriture des meilleures pour la vache nourrice. On sait, ajoute-t-il, que les contrées dont les veaux *tombent blancs*, suivant l'expression consacrée par la boucherie, sont ordinairement celles à pâtures fraîches.

Les veaux à l'engrais enfermés dans leurs boxes reçoivent trois fois par jour du lait pur, administré avec les précautions que nous avons déjà indiquées. On y mêle quelquefois un peu de graine de lin ou des farineux. Certains engraisseurs leur font boire des décoctions de tête de pavot mêlées au lait. Cela les assoupit et les dispose mieux, selon eux, à prendre la graisse.

Du reste, à part ces particularités, l'opération ne diffère pas sensiblement, quant au reste des pratiques, de ce qui a lieu dans les autres localités dont nous nous sommes déjà occupés. Quant aux bénéfices de la spéculation, M. Lefour les estime de la manière suivante : La vente du veau pesant net, en moyenne, 62 kilogrammes, à 1 fr. 50 le kilogramme, produit 93 francs. Le fumier est évalué approximativement 7 francs. C'est donc pour les recettes 100 francs. Les dépenses se composent de l'achat du veau maigre, 15 francs, plus pour frais généraux et risques, également 15 francs; total, 30 fr. Il reste donc 70 francs, dont 58 fr. 50 seulement représentent le prix du lait employé pendant un engraissement de soixante-quinze jours, et dont la quantité est portée à 600 litres;

ce qui fait que le prix de chaque litre se trouve à peine payé à raison de 10 centimes.

Dans le comté de Lanark, en Angleterre, un grand nombre de veaux sont engraissés jusqu'à l'âge de quatre à cinq mois, et arrivent à peser de 200 à 225 kilogrammes, poids vif. Ils sont nourris exclusivement de lait. Dans le commencement de l'opération, c'est le premier lait de la traite qui leur est donné; vers la fin, au contraire, ils en reçoivent la dernière portion, qui est considérée comme plus riche et plus nourrissante. Lorsque l'animal semble perdre l'appétit, il est mis à la diète pendant un jour ou deux, et ne reçoit qu'une très-légère eau de gruau. S'il est constipé, on lui administre du bouillon de mouton. Dans le cas de diarrhée, l'engraisseur lui fait avaler une cuillerée de présure. Il a toujours à sa portée une pierre de craie qu'il lèche pour exciter la salivation. On a renoncé avec raison aux saignées pratiquées dans le but de blanchir la viande. De l'eau de gruau, donnée pendant les deux ou trois jours qui précèdent la vente, a pour but d'atteindre ce résultat, et d'éviter la viande rouge que produisent les animaux gorgés de nourriture. Dans quelques parties de l'Irlande, on administre aux veaux à l'engrais un mélange de craie pulvérisée et de farine délayées dans de l'eau-de-vie. Cette pratique a pour objet, comme celle des Flamands, relative à l'usage des décoctions de têtes de pavot et du malt de bière, de favoriser l'engraissement en plongeant l'animal dans une sorte de torpeur.

L'habitude de substituer le lait écrémé au lait pur se répand surtout en Allemagne, sauf à y ajouter des matières grasses étrangères, et les farineux dont il a été déjà parlé, notamment du tourteau. L'usage du thé de foin a pris peu d'extension en France. Au reste, toutes ces substitutions peuvent avoir de grands avantages, lorsqu'elles sont bien conduites; et elles sont indispensables, quand le prix élevé du lait et son écoulement facile ne permettent pas de l'employer à l'engraissement des veaux, si d'ailleurs ceux-ci ne peuvent pas être vendus tout de suite après leur naissance à de bonnes conditions. Le seul écueil de la nourriture artificielle est la diarrhée souvent très-grave qu'elle provoque chez les jeunes individus, bien que ceux qui boivent exclusivement du lait, à la mamelle ou au baquet, n'en soient point exempts.

Lorsque cette diarrhée se présente, il est toujours plus prudent de faire appel aux lumières de l'homme de l'art, qui est en mesure d'y remédier promptement, et d'éviter tout au moins l'amaigrissement rapide qu'elle détermine, sinon la perte totale de l'animal. Cependant nous indiquerons ici les moyens de traitement qui ont été employés avec succès en pareil cas, ne fût-ce que pour ceux qui n'ont pas de vétérinaire à leur portée, ou qui voudraient agir en attendant sa venue.

M. de Dombasle prétend que chez lui la diarrhée des veaux a toujours cédé d'une manière très-prompte à l'administration du lait coupé avec de l'eau d'orge. Il est vraisemblable qu'il ne s'agissait là que de ce que l'on appelle une simple indigestion laiteuse. Les vétérinaires des pays où l'engraissement des veaux se pratique en grand n'ont pas été à beaucoup près aussi heureux, particulièrement ceux de la Beauce. Un habile praticien de ce dernier pays, Darreau, a préconisé depuis longtemps la crème de tartre soluble, à la dose de 60 à 75 grammes, en solution dans 4 litres d'eau tiède édulcorée avec du miel. On présente au jeune malade ce breuvage toutes les heures pendant douze à quinze heures. Lorsque la diarrhée s'accompagne de coliques plus ou moins vives, on y joint 0^{gr},05 d'opium. Ce traitement a été généralement adopté. En Angleterre, on emploie, suivant la coutume médicale de ce pays, des purgatifs plus énergiques, composés de rhubarbe, 2^{gr},50; d'huile de ricin, 56 grammes, et de gingembre, 0^{gr},90. On assure que cette formule est très-efficace; mais il serait dangereux, croyons-nous, de l'opposer à tous les cas de diarrhée, tandis que celle de Darreau ne peut présenter aucun inconvénient.

ENGRAISSEMENT DES VACHES

La pratique de l'engraissement des femelles de l'espèce bovine ne diffère pas sensiblement de celle qui se rapporte aux bœufs. Il n'y aurait donc pas lieu de faire à cet égard une distinction, si la question ne se rattachait à une opération dont il importe beaucoup d'examiner les avantages, au point de vue de l'économie rurale. Nous voulons parler de la castration, ou mieux de la stérilisation des vaches, à juste titre considérée comme favorisant considérablement la transformation en graisse des aliments consommés.

Cette opération a été beaucoup préconisée, dans ces derniers temps surtout, principalement à cause de l'influence qu'elle exercerait sur la production laitière. Pratiquée après le vêlage récent, et au moment où la bête est en pleine lactation, on assure qu'elle maintient la sécrétion des mamelles bien au delà de son terme normal, en communiquant au lait une richesse plus grande. Des faits maintenant assez nombreux tendent à prouver en effet qu'il en est ainsi. Mais, sous ce rapport, la question est encore controversée. On s'accorde cependant pour reconnaître que la castration est le seul moyen de tirer parti des vaches dites taurelières, qui, sous l'influence de l'excitation morbide que leur cause un état presque permanent de rut, ne donnent que peu ou point de lait, dépérissent promptement, et tombent dans le marasme et la phthisie.

L'attention s'est surtout portée sur les rapports de la stérilisation avec la production du lait. Comme il arrive presque toujours, de regrettables exagérations ont suscité d'ardents adversaires, qui, dépassant eux-mêmes le but, ont été entraînés à nier que l'opération exerçât la moindre influence sur la conservation de la sécrétion mammaire. Il n'en est pas moins constant et parfaitement démontré que, dans le plus grand nombre des cas, les vaches rendues stériles par l'extraction des ovaires, au moment où leurs mamelles sont en pleine activité, donnent pour une période dont la durée varie, mais qui dépasse souvent deux années, une plus grande quantité d'un lait de qualité meilleure, que celles qui conservent la faculté de se reproduire. Le seul argument sérieux qu'on ait pu faire valoir à l'encontre de cette conclusion, c'est que bon nombre de vaches, ainsi privées de leurs ovaires, ne tardent pas à prendre la graisse, au point de faire presque complètement tarir leurs mamelles, quelle que soit d'ailleurs leur alimentation. Cette objection fournit à nos yeux précisément la démonstration péremptoire des avantages économiques de la castration, ainsi que nous l'établirons tout à l'heure. Auparavant, il faut exposer en entier les éléments de la question.

Thomas Vinn, maître d'hôtel à Natchez, dans la Louisiane, paraît être le premier qui ait attribué à la stérilisation de la vache l'influence que nous venons de voir sur la sécrétion laiteuse. Lorsque les observations sur lesquelles il s'était appuyé furent parvenues en Europe, plusieurs expérimentateurs se mirent en devoir de les vérifier, notamment en Suisse et en France; et il demeura démontré expérimentalement qu'en effet les vaches privées de leurs ovaires conservaient leur lait bien au delà du terme d'une année, sans diminution sensible du rendement journalier. Mais ce fait resta longtemps sans application, douteux qu'il était encore pour le plus grand nombre des vétérinaires, et à peu près entièrement ignoré des agriculteurs.

Les choses en étaient là, lorsque M. P. Charlier, alors vétérinaire en Champagne, entreprit de généraliser la pratique de l'opération. Celle-ci, telle qu'elle avait été imaginée en Amérique, et répétée en Europe, consistait à aller extirper les ovaires de la vache par une incision faite au flanc de la bête. D'après ces errements, M. Charlier se mit à l'œuvre. Mais comme il ne rencontrait pas, au gré de son ardeur pour un progrès dont il prévoyait les conséquences au point de vue de l'économie sociale, un assez grand nombre de propriétaires disposés à courir les risques d'une opération assez effrayante au premier aspect, il résolut de consacrer au triomphe de son idée toutes les ressources personnelles dont il pouvait disposer. Une mortalité considérable vint à plusieurs reprises déjouer ses espérances, mais ne refroidit point son zèle; et avec un désintéressement dont on ne trouve que de rares exemples, il n'en persévéra pas moins dans son entreprise, cherchant à déterminer les conditions dans lesquelles l'opération pouvait être pratiquée sans danger. M. Charlier s'était constitué, à ses risques et périls, le véritable apôtre de la castration; il sacrifia tout : clientèle, fortune, repos, au but qu'il poursuivait. Les échecs ne le découragèrent point. Il avait acquis la certitude du fait annoncé. Les avantages absolus de l'opération lui étaient démontrés. Il ne restait plus qu'à mettre en évidence ses avantages économiques. Fort de ses résultats personnels, et avec cette sorte de témérité qui est le propre des hommes fortement convaincus, M. Charlier faisait appel à tous les moyens capables de le mettre en mesure de fournir la démonstration pratique de l'efficacité de la castration. Les occasions d'opérer en dehors de ses propres étables étaient par lui saisies avec empressement, comme une bonne fortune. Sa bonne foi était telle que les conditions les plus défavorables ne le rebutaient point. C'est ainsi qu'il fit, à l'ancien Institut agronomique de Versailles, en pleine influence péripneumonique, et malgré les avertissements qui lui furent donnés, un certain nombre de castrations dont les résultats ne pouvaient manquer d'être désastreux. La plupart des vaches opérées moururent. Cet échec éclatant porta le coup fatal à l'opération.

Un autre se fût désespéré. M. Charlier n'y vit qu'une raison de plus de persévérer. Il comprit alors qu'il fallait renoncer à pratiquer l'opération par le flanc, à déterminer dans la cavité abdominale des désordres qui étaient si fréquemment suivis d'accidents mortels. Il conçut l'idée de pénétrer dans cette cavité, à la faveur d'une petite incision effectuée dans le fond du vagin, et il ne se donna plus de répit que la solution du problème ne fût trouvée. C'est de là que naquit cet ingénieux appareil instrumental, grâce auquel la castration de la vache est devenue maintenant une opération, sinon tout à fait inoffensive, au moins dont les chances défavorables sont assez minimes pour être négligées.

A partir de la découverte du nouveau procédé, qui est exclusivement l'œuvre de M. Charlier, et dont tout le mérite doit lui être laissé, l'aspect des choses fut changé complétement. Les dangers de l'opération avaient disparu; dans les conditions les plus défavorables, la mortalité ne s'élevait pas au-dessus de 2 p. 100. De ce côté, le plus grand obstacle à la propagation de l'opération était vaincu; mais l'œuvre n'était point achevée. Tous les progrès rencontrent des adversaires qui s'opposent à leur marche par pur instinct. Ne pouvant plus arguer des chances de mortalité pour repousser la castration, ils changèrent leurs batteries. Les uns, sans nier l'influence de la stérilisation sur la bête qui y est soumise, entreprirent de soutenir que si l'opération venait à se généraliser, cela couperait court à toute multiplication de l'espèce bovine. Cette opinion, on a peine à le croire, compte encore des partisans. Ce sont, de tous les adversaires de la pratique, les plus inintelligents. Les autres, n'envisageant la question qu'au point de vue de la production du lait, contestent ses avantages, pour ce motif, disent-ils, que les vaches stériles tarissent bientôt par le fait d'un engraissement que rien ne peut entraver.

La vérité est que ces objections, et quelques autres encore que nous négligeons de rappeler, parce qu'elles sont sans importance, ne tiennent pas un seul instant devant un examen un peu sérieux. Quant à la première, elle se réfutera d'elle-même, lorsque nous aurons exposé tout à l'heure les conditions dans lesquelles l'opération doit être adoptée, pour que les lois de l'économie rurale soient respectées. Il suffirait d'ailleurs de faire remarquer, pour établir dès à présent à quel point cette objection est dénuée de fondement, qu'il est apparemment indispensable que la vache se soit multipliée au moins une fois, pour qu'elle puisse subir l'opération. Mais ce serait faire injure au lecteur d'insister là-dessus.

Le second motif d'opposition serait plus fondé, dans de certaines limites toutefois, en ce qui concerne les vaches entretenues particulièrement pour la production laitière, s'il était vrai que le fait sur lequel il est basé fût aussi général et aussi absolu que le prétendent ceux qui s'en servent. Il est incontestable que les vaches châtrées s'engraissent plus facilement que celles qui ont conservé leurs ovaires, lors même que celles-ci ont été préalablement fécondées. Il est certain qu'elles prennent de la graisse sans aucun soin particulier d'alimentation, à mesure que leur sécrétion mammaire se tarit, mais non pas tant que, sous l'influence d'une aptitude bien prononcée, on leur fait donner du lait. Pour se déclarer convaincus, ceux qui font cette objection auraient voulu que la castration fût capable de rendre bonnes laitières les vaches qui ne le sont pas. Ce sont celles-là qui ne conservent pas longtemps leur lait et qui s'engraissent avec une remarquable facilité. C'est, il faut bien le dire, une malheureuse disposition d'esprit fort commune en France, et peut-être bien ailleurs aussi, car l'homme est le même partout, que celle en vertu de laquelle on fait échouer les meilleures choses, en leur demandant toujours plus qu'elles n'ont voulu prouver. Leurs partisans ne sont point exempts non plus de blâme, pour cette raison qu'ils se laissent trop facilement entraîner à l'exagération des avantages qu'ils attribuent à ces choses. Il appartient aux hommes froids de modérer tous ces élans; et c'est par eux, en définitive, que la vérité se fait jour.

Or, à quelque point de vue que l'on se place, maintenant que par ses conséquences chirurgicale la castration de la vache est devenue une des opérations les plus inoffensives, en même temps qu'une des plus simples, depuis que M. Colin a perfectionné dans quelques détails l'appareil instrumental qu'elle nécessite; à présent, il n'y a plus d'objection à lui opposer, à moins qu'on ne soit possédé de l'esprit d'aveuglement. Que la seconde de celles dont nous venons de parler soit ou non fondée en fait, cela ne peut rien enlever à ses avantages économiques; bien au contraire, ceux-ci seraient d'autant plus certains qu'elle le serait davantage.

En effet, on ne contestera point, en thèse générale, que, dans l'espèce bovine, les animaux atteignent leur plus haute valeur commerciale, lorsqu'ils sont dans un état de complet engraissement. Il n'y a pas lieu d'insister là-dessus. Il n'est pas non plus contestable que les bénéfices de cet engraissement sont en rapport avec le temps qu'il a duré, par conséquent avec la quantité totale des aliments consommés pour l'effectuer. Voilà de premières données. Voyons les autres.

En considérant la vache, soit comme laitière principalement, soit comme productrice d'élèves, on sait que pour l'économiste son existence comporte trois périodes distinctes, durant lesquelles le capital qu'elle représente offre des caractères particuliers. Dans la première, qui se termine à l'âge adulte, le capital s'accroît sans cesse; il y a création de valeur. Dans la seconde, le capital se conserve intact, sans augmentation ni diminution sensible. Cette période correspond à l'instant assez court de la vie pendant lequel l'animal, semblant se reposer de son accroissement, demeure stationnaire. A ce moment, un an de plus ou de moins dans l'âge de cet animal, n'exerce aucune influence sur la détermination de sa valeur au marché. Passé cet instant, la décroissance arrive, la valeur diminue progressivement pour s'éteindre tout à fait. Il y a lieu de prélever sur les produits pour amortir le capital, en vue de cet inévitable résultat.

Eh bien, la castration permet précisément de faire disparaître de la question économique de l'exploitation des vaches cette donnée de l'amortissement nécessaire, sans obligation corrélative de se livrer à des spéculations spéciales d'engraissement. Appliquée dans les circonstances que nous allons dire, elle met la vache en état d'accroître sans cesse jusqu'à sa mort le capital que cette bête représente, sans aucun temps d'arrêt du revenu de ce capital. Elle se résout tout à la fois, par conséquent, en un accroissement de la richesse publique et privée. C'est ce qu'il va nous être facile de démontrer.

En faisant disparaître du compte d'entretien des vaches laitières et du compte d'élevage la prime d'amortissement, le renouvellement de ces femelles au moment où elles vont entrer dans la période décroissante de leur vie, arriverait pour une partie au même résultat. Mais ce renouvellement, qui ne peut s'effectuer, dans les conditions ordinaires, qu'à la faveur d'une spéculation particulière d'engraissement appliquée aux vaches, entraîne par ce fait la nécessité de consacrer à l'opération une certaine quantité de nourriture, uniquement destinée à se transformer en viande. En sus de la ration d'entretien calculée sur le poids vif de la bête, une ration de production est nécessaire pour déterminer l'accroissement de ce poids, comme nous le verrons plus loin, et n'est payée que par la somme de viande obtenue. Avec la castration disparaissent tout à la fois la prime d'amortissement et les rations d'engraissement. La nourriture est couverte par le lait produit, et il reste, comme bénéfice net, la plus-value acquise par le fait de l'engraissement, qui s'opère en même temps. Le capital se renouvelle sans déperdition, et il s'accroît même sans cesse dans chaque opération successive. Au moment où la bête est en état d'être livrée à la boucherie, elle a donné sans discontinuer du lait, dont la qualité compense la quantité, à mesure que celle-ci diminue vers la fin de l'opération. Des observations recueillies sur une grande échelle, notamment chez M. Ménard, de Huppemeau, ne permettent pas d'en douter. Cet habile agriculteur, lauréat de la prime d'honneur de son département, se livre depuis longtemps à une spéculation de laiterie pour la fabrication de fromages très-estimés. L'adoption de la castration généralisée dans sa vacherie, l'a mis à même de produire en un temps donné plus de fromages, et de livrer à la consommation une somme plus considérable de viande.

Qu'au moment, en effet, où la vache est arrivée à son complet développement, à la pleine puissance de sa faculté laitière; à cet instant où, pour une quantité déterminée d'aliments consommés, elle produit la plus forte somme de lait; qu'à cette période, que nous avons appelée stationnaire, elle soit stérilisée par la castration; alors elle conserve pendant au moins toute une année, et le plus souvent bien au delà, son plus fort rendement. Elle marche ensuite vers l'engraissement, à mesure que ce rendement baisse, et à l'instant où la quantité de lait qu'elle fournit n'est plus suffisante pour payer la nourriture qu'elle consomme, son état de graisse est suffisant pour qu'elle puisse être livrée avec avantage à la boucherie. Elle a acquis dès lors sa valeur vénale la plus élevée. Elle peut être remplacée par une autre laitière venant de vêler, en laissant dans la caisse, pour bénéfice net, la différence toujours considérable du prix de la bête grasse à celui de la bête maigre.

Ce qui est vrai, d'après cela, pour les bonnes laitières, l'est encore bien plus pour les mauvaises. Si elles fournissent en somme une moindre quantité de lait, elles sont donc plus tôt engraissées. Elles produisent moins, mais elles consomment moins aussi; et au point de vue de l'économie rurale, le résultat final est le même, avec cette différence toutefois que les avantages de la castration sont encore plus évidents. L'importance de la ration d'entretien s'accroît comme la faiblesse du produit. Le bénéfice de la réduction de cette ration est par conséquent plus grand à mesure que baisse celui-ci.

En supposant donc que la castration des vaches vienne à se généraliser, — ce qui est désirable, — il en résultera tout à la fois un accroissement du capital-bétail de notre agriculture, une augmentation de production laitière et de production de viande de boucherie. C'est là une triple conclusion qui défie toute contestation. Pour une quantité déterminée de fourrages disponibles, le produit total sera incontestablement supérieur en faisant consommer ces fourrages par des vaches stérilisées à un certain moment de leur existence, plutôt que par des femelles en possession de leur faculté de reproduction et livrées à la fonction qu'entraîne cette faculté.

Faut-il réfuter maintenant cette croyance des gens insuffisamment éclairés, qui prétendent que l'adoption de la castration peut être un obstacle à la multiplication de l'espèce? C'est à peine nécessaire. Pour s'y laisser entraîner, il ne faut être capable d'aucune réflexion, et laisser de côté les plus simples éléments d'un tel problème. N'est-il pas évident que dans les termes où nous venons de poser la question, aucune vache ne perd sa faculté de se reproduire qu'après avoir été fécondée plusieurs fois? C'est au maximum vers la sixième année que l'opération peut être pratiquée pour produire tous ses bénéfices, au moment où la bête n'est plus susceptible d'accroissement. Or qui ne sait qu'à cette époque chaque vache s'est au moins reproduite trois fois? La multiplication de l'espèce est donc assurée. Serait-ce que le nombre des élèves pourrait être diminué parce que la durée de l'existence des mères serait restreinte? Pas davantage. Cette incroyable considération a été émise, mais elle s'évanouit devant le plus superficiel examen. Celui-ci montre précisément que c'est le contraire qui est vrai. Aucun homme éclairé n'ignore que la production, en toutes choses, suit toujours la consommation et s'accroît avec elle. Plus il se consomme de vaches, plus il s'en produit. Là où la demande se fait, le produit ne tarde jamais. Au lieu de nourrir pendant douze ans, par exemple, la même vache, tel cultivateur, dans les conditions que nous supposons, en entretient successivement deux durant la même période, avec la même quantité de fourrages. Il a produit finalement au moins le même nombre de veaux, en diminuant au moins aussi de moitié les risques de perte de son capital, par accident, maladie ou autre cas fortuit. A part cela, ce capital, répétons-le, demeure intact à l'expiration de la période, en plus des bénéfices fournis par son exploitation. Il serait superflu sans doute d'insister sur ce point. Les avantages de la castration, à tous les points de vue que nous avons examinés, ne sauraient être contestés.

Est-ce à dire qu'il faille poser la pratique de cette opération en thèse absolue et n'admettre aucune exception à son application ? Non pas, vraiment. Il y a telles circonstances où il peut être avantageux de conserver certaines vaches intactes durant toute l'existence qu'elles peuvent fournir. Et c'est notamment quand il s'agit d'entreprises d'amélioration de la race à laquelle elles appartiennent. Toutes les considérations économiques que nous avons fait valoir s'effacent alors devant le but poursuivi, s'il s'agit de mères d'élite dont il est nécessaire de multiplier les perfections. Cela se peut présenter aussi, en présence de laitières tout à fait exceptionnelles, dont le produit compense suffisamment l'amortissement du capital. Dans ces cas, le principe fléchit. Il appartient aux praticiens éclairés de les déterminer et de les saisir. Mais ce principe n'en subit aucune atteinte dans sa généralité.

Au point de vue qui nous occupe plus particulièrement en ce moment, et à l'occasion duquel nous avons cru qu'il pouvait être utile d'examiner sous toutes ses faces la question de la stérilisation des vaches, dans ses rapports avec la zootechnie, il est incontestable que cette opération est pour l'économie une véritable conquête, qui doit assurer à son inventeur, M. Charlier, la reconnaissance des agriculteurs et de tous ceux qui savent apprécier la valeur des services rendus. Si les persévérants travaux de notre collègue lui ont suscité des adversaires souvent bien passionnés et bien injustes, on a la consolation de voir qu'ils n'en ont été que plus goûtés par les hommes impartiaux, et que, sur divers points de l'Europe, se sont formés à son école des élèves et des auxiliaires qui s'appliquent à faire adopter partout l'opération. Il est permis de dire que la cause est maintenant gagnée, et que les sacrifices de toutes sortes que l'inventeur s'est imposés pour arriver au but si louable qu'il s'était proposé, n'auront au moins pas été perdus pour le progrès, s'il en doit supporter seul la lourde charge.

Quant à nous, ce que nous voulions surtout établir ici, c'est que la castration est un moyen certain de faciliter l'engraissement des vaches. Après la démonstration que nous avons donnée de ses avantages, il demeurera acquis, croyons-nous, qu'il ne serait en aucun cas sage d'entreprendre des spéculations sur l'engraissement des femelles

de l'espèce bovine, sans y avoir recours. En laissant de côté toute considération relative à son influence sur la lactation, il suffit qu'elle mette la bête dans le cas de tirer un meilleur parti des aliments qu'elle consomme, quant à l'accumulation de la graisse, pour qu'il n'y ait pas à hésiter. Toute vache destinée à l'engrais doit être châtrée, quel que soit le mode d'engraissement adopté : voilà sur ce point notre conclusion.

ENGRAISSEMENT DES BŒUFS

L'engraissement des bœufs se pratique suivant divers modes que nous devons passer successivement en revue. On engraisse dans les herbages, et l'opération est dite alors *engraissement d'embouche* ; on engraisse à l'étable, et l'on fait dans ce cas de *l'engraissement de pouture* ; enfin les deux modes sont suivis l'un après l'autre, et cela constitue *l'engraissement mixte*. Nous aurons à voir quel est celui de ces modes qui est le plus économique, en étudiant à fond chacun d'eux, tout en reconnaissant à l'avance qu'ils correspondent à des systèmes de culture dont les conditions ne permettent pas toujours d'exercer un choix. L'engraissement à l'étable, qui se prête le mieux à l'emploi des procédés hygiéniques propres à favoriser la formation de la graisse, est celui qui tend le plus à se généraliser, à mesure que l'agriculture fait des progrès. Il permet de tirer parti, dans les spéculations d'engraissement, d'un grand nombre de matières alimentaires qui demeureraient autrement sans application utile, notamment des résidus industriels dont l'adjonction des usines à la ferme augmente chaque jour la quantité.

L'engraissement des animaux adultes de l'espèce bovine est une opération rendue accidentellement nécessaire, par suite de la réforme des bœufs de travail ou des vaches, dont il ne serait pas possible, dans l'état où ils se trouvent, de se défaire avantageusement ; ou bien cette opération constitue une spéculation adoptée d'une manière permanente, une industrie préférée pour utiliser les fourrages et les matières alimentaires produits dans l'exploitation. Nous ne nous occuperons que de la dernière circonstance, les développements que nous consacrerons à cette spéculation pouvant fournir en même temps toutes les indications nécessaires pour l'opération accidentelle dont nous venons de parler.

Le premier soin à prendre, quel que soit le mode ou le procédé d'engraissement adopté, c'est de choisir les animaux d'engrais. Il faut donc commencer par examiner quelles sont les conditions les plus favorables à rechercher lorsqu'il s'agit d'exercer ce choix. C'est ici surtout qu'il importe de réunir les aptitudes diverses qui ont été précédemment indiquées comme indispensables, pour assurer le succès des entreprises zootechniques. Le résultat final de la spéculation dépend surtout du point de départ. L'écart entre le prix de la viande maigre et celui de la viande grasse est souvent si peu considérable, que l'art d'engraisser est moins important encore que celui d'acheter les sujets sur lesquels il doit s'exercer. Non-seulement il est indispensable que l'engraisseur soit en mesure d'apprécier d'un coup d'œil le poids actuel de l'animal maigre, son aptitude à prendre la graisse et la quantité de viande qu'il pourra fournir à la fin de l'opération, mais encore il faut qu'il calcule exactement le prix qu'il ne doit pas dépasser pour faire une spéculation fructueuse. Toutes ces considérations rendent le métier d'engraisseur extrêmement difficile, et nous imposent l'obligation de ne rien négliger pour que toutes les données de cette délicate opération soient ici consignées.

Voyons donc d'abord les caractères à exiger chez les sujets destinés à l'engraissement.

Choix des animaux d'engrais. — S'il ne s'agissait que de réunir la spéculation de l'engraissement à celle de l'élevage, dans des conditions favorables, notre tâche serait maintenant des plus faciles. Il suffirait de renvoyer à ce que nous avons dit des caractères du type parfait de boucherie, des principes qui président à la production de ce type, et de l'élevage des races qui s'en rapprochent le plus. Mais ce n'est pas dans ces conditions que peut s'exercer chez nous l'industrie de l'engraissement. Dans les conditions actuelles de notre économie rurale, la plupart des races bovines ont été élevées d'abord en vue d'une autre destination. Les animaux ne sont livrés à l'engraisseur qu'après avoir fourni pendant un certain temps du travail ou du lait. Ceux qui passent directement de la spéculation d'élevage à celle de l'engrais forment une très-minime exception. Il n'y a pas lieu, par conséquent, de s'en occuper. Le seul progrès en ce sens qui tende à se généraliser, c'est, ainsi que nous l'avons vu lorsque nous avons étudié la question du travail de l'espèce bovine, la réduction qui s'opère dans la durée du temps pendant lequel les animaux de cette espèce ont à exercer leur force musculaire. L'habitude du fréquent renouvellement des attelages de bœufs se répand dans des contrées où elle était inconnue jusque-là. Au lieu d'attendre que les animaux soient épuisés par un travail long et pénible, pour s'en défaire, les cultivateurs les vendent en pleine vigueur et en bon état. Tandis que ces animaux n'arrivaient en général sur les marchés d'approvisionnement guère avant l'âge de huit ou dix ans, pour le moins, et souvent au delà, il n'est pas rare d'en rencontrer âgés seulement de cinq ans, même parmi ceux appartenant aux races réputées les plus tardives. En outre, indépendamment de ce fait, les cultivateurs exigent de leurs attelages, pour un temps donné, une moindre somme de travail, à mesure qu'ils les nourrissent mieux. Sur les foires et les marchés, les engraisseurs rencontrent donc principalement des animaux qui n'ont que peu dépassé leur âge adulte, et lorsqu'ils vont, ainsi que cela se pratique en certaines contrées, dans les étables des cultivateurs, ceux-ci font moins de difficultés pour leur livrer des bœufs de cet âge, qu'ils eussent auparavant tenu à conserver. L'élévation du prix des bestiaux n'a sans doute pas été étrangère à ce résultat. L'écart entre le prix d'achat du bouvillon et le prix de vente du bœuf adulte est proportionnel à cette élévation. Le cultivateur ne tient pas compte du capital engagé et se laisse séduire par l'appât du bénéfice brut. Dix francs gagnés sur deux cents francs lui paraissent plus que cinq francs sur cent francs. Il est heureux qu'il en soit ainsi, car dans ce cas les apparences sont en rapport avec la réalité. Elles conduisent à faire disparaître des opérations de culture la moins-value qui se produisait dans les attelages à mesure qu'ils prenaient de l'âge, et à supprimer la nécessité de l'amortissement. Le travail est obtenu à moindre frais. C'est un bénéfice réel.

Quoi qu'il en soit de ces considérations, sur lesquelles ce n'est pas le moment d'insister, elles n'en constituent pas moins une situation favorable pour l'industrie de l'engraissement. Celle-ci doit nécessairement subir les conditions qui lui sont faites pour le choix de ses sujets. Il faut qu'elle s'exerce sur la matière qui est mise à sa disposition par les circonstances agricoles relatives à l'exploitation du bétail, et cette matière se compose, en général, d'animaux ayant plus ou moins travaillé.

Ce n'est pas que le travail soit, d'une manière absolue, défavorable à la spéculation d'engraissement. S'il est incontestable que l'aptitude à prendre la graisse soit en raison inverse de la puissance mécanique, il ne l'est pas moins que certaines races bonnes travailleuses fournissent la meilleure qualité de viande, celle qu'on appelle la mieux marbrée, la plus persillée. La race parthenaise a toujours été, sous ce rapport, mise en première ligne. Tous les praticiens, en ces matières, s'accordent à considérer la viande des bœufs de Cholet comme la plus estimée des gourmets. Un travail modéré rend la fibre musculaire plus savoureuse, plus facilement pénétrable par les sucs albumineux et la graisse. L'important est seulement que les animaux n'aient pas été épuisés par un labeur trop prolongé. L'engraisseur doit donc donner toujours la préférence aux animaux les moins âgés, attendu que l'âge accuse à coup sûr ici la somme de travail qui a été produite.

S'il est bon de ne pas choisir des animaux trop vieux, il est encore davantage de repousser ceux qui sont trop jeunes. Ces animaux font peu de suif et leur viande est de qualité inférieure. Les bouchers disent qu'*ils tombent vers*, et ne les estiment point. Il n'est pas possible de fixer à cet égard une limite formulée en chiffres. L'animal n'est propre à donner de la viande mûre qu'à partir de l'accomplissement de son état adulte, et l'âge auquel arrive cet état varie suivant la race, suivant la manière dont il a été traité dans l'élevage, en un mot, suivant son degré d'amélioration. C'est une question de précocité. Tout ce qu'on peut dire, c'est que l'animal d'engrais ne doit plus avoir aucune dent de lait. Cela met l'époque la plus convenable entre cinq et sept ans. Les spéculations d'engraissement s'exercent dans les meilleures conditions, lorsqu'elles agissent sur des sujets dont l'âge se maintient entre ces deux limites extrêmes, à la condition, bien entendu, qu'ils soient d'ailleurs bien choisis.

Les qualités de conformation qui conviennent le mieux pour l'animal d'engrais ont été à plusieurs reprises indiquées dans ce livre. Il ne sera pas inutile cependant de les rappeler sommairement en cette occasion.

Il importe d'abord de se souvenir que l'ampleur de la poitrine indique d'une manière certaine la puissance d'assimilation. On a démontré par les faits les plus rigoureusement recueillis que les animaux qui utilisent le mieux les aliments qu'ils consomment sont ceux qui, à poids vif égal, ont la circonférence thoracique la plus considérable. En conséquence, cela doit avant tout être pris en considération. Non pas qu'il faille engraisser seulement ceux qui sont doués d'une poitrine ample. On est bien obligé de les engraisser tous, à un moment donné, puisque leur destination finale est toujours l'abattoir. Mais on veut dire par là que le prix d'achat doit être établi pour une forte partie d'après cette base, qui est le principal élément de la spéculation.

On pourrait à la rigueur se borner à cette indication, relativement aux formes, l'ampleur du thorax ne se montrant guère indépendamment des autres qualités qui font le bon animal de boucherie. Elle commande en effet un garrot épais et arrondi, un dos long, des reins larges, la croupe allongée et des hanches écartées, une cuisse bien fournie de muscles, un ventre peu volumineux et bien soutenu, une queue grosse à la base, fine à l'extrémité, et ne dépassant pas le jarret. Cette conformation s'accompagne aussi, le plus ordinairement, d'une tête large et courte, aux cornes grosses mais peu allongées, de membres bien musclés, mais dont les os sont peu volumineux relativement et les articulations peu développées. Avec cela, l'on doit accorder la préférence aux robes de nuance claire, à la peau souple et aussi peu épaisse que possible, dont les poils sont fins et frisés, et qui forme le fanon le moins développé, par rapport au caractère habituel de la race sous ce rapport.

L'état d'embonpoint mérite aussi de fixer l'attention. En général, il y a plus d'avantage à ne soumettre au régime de l'engraissement que des individus déjà dans cette situation d'embonpoint moyen que l'on appelle la bonne chair. Toutefois, la maigreur n'est pas une condition de répulsion absolue, à moins qu'elle ne dépende d'un état maladif ou de l'épuisement causé par un travail excessif. Les fourrages qu'il faut dépenser, dans ce cas, pour refaire les animaux, sont bien rarement payés à leur valeur. On n'y réussit d'ailleurs pas toujours. C'est donc une opération trop chanceuse pour qu'elle puisse être sagement tentée. Mais si la maigreur provient seulement de l'insuffisance de nourriture et de la pauvreté du pays dans lequel les animaux ont été entretenus, c'est différent. Les engraisseurs qui, de leur côté, ne disposent pas de grandes ressources, ont tout avantage à baser leurs spéculations sur les individus de cette catégorie, car seuls ils leur permettent de n'engager qu'un capital en rapport avec les ressources dont ils disposent, et d'obtenir des résultats en rapport avec ce capital. Ces individus profitent bien du changement de régime auquel ils sont soumis. Un faible surcroît d'alimentation devient tout de suite du luxe pour eux. Habitués à n'avoir pas le nécessaire, ils sont moins exigeants sur le

superflu. Ils promettent surtout de bons résultats lorsque, malgré ces conditions défavorables, ils se sont maintenus en bon état.

Ces remarques, fondées sur l'expérience, ont surtout une signification intéressante à ce point de vue qu'elles démontrent la nécessité de tenir compte dans tous les cas de la provenance des animaux destinés à l'engraissement. Il y a là un élément notable de leur exacte appréciation. Celle-ci, d'ailleurs, est en outre subordonnée, pour une part, au mode d'engraissement adopté. Certaines conditions sont moins défavorables, s'il s'agit d'engraisser à l'étable, que s'il est question de mettre les animaux dans une embouche. Pour ce dernier cas, les animaux habitués à pâturer durant une partie de l'année conviennent mieux, et leur taille doit être en rapport avec la richesse de l'herbage où ils seront placés. Ceux qui ont longtemps travaillé prennent moins difficilement la graisse à l'étable qu'au pâturage. D'un autre côté, les vaches s'engraissent fort bien dans tels herbages qui pourraient à peine suffire pour l'entretien des bœufs. On peut faire des observations qui mettent ce fait hors de doute, dans le Nord pour la race flamande, et dans le Nivernais pour la race charolaise. Il est surtout frappant au sujet des vaches stérilisées par la castration, mais nonobstant certain pour les cas ordinaires.

Enfin il convient aussi de tenir compte, pour ce qui concerne les bœufs, de l'abolition plus ou moins complète des caractères de la masculinité, déterminée par la manière dont leur émasculation a été opérée. La plupart de ces animaux, dans notre pays, sont bistournés. Leurs testicules, atrophiés à des degrés divers, conservent un volume fort variable. On croit généralement, parmi les praticiens, que l'aptitude à s'engraisser est en rapport avec le volume conservé par ces organes, vulgairement appelés *marrons*; et les acheteurs habiles ne manquent point de les palper pour s'assurer de leur état. Quoiqu'il ne soit pas facile de s'expliquer, dans l'état actuel de la science, l'influence que peuvent exercer sur l'organisme les restes d'organes désormais impuissants à remplir leur fonction principale, il n'en faut pas moins, dans le doute, se conformer à la croyance reçue. Il est admis que les bœufs ayant les marrons petits s'engraissent mieux et plus facilement que ceux qui les ont gros. Certains engraisseurs font même pratiquer l'extirpation de ces corps, ce qui est une opération peu douloureuse et tout à fait sans danger. D'où il faut conclure que les individus châtrés par l'ablation complète des testicules, dès le jeune âge, sont préférables pour l'engraissement à ceux qui ont été seulement bistournés.

Cela se rattache à une circonstance qu'il nous reste à indiquer, savoir que les animaux les plus propres, toutes choses d'ailleurs égales, à utiliser pour l'engraissement les fourrages qu'ils consomment, sont ceux qui unissent aux indices d'une bonne santé, un caractère paisible et doux. Les individus, bœufs ou vaches, inquiets et méchants, dépensent en pure perte dans une agitation stérile une partie de leur nourriture. Nous en avons dit la raison en commençant ce chapitre. Ils doivent être surtout rejetés pour les embouches, où ils dérangent leurs compagnons et mettent obstacle à ce qu'ils utilisent complétement leurs consommations, indépendamment du faible parti qu'ils tirent eux-mêmes des aliments qu'ils absorbent. Pour eux l'engraissement de pouture et l'isolement complet sont indispensables. Ils ne doivent être achetés que pour cela. C'est aussi le cas des vaches taurelières. Mais pour ces bêtes la castration est un remède souverain. On a prétendu, il est vrai, que dans quelques circonstances l'état qui les caractérise n'en a pas moins persisté, malgré l'opération; mais il n'est pas certain que celle-ci eût été bien faite. En tout cas, les faits de ce genre, s'ils existent réellement, seraient très-exceptionnels.

Il n'est guère possible d'établir, même d'une manière approximative, le prix qu'il convient de payer les animaux d'engrais. Ce prix, on le comprendra sans peine, n'a rien d'absolu. Il dépend de circonstances économiques fort variables, notamment de l'abondance ou de la rareté de la marchandise sur le marché : déterminées l'une et l'autre par l'état général des affaires, par la situation des ressources fourragères et celle des récoltes en général. On ne peut que faire sentir aux engraisseurs combien il leur importe de se tenir au courant de toutes ces choses, et d'être toujours en éveil au sujet des fluctuations des cours. Ceux qui exploitent des herbages, et qui sont par ce fait sous la dépendance des considérations de saison, font leurs achats à des époques fixes, sur des foires déterminées où les vendeurs se rendent. Ils sont par conséquent obligés de subir jusqu'à un certain point la loi du marché. Mais comme ils appartiennent aux mêmes pays et se connaissent entre eux, ils se coalisent ordinairement pour résister aux prétentions exorbitantes. C'est ce que font les herbagers normands dans les foires qui se tiennent, durant le carême de chaque année, dans la région de l'Ouest.

Toutefois, le taux du kilogramme sur pied des animaux maigres ne varie guère au delà de 40 à 50 centimes ; celui des animaux en chair, de 50 à 60 centimes. C'est ce dernier prix qui doit être considéré comme moyen, car les sujets en bon état dominent sur les marchés, et, ainsi que nous l'avons dit, ils doivent être préférés.

En passant en revue chacun des modes d'engraissement dont nous avons maintenant à indiquer la pratique, nous raisonnerons l'opération d'après cette base, parce qu'il nous faut bien prendre un point de départ.

Engraissement d'embouche. — D'après ce que nous avons vu en décrivant les races, les herbages existent surtout en Normandie, dans le Nord, dans le Nivernais et le Charolais, en Auvergne, dans la Franche-Comté et dans la Vendée. Ceux de la Normandie peuvent être considérés comme le type, au point de vue de l'engraissement. C'est là qu'en France il s'engraisse le plus de bœufs suivant cette méthode. Les embouches de la Nièvre et du Charolais viennent immédiatement après. Les herbages de cette contrée sont de création plus récente et moins riches, mais ils sont mieux soignés, mieux irrigués. Il importe en effet que ces prairies soient fraîches, sans être humides, bien encloses pour éviter les frais de garde, et que les animaux puissent y trouver des ombrages et des abris sous de grands arbres, contre le soleil et la pluie. En Hollande, on y place des fanons de baleine, sur lesquels les bêtes à l'engrais viennent se frotter. Enfin, chaque embouche doit renfermer un cours d'eau ou une mare qui ne tarisse point, pour servir d'abreuvoir.

La valeur locative des herbages varie suivant leur qualité. M. Gustave Heuzé a fourni à cet égard des chiffres pour ceux de la Normandie, qu'il divise en trois catégories. La première qualité est évaluée à une location annuelle de 325 fr. par hectare. On estime qu'il faut 24 ares de cette herbe pour engraisser un bœuf de 600 kil. poids vif. Les herbages de deuxième qualité se louent à raison de 260 fr. l'hectare. 40 ares sont nécessaires pour l'engraissement d'un bœuf de 500 kil. poids vif. Ceux de troisième qualité ne valent que 240 fr. 32 ares suffisent à l'engraissement d'un bœuf de 400 kilogrammes.

De son côté, M. Moll a rapporté que dans le grand-duché du Bas-Rhin, district de Dortmund, on compte qu'il faut 45 ares d'herbages pour l'engraissement d'une vache du poids moyen de 160 à 190 kilog., chair nette. Dans ce petit district, il s'engraisse chaque année de cette façon, d'après M. Moll, plus de 3,000 vaches, qui sont achetées maigres au prix moyen de 95 à 100 fr., et vendues grasses de 140 à 155 francs.

Dans les embouches du Charolais, du Nivernais, du Cher et de l'Allier, l'engraissement des vaches s'allie aussi avec celui des bœufs. On estime que les marchés de Paris et de Lyon en reçoivent annuellement environ 35,000 animaux gras. Le loyer de l'hectare d'herbages de première qualité, pouvant engraisser 3 bœufs pour une superficie de 2 hectares, est évalué à 420 francs. De calculs moyens, il résulte que dans ces conditions l'herbe a été payée 174 fr. 57 par hectare. Les bœufs gagnent de l'achat à la vente 140 à 150 fr. par tête. Dans les herbages de seconde qualité, dont la location est de 100 fr. l'hectare, la différence n'est que de 120 à 130 fr. entre le prix d'achat et celui de vente. Ce sont ces herbages qui servent à l'engraissement des vaches, à raison de 2 têtes par hectare. Dans ce cas ils produisent 167 fr. 20 pour cette étendue superficielle. La différence du prix d'achat au prix de vente des bêtes est, en moyenne, de 90 à 100 fr. par tête.

Ces chiffres peuvent donner une idée des bénéfices produits par l'engraissement d'embouche, dans les diverses contrées où il se pratique. On voit que c'est un bon moyen de tirer parti de l'exploitation du sol, lorsqu'il est exécuté avec intelligence.

Les herbagers de la Normandie se rendent, vers la fin d'avril ou les premiers jours de mai, dans les foires de la Bretagne, de l'Anjou, du Maine, du Berry, de la Manche, de la Touraine, du Poitou et de la Saintonge, pour acheter des bœufs maigres appartenant aux races bretonne, normande, parthenaise, de Salers, mancelle, et des métis Durham-manceaux. Ces bœufs sont mis d'abord dans les herbages de troisième qualité, où ils se reposent et se rafraîchissent ; puis, à mesure que l'engraissement s'avance, ils passent successivement dans ceux de deuxième et de première qualité. Un quart environ sont en état d'être vendus après trois mois, c'est-à-dire dans le courant du mois d'août. Deux autres quarts quittent l'embouche pour le marché, un mois après. Le dernier quart peut être expédié en octobre. C'est donc environ quatre mois qu'a duré, en moyenne, l'engraissement. Chaque bœuf vendu gras est remplacé par un maigre, et lorsque l'herbage ne peut plus suffire aux bœufs il est occupé par des moutons à l'engrais, à raison de deux têtes par bœuf, de telle sorte qu'il ne cesse d'être occupé depuis le 1er mai jusqu'au 15 novembre environ. A ce moment, on consacre les embouches au système d'engraissement mixte dont nous parlerons plus loin, en y faisant rafraîchir des bœufs maigres auxquels les herbagers donnent le nom de *trembleurs*, parce qu'ils ont à supporter une partie des intempéries de la saison.

Dans les embouches du Centre, la pratique diffère un peu. Les achats s'effectuent de janvier à mai. Les animaux achetés les premiers reçoivent, en attendant la pousse de l'herbe, des rebuts de foin, que l'on appelle *rougeons* dans le pays. Ces rebuts proviennent des foins récoltés l'année précédente dans les parties les moins rongées des prés qui n'avaient pas été surchargés de bétail. Les engraisseurs choisissent en général un tiers des bœufs achetés, parmi ceux qui ont terminé leur croissance et qui doivent par conséquent être gras les premiers. Un second tiers, composé d'animaux plus jeunes et qui ont encore à croître, demeure à l'herbage jusqu'à la fin de la saison. Entre ces deux extrêmes se place le troisième tiers, formé par les individus tout justement adultes. C'est vers la fin de mars qu'on commence à peupler les herbages, en continuant jusque vers le 15 mai, à mesure des progrès de la végétation. A la fin de la saison, vers le milieu de novembre en général, lorsque toutes les bêtes grasses sont écoulées, on fait tondre par des moutons ou, dans quelques cas, par des chevaux, les herbes qui n'ont pas été entièrement consommées par les bœufs. Certains herbagers en conservent une partie, au contraire, en vue des animaux qui seront mis dans l'embouche en mars suivant, afin que ceux-ci puissent trouver de quoi s'alimenter avec ces herbes séchées sur pied mêlées à celles qui commencent à pousser à ce moment. C'est alors aussi que se font les irrigations et que les bouses et les taupinières sont épandues, pour faire profiter l'herbage de leur action fécondante.

Dans ce système d'engraissement, comme on le voit, la main-d'œuvre est à peu près nulle. Elle se borne à une surveillance, qui doit être cependant attentive, de manière à ce que les animaux soient en temps utile changés de lieu, pour que toutes les parties de l'herbage soient consommées, pour qu'ils passent successivement des parties les moins plantureuses dans celles qui le sont davantage. L'entretien des clôtures, des abreuvoirs, l'épandage des déjections et des taupinières exigent

aussi quelques soins. Il y a lieu quelquefois de faucher les parties auxquelles les animaux n'ont pas touché. On recommande en outre de conduire ceux-ci, le soir, au moment où ils veulent se coucher, vers les points les plus maigres de l'herbage, afin qu'ils les améliorent avec leurs excréments. On a calculé que chaque bœuf en liberté couvre de ses bouses, en vingt-quatre heures, une surface de 1 mètre carré, soit environ 200 mètres par saison.

De graves inconvénients ont été reprochés à la méthode des embouches. Il a été avancé que le bétail au pâturage gâte avec ses pieds autant d'herbe qu'il en consomme réellement. C'est à savoir si cet inconvénient réel n'est pas plus que compensé par l'entretien de la fécondité du sol qui en résulte. Des expériences comparatives ont été faites en fauchant l'herbe pour la consommation au râtelier ; mais elles n'ont pas été poussées assez loin pour qu'il soit permis de résoudre la question. Ce qui est certain, c'est que l'exploitation en herbages produit des résultats économiques très-frappants, dans toutes les contrées où elle s'est établie sous l'influence de conditions favorables. Nous en avons vu des exemples convaincants en décrivant la race charolaise. On a en général une tendance trop prononcée à séparer les entreprises zootechniques des considérations relatives à l'économie rurale. Il s'agit bien moins d'envisager l'engraissement d'embouche d'une manière absolue, que dans ses rapports avec le système de culture le plus rationnel dans les circonstances où il se pratique. Le système herbager étant donné et justifié par la nature du sol, le climat, l'état de la main-d'œuvre, les débouchés et toutes les circonstances enfin qui régissent ces sortes de choses, il y a lieu seulement d'examiner quels sont les meilleurs consommateurs des fourrages produits, au double point de vue des résultats immédiats de l'opération et de sa continuité.

Posée dans ces termes, la question n'est pas difficile à résoudre. Elle s'agite entre la spéculation de l'élevage et celle de l'engraissement, car il n'y a pas d'autre moyen de tirer parti des produits des herbages sur pied, si ce n'est toutefois l'entretien des vaches laitières. Or, de ces trois opérations, l'engraissement est celle qui comporte le moins de risques, qui procure un renouvellement plus fréquent du capital engagé, et qui exige le moins de travail. Elle est donc la plus avantageuse. Elle se concilie d'ailleurs avec les deux autres, et s'y confondra tout à fait lorsque l'espèce bovine aura chez nous atteint une précocité suffisante.

On ne trouverait au reste guère d'opérations agricoles dont les résultats économiques puissent être comparés à ceux de l'engraissement d'embouche, tel qu'il existe dès à présent. Voici des comptes qui ont été établis pour les herbages de la Normandie et ceux du Charolais. Il sera facile de se convaincre, d'après ces comptes, de la vérité du fait que nous venons d'énoncer. Le premier a été dressé par M. A. Gobin.

On prend pour type un bœuf normand du poids vif de 500 kilogr., et acheté 250 fr., à raison de

50 cent. sur pied, ainsi que nous l'avons vu. Après quatre mois il est vendu 403 fr., soit 65 cent. le kilogr. brut, en supposant qu'il ait gagné 120 kilog. de poids, ce qui est conforme, en moyenne, à l'observation. Or, les frais de son engraissement se détaillent de la manière suivante :

Loyer de l'herbage, pour 50 ares...........	100 f. »
Prix d'acquisition........................	250 »
Frais d'achat et de route.................	10 »
Frais de vente, expédition et courtage......	10 »
Intérêts du capital engagé et assurance pendant quatre mois.....................	8 91
TOTAL............	**378 f. 91**

Ces 378 fr. 91, déduits de 403 fr., prix de vente, laissent un bénéfice net de 24 fr. 09, soit 6 fr. 30 p. 100 du capital employé, et environ 60 francs par hectare et par an en sus de la valeur locative.

De son côté, M. Chamard a détaillé le compte des embouches de bœufs et de vaches pour une tête. Il se raisonne ainsi, d'abord pour les bœufs :

Prix d'achat	325 f. »
Intérêt à 5 p. 100 pendant six mois..........	8 12
Frais de foire..........................	3 »
Loyer de l'herbage, à raison de 120 fr. l'hectare et de 3 bœufs pour 2 hectares........	80 »
Expédition par chemin de fer et courtage......	15 »
Surveillance d'un homme par 100 bœufs à l'herbage, soit.........................	6 »
Risques de mortalité et de perte, 2 p. 100....	6 50
Frais à l'étable avant la mise à l'herbe, compensés par le fumier...................	» »
TOTAL des dépenses.....	**443 f. 62**

Après six mois d'engraissement, l'animal pèse

400 kilogr. nets, et se réalise à raison de 1 fr. 20 le kilogr., soit..................	480 f. »
La dépense ayant été de...................	443 62
RESTE NET pour l'engraisseur...	**36 f. 38**

ou 8 fr. 20 pour 100 du capital engagé.

Pour les vaches, le compte s'établit de la manière qui suit :

Prix d'achat............................	120 f. »
Intérêt à 5 p. 100 pendant six mois..........	3 »
Frais de foire..........................	2 50
Loyer de l'herbage, pour 50 ares de seconde qualité, à raison de 100 fr. l'hectare.....	50 »
Vente sur place ou dans les foires locales. .	2 50
Surveillance	6 »
Risques, 2 p. 100......................	2 40
Frais d'étable, compensés comme ci-dessus.	» »
TOTAL des dépenses......	**186 f. 40**

La bête grasse pèse en moyenne 200 kilogr.

viande nette , qui se réalisent facilement à raison de 1 fr. 10 c. le kilogr., soit donc..	220 f. »
La dépense ayant été de	186 40
RESTE NET par vache engraissée...	**33 f. 60**

ou 18 fr. 02 pour 100 du capital engagé.

Ce qui ressort d'abord de ces comptes, c'est que l'engraissement des vaches est beaucoup plus avantageux que celui des bœufs, quant à présent, dans les embouches du Nivernais. Il en résulte également, avec autant d'évidence, que dans tous les cas l'opération est une des plus lucratives en même temps que des plus faciles, à la seule condition que celui qui l'entreprend soit doué des aptitudes commerciales dont nous avons parlé. Le bénéfice dépend en effet tout entier de l'écart qui existe entre le prix d'achat et le prix de vente, par conséquent de l'exacte appréciation des bêtes maigres. C'est en propres termes une véritable spéculation, dont la partie commerciale est à beaucoup près la plus importante.

Les détails que nous avons donnés sur les embouches de la Normandie et du Centre s'appliquent, à de très-légères différences près, aux herbages de l'arrondissement d'Avesnes et de la lisière septentrionale de l'Aisne et aux Watteringues du pays flamand. Nous y ajouterons seulement les données économiques de l'opération, empruntées au travail de M. Lefour sur la race flamande. Le compte du bœuf est ainsi dressé dans ce travail :

Achat d'un bœuf à 80 c. le kilogr. (rendement à l'abattage), soit 350 kilog..............	280 fr.
Commission et conduite..................	24
Rente de 65 ares d'herbage, à 1 fr. l'are	65
Impôt à 45 fr. l'hectare	12
Soins de l'herbage et de l'animal....[.......	10 »
Intérêts et risques, 10 p. 100 de 300 fr.....	30
TOTAL.....,..... 421 fr.	

Divisés par 350, poids net de l'animal gras, ces 421 fr. donnent pour prix de revient du kilogr. acheté et livré dans l'herbage, 1 fr. 20 cent. Lorsque l'engraisseur fait conduire lui-même l'animal au marché, il y a lieu d'ajouter les frais de transport et de conduite. D'après ce calcul, il faut à l'engraisseur, pour se couvrir de ses frais et risques, une différence de 40 cent. selon M. Lefour.

La vache s'engraisse aussi dans le Nord avec de meilleures conditions, à l'herbage, en raison de son prix d'achat moins élevé. L'estime dont jouit sa viande sur le marché de Lille, y est aussi pour quelque chose. Du reste, voici à son tour le compte qui la concerne :

Valeur de la vache (70 c. du kilogr.), soit 250 kilogr. rendement à l'abattage........	175 f. »
Rente et impôt de 40 ares ....:.....	48 »
Soins de l'herbage et de l'animal	8 »
Intérêts et risques, 10 p. 100 de 175 fr.......	17 50
Prix de revient.... 248 f. 50	

ou environ 1 franc le kilogramme.

La spéculation des embouches, d'après ces calculs, serait dans le Nord inférieure à ce qu'elle est dans le rayon d'approvisionnement de Paris, quant au prix de revient de la viande. Mais il faut prendre garde que dans les villes du Nord le prix de vente a toujours été plus élevé. Pour une période de dix années, de 1846 à 1855, par exemple, il y a en moyenne une différence de près de 20 centimes entre Paris et Lille, et en faveur des engraisseurs qui approvisionnent cette dernière ville.

En somme, le système d'engraissement herbager est partout une bonne pratique. Nous n'avons plus besoin d'insister pour le démontrer, en nous plaçant au point de vue de l'économie rurale. Nous ajouterons seulement que la consommation accorde en outre sa préférence à la viande engraissée dans les pâturages. Elle est plus ferme, plus savoureuse et d'un aspect moins huileux que celle qui provient de l'engrais à l'étable.

Quant aux conseils qu'il nous reste à donner aux engraisseurs, en terminant sur ce point, ils sont exclusivement relatifs au soin qu'ils doivent prendre de proportionner toujours le poids et le nombre des animaux à l'étendue et à la fertilité de leurs herbages. De là dépend, outre la question commerciale sur laquelle nous nous sommes plusieurs fois appesantis, le succès de leurs spéculations. Nous n'avons point la prétention de leur enseigner celle-ci. C'est la pratique seule qui peut les éclairer à cet égard. Nous avons dû nous borner à en faire sentir l'importance capitale.

Engraissement à l'étable. — Les procédés d'après lesquels les bœufs et les vaches sont engraissés à l'intérieur des habitations présentent maintenant une grande variété. C'est dans cette opération surtout que s'exerce l'art de tirer un parti avantageux de toutes les matières susceptibles de devenir alimentaires. La partie de l'hygiène qui s'occupe de la composition des rations s'est donné sur ce point une large carrière. Les industries agricoles annexées aux fermes, en créant des résidus qu'il importe d'utiliser, ont fait naître pour l'engraissement des bestiaux des conditions toutes nouvelles. En outre, les découvertes de la chimie et de la physiologie, et les applications qu'on a cherchées pour elles dans les choses de l'ordre économique, ont ouvert à cette partie de l'hygiène des animaux des horizons tout nouveaux. Il est résulté de ces circonstances un progrès réel, car des substances qui jusque-là avaient été complétement perdues, ont pu ainsi contribuer à la fabrication d'un produit de première nécessité.

Au lieu de formuler à cet égard des notions purement théoriques et générales, nous chercherons, suivant notre coutume, dans la pratique les enseignements les plus complets et les plus facilement saisissables. Ce mode de procéder a l'avantage de fournir un guide plus précis et plus sûr, et d'éviter à ceux qui commencent l'écueil que l'on rencontre toujours lorsqu'il s'agit de passer de la théorie à l'application. Les données de la science n'en ressortent pas avec moins d'évidence, d'ailleurs, parce qu'elles sont en quelque sorte ainsi mises en action.

Le procédé d'engraissement à l'étable, dit de pouture, est le plus ancien et le plus simple de tous. Nous commencerons par celui-là ; puis nous passerons successivement en revue ceux dans lesquels les résidus d'usine, les aliments hachés et fermentés, les corps gras, forment la base principale de la ration.

Engrais de pouture. — C'est à la pratique de ce mode d'engraissement que l'on doit les animaux les plus estimés sur les marchés d'approvisionnement de Paris, par la saveur de leur viande, la quantité et la qualité de leur suif. Il est exclusivement suivi dans toute la région dont la petite ville de Cholet est le centre, sur les bœufs de la race parthenaise qui peuplent cette région, composée d'une partie de chacun des départements de la Vendée, de la Loire-Inférieure et de Maine-et-Loire, où se cultive le chou branchu qui joue un si grand rôle dans l'opération. On estime

qu'il s'expédie annuellement à Paris environ 20,000 bœufs, ainsi engraissés, de cette contrée.

Ce procédé est principalement une opération d'hiver. Dans le Poitou et la Vendée, les cultivateurs y soumettent parfois eux-mêmes leurs bœufs réformés après les semailles d'automne ; mais nous devons surtout envisager la question dans ses rapports avec l'industrie spéciale des engraisseurs de profession, et étudier les éléments de la spéculation dont il s'agit, telle qu'elle s'opère en grand.

Les engraisseurs vendéens parcourent constamment les étables des petits cultivateurs du Bocage, de la plaine des Deux-Sèvres et de la Charente-Inférieure, pour acheter les bœufs qui peuvent être à vendre, et déterminer au besoin la vente de ceux dont on n'aurait pas jusque-là songé à se défaire. Les cultivateurs connaissent et désignent ces industriels sous le nom de marchands choletais et les estiment beaucoup, parce qu'ils font dans le pays une utile concurrence aux herbagers normands, qui viennent dans le carême de chaque année s'y approvisionner. Les Choletais, toutefois, donnent la préférence aux bœufs de Gâtine, tandis que les Normands n'emmènent guère que des bœufs rouges de Salers, qu'ils nomment bœufs de Poitou.

Les soins assidus dont les bœufs de travail sont l'objet, de la part du petit cultivateur du Centre-Ouest, qui n'exige d'eux qu'un travail très-modéré et les nourrit bien, font que ces animaux sont pour la plupart toujours en bon état et prêts à être soumis à l'engraissement. D'un autre côté, l'habitude à peu près générale de renouveler chaque année, au commencement du printemps, les attelages de bœufs, après les avoir soignés au repos pendant l'hiver, pour en tirer un bénéfice ; cette habitude, disons-nous, a favorisé la tendance imposée aux engraisseurs choletais par les exigences de plus en plus impérieuses de la consommation, et qui consiste à enlever à la charrue le plus grand nombre possible d'animaux. Or, il en est résulté que le temps durant lequel les bœufs sont soumis au travail, dans le pays, s'est considérablement réduit. Le moment n'est sans doute pas éloigné, où l'on n'y rencontrera plus dans les attelages aucun animal ayant dépassé l'âge adulte. Par conséquent, la spéculation d'engraissement de pouture s'exercera dans des conditions d'autant plus favorables, que les bœufs n'ayant subi aucune fatigue seront toujours prêts, en toute saison, à y être soumis, en raison du bon état de leur embonpoint.

Quoi qu'il en soit, la méthode dont nous nous occupons commence à être mise en pratique en Vendée à partir du 15 octobre environ. Les bœufs étant achetés par paire, sont placés dans l'étable d'engraissement à la même crèche et l'un à côté de l'autre, comme ils étaient sous le joug. Durant le premier mois, leur ration se compose de 3 à 4 kilogr. de foin, 10 à 12 kilogr. de feuilles de choux moelliers ou branchus du Poitou, et de la même quantité de raves, betteraves ou navets, pour le repas du matin. A midi, le repas se compose seulement de feuilles de choux, à raison de 10 à 12 kilogr. A trois heures, la ration complète du matin est donnée une seconde fois. Enfin, vers neuf heures du soir, on renouvelle la distribution de feuilles de chou. Cela fait donc, pour le régime journalier, deux rations complètes, au repas du matin et à celui de trois heures, plus deux petits repas, à midi et à neuf heures du soir. En somme, les bœufs reçoivent ainsi, par jour, 6 à 8 kilogr. de foin, 20 kilogr. de racines et 40 kilogr. de feuilles de chou. L'inclémence de la température, la gelée ou la neige, qui compromet la végétation des chou, ne permet pas toujours de distribuer les feuilles de cette plante, vers les derniers mois de l'hiver. Elles sont alors remplacées dans la ration par des racines ; mais ce cas est exceptionnel. En général, elles forment, comme nous venons de le voir, la partie la plus importante de l'alimentation.

A celle-ci vient se joindre un peu de son, à la fin de janvier. Dès le mois de mars, les choux et les navets commencent à pousser, et leurs tiges entrent dans la ration comme fourrage vert. Du seigle mélangé de vesces, de l'avoine, du trèfle et de l'herbe de prairies naturelles, les remplacent bientôt. Mais avant ce temps, qui se présente dans le courant de mai, l'engraissement est terminé pour un certain nombre des sujets, et ils ont été déjà expédiés pour les marchés de Sceaux et de Poissy, ou vendus aux foires de Cholet, Baupréau, etc., pour la même destination. Les fourrages verts dont nous venons de parler ne sont employés que pour achever celui des retardataires, qui n'arrivent en état d'être livrés que vers le commencement de juin.

Certains auteurs, en examinant la pratique des engraisseurs vendéens, y ont fait diverses objections. Ils ont fait remarquer d'abord que les fourrages verts étaient bons pour commencer un engraissement, mais non pour le terminer économiquement. Ils ont ajouté, en outre, qu'au lieu des feuilles de chou, dont la récolte exige une main-d'œuvre assez importante, l'emploi des grains, farines et tourteaux ferait terminer l'opération plus tôt. Il leur a semblé que celle-ci ne pouvait guère s'effectuer dans des conditions économiques, étant si lentement conduite.

On trouve dans ces critiques une préoccupation que nous avons déjà bien des fois signalée, dans le cours de ces études zootechniques : celle de l'absolu. La culture des choux branchus, dont l'extension est si considérable dans la région qui nous occupe, est la base fondamentale de la spéculation d'engraissement qui s'y pratique. Il est au moins douteux qu'aucune autre culture y pût fournir une masse d'aliments aussi considérable que celle qu'on en obtient, et qu'il fût économique de changer à cet égard les conditions du système adopté, quand même l'usage des grains, farines et tourteaux dût hâter l'opération. Il ne paraît point que ceux qui tranchent ainsi, sous l'empire de vues purement théoriques relatives à la conduite de l'engraissement, une question d'économie rurale de cette importance, se soient bien rendu compte du rendement des choux moelliers en matières alimentaires, pour une surface de terrain donnée. Il est reconnu, par tous les praticiens qui ont examiné de près cette question,

qu'aucune plante ne saurait leur être comparée sous ce rapport. Et à ce titre, le temps que dure l'engraissement importe moins pour la liquidation finale de la spéculation, que le prix de revient des matières qui y sont employées. Quant à la main-d'œuvre, il faut absolument être tout à fait étranger à la pratique de ces choses pour la faire entrer en ligne de compte, car on saurait sans cela que si elle n'était employée à la cueillette des feuilles de chou, elle demeurerait entièrement perdue. C'est ainsi qu'on s'expose toujours à juger faussement les opérations zootechniques, lorsqu'on les sépare de l'économie rurale au milieu de laquelle elles s'effectuent.

Quant à cette considération que les fourrages verts conviendraient mieux pour commencer l'engraissement que pour le terminer, cela est fort bien ; mais on ne voit point comment il pourrait en être fait cas dans des opérations qui commencent à l'entrée de l'hiver pour s'achever au commencement de l'été, c'est-à-dire précisément au moment où se présentent les fourrages verts. C'est absolument comme si l'on disait aux herbagers normands qu'il serait plus rationnel pour eux de se livrer à l'engraissement de pouture. Ils répondraient : — Et nos embouches ? Et ils auraient bien raison.

En moyenne, les choux branchus du Poitou rendent de 80,000 à 100,000 kilogr. de fourrages verts par hectare. C'est, à beaucoup près, le rendement le plus élevé que l'on puisse obtenir d'une culture quelconque destinée à l'alimentation des animaux. Il est juste le double de celui de la betterave et du rutabaga. Cela juge la question, que les bénéfices des engraisseurs vendéens ne rendent d'ailleurs point douteuse.

Dans quelques contrées du midi de la France, notamment dans les départements de Tarn-et-Garonne et Lot-et-Garonne, tout le long de la riche vallée dans laquelle coule le principal affluent de la Gironde, l'engraissement de pouture est à peu près exclusivement usité. Il se pratique en hiver avec une alimentation à base de foin, à laquelle s'ajoutent les fèves, dont la culture s'effectue sur une assez grande échelle. Un vétérinaire distingué, M. Henri Beyrou, qui s'est occupé des améliorations à introduire dans cette industrie de son pays, a calculé qu'il se vendait annuellement en moyenne 2,445 animaux gras sur les seules foires et marchés de Castelsarrasin. Un relevé fait par lui sur les registres de la compagnie des chemins de fer du Midi, a établi qu'il était parti de cette localité dans le courant de l'année 1858, seulement par la voie ferrée, 815 bœufs ou vaches à destination de la boucherie, dans la direction de Cette ou de Bordeaux, les vaches comptant pour un tiers environ. Évalués, dit-il, au poids de 500 kilogr. chacun par les employés, ils donnent plus de 400,000 kilogr. de viande, poids vivant ; mais cette moyenne est trop faible, suivant M. Beyrou, les bœufs du pays pesant 700 kilogr. au moins. Le reste du chiffre total est composé d'individus consommés sur place, d'après la mercuriale de la commune, et de ceux qui sont expédiés en bandes par les routes ordinaires. La répartition de ce chiffre total entre les vingt-cinq marchés de la localité ne donne que 97 ventes pour chacun, tandis que, d'après les hommes les plus compétents consultés par l'auteur, ces ventes s'élèvent de 100 à 150 par marché. L'évaluation approximative n'est donc pas exagérée (1).

Le Lot-et-Garonne et le Tarn-et-Garonne sont assez avancés déjà pour réformer de bonne heure leurs bœufs du travail et les livrer à l'engraissement. L'extension qu'y a prise cette spéculation, d'après ce que nous venons de voir, en est une preuve convaincante. En outre, les concours de boucherie de Bordeaux ont bien des fois démontré que ces contrées n'étaient même pas étrangères à l'engraissement précoce. Tout indique qu'il doit s'établir dans cette région un centre considérable de production de viande, où l'engrais à l'étable, de pouture ou autre, mais de pouture principalement, est destiné à prendre un grand développement. Sa situation entre les villes de consommation comme Bordeaux, Toulouse, Montpellier, Marseille, etc., et les voies de fer qui relient entre elles ces villes en traversant la région, sont on ne peut plus favorables à une telle conclusion, en grande partie vraie dès à présent.

Mais en pénétrant plus loin dans la même direction, le long du canal du Midi, on trouve dans les plaines du Lauraguais l'engraissement de pouture pratiqué dans des conditions bien moins avantageuses. Là, le cultivateur tire du travail de ses attelages de bœufs tout le parti possible, et ne se décide à les engraisser que pour s'en défaire à des conditions moins onéreuses, lorsqu'ils sont à peu près exténués. Il les achète entre quatre et cinq ans et les garde jusqu'à ce qu'ils aient accompli leur dixième ou leur douzième année. Ces animaux ont alors perdu plus de la moitié de leur valeur marchande. C'est-à-dire qu'une paire de bœufs garonnais payés 1,000 francs à cinq ans, ne valent plus à dix que 400 ou 450 francs. Il a fallu durant ce temps amortir la différence, et le prix de revient du travail a été grevé de l'amortissement. On voit tout de suite quel avantage il y aurait à renouveler plus souvent les attelages, en livrant aux engraisseurs, comme le font les cultivateurs dont nous avons parlé plus haut, des animaux qui n'ont pas encore subi de moins-value. Les travaux seraient assurément tout aussi bien exécutés, et même mieux, par des bœufs toujours dans la plénitude de leur force, les risques de maladie et de mortalité considérablement diminués, et en somme les bénéfices plus grands pour les individus comme pour la société. C'est un progrès que le temps réalisera, là comme ailleurs.

En attendant, les cultivateurs de la plaine fertile du Lauraguais, entre Toulouse et Castelnaudary, n'entreprennent l'engraissement de leurs bœufs, répétons-le, que pour s'en défaire avec moins de désavantage lorsqu'ils ne peuvent plus travailler.

« Ces animaux, nous apprend M. J. E. Vialas, vétérinaire à Montgiscard (Haute-Garonne), pré-cisément dans la contrée dont il s'agit, ces animaux, souvent maigres, étiques, après les semailles d'automne, ordinairement leur dernier travail, doivent avoir atteint un état de graisse satisfaisant en quelques mois, afin d'être vendus avant le carême; rarement on attend jusqu'à Pâques. Le propriétaire pousse donc les bœufs (pour me servir de l'expression adoptée en cette circonstance), et les pousse outre mesure.

« Les premiers jours de son repos, le bœuf à engraisser reçoit du fourrage à discrétion; à cela s'ajoute une petite portion, soit d'aliments farineux, soit de racines. Lorsqu'il a été tenu à ce régime durant quelque temps, qu'il a pris un peu de chair, son alimentation change totalement; il n'a plus alors que des féveroles en graine ou en farine, de la betterave, quelquefois des pommes de terre cuites et de la farine de froment de qualité inférieure; tout cela en quantité tellement considérable, qu'après quelque temps de ce régime, l'estomac n'a plus assez de force pour digérer cette masse d'aliments; aussi voit-on les excréments remplis des graines dont on nourrit ces animaux. Dans la plupart des cas, le propriétaire ne tient pas compte de cela, et continue d'augmenter la ration (1). »

M. Vialas donne ensuite à cet égard d'excellents conseils, dont le principal est relatif à la nécessité de graduer la nourriture et de ne l'augmenter que progressivement. Nous n'y insisterons pas, car ces prescriptions sages résultent de l'exposé que nous faisons des bonnes méthodes usitées.

Du reste, il faut dire que l'engrais de pouture est usité à peu près partout sur une petite échelle, dans toutes les situations où le bœuf est le principal agent du travail agricole. Dans le Limousin, en Auvergne, dans la Bresse, dans la Nièvre, l'Allier, le Cher, le Charolais et la Normandie même, où les embouches dominent, on le pratique dans des proportions plus ou moins grandes. L'alimentation est au fond semblable dans tous ces pays, puisque le foin en forme la base; la différence n'est que dans les matières qui y sont ajoutées. Ici, comme dans le Limousin, par exemple, ce sont des raves, remplacées bientôt par de la farine; ailleurs, ce sont des betteraves unies à des farineux et à des tourteaux; en Bresse, les engraisseurs donnent par jour de 15 à 20 kilogr. de fourrage sec, 10 kilogr. de pommes de terre cuites et 10 kilogr. de farine mélangée avec du son. Et partout on excite les animaux à boire, à l'aide de condiments dont nous nous occuperons particulièrement plus loin, à propos de l'emploi du sel.

Disons à cette occasion, pour ce qui concerne les boissons, qu'elles ont une part considérable dans les bons résultats de l'engraissement à l'étable. « Dans les bouveries, dit M. Magne, il est à désirer que les bœufs aient de l'eau à discrétion, et même qu'l'on mélange au liquide ou de la farine, ou des tourteaux pour les exciter à boire. L'eau, chargée de farine, devient aigre, mais graduellement; les animaux s'habituent ainsi facilement à la boire dans cet état et s'en trouvent très-bien. »

(1) Voy. La Culture, t. II, 1860-1861, p. 139.

(1) La Culture, t. II, 1860-1861, p. 75.

M. L. de Fontenay a donné sur l'engraissement des bœufs à l'étable, dans le nord de l'Écosse, des détails fort intéressants (1). Là, comme en France, l'opération commence à l'entrée de l'hiver. Dans le plus grand nombre des cas, les animaux sont attachés par paires dans des stalles, et n'en sortent plus que pour aller à l'abattoir. La base de l'alimentation est formée de paille d'avoine et de turneps. A sept heures du matin, chaque bœuf reçoit une poignée de paille, puis une forte ration de turneps. Les animaux sont laissés en repos jusqu'à trois heures du soir, après avoir reçu, toutefois, vers neuf heures ou neuf heures et demie, au moment où les bouviers se retirent après avoir nettoyé l'étable, une seconde poignée de paille. A ce moment, tous les bœufs sont déjà couchés. Entre deux et trois heures, on donne une nouvelle ration de paille, puis vient la distribution de farine ou de tourteaux. Si les animaux ne doivent recevoir deux fois par jour, une moitié a été déjà donnée le matin, dès que la première poignée de paille a été mangée. Le reste du pansage est en tout semblable à celui de la matinée, sauf que la quantité de turneps est plus forte. Vers cinq heures, on fait la litière, et à sept heures, la journée se termine par la distribution d'une poignée de paille. Cela ne ressemble guère à ce qui se pratique chez nous, où l'on est bien loin de laisser aux bœufs à l'engrais autant de tranquillité.

« Je ne parle pas de donner à boire, dit M. de Fontenay, car les animaux, depuis le jour où ils commencent à manger des turneps jusqu'au moment où ils partent pour Londres ou retournent aux herbages, ne reçoivent pas une goutte d'eau ; on la regarde même comme nuisible. J'ai vu plusieurs cours à bœufs où l'eau passait naturellement et où on l'avait arrêtée avec intention. »

Tous les engraisseurs de l'Écosse ne rationnent pas leurs animaux. La plupart donnent les turneps à discrétion. La quantité de tourteau de lin est ordinairement par jour de 1 kilog. à 1 kil,500. Celle de farine d'avoine qui remplace le tourteau est de 4 à 5 litres. La ration de paille varie de 2 à 3 kilog. ; celle de turneps est en moyenne de 70 à 80 kilog.

On ne voit point, en effet, quelle pourrait être l'utilité de fixer à cet égard une limite, si ce n'est celle qui est imposée par la puissance digestive de l'animal et par la nécessité de ne pas perdre des aliments rebutés et qui peuvent s'altérer. « La fixation des rations, dit M. Magne, ne doit avoir d'autre limite que l'appétit des animaux, c'est la *première règle à suivre* ; il faut même, non-seulement donner à manger à discrétion, mais distribuer les aliments de manière à exciter l'appétit, car il y a avantage à faire consommer la nourriture dont on dispose dans le temps le plus court possible. Les animaux à l'engrais qui consomment le plus de nourriture sont, en général, ceux qui la payent le mieux. Il est facile de comprendre pourquoi.

« Un bœuf de 500 kilog. nourri avec 8 kilog. de foin par jour consommerait, en dix mois,

2,400 kilog. de foin, sans donner aucun produit utile excepté un peu de fumier ; tandis que, si l'on double sa ration, la même quantité de nourriture produira, en 150 jours, 120 kilog. de viande, à 1 kilog. par 10 kilog. de foin consommé en sus de la ration d'entretien. Si, au moyen de bons aliments, de grains, de tourteaux, de farine, de sel, on parvient à faire consommer à ce même bœuf l'équivalent de 24 kilog. de foin, cette même quantité de fourrage sera consommée en 100 jours et produira 160 kilog. de viande.

« Dans le premier cas, les 2,400 kilog. de fourrage seraient consommés comme ration d'entretien et perdus pour la production, tandis qu'il n'y en a de perdus que 1,200 kilog. dans le second cas, et seulement 800 dans le troisième. »

C'est en vertu de ce principe extrêmement simple et facile à comprendre qu'il importe beaucoup, dans l'alimentation des animaux d'engrais, de régler la succession des matières alimentaires dont on dispose, de manière à ce que les plus nutritives, en même temps que les plus faciles à digérer, soient administrées les dernières. La capacité de l'estomac a des bornes qu'il n'est pas possible de dépasser. A mesure que le poids vif de l'animal augmente, la richesse relative de sa ration doit s'accroître sous le même volume ; sans cela, elle ne saurait plus être en rapport avec la nécessité de son accroissement. C'est la raison qui fait ajouter les grains, les farineux, les tourteaux vers la fin de la période d'engraissement.

On peut prendre pour type, à ce point de vue, des rations qui étaient usitées dans le temps à l'Institut agricole de Hohenheim. Au commencement de l'opération, les bœufs y recevaient, par jour, 7 kil,500 de regain, 2 kil,500 de paille, 15 kil. de betteraves et pommes de terre, et 3 kilog. de grain moulu ; vers le milieu, le regain et la paille restaient au même taux, les racines et tubercules étaient portés à 22 kil,500 et le grain à 5 kilog. ; vers la fin, la quantité des betteraves et pommes de terre était réduite à 10 kilog., et toujours avec la même proportion de paille, le regain s'élevait à 10 kilog. et le grain moulu jusqu'à 7 kil,500. Dans ces conditions, on voit que, pour un volume sensiblement égal dans l'estomac, la puissance digestive s'exerce sur des aliments dont la valeur nutritive est beaucoup plus élevée.

Nous n'avons encore rien dit des étables qui conviennent le mieux pour l'engrais de pouture, du moins n'en a-t-il été question qu'en passant, à propos de l'usage suivi dans le nord de l'Écosse. Deux conditions essentielles sont à observer, c'est que la tranquillité et la plus minutieuse propreté soient assurées aux animaux. Il n'est pas nécessaire d'insister sous ce dernier rapport, quant au nettoyage de l'étable et à l'entretien de la litière. Les prescriptions sont les mêmes que pour tous les autres animaux. Il faut dire, toutefois, que l'aérage devant être moindre, la température plus élevée et la lumière moins vive, les soins de ce genre ont besoin d'être encore plus attentifs. L'enlèvement du fumier, le nettoyage des crèches qui ont contenu surtout des aliments farineux, doivent être pratiqués chaque matin, l'air des étables étant d'autant plus facile à vicier par les

(1) Voy. *Annales de l'agriculture française*, 5e série, t. XIX, p. 18 et suiv.

émanations qui s'en échappent qu'il est plus chaud. L'activité de la respiration est défavorable à l'engraissement, mais les animaux ne se trouvent pas moins bien de respirer un air pur. C'est surtout la quiétude parfaite qui hâte l'accumulation de la graisse. Tout doit être, pour ce motif, disposé dans l'étable de manière à ce que les animaux ne soient que le moins possible dérangés. Nous en avons dit la raison en commençant ce chapitre, et nous n'y reviendrons pas. On peut recommander à cet égard la pratique de l'Écosse.

L'usage généralement suivi, dans ce même pays, d'étriller légèrement les bœufs à l'engrais mérite aussi l'attention. Des expériences maintenant assez nombreuses faites dans les étables des engraisseurs du Nord tendent à prouver que le tondage exerce sur la marche de l'engraissement une influence bienfaisante. Les bœufs tondus, paraît-il, profitent mieux de la nourriture qu'ils absorbent en un temps donné. Nous n'avons aucune peine à l'admettre, pour des raisons que nous avons déjà fait valoir. Les animaux tondus sont au moins exempts de ces démangeaisons qui les tourmentent quand ils ont la peau sale et qui leur font dépenser, par l'agitation qu'elles causent, une partie de leur alimentation.

Si donc on ne croit pas devoir adopter la pratique du tondage, il faut au moins tenir par un pansage journalier la peau des animaux à l'engrais dans un grand état de propreté. Les engraisseurs français ont beaucoup à gagner sous ce rapport, car il est vrai de dire que, dans la presque totalité des contrées où se pratique la pouture, la peau des animaux n'est l'objet d'aucune espèce de soin.

Il sera bon maintenant de faire connaître les données économiques de quelques opérations bien conduites.

Voici d'abord un compte d'engraissement opéré sur trois bœufs de six ans, en moyenne, par M. Gallemand, propriétaire à Beaumont près Valognes (Manche). L'opération commença le 20 novembre 1851 et fut achevée le 27 avril 1852. Elle avait duré par conséquent 159 jours. Les trois bœufs pesaient ensemble 2,940 kilogr. poids vif, au début, et furent estimés 950 francs, ce qui est un prix peu élevé, il faut le remarquer. Leurs consommations se raisonnent de la manière suivante :

Valeur initiale des 3 bœufs	950 fr.
Trèfle sec, 1,840 kilogr. à 26 fr. les 500 kilogr......	96
Betteraves, du 20 novembre au 1er décembre, de 32 à 48 kilogr. par tête, puis 112 à 144 kilogr. par jour, en totalité 19,200 kilogr. à 18 fr. les 100 kilogr.....	345
Féveroles, 1 litre par tête du 20 novembre au 7 décembre, puis 2 litres par jour pendant 142 jours, en totalité 852 litres à 14 fr. les 100 litres........	120
Farine d'orge donnée en eau blanche à partir du 8 décembre et à raison de 2 litres par tête, en totalité 950 litres à 18 fr. 50 c. l'hectolitre..............	88
Paille pour litière, 954 bottes valant................	95
TOTAL des dépenses.......	1,694 fr.

Les 3 bœufs ont produit 26 charretées de fumier, à 10 fr. l'une..............	260 fr.
Ils ont été vendus	1,650
TOTAL des recettes....	1,910 fr.

Ils ont donc produit un bénéfice de 216 francs.

Dans cette opération, l'accroissement en poids vif avait été de 120 kilogr. La vente avait eu lieu à raison de 40 centimes le kilogr. sur pied, ce qui est bon marché.

Nous ferons remarquer que dans ce compte il n'est question ni de l'intérêt du capital engagé, ni des risques, ni des frais de main-d'œuvre et accessoires. Il est par conséquent incomplet. Mais il suffit pour indiquer la marche de la spéculation. Il en résulte que le chiffre de 10 kilog. équivalant en foin sec, en sus de la ration d'entretien, est suffisant pour produire 1 kilogr. de viande, ainsi qu'on l'a dit plus haut. Dans une pratique bien conduite, 20 à 22 kilog. de foin donnent en général 1 kilogr. de poids vif. L'on doit remarquer, cependant, que cette quantité s'augmente avec l'âge des animaux. D'où il faut conclure qu'il y a toujours avantage à choisir pour l'engraissement des bêtes encore jeunes.

Les comptes suivants dressés par M. Chamard pour l'engraissement à l'étable de la race charolaise ne laissent rien à désirer. Ils sont établis pour une seule tête.

Prix d'achat ou estimation......................	325 f. »
Intérêt de cette somme pendant cinq mois à 5 p. 100.	6 80
Foin de pré, 10 kilogr. au début, 5 kilogr. vers la fin, soit 7k,500 pendant 150 jours, ou en totalité 1,225 kilogrammes à 40 fr. les 1,000 kilog...............	49 »
Betteraves, 50 kilogr. au début, 30 kilogr. vers la fin, soit en moyenne 40 kilogr. pendant 150 jours et en totalité 6,000 kilogr. à 12 fr. les 1,000 kilogr......	72 »
Farine d'orge, en moyenne, 6 litres pendant 75 jours, en totalité 4k,50, à 10 fr....................	45 »
Tourteaux, 2 kilogr. en moyenne pendant 60 jours, soit 120 kilogr. à 20 fr. l'hectolitre....................	24 »
Soins, 150 jours à 12 c. l'un....................	18 »
TOTAL de la dépense.......	539 f. 80

A la fin de l'opération, l'animal pèse 425 kilogr. nets, ce qui met son prix de revient à 1 fr. 26 le kilogr. Ce prix est en général compensé par celui de vente. Les denrées consommées ont donc été bien payées au cours du marché, et il reste en sus la valeur du fumier comme bénéfice net de la spéculation. M. Chamard évalue les engrais en poids à 6,230 kilogr. et en argent à 31 francs environ, à raison de 5 à 6 francs les 1,000 kilogr., estimation du compte de culture.

On voit par ce qui précède que la spéculation d'engraissement de pouture est en elle-même fort avantageuse. Nous ne sommes pas en mesure de raisonner, comme nous venons de le faire pour les opérations dans lesquelles entrent les betteraves, la pratique de la Vendée qui tire surtout parti des choux. Des évaluations exactes nous manquent pour cela, les rations n'ayant pas été fixées, non plus que l'accroissement en poids des animaux. Mais il est permis d'admettre que cette pratique est encore plus productive, en raison du faible prix de revient de la denrée. Les engraisseurs de ce pays auraient à voir si elle ne le serait pas davantage encore en faisant intervenir plus largement les farineux et en y ajoutant une ration de tourteaux de lin qui sont produits en assez grande quantité dans la contrée, la culture de la plante y étant fort répandue. Cela diminuerait la durée de l'opération pour chaque bête et laisserait disponibles une forte part des fourrages verts qui, dans une période déterminée, pourraient être consommés par un plus grand nombre de bœufs à l'engrais. C'est un calcul à faire, et nous en recommandons l'expérimentation aux engraisseurs vendéens. Ici, le mieux n'est point l'ennemi du bien. Ils pourront peut-être faire leur profit des pratiques qui vont être indiquées ci-après, de manière à les combiner avec les leurs.

Alimentation à base de résidus. — L'engraissement des animaux de l'espèce bovine est devenu une conséquence nécessaire de l'annexion à la ferme de certaines industries agricoles, qui laissent comme résidus de fabrication des matières alimentaires d'une valeur nutritive variable, mais qui ne peuvent autrement être mieux utilisées. Agricoles ou non, d'ailleurs, ces industries n'entraînent pas moins la nécessité de l'engraissement, lorsqu'elles sont pratiquées sur une certaine échelle. Les brasseries, les amidonneries, les distilleries de grains, mais surtout les sucreries et distilleries de betteraves, dont l'extension a été si grande dans ces derniers temps, toutes ces spéculations sont liées à celle du bétail d'engrais.

C'est surtout la dernière, qui, à ce point de vue, a donné lieu à de nombreuses discussions, sur la valeur comparative des résidus ou pulpes, suivant le système adopté pour la fabrication de l'alcool. La polémique a éclairé ce sujet de telle sorte qu'il ne laisse maintenant plus rien à désirer, et que l'on peut donner des chiffres précis sans qu'il soit nécessaire de les discuter à nouveau.

L'emploi des résidus se pratique notamment en Belgique et dans la région du nord de la France, où les industries dont il s'agit existent depuis longtemps et prennent chaque année une nouvelle extension. Nous pouvons prendre pour type ce qui se passe dans cette dernière région, sur les opérations de laquelle M. Lefour a donné les renseignements les plus complets et les plus circonstanciés. Il nous suffira donc de les analyser.

Dans le Nord, dit-il, les résidus de sucreries, distilleries et brasseries, ainsi que les tourteaux de graines oléagineuses, font la base principale de l'engraissement; les farineux n'arrivent guère qu'en seconde ligne, et le foin ne joue qu'un rôle accessoire. C'est la pulpe de betteraves qui forme la masse la plus importante des matériaux employés. Depuis le développement des distilleries, celle qui résulte de l'extraction de l'alcool a pris sa place à côté de celle qui provenait de la fabrication du sucre; mais des différences existent entre elles sous le rapport de la valeur nutritive : quant à la dernière, le mode d'extraction du jus exerce une influence sur sa qualité; celle-ci est meilleure, lorsque la pulpe a été pressée sans lavage préalable; après la macération que subit la première, à l'état de pulpe ou à celui de cossettes, elle est inférieure. En se basant sur la proportion de matières azotées, les chimistes ont différé d'avis dans l'appréciation de la valeur nutritive des résidus provenant des divers procédés de distillation; mais il est loin d'être démontré que ce soit là un signe certain. Les résultats de la pratique n'ont pas toujours confirmé les appréciations chimiques, et cela prouve que la question est complexe. Il y a

lieu d'admettre que les effets des divers résidus de distillerie de betteraves dépendent autant de leur mode d'emploi que de leur richesse en azote.

Nous n'avons pas à nous occuper incidemment ici de la préférence qui doit être accordée à tel ou tel système de distillation. L'expérience semble avoir prouvé que sous le rapport de la valeur alimentaire de leurs résidus, ils peuvent être considérés à peu près comme égaux, à la condition que chaque résidu soit consommé sous la forme la plus convenable, relativement à ses qualités propres. Quoi qu'il en soit, les pulpes sont conservées dans des silos ou fosses de 1^m,50 à 2 mètres de profondeur, subdivisées en compartiments de 2 mètres de large, séparés par de petits murs en briques. Ces fosses sont creusées sous un hangar et maçonnées. Chaque compartiment, recouvert d'un plancher, est vidé successivement. Les silos ne présentent aucune différence avec ceux qui ont été décrits précédemment (p. 280), si ce n'est que l'on place un petit drain sur l'un des côtés vers lequel est dirigée la pente du fond, pour recevoir l'excès d'humidité. La pulpe y est entassée et recouverte de terre; pour l'extraire ensuite du silo, on la coupe successivement par tranches à la bêche.

Les drêches des distilleries de diverses graines, depuis qu'on a la faculté d'employer pour les fermentations du malt d'orge, au lieu des acides qui en rendaient l'usage impossible, ont été restituées à l'alimentation des animaux à l'engrais. Ces résidus fluides se vendaient dans le Nord à raison de 30 à 50 centimes l'hectolitre. Enlevés dans de grands tonneaux, dit M. Lefour, ils étaient amenés à proximité de l'étable, et, à l'aide d'une gouttière en bois, on les faisait couler dans les auges.

Sans nous arrêter aux divers modes de spéculation adoptés par les sucriers ou distillateurs du Nord pour tirer parti de leurs résidus, soit qu'ils engraissent des animaux à leurs risques et périls, soit qu'ils prennent en pension ces animaux appartenant à des tiers, qui sont ordinairement des bouchers, moyennant un prix journalier débattu par tête, nous indiquerons tout de suite le régime et les rations auxquels ces animaux sont soumis. A cet égard, il y a une distinction à faire entre les bœufs et les vaches, qui ne sont pas traités tout à fait de la même façon. Voici d'abord pour les bœufs.

L'engraissement dure ordinairement quatre mois.

Dans un premier exemple donné par M. Lefour, et emprunté à la pratique de M. Fievet, de Masny, un bœuf de 700 kil. a été amené au poids de 850 kil. dans cette période, en le soumettant au régime journalier suivant :

	1er Mois.	2e Mois.	3e Mo's.	4e Mois.
Pulpe de betterave............	40k	35k	35k	35k
Drêche de bière.....	5	7	5	5
Tourteau	2	3	4	5
Farine de féveroles en bouillie.	»	2	2	3
Hivernage : Foin haché, plus 3 kilogr. de paille en litière..	6	6	6	6

Un second exemple fourni par le même auteur diffère sensiblement, quant aux proportions des matières composant la ration. Il se rapporte à un bœuf du Hainaut, engraissé par M. Gouvion, de

Roy, et poussé de 750 kilog. à 900 kilog. Au commencement de l'opération, ce bœuf était en état ordinaire. La paille hachée, qui figure dans la ration, était donnée en mélange avec la drèche et le tourteau. Voici le tableau du régime :

	1er Mois.	2e Mois.	3e Fois.	4e Mois.
Pulpe de betterave	20k	25k	20k	15k
Drèche de brasserie....	6	7	7	15
Tourteau...........	2	4	5	7
Paille hachée........	2	2	2	»
Paille litière.........	3	3	3	3

Dans ce mode d'engraissement, le régime comporte trois repas par jour, distribués de la manière suivante :

A quatre heures du matin, on donne d'abord 2kil,500 de foin. A cinq heures, l'animal reçoit de 5 à 8 kilog. de pulpe, de 2 à 5 kilog. de drèche, puis sa boisson avec le tourteau.

Après ce premier repas, il est étrillé et l'étable est curée, à moins que la paille ne reste sous les animaux.

A dix heures et demie, deuxième repas : pulpe, 5 à 8 kilog.; tourteau, 3 kilog.; racines, 6 kilog.; drèche, 2 kilog.; boisson avec tourteau.

A quatre heures du soir, troisième repas : pulpe, 7 kilog.; drèche, 2 à 5 kilog.; boisson avec tourteau; foin, 2kil,500.

Entre les repas, repos et isolement complets. Chaleur convenable dans l'étable.

On engraisse dans le Nord beaucoup plus de vaches que de bœufs. Nous prendrons pour exemple de cette spéculation l'étude qu'en a faite M. Lefour chez M. Demesmay, où elle se pratique sur une grande échelle et dans les meilleures conditions. Chez cet habile cultivateur, l'âge moyen des vaches engraissées est de sept ans, leur poids de 470 kilog., que l'on peut porter à 520 kilog. dans un engraissement de cent dix jours. M. Demesmay, dit M. Lefour, n'a pas de limites déterminées d'engraissement; il vend quand le prix offert lui présente de l'avantage. La nourriture de chaque bête se compose, par jour, de 25 kilog. de pulpe, 3 kilog. de tourteaux, 2 kilog. de foin et 3 à 5 kilog. de paille. La ration est distribuée en deux fois, à cinq heures du matin et à deux heures de l'après-midi. De la paille est jetée dans le râtelier dans la nuit. On donne d'abord à boire environ 10 litres d'eau salée, à raison de 2 à 3 grammes de sel par litre, ensuite on distribue la pulpe, puis le tourteau. Celui-ci est, à l'état sec, concassé en petits morceaux de la grosseur d'une noisette. Une grande boîte prismatique de 1 mètre de long, 0m,40 de large et 0m,40 de haut, qui en est remplie, circule sur une brouette dans les étables, pour la commodité du service. Le vacher y puise à l'aide d'une mesure qui contient exactement 1kil,5, ration de chaque bête. Une petite pelle sert à remplir cette mesure, qui a 0m,10 de haut et 0m, 30 de côté intérieur.

Entre les repas, on enlève le fumier et on arrose le sol avec de l'eau de chaux, avant de refaire la litière. Les vaches qui ont encore du lait sont traites; mais on prétend, ajoute M. Lefour, que l'usage de l'eau salée les fait ordinairement tarir.

Le matin, les vaches reçoivent un pansage à la main. Chez M. Demesmay, l'on se sert pour cela de deux cardes, dont l'une, munie d'un manche fixé dans son milieu est tenue à la manière d'une étrille et promené sur le corps de l'animal ; l'autre, en tout semblable à une carde à matelas, est tenue de l'autre main et sert à débourrer la première, de même que la brosse est employée pour faire sortir la poussière de l'étrille du cheval.

C'est dans le Nord, ainsi que nous l'avons dit, qu'ont été faits les essais qui paraissent être favorables au tondage des bœufs et des vaches à l'engrais, notamment chez M. Gustave Hamoir, de Saultain, et chez M. Cheval, de Valenciennes.

La ration d'engraissement que nous venons de voir est évaluée, en équivalents, à 18 kilog. de foin, soit environ 4 p. 100 du poids moyen.

Une commission de la Société impériale et centrale d'Agriculture, dont M. Baudement était le rapporteur, a recueilli en 1855-1856 des renseignements sur la composition des rations d'engraissement à base de pulpe, usitées dans divers départements. Chez M. Giot, dans Seine-et-Marne, elle était de 70 kilog. de pulpe, 3 kilog. de foin, 2 kilog. de paille et 3 kilog. de tourteau de colza; chez M. Pluchet, dans Seine-et-Oise, de 140 kilog. de pulpe, 5 kilog. de foin, 7 kilog. de paille, et 2 kilog. de tourteau ; chez M. Borde-Bonjean, dans Indre-et-Loire, de 45 kilog. de pulpe, 10 kilog. de foin et 2 kilog. de grains ou farines, sans paille ni tourteau; chez M. Duplessis, dans la Marne, de 30 kilog. de pulpe, 5 kilog. de foin, 7kil,500 de paille, 1 kilog. de tourteau et 1 kilog. de grains et farines; chez M. Dargent, dans la Seine-Inférieure, de 32 kilog. de pulpe, 2kil,500 de foin, 1kil,500 de tourteau et 1kil,500 de grains et farines, sans paille ; enfin, chez M. Delclis, dans l'Allier, de 56 kilog. de pulpe, 9 kilog. de foin, 4kil,200 de paille, 2 kilog. de tourteau, et 2 kilog. de grains et farines.

Quand on convertit tous ces chiffres en équivalents de foin, on voit que dans ces diverses rations la proportion de la pulpe varie, par rapport à l'équivalent total, entre 50 et 90 p. 100. Pour conserver à la viande les qualités qui la font estimer, il ne paraît pas que l'on puisse dépasser la plus faible des proportions qui viennent d'être indiquées. Plus forte au commencement de l'engraissement, la quantité relative des résidus doit être diminuée vers la fin de l'opération, à mesure que les matières sèches sont augmentées. Sans cela, l'on obtient de la viande molle, de la graisse peu ferme et de mauvais suif.

Calculons maintenant le prix de revient de la viande produite par le régime dont nous nous occupons, en prenant pour exemple quelques-unes des opérations dont nous avons donné plus haut le détail. Voici d'abord le compte du bœuf de 750 kilog., porté par M. Gouvion, de Roy, à 900 kilog. de poids vif, ou 490 kilog. de poids net. Ce compte est emprunté, comme les suivants, à M. Lefour.

Prix du bœuf : 490 kilog. à 80 c. le kilogr.......	392 fr. »
Nourriture et litière : 122 jours à 1 fr. 70	207 40
Frais généraux et soins......................	30 »
Intérêts et risques........................	30 »
	659 fr. 40
A déduire : fumier, 7,000 kilog. à 6 fr. les 1,000 k.	42 »
Reste...........	617 40

Divisés par 490 kilogr. de viande nette, ces 617 francs donnent, par kilogramme, pour prix de revient, 1 fr. 24 cent., ce qui est à peu près le prix de vente de la viande grasse. La pulpe consommée ressort donc à environ 15 francs les 1,000 kilog.

L'engraissement des vaches, chez M. Demesmay, se raisonne ainsi :

Prix d'achat de la vache, 470 kilog. à 50 c........		235 fr.
Nourriture pendant 150 jours.	2,500 kil. pulpe, à 10 fr. les 1,000 kil.	25
	300 — tourteau d'œillette, à 16 fr..	48
	300 — foin, à 6 fr	18
	10 — sel....................	4
	1,000 — paille.........	30
Frais généraux et soins.........................		15
Intérêts et risques...........................		10
		385 fr.
A déduire : fumier............		30
Reste..........		355 fr.

La vache grasse pèse 520 kilog., soit par kilogramme du poids vivant, 0f,68, ou 1f,23 poids net. C'est environ le prix de vente. La pulpe ressort donc à une valeur inférieure à celle que nous venons de noter tout à l'heure. Cela tient, en grande partie, au prix d'achat trop élevé de la vache maigre.

Les autres procédés d'alimentation qui nous restent à voir sont plus avantageux.

Alimentation avec les fourrages hachés et fermentés. — Le mode d'engraissement qui comporte une manutention pour ainsi dire culinaire de la nourriture a été d'abord expérimenté en Allemagne, où il a pris une certaine extension. Quelques engraisseurs des environs de Lille l'ont adopté, mais c'est chez M. Decrombecque, à Lens (Pas-de-Calais), qu'il est surtout pratiqué en France sur une grande échelle. La méthode dont il s'agit a l'avantage de comporter des mélanges qui permettent de faire manger aux animaux des aliments qu'ils auraient repoussés sans cela, et de leur faire absorber une plus grande masse de substances nutritives, ce qui est surtout important dans la pratique de l'engraissement. Nous emprunterons à M. Lefour le résumé qu'il a donné des opérations exécutées à Lens.

« M. Decrombecque, dit-il, a organisé tout un atelier pour la manutention de la nourriture de ses animaux. Il y consacre le rez-de-chaussée et les deux étages d'un petit bâtiment ; à l'étage le plus élevé, un hache-paille coupe les pailles et le foin, qui tombent dans un cylindre de tôle métallique à trous d'un millimètre carré, où ils se débarrassent de la poussière. Au premier étage, où est placé ce blutoir, on fait immédiatement le mélange du coupage avec des tourteaux de lin, de colza et d'œillette, moulus et unis ensemble dans la proportion d'un tiers pour chaque espèce. A cet effet, le coupage mis en petits tas est aspergé d'eau tiède, brassé, réuni en un tas plus gros, qu'on brasse encore après l'avoir saupoudré de tourteau ; le tout tombe, par une trappe, au rez-de-chaussée, dans des cuves à fermentation en briques cimentées de 2 mètres de long sur 1m,20 de large, et 1 mètre de profondeur. Le mélange, tassé, puis pressé sous un couvercle, reste quarante-huit heures en fermentation.

« On modifie quelquefois ce procédé ; on fait un bouillon avec un tiers de farine de graine de lin et deux tiers d'autres farines (de féveroles principalement) bouillies dans environ 10 litres d'eau par kilogramme de farine. L'eau étant portée à l'ébullition, on y jette la farine peu à peu en ayant soin de remuer ; on retire le bouillon au bout de quinze à vingt minutes, et on arrose le coupage mêlé de pulpe et préalablement tassé dans les cuves. La ration d'un bœuf de travail est d'environ 1 kilog. de farine et tourteau, 3 kilog. de coupage, 18 à 20 kilog. de pulpe ; à l'engrais, il reçoit une ration journalière dans laquelle le tourteau s'élève, du premier au troisième mois, de 1 à 2 kilog.

« Cette méthode, fait observer M. Lefour, a beaucoup d'analogie avec les procédés anglais de Warne, Marshal et autres cultivateurs anglais ; préconisée beaucoup en Angleterre par quelques écrivains, elle est repoussée par d'autres, qui lui reprochent l'excédant de travail et de dépense qu'elle occasionne, sans apporter toujours une compensation suffisante dans le résultat.

« On ne doit pas oublier, toutefois, ajoute l'auteur, que depuis longtemps, en Flandre, on connaît l'usage du *brassin*, qui a la plus grande analogie avec cette espèce de bouillon ; il se compose en effet à peu près des mêmes éléments : paille d'orge hachée, menues pailles de froment, siliques de colza ; le tout bouilli dans l'eau et additionné de farine d'orge, de féveroles, de pois, etc. On allonge encore ce bouillon avec des résidus de distillerie. Nous avons vu administrer à une vache à l'engrais une soupe ainsi composée pour une ration journalière : pommes de terre, 5 kilog. ; betteraves, 3 kil. ; fèves cassées, 1k,5 ; foin haché, 0k,50 ; le tout cuit dans 1 hectolitre d'eau environ. »

M. Decrombecque estime la ration journalière d'un bœuf à l'engrais du poids vif de 600 kilog., à 1f,30. C'est 0f,40 de moins par jour que celle qui a été prise pour type plus haut. Pour un engraissement de 122 jours, comme celui que nous avons cité, c'est donc une économie nette de 48f,80 par bœuf engraissé. Cela mérite d'être pris en considération.

Alimentation avec des matières grasses. — L'adjonction de substances dans lesquelles le principe gras domine, à la ration des animaux à l'engrais, est une pratique dont les effets sont trop faciles à comprendre, pour qu'il soit nécessaire de les expliquer ici. On peut donc dire qu'il n'y a pas de ration d'engraissement complète sans que ces substances en fassent partie. Mais il importe à cet égard de se tenir dans de certaines limites, pour deux raisons : la première, c'est que les matières grasses sont de difficile digestion, que l'appareil digestif n'en peut absorber, dans un temps donné, qu'une quantité limitée, et qu'au delà de cette quantité elles fatiguent les organes et déterminent sûrement une purgation qui s'oppose à l'absorption des autres matières nutritives avec lesquelles elles sont associées ; la seconde raison, c'est qu'elles communiquent à la viande une qualité médiocre.

Les aliments à base de principes gras, tels que les graines oléagineuses et les tourteaux de ces graines, ne sont guère employés en forte proportion que pour l'engraissement des animaux destinés à figurer dans les concours, où l'on apprécie plutôt l'aptitude à prendre rapidement et abondamment la graisse, que la qualité de la viande et sa production économique.

Dans la composition des rations que nous avons déjà vues, pour le régime de l'étable, les aliments gras ont le plus souvent atteint une proportion qu'il ne serait peut-être pas sage de dépasser, dans la pratique usuelle. Pour les animaux de concours, c'est différent. Voici comme exemple d'une opération de ce genre, le détail des consommations d'une vache engraissée par M. Cousin-Pallet, agriculteur de la région du Nord, et dans lesquelles, ainsi qu'on va le voir, les matières grasses, tourteaux et graines de lin, dominent de beaucoup sur les autres aliments. Nous établirons en même temps le prix de revient, d'après M. Lefour, à qui nous empruntons encore cet exemple :

Valeur de l'animal		350 f. »
Nourriture pendant 120 jours.	126 hect. de drèche, à 50 c	63 »
	375 kil. de foin, à 6 fr	22 50
	375 — de tourteau, à 22 fr	82 50
	234 — de fèves, à 18 fr	42 12
	162 — de graines de lin, à 22 fr	36 79
Frais généraux et soins		30 »
Intérêts et risques		25 »
	TOTAL	651 f. 91

Le fumier est compté comme compensant la litière. Cela met le prix de revient du kilogramme de poids vivant à 0f,63, et celui du poids net, estimé 467 kilog., à 1f,20.

L'abattage de cette vache a été suivi. Il a permis de constater les résultats ci-après :

474 kil. de viande nette, à 1 fr. 24 c	587 f. 76
144 — de suif, à 1 fr	144 »
22 — de cuir, à 55 c	12 10
Issues	11 40
TOTAL	755 f. 26

Quant à l'emploi des huiles végétales ou animales en nature, il a été essayé et même préconisé ; mais il faut considérer cela comme devant rester dans le domaine de l'expérimentation. On s'étonne de trouver dans des ouvrages sérieux le récit fait, et reproduit par quelques journalistes aventureux, de l'usage de l'huile de foie de morue *fraiche* dans l'engraissement des animaux. Relativement aux huiles végétales, il sera nécessairement toujours plus avantageux d'administrer en nature les graines d'où les fruits d'où elles sont extraites. Il y a de la manutention de moins et de la matière alimentaire de plus.

Engraissement mixte. — On donne ce nom au mode qui comporte successivement le régime du pâturage et celui de l'étable. Il est pratiqué un peu partout, à un certain moment de la saison, mais particulièrement dans la Vendée et dans le Limousin. Il se fait observer aussi dans le Charolais. Ce sont les bœufs réformés ou achetés vers la fin de l'été, surtout dans le courant du mois

d'août, qui y sont soumis. On les rafraîchit d'abord en leur faisant consommer sur place des regains, puis à la fin de l'automne ils sont rentrés à l'étable, où ils reçoivent des fourrages secs, des racines, etc. Les bœufs *trembleurs* des embouches de la Normandie sont également soumis au régime de l'engraissement mixte.

Dans le Limousin, où ce régime est presque général, les bœufs sont mis au mois d'août dans des prairies de bonne qualité, qui ont été fauchées en saison, et qui sont en ce moment couvertes d'un regain vigoureux. Ils y demeurent constamment et n'en sortent que vers la fin d'octobre. A partir de cette époque, ils reçoivent à l'étable 12 à 15 kilog. de foin et 15 à 35 kilog. de raves, par jour et par tête, durant un mois. Passé ce temps, les raves sont remplacées par des farineux, orge, seigle ou sarrasin. Chaque bœuf en reçoit 3 kilog. en buvées chaudes.

Du reste, quelle que soit sa pratique, qui varie beaucoup suivant les localités, le mode d'engraissement dont il s'agit est toujours une combinaison des deux autres que nous avons déjà étudiés, soit qu'ils se succèdent l'un à l'autre complétement, soit qu'ils alternent pendant toute la durée de l'opération, de telle sorte que le régime du pâturage soit pratiqué durant une partie de la journée, et celui de l'étable pendant le reste du temps. Ce dernier usage, on le comprend sans peine, n'est pas favorable à la rapidité de l'engraissement. Il nécessite des déplacements et un exercice qui activent les déperditions. Mais il n'existe que dans les contrées où il n'est pas encore possible de faire autrement. Il faut bien toujours se conformer aux nécessités de l'économie rurale, sauf à faire des efforts pour les modifier.

En somme, de tous les systèmes d'engraissement mixte, le préférable est celui qui se commence d'abord au pâturage, puis se termine ensuite à l'étable, soit par le procédé dit de pouture, soit avec des résidus ou des fourrages fermentés, additionnés à la fin de matières grasses et farineuses. Le résultat économique de ce genre de spéculation a été établi par M. Chamard pour les engraisseurs du Charolais, qui s'y livrent concurremment avec celui des embouches, de manière à engraisser durant toute l'année. Il se raisonne de la manière suivante :

Achat ou valeur du bœuf en mai ou juin	325 f. »
Intérêts, huit mois à 5 p. 100	10 83
Pâturage dans un pré de deuxième qualité, à 3 bœufs pour 2 hect., l'herbe valant 100 fr. par hectare..	66 66
Foin pendant trois mois, à 10 kilogr. par jour et à raison de 40 fr. les 1,000 kil	36 »
Betteraves, 40 kilogr. pendant trois mois, soit 3,600 kil. à 12 fr	43 20
Farine d'orge ou menus grains, 6 litres pendant 60 jours, soit 3h,60 à 10 fr	36 »
Tourteaux, 2 kilogr. pendant 60 jours, soit 120 kil. à 20 fr	24 »
Pansage et soins, 90 jours à 12 cent	10 80
Paille compensée par le fumier (mémoire)	» »
TOTAL des dépenses	552 f. 49

L'animal gras pèse environ 900 kilog. et revient par conséquent à 1 fr. 20 centimes le kilog. de viande nette. Il est vendu sur le pied de 1 fr. 25 à 1 fr. 30. C'est un joli bénéfice, comme on voit, en outre de ce que les fourrages sont payés à leur valeur.

Usage du sel dans l'engraissement. — La question de l'utilité du sel dans l'alimentation des animaux a été fort controversée. De nombreuses expériences ont été faites et ont semblé donner des résultats contradictoires. Les considérations purement spéculatives ont joué dans cette question un plus grand rôle que les déductions formelles d'observations positives. Toutefois, il est un fait acquis, c'est que l'addition du sel aux fourrages avariés prévient leurs mauvais effets, et que cette substance stimule dans tous les cas l'appétit des animaux et les porte à consommer des aliments qu'ils eussent refusé ssans elle. A ce titre, le sel doit donc être considéré comme un utile condiment dans les opérations d'engraissement.

Nous l'avons vu plus haut faire partie de la ration d'une manière régulière, dans la pratique de M. Demesmay. De leur côté, MM. P. Joigneaux et L. Delobel rapportent qu'on a l'habitude d'ajouter au lait consommé par les veaux d'engrais, dans la Campine belge, de l'urine humaine, à raison de 3 litres pour 6 litres de lait, et ils considèrent avec raison cette pratique dégoûtante comme pouvant être avantageusement remplacée par l'usage de l'eau salée.

On a contesté les avantages de l'addition du sel aux aliments, en se fondant sur des expériences dans lesquelles ce condiment, ajouté dans la deuxième période d'un même engraissement, tout en provoquant une absorption plus considérable de fourrages, n'a pas déterminé un accroissement en poids aussi élevé que celui qui s'était produit dans la première période. On sait trop bien que pour une quantité donnée d'aliments, la proportion du poids vif acquis va diminuant à mesure que le poids total augmente, pour que ce résultat soit surprenant. Et l'expérience ne prouve, dans ce cas, rien de ce qu'on a voulu lui faire prouver. Ce n'est pas en comparant l'un à l'autre les résultats des deux périodes successives, de celle qui ne comportait pas l'usage du sel avec celle qui le comportait, que l'on pouvait arriver à une conclusion rigoureuse. Ce sont deux périodes de même nature, les premières ou les dernières, avec ou sans sel, qu'il fallait comparer. Cela n'a pas été fait. Il ne reste donc, pour juger la question, que la préférence accordée par les animaux de l'espèce bovine aux aliments salés, et cela la tranche suffisamment en faveur de l'utilité du sel. Il n'y a de doute que sur la dose. C'est une affaire toute pratique, qui ne peut être indiquée d'une façon absolue, et qui ne sera résolue que par le tâtonnement.

Pour compléter ces études sur l'engraissement, il y aurait encore à indiquer les moyens d'apprécier la marche de l'opération et les qualités des animaux gras. Ces moyens feront plus loin l'objet d'un chapitre spécial, avec ce qui concerne la boucherie.　　　　　　　　　　A. Sanson.

CHAPITRE XX

DE L'ESPÈCE OVINE

Comme le bœuf, le mouton appartient à l'ordre des ruminants, dont les caractères généraux ont été précédemment indiqués. Il est une des espèces du genre *Ovis*, qui en compte plusieurs autres, notamment les mouflons d'Afrique et d'Amérique, *O. tragelaphus*, ou *mouton barbu*, et *O. montana*, l'argali, *O. ammon*, et le mouflon ordinaire, *O. aries*. Les naturalistes considèrent le mouton domestique, *O. A. domestica*, comme une modification de ce dernier. Mais c'est là une pure hypothèse; car aussi loin que l'on puisse remonter dans le temps, à l'aide des documents écrits, des monuments de l'antiquité et des traditions, les civilisations les plus reculées nous montrent toujours le mouton à côté de l'homme. Quand on veut s'en tenir à des données positives, on est donc forcé d'admettre que le mouton a toujours été mouton, de même que le mouflon a toujours été tel, et de reléguer les dissertations sur leur origine commune dans le domaine de l'imagination, où la science n'a rien à voir.

Le type du genre *Ovis* est caractérisé, indépendamment des attributs propres à l'ordre des ruminants, — appareil dentaire, estomac multiple, pied fourchu, — par une tête busquée et dépourvue de mufle, des oreilles longues et étroites, des cornes creuses, anguleuses et ridées transversalement, contournées en spirale et persistantes; par un menton dépourvu de barbe; par deux mamelles inguinales seulement, et, entre les deux doigts du pied, un canal dit biflexe.

La peau est recouverte d'un poil grossier mêlé d'un duvet tendre qui, par la culture, a pris plus ou moins de développement, de manière à se substituer au poil, et constitue la laine ou la toison. Dans certaines races, ce poil a disparu complétement, tandis qu'il persiste dans les autres, où il est connu sous le nom de *jarre*. Droit et rude, il n'est pas susceptible de se feutrer, et il communique par ce fait à la laine à laquelle il est mêlé des qualités inférieures.

Les peuples civilisés de diverses parties du monde ayant utilisé de tout temps le mouton domestique, il en est résulté la formation d'une multitude de races, dues aux modifications imprimées au type par les circonstances différentes dans lesquelles il s'est reproduit. Weckherlin a dit avec raison que si l'on excepte le chien, aucun animal n'a subi des modifications aussi profondes et aussi multipliées que le mouton. L'homme se l'est tellement assujetti, grâce à la souplesse de son caractère, et en quelque sorte à la passivité de ses instincts, qu'il est parvenu à le faire prospérer dans des conditions diamétralement opposées à celles qui semblent le plus en rapport avec son organisation. Très-agile, en effet, le mouton recherche de préférence, lorsqu'il est abandonné à lui-même, les pays montueux et secs, où il vit en troupe, broutant les herbes fines et aromatiques, les feuilles tendres des racines, quelques plantes astringentes, et fuyant l'humidité. Cependant nous le voyons maintenant atteindre son plus haut degré d'utilité, sous l'influence d'une alimentation prise dans des pâturages succulents, dans des champs de turneps, sous un climat presque constamment brumeux : tant est grande, sur les êtres organisés, la puissance d'une longue civilisation, qui les façonne pour ainsi dire au gré de ses besoins.

Toutefois les caractères les plus variés acquis par l'espèce dans les diverses conditions où elle se multiplie, sont exclusivement relatifs à ses formes extérieures, et surtout aux dépendances de la peau, au système pileux et aux cornes qui en font partie. L'alimentation en particulier, et au reste toutes les circonstances du *milieu ambiant*, comme dit Geoffroy Saint-Hilaire, exercent sur le développement de ces appendices du système tégumentaire une influence capitale, ainsi que nous en donnerons par la suite de nombreuses preuves. Et c'est cette influence, dirigée par nous dans le sens du résultat que nous voulons en obtenir, pour satisfaire nos besoins, qui est le plus puissant instrument de notre action. Nous ne faisons en cela qu'imiter, en la perfectionnant, l'opération de sélection naturelle en vertu de laquelle se sont produites les anciennes races que nous utilisons, avec les caractères distinctifs de leurs toisons, dont la laine a toujours abrité les plus anciens peuples contre les rigueurs du froid.

Les animaux de l'espèce ovine prennent diverses dénominations, dans la pratique de leur entretien domestique, suivant leur âge et leur sexe. Ces dénominations sont nées, sans aucun doute, de la nécessité de mettre de l'ordre dans la direction et la conduite des troupeaux qu'ils composent. Jusqu'à la fin de la première année, le mâle est appelé *agneau*, la femelle, *agnelle*. Depuis un an jusqu'au moment où ils sont admis à se reproduire, le premier est dit *antenois* ou *antenais*, la seconde est *antenoise* ou *antenaise*. A partir de ce moment, le mâle est un *bélier*, la femelle, une *brebis*. Les individus privés de leurs testicules, et par conséquent neutres, sont désignés sous le nom commun de *moutons*. Les femelles stériles sont en quelques lieux appelées *moutonnes*.

FONCTIONS ÉCONOMIQUES DE L'ESPÈCE OVINE

La destination finale du mouton, de même que celle du bœuf, en économie sociale, est de servir à l'alimentation de l'homme. Seulement ici le problème est un peu moins compliqué. Tandis qu'avant d'arriver à cette destination dernière les animaux de l'espèce bovine ont encore durant leur vie à fournir deux genres de services, ainsi que nous l'avons vu ; tandis que ces animaux, disons-nous, dans la situation présente de notre économie rurale, doivent être pour la plupart des cas des auxiliaires dans les travaux de culture, ou produire du lait à la consommation, ceux de l'espèce ovine n'ont qu'une seule fonction à remplir avant d'atteindre le terme de leur vie. En général, on n'utilise que leur toison. C'est très-exceptionnellement que le lait des brebis est employé à la fabrication des fromages, dans certaines localités.

Mais, pour être unique, la fonction économique en vertu de laquelle le mouton sert à la production de la laine, n'en est pas moins de première importance. On ne prévoit point le moment où cette fonction pourra devenir accessoire, du moins pour l'ensemble de l'espèce. L'usage de la laine, dans les sociétés civilisées, est tout aussi indispensable que celui de la viande ; et pour ce qui concerne le mouton en particulier, on comprendrait mieux qu'il fût possible de se passer de l'usage de sa chair, que de celui de sa toison.

Les espèces alimentaires, en effet, sont assez nombreuses parmi nos animaux domestiques. Il est admissible que la viande de mouton soit suppléée par celle de l'une d'entre elles, dans la consommation générale, sans qu'il en résulte une trop grande perturbation dans l'économie des sociétés. On ne voit point au contraire comment l'emploi de la laine pourrait être tout à coup remplacé, tant sont multiples et essentiels les usages auxquels cette matière première est utilisée. Au même titre que le pain, la laine est un objet de première nécessité. L'irréflexion, qui porte à ne saisir jamais qu'un seul côté des choses, peut bien faire négliger cette considération capitale. En restreignant la question à un cas particulier, elle peut ainsi conduire à des conclusions absolues, qui, dans quelque sens qu'elles soient tirées, sont également erronées. L'étude approfondie de cette question la fait voir sous un tout autre jour. S'il était absolument nécessaire d'opter entre les deux fonctions économiques de l'espèce ovine, afin de décider sur le point de savoir quelle est celle qui doit être placée en première ligne, il est bien certain que la production de la laine devrait obtenir le pas sur celle de la viande, du moins en thèse générale. Ils ne sont donc point dans le vrai, ceux qui concluent autrement, après s'être en ces termes posé la question. A moins de nier légèrement, et au mépris de toute notion économique, la prémisse que nous avons tout à l'heure énoncée, ils seraient bien forcés d'en convenir.

Mais le sujet est tel, fort heureusement, que la conclusion opposée est également loin de la vérité. Ainsi qu'elle se présente aux méditations de l'économiste, l'exploitation du mouton n'est pas plus exclusive au point de vue de la laine qu'à celui de la viande. L'espèce comporte au même titre l'une et l'autre destination. Il en est, dit

M. Lecouteux, de la question ovine comme de toutes les questions agricoles et zootechniques de notre pays : c'est une question complexe, où les climats, les sols et les débouchés jouent un rôle qu'on ne saurait trop étudier sous ses faces multiples. La France, fait remarquer aussi le même auteur, c'est, à tout prendre, par la variété du climat, du terrain, des récoltes, des bestiaux, l'Europe en miniature. C'est dire que chacune des deux aptitudes prédominantes y trouve sa raison économique dans des circonstances données, et qu'il ne serait pas plus raisonnable de proscrire l'une que l'autre. Comme pour le travail du bœuf, c'est une question de système de culture. Ici, la production de la viande doit être, dans une certaine mesure, sacrifiée à celle de la laine ; là, c'est le contraire qui doit avoir lieu ; ailleurs, — et c'est le cas des situations intermédiaires, — les deux aptitudes se concilient parfaitement.

On s'est beaucoup occupé, dans ces derniers temps, du problème de cette conciliation. On a cherché, de divers côtés, à créer le mouton unique qui conviendrait également à toutes les situations et réaliserait à la fois, dans une mesure suffisante, les deux aptitudes de l'espèce. Plusieurs personnes sont même fortement convaincues qu'elles y ont réussi. C'est cette tendance qui a présidé aux croisements de toutes sortes, aux mélanges multiples entre quelques races, dont chacune, dans son état de pureté, présente l'une des aptitudes à un haut degré ; c'est de là que sont sortis les métis que l'on présente maintenant comme des types améliorateurs. Le moment n'est pas encore venu de nous expliquer sur cette prétention. Nous la discuterons plus loin. Constatons seulement le fait dès à présent, en faisant remarquer, à notre point de vue actuel, que l'économie rurale de la France ne comporte point l'adoption d'un type unique de l'espèce ovine, capable de fournir à la fois de la belle laine en abondance et beaucoup de viande. Il est permis de prévoir sans doute ce résultat pour un avenir plus ou moins éloigné. Le progrès agricole aura pour conséquence de niveler les situations et de nous mettre en position de pouvoir lutter victorieusement contre les influences du climat ; mais de telles conditions ne se réalisent point de prime saut. Elles sont l'œuvre du temps. Elles dépendent de réformes que la zootechnie doit suivre, et dont elle doit profiter, mais qu'il ne lui appartient pas de devancer, sous peine de demeurer dans le domaine de la spéculation pure, où les hommes pratiques ne sauraient consentir à s'aventurer.

Sous l'empire de ces circonstances progressives, dont le mouvement entraîne tout ce qui dépend de l'exploitation du sol, les fonctions économiques de l'espèce ovine ont déjà subi de notables changements. La production des laines fines, par exemple, qui est l'apanage des terres en période pacagère, disparaît devant le progrès, à mesure que celui-ci fait substituer aux pâturages une culture plus avancée. Les races qui fournissent ces laines reculent vers les régions moins avancées, et font place à d'autres plus propres à tirer parti d'une nourriture plus abondante, pour la transformer en viande, ou bien elles se modifient au détriment de leur aptitude première et au bénéfice de la nouvelle. Nous en verrons des preuves en faisant plus loin l'histoire de ces races. C'est ce mouvement qu'il s'agit de suivre en le secondant, parce qu'il s'accompagne nécessairement de changements corrélatifs dans les débouchés des produits. Il s'opère sans secousse, entraînant autour de lui tout ce qui en dépend. Les substitutions brusques, arrivant avant que les conditions de leur succès soient préparées, mènent infailliblement à des échecs. Les considérations économiques, ici comme pour toutes les espèces animales produites par l'agriculture, dominent impérieusement toutes les opérations.

Dans les pays que nous appellerons les contrées à laine, parce que, dans l'exploitation de l'espèce ovine, la toison y est le produit principal ; dans ces contrées, on ne pourrait point brusquement faire du mouton par-dessus tout un animal de boucherie, sans qu'il en résultât aussitôt un temps d'arrêt fatal pour le revenu du sol, et un grand amoindrissement de la richesse publique. Ceux qui rêvent de pareilles révolutions ne voient, encore une fois, qu'un seul côté de la question, et ce n'est pas, à coup sûr, le côté économique. Dans ces matières, — et peut-être bien aussi dans toutes les autres, d'ailleurs, — le progrès s'effectue par évolutions, non par révolutions.

Il y a antagonisme, chez le mouton, entre l'aptitude à se couvrir d'une toison formée de laine très-fine, et celle à fournir une grande quantité de bonne viande. L'alimentation copieuse, nécessaire pour le développement de cette dernière, grossit normalement le brin de laine, en stimulant davantage l'organe de sa sécrétion. Les progrès de la culture, qui augmentent les ressources alimentaires, doivent donc agir infailliblement sur ces deux aptitudes opposées, en diminuant l'une au bénéfice de l'autre. Or, comme ces progrès ne bornent pas seulement leur influence au résultat qui vient d'être dit, mais l'exercent au contraire sur toutes les activités au milieu desquelles ils s'effectuent, les conditions économiques se modifient en suivant des transitions insensibles, parce que l'harmonie ne cesse pas un seul instant d'y exister. Là se trouve la donnée capitale de toute question d'économie politique, dont la notion féconde n'a point encore suffisamment pénétré dans les esprits. A la lumière de cette notion, la question qui nous occupe, par exemple, devient d'une clarté éblouissante, et l'on a peine à comprendre qu'elle puisse faire l'objet de la moindre controverse, de la part des hommes capables de quelque réflexion.

Ainsi, il apparaît, quand on observe sous l'inspiration de la donnée économique dont il s'agit, qu'aux pays à culture intensive appartiennent les races à viande de l'espèce ovine ; au système pastoral, les races à laine fine ; aux situations intermédiaires entre ces deux extrêmes, celles qui réunissent, dans une moyenne mesure, les deux aptitudes. Et il est remarquable que les conditions de débouché sont en parfait accord avec cette division. Dans le voisinage et au milieu même des pays où fleurissent les cultures avancées et intermédiaires, se trouvent les grands centres de consommation et les ateliers industriels, qui utilisent la viande et la laine dont la valeur ne pourrait pas supporter de grands frais de transport. Rares ou tout à fait absents, au contraire, sont ces centres, dans les contrées à système pastoral plus ou moins exclusif. L'activité industrielle entraîne les grandes agglomérations de population et la nécessité de soumettre la terre à un travail plus actif. Elle crée des capitaux et des engrais plus abondants, premier levier de la culture intensive. En son absence, il faut produire des denrées transportables au loin et d'une valeur élevée sous un petit volume. C'est le cas des laines fines, qui sont, d'ailleurs, produites par des animaux propres au parcours, en raison de leur agilité et de leur rusticité.

Ces situations diverses se présentent dans la plupart des États de l'Europe, et particulièrement en France. Elles tendent, il ne faut pas en disconvenir, à se niveler. C'est l'œuvre du progrès. Mais, tant qu'elles existent, il n'est pas permis de négliger leur influence dans l'appréciation de la question qui nous occupe.

Sans doute, l'amélioration de l'espèce ovine doit être sans cesse dirigée vers le développement de l'aptitude de cette espèce à la production de la viande. De vastes régions d'outre-mer, l'Australie en particulier, sont consacrées maintenant à l'entretien de troupeaux producteurs de laine, et les toisons qu'elles fournissent dans des conditions contre lesquelles l'Europe ne peut pas lutter, envahissent de plus en plus le marché. Sous l'influence de cette concurrence, le prix des laines fines a baissé, et il en est résulté, pour les producteurs français, la nécessité de compenser par l'abondance du produit la valeur de la marchandise. Les races à laine fine, dans notre agriculture, vont perdant du terrain; non point qu'elles disparaissent en fait; mais elles se modifient avec le milieu qui les entoure, et se mettent en rapport avec les nouveaux besoins. Le système pastoral pur se restreint; la culture améliorante l'envahit. C'est un mouvement qu'il faut seconder, mais non point précipiter au mépris des harmonies économiques.

Soutenir en thèse absolue la nécessité de substituer partout la production exclusive de la viande à celle de la laine, n'est donc pas plus pratique que de prétendre pareillement que la destination du mouton est avant tout de fournir sa toison. Il n'est pas possible de ramener à ces termes simples une question qui est, de sa nature, nécessairement complexe. Seuls, les gens insuffisamment éclairés peuvent dire que le mérinos, le premier de nos producteurs de laine, a fait son temps, ou bien qu'il doit régner sans partage dans notre agriculture. L'une et l'autre prétention sont également éloignées de la vérité. Et elle n'en est pas moins loin, celle qui vise à le remplacer par un type mixte, réunissant la double aptitude à donner à la fois de belle laine et beaucoup de viande. L'économie rurale s'oppose à de semblables généralisations. Les influences géologiques, auxquelles tiennent les qualités des produits du sol, et dont les auteurs de ces conceptions spéculatives ne se préoccupent pas assez, ne souffrent point qu'on les transgresse

ainsi. Le mérinos est le mouton des terrains calcaires. Il suffit de jeter un coup d'œil sur la carte agronomique et géologique de la France, pour s'apercevoir qu'il ne prospère chez nous nulle part ailleurs que sur ces terrains, soit par lui-même ou par ses métis. Là seulement, en conséquence, la production de la laine d'une certaine valeur peut s'allier avec celle d'une grande quantité de viande, sous l'influence des progrès de la culture. Partout ailleurs, la toison devient tout à fait accessoire : le mouton y est d'abord un animal de boucherie, et doit être amélioré dans ce sens.

En somme, les fonctions économiques de l'espèce ovine sont telles, qu'elle doit fournir en même temps, dans son ensemble, de la laine et de la viande. Dans quelque situation qu'on l'exploite, elle donne toujours à la consommation ces deux produits. D'une manière absolue, il n'y a point à opter entre eux. Il en est de cela comme du lait et de la viande, pour l'espèce bovine. Mais le problème se pose tout à la fois relativement à la qualité et à la quantité proportionnelles de chacune de ces matières premières. L'abondance des toisons de première finesse est incompatible avec les circonstances dans lesquelles ces toisons se produisent, aussi bien qu'avec l'aptitude à une assimilation active de la nourriture, nécessaire pour le développement du type de boucherie le plus perfectionné. Dès qu'il en est ainsi, le choix du praticien, au lieu d'obéir à des considérations générales trop souvent invoquées pour résoudre la difficulté, doit donc s'inspirer des conditions particulières au milieu desquelles il lui est donné d'agir. C'est une affaire de comptabilité. Par le fait même du cours normal des choses, l'industrie ovine se divise, les fonctions se spécialisent. Cette industrie ne peut être prospère qu'à ce prix. Pour se concilier avec les nécessités du progrès agricole, les races à laine fine perdent de la grande finesse de leurs toisons, à mesure que le poids de celles-ci s'augmente et que ces races acquièrent une conformation et une aptitude plus convenables pour la production de la viande. Dans cette double modification se trouve une compensation plus qu'équivalente à la diminution de valeur absolue de leurs toisons, qui trouvent, d'ailleurs, de plus larges débouchés dans les conditions nouvelles des manufactures qui les mettent en œuvre.

Ainsi que nous le verrons par la suite, les laines propres au peigne, les laines dites longues, tendent à se substituer, dans l'industrie des tissus, aux laines propres à la carde, ou laines courtes, en vertu de ces harmonies économiques dont nous avons parlé. Or, l'amélioration de l'espèce ovine, au point de vue exclusif de la viande, pousse précisément à la production de ces laines longues. Leurs autres caractères, que nous étudierons plus loin, dépendent de l'aptitude native. Qu'elles soient grosses, moyennes ou relativement fines, en raison de cette aptitude, leur brin s'allonge, voilà le fait; mais elles n'en conservent pas moins leurs qualités respectives et leur valeur relative, par rapport à l'autre fonction économique du mouton.

En définitive, il faut conclure de ce qui précède que l'espèce ovine a dans notre économie deux fonctions à remplir, et que ces deux fonctions sont, par leur nature même, nécessairement permanentes. Nous avons pu prévoir, pour l'espèce bovine, la disparition ultérieure de l'une des trois fonctions actuelles. La science doit faire considérer cette fonction seulement comme transitoire, parce qu'elle est radicalement incompatible avec le perfectionnement de l'espèce dans le sens de sa principale destination économique. Il n'en est point ainsi pour l'espèce ovine. Le mouton sera toujours exploité à la fois pour sa laine et pour sa viande. Encore un coup, ce sont là deux matières également de première nécessité. Les toisons subissent et subiront, quant à leurs qualités, les changements commandés par les circonstances. Celles des races à laine fine perdront de leur finesse, en suivant le mouvement qui pousse à la production de la viande; mais tant que la laine relativement fine trouvera des débouchés avantageux, — et ce sera probablement toujours, — les races qui la donnent auront leur raison d'être dans notre agriculture. On peut et l'on doit songer à les améliorer de plus en plus sous le rapport de la conformation et de l'aptitude à l'engraissement, au point de vue de la boucherie qui est leur destination dernière, comme celle de toutes les autres races alimentaires; il n'est pas permis de penser à les remplacer, dans tous les lieux qui sont propres au maintien de leur aptitude principale. Cela soit dit, toutefois, en thèse générale, et en faisant une réserve pour les cas particuliers. En économie rurale, on le sait bien, il n'y a guère de solutions absolues. Et pour ce qui concerne la zootechnie particulièrement, il n'y en a qu'une : à savoir que la production animale est inséparable des conditions dans lesquelles elle doit s'effectuer.

Voilà donc établie la double aptitude de l'espèce, dépendant à la fois de l'organisation de son appareil tégumentaire extérieur et de la conformation de son corps. Il est facile de voir à présent que pour la détermination de son plus beau type, au point de vue zootechnique, bien entendu, la première considération est nécessairement accessoire, l'organisation de la peau n'étant nullement sous la dépendance obligée de la conformation. On conçoit fort bien que celle-ci puisse être amenée au point qui constitue la perfection des formes, relativement à la destination de l'animal, sans que pour cela les organes sécréteurs de la toison en subissent une profonde atteinte. L'expérience l'a d'ailleurs nombre de fois démontré. Les caractères de cette toison, fort importants d'une façon relative, et eu égard au mode particulier d'exploitation ou au genre de spéculation dont le mouton doit être l'objet, sont ici, dès lors, à négliger. D'où il suit, par conséquent, que la beauté, dans l'espèce ovine, comporte un type unique de conformation, vers lequel les efforts de l'éleveur ont à se diriger constamment, quelle que soit d'ailleurs la fonction économique qui forme l'objet de ses opérations. C'est ce type que nous allons maintenant décrire, et qui demeure compatible, nous le répétons, avec l'une comme avec l'autre des deux aptitudes sur lesquelles nous venons de nous expliquer.

LE TYPE DE LA BEAUTÉ DANS L'ESPÈCE OVINE

Il importe beaucoup que les éleveurs ne perdent pas de vue le principe tout à l'heure énoncé. Aucune considération physiologique, en effet, ne s'oppose à ce que l'aptitude à produire de la laine fine puisse exister chez le mouton le mieux conformé en vue de la production de la viande; nous ne disons pas, bien entendu, que cette aptitude soit compatible avec la précocité du développement et de l'engraissement; nous voulons dire seulement qu'elle est indépendante de la forme du corps, et que, pour ce motif, la spécialisation de l'espèce ovine n'entraîne pas nécessairement une spécialité de conformation. Et c'est pour cela qu'il n'y a lieu d'admettre, dans cette espèce, qu'un seul type de beauté, également propre aux deux genres d'exploitation qu'elle comporte, et qui dépendent uniquement de l'aptitude native, non des formes du corps. On n'aura pas de peine à le comprendre, si l'on songe que la finesse et la souplesse de la peau sont également indispensables à l'exercice de l'une comme de l'autre aptitude dont il s'agit, et que ces deux caractères de l'enveloppe cutanée ne sont en aucune façon liés à la conformation. Ils se rencontrent aussi bien chez l'animal le plus apte à la boucherie que chez celui qui est couvert de la toison la plus fine.

Il ne faut donc pas confondre, dans tous les cas, l'aptitude avec la conformation, qui n'est qu'une de ses parties, ainsi que nous l'avons déjà établi pour ce qui concerne l'espèce bovine; mais cela ressort encore bien plus clairement de l'étude de l'espèce ovine, chez laquelle la multiplicité des fonctions tient exclusivement aux dispositions particulières d'organes fort accessoires dans l'économie. La qualité de la laine dépend avant tout de l'organisation des bulbes pileux qui la sécrètent; et il n'est pas besoin d'insister pour démontrer que la forme du corps est indifférente à cette organisation. Celle-ci demeure ce qu'elle était, quelles que soient les modifications imprimées à la conformation.

Le type de la beauté, chez le mouton, est dès lors fort distinct de l'aptitude et du volume. Il se rapporte exclusivement à la conformation, et se détermine uniquement en vue de la destination finale de l'espèce, qui est de fournir sa viande à la consommation. Ce type doit être tel, en conséquence, qu'il mette l'individu dans le cas de fournir, au moment de son abattage, la plus forte somme de produit compatible avec les circonstances dans lesquelles il a été élevé et exploité. Son aptitude, en ce sens, son développement, dépendent de ces circonstances; il ne faut pas l'oublier; mais il appartient à l'éleveur, en toute circonstance, de lui imprimer le modèle le plus propre à cette destination. Et c'est précisément ce modèle, compatible avec toutes les circonstances, avec tous les degrés de développement, avec l'une ou l'autre des deux spécialités dont

nantes de l'espèce, qui constitue pour celle-ci le type de la beauté.

On ne doit donc point chercher la représentation exacte du modèle dont nous parlons dans telle ou telle des races perfectionnées que la zootechnie possède actuellement, du moins autrement qu'au point de vue des formes, ou pour mieux dire des lignes. Il serait aussi peu rationnel de donner pour tel le mouton le mieux spécialisé en vue de la boucherie, que celui dont l'aptitude dominante est la production de la laine dans les meilleures conditions. Nous pourrions facilement trouver ce modèle à la fois dans les deux genres d'aptitude ; et c'est précisément ce qui démontre la vérité du fait sur lequel nous insistons. En considérant la figure que nous plaçons ici sous les yeux du lecteur, il convient dès lors de faire abstraction de tout caractère de race, pour ne voir que le type de con-

formation. Celui-ci pourrait tout aussi bien être représenté par un mérinos, un New-Leicester, un New-Kent, un Cotteswold ou autre, que par un Southdown. Nous avons choisi celui-ci pour cet unique motif qu'en raison de son volume moyen, il offre un objet de comparaison plus commode à appliquer aux diverses races que nous possédons, et qui présentent de grandes variétés dans leur taille et leur développement.

Cela dit, nous allons indiquer en détail le type de conformation qui, dans l'espèce ovine, doit être le but essentiel et prédominant de toute amélioration quelconque. Ce type, ne négligeons pas de le faire remarquer encore une fois, est réalisé par les races anglaises spécialisées pour la boucherie ; mais il ne leur est pas nécessairement exclusif.

Pour répondre le mieux possible à sa destina-

Fig. 558. — Type de la belle conformation de l'espèce ovine.

tion finale, sans nuire même aucunement à l'accomplissement de sa fonction immédiate comme producteur de laine, le mouton doit d'abord, ainsi que le bœuf, et quelle que soit sa taille, offrir un corps ample avec des extrémités fines. Voilà la première impression que fait naître l'examen d'ensemble du type de la beauté, sous quelque volume qu'il se présente, et quelle que soit son aptitude spéciale. Lorsqu'on analyse ensuite les dispositions particulières auxquelles cette impression est due, on trouve qu'elle résulte de l'association des caractères suivants, relatifs aux formes et aux proportions des diverses parties du corps.

La tête est fine, légère, au chanfrein droit ou très-faiblement busqué, aux naseaux humides, mais dépourvus de mucosités épaisses et agglutinées, à l'œil grand, vif et clair, d'une expression douce, avec la sclérotique d'une blancheur éclatante et la conjonctive rosée, sans sécrétion des larmes

exagérée. Les cornes sont absentes, ou, quand elles existent, elles sont peu développées, régulièrement contournées, de manière à n'être trop prolongées, ni en dehors, ni en dedans, et à ne pas enserrer la face entre leurs spirales. Le mieux est qu'elles n'existent point, et le but doit être de les faire disparaître toujours.

La nuque et le col sont courts et minces, ces dispositions s'alliant avec l'ampleur du corps et ne nuisant d'ailleurs à aucune aptitude. Elles favorisent au contraire celle à l'engraissement, ou à la production de la viande. Le cou court s'unit insensiblement à la poitrine et aux épaules, en s'élargissant à sa base sans démarcation tranchée, et dans ses deux sens, largeur et hauteur.

Le garrot est épais, sans aucune saillie, et plutôt avec un léger sillon qui se continue dans toute l'étendue de la ligne du dos, des reins et de la croupe, celle-ci étant plane, large, bien fournie de muscles et soutenue, sans aucune dépression en arrière de ce qu'on appelle le *râble*.

Les épaules sont bien musclées, écartées l'une de l'autre, appliquées sur une poitrine ample, large et profonde, aux côtes arrondies, bien uniformément arquées dans toute l'étendue de la cavité pectorale, de telle sorte qu'aucun sillon vertical ou dépression quelconque n'existe en arrière des épaules, la transition devant être remplie par les muscles de la région. Avec ces dispositions, l'avant-main est autant que possible parfaitement cylindrique, conformation qui doit d'ailleurs se continuer dans le reste du corps, car elle est également favorable au développement des régions musculaires qui fournissent la viande de plus grande valeur, et à l'amplitude des surfaces où croît la laine de la meilleure qualité.

La configuration cylindrique du corps, commandée, ainsi que nous l'avons vu pour l'espèce bovine, par l'ampleur de la poitrine, entraîne nécessairement un dos et des reins larges et charnus, un ventre bien arrondi, ni pendant ni relevé, des hanches écartées et une croupe droite jusqu'à la naissance de la queue. Avec une poitrine étroite et sanglée, au contraire, se trouvent habituellement le dos tranchant, les reins voûtés, le ventre volumineux, les hanches serrées et la croupe avalée, conformation défectueuse à tous les points de vue ; tandis que le corps cylindrique, la croupe droite, s'accompagnent de fesses charnues, pleines, bien descendues, de gigots larges et bien musclés. Dans ce cas, le train postérieur s'unit au corps par un flanc court, sans aucune dépression.

Les membres, disposés suivant des aplombs réguliers, dont les conditions ont été exactement déterminées pour l'espèce chevaline, sont relativement courts chez le type de la beauté de l'espèce ovine. Ils sont secs et aussi fins que possible. Dans une conformation régulière, le mouton étant bien posé en station, chacun de ses pieds, dont les ongles sont parfaitement égaux et disposés de manière à ce que leur axe forme avec le sol un angle de 45 degrés, leur corne étant noire et solide ; chacun des pieds du mouton bien conformé, disons-nous, doit, dans ce cas, se trouver posé à l'un des quatre angles du parallélogramme qui représente la base de sustentation. Ce qui fait que le train antérieur et le train postérieur sont également écartés, et que l'ensemble de l'animal représente assez exactement le parallélipipède qui a été donné avec raison comme la forme géométrique la plus parfaite des animaux de consommation.

Sur cette conformation, dont nous venons d'esquisser les caractères, on peut mettre une toison de diverses qualités. Cela n'importe en aucune façon à la détermination du type de la beauté, comme nous l'avons déjà dit. Il suffit que la peau soit au moins d'une épaisseur moyenne, souple et douée d'élasticité, qu'elle ait une teinte rose vif, et que la laine y soit solidement implantée. Le volume et la disposition de chacun de ses brins sont à ce point de vue indifférents. Lorsque la laine se laisse facilement arracher ou rompre, cela indique peu de vigueur, une peau épaisse,

sèche et dure, en somme un état maladif ou une infériorité de type défavorables à tous égards. Il est également indispensable aux deux aptitudes de l'espèce que la peau fonctionne bien, qu'elle jouisse de son entière vitalité.

Le type de la belle conformation étant ainsi fixé, il est facile de voir, d'après les considérations qui précèdent, que ses dispositions se prêtent aussi bien à l'une qu'à l'autre des deux fonctions économiques de l'espèce ovine. L'expérience l'a déjà plusieurs fois démontré ; mais encore bien qu'il n'en serait point ainsi, l'on pourrait sans témérité l'admettre *à priori* ; car on ne voit pas comment il se ferait que la belle laine fût l'apanage d'une conformation irrégulière et vicieuse, comment il se pourrait faire que cette conformation, en s'améliorant, dût entraîner avec la disparition de ses défauts celle de l'aptitude avec laquelle elle se trouve unie chez les races qui l'ont présentée spontanément. Il y aurait lieu de croire, au contraire, qu'il n'existe aucune relation nécessaire entre ces deux choses, et que l'intelligence de l'homme eût dès longtemps fait cesser cette sorte d'antagonisme qu'elles ont présenté, s'il s'en fût plus tôt occupé. Il est incontestable maintenant que cela doit être considéré ainsi. Non point, à coup sûr, que l'aptitude spéciale à la production abondante de la viande puisse concorder avec la faculté de porter une toison à la fois fine et lourde. Nous savons qu'il n'y faut pas songer. Les conditions hygiéniques qui favorisent la première sont en opposition avec la seconde de ces facultés. Mais on sait aussi qu'il ne faut point confondre l'aptitude avec les caractères de la conformation. S'il est vrai que le développement de l'aptitude à prendre la graisse de bonne heure favorise singulièrement celui des formes que nous avons assignées au type de la beauté, il ne l'est pas moins que ces formes peuvent exister en l'absence de la faculté dont il s'agit. Elles sont l'attribut nécessaire de la précocité, mais elles peuvent exister également en l'absence de celle-ci, comme nous le verrons plus loin.

L'appréciation de la beauté extérieure, chez l'espèce ovine, est donc tout à fait indépendante, encore une fois, de la considération d'aptitude. Telle que nous l'avons indiquée, elle convient parfaitement, il faut le dire dès maintenant, au mouton exclusivement élevé en vue de la boucherie. Nous n'avons rien à ajouter à cet égard. Mais si nous nous en tenions là, il resterait en dehors de notre étude tout un ordre de faits de la plus grande importance pour la connaissance complète de ce qui concerne l'exploitation de l'espèce ovine. Le lecteur qui veut se mettre en mesure d'apprécier à bon escient cette espèce sous les divers aspects qu'elle présente, manquerait des documents nécessaires pour guider son jugement sur le principal produit qu'on en obtient.

Nous voulons parler des toisons, dont l'étude technique est indispensable aux éleveurs de moutons. Non-seulement cette étude les met à même de débattre en connaissance de cause leurs intérêts, lorsqu'il s'agit pour eux d'opérer la vente des laines qu'ils ont produites, et de se tenir en garde contre les industriels auxquels ils ont affaire, mais encore il importe d'autant plus de s'occuper dès à présent de ce sujet, que les caractères de la laine servent généralement pour établir la classification des races ovines.

Il convient donc, avant d'aller plus loin, de consacrer à cette étude un paragraphe spécial. C'est aussi bien, en outre, une des bases à poser, préalablement à l'examen des principes spéciaux du perfectionnement de l'espèce ovine, attendu que l'amélioration de cette espèce s'entend nécessairement au double point de vue de la production de la viande et de celle des toisons.

APPRÉCIATION DES TOISONS

Pour arriver à la connaissance des qualités diverses qui caractérisent la laine des différentes races de moutons, il est nécessaire de procéder méthodiquement à l'analyse de la toison, en commençant par l'étude de l'élément fondamental qui la constitue. Nous avons vu que cet élément est un poil particulier, développé par la culture des races domestiques et sécrété par la peau. Il faut ajouter à présent que l'enveloppe cutanée est en même temps munie en abondance d'un appareil glandulaire, dont l'activité varie suivant son organisation, et qui a pour effet de produire une matière grasse appelée *suint*, laquelle enduit la laine et influe sur ses propriétés. Dans la pratique, on donne à chacun des filaments laineux le nom de *brin*.

La structure du *brin* de laine, ainsi que son mode de sécrétion, ont été beaucoup étudiés. En s'aidant de l'examen microscopique, on a cherché à déterminer la constitution anatomique de cet appendice, et des avis divers ont été émis à cet égard. Au point de vue où nous sommes ici placés, cela importe peu. Nous ne nous y arrêterons donc pas. Ce qui nous intéresse seulement, ce sont les propriétés du brin, parce qu'elles fournissent le point de départ de l'appréciation des toisons.

La première chose à considérer, dans l'examen du brin de laine, c'est sa *finesse*, déterminée par son diamètre. Celui-ci varie beaucoup et se rapporte à des types qui seront indiqués plus loin; mais, quel qu'il soit, le point important pour la qualité de la laine est que ce diamètre soit le même dans toute sa longueur. Cette *égalité du brin*, qui est un indice certain des bonnes conditions sous l'empire desquelles la laine a été sécrétée durant toute la croissance de la toison, s'allie ordinairement avec des qualités que nous allons définir. Mais auparavant il faut énumérer les autres propriétés tirées de l'aspect du brin.

Si ce brin est droit, la laine est dite *lisse*; lorsqu'il présente des flexuosités, elle est *ondulée*; dans le cas où le brin est disposé en ondulations plus ou moins serrées, la laine est *frisée*. Certaines laines, dont le brin présente dans son étendue des angles nombreux, sont dites en *zigzags*. Pour la caractéristique des races, autant que pour la classification commerciale et industrielle des toisons, ces distinctions ont une très-grande importance.

Les *laines frisées* sont en général les plus fines.

On a même proposé de juger leur degré de finesse par le nombre de courbures que présente le brin pour une étendue déterminée, et l'on a imaginé dans ce but des procédés de mensuration. Quoiqu'il n'y ait là rien d'absolument rigoureux, on peut cependant admettre le signe dont il s'agit comme vrai dans le plus grand nombre des cas. Il est certain, en thèse générale, que la laine se frise d'une manière d'autant plus serrée qu'elle est plus fine. Et à cet égard l'œil exercé du connaisseur, qui a examiné comparativement un grand nombre de qualités de laine, peut se dispenser de mensurateurs du diamètre ou de compteurs des ondulations. L'examen direct lui fournit de suffisantes indications.

Après les propriétés que l'œil saisit, viennent celles qui s'apprécient au toucher. Les principales sont celles relatives à la *souplesse*, au *moelleux*, à la *douceur*. Ces expressions n'ont guère besoin d'être définies, par rapport à la laine. Les sensations qu'elles désignent ont une signification que tout le monde saisit. Il suffira de dire qu'elles sont l'opposé de la rigidité, de la rudesse. Une laine souple, moelleuse, est celle dont le brin subit et conserve sans la moindre résistance toutes les directions qui lui sont imprimées. Cette qualité, qui n'est pas nécessairement liée à la finesse, non plus qu'à la forme du brin, dépend surtout de sa structure, et par conséquent du régime auquel le mouton a été soumis, de son état de santé. Elle est une des principales à considérer, car dans les manutentions industrielles dont la laine est l'objet, elle offre pour la mise en œuvre des facilités fort appréciées, et communique aux tissus fabriqués l'un de leurs mérites les plus estimés. Il n'y a point, sans cette propriété, de feutrage possible. Et chacun sait que l'on met au premier rang des qualités exigées des étoffes de laine le moelleux et la douceur au toucher. Ces deux propriétés ne vont pas d'ailleurs l'une sans l'autre. Les laines *roides* sont en même temps *dures*. Elles sont dites *jarreuses*, parce qu'elles participent plus ou moins de la nature du poil inculte de l'espèce abandonnée à elle-même, et dont celui de la chèvre commune peut donner la complète idée.

La résistance que le brin oppose à la tension n'est pas à prendre en moins grande considération. C'est cette résistance qui caractérise la *force* ou le *nerf* de la laine. Il n'y a rien de précis, quant au degré de tension que doit supporter sans se rompre un brin de laine, pour être réputé fort ou nerveux. Cela résulte d'une convention plus facile à sentir qu'à exprimer, et que l'expérience apprend à connaître. La laine nerveuse présente ordinairement une grande égalité du brin, quoique cette égalité ne soit pas toujours un signe de force; elle existe parfois sur de la laine *faible*, provenant d'animaux mal nourris ou maladifs; mais l'absence de force et de nerf est plus souvent le fait de celle dite *à deux bouts*, ou encore de la *laine fourchue*; celle-ci se rompt facilement dans le milieu du brin, parce que cette partie s'est développée pendant une période où l'animal était dans un état de faiblesse dû à une alimentation mauvaise ou insuffisante, ou encore à l'épuisement causé chez les brebis par la lactation. La partie faible du brin conserve le plus souvent un aspect lisse et mat. Les laines qui présentent ce défaut sont difficiles à travailler, elles se cassent sous les outils, et perdent beaucoup de leur valeur. Le commerce fait au contraire le plus grand cas des laines *fortes* et *nerveuses*, comme le sont en général les laines françaises.

Indépendamment de la ténacité qu'il oppose à la traction, le brin jouit en outre d'une *extensibilité* et d'une *élasticité* qui varient suivant la finesse et la forme, et pour chaque forme suivant la qualité. Les laines lisses et droites sont, toutes choses d'ailleurs égales, moins extensibles et moins élastiques que celles qui sont frisées, ondulées, ou en zigzags. Celles-ci, lorsqu'on a fait prendre au brin une direction rectiligne, en l'étendant par une légère traction, sont encore susceptibles de s'allonger plus ou moins sous l'influence d'une traction plus forte, avant de se rompre. C'est là ce qu'on appelle l'extensibilité. Lorsque, la limite de leur résistance ou de leur nerf n'ayant pas été franchie, elles sont ensuite abandonnées à elles-mêmes, le brin revient à sa forme et à ses dimensions premières avec plus ou moins de rapidité. La manière dont s'effectue ce retour donne la mesure de l'élasticité, qui est en général très-développée dans les laines fines et frisées. Les laines droites, lisses et grosses, sont au contraire fort peu extensibles et élastiques. C'est ce qui fait qu'elles ne sont pas propres à la fabrication des étoffes foulées. Quelle que soit leur forme, elles se rompent sans s'allonger sensiblement. Il n'est pas nécessaire d'ajouter, sans doute, que, pour les premières, l'extensibilité et l'élasticité sont en raison du nerf.

Telles sont donc les principales propriétés du brin de laine considéré isolément, et qui permettent d'apprécier sa qualité. Diamètre, égalité, direction, souplesse ou moelleux, douceur ou dureté, force ou faiblesse, extensibilité, élasticité : voilà ces propriétés. Il y en a encore deux autres à voir, qui ont aussi leur importance. La première est celle qui est due à la qualité et à la quantité du suint : la seconde dépend de l'étendue du brin sous le rapport de la longueur.

Nous n'avons pas à donner ici la composition chimique du suint, étudiée depuis longtemps par Vauquelin et par M. Chevreul. Nous dirons seulement, pour les besoins du sujet qui nous occupe, que cette matière grasse varie dans sa constitution immédiate, suivant des circonstances de race et d'alimentation. Elle est plus ou moins fluide et onctueuse, d'après les proportions relatives des divers éléments qui entrent dans sa composition. Par ce fait, elle communique au brin de laine des propriétés différentes, qu'il importe de déterminer. Le suint blanc ou faiblement coloré, de consistance oléagineuse et abondant à la surface de celui-là, est un indice de la souplesse et de la douceur de la laine. Il donne au toucher une sensation onctueuse, et se laisse facilement enlever par un simple lavage à l'eau froide. Il se rencontre habituellement sur les toisons fines. Son absence ou sa petite quantité est un mauvais signe pour la qualité de la laine; mais au

delà de certaines limites, son abondance peut fort bien n'être qu'un résultat purement artificiel. Le suint épais, fortement coloré, qui s'observe sur les laines grossières, auxquelles il communique un toucher rude, ne s'en va pas au lavage. La laine, pour en être débarrassée, a besoin d'être soumise à des procédés particuliers. Elle est dite alors *chargée de suint*, ce qui ne signifie pas, comme on le voit, que cette matière grasse est abondante, mais qu'elle a des qualités particulières, opposées à celles qui caractérisent le suint fluide et onctueux, ayant l'aspect de l'huile et sa consistance.

Le suint ne s'étale pas seulement à la surface du brin de laine; il le pénètre, fait partie de sa structure, et lui communique vraisemblablement la souplesse, le moelleux, la douceur, l'extensibilité, l'élasticité, le nerf, quand il a les qualités de fluidité qui ont été indiquées. La preuve qu'il en est ainsi, c'est que les laines sèches sont cassantes et dépourvues de toutes ces propriétés.

Le brin de laine est par lui-même blanc ou noir naturellement, ou encore roux. Ces deux dernières couleurs se rencontrent parfois, mais elles sont en général peu estimées; et les individus qui les présentent sont soigneusement éliminés des troupeaux bien tenus. Nous n'avons donc pas à nous en occuper, bien que les ménagères de nos petits cultivateurs y tiennent dans quelques localités. Quant à la laine à fond blanc, elle présente sur le dos des moutons des nuances variables, qui dépendent uniquement de la qualité du suint. La nuance est tantôt d'un jaune d'ocre ou roussâtre, tantôt d'un jaune vif ou blanchâtre, tantôt enfin d'un blanc mat. Cette dernière teinte est la plus estimée, mais la laine d'un jaune vif ne vaut pas moins, car elle prend absolument le même aspect après le lavage. Ces deux teintes dépendent plus de l'habitation des animaux que de la qualité de la laine, et elles se trouvent l'une et l'autre dans les toisons de premier choix. La teinte jaune d'ocre appartient aux laines grossières et chargées de suint. Elle ne se rencontre jamais avec cet éclat soyeux, ce brillant, ce lustre, qui est le propre des belles laines, et qui n'a rien de commun avec l'aspect vitreux des laines communes.

La longueur absolue du brin n'est pour rien dans la classification des toisons que nous verrons plus loin. Tel qui provient d'une toison rangée dans la catégorie des laines courtes, peut fort bien offrir une étendue plus considérable que tel autre provenant d'une race dite à laine longue. Cela dépend de sa forme, et aussi du temps qui s'est écoulé depuis la dernière tonte. Toutefois, dans les laines frisées, les brins les plus courts appartiennent aux toisons les plus fines; ils sont par conséquent les plus estimés pour la fabrication des tissus auxquels ces laines sont propres, en raison de la plus grande résistance qu'ils communiquent aux filés, en s'enchevêtrant davantage pour les constituer.

Dans la toison, les brins de laine se groupent en touffes plus ou moins volumineuses, dont chacune forme ce que l'on appelle une *mèche*. Les caractères de la mèche ont une part importante dans l'appréciation des toisons. Ce sont ces caractères, précisément, qui déterminent la classification des laines en deux grandes catégories, celle des courtes et celle des longues, d'après la structure et l'étendue de la mèche. Pour chaque catégorie, en outre, les deux dernières considérations influent sur la qualité de la toison.

Ainsi, suivant la nature de la laine, les toisons sont *ouvertes* ou *fermées*, et cela dépend des dispositions qu'affecte la mèche. Les toisons ouvertes appartiennent aux laines longues et lisses, qui forment des mèches pendantes et pointues. On les trouve aussi dans la catégorie des laines ondulées et longues, mais avec des caractères moins tranchés. Dans celle-ci, la mèche est quelquefois tordue sur elle-même. On dit alors qu'elle est *vrillée*. Ces toisons ouvertes, généralement inférieures, sont aussi dites *mécheuses*. Elles sont toujours plus ou moins souillées par la poussière, la terre, les impuretés de toutes sortes qui s'introduisent entre les brins, et pour ce motif peu estimées.

L'étude de la structure de la mèche est surtout intéressante pour ce qui concerne les toisons fermées, dont la constitution dépend précisément de cette même structure. Elle tient uniquement ses caractères de la régularité ou de l'irrégularité des brins qui entrent dans sa composition. On considère la mèche de laine fine aux divers points de vue de sa longueur, de son diamètre et de sa forme. Quant à celle-ci, elle est qualifiée de cylindrique, lorsqu'elle présente un égal diamètre depuis le bas jusqu'en haut, et de conique, si elle est plus large en haut ou en bas. Dans ce dernier cas, le sommet du cône qu'elle représente est émoussé, arrondi, ou pointu. Suivant l'abondance des brins qui la forment, elle est drue ou clair-semée; bien serrée ou lâche, d'après la manière dont ces brins sont agglomérés.

Il s'agit ici de mèches dressées, c'est-à-dire formées par des brins frisés. Leur longueur dépend, bien entendu, de celle de ceux-ci et du rapprochement de leurs ondulations. Quant à leur diamètre, il est d'autant moins fort que la laine est plus fine; ce qui importe surtout, c'est l'égalité de ce diamètre dans toute l'étendue de la mèche, car elle témoigne d'une égale finesse et d'une croissance régulière de tous les brins. Cependant il n'y a pas grand inconvénient à ce que la forme en soit conique à sommet supérieur et émoussé ou arrondi, pourvu que cette forme ne soit pas due à ce que tous les brins n'aboutissent pas au sommet de la mèche, auquel cas d'ailleurs ce sommet est le plus ordinairement pointu, ce qui indique une mèche défectueuse. Il en est de même lorsque le sommet est au contraire plus large que la base de la mèche, car cela est dû au volume plus gros des brins dans leur partie supérieure. Les mèches égales, obtuses, formées de brins uniformément frisés ou ondulés et très-rapprochés, donnent lieu, par leur réunion, à ce qu'on appelle une laine *serrée* ou *tassée*, et caractérisent les toisons lourdes.

Cette qualité dépend en grande partie de l'*homogénéité* de la mèche, ou de l'égalité parfaite de tous les brins qui la composent, sous le rapport non-seulement des diverses propriétés que nous avons vues, mais aussi du nombre relativement considérable de ces brins implantés sur une surface donnée de la peau. On s'en assure en écartant quelques parties de la toison sur une petite étendue. Dans ce cas, les mèches tassées laissent voir des brins fortement serrés les uns contre les autres, uniformément ondulés sans s'entre-croiser; elles semblent réunies à l'intérieur, ne laissent voir qu'à peine la surface de la peau, et conservent l'inclinaison qu'on leur a donnée en ouvrant la laine sur le point examiné. Quelle que soit la longueur ou la hauteur de la mèche, le tassé résume donc en un seul mot tous les mérites de la toison. Le défaut d'homogénéité, qui donne ce que l'on appelle la *laine brouillée*, fait parfois à l'extérieur l'apparence du tassé. Il en est de même des mèches élargies au sommet et de celles dont les brins s'enchevêtrent par leur extrémité. Mais l'examen, pratiqué comme nous venons de le dire, fait voir bientôt qu'il n'en est rien. Le tassé n'appartient qu'à la mèche véritablement *carrée* ou homogène, et dans les cas où il n'y en a que l'apparence, on qualifie la laine de *creuse*.

Cela nous conduit à l'étude de l'ensemble de la toison, dont nous avons maintenant tous les éléments. Cette étude intéresse beaucoup le producteur de laine, à qui elle est indispensable pour juger de la valeur de sa marchandise et en débattre le prix en connaissance de cause, ainsi que nous l'avons déjà dit; elle n'est pas moins indispensable à l'éleveur pour le choix judicieux de ses reproducteurs, dans les races dites à laine. Il suffira maintenant d'appliquer les détails précédemment exposés.

L'ensemble de la toison ne s'apprécie pas seulement au point de vue de la qualité dont ces détails fournissent les bases d'examen; il importe encore de tenir compte de la quantité de laine qu'elle peut contenir. Cette quantité se mesure, toutes choses d'ailleurs égales, à l'étendue des surfaces que la toison recouvre. Le poids de la toison, par rapport à celui du corps, est donc, pour les qualités identiques, relatif à cette étendue, et par conséquent les meilleurs producteurs de laine sont ceux chez lesquels il y a le moins de parties de la peau dépourvues du revêtement laineux. Aussi verrons-nous plus tard que les mérinos ne présentent nues que de très-petites surfaces de leur corps.

Mais après cela, la valeur de la toison dépend surtout de son homogénéité dans le plus grand nombre possible de ses points; car il s'en faut de beaucoup que toutes les parties de la peau du mouton produisent de la laine de même qualité. Le but de l'amélioration, à ce point de vue, est de rendre la toison uniforme, autant que cela se peut, afin d'éviter la dépréciation qui résulte de la présence des parties inférieures dans les toisons, dépréciation qui atteint même celles qui ne laissent rien à désirer. Les marchands de laine ne se font pas faute d'en profiter, de manière à ce que le triage ultérieur tourne à leur bénéfice.

Aug. de Weckherlin a parfaitement étudié les nuances que présentent, sous le rapport de la qualité, les diverses parties de la toison chez les mérinos perfectionnés. Nous ne pourrions mieux faire que de lui emprunter les considérations qu'il a consacrées à ce sujet.

« 1° Sur les épaules et sur toute la partie du tronc située derrière les épaules jusqu'à la croupe (à l'exception d'une ligne étroite le long de l'épine dorsale), sur les côtes et les flancs, et en dessous, du côté du ventre, se trouve constamment la laine la meilleure sous tous les rapports. Par conséquent, plus la ligne qui forme la limite de ces parties est reculée vers les parties postérieures, plus est grande la valeur de l'animal. Cette laine n'est pas toujours homogène. Souvent celle qui croît sur l'épaule est plus fine que celle des côtes, mais généralement celle-ci a une structure plus régulière.

« 2° Aux deux faces latérales du cou, la laine diffère notablement de celle des flancs. Les mèches sont presque toujours un peu plus hautes.

« 3° La laine du ventre ne le cède ordinairement pas en finesse à la précédente, mais ses mèches sont resserrées, feutrées, courtes, par suite de la compression qu'elles subissent quand l'animal est couché et de l'humidité qui s'y attache alors. A sa partie inférieure elle est jaune, rude et très-lâche ; aussi a-t-elle moins de valeur. Elle ne prend pas toutes les teintes, et quand on l'assortit, elle est ordinairement classée parmi les morceaux jaunes.

« C'est au ventre, la plupart du temps, que la laine est le moins bien fournie, et il n'est pas rare d'y voir des places vides, principalement immédiatement après les membres antérieurs.

« Plus la laine est abondante et longue à cette partie, et plus la mèche y est tassée (en supposant, bien entendu, que les autres qualités existent), plus l'animal a de valeur ; et, par contre, cette valeur diminue d'autant plus que le ventre est moins garni.

« 4° Sur la ligne qui suit l'épine dorsale, sur la croupe et la partie supérieure des cuisses, la régularité de la mèche et l'uniformité du brin diminuent. Il est rare que la laine du dos possède la mollesse et le moelleux de celle des côtes. Les mèches sont moins souvent fermées, ce qui provient de l'influence qu'exercent, sur cette partie surtout, les circonstances extérieures, comme la pluie, le vent, etc. Quand la toison est peu garnie, la séparation des mèches est aussi beaucoup plus sensible sur le dos que sur les autres parties.

« 5° Les parties inférieure et supérieure du cou, la nuque, le garrot, la base de la queue, la partie inférieure des cuisses, présentent aussi des différences. La laine du cou est très-souvent longue, molle et pendante, au lieu d'être courte et nerveuse. Quand il existe quelques replis ou fanons, et que la laine n'y est pas beaucoup plus grossière, on ne doit pas trop s'en préoccuper. Mais quand ces fanons sont garnis d'une laine tout à fait mauvaise, il y a lieu d'y apporter une grande attention, car elle se communiquerait à la longue à toute la toison dans les descendants. Les animaux à laine épaisse sont plus exposés que les autres à ce défaut.

« Autour du cou, de la nuque et à la gorge, on trouve aussi quelquefois, chez les animaux de race fine, des raies couvertes d'une laine rude dont les mèches ont une mauvaise structure. Chez les agneaux riches en laine, cette rudesse provient de ce que la peau, en se lissant, se durcit. Cela indique, jusqu'à un certain point, qu'on ne doit poursuivre la richesse de la laine qu'avec beaucoup de prudence.

« Dans la région de la queue, la finesse de la laine décroît, la plupart du temps la mèche n'en est pas normale : elle est lâche et pointue. Cependant, quand cette laine n'est pas très-défectueuse, on peut encore la considérer à peu près comme homogène.

« La laine du garrot présente de l'analogie avec celle-ci. Elle est grossière presque toujours ; ses ondulations sont moins prononcées. Si elle est fine, elle est alors fortement ondée et très-souvent feutrée.

« Quand on n'y rencontre pas de laine feutrée, on peut très-certainement dire qu'on n'en trouvera pas de traces sur le reste de la toison.

« Les animaux perfectionnés dont la laine sur le garrot est normale et fine comme sur les parties environnantes, et dont les mèches sont bien fermées, ont beaucoup de valeur.

« A la nuque, la laine est ordinairement plus étendue.

« Aux cuisses, elle perd un peu de sa qualité, même chez les animaux les plus perfectionnés et les plus estimés. Elle est, comme celle qui se trouve à la base de la queue, la pierre de touche de l'homogénéité. Moins elle y diminue de finesse, mieux cela vaut. Souvent, sur cette partie du corps, elle a une très-grande extension ; ses ondulations sont imperceptibles, sinon nulles ; sa mèche est comprimée et pendante, toutes dispositions qui lui donnent un mauvais aspect. Mais quand elle y est épaisse et non pendante, c'est un excellent signe pour la densité de la toison.

« Dans les métis, la laine y est, la plupart du temps, mêlée de poils communs (ou jarre).

« 6° Sur la tête, sur le front, sur la gorge et le fanon, sur la partie antérieure de la poitrine, sur la queue et sur le bord externe des cuisses, la laine, en général, est plus rude et plus dure, ses ondulations y sont larges et ses mèches présentent une grande irrégularité.

« A la tête, il n'est pas rare de voir la laine mélangée de poils roides ; cela provient des chocs fréquents que les animaux éprouvent à cette partie du corps.

« Une tête bien garnie est précieuse comme indice de la puissance de production de la laine ; des têtes plus ou moins chauves indiquent, au contraire, des animaux peu propres à produire une laine abondante.

« A la gorge, au fanon et au poitrail, la mèche est lâche, par conséquent pendante ; elle est rude à son extrémité, et il n'est pas rare, au fanon surtout, de voir la laine entremêlée de poils.

« Dans le milieu de la gorge, on observe souvent sur la laine une raie lustrée ; lorsque ce cas se présente sur un bélier reproducteur, même perfectionné, cet animal perd beaucoup de sa valeur.

« Il est très-rare, du reste, que la laine de ces parties soit entièrement normale.

« Le bord externe de la cuisse donne, la plupart du temps, la laine de la dernière qualité. Lorsqu'on cherche à améliorer et à perfectionner une race commune, c'est cette partie qui conserve le plus longtemps le caractère primitif de l'animal.

« 7° Pour terminer enfin, nous dirons que la laine de l'extrémité des membres n'est pas grandement estimée ; elle est généralement sans liaison, et on la range ordinairement parmi les laines d'abat.

« Quand les variations dans la finesse, sur ces diverses parties, ne suivent point l'ordre que nous venons d'indiquer ; quand, par exemple, la laine de la partie postérieure de la tête est plus fine que celle des côtés, etc., on doit avoir des doutes sur la constance de la souche à laquelle appartient l'animal.

« Quand on recueille des échantillons, pour les juger, il faut les couper soigneusement et bien se garder de les arracher, car autrement on s'exposerait à changer profondément la conformation entière de la laine, la forme de ses arçures (1), etc. »

Ces indications suffiront pour faire juger d'une manière absolue de la valeur intrinsèque de la toison, examinée sur un animal donné, et quelle que soit d'ailleurs la nature de la laine. On entend par ces derniers mots l'ensemble des caractères qui déterminent l'usage industriel auquel la laine est propre, et qui la rendent d'autant plus avantageuse à produire, que, cet usage étant plus répandu, elle est recherchée davantage.

Sans préoccupation du degré de finesse du brin, les habitudes de l'industrie ont fait diviser les laines en deux grandes catégories, basées sur leur mode d'emploi. Dans la première sont rangées celles qui ne peuvent être mises en œuvre qu'après avoir été cardées ; dans la seconde, celles qui doivent être préalablement peignées. Il y a donc les *laines* dites *de carde* et les *laines de peigne*. Ces dernières sont celles dont les brins peuvent être étendus parallèlement auparavant d'être filés, tandis que dans l'opération à laquelle sont soumises les autres, ces brins se feutrent, s'enchevêtrent, pour former des sortes de flocons.

On saisit tout de suite, après ce qui a été dit précédemment, que les premières qualités de la laine de carde, sont une mèche courte, la souplesse, le moelleux et la finesse du brin. Ces qualités, qui la rendent propre à la fabrication des étoffes foulées, notamment des draps, ne se rencontrent à un très-haut degré que dans les toisons très-fines. Celles-ci ne sont pas les seules, cependant, qui soient propres à la carde. La condition indispensable, pour qu'il en soit ainsi, c'est le peu de longueur ou de hauteur de la mèche, car la forme du brin n'est plus une condition pour cela. Depuis que le goût des tissus fins et lisses s'est répandu et que les progrès de l'industrie en ont perfectionné la fabrication dans des genres très-divers, les laines fines à brins plus ou moins ondulés ou frisés, qui étaient auparavant exclusivement cardées, sont maintenant soumises au peigne. Elles sont même surtout demandées pour cet usage ; et c'est pour cela qu'il importe aux producteurs de leur faire acquérir les qualités qui permettent de les peigner en ne leur faisant subir que le moins possible de déchet. Ces qualités sont la longueur de la mèche, la force, le nerf et l'élasticité du brin. Elles ne sont pas compatibles, la première surtout, avec une extrême finesse ; mais il est aujourd'hui bien démontré que l'avantage de sacrifier cette extrême finesse aux autres qualités qui rendent la toison plus lourde et plus marchande, n'est aucunement douteux. Si le prix du kilogramme de cette laine de peigne, dite intermédiaire, parce qu'elle participe à la fois des caractères de la laine très-fine par l'aspect du brin, et de ceux de la laine commune par sa longueur et l'abondance de la toison ; si ce prix, disons-nous, est inférieur à celui de celle-là, la différence est largement compensée par la quantité produite, et surtout parce que la production de la laine intermédiaire peut s'allier chez le même individu avec une aptitude assez développée pour la boucherie.

Mais, moins qu'aucune autre, la laine intermédiaire de peigne ne peut se passer de nerf et d'élasticité, surtout d'extensibilité. On le comprendra sans peine, si l'on songe à l'opération qu'elle doit subir. Chacun de ses brins, en effet, doit sortir sans se rompre des intervalles qui séparent les dents du peigne. Tout ce qui reste dans ces intervalles est considéré comme déchet et porte le nom de *bourre* ou de *blousse*. Les fabricants donnent le nom de *cœur* à la laine peignée qui en sort. La proportion qui existe entre ces deux sortes, le cœur et la blousse, donne la mesure de la valeur des laines de peigne. On estime que les toisons mérinos de Rambouillet laissent environ 20 p. 100 de blousse. Dans des essais rapportés par M. Yvart et suivis par M. Pichat, alors directeur de la bergerie de Gevrolles, ainsi que par M. Plivard, peigneur à Brion, canton de Montigny-sur-Aube, on a obtenu les résultats suivants, après avoir trié de la totalité des laines mérinos récoltées en 1847 à Gevrolles 10 p. 100 d'*abats*, peu propres au peignage. Ces laines ont perdu 41,6 p. 100 par le dégraissage. Elles ont donné 31,1 en cœur et 19,3 en blousse.

Les essais ont été faits comparativement avec d'autres, qui portaient sur des laines appartenant à la catégorie de celles dites *soyeuses*, essentiellement propres au peigne, et qui joignent à la finesse des laines mérinos la qualité d'être lisses. Nous reviendrons plus en détail sur les mérites particuliers de ces laines, en décrivant les diverses familles de la race mérine, à l'une desquelles elles appartiennent. Pour l'instant, il suffit de les signaler et de dire que, dans les essais comparatifs dont il s'agit, les laines soyeuses n'ont donné que 7,5 p. 100 d'abats, et n'ont perdu que 32,7 au dégraissage. Elles ont rendu en cœur 50,8 p. 100, et seulement 17 en blousse.

Il n'y a rien là qui puisse surprendre. On comprend sans peine que des brins lisses et droits, ou très-légèrement ondulés, traversent plus facile-

---

(1) *Traité des bêtes ovines*, etc. par Aug. de Weckherlin, traduction d'Adolphe Scheler, Bruxelles, 1861.

ment le peigne sans y laisser de déchet. Les laines frisées, quelque longue que soit la mèche, et quels que soient leur nerf et leur homogénéité, fourniront toujours moins de cœur, relativement, que les laines lisses. Elles rencontrent nécessairement entre les dents du peigne une plus grande résistance, causée par leurs ondulations et les entre-croisements que les brins contractent toujours plus ou moins entre eux. Aussi, faut-il dire que les vraies laines de peigne sont les laines dites longues, à mèche pendante et à brin entièrement droit. Dans ces dernières, les déchets dépendent surtout de l'inégalité des brins qui constituent la mèche, du manque de nerf et d'extensibilité. Les brins trop courts et ceux qui se cassent restent dans le peigne, et forment la bourre, dont la proportion varie comme les qualités très-diverses de la catégorie des laines dont il s'agit. La longueur du brin est ici indispensable, en raison de son peu d'extensibilité.

Néanmoins, ainsi qu'on vient de le voir, ce n'est point la distinction admise entre les *laines courtes* et les *laines longues*, qui établit la différence de la laine de carde et de la laine de peigne. La première distinction implique des catégories de races, dont le caractère général, pour les unes, est de porter des toisons à brin frisé, plus ou moins fermées, plus ou moins fines ou communes, mais jamais grossières; pour les autres, des toisons à brins gros, droits, généralement rudes et peu extensibles, secs, formant des mèches pointues et pendantes. C'est donc la longueur de la mèche, ou sa hauteur, plutôt que sa structure, qui fait à présent classer les laines pour la carde ou pour le peigne, l'application de celui-ci devenant plus générale à la catégorie des laines dites courtes. Cette application se fait à mesure que les meilleures toisons deviennent plus lourdes par l'allongement de la mèche, sous l'influence d'une alimentation plus uniformément abondante des troupeaux, en perdant de la finesse primitive du brin. C'est là, en effet, la condition essentielle de la production des laines de peigne, car elle peut seule assurer leur égalité, et par conséquent les rendre nerveuses et extensibles, comme il convient qu'elles le soient pour supporter sans trop de déchet l'action du peignage.

En définitive, à part les distinctions qui viennent d'être établies, d'après les caractères généraux des toisons, les laines se classent encore en cinq grandes catégories, basées sur le diamètre du brin. On admet des laines grossières, communes, intermédiaires, fines et superfines ou extra-fines. Il n'y a pas de mesure précise pour séparer ces catégories, qui sont de pure convention, mais sur lesquelles les hommes spéciaux s'entendent cependant parfaitement. Les laines longues sont généralement grossières; les laines courtes peuvent offrir l'ensemble de toutes les autres qualités; elles sont pourtant plus souvent communes ou intermédiaires; les fines et les extra-fines sont l'apanage exclusif de la race mérinos. Au reste, les unes et les autres ne se peuvent bien déterminer que par comparaison, en les rapprochant de certains types connus. Il est donc indispensable, pour compléter ces considérations sur l'appréciation

des toisons, de les rapprocher de l'application qui en sera faite plus loin dans l'étude de chaque race de l'espèce ovine en particulier. En indiquant alors pour chacune la catégorie dans laquelle la pratique a fait ranger sa toison, nous fournirons ainsi les points de comparaison qui nous manqueraient quant à présent.

Ce sera le moment aussi d'indiquer les nuances que le commerce a fait établir dans l'appréciation des laines de mérinos, en insistant à leur sujet sur le côté économique de leur production, dont les principales données ont été posées précédemment. Ces données seront par là complétées et rendues encore plus facilement saisissables, en raison de leur spécialité; de même que la question de la viande pourra être serrée de plus près, à l'occasion des races qui présentent au plus haut degré l'aptitude à laquelle cette question se rapporte. Jusqu'ici, nous avons eu surtout pour but d'énoncer en thèse générale les éléments de la connaissance de l'espèce ovine, nécessaires à la détermination des principes spéciaux de son perfectionnement.

Celui-ci, d'après les fonctions économiques de cette espèce, s'applique tout à la fois à la conformation du corps et aux caractères de la laine, ou seulement à l'aptitude exclusive pour laquelle les formes sont la première nécessité. Il fallait bien dès lors indiquer d'abord les caractères qui rendent ces formes les plus propres à faire atteindre le but, puis ceux qui permettent d'apprécier les qualités de la toison, dont les mérites spéciaux en sont tout à fait indépendants. Plus que pour aucune autre espèce, le type de la beauté, chez le mouton, est distinct de l'aptitude, ou pour mieux dire il concorde également bien avec l'une comme avec l'autre des deux que nous lui avons reconnues. Cela résulte déjà clairement, croyons-nous, de tout ce qui précède dans ce chapitre; mais nous allons nous efforcer de le faire encore mieux ressortir du développement des principes spéciaux de son amélioration, qui sont relatifs tout à la fois à la production de la viande et à celle de la laine, dans les meilleures conditions que puissent offrir les diverses situations où s'élève le mouton.

PRINCIPES SPÉCIAUX DU PERFECTIONNEMENT DE L'ESPÈCE OVINE.

L'application au mouton des principes généraux de l'amélioration est relativement simple, en raison de la division nette de ses fonctions économiques, en raison surtout de la mesure dans laquelle les perfectionnements des deux aptitudes de cet animal peuvent marcher de front, dans un grand nombre de cas, sans cesser de répondre aux besoins les plus répandus.

En effet, la production des toisons qui rencontrent, à notre époque, ainsi que nous l'avons vu, les débouchés les plus faciles et les plus avantageux, la production des laines intermédiaires propres au peigne, faisant néanmoins partie de la catégorie des laines courtes, se concilie sans peine avec une aptitude assez développée pour la viande. Et c'est là ce qui simplifie le problème. D'un autre côté, l'importance physiologiquement accessoire, dans l'économie du mouton, de l'appareil organique sécréteur de la laine; la facilité avec laquelle les dispositions de cet appareil se transmettent et se fixent par la génération, en un mot leur puissance d'hérédité, leur constance : tout cela élargit singulièrement les moyens d'action de la zootechnie, pour le perfectionnement de l'espèce ovine. Il importe seulement de ne pas confondre, comme on l'a fait trop souvent, ces divers moyens d'action, au point de les appliquer sans aucun discernement. Il faut que chacun conserve sa portée, et qu'on se garde bien de lui demander autre chose que ce qu'il peut donner. Nous allons essayer de tracer les limites d'application des divers procédés d'amélioration de l'espèce ovine, en passant successivement en revue ce qui concerne la sélection, le croisement et le métissage, qui ont chacun une part à prendre dans le perfectionnement.

Sélection. — Au point de vue exclusif de la viande, l'application au mouton de la méthode de sélection ne diffère en rien de celle qui se rapporte au bœuf. Le perfectionnement de l'aptitude s'opère absolument d'après les mêmes principes, la signification de la précocité est tout à fait identique; et de plus, ici, l'influence de la méthode n'est contre-balancée par aucun empêchement. Toutes les fois que les circonstances économiques permettent la production et l'entretien d'animaux précoces, c'est-à-dire dans toutes les situations de la culture intensive, à ses divers degrés, la sélection peut et doit être appliquée avec tous ses attributs. Il serait superflu de répéter à ce sujet ce que nous avons déjà développé relativement à l'espèce bovine. En s'y reportant (p. 639 et suiv.), ainsi qu'au chapitre spécialement consacré à l'étude générale de la méthode dont il s'agit, on trouvera des détails qui sont de tout point applicables au mouton. Il y a lieu seulement de faire remarquer que chez cet animal l'âge adulte arrive plus tôt, dans les conditions naturelles. L'arcade dentaire est complète ordinairement vers quatre ans et demi. La précocité s'entend donc de l'évolution des dents de remplacement et de la soudure des épiphyses avant cette époque. Quant au reste, rien de différent. L'amélioration de l'individu par les procédés hygiéniques; la fixation des perfectionnements de l'aptitude dans la famille d'abord, par voie de consanguinité, puis leur extension à la race par le choix des reproducteurs les plus avancés : voilà, pour l'espèce ovine comme pour l'espèce bovine, le dernier mot de la sélection appliquée à la production de la viande.

Sous son influence, l'activité nutritive se développe, et l'on conçoit sans peine que tous les organes en subissent les conséquences, chacun dans le sens de sa fonction, l'appareil sécréteur de la laine comme les autres. Un fonctionnement plus actif entraîne un produit de sécrétion plus abondant; le brin grossit et s'allonge nécessairement, quelle que soit d'ailleurs sa forme native. C'est pour cela que la précocité n'est point compatible avec la production des laines fines ou extra-fines;

ce qui ne veut pas dire, assurément, que la sélection n'ait rien à faire pour l'amélioration des moutons qui produisent ces laines; seule, au contraire, elle peut les perfectionner, et tout au moins les maintenir, suivant qu'on les considère au point de vue de l'une ou de l'autre de leurs fonctions économiques.

En effet, s'il n'est pas possible de songer à pousser au grand développement des formes et à la précocité les individus destinés à porter des toisons d'une finesse exceptionnelle, il est néanmoins permis et même indispensable au progrès de leur faire acquérir tout à la fois une bonne conformation, résultant de l'harmonie de ces formes, et l'homogénéité de la toison, qui assurent le meilleur rendement de celle-ci, en même temps que celui de l'animal par rapport à sa destination finale. Un mouton bien conformé, à volume et à aptitudes égales, n'est pas plus difficile à nourrir qu'un mouton défectueux. Or, nous savons maintenant que le rendement en viande nette et le poids de la toison, ou encore son étendue, sont en rapport avec la conformation. D'où il suit que dans tous les cas l'animal s'améliore nécessairement, à mesure qu'il se rapproche du type de la beauté que nous avons déterminé. Et c'est par une sélection attentive, en accouplant toujours entre eux les individus qui s'éloignent le moins de ce type, que le but peut être atteint. La sélection, ici, s'entend uniquement du bon choix des reproducteurs, car il faut admettre que les animaux sur lesquels elle s'exerce sont soumis au régime le plus propre à favoriser l'exercice de leur aptitude principale, à conserver à leur laine les caractères qui la distinguent.

Il n'y a pas à insister là-dessus. L'application des principes généraux de la sélection à l'espèce ovine ne présente, encore une fois, aucune particularité qui doive être mentionnée. En entrant dans les détails, nous ne pourrions faire par conséquent que d'inutiles répétitions. Mais il en est autrement du croisement et du métissage, qui, en vue des aptitudes pour lesquelles ils sont mis en pratique, prennent ici des caractères tout à fait spéciaux.

Croisement. — On n'aura pas de peine à comprendre que pour ce qui concerne le perfectionnement de l'espèce ovine au point de vue de la production de la viande, l'influence du croisement ne peut être autre, dans cette espèce, qu'elle est relativement à l'espèce bovine. Dans les deux cas, l'aptitude qu'il s'agit de développer dépend également, et d'une façon tout aussi impérieuse, des circonstances hygiéniques. Le croisement peut être, pour le mouton comme pour le bœuf, un auxiliaire de l'amélioration, un procédé d'exploitation, non pas l'agent essentiel du perfectionnement. Nous avons trop souvent dans ce livre appelé l'attention là-dessus, pour qu'il soit bien nécessaire d'y revenir en ce moment. Lorsque les conditions agricoles sont telles, que sans pouvoir encore suffire à l'entretien des races les plus avancées comme productrices de viande, elles dépassent cependant la limite des exigences de la race locale, il est rationnel d'utiliser les ressources à l'exploitation d'individus intermédiaires, en avant sur les indigènes, mais encore en retard sur les étrangers. C'est le cas de produire des métis, en combinant toutefois, ainsi que nous l'avons déjà dit, le croisement avec la sélection. Les métis sont des objets de fabrication, des consommateurs plus avantageux; ils n'ont rien à faire dans le perfectionnement de la race; et l'influence paternelle, dans leur génération, doit être mesurée précisément sur les ressources que peut leur offrir le milieu hygiénique dans lequel ils sont produits. Car c'est là, encore une fois, le principe fondamental sur lequel se base toute entreprise zootechnique fructueuse; et c'est l'oubli dans lequel ce principe est trop souvent tenu, qui jette tant de confusion dans la question du croisement. Envisager cette question en faisant abstraction des circonstances hygiéniques, ou même seulement en les considérant comme secondaires, c'est se préparer à coup sûr des déceptions.

C'est au sujet de l'espèce ovine qu'on est le plus souvent tombé dans ce travers. Que de fois le croisement a été préconisé comme devant, par sa seule influence, régénérer nos moutons français! Et ne voyons-nous pas encore tous les jours recommander pour cela tel ou tel type universel d'amélioration? On comprend une pareille thèse dans la bouche ou sous la plume d'un marchand de béliers. De la part d'un zootechnicien, on ne la comprend plus. Car celui-là doit savoir que si les individus héritent quelquefois, dans une certaine mesure, de l'aptitude de leur père, cet héritage ne peut fructifier qu'à la condition de rencontrer les moyens de s'exercer. Si ces moyens sont absents, l'utilité de l'aptitude acquise devient au moins nulle, lorsque sa naissance n'est pas précisément une cause d'amoindrissement pour l'individu qui en est pourvu. Et c'est ce qui se présente dans toutes les opérations de croisement où il n'est pas tenu compte de la considération dont il s'agit. Ce qui peut y arriver de moins fâcheux, c'est que l'influence paternelle demeure sans résultat, contre-balancée qu'elle est par celle de la mère en possession de l'indigénat et par conséquent douée de caractères très-fixes. Dans le cas contraire, on n'obtient que des individus disproportionnés avec le milieu et par ce fait nécessairement défectueux.

La première condition pour produire des moutons aptes à donner de la viande en quantité notable, c'est de disposer pour leur élevage d'une nourriture suffisante. Là où les individus indigènes trouvent tout juste de quoi s'entretenir avec leurs aptitudes natives, il n'est point possible de songer à développer celles-ci par la seule influence de la génération. Cela est d'une logique tellement élémentaire, qu'on a peine à concevoir que tout le monde n'en soit pas convaincu, et qu'il se trouve encore des gens capables de méconnaître une vérité si facilement saisissable. Il semblerait, à voir cela, que l'économie animale soit en possession de la faculté de créer la matière de toutes pièces, et que l'aptitude dont nous nous occupons soit autre chose que celle d'assimiler les éléments de l'alimentation. Certes, tous les individus, quels

qu'ils soient, ne jouissent pas à un égal degré de l'aptitude à l'assimilation nutritive, et leur amélioration, dans le sens dont il s'agit, s'entend précisément du développement de cette aptitude; mais encore faut-il, pour obtenir le résultat cherché, avant tout, que l'objet de son exercice ne fasse point défaut. Sans cela, l'amélioration existe peut-être *en puissance*, comme disent les métaphysiciens; il serait parfaitement oiseux d'entreprendre de le contester; mais ce qui est certain, c'est qu'un esprit positif ne saurait s'en contenter. Ce qu'il faut à la pratique, ce ne sont pas des dissertations d'un transcendantalisme nuageux, n'ayant d'autres bases que les conceptions d'une imagination féconde en ressources; ce sont des résultats nets, précis et appuyés sur l'expérience ou l'observation. Or, l'observation et l'expérience démontrent que les produits des animaux, dans les conditions normales, sont exactement en rapport avec les ressources alimentaires. Ils ne les dépassent du moins jamais, et suivent toujours leur accroissement, lorsque celui-ci se montre lentement progressif. L'histoire des races nous en fournira plus loin de nombreux exemples. Mais il peut arriver et il arrive que ces ressources soient tout à coup multipliées par l'introduction de nouvelles méthodes culturales. Alors les animaux indigènes se trouvent attardés; leurs aptitudes ne répondent plus suffisamment aux conditions qui peuvent leur être faites; et c'est le cas de leur en communiquer de nouvelles ou de les remplacer par d'autres qui en sont déjà pourvus.

Le procédé à suivre, dans une telle circonstance, dépend du degré de la disproportion. Si le système de culture comporte l'entretien des races les plus avancées, le mieux est d'adopter de prime saut celle de ces races qui est le mieux en rapport avec les nouvelles conditions de l'exploitation par ses divers caractères, qui seront étudiés plus loin. S'il en est autrement, et qu'il faille s'en tenir à des consommateurs intermédiaires, il convient d'entreprendre l'amélioration de la race locale par voie de sélection, en même temps que l'on en tire tout de suite meilleur parti, en lui faisant produire des métis améliorés. Dans ce cas apparaît l'utilité du croisement que nous avons déjà appelé industriel, parce qu'il a pour unique fonction une sorte de fabrication de produits. L'intervention des reproducteurs mâles dont il s'agit de transmettre l'aptitude n'a rien à faire dans l'amélioration de la race; elle est bornée à la production, par leur accouplement avec les femelles de cette race, d'individus qui ne doivent pas avoir de progéniture, et être au contraire le plus tôt possible livrés à la consommation. Leur unique fonction est d'utiliser, mieux que ne le pourraient faire encore les produits purs, les ressources alimentaires créées, en attendant que ceux-ci aient atteint, par la sélection, le degré d'amélioration correspondant à ces ressources.

Ainsi le rôle du croisement, dans ses rapports avec la production de la viande, est de cette façon parfaitement tracé, pour ce qui concerne l'espèce ovine. Il est d'ailleurs tout à fait identique à celui que nous avons indiqué, quant au bœuf. Toutefois, les conditions économiques en rendent pour le mouton l'application beaucoup plus large, la question étant moins complexe, en raison de la moindre multiplicité des fonctions. La production de la viande s'allie mieux avec celle de la laine, dans la plupart des situations de notre économie rurale et industrielle, qu'avec celle du lait et du travail, surtout de cette dernière. Il n'y a guère de nos races françaises communes, qui ne puissent dès à présent être utilisées pour la production de métis améliorés sous ce rapport, à la condition que l'entreprise soit précédée par des réformes dans le système de culture ; mais il ne faut pas perdre de vue que cette condition est absolument expresse. L'influence du croisement est nulle, sinon nuisible, nous ne saurions trop le répéter, si elle doit agir seule. C'est un auxiliaire puissant, mais ce n'est que cela. Ce ne peut être ni le premier ni le principal moyen d'amélioration des individus, au point de vue de la boucherie ; et nous n'avons pas besoin d'ajouter qu'il est d'une impuissance radicale pour le perfectionnement de la race.

Quand on envisage l'espèce ovine au point de vue exclusif de la laine, la question se présente sous un tout autre aspect. La race mérinos, productrice par excellence des laines fines, n'est point, comme celles qui se font remarquer par leur aptitude à la précocité, un résultat de l'industrie humaine. Elle s'est formée dans des conditions naturelles qui ont imprimé à ses caractères un cachet de constance, et par conséquent une puissance d'hérédité qu'aucune situation agricole, si inférieure qu'elle soit, ne saurait déprimer. A son état de pureté, pourvu qu'elle se reproduise dans des conditions hygiéniques qui ne puissent pas altérer sa santé, les qualités de sa toison se transmettent avec une sûreté qui n'a pas d'égale. Cette grande fixité lui assure, dans tous les accouplements auxquels elle prend part, une prépondérance que les faits sont venus partout démontrer, pour ce qui concerne surtout la nature de la toison. Et la puissance d'atavisme du mérinos est telle, sous ce rapport du moins, qu'on l'a vue se manifester encore après un très-grand nombre de générations chez des métis qui en provenaient. Nous avons rapporté quelque part un fait de ce genre, des plus significatifs, observé par nous-même dans une ferme de la Charente-Inférieure. Dans un troupeau de moutons poitevins, entretenu sur un sol calcaire d'une médiocre fertilité, l'influence de béliers mérinos, introduits une fois seulement plus de trente ans auparavant, se faisait encore sentir sur la finesse de la laine au moment où nous constations l'état de ce troupeau. L'acheteur habituel des laines de la ferme les payait un prix plus élevé que celui du cours habituel des laines du pays, pour cet unique motif. Les animaux avaient, d'ailleurs, conservé sous tous les autres rapports le type poitevin (1).

Cela donne, comme on peut le comprendre facilement, une importance toute particulière

au croisement, dès qu'il s'agit seulement de l'amélioration des toisons. A ce point de vue, la question se dégage des conditions d'appropriation aux circonstances de la production, et elle devient une pure affaire de génération. Dès que les laines fines peuvent être obtenues surtout dans une situation agricole peu avancée ; du moment que, dans cette situation, l'exploitation du mouton en vue de la laine peut être plus avantageuse que sous le rapport de la viande, rien ne s'oppose à ce que l'amélioration de sa toison soit entreprise au moyen du croisement. C'est ce qui a eu lieu en France déjà sur une grande échelle. Les métis mérinos y occupent de grandes surfaces du pays, où ils ont été entièrement substitués aux races locales par cette opération, au grand avantage, il faut le dire, des producteurs. Ces métis ne sont pas plus difficiles à entretenir que les individus purs dont ils ont pris la place, et ils donnent un revenu autrement considérable, en raison de la plus grande valeur commerciale de leurs toisons. Ce sont les nécessités économiques qui ont déterminé ce changement ; et il ne serait en aucune façon sage de le blâmer. On ne peut au contraire qu'en recommander l'imitation à tous ceux qui se trouvent dans des conditions analogues, où, l'espèce ovine ne pouvant pas encore être améliorée dans le sens de la précocité, il y a néanmoins avantage à augmenter la valeur des produits qu'elle donne durant sa vie.

C'est ce résultat qui peut être obtenu par le croisement. Il ne s'agit que de transmettre une aptitude accessoire dans l'organisme, ainsi que nous l'avons déjà fait remarquer plusieurs fois. Indépendante d'ailleurs des dispositions physiologiques essentielles, cette aptitude, qui est l'unique attribut particulier d'une des races les plus fixes que nous ayons, ne fait aucunement obstacle par elle-même aux autres améliorations qu'il y a toujours lieu de réaliser. Seule, nous le répétons, elle se passe facilement de tout autre concours que celui de la génération. On peut donc dire d'une manière absolue que, sous le rapport de la finesse de la laine, l'espèce ovine s'améliore surtout, sinon exclusivement, par le croisement. Et nous tenons à faire remarquer une fois de plus, à cette occasion, que si nous avons combattu avec quelque énergie l'école qui fait de cette opération zootechnique une question de doctrine, en l'élevant à la hauteur d'un principe, nous nous gardons bien toutefois d'en repousser systématiquement la pratique. Il s'agit seulement de lui faire la part que la science autorise, et de ne point aller au delà ; de distinguer soigneusement ce qui est possible de ce qui ne l'est pas, ce qui est conforme aux principes fondamentaux de la zootechnie de ce qui est en opposition formelle avec eux. L'examen que nous allons faire maintenant de l'application du métissage, nous fournira de nouvelles preuves encore plus frappantes de la nécessité d'admettre, à cet égard, les réserves que nous indiquons.

Métissage. — De nombreux faits établissent que l'accouplement des métis entre eux peut contribuer à l'amélioration de l'espèce ovine, de

(1) Voy. l'Espèce ovine de l'Ouest et son amélioration, p. 83. Paris, 1858.

même que l'emploi de béliers provenant de croisement. Et ce sont ces faits qui ont jeté de la confusion dans une question pourtant bien simple, parce qu'on a généralisé leur signification, tandis qu'elle doit demeurer strictement restreinte aux cas particuliers auxquels ils s'appliquent.

En effet, autre chose est d'envisager le métissage au point de vue de la modification du type de la race, de son aptitude physiologique essentielle, ou bien à celui de la transmission et de la conservation d'un caractère physiologiquement accessoire. Dans ce dernier cas, la valeur de l'opération dépend de la fixité, de la constance de ce caractère, dans la race qui le présente et qui a contribué à la formation du métis. Sa puissance d'atavisme, en vertu de laquelle le métis peut agir dans la génération, est entièrement subordonnée à cette considération, ainsi qu'aux conditions hygiéniques dans lesquelles l'accouplement a lieu. Nous allons préciser davantage sur ce point important en prenant des exemples.

On a déjà vu que le mérinos possède, pour la transmission des caractères de son lainage, une puissance héréditaire très-développée. Cette puissance, il la doit à l'ancienneté de sa race, à sa fixité qu'aucune autre ne peut contre-balancer, et surtout à ce fait qu'il s'est formé dans des conditions naturelles inférieures, et tout au plus égales, à celles dans lesquelles il peut être introduit. Dans son accouplement avec une brebis de race commune, le bélier mérinos transmet infailliblement au produit au moins une partie des caractères de sa toison, sans doute parce que rien, dans les circonstances d'habitat, ne vient mettre obstacle à l'exercice de son influence héréditaire, relativement à cette partie très-secondaire des caractères extérieurs de l'individu. Quoi qu'il en soit, c'est un fait. Et c'est pour cela que nous avons précédemment admis en principe, qu'au point de vue de la laine l'espèce ovine peut être améliorée par le croisement. A ce même point de vue, nous devons admettre aussi que l'amélioration obtenue par ce moyen peut se maintenir et se multiplier par voie de métissage. Une fois acquise, elle conserve un cachet de constance suffisant pour avoir toujours la prépondérance sur l'atavisme propre de la race commune à laquelle les métis ont succédé. Une fois produite dans un troupeau conduit principalement en vue de l'exploitation des toisons, la finesse de la laine, variable suivant le degré du croisement d'abord opéré, s'y maintient ensuite sans difficulté. Les caractères du mérinos, une fois acquis, sont indélébiles. Ils présentent, nous le répétons, une fixité sans égale. L'alimentation peut imprimer au diamètre du brin, à sa longueur, des modifications plus ou moins notables; mais elle est sans action sur ce que les hommes spéciaux appellent la nature de la laine. Celle-ci demeure toujours de la laine analogue à celle du mérinos.

Dès qu'il en est ainsi, l'on conçoit que la pratique du métissage, dans le cas particulier de l'amélioration des toisons, ne soit point repoussée. Il faut dire même que dans l'état actuel de la science, elle est la seule qui soit possible pour augmenter la valeur de nos laines communes,

en leur communiquant les qualités qui sont les plus recherchées par l'industrie, dans toutes les contrées où le système de culture comporte encore l'exploitation du mouton principalement sous le rapport de sa toison. La sélection est, quant à présent, impuissante à produire ce résultat, attendu que nous ignorons absolument à quoi sont dues les qualités de finesse, de douceur et d'ondulation rapprochée de la laine mérinos. Elle ne peut que les conserver lorsqu'elles existent, non point provoquer leur apparition. Force est donc d'avoir recours au croisement et au métissage qui le suit. Il ne s'agit pas ici d'imprimer à la race des modifications essentielles, qui changent sensiblement ses aptitudes natives. Les caractères de la toison sont tout à fait indépendants du développement et des appétits de la race, du moins, comme nous l'avons déjà répété plusieurs fois, quant à la nature du brin et à la structure de la mèche. Poids pour poids, la toison peut être plus ou moins fine, plus ou moins tassée, sans que cela doive nécessairement résulter de variations dans les conditions d'élevage. Les mêmes ressources alimentaires sont utilisées par l'appareil sécréteur de la laine d'une autre façon, voilà tout.

Mais il en est bien différemment, si l'on envisage le métissage à un autre point de vue quelconque; si on le considère, par exemple, comme moyen de produire et de fixer les améliorations relatives à la conformation, à la précocité, dont dépend l'aptitude à la production spéciale de la viande. Dans ce cas, on rencontre chez l'espèce ovine les mêmes incertitudes, les mêmes mauvaises chances, que celles déjà signalées à l'occasion du bœuf. Aucune des races de boucherie les plus perfectionnées, dont le concours est nécessaire pour la production des métis, ne présente, à beaucoup près, une constance égale à celle qui caractérise la race à améliorer. Le maintien de l'aptitude de ces races est du reste inséparable des circonstances tout artificielles qui les ont formées; elles ne peuvent, par elles-mêmes, pour ce motif, assurer chez leurs produits la transmission de cette aptitude, dont la condition première est, ainsi qu'on le sait, dans les conditions hygiéniques qui l'ont développée. Si donc, avec le concours obligé de ces conditions, elles peuvent contribuer à la production de métis doués à un certain degré des mérites qui les distinguent, on n'en saurait conclure que ces mêmes métis soient capables d'en faire autant de leur côté. Une alimentation abondante peut bien contre-balancer la puissance héréditaire de l'un des reproducteurs, lorsque l'autre est fortement doué des qualités qui sont en concordance avec cette influence hygiénique. Il y a là pour agir dans le sens désiré sur le produit deux facteurs contre un. Mais dans le cas de métissage les proportions sont changées. Lors même que le facteur hygiénique subsiste, l'atavisme de l'ancienne race se multiplie par deux et agit chez l'un comme chez l'autre des reproducteurs. Il n'est toutefois pas toujours le plus fort en pareille occurrence; et c'est pour cela que l'on voit réussir quelques opérations de métissage de ce genre ; mais ces opérations échouent nécessairement, dans tous les cas où le facteur dont nous venons de parler est absent.

Cette considération, conforme à la plus stricte observation, n'est en conséquence point suffisante pour faire repousser systématiquement le métissage des entreprises d'amélioration de l'espèce ovine, au point de vue de la production de la viande. Elle doit néanmoins en restreindre l'usage aux conditions bien déterminées où se trouvent associés les deux facteurs principaux de cette amélioration : l'alimentation abondante et le mâle perfectionné. Encore ne faut-il point négliger de faire remarquer qu'il reste nécessairement, dans les entreprises de ce genre, une forte part à l'incertitude et au hasard, en raison de laquelle il est toujours plus sage de les éviter, même quand les conditions les plus probables du succès se trouvent réunies. Il y a pour ce qui concerne l'écoulement des produits de cette espèce assez de mauvaises chances inévitables. Il est donc plus prudent, puisqu'on le peut, de n'y pas ajouter celles qui concernent leur fabrication. Si la sélection n'est pas suffisante, elle qui seule permet d'agir avec certitude, il faut s'en tenir au croisement, toujours moins incertain que le métissage, dans les mêmes conditions. Il faut surtout bannir absolument ce dernier, lorsque la situation agricole ne comporte pas la production d'animaux améliorés, lorsque les produits ne peuvent pas recevoir une alimentation au moins égale à celle avec laquelle les métis reproducteurs ont été formés.

Ce principe incontestable, et dont l'exactitude a été précédemment démontrée, fait voir quelle peut être la valeur des métis que l'on préconise, sous le nom de race, pour l'amélioration universelle des moutons français. Il montre ce que l'on peut attendre de la prétendue race charmoise, créée principalement en vue de la production de la viande ; de l'anglo-mérinos, devant améliorer à la fois la viande et la laine, etc., etc., et ce qu'il faut penser du sens pratique de ceux qui persistent à les préconiser systématiquement, malgré les enseignements de l'expérience, déjà beaucoup trop nombreux. Pour la laine, les derniers ne valent pas, nécessairement, le mérinos pur ; pour la viande, les uns et les autres, en vertu de leur seule qualité de métis, ne peuvent produire que des déceptions. Dans les conditions que nous avons indiquées tout à l'heure, les mâles anglais dont ils proviennent donneraient de meilleurs produits, et leur emploi dans le croisement serait par conséquent plus judicieux. Dans les autres conditions, qui sont les plus communes, leur action est absolument nulle, l'atavisme des races indigènes qui ont contribué à leur formation, joint à celui de la race locale qu'il s'agit d'améliorer, étant toujours prédominant.

La seule qualité de métis est donc suffisante, en thèse générale, pour faire contester à un bélier quelconque la qualité d'agent améliorateur, et cela d'une façon absolue. Au point de vue exclusif de la laine, la multiplication par métis, c'est-à-dire l'accouplement des métis entre eux, est une nécessité de la zootechnie actuelle et n'a pas d'inconvénients que les faits aient jusqu'à présent démontrés. A toute autre fin et de toute façon, le métissage n'est ni plus rationnel ni plus admissible pour l'espèce ovine que pour l'espèce bovine. Là comme ici, s'il n'est pas un obstacle radical au perfectionnement, il n'est pas davantage un principe à recommander.

On voit donc, par ce qui précède, que les principes spéciaux du perfectionnement de ces deux espèces sont absolument les mêmes, à une seule différence près, qui concerne l'aptitude du mouton à produire de la laine. Il importait de l'établir, en contestant d'ailleurs au métissage la puissance qui lui a été attribuée par des hommes d'une grande autorité. Nous croyons avoir mis en lumière l'erreur dangereuse qui résulte d'un tel parti pris, et restitué à chaque chose par là sa véritable signification. Nous aurons, du reste, l'occasion d'y revenir, à mesure que nous rencontrerons des tentatives de ce genre dans l'étude des diverses races dont la description va suivre.

RACES OVINES.

Les modes d'exploitation les plus suivis de l'espèce ovine nous font une nécessité d'adopter une méthode de description toute différente de celle qui nous a guidés dans l'étude des races bovines. Les races ovines, telles que nous les observons maintenant, ne sont point en général localisées aussi étroitement que celles du bœuf. Les plus remarquables d'entre elles au point de vue de l'une ou de l'autre des deux aptitudes de l'espèce, ont subi des migrations qui font qu'on les rencontre à peu près partout. Le mouton, du moins celui qui se fait remarquer par la finesse de sa toison, est par nature essentiellement cosmopolite, sans doute parce que les conditions d'habitat nécessaires à son entretien se rencontrent fort communément. Sur tous les terrains calcaires à climat sec, on est à peu près certain de le rencontrer. Et ce qui frappe l'attention de prime abord, c'est qu'on le trouve surtout le moins répandu dans le lieu qui semble être celui de son origine première, du moins qui a été le point de départ des migrations dont l'histoire, encore peu éloignée de nous, est parfaitement connue.

En présence de cette situation, il convient, croyons-nous, de décrire les races ovines en ne se préoccupant que bien secondairement de leur distribution géographique. Il nous semble plus conforme aux nécessités de la pratique de considérer avant tout leur aptitude, et par conséquent de commencer par celles qui se rapprochent le plus des types qui représentent la perfection en vue des deux fonctions économiques de l'espèce. Et, d'un autre côté, comme il paraît que le but final du perfectionnement doit être la combinaison des deux aptitudes qui correspondent à ces fonctions, dans une mesure que le progrès agricole peut seul déterminer en la rendant possible ; dans ces conditions, il semble logique d'étudier d'abord les races que l'amélioration a spécialisées au plus haut point pour la production de la viande, puis celle qui offre le prototype du producteur de laine. Nous décrirons ensuite les races qui, à ce dernier titre, sont les plus communes. Par le fait, l'espèce se trouvera classée ainsi en deux grandes catégories. La première comprendra celles dont la toison, grossière ou seulement commune, est toujours, économiquement, fort accessoire dans l'exploitation du mouton ; la seconde se trouvera constituée par les races dont la laine, fine ou extra-fine, intermédiaire ou commune, a une part prépondérante, ou tout au moins égale, dans les spéculations. La distinction des laines courtes et des laines longues interviendra de même dans chacune de nos catégories. Mais toutes ces classifications dogmatiques, utiles à établir quand on considère l'espèce dans son ensemble, auraient plus d'inconvénients que d'avantages, si elles devaient nous imposer un ordre régulier de description. Nous ne nous y astreindrons donc point strictement. La considération d'aptitude tout à l'heure énoncée une fois admise et respectée, il est plus méthodique, suivant nous, de considérer les races dans l'ordre de leur importance agricole, en groupant la population ovine des principales contrées que nous devons avoir en vue, autour des quelques types bien déterminés qu'on observe dans cette population.

Du moment que nous devons commencer par ce qu'on appelle les races à viande, il va sans dire que c'est en Angleterre qu'il faut d'abord les aller chercher. Les îles Britanniques ont depuis longtemps dépassé de beaucoup, sous ce rapport, tous les autres pays, aussi bien pour les moutons que pour les bœufs. Nous n'avons plus à en déduire les raisons.

Il n'entre pas dans notre plan de décrire complétement l'espèce ovine des îles Britanniques. Nous devons seulement étudier les races les plus remarquables et les plus connues, parce qu'elles ont été introduites sur le continent à titre de facteurs de l'amélioration, en nous bornant à mentionner les autres. Nous ne parlerons donc particulièrement que du Dishley, du New-Kent, du Cotteswold et du Southdown. Le black-faced, ou mouton à tête noire des bruyères ; le Cheviot rustique des montagnes froides qui séparent l'Angleterre de l'Écosse ; le Somerset, etc., nous intéressent beaucoup moins, quoique le premier paraisse jouir maintenant d'une certaine faveur en Angleterre, ce qui tient sans doute à ce que l'on s'occupe beaucoup de son amélioration et à ce que, pour ce motif, des sujets perfectionnés en sont exposés dans les concours publics.

Race de Dishley. — C'est la première en date de toutes les races améliorées de l'Angleterre. C'est la création de l'illustre Bakewell. Elle est le résultat de l'application des procédés zootechniques conçus par ce génie puissant, dont les principes, d'abord tenus secrets par lui, ont été bientôt divulgués et imités, ainsi que nous en avons donné des preuves en faisant l'histoire de la race bovine de Durham, et nous sont maintenant parfaitement connus.

Robert Bakewell entreprit ses opérations d'amélioration en prenant pour point de départ la race qui peuplait alors le comté de Leicester, où se trouvait située son exploitation de Dishley-Grange. C'est de là que vient le nom qui fut, dès le principe, donné à la race perfectionnée par lui, et aussi celui de New-Leicester sous lequel elle est encore désignée aujourd'hui.

Il serait désormais superflu d'entrer dans de longs détails sur la méthode à l'aide de laquelle le fermier de Dishley-Grange a fait développer dans la race de Leicester l'aptitude à l'accumulation de la graisse, la précocité qui la caractérise. Nous savons à présent de la manière la plus positive que cette méthode n'a pu être que la sélection. De toutes les légendes forgées par l'imagination de ses contemporains, et que les auteurs nous ont trop complaisamment transmises, chacun suivant les prédilections de ses idées particulières, il ne doit maintenant plus rien subsister. Les accusations de mauvaise foi dont Bakewell a été l'objet parce que, durant la période d'amélioration de son troupeau, il ne livrait aux acheteurs que des individus cachectiques, sont une des meilleures preuves que l'on puisse invoquer en faveur de la conclusion qui vient d'être énoncée. Ces individus, en effet, ne pouvaient être que des animaux réformés pour ce motif que, dans leur production, le but avait été dépassé. En gagnant, par la sélection, basée sur une gymnastique fonctionnelle outrée, l'aptitude à l'assimilation nutritive et à la formation de la graisse, ils avaient perdu de la vigueur native de la race, au delà des limites compatibles avec la conservation de la santé relative. Il y avait eu abus des qualités acquises par l'usage de l'alimentation propre à développer l'aptitude graisseuse, et dont la puissance héréditaire était multipliée par la consanguinité.

Alimentation abondante et particulièrement composée de principes hydrocarbonés fortement aqueux, et fréquent usage d'accouplements consanguins : telles ont été certainement les bases de la création du mouton dishley ou New-Leicester. Avec nos connaissances physiologiques actuelles, ces bases nous paraissent maintenant ne peut plus simples et faciles à mettre en pratique. Mais quand on se reporte au temps des opérations de Bakewell, et lorsqu'on songe que l'illustre éleveur ne pouvait avoir pour se guider que la seule intuition de son génie, on est émerveillé de la grandeur de la tâche, et l'admiration s'augmente encore en présence des conséquences que ses résultats ont entraînées pour l'Angleterre et pour le monde entier. On a une idée des tâtonnements qu'il a fallu pour mener cette tâche à bonne fin, de la pénétration et du génie d'observation d'où est sorti l'art de façonner les animaux pour le but qu'ils doivent atteindre, dont Robert Bakewell est incontestablement le véritable créateur. L'humanité compte sans doute, avec les idées qui ont cours, des individualités plus illustres que le fermier de Dishley-Grange ; nous n'hésitons point à penser, en ce qui nous concerne, qu'elle n'a pas encore eu de plus grand bienfaiteur. Quel qu'ait pu être le mobile de la conduite privée du créateur de la méthode zootechnique ; que les reproches adressés à ses actes par ses contemporains soient fondés ou non, il n'importe à nos yeux : nous ne voyons que le fait, et ce fait est la plus utile conquête de l'économie sociale.

C'est en 1755 que commencèrent les opérations de Bakewell. Les circonstances au milieu desquelles il se trouvait placé étaient des plus favorables. Un sol fertile, de riches herbages et un climat uniformément doux, distinguent le comté

Fig. 559. — Mouton Dishley ou New-Leicester.

de Leicester parmi ceux de l'Angleterre, vers le centre desquels il se trouve situé. Et tel fut le parti que Bakewell sut tirer de ces circonstances, que cinq ans après seulement, en 1760, il put déjà inaugurer une industrie qui a pris depuis dans les îles Britanniques une très-grande extension : nous voulons parler de la location des béliers. Le troupeau de Dishley-Grange avait acquis déjà une suffisante réputation pour attirer des preneurs. Les conditions de la location furent, il est vrai, fort modestes au début. Il n'en reçut pas au delà de 20 à 25 francs par tête, d'après ce que rapporte David Low ; mais à mesure que ses animaux s'amélioraient davantage, la vogue leur fit acquérir une valeur de plus en plus grande, à ce point qu'en 1786 il se faisait déjà, du chef de l'industrie créée par lui, 25,000 fr., ou 1,000 souverains, de revenu annuel. En 1789, le prix de location de trois seulement de ses béliers s'éleva jusqu'à 1,200 souverains, ou 30,000 francs ; c'était donc à raison de 10,000 francs en moyenne par tête. Cette même année, le revenu total s'éleva au-dessus de 170,000 francs. Alors comme à présent, la location des béliers se faisait aux enchères publiques. On peut avoir par les chiffres précédents une idée de l'empressement avec lequel les éleveurs se les disputaient, et par conséquent du degré d'amélioration qu'ils avaient atteint. Il est permis aussi de voir par là quelle influence le troupeau de Dishley-Grange a pu exercer sur l'espèce ovine du comté de Leicester.

Mais il est un enseignement que nous en voulons particulièrement faire ressortir.

De 1755 à 1789, c'est-à-dire dans une période de vingt-cinq ans, la première création de la méthode zootechnique avait acquis son plus haut degré de perfectionnement, malgré les tâtonnements inséparables d'une œuvre sans précédents. Cette remarque, qui n'avait encore jamais été faite, à notre connaissance du moins, montre

bien à quel point réfléchissent peu ceux qui s'effrayent des difficultés d'une pareille tâche, et du temps qu'ils croient nécessaire pour l'effectuer. Les principes de la méthode étant connus et fixés comme ils le sont à présent, on peut affirmer sans crainte qu'il n'est aucune de nos races qui, dans des conditions agricoles favorables, ne pût en beaucoup moins d'années être conduite au même résultat par la sélection.

Quoi qu'il en soit, voici les caractères distinctifs du mouton Dishley ou New-Leicester.

Ce mouton présente, dans l'ensemble de sa conformation, le type de la beauté que nous avons précédemment décrit et que nous retrouverons par la suite dans toutes les races anglaises. Il a le corps cylindrique, court, de telle sorte qu'avec la toison il semble cubique. Là laine, longue et rude, forme des mèches pointues et pendantes, à structure peu serrée, dont l'ensemble, malgré la longueur du brin, donne des toisons qui ne pèsent pas en proportion du volume des animaux. Le ventre, les membres et la tête en sont complétement dépourvus.

La tête du Dishley, unie au corps par un cou extrêmement court et mince, semble sortir directement du tronc lorsque l'animal est couvert de sa toison. Elle est petite, dépourvue de cornes, à chanfrein droit et à oreilles fines, minces et horizontales. Son volume est relativement un peu trop fort dans le dessin qui représente ici la race. Sur le chanfrein, autour des yeux et sur les oreilles, on observe le plus souvent des taches rousses ou brunâtres, qui sont caractéristiques.

Les membres, fins, sont allongés relativement à l'ampleur du corps. Mais la minceur des os, le peu de volume des cartilages, rendent néanmoins le squelette léger, malgré sa grande ampleur.

Une particularité anatomique dont M. Yvart paraît avoir fait le premier la remarque, c'est la présence d'une couche épaisse de tissu adipeux sur toute la surface du corps, immédiatement au-dessous des muscles peauciers. Cette couche de graisse est du reste l'attribut de toutes les races anglaises améliorées, et elle est un des résultats de l'amélioration. L'habile inspecteur général des bergeries a fait à ce sujet des réflexions qu'il est bon de reproduire en ce moment.

« Couverts d'une couche épaisse de graisse, a-t-il dit, les animaux anglais supportent des températures plus basses que cela n'aurait pu avoir lieu sans cette condition de leur organisation ; c'est un point important, puisque, par suite de l'économie rurale de l'Angleterre, les moutons passent tout l'hiver en plein air.

« Mais cette couche de graisse gêne l'action des vaisseaux et des nerfs de la peau, et finit par altérer les fonctions de cet organe, je veux parler de la sécrétion de la laine et de la transpiration cutanée.

« Dans leur première année les moutons anglais ont la peau souple, rose, onctueuse, la laine douce et longue ; mais à mesure que ces moutons vieillissent et que la graisse devient plus épaisse, la peau et la laine changent de caractères ; la peau devient blanche et sèche, la laine moins longue, moins vivante et plus cassante. Chez de vieux béliers abondamment nourris, il arrive même quelquefois que la toison tombe par plaques. Dans tous les cas, la laine de la première tonte est tellement supérieure à celle des tontes suivantes, qu'elle est toujours vendue séparément.

« Lorsque l'embonpoint est devenu excessif et que la vitalité de la peau est amoindrie, l'animal ne peut supporter l'effet de la chaleur par suite de la diminution de la transpiration cutanée. J'ai vu, ajoute M. Yvart, des cultivateurs anglais se trouver dans la nécessité de couvrir de vieux béliers récemment tondus ; cette précaution avait pour but de les garantir de l'action directe des rayons solaires, qui serait devenue extrêmement pénible et même dangereuse. Les moutons anglais, transpirant difficilement, souffrent beaucoup de la chaleur ; une des causes qui les font souffrir est toute physique ; l'on peut même faire remarquer que, seuls, dans l'espèce du mouton, ils se trouvent couverts d'une sorte de lard répandu sur tout le corps (1). »

Avec une telle constitution, on conçoit que le New-Leicester ne soit pas propre aux longs parcours des terres moyennement fertiles, sous un climat chaud. Il lui faut une vie facile, dans des parcs bien pourvus. En Angleterre, il vit principalement dans les champs de turneps et de raves. A la bergerie, les racines forment la base de son alimentation. Ce régime, joint à l'aptitude à prendre rapidement la graisse, rend l'animal peu vigoureux et lent dans ses mouvements. Il est aussi en général peu prolifique. Les femelles entrent en chaleur fort tard. Cela entraîne la nécessité de soumettre les reproducteurs à un régime substantiel et tonique, qui combatte leur tendance à l'engraissement ; sans quoi l'agnelage se trouve retardé. Cet inconvénient est commun à toutes les races précoces. Il est la conséquence physiologique de leur perfectionnement même. Produits de l'industrie humaine, elles ont besoin que cette industrie ne leur fasse jamais défaut. Toute médaille a son revers. La faculté de fournir la quantité de viande que donne le Dishley ne peut s'allier avec la rusticité.

Le poids vif des animaux varie beaucoup, suivant le régime auquel ils ont été soumis. Les brebis sont toujours moins lourdes que les mâles. Cependant les variations se maintiennent, en général, entre 60 et 80 kilogrammes, à l'état d'engraissement. On cite des poids beaucoup plus considérables, de 100 jusqu'à 150 kilogrammes ; mais ces cas sont très-exceptionnels. Le rendement en viande nette ne varie pas moins. Il a été évalué jusqu'à 75 p. 100. Dans quelques cas, on a trouvé seulement 68,587, avec 9,219 de suif pour 100 du poids vif. C'est, comme on voit, bien peu de déchets. Weckherlin, dans son *Traité des bêtes ovines*, traduit par Adolphe Schéler, dit qu'on peut admettre de 100 à 135 livres de viande dans une brebis adulte et engraissée. Les moutons, d'après lui, dans les types les mieux soignés, en donnent 160 livres. Il ajoute que dans certains cas, rares à la vérité, on en trouve jusqu'à 250 livres par tête. Cette viande est longue, peu ferme, et le plus souvent trop grasse et manquant de saveur, au goût des gourmets. La qualité se compense par la quantité.

L'auteur que nous venons de citer donne les résultats d'une tonte de Leicesters à laquelle il a assisté en Angleterre. Dans cette circonstance, le troupeau a rendu par tête, en moyenne, de 6 à 7 livres de laine lavée à froid. La longueur du brin variait de 1 pied (chez les antenais, en y comprenant la laine d'agneau, qui n'avaient pas été tondus), à 4 pouces (chez les adultes). Nous ignorons s'il s'agit de la mesure anglaise. En tout cas, la différence avec la mesure française n'est pas assez grande pour qu'il soit nécessaire d'en tenir compte. On peut prendre les chiffres recueillis par M. de Weckherlin pour la moyenne exacte.

Les béliers de la race de Dishley ont été employés à des croisements effectués avec plusieurs de nos races françaises. En passant en revue ces races, nous en verrons les résultats.

Race New-Kent. — On a donné ce nom à la race améliorée d'une partie du littoral des contrées de Kent et de Sussex, plus connue sous celui de race du *Romney-Marsh*, pour cette raison qu'elle est originaire du marais ainsi nommé, qui borde le détroit du Pas-de-Calais. Parcourue par des canaux, la plaine du Romney est formée de riches alluvions qui ne dépassent guère le niveau de la mer, et protégée par des digues contre les inondations. Ce pays, au climat toujours humide et tempéré, a, par sa configuration et la nature de ses herbages, quelque analogie avec les watteringues de notre département du Nord. Ce qui distingue le New-Kent du Dishley, c'est son corps en général plus volumineux, mais moins régulièrement conformé ; c'est surtout sa tête longue et busquée, à oreilles larges et pendantes.

(1) Voy. *Études sur la race mérinos à laine soyeuse* de Mauchamp (*Mémoires de la Société nationale et centrale d'agriculture*). Paris, 1850.

Ces derniers caractères sont ceux des bêtes de marais. Les membres sont plus gros, les pieds plus larges, et leurs aplombs moins réguliers. Les jarrets sont souvent rapprochés ; la poitrine est moins ample, la ligne supérieure du corps moins droite et formant un plan moins large ; le flanc est plus étendu et le ventre plus volumineux.

Les seules qualités de la race New-Kent, par rapport au New-Leicester, c'est d'avoir, comme ce dernier, une toison à laine longue et droite, mais plus lourde et plus douce, une taille plus élevée ; d'être plus facile à entretenir, plus prolifique et meilleure laitière ; enfin de rendre en moyenne plus de suif à l'abattage. Tous ces avantages sont dus au moindre perfectionnement de l'aptitude à l'engraissement. Ils sont estimables, en considérant la race au point de vue du parti qui peut en être directement tiré pour la consommation anglaise ; mais ils la placent à un rang très-inférieur, comme agent d'amélioration des produits des autres races. C'est pour cela que nous ne devons pas davantage y insister. Nous ne lui avons donné place dans cette revue que parce qu'elle a cependant été introduite en France à ce titre, et qu'elle a pris part à la formation de métis dont nous aurons plus tard à nous occuper.

Race Cottteswold. — Cette race est à présent une des plus remarquables de l'Angleterre, et une de celles qui témoignent le mieux de l'excellence de la méthode d'amélioration créée par Bakewell Elle vit depuis un temps immémorial sur les collines du Glocesfershire, où elle était anciennement abritée en hiver sous les cabanes de ce district pastoral. C'est de là que lui vient son nom. Avant son perfectionnement, elle était réputée par sa rusticité et par la finesse et la blancheur de sa laine. Ces qualités lui ont été conservées, dans la mesure où elles sont compatibles avec l'aptitude à la précocité et au grand développement du corps qui distingue actuellement le mouton Cotteswold.

Un auteur qui écrivait au commencement du seizième siècle, Cambden, dit que sur les collines du comté de Glocester on élève de nombreux troupeaux de moutons à laine d'une blancheur éclatante, et que ces moutons ont le cou long et le corps carré. Leur laine, ajoute Cambden, de très-belle qualité, est très-estimée et très-recherchée des nations étrangères (1).

Le mouvement suscité par les travaux de Bakewell, en transformant l'économie rurale de l'Angleterre, s'étendit à la race Cotteswold comme à toutes les autres. Elle fut même plus qu'aucune autre l'objet de l'attention, en raison de la faveur dont elle jouissait déjà. Et, dès le début de ce siècle, elle prenait rang parmi les races amélioratrices, puisqu'on vit alors apparaître des ventes publiques de béliers Cotteswolds. Cette race est maintenant répandue dans les comtés de Witt, d'Hereford, d'Oxford, de Worcester, de Glamorgan, de Norfolk, de Kent, de Somerset, etc., où sont entretenus de nombreux troupeaux purs. Non plus confinée sur les collines de son district originaire, elle forme donc maintenant une race usuelle, en même temps qu'elle fournit des types améliorateurs pour les îles Britanniques et leurs colonies, ainsi que pour l'étranger. On estime que 3,500 béliers environ sont annuellement élevés dans ce but sur les collines de Cottes-

Fig. 560. — Bélier de la race Cotteswold.

wold. Ce chiffre est par lui-même suffisamment éloquent ; mais on aura encore une idée plus nette de la faveur dont jouit la race dont il s'agit, si nous ajoutons qu'en 1861 la moyenne du prix des béliers s'est élevée jusqu'à 40 livres (1,000 fr.).

M. Flechter, de Shepton, en a même payé un, cette année-là, 126 livres, ou 3,150 francs.

On se demandera peut-être actuellement, dit

(1) Voy. *Cambden's Britannia*, p. 223, cité par M. P. A. de la Nourais.

M. de la Nourais, quelle est la cause de la grande faveur dont jouissent les moutons Cotteswolds, et comment il se fait qu'ils soient si énormément propagés : c'est qu'ils sont généralement entre les mains non des agriculteurs amateurs, ou de ceux qui font de l'élevage un objet d'amusement, mais bien dans celles des fermiers véritables, de ceux qui payent un fermage, dont ils composent presque exclusivement les troupeaux.

« Une des qualités que cette race ovine possède à un degré remarquable, ajoute notre collaborateur, c'est de s'accommoder de toutes les variétés de climat et de nourriture. Elle prospère sur son pauvre sol de Cotteswold, et en même temps supporte très-bien les riches pâturages du Leicester et du Buckinghamshire, car on en demande tous les ans des quantités considérables pour ces comtés (1). »

D'une conformation générale absolument semblable à celle du Dishley, le mouton Cotteswold est plus fort de taille dans son type perfectionné. Sa toison est plus tassée, plus étendue sur le corps, et par conséquent plus lourde. Elle s'avance jusque sur le front, en formant entre les oreilles une sorte de toupet. La mèche est toujours pointue, mais elle présente des ondulations prononcées qui donnent à la toison un aspect bouclé. La laine est lisse, douce, et d'une éclatante blancheur. La tête est un peu forte, légèrement busquée, et les oreilles larges, courtes et tombantes. Les membres sont plus forts que ceux du Dishley, mais les aplombs sont tout aussi réguliers, et l'aptitude à l'engraissement est également prononcée. M. Magne a vu chez un boucher de Paris un mouton Cotteswold ayant à la surface de la croupe et à celle du poitrail une couche de graisse épaisse d'un décimètre. La viande en est meilleure et plus estimée que celle du New-Leicester et du New-Kent.

On assure que les moutons de la race dont il s'agit, conduits au marché comme bêtes ordinaires de consommation, des moutons de fermiers par conséquent, atteignent fréquemment le poids de 40 kilogrammes par quartier. Dans un cas cité par l'auteur plus haut nommé, ce poids est allé jusqu'à 84 livres, ou 336 livres pour les quatre quartiers. Les toisons de 20 livres ne sont pas rares. « Très-souvent il arrive, dit M. de la Nourais, que les moutons d'un an se vendent tondus jusqu'à 60 sh., ou 75 fr. Dans les derniers jours d'avril, on en a vendu à Cirencester 58 sh., et si l'on compte 12 livres de laine à 1 sh. 6 d. (1 fr. 875), on aura 4 livres ou 100 fr., tant pour l'animal que pour la laine. »

Au concours international de Poissy, en 1862, les Anglais avaient amené quatre lots de Cotteswolds. L'un composé de cinq bêtes âgées seulement de 9 mois et 15 jours, pesait en totalité 532 kilogr., soit en moyenne 106^{kil},400 par tête. Le lot des animaux les plus âgés, qui avaient 21 mois, pesait seulement 457 kilogr. ou 91^{kil},400 par tête, en moyenne. Les deux autres lots, de 10 mois et de 10 mois 15 jours, pesaient : le premier, 387 kilogr., le second, 480 kilogr. La race ne laisse

donc rien à désirer, sous le rapport de la précocité. Mais son mérite principal, comme bête à viande, est d'avoir conservé de sa vigueur native une rusticité relative qui la rend plus disposée qu'aucune des autres races anglaises perfectionnées à s'approprier aux circonstances au milieu desquelles elle peut être transportée. C'est là le motif de la grande extension qu'elle a prise dans l'agriculture du Royaume-Uni. Il faut cependant faire une exception pour le Southdown, que nous allons décrire maintenant.

Race Southdown. — Sur les collines calcaires du comté de Sussex, l'un de ceux qui occupent la partie la plus méridionale de l'Angleterre et qui forment le littoral de la Manche ; sur ces élévations entourées de parties fertiles, et que l'on connaît sous le nom de dunes du Sud (*Southdown*), existait avant 1780 une race de moutons à laine courte et frisée, à la face et aux membres d'un brun plus ou moins foncé, et de la plus remarquable rusticité. « Cette race, dit David Low, était de la plus petite espèce de moutons, avec les quartiers antérieurs légers, la poitrine étroite, le cou long et les jambes de même, quoique non grossières. » C'est de cette race primitive qu'est sorti le mouton le plus remarquablement conformé que nous ayons, celui dont les formes sont les mieux harmonisées, et qui réunit dans la meilleure mesure la qualité et la quantité de la viande à la précocité.

Ainsi que nous l'avons déjà fait remarquer à propos des races bovines des îles Britanniques, les perfectionnements dont le bétail de ce pays a été l'objet, offrent ce caractère profondément intéressant, d'être tous dirigés dans un unique sens, et de dater tous de la même époque, qui, lorsque l'histoire, mieux inspirée, s'occupera plus des progrès féconds de l'économie sociale que des faits et gestes des conquérants, portera le nom d'époque de Bakewell. Le dix-huitième siècle, dans l'histoire d'Angleterre, sera celui de cet homme illustre, comme le dix-neuvième portera le nom de Robert Peel, en souvenir de la liberté commerciale, dont les bienfaits ont été si grands pour l'industrie du monde entier.

Quoi qu'il en soit, l'amélioration de la race dont il s'agit procède, comme celle de toutes les autres, de la méthode inaugurée par le génie du fermier de Dishley-Grange. « C'est aux soins donnés à leur éducation, dans des circonstances favorables, dit l'habile professeur d'Édimbourg, que les Southdowns modernes doivent la supériorité qu'ils ont acquise sur tous les autres moutons à laine courte des comtés du centre et du sud de l'Angleterre. Avec les progrès de l'agriculture et la production plus considérable des turneps et autres plantes succulentes, les éleveurs de Sussex ont trouvé les moyens de traiter assez bien leurs animaux pour en hâter la maturité, en même temps qu'une attention plus soutenue était donnée au choix des reproducteurs et au développement de toutes ces qualités qui indiquent une tendance à la précocité des muscles et de l'engraissement. »

Parmi ces éleveurs qui ont contribué au per-

(1) *la Culture*, t. III, 1861-1862, p. 672.

fectionnement de la race Southdown, on cite particulièrement John Ellmann, qui a occupé pendant cinquante ans dans le comté de Sussex, aux environs de Lewis, la ferme de Glynde. C'est là qu'il a commencé ses opérations en 1780. Ellmann est mort à l'âge de quatre-vingts ans, en 1832, emportant l'estime que lui avait value une longue et honorable carrière d'indépendance et de vertueuse simplicité, comme on en trouve tant d'exemples dans l'histoire de l'agriculture anglaise.

David Low donne la description suivante des animaux améliorés par les circonstances qui viennent d'être indiquées, et tels qu'on les rencontre communément maintenant sur les dunes du comté de Sussex. « La race Southdown moderne, dit-il, est privée de cornes chez le mâle et la femelle, elle a la face et les pattes d'un gris noirâtre, et le corps entièrement couvert d'une toison épaisse à laine courte et frisée. La conformation générale de l'ancienne race a été conservée ; mais l'excessive légèreté des quartiers de devant a été corrigée, la poitrine développée, le dos et les reins sont devenus plus larges, et les côtes plus arrondies ; enfin, le tronc a été rendu plus symétrique et plus épais. Les membres sont devenus plus courts, proportionnellement au corps, ou, en d'autres termes, le corps est devenu plus volumineux proportionnellement aux pattes. Le cou conserve la forme arquée, caractéristique de l'ancienne race, mais il est devenu plus court. La laine encadre bien la face et forme un toupet sur le front. Les animaux sont d'un tempérament docile et convenable pour le parc, qui est encore généralement en usage dans les dunes. Ils peuvent subsister sur l'herbage très-court des sols brûlants, et fournissent une viande qui a toujours joui d'une grande réputation. Les moutons sont ordinairement engraissés à deux ans accomplis, quoique ceux des meilleurs troupeaux soient souvent prêts à l'être dès l'âge de quinze mois environ ; tandis que les moutons de l'ancienne race étaient rarement tués avant qu'ils eussent accompli leur troisième année, ou pendant le cours de la quatrième. » L'exactitude de cette description peut être facilement vérifiée sur les nombreux représentants de la race Southdown répandus maintenant en France.

Mais, depuis la publication du beau livre du professeur d'Édimbourg, l'amélioration a été poussée plus loin ; non pas sur la race entière, il est vrai, seulement sur une famille qui peut témoigner à présent de toute la puissance de la sélection. Le célèbre éleveur de Brabaham, Jonas Webb, dont les succès dans les concours publics de ces derniers temps ont porté si haut la réputation, a fait acquérir au Southdown ces formes carrées, cette ampleur du corps, qui sont considérées comme la perfection dans l'espèce ovine. Les animaux provenant du troupeau de Jonas Webb n'ont plus, à la vérité, cette rusticité et cette finesse de viande qui caractérisent à un si haut degré la race commune. Ils sont plus qu'elle rapprochés du producteur de graisse par excellence, et ils en ont nécessairement les inconvénients ; mais il faut reconnaître qu'ils présentent

Fig. 561. — Bélier Southdown.

dans leurs formes ramassées, dans le rapport de la viande avec le squelette, une rare perfection. Plus exigeants, parce qu'ils ont une aptitude plus prononcée, ils ne peuvent s'accommoder que d'une agriculture avancée, fournissant de la nourriture en abondance et facile à trouver.

Il importe donc désormais d'établir dans la race Southdown une distinction, au point de vue du rôle qui peut appartenir à cette race dans l'exploitation de notre espèce ovine française, où nous verrons par la suite qu'il y a lieu d'en tirer un parti avantageux. Il ne faut pas confondre l'animal décrit par David Low, et tel qu'il se rencontre encore communément sur les dunes, avec celui qui a été perfectionné par Jonas Webb à l'aide d'une scrupuleuse sélection, avec le concours d'une économie rurale plus avancée. Ce dernier est la perfection de l'animal de boucherie, au point de vue anglais, dans ses meilleurs types; mais il n'a plus à aucun degré sa primitive rusticité.

La laine du Southdown est de longueur moyenne, à mèches carrées, ou plutôt ayant cette forme élargie au sommet qui donne des toisons fermées, mais seulement tassées en apparence, et que l'on appelle creuses. Le brin est frisé, mais gros et rude, relativement. C'est le dernier degré des laines courtes communes. Avec cela les toisons sont légères, par rapport au volume du corps. Weckherlin dit que cette laine a environ un pouce et demi de longueur naturelle, qu'elle est modérément frisée, passablement blanche, et semblable pour la finesse à celle des métis allemands-mérinos. Le même auteur ajoute que chaque bête en dépouille de trois livres à trois livres et demie, lavée à froid, dont la valeur est estimée à raison de quatre-vingt-dix florins le quintal, ou environ cent quatre-vingt-dix francs. Dans les mérites du Southdown, la laine est donc bien secondaire.

Le poids vif des animaux, quelque perfectionnés qu'ils soient, n'atteint jamais ceux que nous avons vus pour les races précédentes. Son maximum est 80 kilogr. à l'âge de douze à quinze mois, mais il est plus communément de 60 à 70 kilogr. Le poids moyen en viande nette d'un mouton gras est, d'après Weckherlin, de 80 et souvent de 100 livres. Dans les essais faits à la suite du concours de Poissy, sur des individus fins gras, comme ils le sont pour une semblable circonstance, le rendement a été trouvé de 53,35 pour 100 en viande nette, et de 9,991 en suif, soit 63,342 p. 100 le rapport du poids utile au poids vif. Dans les mêmes essais, la qualité de la viande est cotée par M. Baudement au chiffre 7, la première qualité étant représentée par 9. Mais nous n'avons pas besoin de faire remarquer l'incertitude des évaluations de ce genre, dépendant d'une appréciation personnelle qui n'a nécessairement rien de rigoureux. Notons seulement qu'en Angleterre la viande du Southdown est classée par les gourmets parmi les plus estimées, et qu'elle l'est d'autant plus que les individus qui la fournissent ont été moins perfectionnés. La différence entre le Southdown de Jonas Webb et les autres moutons anglais améliorés au même point, si elle existe sous ce rapport, cette différence est assez peu prononcée pour que son appréciation soit des plus difficiles. Et si, comme il y a lieu de le croire, à en juger par la faveur obtenue de l'autre côté du détroit par les béliers de Brabaham, surtout lors de la vente générale du troupeau qui a eu lieu récemment, l'influence de ces béliers s'étend à la race entière, les motifs de nos préférences auront

cessé d'exister, en tant qu'il s'agira d'importations directes. Nous n'avons pas à discuter la question au point de vue de l'Angleterre, dont le sens pratique nous est garant qu'elle n'agit en ces matières qu'à bon escient; mais en ce qui concerne notre pays, ce n'est pas là ce qu'il lui faut pour le plus grand nombre de ses situations, ainsi que nous tâcherons de l'établir à l'occasion.

Race mérinos. — L'étude du mouton mérinos et de l'influence qu'il a exercée, à partir du dernier siècle, sur l'espèce ovine du monde entier, est un sujet des plus intéressants. Il y aurait là de quoi faire un gros volume. Notre cadre nous oblige à concentrer cette étude en quelques pages. Nous tâcherons cependant de ne rien omettre d'important; de prendre ce type du producteur de laines fines à son point de départ connu, de le suivre dans les différents lieux où il a constitué par la sélection des variétés ou familles pures, et par le croisement des métis qui s'en rapprochent plus ou moins. Cela nous conduira à faire l'histoire d'une bonne partie de l'espèce ovine de la France et de quelques autres États; car il n'est assurément aucune race animale qui se soit autant multipliée que celle des moutons mérinos, grâce à l'importance industrielle de ses précieuses toisons, grâce surtout à une faculté de cosmopolitisme dont le genre de vie auquel ces animaux ont été de tout temps soumis, dans leur pays originaire, rend parfaitement raison. S'il était besoin de chercher des arguments contre les physiologistes à courte vue qui posent en principe absolu le non-cosmopolitisme des races, l'histoire des familles mérinos, particulièrement, en fournirait de surabondants.

Pour procéder avec ordre, il convient d'étudier d'abord le mérinos espagnol, type primitif de la race et point de départ des variétés que nous observons maintenant.

MÉRINOS D'ESPAGNE. — On ne trouve point dans un système d'élevage particulier la raison qui fait que la race mérine se distingue entre toutes par la finesse de sa toison. On la rencontre toujours avec ce caractère, aussi loin que l'on puisse remonter dans l'histoire de la péninsule ibérique. Du temps des Romains, sous l'empire de la domination mauresque, comme dans l'époque moderne, les laines de l'Andalousie n'ont point cessé d'être réputées pour la fabrication des plus belles étoffes. Grenade a longtemps conservé, sous ce rapport, une suprématie européenne. Les troupeaux de ces riches contrées, si favorisées par leurs conditions naturelles, mais qui attendent encore de l'esprit moderne les progrès que la marche de la civilisation a réalisés ailleurs dans l'exploitation du sol; ces troupeaux, conséquence exclusive du système pastoral primitif que l'on trouve à l'enfance des sociétés humaines, ont toujours été soumis au régime spécial de la *transhumance*, dont nous verrons encore des exemples dans quelques-uns de nos départements méridionaux. Vivant durant l'été dans les riches vallées, dans les fertiles plaines, arrosées par de larges fleuves, de l'Estramadure, de l'Andalousie et de la Nouvelle-Castille, sous un climat remarquablement doux, où ils trouvent pour leur entretien les conditions les plus favorables qui se puissent imaginer, les moutons espagnols vont passer la saison d'été sur les hautes montagnes des régions du nord et de l'est, où règne une température fraîche et où croissent des herbes sapides et fines que le soleil n'a point desséchées. Ils sont mis en marche dans les premiers jours d'avril, pour arriver à destination vers la fin de mai ou les premiers jours de juin, après avoir traversé, du sud-ouest au nord ou à l'est, de longues distances où leur parcours, par la dépaissance, s'oppose à l'adoption de tout système de culture régulier. Ils reviennent ensuite, à la fin de septembre, dans leurs cantonnements d'hiver, en faisant un nouveau voyage d'un mois à six semaines.

« C'est pendant cette émigration, au printemps, que les moutons transhumants sont tondus en route dans les *esquileos*, établissements spéciaux contenant un personnel suffisamment nombreux pour pouvoir tondre en un seul jour des troupeaux de mille bêtes.

« On distingue, dit M. Magne, deux principales variétés de moutons espagnols, d'après les montagnes sur lesquelles estivent les troupeaux. L'une passe les hivers dans le bassin de la Guadiana, aux environs de Mérida. Vers le 15 avril, elle se met en route, passe le Tage à Almares et se dirige vers les Asturies. Une partie arrive dans le royaume de Léon, et l'autre séjourne sur les montagnes de la Vieille-Castille.

« La seconde variété hiverne un peu à l'est des terres habitées par la précédente sur les confins de l'Andalousie, de la Vieille-Castille et de l'Estramadure, passe le Tage en partie au pont d'Arrobispa et en partie à Talavera; elle se dirige ensuite vers le nord-est; quelques troupeaux séjournent dans l'intendance de Soria et les autres traversent l'Èbre, et s'avancent dans la Navarre jusqu'aux Pyrénées.

« La première de ces variétés est appelée *Léonaise*, du royaume de Léon, où elle passe l'été. C'est la plus renommée. Elle se divise en plusieurs familles célèbres, parmi lesquelles celle de *Negrette*, *Negretti*, possède des colonies, qu'on conserve à l'état de pureté, dans l'Europe septentrionale. L'autre est connue sous le nom de *Soriane*, et compte aussi diverses sous-variétés. La *Navarrine*, venant pâturer sur les Pyrénées occidentales; la *Ségovienne*, dans le royaume de Ségovie, à l'est de Léon et à l'ouest de Soria, sont moins connues. »

Au reste, à quelque variété qu'il appartienne, le mérinos espagnol est de taille moyenne; il a le corps court, épais, les jambes solides et peu allongées, ce qui lui donne un aspect trapu. Sa tête est grosse, à chanfrein busqué, et portant des cornes fortes, retournées en volute serrée. Son garrot est saillant, ses reins fléchis. La peau, fine et rose, est ample et forme dans plusieurs régions, au cou, sur les épaules et sur les cuisses, des replis, sortes de fanons, qui multiplient la surface couverte de laine. Celle-ci, qui s'étend à la tête jusqu'au-dessus des yeux, est fine, frisée, à brin court et élastique. La toison est fortement chargée de suint. Elle est peu homogène et contient une forte proportion de jarre, surtout vers les régions où la peau présente ses replis.

Les portées de la brebis sont le plus ordinairement simples.

C'est avec ces caractères que le mérinos a été importé d'Espagne dans les autres parties de l'Europe, où il a subi des modifications intéressantes à étudier, non pas dans son type, qui est nécessairement demeuré le même partout, mais dans ses aptitudes, qui ont été développées dans le sens des nécessités économiques par un entretien et une culture mieux entendus. Le mérinos espagnol, l'animal de la transhumance, est ce que de telles conditions peuvent le faire. Celui que nous allons voir maintenant dans ses principales variétés est le produit de la civilisation.

Sans nous préoccuper de la date des importations, nous le suivrons d'abord en Allemagne, pour ce motif qu'après avoir étudié le mérinos français et ses métis, nous pourrons continuer sans lacune la description des autres races qui peuplent notre pays.

MÉRINOS ALLEMANDS. — D'après Aug. de Weckherlin, 102 béliers et 128 brebis furent importés d'Espagne en Saxe, en 1765. C'était la première fois qu'en ce pays on voyait des mérinos. En 1779, une nouvelle importation de 55 béliers et de 109 brebis était faite. On prétend que dès 1763 il en existait en Autriche; mais il paraît que leur première introduction dans cette contrée date seulement de 1770. En Prusse, elle est de 1776; en Wurtemberg, de 1786; en Bavière et dans le duché de Bade, de 1789.

C'est en Saxe que le mérinos, comme producteur de laine fine, a atteint promptement son plus haut degré de perfection, grâce d'abord au bon choix des premiers individus importés d'Espagne, puis au soin que l'on a toujours mis à conserver la race dans sa pureté. La grande finesse de la laine produite par le troupeau de l'électeur de Saxe, lui fit bientôt acquérir une grande réputation dans le commerce du monde, où elle prit dès lors le nom de *laine électorale*, qui passa ensuite à la tribu dont ce troupeau avait été le noyau. Les mérinos de Saxe furent désignés désormais sous le nom de *race électorale*. D'autres tribus, présentant des caractères particuliers, sont connues en Allemagne sous les appellations d'*Escurial*, d'*Infantado*, de *Negretti*, du nom des propriétaires espagnols dans les troupeaux desquels les premiers types importés avaient été choisis. Les uns prétendent que les mérinos de l'électeur de Saxe provenaient du troupeau du cloître de l'Escurial; d'autres soutiennent au contraire que ces animaux sortaient presque exclusivement de chez le comte Negretti-Cavagne; on fait procéder enfin d'autres mérinos allemands du troupeau du duc d'Infantado. Ces divergences n'ont aucune importance. Il est bon seulement de savoir sur quoi sont basées les désignations usitées de l'autre côté du Rhin.

Quoi qu'il en soit, l'auteur que nous avons cité plus haut, dans son *Traité des bêtes ovines*, écrit spécialement en vue de l'Allemagne, admet deux variétés mérines, qu'il qualifie à tort de races : 1° l'*Infantado* (anciennement Negretti); 2° l'*Électorale* (jadis Escurial). Ou mieux, ajoute-t-il, d'après des caractères plus fondés : 1° mérinos à laine forte; 2° mérinos à laine douce.

Bien que l'exposition agricole de 1856 nous ait mis à même d'étudier sur nature les mérinos allemands dans leurs plus beaux types, mieux vaut encore emprunter leur description à un auteur qui les a pratiqués durant toute sa vie. Voici donc ce qu'en dit Weckherlin :

1° *Infantado* (Negretti) ou *mérinos à laine forte*.

Fig. 562. — Bélier mérinos.

— « L'Infantado se rapproche beaucoup plus du type espagnol que les mérinos à laine douce, qui sont, pour ainsi dire, de création allemande.

« Il possède un corps plus fort, plus ramassé, plus large, plus profond que ceux-ci. Sa face est large et obtuse, son front et ses naseaux sont arqués. La peau de son cou, de ses cuisses et de son ventre a une grande propension à se plisser, et cette disposition se remarque même chez les agneaux nouveau-nés. La queue est épaisse et très-charnue à sa base. Il est couvert de laine jusqu'aux mâchoires et aux onglons, et cette laine est bien fournie et fortement empreinte d'un suint gluant, ayant quelque analogie avec du suif ou de la poix, et qui donne souvent à la surface de la toison un aspect noirâtre. Le brin n'est pas d'une très-grande finesse et il a une certaine rudesse, surtout à son extrémité. On récolte en moyenne sur le mérinos à laine forte 3 livres de laine d'une longueur de 2 pouces quand elle n'est pas étendue. Il est plus propre à prendre la graisse que le mouton électoral; le rendement d'une brebis bien nourrie est de 40 à 50 livres de viande.

« Il existe dans les Infantados des animaux moins estimés, dont la peau présente des plis extrêmement prononcés et est couverte d'une laine très-rude; leur toison est plate et imprégnée d'un suint de couleur jaune foncé, souvent résineux, qui rend impossible le lavage de la laine à l'eau froide.

2° *Électoral* (Escurial) ou *mérinos à laine douce*.
— « La forme du corps du mouton électoral est plus svelte, moins ramassée et un peu plus mince que celle de l'Infantado. Sa tête est plus fine et plus pointue; son front est uni, et son cou est moins fort et moins plissé. Il est un peu plus haut sur jambes et il a la croupe plus avalée vers la base de la queue. Il a beaucoup moins de laine aux extrémités, et il n'est pas rare de lui voir la tête et le ventre dépourvus de laine. Sa peau est plus mince, plus fine, moins disposée à se plisser. La finesse et l'homogénéité de la laine est remarquable sur toute l'étendue du corps et elle est en même temps douce et moelleuse. Le suint dont elle est enduite est oléagineux, butyreux et très-facilement soluble dans l'eau; mais la toison est beaucoup moins bien fournie. Le rendement moyen de la laine est de 2 livres, la longueur du brin de 1 à 2 pouces, et une brebis bien nourrie donne de 35 à 40 livres de viande à la boucherie. »

« Il y a dans la race électorale, ainsi qu'on en rencontre dans les Infantados, ajoute de Weckherlin, des animaux qui laissent à désirer sous bien des rapports.

« Ainsi, dans les troupeaux où l'on recherche avant tout l'extrême finesse de la laine sans avoir égard à la force et à la bonne conformation du corps, on trouve quelquefois des animaux qui naissent nus et pourvus tout simplement d'une enveloppe. Leur peau est extrêmement mince et d'une couleur rouge aux parties non couvertes de laine. Les oreilles restent nues; elles sont minces et transparentes. Les moutons qu'ils produisent n'ont point de laine sur la tête jusque derrière les oreilles, non plus que sur les pattes. La croupe et les reins sont faibles. La laine est courte, sans force, irrégulière, floconneuse sur le dos, très-légère, et souvent elle se perd. Leur constitution générale est très-faible, et si bonne que soit la nourriture qu'on leur donne, elle ne leur profile pas; ils restent toujours maladifs et comme étiolés. De toutes les espèces de moutons, c'est celle qui a le moins de valeur; aussi doit-on la rejeter. »

C'est là l'écueil de l'élevage du mérinos électoral, étroitement spécialisé pour la production d'une laine extra-fine par la sélection et une alimentation parcimonieuse, en dehors de toutes les conditions de rusticité. Le mérinos français, dont nous allons nous occuper maintenant, a été conduit en général dans une tout autre voie, plus en rapport avec les circonstances de notre économie rurale.

Mérinos français. — Dès le temps de Colbert, des béliers mérinos avaient été importés d'Espagne en France et employés à des croisements dans le Roussillon, où nous trouverons plus tard des traces de leur passage. On rapporte aussi qu'un intendant du Béarn, d'Étigny, avait également essayé, vers 1750, d'améliorer les troupeaux de sa province à l'aide des béliers espagnols. Mais c'est à Daubenton que sont dues les premières introductions sérieuses de la race en France. En 1766, l'illustre savant, sous les auspices de Trudaine, intendant des finances, formait à Montbard, dans son propre domaine, un troupeau de purs mérinos avec des sujets mâles et femelles venus d'Espagne, en même temps qu'il faisait opérer de nouveaux croisements dans le Roussillon.

« C'est, dit M. Magne, en 1786 que Louis XVI demanda au roi d'Espagne, son beau-frère, le droit d'introduire en France un troupeau de bêtes à laine choisies. La demande fut bien accueillie, et, par les ordres de M. de la Vauguyon, notre ambassadeur à Madrid, deux Espagnols, don Ramira et André-Gilles Hernans, choisirent 384 bêtes, 42 mâles et 342 femelles. Ce troupeau partit de Ségovie le 15 juin 1786, et arriva à Rambouillet le 12 octobre suivant. Le mauvais temps fit périr en route quelques individus, qui furent remplacés en partie par les agneaux nés en voyage, et en définitive 366 individus, 48 mâles et 318 femelles, arrivèrent à leur destination.

« Une seconde introduction faite par le gouvernement eut lieu à la fin du siècle. D'après le traité de Bâle (1796) l'Espagne devait pendant cinq ans livrer annuellement à la France 100 béliers et 1,000 brebis. Le traité ne fut pas complétement exécuté.

« Vers cette époque, ajoute le même auteur, le gouvernement avait fondé des bergeries à la Malmaison, à Arles, et dans les environs d'Aix-la-Chapelle, de Trèves, de Clermont-Ferrand, de Villefranche (Rhône), de Nantes, de Mont-de-Marsan. Ces établissements eurent peu de durée. La bergerie de Perpignan, qui exista jusqu'en 1842, remontait à 1800. Il y avait été introduit 334 brebis et 16 béliers, choisis en grande partie en Espagne par le professeur Gilbert.

« C'est dans le même temps à peu près que quelques agronomes distingués de l'Est, Girod, de l'Ain, Pictet, notre digne confrère Favre, de Ge-

nève, introduisirent le mouton espagnol sur les bords du lac Léman.

« Le troupeau de Naz, dont la célébrité, pour la finesse des toisons, a été universelle, remonte à 1798. »

De ces diverses introductions, opérées dans des conditions si différentes, l'acclimatation a fait en France du type espagnol deux variétés bien distinctes, qui se caractérisent à la fois par le volume du corps et par la finesse de la laine, tout en lui conservant, bien entendu, ses caractères fondamentaux. Les formes générales, les attributs accessoires se modifient par le régime; le type de la race est indélébile. C'est ce qu'il importe, en zootechnie, de ne jamais perdre de vue. Entre les modifications extrêmes, de nombreuses nuances ont pris naissance, et nous en aurons quelques-unes à signaler; mais il convient avant tout de bien caractériser les variétés dont il s'agit.

Ces deux variétés, dont la formation remonte aux premiers temps de l'importation par le gouvernement français et par des particuliers, ont pris le nom des lieux où elles se sont constituées. C'est ainsi que dans le type mérinos français on distingue maintenant celui de Naz et celui de Rambouillet. Nous parlerons d'abord du premier, qui est le moins important à la fois par sa population et par sa valeur économique, dans l'état actuel de l'industrie ovine française.

Mérinos de Naz. — Cette tribu s'est constituée d'abord dans l'exploitation de Naz, arrondissement de Gex, dans le département de l'Ain. Par les soins de MM. Girod, de l'Ain, et Perrault, de Jotemps, surtout, elle a acquis dans sa fonction spéciale un très-haut degré de perfection.

Le mérinos de Naz a conservé dans son volume et sa conformation tous les caractères du mouton espagnol tel que nous l'avons décrit plus haut. Il a seulement été perfectionné par sélection sous le rapport de la toison. Celle-ci est devenue très-homogène, à brins d'une extrême finesse, à mèches courtes mais peu tassées, et par conséquent légère. Les plis de la peau ont disparu. En somme, la variété de Naz est fort analogue au mérinos de Saxe. Il tient de la race dite électorale par la finesse et la douceur de sa laine, de l'Infantado ou Negretti par son corps petit, trapu, sa tête grosse et fortement cornée; en un mot par sa ressemblance parfaite avec le type espagnol. Il est en outre agile et ardent, rustique; ce qui dépend du régime auquel il a toujours été maintenu.

« En hiver, dit M. Magne, le troupeau de Naz reçoit à la bergerie une ration de foin et de racines très-régulièrement distribuée, jamais trop forte; et pendant l'été il pacage sur les montagnes des environs de Genève où le sol est salubre, l'herbe de bonne nature, mais trop peu abondante pour pousser au grand développement des organes, de la peau et de la laine en particulier. »

Ce sont là des conditions indispensables pour la production des laines extra-fines. Ainsi que le fait fort judicieusement observer le même auteur, un pays salubre, des terres bien égouttées produisant plutôt des plantes nutritives que des herbes abondantes et vigoureuses ; des pâturages formés de gazons courts, ne contenant ni broussailles ni herbes à haute tige pouvant souiller les toisons ; un climat sec, surtout si l'hivernage à la bergerie ne doit pas être de longue durée ; pendant ce dernier temps, une nourriture régulièrement distribuée et en moyenne quantité : tel est le régime hygiénique sans lequel le mérinos ne saurait conserver les caractères que nous venons de voir.

Une nourriture abondante, sous un climat humide et pluvieux, où les plantes sont moins nutritives pour un égal volume, fait prendre aux jeunes animaux un plus grand développement et active la sécrétion de la laine, qui perd en finesse ce qu'elle gagne en longueur. Elle hâte chez les adultes la production de la graisse qui, ainsi que nous en avons vu de frappants exemples chez les races anglaises, où la disposition à l'engraissement a été exagérée à dessein, enlève à la peau de sa vitalité, et par conséquent à la laine de sa souplesse et de sa force.

Si au contraire l'alimentation est insuffisante, les animaux subissent les effets de la misère, dont les premiers se traduisent par la sécrétion d'une laine maigre, sèche, sans force et sans élasticité. Le brin s'arrache avec la plus grande facilité et tombe même spontanément. Lorsqu'à cela se joint l'humidité du sol, les moutons dont il s'agit ne manquent jamais de contracter la cachexie aqueuse ou pourriture, à laquelle ils sont très-sujets, et ils périssent.

Cela montre à quel point est difficile l'entretien des mérinos de Naz et quelles précautions nécessite la production des laines extra-fines. Il ne suffit pas de mettre le plus grand soin dans le choix des reproducteurs, au point de vue de l'uniformité de la toison, de son homogénéité, et de toutes les qualités indispensables pour multiplier la race en conservant ces qualités et même en les perfectionnant. Il faut encore que le régime, comme nous venons de le dire, soit minutieusement approprié au but de la production. Les toisons extra-fines, en outre, exigent, pour n'être point altérées, que les animaux qui les portent soient l'objet d'attentions constantes sous le rapport de la propreté. Des bergeries insuffisamment aérées et mal nettoyées, souillent la laine et, par les émanations ammoniacales qui s'en échappent, altèrent sa douceur et sa résistance. Le parcage, par la terre qu'il introduit dans la toison, durcit la laine et en augmente le déchet, en nécessitant des opérations de lavage plus compliquées.

Toutes ces considérations, qui font de la production des laines extra-fines une industrie peu compatible avec les exigences modernes du progrès agricole, sont bien loin, d'ailleurs, d'être compensées, en France du moins, par les avantages spéciaux de la spéculation. Ces laines ne trouvent plus sur le marché, dans les nouvelles conditions de nos manufactures de tissus, un prix suffisamment rémunérateur des soins qu'il faut prendre pour les obtenir. Il fut un temps où la faible quantité que chaque mouton en produit atteignait une valeur telle, que le résultat final était

néanmoins un bénéfice satisfaisant. Ce temps n'est plus. La concurrence des pays d'outre-mer, jointe aux nouveaux besoins manufacturiers, a fait baisser les prix à ce point qu'il y a dans tous les cas avantage, ainsi que nous le verrons tout à l'heure, à sacrifier, dans l'exploitation du mérinos, au point de vue de la laine, la finesse au poids total de la toison.

En effet, celle-ci ne pèse jamais, en moyenne, chez les mérinos de Naz et autres analogues, au delà de 1 kilog. à 1ᵏ,500 en suint. Le prix actuel de ces laines surfines, c'est-à-dire de celles dont le brin a 1/60 à 1/50 de millimètre de diamètre, est environ de 4 à 5 fr. le kilogramme, ce qui met la valeur des toisons à 7 fr. 50 au plus. Or, la nourriture et l'entretien d'un mouton de cette nature sont évalués en France, en moyenne, à 8 fr. Si nous considérons d'un autre côté les conditions dans lesquelles se trouvent, sous ce même rapport, les contrées qui peuvent nous faire concurrence sur le marché européen, nous voyons que les frais s'élèvent en Hongrie à 5 fr., dans les steppes de la Russie méridionale à 3 fr. 60, et dans celles de l'Océanie, Australie ou Nouvelle-Hollande, à 2 fr. seulement. Aussi les importations vont-elles toujours croissant, au point d'en être arrivées chez nous, en 1859, à plus de 40,000,000 de kilogr., de 7,805,078 kilogr. qu'elles savaient atteints en 1827. Pour l'Angleterre, les chiffres sont encore plus significatifs. En 1859, l'industrie anglaise a reçu de l'Allemagne, de l'Australie, de l'Espagne, de la Russie, etc., plus de 45,000,000 de kilogr. de laines, dont les deux tiers des deux premières provenances ; tandis qu'en 1800 ses importations s'élevaient à peine au-dessus de 3 millions et demi de kilogrammes.

En présence d'une telle situation, on peut prévoir l'avenir qu'offre à l'économie rurale de notre pays la production des laines extra-fines, et par conséquent l'intérêt que mérite la conservation du mérinos de Naz, dont la valeur est d'autre part fort minime comme bête de boucherie, ainsi qu'on le pense bien. Aussi sa population va-t-elle se restreignant de plus en plus, devant les nécessités inéluctables de la logique économique et celles non moins impérieuses du progrès agricole. Elle fait place aux individus portant des toisons moins fines, mais plus lourdes, plus corpulents et mieux appropriés aux exigences actuelles de la consommation de la viande, et qui, en définitive, donnent des bénéfices plus considérables sous ces deux chefs. Le vrai mérinos français de l'époque actuelle est constitué par la variété de Rambouillet, qui doit arriver à réaliser le type mixte de la bête à laine, sous l'empire de la sélection.

Mérinos de Rambouillet. — C'est la variété la plus répandue en France. Dans son état de pureté ou par ses métis, elle peuple toute cette formation géologique que l'on appelle le bassin de Paris. Sous l'influence d'une alimentation plus abondante et mieux suivie, les moutons espagnols élevés à Rambouillet ont acquis un plus grand développement, en ne cessant point de produire des toisons dont la laine méritât d'être qualifiée de fine. Longtemps ils ont été conduits exclusivement dans cette voie, dans la mesure compatible toutefois avec l'habitude du parcage des terres, usitée dans la région où leurs troupeaux sont entretenus. La viande du mérinos, de médiocre qualité, sentant le suint, surchargée d'os, dure à l'engrais, était considérée comme fort accessoire dans son exploitation. Toutes les vues d'amélioration étaient tournées du côté de la toison, dont il s'agissait d'augmenter en même temps l'étendue, l'homogénéité et le poids. Aujourd'hui la tendance est autre. Sous l'empire des nouvelles idées, on vise, suivant une heureuse expression, à faire acquérir au mérinos, sous sa riche et fine toison, la conformation du Southdown.

Si l'on ne peut point dire que ce but soit atteint dès à présent dans le mérinos de Rambouillet, il faut reconnaître cependant que des efforts efficaces ont été faits dans ces derniers temps pour s'en rapprocher. Et il est permis d'ajouter qu'en France l'avenir économique de la race est de ce côté. Le but une fois bien compris des éleveurs, le résultat ne sera certes pas douteux. En face d'un tel problème, se pose à examiner la question de savoir s'il ne vaudrait pas mieux substituer tout d'un coup au mérinos la race à viande dont il vient d'être parlé, ou toute autre race déjà perfectionnée dans le même sens. Pas mal de gens se trouvent qui résolvent sans hésiter cette question par l'affirmative. Mais ceux-là ne prennent pas assez garde qu'en concluant ainsi du particulier au général, ils s'exposent à commettre de graves erreurs. Sans doute, dans les conditions déterminées d'une culture intensive, une telle substitution peut être avantageuse, et par conséquent rationnelle. Tels fourrages produits en abondance peuvent être mieux un bénéfice final plus considérable, consommés par des bêtes à viande plutôt que par des bêtes à laine ; en d'autres termes, une spéculation basée sur la production de la viande peut, dans ces conditions, être plus avantageuse que celle qui a pour objet une fabrication mixte de viande et de toisons. C'est à examiner en tenant compte de tous les éléments d'un pareil calcul. Mais il n'est nullement douteux que dans la plupart des situations où le mérinos de Rambouillet est actuellement entretenu, et où la culture n'est pas encore propre à l'exploitation des races précoces, la valeur des toisons qu'il fournit chaque année, jusqu'à ce qu'il ait atteint son âge adulte, est à prendre en grande considération, car elle dégrève singulièrement son compte d'élevage et d'entretien. La seule injonction du progrès, en pareil cas, est de lui faire atteindre cette conformation du Southdown, dont nous parlions tout à l'heure, et qui est le type de la beauté que nous avons posé ; conformation aucunement incompatible d'ailleurs avec la conservation des caractères actuels de sa toison, et qui doit avoir finalement pour résultat d'en faire une meilleure bête de boucherie.

D'après des pesées exactes opérées sur un certain nombre d'individus de différents âges et de différents sexes, le poids vif des mérinos de Rambouillet peut être évalué aux moyennes suivantes : Agnelles de cinq mois, 25^k,045 ; agneaux du même âge, 32^k,857 ; brebis de dix mois, 46^k,750 ; brebis

antenoises, 48^k,018 ; béliers de dix-huit mois, 78 kilogr. ; béliers adultes, 97 kilogr. On a par ces poids une idée du développement acquis en moins d'un siècle, dans les bergeries françaises, par le mérinos espagnol. Si nous voulons avoir maintenant le poids des toisons, nous voyons que, pour les mêmes cas, ce poids s'est élevé à 2^k,263 et 1^k,909 de laine lavée à dos, pour les brebis de dix mois et les antenoises, et à 5^k,800 et 5^k,750 de laine en suint pour les béliers de dix-huit mois et les béliers adultes.

Il nous sera facile maintenant, avec ces chiffres, d'examiner comparativement la spéculation des laines extra-fines dont nous avons plus haut indiqué les conditions, et celle des laines fines ou des laines intermédiaires à laquelle se rapportent lesdits chiffres. Le prix de ces laines varie de 2 à 3 francs, suivant qualité. Nous voulons parler, bien entendu, des toisons de mérinos purs. Or, d'après cela, le minimum de produit d'une toison de Rambouillet est 11 fr. 50, tandis que le maximum de celle de Naz est seulement 7 fr. 50. Mais la différence est encore plus sensible, en pénétrant plus avant dans la comparaison. Voici comment s'établit le prix de revient de la laine, à Rambouillet. Là, les brebis antenoises du poids vif de 40 kilogr. en moyenne, reçoivent 1^k,200 de foin ou l'équivalent, à raison de 3 p. 100 de leur poids, soit pour 365 jours, intervalle d'une tonte à l'autre, 438 kilogr. Leur accroissement en poids, pour cette quantité de nourriture, est de 6 kilog., qui, à raison de 25 kilogr. de foin pour chacun, font en somme 150 kilogr. employés à l'accroissement de leur poids vif. Les 288 kilogr. restants ont été employés à produire la toison, ayant donné à la tonte 5^k,200 de laine en suint, soit 55 kilogr. de foin ou l'équivalent pour 1 kilogr. de laine. En estimant le foin à raison de 40 francs les 1,000 kilogr., on arrive à 2 fr. 50 pour le prix de revient total de la toison, ou 42 centimes par kilogramme.

Il est à croire que ceux qui prétendent que le mérinos a fait son temps, n'ont point pris la peine de se livrer à de pareils calculs. Sans cela, ils comprendraient mieux la résistance que les cultivateurs opposent à leurs exhortations.

Loin donc de renoncer à produire des laines comme les donne à présent le mérinos de Rambouillet, il importe d'en continuer la production dans toutes les régions calcaires où la race a été adoptée et améliorée depuis longtemps. A mesure que celle-ci acquiert, sous l'empire des idées nouvelles, une aptitude plus prononcée pour la boucherie, les qualités de sa laine se rapprochent davantage des conditions exigées par les besoins actuels de nos manufactures, et lui assurent des débouchés avantageux. Il ne faut pas confondre à cet égard les laines fines propres à la carde, avec les laines fines ou intermédiaires propres au peigne. Ce sont ces dernières que doit surtout produire maintenant le mérinos français. Et dans les diverses localités où il vit, et qui seront successivement passées en revue tout à l'heure, sans négliger aucunement les qualités fondamentales qui font le mérite de sa toison, l'homogénéité, la régularité et le tassé des mèches, la douceur, la souplesse, l'extensibilité, l'élasticité, la force, le nerf du brin, il convient surtout de s'occuper de la bonne conformation des reproducteurs, de la bonne alimentation des produits. Sans qu'il soit nécessaire de tenter l'aventure des croisements beaucoup trop préconisés, une sélection bien entendue en fera bientôt la bête à aptitude mixte la plus propre à tirer parti des conditions culturales où le mérinos s'est répandu. Là où la précocité n'est pas encore possible, le mouton dont la toison atteint le plus haut prix est nécessairement celui qui doit être préféré. Il ne faut pas plus d'aliments pour faire de la laine fine que pour produire de la laine commune, dans un même temps; et au marché, où elles se vendent l'une et l'autre, la différence est souvent au moins d'un tiers. Cela juge la question.

On reproche au mérinos d'être moins robuste que nos races indigènes; d'être plus sujet à la pourriture, au piétin, à la gale, au tournis, au sang-de-rate, etc. Voilà bien des défauts. Sont-ils réels? C'est au moins douteux. Ce qui est certain, c'est qu'il craint le froid, l'humidité et la malpropreté. Il y a peu de moutons qui ne soient là. Cela indique seulement que l'entretien du mérinos exige un pays salubre et une hygiène bien entendue. Il ne s'est implanté d'ailleurs dans notre pays que sur les points où il pouvait rencontrer ces conditions, ainsi que nous le verrons en le suivant dans ses diverses provinces, pour étudier ses métis. Mais, auparavant, nous avons à faire l'histoire succincte d'une variété nouvelle, dérivée du mérinos de Rambouillet, et qui, par ses caractères particuliers, mérite toute notre attention.

Mérinos à laine soyeuse de Mauchamp. — En 1828, le domaine de Mauchamp, près Berry-au-Bac, département de l'Aisne, composé de terres peu fertiles, nourrissait depuis fort longtemps déjà un troupeau mérinos de moyenne taille. M. Graux était fermier de ce domaine. Cette même année, une des brebis du troupeau de Mauchamp donna un agneau qui se distinguait de tous les autres par son lainage et par ses cornes. Le lainage, droit, lisse et soyeux, était peu tassé; chaque mèche, à brins inégaux en longueur, se terminait par ce fait en pointe. L'aspect seul des cornes, presque lisses à leur surface, indiquait, a fait remarquer M. Yvart (qui nous a fourni ces détails sur les commencements de la famille dite de Mauchamp), que la laine devait être droite ou peu ondulée; car, dit-il, les poils et les cornes ont, par leur mode de sécrétion, tant de rapports entre eux, que la laine ne peut être modifiée sans que les cornes présentent des modifications semblables.

Cet agneau était très-petit, chétif, et fort mal conformé. Il avait la poitrine étroite, serrée, le dos tranchant, la croupe mince, le flanc large et le ventre volumineux.

Un pareil fait avait dû sans doute se produire d'autres fois dans les troupeaux mérinos. Il en existe au moins deux cas avérés, rapportés par M. Yvart. L'un a été remarqué dans le troupeau de M. Bourgeois, ancien directeur des bergeries de Rambouillet, le second dans les environs de Villeneuve-l'Archevêque (Yonne). Mais on n'y avait pas pris autrement garde. M. Graux en fut frappé. Il eut le génie de comprendre le parti qu'il pourrait en tirer. Dès 1829, il employa son bélier à la reproduction, avec l'intention arrêtée de prendre désormais pour étalons ceux de ses produits qui présenteraient le même lainage. L'agnelage de 1830 ne donna que deux individus à laine soyeuse, un mâle et une femelle. Celui de 1831 en produisit cinq, quatre agneaux et une agnelle. C'est seulement en 1833 que les béliers à laine soyeuse furent assez nombreux pour faire seuls le service du troupeau.

En 1835, dans une réunion publique du comice agricole de Rozoy (Seine-et-Marne), ces béliers furent montrés pour la première fois aux agriculteurs. « Je vais alors les étudier, dit M. Yvart; je constatai que leur conformation était très-mauvaise pour la boucherie. Ils avaient la tête démesurément grosse, le cou long, la poitrine étroite, les flancs longs, les genoux très-rapprochés, les jarrets fort coudés. » En poursuivant sa nouvelle création, M. Graux devait donc tendre à corriger ces vices de conformation. C'est à quoi l'engagea vivement l'honorable inspecteur général des écoles vétérinaires et des bergeries, qui, à partir de ce moment, prit un intérêt tout particulier à l'œuvre du fermier de Mauchamp, et ne cessa d'y coopérer par ses conseils et par les encouragements de l'administration qu'il lui fit accorder.

C'était là une œuvre longue et difficile; car elle ne pouvait être accomplie qu'à l'aide des quelques rares individus bien conformés qui se produiraient exceptionnellement. Dans l'accouplement des béliers soyeux avec les brebis mérinos à laine ordinaire, composant la plus grande partie du troupeau, voici ce qui se faisait observer chaque année. Les agneaux obtenus se divisaient en deux catégories. Les uns conservaient les caractères de l'ancienne race; ils avaient seulement la laine un peu plus longue et plus douce. Les autres, beaucoup moins nombreux, venaient avec la laine soyeuse, mais aussi pour la plupart avec la mauvaise conformation de leur premier ascendant. La progression de ces derniers a été si lente, que l'agnelage de 1847-48, qui a donné 153 agneaux, en présentait encore 22 dont la laine avait l'apparence et les caractères du mérinos primitif.

M. Yvart mentionne à cet égard un fait qu'il qualifie avec raison d'important : c'est que de l'accouplement de béliers et de brebis à laine soyeuse bien caractérisée, sont toujours provenus, dès le début, des agneaux également à laine soyeuse. Cela prouve que dès lors ce caractère était acquis, fixé, et par là transmissible infailliblement par sélection héréditaire. C'est un nouveau fait à ajouter à ceux que nous avons déjà fait valoir, pour prouver la puissance d'hérédité des organes accessoires de l'économie animale, qui donne à la question du perfectionnement de l'espèce ovine en particulier, ses caractères spéciaux au point de vue de la toison.

Il est un autre fait non moins important, et que nous ne devons pas négliger de signaler. Nulle part l'usage des accouplements consanguins n'a été plus largement pratiqué que dans le troupeau de Mauchamp. Il va de soi que les premiers béliers soyeux, dans leurs appareillements, ont dû de toute nécessité être d'abord accouplés avec leurs sœurs, puis avec leurs mères et leurs filles, et que tous, mâles et femelles, étaient issus de la même souche, l'unique agneau de 1828. Les mérinos soyeux forment donc d'une façon non douteuse une famille consanguine, comme il n'y en a nulle part d'exemple mieux caractérisé.

Or, s'il était vrai que la consanguinité eût les inconvénients absolus que lui attribuent encore des observateurs à courte vue, la création de M. Graux se serait trouvée, dans son principe, frappée d'impuissance. Il n'y a pas dans la science d'exemple plus complet de l'inanité des dangers attribués au seul fait de la consanguinité, et nous avons été le premier, croyons-nous, à faire ressortir sa grande signification (1). Loin de péricliter, le troupeau de Mauchamp n'a pas cessé de s'améliorer sous tous les rapports. Voici quel était son état en 1850, d'après M. Yvart, dont personne ne contestera la compétence, ni ne suspectera l'impartialité.

« Malgré les difficultés de l'opération qui se suit à Mauchamp, écrivait-il alors, les animaux ont éprouvé, dans leurs formes, d'heureuses modifications; ils ont les flancs plus courts, les reins plus larges et le cou moins allongé. La poitrine est devenue plus ample, surtout vers le sternum; si parfois elle conserve de l'étroitesse, c'est du côté du garrot. Enfin la tête est devenue beaucoup moins grosse, mais sans que cela provienne du rétrécissement de la boîte crânienne. Ce moindre volume dépend de la disparition des cornes. Supportées sur des axes osseux, ces parties augmentent inutilement le volume de la tête de l'animal adulte, et de plus elles occasionnaient dans le fœtus à terme une si grande épaisseur des os du crâne, que la parturition en devient parfois laborieuse. Il était avantageux de supprimer des parties inutiles et dangereuses; la persévérance avec laquelle ont été réformés les béliers pourvus de cornes a fait disparaître ces organes.

« Amélioré dans sa conformation, le nouveau type reproduit à peu près les formes de l'ancienne race mérinos, » ajoutait M. Yvart. Dans les mêmes conditions d'élevage, il atteint le même développement. Des pesées effectuées avant la tonte de 1848 ont mis ce fait hors de doute. Ainsi, à ce moment, les antenoises soyeuses de Mauchamp pesaient 27^k,500, les antenoises à laine ordinaire seulement 25 kilogr.; les brebis soyeuses de trente mois, 33 kilogr.; les autres du même âge, 32^k,660; les brebis soyeuses plus âgées et ayant nourri des agneaux, 32 kilogr.; les autres dans les mêmes conditions, 32^k,500. Pour les unes comme pour les autres, c'est un développement médiocre; mais il faut remarquer que les terres de la ferme, où ne prospérait alors que le seigle, ne permettaient pas l'entretien des forts moutons. Il importe seulement de constater que la création du nouveau lainage n'avait sous ce rapport exercé aucune influence amoindrissante. Élevée dans de meilleures

conditions, la variété soyeuse arrive à un poids plus considérable. C'est ce qu'il a été permis de constater bientôt dans les bergeries de l'État spécialement instituées pour son amélioration, d'abord à Lahayevaux (Vosges), puis à Gevrolles (Côte-d'Or), où elle n'a point tardé à acquérir le même développement que les autres mérinos. En deux générations, les brebis arrivèrent au poids vif de 44 à 45 kilogrammes.

Mais si l'on n'observait aucune différence quant au développement du corps, il n'en était pas de même relativement au poids des toisons. Comparées aux brebis mérinos placées dans les mêmes conditions quant à l'âge, à l'alimentation, à la gestation, les brebis soyeuses de Mauchamp ne donnaient pas autant de laine. Les toisons des antenoises lavées à dos étaient inférieures de 14 p. 100 à celles des premières. La différence était même de 27 p. 100 chez les brebis nourrices, l'allaitement faisant perdre alors aux soyeuses une grande quantité de laine. Ce défaut a été depuis beaucoup corrigé, ainsi que nous le verrons par la suite. Toutefois, cette infériorité relative se trouvait compensée par le prix plus élevé des laines soyeuses. M. Graux vendait celles-ci 25 p. 100 plus cher que les autres. Tandis que la laine mérinos ordinaire ne valait que 6 francs le kilogramme, la laine soyeuse était vendue sur le pied de 8 francs.

La raison de cette préférence accordée par les manufacturiers était dans la plus grande force et la plus grande douceur des laines soyeuses. Par la première qualité, elles rendaient beaucoup plus au peignage; par la seconde, elles convenaient particulièrement pour plusieurs étoffes précieuses. Le fait avait été vérifié par M. Biétry, qui, dans des essais comparatifs pratiqués sur des lots de plus de 300 kilogrammes, obtint 62 et 59 p. 100 de cœur, et seulement 14 et 13 de blousse, dans le peignage des laines soyeuses, tandis que nous avons vu la proportion de cette dernière s'élever, dans la même opération faite sur des laines mérinos ordinaires, jusqu'à 193, p. 100, celle de cœur étant seulement de 39,1.

Dès l'exposition des produits de l'industrie française de 1845, les mérites de la laine soyeuse pour la fabrication des étoffes précieuses purent être constatés publiquement. Trois châles tout à fait semblables par leur tissage et par leurs dessins avaient été préparés pour cette exposition par M. Fortier, fabricant à Paris, l'un avec du duvet de cachemire, l'autre avec de la laine soyeuse de Mauchamp, le troisième avec de très-belle laine mérinos d'Allemagne. Les trois châles soumis à l'appréciation du jury ne se distinguaient, dit M. Yvart, que par la différence de leur douceur. Sous ce rapport, le châle cachemire fut classé le premier, le châle Mauchamp le deuxième, et le châle allemand le troisième. MM. Deneyrouse et Legentil, rapporteurs de la commission des tissus, consignèrent à ce sujet dans leur rapport les réflexions suivantes : « Ces trois châles d'une grande finesse, également bien exécutés, nous ont offert une comparaison fort importante. Son résultat a été que, pour la souplesse et la douceur, la laine dite de Mauchamp l'emportait sur celle de Saxe

(1) Note lue à l'Académie des sciences de l'Institut de France dans la séance du 21 juillet 1862.

et se rapprochait beaucoup du cachemire pur. Ce jugement, ajoutèrent-ils, est intéressant pour l'avenir de cette nouvelle laine. »

De son côté, M. Biétry, qui est, ainsi que tout le monde doit le savoir, à la fois filateur et fabricant, a indiqué pour cette laine un emploi qui ne pouvait manquer d'accroître sa demande, et par conséquent sa valeur. « La laine de Mauchamp a pour nous, fabricants de cachemires, a-t-il dit, une grande valeur, en ce qu'elle peut entrer dans la fabrication des chaînes cachemires en leur donnant plus de force, et sans altérer aucunement leur brillant ni leur douceur. Cette qualité est d'autant plus précieuse pour nous que jusqu'alors le tissu cachemire pur avait toujours un grand défaut, c'était de ne pas avoir assez de soutien; grâce au mélange de la laine Mauchamp et du cachemire dans les chaînes, le tissu acquiert la consistance nécessaire à l'emploi pour robes. »

Depuis, un autre grand manufacturier, M. Davin, a basé son industrie sur la mise en œuvre de la laine mérinos soyeuse, et fait les plus louables efforts pour lui ouvrir des débouchés et stimuler sa production, avec le concours de la société zoologique d'acclimatation. Dans ce cas comme toujours, il s'est trouvé des gens pour rêver la substitution complète et absolue de la nouvelle variété de mérinos à l'ancienne. Il ne faut point prendre garde à ces exagérations, qui semblent être le propre du caractère français. Les nécessités économiques feront toutes seules leur part aux laines soyeuses. On aurait tort de craindre que l'élan de leurs propagateurs ne pût la dépasser. Il contribuera seulement à la faire atteindre. Et c'est en cela qu'il convient de le louer.

Telle qu'elle se produit maintenant à Gevrolles, la variété soyeuse de Mauchamp ne présente plus guère de différence avec celle de Rambouillet, sous le double rapport du poids du corps et de celui de la toison. Toujours perfectionnés par une sélection attentive, en vue de ce résultat, la plupart des sujets offrent à présent des toisons à peu près fermées, à mèches plus carrées et plus tassées. L'absence des cornes seule peut, au premier aspect, les faire distinguer des autres mérinos. Il serait donc inutile d'insister sur leur description, après les détails que nous avons consacrés aux caractères de leur laine, qui en sont actuellement l'unique particularité.

Mais la production de la laine soyeuse ne constitue pas le seul genre d'utilité de la création de M. Graux. En présence de la faveur croissante rencontrée sur nos grands marchés à laines de Paris, Mulhouse, Reims, Amiens, Roubaix, etc., par la laine fine propre au peigne, dont la consommation s'élevait annuellement, dès 1845, à une valeur de 480 millions de francs, sur les 300 millions de la production totale des tissus composés de lainages, évaluée par M. Legentil, membre du jury de l'exposition de cette époque; en présence de cette faveur, M. Yvart songea à utiliser le mérinos soyeux de Mauchamp pour modifier en ce sens les toisons de la variété de Rambouillet. Des essais d'accouplement entre les deux variétés lui donnèrent la confirmation du fait déjà observé, du reste, ainsi que nous l'avons vu, dans les premiers essais de M. Graux. Ce fait consiste en ce que, parmi les agneaux obtenus de cette façon, ceux dont le lainage ne présente pas les caractères soyeux complets ont cependant une laine qui joint à la nature de la laine mérinos une plus grande longueur du brin, plus de douceur et de résistance; en un mot tout ce qui peut les rendre plus propres au peignage et à la fabrication des étoffes lisses et non foulées. Des opérations en ce sens furent suivies d'abord à Lahayevaux, puis à Gevrolles, et donnèrent en fin de compte des résultats complètement satisfaisants. Une nouvelle variété intermédiaire fut créée et reçut le nom composé de *Mauchamp-Mérinos*. Elle se conserve et se maintient dans la bergerie fondée par l'État à Gevrolles, d'abord pour l'amélioration de la variété soyeuse, et où elle vit à côté de celle-ci. Elle a déjà fourni de nombreux béliers aux troupeaux mérinos de notre pays et de l'étranger, notamment à ceux de l'Australie et de l'Espagne.

Disons, avant de pénétrer plus avant dans l'examen des caractères de cette nouvelle variété du type, qu'il ne s'agit point ici de croisement ni de métissage, comme on l'a trop souvent répété, par suite d'une regrettable confusion dans la valeur des termes. A quelque famille ou variété qu'ils appartiennent, les mérinos dont il est ici question n'ont point cessé de faire partie de la race mérine, dont l'unité et la pureté n'ont subi par le fait de leurs modifications accessoires aucune altération. C'est absolument comme si l'on qualifiait de croisement l'accouplement d'un étalon noir ou bai de race arabe avec une jument blanche de la même race. Qu'ils soient issus de la famille de Mauchamp ou de celle de Rambouillet, de celle de Naz ou bien de la souche électorale de Saxe, les individus n'en sont pas moins de la race mérinos pure. Les produits qu'ils donnent entre eux ne sont donc point des métis, dans l'acception qu'il importe de conserver à ce mot, si l'on veut laisser aux principes fondamentaux de la zootechnie la valeur scientifique et pratique qu'ils doivent avoir.

C'est pour cela qu'il nous paraîtrait plus conforme à la réalité, et en même temps plus logique et plus clair, de réserver à la variété créée par M. Yvart et multipliée à Gevrolles l'appellation de *Mauchamp-Rambouillet*. Elle provient en effet de mariages effectués entre les deux familles correspondant à chacun de ces noms, et qui, l'une comme l'autre, sont de purs mérinos. L'adoption générale de cette appellation exacte exclurait toute confusion.

Cette remarque, dont l'importance n'échappera à personne, une fois faite, voyons maintenant à apprécier par des chiffres les changements que les mariages dont il s'agit font subir à la race, au point de vue économique. Des observations rigoureuses, faites comparativement à Gevrolles sur des mérinos de Rambouillet et sur des Mauchamp-Rambouillet, élevés et nourris dans les mêmes pâturages, dans les mêmes bergeries, ont montré que leur accroissement ne diffère pas sensiblement. M. Yvart a donné sur ce sujet, dans son mémoire de 1850, que nous avons déjà cité plusieurs fois, des résultats de pesées que nous allons rapporter. Les brebis Rambouillet de plus de trente mois ont pesé 48ᵏ,018, les Mauchamp-Rambouillet, 46ᵏ,753 ; les Rambouillet de trente mois, 46ᵏ,750, les Mauchamp-Rambouillet du même âge, 45ᵏ,069 ; les antenoises de la première famille, 41ᵏ,083, celles de la seconde, 41ᵏ,643 ; les agnelles Rambouillet de cinq mois, 25ᵏ,045, celles du même âge Mauchamp-Rambouillet, 24ᵏ,500 ; les agneaux du premier groupe, 32ᵏ,857, ceux du second, 33ᵏ,323. Toutes ces pesées ont été obtenues immédiatement après la tonte.

On voit que les différences accusées ci-dessus sont assez légères pour être négligées. Il n'en serait pas de même pour les toisons. Celles-ci ont été évaluées par leur rapport avec 100 kilogr. de poids vif, et après avoir été lavées à dos. Sur cette base, les brebis Rambouillet de plus de trente mois ont donné 3,973, les Mauchamp-Rambouillet, 4,252 ; les brebis de trente mois de la première variété, 4,840, celles de la seconde, 4,894 ; les premières antenoises, 5,595, les secondes, 5,523.

Après avoir donné ces chiffres, M. Yvart fait les réflexions suivantes :

« 1° Ces tableaux prouvent combien les deux races se rapprochent, tant pour la production de la viande que pour celle de la laine lavée à dos.

« 2° Ils démontrent dans quelles proportions diminuent les toisons par l'effet de l'âge et par celui de la gestation.

« La sécrétion de la laine s'amoindrit un peu de la deuxième à la troisième année ; de la troisième à la quatrième, elle s'amoindrit encore, mais par une double cause, l'âge et l'état de gestation des brebis ; car c'est seulement après trente mois qu'elles commencent à porter. Les bêtes *mérinos* et *Mauchamp-mérinos*, bien nourries, ne perdent cependant alors environ que le neuvième du poids de la laine qu'elles donnent dans la deuxième année.

« 3° Le tableau prouve encore que les brebis issues des béliers de Mauchamp, mais qui n'ont pas acquis une laine tout à fait lisse et soyeuse, n'ont pas l'inconvénient de perdre une partie de leur toison à l'époque de l'allaitement, ainsi que cela arrive malheureusement aux brebis soyeuses de Mauchamp.

« Égalité ou du moins ressemblance très-grande, voilà ce que présentent, dans ce premier examen, les bêtes du type de Rambouillet et les bêtes mérinos Mauchamp-Rambouillet. »

Si on les compare sous le rapport de la nature de la laine, de ses qualités et de sa valeur commerciale, la question change, et le changement est tout en faveur des nouvelles toisons. Elles perdent en effet beaucoup moins au dégraissage, et fournissent au peignage une proportion plus forte de matière utile, ainsi que cela va être établi.

Des essais comparatifs pratiqués par M. Plivart, peigneur à Brion, ont porté sur la totalité des laines récoltées en 1847, à la bergerie de Gevrolles. Dans cette expérience suivie par M. Pichat, alors directeur de la bergerie, et dont nous avons déjà fait connaître sommairement les résultats en annonçant que nous y reviendrions, les laines ont été avec soin divisées en deux lots, le premier formé des toisons provenant des mérinos de la variété de Rambouillet, le second comprenant celles de la famille constituée par l'alliance de ceux-ci avec la variété de Mauchamp. On a d'abord trié du premier lot (Rambouillet) 10 p. 100 de laine peu propre au peignage et connue en fabrique, ainsi que nous l'avons dit, sous le nom d'*abats*. Le second lot (laines Mauchamp-Rambouillet), n'en a fourni que 7,5 p. 100. Au dégraissage, le premier lot a perdu 41,6 p. 100, le second, seulement 32,7. Sous l'action du peigne, le premier lot a rendu en cœur 39,1, le second, 50,8 ; la proportion de blousse du premier a été de 19,3, elle n'a été que de 17 pour le second.

Il faut nécessairement conclure du rapprochement de ces chiffres que la production des laines à mèche allongée, telles que les donne le Mauchamp-Rambouillet, est à tous égards plus avantageuse que celle des mérinos ordinaires, du moins sur tous les points où les laines de peigne sont estimées. Le peigneur plus haut cité et ses associés, MM. James Vaufrouart et Noirot, estimaient en 1847, d'après M. Yvart, leur plus-value à 12,5 p. 100. En outre, M. Biétry en faisait lui-même, dès cette époque, le plus grand cas, les considérant comme très-avantageuses au peignage, préférables aux laines d'Allemagne par leur longueur, leur nerf et leur rendement. Aussi douces que ces dernières, disait-il, elles sont moins bouchonneuses, ce qui est important pour la fabrication des étoffes dites mérinos et mousselines-laines.

Toutes les considérations qui précèdent font sentir l'utilité que peuvent avoir les variétés de Mauchamp et de Gevrolles pour l'amélioration des toisons mérinos de notre pays, dans le sens des nouveaux besoins de la consommation. Ce qui frappera tout esprit réfléchi, c'est que les béliers de ces variétés, en secondant la production des laines de peigne, dans les régions fertiles où des troupeaux mérinos sont entretenus et peuvent recevoir une alimentation riche, ne s'opposent nullement à ce que, sous le rapport de la viande, les animaux soient conduits à un rendement plus considérable. Il est incontestable que les nouvelles familles de mérinos sont, moins que les anciennes, éloignées du type de boucherie ; et c'est pour cela que nous y avons insisté, en même temps que l'appropriation de leurs toisons aux nouveaux besoins de l'industrie et du commerce éveillait notre intérêt. Pour ce genre de laines, aucune concurrence n'est pour nous redoutable. Il n'en est pas de même de celles dont nous nous sommes occupés auparavant, ainsi qu'on l'a déjà vu.

Nous aurons donc, en conséquence, plus d'une fois l'occasion d'appeler l'attention sur les variétés mérinos qui viennent d'être étudiées, à mesure que nous parlerons de l'amélioration des mérinos purs ou métis dont les diverses tribus nous restent à passer en revue maintenant.

MÉTIS MÉRINOS. — Dans les différentes parties de la France où il s'est répandu, le mérinos constitue un certain nombre de troupeaux purs ; mais en bien plus grand nombre ces troupeaux sont composés de métis. L'espèce ovine locale a été modifiée par le croisement avec les béliers mérinos. Souvent ce croisement a été poussé assez loin pour que les caractères de la race locale aient complétement disparu. Les métis ne diffèrent alors du type pur que par leur tempérament plus robuste et mieux fait aux circonstances du lieu. Et il n'a pas fallu pour cela un bien long temps. Nous savons avec quelle puissance héréditaire se transmettent les caractères de la toison du mérinos, et quel est ensuite, quand une fois ils sont transmis, leur degré de fixité. Lorsque par le croisement la laine a acquis sur toutes les parties du corps le point de finesse, la forme du brin et de la mèche désirés, les métis bien appareillés sous ce rapport se reproduisent entre eux sans aucune chance de rétrogradation. Et c'est ainsi que se conservent, dans les localités que nous verrons tout à l'heure, les troupeaux croisés que l'emploi des béliers mérinos y a d'abord constitués. Dans certains, cet emploi n'a pas été discontinué ; et il est devenu bien difficile, par ce fait, d'en distinguer les sujets des mérinos purs.

Nous insistons sur ce point, dont la signification semble au premier abord en opposition avec tous les principes que nous avons posés, relativement à l'impuissance du croisement et du métissage pour constituer des races. Il importe essentiellement de remarquer que la contradiction n'est qu'apparente. Nous avons plusieurs fois répété, en effet, que dans la caractéristique de celles-ci, la forme du système pileux est tout à fait accessoire et se montre dans bien des cas fort variable pour les races les plus pures. L'histoire du mérinos soyeux de Mauchamp, que nous venons de faire, en est, parmi tant d'autres, un exemple frappant. Dans l'opération qui nous occupe en ce moment, ce n'est pas d'un animal ayant des attributs déterminés de race qu'il s'agit, c'est d'une toison, d'un point isolé, circonscrit, et encore une fois accessoire au point de vue physiologique qui domine la notion de race admise et démontrée par l'histoire naturelle et la zootechnie. Les métis mérinos, en se reproduisant entre eux, conservent à coup sûr la faculté d'atavisme qui appartient à la race locale ayant concouru à leur formation, et l'on s'en aperçoit bien quand on les étudie de près en se plaçant à ce dernier point de vue. Nous en donnerons plus loin des preuves, en parlant de certains d'entre eux qui montrent encore la physionomie, le type fort accusé et très-différent de celui du mérinos, appartenant à cette race locale avec laquelle le mérinos a été croisé. Mais dans la plupart des cas où les croisements se sont effectués, la différence de type était assez peu saillante pour qu'elle ait pu s'effacer à peu près sous l'identité plus ou moins complète du lainage.

Chez les métis mérinos, ce n'est donc point le type proprement dit qui se reproduit avec constance ; c'est purement et simplement la toison. Et comme au demeurant l'important est là, pour la fonction économique spéciale de ces animaux, il s'ensuit que le croisement et le métissage, à ce point de vue tout à fait particulier et exclusif, ont une efficacité qui ne contredit en rien les principes fondamentaux de l'amélioration des races considérées sous le rapport de leurs aptitudes essentielles. On s'exposerait, en conséquence, aux plus graves erreurs, si l'on tirait argument de l'observation des métis mérinos pour mettre en doute la solidité de ces principes. Ce serait conclure du particulier au général, une des plus détestables formes de la logique. Le fait de la fixité des caractères de la toison n'est applicable qu'à ceux du même ordre exclusivement. Il est analogue à celui qui a été déjà signalé dans une précédente occasion, et qui se rapporte à l'absence des cornes chez les métis de l'espèce bovine formés par M. Dutrône au château de Sarlabot. Nulle autre signification ne peut lui être exactement accordée.

Cela bien entendu, nous pouvons à présent étudier les diverses variétés de métis formées par la race mérinos dans plusieurs régions de notre pays. Nous procéderons suivant l'ordre dans lequel ces métis se sont répandus, du moins à peu d'exceptions près. Il nous faut, d'après cela, commencer par l'ancienne province à terres calcaires connue sous le nom de Beauce.

Moutons de la Beauce. — Ainsi que nous l'avons déjà dit au point de vue général, dans les contrées où la production des laines est devenue la fonction principale de l'espèce ovine, on trouve à la fois des troupeaux composés de mérinos purs et d'autres formés par des métis. Ces derniers sont partout les plus considérables. La Beauce, qui a contribué à la formation du département d'Eure-et-Loir et d'une partie de ceux du Loiret et de Seine-et-Oise, ne fait point exception. Les mérinos beaucerons sont entretenus par quelques éleveurs habiles, dont l'industrie est principalement la production des béliers pour la vente ou la location, en vue du croisement des troupeaux de la province. Ces mérinos appartiennent à la variété de Rambouillet, dont ils ont le volume et les qualités. De dix-huit mois à deux ans les béliers atteignent un poids vif de 80 à 100 kilogr. Leur toison pèse, en suint, de 5 à 10 kilogr. et quelquefois plus, ce qui tient à sa grande étendue, déterminée par la présence de replis considérables à la peau, et à la longueur du brin, obtenue au détriment de la finesse. Les cornes sont très-fortes, et se montrent souvent même chez les brebis, dont le poids s'éloigne peu de celui des béliers.

Sous l'empire des idées nouvelles, les éleveurs tendent à améliorer la race en faisant disparaître les cornes et les fanons de la peau, en donnant au corps des formes plus régulières, se rapprochant davantage du type de la beauté, enfin à la toison plus de tassé et d'homogénéité.

Quant aux métis de la Beauce, ils ont le corps trapu, court, ramassé, le garrot un peu saillant, le ventre gros. La peau est le plus souvent lâche et formant des fanons. La laine est tassée, abondante, à mèche carrée. La toison fermée est presque noire à la surface, par le mélange du suint et des impuretés de la bergerie, de la poussière du sol. Elle donne au peignage une forte proportion de déchet et perd beaucoup par le dégraissage.

La tête est forte, busquée, avec des cornes en spirale comme le mérinos. On estime que le métis beauceron donne en moyenne, à la boucherie, de 25 à 35 kilogrammes de viande nette, et qu'il fournit une tonte annuelle d'environ 5 à 7 kilog. en suint. Comme tous les mérinos et métis mérinos, il est d'un développement tardif. Cela n'a rien qui doive étonner, la production de la laine étant sa principale fonction.

L'industrie ovine a dans la Beauce un cruel ennemi dont nous nous occuperons plus tard, en parlant des maladies qui sévissent sur les troupeaux. Le sang-de-rate lui cause chaque année des pertes énormes. Les ravages de cette affection semblent dater du moment où les métis mérinos ont remplacé l'ancienne race du pays, qui était très-défectueuse à tous les points de vue. Malgré de nombreuses discussions et des études suivies, on n'est point encore parvenu à déterminer exactement les phénomènes auxquels ces pertes peuvent être attribuées. Ce qui paraît seulement acquis, c'est que le mal cesse de sévir, lorsque les troupeaux émigrent vers des lieux frais et ombragés.

Les vastes plaines argilo-calcaires de la Beauce, consacrées en grande partie à la production des céréales, très-faiblement boisées et manquant d'eau, sont en général pauvres en fourrages verts pour le régime d'été. Les plantes y sont très-nutritives mais peu abondantes, en raison des sécheresses prolongées de la saison. Les troupeaux vont paître, après la moisson, dans les chaumes, et consomment avec les herbes les épis tombés sur le sol. On a constaté que le nombre des victimes du sang-de-rate est en proportion de la chaleur et du temps que dure la sécheresse.

Dans de telles conditions, on conçoit néanmoins que le mouton soit la base essentielle de la production animale d'une région comme la Beauce. Aucune autre espèce ne saurait mieux que lui tirer parti des ressources qu'elle peut offrir, et subir à un moindre degré les influences de sa constitution géologique et de la température qui y règne le plus ordinairement. On conçoit surtout qu'il ait pour principale fonction de donner de la laine, et point n'est difficile d'indiquer les améliorations qui pourraient en faire sous ce rapport l'un de nos meilleurs producteurs. Il suffirait pour cela d'introduire dans le système de culture, trop exclusivement basé sur les céréales, quelques changements destinés à assurer aux troupeaux de meilleures circonstances d'estivage. Déjà s'opèrent dans un certain nombre de fermes les réformes dont il s'agit, et elles s'étendront sans nul doute à toute la contrée. Des pâturages verts, semés en temps utile, dans des champs cultivés spécialement en vue de la nourriture des moutons pendant la saison d'été, du moins durant la période des grandes sécheresses, sont la partie essentielle de ces réformes, qui entraîneront pour la Beauce un assolement tout autre que celui qu'elle suit actuellement.

Des personnes mieux intentionnées qu'éclairées, qui se sont donné en Beauce la louable mission d'indiquer les voies du progrès, engagent avec une certaine insistance, depuis quelque temps, les cultivateurs de ce pays à renoncer à la production de la laine, pour s'adonner principalement à celle de la viande. Ces personnes prêchent l'abandon du mérinos et l'adoption des races anglaises perfectionnées. Il suffit de songer aux conditions agricoles que nous venons de mentionner sommairement, pour comprendre à quel point de tels conseils sont peu fondés, et à quel point aussi le préjudice serait grand pour la presque totalité des fermiers beaucerons, s'ils commettaient la faute de les suivre. Sans doute, dans quelques cas exceptionnels d'une culture avancée, particulièrement dans la partie qui se trouve embrassée par le département de Seine-et-Oise, et aussi dans quelques rares fermes d'Eure-et-Loir, mieux situées que les autres, l'entretien des races à viande, celui de la race southdown notamment, peut être adopté et conduire à de bons résultats. Encore n'est-il point sûr que, somme toute, une comptabilité rigoureuse fît pencher la balance en sa faveur. C'est du reste un compte facile à établir. Mais pour la généralité des cultivateurs beaucerons, tant que l'agriculture de leur pays n'aura point pris une autre face ; tant qu'ils seront exposés à ces longues sécheresses dont il vient d'être parlé, — et ce sera vraisemblablement bien longtemps encore, — la production de la laine devra demeurer la base de leurs opérations. Dans un milieu pareil, on ne peut pas en conscience penser à l'élevage d'animaux doués de précocité. Les plus appropriés aux conditions normales sont par conséquent ceux qui, durant la période de leur développement, donnent les revenus les plus élevés. Or, à cet égard, les mérinos et leurs métis n'ont point de rivaux.

Ce n'est pas à dire qu'il n'y ait lieu de faire des efforts pour améliorer ces derniers. Indépendamment des réformes dans la culture dont il a été question plus haut, et qui auront pour effet d'assurer un meilleur entretien des troupeaux, les animaux qui composent ceux-ci peuvent acquérir des formes plus convenables pour la boucherie, en même temps que des toisons plus uniformément belles. Un soin attentif dans le choix des reproducteurs, d'après les types que nous avons décrits de la belle conformation et de la laine la plus estimée, y conduira certainement. Il faut viser à faire du mouton beauceron un animal conformé comme le southdown et portant une toison comme celle du mérinos de Rambouillet. C'est là, nous le répétons, le programme du perfectionnement du mérinos en général. Et ce programme n'est en réalité pas extrêmement difficile à remplir. Cela ne demande que de l'attention et de la persévérance.

Les éleveurs beaucerons se sont trop longtemps préoccupés d'augmenter le poids des toisons, en choisissant de préférence les individus de grande taille et dont la peau présentait ces plis que l'on appelle des fanons, autour du cou, en avant des cuisses et sur les fesses. Les surfaces couvertes de laine se trouvent ainsi augmentées, mais nous savons que la qualité en est fort inférieure sur ces parties ainsi plissées, où la peau est épaisse, sèche, et sécrète une laine dure et roide qui déprécie les toisons auxquelles elle est mêlée. En outre,

M. Yvart a fait la judicieuse remarque d'une corrélation entre cette grande étendue de la peau du mouton et celle du tube intestinal, entraînant un ventre volumineux et toutes ses conséquences pour la mauvaise conformation de l'animal de boucherie, poitrine étroite, croupe avalée, cuisses minces, etc. Il faut donc renoncer à poursuivre le résultat dans cette voie, et chercher plutôt à l'obtenir par l'ampleur des régions où se montre toujours la plus belle laine, par l'épaisseur du thorax, la largeur des reins et de la croupe. La surface de la peau sera par là finalement aussi étendue et l'on aura de plus des animaux d'un rendement net en viande plus élevé. Une bonne nourriture administrée d'une manière suivie fera pousser des mèches plus longues, et l'on obtiendra tout à la fois des. toisons plus uniformes, plus homogènes et tout aussi lourdes. Les moutons beaucerons améliorés ainsi seront après leur croissance d'un engraissement moins difficile ; — on leur reproche avec raison de ne s'engraisser pas facilement, tels qu'ils sont ; — ils acquerront pour la boucherie une plus grande valeur, après avoir été durant leur vie d'un rapport plus élevé.

Voilà les véritables termes zootechniques de la question ovine de la Beauce. Nous en recommandons la méditation aux intéressés, en les exhortant à ne point courir les aventures d'un changement radical dans les bases de leur industrie bientôt séculaire. Ils sont assurés pour leurs laines d'un débouché constant. Les accidents du commerce peuvent en faire varier les prix. Ces prix baisseront sans nul doute. C'est la loi du progrès pour les matières premières de toutes les industries. Mais, en vertu de la même loi, ils seront conduits de leur côté à produire en plus grande abondance et à un moindre prix de revient. La compensation sera toute à leur avantage, car le revenu net augmentera en proportion du revenu brut, et non pas seulement dans le compte du troupeau.

Ces réflexions s'appliqueront aussi bien aux autres métis mérinos que nous devons encore passer en revue. Elles sont ici consignées pour n'avoir plus à y revenir en détail.

Moutons de la Brie. — Les troupeaux du département de Seine-et-Marne sont absolument composés de la même façon que ceux de la Beauce. Seulement, comme le pays est en général plus fertile et moins sec, ce département, traversé par plusieurs cours d'eau, affluents de la Seine et de la Marne auxquelles il a emprunté son nom, offrant de nombreuses alluvions, l'espèce ovine y prend un développement plus régulier et moins tardif. Il y a dans la Brie de magnifiques mérinos et de non moins magnifiques métis. L'industrie de l'engraissement des moutons et celle de la production des agneaux pour la boucherie de Paris y sont pratiquées sur une assez grande échelle. La production de la viande s'y associe à celle des laines, qui acquièrent de la douceur en même temps que de la longueur, par le régime auquel les troupeaux peuvent y être soumis. Les métis anglo-mérinos, dont nous parlerons tout à l'heure, s'y sont beaucoup répandus.

Cependant, les lourdes toisons des moutons de la Brie forment encore et formeront longtemps, il faut l'espérer, la base principale de la spéculation des troupeaux de cette région. Le pays se prête mieux toutefois que le précédent à la combinaison des deux aptitudes, et il nous paraît que l'espèce ovine y doit être améliorée en ce sens. Le mérinos acquiert, sur les terres bien cultivées de la Brie, un développement moins tardif, une mèche plus longue et une toison plus lourde. Il est permis de le pousser, par une intelligente sélection, dans la voie d'une précocité compatible avec la conservation des principaux caractères de sa laine. Il suffira pour cela de renouveler plus souvent les troupeaux, en faisant subir aux moutons deux ou trois tontes au plus.

Les habitudes mêmes de la contrée entraînent les cultivateurs à agir ainsi, précisément par la combinaison sur des points voisins de l'industrie d'engraissement avec celle de l'élevage. La grande extension prise par la culture des racines, l'adjonction de nombreuses distilleries aux fermes de la Brie, ont déterminé ce mouvement qui ne s'arrêtera plus. Et il est facile de s'apercevoir que dans le choix de leurs béliers mérinos ou métis, les éleveurs briards se préoccupent à un égal degré de la bonne conformation et des qualités de la toison. On ne peut que les engager à persévérer dans ces errements. C'est surtout à eux qu'il appartient de résoudre le problème du mérinos moderne, qui, répétons-le, se formule ainsi : Un Southdown quant à la forme, un mérinos quant à la toison.

Moutons du Soissonnais. — Dans les départements de l'Aisne et de l'Oise, sur la rive gauche de la rivière, arrondissements de Laon, de Senlis et de Soissons ; dans cette petite région qui s'appelle l'ancien Valois, les métis mérinos prennent un grand développement et ont été dans ces derniers temps l'objet de soins particuliers qui leur ont fait acquérir une certaine réputation. Des éleveurs renommés, en exhibant dans les concours de beaux animaux, ont attiré l'attention sur les troupeaux de ce pays. Ils se sont appliqués à faire disparaître les cornes du mérinos, à communiquer à leurs produits des formes carrées, en un mot à les rapprocher, par la conformation, du type de boucherie. La laine laisse peut-être à désirer sous le rapport de la finesse, quand on la compare à celle du mérinos de Rambouillet, d'où elle dérive ; mais elle est douce, très-nerveuse, en longues mèches ondulées et bien carrées, et formant des toisons d'une grande étendue, par conséquent fort lourdes.

C'est sur les alluvions, qui s'étendent en larges plaines, que les troupeaux bien soignés présentent ces caractères. Sur les plateaux argilo-calcaires, les métis du Soissonnais se rapprochent plus du mérinos de la Beauce et de la Brie. Ils ont la tête plus forte, la peau quelquefois plissée et la laine plus courte. Les mérinos purs y sont peu nombreux. A vrai dire, s'ils prospèrent dans la région des plateaux, c'est là l'extrême limite du bassin géologique qui convient à leur production. Les bords de l'Oise, quelque peu marécageux, communiquent au climat des caractères qui ne sont pas ceux que l'on doit rechercher pour le type dont il s'agit.

Aussi, sur la rive droite de la rivière, dans les environs de Compiègne, de Péronne, de Saint-Quentin, que l'on appelle le haut Santerre, les métis eux-mêmes sont-ils inférieurs à ceux du Soissonnais, auxquels ils sont analogues cependant. Moins améliorés quant aux formes, ils portent des toisons moins uniformes, moins homogènes. Toutefois, ils remplacent presque partout l'ancienne race picarde, qui ne tardera point à disparaître tout à fait, avec son lainage très-grossier et sa conformation on ne peut plus vicieuse.

La marche de l'amélioration des moutons de cette partie de la Picardie est toute tracée. Elle est la même que celle qui convient aux moutons de la Brie. Elle sera toujours puissamment secondée par l'assainissement du pays au moyen du drainage, qui, dans ces dernières années, y a fait de grands progrès. L'écueil de l'industrie ovine, dans la contrée, a longtemps été la pourriture. En effet, sur les plateaux du Soissonnais, le sang-de-rate sévit dans les années de sécheresse, mais avec moins d'intensité que dans la Beauce. En régularisant les conditions d'alimentation, le drainage et les autres progrès agricoles feront disparaître ces deux affections, en même temps qu'ils communiqueront aux métis mérinos les qualités mixtes qui correspondent à la situation.

De nouveaux croisements ont été préconisés pour perfectionner les métis. Les éleveurs feront sagement de s'en tenir à ce premier métissage bien conduit, et d'éviter la confusion inséparable de tous les mélanges de races à aptitudes diverses, dont on chiffre les proportions avec tant de facilité. Qu'ils choisissent dans les troupeaux les plus améliorés du pays leurs reproducteurs, s'il y a lieu seulement d'obtenir une meilleure conformation, et qu'ils soignent bien l'alimentation des élèves; que s'ils désirent rendre la toison plus fine ou plus homogène, au cas où leurs métis auraient conservé de l'ancienne race picarde certaines parties de son lainage grossier, le mieux est de donner aux brebis des béliers mérinos d'une forte corpulence et d'une bonne conformation, jusqu'à ce que la toison des produits présente d'une manière uniforme les caractères cherchés.

Nous avons vu qu'aucun métis ne peut sûrement remplir le rôle d'agent améliorateur, en servant à des opérations de croisement. Il ne doit être employé à la reproduction, qu'à la condition expresse d'un accouplement avec son semblable. Sans cela les lois de l'hérédité sont méconnues, et les résultats nécessairement au moins incertains, sinon mauvais. C'est ce que nous allons encore mieux exposer, au sujet d'un autre métis mérinos, dont il faut dès à présent parler, parce qu'il se produit et s'entretient dans les régions ci-dessus indiquées.

Métis anglo-mérinos. — La nécessité de produire à la fois de la laine d'une certaine valeur et de la viande en abondance, dans les fermes d'une culture avancée, a fait penser à M. Yvart que ce problème pourrait être résolu par la création d'un métis possédant à la fois la conformation et les aptitudes des races anglaises, du moins dans une certaine mesure, et la toison du mérinos de Rambouillet. Il entreprit dans le troupeau de l'école d'Alfort des croisements entre les brebis mérinos et des béliers de la race de Dishley. Ces croisements poursuivis avec l'habileté spéciale qui caractérise l'honorable inspecteur général des bergeries, ne tardèrent point à donner des individus remarquables, qui purent être exhibés sous les yeux des amateurs. Les plus beaux de ces individus furent accouplés ensemble et se reproduisirent tels quels avec une certaine constance, sous l'influence des excellentes conditions dans lesquelles les reproducteurs et les produits étaient entretenus. Bientôt on fit intervenir dans la formation de ces métis la variété de Mauchamp, en vue d'agir sur la nature de la laine ; et quand on eut obtenu ce que l'on cherchait, par une suite de croisements alternatifs et de métissages, — opérations savamment combinées, — on s'en tint à ces dernières pratiques, en proclamant que la race était désormais fixée. Quelques cultivateurs des environs de Paris, de Seine-et-Marne et de Seine-et-Oise ; quelques autres du centre de la France : MM. Gareau, Pluchet, le baron Augier, etc., adoptèrent plus ou moins la création de M. Yvart et en constituèrent leurs troupeaux, en continuant les opérations par lesquelles la prétendue race d'Alfort avait été obtenue.

En tant qu'il s'agit de produire ces métis, à titre d'individus destinés à transformer en viande des ressources alimentaires suffisantes, après avoir fourni des toisons à laine intermédiaire, il n'y a rien à dire contre de telles opérations, pourvu qu'elles soient conduites avec la compétence et l'habileté spéciales que nécessitent toujours les croisements et les métissages industriels ayant un but complexe comme celui-là. Les cultivateurs qui les ont adoptées se font à juste titre un mérite des soins attentifs qu'il leur faut déployer, pour conserver à leurs troupeaux les qualités qui distinguent les sujets bien réussis. Ces cultivateurs passent avec raison pour d'habiles *moutonniers*. Mais ce fait incontestable contient précisément la condamnation des prétentions qui ont été émises et qui sont encore soutenues, relativement au rôle que l'on attribue au métis anglo-mérinos comme agent d'amélioration des troupeaux français par le croisement.

Non point qu'il soit dans notre pensée de contester la possibilité d'obtenir de bons produits avec les béliers anglo-mérinos, dans les fermes bien cultivées de la région du nord de la France, où les mères et leurs élèves peuvent être abondamment nourris. Le moins qu'il en puisse advenir, c'est une amélioration certaine des toisons, en raison de l'atavisme très-prononcé de la race mérine, sur lequel nous avons déjà insisté à plusieurs reprises. D'un autre côté, les conditions culturales, dans cette région, sont suffisantes pour répondre aux exigences de la race anglaise, si tant est que le bélier métis les transmette à ses produits. En tout état de cause, il sera toujours supérieur, à ce double titre, aux béliers de la race locale. Il y a seulement à voir si, dans ces circonstances, il ne serait pas préférable d'opérer la fubrication de la viande avec le concours direct de béliers anglais purs. Les faits recueillis jusqu'à présent dans le Pas-de-Calais tendraient à prouver qu'il en est ainsi. Dans l'emploi du métis anglo-mérinos pour les croisements, l'atavisme de la race mérine intervient nécessairement en raison de la grande fixité de cette race; et le moins qu'il puisse faire, malgré la résistance qui lui est opposée par le facteur hygiénique, c'est de contrebalancer dans une certaine mesure celui bien moins énergique du reproducteur anglais qui est entré dans le composé. Au point de vue de l'hérédité, les caractères du reproducteur métis sont toujours plus ou moins éphémères, nous le savons. Ils se transmettent dans un milieu qui les y sollicite fortement, mais non pas toutefois avec la sûreté qui caractérise les races pures à cet égard. Or, encore une fois, jamais il ne saurait convenir de baser des entreprises zootechniques sur des incertitudes aussi grandes.

En tout cas, si le métis anglo-mérinos a vraiment les qualités d'un agent d'amélioration, — ce dont nous nous permettons de douter beaucoup, pour notre compte, — ce ne peut être qu'à la condition d'agir exclusivement dans la culture intensive des terres très-fertiles. Partout ailleurs, il est absolument inapte à prendre part à des opérations sérieuses de perfectionnement de l'espèce ovine. Toutes les propagandes ont en France, où le sens pratique n'est pas précisément ce qui domine, des chances de succès auprès d'un certain nombre d'amateurs, qui se lancent toujours volontiers dans l'inconnu. C'est pour cela que les béliers anglo-mérinos produits au compte de l'État trouvent chaque année un petit nombre d'acheteurs. Mais il n'est point à craindre que cela franchisse les bornes d'une fantaisie inoffensive. Depuis quelques années, le nombre de ces amateurs va plutôt en diminuant qu'en augmentant; et il est infiniment probable que la création disparaîtra en même temps que son créateur, bien entendu seulement sous le rapport de la qualité de type améliorateur. Les remarquables troupeaux anglo-mérinos entretenus dans les départements de Seine-et-Marne, de Seine-et-Oise, et quelque part ailleurs, subsisteront sans nul doute, parce qu'il s'agit là d'entreprises industrielles bien conduites, dans des conditions spéciales, et par des hommes habiles et expérimentés. Peut-être même ce genre d'opérations s'étendra-t-il à d'autres troupeaux mérinos de la région, à mesure que la production de la viande pourra devenir plus avantageuse que celle de la laine d'une certaine finesse. Mais il nous paraît certain, au moment où nous écrivons ceci, que la production des béliers anglo-mérinos n'a aucune chance de survivre à l'homme qui en a conçu la création. Et en formulant cette pensée, il n'est aucunement dans nos intentions d'amoindrir le mérite des travaux dont il s'agit. Ces travaux ont fourni la démonstration d'un fait qui, par lui-même, est suffisamment important, pour que l'amour-propre de l'auteur puisse s'en contenter. La valeur des métis anglo-mérinos considérés comme consommateurs de fourrages, ou comme produits, est assez bien constatée, pour que leur auteur s'en déclare satisfait; il est même dou-

teux pour nous qu'il ait bien sérieusement songé à autre chose. Il a peut-être eu le tort de laisser faire ceux qui dépassaient ses propres visées. M. Yvart avait trop les qualités du praticien pour ne se point apercevoir des dangers que ses auxiliaires eussent fait courir à l'industrie ovine, s'ils avaient été écoutés. Nous avons d'ailleurs en main des preuves non douteuses qu'il en est bien ainsi. L'habile inspecteur général, dans les relations particulières, ne songeait point lui-même à préconiser la prétendue race d'Alfort comme le type améliorateur par excellence de toutes ou presque toutes les races ovines françaises. Mais une bergerie de l'État était consacrée à la production des béliers anglo-mérinos; il fallait bien que ces individus se vendissent; et pour cela les acheteurs étaient indispensables. On ne peut en disconvenir.

D'abord produits à Alfort, les Dishley-mérinos le furent ensuite dans une bergerie spécialement instituée pour cet objet à Montcavrel, puis transférée à la ferme de Haut-Tingry, dans le Pas-de-Calais, non loin de la résidence de M. l'inspecteur général Yvart. Il n'est sans doute pas nécessaire de les décrire. Quand ils sont bien réussis, ils ont la conformation du Dishley, avec une toison mérinos à mèche longue, tassée, à laine d'une grande douceur. Comme pour tous les métis, leur défaut est de ne point être homogènes entre eux. Ce n'est pas dans les expositions qu'on peut bien les juger, mais en examinant les troupeaux qui en sont composés. Là se montre une grande variété de forme, malgré toute l'habileté déployée par les éleveurs qui les produisent. Ils tiennent plus ou moins du mérinos ou du Dishley, et non pas toujours suivant le degré de croisement. En somme, leur élevage est une opération difficile, qui exige des soins et une attention de tous les instants, qui ne sauraient être le fait du commun des cultivateurs. Ceux-ci font toujours mieux, dans les conditions ordinaires, de s'en tenir aux races pures ou aux métis mérinos depuis longtemps implantés dans leur localité, et qui, pour la reproduction de leurs toisons, ne présentent pas ces incertitudes. Avec une nourriture meilleure et des soins faciles, ils obtiennent ainsi des résultats assurés et ne courent aucune chance défavorable. Les métis anglo-mérinos ne peuvent être le fait que des éleveurs très-expérimentés.

Moutons de la Champagne. — Il n'est plus question des moutons champenois, jadis si connus. Avec le progrès qui a transformé les plaines crayeuses de la province, de tout temps consacrées à la production de l'espèce ovine sur une large échelle, le mérinos a fait disparaître l'ancienne race, dont on ne rencontre plus que de rares représentants dans les parties encore arriérées. Les immenses troupeaux de la Champagne sont maintenant pour la plupart composés de métis mérinos. Les terres fertiles de l'Aube et de la Marne, voisines de celles de la Brie et du Soissonnais, nourrissent des troupeaux qui ne diffèrent en rien de ceux des deux dernières régions. Il serait donc inutile de s'y arrêter autrement. Dans les plaines crayeuses proprement dites, les métis sont moins forts, plus élancés. Leurs toisons sont moins homogènes. Ils reprennent les caractères des bêtes du Soissonnais dans les parties bien cultivées du département des Ardennes, où ils se répandent de plus en plus, notamment dans les arrondissements de Rethel et de Vouziers. Les cultivateurs de ces dernières localités vont chercher leurs béliers dans l'Aisne, chez les éleveurs les plus renommés. Les métis mérinos tendent à envahir les Ardennes, comme ils ont envahi la Marne.

On ne trouvera point cela surprenant, si l'on songe que précisément au centre de ces contrées fleurissent des villes manufacturières qui mettent en œuvre d'énormes quantités de laines, Reims et Sedan. La première offre aux laines intermédiaires, propres au peigne, des débouchés considérables pour sa fabrication d'étoffes lisses de fantaisie ; ses fabriques de draperie, comme celles de Sedan, assurent, en outre, un écoulement certain aux laines mérinos à mèche plus courte, qui se produisent sur les points les moins fertiles de la région. C'en est assez pour que, indépendamment des conditions géologiques et du système de culture qui correspond à ces conditions, l'exploitation de la laine mérinos en Champagne soit l'industrie la plus appropriée aux circonstances économiques. C'est donc sur cette base que l'exploitation de l'espèce ovine doit être assise dans la contrée. Aucune considération ne saurait prévaloir pour y déterminer un déplacement. Le mérinos était indiqué là mieux encore que partout ailleurs. Aussi, malgré la propagande faite à son détriment en faveur des races anglaises et de leurs métis, il n'a pas cessé d'y gagner du terrain.

Il ne faut pas dire, toutefois, que cette propagande ait été sans utilité. Elle a fait sentir aux éleveurs de la Champagne, comme aux autres, la nécessité de ne se point préoccuper exclusivement de la toison, en les amenant à s'apercevoir que celle-ci n'est pas précisément, quant à sa finesse et à ses autres caractères, dépendante de la conformation. Ils ont cherché à allier, chez leurs reproducteurs, des formes meilleures au point de vue de la production de la viande, avec les mérites de la laine qu'ils ont en vue d'obtenir. C'est vers ce but que sont maintenant dirigés les efforts de tous les producteurs intelligents de mérinos. Et l'on remarque en Champagne de notables progrès sous ce rapport. Ces progrès s'étendront d'autant mieux et plus vite, qu'ils sont puissamment secondés par les améliorations de la culture, agissant dans le même sens en augmentant les ressources alimentaires qui peuvent être mises à la disposition des élèves et favoriser leur développement.

En raison de la nature des tissus qui se fabriquent principalement à Reims, les mérinos, les mousselines-laines et autres étoffes lisses, dont le mérite est d'autant plus grand qu'elles ont en même temps plus de corps et de douceur, on a pensé que des béliers à laine soyeuse de la variété de Mauchamp amélioreraient avantageusement les toisons de la Champagne. Nous sommes de cet avis. Des Mauchamps d'un développement moyen dans les parties les moins fertiles, des Mauchamp-

Rambouillet, de Gevrolles, dans les cultures avancées, nous paraissent devoir exercer en ce sens une heureuse influence sur la qualité des toisons, sans changer le caractère fondamental de l'opération de métissage qui est maintenant passée dans les habitudes du pays. Ce sont toujours là, qu'on le remarque bien, des mérinos purs. Il ne s'agit pas d'un nouveau croisement dans l'acception rigoureuse du mot. Il s'agit seulement de communiquer aux laines champenoises des caractères plus propres à leur destination, sans modifier en rien, d'ailleurs, ceux des métis qui les produisent. Et pour dire là-dessus toute notre pensée, la Champagne nous semble être précisément le véritable théâtre qui convient à la création de M. Graux, au point d'amélioration où elle en est arrivée. Son avenir est bien certainement de ce côté.

Moutons de la Bourgogne. — Ainsi que nous l'avons vu en faisant le court historique de l'introduction du mérinos d'Espagne en France, la Bourgogne fut un des premiers points où la race espagnole se multiplia. L'on se souvient que Daubenton importa, en 1766, un troupeau de bêtes à laine fine dans son domaine de Montbard. Depuis ce temps, les mérinos n'ont pas cessé d'être élevés dans la Côte-d'Or, particulièrement au point de vue de la production des laines extra-fines, jusqu'à ces derniers temps, où les nouvelles conditions économiques ont fait prendre à la production une direction en rapport avec elles et assuré le terrain aux toisons seulement fines.

L'industrie ovine compte en Bourgogne des éleveurs dont la réputation n'est pas seulement européenne. Les troupeaux de MM. Godin et Achille Maître sont connus jusque dans les points les plus éloignés de l'autre hémisphère. Des béliers nés dans ces troupeaux sont allés plus d'une fois faire la monte jusque dans la Nouvelle-Hollande. Ce fait suffit pour faire voir à quel point les mérinos bourguignons, introduits par Daubenton, ont été soigneusement maintenus et améliorés par ses continuateurs.

On établit parmi les mérinos purs de la Bourgogne des distinctions, qui s'appliquent également aux métis, mais sans qu'il soit nécessaire d'y ajouter la même importance. Les principales de ces distinctions se rapportent au Châtillonnais et au Tonnerrois, qui possèdent les troupeaux les plus remarquables. Dans la première contrée, à laquelle appartiennent les éleveurs que nous venons de citer, et où se trouve située la bergerie de Gevrolles dont il a été plusieurs fois question ici ; dans cette contrée, des béliers de Mauchamp ont été employés à la monte et ont communiqué aux toisons quelques-uns de leurs caractères. Tout en étant aussi tassées et à brin aussi fin, les mèches sont plus longues et moins frisées. Elles sont aussi plus douces.

Dans les cantons de l'arrondissement de Tonnerre, notamment dans ceux d'Ancy-le-Franc, de Crugy, de Flogny, et du chef-lieu même, l'espèce ovine est l'objet de soins attentifs, quoiqu'on n'y puisse point citer d'éleveurs aussi renommés que ceux des environs de Châtillon. Dans ces cantons, a dit quelque part un homme compétent ayant longtemps habité le pays, les mérinos sont nombreux et l'élève de ces précieux animaux y est admirablement comprise.

« Depuis vingt ans, remarque l'auteur, le mérinos bourguignon a été complétement transformé. Sa taille est moyenne, la tête, le cou et les membres ont considérablement diminué de grosseur. Le développement physique est hâtif, et, dans certains troupeaux, l'aptitude à l'engraissement se remarque chez de très-jeunes sujets. Tout en subissant ces transformations, ce mérinos a conservé une toison à mèche assez longue, fine et tassée. Encore quelques années de progrès, et cet idéal que tout éleveur doit entrevoir : un Southdown quant à la forme, un mérinos quant à la toison, sera près d'être réalisé. Le problème laine et viande sur le même animal peut se résoudre en opérant sur le mérinos seul ; l'immixtion du sang anglais doit nécessairement rendre ce problème insoluble (1). »

Cela était écrit sous l'inspiration de l'examen de trente lots de béliers, brebis et agneaux mérinos du Tonnerrois, réunis dans un concours de comice à Ancy-le-Franc, et mérite, par conséquent, attention. Nous n'y ajouterons rien pour caractériser les moutons dont il s'agit.

Dans l'arrondissement de Sens, des terres plus fertiles, des alluvions, nourrissent des moutons à toisons moins fines, mais prenant un plus grand développement du corps. Ils se confondent avec ceux de l'Aube et de Seine-et-Marne, qui leur sont contigus. Comme eux, ils sont des métis mérinos, qui se sont progressivement substitués à la race locale. Ceux qui peuplent le Châtillonnais et le Tonnerrois, avec les troupeaux purs dont nous venons de parler, acquièrent plus de taille que ces derniers, sur les bords de l'Armançon, en descendant vers la Nièvre et vers les rives de la Saône, sans cependant atteindre le même développement que les métis de l'arrondissement de Sens. Sous le rapport du lainage, ils présentent avec ces derniers peu de différence.

Nous n'avons rien de particulier à dire quant à l'amélioration des moutons bourguignons. On vient de voir que les éleveurs de l'Yonne et de la Côte-d'Or n'ont rien à apprendre sous ce rapport en dehors de leur contrée. Bornons-nous à confirmer l'appréciation que nous empruntions tout à l'heure à notre distingué confrère M. Mathieu, et à mettre en garde contre les croisements anglais ceux qui, par impossible, seraient tentés de s'y laisser entraîner.

La Côte-d'Or forme l'extrême limite de la zone du nord dans laquelle les mérinos ont été introduits. Nous avons vu qu'antérieurement aux importations de Daubenton, à Montbard, et du gouvernement français, à Rambouillet, des essais de croisement avaient été faits dans les départements sous-pyrénéens, notamment en Béarn, dans la Roussillon et dans la Provence. Il ne reste plus trace des premiers, dont l'influence n'a été que passagère et très-fugace ; mais les seconds ayant été plus suivis, ils ont imprimé à l'espèce ovine

de ces contrées des caractères mérinos assez prononcés. Il convient donc de la ranger dans la catégorie des métis que nous étudions en ce moment. Nous y ferons entrer aussi des moutons qui sont en général considérés comme constituant des races distinctes, sous les noms de race lauraguaise et de race du Larzac, mais dans la toison desquels les effets du croisement mérinos seraient évidents, si l'on ne savait d'ailleurs pertinemment que ce croisement a été effectué dans un temps qui n'est pas encore bien éloigné de nous.

Pour procéder avec ordre, nous commencerons d'abord par les troupeaux de la Provence, en suivant ensuite le littoral méditerranéen jusqu'aux Pyrénées, puis nous remonterons la zone méridionale jusqu'à la limite où disparaissent les métis mérinos, pour faire place aux petits moutons de la région granitique du plateau central.

Moutons de la Provence. — M. Magne donne le nom de moutons arlésiens aux mérinos et aux métis élevés dans cette contrée formée par une partie du département de l'Hérault, et par ceux du Gard, du Vaucluse, des Bouches-du-Rhône. Leur principal centre de production est ce singulier lieu que l'on appelle la plaine de la Crau. Il s'en trouve aussi dans une partie de l'île de la Camargue. Mais ils ont en outre, comme il le dit fort bien notre savant maître, remplacé l'ancienne race provençale dans tous les cantons de la Provence favorables à l'élevage des bêtes à laine et à la production de belles toisons. Il n'y a donc pas de raisons, suivant nous, pour donner à ces moutons un autre nom que celui de la province qu'ils occupent en entier.

Quoi qu'il en soit, la description que M. Magne en a donnée ne laisse rien à désirer. Ce que nous pouvons faire de mieux, par conséquent, c'est de la reproduire presque en entier.

« Vaste plaine située sur la rive gauche de l'embouchure du Rhône, dit-il, la Crau est formée d'un amas de cailloux roulés ayant dans quelques endroits une épaisseur considérable. L'herbe, comme le font pressentir la nature de ce terrain et la chaleur du climat, y est rare, mais fine, sapide et très-riche en principes nutritifs.

« Dans l'île de la Camargue, Delta du Rhône, les conditions ne sont pas les mêmes. L'humidité est abondante dans le sol, les marécages y sont étendus ; mais les vents du nord et le *mistral* qui descendent de la vallée du Rhône ou se précipitent du sommet des Alpes avec une effroyable impétuosité, charrient sur les bords de la mer des torrents d'air froid et sec qui modèrent l'influence de l'humidité. Cet air échauffé par le sol de la Provence, se dilate, dessèche la terre, et s'élève ensuite en entraînant l'humidité dans l'espace. Les vents chauds venus d'Afrique tendent à produire les mêmes résultats. Le sel, abondant dans certaines parties du terrain et souvent dans les plantes, contribue aussi puissamment à prévenir les effets nuisibles de l'humidité.

« C'est sous ces influences diverses que s'étaient formés les troupeaux précieux de la Crau et que se conservent les mérinos qui les ont remplacés.

---

(1) Mathieu. *La Culture*, t. IV, 1862-63, p. 63.

« Les mérinos arlésiens, fait remarquer l'auteur, n'ont pas de caractères bien *établis* : cornes en spirale allongée, taille moyenne, garrot épais ou sorti, bon poitrail, peu de fanon, oreilles petites, fines, chanfrein busqué, laine d'une finesse qui varie beaucoup, mais qui est quelquefois très-grande ; ces animaux forment de magnifiques troupeaux.

« On retrouve dans les métis le caractère des anciennes races et du mérinos. Quelques-uns sont d'une grande finesse, et en général ils fournissent une laine appelée *arlésienne*, excellente, recherchée quand elle n'est pas très-belle pour la draperie du Midi. Il en est expédié aussi de fortes quantités dans le Nord.

« Tous ces métis, ajoute M. Magne, ne proviennent pas des mêmes races : le bélier mérinos en a produit avec l'ancienne brebis provençale, ce sont les plus nombreux et les meilleurs ; avec la brebis du Languedoc, ils sont beaucoup moins suivis ; avec la puyricarde et la barbarine, ils sont plus robustes et moins fins. »

Nous ne parlerons pas des individus purs des diverses variétés de l'ancienne race, qui restent en Provence et dans la contrée voisine des Alpes et du Dauphiné. Tous ces moutons indigènes connus sous les noms de *mouton d'Istre*, des bords de la mer, de *mouton puy-ricard*, de l'arrondissement d'Aix, de *mouton de Barcelonnette*, de *mouton de Vence*, tous sobres et rustiques, mais mal conformés et à toison fort commune, sinon grossière, sont destinés à céder la place aux métis mérinos, à mesure que le progrès pénétrera dans la région et rendra possible partout l'entretien de moutons plus exigeants, mais plus productifs.

On conçoit sans peine que les plaines de la Crau soient peu propres, en été, à l'entretien des troupeaux. Elles ont, dans cette saison, un aspect désolé. En hiver, au contraire, elles présentent des conditions très-favorables, en raison de la douceur du climat. De là est née l'habitude de l'émigration, fort analogue à celle de la transhumance, dont nous avons parlé à propos des troupeaux espagnols. Pendant la saison chaude, les moutons provençaux émigrent vers les montagnes voisines, où ils trouvent des pâturages frais et salubres loués à cet effet par leurs propriétaires à ceux de ces régions alpestres. Les troupeaux de la Provence partent, dit M. Magne, vers le 12 ou le 13 juin et arrivent à la Grande-Chartreuse (Isère) le 22 ou le 23. Il leur faut moins de temps pour aller sur les montagnes des départements des Alpes et de la Drôme. Ils restent dans ces pâturages d'été jusqu'au 18 ou le 20 octobre. Toutefois, ces diverses époques varient. Tout compris, frais de berger, sel que reçoivent les moutons à raison de 10 à 12 kilogr. par 1,200 bêtes, distribué en deux ou trois fois par semaine, location de la pâture, l'estivage coûte par tête de 2 fr. à 2 fr. 50. Tantôt le pâturage est loué pour une seule année, tantôt pour plusieurs. Ce sont là des conventions particulières, qui se débattent entre les propriétaires des troupeaux de la Provence et ceux des montagnes des Alpes, qui trouvent leur avantage à faire consommer ainsi les herbes par des moutons étrangers à ces localités alpestres, dont l'exploita-

tion, de cette façon, ne comporte pour eux aucun risque. C'est ce qui différencie précisément l'opération de la transhumance espagnole, laquelle s'exerce, comme nous le savons, en vertu d'un droit reconnu par la loi, et avec tous les inconvénients de ces sortes de servitudes pour les propriétaires des contrées intermédiaires. Les moutons ne sauraient subsister en hiver sur les montagnes, à cause de la rigueur du climat. La culture des vallées n'est en outre assez avancée pour permettre un hivernage convenable dans des bergeries. Les propriétaires du pays ne sont donc pas en situation de posséder eux-mêmes des troupeaux. Ils font en conséquence une opération plus économique en louant leurs pâturages d'été à ceux des plaines de la Crau. D'un autre côté, l'émigration est à tous égards favorable aux moutons de la Provence, auxquels elle communique une bonne santé, un tempérament robuste, et une viande de très-bonne qualité.

Il n'est pas nécessaire d'insister non plus pour établir que le régime dont il vient d'être parlé convient parfaitement à la production des laines fines. Il doit donc être conservé tant que l'agriculture provençale demeurera ce qu'elle est. Et il n'est guère probable que la Crau puisse subir jamais de notables changements. On ne prévoit point que cet amas de cailloux puisse se transformer en herbages d'été. C'est déjà chose assez remarquable, que les moutons y trouvent durant l'hiver de quoi subsister et même s'entretenir en bon état.

Les moutons de la Provence, mérinos ou métis, peuvent être améliorés, dans le sens de la conformation et dans celui de l'homogénéité de la toison, par le bon choix des reproducteurs, présentant à chaque génération à un degré toujours plus avancé les qualités qu'il est désirable de voir se multiplier dans la population tout entière. Il ne faut pas pour cela sortir des variétés de moyenne taille de la race mérinos, qui sont seules en rapport avec les ressources alimentaires des lieux.

Moutons du Roussillon. — Il y a beaucoup d'analogie entre le mode d'exploitation de l'espèce ovine, dans les départements qui forment l'ancien Roussillon et le bas Languedoc, et celui de la Provence. Là comme ici, d'ailleurs, on ne rencontre plus guère que des mérinos et des métis mérinos. Seulement, les uns et les autres y sont fort variables sous le rapport du développement et des qualités du lainage, suivant les localités dans lesquelles on les considère. Une bergerie de l'État, qui avait été instituée dans les Pyrénées-Orientales, a pendant plusieurs années fourni des béliers pour le croisement des troupeaux. Il en est résulté la multiplication des métis sur tous les points de la région, essentiellement propre à l'industrie des bêtes à laine, dans le département de l'Aude surtout.

Nous n'entreprendrons pas de décrire les nombreuses variétés de mérinos et métis mérinos dont l'ensemble peut être désigné sous le nom de moutons du Roussillon. Nous en indiquerons seule-

loin l'une de ces variétés en particulier, à cause des dissemblances fondamentales qu'elle présente avec toutes les autres. Nous voulons parler de la variété dite des Corbières. Quant aux nuances qui existent entre le reste de la population, elles ne sont pas assez saillantes pour mériter une mention à part.

Les mérinos du Roussillon ont en général beaucoup de ressemblance avec ceux de l'Espagne. Ils ont la tête forte, munie de cornes épaisses et longues. Quelques-uns sont de grande taille, dans les vallées fertiles; mais en général ils sont petits et trapus, à dos dit ensellé, et pourvus de fanons prononcés. Il existe dans la contrée peu de troupeaux complétement purs. Ceux-ci sont en grande partie composés de métis ayant, avec la toison mérinos plus ou moins fine, conservé quelques-uns des caractères les plus prononcés de l'ancienne race locale. Ils sont de moyenne taille, avec la tête et les jambes souvent rousses, et quelquefois des cornes arquées, dirigées en arrière. Dans ce dernier cas, le lainage est grossier ou commun, ce qui tient à l'absence ou au faible degré du croisement mérinos.

Les troupeaux de ce pays passent l'hiver dans les plaines, mais ils estivent sur les pâturages des Pyrénées, où nous avons pu les voir personnellement en grand nombre dans les montagnes de l'Ariége, dans les environs de l'Hospitalet, de la Cerdagne, de l'Andorre et du pic de Tarbezou. Ils y broutent ces herbes tout à la fois succulentes, fines et aromatiques, des hauteurs pyrénéennes, fertilisées chaque printemps par la fonte des neiges.

Cependant, l'émigration n'est pas générale, comme en Provence, et l'absence de troupeaux permanents dans la région montagneuse ne l'est pas non plus, comme dans les Alpes. Les progrès de la culture, dans les plaines du Roussillon et de l'Aude, l'extension des prairies artificielles, du farouch notamment, ont assuré pour la saison d'été la nourriture des moutons, et aussi même celle des troupeaux qui descendent de la montagne pour hiverner dans la plaine, bien qu'ils appartiennent à des propriétaires montagnards. L'industrie ovine est par le fait plus avancée, au point de vue de ses ressources, que celle des autres localités méridionales dont nous nous sommes déjà occupés. Aussi n'a-t-elle point pu échapper aux tentatives d'amélioration guidées par les idées spéculatives dont nous avons précédemment fait ressortir l'inanité.

Hâtons-nous de dire, toutefois, que l'emploi des béliers Dishley et Dishley-mérinos a été jusqu'à présent fort restreint dans le Roussillon, et borné à quelques troupeaux du département de l'Aude. Il en a été de même de celui des béliers Southdown, essayés par un petit nombre d'éleveurs. La société d'agriculture de Carcassonne a eu le tort, à notre avis, de préconiser l'usage des anglo-mérinos et de faire elle-même des achats de béliers d'Alfort, pour les répandre chez les cultivateurs, en stimulant par des encouragements directs ce qu'elle a appelé l'amélioration de la race locale par ce moyen. Elle eût mieux fait de consacrer les ressources intellectuelles et financières dont elle dispose à la propagation de reproducteurs mérinos purs bien conformés et des bonnes méthodes d'élevage qui peuvent conduire les métis vers le résultat qu'elle veut obtenir. Nous en avons assez dit au sujet des facultés amélioratrices de l'anglo-mérinos, pour qu'il ne soit point nécessaire de revenir à cette occasion sur la nullité des effets que l'on en attend dans ces circonstances, au point de vue de la viande; et quant à la toison, personne ne contestera son infériorité par rapport au mérinos.

C'est par une alimentation plus uniformément abondante des élèves, que l'aptitude à produire de la viande sera développée chez les moutons dont il s'agit, non pas par le croisement avec des métis anglais, dont l'influence héréditaire est nécessairement incertaine. Le résultat se montrera dans ce cas infailliblement; et en même temps se produiront, sous l'influence des mérinos bien choisis à titre de reproducteurs, les améliorations de la laine que les métis préconisés ne sauraient jamais provoquer.

Il faut donc engager les éleveurs de bêtes à laine du Roussillon à se tenir en garde contre les exhortations qui les poussent vers l'immixtion des animaux d'origine anglaise dans la fécondation de leurs brebis, que ces animaux soient purs ou métis. La base de leur spéculation doit demeurer, en raison des conditions dans lesquelles ils opèrent, la production des toisons. L'animal de boucherie, sans qu'il puisse être négligé, reste pourtant accessoire. Qu'ils visent à l'améliorer seulement par le choix de béliers mérinos bien conformés et par une bonne alimentation de leurs produits. Ils seront ainsi dans les voies de la saine zootechnie, en même temps qu'ils respecteront les données économiques du problème qui leur est posé.

Moutons des Corbières. — Parmi la population ovine du Roussillon et de l'Aude, la variété des Corbières présente, ainsi que nous l'avons dit, des caractères bien tranchés, qui dépendent sans nul doute de la disposition des lieux où elle vit, et auxquels elle doit son nom. Les Corbières sont un chaînon de collines élevées, formant contre-fort aux Pyrénées et s'étendant obliquement des environs de Perpignan jusqu'à Carcassonne. Elles séparent le département de l'Aude d'une partie de celui de l'Ariége et du département des Pyrénées-Orientales. Sur leur versant méridional se trouvent situés Estagel, Quillan, Saint-Hilaire et Limoux; de l'autre côté se rencontrent Tuchan, Monthoumet, Lagrasse, etc.

Dans ces contrées, les vents d'est et de nord-ouest, celui surtout que l'on appelle *vent d'autan*, soufflent avec une violence extrême et dessèchent les sommets des collines. Pendant les mois de février et mars, en hiver, et ceux de juillet et août, en été, les moutons n'y trouvent que des pâturages arides, sur lesquels ils ont peine à subsister. Aussi de telles conditions ont donné naissance à une variété de petites bêtes qui se distinguent par l'exiguïté de leur taille, par leur vigueur et leur rusticité. Parmi les autres métis mérinos de la région, ceux-ci se montrent en outre revêtus

d'une toison ayant des caractères particuliers.
Voici du reste leur description.

Le mouton des Corbières est assez bien conformé. Il a la tête petite, munie ou dépourvue
de cornes. Sa laine est fine, douce, disposée en
mèches longues, pendantes, pointues, et ayant
une grande analogie avec celles du mérinos soyeux
de Mauchamp par le brillant du brin. La toison
est très-étendue, mais peu tassée, ouverte, et paraît comme formée de lambeaux. En somme elle
est légère, même par rapport au peu de développement du corps.

Il n'est pas nécessaire d'ajouter qu'au nombre
des qualités de ce petit mouton se place en première ligne une grande sobriété. Les lieux qu'il
habite lui en font une obligation. Et si, en le considérant d'une manière absolue, on n'est point
frappé de ses mérites, il en est autrement dès
qu'on rapproche ceux-ci des conditions dans lesquelles il est entretenu. Quand on le fait descendre de ses collines arides vers la plaine où il
trouve une table mieux servie, les améliorations
qu'il subit par ce seul fait deviennent dignes de
la plus grande attention. Le mouton des Corbières
acquiert dès lors des formes séduisantes par leur
harmonie, sa toison se tasse et augmente de poids,
sans perdre notablement de la finesse et du soyeux
qui la caractérisent. Les brebis, naturellement
bonnes nourrices, donnent des agneaux qui se
développent bien, et plus tard des moutons
s'engraissant facilement. Nous avons vu en 1861,
au concours régional de Toulouse, un lot de brebis des Corbières, exposé par M. Alfred de Grozé-
lier, intelligent propriétaire de l'Aude, qui présentait ces mérites à un très-haut degré. Après
quelques générations dans les plaines fertiles du
Roussillon, il n'est plus possible de les distinguer
que par leur laine soyeuse. C'est ce dont il est facile
de se convaincre en examinant de près les bêtes
ovines amenées sur les marchés de Béziers.

Ce fait indique à lui seul comment il est possible d'améliorer les moutons des Corbières, c'est-
à-dire de leur faire produire à la fois plus de laine
et de viande. Ce peut être une bonne spéculation
d'aller chercher sur les collines des troupeaux
pour les engraisser dans la plaine. Leur engraissement, dans ce cas, est prompt et avantageux,
l'écart entre le prix des bêtes maigres et celui des
bêtes grasses étant assez grand pour payer la nourriture à un taux élevé. Mais ce n'est pas de cela
qu'il s'agit. L'amélioration de ces petites bêtes
s'entend du perfectionnement de leurs aptitudes
dans les localités mêmes où elles sont élevées, et
dont les ressources alimentaires ne pourraient
suffire à des animaux plus exigeants. Or, une sélection attentive, en vue de la meilleure conformation du corps et du tassé de la toison, secondée
par la création de ressources alimentaires à la
bergerie pour les mois où la dépaissance fait défaut, conduira certainement au but. L'augmentation de la taille suivra nécessairement l'accroissement de ces ressources. C'est mettre, comme on
dit, la charrue devant les bœufs, de la demander
à l'emploi de béliers volumineux accouplés pour
la monte avec les petites brebis du pays, ainsi que
l'on en a déjà tenté l'essai. Le moment viendra,

lorsque le progrès agricole aura multiplié sur les
versants des Corbières les ressources fourragères
pour les temps de sécheresse, de donner aux
brebis les plus développées des béliers mérinos de
moyenne taille, et particulièrement ceux de la
variété soyeuse de Mauchamp, dont la laine est de
la même nature que celle des métis des Corbières;
mais jusqu'à ce que la culture ait accompli cette
première et fondamentale partie de la tâche, il
convient de s'en tenir aux reproducteurs du pays,
en les choisissant seulement parmi les mieux développés et en les entourant de bons soins.

Voilà le conseil que nous croyons devoir donner
aux éleveurs des collines de l'Aude, en les assurant que s'ils le suivent de point en point ils s'en
trouveront bien.

Moutons Ariégeois. — On donne ce nom à une
population ovine très-nombreuse et très-estimée
pour la qualité de sa viande, produite dans le bassin de l'Ariége, principalement entre le village
d'Ax, qui possède des eaux thermales sulfureuses,
tout près de la source de la rivière, et la petite
ville de Tarascon. Les troupeaux de ces vallées
passent l'été sur les plateaux des Pyrénées ariégeoises, au-dessus des villages de Mérens, de l'Hospitalet, et au sud de Foix. Ils s'étendent vers l'est,
sur les Pyrénées-Orientales, où ils se mêlent durant l'estivage avec les moutons du Roussillon;
vers l'ouest, ils gagnent les plateaux des environs
de Bagnères-de-Luchon et les Hautes-Pyrénées,
confondus avec ceux du Béarn et des Landes;
enfin, en descendant vers le nord dans la plaine,
ils confinent aux lauraguais dont nous parlerons
plus loin.

Les moutons ariégeois sont peu connus des zootechniciens; mais ils méritent de l'être davantage,
à cause de la part considérable qu'ils prennent à
l'alimentation des villes du Midi et de l'excellente
qualité de leur viande, dont nous avons pu nous
assurer par nous-même sur les lieux. Ces moutons sont, comme tous ceux de la région, des métis mérinos, du moins pour une forte partie de la
population. Seulement, dans l'Ariége, le croisement remonte à une date relativement reculée, et
il n'en reste plus que des traces très-fugaces, ainsi
qu'on va s'en apercevoir par la description du
mouton ariégeois, que nous emprunterons à
M. Magne, parce que nous avons pu en vérifier
bien des fois la parfaite exactitude sur différents
points du pays qui le produit.

Voici ses caractères :

«Taille un peu au-dessus de la moyenne; corps
épais, poitrail ouvert; tête moyenne, un peu
busquée, présentant, comme les membres, des
taches rousses, jaunes, brunes ou noires; encolure forte; cornes en spirale chez les béliers;
membres longs, solides; jarrets larges, bien écartés l'un de l'autre. La démarche est fière, l'œil
vif, l'air vigoureux. La laine est longue, souvent
en mèches pointues, de bonne qualité, quoique
trop grosse et trop dure, pouvant rentrer cependant parmi les laines communes. Sans être très-
laineux, ce mouton fournit de bonnes toisons...

«Le sang mérinos, ajoute M. Magne, a plus ou
moins pénétré dans la plupart des troupeaux

ariégeois. On le reconnaît à la nature de la laine, malgré les taches noires ou brunes que présentent les animaux aux membres et à la tête. »

Les moutons ariégeois n'ont été, de la part des éleveurs du pays, l'objet d'aucune amélioration. Malgré leur population si nombreuse, à ce point qu'un vétérinaire distingué de Saverdun, membre de la Société d'agriculture de l'Ariége, M. Sainte-Colombe, en a pu compter vingt-sept mille têtes dans les seuls villages de la vallée qui s'étend entre Tarascon et Ax, on ne voyait au concours régional de Toulouse, en 1861, pour spécimen de cette population, que trois béliers peu remarquables et pas une seule brebis. Toute l'attention des agriculteurs éclairés du pays est tournée du côté des bêtes lauraguaises, dont nous nous occuperons tout à l'heure, et qui sont fort remarquables à la vérité, mais n'ont aucune des qualités nécessaires pour le régime du pâturage de montagne qui fait le mérite particulier du mouton ariégeois.

Il serait bon pourtant que l'on s'occupât du perfectionnement de celui-ci, en tenant compte des nécessités du régime pastoral que comporte son exploitation. Sans nuire en rien à l'excellente réputation des béliers d'Ax, dont la qualité est due aux propriétés aromatiques des plantes consommées sur la montagne, on pourrait à la fois améliorer la conformation et les toisons des moutons de l'Ariége. Il suffirait pour cela d'exclure de la reproduction les béliers à cornes fortes, à encolure grosse et à poitrine étroite, à toison peu étendue et jarreuse, ou mécheuse quoique douce ; de choisir dans les deux sexes les reproducteurs de moyenne taille et ayant le corps ample, le garrot bas, les lombes larges ; puis de donner aux brebis qui proviendraient de ces accouplements bien conduits des béliers mérinos s'appareillant bien avec elles par la taille et la conformation. On obtiendrait ainsi des toisons plus fines, plus tassées, plus lourdes, et analogues à celles des métis du Roussillon. Les moutons ariégeois entreraient de cette façon dans leur véritable fonction économique, qui est de produire des laines d'une plus grande valeur, en même temps qu'une viande plus remarquable par sa qualité que par sa quantité. L'amélioration de leur toison ne les empêcherait pas de s'engraisser facilement dans la plaine comme ils le font maintenant, et les producteurs trouveraient, dans les fabriques de Castres, de Mazamet, de Montauban, etc., pour leurs laines perfectionnées les mêmes débouchés qu'y rencontrent celles du Roussillon et du Lauraguais.

On a conseillé, mais seulement en passant, il est vrai, de donner aux bonnes brebis ariégeoises de la plaine des béliers Dishley-mérinos. Nous ne saurions trop nous inscrire contre ce conseil, inspiré par une prédilection purement spéculative pour ces métis. Et après ce que nous en avons dit à plusieurs reprises, et en considération de ce que nous devons en dire bientôt au sujet d'une autre population ovine du Midi, où il a été expérimenté sur une échelle assez étendue, il n'y a pas lieu de s'y arrêter.

Moutons du Lauraguais. — Sous le nom de race lauraguaise, on connaît des métis mérinos résultant de croisements anciens et peu avancés, qui se produisent dans une plaine étendue mi-partie sur le département de l'Aude et sur le nord de celui de la Haute-Garonne. Les villes de Castelnaudary et de Villefranche sont situées sur la ligne qui traverse cette contrée dans le sens de sa longueur.

Ces plaines du Lauraguais, d'une fertilité moyenne, quoiqu'elles soient bien souvent desséchées et ravagées par le vent d'autan qui souffle du sud-ouest avec une grande impétuosité, sont cependant favorables à l'entretien des troupeaux, qui forment l'unique bétail de rente de cette contrée favorisée entre celles de la même région.

Un jeune vétérinaire dont nous avons déjà eu l'occasion de citer le nom avec éloge, à propos de l'engraissement des bœufs dans le Lauraguais, M. J.-E. Vialas, qui habite la contrée, a publié en 1861 dans la *Culture* (p. 381) un intéressant travail sur le mode d'entretien des moutons du Lauraguais. « Ces animaux, dit-il, mènent une vie fort régulière ; chez eux pas de parcage, pas de longue stabulation ; tous les jours, tant en hiver qu'en été, lorsque les intempéries ne se font pas trop sentir, ces animaux sont conduits au pâturage. Dans notre contrée, comme partout, je pense, les heures varient selon les saisons ; tantôt le matin ou le soir sont réservés pour la sortie du troupeau, et l'animal se repose le milieu du jour ; tantôt c'est l'opposé qui se présente.

« Quant à la nourriture, sans être alibile, elle est ordinairement saine et en assez grande abondance, représentée chez la plupart des propriétaires par du foin des prairies naturelles, de la luzerne, du sainfoin et des vesces ; de plus, pour la saison rigoureuse, les feuilles de quelques arbres, notamment celles des peupliers, sont recueillies au commencement de l'automne, desséchées au soleil et conservées avec soin, pour être ensuite données aux moutons durant l'époque des frimas, aux heures où l'on devrait les conduire au pâturage ; exceptionnellement des grains, des tubercules, des racines, des aliments farineux sont donnés, à moins que le propriétaire, ayant entrepris l'engraissement de quelques-uns, ne sacrifie pour eux quelques portions de ses récoltes. Cette nourriture se trouve distribuée avec assez de régularité et d'abondance, selon l'époque de la saison. Quand le troupeau trouve au pacage assez de matières alimentaires, chose qui se présente au printemps, alors que les herbes poussent avec beaucoup de vigueur, et en automne ; quand il est conduit dans les prairies naturelles, les grands herbivores n'y venant plus ; dans ces deux cas, la ration de nourriture sèche est petite ; quand, au contraire, arrive la morte saison, les fourrages secs sont distribués au troupeau avec plus de profusion.

« Dans presque toute la France, et aussi dans notre contrée, ajoute M. Vialas, on choisit pour la lutte les mois de septembre, octobre et novembre, afin d'avoir des agneaux en février, mars et avril, époque où la végétation commence à fournir une herbe tendre et abondante, qui convient au jeune produit et augmente la sécrétion lactée de la mère.

« Entretenus dans cet état pendant un mois ou un mois et demi environ, ces agneaux sont ensuite livrés à la boucherie. Le berger ne s'occupe plus alors que de favoriser la formation du lait. Ce produit, vendu par lui tous les jours pour la fabrication du fromage, ou pour être consommé en nature, lui procure des bénéfices plus grands que si cette substance était réservée pour la nourriture, partant pour l'accroissement des agneaux.»

Nous avons reproduit ces détails relatifs à l'industrie ovine du Lauragais, parce qu'ils ont été observés sur les lieux, par un habitant du pays en mesure de les bien saisir, et parce que nous avons pu nous-même en contrôler l'exactitude parfaite.

Fig. 563. — Bélier du Lauraguais.

Ils serviront à expliquer les qualités fort remarquables des métis dont il s'agit, et rendront compte surtout de l'homogénéité si complète présentée par les individus qui composent les troupeaux lauraguais et de leurs mérites reconnus par tous ceux qui ont pu les étudier.

On comprend en effet sans difficulté que des moutons soignés de cette façon conservent leur type sans altération, et même qu'ils s'améliorent progressivement, à mesure que l'agriculture fait des progrès autour d'eux. C'est ce qui est arrivé pour les bêtes à laine lauraguaises. Aussi, quand on a vu l'une de ces bêtes, on les a vues toutes. Ce sont toujours les mêmes caractères, que notre jeune confrère décrit de la manière suivante, à laquelle nous n'ajoutons que peu de chose :

La taille de ces animaux, dit-il, est un peu au-dessus de la moyenne; le corps est long, la tête petite, quelquefois busquée, ordinairement sans cornes; le front est garni d'un petit toupet de laine, les oreilles sont grandes et pendantes; la laine, assez fine comparée à celle des bêtes de la montagne, est recherchée par les commerçants de Castres, pour la fabrication des étoffes de cette localité. La toison s'étend, sous le ventre et sur les membres, à la façon du mérinos, de qui ce caractère provient certainement. Elle est moyennement tassée, mais la mèche manque souvent d'homogénéité. Elle est ordinairement un peu pointue, longue et assez douce pour de la laine de métis. Bien suivie dans la ligne supérieure, la conformation manque d'ampleur dans les parties antérieures. Le garrot n'est pas assez épais, la poitrine est un peu étroite et serrée en arrière des coudes; ce qui fait que les membres antérieurs, quoique d'aplomb, sont moins écartés que les membres postérieurs.

Malgré ces légères imperfections, il y a là, comme on peut le voir, d'excellents éléments pour obtenir promptement de bonnes bêtes à laine intermédiaire, propres à un très-haut degré à produire de la viande pour la boucherie. C'est peut-être de tous les moutons français celui qui se prête le mieux, sous tous les rapports, à la destination mixte qui embrasse dans une mesure moyenne les deux fonctions économiques de l'espèce ovine.

Des croisements de toutes sortes ont été tentés dans le but d'améliorer les moutons lauraguais, qui se sont répandus non-seulement dans toute la Haute-Garonne, mais encore dans le Gers, le Tarn-et-Garonne et le Lot. Les concours de la région nous ont souvent fait voir des métis Dishley-lauraguais, Southdown-lauraguais, surtout ce que l'on appelle assez singulièrement des Dishley-Mauchamp-mérinos-lauraguais. Ces derniers proviennent de l'accouplement de béliers anglo-mérinos de la prétendue race d'Alfort, avec des brebis lauraguaises. Ils sont les plus communs. Une opération de ce genre est suivie depuis longtemps dans la bergerie du Blanc, près Gaillac-Toulza (Haute-Garonne), appartenant à madame veuve Viallet et dirigée par son frère M. Martegoute. A force d'attention et de soins, on est parvenu à en obtenir quelques sujets réussis, qui ont eu des succès dans les concours de la région, à cause de leurs mérites individuels. Mais ils se trompent fort, ceux qui jugent d'un troupeau par l'examen de quelques individus isolés ainsi, et nécessairement choisis et soignés en vue de l'exhibition. La vérité est que, troupeau pour troupeau, l'on rencontre assez fréquemment des lauraguais qui valent mieux dans leur ensemble que les produits de ce croisement, parmi lesquels le nombre des sujets décousus, trop forts de taille pour les ressources alimentaires du pays, domine de beaucoup celui des moutons mieux conformés que le lauraguais tel que nous venons de le décrire.

Il suffira de constater ce fait, dont l'explication a été donnée précédemment. Outre le peu de puissance héréditaire de l'anglo-mérinos, en sa qualité de métis, on sait trop bien que les conditions agricoles des plaines du bassin de la Haute-Garonne ne sont pas assez avancées, pour qu'il soit possible d'y entretenir convenablement des moutons aussi peu rustiques et aussi exigeants que le sont les descendants du Dishley, au cas où les mérites de celui-ci se transmettraient par l'intermédiaire de son métis mérinos. Il n'est donc pas nécessaire d'insister là-dessus. Quiconque étudiera la question avec soin, s'apercevra que sous aucun rapport des béliers anglo-mérinos ne peuvent être utilement employés dans l'exploitation de l'espèce ovine lauraguaise, à plus forte raison dans son amélioration. Dans des situations exceptionnellement favorables à la production de la viande, telles qu'il n'en existe guère, à notre connaissance, dans les localités qu'elle habite, cette espèce peut sans doute donner avec le Southdown rustique des agneaux plus forts, mieux conformés, s'engraissant plus tôt, par conséquent pesant davantage et se vendant plus cher que ceux provenant de béliers lauraguais. Comme croisement industriel, cela peut s'admettre. Mais la population ovine lauraguaise en général, pour être rationnellement exploitée, doit d'abord être conservée dans son type. Elle ne peut s'améliorer sous le rapport de la conformation qu'en elle-même, en combinant avec une bonne et copieuse alimentation des élèves le choix judicieux des reproducteurs autant que possible exempts des défauts que nous lui avons reprochés. La bête lauraguaise est surtout insuffisante dans ses quartiers antérieurs. Elle manque d'ampleur de poitrine. Les brebis sont en général bonnes laitières. Il faut laisser teter aux agneaux destinés à l'élevage tout le lait de leur mère et donner à celle-ci au besoin un supplément de nourriture, puis nourrir copieusement les jeunes animaux après le sevrage. C'est le seul moyen, ainsi que nous le savons, de faire développer leur thorax et de leur communiquer par là même une bonne conformation. Donnez au lauraguais une poitrine plus ample, par suite un garrot plus épais, un râble plus large, et vous aurez tout de suite la conformation du Southdown. Du côté du squelette, il ne laisse rien à désirer quant à la finesse de ses os.

Déjà métis par la toison, un nouveau métissage quelconque ne peut qu'altérer ses qualités. Le mérinos pur devrait seul être employé, s'il y avait lieu d'obtenir à cet égard une amélioration. Mais les circonstances économiques du pays indiquent plutôt le perfectionnement de la conformation que celui de la laine dans le sens de la finesse. En suivant la marche qui vient d'être prescrite, les éleveurs atteindront sûrement le double but

qu'ils doivent préférablement viser : des toisons plus lourdes et des moutons plus charnus.

C'est la même voie qui convient également aux derniers métis mérinos qu'il nous reste à examiner.

Moutons du Larzac. — En décrivant la fabrication des fromages de Roquefort (p. 771), notre collaborateur, M. Victor Borie, a donné sur ce qui concerne l'entretien des troupeaux du Larzac et les caractères des bêtes qui composent ces troupeaux, exploités principalement en vue de l'industrie dont il avait à s'occuper, des détails qui abrégeront notre tâche. Il nous suffira d'indiquer un peu plus complètement que n'a dû le faire notre collaborateur les caractères typiques des bêtes ovines qui, utilisées comme laitières sur un point circonscrit du département de l'Aveyron, peuplent également le Rouergue, le Ségala, et s'étendent sur les Cévennes vers le nord, l'est et le sud, dans les départements de la Haute-Loire, de la Lozère, du Tarn, en subissant seulement des modifications de taille et de volume, sans changer de type. Suivant la coutume, ils ont pris le nom de la localité dans laquelle ils vivent. Mais les moutons de la région que nous venons de circonscrire ne se groupent pas moins naturellement, par leurs caractères fondamentaux, autour d'un type unique, qui est celui du Larzac. Et celui-ci dérive d'une race fort ancienne, vraisemblablement originaire du plateau sur lequel elle vit, et que nous aurions eu à décrire comme telle, si des croisements mérinos non douteux n'étaient venus vers la Restauration en altérer la pureté.

De tous les métis mérinos, les moutons du Larzac sont ceux qui ont conservé le moins de traces du passage de la race espagnole. C'est que les croisements ont été promptement abandonnés. L'industrie de Roquefort était trop prépondérante, pour que la considération du lainage pût longtemps prévaloir sur celle de la production du lait. Dès qu'on s'aperçut que le croisement pouvait nuire à l'aptitude laitière des brebis, on y renonça. Cela fait que l'animal du Larzac ne présente aucun des caractères de la physionomie du mérinos. L'influence de celui-ci se fait sentir seulement sur la nature de la laine, moins commune, plus douce et plus nerveuse que celle des races françaises analogues.

En effet, le mouton du Larzac a les jambes et la tête nues. Celle-ci est dépourvue de cornes, à front saillant, à chanfrein fortement busqué, et fine malgré cela. La taille est peu élevée, le corps ramassé, la conformation régulière et les os peu volumineux. Le poids vif n'est pas considérable, mais le rendement à la boucherie est proportionnellement élevé, et la viande des moutons cévenols, en général, jouit d'une réputation justement méritée, sous le rapport de son exquise saveur. C'est le propre des animaux à la fois sobres et rustiques comme ceux-là.

Quant aux facultés laitières, nous renverrons à ce qu'en a dit notre collaborateur. Il faut faire de même pour ce qui concerne l'amélioration des moutons du Larzac, en nous joignant à lui pour nous élever contre toute espèce de croisement.

Les aptitudes naturelles des bêtes du Larzac ne peuvent être développées que par la sélection.

En suivant cette méthode avec intelligence, on arrivera sûrement à les perfectionner. Le moins qu'on en puisse obtenir, c'est de les conserver. Au lieu que dans un croisement quelconque, à

Fig. 564. — Bélier du Larzac.

quelque point de vue qu'il soit entrepris, laine, viande ou lait, la plupart des chances sont pour la destruction de l'une ou de l'autre, et peut-être même de toutes à la fois.

Ici se termine notre revue de la race mérinos et de l'influence exercée par cette race sur l'espèce ovine française. Nous l'avons suivie jusque dans ses dérivés les plus éloignés et les moins influencés par elle. En décrivant ces métis dans la formation desquels le mérinos est intervenu pour une part quelconque, nous n'avons pas tenu compte des individus de la race locale qui peuvent encore subsister parmi les troupeaux modifiés des contrées que nous avons dû parcourir. C'est que leur existence importe peu pour l'œuvre de progrès de la zootechnie. En vue de cette œuvre, ce n'est pas précisément un inventaire minutieux de l'espèce ovine de la France que nous avons à faire. Si ces individus n'ont pas encore tout à fait disparu, ils sont infailliblement destinés à disparaître devant l'extension des races qui les envahissent en les écartant ou les absorbant par voie de métissage. Sur tous les points que nous avons vus jusqu'à présent, c'est ce dernier résultat qui s'est déjà produit et se poursuit, parce que la fonction économique de l'espèce y est l'exploitation de la laine, d'une manière plus ou moins fondamentale. Et l'on remarquera que l'influence du croisement mérinos, — agissant principalement sur la toison, — s'y mesure assez exactement à l'importance harmonique de cette fonction. L'observation de ces phénomènes, dont la marche normale obéit à des lois naturelles aussi positives dans l'organisme économique que dans l'organisme physique de l'individu considéré d'une manière intrinsèque ; cette observation devrait bien faire réfléchir les esprits spéculatifs qui se flattent trop volontiers d'imprimer au cours des choses une direction qui n'a d'autre base que leurs propres conceptions. La science ne saurait admettre ces constructions artificielles enfantées par l'esprit de système. Elle suit imperturbablement sa marche dans l'économie sociale, en obéissant à ses lois. Elle a une logique infrangible. C'est à peine si tous les efforts de ceux qui ont l'ambition de détourner son courant, parce qu'ils se croient en mesure de le diriger dans une meilleure voie, peuvent réussir à entraver sa marche. Ils font tomber quelques roches dans son lit, et n'arrivent qu'à en troubler le calme en lui créant ainsi d'inutiles obstacles. La tâche des travailleurs sensés est par là rendue plus pénible, car il leur faut consacrer du temps à déblayer ces obstacles, qu'ils eussent su employer plus utilement sans cela. Ces derniers savent qu'on ne sert le progrès qu'en observant ses lois et s'y conformant. On le seconde et l'on hâte sa marche à cette condition. Le reste n'est que vaine et stérile agitation.

Ces vérités nous paraissent bonnes à méditer, au moment où nous allons maintenant étudier successivement nos principales races françaises pures de l'espèce ovine. Elles auraient peut-être besoin d'être développées, pour mettre plus en garde contre une apparente contradiction qui a été déjà signalée, car on est fort enclin à envisager de la même façon la question de l'amélioration du mouton sous ses deux aspects. Les esprits superficiels ne saisissent pas du premier coup comment il se fait que les procédés qui sont efficaces pour perfectionner la bête à laine cessent tout à coup de l'être quand il s'agit de la bête à viande. Ils ne comprennent pas que le métissage puisse être admis dans un cas et repoussé dans l'autre. Mais quelque importante que soit cette thèse, nous sommes forcé de nous en tenir à ce que nous avons déjà dit sur ce sujet. Notre cadre ne comporte pas de plus longs développements. Il y aura lieu seulement d'y revenir par une indication sommaire à l'occasion de chacune des races que nous allons décrire.

Ces races doivent être exploitées principalement pour la viande qu'elles produisent. Leur laine, en raison de sa grossièreté, ou du moins de sa qualité commune et de sa valeur minime, est fort accessoire. Elles sont peu nombreuses. Précisément dans l'échelle de classification des laines que nous avons établie et suivie jusqu'à présent, et qui va des fines aux grossières, en passant par les intermédiaires et les communes, ces races occupent des places qui concordent parfaitement avec leur distribution géographique, en procédant du sud vers le nord. Nous ne rencontrerons, en remontant la France pour les trouver, que les lacunes occupées par le mérinos et ses métis, dont nous nous sommes déjà occupé.

Il nous faut donc, en quittant les régions habitées par les moutons du Lauraguais et du Larzac, passer tout de suite à ceux dont le type part du plateau central, pour s'irradier en divers sens vers ces derniers. Nous laissons de côté les moutons dits *béarnais* et *landais*, fort ressemblants aux ariégeois, bien qu'ils leur soient inférieurs sous tous les rapports. Leur population est peu nombreuse et se restreint à mesure que la culture améliorante envahit les landes. Il n'y a pas lieu par conséquent de s'en occuper.

Race du plateau central. — Nous proposons de donner ce nom à un type bien déterminé qui, sous diverses dénominations, occupe les terres granitiques et argilo-siliceuses des anciennes provinces de la Marche, du Limousin, du Périgord, du Quercy, du Bourbonnais. La région dont il s'agit, et qui est uniforme par sa constitution géologique, embrasse les départements de la Creuse, de la Corrèze, de l'Allier, de la Haute-Vienne, une partie de chacun de ceux de la Vienne et de la Charente, les arrondissements de Civray et de Confolens, enfin le nord du département de la Dordogne et de celui du Lot. Elle s'étend aussi dans le Cantal jusqu'à Aurillac.

Dans chacun de ces départements, les moutons de la race dont il s'agit portent des noms particuliers, mais ils sont identiques par leur physionomie et appartiennent tous au même type. On les appelle *marchois*, *limousins*, *bourbonnais*, *moutons de montagne*, *moutons de Saint-Léonard*, *moutons du Périgord*, *moutons du Quercy*. M. Magne, sans s'expliquer davantage sur cette classification, en a fait deux catégories. La première comprend ceux qu'il appelle les moutons de Faux, du nom d'une petite ville de la région où se tient une foire de bêtes grasses ; la seconde embrasse les marchois et les bourbonnais.

Les caractères distinctifs du mouton de la race du plateau central sont des plus faciles à saisir. Il ne ressemble à aucune autre de nos races françaises, quand on le considère sur son propre terrain. Très-petit de taille ; à corps parfaitement cylindrique et bas sur jambes, il a l'encolure mince, la tête fine, parfaitement pyramidale, à chanfrein droit, les oreilles courtes et dressées, l'œil vif et l'air très-éveillé. Les membres fins et très-agiles sont dépourvus de laine, ainsi que la tête. On y remarque souvent des taches noires ou d'un brun foncé. La toison, le plus ordinairement blanche, mais quelquefois brune ou noire, est en mèches longues, pointues, à brins moyens ou gros, et sèche. Quelques béliers portent des cornes à spires allongées, mais la plupart en sont dépourvus.

Les moutons de cette race sont d'une rusticité et d'une sobriété peu communes. Engraissés, ils ne dépassent jamais le poids de 15 kilog. viande nette, et ils en fournissent souvent beaucoup moins. La toison pèse tout au plus 600 grammes en suint. Les brebis donnent ordinairement deux agneaux.

Quand ils sont transportés dans les régions voisines, sur des parcours plus fertiles, ils acquièrent après quelques générations un développement qui leur fait atteindre la taille moyenne et même souvent au-dessus, tout en conservant la finesse de leur squelette. Il est curieux, par exemple, de suivre la race du plateau central en partant

Fig. 565. — Type de la race du plateau central.

des confins de sa région, dans les arrondissements de Civray et de Confolens, pour descendre, vers l'ouest, dans les départements des Deux-Sèvres et de la Charente-Inférieure, où elle se mêlé à la race poitevine, dont nous parlerons plus loin. A mesure que l'on s'avance dans cette direction, on observe qu'elle y acquiert un accroissement progressif de taille, jusqu'au point d'atteindre le développement de la race poitevine, avec laquelle elle a été souvent confondue. On en trouve des preuves dans les comptes rendus des concours publiés par l'administration de l'agriculture, où plus d'une image de mouton prétendu poitevin représente exactement un individu de la race du plateau central grandi par la nourriture. A sa tête fine, pyramidale, à arcade orbitaire peu saillante ; à ses oreilles courtes et droites ; à son cou laineux ; à ses membres grêles, il n'est pas possible de s'y tromper, pour quiconque a pu étudier de près les deux races.

Mais il est vrai de dire que sur les terres calcaires du centre de l'Ouest, le mouton du plateau central s'améliore singulièrement. Son excellente conformation d'animal de boucherie prend une ampleur considérable. Sa toison, de grossière, devient commune, à mèches moyennement tassées et à brin frisé. C'est là l'effet d'une nourriture plus abondante et plus succulente sur cette race naturellement très-sobre et très-rustique.

Vers la fin de l'été, des troupeaux assez nombreux de ces petites bêtes, achetés dans les foires de la Haute-Vienne et de la Charente, sont conduits par le commerce du côté de la mer, dans les arrondissements vignobles, où ils sont vendus en détail aux propriétaires de ce pays, qui les engraissent en un mois pour la consommation de leurs vendangeurs. Ce sont le plus souvent des brebis, qui sont connues pour ce motif sous le nom de *vendangeronnes*. Leur viande est d'un goût exquis ; et du reste la réputation des moutons limousins et marchois est faite sous ce rapport sur les marchés d'approvisionnement de la capitale, où ils viennent de plus en plus, depuis l'établissement des chemins de fer.

Cette faculté d'amélioration par le seul fait d'une alimentation meilleure, dont il vient d'être parlé, indique aux éleveurs du plateau central la marche qu'ils ont à suivre pour tirer un parti plus avantageux de leur excellente petite race. Malheureusement, les agriculteurs éclairés de la région songent plus à la remplacer par des moutons plus volumineux ou à la modifier par des croisements, qu'à l'améliorer en elle-même. Il arrive par là que les exigences des nouveaux venus dépassent le plus ordinairement les ressources, et ne font que des misérables. Nous en avons vu des exemples bien frappants au concours régional de Guéret, en 1862, où il n'y avait pas un seul bon mouton. C'est qu'aucune bête du pays ne figurait au catalogue. Les cultivateurs progressistes croient faire acte de bonne administration en dédaignant de s'occuper de ces animaux chétifs. Il leur faut des moutons plus volumineux. C'est une grave erreur et en même temps une grave faute. La comptabilité le leur aurait bientôt prouvé, s'ils se donnaient la peine de la consulter.

Il faut, dans les terres granitiques et argilo-siliceuses du plateau central, que les moutons suivent les améliorations du sol. Ils ne peuvent les précéder, sans que l'harmonie des entreprises agricoles soit rompue. L'espèce ovine de ce pays n'a besoin, pour donner plus de revenu, — ce qui est l'unique critérium de son perfectionnement, — que d'augmenter en poids vif. Sous le rapport de la conformation et de l'aptitude, eu égard aux conditions dans lesquelles elle vit, elle ne laisse rien à désirer. Or, c'est l'affaire de la chaux d'amener sa transformation. A mesure que l'emploi de cet amendement permettra d'accroître les ressources fourragères, les moutons du pays prendront l'accroissement qu'ils acquièrent si facilement dans la Saintonge et le Poitou. Au lieu de se vendre maigres 1 fr. 50 par tête et 3 fr. au plus, comme nous en avons vu acheter dans un temps, ils atteindront une valeur de 15 à 18 fr., qui était celle des moutons de la même race élevés en Saintonge, au même moment. Ce résultat vaut la peine qu'on s'occupe de l'obtenir, et il est certain ; tandis qu'on ne citerait à coup sûr aucun bénéfice bien établi, qui ait eu sa source dans des opérations de croisement ou de substitution de race.

Rien n'est plus facile, nous en avons la preuve incontestable, que de faire augmenter la taille, le poids et le rendement de la race du plateau central. Il suffit pour cela de la transplanter sur les terrains calcaires de moyenne fertilité. Son amélioration dépend donc d'abord de celle de la région qu'elle habite par la chaux. La sélection fera le reste. Lorsqu'elle aura atteint par ce procédé la taille moyenne, il sera temps de l'utiliser à la production de métis plus avancés, si elle se trouve en retard des ressources alimentaires créées. Alors elle pourra servir à des croisements avec des béliers Southdown de familles rustiques, qui lui font déjà donner dans la Charente et la Vienne de bons produits de consommation, suivant le conseil formulé par nous dans l'opuscule que nous avons écrit sur l'*Espèce ovine de l'Ouest et son amélioration*. Mais il est d'abord indispensable de la grandir par la sélection.

Race du Poitou. — Nous emprunterons au travail cité ci-dessus la description que nous y avons faite du mouton poitevin, occupant la région du centre de l'Ouest formée par les cinq départements de la Charente, de la Charente-Inférieure, des Deux-Sèvres, de la Vienne et de la Vendée, et dans quelques-uns desquels, ainsi qu'on l'a vu plus haut, ce mouton se trouve mêlé avec celui de la race du plateau central amélioré par une alimentation plus riche que celle de son lieu d'origine.

« D'une taille variable entre 0m,60 et 0m,75, la race du Poitou présente comme caractère fondamental des jambes longues et fortes. Elle est haute sur jambes, d'une ossature très-développée ; la grosseur de sa tête, son chanfrein un peu busqué, ses arcades orbitaires saillantes, lui donnent une physionomie peu intelligente. L'encolure, grêle, tranchante et longue, s'insère entre deux épaules minces, aplaties, courtes et rapprochées. La poitrine est étroite, serrée en arrière des coudes, et la côte est le plus souvent plate. Les reins sont généralement peu développés, souvent tranchants, le flanc est grand et le ventre volumineux. La croupe est rarement arrondie, et au contraire se montre chez le plus grand nombre courte et tranchante, peu fournie de muscles, et ceux-ci sont peu descendus.

« La toison, dans cette race, s'étend rarement au delà de la partie moyenne du ventre, et s'arrête du côté de la tête à 0ᵐ,04 ou 0ᵐ,05 en arrière des oreilles. La tête, le ventre et les membres en sont donc complétement dépourvus. » Les béliers n'ont en général pas de cornes. Chez quelques individus, la tête et les membres présentent des taches brunes ou roussâtres. Les bergères appellent *roux* ceux qui sont ainsi marqués, et ils sont moins estimés que les moutons à face et à membres blancs. Lorsque les cornes existent, elles sont longues et relevées. Ce n'est guère que dans la Vendée, que l'on rencontre quelques béliers cornus. Les têtes fortement mouchetées se trouvent dans le Bocage.

« Les moutons poitevins sont tardifs ; ils n'atteignent leur complet développement qu'après plusieurs années. La prédominance de la charpente osseuse explique suffisamment ce fait. Arrivés à ce point, ils prennent cependant assez facilement la graisse, et fournissent entre 20 et 25 kilogrammes de viande nette. Leur viande est de moyenne qualité, en raison du peu de développement des muscles et de la présence d'une grande proportion d'os. » Gras, ils sont pour la plupart conduits au marché de Sceaux par des marchands poitevins qui les achètent par petits lots aux cultivateurs du pays.

« Leur toison n'atteint que rarement le poids de 2ᵏⁱˡ,500, en suint, dans les plus hautes tailles ; elle se maintient généralement dans une moyenne de 2 kilogr. en suint, et de 750 gr. à 1 kilogramme, lavée après la tonte. Le brin est assez long, mais son diamètre, son peu d'élasticité, doivent faire classer la laine dans la catégorie des laines communes.

« Originaire des parties très-fertiles de la région, cette race consomme beaucoup. Transplantée dans les localités qui produisent une nourriture moins abondante, elle dépérit ou tout au

Fig. 566. — Type de la race du Poitou.

moins reste stationnaire, sans s'engraisser. Dans quelques-unes même, elle contracte facilement, dans les mois d'août et de septembre, une maladie anhémique qui en fait périr un grand nombre. Nous avons été à même de constater durant plusieurs années ce fait dans les quelques communes du canton d'Aunay (Charente-Inférieure) qui se trouvent situées au voisinage de la forêt domaniale de ce nom, et sur toute l'étendue de la colline fortement calcaire et généralement boisée qui règne de l'est à l'ouest de ce canton, où les moutons améliorés de la race du plateau central s'entretiennent au contraire très-bien. Ces communes, à peu près dépourvues de prairies naturelles ou artificielles, ne peuvent offrir au mouton poitevin que les pâturages maigres des bois et des terres en friche, lesquels constituent pour eux une nourriture insuffisante, et leur font contrac-

ter cette maladie que le vulgaire appelle, dans son langage toujours pittoresque, la *platrelle*, et qui, nous le répétons, en fait succomber un grand nombre, si une médication rationnelle et une alimentation réconfortante ne leur sont pas administrées dès les premiers signes.

« En considérant la façon dont se reproduisent les moutons du Poitou, dans les localités où les cultivateurs se livrent plus particulièrement à cette industrie, il est facile de se convaincre de ce fait déplorable, à savoir qu'aucune vue arrêtée, aucun but défini, ne préside aux différentes opérations dont l'ensemble constitue la multiplication de l'espèce. Est-ce en vue de la production de la viande, ou bien dans le but de faire de la laine, que les accouplements sont effectués ? On ne sait. Ce qui paraît clair, c'est que c'est dans l'intention d'avoir des agneaux.

« Avec une pareille indifférence, on comprend que le hasard seul y préside. Un ou plusieurs béliers, selon l'importance du troupeau de portières, se livrent à la saillie des femelles, quand et comment il leur plaît, attendu que ces béliers, du choix desquels le pur hasard décide, sont mêlés à la saison au troupeau et font la lutte jusqu'à ce que fatigue s'ensuive. Agés ordinairement de huit mois à un an seulement, de deux ans au plus, ils en fécondent le plus qu'ils peuvent. Et cependant on rencontre assez souvent quelques vieux béliers (nommés *brelaux* dans le pays) qui ont pu résister pendant plusieurs années à ce service.

« A la suite d'une monte aussi libre, d'une telle licence de moyens, il n'est rien d'étonnant à ce que des intervalles plus ou moins longs se passent entre l'époque de la fécondation de plusieurs groupes de femelles. Cela fait que l'agnelage dure longtemps, et que l'on remarque des différences notables dans le développement des agneaux à l'époque de la vente. Du reste, cette opération, comme la monte, s'accomplit sans être entourée des soins qui caractérisent une bonne gestion des troupeaux. En somme, on peut dire qu'en général la race du Poitou se reproduit sans règle, sans intelligence, comme la plupart de nos races animales françaises ; ce qui fait qu'avec tous les moyens de perfectionnement que nous avons à notre disposition, nous sommes toujours, à l'égard de nos voisins, sous ce rapport, dans un état d'infériorité écrasant.

« Généralement réunis en nombre moyen de vingt à trente bêtes, rarement plus et souvent moins, on rencontre des moutons poitevins répandus dans presque tous les arrondissements de la zone centrale de la région. Les grandes fermes, assez nombreuses dans le bas Poitou, entretiennent seules des troupeaux plus importants. Toutefois, nous insistons sur ce fait que ce sont les petites bandes qui constituent l'immense majorité.

« Ainsi constitué, le soin, la garde du troupeau sont ordinairement confiés à une jeune fille, qui conduit celui-ci deux fois par jour, en filant sa quenouille, soit dans les pâtis offerts par les pièces en friche, soit sur les bordures des chemins. Dès que, par un parcours plus ou moins long, selon l'abondance ou la rareté de l'herbe, les bêtes ont la panse pleine, elles cessent de manger et s'agglomèrent, en formant une sorte de cercle, toutes les têtes rassemblées vers le centre. Elles sont alors rentrées à la bergerie, où elles ne reçoivent presque jamais de nourriture, si ce n'est parfois quelques herbes ramassées dans les champs en culture.

« C'est donc par un régime à peu près exclusif de pâturage que les troupeaux s'entretiennent. Dans les sols remarquablement féconds du Poitou, les terres en jachère produisent une telle abondance de bonnes herbes, que, non-seulement elles peuvent fournir une alimentation suffisante aux moutons, pour leur faire acquérir le volume considérable qu'ils atteignent à l'âge adulte et l'état de graisse qui le suit, mais encore elles concourent à la nourriture des juments et des mules pour une forte part. »

Il faut avoir visité un grand nombre de ces bouges restreints au possible, sans air ni lumière, que dans le pays on désigne sous le nom de *toits à moutons*, ajoutions-nous aux détails qui précèdent, pour avoir une idée de ce qu'est le régime de la bergerie pour les moutons poitevins. « Ces toits, dans lesquels le fumier demeure toute l'année, sont de véritables étuves, où il est impossible à l'homme de séjourner, tant le développement des gaz ammoniacaux qui s'y opère a d'intensité. Et comme l'air ne s'y renouvelle que bien lentement, en raison du peu d'issues qui s'y trouvent, tout cela fait que le fumier de mouton jouit d'une réputation à coup sûr bien méritée.

De calculs que nous avons faits en 1854, d'après les chiffres recueillis par les commissions cantonales de statistique, il est résulté que la région occupée par la race du Poitou comptait alors environ 3,500,000 moutons, pour une surface de 3,250,000 hectares, en chiffres ronds. On peut se rendre compte par là de l'importance de cette race et de l'intérêt qu'il peut y avoir pour le pays à l'améliorer. Quand on songe, d'un autre côté, au grand développement auquel elle arrive et à la facilité avec laquelle elle s'engraisse, lorsque le moment de sa croissance complète est venu, l'on ne peut se dispenser d'en conclure que la diriger vers une meilleure conformation et un développement hâtif, serait une opération des plus faciles. La race du Poitou a en effet tout ce qu'il faut pour être modifiée dans le sens de la précocité. Les conditions économiques dans lesquelles elle se produit indiquent qu'il n'y aurait aucune difficulté pour en faire une race à viande. Les habitudes du commerce, les débouchés, les nécessités du progrès agricole, tout fait une loi de lui donner cette exclusive destination.

Dans le travail cité plus haut, et consacré particulièrement à l'étude de cette race et de son amélioration, nous avons indiqué aux cultivateurs de la région du Centre-Ouest la marche qu'ils auraient à suivre pour obtenir ce résultat, en entrant dans des détails qui ne seraient pas nécessaires ici, attendu que les principes qui régissent de semblables opérations ont été précédemment développés. Cette marche comporte deux ordres de pratiques: le perfectionnement de la race par sélection, et son exploitation actuelle plus lucrative par le croisement Southdown.

Quant à l'application de la sélection, dans le but de rapprocher la race du type de la belle conformation, en développant en elle l'aptitude à la précocité, nous n'avons à cet égard qu'à renvoyer aux principes spéciaux du perfectionnement de l'espèce ovine exposés au commencement de ce chapitre. C'est toujours la même chose : alimentation copieuse des jeunes et choix des reproducteurs parmi ceux qui s'éloignent le moins du modèle pris pour but de l'amélioration.

Le croisement, qui ne peut avoir rien à faire dans l'amélioration de la race, et qui est seulement un moyen d'en tirer meilleur parti, en attendant que cette amélioration soit réalisée, le croisement ne présente dans sa pratique aucune difficulté. C'est une fabrication de produits, pour laquelle il suffit de choisir ses brebis parmi les meilleures et de leur donner pour la lutte des béliers Southdown, plutôt que des béliers poitevins. Des opérations de ce genre, effectuées d'abord par M. le marquis de Dampierre dans la Charente-Inférieure, puis par M. Aymé, baron de la Chèvrelière, dans les Deux-Sèvres, et par M. Eug. Thiac dans la Charente, — ces deux derniers lauréats de la prime d'honneur, — ont prouvé par leurs résultats que l'exploitation de l'espèce ovine indigène au moyen du croisement Southdown pouvait être rangée au nombre des spéculations sérieuses et lucratives.

Mais il doit être bien entendu que ce soit à la condition de mener de front l'amélioration de la race qui fournit les mères, par sélection. Les grands propriétaires doivent entretenir deux troupeaux, l'un pur, l'autre composé des mères destinées à produire des agneaux croisés et des moutons métis pour l'engraissement. Quant aux petits, ils ont à opter entre les deux. Au reste, l'industrie est assez divisée dans la région pour que chacun adopte celui de ces deux genres de spéculation qui convient le mieux à sa situation particulière.

Avant de quitter la région où nous sommes, nous indiquerons seulement en passant une race peu nombreuse, qui habite la partie méridionale des départements de la Charente et de la Charente-Inférieure, dans l'espace compris entre la rive gauche de la Charente et la rive droite de la Gironde. Cette race, connue dans l'arrondissement de Cognac sous le nom de race *champanaise*, dans ceux de Jonzac et de Bordeaux qualifiée de race *d'entre-deux-mers*, est une des plus volumineuses que nous ayons en France. Dans le pays vignoble qu'elle habite, elle ne vit point en troupeaux. Chaque petit propriétaire de vignes en possède un individu, deux, trois au plus. Ils sont conduits en laisse comme des vaches pour brouter les herbes des bordures de chemins, et nourris à la maison avec celles arrachées dans la vigne. Ces colosses de l'espèce ovine sont osseux et hauts sur jambes. A les voir, on aurait envie de les atteler. Ils ont une toison très-grossière. On prétend qu'ils ont été introduits là par les Hollandais qui sont venus sous Henri IV dessécher les marais du littoral. Ils ont en effet quelque chose de la race des Polders, la tête grosse et busquée, les oreilles longues et pendantes, la fécondité.

Les moutons dont il s'agit n'ont pas une importance numérique suffisante pour que nous nous en occupions davantage. Nous n'en avons parlé que pour ne rien oublier. Nous arrivons, dans l'ordre adopté, à une population bien autrement importante, celle du centre de la France, où le mouton est à coup sûr la base de l'agriculture, et qui comprend les races du Berri et de la Sologne.

Race du Berri. — La population ovine des deux départements de l'Indre et du Cher, qui résultent de la division de l'ancienne province du Berri, avec une partie de la Nièvre, est aujourd'hui très-mêlée. Cette région, essentiellement adonnée à la production des moutons, compte des éleveurs d'un grand mérite. De nombreux essais d'amélioration y ont été entrepris. Quelques-uns,

conduits avec une remarquable intelligence, ont donné de bons résultats. Si bien que l'industrie ovine de la contrée est aujourd'hui engagée dans une voie sûre, qui fera sans aucun doute avec le temps disparaître la race locale, pour la remplacer par un métis plus en rapport avec les nouvelles conditions culturales que le progrès y introduit rapidement. En attendant que ce mouvement, heureux à la condition que les harmonies soient respectées et ménagées, ait accompli son œuvre, il faut toutefois décrire la race du pays avec les diverses variétés qu'elle présente.

Le Berri offre dans son territoire des constitutions géologiques assez tranchées. La partie qui confine au plateau central, limitrophe de la Creuse et de l'Allier, participe de la nature granitique de celui-ci. La zone centrale, plus fertile, est argilo-calcaire et forme une vaste plaine qui s'étend dans le sens transversal de la France jusque vers la Nièvre; c'est la *Champagne*. Une partie de cette zone, à l'ouest, en diffère essentiellement. C'est celle qui comprend les étangs et les brandes de *la Brenne*. Enfin la région supérieure, où se trouve cette partie boisée de l'Indre et du Cher que l'on appelle le *Bois-Chaud*, confine à la Sologne et se confond avec elle.

A chacune de ces divisions du territoire correspond une variété de la race ovine du Berri. Le type est le même partout; mais les influences locales lui ont fait subir des modifications de taille, de lainage, d'aptitude, qui méritent d'appeler l'attention. Nous décrirons d'abord celle des variétés de la race berrichonne où le type apparaît avec ses caractères les plus tranchés.

Mouton de Crevant. — On a donné ce nom à l'animal qui compose les troupeaux de la partie méridionale du Berri, et qui se trouve surtout dans les environs de La Châtre, d'Argenton, dans le voisinage de la Creuse. Il est dé taille moyenne. Il a le corps allongé, cylindrique, le garrot épais, les reins larges, la croupe courte. La tête, assez fine et légèrement busquée, est nue et quelquefois marquée de taches brunes ou rousses. Les oreilles sont longues et pendantes. Ce sont ces deux derniers caractères, tête busquée et oreilles pendantes, qui le distinguent surtout de la race du plateau central qui lui est voisine. Ses membres, moyennement fins, sont aussi dépourvus de laine. Les béliers n'ont pas de cornes. La toison, qui manque quelquefois sous le cou et sous le ventre, est formée par une laine grosse, sèche et dure. L'animal est rustique. Aussi, quand il vit sur de bons pâturages, il se développe et s'engraisse ensuite avec la plus grande facilité, en donnant une viande de très-bonne qualité. Parmi les races qui concourent à l'approvisionnement de Paris et qui paraissent dans les concours d'animaux gras, la viande des moutons berrichons a toujours été sous ce rapport placée en première ligne.

Tels sont les caractères du type de la race du Berri à son état inculte. Nous allons suivre ce type dans les autres parties de la région.

Mouton de Champagne. — Celui-ci ne diffère du

mouton de Crevant que par un corps plus épais, un peu plus bas sur jambes, et par une toison meilleure. Il a la laine courte, presque fine et douce. Les brins en zigzags forment des mèches ondulées et tassées, à la manière de celles du mé-

rinos. Ce sont les caractères de sa laine qui le font principalement distinguer.

Sur les divers points de la zone centrale du Berri, le mouton de Champagne présente des variétés quant à sa taille et à son développement.

Fig. 567. — Type berrichon de Crevant.

Il est plus fort que partout ailleurs dans les environs de Brion, de Levroux et d'Issoudun, où il s'élève dans de bonnes conditions. Quand on le considère dans la Brenne, on le trouve plus petit, à laine moins fine et moins douce, mais cependant sa toison ne permet pas de le confondre avec le mouton de Crevant qui est voisin.

C'est avec les brebis de Champagne qu'ont été effectués sur une grande échelle les croisements dont nous parlerons tout à l'heure. C'est aussi cette variété de la race qui fournit la plus grande partie des moutons connus sur les marchés de la capitale sous le nom de berrichons, et qui ont été engraissés dans l'Indre ou dans le Cher. Elle tend à se substituer aux autres, à cause de son lainage, et parce que les conditions d'élevage auxquelles elle est due s'uniformisent de plus en plus dans le pays, sous l'influence du progrès. Ainsi, la désignation suivante ne marquera-t-elle bientôt plus qu'une simple circonscription territoriale, tant s'effacent les nuances qui ont longtemps existé entre les moutons berrichons de Champagne et ceux dont nous allons parler.

Moutons du Bois-Chaud. — Les principaux centres de cette variété sont Dun-le-Roi et Châteauneuf, dans l'Indre et le Cher. Ce sont, comme nous l'avons dit, des parties boisées, qui établissent la transition entre le Berri et la Sologne. Là le mouton prend un peu plus de taille, et sa laine grossit.

Cependant, en remontant plus haut dans le Cher, du côté de la Nièvre, entre Bourges et La Charité, on trouve des traces de croisement mérinos, facilement reconnaissables aux caractères de la laine et à l'extension de la toison sur la tête et les membres. Nous n'avons pas tenu compte de ces métis dans notre revue, parce qu'ils sont peu nombreux et comme enclavés dans une population dirigée vers un tout autre sens. C'est là que se trouve le troupeau de Serruelles, formé par M. le baron Augier à force de soins attentifs et au moyen d'un métissage avec l'anglo-mérinos. C'est aussi à l'extrémité orientale de cette même région que se trouve le beau troupeau Southdown de M. le comte de Bouillé. De ce troupeau, constitué par le célèbre éleveur de Villars, sont sortis de nombreux béliers, qui ont contribué aux opérations de croisement avec la race berrichonne dont il a été déjà parlé, et dont nous allons maintenant étudier les effets plus en détail.

Depuis bien longtemps déjà des tentatives de ce genre avaient été faites dans certaines fermes du Berri avec des béliers anglais de New-Kent et de Dishley. Des réformes culturales introduites dans ces fermes avaient devancé de beaucoup l'amélioration de la race locale, et celles-ci se trouvaient en mesure de nourrir des individus plus développés et plus exigeants que les moutons berrichons. Dans les environs de Châteauroux, sur la route qui conduit dans la Sologne par Buzançais, nous avons vu en 1854, chez M. Saulnier, habile fermier de ce pays, un superbe troupeau de métis anglo-crevant ne laissant guère à désirer sous le rapport de la perfection de ses formes, de la précocité de son développement et de sa grande aptitude à l'engraissement. Ce troupeau avait alors atteint depuis plusieurs années son entière constitution. Tous les efforts de son propriétaire se bornaient à le maintenir en lui faisant donner les meilleurs produits. Homme essentiellement pratique, M. Saulnier n'avait pas d'autre ambition que d'augmenter par là les produits de sa ferme. Il ne songeait point à régénérer par ses métis l'espèce ovine française. Il agissait en silence.

Telle ne fut pas l'attitude d'un autre éleveur

d'un département voisin, qui se livrait à peu près dans le même temps à une opération analogue. Homme d'un tout autre caractère, celui-ci conçut des visées plus hautes. Il avait à sa disposition un certain talent d'écrivain. C'était ce qu'on appelle un théoricien. Le modeste rôle du praticien ne lui convenait et ne lui suffisait pas. Il voulut intéresser le dix-neuvième siècle à son œuvre. Et grâce à l'influence qu'exercent toujours sur les hommes d'imagination les idées spécieuses habilement soutenues, il réussit à jeter de la confusion dans la question de l'industrie ovine. Nous avons nommé le regrettable Malingié, dont le talent et la puissante individualité eussent été dignes d'une meilleure entreprise.

Nous ferons tout de suite l'histoire sommaire des métis auxquels Malingié, et beaucoup trop d'autres après lui, ont donné le nom de *race de la Charmoise*, parce que cette histoire se rattache d'une manière directe à celle de la race du Berri. Nous l'avons étudiée, non pas dans l'écrit qui a pour titre : *Considérations sur les bêtes à laine au dix-neuvième siècle*, où Malingié, de la meilleure foi du monde, l'a racontée à sa façon, mais bien sur les lieux mêmes, en prenant des renseignements auprès des témoins les plus désintéressés et les plus éclairés. Or, il résulte de ces renseignements que les brebis qui ont formé le premier noyau du troupeau de la Charmoise, ont été achetées dans les environs de Buzançais, sur les confins de la Sologne, et choisies parmi les plus belles berrichonnes de cette localité. Ces brebis ont été ensuite accouplées avec le bélier New-Kent. Et c'est de là que sont issus, par des croisements et métissages successifs, les membres de la famille constituant aujourd'hui la prétendue race de la Charmoise.

Malingié n'ignorait pas qu'au point de vue de l'hérédité, chacune des races qui entrent dans la constitution d'un métis conserve sa part d'atavisme en raison du degré de fixité ou de constance qui lui est propre. Aussi, voulant faire admettre que les béliers élevés par lui étaient en possession de la faculté de transmettre partout à leurs des-

Fig. 568. — Métis New-Kent-berrichon de la Charmoise.

cendants les caractères et la qualité de la race anglaise, avec un certain degré de rusticité dû à l'acclimatement préalable, il entreprit de démontrer que, dans son opération, l'atavisme de la race locale avait été détruit, au bénéfice de celui de la race de New-Kent. Il imagina pour cela de donner à ses brebis la qualité de métisses berrichonnes-solognotes, etc. Ces métisses, dit-il, n'avaient par elles-mêmes aucune fixité. Leur individualité avait été absorbée par celle du New-Kent. Et chose à peine croyable, cette conception produisit sur les esprits l'effet qu'il en attendait.

Il est vrai de dire qu'au moment où une semblable doctrine était lancée, les principes fonda-

mentaux de la zootechnie étaient à peine connus. L'étude physiologique n'avait encore guère pénétré dans les questions de cette nature. Les hommes d'expérience protestèrent bien contre de semblables prétentions, que le fait n'avait point justifiées, mais l'idée de Malingié plut aux imaginations. Les sujets qu'il exhibait à l'appui étaient d'ailleurs, en tant qu'individus, en général fort beaux comme animaux de boucherie. La considération des lois de l'hérédité s'effaçait devant ces apparentes démonstrations.

Mais maintenant qu'un peu de lumière a éclairci tout cela, l'on sait fort bien à quoi s'en tenir sur la valeur de l'hypothèse qui appuie tout le mérite du métis de la Charmoise comme agent d'amélioration. Encore bien qu'il serait vrai qu'il eût pour point de départ un croisement entre les races berrichonne et solognote, est-il possible d'admettre que l'atavisme de ces deux races ait pour cela disparu ? En aucune façon. Au contraire. Au lieu d'un, il y en aurait deux. Au lieu d'avoir à lutter contre l'atavisme de la race berrichonne, le Bélier New-Kent aurait eu à combattre en même temps celui de la race solognote. Les puissances héréditaires, dans les croisements, ne se neutralisent ni ne se combinent ; elles se superposent. C'est ce que l'observation rigoureuse démontre à chaque instant. Et c'est sur des observations de ce genre que les zootechniciens vraiment dignes de ce titre ont fondé le principe absolu de l'impuissance radicale des métis pour constituer des races. Mais il n'est plus nécessaire maintenant d'insister là-dessus.

C'est pour cela qu'aux yeux de ceux qui sont en mesure d'apprécier les caractères typiques qui distinguent les races entre elles, jamais le troupeau de la Charmoise, pas plus qu'aucun autre troupeau composé de métis, n'a pu arriver à l'uniformité de physionomie, à l'homogénéité de caractères qui appartient aux seules races véritables, aux réunions d'individus purs. La forme du corps, qui dépend uniquement de l'hygiène, arrive à cette uniformité. Celle de la tête, où se reflète le type de la race, jamais. Chez les bêtes de la Charmoise, à côté d'une tête de berrichon, vous voyez une tête de New-Kent ; jamais rien d'intermédiaire et de particulier. Nous n'avons jamais vu seulement un lot de cinq individus choisis pour un concours parmi les mieux réussis, sans faire cette observation et la faire faire à d'autres avec nous. Cela juge la prétention qui a été tant de fois soutenue depuis Malingié, de donner à ces métis le nom de race et de les présenter comme capables d'être utilement employés pour améliorer l'espèce ovine française, en l'absorbant dans leur type spécial.

Nous croyons inutile d'en parler au point de vue de la laine. Dans la pensée de leur créateur, ils devaient sûrement détrôner le mérinos, qui, eu égard aux nouvelles tendances économiques, ne répondait plus aux besoins de l'industrie et avait, comme disent encore les partisans à outrance de la viande, fait son temps. Il s'agit là d'un souverain qui ne sera pas de sitôt détrôné. Son compétiteur de la Charmoise ne fait courir aucun risque bien sérieux à sa puissance. Entreprendre de la défendre contre lui serait donc perdre son temps. Ne nous y arrêtons pas. Mieux vaut passer tout de suite à l'examen d'une autre influence qui s'élève et grandit dans le centre même qui avait été choisi pour l'action du bâtard dont l'histoire vient d'être ébauchée, et qui n'a point tardé à l'annihiler à peu près complétement. Nous voulons parler du Southdown, qui a déjà exercé sur l'espèce ovine du Berri une amélioration considérable, et auquel appartient bien décidément l'avenir, dans cette région de notre pays. Il nous paraît que la race Southdown est destinée dans un temps prochain à absorber complétement la race berrichonne de l'Indre et du Cher. Déjà

d'innombrables troupeaux de cette contrée si bien peuplée de moutons ne sont plus composés que de métis Southdown-berrichon. Et les effets de cette transformation sont si remarquables et si lucratifs, qu'on ne saurait trop les approuver.

Le métis Southdown a, comme son père, la face et les jambes brunes ou noires. Dans la Champagne berrichonne, son lainage conserve la douceur et la finesse relatives qui caractérisent la variété locale. Partout il atteint un poids vif plus élevé, des formes meilleures, sans perdre de la rusticité nécessaire au mode d'entretien du mouton de la région. Ainsi que nous l'avons déjà dit, le croisement dont il s'agit se généralise de proche en proche, et avant longtemps on ne trouvera plus en Berri que des métis southdown, de même que dans la Beauce, la Brie, la Champagne, la Bourgogne, etc., l'on ne rencontre plus que des métis mérinos. La race berrichonne n'aura pas été améliorée. Elle aura disparu. Mais elle sera remplacée par des individus plus propres qu'elle à la production de la viande. C'est un réel progrès, contre lequel nous nous garderons bien de nous élever.

Nous ne parlons pas ici de quelques essais de croisement Cotteswold-berrichon, qui n'ont aucune chance d'extension.

Race de la Sologne. — Les caractères qui distinguent la race solognote de la race du Berri ne sont pas des plus tranchés. Nous inclinerions volontiers à admettre qu'elles appartiennent toutes les deux au même type, car il est à peu près impossible de saisir la transition qui les sépare sur la limite des deux régions. De fréquents échanges entre les localités des départements de Loir-et-Cher, du Loiret, de l'Indre et du Cher, établissent constamment dans la population ovine des mélanges qui rendent les distinctions de race fort difficiles à établir. Toujours est-il que les aptitudes sont absolument les mêmes, et les modes d'exploitation et d'amélioration aussi. Cela nous dispensera, dans tous les cas, d'entrer dans de longs détails. Nous ne pourrions que répéter pour la Sologne ce qui vient d'être dit pour le Berri.

Cependant, voici comment M. Magne, dont nous citons souvent l'importante *Etude de nos races d'animaux domestiques*, a apprécié la difficulté que nous venons de signaler.

« Malgré les fréquentes communications qui ont lieu entre le Berri et la Sologne, surtout sur la frontière des deux provinces, les races ovines des deux pays conservent, dit-il, chacune ses caractères d'une manière très-marquée.

« Tout en ressemblant au berrichon par sa taille et ses formes, le mouton solognot se reconnaît à sa tête et à ses jambes roussâtres, à sa laine ordinairement blanche, mais souvent grise à l'intérieur, moins fine, plus dure, disposée en mèches que dépassent quelques poils longs terminés en pointe vrillée, frisée.

« Très-sobres, les moutons solognots se développent selon la fertilité du pays où ils sont élevés. Des brebis solognotes exportées pleines de la Sologne et conduites dans le Gâtinais ou la Brie, donnent des agneaux qui les dépassent en taille.

Une génération ou deux suffisent, dans les contrées fertiles, pour doubler la taille de la race. »

M. Magne ajoute qu'indépendamment du solognot proprement dit, qui est plus petit dans les environs de Romorantin et plus grand sur les rives de la Loire, il faut mentionner la variété du Gâtinais, qui a la tête busquée, souvent grise, mouchetée ou portant des taches brunes, noirâtres, sur les joues, et qui disparaît sous l'invasion des berrichons et des métis.

La transformation que subit la Sologne sous l'influence de la culture améliorante, imprime à sa population ovine des changements qui la confondent de plus en plus avec celle de la Champagne berrichonne. Pour notre compte, nous le répétons, nous considérons qu'il ne doit y avoir aucune différence dans la manière de traiter ces deux populations. Les éleveurs du pays ont montré que tel est aussi leur avis. L'écueil de l'industrie ovine en Sologne, c'est la cachexie aqueuse dans les années humides, l'affection anhémique, dite *maladie rouge* ou *maladie de Sologne*, dans les années sèches. Les métis anglais sont plus sujets à l'une et à l'autre que les individus indigènes. Cela se comprend facilement. Ils sont nécessairement plus exigeants et moins rustiques. Mais le remède est dans l'amélioration du sol. Et ce remède, la Sologne est en train de l'appliquer. Elle y marche à pas de géant.

Race flamande. — C'est la dernière race bien caractérisée qu'il nous reste à examiner. La population ovine du nord-ouest, dont nous parlerons plus loin, est fort hétérogène et pour ce motif ne mérite pas la qualification de race, qui doit conserver sa signification précise, si, comme nous l'avons dit tant de fois, on ne veut pas plonger la zootechnie dans la confusion où tant d'écrivains incompétents l'ont entraînée.

La race flamande, anciennement renommée pour sa grande fécondité, se distingue par l'élévation de sa taille, ses membres longs et forts, sa tête grosse, sans cornes, fortement busquée depuis le sommet jusqu'au bout du nez, ses oreilles longues, larges et pendantes. La tête est nue et les membres aussi. La toison, disposée en mèches longues, droites et pendantes, est formée par une laine grossière, en général dure, raide et jarreuse.

La race flamande, dans les habitudes commerciales, secondées par les prétentions locales et justifiées à certains points de vue, a pris des noms tirés des diverses localités de la région dans laquelle elle est exploitée. Cette région comprend les départements du Nord, du Pas-de-Calais, de la Somme, et quelque peu de l'Oise et de l'Aisne. On peut y joindre aussi la Seine-Inférieure, dont la population ovine, peu considérable du reste, appartient également à la race flamande.

Suivant que les moutons de cette race sont élevés sur des terrains d'une fertilité plus ou moins grande, dans des conditions de culture diverses, ils prennent en effet des caractères particuliers de taille, de développement, de lainage, qui permettent jusqu'à un certain point d'en faire autant de variétés différentes, sous le type commun. Ainsi l'on connaît les *flamands* proprement dits, qui forment les troupeaux de l'ancienne Flandre française; les *cambraisiens*, qui s'élèvent dans les environs de Cambrai; les *artésiens*, répandus dans l'arrondissement d'Arras et dans tout le département du Pas-de-Calais, qui sont le meilleur spécimen de la race, celui dont on s'est le plus occupé, et dont on fait à tort une race spéciale; les *picards*, du département de la Somme,

Fig. 569. — Type artésien de la race flamande.

et les *vermandois* des environs de Saint-Quentin. Tous ces moutons sont d'un poids vif très-élevé, eu égard à l'ampleur de leur corps. Les individus purs pèsent depuis 60 jusqu'à 90 kilogrammes et quelquefois plus. La moyenne de leur rendement à l'abattage, calculée d'après des observations recueillies sur cinquante animaux gras, a été de 56 de viande nette et de 14,720 de suif pour 100 du poids vif; en sorte que le rapport du poids utile au poids vif a été de 70,730 pour 100. On voit par là que sous le rapport du rendement, la race flamande est une de nos meilleures races de boucherie.

Pour ne rien laisser à désirer à cet égard, il ne lui manque que d'avoir des os moins volumineux et une poitrine plus ample. Il y a disproportion entre la longueur de ses membres et l'épaisseur de son corps. A part cela, l'on est frappé de la grande analogie que présente la race flamande, surtout dans l'Artois, avec celle du Leicestershire.

En tout cas, c'est là une race à viande dans la plus large acception du mot. Et rien ne s'oppose à ce que, pour mieux remplir sa destination, elle soit poussée par tous les moyens possibles dans la voie de la précocité. Son aptitude native, les conditions culturales de la région, comportant depuis longtemps le système intensif d'un grand district manufacturier, où les populations sont agglomérées et les débouchés largement ouverts : tout fait une obligation d'augmenter à la fois le poids vif et le rendement net de la race flamande. Sélection, croisement, tout est bon pour conduire les moutons de notre plus riche région agricole à ce résultat.

C'est le dernier moyen qui a surtout été mis en pratique. Depuis longtemps déjà l'on a pratiqué dans la région du Nord, notamment dans l'Artois, des croisements avec les béliers de Dishley. L'opération se continue. Elle est fort rationnelle. Elle ne le serait pas moins avec des béliers Cotteswold. Dans la culture intensive de ce pays, comportant des ressources alimentaires abondantes, on peut tailler en plein drap. Il n'y a pas d'échec à craindre pour les races les plus avancées par leur aptitude à produire tôt de la viande en abondance. Une seule considération pourrait arrêter, c'est le goût de la consommation. Des faits nombreux ont prouvé que les métis anglo-flamands trouvent là tout ce qu'il faut pour se développer et prospérer.

Mais la préoccupation d'améliorer à la fois dans la région la production de la laine et celle de la viande, a excité les agriculteurs éclairés de la région à donner la préférence aux béliers anglo-mérinos, produits précisément, comme nous le savons, par une bergerie de l'État établie dans le département du Pas-de-Calais. Les individus qui naissent de l'accouplement de ces métis avec les brebis de la race flamande ont la laine plus douce, beaucoup moins grosse, et la toison plus tassée. Ils ont aussi le corps plus ample et une meilleure conformation. Ces opérations de métissage ont pris dans le Pas-de-Calais, le Nord, la Somme et l'Aisne une grande extension. Elles y réussissent. On y compte plusieurs lauréats habituels de nos concours de boucherie. Cela n'est à coup sûr point surprenant. Avec des brebis artésiennes et des conditions hygiéniques comme celles qui les entourent, les béliers anglo-mérinos, bien conformés et volumineux ne peuvent que donner des produits supérieurs à leur mère. Mais est-il bien certain qu'il n'y eût pas plus d'avantage à faire des animaux d'une précocité plus grande, sauf à en obtenir de la laine moins fine? Car on ne soutiendra pas, sans doute, que la laine mérinos puisse conserver ses caractères avec la précocité du Dishley. Or, l'anglo-mérinos ne peut, le cas échéant, transmettre cette précocité qu'à la condition de la posséder lui-même. Et s'il la possède, il a perdu en retour la finesse de sa toison. Mieux vaut donc, dans ce cas, opérer un croisement par race pure précoce, Dishley, Cotteswold

ou autre, plutôt qu'un métissage. C'est plus simple et plus certain dans ses résultats.

Nous soumettons ces réflexions aux éleveurs de moutons de la race flamande. Il nous paraît que leur intérêt est de ne se point préoccuper, en général du moins, de la production de la laine. Le vrai progrès est de spécialiser les fonctions, en industrie, et de tourner toutes les forces productives dont on dispose vers le but auquel ces forces sont le plus propres. C'est le seul moyen d'arriver au maximum de produit et au maximum de bénéfice.

La doctrine qui veut faire produire toutes choses partout, sous prétexte que cela est possible, et qu'il faut multiplier les aptitudes, n'est pas marquée au coin d'une économie industrielle bien comprise. L'agriculture véritablement scientifique, pour les récoltes comme pour le bétail, ne doit engager son capital et son temps que dans des opérations capables de la conduire au summum de l'effet utile. C'est ce que l'exemple de l'Angleterre nous enseigne. Nous ne la voyons point faire d'efforts pour acclimater sur son sol le mérinos producteur de belles toisons. Elle sait qu'il lui est plus facile d'échanger ses guinées contre des balles de laine venant d'Australie ou d'ailleurs, que contre des quartiers de moutons gras. Elle consacre donc tout ce qui chez elle y est propre à produire ceux-ci.

De même doivent faire, à notre avis, les agriculteurs de notre région du Nord, dont les habitudes culturales se prêtent si bien à l'entretien et à l'exploitation des moutons précoces. Et ce n'est pas de notre part un parti pris. On le sait bien. Nous nous sommes plus d'une fois élevé dans ce livre contre l'application fautive de ce principe à des conditions qui ne la comportaient pas. Ici, le cas est tout différent. La race flamande a pour fonction économique exclusive la production de la viande. Il faut tout sacrifier à cette fonction. Poids vif considérable et précocité aussi grande que possible, voilà l'unique but de son amélioration, ou plutôt de sa plus lucrative exploitation. Hors de ce programme, on n'est pas d'accord avec les enseignements de l'économie rurale, et par conséquent on méconnaît la condition fondamentale de toute solution zootechnique.

Population ovine du Nord-Ouest. — Nous rangeons sous ce titre la population ovine d'une partie de la Normandie, des départements bretons et de l'Anjou, depuis l'embouchure de la Seine jusqu'à celle de la Loire, en suivant le littoral. Cette région, ainsi circonscrite, n'est pas un pays à moutons. Dans l'économie rurale de la partie de la France dont il s'agit, les bêtes à laine sont généralement fort accessoires, et souvent même tout à fait absentes. Nous avons vu que le territoire est particulièrement consacré aux productions chevaline et bovine. Il n'y a donc pas en Bretagne, non plus qu'en Normandie, de race ovine bien établie, ayant des caractères qui permettent d'en faire un groupe distinct et homogène. On doit considérer les moutons qui composent les rares troupeaux de cette région comme des collections d'individus hétérogènes, le plus souvent étrangers au pays qu'ils habitent, et variables comme les conditions de fertilité du sol sur lequel ils vivent. Toutefois, il semble que les bruyères de la Bretagne aient un type autochthone, à peu près semblable à tous les moutons de landes, mais seulement ici beaucoup plus arriéré que partout ailleurs, en raison du peu de soin qu'on a pris de l'améliorer par la culture. Nous allons en dire un mot.

Mouton breton. — Dans les parties montueuses des Côtes-du-Nord, du Finistère, du Morbihan, ainsi que dans les landes de la Loire-Inférieure et de l'Ille-et-Vilaine, on rencontre des moutons petits, à tête fine, le plus souvent dépourvue de cornes, mais quelquefois en portant à spires allongées. La laine de ces moutons est souvent noire, brune, ou grise par le mélange de brins noirs et de brins blancs. Elle est en mèches longues et lisses, mêlées de jarre dans une forte proportion. C'est là le mouton breton, très-sobre et très-rustique, qui vit tel quel dans les landes et sur les collines de la vieille Armorique, même sur celles de la Manche ; dans les plaines cultivées, il se mêle à d'autres individus sans caractère, introduits par le commerce, et prend un peu plus de développement en améliorant sa toison, qui présente alors une moins forte proportion de jarre.

Dans la Loire-Inférieure et dans l'Ille-et-Vilaine les brebis bretonnes ont été croisées avec des béliers Southdown. C'est à M. Rieffel, de Grand-Jouan, que l'on doit les premiers essais de ce genre. Ils ont réussi. Et ils réussiront partout où la culture améliorante aura fait disparaître les landes. Mais avant tout, si jamais la Bretagne devenait un pays à moutons et qu'elle voulût améliorer son espèce ovine, il faudrait commencer par lui faire atteindre le niveau moyen des races françaises par la sélection. Le mouton breton est presque un animal sauvage, dans la plupart des cas.

Moutons angevins. — Le propre de cette petite circonscription que l'on appelle l'Anjou, et qui embrasse à la fois une partie seulement de chacun des trois départements de Maine-et-Loire, de la Mayenne et de la Sarthe, est de ne posséder aucune race animale particulière au pays. Un autre de ses caractères, c'est d'être très-fertile et de posséder en grand nombre des propriétaires intelligents, qui ont imprimé à sa culture une direction des plus heureuses. On rencontre à présent dans l'Anjou bon nombre d'exploitations agricoles qui ne le cèdent en rien à celles des districts les plus avancés de l'Angleterre. La culture s'y appuie sur la production animale. Aussi faut-il aller chercher en Anjou les plus habiles éleveurs d'animaux de boucherie de notre pays. Et pour la raison que nous avons dite, on ne rencontre dans cette contrée que des métis ou des animaux de race étrangère pure.

Quant aux moutons, les plus communs viennent de la Vendée et appartiennent à la race poitevine. Ils s'étendent dans toute la partie fertile de l'Ouest, sous les noms de *choletais*, d'*angevins*, de *manceaux*, de *percherons*. C'est toujours ce mouton à tête et à jambes nues, blanches ou mouchetées,

à chanfrein busqué, à oreilles longues et pendantes, à cou long et mince, à corps peu laineux. C'est lui qui, croisé avec les races anglaises, dans les fermes bien cultivées, donne de très-bons métis pour la boucherie. Il n'y a donc pas lieu de s'en occuper autrement.

Moutons normands. — Ces moutons ne diffèrent en rien des précédents. Qu'ils soient *alençonnais*, *caennais* ou *cotentins*, c'est toujours le même type vivant en troupes peu nombreuses et formant comme un accessoire, pour achever la consommation des herbages consacrés spécialement à l'élevage et à l'engraissement des animaux des espèces chevaline et bovine. Quoi qu'on en ait dit, dans la Normandie comme en Anjou, l'espèce ovine ne peut être l'objet que d'une industrie fort secondaire. Et dans les fermes qui s'y adonnent, cette industrie doit avoir par-dessus tout en vue la production de la viande. Chercher à améliorer les toisons, c'est sortir systématiquement des voies de l'économie rurale. Il faut y faire des moutons qui puissent être le plus tôt possible livrés à la consommation. Or, cela n'est pas compatible avec une laine de quelque valeur. Les troupeaux, pour donner les plus grands bénéfices qu'on en puisse obtenir dans ces conditions, doivent être composés de métis anglais, ou même d'anglais purs.

Population ovine de l'Est. — Tout le long de notre frontière de l'Est, indépendamment des métis mérinos que nous y avons vus à une certaine distance, dans quelques départements voisins de ceux qui sont limitrophes de la Suisse et de l'Allemagne, on trouve une population ovine peu nombreuse et qui ne mérite guère qu'on s'en occupe. Dans la Bresse, le Bugey, le Jura, le Doubs, les Vosges, la Lorraine et l'Alsace, toutes localités peu propres à l'entretien des moutons, et où ces animaux ne figurent que pour les besoins de la consommation locale, ils ne sont dignes d'intérêt sous aucun rapport. En général plus que médiocres aux points de vue de la laine et de la viande, du moins quant à la quantité de cette dernière, ils appartiennent aux anciennes races des localités voisines, remplacées dans ces localités par des métis mérinos. Ce sont des restes des races du Larzac, de la Champagne et des Ardennes. Une bergerie avait été instituée par l'État dans les Vosges, pour la multiplication et l'amélioration des mérinos soyeux. On y a bientôt renoncé. Depuis, l'ancien directeur de cette bergerie, M. Lequin, s'est appliqué à former un troupeau de bêtes d'origine suisse, dont la conformation est remarquable, la fécondité très-développée et la toison noire ou fortement rousse. Le fait lui est demeuré particulier. Dans les environs de Nancy, des croisements anglais sont poursuivis avec les brebis des Ardennes et donnent de bons résultats. Mais encore une fois, l'industrie ovine, dans cette partie de l'Est, n'a été jusqu'à présent que fort secondaire en économie rurale. En tout cas, on n'y rencontre pas de race particulière qui mérite de notre part une mention. Nous n'en parlons que pour n'être pas accusé d'omission, volontaire ou involontaire. Les moutons de l'Est peuvent être rattachés, ainsi que nous l'avons dit, à l'un ou à l'autre des groupes précédemment établis et décrits.

Moutons de l'Algérie. — M. Magne donne de l'espèce ovine de nos possessions françaises en Afrique la description générale suivante : « Toutes les bêtes algériennes, dit-il, sont remarquables par la force et la solidité des membres, la largeur des jarrets et la grosseur des tendons. La tête est un peu grosse et l'encolure forte. On ne trouve ni de très-grandes ni de très-petites bêtes ; elles pèsent de 40 à 50 kilogr. et fournissent de 18 à 22 kilogr. de viande. Elles ont des muscles volumineux et fermes. Aussi, si elles sont engraissées assez jeunes et convenablement, elles fournissent d'excellente viande : la composition du sol et la nature des plantes en expliquent du reste les qualités.

« Quelques-unes ont des cornes, deux, quatre, ou six même, et d'autres en sont dépourvues. Ces organes se remarquent sur des bêtes à laine longue comme sur celles dont la toison est frisée. La peau est généralement unie, quelquefois cependant elle forme un petit fanon, mais beaucoup moins développé que dans les mérinos.

« Beaucoup de bêtes algériennes ont des plaques brunes à la tête et aux membres. Il en est de tigrées, et surtout de brunes à tête plus ou moins foncée, et même de grises.

« Très-prolifiques, les brebis font souvent deux portées par an, et ont fréquemment des portées doubles. Elles fournissent en grande quantité un lait excellent qu'elles conservent très-longtemps après le part : les mamelons supplémentaires sont quelquefois développés et donnent du lait.

« L'Afrique septentrionale produit les diverses sortes de laines que nous avons en France ; mais les troupeaux y sont beaucoup plus mélangés. Quoique les variétés à laine intermédiaire se trouvent plus communément dans l'est de la colonie, dans les cercles de Biskara, de Battna, de Tebessa, de Constantine, il y a aussi, dans ces contrées, beaucoup de bêtes à laine commune ou grosse ; tandis que, du côté du centre et de l'ouest, dans les cercles d'Alger, d'Aumale, d'Oran, de Mascara, où sont nourris surtout les troupeaux les plus communs, se trouvent des bêtes dont la laine convient par la finesse et la douceur du brin, à la fabrication de nos belles étoffes.

« Comme en France, les plus grosses laines sont produites dans les lieux bas, herbeux et humides, et les plus belles sur les plateaux salubres. Elles dégénèrent, en général, à mesure que l'on se rapproche de l'Ouest et du rivage ; mais quoique inégalement disséminées, les bêtes à belle toison se retrouvent dans les trois provinces, et en assez grande quantité pour démontrer la possibilité d'en produire dans toute la colonie, et même pour fournir en nombre suffisant des types améliorateurs.

« L'hétérogénéité des troupeaux arabes est produite par le commerce qui tend à faire venir vers le rivage les races en général supérieures de l'intérieur des terres ; par les razzias, par le pillage, que se font subir mutuellement les tribus ; par la grande émigration annuelle des troupeaux du nord au sud et du sud au nord. Elle provient aussi de la négligence que les Arabes apportent dans la multiplication et l'entretien de leurs troupeaux. Ces diverses circonstances expliquent pourquoi, malgré les différences assez grandes de sol et de climat, les moutons ont tant de caractères communs dans toute l'Algérie. »

L'auteur pense que l'on distinguera peut-être plus tard les bêtes ovines *numides* ou à laine fine de la province de Constantine, des *algériennes*, à laine intermédiaire, des provinces occidentales. Indépendamment de ces bêtes sans caractère fixe qui peuplent la plus grande partie des provinces de l'Afrique septentrionale qui nous sont soumises, il admet deux races bien caractérisées.

La première est la *race barbarine*, à grosse queue, que l'on considère comme une variété dégénérée du mouton à large queue de Syrie. Cette race, qui a été importée sur le littoral français de la Méditerranée, où nous l'avons indiquée en parlant des métis mérinos de la Provence et du Roussillon, se trouve surtout en nombre du côté de Tunis, dans les environs de la Calle.

La seconde, entretenue dans les tribus du désert, vers le centre de l'Afrique, est la *race touareg*. C'est le mouton de la nature, couvert de poil court, lisse et roide, et dépourvu de laine.

La question de l'industrie ovine, dans notre colonie algérienne, a été bien étudiée par notre habile confrère, M. Bernis, vétérinaire principal de l'armée et président de la Société d'agriculture d'Alger. Chargé de se livrer à cette étude par M. le maréchal Randon, alors gouverneur général, il a rassemblé des documents nombreux et complets, d'où il résulte que l'exploitation du mouton, au point de vue de la laine, doit être la base d'une colonisation prospère. Ensuite de sa mission, des essais d'amélioration ont été faits. Des mérinos, introduits par les soins de M. Bernis, ont servi à constituer à Laghouat un troupeau de perfectionnement. Et il faut espérer que l'œuvre d'amélioration se poursuivra dans ce sens et portera des fruits qui feront la fortune de la colonie.

Les mérinos importés ont été empruntés principalement à la variété provençale des plaines de la Crau. Ce sont en effet des animaux sobres et rustiques qu'il faut à l'agriculture peu avancée de nos possessions africaines. La première condition de leur acclimatement est une constitution dont les exigences ne soient pas au-dessus des ressources qu'ils peuvent rencontrer dans leur nouveau pays. C'est ce que M. Bernis a parfaitement compris et très-bien exposé dans les diverses publications sur cette question qui lui sont dues. Il importe seulement de donner aux moutons numides et algériens, par le croisement et le métissage, les caractères de la toison mérinos. Le reste est le fait de l'hygiène et de la conduite rationnelle des troupeaux. La production des laines fines est compatible avec l'état actuel des conditions de parcours ; celle d'animaux volumineux, pesants et par conséquent exigeants pour leur nourriture, ne le serait pas, non plus que celle des bêtes à laine extra-fine, dont l'entretien comporte des soins et des attentions que l'inhabileté des indigènes et des colons ne pourrait leur assurer, quand même la nécessité de l'émigration des troupeaux ne les rendrait pas impraticables.

Le véritable type améliorateur de l'espèce ovine algérienne est donc le mérinos sobre, rustique et bon marcheur du midi de la France, non pas celui plus avancé de Rambouillet, de la Beauce et du Soissonnais. Tout au plus pourrait-on choisir parmi ceux de la Bourgogne des béliers de moyenne taille élevés sur les coteaux.

Mais quoi qu'il en soit, la question est fort simple. L'Algérie doit devenir un pays d'exportation pour les laines fines. Et c'est par l'extension du mérinos et de ses métis qu'elle le deviendra. Son rôle est d'être pour la France ce que la Nouvelle-Hollande est pour l'Angleterre. A mesure que les progrès de la culture feront disparaître les laines fines de nos provinces françaises, la colonie africaine y suppléera.

Le mouvement est commencé. Depuis quelques années les exportations se développent. Les troupeaux de métis mérinos se multiplient dans la province de Constantine. Il suffira, dans la direction des choses agricoles de l'Algérie, de l'esprit de suite qui pendant trop longtemps a fait défaut, pour que le résultat soit obtenu.

HYGIÈNE DE L'ÉLEVAGE

Au point où nous en sommes arrivés de nos études zootechniques, il serait sans nul doute tout à fait superflu de revenir, à propos de la multiplication des animaux de l'espèce ovine, sur les qualités de conformation qu'il y a lieu d'exiger des individus chargés de reproduire la race dans les meilleures conditions. Sans donc nous y arrêter autrement, nous ferons remarquer seulement que leur choix doit être basé sur une comparaison avec le type de la beauté précédemment décrit, et d'après l'appréciation de la toison dont les éléments ont été exposés, suivant le but économique qu'il s'agit d'atteindre. Pour le mouton, comme pour tous les autres animaux, il ne faut pas oublier que seuls les caractères qui existent chez les reproducteurs se transmettent sûrement au produit, et que leur transmission est d'autant plus certaine, qu'ils existent à la fois chez l'un et chez l'autre au plus haut degré.

Ce principe, qui domine le choix des reproducteurs par sa généralité, une fois indiqué, nous avons seulement à nous occuper de ce qui concerne l'hygiène particulière de l'élevage, le meilleur gouvernement de ces reproducteurs et de leurs produits, en vue du résultat de l'opération entreprise. Il s'agit de déterminer les conditions dans lesquelles chacun accomplit le mieux sa fonction en se conservant en santé. Suivant l'ordre adopté, nous commencerons par le bélier.

Hygiène du bélier. — Il n'est pas nécessaire de répéter en cette occasion que la première prescription hygiénique à suivre est de n'employer pour le service de la lutte des brebis que des mâles jouissant d'une constitution robuste, d'une grande vigueur, et exempts de toute maladie organique héréditaire. Quant au bélier, on doit surtout fixer son attention sur la *cachexie* et sur le *tournis*.

En général, les mâles de l'espèce ovine font de trop bonne heure le service du bélier. L'âge précis auquel il convient de les employer à ce service, autant au point de vue de la race, qu'à celui de la propre conservation du bélier, dépend de l'aptitude et du degré de précocité. Dans les races précoces il y a quelques avantages à employer des béliers un peu jeunes, pourvu qu'ils aient atteint la plus grande partie de leur développement. Cela ne peut pas descendre, toutefois, en deçà de dix-huit mois ou deux ans. Mais en général on peut dire que le bélier n'accomplit pleinement sa fonction que lorsqu'il a atteint l'âge adulte. A la condition de le beaucoup ménager, de ne l'employer que comme reproducteur supplémentaire, on peut s'en servir auparavant ; mais pour l'hygiène du troupeau autant que pour la sienne propre, il y a toujours avantage à attendre plus longtemps. Des auteurs fort compétents, M. Reynal entre autres, se sont élevés contre l'emploi des béliers trop jeunes, en attribuant à cette pratique une part considérable dans l'étiologie de certaines maladies qui déciment les troupeaux.

Il ne faut pas attendre non plus un âge trop avancé pour réformer les béliers. En général il serait bon de ne leur pas laisser dépasser l'âge de sept à huit ans. Mais il faut faire une réserve pour les sujets d'élite, doués de qualités rares, qu'il y a lieu de multiplier le plus possible. Ceux-là doivent être employés à la reproduction le plus longtemps possible et tant qu'ils peuvent.

Parmi les raisons qui ont été données pour faire sentir l'avantage de réformer de bonne heure les béliers, il en est une qui ne saurait être acceptée par aucun esprit réfléchi. S'ils sont gardés trop longtemps, a-t-il été dit, ils fécondent leurs filles, « ce qui peut être une cause de graves accidents, surtout dans le cas où il y aurait dans le troupeau une prédisposition au tournis, à la tremblante. » L'autorité de ceux qui formulent ainsi cette opinion nous fait une obligation de démontrer qu'elle n'a aucun fondement. Il nous suffira pour cela de rappeler l'exemple de *Favourite* dans la constitution du troupeau de Charles Colling. Ce taureau, comme on sait, a été successivement donné à ses filles et à ses petites-filles, durant six générations consécutives. Et cela sans qu'il en soit résulté autre chose que l'avantage de la transmission de ses excellentes qualités. Pour être plus encore dans la question, nous citerons le fait du troupeau de Mauchamp, où bien des fois les béliers ont dû féconder leurs propres filles. La consanguinité n'est par elle-même pour rien dans les graves accidents que l'on dit pouvoir en résulter dans ce cas. Il est certain que si le bélier est atteint de quelque maladie organique héréditaire, les chances de transmission de celle-ci seront doublées au moins, et pour mieux dire elle se transmettra infailliblement. Mais qui peut conseiller d'employer pour la lutte, même une seule fois, un bélier qui ne soit pas sain, vigoureux et bien portant ? Ce n'est point de cela qu'il s'agit. On veut parler ici d'après ce préjugé qui fait admettre une génération de vices organiques, par le seul fait de l'accouplement de deux individus issus du même sang. Or, cela est de pure imagination. Aucune observation positive, rigoureuse, n'est jamais venue appuyer cette prétention. On en a cité beaucoup. Mais il est vrai de dire que celles qui sont invoquées par les adversaires sentimentals de la consanguinité ne peuvent supporter un seul instant l'examen de quiconque a quelque peu étudié les lois connues de la zootechnie. Dans ces prétendues observations, on retrouve toujours l'hérédité, là où leurs auteurs veulent vous montrer l'influence mystique de la consanguinité.

Cette influence, aux yeux de ceux qui sont habitués à aller au fond des choses, ne saurait donc être pour aucun poids dans la détermination à prendre au sujet de la réforme des béliers. L'influence réelle de la consanguinité est, au contraire, une raison pour les faire conserver lorsqu'ils présentent des qualités précieuses. Elles se fixent dans la race avec d'autant plus de sûreté, que l'accouplement se fait en plus proche parenté entre individus doués de ces qualités. Les mérinos soyeux de Mauchamp nous en ont fourni des exemples bien nets et bien précis. Nous avons vu, en effet, que dès le début de la création de la variété dont il s'agit, on obtenait à coup sûr des agneaux porteurs d'une toison soyeuse, en accouplant ensemble les consanguins qui en étaient pourvus. Les faits de ce genre abondent, d'ailleurs, dans l'histoire de tous les troupeaux bien conduits.

Nous insistons sur la considération dont il s'agit en ce moment, parce que cela est surtout de la plus grande importance pour les espèces qui vivent en troupeau. Le préjugé que nous combattons entraverait singulièrement l'amélioration de l'espèce ovine, en s'opposant à ce que l'on puisse pour ainsi dire concentrer les perfectionnements par la sélection.

Mais il est bon de ne pas oublier que cela ne s'applique en aucune façon aux opérations de métissage, auxquelles sont empruntées toutes les observations invoquées à l'encontre du principe que nous soutenons. Loin de se multiplier et de se fixer, les améliorations que présentent les métis disparaissent au contraire d'autant plus vite, que les accouplements ont lieu en plus proche parenté. Et cela s'explique de la manière la plus simple. En effet, dans ce cas, l'atavisme de la race la plus ancienne, la plus fixe et la plus constante dans ses caractères, et par conséquent la moins avancée dans le sens du perfectionnement cherché, prédomine en raison de la consanguinité des reproducteurs. Il est ainsi porté à sa plus haute puissance, et peut d'autant moins être contre-balancé par les circonstances hygiéniques qui lui sont opposées. Les produits consanguins tendent sans cesse, par ce fait, à revenir au type indigène qui avait été le point de départ de l'amélioration. Et l'on dit qu'ils ont dégénéré. Ce résultat, qui est infaillible dans un temps donné, toutes les fois qu'il s'agit d'autre chose que de multiplier les caractères de la toison, ou quelque autre caractère également accessoire, dans les opéra-

tions de métissage, ce résultat est sûrement hâté par les accouplements consanguins, dont l'effet certain est d'agir sur la puissance d'hérédité, en la fortifiant au détriment des autres influences qui concourent à l'amélioration.

La consanguinité n'est donc utile que pour le perfectionnement des races, non pas pour la multiplication des métis dont elle favorise le retour vers le type indigène qui a contribué à les former. Et cela parce qu'elle est précisément le plus puissant moyen de conservation de la race, en donnant tout son pouvoir à l'hérédité des caractères typiques, de même qu'à celle des vices organiques ou des maladies constitutionnelles.

Il résulte de ces considérations, basées sur l'interprétation rigoureuse des faits, qu'il n'y a aucune raison pour réformer les béliers d'ailleurs en bon état de santé et de vigueur, par cela seul que l'on se verrait dans la nécessité de les employer à la fécondation de leurs filles. S'ils offrent des mérites propres assez grands pour devoir être conservés le plus longtemps possible, c'est au contraire une condition de plus pour le succès de l'influence qu'on avait en vue de leur faire exercer sur le troupeau.

Cela bien compris, nous avons à voir maintenant quelle est la quantité de brebis que chaque bélier peut féconder dans le courant d'une saison, pour ne pas sortir des limites d'une hygiène rationnelle.

S'il s'agissait seulement de déterminer la quantité de saillies que le bélier peut faire sans s'épuiser, on se trouverait dans un certain embarras. Cet animal jouit à cet égard de qualités très-développées. Le fait attesté de la fécondation de soixante-trois brebis en une seule nuit, par un mâle unique, en témoigne amplement. Mais nous n'avons pas besoin de dire que c'est là quelque chose d'excessif. Le nombre de celles qui peuvent être saillies par un bélier vigoureux, sans que la lutte soit trop fatigante pour lui, varie suivant le mode d'après lequel elle s'effectue. Les hommes du métier sont d'accord sur ce fait qu'il ne faut pas donner au delà de trente à cinquante femelles à chaque mâle, lorsqu'il doit faire la lutte en liberté, c'est-à-dire demeurer au milieu du troupeau. Il lui arrive alors de saillir plusieurs fois de suite les brebis qui se montrent disposées à le recevoir, et cela fort inutilement, tandis que les autres n'y sont pas préparées. Lorsque, au contraire, par un meilleur gouvernement des troupeaux, la lutte s'effectue de telle sorte que chaque brebis est à son tour saillie, le bélier peut suffire au besoin à féconder jusqu'à cent femelles. Mais il convient de le borner entre soixante et quatre-vingts. C'est par ce qu'on appelle la monte en main que ce résultat peut être obtenu. L'expression n'est pas bien rigoureuse dans ce cas ; car ce n'est point en conduisant le bélier, comme on le fait pour le cheval, le baudet ou le taureau, qu'elle s'effectue. Ce sont, au contraire, les brebis qui sont mises à tour de rôle avec lui dans un compartiment séparé de la bergerie dans un petit parc. Nous y reviendrons tout à l'heure à propos des brebis. Il convient seulement de s'occuper, quant à présent, des soins à donner au bélier pour qu'il accomplisse sa fonction dans de bonnes conditions.

Ce qui importe dans tous les cas, c'est de ne pas faire vivre habituellement les mâles au milieu des mères. Il y a à cela toutes sortes d'inconvénients et pas un seul avantage. Perpétuellement excités, ils s'épuisent eux-mêmes, tourmentent les femelles pleines ou nourrices, fécondent quelques-unes de celles-ci ou font avorter les autres, lorsqu'ils passent toute l'année dans le même troupeau. Les béliers, pour éviter tout cela, doivent être entretenus séparément. Non pas qu'il soit nécessaire, cependant, de les soumettre à un régime alimentaire très-différent de celui des autres animaux. Hors le temps de la lutte, il importe surtout d'éviter une alimentation capable de les engraisser. Un bélier gras est toujours un mauvais reproducteur. Il devient mou, sans ardeur et peu prolifique. Son hygiène doit être conduite de manière à l'entretenir constamment en pleine vigueur. Une alimentation substantielle, tonique, comportant une ration journalière de grains, est bonne pour cela. Mieux vaut un régime uniforme ainsi compris, que la pratique assez généralement suivie, qui consiste à donner une nourriture spéciale seulement quinze jours avant le commencement du service. Pendant la durée de celui-ci, il convient d'élever la ration de grains, assurément; mais les effets en sont d'autant moins sensibles pour la santé de l'animal, qu'il y avait été préparé de longue main par un régime convenable. Son influence comme reproducteur se ressent elle-même toujours de la bonne hygiène dont il n'a pas cessé d'être entouré.

Hygiène des brebis. — Le premier point important dans l'hygiène des femelles ovines, c'est qu'elles soient saillies en temps convenable, de manière à faire leurs agneaux au moment le plus favorable. Vivant en troupeau et ayant toutes besoin à ce moment de soins particuliers, l'uniformité de la règle simplifie à cet égard considérablement l'économie de leur gouvernement. Il convient donc que la lutte puisse s'effectuer complétement dans une courte période. Et pour cela, il est indispensable que les brebis se montrent toutes disposées, durant cette période, à recevoir le bélier.

Ordinairement les antenoises entrent en rut vers la fin de leur deuxième année; souvent plus tôt. Il y a toujours avantage à ne les point satisfaire prématurément. Et surtout pour les brebis productrices de laine. La gestation et la lactation nuisent à la qualité et au rendement de celle-ci. L'avantage d'obtenir plus tôt des agneaux ne compense pas le double préjudice qu'elles éprouvent dans leur toison et dans leur développement ultérieur. Il vaut mieux d'ailleurs, dans tous les cas, attendre qu'elles aient atteint la plus grande partie de leur croissance. Nous conseillons de ne les point faire lutter avant l'âge de trente mois. Celles qui ont fait des agneaux entrent en chaleur après le sevrage, lorsqu'on cesse de les traire. L'état de rut dure environ de douze à trente-six heures, et revient après une période de seize à dix-huit

jours; mais il est beaucoup moins durable lorsqu'il se renouvelle ainsi, les chaleurs n'ayant pas été éteintes par la fécondation. Ces chaleurs sont provoquées par la présence du bélier, par les excitations qu'il cause et par le régime auquel sont soumises les brebis. C'est de ces diverses circonstances que l'on tire parti pour les disposer à se laisser féconder au moment le plus convenable, au point de vue de la bonne économie du troupeau.

Quoi qu'il en soit de la fixation de ce moment, dont nous nous occuperons tout à l'heure, il faut d'abord indiquer les procédés à l'aide desquels les chaleurs peuvent être provoquées chez les brebis. Ces procédés sont fort simples. Afin de conserver la direction entière de l'opération, il importe d'abord de tenir, ainsi que nous l'avons dit déjà, les béliers séparés du troupeau des femelles. Cela étant, une quinzaine de jours environ avant l'époque de la lutte, celles-ci sont soumises à une alimentation tonique et excitante. On les conduit sur les meilleurs pâturages réservés à cet effet, sur les éteules où elles trouvent des épis, et on leur distribue à la bergerie des provendes de grains concassés ou moulus, auxquelles il est bon d'ajouter un peu de sel. Sous l'influence de ce régime, on observe bientôt que le rut apparaît chez la plupart. Mais s'il tardait à venir chez un grand nombre, il serait à coup sûr provoqué par la présence d'un bélier ardent, mais sans valeur, auquel on place sous le ventre une sorte de tablier de toile solidement bouclé sur le dos à l'aide de courroies. Ce tablier s'oppose à ce que l'animal puisse effectuer la saillie des femelles en chaleur, mais non à ce qu'il excite celles qui n'étaient pas encore disposées. Le bélier ainsi affublé sert en même temps d'étalon d'essai et permet de distinguer les brebis qui peuvent être conduites à celui qui doit les féconder. En le mettant pendant quelques heures, le matin et le soir, dans le troupeau, la lutte s'achève en peu de jours.

Tels sont les moyens les plus rationnels et les plus employés par les bons éleveurs, qui règlent ainsi, à leur volonté, le moment de la fécondation.

Le choix de ce moment dépend nécessairement de celui qui, dans les conditions où l'on se trouve, convient le mieux pour l'agnelage. La brebis porte en général durant cinq mois. Des observations suivies par M. Magne sur 442 brebis du troupeau de l'école d'Alfort ont établi que le terme extrême est le cent cinquante-sixième jour, le plus court, le cent quarante-troisième jour. Il a été permis de conclure en outre de ces observations, que la durée de la gestation est sensiblement plus longue pour les agnelles que pour les agneaux. Dans l'ensemble des gestations, les femelles ayant été aux mâles : : 98 : 100, elles ont été : : 87 : 100 dans celles de 147 à 150 jours; : : 65 : 100 seulement dans celles qui étaient au-dessous de la moyenne, celle-ci étant de 148 jours et 12 heures; enfin : : 109 : 100 dans celles qui ont dépassé le 150e jour.

Il faut donc faire opérer la lutte cinq mois avant l'époque qui doit être celle de l'agnelage.

Et ici se présente à discuter la question de savoir sur quelles considérations cette dernière époque doit être fixée.

Dans l'état actuel de l'économie du bétail, trois saisons peuvent être adoptées pour l'agnelage. Longtemps il n'y a eu dissidence qu'entre l'agnelage de printemps et celui d'hiver. Une nouvelle méthode s'est introduite, celle de l'agnelage d'été. Nous devons exposer les raisons que les praticiens font valoir en faveur de chacun de ces modes, et les comparer.

L'*agnelage de printemps* est le plus répandu. C'est celui des troupeaux les moins bien conduits. Dans sa pratique, la lutte a lieu vers la Saint-Michel et dans le courant d'octobre; de telle façon que les naissances arrivent en mars et avril. C'est en effet là l'ordre naturel des choses, lorsqu'elles sont abandonnées à elles-mêmes. Les brebis entrent spontanément en rut en automne. Elles mettent bas au moment de la pousse de l'herbe et trouvent une nourriture favorable à l'allaitement. Cela économise la nourriture d'hiver et les soins. Il n'est pas nécessaire d'insister là-dessus. Mais il s'agit de savoir seulement si, dans une exploitation économique du mouton, il n'y a pas avantage à sortir de ces conditions naturelles, pour obtenir un résultat final plus lucratif, un bénéfice net plus considérable. C'est l'objet et le but de la zootechnie. Or, il n'est pas permis de douter que dans une bonne économie des troupeaux il ne faille renoncer à l'agnelage de printemps. La discussion ne peut exister qu'entre celui d'hiver et celui d'été.

L'*agnelage d'hiver* offre deux avantages principaux. Il se produit d'abord à une époque où sa surveillance est plus facile, en raison des moindres travaux de la ferme, et de cette circonstance que les brebis restent alors à la bergerie. Il permet ensuite d'obtenir des agneaux qui atteignent plus tôt leur développement et qui sont déjà grands au moment où ils peuvent être conduits au pâturage. Il y a nécessité, à la vérité, de les préserver du froid, au moment de la naissance et pendant les premiers jours de leur vie, de soumettre les mères à une nourriture convenable à la bergerie; mais tous ces soins sont largement rémunérés par la valeur plus grande des agneaux hâtifs, surtout chez les races pourvues d'une fine toison. C'est ce qui fait que l'agnelage d'hiver s'est beaucoup répandu parmi les éleveurs de mérinos.

Dans cette pratique, la lutte doit s'effectuer entre la fin de juillet et le commencement de septembre, principalement en août, de manière à ce que les naissances aient lieu dans le courant de janvier.

Il n'est pas nécessaire d'insister pour faire ressortir les avantages économiques de l'agnelage d'hiver sur celui de printemps. C'est un point sur lequel tous les bons éleveurs de moutons sont d'accord. Aucune comptabilité bien tenue qui n'en fournisse la démonstration péremptoire. Mais ici s'offre, nous le répétons, une méthode nouvelle. Cette méthode a pour elle des arguments que nous allons exposer.

L'*agnelage d'été*, fortement recommandé par Aug. de Weckherlin, réunit suivant cet auteur toutes les conditions d'une supériorité économique incontestable sur celui de printemps. Son plus fort argument est la comparaison de deux comptes de frais et rendement de deux lots d'agneaux d'été et d'hiver obtenus en 1840 et 1841. Ces deux lots étaient composés chacun de 64 agneaux. Il résulte de ces comptes, établis avec toute la rigueur possible, et en tout cas parfaitement comparables, que pour une quantité d'aliments équivalente en foin à 100 quintaux, on a réalisé pour une valeur de 81 florins en laine, dans l'agnelage d'été, tandis que le rendement n'a été que de 65 florins dans l'agnelage d'hiver. De ce côté, l'avantage en faveur du premier est, comme on le voit, très-notable, et doit recommander la pratique de l'agnelage d'été à l'attention des éleveurs de mérinos principalement. La question n'est pas aussi bien résolue, au point de vue de la production de la viande, les calculs n'ayant pas été faits en ce sens. Mais du moment qu'il s'agit plus d'une augmentation de la toison en poids que de la finesse du brin, la question paraît identique.

Cette pratique étant encore peu usitée, il faut entrer dans les détails, afin de mettre les éleveurs en mesure de l'apprécier exactement, par rapport aux conditions dans lesquelles ils se trouvent. Disons d'abord que dans ce cas la lutte s'effectue vers la fin de décembre et en janvier, ce qui porte les naissances dans les mois de juillet et d'août. Voici les indications que Weckherlin donne à ce sujet.

« D'après tout ce qui précède, dit-il, la tonte, d'une manière générale, est plus riche dans l'agnèlement d'été que dans toute autre époque d'agnèlement, en supposant une consommation égale de fourrage d'hiver, ou, ce qui revient au même, le fourrage d'hiver se payera de la manière la plus avantageuse dans l'agnèlement d'été. Sous le rapport économique, les considérations que nous avons fait valoir parlent en faveur de l'agnèlement d'été; il y a cependant certaines difficultés qu'il faut lever. D'abord les brebis n'y étant pas habituées, sont moins facilement en rut pendant les mois d'hiver. L'introduction de l'agnèlement pendant l'été pour tout un troupeau devient assez difficile. Les soins à donner pendant le part occasionnent certains embarras.

« Des expériences faites sur une grande échelle et longtemps continuées ont établi que le meilleur moyen de procéder pour arriver assez facilement à l'agnèlement d'été était le suivant. Ce n'est que vers le milieu de février que la chaleur des brebis diminue dans de grandes proportions. On peut donc reculer sans inconvénient la monte jusqu'au mois de janvier. De cette façon, le moment du lavage et de la tonte arrive pendant la gestation; et, si avancée qu'elle soit, il y a beaucoup moins d'accidents à redouter alors, que lorsque les brebis allaitent. On commence par admettre à la monte d'hiver les bêtes les plus fortes de l'âge de deux ans, qui, d'après le usage, ne seraient saillies qu'à deux ans et demi, et ensuite les brebis qui n'ont pas été fécondées à la dernière monte. Le rut se trouve très-activé en tenant les brebis dans des bergeries chaudes et en leur distribuant une bonne nourriture, composée principalement de pommes de terre, de grains, d'un peu plus de sel que d'habitude, etc. Au surplus, s'il arrivait qu'il y eût un plus grand nombre de brebis non fécondées, on trouverait une compensation par ce fait qu'il y a moins d'agneaux qui succombent dans l'agnelage d'été.

« Ces deux espèces de brebis, les primipares ainsi que celles qui sont restées vides, entrent ensuite plus tôt en chaleur vers la même époque de l'année suivante, de sorte qu'en continuant de distribuer successivement aux béliers de jeunes brebis et des brebis vides, l'agnelage d'été est bientôt répandu dans tout le troupeau; car il faut à peine cinq ans d'usage de cette méthode, pour qu'il n'y reste plus de brebis adultes de la période d'agnelage précédemment usitée. La double époque d'agnelage qui se rencontre dans la période de transition, ne peut présenter d'inconvénients sérieux dans une bergerie bien soignée; il en résulte, au contraire, un avantage, c'est qu'on obtient un plus grand nombre d'agneaux, puisque les brebis qui n'ont pas retenu à la première monte sont admises quatre ou cinq mois après à la seconde.

« Dès que les produits de l'agnelage d'été sont en état de servir à la monte, on peut établir de nouveau, pour cet usage, l'âge de deux ans et demi comme cela se faisait précédemment. Quand on veut abréger la période de transition, on doit se résoudre, bien que cela puisse déranger la marche suivie jusques alors, à attendre le mois de janvier pour admettre les brebis à la reproduction; parce qu'en les soumettant à la monte au mois de juin, comme d'habitude, elles agnèleraient en hiver. Cette manière de procéder ne présente, d'ailleurs, aucun inconvénient, car la brebis accepte beaucoup plus facilement le bélier quand on recule l'époque de la lutte, que lorsqu'on l'avance.

« Il est vrai que, par là, on éprouve une perte en agneaux, dans l'année de transition, mais on gagne sous le rapport du produit de la laine. Toutefois, quand on procède comme il a été dit plus haut, d'abord à l'aide des animaux de deux ans et des brebis qui n'ont pas retenu, cette perte se trouve presque entièrement compensée, sinon par rapport au nombre de têtes, du moins sous celui de leur laine, puisqu'un agneau venu au monde en été en fournit presque autant que deux ou trois agneaux d'hiver; et, en outre, les mères qui n'ont pas allaité pendant l'hiver, donnent une toison plus avantageuse lors de la tonte. Puis encore, les agneaux d'été ne restent plus, jusqu'au changement de l'année, en arrière de ceux d'hiver, soit sous le rapport du développement du corps, soit sous celui du développement de la laine.

« La séparation quotidienne des brebis qui sont sur le point de donner leur agneau, pour les placer à la bergerie, le marquage des agneaux nouvellement nés, etc., ne sont pas chose aussi difficile qu'on serait tenté de le croire. Une bonne prairie située dans le voisinage est très-propre à cet usage, et il n'y a nul inconvénient à ce que les agneaux naissent au milieu de l'herbe; cependant, par suite de cette séparation, ainsi que de l'usage de faire rentrer pendant la nuit les troupeaux des mères à la bergerie, le plus grand nombre viendra au monde dans l'intérieur des bâtiments. Pour ne pas être obligé de laisser séjourner quelque temps les mères avec leurs agneaux à la bergerie, on les mène, dès le deuxième ou le troisième jour après la naissance, aussitôt que l'agneau reconnaît bien sa mère, dans un lieu gazonné situé à proximité et autant que possible ombragé, où l'on puisse, en cas de besoin, placer des râteliers remplis de bon fourrage vert, et au bout de quinze jours, on les met dans le pâturage le plus voisin, pour faire place à ceux qui suivent. Les agneaux d'été de l'âge de dix mois supportent, sans aucun inconvénient, le lavage et la tonte qui sont toujours plus ou moins nuisibles à ceux qui sont venus plus tard en hiver.

« Il en est de même des brebis très-avancées en gestation, qui ne souffrent aucunement par suite de la tonte et du lavage, quand on y procède avec précaution. »

Nous avons déjà vu, en nous occupant de l'hygiène particulière du bélier, que la lutte des brebis s'effectue suivant deux procédés. Le plus ancien et le plus répandu, celui dans lequel les béliers sont mêlés avec les brebis dans le troupeau, et qui porte le nom de *lutte en liberté*, doit être abandonné pour un élevage bien entendu. Nous n'avons donc pas à parler de sa pratique. Les errements d'une saine zootechnie comportent une intervention plus directe de l'intelligence de l'homme, dans cette importante partie de la gestion des troupeaux. Aucun des moyens qui, à diverses époques, ont été préconisés pour que toutes les brebis en chaleur soient fécondées en temps convenable, et pour que l'on puisse savoir par quel mâle elles l'ont été, parmi lesquels moyens se trouve celui qui consiste à enduire le dessous de la poitrine et du ventre du bélier avec une couleur particulière, accusatrice sur la croupe de la femelle du passage de ce dernier; aucun de ces moyens, disons-nous, ne peut valoir une direction effective des saillies, comme l'est celle qui résulte de ce que l'on appelle assez improprement la *lutte en main*.

Dans la pratique de celle-ci, nécessaire surtout pour le service des béliers de prix employés en vue de l'amélioration et qui doivent féconder le plus grand nombre possible de femelles, sans arriver à l'épuisement, les brebis en chaleur sont conduites à l'étalon dans un petit enclos, un parc, ou une bergerie spéciale. Là elles sont saillies une ou plusieurs fois, suivant les dispositions qu'elles manifestent, puis reconduites dans le troupeau, après avoir été marquées, afin que l'on puisse distinguer celles qui reviennent en rut. De cette façon, l'on est sûr que toutes seront couvertes à tour de rôle, tout en ménageant les béliers et en leur évitant les saillies inutiles.

On objecte à ce mode de lutte qu'il nécessite un plus grand nombre de béliers, ou qu'il fait durer l'opération plus longtemps pour le troupeau. Cela n'est pas du tout démontré; et c'est précisément le contraire qui est vrai, lorsque les brebis ont été bien préparées de la façon que nous avons dite. Il oblige seulement à plus d'attention. Mais en revanche il assure à tous égards de meilleurs résultats. On ne peut point être fixé sans cela sur la généalogie des agneaux, lorsque le troupeau de mères est assez nombreux pour rendre obligatoire l'emploi de plusieurs béliers. Alors, si la lutte se fait en liberté, chaque brebis peut être saillie successivement par chacun d'eux, et il n'y a aucun moyen de savoir quel est celui qui l'a fécondée. En outre, la lutte dite en main permet seule de réserver celles des brebis déjà connues comme se reproduisant bien, pour les donner aux jeunes béliers dont on veut essayer la puissance héréditaire. Ce qui est une précaution que l'on ne saurait trop recommander, avant de les employer sur une grande échelle.

A tous égards donc, la lutte en main est de beaucoup préférable à la lutte en liberté. C'est la pratique de la zootechnie progressive, dont tous les détails doivent être sous l'empire direct de l'intelligence qui commande. Elle n'abandonne rien au hasard. Et, encore une fois, les peines qu'elle occasionne sont largement compensées par les avantages économiques qui en résultent. Au double point de vue de l'hygiène des brebis et de celle des béliers, il n'y a pas à hésiter, ne fût-ce, quant à ces derniers, qu'en évitant les rivalités et les combats qui ont lieu lorsqu'ils sont plusieurs de même force dans un troupeau. Il est vrai qu'on a recommandé, dans ce cas, de les choisir de force inégale. Mais ne serait-ce pas au détriment du but que doit atteindre l'amélioration? Et n'est-il pas plus rationnel de faire féconder toutes les brebis par des béliers de premier choix sous tous les rapports?

La proportion des brebis qui ne sont pas fécondées est toujours minime dans un troupeau bien dirigé. Quant aux signes qui annoncent que la fécondation a eu lieu, ils ne diffèrent pas de ceux que nous avons déjà indiqués pour les autres femelles domestiques. En tout cas, les mères vivant ensemble doivent être soumises aux mêmes soins. Le plus important de ces soins, c'est que les bêtes pleines soient toujours conduites avec une grande douceur. Un berger brutal, des chiens trop ardents, toujours préjudiciables, le sont surtout dans la conduite des troupeaux de portières. Une constante sollicitude, qui évite à ces dernières les trop longues marches, l'entrée turbulente par les portes des bergeries où elles peuvent se presser et se heurter, les causes d'effroi qui les font avorter, ou tout au moins nuisent au développement du fruit : telle est la qualité première à exiger de la personne chargée de surveiller un troupeau d'élevage.

Ce qui concerne l'alimentation n'est pas moins important. Les brebis pleines doivent recevoir une bonne nourriture, qui les entretienne constamment en état. Nous n'avons plus maintenant à en développer les raisons. Mais il convient de remarquer que les excès en tout genre seraient également fâcheux. Une alimentation trop forte prépare un agnelage difficile et communique ultérieurement au lait des propriétés excitantes qui nuisent à la santé de l'agneau. Insuffisante, elle agit à la fois d'une manière fâcheuse sur la mère et sur son fruit. Le mieux est donc de se tenir dans une juste mesure. Il convient que les brebis pleines trouvent en rentrant à la bergerie une ration dans leur râtelier, de manière à ce que chacune y aille paisiblement prendre sa place. Elles doivent toujours être conduites aussi sur de bons pâturages, peu éloignés, et après avoir satisfait à la bergerie les premières atteintes de leur appétit. En un mot, leur véritable hygiène alimentaire a pour base l'uniformité et la règle, de telle sorte qu'elles puissent passer sans transition brusque de l'état de portières à celui de nourrices.

Nous n'avons rien de particulier à dire sur les circonstances qui provoquent l'avortement. Il n'y a rien de spécial à l'espèce ovine, à cet égard. Seulement, comme cet accident sévit parfois sur un grand nombre de mères, lorsqu'il dépend d'une cause générale, l'imagination des observateurs superficiels l'a souvent fait considérer comme épizootique et même contagieux. Cela n'a pas de fondement. En y regardant de près, l'observateur attentif peut le plus ordinairement, dans ce cas, attribuer l'accident à un écart de régime, notamment à l'insuffisance de l'alimentation ou à sa mauvaise qualité, aux effets d'une intempérie atmosphérique qui aurait pu et dû être évitée, à une pratique irrationnelle et inopportune du lavage et de la tonte. Au reste, les soins que réclament les brebis qui ont avorté sont les mêmes que ceux qui ont été précédemment indiqués pour les juments et les vaches : repos, température douce, diète de fourrages autres que des racines cuites et chaudes, herbes tendres pendant la convalescence.

Agnelage. — Les signes qui annoncent la fin de la gestation, chez les brebis, ne présentent non plus rien de spécial. Nous n'aurions donc qu'à répéter ce qui a été déjà dit sur ce sujet dans les chapitres précédents. Mieux vaut y renvoyer et nous occuper tout de suite de ce qui concerne la naissance des agneaux. A cet égard même, il serait superflu d'entreprendre de dire plus ou mieux que ce qui a été consigné par de Weckherlin dans son *Traité des bêtes ovines*. Reproduisons donc purement et simplement les indications de ce praticien distingué. Voici ce qu'il dit sur ce point :

« La brebis agnèle, en général, promptement et facilement; il est très-rare qu'elle réclame l'intervention de l'homme; aussi celle-ci est-elle inutile, contraire et nuisible, et là où les moutons jouissent, pendant toute l'année, de bons soins et d'une bonne surveillance, l'agnèlement se passe ordinairement fort bien et avec une perte insignifiante d'agneaux.

« L'agneau nouveau-né est placé avec sa mère dans un compartiment; dans les contrées où le numérotage est employé, on lui assigne un numéro, et on le marque. On examine le pis de la mère, pour s'assurer s'il donne régulièrement du lait; au besoin, on le nettoie; on arrache aussi la laine qui se trouve la plus rapprochée des trayons, afin que l'agneau ne contracte pas l'habitude de la manger.

« Il est surtout essentiel de s'assurer si la mère accepte bien son agneau, c'est-à-dire si elle le laisse teter convenablement, et si elle donne suffisamment de lait. S'il en est ainsi, on peut, au bout de quelques jours, les mettre hors des compartiments. Mais, si la mère refuse son agneau, le séjour dans les compartiments devra être plus long, le berger doit alors intervenir. Il tient la mère, place l'agneau près du pis, lui entr'ouvre la bouche et y fait jaillir des gouttes de lait exprimées du mamelon, etc. Le premier lait de la mère est, de même que pour les veaux, très-salutaire aux agneaux. Quand il y a surabondance de lait, il faut en traire une certaine quantité ; et, au besoin, diminuer la ration de fourrage. On agit de même sur les brebis qui ont perdu leur agneau.

« Lorsqu'une mère a trop peu de lait, et qu'on tient à son agneau, il faut chercher une nourrice à celui-ci ; on fera la même chose, si l'agneau a perdu sa mère. »

Allaitement. — Les préceptes que nous avons à formuler ici se rapportent en même temps à la brebis nourrice et à l'agneau, durant la période de l'allaitement. Nous nous bornerons en grande partie à citer, encore à ce propos, l'habile praticien plus haut nommé. « C'est surtout, dit-il avec raison, l'état anormal du pis et de la sécrétion laiteuse qui donne le plus à faire dans l'élevage des agneaux. Toutes les fois qu'une brebis qui allaite a du lait en abondance, et que l'agneau ne l'extrait pas suffisamment, le lait s'accumule dans une des glandes mammaires, et il survient une tumeur. Les causes qui empêchent l'agneau de tirer convenablement le lait, sont de nature diverse : ou la mère donne absolument trop de lait ; alors il faut diminuer la ration de nourriture ; ou l'agneau est trop faible ; alors il faut régulièrement traire le pis ; ou la mère ne laisse pas convenablement teter le petit, alors le berger doit chercher les moyens de faire accepter l'agneau par sa mère, » — Il y parvient en les enfermant ensemble dans un lieu obscur. — « Quelquefois il y a au pis des obstacles externes.

« Dans tous ces cas, ajoute Weckherlin, le berger peut remédier au mal, quand il en reconnaît la cause, dans les douze premières heures ; au besoin, il extrait avec douceur et précaution le lait de la mère, et il doit renouveler cette opération aussi souvent que cela est nécessaire. Si le berger tarde à intervenir, l'inflammation gagne le pis et il faut recourir au vétérinaire ; mais le plus souvent on l'appelle trop tard, parce que le berger, qui a laissé aggraver le mal, veut y remédier lui-même. Il peut alors survenir une suppuration dans les mamelles, des ulcères (l'auteur veut dire des fistules), la destruction des glandes mammaires, et l'inaptitude des brebis à la reproduction. Quand les inflammations de mamelles surviennent par des causes internes, par des refroidissements, etc., les soins du vétérinaire sont plus indispensables encore. »

On sait toute l'importance de l'alimentation du premier âge, au point de vue du perfectionnement des animaux. Nous avons longuement insisté là-dessus à plusieurs reprises. Il n'y a pas lieu d'y revenir à propos de l'espèce ovine, si ce n'est pour faire remarquer, avec tous les hommes compétents, que dans aucune l'oubli des principes physiologiques n'a de plus funestes conséquences. « Le lait maternel de bonne qualité et en quantité suffisante est, dit Weckherlin, la première condition nécessaire à la bonne venue des agneaux. Rien ne peut le remplacer, et rien n'est capable de faire récupérer à l'agneau ce qu'il peut avoir perdu par l'insuffisance ou la mauvaise qualité du lait maternel. » Cela fait sentir la nécessité de donner aux brebis nourrices l'alimentation capable de favoriser la sécrétion du lait, et de réformer sans hésitation celles qui manquent d'aptitude laitière. Ce serait nous exposer à des redites inutiles, que de détailler en ce moment le régime alimentaire le plus propre à la production du lait. Tout a été exposé sur ce sujet dans le chapitre spécial consacré à ce qui concerne le laitage. La question est la même, pour la brebis comme pour la vache. Et du reste, nos collaborateurs se sont occupés en même temps de tout ce qui se rapporte à la production et à l'exploitation de l'une et de l'autre. Nous nous bornerons donc à la pratique de l'allaitement des agneaux.

A cet égard, on ne peut suivre un meilleur guide que celui cité tout à l'heure. « Quand, dit-il, les agneaux ont reconnu leur mère et qu'on les fait sortir du compartiment, on les laisse avec celle-ci, par divisions du même âge à peu près, de quinze à quinze jours de différence ; là, ils tettent leur mère à discrétion. De cette manière, on facilite beaucoup l'alimentation, l'éducation et le sevrage. Il est bon d'avoir toujours au moins deux ou trois des divisions d'agneaux ; elles peuvent suffire quand l'époque de l'agnèlement ne dure pas trop longtemps, à peu près cinq semaines. Pour que les agneaux apprennent peu à peu à manger et qu'ils s'habituent à être de temps en temps séparés de leur mère, il est très-bon, quand ils ont environ quatre semaines, de disposer, à côté de la place qu'ils occupent avec les mères, un espace particulier dans lequel ils peuvent entrer à volonté pour aller manger par une petite ouverture, sans que les mères puissent les y suivre. Dans cet espace, ils doivent toujours trouver un peu de foin ou de regain bien tendre et de l'eau. Ils commencent par jouer avec le foin et l'eau, mais ils s'habituent bientôt à manger et à boire convenablement ; plus tard on leur donne aussi un peu d'avoine. Peu à peu cette petite ouverture sert à séparer de temps en temps les agneaux d'avec les mères, de sorte que bientôt on ne les laisse plus ensemble que la nuit, et quelquefois dans la journée. Les mères se reposent ainsi dans l'intervalle de l'allaitement, et trouvent la tranquillité pour manger. A la fin on ne laisse plus les agneaux près de leurs mères que la nuit, et on les sèvre enfin totalement. »

Sevrage. — Lorsque l'allaitement a été dirigé suivant la méthode qui précède, le sevrage devient une opération très-facile et nullement préjudiciable aux agneaux. Les agneaux ne devraient jamais teter moins de trois mois. Il y a toujours avantage à prolonger l'allaitement au delà de ce terme, et dans les troupeaux d'élevage surtout. C'est en vue de cette spéculation qu'il importe d'opérer au préalable un triage attentif entre les agneaux destinés à l'é'evage et ceux qui, par les défauts de leur conformation, les caractères de leur laine ou la débilité de leur tempérament, doivent être tout de suite préparés pour la consommation. C'est là une pratique que l'on ne saurait trop recommander, autant au point de vue de l'amélioration de l'espèce qu'à celui de la bonne économie des troupeaux. Il y a toujours avantage, sous tous les rapports, à n'élever que de bons animaux. Ils n'occasionnent ni plus de frais, ni plus de soins que les mauvais, et les bénéfices qu'ils donnent sont autrement considérables. Cela peut se passer de démonstration.

Les agneaux sevrés comme il a été dit précédemment, en ménageant la transition entre le régime lacté de la mère et celui des fourrages pris à la bergerie et au pâturage, par une substitution progressive, il y a lieu de s'occuper ensuite du régime qui leur convient à partir de ce moment, jusqu'à ce qu'ils perdent leur qualité d'antenois.

Hygiène des agneaux et des antenois. — La période de l'élevage dont il s'agit ici est celle qui, partant du sevrage accompli, c'est-à-dire vers quatre ou cinq mois, dure jusqu'à l'expiration de la deuxième année d'âge. Ce serait peut-être assez de faire observer que, durant cette période, il y a lieu de se préoccuper seulement de l'influence qu'exerce une bonne alimentation sur le développement des jeunes sujets, et de la direction qui doit lui être imprimée, suivant l'aptitude spéciale de la race dont il s'agit ; la partie technique de l'administration des troupeaux devant faire plus loin l'objet d'un paragraphe particulier. Il y a cependant quelques remarques toutes pratiques à consigner, que nous emprunterons une fois de plus à Weckherlin, si bon juge en pareille matière que nous le citons de préférence textuellement. C'est, à notre sens, plus simple et plus honnête tout à la fois.

« Après le sevrage on continue l'alimentation commencée pendant l'allaitement. On donne de bon foin tendre et un peu d'avoine, dont on augmente graduellement la ration, jusqu'à ce qu'enfin les agneaux veuillent s'habituer au pâturage ou à l'alimentation ordinaire des animaux adultes. On peut commencer, dans le premier mois après le sevrage, avec une demi-livre de foin et un peu d'avoine, par jour et par agneau, et augmenter insensiblement, selon qu'ils le consomment, jusqu'à une livre de foin avec un peu d'avoine dans le deuxième et le troisième mois.

« Quand le moment du pâturage arrive, on doit décider si l'on veut laisser aller les agneaux à la pâture ou les tenir plus longtemps à la bergerie. Quand on dispose à proximité de pâturages sains, secs, bien nutritifs et abrités, que ce soient des pâturages naturels ou artificiels, peu importe, les agneaux s'en trouvent fort bien, mais il faut qu'ils soient bien gardés et que le berger

suive strictement toutes les règles relatives aux précautions à prendre au pâturage, qu'il les mette à l'abri du mauvais temps, etc. Il est encore très-utile, lorsque le temps est humide, de leur donner le matin, avant qu'ils aillent à la pâture, une nourriture sèche, et de les laisser à la bergerie quand le temps est mauvais. Lorsque les agneaux mâles sont devenus insensiblement assez forts et qu'ils tourmentent les femelles, que l'appétit vénérien devient plus fort, il faut séparer les deux sexes. »

Il nous paraît préférable, — et nous en ferons tout de suite la remarque, — de ne pas laisser à l'instinct sexuel le temps de se manifester, en opérant l'émasculation des agneaux mâles d'assez bonne heure, sous la réserve que nous indiquerons dans un instant. Mais poursuivons.

« Quand on n'a pas de pâturage bien convenable pour les agneaux, on les nourrit à la bergerie avec de bon fourrage sec, ou une nourriture verte convenable, pendant tout l'été ou du moins jusqu'après la moisson, époque où l'on est ordinairement moins limité pour le choix d'une pâture et où les agneaux sont déjà plus robustes. Si la bergerie est aérée et fraîche, si les animaux sont à même, soit dans la bergerie, soit en plein air, de prendre un exercice suffisant, si on leur fournit de la nourriture en quantité convenable, leur bonne venue est assurée, et dans tous les cas, ils sont encore mieux garantis qu'au pâturage contre des influences nuisibles et d'autres accidents. »

Quant aux antenois, ils peuvent entrer bientôt dans le troupeau des adultes et être soumis au même régime. Il n'y a donc pas à s'en occuper autrement.

Émasculation. — Ici encore, l'âge le plus convenable et le procédé à préférer sont seuls à discuter. En principe, il faut châtrer les agneaux le plus tôt possible, sauf à conserver les plus beaux, les mieux venants, pour choisir les béliers parmi eux, lorsqu'ils sont assez développés pour qu'on puisse juger de tous leurs mérites. Ces derniers sont soumis à un régime spécial, fortement nutritif, et entretenus à part.

Quant au moyen d'émasculation, il y a à choisir entre le bistournage et la suppression complète des testicules. Ce sont les procédés de ce dernier genre qui doivent être dans tous les cas préférés pour l'espèce ovine, et parmi ces procédés, ceux qui ne comportent pas l'emploi de l'instrument tranchant, par exemple le fouettage et l'usage des casseaux à vis.

Amputation de la queue. — Cette opération, négligée pour les races communes, est depuis longtemps pratiquée chez les mérinos et les races anglaises. Elle a pour effet de débarrasser les animaux d'un appendice économiquement inutile, qui se charge de boue, d'excréments, et ne donne qu'une laine très-inférieure. Il est à recommander de l'étendre à toutes les bêtes ovines. Elle se pratique ordinairement sur les agneaux âgés de quinze jours ou trois semaines, avec des ciseaux ou un simple couteau. L'amputation doit être faite de manière à ce qu'il reste un tronçon de queue tout juste assez long pour recouvrir la vulve, chez les femelles, et l'anus chez les mâles.

ÉCONOMIE ET HYGIÈNE DES TROUPEAUX

Nous avons à nous occuper sous ce titre de tout ce qui concerne l'administration des spéculations basées sur l'espèce ovine. Le sujet est vaste ; mais après ce que nous avons dit des fonctions économiques de l'espèce, du type de la beauté et de l'appréciation des laines, des principes spéciaux du perfectionnement des races et des individus, des caractères et de l'exploitation de chaque race ou variété et des métis résultant du croisement de ces races, enfin de l'hygiène particulière de l'élevage, il ne reste plus à indiquer que les règles générales de l'administration des troupeaux. Le choix du mode de spéculation et celui de la race ou des métis les plus propres à en fournir la matière découlent des considérations précédentes, rapprochées de la situation agricole, du système de culture adopté. Un agriculteur possédant les qualités indispensables au chef d'exploitation, après avoir étudié chacun des éléments du problème, tel que nous l'avons exposé, trouvera dans son propre jugement la solution qui convient aux conditions dans lesquelles il opère ; sinon, ce serait bien en vain que nous entreprendrions de la lui indiquer. Il faudrait qu'il renonçât, dans ce cas, aux entreprises rurales. Il ne serait pas propre à les diriger avec fruit. Dans le cas contraire, il saura parfaitement ce qui lui est le plus avantageux, de l'exploitation d'un troupeau d'élevage, de celle d'un troupeau d'engraissement se renouvelant à de courtes périodes, ou des deux à la fois.

Quoi qu'il en soit, l'une et l'autre de ces spéculations comportent des nécessités communes, relatives au personnel préposé à la garde et à l'aménagement des animaux, à leur comptabilité, à leur habitation, à leur nourriture, à la récolte de leurs produits, etc. Ce sont ces choses que nous avons à passer maintenant en revue, en faisant connaître leurs meilleures conditions. Il faut commencer par le personnel. Les plus sages combinaisons du propriétaire de troupeaux échouent nécessairement, lorsqu'il n'a pas pour leur exécution un berger intelligent, probe et bien intentionné. Occupons-nous donc avant tout de cet agent.

Du berger. — Un préjugé déplorable autant que fort répandu, est celui qui jette du discrédit sur la profession de berger. En général, les paysans n'apprécient bien que les travaux qui nécessitent le déploiement de la force physique. Celui qui ne sue pas comme eux est à leurs yeux un fainéant. Et un fainéant, quand il n'est pas riche, est l'objet de leur plus profond mépris. Même dans les pays où l'habitude des grands troupeaux a fait instituer depuis longtemps la profession de berger et mis en évidence la valeur de ses services, il reste encore quelque chose de ce préjugé. L'homme qui peine à cultiver la terre

ne peut se décider à admettre qu'il ne soit pas supérieur à celui dont toutes les fatigues se bornent à soigner et à garder un troupeau. Pour arriver à détruire les préventions à cet égard, il faudrait faire que les services fussent pesés plutôt par l'importance économique de leurs résultats que par la dépense de force qu'ils occasionnent. Cela viendra, à mesure que les lumières de la science pénétreront dans les esprits ; mais nous n'y sommes pas.

A ce titre, le genre de fonction et l'importance des services que peut rendre un berger le placent au même rang qu'un chef de culture, par exemple. Il lui faut même, pour être complétement propre à sa fonction, des connaissances plus étendues et plus variées, une activité plus grande, un caractère meilleur, une probité plus sûre et le sentiment du devoir plus développé, en raison de la confiance que la difficulté du contrôle force à lui accorder, et de l'empire plus direct et plus absolu qu'il exerce sur les objets confiés à ses soins. Dans notre opuscule sur l'*Espèce ovine de l'Ouest et son amélioration* nous avons écrit ceci, à cette occasion : « Jacques Bujault a dit avec raison : « Tant « vaut l'homme, tant vaut la terre. » On peut dire avec la même justesse : Tant vaut le berger, tant vaut le troupeau. »

Pour remplir, dit M. Magne, les importantes et difficiles fonctions de berger, « il faut des hommes intelligents, actifs, laborieux, probes, observateurs même, des hommes doux, naturellement bons et patients, vigilants, forts, jouissant d'une bonne santé, et surtout qui aient du goût pour leur profession. » Avec ces diverses qualités, fort difficiles à réunir, il faut le reconnaître, les fraudes et les rapines qui se commettent trop souvent dans les grands troupeaux ne sont point à craindre. Mais comme il vaut toujours mieux les prévenir en faisant autant que possible disparaître l'antagonisme entre l'intérêt du berger et celui du propriétaire du troupeau, la manière de salarier le personnel de la bergerie peut contribuer beaucoup à atteindre ce résultat, en même temps qu'elle n'est pas sans importance pour les dépenses générales de l'exploitation, ni sans influence sur la prospérité particulière du troupeau.

Le paiement des bergers, dit à cet égard Auguste de Weckherlin, se fait généralement de trois manières différentes. Ou bien on permet aux bergers de tenir avec le troupeau principal un certain nombre de moutons qui leur appartiennent ; ou il leur est accordé une part dans le rendement de la bergerie, soit sur la laine, les agneaux, etc., soit dans le rendement total, et suivant des conditions qui varient ; ou enfin ils reçoivent un salaire fixe en argent, avec ou sans nourriture, avec ou sans perspective d'augmentation de salaire au cas où l'on serait particulièrement satisfait de leurs services. Dans quelques contrées, pour diminuer le taux du salaire en argent, on accorde au berger le bénéfice de la dépouille des animaux qui meurent, par exemple. Il est trop facile de saisir que c'est là les intéresser directement aux sinistres, pour qu'il soit nécessaire de faire ressortir l'inconvénient d'une pareille coutume. Cet inconvénient a été bien des fois signalé, dans les pays surtout où règnent des maladies telles que le sang de rate et la pourriture, sur le développement desquelles le berger peut avoir une certaine influence, par la manière dont il conduit le régime du troupeau.

Le premier mode dont il vient d'être parlé peut si facilement produire des désordres et des abus, fait justement observer Weckherlin, que dans les bergeries exploitées d'une manière rationnelle il ne peut pas en être question. Le second, celui qui intéresse le berger dans les produits, est généralement fort recommandé. Il semble garantir de sa part tous les soins possibles. Quant au troisième, il est regardé, dit l'auteur, par certains éleveurs comme celui qui expose au plus grand danger de pertes par la faute du berger. Du reste, pour adopter l'un ou l'autre de ces modes, il y a des distinctions à établir, suivant que le propriétaire du troupeau ou le chef de l'exploitation est en mesure d'en prendre la direction, qu'il s'agit d'opérations d'amélioration progressive à réaliser, ou seulement de maintenir une exploitation arrivée en période régulière. « Dans ce dernier cas, je conviens, ajoute Weckherlin, que le second mode de paiement est préférable ; mais non dans les deux premiers cas ; car avec ce mode de paiement, le propriétaire n'est jamais entièrement maître de son troupeau, et il risque que l'on s'oppose à ses instructions, qu'on agisse en sens contraire. Je préfère alors le salaire fixe en argent, avec ou sans nourriture, selon l'usage suivi dans l'économie, et avec fixation d'une récompense particulière ou avec la perspective d'une augmentation de salaire, si l'on est content de la bergerie, du résultat de l'agnèlement, etc. » Il importe de spécifier davantage sur ce qui concerne ces récompenses extraordinaires. Elles sont, d'après l'habile éleveur allemand, de trois ordres :

1° La promesse d'un salaire supplémentaire en général. Il a obtenu déjà beaucoup par ce moyen, dit-il, parce que l'amour-propre se trouve également mis en jeu.

2° Une récompense pour un agnèlement abondant et heureux, pour chaque agneau qui arrive à la tonte, ou pour chaque brebis vendue pleine.

3° Enfin une récompense pour chaque antenois bien développé, au delà d'une certaine proportion moyenne calculée sur le nombre des brebis saillies.

Cette dernière rémunération, fait observer avec raison l'ancien directeur de Hohenheim, atteint un double but. On n'intéresse pas seulement par là le berger à obtenir un grand nombre d'agneaux, ce qui l'engagerait à prolonger, au détriment de la bergerie, l'époque de la lutte pendant un temps trop long. Il résulte de cette façon de procéder une trop grande différence d'âge dans les agneaux, dont les plus jeunes se trouvent en retard. Elle fait en outre atteler les antenois trop jeunes à la monte, ou fatigue beaucoup les béliers. Mais en agissant ainsi, l'on intéresse encore le berger à faire tous ses efforts pour obtenir des agneaux et des antenois aussi robustes que possible, et par conséquent à veiller à ce que les agneaux soient bien traités durant leur première année, ce qui est, comme nous savons, de la plus grande importance. Voici, dit Weckherlin, le calcul qui servait de base à Hohenheim pour ces récompenses extraordinaires. « On pouvait établir qu'en moyenne 350 brebis seraient admises à la monte. De ce chiffre, on obtient en moyenne 90 p. 100 d'agneaux, soit 315. Jusqu'à l'âge d'un an, il y a perte de 5 p. 100 ; il reste donc environ 300. Par un entretien ordinaire, on peut admettre qu'il y en a 16 p. 100 qui prospèrent moins bien ; il en reste de bons environ 252. On suppose ensuite que par un entretien négligé, il y en aurait 8 autres p. 100 qui réussiraient moins bien : reste 232.

« Par un entretien bien soigné, au contraire, on peut espérer que des 16 p. 100, on en fera encore bien réussir la moitié, ou 8 p. 100. Il s'agit donc de voir si le berger, à la fin de la première année, produira des antenois de peu de valeur au nombre de 29 p. 100, c'est-à-dire 5 + 16 + 8, ou de 13 p. 100 seulement, savoir de 5 + 8 ; en d'autres termes, si, des brebis admises à la monte, il pourra montrer 77 ou seulement 61 p. 100 de bons antenois.

« C'est en prenant ce calcul pour base et en tenant compte des résultats des récompenses extraordinaires accordées auparavant, qu'il a été décidé que tous les bergers recevraient à part égale une récompense extraordinaire pour chaque tête d'antenois, bélier, brebis, mouton, que sur 100 brebis admises à la monte ils pouvaient montrer au delà de 60, avec un développement corporel convenable. »

Nous avons insisté sur ces détails parce qu'ils sont d'un intérêt pratique considérable. Pour les grands troupeaux, surtout quand ils comportent des subdivisions, il est quelquefois nécessaire d'adjoindre des aides ou des apprentis bergers au chef de la bergerie ; mais il convient dans ce cas que celui-ci conserve toute la responsabilité et par conséquent la direction, tout en gardant lui-même au pâturage ou au parc la principale fraction du troupeau. Les autres sont alors espacées de manière à ce qu'il puisse les surveiller. Il faut tenir à ce que les bergers soient munis de vêtements capables de les préserver contre les intempéries ; car le troupeau souffre toujours des précautions que le soin de leur propre bien-être les oblige à prendre pour se mettre à l'abri, quand ils sont mal vêtus. Ils doivent avoir aussi toujours la houlette qui sert à détacher les mottes de terre qu'il est souvent nécessaire de lancer aux bêtes qui s'écartent, de même qu'une petite provision des drogues et instruments indispensables pour soigner quelques accidents et maladies qui sont de leur ressort et dont nous parlerons plus loin. Un vétérinaire de la Champagne, M. Laubréaux, a eu l'excellente idée de faire construire dans ce but une *trousse de berger* qui l'atteint parfaitement.

Dans tous les cas, en outre, la garde des troupeaux au pâturage ou au parc nécessite le concours d'auxiliaires d'une espèce particulière, dont les services sont assez importants pour que nous nous occupions des conditions qu'ils doivent remplir. Nous voulons parler des chiens, qui, lorsqu'ils sont bien dressés, produisent à peu de frais des bénéfices considérables.

Des chiens de berger. — Si les chiens employés à la garde des grands troupeaux, dans les contrées où l'espèce ovine est exploitée sur une large échelle, rendent de réels services et méritent toute l'attention, on peut dire que dans les pays où la propriété est très-divisée, ils sont une véritable calamité, tant par leur nombre que par leur mauvaise éducation. Là, ils semblent plutôt dressés pour aboyer après les passants en les poursuivant, que pour remplir leur fonction de gardiens du troupeau. Il y a sous ce rapport une réforme urgente à opérer. Nous avons dans le temps constaté, en nous appuyant sur des relevés exacts faits par les commissions cantonales de statistique, que pour deux cantons de la Charente-Inférieure et des Deux-Sèvres, le nombre des chiens de berger était, par rapport à celui des moutons, dans les proportions de 1 à 12,5 et à 15. Et il en est ainsi, à peu de chose près, partout où les moutons sont entretenus en petits troupeaux. Cela appelle, répétons-le, une réforme économique, et démontre la nécessité d'adopter la solution que nous avons dès lors proposée. L'association seule peut en effet permettre de remédier à un état de choses tout à la fois préjudiciable aux intérêts privés et à l'intérêt public. Un bon berger commun, dirigeant un nombre suffisant de ces petits troupeaux réunis en un seul, délivrerait en même temps les campagnes de cette profusion de chiens inutiles et dangereux, et ferait entrer l'exploitation des moutons dans une voie plus rationnelle et plus lucrative.

Mais ce n'est pas ici le lieu de développer cette solution. Nous devons nous borner à l'indiquer en passant. Il convient de s'en tenir à ce qui concerne les chiens. On ne saurait mieux faire que de reproduire textuellement ce qui en a été dit par M. Magne.

« Il faut, a écrit notre savant maître et collaborateur, il faut deux espèces de chiens pour garder les troupeaux : les uns sont destinés à écarter le loup et l'ours, les autres à aider le berger dans la conduite des animaux.

« On emploie pour chasser le loup des chiens mâtins. On les choisit de forte taille, capables de poursuivre l'ennemi du troupeau, et au besoin de l'attaquer. Ils ne sont pas également nécessaires dans tous les pays.

« Pour que les chiens soient *bons pour le loup*, il faut qu'étant jeunes, ils soient dressés par des individus de leur espèce. Lorsqu'ils ont poursuivi deux ou trois fois le loup, qu'ils y ont été encouragés par le berger, ils montrent ensuite beaucoup d'ardeur à remplir leur mission : arrivent-ils dans un bois, ils en parcourent tous les détours; entendent-ils crier *au loup*, ils se rendent aussitôt du côté d'où vient la voix. Les chiennes sont, en général, meilleures que les mâles; ces derniers sont quelquefois indulgents pour les louves.

« Les chiens doivent être armés de colliers en métal ou en cuir très-épais, et hérissés de pointes de fer. C'est par le cou que le loup cherche toujours à les prendre, et c'est par là qu'il les tue s'il peut les saisir. C'est en hiver, quand le pays est couvert de neige, que les loups font la guerre aux chiens; ils viennent les attendre, les saisir dans les villages, à la porte des fermes.

« Le chien destiné à aider le berger dans la garde et la conduite des troupeaux est appelé *chien de berger, chien de Brie, Labrie, Briard,* du nom de la province où l'on trouve les meilleurs. Tous les chiens qui sont vifs, alertes, intelligents, sont bons ; mais on doit rechercher de préférence ceux qui descendent de parents bien exercés, car ils sont eux-mêmes faciles à dresser.

« Un bon chien bien dressé, comme il s'en trouve beaucoup dans les pays où il y a de grands troupeaux, est plus utile qu'un aide : il va, revient, fait le tour du troupeau, accélère ou ralentit la marche au moindre signe, à un son de voix, à un mouvement de la main; il préserve les récoltes, fait avancer les bêtes retardataires, tient le troupeau réuni, empêche les animaux de sortir des chemins et des pâturages, va chercher les moutons fuyards, ramène les vagabonds : si le chien est bon, la personne chargée de garder le troupeau peut lui confier la garde d'un côté du pâturage pendant qu'elle surveille elle-même l'autre côté. Le chien évite beaucoup de courses au berger, et prévient même les accidents qu'occasionnent les gardiens paresseux en lançant des cailloux contre les bêtes qui s'écartent. Si les pâturages sont petits, enclavés dans des terres en culture, le troupeau un peu nombreux, il faut employer plusieurs chiens.

« Mais les chiens mal dressés sont toujours nuisibles. Ils mordent les animaux, les pressent, occasionnent des accidents et des avortements. Un mauvais chien nuit directement en pressant, mordant les animaux, et indirectement en les effrayant, en allant et venant brusquement et sans motifs à travers le troupeau. Trop souvent, les bergers s'amusent à exciter les chiens contre d'autres chiens ou contre des voyageurs, et sont ainsi la cause de l'avortement de beaucoup de brebis.

« On ne saurait donner trop de soins à dresser les chiens de berger, à les accoutumer à faire sentinelle, à tenir le troupeau convenablement ramassé, et surtout à ne pas effrayer les moutons et à ne pas les mordre. Pour les dresser, il faut les prendre jeunes et employer beaucoup de persévérance, des caresses, des friandises, et au besoin des châtiments. Il faut surtout leur donner l'exemple d'un chien déjà dressé. Les premières fois qu'on les commet contre un mouton, il faut être à côté d'eux et les surveiller attentivement; s'ils ont l'air de vouloir mordre, on les saisit et on les corrige; on doit laisser pendre une ficelle à leur cou, afin de pouvoir les arrêter plus promptement. Au moyen de cette corde, on peut même les corriger, leur faire sentir qu'ils ont mal fait.

« Si l'on a des chiens précieux, actifs, intelligents, mais un peu méchants, qui mordent les bêtes à laine, et qu'on ne puisse pas les corriger, il faut les museler ou mieux leur casser les dents canines et même au besoin les incisives. »

Cela dit sur les agents préposés à la conduite et à la garde des troupeaux, nous avons à nous occuper maintenant de ce qui est relatif à leur administration générale.

Administration du troupeau. — Dans toute bergerie un peu considérable, il importe d'abord, pour la bonne administration, de classer les animaux par groupes composés des individus qui, appartenant à la même catégorie, doivent être soumis à un régime uniforme et recevoir les mêmes soins. Le mode habituel d'exploitation de l'espèce ovine comporte sept catégories diverses d'individus, et en conséquence, à la rigueur, l'établissement d'autant de groupes, ou tout au moins de six.

En effet, doivent être classés à part : 1° Les brebis destinées à la reproduction, ou portières ; 2° les femelles de deux ans que l'on prépare pour une lutte prochaine, et qui passeront ensuite dans le premier groupe, avec les brebis qui en ont dû être retirées parce qu'elles ne sont pas devenues pleines lors de la monte ; 3° les antenois châtrés et antenoises ; 4° les agneaux et les agnelles, dont on forme même quelquefois deux groupes, ce qui est inutile lorsque, suivant notre recommandation, les mâles ont été émasculés d'assez bonne heure ; 5° les moutons qui peuvent, sans inconvénient, lorsqu'ils ne sont entretenus que pour la laine, être répartis dans les groupes des femelles de deux ans et des antenois ; 6° les moutons à l'engraissement ; 7° enfin les béliers.

Ces divers groupes, dans un troupeau bien aménagé, présentent des proportions relatives variables, suivant qu'il s'agit d'obtenir un accroissement de population, ou de demeurer dans un chiffre stationnaire. Veckherlin, qui est toujours un excellent guide lorsqu'il s'agit de questions pratiques et d'observation pure, a fait là-dessus des calculs fort intéressants, afin de déterminer la proportion des déchets par mortalité ou réforme, dans diverses conditions et sur un chiffre de cent individus pris pour base. Il est arrivé aux résultats suivants :

Pertes p. 100.		Nombre de têtes disparues.	Nombre de têtes restant.
0 à 1re année.	20	20,00	80,00
1re à 2e —	9	7,30	72,80
2e à 3e —	4	2,91	69,89
3e à 4e —	3	2,10	67,79
4e à 5e —	3	2,03	65,76
5e à 6e —	3	2,00	63,76
		36,34	420,00

D'où il résulte que dans la période de six ans, 420 bêtes reçoivent la nourriture, soit en moyenne 70 par année, et que durant cette même période 36,34 sur 100 étant mortes, il en reste pour la vente ou la réforme 63,66. En supposant donc que toutes les bêtes âgées de six ans soient réformées et vendues, pour que le troupeau se renouvelât par lui-même en conservant sa force numérique, il faudrait qu'il fût composé des groupes ci-après, en admettant l'égalité pour les mâles et les femelles, la proportion un peu plus forte des naissances mâles étant compensée par la mortalité plus grande des agneaux :

De 0 à la 1re année, sur 100.	19,05 bêtes.
De la 1re — 2e — —	17,33 —
— 2e — 3e — —	16,64 —
— 3e — 4e — —	16,14 —
— 4e — 5e — —	15,66 —
— 5e — 6e — —	15,18 —
	100,00 bêtes.

Sur ce nombre, il se trouverait 18,19 femelles encore incapables de porter et 31,81 portières, et les mêmes proportions de mâles jeunes et adultes, parmi lesquels peuvent être choisis les béliers. Il est facile, d'après ces bases, d'augmenter la proportion des reproducteurs suivant la progression de population que l'on veut obtenir.

Après cela, le premier soin d'une bonne administration est d'établir ce que l'on pourrait appeler l'état civil du troupeau, ou plutôt la notation de tout ce qui se rapporte à chacun des individus qui le composent, de manière à ce qu'il puisse être dirigé en connaissance de cause vers le but le plus profitable à la prospérité générale de l'entreprise. Dans les troupeaux petits et moyens, le berger attentif et soigneux connaît parfaitement tous ses animaux. Cela n'est guère possible dans les grands. Il est toujours préférable, dans l'un comme dans l'autre cas, de tenir note écrite de chaque particularité qui se présente et des opérations qui s'accomplissent. Cet objet ne peut être rempli qu'en affectant à chaque animal une marque qui le distingue de tous les autres, et en tenant un registre matricule du troupeau.

Nous ne parlons pas des marques particulières appliquées avec des couleurs diverses sur la toison, et qui sont comme le cachet de la propriété. Ces marques sont effectuées de diverses façons. Les meilleures sont celles qui sont les plus durables, tout en n'altérant que le moins possible la toison. Ce qui nous importe en ce moment, c'est le moyen d'établir l'identité de chaque individu du troupeau. Plusieurs ont été proposés. Le plus simple et le plus rationnel, tout ensemble, nous paraît être l'emploi de numéros appliqués comme nous allons le voir.

Numérotage des moutons. — On a eu l'idée d'attacher au cou des bêtes à laine de petites plaques contenant leur numéro matricule dans le troupeau. Mais on sent combien c'est là un procédé peu pratique. Ces plaques se détachent et se perdent. Le but est alors manqué. Il en est autrement des deux méthodes les plus usitées : celle du tatouage des numéros à la face interne de la conque de l'oreille, et celle des crans pratiqués sur ses bords. Dans ce dernier cas, les entailles ou les crans sont effectués à l'aide d'un emporte-pièce ; on y joint parfois des trous ; et chaque signe reçoit une valeur de convention, suivant sa forme et sa situation. Par des combinaisons fort simples, on arrive ainsi à exprimer des chiffres fort élevés. La méthode adoptée dans le troupeau de l'École d'Alfort permettait d'atteindre jusqu'à 9,999. Voici comment : Les unités, dans cette méthode, sont exprimées par des crans pratiqués au bord antérieur de l'oreille gauche ; les dizaines, par les crans du bord antérieur de la droite ; les centaines, par ceux du bord postérieur de la gauche ; les mille, par ceux du bord postérieur de la droite. Une coche à la pointe de l'oreille gauche vaut cinq ; au même endroit de la droite, elle vaut cinquante. Un trou dans l'oreille gauche vaut cinq cents ; à la droite, cinq mille. Or, un trou plus neuf crans à chaque oreille donnent ainsi le résultat. On a un trou de 5,000

+ quatre crans de 1,000 = 9,000, + un trou de 500 = 9,500, + quatre crans de 100 = 9,900, + un cran de 50 = 9,950, + quatre crans de 10 = 9,990, + un cran de 5 = 9,995, + enfin quatre crans de 1 = 9,999. Il est facile de voir qu'en modifiant les numérateurs on peut obtenir tous les chiffres intermédiaires, depuis 1 jusqu'au plus fort.

Dans une autre clef, le cran du bord interne de l'oreille droite compte pour un ; au bord externe il vaut trois, à la pointe, dix, et au milieu, cent ; chacune de ces mêmes marques compte pour cinq fois autant quand elle est placée à l'oreille gauche. Et l'on conçoit que cela peut varier à l'infini.

Un bon procédé de tatouage serait à coup sûr préférable. Plusieurs instruments ont été inventés dans le but d'imprimer dans la peau des numéros indélébiles. Quand ils sont bien appliqués, ils réussissent tous. Mais la difficulté est précisément de rester, en se servant de l'instrument, dans les justes limites qui conviennent. C'est cette difficulté seule qui s'est opposée jusqu'à présent à leur généralisation. Il est clair qu'un chiffre bien lisible vaudrait mieux que des crans ou des trous dont la lecture nécessite toujours, quelque habitude qu'on ait de leur clef, un certain calcul et par conséquent une perte de temps.

Quel que soit le procédé adopté, il est bon d'opérer toujours les numérotages par séries, en laissant libres ensuite les numéros de chaque série, à mesure qu'ils deviennent vacants par mortalité ou réforme, jusqu'à ce que la série dont ils dépendent soit entièrement épuisée. De cette façon, les principales particularités relatives aux animaux, celles de la série entière, se gravent mieux dans la mémoire du berger ou du chef de l'exploitation, sans qu'il soit nécessaire de recourir à chaque instant au registre matricule, dont nous allons maintenant parler.

Registre matricule. — Plus on consigne de faits relatifs à chaque bête du troupeau, mieux cela vaut. On tire toujours profit de la peine qu'on se donne à cet égard. Cependant, le registre matricule contenant un nombre de colonnes suffisant pour permettre de noter les désignations ci-après, répond aux plus indispensables nécessités.

Il faut pouvoir y inscrire, à la page consacrée à chaque individu : 1° son numéro ; 2° sa race ; 3° son sexe ; 4° la date de sa naissance ; 5° son ascendance paternelle et maternelle jusqu'aux générations les plus reculées possibles, ce qui doit toujours avoir lieu lorsque les ascendants appartiennent au troupeau, en indiquant sommairement les mérites de la souche ; 6° la date de l'inscription au registre ; 7° le poids de l'animal au moment de l'immatriculation ; 8° les caractères de sa laine ; 9° la date de la tonte ; 10° le poids de la toison après chaque tonte, en indiquant si la laine a été ou non lavée à dos ; 11° la date de la saillie, pour les femelles ; 12° le numéro du bélier qui a sailli ; 13° la date de la sortie du troupeau par mortalité, réforme ou abattage ; 14° dans ce dernier cas le rendement ; 15° enfin les observations particulières n'ayant pu trouver leur place dans les colonnes précédentes.

Les éleveurs les plus habiles diffèrent d'avis sur le moment auquel il convient d'inscrire les agneaux sur le registre matricule. Il semble que cela doive être le plus tôt possible. Au reste, il va sans dire que ce moment est déterminé par celui du numérotage. Avant de pouvoir être immatriculé, en effet, il faut que l'animal porte sa marque distinctive. A ce titre, le procédé de numérotage qui peut être appliqué de meilleure heure est donc préférable. On ne peut guère pratiquer le système des entailles avant que les oreilles aient acquis en grande partie leur développement. C'est pour cela que les numéros tatoués, par cela même que la croissance de la conque ne les fait disparaître ni ne les altère, présentent de plus grands avantages. Ils peuvent être mis en pratique au moment du sevrage. Et c'est précisément alors que les bêtes prenant une existence indépendante doivent être immatriculées.

On a conseillé de tenir un registre à part pour les agneaux. Nous ne voyons pas l'avantage qu'il peut y avoir dans cette pratique, et elle constitue une réelle complication. L'animal une fois inscrit doit l'être pour sa vie. Il fait partie du troupeau. Mieux vaut, à tous égards, un unique registre pour tous les groupes dont celui-ci se compose.

Mais avant de passer outre, il convient de répéter qu'un troupeau bien tenu, qu'il s'agisse d'amélioration ou de conservation, ne peut manquer de cette sorte de comptabilité spéciale. Autrement, on ne marche qu'au hasard. Or, les opérations zootechniques bien conduites ne laissent à l'imprévu que la part absolument impossible à éviter.

Nous arrivons maintenant, dans la marche naturelle de l'exploitation des moutons, à ce qui concerne leur habitation. Nous avons à parler, à cet égard, de l'hygiène des bergeries et de celle des parcs. C'est dans ces deux sortes de lieux que les bêtes à laine séjournent. Il sera question des pâturages à propos de leur alimentation.

Hygiène des bergeries. — Dans le chapitre consacré aux bâtiments de la ferme, des indications ont été données sur la construction des bergeries (p. 151). Il serait donc inutile de revenir sur ce point. Nous dirons seulement que s'il n'est pas possible, dans nos climats, de se passer des bergeries pour l'éducation des moutons ; que si les étés sont trop chauds et les hivers trop froids pour que les mères et les agneaux puissent sans inconvénient être entretenus en plein air, comme ils le sont dans beaucoup de comtés de l'Angleterre ; il faut néanmoins que leurs habitations soient disposées de telle façon que la température y soit fraîche pendant les chaleurs et modérément chaude pendant la saison rigoureuse ; il faut qu'en tout temps l'air y soit abondant et pur, vif et sec. Ce but est atteint par une exposition convenable, par une élévation suffisante des bâtiments, par une aération bien entendue et par une irréprochable propreté. L'expérience a prouvé que la disposition qui remplit le mieux cet objet est une sorte de hangar formé de pilastres et de murs à hauteur d'appui, dont les vides sont fermés à volonté par des cloisons en paillassons ou en planches. Pour la situation des crèches et l'établissement des compartiments affectés à chaque groupe d'animaux, cela présente en même temps de grands avantages. Du reste, les prescriptions hygiéniques indiquées pour les écuries et les étables s'appliquent également de tout point aux bergeries.

Cependant, à cause de la forme et de la nature de leurs déjections, les bêtes à laine peuvent sans inconvénient bien sensible séjourner plus longtemps sur leur fumier, à la condition toutefois que la litière ne leur manque point. S'il en était autrement, les toisons fines en subiraient quelque dommage, et beaucoup de bêtes seraient exposées à contracter cette maladie des pieds que l'on appelle le piétin. En renouvelant souvent la litière, certains éleveurs de moutons n'enlèvent le fumier que tous les ans. A mesure que le sol de la bergerie s'exhausse par l'accumulation de ce dernier, ils soulèvent les râteliers qui sont mobiles à cet effet. Mais cela ne peut se faire que dans les habitations vastes et bien aérées. Il n'y a de règle précise à cet égard que celle qui est donnée par l'impression des sens. Et le praticien éclairé s'arrange pour combiner avec la bonne confection de ses fumiers, avec l'utile emploi de son personnel, le bon entretien et la santé du troupeau. Lorsque la bergerie laisse à désirer sous le rapport de l'aération, il fait enlever le fumier plus souvent. Dans ce cas, si des considérations économiques s'opposent à une reconstruction complète, des cheminées d'appel, des vasistas bien placés pour le renouvellement de l'air, peuvent prévenir bien des inconvénients.

Il ne faut jamais perdre de vue, relativement à l'hygiène des bergeries, que le mouton a besoin par nature d'un air sec, vif et pur ; qu'en outre, par cela seul qu'il vit en troupes plus ou moins nombreuses, il est toujours sous l'empire de cette influence morbide dont nous ne connaissons point au juste le mode d'action, mais dont les effets n'en sont pas moins saisissables pour cela, et que l'on appelle l'agglomération. On ne doit donc rien négliger pour la combattre en éloignant toutes les circonstances de viciation de l'atmosphère qui peuvent favoriser son action.

Hygiène du parcage. — Les dispositions usitées pour maintenir les moutons au parc ont également été indiquées à l'occasion de l'étude des engrais, à laquelle cette pratique se rapporte, en effet, plus qu'à la zootechnie de l'espèce ovine (p. 50). Toutefois, nous avons sur ce sujet quelques remarques à faire ici, qui ne pouvaient pas trouver leur place dans le chapitre dont il s'agit. L'auteur de ce chapitre n'avait à s'occuper que des effets du parcage sur la fertilisation des terres qui y sont soumises. Il convient que nous parlions, à notre tour, de celui qu'il exerce sur les animaux parqués et des précautions à prendre pour prévenir ou atténuer ceux qui peuvent leur être nuisibles.

« Le parcage fait à propos est favorable à la santé, dit judicieusement M. Magne. En été, il préserve les moutons de la chaleur étouffante des bergeries, et sous ce rapport il est salutaire aux agneaux ; il est même favorable à la guérison des maladies qui tiennent à la malpropreté et peut faire disparaître le piétin et la gale.

« Mais si le parcage est mal dirigé, si on y soumet les animaux qui viennent d'être tondus, si on fait rester les troupeaux au mauvais temps, si on les laisse exposés aux rayons du soleil sur une terre brûlante, il peut occasionner diverses maladies, donner lieu à des affections nerveuses, à des toux, à des catarrhes et à des congestions sanguines ; si l'air est humide et les plantes aqueuses, il peut produire la pourriture. Les moutons enfermés dans un parc souffrent d'un état de l'atmosphère qui n'aurait pas de mauvaise influence sur ceux qui seraient en mouvement, soit dans un pâturage, soit sur une route.

« Pour prévenir et diminuer les mauvais effets du parcage, on le commencera à une époque convenable et surtout par un beau temps ; on le pratiquera graduellement en faisant d'abord coucher les animaux sous un hangar, dans une cour, afin de les accoutumer insensiblement à la fraîcheur des nuits. On cessera le parcage en automne aussitôt que le temps sera humide, pendant la pluie, et quand on sera menacé d'un orage.

« Le parcage au grand air rend la laine forte, nerveuse, élastique, mais dure et grosse. Sous ce rapport, les avantages du parcage sont subordonnés aux qualités de la laine. En Saxe et en Autriche, où l'on tient aux toisons superfines, le parcage de nuit n'est pas usité ; tandis qu'en Angleterre, où l'on tient plus à la viande des animaux qu'à la finesse des laines, on fait parquer les moutons toute l'année.

« C'est par la terre que le parcage nuit à la toison ; il rend la laine dure et la salit ; sous ce rapport il déprécie surtout les laines superfines ordinairement peu tassées. Les laines en mèches, à toison ouverte, en souffrent plus aussi que celles à toison fermée. Pour ménager la laine, c'est en général après la tonte de l'année que l'on commence le parcage. »

A cela, le même auteur ajoute des considérations relatives à la garde du parc, que nous devons aussi reproduire. « Le berger, dit-il, ne doit jamais quitter le parc. On lui construit une cabane dans laquelle il couche et où il dépose les objets nécessaires aux soins du troupeau. Cette cabane, couverte en chaume (il vaut mieux qu'elle le soit en carton bitumé comme on le fabrique maintenant), est ou non portée sur des roues. Il est bien d'avoir une loge pour faire coucher les chiens, afin que ces animaux restent dans l'endroit où l'on croit leur présence nécessaire.

« Il faut aussi prendre quelques autres précautions pour écarter les animaux carnassiers. Si le parc est en claies, il offre déjà un moyen de résistance. On a conseillé, pour éloigner les loups, des lanternes composées de verres diversement colorés et suspendues à des cordes. Lorsque le vent agite ces fanaux, ils dispersent dans l'espace des nuances diverses, quelquefois brillantes, qui effraient les bêtes sauvages. On peut aussi tendre à une certaine distance du parc, du côté qui n'est pas gardé, des filets, des trappes; les loups s'y prennent, se débattent, et avertissent ainsi de leur présence; mais un berger vigilant, un bon chien, suffisent presque toujours; et si les loups se sont quelquefois introduits dans les parcs, s'ils y ont fait des ravages, c'est lorsque les troupeaux étaient mal gardés. Un fusil peut être utile; il suffit que le berger fasse entendre une ou deux détonations dans la nuit pour écarter les loups, qui, du reste, deviennent de plus en plus rares. »

Alimentation des troupeaux. — A tous les points de vue, l'hygiène alimentaire du mouton est la partie la plus importante de son entretien. La part considérable qui lui revient dans la qualité des produits fournis par cet animal, ainsi que nous l'avons en toute occasion établi, démontre à quel point cette question mérite de fixer l'attention. Le genre et le mode d'administration de la nourriture varient pour ainsi dire suivant la race des moutons et leur fonction économique, du moins dans de certaines limites. C'est pour cela que des indications particulières ont été données en décrivant chacune des races de l'espèce ovine. En outre, nous devrons envisager spécialement l'hygiène alimentaire des spéculations d'engraissement. Il faut donc s'en tenir, en ce moment, aux règles générales de l'alimentation des troupeaux.

Ces règles sont relatives à la consommation des pâturages et à la distribution de la nourriture dans les bergeries.

La première de toutes, est indiquée par ce fait que le mouton, ainsi que nous l'avons dit au commencement de ce chapitre, se trouve toujours mieux de consommer les plantes qui croissent sur les lieux secs, salubres et bien exposés. Il ne peut sans danger vivre d'aliments succulents, aqueux, venus dans des terrains humides et fortement ombragés ou soumis à une culture intensive, qu'à l'aide de précautions hygiéniques sans cesse attentives, et à la condition que, par le but qu'il doit atteindre, son existence soit fort limitée et principalement consacrée à la production de la viande. Autrement, sa constitution s'affaiblit, et il succombe bientôt sous l'influence d'une inévitable cachexie. Voilà ce qu'il importe de ne point perdre de vue, d'abord, dans l'exploitation industrielle du mouton.

Il serait après cela superflu de revenir sur le mode de consommation de chacune des plantes qui peuvent servir à la nourriture de cet animal. Les précautions à prendre à cet égard ont été indiquées à propos de leur culture. On sait, par exemple, quels sont les accidents de météorisation auxquels on s'expose, lorsqu'on lui fait brouter les plantes légumineuses vertes des prairies artificielles, sans avoir au préalable satisfait une partie de sa faim par des aliments moins succulents et moins fermentescibles. On n'ignore point qu'un troupeau ne doit jamais être conduit sur un champ de trèfle ou de luzerne, qu'après avoir passé quelque temps dans un pâturage naturel.

Nous n'avons donc à présent qu'à consigner ici quelques données économiques, destinées à servir de guide dans l'hygiène alimentaire des bêtes à laine, pour la consommation des pâturages et la distribution des fourrages dans l'intérieur des bergeries. Ces données permettront d'établir sur des bases rationnelles la fixation des rations les plus propres à entretenir les moutons en bon état de santé et de production.

Le mouton, comme les autres animaux, consomme pour s'entretenir des aliments en proportion de son poids vivant. Celui-ci doit donc toujours être pris pour base de toutes les évaluations. En ramenant tout aux conditions normales, on arrive à déduire des expériences qui ont été faites pour déterminer la proportion existant entre le poids du corps et celui des aliments consommés, que cette proportion s'élève à environ 5 p. 100. Elle est plus forte que celle qui constitue la moyenne pour le gros bétail, laquelle, ainsi que nous l'avons vu, n'est que de 3 p. 100; mais on n'en sera pas surpris si l'on songe que ces sortes de proportions baissent toujours à mesure que le poids vif s'élève. Cela se vérifie aussi bien pour les espèces ou les individus divers, que pour chaque individu à mesure que son propre poids augmente.

De pesées effectuées sur des moutons de diverses races, dont le poids individuel variait entre 46 kilogr. et 47^k,500, il est résulté que la consommation de chacun s'était maintenue entre 6^k,338 et 3^k,638 d'herbe, en moyenne. La considération de race, quand on examine chacun des chiffres individuels, paraît introduire entre le poids du corps et celui de l'herbe consommée, des variations qui ne suivent pas toujours la loi générale du rapport direct. Il est vrai que dans les évaluations d'où ces moyennes sont extraites, on n'a tenu compte que du poids initial, lors du commencement de l'expérience. L'herbe consommée n'ayant pu être évaluée, à chaque pesée, que par différence après le repas, cela laisse de l'incertitude sur le résultat exact. Toutefois, comme ce résultat est en concordance avec ceux qui ont pu être recueillis directement en pesant l'herbe consommée au râtelier, ils peuvent être considérés comme suffisants.

En conséquence, il est permis d'en conclure que les moutons de taille moyenne et du poids de 40 à 50 kilogr., consomment par jour de 4 à 5 kilogr. d'herbe au pâturage, lorsqu'ils satisfont complétement leur appétit, soit de 1,500 à 1,800 kilogr. par an, ou 400 à 500 kilogr. en équivalent de foin sec.

En thèse générale, on doit donc considérer comme insuffisants pour l'entretien convenable des moutons les pâturages qui ne peuvent pas leur fournir de l'herbe dans cette proportion. Il va sans dire que la qualité influe sur la donnée que nous venons d'énoncer. On ne pourrait point sans cela s'expliquer les bons effets des pâtures méridionales, qui sont bien loin de se trouver dans ce cas. Et c'est ce qui démontre une fois de plus que pour si utiles que soient les appréciations générales dont il s'agit, elles ne sauraient jamais dispenser de consulter l'expérience directe et l'observation, qui les corrigent et les modifient, suivant les cas particuliers. S'il pouvait être à cet égard posé des règles précises et invariables, le métier d'éleveur et de nourrisseur d'animaux ne présenterait pas toutes les difficultés qu'il comporte. Chacun pourrait s'y livrer avec succès son guide à la main. Malheureusement il n'en est point ainsi. Quand on opère sur la matière organique, si mobile et si variable dans ses combinaisons, il faut avant tout les qualités de l'observateur, et l'on a sans cesse besoin de les mettre à profit. Les principes de la science se peuvent seuls enseigner ; les détails de l'art ne s'apprennent qu'en pratiquant, et encore à la condition que l'on soit doué des aptitudes nécessaires pour les bien saisir.

Le régime de la stabulation permanente n'est guère pratiqué ni guère praticable pour les troupeaux. On n'a donc à s'occuper de la nourriture à la bergerie qu'au point de vue d'un régime mixte. La ration que les animaux y reçoivent varie nécessairement, non-seulement d'après leur âge et le groupe du troupeau auxquels ils appartiennent, mais encore suivant le temps qu'ils ont passé au pâturage et selon la qualité de celui-ci. Les agneaux sevrés et les antenois doivent toujours trouver dans leur râtelier, en rentrant à la bergerie, un supplément de nourriture composé de bon regain ou de grains ; les brebis portières, des provendes formées de mélanges de son, de légumineuses et de racines ou tubercules cuits. En hiver, les animaux passant la plus grande partie du temps à la bergerie, ils doivent y recevoir tous une ration de foin, de regain, de pailles de différentes espèces, de feuilles sèches, mêlées avec des racines fraîches ou des résidus. Cette ration, calculée d'après les bases posées plus haut, est établie conformément aux tableaux d'équivalents donnés dans le chapitre relatif à l'hygiène des chevaux, ânes et mulets de travail (p. 608 et 612). Elle est divisée en plusieurs repas, suivant les convenances particulières du mode d'exploitation adopté. Et ces repas doivent toujours, autant que possible, être distribués dans les râteliers pendant l'absence du troupeau, de manière à ce que les animaux les trouvent prêts en rentrant.

Quant aux boissons, il n'y a rien de spécial à l'hygiène des moutons. Comme les animaux des autres espèces dont nous nous sommes déjà occupés, ils se trouvent toujours bien d'en avoir à discrétion. C'est le meilleur moyen d'éviter les accidents qui résultent de l'abus qu'ils en font tous, lorsqu'on les a laissés souffrir de la soif. Dans une bergerie bien dirigée, il y a toujours des auges munies d'eau propre et suffisamment renouvelée pour ne pas contracter d'altérations. Ayant ainsi de l'eau à leur disposition, les moutons satisfont leur soif dès qu'ils en ressentent les premières atteintes, et ils boivent plus ou moins, naturellement, suivant qu'ils ont consommé des fourrages verts ou secs.

On a fait beaucoup d'expériences et beaucoup discuté sur la question de savoir quelle peut être l'utilité de l'addition du sel à la ration des moutons. Les expériences du baron Daurier, faites à cet égard à la bergerie de Rambouillet, sont devenues célèbres. C'étaient les premières, si nous ne nous trompons. Elles ont été relatées depuis par tous ceux qui se sont occupés du sujet. Nous avons eu déjà l'occasion de faire observer que l'action directe du sel, considérée d'une manière absolue, est au moins douteuse. Il n'a jamais été possible de la constater, lorsqu'on a opéré dans les conditions nécessaires pour la mettre en évidence, si elle existe réellement. Mais il en est autrement de son influence sur les fourrages altérés, dont le sel prévient sans aucun doute les effets nuisibles, et de son action comme condiment pour faciliter l'assimilation des fourrages peu nutritifs. Le sel excite l'appétit et la soif. Dans les pays où règne la pourriture, l'observation démontre que les moutons lèchent avec plaisir les pierres de sel gemme que l'on suspend dans les bergeries, et que leur santé s'en trouve bien.

Récolte de la laine. — Suivant les aptitudes de la race des moutons qui composent le troupeau, la toison constitue, ainsi que nous le savons, le revenu principal de celui-ci, ou seulement un revenu accessoire. Cela dépend de la qualité de la laine, et par conséquent de sa valeur. Mais dans tous les cas il y a lieu d'enlever la toison chaque année à une époque déterminée, tout à la fois pour en tirer un profit direct et dans l'intérêt de l'hygiène du mouton. Avec les proportions qu'elle prend sous l'influence de la culture, qui vise nécessairement à la rendre longue et tassée, la laine devient une cause de gêne pour l'animal pendant les chaleurs de l'été. Elle met obstacle au fonctionnement régulier de la peau, à l'évaporation des produits de la transpiration insensible, surtout chez les races à toison fermée, où le suint, se concrétant à l'extrémité des mèches, en agglutine les brins et forme avec la poussière et les impuretés qui s'y mêlent une sorte d'enduit imperméable.

Sans se préoccuper des nécessités de l'hygiène, on s'est demandé s'il n'y aurait pas avantage à retarder le moment de la récolte de la laine, et à n'enlever par exemple que des toisons de deux ans de croissance, au lieu de toisons annuelles. Des expériences ont été faites à cet égard. Et sans même qu'on ait tenu compte des effets de la pratique sur l'état général du troupeau, elles ont conduit à ce résultat, que le poids de la laine récoltée en une seule fois après deux années de croissance s'est toujours montré inférieur au double de celui d'une toison annuelle. La toison acquiert la plus grande partie de sa croissance durant la première année ; dans la seconde, elle n'augmente que dans une proportion beaucoup moindre, et le brin d'ailleurs perd vers sa pointe beaucoup de qualité. A tous les titres donc, la récolte annuelle est plus avantageuse. On a eu l'idée aussi d'enlever la toison deux fois dans l'année. Cela peut s'admettre dans quelques cas particuliers, notamment pour les animaux des races à laine longue et grosse, dont la toison est un produit fort accessoire, et au point de vue spécial de leur engraissement. Mais quant aux races à laine courte et fine ou intermédiaire, ce que nous avons dit des conditions actuelles du débouché, pour les laines de cette nature, démontre suffisamment qu'il n'y faut pas songer. La croissance d'une année n'est pas de trop pour donner des laines propres au peignage. Et nous savons que ce sont celles-là qui sont surtout demandées.

L'opération à l'aide de laquelle les toisons sont récoltées porte le nom de tonte. Cette opération s'effectue de différentes façons, suivant les habitudes du commerce des laines, qui ont dû nécessairement s'imposer à la pratique des éducateurs de moutons. Il appartient en effet à ces derniers de les suivre, non pas de les modifier de leur chef.

Ainsi, les toisons peuvent être livrées au commerce dans cet état que l'on appelle *en suint*, c'est-à-dire telles qu'elles se trouvaient naturellement sur le dos des moutons ; ou bien elles ont subi, préalablement à la tonte, une opération de nettoyage connue sous le nom de *lavage à dos* ; ou bien enfin, après avoir été tondues en suint, elles doivent être soumises au lavage avant d'être mises en vente. Nous allons passer successivement en revue ces diverses pratiques, en commençant par le lavage à dos.

Lavage à dos. — Il y a toujours avantage pour l'agriculteur, dans ses transactions avec les marchands de laines, à pouvoir leur offrir des toisons propres. La dépréciation que font subir à celles-ci les impuretés qui y sont mêlées, aux yeux de l'acheteur, dépasse toujours la réalité. Le prix des plus belles toisons en suint est toujours proportionnellement inférieur à ce qu'il serait si la laine avait été préalablement lavée à dos, et cela d'autant plus que la toison a été plus salie. Ceux qui cherchent à augmenter le poids des toisons en faisant suer leurs moutons et en les exposant ensuite à la poussière, avant la tonte, font donc tout à la fois une opération antihygiénique et une sotte spéculation. Ils sont eux-mêmes victimes de la supercherie grossière par laquelle ils visent à tromper leur acheteur. Tant il est vrai que dans toutes les transactions, la sincérité est en fin de compte toujours la meilleure des habiletés. Ces grosses finesses n'abusent que ceux qui ne savent pas compter.

Il est donc désirable, dans l'intérêt bien entendu des spéculations basées sur l'exploitation des bêtes à laine, que la pratique du lavage à dos des toisons se propage. Sans doute, il est plus commode de livrer la laine en suint. On évite ainsi de la main-d'œuvre. Mais, dans les entreprises agricoles bien conduites, il s'agit moins d'économiser le travail que de l'employer judicieusement ; et toute dépense est rationnelle qui doit produire un bénéfice. Or, l'expérience a prouvé depuis longtemps que la main-d'œuvre employée au lavage à dos des toisons reçoit une large rémunération. Il suffit d'ailleurs, pour s'en apercevoir, de jeter un coup d'œil sur la mercuriale des laines d'une localité quelconque, et de comparer le prix des toisons lavées à celui des toisons en suint, en tenant compte de la perte de poids que le lavage fait subir à celles-ci, et qui est environ de 50 p. 100. Ainsi, nous prenons au hasard une cote du mois de juillet 1862. A ce moment, les laines de Champagne et de Brie lavées à dos valaient, à Châlons-sur-Marne, de 4f,50 à 4f,80 et de 4 fr. à 4f,50 le kilogr. ; en suint, elles se vendaient seulement 2f,20. Cela fait un écart de 10 à 40 cent. par kilogr. en fa-

veur des laines de Champagne lavées à dos, et au plus bas de 5 cent. en faveur de celles de Brie. Ces proportions, qui sont toujours à peu près gardées, donnent la démonstration du fait que nous avançons ; car il n'est pas nécessaire d'établir, vraisemblablement, que les frais de lavage sont bien loin de grever chaque kilogramme de laine d'une somme équivalente.

Toutes les eaux ne conviennent pas également pour cette opération. Celles qui sont dures ne dissolvent qu'imparfaitement le suint. Il faut une eau douce, claire, courante ou dormante, mais très-exposée à l'air et au soleil. La température du liquide n'est pas non plus indifférente. Trop froide, elle durcit le suint, indépendamment des inconvénients qu'elle peut avoir pour la santé des moutons. La plus convenable est celle qui marque aux environs de 20°.

Divers procédés sont usités pour pratiquer le lavage à dos. Le plus simple est celui qui s'opère dans une eau courante, en y faisant d'abord nager les moutons à plusieurs reprises, pour enlever les impuretés les plus grossières et ramollir le suint. Ils sont ensuite maintenus sur le bord dans un petit parc, puis chacun est repris successivement, en commençant par les premiers trempés, et deux hommes qui sont dans l'eau l'y replongent en le retournant dans différents sens et en frottant fortement la laine de manière à ce que toutes les parties de la toison soient bien nettoyées. Le temps que dure l'opération dépend de l'état de la laine. Le travail est achevé lorsqu'en pressant la toison on n'en fait plus sortir que de l'eau claire. Il va sans dire que ce moyen n'est praticable que dans les localités où il existe des fleuves, des rivières ou des étangs suffisamment pourvus d'eau.

En Allemagne, on y joint ce que l'on appelle le lavage à la chute d'eau. Au-dessus du bain, on fait tomber par des gouttières un jet de liquide sur le dos de chaque mouton, que les ouvriers tournent en tous sens pour lui faire recevoir le jet sur les diverses parties de la toison pendant le temps nécessaire pour leur nettoyage complet. Dans les localités où ce procédé n'est pas applicable, on le remplace par l'usage de douches, appelé lavage à la seringue, effectué de différentes façons.

Le plus économique de ces moyens est jusqu'à présent celui de l'eau courante, et il doit être préféré, toutes les fois qu'il est possible. Cependant, des circonstances nouvelles pourraient faire pencher dans tous les cas la balance en faveur de l'emploi de la baignoire ou de la cuve, qui jusqu'à présent n'a été considéré que comme un pis-aller. On a recommandé de mettre à cette baignoire, assez grande pour qu'un mouton puisse y être plongé et retourné facilement sans sortir de l'eau, un double fond percé de trous par lesquels tombent la terre et le sable que peut contenir la toison. Les eaux de lavage des laines étant devenues l'objet d'une exploitation industrielle, pour en extraire la potasse, qu'elles contiennent, paraît-il, en assez grande quantité pour rémunérer des frais de manutention, il y a lieu de voir s'il ne conviendrait pas de substituer partout ce procédé de lavage à ceux qui laissent perdre les eaux. C'est un calcul à faire, soit que lesdites eaux acquièrent par elles-mêmes une valeur marchande, soit que les procédés d'extraction de la potasse arrivent à pouvoir être mis à la portée des agriculteurs. Dans l'état de la question, nous ne pouvons qu'appeler l'attention sur ce fait nouveau,

sans exagérer ni amoindrir son importance. Il convient seulement de ne rien laisser échapper de ce qui peut augmenter, si peu que ce soit, le revenu des troupeaux. En tout cas, quand on veut laver les moutons par ce procédé, il est nécessaire d'a-

Fig. 570. — Lavage à dos des moutons.

voir deux baignoires, l'une pour enlever la plus grande partie des impuretés et du suint, l'autre pour nettoyer complétement la toison.

Quel que soit le système mis en pratique, l'opération ne dure guère en tout au delà d'un quart d'heure. On peut calculer d'après cela son prix de revient. Elle a l'avantage de nettoyer la laine sans altérer la structure des mèches, ce qui est à prendre en grande considération au point de vue du peignage, et ce qui est beaucoup plus difficile à obtenir par le lavage des toisons après la tonte.

Il faut nécessairement choisir pour opérer le lavage à dos une belle journée, et placer ensuite les moutons lavés au soleil, sur un gazon et loin de la poussière, pour qu'ils puissent s'y sécher en partie, puis dans une bergerie sèche et bien aérée, sur une litière propre et constamment entretenue jusqu'au moment de la tonte.

« La dessiccation ne doit pas se faire trop vite, dit Weckherlin, sous l'influence d'un soleil ardent ou de vents secs, car la laine perdrait son moelleux, deviendrait dure et cassante. Un gazon ombragé et abrité est au moins pour le premier temps la place la plus convenable.

« Lorsque, ajoute l'habile praticien, le frisson qui saisit les moutons dans le lavage à froid est passé, les humeurs commencent de nouveau à circuler, la chaleur animale revient à l'extérieur, et le suint recommence à se montrer dans la laine à un état modérément liquide; ce qu'on peut encore favoriser en donnant aux animaux du sel, pendant qu'ils sèchent. Le sel active la digestion et les fonctions de la peau. A moins que la laine n'ait été trop désuintée par un lavage chaud, il n'est nullement nécessaire d'attendre, avant de procéder à la tonte, plus de temps qu'il n'en faut à la laine pour sécher, dans le but d'y accumuler plus de suint. Ce qui convient encore moins et qui

peut même être très-nuisible, c'est de renfermer les moutons très-serrés et de les laisser suer, dans le but d'augmenter le poids de la laine. Dans ce cas, que l'acheteur apprécie fort bien, celui-ci estime la laine à un prix plus bas, de sorte que le producteur y perd au lieu d'y gagner.

« Si le temps n'est pas défavorable, fait remarquer l'auteur que nous citons, et qu'on prenne les soins convenables, on peut espérer avoir les moutons complétement secs au bout de deux ou trois jours. Les mérinos fins à laine serrée sèchent le plus lentement; ceux à laine mince, plus tôt, de même que les moutons plus communs. Lorsque la laine sur le cou et au poitrail entre les jambes de devant n'est plus humide, alors la dessiccation est complète et on peut procéder à la tonte; car, en temporisant davantage, on expose la laine à se salir de nouveau. On doit également bien se garder de tondre la laine encore humide. Les acheteurs condamnent avec raison ce procédé, non-seulement parce qu'ils perdent sur le poids, mais encore parce que la laine en magasin en souffre. »

Tonte. — Deux choses sont à considérer dans la pratique de la tonte : le moment le plus convenable pour l'opérer et le choix du procédé. En général, les moutons sont tondus dans le courant des mois de mai et de juin, un peu plus tôt ou un peu plus tard, suivant les convenances particulières ou la manière dont se comporte la saison. Cependant cette époque est beaucoup retardée dans les contrées méridionales soumises au régime de la transhumance, lorsque la température des montagnes est trop basse. Dans les cas où l'on pratique deux tontes par an, la première a lieu en avril et la seconde en septembre.

Les principales différences qui se présentent dans les procédés de tondage usités consistent en ce que, dans certaines localités, les tondeurs ou les tondeuses sont assis sur le sol, tenant l'animal devant eux, tandis que dans d'autres les moutons sont placés à hauteur convenable sur des tables, le tondeur étant debout. Cette dernière position est plus favorable à la bonne exécution du travail. Dans l'un comme dans l'autre cas, la bête est liée par les membres au moyen de cordes, ou bien une planche percée de quatre trous tient immobiles les jambes passées dans chacune des ouvertures. Des précautions doivent être prises pour ne pas blesser les membres ainsi retenus.

L'instrument à l'aide duquel la laine est coupée varie par sa forme. Ce sont en général des ciseaux ou ce qu'on appelle des *forces*. Ces dernières sont à préférer dans tous les cas, parce qu'elles fonctionnent mieux et plus vite que les ciseaux. Pour éviter les blessures, on a conseillé de relever un peu les pointes de l'instrument. Alors, la tonte est plus facilement égale et la surface tondue de la peau plus lisse. Si cependant il y existait des inégalités, le mieux serait de les laisser subsister, car si elles rendent la croissance ultérieure de la laine irrégulière, du moins il n'y a aucune portion de celle-ci de perdue, comme cela arrive quand on enlève avec les ciseaux ou les forces ces rognures qui ne peuvent servir à rien.

En somme, la tonte est bien pratiquée et bonne lorsqu'il ne reste sur aucun des points du corps de ces inégalités, et lorsque toutes les parties de la toison se tiennent bien ensemble, sans déchirure ni lacune; enfin lorsqu'elle a été effectuée sans occasionner aucune blessure à la peau. Si minimes qu'elles soient, ces blessures font au moins souffrir inutilement l'animal, et en se compliquant elles peuvent nuire d'une manière grave à la croissance ultérieure de la laine.

Une fois enlevées, les toisons ont à subir quelques préparations, pour être mises dans les meilleures conditions de vente. Il convient d'indiquer quelles sont à cet égard les habitudes des praticiens expérimentés, de même que les précautions à prendre lors de la vente des laines de la récolte.

Préparation des toisons. — Weckherlin donne sur ce sujet, comme sur tous ceux qui concernent le métier, des détails que nous devons lui emprunter. Il n'y a rien à y ajouter.

« Pour pouvoir lier en ordre la toison après qu'elle a été tondue, on l'étend avec précaution sur une table; le côté tondu est placé en bas, et on sépare toutes les parties de laine malpropres, jaunes ou brunes. Il convient que la table soit lattée en forme de grille, afin que des ordures adhérentes, du sable, etc., puissent tomber et passer. Quand on veut parer encore mieux sa marchandise, on se conformant toutefois aux usages du marché, on sépare en même temps les parties de laine jarreuse des extrémités des membres. Après cela, on lie soigneusement la toison, et, suivant l'usage local, on lie chaque toison ou plusieurs toisons ensemble en un paquet. De la première manière, la toison est mieux en ordre, et l'acheteur traite plus ouvertement, quand on expose la laine en vente. Pour lier la toison, on replie d'abord les parties latérales en dedans, puis

deux personnes placées en sens opposé la roulent dans sa longueur; on lie ensuite le paquet avec une ficelle de grosseur médiocre, de telle sorte que la toison soit propre et unie, et non pas déchirée et en désordre. Suivant l'usage du marché, les bons morceaux de laine qui ont pu être déchirés de la toison sont mis dans le paquet ou vendus séparément. La laine est exposée en vente, soit emballée dans des sacs, soit en toisons non emballées, qu'on a soin de garantir parfaitement sur la charrette par une bâche, lors du transport au marché. Les acheteurs préfèrent la laine qui leur est exposée ouverte et toisons séparées, car de cette manière ils peuvent l'apprécier avec plus de certitude.

« A partir de la tonte jusqu'à la vente, la laine doit être conservée dans un lieu modérément sec et non exposé au soleil. Durant les quatre premières semaines, elle perd encore toujours quelque peu de son poids par la dessiccation; ce qui doit faire prendre en considération le temps écoulé depuis la tonte jusqu'à la livraison au marchand.

« La laine a un aspect d'autant plus beau que le moment du lavage et de la tonte est moins éloigné; plus on s'éloigne de la tonte, moins son apparence est favorable.

« L'époque de la tonte et de la mise en paquets de la laine, ajoute notre auteur, est aussi celle où l'éleveur judicieux pèse les différentes toisons, en y comprenant les morceaux de laine épars qui en proviennent, et annote le poids dans son registre matricule, afin de connaître parfaitement la valeur de ses divers animaux. »

Vente des laines. — Indépendamment des préparations dont il vient d'être question, les connaisseurs en ces matières sont d'avis que l'intérêt du producteur est de n'exposer en vente, autant que possible, que des sortes de laines parfaitement homogènes. Chacune est ainsi mieux prisée à sa valeur réelle par l'acheteur.

Nous avons vu, en appréciant la composition des toisons sur le corps des moutons, dans l'étude de l'espèce pour l'élevage, que non-seulement cette composition n'est pas toujours uniforme dans le troupeau, mais encore qu'elle ne présente même jamais une homogénéité complète sur toute la surface cutanée d'un seul individu. Elle se divise au moins en trois qualités, qui sont indiquées

Fig. 571. — Indication des parties de la toison.

dans leur ordre et sur leur lieu par les chiffres gravés de la figure ci-jointe. Il convient donc, pour tirer tout le parti possible des laines d'une récolte ou tonte, de procéder à un triage, pour former autant de lots séparés que les toisons récoltées présentent de qualités différentes, et pour mettre en vente chacun de ces lots séparément aussi. On a déjà eu l'occasion de faire observer que les qualités inférieures mêlées aux supérieures déterminent toujours une dépréciation de la valeur de celles-ci, qui n'est pas proportionnelle au prix total résultant de leur vente respective. Le prix moyen est alors plutôt basé sur la médiocre que sur la bonne.

Il est donc bon d'extraire des toisons préparées les parties inférieures en les déchirant le moins possible, la laine dite en morceaux, quelle que soit d'ailleurs sa qualité, subissant toujours une dépréciation qui ne s'élève pas à moins de 10 à 15 p. 100. Il y a encore à établir une distinction, parmi ces morceaux, entre ceux qui sont seulement de seconde qualité, et ceux qui portent dans le commerce le nom d'abats. Ces derniers, qui proviennent de la tête, d'une partie du cou et de l'extrémité des membres, ont une valeur beaucoup moindre.

En outre, suivant les groupes d'animaux qui l'ont fournie, la laine se range pour sa valeur commerciale dans plusieurs catégories, que le producteur ne doit pas manquer d'établir avant de mettre sa récolte en vente. Il lui importe de mettre à part la laine d'agneau, celle des antenois et des moutons, celle des brebis qui ont porté et nourri. Il doit bien se garder de mêler dans ses lots celle qui peut provenir de bêtes malades ou d'animaux morts, pour les raisons que nous avons déjà répétées à diverses reprises. Les acheteurs ne manquent jamais de la distinguer dans les mélanges, et le lot entier subit dans leur appréciation une moins-value qui dépasse de beaucoup le préjudice réel qui en est résulté.

Quant à la détermination des qualités, nous nous bornerons à renvoyer à ce qui a été dit sur ce sujet dans le paragraphe spécialement consacré à l'étude des toisons. Le reste de l'opération, c'est-à-dire le moment opportun pour vendre, le débat du prix, ne diffèrent point pour les laines de ce qu'ils sont pour les autres denrées. Cela ne s'enseigne pas et tombe sous l'application des considérations générales que nous avons exposées dans le chapitre qui a pour titre : *Des conditions du succès dans les entreprises zootechniques*, et qui font du reste partie de celles qui nettement exprimées au début de ce livre, parmi les qualités nécessaires au cultivateur.

L'espèce ovine ne produit pas seulement de la laine, comme nous savons. On lui demande encore du lait et de la viande. Ce qui se rapporte à son exploitation pour la laiterie a été précédemment consigné dans le chapitre principalement consacré aux produits de ce genre fournis par l'espèce bovine. Nous n'avons donc plus à nous occuper que de l'engraissement des agneaux et des moutons en vue de la boucherie.

Engraissement des agneaux. — Dans les contrées où le lait des brebis est employé à la fabrication des fromages, au voisinage des grands centres de population, et en général partout où la viande d'agneau trouve des débouchés avantageux, les jeunes animaux de l'espèce ovine sont sevrés de bonne heure et soumis au régime qui peut le mieux hâter leur développement, de manière à en obtenir, dans le moins de temps possible, la plus forte quantité de viande qu'ils peuvent donner.

La pratique de la préparation des agneaux pour la boucherie ne présente rien de bien particulier. L'important est que la mère ait été bien nourrie, qu'elle soit bonne laitière, de telle façon que son fruit puisse atteindre promptement la taille et le poids qui le font accepter par les bouchers, après qu'il a reçu quelque supplément de nourriture en grains écrasés ou en farines délayées dans de l'eau ou dans du lait. C'est surtout pour la production des agneaux de boucherie qu'il convient d'avoir recours au croisement des brebis de nos races françaises avec les béliers précoces de l'Angleterre. Dans des conditions favorables de débouché, c'est toujours une excellente spéculation. Et à ce compte, les plus volumineux et les plus précoces sont les meilleurs, pourvu qu'il n'en résulte pas de trop grandes difficultés pour l'agnelage.

Chez les races qui donnent habituellement deux agneaux, l'un des deux est toujours de bonne heure vendu pour la consommation. On prétend que la chair des agnelles est meilleure que celle des mâles. Quand il est possible de choisir les jeunes pour l'engraissement, il faudrait donc donner la préférence aux femelles. Du reste, dans la culture intensive, on fait le plus habituellement marcher de front l'engraissement des brebis avec celui de leurs agneaux. Les bêtes qui doivent agneler en hiver sont fortement nourries avec du regain et des racines avant l'agnelage et après. En mars, ou en avril au plus tard, les agneaux qui ont tété abondamment, à cause de l'alimentation de leurs mères, sont gras et peuvent être vendus. Celles-ci, qui sont déjà en bon état, malgré l'allaitement, engraissent vite ensuite, dès qu'elles ont tari.

Lorsqu'il s'agit de tirer parti du lait des brebis, on habitue de bonne heure les agneaux à prendre une nourriture artificielle, absolument comme pour les veaux. Ce que nous avons dit au sujet de ces derniers nous dispensera d'insister là-dessus. Pour indiquer une base d'appréciation de la spéculation des agneaux d'engrais, nous donnerons seulement quelques chiffres relatifs à l'accroissement moyen de ces animaux dans les premiers mois de leur vie. M. Magne a recueilli sur ce point, dans le troupeau de l'école d'Alfort, composé de bêtes appartenant à diverses races, des documents qui ont une certaine valeur économique.

Des nombreuses pesées effectuées, l'auteur a conclu que l'accroissement des agneaux était en moyenne par jour, de $0^k,295$ pendant la première semaine après la naissance, de $0^k,245$ pendant la deuxième ; de $0^k,282$ pendant la troisième ; de $0^k,233$, la quatrième ; de $0^k,214$, la cinquième ; de $0^k,188$, la sixième ; de $0^k,213$, la septième ; $0^k,192$ la huitième ; $0^k,114$ la neuvième ; et de $0^k,235$ la dixième. On voit qu'il n'y a point dans ces chiffres une progression régulière, ni ascendante, ni descendante. Les variations qu'ils présentent pourraient autoriser de sérieux doutes sur le bon choix des conditions dans lesquelles ils ont été recueillis; car il n'est pas possible de les considérer comme étant l'expression d'une loi. Quoi qu'il en soit, tels qu'ils sont, ils n'en établissent pas moins qu'en dix semaines chaque agneau a gagné en moyenne 15^k,477. Il est rare que les bêtes d'engrais soient nourries par leur mère au delà de ce terme. C'est donc sur cette base qu'il convient d'opérer, en tenant compte de l'accroissement qu'une alimentation spéciale peut procurer. Les agneaux en profitent à ce point que deux bêtes âgées de 55 jours et pesant, l'une 10^k,400, et l'autre 10^k,900, le 10 avril, et nourries de la même manière, sauf que la première reçut par jour, à partir de ce moment, 0^l,25 d'avoine, étaient arrivées le 22 mai aux poids de 19 kil. et de 15^k,500. Les 10^l,500 d'avoine consommée par la première lui avaient fait gagner sur l'autre 4 kil. de poids. Comme on peut le voir, c'est de l'avoine bien payée.

Engraissement des moutons. — De toutes les spéculations d'engraissement, celle des moutons est sans contredit la plus lucrative et la moins difficile à exercer. C'est celle qui est le plus à la portée des petits cultivateurs, pour ce double motif qu'elle ne nécessite pas l'engagement d'un gros capital, ni la condition d'une culture avancée. Elle permet de tirer un parti avantageux de pâtures qui seraient sans cela difficilement utilisées. Elle a en outre le mérite considérable de favoriser mieux qu'aucune autre le renouvellement du capital à des périodes plus rapprochées, en lui faisant produire un revenu dont peu d'opérations agricoles peuvent égaler la quotité. Toutes ces raisons font donc de l'engraissement des moutons un des objets les plus intéressants de leur exploitation.

Les principes généraux qui dominent l'opération dont il s'agit sont les mêmes que ceux qui ont été précédemment développés à l'occasion de l'étude de l'espèce bovine. En conséquence, nous n'avons pas à les exposer de nouveau. Il faut nous en tenir aux particularités pratiques qui concernent spécialement le choix des animaux destinés à l'engrais et la conduite de la spéculation dont ils sont l'objet.

Choix des animaux. — Deux cas se présentent dans la pratique de l'engraissement des moutons. Ou bien il s'agit d'engraisser les bêtes du troupeau qui, en raison de leur âge, de leur conformation, de l'infériorité de leur toison, ou de toute autre particularité qui s'oppose à ce qu'ils puissent contribuer à l'amélioration, doivent être réformés. Dans ce cas, l'engraissement est le meilleur moyen d'en tirer un bon parti. Il y a seulement alors lieu de choisir l'instant le plus favorable, et cet instant est celui auquel les animaux atteignent leur âge adulte. Il en est de même lorsque le troupeau d'élevage est composé de bêtes à viande destinées à l'engraissement précoce. Mais avec cette différence cependant que dans cette dernière circonstance, le choix s'opère seulement pour les reproducteurs destinés à remplacer ceux qui doivent être réformés ; auquel cas les individus qui présentent au plus haut degré les mérites de la race sont nécessairement choisis. La spéculation d'engraissement combinée avec celle d'élevage ne comporte donc d'autre option que celle qui se rapporte à l'opération fondamentale. On fait son possible pour produire les sujets les plus profitables ; mais, une fois produits, ils doivent être engraissés indistinctement.

L'engraissement des moutons est souvent aussi une spéculation tout à fait indépendante de celle de l'élevage. Elle marche parfois parallèlement. Dans d'autres cas, elle est unique. Elle s'effectue sur des animaux spécialement achetés en vue de l'engraissement, et au moment même auquel ils peuvent y être soumis le plus avantageusement. Et c'est alors qu'il convient de se préoccuper des qualités qui distinguent les plus aptes à profiter de la nourriture qu'ils ont à consommer, de manière à en transformer en viande la plus forte somme possible, ou tout au moins de ne les payer que sur le pied de leur valeur réelle, eu égard au prix de revient ultérieur de la matière échangeable dont ils sont pour ainsi dire les fabricants. Encore ici, de même que nous l'avons dit pour les bœufs, les connaissances de l'éleveur et celles de l'engraisseur sont moins indispensables que celles de l'acheteur.

Nous n'avons pas besoin de détailler ici les caractères qui conviennent pour le mouton d'engrais. Ces caractères ont été précédemment indiqués lors de la description du type, et aussi chaque fois que nous avons eu à parler de l'une des races les plus propres à la boucherie. Il suffira donc de dire que les meilleurs animaux, à quelque race qu'ils appartiennent, sont ceux qui se rapprochent le plus de ce type. Il importe surtout, pour l'achat des bêtes maigres, de se mettre en mesure d'apprécier exactement au coup d'œil le poids de chacune, et approximativement celui qu'elles pourront atteindre dans un temps donné. C'est l'expérience seule qui enseigne cela. Du reste, quant à l'état de santé, quant aux considérations de provenance et autres qui peuvent influer sur la manière dont les animaux profiteront de la nourriture, ce qui a été indiqué pour les bêtes bovines s'applique également au mouton. Il serait donc superflu de le répéter. On doit faire observer seulement qu'en général il ne convient pas de choisir pour l'engraissement des individus âgés de plus de quatre à cinq ans, surtout lorsqu'il doit avoir lieu au pâturage. Passé cet âge, la plupart des moutons ont les dents usées; ils broutent difficilement ; et s'ils peuvent, durant le temps qu'ils passent sur la pâture, prendre assez de nourriture pour s'entretenir, ce n'est pas suffisant pour l'engraissement. En outre, les brebis vieilles ont été épuisées par des agnelages successifs. Elles prennent difficilement la graisse et leur viande est peu estimée.

Comme celui des bœufs, l'engraissement des moutons se pratique exclusivement dehors, ou à la bergerie, ou par un régime mixte où les deux procédés se trouvent combinés. La marche générale de l'opération, dans tous les cas, est absolument la même pour les deux espèces. Nous avons seulement à indiquer certaines pratiques spéciales aux moutons, dans l'exécution de chacun de ces modes, et les données économiques de la spéculation, qui diffèrent sensiblement. Il faut pour cela les passer successivement en revue.

Engraissement au pâturage. — Il ne s'agit pas ici d'enfermer un troupeau dans l'herbage plantureux d'où il ne doit sortir que pour aller au marché d'approvisionnement. Les moutons à l'engrais sont faits pour consommer des herbes qui ne pourraient pas recevoir une autre destination. Ils ne sont pas en général conduits sur des pâturages fauchables. Dans la plupart des régions de la France, ce sont les terres en friche, les chaumes, qui fournissent la plus grande partie de leur nourriture. On y joint seulement des pâturages semés pour achever l'engraissement. Tout l'art consiste donc à graduer la consommation des pâturages, à les alterner de manière à stimuler l'appétit des animaux, à faire brouter d'abord les plus éloignés et les moins riches, puis ceux qui sont abondants et rapprochés. On réserve ordinairement pour la fin les chaumes de blé, où des épis laissés sur le sol lors de la moisson se mêlent aux herbes adventices dont ils sont pourvus. Vers le milieu de la période, les moutons sont poussés sur les regains des prairies naturelles ou artificielles.

Il est bien rare que l'engraissement exclusif au pâturage fasse des animaux fins gras. Mais ce ne sont pas ceux-ci qui sont le plus recherchés sur le marché. Lorsqu'ils ont atteint un état d'embonpoint suffisant, les moutons engraissés sur des pâturages salubres, surtout quand ces pâturages sont un peu salés, donnent une viande de meilleur goût, plus savoureuse et fort recherchée. Les bêtes du Berri, de la Sologne, des Ardennes, d'une partie de la Bretagne, du plateau central de la France, sont à ce point de vue les plus estimées.

Nous ne connaissons guère de comptes bien faits, établis pour raisonner les spéculations d'engraissement opérées par cette méthode. Nous avons essayé, dans notre opuscule sur l'*Espèce ovine de l'Ouest et son amélioration*, d'en dresser un basé sur l'engraissement de quarante moutons poitevins pendant toute l'année, le capital se renouvelant trois fois durant cette période, attendu que chaque opération ne dure guère au delà de trois mois. Il ne paraît pas que l'on ait beaucoup à changer à ce compte, que nous allons reproduire ici sur les mêmes bases :

40 moutons, à 10 fr. l'un, représentant un capital de 400 fr., dont l'intérêt à 5 p. 100 est.........	20 fr.
Nourriture, à raison de 0f,03 par jour et par tête, pour 365 jours	438
Menues pailles pour litière	10
Frais de garde et risques.................	75
Impôt, assurance et autres accessoires..........	20
TOTAL de la dépense......	563 fr.

Bénéfice de 5 fr. par tête, répété trois fois sur les 40 moutons............................	600 fr.
500 grammes de laine par mouton, pour 40 à 4 fr. le kilogr.	80
Fumier, pour mémoire.......................	»
TOTAL du bénéfice brut.....	680 fr.

Il reste donc, en sus du fumier, comme bénéfice net, la différence de ces deux sommes à la fin de l'année, soit 117 fr., ou près de 30 p. 100 du capital engagé.

On peut réduire de beaucoup ce chiffre, sans qu'il cesse de justifier l'assertion formulée plus haut, à savoir que la spéculation d'engraissement des moutons, bien conduite, est une des plus profitables que l'on puisse entreprendre en économie rurale.

Engraissement à la bergerie. — Nulle différence entre les moutons et les bœufs, pour ce qui concerne l'habitation et les diverses matières alimentaires qui peuvent être distribuées aux animaux à l'engrais. Les rations individuelles présentent seules un caractère particulier, comme on le conçoit bien. Et cela n'est important à noter que pour l'établissement des données économiques. Plus les moutons à l'engrais consomment dans un temps déterminé, plus ils produisent. C'est la règle absolue de toute entreprise d'engraissement. Nous pouvons donc nous borner à donner ici quelques exemples d'opérations de ce genre, renvoyant à ce qui a été dit de l'engraissement des bœufs à l'étable, pour la conduite générale de la spéculation.

Voici d'abord le compte d'un engraissement pratiqué dans le Loiret sur 81 métis southdownmérinos et 54 solognots et berrichons. Ce compte a été établi par M. Gobin, qui était alors en stage dans l'exploitation de M. le comte de Béhague.

Le poids vif initial du troupeau était de 4,760k,462, soit 35k,858 par tête pour les métis, celui des solognots et berrichons étant de 34k,366. Le poids vif final, non compris 216 kilogr. de laine obtenue à la tonte, a été de 5,848k,167. Il y a donc eu augmentation en poids vif de 1,087k,705, en outre de la laine. L'opération, commencée le 1er décembre 1856, a été terminée le 28 février 1857. Elle a donc duré 90 jours. La valeur initiale des animaux a été estimée à 3,589f,31 c. pour l'ensemble, soit 26f,5875 par tête. La laine, récoltée du 27 au 31 janvier, fut vendue en moyenne 2f,20 le kilogr. en suint. La vente des animaux gras produisit, net, 4,077f,43, soit par tête 30f,20. Le bénéfice brut total fut donc, y compris la valeur de la laine, de 963f,12, soit 7f,1325 par tête.

Ces 135 animaux avaient consommé ensemble : 71,602 kilogr. pulpe de betterave macérée ; 5,620 kilogr. tourteau de colza ; 9.995 kilogr. de foin ; 455 kilogr. d'avoine ou 9hect,10. Ces diverses consommations, évaluées en foin, équivalent à 46,002 kilogr., et ont une valeur argent de 1,658f,21. D'où il suit que dans l'opération 100 kilogr. équivalent en foin ont produit 2k,846 de poids vif, et que la consommation par tête a été de 11k,242 pour 100 kilogr. de poids vif. En établissant donc en argent le compte général de la spéculation, on arrive au résultat suivant :

Valeur initiale des animaux	3,589f,31
Nourriture consommée..........	1.658 21
TOTAL des dépenses..	5,247f,52

Prix de vente	4.077f,43
Produit de la tonte	475 »
Total des recettes	4,552f,43

La différence de ces deux sommes, soit 695f,09, plus le fumier, représente donc le bénéfice, abstraction faite de l'impôt, des frais généraux, des risques, de l'intérêt du capital engagé et d'autres frais accessoires, dont il n'a pas été tenu compte.

Avec des moutons précoces, et par conséquent meilleurs pour l'engraissement à la bergerie, l'accroissement en poids a été de 7 à 8 kilogr. pour une période de trois mois, dans des expériences faites sur des animaux nourris avec du foin et des turneps. Dans ces conditions, le bénéfice est encore plus considérable.

Engraissement mixte. — C'est celui qui, en définitive, se montre le plus économique, en raison de la valeur minime des herbes consommées au pâturage. Il est maintenant le plus souvent pratiqué dans les situations ordinaires. Il n'est pas nécessaire d'en décrire les particularités. Pâturage dans le jour et rations à la bergerie matin et soir, telle est sa marche. Ce régime combine les deux précédents.

MALADIES DES MOUTONS

Jusqu'à présent, nous ne nous sommes pas occupés des maladies qui peuvent atteindre les espèces animales dont nous avons eu à faire l'étude zootechnique. Il y avait à cela plusieurs excellentes raisons. La première, c'est que la pathologie des grandes espèces dont il s'est agi dans les précédents chapitres est tellement étendue et compliquée, qu'il nous eût été impossible de la mettre utilement à la portée du public auquel nous nous adressons. Pour avoir quelque chance de rendre des services, il nous eût fallu faire tout un cours de médecine, car il n'est pas possible d'intervenir à propos dans le traitement d'une maladie, sans être au préalable en mesure d'en établir le diagnostic, c'est-à-dire de la distinguer exactement, sous le rapport de ce qu'on appelle sa nature. Chaque organe ou appareil d'organes peut être atteint d'affections morbides tellement diverses, et qui nécessitent, pour être combattues avec succès, des moyens de traitement tellement opposés, qu'on risque de faire plus de mal que de bien, lorsqu'on entreprend de traiter ces affections sans être en mesure d'en établir le diagnostic différentiel. Sous les apparences d'une fluxion de poitrine, par exemple, se cachent souvent des états morbides qui diffèrent à ce point, que l'un étant le plus ordinairement combattu avec fruit par la saignée et la diète, ces moyens de traitement hâtent infailliblement une terminaison fatale dans le cas de l'autre. La médecine des grands animaux, pour ce motif et bien d'autres, doit être par conséquent laissée aux hommes spéciaux, dont les études même sont bien loin d'en avoir levé toutes les difficultés. Ce qui peut convenir dans ce livre, c'est l'indication des symptômes généraux de l'état maladif des grands animaux domestiques et des précautions simples qui

peuvent être prises en attendant l'intervention du vétérinaire, de manière à ce que le cultivateur puisse en saisir l'apparition dès le début et faire aussitôt appel à l'homme de l'art, en appliquant en même temps ces précautions, sans être pour cela capable de le suppléer. Nous essaierons, dans une autre partie du *Livre de la ferme,* d'exposer cet enseignement du mieux qu'il nous sera possible.

Mais la question est tout autre pour le menu bétail, et surtout pour celui qui vit en troupeau. Outre que par sa constitution et son mode d'exploitation il est sujet à un beaucoup moins grand nombre de formes morbides; outre que ces formes, toujours simples, sont en général faciles à saisir et à diagnostiquer, quelques-unes ont une marche tellement rapide et une terminaison funeste si prompte, lorsque des moyens de traitement ne leur sont pas aussitôt opposés; d'autres, peu graves quand elles se bornent à attaquer un seul individu, se propagent si facilement au troupeau quand elles ont passé inaperçues; la plupart enfin cèdent à des traitements si simples et si élémentaires à appliquer, que, pour toutes ces raisons, il est possible d'en parler utilement ici. Ensuite, il faut bien reconnaître que la valeur individuelle des moutons n'est pas en général assez grande pour que les cultivateurs invoquent à chaque instant le concours du vétérinaire pour les petits accidents qui peuvent atteindre chaque mouton du troupeau. Pour peu que la distance fût de quelques kilomètres, les justes honoraires du médecin auraient bientôt absorbé plus que la valeur de l'animal. Dans ces matières, le côté économique domine tous les autres. La force des choses fait que tout esprit pratique doit laisser de côté les considérations purement professionnelles et les sacrifier à l'intérêt public, dût-il s'exposer à subir les injustes conséquences de sa conduite.

Ces courtes explications étaient nécessaires, à divers égards, pour faire comprendre qu'il est bon qu'un berger intelligent et capable possède quelques connaissances sommaires de médecine, pour remédier en temps utile aux accidents maladifs qui se présentent habituellement dans les troupeaux. Les maladies communes des moutons sont tellement connues d'ailleurs des bergers, qu'il ne sera pas besoin d'entrer à leur sujet dans de grands détails descriptifs. Le seul nom de chacune de ces maladies éveille tout de suite dans l'esprit l'ensemble des symptômes qui la caractérisent et la font distinguer. Nous nous occuperons donc surtout des procédés de traitement qui peuvent leur être opposés avec succès. Et nous rangerons ces quelques maladies dans l'ordre de leur plus grande fréquence, en indiquant à mesure les causes connues auxquelles elles sont dues, et en même temps les précautions hygiéniques qui peuvent prévenir leur apparition.

Météorisation ou ballonnement. — Le pâturage des moutons sur des champs de trèfle fauchés, et en général sur les prairies légumineuses, surtout lorsque après une rosée les plantes ont subi l'action directe du soleil et que les animaux y ont été conduits étant affamés, produit souvent cet accident. Le meilleur moyen de l'éviter est de ne conduire les moutons sur ces pâturages qu'après qu'ils sont à moitié rassasiés par un séjour de quelques instants sur un pâturage naturel voisin. Et encore faut-il ne les faire consommer qu'avec les plus grandes précautions.

Lorsque les moutons ballonnés sont en très-petit nombre, une ou plusieurs doses d'eau fortement salée, que l'on fait prendre par force au malade et à grandes gorgées, peuvent suffire pour arrêter la marche de l'accident. Arrivée dans la panse, l'eau salée s'oppose à la fermentation des aliments qui y sont contenus; par sa température basse, elle condense les gaz déjà développés à la suite de cette fermentation. Le berger doit donc toujours être muni de sel à cet effet. Mais ce procédé de traitement, qui est du reste applicable en pareil cas à tous les ruminants, bœufs, vaches, moutons ou chèvres, n'est efficace qu'à la condition de pouvoir être employé promptement. Pour les grands ruminants et la chèvre, où l'accident est le plus souvent individuel, cela se peut dans la pluralité des cas. Mais il est bien rare que dans un troupeau de moutons soumis à l'influence de la même cause, il ne se montre pas à la fois un certain nombre d'individus météorisés. Le berger seul, dans ce cas, ne suffirait pas pour administrer le remède à tous en temps utile. Il s'écoule d'ailleurs de précieux instants pour sa préparation. Et le développement du gaz aurait asphyxié le plus grand nombre des malades, avant que l'eau salée ait pu leur être administrée. Ce remède, très-facile et très-efficace d'ailleurs, doit donc être réservé pour les cas individuels ou à peu près.

Il y a dans les annales de la science des exemples de guérison du ballonnement des moutons par l'action d'un bain froid immédiat. Des animaux météorisés, auxquels on avait fait traverser une rivière ou un ruisseau à la nage, se sont bien trouvés de cet expédient. C'est vraisemblablement dans ce cas le refroidissement subit du corps qui agit en arrêtant dans la panse la fermentation tumultueuse des aliments. Mais il n'est pas nécessaire d'ajouter que la mise en pratique de ce moyen nécessite une condition qui n'est pas toujours à la portée du troupeau : celle de l'existence d'un cours d'eau.

Le plus rapidement efficace de tous les procédés, pour combattre la météorisation sur un grand nombre d'individus, c'est la ponction du rumen ou de la panse. Celui-là est infaillible. Il peut à la rigueur être pratiqué avec un simple couteau plongé sans ménagement dans le flanc gauche, vers le centre de la partie supérieure de cette région. Mais il est toujours préférable d'employer pour cela l'instrument spécial appelé *trocart*, et qui se compose d'une tige affilée et d'un tube ou douille, que la partie tranchante de la tige dépasse un peu vers son extrémité. Une fois le trocart introduit dans la panse, on retire la tige; la douille reste dans la plaie et les gaz accumulés dans le rumen s'échappent avec impétuosité et bruit par la lumière du tube. Celui-ci est muni, à son extrémité extérieure, d'une petite expansion ou pavillon percé de trous, de manière à le fixer aux mèches de laine environ-

nantes, de telle sorte qu'il demeure en place et s'oppose à ce que les aliments que le jet de gaz peut entraîner tombent dans la cavité abdominale, où ils pourraient déterminer des désordres. Lorsque les accidents sont conjurés, on retire le tube. La petite plaie qui reste se cicatrise ensuite très-vite et ne nécessite que des soins de propreté.

Dans sa trousse de berger, dont nous avons déjà parlé, M. Laubréaux a disposé avec un trocart vingt et quelques tubes de rechange, qui peuvent suffire par leur nombre aux plus habituelles éventualités. La pratique de la ponction s'effectue en un très-court instant. Elle doit toujours être préférée lorsqu'on se trouve en présence d'un certain nombre d'animaux météorisés. Autrement on a recours à l'eau salée, ou à l'eau de lessive, à l'ammoniaque ou alcali volatil, qui agissent dans le même sens, mais moins efficacement, et que l'on n'a pas d'ailleurs aussi facilement sous la main. Il reste toujours, du reste, en dernier ressort, la ressource de la ponction ; seulement il ne faut jamais attendre, pour la pratiquer, qu'il y ait eu un commencement d'asphyxie. Les désordres sont souvent trop graves, dans ce cas, pour que l'animal puisse en revenir. On ne peut attendre que lorsque le ballonnement reste stationnaire après l'administration du remède. S'il n'augmente pas, il ne tarde guère à diminuer.

Mais avant de quitter ce sujet, il importe de revenir sur la nécessité d'agir vite. Si la pusillanimité faisait différer et qu'on crût nécessaire d'aller chercher le vétérinaire, dans la plupart des cas, celui-ci n'arriverait, quelque hâte qu'il y mît, que pour faire l'autopsie des malades. Il faut donc d'abord porter secours à ceux-ci par les moyens qui viennent d'être indiqués, sauf à appeler ensuite l'homme de l'art lorsque les premiers dangers sont conjurés, si l'accident a pris des proportions assez grandes pour qu'il y ait à craindre des dangers ultérieurs.

Gale. — Cette maladie est une des plus graves parmi celles dont le mouton peut être atteint, lorsqu'elle a pris une certaine extension dans le troupeau. Elle est éminemment contagieuse. Il est très-important, pour ce motif, d'en saisir la première apparition et d'y remédier. Elle débute en général d'une manière restreinte, sur quelques places de la peau d'un ou plusieurs animaux. Son premier symptôme apparent est la démangeaison. Le berger ne saurait donc être trop attentif aux individus du troupeau qui se tirent la laine. Les causes les plus ordinaires de la gale, du moins les circonstances qui favorisent le développement de l'insecte parasite qui la caractérise, sont l'insuffisance de l'alimentation et la malpropreté, qui affaiblissent la constitution des animaux.

Lorsque des démangeaisons se présentent sur un mouton, le berger doit examiner avec soin les places malades en écartant la laine. Si les croûtes qui existent ordinairement sur ces places sont très-restreintes dans leur étendue, il n'est pas indispensable de tondre la partie malade, mais cela vaut cependant toujours mieux. Pour peu que les boutons soient nombreux, il n'y a pas à hésiter; on doit faire le sacrifice de la laine. La place étant tondue ras, on enlève les croûtes en nettoyant à fond la peau, puis on frotte le point malade soit avec une décoction concentrée d'ellébore, préparée en faisant bouillir 30 grammes de cette substance dans un litre d'eau, soit avec de la salive imprégnée de jus de tabac (salive de chiqueur), soit mieux encore avec de l'essence de térébenthine ou de la benzine.

Quand ces moyens fort simples ont été employés à temps, et à mesure que les premiers signes de la gale se manifestent, celle-ci ne s'étend pas dans le troupeau. Elle est arrêtée dans sa marche. Mais si l'inattention ou l'incurie du berger lui fait négliger ces soins, bientôt le mal se généralise, et alors il arrive à des proportions qui rendent indispensable l'intervention du vétérinaire et l'emploi de moyens plus énergiques, qu'il lui appartient seul d'appliquer, et que nous n'avons pas à indiquer ici. Le préjudice que la gale généralisée cause aux troupeaux est assez grave pour qu'il n'y ait pas à hésiter. En outre, les moyens de traitement les plus efficaces ne peuvent pas être utilisés par les propriétaires. La loi s'y oppose; car celui qui mérite la préférence est un bain arsenical, dont le principal ingrédient ne peut être délivré par les pharmaciens que sur ordonnance d'un homme de l'art.

Notre principal rôle doit donc être d'insister ici sur l'importance qu'il peut y avoir à surveiller de près les moutons au point de vue de la gale, de manière à remédier à ses premières manifestations par les moyens qui viennent d'être indiqués.

Piétin. — Cette maladie, comme on sait, atteint le pied des moutons et les fait boiter plus ou moins fortement. Par les souffrances qu'elle occasionne, elle nuit au développement des élèves, à la sécrétion laiteuse des nourrices, et surtout à l'engraissement des adultes. Il est donc du plus grand intérêt de pouvoir y remédier promptement.

Le piétin se caractérise par le décollement d'une partie plus ou moins considérable de l'ongle, avec production par les tissus vifs sous-jacents d'une matière qui ressemble à du fromage et qui exhale une odeur infecte. Cette matière est de la corne altérée. Le propre de la lésion qui constitue le piétin est de s'étendre sans cesse, quand elle est abandonnée à elle-même, jusqu'à disparition complète de l'onglon. Elle se présente à l'un ou à l'autre ongle, et quelquefois aux deux, en commençant par la face interne, dans ce que les anatomistes appellent l'espace interdigité.

Pris à son début, le piétin est très-facile à guérir. Lorsqu'il est ancien, c'est différent. Les désordres qu'il a produits dans ce cas augmentent beaucoup sa gravité. Le premier soin à prendre, en présence d'un pied malade, c'est de commencer par détacher avec la feuille de sauge dont le berger doit toujours être muni, et qui fait du reste partie de la trousse de M. Laubréaux, les portions de corne décollées, jusqu'aux régions où les adhérences sont normales. Le mal étant ainsi bien mis à nu, il n'y a plus qu'à le toucher légèrement ou fortement, suivant sa gravité, avec un

caustique. Plusieurs ont été conseillés. L'acide nitrique ou eau forte, l'eau de Rabel, l'acide sulfurique, étendus d'eau; la couperose bleue, le vert de gris, l'onguent égyptiac, ont été employés avec succès. La pratique nous a appris que l'on devait donner la préférence à une pâte de la consistance du miel, imaginée par M. Plasse et faite avec de l'alun calciné en poudre et de l'acide sulfurique. Cette pâte, appliquée en couche mince sur la partie malade, la sèche promptement et favorise la sécrétion d'une nouvelle corne normale.

Des expériences suivies par des hommes compétents et consciencieux ont aussi permis de constater l'efficacité d'un remède secret inventé en Provence par M. Bauchière.

Dans le cas de troupeaux entièrement affectés de piétin, on a conseillé de disposer à l'entrée de la bergerie des caisses en bois remplies d'un lait de chaux, dans lequel les animaux en passant sont obligés de tremper leurs pieds. L'efficacité de ce moyen ne nous paraît pas certaine. En tout cas, il est moins prompt dans son action que ceux qui viennent d'être indiqués, s'il est d'une application plus commode.

Quoi qu'il en soit, on doit éviter de conduire les animaux traités pour le piétin sur des terrains humides et les entretenir à la bergerie sur une litière fraîche, propre et sèche. La cause ordinaire de la maladie est le séjour trop prolongé sur le fumier ou dans la boue âcre des chemins.

Fourchet. — On donne ce nom à une inflammation suppurative du canal biflexe, situé à la partie supérieure de l'espace interdigité du pied du mouton. Dès que la boiterie se manifeste, avec rougeur de la peau fine de la région, on traite par l'application d'un cataplasme émollient de farine de lin. Lorsque le pus est formé, ce dont on s'aperçoit à l'élasticité du gonflement, on lui donne issue par un coup de lancette, puis on se borne à tenir la plaie propre en la nettoyant avec de l'eau tiède. Si cette plaie ne se ferme pas et devient ulcéreuse, le cas est grave et le vétérinaire peut seul y remédier efficacement. Si la valeur de l'animal ne comporte pas les frais que pourrait occasionner l'intervention de celui-ci, il n'y a qu'à sacrifier le mouton malade pour la consommation. La lésion du pied ne peut exercer aucune influence sur la qualité de sa viande.

Cachexie-aqueuse ou pourriture. — Tous les cultivateurs savent que cette maladie attaque surtout les troupeaux qui fréquentent des pâturages humides, et qu'elle se caractérise au début par la pâleur de la membrane de l'œil, accompagnée dans les cas extrêmes par un engorgement œdémateux de la gorge, sorte de tumeur d'apparence goîtreuse qui lui a fait donner le nom vulgaire de *bouteille*. Elle est bien rarement individuelle. Dépendant d'une cause générale, elle sévit ordinairement sur le troupeau tout entier. Il importe donc encore plus d'en prévenir l'apparition par un bon régime hygiénique que de se mettre en mesure de la combattre lorsqu'elle existe.

On évitera certainement la pourriture, dans les pays où existent les pâturages insalubres qui la font développer, en ne faisant consommer ces pâturages qu'avec de grandes précautions, en conduisant d'abord les moutons sur des lieux secs; et partout, lorsque la saison est humide, en distribuant à la bergerie des aliments toniques, de l'avoine par exemple, avant de mettre les troupeaux dehors, en ajoutant du sel à la ration et de la ferraille ou un peu de sulfate de fer dans les boissons.

Un vétérinaire du Midi, M. Alexandre Raynaud, a préconisé une prescription très-efficace pour combattre la pourriture une fois qu'elle est développée. C'est une préparation composée de farine de lupin et de suie de cheminée, dans la proportion, pour cette dernière substance, d'une à trois cuillerées à bouche par mouton et par jour. On sale fortement le mélange et l'on en fait des galettes que les bêtes à laine mangent volontiers. C'est là un remède peu coûteux et qui mérite d'être recommandé. Nous engagerons donc les cultivateurs des pays où la cachexie aqueuse se montre sur les troupeaux, à cultiver un peu de lupin, pour en avoir une provision en cas de besoin.

Sang-de-rate. — Cette maladie, qui est en général considérée comme charbonneuse, comme contagieuse par les uns, comme non contagieuse par les autres, mais qui dans le doute doit néanmoins donner toujours lieu à des précautions au point de vue de la contagion ; cette maladie, disons-nous, est une de celles qui font le plus de ravages dans les troupeaux. Malheureusement elle sévit d'une façon si rapide et entraîne la mort des sujets atteints avec tant de promptitude, qu'il y a moins lieu de compter sur les remèdes curatifs que sur les moyens préventifs.

La science n'est pas encore fixée sur les causes qui provoquent le développement du sang-de-rate. Cette affection semble sévir plus particulièrement dans les plaines calcaires, où les moutons sont soumis à une alimentation trop uniformément sèche. Les cas sont plus nombreux, en réalité, après les longues sécheresses. Toujours est-il que le seul moyen qui paraisse jusqu'à présent offrir quelque efficacité, c'est de faire émigrer les troupeaux affectés vers des lieux ombragés et un peu humides. L'expérience a souvent prouvé que dans ce cas la maladie cesse de faire des victimes. On recommande, pour la prévenir, d'assurer aux moutons, pour la saison d'été, des fourrages verts et des racines.

Quelques faits recueillis en Bourgogne tendraient à établir aussi qu'une dissolution d'aloès dans l'ammoniaque ou alcali volatil, jusqu'à satu-

ration de ce dernier liquide, administrée aux moutons menacés de sang-de-rate, serait suffisante pour en prévenir l'apparition, et même pour arrêter la marche de la maladie lorsqu'elle peut être donnée au début. C'est un moyen à essayer.

Tournis. — L'affection ainsi nommée est déterminée par la présence dans l'épaisseur de la substance cérébrale d'un ou plusieurs vers vésiculaires qui, par les désordres qu'ils occasionnent, entraînent les symptômes de tournoiement auxquels elle doit son nom. Elle est en général considérée comme incurable. Dans le cas où une seule vésicule existe et est tout à fait superficielle, il peut y avoir quelques chances de guérison par la trépanation et l'extraction du ver. Mais cela est très-exceptionnel, et du domaine exclusif, d'ailleurs, de la chirurgie vétérinaire. Nous parlons ici de cette maladie pour faire observer seulement que la science a démontré que le ver dont il s'agit est une des phases de développement des œufs produits par les vers plats, en forme de rubans dentelés, que rendent si souvent les jeunes chiens avec leurs excréments. Il importe donc d'éloigner des troupeaux ces jeunes animaux, pour prévenir l'apparition du tournis.

Muguet. — Cette maladie est caractérisée par la présence de végétations cryptogamiques, qui se développent dans la bouche des agneaux en général faibles et souffreteux, et qui, en raison surtout de la gêne qu'elles apportent dans l'accomplissement des fonctions digestives, nuisent beaucoup à leur développement et peuvent même les faire périr. Elle s'accompagne d'aphtes qui la font désigner par le nom de *chancre*. On la traite par des gargarismes avec une forte dissolution de sel, d'alun, ou encore de borax, que l'on introduit sur les parties malades avec une sorte de goupillon en étoupe ou fait de vieux linge. Il faut en outre améliorer le régime alimentaire des malades en y ajoutant des buvées farineuses et salées.

Deux autres maladies, l'une attribuée à la consommation du sarrasin en fleur, et appelée vulgairement *noir-museau*, parce qu'elle est une affection de la peau de la face ; l'autre, peu connue dans sa nature, et considérée provisoirement comme nerveuse sous le nom de *tremblante*, affectent encore les moutons. Nous ne croyons pas devoir nous en occuper, l'une étant très-rare, l'autre peu commune, et d'ailleurs au-dessus des ressources actuelles de l'art.　　　　A. SANSON.

CHAPITRE XXI

DE L'ESPÈCE CAPRINE

La chèvre domestique (*capra hircus*) appartient, comme le bœuf et le mouton, à l'ordre des ruminants ; elle fait partie de la famille qui se distingue par ses cornes creuses. Le genre *capra*, qui en est le type, compte plusieurs espèces vivant à l'état sauvage, dont les principales sont le Bouquetin et l'Ægagre. On considère notre chèvre domestique comme dérivant de cette dernière, qui se trouve sur les montagnes de la Perse, et que les naturalistes appellent encore chèvre sauvage. Le genre est caractérisé par des cornes recourbées en haut et en arrière, par un chanfrein plutôt droit que busqué, par une barbe plus ou moins longue sous le menton, par deux grosses mamelles inguinales pendantes, ayant chacune un long trayon, par une queue très-courte et relevée, enfin par deux genres de poils, l'un droit et rude, court ou long, l'autre fin et formant duvet.

Bien qu'elle ne soit pas à beaucoup près aussi utile que le mouton, la chèvre rend cependant des services assez notables à l'économie sociale, lorsqu'elle est exploitée convenablement. Elle fournit durant sa vie son lait, qui est très-employé pour la fabrication des fromages dans certaines contrées, son poil ou son duvet, et après sa mort, principalement sa peau et ses cornes. C'est surtout la viande des jeunes qui est consommée ; celle des animaux adultes est de qualité fort médiocre. Le mâle porte le nom de *bouc*. Il exhale une odeur forte et particulière, qui s'augmente surtout pendant le rut. Ses qualités prolifiques sont très-développées, de même que la fécondité de la femelle. Les portées de celle-ci, qui sont habituellement de deux petits, s'élèvent parfois à trois, et même à quatre, mais rarement. La durée de la gestation est la même que pour les brebis, c'est-à-dire de cinq mois. Les jeunes mâles sont appelés *chevreaux*, *cabris* ou *biquets* ; les jeunes femelles *chevrettes*, *cabres* ou *biques*.

Peu importante dans l'agriculture d'une grande partie de la France, l'espèce caprine est principalement exploitée dans certaines localités alpestres que nous indiquerons plus loin. Cependant, l'une des dernières statistiques du bétail porte la population au nombre de 964,300, estimée à une valeur de 8,851,451 fr., et considérée comme produisant un revenu total de 5,448,301 fr. En comparant ces deux chiffres, on serait forcé d'en conclure, s'ils sont exacts, que l'espèce caprine est une des plus productives. Il est certain que la chèvre utilise, par ses aptitudes et ses instincts, des matières alimentaires qui seraient absolument perdues sans elle. Mais pour arriver à un compte exact, il conviendrait de défalquer de son crédit la somme des dégâts qu'elle cause, en vertu même de ses instincts vagabonds et de son goût prononcé pour les jeunes pousses des arbres et des arbustes. Ces dégâts sont si considérables dans quelques lieux, que, pour les éviter, l'on a conseillé de la priver de ses dents incisives.

Quoi qu'il en soit, nous n'en devons pas moins faire l'étude zootechnique de la chèvre, au point de vue de ses diverses fonctions économiques. Il n'est pas nécessaire, toutefois, d'examiner ces fonctions en détail. Elles ressortiront de la description qui sera tout à l'heure donnée de chacune des races exploitées. Le type de la belle conformation, non plus que les principes spéciaux du perfectionnement, n'ont pas, pour l'espèce caprine, des caractères assez tranchés qui les distinguent de ce qui, sur ces objets, se rapporte à l'espèce ovine, pour qu'il soit utile d'y revenir à ce propos. Les formes extérieures, dans cette espèce, sont, au demeurant, d'une importance fort secondaire. La faculté laitière mérite plus d'attention, en général. Nous ne voulons pas dire, néanmoins, qu'il faille les négliger. Mais les considérations précédemment exposées seront suffisantes, assurément, pour guider à cet égard les éleveurs. Nous pouvons donc tout de suite aborder la description des races entretenues à l'état domestique.

RACES CAPRINES.

Sans doute parce qu'elle n'a pas été l'objet d'une exploitation aussi attentive que celle de nos autres espèces domestiques, la chèvre n'a point constitué dans notre climat ces groupes homogènes par leurs caractères distinctifs et leur puissance héréditaire que l'on appelle des races. L'espèce caprine semble être à l'espèce ovine ce que l'âne est au cheval, la plèbe du bétail, dont on reçoit les services en échange d'un abandon à peu près complet. Aussi, les différences d'habitat ne lui ont-elles imprimé que des modifications trop peu sensibles pour qu'il soit possible d'en faire le type d'autant de races distinctes, dans l'acception zootechnique de ce mot. La chèvre d'Europe, telle qu'elle se rencontre dans nos exploitations agricoles, principalement chez les petits cultivateurs, est à peu près toujours la même; tout au plus présente-t-elle quelques variétés peu importantes à distinguer. C'est la vache laitière des ménages pauvres, qui n'ont pas en propriété des pâturages à faire consommer, et qui nourrissent leur chèvre sur les fonds communs et inexploités. Lorsque les classes aisées de la société se sont occupées de l'espèce caprine, elles n'ont point songé à améliorer par le bien-être et des soins intelligents celle que nous possédions ; elles ont dirigé leurs efforts vers l'introduction et l'acclimatation d'individus plus précieux, empruntés à des contrées lointaines. Ceux-ci diffèrent assez de notre chèvre d'Europe pour qu'il y eût peut-être lieu de les considérer comme des espèces particulières, si l'histoire naturelle était mieux fixée sur cette notion de l'espèce, au sujet de laquelle les discussions ne sont, à coup sûr, point près de se terminer. Néanmoins, l'usage a fait prévaloir l'habitude de qualifier seulement de races ces collections d'individus du genre *capra*, provenant de diverses contrées, en prenant pour commune celle qui habite notre pays. Nous devons nous conformer à l'usage. Et, pour le même motif, nous exposerons en même temps tout ce qui se rapporte à l'élevage, à l'amélioration, à l'entretien et à l'exploitation de chaque race.

Chèvre commune. — Le pelage de la chèvre d'Europe est de couleur blanche, marron, noire ou pie. Généralement, le poil est long, roide, pendant. On y trouve quelquefois une petite

Fig. 572. — Chèvre commune..

quantité de duvet, chez les individus bien soignés. Dans un certain nombre de cas, le poil est court, et même presque ras. Les cornes sont parfois absentes, et c'est la règle dans quelques localités. La taille varie beaucoup, ainsi que les formes du corps. Cela dépend de la fertilité du lieu. Le thorax est en général serré, l'encolure grêle, le garrot et le dos tranchants, le ventre volumineux et la croupe avalée. Les quartiers postérieurs sont toujours proportionnellement plus développés que les quartiers antérieurs, ce qui est la conséquence de l'aptitude laitière exclusivement exploitée chez la chèvre commune.

En France, les chèvres sont presque toujours entretenues sans soins particuliers. Dans les localités où elles ne sont pas l'objet d'une exploitation spéciale, dans le Poitou, par exemple, elles partagent le régime des moutons, et vivent constamment au milieu des troupeaux. Les paysans de cette dernière province attribuent à l'odeur du bouc une influence hygiénique salutaire sur les troupeaux de moutons, et c'est pour ce motif que l'on y rencontre souvent un animal de cette espèce. C'est même à cette circonstance que nous devons d'avoir pu voir bon nombre d'hybrides du bouc et de la brebis, qui, soit dit en passant, se montrent parfaitement féconds. « Au Mont-d'Or lyonnais, dit M. Magne, on met d'ordinaire les chèvres au rez-de-chaussée, sous l'habitation du cultivateur, dans la pièce qui sert aux vaches, à l'âne, au cheval, et, ce qui est plus mauvais, ajoute-t-il, aux poules. Elles y sont le plus souvent au nombre de quatre ou cinq, et quelquefois de huit à dix. Au delà de ce nombre, un logement particulier leur est affecté. Sur les Alpes et les Pyrénées, elles vivent en troupeaux plus considérables. Mais cela n'est possible que dans les localités arides où il n'y a pas à craindre les dégâts. Pétulantes et fort vagabondes, ainsi que nous l'avons déjà dit, les chèvres en troupeaux sont fort difficiles à garder. On ne peut les laisser libres que dans les terres vagues, les bruyères, et sur les rochers où ne croissent que des ronces ou des broussailles qu'il est impossible d'utiliser autrement. Dans les chemins, elles rongent les haies et l'écorce des arbres ; elles préfèrent du reste aux plaines les lieux escarpés, où selon leur caprice elles pacagent alternativement des herbes fines et des broussailles.

Les chèvres n'aiment ni l'humidité, ni le froid, ni les fortes chaleurs. La consommation des plantes cultivées sur les terrains fertiles, les légumineuses surtout, leur donnent souvent des indigestions avec météorisation. Dans les bois, elles contractent fréquemment le pissement de sang. Elles ont, fait observer M. Magne, le sens du goût peu développé. « Elles broutent des herbes séchées sur pied, fanées, délavées par la pluie, des pousses d'herbes complétement ligneuses, de préférence souvent à l'herbe tendre et succulente des meilleurs pâturages. Aussi vivent-elles, et même en produisant du lait, là où d'autres animaux, cependant plus petits, périraient de misère. En France, dans la Haute-Marne, dans les Alpes, sur des montagnes, des coteaux rocailleux et presque stériles, elles pâturent avec de petites brebis, et sont plus vigoureuses, en meilleur état que ces dernières. En Afrique, les Arabes de quelques contrées trop arides pour nourrir des moutons, n'élèvent que des chèvres; ils en utilisent le lait, la fourrure, la viande et la peau. »

Dans le Mont-d'Or lyonnais, où les chèvres sont très-nombreuses et entretenues pour la production des fromages, ces bêtes sont soumises au régime de la stabulation permanente. Elles s'en trouvent très-bien et donnent autant et d'aussi bon lait que celles qui vont pâturer, à la condition qu'elles reçoivent une nourriture abondante et variée. Les fourrages de légumineuses, les feuilles de chou, et les feuilles de vignes pressées et fermentées, pour l'hiver, les résidus, le marc de raisin, les racines, les tubercules mêlés avec du son, de la farine, des graines de foin, et délayés avec l'eau de vaisselle, tout cela forme pour les chèvres une excellente alimentation. Les laitières donnent du lait, naturellement, en proportion de la nourriture qu'elles reçoivent. Les chevriers, qui savent cela, leur distribuent des aliments presque à chaque heure du jour.

M. Martegoute, qui a publié un intéressant travail sur l'exploitation des chèvres dans le Lyonnais, estime que chacune vaut 24 francs à l'âge de 2 ans, et 6 francs seulement après huit années de service, soit en moyenne 16 francs. Elles donnent par jour 2 litres de lait pendant neuf mois, ou environ 600 litres par an. Cela le porte à établir de la manière suivante le compte d'une chèvrerie de 24 têtes :

48 chevreaux (2 par chèvre) à 3 fr. l'un..... ...	144 f. »
14.400 litres de lait ou 13,872 fromages (578 par chèvre) à 0f,20..............................	2,774f 40
TOTAL des recettes.....	2,918f 40
Intérêts et assurance à 10 p. 100 sur 384 fr......	38f 40
Amortissement, 2f, 25 par tête..............	54 »
Saillies, à 0f,50 l'une..:...................	12 »
Nourriture à 3 kil. par tête et par jour, 26,280 kil. à 5 fr. les 100 kil....................	1,314 »
Salaires, 20 fr. par chèvre...:...............	480 »
TOTAL des dépenses.....	1,898f 40

La différence entre les recettes et les dépenses établit en faveur des premières un bénéfice de 1,020 fr., soit 42 fr. 50 par tête, non compris le fumier. Le capital engagé dans la spéculation produit donc près de 200 p. 100.

On aura beaucoup de peine, dans notre pays, à faire admettre que la viande de chèvre puisse entrer dans la consommation autrement que pour ce que l'on appelle la basse boucherie. Après le compte qui vient d'être fait, d'ailleurs, on voit que les produits que donne cette bête durant sa vie peuvent la faire conserver le plus longtemps possible. Et après des gestations répétées et une lactation prolongée, il n'est guère possible de songer à en obtenir de la viande mangeable. Ce n'est donc que bien exceptionnellement que l'on doit conseiller l'engraissement des chèvres. Il y aura toujours plus d'avantage à les exploiter comme laitières. Quand on peut faire de bonnes chèvres de boucherie, il vaut mieux consacrer ses ressources à la production des moutons.

Quant aux soins qui conviennent à la chèvre relativement à la traite et à tout ce qui concerne son exploitation pour la laiterie, ils ne diffèrent point de ceux qui ont été indiqués pour la vache. Quelques détails ont du reste été donnés sur ce sujet, à propos de la fabrication des fromages préparés avec le caillé provenant du lait de chèvre.

Pour s'occuper en particulier de ce qui se rapporte à l'hygiène de l'élevage des animaux de l'espèce caprine, il faudrait se répéter, car à aucun égard les prescriptions relatives à cette espèce ne diffèrent de celles qui ont été exposées au sujet de l'espèce ovine. Nous nous bornerons donc à y renvoyer, en faisant seulement observer que le choix des reproducteurs et l'hygiène des produits doivent être dirigés en vue de la principale fonction économique de l'espèce, qui est la production du lait. A ce point de vue, il est bon aussi d'ajouter que les signes de l'aptitude laitière sont, du moins pour les principaux, les mêmes que ceux qui ont été indiqués chez la vache. Il n'y a sur quelques points de particularités à signaler que pour les races étrangères, dont nous allons maintenant parler.

Chèvre de Cachemire. — Connue des naturalistes sous les noms de *C. lanigera* et de *C. Thibetana*, suivant qu'elle vit dans les environs de Cachemire ou du Thibet, cette variété habite l'Himalaya, en Asie. Elle a été introduite en France par M. Huzard, en 1818. L'année suivante Jaubert et Ternaux en ont importé un troupeau considérable. Mais cependant, pour des causes que nous n'avons pas à développer ici, l'acclimatation n'a eu qu'un médiocre succès. La race ne s'est pas multipliée. Il en a été de même de la *Chèvre d'Angora*, au sujet de laquelle de nombreuses tentatives du même genre ont été faites dans le courant de ce siècle. En 1854, un troupeau de 76 bêtes d'Angora introduit par la société zoologique d'acclimatation, plus 16 individus donnés par Abd-el-Kader au Maréchal Vaillant, ont été distribués dans nos montagnes de l'Est. Il faut bien croire que ces races exotiques ne présentent pas chez nous des avantages économiques bien saisissables, car ce n'est point la difficulté de leur acclimatation qui s'oppose à leur extension. Chaque fois qu'on les y a introduites, elles se sont parfaitement acclimatées, mais soit que leur produit spécial n'y conserve pas ses caractères, soit qu'il ne puisse soutenir la concurrence du produit exotique, tous les efforts paraissent vains pour naturaliser chez nous la production du duvet des chèvres de Cachemire, du Thibet ou d'Angora. Ces bêtes le produisent mieux et à meilleur compte sans doute dans leur propre pays. C'est ce qui fait qu'elles auraient plus de chances de se substituer à notre chèvre commune, si elles étaient meilleures laitières que celle-ci. Les efforts des partisans quand même de l'acclimatation risquent donc d'échouer contre ces considérations économiques, dont ils ne se préoccupent peut-être pas assez dans leurs opérations.

Quoi qu'il en soit, la chèvre de Cachemire et celle d'Angora ne diffèrent de la chèvre commune que par la toison, qui est composée à la fois de poil et de duvet. Plus le poil est long et pendant, plus le duvet est abondant. La couleur des chèvres de Cachemire varie beaucoup. Elle est tantôt blanche, noire, bleuâtre, jaunâtre ou tachetée. Certains auteurs prétendent que leur peau et leur viande sont préférables à celles de la chèvre commune, et qu'elles engraissent aussi plus facilement. Leur lait, beaucoup moins abondant, est aussi de meilleure qualité. Celles d'Angora ont des formes plus séduisantes, et leurs poils longs, soyeux et toujours blancs, tiennent plus de la nature du duvet. Le duvet soyeux n'y est mélangé que de quelques poils grossiers. Une mue, au printemps, fait tomber toute la toison, de

Fig. 573. — Chèvre de Cachemire.

sorte que les animaux vont presque nus durant quelque temps. Ce duvet n'a pas la finesse de celui de Cachemire. En outre, les bêtes d'Angora sont plus petites et moins rustiques. Elles ne donnent pas d'autre produit que leur duvet. On a essayé des croisements entre les deux variétés, qui n'ont pas conduit à des résultats satisfaisants. Les métis sont moins rustiques que les individus purs de Cachemire, et le produit en duvet ne compense pas cet inconvénient. Il a donc fallu y renoncer. Il en est de même des croisements opérés entre la race de Cachemire et la race commune. Ce croisement amoindrit les facultés laitières si précieuses de celle-ci. Il fait en conséquence perdre un bénéfice certain, pour courir après une spéculation dont les avantages sont fort problématiques. Ainsi que nous l'avons déjà dit, la production du duvet de Cachemire ne peut présenter en France les conditions d'une industrie profitable.

Néanmoins, voici comment s'opère la récolte de ce produit.

Le duvet, qui semble avoir pour fonction de préserver la chèvre contre les rigueurs du froid, tombe naturellement au printemps, au moment de la mue, qui arrive vers les mois de mars et d'avril. Il suffit alors de peigner la toison avec un démêloir tous les deux jours, jusqu'à ce que le peigne n'amène plus de duvet. On reconnaît qu'il est temps de commencer l'opération, lorsque celui-ci se pelotonne et se détache. La durée de la mue varie beaucoup, suivant les circonstances.

Pour les chèvres d'Angora, dont le duvet prédomine sur les poils grossiers, la tonte est préférée au peignage. Elle se pratique en avril dans les pays chauds, plus tard dans les climats tempérés. Après la tonte, il reste à trier dans les toisons les poils jarreux, ce qui est toujours une opération minutieuse et longue.

A part la question de récolte du duvet, il serait bon de soumettre toutes les chèvres à poil long à un peignage destiné à les entretenir en état de propreté. Elles se trouveraient bien de ce pansage, comme tous les autres animaux. Elles sont sous ce rapport en général fort négligées. Et c'est un tort. Au point de vue même des qualités et de l'abondance de leur lait, la main-d'œuvre que cette pratique occasionnerait serait suffisamment rémunérée. Il faudrait tout au moins les brosser soigneusement.

Chèvre d'Égypte. — Cette variété a été introduite pour la première fois en France, au Muséum d'histoire naturelle, en 1840. Elle tend à se répandre chez nous, où elle s'acclimate parfaitement, parce qu'elle possède une remarquable faculté laitière. Aussi rustique et aussi sobre que la chèvre commune, elle produit en plus grande quantité un lait de meilleure qualité. C'est pour ce motif que les personnes éclairées lui donnent la préférence. On peut prévoir, par conséquent, qu'elle se multipliera beaucoup dans notre pays, à mesure que la connaissance de ses qualités prendra de l'extension.

La chèvre d'Égypte se distingue surtout par un chanfrein très-busqué, par des oreilles larges, longues et pendantes. La tête de la femelle est toujours dépourvue de cornes. Celle du mâle en porte de très-petites. La barbe n'existe pas. Le pelage, le plus souvent fauve, est quelquefois roux ou

Fig. 574. — Chèvre d'Égypte.

noir mal teint, d'autres fois tacheté de gris brun, pie rouge clair ou pie noir. Le poil est en général fin et court, même tout à fait ras chez les individus qui sont bien pansés.

La chèvre d'Égypte semble avoir des instincts moins vagabonds et moins indépendants que ceux de la chèvre commune. Dans les familles riches qui l'ont adoptée pour en faire souvent la nourrice de leurs enfants, elle s'apprivoise avec la plus grande facilité, vit dans les appartements qu'elle ne salit point, et joue volontiers avec ces enfants, pour qui elle se montre très-affectueuse.

M LADIES DE L'ESPÈCE CAPRINE.

Les chèvres sont sujettes aux mêmes affections que les moutons. Celle qui se présente le plus fréquemment est la météorisation. On y remédie par des moyens absolument semblables à ceux qui ont été indiqués pour l'espèce ovine. Il en est ainsi pour la gale et le piétin. Nous renverrons donc à cet égard le lecteur au chapitre précédent, pour ne pas tomber dans d'inutiles répétitions.

A. SANSON.

CHAPITRE XXII

DE L'ESPÈCE PORCINE

Le porc n'est animal domestique que par sa destination pour la boucherie, et comme tel il offre de grands avantages. S'il est vrai qu'il y ait ou qu'il y ait eu des localités où l'on attelle ou bien où l'on a attelé des porcs, soit comme animaux de labour, soit même comme coursiers de carrosse, les agriculteurs, du moins tous ceux des contrées où l'agriculture est exercée d'après les principes de la saine raison, n'envisageront l'attelage des porcs que comme digne d'une agriculture mythologique, ou digne d'un riche et patient Anglais qui ne cherche qu'à se distinguer par des excentricités. On pourrait presque dire de même de ceux qui, selon quelques naturalistes, ont dressé des cochons pour la chasse, circonstance qui a été plus particulièrement citée pour prouver la finesse des sens, l'intelligence et l'aptitude de

l'animal, qui trop longtemps et trop souvent à été qualifié d'immonde.

Le porc est l'animal domestique le plus généralement répandu dans toutes les contrées du monde entier. Dans toutes les exploitations rurales, nous dirons même, dans tous les ménages, il y a des déchets qui ont valeur de substances alimentaires qui ne peuvent pas servir plus avantageusement qu'à la nourriture du porc. En revanche, le porc gras, dans tous les âges, fournit à l'homme des aliments très-variés qui constituent de grandes et précieuses ressources pour les ménages qui se les procurent à peu de frais. C'est dans beaucoup de contrées la seule viande qu'il soit donné au travailleur peu fortuné de consommer, ce qui ne l'empêche pas d'être aussi un aliment recherché par l'homme opulent et par le gourmet. En un mot, les diverses parties du porc, aux différents âges, se voient communément et sous toutes sortes de formes aussi bien chez le riche que chez le pauvre. Un ménage à la campagne peut prendre ses arrangements dans l'élève et l'engraissement du cochon, de manière à avoir toujours pour la table et sans grands sacrifices du porc frais et du porc salé.

L'élève du porc en grand offre à diverses contrées des avantages bien marqués, tandis que d'autres pays qui achètent ces animaux élevés dans ces contrées, ne se livrent qu'à l'engraissement. Le plus souvent le porc est l'animal le plus important dans l'économie du ménage même, et on voit dans beaucoup de localités que c'est le cochon qui fait entrer le plus d'écus sonnants dans la poche du petit laboureur.

Anciennement, et probablement encore aujourd'hui dans certaines localités, on n'élevait exclusivement les porcs que dans le but de les engraisser dans les bois, à la glandée. Le plus souvent les forêts, à ces époques, n'étaient estimées que par la quantité de porcs qu'elles étaient capables d'engraisser et non d'après la quantité de bois qu'elles pouvaient fournir, celui-ci n'ayant en ces temps-là aucune valeur. Il paraîtrait même que dans beaucoup de pays la production de la viande de cochon était alors plus considérable qu'elle ne l'est aujourd'hui, toutes proportions gardées avec la population.

Aujourd'hui, l'entretien du cochon offre cet avantage, qu'il peut bien se plier aux diverses circonstances dont il dépend. En effet, un éleveur, voyant que la nourriture pour ses porcs pourrait bien venir à lui manquer, peut s'en défaire de suite, en les vendant, ou même encore il peut les engraisser assez vite pour la boucherie, avant que la disette ne soit là. D'un autre côté, la grande force reproductrice de ces animaux fait que dans les années d'abondance, on les produit comme par enchantement, et ils donnent alors des viandes, des provisions qui se conservent quasi indéfiniment, et qui fournissent ainsi une réserve pour les années de disette. Nous avons vu des villages importants, comptant plus de 400 ménages de petits cultivateurs qui, pendant une année, n'avaient pas réuni 12 cochons, tandis que l'année suivante ils en avaient près de 800.

Les résultats donnés par l'élève et l'engraissement des porcs sont pour cela très-intéressants aux yeux de nos cultivateurs, et d'autant plus qu'ils ne se font pas longtemps attendre, comme c'est le cas dans l'élève des autres animaux domestiques. Si dans beaucoup de circonstances ces résultats ne répondent pas à l'attente, c'est qu'on prend trop peu de soins de ces animaux, qu'on les néglige par préjugé, par ignorance, ou par habitude. Ajoutez à cela le peu de peine qu'on se donne pour avoir de bonnes races ou de bons reproducteurs. Il ne faut donc pas s'étonner que quelquefois l'élève des porcs ne donne pas assez de bénéfices.

NOTIONS ZOOLOGIQUES SUR LE PORC.

D'après la classification zoologique la plus en usage, le porc domestique appartient à l'embran-

chement des vertébrés, à la classe des mammifères, à l'ordre des pachydermes et au genre cochon. Ce genre contient plusieurs espèces, dont une seule, le sanglier commun (*sus scrofa*) constitue la souche des porcs domestiques. Il est vrai que des naturalistes ont voulu faire descendre les porcs de l'Asie, d'une espèce particulière de sanglier, désignée sous le nom de sanglier des Papous (*sus papuensis*). Mais d'après la plus juste idée que l'on doit se faire de l'espèce zoologique, et vu que tous les porcs qui sont réduits dans le monde entier à l'état de domesticité, se reproduisent entre eux et même avec le sanglier commun, et qu'ils donnent naissance à des produits féconds entre eux, on doit admettre qu'ils appartiennent tous à la même espèce, et que le sanglier commun est la souche de toutes les variétés et de toutes les races du cochon domestique. Ce qui prouve encore cette dernière assertion, c'est que des porcs domestiques qu'on met en liberté dans les forêts, redeviennent sauvages en gagnant tous les caractères des sangliers, et qu'il y a des races du cochon domestique, qui offrent absolument l'aspect et les caractères du sanglier.

Le porc est omnivore, et ses dents sont conformées en conséquence. Il a six dents incisives étroites à chaque mâchoire, et douze molaires qui sont séparées des incisives par quatre canines qui peuvent gagner un grand développement : en tout quarante dents, parfois quelques-unes de plus. Le remplacement des dents de lait par les dents d'adulte se fait depuis l'âge d'un an jusqu'à l'âge de vingt à vingt-six mois, mais d'une manière moins régulière que chez les autres animaux domestiques. Il a la bouche fortement fendue ; le museau un peu relevé, tronqué, construit d'une manière particulière est propre à fouiller la terre pour y chercher des aliments. Le museau se désigne sous le nom de *boutoir*, ou *groin*. Chaque pied a quatre ongles, dont les deux du milieu touchent seuls le sol. L'estomac est simple, de moyenne grandeur. Les intestins sont en proportion assez développés ; en général, ils mesurent quinze fois la longueur du corps.

Les mamelles, ordinairement au nombre de douze, sont rangées sur deux lignes sous le ventre, à partir des jambes de devant.

Le cochon peut être livré à la reproduction avant la fin de la première année. La durée de la gestation est en moyenne de 115 jours, et la truie peut faire des jeunes deux fois par an. Le nombre des jeunes varie de cinq à douze, et quelquefois plus. La croissance du porc peut s'étendre jusqu'à l'âge de quatre ans, et on a des exemples, dit-on, où des porcs ont atteint l'âge de vingt ans, ce qui doit néanmoins être compté parmi les raretés.

RACES PORCINES.

Les porcs, qui ont subi de grandes modifications par suite de la domesticité chez tous les peuples et dans tous les climats, offrent une foule de races et de variétés, dont l'étude et la connaissance sont encore rendues plus difficiles par suite des nombreux croisements qui ont eu lieu dans les derniers temps, depuis qu'on a bien voulu prêter à l'élève des porcs l'attention qu'elle mérite. On a proposé différents systèmes pour diviser et classer les races de porcs, de manière à pouvoir s'y reconnaître. Tandis que les uns les divisent suivant les pays, d'autres reconnaissent autant de races qu'il y a de modifications plus ou moins importantes. On a même proposé de diviser les races en deux grandes classes, en races communes et en races nobles, et on a ainsi cherché à faire ce que depuis longtemps on a fait pour les chevaux.

Quand on envisage les races de porcs domestiques qui sont aujourd'hui connues, on trouve effectivement que d'un côté il y en a qui sont d'ancienne date, dont la création et l'origine se perdent dans la nuit des temps, et qui sont plus particulièrement liées à des pays, à des localités, au climat, dont elles paraissent le produit naturel. Nous les désignerons sous le nom de *races naturelles*. D'un autre côté, on possède aujourd'hui dans les pays où l'agriculture a fait des progrès remarquables, dans ces derniers temps, où l'agriculture s'est principalement basée sur l'élève et la production des animaux domestiques, des races porcines qui ont été plus ou moins soustraites aux influences naturelles, et qui sont plus particulièrement le fruit de soins plus grands, d'accouplements dirigés avec intelligence, et qui offrent des caractères précieux qui se transmettent aux descendants avec plus ou moins de constance. Ces races ne sont pas naturellement liées à un pays quelconque; elles le sont au contraire à un état agricole particulier. Nous nommerons celles-ci *races artificielles*. On doit déjà voir que ce sont celles-ci, qui, maintenant, jouent un grand rôle dans l'élève et l'éducation du porc domestique.

Les races naturelles, et même les races artificielles, se caractérisent assez bien, quand on met de côté des variétés intermédiaires, qui sont le plus souvent le résultat de croisements très-peu stables. Quelques-unes des races naturelles ont été considérées par les zoologistes comme des espèces distinctes, et cela même à tort, comme nous l'avons déjà dit, parce qu'elles se reproduisent très-bien avec les autres races admises comme espèces particulières, et qu'elles produisent avec elles des individus indéfiniment féconds entre eux. Il ne faut cependant pas perdre de vue qu'il y a un grand nombre de porcs qui ne peuvent pas être rangés dans l'une ou l'autre de ces deux catégories, parce qu'ils sont le résultat de croisements d'une race naturelle quelconque avec une race artificielle : ce sont les animaux sans race, les bâtards, qui deviennent de plus en plus nombreux. Ces animaux sans race ne sont pas seulement le résultat de croisements, mais ils peuvent encore provenir de races naturelles transplantées dans d'autres contrées, où les influences climatériques les modifient notablement, ou de races artificielles auxquelles on n'a pas donné les soins qu'elles demandent pour être conservées avec leurs caractères et signes caractéristiques. Ces animaux sans race sont même les plus nombreux dans les contrées où l'agriculture est en voie d'amélioration notable, sans cependant s'être fixés

sur une base stable et suivie avec intelligence vers un but unique et avec les mêmes moyens.

Les races artificielles proviennent des races naturelles, et elles ne constituent pas un groupe très-bien défini et sans intermédiaires. De tous nos animaux domestiques, c'est au porc que l'on peut le plus facilement imprimer des modifications par toutes sortes d'agents, dont les principaux et les plus actifs ressortent de l'état de l'agriculture elle-même.

Races naturelles. — Les races naturelles, aujourd'hui plus ou moins bien connues, peuvent être classées, d'après les auteurs les plus plus compétents, en quatre catégories bien caractérisées.

1° *Porcs aux grandes oreilles.* — Les oreilles sont flasques et pendantes, et leur longueur dépasse l'espace qui s'étend depuis l'orifice auriculaire jusqu'à l'œil. Le diamètre perpendiculaire de la poitrine est égal à la longueur des jambes de devant, depuis le coude jusqu'au sabot. Ce diamètre peut même être moindre. Le diamètre horizontal de la poitrine est plus petit que le vertical. Le dos est voûté, tranchant, les soies sont plus ou moins droites. Les porcs de cette race sont haut-jambés; ils ont la côte plate, ou pour mieux dire, la poitrine aplatie et le dos convexe, recourbé, dit dos de carpe. C'est dans ces races qu'on trouve le cochon qui est le plus particulièrement conformé pour la course, et que des auteurs ont désigné ironiquement sous le nom de *cochon-lévrier*. La longueur des jambes, la voussure du dos et l'aplatissement du corps diminuent chez les individus et chez les familles de ces races quand ils sont soumis à moins d'exercice et qu'on les nourrit mieux. Les soies ne sont jamais frisées; elles sont le plus généralement d'un blanc jaunâtre, plus ou moins foncées ou grisâtres; quelquefois elles sont mêlées de places noires, et constituent la robe pie. La queue portée en spirale est un caractère général, mais non constant.

Sous le rapport de la taille et du poids, les porcs des races à grandes oreilles varient beaucoup; mais en général, ils sont grands, et c'est là qu'on rencontre les plus grands et les plus lourds de tous les porcs.

Ces races se trouvent en France, en Allemagne, en Suisse, dans le Danemark, en Hollande, en Belgique, et même en Angleterre. Elles sont connues dans la plus grande partie de l'Europe, et elles offrent des variétés dont plusieurs sont réputées en France. Telles sont le *craonnais*, le porc *normand*, le porc *charolais*, le porc *des Pyrénées*, le porc *ardennais*, le porc *bourguignon*, le porc *de la Westphalie*.

Tous ces porcs sont d'un développement lent et tardif. Ils ne peuvent convenablement être livrés à l'engraissement qu'après avoir atteint l'âge de deux ans. Ils ont très-peu contribué à la formation des races artificielles qui marquent l'agriculture intensive. Ce sont les porcs par excellence de l'agriculture pastorale ou demi-sauvage.

2° *Porc africain noir.* — Il a le diamètre horizontal de la poitrine presque égal au diamètre vertical; les côtes sont rondes, le dos est large, la colonne vertébrale droite. Les jambes, depuis l'olécrane jusqu'au sabot, sont plus courtes que la

Fig. 575. — Porc craonnais.

hauteur du thorax. Les oreilles sont plus longues que l'intervalle qui s'étend depuis l'ouverture auriculaire jusqu'à l'œil; elles sont droites, relevées et pointues. Les joues sont épaisses, le cou court. Le groin est passablement allongé, le front proéminent; la peau forme des replis autour des yeux. Les soies sont généralement rares, fines; la couleur en est le plus souvent foncée,

Fig. 576. — Porc normand.

variant depuis le gris cendré jusqu'au noir foncé.

La taille varie beaucoup, mais elle ne dépasse pas la taille du porc à grandes oreilles.

Ce type est principalement connu et caractérisé par le porc *napolitain*. Il se trouve en Italie, en Sicile, en Espagne, dans des contrées du sud-est de la France, en Portugal et dans le nord de l'Afrique. Il est d'une grande valeur dans la création des races artificielles. Par sa peau fine, sa précocité et sa chair délicate, il a été très-estimé par les agriculteurs avancés, et il a servi à de très-judicieux croisements, qui ont produit des familles renommées.

3° *Porcs à soies frisées.* — Ils ont la côte plate, le dos convexe, tranchant; les oreilles sont un peu plus longues que l'espace qui sépare l'orifice auriculaire de l'œil. Elles sont droites, pointues, dirigées en haut et en avant. Le corps est court, les jambes ont une longueur égale à la profondeur du thorax, ou moindre. Les soies sont abondantes, surtout aux bords des oreilles, sur le dos et à la queue; elles sont frisées d'une manière particulière, de façon à recouvrir la peau d'une espèce de feutre. La couleur varie du gris cendré au gris noir, tirant quelquefois sur le gris jaune ou sur le gris roux. La taille est au-dessous de la moyenne du porc à grandes oreilles.

Ce type est principalement représenté par le porc *turc*, qui approvisionne de nombreux centres de consommation. Il s'étend sur une partie du sud-est de l'Europe et des pays limitrophes de l'Asie. Le porc polonais en provient.

4° *Porc indien.* — Il constitue une race bien caractérisée, dont on a voulu faire une espèce particulière. Le diamètre horizontal de la poitrine est à peu près égal au diamètre perpendiculaire; les côtes sont très-courbées, le dos est large et enfoncé dans l'espace depuis l'épaule jusqu'au sacrum. La hauteur du thorax dépasse quelquefois de beaucoup la longueur des jambes, depuis le coude jusqu'au sol. Les oreilles sont courtes et relevées, le front haut, le boutoir court. La couleur est noire, d'un gris noirâtre, ou noir avec un reflet roux. Les variétés qu'on rencontre sur les côtes de la Chine ont toutes sortes de couleurs : il y en a de blanches et de tachetées. Quelquefois,

Fig. 577. — Porc chinois.

ces porcs ont les jambes si courtes, qu'à l'état d'engraissement, le ventre touche la terre.

Le porc indien a, depuis un siècle, beaucoup contribué à produire et à améliorer les races de porcs dans les pays à agriculture avancée. Le cochon *chinois*, le *tonquin*, le porc *de Siam* appartiennent à cette race.

Races artificielles. — Les familles porcines improprement appelées races artificielles sont plus particulièrement des races agricoles que les précédentes. On a dit avec beaucoup d'à-propos que les races artificielles sont dans le règne animal, aux races naturelles, ce que, dans le règne végétal, les fleurs doubles sont aux fleurs simples.

Les races artificielles ont toutes, à des degrés variables à la vérité, le torse approchant de la forme d'un parallélogramme, et l'ossature, la tête et les membres, proportionnellement trop petits. Comparativement aux races naturelles, les soies sont fines et rares, la peau mince, le cou large. Elles donnent à l'abattage très-peu de déchets.

Les porcs de la race indienne et de la race africaine ont toujours servi à la création de ces races. Celles-ci ne sont pas du tout à préconiser là où il faut un fort boutoir pour fouiller la terre, des jambes pour courir, et le système cutané très-développé pour garantir des influences climatériques.

C'est principalement l'Angleterre qui est la patrie de ces races créées; elles y ont été substituées à la race naturelle et originaire. Elles y ont tant varié avec les progrès de l'agriculture, les succès des éleveurs, la mode, et peut-être d'autres causes encore, qu'aujourd'hui il est très-difficile de présenter une description de la plupart de ces races. Ce qui était vrai il y a quelques années, par rapport à cette description, ne l'est plus du tout aujourd'hui, et ce qui existe aujourd'hui ne sera probablement plus dans quelques années. Ces animaux se modifient si vite, qu'ils n'ont de constance qu'au gré de l'éleveur. Le porc de la race de Berkshire, de David Low, n'est plus du tout ce que l'on figure aujourd'hui dans les livres, et ce que l'on présente aux concours sous ce nom.

Le porc de la race de Berkshire, de Youatt, est encore une fois autre chose. Il paraît que c'est là une race qui, dans les derniers temps, a été de plus en plus modifiée par les bons soins et par le porc napolitain.

Dans l'état actuel des races porcines, ou pour

Fig. 578. — Porc anglais dit de grande race.

mieux dire, des familles porcines en Angleterre, où très-souvent on leur donne le nom d'un éleveur plus ou moins célèbre, qui dans une race, a produit les meilleurs sujets, on peut convenablement diviser les porcs anglais en deux catégories : les races qui sont le plus ordinairement noires, et les races qui sont le plus ordinairement blanches. Dans chacune de ces deux

Fig. 579. — Porc anglais dit de petite race.

catégories, il faut encore établir deux divisions, qui comprennent chacune les grandes et les petites races.

La plus connue des grandes races noires, c'est aujourd'hui la *race Berkshire*, qui se distingue par un corps massif, le museau très-court, le tout noir, excepté l'extrémité des quatre pattes et une marque au front. Ce n'est certes pas là le porc du Berkshire d'autrefois.

Le porc du *Hampshire* a beaucoup d'analogie avec le précédent. Seulement, il a les formes plus grossières, et sous le rapport de la robe, il a beaucoup de roux.

La grande *race d'York* constitue le type des grands porcs anglais. Elle est le résultat de l'ancienne race indigène améliorée par le porc indien. Le porc du *Yorkshire* est généralement blanc. Il a été beaucoup importé sur le continent, où il a souvent été très-prôné.

Les porcs de *Coleshill* et de *Windsor* sont des races artificielles blanches qui appartiennent à la catégorie des petites races. Il en est de même des porcs de *New-Leicester*.

Le porc d'*Essex* est le type des petits porcs noirs améliorés de l'Angleterre. Il a été importé dans beaucoup de pays, où il est très-estimé pour sa fécondité. Il a été produit par les croisements avec le porc napolitain, auquel il ressemble beaucoup. C'est par l'amélioration de cette race que lord Western et M. Fisher-Hobbs se sont acquis une très-grande renommée parmi les éleveurs du monde entier.

Toutes ces familles offrent entre elles beaucoup d'analogies. Les animaux ont les os minces, la tête petite, les oreilles pointues et dressées, les jambes courtes et le corps aussi cylindrique-que possible. Ils sont très-précoces, et ils ont une grande aptitude à s'engraisser. D'après ce que disent les auteurs les plus récents, et d'après ce que nous avons pu voir sur les lieux mêmes, les différentes familles anglaises perfectionnées tendent à se fusionner; les extrêmes entre les grandes et les petites races tendent à se rapprocher, et la couleur ne reste plus qu'une affaire de mode, ou qu'un cachet dont se sert un éleveur en renom pour se défaire plus avantageusement de sa marchandise. C'est pourquoi nous n'avons marqué que les caractères généraux de ces animaux perfectionnés. Plus de détails, plus de particularités nous semblent inutiles, parce que beaucoup de ces caractères ne sont qu'éphémères, et parce que nous avons la conviction que ce qui est vrai aujourd'hui ne le sera pas dans quelques années d'ici, pour la caractéristique de ces prétendues races, qui réellement ne sont que des familles métisses. On a vu récemment des auteurs placer dans la catégorie des petites races ce que d'autres mettent dans celle des grandes races, preuve évidente que ces distinctions disparaîtront.

HYGIÈNE DE L'ÉLEVAGE.

Les qualités qui sont le plus particulièrement recherchées chez le porc, sont un développement corporel hâtif, et la faculté de bien engraisser. Ces qualités peuvent être gagnées en se conformant aux bons principes d'élevage, et de deux manières : en soignant convenablement les animaux qu'on élève, et plus vite en les soignant convenablement, tout en les croisant avec certaines races. Les croisements, chez les porcs, sont plus faciles et donnent des résultats plus certains que chez tous nos autres animaux domestiques. Il semblerait que Buffon n'a pensé qu'aux porcs, quand il a émis son grand principe concernant le croisement des races, principe toujours erroné, et qui, dans l'application, chez les autres animaux domestiques, a causé si souvent des torts immenses aux éleveurs.

L'aptitude à bien prendre la graisse et le développement corporel hâtif sont des qualités qui sont propres à l'espèce, et qui ne sont pas particulières à certaines races. Mais on peut les développer, les augmenter par l'élevage. Après plusieurs générations, dans une famille ou dans une race, quand l'éleveur a fait développer ces qualités, celles-ci se fixent tellement chez les individus, qu'elles se transmettent par la génération. Elles ne se maintiennent bien qu'aussi longtemps qu'elles sont bien conservées par des soins convenables.

Il n'existe peut-être pas d'espèce d'animaux domestiques avec lesquels on ait essayé, et essayé avec fruit, autant de croisements des diverses races entre elles, comme c'est le cas avec le cochon. Beaucoup de ces croisements, en Angleterre surtout, ont donné de bons résultats, principalement quand les autres soins d'élevage n'ont pas fait défaut. L'observation semble avoir démontré que, dans l'espèce porcine, l'accouplement entre eux d'individus de la même famille, en un mot, *la consanguinité*, est essentiellement nuisible, et donne de bien mauvais résultats. Mais ces résultats, qui sont attribués à la seule influence de la consanguinité dépendent uniquement de ce que dans les opérations de métissage, comme c'est ici le cas, la consanguinité double la puissance d'atavisme et hâte, par ce fait, la rétrogradation. En évitant la consanguinité, les qualités acquises se transmettent et se maintiennent avec beaucoup de facilité, en choisissant et en soignant bien les animaux reproducteurs.

Nous avons plusieurs fois eu l'occasion d'observer les suites fâcheuses de la consanguinité dans l'élevage des porcs améliorés. Sans qu'il y paraisse au commencement, les portées ne tardent pas à donner des individus maladifs, rachitiques, et qui ne peuvent nullement résister. C'est ce qui arrive très-fréquemment lors de l'importation des races nouvelles, dont on veut se servir pour l'élevage. On n'achète alors, en général, que quelques exemplaires, qui, le plus souvent, sont de la même portée, ou sont parents entre eux à un degré plus ou moins rapproché. Quelquefois aussi, on achète une truie pleine, et c'est avec les jeunes de cette portée qu'on veut établir la souche ou le point de départ de la porcherie. Dans de pareilles circonstances, les animaux qu'on obtient laissent beaucoup à désirer; l'éleveur recule au lieu d'avancer dans son entreprise d'amélioration. Nous avons vu, et on l'a dit avec raison, que les descendants d'animaux acquis à des prix élevés ont été détruits, ou se sont perdus, parce que les cochons de lait n'ont pas profité. Dans ces cas, on a attribué la faute à la variété même, qu'on ne savait pas assez flétrir, et on a de nouveau eu recours à l'ancienne race du pays.

On a observé à l'Institut agricole d'Eldona, et nous avons eu l'occasion de l'observer nous-même, que cette pratique chez les porcs perfectionnés, entraîne les conséquences fâcheuses suivantes, lorsque les accouplements ne sont pas entourés des plus grandes précautions :

1° Diminution des facultés de reproduction;

2° Rabougrissement plus ou moins marqué des jeunes quand ils sont sevrés;

3° Développement plus tardif, et conséquemment aptitude moindre à s'engraisser;

4° Impressionnabilité plus grande à être affectés par toutes les causes morbides, de sorte que les jeunes, provenant de pareilles portées, succombent le plus souvent.

On a vu de jeunes truies ne pas concevoir du tout, parce qu'elles étaient accouplées avec des verrats de la même portée qu'elles. On a vu aussi qu'elles concevaient encore bien pour une ou deux portées et devenaient ensuite stériles; ces inconvénients sont d'autant plus certains, quand la truie elle-même provient déjà d'un accouplement consanguin. Les accouplements consanguins, précieux pour améliorer les races pures par sélection, doivent donc être, en général, évités dans la multiplication des porcs métis de l'Angleterre, parce que, pour le même motif, ils hâtent nécessairement la rétrogradation de ces métis, arrivés à une spécialisation exagérée qui rend leur vitalité peu prononcée.

Quand l'éleveur a fait choix d'une variété quelconque, et qu'il trouve qu'elle lui convient, il cherche naturellement à la maintenir, sinon à l'améliorer. Pour cela, il doit procéder à la multiplication par sélection, tout en veillant scrupuleusement à éviter la consanguinité. Dans ce but il doit acheter les verrats dont il veut se servir, et les choisir chez des éleveurs qui tiennent convenablement des porcs de la variété qu'il veut élever, et ayant autant de ressemblance que possible avec les truies dont il se sert.

Il a recours au croisement quand il veut obtenir des individus améliorés. Par le croisement, il a ordinairement en vue de développer la précocité et la faculté d'engraissement. Il doit être bien prudent dans son choix, pour ne pas risquer de perdre des qualités qu'il possède déjà dans la race primitive.

Il est assez difficile d'émettre ici d'autres règles générales qui puissent s'appliquer à l'élevage par croisement. L'éleveur doit toujours à s'en tenir aux animaux qui répondent le mieux au but qu'il se propose. Il doit prendre en considération le climat, les habitudes locales, la manière de nourrir les porcs, l'état des porcheries, le marché, la facilité de l'achat et de la vente.

Si l'on excepte le lapin, le porc est l'animal domestique le plus productif, nous voulons dire le plus fécond. Les jeunes porcs sont déjà capables de se reproduire avant d'avoir atteint l'âge d'un an. La durée de la gestation est de seize à dix-sept semaines, en moyenne cent quinze jours. La truie peut produire deux fois par an, et chaque fois de quatre à douze jeunes. On a cité des exemples d'une force reproductive extraordinaire : c'est ainsi que, d'après Sinclair, on a vu une truie produire, en cinq portées, cent douze jeunes, et une truie chinoise donner en trois portées soixante-seize jeunes. Des auteurs se sont amusés à présenter des calculs qui démontrent la prodigieuse multiplication dont les porcs sont susceptibles.

L'accroissement du porc dure jusqu'à l'âge de quatre ans ; il est achevé plus tôt chez les petites races, et il peut même dépasser cet âge chez les grandes races communes. Cet animal peut atteindre l'âge de seize ans et même plus.

Quand on tient des porcs pour les multiplier, ou quand on veut en acheter dans ce but, on a à considérer le choix de la race, les qualités générales des reproducteurs, le choix des verrats et le choix de la truie.

Choix d'une race. —
Comme nous l'avons dit plus haut, il est difficile d'établir des règles fixes auxquelles on puisse avoir recours dans tous les cas, lorsqu'il s'agit de procéder au choix d'une race, quand on veut se livrer à l'élève du porc. Ce choix dépend d'une foule de circonstances particulières. On peut admettre qu'en général les grandes races sont à élever de préférence dans les contrées où la nourriture, pour les porcs, est à bas prix, et où l'on engraisse pour l'exportation ou pour la fourniture de marchés lointains. On recommande les races tardives, à longues jambes, pour les localités où l'on chasse les porcs dans des pâturages lointains, où on les engraisse en partie dans les forêts, et où l'on produit du lard séché dans les cheminées pour le conserver longtemps. Les petites races, les races hâtives ou précoces, sont, au contraire, préférables là où on les tient plus dans la porcherie, où l'on n'a pas besoin de les faire courir au loin pour chercher une nourriture parcimonieuse, en un mot, là où on les élève et les engraisse à la ferme même. Elles sont plus avantageuses et plus lucratives pour produire le lard frais, ou, comme on dit vulgairement, de la viande verte ; elles offrent, dans ce cas, de notables avantages, en ce qu'elles ne font pas tant attendre les bénéfices qu'elles sont appelées à donner. Il est du reste suffisamment démontré, que généralement, dans les pays où l'agriculture est avancée, les petites races, les races perfectionnées payent mieux leurs frais que les races naturelles, à la condition qu'on ne les laisse pas manquer des soins nécessaires. Dans beaucoup de pays, les influences et les habitudes commandent de donner la préférence à des individus intermédiaires : il faut alors le plus souvent avoir recours aux croisements.

Qualités générales des reproducteurs. —
Pour être bien conformé, un cochon reproducteur, de quelque race qu'il soit, doit avoir la tête proportionnellement courte, le groin aussi mince que possible, les joues charnues, le front proéminent. La peau au-dessus des yeux doit offrir plus ou moins de plis, la conque auriculaire doit être mince, le cou proportionnellement court et épais, le garrot large, s'adaptant sur une poitrine ronde. Le dos doit être large, aussi droit que possible, la croupe large et élevée. Le corps doit être long, large et bien arrondi, la peau fine ; les jambes doivent être en force proportionnées au corps, mais plutôt courtes que longues. Ce sont là les formes principales qui caractérisent les porcs faciles à engraisser. Tandis qu'un cochon mal conformé ne livre, après l'engraissement complet, que 3 à 4 kilogrammes de saindoux ou dépôt graisseux des intestins, par 50 kilogrammes du poids de l'animal, un porc bien conformé, livrera do cette graisse, pour le même poids de l'animal, 5 à 7 kilogrammes.

Un cochon reproducteur doit avoir le tempérament doux, pour qu'il soit facilement traitable par les personnes qui le soignent. Ce caractère doux dépend aussi quelquefois de la nature des soins qu'on accorde à l'animal. Le verrat peut devenir méchant, c'est pourquoi il est toujours prudent de lui casser les canines quand elles paraissent trop longues. Les truies méchantes deviennent dangereuses, quand elles mettent bas, et souvent alors elles tuent leurs jeunes. C'est même un défaut héréditaire, et comme des porcs pareils manquent de tranquillité, et qu'ils s'engraissent en conséquence plus difficilement, il ne faut pas les conserver pour la reproduction.

La fécondité est variable d'après les races et même d'après les familles. Cette qualité étant héréditaire, il ne faut pas la perdre de vue dans le choix des reproducteurs.

La précocité dans le développement et l'aptitude à prendre facilement la graisse, sont deux qualités dont nous avons suffisamment parlé, et qu'il faut naturellement prendre en considération lors du choix des reproducteurs.

Choix du verrat. — Comme le verrat sert ordinairement à féconder un plus ou moins grand nombre de truies, on doit évidemment avoir bien soin de le choisir avec les meilleures qualités possibles. Pour qu'il ait de la constance à imprimer ses bonnes qualités à ses produits, il est essentiel de ne pas le choisir parmi des bâtards; il faut le prendre dans une race fixe, aussi ancienne que possible. Il doit naturellement être bien conformé, avoir la tête légère, être gai, d'un tempérament vif. Il faut s'assurer qu'il provient d'une famille connue pour être prolifique, et que les organes génitaux soit bien et normalement conformés.

Avant l'âge de dix mois, il ne faut pas laisser le verrat saillir. On ne doit jamais lui donner plus de quarante truies; et quoiqu'on ait observé que sa force reproductive puisse durer jusqu'à sa dixième année, il ne faut cependant pas le livrer à la reproduction après l'âge de quatre à cinq ans.

Choix de la truie. — Ici il y a naturellement lieu de voir d'abord si l'animal possède les qualités héréditaires qu'on recherche. Autant que possible, on choisira la truie d'une portée de printemps. On prendra dans ce cas le cochon de la portée qui se sera le mieux développé, ordinairement l'un de ceux qui se sont habitués à téter les mamelles du milieu. La truie doit avoir l'aspect féminin, ce qui est le meilleur caractère visible de fécondité. Il va sans dire qu'on la prendra, elle aussi, dans une famille connue par sa fécondité. On aime à lui voir un cou passablement long, le corps et principalement l'abdomen long, le bassin large, les mamelles bien conformées et au moins au nombre de douze.

Les races qui montrent de la tendance à manger leurs jeunes, comme cela arrive fréquemment, doivent être réformées.

Dans les races artificielles, il ne faut pas choisir pour la reproduction les truies qui accusent une trop grande aptitude à s'engraisser. C'est là un état maladif, pour ainsi dire, et de pareilles truies sont souvent stériles.

Il ne faut pas non plus livrer les truies à la reproduction avant l'âge de dix mois, ni les conserver dans ce but après l'âge de cinq ans. Passé cet âge, leurs facultés reproductives vont d'ordinaire en déclinant.

Accouplement et gestation. — La fécondation de la truie ne pouvant avoir lieu que quand elle est en chaleur, on doit se garder de la livrer au verrat du moment où elle n'offre pas les caractères de cet état : cela occasionnerait du reste aussi du tort au verrat.

On reconnaît que la truie est en chaleur, quand elle manifeste une inquiétude constante dans sa loge, et fait entendre un sourd grognement continuel. Elle a alors la bouche écumeuse; elle tend toujours à s'approcher des autres porcs pour s'accoupler, et elle a les parties génitales rouges, quelquefois tuméfiées. Il est toujours prudent de ne pas laisser saillir les truies pendant les premières heures du rut; elles ne conçoivent bien que quand on ne les livre à l'acte de copulation qu'après qu'elles ont été de dix à quinze heures en chaleur. Le rut dure de un à deux jours; et il n'apparaît de nouveau, quand la truie n'a pas été livrée au verrat, qu'après environ un mois. Une truie non en chaleur ne souffre pas l'approche du verrat.

Pour faire effectuer la saillie, on enferme la truie avec le verrat dans une loge, ou mieux dans une cour, où on les laisse ensemble en liberté. Quand le verrat est vigoureux, comme cela devrait toujours être le cas, l'acte n'est pas traîné en longueur. Les verrats trop jeunes sont souvent trop agités, tandis que ceux qui sont trop vieux sont paresseux et même souvent inféconds. Les Anglais ont l'habitude de ne donner à chaque verrat que tout au plus dix truies par an, tandis que sur le continent on compte que pour les races naturelles un verrat peut suffire à trente ou quarante truies.

Les truies sont généralement fécondées deux fois par an. La première année il est à conseiller de ne les faire porter qu'une fois; sans cela on nuirait au développement de la mère et des jeunes. L'éleveur soigneux cherchera à s'y prendre de manière à faire saillir les truies autant que possible à des époque telles qu'elles mettent bas avant ou après les grands froids.

L'état de la *gestation* se reconnaît assez difficilement aux époques peu éloignées de la saillie. La truie qui a conçu redevient tranquille et est souvent couchée. Plus tard la gestation se reconnaît par le développement de l'abdomen et des mamelles.

Les truies pleines doivent être bien nourries, pour qu'elles puissent suffire au développement de leur progéniture. L'éleveur qui prend son métier à cœur, mettra la truie pleine dans une loge séparée, surtout quand l'état de la gestation est un peu avancé; il la nourrira bien sans la pousser à l'engraissement.

Les aliments qui conviennent aux cochons reproducteurs sont si nombreux et si variés qu'il est inutile de les énumérer ici. Il faut cependant éviter de leur donner une nourriture trop échauffante. On recommande beaucoup les carottes, qui, d'après notre expérience, constituent pour eux, dans tous les cas, une nourriture très-bonne et peu coûteuse. Vers le milieu de l'époque de la gestation, il faut leur donner un supplément de farineux, qu'on retire toutefois, quelque temps avant le part.

Si, dans cet état, on accorde ordinairement aux

races naturelles trop de mouvements, c'est-à-dire, qu'on les laisse courir dans les champs et les bois à la recherche d'une maigre et chétive nourriture, il convient de se garder avec les races perfectionnées de tomber dans l'excès opposé : cela ne manquerait pas de nuire aux forces reproductives des truies comme des verrats.

Il faut éviter toutes les causes qui peuvent produire l'avortement, telles que nourriture trop copieuse ou trop parcimonieuse, aliments aqueux, moisis, coups, chocs, etc.

Parturition. — L'approche de la mise-bas se reconnaît à l'ampleur considérable de l'abdomen, à l'enfoncement du dos, à la tuméfaction des mamelles, et à la sécrétion laiteuse de ces glandes. L'animal éprouve de la douleur, il est inquiet ; il s'occupe à rassembler la paille pour sa litière. Dans cet état, on doit lui donner de la paille courte pour qu'il ne perde et n'écrase pas ses jeunes dans la litière. Il y a des truies qui ont si peu d'intelligence, qu'il faut leur enlever les jeunes pendant quelques heures après la mise-bas, parce que par inadvertance elles les écraseraient tous. On les place alors dans un endroit sec et chaud.

Dans tous les cas, la truie qui fait des jeunes doit être placée seule dans une loge, parce que la présence d'autres porcs la dérange, l'irrite souvent, et c'est même quelquefois une des causes qui portent les truies à manger leurs jeunes. Une autre cause de vice anormal ou contre nature, c'est quand on laisse la mère avaler un morceau du délivre. Une truie qui a une fois mangé ses jeunes, doit être mise à la réforme, parce qu'ordinairement elle le répète aux parts subséquents. On a avancé que les truies qui ont été nourries avec des substances animales sont plus prédisposées à ce vice. D'après ce que nous avons pu observer, il y en a beaucoup qui le gagnent quoiqu'elles soient exclusivement nourries de substances végétales.

Pour remédier à cette fâcheuse disposition, on a recommandé de laver les porcelets avec une solution d'aloès ou de coloquinte, en disant que cela empêche les truies de toucher à leurs jeunes. Ces moyens ne nous ont pas réussi, et nous avons suivi avec plus de succès ce que d'autres ont recommandé aussi, c'est-à-dire d'éloigner pour une demi-journée les jeunes porcs, et ensuite de les faire remettre aux mamelles, tout en faisant encore surveiller la mère pendant une couple d'heures, et en la caressant par des frottements sur le dos. Si, après avoir épuisé la douceur, la truie ne veut pas se laisser teter par ses nourrissons, ce qui arrive encore assez souvent lors du premier part, il faut avoir recours aux moyens coercitifs. On doit alors entraver la mère, la museler et la faire tenir couchée à terre par des hommes, pendant qu'on approche les petits des mamelles. Après avoir répété cette manœuvre pendant quelques jours, les truies finissent par souffrir leurs jeunes.

L'on a préconisé l'administration de vomitifs aux truies qui veulent manger leurs jeunes. On prétend par là leur communiquer un dégoût et une inappétence telle qu'elles se gardent de toucher à leur progéniture.

La mère, qu'il faut toujours laisser bien tranquille pendant l'accouchement, fait un jeune après l'autre en laissant un intervalle plus ou moins long entre eux.

On voit souvent, dans une portée, qu'il y a des jeunes qui, immédiatement après avoir quitté le corps de la mère, au lieu de se diriger de suite vers le pis, restent couchés et paraissent comme privés de vie. Dans ce cas il ne faut pas se hâter de les jeter ; nous avons vu plusieurs fois de ces porcelets rester pendant plus d'un quart d'heure dans cet état léthargique, pour revenir ensuite à la vie, et se mettre gaiement en rang au repas des mamelles de la mère.

Nous avons plusieurs fois entendu prétendre, et nous l'avons même lu dans un livre, que dans une portée chaque porcelet a sa mamelle qu'il ne quitte pas, et qu'aux mamelles antérieures ou à celles du milieu se trouvent toujours les meilleurs. Lors des nombreuses observations que nous avons eu l'occasion de faire, nous avons chaque fois constaté que cette assertion est erronée ; toujours les porcelets sucent indifféremment à l'une ou à l'autre mamelle. On voit presque à chaque instant un porcelet quitter une mamelle, ou en être chassé, soit par son camarade, soit par un mouvement de la mère, et s'attacher de suite après à une autre mamelle.

Quand la truie fait plus de jeunes qu'elle n'a de mamelles, on fait bien de tuer les plus faibles.

L'accouchement est quelquefois accompagné de difficultés qui peuvent provenir, soit de la position vicieuse des porcelets dans la matrice, soit de défauts de la matrice même. Dans ce cas, l'éleveur s'assurera de l'état des choses, et s'il trouve qu'il n'arrivera pas facilement au but, il fera bien de s'adresser tout aussitôt à un homme de l'art. Il en sera de même si, après l'accouchement, il y avait renversement du vagin ou de l'utérus.

Peu après le part, bien rarement plus d'une demi-heure, la mère expulse le délivre ou arrière-faix.

Allaitement. — Après l'accomplissement de la parturition il faut s'assurer surtout si la truie a autant de jeunes que de mamelles, si celles-ci donnent toutes du lait. Il arrive quelquefois que plusieurs mamelles n'en donnent pas, et qu'alors les porcelets les plus forts s'emparent de celles qui ne sont pas dans ce cas, de manière que les porcelets les plus faibles sont réduits à sucer les mamelles qui ne donnent rien. C'est là très-souvent la cause de la perte de jeunes porcelets. On obvie à cela de la manière suivante : si le pis est rouge et enflammé, on le frictionne avec de la pommade camphrée deux fois par jour, matin et soir, et on lotionne à midi avec une décoction de mauve, tout en exerçant sur les mamelles une légère traction au moyen des doigts, pour faire sortir le lait gâté. Si le pis n'est pas enflammé, les lotions avec la mauve ne sont pas nécessaires. Il faut en même temps avoir soin de mettre les porcelets les plus faibles aux mamelles qui donnent le plus de lait. Les bons soins et surtout la bonne nourriture donnés à la mère, influent le plus sur le bon état des nourrissons. Pendant les quelques jours qui suivent la parturition, on nourrit fortement et avec des aliments très-nutritifs quand la mère est maigre, plus ou moins débile en mauvais état. Aux truies qui sont en bon état, qui sont pour ainsi dire grasses, il faut pendant quelques jours après la parturition diminuer la nourriture, et surtout la donner plus aqueuse. Il faut administrer au moins quatre repas par jour. Ensuite, on augmente graduellement les rations. On doit toujours préférer les aliments cuits et délayés, parce qu'ils agissent plus favorablement sur la sécrétion du lait. Quelques jours après la parturition et quand le temps est favorable, on mettra la mère une couple d'heures par jour en pâture, mesure essentielle quand la loge laisse à désirer sous le rapport hygiénique. Après une quinzaine de jours les porcelets pourront suivre la mère à la pâture ou dans la cour.

Il est en général préférable de donner la nourriture avec régularité et aussi uniforme que possible. Quand on change trop ou trop souvent de nourriture, la sécrétion laiteuse en souffre. Quand la mère est faible, ou que pour une cause quelconque elle donne trop peu de lait, comme c'est souvent le cas chez les primipares, il faut aussitôt que possible habituer les jeunes à prendre une autre nourriture. On commence alors à leur présenter du lait de vache, et ensuite des soupes coupées de farine d'avoine, de lait, de tourteaux de lin, et peu à peu de racines cuites. Il faut donner souvent les aliments aux nourrissons par petites quantités à la fois, et toujours tièdes.

C'est surtout de l'influence du froid qu'il faut soustraire les porcelets : le froid en fait succomber beaucoup; de là la nécessité de s'y prendre de manière à ce que les truies ne mettent pas bas pendant l'hiver. Il va sans dire que les soins de propreté sont encore plus nécessaires aux nourrissons qu'aux porcs qui ont déjà atteint un âge plus avancé.

Il arrive souvent que les incisives trop précoces et trop pointues des nourrissons, quand ceux-ci tettent leur mère, occasionnent des douleurs qui font que la truie fuit leur approche. Dans ce cas, on fait bien de briser ces incisives au moyen d'une petite tricoise.

Le rut des truies, qui se manifeste ordinairement six semaines après la mise bas, influe souvent d'une manière pernicieuse sur la sécrétion du lait et conséquemment sur la santé des porcelets. C'est pourquoi il faut tâcher de sevrer les jeunes avant cette époque.

On laisse ordinairement les nourrissons près de la mère pendant quatre semaines, tout en les habituant à prendre eux-mêmes de la nourriture, comme du lait de vache, de la farine, du son, des racines cuites, etc. Quand on veut avoir de très-beaux élèves, il est bon de prolonger encore le temps de l'allaitement, ce qui se fait cependant un tant soit peu aux dépens de la mère. Ici on pourra se guider d'après l'état de la mère et d'après la fréquence des portées qu'on veut lui demander.

Lorsque à l'époque du sevrage, le lait ne tarit pas dans le pis de la truie, il convient de lui donner des aliments secs, en moindre quantité, de laver le pis avec une décoction d'écorce de chêne et d'administrer un purgatif.

Sevrage. — Le sevrage doit s'opérer graduellement. On sépare la truie de ses nourrissons, pour les remettre ensemble plusieurs fois par jour. Ensuite on enlève une partie des porcelets, ceux qui sont les plus vigoureux, et on continue encore pendant quelque temps à faire teter quelques fois par jour les porcelets les plus faibles. On éloigne peu à peu tous les jeunes. Ce procédé offre l'avantage de hâter l'accroissement des porcelets qui sont en retard, et de faire tarir peu à peu le lait des mères.

Les porcelets ont souvent besoin d'eau pour boire, et il faut chaque fois bien nettoyer l'auge avant de leur présenter un nouveau repas.

Soins à donner aux porcelets sevrés. — Il sera question plus loin de la nourriture, des habitations et des divers soins d'entretien qu'il faut administrer aux cochons. Il existe cependant des règles zootechniques qui sont en quelque sorte propres aux cochons, depuis l'époque du sevrage jusqu'à ce qu'ils soient mis à l'engraissement, c'est-à-dire pendant cette période où l'on ne les tient que pour l'accroissement. Durant la lactation, un petit nombre de cochons de lait, ordinairement ceux qui ne sont pas les mieux conformés, et encore seulement pendant les années où les fourrages manquent un peu, sont livrés à la consommation. Ces cochons de lait, qui fournissent à la table un mets exquis, sont tués à l'âge de trois à cinq semaines.

Les points à toucher dans le présent paragraphe ont trait à des manières particulières de nourrir le porc, au bouclement, à la castration et à la connaissance de l'âge d'après les dents.

C'est principalement après le sevrage que les soins qu'on donne aux porcs sont, en général, trop parcimonieux. Les porcelets qu'on ne destine pas à la reproduction doivent être soumis à la castration, ce qui peut déjà être pratiqué pendant l'époque de l'allaitement. A ce moment, les verrats sont châtrés par la simple ablation des testicules, sans autres soins particuliers.

Si l'on tient à élever d'une portée un verrat ou une truie pour la reproduction, on fait bien de laisser au moins les deux plus beaux sujets sans les châtrer, et, après quelques mois, on vend ou on châtre celui qui s'est le moins bien développé. C'est là un procédé très-peu dispendieux pour se procurer de bons reproducteurs avec beaucoup de certitude. Ce sont principalement ceux qu'on conserve pour la reproduction qui doivent être bien nourris pendant la première année.

Quand, après le sevrage, on nourrit convenablement les jeunes porcs, ils se développent d'autant mieux et d'autant plus vite. Si dans la même loge il y en a plusieurs, il faut veiller à ce que les plus faibles ne soient pas repoussés de la mangeoire par les plus forts, qui sont en même temps les plus voraces; dans ce cas, il est avantageux, sinon indispensable, d'éloigner les porcs chétifs et de les nourrir à part.

Des auteurs ont recommandé de mêler de la poudre d'os très-fine aux aliments des porcs. Ils ont prétendu que cette substance les fait développer plus vite, et surtout qu'elle est le meilleur préservatif des maladies rachitiques, auxquelles les porcs sont exposés, et qu'on a attribuées au manque de phosphate de chaux dans les aliments. Des expériences exactes et suivies, faites à ce sujet en Allemagne, ont prouvé que la poudre d'os n'exerce pas cette influence, et que les aliments que l'on sert habituellement aux porcs contiennent le phospate calcaire en quantité suffisante pour leur développement. On a aussi recommandé, dans ce but, d'ajouter un peu de craie pulvérisée aux aliments, ce qui peut avoir pour résultat d'empêcher l'apparition de ces diarrhées qui font beaucoup de tort aux porcs.

Les aliments azotés agissent le plus favorablement sur le développement du cochon, à la condition toutefois qu'ils soient convenablement mélangés avec des aliments non-azotés. C'est ainsi qu'en nourrissant bien un jeune porc avec des pommes de terre cuites et de la farine d'orge, il engraissera vite, mais il restera petit; tandis que si on lui donne en quantités convenables des résidus de la laiterie, des tourteaux de lin, des graines, du fourrage vert provenant des papilionacées, de la viande, etc., il gagnera proportionnellement beaucoup plus en poids et en taille.

Comme les porcs digèrent vite, il est toujours avantageux de leur distribuer la nourriture acidulée ou macérée, sous forme molle, plus ou moins liquide. Les aliments durs, coriaces, sont mal digérés : on les donne plus profitablement aux bêtes à cornes qu'aux porcs. C'est pourquoi les fourrages verts, tels que la luzerne, le trèfle, le sainfoin, les vesces, ne peuvent convenablement leur être donnés que quand ils sont tendres, frais et succulents. Dans ce cas, c'est là un fourrage très-profitable pour nourrir les porcs en été.

La cuisson augmente notablement la valeur nutritive des racines, des carottes surtout, quand il s'agit de nourrir les porcs.

Lorsque la cuisson de ces aliments entraîne à de trop grands frais, on peut lui substituer la macération. Pour cela, on laisse fermenter les aliments mélangés entre eux dans des réservoirs ou dans des tonneaux avec une quantité suffisante d'eau, ordinairement et de préférence avec les eaux grasses provenant des lavures du ménage. Cette fermentation doit durer de vingt-quatre à trente-six heures. Il ne faut pas attendre la fermentation acétique, parce qu'alors les aliments exercent une influence nuisible sur l'estomac des porcs. Quoique la cuisson des aliments vaille mieux que la macération, ce dernier mode n'en a pas moins son mérite, et aujourd'hui il reste bien établi que les animaux mangent avec avidité les aliments ainsi préparés et qu'ils en profitent bien. Seulement, il ne faut pas en donner aux très-jeunes porcs, ni aux truies pendant l'allaitement.

Les porcs coureurs qu'on élève pendant deux ans avant de les soumettre à l'engraissement, doivent naturellement se passer de la plupart de ces soins. Ils prennent la majeure partie de leur nourriture au dehors, et en vivant plus ou moins misérablement, ils sont pendant un espace de temps qui aurait suffi pour engraisser deux ou trois générations successives de porcs bien tenus et nourris, exposés à toutes sortes de mauvaises chances. A la vérité, ils fournissent ensuite une viande et du lard plus denses, mais leur prix de revient doit être, toutes proportions gardées, beaucoup trop élevé là où l'agriculture est avancée. Cette manière d'entretenir les porcs ne saurait être avantageuse que dans les contrées où ils vont sans frais chercher une nourriture qui, autrement, serait perdue.

Si l'on nourrit à la porcherie, on donne ordinairement trois repas par jour. Il faut avoir soin de laisser sortir les porcs tous les jours dans la cour, si l'on vise à un développement corporel convenable. Pour cela, on doit éviter les heures où la chaleur est trop forte. On procure dans la cour de la porcherie ou dans l'enclos une occupation agréable aux porcs, en leur y donnant des résidus alimentaires, ainsi que des racines, feuilles, débris de jardinage, fourrages verts.

Dans les contrées où il y a beaucoup de forêts de chênes et de hêtres, on possède toujours des races porcines à longues jambes, à dos voûté, et, du reste, très-bien conformées pour la course. Là, pendant les années où les glands et les faînes sont abondants, on gagne évidemment à envoyer les porcs à la glandée; ils y prennent un bon commencement d'engraissement. Il y a des pays où l'on préfère récolter les glands, et où on les donne à la porcherie.

On croit avoir observé en Allemagne que la ladrerie est beaucoup plus fréquente chez les porcs qui cherchent leur nourriture au dehors que chez ceux qui sont exclusivement nourris dans les fermes, ce qui est assez en concordance avec les nouvelles découvertes de la science sur l'origine de la ladrerie. La dégoûtante méthode, suivie encore dans quelques localités, de nourrir les porcs avec des excréments humains, en plaçant les latrines en communication avec la porcherie, est aussi une cause fréquente de cette ladrerie.

Moyens d'empêcher le cochon de fouiller. — Quand on met les porcs parmi les champs et les pâturages, ils cherchent par instinct les larves d'insectes et les racines dans le sol, en le fouillant au moyen du groin. De cette manière, ils détruisent le gazon et font des excavations et des inégalités nuisibles à la culture. On obvie à cet inconvénient au moyen du *bouclement*. A cet effet, on passe à travers l'extrémité inférieure du boutoir, entre les deux narines, une cheville mince en fer, un morceau de fil d'archal, ou un long clou à ferrer bien effilé. On fait à chacun des bouts une anse pour maintenir cette espèce de ferrure en place, et on la maintient mieux encore en réunissant les deux anses pour former ainsi une espèce d'anneau avec le morceau de fer. La présence de cet appareil occasionne de la douleur à l'animal toutes les fois qu'il veut fouiller la terre, et l'empêche par là, plus ou moins, de se livrer à cet acte.

Le bouclement varie un peu suivant les pays; on a même proposé des appareils perfectionnés pour atteindre le but. L'opération est dans tous les cas simple et peu dangereuse, mais rarement elle devient complétement satisfaisante.

On a aussi préconisé dans le même but la section des tendons des muscles releveurs du groin, ce qui n'est pas même aussi efficace que le bouclement.

Castration. — La castration des porcs, outre l'infécondité qu'elle produit, rend les animaux beaucoup plus aptes à l'engraissement. Cette opération se pratique à tous les âges, et tandis que les uns la recommandent de préférence pendant l'âge de l'allaitement, les autres préfèrent y soumettre les porcs vers l'âge de cinq mois, prétendant que les animaux se développent mieux. Elle est ordinairement exécutée par des hommes spéciaux, qui ne manquent pas dans les campagnes, qui s'en font un métier et l'exécutent en général assez bien.

Chez le mâle, et pendant le jeune âge, l'opération est bien facile, comme nous l'avons déjà dit plus haut. L'animal étant maintenu couché sur le côté ou sur le dos, l'opérateur fait une incision dans la bourse du testicule, et excise tout simplement celui-ci. Quand le verrat est plus âgé, c'est-à-dire lorsqu'il a dépassé l'âge de deux mois, et que les vaisseaux du cordon testiculaire sont déjà développés, l'excision doit être précédée d'une ligature pour empêcher l'hémorrhagie, à moins qu'on n'enlève le testicule par torsion. Des soins de propreté subséquents, des lavages au moyen d'eau tiède, suffisent pour guérir la plaie. Quelquefois, l'un des testicules, ou tous les deux, ne sont pas descendus dans la bourse et restent dans le ventre ; dans ce cas, il est impossible de châtrer, et un verrat qui possède cette anomalie aux parties génitales est capable de s'accoupler, mais il est infécond.

La castration des truies est plus difficile, et exige même une certaine dextérité et beaucoup d'habitude. L'animal est couché sur le côté droit, avec le train de derrière maintenu plus élevé. On fait, au moyen d'un instrument tranchant, une ouverture dans le flanc gauche, après y avoir arraché les soies, un peu en avant de l'angle de la hanche. On pénètre dans l'abdomen avec l'index de la main droite, en le dirigeant un peu en avant et en haut. On y trouve l'ovaire gauche, qu'on attire au dehors en recourbant le doigt sur le ligament au moyen duquel il est suspendu. Par cette traction, l'ovaire droit est aussi attiré vers l'ouverture, et l'opérateur va le prendre comme il vient de le faire avec le gauche. On peut même attirer impunément au dehors une bonne partie de la matrice. Les ovaires sont enlevés par râclement ou par torsion, le restant est remis en place, et l'ouverture de la peau est refermée au moyen de quelques points de suture. Il faut avoir la précaution de ne pas comprendre des parties d'intestins dans la suture. Les soins ultérieurs consistent à laisser pendant quelques jours les animaux tranquilles dans la loge.

Il ne faut jamais châtrer les truies qui sont en chaleur, ni quand elles sont en état de gestation trop avancée. Si l'on châtre des truies qui ont servi à la reproduction, la meilleure époque est à peu près un mois après la parturition. On leur donne, après l'opération, des aliments très-délayés. Au bout d'une douzaine de jours, la guérison est complète.

Connaissance de l'âge d'après les dents. — Chez le porc, cette connaissance est loin d'avoir la valeur pratique qu'elle a chez les autres animaux, d'autant plus que l'exploration est accompagnée de beaucoup de difficultés. Du reste, l'âge et la valeur du porc se jugent assez bien par la simple inspection.

C'est entre trois et quatre mois d'âge que le porc a toutes ses dents de lait. Elles sont remplacées par les dents d'adulte à partir du neuvième mois. A l'âge de quinze à dix-huit mois, le porc a ordinairement toutes ses dents d'adulte.

HYGIÈNE DU PORC ADULTE.

Porcherie. — La première chose à considérer dès qu'on veut entreprendre l'élève ou l'éducation d'une race porcine quelconque, c'est l'habitation qu'on destine aux animaux. Il est évident que plus une race est améliorée, ou plus elle s'éloigne de l'état sauvage, quand on veut l'élever d'après les principes de l'agriculture perfectionnée, moins les animaux vivent à l'air libre, plus ils passent de temps dans la ferme, et plus l'habitation, la porcherie, doit être construite conformément à des règles hygiéniques que l'expérience et l'observation ont fait connaître. L'élève et l'entretien du porc par le système pastoral diminuent de jour en jour pour faire place à l'entretien par le système de la stabulation plus ou moins permanente.

Les toits à porcs doivent naturellement être construits et disposés de manière à garantir les animaux, qu'ils sont appelés à loger, de toutes les influences qui peuvent nuire à leur santé. Le froid, le chaud miasmatique, et surtout l'humidité, doivent être soigneusement évités. L'exposition vers le midi est à préférer dans les pays septentrionaux, et l'exposition au nord dans les contrées méridionales.

Si l'emplacement le permet, il est toujours avantageux de donner aux porcs une cour particulière ; et quand il y a stabulation permanente, cette cour doit offrir assez d'espace pour que les animaux puissent y prendre leurs ébats, et que même on puisse les y séparer en cas de nécessité, d'après l'âge et le sexe. Un petit réservoir d'eau dans cette cour est une chose indispensable pour tout établissement bien tenu, et il sera disposé de manière à ce que les porcs s'y baignent facilement, et que l'eau puisse être assez fréquemment renouvelée. De plus, il est toujours utile d'avoir des plantations d'arbustes ou d'arbres dans la cour destinée aux porcs : ils s'y mettent à l'ombre en cas de nécessité, et les troncs leur offrent beaucoup de facilités pour se frotter et se nettoyer ainsi la peau par un étrillement naturel.

Les grands arbres qui étendent leurs racines jusqu'au dehors de la cour résistent bien à tous les dégâts que se permettent les porcs, comme c'est le cas chez nous. Mais si l'on voulait établir des plantations nouvelles dans une pareille cour, on éprouverait souvent la plus grande difficulté à y faire croître les jeunes arbres ou arbustes. Nous avons vu dans la cour d'une grande porcherie des bouquets de sureau et d'hyèble, et l'on nous a assuré que ce sont les seules plantes qui résistent aux dégâts des porcs.

L'intérieur de la porcherie sera toujours assez grand pour que les porcs y aient une place suffisante pour se coucher, et une autre pour déposer leurs ordures. Dans cette condition, ils ne salissent jamais la place où ils se couchent pour se reposer et pour digérer. Nous croyons inutile de prescrire ici des dimensions exactes, attendu qu'elles doivent varier à l'infini, d'après les races, l'âge, la taille et le nombre des animaux à loger, et aussi suivant qu'on les tient pour l'engraissement ou pour l'élevage. Les meilleurs auteurs qui ont écrit sur la matière, et qui ont fixé des dimensions pour une loge, ont présenté des chiffres excessivement variables.

Quand l'emplacement le permet, il est toujours avantageux et commode de placer les truies portières, ainsi que les porcs à l'engrais, chacun dans une loge à part, et de faire communiquer cette loge avec un petit emplacement clos et à l'air libre. Il est prouvé qu'un porc engraisse plus vite lorsqu'il est isolé que lorsqu'il mange à une auge commune, et qu'une température élevée est surtout préjudiciable aux porcs à l'engrais.

L'air pur est avant tout nécessaire aux cochons. Il est démontré par l'observation qu'aucun animal n'a autant besoin que le porc, pour être conservé en bon état de santé, et pour bien engraisser, de pouvoir opérer l'oxygénation du sang dans les poumons et à la peau au moyen d'un air non vicié. Ce sont les habitations sales, humides, méphitiques, qui occasionnent la plupart des maladies.

Le plancher des porcheries doit être complétement imperméable. Suivant les contrées et les prix des matériaux de construction, le dallage peut être en pierres, en planches, en pavés cimentés, en briques ou en béton. Ce plancher sera incliné pour donner un écoulement convenable aux déjections liquides. Ceci s'obtient quelquefois, mais par exception, au moyen d'un plancher à claire voie, de manière que les excréments tombent dans une espèce de cave sous-jacente. Cette dernière disposition nous semble avoir été beaucoup trop prônée.

Les porcheries peuvent être construites avec beaucoup de simplicité ; elles doivent cependant toujours être disposées de façon à ne pas être trop soumises aux changements subits de température. Il est d'usage de les placer dans l'intérieur d'un bâtiment, ou, ce qui est plus souvent le cas, elles sont établies dans un coin de la cour, ou derrière la maison, contre un mur quelconque. Les portes et les fenêtres seront disposées de manière à s'ouvrir et à se fermer convena-

blement. La mangeoire ou l'auge sera placée de façon qu'on puisse la nettoyer sans qu'on ait besoin d'entrer dans la pièce où couchent les porcs, et de manière à pouvoir leur donner le manger du dehors : ceci est aujourd'hui la disposition la plus généralement suivie, parce qu'elle est la plus convenable, la plus commode et la moins dispendieuse. Dans ce cas, l'auge se trouve moitié en dedans, et l'autre moitié en dehors de la loge, dans l'épaisseur de la paroi antérieure ; elle est pourvue d'un couvercle à charnières, suspendu par le haut et arrangé de façon à fermer entièrement l'auge, soit du dedans, soit du dehors.

Les auges sont en bois, mais de préférence en béton, en pierre de taille ou en fonte. Souvent on y dispose des compartiments pour que les porcs les plus voraces ne puissent pas empêcher les autres de manger tranquillement.

Les porcheries d'une certaine importance seront toujours accompagnées d'une espèce de cuisine où l'on prépare les aliments destinés aux animaux.

Une porcherie défectueuse ou mal établie est certes une chose à éviter ; mais il ne faut pas oublier que l'excès contraire entraîne à un surcroît de dépenses dont doit bien se garder le véritable cultivateur, qui ne perd pas de vue qu'il faut avant tout produire au meilleur marché possible.

Pour l'élevage des cochons, surtout si l'on a affaire à des races artificielles et dans les pays septentrionaux, l'habitation se trouve toujours beaucoup mieux dans l'intérieur d'un établissement : les froids de l'hiver sont très-préjudiciables aux cochons de lait.

Du reste, les dispositions de détail peuvent varier infiniment, tout en se conformant aux règles de l'hygiène.

Nous avons quelquefois vu mettre des porcs à l'attache pour les engraisser, comme on le fait ordinairement pour les bêtes à cornes et les chevaux. Ces animaux nous ont paru, comme leurs détenteurs l'ont assuré, engraisser facilement. Cette pratique a pour principal mérite d'épargner les frais de construction d'une loge particulière. Ordinairement les porcs ainsi attachés au moyen d'un licou, se trouvent placés dans un coin de l'étable. Les races à tête soit peu grosse, à cou long et pas trop charnu, comme celles désignées plus haut dans la catégorie des porcs à grandes oreilles, offrent seules la conformation convenable pour pouvoir être mises à l'attache au moyen d'un collier.

Nourriture. — Quand on veut élever des porcs avec profit, il faut pouvoir leur donner en abondance une bonne nourriture, qui toutefois n'aura pas une valeur plus grande que celle des résultats qu'on est raisonnablement en droit d'en attendre. Seulement, il convient que les animaux qui doivent servir à la reproduction, ne soient pas absolument trop nourris, car, dans un état d'obésité très-prononcé, ils perdent la faculté reproductrice.

Le cochon domestique est nourri d'après trois modes différents : 1° dans la porcherie ; 2° au pâturage ; 3° par régime mixte.

Nourriture dans la porcherie. — Les aliments qu'on donne ordinairement aux porcs dans les loges, sont les résidus de la laiterie, les déchets de la cuisine, les déchets et mauvaises herbes du jardin, les racines et tubercules, tels que pommes de terre, betteraves, carottes, topinambours; les fourrages verts, tels que trèfles, vesces, etc., les résidus des distilleries, des brasseries, des sucreries et des fabriques d'amidon, les fruits de basse qualité et même les marcs des fruits, les glands, les faînes et les châtaignes, toutes sortes de grains, le son, les tourteaux, les substances animales telles que sang et débris' des boucheries, viande de cheval. On prétend que les champignons et le sarrasin en vert sont très-nuisibles au cochon. D'après de bonnes observations faites en Allemagne, le sarrasin en vert, distribué dans la porcherie, n'est nullement contraire aux porcs. Mais si, après en avoir beaucoup mangé, on conduit ces porcs au dehors, de manière à les exposer aux rayons du soleil, ils tombent dans un état d'ivresse qui est rarement dangereux, et auquel les porcs noirs sont beaucoup moins exposés que les blancs.

Le plus souvent les aliments pour les porcs sont préparés en mélange, soit par la cuisson, soit par la macération ou la fermentation. On confond ainsi les solides avec les liquides, en ayant soin d'ajouter des substances plus nutritives à celles qui sont très-aqueuses. On a beaucoup écrit pour démontrer d'un côté que les aliments cuits sont préférables, et de l'autre côté, que les aliments crus doivent être préférés à cause de l'économie. L'expérience nous a prouvé que la combinaison des deux modes de préparer les aliments, est ce qu'il y a de mieux et de plus pratique. Les fruits ne doivent jamais être donnés en grande quantité quand ils ne sont pas bien mûrs. Les graines doivent être données cuites, macérées, concassées, ou moulues. Il faut surtout se garder de présenter les aliments à une température trop élevée.

Les porcs sont très-friands des aliments fermentés; dans quelques pays on ne leur prépare jamais leurs rations autrement.

On a fixé les quantités de nourriture à donner aux porcs. Nous nous abstiendrons encore une fois de présenter des chiffres, parce que ceux-ci, pour être exacts, devraient trop varier d'après différentes circonstances, telles que les qualités très-variables des nombreuses substances dont on nourrit le porc, et la taille, l'âge et la race des porcs à nourrir. Ce qui est certain, c'est que le porc, quand il doit bien profiter, demande plus de nourriture en proportion de son poids que le bœuf; et ce qui est certain aussi, c'est que proportionnellement le porc croît plus vite, tout en s'engraissant plus vite aussi. Un agronome très-compétent a pris la valeur nutritive du seigle pour unité, et il a admis qu'un porc âgé d'un an et plus, consommait par jour de 2^k,50 à 2^k,75 de seigle ou de son équivalent pour 100 kilog. de son poids, et qu'il fallait à un porc à l'engrais de 3 kil. à 3^k,50 de seigle ou de son équivalent pour 100 kil. de son poids.

Pour bien entretenir les jeunes porcs ainsi que les porcs à l'engrais, il est bon de leur donner quatre repas par jour, quoiqu'au besoin trois puissent aussi suffire. Nous avons souvent vu qu'on nourrit ces animaux sans repas réglés, principalement les porcs à l'engrais, auxquels on offre continuellement des aliments, jusqu'à ce qu'il y en ait de reste; dans ce cas, il faut cependant veiller à ce qu'au moins une fois par jour les auges soient bien nettoyées.

Nous avons vu un Anglais qui basait l'entretien de son magnifique troupeau de porcs de races artificielles, sur la culture des carottes. Il en faisait avec beaucoup de profit, semblait-il, la nourriture essentielle.

Dans beaucoup de circonstances, et surtout à l'époque actuelle, où, avec raison, on cherche à tirer parti de tout, il peut être très-avantageux de nourrir et d'engraisser des porcs avec des résidus et du sang des boucheries, ou de la viande de cheval. Ces aliments n'offrent pas les inconvénients qu'on leur a attribués. La viande de cheval peut se donner crue ou cuite. Nous l'avons vu distribuer de la dernière manière, et coupée en assez petits morceaux.

Nourriture au pâturage. — Les terres humides, ombragées, conviennent principalement au pâturage des porcs, de même que les forêts; ils y trouvent toutes sortes de vivres sur et dans la terre. Ils ramassent beaucoup d'aliments qui, sans eux, seraient perdus dans les champs, après la récolte des céréales, après l'arrachage des pommes de terre, des betteraves, des carottes, des topinambours, des féveroles, etc. Dans quelques localités on destine aux porcs des champs de trèfle, de vesces, de laitues; mais alors, pour les empêcher de fouiller la terre, il faut les boucler.

Les troupeaux de porcs conduits dans les champs par un pâtre commun, sont encore en usage dans beaucoup de contrées.

Nourriture par le régime mixte. — Elle consiste à conduire les porcs dans les champs où ils trouvent une alimentation insuffisante, et à les nourrir en outre à la porcherie. Ce régime est encore beaucoup usité, quoiqu'il tende à diminuer notablement, dans les pays à culture intensive.

Là où l'on conduit les porcs au pâturage dans les champs, souvent à de grandes distances et sur un sol maigre, il ne peut pas être question d'introduire les races artificielles : il faut là le porc à longues et fortes jambes, à corps mince et à dos de carpe, c'est-à-dire voûté.

ENGRAISSEMENT DU PORC.

De tous les animaux mammifères domestiques, le porc est celui qui s'engraisse le plus vite et aussi le plus facilement. Cela ne veut cependant pas dire qu'il consomme proportionnellement moins de nourriture; mais ce qui reste établi, c'est qu'il en consomme beaucoup qu'on ne pourrait pas autrement rendre profitable.

Le porc mâche très-peu les aliments qu'il prend; il les avale avec gloutonnerie, de manière que l'insalivation n'est pas forte. Après avoir pris son repas il se couche pour faire sa digestion, et alors il demande à ne pas être dérangé. L'intestin du porc est, toute proportion gardée, beaucoup plus court et en même temps moins parfait, ou, pour mieux dire, moins compliqué que celui des chevaux et des ruminants. C'est là encore une cause qui fait que les aliments pour cet animal doivent être macérés, plus délayés, et malgré cela, les substances alibiles n'en sont extraites que très-incomplètement. C'est là toujours aussi, un motif qui fait que le porc est essentiellement l'animal du petit ménage, où, avec une grande exactitude, sans défaut, la ménagère lui donne ses aliments bien préparés, bien macérés avec une régularité admirable.

Choix des porcs à engraisser. — Tous les porcs sont finalement destinés à être engraissés. Ceux qui ont servi à la reproduction doivent au préalable être châtrés avant d'être soumis à l'engraissement. Dans les races artificielles on peut souvent leur épargner cette mutilation, attendu qu'ici l'excitation génitale est peu prononcée et nuit conséquemment très-peu à l'engraissement, et que ces bêtes engraissent proportionnellement très-vite.

En engraissant des porcs âgés, on gagne plus de graisse sous-cutanée, autrement dite lard, et plus de saindoux; mais la qualité des fibres musculaires, de la viande, laisse alors à désirer. Quand on engraisse au contraire de jeunes porcs, on gagne une viande plus tendre, mais proportionnellement moins de graisse.

Le cochon de la race à grandes oreilles, encore le plus commun dans la plupart des pays de l'Europe, ne peut pas être avec avantage soumis à l'engraissement avant l'âge de quinze mois; tandis que ceux de la plupart des races artificielles peuvent avantageusement être soumis à l'engraissement à partir de l'âge de six mois.

Pour l'engraissement comme pour l'élevage, on choisira de préférence les porcs longs, à corps cylindrique, aussi droit que possible, ayant la peau propre, assez fine, à soies claires et brillantes et ayant l'air bien éveillé.

Nourriture. — L'époque la plus favorable pour engraisser les porcs est le printemps et l'hiver, parce qu'alors on peut leur procurer le plus de tranquillité, parcequ'on est dans les fermes en possession des résidus et des aliments qui leur conviennent le mieux, et parce qu'on arrive à les livrer à la boucherie dans une saison où la viande se prépare et se conserve le mieux.

On a fait des expériences et des recherches pour savoir les qualités nutritives des divers aliments au moyen desquels on nourrit habituellement les porcs pour les engraisser, et on est parvenu à établir approximativement qu'en poids,

	SUBSTANCES nutritives.
Les pommes de terre contiennent par 100 parties.	16 à 25 part.
Les pommes de terre distillées..	5 à 8 —
Les carottes..	10 à 15 —
Les résidus des brasseries..	12 à 15 —

L'orge..	
Le sarrasin..	
Le maïs..	70 à 75 part.
La graine de lin..	
Les pois..	
Les féveroles..	
Les tourteaux de lin..	65 à 70 —
Le son de froment..	55 à 65 —
Le son de seigle..	60 à 70 —
Les glands..	50 à 55 —

L'expérience a suffisamment prouvé, et en cela elle est d'accord avec les explications scientifiques généralement admises, qu'il est toujours nécessaire et avantageux de cuire les pommes de terre pour les donner aux cochons.

Un cochon peut manger par 100 kilog. de son poids brut 10 kilog. de pommes de terre cuites par jour. Mais quand on veut les faire servir à l'engraissement, il est toujours nécessaire et profitable d'y ajouter des grains concassés. Il en est de même des autres racines fourragères. Quand on fait cuire les carottes, il ne faut pas jeter l'eau de coction qui contient beaucoup de sucre. Les graines doivent être moulues, concassées ou cuites. Celles des légumineuses, particulièrement les pois et les féveroles, par leur richesse en protéine, sont les plus nutritives et celles qui forment le meilleur lard. Il y a des auteurs très-recommandables qui admettent que la qualité nutritive des graines est augmentée, par la coction, de 20 à 30 pour 100.

La proportion de nourriture qu'on a admise généralement, par rapport au poids, chez les bêtes à cornes (4 p. 0/0 valeur du foin), est trop basse pour le cochon. Ici il y a toujours un avantage certain à les pousser aussi vite que possible à la graisse, surtout quand c'est pour la vente. Il ne faut pas perdre de vue, cependant, que plus un porc est engraissé vite, moins son lard est dense, et moins celui-ci se conserve bien.

Les aliments doivent être donnés en quatre repas par jour, surtout quand c'est vers la fin de l'engraissement. Il reste de cette manière assez de temps entre les repas pour que les cochons digèrent ce qu'ils ont mangé. Quand ils laissent quelque chose dans l'auge, il faut l'ôter; cela démontre qu'on leur donne des aliments en trop grande quantité ou pas assez concentrés.

Quiconque engraisse des porcs devrait avoir une bascule pour diriger et contrôler ses opérations. C'est là le seul moyen d'y voir bien clair et de constater par les pesées fréquentes si l'augmentation du poids des animaux qu'on engraisse correspond aux soins et à la quantité de nourriture qu'on leur donne. Quand on en est arrivé au point d'engraissement où la nourriture ne se paie plus, il faut tout naturellement livrer l'animal à la boucherie.

Entre les repas, il faut aux porcs à l'engrais le repos le plus complet; rien ne doit les inquiéter. Les loges doivent donc être autant isolées que possible. Le trop grand froid, et surtout une chaleur trop élevée, sont nuisibles à l'engraissement des porcs. Un engraisseur qui se rend compte de toutes ses opérations, nous apprend que 8 degrés Réaumur, ou 10° centigrades constituent la température la plus favorable. Les porcs qu'on baignait habituellement avant l'engraissement, se trouvent très-bien aussi, pendant les premiers temps de cet engraissement, si on leur continue cette pratique. Il y a même des engraisseurs qui les font étriller et brosser, ce qui doit évidemment leur profiter.

On a recommandé de donner du sel aux porcs à l'engrais. Nous l'avons employé sans avantages et sans inconvénients, et aujourd'hui nous ne le donnons et nous ne conseillons de le donner que vers la fin de l'engraissement, et encore pas d'une manière continue : il constitue alors un condiment qui excite l'appétit. Nous connaissons des expériences très-exactes, qui prouvent que le sel donné en grandes quantités est nuisible.

En distribuant aux porcs les résidus des ménages, il faut bien se garder d'y mêler, comme cela se pratique parfois, la saumure provenant de la salaison des viandes. Cette substance agit le plus souvent, surtout sur les jeunes porcs, comme un violent poison.

Des auteurs ont recommandé de favoriser ou de stimuler l'engraissement des porcs par l'addition de diverses drogues à leurs aliments. Nous repoussons toutes ces pratiques, persuadé que ces divers tripotages pharmaceutiques sont au moins inutiles.

L'engraissement des porcs dure en moyenne trois mois. Ce temps peut cependant varier d'après une foule de circonstances.

Quand le cochon approche de la fin de l'engraissement, il ne prend plus autant de nourriture. Il faut alors lui diminuer la quantité, mais en revanche, il faut en améliorer la qualité. Plus l'engraissement approche de sa fin, moins l'animal gagne journellement en poids.

On a établi des calculs pour déterminer la proportion la plus convenable d'aliments azotés à ajouter aux aliments non azotés, pour bien engraisser les porcs. On a admis, d'un côté, que les aliments azotés doivent être aux non azotés comme 1 est à 3, et, d'un autre côté, comme 1 est à 5,5. Jusqu'aujourd'hui ces recherches scientifiques n'ont pas encore rendu de grands services à la pratique.

Appréciation et utilisation du porc gras.

— La connaissance ou l'appréciation de la valeur d'un porc destiné à la boucherie n'est point chose facile, si l'on n'a pas une balance convenable à sa disposition. C'est là un motif de plus pour démontrer la nécessité de la bascule dans une exploitation agricole. Les mesurages qu'on a proposés dans ce but sont plus difficiles à appliquer et ne donnent pas autant de garanties que chez les bêtes à cornes. D'un autre côté, au moyen de caisses de transport, il est si facile de peser directement les cochons, que c'est là le moyen le plus simple. On fait passer directement les animaux de la loge dans la caisse, en plaçant celle-ci devant la porte de la loge.

Lors de l'estimation d'un porc, il ne faut point oublier que ce n'est pas uniquement d'après le poids qu'on doit en calculer la valeur, mais bien encore d'après l'état de la graisse. Cette graisse, à poids égal, a plus de valeur que la viande, ce qui fait que les porcs fins gras, surtout ceux d'un âge

assez avancé pour avoir terminé leur croissance, sont plus recherchés et ont une valeur intrinsèque plus élevée que les porcs engraissés jeunes, ou que les porcs moins gras. D'un autre côté, plus un porc est gras, plus son poids net est grand, et moins il reste de déchets à la boucherie.

Le poids net des porcs gras abattus est beaucoup plus élevé que chez les ruminants qu'on destine à la boucherie. Il se calcule dans la plupart des pays en pesant le porc avec la tête, les pieds, la graisse des rognons, après avoir seulement enlevé l'appareil intestinal, les poumons et le cœur. Ce poids varie un peu d'après les différentes races. Chez les porcs convenablement engraissés, on admet ordinairement qu'il n'y a de cette manière que 15 p. 0/0 de déchets, c'est-à-dire que le poids net est au poids brut comme 85 est à 100.

D'après plusieurs pesées exactement opérées, on peut admettre qu'un porc de bonne race et bien engraissé, tué après avoir jeûné pendant un jour, donne :

	De son poids vivant.
De sang	3,2 p. 100.
Estomac et intestins vidés	2,2 —
Foie, langue, poumons et cœur	3,2 —
Saindoux d'intestins et de rognons	9,0 —
Contenu des intestins, de l'estomac et de la vessie	1,8 —
Restant du corps	76,6 —
Perte	4,0 —

On a vu par là que ce qui chez le porc ne peut pas être livré à la consommation, est bien peu de chose.

Les porcs gras supportent assez difficilement le transport ; et il arrive très-souvent que, transportés à quelque distance, soit à pied, soit sur une charrette, on les voit subitement mourir. Quand ils sont liés dans ce but sur une charrette, il faut avoir soin de leur poser la tête haute. Une autre précaution à prendre, c'est de ne transporter des porcs gras qu'après les avoir fait jeûner pendant au moins une demi-journée.

Le *porc abattu* forme l'objet d'une branche particulière de la boucherie, la *charcuterie*. Déjà les cochons de lait, tués à l'âge de trois à quatre semaines, forment un mets excellent et très-recherché.

La plus grande quantité de viande de porc est préparée par la salaison et la fumigation, de manière à se conserver pour ainsi dire indéfiniment. Il résulte de là, que dans les moments d'abondance, ou pendant les années où les porcs gras sont très-communs et conséquemment à bas prix, on peut faire des approvisionnements et même conserver le lard et les jambons séchés, pour ne les vendre qu'à une époque où ces aliments sont plus recherchés dans le commerce. C'est ce que nous avons maintes fois vu faire par des engraisseurs de porcs.

Salaison. — Pour opérer la salaison du lard, des jambons et de la viande de porc, on place les morceaux dans un tonneau ou un baquet, après avoir frotté et entouré chaque morceau convenablement d'une couche de sel de cuisine. On recouvre le tout d'une autre couche de sel. L'expérience a prouvé, dans quelques contrées, que pour bien agir, le sel ne doit pas être trop pulvérisé ; en grumeaux de la grosseur des pois ou des féveroles, il est le plus convenable. Depuis quelques années, beaucoup de jambons se sont gâtés dans la Lorraine française et dans le duché de Luxembourg, où il s'en fait un important commerce. On attribue cela à l'emploi d'un sel plus fin qu'autrefois. Dans beaucoup de ménages, on recommande de mêler au sel un cinquième de salpêtre et un cinquième de sucre blanc pulvérisé. L'expérience nous a prouvé que cette pratique est avantageuse, en ce qu'elle améliore la viande qui se conserve mieux. Il y a des pays où la salaison s'opère avec le sel dissous dans l'eau.

Dans cet état, la viande de porc peut se conserver pendant deux ans.

Fumigation. — Pour fumer la viande de porcs, ce qui se pratique principalement pour les jambons et le lard, on suit diverses méthodes. Le plus ordinairement on l'enlève du tonneau après qu'elle a été soumise pendant une quinzaine de jours à la salaison, et on la place pendant quelques jours dans un endroit pour la faire sécher. Dans les ménages, on suspend les morceaux dans la cheminée, qui, dans les pays où l'on brûle du bois, est construite d'une manière appropriée à ce but. On les laisse ainsi exposés aux émanations du feu, jusqu'à ce qu'ils soient suffisamment séchés et fumés. Pour cela, il faut aux jambons au moins six semaines de séjour. Souvent on a, pour faire subir à la viande de porc une fumigation convenable, une chambre expressément construite, où on la sèche et la fume en y faisant arriver de la fumée par la combustion de sciure de bois, de bois de sapin ou de ramilles de genévrier.

Quelquefois aussi, on soumet le lard et les jambons directement à la fumée pendant l'hiver, après les avoir convenablement frottés et saupoudrés une ou deux fois avec du sel et du salpêtre.

Ces méthodes de fumigation varient suivant les pays et les localités. Dans beaucoup de contrées, on se borne à retirer la viande, le lard et les jambons de la saumure, on laisse égoutter et on suspend les morceaux dans un endroit sec : on en fait souvent un ornement autour de la cheminée. En tous cas, il faut veiller à ce que les jambons surtout soient parfaitement séchés, si l'on veut qu'ils se conservent longtemps.

Les jambons renommés de la Westphalie reçoivent la préparation suivante : on leur fait subir l'action de la saumure dans un tonneau, en recouvrant chaque jambon d'une couche de 0m,20 d'un mélange de 4 parties de sel commun et d'une partie de cendres de bois tamisées. Quand les porcs pèsent moins de 100 kilog., on laisse les jambons dans la saumure pendant cinq semaines, et quand ils dépassent ce poids, on les y laisse pendant six à sept semaines ; on les plonge ensuite pendant quelques heures dans de l'esprit-de-vin, où l'on a fait macérer préalablement des baies de genévrier concassées ; enfin on les soumet alors à l'action de la fumée produite par la combustion de ramilles de genévrier, après les avoir toutefois convenablement nettoyés et lavés à l'eau tiède.

Comme il a été dit ci-dessus, les jambons, pour se conserver longtemps après la fumigation, doivent être placés dans des endroits bien secs et obscurs, et surtout à l'abri des insectes. Nous les avons conservés très-bien en les suspendant dans un coffre en bois hermétiquement fermé, et mieux encore en les couchant dans un coffre, et les stratifiant avec des cendres de bois tamisées et bien sèches.

On parle beaucoup de la diversité des qualités des viandes du porc, surtout depuis qu'on se livre à l'élève des races perfectionnées. On a été communément porté à attribuer les variations en fait de qualité à la diversité des races. Nous pouvons assurer qu'il n'en est rien, et que la variation de qualité dépend principalement de l'âge des porcs abattus, de la manière de les élever et de les nourrir. Deux porcs étant donnés, de deux races différentes, du même âge, nourris et entretenus de la même manière, produisent la même qualité de viande.

MALADIES DU PORC.

Il ne nous appartient pas ici de faire un travail étendu ou complet sur les maladies du cochon ; cela rentre dans le domaine d'une partie des sciences vétérinaires ; mais il y a sous ce rapport des choses que tous les éleveurs et tous les pâtres devraient savoir : c'est à celles-là que nous nous bornerons. Le surplus appartient au vétérinaire.

En fait de maladies, chez les animaux domestiques comme chez l'homme, il faut toujours bien se pénétrer de cette vérité, qu'il vaut mieux, qu'il est plus facile et plus profitable, de prévenir que de guérir. Ce sont les soins hygiéniques, les soins préservatifs, qui sont essentiellement du domaine de l'éleveur et auxquels il doit vouer sa principale attention. Il est évident que l'éleveur qui se conforme aux principes d'élevage que nous avons exposés précédemment, sera très-peu, sinon jamais, dans le cas de voir des maladies apparaître parmi la population de sa porcherie.

Presque toutes les maladies chez le porc prennent leur origine dans les porcheries malsaines, dans la mauvaise nourriture, dans les changements trop brusques de température, et dans l'excès ou le manque d'exercice. Chez cet animal, les maladies ne sont pas aussi nombreuses ni aussi variées que chez les autres animaux domestiques ; mais d'un autre côté, elles sont chez lui beaucoup plus fréquentes et plus vite mortelles.

Les *maladies externes*, chez le cochon, celles qui ont leur siége aux différentes parties de l'enveloppe cutanée, comprennent les plaies à la peau, les maladies des pieds, la gale, les dartres et les poux. Elles se guérissent toutes facilement au moyen des plus simples soins de propreté. Pour la gale, les dartres et les poux, on mêle à l'eau dont on se sert pour laver l'animal au moyen d'une brosse, des cendres tamisées, du soufre et du goudron. Les plaies du pied, quand elles sont un peu importantes, doivent être préservées des influences externes par un pansement journalier, au moyen d'étoupes fines.

L'angine ou *l'esquinancie* est une maladie très-fréquente chez le porc. Elle est souvent très-dangereuse et revêt un caractère enzootique ou épizootique, quand elle est grangréneuse ou charbonneuse. Elle a son siége principal dans la gorge, d'où elle s'étend souvent par la trachée jusque dans la poitrine. Elle n'apparaît généralement que pendant l'été, et après les récoltes, et sévit principalement dans les troupeaux sur les plus jeunes sujets. La durée ne dépasse que rarement deux jours. Les animaux en sont atteints subitement, respirent difficilement et avec bruit ; ils tiennent la bouche ouverte quelquefois, et laissent pendre la langue qui est sèche et d'un rouge foncé. Ils éprouvent la plus grande difficulté pour avaler, et une partie des liquides reviennent par les narines ; ils toussent avec une tendance à vomir. Après quelque durée, il se montre souvent un gonflement au cou.

Les causes de cette maladie sont les changements subits de température, le manque d'eau, la nourriture dans les champs après l'enlèvement des céréales, et après que les troupeaux ont beaucoup souffert de la pénurie des aliments, l'ingestion d'aliments avariés.

Comme moyens préservatifs de la maladie, on se trouve bien d'employer les boissons acidulées avec un peu de vinaigre, de la crème de tartre ou de l'acide sulfurique ; on mélange à la boisson une demi-once de sel de Glauber par jour. Quand la maladie s'est déclarée, il faut donner des vomitifs, employer la saignée et des cataplasmes émollients sur le cou. Comme vomitif, on donne quatre grains d'émétique dissous dans trois onces d'eau distillée, à administrer avec précaution en deux fois, en une heure. Quand la tuméfaction apparaît au cou, il est bon de frictionner deux fois par jour avec de l'essence de térébenthine, ou avec de la pommade camphrée. Quand la tumeur devient charbonneuse, il faut la cautériser au moyen du fer rouge, après y avoir fait des incisions.

La viande des animaux attaqués de cette maladie doit être enfouie soigneusement.

La *ladrerie* est une maladie particulière au porc, qui consiste dans la présence de petites vésicules dans différentes parties du corps et de la viande. Quand ces vésicules, qui sont envisagées par les naturalistes comme des animalcules sous le nom de cysticèrques celluleux, sont en très-grand nombre, l'animal est considéré comme cachectique et la viande en est malsaine. La maladie ne se reconnaît pendant la vie de l'animal que quand les vésicules sont en si grand nombre qu'elles apparaissent dans la bouche, sur les côtés et en dessous de la langue, où elles deviennent en premier lieu visibles comme des têtes d'épingle.

La ladrerie est héréditaire et elle est occasionnée par la malpropreté, les mauvais soins, la nourriture gâtée et non cuite, l'emploi d'excréments humains et le manque d'exercice.

C'est à l'empêchement de l'action de ces causes, que l'éleveur doit se borner pour préserver de la ladrerie ; une fois qu'elle existe, elle est incurable.

La viande des porcs ladres peut être consommée quand les vésicules n'ont pas atteint trop d'extension ; mais la qualité en est toujours inférieure. Pour qu'elle ne soit nullement préjudiciable, il ne faut pas la consommer sans l'avoir soumise préalablement à la coction.

La *diarrhée* occasionne souvent de bien grands dommages à l'éleveur, en ce qu'elle sévit ordinairement sur des portées entières de jeunes porcs. C'est une véritable dyssenterie qui enlève beaucoup d'animaux. On l'attribue à l'humidité des porcheries et à des aliments malsains que l'on donne souvent par une transition trop brusque.

On recommande, pour guérir ce mal, de mêler à la boisson des porcs environ 2 grammes de sulfate de fer par jour, et si ce sont des porcs d'un âge assez avancé, de les nourrir avec des tourteaux de lin.

La *constipation* consiste en ce que les matières excrémentitielles, à l'état plus ou moins sec dans les intestins, ne peuvent pas, comme à l'état normal, être expulsées au dehors. Cette maladie, qui est assez fréquente chez le porc, se reconnaît à ce que l'animal fait de temps en temps des efforts pour fienter, sans y parvenir ; et quand il y parvient il n'expulse qu'un petit crottin dur et arrondi. Quelquefois on ne réussit à faire rejeter ce crottin au dehors que par l'introduction du doigt dans le rectum.

Cette maladie, quand elle est essentielle, c'est-à-dire, quand elle n'est pas occasionnée par une autre maladie plus grave, se guérit assez facilement par l'administration de 20 grammes de sulfate de soude dissous dans un demi-litre d'eau tiède. On ajoute avec succès à cette solution, un verre d'huile d'olives. En outre, il faut donner deux fois par demi-journée un lavement d'eau tiède, chaque fois d'un demi-litre à un litre.

La *soie* ou le *soyon* est une espèce de gangrène locale, de furoncle particulier au porc, et qui a son siége au côté du cou, où celui-ci se détache de la tête. A cet endroit, d'un côté, quelquefois des deux côtés à la fois, une touffe de soies se réunissent à la place où elles sont insérées, s'enfoncent et changent de couleur. L'animal a la fièvre, il accuse beaucoup de soif et succombe le plus souvent dans l'espace de huit jours.

Cette maladie, qui est souvent épizootique, est attribuée à l'insalubrité des porcheries et surtout au manque et à l'insalubrité de la boisson. La viande provenant d'animaux atteints de cette affection est malsaine et doit être rejetée. Des vétérinaires croient qu'elle est de nature charbonneuse, et qu'elle est contagieuse.

Les animaux atteints doivent être séquestrés. On recommande, comme préservatif, de faire boire aux porcs de l'eau acidulée avec un peu de vinaigre et de verjus. Quand la maladie est déclarée, il faut avoir recours à l'extirpation du bourbillon sur le côté du cou, pour cautériser ensuite la plaie au moyen du fer rouge. On donne après cela par jour 15 grammes de nitrate de potasse dans la boisson.

Le *charbon* ou l'*anthrax* est une maladie fréquente, qui dans certains pays occasionne de grands ravages. C'est une décomposition du sang, qui accompagne souvent la soie ou l'esquinancie, et qui se reconnaît ordinairement par de petites taches noires non inflammatoires et non douloureuses, qui se montrent aux oreilles. En ouvrant la bouche, on trouve aux joues, vers l'arrière-bouche, une ou plusieurs vésicules de la grosseur du petit doigt et noires à la pointe. C'est dans ce cas la maladie qu'on désigne vulgairement sous le nom de *boucle* ou *ampoule maligne*.

Cette maladie apparaît ordinairement après les années pluvieuses et dans les pays marécageux.

On sépare les animaux malades. On donne un coup de bistouri dans les taches noires pour en faire écouler le liquide, et on lave avec l'essence de térébenthine. On coupe les vésicules près de l'arrière-bouche au moyen d'une paire de ciseaux, et c'est alors bon signe, quand, par cette incision, on produit un petit écoulement de sang. On ajoute à la boisson des animaux malades un peu de poudre de chicorée et du vinaigre.

La *phlogose abdominale* a beaucoup d'analogie avec les maladies charbonneuses, et fait périr quantité de porcs. On reconnaît facilement qu'un animal a succombé à cette maladie, en ce que sur le cadavre on remarque toujours très-bien qu'il y a une superficie plus ou moins grande qui présente une coloration d'un rouge violacé bien circonscrit. On trouve souvent, le matin, dans la porcherie, un cochon qui, pendant la nuit, a succombé à cette maladie, et qui, le jour précédent, n'avait encore offert aucun symptôme maladif.

Une bonne litière, une température modérée, aussi égale que possible, l'addition journalière de 4 grammes de crème de tartre à la boisson, sont les moyens préservatifs recommandés.

Le *rachitisme* est une maladie occasionnée par les loges basses et humides, surtout par celles qui sont adossées contre des talus en terre. Elle est caractérisée par des gonflements aux articulations des membres, la marche difficile et douloureuse. Après un temps plus ou moins long, les animaux ne se lèvent presque plus, jusqu'à ce qu'enfin ils soient totalement paralysés du train de derrière. Ils mangent encore, mais ils maigrissent.

On guérit assez souvent cette maladie en faisant prendre aux animaux, dans leur boisson, une cuillerée d'huile de poisson par jour, et en frictionnant les articulations avec du liniment ammoniacal camphré. Mais il faut au préalable, et avant tout, placer les malades dans une porcherie bien sèche, sur une bonne litière.

Les *empoisonnements* sont assez fréquemment observés chez les porcs. Nous avons dit plus haut que la saumure leur est souvent très-pernicieuse.

On a fréquemment vu aussi des porcs succomber pour avoir été empoisonnés par le vert de gris, mêlé aux aliments qui avaient fermenté et séjourné dans des vases de cuivre.

En finissant ce travail, nous devons faire observer qu'il faut être aussi réservé que possible dans l'administration des médicaments aux porcs. Il est ordinairement très-difficile et très-désagréable de leur faire prendre de force des breuvages. Quand il y a lieu de le faire, on doit prendre la précaution de leur administrer les liquides avec beaucoup de prudence et de lenteur, attendu qu'à cause de la conformation de leur arrière-bouche, les liquides qu'on leur verse font souvent fausse route, tombent dans les bronches, et étouffent instantanément les animaux, ou produisent une maladie plus grave que celle qu'il s'agit de guérir. Beaucoup de porcs sont ainsi sacrifiés par l'administration inconsidérée des breuvages.

E. FISCHER.

CHAPITRE XXIII

DE LA BOUCHERIE

Nos animaux domestiques doivent être considérés comme de véritables machines industrielles, qui dépensent pour donner un certain rendement. Les espèces dont la fin dernière est l'abattoir, après une carrière diversement remplie, nous fournissent des produits variés, dont la nature et la valeur permettent d'apprécier la valeur même de la machine qui les a élaborés. Le principal de ces produits est la *viande*, avec les parties comestibles qui l'accompagnent; mais ce n'est pas le seul, et, outre les matières alimentaires que li-

vrent les bêtes de boucherie à la consommation de l'homme, elles donnent encore des matières premières à l'industrie : le suif et la graisse, le cuir, les os, les cornes, les sabots, les poils, certaines parties des viscères.

La constatation de l'importance de chacun de ces produits, la détermination du rapport qui existe entre le poids total vivant de l'animal et le poids des différents ordres de substances après l'abatage, constitue ce qu'on appelle communément le *rendement*.

Il serait superflu d'insister ici sur l'importance du *rendement*; tout le monde comprend de reste que c'est seulement d'après les renseignements qu'on obtient à l'abatage, qu'il est possible de juger de la valeur des races, au point de vue de la boucherie, comme aussi de la valeur des méthodes suivies pour les obtenir. Malheureusement les observations et surtout les expériences comparatives manquent pour élucider toutes les questions relatives au rendement. Nous ne pouvons ici que résumer brièvement les faits déjà constatés, en les rapportant à trois points principaux : les *maniements*, *l'abatage* et le *rendement*, le *débit à l'étal* et l'*appréciation de la qualité*.

Maniements. — On désigne sous le nom de *maniements* ou de *manets* les saillies plus ou moins accusées que forment, sur différents points du corps, les dépôts de graisse chez l'animal en voie d'engraissement ou présenté sur le marché pour être abattu. Comme leur nom l'indique, ces signes particuliers de l'état de graisse s'explorent avec la main, qui en constate la situation, le développement, la résistance, etc.

D'une manière générale, on pourrait appeler *maniements*, tout renseignement qu'on peut obtenir par le fait sur la nature et la condition de l'animal ; l'examen de la peau, par exemple, l'appréciation de sa finesse, de son élasticité, de son moelleux, constitue réellement un maniement important.

Mais on réserve spécialement le nom de *maniements* à certaines protubérances, déterminées par l'accumulation de la graisse, qui sont en rapport avec l'état général de la bête de boucherie, et qui ont un siège constant.

Interrogés isolément et surtout combinés entre eux, les maniements fournissent des données sur le poids de l'animal, sur l'abondance probable du suif, sur celle de la graisse extérieure et sur l'épaisseur de la chair. La classification de ces maniements a varié avec les auteurs qui s'en sont occupés, et même suivant la valeur différente que les praticiens leur ont accordée. Nous présenterons ici celle qui paraît la plus rationnelle et aussi le plus ordinairement adoptée ; elle distingue quatre catégories de maniements : — Ceux qui indiquent particulièrement le poids et qui sont le signe de la graisse extérieure ; ceux qui, tout en étant un moyen d'apprécier la graisse extérieure, fournissent en même temps des indications sur le suif ; ceux qui ont un sens, relativement à la graisse extérieure surtout ; ceux enfin qui ont pour rôle spécial de renseigner sur l'importance du dépôt du suif.

En tenant compte de la taille de l'animal, de ses dimensions, surtout de l'ampleur de sa région pectorale, on peut prendre, de prime abord, une idée de son poids. Plusieurs maniements complètent ces premières notions, et sont considérés comme étant surtout l'indice du poids plus ou moins élevé de l'animal. Cette première catégorie est formée des maniements désignés sous les noms de :

Paleron ou veine de l'épaule ;
Poitrine ;
Cœur ;
Contre-cœur ;
Travers, aloyau, ou pavé de graisse.

Le *paleron* (1, fig. 580.) est situé à la région supérieure et postérieure de l'épaule, dans le voisinage de l'angle que l'omoplate présente dans cette partie. Il est nécessairement double, un à droite, l'autre à gauche ; le tissu cellulaire qui se remplit de graisse pour le former est plus ou moins en saillie, et le maniement indique la graisse extérieure en même temps que le poids. M. Guénon a donné à ce maniement le nom de veine de l'épaule.

Le maniement de la *poitrine* (2) est simple, c'est-à-dire placé sur la ligne médiane du corps. Il occupe la partie la plus antérieure du sternum, et prend, chez certains animaux très-gras, un développement extraordinaire.

Le *cœur* (3), dont le nom vient sans doute d'un rapport de situation entre la place de ce maniement et celle du cœur dans la poitrine, se trouve au-dessous du paleron et un peu en arrière. Il est double.

Le *contre-cœur* (4), double comme le précédent, est situé en avant de celui-ci, dans l'espace compris entre l'épaule et le bras.

Le *travers* (5), nommé encore *aloyau* ou *pavé de graisse*, se trouve le long de la partie lombaire de l'épine dorsale. L'épaisseur de cette partie peut indiquer que le développement musculaire et le dépôt de la graisse se sont faits chez l'animal dans de fortes proportions ; le maniement fournit donc des indications sur le poids en même temps que sur l'état d'engraissement du sujet.

La seconde catégorie est formée par un seul maniement, le *flanc* (6), nommé encore la *croûte*, situé entre la hanche et le bord postérieur de la dernière côte. Selon son développement et sa saillie, il fournit des renseignements sur l'accumulation de la graisse à la périphérie du corps, et aussi sur le dépôt du suif autour des viscères abdominaux.

La catégorie des maniements qui se rapportent surtout à l'appréciation de la graisse extérieure comprend :

La côte ;
La hanche ou la maille ;
Le bord, les abords, le bord du cimier, le cimier, ou le couard.

La *côte* (7) a pour base la portion terminale des côtes du côté du flanc, principalement à la limite entre la région de la poitrine et celle du ventre. C'est un maniement naturellement double.

La *hanche* ou *maille* (8) est placée à la pointe osseuse de la partie du corps qui lui prête son nom, à l'angle antérieur de l'ilium ; ce maniement double, s'étend plus ou moins suivant la condition de l'animal.

On donne le nom de *bord* (9), d'*abords du bassin*, de *bord du cimier*, de *cimier* ou de *couard*, au maniement qui enveloppe la base de la queue dans tous les sens, et qui forme, dans cette région, des saillies d'aspect souvent disgracieux et d'import·nce très-différente suivant la quantité de graisse accumulée dans le tissu cellulaire. C'est par ce ma- | niement que sont constituées ces masses, quel- quefois énormes, qui accompagnent la queue, s'é-

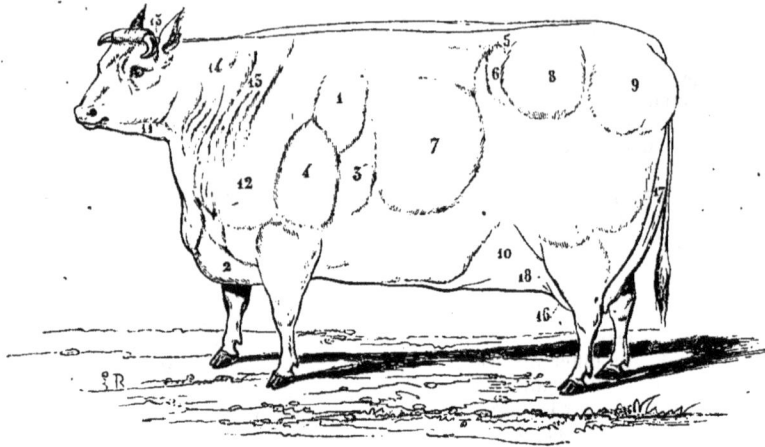

Fig. 580. — Des maniements.

tendent sur les parties postérieures de la fesse et de la croupe.

Les maniements qui indiquent spécialement le *suif*, sont :

La lampe, hampe, grasset, œillet, œillères, ou fras;
Le dessous de langue, gros de langue, ou sous-mâchelière;
La veine, ou avant-cœur;
Le collier;
La veine du cou;
L'oreillette;
Le dessous, rognon, brague, ou scrotum;
Le cordon, entre-fesson, entre-fesses, entre-deux, ou braie.
L'avant-lait.

Le maniement qu'on nomme la *Lampe*, la *hampe*, le *grasset*, l'*œillet*, les *œillères* ou le *fras* (10), se forme dans le pli cutané qui s'étend inférieurement de la partie postérieure de l'abdomen à l'articulation de la cuisse avec la jambe. Il tombe plus ou moins lourdement dans la main quand on le soupèse, et indique jusqu'à quel point la graisse a envahi la cavité abdominale. C'est le maniement principal de tous ceux que les bouchers interrogent pour se rendre compte de l'état de graisse de l'animal, vu l'importance qu'ils attachent avant tout à l'accumulation du suif.

Le *dessous de langue*, le *gros de langue*, la *sous-mâchelière* (11) occupe une place que ses noms signalent assez : il est, en effet, situé entre les deux sous-maxillaires, dans la région de l'auge, et s'étend plus ou moins autour des glandes salivaires, des vaisseaux et de la trachée. Il dessine, quand il est très-développé, une série d'ondulations au-dessous des mâchoires.

La *veine* (12), nommée encore *avant-cœur*, est située à la partie inférieure du cou, au-dessus du maniement qu'on désigne sous le nom de *poitrine*, à la hauteur de ceux qu'on nomme *cœur* et *contre-cœur*, entourant l'épaule en avant, à l'articulation du scapulum avec l'os du bras. Il concourt aussi à faire apprécier l'importance du dépôt du suif.

Le *collier* (13) est situé dans la région où se place le collier chez les bêtes de trait ; il s'étend de la partie supérieure de l'épaule jusqu'au maniement de la veine dont nous venons de parler, et occupe de la sorte le bord antérieur de l'épaule jusqu'à l'articulation scapulo-humérale. Il va souvent se confondre avec la *veine*, et, comme ce dernier maniement, indique surtout le suif.

La *veine du cou* (14) se forme en avant du maniement précédent, et un peu plus haut, tout à fait sur la région cervicale, en suivant à peu près le trajet de la jugulaire. Ce maniement ne semble guère être qu'un épanouissement des maniements voisins et ne former qu'un accessoire du *collier*.

L'*oreillette* (15) est un maniement que certains auteurs admettent et que d'autres n'acceptent pas. M. Guénon est celui qui l'indique avec le plus de netteté : il le place entre l'oreille et la corne formant un dépôt graisseux plus ou moins considérable dans la fosse temporale. Ce maniement ne nous semble pas acquérir un développement beaucoup plus notable chez le bœuf très-gras que chez celui qui ne l'est pas ; il peut donc fournir des renseignements complémentaires, mais doit être contrôlé par l'examen de maniements plus significatifs. C'était aussi l'opinion de M. Bardonnet des Martels.

Le *dessous*, le *rognon*, la *brague* ou le *scrotum* (16) est un maniement propre au mâle. Il a pour base les bourses, où la graisse forme des amas plus ou moins prononcés, s'étendant sur les parties qui dépendent de cette région. L'exploration de ce maniement a de l'importance, non-seulement pour prendre une idée de l'état de graisse de l'animal, mais aussi pour s'assurer de la manière plus ou moins complète dont la castration ou le bistournage ont été pratiqués.

Le *cordon*, l'*entre-fesson*, l'*entre-fesses*, l'*entre-deux* ou la *braie* (17), est un maniement qu'on rencontre chez la vache seulement. Il est placé entre les fesses, tout le long de la région périnéenne, formant un cordon plus ou moins épais, plus ou moins isolé, plus ou moins confondu avec les parties voisines.

L'avant-lait (18) est encore un maniement particulier à la femelle, situé dans la région inguinale, et s'étendant sous le ventre, en avant des mamelles, d'autant plus que l'engraissement est plus avancé.

Bien que les maniements aient chacun une place marquée sur le corps de l'animal, et chacun un sens spécial, ils ne doivent pas, cependant, être explorés isolément, et indépendamment les uns des autres. C'est surtout par la combinaison des indications fournies par les uns et les autres qu'il est possible d'arriver à une opinion fondée, sur la valeur générale de l'animal pour la boucherie.

En général, la formation d'un maniement a lieu là où le tissu cellulaire est assez développé pour qu'un dépôt un peu notable de graisse y puisse devenir sensible. Plus l'engraissement progresse, plus se prononce la réplétion, puis la saillie du maniement; à un degré fort avancé de maturité, les maniements finissent souvent par se toucher, se confondre, et le corps ne présente plus qu'une surface partout rebondie et plus ou moins accidentée.

Les rapports anatomiques des maniements avec les parties sous-jacentes et voisines ont été signalés par M. Goubaux, dans un opuscule sur cette question. Outre la présence d'une couche ou d'une masse de tissu cellulaire, l'auteur indique aussi les parties musculaires, les vaisseaux et autres organes avec lesquels chaque maniement est lié par quelque relation de position. Il insiste sur l'existence ou l'absence de ganglions lymphatiques, dans les maniements, attribuant l'épithète d'accessoires aux maniements dépourvus de ganglions, nommés vulgairement des noix dans la boucherie, et réservant pour les autres la qualification de principaux. Quel est le rôle physiologique de ces ganglions, et en ont-ils un? On ne saurait aujourd'hui répondre à cette question et la distinction des maniements en principaux et accessoires reste jusqu'ici sans base dans l'étude des phénomènes de la nutrition. Voici, en tout cas, les maniements où se rencontrent des ganglions : le paleron, le flanc, la hanche, le bord, la lampe, la veine, le dessous, le cordon et l'avant-lait.

Il serait inutile d'insister ici sur le procédé suivant lequel chaque maniement doit être abordé. La position du maniement, sa forme, son voisinage, son indépendance plus ou moins grande de la surface, suggèrent facilement de quelle manière il faut l'explorer pour en tirer tout l'enseignement possible, comment il faut le saisir avec les doigts, y appuyer la main, pour qu'il rende tout ce qu'il peut fournir de données ; un peu de pratique apprend vite les meilleures manœuvres à adopter.

Ce n'est pas seulement au moment où l'animal de boucherie passe sur le marché avant d'arriver à l'abattoir que l'emploi des maniements est utile ; l'acheteur de bêtes maigres et l'engraisseur s'en servent aussi pour constater l'état de la bête qu'ils veulent acquérir et la marche de l'engraissement.

Il y a, en effet, bien des degrés, depuis la simple préparation à l'engraissement, depuis le moment où le bœuf est en bonne chair, jusqu'au fin-gras, à l'embonpoint extrême. Il faut savoir à quel terme il convient de s'arrêter, suivant le marché pour lequel on prépare l'animal et en raison des dépenses pour l'alimentation ; les maniements, le moment où ils apparaissent, la mesure de leur développement peuvent fort utilement guider l'opération de l'engraissement.

Malheureusement cette étude, si intéressante sous tant de rapports, est encore fort peu avancée, et ce que nous savons, en combinant les résultats divers fournis par l'observation, peut se résumer de la manière suivante : M. Poncet est un de ceux qui se sont le plus occupés de cette question.

En général, les maniements qui se prononcent les premiers par l'engraissement sont les derniers à disparaître par l'amaigrissement, et vice versâ. Les premiers sont, pour ainsi dire, plus fondamentaux que les seconds, plus tenaces, moins accidentels ; ils sont plus solides et moins fleuris.

C'est généralement autour des os que la graisse se dépose d'abord, là où les muscles ni les tendons ne viennent pas prendre attache ; c'est aussi autour des veines. Elle s'infiltre ensuite dans les interstices des masses musculaires ; elle pénètre bientôt dans l'intérieur même du muscle, d'autant plus vite et plus complétement que l'animal est plus adulte par son développement ; elle envahit bientôt les viscères et se répand sous toute la surface cutanée. Ces derniers phénomènes ne se produisent pas avec la même intensité, chez les bêtes jeunes et chez celles qui sont déjà adultes. Les jeunes ont généralement plus de tendance à prendre de la graisse extérieure, à mettre tout dehors, comme disent les bouchers ; les adultes ont plus de disposition à prendre la graisse intérieure, le suif. Il y a aussi d'autres causes qui influent sur ce mode de répartition de la graisse : la race, le milieu où les animaux sont engraissés, et quelques autres. On peut dire aussi, en général, et sauf les différences relatives à l'importance des dépôts de graisse, que l'accumulation de la matière grasse s'opère de l'intérieur du corps à l'extérieur, et de l'arrière-main à l'avant-main.

Quand l'animal est maigre, ses muscles sont pâles et mous ; son tissu cellulaire est sec, peu appréciable au toucher parce qu'il est vide ; sa peau est dure, sans aucune douceur ni moelleux ; ses os contiennent un liquide séreux et peu ou pas de graisse médullaire. Les coussinets graisseux des yeux sont presque les seuls points où la matière grasse se rencontre d'une manière sensible. On dit alors que l'animal n'a pas de moelle ; qu'il est fiévreux.

L'animal a de la moelle, quand la consistance de la graisse médullaire se prononce, et que les muscles prennent du volume. C'est alors que la graisse intérieure commence à se déposer. Les bords et la lampe acquièrent une certaine grosseur ; le second de ces maniements est un des premiers à s'indiquer, un des derniers à s'effacer ; les bords, généralement des premiers à devenir palpables, tardent quelquefois à apparaître.

Quand l'animal est en cet état et qu'il montre

un peu de *dessous*, il est dans la condition qu'on désigne comme celle d'une *bête en chair* ; les muscles ont, en effet, acquis alors un volume suffisant pour faire saillie ; ils présentent de la fermeté. La graisse intérieure a commencé à s'accumuler.

La bête n'est pas encore *grasse*. Quand elle le devient, les formes s'arrondissent, tout le tissu cellulaire résiste convenablement à la pression de la main, les maniements que nous venons de décrire, se prononcent, l'animal *manie* bien, suivant l'expression consacrée. A une période plus avancée encore, à celle de l'obésité qui constitue le *fin-gras*, le corps n'est plus qu'une masse de graisse dans laquelle les organes sont comme plongés ; les maniements sont à leur limite de développement.

Si l'on essayait de préciser davantage l'ordre dans lequel s'accomplit le dépôt de la matière grasse chez les bêtes qu'on soumet à l'opération de l'engraissement, voici les particularités qu'on pourrait indiquer, sans avoir la prétention de les présenter comme invariables absolument.

C'est autour du rectum et de la vessie, puis des rognons et du cœur, puis sur les côtés du bassin que la graisse se montre, dès que l'animal commence à approcher de l'état d'une bête en chair.

Bientôt la graisse des rognons s'étend vers le bassin, et elle apparaît aux parties voisines du péritoine, au-dessous des hanches, au-dessous des extrémités des apophyses transverses dans la région des reins, entre les cuisses et les parties voisines, autour des mamelles et des testicules. Le mésentère et les épiploons n'ont alors de graisse que le long des gros vaisseaux. L'animal est à ce degré où il *manie* au bord, à la lampe, au-dessous, un peu à l'extérieur de l'arrière-main ; il est *bien en chair*.

Le bassin achève ensuite de se couvrir de graisse, même sur ses parties saillantes ; les rognons s'enveloppent complètement d'une masse graisseuse considérable ; les mésentères et les épiploons offrent, non plus des lignes, mais des lames plus ou moins épaisses de graisse. Alors le *bord* et la *lampe* sont fort grossis ; le maniement en est devenu tout à fait significatif ; le *travers* s'est prononcé. A cette période, la *ligne blanche*, c'est-à-dire la lame fibreuse située dans le plan médian de la région ombilicale, a pris de la graisse à l'intérieur seulement.

Les parties antérieures du corps commencent, à leur tour, à accuser un état d'engraissement qui progresse. La graisse fait sentir sa présence à la base de l'encolure, au-devant de l'épaule, en arrière de cette même partie, entre le scapulum et l'humérus ; la face inférieure de la poitrine est grasse ; les muscles de la région dorsale et lombaire prennent très-sensiblement de la graisse. On voit que les maniements de la région des *cœurs*, l'*avant-cœur*, le *contre-cœur* sont tout spécialement prononcés ; la *poitrine* est déjà fort appréciable. L'animal peut être considéré comme étant gras.

Un degré d'engraissement de plus, et la partie lombaire tout entière prend un tel état de graisse que le *travers* tend à se confondre avec les maniements voisins. La *côte* se montre nettement et commence aussi à se prolonger de façon à se joindre aux parties maniables qui l'entourent.

Plus avancée encore, la bête est très-grasse. La *veine* devient protubérante en avant de la pointe de l'épaule ; la cavité de l'auge se remplit, et le *dessous de langue* prend ainsi plus de volume ; l'*oreillette* se prononce ; la *veine du cou*, le *paleron*, toute la région de l'encolure et celle de l'épaule autour et au-dessus de la région des cœurs, se couvrent de leurs maniements caractéristiques. A cette période, les maniements des *hanches*, des *travers*, des *flancs* se sont rapprochés, confondus même, comme aussi la *lampe* avec la ligne médiane de l'abdomen. Les *bords* sont descendus sur la croupe, sur les fesses, sur les cuisses, et les muscles sont couverts d'une couche épaisse de graisse. Le suif a envahi tous les viscères abdominaux.

Enfin, il est un dernier degré que l'engraissement commercial atteint rarement, et qui constitue ce qu'on nomme l'animal *fin-gras*. Les aisselles, ou les ars antérieurs, ont pris de la graisse. Toutes les couches de matière grasse, distinctes encore en partie, s'étendent, se rencontrent, se boursouflent ; sur la croupe, les fesses, les cuisses, elles se confondent et descendent jusqu'aux jarrets. La ligne dorsale est, sur toute sa longueur, dans un sillon formé par deux bourrelets continus de graisse. La partie supérieure de l'encolure, comme la ligne médiane du ventre, se couvre de graisse ; une épaisse couche, accidentée par des bourrelets graisseux, s'étend de l'épaule aux côtes et aux flancs. L'animal est, pour ainsi dire, bouffi de graisse ; ses formes sont empâtées. A ce point il n'a plus que peu à gagner, si même il peut gagner encore ; il aurait même parfois, si l'engraissement était prolongé, à redouter tous les effets d'un embonpoint maladif, et même la dégénérescence en graisse de certains organes ; il dépasserait, d'ailleurs, la limite des besoins de la consommation, tout en coûtant plus à produire.

Abatage et rendement. — Outre que l'abatage de l'animal gras est le moyen de le livrer à la consommation, c'est aussi l'occasion d'apprécier la valeur de l'individu et de sa race, de juger les procédés d'élevage.

L'abatage du bœuf se pratique de différentes manières : — en assommant l'animal par plusieurs coups de masse sur la tête ; c'est la méthode suivie généralement en France et dans un grand nombre d'autres pays ; — en énervant l'animal, c'est-à-dire en détruisant la moelle épinière par l'introduction d'un stylet entre la première vertèbre et l'occiput, comme cela a lieu en Angleterre, en Espagne et dans plusieurs pays méridionaux de l'Europe ; — ou bien encore en renversant l'animal sur le côté, après lui avoir lié les membres, comme le pratiquent les Juifs.

De quelque manière que l'animal ait été renversé, il est ensuite *saigné*, c'est-à-dire qu'on lui ouvre le cou, pour saisir l'aorte et la trancher au-dessous de la crosse, de la *fourche* comme disent les bouchers.

C'est en tranchant le cou aux veaux, aux

moutons et aux porcs qu'on les prive de vie.

Le *sang* est le premier produit qu'on obtient de l'abatage des animaux. Il est plus noir pour les animaux assommés que pour ceux qui ont été tués d'après d'autres méthodes.

Après la saignée commence ce qu'on appelle l'*habillage*, c'est-à-dire le dépècement de l'animal conformément aux habitudes de chaque localité. Il serait hors de propos de parler ici de tous les procédés suivis pour préparer l'animal; nous suivrons seulement la pratique de Paris, dont les autres, d'ailleurs, ne s'éloignent que peu, eu égard au résultat final.

Quand l'animal est couché sur le côté ou sur le dos, tous les viscères, dès le moment où la vie les quitte, tombent sous l'empire des lois de la décomposition des matières organiques, et il faut se hâter de les y soustraire, d'enlever les intestins chargés de matières fécales, les organes de la digestion pleins encore d'aliments, les poumons et tous les organes contenus dans les cavités thoracique et abdominale. On obtient ainsi ce qu'on nomme les *abats* ou *issues*.

Après la saignée et certains détails d'habillage, on *souffle* toutes les bêtes de boucherie dans beaucoup d'endroits, à Paris en particulier. Le soufflage s'opère en faisant un ou plusieurs trous à la peau de l'animal, et en poussant de l'air dans le tissu cellulaire sous-cutané et entre tous les organes. Pour faciliter la marche de l'air, on frappe sur l'animal et on égalise ainsi la diffusion et la répartition de l'air. L'air, en distendant les parties, pousse d'abord devant lui tous les liquides, toutes les sérosités qu'il rencontre dans les cavités où il pénètre, et, indirectement par la pression des parties les unes contre les autres, il force les parties où il ne parvient pas à se vider. C'est ainsi que, par l'effet du soufflage et à mesure que le bouffement de l'animal s'opère, on voit le liquide sanguinolent rejeté par l'ouverture de la saignée.

L'injection de l'air a donc pour résultat dernier d'éloigner encore plus le sang, les portions liquides, de dessécher un peu mieux la viande et d'aider ainsi à sa conservation. Elle rend le travail du débit plus facile, elle pare la viande, lui communique plus d'élasticité.

Quand l'animal est à peu près complétement préparé, on lui passe dans les jarrets une petite pièce de bois nommée *tinet*; à l'aide du treuil à la corde duquel est attaché ce tinet, on enlève ensuite le bœuf, dont les membres postérieurs se trouvent ainsi en l'air; les extrémités du tinet s'appuient sur des poutres qui règnent dans toute la longueur de la pièce où se pratique l'habillage; ces poutres ont reçu le nom de *pentes*, et on dit alors que l'animal est sur les *pentes*. Cette position a l'avantage de mettre en bas la large blessure du cou, de façon à ce que le sang qui s'en écoule ne tombe ni à l'extérieur, ni au dedans du corps de l'animal. De plus, les épaules sont enlevées, et les surfaces vives qui résultent de cette ablation, se trouvent aussi placées en bas, dans une situation où elles ne peuvent jeter de sang sur les autres parties du bœuf.

On laisse l'animal sur les pentes un temps plus ou moins long, suivant l'état de la température et toutes les conditions météorologiques.

Durant leur séjour sur les pentes, les viandes subissent donc l'action des agents du dehors, et le premier et principal effet est la déssiccation des deux surfaces, l'intérieure et l'extérieure, par conséquent l'évaporation d'une certaine quantité d'eau et de liquides de natures diverses. Cette évaporation, cette déssiccation est d'autant plus rapide et intense que l'air est plus sec et plus agité.

La rigidité cadavérique cesse bientôt sous l'influence de l'air ambiant, de l'humidité et de la chaleur. Sous la surface un peu desséchée, la viande reste molle, et prend les caractères qu'on désigne sous le nom de viande *rassite*.

C'est, en général, douze à dix-huit heures après la mort de l'animal, que la viande a pris le plus complétement ce caractère de viande rassite, qui lui donne son maximum de mollesse, de tendreté à la mâche et la dispose le mieux à subir convenablement la cuisson. On sait que la viande trop fraîche est dure. Cette dessiccation a aussi l'avantage de faciliter le maniement de la viande et d'en empêcher la flétrissure.

C'est alors qu'il convient de transporter les viandes à l'*étal*, c'est-à-dire à la boutique du boucher qui les doit détailler. Le bœuf laisse à l'abattoir plusieurs organes qui ont des destinations diverses :

La *peau* ou le *cuir*, auquel restent adhérentes les cornes et une partie de la base du crâne.

Le *suif* ou graisse développée autour des viscères abdominaux, et à laquelle s'ajoutera plus tard la graisse enlevée par le débit à l'étal.

La plus grande partie du *sang*.

Tous les viscères des cavités splanchniques, à l'exception des *reins* (*rognons*) qu'on laisse quelquefois dans le bœuf pour le transporter de l'abattoir à l'étal. Ces viscères constituent ce qu'on nomme les *abats* ou *issues*, et on les a distingués en *abats rouges* et *abats blancs*.

Les *abats rouges* sont le *foie*, les *poumons* (*mou*), le *cœur*, la *rate* (*fagone* ou *brie*); auxquels il faut ajouter la *tétine*, pour la vache.

Les *abats blancs* sont les estomacs (*tripes*), les *intestins*, la *vessie*, le *mufle*, et, avec toutes ces parties, le *ris*, la *langue*, les *quatre pieds*.

Le bœuf, tel qu'on le porte à l'étal, comprend donc les deux *épaules* qui ont été séparées préalablement du tronc; et le tronc lui-même qui a été fendu sur les pentes en deux moitiés longitudinales, formant chacune un *demi-bœuf*. Ce demi-bœuf est constitué par les os, auxquels adhèrent les muscles locomoteurs et beaucoup de graisse.

L'ensemble des épaules et des deux moitiés du tronc, tout ce qui se débite à l'étal, forme ce qu'on appelle les *quatre quartiers*, le *poids net*, etc. C'est évidemment la partie la plus importante, c'est elle qui caractérise l'animal comme bête de boucherie, et dont l'éleveur comme le consommateur ont le plus grand intérêt à connaître l'importance. Le rapport entre le poids vif et le poids net est le renseignement le plus instructif que peut fournir le *rendement*.

Il est évident aussi que la pesée directe est le

seul procédé qui soit régulièrement exact, soit avant l'abatage, soit après ; mais, en même temps, c'est aussi celui qui est le moins facilement praticable dans la majorité des cas. Les acheteurs et vendeurs de bestiaux gras ont recours à des méthodes, plus ou moins empiriques, qui reposent sur l'habitude et qui arrivent souvent très-près de la vérité. Quelques-uns acquièrent une habileté surprenante, qu'il s'agisse d'estimer le poids vif des animaux, leur poids net ou leur poids de suif. Les *maniements* sont la base de cette évaluation et la connaissance, par expérience, des races qui fréquentent le plus ordinairement le marché, complète les notions dont la combinaison conduit à présumer le poids des animaux.

Mais, en généralisant les résultats les plus communs de la pratique et en tirant les conséquences qu'on avait cherchées par des expériences directes, on est arrivé à établir des méthodes qui peuvent, dans de certaines limites, guider pour arriver à estimer le rendement. Les moins imparfaites sont celles qui tiennent compte de l'état de graisse, de l'âge et du sexe, de la race dans laquelle rentre la conformation ; ce sont, en effet, les éléments d'appréciation qui doivent être combinés pour prendre une idée tant soit peu approchée du poids de l'animal.

Ces méthodes sont de deux sortes, différentes d'après les moyens d'appréciation qu'elles emploient :

Les unes cherchent à déterminer le poids net d'après le poids vif préalablement constaté de l'animal ;

Les autres veulent arriver à la connaissance du poids net ou du poids vif d'après certaines mensurations, c'est-à-dire en se basant sur le volume de l'animal, et, dans cette catégorie, il y a des systèmes dans lesquels on ne prend qu'une mesure, comme est celui de M. de Dombasle qui conduit à l'indication du poids net ; il y en a d'autres qui considèrent le corps de l'animal comme un cylindre et arrivent au poids vif, comme la méthode de M. Quételet, ou au poids net, comme certaines méthodes anglaises.

Parmi les méthodes qui tirent le poids net de la connaissance du poids vif, figure celle de Procter Anderdon. Elle consiste à prendre la moitié du poids vif de l'animal, à y ajouter les 4/7 du même poids vif ; à diviser le tout par 2 ; le quotient donne le poids net.

Ainsi, soit un bœuf pesant 700 kilogrammes :

$$
\begin{array}{ll}
\text{La moitié de } 700 \ldots\ldots\ldots & = 350 \\
\text{Les } {}^4/_7 \text{ de } 700 \ldots\ldots\ldots\ldots & = 400 \\
\hline
\text{Total} \ldots\ldots\ldots & = 750
\end{array}
$$

qui, divisés par 2 = 375 kil., chiffre qui fait connaître le poids net.

En définitive, cette méthode revient à admettre un rendement net de 53,5 pour 100 du poids vif.

Thaër, qui cite cette méthode, considère ce rapport comme ne s'appliquant qu'à des animaux en chair seulement, et ajoute qu'on a observé que, pour un bœuf plus gras, le rendement est de 55 pour 100 ; qu'il est de 60 ou 62,5 quand le bœuf est complétement gras. On voit que Thaër a senti la nécessité de distinguer les différents états de graisse, et de modifier le rapport du poids net au poids vif suivant ces états.

David Low indique une méthode, déterminée par la moyenne d'expériences spéciales, d'après laquelle le poids net s'obtiendrait en multipliant le poids vif par 0,605, c'est-à-dire qu'on admet ainsi que le rapport du poids net est 60,5 p. 100 du poids vif.

Stephenson exprime le même rapport par 57,1.

A Paris, l'estimation moyenne est de 57.

Quelques autres évaluations ont précisé davantage, comme nous venons de voir Thaër tenter de le faire, et voici un résumé des principales appréciations :

	VEIT (Bavière.)		BURGER (S.-O. Allemagne.)		ANDERDON et THAER (Prusse.)		PARIS.	
	POUR 100 DU POIDS VIF.		POUR 100 DU POIDS VIF.		POUR 100 DU POIDS VIF.		POUR 100 DU POIDS VIF.	
	Poids net.	Poids du suif.	Poids net.	Poids du suif.	Poids net.	Poids du suif.	Poids net.	Poids du suif.
Bœufs maigres............	43 à 46	4 à 7	»	»	»	»	»	»
— en bon état...........	»	»	52 à 54	6 à 8	53,5	»	52 à 55	4 à 5
— demi-gras...........	50 à 53	9 à 12	54 à 60	9 à 12	55	»	55 à 60	5 à 8
— complétement gras....	54 à 60	13 à 20	61 à 64	13 à 27	60 à 62,5	»	60 à 65	6 à 12

Ces rendements en suif de Burger et de Veit sont adoptés par Schweizer pour la Saxe.

On voit, par ces chiffres, que les moyennes ne s'éloignent pas beaucoup les unes des autres ; celles de Veit sont un peu plus faibles que les autres. Il n'en peut guère être différemment, car les conditions générales du bétail de boucherie sont sensiblement les mêmes pour la Prusse, pour le sud-ouest de l'Allemagne, pour la Bavière, pour la Saxe, pour la France ; les animaux appartiennent, pour tous ces pays, aux races travailleuses et aux races laitières.

Si nous prenions, comme terme de comparaison, la moyenne admise par David Low, qui parle pour les îles Britanniques, nous trouverions qu'elle est plus élevée que les précédentes : elle est de 60,5.

Un autre auteur anglais, Layton Coke, admet les rapports suivants :

$$
\begin{array}{ll}
\text{Pour un bœuf en état} \ldots\ldots\ldots & 60 \\
\text{—} \quad \text{ordinaire} \ldots\ldots\ldots & 65 \\
\text{—} \quad \text{gras} \ldots\ldots\ldots\ldots & 70
\end{array}
$$

Ces résultats anglais sont aussi plus élevés que

ceux dont nous venons de parler pour l'Allemagne et pour la France ; y a-t-il là la traduction d'une différence qui existerait réellement dans les faits? Il y a bien des raisons de le croire.

C'est en Angleterre même, au reste, que les modifications résultant de toutes les causes qui font varier les rendements, ont été le mieux étudiées et déterminées, pour arriver à une évaluation du poids net d'après la connaissance du poids vif.

On a classé d'abord les différentes races d'après le degré auquel leurs aptitudes caractéristiques influent sur le rapport qu'il s'agit de calculer. Voici comment ont été établies les trois classes de races qu'on a admises.

Dans la première classe se rangent les races qui peuvent être considérées comme ayant spécialement été améliorées dans le but d'obtenir précisément un rapport élevé, du poids net au poids vif. Elle comprend les races de Durham, de Hereford, de Sussex et de Devon, et on peut ajouter les meilleurs individus de toutes les autres races.

La seconde classe est formée des bonnes races possédant des qualités qui les mènent à une production abondante de viande, mais qui n'ont pas été traitées par leurs éleveurs avec tous les soins qui les auraient plus particulièrement améliorées pour la boucherie. Ces races sont les meilleures sortes des Longues-Cornes des comtés centraux de l'Angleterre, du Lancashire et de l'Irlande ; les races du Lincolnshire, de Galloway, d'Angus, d'Ayr, d'Aberdeen, du Fifeshire, du Suffolk, et les individus les plus parfaits des races du pays de Galles.

Les races qu'on peut considérer comme inférieures et quelques-unes comme primitives, composent la troisième classe. Ce sont les races d'Argyleshire, des îles occidentales d'Écosse, et les différentes races du bétail de montagnes.

Cette classification est donnée par Morton, et peut-être bien pourrait-on la modifier un peu pour la rapprocher davantage de la vérité. Nous la donnons cependant sans y rien changer parce qu'elle est une expression générale des faits, pouvant en donner une idée suffisante. Nous ne nous hasarderons pas à former de semblables catégories pour nos races françaises, bien que nous ayons recueilli déjà bien des données et que nous suivions depuis dix ans l'étude du rendement. Quand les faits seront assez nombreux et assez précis, il sera temps de représenter la valeur de chacune de nos races pour la boucherie et de les comparer, sous ce rapport, avec les races des pays voisins. Ce sera un des éléments les plus importants de leur caractéristique.

Avec les propriétés particulières qui décident de la classe dans laquelle doit être placé un animal, il faut aussi tenir compte de son état de graisse, et les rapports qui dérivent de cette double influence sont représentés au tableau suivant :

Comme les termes qui indiquent la condition de l'animal sont toujours un peu arbitraires, on a cherché à préciser davantage, en substituant la donnée du poids vif à l'appréciation de l'état de graisse, tout en conservant la distinction des classes, c'est-à-dire des races, et en admettant que les animaux sont en bonne condition de boucherie.

POIDS NET POUR 100 DU POIDS VIF.

CONDITION DES ANIMAUX	1re CLASSE.	2e CLASSE.	3e CLASSE.
Demi-gras..............	54 à 59	50 à 55	45 à 50
Médiocrement gras.....	60 62	56 60	51 55
Gras à très-gras........	63 66	61 63	56 60
Extraordinairement gras.	67 72	64 68	61 66

Il serait superflu de prétendre, dans ces sortes de recherches, représenter et mesurer tous les éléments d'appréciation ; les tableaux de cette nature laissent encore beaucoup à faire à l'expérience personnelle, et les chiffres, bien que fournis par l'observation, ne peuvent que donner une moyenne tout à fait générale.

Un nouvel élément a été introduit dans le tableau suivant. C'est l'influence des sexes sur le rapport cherché.

POIDS NET POUR 100 DU POIDS VIF.

POIDS VIF.	SEXE.	1re CLASSE.	2e CLASSE.	3e CLASSE.
Au-dessous de 1140k	Vaches..	70 à 72	66 à 69	»
	Bœufs..	69 71	66 69	»
De 7?0 à 950k.....	Bœufs..	66 68	63 65	63 à 66
De 640 à 760k.....	Vach s..	66 68	63 65	63 66
	Bœufs..	62 65	60 62	57 6?
De 570 à 640k.....	Vaches..	62 65	60 62	57 62
	Bœufs..	57 61	54 39	51 56
De 500 à 570k.....	Vaches..	57 61	54 59	51 56
	Bœufs..	53 56	50 53	48 50
De 440 à 500k.....	Vaches..	53 56	50 53	48 50
Au-dessous de 440k	—	....		45 47

Si l'on compare ces tableaux dressés d'après les animaux anglais, aux données que des renseignements généraux ont permis de réunir pour la France et l'Allemagne, on remarque une fois encore que les rendements de ces deux derniers pays sont, pour des conditions analogues d'animaux, plus faibles que pour l'Angleterre, et correspondent assez bien aux rendements de la seconde classe des Anglais.

On voit aussi, d'après le dernier tableau, quelles sont les limites de poids vif et de poids net pour chaque groupe ; à poids vif égal, on constate que les vaches donnent un rendement en poids net plus élevé que celui des bœufs.

A poids vif égal, les animaux de la première classe donnent toujours un rendement supérieur à celui des deux autres. Le rendement des animaux de la troisième classe peut atteindre celui de la seconde, ou même le dépasser un peu (950k...570k), quand les bêtes ont acquis leur poids vif maximum, parce qu'alors elles sont extraordinairement poussées et que celles de la seconde ne sont pas arrivées à leur gain le plus élevé.

Ces données et d'autres qu'on pourrait tirer des précédents tableaux, prouvent comment s'élève le rendement des races qui ont été améliorées pour un seul genre de produits ; elles montrent aussi comment les races des derniers rangs peuvent cependant arriver à des rendements qui les placent près du premier; elles sont donc fort instructives pour l'éleveur comme pour le consommateur. Ce sont même les conséquences pratiques de ces renseignements, ce sont les preuves qu'ils apportent à la doctrine de la spécialisation de l'exploitation zootechnique, qui leur donnent de l'intérêt et une réelle valeur.

On a remarqué que, pour les taureaux, il faut élever un peu le rapport du poids net au poids vif, et que, pour les vaches qui ont souvent vêlé comme pour les vieux bœufs, il faut abaisser un peu ce même rapport.

Les animaux provenant de croisements participent généralement des aptitudes de leurs parents, et, pour le cas dont il est ici question, c'est généralement le rapport du parent auquel le produit ressemble le plus, c'est-à-dire le père le plus communément, qu'il faut appliquer.

On a fait, pour les moutons et les porcs, des essais analogues à ceux dont les résultats viennent d'être résumés pour l'espèce bovine, mais ils n'ont pas conduit à une approximation suffisante et il serait superflu d'en parler.

Dans les autres sortes de méthodes, le procédé est tout différent pour évaluer le poids net ou même le poids vif: il consiste à prendre certaines dimensions du corps de l'animal et à appliquer certains coefficients donnés par l'expérience ou le calcul. L'espèce bovine seule a été soumise à ces méthodes; les animaux des autres espèces échappent, par leur petite taille en général, à cette application, ou dans les porcs par exemple, les différences entre le poids vif et le poids net sont trop faibles pour qu'on puisse compter sur quelque exactitude, vu les difficultés du mesurage.

Parmi ces méthodes qui prennent pour point de départ la connaissance du volume de l'animal, se place celle qui est connue sous le nom de M. de Dombasle; elle donne le poids net. Elle a été imaginée par Burger, vérifiée par M. de Dombasle, et appropriée par lui aux races de sa localité. Voici en quoi elle consiste.

On prend la mesure de la circonférence du thorax, non pas dans une direction perpendiculaire au corps, mais obliquement et en pratiquant la manœuvre suivante:

Un cordon inextensible a été préparé conformément aux indications de M. de Dombasle. Il porte, d'un côté, une division en centimètres, et, de l'autre, une échelle de poids correspondant à la mesure trouvée. M. de Dombasle se servit d'abord d'une corde dont les nœuds étaient espacés suivant les échelles que l'expérience lui avait fournies; on pourrait se servir de la lanière d'un fouet.

Ce cordon est destiné à donner la circonférence oblique de la région pectorale. On obtient cette mesure en plaçant d'abord l'extrémité du cordon sur le sommet du garrot de l'animal; on fait descendre ensuite le cordon derrière l'épaule, derrière le coude du côté où l'on se trouve placé, puis on le conduit de l'autre côté de l'animal, en avant du membre, en le ramenant sur la pointe de l'épaule opposée, pour revenir au point de départ sur le garrot.

On répète l'opération en procédant d'une manière inverse, c'est-à-dire de droite à gauche, si l'on a commencé dans le sens opposé, et réciproquement. On vérifie ainsi l'exactitude du résultat, et, si l'on constate une différence entre les deux mesures, la moyenne donnera la circonférence oblique que l'on cherche.

D'après les expériences faites par M. de Dombasle, le périmètre ainsi trouvé correspond à un poids net constant; la double série de longueurs de circonférence et de poids net commence à 1m,82 de l'extrémité du cordon. Ce point correspond à un poids net de 175 kilogrammes. Les intervalles se succèdent ensuite à des distances variables, de moins en moins considérables, et donnant successivement une augmentation de 25 kilogrammes en poids net. M. de Dombasle a expérimenté jusqu'au poids de 350 kilog.; l'échelle a depuis été étendue par M. Linden, et même elle a plus tard été appliquée aux veaux.

On a trouvé que généralement il existe un rapport entre les chiffres de la série des longueurs et ceux de la série des poids; ce rapport est tel que les nombres indiquant le poids sont sensiblement entre eux comme les cubes des mesures correspondantes, et, par conséquent, les longueurs sont proportionnelles aux racines cubiques des poids. On a dressé d'après cette loi, qui a paru assez constante, des tables qui donnent le poids net de centimètre en centimètre, et qui, depuis la longueur de 1m,82 jusqu'à celle de 2m,73, indiquent les poids nets de 175 jusqu'à 600 kilogrammes.

Voici les résultats trouvés par M. de Dombasle dans ses expériences:

DISTANCE D'UN NŒUD DU CORDON A L'AUTRE.	LONGUEUR DU CORDON.	POIDS NET CORRESPONDANT.
73 millimètres....	.... 1m,820	... 175 kilogr.
72	.... 1 , 893	... 200 —
71	.... 1 , 965	... 225 —
69	.... 2 , 036	... 250 —
65	.... 2 , 105	... 275 —
64	.... 2 , 170	... 300 —
59	.... 2 , 231	... 325 —
	.... 2 , 290	... 350 —

Le calcul à la fois et l'expérience ont conduit à dresser un tableau que nous transcrivons ici plutôt à titre de renseignement que comme l'expression rigoureuse des faits.

En définitive, on trouve que cette méthode est fondée sur le principe que le poids est constamment dans un certain rapport avec le périmètre du thorax. Il y a beaucoup de vrai dans ce principe, comme je l'ai montré par mes expériences sur le développement de la poitrine; mais il s'en faut qu'il soit absolument vrai comme cela résulte des mêmes expériences. Aussi, les résultats trouvés par M. de Dombasle restaient-ils généralement exacts pour les animaux et de sa contrée et pour les animaux analogues par les caractères, les aptitudes, le développement, l'âge, l'état de graisse. Mais on comprend combien est rare cette ressemblance portant sur tant de points, et c'est seulement des indications que l'on peut chercher dans cette méthode, en corrigeant les chiffres d'après la connaissance que l'on peut avoir de ces animaux.

MESURE.	POIDS.	MESURE.	POIDS.	MESURE.	POIDS.
m.	kil.	m.	kil.	m.	kil.
1,81	175	2,12	279	2,43	425
1,82	178	2,13	283	2,44	430
1,83	181	2,14	287,5	2,45	435
1,84	184	2,15	291,5	2,46	440
1,85	187,5	2,16	295,5	2,47	445
1,86	190,5	2,17	300	2,48	450
1,87	193,5	2,18	304	2,49	455
1,88	196,5	2,19	308	2,50	460
1,89	200	2,20	312,5	2,51	465
1,90	203	2,21	316,5	2,52	470
1,91	206	2,22	320,5	2,53	475
1,92	209	2,23	325	2,54	481
1,93	212,5	2,24	330	2,55	487,5
1,94	215,5	2,25	335	2,56	493,5
1,95	218,5	2,26	340	2,57	500
1,96	221,5	2,27	345	2,58	506
1,97	225	2,28	350	2,59	512,5
1,98	228,5	2,29	355	2,60	518,5
1,99	232	2,30	360	2,61	525
2,00	235,5	2,31	365	2,62	531
2,01	239	2,32	370	2,63	537,5
2,02	242,5	2,33	375	2,64	543,5
2,03	246	2,34	380	2,65	550
2,04	250	2,35	385	2,66	556
2,05	253,5	2,36	390	2,67	562,5
2,06	257	2,37	395	2,68	568,5
2,07	260,5	2,38	400	2,69	575
2,08	264	2,39	405	2,70	581
2,09	267,5	2,40	410	2,71	587,5
2,10	271	2,41	415	2,72	593,5
2,11	275	2,42	420	2,73	600

Les autres méthodes dont il reste à parler ont considéré le corps de l'animal comme un cylindre; la longueur du corps, prise d'une manière déterminée dans chaque méthode, donne la hauteur du cylindre; le périmètre de la poitrine donne la circonférence de la base, et des expériences ont indiqué quelle densité il fallait attribuer à la matière vivante.

David Low a proposé de mener une ligne droite du coin antérieur le plus élevé de l'omoplate jusqu'au point extrême de la croupe, et de prendre la circonférence derrière les épaules. En appliquant alors la formule de la solidité du cylindre géométrique, les mesures étant supposées avoir été prises en centimètres, on trouve que les données de David Low conduisent à multiplier le résultat de ce calcul par un coefficient égal à 0,053. On obtient ainsi le poids net. Cette méthode, beaucoup étudiée, a été perfectionnée par des observateurs sur les idées desquels nous ne pouvons nous arrêter.

En Belgique, l'administration voulant supprimer les bascules d'octroi, demanda à M. Quételet de chercher un procédé moins dispendieux et qui donnât le poids vif des bestiaux. L'illustre astronome arriva aux résultats suivants, après beaucoup d'expériences : il mesure la longueur de l'animal depuis la partie antérieure de l'épaule jusqu'à la ligne perpendiculaire qui toucherait la partie la plus en arrière du corps; il prend la circonférence derrière l'épaule. Ces mesures sont prises en centimètres et les poids donnés en kilogrammes.

Combinant les mesures ainsi obtenues suivant la formule géométrique du cylindre, et multipliant le résultat par un coefficient approprié, M. Quételet trouva le poids vif des animaux. Il existe des tables où les calculs sont faits pour les circonférences de 140 à 240 centimètres, et pour des longueurs de 120 à 192 centimètres. Pour une longueur de 120 centimètres, par exemple, le poids vif est de 206 kilog. si la circonférence est de 140 centimètres; le poids vif serait de 318 kilog. si, la longueur restant la même, la circonférence était de 174 centimètres.

Dans un milieu donné, en se résignant à des erreurs certaines pour arriver à un résultat suffisamment approché, ces tables pourront être employées et il semble utile de les transcrire ici.

POIDS BRUT DES BÊTES A CORNES EN KILOGRAMMES

CIRCONFÉRENCE prise derrière LA JAMBE DE DEVANT.	LONGUEUR EN CENTIMÈTRES DEPUIS LA PARTIE ANTÉRIEURE DE L'ÉPAULE JUSQUE DERRIÈRE LA CUISSE.															
	120	124	128	130	132	134	136	138	140	142	144	146	148	150	152	154
140	206	213	220	223	226	230	233	237	240	244	247	250	254	257	261	264
142	212	219	226	229	233	236	240	244	247	251	254	258	261	265	268	272
144	218	225	232	236	240	243	247	250	254	258	261	265	269	272	276	280
146	224	231	239	242	246	250	254	257	261	265	269	272	276	280	284	287
148	230	238	245	249	253	257	261	265	268	272	276	280	284	288	291	295
150	236	244	252	256	260	264	268	272	276	280	283	287	291	295	299	303
152	243	251	259	263	267	271	275	379	283	287	291	295	299	303	307	311
154	249	257	266	270	274	278	282	286	291	295	299	303	307	311	316	390
156	256	264	273	277	281	285	290	294	298	302	307	311	315	319	324	326
158	262	271	280	284	288	293	297	301	306	310	315	319	323	328	332	337
160	269	278	287	291	296	300	305	309	314	318	323	327	332	330	341	345
162	276	285	294	299	303	308	312	317	322	326	331	335	340	345	341	354
164	282	292	301	306	311	315	320	325	330	334	339	344	349	354	349	354
166	289	299	309	314	318	323	328	332	358	342	347	352	356	353	358	362
168	296	306	316	321	326	331	336	341	346	350	356	361	366	370	375	380
170	304	314	324	320	334	339	344	349	354	359	364	369	374	379	385	390
172	311	321	331	337	342	347	351	357	362	368	373	378	383	388	393	399
174	318	329	339	344	350	355	360	366	371	371	382	387	392	397	403	408

POIDS BRUT DES BÊTES A CORNES EN KILOGRAMMES

CIRCONFÉRENCE prise derrière LA JAMBE DE DEVANT.	LONGUEUR EN CENTIMÈTRES DEPUIS LA PARTIE ANTÉRIEURE DE L'ÉPAULE JUSQUE DERRIÈRE LA CUISSE.															
	140	142	144	146	148	150	152	154	156	158	160	162	164	166	168	170
176	380	385	390	396	401	407	412	418	423	428	434	439	445	450	455	461
178	388	394	399	405	411	416	422	427	432	438	444	449	455	460	466	471
180	397	403	408	414	420	425	431	437	442	446	454	459	465	471	477	482
182	406	412	417	423	429	435	441	446	452	458	464	470	475	481	487	493
184	416	421	427	433	438	444	450	456	462	468	474	480	486	492	498	504
186	424	430	436	442	448	454	460	466	472	478	484	490	496	503	509	515
188	433	439	445	452	458	464	470	476	483	489	493	501	507	514	520	527
190	442	449	455	461	468	474	480	487	493	499	506	512	518	525	531	537
192	453	458	465	471	477	484	490	497	503	510	516	523	529	535	542	549
194	461	468	474	481	487	494	501	507	514	520	527	534	540	547	553	560
196	471	477	484	491	498	504	511	518	521	531	538	545	551	558	565	572
198	480	487	494	501	508	515	521	528	535	542	549	556	563	570	576	583
200	490	498	504	511	518	525	532	539	546	553	560	567	574	581	588	595
202	500	507	514	521	529	536	543	550	557	564	571	579	586	593	600	607
204	510	517	524	532	539	546	554	561	568	575	583	590	597	605	612	619
206	520	527	535	542	550	557	565	572	579	587	594	602	609	612	624	631
208	530	538	545	553	560	568	576	583	591	598	606	613	621	628	636	644
210	540	548	556	563	571	579	587	594	602	610	618	625	633	641	648	656

POIDS BRUT DES BÊTES A CORNES EN KILOGRAMMES

CIRCONFÉRENCE prise derrière LA JAMBE DE DEVANT.	LONGUEUR EN CENTIMÈTRES DEPUIS LA PARTIE ANTÉRIEURE DE L'ÉPAULE JUSQUE DERRIÈRE LA CUISSE.																	
	152	154	156	158	160	162	164	166	168	170	172	174	176	178	180	184	188	192
212	598	606	614	622	629	637	645	653	661	669	677	685	692	700	708	724	740	755
214	609	617	625	633	641	649	657	665	673	681	689	698	705	713	721	737	754	769
216	621	629	637	645	653	662	670	678	686	694	707	711	719	727	735	751	768	784
218	632	641	649	657	666	674	682	691	699	707	715	724	732	740	749	765	782	799
220	644	652	661	669	678	686	695	703	712	720	729	737	746	753	763	780	797	813
221	656	664	673	681	690	699	707	716	725	733	742	751	759	768	776	794	811	828
224	668	676	685	694	703	712	720	729	738	747	755	764	773	782	790	808	826	843
226	680	688	697	706	715	724	733	742	751	760	769	778	787	796	805	822	840	858
228	692	701	710	719	728	737	746	755	764	773	783	792	801	810	819	837	853	874
230	704	713	722	731	741	750	759	768	778	787	796	806	815	824	832	852	876	889
232	716	725	735	744	754	763	773	782	791	801	811	821	830	839	849	868	887	905
234	728	745	745	757	767	776	786	805	815	824	834	843	853	863	882	901	920	
236	741	751	760	770	780	790	800	809	819	829	839	848	858	868	878	897	916	936
238	754	763	773	783	793	803	813	823	833	843	853	863	873	883	893	912	932	952
240	766	776	786	797	807	817	827	837	847	857	867	877	887	897	907	928	948	968

On s'est beaucoup et depuis longtemps préoccupé en Angleterre de perfectionner des méthodes dont la donnée première reste toujours l'assimilation du corps de l'animal à un cylindre : on a combiné, avec la mensuration, les circonstances d'état de graisse, de races, de sexe, et l'on a pu former de la sorte des tables qui donnent le poids net de tous les animaux. Il faut remarquer que la longueur du corps est prise ici depuis le point de jonction des apophyses cervicale et dorsale, jusqu'à la partie postérieure externe du corps. La circonférence se prend immédiatement derrière le coude.

Étant connue la longueur du corps, on multiplie le nombre trouvé par le carré de la circonférence, comme le veut la formule ; puis on multiplie le produit obtenu (ou multiplicateur décimal) par un coefficient qui a été déterminé pour les différents cas. Je donnerai ici des exemples de quelques-unes des tables dressées dans lesquels je suppose les mesures prises en centimètres, les poids indiqués en kilogrammes. Les classes dont il va être question sont celles dont il s'est déjà agi précédemment.

CONDITION DES ANIMAUX.	MULTIPLICATEURS DÉCIMAUX.		
	1re CLASSE.	2e CLASSE.	3e CLASSE.
BŒUFS ET VACHES.			
Demi-gras	0,0515	0,0504	0,0492
Médiocrement gras	0,0537	0,0537	0,0515
Gras	0,0560	0,0549	0,0537
Très-gras	0,0581	0,0582	0,0537
Extraordinairement gras	0,0618	0,0605	0,0560
TAUREAUX.			
Médiocrement gras	0.0537	0,0560	0,0537
De graisse ordinaire	0,0618	0,0587	0,0560
Très-gras	0,0645	0,0618	0,0587
Extraordinairement gras	0,0716	0,0645	0,0618

Exemple d'application de cette méthode. La

circonférence d'un taureau de Durham, extraordinairement gras, est de 243 cent. 8. Le carré de sa circonférence égale 59458 c. q. Ce nombre multiplié par la longueur qui est de 167 c., donne pour produit 9,929.

Comme le multiplicateur applicable dans ce cas est, d'après le tableau, 0,0716, il faut multiplier le produit précédemment trouvé par ce nouveau facteur, et le produit nouveau est de 710^{kil},9164 pour le poids net; or, le poids net constaté par la balance était 710^{kil},2918.

Une vache Shetland, de toute première graisse, a mesuré 149 cent. 8 de circonférence; le carré de cette circonférence égalait 22458 c. q. La longueur du corps de cette génisse était de 121^c,9. Ces deux nombres multipliés l'un par l'autre donnent pour produit 2738.

Ici c'est le multiplicateur 0,0448 qui est applicable : en multipliant ce nombre par le précédent on trouve pour poids net 122^{kil},6624. Or, le poids net fourni par la balance a été de 121^{kil},5566.

Il ne faudrait pas croire que les résultats auxquel son arrive par l'emploi de la méthode soient toujours aussi complétement d'accord avec les-faits; mais avec un peu d'expérience on est conduit très-près de la vérité; il ne s'agit alors que de tourner autour avec tact, pour ne pas trop s'en écarter.

Pour éviter les difficultés que peuvent offrir les calculs précédents, et pour donner instantanément, par un simple coup d'œil, le poids net des animaux, on a imaginé en Angleterre un instrument, nommé *tape measure*, tout à fait analogue à notre *règle à calcul*, basé sur les mêmes principes, et construit sur le même modèle. Les nombres inscrits sur la coulisse sont en rapport avec ceux que portent les deux bords de l'instrument, et il ne s'agit que de faire mouvoir convenablement les deux parties pour être immédiatement renseigné.

L'enseignement que l'on peut tirer de la revue rapide de ces méthodes, consiste surtout dans la mise en évidence de ce fait : qu'il y a d'immenses différences entre un animal et un animal, au point de vue de la boucherie; que, par conséquent, le mode d'élevage, le choix de la race, l'âge le plus convenable, doivent être pris en grande considération par le producteur, parce que, sur le marché, c'est d'après ces bases aussi que juge l'acheteur.

RACE.	NOMBRE de TÈTES.	POIDS VIF =	POIDS NET.	POIDS DU SUIF.	POIDS DU CUIR.	POIDS DES ISSUES.	POIDS des intestins, feces, déchets, etc.
POIDS ABSOLUS.							
Durham-Charolais..............	8	826^k875 =	548^k375	73^k750	48^k125	62^k250	94^k375
Charolais.....................	6	926 667 =	610 667	83 833	55	70 500	106 667
Durham-Manceaux	6	925 833 =	633 333	91 333	55 167	67 333	88 667
Limousins	5	907 400 =	601	91 400	59	68 000	87 400
Durhams.....................	3	901 666 =	595 333	99	52	64	91 333
Cotentins....................	3	985 =	630	103 333	52 667	77 333	121 667
Landais.......................	2	790 =	517 500	86 500	55	56	75
Comtois......................	2	842 500 =	572 500	83	51 500	59 500	76
Durham-Ayr.................	1	845 =	575	82	43	53	87
Durham-Ayr-Breton	1	550 =	370	64	34	36	45
Durham-Breton..............	1	540 =	385	64	37	40	54
Breton.......................	1	630 =	425	78	39	41	47
Durham-Salers..............	1	955 =	610	92	49	74	130
Salers.......................	1	930 =	620	90	62	66	92
Durham-Cotentin.............	1	1,110 =	730	95	57	82	146
Durham-Schwitz-Normand	1	880 =	625	65	48	55	87
Durham-Schwitz.............	1	765 =	520	75	43	64	83
Durham-Bourbonnais..........	1	880 =	625	72	58	65	60
Durham-Charolais-Camargue	1	810 =	550	106	42	48	64
Garonnais-Bazadais...........	1	975 =	615	94	67	73	126
Gascon.....................	1	890 =	698	93	56	67	76
Choletais....................	1	850 =	550	118	51	64	97
POIDS RELATIFS.							
Durham-Charolais..............	8	100 =	66^k319	8^k919	5^k820	7^k528	11^k414
Charolais.....................	6	Id. =	65 899	9 047	5 935	7 608	11 511
Durham-Manceaux.............	6	Id. =	67 675	9 760	5 895	7 195	9 475
Limousins....................	5	Id. =	66 233	10 073	6 502	7 560	9 632
Durhams.....................	3	Id. =	66 026	10 980	5 767	7 098	10 129
Cotentins....................	3	Id. =	63 959	10 491	5 347	7 851	12 352
Landais......................	2	Id. =	65 506	10 949	6 962	7 089	9 494
Comtois......................	2	Id. =	67 952	9 852	6 113	7 062	9 021
Durham-Ayr..................	1	Id. =	68 047	9 704	5 089	6 834	10 296
Durham-Ayr-Breton.........	1	Id. =	67 273	11 818	6 182	6 545	8 182
Durham-Breton..............	1	Id. =	66 379	11 035	6 379	6 897	9 310
Breton.......................	1	Id. =	67 460	12 381	6 191	6 508	7 460
Durham-Salers..............	1	Id. =	63 874	9 633	5 121	7 749	13 613
Salers.......................	1	Id. =	66 667	9 677	6 667	7 097	9 892
Durham-Cotentin.............	1	Id. =	65 766	8 559	5 135	7 387	13 153
Durham-Schwitz-Normand	1	Id. =	71 023	7 386	5 455	6 250	9 886
Durham-Schwitz.............	1	Id. =	66 242	9 554	5 478	8 153	10 573
Durham-Bourbonnais..........	1	Id. =	71 023	8 182	6 591	7 386	6 818
Durham-Charolais-Camargue	1	Id. =	67 901	13 087	5 185	5 926	7 901
Garonnais-Bazadais...........	1	Id. =	63 077	9 641	6 872	7 487	12 923
Gascon......................	1	Id. =	67 191	10 449	6 292	7 528	8 540
Choletais....................	1	Id. =	64 177	13 882	6 000	7 529	11 412

Après avoir parlé des méthodes à l'aide desquelles on cherche à connaître le poids vif ou le poids net des animaux, je répéterai ce que j'ai dit avant d'entamer ce sujet : c'est que la balance seule peut répondre d'une manière précise. Depuis longtemps, après les concours publics de boucherie, on constate le rendement des bœufs primés. Je ne puis entreprendre de tirer ici toutes les conséquences des chiffres ainsi recueillis ; mais ce sera, je crois, un renseignement intéressant à donner que de reproduire les faits que cette étude des rendements m'a fournis pour les bœufs primés à Poissy en 1859.

Eu égard à la *race*, le rendement absolu et le rendement relatif des 49 bœufs soumis à l'étude, ont été les suivants. (*Voy.* le tableau précédent.)

Classés par *âge*, les mêmes bœufs ont donné ce groupement nouveau des mêmes faits :

AGE.	NOMBRE de TÊTES.	POIDS VIF =	POIDS NET.	POIDS DU SUIF.	POIDS DU CUIR.	POIDS DES ISSUES.	POIDS des intestins, fèces, déchets, etc.
POIDS ABSOLUS.							
1 an 10 mois à 2 ans............	2	565k =	337k500	64k500	35k500	38k	49k500
2 aus 8 mois à 2 ans 11 mois.....	3	801 667 =	540	77	44 667	56	84
3 ans à 3 ans 4 mois........	6	858 334 =	593 500	81 667	47 50?	60	75 667
3 ans 6 mois à 3 ans 11 mois 15 j.	6	840 =	553 333	81 500	49 833	64 500	90 834
4 ans à 4 ans 3 mois.......	7	882 857 =	598 714	95	53 714	63 286	82 143
4 ans 6 mois..........	4	912 508 =	598 250	88	56 750	65	104 500
5 ans à 5 ans 3 mois.......	10	883 200 =	583 500	88 700	54 10?	65 300	91 600
5 ans 6 mois à 5 ans 8 mois......	3	951 667 =	621	82	60 333	74 667	113 667
6 ans.............	6	973 333 =	633 667	93 833	56	73	121 833
7 aus 1 mois..........	7	905 =	610	90	53	70	82
9 ans..........	1	905 =	600	91	51	77	86
POIDS RELATIFS.							
1 an 10 mois à 2 ans............	2	100	66k814	11k416	6k283	6k726	8k761
2 ans 8 mois à 2 ans 11 mois.....	3	Id. =	67 360	9 605	5 572	6 985	10 478
3 ans à 3 ans 4 mois.......	6	Id. =	69 146	9 515	5 531	6 990	8 815
3 ans 6 mois à 3 ans 11 mois 15 j.	6	Id. =	65 873	9 702	5 932	7 679	10 813
4 ans à 4 ans 3 mois.......	7	Id. =	66 683	10 761	6 084	7 163	9 304
4 ans 6 mois..........	4	Id. =	65 562	9 644	6 219	7 123	11 452
5 ans à 5 ans 3 mois.......	10	Id. =	66 067	10 043	6 125	7 394	10 371
5 ans 6 mois à 5 ans 8 mois......	3	Id. =	65 254	8 616	6 340	7 846	11 944
6 ans.............	6	Id. =	64 770	9 591	5 724	7 462	12 453
7 ans 1 mois.......	1	Id. =	67 403	9 945	5 856	7 735	9 061
9 aus..........	1	Id. =	66 299	10 055	5 635	8 508	9 503

Si l'on décompose les différents rendements en poids net fournis par les mêmes animaux, on trouve que, parmi les 49 bœufs,

```
                                              Poids vif.
2 bœufs ont donné, aux quatre quartiers, plus de.  71 p. 100
2..................................... plus de.  70 —
1.....................................           69 —
2..................................... plus de.  69 —
2.....................................           68 —
11....................................           67 —
9.....................................           66 —
8.....................................           65 —
4.....................................           64 —
5.....................................           63 —
2.....................................           62 —
1.....................................           61 —
```

Il faut remarquer que ces renseignements ont été obtenus par l'abatage de *bœufs de concours*, et que les résultats de la pratique ordinaire en diffèrent notablement ; des observations ultérieures permettront, sans doute, un jour de combler les lacunes, comme aussi elles fourniront plus tard des documents relatifs aux moutons et aux porcs.

Pour distinguer les valeurs diverses des bœufs de boucherie, nous avons vu plus haut qu'on a employé les expressions de *gras*, *très-gras*, etc. Sur les marchés d'approvisionnement de Paris, et dans la majorité des cas en France, on admet trois *qualités* de bœufs, selon que leur état de graisse est plus ou moins avancé et qu'on augure plus ou moins bien de leur nature. Nous caractériserons tout à l'heure ces trois degrés, en parlant des qualités de la viande ; il s'agit ici seulement de mettre en garde contre une confusion qu'on commet fort souvent entre les deux mots *qualité* et *catégorie* dont la signification est cependant fort différente ainsi que nous le verrons.

On a calculé que les arrivages en bêtes de boucherie pour l'approvisionnement de Paris, s'élèvent, année moyenne (1845-52) à :

```
151,000 têtes de bœufs,
 32,000   —   de vaches,
121,000   —   de veaux,
916,000   —   de moutons.
```

Les poids nets moyens considérés comme représentant chacune de ces espèces sont :

```
350 kil. pour les bœufs,
230   —    les vaches,
 70   —    les veaux,
 22   —    les moutons.
```

En calculant d'après ces bases et en ajoutant les viandes introduites de l'extérieur, on estime que la consommation de Paris en poids de viandes de boucherie a été de 63 millions de kilogrammes en 1854. La consommation par tête, moyenne, se trouve être ainsi de 60 kilogrammes en nombre rond, par an, et d'un peu plus de 163 grammes par jour.

La quantité d'issues et d'abats comestibles ajoute un supplément moyen de 3^{kil},235 grammes à la part annuelle de chaque consommateur en viande de boucherie.

Quant à la viande de porc, elle est fournie (1854) par 37,300 animaux. La quantité totale que Paris consomme, en y ajoutant les préparations de la charcuterie, est de 11 millions de kilogrammes. La consommation par tête, moyenne, est de 11 kilogrammes par an, et de 28 grammes par jour.

Débit à l'étal et appréciation de la qualité de la viande. — Quand l'animal de boucherie a été préparé comme nous avons vu le faire à l'abattoir, il est porté à l'étal du boucher. Le bœuf consiste alors en ses quatre quartiers, deux épaules et deux moitiés, qui vont être séparées en morceaux de valeurs diverses.

Ces morceaux ont été commercialement classés en *catégories* selon qu'ils proviennent de telle ou telle partie du corps d'un même animal, et ce classement lui-même est fondé sur l'épaisseur de la chair, la proportion où s'y trouvent les matières tendineuses et d'autres qualités dont il va être tout à l'heure question.

Il ne faut pas confondre, je l'ai déjà dit, ces différences de valeur entre les morceaux d'un même bœuf, avec les différences dans la qualité générale de la viande.

La différence entre les morceaux reste toujours la même pour tous les animaux d'une même espèce, parce qu'elle résulte de la conformation des parties, de leurs fonctions et de leurs rapports entre elles ; la qualité générale varie avec les animaux et suivant les circonstances au milieu desquelles ils ont été produits. La différence entre les morceaux s'apprécie en comparant un bœuf à lui-même ; la différence dans la qualité de la viande se détermine en comparant les bœufs entre eux. Ce sont là deux ordres de faits dis-

tincts : les uns variables avec toutes les causes modificatrices auxquelles l'animal doit sa nature et son état ; les autres constantes pour chaque animal, parce que l'organisation est la même pour tous.

Les *catégories* de morceaux varient naturellement de prix, puisqu'elles ont une valeur alimentaire et organoleptique plus ou moins élevée. A Paris elles ont été diversement établies, et même diversement nommées ; mais les différences dans le classement sont, au fond, légères.

Voici la coupe ordinaire, telle qu'elle a été présentée par le commerce de la boucherie, quand il existait en corporation.

Le bœuf dont le débit détaillé est figuré ici, est supposé peser net 378 kilogrammes ; il s'est décomposé de la manière suivante à l'étal :

NUMÉROS des morceaux.	NOMS DES MORCEAUX.
1.	Culotte.
2.	Tranche au petit os.
3.	Milieu de gîte à la noix.
4.	Derrière de gîte à la noix.
5.	Tende de tranche (partie intérieure).
6.	Tranche grasse (partie intérieure).
7.	Pièce ronde (partie intérieure).
8.	Aloyau avec filet.
9.	Bavette d'aloyau.
10.	Côtes couvertes, côtes à la noix (dessous l'épaule, partie intérieure).
11.	Plat de côtes ou plates côtes.
12.	Surlonge (partie intérieure).
13.	Derrière de paleron.
14.	Talon de collier.
15.	Bande de macreuse.
16.	Milieu de macreuse dans le paleron.
17.	Boîte à moelle dans le paleron.
18.	Collier.
19.	Plat de joue.
20.	Flanchet.
21.	Milieu de poitrine.
22.	Gros bout.
23.	Queue de gîte.
24.	Gîte de devant.
25.	Crosse du gîte de devant.
26.	Gîte de derrière.
27.	Crosse du gîte de derrière.

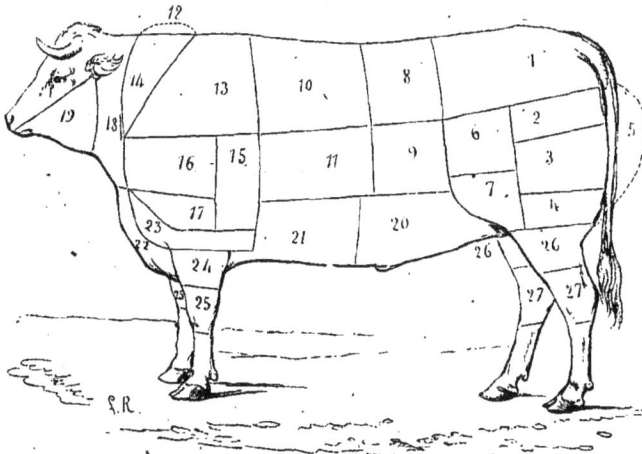

Fig. 581.

D'après les renseignements fournis par un syndic de la boucherie et donnés par M. Sainte-Marie dans son histoire des Durhams, la désigna-

tion des morceaux est quelque peu différente de la précédente. Il s'agit d'un bœuf d'un poids net de 457 kilogrammes, qui se détaille comme l'indique le tableau qui suit, en morceaux et en poids :

CATÉGORIES.	NOMS DES MORCEAUX.	POIDS DES MORCEAUX.
PREMIÈRE.	Tende de tranche..........	20k
	Pointe de culotte...........	30
	Tranche grasse.............	20
	Aloyau...................	50
	Filet....................	7
	Gîte à la noix.............	15
	TOTAL de la 1re catégorie.	142k = { 31 % du poids net.
SECONDE.	Paleron..................	70k
	Talon de collier..........	5
	Côtes	45
	TOTAL de la 2e catégorie.	120k = { 26 % du poids net.
TROISIÈME.	Plates côtes ou plat de côtes.	25k
	Collier...................	35
	Pis de bœuf...............	75
	Gîte { jambe de derrière. 15 { jambe de devant.. 10	25
	Tête ou joue..............	10
	Surlonge.................	10
	Rognons de graisse........	15
	TOTAL de la 3e catégorie.	195k = { 43 % du poids net.

Les morceaux sont rapportés ainsi à trois catégories dont chacune forme une fraction bien différente par rapport au poids net total : c'est la troisième catégorie qui constitue la plus grande partie de l'ensemble, puis vient la première, et enfin la seconde.

Quand la taxe de la viande a été officiellement mise en vigueur, les morceaux ont été classés en quatre catégories, de la manière suivante, pour le bœuf, la vache et le taureau :

1re *Catégorie.*

Tende de tranche.   Tranche grasse.
Culotte.   Aloyau.
Gîte à la noix.   Entre-côtes.

2e *Catégorie.*

Paleron.   Bavette d'aloyau.
Côtes.   Plats de côtes découverts.
Talon de collier.

3e *Catégorie.*

Collier.   Gîtes.
Pis.   Plats de côtes couverts.

4e *Catégorie.*

Surlonges.   Queue.
Plats de joues.

Le filet et le faux-filet détachés, ainsi que le rognon de chair, n'étaient pas soumis à la taxe.

La coupe des animaux de l'espèce bovine varie plus ou moins dans nos différentes villes et à l'étranger, mais les catégories restent partout placées dans les mêmes régions du corps, et l'on sent qu'il ne saurait en être autrement.

La première catégorie comprend toute la partie postérieure du corps jusqu'à la hanche (fesses, cuisses, croupe, en s'arrêtant à la hauteur du grasset par le bas, pour se continuer le long de la colonne vertébrale (muscle formant l'aloyau et le filet) et prendre une partie des côtes.

La seconde catégorie est formée des côtes, de

la partie contiguë aux côtes dans la région du flanc et de tout ce qui constitue la région de l'épaule.

Le reste du corps (cou, tête, membres, parties moyenne et inférieure de la région abdominale, queue), est placé dans la dernière sorte, formant tantôt une et tantôt deux catégories, un peu arbitrairement.

Les conséquences que cette étude permet à l'éleveur de tirer sont importantes au point de vue de la conformation des animaux, du choix des races, et, par conséquent, eu égard à toutes les influences qui peuvent conduire à augmenter l'importance de la première catégorie et à réduire la dernière. Toutes les parties de la zootechnie se tiennent étroitement en se complétant l'une l'autre.

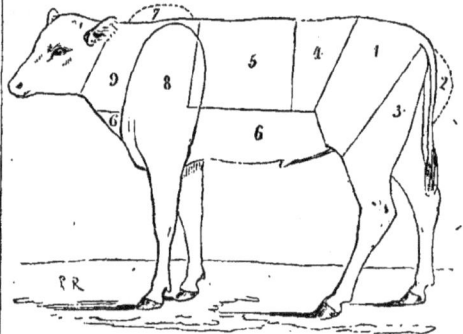

Fig. 582.

CATÉGORIES.	NUMÉROS des morceaux.	NOMS DES MORCEAUX.
1re CATÉGORIE.	1	Cuisseau (milieu de rouelle).
	2	— (noix, partie intér.).
	3	— (derrière de rouelle).
	4	Longes et rognons.
	5	Carré couvert.
2e CATÉGORIE..	6	Poitrine
	7	Bas de carré (partie intérieure).
	8	Épaule.
3e CATÉGORIE..	9	Collet.

Un coup d'œil sur cette figure et sur ce tableau suffit pour montrer que la valeur des morceaux du veau dépend de leur position dans des parties du corps tout à fait identiques à celles dans lesquelles les morceaux correspondants se montrent chez l'animal adulte. Il n'en pouvait être autrement. Il en est, d'ailleurs, de même chez toutes nos espèces de mammifères zootechniques, comme on va le voir par la coupe du mouton.

Quelle est la valeur propre des viandes débitées sous un nom ou sous un autre? C'est une question qui est encore loin d'être résolue, après bien des recherches longues et délicates. J'ai consacré plusieurs années à cette étude, et je ne saurais mieux faire que de résumer ici les résultats principaux que j'ai pu constater. Ils sont d'ailleurs généralement analogues avec ceux que nous possédions, pour les faits essentiels. Ce n'est pas seulement après examen des viandes à l'étal du boucher qu'une opinion sur la valeur de ces

Fig. 533.

CATÉGORIES	NUMÉROS des morceaux.	NOMS DES MORCEAUX.
1re CATÉGORIE.	1	Gigot.
	2	Filet.
	3	Carrés, côtelettes couvertes.
	4	Carrés, côtelettes découvertes (partie intérieure).
2e CATÉGORIE..	5	Épaule.
3e CATÉGORIE..	6	Poitrine.
	7	Collet.

viandes a été prise, c'est encore après dégustation.

Les bouchers de Paris distinguent trois degrés de *qualités*, comme nous l'avons dit déjà plusieurs fois, et ils les désignent par les noms de *première*, *deuxième* et *troisième* qualité. Mais ces trois appellations ne suffisent pas pour la classification complète des viandes. S'il faut, pour chacune de ces grandes divisions, une certaine harmonie de caractères, il existe aussi, dans l'ensemble, des combinaisons multiples, des nuances, des degrés divers; et c'est pour noter ces nuances, pour définir ces combinaisons, pour mesurer ces degrés, que le commerce subdivise les groupes que nous venons d'indiquer en sections d'un ordre inférieur.

Chacune des catégories principales comprend, à son tour, trois de ces groupes, dont la valeur est représentée par des épithètes numériques qui les caractérisent en même temps qu'elles les classent. C'est ainsi que, dans la catégorie des viandes de première qualité, se distinguent d'abord la *première* PREMIÈRE, nommée encore *toute première*, ou simplement la *première* qualité; puis la *seconde* PREMIÈRE, puis la *troisième* PREMIÈRE; que, dans la catégorie des viandes de deuxième qualité, s'échelonnent la *première* DEUXIÈME, la *seconde* DEUXIÈME et la *troisième* DEUXIÈME, et que des dénominations de même nature existent pour les viandes de la troisième catégorie. Le premier des deux termes ainsi accouplés indique donc une sorte de famille dans la classe désignée par le second.

Quelle est la base de ce système de classification? Quels caractères correspondent aux dénominations qu'il adopte?

Pour rendre la réponse à ces questions aussi

claire que le sujet le comporte, et même pour la rendre possible, je dois y mêler quelques considérations sur la constitution de la viande.

La chair des animaux est formée par les organes auxquels les anatomistes donnent le nom de muscles. La masse rouge des muscles, quand on en pousse la division élémentaire aussi loin que le permettent nos moyens d'investigation, se décompose en fibres, rangées parallèlement les unes aux autres, et dont un certain nombre se juxtaposent étroitement de manière à constituer de petits fascicules. Ces fascicules s'associent entre eux en faisceaux plus volumineux, qui, réunis à leur tour en plus ou moins grand nombre, donnent naissance à des faisceaux plus volumineux encore, dont le groupement se continue suivant le même mode. Cette disposition explique comment la viande peut se déchirer facilement en lanières plus ou moins considérables, quand on a désagrégé les faisceaux constitutifs par la coction dans l'eau.

La dissémination des fibres en rares fascicules musculaires, leur épanouissement en lames minces, ou leur accolement en grand nombre, sont, avec la longueur des fibres, les conditions qui déterminent la plus ou moins grande épaisseur des muscles, et concourent à établir des différences de valeur entre les morceaux de viande, suivant qu'ils appartiennent à telle ou telle partie du corps d'un même animal, ainsi que nous venons de le voir.

Dans la masse d'un même muscle, les faisceaux de degrés divers sont entourés d'une quantité plus ou moins considérable de tissu cellulaire, sorte de gangue où sont placés les faisceaux rouges, et dans les mailles de laquelle la graisse peut se déposer.

Ainsi, un muscle isolé de toutes les parties qui l'entourent, et coupé transversalement à la longueur de ses fibres, se présente comme une masse uniformément rouge, si la graisse ne s'est point déposée entre les faisceaux qui le constituent. Si la graisse remplit seulement la trame cellulaire qui entoure les plus gros faisceaux fibreux, la surface de section du muscle est veinée de lignes blanchâtres circulaires, dessinant les groupes qu'elles circonscrivent, et plus ou moins larges suivant le développement du tissu cellulaire et la quantité de graisse interposée. Ces veines se multiplient à mesure que la graisse se répand autour des faisceaux plus petits. A un certain degré de pénétration du muscle par la graisse, elles ne forment plus que de petites lignes très-courtes, brisées en mille sens, couvrant la surface rouge d'un réseau blanchâtre à mailles ténues; et, quand la graisse est arrivée enfin jusqu'aux derniers fascicules élémentaires, les veinules sont divisées en parties infiniment petites qui parsèment la surface du muscle de points blanchâtres, égaux, supérieurs même en nombre aux points rouges que forment les extrémités des petits faisceaux fibreux.

Ce sont ces états divers de la viande, indiquant la proportion entre le gras et le maigre, et le mélange de ces deux parties par fractions plus ou moins petites, que la boucherie désigne par les noms de *persillé* ou de *marbré*.

La viande n'est pas marbrée quand là graisse n'a pas pénétré dans la masse du muscle, dont la coupe offre alors une surface rouge continue.

La *marbrure* est trop large quand la graisse ne s'est répandue qu'autour des gros faisceaux musculaires, dans les mailles d'un tissu cellulaire très-développé, et qu'elle se dessine en couches ou en cercles épais.

Le *marbré* est beau, mais encore insuffisant, quand la graisse, bien que répandue sur toute la surface de la viande, y trace ces petites lignes brisées qui dénotent que les derniers fascicules n'ont point été atteints.

Le *marbré* est parfait quand la surface de section du muscle est criblée de petites taches blanchâtres, bien circonscrites, égales entre elles, uniformément jetées sur toute la coupe. Cet état constitue ce qu'on appelle la *maturité* de la viande.

C'est en suivant cette idée de maturité, et par opposition aux caractères qu'elle implique, qu'on a désigné, sous le nom de viande *verte*, celle qui manque de marbré, ou qui n'en présente qu'un très-imparfait.

Il est aisé de comprendre que la maturité elle-même présente des degrés divers. C'est ainsi que la juste proportion entre le gras et le maigre peut n'être plus observée quand la *marbrure*, trop répandue, est formée de points trop nombreux et trop larges, qui font dominer la couleur blanchâtre de la graisse sur la couleur rouge de la chair : la viande est alors *trop mûre*, elle donne peu de jus ; elle menace d'être mauvaise bouillie et fade même rôtie.

Ce point de maturité extrême peut même être dépassé, quand on sort des limites de la durée convenable de l'engraissement : la chair perd alors de sa fermeté ; il se fait dans les mailles du tissu cellulaire une sorte de résorption de la graisse qui donne à la viande un aspect particulier, analogue à de la flétrissure. Ces observations ne doivent pas être perdues pour les producteurs : il faut s'arrêter à point si l'on veut à la fois dépenser économiquement ses fourrages et obtenir de la viande parfaite.

Quand on incise un muscle transversalement à la longueur de ses fibres, l'instrument tranchant éprouve une certaine résistance de la part des faisceaux musculaires. Cette résistance est d'autant plus grande que la fibre est moins moelleuse et moins fine ; et, si les faisceaux possèdent quelque rigidité, ils réagissent avec une certaine élasticité, après avoir cédé d'abord sous la pression de l'instrument tranchant. Dans ce cas, les extrémités des faisceaux musculaires se relèvent après le passage de l'instrument, et la surface de section est comme hérissée d'une foule de petits tubercules formés par ces extrémités libres, qui font plus ou moins bosse sur la graisse : c'est là ce qui constitue le *grain* de la viande et ce qui détermine sa finesse, ou, comme on dit encore, sa *nature*.

Il est facile de comprendre qu'une grande finesse de grain, unie à une grande finesse de marbré, sont les conditions qui laissent le plus de facilité, opposent le moins d'obstacle au jeu de l'instrument tranchant. Dans ce cas, le boucher qui débite à l'étal éprouve à la main, sous le fil de son couteau, une sorte de résistance molle et onctueuse, quelque chose comme la sensation du maniement des bêtes grasses, qui lui permettrait de préjuger, au toucher, la qualité de la viande avant de la constater à la vue ; et il exprime parfaitement l'ensemble des caractères que la viande possède alors, en disant qu'*elle se coupe bien*. Dire qu'une viande se coupe bien, c'est donc en faire l'éloge sous le rapport de la finesse du grain de la fibre, comme sous le rapport de la finesse du grain de la marbrure.

La finesse du *grain* de la viande est en rapport avec la nature générale de l'animal ; elle est plus grande chez les jeunes et chez les femelles que chez les taureaux et les animaux âgés, plus grande dans certaines races que dans certaines autres. On sait, par expérience, qu'elle n'est point une viande d'une mastication aisée, une viande tendre, moelleuse, savoureuse, quand d'ailleurs les autres signes de la maturité par l'engraissement ne font pas défaut. Cette finesse du grain de viande se reconnaît facilement sur une section fraîchement faite, comme nous venons de l'expliquer ; elle n'exclut pas une certaine fermeté, une certaine rigidité, qui sont les indices de l'état de santé du muscle.

La nature du marbré et celle de la fibre ne sont pas les seuls points qu'il faille apprécier pour juger la viande : il est une troisième qualité qui exige encore examen, c'est la *couleur*.

Il est impossible de trouver, dans la gamme des tons rouges, une nuance qui corresponde précisément à la couleur la plus estimée par la boucherie. Je crois cependant la caractériser exactement, sinon par le nom d'une teinte qui se définisse elle-même, au moins par l'indication d'un objet qui permette une comparaison juste, en disant que la couleur de viande la plus parfaite est claire, celle du sang artériel. C'est cette couleur, chaude et vivante, pour ainsi dire, que les bouchers appellent *belle* et *bonne* couleur, couleur de *viande faite*, par opposition à la couleur *pâle*, qui indique généralement un animal jeune encore, et à la couleur plus ou moins brune, qui laisse soupçonner une viande plus ou moins grossière et qui appartient plus spécialement, quand elle est foncée, à la viande du taureau. Une des meilleures conditions de la couleur, c'est d'être nette, une et sans tache, *uniforme* sur toute la section de muscle ; un de ses caractères les moins prisés, c'est d'être indécise et *terne*.

Les indications fournies par la *couleur* de la viande sont extrêmement précises ; elles varient avec l'âge, le sexe, l'état de santé de l'animal. Pâle chez les jeunes, la teinte est vive et chaude chez les animaux faits, foncée et brune chez les taureaux, chez les animaux surmenés ou vivement impressionnés avant l'abatage. Chez les derniers, cette couleur est un accident, et la congestion dont les muscles ont été frappés peut disparaître, la teinte normale peut renaître sous l'influence d'un repos de quelques jours ; sans cette précaution, la viande perd de sa qualité. Il n'est pas de chasseur qui ne sache quelle différence de saveur existe entre la chair d'un lièvre tué *au déboulé*, et celle d'un lièvre forcé. Combinée avec d'autres indices, la couleur peut aussi conduire à reconnaître certaines maladies dans lesquelles la viande pâlit ou se fonce.

La teinte de la viande est donc liée à la condition physiologique de l'animal; elle résulte évidemment de la quantité et de la richesse du sang, par conséquent de la richesse des matériaux qui entrent dans la constitution de la substance. Avant le degré de maturité qu'amène l'âge adulte, les muscles, moins développés et restés inactifs, ne reçoivent pas une aussi grande quantité du fluide nourricier; la proportion de matière colorante, c'est-à-dire de globules, un des éléments les plus énergiques de l'activité vitale, est, en outre, moindre dans le sang. On sait aussi que la quantité de globules et, par conséquent, l'intensité de la couleur du sang diminuent dans certaines maladies caractérisées par l'atonie des organes, la chlorose, la cachexie, par exemple.

Quand le sang, d'une teinte aussi rapprochée que possible de celle du sang artériel, imprègne en abondance une chair épaisse, il lui donne un *jus* riche, dans lequel on sent, en quelque sorte, la présence des principes nutritifs, sapides et aromatiques qui font les viandes de haute qualité. Il y a une différence entre un tel *jus* et le liquide séreux que laisse suinter la chair des animaux trop *verts*, mal nourris ou mal portants.

Le morceau où s'apprécient le mieux les qualités de la viande à l'état est cette portion du *train de côtes* où l'on coupe le rostbeef, et qu'on désigne sous le nom de *noix de côtes*, partie située entre la sixième et la septième côte. L'état général de l'animal se traduit là avec plus d'exactitude; et, d'ailleurs, par la forme même de ce morceau, où la viande se présente comme une masse épaisse et ovalaire bien circonscrite, l'œil est mis à même de saisir facilement les rapports des caractères. Un connaisseur exercé sait, sans doute, juger la qualité de la viande sur tout autre point; il est nécessaire cependant, même pour les plus habiles, de contrôler un premier jugement par l'inspection de morceaux divers, par celle du paleron ou du talon de collier, par exemple, afin de savoir si toutes les parties de l'animal ont entre elles une suffisante harmonie de qualités. Il y a des animaux qui peuvent tromper sur leur valeur générale si on les juge par un détail; ils sont, comme on dit, *inégaux de viande*. Cette inégalité, jointe à une certaine grossièreté de grain, donne à l'animal, vu d'ensemble, une sorte d'apparence dure et âpre qu'on désigne par l'épithète de *rufle*.

En examinant isolément, comme nous venons de le faire, la chair des animaux, la viande, la partie comestible, nous n'avons parlé encore que de la graisse qui s'interpose entre les faisceaux fibreux; mais on sait que la graisse se trouve aussi autour des masses musculaires qu'elle sépare les unes des autres, et que, de plus, elle se dépose sous la peau et dans les grandes cavités du corps.

La graisse qui se rencontre sous la peau forme une couche continue plus ou moins épaisse, en-

veloppant extérieurement les quartiers de l'animal, et désignée sous le nom de *couverture*. Sa beauté réside dans son épaisseur même, qui doit atteindre et ne pas dépasser une limite raisonnable, telle que la viande ne soit pas *trop peu couverte*, mais le soit *assez* pour que les quantités de maigre et de gras soient justement équilibrées.

Dans sa *régularité* et son *uniformité*, qualités qui sont généralement d'accord avec un mérite analogue dans toutes les autres parties de l'animal, et qui rendent la *couverture bien suivie*; tandis que des inégalités, le dépôt de la graisse par pelotes la rendent désunie et *rufle*;

Dans sa *couleur* enfin, qui doit, comme aussi celle du suif et de toute graisse en masse, être d'une teinte beurre frais pâle, ou paille, très-légèrement lavé de rose.

La graisse formant couverture est en continuité avec celle qui enveloppe les masses musculaires, et l'on comprend que ces dépôts graisseux réduisent, proportionnellement à leur développement, la quantité de chair comestible aux quatre quartiers. Quand la viande est noyée, perdue, en quelque sorte, dans une graisse surabondante, non-seulement le boucher est embarrassé pour débiter convenablement sa viande et trouver les morceaux ordinaires de son étal, mais la consommation perd tout ce que le marchand est forcé de jeter au *dégras* : la viande est alors *trop grasse pour le détail*, elle donne plus de *déchet*. Lorsque, au contraire, la proportion entre les muscles et la graisse extérieure est convenablement mesurée, un plus grand nombre de parties est utilisé dans la somme totale du rendement; on dit alors que l'animal a *beaucoup de viande*, que sa *viande* est *convenable*, *facile*, *agréable*, *avantageuse pour le détail*, qu'elle est *de bonne boucherie*.

On a signalé quelquefois, chez les animaux de boucherie, une sorte d'antagonisme entre le développement de la graisse extérieure aux muscles et le marbré de la viande; antagonisme tel qu'il allait, dans certains cas, jusqu'à faire prédominer la graisse extérieure, à l'exclusion complète de la marbrure : la graisse s'arrêtait autour de la viande et s'en séparait brusquement. On a présenté cette disposition comme étant caractéristique des races spécialement destinées à la boucherie, et la disposition inverse, celle dans laquelle une graisse extérieure suffisante n'exclut pas la finesse du marbré, comme étant propre aux bœufs de travail qui arrivent adultes à l'abattoir.

Le fait d'antagonisme dont il s'agit s'observe, en effet; il a pu se présenter chez des animaux précoces, il ne se rencontre guère chez des animaux de travail; mais il n'est pas nécessairement lié à la précocité, à une aptitude spéciale pour l'engraissement.

La physiologie comprend qu'en façonnant pour la boucherie des animaux dont on hâte la maturité, on obtienne, entre autres résultats, un développement extraordinaire du tissu cellulaire; que les couches extérieures à la viande prennent ainsi plus d'épaisseur que chez les animaux de travail, où ces couches considérables sont impossibles; que parfois même ces couches puissantes se remplissent seules de graisse, ou que la graisse ne pénètre qu'autour des plus gros faisceaux fibreux; mais la physiologie ne voit pas pourquoi la graisse serait, chez les animaux précoces, exclue des mailles du tissu cellulaire interposé aux fibres des muscles, et ne pénétrerait pas jusque dans la profondeur de la viande, quand les conditions de bon élevage et de bon engraissement sont d'ailleurs remplies.

En dehors des explications de la physiologie, les faits conduisent à la même démonstration : les exemples ne sont pas rares, parmi les meilleurs animaux, de l'association d'un marbré fini à un développement extrême des couches de graisse extérieures aux muscles.

En dehors des points principaux que nous venons de parcourir, et sans connexion avec eux, la graisse s'accumule, par grandes masses, autour des viscères des cavités du corps, et forme le *suif*.

La couleur que l'on préfère dans le suif est cette teinte que nous indiquions tout à l'heure : paille ou beurre frais pâle, avec une pointe de rose. Quand cette couleur s'allie à la finesse, à la fermeté, à l'onctuosité propre à la substance, le suif est *beau* et *mûr*. Quand une teinte crue et comme verdâtre se rencontre avec une consistance peu onctueuse, que la sérosité se mêle à la graisse, et que les mailles du tissu cellulaire sont mal remplies, le suif n'est ni beau, ni mûr : il donnera plus de déchet à la fonte.

On observe aussi pour le suif le même phénomène que pour la viande trop mûre, et ce phénomène se produit surtout autour des reins, où s'accumulent des masses si considérables de matière grasse. Les organes sont quelquefois tellement chargés de graisse, qu'ils perdent une partie de leur vitalité; le tissu cellulaire, qui reçoit la graisse dans ses mailles, est comme desséché, et la graisse y a déjà subi un commencement de résorption. On dit alors que le *suif* est *brûlé*, que les *rognons* sont *brûlés*.

Telle est la définition des caractères fondamentaux sur lesquels se base l'appréciation des viandes. La valeur propre de chacun de ces caractères et sa signification, le degré jusqu'auquel il se prononce, la manière dont divers caractères s'associent, le mode et le nombre suivant lesquels ils se combinent, sont autant de considérations qu'il faut peser, et d'après lesquelles les viandes se distinguent en viande de *première*, de *deuxième* et de *troisième* qualité.

La *troisième* qualité se définit elle-même; la place qu'elle occupe indique assez qu'on n'y trouverait pas réunis les caractères qui font la valeur des deux premières qualités. Il est facile de sentir quelles conditions générales présentent les viandes de la *première* et celles de la *deuxième* classe.

Dans les viandes de *première* classe, les caractères principaux, spécialement ceux qui touchent à la chair musculaire, se prononcent avec une supériorité et un ensemble remarquables : la finesse, le marbré, la couleur ont atteint un haut degré de perfection, et ces qualités sont unies à un beau développement de viande faite et bien

couverte. Ce que les caractères secondaires pourraient offrir d'incomplet est compensé par la valeur des caractères de premier ordre.

Dans les viandes de *deuxième* classe, les diverses qualités n'arrivent pas à ce grand degré de beauté, ni par les détails, ni par l'ensemble; l'état général et la mesure moyenne de chaque caractère se traduisent par une expression dont il est plus facile de saisir que de définir le sens complexe, viande *ordinaire*, couleur *ordinaire*, couverture *ordinaire*.

De la *première* à la *deuxième* classe, et de celle-ci à la *troisième*, il existe, comme nous le rappelions en commençant, et comme on le comprend de reste, divers degrés qu'on a l'habitude de ramener à trois, et qui sont représentés par les dénominations de *première* PREMIÈRE, *seconde* PREMIÈRE, *troisième* PREMIÈRE, et par celles de *première* DEUXIÈME, *seconde* DEUXIÈME et *troisième* DEUXIÈME. Il n'est pas possible de donner une caractéristique rigoureuse de chacun de ces degrés; il se produit des nuances, il s'établit entre les différents caractères, tantôt les uns et tantôt les autres, des compensations que l'œil apprécie sur place, mais qu'on ne peut grouper invariablement et qu'on tenterait en vain de représenter à l'avance par des périphrases toutes faites. Les explications dans lesquelles nous venons d'entrer suffiront, nous l'espérons, à faire comprendre sur quoi portent les nuances, comment s'établissent les compensations. Elles prouveront, en outre, qu'on ne peut s'en tenir à la simple indication des termes courants de la boucherie pour spécialiser les qualités, et qu'il faut ajouter à l'emploi de ces termes quelques développements qui fassent connaître au producteur les éléments principaux du jugement.

Nous avons essayé jusqu'ici de traduire en lui-même le langage de la boucherie, sans chercher quels rapports existent entre les caractères prisés par le commerce et la valeur réelle, intrinsèque de la matière qui offre ces caractères. La grande finesse, le marbré parfait, la belle couleur sont-ils liés, d'une manière constante et absolue, au haut goût, à la valeur nutritive, à l'arôme des viandes, de façon que tels caractères plus ou moins accusés laissent présumer telles qualités plus ou moins prononcées? On ne peut répondre positivement à cette question; c'est là un sujet tout neuf pour l'étude, car nos connaissances sur ce sujet se bornent à des notions très-vagues sur l'influence de l'âge et sur celle de l'alimentation, influences pressenties plutôt que définies. Quelques remarques sur ce point doivent ici trouver leur place.

La couleur de la graisse est un des caractères qui semblent les plus conventionnels. Il n'est pas rare de voir des bœufs dont la graisse est jaune foncé ou safran, et dont la viande est de toute première qualité. Il est probable que la nature de l'alimentation exerce ici une action capitale, et l'on possède quelques observations qui semblent le prouver : on a remarqué par exemple, que la graisse est plus jaune chez les bœufs d'herbe. Peut-être, en définitive, la répugnance qu'inspirent certaines couleurs vient-elle de ce que la graisse prend des nuances pâles ou foncées dans certaines maladies dont sont affectés les animaux. Peut-être même cette répugnance n'a-t-elle qu'un prétexte moins sérieux encore; car, lorsqu'on va au fond des choses, on trouve qu'elle ne repose guère que sur un préjugé qui attache la couleur jaune de la graisse à la viande de vache. Or, en admettant même qu'il en soit ainsi, l'antipathie trop peu réfléchie qu'inspire la viande de vache ne pourrait se justifier que dans des localités où les vaches, exploitées pour leur lait, seraient livrées à la boucherie dans l'état de maigreur des vaches laitières; sans avoir été préalablement mises en état, encore moins engraissées.

La finesse du marbré, auquel la boucherie accorde une si grande importance, est-elle réellement un signe de l'excellence de la viande? Il ne manque pas de raisons sérieuses pour appuyer l'affirmative. Cependant, ne pourrait-il pas se faire que le commerce n'estime autant ce caractère que parce que nos meilleures races de travail, la race de Salers et la race limousine, qui approvisionnent nos marchés depuis si longtemps et pour une si large proportion, le présentent à un très-haut degré, quand elles ont été soumises à un bon engraissement? Ne serait-ce pas aussi parce qu'elle cède à cette tradition et juge ce type devant les yeux, que la boucherie accueille généralement avec moins de faveur les bœufs charolais, plus nouveaux venus sur nos marchés? Nous ne saurions résoudre ici ces questions, mais nous rappellerons qu'on voit journellement des bœufs du Berry et de la Marche se couper parfaitement bien et ne donner cependant à la consommation qu'une chair mauvaise, dure et coriace, même quand elle a été bouillie. Par contre, la race cotentine, qui n'occupe pas le premier rang parmi nos races pour la finesse du marbré, en surpasse beaucoup pour la saveur et l'arôme de la viande.

La couleur foncée est propre, comme nous le disions plus haut, à la chair du taureau, et elle coïncide souvent avec la grossièreté de la fibre; mais elle peut n'être aussi qu'un simple accident, causé par la fatigue d'une marche forcée. La couleur pâle est celle de la viande de veau; mais elle peut se rencontrer, même avec une nuance plus blanche encore, chez des bœufs bien portants, dans un état parfait d'engraissement et de première qualité. L'alimentation paraît ici exercer une action marquée.

Les expressions adoptées par la boucherie ont donc un sens apparent et de convention, qui pourrait bien différer, dans de certaines limites, de leur signification réelle. L'âge, la nature des animaux, le travail, le mode d'élevage, la nourriture surtout par sa quantité et par sa qualité, sont des influences qui doivent agir puissamment sur la viande; il reste à les étudier et à faire à chacune sa part. Nous négligerons encore d'autres causes accidentelles, qui peuvent impressionner la viande, pour ainsi dire : telle est la marche forcée dont nous parlions tout à l'heure; tels sont encore le moment où le bœuf a été tué, la manière dont il a été fait; telle est

la température; telles sont cent autres actions tout aussi certaines, tout aussi peu connues.

Les explications qui précèdent montrent sur quels points porte le jugement à l'étal, quelle est la valeur des signes adoptés dans l'appréciation des viandes : elles définissent les principaux termes usités dans le commerce.

Cependant, nous l'avons déjà dit, les dénominations employées, les classes établies, bien que déjà nombreuses, ne permettent pas de traduire fidèlement, de préciser, sans de longs commentaires, toutes les combinaisons que peuvent présenter les caractères, ni de rendre les nuances presque infinies que l'on saisit si bien quand on se trouve en face de la matière. Il est, en outre, très-difficile, nous dirons même impossible, de comparer rigoureusement les animaux entre eux, à l'aide de phrases nécessairement laconiques, qui résument l'appréciation des juges. Pour faciliter cette comparaison si importante, nous avons imaginé une méthode qui peut remplacer les légendes dont il faudrait faire suivre le nom des animaux pour en indiquer la qualité.

Cette méthode consiste à établir une échelle numérique dans laquelle chacune des qualités que le commerce distingue comprendrait deux degrés. Toutes les sortes diverses se rattachant à la *première* et à la *deuxième* classe s'échelonneraient de 20 à 10; la troisième classe descendrait au-dessous de 10.

Dans ce système, la *première* PREMIÈRE qualité serait représentée par les deux nombres 20 et 19, la perfection étant exprimée par 20.

La *seconde* PREMIÈRE qualité serait représentée par les deux nombres 18 et 17;

La *troisième* PREMIÈRE qualité, par les nombres 16 et 15.

La *première* DEUXIÈME qualité aurait pour expressions les deux nombres 14 et 13; — la *seconde* DEUXIÈME, les deux nombres 12 et 11; — la *troisième* DEUXIÈME, le nombre 10.

On peut ainsi accuser les nuances que la langue du commerce ne peut qu'imparfaitement définir, et que le langage ordinaire ne permettrait de rendre sensibles que par de longues circonlocutions; on peut surtout comparer facilement les animaux entre eux, même dans leurs nuances.

Il est bien entendu que ces nombres n'ont pas ici la valeur propre que leur attribue le système de numération; chacun d'eux n'est que l'expression figurée d'un ensemble complexe de caractères; il répond à un degré fixe dans la série des qualités, comme aurait pu le faire un autre choix de chiffres, qui aurait donné aux résultats une expression différente, sans en changer le sens réel ni les rapports.

Pour rendre les comparaisons plus saisissables encore, entre les individus ou les groupes, nous avons exprimé par 100 la qualité de l'animal ou du groupe qui tient le premier rang, et rapporté, par le calcul, la quotité des autres animaux ou des autres groupes, sans que ce nombre ait une valeur absolue; ils indiquent un classement, des rapports, et non, comme ils en ont l'air, des parties aliquotes de l'unité. Nous avons dû faire cette observation, parce que ces rapports ainsi exprimés ont été mal compris, mal interprétés, et qu'on les a pris quelquefois comme des degrés comptés d'après une échelle numérique fixe, comme l'est l'échelle thermométrique.

Les observations dont nous venons de présenter rapidement le résultat à propos de l'espèce bovine, sont tout à fait applicables à l'espèce ovine. L'espèce porcine appelle quelques réflexions particulières.

L'appréciation des viandes à l'étal des charcutiers repose essentiellement sur les mêmes principes que l'appréciation des viandes dans les boucheries. Il n'en saurait être autrement, car l'organisation des animaux exploités par l'un et l'autre commerce est fondamentalement la même, quant à la structure intime des parties et à leurs rapports entre elles. Aussi tout ce que nous avons dit précédemment, à propos de la viande de bœuf, sur les caractères tirés de la finesse, du marbré, de la couleur, de la proportion entre le gras et le maigre, en un mot, sur la constitution de la chair musculaire, trouve son application pour la viande de porc, et la charcuterie, dans sa pratique, emploie la même méthode générale et les mêmes termes que la boucherie.

Cependant, la nature même des animaux et le parti qu'on en tire introduisent, dans le jugement de la viande de porc, des particularités propres au commerce de la charcuterie ; nous indiquerons ici les principales, celles qui rentrent plus directement dans notre sujet.

On comprendra, d'abord, que l'appréciation de la qualité du porc est, en elle-même, un peu plus complexe que celle du bœuf : elle exige qu'on en pèse tous les caractères, non-seulement au point de vue de la consommation de la viande fraîche, mais encore au point de vue de la fabrication qui met en œuvre la plus grande partie de l'animal, et emploie jusqu'aux plus minimes déchets.

Dans le classement des viandes sous ce double rapport, le commerce de la charcuterie ne distingue pas des qualités diverses, ou plutôt, il n'a pas arrêté, pour recevoir les qualités qu'il reconnait, des cadres tout préparés d'avance ; il n'a pas, pour les représenter, un langage tout fait, comme l'est celui de la boucherie. Cela vient, sans doute, de ce que les animaux habituellement amenés sur les marchés ne présentent pas, dans leur viande, des nuances de valeur aussi nombreuses et aussi variées que celles dont la boucherie a depuis longtemps admis l'existence pour l'espèce bovine. Toutefois, sous les expressions de la langue usuelle se cache, en réalité, une classification véritable, répondant à la classification de la boucherie. Une viande de porc n'est de première qualité que si elle réunit toutes les conditions d'une bonne couleur, d'une grande finesse de grain et de marbrure, à une maturité convenable ; elle est de qualité inférieure, si elle n'est ni marbrée, ni fine, ni claire dans sa teinte. De plus, il peut arriver qu'une telle viande, sèche de sa nature, menace de se détacher des os et de s'en isoler, dans les préparations auxquelles on la soumettra, et de ne donner, d'ailleurs, à la con-

sommation, que des produits sans arome, sans moelleux, sans goût.

Il est deux qualités fort estimées dans la viande de porc, en raison des manipulations qu'on lui fait subir : l'une consiste à ne pas perdre, à ne pas *décheter* à la cuisson ; l'autre à prendre facilement le sel.

Les parties du porc qui sont vendues à l'état de viande fraîche forment une bande longitudinale, qui commence avec la première côte et s'étend jusqu'au sacrum, prenant pour centre, sur toute sa longueur, la colonne vertébrale dans les régions dorsale et lombaire, et comprenant, par conséquent, tout le train des côtes et le rein de chaque côté. Le filet de porc est trop mince pour qu'on le puisse distinguer comme morceau spécial ; les muscles qui le constituent suivent les os qui l'avoisinent, dans le débit de la bande charnue dont je viens d'indiquer l'étendue et les limites. Les portions de côtes qui s'attachent inférieurement au sternum, ou, comme on dit, les côtes de la poitrine, se vendent comme *petit salé*. Tous les débris qu'on obtient quand on pare les pièces qui doivent être vendues fraîches, sont employés à la préparation de la *chair à saucisses*.

La *chair à saucisses*, les *saucissons*, et spécialement le *saucisson de Lyon*, exigent la première qualité de viande, celle qui, complétement exempte de tendons, est la plus fine et la mieux marbrée. Les viandes sèches dont nous parlions tout à l'heure ne peuvent convenir pour la fabrication de ces produits, auxquels elles ne sauraient donner le moelleux nécessaire, ni même l'aspect convenable. Les viandes de seconde qualité s'emploient plus particulièrement pour les *cervelas* et les *saucisses fumées*. On comprend, d'après cela, comment c'est faire l'éloge d'une race porcine et mettre sa viande au premier rang, que de la reconnaître apte à fournir les meilleurs éléments pour les préparations les plus fines de la charcuterie, notamment les *saucisses* et *saucissons de Lyon*.

La graisse, outre qu'elle s'interpose entre les fibres musculaires pour former le marbré des viandes, se dépose encore, chez le porc comme chez le bœuf, sur divers points du corps où elle prend des noms différents. La graisse accumulée dans les grandes cavités splanchniques, la *graisse du dedans*, est désignée sous le nom général de *ratis* ; elle répond au suif des espèces bovine et ovine. La graisse formant pannicule au-dessous des muscles sous-cutanés dans la région dorsale, ou la *graisse du dessus*, prend le nom de *lard*. On donne le nom de *panne* à la *graisse du dessous*, celle qui occupe la région de la poitrine. Les caractères généraux que doit présenter la graisse sur ces différents points sont ceux que nous avons précédemment signalés en parlant de la graisse du bœuf.

Le *ratis*, ou graisse du dedans, est employé pour le saindoux, pour la fabrication des boudins ordinaires, pour la parfumerie, etc. La *panne* donne aussi le saindoux ; mais, pour le boudin de table, on se sert de la graisse de la panne sans qu'elle ait été fondue, afin de lui laisser tout son parfum.

Quant au *lard*, il se présente parfois, on le sait, avec une épaisseur considérable, et la première qualité qu'on en exige communément, c'est une grande fermeté. Il doit offrir aussi une belle teinte, légèrement rosée, et un grain fin. Cette finesse de grain se manifeste quelquefois par une succession de petites rides ondulées qui courent sur la surface de la graisse et la rendent comme *frisée*.

Le lard très-ferme peut se partager, aisément et sans se casser, en petits fragments longs et minces qui servent à piquer les viandes. Un peu moins ferme, il a moins de corps, doit être coupé plus gros pour qu'il ne se rompe pas, et donne principalement des *bardes* dans lesquelles on enveloppe les pièces de viande et les volailles. Quand il n'a pas assez de fermeté pour l'un ou l'autre de ces deux emplois, on l'ajoute à la panne pour faire du saindoux, et le résidu, le *creton*, est utilisé dans la fabrication des boudins.

Nous ne nous arrêterons pas à indiquer comment les goûts, les habitudes, les préparations culinaires adoptées, font donner la préférence à telle ou telle nature de lard, plus ou moins épais, plus ou moins gras ; ces détails sortiraient trop du cadre qui nous est tracé ici. Mais nous dirons quelques mots sur la fermeté du lard.

La facilité avec laquelle le lard très-ferme se laisse diviser en fragments petits et rigides, ne peut être le seul avantage pour lequel la charcuterie estime avant tout la fermeté ; car l'emploi du lard à piquer est, en somme, assez restreint. Sans doute, on a remarqué que la quantité de matière grasse est proportionnellement d'autant plus grande, que la masse du lard est plus compacte, puisque alors la trame cellulaire qui lui sert de réceptacle et de soutien, c'est-à-dire la partie qui forme déchet, est elle-même plus réduite. Sans doute encore, le débit et le maniement des pièces sont plus commodes et plus faciles, quand le lard est ferme, que lorsqu'il est sans consistance et à demi-fluide. Enfin l'on sait que le gras trop mou ne prend pas le sel. Mais ces trois dernières considérations ne sont pas d'un très-grand poids dans la question, car il y a, entre les deux extrêmes de fermeté et de mollesse, une limite moyenne qui doit satisfaire aux conditions d'un bon rendement, d'un service avantageux à l'étal, d'une salaison facile, et autour de laquelle on pourrait s'arrêter dans l'appréciation de la qualité du lard, sans aller jusqu'au dernier degré de la fermeté, sans le prendre comme le signe absolu de la plus grande valeur. Il est donc difficile de se rendre compte de l'importance extrême que la charcuterie attache à la grande fermeté du lard et de la justifier par quelque raison plus sérieuse que la nécessité d'avoir du lard à piquer. Quelques observations que j'ai été à même de faire donnent à réfléchir sur la signification propre de ce caractère. Elles trouvent ici naturellement leur place.

Une opinion assez communément répandue admet que la graisse des porcs des races anglaises est beaucoup moins ferme que celle des porcs des races françaises ; quelques personnes ont même trouvé l'explication chimique du fait dans la proportion différente pour laquelle figureraient, de part et d'autre, la stéarine et l'oléine. Nous ferons d'abord remarquer que, si la différence signalée s'est présentée quelquefois entre telles et telles races des deux pays, on ne saurait partir de là pour la généraliser au point de faire ainsi deux catégories opposées : toutes les races françaises d'un côté, et toutes les races anglaises de l'autre. Nous ajouterons que, si la nature des animaux joue un rôle important dans la constitution de leurs produits, l'alimentation en joue un plus direct, et que c'est surtout à l'influence du genre d'alimentation que doit être attribuée la proportion plus ou moins considérable d'oléine ou de stéarine. Jusqu'à ce que des expériences, dans lesquelles les races et les régimes auront été étudiés comparativement, aient éclairé le problème, on ne peut donc rien présumer, encore moins rien affirmer à ce sujet. Et d'ailleurs, fût-il démontré que la graisse des porcs anglais est un peu moins ferme que celle des porcs français, la question de l'adoption des races anglaises ne serait point tranchée par ce seul fait ; car la principale destination du porc n'est pas de fournir le lard de cette nature. Il y a, comme je l'indiquais tout à l'heure, une sage limite qu'il faut savoir atteindre et ne pas dépasser.

La grande fermeté du lard n'a quelque importance que pour la consommation des campagnes : il ne suffit pas ici que la matière grasse reste sans perte dans la soupe ou dans le plat qu'on a préparés avec un morceau de porc ; on aime à retrouver le lard entier, à en isoler la masse pour en faire un mets distinct, et l'on préfère, en conséquence, le lard très-ferme, qui résiste mieux à la cuisson. Toutefois, c'est seulement quand il s'agit de porc frais que cette extrême fermeté semble être utile ; il paraît en être autrement pour la salaison.

Trois porcs primés à Poissy en 1854 dans la classe des races françaises, tous trois *Augerons*, ont été vendus, à Paris, à un même charcutier ; c'est aussi par un même acquéreur qu'ont été achetés quatre porcs primés dans la catégorie des races étrangères pures et races croisées, un *New-Leicester*, un *New-Leicester-Craonnais*, un *Coleshill-Berkshire* et un *Essex-Hampshire*. L'étude de ces animaux a été rendue plus simple par cette circonstance, et la comparaison en a été plus facile.

Le charcutier qui avait tué les trois Augerons se louait beaucoup de la qualité des porcs, et, en particulier, de la fermeté de leur lard, qui offrait, en effet, l'aspect et la résistance du marbre : il semblait que, si l'on eût entrepris de fondre cette graisse, on eût échoué. Les porcs qui avaient du sang anglais présentaient un lard généralement un peu moins ferme que celui des précédents ; le charcutier s'en plaignait, mais se consolait un peu, cependant, vu le prix élevé que la graisse obtient depuis ces dernières années.

Au bout de quelques jours, les rôles étaient intervertis : l'acquéreur des porcs français était moins satisfait ; l'acheteur des porcs anglais prenait confiance. L'attente de l'un et de l'autre avait été trompée : la graisse des porcs français devait être presque tout entière fondue, tandis que la graisse des porcs anglais prenait bien le sel, se raffermissait et promettait un excellent service.

Cette observation semble prouver qu'il ne faut pas toujours se laisser séduire par une grande fermeté, et que la graisse des porcs anglais, même quand elle est un peu plus molle que celle des porcs français, peut conserver cependant assez de qualité pour répondre à toutes les exigences d'une bonne fabrication. Elle semble prouver encore que tout le monde, sans excepter les hommes du métier, a quelque chose à apprendre d'une étude raisonnée et comparative des faits.

Malgré la présomption d'exactitude que l'on est disposé à accorder à l'opinion, à l'expérience ancienne du commerce de la boucherie, sur le sujet qui nous occupe, il n'était pas sans intérêt de contrôler la pratique et d'appliquer à l'étude de la question les habitudes de l'observation scientifique.

Aussi a-t-il paru que la constatation expérimentale devait s'ajouter à l'appréciation des signes qui trahissent la qualité des viandes, aux yeux, par la dégustation de ces viandes cuites. Une relation constante a été reconnue entre les caractères physiques des viandes et leurs propriétés organoleptiques, dans les nombreux essais qui ont été faits dans cette voie.

La valeur propre de la méthode, fondée sur l'observation de tous les caractères extérieurs des viandes pour en résumer la qualité, une fois justifiée, je l'ai appliquée, pendant sept années, aux animaux primés à Poissy, et voici les résultats constatés. Je les donne comme le résumé des faits qui se sont produits ; je leur crois une grande généralité, parce qu'ils sont assez nombreux déjà, et surtout parce qu'ils se sont montrés suffisamment constants. Mais je suis loin de les présenter comme faisant loi : c'est une première étude qui demande à être continuée ; on en retirera un grand profit.

Les faits relatifs aux 288 bœufs dont la qualité a été appréciée, dans les sept concours de 1853 à 1859, peuvent d'abord être groupés sous la forme suivante :

	NOMBRE DE TÊTES dans les 7 concours	MOYENNE DE QUALITÉ PAR TÊTE.
Bœufs de 4 ans et au-dessous	124	16,935 = 100
Bœufs de plus de 4 ans.	164	16,402 = 96,853

Ces données, toujours concordantes, répondent nettement à la question différemment résolue par ceux qui s'en sont occupés, à savoir si les animaux jeunes des races précoces peuvent atteindre à la même qualité de viande que les animaux des races tardives arrivant à l'abattoir après une carrière de travail. Elles montrent que non-seulement les animaux jeunes peuvent atteindre à la même maturité, à la même finesse, à la même perfection, mais qu'ils surpassent même les animaux d'âge sous tous ces rapports combinés.

Si au lieu de grouper les bœufs en deux classes

établies d'après l'âge, on distingue par *races* ces mêmes bœufs, en ne faisant figurer toutefois que les bœufs dont la race a paru dans quatre concours au moins, on arrive à un classement pour quinze races bovines :

NOMBRE DE TÊTES.	RACES OU CROISEMENTS.	MOYENNE DE QUALITÉ PAR TÊTE.
4	Durham-Bretons	18 = 100
18	Durham-Schwitz-Normands..	17,555 = 97,528
17	Choletais et Nantais	17,529 = 97,383
37	Durham-Manceaux	17,297 = 96,094
8	Garonnais	17,125 = 95,133
24	Limousins	16 958 = 94,211
24	Durhams	16,500 = 91,667
6	Garonnais-Limousins	16,333 = 90,739
38	Durham-Charolais	16,316 = 90,644
15	Durham-Cotentins	16,267 = 90,372
4	Bretons	16,250 = 90,278
9	Salers	16,222 = 90,122
41	Charolais	16,122 = 89,567
10	Cotentins	15,900 = 88,333
4	Garonnais-Bazadais	15,750 = 87,500

En partageant les 288 bœufs de nos sept Concours en deux grandes divisions, celle des races françaises et celle des races anglaises et croisements, et en distinguant, pour chacune, plusieurs catégories d'âges, la qualité de leur viande les classe dans l'ordre suivant, en raison de l'âge et de l'origine :

AGE DES BŒUFS.	RACES FRANÇAISES.		RACES ANGLAISES ET CROISEMENTS	
	NOMBRE de TÊTES.	QUALITÉ de la VIANDE.	NOMBRE de TÊTES.	QUALITÉ de la VIANDE.
3 ans et au-dessous	4	15,250	30	17,222
3 à 4 ans	22	16,864	59	16,808
4 à 5 ans	24	16,125	31	16,968
5 à 6 ans	55	16,518	7	14,429
6 à 7 ans	25	16,280	10	16,500
7 à 8 ans	7	16,143	1	16
8 à 9 ans	1	14	2	16
9 à 10 ans	1	15	»	»
	139	16,417	149	16,832
	Total.	Moyenne.	Total.	Moyenne.

Il semble que les observations dont les résultats sont consignés dans les tableaux précédents, peuvent se résumer en quelques propositions, qui acquièrent d'autant plus de valeur que les faits sont restés constants dans le même sens :

Il existe des bœufs précoces, arrivant à maturité avant quatre ans ; la viande de ces animaux est de qualité un peu supérieure à la qualité de la viande des bœufs qui ont dépassé cet âge.

Les bœufs qui possèdent ce double avantage de la précocité et d'une qualité de viande plus élevée, proviennent, pour un très-petit nombre, de quelques-unes de nos races indigènes, notamment de la race Choletaise et de la race Limousine ; ils appartiennent, pour la proportion de beaucoup la plus forte, aux produits que donne le croisement de la race de Durham avec nos races indigènes.

Les produits de croisements ne sont, en général, supérieurs aux races pures, ni en qualité, ni en précocité.

En moyenne, la qualité des races françaises est de très-peu inférieure à celle des bœufs de race anglaise ou croisés ; ce n'est pas forcer les chiffres que de considérer la qualité comme étant sensiblement égale dans l'un et l'autre groupe pris en masse.

Mais, pour les races françaises, ce sont les bœufs âgés de 3 à 7 ans qui ont la qualité la plus élevée ; tandis que, pour les races anglaises et les croisements, c'est avant trois ans et jusqu'à cinq ans que les bœufs accusent le plus de qualité, le maximum arrivant à trois ans et au-dessous.

C'est aux mêmes époques où se manifeste le maximum de qualité, dans l'un et dans l'autre groupe, que les bœufs se comptent en plus grande quantité. C'est donc bien à la majorité de part et d'autre que se rapporte la différence que nous venons de remarquer quant à la précocité.

Cette différence entre les bœufs des deux pays semble liée à la différence de races, qui guident les éleveurs en Angleterre et en France.

Les races anglaises, celles du moins qui ont pu être comprises dans ces études, sont spécialement destinées à la boucherie ; elles reçoivent, de cette unité de but, des caractères communs et une certaine uniformité de nature sous l'influence de soins identiques.

Les races françaises ne sont pas dirigées vers ce but unique ; les bœufs les plus jeunes, dans quelques cas, et ceux qu'on demande aux croisements sont seuls considérés comme des animaux de boucherie spéciaux et traités comme tels.

Le principe de la *spécialisation* comme condition première de la perfection des races, trouverait donc ici une nouvelle confirmation dans les faits.

Quand il nous a été donné d'étudier les bœufs nés et élevés dans la Grande-Bretagne, la moyenne de qualité s'est montrée supérieure à la qualité moyenne des bœufs nés et élevés en France. Mais cette supériorité a paru tenir moins à la nature même des animaux anglais, qu'à la perfection de leur engraissement. Il semble que si l'engraissement eût été moins achevé, la viande des bœufs anglais fût restée plus verte ; celle des bœufs français accuse généralement plus de tendance à se marbrer plus facilement.

A cette différence de nature paraît devoir être rattaché, comme à sa cause, un fait qui a été presque chaque année constaté pour les bœufs Durhams, nés et élevés en France, où l'engraissement de concours est certainement moins parfait et moins complet qu'en Angleterre : ces bœufs se classent, pour la qualité de leur viande, au-dessous de beaucoup de nos races indigènes, et au-dessous d'un grand nombre de produits issus de croisements.

Les faits fournis par l'examen de la qualité des viandes sont d'accord avec ceux que présente l'histoire entière des races, comme l'étude des conditions au milieu desquelles elles se forment, s'entretiennent et s'exploitent, pour montrer la possibilité d'améliorer les races par elles-mêmes, de leur communiquer la précocité avec la qualité sans recourir au croisement.

Pendant ce travail lent d'amélioration, et toutes les fois que les ressources fourragères le permettent, on peut aussi, avec avantage, obtenir des *produits* de croisements qui satisfont aux besoins de la consommation, mais qui ne doivent pas être employés comme *reproducteurs*.

Si certaines races, sans aptitudes déterminées, répondant mal à l'état du milieu où elles s'élèvent et s'emploient, et ne suivant pas la marche progressive de l'industrie zootechnique, peuvent être avantageusement absorbées, détruites par le croisement, comme c'est le cas pour la race mancelle dans un grand nombre de localités, il en est d'autres qui ne se trouvent pas dans la même situation, et c'est l'immense majorité ; elles peuvent donner des *produits* de croisement dont la valeur s'élève en raison du degré d'amélioration où sont arrivées les races locales.

Dans les cas où le croisement, ainsi entendu, est indiqué, la race Durham est celle qui donne le plus sûrement les meilleurs résultats.

Le rôle de la race de Durham paraît essentiellement consister, pour la France et avec une grande mesure à créer des *produits* de croisements.

Pour les *moutons*, sur lesquels des observations de même nature ont eu lieu pendant cinq concours (1855-59), et qui étaient répartis en 66 lots, l'examen de qualité de la viande a conduit à des résultats que je vais résumer rapidement. — Ici les qualités s'échelonnent entre 1 et 10, ce dernier nombre exprimant la perfection.

En groupant les moutons en trois grandes catégories, d'après les habitudes du programme, on trouve les rapports suivants de qualité moyenne par lot.

	NOMBRE DE LOTS.	QUALITÉ MOYENNE PAR LOT.
1re CATÉGORIE. — Mérinos et Métis-Mérinos..............	19	6,727
2e CATÉGORIE. — Grosses races à laine longue..............	21	7,714
3e CATÉGORIE. — Petites races à laine commune..............	26	7,808

En distinguant les diverses races ovines, au lieu de les confondre sous les titres beaucoup trop vagues de ces trois catégories, on trouve que les 66 lots se partagent en 16 groupes, qui prennent rang dans l'ordre suivant pour la qualité moyenne de la viande :

NOMBRE DE LOTS.	RACES ET CROISEMENTS.	QUALITÉ MOYENNE PAR LOT.
2	Berrichons..............	9
1	Cauchois-Mérinos..............	9
6	Charmoise..............	8,667
4	Southdown..............	8,250
14	Dishley-Mérinos..............	8,071
3	Cotswold-Berrichons..........	8
1	Southdown-Dishley-Berrichons.	8
6	Dishley-Artésiens..............	7,333
11	Métis-Mérinos..............	7,184
6	Anglo-Berrichons..............	7
2	Southdown-Picards..............	7
1	Southdown-Mérinos..............	7
1	Charmoise-Mérinos..............	6
6	Mérinos..............	5,667
1	Cotswold-Southdown-Lorrains...	5
1	Hampshire-Down..............	5

· On pourra saisir plus complétement les influences complexes de provenance et d'âge, relativement à la qualité de la viande, en mettant en parallèle les lots de moutons d'origine française avec les lots de moutons anglais ou croisés, sous la forme déjà adoptée pour les bœufs. Outre leurs subdivisions par âge, les lots de chaque grande classe sont groupés aussi en deux catégories, suivant qu'ils sont au-dessous ou au-dessus de dix-huit mois.

AGE DES MOUTONS.	RACES FRANÇAISES.		RACES ANGLAISES ET CROISEMENTS.	
	NOMBRE de LOTS.	QUALITÉ de la VIANDE.	NOMBRE de LOTS.	QUALITÉ de la VIANDE.
10 mois à 1 an............	»	»	7	7,429
1 an 1 mois à 1 an 2 mois..	2	5,500	17	7,353
1 an 3 mois à 1 an 4 mois..	1	5	4	7
1re CATÉG. : Agés de moins de 18 mois.............	3	5,333	28	7,321
	Total.	Moyenne.	Total.	Moyenne.
2 ans....................	1	8	6	7,500
2 ans 2 mois à 2 ans 8 mois.	1	9	4	9,250
3 ans....................	9	7,333	5	8,400
3 ans 4 mois.............	1	8	1	6
4 ans..............	4	7,222	1	10
5 ans....................	2	6	»	»
2e CATÉG. : Agés de plus 18 mois.............	18	7,333	17	8,235
	Total.	Moyenne.	Total.	Moyenne.
Pour les 2 catégories.	21	7,048	45	7,667
	Total.	Moyenne.	Total.	Moyenne.

De tous les faits réunis sur la qualité de la viande des moutons ressortent, jusqu'ici, quelques conséquences qui ont d'autant plus de chances d'être vraies qu'elles se sont produites chaque année en accusant sensiblement les mêmes rapports.

La catégorie des *mérinos* et *métis-mérinos* s'est constamment montrée inférieure pour la qualité aux deux autres catégories. Or, ces deux catégories sont formées, comme on peut le voir au tableau ci-dessus, de races d'origine anglaise ou de races françaises et croisées, destinées avant tout à la production de la viande. On peut donc en inférer que la supériorité est acquise aux races que l'on dirige plus spécialement vers la boucherie, et que les races auxquelles on a depuis longtemps demandé ou auxquelles on demande encore plus particulièrement de la laine, restent inférieures pour la viande.

Les races qui forment la classe des races françaises figurent en bien petit nombre à Poissy; deux seulement s'y présentent : la race *berrichonne* et la race *mérine*; car cette dernière est bien une race française aujourd'hui, ou plutôt c'est un type qui offre une foule de variétés françaises dans les localités diverses où il s'est répandu.

Entre ces deux races, la supériorité pour la qualité de la viande, et une supériorité très-nettement tranchée, appartient aux *berrichons* qui laissent loin derrière eux les *mérines*, en prenant

même le pas sur tous les croisements qui leur sont comparés.

Quelques éleveurs ont tenté d'obtenir des animaux précoces avec les moutons *mérinos* ou les *métis* ordinaires. Ils ont complétement échoué dans leurs essais, et, si nous en jugeons d'après les faits qui ont passé sous nos yeux, il semble qu'on doive, pour aujourd'hui du moins, renoncer à demander la précocité à la race mérine, qui ne possède même pas une qualité suffisante à l'âge adulte.

Au contraire, les *berrichons* ont donné pour la qualité unie à la précocité, des résultats qui leur font le plus grand honneur et les indiquent comme la meilleure peut-être de nos races nationales, la mieux disposée à une amélioration dans le sens de la boucherie.

En comparant l'une à l'autre les deux grandes classes de moutons français et de moutons anglais ou croisés, on trouve que la moyenne de qualité est inférieure dans la première de ces classes, soit qu'on considère les animaux au-dessous de dix-huit mois, soit qu'on prenne ceux qui ont dépassé cet âge.

Pour l'une et l'autre classe, les moutons les plus âgés, c'est-à-dire ceux qui ont atteint ou dépassé deux ans, ont une qualité supérieure à celle des moutons les plus jeunes. Il y a moins d'écart dans les nombres qui représentent cette qualité des deux catégories, pour la classe des moutons anglais ou croisés, en d'autres termes, cette classe se montre plus précoce et d'une qualité plus uniforme.

Les croisements, dans la seconde classe, sont beaucoup plus nombreux que les races anglaises, et forment même la presque totalité des lots. Ces croisements ont été obtenus, à peu près uniquement, avec les Dishley et les Southdown. Il n'entre pas dans ce sujet de dire comment se déterminent ces choix, mais il ressort des tableaux précédents, que les croisements avec les races anglaises, semblent être le moyen d'obtenir les meilleurs produits de l'espèce ovine pour la boucherie.

Le croisement me paraît, en général, pouvoir être pratiqué, dans l'espèce ovine, sur une plus grande échelle et avec moins de scrupule que dans l'espèce bovine. S'il est, en effet, incontestable que le croisement, quand il est suffisamment prolongé, absorbe une race pour laisser dominer l'autre, et que le métissage ne fait pas de race, parce qu'il est impuissant à créer des reproducteurs à type précis et fixe, doués d'une suffisante force d'atavisme; s'il est, par conséquent, nécessaire, toutes les fois qu'on veut améliorer une race et en assurer les progrès, sans la détruire, de recourir à la sélection, dont les avantages physiologiques et économiques sont certains; il ne faut pas en conclure que toutes les races dans toutes les espèces, doivent être améliorées par elles-mêmes.

Il a été déjà question, à propos de l'espèce bovine, des conditions dans lesquelles la sélection doit être seulement entreprise : il faut que la race sur laquelle on opère soit réellement une race, c'est-à-dire qu'elle offre un type défini, des aptitudes certaines, une constance reconnue, une puissance de transmission qui en atteste et en assure la pureté; il faut, en même temps, qu'elle réponde aux conditions générales du milieu où elle est élevée et employée, qu'elle soit susceptible de suivre le mouvement d'amélioration qu'il est utile d'imprimer à l'agriculture de ce milieu.

Or, ces conditions sont remplies pour la plupart de nos races bovines; elles le sont très-rarement pour nos races de moutons. Déjà des mélanges de toutes sortes, la grande confusion qui a suivi l'introduction des mérinos, ont altéré, dans la majorité des cas, les caractères primitifs des races ovines, effacé leur type, troublé leur atavisme. Produites d'abord plus particulièrement en vue de la laine, ces races ont été dirigées ensuite vers la production plus abondante de la viande, par un revirement dans les procédés qui suivit un revirement dans les besoins, et le croisement avec les races anglaises a été le moyen adopté le plus souvent pour atteindre ce nouveau but.

Sauf quelques exceptions, celle des Berrichons, par exemple, celle de quelques autres races qui, comme les races laitières, répondent aux besoins d'industries spéciales, on ne voit donc guère de races ovines qui s'offrent à la sélection dans les conditions où la sélection peut donner de bons résultats. Elles sont presque toutes dans une position inférieure à celle où se trouvait, dans un très-grand nombre de localités, la race bovine mancelle, médiocre sous tous les rapports, au milieu d'une agriculture qui faisait et voulait faire des progrès. Elles peuvent donc être, pour la plupart, livrées à un croisement ou à un métissage intelligent.

Mais il faut bien savoir, en prenant ce parti, qu'on s'impose, par cela même, l'obligation de redemander incessamment des reproducteurs aux races pures qu'on emploiera pour croiser, afin de ramener ou de maintenir les *produits* dans la voie où on les dirige et d'où ils sortiraient fatalement si l'on prenait des *reproducteurs* au milieu de la population ovine ainsi mélangée et dépourvue d'atavisme. Cette nécessité n'est pas un obstacle, si l'opération est, d'ailleurs, jugée avantageuse; elle complique seulement le travail et rend le succès un peu plus chanceux.

Les lois qui président à la production et à l'amélioration des races, et qui se dégagent des faits relatifs à la qualité comme de tous les autres faits de production, restent donc les mêmes, pour l'espèce ovine et pour l'espèce bovine; la sélection et les combinaisons diverses du croisement conservent toujours leur caractère et leur puissance propre; seulement l'un ou l'autre de ces procédés trouve plus ou moins souvent son application suivant les conditions de réussite qu'il rencontre.

L'espèce *porcine* a été l'objet d'études du même ordre que celles auxquelles ont été soumises les deux espèces dont nous venons de nous occuper. Examinée pendant six concours (1854-59), elle a fourni à l'observation des faits que groupent les tableaux suivants, dans la forme adoptée pour les espèces bovine et ovine. — Les rapports de qua-

lité sont établis de 10 à 1, comme pour les moutons.

NOMBRE DE TÊTES.	RACES ET CROISEMENTS.	QUALITÉ MOYENNE PAR TÊTE.
5	New-Leicester-Craonnais et Middlesex-Craonnais............	9,600
2	Essex-Berkshire..............	8,500
2	Berkshire.................	8,500
2	Limousins................	8,500
4	New-Leicester.............	8,250
4	Middlesex................	8
2	Anglais.................	8
4	New-Leicester-Augerons......	7,750
12	Normands................	7,583
10	Augerons	7
2	New-Leicester-Essex	6,500

On voit que notre race *Limousine* tient un bon rang sur cette échelle de valeur; que les *Normands et les Augerons*, deux races assez voisines et qu'on peut considérer comme dérivées d'une même souche, sont placés sur les derniers échelons; que notre excellente race *Craonnaise* donne d'excellents produits de croisement avec le *New-Leicester*.

Il est intéressant de comparer les porcs, comme nous l'avons fait pour les deux autres espèces, sous le rapport de l'origine et de l'âge. Voici les éléments de cette comparaison pour les 59 têtes qui ont pu être examinées.

AGE DES PORCS.	RACES FRANÇAISES.		RACES ANGLAISES ET CROISEMENTS.	
	NOMBRE de TÊTES.	QUALITÉ de la VIANDE.	NOMBRE de TÊTES.	QUALITÉ de la VIANDE.
5 mois 10 jours............	»	»	1	9
6 mois 15 jours à 6 m. 22 j.	»	»	2	9,500
7 mois à 7 mois 15 jours ..	»	»	5	9,400
8 mois à 8 mois 15 jours ..	1	3	4	8,750
9 mois à 9 mois 15 jours...	1	8	2	7
10 mois................	1	10	2	8,500
11 mois à 11 mois 10 jours..	3	8,333	4	7,500
1 an à 1 an 15 jours........	4	8,750	3	6,333
1 an 1 mois	5	8,200	1	7
1 an 2 mois	4	7	2	7
1 an 3 mois	2	6,500	1	10
1 an 4 mois à 1 an 4 m. 15 j.	»	»	2	10
1 an 5 mois à 1 an 5 m. 15 j.	2	6,500	»	»
1 an 6 mois 15 jours.......	»	»	1	7
1 an 10 mois	2	8,500	»	»
1 an 11 mois	»	»	1	9
2 ans................	»	»	2	7
2 ans 7 mois...........	»	»	1	8
	25 Total.	7,360 Moyenne.	34 Total.	8,206 Moyenne.

Toutes les observations auxquelles l'étude de l'espèce porcine conduit, se résument en quelques propositions générales qui ne sauraient, on le comprend, avoir force de lois, parce que les faits qui leur servent de base, sont encore trop peu nombreux.

En moyenne, la qualité des races porcines françaises, ou, du moins, des races Normande, Augeronne et Limousine, est sensiblement inférieure à celle des races anglaises et des croisements.

Les races porcines anglaises et les croisements peuvent donner des produits âgés de six à dix mois, dont la qualité est supérieure à celle des porcs français du même âge ; à une période plus avancée, les porcs des deux classes ont une qualité à peu près égale.

En donnant une idée des résultats fournis par les observations sur le rendement des animaux de boucherie et sur la qualité de leur viande, nous avons répété plusieurs fois que les conséquences auxquelles on est arrivé aujourd'hui ne peuvent pas encore être considérées comme définitives. Elles semblent, cependant, avoir dès à présent une certaine constance ; nous avons voulu en présenter le résumé pour constater l'état de nos connaissances sur ces questions, et pour faire mieux sentir l'intérêt qu'il y aurait pour les éleveurs à ce que la valeur de nos machines à viande fût plus rigoureusement établie pour le rendement en quantité et en qualité de leurs produits. ÉMILE BAUDEMENT.

CHAPITRE XXIV

DES OISEAUX DE BASSE-COUR

Maintenant que nous en avons fini avec le bétail, le tour de la volaille est venu.

Les oiseaux que nous élevons le plus ordinairement au village et à la ville, se partagent en trois ordres qui sont les GALLINACÉS, les PIGEONS, les PALMIPÈDES.

L'ordre des Gallinacés comprend les *Poules*, les *Faisans*, les *Peintades* ou *Pintades*, les *Dindons* et les *Paons*.

L'ordre des Pigeons comprend, outre plusieurs espèces dont nous n'avons pas à nous occuper ici, nos diverses races de *Pigeons de colombier* et de *volière*. Cet ordre est très-voisin de celui des gallinacés et nous devons nécessairement lui conserver ce voisinage dans notre publication.

L'ordre des Palmipèdes, c'est-à-dire des oiseaux à pieds palmés, comprend les *Canards*, les *Oies* et les *Cygnes*.

ORDRE DES GALLINACÉS

I. — POULES

Historique. — D'où viennent nos poules domestiques des diverses races ? Elles ont eu vraisemblablement pour souches, les espèces sauvages décrites par nos naturalistes, mais on ne sait rien de précis, rien de complétement satisfaisant à cet égard, et tout porte à croire qu'on n'écartera pas de sitôt le voile qui nous cache leur origine. En retour, ce que nous savons bien, c'est que les poules domestiques remontent aux époques les plus reculées et que dans tous les temps, elles ont fait l'ornement de nos fermes.

Classification des poules. — M. F. Malézieux divise les poules en vingt-une races, mais sa division est assise plus souvent sur des probabilités que sur des faits incontestables. Le mieux, nous semble-t-il, serait de laisser les hypothèses de côté et de nous contenter, quant à présent, de partager nos poules domestiques en trois catégories. La première comprendrait les races naines ou de petite taille ; la seconde, les races ordinaires ou de taille moyenne ; la troisième, les grandes races. Cette classification toute vulgaire est admise dans nos campagnes et a 'e mérite de nous sortir un peu de la confusion.

Les petites races. — Parmi les poules naines, nous citerons en première ligne les poules de Bantam, vulgairement désignées sous le nom de petites poules anglaises ; puis les poules soyeuses, les poules frisées et les poules sauteuses de Camboge. A la rigueur, nous pourrions ajouter la poule *nègre*, ou mieux négresse, qui forme la transition entre les petites races et les races moyennes. Les poules de Bantam, les plus précieuses de cette catégorie, ne sont guère plus grosses que des perdrix. Elles sont basses sur pattes et traînent quelquefois leurs ailes à terre. Leur allure est hardie en même temps que gracieuse ; elles sont bonnes pondeuses, bonnes couveuses, mais elles ne pondent que de petits œufs de 25 à 30 grammes, et ne sauraient couver plus de sept œufs d'un volume ordinaire. Elles sont douces, familières, *franches*, pour nous servir d'une expression consacrée. La chair des Bantams est excellente. Ces poules ont été profondément modifiées par l'éducation et les croisements. Les unes ont les pattes nues, les autres sont emplumées ou pattues ; il y en a de toutes les couleurs, de jaunes, de grises, de blanches, de noires, etc. On vante beaucoup les Bantams dorés et argentés de sir John Sebright.

On recherche les couveuses de la race de Bantam pour leur confier des œufs de faisans et de perdrix.

Les poules soyeuses et les poules frisées sont bonnes pondeuses et fournissent une chair délicate, mais elles ne sont pas aussi rustiques que les Bantams. Les sauteuses de Camboge, plus grosses que les Bantams, sont si basses sur jambes que pour courir elles sont obligées de faire des bonds. Elles sont très-fécondes.

Les poules négresses ont le plumage blanc, clair et à demi frisé. La peau, la chair et les os sont noirâtres. Elles sont assez robustes et ont une saveur de gibier.

Les races moyennes. — Quittons les poules de fantaisie et passons à d'autres. Les poules de cette catégorie comprennent les races communes plus ou moins fortes que nous appelons races de pays dans les diverses localités, les espagnoles,

Fig. 584. — Coq et poule de Bantam.

les dorkings, les poules de Padoue, de Houdan, de La Flèche et même les poules de Crèvecœur. La race de Bruges appartient aux poules communes de la Flandre occidentale comme la race d'Hoogstracten appartient aux poules communes des deux Campines et de certaines contrées de la Hollande, comme les coucous aux départements de la Sarthe, de l'Orne et d'Ille-et-Vilaine.

« La *race commune*, dit M. Malézieux dans son *Manuel de la fille de basse-cour*, a la tête assez petite, la poitrine étroite et les jambes fines. Sa couleur et sa taille n'ont rien de constant. Elle pond des œufs à coquille blanche. C'est la race la plus *rustique* de toutes et la plus facile à nourrir. Grâce à son activité, elle trouve à vivre dans nos cours de ferme, et elle a beaucoup moins qu'une autre, besoin de nourriture supplémentaire. Le reproche le plus sérieux qu'on puisse adresser à la poule commune est d'être un peu trop dévastatrice ; elle vole comme une perdrix et ne se fait guère défaut de profiter de sa légèreté pour franchir les clôtures et aller ravager les champs et les potagers voisins. La race commune est très-précoce ; les coqs sont féconds dès l'âge de trois mois, et les poulettes nées au commencement du printemps pondent vers la fin de leur premier été. »

Les *poules espagnoles* qui figurent principalement dans les collections d'amateurs, non dans nos cours de ferme ont le plumage d'un beau noir luisant, une forte crête et de larges taches blanches aux joues. Elles donnent de gros œufs, mais elles sont mauvaises couveuses. Leur chair est fort estimée. C'est en raison de la finesse de cette chair et du poids des œufs, qui est de 90 grammes environ, tandis que celui des œufs de la poule commune ne dépasse guère 60 grammes, c'est, disons-nous, en raison de ces deux qualités que certaines personnes s'enthousiasment pour les poules espagnoles. M. Peers qui s'est livré à l'éducation des poules de choix aux environs de Bruges, ne recommande pas la race espagnole comme volaille de rente.

Les belles taches blanches qui caractérisent cette race, ne se montrent que vers l'âge de six mois chez les mâles, un peu plus tard chez les femelles. A un an, le développement de ces taches est complet.

Les *poules de Dorking*, très-vantées en Angleterre, sont de la taille de nos belles poules communes et ne s'en distinguent guère par leur plumage. Ce ne sont ni de bonnes pondeuses ni de bonnes couveuses, mais en retour elles se recommandent vivement par leur facilité à prendre la graisse et par la délicatesse de leur chair. Le caractère extérieur le plus saillant chez les Dorkings, c'est d'avoir deux pouces à chaque patte ou cinq doigts et même six quelquefois au lieu de quatre. Comme on rencontre assez souvent en Normandie des poules communes à cinq doigts, on a supposé que la race de Dorking avait été introduite dans le comté de Surrey, à l'époque de la conquête des Normands. D'autres font honneur de l'importation aux Romains, parce que Columelle parle de poules à cinq doigts. En effet, dans le *Livre VIII* de son *Économie rurale*, lorsqu'il indique les caractères des meilleures poules, il écrit : « On regarde comme excellentes celles qui ont cinq doigts, mais dont les pattes ne sont point armées d'éperons saillants, car la poule qui porte cette distinction masculine, dédaigne les approches du coq, et, outre qu'elle est rarement féconde, elle casse avec la pointe de ses éperons les œufs qu'on lui donne à couver. » Ce passage de Columelle ne prouve point que les Dorkings soient les descendantes des poules à cinq doigts de son temps. Cette particularité signalait alors les bonnes pondeuses, tandis que les poules de la race de Dorking ne sont estimées que pour leur chair blanche et savoureuse.

« La *poule de Padoue*, dit M. Peers, est tout à fait distincte de la poule domestique ; montée sur des pattes plus hautes, elle acquiert en outre un volume beaucoup plus gros. Son poids s'élève

Fig. 585. — Poule de Padoue.

Fig. 587. — Poule de Houdan.

parfois à 4 kilos et au-delà. Le timbre de la voix du coq est plus fort, mais moins vibrant que celui du coq domestique. » Le même auteur assure que cette poule est la même que celle de

chair est délicate, la ponte remarquable, l'incubation nulle. Elle est l'espèce huppée par excellence, et ce qui fait son ornement principal en fait aussi une race impropre à la vie de basse-cour, car sa huppe si belle, si développée par le beau temps, ne devient plus, par la pluie, qu'un masque matelassé et impénétrable qui lui enveloppe la tête ; son plumage est aussi un des plus riches comme des plus variés. » On possède plusieurs variétés de padoues ou polonaises, comme on les appelle encore.

Fig. 586. — Coq de Padoue.

Les *poules de Houdan* forment une de nos plus jolies races françaises. Elles ont, comme les Dorkings, cinq doigts à chaque patte. Elles ont une huppe rejetée en arrière et sur les côtés, une cravate très-marquée et les joues fortement emplumées. Le plumage est bariolé blanc et noir et nuancé de violet et de vert. Le coq a la poitrine large, les jambes fortes, le plumage varié de noir, de blanc et de jaune pâle et la crête triple ; son ossature est fine. La description de sa physionomie, faite par M. Ch. Jacque, est un peu forcée, un peu caricature, mais elle a du vrai et suffit pour qu'on la reconnaisse à première vue : — « Différente, dit-il, de celle de beaucoup d'autres espèces par plusieurs traits remarquables, la tête forme avec le cou un angle très-peu ouvert, de façon que le bec baissé se voit par-dessus et prend l'apparence d'un nez. La crête carrée et aplatie, semble être un front charnu ; les joues sont entourées de plumes re-

Caux. M. Ch. Jacque, dans son livre intitulé : *Le Poulailler*, écrit de son côté : « L'espèce est une des plus fortes parmi les poules d'agrément. La

troussées qui ressemblent à des favoris, les coins renversés du bec ont l'apparence d'une bouche et

Fig. 588. — Coq de Houdan.

la cravate de plumes, jointe aux barbillons, simule une barbe; la huppe a l'air d'une grande

Fig. 589. — Poule de la Flèche.

chevelure, et le visage entier rappelle immédiatement l'idée de celui de l'homme. »

La race de Houdan est précoce, féconde, ro-buste et facile à élever. Ses œufs sont blancs et d'un beau volume; elle laisse à désirer comme couveuse. Elle prend la graisse très-vite et fournit une chair excellente.

Les *poules de la Flèche* qui nous fournissent les délicieux chapons et les délicieuses poulardes du Maine, sont assez hautes sur jambes. Leur plumage est d'un beau noir à reflets violets et verts sur le dos et les ailes, et d'un noir un peu grisâtre sous le ventre. Elles tiennent de la race espagnole par les plaques blanches de la face, et de la race de Crève-cœur, par la bifurcation de la crête qui forme deux petites cornes penchées en avant. Les quelques plumes du sommet de sa tête ne méritent pas le nom de huppe. Les pattes sont de couleur bleuâtre ou plombée. Les poules de la Flèche ou cornettes ne sont pas très-fécondes et ne sont point estimées comme couveuses, mais, en revanche, elles sont très-estimées pour la qualité de leur chair. — « Leur renommée, dit M. Letrône, peut prendre date vers le quinzième siècle, selon les rapports de quelques vieux historiens; je pense néanmoins qu'elle doit avoir une origine plus ancienne. C'est au Mans qu'on faisait ces belles poulardes tout primitivement, puis à Mézeray, puis à la Flèche. Aussi désigne-t-on indifféremment ces sortes de produits sous des dénominations différentes. Cette industrie a depuis longtemps cessé au Mans; elle déchoit à Mézeray et ne s'est bien conservée qu'à la Flèche et dans les communes qui l'avoisinent. »

On donne le nom de *poules du Mans* à une race moins forte que celle-ci, mais également de couleur noire.

Les *poules de Crèvecœur*, qui marquent la limite entre les races moyennes et les grandes races, seraient, d'après M. Peers, originaires du département de la Drôme. Nous ne savons sur quels documents s'appuie l'auteur belge pour établir cette particularité historique. Nous croyons, nous, sur la foi de renseignements qui nous ont été fournis de divers côtés, que les poules en question sont d'origine normande et qu'elles doivent leur nom au bourg de Crèvecœur, près de Lisieux.

Le plumage de la poule de Crèvecœur est d'un beau noir; le coq porte une collerette dorée ou argentée d'un effet charmant sur le fond noir. Dans cette race, les cuisses sont volumineuses, le corps est trapu, la tête porte une grosse huppe s'étalant en couronne, et au-devant de cette huppe, on remarque deux cornes rouges qui proviennent de la bifurcation de la crête. Les pattes sont d'un gris plombé.

Les poules de Crèvecœur pondent des œufs

aussi gros que ceux des poules espagnoles, et de couleur blanche, mais elles ne sont pas très-

Fig. 590. — Coq de la Flèche.

Fig. 591. — Coq de Crèvecœur.

bonnes couveuses. Elles prennent facilement la graisse et arrivent souvent au poids de 4 kilogr. Nous ne pouvons pas recommander l'éducation

des poules de Crèvecœur dans toutes les localités. M. Peers nous dit bien que chez M. Delohel, à Hoogstraeten, ces poules ont pondu sans interruption pendant tout l'hiver de 1853 à 1854, sans aucun soin particulier, et dans un poulailler exposé au nord; mais nous ne pouvons oublier que chez M. Péterson, au Mesnil (Luxembourg belge), les Crèvecœurs élevées en liberté toute la journée avec des Cochinchinoises, ne donnaient pas, à beaucoup près, autant d'œufs que ces dernières.

Les poules de Bruges sont très-fécondes et pondent de gros œufs, mais elles sont peu disposées à couver. Ce sont de fortes poules, au plumage ardoisé et à crête peu développée. Les pattes ont une teinte plombée. On reproche au coq son humeur batailleuse.

Les poules de la Campine, ou plutôt d'Hoogstraeten (province d'Anvers), appellent toute notre attention. Nous croyons utile de reproduire ici ce que nous en avons dit dans l'Agriculture dans la Campine : — « Sous le rapport des poules, la Campine est à la Belgique ce que sont la Bresse, le Maine et le pays de Caux à la France. On parle de la poule d'Hoogstraeten, comme on parle de celle de la Flèche. Cette poule, vulgairement connue sous le nom de poule de Campine, et dont on fait le fameux chapon de Bréda, si renommé en Hollande et sur les parties limitrophes, est vantée pour la qualité de sa chair et l'abondance de ses produits. En 1857, au dépôt d'Hoogstraeten, neuf poules ont donné dans leur année treize cent cinquante-huit œufs.

« Les caractères distinctifs de la poule d'Hoogstraeten sont les suivants: volume moyen, formes gracieuses, queue redressée et bien développée, crête simple, élevée, d'un beau rouge et ordinairement pendante; plumage gris cendré avec tête et camail blancs; quelquefois la tête est noire, bien que le camail reste blanc; les pattes sont d'un gris plombé ou blanches. Le coq est de moyenne grosseur, beau, fier, d'allure majestueuse, à camail et tête blancs, avec une grande crête simple et droite, la queue bien relevée, verte à reflets d'or, et le corps gris cendré.

« M. le baron Peers, qui a fait une étude spé- ciale de l'éducation des poules, parle avec éloge

nécessairement de la race campinoise ; mais il la dit robuste, et, sous ce rapport, il est en con-

Fig. 592. — Poule de Crèvecœur.

Fig. 594. — Poule de la Campine.

tradiction avec les renseignements que nous avons recueillis à bonne source. Les Campinois s'accordent pour affirmer que la poule d'Hoogstraeten est délicate et difficile à dépayser. On ne

niers temps, non-seulement parce qu'elles sont fort jolies, mais encore parce qu'elles sont rustiques, sobres et excellentes pondeuses. Elles sont très-répandues dans le Perche.

« La poule *Coucou*, dit M. Letrône, ainsi désignée à raison de la ressemblance de la coloration et de l'agencement des teintes de ses plumes avec celles qui recouvrent l'oiseau de ce nom, possède encore un caractère très-distinct par la conformation de sa crête, qui est très-épaisse, granulée, finissant par une pointe ou crochet en arrière, et qui recouvre toute la tête. Cette forme, bien que très-caractéristique, ne se transmet pas toujours aux sujets issus des croisements ; mais on remarquera que la couleur blanche rosée des pattes ne fait jamais défaut. C'est un excellent signe, comme on le sait, pour décider de la finesse et de la bonne qualité de la chair chez les volailles.

« Cette volaille, ajoute plus loin M. Letrône, est très-robuste, sobre, *pondeuse* des plus remarquables, donnant de beaux œufs. C'est avec raison la poule de prédilection, et qu'adoptent nos petits ménages ruraux dans la partie nord-est de la Sarthe et dans plusieurs communes du sud-est de l'Orne, où son élevage est en constant progrès. La chair de cette volaille est très-blanche et délicate, son

Fig. 593. — Coq de la Campine.

la rencontre guère que dans la Campine et surtout dans la partie Nord de la contrée. Elle s'étend en Hollande, dans le Brabant septentrional. Les *poules Coucou de France* ou *ombrées coucou françaises* ont été très-recommandées dans ces der-

engraissement assez avantageux. Son croisement avec des races plus fortes fournit d'appétissants produits pour la table, et, par ces motifs, elle est d'une vente facile sur les marchés du pays. »

Les grandes races — Cette troisième et dernière catégorie comprend seulement les races Russe, Cochinchinoise ou de Chang-Haï et Brahma-Pootra.

Les *poules russes* que l'on range dans la race malaise, étaient très-communes il y a une vingtaine d'années, mais aujourd'hui, nous les rencontrons rarement. Elles sont hautes sur pattes, jaunâtres et mal emplumées.

Les *poules cochinchinoises ou de Chang-Haï* ont paru pour la première fois en Europe, à l'occasion de l'exposition de la Société royale d'agriculture de Dublin, en 1844. Ce fut la reine Victoria qui fit cette surprise au public. A présent, la race cochinchinoise est très-répandue, très-connue partout, mais il nous semble qu'elle tend chaque année à perdre du terrain. Ainsi qu'on peut en juger par les figures que nous joignons au texte, le coq et la poule cochinchinois sont des oiseaux de très-forte taille et très-disgracieux. Dans cette race, il y a des individus fauves, il y en a de roux, de blancs, de noirs, de couleur perdrix, de couleur coucou.

Les poules cochinchinoises, assez délicates dans leur jeunesse, deviennent rustiques dès qu'elles ont atteint leur développement complet. Elles sont bonnes pondeuses et couveuses par excellence. Elles pondent toute l'année et donnent, d'après M. Ch. Jacque, de cent cinquante à cent quatre-vingts œufs. Les œufs sont d'un volume moyen ou

communes, et c'est à cette particularité que l'on croit devoir attribuer la grosseur des poussins.

Fig. 596. — Poule cochinchinoise (Brahma-Pootra).

Les poules cochinchinoises ne sont pas maraudeuses et ne s'éloignent guère du poulailler. Leur chair ne vaut pas, à notre avis, celle de nos races communes.

Les *poules de la race Brahma-Pootra* sont considérées par beaucoup de personnes comme n'étant qu'une variété des cochinchinoises, mais une variété plus belle que le type. La conformation est la même chez les unes que chez les autres.

Les cochinchinoises et les Brahma-Pootra croisées avec les races de Crèvecœur, de Dorking, de Houdan, etc., ont donné des produits plus ou moins remarquables.

Du but à poursuivre. — Maintenant que nous connaissons les principales races de poules, nous pouvons faire notre choix et le subordonner au but que nous nous proposons de poursuivre. Ceux qui veulent avant tout des œufs, s'attacheront aux meilleures pondeuses; ceux qui veulent élever des poulets ou faire des chapons ou des poulardes rechercheront naturellement les races à chair fine et ne dédaigneront pas non plus les bonnes couveuses. Ceux enfin qui veulent élever des races étrangères ou peu connues dans leurs localités pourront de même faire un choix dans notre liste et courir les chances de cette industrie.

L'éducation des poules n'est pas aussi avantageuse que se sont plu à le dire certains amateurs. Si les convenances ne nous commandaient pas la discrétion, nous pourrions

Fig. 595. — Coq cochinchinois (Brahma-Pootra).

au-dessous et de couleur chocolat au lait. Leur jaune est plus gros que dans les œufs de nos poules

citer plusieurs personnes qui ont dépensé des sommes considérables en pure perte tout en cherchant à nous prouver qu'il y aurait profit à les imiter. Nous croyons que l'on gagne plus à vendre des perroquets, des serins et des bouvreuils, que des poules de *race;* nous croyons qu'un éleveur qui devrait nourrir ses poules avec des graines achetées au marché ou prises au grenier dépenserait à cela plus que ne vaudraient les poules et les œufs. S'il y a des bénéfices à attendre de cette éducation, ce ne peut être que pour l'éleveur spécial qui agit sur une grande échelle et crée des verminières à prix réduit, ou pour les cultivateurs chez qui les poules vivent en grande partie de substances qui seraient perdues, et encore, dans ce dernier cas, si l'on comptait bien, le profit ne serait peut-être pas clair.

Quoi qu'il en soit, aussi longtemps qu'il y aura des fermes et des maisons de campagne, il y aura des poules pour les besoins de la consommation journalière et pour l'agrément. L'important, c'est de les bien choisir; de ne pas en élever plus qu'il ne faut, de ne pas les conserver plus qu'il ne convient, de s'arranger en un mot de façon à gagner un peu plus ou à perdre un peu moins.

Du poulailler. — Au chapitre X, page 152 de ce livre, nous avons dit quelques mots de la construction et de l'exposition du poulailler; il ne nous reste plus qu'à nous occuper de l'intérieur, du mobilier, et à reproduire par conséquent les conseils que nous avons donnés dans le *Dictionnaire d'agriculture pratique.*

« L'intérieur du poulailler sera, comme l'extérieur, blanchi de temps à autre à l'eau de chaux; l'aire sera nettoyée tous les huit jours, s'il est possible, afin d'empêcher les mauvaises odeurs de se produire; une auge en bois ou en pierre sera placée dans cette habitation et recevra l'eau pure destinée à désaltérer la volaille. On renouvellera cette eau trois fois par semaine en hiver et tous les jours en été.

« Ordinairement, dans nos villages, les juchoirs ou perchoirs des poules se composent de perches étendues horizontalement d'un bout à l'autre du poulailler, sur une largeur d'un mètre et demi à peu près et assez peu élevées pour que les jeunes poules puissent y voler et tenir compagnie aux anciennes. Ce mode de juchoir n'a rien de très-désavantageux; cependant quelques éducateurs de poules lui préfèrent le juchoir vertical incliné contre le mur, de manière que les poules juchées ne se salissent point avec leurs propres excréments. Ce juchoir, on le devine, est disposé à peu près comme une échelle dont les échelons carrés occupent toute la largeur de l'habitation et qui ne s'élève pas à plus de 1m,50 ou 1m, 60. Par ce moyen, toutes les poules, les plus jeunes comme les plus vigoureuses, peuvent se jucher, puisque le premier échelon est très-rapproché de terre.

« Il ne manque plus, pour compléter le mobilier du poulailler, que de dire un mot des nids. Quelquefois, ils sont ouverts dans l'intérieur même des murs, comme les boulins des vieux colombiers, et garnis de paille menue ou de foin.

C'est une mauvaise disposition, car les nids ainsi formés, sont presque toujours ou trop frais ou même froids. Il vaut mieux se servir de paniers que l'on fixe contre le mur à 0m,30 de terre environ. On les garnira ou de foin, ou d'étoupes ou de paille de seigle hachée. Ces paniers ont un inconvénient, nous le savons, c'est de servir de refuge à la vermine, aux punaises et aux poux, par exemple. On aura donc soin de les

Fig. 597. — Nid de poule.

nettoyer de temps en temps, de les battre au dehors avec des baguettes, de les laver, de les sécher au soleil et parfois même de les parfumer en les exposant à la fumée produite par des plantes aromatiques auxquelles on mettra le feu. Les menthes et le genévrier conviennent pour cela. De temps en temps aussi, en plein été, lorsque toutes les poules seront dehors, on fera bien de parfumer l'intérieur du poulailler avec un peu de vinaigre versé sur des charbons ardents. »

Dans les fermes ou les maisons de campagne où l'on ne regarde pas de très-près à la dépense, on fera bien de diviser le poulailler en plusieurs compartiments, afin de séparer les couveuses et les poussins de la pièce commune.

Quand on craint les rats, les belettes, les fouines, les putois, et même les chiens qui se montrent parfois amateurs d'œufs frais ou qui peuvent inquiéter les couveuses en rôdant autour d'elles, il faut tenir constamment close la porte du poulailler. Seulement, pour que les poules puissent aller et venir, on ménage dans la porte même une ouverture dont l'abord soit rendu facile à la volaille au moyen d'échelons.

Nous ne demandons pas aux cultivateurs une cour spéciale pour leurs poules; mais nous en demandons une aux bourgeois amateurs qui mesurent trop parcimonieusement l'espace à leurs élèves. Une petite cour sablée, avec un massif d'arbrisseaux ou seulement un massif de topinambours, leur serait fort utile. Les oiseaux de basse-cour qui ont leurs aises, pondent mieux ou se développent mieux que dans une étroite prison.

Avant d'en finir avec l'habitation des poules, nous ferons remarquer que dans le nord, et notamment en Belgique, dans la Campine et dans l'Ardenne, les habitants des campagnes, des petites villes, ne font pas souvent les frais d'un logement particulier pour leurs poules. Elles ont leur perchoir dans l'étable, c'est-à-dire en lieu chaud. C'est souvent une nécessité du climat. Nous avons dû plus d'une fois en Ardenne, sortir les nôtres du poulailler et les mettre parmi les vaches pour les empêcher de geler en hiver. En Campine, où le climat est moins rude, le séjour des poules dans les étables tièdes favorise la ponte, et il n'est pas rare d'avoir, durant la mauvaise saison, des couvées qui réussissent fort bien et qui fournissent les *poulets de grains*, dont nous aurons peut-être l'occasion de vous entretenir en temps et lieu.

De la nourriture des poules. — A présent que nous avons le poulailler et qu'il ne nous reste plus qu'à le peupler, il s'agit de se préoccuper de la nourriture qui convient le mieux aux habitants que nous lui destinons. Les poules sont avant tout granivores et insectivores, et c'est pour cela qu'elles ont une si forte tendance à bouleverser nos menues pailles, nos litières dans les étables et les écuries, nos fumiers dans les cours et nos meilleures terres de jardin. Elles y trouvent des graines oubliées ou perdues, des larves d'insectes et des vers. Nous n'avons pas besoin d'ajouter que les poules maraudeuses, très-communes dans nos petites races domestiques, sont un fléau pour les gens qui ont des céréales, des vignes, du chanvre, des pois, du sarrasin, du panic ou du millet dans le voisinage des habitations. C'est donc vous dire assez clairement qu'elles mangent du froment, de l'orge, du seigle, de l'avoine, du chènevis, du sarrasin, du millet, des pépins de raisins. On peut ajouter à cela la graine de maïs, de vesces, de gesses, la pomme de terre cuite, les semences de foin et de différentes herbes sauvages, parmi lesquelles nous citerons celles de l'ortie. Les poules saisissent habilement les insectes qui volent à portée de leur bec; elles mangent bien aussi la viande cuite hachée, les intestins d'animaux, les feuilles d'herbe et notamment les feuilles de la laitue, du son cuit avec des carottes ou des navets.

Plus la nourriture est variée, plus elle vaut. Il est essentiel, dans la distribution des vivres, de remarquer que le chènevis, le sarrasin et la graine d'ortie, si favorables à la ponte, constituent une nourriture très-échauffante, dont il ne faut pas abuser, tandis que la nourriture verte est rafraîchissante et laxative. Il ne faut pas en abuser non plus, car elle affaiblirait la volaille et diminuerait la ponte.

Dans nos campagnes, la nourriture supplémentaire donnée aux poules matin et soir, au lever du soleil ordinairement et une heure avant son coucher, consiste en criblures de céréales diverses. Il convient de n'en donner ni trop, ni trop peu; mais il n'est point d'usage de doser la quantité; on en jette quelques poignées au hasard, et nos ménagères seraient fort en peine de nous dire ce qu'il faut de graines par tête de volaille. M. Mariot-Didieux pense qu'avec 60 grammes d'avoine par jour on peut nourrir convenablement une poule de taille ordinaire, et qu'avec 45 grammes de sarrasin, on peut arriver au même résultat. M. Peers qui s'est livré à de nombreuses expériences sur ce point, pense qu'en faisant la part des aliments que trouvent les poules en liberté, il convient de porter la dose supplémentaire à un chiffre de 75 grammes environ. Une poule renfermée et ne vivant que de ce qu'on lui donnerait, consommerait environ 100 grammes d'orge, d'avoine ou de sarrasin par jour, c'est-à-dire 36 kil. par an. 60 grammes de viande hachée suffiraient par poule et par jour. La seule nourriture qui semble avantageuse à M. Peers, est celle des verminières. Reste à savoir si ce mode de nourriture, poussé un peu loin, n'aurait pas des inconvénients pour la qualité de la chair et des œufs; reste à savoir si le proche voisinage de ces verminières n'aurait pas, quant aux mauvaises odeurs, quelques inconvénients aussi.

Pour ce qui regarde l'influence de l'alimentation sur la saveur des produits, nous ne pensons pas qu'on puisse la contester. La chair et les œufs des poules nourries dans les contrées sèches de nos montagnes calcaires sont certainement de meilleure qualité que les produits des contrées marécageuses; certaines graines, et le maïs entre autres, communiquent assurément aux volailles une délicatesse qu'il ne faut pas attendre de toutes les céréales. Il est admis par tous les bons observateurs que les hannetons altèrent profondément la chair de volaille, et nous ne sommes pas surpris de lire les lignes que voici dans le *Poulailler* de M. Jacque : — « Il faut s'abstenir des substances préconisées dans différents livres, comme les hannetons, les vers à soie, les viandes, le sang et autres nourritures qui communiquent à la chair et aux œufs un goût nauséabond et déterminent chez les races fines et perfectionnées une dégénérescence dans toutes leurs qualités acquises par une nourriture mieux appropriée. » C'est fort bien, mais si l'on s'abstenait des substances en question et si, comme le conseille M. Jacque, on ne donnait à la volaille, au lieu de criblures, que des graines d'excellente qualité, les produits ne couvriraient pas les frais.

Bien que la nourriture des verminières soit de qualité inférieure, nous n'en devons pas moins indiquer les moyens de se la procurer, car il peut se faire que l'on ait intérêt à s'en servir pour produire des volailles d'exportation ou des œufs destinés aux besoins de l'industrie.

M. Peers s'y prend de la manière suivante pour établir une verminière : il faut ouvrir une fosse d'un mètre de profondeur sur un mètre et demi de largeur. Quant à la longueur, il ne la détermine pas; elle dépend de l'importance de l'éducation. Il faut revêtir le fond et les bords de cette fosse d'une maçonnerie en briques, et pratiquer au bord supérieur, une saillie intérieure de 4 ou 5 centimètres pour empêcher les larves de sortir. Au fond de la fosse, il commence par établir une couche de paille de seigle hachée, d'environ 0m,07 d'épaisseur. Sur cette paille, il place une couche de crottin de cheval de 0m,10, puis une couche de terre de 0m,03 à 0m,04. Là-dessus, il arrose avec du sang, ou à défaut de sang, il forme un lit avec des intestins. Cela fait, on revient à la paille, au crottin, à la terre, au sang ou aux intestins, jusqu'à ce que la fosse soit pleine aux trois quarts, et en ayant la précaution de ne rien fouler.

Il ne reste plus qu'à recouvrir la verminière

pour empêcher les animaux d'y toucher. Il est convenable de l'abriter contre les pluies au moyen d'un appentis et de la soustraire au froid de l'hiver au moyen de paillassons ou mieux de châssis vitrés entourés de réchauds de fumier. En été, les larves abondent au bout de huit à dix jours, et en hiver, au bout de trois semaines environ.

Pour ne jamais manquer de larves, on doit nécessairement avoir deux fosses à sa disposition. Pendant que l'une des verminières produit, on établit la seconde. M. Peers pense qu'à ce régime, chaque poule peut rapporter un bénéfice net de 3 fr. 13 cent. par année, en admettant que le rendement annuel par poule soit de 100 œufs.

Du choix des coqs et des poules. — Les poules communes sont celles que nous devons préférer au village, parce qu'elles sont rustiques, actives, sobres et bonnes pondeuses. L'essentiel, nous le répétons, c'est de les bien choisir. Ce que Columelle a écrit à ce propos, il y a dix-huit siècles, renferme des recommandations qui seront éternellement jeunes et justes. Voici ce qu'il disait : — « Il ne faut acheter que des poules très-fécondes. Leur plumage doit être ou rouge ou brun, et leurs ailes noires. S'il est possible, on les choisira toutes de cette même couleur, ou du moins d'une nuance qui en approche. Il est surtout important d'éviter d'en prendre de blanches : car elles sont presque toujours sans vigueur, peu vivaces et rarement fécondes. D'ailleurs, cette couleur, étant très-apparente, les expose davantage à être enlevées par les éperviers et par les aigles.

« Les pondeuses seront donc d'une bonne couleur, fortes de corps, de taille moyenne, larges de poitrine ; elles devront avoir la tête grosse, de petites aigrettes droites et rousses, les oreilles blanches, les ongles inégaux, et, comme l'espèce, être très-grosses. On regarde comme excellentes celles qui ont cinq doigts, mais dont les pattes ne sont point armées d'éperons saillants. Car la poule qui porte cette distinction masculine, insensible à l'amour, dédaigne les approches du coq, et, outre qu'elle est rarement féconde, elle casse avec la pointe de ses éperons les œufs qu'on lui donne à couver.

« Il ne faut choisir parmi les coqs que ceux qui sont très-ardents au coït. Leur couleur et le nombre de leurs ongles doivent être tels que nous les avons indiqués pour les femelles; mais leur taille doit être plus haute. Ils auront la crête élevée, rouge comme du sang et parfaitement droite ; les yeux roux ou noirâtres ; le bec court et recourbé ; les oreilles très-grandes et très-blanches, la cravate rousse et tirant sur le blanc, pendant comme la barbe d'un vieillard ; les plumes du cou bigarrées ou d'un jaune d'or, recouvrant le chignon et le cou jusqu'aux ailes ; la poitrine large et musculeuse ; les ailes fortes et semblables à des bras, la queue très-élevée se recourbant sur deux lignes formées chacune de longues plumes proéminentes ; les cuisses grosses et hérissées d'un plumage rude et épais : les pattes robustes, peu longues, mais redoutablement armées d'espèces d'épieux menaçants. Quoiqu'on ne le destine

point aux combats et à la gloire des triomphes, on estime toutefois dans un coq le courage, la fierté, la vivacité, l'air éveillé ; il doit toujours être prêt à chanter et difficile à intimider ; car il faut quelquefois qu'il se défende, qu'il protége la troupe de ses femelles contre tout animal nuisible. On donne cinq femelles à chacun de ces mâles. »

Nous devons ajouter que le coq doit être actif à chercher les vivres et n'y point toucher avant d'avoir appelé ses poules à en profiter d'abord. Beaucoup d'auteurs sont de l'avis de Columelle en ce qui regarde le nombre de poules à donner à chaque mâle, mais le plus grand nombre pensent qu'un coq peut suffire à quinze, vingt et vingt-cinq femelles. Si, dans nos maisons de ferme, où nous comptons les poules en grand nombre, par cinquante, cent et plus, nous devions entretenir un coq par cinq ou six poules, où en serions-nous? Il deviendrait impossible d'empêcher les combats et de maintenir le bon accord dans la population. C'est pour cela que nous préférons les petites colonies aux grandes, les poulaillers de cinquante poules à ceux de cent poules. La paix y est plus assurée, la fécondation plus certaine et les chances de mortalité moins nombreuses, alors même que le poulailler de cent poules serait, en dimensions, double du poulailler de cinquante.

Un auteur picard qui a publié, il y a un siècle environ, sous le titre de la *Bonne Fermière*, un excellent petit livre, a dit : — « Le choix des poules n'est point indifférent ; il y en a de plusieurs sortes : celles qui passent pour les meilleures sont de moyenne grosseur, noires, avec la tête grande, la crête rouge, l'œil vif, les pattes bleuâtres : celles qui sont à pattes jaunes, ergotées, qui chantent ou grattent comme le coq, ou qui aiment à se battre; celles à gros cul, les vieilles, celles qui cassent et mangent leurs œufs ; les blanches, les grises sont à vendre ou à mettre au pot ; les jeunes sont toujours plus fécondes et plus précoces à la ponte. Pour connaître aisément leur âge, on leur coupe un bout d'ongle chaque année (ou bien on leur met aux pattes un signe très-visible). Les grasses ne pondent presque point. Un petit nombre bien nourries rendront autant qu'un grand nombre mal soignées. »

Nous ajouterons que, dès la quatrième année, une poule est réputée sur le déclin, et qu'à partir de la sixième année, elle ne pond pour ainsi dire plus.

De la ponte et des œufs. — L'approche du coq n'est pas nécessaire pour que la poule donne des œufs; seulement, on aurait des œufs non fécondés, impropres à la reproduction, mais de bonne garde par cela même pour les besoins de la table. Les personnes qui ne demandent aux poules que leurs œufs et qui ne tiennent pas à les faire couver, peuvent donc se dispenser d'élever des coqs. Le produit n'en sera que meilleur peut-être, et, dans tous les cas, ne s'en conservera que mieux. On a prétendu autrefois que les œufs non fécondés étaient malsains; c'est tout bonnement un préjugé, dont nos lecteurs voudront bien ne pas tenir compte. S'il en était ainsi, il y aurait lieu de s'alarmer, car les œufs *clairs* ou non fécondés sont très-communs, surtout à partir de la deuxième quinzaine d'août, et en tout temps avec les poules de volières.

Un coq qui coche une poule ne féconde pas seulement un œuf, il en féconde toute une série qui varie de quinze à vingt. Quand cette série est pondue, la poule cherche à couver, mais si nous la trompons en lui enlevant ses œufs au fur et à mesure de la ponte, elle continue d'en donner aussi longtemps que les saisons sont favorables et que sa santé le permet. On a parlé de poules pondant trois cents œufs par année ; n'en croyez rien. Les poules de la Campine qui ont une réputation de pondeuses extraordinaires ne vont guère au delà de cent-cinquante. N'élevez pas si haut vos prétentions et tenez pour bonne une poule qui, en captivité, vous donnera cent œufs par année. La plupart resteront au-dessous de ce chiffre.

S'il y a des poules qui pondent tous les jours en temps favorable, et quelquefois même deux œufs par jour de temps en temps, il y en a beaucoup plus qui ne pondent que de deux jours ou trois jours l'un.

Les poules de dix-huit mois à deux ans, pondent plus et plus tôt que celles d'un âge moyen, mais les œufs sont plus petits. Les poules pondent leurs plus beaux œufs à partir de la troisième année.

Les jeunes poules commencent à pondre dès le mois de février, les poules de deux à trois ans un peu plus tard.

Le poids d'un œuf, au dire de l'auteur de la *Bonne Fermière*, varie d'une once six gros à deux onces deux gros, c'est-à-dire d'environ 53 grammes à 72 grammes ; ce dernier poids se trouve ainsi réparti : la coquille pèse 8 grammes, le jaune 20 grammes et le blanc 45. Aujourd'hui encore, les œufs que nous achetons à la halle de Paris pèsent communément de 58 à 65 grammes. Il y en a certainement de plus gros et par conséquent de plus lourds.

Le bon moyen d'avoir de gros œufs ; c'est d'avoir de bonnes races. Les poules que l'on force à pondre en hiver, au moyen d'une douce température et d'une nourriture échauffante, comme le chènevis, l'avoine, le sarrasin, le millet commun et la graine d'ortie, s'usent vite.

La *Bibl. phys. écon.*, page 102, année 1803, tome I, rapporte un fait dont nous ne garantissons pas l'exactitude, mais que nous devons consigner ici :

« Il existe un fermier à Numvith, près de Luttich, dont les poules pondent en hiver comme en été des œufs pesant quatre onces et demie (environ 144 grammes), et dont la plupart ont deux jaunes. Il nourrit ses poules de la manière suivante : après avoir fait sécher dans un four les écorces des graines de lin, il les porte sous le moulin pour les réduire en menu, et les fait bouillir ensuite dans l'eau ; il mêle cette espèce de son avec celui de froment et de la farine de glands. Du tout, il forme une pâte bien pétrie, qu'il présente aux poules en morceaux de la grosseur d'une fève. Les proportions de chaque substance sont d'un tiers de la masse totale. »

La présence d'un ou de plusieurs œufs dans un nid invite les poules à pondre. C'est pour cela qu'il est d'usage de placer dans les nids des œufs gâtés ou des œufs postiches.

Les poules que l'on engraisse trop ou dont on accélère trop la ponte, donnent des œufs dont la coquille est très-mince, ou qui parfois n'ont pas du tout de coquille. C'est ce qu'on appelle des œufs *hardés*. Nous croyons que l'absence de calcaire dans les vivres ou dans les localités habitées par les poules, n'est pas non plus étrangère à ce résultat. Nous avons remarqué que dans l'Ardenne belge où l'élément calcaire est rare, les coquilles d'œufs sont plus minces et plus fragiles que dans les pays calcaires. L'usage qui consiste à broyer les coquilles et à les ajouter à la nourriture des poules, pourrait donc bien avoir, dans certains cas, sa raison d'être.

De l'incubation naturelle. — Les poules à qui on laisse tous leurs œufs, les couvent dès qu'elles en ont pondu de quinze à vingt, quelquefois moins. C'est ce qui arrive lorsqu'une poule fait son nid dans la grange, au fenil ou dans une haie, et c'est pour éviter cela que nos ménagères prennent parfois le parti de tâter leurs poules tous les matins avant d'ouvrir le poulailler, afin d'y garder jusqu'à onze heures environ, celles qui sont prêtes à pondre.

Le plus ordinairement, on ne permet pas à une poule de faire sa couvée, car il lui faudrait trop de temps. On la lui fait : à cet effet, on prend, on choisit de beaux œufs provenant de diverses poules d'une même race, et pour qu'ils ne s'altèrent point en attendant l'incubation, on les place tout frais pondus, dans un panier avec de la sciure de bois et on les garde en un lieu sec, frais et obscur. Vous voudrez bien remarquer que les œufs nouvellement pondus sont de beaucoup préférables à ceux de quinze jours et que ceux de trois semaines sont très-suspects. A plus forte raison, ne vous fiez pas aux œufs d'un mois et de cinq semaines.

Vous garderez donc vos œufs le moins longtemps possible, et vous les mettrez à couver dès que vous en aurez une quantité suffisante qui variera entre sept et seize, parfois plus, selon que les couveuses auront les ailes courtes ou très-développées. Qui trop embrasse mal étreint ; le proverbe est de circonstance.

Il est parfois d'usage de plonger les œufs dans l'eau froide avant de les livrer à une poule couveuse et de rejeter tous ceux qui ne vont pas au fond. C'est une précaution dont on peut se dispenser, car il est facile de juger de leur poids rien qu'avec la main.

On ne doit prendre que des œufs de poules de deux ans au moins et de bonne race. Ordinairement, pour s'assurer qu'ils sont fécondés, on les *mire* à la lumière afin de découvrir le germe. Vous saurez que le *mirage* n'indique rien, et qu'il n'existe aucun moyen de reconnaître si un œuf a été fécondé. Nous ne l'apprenons qu'au bout de cinq ou six jours d'incubation. Si, alors, il devient terne, c'est que la fécondation a eu lieu ; si, au contraire, il reste clair, c'est un signe de stérilité.

On s'est livré à de nombreuses observations pour savoir s'il est possible de distinguer les œufs qui donnent des mâles de ceux qui donnent des femelles. Ces observations n'ont point abouti. On a dit que les œufs longs contenaient les coqs et les œufs ronds les poules. Nous tenons l'assertion pour un conte. On a dit encore avec une certaine assurance que si, en examinant les œufs à la lueur d'une lampe, on remarque à l'un des bouts un petit vide sous la coquille, justement au bout de l'œuf, c'est qu'il contient le germe d'un mâle, tandis que le vide un peu sur le côté, annonce une femelle. Nous n'avons pas fait l'essai de la chose ; donc, nous ne garantissons rien. L'auteur de la *Bonne Fermière*, qui n'était point un hâbleur, avait l'air d'y croire, et, à ce propos, il a rapporté l'anecdote que voici : — « Un curé avait, dit-on, de beaux œufs et son magister de belles poules. Ils firent ensemble ce marché : le curé s'obligea de fournir des œufs aux pondeuses, à condition que les petits coqs seraient à lui, et les poulettes au magister. Il mira ses œufs, n'en donna que de ceux qui devaient produire des coqs, et quand ils furent éclos, le magister le crut sorcier. Le pauvre homme ne savait pas qu'il n'y a non plus de sorciers que de revenants. A l'égard du curé, il ne s'était point du tout conduit en honnête homme dans cette petite affaire ; on ne doit cependant se permettre de manquer en rien à la probité. »

On pourrait supposer que l'auteur à qui nous empruntons cette anecdote très-risquée, était entaché de la philosophie de son siècle ; nous nous empressons donc de déclarer qu'il était parfait catholique.

Il ne suffit pas d'avoir les œufs, il faut encore avoir les poules couveuses et les bien choisir. Les meilleures sont les poules *franches*, c'est-à-dire celles qui, tout en étant de mœurs douces, ne s'effarouchent pas aisément. Ce sont celles qui n'ont peur ni des gens ni des bêtes, qui entrent dans les maisons, ramassent les miettes aux heures des repas, et sauteraient sur la table si on les laissait faire ; ce sont celles qui ont au moins deux ans et qui se laissent, sans bouger, enlever de leurs nids.

Nous avons des poules qui demandent souvent à couver, nous en avons d'autres qui ne s'en soucient guère. On reconnaît qu'une poule demande à couver quand elle glousse, tourne dans tous les sens, étend les ailes et se place de fois à autres le ventre à terre. Lorsque ce besoin de couver se reproduit très-fréquemment, il devient un défaut. On les en guérit au besoin par divers moyens : 1° en leur passant une petite plume en travers des narines ; 2° en diminuant leur ration de vivres et en les plongeant dans l'eau froide ; 3° en les enfermant pendant deux jours sous un cuvier où l'air puisse pénétrer suffisamment, et les privant du boire et du manger pendant ce temps-là.

D'autres fois, en retour, nous n'avons pas de poules disposées à couver, au moment où nous en avons le plus besoin. C'est ce qui arrive fréquemment avec nos poules communes, et surtout quand elles n'ont pas leur liberté. On les y provoque avec de la graine de moutarde, des trem-

pées au vin, des feuilles et de la graine d'ortie, desséchées et pulvérisées. Ces procédés sont moins barbares que celui qui consiste à les déplumer sous le ventre et à leur fouetter la partie déplumée avec des orties vertes. Le mieux encore, c'est d'avoir des cochinchinoises ou des métis cochinchinoises. Celles-là sont toujours prêtes à couver.

Certaines couveuses mangent leurs œufs. On assure que, pour les corriger de ce défaut, il suffit de leur donner un œuf cuit dur, troué à diverses places et encore très-chaud. Elles le becquètent, dit-on, se brûlent et se gardent bien de toucher ensuite aux œufs frais. C'est à vérifier.

Fort souvent, à défaut de poules couveuses ou de préférence à ces poules, on emploie des chapons et des dindes.

Aussitôt que la couveuse est sur les œufs qu'on lui a confiés, il ne faut plus toucher à ces œufs, car elle pourrait les abandonner. On doit lui laisser le soin de les retourner quand bon lui semble et de les ramener, comme elle l'entend, de la circonférence au centre.

Pendant les vingt et un jours que dure ordinairement l'incubation, la poule couveuse ne doit recevoir de vivres qu'une fois par jour, et de grand matin. Pour cela, on la saisit doucement, on l'enlève de son nid et on la porte sous une cage en osier où l'on a mis de la graine et de l'eau. On l'y laisse environ un quart d'heure, puis on la replace sur le nid. Cela vaut mieux que de mettre la nourriture près du nid, à portée du bec. Il est bon que la poule fasse ses ordures, se dégourdisse les jambes et que, pendant ce temps-là, l'air se renouvelle autour des œufs.

Disons en terminant que beaucoup de ménagères se font couver les œufs qu'en nombre impair et placent un petit morceau de fer dans le nid pour préserver ces œufs des effets de l'électricité en temps d'orage. Nous pensons que les œufs en nombre pair éclosent tout aussi bien que les œufs en nombre impair. Pour ce qui regarde le morceau de fer, nous ne nous en expliquons pas encore l'utilité. Nous ne la contestons pas davantage.

Le plus communément, l'éclosion des œufs arrive à la fin du vingt et unième jour. Quand les poussins sont éclos, on doit les laisser deux jours sous la mère avant de leur donner de la nourriture.

Avec des œufs de poules libres, pondus au printemps, vous aurez presque toujours une douzaine de poussins par couvée de quinze œufs. Avec des œufs de poules renfermées, quoique pondus au printemps, ne comptez guère que sur neuf ou dix poussins. Avec des œufs de seconde saison, c'est-à-dire de juillet et d'août, la perte est de moitié.

De l'incubation artificielle. — Poule qui couve cesse de pondre, c'est donc autant de perdu pour la ménagère, et c'est pour cela que l'on a songé à confier cette fonction aux chapons qui la remplissent fort bien. On ne s'est pas contenté de cela ; on a cherché à remplacer la chaleur naturelle par la chaleur artificielle. Pourquoi pas ? Est-ce que l'autruche libre couve ses œufs ? Est-ce qu'elle ne les confie pas, assure-t-on, au sable chaud du désert ? Au surplus, cette manière de remplacer les mères au besoin ne date pas d'hier. Il y a des siècles qu'en Égypte, on fabrique des poussins au four ; il y a des siècles aussi, dit-on, que les Chinois ont une recette de cette sorte, et il n'est pas besoin d'ailleurs de remonter si haut et si loin. Réaumur a tenté l'affaire et jalonné la route ; les essais qu'il a faits sont pleins d'intérêt, et nous relisons toujours avec plaisir son mémoire sur les poussinières et les mères artificielles. Avec ses boîtes réchauffées par du fumier frais en fermentation et à force d'attention, il réussissait assez bien, mais ceux qui, même après avoir reçu de ses leçons, voulurent l'imiter, ne réussirent que très-incomplètement et ne tardèrent pas à se rebuter.

Après Réaumur, Bonnemain imagina un thermosyphon ; puis vint Cautelo qui, le premier, chauffa les œufs en dessus, tandis que Bonnemain les chauffait en dessous. Nous avons vu fonctionner l'incubateur Cautelo à Gand, sous l'intelligente surveillance du directeur du jardin zoologique, M. Tydgadt. Les résultats étaient bons, mais quand un appareil revient à 500 francs pour cent œufs, et à 1,000 francs pour deux cents, nous lui trouvons le grave défaut d'être inabordable aux petites bourses et nous ne prenons point la peine de le décrire. Les choses en étaient là quand M. Charbogne construisit un incubateur de son invention. M. Peers a dit beaucoup de bien de cet appareil, mais par cela même que l'on faisait mystère de la découverte, nous ne nous en sommes point occupé. Nous nous bornerons donc à vous entretenir de la couveuse Carbonnier, l'une des meilleures d'époque où nous sommes.

M. Carbonnier n'a pas de secrets, et nous l'en félicitons. Sa maison est ouverte au grand large, et les couveuses sont là, sous la main. Imaginez

Fig. 598. — Couveuse Carbonnier.

une boîte en bois blanc que vous emporteriez sous le bras sans vous gêner ; dans cette boîte une caisse en zinc reposant sur une toile métallique galvanisée, et sous la caisse en zinc un tiroir pour mettre les œufs. Le couvercle de la caisse est percé d'une ou de deux ouvertures : la première, qui n'est pas de rigueur, est occupée par un tuyau qui sert à l'aération de l'appareil ; la seconde sert à introduire de l'eau dans le bassin, à recevoir un thermomètre qui plonge dans le liquide et en indique le degré de température. On chauffe l'eau par côté au moyen d'une lampe

à deux becs, alimentée avec de l'huile ordinaire bien épurée, qui brûle pendant vingt-quatre heures et que l'on renouvelle avec soin.

Supposons que nous ayons affaire à un petit

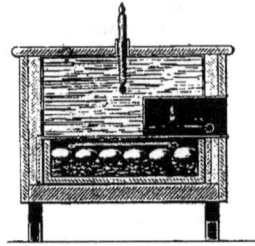

Fig. 599. — Coupe de la couveuse Carbonnier.

appareil contenant 15 litres d'eau. Sur le fond du tiroir, nous étendons une ou deux poignées de foin doux ou de regain, de façon à le garnir convenablement. Sur ce foin, nous plaçons une quarantaine d'œufs de poules et nous fermons le tiroir qui s'échauffe par le voisinage de l'eau du bassin. La température de cette eau doit marquer 50° centigrades pour que les œufs soient chauffés à 40 ou 41°. La petite lampe à deux becs suffit à la sortie de l'hiver, et l'on peut, en été, se contenter d'un seul bec. Chaque jour, une ou deux fois, on ouvre le tiroir de l'appareil pour changer les œufs de place et on laisse ces œufs à l'air de la chambre, pendant un quart d'heure, avant de les replacer sous le bassin d'eau chaude. La besogne est facile assurément et à la portée de toutes nos ménagères. Au bout de vingt et un jours d'incubation, les poussins sortent de la coquille sans le secours de personne, et nous ne les ôtons du tiroir que vingt-quatre heures après l'éclosion.

Ce que nous admirons le plus dans tout ceci, c'est la finesse d'observation qui a conduit à un pareil résultat. La nature a été copiée avec un tact parfait, et c'est grâce à la reproduction fidèle de ses procédés que le succès a été très-satisfaisant. Le bassin d'eau représente la poule couveuse ; la chaleur qui en sort et s'imprègne d'un peu d'humidité en traversant une mince couche de sciure de bois, est au même degré et presque de même nature que la chaleur moite qui se dégage du corps d'une couveuse naturelle.

La poule, sur son nid, chauffe les œufs en dessus ; la couveuse Carbonnier les chauffe en dessus également. La poule dérange une ou deux fois dans la journée les œufs de sa couvée, les retourne, ramène ceux des bords au milieu et repousse ceux du milieu vers les bords, ce dont il est facile de s'assurer en numérotant les œufs et en les disposant par ordre dans le nid au moment de les faire couver. Eh bien, l'on procède ainsi que la poule avec la couveuse artificielle. La poule quitte ses œufs pendant quelques minutes, un quart d'heure environ, juste le temps de prendre la nourriture nécessaire à son existence ; ou bien, quand elle ne les quitte pas de son plein gré, on l'enlève du panier, et forcément les œufs se refroidissent plus ou moins dans l'intervalle. Que fait M. Carbonnier en sortant le tiroir de

l'appareil une fois par jour ? Exactement ce que
fait la poule. Les œufs, couvés naturellement, reçoivent toujours un peu d'air qui se glisse sous
les ailes de la couveuse ; les œufs couvés artificiellement en reçoivent aussi toujours un peu.
Notez enfin que les poules craintives sont de mauvaises couveuses et que les secousses brusquement
imprimées aux œufs, compromettent l'avenir des
poussins ; or, M. Carbonnier a remarqué que la
couveuse artificielle, placée dans son atelier, et
exposée aux contre-coups du martelage, produisait de temps en temps des poussins difformes,
maladifs, hébétés, tandis qu'elle n'en produit plus
de cette sorte depuis que les pieds de l'appareil
ont été engagés dans des étuis, en partie remplis
de sciure de bois qui amortit les secousses.

Vous le voyez, du commencement à la fin de l'opération, le calque est parfait d'exactitude. Reste à
savoir maintenant ce que vaut le grain mangé par
une poule qui couve une quinzaine d'œufs seulement, et ce que vaut l'huile dépensée à entretenir
la température de l'eau qui couve quarante de ces
mêmes œufs. Or, il résulte de nos propres renseignements qu'un bec de lampe n'use que 10 centimes d'huile par vingt-quatre heures, ce qui
porte la dépense de ce chef au double en hiver,
soit 20 centimes ou 4 fr. 20 pour la couvaison
de 40 œufs. Mais en été, lorsque la température
de l'air arrive à 20° centigr., un bec suffit, de
façon que la dépense se trouve réduite, sinon de
moitié, au moins dans de fortes proportions. Si,
maintenant, nous faisons notre compte avec une
poule, nous trouvons que cette couveuse en chair
et en os consomme pour 10 centimes de nourriture par jour, ce qui porte à 2 fr. 10 les frais de
couvaison de 15 œufs, soit 4 fr. 20 pour les deux
poules nécessaires à une couvée de 30 œufs. Or,
pour le même prix, la couveuse Carbonnier se
charge de 40 œufs et remplace ainsi des poules
qui, n'ayant pas à couver, pondent nécessairement,
mais qui nécessairement aussi cessent de pondre dès
qu'elles accomplissent leurs fonctions maternelles.
Il reste donc bien démontré qu'un poussin éclos
sous le ventre de sa mère, coûte plus qu'un poussin éclos dans un tiroir. Malgré cela, les couveuses artificielles ne seront pas de longtemps populaires dans nos campagnes. Elles auront plus de
succès dans les établissements zoologiques, chez
les amateurs, dans les maisons bourgeoises, que
chez les cultivateurs de profession ; on leur con-
fiera plutôt qu'aux poules, des œufs d'espèces et
de variétés rares. Avec le tiroir, la casse pendant
l'incubation et le défaut de soins après l'éclosion
ne sont pas à craindre.

Quand les poussins sont éclos, ressuyés et endu-
vetés, vers la fin du vingt-deuxième jour, on les
place dans un second appareil, en forme de cage
vitrée. A l'une des extrémités de cette cage, se
trouve un bassin en zinc destiné à recevoir de
l'eau chauffée à 70 ou 80° une fois seulement par
jour et par les temps froids. Ce bassin est masqué
en dessous par une peau d'agneau, sous laquelle
les poussins vont se réfugier et se réchauffer à
volonté. On les nourrit dans cette *poussinière* pendant une semaine ; puis on les habitue au grand
air dans la cour et toujours à portée de la poussi-

nière, dont on tient la porte ouverte constamment pour qu'ils puissent y rentrer à la moindre

Fig. 600. — Poussinière Carbonnier.

alerte ou à l'appel de la ménagère, qui apporte la
pâtée. Comme il n'y a pas moyen de s'adresser à

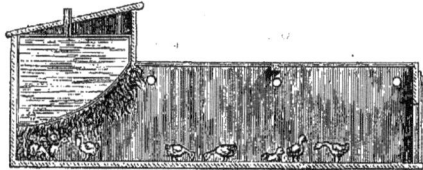

Fig. 601. — Coupe de la poussinière Carbonnier.

leurs oreilles par le gloussement, on s'adresse à
leur gésier.

De l'éducation des poussins. — On donne
le nom de poussins aux petits de la poule, dans
leur premier âge et quel que soit leur sexe. On ne
doit pas toucher à ces poussins aussitôt après l'é-
closion qui, avons-nous dit, a lieu du vingt-unième
au vingt-deuxième jour de l'incubation. Il convient de les laisser au moins vingt-quatre heures
et mieux trente-six heures sous les ailes de la
mère pour qu'ils s'y ressuient et s'y fortifient. On
peut être assuré d'ailleurs qu'ils sortiront du nid
dès qu'ils éprouveront le besoin de prendre de la
nourriture. Si l'on touchait trop tôt à ces poussins, la mère, devenue très-irritable, s'agiterait
dans tous les sens, les piétinerait et pourrait, sans
le vouloir, détruire une partie de sa nichée.

Les poussins exigent beaucoup de petits soins,
beaucoup d'égards pendant les deux premières

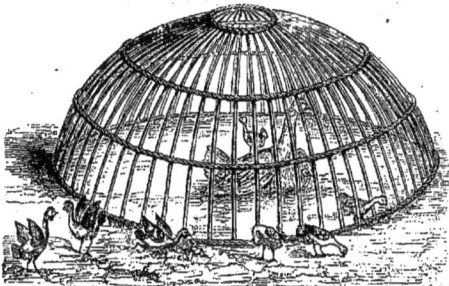

Fig. 602. — Cage à poussins.

semaines. Il est prudent d'abord de les tenir renfermés quatre ou cinq jours dans une pièce à

température douce, isolée de celle où séjourne la grosse volaille, mais il est rare que l'on dispose de cette pièce dans nos campagnes, et la nichée reste dans le poulailler commun où l'on emprisonne la mère sous une mue ou cage d'osier à claire voie qui permet aux petits d'aller et venir sous cette mue qui a ordinairement un mètre de hauteur sur 0^m,80 de diamètre. On place à côté de la poule de la pâtée et de l'eau dans une assiette. Cette pâtée consiste d'abord en un mélange de mie de pain et de lait.

Au bout de quatre ou cinq jours, lorsque le temps est beau et le soleil déjà chaud, on sort la mue du poulailler et l'on permet aux poussins de courir et de se développer en plein air. Ils ne s'éloignent guère, et au moindre bruit, au moindre danger réel ou apparent, la mère les rappelle et ils vont se réfugier sous ses ailes. Si elle était libre, elle les promènerait dans tous les sens, parmi la grosse volaille, et elle en perdrait plus ou moins par accident. Mais aussi longtemps qu'elle est enfermée sous sa cage, elle reste très-attentive et très-soucieuse. La rentrée au poulailler doit avoir lieu de bonne heure, avant que l'atmosphère se refroidisse. La nourriture consiste toujours en une pâtée de mie de pain et de lait, ou bien en un mélange de farine de maïs et d'eau, en orge cuite ou même en pommes de terre cuites et écrasées.

Les poussins de quinze à vingt jours peuvent déjà recevoir de temps en temps du menu grain et des larves de verminière, et il n'est plus nécessaire de tenir la mère sous la mue.

Les petits d'un mois à cinq semaines commencent à s'émanciper et n'ont plus guère besoin de guide. Ils entrent alors dans la vie commune, mais il convient de leur donner de temps en temps de la nourriture à part, afin qu'ils ne soient ni affamés ni maltraités par la grosse volaille.

Quand les jeunes élèves sont assez développés pour qu'à première vue on puisse distinguer les mâles des femelles, on ne les désigne plus sous le nom de poussins; ce sont alors des poulets et des poulettes. On vend un certain nombre de ces poulets et de ces poulettes vers l'âge de deux mois; on en conserve pour remplacer les vieux coqs et les vieilles poules; on en conserve surtout pour faire des chapons et des poulardes.

De la castration ou chaponnage. — Cette opération a pour but de faciliter l'engraissement de la volaille. Elle est connue et pratiquée de temps immémorial; toutefois elle n'est pas encore aussi vulgarisée qu'on pourrait le désirer. On ne chaponne ordinairement les coqs de la race commune qu'à l'âge de trois mois et demi et ceux des grandes races cinq ou six semaines plus tard. M. Mariot Didieux, dont la compétence ne fait doute pour personne, décrit en ces termes la castration des coqs :

— « Pour chaponner un coq, un aide le place sur le dos, lui tient les ailes et les pattes dans les deux mains. L'opérateur, placé en avant de l'aide et lui faisant face, arrache les plumes depuis la pointe du sternum jusqu'à l'anus. Quand la partie est découverte, on pince longitudinalement la peau, et on fait une incision transversale, un peu sur le côté droit. Cette incision doit commencer près de l'anus et s'étend au flanc droit, en dessous de la pointe du sternum, sur une longueur d'environ 0^m,05 à 0^m,06. La peau incisée, on découvre un muscle, véritable tunique abdominale, et on implante la pointe d'une érigne dans son tissu fibreux pour la soulever et la séparer des intestins; on la divise au moyen d'un bistouri ou de ciseaux. Après cette incision apparaît le péritoine, membrane lâche, mince, transparente, qu'on ouvre également. Après avoir graissé le doigt indicateur de la main gauche, on le dirige vers le flanc droit, en passant à côté de la masse intestinale qu'on pousse en avant. On cherche à la place qu'occupent ordinairement les reins des autres animaux, on y rencontre un corps de forme analogue à ces glandes. Le testicule est attaché et fixé au dos de l'animal au moyen de membranes minces et faciles à déchirer; on le détache avec le bout du doigt. Quand ce corps est détaché, on l'entraîne doucement vers l'ouverture pratiquée aux parois du ventre. Quand on manque de le suivre, il est assez difficile à retrouver. Cependant c'est vers le croupion, près de l'anus et à l'endroit le plus bas qu'on le retrouve presque toujours.

« Arrivé à l'entrée de l'ouverture, on le saisit et s'il est encore attaché à quelques lambeaux du péritoine, on le détache facilement.

« On procède de la même manière de l'autre côté. La castration terminée, on examine par l'ouverture du ventre s'il n'y a pas quelques caillots sanguins sur les intestins, et s'il en existe, on les extrait. Le sang des gallinacés se coagule facilement, et l'hémorrhagie est peu à redouter.

« On ferme la plaie au moyen d'une aiguille et d'un fil ciré. On lave avec un peu d'eau-de-vie camphrée.

« Le coq doit être mis à la diète vingt-quatre heures avant et vingt-quatre heures après la castration. S'il est faible, on peut lui donner, après l'opération, du vin pour boisson. »

Pour castrer les poules, il suffit de leur enlever les ovaires ou d'extirper l'oviducte. Nous n'entrerons point dans les détails de cette opération, attendu qu'il n'est pas absolument nécessaire d'y recourir pour avoir de belles poulardes. On en vient à bout dans le Maine, dans le pays de Caux, la Bresse et ailleurs, rien qu'en condamnant les poules au repos, à une demi-obscurité et en leur administrant une excellente nourriture.

De l'engraissement. — L'engraissement se fait soit avec les volailles en liberté, soit avec les volailles captives. Dans le premier cas, il est lent, coûteux, mais les produits sont très-fins; dans le second, il est rapide et donne des produits de qualité moindre, mais comme ce mode d'engraissement est le seul qui offre quelques profits, on l'adopte le plus généralement.

Avec les poulets et les poulettes, on se contente de les mettre en cage dans un lieu chaud et un peu sombre et de leur donner une bonne nourriture à discrétion; ordinairement on leur fournit une pâtée de farine d'orge et de sarrasin ou de maïs avec du lait de beurre, et en dix ou douze jours, ils sont bien en chair et peuvent être livrés au marché.

Mais s'agit-il de l'engraissement complet des chapons et poulardes, on opère sur des sujets de cinq, six ou sept mois. Plus jeunes, ils ne sont pas assez développés; plus âgés, l'engraissement se ferait moins bien et leur chair serait coriace. Les modes d'engraisser la volaille varient nécessairement un peu avec les localités.

Nous empruntons à M. Letrône les détails suivants sur le mode adopté dans le Maine :

« Le procédé pour l'engraissement des volailles, dit-il, n'est point un secret dans la contrée où l'on obtient ces poulardes si estimées, dites du Mans ; cette industrie, toute particulière par ses résultats surprenants et tant appréciés avec raison par les plus fins gourmets, se circonscrit dans les communes suivantes : Mézeray qui jadis avait toute la supériorité sur ses voisines, et qui en est maintenant quelque peu déchue ; Malicorne, Arthézé, Courcelles, Bousse, Vilaines qui tiennent le premier rang pour les beaux produits et le nombre de nourrisseurs ; Crosnière et Veron, où l'industrie ne languit pas ; Bailleul, Saint-Germain-du-Val, Sainte-Colombe, la Flèche, Cré-sur-Loir et Bazouges. C'est à l'arrondissement de la Flèche qu'appartiennent ces communes : c'est dans la ville chef-lieu que tous les nourrisseurs viennent apporter leurs produits les jours de marché, où l'on en voit un étalage par centaines à la fois. Ce commerce de première main, d'un produit spécialement local, ne devrait-il pas plus justement faire désigner ces poulardes comme étant de La Flèche plutôt que du Mans?

« On paraît avoir oublié dans le pays vers quel temps a commencé cette industrie de l'engraissement des poulardes et à qui l'on doit attribuer l'initiative de cette entreprise ; quelques gastronomes érudits pourraient peut-être éclaircir cette question que je laisse de côté, à défaut de connaissances sur la matière.

« Le travail spécial de l'engraissement appartient principalement à des marchands de la campagne et à quelques petits cultivateurs que l'on nomme *poulaillers*. Les uns et les autres achètent dans les marchés, ou chez leurs voisins, les poulettes qu'ils nomment *gélines*, et qui paraissent les plus belles et les plus aptes à s'engraisser. C'est vers l'âge de sept à huit mois qu'elles sont réputées assez avancées dans leur croissance pour être mises à la graisse. Pour faire ces belles pièces, non moins estimées, que l'on désigne sous le nom de *coqs vierges*, ce sont de jeunes coqs de l'année, n'ayant pas encore servi à la reproduction, que l'on traite de la même manière que les gélines, sans qu'on leur fasse subir aucun genre de mutilation ; leur engraissement demande un peu plus de temps et de nourriture.

« Les plus belles poulardes peuvent atteindre le poids de 4 kilogrammes, et les coqs vierges celui de 6 kilogrammes ; on en voit quelquefois dépassant ce poids.

« Les poulaillers traitent depuis cinquante, quatre-vingt et même jusqu'à cent volailles à la fois. Ce travail commence en octobre et se poursuit jusqu'à l'époque du carnaval le plus ordinairement. Pour cela on commence à établir tout à l'entour et sur le sol d'une chambre, ou d'un autre local disponible, de petites loges, faites simplement avec des pieux en bois brut, des croûtes ou relèves à la scie, et même enfin avec le bois le plus défectueux et de moindre valeur, qui pourra servir pour l'entourage et les divisions à claire voie. On recouvre une partie de ces loges à demeure, et l'autre reste mobile, afin qu'on puisse y introduire les volailles et les en retirer. Ces constructions grossières sont faites par les poulaillers et ne coûtent pour ainsi dire que le temps employé à les faire et l'achat de quelques clous. La hauteur de ces loges doit être de 0m,50 à 0m,60, et la longueur est arbitraire ; cependant les plus grandes ne doivent pas contenir plus de six poules réunies, et doivent ne fournir que l'espace nécessaire à chaque animal pour qu'il puisse y être à l'aise sans pouvoir néanmoins circuler.

« On intercepte toute lumière venant directement du dehors, on calfeutre les portes et les fenêtres du local, afin que l'air extérieur ne s'y introduise pas trop librement.

« Pour habituer les poules au régime de nourriture et de réclusion forcées auquel on va les assujettir, pendant les huit premiers jours, on les renferme dans un lieu un peu sombre et on ne leur donne pour toute nourriture qu'une pâte délayée, un peu épaisse, faite avec la même farine qui sert à la composition des pâtons, et mélangée soit avec un tiers, soit avec moitié de son. Pendant la durée de cette première épreuve, on leur donne à boire et on les laisse manger à volonté.

« La mouture qui sert à la composition des pâtons, se fait ordinairement dans les proportions suivantes : Moitié de blé noir (sarrasin), un tiers d'orge et un sixième d'avoine ; on en retire le gros son. Tous les jours on détrempe de cette farine, dans du lait doux ou tourné, la quantité nécessaire pour deux repas, celui du soir et celui du lendemain. Quelques-uns ajoutent à la composition de cette pâte un peu de saindoux, surtout vers la fin du traitement, et cette pâte qui ne doit être ni trop ferme ni trop molle, est roulée de suite en pâtons ayant la forme d'une olive de 0m,015 de diamètre et une longueur de 0m,06.

« Le poulailler ou nourrisseur, à l'heure des repas, qui doivent être bien réglés, prend trois poules à la fois, les lie toutes trois ensemble par les pattes, les pose sur ses genoux, et, éclairé par une lampe, il commence pour unique fois, à leur faire avaler une cuillerée d'eau ou de petit-lait ; quelques-uns ne donnent pas à boire ; puis il introduit un pâton tour à tour dans le bec de chacune de ces poules ; et, pour faciliter l'introduction immédiate de ce pâton, il exerce une pression légère avec le pouce et les deux premiers doigts, en faisant glisser la main le long du col de l'animal jusqu'à sa poche ; on évite ainsi le rejet du pâton. En soignant de la sorte trois poules à la fois, on leur donne le temps suffisant pour la déglutition, et elles sont empansées à leur degré dans un prompt et égal intervalle.

« Dès les premiers jours du pâtonnement, on se contente de faiblement remplir la poche de chaque volaille et on augmente par degrés la dose des pâtons. C'est ainsi que l'on arrive à en donner à chaque repas douze et même jusqu'à quinze. Il est essentiel de plonger les pâtons dans un vase plein d'eau avant de les faire avaler ; cela facilite leur introduction.

« Le temps déterminé pour l'engraissement n'est pas fixé, il se subordonne à la plus ou moins bonne disposition de l'animal et à son degré de force. Quelques poulardes ne peuvent être conduites au complet engraissement sans danger d'accident ; le nourrisseur expérimenté sait le moment où il doit arrêter son travail. Nuls ne sont à l'abri de subir des pertes ; il y a, disent ils, malgré leur savoir et leur attention, de la bonne et de la mauvaise chance, des années plus ou moins favorables, sans qu'ils puissent s'en expliquer les causes. Tels, après avoir pratiqué pendant plusieurs années avec bonheur dans une localité, quoiqu'en agissant de même ailleurs, éprouvent des pertes sensibles, par l'impossibilité d'un complet achèvement d'éducation de leurs poulardes.

« Quelques volailles sont grasses à point au bout de six semaines, d'autres au bout de deux mois. Quelquefois, si la poularde paraît être encore disposée à prendre bien sa nourriture, on continue de la lui donner le plus longtemps possible, et l'on arrive à obtenir des phénomènes de poids.

« On calcule que certaines poules dépensent 20 litres de farine, d'autres peuvent aller jusqu'à en absorber 30 litres.

« Ces volailles, étroitement emprisonnées dans une obscurité constante, n'ont pas de litière sous elles et ne sont jamais nettoyées de leur fumier pendant la durée du traitement. Si les émanations azotées, abondantes dans le local, sont nécessaires pour aider à l'engraissement, elles sont toutefois nuisibles à la santé des nourrisseurs qui en souffrent d'autant plus qu'ils ont une nombreuse collection de poules à la graisse ; quatre-vingts ou cent poules à la fois, nécessitent à ceux-ci de passer les journées presque entières et une partie des nuits dans les foyers d'infection. Quand le premier repas a commencé à quatre heures le matin, à peine se termine-t-il à midi, et le second commencé vers trois heures du soir, ne finit que vers onze heures.

« Enfin, lorsque le poulailler retire ses poulardes de l'engraissement, il se charge lui-même de les saigner et de les plumer, et, avant qu'elles refroidissent, il les place, appuyées sur le dos, sur une tablette ou un banc étroit, et leur fait prendre la forme que l'on connaît en se servant de calets en bois ou en pierre pour les maintenir dans cette position ; puis il étend sur toute la partie du corps en saillie un petit linge mouillé, afin de donner un grain plus fin à la graisse. »

M. Letrône ne nous dit rien de l'emploi de la graine de jusquiame noire dans l'engraissement ; cependant nous croyons qu'elle y joue un certain rôle. L'auteur de la *Bonne Fermière* ne se trompait pas, il y a un siècle, lorsqu'il écrivait ceci : —

« On prétend que rien n'est meilleur, pour bien engraisser la volaille, que de mêler tous les jours dans sa nourriture le *poids d'un liard* de graine de jusquiame. » La vieille *Maison rustique* de Liger en parle comme d'une pratique bien connue dans le Perche.

M. Ch. Jacque préfère l'entonnage au pâtonnement et pense que cet entonnage finira par prévaloir partout. Il consiste à prendre un entonnoir en fer-blanc, dont l'extrémité du tube est coupée en diagonale et retroussée de manière à ne pas offenser le gosier de la volaille. On ferait mieux encore d'ajuster un bout de caoutchouc à l'entonnoir en question. Cet entonnoir doit contenir environ un huitième de litre de nourriture assez liquide. Au premier repas on n'en donne que la moitié, mais au bout de trois jours, on arrive à faire avaler à chaque volaille la ration complète trois fois par vingt-quatre heures, dans le cas bien entendu où elle peut être absorbée sans inconvénient. M. Ch. Jacque fixe à quinze et vingt jours la durée de l'engraissement ; si les observations ont été bien faites, il est évident qu'il y aurait économie à substituer ce procédé à celui indiqué par M. Letrône.

Nous nous permettons de faire observer en passant que les renseignements fournis à M. Peers sur l'engraissement des poulardes du Mans ne s'accordent point avec ceux pris sur place *de visu* par M. Letrône. « Les engraisseurs du Mans, dit M. Peers, attachent une très-grande importance à la propreté des épinettes ; ils considèrent la stricte observation de cette règle comme devant amener le bon ou le mauvais résultat de leur entreprise. Ainsi, pendant qu'une femme est chargée d'ingurgiter les boulettes, une autre suit immédiatement pour nettoyer les cages pendant qu'elles sont vides. » Il est probable que l'on procède ainsi chez quelques amateurs.

Pour ce qui regarde l'engraissement dans la Campine, nous n'avons aucune raison de douter de l'exactitude du livre de M. Peers. Il y est dit : —. « En Campine, la volaille est uniquement engraissée avec de la farine de sarrasin non blutée, réduite à l'état de pâte très-consistante, à l'aide de lait battu. Deux fois par jour, matin et soir, elle reçoit une certaine quantité de cette pâte qui la développe extraordinairement en quinze à vingt jours. On se sert rarement dans cette partie de la Belgique de l'épinette, mais on y fait grand usage de cages à claire voie ou mues, dans lesquelles on enferme régulièrement les poules par séries de six à huit, d'après la dimension des animaux. Ces cages sans fond sont placées sur un plancher bien uni et garni d'une couche de paille et qu'on renouvelle plusieurs fois par semaine, pour éviter la malpropreté, et surtout le piétin qui sévit parfois pendant l'engraissement et qui tourmente beaucoup les animaux. Ces mues ou cages sont placées dans un local tranquille et obscur où l'on ne pénètre qu'aux heures de repas. Il y a des localités en Campine où l'on se contente de déposer la ration devant la volaille qui la mange en toute liberté, mais il en est d'autres où on l'alimente à l'aide de boulettes composées de farine de sarrasin et pétries avec du lait battu, qu'on lui fait avaler de force en lui ouvrant le bec. Ces boulettes, proportionnées au gosier de l'animal, s'ingurgitent très-aisément ; il ne faut pas dépasser le poids de 300 grammes par jour. »

Maladies des poules. — La plupart du temps, une poule malade ne vaut pas une visite de médecin ; aussi les vétérinaires ne s'occupent guère des affections de la volaille, attendu qu'elles ne leur rapportent rien, qu'on ne les appelle pour ainsi dire jamais en consultation pour les maladies du poulailler. Ceci regarde les empiriques, et ce que nous allons en dire ne saurait inspirer une confiance très-étendue. Cependant, il ne faudrait pas non plus trop dédaigner les recettes de village qui, dans certains cas, ont du bon, et dont nous devons, en définitive, nous contenter, faute de mieux. Espérons que les hommes de science finiront tôt ou tard par intervenir sérieusement et par nous donner, au moins dans leurs livres, des conseils que nos ménagères n'iront jamais leur demander à prix d'argent. Les principales maladies des poules sont la pépie, la tumeur du croupion, la diarrhée, la constipation, le catarrhe, la goutte, la mue, la gale et l'affection pédiculaire.

Aux yeux de la médecine, la *pépie* n'est qu'un symptôme, non une maladie ; mais dans nos campagnes, c'est plus que cela. La pépie est caractérisée par une pellicule ou petite peau blanche ou jaunâtre qui entoure le bout de la langue et empêche la volaille de boire et de crier comme à l'ordinaire. On l'attribue au manque d'eau ou à l'usage d'une eau malpropre et aussi à la malpropreté générale du poulailler. On enlève la pellicule avec une pointe d'épingle, puis on frotte la plaie avec du vinaigre ou avec du sel fin, ou enfin on met un peu de salpêtre dans la boisson des poules opérées.

La *tumeur du croupion* consiste en un petit abcès qui se développe au croupion. On le laisse blanchir ou *mûrir*, après quoi on l'ouvre avec une épingle, on le presse et on lave la plaie soit avec du vin chaud, soit avec du vinaigre chaud. Les poules opérées doivent recevoir une nourriture rafraîchissante, composée de feuilles de laitue ou de bette cuites avec du son d'orge ou de seigle.

La *diarrhée* est le plus souvent la conséquence d'une nourriture verte ou mouillée, ou d'un temps humide. Il faut de suite changer l'alimentation et nourrir les animaux avec des graines sèches, orge, avoine, sarrasin, chènevis, ou bien avec du pain émietté dans du vin sucré.

La *constipation* est produite par un régime trop échauffant, et se déclare souvent lorsqu'on veut forcer ou avancer la ponte avec de la graine d'ortie, du chènevis, de l'avoine, de la graine de grand soleil. On triomphe de la constipation avec un mélange de pâtée de farine de seigle et de feuilles de laitue hachée.

Le *catarrhe* se reconnaît aux efforts que font les poules pour rejeter de leur gosier une humeur purulente. Elles reniflent et râlent souvent. Les animaux qui ont eu trop froid ou trop chaud y sont exposés ; pour les guérir, on leur administre de la mie de pain imprégnée de vin, et on leur fait boire de l'eau un peu salpêtrée.

La *goutte* provient de l'humidité du poulailler. Il faut placer dans un endroit chaud les poules qui en sont atteintes ; cela vaut mieux que de leur frictionner les pattes avec de la graisse ou du beurre.

La *mue* est une affection qui se produit tous les ans vers le mois d'octobre. Les poules perdent leurs plumes, deviennent tristes, maladives et fort laides. Pour rendre leur état moins pénible, on doit les placer dans un lieu chaud.

La *gale* est un signe de malpropreté. Il faut donc, pour l'éviter, nettoyer souvent le poulailler et le blanchir à l'eau de chaux. Les poules qui en sont atteintes doivent être soumises à un régime rafraîchissant ; quelques personnes conseillent de les frotter avec un corps gras.

L'*affection pédiculaire* est très-fréquente dans les poulaillers. Les poux tourmentent beaucoup les poules et les font maigrir, surtout quand elles n'ont pas de sable où se rouler. Ordinairement, on les lave avec une eau très-chargée de savon noir ; peut-être ferait-on bien d'essayer en pareil cas les poudres insecticides, poudre de pyrèthre ou autre. Les poux sont d'autant plus à craindre que la nourriture est plus faible.

En 1858, les *Annales de l'agriculture française* ont publié un travail de M. Beauvais, vétérinaire à l'île de la Réunion, sur une maladie contagieuse qui règne de temps en temps sur les volailles dans cette île, et dont les symptômes ont beaucoup d'analogie avec ceux observés en France et en Belgique. Voici un extrait de ce travail :

« Le premier symptôme qui annonce ce fléau sur les poules est souvent la mort ; c'est pourquoi toute la ressource est dans les préservatifs. Il en est, cependant, qui sont malades plus ou moins longtemps : on s'en aperçoit à la rougeur des yeux, au dégoût ; les ailes traînent, les extrémités sont froides, et le corps brûlant ; la crête est d'abord blanche et penchée ; elle se relève dans d'autres temps, en reprenant sa rougeur naturelle, ce qui annonce les divers degrés de la fièvre : la respiration précipitée, les mouvements du cœur très-redoublés ; les plumes hérissées ou roides par le sang épais qui y abonde ; beaucoup de tristesse et d'abattement ; une marche chancelante, la tête basse ; le bec entr'ouvert, laissant tomber de temps en temps quelques gouttes d'humeur, etc.

« La maladie, dans ses effets, est toujours en raison du plus ou moins de maigreur de la poule ; les plus grasses sont les premières et les plus subitement emportées, et les plus maigres sont ordinairement celles qui traînent longtemps avec la diarrhée. »

M. Beauvais conseille, aussitôt la maladie déclarée, d'enlever les poules du poulailler, de le bien nettoyer, de brûler les bêtes mortes, de donner à la volaille de l'eau ferrugineuse, avec un peu de vinaigre, un peu de sel et un peu de nitre.

Des usages. — Nous avons déjà parlé de l'intérêt que l'on porte aux poulets, chapons e.

poulardes, à raison de la délicatesse de leur chair ; donc pas n'est besoin d'y revenir. Nous ajouterons que les chapons sont employés assez souvent et depuis longtemps pour couver les œufs. — « J'ai vu, dit un vieil auteur picard, une fermière curieuse sur sa volaille, qui gardait toujours quelques-uns de ses plus gros et meilleurs chapons, pour leur faire couver des poussins ; de quoi ils s'acquittaient parfaitement. Elle leur ôtait une partie des plumes sous le ventre, puis le leur frottait d'orties ; leur préparait ensuite un nid, où elle leur mettait jusqu'à vingt-cinq œufs de poule, qu'ils couvaient avec une constance de vraie mère : les petits éclos, ils les conduisaient avec un soin étonnant, et les défendaient même au péril de leur vie. La fermière leur faisait recommencer la même besogne jusqu'à deux et trois fois ; mais elle les nourrissait bien ; elle épargnait par ce moyen la ponte des poules qu'elle n'occupait pas à couver. »

On nous permettra de ne point parler de l'élève des coqs de combat, dont nous n'avons pas même mentionné la race. Ces coqs réservés pour des amusements sauvages sont très-recherchés en Angleterre et le sont encore un peu en Belgique, notamment dans la province de Liége, où, malgré les défenses de la loi, on peut de loin en loin assister à des combats de coqs.

Les œufs de poules sont, on le sait, très-recherchés partout pour les besoins de la consommation et de l'industrie. L'albumine des œufs est très-demandée pour la chapellerie, pour le collage des vins, etc. Les jaunes d'œufs trouvent une application dans la cuisine et dans le nettoyage des étoffes de soie.

Pour ce qui regarde la consommation de la table, les œufs sont d'autant plus précieux qu'il est facile de s'en approvisionner et de les conserver longtemps, lorsqu'ils n'ont pas été fécondés : c'est pour cela précisément que nos ménagères font leurs provisions entre les deux Notre-Dame, c'est-à-dire, à partir de la seconde quinzaine d'août jusqu'à la fin de septembre, époque à laquelle les coqs très-fatigués et sur le point de muer ne sont guère propres à la fécondation ; c'est pour cela que les œufs de poules sans coq ont une réputation de longue garde bien méritée. Pour aider encore à la conservation de ces œufs, on a recours à divers procédés, dont il convient de vous entretenir rapidement.

Les anciens conservaient les œufs durant l'hiver en les recouvrant de balles de céréales et durant l'été en les plaçant dans du son. « Avant de les placer ainsi, dit Columelle, quelques personnes les couvrent, pendant six heures, de sel égrugé, puis les essuient et les enfouissent dans les balles ou dans le son ; d'autres entassent dessus des fèves entières, et un plus grand nombre des fèves moulues ; d'autres les recouvrent de sel en grain ; d'autres enfin les font durcir dans de la saumure chaude. »

— « Pour tenir les œufs frais pendant quelques jours, écrivait il y a plus de cent ans l'auteur de la *Bonne Fermière*, il faut qu'ils soient nouvellement pondus, les mettre dans l'eau fraîche, de manière qu'ils en soient tout couverts et les chan-

ger d'eau de temps en temps ; ou bien, on les mettra dans des pots, et on les couvrira de graisse de mouton fondue, mais non trop chaude. Par cette dernière méthode, on les conservera frais pendant plusieurs mois. On peut encore, pour garder des œufs frais sans aucune altération durant un mois et plus, et les manger à la coque, les faire cuire à l'ordinaire, puis les mettre dans du son ; au bout de ce temps, on les repasse à l'eau bouillante, comme s'ils n'étaient pas cuits, ils se tournent en lait de même que le premier jour. Les œufs les meilleurs à garder sont ceux d'après la récolte, quand les poules ont mangé de nouveaux grains. On remarque que les œufs de poules qui sont à portée des vergers où elles paissent l'herbe à leur aise, ont le moyeu beaucoup plus jaune que ne l'ont les poules qui ne mangent point de verdure ; ces œufs par conséquent sont préférables pour la pâtisserie. »

Aujourd'hui, nous ne sommes guère plus avancés qu'en ce temps-là dans l'art de conserver les œufs ; nous n'avons ajouté que l'eau de chaux à la liste des moyens. Nous plongeons nos œufs dans cette eau de chaux qui forme un dépôt sur les coquilles et les soustrait un peu à l'action de l'air.

Dans ces dernières années, on s'est livré à quelques recherches pour trouver un moyen de distinguer sûrement les œufs frais de ceux qui ne le sont pas. Notre estimable collaborateur, M. Delarue, a proposé de les plonger dans de l'eau contenant une quantité déterminée de sel. Plus les œufs sont frais, plus ils ont de tendance à aller au fond de l'eau ; moins ils le sont, plus ils ont de tendance à s'élever vers la surface. De son côté, le docteur Brewer a écrit : — « Pour savoir si un œuf est *frais* ou *vieux*, certaines personnes appliquent le gros bout de l'œuf sur leur langue ; si elles éprouvent une sensation de chaleur, alors elles jugent que l'œuf est frais ; elles le rejetteraient comme vieux si elles éprouvaient une sensation de fraîcheur. Quelle est la raison de cette pratique singulière ? Un œuf est frais tant qu'il est entièrement plein ; dès qu'il commence à devenir vieux, il contient plus ou moins d'air qui s'amasse au gros bout. Or, les liquides de l'œuf sont meilleurs conducteurs de la chaleur que l'air ; si donc on applique sur la langue le gros bout, elle se refroidira plus quand l'œuf ne contiendra que des liquides, ou sera frais, que lorsqu'il contiendra de l'air, ou sera déjà vieux. »

On voit que les deux méthodes ont pour but de s'assurer si l'œuf est plein ou ne l'est pas ; mais quelle que puisse être leur exactitude dans les cas ordinaires, on ne saurait s'y fier dans les grandes villes, où les œufs n'échappent pas toujours à la fraude.

Voici ce que nous écrivait, à ce propos, un homme très-compétent, M. Carbonnier : — « La fraude n'a pas oublié les œufs. Ainsi, la plupart de nos laitières nous vendent chaque matin, dans Paris, l'hiver principalement, des œufs qui, au lieu d'être pondus de la veille, ont le plus souvent trois ou quatre mois de date. Ces œufs ont toutes les apparences d'une fraîcheur parfaite ; ils ne surnagent point dans l'eau, et le jaune offre cette même teinte claire qui lui est propre quand ils viennent d'être pondus. Reste à savoir si ses qualités sont les mêmes ; j'en doute. Voulant faire couver artificiellement des œufs au milieu de l'hiver, j'étais surpris de n'apercevoir aucune trace de développement dans ceux que j'achetais aux laitières de mon quartier, tandis que dans d'autres l'embryon se développait parfaitement. Les premiers m'étaient cependant vendus en confiance, et je les payais assez cher pour cela. Ces œufs ne semblaient en aucune manière différer de ceux véritablement frais. Je remarquai cependant qu'étant exposés dans ma couveuse artificielle, ils se couvraient d'une plus grande quantité d'eau que les bons. Au bout de cinq jours d'incubation, la *chambre* où côté vide de l'œuf, était considérable. Soupçonnant alors l'artifice dont j'étais dupe, je cassai plusieurs œufs qui venaient de m'être apportés, en ayant soin de ne commencer à les rompre que du côté du gros bout. Il existait de l'eau dans la couronne, et la membrane qui tapisse l'intérieur de l'œuf était assez séparée de la coquille pour que l'on pût reconnaître un œuf vieux pondu. Ils avaient été plongés dans l'eau. J'ai essayé l'opération, et elle a produit les mêmes résultats. Quelquefois cependant les pores de la coquille sont si serrés que l'eau les pénètre difficilement. Je suis toutefois parvenu à remplir d'eau des œufs de cette sorte, dans lesquels il existait un tiers de vide, non par immersion prolongée, car ils se décomposent au bout de deux ou trois jours, mais après les avoir chauffés à 40° et les avoir plongés précipitamment dans l'eau froide. En renouvelant plusieurs fois cette opération, l'on peut donner à une quantité d'œufs ayant deux ou trois mois de date, les apparences d'œufs frais pondus. Il faudrait un palais bien exercé pour les reconnaître au goût ; mais ce que je puis certifier, c'est que si ces œufs fraudés sont fécondés, leur décomposition a lieu au bout de peu de jours. »

Les plumes de poule ont acquis, grâce à la fraude qui ne respecte plus rien, une importance qu'il ne faut point méconnaître. Autrefois, les grosses plumes étaient jetées sur le fumier qu'elles amélioraient sans aucun doute, et les petites servaient à faire des oreillers, des traversins ou de grossiers édredons pour les pauvres gens. Aujourd'hui, le fumier reçoit toujours les grosses plumes, mais les petites ont changé de destination, sinon partout, au moins dans un grand nombre de localités. Pour peu que vous soyez observateur, vous remarquerez que les poules blanches sont en faveur sur beaucoup de points, qu'on les préfère aux bonnes pondeuses de couleur plus ou moins foncée. Cette préférence s'explique par l'emploi de leurs petites plumes que l'on approprie aux besoins de la fraude et qu'on nous vend mélangées avec du duvet de bon aloi.

Disons en terminant que les excréments des poules constituent un riche engrais dont il a été question à la page 48 de ce volume, et sur lequel, par conséquent, nous n'avons pas à revenir ici.

P. JOIGNEAUX.

II. — FAISANS.

La réputation du faisan est faite ; son plumage dans certaines espèces est fort beau, sa chair est

Fig. 603. — Faisan commun.

délicieuse. Nous n'avons à vous entretenir ici que du faisan commun, non du faisan doré et du faisan argenté. Les amateurs qui se livrent à l'éducation de cet oiseau, ne sont point très-répandus, cependant elle ne présente pas de grandes difficultés.

Le faisan aime sa liberté et n'est point encore suffisamment domestiqué pour qu'il lui soit permis de se mêler aux volailles de la basse-cour, à moins cependant qu'on ne prenne la précaution de lui rompre le fouet de l'aile. Sans cela, il serait à craindre qu'il ne prît son vol et ne gagnât les bois.

On aura donc soin de recouvrir d'un filet la petite cour qui devra précéder le poulailler des faisans.

On se procure facilement des œufs. Ils ont une légère teinte olivâtre, uniforme. La faisane en captivité ne se soucie point de couver ; on chargera donc de ce soin les poules anglaises ou communes qui s'en acquittent très-bien ; du vingt-troisième au vingt-septième jour les faisandeaux éclosent, et on les renferme dans une caisse, avec leur mère adoptive. On leur donne à manger ou des œufs durs hachés avec de la mie de pain et de la laitue, ou, ce qui est préférable, des œufs de fourmis de prés d'abord, puis des œufs de fourmis de bois, ou bien, à la rigueur, du millet tout simplement. Pendant la première quinzaine, on leur servira peu de nourriture à la fois, mais on la renouvellera fréquemment. Plus tard, on leur donnera du chènevis et du froment. Vers l'âge de deux mois et demi leur queue se forme et ils deviennent malades le plus souvent. Il convient donc de leur prodiguer des soins et de veiller à ce qu'ils ne soient pas attaqués par une espèce de pou qui détermine chez eux une maigreur extrême et ordinairement la mort. Il est urgent de les tenir dans un état de propreté rigoureuse. Il faut leur donner aussi fréquemment de l'eau fraîche pour les préserver de la pépie. Une fois la queue formée, ils deviennent robustes et on ne leur sert plus que de l'orge et du froment, à raison d'un dixième de litre par faisan et par jour.

III. — PINTADES.

Nous nommons en France pintade ou peintade une charmante espèce de l'ordre des gallinacés, connue des Romains sous le nom de *poule de Numidie*, de *méléagre* ; appelée plus tard *poule perlée*, et baptisée encore du nom de *poule de Guinée* par les Anglais. La pintade est plus grosse que notre poule commune ; son plumage tacheté de

Fig. 604. — Pintade.

noir et de blanc est beau de simplicité ; une excroissance charnue et bleuâtre se recourbe en arrière sur son front en manière de corne ; des caroncules charnues, d'un rouge vif, pendent de chaque côté du bec ; le mâle a les joues bleuâtres ; celles de la femelle sont rouges. De là sans doute, par suite de la confusion des sexes, la distinction que Columelle a cherché à établir entre le méléagre et la poule de Numidie, et qui n'a pas résisté à l'examen des naturalistes modernes. Le bec de la pintade, rouge à sa base, prend vers sa pointe une apparence cornée et devient très-dur. Des plumes découpées en forme de poils recouvrent la partie supérieure du cou ; le dos semble se voûter et la queue recourbée de cette volaille la rapproche de la perdrix pour la forme.

Les pintades ont le double mérite de fournir à notre consommation une chair excellente et des œufs très-recherchés quoique bien moins gros que

ceux de la poule commune ; mais, en retour, on leur reproche quelques défauts essentiels. Elles n'ont pas encore tout à fait dépouillé leur caractère sauvage ; elles n'aiment pas la captivité du poulailler ; elles ne se mêlent aux autres volailles que pour les chicaner et les battre ; elles pondent plutôt en dehors de la ferme, dans les prairies artificielles, les céréales et les broussailles que dans la ferme, en sorte qu'à l'époque de la ponte, il convient de ne pas les perdre de vue ; enfin, leurs cris sont désagréables.

Il faut espérer que la domesticité finira par assouplir convenablement le caractère des pintades. En attendant, ne dédaignons pas de les élever.

La pintade est une excellente pondeuse ; elle donne souvent plus de cent œufs par année, quand, bien entendu, on a soin de les lui soustraire au fur et à mesure de la ponte. Ces œufs sont de couleur rougeâtre, terne ou orangée, tantôt unis, tantôt tiquelés en apparence sans l'être en réalité. On les fait couver par une poule commune ou par une dinde ; l'éclosion a lieu du vingt-huitième au trentième jour. Le mâle de la pintade est porté comme le paon et le dindon à détruire les œufs de sa femelle. On donne habituellement un coq à dix ou douze femelles.

Au sortir de la coquille, les pintadeaux doivent être l'objet de beaucoup de soins ; il faut les tenir chaudement et les nourrir pendant la première semaine avec une pâtée d'œufs durs et de mie de pain à laquelle on fera bien d'ajouter des œufs de fourmis ou un peu de viande hachée. On peut les nourrir encore avec du millet, du chènevis écrasé et de la mie de pain. Au bout d'un mois, on leur donne du chènevis, des menus grains, du sarrasin et des pommes de terre cuites. Comme les dindonneaux, ils souffrent beaucoup au moment de prendre le rouge, et il devient nécessaire de leur servir à ce moment une nourriture fortifiante.

Les pintadeaux peuvent être soumis au chaponnage, mais il est rare qu'on prenne cette peine. il est facile de les engraisser sans cela. P. J.

IV. — DINDONS.

Historique. — Le dindon est originaire des Indes occidentales, c'est-à-dire de l'Amérique. De là les noms de coq d'Inde et de poule d'Inde que l'on donne souvent au mâle et à la femelle de cet oiseau ; de là aussi son nom de dindon. On le rencontre à l'état sauvage dans diverses contrées de l'Amérique du Nord, notamment dans le Kentucky, l'Illinois, l'Arkansas et le Tennessée. Son introduction en Europe est donc postérieure à la découverte du nouveau monde. Les premiers dindons parurent en Espagne ; de là ils passèrent en Angleterre, mais à titre d'oiseaux rares et en nombre inaperçu. Des envois de quelque importance dans toute l'Europe furent faits directement par les missionnaires jésuites dans la première moitié du seizième siècle. Aussi les dindons furent-ils appelés longtemps *oiseaux des jésuites.* On ne les mangea pas de suite ; on prétend qu'on n'en servit pour la première fois en France qu'aux noces de Charles IX.

Les mœurs du dindon sauvage doivent néces-

Fig. 605. — Dindou.

sairement nous guider dans l'éducation du dindon domestique. On nous permettra donc d'en dire quelques mots, à titre de renseignements.

Les dindons sauvages recherchent les pays boisés et évitent les contrées découvertes. Ils vivent par troupes plus ou moins considérables et voyagent, les mâles d'un côté, les femelles de l'autre avec leur couvée, attentives et évitant le plus possible les mâles qui attaquent les petits. Ils ne prennent leur vol qu'à toute extrémité, lorsqu'il s'agit de passer une rivière, et après une longue hésitation. Ils commencent par se percher au sommet des arbres les plus élevés, et c'est de là qu'ils prennent leur élan. Ceux qui n'ont pas la force de gagner la rive opposée, tombent dans l'eau, rapprochent leurs ailes du corps, étalent leur queue, étendent le cou, battent l'eau de leurs pieds et se tirent d'embarras, mais à peine sont-ils hors de la rivière qu'ils courent dans tous les sens comme des bêtes folles. Les chasseurs profitent de la circonstance pour les assommer à coups de bâton.

Dans leurs courses, ils ne ménagent point les récoltes granifères, et l'on assure même que lorsque la faim les presse, ils vont jusque dans les cours de ferme disputer les vivres à la volaille domestique.

La ponte des dindes sauvages commence vers le milieu d'avril, si la saison est douce. Elles font leur nid avec des feuilles sèches, à terre, dans un trou, parmi les ronces, ou bien à côté d'un vieux tronc d'arbre, mais toujours en un lieu très-sec. Elles pondent à peu près une quinzaine d'œufs d'un blanc jaunâtre pointillé de rouge, et à chaque fois qu'elles vont à leur nid, elles cherchent à se dissimuler et ne suivent pas la même route. Quand elles le quittent, elles ont la précaution

de le bien cacher avec des feuilles sèches, afin de le rendre introuvable, et elles y réussissent le plus souvent. Elles couvent avec une persévérance telle qu'elles ne désertent leurs œufs prêt à éclore dans aucune circonstance. Lorsque l'éclosion est terminée, les mères ouvrent un peu les ailes en marchant et emmènent lestement leurs poussins sur les hauteurs des terrains onduleux. Elles les protégent de leur mieux contre la pluie qui leur est funeste, et si elles n'ont pu les y soustraire, elles arrachent, dit-on, des bourgeons de plantes aromatiques et les offrent aux petits pour combattre les effets de l'humidité.

Les dindons sauvages pèsent en général 4^{kil},5, et très-exceptionnellement jusqu'à 8 ou 9 kilogr. Leur plumage est d'un brun verdâtre à reflets cuivrés ; les mâles ont à la poitrine une mèche de soie rude et assez longue.

Nos dindons domestiques ont été très-modifiés par l'éducation. Nous en avons de bruns, de gris et de blancs.

Choix des dindons. — Les dindons noirs sont certainement plus robustes que les dindons blancs ou bigarrés ; donc il faut les préférer. Comme quelques personnes soutiennent que la couleur est indifférente, on nous permettra de rapporter ici une petite anecdote qui prouve le contraire. Étant enfant, nous forçâmes un jour une troupe de dindons à traverser une mare d'eau de fumier peu profonde, mais très-boueuse. La troupe se composait de dix-sept individus, dont douze noirs et cinq blancs. Tous les noirs, avec quelques efforts, parvinrent à se tirer d'embarras et à gagner l'autre rive ; tous les blancs, sans exception, restèrent embourbés et seraient morts sans se débattre, n'eussent été les secours de plusieurs personnes qui vinrent à temps les dégager.

On choisira des mâles de deux ans. Un seul mâle suffit pour sept à huit femelles ; on conseille avec raison de les renouveler souvent, afin de les engraisser aisément et d'en tirer bon parti. D'ailleurs les vieux coqs fécondent mal les œufs.

Habitation et nourriture. — « Le dindon aime la liberté, dit Thiébaut de Berneaud ; tenu habituellement dans les cours, il est inférieur en qualité à celui qui erre dans les bois, les bruyères et les champs ; témoin ceux des fermes des départements de la Seine-Inférieure, de la Somme, du Pas-de-Calais, etc., qui ne sortent pas de la cour, et ceux de la Sologne (Loiret), de la Meuse, de la Meurthe, des Vosges, de la Haute-Saône, de la Côte-d'Or, etc., qui sont conduits dans les prés et même dans les taillis. Il n'est point difficile sur la nourriture, mais il aime qu'elle soit variée. Il se jette avec la même avidité sur les substances animales et sur les substances végétales. Il mange beaucoup d'insectes, surtout les larves des coléoptères. Jeune, il préfère les baies et l'herbe qu'il pait toujours avec plaisir ; en automne il dévore les glands avec avidité. Toutes les températures comme toutes les natures de sol lui conviennent, mais il vient mieux dans les landes, les friches, les bois dégradés, les montagnes pelées, les coteaux arides.

Rentré à la ferme, il faut qu'il y trouve un abri suffisamment aéré, des arbres ou des mâts garnis d'échelons pour se jucher pendant la nuit. Quand on le renferme dans le poulailler, il devient maigre et se couvre de vermine. » Ces observations sont exactes; seulement il convient d'ajouter que les perchoirs verticaux, à chevilles, ont un inconvénient. Les dindons juchés à la partie supérieure salissent ceux qui sont au-dessous d'eux. Le hangar ouvert est le poulailler par excellence des dindons adultes, ils y sont à l'abri des averses, des coups de vent, de l'humidité permanente, des mauvaises odeurs, des rayons trop ardents du soleil. Enfin l'air s'y renouvelle largement.

Ponte des dindes. — Les dindes pondent au printemps et à l'automne, de quinze à vingt œufs la première fois, douze la seconde, et ordinairement de deux jours l'un. Comme à l'état sauvage, elles cherchent à les cacher dans les haies, les broussailles et les bois. Il s'agit donc de les surveiller à ce moment ou de les tenir renfermées une partie du jour dans un lieu calme où on leur arrangera un nid avec de la paille. On aura soin aussi d'éloigner les mâles des femelles, car ils les tourmenteraient et chercheraient à casser leurs œufs. Les produits de la ponte du printemps sont les seuls propres à l'incubation; les œufs de la fin de l'été ne donneraient que des couvées trop tardives; par conséquent les produits seraient d'une éducation difficile ou même impossible. On consomme donc le plus ordinairement les œufs de la deuxième ponte. Ils n'ont pas la délicatesse de ceux de nos poules, mais ils sont recherchés pour la pâtisserie.

Incubation. — Les dindes sont d'excellentes couveuses; on leur donne une vingtaine d'œufs à couver, autant que possible des œufs frais qui n'aient pas plus de quinze jours de date. Le nid doit être placé dans un lieu sec, un peu chaud, un peu obscur, et très-silencieux; il faut éviter à la couveuse toutes les causes d'inquiétude, car elle est très-craintive et il pourrait arriver qu'en faisant des mouvements elle cassât ses œufs. Une fois sur son nid, elle ne le quitte plus; on doit donc la lever une fois par jour pour lui donner à manger et à boire, et confier toujours ce travail à la même personne. Le temps de la couvaison varie entre vingt-six et trente-deux jours.

Les dindes ont de la tendance à abandonner le nid aussitôt les premiers poussins éclos; on aura soin de prendre des mesures convenables pour les maintenir jusqu'à ce que l'éclosion soit complète.

Éducation des dindons. — Les poussins de la dinde ou dindonneaux sont d'une délicatesse extrême et ne sauraient être entourés de trop d'attentions. Aussitôt nés, on devrait toujours les placer dans une chambre chauffée à 15 ou 18°, et les y soigner pendant une semaine, car ils sont très-sensibles au froid et aux brusques variations de température. C'est pour cela aussi qu'il faut bien se garder de les mettre dans une pièce pa-

vée; une litière de paille divisée et parfaitement sèche leur est nécessaire. Au bout de la première semaine, lorsque la température du dehors est sèche et douce, il convient de les habituer peu à peu à l'air libre, dans une cage fermée, en ayant soin de les soustraire à l'ardeur des rayons du soleil. Parfois il arrive que les dindonneaux ne mangent pas seuls, et on doit les y habituer en les embecquetant. On leur prépare une pâtée semblable à celle que nous donnons aux poussins de poules ou mieux encore avec des œufs durs hachés, de la mie de pain et du fromage mou.

Dès qu'ils seront en liberté dans la cour, vous ne perdrez pas de vue vos dindonneaux, car selon l'énergique expression d'Olivier de Serres, cette poulaille, qui est très-délicate d'abord, très-gourmande, est si sotte et si bête qu'elle ne sait pas même se détourner du pied des hommes et des animaux. Vous veillerez aussi à ce que les mères ne soient pas inquiétées, car, au moindre bruit, la frayeur les gagne et elles foulent leurs petits aux pieds, sans le vouloir. Vous vous défierez enfin de la pluie et du froid.

Quand les dindonneaux ont quinze jours, on leur donne une pâtée faite avec de la farine d'orge, du lait et de l'herbe hachée. Les orties, la laitue, l'herbe de prairie et le froment conviennent très-bien pour cela. On continue de les laisser courir dans la matinée et de les préserver du soleil dans l'après-midi. Lorsque les dindonneaux ont trois semaines et que le temps est humide, on se trouve bien, assure-t-on, d'ajouter à leur pâtée du petit lait et quelques feuilles de plantes aromatiques, de l'armoise commune, de l'armoise absinthe, du fenouil, par exemple. La mie de pain trempée dans du vin est encore un tonique excellent pour les temps humides et pour fortifier les dindonneaux que la pluie a surpris et affaiblis.

Vous obtiendrez difficilement d'une fille de basse-cour tous les petits soins dont il vient d'être parlé; ils sont trop minutieux. Il est clair que la mort rapide des dindonneaux rend un véritable service à cette fille. Que la maîtresse de maison se le tienne pour dit, se charge de la besogne et compte sur deux mois d'attention soutenue. Au bout de ces deux mois, les dindonneaux *prendront* ou *pousseront le rouge*, comme l'on dit vulgairement, ce qui signifie que les caroncules de leur tête et de leur cou se coloreront. C'est une époque très-critique, très-pénible à traverser et qui met cette volaille en danger de mort pendant huit jours. On doit la soutenir avec une nourriture fortifiante, composée de jaunes d'œufs, de vin, de chènevis, d'oignons et de farine de froment. La graine d'ortie et les glands desséchés, puis moulus, conviennent également.

Une fois le rouge poussé, les dindons deviennent aussi robustes qu'ils étaient délicats. On peut alors les envoyer au pâturage dans les friches, les bois, les prés, les éteules après la moisson, et dans les vignes après la vendange. Il y aurait profit également à les conduire dans les champs emblavés en céréales d'automne, afin de les purger des limaces qui, par moments, les ravagent.

Engraissement des dindons. — Il n'est pas

nécessaire de soumettre cette volaille à la castration pour l'engraisser. Dès l'âge de quatre mois, et mieux à six mois, on procède à cette opération. Tantôt, on se contente de mettre les dindons en chair avec de l'avoine, de l'orge ou du maïs à discrétion et de l'eau; tantôt on les renferme dans un lieu calme, aéré et un peu obscur et on les gorge avec des pâtons de farine d'orge ou de maïs et du lait. — « Partout où le dindonneau trouve sur le chaume, à l'issue de la moisson, et beaucoup de grains et beaucoup d'insectes, il s'engraisse rapidement et peut être livré au commerce sans autres soins, dit Thiébaut de Berneaud; mais là où le luxe demande des volailles remarquables par leur grosseur et la surabondance de leur embonpoint, il faut l'engraisser artificiellement. Il y a plusieurs méthodes pour y parvenir; la meilleure est celle qui donne les engrais les plus prompts et un goût des plus fins. On enferme les dindons dans un lieu sec, chaud, obscur et tranquille; ils mangent d'abord seuls, puis on les emboque dès qu'ils rebutent le manger. On leur administre en commençant la pomme de terre, parce qu'elle est débilitante, ensuite on donne le maïs, enfin on en vient aux boulettes de châtaignes, de farine de froment, de pois, de vesces, etc., dont on les emboque, en ayant soin qu'elles soient toujours fraîches et tenues dans des vases propres. La graisse de pomme de terre seule a peu de saveur; celle de noix donne un goût d'huile à la chair; celle du gland la rapproche du sauvage; celle du maïs et de la châtaigne est la meilleure de toutes. La durée de l'engraissement est d'un mois pour les mâles de moyenne taille, et de quinze jours au plus pour les femelles. »

L'engraissement dans lequel on fait intervenir les noix, a quelque chose d'original. En sus de la nourriture habituelle que l'on donne journellement aux dindons et aux dindes, on les force à avaler des noix entières avec leur coque. On commence par leur en introduire une dans le gosier et à la faire glisser avec la main; le lendemain, on les force à en avaler deux, puis trois, puis quatre, et tous les jours ainsi, en augmentant d'une. C'est de la sorte qu'on opère en Provence, dans le Morvan et sur quelques points de la Flandre française. Les dindons digèrent fort bien cette nourriture jusqu'à cent noix par jour, chiffre auquel on s'arrête presque toujours. Les Provençaux ne dépassent pas la quarantaine.

Maladies des dindons. — Ces oiseaux sont sujets aux mêmes maladies que les poules, et il est d'usage de recourir aux mêmes traitements.

Produits et usages. — C'est uniquement pour sa chair que l'on élève le dindon. Elle est fort estimée et avec raison. Les œufs de la dinde, nous l'avons déjà dit, ne valent pas ceux de nos poules, mais enfin les pâtissiers les recherchent et on leur vend ceux de la dernière ponte. Les plumes ne conviennent que pour améliorer le tas de fumier.

V. — PAONS.

Nous n'avons pas à décrire le paon, d'abord parce que Buffon s'est chargé de le faire, ensuite parce que tout le monde connaît cet oiseau de vue et de nom. Pour la beauté, c'est, comme on l'a dit depuis longtemps, le roi de la volaille terrestre; on ne saurait rien imaginer de plus riche, de plus chatoyant et de mieux porté que le plumage du mâle; mais c'est à peu près sa seule qualité, et l'on a pu dire de lui qu'il réunit à la parure de l'ange la marche du voleur et la voix du diable. Le paon est, en effet, un pillard de récoltes et son voisinage n'est pas plus à désirer que celui du lapin de garenne ou du cerf. Quant à sa voix, dont il abuse chaque fois que l'atmosphère se charge d'humidité et nous annonce une pluie prochaine, elle ne répond en rien au plumage de l'animal, et s'il fallait choisir entre le cri de l'âne et celui du paon, nous serions très-embarrassé, tant ils sont désagréables l'un et l'autre.

Le paon est originaire des Indes orientales; les Grecs l'introduisirent chez eux et se contentèrent de l'admirer; les Romains l'admirèrent aussi et l'élevèrent pour le manger. « L'orateur Hortensius, dit Buffon, fut le premier qui imagina d'en faire servir sur sa table, et son exemple ayant été suivi, cet oiseau devint très-cher à Rome, et les empereurs renchérirent sur le luxe des particuliers. On vit un Vitellius, un Héliogabale, mettre leur gloire à remplir des plats immenses de têtes ou de cervelles de paons, de langues de phénicoptères, de foies de scares, et à composer des mets insipides qui n'avaient d'autre mérite que de supposer une dépense prodigieuse et un luxe excessivement destructeur. »

En France, au moyen âge, on servait aussi des paons sur la table des puissants, et l'on assure qu'en Normandie, on en élevait beaucoup à cet effet avec du marc de pommes; mais il s'agissait moins d'offrir un délicieux morceau que de parer un mets ordinaire d'un plumage magnifique. On avait soin de dépouiller l'oiseau de sa peau, de ses pattes et de bien envelopper sa tête avant de le faire rôtir; puis quand il était cuit, on découvrait la tête, on rajustait les pattes et l'on remettait la peau tant bien que mal à sa place.

De nos jours, on ne mange guère de paons; on trouve que les chapons de la Flèche et les dindes grasses valent autant et coûtent moins. En conséquence, on se borne à ne voir dans les paons que des oiseaux de pur ornement, et il est rare qu'on en élève plus de deux, mâle et femelle.

Les auteurs qui ont traité de l'éducation du paon se sont contentés de résumer ou de copier docilement Columelle. Il ne faut point s'en plaindre puisque la source est bonne; il est à regretter seulement qu'ils n'aient pas eu la politesse de l'indiquer. Nous puisons à la même source et commençons par le déclarer. Columelle nous dit en substance: La retraite des paons doit être exempte de toute humidité et garnie de poteaux sur lesquels on fixe des perches transversales amincies et carrées. Ce n'est qu'à l'âge de trois ans accomplis qu'ils deviennent très-propres à la propagation de l'espèce ; plus jeunes, ils sont ou stériles ou peu féconds. Il faut à chaque mâle cinq femelles. Vers la fin de l'hiver, pour hâter l'ac-couplement, il convient de donner une nourri-ture stimulante, et notamment, tous les cinq jours, des fèves torréfiées d'abord à petit feu et encore chaudes. S'il y avait un certain nombre de paons,

Fig. 606. — Paon.

on devrait les rationner individuellement, les ser-vir à part, afin d'éviter les rixes, car parmi eux, il se rencontre des coqs très-hargneux qui empê-cheraient les plus faibles de manger. On recon-naît qu'ils sont disposés à l'accouplement dès qu'ils font la roue.

L'accouplement terminé, il faut surveiller les paonnes, de peur qu'elles n'aillent déposer leurs œufs ailleurs que dans leurs retraites ; on les tâ-tera souvent avec le doigt ; car quand leur œuf est près de venir, il se trouve à portée d'être tou-ché. Alors on les enfermera, et l'on aura soin de garnir le poulailler d'une grande quantité de paille, afin que les œufs ne soient point brisés. C'est ordinairement pendant la nuit qu'elles pon-dent et laissent tomber leurs œufs de la hauteur des perches où elles sont juchées. Tous les matins donc, on visitera soigneusement le poulailler pour recueillir les œufs en question. Plus ils seront donnés frais aux poules qui doivent les couver, plus facilement ils écloront. Ce mode d'incubation est très-avantageux, car les femelles du paon qui ne sont point chargées de couver, pondent générale-ment trois fois par an, tandis que les couveuses de cette espèce passent tout le temps de leur fé-condité à faire éclore et à élever leurs petits. La première ponte est communément de cinq œufs ; la seconde de quatre ; la troisième de trois ou de deux. Comme les œufs de paonne sont très-gros, on devra les retourner avec la main chaque fois que la poule couveuse quittera son nid pour pren-dre de la nourriture. Afin de s'acquitter de ce soin avec plus de facilité, le gardien marquera d'encre un côté de ces œufs, pour reconnaître si la cou-veuse les a retournés, ce qui pourrait se faire quand on les a confiés aux plus grandes poules de la basse-cour. L'incubation dure trente jours.

Le premier jour de l'éclosion, on ne touchera pas aux paonneaux, mais le lendemain on les mettra dans une cage avec leur mère adoptive et on les nourrira d'abord avec de la farine d'orge détrempée dans du vin, ou bien encore avec de la bouillie de n'importe quelle farine de froment qu'on aura soin de laisser refroidir. Peu de jours après, on ajoutera à cette nourriture du poireau haché menu et du fromage mou bien égoutté, attendu que le petit-lait est nuisible. Les sauterelles, auxquelles on a enlevé les pattes, sont dit-on aussi une bonne nourriture pour les paonneaux et on peut leur en donner jusqu'à six mois ; ensuite il suffit de leur jeter de l'orge. Trente-cinq jours après leur naissance, on peut sans danger les conduire aux champs ; car le troupeau suit la poule à son gloussement, et la tient pour sa véritable mère.

Comme pour nous, il ne s'agit pas de l'éducation en grand, nous n'avons pas plus à nous occuper du pâturage que des sauterelles. Nous devons tout bonnement nourrir les paonneaux comme les dindonneaux. Dès qu'ils seront en état de chercher leur nourriture, ils s'écarteront un peu de l'habitation et ne reviendront dans la cour qu'aux heures où l'on donne des menus grains à la volaille ou pour se coucher. Pendant le jour, on les verra souvent sur les toits ou les murs élevés.

Les paons ne sont complétement ornés de leur riche plumage qu'à l'âge de trois ans. On en perd beaucoup à l'âge de six semaines ou deux mois, quand pousse leur aigrette. C'est l'équivalent du rouge chez les dindonneaux. On doit donc leur donner les plus grands soins.

Toutes les maladies qui affectent les poules peuvent affecter aussi les paons. Ils ont surtout à redouter chaque année la mue qui est d'autant plus pénible que les plumes sont plus fortement implantées. Ils deviennent tristes et se cachent de leur mieux dans les lieux sombres et solitaires, non point, comme on l'a dit, parce qu'ils sont devenus d'une laideur déplorable, mais parce que la vivacité de l'air ne convient à aucun oiseau en temps de mue.

On croit généralement que les paons vivent une trentaine d'années.

Autrefois les plumes de paon étaient employées dans les arts; on en faisait de charmants éventails et des couronnes pour les troubadours. « Gesner, dit Buffon, a vu une étoffe dont la chaîne était en soie et de fil d'or, et la trame de ces mêmes plumes ; tel était sans doute le manteau tissu de plumes de paon qu'envoya le pape Paul III au roi Pépin. » Aujourd'hui, les plumes de paon ne figurent plus guère que pour l'ornement des glaces et des pendules sur quelques cheminées de campagne.

Le paon a fourni deux variétés constantes, le paon blanc et le paon panaché qui proviennent du croisement du premier avec notre espèce commune.

Croisé avec la pintade, le paon a produit un hybride dont M. O. Des Murs parle dans son *Traité général d'oologie ornithologique*. Voici ce qu'il en dit : « Nous avons été admis récemment (novembre 1859), par l'affectueuse obligeance de M. Isid. Geoffroy-Saint-Hilaire, à voir et à examiner la peinture, faite d'après nature et de grandeur naturelle, d'un hybride né du croisement d'un paon et d'une pintade. Ce cas, le premier encore acquis à la science, s'est présenté dans le jardin zoologique de Bruxelles, d'où le savant professeur en a reçu la communication, ainsi que le dessin dont nous parlons.

« Cet hybride, qui paraît presque adulte, est d'un brun fauve, grisâtre, écaillé et flammèché de brun foncé ou ferrugineux ; la tête, privée de son aigrette, et le cou seul sont d'un noirâtre uniforme, etc.

« Le port de l'oiseau est bien celui du paon ; mais avec un ensemble de formes massives, en un mot moins sveltes et moins élégantes ; mais avec une tendance marquée vers la courbe bombée et la voussure si prononcée, des épaules au croupion, chez la pintade. »

ORDRE DES PIGEONS.

PIGEONS.

Classification. — Les pigeons ont donné beaucoup de besogne aux ornithologistes, et ceux-ci n'en ont pas fini avec eux. On les a classés tantôt parmi les gallinacés, tantôt parmi les passereaux, puis, ces classifications n'étant point satisfaisantes, on a fini par prendre le très-sage parti d'en former un ordre à part, en compagnie des ramiers, des tourterelles, etc.

En matière d'économie rurale, nous ne connaissons que deux catégories de pigeons. La première comprend les bisets ou fuyards ; la seconde les pigeons de volière ; mais il est à remarquer que ces deux catégories renferment un grand nombre de variétés, et que nous devons tout d'abord les indiquer et les caractériser rapidement, ne serait-ce que pour la satisfaction des amateurs.

MM. Boitard et Corbié reconnaissent vingt-quatre races de pigeons communs.

1° Les *pigeons bisets* ou *fuyards* qui peuplent nos colombiers de village ;

2° Les *pigeons mondains* qui ne quittent point la basse-cour, qui font partie de nos pigeons de volière, qui passent pour être des métis et parmi lesquels on distingue le gros mondain, le mondain moyen et le mondain de Berlin ;

3° Les *pigeons pattus*, dont les doigts sont emplumés, et parmi lesquels on signale les pattus ordinaires, le limousin, le pigeon de Norwége, le frisé, le plongeur, le huppé et le crapaud-volant ;

4° Les *pigeons tambours*, dont les pieds sont très-chaussés de plumes, dont le front est orné d'une couronne et chez lesquels un son de voix rappelle le tambour. On estime dans cette race le glougou tambour, à plumage papilloté de noir et de blanc et les glougoux de Dresde de diverses couleurs ;

5° Les *pigeons grosse-gorge* ou *boulans* qui ont la faculté d'enfler extraordinairement leurs jabots en boule et qui renferment les grosses-gorges soupe-au-vin, chamois panaché, cygne, blanc, gris

607. — Fuyard ou biset.

6° Les *pigeons lillois* qui enflent un peu moins leur jabot que les boulans, non plus en forme de

Fig. 608. — Fuyard ou biset.

boule, mais en forme d'œuf. Le lillois élégant qui est le type de la race n'a d'emplumé que le doigt du milieu. C'est un pigeon gracieux, fécond, très-variable quant au plumage ;

7° Les *pigeons maillés*, plus petits, moins hauts sur pattes que les grosses-gorges, plus riches que ceux-ci quant au plumage, et d'un bon produit. Nous avons les maillés jacinthe, jacinthe plein, couleur de feu, noyer, pêcher et maillés plein ;

8° Les *pigeons cavaliers*, et dans le nombre le cavalier faraud, très-fécond et de couleur blanche ordinairement. Ils enflent leur gorge comme les précédents, mais ils s'en distinguent par l'épaisseur de leurs narines ;

9° Les *pigeons bagadais*, difficiles à apprivoiser. Bec long et recourbé, narines larges et tuberculeuses, œil entouré d'une sorte de ruban rouge caronculeux ; cou et tarses longs. Le bagadais bâ-

leuses, œil entouré d'une sorte de ruban rouge caronculeux ; cou et tarses longs. Le bagadais bâ-

Fig. 609. — Pigeon pattu.

tard, d'un bleu cendré, est le plus joli de la race ;

10° Les *pigeons turcs*, très-variés, très-féconds, très-beaux et de plus en plus rares. OEil cerné de rouge et narines tuberculées comme dans le bagadais, mais s'en distinguant par des jambes courtes et par son allure ;

11° Les *pigeons romains*. OEil bordé de rouge ; deux fèves formant la membrane tuberculée qui sert d'opercule aux narines ; race féconde, commune en Italie et comprenant plusieurs variétés très-jolies ;

12° Les *pigeons miroités* ressemblant à première vue aux mondains, mais s'en distinguant par un magnifique plumage, un iris jaune et l'absence de filet autour des yeux ;

13° Les *pigeons nonnains*, caractérisés par une fraise de plumes relevées, imitant plus ou moins le capuchon d'un moine ;

14° Les *pigeons coquilles*, très-remarquables par leur fécondité et caractérisés par une touffe de plumes rejetées en arrière et relevées en manière d'une valve de coquille que nous appelons *pecten* et qui sert dans certaines maisons à lever la crème du lait ;

15° Les *pigeons hirondelles*, ayant quelque ressemblance avec les oiseaux de ce nom. Dessous du corps, de la tête et du cou blanc ; dos et ailes noirs ou rouges, bleus ou jaunes ; dessus de la tête et plumes du pied de la même couleur que celles du dos ;

16° Les *pigeons carmes*, très-petits, très-bas sur jambes, très-pattus ; derrière de la tête huppé, plumes du ventre toujours blanches ; convenant plutôt pour la beauté que pour le produit ;

17° Les *pigeons polonais*, ramassés et lourds, assez ordinairement dominés par la couleur noire ; bec très-court et plus gros que chez les autres races ; larges bandes rouges aux yeux se joignant parfois au sommet de la tête ;

18° Les *pigeons à cravate*, dits *messagers* ou *voyageurs*, reconnaissables à une rangée de plumes rebroussées qui s'étendent de la gorge à la poitrine ; ils sont de diverses couleurs ;

19° Les *pigeons volants*, pouvant aussi servir de messagers ; très-féconds, très-attachés à leur colombier, préférables aux bisets ; de toutes les couleurs ;

20° Les *pigeons culbutants*, ainsi désignés à cause des culbutes qu'ils font en l'air ;

21° Les *pigeons tournants* ou *batteurs*, un peu plus gros que les culbutants, pieds emplumés ; iris de l'œil noir ; ils tournent en volant, sont batailleurs, indisciplinés et doivent être éloignés des colombiers ;

22° Les *pigeons heurtés*. Partie inférieure du bec blanche, une petite tache ou bleue, ou jaune, ou noire ou rouge qui s'étend du dessus du bec jusqu'à la tête ; queue toujours de la couleur de cette tache ; reste du corps blanc ;

23° Les *pigeons trembleurs* ou *paons*, ailes pendantes, queue relevée et ouverte en éventail ; presque toujours agités ; improductifs ; pigeons d'amateurs pour la cage ; ne convenant pas plus à la volière qu'au colombier ;

24° Les *pigeons suisses*, qui sont les plus brillants, les plus éclatants en couleur ; fond du plumage d'un blanc satiné, avec panachures rouges, bleues ou jaunes. Assez souvent, ils portent un ou deux colliers d'un brun rouge et deux bandes de même couleur sur les ailes.

Toutes ces races peuvent se croiser et se croisent entre elles pour donner des métis plus ou moins recherchés.

Colombier et volière. — Le colombier et la volière sont les habitations de nos pigeons de ferme ; assez souvent encore, on les désigne sous le nom de *pigeonniers*. Les pigeons aiment le calme, la propreté et la liberté. Quant au calme, on ne peut l'obtenir qu'en plaçant le colombier de manière à ce que ses habitants ne soient pas trop inquiétés par le bruit des voitures ou par celui des branches d'arbres que secoue le vent. Nous avons pu remarquer dans la maison paternelle, où ces conditions n'étaient pas observées, que nos pigeons constamment troublés désertaient leur pigeonnier pour se réfugier à quelques centaines de mètres de là dans un pigeonnier plus paisible.

On bâtira le colombier sur un terrain aussi sec que possible, abrité contre les vents dominants, et toujours à l'exposition du levant et du midi. On lui donnera de préférence la forme ronde, afin de pouvoir placer à son centre une échelle tournante qui facilite la visite des nids. L'intérieur sera blanchi au lait de chaux, car la couleur blanche plaît singulièrement aux pigeons. A l'extérieur du colombier, on aura soin d'établir une corniche de pierres faisant saillie de 0,25 centimètres environ, afin de barrer le passage aux animaux nuisibles, tels que rats, fouines, putois, etc. On blanchira l'extérieur comme l'intérieur. Au niveau du plancher du colombier, à deux ou trois mètres au-dessus du sol, on ouvrira une porte pour le passage des personnes ; à côté de cette porte une fenêtre d'environ deux mètres de hauteur sur un mètre de largeur, fermée avec des planches trouées et offrant à sa base une ouverture pour les pigeons, ouverture que l'on bou-

chera à volonté au moyen d'une planchette à coulisses. En avant de la fenêtre, on aura soin de placer une tablette en bois ou en pierre sur laquelle s'abattront les pigeons à leur retour et d'où ils prendront leur vol au départ. On fera bien d'entourer cette tablette avec du fer-blanc.

Le plancher du colombier sera en briques ; les nids, *manoques* ou *boulins* de 0m,25 carrés, seront ouverts dans le mur ou placés contre ce mur, ce qui est préférable, et dans ce cas, on les formera de planches ou de briques. On placera le premier rang de boulins à 1m,50 environ du plancher, le second immédiatement au-dessus du premier, et ainsi de suite jusqu'à une distance de 0m,65 à 0m,70 de la charpente du toit. Près des combles, on ménagera une banquette qui servira de promenoir aux pigeons aux jours de mauvais temps.

La volière est le diminutif du colombier ; elle n'a qu'un petit nombre de boulins et repose sur des piliers, sur des portails de granges, sur des maisons ; souvent même ce n'est qu'une simple cage tenue aux murs par des crampons. Autrefois, selon les contrées, on nommait encore les volières *fuies* et *volets*.

On nettoiera les colombiers et volières au moins quatre fois par année, avant et après l'hiver, et après la première et la seconde couvaison. En d'autres temps, on évitera le plus possible les visites, ou bien, lorsqu'il y aura nécessité de les faire, on ne devra pas entrer brusquement ; on aura la précaution de frapper de petits coups à la porte, afin de ne pas trop effrayer les mères, puis aussitôt dans l'intérieur, on jettera quelques poignées de graines sur le plancher et l'on sifflera pour appeler les pigeons. C'est le seul moyen de rendre les fuyards moins sauvages.

Nourriture des pigeons. — Leur nourriture habituelle se compose de vesces, de pois bisaille, d'orge, d'avoine, de criblures, de graines de ray-grass, de chènevis, de sarrasin. On ne donne de cette nourriture aux fuyards ou bisets que dans les saisons où ils ne peuvent rien trouver aux champs, en hiver jusqu'aux marsages, et depuis la fin des marsages jusqu'à la moisson. Les gros pigeons de volière, mondains, pattus, etc., doivent être nourris toute l'année à la maison.

Ponte des pigeons. — Les pigeons, qui vivent huit ou neuf ans, selon les uns, douze ou quinze ans selon les autres, pondent à l'âge de six mois et ne pondent plus guère passé quatre ans. L'auteur de la *Bonne Fermière* nous dit : — « L'on s'étonne quelquefois qu'un colombier bien situé et bien garni de pigeons donne peu : cela vient le plus souvent de ce que l'on n'a pas soin d'en ôter les vieux pigeons, mangeurs inutiles, et de refournir le colombier de jeunes. Pour l'entretenir comme il faut, on ne devrait point toucher à la première volée de chaque année. Quant aux vieux, on reconnaîtra leur âge aisément, en leur coupant un bout d'ongle tous les ans, en commençant dès la première couvée : pour cela on les enferme tous au colombier, et on les visite les uns après les autres, une fois l'an en hiver : cela se pratique la nuit à la lanterne, en prenant doucement chacun d'eux en chaque niche; tous ceux qui ont leurs quatre marques, ou quatre bouts d'ongles coupés, sont mis en cage et l'on s'en défait.

« J'ai vu un seigneur curieux et grand économe qui avait cette méthode; il m'a assuré, qu'outre sa provision de pigeonneaux qui n'était pas petite, il nourrissait sa meute avec le revenu de son colombier; aussi rendait-il étonnamment parce qu'il était bien conduit. »

Les fuyards pondent deux ou trois fois par an et jusqu'à quatre dans le Midi; les pigeons de volière font à peu près dix pontes, et chaque ponte est ordinairement de deux œufs, jamais plus, et trop souvent, sur les deux, un seul réussit.

Incubation. — Le mâle et la femelle couvent tour à tour. L'incubation dure ordinairement dix-sept jours et douze heures. Ce sont les pères et mères qui se chargent d'abord de l'alimentation des jeunes en dégorgeant dans leur bec une pâtée très-claire pendant les trois ou quatre premiers jours, puis de plus en plus épaisse à mesure qu'ils se fortifient.

Éducation des pigeons. — Cette éducation n'est réellement pas à notre charge; ce sont les parents qui la font. La seule question qui doive nous occuper ici, c'est celle du peuplement des colombiers et des volières pour les personnes qui débutent. C'est en mai et en août qu'il faut y songer. On se procure alors un certain nombre de paires de pigeons, selon l'importance du colombier ou de la volière, et on les renferme, en ayant soin de leur fournir la nourriture et l'eau nécessaires. On ne les lâche pour la première fois qu'au bout de 8, 10 ou 15 jours, vers le soir, et autant que possible par un temps pluvieux. Si l'on attendait la couvaison, on serait bien plus sûr encore de les attacher à leur habitation. Quelques personnes salent ou salpêtrent de la terre glaise, et en forment une masse qu'ils placent sur le plancher du colombier, après l'avoir desséchée. Les pigeons qui aiment le nitre et le sel la becquètent avec plaisir.

C'est toujours le soir et le matin qu'il convient de jeter la graine aux pigeons et de les appeler en sifflant.

Quelquefois, on peuple le colombier ou la volière avec des pigeonneaux de quinze jours ou trois semaines. Dans ce cas, on doit les nourrir à la bouche ou les embecqueter jusqu'à ce qu'ils mangent seuls. Il n'y a pas d'inconvénient à les lâcher après cela, surtout si on les a accoutumés à un bon régime.

Habituellement, on n'engraisse pas les pigeonneaux destinés au marché; cependant on pourrait le faire. Pour cela, on devrait les enfermer dans un panier couvert, à l'âge où les grosses plumes se montrent, les placer dans un endroit calme et obscur et les gorger matin et soir de grains de maïs, ramollis par un séjour de 24 à 48 heures dans l'eau.

Nous ne disons rien des maladies des pigeons; mieux vaut les tuer que de les soigner. Avec eux, les moyens préventifs ont seuls de l'importance et ils consistent uniquement dans les soins de propreté et dans le renouvellement de l'eau fraîche. On devra souvent nettoyer les nids et les exposer à la fumée de plantes aromatiques : menthe, sauge, thym ou genévrier.

Produits et usages. — Les produits consistent en pigeonneaux qui se vendent bien et en colombine qui se vend peut-être encore mieux. Nous avons parlé de la colombine au chapitre des engrais, p. 47; nous n'y reviendrons donc pas.

Il ne nous est pas démontré que l'éducation des pigeons soit avantageuse. Les fuyards qui s'abattent sur les champs nouvellement ensemencés, contrarient vivement les cultivateurs. S'ils ne coûtent guère à nourrir à domicile, en retour, ils ne rapportent guère non plus. Les pigeons de volière rapportent plus, mais ils coûtent beaucoup et dégradent les toits.

Quant aux pigeons messagers ou voyageurs qui, avant la découverte des télégraphes électriques, rendaient de grands services au commerce en lui apportant la cote des principales bourses, leur rôle se trouve aujourd'hui singulièrement amoindri, presque tout à fait annulé. Cependant, il existe encore en Belgique, à Bruxelles, dans la province d'Anvers et dans celle de Liége, des sociétés d'amateurs de pigeons qui se maintiennent et décernent des prix. On prime ceux qui parcourent le plus rapidement une distance convenue et on prime les chasseurs qui détruisent le plus d'oiseaux de proie dangereux pour ces pigeons. L'élevage de ces derniers n'est donc plus qu'affaire de pur agrément, en Belgique surtout. On élève des pigeons à Bruxelles et à Huy, par exemple, en vue de concours particuliers, comme on élève des pinsons à Namur et à Charléroi, comme on élève des lapins du côté de Termonde et d'Alost.

ORDRE DES PALMIPÈDES

I. — CANARDS.

Considérations générales. — Nous avons à nous occuper ici : 1° du canard domestique qui, très-vraisemblablement, descend du canard sauvage (*anas boschas* des naturalistes); 2° du canard de Barbarie ou musqué (*anas moschatus*), originaire d'Amérique et très-connu dans nos fermes; 3° enfin, des mulets qui proviennent de l'accouplement du canard de Barbarie avec la cane commune.

Le canard domestique commun, ou barbotteur, comprend plusieurs races qui sont : la grosse race de Normandie ou de Rouen, la race ordinaire et celle d'Aylesbury, d'un beau volume et très-estimée en Angleterre.

Nous nous contenterons de citer en passant le canard de Chine ou mandarin qui, par ses couleurs vives, brillantes, tranchées, fait l'admiration de tous les visiteurs de jardins zoologiques et qui, bien certainement, se répandra dans nos volières d'agrément en raison de sa beauté exceptionnelle.

Dans un livre sur les oiseaux de basse-cour,

publié en Belgique, nous avons dit : Si vous n'avez pas d'eau dans votre voisinage, ne songez pas

Fig. 610. — Canard de Rouen.

à l'éducation des canards, car ce serait les condamner à des privations trop pénibles. Il y a cette grande différence entre les manières de vivre de l'oie et du canard : c'est que le premier de ces oiseaux est plus souvent sur la terre que dans l'eau, tandis que le second est plus souvent dans l'eau que sur la terre. Un canard qui ne barbotte pas est une bête au supplice qui ne donnera pas beaucoup d'œufs et dont la chair ne sera pas d'excellente qualité. A défaut de rivière, donnez-lui une mare; à défaut d'une mare, donnez-lui quelques flaques d'eau de fumier; pourvu que ce soit un liquide, qu'il puisse y nager et en remuer la vase avec son bec, il ne se montre point difficile sur la nature de ce liquide. Hors de l'eau il est lourd et embarrassé, il est triste; mais une fois dans son élément, son allure devient décidée et hardie, sa tête se redresse, son œil brille; on voit de suite qu'il est heureux et que plus rien ne lui manque. Il est, s'il est possible, peut-être encore plus facile à nourrir que l'oie; il exige moins de surveillance et ne donne guère moins de profit. Beaucoup de personnes même posent en fait que son éducation est plus avantageuse. Quelques menus grains le matin ou une pâtée avec du son et de l'eau de vaisselle; autant le soir, et tout est dit. Le canard, qui est extrêmement vorace, trouve dans la journée assez de vers, de petits poissons, d'insectes et de graines pour satisfaire à ses besoins. Sa présence dans les étangs ou les rivières poissonneuses est tenue pour une calamité, car il n'épargne ni le frai, ni les petits poissons.

Nous n'avons rien à retrancher de ces lignes, mais nous avons quelque chose à y ajouter. Il nous est arrivé d'élever des canards dans les plus détestables conditions, de les priver complètement de mare et de flaques d'eau et de les conserver ainsi pendant plusieurs années, tout à fait libres, et à quelques centaines de pas seulement d'étangs et de ruisseaux fréquentés toute la journée par d'autres canards. Ils entendaient les cris de ces canards; ils entendaient le bruit de l'eau,

et jamais cependant ils n'ont songé à abandonner la cour et le potager. Nous devons dire aussi qu'on les nourrissait copieusement et que les labourages leur fournissaient une abondante provision de vers. Nos canards étaient devenus un véritable embarras pour les ouvriers qu'ils ne quittaient plus; à chaque coup de bêche, ils se jetaient dans la tranchée pour y saisir leur proie.

L'exception ne détruit pas la règle.

Habitation. — Les canards ne sont pas difficiles sur le logement. Nous en avons vu des troupes se réfugier la nuit dans un cellier boueux et abandonné; cependant, il nous parait convenable de leur réserver des loges bien tenues et de leur donner de la litière de paille fréquemment renouvelée.

Choix des canards. — La couleur des canards ne semble pas avoir une influence marquée sur leur qualité; nos ménagères font autant de cas de ceux qui sont blancs que de ceux qui sont de couleur foncée. Elles ne se préoccupent que du volume. Les moyens et les petits pondent plus que les gros, et ceux-ci valent mieux que les premiers pour l'engraissement. Donc, avant d'entreprendre l'éducation des canards, il s'agit tout bonnement de se demander où peut se trouver le plus grand profit. Un mâle suffit pour huit ou dix femelles.

Ponte. — La cane ou femelle du canard commence à pondre dans le mois de mars et sa ponte peut continuer pendant trois mois, à raison de cinq œufs environ par semaine, lorsqu'on a soin d'enlever les œufs à la pondeuse. Ils sont un peu plus gros que ceux de la poule, tantôt d'un blanc jaunâtre un peu terne, tantôt verdâtres. Quand approche le moment de la ponte, il faut tâter les canes et garder en loge celles qui sont près de donner leurs œufs. Sans cela, il serait à craindre qu'elles n'allassent établir leur nid parmi les roseaux ou les grandes herbes des pièces d'eau. Les œufs de cane n'ont pas à beaucoup près la délicatesse de ceux des poules, mais ils sont très-recherchés pour la pâtisserie.

Incubation. — On se soucie rarement de faire couver les œufs de cane par leur mère qui, aussitôt l'éclosion, et si l'on n'y prenait garde, conduirait ses canetons à l'eau. On les fait donc couver le plus ordinairement par des poules et quelquefois aussi par des dindes, mais les poules sont bien préférables, car les dindes sont lourdes, gauches, imprévoyantes, et tout caneton qui leur tombe sous la patte a de la peine à se relever. La poule, au contraire, est attentive, toujours inquiète, toujours dévouée. Ce n'est pas elle qui, la première, quitte ses enfants adoptifs, ce sont eux qui l'abandonnent dès qu'ils sont en force de nager. Tant que l'eau n'est pas profonde, la pauvre mère désolée suit ses canetons d'un air soucieux et s'y aventure même jusqu'à mi-jambes, comme pour aller les sauver et les ramener à elle par nous ne savons quels conseils exprimés dans une langue inconnue. Peine et chagrins inutiles! La nature délie ce qui doit être délié : le canard étant fait pour l'eau et la poule pour la terre, l'un va où l'instinct le pousse, l'autre reste où l'instinct la retient, et chacun ainsi obéit aux lois de la création.

L'incubation des œufs de cane dure de trente à trente-un jours.

Éducation des canards. — Les canetons, aussitôt l'éclosion terminée, demandent beaucoup de soins et de surveillance. On doit donc les tenir en un lieu séparé pendant une quinzaine de jours, car si on leur accordait tout de suite la latitude de courir dans la cour parmi la grosse volaille et les animaux de la ferme, la couvée serait bientôt réduite de moitié par les accidents de toutes sortes. Durant les quinze jours de séquestre, on les nourrira avec une pâtée légère et autant que possible tiède, préparée avec de la farine d'orge, des pommes de terre cuites et des eaux de vaisselle. A côté de cette pâtée, on placera de l'eau dans une assiette plate, afin que les canetons s'exercent à barboter. Cette quinzaine passée, on les mettra en liberté et l'on aura soin de les éloigner des vieux canards jusqu'à ce qu'ils aient la force de se défendre contre leurs attaques.

Quand les canards ont atteint l'âge de six mois, on peut considérer leur développement comme complet, et c'est le moment d'engraisser ceux que l'on se propose de vendre.

Engraissement des canards. — Les canards sont bien connus pour leur voracité; cependant si, pour les engraisser, on les soumettait à l'état de gêne que supportent les oies, on n'aboutirait point à de bons résultats. On arrive la plupart du temps à les mettre bien en chair, rien qu'en augmentant la quantité et la qualité de leur nourriture. Toutefois, dans les contrées où l'on pousse fort loin l'engraissement et le développement du foie, on les soumet plusieurs ensemble au régime de la cage et l'on se donne la peine de les gorger avec des pâtons. Ainsi, dans la basse Normandie, on leur fait avaler trois fois par jour et pendant une dizaine de jours, de la pâtée de sarrasin, puis on leur donne à boire le moins possible, tout juste ce qu'il faut pour empêcher la suffocation. Dans le Tarn et la Haute-Garonne, on les engraisse tantôt avec de la farine de maïs, tantôt avec du maïs en grain sec ou ramolli par l'eau. En Angleterre, on donne aux canards de la pâtée de farine d'orge et de lait. Dans le Tarn, on estime à 15 litres de farine de maïs la quantité consommée par chaque canard pour arriver à un haut point de graisse, et au moins à trois semaines le temps nécessaire pour cet engraissement.

« Dans le ci-devant Languedoc, dit un des annotateurs du *Théâtre d'agriculture* d'Olivier de Serres, quand les canards sont assez gros, on les enferme de huit à dix, dans un endroit obscur; tous les matins et tous les soirs, une servante leur croise les ailes, et, les plaçant entre ses genoux, elle leur ouvre le bec avec la main gauche, et avec la droite leur remplit le jabot de maïs bouilli.

Dans cette opération, plusieurs canards périssent suffoqués, mais ils n'en sont pas moins bons, pourvu qu'on ait soin de les saigner au moment. Ces malheureux animaux passent ainsi quinze jours dans un état d'oppression et d'étouffement qui fait grossir leur foie, les tient toujours haletants, presque sans respiration, et leur donne enfin cette maladie appelée la *cachexie hépatique*. Quand la queue du canard fait l'éventail et ne se réunit plus, on connaît qu'il est assez gras; alors on le fait baigner, après quoi on le tue. »

Des canards de Barbarie et des mulets. — Les canards de Barbarie se distinguent des barboteurs par une taille plus forte, par des caroncules rouges aux joues et au-dessus du bec, par deux plumes blanches ou d'un noir à reflets de cuivre, par leurs habitudes, etc. La femelle est bonne pondeuse et bonne couveuse, mais elle ne se soucie point d'être emprisonnée dans une loge pendant l'incubation. Le canard de Barbarie ou musqué ne crie point, ne s'éloigne pas de la ferme, ne tient pas beaucoup à l'eau et coûte par conséquent plus à nourrir que le barboteur. Sa chair exhale une odeur musquée désagréable. On prétend que pour faire disparaître cette odeur, il suffit de lui enlever le croupion aussitôt après l'avoir tué.

Notre canard domestique ne s'accouple pas avec la cane de Barbarie, mais le canard de Barbarie accepte la cane domestique, et les œufs provenant de cet accouplement produisent des métis, mulets ou *mulards* comme disent les Méridionaux. Ces mulets acquièrent un volume moins considérable que celui du père, mais plus fort que celui de la mère. Ils donnent une chair excellente et s'engraissent aisément. Dans les Cévennes on fait grand cas de ces canards métis; malheureusement sur 100 œufs de canes communes fécondées par un canard de Barbarie, il est rare, dit-on, que l'on obtienne plus de 20 canetons.

Les ménagères mettent ces métis en chair au commencement de l'hiver, avec des menus grains, de l'orge, du millet; puis après une douzaine de jours de ce régime, elles complètent l'engraissement en cage et dans un lieu sombre, au moyen des boulettes de maïs cuit dont elles les gorgent.

Maladies. — Les canards, comme les oies, ont quelquefois à souffrir de la diarrhée et du tournis; on leur applique donc le traitement que l'on applique aux oies. Les cas de maladie doivent être bien rares; nous n'en avons jamais été témoin. Ce que nos cultivateurs craignent beaucoup plus que la diarrhée et le tournis, c'est le braconnier, le renard et le putois. On signale aussi les sangsues dans certains étangs et l'on ferait bien de se défier de la jusquiame noire, plante aussi dangereuse pour les canards que pour les oies et les poules.

Produits et usages. — Nous recherchons le canard pour sa chair qui vaut assurément mieux que celle de l'oie, pour son foie qui a mis en réputation les pâtés d'Amiens et les terrines de

Nérac et de Toulouse ; pour sa graisse qui ne manque pas de finesse ; pour sa plume et pour son duvet. D'ordinaire, on ne plume les canards qu'après les avoir tués ; cependant, alors qu'ils sont en vie et au moment où la mue commence, on peut les plumer légèrement sous le ventre, sous les ailes et autour du cou, en ne leur laissant qu'un peu de duvet. Les plumes, quoique inférieures à celles des oies, sont recherchées pour la literie ; quant au duvet, il est excellent pour les édredons. P. J.

II. — OIES.

Nous ne nous chargeons pas de remonter à l'origine de l'éducation des oies ; cela nous mène-

Fig. 611. — Oie de Toulouse.

rait fort loin et ne serait pas d'une grande utilité. Contentons-nous de dire que les Grecs et les Romains connaissaient cet oiseau aussi bien que nous. D'où vient-il ? On ne saurait le dire au juste ; les uns le font descendre de l'*oie première*, espèce sauvage des contrées froides de l'Europe orientale ; les autres pensent qu'il provient du croisement de deux ou trois espèces sauvages. Après tout, il nous importe peu d'être fixé rigoureusement à cet égard, et nous nous bornons à constater que la domestication de l'oie sauvage ne présente aucune difficulté. Un oison pris au nid et élevé dans nos fermes s'apprivoise très-bien.

Des races d'oies domestiques. — Nous ne connaissons que deux races : 1° les oies de la grosse espèce et les oies de la petite espèce. Les premières sont évidemment les plus avantageuses à tous égards ; nous n'avons pas à nous occuper des secondes.

Des conditions de l'élevage. — Celse a dit avec raison : « On n'élève pas bien l'oie sans eau et sans beaucoup de pâture, outre qu'elle est nuisible aux plantations, parce qu'elle dévore toutes

les jeunes pousses qu'elle peut saisir. Mais, partout où se trouvent une rivière ou un étang, beaucoup d'herbe, et un peu de terres ensemencées, on peut nourrir cette espèce de volatile. » De notre côté, nous avons dit aussi que dans les pays de pâturages médiocres où l'eau ne manque pas, où l'on rencontre des rivières, des ruisseaux, des mares, des étangs, des pièces d'eau de toutes sortes, l'éducation des oies nous paraît avantageuse. Malheureusement dans les pays de gras-pâturages et de bonne culture, où les récoltes ont une grande importance, il n'en est plus de même. Les dégâts que commet cette volaille, dans les céréales, la répulsion qu'éprouvent les animaux quand l'herbe a été salie par la fiente des oies, en rendent l'éducation désavantageuse. Ceci revient à dire qu'avant de s'y livrer, il faut tenir compte des conditions au milieu desquelles on se trouve placé. Une opération qui sera profitable sur un point peut devenir préjudiciable sur un autre. C'est une question d'appréciation que nous abandonnons au jugement de nos lecteurs.

Du logement et du choix des oies. — L'habitation que l'on destine aux oies doit être sèche, bien couverte et convenablement fournie de paille fraîche, à titre de litière. Quant à l'étendue, elle doit être naturellement proportionnée au chiffre d'oies que l'on se propose d'élever. Le logement sera divisé en plusieurs cases, de manière que chaque case ne contienne à l'aise que sept ou huit oies. En plus grand nombre, elles se montrent querelleuses et batailleuses.

Nous avons deux moyens de peupler notre basse-cour ; nous pouvons acheter des œufs en mars ou avril et en faire couver cinq ou six à la fois par des poules ; ou bien, si nous tenons à aller plus vite en besogne, rien ne nous empêche d'acheter cinq ou six femelles de huit ou dix mois et un mâle ou *jars* du même âge. On ne s'accorde guère sur la couleur du plumage à préférer pour les femelles. Columelle les voulait blanches ; aujourd'hui beaucoup d'éleveurs les veulent brunes ou tout au moins variées de blanc et de cendré ; quelques-uns enfin sont de l'avis d'Olivier de Serres qui n'accordait pas d'importance à la couleur du plumage. L'important, c'est que les femelles choisies aient les pattes amples et l'entre-deux des jambes aussi large que possible. Elles doivent, en outre, avoir l'allure décidée et l'œil vif. Toute oie qui n'a pas la mine éveillée, dont le port est hésitant et la physionomie triste, sera écartée comme bête impropre à la reproduction d'une belle race. Pour ce qui regarde les mâles, on aime qu'ils aient le plumage blanc, l'œil vif, l'air hardi et résolu et de l'agilité dans les mouvements. Il faut un mâle par sept ou huit femelles ; le nombre de jars n'a rien d'inquiétant, car ils ne se jalousent point comme les coqs et vivent très-bien en paix.

De la ponte et de l'incubation. — L'oie est bonne pondeuse. Aussitôt qu'on la voit préparer son nid dans la loge avec des brins de paille, il faut l'y retenir au lieu de l'envoyer au pâturage. Elle pond de sept à quatorze ou quinze œufs avant de couver, mais lorsqu'on les lui enlève au fur et à mesure, elle continue d'en pondre jusqu'à trente ou quarante et même plus, assure-t-on. On a donc intérêt à les lui enlever pour grossir le chiffre de la ponte, quitte ensuite à lui en rendre de quoi faire sa couvée. Mais remarquons en passant que l'oie n'est pas une couveuse très-recommandable ; elle quitte sans scrupule son nid pour aller manger et boire, enfin, elle passe pour ne vouloir couver que ses propres œufs, non ceux des autres oies. Le mieux est donc de lui demander des œufs et de les faire couver par des poules ou mieux encore par des dindes. Dans le cas où l'on permet aux oies de couver, il faut leur donner quinze œufs et avoir soin de tenir la nourriture et la boisson à portée de leur bec.

L'incubation dure à peu près un mois, quelquefois même trente-deux ou trente-trois jours, mais quelquefois aussi, quoique plus rarement, l'éclosion a lieu au bout de vingt-sept ou vingt-huit jours. On assure qu'en Angleterre, dans le Lincolnshire, il est d'usage, le vingt-cinquième jour, de casser le bout des œufs, afin de faciliter la sortie des oisons. L'oie couveuse est toujours tentée de quitter son nid avec les premiers oisons éclos et de ne plus s'occuper du reste de la couvée ; il est donc essentiel de lui enlever ses petits au fur et à mesure de l'éclosion, et de les mettre en lieu chaud dans un panier garni de laine et recouvert d'un linge.

Éducation des oies. — Lorsque l'éclosion est complète, on tient chaudement la mère et les jeunes pendant une semaine environ. On donne alors aux oisons une nourriture légère, préparée avec de la farine d'orge ou de maïs et du lait. Rien n'empêche d'ajouter à cette pâtée de l'herbe tendre et de la laitue, hachée finement. Au bout de huit ou dix jours, les petits soins ne sont plus indispensables à la jeune volaille, et du moment où il ne pleut pas, où il ne fait pas froid, on peut lâcher les oisons et les laisser courir à l'eau si bon leur semble. Toutefois, il est prudent de les éloigner des vieilles oies qui les maltraitent trop souvent. Jeunes ou vieilles, les oies ne sont pas difficiles à nourrir. A la maison, on leur donne du menu grain, des pommes de terre cuites, des feuilles de légumes cuites avec de l'eau de vaisselle et du son, etc., etc. Au pâturage, elles vivent de ce qu'elles trouvent, herbes ou graines.

Vers l'âge de trois mois, on plume les oies pour la première fois sous le ventre, sous les ailes et sur le cou ; deux mois plus tard, quand la mue commence, on les plume de nouveau, mais modérément, à cause de l'approche de l'hiver qui ne permet point de trop les déshabiller. A huit ou dix mois, après les avoir engraissées, on les tue pour la plupart, et naturellement on les plume une troisième fois. Celles que l'on garde pour la reproduction ont sur les précédentes l'avantage de vivre deux ou trois ans et sont plumées tous les deux mois. Si on le leur permettait, elles pourraient vivre plus de vingt ans. Avec les vieilles oies, on ne se borne pas à enlever le duvet et la petite plume, on leur arrache en outre sept ou huit grandes plumes aux ailes par année. Après

chacune de ces opérations, on les garde deux ou trois jours en loge pour fortifier la peau ; puis on les remet en liberté.

Dans les localités où l'éducation des oies se fait sur une grande échelle, où les petites troupes réunies en troupeau commun, vont pâturer par centaines sous la garde d'un jeune garçon ou d'une jeune fille, l'alimentation n'est pas coûteuse. Elle ne l'est pas non plus dans les contrées où il est d'usage de les envoyer dans les éteules après la moisson ; mais quand il s'agit de l'engraissement forcé, c'est une autre affaire.

De l'engraissement des oies. — Nous devons les renseignements qui suivent à notre excellent ami M. Pons-Tande, cultivateur à Mirepoix (Ariége).

« L'éducation de l'oie de la grosse espèce, nous écrit-il, est encore circonscrite dans les limites de la vaste région agricole dont la ville de Toulouse est le centre.

La grande culture du maïs qui est la céréale par excellence pour l'engraissement de ce précieux animal, n'est pas la seule cause du développement local de cette industrie. La rareté du beurre, conséquence toute naturelle de la pauvreté herbagère du pays, a obligé, de tout temps, les populations méridionales à chercher la base de leurs préparations culinaires dans la graisse fine et délicate que donne l'oie de la grosse espèce.

C'est donc principalement en vue de la production de la graisse, qu'est élevée *l'oie de Toulouse* : sa viande, son foie et ses plumes ne sont considérés que comme accessoires.

La première période de l'éducation de l'oie de grosse espèce, n'exige point de soins particuliers ; les règles généralement employées pour les autres variétés, sont les seules que l'on suive à son égard.

Il n'en est pas de même pour la seconde période de l'engraissement, qui se fait avec des procédés spéciaux.

L'oie peut être, à la rigueur, soumise à l'engraissement dès que toute sa plume est *bonne*, c'est-à-dire, lorsque la véritable plume blanche ou grise est venue remplacer cette espèce de duvet verdâtre qui couvre le jeune animal immédiatement après son éclosion.

C'est ordinairement à l'âge de trois mois que cette mue est complète : les ailes sont, alors, garnies de toutes leurs plumes ; elles ont assez de longueur pour se croiser sur le dos de l'animal : on dit, en cet état, que les oies ont *croisé* ; ce qui veut dire qu'elles sont entrées dans l'âge adulte.

Cependant l'oie n'a point encore pris tout son développement ; sa charpente osseuse manque de l'ampleur convenable, et sa viande de densité ; les organes digestifs n'ont pas assez de puissance. L'engraissement fait dans ces circonstances, ne donne que des résultats incomplets en poids et en qualité de graisse ; celle-ci reste toujours huileuse, malgré l'abaissement de la température, elle n'arrive jamais à cet état de compacité et de blancheur de neige qui sont les marques de supériorité et de bon goût.

Il faut donc attendre que l'oie ait fini toute sa croissance, c'est-à-dire trois mois de plus. Le jeune animal a pris alors un développement égal à celui des vieilles oies conservées pour la ponte ; il est très-difficile de le distinguer de ces dernières à l'aspect de son corps : cependant le cri des jeunes étant toujours plus aigu que celui des vieilles, on trouve là un indice certain dans le choix à faire. Aussi les bonnes engraisseuses ont-elles le soin de faire *parler* les oies, avant d'en prendre livraison au marché. Avant de passer par l'engraissement, les oies pèsent environ 4 kilog. 1/2.

Leur engraissement est soumis aux règles générales de tous les engraissements possibles : l'obscurité, l'isolement, et une certaine gêne dans leurs mouvements, sont des auxiliaires indispensables pour conduire l'opération à bonne fin; il faut cependant se garantir de toute exagération à cet égard, en n'obéissant pas à une infinité de préjugés qui ont cours parmi les ménagères de la campagne.

Ainsi que nous l'avons dit, c'est le grain de maïs qui est exclusivement employé pour l'engraissement. Il nous reste à détailler le procédé mis en usage dans l'administration de cet aliment.

L'engraisseuse, assise sur une chaise basse, prend l'oie et l'emprisonne entre ses genoux, de manière à paralyser tous ses mouvements : elle saisit alors le bec de la main gauche, et après l'avoir ouvert, elle introduit et elle enfonce, avec la main droite, dans l'œsophage de l'animal, un entonnoir en fer-blanc dont le tube a 0^m,11 de longueur et 0^m,03 de diamètre, et la cuvette, 0^m,07 de hauteur et un diamètre de 0^m,05, à la circonférence supérieure.

Ainsi embouché, l'animal se débat, contracte son œsophage, et tend à se débarrasser de cet incommode instrument qu'on parvient à fixer par une pression légère mais continue de la main gauche, contre les deux parties du bec adhérentes aux parois extérieures de la cuvette.

Cette opération, toute simple qu'elle est, exige une série de précautions que nous devons indiquer :

Ainsi, l'introduction de l'entonnoir, au début de l'engraissement, présente des difficultés résultant du peu de dilatation de l'œsophage : elles sont vaincues en oignant d'huile fine le tube de l'entonnoir et en accompagnant les efforts d'introduction d'un lent mouvement de rotation.

Le maïs est vidé dans la cuvette, par petites poignées et est immédiatement refoulé par un mandrin qui le fait arriver à l'extrémité du tube. Là, un peu d'eau fraîche et quelques frictions faites de haut en bas le font descendre dans le jabot.

L'opération est terminée lorsque la poche stomacale est remplie : il est facile de le constater en tâtant la protubérance extérieure de cet organe.

L'œsophage et le jabot n'étant pas encore habitués à une très-grande dilatation, il convient de réduire la ration, dans les premiers jours de l'engraissement, et de prévenir ainsi les distensions qui pourraient arriver par le gonflement du maïs.

Les oies sont gorgées de la sorte (c'est ainsi qu'on nomme l'opération) pendant trente-cinq jours : elles consomment, dans cet espace de temps, 40 litres de maïs par tête, c'est-à-dire une ration journalière d'un peu plus d'un litre.

En tenant compte de la réduction de ration, au début, et de l'affaiblissement des facultés digestives qu'on observe à la fin de l'engraissement, on peut porter à un litre et demi la ration des vingt jours intermédiaires.

Cette ration journalière doit être distribuée en trois repas également espacés. L'engraisseuse doit s'assurer, avant d'introduire l'entonnoir, que le maïs du précédent repas a été digéré : cette dernière précaution, la plus importante de toutes, est le seul guide dans le dosage de la ration.

Une habile engraisseuse peut très-bien *gorger* douze oies en une heure ; lorsqu'elles sont faites à ce régime, elles se présentent d'elles-mêmes pour recevoir l'entonnoir. La ration d'eau est de trois litres pour douze oies ; c'est-à-dire un litre par repas : cette eau est vidée par petites quantités après chaque poignée de maïs ; elle favorise la descente du grain dans le jabot en même temps que la digestion.

La surveillance doit être très-active, dans les derniers jours de l'engraissement. La bête devient alors lourde ; les plumes de son ventre touchent à terre, la couleur jaune vif du bec pâlit, sa respiration est grasse et précipitée. Le couteau doit alors accompagner l'engraisseuse dans les fréquentes visites qu'elle fait à ses animaux.

Le poids d'une oie prête à être engraissée, est nous le répétons, de 4 kil. 1/2 : elle coûte au marché, de 4 à 5 fr. et après avoir consommé 40 litres de maïselle arrive au poids de 8 kil. ou à peu près.

Voici d'ailleurs quelques chiffres qui établiront exactement le rendement d'un engraissement de dix oies.

Poids des 10 oies grasses, 75 kilogr.

Graisse, 27 kil. à 2 fr. 60 c. le kilo......	70 fr	20 c
Viande, 27 kil. à 1 fr. 30 c. le kil........	35	10
Foies, à 1 fr. 25 c. la pièce..............	12	50
Abattis, à 30 c. par tête.................	3	»
Plumes, à 1 fr. par tête	10	»
TOTAL............	130 fr	80 c.

Les dix oies maigres ayant coûté 45 francs, et les 4 hectolitres de maïs qui ont servi à leur engraissement étant portés au prix moyen de 48 francs (12 francs l'hectolitre) ; nous avons un excédant de 37 francs pour rémunération des soins de la ménagère.

Quoique nous ayons indiqué le maïs comme le grain spécialement employé à l'engraissement des oies, il ne faudrait pas en conclure qu'il est absolument indispensable.

L'estomac de l'oie, qui est doué d'une puissance digestive considérable, s'accommode très-bien de tous les grains et légumes farineux : nous avons vu, pendant des années de grande cherté du maïs, des engraissements faits avec du sarrasin, des haricots, des pois et des féveroles concassés, donner de très-bons résultats.

La graisse d'oie fondue et mise dans des pots en grès, ou mieux encore, dans des bouteilles bien bouchées, conserve sa couleur et son bon goût pendant deux ans. La viande qui est salée en grande quantité, est consommée dans le pays. »

Il existe une méthode d'engraissement, dite *polonaise*, qui consiste à emprisonner les oies dans des pots de terre défoncés et assez étroits pour qu'elles ne puissent point s'y mouvoir librement. On leur donne de la pâtée à discrétion, et, d'ordinaire, l'engraissement est tel au bout de quinze jours qu'on est obligé de casser les pots pour en sortir les oies.

En Alsace, on renferme les oies douze par douze dans des loges étroites et basses, et après leur avoir tiré quelques plumes des ailes et du croupion. On met ensuite à la portée de leur bec de la pâtée de farine de maïs ou de farine d'orge cuite avec du lait ou même de l'eau, et tout à côté une écuelle pour la boisson. Les oies se consolent aisément de l'état de gêne qu'on leur impose; elles mangent et elles boivent bien et à tous moments pendant les premiers jours; puis leur appétit baisse et elles finissent par le perdre entièrement. C'est alors qu'on les force à manger, et, pour cela, on procède à peu près exactement comme du côté de Toulouse; seulement après avoir retiré l'entonnoir pour présenter de l'eau aux oies, on mêle à cette eau du gravier et du poussier de charbon, afin, dit-on, de hâter l'engraissement et de mieux développer le foie.

Parmentier nous entretient d'un procédé qui a surtout pour objet de faire grossir le foie. — « Personne, dit-il, n'ignore les recherches de la sensualité, pour faire refluer sur cette partie de l'animal toutes les forces vitales en lui donnant une sorte de cachexie hépatique. En Alsace, le particulier achète une oie maigre qu'il renferme dans une petite loge de sapin assez étroite pour qu'elle ne puisse s'y retourner. Cette loge est garnie dans le bas-fond de petits bâtons distancés pour le passage de la fiente, et, en avant, d'une ouverture pour sortir la tête : au bas une petite auge est toujours remplie d'eau, dans laquelle trempent quelques morceaux de charbon de bois.

« Un boisseau (25 lit. es) de maïs suffit pour sa nourriture pendant un mois, à la fin duquel l'oiseau se trouve suffisamment engraissé. On en fait tremper dans de l'eau, dès la veille, qu'on lui insinue dans le gosier le matin, puis le soir. Le reste du temps ils boivent et barbottent.

« Vers le vingt-deuxième jour, on mêle au maïs quelques cuillerées d'huile de pavot. A la fin du mois l'on est averti par la présence d'une pelote de graisse sous chaque aile, ou plutôt par la difficulté de respirer, qu'il est temps de tuer l'oie; si l'on différait, elle périrait de graisse ! On trouve alors son foie pesant depuis une livre jusqu'à deux; et l'animal se trouve excellent à manger, fournissant, pendant la cuisson, depuis trois jusqu'à cinq livres de graisse, qui sert pour assaisonner les légumes le reste de l'année. »

« Sur six oies, il n'y en a ordinairement que quatre (et ce sont les plus jeunes) qui remplissent l'attente de l'engraisseur ; il les tient ordinairement à la cave ou dans un lieu peu éclairé. »

Dans quelques contrées du midi de la France, l'éducation des oies se fait d'après les principes de la division du travail. Ainsi les uns font couver les œufs et vendent les oisons à l'âge de dix ou douze jours ; les autres les élèvent, les développent et les vendent ensuite aux engraisseurs.

Maladies des oies. — La diarrhée est à craindre à la suite d'une humidité prolongée. On la combat avec une nourriture fortifiante comme la farine d'orge et des boissons toniques, ordinairement avec du vin chaud dans lequel on a fait cuire des glands ou des pelures de coings. La seconde affection plus dangereuse et plus redoutée est une sorte de tournis que l'on attribue à tort ou à raison à des insectes logés dans les oreilles et les narines. Les oies attaquées s'agitent, traînent les ailes et tournent parfois sur elles-mêmes. En pareil cas, on conseille de prendre une épingle ou une aiguille, de leur ouvrir une petite veine assez visible sous la membrane qui sépare les ongles ; et, après cela, de leur plonger à diverses reprises la tête dans de l'eau. Ces explications et ces remèdes sont évidemment du domaine de l'empirisme, et en les indiquant, nous nous gardons bien de les cautionner.

Produits et usages. — Les oies nous fournissent une chair qui n'est pas très-fine, mais qui a figuré sur les meilleures tables pendant longtemps. L'introduction du dindon en Europe n'a pas eu de peine à la détrôner. Elles nous fournissent des foies pour les gourmets, une graisse délicieuse et généralement recherchée, des œufs qui ne sont point à dédaigner pour la pâtisserie, leurs petites plumes pour la literie, leurs grosses plumes des ailes pour écrire et leur duvet pour les édredons. Nous ne parlons pas de leurs excréments à titre d'engrais ; cependant, lorsqu'ils sont desséchés, ils valent mieux que leur réputation.

Dans le Midi, on sale les oies pour les conserver, comme on sale ailleurs le porc, le bœuf, etc.

Les plumes de l'oie sont l'objet d'un commerce important. Celles que donnent les oies maigres sont meilleures que celles des oies grasses ; celles que l'on prend aux oies vivantes ne pelotonnent pas comme les plumes des oies mortes et se conservent mieux sans altération. Il convient donc d'acheter la plume en juillet et octobre plutôt qu'en décembre, époque à laquelle on ne déplume guère que des oies tuées ; il convient, en outre, de ne jamais laisser à la volaille tuée le temps de se refroidir avant de lui ôter ses plumes. Il existe aussi une différence entre les plumes dont la récolte a été forcée et les plumes que l'on enlève au moment où elles sont mûres et qu'elles commencent à tomber. Celles qui ne sont pas mûres se gâtent assez souvent. Avant de livrer au commerce la plume destinée à la literie, on la passe au four une demi-heure, et à deux ou trois reprises différentes, après la cuisson du pain. Une fois desséchée, on la met en tonnes ou en sacs dans des lieux parfaitement secs.

Les grosses plumes des ailes ont été également l'objet d'un grand commerce, mais aujourd'hui que l'emploi des plumes métalliques se généralise, l'importance des plumes d'oie s'est considérablement réduite, et la coutellerie a ressenti le contre-coup de cette réduction. Les canifs ont partagé le sort des plumes à écrire.

Les plumes destinées aux fournitures de bureaux sont de deux qualités. On préfère celles de l'aile gauche à celles de l'aile droite, à cause de l'inflexion de la courbure ; on préfère aussi celles qui tombent naturellement à l'époque de la mue ou qui cèdent facilement à la main à celles que l'on arrache avec quelque effort ou que l'on prend sur les bêtes mortes.

Depuis que la concurrence des plumes métalliques a détruit le commerce des plumes d'oie, la préparation de ces dernières a été très-négligée. Ainsi, il y a loin, très-loin des plumes que l'on nous vend aujourd'hui aux plumes que l'on nous vendait il y a vingt ou trente ans.

Le *hollandage* ou préparation des plumes d'oie ne nous intéresse plus ; c'est tout bonnement un souvenir historique. Ce hollandage consistait à les dégraisser, à les durcir, à les polir et les arrondir. Pour cela, on les passait dans des cendres chaudes ou du sable chaud, on les frottait ensuite vivement avec de la laine. On a eu recours encore à d'autres procédés que nous ne décrirons point.

P. J.

III. — CYGNES.

Les cygnes ne nous intéressent qu'à titre d'oiseaux de pur agrément. Ils ornent, ils égayent, ils animent les pièces d'eau des châteaux et des maisons

Fig. 612. — Cygne.

de campagne. Nous n'en connaissons que deux espèces domestiques, notre cygne blanc commun et le cygne noir de la Nouvelle-Hollande que l'on rencontre assez communément dans les jardins zoologiques. Nous ne parlerons que du cygne blanc. C'est le plus beau de nos oiseaux aquatiques et le plus élégant nageur qu'on puisse voir ; il vole bien, mais il marche fort mal ; à terre, il est lourd, gauche, et embarrassé, un peu moins cependant que le canard.

Le cygne se nourrit de plantes, de racines, de graines, d'insectes aquatiques, de grenouilles, de têtards, et à la rigueur de très-petits poissons. Il est monogame, autrement dit le mâle ne s'attache qu'à une seule femelle. Celle-ci pond de cinq à huit œufs dans la mousse ou dans les herbes sèches, à proximité de l'eau. Ces œufs sont de la grosseur du poing et d'un blanc verdâtre. Au bout de six semaines d'incubation, sous la garde du mâle qui, au besoin, défendrait intrépidement sa femelle, les petits cygnes sortent de la coquille. On les nourrit comme les canetons. Le duvet qui les recouvre est d'un gris sale que remplacent peu à peu des plumes d'un gris cendré. Le plumage ne devient tout à fait blanc que dans le courant de la troisième année. Cette lenteur qu'apporte le cygne à se développer et à se modifier a fait supposer que sa vie devait être prodigieusement longue. On a parlé de plusieurs centaines d'années, mais on a eu la sagesse d'en rabattre. On admet aujourd'hui que le cygne ne va guère au delà d'un siècle, ce qui nous paraît déjà fort beau.

M. Malézieux rapporte, sur la foi de nous ne savons quel historiographe, que pendant toute la semaine que durèrent les noces de Charles le Téméraire, en 1468, où vit chaque jour deux cents cygnes figurer à côté des cent paons qui, pompeusement recouverts de leur brillant plumage, ornaient les tables somptueuses, dressées pour recevoir et fêter l'épouse du puissant duc de Bourgogne. Bosc, de son côté, assure que la chair des jeunes cygnes n'est pas à dédaigner ; mais nous avons mieux que cela et à meilleur compte, et nous nous garderons bien de recommander l'éducation de cet oiseau pour l'usage de la table. Bosc nous dit encore qu'on plume les cygnes deux fois par an, c'est-à-dire au commencement du printemps, les couveuses exceptées, et à la fin de l'été. Nous n'avons jamais été témoin de cette opération qui doit être plus difficile qu'avec les oies. Le cygne est d'une brutalité et d'une force avec lesquelles il faut compter un peu. Son duvet est excellent et presque aussi recherché que celui de l'eider ; les grosses plumes de ses ailes passent pour valoir mieux que les grosses plumes d'oie ; sa peau dépouillée de la grosse plume et ne conservant que son duvet sert à faire des fourrures, ou bien à couvrir la poitrine ou les épaules des personnes qui souffrent de douleurs rhumatismales dans ces parties du corps.

P. J.

CHAPITRE XXV

DES LAPINS ET DU COBAYE

Classification. — Le lapin appartient à la classe des Mammifères et forme une espèce du genre lièvre. Nous n'avons à parler en ce moment que du lapin domestique, dont la souche est évidemment notre lapin sauvage ou lapin de garenne. On le dit originaire de l'Afrique. Comment nous est-il venu de là ? nous l'ignorons et

Fig. 613. — Lapin domestique.

ne pensons pas qu'il puisse y avoir de l'intérêt à se livrer, sur ce point, à de nombreuses conjectures. Bornons-nous à constater que le lapin se plaît mieux dans les pays chauds et tempérés que dans les pays froids, et qu'on ne le retrouve plus au nord de l'Europe, en Suède et en Norwége, par exemple.

Le lapin domestique comprend diverses races. Les principales sont : 1° Le *lapin commun*, ordinairement d'un gris fauve, mais très-souvent de couleur variée où le blanc domine ; 2° le *lapin d'Angora*, à poil long et soyeux ; 3° le *lapin riche*, à poil noir ou gris, argenté à son extrémité.

De la garenne et du clapier. — Le lapin domestique, quelle que soit d'ailleurs sa race, peut être élevé de deux manières essentiellement distinctes, ou dans une garenne, c'est-à-dire à peu près en liberté ; ou dans un clapier, c'est-à-dire en cage. Les lapins élevés dans une garenne ou enclos plus ou moins spacieux, acquièrent

une qualité de chair très-recommandable ; on ne saurait en dire autant du lapin de clapier.

Olivier de Serres conseille d'établir la garenne sur un coteau un peu élevé, à l'exposition du levant ou du midi, en terre fertile, plus légère que compacte, en ayant soin toutefois d'éviter les terres très-sablonneuses, car les éboulements empêcheraient les lapins d'ouvrir des galeries à leur aise. Il ajoute que, dans le cas où le lieu ne serait point déjà couvert d'arbrisseaux et de buissons, il faudrait en planter et former d'épais massifs pour offrir des retraites sûres aux animaux. Afin qu'ils ne s'échappent point, il sera nécessaire d'entourer la garenne de bonnes murailles, bien maçonnées à chaux et à sable, hautes de neuf à dix pieds (3 mètres ou 3^m,32) et à fondations profondes, de façon à ôter aux lapins tout espoir de fuite. Les haies ne servent à rien, les fossés non plus, à moins qu'ils ne soient remplis d'eau. Dans le cas cependant où la maçonnerie coûterait fort cher, où la pierre serait très-rare, on devrait, faute de mieux, dit Olivier de Serres, clore la garenne avec des murs en pisé, ou avec des fossés empoissonnés et des haies. A la longue, les lapins s'y habitueront, s'y fixeront et ne songeront pas à en sortir. Le vieux maître demandait pour la garenne une étendue de sept à huit arpents (de deux à trois hectares) et assurait que bien gouvernée et entretenue, elle devrait rapporter, bon an mal an, deux cents douzaines de lapins et plus. Pour ce qui regarde le fossé de ceinture, il le voulait de dix-huit à vingt pieds de largeur sur six ou sept de profondeur, avec un bord en pente douce du côté de la garenne et un bord à pic de l'autre côté. Voici pourquoi : il se disait que les lapins pouvaient se jeter à l'eau et traverser le fossé à la nage, mais qu'une fois mouillés, il leur serait impossible d'en sortir sans une pente douce à l'un des bords. Olivier de Serres ne voulait pas d'une garenne plate ; il tenait à ce qu'elle fût accidentée naturellement ou artificiellement au moyen de terres extraites du fossé et disposées de distance en distance sous forme de monticules, de petits coteaux, sur lesquels les lapins se promènent avec plaisir et dans lesquels ils pratiquent aisément des trous pour s'y loger. Il recommandait de choisir pour la plantation, non-seulement des arbres disposés à former massifs, mais surtout des arbres fournissant des fruits propres à la nourriture des lapins, tels que poiriers, pommiers, cerisiers, pruniers, noisetiers, amandiers, mûriers, cormiers, cornouillers et cognassiers. Il ajoutait à la collection des chênes, des ormes, des buissons de genévrier, du thym, de la lavande, du basilic, puis des choux, des laitues, des épinards, de l'orge et de l'avoine par places. Il excluait sévèrement les saules et les peupliers, à cause du mauvais goût que les feuilles communiquent à la chair des animaux. Cependant, par une contradiction que nous ne nous expliquons pas, il conseillait de border les rives des fossés de clôture avec de l'osier qui est bien un saule et dont les feuilles sont tout aussi mauvaises que celles de nos saules communs. Nous devons ajouter que les plantes de la famille des Euphorbiacées et des Apocynées sont considérées, de notre temps, comme nuisibles aux lapins, mais ils ne s'y trompent pas lorsqu'ils ont la liberté du choix. Ces plantes sont : les euphorbes que nous désignons assez généralement sous le nom de réveil-matin ; les mercuriales dont une a été figurée dans le chapitre des plantes nuisibles, à la fin de la première partie du *Livre de la ferme* ; les pervenches, les apocyns, les asclépiades, etc.

Il suffit, pour peupler une garenne ainsi disposée, d'y lancer un certain nombre de mères pleines ou de prendre des jeunes dans un clapier.

Avec le clapier, la multiplication est certainement plus rapide, mais ce que l'on gagne en nombre, on le perd en qualité. Il est vrai que l'on ne s'arrête pas à cette distinction et que les consommateurs qui vont s'approvisionner au marché ne cherchent point à savoir si le lapin domestique qu'ils achètent sort d'une garenne ou d'un clapier. Il s'agit donc pour l'éleveur de chercher le bénéfice net le plus élevé et d'adopter, de préférence à tout autre, le mode d'éducation qui le lui donnera. Sera-ce le clapier ? nous n'en savons rien ; de part et d'autre, les résultats se trouvent nécessairement subordonnés à diverses considérations locales. Avec une nourriture rare et chère, la garenne peut être préférable au clapier ; avec une nourriture abondante et à bas prix, le clapier doit être plus avantageux que la garenne. Il importe aussi de tenir compte de la valeur des terrains et de remarquer que s'il y a profit à établir une garenne sur des terrains à 5 ou 600 fr. l'hectare, il y aurait perte à lui consacrer des terrains à 6, 7 et 8,000 francs.

On a beaucoup écrit sur l'éducation des lapins. D'aucuns font de cette industrie une entreprise très-lucrative ; d'autres la réduisent à peu de chose et la dédaignent. Nous croyons, nous, que la vérité se trouve entre les deux extrêmes, et qu'il ne faut ni trop exalter ni trop ravaler cette industrie ; et tout bien examiné, nous sommes tenté de croire que l'on a raison d'encourager l'éducation de ces animaux sur une assez grande échelle, lorsque les débouchés assurent l'écoulement des produits. Les auteurs qui nous prouvent par des chiffres qu'il est facile de réaliser un joli revenu avec les lapins, n'ont qu'un tort, celui de ne pas tenir compte des accidents et de la mortalité. Il est aisé, sans doute, de dire qu'une femelle donnera par an, six ou sept portées, que

la moyenne de chaque portée est de cinq ou six lapereaux, qu'il en coûte tant par jour pour la nourriture, qu'un lapin gras vaut 2 francs ou 2f,50, et que tous frais déduits, le bénéfice s'élève pour l'ensemble à une somme déterminée ; mais peut-on raisonnablement nous garantir qu'aucune épidémie ne ravagera la garenne ou le clapier, qu'aucune mère ne détruira ses petits ? Non, on ne le peut pas, et c'est précisément parce que nous avons quelques mauvaises chances à courir que nous ne produisons pas de chiffres. Nous nous bornons à faire observer que dans un climat doux, sec, avec une nourriture bien choisie et des soins de propreté minutieux, il y a beaucoup à espérer, et que dans des conditions différentes, il y a beaucoup à craindre.

Les clapiers sont de diverses sortes. Quelques-uns se rapprochent de la garenne et consistent en cours plus ou moins spacieuses, entourées de murs, et divisées en compartiments grillés ou treillagés, communiquant avec des cages adossées aux murs, exposées au levant ou au midi et convenablement couvertes. Les mâles, les mères pleines, celles qui allaitent, les lapereaux qui ne tettent plus, sont séparés et vont à volonté dans la cage ou dans la petite cour qui y aboutit. Les clapiers ainsi faits, sont les meilleurs, à notre avis, mais il n'est pas donné à tous les éleveurs de s'imposer la dépense qu'ils exigent et de leur consacrer autant d'espace. Le plus souvent donc, on improvise des clapiers sous des hangars, dans les granges ou les étables, au moyen de loges de 0m,75 à 1 mètre sur toutes faces, rangées en lignes les unes à côté des autres, et un peu inclinées d'arrière en avant pour que les urines n'y séjournent pas. Ces loges sont en bois, pleines sur cinq faces et à claire-voie sur le devant. Quand l'espace manque, il arrive souvent que l'on en place deux rangées l'une sur l'autre. D'autres fois, lorsque l'éducation se réduit à un très-petit nombre de lapins, on se contente de les placer dans de grandes caisses bien fournies de litière sèche, recouvertes de planches mobiles et disjointes, assujetties avec des pierres ou des poids quelconques. C'est ainsi que les choses se font le plus fréquemment chez les cultivateurs des Flandres belges qui, en matière d'élevage de lapins, jouissent d'une réputation européenne, et que nous avons vus personnellement à l'œuvre.

Nous avons déjà dit, en parlant des bâtiments de la ferme, et nous répétons ici qu'un clapier de 12 à 15 mètres de longueur sur 4 à 5 mètres de largeur, peut contenir de vingt à vingt-quatre loges, dont deux destinées aux mâles, et deux autres, doubles des premières, destinées aux lapins de cinq à six semaines. Il va sans dire que tout clapier bien tenu doit offrir aux animaux un espace partagé en compartiments et servant de promenoir. Avec les rangs superposés, les lapins du second rang ne peuvent profiter de cette disposition.

« On doit, a écrit Silvestre dans le *Nouveau Cours d'agriculture*, conserver dans la garenne (clapier) un courant d'air continu, au moyen de croisées grillées à claire-voie ; cette manière de renouvoler l'air, très-nécessaire surtout pendant l'été, est préférable aux fumigations de vinaigre et de plantes aromatiques, dont l'usage est au moins inutile avec cette précaution. Il est bon d'ajouter au bâtiment qui renferme les cabanes une galerie extérieure et ouverte, dans laquelle les lapins puissent aller prendre l'air et s'exposer au soleil : ils rentrent ensuite dans le grand commun intérieur, en passant par des trous qui sont ménagés exprès pour servir de communication. »

De l'Éducation des lapins. — Nous empruntons encore à Silvestre les détails qui suivent et qui sont d'une exactitude parfaite : — « Chaque lapine peut donner six à sept portées par année ; trois semaines après qu'elles ont mis bas on doit remettre les mères aux mâles ; il faut les y laisser passer une nuit, et lorsque l'un et l'autre sont en bon état, que le mâle n'a pas plus de cinq à six ans, et la femelle de quatre à cinq, il est rare que la lapine ne soit pas remplie. Elle revient ensuite à ses petits et peut, sans inconvénient, continuer à les nourrir encore une huitaine de jours. Quelques mères font périr les jeunes lapereaux ; on peut les corriger de ce défaut (qui provient souvent de la faute de la ménagère), en leur donnant abondamment à manger la nourriture qui leur est la plus agréable, en les dérangeant le moins possible, et en ne les mettant jamais au mâle que le soir ; lorsqu'elles en sortent le matin, elles mangent et dorment, et elles ne maltraitent pas les petits, comme lorsqu'on les fait rentrer le soir dans leurs cabanes.

« Il ne faut faire couvrir les femelles qu'à l'âge de six mois ; elles portent trente ou trente et un jours, et leurs portées sont depuis deux ou trois jusqu'à huit et dix petits ; il est plus avantageux qu'elles ne soient que de cinq à six : les lapereaux sont plus forts et mieux nourris ; aussi quelques cultivateurs enlèvent-ils l'excédant de ce nombre dans les portées trop considérables, et ce procédé est convenable lorsque les mères sont faibles et surtout lorsqu'elles ont déjà perdu ou détruit leurs portées antérieures.

« A l'âge d'un mois les lapereaux mangent seuls, et leur mère partage avec eux sa nourriture ; à six semaines ils peuvent se passer de mère et entrer dans la grande cabane qui sert de premier commun ; à deux mois et demi on les lâche dans le clapier avec ceux qui sont destinés à la table. Il faut avant de les y laisser en liberté châtrer les mâles, afin qu'ils ne fatiguent pas les femelles, qu'ils ne se battent pas entre eux, et qu'ils deviennent plus gros et plus tendres à manger.

« L'opération de la castration pour les lapins est très-simple ; elle se pratique en saisissant avec le pouce et les deux premiers doigts de la main gauche l'un des testicules que le lapin cherche à rentrer intérieurement. Lorsque l'opérateur est parvenu à le saisir, il fend la peau longitudinalement avec un instrument très-tranchant ; il fait sortir ensuite le corps ovale qu'il a saisi, il l'enlève et le jette ; après en avoir fait autant de l'autre côté, il frotte avec un peu de saindoux la partie amputée, ou bien il fait une ligature avec

une aiguillée de fil, ou même encore il laisse agir la nature qui guérit toujours cette plaie lorsqu'elle a été faite avec quelque adresse. Cette opération les dispose à grossir considérablement et donne du prix à leur peau. »

Quoi qu'il en soit, nous devons faire observer que le plus grand nombre de nos éleveurs de lapins ne soumettent pas les mâles à la castration.

« Lorsqu'on veut garder des lapins pour faire race, reprend Silvestre, on doit unir constamment les plus beaux individus, sans souffrir de mésalliance, et sans permettre qu'ils s'accouplent avant leur accroissement parfait, c'est-à-dire vers six ou huit mois. Pour renouveler les mères, il convient de préférer les femelles qui sont nées vers le mois de mars ; elles sont alors disposées à prendre le mâle vers le commencement de novembre, et l'on est à même de vendre leur première portée dans le courant de l'hiver ; on peut compter sur un produit annuel de deux cents lapereaux dans un clapier composé seulement de huit mères bien entretenues ; alors, la dépense d'entretien et de nourriture en son, avoine et menus grains, peut-être évaluée à 80 francs. Ce résultat est relevé dans un établissement de ce genre dans lequel le propriétaire a écrit avec le plus grand soin les recettes, dépenses et pertes de toute espèce, attention bien rare chez la plupart de ceux qui s'occupent de cet objet. »

Ces lignes ont été écrites en 1809 ; partant on doit supposer que le prix de la nourriture serait plus élevé aujourd'hui qu'alors, mais comme la valeur des lapins a augmenté aussi et dans des proportions beaucoup plus considérables, il est évident que la situation n'est pas modifiée ou que si elle l'est, c'est certainement à l'avantage des éleveurs de notre époque.

Le conseil que donne Silvestre pour faire de beaux lapins et maintenir les races pures, est excellent. C'est ainsi d'ailleurs que procèdent les amateurs flamands qui se distinguent parmi tous les éleveurs et ont su atteindre chez le lapin les limites extrêmes du développement. Beaucoup, en France, s'imaginent que le monstrueux lapin des Flandres belges constitue une race particulière ; c'est une erreur ; c'est tout bonnement le lapin gris commun, amélioré par sélection et par un bon régime alimentaire. Vous voudrez bien remarquer d'ailleurs que le succès obtenu en Belgique, s'explique un peu par le caractère des populations. Si, dans le Hainaut et la province de Namur, l'on s'attache passionnément aux pinsons, dans d'autres provinces aux pigeons voyageurs, aux coqs de combat, aux rossignols, il ne faut pas s'étonner si, dans les Flandres Orientale et Occidentale, on se passionne également pour les lapins. Ce sont les amis du logis, et s'ils sont gros et bien faits, ils deviennent l'orgueil de la famille ; nous n'exagérons pas. On les soigne, on les choie, on les montre aux visiteurs, on les réserve pour les grandes occasions. De même qu'il y a des sociétés d'encouragement pour l'éducation des pigeons, des pinsons et des rossignols, il y en a pour les lapins. Des concours ont lieu tous les ans, et les vainqueurs reçoivent des médailles.

Or, c'est à qui entrera en lice, à qui produira la plus belle bête, dans l'espoir de gagner le prix et de le suspendre à quelque joli ruban dans la partie la plus éclairée de l'habitation. Le lapin qui a remporté la médaille d'honneur n'a plus de prix. C'est un animal de luxe, de fantaisie, dont on ne se défait pas volontiers, pas plus que d'un titre honorifique; on en refuse parfois 80 fr. 100 fr. et davantage. On produit le lapin pour les concours, pour les luttes, pour la gloire, presque sans compter; on veut des animaux bien conformés et d'une taille extraordinaire, et l'on y réussit à force d'attentions et de bons soins. Le lapin des Flandres est, passez-nous l'image, le Durham de son espèce; on en a vu qui pesaient de 10 à 13 kilogrammes. Quant à ceux-là, il ne suffit plus de les prendre par les oreilles pour les soulever, il faut encore les soutenir de l'autre main par le train de derrière.

Tout lapin qui ne tient pas du phénomène, tout lapin de second et de troisième ordre, indigne des concours, indigne de sa race, est nourri le plus économiquement possible pendant quatre ou cinq mois, puis engraissé et vendu. En France, nous le trouverions assez beau, là-bas, le véritable amateur le regarde d'un œil de pitié.

C'est à ces raisons, en apparence futiles et même un peu puériles, que les Flandres belges doivent la réputation bien méritée de leurs lapins, et cette réputation a fait supposer que l'éducation de ces animaux y était entreprise par un grand nombre de cultivateurs sur une échelle très-étendue. Il n'en est rien. Si nous en jugeons par ce que nous avons vu, par les renseignements que nous avons pris sur place et à bonne source, l'éducation des lapins ne prend que très-exceptionnellement, dans la Flandre Orientale, les proportions d'une industrie régulière. On ne se rend jamais bien compte des frais de nourriture, on ne connaît pas les prix de revient, on ne sait pas au juste s'il y a perte ou profit à élever les lapins pour les livrer au revendeur. On sait seulement qu'un lapin de six mois, bien gras et bon à tuer, vaut de 2 à 3 francs, selon les temps.

A Termonde et dans les environs, l'éducation du lapin ne se fait pas en grand; les clapiers n'ont pas la moindre importance. On prend tout bonnement dans chaque ménage, un vieux coffre, une caisse de moyenne dimension, on y met un épais lit de paille et l'on y loge les lapins. Après cela, on a soin que la litière ne soit jamais humide, jamais infecte; on la renouvelle aussi souvent qu'il en est besoin, et les choses ainsi faites, le sont pour le mieux, au dire des gens de l'endroit. En été, les boîtes à lapins sont placées dans un lieu aéré; en hiver, on les rentre dans les habitations ou dans les étables, attendu que le lapin est quelque peu frileux, et que s'il résiste assez bien au froid, il en souffre néanmoins et ne se développe pas convenablement.

Les grands éleveurs de lapins, les personnes qui les nourrissent par centaines dans les clapiers, sont tellement rares dans les deux Flandres, qu'on en cite à peine quelques-uns de loin en loin. Les nombreux lapins fournis au commerce sont achetés par les marchands ambulants, et par très-petits lots, de maison en maison. On en remplit peu à peu de petites charrettes traînées par des chiens, puis on les réunit afin d'en faire de gros chargements pour l'Angleterre.

Toujours dans les Flandres que nous citons si souvent pour modèle, la nourriture habituelle ou d'entretien des lapins consiste, pour l'été, en drèche de brasserie deux ou trois fois par jour à raison d'un *demi-sabot* par fois (le sabot de grandeur ordinaire sert de mesure dans la circonstance); en feuilles de choux parfaitement ressuyées, en herbe ordinaire des prés, en pelures de pommes de terre, cuites avec du son et arrondies en boulettes. Pour la nourriture d'hiver, on donne des carottes, du foin ordinaire, du foin de trèfle et des pelures de pommes de terre desséchées au grenier. En France, nous avons quelque peine à comprendre que ces pelures puissent se dessécher aisément, parce que nous les faisons très-épaisses, mais en Belgique, où l'on ne perd rien de la pomme de terre, où la pelure est mince à voir le jour à travers, on n'a pas de peine à obtenir la dessication.

Les substances, dont il vient d'être parlé pour la nourriture d'entretien des lapins, ne sont pas assurément les seules qui conviennent. On peut leur adjoindre les fanes de carottes, les laiterons, la plupart des herbes qui proviennent de nos sarclages, etc. Ce ne sont pas des bêtes délicates.

Si, parmi les amateurs, les Flandres belges sont en renom, à cause de leurs gros lapins de concours et des efforts qu'y font les sociétés spéciales d'encouragement, il n'en est pas de même parmi les commerçants, car ceux-ci ne se contentent point de quelques exceptions. Pour l'ensemble des éducations, la France occupe à leurs yeux le premier rang. Dans toute la Normandie, et notamment à partir de Vernon jusqu'à Caen, on rencontre les plus forts lapins de France, appartenant, comme ceux des Flandres, à la race commune grise. Nos lapins normands pèsent communément de 4 à 7 kil,5 entre l'âge de six à huit mois; et ainsi que dans le pays flamand, il y en a qui, passé un an, pèsent jusqu'à 10 et 11 kilogr.

La Picardie élève aussi beaucoup de lapins, mais ils sont un peu moins forts que ceux de la Normandie. Les Ardennes, la Lorraine et la Champagne sont ensuite les contrées où l'on rencontre le plus d'animaux de cette espèce.

Nulle part, on ne fait l'élève des lapins par colonies nombreuses; on cite comme exceptions les personnes qui en possèdent deux ou trois cents. On ne procède, en général, que par petites éducations et l'on ne cherche point à se rendre compte du prix de revient.

Il reste donc de grands progrès à réaliser dans cette petite branche de l'économie rurale.

De l'engraissement des lapins. — Il faut attendre que les lapins aient au moins cinq mois avant de songer à leur engraissement. On les vend le plus ordinairement entre six et sept mois; plus tard, ils sont moins tendres et par conséquent moins recherchés; on n'a pas intérêt d'ailleurs à les conserver plus longtemps que de raison, à moins qu'il ne s'agisse de reproducteurs que l'on vend à tout âge, après avoir pris, nous assure-t-on, la précaution de leur limer les ongles qui s'allongent en même temps que les lapins vieillissent.

L'engraissement est d'autant plus rapide que le repos est plus complet et l'alimentation plus riche. Dans les Flandres, au moins chez un grand nombre de petits cultivateurs, voici de quelle manière on procède pour engraisser un lapin en quinze jours : on fixe un bout de planche contre le mur, à un mètre environ du sol, et on place l'animal sur ce bout de planche où il peut à peine se retourner. C'est là qu'on lui sert trois fois par jour à heures fixes une nourriture copieuse qui consiste en pain de seigle avec du lait, en deux poignées de graines d'avoine, une vers midi, l'autre vers le soir, et enfin en trèfle sec, quand ce fourrage est du goût de l'animal. Le lapin, ainsi placé, ne bouge guère ou ne bouge pas, tant il a peur de tomber, et cette immobilité favorise beaucoup la production de la graisse. On le met à la gêne pour lui donner de l'embonpoint, comme on met à la gêne les vaches dans leurs loges, les oies, les canards, les dindes et les poules dans leurs cages étroites ou leurs épinettes.

Ce mode d'engraissement rapide exige une certaine attention. La nourriture dont on se sert amène parfois un état de constipation qu'il faut combattre avec un peu de nourriture verte.

L'engraissement en un mois ou cinq semaines n'offre pas cet inconvénient. On se contente de placer les lapins dans une caisse ou une loge, toujours en lieu sec, un peu chaud même et en partie obscur. On leur donne à manger trois fois par jour, à des heures très-régulières, en variant le plus possible la nature du manger et en faisant alterner le sec avec le frais. Chaque fois qu'on leur sert un repas, on a bien soin d'enlever les débris du repas précédent ; enfin l'on s'arrange de façon que la litière soit toujours sèche.

En somme, aussi bien pour l'élevage que pour l'engraissement des lapins, il est essentiel de les tenir en lieu sec et bien aéré, plutôt chaud que froid, de varier souvent la nourriture, de manière à ce qu'elle soit tantôt sèche et tantôt fraîche, d'éviter les feuilles et l'herbe mouillées, enfin de renouveler fréquemment la litière. La réussite dépend de ces conditions. Quand, au contraire, on ne les observe pas, l'éducation se trouve compromise, les maladies ne se font guère attendre.

Maladies des lapins. — Les affections les plus redoutables sont la gale, le gros ventre et une maladie d'yeux. Les lapins que menace la gale, commencent par maigrir. Ils deviennent tristes et perdent l'appétit ; leur corps se couvre de gale et ils périssent dans les convulsions. Le *gros ventre* ou la *dase*, comme l'on dit encore, attaque fréquemment les lapins soumis au régime trop prolongé de la nourriture verte. La maladie d'yeux frappe surtout les jeunes, vers la fin de l'allaitement, et n'est fréquente que dans les clapiers mal tenus. Toutes ces affections sont mortelles le plus souvent. Elles n'ont pas été bien étudiées.

Il faut songer à les prévenir, non à les guérir, au moins quant à présent. On les attribue toutes à la malpropreté de la litière, à l'humidité permanente. Le régime frais, la nourriture mouillée doivent aussi figurer en ligne de compte, ainsi que nous l'avons vu. Or, du moment où nous soupçonnons les causes, nous soupçonnons les préservatifs. Si la place du clapier était toujours convenablement choisie, la litière toujours sèche, la nourriture toujours variée, il est à supposer que les lapins se porteraient bien. Enfin, si, au lieu de donner de la nourriture verte par pleine brassée à ces animaux, on la leur donnait par petite quantité et à diverses reprises, on éviterait certainement les indigestions qui en font périr un grand nombre.

Produits et usages. — Le lapin nous donne sa chair et son poil. Sa chair est très-recherchée par les uns et fort dédaignée par les autres ; c'est le lièvre du pauvre. Nous ne dirons pas avec Silvestre « que la chair du lapin seule fournit un bouillon presque aussi succulent et aussi considérable qu'une égale quantité de bœuf ou de mouton, et que cette viande, après avoir fourni au bouillon une partie de son suc, est encore tendre et savoureuse, et peut être accommodée de toutes les manières usitées ; » c'est aller un peu loin dans la voie de l'éloge. Le lapin de clapier ne saurait faire une concurrence sérieuse aux bœufs du Cotentin et aux moutons de l'Ardenne ; n'établissons pas des parallèles impossibles. La chair du lapin de garenne libre est délicieuse à notre avis, celle du lapin de garenne forcée ou close ne la vaut pas ; celle enfin du lapin de clapier vaut encore moins, car elle est le produit de la servitude et d'un régime qui la rendent fade. Les engraisseurs qui élèvent des lapins de clapier pour leur consommation personnelle, ne manquent pas de leur faire manger du persil, du serpolet et diverses autres plantes aromatiques une huitaine de jours avant de les tuer. Pour notre compte, nous ne leur donnons que du persil, du trèfle sec et de l'avoine durant cette huitaine, en même temps que nous supprimons l'emploi des feuilles de choux et de navets. Quelques personnes, de suite après les avoir assommés, leur versent un petit verre de cognac dans le gosier ; d'autres enfin les vident et les frottent intérieurement avec un mélange de beurre frais, de feuilles de bois de Sainte-Lucie et de fleurs de mélilot et de thym séchées et pulvérisées.

Il va sans dire que les éleveurs qui engraissent pour le marché ne songent point à terminer l'engraissement par un régime propre à communiquer du fumet à la chair du lapin. Nous ferons remarquer encore que, parmi les lapins de clapier, ceux de la race commune sont les meilleurs pour la table ; les lapins riches leur sont très-inférieurs ; ceux de la race d'Angora sont les moins estimés de tous ; il est même permis de les qualifier de détestables.

Le plus grand nombre des lapins, élevés dans les Flandres belges, sont destinés à l'Angleterre ; mais n'allez pas croire qu'on expédie ces animaux tout vivants de l'autre côté de la Manche. On commence par les dépouiller, les vider et les retrousser artistement à la manière des cordons bleus, puis on les encaisse et on les embarque à Ostende. Avec les issues, le marchand de lapins en gros élève des porcs, et il a de plus l'avantage de tirer un assez beau parti des planches et des caisses qui ont le privilége de n'être pas soumises en Angleterre aux droits de douanes, comme le sont les autres bois.

Nous avons dit précédemment que ces marchands de lapins ont l'habitude de courir les villages avec des voitures traînées par des chiens et d'acheter des lapins gras de maison en maison. Nous devons ajouter qu'ils vont également s'approvisionner dans les villes, les jours de marché aux lapins. Nous avons eu l'occasion de les voir au marché de Termonde (Flandre Orientale). Pour qui n'en a jamais vu, et nous étions alors dans ce cas, une foire aux lapins a un caractère assez original. Imaginez-vous une centaine de pauvres éleveurs, rangés sur deux lignes, debout, un vieux sac devant chacun d'eux, et au fond du vieux sac un peu de paille et de gros lapins couchés dessus, puis, à côté des sacs, des paniers remplis de jeunes; autre part, des charrettes deux fois longues comme le bras, chargées de cages toutes pleines de lapins et traînées par de gros chiens, et vous aurez une idée à peu près exacte du tableau. Ceux qui ont les lapins dans les sacs et les paniers sont les producteurs; ceux qui ont les charrettes avec les cages sont les revendeurs. Le marché commence, en été, à six heures du matin et dure rarement une heure. Le vendeur ouvre le sac, l'acheteur y plonge la main, saisit les bêtes par les oreilles, les couche à plat ventre sur son bras gauche et souffle sur le dos. Si le poil s'envole, c'est que le lapin n'a pas toutes ses aises; s'il ne s'envole pas, c'est que l'animal est plein de santé. Et, en effet, un animal maladif mue presque en tout temps. D'ailleurs, en soufflant dessus, on peut voir si le fond du poil est vif et la peau blanche. Ce sont deux bons indices. Quand le fond du poil est terne et la peau terreuse, les bêtes ont été mal nourries et se portent mal.

Nous ne connaissons pas en France de foires aux lapins; cependant l'élevage y est plus répandu qu'on ne le suppose généralement. Si, comme partout, les grands éleveurs sont très-clair-semés, les petits abondent, et l'on se ferait difficilement une idée de la quantité de lapins que l'on nourrit seulement dans le rayon de Paris.

Pour la chapellerie, le poil des lapins normands ne constitue pas la première qualité; on préfère le lapin picard, dont la nuance est d'un plus beau gris, c'est-à-dire d'un gris plus clair et dont le poil est plus fin. C'est à Beauvais et à Amiens que l'on achète surtout ces qualités. La chapellerie recherche également les lapins de la Champagne, des Ardennes, de la Lorraine et de la Bourgogne qui fournissent beaucoup moins que la Normandie et la Picardie, mais qui se recommandent presque toujours par l'excellente qualité des peaux. La nourriture a une influence marquée sur la qualité de ces peaux; aussi les marchands estiment-ils particulièrement celles qui proviennent d'animaux mangeant souvent du grain et du fourrage sec. Bonne nourriture, disent-ils, bon poil et bonne chair.

Les lapins communs du midi de la France sont tout petits et ne pèsent, sauf exception, que de 1 kil,5 à 2 kil,5 au plus, mais ils donnent un poil fin et d'une nuance gris clair agréable.

Le lapin d'Angora ou de *ménage*, dont le poil servait autrefois à faire des gants et des bas, n'a plus de raison d'être aujourd'hui. La bonneterie n'en veut plus; la chapellerie n'en veut pas davantage; enfin on l'exclut de toutes les cuisines, parce que sa chair est de très-mauvaise qualité.

Le lapin riche, élevé tout d'abord. et, il y a longtemps de ceci, à Troyes et dans les environs, a été très-recherché pour fourrures naturelles à bon marché, autrement dit pour fourrures non lustrées. La chapellerie classe son poil parmi les qualités très-inférieures, parce qu'il est grossier et feutre mal. Sa chair, enfin, est très-ordinaire. La peau, néanmoins, et par cela même qu'on en fait des fourrures communes, a un prix plus élevé que celle des autres races. En 1856, les 100 peaux valaient de 150 à 175 fr., et à l'heure où nous écrivons elles sont encore à 100 et 120 fr.

La mue des lapins commence vers le 15 septembre et dure jusqu'à la fin de novembre. C'est le moment où ils fournissent le poil le plus grossier. Aussi, en admettant que 100 peaux de la race commune aient en hiver une valeur de 50 fr., elles ne vaudront plus que 36 fr. pendant la mue et, en été, de 34 à 35 fr., parce qu'à cette époque aussi la peau produit moins et est de moindre qualité. A ce compte, les lapins du Midi, dont les 100 peaux ne se payent que 15 à 16 fr., en hiver, à cause de leur petitesse, ne valent plus que 7 à 8 fr. en temps de mue et en été.

Les lapins noirs, les lapins blancs, les lapins bariolés sont de qualité inférieure comme poil et comme chair. Le poil manque de finesse et reçoit mal la teinture.

Il existe, du côté d'Angoulême, des métis provenant de l'accouplement du lièvre mâle avec la femelle du lapin commun, élevés ensemble dès leur jeunesse. Nous ne connaissons ce produit que pour l'avoir vu dans diverses expositions. Il tient beaucoup du lièvre par la couleur, et sa chair est, dit-on, excellente. Il est peu répandu, car sa peau ne se voit pas encore dans le commerce.

Les peaux de lapin, dépouillées de leur poil, sont découpées en lanières et servent à préparer de la colle pour les peintres. Les déchets de peaux, têtes, pattes et rognures ou *chiquettes* sont vendus comme engrais.

Les excréments de lapins constituent également un bon engrais.   P. Joigneaux.

LE COBAYE (LAPIN D'INDE OU COCHON D'INDE).

On donne le nom de lapin d'Inde, cochon d'Inde, lapin du Brésil, etc., au cobaye domestique qui a pour type le *cobaye aperea*, animal rongeur de la famille des Caviens, que l'on trouve dans les contrées chaudes de l'Amérique méridionale.

Le cochon d'Inde, dont nous ne vous parlerons que pour mémoire, est un petit animal, dont la robe formée de plaques noires, blanches et rousses, n'est pas désagréable. Il est très-stupide, très-malpropre et d'une fécondité remarquable. Un mâle suffit à une vingtaine de femelles; la gestation dure environ trois semaines, et chaque portée est de sept ou huit petits ordinairement, et même souvent plus. Ces petits tettent une quinzaine de jours.

Au temps d'Olivier de Serres, on élevait les cochons d'Inde pour les manger, mais on n'en estimait point la chair fade et douceâtre, qu'il fallait relever par d'énergiques condiments. Il y a trente ou quarante ans, il n'était pas rare d'en rencontrer dans nos campagnes, où cependant on faisait peu de cas aussi de leur chair. On les réservait pour la distraction des enfants; aujourd'hui, ils sont presque abandonnés partout et personne ne les regrettera.

Dans le midi de la France, on plaçait les cochons d'Inde dans des clapiers, comme les lapins; en Bourgogne, nous les élevions assez souvent, en hiver surtout, dans les chambres chaudes de nos habitations. Peu d'animaux sont plus sensibles au froid que les cochons d'Inde.   P. J.

CHAPITRE XXV

DE LA PISCICULTURE

Historique. — Les poissons, comme produit naturel, spontané des cours d'eaux, ont d'abord été le prix de l'industrie et de l'adresse de ceux qui se livraient à la pêche. Ils entrèrent avec le gibier et le produit des troupeaux, dans l'alimentation de l'homme, aussi longtemps qu'il mena une vie nomade et toute pastorale. L'augmentation de la population, son agglomération autour de certains centres mis successivement en culture, durent nécessairement diminuer cette ressource, sans toutefois donner l'idée d'y remédier par l'élevage et l'entretien des poissons dans des espaces circonscrits, au pouvoir de l'homme, ainsi que cela avait lieu pour les autres animaux domestiques. Aussi, l'agriculture ancienne ne connaissait-elle pas les étangs, et les viviers des anciens Romains, tels qu'ils sont décrits par les auteurs, semblent avoir été, avant tout, des ouvrages de luxe, destinés à la conservation des poissons pris dans la mer, dans les rivières, pour les livrer à la consommation des Lucullus d'alors, au fur et à mesure de leurs besoins. — Les premiers étangs, tels que nous les connaissons aujourd'hui, paraissent avoir été établis dans les forêts. Toutefois, sous le règne de Charlemagne, il en existait déjà dans d'autres endroits. Ils paraissent n'avoir eu alors pour but que la production du poisson, que l'on regardait comme plus nécessaire que le gibier, attendu qu'il y avait 146 jours d'abstinence de viande par année et une infinité de couvents où l'on ne mangeait que du poisson. Il en résulta qu'au moyen âge il n'y avait pas de monastère, pas d'abbaye, pas de seigneur qui n'eût son étang, peuplé des poissons les plus estimés. Les gros propriétaires, les métayers encouragés par la vente avantageuse de ces habitants des eaux, établirent également des étangs parce qu'ils virent en eux un moyen de faire valoir le sol, avec peu de travail et de dépenses. Ces dernières considérations, qui avaient surtout de l'importance, alors que la population était clair-semée, la main-d'œuvre rare, contribuèrent pour beaucoup à la multiplication des étangs, et leur donnèrent, en outre de la production du poisson, une valeur agricole, d'autant plus prononcée que la mise sous eau n'était qu'intermittente et par suite préparatoire à la culture facile, productive et sans engrais du sol. En effet, on pêcha les étangs tous les deux, trois ou quatre ans; on les dessécha pour y cultiver ensuite, sans engrais, pendant un temps *d'assec* plus ou moins long, des céréales, qui donnèrent d'abondants produits et des fourrages recherchés. — L'augmentation de la population, et les besoins nombreux qui en résultèrent, mirent un terme à l'extension longtemps croissante des étangs, tandis que la révolution de 1789 vint, par une loi, assimiler les étangs aux marais et en prescrire le desséchement. Cette loi non exécutée, parce qu'elle était inexécutable, n'en a toutefois pas été la cause de la diminution progressive des étangs, telle qu'elle a été constatée depuis lors. Elle doit plutôt être recherchée dans la disparition des motifs qui amenèrent leur création, et ensuite de quoi on ne construit aujourd'hui des étangs que dans des cas fort rares et presque exclusivement comme réservoirs d'eaux pour l'irrigation des prairies, l'alimentation des usines ou encore pour prévenir les ravages des inondations.

DE L'ÉTABLISSEMENT DE NOUVEAUX ÉTANGS.

Recherches préliminaires. — Les étangs sont des espaces circonscrits, creusés par la nature ou par la main de l'homme, dans lesquels on retient suivant les besoins et à volonté, les eaux de pluie, de sources ou de rivières, afin d'y élever, entretenir et engraisser les poissons les plus propres à la nourriture de l'homme.

L'établissement d'un étang réclame :

1° Une eau convenable et en quantité suffisante ;

2° Un sol ne permettant pas des fuites d'eaux, soit par le fond, soit par les côtés ;

3° Une pente du sol suffisante, ni trop forte ni trop faible ;

4° Un emplacement qui ne puisse être submergé lors du débordement des rivières et autres cours d'eaux environnants, et qui ne souffre point du voisinage de coteaux et de ravins, composés de terres meubles, et de pierrailles susceptibles d'être lavées et entraînées par les eaux de pluies et d'envaser ainsi les étangs qu'ils surplombent.

Si nous plaçons en tête des conditions nécessaires à l'établissement d'un étang, une *eau convenable*, c'est que nous y reconnaissons l'élément indispensable à la vie des poissons et que c'est de sa qualité que dépend la possibilité de la production fructueuse, rémunératrice de ces établissements. Lorsque l'eau qui alimente l'étang provient de rivières et de ruisseaux poissonneux, on a l'assurance que le poisson continuera d'y prospérer, et il suffira d'examiner jusqu'à quel point ce liquide pourra convenir à celui que l'on se propose d'y faire vivre. Si, par contre, il ne se trouvait aucun poisson dans ces eaux, il y aurait lieu de rechercher tout d'abord si elles n'exercent aucune influence malfaisante sur ce dernier. A cette fin, on conduira l'eau qu'il s'agit d'essayer dans une excavation faite sur l'emplacement de l'étang projeté, on peuplera ce bassin avec les poissons que l'on désire élever et on les y laissera pendant une quinzaine de jours. Ces poissons restent-ils frétillants, dispos, se tiennent-ils dans le fond de l'excavation, c'est une preuve que le liquide réunit les qualités recherchées ; il en serait tout autrement s'ils se tenaient à la surface de l'eau, s'ils dépérissaient et perdaient l'agilité de leurs mouvements.

L'eau provenant de sources devra également être examinée et essayée, après que la source aura été curée et conduite dans un bassin semblable à celui dont nous venons de parler.

Quant à l'eau de pluie, elle ne peut faire l'objet d'aucune recherche de ce genre ; la réussite dépend, dans l'espèce, de l'abondance des eaux tombées et qui peuvent être recueillies. Cette dernière considération doit également entrer en ligne de compte, lors de l'établissement d'étangs à alimenter par des cours d'eaux ou des sources ; les recherches seront donc faites dans ce sens, de sorte qu'il ne suffit pas de s'enquérir de la qualité, mais qu'il y a encore lieu d'évaluer la quantité d'eau dont on peut disposer annuellement. Sans cette dernière précaution, le poisson aurait peut-être à souffrir de la sécheresse, tandis que le sol, mis à découvert, répandrait dans l'air des émanations funestes et des miasmes dangereux.

Une seconde condition importante lors de l'établissement d'un étang, est la nature du sol et du sous-sol. Ce dernier doit être formé par une couche d'argile suffisante pour mettre obstacle à l'infiltration des eaux ; dans le cas contraire, il serait quelquefois possible d'y remédier par l'établissement d'un plafond imperméable, mais il y aura lieu d'examiner préalablement si l'avantage en résultant compensera la dépense qu'il occasionnera. Il y a d'ailleurs lieu de faire observer que les nouveaux étangs tiennent moins bien l'eau

que les anciens, attendu que le sous-sol de ces derniers est plus fortement imbibé d'eau, ce qui le resserre jusqu'à une certaine profondeur et accroît son imperméabilité et par suite diminue l'infiltration des eaux.

Quant à la troisième condition indiquée plus haut, et qui consiste dans la pente du sol, il y a lieu de remarquer que la quantité d'eau que peut contenir un étang est déterminée par la différence du niveau entre la *queue* ou le point où l'eau y entre et celui où elle est arrêtée par la chaussée ; elle limite de plus l'étendue en *longueur* de l'étang et sa *profondeur*. Et, comme c'est de cette dernière que dépend en majeure partie la possibilité de tenir le terrain continuellement sous eau et de mettre ainsi les poissons à l'abri de la gelée, de la sécheresse et de la neige, il s'ensuit que l'étude de la pente présentée a aussi son importance. Cette pente devra être plus rapide dans une petites que dans les grandes pièces d'eau, et être suffisante pour procurer, par une déclivité successive du sol, à partir de l'extrémité supérieure de l'étang, une profondeur de 2 à 3 mètres près de la chaussée. La configuration du terrain limite également la *largeur* de l'espace à mettre sous eau. Sous ce rapport on accordera toujours la préférence aux expositions circonscrites par les ondulations du sol, afin d'épargner les frais onéreux de construction et d'entretien de digues latérales. Dans ce cas, l'inclinaison en largeur devra être plus forte que celle trouvée en longueur, attendu qu'elle se composera des deux pentes du pli du terrain où l'étang sera établi.

Si ces dépressions du terrain étaient étroites, rapides, ou si la profondeur de l'étang devait dépasser 3 mètres, on remédierait aux inconvénients à en résulter, par l'établissement de plusieurs étangs *dépendants*, étagés à la suite les uns des autres et dont les inférieurs seraient entretenus sous eau à l'aide du trop-plein des étangs supérieurs. On réaliserait alors une nouvelle condition de succès ; attendu que les étangs de moyenne grandeur, nombreux, produisent, à conditions égales, des rendements supérieurs à une superficie d'une même contenance ne formant qu'un seul étang.

Les terrains environnant les étangs doivent, comme il a été dit plus haut, avoir une certaine consistance, et ne pas pouvoir être lavés par les eaux de pluie. Ils ne peuvent non plus être labourés, et cela pour le motif qu'il en résulterait bientôt un envasement de l'étang et par suite la nécessité de travaux de défense considérables et des curages fréquents et répétés. Le voisinage de terrains boisés, de prairies, sera par suite à rechercher ; il y aura même un avantage de plus lorsque ces dernières seront pâturées et ne donneront que des fourrages d'embouche.

L'étang projeté doit finalement être à l'abri des inondations et du débordement des cours d'eaux environnants, attendu que les crues d'eaux ont pour suite la perte du poisson et peuvent occasionner la rupture de la chaussée et partant la destruction de l'étang et la dévastation des fonds inférieurs. On pourrait, il est vrai, parer à ces inconvénients par l'établissement de canaux de trop-plein, de digues ; mais il en résulterait un surcroît de dépenses, qui ne seraient compensées que dans des circonstances tout à fait exceptionnelles. Il y aura donc lieu de préférer une exposition qui, par son niveau élevé au-dessus de celui des eaux naturelles de la contrée, se trouvera nécessairement à l'abri des crues d'eaux, et autres accidents qui en proviennent.

CONSTRUCTION DES ÉTANGS .

Établissement du bief, de la pêcherie et de la chaussée. — Les circonstances locales, ayant été recherchées comme il a été dit, on procédera au nivellement régulier du terrain à mettre sous eaux, et à la détermination d'après les éléments indiqués ci-avant, de la hauteur de la chaussée dont on lèvera un croquis en long et en profil.

On creusera ensuite dans le sens de la longueur de l'étang, un canal appelé *bief* (*fig.* 614, *b*) dans

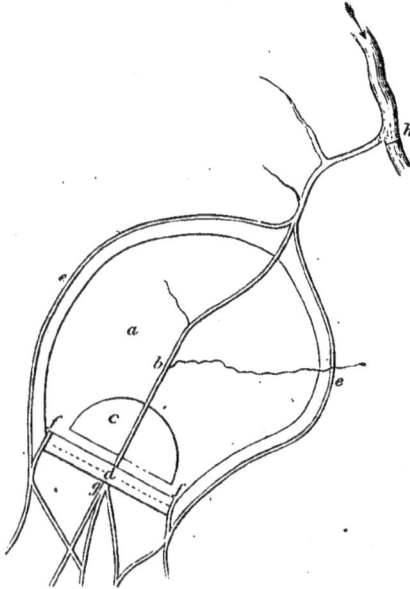

Fig. 614. — Plan figuratif d'un étang.

lequel on conduira et on réunira les eaux de sources et autres, qui doivent alimenter la nouvelle construction. Le terrain étant ainsi assaini par ce fossé d'au moins 0^m,50 de profondeur, on procédera aux déblais et remblais nécessaires, afin d'obtenir une pente uniforme, d'abord en longueur et ensuite en largeur. On recherchera alors aussi les endroits du sol qui pourraient permettre l'infiltration des eaux et on y remédiera, à l'aide d'une couche d'argile pétrie et corroyée, alternant avec un lit de pierraille ou de cendres de houille de 0^m,10 à 0^m,15 d'épaisseur, que l'on recouvrira enfin d'une couche de chaux éteinte.

Vient ensuite l'établissement de la *pêcherie* (*fig.* 614, *c*) ou d'un réservoir de 10 mètres et moins

de diamètre, suivant l'étendue de l'étang, sur une profondeur supérieure de 0^m,30 à 0^m,50 à celle du bief. Cette excavation sert à rassembler le poisson lors de la pêche et peut être établie sur le côté de ce bief, ou comme dans notre figure, vers son milieu, suivant l'endroit où se trouve la bonde. Cette pêcherie ne pourra dans tous les cas être établie à moins de 2 mètres de la chaussée.

Cette chaussée (*fig.* 614, *d*) est de la plus haute importance. Le niveau a donné sa hauteur, le poids et la masse d'eau qu'elle est destinée à maintenir, déterminent sa largeur et sa solidité ; les vents dominants, comme exerçant une influence irrésistible sur les ondulations de l'eau, doivent également entrer en ligne de compte, chaque fois qu'il ne sera pas possible d'établir la chaussée de manière à ce que les vagues ne viennent point la frapper à angle droit. Cette précaution devient surtout nécessaire pour les eaux profondes, spacieuses, et réclame, dans ce cas, la construction de chaussées irrégulières, en lignes courbes ou brisées, au lieu de droites qu'elles sont d'ordinaire. Enfin, la nature des matériaux employés à la construction de la chaussée détermine également ses dimensions.

Dans les cas ordinaires, on donne à la chaussée une hauteur dépassant de 0^m,50 les plus fortes crues ; sa largeur à la base doit être au moins triple de sa hauteur, tandis que son sommet doit avoir la largeur de cette dernière (*fig.* 615).

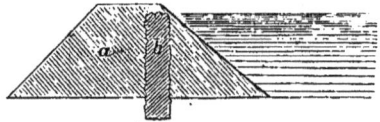

Fig. 615. — Profil de la chaussée. — *b*, clef.

Ces dimensions étant connues et déterminées d'après les considérations ci-dessus, on procède à la construction. Comme la chaussée doit être bâtie sur un terrain solide, on creuse et on enlève le gazon et la terre végétale, par assises, jusqu'à ce que l'on rencontre la terre ferme ; dans le cas contraire, on doit établir des fondations artificielles, afin de donner une base solide à la construction qui, d'ailleurs, s'établit de plusieurs manières. La plus commune et la moins dispendieuse consiste dans une digue formée des terres fortes provenant du creusement du bief, de la pêcherie et du nivellement de l'étang. On lui donne la forme indiquée ci-dessus (*fig.* 615, *a*) ; mais pour empêcher l'infiltration et la perte de l'eau, on construit la clef (*fig.* 615, *b*) espèce de muraille en argile pétrie et corroyée de 1 mètre environ d'épaisseur que l'on élève au fur et à mesure de la chaussée elle-même. Là où la terre argileuse est rare, où la chaussée est construite en terre légère peu adhérente, et où un simple gazonnage ne suffit plus, on établit l'extérieur de cette chaussée en fascinage. A cette fin, les fascines sont placées aussi serrées que possible obliquement sur la pente de la chaussée et maintenues à l'aide de forts piquets. Ce fascinage doit commencer au-dessous des eaux basses et s'élever jusqu'aux limites des grandes eaux. Lorsque ce travail est fait avec de bonnes épines vertes, il peut durer très-longtemps, surtout si les piquets sont constamment sous eau ; mais comme ils doivent être renouvelés, on les remplace quelquefois par des murs, séparés par une distance égale à la largeur de la chaussée et prenant la forme inclinée des chaussées ordinaires. On remplit l'espace entre ces murs, qui peuvent être de pierres, avec de grosses scories de forges, ou de la terre que l'on tasse aussi fortement que possible.

Les grands étangs sont souvent entourés d'un canal de ceinture (fig. 614, e) destiné à recevoir sans obstacle les eaux qui pourraient s'en échapper lors des inondations et à empêcher ainsi le poisson de se perdre, tout en garantissant les propriétés avoisinantes. Ce fossé qui a souvent plusieurs mètres de largeur, doit toutefois être tenu dans un état constant de propreté, afin de prévenir l'embourbement de l'étang et les miasmes délétères qui s'en suivraient.

Ces constructions étant terminées, on passe à l'établissement des travaux plus spécialement artificiels, dont nous allons vous entretenir.

Construction de la bonde, de la vanne de trop-plein, des grilles. — L'aménagement, la culture et la récolte des étangs nécessitent l'établissement d'appareils permettant de retenir ou d'évacuer les eaux qu'ils contiennent. Ceci a lieu au moyen d'une ouverture percée dans la chaussée à la suite du bief, et établie de plein pied avec la pêcherie (fig. 616, a). Ce canal d'évacuation est construit soit en pierres, soit en briques ou en bois ; il doit avoir les dimensions suffisantes pour débiter l'eau de l'étang en deux ou trois jours au plus, ce qui explique suffisamment que c'est cette quantité et non la grandeur de la pièce d'eau qui règle ces dimensions. Lorsque le canal ou bachasse est fait en bois, comme cela arrive le plus souvent, il demande des pièces de fortes dimensions, sans défauts, ni nœuds vicieux, et peut être d'un seul morceau ou bien fait avec de forts madriers, réunis ensemble.

Fig. 616. — Coupe en travers de la chaussée. — a, canal de décharge ; — b, plan de la bonde ; — c, canal de trop-plein.

D'ailleurs, quelle que soit la matière dont il est construit, il doit pouvoir être fermé à volonté à l'intérieur, et cela au moyen d'une bonde ou bouchon (fig. 616, b) qui s'engage dans un trou correspondant, et qui intercepte le passage de l'eau. Cette nécessité de rester maître de la bonde, réclame la construction de colonnes et de bâtis, entre lesquels elle doit manœuvrer. Ici encore, le bois est le plus généralement employé, mais on voit aussi des puits construits en pierres, les remplacer. On a aussi remplacé la bonde en bois par

un bouchon en pierre, mais on a généralement reconnu que ce changement rendait plus difficile l'ouverture du canal, et que la difficulté est nécessairement en raison de la quantité d'eau qui recouvre cette ouverture. Enfin, dans des étangs de petite dimension on a supprimé ces bâtis et on lève la bonde à l'aide d'un crochet en fer engagé dans l'anneau de la tête de cette bonde. Quant à l'emplacement des bâtis ou thons, il est fixé soit dans la chaussée même, soit entre cette dernière et la pêcherie. Dans le premier cas, les travaux sont plus dispendieux, en ce qu'ils nécessitent le revêtement de la tranchée faite à travers la pente intérieure de la chaussée, et même la construction de puits, lorsque la vanne de décharge se trouve sous la chaussée même.

La bonde n'étant destinée qu'à des cas exceptionnels et rares, on établit pour les besoins de tous les jours et afin de débiter l'eau surabondante, des canaux de sortie, que l'on place de niveau avec la superficie normale de l'eau, ordinairement aussi dans la chaussée. Ces canaux de vidange sont à ciel ouvert, ou bien recouverts au moyen d'un plancher ou d'une voûte (fig. 616, c) en maçonnerie.

Dans l'un comme dans l'autre cas, et aussi pour barrer le canal d'alimentation de l'étang, on ferme leur ouverture à l'aide de grilles (fig. 617), dont la mission principale est d'empêcher que le poisson ne s'en échappe. Ces grilles construites en bois,

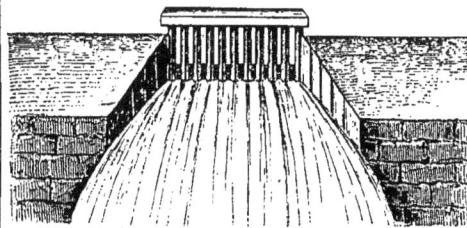

Fig. 617. — Grille du canal de trop-plein.

avec des barreaux quadrangulaires placés diagonalement, doivent avoir la hauteur de la plus forte crue des eaux et être renforcées par des traverses latérales, présentant leur face au courant. On remplace souvent, lors de la confection de ces grilles, les traverses de bois par des barres de fer, ce qui leur donne une plus longue durée. Avec l'une ou l'autre matière, l'épaisseur des barreaux dépend de la force du courant, tandis que l'espace à laisser entre eux doit être en relation avec la grosseur du poisson entretenu.

INTRODUCTION DE L'EAU DANS L'ÉTANG.

L'étang est-il entièrement construit ; les travaux indiqués sont-ils terminés, on attend pour y introduire l'eau, que la chaussée se soit tassée et que ses bords aussi bien que ceux de l'étang se recouvrent de gazon. On élève l'eau peu à peu jusqu'au niveau qu'elle doit atteindre normalement et même au-dessus s'il est possible de le faire. Si, lors de ces essais, la chaussée ne bouge pas, si la bonde ferme hermétiquement, si les canaux de trop-plein et de décharge fonctionnent avec régularité, il y aura lieu d'admettre que la construction est bien faite. Dans le cas contraire, il sera nécessaire de remédier aux vices qui pourraient se rencontrer ; mais il conviendra toujours de ne laisser l'étang que quelques semaines sans eau. On procédera donc alors à son évacuation pour le remplir de nouveau d'eau fraîche, avant l'empoissonnement.

Cette première mise à sec, donnera le moyen de vérifier et de constater le débit et le volume d'eau de l'étang. A cet effet, après avoir reconnu le temps nécessaire à son emplissage, on détournera les eaux qui l'alimentent et on lèvera la bonde, pour trouver également, montre en main, le nombre d'heures indispensables à sa mise à sec. Ce moyen empirique d'estimer le contenu d'une pièce d'eau, le débit de ses canaux d'alimentation et de trop-plein est préférable à tous les calculs estimatifs établis d'après les règles de l'hydraulique. En effet, il résulte des recherches d'Eytelwein et de Bernouilly, que les conduits d'eau offrent un débit qui peut souvent être de moitié supérieur à celui donné par la théorie, de sorte que les conclusions qu'on pourrait en tirer sont même loin de reposer sur une base tant soit peu approximative. C'est pourquoi nous n'indiquons comme recherches nécessaires, que le nivellement de la surface à mettre sous eau et

la détermination de la pente depuis la queue de l'étang jusqu'à l'endroit où devra être construite la chaussée, afin de fixer la hauteur de cette dernière.

DE LA CONSTRUCTION ET DE L'ÉTABLISSEMENT
DES VIVIERS.

Un complément nécessaire à toute exploitation lucrative des étangs est la construction de viviers ou de réservoirs d'eaux destinés à la conservation du poisson et à sa mise à l'engrais. Comme ils ne sont que des étangs de petites dimensions, les règles indiquées pour la construction de ces derniers, leur sont également applicables, lorsqu'on ne les élève pas en maçonnerie.

Dans tous les cas, ils doivent de préférence être alimentés par des eaux abondantes et courantes, avoir une exposition aérée, éclairée par le soleil. Les artifices indiqués pour retenir l'eau et l'évacuer sont les mêmes que pour les étangs. La bonde consiste principalement en un bouchon muni d'un anneau, qu'on lève à l'aide du crochet dont il a été question. On garantit aussi quelquefois cet anneau au moyen d'une caisse en bois appelée *moine* et dépassant le niveau de l'eau.

Les soins à donner à ces viviers seront indiqués plus loin.

CHAPITRE XXVII

DE L'EMPOISSONNEMENT DES ÉTANGS

Aménagement. — L'éducation fructueuse des poissons dépend principalement de l'aménagement des étangs. Dans bien des cas, et lorsque le propriétaire n'est détenteur que d'une seule de ces constructions, le peuplement de l'étang se compose de poissons de tout âge, dont on se borne à pêcher les plus gros et les plus forts. Cette méthode se rapproche le plus du mode d'usage des cours d'eaux publics, attendu que tous les soins se bornent dans l'espèce à la destruction des poissons vivant de leurs congénères, et à la jouissance du peuplement actuel sans s'occuper autrement de l'avenir, qu'en suppléant parfois à l'absence d'un alevinage naturel par un empoissonnage de l'âge manquant. Les désavantages de cet *aménagement irrégulier* et qui rappelle l'enfance de l'art, découlent naturellement de la difficulté d'élever avec profit ces poissons de différents âges ensemble et dans les mêmes eaux. Aussi a-t-on cherché à y porter remède au moyen d'une série d'étangs *aménagés régulièrement*, et dans lesquels on procède à l'éducation du poisson, suivant une gradation d'âge

qui ne peut être détruite sans inconvénients et même sans perte sensible dans la production normale des surfaces mises sous eau. D'après cette méthode, on a des étangs destinés à la production de la pose ou *feuille* ; d'autres, pour la préparation de l'*alevin* ou *empoissonnage* ; enfin, de troisièmes ou derniers étangs servent au développement ultérieur de cet empoissonnage, jusqu'à ce qu'il devienne gros poisson ou poisson marchand. Plusieurs pisciculteurs ne procèdent qu'avec deux étangs ; dans ce dernier cas, ils suppriment la station d'empoissonnage et la réunissent avec la dernière.

Enfin, les viviers complètent ce système et servent à la conservation du poisson jusqu'à son placement ou sa consommation, et aussi à son engraissement.

PRATIQUE DE L'EMPOISSONNEMENT.

Les poissons qui servent le plus particulièrement au peuplement des étangs sont :

La carpe.......... *Cyprinus carpio.*
Le carassin........ —   *carassius.*
La tanche .... *Tinca vulgaris.*
Le brochet........ *Esox lucius.*
La truite......... *Salmo fario.*
L'ombre.......... *Thymallus vexillifer.*
La perche......... *Perca fluviatilis.*
L'anguille........ *Anguilla fluviatilis.*

La carpe (*fig.* 618) est un poisson fort connu, originaire des contrées chaudes de l'Asie, d'où elle

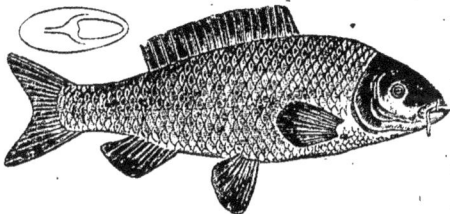

Fig. 618. — Carpe commune.

s'est répandue dans toute l'Europe méridionale et y est devenue le poisson d'étang par excellence. La carpe est pour ainsi dire omnivore; sa nourriture se compose toutefois principalement de vers, d'insectes, de petits mollusques, de graines, de résidus de cuisine, et autres débris quelconques. Sa multiplication est énorme et Vogt rapporte qu'il trouva des carpes dont les œufs pesaient plus que le poisson même et qui en contenaient au delà de 700,000. Elle a naturellement lieu dans les étangs pour la pose, qui, dans ce cas, doivent être petits, peu profonds, exposés au soleil et à l'abri des vents; ils doivent de plus avoir un fond vaseux, recouvert de peu d'herbages et les bords peu profonds et herbus; tandis que l'eau doit y affluer constamment, être à niveau constant et ne pas provenir de sources trop froides. Pour peupler ces étangs, on choisira de belles carpes, sans défauts, ayant le corps élancé, le dos arqué et dont l'âge ne dépasse pas celui de cinq et six ans. A cette occasion, on ne perdra pas non plus de vue que le principe admis en agriculture de ne pas tenir plus de bétail qu'on ne peut en nourrir convenablement, est applicable aux étangs, quant au nombre d'individus à leur confier. On y déposera donc, pour chaque hectare de superficie en eau, cinq ou six carpes femelles, et autant de carpes mâles. Cette opération peut avoir lieu en novembre et en avril, suivant que l'époque du frai est plus ou moins rapprochée de ce dernier terme.

La réussite de la fécondation naturelle, telle qu'elle a lieu alors, dépend avant tout du degré de chaleur et de sécheresse de l'été. Une température humide, froide retardera de beaucoup le développement du frai et diminuera le nombre des *feuilles* écloses. Toutefois, on admet que dans un étang situé dans des conditions favorables, une carpe donne de 250 à 300 alevins de 0m,8 à 0m,12 et 150 à 200 feuilles de 0m,3 à 0m,6 de longueur. Il arrive souvent que la production réelle surpasse cette moyenne du double; mais le produit du frai d'août reste si faible qu'il y a impossibilité matérielle de l'employer à l'empoissonnage.

Les étangs pour la pose doivent être soustraits au pâturage. Cette pratique est surtout préjudiciable pendant les mois de mai, juin, juillet et août, alors que la carpe fraie, et que les œufs gagnent à être tenus à l'abri de tout accident. Ils devront de plus n'avoir aucune communication avec les eaux avoisinantes et seront grillés de telle sorte que les brochets, les perches et autres poissons destructeurs du frai, ne puissent s'y introduire. C'est aussi le motif pour lequel, dans les étangs dépendants, la production des feuilles a lieu dans le réservoir supérieur.

Beaucoup de pisciculteurs pêchent les produits de cette fécondation naturelle à l'automne; d'autres, surtout dans les pays chauds où l'eau ne gèle pas aussi profondément, attendent le printemps pour déposer les feuilles dans les étangs plus spacieux, plus propres à l'empoissonnage. La réussite de l'opération ne dépend pas toutefois de l'époque à laquelle elle a lieu, mais bien des qualités de la feuille, qui doit être très-vive, avoir le dos arqué et la tête fine et terminée en pointe.

Ces étangs, pour l'empoissonnage, doivent, comme nous l'avons déjà fait remarquer, avoir une certaine étendue et une profondeur de 0m,60 à 1m,20; ils occuperont en outre une exposition peu ombragée, attendu que la carpe a une plus belle apparence lorsqu'elle a été élevée dans des étangs en plein champ que dans des pièces d'eaux situées en forêt. Une eau fraîche, se renouvelant sans cesse, est également une chance de succès; il en est de même du pâturage par les bêtes à cornes et les chevaux, auquel on suppléera, au besoin, par quelques voitures de fèves de moutons, déposées dans des endroits entourés de piquets. Nous signalerons enfin la présence de la fétuque flottante (*festuca fluitans*), dite *brouille, manne de Pologne*, comme étant éminemment propice au développement de l'alevin.

On ne devra pas perdre de vue que moins la population de l'étang est forte, plus le poisson est beau et plus son développement est rapide. Dans le cas contraire, les carpillons deviennent gros de tête et ont le corps long et effilé. Il est toutefois impossible de donner des chiffres positifs à ce sujet, attendu que l'exposition, la fertilité et la quantité de nourriture fournie par l'étang déterminent l'importance du peuplement. En général, les étangs pâturés par un bétail nombreux ou recevant des eaux grasses, peuvent nourrir une plus grande quantité de poissons, proportion gardée, que ceux qui sont privés de cette nourriture. Néanmoins, n'oublions pas quelque fertile que soit un étang, on perdra un certain nombre des poissons mis à l'eau. Cette perte diminue avec l'âge; elle est à peu près, pour la jeune feuille, 30 p. 100; pour l'alevin de la première année, 20 p. 100; de la deuxième année, 15 p. 100, et pour le carpillon de la troisième année, 6 p. 100 sur le nombre primitif de l'empoissonnage.

La préparation de l'alevin dans les étangs que nous venons de décrire, dure ordinairement une année; mais il y a des pays où on le retient deux et même trois années dans les pièces d'eau pour l'empoissonnage. Il n'y a donc pas de règle fixe à cet égard. Cependant, on réussira dans l'un et dans l'autre cas, chaque fois que le carpillon sera dispos, qu'il aura la taille élancée, le dos courbé en arc, le museau fin et une longueur de 0ᵐ,14, 0ᵐ,16 et 0ᵐ,18, sur un poids moyen de 250 grammes.

Dans ces conditions, il servira avec avantage au peuplement des étangs pour l'élève des poissons de vente, ou marchands, peuplement qui aura lieu au mois de novembre et au printemps. Ces étangs devront avoir plus d'étendue que les précédents, et être à même de présenter aux poissons la nourriture nécessaire à leur accroissement. A cette fin, le fond sera recouvert d'une couche de vase d'environ 0ᵐ,15 d'épaisseur; l'exposition sera chaude, ouverte du côté du sud, de l'est et de l'ouest et garantie du côté du nord, soit par un rideau d'arbres, soit par une colline. Les bords ne pourront toutefois être plantés que d'arbrisseaux et non d'arbres de haut jet. Enfin, l'eau destinée à les alimenter proviendra principalement de ruisseaux ou de rivières et de sources tièdes; si on pouvait les tempérer par les eaux provenant des terres labourables avoisinantes, ou par les égouts des villages ou des fermes, et leur donner une valeur alimentaire avec les déjections du bétail qui les pacagent, les débris de boucherie, etc., on réunirait certainement toutes les conditions désirables à une exploitation rémunératrice des étangs. Toutefois, le peuplement ne devra non plus, dans l'espèce, être en disproportion avec la nourriture disponible.

Dans des conditions ordinaires, on admet que chaque hectare de superficie constante en eau, peut recevoir 100 à 150 alevins de 0ᵐ,16 de longueur, moyenne qui pourra être augmentée en proportion de l'étendue de l'étang. C'est ainsi qu'un étang dépassant 8 hectares recevra 200 à 250 carpes à l'hectare, attendu que plus l'espace qui leur est consacré est grand, plus les poissons peuvent y trouver de nourriture. L'accroissement de l'empoissonnage n'en est pas diminué pour cela, et on trouvera qu'en moyenne l'alevin qui, lors de sa sortie de la pièce d'eau d'empoissonnement, pesait 250 grammes, pèsera lors de la pêche, au bout de deux et trois ans, depuis 1 kil., 1ᵏⁱˡ,250 jusqu'à 1ᵏⁱˡ,500. L'accroissement diminue néanmoins avec l'âge du poisson. Ainsi, le carpillon qui pèse la première année 375 grammes, pèsera la deuxième 625 grammes et la troisième 750 grammes. Aussi n'y a-t-il pas de profit à élever des carpes au delà de l'âge de cinq à six ans, période pendant laquelle leur chair est le plus recherchée.

La carpe vit dans toutes les eaux, mais elle ne prospère que dans les eaux douces et tièdes; elle s'engraisse plus facilement dans les eaux vaseuses, marécageuses; mais elle y contracte un goût peu agréable. Dans ces dernières, elle peut être remplacée avec avantage par le carassin, espèce de carpe du nord de l'Europe, connue dans plusieurs pays sous le nom de carpe à la lune, et introduite en Lorraine par le roi Stanislas. Le carassin diffère de la carpe commune par une croissance plus lente, mais il a sur elle l'avantage de réclamer moins d'eau, moins de soins et de vivre

dans presque toutes les eaux. Aussi l'a-t-on introduit dans les marais à sangsues, et est-il propre au peuplement des mares et autres eaux jusqu'ici improductives. Il s'élève comme la carpe, vit très-bien avec cette dernière et se croise avec elle. C'est pour éviter ce croisement que l'on fera bien de ne point placer dans un même étang des reproducteurs de ces deux espèces, car le produit qui en résulte est plus lent à se développer que la carpe. De plus, la multiplication du carassin est plus active que celle de cette dernière, de sorte qu'il s'ensuit une exubérance de population nuisible à l'accroissement de l'espèce la plus utile.

Le carassin n'est qu'exceptionnellement employé au peuplement exclusif des étangs; on s'en sert ordinairement en compagnie de la tanche (fig. 619), à laquelle il doit d'ailleurs être préféré,

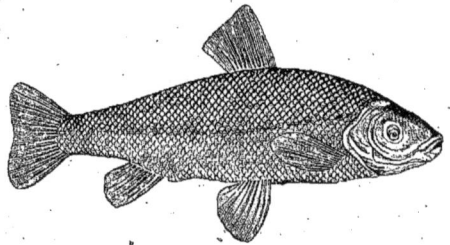

Fig. 619. — Tanche.

comme ne contractant pas à un aussi haut degré que celle-ci, le goût détestable de marais que prennent également la carpe et le brochet, lorsqu'ils vivent dans des eaux marécageuses. Nous n'entendons pas par là condamner la tanche; au contraire, nous la considérons comme une ressource précieuse pour l'empoissonnement des eaux stagnantes à fond vaseux, tels qu'abreuvoirs, mares et même marais. Dans ce cas, on l'élève isolément; mais pour l'ordinaire on la tient dans le même étang que la carpe, à laquelle on l'associe dans la proportion d'une tanche pour dix carpes. La feuille de tanche est surtout recherchée par le brochet (fig. 620), autre poisson

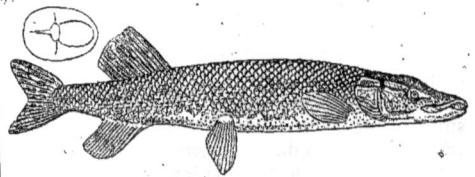

Fig. 620. — Brochet.

d'eau douce dont on élève la feuille dans des étangs pour la pose, étangs ne différant de ceux que nous avons décrits pour la carpe, que par une eau plus froide, plus dure, et dont le fond peut être sablonneux et recouvert de gravier. Leur peuplement a lieu à l'automne, avec des brochets de quatre à cinq ans; comme après avoir dévoré les grenouilles, le fretin qui se trouvent dans l'étang, ils s'attaquent à leur progéniture, on cherchera à les en retirer vers la mi-mai, alors que la saison du frai est passée, ou bien à les nourrir avec des proies vivantes, ou des matières animales, à partir de cette époque.

La feuille ou *aiguillette* de brochet, née des œufs fécondés en avril, atteint rapidement de belles proportions, de sorte qu'on ne procède pas à sa préparation comme alevin, dans des pièces d'eaux spécialement destinées à l'empoissonnage. Elle passe donc à l'automne de la première année, dans l'étang destiné aux poissons de vente, et y acquiert un accroissement rapide, dès que la nourriture que le brocheton réclame s'y trouve en abondance. Le pisciculteur s'assurera donc un revenu convenable, chaque fois qu'il pourra satisfaire à cette condition tellement essentielle, qu'avec son aide il élèvera les brochets dans presque toutes les eaux, et sur tous les terrains. A cette fin on lui donnera 1° dans les étangs à eau molle et à fond vaseux, les feuilles et les alevins de carpes, ne réunissant pas les conditions indiquées ci-dessus, ceux de carassin, de tanche, enfin le goujon; 2° dans les eaux dures, à fond sablonneux, marneux et recouvert de gravier, les poissons blancs, la lotte, etc. Lorsque ces derniers manquent, on y ajoute les alevins défectueux sans s'inquiéter autrement de l'espèce, ou des poissons blancs de forte taille. Dans tous les cas, on ne posera à l'hectare que la moitié du nombre des carpes que l'on aurait confiées à la même surface d'eau.

La nécessité de nourrir le brochet rend son entretien dans des étangs séparés très-onéreux; aussi ne l'y trouve-t-on que dans des cas tout à fait exceptionnels. On l'associe ordinairement à la carpe dans la proportion de dix aiguillettes de brochet par hectare de superficie en eau, dans les étangs pour l'empoissonnage, et de 5 pour 100 d'alevin dans les pièces d'eaux consacrées à l'élève du gros poisson. Ces aiguillettes, trouvant une nourriture abondante et recherchée dans le frai, l'alevin, les jeunes poissons qu'elles poursuivent, croissent rapidement, et fournissent bientôt un produit marchand d'une certaine valeur. Il est vrai que ce produit ne paie pas toujours la nourriture qu'il a consommée; mais comme le brochet dévore en même temps tout le fretin qui aurait vécu aux dépens de la carpe, et qu'il force cette dernière à se donner le mouvement indispensable à son accroissement, il s'ensuit qu'il est un auxiliaire indispensable à l'élevage de cette dernière. D'ailleurs, on diminuera de beaucoup les inconvénients qu'il peut présenter, en ne confiant aux étangs à carpes que des aiguillettes de l'année, n'ayant pas encore la force de s'attaquer au gros poisson et étant encore incapables de se reproduire. Cette dernière circonstance n'est pas à perdre de vue, attendu que le brochet commence à frayer en février et en mars, et qu'alors ses ébats dérangent la carpe livrée à son repos d'hiver.

On a l'habitude, là où le brochet fait l'objet d'une exploitation séparée, de lui adjoindre la *perche* (fig. 621), autre poisson de proie, très-recherché pour sa chair délicate, mais ne prospérant que dans les eaux froides, dures, à fond sablonneux, marneux ou de gravier. Dans ce cas, on remplace une partie de l'empoissonnage de

brochet par un nombre égal de perches, plus âgées de deux à trois ans que le poisson auquel

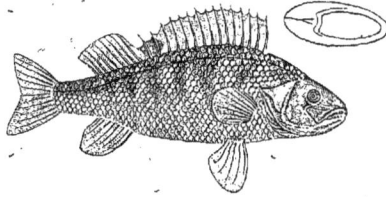

Fig. 621. — Perche.

on l'associe, car sa croissance est de deux tiers plus lente que celle de ce dernier.

La perche n'est que très-rarement admise dans les étangs à carpes, à cause de ses habitudes carnassières et voraces; elle y profiterait d'ailleurs très-peu, attendu qu'elle préfère les eaux de sources très-vives que la carpe ne fréquente qu'à regret.

Un autre poisson très-estimé pour sa chair est l'*anguille* (fig. 622). On la trouve rarement dans les

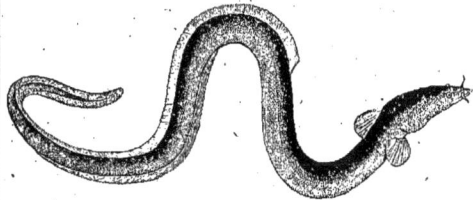

Fig. 622. — Anguille.

étangs, parce qu'elle perce la chaussée et s'échappe pour se rendre dans des eaux à sa convenance. Elle n'en est pas moins une ressource précieuse pour les pays à étangs, où l'on ne peut élever avec fruit que le carassin et la perche. Les pièces d'eaux à fond bourbeux, à exposition chaude, lui sont surtout favorables; mais on en retirera le plus de profit lorsqu'elle pourra être introduite dans des eaux bourbeuses, encloses de murs, dans des fossés de fortifications, etc., où elle se nourrira de menu fretin, d'insectes, de vers, etc.

Le mode de multiplication de l'anguille n'est pas encore positivement connu; on présume qu'elle va déposer sa progéniture dans la mer, et que les jeunes anguilles remontent plus tard les fleuves et les rivières. On les y pêche alors sous le nom de *montée*, et on les vend à la mesure, de sorte qu'il est facile de se procurer les sujets nécessaires à l'empoissonnement.

Nous nous sommes jusqu'ici occupés des poissons qui prospèrent dans les eaux dormantes, et que l'on emploie surtout au peuplement des étangs. Dans les pays de montagnes, où les rivières et les ruisseaux sont nombreux, où les sources d'eaux vives sont communes, on élève également des poissons d'eaux courantes dans des étangs. La *truite* (fig. 623 et 624) est surtout employée à cet usage, et sa réussite est assurée dès que l'on peut disposer d'un ruisseau provenant d'une source limpide, à température pour ainsi dire normale, ayant un fort courant, un fond caillouteux, et les bords ombragés. Ce ruisseau est partagé en plusieurs sections ou forme plu-

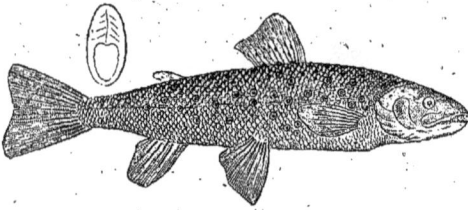

Fig. 623. — Truite.

sieurs étangs, relativement étroits, mais s'élargissant à leur base.

La section supérieure est destinée à recevoir

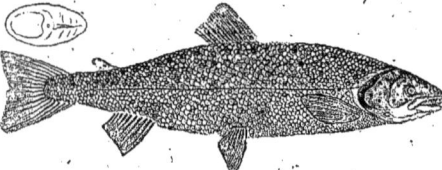

Fig. 624. — Truite saumonée.

soit les œufs fécondés, soit les feuilles écloses, d'après la méthode indiquée dans notre travail sur la fécondation artificielle, et y restent une année. Si l'on avait l'intention de les y nourrir, ce bassin serait remplacé par un système de canaux revêtus de dalles. Si, au contraire, la jeune truite devait chercher elle-même sa nourriture, le fond du bassin serait recouvert de gravier, et les bords peuplés de différentes plantes aquatiques, telles que cresson de fontaine, véronique aquatique, etc., où elle pourrait trouver sa nourriture et se réfugier.

Un deuxième étang plus étendu que le précédent, reçoit la truite âgée d'une année ; de là elle passe à un autre réservoir où elle reste pendant sa troisième année ; elle est enfin reçue dans un quatrième où elle acquiert la taille et le volume réclamés pour son placement avantageux.

Ces différents étangs seront séparés entre eux par des grilles en fil de fer, et aménagés de telle sorte qu'au mois de mars de chaque année ils puissent être évacués successivement et que l'eau des pièces supérieures remplace celle des étangs inférieurs.

On n'associera jamais des poissons carnassiers aux truites ; lorsqu'il y aura nécessité de leur présenter de la nourriture, on donnera aux truites de la première année de la viande hachée, à celles de la deuxième année, des mollusques, des vers, des poissons venant d'éclore. Celles du troisième et du quatrième bassin recevront du fretin et du poisson blanc.

A l'aide de ce régime, les truites de quatre ans pèseront de 350 à 500 grammes, et pourront être consommées avec profit.

La propagation de la pratique de la multiplication artificielle des poissons, permet d'élever dans des étangs différents autres membres de la famille des saumons. C'est ainsi que nous avons

nourri le *saumon* commun (*fig.* 625), dans des bassins construits comme il est dit plus haut pour les truites ; seulement nous leur avons donné plus de profondeur. Des expériences ultérieures nous apprendront ce que nous avons à attendre de ces essais, ainsi que d'autres tentés avec quelques poissons également recommandables.

Il nous reste finalement à parler de l'*écrevisse*, que l'on rencontre également dans nos eaux et

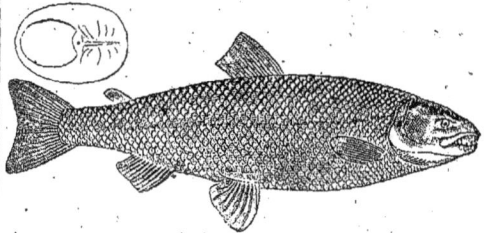

Fig. 625. — Saumon.

que dans certaines contrées on élève dans les étangs avec le poisson.

Ce crustacé vivant principalement sur le fond de l'eau et dans des cavités qu'il se creuse sur les bords et surtout dans la chaussée de l'étang, il s'ensuit qu'il ne peut être tenu sans danger que là où cette chaussée est construite en pierres. Encore est-il à noter qu'il s'attaque au petit poisson, au frai, qu'il en fait une consommation considérable et porte ainsi préjudice au peuplement futur. Il est par contre une nourriture recherchée par les gros poissons ; mais cet avantage ne compense pas le tort qu'il fait. C'est ce motif qui nécessité la construction de réservoirs spéciaux dans lesquels l'écrevisse trouve toutes les conditions indispensables à son développement. Nous donnons ci-après (*fig.* 626) la figure d'une de ces construc-

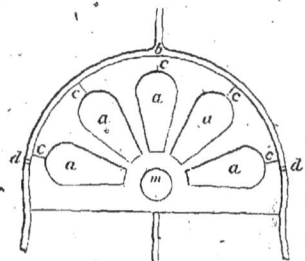

Fig. 626. — Réservoir à écrevisses. — *a.* étangs à écrevisses ; — *b,* canal d'alimentation ; — *c.* rigoles d'alimentation ; — *d.* vannes de décharge ; — *m,* bonde des étangs, fermée à clef.

tions, telle qu'on en rencontre dans la Hesse-Électorale. Comme l'écrevisse se tient pendant le jour dans des cavités, sous des pierres, des racines, la chaussée et les bords de ce réservoir sont construits de manière à ce qu'ils présentent le plus de surface possible pour l'établissement des retraites. A cet effet, on place des pierres en saillie dans la chaussée et on y creuse des cavités de $0^m,10$ à $0^m,20$ de profondeur ; en outre on recouvre le fond des réservoirs de souches d'arbres auxquelles on a laissé les grosses racines, qui forment alors autant de cavernes à habiter par les écrevisses.

Peut-on leur donner avec cela une eau plutôt dure que molle, à température moyenne, et un fond un peu marécageux, sur terre argileuse friable, on réunit toutes les conditions nécessaires à une bonne réussite.

Ainsi qu'il est suffisamment connu, l'écrevisse peut sortir de son séjour aquatique et se rendre par terre d'un lieu à un autre. L'eau n'est-elle pas à sa convenance, alors elle use de cette faculté et on en est pour ses frais. C'est pour empêcher cette perte qu'on fixera les écrevisses dans un nouvel étang à l'aide de paniers à claire-voie dans lesquels on les nourrit jusqu'à ce qu'elles y aient déposé leurs premiers œufs. A partir de cette époque, leur évasion ne sera plus à craindre, surtout si on la nourrit soit avec des feuilles ne réunissant pas les qualités indiquées pour donner un bon empoissonnage, soit avec du foie de bœuf, des matières animales en putréfaction, des issues de boucherie, etc.

Le produit d'étangs à écrevisses bien tenus, donnant dans les circonstances ordinaires une marchandise recherchée, il en résulte que leur rendement est le plus souvent supérieur à celui de mêmes constructions destinées à l'éducation du poisson. Il ne faut toutefois pas oublier que le produit des étangs n'étant pas d'une absolue nécessité, le prix ne s'en établit point, comme pour les autres denrées alimentaires, d'après les besoins de la consommation et leur plus ou moins d'abondance. Ce prix est ordinairement conventionnel et dépend de l'aisance et des habitudes de luxe des consommateurs. Or, les écrevisses se transportent facilement, et il résulte de ce fait qu'elles peuvent toujours être placées plus avantageusement que le poisson.

DE L'AMÉNAGEMENT DES VIVIERS.

Les viviers pour la conservation du poisson doivent être nombreux afin que chaque âge et chaque espèce de poisson puissent y être conservés. Ils seront en outre appropriés aux espèces de poissons auxquels on les destine et aménagés en conséquence. Nous allons les étudier sous ce rapport.

Les viviers à carpes doivent être assez profonds pour que les poissons puissent y vivre en bonne santé, en été et en hiver, sans cependant être assez étendus pour leur fournir une nourriture suffisante. Les carpes y seront donc nourries pendant l'été, mais pendant l'hiver, alors qu'elles sont engourdies, elles ne recevront rien. On mettra pour 10 mètres de superficie en eau :

Alevin d'un an....	120
Poissons de 2 ans	40
— de 3 ans	20
— de 4 ans	16
— de 5 ans	10
Au-dessus de cet âge	6

Lorsque les carpes doivent habiter les viviers pendant l'été, et y être entretenues, on y pose autant de sujets que l'on peut convenablement en nourrir, sans jamais dépasser la proportion qui vient d'être indiquée. On n'ira même jamais au-dessus de la moitié lorsque les carpes devront y séjourner plus longtemps. Il y aura cependant exception chaque fois que l'on retirera de l'eau les poissons au fur et à mesure de la consommation journalière. On voudra bien remarquer que les carpes perdent de leur poids pendant l'hiver, et ne le conservent ou l'augmentent pendant l'été que lorsqu'elles reçoivent une nourriture appropriée. Cette alimentation a lieu comme suit : Pendant les mois de février-mars à novembre, on donne au fur et à mesure de la consommation et jamais en quantité assez forte pour teindre l'eau, de la fiente de moutons et de vaches. Pendant les autres mois de l'année, alors que les carpes recouvrent l'usage de leurs facultés, on passe peu à peu et successivement au régime suivant, savoir : pois, fèves, pommes de terre, navets, orge trempée, ou des intestins grêles d'animaux très-divisés. Ces aliments, qui sont donnés par petites rations et alternativement, sont également de la convenance du carassin, de la tanche, etc.

Les viviers à brochets doivent répondre aux mêmes conditions que ceux indiqués plus haut pour les carpes, mais l'eau doit en être plus dure, plus claire et ne former aucun dépôt vaseux. Leur population ne peut être que du quart de celle des viviers à carpes et sera à peu près de la même taille. Leur alimentation doit être copieuse et se composer de menu fretin qu'on leur donne tous les huit jours, en quantité suffisante, afin qu'ils ne perdent pas de leur poids ou qu'ils perdent l'envie de s'entre-dévorer. A défaut de petits poissons, on en emploiera de gros ; mais le résultat ne sera pas aussi satisfaisant qu'avec les premiers. D'ailleurs les brochets consomment peu pendant l'hiver. Au printemps on leur jette des grenouilles et leur frai, tandis qu'en été on joint au fretin des issues de boucherie hachées très-fin.

Quant aux viviers à anguilles, il convient avant tout de les empêcher d'en sortir. A cette fin on les recouvre de filets, de grilles, ou on les entoure de murs de 0m,60 de hauteur en pierres, ou en planches, etc. Toutes les eaux sont bonnes pour l'alimentation des anguilles, lorsqu'on prend la précaution de ne pas les transférer trop brusquement d'une eau molle et chaude dans une eau dure et froide, et vice versâ.

On ne confie à ces viviers qu'environ les deux tiers des quantités indiquées pour la carpe, et on les y nourrit en été avec du fretin, des vers et des débris animaux, etc.

Enfin les viviers pour truites et saumons doivent être alimentés par des eaux de sources limpides et bonnes ou des ruisseaux rapides à fond sableux, à gravier. Plus vite l'eau y est renouvelée, mieux le poisson s'y trouve et plus il y profite. On loge dans ces viviers environ la moitié du nombre que nous avons indiqué plus haut pour les carpes, et on n'y place que des truites d'une même taille. Ces dernières doivent recevoir comme les brochets une alimentation suffisante en menu fretin, qu'on leur distribuera également tous les jours.

Il nous reste à parler des viviers à écrevisses. Comme celles-ci n'aiment pas à être enfermées dans un espace trop resserré, elles font tous leurs efforts pour en sortir. On en empêchera, en prenant les précautions indiquées pour les anguilles. Le plus souvent, on les enfermera dans des paniers, des caisses percées de trous, placées dans l'eau, et on les nourrira de grenouilles dépecées ou de matières animales en putréfaction.

Ces caisses et ces paniers peuvent également servir à la conservation du poisson pour la consommation journalière et sont les compléments utiles des viviers.

CHAPITRE XXVIII

PRODUIT DES ÉTANGS

Produit principal. — Pêche. — Le produit principal des étangs est le poisson ; sa pêche a lieu tous les ans, ou tous les deux ans et même plus tard, suivant les usages locaux, l'assolement des étangs en eau et en assec, et le but que le pisciculteur se propose. Cette pêche doit toujours avoir lieu par un temps frais et froid, de préférence à l'automne, et jamais après le 1er avril. On commence alors par les étangs pour les poissons de vente, puis on passe à ceux où l'on répare l'empoissonnage et à ceux destinés à la production de la feuille. La pêche s'exécute d'une manière identique pour toutes les espèces d'étangs, et doit toujours être précédée de l'évacuation de l'eau qu'ils contiennent. A cet effet, on ouvre les vannes et les grilles de décharge, on lève la bonde, on détourne l'eau dans la rivière de ceinture ; enfin on procure, par tous les moyens réservés dans ce but, lors de la création de l'étang, un écoulement facile, mais lent et régulier, aux eaux qu'il contient, et cela jusqu'à ce qu'il n'en reste plus que dans le bief et la pêcherie. Le poisson qui a suivi la décroissance de l'eau, se trouve maintenant réuni dans ces endroits et y est retenu au moyen de filets ou d'autres barrages provisoires ; il est donc facile de l'y pêcher à l'aide de trubles et autres engins de ce genre. On le pèse ensuite, ou on le compte, suivant les conventions avec l'acquéreur ; puis on le place dans des tonneaux que l'on remplit d'eau et dans lesquels il est transporté à destination. Cette pêche et ce transport doivent, autant que possible, avoir lieu de grand matin et par le vent du nord ; le voyage peut aussi se faire la nuit, mais il y aura lieu d'éviter un temps pluvieux pendant lequel on perd beaucoup plus de poissons que lorsqu'il fait sec. En général, le poisson supporte assez bien le voyage, lorsque l'on change d'eau toutes les trois à quatre heures et que l'on ne met pas trop de sujets dans les tonneaux.

Une condition essentielle est de ne laisser aucun poisson dans l'étang, attendu que ce dernier nuirait au peuplement à venir. Ceci est surtout difficile à suivre dans les étangs où il se trouve des tanches et des anguilles, parce que ces poissons ont l'habitude de se cacher dans la vase, lorsque l'eau vient à leur manquer. On les forcera à sortir de leur retraite en faisant piétiner la vase par des ouvriers sans chaussure et en les prenant à la main dès qu'elles se montreront.

Produits accessoires. — Les étangs ne sont pas toujours à considérer au point de vue exclusif de la production du poisson ; dans bien des pays ils ont une grande importance sous le rapport agricole. Les eaux qui les alimentent peu à peu viennent très-souvent de terres cultivées et fumées, tiennent celles-ci en suspension et les déposent peu à peu sur le fond des étangs, qui devient ainsi d'une grande fertilité. Aussi est-il d'usage, dans certaines contrées, de pêcher les étangs tous les deux ou trois ans, et de les laisser alternativement en eau et en culture. Les usages locaux règlent, dans la plupart des cas, la marche à suivre dans l'occurrence et déterminent le nombre d'années que dure la mise sous eau ou la culture à la charrue. Il n'y a donc pas de règle fixe à cet égard ; mais d'ordinaire, dans les terres fortes et compactes, le temps d'assec est plus long que dans les terres légères. De plus, on sème en bon fonds du froment que l'on fait suivre de une ou deux récoltes d'avoine ; tandis que dans les fonds médiocres, on n'admet dans l'assolement que l'orge et l'avoine. Dans les fonds tourbeux, par contre, on plante des roseaux et autres herbes aquatiques, que l'on emploie comme litière, comme fourrage, etc., et que l'on récolte pour cet usage.

Mais là ne se bornent pas les produits accessoires des étangs. Ils offrent une assez grande ressource à titre de pâturage de premier printemps, alors que la fétuque flottante ou *brouille* y abonde. Les chevaux, les bêtes à cornes y recherchent alors les jeunes pousses, tandis qu'ils la négligent plus tard, lorsqu'elle est montée en graine.

La vase d'étangs n'est pas non plus à dédaigner, attendu qu'elle donne un engrais convenable, surtout lorsqu'on a eu soin de la mettre en compost, et d'y faire fermenter les graines, les racines qui pourraient infester les terres sur lesquelles on doit la répandre.

Nous indiquerons en outre la chasse des étangs, qui mérite également d'être signalée comme plus avantageuse que la chasse sur la même espèce de terre cultivée, et aussi parce qu'elle a le plus souvent pour but la destruction d'oiseaux de passage, ne nichant qu'exceptionnellement dans le pays.

Enfin la berge des étangs donne un revenu considérable chaque fois qu'on la plante en osiers. Le saule à osier vert (viminalis), celui à trois étamines, l'osier jaune, se recommandent surtout pour cet usage.

CHAPITRE XXIX

CONSERVATION DES ÉTANGS

Entretien des étangs. — Les étangs doivent être soumis à une surveillance régulière dès qu'ils sont peuplés en poisson ; cette surveillance aura pour objet principal le maintien d'un écoulement régulier des eaux et d'une alimentation continue de la pièce d'eau. A cette fin, on se rendra, après des pluies continues, de fortes averses, des crues extraordinaires, près des étangs, et on examinera si par suite des grandes eaux, les digues, la chaussée n'ont pas souffert; on avisera de plus à ce que les eaux n'inondent pas ces dernières et n'entraînent pas le poisson sur les fonds inférieurs. Si l'on remarquait des fuites d'eau dans la chaussée, ou bien le commencement de sa rupture, on s'empresserait d'y remédier au moyen de fascines, ou, lorsque cela suffit, en, bouchant les fissures à l'aide de terre glaise corroyée et bien battue. Les vannes de décharge, les grilles doivent être également l'objet d'une surveillance constante, afin que les réparations nécessaires ne se fassent pas attendre.

Les effets de la foudre sont très-dangereux pour la population des étangs; c'est pourquoi il est nécessaire de contrôler ces effets après chaque orage. Remarque-t-on sur la surface de l'eau, vers les bords de l'étang, une couche blanchâtre ayant beaucoup de ressemblance avec le salpêtre, c'est que l'éclair y est tombé et il y a urgence de tirer l'étang et d'évacuer une partie de l'eau qu'il contient. Cette mesure, pour être efficace, doit être fixée dans les cinq heures qui suivent l'accident, si on ne veut pas que le poisson soit en grande partie perdu pour le propriétaire.

Les étangs qui restent sous eau pendant l'hiver, doivent être maintenus à leur plus haut niveau, afin que les poissons trouvent sous la glace l'air nécessaire à leur respiration. Par des hivers rigoureux et longs, on cherchera à assurer l'écoulement constant de l'eau, et on facilitera l'entrée de l'air au moyen de trous ouverts dans la glace, que l'on fermera à l'aide de bottes de paille. La neige et la grêle sont également fatales au poisson, mais on ne connaît aucun moyen pratique de les en préserver. La profondeur de l'étang contribuera, toutefois, à soustraire le poisson à leur influence.

Enfin, les joncs, les roseaux et autres plantes aquatiques sont souvent nuisibles parce qu'ils fournissent un refuge aux ennemis du poisson. On les détruira donc, surtout vers le milieu des eaux, et on tiendra ces plantes très-courtes sur la mardelle de l'étang, attendu que dans cet état elles seront moins nuisibles et donneront un abri aux insectes aquatiques propres à la nourriture des poissons.

Quant à la vase qui recouvre le fond des pièces d'eau, elle est très-utile dans les étangs à carpes, mais elle ne doit jamais y dépasser une hauteur de $0^m,15$ à $0^m,20$. Dans les autres étangs et viviers, elle est presque toujours nuisible et doit en être éloignée chaque fois qu'elle tend à prendre trop d'épaisseur. Son emploi, comme engrais, couvrira d'ailleurs dans la plupart des cas les frais de son extraction.

Ennemis des poissons. — Les poissons ont de nombreux ennemis parmi les animaux, et on estime le ravage au quart de l'empoissonnage. Il y a donc urgence pour le pisciculteur à détruire ces ennemis. Voyons quels sont les plus dangereux, en commençant par ceux qui s'attaquent au frai.

Les œufs de poissons sont recherchés par les poissons carnivores, tels que le brochet, la perche, la truite, l'anguille, et surtout par le chabot. Ce dernier se tient caché sur le fond des eaux et fait une grande consommation de frai, de sorte qu'il doit être poursuivi à outrance dans les étangs pour la pose. Les grenouilles s'attaquent également aux œufs de poissons, ainsi que les canards, les oies, les mouettes, le héron, etc. Parmi les insectes et leurs larves, nous trouvons en première ligne les hydrocanthares (fig. 627), quelques éphémères. Enfin, l'écrevisse est aussi nuisible au frai.

On préviendra les

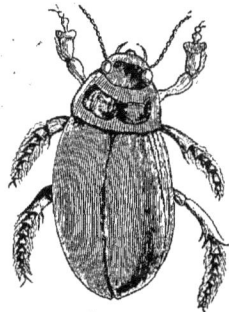

Fig. 627. — Dytique (insecte parfait).

ravages de la plupart de ces oviphages, en supprimant toute communication avec les eaux extérieures et en détruisant, lors de la pêche, tous ceux qui pourraient se trouver dans l'étang. Pour

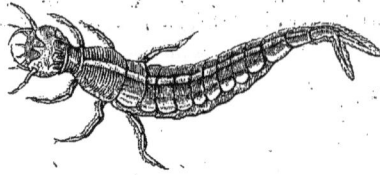

Fig. 628. — Larve du dytique.

ce qui est des oiseaux, on les tue à coups de fusil.

Quant aux poissons, les loutres sont leurs ennemis les plus dangereux. Cet animal amphibie en fait un grand carnage et n'abandonne un étang qu'il fréquente que lorsqu'il est presque entièrement dépeuplé. On prend les loutres dans des trappes, des filets, des piéges, dont le plus ingénieux est sans contredit celui employé en Bavière, et dont nous donnons le plan d'après Bischoff (fig. 629). Cet engin est composé de rondins plantés dans l'eau et disposés de manière que la loutre puisse y entrer, mais pas en sortir. Le poisson se réfugie entre les piquets, la loutre l'y suit, mais ne peut l'atteindre. Et comme le haut est fermé de planches, elle ne peut aller respirer hors de l'eau et elle étouffe. On tue également les loutres à coups de fusil, lorsqu'on est très-adroit et surtout très-heureux chasseur ; il en est de même des hérons, du balbuzard, de la

cigogne, des grèbes, des pélicans, etc., etc. Quant aux poissons s'attaquant à leurs congénères, ils ont été l'objet de mentions spéciales, de sorte que nous nous bornerons à dire que si l'on grille avec

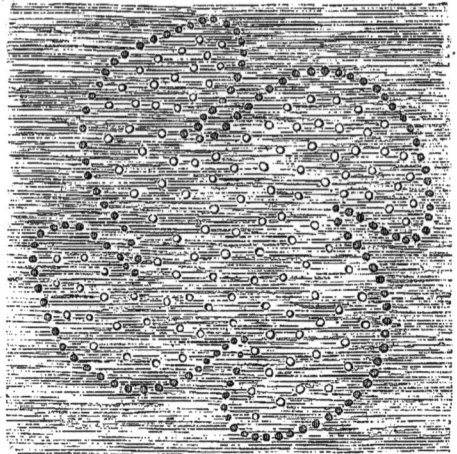

Fig. 629. — Piége à loutre.

soin les canaux alimentaires des étangs, ils ne peuvent s'y introduire d'eux-mêmes et qu'on a, dans la majeure partie des cas, les moyens de prévenir leurs ravages, chaque fois qu'on ne les emploie pas comme d'utiles auxiliaires.

CHAPITRE XXX

DE LA FÉCONDATION ARTIFICIELLE DES ŒUFS DE POISSONS.

Historique. — Il n'y a pas vingt ans de cela, la pisciculture n'avait d'autre mission que l'assolement des étangs et se bornait à offrir aux poissons un emplacement artificiel convenable, une alimentation plus abondante, en même temps qu'aide et protection contre leurs ennemis et les influences contraires.

Depuis lors, elle est devenue un art, ayant pour base la *fécondation artificielle* des poissons, telle qu'elle est pratiquée depuis longtemps, dans l'intérêt de recherches scientifiques, et même pour le repeuplement des cours d'eaux. Des recherches nombreuses, faites dans ces derniers temps, constatent qu'au quatorzième siècle, le père Dom Pinchon, moine de l'abbaye de Réome (1) près Montbard (Côte-d'Or), se livrait déjà à la multiplication artificielle des poissons. Il se servait, à cet effet, de longues boîtes en bois, fermées aux deux extrémités par un grillage d'osier et pourvues d'un couvercle, au centre duquel était une ouverture couverte aussi d'un grillage pareil à celui des

(1) Moutiers-Saint-Jean.

extrémités. Un lit de sable fin, convenablement disposé, recevait les œufs. Cette découverte paraît n'avoir reçu pendant longtemps que peu d'applications et être restée le secret de quelques personnes qui exerçaient la pêche par état. C'est un de ces pêcheurs, habitant de la principauté de Lippe, qui doit avoir initié M. G.-L. Jacobi, de Hohenhausen, alors lieutenant des miliciens du comté de Lippe-Detmold, plus tard major au service de Prusse, dans la pratique de la fécondation et de l'incubation artificielle des poissons et avoir ainsi fourni les matériaux du premier mémoire connu, publié sur ce sujet, et qui fut alors communiqué à Buffon, Lacépède, Gleditsch, Fourcroy et à d'autres célébrités de l'époque. Ce travail fut traduit en français, par Fourcroy, et publié en entier, en 1773, dans le *Traité général des pêches* de Duhamel. Lacépède en publia également un extrait dans son *Histoire naturelle des poissons.*

Mais Jacobi ne se borna pas à ce mémoire ; il chercha en outre, à introduire la fécondation artificielle dans la pratique. A cette fin, il établit une piscifacture d'abord à Hambourg, ensuite à Hohenhausen et après à Nortelem. Cette dernière donna des résultats assez importants; les poissons obtenus par ce procédé y devinrent l'objet d'un grand commerce, et l'Angleterre, voulant récompenser un pareil service, accorda une pension à celui qui avait pris cette heureuse initiative.

Les pratiques de Nortelem se propagèrent peu à peu dans toute l'Allemagne. La principauté de Waldeck, celle de Lippe, le duché de Saxe-Cobourg eurent tour à tour leurs établissements ichthyogéniques.

Des essais tentés depuis en Italie, par Rusconi; en Suisse, par Agassiz et Vogt; en Angleterre, par Shaw, Boccius, vinrent successivement confirmer les résultats obtenus en Allemagne, mais la rapide propagation de la pisciculture n'eut lieu qu'à partir du jour où la France s'empara des procédés de fécondation artificielle, tels qu'ils étaient appliqués par un simple pêcheur de la Bresse (Vosges), M. Remy. Cette application qui, dans l'isolement où ce dernier se trouvait, avait *pour lui* tout le mérite d'une véritable invention, aurait toutefois eu le même sort que les travaux de Duhamel et de Lacépède, si M. Coste, professeur d'embryogénie au collège de France, qui avait saisi ce qu'il y avait de riche et de fécond dans cette découverte, ne s'en était emparé et ne l'avait faite sienne. Le rapport remarquable qu'il présenta à ce sujet à l'Académie française fut inséré, avec le dessin des appareils, dans un supplément du *Moniteur*. Par son intervention, Remy fut récompensé et l'établissement de Huningue créé. Mais M. Coste ne fut pas le seul à prendre en main la question du repeuplement des cours d'eaux. D'autres savants non moins connus la prirent sous leur patronage et associèrent à son succès la responsabilité de leur recommandation. MM. Millet, de Quatrefages, Milne-Edwards, Haxo, Berthot, Detzem, Chabot, de Vibraye, de Montgaudry contribuèrent, pour leur part, à la propagation de la fécondation artificielle et à son perfectionnement.

C'est à la suite de ces travaux que la pisciculture devint une question européenne, et que tous les pays du continent s'empressèrent de la faire étudier en France, et d'établir des piscifactures chez eux. Mais nous devons ajouter que ces établissements ne répondirent pas tout à fait aux espérances que l'on avait mises en eux, par cela même que ces espérances étaient exagérées et que l'on s'était représenté la multiplication artificielle des poissons comme la source d'une production illimitée et comme le moyen de remplacer la poule au pot de Henri IV, par une truite. Il en est résulté tout d'abord un certain refroidissement pour l'art nouveau, lequel a finalement été ramené à des proportions raisonnables et n'est aujourd'hui considéré que comme un moyen de repeupler, plus expéditivement que la nature ne le fait, nos rivières dépourvues de poissons, et de les remettre dans l'état prospère où elles se trouvaient avant que la navigation à vapeur, les exigences de l'industrie, les progrès de l'agriculture, ne menaçassent nos établissements de pêches d'une ruine progressive.

Préliminaires.—La multiplication artificielle des poissons a pour but de mettre dans les mains du cultivateur les moyens : 1° de repeupler facilement, à peu de frais, les cours d'eau restés jusqu'ici improductifs ou à peu près; 2° de multiplier les espèces rares recherchées, et de les introduire dans les contrées où elles étaient auparavant inconnues, et 3° d'augmenter la quantité des richesses alimentaires à produire dans les fleuves, les rivières, les ruisseaux qui ne sont pas immédiatement au pouvoir exclusif de l'homme.

Ces résultats ne peuvent toutefois être obtenus qu'en prenant la nature pour guide dans les différentes manipulations de la fécondation artificielle, et c'est en suivant son exemple que l'on fera éclore un œuf de truite, avec la même certitude que l'on fait germer un grain de blé, en le confiant à la terre. Il est vrai que les procédés sont plus délicats, qu'ils réclament des soins plus minutieux; mais le succès n'en sera pas moins assuré, si l'on suit les règles que nous exposerons dans le cours du présent travail :

On se procure, au moment du frai, quelques mâles et femelles de l'espèce qu'il s'agit de multiplier artificiellement ou de croiser avec d'autres. On les conserve dans des réservoirs suffisants, séparés, si cela est possible, pour chaque espèce de poisson, et placés de manière que les prisonniers trouvent le milieu qui leur convient. Ainsi, les truites, les saumons, qui habitent les eaux courantes ou froides et s'y reproduisent, devront être parqués dans des bassins alimentés par des sources ou par une eau limpide suffisamment renouvelée, tandis que la carpe, la tanche, qui frayent dans les eaux dormantes, devront être placées dans des conditions semblables. Lorsqu'il n'est pas possible de disposer des bassins dont il vient d'être parlé, on retient les femelles soit dans une huche (*boutique à poisson*), espèce de caisse en bois percée de trous et baignant dans l'eau, soit dans une grande cage munie de flotteurs (*fig.* 630), que l'on place dans les conditions nécessaires à la bonne santé des

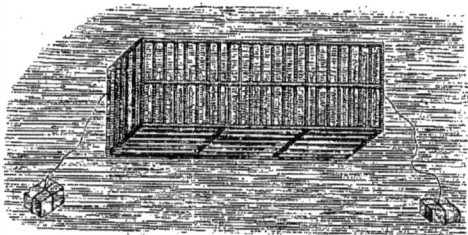

Fig. 630. — Cage de M. le docteur Lamy pour la séquestration des femelles dont les œufs ne sont pas à maturité.

séquestrés. On recommande encore de les retenir au moyen de liens passés par les ouïes, mais si nous en parlons, c'est pour en proscrire l'emploi.

Dans le cas où il serait impossible de se procurer des reproducteurs vivants, on aurait soin de n'opérer qu'avec des individus morts depuis deux ou trois heures au plus. Il est bien reconnu que la laitance renfermée dans l'*appareil génital* garde pendant longtemps ses propriétés fécondantes, qu'elle ne les perd même pas par suite de la gelée; mais nous manquons encore de données positives et exactes sur la question de savoir combien de temps les œufs peuvent conserver la faculté de recevoir l'influence des spermatozoïdes, eu égard aux variations de la température et aux différentes espèces de poissons.

Vers l'époque où l'on peut admettre que les poissons à multiplier sont prêts à jeter leurs œufs, il faut les surveiller, afin de les surprendre juste au moment de la ponte, dont on reconnaît l'imminence aux signes extérieurs suivants : le ventre des femelles est mollement distendu, l'orifice anal fortement injecté, gonflé et proéminent en forme de bourrelet hémorrhoïdal; les œufs, baignés par une abondante sécrétion de l'ovaire, sont libres de toute connexion et se laissent déplacer en tous sens à la moindre pression dans la cavité où ils sont tombés. Ces œufs ne changent pas de couleur, lors de leur contact avec l'eau.

Ces symptômes sont moins prononcés chez le mâle, mais la plus légère pression sur les parois abdominales provoque l'éjaculation de la laitance et ne laisse aucun doute sur l'époque rapprochée de la ponte.

On peut après cela procéder à l'opération de la fécondation qui doit avoir lieu, de deux manières différentes, suivant que les poissons donnent des œufs qui restent *libres*, tels que les truites, les saumons, ou bien des œufs se *fixant* à des corps étrangers, tels que les carpes, les tanches, etc.

Fécondation artificielle des œufs. — On se sert pour la fécondation artificielle des *œufs qui restent libres*, d'un vase quelconque, de terre vernie, de porcelaine, de pierre, de bois, etc., à ouverture à peu près égale à la circonférence du fond, qui doit être plat, afin que les œufs puissent s'étendre sur une certaine superficie et ne présenter aucune juxtaposition. On y verse ensuite quelques litres d'eau, de façon à en couvrir le fond de 10 centimètres environ. Cette eau, qui doit être bien claire, sera prise soit dans le liquide où l'on placera les appareils à éclosion et où les œufs doivent se développer, soit dans celui où le poisson, que l'on se propose de multiplier artificiellement, vit d'ordinaire. Il est nécessaire de s'assurer si l'eau a la température observée lors du frai naturel. Si l'on employait l'eau de rivière où le poisson à multiplier se propage naturellement, on tâcherait avant tout de lui conserver sa température primitive. A cet effet, et si l'on travaille à l'air libre, par exemple, près d'un ruisseau à truites, il sera alors toujours préférable, pour accélérer les manipulations, de n'opérer que sur de petites quantités et de se servir chaque fois d'eau fraîchement puisée.

Dès que ces préparatifs sont terminés, on saisit de la main gauche une femelle et on la tient suspendue perpendiculairement par les nageoires de la tête au-dessus et le plus près possible du vase. Dans cette position, les œufs qui se trouvent près de l'orifice anal et vulvaire sortent par suite de leur propre pesanteur. Pour le cas où cela

n'aurait pas lieu, on presserait très-doucement et légèrement le ventre, de haut en bas, avec le pouce et l'index de la main droite (*fig.* 631).

Lorsque les œufs ainsi affranchis forment une

Fig. 631. — Opération de la ponte artificielle.

mince couche sur le fond du vase, on prend un mâle sur lequel on agit immédiatement de la même manière que sur la femelle, et cela jusqu'à ce que l'eau soit légèrement troublée ou prenne les apparences du lait très-coupé. On agitera ensuite le mélange, soit avec la queue du mâle que l'on tiendra dans l'eau pendant l'opération, soit avec la main ou avec une cuillère. Après un repos de cinq à dix minutes, la fécondation du frai est accompli.

Les CONDITIONS ESSENTIELLES de la réussite certaine de l'opération décrite ci-dessus sont toujours : parfaite maturité des œufs, température convenable de l'eau et promptitude dans l'exécution des opérations.

Nous avons donné plus haut les signes auxquels on reconnaît l'époque prochaine de la ponte. Le degré de résistance que l'on rencontre dans l'opération de l'expulsion des œufs fournit l'indication la plus certaine à cet égard. Si une première tentative ne donnait pas de résultat, il y aurait lieu de remettre les poissons à l'eau ou dans leur bassin pour recommencer un ou plusieurs jours plus tard. L'opération ne réussit également pas lorsque l'on a attendu trop longtemps pour débarrasser les femelles de leur faix. Cet accident se reconnaît à l'émission simultanée d'une matière purulente jaunâtre, au milieu de laquelle on reconnaît quelques œufs, qui deviennent d'abord opaques, lors de leur contact avec l'eau, pour passer ensuite au blanc.

La connaissance de l'époque habituelle du frai ne peut pas toujours être un moyen positif d'empêcher cet état de choses de se produire, attendu qu'elle diffère non-seulement pour les genres d'une même famille, mais encore, suivant les circonstances, pour les membres d'une même espèce. Mais comme elle peut servir de point de départ et être d'une certaine ressource dans des cas donnés, nous allons en indiquer la moyenne pour les pays de l'Europe centrale.

NOMENCLATURE.		ÉPOQUE DE LA FRAIE.	ENDROIT OÙ LES OEUFS SONT DÉPOSÉS.
Saumon...............	Salmo salar	Octobre — janvier.......	Eau courante, sable et gravier.
Truite saumonée.......	— trutta............	Novembre et décembre...	Id.
Truite.................	— fario...........	Septembre — janvier....	Ruisseau à fond de gravier.
Ombre chevalier	— umbla..........	Décembre — février. ...	Gravier des rivages.
— commun........	Thymallus vexillifer.	Mars — mai.............	Eau courante, sable.
Brochet.............	Esox lucius..........	Février et mars.........	Eau dormante, roseaux et vase.
Perche.... ....:......	Perca fluviatilis........	Avril et mai.............	Plantes aquatiques.
Carpe...............	Cyprinus carpio........	Mars — juin...........	Eau dormante, herbes.
Tanche......	Tinca vulgaris........ .	Mai — juillet...........	Eau dormante, herbes et vase.

Quant aux poissons qui *fixent* leurs œufs, à l'aide d'une matière gluante, aux objets environnants, on modifie les pratiques indiquées jusqu'ici, de la manière suivante : on se munit d'abord d'un certain nombre de petites poignées de plantes aquatiques bien lavées, telles que l'étoile d'eau, la renoncule aquatique ; ensuite on fait choix de vases ayant la forme et les dimensions indiquées plus haut, et d'un baquet. Des trois personnes qui doivent concourir à l'opération, l'une prend une femelle, qu'elle délivre de ses œufs de la manière décrite tout à l'heure. Une seconde prend le mâle dont elle exprime en même temps la laitance, et la troisième agite l'eau avec une petite poignée d'herbes, préparées à l'avance, et favorise ainsi l'imprégnation. Les œufs enduits d'une matière visqueuse s'attachent aux brins d'herbes et quand ils en sont suffisamment chargés, on les laisse séjourner de trois à quatre minutes dans l'eau spermatisée, afin de leur donner le temps d'absorber les molécules fécondantes ; puis, pour que les œufs dont sont chargées ces touffes végétales ne se dessèchent pas, on les rassemble dans un baquet, où on les abrite au moyen d'un linge mouillé. On peut aussi, à la rigueur, opérer à deux. Dans ce cas, pendant que l'un provoque la ponte des œufs, l'autre les recueille avec les touffes végétales. Lorsque ces œufs sont fixés, on les place dans le vase pour y être humectés par la laitance du mâle. On agite doucement l'eau avec les herbes, afin de soumettre tous les œufs à l'influence de la liqueur prolifique. Après un séjour de cinq à six minutes dans l'eau laitancée, l'opération est faite, et on met les œufs à l'éclosion. Dans tous les cas, et quelle que soit la manière d'opérer, il est INDISPENSABLE de ne faire tomber dans le récipient qu'une quantité d'œufs proportionnée à la surface que l'on veut garnir ; autrement, il se formerait sur les rameaux des agglomérations nuisibles à leur développement.

La fécondation des œufs qui se collent contre les objets environnants, telle que nous venons de la décrire, ne présente guère plus de difficultés que celle des œufs restant libres ; mais comme elle réclame une plus grande attention, on n'y a recours que dans des cas exceptionnels. On cherche, à l'exemple des Chinois, à la remplacer par la récolte des herbes couvertes d'œufs fécondés, ou bien on détermine les poissons d'un cours d'eau, d'un étang, etc., à venir déposer leur couvée à l'endroit qu'on leur ménage. Ceci a lieu à l'aide d'appareils fort simples et peu coûteux,

que l'on appelle *frayères artificielles*, et qui le plus souvent se composent de cadres en bois (*fig.* 632) de différentes formes et de différentes grandeurs, que l'on recouvre de plantes aquatiques, de balais de bruyère, etc., et disposés de façon à ressembler à une petite toiture sous laquelle on voudrait abriter quelque chose (*fig.* 633). Leur dimension,

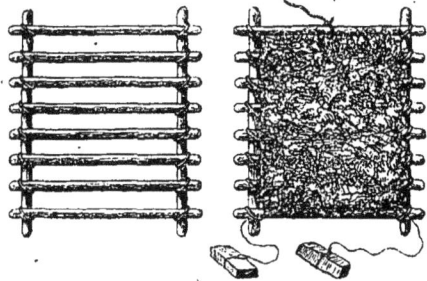

Fig. 632.   Fig. 633.

Frayère artificielle de M. Lamy.

qui varie de 1 à 2 mètres, leur distribution, leur placement, dépendent naturellement des localités. Il est toutefois nécessaire que l'une des extrémités de l'appareil soit lestée d'un poids assez lourd, afin que les trois quarts environ de l'appareil baignent dans la rivière.

Un ou deux mois avant l'époque présumée de la fraie, on place ces appareils sur les bords de la pièce d'eau où les poissons vivent, pour les en retirer après la ponte. On en détache ensuite les touffes d'herbes avec précaution, et on les rassemble, pour assurer leur éclosion, dans les mêmes conditions que le produit des fécondations artificielles.

Pour les espèces qui déposent leurs œufs libres sur le gravier, ou qui les cachent dans ses interstices, comme celles de la famille des salmones, on couvrira, dans les eaux limpides et peu profondes, les lits des ruisseaux d'une couche épaisse de galets, de gravier et de sable, afin d'engager les femelles à venir y déposer leurs œufs.

Ces moyens ne pourront toutefois remplacer la fécondation artificielle qu'autant que les causes nombreuses de la destruction du frai à l'état libre viendraient à cesser, et que, par conséquent, les motifs qui s'opposent au repeuplement naturel de nos cours d'eau n'existeraient plus.

CHAPITRE XXXI

DE L'ÉCLOSION DES ŒUFS

Appareils à éclosion. — Les œufs étant fécondés, on les transporte dans les appareils à éclosion. On a proposé pour cet usage des boîtes percées comme des cribles, des paniers de différentes formes, des caisses en bois, en pierre, en terre, en métal, des tamis de toutes sortes, etc., pour s'arrêter généralement aux appareils incubateurs, à ruisseaux factices et à courants continus, inventés par M. Coste. Leur simplicité et leur évidente utilité furent immédiatement reconnues, et facilitèrent l'adoption d'un système permettant la transvasion des œufs en incubation et leur maniement ultérieur. Le dessin que nous en donnons sous la figure 634 nous dispense d'en faire la description :

La feuillure intérieure nécessaire pour sup-

Fig. 634. — Incubateur Coste.

porter les bords de la claie en verre dont nous donnons une figure amplifiée (*fig.* 635), n'est pas

Fig. 635.

visible dans notre dessin. Les dimensions que reçoivent les auges qui le composent sont :

Longueur	0ᵐ, 52
Largeur	0 , 15
Hauteur	0 , 10

Ces auges peuvent être disposées de différentes manières ; soit qu'on les superpose comme nous l'indiquons ci-dessus, soit qu'on les place en gradins, suivant l'emplacement, le goût et les facilités de l'opérateur. On les construit aussi en fer émaillé ; mais les auges en terre cuite vernie, telles que chaque potier peut les faire, sont également d'un bon usage, sans être aussi coûteuses.

Les appareils à incubation peuvent être établis dans les laboratoires, les maisons ; une chambre ordinaire pourvu qu'elle ne soit pas habitée et qu'il soit possible d'y procurer passage à l'air, à

la chaleur et à la lumière (tous agents nécessaires au développement des œufs), est également suf-

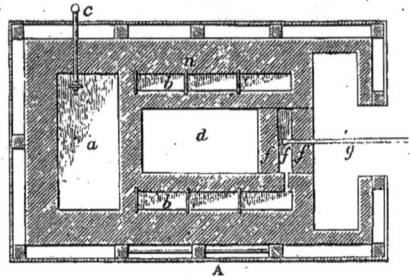

Fig. 636 [1]. — Plan.

fisante. On les établit aussi sous un hangar spécial, à proximité des eaux à repeupler ; cette

Fig. 637. — Façade.

construction devient même indispensable lorsque l'on opère sur de grandes quantités, loin des

Fig. 638. — Pignon.

lieux habités. Le plan ci-joint (*fig.* 636), dressé

[1] *Fig.* 636 à 639. — Piscifacture de M. Schubert. — A, plan ; — B, façade ; — C, pignon ; — D, Coupe en travers des canaux à incubation.

Fig. 636, 639. — *a*, réservoir, alimenté par le robinet *c* ; — *b*, canal à incubation, séparé par la vanne *n* ; — *d*, couloir ; — *f*, réservoir souterrain pour la conduite des eaux au tuyau de décharge *g*.

par M. Schubert, professeur d'architecture rurale à l'institut agronomique de Poppelsdorf, en donne d'ailleurs la distribution principale, et est destiné à démontrer la simplicité et par suite le bon marché d'une piscifacture ordinaire.

Le plan prévoit un autre genre d'appareils à éclosion, celui appliqué en Écosse et à Detmold,

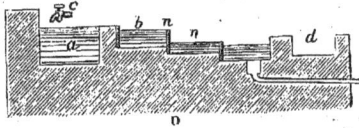

Fig. 639. — Coupe en travers.

dont les auges sont fixes et en pierre de taille. Pour le cas où la préférence que nous accordons aux rigoles de M. Coste serait partagée, on remplacerait ces auges par un simple pavé ou carrelage.

Les pisciculteurs qui se trouvent dans l'impossibilité de faire construire les appareils décrits plus haut ou de s'en servir, ou qui procéderaient à l'incubation dans les cours d'eau, pourront employer dans les eaux courantes et pures, ne laissant aucun sédiment, les boîtes en fer-blanc de MM. Gehin et Remy (fig. 640). On se sert de ces

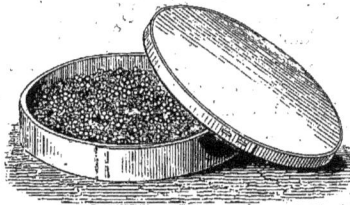

Fig. 640. — Boîtes en fer-blanc.

dernières en Bavière et aussi en Wurtemberg; mais dans ce dernier pays, on a cherché à parer aux dangers résultant, pour la couvée, de l'oxydation du fer-blanc, en les faisant construire en zinc. Le métal présentant toutefois d'autres inconvénients encore, nous avons remplacé ces dernières par des vases en terre cuite vernie (fig. 641), d'ailleurs moins coûteux et d'un excel-

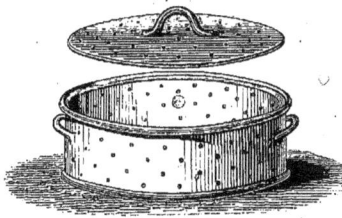

Fig. 641. — Boîte en terre cuite.

lent usage chaque fois qu'on les garnit de flotteurs en bois et qu'on leur assure une certaine fixité, au moyen de caisses spéciales (fig. 642).

Enfin la cage de M. Lamy (fig. 630), peut également être employée et est même indispensable pour la mise en incubation des œufs se collant contre d'autres objets. Les barreaux devront toutefois en être très-rapprochés, afin d'empêcher la fuite des jeunes poissons et les ravages

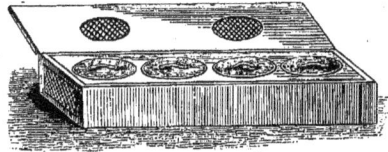

Fig. 642. — Caisse spéciale pour les boîtes.

des rats d'eau, des hydrocanthares et autres destructeurs du frai.

Mise à éclosion des œufs dans les appareils à incubation. — Les œufs étant fécondés

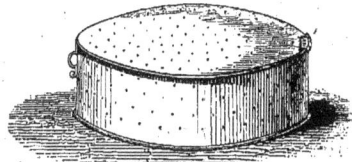

Fig. 643.

à proximité et dans l'eau ayant la même température que celle où se trouvent les appareils à éclosion, ils sont déposés avec précaution dans ces appareils. En observant ces conditions, on n'aura aucune perturbation à craindre par suite d'un changement subit de la température de l'eau. Pour l'incubation des œufs libres des saumons, truites et ombres, dont la pesanteur spécifique est de beaucoup supérieure à celle de l'eau, et qui descendent par conséquent sur le fond de l'appareil, on a recours à différentes méthodes suivant le système auquel on donne la préférence. C'est ainsi qu'avec la méthode de M. Coste, on dépose les œufs sur les claies en verre, tandis qu'avec les boîtes de Gehin et Remy et avec les canaux écossais, on garnit le fond de l'appareil d'une couche de gravier de quelques centimètres d'épaisseur, après quoi l'on fait en sorte que les œufs la recouvrent uniformément. Plusieurs praticiens, à l'exemple de Remy, chargent ces œufs d'une couche de sable fin; d'autres, au contraire, négligent de le faire, afin de pouvoir les surveiller constamment et de supprimer les œufs gâtés, ainsi que les autres causes de destruction.

Quant aux œufs qui s'attachent aux corps étrangers, comme ceux de la carpe, de la tanche, qui sont plus légers que l'eau et qui par suite surnagent, il est nécessaire de les placer dans l'appareil avec les herbes sur lesquelles on les a reçus. Il y a de plus lieu d'éviter les courants qui porteraient les œufs sur un seul point de l'appareil; on choisirait, dans ce cas, les eaux dormantes et tranquilles des canaux, viviers, étangs, ou on mitigerait l'effet des eaux trop vives au moyen de barrages, etc. Les appareils, dans ce cas, ne doivent pas être complétement submergés, mais placés de façon qu'il reste encore un espace vide entre l'eau et le couvercle. Quelques centimètres d'eau suffisent pour les appareils où le liquide se renouvelle avec facilité et régularité ; le système ingénieux des ruisseaux factices et à courant continu, inventé par M. Coste, règle d'une manière convenable la distribution des eaux.

Quant aux œufs qui ont été transportés, qui proviennent de loin, il faut les habituer peu à peu à la température de l'eau dans laquelle on se propose de les faire éclore, et pour cela, il est bon de les placer pendant vingt-quatre heures, avec les boîtes qui les renferment, dans de l'eau ayant la température de celle qui alimente les appareils.

En dernier lieu, nous signalons encore la pratique introduite par quelques éleveurs et qui consiste à déposer les œufs, immédiatement après leur fécondation, dans les eaux où les poissons sont appelés à passer tout le temps de leur vie. Dans ce cas, ils ne prennent d'autres précautions que de les exposer dans un lieu convenable et de les abriter, autant que possible, contre les influences contraires.

Soins à prendre pendant l'incubation. — Maladies et ennemis des œufs.

Les œufs réclament, pendant le temps qu'ils mettent à se développer, des soins constants et minutieux. En premier lieu, il faut, ainsi qu'il a été recommandé précédemment, avoir soin que ces œufs, quel que soit l'appareil d'incubation dans lequel on les place, ne soient pas amoncelés, mais bien répandus également sur toute la surface. Sans cela, il y aurait non-seulement impossibilité de les avoir constamment sous les yeux, mais leur développement serait différé, sinon indéfiniment retardé. Cet entassement présente encore le grave inconvénient de hâter la propagation des maladies qui attaquent le frai fécondé. Des conferves et plantes parasites (*fig.* 644) engendrées par l'humidité constante dans laquelle on tient les œufs, sont surtout fatales à la couvée ; elles s'emparent d'abord des œufs avariés, que l'on reconnaît à leur teinte blanchâtre et opaque, et les couvrent d'un réseau de filaments multicolores.

Fig. 644. — Œufs de truite couverts de byssus.

Le seul moyen contre ce fléau, dont on aurait pu diminuer ou empêcher la propagation si le frai avait été étendu également, ou s'il avait été nettoyé en temps convenable, consiste dans l'éloignement immédiat, et à l'aide d'une pince (*fig.* 645), de tous les œufs qui présenteraient la moindre trace de l'infection. On se donnerait non-seulement une peine inutile, mais on augmenterait encore le mal, si, au lieu d'éloigner les œufs attaqués, on cherchait à les conserver, en tâchant de détruire, au moyen d'un pinceau, les parasites qui les couvrent. Les œufs recouverts de filaments végétaux sont perdus pour toujours, et en voulant les nettoyer, on pourrait propager au moyen des sporules détachées par l'opération, le germe de la maladie sur les œufs épargnés jusqu'alors. Cette recherche des œufs malades n'est d'ailleurs pas aussi difficile qu'on le croit à première vue,

attendu qu'il faut tout au plus une heure pour opérer la révision de 100,000 embryons.

Un autre ennemi très-dangereux pour le frai se rencontre dans ce tapis brunâtre ou vert jaunâtre qui recouvre très-souvent le galet et le gravier ou le fond des appareils. Il est formé de plusieurs espèces de la famille des Diatomées dont les plus à craindre sont les méridions, les vauchéries etc. Nous possédons deux remèdes très-énergiques contre cet oïdium du pisciculteur. Ce sont : une eau courante et rapide, et la suppression de la lumière ; mais tandis que le premier ne peut s'employer que sur la famille des salmones, le second est d'une efficacité certaine, ne présente aucun danger pour la couvée et peut être appliqué partout. Le manque de lumière est un très-grand empêchement à la multiplication des végétaux parasites dont il s'agit ; d'ailleurs,

Fig. 645. — Pince pour prendre les œufs.

les œufs éclosent à l'ombre, même dans l'obscurité la plus complète. Plusieurs auteurs recommandent également dans les cas ci-dessus, de procéder au transvasement des œufs : les pipettes courbes et droites, dont ils se servent à cet effet sont très-faciles à manier. Toute la manipulation consiste à introduire la pipette dans l'eau, après en avoir fermé l'ouverture supérieure au moyen du pouce et de lever ensuite ce dernier. L'eau y pénètre alors et y introduit en même temps l'objet que l'on veut saisir. Mais il y a lieu, chaque fois, d'avoir égard à l'état de développement de l'embryon, et de n'opérer le transbordement que quand il est absolument nécessaire et alors seulement que les yeux sont déjà visibles.

L'intervention de l'homme est également réclamée lorsque les œufs sont attaqués par des larves d'insectes, et particulièrement par celles de quelques hydrocanthares.

Le Gammarus des poissons (*fig* 646), l'Argulus de la carpe ne sont pas moins fatals aux œufs ; une surveillance active peut seule parer aux ravages qu'ils ne manqueraient pas de faire. Un autre petit insecte, probablement à l'état de larve (Ascarides minor ?), et qui pourrait bien provenir des poissons employés à l'opération, est très-dangereux pour les œufs alors que l'embryon a acquis presque tout son

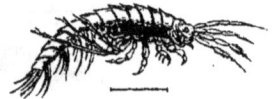

Fig. 646. — Crevette des ruisseaux (grossie) (*gammarus pulex*).

développement. Il dévore l'enveloppe extérieure et s'empare ensuite de son contenu. Comme on ne reconnaît la présence de cet animalcule qu'aux pellicules des œufs nageant à la surface de l'eau, il n'est alors plus temps de songer à sa destruction.

Un petit poisson, le chabot, est aussi un ennemi acharné du frai dont il fait sa nourriture. Les écrevisses, les rats et souris d'eau sont également dangereux sous ce rapport. On cherchera à les éloigner des canaux à éclosion et à détruire ceux qui pourraient vouloir s'y loger. Enfin les oies, les canards, les cygnes détruisent beaucoup de frai et sont par suite également nuisibles à ce titre.

Transformation et développement de l'œuf. — Il s'opère différents changements dans l'apparence des œufs qui viennent d'être fécondés; on dirait que leur contenu se trouble et qu'ils deviennent moins transparents qu'à leur sortie de l'orifice placé près de la nageoire anale; mais ils reprennent ensuite presque insensiblement leur première couleur. C'est alors que commencent les déboires du pisciculteur praticien, attendu que, malgré tous les soins et en dépit des précautions les plus minutieuses, une grande partie des œufs fécondés périssent par suite d'une imprégnation incomplète. De plus, l'embryon en train de se former, n'ayant pas encore acquis assez de force pour résister au moindre dérangement, il s'ensuit que la plus faible secousse lui devient fatale. Aussi, est-il alors prudent d'ajourner tout transbordement, tout transport jusqu'à l'apparition des yeux, sous la forme de deux points noirs. Lorsque ces derniers deviennent visibles (ce qui n'a lieu qu'après que l'embryon a parcouru toutes les phases indiquées par la *fig.* 647), le jeune poisson est ordinairement prêt à sortir de la pellicule de l'œuf. Ses mouvements répétés, surtout ceux de la queue, indiquent l'imminence de la sortie de l'enveloppe qui l'a protégé jusqu'ici. La queue ou la tête se montre d'abord; d'autres fois aussi la vésicule ombilicale apparaît avant l'une ou l'autre de ces deux extrémités. Quelle que soit d'ailleurs la partie du corps qui parvient à s'échapper de l'œuf, le jeune poisson n'est pas encore maître de ses mouvements. Il reste enfermé à demi dans cette enveloppe et ne réussit que

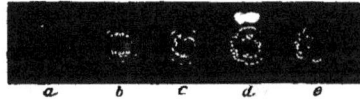

Fig. 647. — Œuf de truite a, nouvellement pondu; — b, âgé de 24 heures; — c, âgé de 4 jours; — d, de 15 jours; — e, de 4 semaines.

peu à peu, par des efforts réitérés, à agrandir l'ouverture de sa prison; après quelques heures il est entièrement libre (*fig.* 648) et il peut se débarrasser d'une membrane qui n'était destinée qu'à le protéger pendant son premier développement, et qui est tout à fait inutile à la formation d'un organe quelconque.

Fig. 648.

L'espace de temps écoulé depuis l'instant de la fécondation jusqu'à celui où le poisson se défait de son enveloppe protectrice, varie avec les diverses espèces de poissons. En outre, le développement dépend de la température de l'eau et de l'action de la chaleur sur les œufs. En moyenne, on admet pour les différents poissons :

NOMENCLATURE.	TEMPS de l'incubation.
Saumon	6 semaines.
Truite commune	id.
— saumonée	id.
Ombre commun	id.
— chevalier.	id.
Brochet.	4 semaines.
Perche . . . . , ...	id.
Carpe	3 semaines.
Tanche	id.

CHAPITRE XXXII

ÉLEVAGE DES JEUNES POISSONS. — SOINS A LEUR DONNER

Développement. — Dans les premiers temps, après que le poisson a déchiré sa membrane tutélaire, il est inutile de lui donner de la nourriture, attendu que la vésicule ombilicale (qui, pour certains poissons, comme la carpe, se trouve dans la cavité abdominale, et pour d'autres, comme la truite et le saumon, existe hors de cette cavité et est visible à l'extérieur), lui fournit la nourriture jusqu'à entière résorption. Le temps qui lui est nécessaire pour cet acte varie suivant l'espèce à laquelle il appartient; c'est ainsi que la carpe se passe de nourriture pendant deux à trois semaines. Les salmones restent encore de un à deux mois après leur éclosion dans les appareils à incubation, avant de prendre d'autre nourriture que celle fournie par la vésicule, ou peut-être aussi par les animalcules microscopiques qui se trouvent dans l'eau.

Le besoin d'une autre nourriture se faisant remarquer par la disparition de cette vésicule, on suit pour la conservation ultérieure du jeune poisson, l'une ou l'autre des deux méthodes que nous allons indiquer, parce que l'expérience n'a pas encore tout à fait décidé entre elles.

1° Certains pisciculteurs opèrent la dissémination du poisson dans l'eau qu'il s'agit de repeupler, dès que la vésicule est absorbée; ils prétendent que le jeune poisson, alors très-vif et très-agile, peut échapper à tous les dangers, même beaucoup mieux que lorsqu'il a atteint de plus fortes dimensions.

Il prend en outre l'habitude de vivre dans les eaux où il doit croître et ne souffre point d'un changement d'eau et de nourriture, ni d'un transport dont les frais et les difficultés augmentent avec l'âge.

2° D'autres nourrissent pendant quelque temps les poissons, et ont l'habitude de les placer dans des bassins spéciaux de formes diverses, et variées suivant l'espace dont on dispose et la quantité de poissons que l'on veut élever. Du moment que ces bassins sont à l'abri des ravages d'autres poissons, et des insectes qui peuvent nuire à leurs habitants, ils remplissent le but qu'on se propose, et sous ce rapport le pisciculteur n'est pas en peine. Il n'en est toutefois pas de même lorsqu'il s'agit de leur entretien et de leur nourriture, surtout si l'on considère que l'alimentation des jeunes poissons doit autant que possible être semblable à celle qu'ils trouvent à l'état libre, et que les plus précieux réclament une proie vivante, ou qui en ait du moins l'air, et soit assez minime pour qu'ils puissent en devenir maîtres. Nous sommes par suite de l'avis de planter quelques végétaux aquatiques dans les bassins où se trouvent des poissons qui se nourrissent de plantes et d'insectes ; on leur donnera en outre les vers et les larves que l'on peut se procurer, ainsi que les insectes microscopiques des genres Cyclops, Cypris et Cytherina, qui fourmillent au printemps dans les eaux douces ; des pois cuits, du tourteau de chanvre, du pain, etc., peuvent également être employés à cet effet.

Les poissons qui vivent de leurs congénères peuvent être nourris à l'aide du frai et des alevins que ceux-ci ont produits. Pour le cas où il ne serait pas possible de disposer de cette ressource, on pourrait se servir avec quelque avantage du poisson blanc réduit en pâtée, de la chair de grenouille écrasée, séchée et réduite en poudre très-fine, de la viande de veau et de bœuf, hachée et cuite, ou du sang desséché et pulvérisé. Dans ces derniers cas, il y aurait lieu de curer les bassins de temps à autre, afin d'empêcher la décomposition des matières animales délaissées.

Dès que les poissons sont assez grands et assez forts pour que l'on puisse admettre avec quelque certitude qu'ils peuvent échapper à leurs principaux ennemis, on les dissémine dans l'eau que l'on veut repeupler, ou bien on les expédie dans des tonneaux remplis d'eau vers les lieux où l'espèce manque.

Nous ne pouvons admettre un séjour prolongé dans les piscifactures, que pour le cas où il est question de l'acclimatation de races étrangères ou de la multiplication d'espèces devenues rares, ou bien encore de la production de l'alevin nécessaire à un repeuplement continu. Et dans ce cas encore il y a lieu d'examiner s'il ne serait pas préférable de placer l'alevin dans des bassins spéciaux et appropriés.

Ennemis des jeunes poissons. — Le jeune poisson a un grand nombre d'ennemis, surtout pendant la période de résorption de la vésicule ombilicale. Outre ceux que nous avons énumérés comme étant nuisibles aux œufs, nous avons à signaler les poissons carnivores, et parmi les oiseaux, les bergeronnettes, les pluviers. Les poissons blancs eux-mêmes, les prenant pour des vers, en détruisent une certaine quantité. Toutes ces chances contraires ont fait dire à Vogt que sur 100 truites écloses, il n'en restait, dans les circonstances ordinaires, qu'une à la fin de l'année. Ce sont ces considérations qui ont motivé la description détaillée des ennemis des œufs, comme le meilleur moyen de les faire connaître et de provoquer leur destruction.

Acclimatation. — Croisement. — La possibilité de l'acclimatation des poissons est démontrée depuis longtemps. Dans l'antiquité déjà, les Chinois et les Romains firent éclore dans les eaux douces la semence de poissons de mer qu'ils réussirent à y acclimater. Au seizième siècle, Marshal importa la carpe en Angleterre. Cent ans plus tard, la carpe dorée ou poisson rouge était introduite de la Chine en Europe, où elle fait aujourd'hui l'ornement de nos étangs et de nos bocaux. De Lacépède et différents naturalistes démontrèrent la possibilité de pareilles introductions et appelèrent surtout l'attention sur la famille des salmones, qui fait également aujourd'hui le principal objet de nos expériences. Il était toutefois réservé à la pisciculture moderne de remettre cette question à l'ordre du jour et d'en hâter la solution par la facilité et la sûreté apportées dans la multiplication des poissons par les méthodes artificielles. Cette facilité de cultiver et de multiplier des espèces rares ou étrangères ouvre un large champ à des spéculations profitables. Personne ne méconnaîtra certainement quel avantage l'agriculture a retiré de l'introduction et du croisement des races étrangères d'animaux domestiques, et les profits que s'est créés l'horticulture par l'acclimatation, la culture et l'hybridation des plantes et fruits rares et exotiques. Mais il ne faudra pas, à cette occasion, perdre de vue les exigences du poisson que l'on veut introduire, la qualité de l'eau qu'il doit habiter et son degré d'utilité. C'est ainsi que le silure, qui est un poisson vorace, à chair détestable, ne mérite pas la faveur dont on voulait l'accabler. Par contre, les salmones sont à placer en première ligne, lorsqu'il s'agira d'introduire un poisson de qualité dans une eau froide courante. Quant au saumon commun, il y aura toutefois lieu d'avoir égard à ses habitudes migratrices. Nous avons, il est vrai, élevé des saumons dans un étang, mais leur chair était à celle du saumon de rivière comme celle du stockfisch est au cabillaud. Cette circonstance nous a engagé à accorder la préférence à la truite commune, qui prospère dans les plus petits ruisseaux, dans les étangs alimentés par des eaux claires et pures. Les ombres, par contre, viennent dans des eaux plus profondes, mais pas assez froides ni assez claires pour la truite.

Dans les eaux dormantes, chaudes, de petite étendue, on introduira la carpe, la tanche, le carassin. Dans les lacs on déposera les murènes, les anguilles qui prospèrent surtout dans les fonds tourbeux, etc.

CHAPITRE XXXIII

MOYENS A EMPLOYER POUR LE TRANSPORT ET L'EXPÉDITION DES ŒUFS DE POISSONS

Le transport des poissons et de leurs œufs est facilité par la fécondation artificielle et aussi par nos moyens accélérés de communication. Aussi les établissements ichthyogéniques se communiquent-ils les poissons rares d'une contrée avec aussi peu de difficulté que les jardins botaniques échangent les semences d'un végétal quelconque. L'expédition des œufs est surtout fréquente et s'exécute aujourd'hui généralement à l'aide de boîtes en sapin (*fig.* 649), dans lesquelles on stratifie les œufs entre des mousses aquatiques.

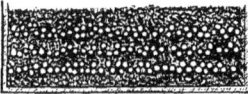

Fig. 649. — Œufs de poissons.

Le succès est toujours assuré lorsque les œufs ne se touchent pas et que la pression exercée par les couches supérieures ne détermine pas l'écrasement des couches inférieures.

L'emballage des œufs ne peut toutefois avoir lieu ou qu'immédiatement après la fécondation, lorsque le voyage qu'ils ont à faire ne dépassera pas un jour et aura lieu avec précaution ; ou, comme le dit M. Coste, lorsque les yeux commencent à se montrer comme deux points noirs à travers la membrane de la coque.

Quant à l'expédition des poissons mêmes, elle se règle d'après l'âge des individus. Plus les poissons sont jeunes, plus il est facile de les transporter à de grandes distances (Coste). Les poissons nouvellement éclos sont renfermés dans des vases remplis d'eau, à laquelle on ajoute quelques plantes aquatiques. A l'état d'alevin, on les place dans de grands baquets aux trois quarts pleins d'eau, dont on amortit les mouvements à l'aide d'une planchette ou d'une couronne de paille placée dans le liquide. Le printemps ou l'automne est l'époque la plus favorable pour les expéditions.

En été, la chaleur et l'orage pourraient tuer les poissons ; si l'on avait des expéditions à faire pendant cette saison, il faudrait voyager de nuit et en mettre moins dans les appareils. On devra s'arranger de manière que l'eau des baquets reste toujours en mouvement, même lorsque le véhicule par lequel le transport a lieu s'arrête.

Pendant des voyages de long cours, il est nécessaire de renouveler l'eau de temps à autre, en ne perdant pas de vue qu'il convient de n'opérer ce renouvellement que par parties d'autant plus petites que la différence de température entre l'eau nouvelle et l'ancienne est plus grande. Il est nécessaire aussi que l'air pénètre dans les baquets en toute saison. J. P. J. KOLTZ.

FIN DU PREMIER VOLUME.

TABLE DES MATIÈRES

DU PREMIER VOLUME

PREMIÈRE PARTIE. — AGRICULTURE PROPREMENT DITE

DEUXIÈME PARTIE. — ZOOTECHNIE ET ZOOLOGIE AGRICOLE

FIN DE LA TABLE DES MATIÈRES DU PREMIER VOLUME.

Corbeil, typ. et stér. de Crété.